食用农产品农药残留监测与风险评估溯源技术研究

庞国芳 等 著

科学出版社
北京

内 容 简 介

本书共5章。第1章介绍了1200多种农药化学污染物LC-Q-TOF/MS、GC-Q-TOF/MS、IDA-LC-Q-TOF/MS、LC-Q-Orbitrap/MS高分辨质谱数据库的创建与高通量非靶向农药多残留筛查方法的建立，实现了农药多残留非靶向侦测的电子化。第2章介绍了高分辨质谱-互联网-数据科学三元技术创新融合，创建了农药残留数据采集与智能分析平台，实现了海量侦测数据报告生成的自动化。第3章介绍了高分辨质谱-互联网-地理信息系统三元技术创新融合，研发了我国农药残留可视化在线制图系统，编制了中国市售水果蔬菜农药残留水平地图集，实现了农药残留风险溯源的视频化。第4章和第5章介绍了2012~2015年采用高分辨质谱技术对全国42个城市（27个省会城市、4个直辖市及11个果蔬主产区城市）2万多例市售果蔬样品进行侦测，形成了全国市售果蔬农药残留侦测报告；在此基础上，通过食品安全指数模型和风险系数模型，对受检农药开展了暴露风险评估和预警风险评估，形成了全国范围内市售果蔬农药残留膳食暴露风险与预警风险评估报告。

本书融合了高分辨质谱技术、数据科学理论以及WebGIS技术在农产品农药残留监控与评价的创新理论和创新应用研究成果，具有很高的学术价值和实用价值。可供从事食品生产、安全管理、质量监测、农业环境保护、科研、教育等技术研究与应用的各类专业技术人员参考。

审图号：GS(2018)1483号

图书在版编目(CIP)数据

食用农产品农药残留监测与风险评估溯源技术研究 / 庞国芳等著. —北京：科学出版社，2018.6

ISBN 978-7-03-056400-9

Ⅰ. ①食… Ⅱ. ①庞… Ⅲ. ①农产品-食品-农药残留量分析 Ⅳ. ①TS207

中国版本图书馆CIP数据核字(2018)第012000号

责任编辑：杨 震 刘 冉/责任校对：樊雅琼 王萌萌 严 娜

责任印制：肖 兴/封面设计：北京图阅盛世

科学出版社 出版

北京东黄城根北街16号

邮政编码：100717

http://www.sciencep.com

北京画中画印刷有限公司 印刷

科学出版社发行 各地新华书店经销

*

2018年6月第 一 版 开本：787×1092 1/16

2018年6月第一次印刷 印张：61 3/4

字数：1 460 000

定价：298.00元

（如有印装质量问题，我社负责调换）

食用农产品农药残留监测与风险评估溯源技术研究

编　委　会

主　编：庞国芳

副主编：申世刚　常巧英　梁淑轩　徐建中
　　　　范春林　白若镔

编　委：（按姓名汉语拼音排序）

白若镔　曹彦忠　常巧英　陈　辉
陈　谊　敦亚楠　范春林　方晓明
郭　平　黄晓兰　李　慧　李建勋
李笑颜　梁淑轩　刘海燕　倪　新
庞国芳　庞小平　任　福　申世刚
石志红　孙悦红　王志斌　吴惠勤
吴兴强　谢丽琪　徐建中　杨　方
姚　剑　张　刚

主要研究者

第 1 章　食用农产品四种高分辨质谱高通量非靶标农药多残留监测技术研究

庞国芳　范春林　常巧英　王志斌
李建勋　陈　辉　吴兴强　敦亚楠

第 2 章　高分辨质谱–互联网–数据科学三元融合技术构建农药残留侦测技术平台

庞国芳　陈　谊　孙悦红　范春林
白若镔　常巧英

第 3 章　高分辨质谱–互联网–地理信息系统三元融合技术实现农药残留可视化

庞国芳　庞小平　任　福　范春林
刘海燕　陈　辉　常巧英

第 4 章　市售水果蔬菜农药残留侦测报告（2012~2015 年）

庞国芳　范春林　常巧英　白若镔
曹彦忠　方晓明　谢丽琪　李建勋
杨　方　吴惠勤　黄晓兰　石志红
姚　剑　郭　平　倪　新

第 5 章　市售水果蔬菜农药残留膳食暴露及预警风险评估报告（2012~2015 年）

庞国芳　申世刚　梁淑轩　徐建中
范春林　李　慧　李笑颜　张　刚

序

农药的发明与使用，在解决食品供给保障问题上为人类作出了不可磨灭的重要贡献，却也带来了诸如农产品农药残留等危害人类健康的食品质量安全问题。随着世界人口的持续增加和耕地面积的不断减少，在今后相当长时间内，人类仍将继续依赖农药来减少农作物病虫草鼠害、提高农产品产量，以确保食品供给安全，这也意味着构成食品质量安全重要威胁的农产品农药残留问题将长期存在。因此，为了保障人类健康，保证食品安全，必须对农药残留实施严格监控。与此同时，世界发达国家利用国际贸易的“游戏规则”，凭借先进科学技术的优势，相继出台了严格的食品安全卫生标准，构筑了十分苛刻的技术壁垒措施，对不同农产品中的农药最大允许残留限量设置了越来越高的门槛。这严重制约了我国农产品出口，使我国蒙受了巨大的经济损失。

随着新农药的不断发明，日益增多的农药品种和各国愈来愈严格的最大残留限量要求，我国农产品安全领域面临以下几个亟待解决的重大问题：①如何实现更高通量的农产品农药多残留检测？②我国农产品农药残留现状和风险如何？③我国农产品农药残留在多大程度上影响我国农产品国际贸易？④如何更好地实现对农产品中农药残留的预警、问题溯源和安全监控？

作为我国农药残留分析领域的首席科学家，庞国芳院士已在该领域用心耕耘三十余载，使中国在农药多残留痕量分析技术领域的科研水平跻身于世界前列，也促进了该领域的技术进步，取得了令世界瞩目让国人骄傲的成绩。如今，年届七旬的他依然活跃在科研一线，孜孜以求，另辟蹊径，紧跟技术前沿，领导科研团队进行多学科合作研究，攻坚克难，为我国农产品安全领域的重大难题提供了一系列创新整体解决方案，并将这些研究成果集结成书，以飨读者。

该书是庞国芳院士科研团队最近 5 年来从事农药多残留检测技术与残留监控研究的重要专著。其创新技术理念和主要特色体现在：

第一，建立高分辨质谱非靶向侦测技术，实现农药残留检测技术跨越式发展。采用高分辨质谱技术，为世界常用 1200 多种农药化学污染物的每一种都创建一个自身独有的“电子身份证”(电子识别标准)，建立了以电子识别标准取代传统农药实物标准做参比的鉴定方法，建立了高分辨质谱非靶向侦测技术，实现了农药残留检测技术的跨越式发展。

第二，农药残留定性筛查自动化。研究开发了农药残留质谱自动匹配定性鉴定智能筛查软件，可以自动进行样品试液检测和农药残留的定性比对，实现了非靶向农药残留快速筛查。

第三，农药残留侦测数据分析智能化。结合互联网技术与数据科学理论，建立的农药残留侦测数据采集系统和智能分析系统，实现了对海量农药残留侦测数据的自动采集和智能分析。

第四，农药残留侦测技术平台化。将高分辨质谱技术、互联网技术及数据科学技术创新融合，形成三元技术。在构建的农产品分类信息数据库、农药最大残留限量标准数据库、农药信息数据库、中国行政区划地理信息数据库等四大基础数据库上，实现了农药残留基础数据的关联存取与调用，打造出农药残留非靶向侦测-数据采集-智能分析技术平台，获得农药残留侦测结果数据库。

第五，农药残留侦测结果可视化。创造性地将农药残留侦测结果采用网络地理信息系统（WebGIS）进行空间分析，构建了包括在线电子地图系统和纸质地图在内的我国农药残留可视化系统，为产业自律、政府监管和第三方监督提供了基于空间可视化的科学数据支撑。

总而言之，全书充分展示了庞国芳院士科研团队农产品农药残留分析领域最前沿的技术创新以及多学科多元技术融合在农药残留监控领域的创新应用。无论是在非靶向农药残留检测品种数量上，还是高分辨质谱+互联网+数据科学/地理信息系统三元融合技术将地理信息、互联网海量数据分析方法引入农药多残留同时侦测、检测结果的可视化，均居世界领先水平。该书旨在促进提升食品安全问题发现能力、提高食品安全监管水平，以保障民众身体健康。

2017 年 12 月 29 日

前　　言

食品中农药及化学污染物残留问题是引发食品安全事件的重要因素，是世界各国及国际组织共同关注的食品安全重大问题之一。目前，世界上常用的农药种类超过 1200 种，而且不断地有新的农药被研发和应用，农药残留在对人类身体健康和生存环境造成新的潜在危害的同时，也给农药残留检测技术提出了越来越高的要求和新的挑战。作者团队以高分辨质谱技术为基础，研究建立了一系列适用于蔬菜水果等农产品中 1200 多种农药化学污染物的非靶向高分辨质谱侦测技术，并将这些技术应用于全国 31 个省会及直辖市两万多例市售农产品的农药残留检测，获得了海量农药残留检测结果。

这些农药残留结果往往与样品、地域、时间等信息交织在一起，如何实时、直观地了解复杂大量的农药残留分析结果，并从中找出分布规律，最终进行预测和预警，是农药残留领域的另一重要挑战。为了分析和认知多维复杂数据集合中的分布规律和本质特征，以及准确直观地评估农产品农药残留状况，作者团队创新性地采用数据科学理论和基于互联网的地理信息系统（WebGIS）技术，建立了农药残留可视化系统，首次实现了全国范围内的农药残留监控，并以形象直观的专题地图，多视角、多形式、多层次地呈现我国农药残留现状。

本书整理和收集了作者团队近五年来联合利用高分辨质谱技术、数据科学理论以及 WebGIS 技术开展农产品农药残留监控与评价的创新理论研究成果和部分应用研究成果。这主要包括以下几部分内容：

一、创建农药高分辨质谱数据库，建立高通量非靶向农药残留侦测技术。采用包括气相色谱-四极杆飞行时间质谱（GC-Q-TOF/MS）、液相色谱-四极杆飞行时间质谱（LC-Q-TOF/MS）及液相色谱-四极杆静电轨道阱质谱（LC-Q-Orbitrap/MS）在内的主流高分辨质谱技术，创建了 1200 多种世界常用农药化学污染物的一级精确质量数据库和二级碎片离子谱图库，建立了适用于 18 类 150 多种水果蔬菜的一次样品制备技术、同时测定的高通量非靶向农药残留侦测技术，具有高速度、高通量、高精度、高可靠性、高灵敏度等显著优势。

二、HID 三元技术创新融合，打造农药残留侦测技术平台。将用于农产品中农药残留高通量侦测的高分辨率质谱（High-resolution Mass Spectrometry）技术，用于存储、处理与展示大数据的互联网（Internet）技术和用于统计分析处理与数据挖掘计算的数据科学（Data Science）技术创新融合，形成 HID 三元技术。在构建了多国（或地区）农药最大残留限量（Maximum Residue Limit，MRL）标准数据库、多国（或地区）农产品分类信息数据库、农药信息数据库、中国行政区划地理信息数据库等四大基础数据库的基础上，打造出适用于全国范围的大量农产品中农药残留侦测技术数据采集和智能分析平台，为食品中农药化学污染物的综合评定提供科学、快捷、有效的综合信息管理平台。

三、结合 WebGIS 技术，构建我国农药残留可视化系统。首次将高分辨质谱技术与网络地理信息系统（WebGIS）结合，研究构建了包括在线制图系统和纸质地图在内的我国农药残留可视化系统。该系统利用 WebGIS 技术，将高分辨质谱非靶向侦测技术所采集到的全国范围内的海量农药残留检测结果，创新性地以专题地图的形式，用形象直观的地图、统计图表及报表等方式，多形式、多视角、多层次地呈现我国农药残留现状，为我国农药残留监控和“智慧农药监管”提供重要技术支持。

此外，为了真实反映我国百姓餐桌上水果蔬菜中农药残留污染状况以及残留农药的相关风险，在 2012~2015 年间，作者团队采用高分辨质谱侦测技术对全国 42 个城市（27 个省会城市、4 个直辖市及 11 个水果蔬菜主产区城市）的市售水果蔬菜农药残留的“家底”进行了全方位普查，形成了 2012~2015 年全国范围内市售水果蔬菜农药残留侦测报告。在这基础上，通过食品安全指数模型和风险系数模型，对受检农药分别开展暴露风险评估和预警风险评估，形成了 2012~2015 年全国范围内市售水果蔬菜农药残留膳食暴露风险与预警风险评估报告。这些报告为我国的水果蔬菜监管找到了方向，也为指导消费者安全膳食、为政府相关部门对农药残留风险的管理提供了理论依据。

由于本书研究内容涉及处于不断发展的多个学科，加上研究时间和研究条件所限，不妥之处在所难免，恳请广大读者批评指正。

2017 年 12 月 29 日

目　录

第 1 章　食用农产品四种高分辨质谱高通量非靶标农药多残留监测技术研究

1.1　引　　言

1976 年，世界卫生组织（WHO）、联合国粮农组织（FAO）和联合国环境规划署（UNEP）共同设立的全球环境监测系统/食品项目（Global Environment Monitoring System/Food），旨在掌握各成员国食品污染状况，了解食品污染物的摄入量，保护人体健康，促进国际贸易发展[1]。美国 1962 年启动了 PPRM（Pesticide Program：Residue Monitoring），此后又有 NRP（National Residue Program）和 PDP（Pesticide Data Program）相继建立。到目前为止，美国有三大农药残留监控系统[2]。欧盟 1971 年 71/118/EEC 要求各成员国开展农兽药残留检测工作，到 1996 年欧共体启动《共同体农药残留监控计划》，现已形成欧盟层面和欧盟各成员国两个层面的残留监控体系[3]。日本 2003 年启动了当时世界最为严厉的农药残留监控体系，“肯定列表制度”明确规定，只有符合该列表制度的农产品才能进入日本市场[4]。中国 1999 年制定了《中华人民共和国动物及动物源食品中残留物质监控计划》[5]，2010 年，卫生部等 5 部门联合制定《食品安全风险监测管理规定》，提出制定国家食品安全风险监测计划[6]。

随着世界各国食品安全战略地位的确立，农药残留限量标准越设越多，限量要求越来越严，农药残留监控的挑战越来越大。农药最大残留限量（MRL）标准既是食品安全标准之一，也是食品农产品国际贸易的准入门槛，更是世界各国为保护食品农产品安全所重点研究的技术措施。目前世界常用农药有 1200 多种[7]，至今，欧盟、美国、日本和中国制定的农药最大残留限量（MRL）标准分别达到 162248 项（839 种农药，2013 年）[8]、39147 项（500 多种农药，2011 年）[9]、51600 项（823 种农药，2013 年）[10]、4140 项（433 种农药，2016 年）[11]。与世界发达国家相比，中国学者在这一领域的研究还有广阔的发展空间。作者团队于 2013 年对 1990~2013 年 24 年间发表在 15 个主流国际杂志上 4109 篇检测农药残留的论文进行了研究，发现农药残留分析一直唱主角的色谱技术论文总量悄然被质谱技术超越，超越的时间点在 2001 年左右，到 2013 年农药残留质谱检测技术论文数量已遥遥领先于色谱技术论文数量。

重点研究农药残留三种质谱技术气相色谱质谱（GC-MS）、液相色谱串联质谱（LC-MS/MS）和高分辨质谱（HRMS）24 年的发展历程，GC-MS 从 1992 年起持续 22

年稳定发展；LC-MS/MS 技术前 12 年（1990~2001 年）仅有 46 篇论文，后 12 年（2001~2013 年）发表 577 篇，是前 12 年的 12.5 倍，其缘由是 ESI 和 APCI 离子源技术的进步，使 LC-MS/MS 技术异军突起，处于领先地位[12]；HRMS 残留分析论文在前 12 年没有发现在这 15 个杂志上有发表，2002 年第一篇 LC-Q-TOF/MS 农药残留分析论文发表[13]，而后 12 年 HRMS 残留分析论文数量与日俱增[14]。高分辨质谱的应用使低分辨质谱遇到的问题迎刃而解，代表性的 HRMS 是飞行时间质谱（TOF）和轨道离子阱质谱（Orbitrap），它们在农药多残留检测方面的最大优势是可在全扫描模式下提供足够的灵敏度，并获得尽可能多的化合物信息。同时，由于其进行精确质量数测定，可以提供化合物的同位素信息，因而可对化合物的元素组成进行解释，Q-TOF-MS/MS 和 Q-Orbitrap-MS/MS 的应用则可使化合物进一步得到确证。如果将质谱检测技术之前的农药单残留检测划分为农药残留检测的第一阶段，单级质谱进行农药残留检测划分为第二阶段，多级质谱进行农药残留检测划分为第三阶段，那么高分辨质谱技术的应用则使农药残留检测进入了跨越式发展的第四阶段。

2016 年在 15 个著名杂志上发表的 HRMS 农药残留论文已检索到 96 篇，对其中可见证高分辨质谱农药残留分析发展历史的 31 篇论文简介如下：

高分辨质谱应用于农药残留分析领域首先异军突起的技术是 LC-TOF-MS。较早期的报道在 2005 年，Ferrer 等[15]应用 LC-TOF-MS 定量分析了不同水果和蔬菜中的 15 种农药残留，同时对比了不同浓度水平和基质对精确质量数测定的影响。接着 Ferrer 等[16]将研究的农药种类增加到 101 种。此后，Gilbert-López 等[17]应用 LC-TOF-MS 测定了果汁中的 5 种杀真菌剂及其 2 种代谢物和婴儿水果辅食中 12 种残留农药[18]。Taylor 等[19]应用 LC-TOF-MS 建立了 100 种农药在草莓中的定性和定量分析方法。Lacina 等[20]用 LC-TOF-MS 建立了水果和蔬菜中 212 种农药的分析方法。Mezcua 等[21]建立了 300 种农药的 LC-TOF-MS 数据库，开发了水果和蔬菜中 300 种农药的自动筛查方法。

随着 1996 年 LC-Q-TOF/MS[22]新技术的诞生，LC-Q-TOF/MS 针对水果蔬菜农药检测较早的报道在 2007 年，Grimalt 等[23]以不同水果中两种农药的测定为例，对 LC-Q-TOF/MS 技术对食品中农药筛查及确证能力进行了研究。Wang 等[24]应用 LC-Q-TOF/MS 在全扫描模式对农药进行筛查，在 Q-TOF-MS/MS 模式进行确证，建立了婴幼儿水果和蔬菜辅食中 138 种农药的分析方法。Malato 等[25]基于精确质量数据库，应用 LC-Q-TOF/MS 对水果和蔬菜中 97 种农药进行了筛查。López 等[26]应用 LC-Q-TOF/MS 建立了 11 种水果和蔬菜中 199 种农药的筛查方法。Wang 等[27]利用新一代 UHPLC-QTOF-MS 技术建立了包括 427 种农药的全扫描二级碎片离子的谱图数据库。利用具有人工智能的 IDA 模式在一次进样分析中实现 MS 与 MS/MS 之间的快速转换，从而利用谱图对碎片离子进行确证。Pérez-Ortega 等[28]应用 LC-Q-TOF/MS 建立了 625 种污染物（包括 450 种农药）的多残留分析方法，并对不同采集模式的灵敏度和确证能力进行了对比研究。

关于 GC-TOF-MS 在水果和蔬菜中农药分析方面的应用，早期的报道在 2004 年，Patel 等[29]应用 GC-TOF-MS 建立了婴儿水果食品中 98 种农药的测定方法。Leandro 等[30]

应用 GC-TOF-MS 建立了婴儿食品、梨和莴苣中近百种农药的筛查方法。Koesukwiwat 等[31]用 GC-TOF-MS 建立了水果和蔬菜 150 种农药的筛查方法。Dasgupta 等[32]应用 GC-TOF-MS 建立了葡萄及酒中 135 种农药和 25 种有机污染物的筛查方法。Cervera 等[33]应用 GC-TOF-MS 对 5 种水果和蔬菜中 55 种农药残留的目标性和非目标性分析方法进行了研究。

随着 2010 年 GC-Q-TOF/MS 在农药残留分析领域的首次应用[34]，2012 年，Zhang 等[35]基于精确质量数据库，结合 GC-Q-TOF/MS 建立了蔬菜中 187 种农药的筛查和确证方法，结果表明，GC-Q-TOF/MS 可以对农药的确证提供可靠依据。Zhang 等[36]基于 GC-Q-TOF/MS 技术构建的 165 种农药的质谱库，建立了苹果、大葱和菠菜中 165 种农药的筛查方法。Hernández 等应用 GC-（APCI）-Q-TOF-MS 技术建立了水果蔬菜[37,38]和饲料及鱼肉中[39]100 种以上农药及化学污染物残留的筛查方法，结果表明，GC-Q-TOF/MS 技术在农药残留检测中具有检测范围广、灵敏度高等优点。

Orbitrap 质谱仪利用静电轴向谐波轨道技术，是一种基于傅里叶变换的质量分析仪，它与图像电流检测系统同时工作，并通过傅里叶变换将得到的时域信号转换为频域信号，而离子的运动频率与离子的质荷比相关，从而可得到样品的质谱图。与 TOF 相比，Orbitrap 技术在分辨率和灵敏度方面具有一定的优势[40]。2011 年 Alder 等[41]建立了水果和蔬菜中 500 种农药的 LC-Orbitrap 筛查方法。Mol 等[42]建立了水果和蔬菜中 556 种农药的 LC-Orbitrap 筛查方法，重点研究了该方法在定性和确证方面的相关参数。就 LC-Q-Orbitrap/MS 技术而论，对复杂基质中残留水平较低农药的大规模筛查方面表现出了令人满意的筛查能力，涉及农药种类在 323~451 种之间[43-45]。

作者团队于 2012 年开始陆续建立 LC-Q-TOF/MS、GC-Q-TOF/MS、IDA-LC-Q-TOF/MS 和 LC-Q-Orbitrap/MS 四种高分辨质谱的精确质量数据库和碎片离子谱图库，在数据库建立的基础上，研究建立了农药化合物定性筛查流程，并对检索参数（保留时间窗口、精确质量范围、响应阈值、离子化形式等）进行优化，并结合化合物的同位素分布和丰度信息，以提高筛查的准确性，减少假阳性和假阴性结果的产生。并通过同分异构化合物在质谱中碎裂行为的差异，来对其进行定性确认。最后将方法应用于水果蔬菜样品的筛查检测过程中，实现无标准品对照下农药多残留的快速定性确证，通过在不同水果和蔬菜样品中添加不同水平的目标化合物对方法的准确性和可靠性进行了验证。所提出的分析方法准确可靠，省时高效，是一种可以用于日常大范围多种农药残留监测的有力手段。

从 2012 年至今，已对中国 31 个省会/直辖市 280 个县区，600 多个采样点（占全国人口 25%），随机从市场采样 20000 多批，检出农药 517 种，初步查清了 31 个省会/直辖市市售水果蔬菜不同产地、不同目标残留农药存在状况和规律性特征，为食品安全风险评估和市场监管提供了有力的技术支持。

1.2 基于 LC-Q-TOF/MS 精确质量数据库和谱图库筛查水果蔬菜中 485 种农药化学污染物方法研究

1.2.1 实验部分

1.2.1.1 试剂与材料

所有农药标准物质的纯度≥95%，购自 Dr. Ehrenstorfer （Ausburg, Germany）；单标储备溶液（1000 mg/L）由甲醇、乙腈或丙酮配制，所有标准溶液 4℃避光保存。色谱纯乙腈、甲苯和甲醇购自 Fisher Scientific（New Jersey, USA）；甲酸购自 Duksan Pure Chemicals（Ansan, Korea）；超纯水来自密理博超纯水系统（Milford, MA, USA），分析纯醋酸，NaCl，$MgSO_4$，Na_2SO_4，NH_4OAc 购自北京化学试剂厂（北京，中国）；SPE 柱（Sep-Pak Carbon/NH_2, 500 mg/6 cm^3）购自 Waters 公司（Milford, MA, USA）。

1.2.1.2 仪器与设备

安捷伦 1290-6550 液相色谱-四极杆飞行时间质谱仪（LC-Q-TOF/MS）（Agilent 公司，美国）；移液器（Eppendorf 公司，德国）；SR-2DS 水平振荡器（TAITEC 公司，日本）；低速离心机（中科中佳科学仪器有限公司，中国）；N-EVAP112 氮吹仪（OA-SYS 公司，美国）；涡旋仪（AS ONE, TRIO TM-1N，日本）；8893 超声波清洗仪（Cole-Pamer 公司，美国）；TL-602L 电子天平（Mettler 公司，德国）。反相色谱柱 ZORBAX SB-C18 柱（2.1 mm×100 mm, 3.5 μm）。双喷射式电喷雾电离（ESI）源（美国, Santa Clara, CA，美国）。

1.2.1.3 样品制备

水果蔬菜样品购自本地市场。样品取可食部分切碎后，用搅拌机打碎，装进样品瓶，放入冰箱冷冻保存，待提取。

（1）提取：称取 10 g 试样（精确至 0.01 g）于 80 mL 离心管中，加入 40 mL 1%醋酸乙腈，用高速匀浆机（IKA, FJ200-S）15000 r/min 下，匀浆提取 1 min，加入 1 g 氯化钠，4 g 无水硫酸镁，振荡器（TAITEC, SR-2DS）振荡 5 min，在 4200 r/min 下离心 5 min（Zonkia, KDC-40），取上清液 20 mL 至鸡心瓶中，在 40℃水浴中旋转蒸发（Buchi, R-215）浓缩至约 2 mL，待净化。

（2）净化：在 Carbon/NH_2 柱中加入约 2 cm 高无水硫酸钠。先用 4 mL 乙腈-甲苯（3：1，体积比）淋洗 SPE 柱，并弃去流出液，当液面到达硫酸钠的顶部时，迅速将样品浓缩液转移至净化柱上，下接 80 mL 鸡心瓶接收。每次用 2 mL 乙腈-甲苯（3∶1，体积比）洗涤样液瓶 3 次，并将洗涤液移入 SPE 柱中。在柱上加上 50 mL 贮液器，用 25 mL 乙腈-甲苯（3∶1，体积比）进行洗脱，在 40℃水浴中旋转浓缩至约 0.5 mL。将浓缩液置于氮气下吹干，加入 1 mL 乙腈-水（3∶2，体积比），混匀，经 0.22 μm 尼龙滤膜过滤后，供 LC-Q-TOF/MS 测定。

1.2.1.4　LC-Q-TOF/MS 分析

化合物通过液相色谱系统进行分离（Agilent 1290 series, Agilent technologies, Santa Clara, CA），配有反相色谱柱（ZORBAX SB-C18 2.1 mm×100 mm, 3.5 μm）（Agilent Technologies, Santa Clara, CA）；流动相 A 为 5 mmol/L 的乙酸铵-0.1%甲酸-水；流动相 B 为乙腈；梯度洗脱程序，0 min：1%B，3 min：30%B，6 min：40%B，9 min：40%B，15 min：60%B，19 min：90%B，23 min：90%B，23.01 min：1%B，后运行 4 min；流速为 0.4 mL/min；柱温：40℃；进样量：10 μL。

Agilent 6550 LC-Q-TOF/MS 配有双喷雾离子源（Agilent 1290 series, Agilent technologies, Santa Clara, CA），电喷雾电离正离子模式（ESI^+）；毛细管电压：4000 V；干燥气温度：325 ℃；干燥气流量 10 L/min，鞘流气流速 11 L/min，鞘流气温度为 325 ℃；雾化气压力 40 psi[①]，锥孔电压 60 V，碎裂电压 140 V。全扫描质荷比范围为 *m/z* 100~1700，并采用内标参比溶液对仪器质量精度进行实时校正，内标参比溶液包含嘌呤和 HP-0921。参比离子的精确质量数分别为 *m/z* 121.0509 和 *m/z* 922.0098。碎片离子数据通过 Target MS/MS 在确定的保留时间、母离子和碰撞能量下获得，具体信息见表 1-1。

数据采集与处理通过 Agilent MassHunter Workstation Software，精确质量数据库由 Excel（2010）建立并保存为 CSV 格式，碎片离子谱库通过 Agilent MassHunter PCDL Manager 建立。

1.2.1.5　数据库的建立

对于精确质量数据库，每种农药均配制成浓度为 1000 μg/L 的储备液，配制合适浓度标准溶液，由 LC-Q-TOF/MS 在 MS 模式下进行测定，在“Find by Formula”算法下进行数据处理，精确质量数据通过化合物分子式进行检索，当目标化合物得分超过 90，精确质量偏差低于 5 ppm[②]时，认为化合物被识别。并记录下该峰在色谱分离条件下的保留时间，以及母离子的精确质量数。将化合物名称、分子式、精确分子量、保留时间输入 Excel 模板，保存为精确质量数据库，用于筛查软件分析。流程图见图 1-1。

① 1 psi=6.89476×10^3 Pa

② ppm，parts per million，百万分之一，10^{-6} 量级

表 1-1　精确质量数据库：包括 485 种农药的分子式、精确质量、保留时间、前级离子以及谱库的确认

序号	农药名称 [a]	CAS 号	分子式	精确质量 (Da)	保留时间 [b] (min)	MS 离子	碎片离子谱图库		化合物匹配得分			
							前级离子	主要碎片离子数 [c]	TOF 溶剂标准 [d]	TOF 基质标准 [e]	Q-TOF 溶剂标准 [f]	Q-TOF 基质标准 [g]
1	1,3-Diphenyl urea	102-07-8	$C_{13}H_{12}N_2O$	212.0949	7.14	$[M+H]^+$	213.1022	3	95.9	85.7	95.1	95.1
2	1-Naphthyl acetamide	86-86-2	$C_{12}H_{11}NO$	185.0841	4.57	$[M+H]^+$	186.0914	3	99.5	99.7	95.8	96.2
3	2,6-Dichlorobenzamide	2008-58-4	$C_7H_5Cl_2NO$	188.9748	3.2	$[M+H]^+$	189.9821	6	99.9	90.2	82.8	70.2
4	**3,4,5-Trimethacarb**[1]	2686-99-9	$C_{11}H_{15}NO_2$	193.1103	7.37	$[M+H]^+$	194.1176	2	98.3	97.9	97.7	98.1
5	6-Chloro-4-hydroxy-3-phenyl-pyridazin	40020-01-7	$C_{10}H_7ClN_2O$	206.0247	4.03	$[M+H]^+$	207.0320	3	99.6	99.1	94.4	91.4
6	Acetamiprid	135410-20-7	$C_{10}H_{11}ClN_4$	222.0672	4.05	$[M+H]^+$	223.0745	4	95.9	99.3	89.3	83.9
7	Acetochlor	34256-82-1	$C_{14}H_{20}ClNO_2$	269.1183	12.76	$[M+H]^+$	270.1255	6	99.1	98.4	87	87.1
8	Aclonifen	74070-46-5	$C_{12}H_9ClN_2O_3$	264.0302	13.91	$[M+H]^+$	265.0374	7	96	94.4	76.2	69.9
9	**Aldicarb**[2]	116-06-3	$C_7H_{14}N_2O_2S$	190.0776	4.75	$[M+Na]^+$	213.0668	3	90.7	96.2	93.5	96.2
10	**Aldicarb-sulfone**[3]	1646-88-4	$C_7H_{14}N_2O_4S$	222.0674	2.66	$[M+H]^+$	223.0747	5	95.5	94.5	94.8	91.3
11	Aldimorph	1704-28-5	$C_{18}H_{37}NO$	283.2875	14.65	$[M+H]^+$	284.2948	12	88.2	89.8	94	94.6
12	Allidochlor	93-71-0	$C_8H_{12}ClNO$	173.0607	5.07	$[M+H]^+$	174.0680	3	95.7	99.6	89.3	85.6
13	Ametryn	834-12-8	$C_9H_{17}N_5S$	227.1205	7.05	$[M+H]^+$	228.1277	10	77.4	90.6	97.8	98.7
14	Amidithion	919-76-6	$C_7H_{16}NO_4PS_2$	273.0258	4.4	$[M+H]^+$	274.0331	9	84.6	99.4	87.6	82.2
15	Amidosulfuron	120923-37-7	$C_9H_{15}N_5O_7S_2$	369.0413	6.17	$[M+H]^+$	370.0486	3	99	98.5	98.1	97.6
16	Aminocarb	2032-59-9	$C_{11}H_{16}N_2O_2$	208.1212	2.33	$[M+H]^+$	209.1285	4	66.9	73.6	88.3	85
17	Aminopyralid	150114-71-9	$C_6H_4Cl_2N_2O_2$	205.9650	1.6	$[M+H]^+$	206.9723	6	98.9	99.5	94.7	76.6
18	Ancymidol	12771-68-5	$C_{15}H_{16}N_2O_2$	256.1212	5.32	$[M+H]^+$	257.1285	4	99.3	96.7	81	94
19	Anilofos	64249-01-0	$C_{13}H_{19}ClNO_3PS_2$	367.0233	14.94	$[M+H]^+$	368.0305	5	97.1	97.5	92.5	92.6
20	Aspon	3244-90-4	$C_{12}H_{28}O_5P_2S_2$	378.0853	19.03	$[M+H]^+$	379.0926	5	99.2	92.1	93.1	89.6
21	Asulam	3337-71-1	$C_8H_{10}N_2O_4S$	230.0361	2.77	$[M+H]^+$	231.0434	3	99.3	99.6	88	86.2
22	Athidathion	19691-80-6	$C_8H_{15}N_2O_4PS_3$	329.9932	13.46	$[M+H]^+$	331.0004	2	88.6	83.5	88.7	67.5
23	Atratone	1610-17-9	$C_9H_{17}N_5O$	211.1433	4.62	$[M+H]^+$	212.1506	15	93.3	96.6	98.6	98.6

续表

序号	农药名称[a]	CAS 号	分子式	精确质量 (Da)	保留时间[b] (min)	MS 离子	碎片离子谱图库		化合物匹配得分			
							前级离子	主要碎片离子数[c]	TOF 溶剂标准[d]	TOF 基质标准[e]	Q-TOF 溶剂标准[f]	Q-TOF 基质标准[g]
24	Atrazine	1912-24-9	$C_8H_{14}ClN_5$	215.0938	6.5	$[M+H]^+$	216.1010	14	98.3	98.3	95.4	95.9
25	Atrazine-desethyl	6190-65-4	$C_6H_{10}ClN_5$	187.0625	3.78	$[M+H]^+$	188.0697	7	97.8	95.4	90.5	90.7
26	Azaconazole	60207-31-0	$C_{12}H_{11}Cl_2N_3O_2$	299.0228	6.91	$[M+H]^+$	300.0301	4	99.6	99.6	97.7	97.8
27	Azamethiphos	35575-96-3	$C_9H_{10}ClN_2O_5PS$	323.9737	5.41	$[M+H]^+$	324.9810	5	97.5	98.8	97	96.6
28	Azinphos-ethyl	2642-71-9	$C_{12}H_{16}N_3O_3PS_2$	345.0371	13.4	$[M+H]^+$	346.0443	12	99.8	99.1	89.3	87.3
29	Azinphos-methyl	86-50-0	$C_{10}H_{12}N_3O_3PS_2$	317.0058	9.63	$[M+H]^+$	318.0130	8	94.7	97.8	87.1	79.8
30	Aziprotryne	4658-28-0	$C_7H_{11}N_7S$	225.0797	9.8	$[M+H]^+$	226.0869	10	99.8	99.5	86.1	86.3
31	Azoxystrobin	131860-33-8	$C_{22}H_{17}N_3O_5$	403.1168	11.3	$[M+H]^+$	404.1241	3	98.3	98.3	98.6	98.2
32	Benalaxyl	71626-11-4	$C_{20}H_{23}NO_3$	325.1678	14.23	$[M+H]^+$	326.1751	9	96.3	98.3	98.9	98.7
33	Bendiocarb	22781-23-3	$C_{11}H_{13}NO_4$	223.0845	5.88	$[M+H]^+$	224.0917	4	95.6	82.9	94	81.4
34	Benodanil	15310-01-7	$C_{13}H_{10}INO$	322.9807	8.51	$[M+H]^+$	323.9880	3	99.6	97.5	83.3	84
35	Benoxacor	98730-04-2	$C_{11}H_{11}Cl_2NO_2$	259.0167	9.98	$[M+H]^+$	260.0240	6	97.2	90.1	82.3	76.5
36	Bensulfuron-methyl	83055-99-6	$C_{16}H_{18}N_4O_7S$	410.0896	7.96	$[M+H]^+$	411.0969	4	98.3	98.3	97.7	97.7
37	Bensulide	741-58-2	$C_{14}H_{24}NO_4PS_3$	397.0605	15.32	$[M+H]^+$	398.0678	7	99.2	98.9	84.2	83.8
38	Bensultap	17606-31-4	$C_{17}H_{21}NO_4S_4$	431.0353	12.59	$[M+H]^+$	432.0426	15	97.5	98.6	98.6	75.4
39	Benzoximate	29104-30-1	$C_{18}H_{18}ClNO_5$	363.0874	16.47	$[M+H]^+$	364.0946	4	99.8	99.6	90.1	90.9
40	Benzoylprop	22212-56-2	$C_{16}H_{13}Cl_2NO_3$	337.0272	9.5	$[M+H]^+$	338.0345	3	71.2	79.9	75.1	77.1
41	Benzoylprop-ethyl	22212-55-1	$C_{18}H_{17}Cl_2NO_3$	365.0585	15.36	$[M+H]^+$	366.0658	6	98.1	97.4	97.5	95.2
42	Benzyladenine	1214-39-7	$C_{12}H_{11}N_5$	225.1015	3.78	$[M+H]^+$	226.1088	5	65.2	68.1	98.7	75.5
43	Bifenazate	149877-41-8	$C_{17}H_{20}N_2O_3$	300.1474	12.39	$[M+H]^+$	301.1547	3	99	98.6	92	92.4
44	Bioallethrin	584-79-2	$C_{19}H_{26}O_3$	302.1882	17.59	$[M+H]^+$	303.1955	9	94.8	93.8	85.6	85.2
45	**Bioresmethrin**[4]	28434-01-7	$C_{22}H_{26}O_3$	338.1882	19.22	$[M+H]^+$	339.1955	5	92.6	96.8	78.8	76.2
46	Bitertanol	55179-31-2	$C_{20}H_{23}N_3O_2$	337.1790	12.88	$[M+H]^+$	338.1863	6	99.6	99.1	96.1	96.5
47	Bromacil	314-40-9	$C_9H_{13}BrN_2O_2$	260.0160	4.93	$[M+H]^+$	261.0233	4	99.7	99.7	92	89.2

续表

序号	农药名称 [a]	CAS 号	分子式	精确质量 (Da)	保留时间 [b] (min)	MS 离子	碎片离子谱图库		化合物匹配得分			
							前级离子	主要碎片离子数 [c]	TOF 溶剂标准 [d]	TOF 基质标准 [e]	Q-TOF 溶剂标准 [f]	Q-TOF 基质标准 [g]
48	Bromfenvinfos	33399-00-7	$C_{12}H_{14}BrCl_2O_4P$	401.9190	14.25	$[M+H]^+$	402.9263	4	99.8	99.1	98.3	87.2
49	Bromobutide	74712-19-9	$C_{15}H_{22}BrNO$	311.0885	13.92	$[M+H]^+$	312.0958	5	97.8	99.7	95.3	95.3
50	Bromophos-ethyl	4824-78-6	$C_{10}H_{12}BrCl_2O_3PS$	391.8805	18.88	$[M+H]^+$	392.8878	10	94.9	99.2	79.4	72.7
51	Brompyrazon	3042-84-0	$C_{10}H_8BrN_3O$	264.9851	3.89	$[M+H]^+$	265.9924	7	99.7	99.5	94.7	93
52	Bromuconazole	116255-48-2	$C_{13}H_{12}BrCl_2N_3O$	374.9541	10.5	$[M+H]^+$	375.9613	4	98.3	99.1	96.4	96.9
53	Bupirimate	41483-43-6	$C_{13}H_{24}N_4O_3S$	316.1569	12.96	$[M+H]^+$	317.1642	11	97.1	97.5	96.8	96.7
54	Buprofezin	69327-76-0	$C_{16}H_{23}N_3OS$	305.1562	17.64	$[M+H]^+$	306.1635	6	90	77.7	97.3	97.2
55	**Butachlor**[5]	23184-66-9	$C_{17}H_{26}ClNO_2$	311.1652	17.61	$[M+H]^+$	312.1725	7	97.3	98.5	95.2	92.3
56	Butafenacil	134605-64-4	$C_{20}H_{18}ClF_3N_2O_6$	474.0805	14.33	$[M+NH_4]^+$	492.1144	10	99.2	99.1	97.1	97.1
57	Butamifos	36335-67-8	$C_{13}H_{21}N_2O_4PS$	332.0960	16.62	$[M+H]^+$	333.1033	3	99.9	97.5	89	89.6
58	**Butocarboxim**[2]	34681-10-2	$C_7H_{14}N_2O_2S$	190.0776	4.48	$[M+Na]^+$	213.0668	4	91.2	94.8	90.4	92.4
59	Butocarboxim-sulfoxide	34681-24-8	$C_7H_{14}N_2O_3S$	206.0725	2.24	$[M+H]^+$	207.0798	9	97.5	97.5	93.4	93.7
60	**Butoxycarboxim**[3]	34681-23-7	$C_7H_{14}N_2O_4S$	222.0674	2.66	$[M+H]^+$	223.0747	6	96.5	98.6	83.3	86.4
61	Butralin	33629-47-9	$C_{14}H_{21}N_3O_4$	295.1532	18.28	$[M+H]^+$	296.1605	3	97.1	97.9	85.1	73
62	Butylate	2008-41-5	$C_{11}H_{23}NOS$	217.1500	16.77	$[M+H]^+$	218.1573	3	77.6	96.3	94.6	90
63	Cadusafos	95465-99-9	$C_{10}H_{23}O_2PS_2$	270.0877	14.78	$[M+H]^+$	271.0950	3	98.9	98.6	93	93
64	Cafenstrole	125306-83-4	$C_{16}H_{22}N_4O_3S$	350.1413	12.94	$[M+H]^+$	351.1486	1	99.6	98.9	95.4	95.3
65	**Carbaryl**[6]	63-25-2	$C_{12}H_{11}NO_2$	201.0790	6.4	$[M+H]^+$	202.0863	2	99.2	98.8	94.4	95.4
66	Carbendazim	10605-21-7	$C_9H_9N_3O_2$	191.0695	2.82	$[M+H]^+$	192.0768	2	62.6	64	97.5	97.4
67	Carbetamide	16118-49-3	$C_{12}H_{16}N_2O_3$	236.1161	4.75	$[M+H]^+$	237.1234	7	90.5	90.2	91.3	85.1
68	Carbofuran	1563-66-2	$C_{12}H_{15}NO_3$	221.1052	5.96	$[M+H]^+$	222.1125	4	97.6	99.1	93.2	95.9
69	Carbofuran-3-hydroxy	16655-82-6	$C_{12}H_{15}NO_4$	237.1001	3.67	$[M+H]^+$	238.1074	8	92.2	95.8	83.6	84.3
70	Carbophenothion	786-19-6	$C_{11}H_{16}ClO_2PS_3$	341.9739	18.27	$[M+H]^+$	342.9812	5	97.4	98.9	81.5	82.8
71	Carboxin	5234-68-4	$C_{12}H_{13}NO_2S$	235.0667	6.63	$[M+H]^+$	236.0740	2	97.5	99.6	91.8	91.5

续表

序号	农药名称[a]	CAS 号	分子式	精确质量 (Da)	保留时间[b] (min)	MS 离子	碎片离子谱图库		化合物匹配得分			
							前级离子	主要碎片离子数[c]	TOF 溶剂标准[d]	TOF 基质标准[e]	Q-TOF 溶剂标准[f]	Q-TOF 基质标准[g]
72	Carfentrazone-ethyl	128639-02-1	$C_{15}H_{14}Cl_2F_3N_3O_3$	411.0364	14.4	$[M+NH_4]^+$	429.0703	11	99.5	99.4	69.6	72.1
73	Carpropamid	104030-54-8	$C_{15}H_{18}Cl_3NO$	333.0454	14.77	$[M+H]^+$	334.0527	9	98.7	99.1	86.7	88.8
74	Cartap	15263-53-3	$C_7H_{15}N_3O_2S_2$	237.0606	0.85	$[M+H]^+$	238.0679	5	96.5	90.4	94.5	93.1
75	Chlordimeform	19750-95-9	$C_{10}H_{13}ClN_2$	196.0767	3.54	$[M+H]^+$	197.0840	3	99.1	97.9	91	91.3
76	Chlorfenvinphos	470-90-6	$C_{12}H_{14}Cl_3O_4P$	357.9695	13.85	$[M+H]^+$	358.9768	5	99.4	99.2	96.9	96.6
77	Chloridazon	1698-60-8	$C_{10}H_8ClN_3O$	221.0356	3.74	$[M+H]^+$	222.0429	14	98.2	97.3	90.3	90.7
78	Chlorimuron-ethyl	90982-32-4	$C_{15}H_{15}ClN_4O_6S$	414.0401	10.92	$[M+H]^+$	415.0474	6	95.7	95	96.2	94.5
79	Chlortoluron	15545-48-9	$C_{10}H_{13}ClN_2O$	212.0716	6.24	$[M+H]^+$	213.0789	2	97.2	95.9	96.3	96.3
80	Chloroxuron	1982-47-4	$C_{15}H_{15}ClN_2O_2$	290.0822	10.26	$[M+H]^+$	291.0895	3	97.1	98.7	98.5	98.6
81	Chlorphoxim	14816-20-7	$C_{12}H_{14}ClN_2O_3PS$	332.0151	16.55	$[M+H]^+$	333.0224	6	99.7	99.2	93.3	92.1
82	Chlorpyrifos	2921-88-2	$C_9H_{11}Cl_3NO_3PS$	348.9263	17.83	$[M+H]^+$	349.9336	12	97.4	99.3	80.6	78.2
83	Chlorpyrifos-methyl	5598-13-0	$C_7H_7Cl_3NO_3PS$	320.8950	15.88	$[M+H]^+$	321.9023	3	72.7	80.4	88.1	76.2
84	Chlorsulfuron	64902-72-3	$C_{12}H_{12}ClN_5O_4S$	357.0299	6.27	$[M+H]^+$	358.0371	4	67.6	82.1	85.7	84.8
85	Chlorthiophos	60238-56-4	$C_{11}H_{15}Cl_2O_3PS_2$	359.9577	18.27	$[M+H]^+$	360.9650	11	99.6	85	85	62.9
86	Chromafenozide	143807-66-3	$C_{24}H_{30}N_2O_3$	394.2256	13.12	$[M+H]^+$	395.2329	3	89.8	95.7	97.9	97.7
87	Cinmethylin	87818-31-3	$C_{18}H_{26}O_2$	274.1933	17.3	$[M+NH_4]^+$	292.2271	7	90	90.4	89.5	92.4
88	Cinosulfuron	94593-91-6	$C_{15}H_{19}N_5O_7S$	413.1005	5.79	$[M+H]^+$	414.1078	2	97.1	99.1	98.1	98.3
89	Clethodim	99129-21-2	$C_{17}H_{26}ClNO_3S$	359.1322	17.01	$[M+H]^+$	360.1395	14	99.2	99.4	85	85
90	Clodinafop	114420-56-3	$C_{14}H_{11}ClFNO_4$	311.0361	8.46	$[M+H]^+$	312.0434	8	98.2	97.8	92	85
91	Clodinafop-propargyl	105512-06-9	$C_{17}H_{13}ClFNO_4$	349.0517	15.27	$[M+H]^+$	350.0590	5	98.1	98.7	96.2	95.8
92	Clofentezine	74115-24-5	$C_{14}H_8Cl_2N_4$	302.0126	15.52	$[M+H]^+$	303.0199	4	96.8	95.6	93	92.2
93	Clomazone	81777-89-1	$C_{12}H_{14}ClNO_2$	239.0713	8.08	$[M+H]^+$	240.0786	3	99.4	99.8	86.4	86.5
94	Clomeprop	84496-56-0	$C_{16}H_{15}Cl_2NO_2$	323.0480	8.1	$[M+H]^+$	324.0553	7	98.7	80.9	80.9	72
95	Cloquintocet-mexyl	99607-70-2	$C_{18}H_{22}ClNO_3$	335.1288	16.91	$[M+H]^+$	336.1361	5	75.5	75.5	98.5	98.5

续表

序号	农药名称[a]	CAS 号	分子式	精确质量 (Da)	保留时间[b] (min)	MS 离子	碎片离子谱图库		化合物匹配得分			
							前级离子	主要碎片离子数[c]	TOF 溶剂标准[d]	TOF 基质标准[e]	Q-TOF 溶剂标准[f]	Q-TOF 基质标准[g]
96	Cloransulam-methyl	147150-35-4	$C_{15}H_{13}ClFN_5O_5S$	429.0310	7.87	$[M+H]^+$	430.0383	7	99.3	99.1	96.7	96.4
97	Clothianidin	210880-92-5	$C_6H_8ClN_5O_2S$	249.0087	3.61	$[M+H]^+$	250.0160	6	94	98.1	90.5	78.1
98	Coumaphos	56-72-4	$C_{14}H_{16}ClO_5PS$	362.0145	15.73	$[M+H]^+$	363.0218	11	98.8	98.4	79.8	79.1
99	Crotoxyphos	7700-17-6	$C_{14}H_{19}O_6P$	314.0919	9.82	$[M+NH_4]^+$	332.1257	4	95.8	94.3	85.1	83.1
100	Crufomate	299-86-5	$C_{12}H_{19}ClNO_3P$	291.0791	10.92	$[M+H]^+$	292.0864	8	99.1	99.2	89.1	88.8
101	Cumyluron	99485-76-4	$C_{17}H_{19}ClN_2O$	302.1186	10.96	$[M+H]^+$	303.1259	5	99.3	99.4	89.3	89.3
102	Cyanazine	21725-46-2	$C_9H_{13}ClN_6$	240.0890	5.32	$[M+H]^+$	241.0963	7	99.9	99.2	88.8	88.3
103	Cycloate	1134-23-2	$C_{11}H_{21}NOS$	215.1344	15.51	$[M+H]^+$	216.1417	8	99.3	97.2	91.3	91.2
104	Cyclosulfamuron	136849-15-5	$C_{17}H_{19}N_5O_6S$	421.1056	12.39	$[M+H]^+$	422.1129	6	97.8	97.6	95.5	95.4
105	Cycluron	8015-55-2	$C_{11}H_{22}N_2O$	198.1732	6.55	$[M+H]^+$	199.1805	5	96.4	96.4	95.7	95.7
106	Cyflufenamid	180409-60-3	$C_{20}H_{17}F_5N_2O_2$	412.1210	16.7	$[M+H]^+$	413.1283	8	99.4	98.4	86.9	89.8
107	Cyprazine	22936-86-3	$C_9H_{14}ClN_5$	227.0938	6.52	$[M+H]^+$	228.1011	9	86.9	99.1	94.7	95
108	**Cyproconazole**[7]	94361-06-5	$C_{15}H_{18}ClN_3O$	291.1138	9.41	$[M+H]^+$	292.1211	3	97.9	98.4	97.9	97.9
109	Cyprodinil	121552-61-2	$C_{14}H_{15}N_3$	225.1266	12.17	$[M+H]^+$	226.1339	15	91.6	97.4	96.3	94.4
110	Cyprofuram	69581-33-5	$C_{14}H_{14}ClNO_3$	279.0662	7.02	$[M+H]^+$	280.0735	2	96.6	89	93.7	93.4
111	Cyromazine	66215-27-8	$C_6H_{10}N_6$	166.0967	1.6	$[M+H]^+$	167.1040	15	93.2	93	98.9	92.4
112	Daminozide	1596-84-5	$C_6H_{12}N_2O_3$	160.0848	1.45	$[M+H]^+$	161.0921	3	91.2	94.7	68.2	61.7
113	Dazomet	533-74-4	$C_5H_{10}N_2S_2$	162.0285	3.06	$[M+H]^+$	163.0358	4	92.8	85.5	92.1	84.2
114	Demeton-S	126-75-0	$C_8H_{19}O_3PS_2$	258.0513	7.66	$[M+H]^+$	259.0586	1	99.5	99.7	95	94.9
115	Demeton-S-methyl	919-86-8	$C_6H_{15}O_3PS_2$	230.0200	5.4	$[M+Na]^+$	253.0092	2	99.7	95.5	98.1	93.7
116	Demeton-S-methyl sulfone	17040-19-6	$C_6H_{15}O_5PS_2$	262.0099	3.16	$[M+H]^+$	263.0171	7	97.8	99.2	96.9	96.6
117	Demeton-S-methyl sulfoxide	301-12-2	$C_6H_{15}O_4PS_2$	246.0149	2.74	$[M+H]^+$	247.0222	7	97.3	98.8	98.8	97.4
118	Desamino-metamitron	36993-94-9	$C_{10}H_9N_3O$	187.0746	3.28	$[M+H]^+$	188.0819	12	91.4	93.5	92.9	93.7
119	**Desethyl-sebuthylazine**[8]	37019-18-4	$C_7H_{12}ClN_5$	201.0781	4.6	$[M+H]^+$	202.0854	14	99.7	99.8	96.1	96

续表

序号	农药名称[a]	CAS 号	分子式	精确质量 (Da)	保留时间[b] (min)	MS 离子	碎片离子谱图库		化合物匹配得分			
							前级离子	主要碎片离子数[c]	TOF 溶剂标准[d]	TOF 基质标准[e]	Q-TOF 溶剂标准[f]	Q-TOF 基质标准[g]
120	Desisopropyl-atrazine	1007-28-9	$C_5H_8ClN_5$	173.0468	3.1	$[M+H]^+$	174.0541	14	93.4	98.4	88.5	89.3
121	**Desmedipham**[9]	13684-56-5	$C_{16}H_{16}N_2O_4$	300.1110	9.46	$[M+NH_4]^+$	318.1448	5	98.7	98.8	97.6	82
122	Desmethyl-pirimicarb	30614-22-3	$C_{10}H_{16}N_4O_2$	224.1273	3.3	$[M+H]^+$	225.1346	3	93.2	86.8	98.3	97.5
123	**Desmetryn**[10]	1014-69-3	$C_8H_{15}N_5S$	213.1048	5.47	$[M+H]^+$	214.1121	7	94.6	94.8	99	99
124	Dialifos	10311-84-9	$C_{14}H_{17}ClNO_4PS_2$	393.0025	16.61	$[M+H]^+$	394.0098	3	99.2	99.2	91.3	87
125	Diallate	2303-16-4	$C_{10}H_{17}Cl_2NOS$	269.0408	16.83	$[M+H]^+$	270.0481	5	99.6	97.3	84.8	77
126	Diazinon	333-41-5	$C_{12}H_{21}N_2O_3PS$	304.1011	15.05	$[M+H]^+$	305.1083	8	94.4	95.4	96.2	93.3
127	Dibutyl succinate	141-03-7	$C_{12}H_{22}O_4$	230.1518	14.33	$[M+H]^+$	231.1591	2	92.3	92.4	87.7	81.8
128	Dichlofenthion	97-17-6	$C_{10}H_{13}Cl_2O_3PS$	313.9700	17.75	$[M+H]^+$	314.9773	2	99.3	95.1	68.5	65.1
129	Diclobutrazol	75736-33-3	$C_{15}H_{19}Cl_2N_3O$	327.0905	11.8	$[M+H]^+$	328.0978	3	98.4	98.9	95.9	95.6
130	Diclosulam	145701-21-9	$C_{13}H_{10}Cl_2FN_5O_3S$	404.9865	8.35	$[M+H]^+$	405.9938	8	99	97.1	92.9	92.5
131	Dicrotophos	141-66-2	$C_8H_{16}NO_5P$	237.0766	3.16	$[M+H]^+$	238.0839	4	97.7	90.6	98.6	98.2
132	Diethatyl-ethyl	58727-55-8	$C_{16}H_{22}ClNO_3$	311.1288	13.99	$[M+H]^+$	312.1361	6	97.5	84.6	94.4	94.1
133	Diethofencarb	87130-20-9	$C_{14}H_{21}NO_4$	267.1471	9.73	$[M+H]^+$	268.1543	3	98.7	98.4	86.1	85.9
134	Diethyltoluamide	134-62-3	$C_{12}H_{17}NO$	191.1310	6.81	$[M+H]^+$	192.1383	2	88.6	88.3	96.6	96.5
135	Difenoconazole	119446-68-3	$C_{19}H_{17}Cl_2N_3O_3$	405.0647	14.7	$[M+H]^+$	406.0720	8	98.9	98.3	95.7	95.4
136	Difenoxuron	14214-32-5	$C_{16}H_{18}N_2O_3$	286.1317	7.15	$[M+H]^+$	287.1390	5	98.8	98.1	97.6	96.8
137	Dimefox	115-26-4	$C_4H_{12}FN_2OP$	154.0671	3.21	$[M+H]^+$	155.0744	3	84.6	99.5	93.1	94.4
138	Dimefuron	34205-21-5	$C_{15}H_{19}ClN_4O_3$	338.1146	8.23	$[M+H]^+$	339.1218	4	97	98.1	94.7	94.5
139	Dimepiperate	61432-55-1	$C_{15}H_{21}NOS$	263.1344	16.14	$[M+H]^+$	264.1417	2	98.2	99.2	96.5	96.3
140	Dimethachlor	50563-36-5	$C_{13}H_{18}ClNO_2$	255.1026	7.84	$[M+H]^+$	256.1099	5	99.2	99.7	94.7	94.6
141	**Dimethametryn**[11]	22936-75-0	$C_{11}H_{21}N_5S$	255.1518	11.35	$[M+H]^+$	256.1590	5	91.5	93.2	99	98.8
142	Dimethenamid	87674-68-8	$C_{12}H_{18}ClNO_2S$	275.0747	9.81	$[M+H]^+$	276.0820	4	99.8	99.2	92.8	92.9
143	**Dimethirimol**[12]	5221-53-4	$C_{11}H_{19}N_3O$	209.1528	3.72	$[M+H]^+$	210.1601	6	98.1	91.2	98.4	98.4

续表

序号	农药名称 [a]	CAS 号	分子式	精确质量 (Da)	保留时间 [b] (min)	MS 离子	碎片离子谱图库		化合物匹配得分			
							前级离子	主要碎片离子数 [c]	TOF 溶剂标准 [d]	TOF 基质标准 [e]	Q-TOF 溶剂标准 [f]	Q-TOF 基质标准 [g]
144	Dimethoate	60-51-5	$C_5H_{12}NO_3PS_2$	228.9996	3.9	$[M+H]^+$	230.0069	5	98.2	99.3	95.5	95.7
145	Dimethomorph	110488-70-5	$C_{21}H_{22}ClNO_4$	387.1237	8.97	$[M+H]^+$	388.1310	5	98.6	98.3	96.5	97.6
146	Diniconazole	83657-24-3	$C_{15}H_{17}Cl_2N_3O$	325.0749	13.14	$[M+H]^+$	326.0821	3	99.2	90.3	96	96.1
147	Dinitramine	29091-05-2	$C_{11}H_{13}F_3N_4O_4$	322.0889	15.1	$[M+H]^+$	323.0962	18	92.6	84.1	83.5	69.3
148	Dinotefuran	165252-70-0	$C_7H_{14}N_4O_3$	202.1066	2.41	$[M+H]^+$	203.1139	9	97.9	98.7	95	95.1
149	Diphenamid	957-51-7	$C_{16}H_{17}NO$	239.1310	8.08	$[M+H]^+$	240.1383	3	97.6	97.6	97.8	97.8
150	**Dipropetryn**[11]	4147-51-7	$C_{11}H_{21}N_5S$	255.1518	11.96	$[M+H]^+$	256.1590	9	97	89.4	99.4	99.5
151	Disulfoton sulfoxide	2497/7/6	$C_8H_{19}O_3PS_3$	290.0234	6.48	$[M+H]^+$	291.0307	6	99	98.6	98.3	98.3
152	Disulfoton-sulfone	2497/6/5	$C_8H_{19}O_4PS_3$	306.0183	8.67	$[M+H]^+$	307.0256	7	87	85.1	87.5	89.7
153	Ditalimfos	5131-24-8	$C_{12}H_{14}NO_4PS$	299.0381	7.5	$[M+H]^+$	300.0454	10	98.6	95.1	86.9	81.1
154	Dithiopyr	97886-45-8	$C_{15}H_{16}F_5NO_2S_2$	401.0543	17.32	$[M+H]^+$	402.0615	34	99	99.1	83.1	84.7
155	Diuron	330-54-1	$C_9H_{10}Cl_2N_2O$	232.0170	6.82	$[M+H]^+$	233.0243	3	99.6	99.6	94.3	93.9
156	Dodemorph	1593-77-7	$C_{18}H_{35}NO$	281.2719	6.26	$[M+H]^+$	282.2791	6	99	98.5	93.3	93
157	Drazoxolon	5707-69-7	$C_{10}H_8ClN_3O_2$	237.0305	12.33	$[M+H]^+$	238.0378	11	95.3	79.4	69.2	70.9
158	Edifenphos	17109-49-8	$C_{14}H_{15}O_2PS_2$	310.0251	13.66	$[M+H]^+$	311.0324	6	98.4	98.9	87.9	87.6
159	Emamectin	155569-91-8	$C_{49}H_{75}NO_{13}$	885.5238	17.81	$[M+H]^+$	886.5311	3	78.6	80	98.8	99.4
160	Epoxiconazole	106325-08-0	$C_{17}H_{13}ClFN_3O$	329.0731	11.36	$[M+H]^+$	330.0804	3	99.2	99.5	91.7	97.1
161	Esprocarb	85785-20-2	$C_{15}H_{23}NOS$	265.1500	17.3	$[M+H]^+$	266.1573	6	99.6	99.8	88.3	88.8
162	Etaconazole	71245-23-3	$C_{14}H_{15}Cl_2N_3O_2$	327.0541	10.91	$[M+H]^+$	328.0614	6	97.4	93	88.4	88.7
163	Ethametsulfuron-methyl	97780-06-8	$C_{15}H_{18}N_6O_6S$	410.1009	6.53	$[M+H]^+$	411.1081	3	98.2	97.8	99.1	98.6
164	Ethidimuron	30043-49-3	$C_7H_{12}N_4O_3S_2$	264.0351	3.7	$[M+H]^+$	265.0424	6	99.5	98.1	90	89.7
165	**Ethiofencarb**[13]	29973-13-5	$C_{11}H_{15}NO_2S$	225.0824	6.71	$[M+H]^+$	226.0896	4	84.9	85.3	95.8	96.9
166	**Ethiofencarb-sulfone**[14]	53380-23-7	$C_{11}H_{15}NO_4S$	257.0722	3.6	$[M+H]^+$	258.0795	2	99.5	84.5	96.3	88.8
167	**Ethiofencarb-sulfoxide**[15]	53380-22-6	$C_{11}H_{15}NO_3S$	241.0773	3.28	$[M+H]^+$	242.0845	3	99.8	94.4	98.4	97.5

续表

序号	农药名称[a]	CAS 号	分子式	精确质量 (Da)	保留时间[b] (min)	MS 离子	碎片离子谱图库		化合物匹配得分			
							前级离子	主要碎片离子数[c]	TOF 溶剂标准[d]	TOF 基质标准[e]	Q-TOF 溶剂标准[f]	Q-TOF 基质标准[g]
168	Ethion	563-12-2	$C_9H_{22}O_4P_2S_4$	383.9876	18.1	$[M+H]^+$	384.9949	5	99.1	97.9	89.4	89.9
169	Ethiprole	181587-01-9	$C_{13}H_9Cl_2F_3N_4OS$	395.9826	9.5	$[M+H]^+$	396.9899	6	99.2	99.8	91.4	91.6
170	**Ethirimol**[12]	23947-60-6	$C_{11}H_{19}N_3O$	209.1528	3.8	$[M+H]^+$	210.1601	6	95.8	92.7	97.7	97.6
171	Ethoprophos	13194-48-4	$C_8H_{19}O_2PS_2$	242.0564	11.07	$[M+H]^+$	243.0637	7	70.5	69.3	76.1	80.7
172	Ethoxyquin	91-53-2	$C_{14}H_{19}NO$	217.1467	11.02	$[M+H]^+$	218.1539	24	97.4	97	94.2	97.6
173	**Ethoxysulfuron**[16]	126801-58-9	$C_{15}H_{18}N_4O_7S$	398.0896	10.8	$[M+H]^+$	399.0969	4	98	98.8	96.8	97.1
174	Etobenzanid	79540-50-4	$C_{16}H_{15}Cl_2NO_3$	339.0429	15	$[M+H]^+$	340.0502	5	96.6	86.3	80.7	79.4
175	Etoxazole	153233-91-1	$C_{21}H_{23}F_2NO_2$	359.1697	18.3	$[M+H]^+$	360.1770	5	99.8	98.3	80.1	76.5
176	Etrimfos	38260-54-7	$C_{10}H_{17}N_2O_4PS$	292.0647	14.71	$[M+H]^+$	293.0719	6	98.9	99.1	90.2	72.1
177	Famphur	52-85-7	$C_{10}H_{16}NO_5PS_2$	325.0208	9.5	$[M+H]^+$	326.0280	7	95.9	76.7	90.3	90.2
178	Fenamidone	161326-34-7	$C_{17}H_{17}N_3OS$	311.1092	11.04	$[M+H]^+$	312.1165	8	99.3	99.4	94.8	94.8
179	Fenamiphos	22224-92-6	$C_{13}H_{22}NO_3PS$	303.1058	10.71	$[M+H]^+$	304.1131	6	99.7	99.4	96	96
180	Fenamiphos-sulfone	31972-44-8	$C_{13}H_{22}NO_5PS$	335.0956	5.74	$[M+H]^+$	336.1029	6	99.4	99.8	96	96
181	Fenamiphos-sulfoxide	31972-43-7	$C_{13}H_{22}NO_4PS$	319.1007	4.72	$[M+H]^+$	320.1079	14	99.2	98.9	96.7	96.8
182	Fenarimol	60168-88-9	$C_{17}H_{12}Cl_2N_2O$	330.0327	10.78	$[M+H]^+$	331.0399	10	95.2	99.2	93.7	93.5
183	Fenazaquin	120928-09-8	$C_{20}H_{22}N_2O$	306.1732	18.55	$[M+H]^+$	307.1805	3	87.8	91.7	96.6	96.1
184	Fenbuconazole	114369-43-6	$C_{19}H_{17}ClN_4$	336.1142	12.61	$[M+H]^+$	337.1214	3	99.4	99.7	96.1	96
185	**Fenfuram**[6]	24691-80-3	$C_{12}H_{11}NO_2$	201.0790	6.85	$[M+H]^+$	202.0863	2	99.8	99.6	96	96.6
186	Fenhexamid	126833-17-8	$C_{14}H_{17}Cl_2NO_2$	301.0636	11.3	$[M+H]^+$	302.0709	3	99.8	99.6	85.5	86.9
187	**Fenobucarb**[17]	3766-81-2	$C_{12}H_{17}NO_2$	207.1259	9.03	$[M+H]^+$	208.1332	5	87.7	88.8	77.1	89.9
188	Fenothiocarb	62850-32-2	$C_{13}H_{19}NO_2S$	253.1137	13	$[M+H]^+$	254.1209	2	98.5	92.4	92.3	91.4
189	Fenoxanil	115852-48-7	$C_{15}H_{18}Cl_2N_2O_2$	328.0745	14.13	$[M+H]^+$	329.0818	6	99.9	99.7	92.5	92.8
190	Fenoxaprop-ethyl	66441-23-4	$C_{18}H_{16}ClNO_5$	361.0717	16.8	$[M+H]^+$	362.0790	8	98.4	98.8	91	90.9
191	**Fenoxycarb**[18]	72490-01-8	$C_{17}H_{19}NO_4$	301.1314	13.1	$[M+H]^+$	302.1387	4	99.5	99.9	91.6	89.8

续表

序号	农药名称 [a]	CAS 号	分子式	精确质量 (Da)	保留时间 [b] (min)	MS 离子	碎片离子谱图库		化合物匹配得分			
							前级离子	主要碎片离子数 [c]	TOF 溶剂标准 [d]	TOF 基质标准 [e]	Q-TOF 溶剂标准 [f]	Q-TOF 基质标准 [g]
192	Fenpropidin	67306-00-7	$C_{19}H_{31}N$	273.2457	9.63	$[M+H]^+$	274.2529	9	97.1	98.6	97.6	97.7
193	Fenpropimorph	67564-91-4	$C_{20}H_{33}NO$	303.2562	9.55	$[M+H]^+$	304.2635	9	97	98.1	98.1	98.2
194	Fenpyroximate	134098-61-6	$C_{24}H_{27}N_3O_4$	421.2002	18.29	$[M+H]^+$	422.2074	2	98.6	99.3	97.5	97.3
195	Fensulfothion	115-90-2	$C_{11}H_{17}O_4PS_2$	308.0306	7.56	$[M+H]^+$	309.0379	9	98.3	99.8	89.8	89.1
196	Fenthion	55-38-9	$C_{10}H_{15}O_3PS_2$	278.0200	8.93	$[M+H]^+$	279.0273	12	98.7	97.9	82.8	78
197	Fenthion-oxon	6552/12/1	$C_{10}H_{15}O_4PS$	262.0429	4.19	$[M+H]^+$	263.0502	4	98.6	99.7	87	81.4
198	**Fenthion-oxon-sulfone**[19]	14086-35-2	$C_{10}H_{15}O_6PS$	294.0327	4.19	$[M+H]^+$	295.0400	5	75.4	95.3	67.2	95.1
199	Fenthion-oxon-sulfoxide	6552-13-2	$C_{10}H_{15}O_5PS$	278.0378	3.62	$[M+H]^+$	279.0451	10	98.5	99.8	87.2	80.3
200	Fenthion-sulfone	3761-42-0	$C_{10}H_{15}O_5PS_2$	310.0099	7.88	$[M+H]^+$	311.0172	12	99.1	97.2	79.4	67.1
201	Fenthion-sulfoxide	3761-41-9	$C_{10}H_{15}O_4PS_2$	294.0149	6.15	$[M+H]^+$	295.0222	12	97.5	98.5	95.7	95.6
202	Fentrazamide	158237-07-1	$C_{16}H_{20}ClN_5O_2$	349.1306	15.38	$[M+Na]^+$	372.1198	3	97.7	99.6	94.1	95.2
203	Fenuron	101-42-8	$C_9H_{12}N_2O$	164.0950	3.71	$[M+H]^+$	165.1022	2	88.1	97.8	96.6	96.8
204	Flamprop	58667-63-3	$C_{16}H_{13}ClFNO_3$	321.0568	7.85	$[M+H]^+$	322.0641	4	99.7	75	83.4	84.1
205	Flamprop-isopropyl	52756-22-6	$C_{19}H_{19}ClFNO_3$	363.1038	15.29	$[M+H]^+$	364.1110	6	94.1	92.8	82	84.1
206	Flamprop-methyl	52756-25-9	$C_{17}H_{15}ClFNO_3$	335.0725	12.32	$[M+H]^+$	336.0797	2	99.5	97.4	84.1	83.5
207	Flazasulfuron	104040-78-0	$C_{13}H_{12}F_3N_5O_5S$	407.0511	8.04	$[M+H]^+$	408.0584	3	94	97.2	95.8	92.4
208	Florasulam	145701-23-1	$C_{12}H_8F_3N_5O_3S$	359.0300	5.99	$[M+H]^+$	360.0373	2	99.5	99.7	93.1	91.4
209	Fluazifop	69335-91-7	$C_{15}H_{12}F_3NO_4$	327.0718	8.62	$[M+H]^+$	328.0791	7	99.4	99.4	68.9	71.7
210	Fluazifop-butyl	69806-50-4	$C_{19}H_{20}F_3NO_4$	383.1344	17.77	$[M+H]^+$	384.1417	5	98.3	98.9	99.1	99.1
211	Flucycloxuron	94050-52-9	$C_{25}H_{20}ClF_2N_3O_3$	483.1161	17.9	$[M+H]^+$	484.1234	2	96	96	84.1	85.1
212	Flufenacet	142459-58-3	$C_{14}H_{13}F_4N_3O_2S$	363.0665	13.24	$[M+H]^+$	364.0737	3	93.6	91.1	94.6	89.2
213	Flufenoxuron	101463-69-8	$C_{21}H_{11}ClF_6N_2O_3$	488.0362	17.9	$[M+H]^+$	489.0435	4	99.5	99.3	91.7	89.3
214	Flumequine	42835-25-6	$C_{14}H_{12}FNO_3$	261.0801	5.74	$[M+H]^+$	262.0874	3	96.4	98	96.5	96.7
215	Flumetsulam	98967-40-9	$C_{12}H_9F_2N_5O_2S$	325.0445	4.23	$[M+H]^+$	326.0518	2	97.9	99.2	96.5	94.8

续表

序号	农药名称[a]	CAS 号	分子式	精确质量 (Da)	保留时间[b] (min)	MS 离子	碎片离子谱图库		化合物匹配得分			
							前级离子	主要碎片离子数[c]	TOF 溶剂标准[d]	TOF 基质标准[e]	Q-TOF 溶剂标准[f]	Q-TOF 基质标准[g]
216	Flumiclorac-pentyl	87546-18-7	$C_{21}H_{23}ClFNO_5$	423.1249	17.62	$[M+NH_4]^+$	441.1587	8	98.7	99.8	94.4	93.9
217	Fluometuron	2164-17-2	$C_{10}H_{11}F_3N_2O$	232.0824	6.41	$[M+H]^+$	233.0896	2	99.5	99.8	94.8	91.2
218	Fluoroglycofen-ethyl	77501-90-7	$C_{18}H_{13}ClF_3NO_7$	447.0333	17.26	$[M+NH_4]^+$	465.0671	6	89.5	94.9	86.4	81.2
219	Fluquinconazole	136426-54-5	$C_{16}H_8Cl_2FN_5O$	375.0090	11.62	$[M+H]^+$	376.0163	9	99.1	98.1	80.8	80.9
220	Fluridone	59756-60-4	$C_{19}H_{14}F_3NO$	329.1028	9.3	$[M+H]^+$	330.1100	3	92	93	95.6	95.4
221	Flurochloridone	61213-25-0	$C_{12}H_{10}Cl_2F_3NO$	311.0092	13.15	$[M+H]^+$	312.0164	14	98.9	97.7	80.5	78
222	Flurtamone	96525-23-4	$C_{18}H_{14}F_3NO_2$	333.0977	10.04	$[M+H]^+$	334.1049	8	99.6	99.4	95.4	95.4
223	Flusilazole	85509-19-9	$C_{16}H_{15}F_2N_3Si$	315.1003	12.48	$[M+H]^+$	316.1076	11	90.7	68.6	96.7	97
224	Fluthiacet-methyl	117337-19-6	$C_{15}H_{15}ClFN_3O_3S_2$	403.0227	13.97	$[M+H]^+$	404.0300	25	99.4	98.2	85.8	85.8
225	Flutolanil	66332-96-5	$C_{17}H_{16}F_3NO_2$	323.1133	13.08	$[M+H]^+$	324.1206	8	99.7	98.7	94.2	94.5
226	Flutriafol	76674-21-0	$C_{16}H_{13}F_2N_3O$	301.1027	6.53	$[M+H]^+$	302.1099	4	97.7	99.4	96	95.8
227	Fonofos	994-22-9	$C_{10}H_{15}OPS_2$	246.0302	15.41	$[M+H]^+$	247.0375	3	99.4	93.5	81.8	84.6
228	Fosthiazate	98886-44-3	$C_9H_{18}NO_3PS_2$	283.0466	6.53	$[M+H]^+$	284.0538	3	98.6	98.8	94.8	94.8
229	Fuberidazole	3878-19-1	$C_{11}H_8N_2O$	184.0637	3.2	$[M+H]^+$	185.0709	7	85.9	89.3	99.2	98.9
230	**Furalaxyl**[18]	57646-30-7	$C_{17}H_{19}NO_4$	301.1314	9.51	$[M+H]^+$	302.1387	4	99.4	99.1	98.8	98.9
231	Furathiocarb	65907-30-4	$C_{18}H_{26}N_2O_5S$	382.1562	17.43	$[M+H]^+$	383.1635	6	98.1	97.2	87	87
232	Furmecyclox	60568-05-3	$C_{14}H_{21}NO_3$	251.1521	13.26	$[M+H]^+$	252.1594	9	98	97.7	96.3	96.3
233	Halosulfuron-methyl	100784-20-1	$C_{13}H_{15}ClN_6O_7S$	434.0412	10.03	$[M+H]^+$	435.0484	2	98	98.3	94.8	95.2
234	**Haloxyfop**[20]	69806-34-4	$C_{15}H_{11}ClF_3NO_4$	361.0329	12.06	$[M+H]^+$	362.0402	7	95.6	74.6	85.1	83.7
235	Haloxyfop-2-ethoxyethyl	87237-48-7	$C_{19}H_{19}ClF_3NO_5$	433.0904	17.21	$[M+H]^+$	434.0977	9	98.8	98.6	80.4	81
236	Haloxyfop-methyl	69806-40-2	$C_{16}H_{13}ClF_3NO_4$	375.0485	16.41	$[M+H]^+$	376.0558	6	99.1	98.8	97.3	95.1
237	Heptenophos	23560-59-0	$C_9H_{12}ClO_4P$	250.0162	7.23	$[M+H]^+$	251.0234	5	98.4	90.6	84.7	91.2
238	Hexaconazole	79983-71-4	$C_{14}H_{17}Cl_2N_3O$	313.0749	12.39	$[M+H]^+$	314.0821	3	98.4	97.9	95	94.7
239	Hexazinone	51235-04-2	$C_{12}H_{20}N_4O_2$	252.1586	4.78	$[M+H]^+$	253.1659	2	99.5	85.9	98.4	97.2

续表

序号	农药名称 [a]	CAS 号	分子式	精确质量 (Da)	保留时间 [b] (min)	MS 离子	碎片离子谱图库		化合物匹配得分			
							前级离子	主要碎片离子数 [c]	TOF 溶剂标准 [d]	TOF 基质标准 [e]	Q-TOF 溶剂标准 [f]	Q-TOF 基质标准 [g]
240	Hexythiazox	78587-05-0	$C_{17}H_{21}ClN_2O_2S$	352.1012	17.88	$[M+H]^+$	353.1085	8	99.5	95.6	87.7	80.2
241	Hydramethylnon	67485-29-4	$C_{25}H_{24}F_6N_4$	494.1905	18.57	$[M+H]^+$	495.1978	5	94.9	96.9	99.2	99.8
242	Imazalil	35554-44-0	$C_{14}H_{14}Cl_2N_2O$	296.0483	6.36	$[M+H]^+$	297.0556	13	91.3	90.7	96.3	96.1
243	Imazamethabenz-methyl	81405-85-8	$C_{16}H_{20}N_2O_3$	288.1474	4.97	$[M+H]^+$	289.1547	12	97	97.2	99	99
244	Imazamox	114311-32-9	$C_{15}H_{19}N_3O_4$	305.1376	3.8	$[M+H]^+$	306.1449	19	98	98.7	91.9	91.3
245	Imazapic	104098-48-8	$C_{14}H_{17}N_3O_3$	275.1270	3.85	$[M+H]^+$	276.1343	14	93.8	87.5	93.7	94.1
246	Imazapyr	81334-34-1	$C_{13}H_{15}N_3O_3$	261.1113	3.16	$[M+H]^+$	262.1186	14	97.2	97.3	95.1	95.5
247	Imazosulfuron	122548-33-8	$C_{14}H_{13}ClN_6O_5S$	412.0357	8	$[M+H]^+$	413.0429	10	99.3	99.6	93.6	93.8
248	Imibenconazole	86598-92-7	$C_{17}H_{13}Cl_3N_4S$	409.9927	16.59	$[M+H]^+$	410.9999	2	98.8	99.6	83.2	64.3
249	Imidacloprid	138261-41-3	$C_9H_{10}ClN_5O_2$	255.0523	3.79	$[M+H]^+$	256.0596	10	99.6	97.4	93.8	93.1
250	Inabenfide	82211-24-3	$C_{19}H_{15}ClN_2O_2$	338.0822	7.99	$[M+H]^+$	339.0895	5	97	96.4	97	96.7
251	Indoxacarb	144171-61-9	$C_{22}H_{17}ClF_3N_3O_7$	527.0707	16.77	$[M+H]^+$	528.0780	15	99.7	99.2	91.1	90.8
252	**Ipconazole**[22]	125225-28-7	$C_{18}H_{24}ClN_3O$	333.1608	14.47	$[M+H]^+$	334.1681	8	88.2	89.6	98.4	62.7
253	Iprobenfos	26087-47-8	$C_{13}H_{21}O_3PS$	288.0949	12.53	$[M+H]^+$	289.1022	4	99.4	99.6	97.4	97.6
254	Iprovalicarb	140923-17-7	$C_{18}H_{28}N_2O_3$	320.2100	10.67	$[M+H]^+$	321.2173	7	97.8	99.1	96.2	96.2
255	Isazofos	42509-80-8	$C_9H_{17}ClN_3O_3PS$	313.0417	13.81	$[M+H]^+$	314.0489	10	97.7	98.5	95.7	95.8
256	Isocarbamid	30979-48-7	$C_8H_{15}N_3O_2$	185.1164	3.68	$[M+H]^+$	186.1237	3	99.5	93.4	98.8	95.2
257	Isocarbophos	24353-61-5	$C_{11}H_{16}NO_4PS$	289.0538	8.84	$[M+Na]^+$	312.0430	4	99.9	98.5	94.2	96.4
258	Isofenphos	25311-71-1	$C_{15}H_{24}NO_4PS$	345.1164	16.65	$[M+Na]^+$	368.1056	9	94.7	85.6	89.2	98.8
259	Isofenphos-oxon	31120-85-1	$C_{15}H_{24}NO_5P$	329.1392	9.83	$[M+H]^+$	330.1465	4	98.8	99.4	96.8	96.4
260	Isomethiozin	57052-04-7	$C_{12}H_{20}N_4OS$	268.1358	13.53	$[M+H]^+$	269.1431	4	96.7	97	96.3	95.7
261	**Isoprocarb**[1]	2631-40-5	$C_{11}H_{15}NO_2$	193.1103	7.21	$[M+H]^+$	194.1176	2	97.3	97	88.8	87.9
262	Isopropalin	33820-53-0	$C_{15}H_{23}N_3O_4$	309.1689	18.91	$[M+H]^+$	310.1762	25	97.3	99	90.2	77.5
263	Isoprothiolane	50512-35-1	$C_{12}H_{18}O_4S_2$	290.0647	12.42	$[M+H]^+$	291.0719	5	97.7	99.7	92.2	92.4

续表

序号	农药名称[a]	CAS 号	分子式	精确质量 (Da)	保留时间[b] (min)	MS 离子	碎片离子谱图库		化合物匹配得分			
							前级离子	主要碎片离子数[c]	TOF 溶剂标准[d]	TOF 基质标准[e]	Q-TOF 溶剂标准[f]	Q-TOF 基质标准[g]
264	Isoproturon	34123-59-6	$C_{12}H_{18}N_2O$	206.1419	6.81	$[M+H]^+$	207.1492	3	97.3	97.9	98.4	96.9
265	Isouron	55861-78-4	$C_{10}H_{17}N_3O_2$	211.1321	5.14	$[M+H]^+$	212.1394	4	96	96.9	97.7	97.5
266	Isoxaben	82558-50-7	$C_{18}H_{24}N_2O_4$	332.1736	12.28	$[M+H]^+$	333.1809	3	97.3	97.8	95.3	95
267	Isoxadifen-ethyl	163520-33-0	$C_{18}H_{17}NO_3$	295.1208	14.61	$[M+H]^+$	296.1281	11	99.4	91.8	84.3	80
268	Isoxaflutole	141112-29-0	$C_{15}H_{12}F_3NO_4S$	359.0439	4.47	$[M+H]^+$	360.0512	4	99.9	71.4	88.5	98.2
269	Isoxathion	18854-01-8	$C_{13}H_{16}NO_4PS$	313.0538	16.37	$[M+H]^+$	314.0610	6	99.8	98.7	91.2	92.5
270	Kadethrin	58769-20-3	$C_{23}H_{24}O_4S$	396.1395	17.55	$[M+NH_4]^+$	414.1733	7	99	98.8	97.4	97.3
271	Karbutilate	4849-32-5	$C_{14}H_{21}N_3O_3$	279.1583	5.69	$[M+H]^+$	280.1656	3	98.7	97.3	96.7	96.6
272	Kresoxim-methyl	143390-89-0	$C_{18}H_{19}NO_4$	313.1314	14.43	$[M+H]^+$	314.1387	3	99.8	99	87.6	88
273	Lactofen	77501-63-4	$C_{19}H_{15}ClF_3NO_7$	461.0489	17.66	$[M+NH_4]^+$	479.0827	6	98.9	97.9	82	80.1
274	Linuron	330-55-2	$C_9H_{10}Cl_2N_2O_2$	248.0119	9.29	$[M+H]^+$	249.0192	11	71.7	84.2	92.3	92.3
275	Malaoxon	1634-78-2	$C_{10}H_{19}O_7PS$	314.0589	5.87	$[M+H]^+$	315.0662	4	98.6	98.3	97.4	97.2
276	Malathion	121-75-5	$C_{10}H_{19}O_6PS_2$	330.0361	12.74	$[M+H]^+$	331.0433	3	95.4	98	81.4	80.7
277	Mecarbam	2595-54-2	$C_{10}H_{20}NO_5PS_2$	329.0521	13.91	$[M+H]^+$	330.0593	5	94.9	98.2	85.9	86.1
278	Mefenacet	73250-68-7	$C_{16}H_{14}N_2O_2S$	298.0776	11.09	$[M+H]^+$	299.0849	5	96.9	98.2	94.2	94.4
279	Mefenpyr-diethyl	135590-91-9	$C_{16}H_{18}Cl_2N_2O_4$	372.0644	15.75	$[M+H]^+$	373.0716	5	98.2	98.4	98.8	98.8
280	Mepanipyrim	110235-47-7	$C_{14}H_{13}N_3$	223.1110	11.69	$[M+H]^+$	224.1182	26	73.5	72.6	93.7	96.6
281	Mephosfolan	950-10-7	$C_8H_{16}NO_3PS_2$	269.0309	5.00	$[M+H]^+$	270.0382	6	98.7	98.1	95.6	96.1
282	Mepiquat	7003-32-9	$C_7H_{15}N$	113.1205	0.81	$[M+H]^+$	114.1278	5	98.5	59.8	98.3	94.9
283	Mepronil	55814-41-0	$C_{17}H_{19}NO_2$	269.1416	12.41	$[M+H]^+$	270.1489	4	94.9	98.4	96.7	96.5
284	Mesosulfuron-methyl	208465-21-8	$C_{17}H_{21}N_5O_9S_2$	503.0781	6.88	$[M+H]^+$	504.0853	2	99.2	99.2	96.4	96.4
285	Metalaxyl	57837-19-1	$C_{15}H_{21}NO_4$	279.1471	6.84	$[M+H]^+$	280.1544	6	98.5	97.7	98.3	98.1
286	Metalaxyl-M	70630-17-0	$C_{15}H_{21}NO_4$	279.1471	6.88	$[M+H]^+$	280.1543	6	98	97.8	98.3	98.3
287	Metamitron	41394-05-2	$C_{10}H_{10}N_4O$	202.0855	3.57	$[M+H]^+$	203.0927	12	97.2	94.2	94.2	93.6

续表

序号	农药名称 [a]	CAS 号	分子式	精确质量 (Da)	保留时间 [b] (min)	MS 离子	碎片离子谱图库		化合物匹配得分			
							前级离子	主要碎片离子数 [c]	TOF 溶剂标准 [d]	TOF 基质标准 [e]	Q-TOF 溶剂标准 [f]	Q-TOF 基质标准 [g]
288	Metazachlor	67129-08-2	$C_{14}H_{16}ClN_3O$	277.0982	7.63	$[M+H]^+$	278.1055	6	97.9	98.6	99.1	98.9
289	Metconazole	125116-23-6	$C_{17}H_{22}ClN_3O$	319.1451	12.77	$[M+H]^+$	320.1524	2	95.4	95.9	95.1	95
290	Methabenzthiazuron	18691-97-9	$C_{10}H_{11}N_3OS$	221.0623	6.07	$[M+H]^+$	222.0696	3	99.3	99.4	89.9	92.4
291	Methamidophos	10265-92-6	$C_2H_8NO_2PS$	141.0013	1.68	$[M+H]^+$	142.0086	3	99.8	99.7	90.8	91
292	**Methiocarb**[13]	2032-65-7	$C_{11}H_{15}NO_2S$	225.0824	8.94	$[M+H]^+$	226.0896	4	98.3	96.7	91.8	91.9
293	**Methiocarb-sulfoxide**[15]	2635/10/1	$C_{11}H_{15}NO_3S$	241.0773	3.51	$[M+H]^+$	242.0845	3	97.8	98.3	98.2	97.8
294	**Methiocarb-sulfone**[14]	2179-25-1	$C_{11}H_{15}NO_4S$	257.0722	4.31	$[M+H]^+$	258.0795	5	93.8	98.6	74.9	74.4
295	**Methomyl**[22]	16752-77-5	$C_5H_{10}N_2O_2S$	162.0463	2.95	$[M+H]^+$	163.0536	3	99.4	99.9	82.8	82.4
296	Methoprotryne	841-06-5	$C_{11}H_{21}N_5OS$	271.1467	6.92	$[M+H]^+$	272.1540	8	94.1	98.3	96.1	95.9
297	Methoxyfenozide	161050-58-4	$C_{22}H_{28}N_2O_3$	368.2100	12.57	$[M+H]^+$	369.2173	4	97.6	96.2	93.4	93.2
298	Metobromuron	3060-89-7	$C_9H_{11}BrN_2O_2$	258.0004	7.2	$[M+H]^+$	259.0077	10	99.3	99.8	88.1	87.7
299	Metolachlor	51218-45-2	$C_{15}H_{22}ClNO_2$	283.1339	12.51	$[M+H]^+$	284.1412	4	98	99.4	97.9	97.6
300	Metolcarb	1129-41-5	$C_9H_{11}NO_2$	165.0790	5.15	$[M+H]^+$	166.0863	2	95.2	94.8	82.6	82.8
301	Metominostrobin-(*E*)	133408-50-1	$C_{16}H_{16}N_2O_3$	284.1161	8.05	$[M+H]^+$	285.1234	10	78	77.7	96.9	95.8
302	Metominostrobin-(*Z*)	133408-51-2	$C_{16}H_{16}N_2O_3$	284.1161	7.25	$[M+H]^+$	285.1234	3	97.8	99.6	89.4	71.4
303	Metosulam	139528-85-1	$C_{14}H_{13}Cl_2N_5O_4S$	417.0065	6.86	$[M+H]^+$	418.0138	5	99.5	98.4	94.5	94.5
304	Metoxuron	19937-59-8	$C_{10}H_{13}ClN_2O_2$	228.0666	4.7	$[M+H]^+$	229.0738	2	96.6	97.3	96.6	95.8
305	Metribuzin	21087-64-9	$C_8H_{14}N_4OS$	214.0888	5.4	$[M+H]^+$	215.0961	12	97.2	98.9	88.4	88.7
306	Metsulfuron-methyl	74223-64-6	$C_{14}H_{15}N_5O_6S$	381.0743	5.66	$[M+H]^+$	382.0816	2	98.9	98.7	96.8	95.5
307	Mevinphos	7786-34-7	$C_7H_{13}O_6P$	224.0450	3.67	$[M+H]^+$	225.0522	3	98.8	99.9	95.4	95.1
308	Mexacarbate	315-18-4	$C_{12}H_{18}N_2O_2$	222.1368	4.17	$[M+H]^+$	223.1441	4	84.7	83.9	94.1	93.9
309	Molinate	2212-67-1	$C_9H_{17}NOS$	187.1031	10.14	$[M+H]^+$	188.1104	5	90	91.9	91.9	90
310	Monocrotophos	6923-22-4	$C_7H_{14}NO_5P$	223.0610	2.88	$[M+H]^+$	224.0682	5	98.9	92.4	97.5	96.7
311	Monolinuron	1746-81-2	$C_9H_{11}ClN_2O_2$	214.0509	6.74	$[M+H]^+$	215.0582	9	99.7	99.1	92.2	88.2

续表

序号	农药名称 [a]	CAS 号	分子式	精确质量 (Da)	保留时间 [b] (min)	MS 离子	碎片离子谱图库		化合物匹配得分			
							前级离子	主要碎片离子数 [c]	TOF 溶剂标准 [d]	TOF 基质标准 [e]	Q-TOF 溶剂标准 [f]	Q-TOF 基质标准 [g]
312	Monuron	150-68-5	$C_9H_{11}ClN_2O$	198.0560	5.07	$[M+H]^+$	199.0633	2	96.2	97.7	81.3	83.1
313	Myclobutanil	88761-89-0	$C_{15}H_{17}ClN_4$	288.1142	10.75	$[M+H]^+$	289.1214	3	99.4	99.7	97	97.5
314	Naproanilide	52570-16-8	$C_{19}H_{17}NO_2$	291.1259	13.69	$[M+H]^+$	292.1332	10	90.5	92.6	96.3	95.8
315	Napropamide	15299-99-7	$C_{17}H_{21}NO_2$	271.1572	11.77	$[M+H]^+$	272.1645	11	98.6	97.7	98.3	98.5
316	Naptalam	132-66-1	$C_{18}H_{13}NO_3$	291.0895	5.59	$[M+H]^+$	292.0968	4	94	99.8	88	80.8
317	Neburon	555-37-3	$C_{12}H_{16}Cl_2N_2O$	274.0640	13.32	$[M+H]^+$	275.0712	4	99.8	99.3	91.7	91.9
318	Nitenpyram	150824-47-8	$C_{11}H_{15}ClN_4O_2$	270.0884	2.87	$[M+H]^+$	271.0956	37	96.8	98.6	94.9	94.8
319	Nitralin	4726-14-1	$C_{13}H_{19}N_3O_6S$	345.0995	14.42	$[M+H]^+$	346.1068	7	97.2	99.9	85.6	78.2
320	Norflurazon	27314-13-2	$C_{12}H_9ClF_3N_3O$	303.0386	7.24	$[M+H]^+$	304.0459	19	79.3	83.6	91.5	90.3
321	Nuarimol	63284-71-9	$C_{17}H_{12}ClFN_2O$	314.0622	8.27	$[M+H]^+$	315.0695	9	91.3	98.9	85.2	85.9
322	Octhilinone	26530-20-1	$C_{11}H_{19}NOS$	213.1187	11.41	$[M+H]^+$	214.1260	4	96.5	98.1	94.9	94.9
323	Ofurace	58810-48-3	$C_{14}H_{16}ClNO_3$	281.0819	6.8	$[M+H]^+$	282.0891	12	99.5	99.7	95.9	95.9
324	Omethoate	1113-02-6	$C_5H_{12}NO_4PS$	213.0225	2.17	$[M+H]^+$	214.0297	7	97.1	97.3	94.6	95.6
325	**Orbencarb**[23]	34622-58-7	$C_{12}H_{16}ClNOS$	257.0641	14.99	$[M+H]^+$	258.0714	6	99.5	89.2	93.3	88.5
326	Oxadixyl	77732-09-3	$C_{14}H_{18}N_2O_4$	278.1267	5.1	$[M+H]^+$	279.1339	4	98.9	98.9	96.6	96.4
327	Oxamyl	23135-22-0	$C_7H_{13}N_3O_3S$	219.0678	2.79	$[M+NH_4]^+$	237.1016	2	94.4	94.1	95.1	94.6
328	**Oxamyl-oxime**[22]	30558-43-1	$C_5H_{10}N_2O_2S$	162.0463	2.27	$[M+H]^+$	163.0536	2	99.8	96.4	89.8	73.2
329	Oxycarboxin	5259-88-1	$C_{12}H_{13}NO_4S$	267.0565	4.54	$[M+H]^+$	268.0638	2	99.7	99.4	92.7	87.8
330	**Oxyfluorfen**[20]	42874-03-3	$C_{15}H_{11}ClF_3NO_4$	361.0329	17.59	$[M+H]^+$	362.0402	18	96.3	95.5	68.6	69.8
331	Paclobutrazol	76738-62-0	$C_{15}H_{20}ClN_3O$	293.1295	8.9	$[M+H]^+$	294.1368	2	90.9	98.5	96.3	96.4
332	Paraoxon-ethyl	311-45-5	$C_{10}H_{14}NO_6P$	275.0559	7.21	$[M+H]^+$	276.0631	3	98.4	99.8	81.4	81.4
333	Paraoxon-methyl	950-35-6	$C_8H_{10}NO_6P$	247.0246	5.14	$[M+H]^+$	248.0318	7	98.9	99.4	83.8	73.3
334	Pebulate	1114-71-2	$C_{10}H_{21}NOS$	203.1344	15.47	$[M+H]^+$	204.1417	4	96.5	99.3	82.8	87.6
335	Penconazole	66246-88-6	$C_{13}H_{15}Cl_2N_3$	283.0643	12.66	$[M+H]^+$	284.0716	5	94.5	96.6	90.4	90.4

续表

序号	农药名称 [a]	CAS 号	分子式	精确质量 (Da)	保留时间 [b] (min)	MS 离子	碎片离子谱图库		化合物匹配得分			
							前级离子	主要碎片离子数 [c]	TOF 溶剂标准 [d]	TOF 基质标准 [e]	Q-TOF 溶剂标准 [f]	Q-TOF 基质标准 [g]
336	Pencycuron	66063-05-6	$C_{19}H_{21}ClN_2O$	328.1342	15.84	$[M+H]^+$	329.1415	6	98.2	99	95.2	95.5
337	Pentanochlor	2307-68-8	$C_{13}H_{18}ClNO$	239.1077	13.62	$[M+H]^+$	240.1150	7	97.9	86.4	80.1	81.9
338	**Phenmedipham**[9]	13684-63-4	$C_{16}H_{16}N_2O_4$	300.1110	9.4	$[M+H]^+$	301.1183	4	98.3	99.1	98.8	99
339	Phenthoate	2597/3/7	$C_{12}H_{17}O_4PS_2$	320.0306	15.1	$[M+H]^+$	321.0379	8	85.8	77.6	84.7	74.3
340	Phorate	298-02-2	$C_7H_{17}O_2PS_3$	260.0128	15.79	$[M+H]^+$	261.0201	8	98.2	98.8	89.1	96.4
341	Phorate-sulfone	2588/4/7	$C_7H_{17}O_4PS_3$	292.0027	8.72	$[M+H]^+$	293.0099	6	99.4	99.7	84.2	81.1
342	Phorate-sulfoxide	2588/3/6	$C_7H_{17}O_3PS_3$	276.0077	6.44	$[M+H]^+$	277.0150	7	97.7	98	97.7	97.6
343	Phosalone	2310-17-0	$C_{12}H_{15}ClNO_4PS_2$	366.9869	16.15	$[M+H]^+$	367.9941	5	99.7	99.4	84	82.5
344	Phosfolan	947-02-4	$C_7H_{14}NO_3PS_2$	255.0153	4.25	$[M+H]^+$	256.0226	7	99.1	96.8	96.9	96
345	Phosmet	732-11-6	$C_{11}H_{12}NO_4PS_2$	316.9945	10.41	$[M+H]^+$	318.0018	2	99.1	99.6	90.1	90.2
346	Phosmet-oxon	3735-33-9	$C_{11}H_{12}NO_5PS$	301.0174	4.81	$[M+H]^+$	302.0247	3	98.8	99.7	92.1	91
347	Phosphamidon	13171-21-6	$C_{10}H_{19}ClNO_5P$	299.0689	4.79	$[M+H]^+$	300.0762	9	98	97.4	96.7	96.7
348	**Phoxim**[24]	14816-18-3	$C_{12}H_{15}N_2O_3PS$	298.0541	16.14	$[M+H]^+$	299.0614	8	99.2	93.2	85.7	72.3
349	Picolinafen	137641-05-5	$C_{19}H_{12}F_4N_2O_2$	376.0835	17.18	$[M+H]^+$	377.0908	4	99.7	99	94.1	86.8
350	Picoxystrobin	117428-22-5	$C_{18}H_{16}F_3NO_4$	367.1031	14.81	$[M+H]^+$	368.1104	3	98	99.8	98.2	98.2
351	Piperonyl-butoxide	51-03-6	$C_{19}H_{30}O_5$	338.2093	17.2	$[M+NH_4]^+$	356.2431	2	97.5	97.7	98.5	98.5
352	Piperophos	24151-93-7	$C_{14}H_{28}NO_3PS_2$	353.1248	16.35	$[M+H]^+$	354.1321	7	97.6	97.8	98	97.7
353	Pirimicarb	23103-98-2	$C_{11}H_{18}N_4O_2$	238.1430	4.7	$[M+H]^+$	239.1503	3	94.1	98.3	99.3	99.2
354	Pirimicarb-desmethyl-formamido	27218-04-8	$C_{11}H_{16}N_4O_3$	252.1222	5.2	$[M+H]^+$	253.1295	2	96.9	96.8	94.6	95.3
355	Pirimiphos-ethyl	23505-41-1	$C_{13}H_{24}N_3O_3PS$	333.1276	17.97	$[M+H]^+$	334.1349	4	96.6	96.3	96	96
356	**Pirimiphos-methyl**[25]	29232-93-7	$C_{11}H_{20}N_3O_3PS$	305.0963	16.1	$[M+H]^+$	306.1036	9	97.7	99.1	96.5	96.4
357	Prallethrin	23031-36-9	$C_{19}H_{24}O_3$	300.1725	16.41	$[M+H]^+$	301.1798	8	96.2	98	80.2	77.6
358	**Pretilachlor**[5]	51218-49-6	$C_{17}H_{26}ClNO_2$	311.1652	16.34	$[M+H]^+$	312.1725	4	97.4	99.2	93.5	93.6
359	Primisulfuron-methyl	86209-51-0	$C_{15}H_{12}F_4N_4O_7S$	468.0363	12.07	$[M+H]^+$	469.0436	4	99.3	99.1	90	75.7

续表

序号	农药名称 [a]	CAS 号	分子式	精确质量 (Da)	保留时间 [b] (min)	MS 离子	碎片离子谱图库		化合物匹配得分			
							前级离子	主要碎片离子数 [c]	TOF 溶剂标准 [d]	TOF 基质标准 [e]	Q-TOF 溶剂标准 [f]	Q-TOF 基质标准 [g]
360	Prochloraz	67747-09-5	$C_{15}H_{16}Cl_3N_3O_2$	375.0308	13.57	$[M+H]^+$	376.0381	6	97.1	99.1	97	96.7
361	Profenofos	41198-08-7	$C_{11}H_{15}BrClO_3PS$	371.9351	16.29	$[M+H]^+$	372.9424	7	99.5	99.7	89.2	88.4
362	**Promecarb**[17]	2631-37-0	$C_{12}H_{17}NO_2$	207.1259	9.93	$[M+H]^+$	208.1332	3	86.3	98.9	98.3	98.7
363	**Prometon**[26]	1610-18-0	$C_{10}H_{19}N_5O$	225.1590	5.68	$[M+H]^+$	226.1662	6	93.8	95.3	99.3	99.2
364	**Prometryn**[27]	7287-19-6	$C_{10}H_{19}N_5S$	241.1361	9.25	$[M+H]^+$	242.1434	4	82	95.5	98.1	98
365	Pronamide	23950-58-5	$C_{12}H_{11}Cl_2NO$	255.0218	11.2	$[M+H]^+$	256.0291	6	99.9	99.6	86	85.6
366	Propachlor	1918-16-7	$C_{11}H_{14}ClNO$	211.0764	7.52	$[M+H]^+$	212.0837	5	97.4	99.7	95.9	96.1
367	Propamocarb	24579-73-5	$C_9H_{20}N_2O_2$	188.1525	2.3	$[M+H]^+$	189.1598	4	96.8	95.4	98.9	98.9
368	Propanil	709-98-8	$C_9H_9Cl_2NO$	217.0061	8.17	$[M+H]^+$	218.0134	6	92.4	91.6	89.6	85.7
369	Propaphos	7292-16-2	$C_{13}H_{21}O_4PS$	304.0898	13.3	$[M+H]^+$	305.0971	4	98	98.6	98.9	98.9
370	Propaquizafop	111479-05-1	$C_{22}H_{22}ClN_3O_5$	443.1248	17.06	$[M+H]^+$	444.1321	5	98.4	97.7	98.4	98
371	Propargite	2312-35-8	$C_{19}H_{26}O_4S$	350.1552	18.43	$[M+NH_4]^+$	368.1890	5	99	98.3	94.3	74.9
372	**Propazine**[28]	139-40-2	$C_9H_{16}ClN_5$	229.1094	8.24	$[M+H]^+$	230.1167	8	94.3	94.9	96.9	97
373	Propetamphos	31218-83-4	$C_{10}H_{20}NO_4PS$	281.0851	13.13	$[M+H]^+$	282.0923	4	97.2	98.6	85.7	76.4
374	Propiconazol	60207-90-1	$C_{15}H_{17}Cl_2N_3O_2$	341.0698	13.27	$[M+H]^+$	342.0771	5	97.7	97.4	91.9	92
375	Propisochlor	86763-47-5	$C_{15}H_{22}ClNO_2$	283.1339	14.47	$[M+H]^+$	284.1412	9	98.5	98.6	87.6	89.1
376	Propoxur	114-26-1	$C_{11}H_{15}NO_3$	209.1052	5.8	$[M+H]^+$	210.1125	4	90.3	96.4	95.7	95.5
377	**Propoxycarbazone**[16]	181274-15-7	$C_{15}H_{18}N_4O_7S$	398.0896	5.9	$[M+Na]^+$	421.0788	9	88.2	97.2	92.8	99.4
378	Prosulfocarb	52888-80-9	$C_{14}H_{21}NOS$	251.1344	16.67	$[M+H]^+$	252.1417	4	97.9	98.9	94.1	94.3
379	Prothoate	2275-18-5	$C_9H_{20}NO_3PS_2$	285.0622	7.97	$[M+H]^+$	286.0695	13	98.4	99.6	96.2	96.4
380	Pymetrozine	123312-89-0	$C_{10}H_{11}N_5O$	217.0964	2.2	$[M+H]^+$	218.1036	2	78.7	71.4	93.3	94.1
381	Pyraclofos	77458-01-6	$C_{14}H_{18}ClN_2O_3PS$	360.0464	14.8	$[M+H]^+$	361.0537	13	98.7	99	86.3	85.9
382	Pyraclostrobin	175013-18-0	$C_{19}H_{18}ClN_3O_4$	387.0986	15.55	$[M+H]^+$	388.1059	6	97	98.5	95.2	95.1
383	Pyraflufen-ethyl	129630-17-7	$C_{15}H_{13}Cl_2F_3N_2O_4$	412.0205	15.2	$[M+H]^+$	413.0277	12	99.5	99.9	87.2	86.9

续表

序号	农药名称[a]	CAS号	分子式	精确质量 (Da)	保留时间[b] (min)	MS离子	碎片离子谱图库		化合物匹配得分			
							前级离子	主要碎片离子数[c]	TOF 溶剂标准[d]	TOF 基质标准[e]	Q-TOF 溶剂标准[f]	Q-TOF 基质标准[g]
384	Pyrazolynate	58011-68-0	$C_{19}H_{16}Cl_2N_2O_4S$	438.0208	16	$[M+H]^+$	439.0281	7	99.5	99.4	93.8	92.6
385	Pyrazophos	13457-18-6	$C_{14}H_{20}N_3O_5PS$	373.0861	15.28	$[M+H]^+$	374.0934	6	95.7	93.1	92.9	93
386	Pyrazosulfuron-ethyl	93697-74-6	$C_{14}H_{18}N_6O_7S$	414.0958	9.8	$[M+H]^+$	415.1031	2	99.1	98.3	92.5	93.4
387	Pyrazoxyfen	71561-11-0	$C_{20}H_{16}Cl_2N_2O_3$	402.0538	14.06	$[M+H]^+$	403.0611	7	83.1	90.9	95.3	95
388	Pyributicarb	88678-67-5	$C_{18}H_{22}N_2O_2S$	330.1402	18	$[M+H]^+$	331.1475	7	98.1	99	99.2	99.2
389	Pyridaben	96489-71-3	$C_{19}H_{25}ClN_2OS$	364.1376	18.9	$[M+H]^+$	365.1449	7	94.4	98.1	91.5	91.6
390	Pyridalyl	179101-81-6	$C_{18}H_{14}Cl_4F_3NO_3$	488.968	20.31	$[M+H]^+$	489.9753	11	99.3	98.7	80.4	79.8
391	Pyridaphenthion	119-12-0	$C_{14}H_{17}N_2O_4PS$	340.0647	11.76	$[M+H]^+$	341.0720	5	98.3	98.9	94.1	94.5
392	Pyridate	55512-33-9	$C_{19}H_{23}ClN_2O_2S$	378.1169	19.7	$[M+H]^+$	379.1241	9	97.5	97.2	99.2	98.8
393	**Pyrifenox[19]**	88283-41-4	$C_{14}H_{12}Cl_2N_2O$	294.0327	9.14	$[M+H]^+$	295.0400	3	80.8	89.3	97.1	96.9
394	Pyrimethanil	53112-28-0	$C_{12}H_{13}N_3$	199.1110	7.85	$[M+H]^+$	200.1182	26	96.1	97.6	94.4	95.2
395	Pyrimidifen	105779-78-0	$C_{20}H_{28}ClN_3O_2$	377.1870	16.3	$[M+H]^+$	378.1943	4	89.8	97.8	98.2	98.2
396	Pyriminobac-methyl (*Z*)	147411-70-9	$C_{17}H_{19}N_3O_6$	361.1274	9.44	$[M+H]^+$	362.1347	3	98.8	99.4	94.3	88
397	**Pyrimitate[20]**	5221-49-8	$C_{11}H_{20}N_3O_3PS$	305.0963	14.9	$[M+H]^+$	306.1036	5	96.4	99.1	85.7	87.2
398	Pyriproxyfen	95737-68-1	$C_{20}H_{19}NO_3$	321.1365	17.59	$[M+H]^+$	322.1438	3	96.1	97.4	96.5	96.5
399	Pyroquilon	57369-32-1	$C_{11}H_{11}NO$	173.0841	4.99	$[M+H]^+$	174.0913	8	99.1	99.1	95.1	95.8
400	**Quinalphos[24]**	13593-03-8	$C_{12}H_{15}N_2O_3PS$	298.0541	14.13	$[M+H]^+$	299.0614	8	99.3	99.1	92.8	93.4
401	Quinclorac	84087-01-4	$C_{10}H_5Cl_2NO_2$	240.9697	4.1	$[M+H]^+$	241.9770	4	92.8	98.5	95.4	94.2
402	Quinoclamine	2797-51-5	$C_{10}H_6ClNO_2$	207.0087	5.24	$[M+H]^+$	208.0160	12	99.6	98.3	79	84.7
403	Quizalofop	76578-12-6	$C_{17}H_{13}ClN_2O_4$	344.0564	10.04	$[M+H]^+$	345.0637	22	99.6	99.8	79.8	79.9
404	Quizalofop-ethyl	76578-14-8	$C_{19}H_{17}ClN_2O_4$	372.0877	16.76	$[M+H]^+$	373.0950	14	99.3	98.6	96.7	96.8
405	Rabenzazole	40341-04-6	$C_{12}H_{12}N_4$	212.1062	6.61	$[M+H]^+$	213.1135	19	88.4	91.6	94.5	94.4
406	**Resmethrin[4]**	10453-86-8	$C_{22}H_{26}O_3$	338.1882	19.2	$[M+H]^+$	339.1955	5	87.7	96.7	69.2	74.4
407	Rimsulfuron	122931-48-0	$C_{14}H_{17}N_5O_7S_2$	431.0569	6.2	$[M+H]^+$	432.0642	6	99.4	99.5	67.1	64

续表

序号	农药名称 [a]	CAS 号	分子式	精确质量 (Da)	保留时间 [b] (min)	MS 离子	碎片离子谱图库		化合物匹配得分			
							前级离子	主要碎片离子数 [c]	TOF 溶剂标准 [d]	TOF 基质标准 [e]	Q-TOF 溶剂标准 [f]	Q-TOF 基质标准 [g]
408	Rotenone	83-79-4	$C_{23}H_{22}O_6$	394.1416	13.34	$[M+H]^+$	395.1489	15	98.3	98.5	94.7	81.6
409	**Sebutylazine**[28]	7286-69-3	$C_9H_{16}ClN_5$	229.1094	8.07	$[M+H]^+$	230.1167	14	95	97.5	97.2	97.1
410	**Secbumeton**[26]	26259-45-0	$C_{10}H_{19}N_5O$	225.159	5.59	$[M+H]^+$	226.1662	11	95.4	96.2	99	99
411	Sethoxydim	74051-80-2	$C_{17}H_{29}NO_3S$	327.1868	17.32	$[M+H]^+$	328.1941	5	96.4	97.1	98.6	97.5
412	**Simazine**[8]	122-34-9	$C_7H_{12}ClN_5$	201.0781	5.11	$[M+H]^+$	202.0854	10	98.3	99	92.5	92.4
413	Simeconazole	149508-90-7	$C_{14}H_{20}FN_3OSi$	293.1360	10.42	$[M+H]^+$	294.1433	4	92.6	92.6	97.9	96.9
414	Simeton	673-04-1	$C_8H_{15}N_5O$	197.1277	3.69	$[M+H]^+$	198.1350	12	91.9	90.5	94.6	96.1
415	**Simetryn**[10]	1014-70-6	$C_8H_{15}N_5S$	213.1048	5.53	$[M+H]^+$	214.1121	9	77.2	73	95.4	95.5
416	Spinosad	168316-95-8	$C_{41}H_{65}NO_{10}$	731.4609	15.02	$[M+H]^+$	732.4681	3	98.6	98.6	80.8	80.7
417	Spirodiclofen	148477-71-8	$C_{21}H_{24}Cl_2O_4$	410.1052	19.08	$[M+H]^+$	411.1124	7	99.3	98.5	92	91.9
418	Spiroxamine	118134-30-8	$C_{18}H_{35}NO_2$	297.2668	9.38	$[M+H]^+$	298.2741	4	84.7	80	99	99.1
419	Sulfallate	1995/6/7	$C_8H_{14}ClNS_2$	223.0256	14.77	$[M+H]^+$	224.0329	4	96.2	96.5	89.9	83
420	Sulfentrazone	122836-35-5	$C_{11}H_{10}Cl_2F_2N_4O_3S$	385.9819	6.51	$[M+NH_4]^+$	404.0157	5	99.4	99.2	84.6	84.5
421	Sulfotep	3689-24-5	$C_8H_{20}O_5P_2S_2$	322.0227	15.87	$[M+H]^+$	323.0300	9	98.8	99.2	81.4	73.9
422	Sulprofos	35400-43-2	$C_{12}H_{19}O_2PS_3$	322.0285	18.11	$[M+H]^+$	323.0358	9	98.5	99.5	84.3	71.3
423	Tebuconazole	107534-96-3	$C_{16}H_{22}ClN_3O$	307.1451	11.86	$[M+H]^+$	308.1524	3	92.2	96.2	93.3	88.8
424	Tebufenozide	112410-23-8	$C_{22}H_{28}N_2O_2$	352.2151	14.09	$[M+H]^+$	353.2224	3	99.3	99.1	94.6	94.4
425	**Tebufenpyrad**[21]	119168-77-3	$C_{18}H_{24}ClN_3O$	333.1608	16.8	$[M+H]^+$	334.1681	13	95	94.7	94.1	93.8
426	Tebupirimfos	96182-53-5	$C_{13}H_{23}N_2O_3PS$	318.1167	17.71	$[M+H]^+$	319.1240	5	98.7	98.8	98.1	98.2
427	Tebutam	35256-85-0	$C_{15}H_{23}NO$	233.1780	12.5	$[M+H]^+$	234.1852	2	98.8	98	98.3	98.2
428	Tebuthiuron	34014-18-1	$C_9H_{16}N_4OS$	228.1045	4.66	$[M+H]^+$	229.1118	2	94.5	95.8	98.5	98.7
429	Temephos	3383-96-8	$C_{16}H_{20}O_6P_2S_3$	465.9897	17.85	$[M+NH_4]^+$	484.0235	4	98.9	98.6	97.2	90.4
430	TEPP	107-49-3	$C_8H_{20}O_7P_2$	290.0684	4.7	$[M+H]^+$	291.0757	5	98.9	99.6	95.8	95
431	Tepraloxydim	149979-41-9	$C_{17}H_{24}ClNO_4$	341.1394	11.4	$[M+H]^+$	342.1467	8	99.1	97.3	92	88

续表

序号	农药名称[a]	CAS 号	分子式	精确质量(Da)	保留时间[b](min)	MS 离子	碎片离子谱图库		化合物匹配得分			
							前级离子	主要碎片离子数[c]	TOF 溶剂标准[d]	TOF 基质标准[e]	Q-TOF 溶剂标准[f]	Q-TOF 基质标准[g]
432	Terbucarb	1918/11/2	$C_{17}H_{27}NO_2$	277.2042	15.93	$[M+H]^+$	278.2115	5	99.8	99.3	95.8	95.3
433	Terbufos	13071-79-9	$C_9H_{21}O_2PS_3$	288.0441	17.56	$[M+H]^+$	289.0514	5	95.8	98.8	88.6	83
434	Terbufos-oxon- sulfone	56070-15-6	$C_9H_{21}O_5PS_2$	304.0568	5.29	$[M+H]^+$	305.0641	7	97.6	99.2	85.8	85.6
435	**Terbumeton**[26]	33693-04-8	$C_{10}H_{19}N_5O$	225.1590	5.94	$[M+H]^+$	226.1662	2	97.4	94.9	98.7	98.6
436	**Terbuthylazine**[28]	5915-41-3	$C_9H_{16}ClN_5$	229.1094	8.94	$[M+H]^+$	230.1167	3	95.8	97.9	97.2	97.3
437	**Terbutryne**[27]	886-50-0	$C_{10}H_{19}N_5S$	241.1361	9.53	$[M+H]^+$	242.1434	2	75	96.2	98.9	99
438	Tetrachlorvinphos	22248-79-9	$C_{10}H_9Cl_4O_4P$	363.8993	12.8	$[M+H]^+$	364.9065	3	99.4	99.2	86.2	82.9
439	Tetraconazole	112281-77-3	$C_{13}H_{11}Cl_2F_4N_3O$	371.0215	11.97	$[M+H]^+$	372.0288	5	98.4	99	86.9	87.6
440	Tetramethrin	7696-12-0	$C_{19}H_{25}NO_4$	331.1784	17.37	$[M+H]^+$	332.1856	9	96.1	96.3	84.8	85.1
441	Thenylchlor	96491-05-3	$C_{16}H_{18}ClNO_2S$	323.0747	13.11	$[M+H]^+$	324.0820	1	98.6	99.8	98.5	98.3
442	Thiabendazole	148-79-8	$C_{10}H_7N_3S$	201.0361	3.04	$[M+H]^+$	202.0433	6	96.1	94.5	98.3	98.2
443	Thiacloprid	111988-49-9	$C_{10}H_9ClN_4S$	252.0236	4.61	$[M+H]^+$	253.0309	4	97.8	99.6	87.2	87.1
444	Thiamethoxam	153719-23-4	$C_8H_{10}ClN_5O_3S$	291.0193	3.24	$[M+H]^+$	292.0266	6	98.1	99.4	91	90.9
445	Thiazafluron	25366-23-8	$C_6H_7F_3N_4OS$	240.0293	5.21	$[M+H]^+$	241.0365	2	99.8	87.1	78.2	75.7
446	Thiazopyr	117718-60-2	$C_{16}H_{17}F_5N_2O_2S$	396.0931	15.58	$[M+H]^+$	397.1004	22	98.5	99.5	90	90.2
447	Thidiazuron	51707-55-2	$C_9H_8N_4OS$	220.0419	4.9	$[M+H]^+$	221.0492	4	99.5	98.9	89.8	85.5
448	Thifensulfuron-methyl	79277-27-3	$C_{12}H_{13}N_5O_6S_2$	387.0307	5.41	$[M+H]^+$	388.0380	2	97.4	98.1	95.7	96
449	**Thiobencarb**[23]	28249-77-6	$C_{12}H_{16}ClNOS$	257.0641	15.32	$[M+H]^+$	258.0714	4	99.5	99.3	92.9	93
450	Thiodicarb	59669-26-0	$C_{10}H_{18}N_4O_4S_3$	354.049	5.89	$[M+H]^+$	355.0563	6	99.1	99.1	95	95.1
451	Thiofanox	39196-18-4	$C_9H_{18}N_2O_2S$	218.1089	6.59	$[M+Na]^+$	241.0981	4	96.2	89.7	89.2	82.9
452	Thiofanox-sulfone	39184-59-3	$C_9H_{18}N_2O_4S$	250.0987	4	$[M+H]^+$	251.1060	2	98.6	90.4	88.9	71
453	Thiofanox-sulfoxide	39184-27-5	$C_9H_{18}N_2O_3S$	234.1038	3.36	$[M+H]^+$	235.1111	3	93.8	94.6	92.3	91.9
454	Thionazin	297-97-2	$C_8H_{13}N_2O_3PS$	248.0385	8.2	$[M+H]^+$	249.0458	9	85.2	85.3	90	85.9
455	Thiophanate-ethyl	23564-06-9	$C_{14}H_{18}N_4O_4S_2$	370.0770	8.02	$[M+H]^+$	371.0842	4	97	98.7	96.4	96.6

续表

序号	农药名称 [a]	CAS 号	分子式	精确质量 (Da)	保留时间 [b] (min)	MS 离子	碎片离子谱图库		化合物匹配得分			
							前级离子	主要碎片离子数 [c]	TOF 溶剂标准 [d]	TOF 基质标准 [e]	Q-TOF 溶剂标准 [f]	Q-TOF 基质标准 [g]
456	Thiophanate-methyl	23564-05-8	$C_{12}H_{14}N_4O_4S_2$	342.0457	5.57	$[M+H]^+$	343.0529	7	98	99.3	95.6	95.8
457	Thiram	137-26-8	$C_6H_{12}N_2S_4$	239.9883	6.5	$[M+H]^+$	240.9956	4	97	95.9	93.4	71.8
458	Tiocarbazil	36756-79-3	$C_{16}H_{25}NOS$	279.1657	18.4	$[M+H]^+$	280.1730	4	96.8	99.2	94.4	94.4
459	Tolclofos-methyl	57018-04-9	$C_9H_{11}Cl_2O_3PS$	299.9544	15.79	$[M+H]^+$	300.9616	7	98.5	99.5	81.6	69
460	Tolfenpyrad	129558-76-5	$C_{21}H_{22}ClN_3O_2$	383.1401	17.04	$[M+H]^+$	384.1474	5	98.5	99.4	85.7	86.5
461	Tralkoxydim	87820-88-0	$C_{20}H_{27}NO_3$	329.1991	17.76	$[M+H]^+$	330.2064	7	98.5	99	89.2	89.4
462	Triadimefon	43121-43-3	$C_{14}H_{16}ClN_3O_2$	293.0931	11.33	$[M+H]^+$	294.1004	9	98.4	99	94	94.5
463	Triadimenol	55219-65-3	$C_{14}H_{18}ClN_3O_2$	295.1088	8.70	$[M+H]^+$	296.1160	2	98.1	98.5	93.9	94
464	Triallate	2303-17-5	$C_{10}H_{16}Cl_3NOS$	303.0018	18.19	$[M+H]^+$	304.0091	7	96.9	96.5	93.4	88.6
465	Triapenthenol	76608-88-3	$C_{15}H_{25}N_3O$	263.1998	11.56	$[M+H]^+$	264.2071	2	97.2	93.7	93.9	93.7
466	Triasulfuron	82097-50-5	$C_{14}H_{16}ClN_5O_5S$	401.0561	6.2	$[M+H]^+$	402.0633	3	98.7	98.5	96	95.7
467	Triazophos	24017-47-8	$C_{12}H_{16}N_3O_3PS$	313.0650	12.9	$[M+H]^+$	314.0723	2	95.1	98.5	89	88.5
468	Tribufos	78-48-8	$C_{12}H_{27}OPS_3$	314.0962	19	$[M+H]^+$	315.1035	4	97.7	99	96.7	96.6
469	Trichlorfon	52-68-6	$C_4H_8Cl_3O_4P$	255.9226	3.43	$[M+H]^+$	256.9299	5	99	93.8	86	67.7
470	Tricyclazole	41814-78-2	$C_9H_7N_3S$	189.0361	4.34	$[M+H]^+$	190.0433	5	97.1	96	93.5	93.6
471	Tridemorph	24602-86-6	$C_{19}H_{39}NO$	297.3032	15.39	$[M+H]^+$	298.3104	10	97.4	95.9	99.5	96.1
472	**Trietazine**[28]	1912-26-1	$C_9H_{16}ClN_5$	229.1094	11.51	$[M+H]^+$	230.1167	11	96.5	96.9	95.6	96.4
473	Trifloxystrobin	141517-21-7	$C_{20}H_{19}F_3N_2O_4$	408.1297	16.83	$[M+H]^+$	409.1370	5	97.6	98.1	99.2	98.9
474	Triflumizole	99387-89-0	$C_{15}H_{15}ClF_3N_3O$	345.0856	15.2	$[M+H]^+$	346.0928	5	96.1	98.9	98.6	94.3
475	Triflumuron	64628-44-0	$C_{15}H_{10}ClF_3N_2O_3$	358.0332	14.65	$[M+H]^+$	359.0405	5	99.9	99.1	89.6	85
476	Triflusulfuron-methyl	126535-15-7	$C_{17}H_{19}F_3N_6O_6S$	492.1039	12.1	$[M+H]^+$	493.1112	3	98.4	99	96.5	94.2
477	Tributyl phosphate	126-73-8	$C_{12}H_{27}O_4P$	266.1647	14.94	$[M+H]^+$	267.1720	4	99.3	98.2	98.8	98.9
478	Trinexapac-ethyl	95266-40-3	$C_{13}H_{16}O_5$	252.0998	7.68	$[M+H]^+$	253.1070	8	99.2	98.7	84.6	79.8
479	Triphenyl phosphate	115-86-6	$C_{18}H_{15}O_4P$	326.0708	15.11	$[M+H]^+$	327.0781	12	99.2	99.8	93.8	93.9

续表

序号	农药名称[a]	CAS 号	分子式	精确质量 (Da)	保留时间[b] (min)	MS 离子	碎片离子谱图库		化合物匹配得分			
							前级离子	主要碎片离子数[c]	TOF 溶剂标准[d]	TOF 基质标准[e]	Q-TOF 溶剂标准[f]	Q-TOF 基质标准[g]
480	Triticonazole	131983-72-7	$C_{17}H_{20}ClN_3O$	317.1295	9.5	$[M+H]^+$	318.1368	3	99.2	99.3	97.9	97.2
481	**Uniconazole**[7]	83657-22-1	$C_{15}H_{18}ClN_3O$	291.1138	10.73	$[M+H]^+$	292.1211	3	98.7	98.9	93.4	96
482	Vamidothion	2275-23-2	$C_8H_{18}NO_4PS_2$	287.0415	3.49	$[M+H]^+$	288.0488	2	97.1	96.9	98.3	98.3
483	Vamidothion sulfone	70898-34-9	$C_8H_{18}NO_6PS_2$	319.0313	2.97	$[M+H]^+$	320.0386	3	98.2	99.5	94	93.2
484	Vamidothion-sulfoxide	2300-00-9	$C_8H_{18}NO_5PS_2$	303.0364	2.54	$[M+H]^+$	304.0437	8	97.6	96.8	97	81.3
485	Zoxamide	156052-68-5	$C_{14}H_{16}Cl_3NO_2$	335.0247	15.1	$[M+H]^+$	336.0319	5	99.5	99.4	94.8	95.1

a. 农药名称粗体并且标记下划线，同时标有相同的数字序号，表明该类为同分异构体；

b. t_R: 标准溶液中分析物的保留时间；

c. 主要碎裂离子数: 碎片离子的数目（相对丰度超过 10%）；

d. 485 种农药标准溶液（250 μg/L）TOF 匹配得分；

e. 485 种农药苹果基质标准溶液（100 μg/kg）TOF 匹配得分；

f. 485 种农药标准溶液（250 μg/L）TOF 匹配得分；

g. 485 种农药苹果基质标准溶液（100 μg/kg）TOF 匹配得分

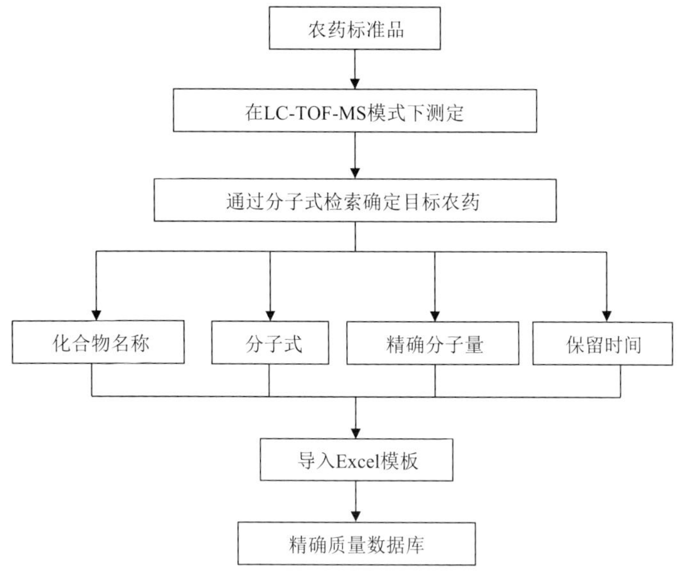

图 1-1　精确质量数据库建立流程图

对于碎片离子谱库，在采集界面输入农药母离子的精确质量数，保留时间和不同的碰撞能量（5~40 eV），对 485 种农药再次进样进行数据采集。数据先由化合物分子式进行检索，处理结果应与上文所述的识别标准相同（得分超过 90，精确质量偏差低于 5 ppm）；然后，采用目标化合物碎片离子提取对数据进行处理，并导出 CEF 文件；最后，将 CEF 文件导入 PCDL 软件中，与对应的农药信息相关联并保存。从中选择碎片离子信息较为丰富的 4 个碰撞能量下的碎片离子全扫描质谱图建立碎片离子谱库，用于精确质量数据库初筛结果的最终确认。流程图见图 1-2。

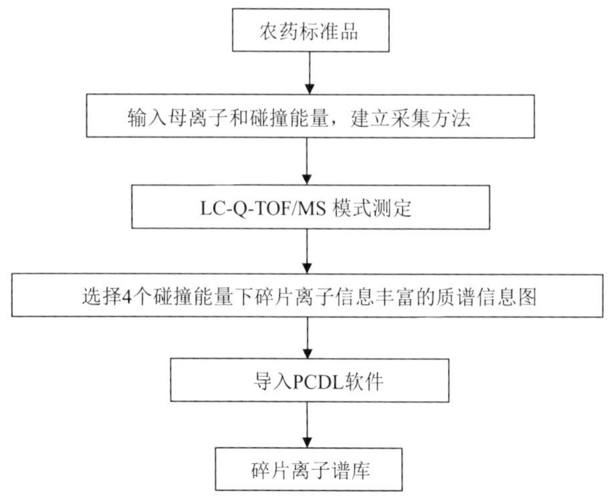

图 1-2　碎片离子库建立流程图

1.2.1.6　筛查方法

基于精确质量数据库和碎片离子谱库，采用 Qualitative Mass Hunter 软件对样品中的农药残留进行筛查，方法分为两个步骤：

（1）由精确质量数据库进行检索，在定性软件中调用已建立的精确质量数据库（CSV 文件），设置相应的检索参数：保留时间限定范围为±0.5 min，精确质量偏差为±10 ppm，离子化形式选择$[M+H]^+$，$[M+NH_4]^+$，$[M+Na]^+$模式，对数据进行检索。软件会根据化合物精确质量数、保留时间、同位素分布和比例的测定结果，计算其与理论值的偏差，给出检索匹配得分值，对于检索结果得分值≥70，则可初步确定该化合物为疑似农药。流程图见图 1-3A。

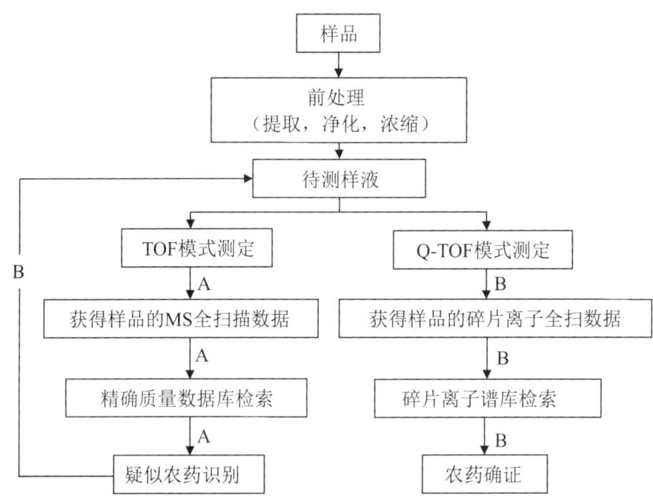

图 1-3　农药数据库检索流程图

（2）采用碎片离子谱库对精确质量数据库检索结果进行确证，在 Targeted MS/MS 采集模式下，输入疑似农药的母离子、保留时间和最佳的碰撞能量，由仪器测定，将测定结果在 Targeted MS/MS 模式下进行处理，调用处理后的结果在碎片离子谱库中检索，检索参数设置：匹配模式为反相匹配，并在镜像比较下观察匹配结果。其值≥70 即可确认该样品中含有该种农药。流程图见图 1-3B。

1.2.1.7　定量检测

根据农药在水果蔬菜中的最大残留限量（MRL）标准，配制 1.5 倍 MRL 的基质匹配标准溶液，采用单点外标法对目标物定量；当样品中检出目标物的浓度大于 2.25 倍 MRL 时，根据上述标准溶液估算目标物浓度，再配制一个与之相近浓度（偏差≤±50%）的基质匹配标准溶液对该目标物准确定量。

1.2.2　结果与讨论

1.2.2.1　前处理方法的评价

由于 LC-Q-TOF/MS 采用全扫描模式进行检测，其对样品的前处理提出了更高的要求。所以，本研究采用简单、快速、净化效果更好、灵敏度损失更低的 SPE 方法作为前处理方法。实验在苹果、葡萄、芹菜、番茄四种代表性基质中对 485 种农药分别进行 5 μg/kg、10 μg/kg 和 20 μg/kg 三个添加水平的回收率实验（n=5）。结果表明，在苹果、葡萄、芹菜、番茄基质中 485 种农药中可检出的农药满足添加回收率结果在 70%~120%且 RSD≤20%的数量分别占总数的 90.8%、92.2%、92.7%和 85.1%，添加回收率结果在 60%~130%且 RSD≤20%的数量分别为占总数的 92.2%、93.2%、93.8%和 87.4%，详细结果见附表 1-1。需要注意的是，某些化合物在特定基质中的灵敏度低或存在基质干扰，如 4 种基质中的 aminopyralid，苹果基质中的 bromophos-ethyl 等，没有回收率的数据结果。对于 87%以上的农药，SPE 前处理方法在不同基质中均取得了满意的回收率结果。

1.2.2.2　质谱条件优化

实验对液相色谱分离条件（流动相、梯度洗脱程序、色谱柱和柱温）进行了优化，485 种农药保留时间分布平均（20.1%的农药保留时间在 0~5 min，32.0%在 5~10 min，24.1%在 10~15 min，23.9%在 15 min 以后出峰）。并且部分同分异构化合物也得到有效区分，如 fenobucarb（9.03 min）和 promecarb（9.93 min）。此外，实验对不同空白基质样品（苹果、橘、葡萄、桃、芹菜、黄瓜、韭菜、生菜、番茄）进行全扫描检测，结果发现，除个别基质（韭菜、橘、生菜）存在一定干扰外，其他基质的干扰均被有效分离。相对于一些文献中报道的快速分离方法（低于 10 min），本研究采用的分离程序虽然一定程度上延长了检测时间（23 min），但目标化合物得到了充分分离，并且降低了基质干扰对质量精度和目标化合物响应的影响，从而提高了方法的灵敏度和准确性。

筛查方法采用 TOF 模式和 Q-TOF 模式对目标化合物进行测定。在 TOF 模式，实验对不同去簇电压（100~200 V）下农药化合物的响应进行了考察，结果发现在碎裂电压为 140 V 时，农药的响应最高，碎裂电压较低不利于离子的传输，而过高的碎裂电压引起化合物的源内碎裂。对于 Q-TOF 模式，则需确定化合物的母离子和碰撞能量。母离子的选择主要依据化合物不同离子化形式响应的高低。对于碰撞能量的选择，实验在不同碰撞能量（5~40 eV）下对农药的碎片离子进行全扫描，统计高于基峰响应 10%的碎片离子的个数，将其作为化合物的定性点，评价出含定性点最多的碰撞能量作为该化合物确证的最佳条件。实验结果表明在（5~20 eV）的碰撞能量下，定性点超过 10 的农药占总数的 85%，但也有少数农药由于本身结构的特点，需要施加较高的碰撞能量，如 fluridone，cyprodinil 等。485 种农药的最佳 CE 和主要产物离子数量（相对丰度大于或等于 10%，使用去簇电压 140 V 和最佳 CE）详见表 1-1。

1.2.2.3 精确质量数据库检索参数的优化

检索参数的设置包括精确质量数偏差、保留时间限定范围和离子化形式，这些检索参数的设置可以避免假阳性结果的产生，提高数据结果的准确性。

精确质量提取窗口的优化：实验分别采用标准溶液（250 μg/L）和苹果添加样品（100 μg/kg）对化合物的质量偏差进行探讨，结果发现在标准溶液中目标化合物的精确质量偏差≤10 ppm 为 100%，而在苹果添加样品中精确质量偏差≤10 ppm 占 99.4%，主要的偏差来自基质的干扰和仪器本身的波动，考虑到这些因素，精确质量数的偏差最终设置为 10 ppm。对于精确质量偏差≥10 ppm 的检测结果，则需进一步采用碎片离子谱库对其进行确认。

保留时间窗口的优化：通过化合物精确质量数，可以实现对检测目标物的初步认定。但在对复杂基质数百种目标化合物的侦测识别过程中，可能会在同一质量窗口内检出多个色谱峰，增加了假阳性结果产生的可能性，设置一个适当的保留时间窗口可以解决这个问题。例如，在苹果基质中，在同一质量窗口内出现了质量数与三唑醇（*m*/*z* 296.1158，RT 8.7 min）相当的基质干扰物离子，从而造成三唑醇的假阳性检出结果，这个干扰物离子的保留时间为 9.3 min，见图 1-4。同样的情况也出现在其他化合物的检测中。另外，对于分子式完全一样的同分异构化合物，仅依据精确质量数不能实现对其的有效区分和认定。因此，增加保留时间限定要素，可以解决上述存在的假阳性问题。实验在指定的色谱质谱条件下，对含有 485 种农药的苹果样品溶液进行 6 次重复测定，结果发现，485 种农药的色谱峰峰宽范围为 0.1~0.9 min，全部农药保留时间 6 次重复测定的标准偏差在 ±0.007 min 以内。考虑到保留时间窗口应该大于色谱峰最大半峰宽与标准偏差的和（0.45+0.007），因此，将保留时间识别窗口设置为±0.5 min。

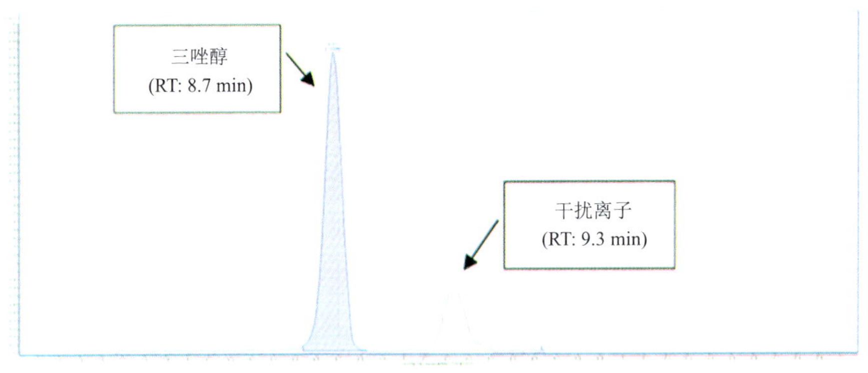

图 1-4 保留时间窗口设定对三唑醇定性识别的影响

离子化形式的优化：对于 LC-MS 检测，常见的离子化模式是$[M+H]^+$，$[M+NH_4]^+$，

$[M+Na]^+$。实验发现本次研究涉及的农药，其离子化形式以$[M+H]^+$为主，占总数的 95.5%。以$[M+NH_4]^+$和$[M+Na]^+$离子化形式为主的化合物分别占 2.9%和 1.6%，如 Butafenacil，Aldicarb 等。因此，同时选择$[M+H]^+$、$[M+NH_4]^+$、$[M+Na]^+$模式进行检索有利于避免假阴性结果。

1.2.2.4　筛查方法的准确性

为了确保精确质量数据库和碎片离子库的准确可靠，在确定的检测条件和检索条件的基础上，实验对 485 种农药在标准溶液（250 μg/L）和苹果基质匹配标准溶液（100 μg/kg）两种条件下精确质量数据库和碎片离子谱库的实验室内侦测准确度情况进行了考察。对于精确质量数据库，在标准溶液和苹果添加样品中得分≥70 的分别为 99.2%和 99.0%。而对于碎片离子谱库，在标准溶液和苹果添加样品中得分≥70 的分别为 98.1%和 97.3%。具体数据见表 1-1。结果表明精确质量数据库和碎片离子谱库准确可靠，可作为定性筛查的依据。

此外，对两个数据库在实验室间的侦测准确性也进行考察，实验涉及 6 个实验室，LC-Q-TOF/MS 型号包括安捷伦 1290-6530，1290-6540 和 1290-6550。实验在相同的色谱分离条件下（流动相，梯度洗脱程序，色谱柱和柱温）进行，96.4%以上的化合物保留时间标准偏差在±0.2 min 以内，不同仪器间保留时间没有明显差异。对于精确质量数据库，在标准溶液和苹果添加样品中，各实验室得分≥70 的结果均超过 97.4%，对于碎片离子库，≥70 的结果均超过 95.1%。通过实验室内部和实验室间验证，说明本方法建立的精确质量数据库和碎片离子库准确可靠，不仅可以在实验室内应用，也可在其他实验室同类型仪器上进行推广。

1.2.2.5　筛查方法的灵敏度

在过去的方法中，检出限（3 倍信噪比所对应化合物的浓度）、定量限（10 倍信噪比所对应化合物的浓度）被用于描述方法的灵敏度。但对于筛查方法，将目标化合物所能检测的最小浓度定义为筛查限（SDL）。本研究中，添加浓度为 1 μg/kg、5 μg/kg、10 μg/kg、50 μg/kg 和 100 μg/kg 的标准溶液，于四种空白水果蔬菜基质（苹果、葡萄、芹菜、番茄）中。在最佳筛查方法条件下，对于苹果、葡萄、芹菜、番茄四种基质进行筛查限的确定，筛查限在 10 μg/kg 以下的分别占 96.1%、95.1%、95.9%和 94.6%（详见附表 1-2）。总体来说，对于四种基质，94%以上的农药可在 10 μg/kg 及以下浓度进行检测，可以满足欧盟农药残留限量要求。

1.2.2.6　筛查中注意的问题

1.2.2.6.1　干扰离子的扣除

通过实验发现，90%以上的侦测结果能够通过数据库检索准确定性，但少数农药存在基质干扰的影响，因此，在数据处理过程中需要进行手动识别。对于碎片离子匹配得分＜70 的数据则需要进行手动背景扣除，然后对该数据再次进行检索。图 1-5 为芹菜中甲基硫菌灵背景扣除前后的镜像比对质谱图，实验发现在背景扣除前数据库检索结果为 66.7，背景中含有 59.0602 和 327.2002 两个干扰离子[见图 1-5（a）]，从而使碎片离子的比例发生改变，造成检索结果得分过低，扣除背景后两个离子的相对比例正常，检索结果得分提高为 80.4 [见图 1-5（b）]。因此，自动检索结合手动识别可以有效避免假阴性结果，提高检索方法的准确性。

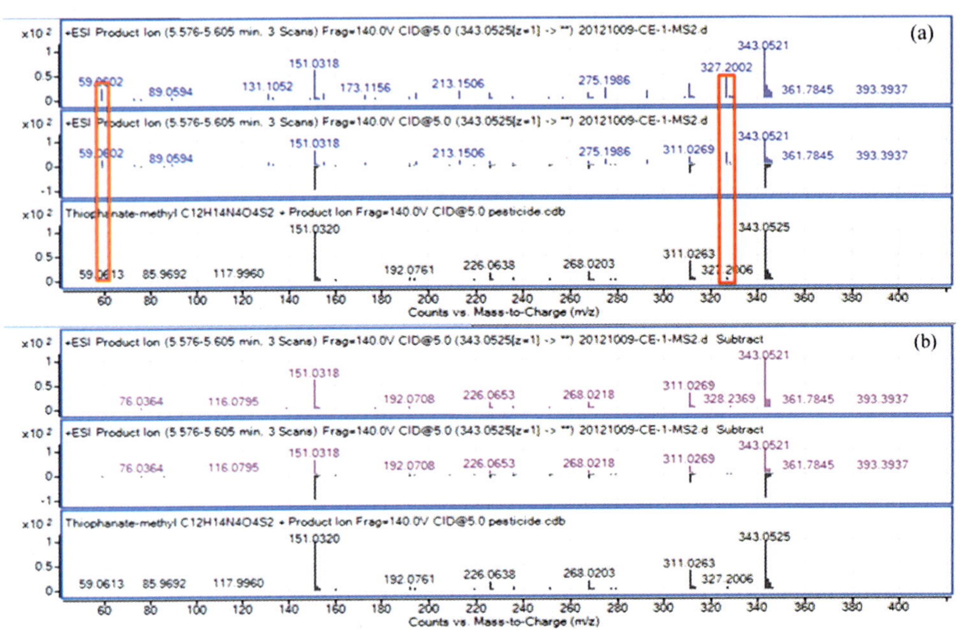

图 1-5　碎片离子谱库检索镜像比对质谱图

（a）扣除背景前；（b）扣除背景后

1.2.2.6.2　同分异构体的识别

对研究的 485 种农药进行分析后，发现其中有 28 组共 59 个同分异构化合物，对于这些同分异构化合物进行定性鉴别时主要分为三种情况：通过保留时间区分；通过不同的碎片离子区分；通过碎片离子的丰度区分。

（1）28 组同分异构体中，其中 16 组可以通过精确质量数据库检索中保留时间的限定（±0.5 min）来加以区分，例如 methomyl（2.95 min）和 oxamyl-oxime（2.27 min）。

（2）另外的 12 组同分异构体保留时间相近，只能通过碎片离子库进行比对鉴别。比如 phenmedipham 和 desmedipham，ethiofencarb sulfoxide 和 methiocarb sulfoxide 两组同分异构，由于其甲基位点不同，碎裂过程中产生了不同的碎片离子（表 1-2）。

（3）此外，实验中也发现某些同分异构化合物的碎片离子种类完全相同的情况，对此类化合物需要通过碎片离子的丰度进行区分。如同分异构体 ethirimol 和 dimethirimol

结构差异体现在乙氨基和二甲氨基上，但实验结果表明二者的碎片离子完全相同，二者的区别主要体现在碎片离子的丰度上，如表 1-3 所示。在黄瓜实际样品的筛查过程中也发现了类似的情况，精确质量数据库检索得到了 ethirimol 和 dimethirimol 两个结果，精确质量数据库检索得分分别为 91.4 和 87.1，因此不能通过精确质量数据库进行区分，所以进一步采用碎片离子谱库对这两种化合物进行鉴别。如图 1-6 所示，在同一 CE 条件下，由于离子相对丰度的差异，ethirimol 得分为 97.0，而 dimethirimol 得分为 72.0。通过以上碎片离子相对丰度的匹配最终确认黄瓜样品中检出的农药为 ethirimol。由此可见，碎片离子的种类和相对丰度对于化合物的鉴别起到重要的作用。

表 1-2　同分异构体通过不同碎片离子进行识别

序号	农药	分子式	t_R（min）	相同离子	特征离子
1	Phenmedipham	$C_{16}H_{16}N_2O_4$	9.40	136.0393	168.0655
	Desmedipham		9.46		182.0812,154.0498
2	Ethiofencarb sulfoxide	$C_{11}H_{15}NO_3S$	3.28	185.0631	107.0491,164.0706
	Methiocarb sulfoxide		3.51		122.0726,170.0396

表 1-3　碎片离子相对丰度的偏差鉴别同分异构体

农药	分子式	t_R（min）	CE	碎裂离子相同（相对丰度存在差异）
Ethirimol	$C_{11}H_{19}N_3O$	3.80	25	140.1067（100.0）; 210.1599（72.8）; 98.0605（70.2）; 70.0660（18.4）
Dimethirimol		3.71		140.1070（56.2）; 210.1600（100.0）; 98.0601（42.9）; 70.0655（12.3）

（a）
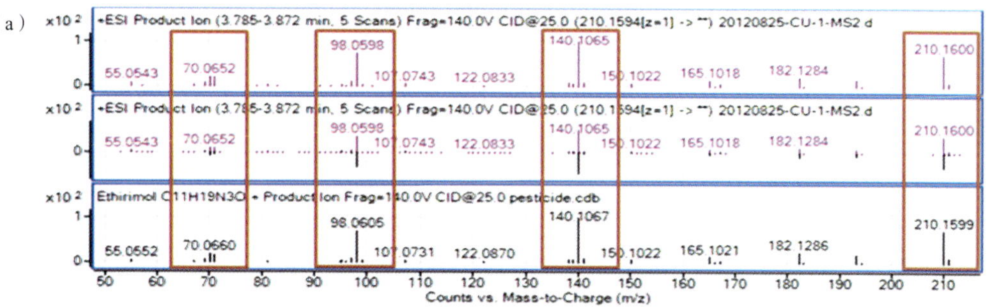

（b）
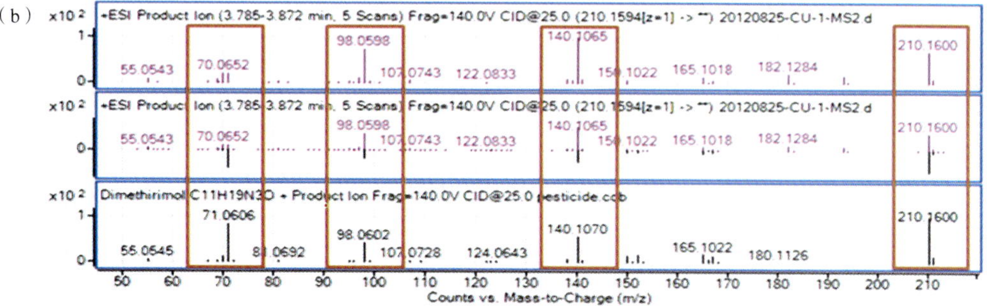

图 1-6　同分异构体检索镜像比对质谱图

（a）ethirimol；（b）dimethirimol

1.2.3　方法实践和应用

1.2.3.1　筛查应用

该技术研究成功后，进行方法的应用：2012~2015 年间，在全国范围内开展了水果蔬菜农药残留调查。通过 LC-Q-TOF/MS 对 31 个省会/直辖市（包括 284 个县）的 638 个采样点采集的 12551 例样品，146 种水果蔬菜样品进行了非靶向农药残留检测。统计结果显示，共发现农药 173 种，不同采样点农药残留检出率在 39.3%~88.0%之间。需要特别关注的是，某些样品中检测出高毒农药，如韭菜中检出氧乐果，黄瓜中检出克百威等。水果蔬菜中典型农药检测见图 1-7。

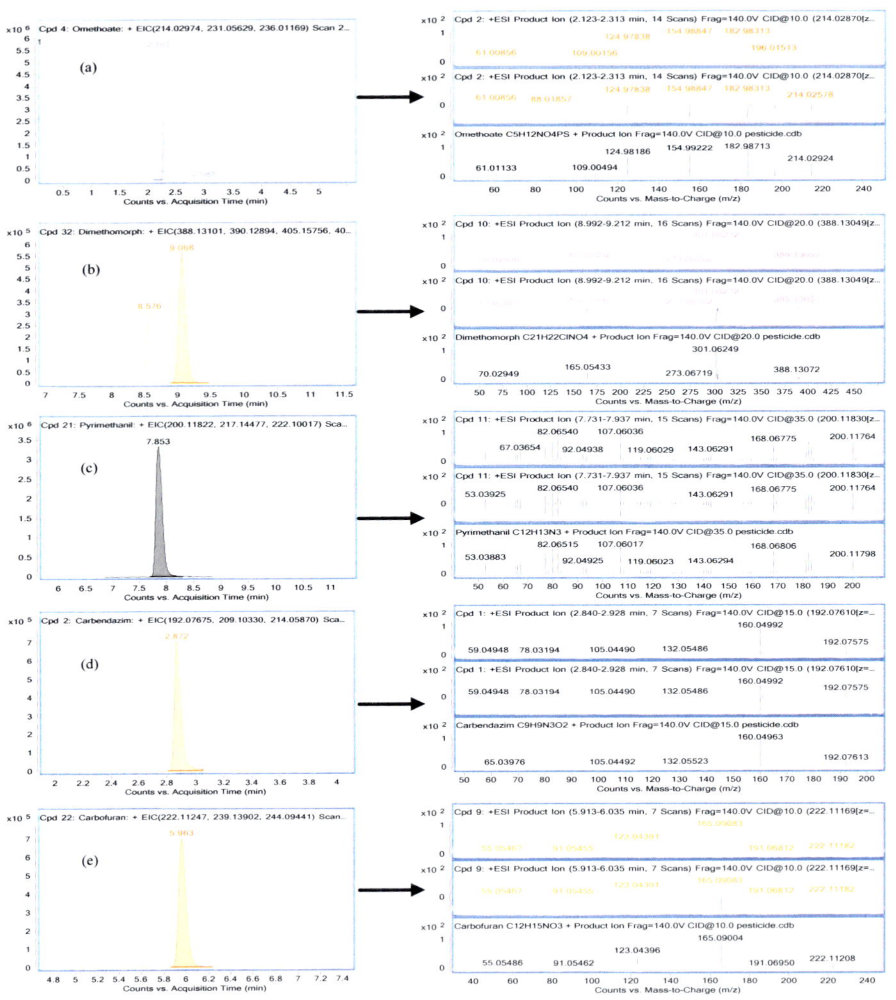

图 1-7　通过精确质量和碎片离子谱库搜索的水果蔬菜样品中农药的结果

（a）韭菜中的氧乐果；（b）葡萄中的烯酰吗啉；（c）芹菜中的嘧霉胺；（d）桃中的多菌灵；（e）黄瓜中的克百威

1.2.3.2　检出农药的功能分类

以 2012~2015 年间筛查的四个直辖市检测结果，进行举例分析。

北京市所有检出农药按功能分类，包括杀菌剂、杀虫剂、除草剂、植物生长调节剂、增效剂共 5 类。其中杀菌剂与杀虫剂为主要检出的农药类别，分别占总数的 45.7%和 40.7%。天津市所有检出农药按功能分类，包括杀菌剂、杀虫剂、除草剂、植物生长调节剂共 4 类。其中杀菌剂与杀虫剂为主要检出的农药类别，分别占总数的 49.2%和 36.1%。上海市所有检出农药按功能分类，包括杀菌剂、杀虫剂、除草剂、植物生长调节剂、驱避剂共 5 类。其中杀菌剂与杀虫剂为主要检出的农药类别，分别占总数的 46.4%和 39.3%。重庆市所有检出农药按功能分类，包括杀菌剂、杀虫剂、植物生长调节剂、除草剂共 4 类。其中杀菌剂与杀虫剂为主要检出的农药类别，分别占总数的 64.2%和 28.3%。结果如图 1-8 所示。

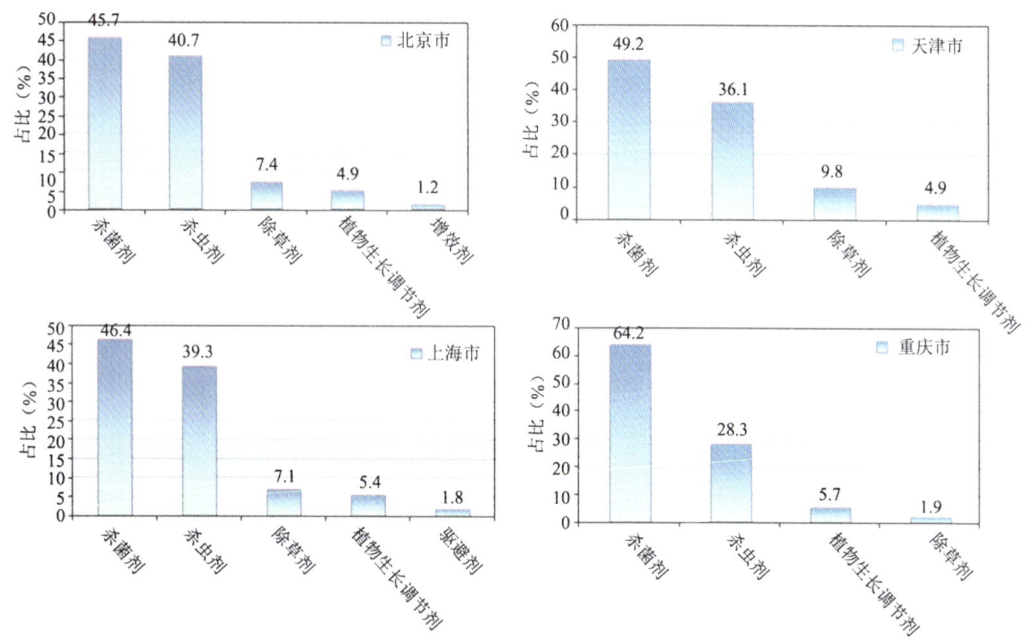

图 1-8　四个直辖市检出农药按功能分类及占比

1.2.3.3　检出农药的毒性类别、检出频次和超标频次及占比

北京市这次检出的 81 种 1847 频次的农药，按剧毒、高毒、中毒、低毒和微毒这五个毒性类别进行分类，从中可以看出，北京市目前普遍使用的农药为中低微毒农药，品种占 86.4%，频次占 96.6%。天津市这次检出的 61 种 670 频次的农药，按剧毒、高毒、中毒、低毒和微毒这五个毒性类别进行分类，从中可以看出，天津市目前普遍使用的农药为中低微毒农药，品种占 90.2%，频次占 95.7%。上海市这次检出的 56 种 709 频次的农药，按剧毒、高毒、中毒、低毒和微毒这五个毒性类别进行分类，从中可以看出，上海市目前普遍使用的农药为中低微毒农药，品种占 91.1%，频次占 97.3%。重庆市这次检出的 53 种 874 频次的农药，按剧毒、高毒、中毒、低毒和微毒这五个毒性类别进行

分类，从中可以看出，重庆市目前普遍使用的农药为中低微毒农药，品种占 96.2%，频次占 99.2%。结果如图 1-9 所示。

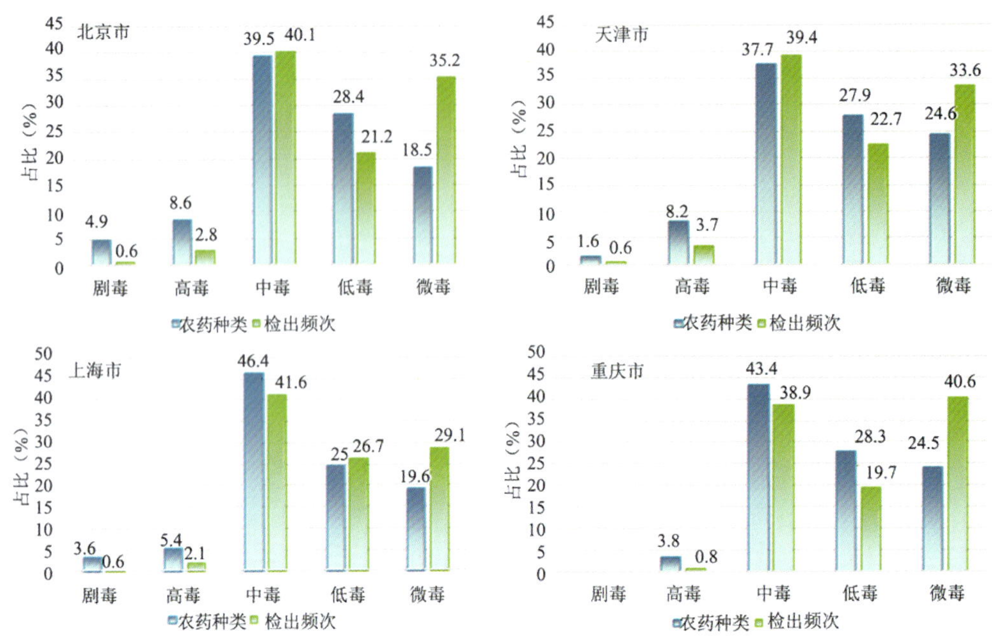

图 1-9　四个直辖市检出农药的毒性分类和占比

1.2.3.4　检出剧毒/高毒类农药的品种和频次

北京市在此次侦测的 893 例样品中有 12 种蔬菜 6 种水果的 58 例样品检出了 11 种 63 频次的剧毒和高毒农药，占样品总量的 6.5%。天津市在此次侦测的 533 例样品中有 1 种食用菌 9 种蔬菜 4 种水果的 29 例样品检出了 6 种 29 频次的剧毒和高毒农药，占样品总量的 5.4%。上海市在此次侦测的 521 例样品中有 10 种蔬菜 1 种水果的 18 例样品检出了 5 种 19 频次的剧毒和高毒农药，占样品总量的 3.5%。重庆市在此次侦测的 430 例样品中有 4 种蔬菜的 7 例样品检出了 2 种 7 频次的剧毒和高毒农药，占样品总量的 1.6%。结果如图 1-10 所示。

北京市在检出的剧毒和高毒农药中，有 9 种是我国早已禁止在果树和蔬菜上使用的，分别是：灭多威、克百威、氧乐果、特丁硫磷、灭线磷、涕灭威、甲拌磷、甲胺磷和治螟磷。天津市在检出的剧毒和高毒农药中，有 4 种是我国早已禁止在果树和蔬菜上使用的，分别是：灭多威、克百威、氧乐果和甲拌磷。上海市在检出的剧毒和高毒农药中，有 4 种是我国早已禁止在果树和蔬菜上使用的，分别是：克百威、氧乐果、涕灭威和甲拌磷。重庆市在检出的剧毒和高毒农药中，有 1 种是我国早已禁止在果树和蔬菜上使用的，为克百威。

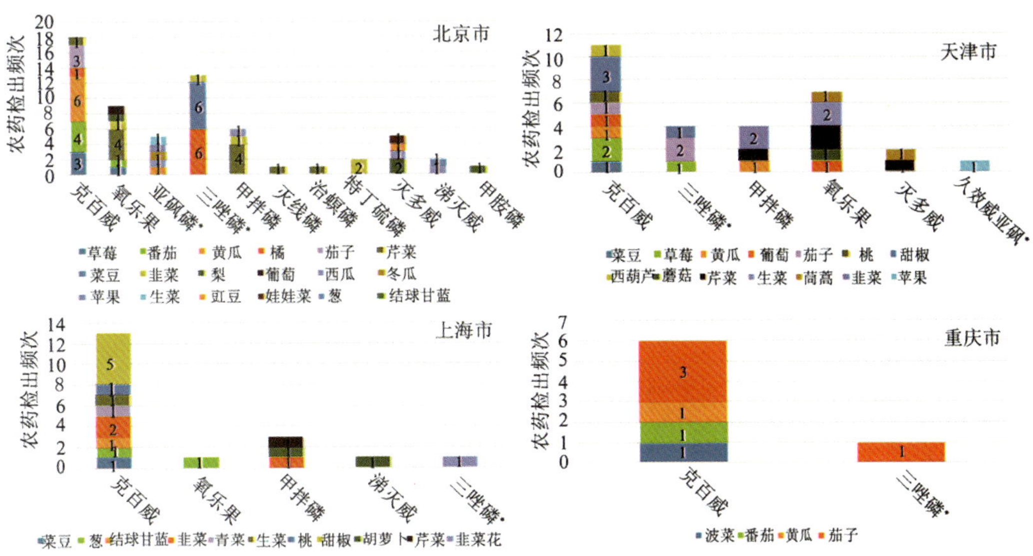

图 1-10　四个直辖市检出剧毒/高毒农药的样品情况

*表示允许在水果和蔬菜上使用的农药

1.2.3.5　水果蔬菜合格率

按照《食品安全国家标准　食品中农药最大残留限量》（GB 2763—2016）规定的农药最大残留限量标准，LC-Q-TOF/MS 检测的水果蔬菜样品合格率为 96.5%和 98.3%，见图 1-11，显示了我国水果蔬菜安全水平有基本保障。

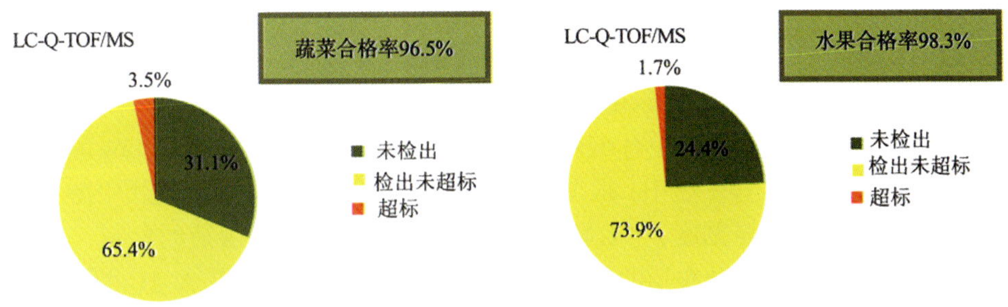

图 1-11　市售水果蔬菜农药残留安全水平

1.2.4　结论

用液相色谱-四极杆飞行时间质谱（LC-Q-TOF/MS）研究开发了 485 种农药的一级精确质量数据库和二级碎片离子的谱图库。在此基础上，为每一种农药都建立了一个自身独有的“电子身份证”（电子识别标准），突破了农药残留检测以电子标准取代农药实物标准作参比的传统鉴定方法，实现了农药残留由靶向检测向非靶向筛查的跨越式发展。实现了高速度（0.5 小时）、高通量（485 种以上）、高精度（0.0001 *m/z*）、高可靠性

（10 个确证点以上）、高度信息化、自动化和电子化。由于彻底解决靶向检测技术的弊端，分析速度和方法效能是传统方法和靶向检测技术不可想象的。其检测能力居国际领先地位，远远超过了目前美国、欧盟和日本农药残留检测技术的实力，从而可以大大提高农产品质量安全的保障能力。同时，检测的水果蔬菜种类覆盖范围达到 18 类 146 种，其中 85%属于国家 MRL 标准（GB 2763—2016）列明品种，紧扣国家标准反映市场真实情况。同时，节省了资源，减少了污染，完全达到了绿色发展、环境友好和清洁高效的要求。新技术示范农药残留大数据分析，发现了我国水果蔬菜农药残留的规律性特征。同时，也验证了这项新技术将成为我国食品安全监管前移的有力工具。

1.3　基于 GC-Q-TOF/MS 精确质量数据库和谱图库筛查水果蔬菜中 439 种农药化学污染物方法研究

1.3.1　实验部分

1.3.1.1　试剂和材料

所有农药标准物质的纯度≥95%购自 Dr. Ehrenstorfer（Ausburg, Germany）；单标储备溶液（1000 mg/L）由甲醇、乙腈或丙酮配制，所有标准溶液 4℃避光保存。色谱纯乙腈、甲苯和甲醇购自 Fisher Scientific （New Jersey, USA）；甲酸购自 Duksan Pure Chemicals（Ansan, Korea）；超纯水来自密理博超纯水系统（Milford, MA,USA），分析纯醋酸，NaCl，$MgSO_4$，Na_2SO_4，NH_4OAc 购自北京化学试剂厂（北京，中国）；SPE 柱（Sep-Pak Carbon/NH_2, 500 mg/6 cm^3）购自 Waters 公司（Milford, MA,USA）。

标准溶液的配制：①农药单标配制，准确称取 10 mg（精确至 0.01 mg）各种农药标准品分别置于 10 mL 容量瓶中，根据标准物的溶解性和测定的需要选用甲醇、甲苯或丙酮等溶剂溶解并定容至刻度，4℃避光保存。②农药混合标准溶液的配制，为了实现药物的更好分离，根据每种农药的化学性质和保留时间把农药分成 A~H 八组，每组混标含 50 余种农药，4℃避光保存。

1.3.1.2　仪器与设备

安捷伦 7890A-7200 气相色谱-四极杆飞行时间质谱仪（GC-Q-TOF/MS）（安捷伦科技公司，美国）；移液器（Eppendorf 公司，德国）；SR-2DS 水平振荡器（TAITEC 公司，日本）；低速离心机（安徽中科中佳科学仪器有限公司，中国）；N-EVAP112 氮吹仪（OA-SYS 公司，美国）；涡旋仪（AS ONE, TRIO TM-1N，日本）；8893 超声波清洗仪（Cole-Pamer 公司，美国）；TL-602L 电子天平（Mettler 公司，德国）。

1.3.1.3　样品制备

水果蔬菜样品购自本地市场。样品取可食部分切碎后，用搅拌机打碎，装进样品瓶，放入冰箱冷冻保存，待提取。

（1）提取：称取 10 g 试样（精确至 0.01 g）于 80 mL 离心管中，加入 40 mL 1%醋酸乙腈，用高速匀浆机（IKA, FJ200-S）15000 r/min 下，匀浆提取 1 min，加入 1 g 氯化钠，4 g 无水硫酸镁，振荡器（TAITEC, SR-2DS）振荡 5 min，在 4200 r/min 下离心 5 min（Zonkia, KDC-40），取上清液 20 mL 至鸡心瓶中，在 40℃水浴中旋转蒸发（Buchi, R-215）浓缩至约 2 mL，待净化。

（2）净化：在 Carbon/NH_2 柱中加入约 2 cm 高无水硫酸钠。先用 4 mL 乙腈-甲苯（3∶1，体积比）淋洗 SPE 柱，并弃去流出液，当液面到达硫酸钠的顶部时，迅速将样品浓缩液转移至净化柱上，下接 80 mL 鸡心瓶接收。每次用 2 mL 乙腈-甲苯（3∶1，体积比）洗涤样液瓶 3 次，并将洗涤液移入 SPE 柱中。在柱上加上 50 mL 贮液器，用 25 mL 乙腈-甲苯（3∶1，体积比）进行洗脱，在 40℃水浴中旋转浓缩至约 0.5 mL。将浓缩液置于氮气下吹干，加入 1 mL 正己烷经超声混匀定容，过 0.2 μm 滤膜至进样小瓶，供 GC-Q-TOF/MS 测定。

1.3.1.4　GC-Q-TOF/MS 分析

气相色谱柱为 VF-1701MS，30 m×0.25 mm（i.d.）×0.25 μm 质谱专用柱（安捷伦科技，美国）。程序升温过程：40℃保持 1 min，然后以 30℃/min 程序升温至 130℃，再以 5℃/min 升温至 250℃，再以 10℃/min 升温至 300℃，保持 5 min；载气：氦气，纯度≥99.999%，流速 1.2 mL/min；进样口温度：250℃；进样量：1 μL；进样方式：不分流进样。EI 源电压：70 eV；离子源温度：230℃；接口温度：290℃；溶剂延迟：6 min；一级 MS1 质量扫描范围 *m/z* 50~600，采集速率 2 spectrum/s；二级 MS2 质量扫描范围 *m/z* 50~400，采集速率 200 ms/spectrum；*m/z* 264 分辨率为 14000（FWHM）；环氧七氯用于校正保留时间；安捷伦 MassHunter 系列工作软件。

数据采集与处理通过 Agilent MassHunter Workstation Software，精确质量数据库由 Excel 2010 建立并保存为 CSV 格式，谱图库通过 Library Editor 软件建立。

1.3.1.5　数据库的建立

1.3.1.5.1　一级精确质量数据库建立过程

一级精确质量数据库是基于 TOF/MS 高分辨全谱数据采集（accurate-mass full-spectrum data）与窄质量窗口提取离子色谱图（nw-XICs）能力，所建立的对目标化合物进行自动筛选与匹配分析的数据库。一级精确质量数据库的建立实现了对全谱数据在指定条件的目标离子的分析并给出分析结果。一级精确质量数据库具体建库步骤如下：

①农药单标（1 μg/mL），按设定程序升温方式进样。②定性软件中打开目标农药原始

文件，通过 NIST 库与农药库确定目标农药，获得色谱峰保留时间。③软件中输入相关农药元素组成，通过软件对全扫精确质量碎片产生分子式，按照农药结构对 3~4 个特征离子分子式进行验证。④选择响应较高的 3~4 个碎片离子，通过软件计算其在失去一个电子下的理论质量。⑤记录相关信息，记录碎片分子式与理论质量。将每种农药的不同碎片按照丰度高低顺序编号-1，-2，-3，-4，作为目标离子。⑥将每个特征离子的名称、精确质量、保留时间和元素组成信息填入到 CSV 文件中，建立精确质量数据库。流程图见图 1-12。表 1-4 是部分 CSV 格式数据库形式。439 种农药数据库具体信息见表 1-5。

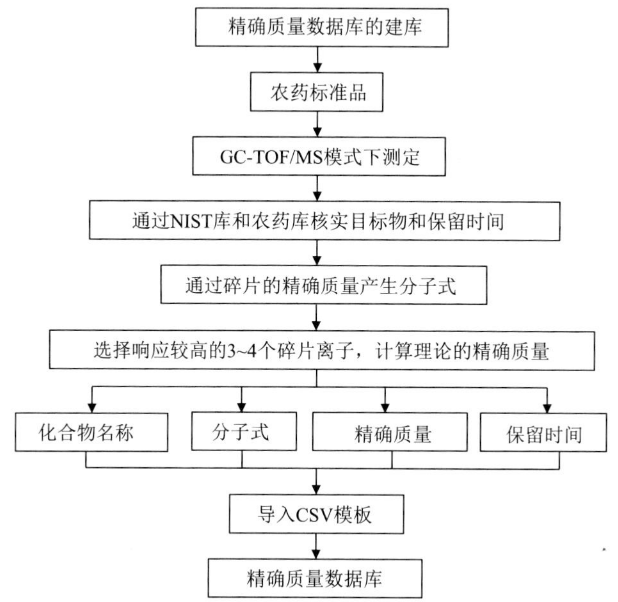

图 1-12 精确质量数据库建立流程图

表 1-4 部分 CSV 格式数据库

分子式	保留时间（min）	精确质量	化合物名称
$C_5\,[^{35}Cl]_4\,[^{37}Cl]$	27.05	236.8408	beta-Endosulfan-1
$C_7\,H_4\,[^{35}Cl]_3$	27.05	192.9373	beta-Endosulfan-2
$C_7\,H_6\,[^{35}Cl]_2$	27.05	159.9841	beta-Endosulfan-3
$C_9\,H_6\,[^{35}Cl]_4\,[^{37}Cl]\,O_3$	27.05	338.8725	beta-Endosulfan-4
$C_{13}\,H_9\,Cl_2$	25.14	235.0076	*o,p'*-DDD-1
$C_{13}\,H_9\,[^{35}Cl]\,[^{37}Cl]$	25.14	237.0046	*o,p'*-DDD-2
$C_{13}\,H_9$	25.14	165.0699	*o,p'*-DDD-3
$C_{13}\,H_8\,Cl$	25.14	199.0309	*o,p'*-DDD-4
$C_6H_3[^{35}Cl]_3[^{37}Cl]N$	14.17	230.8985	2,3,5,6-Tetrachloroaniline-1
$C_6H_3Cl_4N$	14.17	228.9014	2,3,5,6-Tetrachloroaniline-2
$C_6H_3[^{35}Cl]_2[^{37}Cl]_2N$	14.17	232.8955	2,3,5,6-Tetrachloroaniline-3

表 1-5　439 种农药化合物的数据库信息，包含 CAS 号、保留时间、三个主要特征离子精确质量

序号	农药名称	CAS 号	保留时间(min)	分子式	分子量	三个主要特征离子		
						精确质量 1	精确质量 2	精确质量 3
1	1-Naphthyl Acetamide	86-86-2	23.24	$C_{12}H_{11}NO$	185.08406	141.0699	142.0777	115.0542
2	1-Naphthylacetic acid	86-87-3	15.92	$C_{12}H_{10}O_2$	186.06808	141.0699	200.0832	115.0542
3	2,3,5,6-Tetrachloroaniline	3481-20-7	14.17	$C_6H_3Cl_4N$	228.90196	230.8985	228.9014	232.8955
4	2,4-DB	94-82-6	18.94	$C_{10}H_{10}Cl_2O_3$	248.0007	101.0597	59.0491	161.9634
5	2,4′-DDD	53-19-0	25.14	$C_{14}H_{10}Cl_4$	317.95366	235.0076	237.0046	165.0699
6	2,4′-DDE	3424-82-6	22.75	$C_{14}H_8Cl_4$	315.93801	245.9998	317.9345	315.9375
7	2,4′-DDT	789-02-6	25.67	$C_{14}H_9Cl_5$	351.91469	235.0076	237.0046	165.0699
8	2-Phenylphenol	90-43-7	12.67	$C_{12}H_{10}O$	170.07316	170.0726	169.0648	115.0542
9	3,4,5-Trimethacarb	2686-99-9	9.66	$C_{11}H_{15}NO_2$	193.11028	121.06479	136.08827	135.08044
10	3,5-Dichloroaniline	626-43-7	11.51	$C_6H_5Cl_2N$	160.9799	160.9794	162.9764	126.0105
11	3-Phenylphenol	580-51-8	18.32	$C_{12}H_{10}O$	170.07316	170.0726	141.0699	115.0542
12	4,4′-DDD	72-54-8	26.94	$C_{14}H_{10}Cl_4$	317.95366	235.0076	237.00497	165.06988
13	4,4′-Dibromobenzophenone	3988-03-2	25.77	$C_{13}H_8Br_2O$	337.89419	182.644	339.8916	258.9753
14	4-Bromo-3,5-Dimethylphenyl-*N*-Methylcarbamate	672-99-1	13.51	$C_{10}H_{12}BrNO_2$	257.00514	201.9811	199.9831	121.0648
15	4-Chloronitrobenzene	100-00-5	7.74	$C_6H_4ClNO_2$	156.99306	110.9996	75.02293	156.99251
16	Acenaphthene	83-32-9	10.94	$C_{12}H_{10}$	154.07825	153.0699	154.0777	152.0621
17	Acetochlor	34256-82-1	19.77	$C_{14}H_{20}ClNO_2$	269.11826	146.0964	162.0913	174.0913
18	Acibenzolar-*S*-methyl	135158-54-2	20.63	$C_8H_6N_2OS_2$	209.99215	180.9776	181.9855	166.962
19	Aclonifen	74070-46-5	27.53	$C_{12}H_9ClN_2O_3$	264.03017	264.02962	194.04746	212.05803
20	Akton	1757-18-2	23.49	$C_{12}H_{14}Cl_3O_3PS$	373.94668	282.9152	284.9125	338.9772
21	Alachlor	15972-60-8	20.13	$C_{14}H_{20}ClNO_2$	269.11826	160.1121	188.107	237.0915
22	Alanycarb	83130-01-2	13.77	$C_{17}H_{25}N_3O_4S_2$	399.12865	91.0542	106.06245	120.0781
23	Aldimorph	91315-15-0	17.94	$C_{18}H_{37}NO$	283.28751	128.10699	129.11012	70.06513

续表

序号	农药名称	CAS 号	保留时间(min)	分子式	分子量	三个主要特征离子		
						精确质量 1	精确质量 2	精确质量 3
24	Aldrin	309-00-2	19.53	$C_{12}H_8Cl_6$	361.87572	262.8564	264.8535	292.9267
25	Allethrin	584-79-2	22.63	$C_{19}H_{26}O_3$	302.18819	91.0542	123.1168	79.0542
26	Allidochlor	93-71-0	8.89	$C_8H_{12}ClNO$	173.06074	138.09134	56.04948	132.02107
27	alpha-Cypermethrin	67375-30-8	33.65	$C_{22}H_{19}Cl_2NO_3$	415.0742	181.06479	198.06753	169.06479
28	alpha-Endosulfan	959-98-8	23.14	$C_9H_6Cl_6O_3S$	403.81688	236.8407	159.9841	169.9684
29	alpha-HCH	319-84-6	16.12	$C_6H_6Cl_6$	287.86007	180.93731	182.93432	218.91099
30	Ametryn	834-12-8	20.48	$C_9H_{17}N_5S$	227.12047	227.11992	212.09644	170.04949
31	Amidosulfuron	120923-37-7	8.61	$C_9H_{15}N_5O_7S_2$	369.04129	154.0611	155.06893	126.06619
32	Aminocarb	2032-59-9	10.18	$C_{11}H_{16}N_2O_2$	208.12118	151.09917	150.09134	136.07569
33	Amitraz	33089-61-1	13.68	$C_{19}H_{23}N_3$	293.1892	120.0808	132.0808	162.1151
34	Ancymidol	12771-68-5	27.52	$C_{15}H_{16}N_2O_2$	256.12118	228.08933	107.02399	121.06479
35	Anilofos	64249-01-0	31.22	$C_{13}H_{19}ClNO_3PS_2$	367.02325	124.98224	226.04517	183.99822
36	Anthracene D10	1719-06-8	17.47	$C_{14}D_{10}$	188.14102	188.14047	189.14436	184.11227
37	Aramite	140-57-8	26.13	$C_{15}H_{23}ClO_4S$	334.10056	175.1117	185.00337	135.0804
38	Atraton	1610-17-9	17.00	$C_9H_{17}N_5O$	211.14331	196.11929	211.14276	169.09581
39	Atrazine	1912-24-9	18.08	$C_8H_{14}ClN_5$	215.09377	200.06975	215.09322	202.06706
40	Atrazine-desethyl	6190-65-4	17.03	$C_6H_{10}ClN_5$	187.06247	172.03845	187.06192	145.01497
41	Atrazine-desisopropyl	1007-28-9	17.06	$C_5H_8ClN_5$	173.04682	145.015	158.0228	173.0463
42	Azaconazole	60207-31-0	26.62	$C_{12}H_{11}Cl_2N_3O_2$	299.02283	216.98176	172.95555	218.97978
43	Azinphos-ethyl	2642-71-9	32.41	$C_{12}H_{16}N_3O_3PS_2$	345.03707	132.04439	77.03889	104.04948
44	Aziprotryne	4658-28-0	19.45	$C_7H_{11}N_7S$	225.07966	199.0886	184.0651	157.0417
45	Azoxystrobin	131860-33-8	38.04	$C_{22}H_{17}N_3O_5$	403.11682	344.10297	388.0928	329.07949
46	Beflubutamid	113614-08-7	24.79	$C_{18}H_{17}F_4NO_2$	355.11954	91.0559	176.1099	193.03
47	Benalaxyl	71626-11-4	27.82	$C_{20}H_{23}NO_3$	325.16779	148.1121	206.1176	176.107
48	Bendiocarb	22781-23-3	8.50	$C_{11}H_{13}NO_4$	223.08446	151.03897	126.03115	166.06245

续表

序号	农药名称	CAS 号	保留时间(min)	分子式	分子量	三个主要特征离子		
						精确质量 1	精确质量 2	精确质量 3
49	Benfluralin	1861-40-1	15.32	$C_{13}H_{16}F_3N_3O_4$	335.10929	292.0528	264.0227	276.05791
50	Benfuresate	68505-69-1	20.75	$C_{12}H_{16}O_4S$	256.07693	163.0754	121.0648	256.0764
51	Benodanil	15310-01-7	29.17	$C_{13}H_{10}INO$	322.98071	230.93013	202.93522	322.98016
52	Benoxacor	98730-04-2	19.63	$C_{11}H_{11}Cl_2NO_2$	259.01668	120.04439	259.01614	134.06004
53	Benzoximate	29104-30-1	13.14	$C_{18}H_{18}ClNO_5$	363.08735	213.01872	170.00033	197.99525
54	Benzoylprop-Ethyl	22212-55-1	29.73	$C_{18}H_{17}Cl_2NO_3$	365.05855	105.03349	77.03858	106.03591
55	beta-Endosulfan	33213-65-9	27.02	$C_9H_6Cl_6O_3S$	403.81688	236.8408	169.96846	159.9841
56	beta-HCH	319-85-7	20.68	$C_6H_6Cl_6$	287.86007	180.9373	182.9344	218.911
57	Bifenazate	149877-41-8	30.50	$C_{17}H_{20}N_2O_3$	300.14739	258.09989	196.07569	199.08659
58	Bifenox	42576-02-3	31.12	$C_{14}H_9Cl_2NO_5$	340.98578	340.9852	342.9823	309.9668
59	Bifenthrin	82657-04-3	28.80	$C_{23}H_{22}ClF_3O_2$	422.12604	181.1012	166.0777	182.10297
60	Bioresmethrin	28434-01-7	27.86	$C_{22}H_{26}O_3$	338.18819	123.11683	128.06205	143.08553
61	Bitertanol	55179-31-2	32.76	$C_{20}H_{23}N_3O_2$	337.17903	170.07262	169.06479	141.06988
62	Boscalid	188425-85-6	34.44	$C_{18}H_{12}Cl_2N_2O$	342.03267	139.9898	111.9949	342.0321
63	Bromfenvinfos	33399-00-7	24.84	$C_{12}H_{14}BrCl_2O_4P$	401.91901	266.93753	268.93573	172.95555
64	Bromfenvinfos-Methyl	13104-21-7	23.73	$C_{10}H_{10}BrCl_2O_4P$	373.88771	294.9693	296.967	172.9555
65	Bromobutide	74712-19-9	19.73	$C_{15}H_{22}BrNO$	311.08848	119.08553	120.08078	91.05423
66	Bromocyclen	1715-40-8	17.38	$C_8H_5BrCl_6$	389.77058	358.79423	356.79697	276.87123
67	Bromophos-Ethyl	4824-78-6	23.07	$C_{10}H_{12}BrCl_2O_3PS$	391.88052	302.84393	96.95076	300.84515
68	Bromophos-Methyl	2104-96-3	21.82	$C_8H_8BrCl_2O_3PS$	363.84922	330.87614	328.87982	332.87275
69	Bromopropylate	18181-80-1	29.69	$C_{17}H_{16}Br_2O_3$	425.94662	182.944	184.9416	260.97125
70	Bromoxynil octanoate	1689-99-2	27.78	$C_{15}H_{17}Br_2NO_2$	400.9626	127.1117	57.0699	109.1012
71	Bromuconazole	116255-48-2	31.07	$C_{13}H_{12}BrCl_2N_3O$	374.95408	172.95555	174.95193	294.90879
72	Bupirimate	41483-43-6	26.31	$C_{13}H_{24}N_4O_3S$	316.15691	208.14444	273.10159	193.14477
73	Buprofezin	69327-76-0	25.12	$C_{16}H_{23}N_3OS$	305.15618	105.0573	104.04948	77.03858

续表

序号	农药名称	CAS 号	保留时间(min)	分子式	分子量	三个主要特征离子		
						精确质量 1	精确质量 2	精确质量 3
74	Butachlor	23184-66-9	23.98	$C_{17}H_{26}ClNO_2$	311.16521	176.10699	160.11208	188.10699
75	Butafenacil	134605-64-4	33.96	$C_{20}H_{18}ClF_3N_2O_6$	474.08055	331.0065	179.98534	333.00543
76	Butamifos	36335-67-8	25.38	$C_{13}H_{21}N_2O_4PS$	332.09596	286.10251	200.01072	202.00861
77	Butralin	33629-47-9	22.07	$C_{14}H_{21}N_3O_4$	295.15321	266.11353	220.10805	224.06658
78	Cadusafos	95465-99-9	15.13	$C_{10}H_{23}O_2PS_2$	270.08771	158.96978	96.95076	157.96196
79	Cafenstrole	125306-83-4	34.45	$C_{16}H_{22}N_4O_3S$	350.14126	100.07569	72.04439	188.11822
80	Captan	133-06-2	24.70	$C_9H_8Cl_3NO_2S$	298.93413	78.94037	113.90923	79.05423
81	Carbaryl	63-25-2	14.62	$C_{12}H_{11}NO_2$	201.07898	144.05697	115.05423	116.06205
82	Carbofuran	1563-66-2	17.97	$C_{12}H_{15}NO_3$	221.10519	164.0832	149.0597	131.0491
83	Carbophenothion	786-19-6	27.67	$C_{11}H_{16}ClO_2PS_3$	341.97386	156.9873	96.9508	341.9733
84	Carboxin	5234-68-4	26.74	$C_{12}H_{13}NO_2S$	235.0667	143.01613	235.06615	86.98991
85	Chlorbenside	103-17-3	23.33	$C_{13}H_{10}Cl_2S$	267.98803	125.01525	127.0123	89.0386
86	Chlorbenside sulfone	7082-99-7	29.51	$C_{13}H_{10}Cl_2O_2S$	299.97786	125.0153	127.0123	89.0386
87	Chlorbufam	1967-16-4	18.30	$C_{11}H_{10}ClNO_2$	223.04001	152.9976	125.0022	90.0038
88	Chlordane	57-74-9	23.59	$C_{10}H_6Cl_8$	405.79777	370.8289	374.8222	376.8194
89	Chlorethoxyfos	54593-83-8	13.30	$C_6H_{11}Cl_4O_3PS$	333.89206	96.95076	153.01336	262.94598
90	Chlorfenapyr	122453-73-0	27.53	$C_{15}H_{11}BrClF_3N_2O$	405.96954	59.0491	247.0478	249.0037
91	Chlorfenethol	80-06-8	23.80	$C_{14}H_{12}Cl_2O$	266.02652	251.0025	138.99452	178.0777
92	Chlorfenprop-methyl	14437-17-3	13.79	$C_{10}H_{10}Cl_2O_2$	232.00578	165.0102	196.0286	125.0153
93	Chlorfenson	80-33-1	25.62	$C_{12}H_8Cl_2O_3S$	301.95712	174.9615	110.9996	301.9566
94	Chlorfenvinphos	470-90-6	23.35	$C_{12}H_{14}Cl_3O_4P$	357.96953	172.9555	266.9375	323.0001
95	Chlorflurenol-methyl	2536-31-4	24.38	$C_{15}H_{11}ClO_3$	274.03967	215.0258	152.0621	199.0309
96	Chlorobenzilate	510-15-6	26.45	$C_{16}H_{14}Cl_2O_3$	324.032	138.9945	215.0258	249.9947
97	Chloroneb	2675-77-6	11.79	$C_8H_8Cl_2O_2$	205.99013	190.9666	192.9638	205.9895
98	Chloropropylate	5836-10-2	26.21	$C_{17}H_{16}Cl_2O_3$	338.04765	138.9945	215.0258	249.9947

续表

序号	农药名称	CAS 号	保留时间(min)	分子式	分子量	三个主要特征离子		
						精确质量 1	精确质量 2	精确质量 3
99	Chlorothalonil	1897-45-6	19.96	$C_8Cl_4N_2$	263.88156	265.8781	267.8751	263.881
100	chlorotoluron	15545-48-9	6.87	$C_{10}H_{13}ClN_2O$	212.07164	132.0444	167.0132	104.0495
101	Chlorpropham	101-21-3	15.88	$C_{10}H_{12}ClNO_2$	213.05566	152.9976	125.0022	213.0551
102	Chlorpyrifos	2921-88-2	20.82	$C_9H_{11}Cl_3NO_3PS$	348.92628	96.9508	196.9196	198.9167
103	Chlorpyrifos-methyl	5598-13-0	19.30	$C_7H_7Cl_3NO_3PS$	320.89498	285.9256	287.9226	124.9821
104	Chlorsulfuron	64902-72-3	8.82	$C_{12}H_{12}ClN_5O_4S$	357.02985	110.0587	140.0693	69.0321
105	Chlorthal-dimethyl	1861-32-1	21.17	$C_{10}H_6Cl_4O_4$	329.90202	300.88016	298.88308	302.8773
106	Chlorthion	500-28-7	23.48	$C_8H_9ClNO_5PS$	296.96276	109.0049	296.9622	124.9821
107	Chlorthiophos	60238-56-4	26.73	$C_{11}H_{15}Cl_2O_3PS_2$	359.95773	268.92573	96.95076	324.98833
108	Chlozolinate	84332-86-5	23.91	$C_{13}H_{11}Cl_2NO_5$	331.00143	185.9872	316.9852	187.9842
109	Cinidon-ethyl	142891-20-1	39.66	$C_{19}H_{17}Cl_2NO_4$	393.05346	330.0528	358.0841	393.0529
110	*cis*-1,2,3,6-Tetrahydrophthalimide	1469-48-3	13.93	$C_8H_9NO_2$	151.06333	79.0542	151.0628	80.06205
111	*cis*-Permethrin	61949-76-6	31.73	$C_{21}H_{20}Cl_2O_3$	390.07895	183.0804	163.0076	127.0309
112	Clodinafop	114420-56-3	25.49	$C_{14}H_{11}ClFNO_4$	311.03606	238.0766	325.0512	266.0379
113	Clodinafop-propargyl	105512-06-9	28.20	$C_{17}H_{13}ClFNO_4$	349.05171	266.03786	238.00656	349.05117
114	Clomazone	81777-89-1	17.21	$C_{12}H_{14}ClNO_2$	239.07131	125.01525	204.10191	127.01191
115	Clopyralid	1702-17-6	11.54	$C_6H_3Cl_2NO_2$	190.95408	146.9637	173.9508	109.9792
116	Coumaphos	56-72-4	33.67	$C_{14}H_{16}ClO_5PS$	362.01446	362.01391	225.98498	96.95076
117	Crufomate	299-86-5	23.28	$C_{12}H_{19}ClNO_3P$	291.07911	169.04129	256.10971	182.0731
118	Cyanofenphos	13067-93-1	29.05	$C_{15}H_{14}NO_2PS$	303.04829	156.9871	141.01	169.0413
119	Cyanophos	2636-26-2	19.31	$C_9H_{10}NO_3PS$	243.0119	243.0114	109.00491	124.98206
120	Cycloate	1134-23-2	13.54	$C_{11}H_{21}NOS$	215.13439	154.12264	83.08553	55.05423
121	Cyfluthrin	68359-37-5	33.90	$C_{22}H_{18}Cl_2FNO_3$	433.06478	163.00758	206.06004	127.0309
122	Cypermethrin	52315-07-8	33.86	$C_{22}H_{19}Cl_2NO_3$	415.0742	181.0648	127.0309	163.0076
123	Cyphenothrin	39515-40-7	31.88	$C_{24}H_{25}NO_3$	375.18344	123.0068	81.0699	181.0648

续表

序号	农药名称	CAS 号	保留时间(min)	分子式	分子量	三个主要特征离子		
						精确质量 1	精确质量 2	精确质量 3
124	Cyprazine	22936-86-3	20.44	$C_9H_{14}ClN_5$	227.09377	212.06975	227.09322	170.0228
125	Cyproconazole	94361-06-5	27.80	$C_{15}H_{18}ClN_3O$	291.11384	222.04287	138.99452	125.01525
126	Cyprodinil	121552-61-2	22.17	$C_{14}H_{15}N_3$	225.1266	224.11822	225.12605	210.10257
127	Cyprofuram	69581-33-5	28.95	$C_{14}H_{14}ClNO_3$	279.06622	211.0395	69.0335	279.0657
128	DDT	50-29-3	27.55	$C_{14}H_9Cl_5$	351.91469	235.0076	237.0064	165.06988
129	delta-HCH	319-86-8	21.54	$C_6H_6Cl_6$	287.86007	180.9373	182.9341	218.911
130	Deltamethrin	52918-63-5	35.94	$C_{22}H_{19}Br_2NO_3$	502.97317	181.0848	252.9034	209.08352
131	Desethylterbuthylazine	30125-63-4	17.07	$C_7H_{12}ClN_5$	201.07812	186.0541	201.0776	188.0511
132	Desmetryn	1014-69-3	19.89	$C_8H_{15}N_5S$	213.10482	213.10427	198.08079	171.05732
133	Dialifos	10311-84-9	32.36	$C_{14}H_{17}ClNO_4PS_2$	393.00251	173.0471	208.0194	104.02615
134	Diallate	2303-16-4	14.73	$C_{10}H_{17}Cl_2NOS$	269.04079	234.0714	236.0684	108.9606
135	Dibutyl succinate	141-03-7	12.27	$C_{12}H_{22}O_4$	230.15181	101.02332	73.02841	157.08592
136	Dicapthon	2463-84-5	22.87	$C_8H_9ClNO_5PS$	296.96276	261.9934	216.0005	124.9821
137	Dichlobenil	1194-65-6	9.82	$C_7H_3Cl_2N$	170.96425	170.9637	172.9608	135.9944
138	Dichlofenthion	97-17-6	18.84	$C_{10}H_{13}Cl_2O_3PS$	313.97001	222.93801	276.00061	96.95076
139	Dichlofluanid	1085-98-9	22.01	$C_9H_{11}Cl_2FN_2O_2S_2$	331.9623	123.0137	167.0637	223.9498
140	Dichlormid	37764-25-3	9.81	$C_8H_{11}Cl_2NO$	207.02177	172.0524	174.04957	124.07569
141	Dichlorvos	62-73-7	7.85	$C_4H_7Cl_2O_4P$	219.9459	109.0049	184.9765	144.9816
142	Diclocymet	139920-32-4	25.61	$C_{15}H_{18}Cl_2N_2O$	312.07962	221.0476	188.0028	277.1102
143	Diclofop-methyl	51338-27-3	28.45	$C_{16}H_{14}Cl_2O_4$	340.02691	252.9818	340.0264	281.0131
144	Dicloran	99-30-9	18.14	$C_6H_4Cl_2N_2O_2$	205.96498	205.9644	175.9664	123.9949
145	Dicofol	115-32-2	21.68	$C_{14}H_9Cl_5O$	367.9096	138.9945	249.9947	215.0258
146	Dieldrin	60-57-1	24.51	$C_{12}H_8Cl_6O$	377.87063	79.0542	262.8564	276.8721
147	Diethatyl-ethyl	38727-55-8	25.13	$C_{16}H_{22}ClNO_3$	311.12882	188.10699	160.11208	262.14377
148	Diethofencarb	87130-20-9	21.92	$C_{14}H_{21}NO_4$	267.14706	151.0269	150.0185	207.0889

续表

序号	农药名称	CAS 号	保留时间(min)	分子式	分子量	三个主要特征离子		
						精确质量 1	精确质量 2	精确质量 3
149	Diethyltoluamide	134-62-3	14.00	$C_{12}H_{17}NO$	191.13101	119.0491	190.1226	91.0542
150	Difenoxuron	14214-32-5	21.13	$C_{16}H_{18}N_2O_3$	286.13174	241.07334	226.04987	198.05495
151	Diflufenican	83164-33-4	28.99	$C_{19}H_{11}F_5N_2O_2$	394.07407	266.04234	394.07352	246.03611
152	Diflufenzopyr	109293-97-2	10.22	$C_{15}H_{11}F_2N_4NaO_3$	356.06969	155.0182	127.0228	187.0434
153	Dimethachlor	50563-36-5	20.08	$C_{13}H_{18}ClNO_2$	255.10261	134.09643	197.06019	132.08078
154	Dimethametryn	22936-75-0	22.91	$C_{11}H_{21}N_5S$	255.15177	212.09644	213.10365	122.07464
155	Dimethenamid	87674-68-8	19.76	$C_{12}H_{18}ClNO_2S$	275.07468	154.0685	230.04009	203.01661
156	Dimethoate	60-51-5	19.45	$C_5H_{12}NO_3PS_2$	228.99962	87.01372	93.00999	124.98206
157	Dimethyl phthalate	131-11-3	11.51	$C_{10}H_{10}O_4$	194.05791	163.039	133.0284	164.04224
158	Dimetilan	644-64-4	21.44	$C_{10}H_{16}N_4O_3$	240.12224	72.0449	170.0924	225.0982
159	Diniconazole	83657-24-3	27.50	$C_{15}H_{17}Cl_2N_3O$	325.07487	268.00389	270.00187	70.03997
160	Dinitramine	29091-05-2	19.58	$C_{11}H_{13}F_3N_4O_4$	322.08889	305.0856	261.05939	307.06487
161	Dinobuton	973-21-7	24.20	$C_{14}H_{18}N_2O_7$	326.1114	211.0349	205.0608	163.0264
162	Diofenolan	63837-33-2	27.12	$C_{18}H_{20}O_4$	300.13616	186.0675	300.1356	225.091
163	Dioxabenzofos	3811-49-2	16.56	$C_8H_9O_3PS$	216.001	216.0005	183.0206	200.977
164	Dioxacarb	6988-21-2	11.03	$C_{11}H_{13}NO_4$	223.08446	121.02841	165.05462	122.03623
165	Dioxathion	78-34-2	17.76	$C_{12}H_{26}O_6P_2S_4$	456.00874	96.9508	124.9821	197.0396
166	Diphenamid	957-51-7	23.32	$C_{16}H_{17}NO$	239.13101	167.08553	72.04439	165.06988
167	Diphenylamine	122-39-4	14.71	$C_{12}H_{11}N$	169.08915	169.0886	168.08078	167.07295
168	Dipropetryn	4147-51-7	21.22	$C_{11}H_{21}N_5S$	255.15177	255.15122	240.12774	184.06514
169	Disulfoton	298-04-4	17.98	$C_8H_{19}O_2PS_3$	274.02848	88.0341	124.9821	141.96704
170	Disulfoton sulfone	2497-06-5	26.99	$C_8H_{19}O_4PS_3$	306.01831	96.95076	213.01673	153.01336
171	Disulfoton sulfoxide	2497-07-6	8.38	$C_8H_{19}O_3PS_3$	290.02339	96.95076	124.98206	167.98269
172	Ditalimfos	5131-24-8	25.28	$C_{12}H_{14}NO_4PS$	299.03812	130.02874	148.0393	242.97466
173	Dithiopyr	97886-45-8	20.58	$C_{15}H_{16}F_5NO_2S_2$	401.05426	354.05817	306.0548	286.0492

续表

序号	农药名称	CAS 号	保留时间(min)	分子式	分子量	三个主要特征离子		
						精确质量 1	精确质量 2	精确质量 3
174	Dodemorph	1593-77-7	19.53	$C_{18}H_{35}NO$	281.27186	154.12264	155.12652	281.27132
175	Edifenphos	17109-49-8	28.34	$C_{14}H_{15}O_2PS_2$	310.02511	109.01065	172.98206	110.01847
176	Endosulfan-sulfate	1031-07-8	29.50	$C_9H_6Cl_6O_4S$	419.8118	271.80944	273.8065	228.89539
177	Endrin	72-20-8	30.62	$C_{12}H_8Cl_6O$	377.87063	249.84721	346.89339	280.92406
178	Endrin-aldehyde	7421-93-4	28.51	$C_{12}H_8Cl_6O$	377.87063	249.85045	67.05423	344.89977
179	Endrin-ketone	53494-70-5	30.63	$C_{12}H_8Cl_6O$	377.87063	316.9034	249.8486	344.8983
180	EPN	2104-64-5	30.56	$C_{14}H_{14}NO_4PS$	323.03812	156.9871	141.01	185.0184
181	EPTC	759-94-4	8.44	$C_9H_{19}NOS$	189.11873	128.107	86.06	132.0841
182	Esprocarb	85785-20-2	20.17	$C_{15}H_{23}NOS$	265.15004	91.05423	222.09471	162.1311
183	Ethalfluralin	55283-68-6	14.91	$C_{13}H_{14}F_3N_3O_4$	333.09364	276.0591	316.0904	292.054
184	Ethion	563-12-2	27.06	$C_9H_{22}O_4P_2S_4$	383.98762	230.97315	96.9508	121.0413
185	Ethofumesate	26225-79-6	22.34	$C_{13}H_{18}O_5S$	286.08749	161.0597	207.1016	179.0703
186	Ethoprophos	13194-48-4	14.54	$C_8H_{19}O_2PS_2$	242.05641	96.95076	157.96196	126.99771
187	Etofenprox	80844-07-1	33.16	$C_{25}H_{28}O_3$	376.20384	163.1117	135.0804	107.0491
188	Etridiazole	2593-15-9	10.23	$C_5H_5Cl_3N_2OS$	245.91882	182.9181	210.9494	212.9465
189	Famphur	52-85-7	30.02	$C_{10}H_{16}NO_5PS_2$	325.02075	218.0161	124.9821	93.01
190	Fenamidone	161326-34-7	30.71	$C_{17}H_{17}N_3OS$	311.10923	238.11006	268.09029	237.10224
191	Fenamiphos	22224-92-6	25.65	$C_{13}H_{22}NO_3PS$	303.1058	154.0447	303.105	260.0505
192	Fenarimol	60168-88-9	31.95	$C_{17}H_{12}Cl_2N_2O$	330.03267	138.99452	107.02399	219.03197
193	Fenazaquin	120928-09-8	29.37	$C_{20}H_{22}N_2O$	306.17321	145.10118	160.12465	117.06988
194	Fenchlorphos	299-84-3	19.84	$C_8H_8Cl_3O_3PS$	319.89973	284.9303	286.9271	124.9821
195	Fenchlorphos-Oxon	3983-45-7	19.42	$C_8H_8Cl_3O_4P$	303.92258	268.95318	270.95062	108.99684
196	Fenfuram	24691-80-3	20.49	$C_{12}H_{11}NO_2$	201.07898	109.02841	201.07843	110.03147
197	Fenitrothion	122-14-5	22.02	$C_9H_{12}NO_5PS$	277.01738	260.0141	277.0168	124.9821
198	Fenobucarb	3766-81-2	8.52	$C_{12}H_{17}NO_2$	207.12593	121.06479	150.10392	77.03858

续表

序号	农药名称	CAS号	保留时间(min)	分子式	分子量	三个主要特征离子		
						精确质量1	精确质量2	精确质量3
199	Fenothiocarb	62850-32-2	24.26	$C_{13}H_{19}NO_2S$	253.11365	72.04439	160.07906	94.04132
200	Fenoxaprop-Ethyl	66441-23-4	31.84	$C_{18}H_{16}ClNO_5$	361.0717	288.0422	361.07115	290.03767
201	Fenoxycarb	72490-01-8	24.60	$C_{17}H_{19}NO_4$	301.13141	255.08899	186.06753	129.06988
202	Fenpiclonil	74738-17-3	32.89	$C_{11}H_6Cl_2N_2$	235.9908	235.9903	237.9873	201.0214
203	Fenpropathrin	64257-84-7	30.06	$C_{22}H_{23}NO_3$	349.16779	181.0684	97.1012	209.0835
204	Fenpropidin	67306-00-7	18.10	$C_{19}H_{31}N$	273.24565	98.09643	99.0985	70.06513
205	Fenpropimorph	67564-91-4	19.31	$C_{20}H_{33}NO$	303.25621	128.10699	129.10882	110.09643
206	Fenson	80-38-6	23.19	$C_{12}H_9ClO_3S$	267.99609	77.0386	141.0005	267.9955
207	Fensulfothion	115-90-2	28.50	$C_{11}H_{17}O_4PS_2$	308.03059	292.0351	264.0038	140.029
208	Fenthion	55-38-9	21.78	$C_{10}H_{15}O_3PS_2$	278.02002	278.01947	124.98206	109.00728
209	Fenvalerate	51630-58-1	34.92	$C_{25}H_{22}ClNO_3$	419.12882	125.0153	181.0648	225.0784
210	Fipronil	120068-37-3	28.03	$C_{12}H_4Cl_2F_6N_4OS$	435.93871	350.948	254.96981	419.9432
211	Flamprop-isopropyl	52756-22-6	27.06	$C_{19}H_{19}ClFNO_3$	363.10375	105.03349	77.03858	276.05745
212	Flamprop-methyl	52756-25-9	26.24	$C_{17}H_{15}ClFNO_3$	335.07245	105.03349	77.03858	230.03737
213	Fluazinam	79622-59-6	29.73	$C_{13}H_4Cl_2F_6N_4O_4$	463.95138	386.9595	416.9501	370.9572
214	Fluchloralin	33245-39-5	19.21	$C_{12}H_{13}ClF_3N_3O_4$	355.05467	306.0696	326.015	264.0227
215	Flucythrinate	70124-77-5	34.23	$C_{26}H_{23}F_2NO_4$	451.15951	157.0459	199.0929	225.0784
216	Flufenacet	142459-58-3	23.16	$C_{14}H_{13}F_4N_3O_2S$	363.06646	151.07918	210.97836	136.0557
217	Flumetralin	62924-70-3	24.33	$C_{16}H_{12}ClF_4N_3O_4$	421.04525	143.0058	145.0029	156.9873
218	Flumioxazin	103361-09-7	36.17	$C_{19}H_{15}FN_2O_4$	354.10159	354.101	326.1061	259.0513
219	Fluopyram	658066-35-4	24.77	$C_{16}H_{11}ClF_6N_2O$	396.04641	173.0214	145.0271	223.0289
220	Fluorodifen	15457-05-3	27.50	$C_{13}H_7F_3N_2O_5$	328.03071	190.011	146.0212	207.04
221	Fluoroglycofen-ethyl	77501-90-7	27.50	$C_{18}H_{13}ClF_3NO_7$	447.03326	345.03244	223.03538	313.00623
222	Fluotrimazole	31251-03-3	28.53	$C_{22}H_{16}F_3N_3$	379.12963	310.09639	309.08856	165.06968
223	Flurochloridone	61213-25-0	25.12	$C_{12}H_{10}Cl_2F_3NO$	311.00915	174.0525	187.0239	311.0086

续表

序号	农药名称	CAS 号	保留时间(min)	分子式	分子量	三个主要特征离子		
						精确质量 1	精确质量 2	精确质量 3
224	Fluroxypyr-mepthyl	81406-37-3	28.90	$C_{15}H_{21}Cl_2FN_2O_3$	366.09133	208.9679	182.9718	254.9723
225	Flurprimidol	56425-91-3	21.27	$C_{15}H_{15}F_3N_2O_2$	312.10856	269.0537	107.0239	79.0291
226	Flusilazole	85509-19-9	26.75	$C_{16}H_{15}F_2N_3Si$	315.10033	233.05926	206.05443	165.06988
227	Flutolanil	66332-96-5	26.88	$C_{17}H_{16}F_3NO_2$	323.11331	173.02088	145.02596	281.06581
228	Flutriafol	76674-21-0	25.88	$C_{16}H_{13}F_2N_3O$	301.10267	123.02407	164.06299	219.0616
229	Fluxapyroxad	907204-31-3	31.36	$C_{18}H_{12}F_5N_3O$	381.09005	159.0369	381.0895	225.0445
230	Fonofos	944-22-9	17.45	$C_{10}H_{15}OPS_2$	246.03019	108.98715	137.01845	110.01847
231	Furalaxyl	57646-30-7	23.92	$C_{17}H_{19}NO_4$	301.13141	95.01276	242.11756	152.0706
232	Furathiocarb	65907-30-4	30.35	$C_{18}H_{26}N_2O_5S$	382.15624	163.0754	135.0804	194.0396
233	Furmecyclox	60568-05-0	18.23	$C_{14}H_{21}NO_3$	251.15214	123.04406	81.03349	124.04747
234	gamma-Cyhalothrin	76703-62-3	31.67	$C_{23}H_{19}ClF_3NO_3$	449.10056	181.0648	141.0596	197.03394
235	Haloxyfop-methyl	69806-40-2	23.52	$C_{16}H_{13}ClF_3NO_4$	375.04852	316.03467	288.00581	375.04797
236	Heptachlor	76-44-8	18.49	$C_{10}H_5Cl_7$	369.82109	271.8096	273.8067	100.0074
237	Heptachlor-*exo*-epoxide	1024-57-3	22.15	$C_{10}H_5Cl_7O$	385.81601	236.8408	352.8437	288.8721
238	Heptenophos	23560-59-0	13.82	$C_9H_{12}ClO_4P$	250.01617	89.03858	124.00725	109.00491
239	Hexaconazole	79983-71-4	25.29	$C_{14}H_{17}Cl_2N_3O$	313.07487	83.0478	213.99333	82.03997
240	Hexazinone	51235-04-2	30.64	$C_{12}H_{20}N_4O_2$	252.15863	171.08765	83.02399	71.06037
241	Imazamethabenz-methyl	81405-85-8	25.82	$C_{16}H_{20}N_2O_3$	288.14739	187.0502	144.04439	256.12063
242	Indanofan	133220-30-1	9.28	$C_{20}H_{17}ClO_3$	340.08662	103.0547	102.0464	138.023
243	Indoxacarb	144171-61-9	36.67	$C_{22}H_{17}ClF_3N_3O_7$	527.07071	203.0191	134.0248	106.0287
244	Iodofenphos	18181-70-9	24.50	$C_8H_8Cl_2IO_3PS$	411.83535	376.8659	378.863	249.9615
245	Iprobenfos	26087-47-8	18.73	$C_{13}H_{21}O_3PS$	288.0949	91.05423	204.00045	123.0263
246	Iprovalicarb	140923-17-7	26.39	$C_{18}H_{28}N_2O_3$	320.20999	118.0777	146.06004	119.08553
247	Isazofos	42509-80-8	18.84	$C_9H_{17}ClN_3O_3PS$	313.04168	118.98809	96.95076	161.03504
248	Isocarbamid	30979-48-7	19.80	$C_8H_{15}N_3O_2$	185.11643	142.0611	130.0611	85.03964

续表

序号	农药名称	CAS 号	保留时间(min)	分子式	分子量	三个主要特征离子		
						精确质量 1	精确质量 2	精确质量 3
249	Isocarbophos	24353-61-5	23.38	$C_{11}H_{16}NO_4PS$	289.05377	120.02058	135.99774	121.02872
250	Isofenphos-oxon	31120-85-1	22.58	$C_{15}H_{24}NO_5P$	329.13921	200.99474	229.02604	120.02058
251	Isoprocarb	2631-40-5	13.69	$C_{11}H_{15}NO_2$	193.11028	136.08827	121.06479	91.05423
252	Isopropalin	33820-53-0	22.40	$C_{15}H_{23}N_3O_4$	309.16886	280.12918	238.08223	264.13427
253	Isoprothiolane	50512-35-1	25.95	$C_{12}H_{18}O_4S_2$	290.06465	117.99054	161.98037	188.96746
254	Isoxadifen-ethyl	163520-33-0	27.29	$C_{18}H_{17}NO_3$	295.12084	105.034	77.0385	182.0726
255	Isoxaflutole	141112-29-0	25.19	$C_{15}H_{12}F_3NO_4S$	359.04391	279.05016	160.01191	252.03927
256	Isoxathion	18854-01-8	26.76	$C_{13}H_{16}NO_4PS$	313.05377	105.03349	177.02429	77.03858
257	Kinoprene	42588-37-4	20.06	$C_{18}H_{28}O_2$	276.20893	149.05971	79.05423	91.05423
258	Kresoxim-methyl	143390-89-0	25.28	$C_{18}H_{19}NO_4$	313.13141	116.04948	131.07027	206.08117
259	Lactofen	77501-63-4	32.14	$C_{19}H_{15}ClF_3NO_7$	461.04891	343.9932	344.99928	222.97475
260	Lindane	58-89-9	17.71	$C_6H_6Cl_6$	287.86007	180.93731	182.93432	218.9108
261	Malathion	121-75-5	21.86	$C_{10}H_{19}O_6PS_2$	330.03607	127.03897	99.00767	124.98206
262	Mcpa Butoxyethyl Ester	19480-43-4	22.99	$C_{15}H_{21}ClO_4$	300.11284	200.02347	182.01291	155.02582
263	Mefenacet	73250-68-7	31.79	$C_{16}H_{14}N_2O_2S$	298.0776	192.01138	13602155	120.08078
264	Mefenpyr-diethyl	135590-91-9	29.59	$C_{16}H_{18}Cl_2N_2O_4$	372.06436	252.99299	254.98983	299.03486
265	Mepanipyrim	110235-47-7	24.48	$C_{14}H_{13}N_3$	223.11095	222.10257	223.1104	221.09475
266	Mepronil	55814-41-0	28.65	$C_{17}H_{19}NO_2$	269.14158	119.04914	91.05423	269.14103
267	Metalaxyl	57837-19-1	20.86	$C_{15}H_{21}NO_4$	279.14706	160.1121	206.11756	220.1332
268	Metazachlor	67129-08-2	23.59	$C_{14}H_{16}ClN_3O$	277.09819	132.08078	133.0886	209.05836
269	Metconazole	125116-23-6	31.37	$C_{17}H_{22}ClN_3O$	319.14514	125.01342	70.03997	83.04914
270	Methabenzthiazuron	18691-97-9	16.71	$C_{10}H_{11}N_3OS$	221.06228	136.02155	164.04027	135.01372
271	Methacrifos	62610-77-9	12.06	$C_7H_{13}O_5PS$	240.02213	207.9954	180.00045	124.9821
272	Methfuroxam	28730-17-8	22.84	$C_{14}H_{15}NO_2$	229.11028	137.0597	229.1097	212.0832
273	Methidathion	950-37-8	24.84	$C_6H_{11}N_2O_4PS_3$	301.96186	145.0066	124.9821	85.0396

续表

序号	农药名称	CAS 号	保留时间(min)	分子式	分子量	三个主要特征离子		
						精确质量 1	精确质量 2	精确质量 3
274	Methoprene	40596-69-8	22.01	$C_{19}H_{34}O_3$	310.25079	111.0441	73.0648	191.1794
275	Methoprotryne	841-06-5	26.08	$C_{11}H_{21}N_5OS$	271.14668	256.12266	212.09644	213.10427
276	Methothrin	34388-29-9	23.41	$C_{19}H_{26}O_3$	302.18819	135.0804	123.1168	105.0699
277	Methoxychlor	72-43-5	29.65	$C_{16}H_{15}Cl_3O_2$	344.01376	227.10666	228.10939	21208318
278	Metolachlor	51218-45-2	21.46	$C_{15}H_{22}ClNO_2$	283.13391	238.09932	162.1277	240.09656
279	Metribuzin	21087-64-9	20.76	$C_8H_{14}N_4OS$	214.08883	198.0696	182.0383	144.0464
280	Mevinphos	7786-34-7	11.41	$C_7H_{13}O_6P$	224.04497	127.0155	109.0049	164.0233
281	Mexacarbate	315-18-4	10.97	$C_{12}H_{18}N_2O_2$	222.13683	165.1148	150.09134	164.107
282	Mgk 264	113-48-4	21.65	$C_{17}H_{25}NO_2$	275.18853	164.0706	111.0315	210.14886
283	Mirex	2385-85-5	29.12	$C_{10}Cl_{12}$	539.62623	271.80938	269.8126	273.80643
284	Molinate	2212-67-1	12.09	$C_9H_{17}NOS$	187.10308	126.09134	98.09643	187.10254
285	Monalide	7287-36-7	20.59	$C_{13}H_{18}ClNO$	239.10769	197.0602	127.0183	239.1071
286	Musk Ambrette	83-66-9	18.71	$C_{12}H_{16}N_2O_5$	268.10592	253.0819	223.0713	268.1054
287	Musk Ketone	81-14-1	21.94	$C_{14}H_{18}N_2O_5$	294.12157	279.0975	294.121	149.0233
288	Myclobutanil	88671-89-0	27.75	$C_{15}H_{17}ClN_4$	288.11417	179.025	150.0086	179.0603
289	Naled	300-76-5	15.46	$C_4H_7Br_2Cl_2O_4P$	377.78258	109.0049	144.9816	184.9765
290	Napropamide	15299-99-7	25.15	$C_{17}H_{21}NO_2$	271.15723	72.08078	128.10699	100.11208
291	Nitralin	4726-14-1	31.50	$C_{13}H_{19}N_3O_6S$	345.09946	274.00946	316.05978	300.06487
292	Nitrapyrin	1929-82-4	10.85	$C_6H_3Cl_4N$	228.90196	193.9326	195.93054	197.97281
293	Nitrofen	1836-75-5	26.66	$C_{12}H_7Cl_2NO_3$	282.9803	282.9797	284.97745	252.9818
294	Nitrothal-Isopropyl	10552-74-6	22.15	$C_{14}H_{17}NO_6$	295.10559	212.019	148.0155	254.0659
295	Nuarimol	63284-71-9	29.18	$C_{17}H_{12}ClFN_2O$	314.06222	107.02399	138.99452	253.03022
296	Octachlorostyrene	29082-74-4	20.14	C_8Cl_8	375.75082	307.80903	379.74364	342.77776
297	Octhilinone	26530-20-1	19.39	$C_{11}H_{19}NOS$	213.11873	100.99299	114.00081	102.00081
298	Orbencarb	34622-58-7	20.30	$C_{12}H_{16}ClNOS$	257.06411	72.0444	100.0757	222.09471

续表

序号	农药名称	CAS 号	保留时间(min)	分子式	分子量	三个主要特征离子		
						精确质量 1	精确质量 2	精确质量 3
299	Oxabetrinil	74782-23-3	19.27	$C_{12}H_{12}N_2O_3$	232.08479	73.0284	103.042	76.03075
300	Oxadiazon	19666-30-9	25.35	$C_{15}H_{18}Cl_2N_2O_3$	344.06945	174.9586	258.0321	302.0219
301	Oxadixyl	77732-09-3	29.70	$C_{14}H_{18}N_2O_4$	278.12666	132.08078	163.09917	105.06988
302	Paclobutrazol	76738-62-0	25.75	$C_{15}H_{20}ClN_3O$	293.12949	236.05852	125.01342	167.02399
303	Paraoxon-Methyl	950-35-6	20.46	$C_8H_{10}NO_6P$	247.02457	109.00491	230.02129	95.99708
304	Parathion	56-38-2	22.76	$C_{10}H_{14}NO_5PS$	291.03303	96.9508	291.0325	155.0036
305	Parathion-Methyl	298-00-0	21.29	$C_8H_{10}NO_5PS$	263.00173	109.0049	263.0012	124.9821
306	Pebulate	1114-71-2	10.12	$C_{10}H_{21}NOS$	203.13439	128.10699	72.04439	161.08689
307	Penconazole	66246-88-6	23.59	$C_{13}H_{15}Cl_2N_3$	283.0643	158.97628	248.0949	160.9733
308	Pendimethalin	40487-42-1	22.63	$C_{13}H_{19}N_3O_4$	281.13756	252.0979	208.0717	162.0788
309	Pentachloroaniline	527-20-8	18.81	$C_6H_2Cl_5N$	262.86299	264.85905	262.8624	266.8565
310	Pentachloroanisole	1825-21-4	14.82	$C_7H_3Cl_5O$	277.86265	264.83587	279.8594	236.84115
311	Pentachlorobenzene	608-93-5	10.68	C_6HCl_5	247.85209	249.8486	251.8456	247.8515
312	Pentachlorocyanobenzene	20925-85-3	16.97	C_7Cl_5N	272.84734	132.9714	202.9091	274.8528
313	Pentanochlor	2307-68-8	23.25	$C_{13}H_{18}ClNO$	239.10769	141.03398	143.03027	106.06513
314	Perthane	72-56-0	25.11	$C_{18}H_{20}Cl_2$	306.09421	223.1481	236.156	179.08553
315	Phenanthrene	85-01-8	17.30	$C_{14}H_{10}$	178.07825	178.0782	176.062	179.0783
316	Phenthoate	2597-03-7	23.55	$C_{12}H_{17}O_4PS_2$	320.03059	273.9882	121.0106	245.9933
317	Phorate-Sulfone	2588-04-7	23.89	$C_7H_{17}O_4PS_3$	292.00266	96.9513	124.982	153.0133
318	Phorate-Sulfoxide	2588-03-6	23.05	$C_7H_{17}O_3PS_3$	276.00774	96.9513	124.982	75.0263
319	Phosalone	2310-17-0	31.63	$C_{12}H_{15}ClNO_4PS_2$	366.98686	182.00033	121.04129	96.95076
320	Phosfolan	947-02-4	26.10	$C_7H_{14}NO_3PS_2$	255.01527	139.9566	91.9749	196.0192
321	Phosmet	732-11-6	30.88	$C_{11}H_{12}NO_4PS_2$	316.99454	160.0393	161.04319	133.02872
322	Phosphamidon	13171-21-6	21.28	$C_{10}H_{19}ClNO_5P$	299.06894	127.01547	264.09954	72.08078
323	Phthalic Acid, Benzyl Butyl Ester	85-68-7	28.11	$C_{19}H_{20}O_4$	312.13616	149.02332	91.05423	104.02567

续表

序号	农药名称	CAS 号	保留时间(min)	分子式	分子量	三个主要特征离子		
						精确质量 1	精确质量 2	精确质量 3
324	Phthalic Acid, bis-2-ethylhexyl ester	117-81-7	29.70	$C_{24}H_{38}O_4$	390.27701	149.0233	167.0339	279.1591
325	Phthalic Acid, bis-Butyl Ester	84-74-2	20.78	$C_{16}H_{22}O_4$	278.15181	149.02332	150.02721	104.02567
326	Phthalic Acid, bis-Cyclohexyl Ester	84-61-7	30.08	$C_{20}H_{26}O_4$	330.18311	149.02332	67.05423	167.03389
327	Phthalimide	85-41-6	13.30	$C_8H_5NO_2$	147.03203	147.0315	103.0417	104.0257
328	Picolinafen	137641-05-5	30.46	$C_{19}H_{12}F_4N_2O_2$	376.08349	238.04628	376.08294	239.05411
329	Picoxystrobin	117428-22-5	24.89	$C_{18}H_{16}F_3NO_4$	367.10314	145.06479	335.07638	103.05423
330	Piperonyl Butoxide	51-03-6	27.95	$C_{19}H_{30}O_5$	338.20932	149.0597	176.08318	177.09101
331	Piperophos	24151-93-7	30.47	$C_{14}H_{28}NO_3PS_2$	353.12482	122.0964	320.1444	140.107
332	Pirimicarb	23103-98-2	18.94	$C_{11}H_{18}N_4O_2$	238.14298	166.09749	72.04439	238.14243
333	Pirimiphos-Ethyl	23505-41-1	21.58	$C_{13}H_{24}N_3O_3PS$	333.1276	168.05899	318.10358	333.12705
334	Pirimiphos-Methyl	29232-93-7	20.34	$C_{11}H_{20}N_3O_3PS$	305.0963	290.07228	276.05663	305.09575
335	Plifenate	21757-82-4	18.97	$C_{10}H_7Cl_5O_2$	333.88887	174.9712	216.9818	241.9032
336	Prallethrin	23031-36-9	23.50	$C_{19}H_{24}O_3$	300.17254	123.11683	77.03858	81.06988
337	Pretilachlor	51218-49-6	24.99	$C_{17}H_{26}ClNO_2$	311.16521	176.10699	162.12773	238.09883
338	Probenazole	27605-76-1	21.42	$C_{10}H_9NO_3S$	223.03031	103.03897	197.01412	76.03075
339	Procymidone	32809-16-8	24.71	$C_{13}H_{11}Cl_2NO_2$	283.01668	96.057	283.0161	285.0132
340	Profenofos	41198-08-7	24.87	$C_{11}H_{15}BrClO_3PS$	371.93514	207.90943	96.95076	205.91286
341	Profluralin	26399-36-0	17.33	$C_{14}H_{16}F_3N_3O_4$	347.10929	318.0696	330.106	264.0215
342	Promecarb	2631-37-0	9.42	$C_{12}H_{17}NO_2$	207.12593	135.08044	150.10392	91.05423
343	Prometon	1610-18-0	16.95	$C_{10}H_{19}N_5O$	225.15896	168.08799	210.13494	225.15841
344	Prometryn	7287-19-6	20.36	$C_{10}H_{19}N_5S$	241.13612	184.0651	241.1356	226.1121
345	Propachlor	1918-16-7	14.92	$C_{11}H_{14}ClNO$	211.07639	120.08078	176.10699	93.0573
346	Propanil	709-98-8	23.30	$C_9H_9Cl_2NO$	217.00612	16097936	162.97611	217.00557
347	Propaphos	7292-16-2	24.48	$C_{13}H_{21}O_4PS$	304.08982	219.99537	140.02904	304.08927
348	Propargite	2312-35-8	28.44	$C_{19}H_{26}O_4S$	350.15518	135.08044	63.96135	107.04914

续表

序号	农药名称	CAS 号	保留时间(min)	分子式	分子量	三个主要特征离子		
						精确质量 1	精确质量 2	精确质量 3
349	Propazine	139-40-2	17.95	$C_9H_{16}ClN_5$	229.10942	214.0854	172.03845	229.10887
350	Propetamphos	31218-83-4	18.28	$C_{10}H_{20}NO_4PS$	281.08507	138.0137	1939797	109.9824
351	Propham	122-42-9	11.51	$C_{10}H_{13}NO_2$	179.09463	119.0366	93.0573	137.0471
352	Propisochlor	86763-47-5	20.12	$C_{15}H_{22}ClNO_2$	283.13391	162.0913	132.0809	223.0754
353	Propyzamide	23950-58-5	19.03	$C_{12}H_{11}Cl_2NO$	255.02177	172.9555	144.9606	239.9977
354	Prosulfocarb	52888-80-9	19.82	$C_{14}H_{21}NOS$	251.13439	91.05423	128.10699	86.06004
355	Prothiofos	34643-46-4	24.15	$C_{11}H_{15}Cl_2O_2PS_2$	343.96281	308.9934	266.9431	112.92792
356	Pyracarbolid	24691-76-7	24.04	$C_{13}H_{15}NO_2$	217.11028	107.04914	125.0597	97.0284
357	Pyrazophos	13457-18-6	31.84	$C_{14}H_{20}N_3O_5PS$	373.08613	221.0795	232.1081	265.0853
358	Pyributicarb	88678-67-5	28.96	$C_{18}H_{22}N_2O_2S$	330.1402	108.04439	165.06585	181.04301
359	Pyridaben	96489-71-3	32.35	$C_{19}H_{25}ClN_2OS$	364.13761	147.11683	117.06988	105.06988
360	Pyridalyl	179101-81-6	33.35	$C_{18}H_{14}Cl_4F_3NO_3$	488.96799	204.06307	108.96063	164.03177
361	Pyridaphenthion	119-12-0	30.54	$C_{14}H_{17}N_2O_4PS$	340.06466	96.95076	199.08659	340.06412
362	Pyrifenox	88283-41-4	23.55	$C_{14}H_{12}Cl_2N_2O$	294.03267	170.96371	172.96127	262.00591
363	Pyriftalid	135186-78-6	32.89	$C_{15}H_{14}N_2O_4S$	318.06743	274.07705	318.06688	273.06922
364	Pyrimethanil	53112-28-0	17.48	$C_{12}H_{13}N_3$	199.11095	198.10257	199.1104	200.11274
365	Pyriproxyfen	95737-68-1	30.34	$C_{20}H_{19}NO_3$	321.13649	136.07569	96.04439	226.09883
366	Pyroquilon	57369-32-1	18.36	$C_{11}H_{11}NO$	173.08406	173.08352	130.06513	172.07569
367	Quinalphos	13593-03-8	23.32	$C_{12}H_{15}N_2O_3PS$	298.0541	146.04746	157.07602	118.05255
368	Quinoclamine	2797-51-5	23.00	$C_{10}H_6ClNO_2$	207.00871	172.0393	207.00816	209.00471
369	Quinoxyfen	124495-18-7	27.30	$C_{15}H_8Cl_2FNO$	306.9967	237.0584	306.99615	272.0273
370	Quintozene	82-68-8	16.20	$C_6Cl_5NO_2$	292.83717	236.84311	292.8366	294.83621
371	Quizalofop-ethyl	76578-14-8	33.43	$C_{19}H_{17}ClN_2O_4$	372.08768	299.05818	372.08714	163.00527
372	Rabenzazole	40341-04-6	22.00	$C_{12}H_{12}N_4$	212.1062	212.10565	170.07127	195.0791
373	S 421	127-90-2	19.60	$C_6H_6Cl_8O$	373.79269	82.945	108.9606	180.8954

续表

序号	农药名称	CAS 号	保留时间(min)	分子式	分子量	三个主要特征离子		
						精确质量 1	精确质量 2	精确质量 3
374	Sebuthylazine	7286-69-3	19.65	$C_9H_{16}ClN_5$	229.10942	200.06975	202.06651	214.0854
375	Sebuthylazine-desethyl	37019-18-4	18.68	$C_7H_{12}ClN_5$	201.07812	172.03845	174.03489	186.0541
376	Secbumeton	26259-45-0	18.60	$C_{10}H_{19}N_5O$	225.15896	196.11929	169.09581	210.13494
377	Silafluofen	105024-66-6	33.38	$C_{25}H_{29}FO_2Si$	408.19208	179.0887	258.0871	151.0574
378	Simazine	122-34-9	18.18	$C_7H_{12}ClN_5$	201.07812	201.07757	186.0541	173.04627
379	Simeconazole	149508-90-7	21.37	$C_{14}H_{20}FN_3OSi$	293.13597	121.0448	195.0636	75.02607
380	Simeton	673-04-1	17.03	$C_8H_{15}N_5O$	197.12766	197.12711	139.06144	169.09581
381	Simetryn	1014-70-6	20.61	$C_8H_{15}N_5S$	213.10482	213.1043	198.0808	155.03859
382	Spirodiclofen	148477-71-8	32.45	$C_{21}H_{24}Cl_2O_4$	410.10516	71.08553	156.96063	312.03145
383	Spiromesifen	283594-90-1	29.60	$C_{23}H_{30}O_4$	370.21441	272.1407	254.1301	83.0491
384	Sulfallate	95-06-7	15.91	$C_8H_{14}ClNS_2$	223.02562	188.05622	88.02155	59.99025
385	Sulfotep	3689-24-5	15.62	$C_8H_{20}O_5P_2S_2$	322.02274	322.0222	293.9909	237.9283
386	Sulprofos	35400-43-2	27.28	$C_{12}H_{19}O_2PS_3$	322.02848	156.0062	322.0279	279.981
387	Tau-Fluvalinate	102851-06-9	13.88	$C_{26}H_{22}ClF_3N_2O_3$	502.1271	250.0605	309.0738	178.987
388	TCMTB	21564-17-0	25.94	$C_9H_6N_2S_3$	237.96931	179.9936	108.00282	136.0215
389	Tebuconazole	107534-96-3	30.01	$C_{16}H_{22}ClN_3O$	307.14514	125.01342	250.07417	70.03997
390	Tebufenpyrad	119168-77-3	29.47	$C_{18}H_{24}ClN_3O$	333.16079	171.03197	318.13677	333.16024
391	Tebupirimfos	96182-53-5	17.61	$C_{13}H_{23}N_2O_3PS$	318.1167	234.0223	261.0457	152.0944
392	Tebutam	35256-85-0	15.41	$C_{15}H_{23}NO$	233.17796	91.05423	190.12264	57.06988
393	Tebuthiuron	34014-18-1	14.40	$C_9H_{16}N_4OS$	228.10448	156.05899	171.08247	74.0059
394	Tecnazene	117-18-0	13.21	$C_6HCl_4NO_2$	258.87614	202.8797	200.8827	260.8726
395	Teflubenzuron	83121-18-0	10.74	$C_{14}H_6Cl_2F_4N_2O_2$	379.97425	196.9605	198.9576	134.9808
396	Tefluthrin	79538-32-2	17.42	$C_{17}H_{14}ClF_7O_2$	418.05705	177.0335	141.051	197.0339
397	Tepraloxydim	149979-41-9	30.26	$C_{17}H_{24}ClNO_4$	341.13939	164.0706	108.04439	165.07245
398	Terbucarb	1918-11-2	19.79	$C_{17}H_{27}NO_2$	277.20418	205.15869	220.18217	177.12739

续表

序号	农药名称	CAS 号	保留时间(min)	分子式	分子量	三个主要特征离子		
						精确质量 1	精确质量 2	精确质量 3
399	Terbufos	13071-79-9	17.02	$C_9H_{21}O_2PS_3$	288.04413	230.9732	202.9419	96.9508
400	Terbufos-Sulfone	56070-16-7	24.65	$C_9H_{21}O_4PS_3$	320.03396	114.9618	96.9507	199.0059
401	Terbumeton	33693-04-8	17.34	$C_{10}H_{19}N_5O$	225.15896	169.09581	210.13494	154.07234
402	Terbuthylazine	5915-41-3	18.35	$C_9H_{16}ClN_5$	229.10942	214.0854	173.04627	138.07742
403	Terbutryn	886-50-0	20.79	$C_{10}H_{19}N_5S$	241.13612	185.073	170.0495	226.1121
404	*tert*-butyl-4-Hydroxyanisole	25013-16-5	12.52	$C_{11}H_{16}O_2$	180.11503	137.0597	165.091	180.1145
405	Tetrachlorvinphos	22248-79-9	24.53	$C_{10}H_9Cl_4O_4P$	363.89926	328.92985	330.92622	109.00491
406	Tetraconazole	112281-77-3	23.95	$C_{13}H_{11}Cl_2F_4N_3O$	371.02153	336.05213	338.04919	170.97628
407	Tetradifon	116-29-0	31.02	$C_{12}H_6Cl_4O_2S$	353.88426	158.9666	226.8886	228.8857
408	Tetramethrin	7696-12-0	30.00	$C_{19}H_{25}NO_4$	331.17836	164.0706	123.11683	81.06988
409	Tetrasul	2227-13-6	25.99	$C_{12}H_6Cl_4S$	321.89443	251.95618	321.8939	253.95427
410	Thenylchlor	96491-05-3	29.17	$C_{16}H_{18}ClNO_2S$	323.07468	127.02121	288.10528	141.03686
411	Thiazopyr	117718-60-2	21.72	$C_{16}H_{17}F_5N_2O_2S$	396.09309	327.09733	363.11265	306.00806
412	Thiobencarb	28249-77-6	20.99	$C_{12}H_{16}ClNOS$	257.06411	72.0444	100.07569	125.01525
413	Thiocyclam	31895-21-3	11.56	$C_5H_{11}NS_3$	181.00536	71.07295	135.01709	70.06513
414	Thionazin	297-97-2	14.22	$C_8H_{13}N_2O_3PS$	248.03845	107.06037	96.95076	143.00049
415	Tiocarbazil	36756-79-3	20.86	$C_{16}H_{25}NOS$	279.16569	91.05423	100.07569	156.13829
416	Tolclofos-methyl	57018-04-9	19.92	$C_9H_{11}Cl_2O_3PS$	299.95436	264.98496	266.982	124.98206
417	Tolfenpyrad	129558-76-5	36.42	$C_{21}H_{22}ClN_3O_2$	383.14005	171.03148	383.13951	197.09609
418	Tolylfluanid	731-27-1	23.82	$C_{10}H_{13}Cl_2FN_2O_2S_2$	345.97795	137.0294	181.0794	237.9617
419	Tralkoxydim	87820-88-0	32.25	$C_{20}H_{27}NO_3$	329.19909	137.04713	109.05222	283.15668
420	*trans*-Chlordane	5103-74-2	23.37	$C_{10}H_6Cl_8$	405.79777	372.8254	374.8225	376.8195
421	transfluthrin	118712-89-3	19.42	$C_{15}H_{12}Cl_2F_4O_2$	370.01505	127.031	163.01206	91.05423
422	*trans*-Nonachlor	39765-80-5	23.60	$C_{10}H_5Cl_9$	439.7588	404.7899	406.7857	410.7799
423	*trans*-Permethrin	61949-77-7	31.97	$C_{21}H_{20}Cl_2O_3$	390.07895	183.0804	163.0076	127.0309

续表

序号	农药名称	CAS 号	保留时间(min)	分子式	分子量	三个主要特征离子		
						精确质量 1	精确质量 2	精确质量 3
424	Triadimefon	43121-43-3	22.62	$C_{14}H_{16}ClN_3O_2$	293.0931	57.0699	208.0267	128.001
425	Triadimenol	55219-65-3	24.83	$C_{14}H_{18}ClN_3O_2$	295.10875	112.05054	168.11314	70.03997
426	Triallate	2303-17-5	17.18	$C_{10}H_{16}Cl_3NOS$	303.00182	268.0324	270.03005	86.06004
427	Triapenthenol	76608-88-3	21.72	$C_{15}H_{25}N_3O$	263.19976	206.12879	70.03997	124.05054
428	Triazophos	24017-47-8	28.79	$C_{12}H_{16}N_3O_3PS$	313.065	161.05836	162.06619	172.08692
429	Tribufos	78-48-8	24.51	$C_{12}H_{27}OPS_3$	314.09616	168.99052	146.91564	112.92792
430	Tributyl Phosphate	126-73-8	14.48	$C_{12}H_{27}O_4P$	266.1647	98.98417	155.04677	124.99982
431	Tricyclazole	41814-78-2	28.46	$C_9H_7N_3S$	189.03607	189.03552	162.02462	161.0168
432	Tridiphane	58138-08-2	19.88	$C_{10}H_7Cl_5O$	317.89395	186.9712	182.9763	216.9373
433	Trietazine	1912-26-1	17.69	$C_9H_{16}ClN_5$	229.10942	200.06975	186.0541	229.10887
434	Trifloxystrobin	141517-21-7	27.68	$C_{20}H_{19}F_3N_2O_4$	408.12969	116.04948	131.07295	145.02596
435	Trifluralin	1582-09-8	15.21	$C_{13}H_{16}F_3N_3O_4$	335.10929	264.0227	306.0696	248.0278
436	Triphenyl phosphate	115-86-6	29.15	$C_{18}H_{15}O_4P$	326.0708	326.07025	325.06242	90.04132
437	Uniconazole	83657-22-1	26.73	$C_{15}H_{18}ClN_3O$	291.11384	234.04287	70.03997	236.04007
438	Vernolate	1929-77-7	9.82	$C_{10}H_{21}NOS$	203.13439	128.107	86.06	161.0869
439	Vinclozolin	50471-44-8	20.57	$C_{12}H_9Cl_2NO_3$	284.99595	212.0028	178.0418	284.9954

1.3.1.5.2　建立 GC-Q-TOF/MS 谱图库

在 TOF/MS 精确质量数据库建立过程中，首先选择每种化合物丰度高、质量数较大的一级碎片离子作为母离子，在指定 GC-Q-TOF/MS 条件下，选择碎片离子信息丰富响应较好的碰撞能量作为最佳碰撞能量（CID），将最佳 CID 下的二级碎片离子全扫描质谱图，导入到 Library Editor 软件中，并与对应的农药化学污染物信息相关联，建立最佳碰撞能量下二级质谱数据库，采集 439 种农药信息，形成 GC-Q-TOF/MS 二级谱图库。流程图见图 1-13。

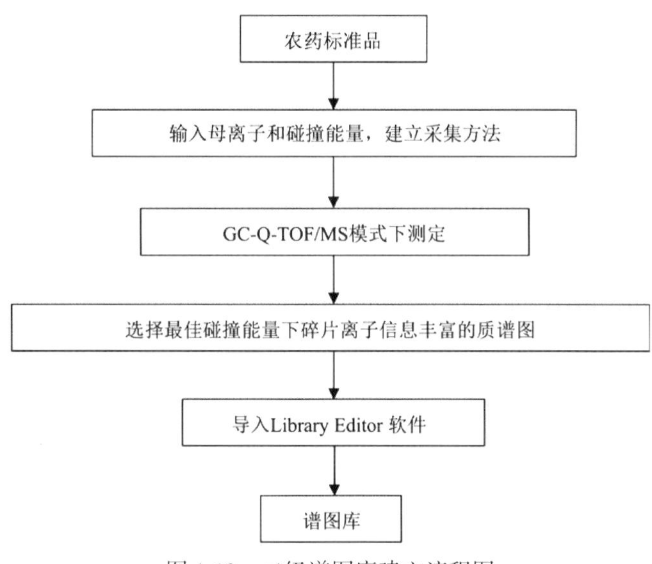

图 1-13　二级谱图库建立流程图

1.3.1.6　筛查方法

对样品进行前处理后，一级精确质量全谱数据测定。对采集结果一级数据库检索，通过一级数据分析进行部分农药确证（3 个以上离子检出，离子丰度比偏差≤30%，时间偏差窗口±0.25 min，质量偏差±20 ppm），同时实现对疑似农药发现，即特征离子出峰情况及出峰个数不足以准确定性农药。对于疑似农药单纯通过一级结果无法实现准确鉴定，对于这种情况应当借助二级手段，则是有效的辅助定性手段。通过对疑似农药进行二级特定离子最佳 CID 测定，结合二级谱图库检索分析，可对疑似农药进行准确定性（离子丰度比偏差≤30%，质量偏差±5 ppm），详细测定过程见图 1-14。

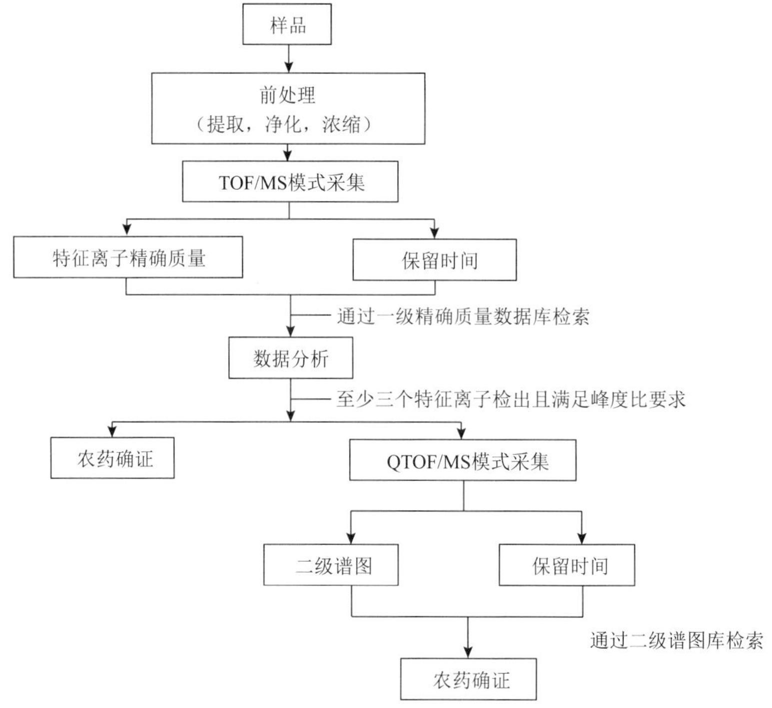

图 1-14　农药检测与确证流程图

1.3.1.7　定量检测

根据农药在水果蔬菜中的最大残留限量（MRL）标准，配制 1.5 倍 MRL 的基质匹配标准溶液，采用单点外标法对目标物定量；当样品中检出目标物的浓度大于 2.25 倍 MRL 时，根据上述标准溶液估算目标物浓度，再配制一个与之相近浓度的基质匹配标准溶液对该目标物再次定量。

1.3.2　结果与讨论

1.3.2.1　质谱条件优化

对于飞行时间质谱，不同的采集速率会对色谱峰形及信号强度产生影响。在优化采集速率时，应兼顾化合物色谱峰形与检测器的信号强度。另外，在实际情况下，采集速率会对信噪比（S/N）产生影响，进而影响检出限（LOD），因此采集速率的优化具有重要意义。

1.3.2.1.1　一级采集速率优化

在低采集速率时，通常情况下农药色谱图的采集时间在 3~8 s（与色谱峰的位置及浓度有关）。图 1-15 为农药二苯胺与狄氏剂在浓度为 100 μg/L 时不同采集速率下的色谱图，选择 1 spectrum/s 时，色谱峰采集点数少，色谱图峰型较差不符合高斯分布，会对定量结果产生比较大的影响；当提高采集速率后，色谱峰采集点数增加，峰型较好符合高斯分布，但灵敏度会降低。经实验优化所得最佳采集速率与相关文献报道结果相一致，选择 2 spectrum/s 作为最佳采集速率。

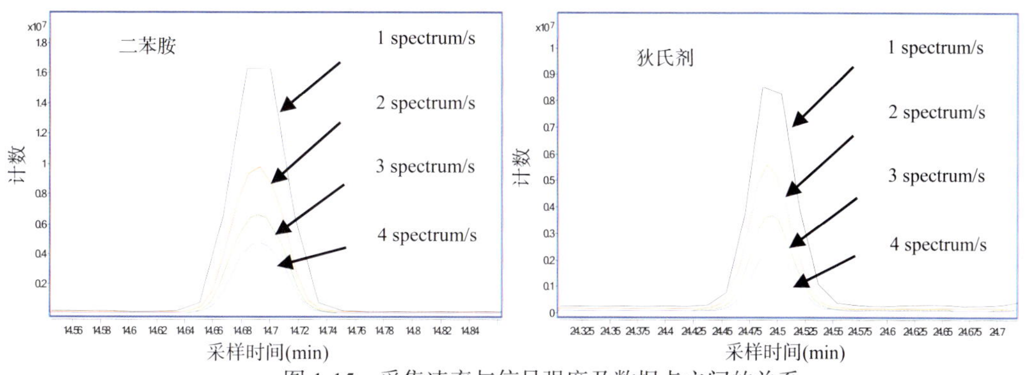

图 1-15 采集速率与信号强度及数据点之间的关系

1.3.2.1.2 二级采集速率及碰撞能优化

考察了不同浓度水平下，不同采集速率对二级测定结果的影响，在苹果基质中添加 1 μg/kg、2 μg/kg、5 μg/kg、10 μg/kg 四个浓度水平的 15 种常见农药，分别在 150 ms/spectrum、200 ms/spectrum、300 ms/spectrum、400 ms/spectrum、500 ms/spectrum 5 个采集速率下进行检测。结果显示，当采集速率选择 200 ms/spectrum 时，能够实现与二级谱图库准确匹配农药数量最大（图 1-16），同时该速率下所测农药与二级谱图库匹配程度也最佳，其大多数离子及丰度与谱图库一致。因此，Q-TOF/MS 采集速率设定为 200 ms/spectrum，同时通过对不同基质浓度水平实验也表明该采集速率适合不同浓度水平的测定。

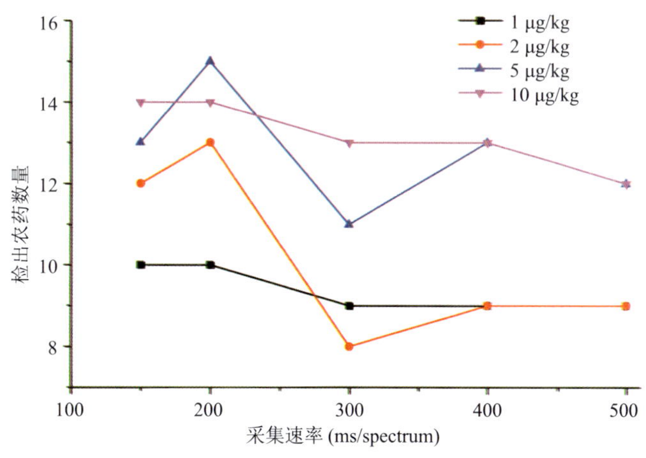

图 1-16 不同二级采集速率下农药检出情况

化合物在不同CID下的二级碎片离子分布及响应有较大差别，选择最佳二级谱图需对最佳CID进行优化，分别对每种农药采集了5 eV、10 eV、15 eV、20 eV、25 eV和30 eV 6个CID下的二级质谱图，根据不同碰撞能量下母离子碎裂程度，选择二级谱图中特征离子明显、分布均匀、响应良好的二级谱图作为最佳CID谱图，建立xml格式二级谱图库。谱图优化过程如图1-17所示，该图为农药叠氮津的二级最佳CID谱图选择过程，其中 *m/z* 199为母离子，图1-17（a）~（f）为在不同CID下主要特征离子的分布图，图1-17（g）是7个特征离子在不同CID下的响应情况对比图。结合谱图与对比情况可知，当CID为10 eV时，7个特征性离子整体响应及分布情况均优于其他CID，因此对于该农药应选择最佳CID为10 eV，该能量下的谱图即为最佳CID谱图。本实验按照此方法优化了每种农药的最佳CID谱图，并建立二级谱图库。

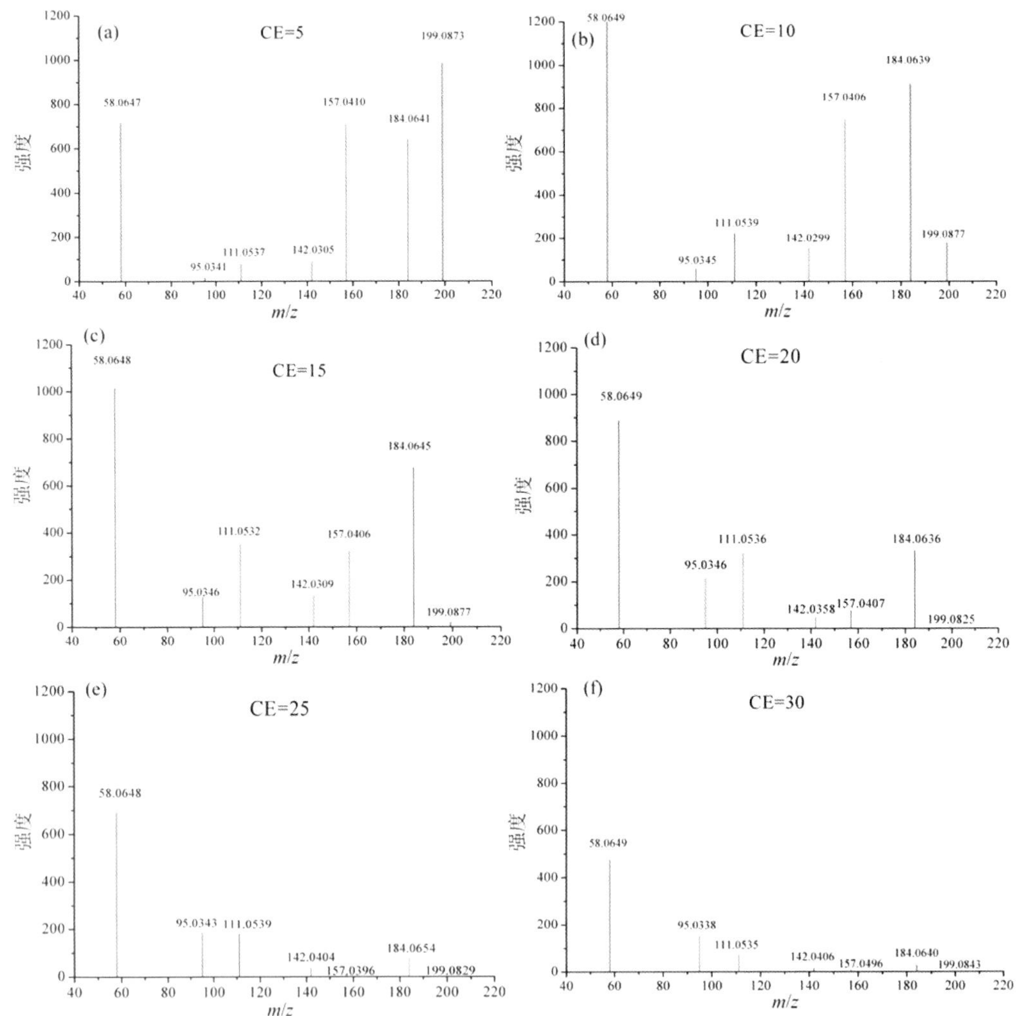

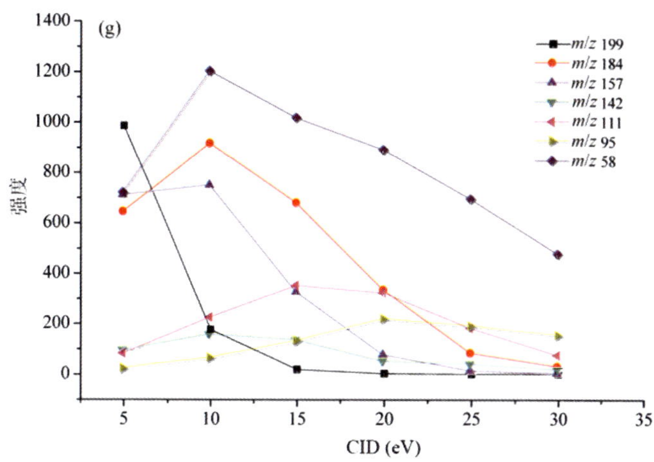

图 1-17　农药叠氮津的二级特征离子响应随 CID 能量变化情况

1.3.2.2　精确质量数据库检索参数的优化

1.3.2.2.1　精确质量提取窗口的优化

基于 GC-Q-TOF/MS 的高分辨率和精确质量全谱采集能力，可以通过窄质量窗口提取离子色谱图（nw-XICs）有效地降低背景与同位素的干扰，从而提高信噪比。为了设定合理的精确质量提取窗口，配制浓度均为 0.1 mg/kg 的 439 种农药的苹果、葡萄、番茄和菠菜基质标准溶液和相当浓度的溶剂标准溶液。分别测定上述标准溶液中监测离子精确质量数与数据库中理论精确质量数的偏差。实验发现：对于溶剂标准溶液，88.3%的监测离子质量数偏差≤10 ppm，97.0%的监测离子质量数偏差≤20 ppm；对于苹果样品基质标准溶液，78.2%的监测离子质量数偏差≤10 ppm，98.3%的监测离子质量数偏差≤20 ppm；对于葡萄样品基质标准溶液，80.7%的监测离子质量数偏差≤10 ppm，97.5%的监测离子质量数偏差≤20 ppm；对于番茄样品基质标准溶液，92.1%的监测离子质量数偏差≤10 ppm，100.0%的监测离子质量数偏差≤20 ppm；对于菠菜样品基质标准溶液，94.5%的监测离子质量数偏差≤10 ppm，100.0%的监测离子质量数偏差≤20 ppm。造成质量数偏差的原因，主要是共流出干扰离子影响。为了保证化合物的定性准确性达到 90%以上，精确质量识别窗口设定为 20 ppm。

1.3.2.2.2　保留时间窗口的优化

通过化合物精确质量数可以实现对检测目标物的初步认定。但是，在对复杂基质中数百种目标化合物的侦测识别过程中，由于共萃取的基质干扰物较多，目标化合物中也存在同分异构体，会在同一质量数窗口内，检出多个离子，造成假阳性结果。因此，需要增加保留时间识别要素并设定合适的保留时间识别窗口。为了设置合理的保留时间识别窗口，配制浓度为 0.1 mg/kg 的 439 种农药的苹果基质标准溶液和相当浓度的溶剂标准溶液。分别测定上述标准溶液中监测离子保留时间与数据库中理论保留时间的偏差。

实验发现：对于溶剂标准溶液，监测离子的最大时间偏差为 0.26 min；对于苹果样品基质标准溶液，监测离子的最大时间偏差为 0.27 min，偏差小于±0.25 min 的化合物占 99.1%。如果在样品测试前通过调整载气流量校正保留时间，则全部化合物的保留时间偏差都在±0.25 min 之内。因此，保留时间识别窗口设定为±0.25 min，以最大限度排除干扰物影响。图 1-18（a）显示保留时间识别窗口设定为 0.5 min，提取二苯丙醚的特征离子色谱图会在 27.449 min 显示一个干扰离子。图 1-18（b）为保留时间窗口设定为±0.25 min 后，杂峰被屏蔽后的色谱图。

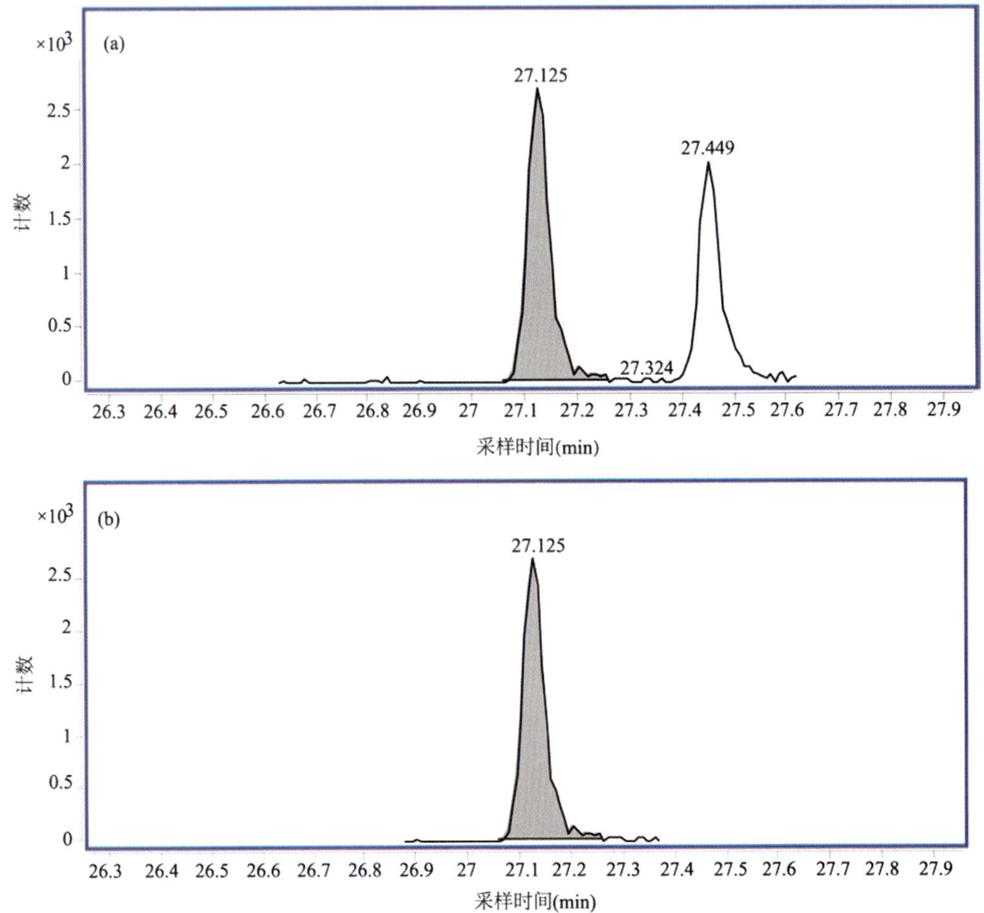

图 1-18　（a）二苯丙醚特征离子（m/z 300.1356）和干扰离子色谱图（保留时间提取窗口±0.5 min）；（b）仅二苯丙醚特征离子的色谱图（保留时间提取窗口±0.25 min）

1.3.2.3　数据分析实例

1.3.2.3.1　一级数据分析实例

通过建立一级精确质量数据库，应用定性软件 Find Compound By Formula 进行特定保留时间下特征离子的提取，设定提取窗口 20 ppm。软件将依据数据库中保留时间、理论分子量对实测离子进行评价，综合各特征离子的检测情况可实现大部分农药一级准确定性的同时也可以实现部分疑似农药的发现。图 1-19 是葡萄中添加敌敌畏 5 μg/kg 时特征离子检出情况。由该图可知，敌敌畏所选 4 个特征离子均有检出，质量偏差均小于 20 ppm，丰度比偏差≤30%。

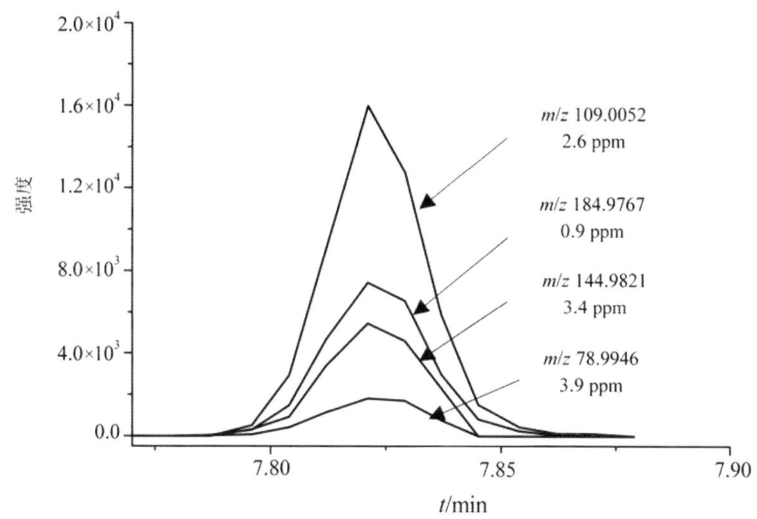

图 1-19　葡萄中加敌敌畏 5 μg/kg 提取离子流图

1.3.2.3.2　二级数据分析实例

在复杂基质测定过程中，由于基质干扰的存在，某些特征离子出峰情况会受到影响，特别是丰度较小的特征离子，在这种情况下仅通过一级数据很难作出准确判断，以顺式氯菊酯为例，如图 1-20 所示，添加浓度为 2 μg/kg 时，特征离子 *m/z* 183.0804 出峰明显，但其他两个离子检出情况均较差，几近未出峰，无法做准确判定。由此可知，该检出农药可被认定为疑似农药，这种情况下需进行二级特征谱图分析。仍以顺式氯菊酯为例，母离子 *m/z* 183.0804 在添加浓度 2 μg/kg，CID=20 eV 时二级库检索后镜像结果见图 1-21，由图可以很直观地看出母离子 *m/z* 183.0804 碎裂后的主要二级碎片离子均有很好的匹配，且质量偏差在要求范围内，通过二级谱图库的检索分析实现了疑似农药的进一步确证分析。实验证明，在一级不足以定性的情况下，有必要进行二级确证。图 1-22 是菠菜中检出农药除草醚（前体离子 *m/z* 282.9790）的二级谱图镜像结果，主要特征离子也均有良好匹配，可进行确证分析。图 1-21、图 1-22 两个例子表明二级谱图库确证分析对一级发现的疑似农药的确证分析具有重要意义。

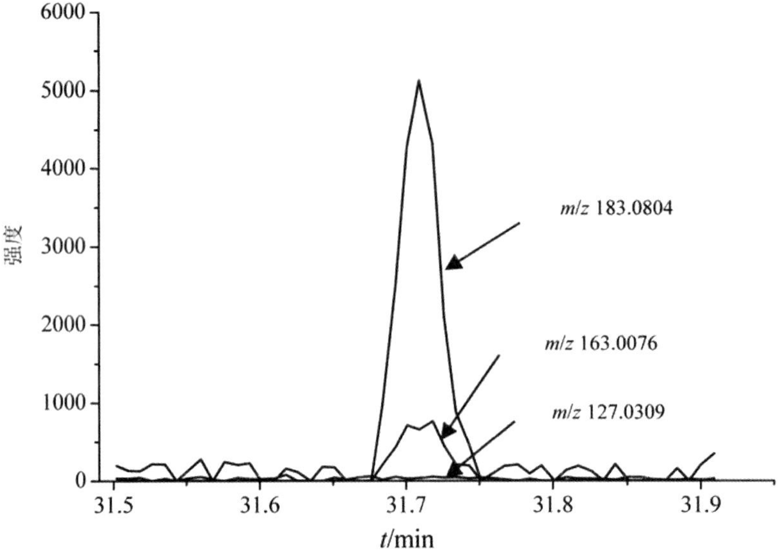

图 1-20　菠菜添加顺式氯菊酯在浓度为 2 μg/kg 时提取离子流图

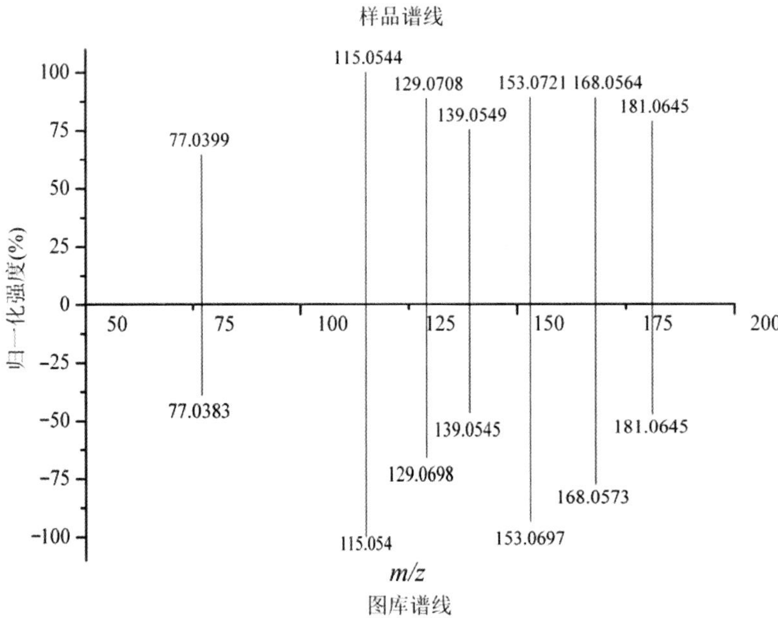

图 1-21　顺式氯菊酯添加 2 μg/kg 镜像结果

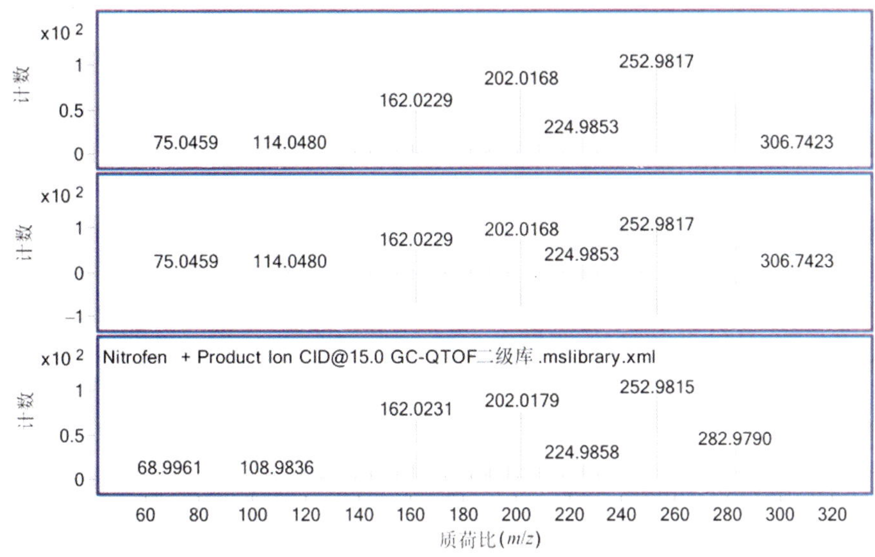

图 1-22　菠菜样品中检出除草醚的二级谱图镜像结果

1.3.2.4　筛查方法的验证

1.3.2.4.1　方法的准确性

对苹果、葡萄、番茄和菠菜样品进行了 439 种农药的两个浓度水平（0.01 mg/kg 和 0.1 mg/kg）的添加回收率实验。统计结果如附表 1-3 所示。从附表 1-3 可以看出，当添加浓度为 0.01 mg/kg 时，苹果、葡萄、番茄和菠菜样品中分别有 70.9%、78.3%、83.5% 和 73.6%的农药回收率在 70%~120%之间且 RSD≤20%；当添加浓度为 0.1 mg/kg 时，苹果、葡萄、番茄和菠菜样品中分别有 91.6%、93.1%、95.8%和 88.4%的农药回收率在 70%~120%之间且 RSD≤20%。部分农药在某些基质中有未检出或者回收率较低的现象出现，原因是该基质对特定农药干扰严重或农药本身响应较低。

1.3.2.4.2　方法的灵敏度

方法灵敏度是指某方法对单位浓度或单位量待测物质变化所产生的响应量的变化程度，在进行筛查实验时，通常用筛查限（SDL）表示。实验通过在苹果、葡萄、番茄和菠菜四种基质中添加 1 μg/kg、5 μg/kg、10 μg/kg、20 μg/kg、50 μg/kg 和 100 μg/kg 系列浓度考察 SDL，统计结果见附表 1-4。苹果、葡萄、番茄和菠菜中分别有 81.5%、92.8%、86.7%和 85.5%农药的筛查限≤0.01 mg/kg。有些农药的 SDL 比较高，比如 2, 4-DB、alpha-氯氰菊酯、溴氰菊酯、消螨通、苯莠啶、消草醚、炔丙菊酯和特丁硫磷，这是因为这些药灵敏度比较低，受基质干扰影响比较大。

1.3.3 方法实践与应用

1.3.3.1 筛查应用

该技术研究成功后，进行方法的应用：对 2013~2015 年间全国市售水果蔬菜农药残留状况进行了普查，从全国 31 个省会/直辖市（含 284 个区县）471 采样点，采集了 133 种水果蔬菜 9817 例样品。共检出农药化学污染物 343 种，不同采样点农药残留检出率 54.0%~96.9%。图 1-23 是不同水果蔬菜样品检出农药一级谱图，其中图 1-23（a）为梨中检出艾氏剂，图 1-23（b）为韭菜中检出溴氯丹，图 1-23（c）为芹菜中检出敌敌畏，图 1-23（d）为韭菜中检出毒死蜱。图 1-24 是不同水果蔬菜检出农药的二级匹配情况，其中图 1-24（a）为桃中检出戊唑醇，图 1-24（b）为梨中检出毒死蜱，图 1-24（c）为梨中检出联苯菊酯，图 1-24（d）为芹菜中检出毒死蜱，每张图中上图代表实测样品中农药的二级质谱图，下图为谱图库中标准农药的二级质谱图，中间为实测农药与谱图库中农药的匹配情况。

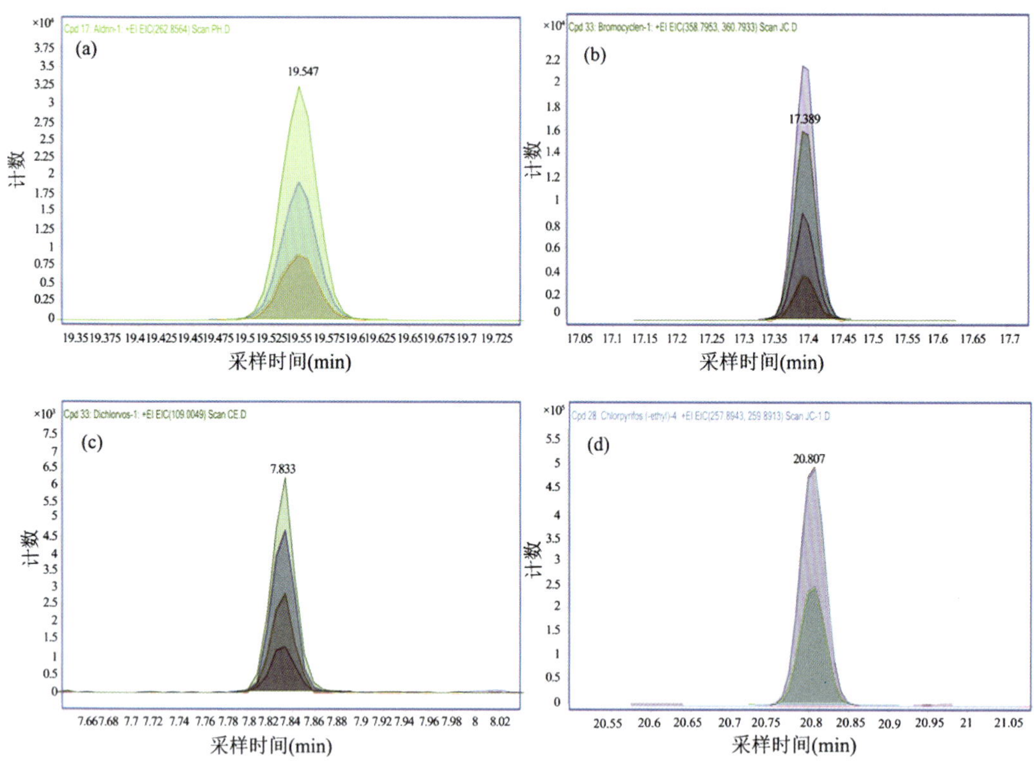

图 1-23 部分水果蔬菜样品中检出农药一级结果示例

（a）梨中检出艾氏剂；（b）韭菜中检出溴氯丹；（c）芹菜中检出敌敌畏；（d）韭菜中检出毒死蜱

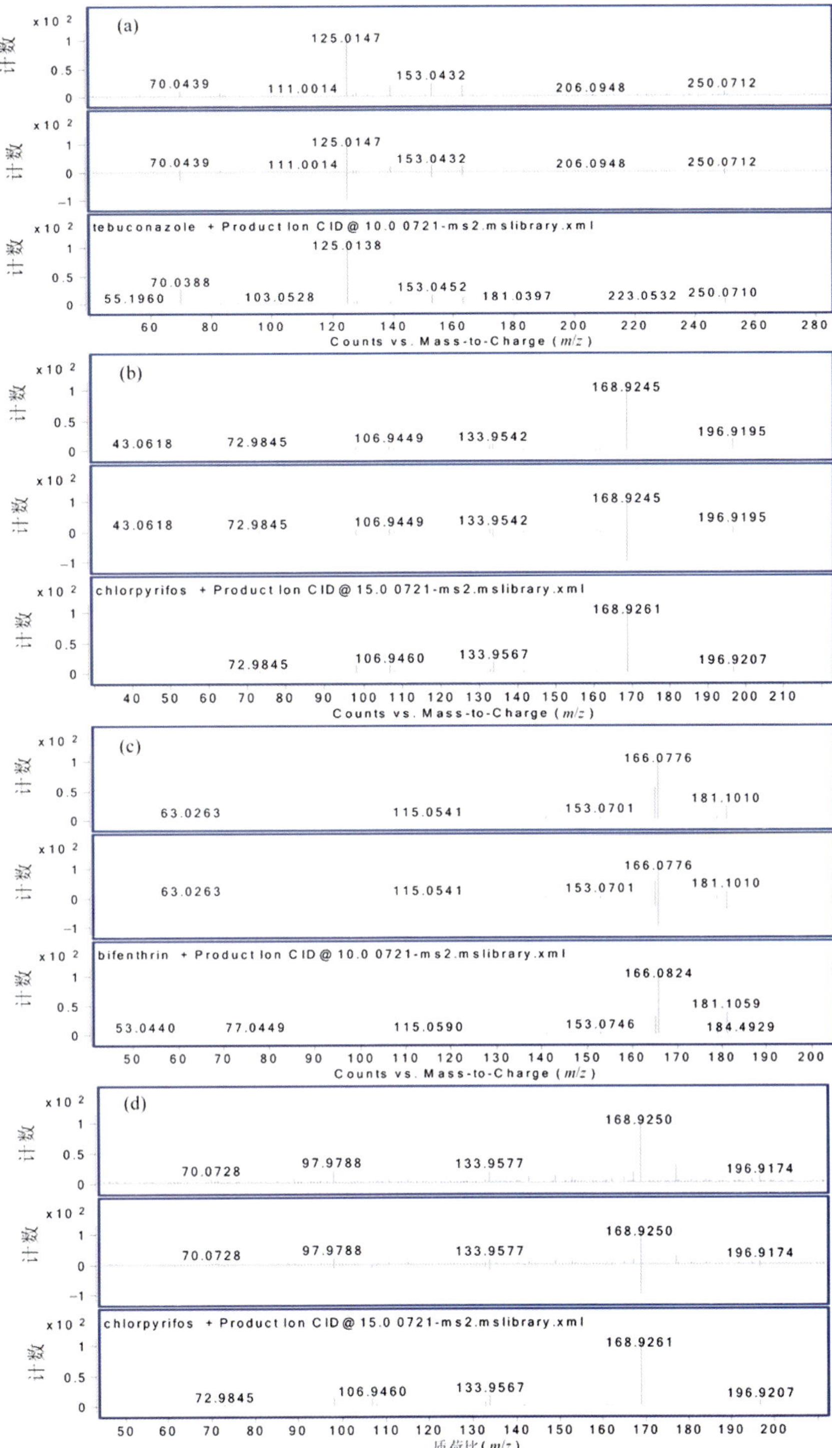

图 1-24　部分水果蔬菜样品中检出农药二级结果示例

(a) 桃中检出戊唑醇；(b) 梨中检出毒死蜱；(c) 梨中检出联苯菊酯；(d) 芹菜中检出毒死蜱

1.3.3.2　检出农药的功能分类

以 2013~2015 年间筛查的四个直辖市检测结果，进行举例分析。

北京市所有检出农药按功能分类，包括杀菌剂、杀虫剂、除草剂、植物生长调节剂和其他共 5 类。其中杀菌剂与杀虫剂为主要检出的农药类别，分别占总数的 39.6%和 36.5%。天津市所有检出农药按功能分类，包括杀虫剂、杀菌剂、除草剂、植物生长调节剂、除草剂安全剂共 5 类。其中杀虫剂与杀菌剂为主要检出的农药类别，分别占总数的 46.2%和 29.0%。上海市所有检出农药按功能分类，包括杀虫剂、杀菌剂、除草剂、植物生长调节剂和其他共 5 类。其中杀虫剂与杀菌剂为主要检出的农药类别，分别占总数的 38.1%和 34.3%。重庆市所有检出农药按功能分类，包括杀虫剂、杀菌剂、除草剂、植物生长调节剂、增效剂和其他共 6 类。其中杀虫剂与杀菌剂为主要检出的农药类别，分别占总数的 47.1%和 38.8%。结果如图 1-25 所示。

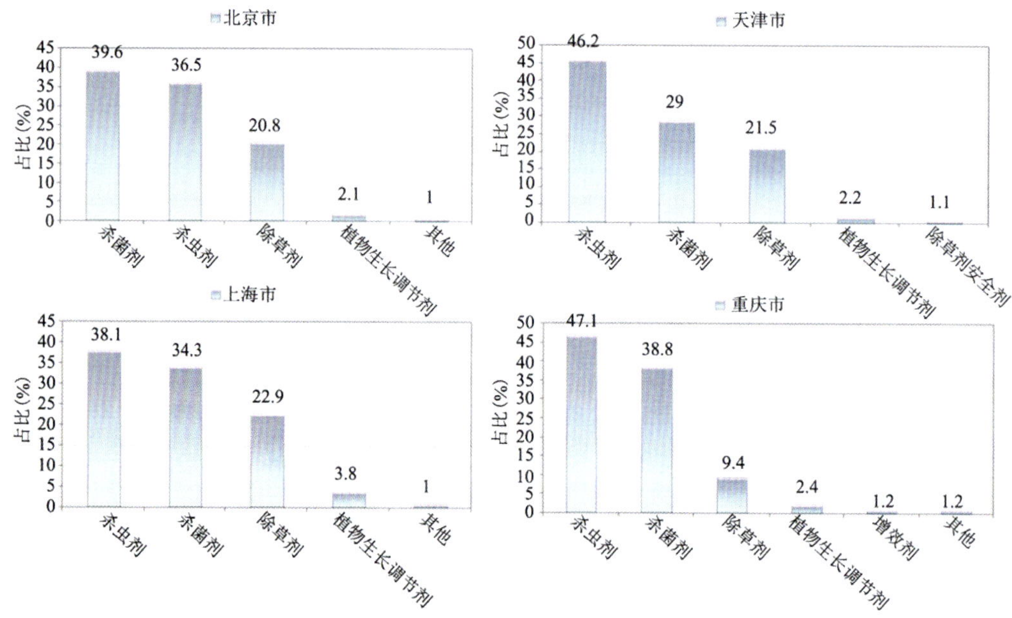

图 1-25　四个直辖市检出农药按功能分类及占比

1.3.3.3　检出农药的毒性类别、检出频次和超标频次及占比

北京市这次检出的 96 种 892 频次的农药，按剧毒、高毒、中毒、低毒和微毒这五个毒性类别进行分类，从中可以看出，北京市目前普遍使用的农药为中低微毒农药，品种占 91.7%，频次占 94.7%。天津市这次检出的 93 种 882 频次的农药，按剧毒、高毒、中毒、低毒和微毒这五个毒性类别进行分类，从中可以看出，天津市目前普遍使用的农药为中低微毒农药，品种占 92.5%，频次占 96.7%。上海市这次检出的 105 种 829 频次

的农药，按剧毒、高毒、中毒、低毒和微毒这五个毒性类别进行分类，从中可以看出，上海市目前普遍使用的农药为中低微毒农药，品种占 90.5%，频次占 94.2%。重庆市这次检出的 85 种 1037 频次的农药，按剧毒、高毒、中毒、低毒和微毒这五个毒性类别进行分类，从中可以看出，重庆市目前普遍使用的农药为中低微毒农药，品种占 91.8%，频次占 96.2%。结果如图 1-26 所示。

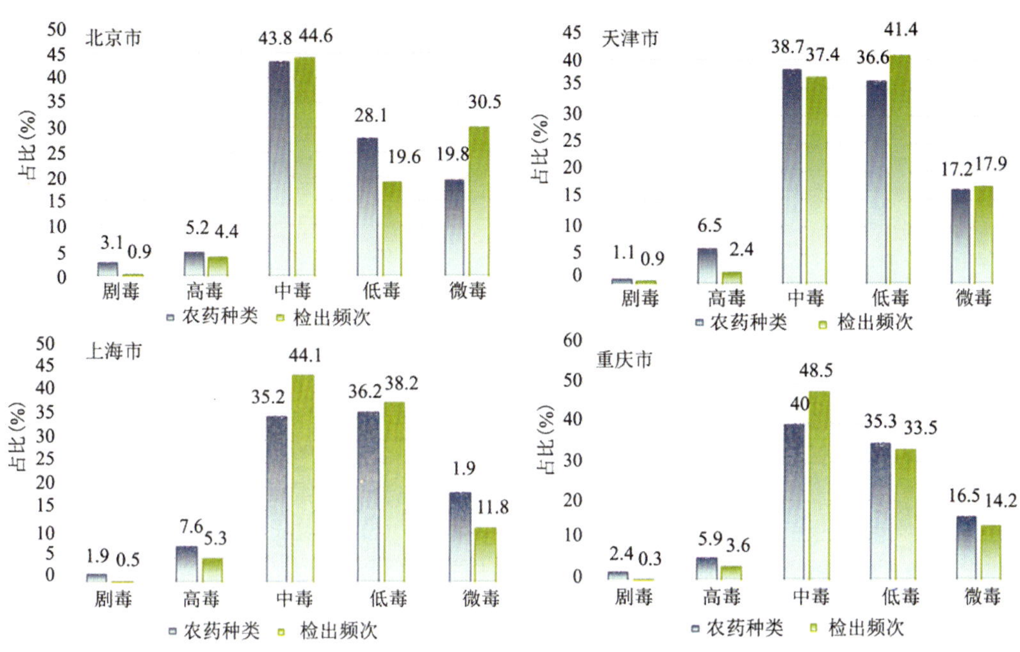

图 1-26　四个直辖市检出农药的毒性分类和占比

1.3.3.4　检出剧毒/高毒类农药的品种和频次

北京市在此次侦测的 415 例样品中有 8 种蔬菜 3 种水果的 38 例样品检出了 8 种 47 频次的剧毒和高毒农药，占样品总量的 9.2%。天津市在此次侦测的 394 例样品中有 9 种蔬菜 2 种水果的 26 例样品检出了 7 种 29 频次的剧毒和高毒农药，占样品总量的 6.6%。上海市在此次侦测的 348 例样品中有 16 种蔬菜 3 种水果的 42 例样品检出了 10 种 48 频次的剧毒和高毒农药，占样品总量的 12.1%。重庆市在此次侦测的 430 例样品中有 1 种食用菌 11 种蔬菜 2 种水果的 39 例样品检出了 7 种 40 频次的剧毒和高毒农药，占样品总量的 9.1%。结果如图 1-27 所示。

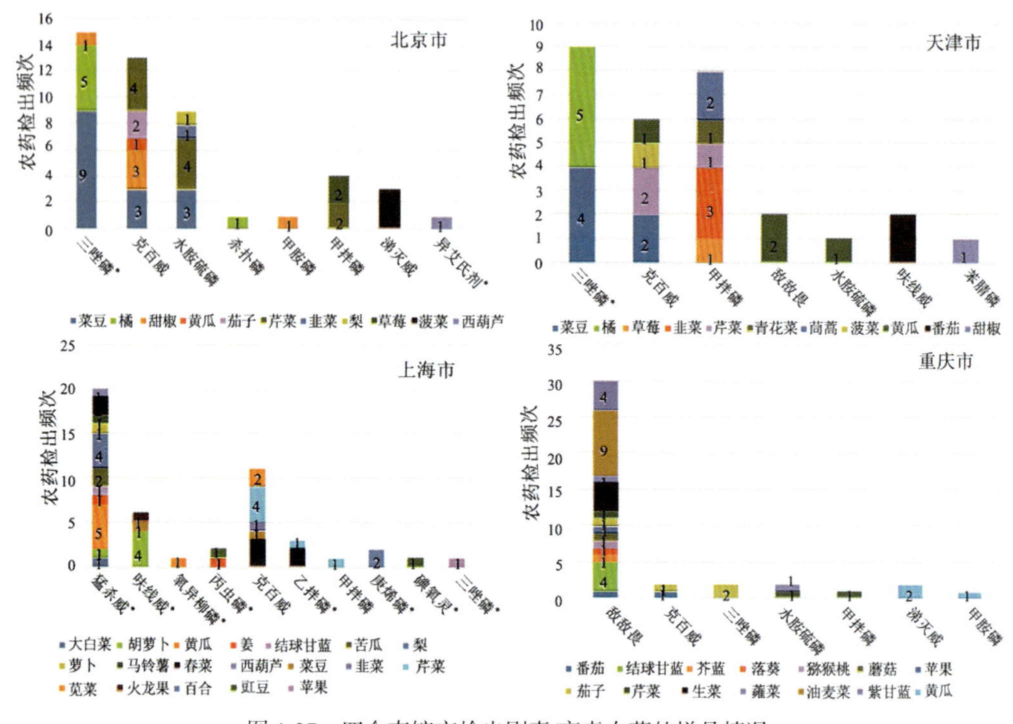

图 1-27　四个直辖市检出剧毒/高毒农药的样品情况

*表示允许在水果和蔬菜上使用的农药

北京市在检出的剧毒和高毒农药中，有 6 种是我国早已禁止在果树和蔬菜上使用的，分别是：杀扑磷、克百威、水胺硫磷、涕灭威、甲拌磷和甲胺磷。天津市在检出的剧毒和高毒农药中，有 3 种是我国早已禁止在果树和蔬菜上使用的，分别是：克百威、水胺硫磷和甲拌磷。上海市在检出的剧毒和高毒农药中，有 2 种是我国早已禁止在果树和蔬菜上使用的，分别是：克百威和甲拌磷。重庆市在检出的剧毒和高毒农药中，有 5 种是我国早已禁止在果树和蔬菜上使用的，分别是：克百威、水胺硫磷、涕灭威、甲胺磷和甲拌磷。

1.3.3.5　水果蔬菜合格率

按照国家标准 GB 2763—2014 规定的农药最大残留限量标准，GC-Q-TOF/MS 检测的水果蔬菜样品合格率为 96.3%和 98.7%，见图 1-28，显示了我国水果蔬菜安全水平有基本保障。

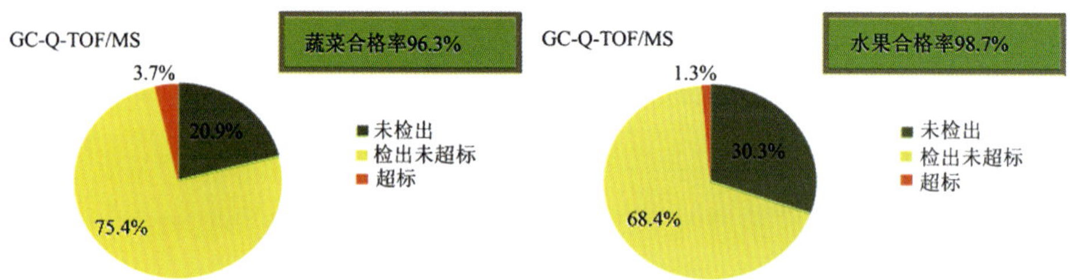

图 1-28　市售水果蔬菜农药残留安全水平

1.3.4　结论

用气相色谱-四极杆飞行时间质谱（GC-Q-TOF/MS）研究开发了 439 种农药的一级精确质量数据库和二级碎片离子的谱图库。在此基础上，为每一种农药都建立了一个自身独有的“电子身份证”，突破了农药残留检测以实物标准作参比的传统鉴定方法，实现了农药残留由靶向检测向非靶向筛查的跨越式发展。实现了高速度（0.7 小时）、高通量（439 种以上）、高精度（0.0001 *m/z*）、高可靠性（10 个确证点以上）、高度信息化、自动化和电子化。由于彻底解决靶向检测技术的弊端，分析速度和方法效能是传统方法和靶向检测技术不可想象的。其检测能力居国际领先地位，远远超过了目前美国、欧盟和日本农药残留检测技术的实力，从而可以大大提高农产品质量安全的保障能力。同时，检测的水果蔬菜种类覆盖范围达到 18 类 146 种，其中 85%属于国家 MRL 标准（GB 2763—2016）列明品种，紧扣国家标准反映市场真实情况。同时，节省了资源，减少了污染，完全达到了绿色发展、环境友好和清洁高效的要求。新技术示范农药残留大数据分析，发现了我国水果蔬菜农药残留的规律性特征。同时，也验证了这项新技术将成为我国食品安全监管前移的有力工具。

1.4　GC-Q-TOF/MS 和 LC-Q-TOF/MS 两种技术联用非靶向检测水果蔬菜中 733 种农药化学污染物方法效能评价研究

1.4.1　实验部分

1.4.1.1　试剂和材料

所有农药标准物质的纯度≥95%购自 Dr. Ehrenstorfer （Ausburg, Germany）；单标储备溶液（1000 mg/L）由甲醇、乙腈或丙酮配制，所有标准溶液 4℃避光保存。色谱纯乙腈、甲苯和甲醇购自 Fisher Scientific （New Jersey, USA）；甲酸购自 Duksan Pure Chemicals（Ansan, Korea）；超纯水来自密理博超纯水系统（Milford, MA, USA），分析纯醋酸，NaCl，$MgSO_4$，Na_2SO_4，NH_4OAc 购自北京化学试剂厂（北京，中国）；SPE 柱（Sep-Pak Carbon/NH_2, 500 mg/6cm^3）购自 Waters 公司（Milford, MA, USA）。

1.4.1.2　仪器与设备

安捷伦 7890A-7200 气相色谱-四极杆飞行时间质谱仪（GC-Q-TOF/MS）和 1290-6550

液相色谱-四极杆飞行时间质谱仪（LC-Q-TOF/MS）（Agilent 公司，美国）；移液器（Eppendorf 公司，德国）；SR-2DS 水平振荡器（TAITEC 公司，日本）；低速离心机（中科中佳科学仪器有限公司，中国）；N-EVAP112 氮吹仪（OA-SYS 公司，美国）；8893 超声波清洗仪（Cole-Pamer 公司，美国）；TL-602L 电子天平（Mettler 公司，德国）。

1.4.1.3 标准溶液的配制

（1）农药单标配制，准确称取 10 mg（精确至 0.01 mg）各种农药标准品分别置于 10 mL 容量瓶中，根据标准品的溶解性和测定的需要选用甲醇、甲苯和丙酮等溶剂溶解并定容至刻度。

（2）农药混合标准溶液的配制，根据单标浓度，准确移取一定体积的单标溶液至 25 mL 容量瓶中，甲醇定容至刻度，使混标中每种农药浓度均为 10 mg/L。为了实现药物的更好分离，根据每种农药的化学性质和保留时间把农药混合标准溶液分成 A1~H1 和 A2~H2 共计 16 组（A1~H1 八组农药用于 LC-Q-TOF/MS 检测，A2~H2 八组农药用于 GC-Q-TOF/MS 检测）。所有标准溶液 4℃避光保存。

1.4.1.4 样品的采集和制备

样品的采集：所有的水果和蔬菜样品均来自中国 31 个城市的超市和农贸市场，共 600 多个采样点，详见图 1-29，分析的样品范围覆盖 18 类 146 种水果蔬菜，详见图 1-30。样品制备：水果和蔬菜样品均取可食部分（去核、去萼），将水果蔬菜样品切碎、匀浆后。称取 10 g 样品（精确至 0.01 g）于 80 mL 具塞离心管中，加入 40 mL 1%醋酸-乙腈，用高速匀浆机均质处理，转速为 12000 r/min，匀浆提取 1 min；再向其中加入 1 g NaCl，4 g 无水 $MgSO_4$，振荡器振荡 10 min；在 4200 r/min 下离心 5 min，取上清液 20 mL 至鸡心瓶中，在 40℃水浴中旋转蒸发浓缩至约 2 mL，待净化。在 Carbon/NH_2 柱中加入约 2 cm 高无水硫酸钠，用 4 mL 乙腈-甲苯（3∶1，体积比）淋洗 SPE 柱，并弃去流出液，处理完成后，将样品浓缩液转移至净化柱上，下接鸡心瓶。每次用 2 mL 乙腈-甲苯（3∶1，体积比）洗涤样液瓶三次，并将洗涤液移入 SPE 柱中。在柱上连接 25 mL 贮液器，用 25 mL 乙腈-甲苯（3∶1，体积比）进行洗脱。洗脱完成后，在 40 ℃水浴中旋转浓缩至约 0.5 mL。将浓缩液置于氮气下吹干，加入 2 mL 的乙腈-甲苯（3∶1，体积比），超声复溶并混匀，平均分成两份，各 1 mL，均在氮气下吹干。分别用 1 mL 乙腈-水（3∶2，体积比）和 1 mL 正己烷定容，经 0.22 μm 滤膜过滤后，分别供 LC-Q-TOF/MS 和 GC-Q-TOF/MS 检测。

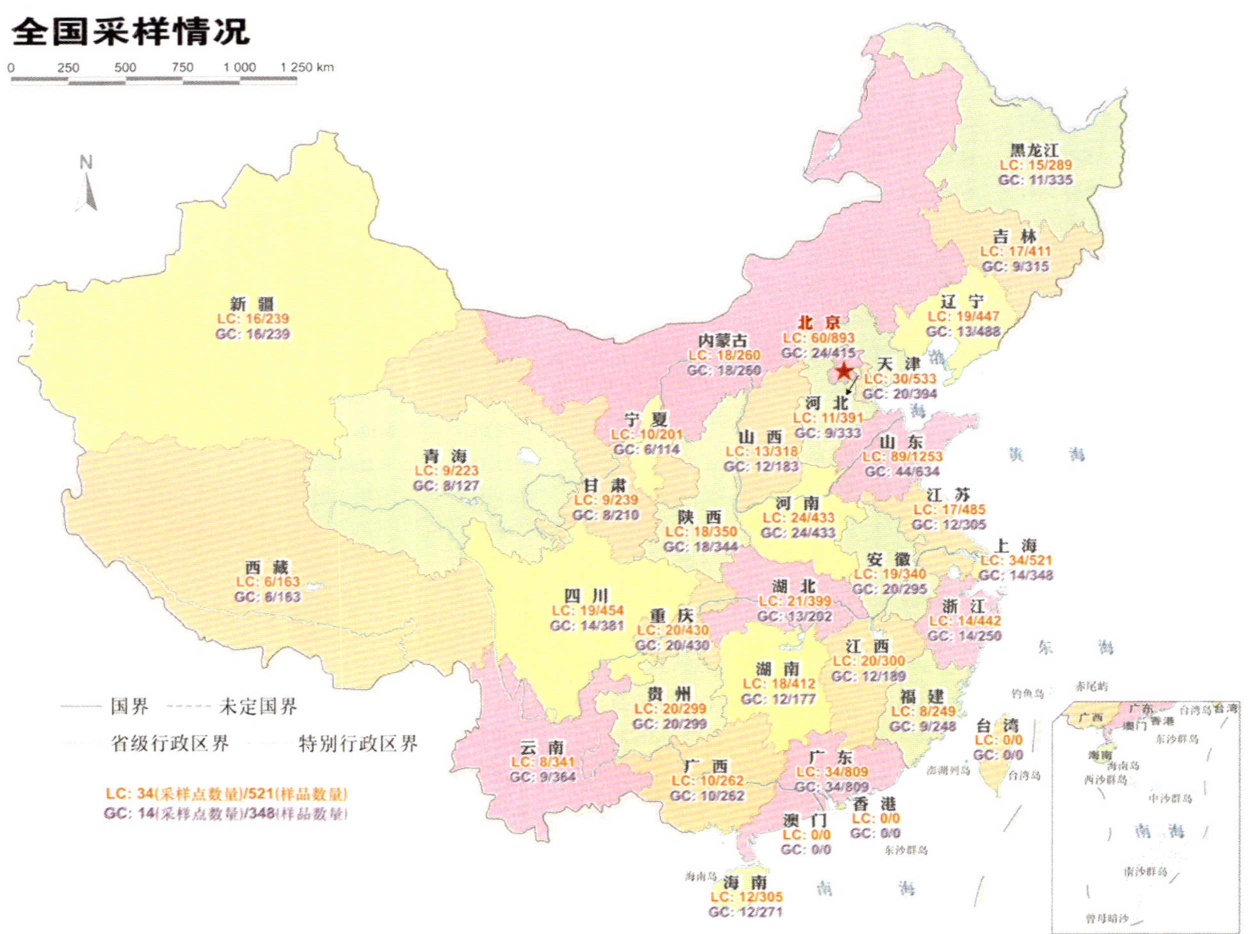

图1-29　GC-Q-TOF/MS和LC-Q-TOF/MS两种技术侦测全国31个省会/直辖市（284个区县）600多个采样点分布示意图

LC-Q-TOF/MS

样品类型	样品名称（数量）	数量小计
蔬菜		8661
1）芸薹属类蔬菜	菜薹（74），甘蓝（459），西兰花（268），芥蓝（40），紫甘蓝（25），花椰菜（59）	925
2）茄果类蔬菜	番茄（621），茄子（466），甜椒（549），辣椒（72），圣女果（66），人参果（2）	1795
3）食用菌	蘑菇（362），金针菇（35），杏鲍菇（7），香菇（15），平菇（4）	423
4）瓜类蔬菜	黄瓜（591），西葫芦（279），棚瓜（9），冬瓜（200），苦瓜（76），瓠瓜（6），南瓜（73），丝瓜（32），佛手瓜（18），笋瓜（2），生瓜（1）	1287
5）叶菜类蔬菜	芹菜（537），菠菜（309），小白菜（197），茼蒿（203），生菜（418），大白菜（350），青菜（144），苋菜（36），叶芥菜（37），地瓜叶（23），枸杞叶（7），蕹菜（84），娃娃菜（15），油麦菜（112），油菜（78），落葵（22），奶白菜（1），苦苣（50），茴香菜（13），莴笋（16），白花菜（1），儿菜（8），春菜（19），乌菜（2），芥菜（2），芋花（1）	2685
6）豆类蔬菜	豆角（470），豇豆（23），菜豆（20），豌豆（3），刀豆（2），食荚豌豆（8），菜用大豆（4）	53
7）鳞茎类蔬菜	韭菜（351），葱（41），大蒜（21），蒜薹（58），蒜苗（9），洋葱（33），青蒜（2），韭菜花（3），蒜黄（1）	519
8）茎类蔬菜	芦笋（14）	14
9）根茎类和薯芋类蔬菜	胡萝卜（166），芋头（13），马铃薯（105），萝卜（77），雪莲果（5），紫薯（19），甘薯（7），姜（18），山药（17）	427
10）水生类蔬菜	茭白（6），豆瓣菜（13），莲藕（19），荸荠（2），水芹（1）	41
11）芽菜类蔬菜	绿豆芽（4），香椿芽（1），草头（3）	8
12）其他类蔬菜	百合（6），竹笋（1）	7
水果		3826
1）柑橘类水果	橙（284），橘（147），柚（24），柠檬（23），金橘（9），柑（3）	490
2）瓜果类水果	西瓜（237），哈密瓜（32），甜瓜（38），香瓜（50）	357
3）浆果和其他小型水果	猕猴桃（154），葡萄（411），草莓（114），西番莲（7），提子（10），蓝莓（2），桑葚（1）	699
4）仁果类水果	苹果（628），梨（574），枇杷（11），山楂（13）	1226
5）热带和亚热带水果	菠萝（92），香蕉（99），火龙果（136），荔枝（46），芒果（62），杨桃（33），山竹（32），番石榴（23），柿子（8），木瓜（13），龙眼（8），石榴（4），莲雾（1），杨梅（1），榴莲（1）	559
6）核果类水果	桃（310），枣（50），杏（24），李子（102），樱桃（6），油桃（3）	495
谷物		11
1）旱粮类	玉米（11）	11
调味料		53
1）叶类	芫荽（51），薄荷（2）	53

GC-Q-TOF/MS

样品类型	样品名称（数量）	数量小计
蔬菜		6387
1）豆类蔬菜	豆角（367），菜豆（7），豇豆（23），扁豆（22），菜用大豆（6），食荚豌豆（4）	429
2）茄果类蔬菜	甜椒（369），番茄（433），茄子（363），辣椒（79），人参果（22），圣女果（65），秋葵（12）	1343
3）叶菜类蔬菜	芹菜（353），蕹菜（72），生菜（277），油麦菜（137），茼蒿（111），大白菜（199），小白菜（134），菠菜（167），叶芥菜（37），落葵（12），苋菜（28），地瓜叶（25），油菜（72），苦苣（35），青菜（73），芋花（9），莴笋（22），紫背菜（7），娃娃菜（4），枸杞叶（7），春菜（19），儿菜（8），奶白菜（1）	1809
4）鳞茎类蔬菜	韭菜（223），洋葱（50），蒜苗（19），大蒜（12），葱（22）	326
5）瓜类蔬菜	苦瓜（125），南瓜（34），黄瓜（434），冬瓜（94），西葫芦（202），棚瓜（9），丝瓜（39），瓠瓜（15），佛手瓜（3）	955
6）芸薹属类蔬菜	菜薹（93），西兰花（210），甘蓝（293），紫甘蓝（41），花椰菜（43），芥蓝（24）	704
7）食用菌	蘑菇（210），杏鲍菇（36），香菇（35），金针菇（33），平菇（13）	327
8）根茎类和薯芋类蔬菜	马铃薯（120），萝卜（99），胡萝卜（154），芋头（13），紫薯（8），甘薯（4），姜（22），山药（14）	434
9）水生类蔬菜	豆瓣菜（13），莲藕（26），茭白（4）	43
10）其他类蔬菜	竹笋（8），百合（9）	17
水果		3404
1）核果类水果	桃（279），李子（91），杏（18），枣（44），油桃（3）	435
2）仁果类水果	苹果（450），梨（437），枇杷（10），山楂（4）	901
3）瓜果类水果	西瓜（158），哈密瓜（39），香瓜（51），甜瓜（25）	273
4）浆果和其他小型水果	葡萄（369），猕猴桃（194），草莓（51），西番莲（7），提子（1）	633
5）柑橘类水果	橙（185），橘（162），柠檬（44），柚（50）	441
6）热带和亚热带水果	芒果（79），荔枝（56），菠萝（44），山竹（47），木瓜（30），火龙果（229），杨桃（43），番石榴（23），龙眼（12），石榴（9），香蕉（149）	721
调味料		22
1）叶类	芫荽（22）	22
谷物		4
1）旱粮类	玉米（4）	4

图 1-30　侦测样品种类范围：18 类 146 种水果蔬菜，涵盖国家标准名录的 80%，彰显了方法的普遍适用性

1.4.1.5　仪器条件

LC-Q-TOF/MS 操作条件：质谱仪采用电喷雾电离正离子模式（ESI^+）；毛细管电压：4000 V；干燥气温度 325℃，流速 10 L/min；鞘气温度 325℃，流速 11 L/min；雾化气压力 40 psi；锥孔电压 60 V；碎裂电压 140 V。质量扫描范围 m/z 50~1600，并采用内标参比溶液对仪器质量精度进行实时校正。内标参比溶液包含嘌呤，HP-0921 和 TFANH4，参比溶液的精确质量数分别为 m/z 121.0509 和 m/z 922.0098。液相配有 ZORBAX SB-C18 柱（2.1 mm×100 mm，3.5 μm），流动相 A 为 5 mmol/L 的乙酸铵-0.1%甲酸-水；流动相

B 为乙腈；梯度洗脱程序为：0 min，1% B；3 min，30% B；6 min，40% B；9 min，40% B；15 min，60% B；19 min，90% B；23 min，90% B；23.01 min，1% B，后运行 4 min；流速为 0.4 mL/min；柱温 40℃；进样量 10 μL。数据采集与处理通过 Agilent MassHunter Workstation Software（version B.05.00），一级精确质量数据库由 Excel 2010 建立并保存为 CSV 格式，二级碎片离子谱图库的建立通过 Agilent MassHunter PCDL Manager（B.07.00）。

GC-Q-TOF/MS 操作条件：质谱仪采用电子轰击电离源（EI），电压 70 eV；离子源温度 230℃；传输线温度 280℃；溶剂延迟 6 min；质量扫描范围 *m/z* 50~600，采集速率 2 spectrum/s；气相配有 VF-1701 ms 农药残留专用柱（30 m×0.25 mm，0.25 μm）。程序升温过程：40℃保持 1 min，然后以 30℃/min 程序升温至 130℃，再以 5℃/min 升温至 250℃，再以 10℃/min 升温至 300℃，保持 5 min；载气：氦气，纯度≥99.999%，流速 1.2 mL/min；进样口温度 280℃；进样量 1 μL；不分流进样；环氧七氯用于调整保留时间。数据采集与处理通过 Agilent MassHunter Workstation Software（version B.07.00），一级碎片离子谱图库的建立通过 Agilent MassHunter PCDL Manager（B.07.00）。

1.4.1.6　数据库的构建

1.4.1.6.1　LC-Q-TOF/MS 数据库的构建

（1）向仪器注入 10 μL 浓度为 1 mg/L 的单标溶液，HPLC-Q-TOF/MS 在 MS 模式下进行测定，在定性软件“Find by Formula”功能中对实验数据进行处理，当目标化合物得分超过 90，精确质量偏差低于 5 ppm 时，认为化合物被识别。记录下该峰在色谱分离条件下的保留时间，离子化形式（$[M+H]^+$，$[M+NH_4]^+$和$[M+Na]^+$）。将每种农药的名称、化学分子式、精确分子量和保留时间录入 databases 数据文件，建成 525 种 LC-Q-TOF/MS 的一级精确质量数据库。

（2）在 Targeted MS/MS 采集界面输入每种农药的母离子、保留时间和 8 种不同的碰撞能量（CID：5~40），对其进行数据采集。采用“Find by targeted MS/MS”对数据进行处理，得到不同碰撞能下的碎片离子全扫描质谱图，生成 CEF 文件。将 CEF 文件导入 PCDL 软件中，选择 4 张最佳碰撞能量下的质谱图并与对应的农药信息相对应并保存，建成 525 种 LC-Q-TOF/MS 的二级谱图库。

1.4.1.6.2　GC-Q-TOF/MS 数据库的构建

向仪器注入 1 μL 浓度为 1 mg/L 的单标溶液，GC-Q-TOF/MS 在 MS 模式下进行测定，在定性软件中打开一级模式全谱数据，记录下该峰在色谱分离条件下的保留时间。在“Search library”功能下使用 NIST 库识别当前的化合物以得到全面的化合物信息，包括名称、分子式、精确分子量以及离子碎片组成信息等。对质谱图上的离子精确质量数信息加以核对，确认。将编辑完成的质谱图和化合物信息发送至 PCDL Manager 软件，并与对应的农药信息相关联，建成 485 种农药化学污染物一级碎片离子谱图库。

1.4.1.7　方法效能评价方案

为了验证 GC-Q-TOF/MS 和 LC-Q-TOF/MS 这两种联用技术非靶向高通量农药残留筛查方法的灵敏度、特效性和广泛适用性，选择了八种代表性水果蔬菜，对上述两种方法进行了效能评价。具体实施方案：对于 GC-Q-TOF/MS，分别在 1 μg/kg、5 μg/kg、10 μg/kg、20 μg/kg、50 μg/kg 和 100 μg/kg 6 个浓度水平下进行基质添加实验，考察 485 种农药的筛查限；同时在 10 μg/kg、50 μg/kg 和 100 μg/kg 3 个浓度水平下进行添加回收实验，考察 485 种农药的回收率和精密度；对于 LC-Q-TOF/MS，分别在 1 μg/kg、5 μg/kg、10 μg/kg、20 μg/kg 和 50 μg/kg 这 5 个浓度水平下进行基质添加实验，考察 525 种农药的筛查限；同时在 5 μg/kg、10 μg/kg 和 20 μg/kg 3 个浓度水平下进行添加回收实验，考察 525 种农药的回收率和精密度，从而选出 GC-Q-TOF/MS 和 LC-Q-TOF/MS 两种技术联用的最佳实验方案。

1.4.2　方法效能评价结果

1.4.2.1　两种技术 8 种基质 6 个添加水平筛查限分析

由于不同基质效应的影响，同一种农药在不同基质中的筛查限会有高低，具体数据详见附表 1-7 和附表 1-8。表 1-6 和表 1-7 显示了两种技术在 8 种基质中农药筛查能力统计情况。按筛查农药数量进行统计，对于 GC-Q-TOF/MS，可筛查农药总计 457 种，占参与评价 485 种农药的 94.2%（表 1-7）。在不同基质中可筛查农药种数略有差异，可筛查农药数量介于 433~444 种之间，占比介于 89.3%~91.6%，其中葡萄可筛农药数量最多，为 444 种，占比为 91.6%；西柚和结球甘蓝可筛查农药数量最少，均为 433 种，占比 89.3%（表 1-6）；对于 LC-Q-TOF/MS，可筛查农药总计 518 种，占参与评价 525 种农药的 98.7%（表 1-7）。在不同基质中可筛查农药种数略有差异，可筛查农药数量介于 487~511 种之间，占比介于 92.8%~97.3%，其中西柚可筛农药数量最多，为 511 种，占比为 97.3%；西瓜可筛查农药数量最少，为 487 种，占比 92.8%（表 1-6）。同时对 GC-Q-TOF/MS 不可筛查的农药仅 28 种，占 5.8%；对 LC-Q-TOF/MS 不可筛查的农药仅 7 种占 1.3%；充分说明两种非靶向筛查方法对 8 种基质有非常好的普遍适用性（表 1-7）。

按筛查限水平统计，从表 1-6 可以看出，在 1 μg/kg 添加水平下，对于 GC-Q-TOF/MS，8 种基质中可筛查农药数量占比 14.6%~27.4%，对于 LC-Q-TOF/MS，可筛查农药数量占比为 48.8%~59.6%；在 5 μg/kg 添加水平下，对于 GC-Q-TOF/MS，8 种基质中可筛查农药

表 1-6 两种技术单用或联用在 8 种基质中筛查 733 种农药能力对比

		1 μg/kg		5 μg/kg		10 μg/kg		20 μg/kg		50 μg/kg		100 μg/kg		10μg/kg 及以下		可筛查农药合计		不可筛查农药合计		评价农药合计
		数量	占比%	数量	占比%	数量	占比%	数量	占比%	数量	占比%	数量	占比%	数量	占比%	数量	占比%	数量	占比%	数量
1 苹果	GC	133	27.4	200	41.2	16	3.3	64	13.2	21	4.3	7	1.4	**349**	**72.0**	**441**	**90.9**	**44**	**9.1**	**485**
	LC	258	49.1	80	15.2	65	12.4	35	6.7	56	10.7			**403**	**76.8**	**494**	**94.1**	**31**	**5.9**	**525**
	GC+LC	346	47.2	165	22.5	63	8.6	69	9.4	36	4.9	1	0.1	**574**	**78.3**	**680**	**92.8**	**53**	**7.2**	**733**
2 葡萄	GC	121	24.9	245	50.5	33	6.8	24	4.9	14	2.9	7	1.4	**399**	**82.3**	**444**	**91.6**	**41**	**8.4**	**485**
	LC	287	54.7	78	14.9	19	3.6	52	9.9	59	11.2			**384**	**73.1**	**495**	**94.3**	**30**	**5.7**	**525**
	GC+LC	366	49.9	205	28.0	31	4.2	45	6.1	33	4.5	5	0.7	**602**	**82.1**	**685**	**93.5**	**48**	**6.5**	**733**
3 西瓜	GC	133	27.4	219	45.2	40	8.2	33	6.8	12	2.5	5	1.0	**392**	**80.8**	**442**	**91.1**	**43**	**8.9**	**485**
	LC	277	52.8	66	12.6	60	11.4	28	5.3	56	10.7			**403**	**76.8**	**487**	**92.8**	**38**	**7.2**	**525**
	GC+LC	363	49.5	184	25.1	65	8.9	31	4.2	30	4.1	5	0.7	**612**	**83.5**	**678**	**92.5**	**55**	**7.5**	**733**
4 西柚	GC	71	14.6	253	52.2	34	7.0	48	9.9	14	2.9	13	2.7	**358**	**73.8**	**433**	**89.3**	**52**	**10.7**	**485**
	LC	266	50.7	83	15.8	45	8.6	35	6.7	82	15.6			**394**	**75.0**	**511**	**97.3**	**14**	**2.7**	**525**
	GC+LC	311	42.4	208	28.4	64	8.7	52	7.1	55	7.5	7	1.0	**583**	**79.5**	**697**	**95.1**	**36**	**4.9**	**733**
5 菠菜	GC	128	26.4	195	40.2	49	10.1	33	6.8	22	4.5	15	3.1	**372**	**76.7**	**442**	**91.1**	**43**	**8.9**	**485**
	LC	256	48.8	105	20.0	39	7.4	42	8.0	63	12.0			**400**	**76.2**	**505**	**96.2**	**20**	**3.8**	**525**
	GC+LC	344	46.9	203	27.7	57	7.8	41	5.6	38	5.2	7	1.0	**604**	**82.4**	**690**	**94.1**	**43**	**5.9**	**733**
6 番茄	GC	108	22.3	204	42.1	60	12.4	38	7.8	20	4.1	10	2.1	**372**	**76.7**	**440**	**90.7**	**45**	**9.3**	**485**
	LC	313	59.6	76	14.5	33	6.3	31	5.9	55	10.5			**422**	**80.4**	**508**	**96.8**	**17**	**3.2**	**525**
	GC+LC	382	52.1	166	22.6	60	8.2	40	5.5	38	5.2	7	1.0	**608**	**82.9**	**693**	**94.5**	**40**	**5.5**	**733**
7 结球甘蓝	GC	111	22.9	194	40.0	56	11.5	39	8.0	21	4.3	12	2.5	**361**	**74.4**	**433**	**89.3**	**52**	**10.7**	**485**
	LC	270	51.4	92	17.5	34	6.5	35	6.7	60	11.4			**396**	**75.4**	**491**	**93.5**	**34**	**6.5**	**525**
	GC+LC	341	46.5	183	25.0	55	7.5	46	6.3	47	6.4	8	1.1	**579**	**79.0**	**680**	**92.8**	**53**	**7.2**	**733**
8 芹菜	GC	93	19.2	200	41.2	55	11.3	37	7.6	31	6.4	19	3.9	**348**	**71.8**	**435**	**89.7**	**50**	**10.3**	**485**
	LC	281	53.5	128	24.4	21	4.0	29	5.5	44	8.4			**430**	**81.9**	**503**	**95.8**	**22**	**4.2**	**525**
	GC+LC	343	46.8	215	29.3	42	5.7	43	5.9	36	4.9	8	1.1	**600**	**81.9**	**687**	**93.7**	**46**	**6.3**	**733**

注：GC 指 GC-Q-TOF/MS，LC 指 LC-Q-TOF/MS

数量占比 40.0%~52.2%，对于 LC-Q-TOF/MS，可筛查农药数量占比为 12.6%~24.4%。说明这两项技术有足够的灵敏度，且有高度的互补性。按国际公认的 10 μg/kg 一律标准（Uniform Standard）而论，从表 1-6 中可以看出，对于 GC-Q-TOF/MS，8 种水果蔬菜基质中，葡萄中筛查限≤10 μg/kg 的农药数量最多，为 399 种，占比 82%，芹菜中筛查限≤10 μg/kg 的农药数量最少，为 348 种，占比 71.7%；对于 LC-Q-TOF/MS，8 种水果蔬菜基质中，芹菜中筛查限≤10 μg/kg 的农药数量最多，为 430 种，占比 81.9%，葡萄中筛查限≤10 μg/kg 的农药数量最少，为 384 种，占比 73.2%。由此可以得出结论，GC-Q-TOF/MS 和 LC-Q-TOF/MS 方法均能确保 70%以上的农药筛查限在 10 μg/kg 及以下，如果两种技术联用，满足条件的农药数量在 574（苹果）~612（西瓜），占比区间 78.3%~83.5%；78%以上的农药都可以在 10 μg/kg 残留水平被筛查出来，印证了本筛查方法的高灵敏度和高效性，足以适用国际上最严格 MRL 标准的要求，同时彰显两种技术的互补性很强。

按照可筛查基质种类对应的农药数量和占比进行统计，结果如表 1-7 所示，对 GC-Q-TOF/MS 而论，有 457 种农药可在至少一种基质中筛查出，其中在八种基质中均可筛查农药数量为 408 种，占比为 84.1%，在 6 种以上（包括 6 种）基质中均可筛查农药数量为 435 种，占比为 89.5%；对 LC-Q-TOF/MS 而论，有 518 种农药可在至少一种基质中筛查出，其中在八种基质中均可筛查农药数量为 478 种，占比为 91.1%；在 6 种以上（包括 6 种）基质中均可筛查农药数量为 491 种，占比为 93.6%。数据结果表明绝大部分农药在不同基质中均可进行筛查检测，印证了该方法的普遍适用性。特别值得注意的是，如果从两种技术联用角度综合分析，从表 1-7 中可以看出，所有参与评价的 8 种基质均可以筛查的农药数量达到 660 种，占比 90%；6 种基质及以上可以筛查的农药数量达到 679 种，占比 92.6%；大大提高了农药残留种类的发现能力，同时进一步说明本筛查方法广泛的基质适应性和两种技术的互补性。

表 1-7　两种技术可筛查农药数量及占比（按可筛查基质种数统计）

	GC-Q-TOF/MS		LC-Q-TOF/MS		两种方法联用	
	数量	占比%	数量	占比%	数量	占比%
8 种基质均可筛查	408	84.1	478	91.0	660	90.0
7 种基质可筛查	18	3.7	8	1.5	10	1.4
6 种基质可筛查	9	1.9	5	1.0	9	1.2
5 种基质可筛查	2	0.4	6	1.1	5	0.7
4 种基质可筛查	6	1.2	7	1.3	7	1.0
3 种基质可筛查	7	1.4	5	1.0	6	0.8
2 种基质可筛查	4	0.8	2	0.4	3	0.4
1 种基质可筛查	3	0.6	7	1.3	9	1.2
可筛查农药合计	457	94.2	518	98.7	709	96.7
均不可筛查	28	5.8	7	1.3	24	3.3
参与评价农药合计	485		525		733	

1.4.2.1.1　两种技术八种基质 6 个添加水平无法筛查农药

农药理化性质和基质效应的差异，导致不同农药在低添加水平不同基质中未检出农药个数有明显差异。

采用 GC-Q-TOF/MS 技术评价的 485 种农药中，八组基质中不可筛查农药数量介于 41~52 种之间，其中葡萄不可筛查农药数量最少，为 41 种；西柚和结球甘蓝不可筛查农药数量最多，均为 52 种，见表 1-6。综合 8 种基质情况来看，添加浓度为 100 μg/kg 及以下，在所有 8 种基质中均无法筛查的农药有 28 种，这些无法筛查的农药分为两类：一类是有 4 种酸性农药经仪器检测后生成对应的甲酯类化合物，比如 Fenoprop 和 Haloxyfop 进样后生成 Fenoprop methyl ester 和 Haloxyfop methyl ester 等；另一类是 Spiroxamine，Tepraloxydim，Trifenmorph 等 24 种农药以 100 μg/kg 浓度添加到 8 种基质中，但均未检出，经进一步分析和验证发现，这 24 种农药在 GC-Q-TOF/MS 上响应灵敏度低。在 8 种基质中均无法筛查的 28 种农药清单见表 1-8，其中有 9 种农药虽然无法使用 GC-Q-TOF/MS 筛查，但可以使用 LC-Q-TOF/MS 筛查。

采用 LC-Q-TOF/MS 技术评价的 525 种农药中，八组基质中不可筛查农药数量介于 14~38 种之间，其中西柚不可筛查农药数量最少，为 14 种；西瓜不可筛查农药数量最多，为 38 种。综合 8 种基质情况来看，添加浓度为 50 μg/kg 及以下，在所有 8 种基质中均无法筛查的农药有 7 种，见表 1-9，其中有 2 种农药虽然无法使用 LC-Q-TOF/MS 筛查，但可以使用 GC-Q-TOF/MS 筛查。

表 1-8　GC-Q-TOF/MS 在 100 μg/kg 浓度水平无法筛查的 28 种农药

序号	农药英文名称	农药中文名称	CAS 号	备注
1	Fenoprop	2,4,5-涕丙酸	93-72-1	
2	Haloxyfop	氟吡禾灵	69806-34-4	LC-Q-TOF/MS 可筛查
3	Mecoprop	2 甲 4 氯丙酸	7085-19-0	
4	Triclopyr	三氯吡氧乙酸	55335-06-3	
5	Aldicarb-sulfone	涕灭砜威	1646-88-4	LC-Q-TOF/MS 可筛查
6	Carbosulfan	丁硫克百威	55285-14-8	
7	Chlorbromuron	氯溴隆	13360-45-7	
8	Chlordecone	十氯酮	143-50-0	
9	Chlordimeform	杀虫脒	6164-98-3	LC-Q-TOF/MS 可筛查
10	Chloridazon	氯草敏	1698-60-8	LC-Q-TOF/MS 可筛查
11	Chlorthiamid	氯硫酰草胺	1918-13-4	
12	Cycloprothrin	乙氰菊酯	63935-38-6	
13	Dichlorprop	2,4-滴丙酸	120-36-5	
14	Dimethipin	噻节因	55290-64-7	

续表

序号	农药英文名称	农药中文名称	CAS 号	备注
15	Flubenzimine	氟螨噻	37893-02-0	
16	Folpet	灭菌丹	133-07-3	
17	Formothion	安硫磷	2540-82-1	
18	Fuberidazole	麦穗宁	3878-19-1	LC-Q-TOF/MS 可筛查
19	Hexaflumuron	氟铃脲	86479-06-3	
20	Iprodione	异菌脲	36734-19-7	
21	Isoproturon	异丙隆	34123-59-6	LC-Q-TOF/MS 可筛查
22	Monuron	灭草隆	150-68-5	LC-Q-TOF/MS 可筛查
23	Permethrin	氯菊酯	52645-53-1	
24	Procyazine	环丙腈津	32889-48-8	
25	Propylene Thiourea	丙烯硫脲	2122-19-2	
26	Pyrethrins	除虫菊素	8003-34-7	
27	Spiroxamine	螺环菌胺	118134-30-8	LC-Q-TOF/MS 可筛查
28	Thiabendazole	噻菌灵	148-79-8	LC-Q-TOF/MS 可筛查

表 1-9　LC-Q-TOF/MS 在 50 μg/kg 浓度水平下无法筛查的农药

序号	农药英文名称	农药中文名称	CAS 号	备注
1	Bromophos-ethyl	乙基溴硫磷	4824-78-6	GC-Q-TOF/MS 可筛查
2	Ethoxysulfuron	乙氧磺隆	126801-58-9	
3	Oxyfluorfen	乙氧氟草醚	42874-03-3	
4	Phorate	甲拌磷	298-02-2	
5	Terbufos	特丁硫磷	13071-79-9	GC-Q-TOF/MS 可筛查
6	Terbufos-Oxon-Sulfone	氧特丁硫磷砜	56070-15-6	
7	Validamycin	井冈霉素	37248-47-8	

1.4.2.1.2　两种技术筛查限综合对比分析

通过 GC-Q-TOF/MS 和 LC-Q-TOF/MS 两种非靶向检测技术同时对八种水果蔬菜农药多残留方法筛查能力进行评价。从每种基质来看，1 μg/kg 和 5 μg/kg 都是筛查限最集中的浓度水平，但 LC-Q-TOF/MS 在 1 μg/kg 水平的筛查能力下明显优于 GC-Q- TOF/MS，可能原因是 LC-Q-TOF/MS 应用较大的进样体积（10 μL *vs.* 1 μL）和低的离子碎裂程度（ESI *vs.* EI）。对 733 种农药筛查限进行统计分析发现，两种技术在筛查限上各有优势，表 1-10 列出了两种技术筛查不同基质中 733 种农药的筛查限对比结果。整体而言，适合 LC-Q-TOF/MS 筛查的农药数量比 GC-Q-TOF/MS 高 16%。

表 1-10　733 种农药在两种技术八种基质中筛查限对比结果

		苹果	葡萄	西瓜	西柚	菠菜	番茄	结球甘蓝	芹菜
GC 占优	数量	246	268	270	248	263	241	251	235
	占比	33.6%	36.6%	36.8%	33.8%	35.9%	32.9%	34.2%	32.1%
LC 占优	数量	363	367	352	402	363	386	368	390
	占比	49.5%	50.1%	48.0%	54.8%	49.5%	52.7%	50.2%	53.2%
相同	数量	71	50	56	47	64	66	61	62
	占比	9.7%	6.8%	7.6%	6.4%	8.7%	9.0%	8.3%	8.5%
均无法检出	数量	53	48	55	36	43	40	53	46
	占比	7.2%	6.5%	7.5%	4.9%	5.9%	5.5%	7.2%	6.3%

注："GC 占优"表示 733 种农药中可被 GC-Q-TOF/MS 筛查，且筛查限低于 LC-Q-TOF/MS 的农药；
"LC 占优"表示 733 种农药中可被 LC-Q-TOF/MS 筛查，且筛查限低于 GC-Q-TOF/MS 的农药；
"相同"表示 733 种农药中可被两种技术筛查且筛查限相同的农药；
"均无法检出"表示 733 种农药中均无法被两种技术筛查的农药

1.4.2.2　两种技术八种基质三个添加水平回收率分析

根据欧盟指导性文件[SANCO/10684/2009]，将回收率符合 60%~120%且 RSD≤20%时简称"回收率 RSD 双标准"。两种技术八种基质三个添加水平回收率结果见表 1-11，在 10 μg/kg（5 μg/kg）添加水平下，采用 GC-Q-TOF/MS 技术，8 种基质中满足"回收率 RSD 双标准"的农药数量为 280（芹菜）~352（番茄），占比 57.7%~72.6%，采用 LC-Q-TOF/MS，农药数量为 292（葡萄）~377（芹菜），占比 55.6%~71.8%；在 50 μg/kg（10 μg/kg）添加水平下，采用 GC-Q-TOF/MS 技术，8 种基质中满足"回收率 RSD 双标准"的农药数量为 317（西瓜）~403（番茄），占比 65.4%~83.1%，采用 LC-Q-TOF/MS，满足"回收率 RSD 双标准"的农药数量为 317（西柚）~405（芹菜），占比 60.4%~77.1%。在 100 μg/kg（20μg/kg）添加水平下，采用 GC-Q-TOF/MS 技术，8 种基质中满足"回收率 RSD 双标准"的农药数量为 337（西柚）~416（番茄），占比 69.5%~85.8%，采用 LC-Q-TOF/MS，农药数量为 366（西柚）~420（芹菜），占比 69.7%~80.0%。由以上数据可以看出在三个添加水平，两种技术八种基质中符合"回收率 RSD 双标准"的结果具有满意的占比（55.6%~85.8%），数据结果体现出方法具有较高的准确度。按照国际公认的 10 μg/kg 一律标准（Uniform Standard）来评价所有农药符合"回收率 RSD 双标准"的结果显示，对于 GC-Q-TOF/MS（485）和 LC-Q-TOF/MS（525）两种技术在 8 种基质中符合"回收率 RSD 双标准"的农药数量分别占 57.7%（芹菜）~72.6%（番茄）和 60.4%（西柚）~77.1%（芹菜）（表 1-11），说明这两项技术有足够的灵敏度和准确度。对于两种技术联用（733）达到"回收率 RSD 双标准"的农药数量为 488 种（西柚）~566 种（番茄），远远优于单一技术结果，体现出两种技术联用的互补性（表 1-11）。

表 1-11　两种技术八种基质三个添加水平 485/525 种农药方法效能评价结果

基质	GC-Q-TOF/MS（485 种农药）添加浓度（μg/kg）	Rec.60%~120%		RSD≤20%（n=3）		Rec.60%~120%且 RSD≤20%（回收率 RSD 双标准）				LC-Q-TOF/MS（525 种农药）添加浓度（μg/kg）	Rec.60%~120%		RSD≤20%（n=3）		Rec.60%~120%且 RSD≤20%（回收率 RSD 双标准）				两种技术联用（733 种农药）Rec.60%~120%且 RSD≤20%（回收率 RSD 双标准）10 μg/kg 浓度水平	
		数量	占比%	数量	占比%	数量	占比%	平均 Rec.%	平均 RSD%		数量	占比%	数量	占比%	数量	占比%	平均 Rec.%	平均 RSD%	数量	占比%
苹果	10	313	64.5	303	62.5	287	59.2	89.6	10.1	5	320	61.0	327	62.3	313	59.6	84.8	5.5	502	68.5
	50	396	81.6	399	82.3	379	78.1	93.6	6.3	10	367	69.9	378	72.0	363	69.1	86.1	4.7		
	100	399	82.3	416	85.8	388	80.0	92.3	3.7	20	384	73.1	394	75.0	382	72.8	90.7	4.8		
葡萄	10	359	74.0	356	73.4	325	67.0	100.0	8.1	5	308	58.7	316	60.2	292	55.6	83.0	5.3	536	73.1
	50	408	84.1	394	81.2	379	78.1	97.0	7.9	10	349	66.5	352	67.0	341	65.0	87.3	5.3		
	100	415	85.6	417	86.0	399	82.3	100.7	6.7	20	386	73.5	386	73.5	373	71.0	85.6	6.2		
西瓜	10	361	74.4	357	73.6	339	69.9	93.2	5.0	5	313	59.6	330	62.9	312	59.4	90.0	4.4	548	74.8
	50	400	82.5	333	68.7	317	65.4	91.1	8.9	10	368	70.1	377	71.8	364	69.3	88.5	4.6		
	100	406	83.7	401	82.7	386	79.6	92.0	6.0	20	382	72.8	395	75.2	375	71.4	91.9	6.2		
西柚	10	300	61.9	343	70.7	293	60.4	89.6	7.0	5	299	57.0	315	60.0	294	56.0	90.0	5.9	488	66.6
	50	342	70.5	390	80.4	327	67.4	92.6	8.6	10	325	61.9	349	66.5	317	60.4	93.6	6.0		
	100	353	72.8	399	82.3	337	69.5	93.1	6.7	20	372	70.9	378	72.0	366	69.7	85.2	5.3		
菠菜	10	328	67.6	343	70.7	313	64.5	94.6	8.1	5	313	59.6	333	63.4	309	58.9	82.9	5.6	525	71.6
	50	383	79.0	356	73.4	340	70.1	87.6	8.6	10	360	68.6	349	66.5	336	64.0	88.8	7.0		
	100	400	82.5	388	80.0	366	75.5	91.5	6.6	20	405	77.1	411	78.3	395	75.2	92.0	7.7		
番茄	10	360	74.2	357	73.6	352	72.6	89.5	7.4	5	343	65.3	365	69.5	336	64.0	90.3	6.0	566	77.2
	50	415	85.6	408	84.1	403	83.1	92.0	6.8	10	387	73.7	394	75.0	382	72.8	91.2	6.1		
	100	421	86.8	426	87.8	416	85.8	90.8	6.2	20	417	79.4	428	81.5	415	79.0	90.8	5.8		
结球甘蓝	10	342	70.5	330	68.0	317	65.4	90.3	6.4	5	332	63.2	356	67.8	331	63.0	89.9	4.4	521	71.1
	50	391	80.6	375	77.3	361	74.4	91.0	5.5	10	340	64.8	387	73.7	339	64.6	89.3	4.6		
	100	400	82.5	397	81.9	379	78.1	88.6	7.4	20	388	73.9	413	78.7	386	73.5	93.8	6.0		
芹菜	10	318	65.6	297	61.2	280	57.7	88.8	7.0	5	377	71.8	393	74.9	377	71.8	90.6	4.9	551	75.2
	50	352	72.6	381	78.6	340	70.1	94.8	6.1	10	406	77.3	412	78.5	405	77.1	85.2	5.7		
	100	367	75.7	390	80.4	347	71.5	93.3	8.0	20	421	80.2	435	82.9	420	80.0	91.2	6.3		

按照可回收基质种类对应的农药数量和占比进行统计分析，结果如表 1-12 所示，对 GC-Q-TOF/MS 而言，评价的 485 种农药中有 450 种农药在至少一种基质中可回收，在 8 种基质中可回收的农药数量为 299 种，占比为 61.7%；在 6 种以上（包括 6 种）基质中可回收的农药数量为 393 种，占比为 81.1%；对 LC-Q-TOF/MS 而言，评价的 525 种农药中有 463 种农药在至少一种基质中可回收，在 8 种基质中可回收的农药数量为 314 种，占比为 59.8%；在 6 种以上（包括 6 种）基质中可回收的农药数量为 390 种，占比为 74.3%。两种技术评价结果表明大部分农药可以在绝大多数基质中有较好的回收率，证明该方法具有普遍适用性和准确性。特别值得注意的是，如果从两种技术联用角度综合分析，从表 1-12 中也可以看出，所有参与评价的 8 种基质均可以回收的农药数量达到 498 种，占比 67.9%；6 种基质及以上可以回收的农药数量达到 593 种，占比 80.8%；大大提高了农药残留种类的发现能力，进一步说明本筛查方法广泛的基质适应性和两种技术的互补性。

表 1-12 两种技术满足“回收率 RSD 双标准”农药数量及占比（按基质种数统计）

	GC-Q-TOF/MS		LC-Q-TOF/MS		两种方法联用	
	数量	占比%	数量	占比%	数量	占比%
8 种基质均可回收	299	61.6	314	59.8	498	67.9
7 种基质可回收	64	13.2	52	9.9	70	9.5
6 种基质可回收	30	6.2	24	4.6	25	3.4
5 种基质可回收	22	4.5	19	3.6	29	4.0
4 种基质可回收	14	2.9	15	2.9	15	2.0
3 种基质可回收	6	1.2	11	2.1	8	1.1
2 种基质可回收	6	1.2	13	2.5	12	1.6
1 种基质可回收	9	1.9	15	2.9	15	2.0
均不可回收	35	7.2	62	11.8	61	8.3
参与评价农药合计	485		525		733	

注：“可回收”是指在 3 个添加浓度水平下，至少有一个浓度水平满足“回收率 RSD 双标准”

1.4.2.2.1 两种技术八种基质均不满足回收率合格标准的农药

采用 GC-Q-TOF/MS 技术评价的 8 种基质中均不满足回收率合格标准的农药共计 35 种，占比为 7.2%，其中除了表 1-8 中包括的在 100 μg/kg 无法筛查的 28 种农药以外，还有 7 种农药虽然可以筛查，但却在 8 种基质中均不满足回收率合格标准，这 7 种农药在气相仪器上灵敏度比较低，且回收率差，见表 1-13，占可回收农药总数的 1.4%。

采用 LC-Q-TOF/MS 技术评价的 8 种基质中均不可回收农药共计 62 种，占比为 11.8%，其中除了表 1-9 中包括在 50 μg/kg 及以下浓度均无法筛查的 7 种农药以外，还有以下 55 种农药虽然可以筛查，但却在 8 种基质中均无法合格回收，原因主要是前处理对这些农药影响较大，见表 1-14，占可回收农药总数的 10.5%。

表 1-13　GC-Q-TOF/MS 7 种可筛查但无法合格回收的农药

序号	农药名称	CAS 号	筛查品种	筛查限（μg/kg）							
				苹果	葡萄	西瓜	西柚	菠菜	番茄	结球甘蓝	芹菜
1	Acrinathrin	101007-06-1	8	1	5	5	5	1	1	1	5
2	2,6-Dichlorobenzamide	2008-58-4	6		100	50	100	20		50	50
3	Oxycarboxin	5259-88-1	3	5	10	5					
4	Carbofuran-3-Hydroxy	16655-82-6	2			50		20			
5	Metamitron	41394-05-2	2	100				100			
6	Fenpiclonil	74738-17-3	1					1			
7	Propamocarb	24579-73-5	1					20			

表 1-14　LC-Q-TOF/MS 55 种可筛查但无法合格回收的农药

序号	农药名称	CAS 号	筛查品种	筛查限（μg/kg）							
				苹果	葡萄	西瓜	西柚	菠菜	番茄	结球甘蓝	芹菜
1	Albendazole	54965-21-8	8	10	5	5	5	20	1	50	1
2	Aminopyralid	150114-71-9	8	50	20	20	5	10	20	50	1
3	Fluazifop	69335-91-7	8	10	5	10	10	5	1	20	5
4	Forchlorfenuron	68157-60-8	8	10	5	5	10	1	1	50	20
5	Imazaquin	81335-37-7	8	1	10	1	10	1	1	50	1
6	Pyrasulfotole	365400-11-9	8	10	10	1	10	1	1	50	1
7	Quinmerac	90717-03-6	8	10	5	5	5	1	1	50	5
8	Quizalofop	76578-12-6	8	20	20	10	20	5	5	50	5
9	Thiabendazole-5-hydroxy	948-71-0	8	10	5	5	5	1	50	50	1
10	Thidiazuron	51707-55-2	8	10	5	5	5	1	5	50	5
11	Triazoxide	72459-58-6	8	10	5	5	5	5	1	50	1
12	Allethrin	584-79-2	8	50	50	50	50	50	20	50	50
13	Bioresmethrin	28434-01-7	8	50	50	50	50	50	50	50	50
14	Butralin	33629-47-9	8	50	50	50	50	50	50	50	50
15	Chlorphoxim	14816-20-7	8	50	50	50	50	50	50	50	50
16	Chlorpyrifos	2921-88-2	8	50	50	50	50	50	50	50	50
17	Chlorthiophos	60238-56-4	8	50	50	50	50	50	50	50	50
18	Daminozide	1596-84-5	8	20	20	20	20	20	20	50	20
19	Ethion	563-12-2	8	50	50	50	50	50	50	50	20
20	Flucycloxuron	94050-52-9	8	50	50	50	50	50	50	50	50
21	Flufenoxuron	101463-69-8	8	50	50	50	50	50	50	50	50
22	Fluoroglycofen-ethyl	77501-90-7	8	50	50	50	50	20	50	50	50
23	Imibenconazole	86598-92-7	8	50	50	50	50	50	50	50	20
24	Isopropalin	33820-53-0	8	50	50	50	50	50	50	50	20
25	Isoxadifen-ethyl	163520-33-0	8	50	50	50	50	50	50	50	50

续表

序号	农药名称	CAS 号	筛查品种	筛查限（μg/kg）							
				苹果	葡萄	西瓜	西柚	菠菜	番茄	结球甘蓝	芹菜
26	Lactofen	77501-63-4	8	50	50	50	50	50	50	50	50
27	Phoxim	14816-18-3	8	50	50	50	50	50	50	50	50
28	Propargite	2312-35-8	8	50	50	50	50	50	50	50	50
29	Pyridalyl	179101-81-6	8	50	50	50	50	50	50	50	50
30	Pyridate	55512-33-9	8	50	50	50	50	50	50	50	50
31	Resmethrin	10453-86-8	8	50	50	50	50	50	50	50	50
32	Spirodiclofen	148477-71-8	8	50	50	50	50	50	50	50	50
33	Sulprofos	35400-43-2	8	50	50	50	50	50	50	50	50
34	Temephos	3383-96-8	8	50	50	50	50	50	50	50	50
35	Aclonifen	74070-46-5	7	50	50	50		50	50	50	50
36	Triflusulfuron-methyl	126535-15-7	7	50		50	50	50	50	50	50
37	Naptalam	132-66-1	6		50		50	20	50	50	20
38	Sulfallate	95-06-7	5	50		50		50	50		50
39	Butylate	2008-41-5			50			50	20		50
40	Carbophenothion	786-19-6					50	50	50	50	
41	Chlorimuron-ethyl	90982-32-4					50	50	50	50	
42	Isomethiozin	57052-04-7					50	50		50	50
43	Isoxaflutole	141112-29-0	4	50		50			50		50
44	Picloram	1918-02-1	4				50	50	50	50	
45	Chlorpyrifos-methyl	5598-13-0	3					50	50		50
46	Dichlofenthion	97-17-6	3				50	50	50		
47	Rimsulfuron	122931-48-0	3				50	50			50
48	Imazosulfuron	122548-33-8	2				50		50		
49	Methiocarb-sulfone	2179-25-1	2				50		50		
50	Bensultap	17606-31-4	1				50				
51	Cartap	15263-53-3	1				50				
52	Orthosulfamuron	213464-77-8	1						50		
53	Primisulfuron-methyl	86209-51-0	1				50				
54	TEPP	107-49-3	1				50				
55	Thiram	137-26-8	1				50				

1.4.2.2.2　两种技术回收率综合对比分析

GC-Q-TOF/MS 研究的 485 种农药和 LC-Q-TOF/MS 研究的 525 种农药在 8 种基质中符合“回收率 RSD 双标准”的结果见表 1-15，对于 GC-Q-TOF/MS，在 8 种基质中均可筛查，且可回收的农药共计 299 种，占比为 61.1%；8 种基质均可筛查，部分基质可回收的农药共计 108 种，占比 22.3%；部分基质可筛查，部分基质可回收的农药共计 43 种，占比 8.9%。对于 LC-Q-TOF/MS，在 8 种基质中均可筛查，且可回收的农药共计 314 种，占比为 59.8%；8 种基质均可筛查，部分基质可回收的农药共计 130 种，占比 24.8%；部分基质可筛查，部分基质可回收的农药共计 19 种，占比 3.6%。

表 1-15　两种技术八种基质中筛查限和回收率综合对比分析

	GC-Q-TOF/MS		LC-Q-TOF/MS	
	数量	占比%	数量	占比%
评价农药总数	485		525	
8 种基质可筛查，8 种基质可回收	299	61.6	314	59.8
8 种基质可筛查，部分基质可回收	108	22.3	130	24.8
部分基质可筛查，部分基质可回收	43	8.9	19	3.6

注：“可回收”是指在 3 个添加浓度水平下，至少有一个浓度水平满足回收率 RSD 双标准

最后对目前国际公认的 MRL 一律标准，即 10 μg/kg 添加水平的回收率分析，八种基质采用 GC-Q-TOF/MS 和 LC-Q-TOF/MS 联用技术，满足“回收率 RSD 双标准”农药数量对比结果见表 1-11。相比 GC-Q-TOF/MS [280(芹菜)~352(番茄)]或者 LC-Q-TOF/MS [317（西柚）~405（芹菜）]单独使用，两种方法联用在 10 μg/kg 浓度添加水平的农药数量为 488（西柚）~566（番茄），两种方法联用能较大幅度地提高整体效能。综上所述，本方法不仅可以保证高水平的筛查能力，还能满足“一律标准” 10 μg/kg 水平的精准定量需要。

1.4.2.3　两种技术 8 种基质共检农药对比分析

1.4.2.3.1　共检农药筛查限分析

两种技术筛查的 733 种农药中，有 266 种农药至少在一种基质中可以同时被两种技术筛查，称这 266 种农药为“共检农药”。因为基质的复杂性和农药不同灵敏度等因素的影响，本次评价的 266 种共检农药中有 248 种农药在 6 种及以上基质中可实现两种技术的共检，占共检农药总数的 93.2%，有 227 种农药可在 8 种基质中实现两种技术的共检，占共检农药总数的 85.3%，由此可以看出共检农药有着良好的基质适应性。在不同基质中，实际能够实现共检的农药数量略有不同，详细数据见附表 1-7 和附表 1-8。

对共检农药进行筛查限分析，两种技术筛查八种基质中 266 种共检农药数量与占比见表 1-16，从表 1-16 两种技术单独使用得到的数据可以看出，LC-Q-TOF/MS 筛查限为 1 μg/kg 的农药在各种基质占比为 52.6%~62.8%，明显优于 GC-Q-TOF/MS 的 13.9%~27.1%，这说明共检农药中就方法的灵敏度而言，LC-Q-TOF/MS 更具优势；而就筛查限 5 μg/kg 水平而论，GC-Q-TOF/MS 占 47.0%~61.7%，而 LC-Q-TOF/MS 却占 7.1%~26.7%，又体现出两种技术各自的特点及互补性。这与上节讨论两种技术各自筛查限时反映出来的规律特点是一致的。从表 1-16 两种技术联用得到的数据可以看出，共检农药数量最少的是结球甘蓝，244 种，占比 91.7%，共检农药数量最多的是菠菜，257 种，占比 96.6%，基质差异性不大，总体看来，能够在实际基质检测中实现共检的农药均大于 90%。

表 1-16　两种技术筛查八种基质中 266 种农药能力对比

			1 μg/kg		5 μg/kg		10 μg/kg		20 μg/kg		50 μg/kg		100 μg/kg		无法筛查		两种技术联用	
			数量	占比（%）	数量	占比（%）	数量	占比（%）	数量	占比（%）	数量	占比（%）	数量	占比（%）	数量	占比（%）	数量	占比（%）
1	苹果	GC	69	25.9	136	51.1	9	3.4	27	10.2	13	4.9	6	2.3	6	2.3	255	95.9
		LC	151	56.8	44	16.5	19	7.1	15	5.6	32	12.0	-	-	5	1.9		
2	葡萄	GC	56	21.1	164	61.7	18	6.8	11	4.1	9	3.4	2	0.8	6	2.3	254	95.5
		LC	160	60.2	28	10.5	11	4.1	26	9.8	34	12.8	-	-	7	2.6		
3	西瓜	GC	72	27.1	143	53.8	28	10.5	10	3.8	8	3.0	0	0.0	5	1.9	251	94.4
		LC	155	58.3	19	7.1	29	10.9	21	7.9	32	12.0	-	-	10	3.8		
4	西柚	GC	37	13.9	160	60.2	16	6.0	25	9.4	7	2.6	6	2.3	15	5.6	247	92.9
		LC	153	57.5	37	13.9	14	5.3	19	7.1	38	14.3	-	-	5	1.9		
5	菠菜	GC	63	23.7	126	47.4	24	9.0	24	9.0	14	5.3	8	3.0	7	2.6	257	96.6
		LC	140	52.6	48	18.0	19	7.1	21	7.9	36	13.5	-	-	2	0.8		
6	番茄	GC	56	21.1	136	51.1	34	12.8	19	7.1	7	2.6	3	1.1	11	4.1	255	95.9
		LC	167	62.8	37	13.9	14	5.3	17	6.4	31	11.7	-	-	0	0.0		
7	结球甘蓝	GC	59	22.2	127	47.7	33	12.4	20	7.5	11	4.1	4	1.5	12	4.5	244	91.7
		LC	149	56.0	48	18.0	16	6.0	17	6.4	26	9.8	-	-	10	3.8		
8	芹菜	GC	51	19.2	125	47.0	34	12.8	17	6.4	16	6.0	11	4.1	12	4.5	251	94.4
		LC	141	53.0	71	26.7	10	3.8	14	5.3	27	10.2	-	-	3	1.1		

两种技术对 266 种共检农药筛查限综合对比分析见表 1-17，从中可以看出，在 8 种基质中，GC-Q-TOF/MS 筛查限占优的农药占比为 20.3%~33.5%，LC-Q-TOF/MS 占优的农药占比范围为 45.5%~57.1%，筛查限相同的农药占比为 17.7%~26.7%。“均无法检出”的数量只有葡萄和西柚中各有一种农药（Isoxaflutole）两种技术均无法筛查，说明共检农药的互补性很强，通过两种技术的组合，可以大大增强筛查能力。

表 1-17　266 种农药在八种基质中两种技术筛查限对比分析

		苹果	葡萄	西瓜	西柚	菠菜	番茄	结球甘蓝	芹菜
GC 占优	数量	65	84	89	66	80	56	72	54
	占比（%）	24.4	31.6	33.5	24.8	30.1	21.1	27.1	20.3
LC 占优	数量	130	131	121	152	122	144	133	150
	占比（%）	48.9	49.2	45.5	57.1	45.9	54.1	50.0	56.4
相同	数量	71	50	56	47	64	66	61	62
	占比（%）	26.7	18.8	21.1	17.7	24.1	24.8	22.9	23.3
均无法检出	数量	0	1	0	1	0	0	0	0
	占比（%）	0.0	0.4	0.0	0.4	0.0	0.0	0.0	0.0

注：“GC 占优”：266 种农药中可被 GC-Q-TOF/MS 筛查，且筛查限低于 LC-Q-TOF/MS 的农药

“LC 占优”：266 种农药中可被 LC-Q-TOF/MS 筛查，且筛查限低于 GC-Q-TOF/MS 的农药

“相同”：266 种农药中可被两种技术筛查且筛查限相同的农药

“均无法检出”：266 种农药中均无法被两种技术筛查的农药

1.4.2.3.2　共检农药回收率分析

根据 1.4.2.3.1 节对“共检农药”的定义，在“两种技术可筛查的 733 种农药中，有 266 种农药至少在一种基质中可以同时被两种技术筛查，称这 266 种农药为‘共检农药’”。在“共检农药”回收率实验中发现以下 3 种情况：①有 25 种农药，用 GC-Q-TOF/MS 和 LC-Q-TOF/MS 两种技术可以筛查出来，但在回收率实验中，发现有 5 种农药仅可在 LC-Q-TOF/MS 中合格回收[①]，另外 20 种农药仅在 GC-Q-TOF/MS 中合格回收；②剔除这 25 种农药后，还有 191 种农药在 6 种及以上基质中用两种技术均可回收，占共检农药总数的 71.8%；③有 124 种农药在 8 种基质中用两种技术均可回收，占共检农药总数的 46.6%。为便于分析 266 种共检农药回收率和 RSD，按以下三种方式 Rec.60%~120%、RSD≤20%（n=3）、Rec.60%~120%且 RSD≤20%（简称“回收率 RSD 双标准”）进行统计，结果见表 1-18，详细结果见附表 1-5 和附表 1-6。在 10 μg/kg（5 μg/kg）添加水平下，采用 GC-Q-TOF/MS，8 种基质中满足“回收率 RSD 双标准”的农药数量 164~215，占比 61.7%~80.8%，采用 LC-Q-TOF/MS，农药数量 158~205，占比为 59.4%~77.1%；在 50 μg/kg（10 μg/kg）添加水平下，采用 GC-Q-TOF/MS，8 种基质中满足“回收率 RSD

① 合格回收在 3 个添加浓度水平下均满足回收率 RSD 双标准

双标准”的农药数量 192~240 种，占比 72.2%~90.2%，采用 LC-Q-TOF/MS，满足“回收率 RSD 双标准”的农药数量 179~217 种，占比为 67.3%~81.6%；在 100 μg/kg（20 μg/kg）添加水平下，采用 GC-Q-TOF/MS，8 种基质中满足“回收率 RSD 双标准”的农药数量 200~245 种，占比 75.2%~92.1%，采用 LC-Q-TOF/MS，农药数量 203~226 种，占比为 76.3%~ 85.0%。从以上数据分析，可以看出两种技术八种基质 266 种共检农药在三个添加水平“满足回收率 RSD 双标准”的农药超过 59% [59.4%（LC-Q-TOF/MS 的葡萄）~ 92.1%（GC-Q-TOF/MS 的番茄）]，充分说明两种技术针对这部分农药具有很好的灵敏度和准确度。

1.4.2.3.3 对“一律标准”10 μg/kg 符合“回收率 RSD 双标准”共检农药的分析

对于目前国际公认的 MRL 一律标准 10 μg/kg，着重比较了两种技术满足“回收率 RSD 双标准”分析结果，见表 1-18。对于 GC-Q-TOF/MS，符合“回收率 RSD 双标准”的农药数量为 164~215 种，占比为 61.7%~80.8%；对于 LC-Q-TOF/MS 为 179~217 种，占比为 67.3%~81.6%。就两种技术联用而论，除基质之间的差异外，还有两种不同技术的差异，要满足“回收率 RSD 双标准”的要求，难度就更大一些，由表 1-18 可知，8 种基质中有近 50%（45.9%~63.2%，数量 122~168）的共检农药在 10 μg/kg 水平满足“回收率 RSD 双标准”。这充分说明在针对 10 μg/kg 水平共检农药，两种技术都具有很好的灵敏度和准确度，同时还有完备的样品制备技术的保障，也是不可或缺的重要条件。统计发现在 8 种基质中有 35 种农药的平均回收率均大于 82.7%，平均 RSD 小于 11.4%，见表 1-19。检出结果具良好的重现性、准确性和可靠性，因此选择这 35 种农药作为两种技术联用的“内部质量控制标准”来验证彼此数据结果的准确性。从而可进一步提升这两种技术联用检测结果的精准水平。

这 35 种农药具有以下三个方面的特点：①按化合物性质分类，涵盖了有机氯 3 种（占比 8.6%）、有机磷 9 种（占比 25.7%）、有机硫 1 种（占比 2.9%）、有机氮 18 种（占比 51.4%）以及氨基甲酸酯 1 种（占比 2.9%）等常用农药类；②按功能分类，涵盖了杀虫剂 12 种（占比 34.3%）、杀菌剂 6 种（占比 17.1%）、除草剂 15 种（占比 42.8%）、增效剂 1 种（占比 2.9%）和植物生长调节剂 1 种（占比 2.9%）等常用功能类别；③按毒性分类，涵盖了微毒 3 种（占比 8.6%）、低毒 15 种（占比 42.8%）、中毒 10 种（占比 28.6%）、高毒 3 种（占比 8.6%）及剧毒 4 种（占比 11.4%）所有 5 个毒性类别。这 35 种农药具有化合物性质、功能和毒性各个方面的代表性，作为“内部质量控制标准”是难能可贵的，见表 1-20。

表 1-18　两种技术八种基质三个添加水平 266 种共检农药回收率和方法的重现性

	GC-Q-TOF/MS（266 种农药）									LC-Q-TOF/MS（266 种农药）									两种技术（266 种农药）	
	添加浓度(μg/kg)	Rec.60%~120%		RSD≤20%（n=3）		Rec.60%~120%且双 RSD≤20%（回收率 RSD 标准）				添加浓度(μg/kg)	Rec.60%~120%		RSD≤20%（n=3）		Rec.60%~120%且双 RSD≤20%（回收率 RSD 双标准）				Rec.60%~120%且 RSD≤20%（回收率 RSD 双标准）10 μg/kg 浓度水平	
		数量	占比（%）	数量	占比（%）	数量	占比（%）	平均 Rec.%	平均 RSD%		数量	占比（%）	数量	占比（%）	数量	占比（%）	平均 Rec.%	平均 RSD%	数量	占比（%）
苹果	10	195	73.3	190	71.4	182	68.4	85.1	9.6	5	192	72.2	190	71.4	188	70.7	84.2	8.2	148	55.6
	50	234	88.0	235	88.3	224	84.2	92.3	7.6	10	206	77.4	212	79.7	204	76.7	86.4	6.2		
	100	237	89.1	250	94.0	231	86.8	89.8	3.7	20	217	81.6	219	82.3	217	81.6	92.1	6.0		
葡萄	10	216	81.2	199	74.8	184	69.2	101.6	8.1	5	163	61.3	175	65.8	158	59.4	82.3	8.4	130	48.8
	50	245	92.1	232	87.2	225	84.6	96.8	7.3	10	188	70.7	193	72.6	187	70.3	86.6	7.0		
	100	245	92.1	242	91.0	233	87.6	99.7	7.0	20	210	78.9	209	78.6	203	76.3	84.3	7.6		
西瓜	10	234	88.0	219	82.3	215	80.8	92.2	5.1	5	162	60.9	172	64.7	161	60.5	88.7	6.5	155	58.3
	50	246	92.5	206	77.4	203	76.3	91.8	11.0	10	197	74.1	198	74.4	196	73.7	88.1	6.0		
	100	248	93.2	233	87.6	230	86.5	89.0	6.1	20	212	79.7	214	80.5	207	77.8	92.3	8.1		
西柚	10	184	69.2	209	78.6	181	68.0	89.7	7.2	5	179	67.3	183	68.8	176	66.2	90.6	9.3	122	45.9
	50	210	78.9	237	89.1	203	76.3	94.1	9.1	10	182	68.4	195	73.3	179	67.3	95.1	9.1		
	100	214	80.5	239	89.8	208	78.2	95.2	5.9	20	206	77.4	209	78.6	204	76.7	83.1	7.0		
菠菜	10	188	70.7	198	74.4	181	68.0	94.5	8.8	5	171	64.3	177	66.5	169	63.5	83.0	8.8	124	46.6
	50	224	84.2	199	74.8	192	72.2	89.1	8.6	10	201	75.6	189	71.1	187	70.3	86.5	10.6		
	100	232	87.2	226	85.0	215	80.8	93.6	6.2	20	217	81.6	217	81.6	212	79.7	90.9	10.7		
番茄	10	221	83.1	217	81.6	214	80.5	88.0	7.6	5	189	71.1	198	74.4	185	69.5	91.2	8.5	168	63.2
	50	249	93.6	241	90.6	240	90.2	91.3	6.4	10	207	77.8	211	79.3	206	77.4	91.1	7.2		
	100	247	92.9	252	94.7	245	92.1	88.6	7.4	20	226	85.0	234	88.0	226	85.0	92.2	6.9		
结球甘蓝	10	211	79.3	197	74.1	191	71.8	91.1	6.7	5	189	71.1	195	73.3	188	70.7	89.0	5.9	135	50.8
	50	236	88.7	224	84.2	218	82.0	91.8	5.1	10	186	69.9	212	79.7	186	69.9	87.8	6.0		
	100	240	90.2	238	89.5	230	86.5	90.1	7.7	20	220	82.7	224	84.2	219	82.3	93.9	7.5		
芹菜	10	189	71.1	179	67.3	164	61.7	90.6	6.8	5	205	77.1	210	78.9	205	77.1	89.5	6.3	134	50.4
	50	210	78.9	219	82.3	201	75.6	94.1	6.1	10	217	81.6	221	83.1	217	81.6	84.0	7.3		
	100	212	79.7	226	85.0	200	75.2	93.8	8.3	20	226	85.0	231	86.8	226	85.0	91.0	7.5		

表 1-19　两种技术八种基质中 35 种共检农药的回收率与精密度（10 μg/kg Rec.60%~120%且 RSD≤20%）

序号	项目	苹果				葡萄				西瓜				西柚				菠菜				番茄				结球甘蓝				芹菜			
		GC		LC		GC		LC		GC		LC		GC		LC		GC		LC		GC		LC		GC		LC		GC		LC	
		Rec.%	RSD %	Rec.%	RSD %	Rec.%	RSD %	Rec.%	RSD %	Rec.%	RSD %	Rec.%	RSD %	Rec.%	RSD %	Rec.%	RSD %	Rec.%	RSD %	Rec.%	RSD %	Rec.%	RSD %	Rec.%	RSD %	Rec.%	RSD %	Rec.%	RSD %	Rec.%	RSD %	Rec.%	RSD %
1	Ametryn	78	9.3	89	1.4	105	12.0	70	0.8	95	1.3	88	3.9	77	4.5	119	1.4	113	6.3	73	12.0	104	5.4	82	20.0	98	1.9	100	5.3	88	1.7	79	5.6
2	Atrazine	79	9.3	101	4.7	114	2.3	99	13.0	113	1.8	112	1.9	92	9.8	82	11.0	88	13.0	65	2.6	77	1.3	94	9.1	88	7.1	74	1.4	104	2.3	81	1.5
3	Atrazine-Desethyl	89	12.0	106	11.0	111	7.2	88	17.0	98	1.2	111	0.6	99	9.9	77	11.0	109	7.9	94	4.1	85	13.0	83	16.0	106	7.1	96	5.0	95	1.2	84	6.0
4	Benalaxyl	77	7.9	87	11.0	98	13.0	93	9.6	92	3.0	83	3.8	87	4.6	98	15.0	103	6.8	102	17.0	95	5.1	94	12.0	93	1.0	90	3.6	84	3.1	79	2.3
5	Clomazone	85	11.0	81	9.0	110	2.7	92	3.1	101	3.2	82	8.2	85	2.2	90	7.4	104	13.0	88	19.0	87	9.1	94	7.1	93	13.0	87	3.7	107	7.9	80	9.4
6	Desmetryn	81	11.0	95	3.7	106	9.9	87	10.0	92	1.5	97	1.8	78	6.5	85	11.0	107	5.9	83	11.0	100	3.2	87	6.8	98	1.9	76	3.9	83	1.2	77	3.0
7	Dimethenamid	77	11.0	86	6.5	105	10.0	93	2.7	95	0.9	83	2.6	104	9.7	80	8.3	108	4.6	81	16.0	95	6.0	95	5.6	98	3.5	90	5.3	82	3.3	75	7.8
8	Diphenamid	75	8.9	91	2.7	93	17.0	75	0.7	90	6.3	89	3.8	88	5.4	114	9.9	94	7.9	79	4.1	90	11.0	86	3.7	96	3.9	89	5.6	82	9.5	84	3.8
9	Ethoprophos	88	15.0	79	7.0	110	9.5	88	2.7	92	3.9	77	5.7	97	12	83	6.6	114	4.1	88	18.0	95	5.6	90	13.0	94	2.5	78	3.1	83	2.4	92	1.2
10	Fenamidone	74	11.0	92	7.3	101	14.0	90	7.8	88	5.7	96	2.0	108	3.7	100	16.0	104	7.6	94	9.0	87	16.0	97	11.0	92	2.3	90	4.3	82	4.0	79	1.2
11	Fenamiphos	116	17.0	89	4.5	100	13.0	77	0.7	89	2.0	94	3.3	68	9.0	105	5.3	92	11.0	84	11.0	92	9.7	84	1.8	91	7.0	85	6.4	91	14.0	85	8.1
12	Flurprimidol	92	1.7	85	11.0	111	5.0	76	11.0	89	7.0	85	10.0	95	14.0	73	1.3	85	6.0	105	17.0	79	7.7	97	9.0	88	6.7	79	5.5	94	19.0	93	3.5
13	Flusilazole	99	14.0	88	9.3	107	3.5	107	10.0	88	5.6	67	5.0	77	9.0	96	16.0	90	9.2	94	15.0	86	8.5	95	15.0	87	3.6	86	6.1	85	5.7	80	3.5
14	Heptenophos	92	6.3	84	4.0	105	14.0	73	2.1	92	3.5	85	4.9	95	16.0	97	7.5	95	3.4	74	9.8	96	4.2	85	6.3	87	2.8	88	6.7	97	9.9	83	5.1
15	Isazofos	75	8.9	88	8.7	103	13.0	86	5.9	92	2.8	90	0.4	88	3.5	94	11.0	102	6.1	100	10.0	93	2.8	91	12.0	95	1.7	84	5.1	86	2.4	81	5.3
16	Isoprothiolane	82	8.9	89	2.0	108	3.2	80	1.0	99	3.4	84	4.4	90	3.7	118	9.9	88	10.0	83	13.0	75	1.2	86	4.1	84	7.0	86	6.2	102	6.3	86	1.1
17	Malathion	88	9.4	93	2.4	113	4.5	79	0.1	98	2.3	85	4.6	83	1.5	114	11.0	120	14.0	78	11.0	80	9.5	87	4.2	93	16.0	87	4.8	94	14.0	80	3.5
18	Methoprotryne	78	7.7	89	5.1	98	13.0	103	17.0	92	0.6	74	8.5	87	5.7	102	4.2	97	7.5	95	14.0	96	5.4	96	5.0	94	1.0	71	0.0	87	1.2	74	3.8
19	Metolachlor	77	8.0	89	7.0	98	14.0	88	5.6	91	0.5	93	1.9	110	9.3	93	9.9	106	4.8	99	8.7	94	3.4	93	11.0	97	2.7	88	2.6	85	1.5	80	3.4
20	Orbencarb	70	8.2	84	15.0	95	11.0	94	18.0	89	1.9	75	7.3	77	6.1	91	11.0	104	7.6	101	13.0	95	3.7	89	11.0	89	0.4	82	4.1	86	2.6	75	3.2
21	Pentanochlor	76	6.5	84	14.0	97	15.0	98	15.0	89	4.2	79	8.0	94	4.8	100	16.0	96	7.3	91	8.4	89	12.0	88	9.4	95	2.0	97	5.7	89	6.5	82	3.7
22	Picoxystrobin	83	10.0	85	13.0	101	12.0	95	12.0	85	6.7	79	4.7	109	1.9	91	11.0	103	6.2	95	15.0	94	8.1	94	11.0	93	2.1	89	6.7	78	4.4	78	2.8
23	Piperonyl Butoxide	101	2.0	84	6.1	87	8.3	75	7.3	101	2.0	80	2.6	92	1.1	103	6.5	92	2.4	93	19.0	100	4.9	77	10.0	86	5.3	84	9.7	69	4.2	83	7.8
24	Pirimicarb	89	10.0	89	5.1	112	2.3	92	7.9	94	3.6	102	1.5	95	6.0	94	3.5	93	11.0	99	7.9	78	13.0	97	3.5	87	5.9	90	7.6	79	17.0	86	3.8
25	Propisochlor	82	11.0	81	5.0	109	8.6	91	8.5	92	0.8	85	6.9	105	11.0	80	13.0	110	2.5	78	12.0	98	5.4	100	5.2	98	2.8	75	3.9	83	1.9	95	6.0
26	Quinalphos	77	15.0	84	2.4	108	0.9	79	0.0	99	2.0	83	3.7	71	2.8	120	3.0	101	12.0	94	14.0	74	1.9	81	0.9	92	17.0	87	6.2	111	1.8	86	11.0
27	Sebuthylazine	77	10.0	92	2.9	111	2.6	75	0.8	100	3.0	98	5.5	92	9.7	91	4.6	71	3.3	70	0.4	72	0.8	87	2.0	88	6.4	90	2.7	103	3.5	81	9.1
28	Simeconazole	79	7.8	85	2.8	110	2.8	80	1.2	92	1.7	85	5.3	92	12.0	103	3.2	84	9.3	76	6.8	75	1.7	86	6.7	85	12.0	90	3.7	111	19.0	85	8.0
29	Simeton	76	12.0	86	3.4	105	11.0	66	5.1	94	4.8	93	2.9	72	3.7	100	2.7	97	3.3	76	3.3	95	3.6	81	16.0	95	2.4	90	8.7	84	3.7	84	4.4
30	Sulfotep	114	12.0	74	5.9	93	11.0	75	0.1	114	12.0	78	8.4	96	1.8	116	7.3	92	1.5	86	12.0	91	7.3	81	2.0	92	5.3	95	8.9	79	3.7	82	7.1
31	Tebufenpyrad	93	9.5	88	20.0	114	3.2	98	18.0	97	2.7	83	3.9	81	6.5	90	17.0	85	11.0	103	14.0	84	12.0	79	8.5	89	6.3	100	13.0	104	4.0	79	7.9
32	Tebupirimfos	94	6.9	76	14.0	95	9.3	70	0.8	94	6.9	85	2.1	87	1.7	103	9.8	87	1.6	91	18.0	89	5.7	79	8.3	86	3.1	81	4.9	83	2.5	87	12.0
33	Terbuthylazine	91	9.1	94	12.0	114	2.5	115	0.4	104	3.8	96	1.8	100	8.2	84	7.6	87	12.0	102	6.5	84	10.0	97	11	89	6.0	78	1.1	96	3.7	80	1.7
34	Thiazopyr	70	15.0	85	1.0	97	14.0	81	1.6	90	1.4	76	3.8	101	7.7	96	6.7	97	9.3	93	19.0	97	4.7	85	3.6	94	2.0	86	6.1	85	1.9	102	10.0
35	Thionazin	70	15.0	86	4.6	106	2.5	75	2.5	98	2.9	84	6.3	84	6.4	103	10.0	92	15.0	70	7.5	77	3.4	82	6.9	88	18.0	87	4.7	104	12.0	79	12.0
	平均（n=35）	84.4	9.7	87.4	7.0	104	8.5	85.8	6.3	94.8	3.3	86.7	4.3	90.2	6.6	96.7	8.8	97.4	7.6	87.9	11.4	88.5	6.5	88.5	8.2	91.9	5.4	86.4	5.2	90.1	5.8	82.7	5.4

表 1-20 两种技术联用可作为内部质量控制的 35 种农药

序号	农药名称	CAS 号	农药分类（功效）	农药分类（化合物）	毒性	序号	农药名称	CAS 号	农药分类（功效）	农药分类（化合物）	毒性
1	Ametryn	834-12-8	除草剂	有机氮类	中毒	19	Metolachlor	51218-45-2	除草剂	有机氯类	低毒
2	Atrazine	1912-24-9	除草剂	有机氮类	低毒	20	Orbencarb	34622-58-7	除草剂	有机氯类	低毒
3	Atrazine Desethyl	6190-65-4	杀虫剂	有机氮类	低毒	21	Pentanochlor	2307-68-8	除草剂	有机氯类	微毒
4	Benalaxyl	71626-11-4	杀菌剂	有机氮类	低毒	22	Picoxystrobin	117428-22-5	杀菌剂	其他	微毒
5	Clomazone	81777-89-1	除草剂	有机氮类	中毒	23	Piperonyl Butoxide	51-03-6	增效剂	其他	微毒
6	Desmetryn	1014-69-3	除草剂	有机氮类	低毒	24	Pirimicarb	23103-98-2	杀虫剂	氨基甲酸酯类	中毒
7	Dimethenamid	87674-68-8	除草剂	有机氮类	中毒	25	Propisochlor	86763-47-5	除草剂	有机氮类	低毒
8	Diphenamid	957-51-7	除草剂	有机氮类	中毒	26	Quinalphos	13593-03-8	杀虫剂	有机磷类	中毒
9	Ethoprophos	13194-48-4	杀虫剂	有机磷类	剧毒	27	Sebuthylazine	7286-69-3	除草剂	有机氮类	低毒
10	Fenamidone	161326-34-7	杀菌剂	有机氮类	低毒	28	Simeconazole	149508-90-7	杀菌剂	有机氮类	低毒
11	Fenamiphos	22224-92-6	杀虫剂	有机磷类	高毒	29	Simeton	673-04-1	除草剂	有机氮类	低毒
12	Flurprimidol	56425-91-3	植物生长调节剂	其他	中毒	30	Sulfotep	3689-24-5	杀虫剂	有机磷类	剧毒
13	Flusilazole	85509-19-9	杀菌剂	有机氮类	中毒	31	Tebufenpyrad	119168-77-3	杀虫剂	有机氮类	中毒
14	Heptenophos	23560-59-0	杀虫剂	有机磷类	高毒	32	Tebupirimfos	96182-53-5	杀虫剂	有机磷类	剧毒
15	Isazofos	42509-80-8	杀虫剂	有机磷类	高毒	33	Terbuthylazine	5915-41-3	除草剂	有机氮类	低毒
16	Isoprothiolane	50512-35-1	杀菌剂	有机硫类	中毒	34	Thiazopyr	117718-60-2	除草剂	有机氮类	低毒
17	Malathion	121-75-5	杀虫剂	有机磷类	低毒	35	Thionazin	297-97-2	杀虫剂	有机磷类	剧毒
18	Methoprotryne	841-06-5	除草剂	有机氮类	低毒						

1.4.3 方法实践与应用

应用 LC-Q-TOF/MS 和 GC-Q-TOF/MS 两种高通量筛查方法，2012~2015 年对 31 个省会/直辖市的 284 个区县 638 个采样点采集的 18 类 146 种 22374 例水果蔬菜样品进行了农药残留侦测。LC-Q-TOF/MS 检出农药 174 种 25486 频次，不同城市样品中农药检出率为 39%~88%；GC-Q-TOF/MS 检出农药 329 种 20412 频次，不同城市样品中农药检出率为 54%~97%；两种技术合计检出农药 410 种，检出 45898 频次。

1.4.3.1 检出农药类别

（1）按功能分类：检出 410 种农药，包括杀虫剂、除草剂、杀菌剂、植物生长调节剂、增效剂和其他共 6 类。其中杀虫剂、除草剂和杀菌剂为主要检出的农药类别，分别占检出总数的 42.7%、26.6%和 25.6%，见表 1-21 及图 1-31。

表 1-21　市售水果蔬菜检出农药品种（按功能分类）

序号	功能分类	LC-Q-TOF/MS		GC-Q-TOF/MS		合并	
		品种数	占比（%）	品种数	占比（%）	品种数	占比（%）
1	杀虫剂	72	41.4	138	41.9	175	42.7
2	杀菌剂	58	33.3	78	23.7	105	25.6
3	除草剂	33	19	98	29.8	109	26.6
4	植物生长调节剂	9	5.2	8	2.4	14	3.4
5	增效剂	1	0.6	2	0.6	2	0.5
6	其他	1	0.6	5	1.5	5	1.2
	合计	174	100.1	329	99.9	410	100

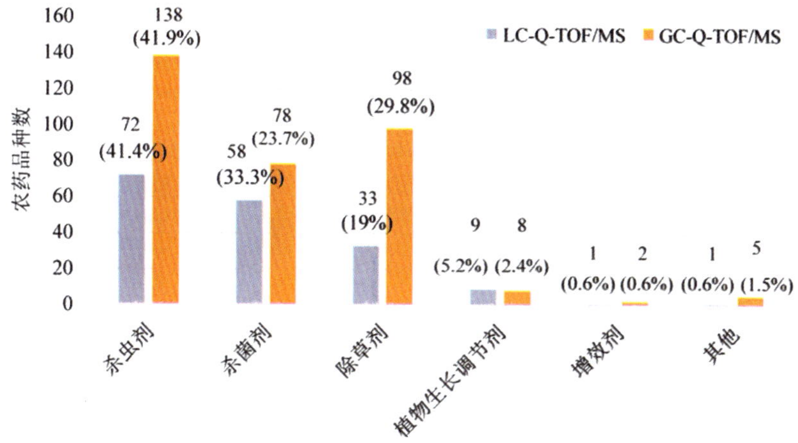

图 1-31　市售水果蔬菜检出农药品种（按功能分类）

（2）按化学结构分类：检出的 410 种农药，包括有机氮类、有机氯类、有机磷类、有机硫类、氨基甲酸酯类、拟除虫菊酯类和其他共 7 类。其中有机氮类、有机氯类、有机磷类分别占总数的 46.6%、14.1%和 12.9%，见表 1-22 及图 1-32。其中，LC-Q-TOFMS 和 GC-Q-TOFMS 检出有机氯类农药分别为 7 种和 57 种，体现了两种技术对不同化合物的适用性和互补性。

表 1-22　市售水果蔬菜检出农药品种（按化学结构分类）

序号	化学结构分类	LC-Q-TOF/MS		GC-Q-TOF/MS		合并	
		品种数	占比（%）	品种数	占比（%）	品种数	占比（%）
1	有机氮类	105	60.3	142	43.2	191	46.6
2	有机氯类	7	4	57	17.3	58	14.1
3	有机磷类	24	13.8	41	12.5	53	12.9
4	有机硫类	5	2.9	12	3.6	15	3.7

续表

序号	化学结构分类	LC-Q-TOF/MS		GC-Q-TOF/MS		合并	
		品种数	占比（%）	品种数	占比（%）	品种数	占比（%）
5	氨基甲酸酯类	19	10.9	23	7	31	7.6
6	拟除虫菊酯类	2	1.1	19	5.8	19	4.6
7	其他	12	6.9	35	10.6	43	10.5
	合计	174	99.9	329	100	410	100

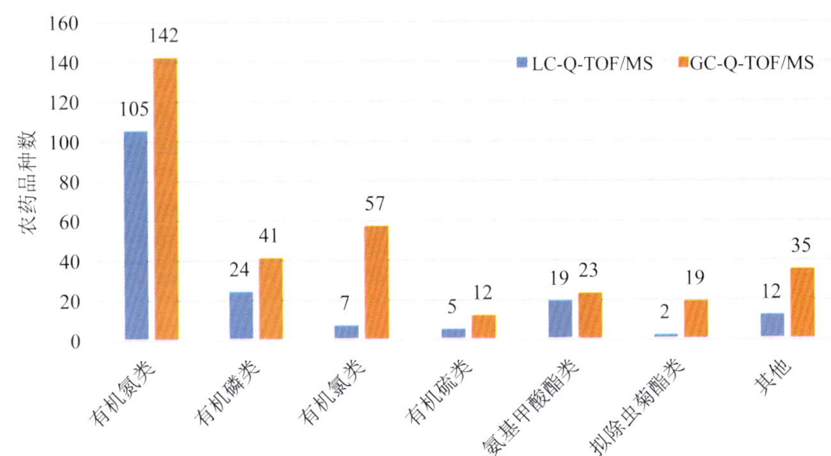

图 1-32　市售水果蔬菜检出农药品种（按化学结构分类）

1.4.3.2　检出农药残留水平

LC-Q-TOF/MS 和 GC-Q-TOF/MS 检出农药分别为 25486 频次和 20412 频次，残留水平在 1~5 μg/kg 之间的分别占 39.3%和 36.7%；低于国际“一律标准” 10 μg/kg 的占比分别为 54.1%和 41.9%，见表 1-23 和图 1-33。表明我国水果蔬菜检出农药以低、中残留水平为主，且两种技术检出农药残留水平较一致。

表 1-23　水果蔬菜检出农药水平

序号	残留水平（μg/kg）	LC-Q-TOF/MS		GC-Q-TOF/MS	
		频次数	占比（%）	频次数	占比（%）
1	1~5	10016	39.3	7487	36.7
2	5~10	3765	14.8	3104	15.2
3	10~100	9177	36	8025	39.3
4	100~1000	2314	9.1	1717	8.4
5	>1000	214	0.8	79	0.4
	合计	25486	100	20412	100

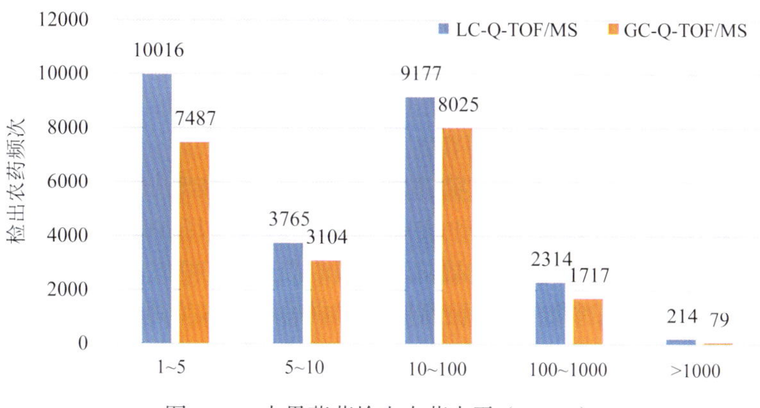

图 1-33　水果蔬菜检出农药水平（μg/kg）

1.4.3.3　单例样品检出农药种类

LC-Q-TOF/MS 和 GC-Q-TOF/MS 技术未检出和检出 1 种农药的样品数占样品总量的 52.6%和 50.1%，验证了两种技术检测结果的准确性。见表 1-24 和图 1-34。

表 1-24　水果蔬菜单例样品检出农药品种

序号	农药数量	LC-Q-TOF/MS		GC-Q-TOF/MS	
		样品数量	占比（%）	样品数量	占比（%）
1	未检出	3653	29.1	2370	24.1
2	1 种	2953	23.5	2552	26
3	2~5 种	4942	39.4	4172	42.5
4	6~10 种	903	7.2	665	6.8
5	>10 种	100	0.8	64	0.7
合计		12551	100	9823	100.1

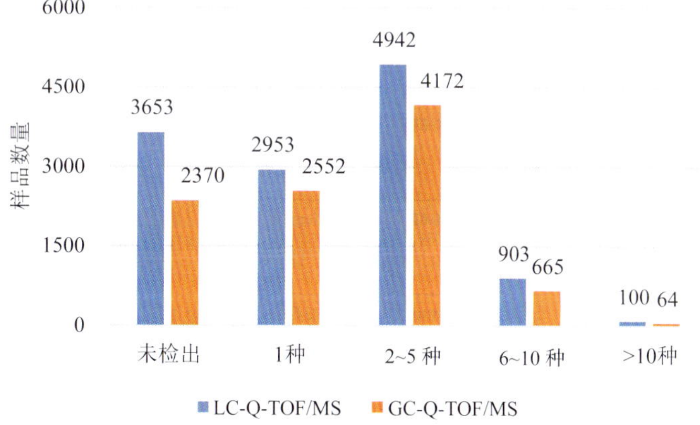

图 1-34　水果蔬菜单例样品检出农药品种

1.4.3.4　检出农药残留毒性

检出农药按毒性分为剧毒、高毒、中毒、低毒、微毒五类，从表 1-25、表 1-26、图 1-35 和图 1-36 可以看出，LC-Q-TOF/MS 检出农药 174 种 25486 频次，其中微毒、低毒和中毒农药种农药和频次占比分别为 90.2%和 96%；高毒和剧毒农药品种和频次占比 9.8%和 4%；GC-Q-TOF/MS 检出农药 329 种 20412 频次，其中微毒、低毒和中毒农药种农药和频次占比分别为 87.5%和 95%；高毒和剧毒农药品种和频次占比 12.5%和 5%。表明目前我国蔬菜和水果中检出农药残留主要以微毒、低毒和中毒农药为主，但值得特别警醒的是，两种技术合计高剧毒农药 48 种、禁用农药 28 种，分别占 11.7 和 6.8%。

表 1-25　水果蔬菜检出农药毒性（农药品种）

序号	毒性分类	LC-Q-TOFMS		GC-Q-TOFMS		合并	
		品种数	占比（%）	品种数	占比（%）	品种数	占比（%）
1	剧毒	4	2.3	14	4.3	14	3.4
2	高毒	13	7.5	27	8.2	34	8.3
3	中毒	66	37.9	99	30.1	129	31.5
4	低毒	67	38.5	141	42.9	175	42.7
5	微毒	24	13.8	48	14.6	58	14.1
合计		174	100	329	100.1	410	100
禁用农药		12	6.9	24	7.3	28	6.8

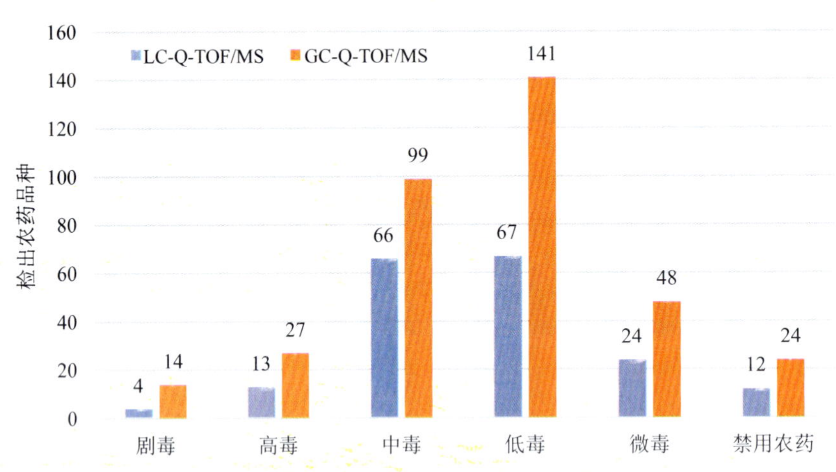

图 1-35　水果蔬菜检出农药毒性（农药品种）

表 1-26　水果蔬菜检出农药毒性（检出农药频次）

序号	毒性分类	LC-Q-TOF/MS		GC-Q-TOF/MS	
		频次数	占比（%）	频次数	占比（%）
1	剧毒	181	0.7	182	0.9
2	高毒	840	3.3	842	4.1
3	中毒	11258	44.2	9458	46.3
4	低毒	6226	24.4	6289	30.8
5	微毒	6981	27.4	3641	17.9
合计		25486	100	20412	100
禁用农药		854	3.4	1426	7

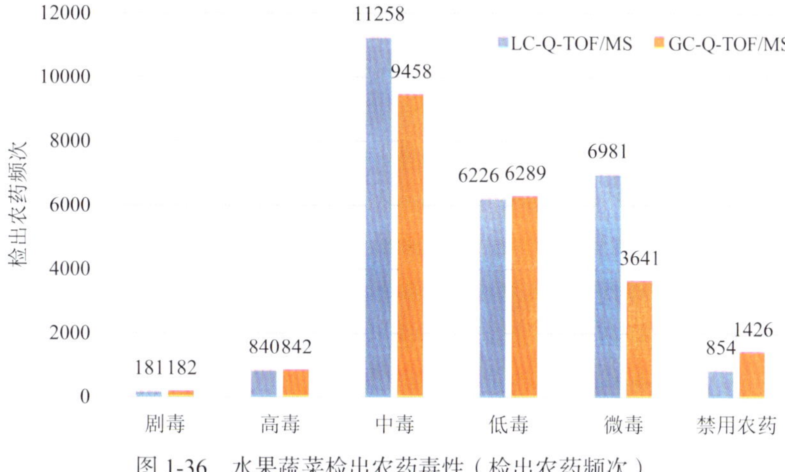

图 1-36　水果蔬菜检出农药毒性（检出农药频次）

1.4.3.5　水果蔬菜合格率

按照国家标准 GB 2763—2016 规定的农药最大残留限量标准，LC-Q-TOF/MS 和 GC-Q-TOF/MS 检测的样品合格率均为 97.1%，见表 1-27 和图 1-37，显示了我国水果蔬菜安全水平有基本保障。

表 1-27　水果蔬菜合格率

序号	统计项	样品数	占比（%）	样品数	占比（%）
1	未检出	3653	29.1	2370	24.1
2	检出未超标	8535	68	7168	73
3	检出超标	363	2.9	285	2.9
	合计	12551	100	9823	100

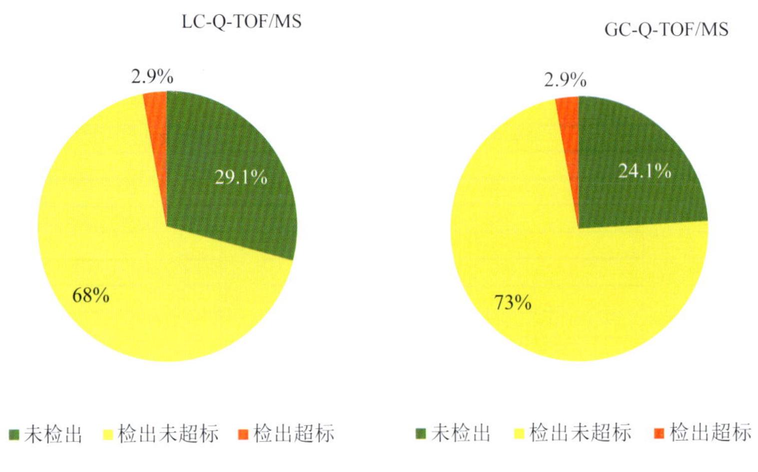

图 1-37　水果蔬菜合格率

1.4.4　结论

这项研究开发了一种一次统一制备样品，GC-Q-TOF/MS 和 LC-Q-TOF/MS 两种技术联用非靶向、高通量同时可筛查水果蔬菜中 1010 种农药化学污染物的多残留方法。该方法是基于研究建立的 485 种农药 GC-Q-TOF/MS 和 525 种农药 LC-Q-TOF/MS 精确质量数据库，通过两种技术对样品进行数据采集并与两种农药精确质量数据库对比，自动实现农药残留定性鉴定。这种联用技术一方面荟萃了两种技术各自的独特优势，另一方面又融合了两种技术的互补优势，从而使这项联用技术同时检测的农药达到 733 种，比单一技术发现能力提高了 30%；两种方法联用在 10 μg/kg 浓度添加水平满足"回收率 RSD 双标准"的农药数量达 488 种以上，远远超过单一技术能力。同时这项研究实现了由电子识别标准代替农药实物标准做参比的传统定性方法，也实现了从传统的靶向检测向非靶向筛查的跨越式发展。农药残留检测从而实现了自动化、数字化和信息化，其方法的效率是传统方法不可比拟的。应用本方法对全国 31 省会/直辖市(284 个区县)600 多个采样点 20000 多批市售水果蔬菜样品检测，共检出农药 410 种 45898 频次，验证了两种技术的准确性、一致性和互补性。

1.5　基于 IDA-LC-Q-TOF/MS 精确质量数据库和谱图库筛查水果蔬菜中 427 种农药化学污染物方法研究

1.5.1　实验部分

1.5.1.1　试剂和材料

农药标准品 427 种农药标准品纯度>98%，分别购置于 Dr. Ehrenstorfer（Ausburg,

Germany)、Sigma-Aldrich(Germany)等公司。根据农药标准参考物质的溶解情况，选择甲醇、乙腈或丙酮配置单标储备溶液，浓度 1000 mg/L(有效期 1 年)。使用前，对储备溶液进行稀释，得到浓度为 1000 μg/L 工作溶液，所有溶液均于 4 ℃下避光保存。实验中用到的其他主要试剂及材料见表 1-28。

表 1-28 其他主要试剂及材料

试剂与材料	级别	产地
乙腈	色谱纯	Dima Technology INC(美国)
甲醇	色谱纯	Dima Technology INC(美国)
甲酸	色谱纯	Anaqua Chemicals Supply(美国)
乙酸铵	分析纯	Dima Technology INC(加拿大)
氯化钠	分析纯	风船化学试剂公司(中国天津)
无水硫酸钠	分析纯	大茂化学品公司(中国天津)
SPE 净化柱	Carbon/NH_2，500 mg/6 cm^3	Waters 公司(美国)
质谱校正液	—	安捷伦仪器公司(美国)
质谱参比溶液	—	安捷伦仪器公司(美国)

1.5.1.2 样品采集与制备

448 例样品均于 2015 年 9 月至 2016 年 4 随机采自于当地零售终端市场，将可食用部分切块后打浆粉碎，进行混匀，然后将其保存于−18 ℃的冰柜中，在进行实验的前一天晚上取出进行解冻。

(1)提取：称取 10 g 试样(精确至 0.01 g)于 80 mL 离心管中，加入 40 mL 1%醋酸乙腈，用高速匀浆机(IKA, FJ200-S)在 15000 r/min 下匀浆提取 1 min，加入 1 g 氯化钠，4 g 无水硫酸镁，振荡器(TAITEC, SR-2DS)振荡 5 min，在 4200 r/min 下离心 5 min(Zonkia, KDC-40),取上清液 20 mL 至鸡心瓶中,在 40℃水浴中旋转蒸发(Buchi, R-215)浓缩至约 2 mL，待净化。

(2)净化：在 Carbon/NH_2 柱中加入约 2 cm 高无水硫酸钠。先用 4 mL 乙腈-甲苯(3∶1，体积比)淋洗 SPE 柱，并弃去流出液，当液面到达硫酸钠的顶部时，迅速将样品浓缩液转移至净化柱上，下接 80 mL 鸡心瓶接收。每次用 2 mL 乙腈-甲苯(3∶1，体积比)洗涤样液瓶 3 次，并将洗涤液移入 SPE 柱中。在柱上加上 50 mL 贮液器，用 25 mL 乙腈-甲苯(3∶1，体积比)进行洗脱，在 40℃水浴中旋转浓缩至约 0.5 mL。将浓缩液置于氮气下吹干，加入 1 mL 乙腈-水(3∶2，体积比)，混匀。经 0.22 μm 滤膜过滤后上机测定。

经上述方法制备的分析溶液，每 1 mL 相当于 5 g 固体样品。

分析前，通过分析程序空白等确认所用试剂、器皿等未被待分析物污染，同时，每批样品处理过程均需同时进行程序空白和基质空白实验，确保操作过程未受到污染。

制备空白水果蔬菜提取液，用于配制定量用的基质标准溶液。

1.5.1.3　仪器和软件

实验选用 UHPLC-Triple TOFTM 作为水果蔬菜样品农药残留的分析检测仪器。其中，UHPLC（Nexera X2，Shimadzu，Japan）配有反相 C18 色谱柱（100 mm×2.1 mm，填料粒径 3.5 μm）、真空脱气、自动进样和高效二元泵模块。

目标化合物的精确质量数则通过配有 Duo-Spray 离子源的四极杆飞行时间质谱仪 Triple TOFTM（5600+，AB SCIEX，Redwood City，CA，USA）测定。目标化合物的质谱图通过配有 Duo-Spray 离子源的四极杆飞行时间质谱仪 Triple TOFTM 来获得。每次实验前，需要利用厂家提供的调谐液对仪器分别进行 MS 和 MS/MS 模式的质量精度校正，实验过程中，利用在线自动校正系统每隔 5 个样品对质谱的质量精度进行一次自动校正，本研究质谱数据采集采用基于人工智能的信息关联性采集（IDA）模式（图 1-38），

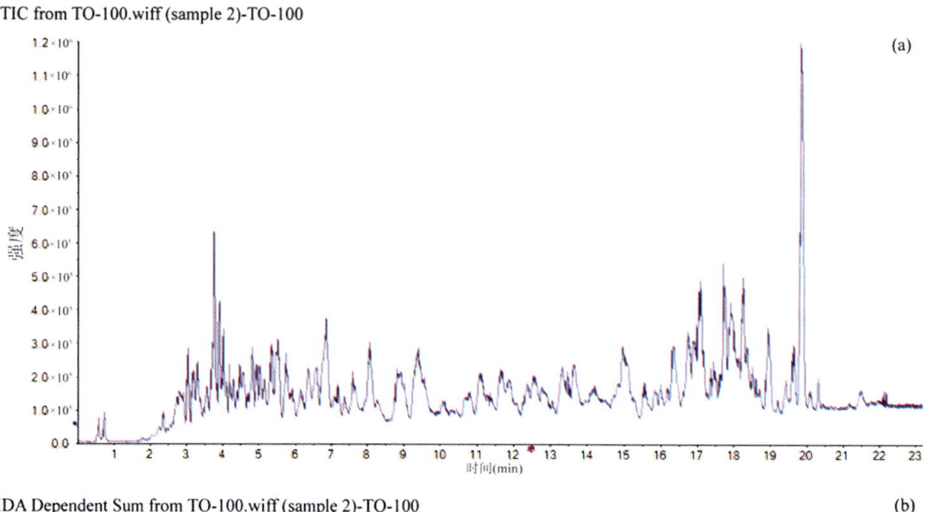

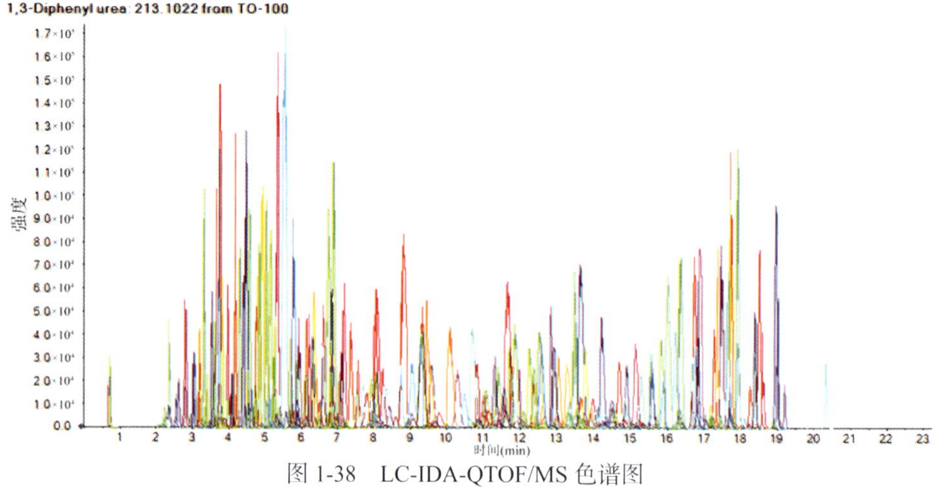

图 1-38　LC-IDA-QTOF/MS 色谱图

（a）添加浓度 0.1 mg/kg 的番茄提取液 TOF-MS 总离子流图；（b）目标物提取离子流图

该模式下（如图 1-39 所示），每个数据采集周期包括一个质荷比 100~950 范围内的 survey scan，即一级质谱（MS1）全扫描和人工智能 IDA 碎片离子质谱（MS2 *m/z* 50~950）扫描，碎片离子的选择由仪器自动完成无须人工干预，从而通过一次进样实现一级质谱和二级质谱的同时采集。一级质谱分辨率>40000（FWHM，*m/z*=609.28），二级碎片离子分辨率>35000（高分辨模式，*m/z*=448），考虑到农药化合物化学特性，为了达到大范围、高通量的筛查目的，对碰撞能量、去簇电压等选取了折中值，选择的离子源参数如下：离子源电压 5500 V，温度 400 ℃，气帘气 30 psi，雾化气 GS1 35 psi，加热气 GS2 35 psi，survey scan 全扫描模式和 IDA-MS/MS 自动扫描模式，去簇电压（DP）均采用优化值 80 V。一级质谱（MS1）全扫描（积分时间 100 ms），IDA-MS/MS 选择经动态背景扣除后最近一次 survey scan 响应值最高的 10 个离子的碎片离子，碰撞能量（CE+CES）为 35 eV±15 eV，每个 IDA 事件积分时间 50 ms，触发 IDA 的响应阈值为 100 s^{-1}，前驱离子质量偏差 50 mDa，且同位素离子限制在 4 Da 以内。

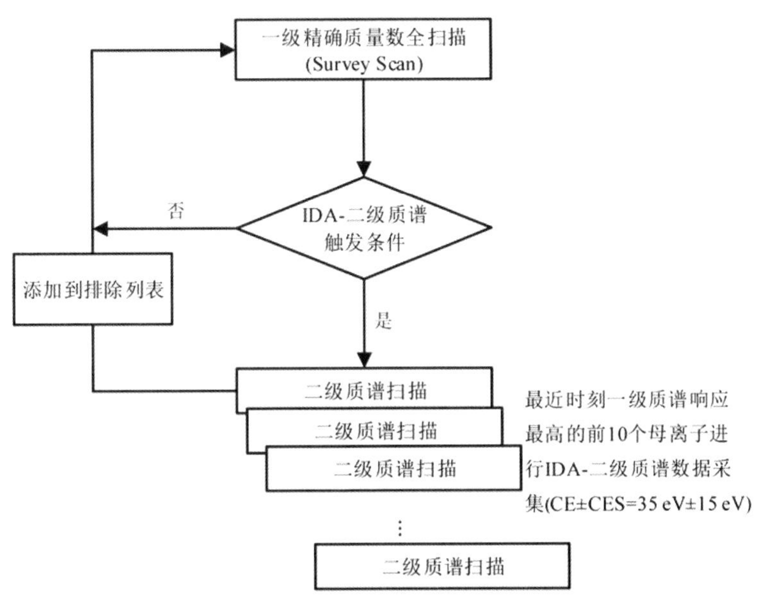

图 1-39　Triple TOFTM 数据采集流程图

仪器控制和数据采集由 Analyst® TF（Version 1.6，AB SCIEX）实现。复杂样品数据进行筛查分析则主要利用功能强大的 Peak View（Version 2.1，AB SCIEX）软件中的 XIC Manager 模块实现。XIC Manager 需预先定义好包括待分析目标化合物的分子式、色谱保留时间、离子加合方式的列表，并指定用于进行二级碎片离子确证的标准谱图数据库。检出残留物的含量则通过 MultiQuant（Version 2.1，AB SCIEX）来计算。

其他仪器包括高速均质器（T25, Janke & Kunkel GmbH &Co., Staufen, Germany）；低速离心机（KDC-40，安徽中科中佳科学仪器有限公司）；旋转蒸发仪（R-215，BUCHI

Labortechnik AG，瑞士）；氮吹浓缩仪（Organomation Associates，EVAP 112，美国）；密理博纯水仪（Milli-Q-Plus，Millipore，美国）；电子天平（TXB622L，岛津，日本）；冷藏柜和电冰柜（海尔，中国青岛）等。

1.5.1.4 创建碎片离子谱图数据库

与环境样品、法医、代谢组学等研究领域一样，碎片离子谱图数据库对食品分析中小分子化合物的确证同样起着重要作用。这些谱图数据库可以使研究者将来自研究样品的 MS/MS 数据与在库中编辑的已知化合物的 MS/MS 数据进行比较确证，从而提高非靶向研究的效率和成本效益。然而，适用于 LC-MS/MS 的标准碎片离子谱图数据库却并不常见，因此在进行实际样品分析前，利用 Analyst®和 Microsoft Access 自行建立 MS/MS 谱图库。利用 Triple TOF 直接进样分析（不用色谱柱）农药参考标准物溶液（200 μg/L），采集的 20 eV、35 eV、50 eV 和 35 eV±15 eV 碰撞能量下各个农药参考标准物的碎片离子质谱数据，利用 Analyst TF 将各个 MS/MS 导入其数据库 Library 模块中，创建包括 427 种农药的 1700 多张 CID 碎片离子质谱图的谱图数据库。

1.5.1.5 验证实验

定性筛查的主要目的集中在对目标物的识别与确证，即在某含量水平下确证被检测物是否存在于样品之中。自 2013 年，欧盟相继出台了一些关于农药残留分析中定性筛查方法的验证指导准则。本研究则采用了与相关文献类似的验证方案。对于定性筛查验证，利用农药残留含量分别为 1 μg/kg、10 μg/kg 和 50 μg/kg 的菠菜和苹果基质标准溶液进行验证。首先向空进样瓶中加入 2.5 μL、25 μL 和 125 μL 混标工作溶液，混标溶液中各农药的浓度均为 1 mg/L，利用氮吹仪在室温下吹干进样瓶中溶剂，然后加入 500 μL 之前制备的菠菜和苹果空白基质溶液，得到进样浓度分别为 5 μg/L、50 μg/L 和 250 μg/L 的基质标准溶液，折合样品中残留含量则相当于 1 μg/kg、10 μg/kg 和 50 μg/kg。每种样品、每个浓度分别配置 3 个平行样品，共制备 18 个待测样品。上述全部提取溶液供 UHPLC-QTOF-MS 分析。通过上述添加浓度，确定每种农药在该方法中的筛查限 SDL（即所有基质标准中都筛查出该农药时的最低添加浓度）和确证识别限 LOI（多有添加样品均通过碎片离子谱图库确证时的最低添加浓度）。

虽然 IDA 采集模式在诸多领域均具有良好的定性筛查性能，本部分内容同时对其在农药残留筛查中的定量方法进行考察。通过利用包括 7 个不同浓度水平的标准溶液，考察了定量方法中标准曲线的线性范围、相关系数、回收率及相对标准偏差等参数。根据实验及前期检测结果情况，本部分仅对具有代表意义且最常检出的 106 种农药进行了重点分析。选用的基质为番茄空白提取溶液，并配置 5 μg/kg、10 μg/kg、20 μg/kg、50 μg/kg、100 μg/kg、200 μg/kg 和 500 μg/kg 等 7 个浓度水平，利用线性回归分析方法将峰面积与相应的浓度作图，构建每种农药化合物的浓度曲线。

通过对苹果、橙子、番茄和黄瓜等四种基质的添加实验，考察了 106 种农药在 10 μg/kg 和 100 μg/kg 两个添加水平下的回收率及精密度（注：每种样品、每个浓度制备 3 个平行试样）。添加样品制备过程简述如下：将适量混标添加到经粉碎均匀的“空白”水果和蔬菜样品中，在室温下放置至少 20 分钟，以确保分析物在基质中得以均匀分散，然后,通过前面提到的 SPE 方法进行提取和净化。上述全部提取溶液经 UHPLC-Q-TOF/MS 分析，通过基质匹配的校准曲线计算加标样品中各农药的实验残留值。

1.5.2　结果与讨论

1.5.2.1　UHPLC-Q-TOF/MS 的优化

采用文献描述的液相条件，该液相分离条件下，选取的目标农药化合物能够很好地实现色谱峰的分离，流速 0.4 mL/min，进样量 5 μL，柱温设定为 40 ℃，流动相组成为 0.1 %甲酸水（含 5 mmol/L 乙酸铵）（A 相）-乙腈（B 相），梯度洗脱程序见表 1-29，为保证保留组分充分洗脱及平衡液相色谱柱，每针样品后运行时间为 5 min。

表 1-29　液相梯度条件

时间（min）	流速（mL/min）	流动相 A（%）	流动相 B（%）
0	0.4	99	1
3	0.4	70	30
6	0.4	60	40
9	0.4	60	40
15	0.4	40	60
19	0.4	10	90
24	0.4	10	90

各个时间段出峰的农药数量如图 1-40 所示，25 min 运行时间之内，全部农药出峰完毕。每个化合物的保留时间列于表 1-30 中，其中矮壮素、甲哌、灭蝇胺、丁酰肼和甲胺磷因极性相对较强,在选择的色谱柱中保留特性较差,因此分别于 0.6 min、0.71 min、0.72 min、0.74 min 和 1.84 min 出峰，而 97.4%的农药则在 2~19 min 之间依次流出，另有 5 种农药哒螨灵（19.01 min）、脱叶磷（19.05 min）、丙硫特普（19.10 min）、生物苄呋菊酯（19.28 min）和哒草特（19.77 min）在 19 min 之后流出，因此本研究所选 25 min 色谱分离时间、流动相组成及梯度洗脱程序能够满足高通量农药化合物的色谱分离。如图 1-41 所示，且多数化合物的色谱峰峰型细窄，在相同条件下，日内、日间及不同检测批次之间，大部分农药的保留时间重现性良好，与各自的标准溶液相比，相对偏差均小于 2.5%。

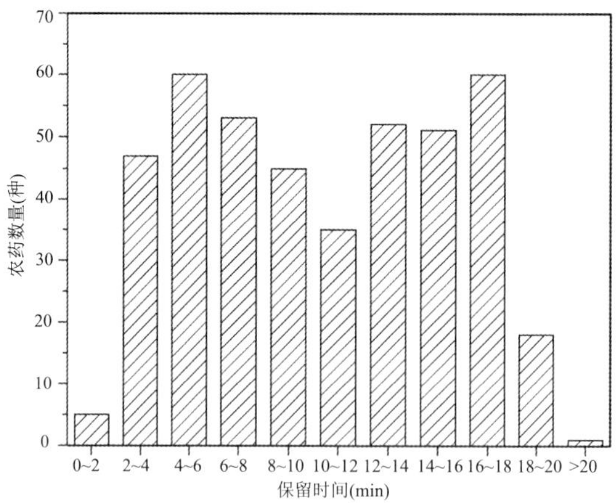

图 1-40　427 种农药化合物的保留时间分布

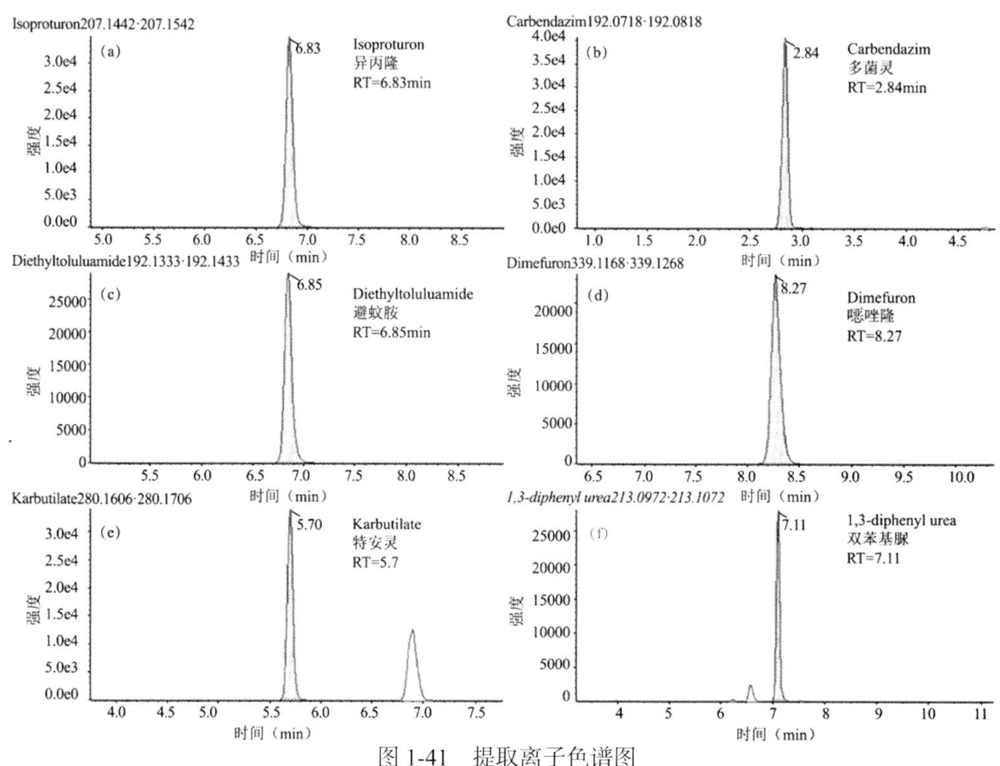

图 1-41　提取离子色谱图

表 1-30　427 种农药化合物基本信息

序号	化合物名称	CAS 号	化学式	加合物	*m/z* calculated	RT（min）	SDL（μg/kg）[a]	LOI（μg/kg）[b]
1	1,3-Diphenyl urea	102-07-8	$C_{13}H_{12}N_2O$	+H	213.10224	7.23	1	1
2	1-naphthyl acetamide	86-86-2	$C_{12}H_{11}NO$	+H	186.09134	4.64	1	1
3	3,4,5-Trimethacarb	2686-99-9	$C_{11}H_{15}NO_2$	+H	194.11756	7.46	10	—
4	6-Benzylaminopurine	1214-39-7	$C_{12}H_{11}N_5$	+H	226.10872	3.78	1	1

续表

序号	化合物名称	CAS 号	化学式	加合物	*m/z* calculated	RT（min）	SDL（μg/kg）[a]	LOI（μg/kg）[b]
5	6-Chloro-4-hydroxy-3-phenyl-pyridazine	40020-01-7	$C_{10}H_7ClN_2O$	+H	207.03197	4.06	1	10
6	Acetamiprid	135410-20-7	$C_{10}H_{11}ClN_4$	+H	223.0745	4.07	1	-
7	Acetamiprid-*N*-Desmethyl	190604-92-3	$C_9H_9ClN_4$	+H	209.05885	3.72	1	10
8	Acetochlor	34256-82-1	$C_{14}H_{20}ClNO_2$	+H	270.12553	12.88	1	50
9	Albendazole	54965-21-8	$C_{12}H_{15}N_3O_2S$	+H	266.09577	6.40	1	1
10	Aldicarb	116-06-3	$C_7H_{14}N_2O_2S$	+Na	213.06682	4.72	-	-
11	Aldimorph	91315-15-0	$C_{18}H_{37}NO$	+H	284.29479	14.76	1	1
12	Allethrin	584-79-2	$C_{19}H_{26}O_3$	+H	303.19547	17.59	50	-
13	Ametoctradin	865318-97-4	$C_{15}H_{25}N_5$	+H	276.21827	13.66	1	1
14	Ametryn	834-12-8	$C_9H_{17}N_5S$	+H	228.12774	7.01	1	10
15	Amidosulfuron	120923-37-7	$C_9H_{15}N_5O_7S_2$	+H	370.04857	6.20	1	1
16	Aminocarb	2032-59-9	$C_{11}H_{16}N_2O_2$	+H	209.12845	2.40	1	10
17	Ancymidol	12771-68-5	$C_{15}H_{16}N_2O_2$	+H	257.12845	5.33	1	10
18	Anilofos	64249-01-0	$C_{13}H_{19}ClNO_3PS_2$	+H	368.03053	15.03	1	1
19	Aspon	3244-90-4	$C_{12}H_{28}O_5P_2S_2$	+H	379.09261	19.10	1	1
20	Atraton	1610-17-9	$C_9H_{17}N_5O$	+H	212.15059	4.55	1	10
21	Atrazine	1912-24-9	$C_8H_{14}ClN_5$	+H	216.10105	6.58	1	10
22	Atrazine-Desethyl	6190-65-4	$C_6H_{10}ClN_5$	+H	188.06975	3.85	1	50
23	Azaconazole	60207-31-0	$C_{12}H_{11}Cl_2N_3O_2$	+H	300.03011	7.03	1	1
24	Azamethiphos	35575-96-3	$C_9H_{10}ClN_2O_5PS$	+H	324.98093	5.45	1	1
25	Azinphos-ethyl[c]	2642-71-9	$C_{12}H_{16}N_3O_3PS_2$	+H	346.04435	13.53	1	1
26	Azinphos-methyl	86-50-0	$C_{10}H_{12}N_3O_3PS_2$	+H	318.01305	9.51	-	-
27	Azoxystrobin	131860-33-8	$C_{22}H_{17}N_3O_5$	+H	404.1241	11.47	1	1
28	Beflubutamid	113614-08-7	$C_{18}H_{17}F_4NO_2$	+H	356.12682	14.57	1	10
29	Benalaxyl	71626-11-4	$C_{20}H_{23}NO_3$	+H	326.17507	14.36	1	1
30	Bendiocarb	22781-23-3	$C_{11}H_{13}NO_4$	+H	224.09173	5.95	1	50
31	Benodanil[c]	15310-01-7	$C_{13}H_{10}INO$	+H	323.98798	8.62	1	10
32	Benoxacor	98730-04-2	$C_{11}H_{11}Cl_2NO_2$	+H	260.02396	10.00	50	50
33	Bensulfuron-methyl	83055-99-6	$C_{16}H_{18}N_4O_7S$	+H	411.0969	8.05	1	1
34	Bensulide[c]	741-58-2	$C_{14}H_{24}NO_4PS_3$	+H	398.06778	15.41	1	10
35	Benthiavalicarb-Isopropyl	177406-68-7	$C_{18}H_{24}FN_3O_3S$	+H	382.15952	9.67	1	1
36	Benzofenap	82692-44-2	$C_{22}H_{20}Cl_2N_2O_3$	+H	431.09237	16.39	1	1
37	Benzoximate	29104-30-1	$C_{18}H_{18}ClNO_5$	+H	364.09463	16.56	10	50
38	Benzoylprop-ethyl	22212-55-1	$C_{18}H_{17}Cl_2NO_3$	+H	366.06583	15.46	1	10
39	Bioresmethrin	28434-01-7	$C_{22}H_{26}O_3$	+H	339.19547	19.28	10	-
40	Bitertanol[c]	55179-31-2	$C_{20}H_{23}N_3O_2$	+H	338.1863	13.00	50	50
41	Boscalid	188425-85-6	$C_{18}H_{12}Cl_2N_2O$	+H	343.03995	11.52	1	10
42	Bromacil	314-40-9	$C_9H_{13}BrN_2O_2$	+H	261.02332	4.95	1	10
43	Bromfenvinfos[c]	33399-00-7	$C_{12}H_{14}BrCl_2O_4P$	+H	402.92629	14.33	1	1
44	Brompyrazon	3042-84-0	$C_{10}H_8BrN_3O$	+H	265.99235	3.91	10	10
45	Bromuconazole	116255-48-2	$C_{13}H_{12}BrCl_2N_3O$	+H	375.96136	11.77	10	-
46	Bupirimate	41483-43-6	$C_{13}H_{24}N_4O_3S$	+H	317.16419	13.07	1	1
47	Buprofezin	69327-76-0	$C_{16}H_{23}N_3OS$	+H	306.16346	17.66	1	1

续表

序号	化合物名称	CAS 号	化学式	加合物	m/z calculated	RT (min)	SDL (μg/kg) [a]	LOI (μg/kg) [b]
48	Butachlor	23184-66-9	$C_{17}H_{26}ClNO_2$	+H	312.17248	17.65	10	50
49	Butafenacil	134605-64-4	$C_{20}H_{18}ClF_3N_2O_6$	$+NH_4$	492.11437	14.52	1	1
50	Butamifos	36335-67-8	$C_{13}H_{21}N_2O_4PS$	+H	333.10324	16.69	10	-
51	Butralin [c]	33629-47-9	$C_{14}H_{21}N_3O_4$	+H	296.16048	18.33	10	10
52	Cadusafos	95465-99-9	$C_{10}H_{23}O_2PS_2$	+H	271.09498	14.94	1	1
53	Cafenstrole	125306-83-4	$C_{16}H_{22}N_4O_3S$	+H	351.14854	13.10	10	50
54	Carbaryl	63-25-2	$C_{12}H_{11}NO_2$	+H	202.08626	6.45	10	10
55	Carbendazim	10605-21-7	$C_9H_9N_3O_2$	+H	192.07675	2.84	1	1
56	Carbetamide	16118-49-3	$C_{12}H_{16}N_2O_3$	+H	237.12337	4.81	1	10
57	Carbofuran	1563-66-2	$C_{12}H_{15}NO_3$	+H	222.11247	6.03	1	1
58	Carbofuran-3-hydroxy	16655-82-6	$C_{12}H_{15}NO_4$	+H	238.10738	3.70	1	50
59	Carbophenothion	786-19-6	$C_{11}H_{16}ClO_2PS_3$	+H	342.98113	18.34	50	-
60	Carboxin	5234-68-4	$C_{12}H_{13}NO_2S$	+H	236.07398	6.70	1	1
61	Carfentrazone-ethyl	128639-02-1	$C_{15}H_{14}Cl_2F_3N_3O_3$	$+NH_4$	429.07026	14.53	1	10
62	Carpropamid	104030-54-8	$C_{15}H_{18}Cl_3NO$	+H	334.05267	14.90	1	-
63	Chlorfenvinphos	470-90-6	$C_{12}H_{14}Cl_3O_4P$	+H	358.97681	14.10	1	10
64	Chlorfluazuron	71422-67-8	$C_{20}H_9Cl_3F_5N_3O_3$	+H	539.97024	18.30	50	-
65	Chloridazon	1698-60-8	$C_{10}H_8ClN_3O$	+H	222.04287	3.76	1	-
66	Chlormequat Chloride	999-81-5	$C_5H_{13}Cl_2N$	–Cl	122.0731	0.60	1	1
67	Chlorotoluron	15545-48-9	$C_{10}H_{13}ClN_2O$	+H	213.07892	6.30	1	1
68	Chloroxuron	1982-47-4	$C_{15}H_{15}ClN_2O_2$	+H	291.08948	10.45	1	-
69	Chlorpyrifos	2921-88-2	$C_9H_{11}Cl_3NO_3PS$	+H	349.93356	17.86	10	-
70	Chlorthiophos	60238-56-4	$C_{11}H_{15}Cl_2O_3PS_2$	+H	360.965	18.31	50	-
71	Chromafenozide	143807-66-3	$C_{24}H_{30}N_2O_3$	+H	395.23292	13.37	10	10
72	Cinmethylin	87818-31-3	$C_{18}H_{26}O_2$	$+NH_4$	292.22711	17.41	50	50
73	Cinosulfuron	94593-91-6	$C_{15}H_{19}N_5O_7S$	+H	414.1078	5.86	1	1
74	Clodinafop-propargyl	105512-06-9	$C_{17}H_{13}ClFNO_4$	+H	350.05899	15.39	1	1
75	Clofentezine	74115-24-5	$C_{14}H_8Cl_2N_4$	+H	303.01988	15.60	50	50
76	Clomazone	81777-89-1	$C_{12}H_{14}ClNO_2$	+H	240.07858	8.23	1	-
77	Cloquintocet-mexyl	99607-70-2	$C_{18}H_{22}ClNO_3$	+H	336.1361	16.98	1	1
78	Cloransulam-methyl	147150-35-4	$C_{15}H_{13}ClFN_5O_5S$	+H	430.03827	8.03	1	10
79	Clothianidin	210880-92-5	$C_6H_8ClN_5O_2S$	+H	250.016	3.63	1	10
80	Coumaphos	56-72-4	$C_{14}H_{16}ClO_5PS$	+H	363.02174	15.78	1	1
81	Crufomate	299-86-5	$C_{12}H_{19}ClNO_3P$	+H	292.08638	11.15	1	-
82	Cumyluron	99485-76-4	$C_{17}H_{19}ClN_2O$	+H	303.12587	11.18	1	10
83	Cyanazine	21725-46-2	$C_9H_{13}ClN_6$	+H	241.0963	5.37	1	-
84	Cycloate	1134-23-2	$C_{11}H_{21}NOS$	+H	216.14166	15.55	10	-
85	Cyclosulfamuron	136849-15-5	$C_{17}H_{19}N_5O_6S$	+H	422.11288	12.52	1	10
86	Cycluron	2163-69-1	$C_{11}H_{22}N_2O$	+H	199.18049	6.65	1	10
87	Cyflufenamid	180409-60-3	$C_{20}H_{17}F_5N_2O_2$	+H	413.1283	16.79	1	1
88	Cyprazine	22936-86-3	$C_9H_{14}ClN_5$	+H	228.10105	6.62	1	10
89	Cyproconazole	94361-06-5	$C_{15}H_{18}ClN_3O$	+H	292.12112	9.59	1	10
90	Cyprodinil	121552-61-2	$C_{14}H_{15}N_3$	+H	226.13387	12.21	1	1

续表

序号	化合物名称	CAS 号	化学式	加合物	m/z calculated	RT (min)	SDL (μg/kg)[a]	LOI (μg/kg)[b]
91	Cyromazine	66215-27-8	$C_6H_{10}N_6$	+H	167.10397	0.72	1	10
92	Daminozide	1596-84-5	$C_6H_{12}N_2O_3$	+H	161.09207	0.74	50	50
93	Demeton-S[c]	126-75-0	$C_8H_{19}O_3PS_2$	+Na	281.04055	7.63	10	10
94	Demeton-*S*-methyl	919-86-8	$C_6H_{15}O_3PS_2$	+Na	253.00925	5.39	-	-
95	Demeton-*S*-methyl-sulfone	17040-19-6	$C_6H_{15}O_5PS_2$	+H	263.01713	3.19	1	1
96	Demeton-*S*-methyl-sulfoxide	301-12-2	$C_6H_{15}O_4PS_2$	+H	247.02221	2.80	1	1
97	Demeton-*S*-sulfoxide	2496-92-6	$C_8H_{19}O_4PS_2$	+H	275.05351	3.70	10	-
98	Desmedipham	13684-56-5	$C_{16}H_{16}N_2O_4$	$+NH_4$	318.14483	9.68	1	1
99	Desmetryn	1014-69-3	$C_8H_{15}N_5S$	+H	214.11209	5.49	1	-
100	Diafenthiuron	80060-09-9	$C_{23}H_{32}N_2OS$	+H	385.23081	18.72	-	-
101	Diallate	2303-16-4	$C_{10}H_{17}Cl_2NOS$	+H	270.04807	16.84	50	-
102	Diazinon	333-41-5	$C_{12}H_{21}N_2O_3PS$	+H	305.10833	15.28	10	-
103	Dichlofenthion	97-17-6	$C_{10}H_{13}Cl_2O_3PS$	+H	314.97728	17.74	50	-
104	Diclobutrazol	75736-33-3	$C_{15}H_{19}Cl_2N_3O$	+H	328.09779	12.05	1	50
105	Diclosulam	145701-21-9	$C_{13}H_{10}Cl_2FN_5O_3S$	+H	405.99382	8.47	1	10
106	Dicrotophos	141-66-2	$C_8H_{16}NO_5P$	+H	238.08389	3.19	1	1
107	Diethatyl-ethyl	38727-55-8	$C_{16}H_{22}ClNO_3$	+H	312.1361	14.13	10	10
108	Diethofencarb	87130-20-9	$C_{14}H_{21}NO_4$	+H	268.15433	9.96	10	50
109	Diethyltoluamide	134-62-3	$C_{12}H_{17}NO$	+H	192.13829	6.93	1	1
110	Difenoconazole	119446-68-3	$C_{19}H_{17}Cl_2N_3O_3$	+H	406.07197	14.87	1	1
111	Difenoxuron	14214-32-5	$C_{16}H_{18}N_2O_3$	+H	287.13902	7.21	1	10
112	Dimefuron	34205-21-5	$C_{15}H_{19}ClN_4O_3$	+H	339.12184	8.36	1	-
113	Dimepiperate	61432-55-1	$C_{15}H_{21}NOS$	+H	264.14166	16.19	50	-
114	Dimethachlor	50563-36-5	$C_{13}H_{18}ClNO_2$	+H	256.10988	7.95	1	1
115	Dimethametryn	22936-75-0	$C_{11}H_{21}N_5S$	+H	256.15904	11.52	1	1
116	Dimethenamid	87674-68-8	$C_{12}H_{18}ClNO_2S$	+H	276.08195	10.02	1	10
117	Dimethirimol	5221-53-4	$C_{11}H_{19}N_3O$	+H	210.16009	3.78	1	1
118	Dimethoate	60-51-5	$C_5H_{12}NO_3PS_2$	+H	230.0069	3.93	1	1
119	Dimethomorph	110488-70-5	$C_{21}H_{22}ClNO_4$	+H	388.13101	9.21	1	1
120	Dimetilan	644-64-4	$C_{10}H_{16}N_4O_3$	+H	241.12952	3.97	1	1
121	Diniconazole	83657-24-3	$C_{15}H_{17}Cl_2N_3O$	+H	326.08214	13.30	1	1
122	Diphenamid	957-51-7	$C_{16}H_{17}NO$	+H	240.13829	8.25	1	10
123	Dipropetryn	4147-51-7	$C_{11}H_{21}N_5S$	+H	256.15904	12.01	1	1
124	Disulfoton sulfone	2497-06-5	$C_8H_{19}O_4PS_3$	+H	307.02558	8.68	1	1
125	Disulfoton sulfoxide	2497-07-6	$C_8H_{19}O_3PS_3$	+H	291.03067	6.57	1	1
126	Dithiopyr	97886-45-8	$C_{15}H_{16}F_5NO_2S_2$	+H	402.06154	17.39	1	50
127	Diuron	330-54-1	$C_9H_{10}Cl_2N_2O$	+H	233.02429	6.88	1	1
128	Dodemorph	1593-77-7	$C_{18}H_{35}NO$	+H	282.27914	8.02	1	10
129	Edifenphos	17109-49-8	$C_{14}H_{15}O_2PS_2$	+H	311.03238	13.79	1	10
130	Emamectin	119791-41-2	$C_{49}H_{75}NO_{13}$	+H	886.53112	17.29	1	1
131	Epoxiconazole	106325-08-0	$C_{17}H_{13}ClFN_3O$	+H	330.08039	11.67	1	10
132	Esprocarb	85785-20-2	$C_{15}H_{23}NOS$	+H	266.15731	17.39	1	1
133	Etaconazole	60207-93-4	$C_{14}H_{15}Cl_2N_3O_2$	+H	328.06141	11.34	10	-

续表

序号	化合物名称	CAS 号	化学式	加合物	*m/z* calculated	RT (min)	SDL (μg/kg) [a]	LOI (μg/kg) [b]
134	Ethametsulfuron-methyl	97780-06-8	$C_{15}H_{18}N_6O_6S$	+H	411.10813	6.64	1	1
135	Ethidimuron	30043-49-3	$C_7H_{12}N_4O_3S_2$	+H	265.04236	3.74	1	10
136	Ethiofencarb-sulfone	53380-23-7	$C_{11}H_{15}NO_4S$	+H	258.07946	3.66	1	1
137	Ethiofencarb-sulfoxide	53380-22-6	$C_{11}H_{15}NO_3S$	+H	242.08454	3.33	1	1
138	Ethion	563-12-2	$C_9H_{22}O_4P_2S_4$	+H	384.99489	18.16	1	10
139	Ethiprole	181587-01-9	$C_{13}H_9Cl_2F_3N_4OS$	+H	396.9899	9.73	1	1
140	Ethirimol	23947-60-6	$C_{11}H_{19}N_3O$	+H	210.16009	3.78	1	1
141	Ethoprophos	13194-48-4	$C_8H_{19}O_2PS_2$	+H	243.06368	11.29	1	1
142	Etobenzanid	79540-50-4	$C_{16}H_{15}Cl_2NO_3$	+H	340.05018	15.12	1	50
143	Etrimfos	38260-54-7	$C_{10}H_{17}N_2O_4PS$	+H	293.07194	14.85	1	50
144	Famphur	52-85-7	$C_{10}H_{16}NO_5PS_2$	+H	326.02803	9.74	1	50
145	Fenamidone	161326-34-7	$C_{17}H_{17}N_3OS$	+H	312.11651	11.28	1	10
146	Fenamiphos	22224-92-6	$C_{13}H_{22}NO_3PS$	+H	304.11308	11.06	1	1
147	Fenamiphos-sulfone	31972-44-8	$C_{13}H_{22}NO_5PS$	+H	336.10291	5.82	1	1
148	Fenamiphos-sulfoxide	31972-43-7	$C_{13}H_{22}NO_4PS$	+H	320.10799	4.79	1	1
149	Fenarimol	60168-88-9	$C_{17}H_{12}Cl_2N_2O$	+H	331.03994	10.98	1	-
150	Fenazaquin	120928-09-8	$C_{20}H_{22}N_2O$	+H	307.18049	18.57	-	-
151	Fenbuconazole	114369-43-6	$C_{19}H_{17}ClN_4$	+H	337.12145	12.83	1	1
152	Fenfuram	24691-80-3	$C_{12}H_{11}NO_2$	+H	202.08626	6.92	1	1
153	Fenobucarb	3766-81-2	$C_{12}H_{17}NO_2$	+H	208.13321	9.24	1	1
154	Fenothiocarb	62850-32-2	$C_{13}H_{19}NO_2S$	+H	254.12093	13.16	1	1
155	Fenoxanil	115852-48-7	$C_{15}H_{18}Cl_2N_2O_2$	+H	329.08181	14.29	10	-
156	Fenoxaprop-ethyl	66441-23-4	$C_{18}H_{16}ClNO_5$	+H	362.07898	16.88	10	50
157	Fenoxaprop-P-Ethyl	71238-80-2	$C_{18}H_{16}ClNO_5$	+H	362.07898	16.81	1	50
158	Fenpropidin	67306-00-7	$C_{19}H_{31}N$	+H	274.25293	9.10	1	1
159	Fenpropimorph	67564-91-4	$C_{20}H_{33}NO$	+H	304.26349	9.62	1	1
160	Fenpyroximate-E	134098-61-6	$C_{24}H_{27}N_3O_4$	+H	422.20743	18.37	1	1
161	Fensulfothion	115-90-2	$C_{11}H_{17}O_4PS_2$	+H	309.03786	7.71	1	1
162	Fensulfothion-oxon	6552-21-2	$C_{11}H_{17}O_5PS$	+H	293.06071	4.17	1	1
163	Fenthion-oxon	6552-12-1	$C_{10}H_{15}O_4PS$	+H	263.05014	7.43	1	1
164	Fenthion-oxon-sulfone	14086-35-2	$C_{10}H_{15}O_6PS$	+H	295.03997	4.23	1	10
165	Fenthion-oxon-sulfoxide	6552-13-2	$C_{10}H_{15}O_5PS$	+H	279.04506	3.66	1	1
166	Fenthion-sulfoxide	3761-41-9	$C_{10}H_{15}O_4PS_2$	+H	295.02221	6.13	1	1
167	Fenuron	101-42-8	$C_9H_{12}N_2O$	+H	165.10224	3.73	1	10
168	Flamprop	58667-63-3	$C_{16}H_{13}ClFNO_3$	+H	322.06408	7.93	10	10
169	Flamprop-isopropyl	52756-22-6	$C_{19}H_{19}ClFNO_3$	+H	364.11103	15.40	1	-
170	Flamprop-methyl	52756-25-9	$C_{17}H_{15}ClFNO_3$	+H	336.07973	12.47	1	1
171	Florasulam	145701-23-1	$C_{12}H_8F_3N_5O_3S$	+H	360.03727	6.04	1	1
172	Fluazifop	69335-91-7	$C_{15}H_{12}F_3NO_4$	+H	328.07912	8.89	1	1
173	Fluazifop-butyl	69806-50-4	$C_{19}H_{20}F_3NO_4$	+H	384.14172	17.83	1	1
174	Fluazifop-P-Butyl	79241-46-6	$C_{19}H_{20}F_3NO_4$	+H	384.14172	17.80	1	1
175	Flucycloxuron	94050-52-9	$C_{25}H_{20}ClF_2N_3O_3$	+H	484.1234	17.97	10	-
176	Flufenacet	142459-58-3	$C_{14}H_{13}F_4N_3O_2S$	+H	364.07374	13.46	1	1

续表

序号	化合物名称	CAS 号	化学式	加合物	*m/z* calculated	RT (min)	SDL (μg/kg)[a]	LOI (μg/kg)[b]
177	Flufenoxuron	101463-69-8	$C_{21}H_{11}ClF_6N_2O_3$	+H	489.04352	17.95	50	50
178	Flufenpyr-Ethyl	188489-07-8	$C_{16}H_{13}ClF_4N_2O_4$	+H	409.05727	14.14	1	1
179	Flumequine	42835-25-6	$C_{14}H_{12}FNO_3$	+H	262.0874	5.79	1	1
180	Flumetsulam	98967-40-9	$C_{12}H_9F_2N_5O_2S$	+H	326.05178	4.26	1	1
181	Flumiclorac-pentyl	87546-18-7	$C_{21}H_{23}ClFNO_5$	$+NH_4$	441.1587	17.70	1	1
182	Flumorph	211867-47-9	$C_{21}H_{22}FNO_4$	+H	372.16056	7.09	1	1
183	Fluometuron	2164-17-2	$C_{10}H_{11}F_3N_2O$	+H	233.08962	6.42	1	10
184	Fluopicolide	239110-15-7	$C_{14}H_8Cl_3F_3N_2O$	+H	382.97271	12.18	1	1
185	Fluopyram	658066-35-4	$C_{16}H_{11}ClF_6N_2O$	+H	397.05369	12.47	1	1
186	Fluoxastrobin	361377-29-9	$C_{21}H_{16}ClFN_4O_5$	+H	459.0866	13.75	1	1
187	Fluquinconazole	136426-54-5	$C_{16}H_8Cl_2FN_5O$	+H	376.01627	11.78	10	10
188	Fluridone	59756-60-4	$C_{19}H_{14}F_3NO$	+H	330.11003	9.70	1	-
189	Flurochloridone	61213-25-0	$C_{12}H_{10}Cl_2F_3NO$	+H	312.01643	13.26	10	50
190	Flurprimidol	56425-91-3	$C_{15}H_{15}F_3N_2O_2$	+H	313.11584	9.73	1	50
191	Flurtamone	96525-23-4	$C_{18}H_{14}F_3NO_2$	+H	334.10494	10.28	1	1
192	Flusilazole	85509-19-9	$C_{16}H_{15}F_2N_3Si$	+H	316.10761	12.72	1	10
193	Fluthiacet-Methyl	117337-19-6	$C_{15}H_{15}ClFN_3O_3S_2$	+H	404.03002	14.08	1	1
194	Flutolanil	66332-96-5	$C_{17}H_{16}F_3NO_2$	+H	324.12059	13.21	1	1
195	Flutriafol	76674-21-0	$C_{16}H_{13}F_2N_3O$	+H	302.10995	6.63	1	1
196	Fluxapyroxad	907204-31-3	$C_{18}H_{12}F_5N_3O$	+H	382.09733	11.71	1	1
197	Fonofos	944-22-9	$C_{10}H_{15}OPS_2$	+H	247.03747	15.56	10	50
198	Foramsulfuron	173159-57-4	$C_{17}H_{20}N_6O_7S$	+H	453.11869	5.20	1	1
199	Forchlorfenuron	68157-60-8	$C_{12}H_{10}ClN_3O$	+H	248.05852	6.54	1	1
200	Fosthiazate	98886-44-3	$C_9H_{18}NO_3PS_2$	+H	284.05385	6.63	1	1
201	Fuberidazole	3878-19-1	$C_{11}H_8N_2O$	+H	185.07094	3.23	1	1
202	Furalaxyl	57646-30-7	$C_{17}H_{19}NO_4$	+H	302.13868	9.72	1	1
203	Furathiocarb	65907-30-4	$C_{18}H_{26}N_2O_5S$	+H	383.16352	17.49	1	1
204	Furmecyclox	60568-05-0	$C_{14}H_{21}NO_3$	+H	252.15942	13.33	1	10
205	Haloxyfop	69806-34-4	$C_{15}H_{11}ClF_3NO_4$	+H	362.04015	12.43	1	10
206	Haloxyfop-2-ethoxyethyl	87237-48-7	$C_{19}H_{19}ClF_3NO_5$	+H	434.09766	17.29	1	1
207	Haloxyfop-methyl	69806-40-2	$C_{16}H_{13}ClF_3NO_4$	+H	376.0558	16.49	1	1
208	Heptenophos[c]	23560-59-0	$C_9H_{12}ClO_4P$	+H	251.02345	7.37	1	10
209	Hexaconazole	79983-71-4	$C_{14}H_{17}Cl_2N_3O$	+H	314.08214	12.59	1	10
210	Hexazinone	51235-04-2	$C_{12}H_{20}N_4O_2$	+H	253.1659	4.85	1	10
211	Hexythiazox	78587-05-0	$C_{17}H_{21}ClN_2O_2S$	+H	353.1085	17.92	10	-
212	Hydramethylnon	67485-29-4	$C_{25}H_{24}F_6N_4$	+H	495.19779	17.67	10	10
213	Imazalil	35554-44-0	$C_{14}H_{14}Cl_2N_2O$	+H	297.0556	6.34	1	1
214	Imazamethabenz-methyl	81405-85-8	$C_{16}H_{20}N_2O_3$	+H	289.15467	5.01	1	1
215	Imazamox	114311-32-9	$C_{15}H_{19}N_3O_4$	+H	306.14483	3.71	1	1
216	Imazapic	104098-48-8	$C_{14}H_{17}N_3O_3$	+H	276.13427	3.84	1	10
217	Imazapyr	81334-34-1	$C_{13}H_{15}N_3O_3$	+H	262.11862	3.26	1	1
218	Imazaquin	81335-37-7	$C_{17}H_{17}N_3O_3$	+H	312.13427	5.31	1	1
219	Imazethapyr	81335-77-5	$C_{15}H_{19}N_3O_3$	+H	290.14992	4.56	1	1

续表

序号	化合物名称	CAS 号	化学式	加合物	*m/z* calculated	RT (min)	SDL (μg/kg)[a]	LOI (μg/kg)[b]
220	Imidacloprid	138261-41-3	$C_9H_{10}ClN_5O_2$	+H	256.05958	3.85	1	10
221	Imidacloprid-Urea	120868-66-8	$C_9H_{10}ClN_3O$	+H	212.05852	3.41	1	1
222	Indoxacarb	144171-61-9	$C_{22}H_{17}ClF_3N_3O_7$	+H	528.07799	16.84	1	10
223	Ipconazole	125225-28-7	$C_{18}H_{24}ClN_3O$	+H	334.16807	14.64	1	50
224	Iprobenfos	26087-47-8	$C_{13}H_{21}O_3PS$	+H	289.10218	12.73	1	10
225	Iprovalicarb	140923-17-7	$C_{18}H_{28}N_2O_3$	+H	321.21727	10.92	1	50
226	Isazofos	42509-80-8	$C_9H_{17}ClN_3O_3PS$	+H	314.04895	13.94	1	1
227	Isocarbamid	30979-48-7	$C_8H_{15}N_3O_2$	+H	186.1237	3.71	1	10
228	Isofenphos-oxon[c]	31120-85-1	$C_{15}H_{24}NO_5P$	+H	330.14649	10.23	1	10
229	Isomethiozin	57052-04-7	$C_{12}H_{20}N_4OS$	+H	269.14306	13.68	-	-
230	Isoprocarb	2631-40-5	$C_{11}H_{15}NO_2$	+H	194.11756	7.30	1	50
231	Isopropalin	33820-53-0	$C_{15}H_{23}N_3O_4$	+H	310.17613	18.92	50	-
232	Isoprothiolane	50512-35-1	$C_{12}H_{18}O_4S_2$	+H	291.07193	12.64	1	1
233	Isoproturon	34123-59-6	$C_{12}H_{18}N_2O$	+H	207.14919	6.90	1	1
234	Isouron	55861-78-4	$C_{10}H_{17}N_3O_2$	+H	212.13935	5.21	1	1
235	Isoxaben	82558-50-7	$C_{18}H_{24}N_2O_4$	+H	333.18088	12.42	1	1
236	Isoxadifen-ethyl	163520-33-0	$C_{18}H_{17}NO_3$	+H	296.12812	14.73	1	10
237	Isoxathion	18854-01-8	$C_{13}H_{16}NO_4PS$	+H	314.06104	16.36	10	-
238	Kadethrin	58769-20-3	$C_{23}H_{24}O_4S$	$+NH_4$	414.17336	17.58	1	10
239	Karbutilate	4849-32-5	$C_{14}H_{21}N_3O_3$	+H	280.16557	5.76	1	50
240	Kresoxim-methyl	143390-89-0	$C_{18}H_{19}NO_4$	+H	314.13868	14.47	10	50
241	Lactofen	77501-63-4	$C_{19}H_{15}ClF_3NO_7$	$+NH_4$	479.08274	17.90	-	-
242	Linuron	330-55-2	$C_9H_{10}Cl_2N_2O_2$	+H	249.01921	9.49	1	10
243	Malaoxon	1634-78-2	$C_{10}H_{19}O_7PS$	+H	315.06619	5.90	1	1
244	Malathion	121-75-5	$C_{10}H_{19}O_6PS_2$	+H	331.04334	12.85	1	1
245	Mandipropamid	374726-62-2	$C_{23}H_{22}ClNO_4$	+H	412.13101	12.18	1	1
246	Mecarbam	2595-54-2	$C_{10}H_{20}NO_5PS_2$	+H	330.05933	14.00	1	50
247	Mefenacet	73250-68-7	$C_{16}H_{14}N_2O_2S$	+H	299.08487	11.27	1	1
248	Mefenpyr-diethyl	135590-91-9	$C_{16}H_{18}Cl_2N_2O_4$	+H	373.07164	15.82	1	10
249	Mepanipyrim	110235-47-7	$C_{14}H_{13}N_3$	+H	224.11822	11.94	1	10
250	Mephosfolan	950-10-7	$C_8H_{16}NO_3PS_2$	+H	270.0382	5.06	1	1
251	Mepiquat	15302-91-7	$C_7H_{15}N$	+H	114.12773	0.71	1	10
252	Mepronil	55814-41-0	$C_{17}H_{19}NO_2$	+H	270.14886	12.53	1	1
253	Mesosulfuron-methyl	208465-21-8	$C_{17}H_{21}N_5O_9S_2$	+H	504.08535	6.96	1	1
254	Metalaxyl	57837-19-1	$C_{15}H_{21}NO_4$	+H	280.15433	6.96	1	1
255	Metamitron	41394-05-2	$C_{10}H_{10}N_4O$	+H	203.09274	3.61	1	10
256	Metamitron-desamino	36993-94-9	$C_{10}H_9N_3O$	+H	188.08184	3.39	1	10
257	Metazachlor	67129-08-2	$C_{14}H_{16}ClN_3O$	+H	278.10547	7.78	1	1
258	Metconazole	125116-23-6	$C_{17}H_{22}ClN_3O$	+H	320.15242	13.10	1	1
259	Methabenzthiazuron	18691-97-9	$C_{10}H_{11}N_3OS$	+H	222.06956	6.14	1	1
260	Methamidophos	10265-92-6	$C_2H_8NO_2PS$	+H	142.00861	1.84	1	10
261	Methiocarb	2032-65-7	$C_{11}H_{15}NO_2S$	+H	226.08963	9.21	10	10
262	Methiocarb-sulfoxide	2635-10-1	$C_{11}H_{15}NO_3S$	+H	242.08454	3.55	1	1

续表

序号	化合物名称	CAS 号	化学式	加合物	m/z calculated	RT (min)	SDL (μg/kg) [a]	LOI (μg/kg) [b]
263	Methomyl	16752-77-5	$C_5H_{10}N_2O_2S$	+H	163.05357	3.01	50	50
264	Methoprotryne	841-06-5	$C_{11}H_{21}N_5OS$	+H	272.15396	6.87	1	1
265	Metobromuron	3060-89-7	$C_9H_{11}BrN_2O_2$	+H	259.00767	7.25	10	50
266	Metolachlor	51218-45-2	$C_{15}H_{22}ClNO_2$	+H	284.14118	12.69	1	1
267	Metominostrobin-（*E*）	133408-50-1	$C_{16}H_{16}N_2O_3$	+H	285.12337	8.14	1	1
268	Metosulam	139528-85-1	$C_{14}H_{13}Cl_2N_5O_4S$	+H	418.01381	6.96	1	1
269	Metoxuron	19937-59-8	$C_{10}H_{13}ClN_2O_2$	+H	229.07383	4.75	50	-
270	Metrafenone	220899-03-6	$C_{19}H_{21}BrO_5$	+H	409.06451	16.48	1	1
271	Metribuzin	21087-64-9	$C_8H_{14}N_4OS$	+H	215.09611	5.46	1	10
272	Metsulfuron-methyl	74223-64-6	$C_{14}H_{15}N_5O_6S$	+H	382.08158	5.70	1	1
273	Mevinphos	7786-34-7	$C_7H_{13}O_6P$	+H	225.05225	4.22	1	50
274	Mexacarbate	315-18-4	$C_{12}H_{18}N_2O_2$	+H	223.1441	4.15	1	1
275	Monocrotophos	6923-22-4	$C_7H_{14}NO_5P$	+H	224.06824	2.93	1	10
276	Monuron	150-68-5	$C_9H_{11}ClN_2O$	+H	199.06327	5.13	1	1
277	Myclobutanil	88671-89-0	$C_{15}H_{17}ClN_4$	+H	289.12145	10.87	1	10
278	Naproanilide	52570-16-8	$C_{19}H_{17}NO_2$	+H	292.13321	13.77	1	10
279	Napropamide	15299-99-7	$C_{17}H_{21}NO_2$	+H	272.16451	12.01	1	10
280	Neburon	555-37-3	$C_{12}H_{16}Cl_2N_2O$	+H	275.07125	13.46	1	-
281	Norflurazon	27314-13-2	$C_{12}H_9ClF_3N_3O$	+H	304.0459	7.24	-	-
282	Nuarimol	63284-71-9	$C_{17}H_{12}ClFN_2O$	+H	315.0695	8.48	1	10
283	Octhilinone	26530-20-1	$C_{11}H_{19}NOS$	+H	214.12601	11.44	1	10
284	Ofurace	58810-48-3	$C_{14}H_{16}ClNO_3$	+H	282.08915	6.89	1	1
285	Omethoate	1113-02-6	$C_5H_{12}NO_4PS$	+H	214.02974	2.26	1	1
286	Orbencarb	34622-58-7	$C_{12}H_{16}ClNOS$	+H	258.07139	15.14	1	10
287	Oxadixyl	77732-09-3	$C_{14}H_{18}N_2O_4$	+H	279.13393	5.18	1	50
288	Oxaziclomefone	153197-14-9	$C_{20}H_{19}Cl_2NO_2$	+H	376.08656	17.50	1	1
289	Oxycarboxin	5259-88-1	$C_{12}H_{13}NO_4S$	+H	268.06381	4.57	1	1
290	Paclobutrazol	76738-62-0	$C_{15}H_{20}ClN_3O$	+H	294.13677	9.06	1	1
291	Paraoxon-ethyl	311-45-5	$C_{10}H_{14}NO_6P$	+H	276.06315	7.32	1	10
292	Pebulate	1114-71-2	$C_{10}H_{21}NOS$	+H	204.14166	15.51	50	-
293	Penconazole	66246-88-6	$C_{13}H_{15}Cl_2N_3$	+H	284.07158	12.77	1	-
294	Pencycuron	66063-05-6	$C_{19}H_{21}ClN_2O$	+H	329.14152	15.97	1	1
295	Penoxsulam	219714-96-2	$C_{16}H_{14}F_5N_5O_5S$	+H	484.07086	8.02	1	1
296	Pentanochlor	2307-68-8	$C_{13}H_{18}ClNO$	+H	240.11497	13.77	1	1
297	Phenmedipham	13684-63-4	$C_{16}H_{16}N_2O_4$	$+NH_4$	318.14483	9.63	1	1
298	Phenthoate	2597-03-7	$C_{12}H_{17}O_4PS_2$	+H	321.03786	15.20	10	10
299	Phorate-sulfone	2588-04-7	$C_7H_{17}O_4PS_3$	+H	293.00993	8.90	10	10
300	Phorate-sulfoxide	2588-03-6	$C_7H_{17}O_3PS_3$	+H	277.01502	6.51	1	1
301	Phosalone	2310-17-0	$C_{12}H_{15}ClNO_4PS_2$	+H	367.99414	16.27	1	10
302	Phosfolan	947-02-4	$C_7H_{14}NO_3PS_2$	+H	256.02255	4.30	1	1
303	Phosphamidon	13171-21-6	$C_{10}H_{19}ClNO_5P$	+H	300.07621	4.86	1	10
304	Phoxim	14816-18-3	$C_{12}H_{15}N_2O_3PS$	+H	299.06138	16.10	1	-
305	Picaridin	119515-38-7	$C_{12}H_{23}NO_3$	+H	230.17507	6.88	1	10

续表

序号	化合物名称	CAS 号	化学式	加合物	*m/z* calculated	RT (min)	SDL (μg/kg)[a]	LOI (μg/kg)[b]
306	Picolinafen	137641-05-5	$C_{19}H_{12}F_4N_2O_2$	+H	377.09077	17.25	1	1
307	Picoxystrobin	117428-22-5	$C_{18}H_{16}F_3NO_4$	+H	368.11042	14.96	1	-
308	Pinoxaden	243973-20-8	$C_{23}H_{32}N_2O_4$	+H	401.24348	13.48	1	1
309	Piperonyl butoxide	51-03-6	$C_{19}H_{30}O_5$	$+NH_4$	356.24315	17.32	1	1
310	Piperophos	24151-93-7	$C_{14}H_{28}NO_3PS_2$	+H	354.1321	16.51	1	1
311	Pirimicarb	23103-98-2	$C_{11}H_{18}N_4O_2$	+H	239.15025	4.70	1	1
312	Pirimicarb-desmethyl	30614-22-3	$C_{10}H_{16}N_4O_2$	+H	225.1346	3.34	1	1
313	Pirimicarb-desmethyl-formamido	27218-04-8	$C_{11}H_{16}N_4O_3$	+H	253.12952	5.27	1	1
314	Pirimiphos-ethyl	23505-41-1	$C_{13}H_{24}N_3O_3PS$	+H	334.13488	17.99	1	1
315	Pirimiphos-methyl	29232-93-7	$C_{11}H_{20}N_3O_3PS$	+H	306.10358	16.17	1	1
316	Pretilachlor	51218-49-6	$C_{17}H_{26}ClNO_2$	+H	312.17248	16.44	1	1
317	Prochloraz	67747-09-5	$C_{15}H_{16}Cl_3N_3O_2$	+H	376.03809	13.52	1	10
318	Profenofos	41198-08-7	$C_{11}H_{15}BrClO_3PS$	+H	372.94242	16.33	10	-
319	Prometon	1610-18-0	$C_{10}H_{19}N_5O$	+H	226.16624	5.67	1	1
320	Prometryn	7287-19-6	$C_{10}H_{19}N_5S$	+H	242.14339	9.22	1	1
321	Propachlor	1918-16-7	$C_{11}H_{14}ClNO$	+H	212.08367	7.65	1	1
322	Propamocarb	24579-73-5	$C_9H_{20}N_2O_2$	+H	189.15975	2.36	1	1
323	Propanil	709-98-8	$C_9H_9Cl_2NO$	+H	218.0134	8.22	10	10
324	Propaphos	7292-16-2	$C_{13}H_{21}O_4PS$	+H	305.09709	13.46	1	1
325	Propaquizafop	111479-05-1	$C_{22}H_{22}ClN_3O_5$	+H	444.13207	17.15	1	50
326	Propargite	2312-35-8	$C_{19}H_{26}O_4S$	$+NH_4$	368.18901	18.50	10	50
327	Propazine	139-40-2	$C_9H_{16}ClN_5$	+H	230.1167	8.47	1	10
328	Propiconazole	60207-90-1	$C_{15}H_{17}Cl_2N_3O_2$	+H	342.07706	13.60	1	1
329	Propisochlor	86763-47-5	$C_{15}H_{22}ClNO_2$	+H	284.14118	14.63	10	-
330	Propoxur	114-26-1	$C_{11}H_{15}NO_3$	+H	210.11247	5.88	10	50
331	Propyzamide	23950-58-5	$C_{12}H_{11}Cl_2NO$	+H	256.02905	11.39	10	-
332	Proquinazid	189278-12-4	$C_{14}H_{17}IN_2O_2$	+H	373.04075	18.43	1	1
333	Prosulfocarb	52888-80-9	$C_{14}H_{21}NOS$	+H	252.14166	16.74	1	1
334	Pymetrozine	123312-89-0	$C_{10}H_{11}N_5O$	+H	218.10364	2.08	1	1
335	Pyraclofos	89784-60-1	$C_{14}H_{18}ClN_2O_3PS$	+H	361.0537	14.94	1	10
336	Pyraclostrobin	175013-18-0	$C_{19}H_{18}ClN_3O_4$	+H	388.10586	15.68	1	1
337	Pyraflufen-ethyl	129630-19-9	$C_{15}H_{13}Cl_2F_3N_2O_4$	+H	413.02772	15.33	1	10
338	Pyrasulfotole	365400-11-9	$C_{14}H_{13}F_3N_2O_4S$	+H	363.06209	4.28	1	1
339	Pyrazolynate	58011-68-0	$C_{19}H_{16}Cl_2N_2O_4S$	+H	439.02806	16.11	1	10
340	Pyrazophos	13457-18-6	$C_{14}H_{20}N_3O_5PS$	+H	374.0934	15.42	1	1
341	Pyrazoxyfen	71561-11-0	$C_{20}H_{16}Cl_2N_2O_3$	+H	403.06107	14.21	1	1
342	Pyributicarb[c]	88678-67-5	$C_{18}H_{22}N_2O_2S$	+H	331.14748	17.96	10	10
343	Pyridaben	96489-71-3	$C_{19}H_{25}ClN_2OS$	+H	365.14489	19.01	1	1
344	Pyridalyl	179101-81-6	$C_{18}H_{14}Cl_4F_3NO_3$	+H	489.97527	20.35	-	-
345	Pyridaphenthion	119-12-0	$C_{14}H_{17}N_2O_4PS$	+H	341.07194	11.97	1	1
346	Pyridate	55512-33-9	$C_{19}H_{23}ClN_2O_2S$	+H	379.12415	19.77	10	50
347	Pyriftalid	135186-78-6	$C_{15}H_{14}N_2O_4S$	+H	319.07471	10.81	1	1
348	Pyrimethanil	53112-28-0	$C_{12}H_{13}N_3$	+H	200.11822	7.93	1	10

续表

序号	化合物名称	CAS 号	化学式	加合物	m/z calculated	RT (min)	SDL (μg/kg) [a]	LOI (μg/kg) [b]
349	Pyrimidifen	105779-78-0	$C_{20}H_{28}ClN_3O_2$	+H	378.19428	16.40	1	1
350	Pyriproxyfen	95737-68-1	$C_{20}H_{19}NO_3$	+H	322.14377	17.72	1	1
351	Pyroquilon	57369-32-1	$C_{11}H_{11}NO$	+H	174.09134	5.06	1	1
352	Quinalphos	13593-03-8	$C_{12}H_{15}N_2O_3PS$	+H	299.06138	14.26	1	1
353	Quinoclamine	2797-51-5	$C_{10}H_6ClNO_2$	+H	208.01598	5.28	1	-
354	Quinoxyfen	124495-18-7	$C_{15}H_8Cl_2FNO$	+H	308.00397	17.00	1	1
355	Quizalofop-ethyl	76578-14-8	$C_{19}H_{17}ClN_2O_4$	+H	373.09496	16.85	1	1
356	Quizalofop-P-Ethyl	100646-51-3	$C_{19}H_{17}ClN_2O_4$	+H	373.09496	16.82	1	1
357	Rabenzazole	40341-04-6	$C_{12}H_{12}N_4$	+H	213.11347	6.68	1	1
358	Rimsulfuron	122931-48-0	$C_{14}H_{17}N_5O_7S_2$	+H	432.06422	6.32	-	-
359	Rotenone	83-79-4	$C_{23}H_{22}O_6$	+H	395.14891	13.51	1	1
360	Saflufenacil	372137-35-4	$C_{17}H_{17}ClF_4N_4O_5S$	+H	501.06171	11.25	1	1
361	Sebuthylazine	7286-69-3	$C_9H_{16}ClN_5$	+H	230.1167	8.24	1	10
362	Sebuthylazine-desethyl	37019-18-4	$C_7H_{12}ClN_5$	+H	202.0854	4.63	1	10
363	Secbumeton	26259-45-0	$C_{10}H_{19}N_5O$	+H	226.16624	5.58	1	1
364	Siduron	1982-49-6	$C_{14}H_{20}N_2O$	+H	233.16484	8.85	1	1
365	Simazine	122-34-9	$C_7H_{12}ClN_5$	+H	202.0854	5.19	1	10
366	Simeconazole	149508-90-7	$C_{14}H_{20}FN_3OSi$	+H	294.14324	10.66	1	-
367	Simeton	673-04-1	$C_8H_{15}N_5O$	+H	198.13494	3.74	1	10
368	Spinosad	168316-95-8	$C_{41}H_{65}NO_{10}$	+H	732.46812	14.18	1	1
369	Spirotetramat	203313-25-1	$C_{21}H_{27}NO_5$	+H	374.1962	10.50	1	1
370	Spiroxamine	118134-30-8	$C_{18}H_{35}NO_2$	+H	298.27406	9.12	1	-
371	Sulfentrazone	122836-35-5	$C_{11}H_{10}Cl_2F_2N_4O_3S$	$+NH_4$	404.0157	6.58	1	50
372	Sulfotep	3689-24-5	$C_8H_{20}O_5P_2S_2$	+H	323.03001	15.98	1	10
373	Sulprofos	35400-43-2	$C_{12}H_{19}O_2PS_3$	+H	323.03576	18.16	10	50
374	Tebuconazole	107534-96-3	$C_{16}H_{22}ClN_3O$	+H	308.15242	12.14	1	10
375	Tebufenozide	112410-23-8	$C_{22}H_{28}N_2O_2$	+H	353.22235	14.25	10	50
376	Tebufenpyrad	119168-77-3	$C_{18}H_{24}ClN_3O$	+H	334.16807	16.89	1	10
377	Tebupirimfos	96182-53-5	$C_{13}H_{23}N_2O_3PS$	+H	319.12398	17.77	1	1
378	Tebutam	35256-85-0	$C_{15}H_{23}NO$	+H	234.18524	12.72	1	1
379	Tebuthiuron	34014-18-1	$C_9H_{16}N_4OS$	+H	229.11176	4.72	1	1
380	Tembotrione	335104-84-2	$C_{17}H_{16}ClF_3O_6S$	$+NH_4$	458.06465	10.17	1	50
381	Temephos	3383-96-8	$C_{16}H_{20}O_6P_2S_3$	$+NH_4$	466.997	17.96	-	-
382	Terbucarb	1918-11-2	$C_{17}H_{27}NO_2$	+H	278.21146	16.05	1	10
383	Terbufos-Sulfone	56070-16-7	$C_9H_{21}O_4PS_3$	+H	321.04123	11.90	1	10
384	Terbumeton	33693-04-8	$C_{10}H_{19}N_5O$	+H	226.16624	5.90	1	-
385	Terbuthylazine	5915-41-3	$C_9H_{16}ClN_5$	+H	230.1167	9.17	1	1
386	Terbutryn	886-50-0	$C_{10}H_{19}N_5S$	+H	242.14339	9.38	1	1
387	Tetrachlorvinphos	22248-79-9	$C_{10}H_9Cl_4O_4P$	+H	364.90653	12.90	1	1
388	Tetraconazole	112281-77-3	$C_{13}H_{11}Cl_2F_4N_3O$	+H	372.02881	12.21	1	1
389	Tetramethrin	7696-12-0	$C_{19}H_{25}NO_4$	+H	332.18563	17.44	1	10
390	Thiabendazole	148-79-8	$C_{10}H_7N_3S$	+H	202.04334	3.09	1	1
391	Thiabendazole-5-Hydroxy	948-71-0	$C_{10}H_7N_3OS$	+H	218.03826	2.56	1	1

续表

序号	化合物名称	CAS 号	化学式	加合物	*m/z* calculated	RT（min）	SDL（μg/kg）[a]	LOI（μg/kg）[b]
392	Thiacloprid	111988-49-9	$C_{10}H_9ClN_4S$	+H	253.03092	4.65	1	1
393	Thiamethoxam	153719-23-4	$C_8H_{10}ClN_5O_3S$	+H	292.02656	3.27	1	10
394	Thiazafluron	25366-23-8	$C_6H_7F_3N_4OS$	+H	241.03654	5.29	1	10
395	Thiazopyr	117718-60-2	$C_{16}H_{17}F_5N_2O_2S$	+H	397.10037	15.70	1	1
396	Thidiazuron	51707-55-2	$C_9H_8N_4OS$	+H	221.04916	4.94	1	10
397	Thifensulfuron-methyl	79277-27-3	$C_{12}H_{13}N_5O_6S_2$	+H	388.038	5.44	1	1
398	Thiobencarb	28249-77-6	$C_{12}H_{16}ClNOS$	+H	258.07139	15.44	1	1
399	Thiodicarb	59669-26-0	$C_{10}H_{18}N_4O_4S_3$	+H	355.05629	5.97	1	10
400	Thiofanox sulfone [c]	39184-59-3	$C_9H_{18}N_2O_4S$	+H	251.106	4.01	10	10
401	Thiofanox-sulfoxide	39184-27-5	$C_9H_{18}N_2O_3S$	+H	235.11109	3.41	10	-
402	Thionazin	297-97-2	$C_8H_{13}N_2O_3PS$	+H	249.04573	8.40	1	10
403	Thiophanate-Ethyl	23564-06-9	$C_{14}H_{18}N_4O_4S_2$	+H	371.08422	8.16	1	1
404	Thiophanate-methyl	23564-05-8	$C_{12}H_{14}N_4O_4S_2$	+H	343.05292	5.65	1	1
405	Tiocarbazil	36756-79-3	$C_{16}H_{25}NOS$	+H	280.17296	18.46	1	10
406	Tolfenpyrad	129558-76-5	$C_{21}H_{22}ClN_3O_2$	+H	384.14733	17.13	1	10
407	Tralkoxydim	87820-88-0	$C_{20}H_{27}NO_3$	+H	330.20637	17.80	1	-
408	Triadimefon	43121-43-3	$C_{14}H_{16}ClN_3O_2$	+H	294.10038	11.56	1	50
409	Triadimenol	55219-65-3	$C_{14}H_{18}ClN_3O_2$	+H	296.11603	9.34	10	-
410	Triapenthenol	76608-88-3	$C_{15}H_{25}N_3O$	+H	264.20704	11.76	1	-
411	Triasulfuron	82097-50-5	$C_{14}H_{16}ClN_5O_5S$	+H	402.06334	6.20	1	1
412	Triazophos	24017-47-8	$C_{12}H_{16}N_3O_3PS$	+H	314.07228	13.07	1	1
413	Triazoxide	72459-58-6	$C_{10}H_6ClN_5O$	+H	248.03336	5.98	1	50
414	Tribufos	78-48-8	$C_{12}H_{27}OPS_3$	+H	315.10344	19.05	1	50
415	Trichlorfon	52-68-6	$C_4H_8Cl_3O_4P$	+H	256.92985	3.47	50	-
416	Tricyclazole	41814-78-2	$C_9H_7N_3S$	+H	190.04334	4.39	1	1
417	Tridemorph	81412-43-3	$C_{19}H_{39}NO$	+H	298.31044	14.35	10	-
418	Trietazine	1912-26-1	$C_9H_{16}ClN_5$	+H	230.1167	11.75	1	1
419	Trifloxystrobin	141517-21-7	$C_{20}H_{19}F_3N_2O_4$	+H	409.13697	16.91	1	1
420	Triflumizole	99387-89-0	$C_{15}H_{15}ClF_3N_3O$	+H	346.09285	15.30	10	-
421	Triflumuron	64628-44-0	$C_{15}H_{10}ClF_3N_2O_3$	+H	359.04048	14.79	1	10
422	Triticonazole	131983-72-7	$C_{17}H_{20}ClN_3O$	+H	318.13677	9.61	1	-
423	Uniconazole	83657-22-1	$C_{15}H_{18}ClN_3O$	+H	292.12112	11.01	1	50
424	Vamidothion	2275-23-2	$C_8H_{18}NO_4PS_2$	+H	288.04876	3.56	1	1
425	Vamidothion Sulfone	70898-34-9	$C_8H_{18}NO_6PS_2$	+H	320.03859	3.03	1	1
426	Vamidothion sulfoxide	20300-00-9	$C_8H_{18}NO_5PS_2$	+H	304.04368	2.65	1	1
427	Zoxamide	156052-68-5	$C_{14}H_{16}Cl_3NO_2$	+H	336.03194	15.20	1	10

a. SDL, screening detection limits, defined as the lowest spiked concentration level when the target analyte was detected in all test samples （i.e. 6 out of 6）

b. LOI, limits of identification, defined as the lowest spiked concentration level when the target analyte was identified by MS^2 spectra library

c. the SDLs and LOIs of those pesticides （n=12）

碰撞能量的大小对农药化合物的碎片离子的灵敏度、碎裂程度及碎裂方式等有直接关系，而碎片离子（特别是每种农药的特征碎片离子）能够提供丰富的结构信息，并可根据碎片离子的精确质量推断其元素组成，进而实现对化合物的确证。本实验分析了 20 eV、35 eV、50 eV 和 35 eV±15 eV（CE±CES）等四个 CE 下各农药的碎片离子信息。能量太低或太高很难获得特征碎片离子，如图 1-42 所示，当碰撞能量较低时，丁苯吗啉和环丙嘧啶醇[图 1-42（a）和（b），CE=20 eV）两种农药碎片离子信息匮乏（前者仅有 *m*/*z*=147.11546，后者仅有 *m*/*z*=81.04462 和 *m*/*z*=135.04394），且响应值不足分子离子峰响应值的 5%；而当碰撞能量太高时，硫线磷和灭线磷[图 1-42（c）和（d），CE=50 eV）两种农药的碎片离子无明显区别，均为 *m*/*z*=96.952 和 *m*/*z*=130.938。因此合适的碰撞能量，

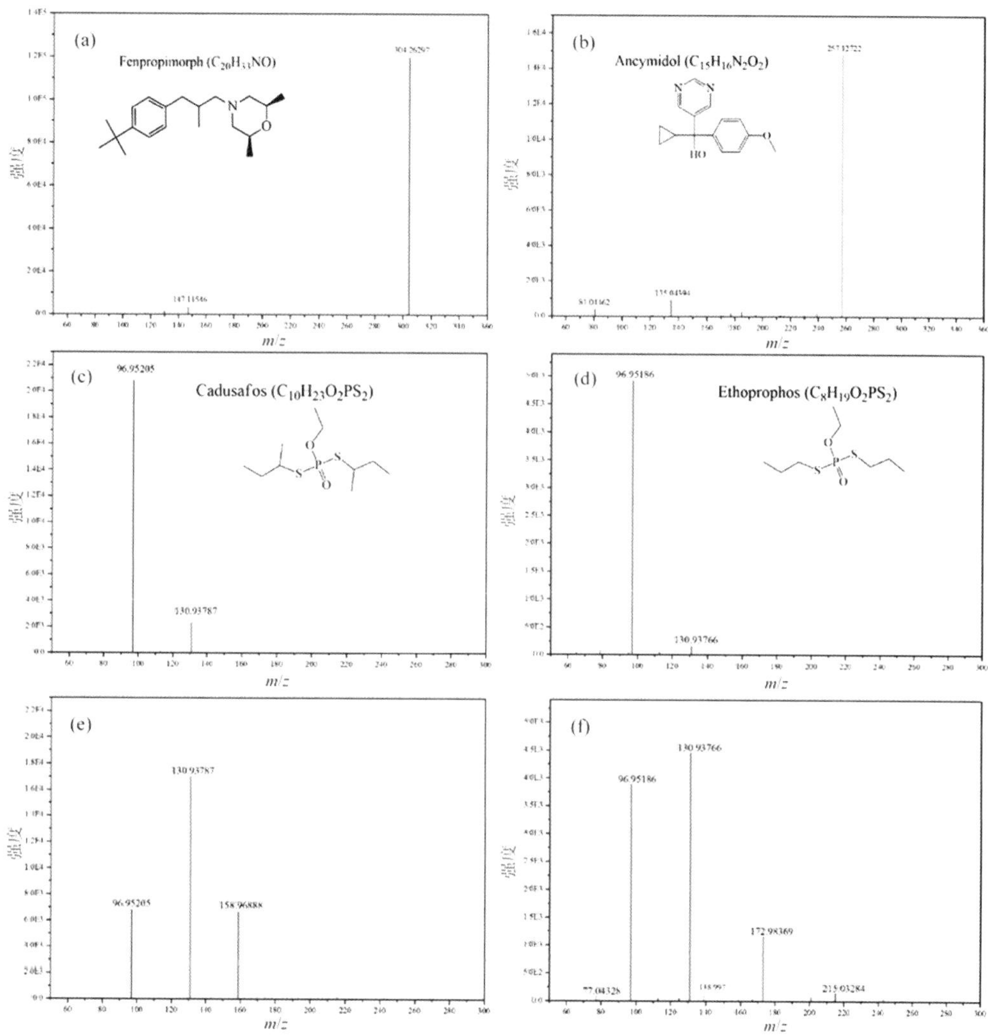

图 1-42　不同碰撞能量下碎片离子质谱图

CE=20 eV 时（a）丁苯吗啉和（b）环丙嘧啶醇；CE=50 eV 时（c）硫线磷和（d）灭线磷；CE±CES=35 eV±15 eV 时（e）硫线磷和（f）灭线磷

对农药化合物诱导产生丰富的碎片离子和特征碎片离子尤为重要，结合精确质量数的测定和分子离子信息，实现农药化合物分子的确证。综合数据库包含各农药的情况，最终选择普遍具有特征碎片离子的折中值 35 eV±15 eV（CE±CES）作为后期实际样品分析时的参考碰撞能量。需要指出，由于碎片及碎裂方式源于化合物的具体结构，这种预定义的方法并不总是最佳，将在以后的研究中摸索改进。

1.5.2.2　定性验证结果分析

如前文所述，定性筛查的主要目的集中在于对目标物的识别，即某浓度水平下确保对目标物的发现能力。最近，欧盟给出了定性筛查方法验证的一些指导准则，本研究采纳了 Diaz 等提出的定性筛查验证方案。

目标农药阳性结果通过以下四个方面来进行定性筛查：

（1）提取离子精确质量偏差≤5 ppm；

（2）保留时间偏差≤2.5%；

（3）同位素模式差异≤20%（与各自理论值相比）；

（4）标准品参考碎片离子质谱图匹配度（Pruity Score）≥70。

通过碎片离子质谱检索能够确保检出数据中没有假阳性结果。EU Document No. SANCO/12495/2011 对于结果进行确证的要求是至少两个确证离子的质谱准确度小于 5 ppm，而对于 Q-TOF/MS 测定的母离子和碎片离子均满足该要求。图 1-43 给出了一个苹果样品筛查结果，通过分析苹果样品提取溶液 UHPLC-IDA-Q-TOF/MS 数据，该苹果中共被自动筛查出含有多菌灵（carbendazim）、唑菌胺酯（pyraclostrobin）、炔螨特（propargite）和哒螨灵（pyridaben）四种农药残留，从 TOF-MS 质谱图[图 1-43（c1）、（d1）、（e1）和（f1）]可以看出，多菌灵、唑菌胺酯、炔螨特和哒螨灵四种残留化合物分子离子（$[M+H]^+$）的精确质量偏差分别为−0.7 ppm、0.7 ppm、0.6 ppm 和−0.2 ppm，同时 IDA-MS/MS 碎片离子[图 1-43（c2）、（d2）、（e2）和（f2）]与标准数据库中相应谱图的匹配度分别为 100、92.6、91.2 和 89.8。

从表 1-29 可以看出，以选定的苹果和菠菜样品为例，在分析的 416 种农药中，有 85%（343 种，具体每个基质每个浓度的检出情况见附表 1-9）化合物能够在 1 μg/kg 的含量水平中被检出，因此这些农药的筛查限均≤1 μg/kg，有 11.5%（45 种）和 4.2%（17 种）的农药能够在 10 μg/kg 和 50 μg/kg 的含量水平中被检出，对应的筛查限分别为 1~10 μg/kg（含 10 μg/kg）和 10~50 μg/kg（含 50 μg/kg），仅涕灭威、保棉磷、甲基内吸磷、丁醚脲、喹螨醚、丁嗪草酮、乳氟禾草灵、氟草敏、啶虫丙醚、砜嘧磺隆和双硫磷等 11 种农药（2.6%）因在 ESI^+条件下的响应较差，而未能在全部添加样品中检出，由此可以推断，这些农药在该方法中的筛查限 SDLs>50 μg/kg。对于识别确证限 LOIs，上述结果中有高达 84.8%的农药能够在≤50 μg/kg 的添加水平下获得确证，即检测的碎片离子谱图与之前建立的标准谱图库的匹配度≥70%。

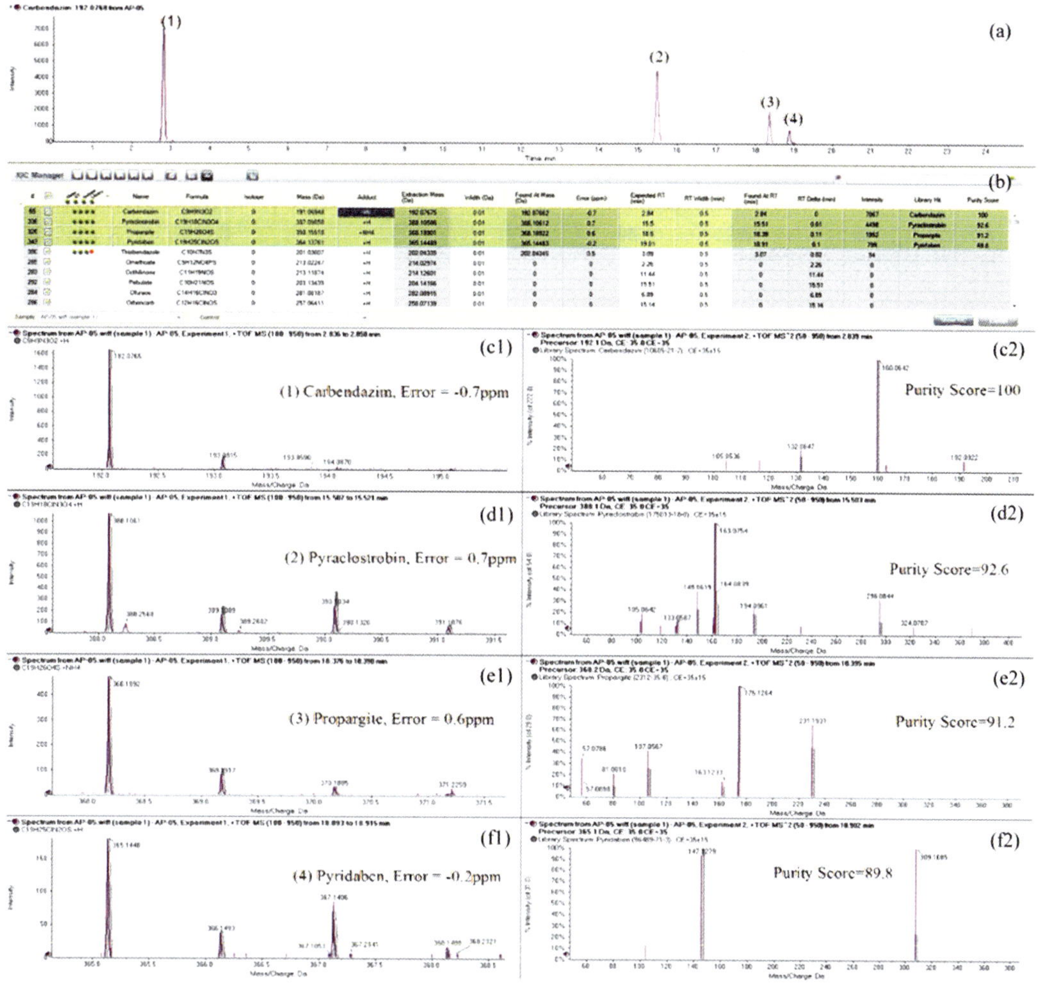

图 1-43　苹果样品中农药残留筛查及确证结果

（a）四种农药残留的提取离子流图：（1）多菌灵、（2）唑菌胺酯、（3）炔螨特和（4）哒螨灵；（b）XIC 筛查目标物列表；（c1, d1, e1, f1）四种农药 MS1 谱图；（c2, d2, e2, f2）四种农药的碎片离子图

1.5.2.3　定量验证结果与分析

诸多领域的应用表明，采用 IDA 技术的 UHPLC-Q-TOF/MS 具有优异的定性能力，本研究同时考察了其定量性能。定量验证结果如表 1-31，常检 106 种农药含量水平与对应的峰面积呈良好的线性关系，基质标准线性回归方程见表 1-31，双苯基脲（1,3-Diphenyl urea）等 67 种农药的线性范围为 5~500 μg/kg，啶虫脒（Acetamiprid）等 39 种农药的线性范围为 5~200 μg/kg，除去乙基阿特拉津（Atrazine-Desethyl，0.9894）和仲丁威（Fenobucarb，0.9894）外，其他农药线性相关系数（R^2）均大于 0.99。

表 1-31 106 种农药的线性方程、相关系数（R^2）、线性范围和回收率

化合物	线性			回收率（RSD, %），n=12	
	回归方程	$R^{2\ a}$	范围（μg/kg）	添加水平 10 μg/kg	添加水平 100 μg/kg
1,3-Diphenyl urea	y=5664.73x+154914.69	0.9956	5~500	92.5（11.2）	92.9（5.4）
Acetamiprid	y=3424.99x+60915.37	0.9945	5~200	85.6（13.9）	94（18.0）
Acetochlor	y=1068.24x+15309.99	0.9974	5~500	112.8（15.3）	111.6（7.4）
Aldimorph	y=9503.12x+81046.07	0.9988	5~500	122.5（11.1）	95.7（5.0）
Ametryn	y=16823.47x+235329.72	0.9973	5~200	103.7（11.4）	100.1（8.1）
Ancymidol	y=3371.87x+126971.99	0.9953	5~500	95.7（8.5）	105.3（6.5）
Atrazine	y=4128.39x+69683.96	0.9981	5~200	113.4（9.2）	113.9（4.7）
Atrazine-Desethyl	y=960.48x+36560.12	0.9894	5~500	95.9（14.5）	100.3（15.4）
Azoxystrobin	y=13544.6x+192172.06	0.9989	5~500	104.3（21.1）	92.5（8.1）
Bupirimate	y=16829.79x+487781.23	0.9910	5~500	94.3（7.1）	91.9（9.4）
Buprofezin	y=16051.57x+484011.86	0.9911	5~500	95.2（6.5）	91（14.3）
Carbaryl	y=3763.2x+54204.13	0.9985	5~200	97.4（7.7）	96.5（3.0）
Carbendazim	y=6441.55x+131315.21	0.9981	5~200	89.9（18.5）	91（10.7）
Carbetamide	y=897.72x+34092.34	0.9932	5~500	91.7（10.1）	97.6（7.8）
Carbofuran	y=8173.36x+131258.84	0.9963	5~200	120.9（7.7）	113.7（8.4）
Carboxin	y=5893.34x+84408.9	0.9988	5~200	88.2（10.7）	88.8（9.8）
Chlorotoluron	y=8023.41x+140777.38	0.9970	5~500	95.3（6.6）	98（9.6）
Chlorpyrifos	y=1094.69x+18095.17	0.9957	5~500	113.3（9.2）	108.8（7.9）
Clothianidin	y=437.93x+14549.8	0.9903	5~500	94.4（12.2）	94.2（7.5）
Coumaphos	y=3529.8x+45909.99	0.9968	5~500	98.8（14.2）	92.5（4.4）
Cyflufenamid	y=4502.19x+116255.19	0.9933	5~500	89（7.9）	89.1（11.5）
Cyprazine	y=3444.66x+79702.76	0.9975	5~200	105.9（8.5）	110.8（5.8）
Cyprodinil	y=16961.32x+190384.54	0.9990	5~500	106.9（9.6）	95.1（9.8）
Diethofencarb	y=1041.26x+10555.54	0.9983	5~200	95.1（10.7）	100.7（7.8）
Difenoconazole	y=7352.11x+81820.32	0.9979	5~200	89.5（7.0）	92.2（4.7）
Difenoxuron	y=12611.61x+308230.41	0.9915	5~500	91.9（9.4）	92.6（11.7）
Dimefuron	y=7917.57x+122319.76	0.9980	5~500	99.2（12.3）	94.5（5.7）
Dimethenamid	y=6069.17x+83216.79	0.9980	5~500	126.6（17.2）	110.6（3.9）
Dimethoate	y=1352.43x+13921.08	0.9980	5~200	91.2（19.1）	95.7（11.6）

续表

化合物	线性			回收率（RSD, %），n=12	
	回归方程	$R^{2\,a}$	范围（μg/kg）	添加水平 10 μg/kg	添加水平 100 μg/kg
Dimethomorph	y=3468.72x+105103.78	0.9920	5~500	91.6（13.6）	98.3（7.5）
Diniconazole	y=2759.73x+148545.38	0.9910	5~500	92.8（9.1）	95.7（6.1）
Diphenamid	y=17288.91x+194446.37	0.9982	5~200	96.8（8.7）	95.2（7.6）
Dipropetryn	y=21874.31x+511755.51	0.9942	5~500	99.5（7.1）	93.5（10.7）
Emamectin	y=4549.47x+73864.37	0.9959	5~500	80.6（21.2）	61.6（9.4）
Epoxiconazole	y=5328.21x+160370.42	0.9939	5~500	85.3（11.6）	98.2（4.0）
Ethion	y=2200.85x+25781.58	0.9997	5~500	90.3（17.4）	90.5（9.4）
Ethoprophos	y=6154.47x+89386.24	0.9998	5~200	92.3（9.2）	113.4（12.2）
Fenamiphos	y=8476.94x+238603.13	0.9916	5~500	86.7（9.3）	88.8（11.3）
Fenbuconazole	y=3951.46x+92275.55	0.9974	5~500	96.3（15.2）	95.6（4.0）
Fenobucarb	y=1093.75x+24058.05	0.9894	5~500	103.3（12.7）	114.7（12）
Fenpropimorph	y=17814.42x+444716.22	0.9900	5~500	108（7.4）	105.9（8.3）
Fenpyroximate-E	y=14350.59x+114487.85	0.9997	5~500	87.7（17.7）	92.4（11.7）
Fensulfothion	y=7777.82x+177848.56	0.9933	5~500	92（9.2）	93.7（9.7）
Fluazifop-butyl	y=22776.26x+427460.25	0.9966	5~500	86（15.6）	91.8（8.6）
Flufenoxuron	y=1699.45x+21250.6	0.9993	5~500	85.8（13.4）	91.8（10.9）
Fluometuron	y=6998.21x+103154.59	0.9972	5~200	109.9（6.0）	108（5.4）
Fluridone	y=24950.87x+347649.15	0.9970	5~200	91（6.5）	90.7（10.1）
Flusilazole	y=7526.22x+138537.5	0.9953	5~200	88.2（10.7）	91.9（6.3）
Flutriafol	y=4001.62x+90655.69	0.9983	5~200	97.4（8.0）	103.9（6.1）
Fosthiazate	y=5306.76x+77347.01	0.9971	5~200	97.5（8.3）	104（7.2）
Hexaconazole	y=9165.59x+90346.7	0.9983	5~200	88.6（8.8）	93.5（12.8）
Hexazinone	y=9828.91x+138522.73	0.9988	5~200	96.5（7.7）	96.6（7.8）
Imazalil	y=11110.99x+311166.04	0.9906	5~500	94.2（7.6）	95.4（12.1）
Imazamethabenz-methyl	y=20682.97x+312878.27	0.9971	5~200	91.6（13.6）	103.2（17.4）
Imidacloprid	y=641.34x+19494.21	0.9979	5~500	94.4（16.1）	106.7（11.5）
Indoxacarb	y=4725.16x+32611.74	0.9998	5~500	82.9（11.3）	90.3（13.5）
Iprobenfos	y=1308.96x+33246.53	0.9906	5~500	123.3（16.8）	103.1（7.2）
Iprovalicarb	y=4794.5x+112865.69	0.9932	5~500	95.9（7.3）	94.6（6.2）
Isazofos	y=8874.01x+199821.02	0.9902	5~500	108.4（13.7）	115.6（5.8）

续表

化合物	线性			回收率（RSD, %），n=12	
	回归方程	$R^{2\,a}$	范围（μg/kg）	添加水平 10 μg/kg	添加水平 100 μg/kg
Isoprocarb	y=779.21x+13983.41	0.9994	5~500	99（12.5）	124.4（15.0）
Isoprothiolane	y=4050.76x+103265.46	0.9915	5~500	101.9（10.9）	96.4（5.3）
Isoproturon	y=9636.15x+160783.96	0.9960	5~200	94.3（6.4）	96.9（3.7）
Isouron	y=12652.15x+185102.77	0.9970	5~200	98.1（8.2）	99.8（5.7）
Karbutilate	y=6953.84x+170241.66	0.9929	5~500	99.1（6.7）	97.8（6.6）
Kresoxim-methyl	y=2350.3x+43740.29	0.9965	5~500	89（10.6）	96.7（6.8）
Metalaxyl	y=21577.92x+365729.85	0.9962	5~200	101.1（9.7）	101.8（2.6）
Methoprotryne	y=15335.42x+500675.01	0.9935	5~500	92.7（6.3）	99.1（3.8）
Metolachlor	y=16878.74x+182845.7	0.9977	5~200	116.7（12.8）	103.7（8.3）
Monocrotophos	y=2117.35x+30096.78	0.9969	5~200	89.1（15.6）	97.6（7.8）
Myclobutanil	y=2842.33x+47663.34	0.9977	5~500	89.7（6.0）	96.1（4.2）
Omethoate	y=2951.96x+31519.12	0.9983	5~200	95.6（19.8）	102.7（9.7）
Oxadixyl	y=3619.56x+66597.71	0.9963	5~200	93.3（11.8）	98.8（6.1）
Paclobutrazol	y=4523.03x+138113.87	0.9947	5~500	94.1（9）	100（4.2）
Phosfolan	y=11452.5x+139060.15	0.9980	5~200	90.2（7.8）	98.8（4.5）
Piperonyl butoxide	y=2947x+44060.65	0.9963	5~500	71.7（25.2）	75.8（21.9）
Pirimicarb	y=11619.11x+374515.06	0.9908	5~500	109.3（7.0）	110.8（7.0）
Pirimiphos-methyl	y=15126.08x+261026.24	0.9948	5~500	123.2（22.1）	105.9（9.6）
Prochloraz	y=2838.13x+37090.99	0.9970	5~200	85.7（10.0）	98（8.6）
Prometryn	y=20175.66x+394777.3	0.9970	5~500	110（7.6）	95.6（6.4）
Propamocarb	y=7921.92x+95091.55	0.9973	5~200	78.6（10.1）	82.6（15.0）
Propargite	y=1165.23x+18351.72	0.9968	5~500	103（15.4）	96（8.5）
Propazine	y=7233.38x+219216.88	0.9918	5~500	101.2（15.7）	100.8（4.1）
Propiconazole	y=5301.28x+66912.75	0.9990	5~200	94.2（11.1）	99（4.1）
Propisochlor	y=1468.22x+30401.57	0.9960	5~500	118（19.4）	105（5.3）
Pyraclostrobin	y=14943.24x+136306.86	0.9996	5~500	80.4（15.9）	80.5（17.2）
Pyridaben	y=4295.34x+49791.05	0.9992	5~500	90.1（25.1）	73.9（16.9）
Pyrimethanil	y=7806.42x+177801.67	0.9944	5~500	108.4（4.6）	111.8（8.8）
Pyriproxyfen	y=12932.82x+368206.01	0.9921	5~500	83.1（16.8）	80.6（18.5）
Quinalphos	y=5333.39x+130150.94	0.9921	5~500	100.4（12.3）	94.2（6.7）

续表

化合物	线性			回收率（RSD, %）, n=12	
	回归方程	$R^{2\,a}$	范围（μg/kg）	添加水平 10 μg/kg	添加水平 100 μg/kg
Quizalofop-ethyl	y=9635.94x+251071.35	0.9926	5~500	83.1（19.9）	81.2（17.7）
Rotenone	y=4400.38x+100389.16	0.9940	5~500	89.1（8.3）	91.1（5.9）
Spiroxamine	y=16296.26x+341649.01	0.9942	5~500	103.1（10.8）	97.4（4.4）
Tebuconazole	y=5426.58x+75277.73	0.9971	5~200	91.6（9.5）	95.4（4.6）
Tebuthiuron	y=5901.09x+113530.32	0.9977	5~200	95.4（8.1）	96.3（4.1）
Tetraconazole	y=2453.57x+76531.45	0.9901	5~500	86.8（9.4）	95.3（5.4）
Thiabendazole	y=8462.58x+110091.2	0.9977	5~200	81.3（22.2）	93.3（11.6）
Thiacloprid	y=4369.87x+77318.62	0.9967	5~200	93.2（10.3）	103.4（8.4）
Triadimefon	y=3611.9x+107581.27	0.9939	5~500	104.3（14.9）	96.8（7.2）
Triapenthenol	y=9271.04x+177897.74	0.9940	5~200	100.6（8.3）	102.7（4.5）
Triazophos	y=9929.78x+266408.87	0.9910	5~500	89.4（7.7）	90.7（7.3）
Tricyclazole	y=10008.28x+119462.98	0.9983	5~200	88.9（11.3）	95.5（6.1）
Trifloxystrobin	y=12506.09x+320306.35	0.9925	5~500	88.6（18.8）	81.3（38.9）
Triflumizole	y=1470.02x+14338.48	0.9988	5~200	88.5（11.5）	87.1（14.9）
Triflumuron	y=1747.9x+16365.13	0.9997	5~500	95（17.0）	90.1（7.3）
Uniconazole	y=3481.39x+135031.56	0.9924	5~500	92.4（8.7）	95.4（4.5）
Vamidothion	y=5164.44x+142683.73	0.9909	5~500	90.9（8.7）	101.1（15.3）

a. Coefficient of determination；b. Relative standard deviation, n=12

研究评价了四种基质（苹果、橙子、番茄和菠菜）、10 μg/kg 和 100 μg/kg 两个添加水平下的回收率情况，结果显示（见表 1-31，详细结果见附表 1-10），106 种农药在添加水平 10 μg/kg 时，在四种基质中的平均回收率（n=12）范围 71.7%（增效醚）~126.6%（二甲吩草胺），且相对标准偏差（RSD）范围为 4.6%~25.2%，其中 RSD 小于 20%的有 100 种，占分析农药的 94.3%；添加水平为 100 μg/kg 时，平均回收率范围为 61.6%（甲氨基阿维菌素）~124.4%（异丙威），RSD 小于 20%的有 104 种，占分析农药的 98.1%。同时，对于选定的研究基质及目标农药，在两个添加水平下，平均回收率范围在 80%~110%之内的农药分别占有 88.7 %（10 μg/kg）和 86.8%（100 μg/kg），而对于不同的基质，从图 1-44 可以看出，由于基质成分不同，分析目标农药在各基质中的回收率也存在较大差异，统计发现，在 10 μg/kg（100 μg/kg）的添加水平下，苹果、橙子、番茄和菠菜中分别有 71.7%（86.8%）、80.0%（91.4%）、72.6%（79.2%）和 83.8%（75.2%）的回收率在 80%~110%的范围之内。需要指出的是，在利用本研究所建立的 UHPLC-Q-TOF/MS 方法分析菠菜中的灭线磷、橙子类样品中的甲氨基阿维菌素时，其回收率分别偏高或偏低，且重复性较差（RSD>20%），为获得更好的定量的结果，今后研究中有必要针对这些农药优化提取方法，或采用其他检测手段。上述研究结果表明，对于大部分所选目标农药，利用该方法测的结果能够满足定量检测的要求。

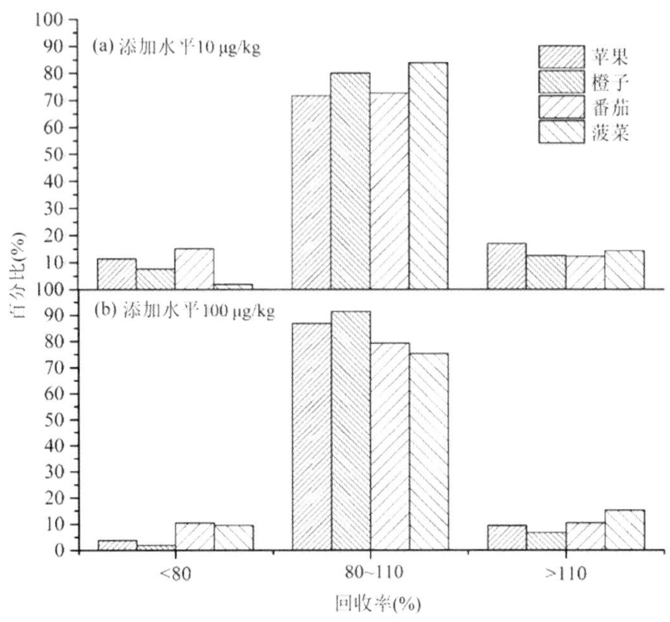

图 1-44　苹果、橙子、番茄和菠菜样品在 10 μg/kg 和 100 μg/kg 添加水平下回收率（n=3）

如前文所述，IDA-Q-TOF/MS 技术的优势在于优异的定性分析，质谱数据采集时，为了获得更有分析价值的碎片离子信息，以便于对目标物或未知物进行识别与确证，IDA-MS/MS 占用了较多的扫描时间，因此对于 TOF/MS 的扫描时间则相对减少，本方法每个扫描周期 650 ms 内，IDA-MS/MS 扫描时间 500 ms，TOF/MS 的扫描时间 100 ms，但作为定性筛查有力补充的定量数据，将为后续的准确定量分析提供极具参考意义的数据，两者并不冲突。若有必要，根据定性筛查及初步定量结果判断可能带来的危害，从而可采取更为具体、严格的分析手段进行后续准确的定量监测，尤其是在禁用危害化学品、兴奋剂筛查等领域。

1.5.2.4　市售样品筛查验证

为验证本文筛查方法的性能及其在日常检测中的适用情况，现将该方法用于市售水果、蔬菜样品的农药残留筛查分析，所分析 448 例样品均于 2015 年 9 月至 2016 年 4 月随机采自于陕西省西安市各大超市，样品包括苹果、香蕉、圣女果、葡萄、猕猴桃、橘子、橙子、桃、梨、火龙果等水果和苦瓜、芹菜、韭菜、西葫芦、黄瓜、茄子、辣椒、油麦菜、萝卜、青椒、番茄等蔬菜。

分析过程中，为了确保分析程序的准确可靠，采取了相应内部质控措施。如分析每批样品时，需对空白试剂、分析程序空白样品和常检农药标准溶液（100 μg/kg）进行分析，以确保分析程序和分析仪器状态良好。每批次样品分析前，先分析空白试剂，如乙腈和水，以确保该批次样品制备时选用分析试剂不含目标化合物，之后分析程序空白样品（不含实际样品，其他制备过程与实际样品分析程序相同），确保分析过程未受污染。同时为了确保整个分析过程中仪器的灵敏度，在每个分析序列开始和结束之前，均通过分析常检农药标准溶液（100 μg/kg），以查验分析仪器的性能状态。

为降低或消除基质效应（GC 和 LC 检测中普遍存在的现象）对定量结果的影响，本实验选取单点外标基质匹配标准溶液来进行定量，目标化合物的含量通过比较空白样品与基质标准样品的相对响应值来计算。

筛查结果表明，此次采集的 448 例样品，83.3%（373）的样品均检出不同品种与频次的农药残留，仅 16.7%的样品未检出筛查范围的农药残留，共检出包括 412 个“商品-农药对”的阳性结果 1432 个，农药 75 种，部分样品的检出结果见表 1-32，其中检出频次最高的前 10 种农药（检出次数）分别为多菌灵（175）、避蚊胺（150）、烯酰吗啉（98）、苯醚甲环唑（73）、哒螨灵（71）、矮壮素（67）、嘧菌酯（61）、甲霜灵（59）、抑霉唑（58）和吡虫啉（57）。同我国现行限量标准对比发现，有 64%的结果未找到对应的限量标准。此次分析样品共检出 9 个超标结果，超标样品及农药分别为 1 例芹菜中的甲拌磷（含其代谢物甲拌磷砜、甲拌磷亚砜），1 例猕猴桃中的氯吡脲，黄瓜、番茄、辣椒各 1 例和韭菜、辣椒各 2 例样品中的克百威。

表 1-32　市售水果蔬菜样品农药残留筛查结果

样品（数量）	检出残留（次）	残留农药（检出次数）[a]	残留含量（mg/kg）	碎片离子匹配度（%）
苹果（23）	69	多菌灵（21）	0.001~0.325	82~100
		避蚊胺（12）	0.001~0.004	87~100
芹菜（27）	153	丙环唑（19）	0.006~7.097	83~100
		苯醚甲环唑（15）	0.001~0.838	83~100
		避蚊胺（13）	0.001~0.007	67~100
		烯酰吗啉（12）	0.002~1.059	79~97
茄子（22）	81	避蚊胺（18）	0.001~0.003	85~100
		哒螨灵（12）	0.001~0.048	86~98
葡萄（19）	118	嘧霉胺（16）	0.011~0.656	73~100
		嘧菌酯（14）	0.004~0.098	87~100
		烯酰吗啉（13）	0.07~0.889	89~98
橙子（19）	63	抑霉唑（19）	0.003~0.407	74~95
		噻菌灵（16）	0.001~0.227	87~99
		避蚊胺（11）	0.001~0.002	87~100

续表

样品（数量）	检出残留（次）	残留农药（检出次数）[a]	残留含量（mg/kg）	碎片离子匹配度（%）
番茄（23）	57	多菌灵（10）	0.002~0.045	81~100
甜椒（22）	100	多菌灵（18）	0.003~0.417	74~100
梨（23）	57	避蚊胺（20）	0.001~0.003	75~99
黄瓜（23）	163	甲霜灵（21）	0.001~0.152	79~97
		多菌灵（20）	0.002~0.086	89~100
		避蚊胺（13）	0.001~0.004	68~99
		烯酰吗啉（12）	0.001~0.186	91~99
		霜霉威（12）	0.002~0.374	81~99
		矮壮素（10）	0.002~0.043	83~99
		氟啶酰菌胺（10）	0.002~0.065	79~100
茄子（22）	81	避蚊胺（18）	0.001~0.003	85~100
		哒螨灵（12）	0.001~0.048	86~98
辣椒（23）	96	避蚊胺（18）	0.001~0.004	82~100
		哒螨灵（10）	0.001~0.455	85~100
生菜（23）	100	烯酰吗啉（17）	0.006~4.546	92~97
		灭蝇胺（10）	0.010~0.462	81~96
桃（19）	83	多菌灵（17）	0.001~0.448	84~100
		避蚊胺（11）	0.001~0.003	91~99
		苯醚甲环唑（10）	0.001~0.016	80~98
火龙果（22）	19	甲霜灵（10）	0.001~0.007	82~95

a. 检出频次低于 10 的结果未在表内列出，香蕉 （22）、苦瓜 （22）、圣女果 （15）、韭菜 （19）、西葫芦（21）、猕猴桃 （21）、橘子（21）、萝卜（19）等均无检出累计次数多于 10 次的残留

1.5.3 结论

本研究提出了一个利用传统的固相萃取结合 UHPLC-Q-TOF/MS 可以定性和定量分析水果和蔬菜样品中 427 种农药残留的方法。验证结果显示这种新型 UHPLC-Q-TOF/MS 具有强大的定性和定量能力，同时为非靶向筛查提供了巨大的潜在可能。本研究所建立的方法在常规分析应用中与其他 LC-MS 方法相比具有明显的时间优势。本方法已通过的常规分析验证，并已应用到实际水果和蔬菜样品中农药残留的筛查，共检出 412 个商品-农药组合，其中六个被认定为超标。因此，本研究建立的筛查方法快速、准确、可靠，能够满足日常水果和蔬菜中农药多残留的高通量筛查，这项新技术将成为我国食品安全监管前移的有力工具。

1.6 基于LC-Q-Orbitrap/MS精确质量数据库和谱图库筛查水果蔬菜中575种农药化学污染物方法研究

1.6.1 实验部分

1.6.1.1 试剂和材料

所有农药标准物质的纯度≥95%，购自 Dr. Ehrenstorfer （Ausburg, Germany）；单标储备溶液（1000 mg/L）由甲醇、乙腈或丙酮配制，所有标准溶液于4℃避光保存。色谱纯乙腈、甲苯和甲醇购自 Fisher Scientific （New Jersey, USA）；甲酸购自 Duksan Pure Chemicals（Ansan, Korea）；超纯水来自密理博超纯水系统（Milford, MA, USA），分析纯醋酸、NaCl、$MgSO_4$、Na_2SO_4、NH_4OAc 购自北京化学试剂厂（北京，中国）；SPE柱（Sep-Pak Carbon/NH_2, 500 mg/6mL）购自 Waters 公司（Milford, MA,USA）。

1.6.1.2 样品制备

1.6.1.2.1 提取

水果、蔬菜样品购自本地市场。样品取可食部分切碎后，称取 10 g 试样（精确至0.01 g）于80 mL 离心管中，加入40 mL 1%醋酸乙腈，用高速匀浆机（IKA, FJ200-S）在15000 r/min 下匀浆提取1 min，加入1 g 氯化钠和4 g 无水硫酸镁，振荡器（TAITEC, SR-2DS）振荡5 min，在4200 r/min 下离心5 min（Zonkia, KDC-40），取上清液20 mL至鸡心瓶中，在40 ℃水浴中旋转蒸发（Buchi, R-215）浓缩至约2 mL，待净化。

1.6.1.2.2 净化

在Carbon/NH_2柱中加入约2 cm高无水硫酸钠。先用4 mL 乙腈-甲苯（3∶1，体积比）淋洗SPE柱，并弃去流出液，当液面到达硫酸钠的顶部时，迅速将样品浓缩液转移至净化柱上，下接新鸡心瓶接收。每次用2 mL 乙腈-甲苯（3∶1，体积比）洗涤样液瓶3次，并将洗涤液移入SPE柱中。在柱上加上50 mL 贮液器，用25 mL 乙腈-甲苯（3∶1，体积比）进行洗脱，在40℃水浴中旋转浓缩至约0.5 mL。将浓缩液置于氮气下吹干，加入1 mL 乙腈-水（3∶2，体积比）超声混匀，经0.22 μm 尼龙滤膜过滤后进行测定。

1.6.1.3 液相色谱条件

化合物通过液相色谱系统进行分离，配有反相色谱柱（Accucore aQ 150 mm×2.1 mm，2.6 μm）；流动相A为5 mmol/L 的乙酸铵-0.1%甲酸-水；流动相B为0.1%甲酸-甲醇；梯度洗脱程序：0 min，1%B；3 min，30%B；6 min，40%B；9 min，40%B；15 min，60%B；19 min，90%B；23 min，90%B；23.01 min，1%B；后运行 4 min；流速为 0.4 mL/min；柱温：40 ℃；进样量：10 μL。

1.6.1.4 质谱条件

电喷雾离子源：正模式；喷雾电压 35 kV；毛细管温度：320℃；鞘气：40 arb；辅助气：10 arb。扫描模式：Full MS/dd-MS^2；Full MS 扫描范围：*m/z* 70~1050；分辨率：70000 （fwhm）, Full MS；17500, ddMS^2；C-trap 最大容量：Full MS, 10^6；MS/MS, 10^5；C-trap 最大注入时间：Full MS, 200 ms；MS/MS, 60 ms；归一化碰撞能（阶梯归一化碰撞能）：40（50%）；动态排除：5 s。

1.6.1.5 LC Q-Orbitrap MS 精确质量数据库的建立

在 Full MS/dd-MS^2 模式下，分别测定每种农药标准物在指定色谱质谱条件下的保留时间，确定该化合物 ESI 源下的离子化形式（H^+、NH_4^+、Na^+）及化学式，得到每种化合物母离子的精确质量数、同位素峰分布和丰度比。

对 575 种农药分别在 3~4 个归一化碰撞能量下，进行碎片离子全扫描质谱图采集。优选其中离子信息丰富的 1 个归一化碰撞能量下的二级质谱图，根据目标农药的结构式，推断 3~5 个二级碎片离子的理论精确质量数。将 575 种以上农药的名称、保留时间、分子式、加合离子精确质量数和二级碎片精确质量数等信息导入到数据库中，见图 1-45。

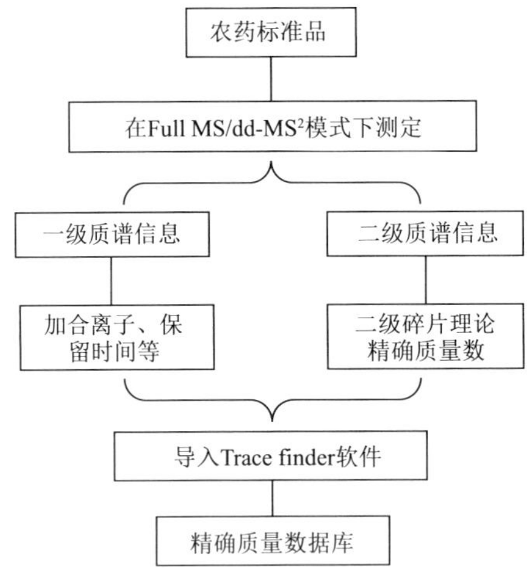

图 1-45 575 种农药 LC-Q-Orbitrap/MS 精确质量数据库的建立流程

以 Ametryn 为例，在 Full MS/dd-MS^2 模式下对其溶剂标准进行测定，其分子式为 $C_9H_{17}N_5S$，提取其一级信息发现其加合离子为$[M+H]^+$峰，其精确质量数为 228.12774（见图 1-46）。在 step NCE=20、40、60（见图 1-47）时运行采集方法，根据 Ametryn 的化学性质，结合其在不同 NCE 下的二级谱图，可以推断其 5 个实际测定的二级碎片分别为 186.08115、96.05582、91.03263、116.02793 和 71.06055，从而可对其 5 个二级碎片的理论值进行确定，分别为 186.088、96.05562、91.03245、116.0277 和 71.06037。按照图 1-45 所示流程, Ametryn 的一级加合离子精确质量数及其二级碎片精确质量数的理论值被导入软件，构建精确质量数据库。

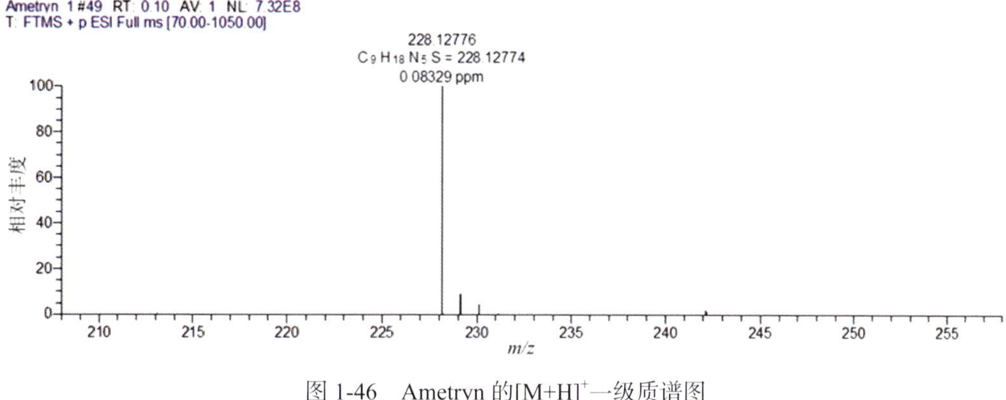

图 1-46　Ametryn 的$[M+H]^+$一级质谱图

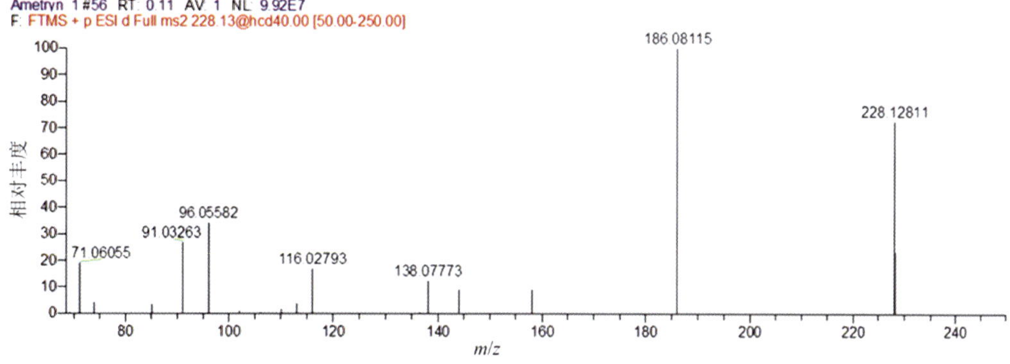

图 1-47　Ametryn$[M+H]^+$阶梯归一化法能量 Step NCE 为 20、40、60 时典型的二级质谱图

1.6.1.6　LC-Q-Orbitrap/MS 标准谱图库的建立

应用谱图管理软件汇总每种农药在最佳碰撞能量下的二级质谱图，建立 575 种农药的标准谱图库。

1.6.2　结果与讨论

1.6.2.1　色谱条件优化

按照 1.6.1.3 给出的液相色谱洗脱梯度，所研究的 575 种农药化合物（表 1-33）可在

23 min 内实现分离。在建立方法之初，对不同流动相，例如流动相 A 为 5 mmol/L 的乙酸铵-0.1%甲酸-水；流动相 B 为乙腈；以及不同洗脱梯度进行了考察。不同时间段 575 种化合物的分布情况见图 1-48。

表 1-33　575 种农药及化学污染物的参数

序号	农药名称	CAS 号	化学式	t_R（min）	离子化形式	前级离子
1	1,3-Diphenyl urea	102-07-8	$C_{13}H_{12}N_2O$	10.33	M+H	213.10224
2	1-Naphthyl acetamide	86-86-2	$C_{12}H_{11}NO$	7.05	M+H	186.09134
3	2,6-Dichlorobenzamide	2008-58-4	$C_7H_5Cl_2NO$	3.76	M+H	189.9821
4	3.4.5-Trimethacarb	2686-99-9	$C_{11}H_{15}NO_2$	12.39	M+H	194.11756
5	6-Benzylaminopurine	1214-39-7	$C_{12}H_{11}N_5$	6.03	M+H	226.10872
6	6-Chloro-4-hydroxy-3-phenyl-pyridazin	40020-01-7	$C_{10}H_7ClN_2O$	6.16	M+H	207.03197
7	Abamectin	71751-41-2	$C_{48}H_{72}O_{14}$	20.06	M+NH4	890.52603
8	Acephate	30560-19-1	$C_4H_{10}NO_3PS$	2.44	M+H	184.01918
9	Acetamiprid	135410-20-7	$C_{10}H_{11}ClN_4$	5.1	M+H	223.0745
10	Acetamiprid-*N*-desmethyl	190604-92-3	$C_9H_9ClN_4$	4.88	M+H	209.05885
11	Acetochlor	34256-82-1	$C_{14}H_{20}ClNO_2$	16.72	M+H	270.12553
12	Aclonifen	74070-46-5	$C_{12}H_9ClN_2O_3$	17.62	M+H	265.03745
13	Albendazole	54965-21-8	$C_{12}H_{15}N_3O_2S$	12.33	M+H	266.09577
14	Aldicarb	116-06-3	$C_7H_{14}N_2O_2S$	6.21	M+NH4	208.11142
15	Aldicarb-sulfone	1646-88-4	$C_7H_{14}N_2O_4S$	3.21	M+NH4	240.10125
16	Aldicarb-sulfoxide	1646-87-3	$C_7H_{14}N_2O_3S$	3.05	M+H	207.07979
17	Aldimorph	91315-15-0	$C_{18}H_{37}NO$	21.73	M+H	284.29479
18	Allidochlor	93-71-0	$C_8H_{12}ClNO$	6.59	M+H	174.06802
19	Ametoctradin	865318-97-4	$C_{15}H_{25}N_5$	18.31	M+H	276.21827
20	Ametryn	834-12-8	$C_9H_{17}N_5S$	11.44	M+H	228.12774
21	Amicarbazone	129909-90-6	$C_{10}H_{19}N_5O_2$	7.5	M+	143.09274
22	Amidithion	919-76-6	$C_7H_{16}NO_4PS_2$	5.88	M+H	274.03311
23	Amidosulfuron	120923-37-7	$C_9H_{15}N_5O_7S_2$	9.27	M+H	370.04857
24	Aminocarb	2032-59-9	$C_{11}H_{16}N_2O_2$	2.9	M+H	209.12845
25	Aminopyralid	150114-71-9	$C_6H_4Cl_2N_2O_2$	1.77	M+H	206.97226
26	Amitraz	33089-61-1	$C_{19}H_{23}N_3$	19.71	M+H	294.19647
27	Amitrole	61-82-5	$C_2H_4N_4$	0.77	M+H	85.05087
28	Ancymidol	12771-68-5	$C_{15}H_{16}N_2O_2$	8.46	M+H	257.12845
29	Anilofos	64249-01-0	$C_{13}H_{19}ClNO_3PS_2$	17.83	M+H	368.03053
30	Aspon	3244-90-4	$C_{12}H_{28}O_5P_2S_2$	19.73	M+H	379.09261
31	Asulam	3337-71-1	$C_8H_{10}N_2O_4S$	2.82	M+H	231.0434
32	Athidathion	19691-80-6	$C_8H_{15}N_2O_4PS_3$	16.42	M+H	331.00043
33	Atratone	1610-17-9	$C_9H_{17}N_5O$	6.91	M+H	212.15059

续表

序号	农药名称	CAS 号	化学式	t_R（min）	离子化形式	前级离子
34	Atrazine	1912-24-9	$C_8H_{14}ClN_5$	11.14	M+H	216.10105
35	Atrazine-desethyl	6190-65-4	$C_6H_{10}ClN_5$	5.47	M+H	188.06975
36	Atrazine-desisopropyl	1007-28-9	$C_5H_8ClN_5$	4.17	M+H	174.0541
37	Azaconazole	60207-31-0	$C_{12}H_{11}Cl_2N_3O_2$	12.91	M+H	300.03011
38	Azamethiphos	35575-96-3	$C_9H_{10}ClN_2O_5PS$	7.5	M+H	324.98093
39	Azinphos-ethyl	2642-71-9	$C_{12}H_{16}N_3O_3PS_2$	16.65	M+H	346.04435
40	Azinphos-methyl	86-50-0	$C_{10}H_{12}N_3O_3PS_2$	13.63	M+H	318.01305
41	Aziprotryne	4658-28-0	$C_7H_{11}N_7S$	14.84	M+H	226.08694
42	Azoxystrobin	131860-33-8	$C_{22}H_{17}N_3O_5$	15.04	M+H	404.1241
43	Beflubutamid	113614-08-7	$C_{18}H_{17}F_4NO_2$	17.83	M+H	356.12682
44	Benalaxyl	71626-11-4	$C_{20}H_{23}NO_3$	17.86	M+H	326.17507
45	Bendiocarb	22781-23-3	$C_{11}H_{13}NO_4$	8.01	M+H	224.09173
46	Benfuracarb	82560-54-1	$C_{20}H_{30}N_2O_5S$	18.86	M+H	411.19482
47	Benodanil	15310-01-7	$C_{13}H_{10}INO$	11.13	M+H	323.98798
48	Benomyl	17804-35-2	$C_{14}H_{18}N_4O_3$	0	M+H	291.14517
49	Benoxaco	98730-04-2	$C_{11}H_{11}Cl_2NO_2$	13.34	M+H	260.02396
50	Bensulfuron-methyl	83055-99-6	$C_{16}H_{18}N_4O_7S$	14.08	M+H	411.0969
51	Bensulide	741-58-2	$C_{14}H_{24}NO_4PS_3$	17.55	M+H	398.06778
52	Bensultap	17606-31-4	$C_{17}H_{21}NO_4S_4$	12.96	M+H	432.04262
53	Benthiavalicarb-isopropyl	177406-68-7	$C_{18}H_{24}FN_3O_3S$	16.14	M+H	382.15952
54	Benzofenap	82692-44-2	$C_{22}H_{20}Cl_2N_2O_3$	18.77	M+H	431.09237
55	Benzoximate	29104-30-1	$C_{18}H_{18}ClNO_5$	18.23	M+H	364.09463
56	Benzoylprop	22212-56-2	$C_{16}H_{13}Cl_2NO_3$	16.39	M+H	338.03453
57	Benzoylprop-ethyl	22212-55-1	$C_{18}H_{17}Cl_2NO_3$	18.07	M+H	366.06583
58	Bifenazate	149877-41-8	$C_{17}H_{20}N_2O_3$	16.6	M+H	301.15467
59	Bioallethrin	584-79-2	$C_{19}H_{26}O_3$	19.18	M+H	303.19547
60	Bioresmethrin	28434-01-7	$C_{22}H_{26}O_3$	20.21	M+H	339.19547
61	Bitertanol	55179-31-2	$C_{20}H_{23}N_3O_2$	18.17	M+H	338.1863
62	Boscalid	188425-85-6	$C_{18}H_{12}Cl_2N_2O$	15.39	M+H	343.03994
63	Bromacil	314-40-9	$C_9H_{13}BrN_2O_2$	7.62	M+H	261.02332
64	Bromfenvinfos	33399-00-7	$C_{12}H_{14}BrCl_2O_4P$	18.11	M+H	402.92629
65	Bromobutide	74712-19-9	$C_{15}H_{22}BrNO$	16.84	M+H	312.09575
66	Brompyrazon	3042-84-0	$C_{10}H_8BrN_3O$	5.13	M+H	265.99235
67	Bromuconazole	116255-48-2	$C_{13}H_{12}BrCl_2N_3O$	17.43	M+H	375.96136
68	Bupirimate	41483-43-6	$C_{13}H_{24}N_4O_3S$	16.06	M+H	317.16419
69	Buprofezin	69327-76-0	$C_{16}H_{23}N_3OS$	18.75	M+H	306.16346
70	Butachlor	23184-66-9	$C_{17}H_{26}ClNO_2$	19.18	M+H	312.17248
71	Butafenacil	134605-64-4	$C_{20}H_{18}ClF_3N_2O_6$	16.86	M+NH_4	492.11437

续表

序号	农药名称	CAS 号	化学式	t_R（min）	离子化形式	前级离子
72	Butamifos	36335-67-8	$C_{13}H_{21}N_2O_4PS$	18.21	M+H	333.10324
73	Butocarboxim	34681-10-2	$C_7H_{14}N_2O_2S$	6.09	M+Na	213.06682
74	Butocarboxim sulfoxide	34681-24-8	$C_7H_{14}N_2O_3S$	2.89	M+H	207.07979
75	Butoxycarboxim	34681-23-7	$C_7H_{14}N_2O_4S$	3.13	M+H	223.0747
76	Butralin	33629-47-9	$C_{14}H_{21}N_3O_4$	19.68	M+H	296.16048
77	Butylate	2008-41-5	$C_{11}H_{23}NOS$	18.82	M+H	218.15731
78	Cadusafos	95465-99-9	$C_{10}H_{23}O_2PS_2$	18.44	M+H	271.09498
79	Cafenstrole	125306-83-4	$C_{16}H_{22}N_4O_3S$	16.28	M+H	351.14854
80	Carbaryl	63-25-2	$C_{12}H_{11}NO_2$	9.22	M+H	202.08626
81	Carbendazim	10605-21-7	$C_9H_9N_3O_2$	3.79	M+H	192.07675
82	Carbetamide	16118-49-3	$C_{12}H_{16}N_2O_3$	6.96	M+H	237.12337
83	Carbofuran	1563-66-2	$C_{12}H_{15}NO_3$	8.08	M+H	222.11247
84	Carbofuran-3-hydroxy	16655-82-6	$C_{12}H_{15}NO_4$	4.91	M+H	238.10738
85	Carbophenothion	786-19-6	$C_{11}H_{16}ClO_2PS_3$	19.59	M+H	342.98113
86	Carbosulfan	55285-14-8	$C_{20}H_{32}N_2O_3S$	20.41	M+H	381.22064
87	Carboxin	5234-68-4	$C_{12}H_{13}NO_2S$	8.78	M+H	236.07398
88	Carfentrazone-ethyl	128639-02-1	$C_{15}H_{14}Cl_2F_3N_3O_3$	17.53	M+NH4	429.07026
89	Carpropamid	104030-54-8	$C_{15}H_{18}Cl_3NO$	17.87	M+H	334.05267
90	Cartap	15263-53-3	$C_7H_{15}N_3O_2S_2$	0.8	M+H	238.06784
91	Chlorantraniliprole	500008-45-7	$C_{18}H_{14}BrCl_2N_5O_2$	13.84	M+H	481.97807
92	Chlordimeform	6164-98-3	$C_{10}H_{13}ClN_2$	4.08	M+H	197.084
93	Chlorfenvinphos	470-90-6	$C_{12}H_{14}Cl_3O_4P$	17.98	M+H	358.97681
94	Chlorfluazuron	71422-67-8	$C_{20}H_9Cl_3F_5N_3O_3$	19.82	M+H	539.97024
95	Chloridazon	1698-60-8	$C_{10}H_8ClN_3O$	4.91	M+H	222.04287
96	Chlorimuron-ethyl	90982-32-4	$C_{15}H_{15}ClN_4O_6S$	15.63	M+H	415.04736
97	Chlormequat	7003-89-6	$C_5H_{13}ClN$	0.79	M+	122.0731
98	Chlorotoluron	15545-48-9	$C_{10}H_{13}ClN_2O$	10.61	M+H	213.07892
99	Chloroxuron	1982-47-4	$C_{15}H_{15}ClN_2O_2$	16.4	M+H	291.08948
100	Chlorphonium	115-78-6	$C_{19}H_{32}Cl_3P$	15.89	M+	361.16132
101	Chlorphoxim	14816-20-7	$C_{12}H_{14}ClN_2O_3PS$	18.2	M+H	333.0224
102	Chlorpyrifos	2921-88-2	$C_9H_{11}Cl_3NO_3PS$	19.36	M+H	349.93356
103	Chlorpyrifos-methyl	5598-13-0	$C_7H_7Cl_3NO_3PS$	18.43	M+H	321.90226
104	Chlorsulfuron	64902-72-3	$C_{12}H_{12}ClN_5O_4S$	9.66	M+H	358.03713
105	Chlorthiophos	60238-56-4	$C_{11}H_{15}Cl_2O_3PS_2$	19.64	M+H	360.965
106	Chromafenozide	143807-66-3	$C_{24}H_{30}N_2O_3$	16.83	M+H	395.23292
107	Cinmethylin	87818-31-3	$C_{18}H_{26}O_2$	19.06	M+H	275.20056
108	Cinosulfuron	94593-91-6	$C_{15}H_{19}N_5O_7S$	7.56	M+H	414.1078
109	Clethodim	99129-21-2	$C_{17}H_{26}ClNO_3S$	18.7	M+H	360.13947

续表

序号	农药名称	CAS 号	化学式	t_R（min）	离子化形式	前级离子
110	Clodinafop free acid	114420-56-3	$C_{14}H_{11}ClFNO_4$	15.13	M+H	312.04334
111	Clodinafop-propargyl	105512-06-9	$C_{17}H_{13}ClFNO_4$	17.57	M+H	350.05899
112	Clofentezine	74115-24-5	$C_{14}H_8Cl_2N_4$	18.41	M+H	303.01988
113	Clomazone	81777-89-1	$C_{12}H_{14}ClNO_2$	13.67	M+H	240.07858
114	Clomeprop	84496-56-0	$C_{16}H_{15}Cl_2NO_2$	19.04	M+H	324.05526
115	Cloquintocet-mexyl	99607-70-2	$C_{18}H_{22}ClNO_3$	19.19	M+H	336.1361
116	Cloransulam-methyl	147150-35-4	$C_{15}H_{13}ClFN_5O_5S$	9.85	M+H	430.03827
117	Clothianidin	210880-92-5	$C_6H_8ClN_5O_2S$	4.42	M+H	250.016
118	Coumaphos	56-72-4	$C_{14}H_{16}ClO_5PS$	17.92	M+H	363.02174
119	Crotoxyphos	7700-17-6	$C_{14}H_{19}O_6P$	15.49	$M+NH_4$	332.12575
120	Crufomate	299-86-5	$C_{12}H_{19}ClNO_3P$	17.35	M+H	292.08638
121	Cumyluron	99485-76-4	$C_{17}H_{19}ClN_2O$	16.39	M+H	303.12587
122	Cyanazine	21725-46-2	$C_9H_{13}ClN_6$	7.27	M+H	241.0963
123	Cyazofamid	120116-88-3	$C_{13}H_{13}ClN_4O_2S$	16.99	M+H	325.05205
124	Cycloate	1134-23-2	$C_{11}H_{21}NOS$	18.4	M+H	216.14166
125	Cyclosulfamuron	136849-15-5	$C_{17}H_{19}N_5O_6S$	16.59	M+H	422.11288
126	Cycluron	2163-69-1	$C_{11}H_{22}N_2O$	12.54	M+H	199.18049
127	Cyflufenamid	180409-60-3	$C_{20}H_{17}F_5N_2O_2$	18.32	M+H	413.1283
128	Cymoxanil	57966-95-7	$C_7H_{10}N_4O_3$	5.28	M+H	199.08257
129	Cyprazine	22936-86-3	$C_9H_{14}ClN_5$	11.25	M+H	228.10105
130	Cyproconazole	94361-06-5	$C_{15}H_{18}ClN_3O$	16.26	M+H	292.12112
131	Cyprodinil	121552-61-2	$C_{14}H_{15}N_3$	16.99	M+H	226.13387
132	Cyprofuram	69581-33-5	$C_{14}H_{14}ClNO_3$	9.99	M+H	280.0735
133	Cyromazine	66215-27-8	$C_6H_{10}N_6$	2.01	M+H	167.10397
134	Daminozide	1596-84-5	$C_6H_{12}N_2O_3$	0.81	M+H	161.09207
135	Dazomet	533-74-4	$C_5H_{10}N_2S_2$	3.31	M+H	163.03582
136	Demeton-S	126-75-0	$C_8H_{19}O_3PS_2$	0	M+H	259.0586
137	Demeton-*S* sulfoxide	2496-92-6	$C_8H_{19}O_4PS_2$	5.44	M+H	275.05351
138	Demeton-*S*-methyl	919-86-8	$C_6H_{15}O_3PS_2$	8.24	M+H	231.0273
139	Demeton-*S*-methyl sulfone	17040-19-6	$C_6H_{15}O_5PS_2$	3.78	M+H	263.01713
140	Demeton-*S*-methyl sulfoxide	301-12-2	$C_6H_{15}O_4PS_2$	3.69	M+H	247.02221
141	Desethyl-sebuthylazine	37019-18-4	$C_7H_{12}ClN_5$	7.21	M+H	202.0854
142	Desmedipham	13684-56-5	$C_{16}H_{16}N_2O_4$	13.49	$M+NH_4$	318.14483
143	Desmethyl-pirimicarb	30614-22-3	$C_{10}H_{16}N_4O_2$	4.48	M+H	225.1346
144	Desmetryn	1014-69-3	$C_8H_{15}N_5S$	8.13	M+H	214.11209
145	Diafenthiuron	80060-09-9	$C_{23}H_{32}N_2OS$	19.78	M+H	385.23081
146	Dialifos	10311-84-9	$C_{14}H_{17}ClNO_4PS_2$	18.36	M+H	394.00979
147	Diallate	2303-16-4	$C_{10}H_{17}Cl_2NOS$	18.64	M+H	270.04807

续表

序号	农药名称	CAS 号	化学式	t_R（min）	离子化形式	前级离子
148	Diazinon	333-41-5	$C_{12}H_{21}N_2O_3PS$	17.9	M+H	305.10833
149	Dibutyl succinate	141-03-7	$C_{12}H_{22}O_4$	17.59	M+H	231.15909
150	Dichlofenthion	97-17-6	$C_{10}H_{13}Cl_2O_3PS$	18.82	M+H	314.97728
151	Diclobutrazole	75736-33-3	$C_{15}H_{19}Cl_2N_3O$	17.56	M+H	328.09779
152	Diclosulam	145701-21-9	$C_{13}H_{10}Cl_2FN_5O_3S$	10.81	M+H	405.99382
153	Dicrotophos	141-66-2	$C_8H_{16}NO_5P$	4.35	M+H	238.08389
154	Diethatyl-ethyl	38727-55-8	$C_{16}H_{22}ClNO_3$	17.41	M+H	312.1361
155	Diethofencarb	87130-20-9	$C_{14}H_{21}NO_4$	14.36	M+H	268.15433
156	Diethyltoluamide	134-62-3	$C_{12}H_{17}NO$	12.19	M+H	192.13829
157	Difenoconazol	119446-68-3	$C_{19}H_{17}Cl_2N_3O_3$	18.49	M+H	406.07197
158	Difenoxuron	14214-32-5	$C_{16}H_{18}N_2O_3$	12.91	M+H	287.13902
159	Diflubenzuron	35367-38-5	$C_{14}H_9ClF_2N_2O_2$	17.28	M+H	311.03934
160	Dimefox	115-26-4	$C_4H_{12}FN_2OP$	4.38	M+H	155.0744
161	Dimefuron	34205-21-5	$C_{15}H_{19}ClN_4O_3$	13.94	M+H	339.12184
162	Dimepiperate	61432-55-1	$C_{15}H_{21}NOS$	18.53	M+H	264.14166
163	Dimethachlor	50563-36-5	$C_{13}H_{18}ClNO_2$	12.96	M+H	256.10988
164	Dimethametryn	22936-75-0	$C_{11}H_{21}N_5S$	16.56	M+H	256.15904
165	Dimethenamid	87674-68-8	$C_{12}H_{18}ClNO_2S$	14.71	M+H	276.08195
166	Dimethenamid-P	163515-14-8	$C_{12}H_{18}ClNO_2S$	14.62	M+H	276.08195
167	Dimethirimol	5221-53-4	$C_{11}H_{19}N_3O$	5.93	M+H	210.16009
168	Dimethoate	60-51-5	$C_5H_{12}NO_3PS_2$	4.82	M+H	230.0069
169	Dimethomorph	110488-70-5	$C_{21}H_{22}ClNO_4$	15.39	M+H	388.13101
170	Dimethylvinphos （*Z*）	67628-93-7	$C_{10}H_{10}Cl_3O_4P$	16.33	M+H	330.9455
171	Dimetilan	644-64-4	$C_{10}H_{16}N_4O_3$	5.4	M+H	241.12952
172	Dimoxystrobin	149961-52-4	$C_{19}H_{22}N_2O_3$	17.42	M+H	327.17032
173	Diniconazole	83657-24-3	$C_{15}H_{17}Cl_2N_3O$	18.32	M+H	326.08214
174	Dinitramine	29091-05-2	$C_{11}H_{13}F_3N_4O_4$	18.1	M+H	323.09617
175	Dinotefuran	165252-70-0	$C_7H_{14}N_4O_3$	2.97	M+H	203.11387
176	Diphenamid	957-51-7	$C_{16}H_{17}NO$	13.27	M+H	240.13829
177	Dipropetryn	4147-51-7	$C_{11}H_{21}N_5S$	16.36	M+H	256.15904
178	Disulfoton sulfone	2497-06-5	$C_8H_{19}O_4PS_3$	11.55	M+H	307.02558
179	Disulfoton sulfoxide	2497-06-7	$C_8H_{19}O_3PS_3$	11.1	M+H	291.03067
180	Ditalimfos	5131-24-8	$C_{12}H_{14}NO_4PS$	9.67	M+H	300.04539
181	Dithiopyr	97886-45-8	$C_{15}H_{16}F_5NO_2S_2$	18.8	M+H	402.06154
182	Diuron	330-54-1	$C_9H_{10}Cl_2N_2O$	12.28	M+H	233.02429
183	Dodemorph	1593-77-7	$C_{18}H_{35}NO$	20.75	M+H	282.27914
184	Drazoxolon	5707-69-7	$C_{10}H_8ClN_3O_2$	16.58	M+H	238.03778
185	Edifenphos	17109-49-8	$C_{14}H_{15}O_2PS_2$	17.76	M+H	311.03238

续表

序号	农药名称	CAS 号	化学式	t_R（min）	离子化形式	前级离子
186	Emamectin-benzoate	119791-41-2	$C_{49}H_{75}NO_{13}$	19.3	M+H	886.53112
187	Epoxiconazole	106325-08-0	$C_{17}H_{13}ClFN_3O$	16.95	M+H	330.08039
188	Esprocarb	85785-20-2	$C_{15}H_{23}NOS$	19.04	M+H	266.15731
189	Etaconazole	60207-93-4	$C_{14}H_{15}Cl_2N_3O_2$	16.89	M+H	328.06141
190	Ethametsulfuron-methyl	97780-06-8	$C_{15}H_{18}N_6O_6S$	10.98	M+H	411.10813
191	Ethidimuron	30043-49-3	$C_7H_{12}N_4O_3S_2$	4.47	M+H	265.04236
192	Ethiofencarb	29973-13-5	$C_{11}H_{15}NO_2S$	9.6	M+H	226.08963
193	Ethiofencarb sulfone	53380-23-7	$C_{11}H_{15}NO_4S$	4.28	M+NH$_4$	275.106
194	Ethiofencarb sulfoxide	53380-22-6	$C_{11}H_{15}NO_3S$	4.47	M+H	242.08454
195	Ethion	563-12-2	$C_9H_{22}O_4P_2S_4$	19.22	M+H	384.99489
196	Ethiprole	181587-01-9	$C_{13}H_9Cl_2F_3N_4OS$	15.18	M+H	396.9899
197	Ethirimol	23947-60-6	$C_{11}H_{19}N_3O$	6.12	M+H	210.16009
198	Ethoprophos	13194-48-4	$C_8H_{19}O_2PS_2$	16.79	M+H	243.06368
199	Ethoxyquin	91-53-2	$C_{14}H_{19}NO$	11.56	M+H	218.15394
200	Ethoxysulfuron	126801-58-9	$C_{15}H_{18}N_4O_7S$	15.97	M+H	399.0969
201	Etobenzanid	79540-50-4	$C_{16}H_{15}Cl_2NO_3$	17.97	M+H	340.05018
202	Etoxazole	153233-91-1	$C_{21}H_{23}F_2NO_2$	19.58	M+H	360.17696
203	Etrimfos	38260-54-7	$C_{10}H_{17}N_2O_4PS$	17.6	M+H	293.07194
204	Famphur	52-85-7	$C_{10}H_{16}NO_5PS_2$	12.11	M+H	326.02803
205	Fenamidone	161326-34-7	$C_{17}H_{17}N_3OS$	15.19	M+H	312.11651
206	Fenamiphos	22224-92-6	$C_{13}H_{22}NO_3PS$	17.32	M+H	304.11308
207	Fenamiphos sulfoxide	31972-43-7	$C_{13}H_{22}NO_4PS$	9.14	M+H	320.10799
208	Fenamiphos-sulfone	31972-44-8	$C_{13}H_{22}NO_5PS$	9.75	M+H	336.10291
209	Fenarimol	60168-88-9	$C_{17}H_{12}Cl_2N_2O$	16.67	M+H	331.03994
210	Fenazaquin	120928-09-8	$C_{20}H_{22}N_2O$	20.27	M+H	307.18049
211	Fenbuconazole	114369-43-6	$C_{19}H_{17}ClN_4$	17.23	M+H	337.12145
212	Fenfuram	24691-80-3	$C_{12}H_{11}NO_2$	8.41	M+H	202.08626
213	Fenhexamid	126833-17-8	$C_{14}H_{17}Cl_2NO_2$	16.43	M+H	302.07091
214	Fenobucarb	3766-81-2	$C_{12}H_{17}NO_2$	14.17	M+H	208.13321
215	Fenothiocarb	62850-32-2	$C_{13}H_{19}NO_2S$	17.35	M+H	254.12093
216	Fenoxanil	115852-48-7	$C_{15}H_{18}Cl_2N_2O_2$	17.45	M+H	329.08181
217	Fenoxaprop-ethyl	66441-23-4	$C_{18}H_{16}ClNO_5$	18.89	M+H	362.07898
218	Fenoxaprop-P-ethyl	71238-80-2	$C_{18}H_{16}ClNO_5$	18.89	M+H	362.07898
219	Fenoxycarb	72490-01-8	$C_{17}H_{19}NO_4$	17.45	M+H	302.13868
220	Fenpropidin	67306-00-7	$C_{19}H_{31}N$	13.97	M+H	274.25293
221	Fenpropimorph	67564-91-4	$C_{20}H_{33}NO$	14.49	M+H	304.26349
222	Fenpyroximate	134098-61-6	$C_{24}H_{27}N_3O_4$	19.75	M+H	422.20743
223	Fensulfothion	115-90-2	$C_{11}H_{17}O_4PS_2$	12.87	M+H	309.03786

续表

序号	农药名称	CAS 号	化学式	t_R（min）	离子化形式	前级离子
224	Fensulfothion-oxon	6552-21-2	$C_{11}H_{17}O_5PS$	6.58	M+H	293.06071
225	Fensulfothion-sulfone	14255-72-2	$C_{11}H_{17}O_5PS_2$	13.35	M+H	325.03278
226	Fenthion	55-38-9	$C_{10}H_{15}O_3PS_2$	17.75	M+H	279.0273
227	Fenthion oxon	6552-12-1	$C_{10}H_{15}O_4PS$	13.85	M+H	263.05014
228	Fenthion oxon sulfone	14086-35-2	$C_{10}H_{15}O_6PS$	5.48	M+H	295.03997
229	Fenthion oxon sulfoxide	6552-13-2	$C_{10}H_{15}O_5PS$	5.25	M+H	279.04506
230	Fenthion sulfone	3761-42-0	$C_{10}H_{15}O_5PS_2$	10.39	M+H	311.01713
231	Fenthion sulfoxide	3761-41-9	$C_{10}H_{15}O_4PS_2$	9.49	M+H	295.02221
232	Fentrazamide	158237-07-1	$C_{16}H_{20}ClN_5O_2$	17.83	M+Na	372.11977
233	Fenuron	101-42-8	$C_9H_{12}N_2O$	4.74	M+H	165.10224
234	Flamprop	58667-63-3	$C_{16}H_{13}ClFNO_3$	14.85	M+H	322.06408
235	Flamprop-isopropyl	52756-22-6	$C_{19}H_{19}ClFNO_3$	17.99	M+H	364.11103
236	Flamprop-methyl	52756-25-9	$C_{17}H_{15}ClFNO_3$	16.39	M+H	336.07973
237	Flazasulfuron	104040-78-0	$C_{13}H_{12}F_3N_5O_5S$	13.81	M+H	408.0584
238	Florasulam	145701-23-1	$C_{12}H_8F_3N_5O_3S$	6.2	M+H	360.03727
239	Fluazifop	69335-91-7	$C_{15}H_{12}F_3NO_4$	15.16	M+H	328.07912
240	Fluazifop-butyl	69806-50-4	$C_{19}H_{20}F_3NO_4$	18.98	M+H	384.14172
241	Fluazifop-P-butyl	79241-46-6	$C_{19}H_{20}F_3NO_4$	18.98	M+H	384.14172
242	Flubendiamide	272451-65-7	$C_{23}H_{22}F_7IN_2O_4S$	17.82	M+H	683.03059
243	Flucarbazone	145026-88-6	$C_{12}H_{11}F_3N_4O_6S$	6.01	M+H	397.04242
244	Flucycloxuron	94050-52-9	$C_{25}H_{20}ClF_2N_3O_3$	19.46	M+H	484.1234
245	Flufenacet	142459-58-3	$C_{14}H_{13}F_4N_3O_2S$	16.91	M+H	364.07374
246	Flufenoxuron	101463-69-8	$C_{21}H_{11}ClF_6N_2O_3$	19.56	M+H	489.04352
247	Flufenpyr-ethyl	188489-07-8	$C_{16}H_{13}ClF_4N_2O_4$	17.29	$M+NH_4$	426.08382
248	Flumequine	42835-25-6	$C_{14}H_{12}FNO_3$	9.51	M+H	262.0874
249	Flumetsulam	98967-40-9	$C_{12}H_9F_2N_5O_2S$	4.68	M+H	326.05178
250	Flumiclorac-pentyl	87546-18-7	$C_{21}H_{23}ClFNO_5$	18.99	M+H	424.13216
251	Flumorph	211867-47-9	$C_{21}H_{22}FNO_4$	13.18	M+H	372.16056
252	Fluometuron	2164-17-2	$C_{10}H_{11}F_3N_2O$	10.11	M+H	233.08962
253	Fluopicolide	239110-15-7	$C_{14}H_8Cl_3F_3N_2O$	15.74	M+H	382.97271
254	Fluopyram	658066-35-4	$C_{16}H_{11}ClF_6N_2O$	16.75	M+H	397.05369
255	Fluoroglycofen-ethyl	77501-90-7	$C_{18}H_{13}ClF_3NO_7$	18.72	M+H	448.04054
256	Fluoxastrobin	361377-29-9	$C_{21}H_{16}ClFN_4O_5$	16.82	M+H	459.0866
257	Fluquinconazole	136426-54-5	$C_{16}H_8Cl_2FN_5O$	16.39	M+H	376.01627
258	Fluridone	59756-60-4	$C_{19}H_{14}F_3NO$	14.22	M+H	330.11003
259	Flurochloridone	61213-25-0	$C_{12}H_{10}Cl_2F_3NO$	16.17	M+H	312.01643
260	Flurprimidol	56425-91-3	$C_{15}H_{15}F_3N_2O_2$	15.93	M+H	313.11584
261	Flurtamone	96525-23-4	$C_{18}H_{14}F_3NO_2$	15.07	M+H	334.10494

续表

序号	农药名称	CAS 号	化学式	t_R（min）	离子化形式	前级离子
262	Flusilazole	85509-19-9	$C_{16}H_{15}F_2N_3Si$	17.45	M+H	316.10761
263	Fluthiacet-methyl	117337-19-6	$C_{15}H_{15}ClFN_3O_3S_2$	17.52	M+H	404.03002
264	Flutolanil	66332-96-5	$C_{17}H_{16}F_3NO_2$	15.88	M+H	324.12059
265	Flutriafol	76674-21-0	$C_{16}H_{13}F_2N_3O$	12.03	M+H	302.10995
266	Fluxapyroxad	907204-31-3	$C_{18}H_{12}F_5N_3O$	15.93	M+H	382.09733
267	Fonofos	944-22-9	$C_{10}H_{15}OPS_2$	17.8	M+H	247.03747
268	Foramsulfuron	173159-57-4	$C_{17}H_{20}N_6O_7S$	9.87	M+H	453.11869
269	Forchlorfenuron	68157-60-8	$C_{12}H_{10}ClN_3O$	12.16	M+H	248.05852
270	Fosthiazate	98886-44-3	$C_9H_{18}NO_3PS_2$	10.58	M+H	284.05385
271	Fuberidazole	3878-19-1	$C_{11}H_8N_2O$	4.59	M+H	185.07094
272	Furalaxyl	57646-30-7	$C_{17}H_{19}NO_4$	14.88	M+H	302.13868
273	Furathiocarb	65907-30-4	$C_{18}H_{26}N_2O_5S$	18.94	M+H	383.16352
274	Furmecyclox	60568-05-0	$C_{14}H_{21}NO_3$	17.69	M+H	252.15942
275	Halofenozide	112226-61-6	$C_{18}H_{19}ClN_2O_2$	15.11	M+H	331.12078
276	Halosulfuron-methyl	100784-20-1	$C_{13}H_{15}ClN_6O_7S$	16.26	M+H	435.04842
277	Haloxyfop	69806-34-4	$C_{15}H_{11}ClF_3NO_4$	17.58	M+H	362.04015
278	Haloxyfop-ehyoxyethyl	87237-48-7	$C_{19}H_{19}ClF_3NO_5$	18.91	M+H	434.09766
279	Haloxyfop-methyl	69806-40-2	$C_{16}H_{13}ClF_3NO_4$	18.49	M+H	376.0558
280	Heptenophos	23560-59-0	$C_9H_{12}ClO_4P$	13.01	M+H	251.02345
281	Hexaconazole	79983-71-4	$C_{14}H_{17}Cl_2N_3O$	17.99	M+H	314.08214
282	Hexazinone	51235-04-2	$C_{12}H_{20}N_4O_2$	8.1	M+H	253.1659
283	Hexythiazox	78587-05-0	$C_{17}H_{21}ClN_2O_2S$	19.36	M+H	353.1085
284	Hydramethylnon	67485-29-4	$C_{25}H_{24}F_6N_4$	18.72	M+H	495.19779
285	Hymexazol	10004-44-1	$C_4H_5NO_2$	2.42	M+H	100.0393
286	Imazalil	35554-44-0	$C_{14}H_{14}Cl_2N_2O$	11.36	M+H	297.0556
287	Imazamethabenz-methyl	81405-85-8	$C_{16}H_{20}N_2O_3$	7.99	M+H	289.15467
288	Imazamox	114311-32-9	$C_{15}H_{19}N_3O_4$	5.34	M+H	306.14483
289	Imazapic	104098-48-8	$C_{14}H_{17}N_3O_3$	5.52	M+H	276.13427
290	Imazapyr	81334-34-1	$C_{13}H_{15}N_3O_3$	4.37	M+H	262.11862
291	Imazaquin	81335-37-7	$C_{17}H_{17}N_3O_3$	8.29	M+H	312.13427
292	Imazethapyr	81335-77-5	$C_{15}H_{19}N_3O_3$	7	M+H	290.14992
293	Imazosulfuron	122548-33-8	$C_{14}H_{13}ClN_6O_5S$	15.33	M+H	413.04294
294	Imibenconazole	86598-92-7	$C_{17}H_{13}Cl_3N_4S$	19.15	M+H	410.99993
295	Imidacloprid	138261-41-3	$C_9H_{10}ClN_5O_2$	4.46	M+H	256.05958
296	Imidacloprid-urea	120868-66-8	$C_9H_{10}ClN_3O$	4.49	M+H	212.05852
297	Inabenfide	82211-24-3	$C_{19}H_{15}ClN_2O_2$	14.54	M+H	339.08948
298	Indoxacarb	144171-61-9	$C_{22}H_{17}ClF_3N_3O_7$	18.61	M+H	528.07799
299	Iodosulfuron-methyl	185119-76-0	$C_{14}H_{14}IN_5O_6S$	13.82	M+H	507.97822

续表

序号	农药名称	CAS 号	化学式	t_R（min）	离子化形式	前级离子
300	Ipconazole	125225-28-7	$C_{18}H_{24}ClN_3O$	18.62	M+H	334.16807
301	Iprobenfos	26087-47-8	$C_{13}H_{21}O_3PS$	17.59	M+H	289.10218
302	Iprovalicarb	140923-17-7	$C_{18}H_{28}N_2O_3$	16.73	M+H	321.21727
303	Isazofos	42509-80-8	$C_9H_{17}ClN_3O_3PS$	16.35	M+H	314.04895
304	Isocarbamid	30979-48-7	$C_8H_{15}N_3O_2$	5.62	M+H	186.1237
305	Isocarbophos	24353-61-5	$C_8H_8O_4PS$	12.73	M+	230.98754
306	Isofenphos	25311-71-1	$C_{15}H_{24}NO_4PS$	18.24	M+	245.00319
307	Isofenphos oxon	31120-85-1	$C_{15}H_{24}NO_5P$	16.61	M+H	330.14649
308	Isomethiozin	57052-04-7	$C_{12}H_{20}N_4OS$	17.51	M+H	269.14306
309	Isoprocarb	2631-40-5	$C_{11}H_{15}NO_2$	11.33	M+H	194.11756
310	Isopropalin	33820-53-0	$C_{15}H_{23}N_3O_4$	19.94	M+H	310.17613
311	Isoprothiolane	50512-35-1	$C_{12}H_{18}O_4S_2$	15.7	M+H	291.07193
312	Isoproturon	34123-59-6	$C_{12}H_{18}N_2O$	12	M+H	207.14919
313	Isouron	55861-78-4	$C_{10}H_{17}N_3O_2$	8.7	M+H	212.13935
314	Isoxaben	82558-50-7	$C_{18}H_{24}N_2O_4$	15.86	M+H	333.18088
315	Isoxadifen-ethyl	163520-33-0	$C_{18}H_{17}NO_3$	17.5	M+H	296.12812
316	Isoxaflutole	141112-29-0	$C_{15}H_{12}F_3NO_4S$	12.75	M+H	360.05119
317	Isoxathion	18854-01-8	$C_{13}H_{16}NO_4PS$	18.21	M+H	314.06104
318	Ivermectin	70288-86-7	$C_{48}H_{74}O_{14}$	20.75	M+NH4	892.54168
319	Kadethrin	58769-20-3	$C_{23}H_{24}O_4S$	18.72	M+H	397.14681
320	Karbutilate	4849-32-5	$C_{14}H_{21}N_3O_3$	8.26	M+H	280.16557
321	Kresoxim-methyl	143390-89-0	$C_{18}H_{19}NO_4$	17.53	M+H	314.13868
322	Lactofen	77501-63-4	$C_{19}H_{15}ClF_3NO_7$	19.08	M+NH4	479.08274
323	Linuron	330-55-2	$C_9H_{10}Cl_2N_2O_2$	14.32	M+H	249.01921
324	Malaoxon	1634-78-2	$C_{10}H_{19}O_7PS$	8.76	M+H	315.06619
325	Malathion	121-75-5	$C_{10}H_{19}O_6PS_2$	15.76	M+H	331.04334
326	Mandipropamid	374726-62-2	$C_{23}H_{22}ClNO_4$	15.96	M+H	412.13101
327	Mecarbam	2595-54-2	$C_{10}H_{20}NO_5PS_2$	16.71	M+H	330.05933
328	Mefenacet	73250-68-7	$C_{16}H_{14}N_2O_2S$	16.21	M+H	299.08487
329	Mefenpyr-diethyl	135590-91-9	$C_{16}H_{18}Cl_2N_2O_4$	18	M+H	373.07164
330	Mepanipyrim	110235-47-7	$C_{14}H_{13}N_3$	16.5	M+H	224.11822
331	Mephosfolan	950-10-7	$C_8H_{16}NO_3PS_2$	7.93	M+H	270.0382
332	Mepiquat chloride	15302-91-7	$C_7H_{16}N$	0.8	M+	114.12773
333	Mepronil	55814-41-0	$C_{17}H_{19}NO_2$	15.65	M+H	270.14886
334	Mesosuifuron-methyl	208465-21-8	$C_{17}H_{21}N_5O_9S_2$	12.34	M+H	504.08535
335	Metalaxyl	57837-19-1	$C_{15}H_{21}NO_4$	12.48	M+H	280.15433
336	Metalaxyl-M	70630-17-0	$C_{15}H_{21}NO_4$	12.48	M+H	280.15433
337	Metamitron	41394-05-2	$C_{10}H_{10}N_4O$	4.77	M+H	203.09274

续表

序号	农药名称	CAS 号	化学式	t_R（min）	离子化形式	前级离子
338	Desamino-metamitron	36993-94-9	$C_{10}H_9N_3O$	4.66	M+H	188.08184
339	Metazachlor	67129-08-2	$C_{14}H_{16}ClN_3O$	12.11	M+H	278.10547
340	Metconazole	125116-23-6	$C_{17}H_{22}ClN_3O$	18.06	M+H	320.15242
341	Methabenzthiazuron	18691-97-9	$C_{10}H_{11}N_3OS$	11.84	M+H	222.06956
342	Methamidophos	10265-92-6	$C_2H_8NO_2PS$	2	M+H	142.00861
343	Methidathion	950-37-8	$C_6H_{11}N_2O_4PS_3$	12.8	M+H	302.96913
344	Methiocarb	2032-65-7	$C_{11}H_{15}NO_2S$	14.6	M+H	226.08963
345	Methiocarb sulfone	2179-25-1	$C_{11}H_{15}NO_4S$	5.32	$M+NH_4$	275.106
346	Methiocarb sulfoxide	2635-10-1	$C_{11}H_{15}NO_3S$	4.81	M+H	242.08454
347	Methomyl	16752-77-5	$C_5H_{10}N_2O_2S$	3.63	M+H	163.05357
348	Methoprotryne	841-06-5	$C_{11}H_{21}N_5OS$	12.35	M+H	272.15396
349	Methoxyfenozide	161050-58-4	$C_{22}H_{28}N_2O_3$	16.29	M+H	369.21727
350	Metobromuron	3060-89-7	$C_9H_{11}BrN_2O_2$	10.93	M+H	259.00767
351	Metolachlor	51218-45-2	$C_{15}H_{22}ClNO_2$	16.91	M+H	284.14118
352	Metolcarb	1129-41-5	$C_9H_{11}NO_2$	6.94	M+H	166.08626
353	Metominostrobin-(*E*)	133408-50-1	$C_{16}H_{16}N_2O_3$	13.18	M+H	285.12337
354	Metominostrobin-(*Z*)	133408-51-2	$C_{16}H_{16}N_2O_3$	13.18	M+H	285.12337
355	Metosulam	139528-85-1	$C_{14}H_{13}Cl_2N_5O_4S$	9.29	M+H	418.01381
356	Metoxuron	19937-59-8	$C_{10}H_{13}ClN_2O_2$	6.46	M+H	229.07383
357	Metrafenone	220899-03-6	$C_{19}H_{21}BrO_5$	18.25	M+H	409.06451
358	Metribuzin	21087-64-9	$C_8H_{14}N_4OS$	7.38	M+H	215.09611
359	Metsulfuron-methyl	74223-64-6	$C_{14}H_{15}N_5O_6S$	8.45	M+H	382.08158
360	Mevinphos	7786-34-7	$C_7H_{13}O_6P$	5.86	M+H	225.05225
361	Mexacarbate	315-18-4	$C_{12}H_{18}N_2O_2$	4.69	M+H	223.1441
362	Molinate	2212-67-1	$C_9H_{17}NOS$	15.48	M+H	188.11036
363	Monocrotophos	6923-22-4	$C_7H_{14}NO_5P$	4.02	M+H	224.06824
364	Monolinuron	1746-81-2	$C_9H_{11}ClN_2O_2$	9.56	M+H	215.05818
365	Monuron	150-68-5	$C_9H_{11}ClN_2O$	7.48	M+H	199.06327
366	Myclobutanil	88671-89-0	$C_{15}H_{17}ClN_4$	16.17	M+H	289.12145
367	Naproanilide	52570-16-8	$C_{19}H_{17}NO_2$	17.35	M+H	292.13321
368	Napropamide	15299-99-7	$C_{17}H_{21}NO_2$	16.91	M+H	272.16451
369	Naptalam	132-66-1	$C_{18}H_{13}NO_3$	8.41	M+H	292.09682
370	Neburon	555-37-3	$C_{12}H_{16}Cl_2N_2O$	17.41	M+H	275.07125
371	Nicosulfuron	111991-09-4	$C_{15}H_{18}N_6O_6S$	7.87	M+H	411.10813
372	Nitenpyram	120738-89-8	$C_{11}H_{15}ClN_4O_2$	3.41	M+H	271.09563
373	Nitralin	4726-14-1	$C_{13}H_{19}N_3O_6S$	17.2	M+H	346.10673
374	Norflurazon	27314-13-2	$C_{12}H_9ClF_3N_3O$	12.57	M+H	304.0459
375	Nuarimol	63284-71-9	$C_{17}H_{12}ClFN_2O$	14.77	M+H	315.0695

续表

序号	农药名称	CAS 号	化学式	t_R（min）	离子化形式	前级离子
376	Octhilinone	26530-20-1	$C_{11}H_{19}NOS$	17.02	M+H	214.12601
377	Ofurace	58810-48-3	$C_{14}H_{16}ClNO_3$	8.28	M+H	282.08915
378	Omethoate	1113-02-6	$C_5H_{12}NO_4PS$	2.81	M+H	214.02974
379	Orbencarb	34622-58-7	$C_{12}H_{16}ClNOS$	18.09	M+H	258.07139
380	Orthosulfamuron	213464-77-8	$C_{16}H_{20}N_6O_6S$	12.78	M+H	425.12378
381	Oxadixyl	77732-09-3	$C_{14}H_{18}N_2O_4$	7.04	M+H	279.13393
382	Oxamyl	23135-22-0	$C_7H_{13}N_3O_3S$	3.42	M+NH4	237.10159
383	Oxamyl-oxime	30558-43-1	$C_5H_{10}N_2O_2S$	2.73	M+H	163.05357
384	Oxaziclomefone	153197-14-9	$C_{20}H_{19}Cl_2NO_2$	18.92	M+H	376.08656
385	Oxine-copper	10380-28-6	$C_{18}H_{12}CuN_2O_2$	6.89	M+H	352.02676
386	Oxycarboxin	5259-88-1	$C_{12}H_{13}NO_4S$	5.36	M+H	268.06381
387	Paclobutrazol	76738-62-0	$C_{15}H_{20}ClN_3O$	15.6	M+H	294.13677
388	Paraoxon-ethyl	311-45-5	$C_{10}H_{14}NO_6P$	11.7	M+H	276.06315
389	Paraoxon-methyl	950-35-6	$C_8H_{10}NO_6P$	6.78	M+H	248.03185
390	Pebulate	1114-71-2	$C_{10}H_{21}NOS$	18.32	M+H	204.14166
391	Penconazole	66246-88-6	$C_{13}H_{15}Cl_2N_3$	17.69	M+H	284.07158
392	Pencycuron	66063-05-6	$C_{19}H_{21}ClN_2O$	18.36	M+H	329.14152
393	Pendimethalin	40487-42-1	$C_{13}H_{19}N_3O_4$	19.45	M+H	282.14483
394	Penoxsulam	219714-96-2	$C_{16}H_{14}F_5N_5O_5S$	10.99	M+H	484.07086
395	Pentanochlor	2307-68-8	$C_{13}H_{18}ClNO$	17.31	M+H	240.11497
396	Phenmedipham	13684-63-4	$C_{16}H_{16}N_2O_4$	13.82	M+NH4	318.14483
397	Phenthoate	2597-3-7	$C_{12}H_{17}O_4PS_2$	17.56	M+H	321.03786
398	Phorate	298-02-2	$C_7H_{17}O_2PS_3$	18.08	M+H	261.0201
399	Phorate-oxon-sulfone	2588-6-9	$C_7H_{17}O_5PS_2$	5.49	M+H	277.03278
400	Phorate-sulfone	2588-4-7	$C_7H_{17}O_4PS_3$	11.47	M+H	293.00993
401	Phorate-sulfoxide	2588-3-6	$C_7H_{17}O_3PS_3$	10.95	M+H	277.01502
402	Phosalone	2310-17-0	$C_{12}H_{15}ClNO_4PS_2$	18.2	M+H	367.99414
403	Phosfolan	947-02-4	$C_7H_{14}NO_3PS_2$	6.39	M+H	256.02255
404	Phosmet	732-11-6	$C_{11}H_{12}NO_4PS_2$	13.85	M+H	318.00181
405	Phosmet oxon	3735-33-9	$C_{11}H_{12}NO_5PS$	6.88	M+H	302.02466
406	Phosphamidon	13171-21-6	$C_{10}H_{19}ClNO_5P$	7.33	M+H	300.07621
407	Phoxim	14816-18-3	$C_{12}H_{15}N_2O_3PS$	18.14	M+H	299.06138
408	Phthalic acid, benzyl butyl ester	85-68-7	$C_{19}H_{20}O_4$	18.64	M+H	313.14344
409	Phthalic acid, dicyclohexyl ester	84-61-7	$C_{20}H_{26}O_4$	19.67	M+H	331.19039
410	Phthalic acid,bis-butyl	84-74-2	$C_{16}H_{22}O_4$	18.66	M+H	279.15909
411	Picaridin	119515-38-7	$C_{12}H_{23}NO_3$	13.76	M+H	230.17507
412	Picloram	1918-02-1	$C_6H_3Cl_3N_2O_2$	3.23	M+H	240.93329
413	Picolinafen	137641-05-5	$C_{19}H_{12}F_4N_2O_2$	19.22	M+H	377.09077

续表

序号	农药名称	CAS 号	化学式	t_R（min）	离子化形式	前级离子
414	Picoxystrobin	117428-22-5	$C_{18}H_{16}F_3NO_4$	17.54	M+H	368.11042
415	Pinoxaden	243973-20-8	$C_{23}H_{32}N_2O_4$	18.28	M+H	401.24348
416	Piperonyl butoxide	51-03-6	$C_{19}H_{30}O_5$	19.12	M+NH4	356.24315
417	Piperophos	24151-93-7	$C_{14}H_{28}NO_3PS_2$	18.54	M+H	354.1321
418	Pirimicarb	23103-98-2	$C_{11}H_{18}N_4O_2$	6.34	M+H	239.15025
419	Pirimicarb-desmethyl-formamido	27218-04-8	$C_{11}H_{16}N_4O_3$	7.86	M+H	253.12952
420	Pirimiphos-ethyl	23505-41-1	$C_{13}H_{24}N_3O_3PS$	18.97	M+H	334.13488
421	Pirimiphos-methyl	29232-93-7	$C_{11}H_{20}N_3O_3PS$	17.84	M+H	306.10358
422	Pirimiphos-methyl-*N*-desethyl	67018-59-1	$C_9H_{16}N_3O_3PS$	11.53	M+H	278.07228
423	Prallethrin	23031-36-9	$C_{19}H_{24}O_3$	18.51	M+H	301.17982
424	Pretilachlor	51218-49-6	$C_{17}H_{26}ClNO_2$	18.66	M+H	312.17248
425	Primisulfuron-methyl	86209-51-0	$C_{15}H_{12}F_4N_4O_7S$	16.31	M+H	469.04356
426	Prochloraz	67747-09-5	$C_{15}H_{16}Cl_3N_3O_2$	17.87	M+H	376.03809
427	Profenofos	41198-08-7	$C_{11}H_{15}BrClO_3PS$	18.89	M+H	372.94242
428	Promecarb	2631-37-0	$C_{12}H_{17}NO_2$	15.21	M+H	208.13321
429	Prometon	1610-18-0	$C_{10}H_{19}N_5O$	9.48	M+H	226.16624
430	Prometryne	7287-19-6	$C_{10}H_{19}N_5S$	14.6	M+H	242.14339
431	Pronamide	23950-58-5	$C_{12}H_{11}Cl_2NO$	15.13	M+H	256.02905
432	Propachlor	1918-16-7	$C_{11}H_{14}ClNO$	12.03	M+H	212.08367
433	Propamocarb	24579-73-5	$C_9H_{20}N_2O_2$	2.85	M+H	189.15975
434	Propanil	709-98-8	$C_9H_9Cl_2NO$	14.22	M+H	218.0134
435	Propaphos	7292-16-2	$C_{13}H_{21}O_4PS$	17.79	M+H	305.09709
436	Propaquizafop	111479-05-1	$C_{22}H_{22}ClN_3O_5$	19.04	M+H	444.13207
437	Propargite	2312-35-8	$C_{19}H_{26}O_4S$	19.52	M+NH4	368.18901
438	Propazine	139-40-2	$C_9H_{16}ClN_5$	14.18	M+H	230.1167
439	Propetamphos	31218-83-4	$C_{10}H_{20}NO_4PS$	16.19	M+H	282.09234
440	Propiconazole	60207-90-1	$C_{15}H_{17}Cl_2N_3O_2$	17.97	M+H	342.07706
441	Propisochlor	86763-47-5	$C_{15}H_{22}ClNO_2$	17.69	M+H	284.14118
442	Propoxur	114-26-1	$C_{11}H_{15}NO_3$	7.85	M+H	210.11247
443	Propoxycarbazone	145026-81-9	$C_{15}H_{18}N_4O_7S$	7.4	M+NH4	416.12345
444	Proquinazid	189278-12-4	$C_{14}H_{17}IN_2O_2$	19.9	M+H	373.04075
445	Prosulfocarb	52888-80-9	$C_{14}H_{21}NOS$	18.75	M+H	252.14166
446	Prothioconazole	178928-70-6	$C_{14}H_{15}Cl_2N_3OS$	17.78	M+H	344.03856
447	Prothoate	2275-18-5	$C_9H_{20}NO_3PS_2$	17.68	M+H	286.0695
448	Pymetrozine	123312-89-0	$C_{10}H_{11}N_5O$	2.87	M+H	218.10364
449	Pyraclofos	89784-60-1	$C_{14}H_{18}ClN_2O_3PS$	18.2	M+H	361.0537
450	Pyraclostrobin	175013-18-0	$C_{19}H_{18}ClN_3O_4$	18.12	M+H	388.10586
451	Pyraflufen	129630-17-7	$C_{13}H_9Cl_2F_3N_2O_4$	15.25	M+H	384.99642

续表

序号	农药名称	CAS 号	化学式	t_R（min）	离子化形式	前级离子
452	Pyraflufen-ethyl	129630-19-9	$C_{15}H_{13}Cl_2F_3N_2O_4$	17.94	M+H	413.02772
453	Pyrasulfotole	365400-11-9	$C_{14}H_{13}F_3N_2O_4S$	6.6	M+H	363.06209
454	Pyrazolynate	58011-68-0	$C_{19}H_{16}Cl_2N_2O_4S$	18.35	M+H	439.02806
455	Pyrazophos	13457-18-6	$C_{14}H_{20}N_3O_5PS$	18.13	M+H	374.0934
456	Pyrazosulfuron-ethyl	93697-74-6	$C_{14}H_{18}N_6O_7S$	16.25	M+H	415.10304
457	Pyrazoxyfen	71561-11-0	$C_{20}H_{16}Cl_2N_2O_3$	17.82	M+H	403.06107
458	Pyributicarb	88678-67-5	$C_{18}H_{22}N_2O_2S$	19.24	M+H	331.14748
459	Pyridaben	96489-71-3	$C_{19}H_{25}ClN_2OS$	20.05	M+H	365.14489
460	Pyridalyl	179101-81-6	$C_{18}H_{14}Cl_4F_3NO_3$	21.15	M+H	489.97527
461	Pyridaphenthion	119-12-0	$C_{14}H_{17}N_2O_4PS$	16.34	M+H	341.07194
462	Pyridate	55512-33-9	$C_{19}H_{23}ClN_2O_2S$	20.4	M+H	379.12415
463	Pyrifenox	88283-41-4	$C_{14}H_{12}Cl_2N_2O$	14.62	M+H	295.03994
464	Pyriftalid	135186-78-6	$C_{15}H_{14}N_2O_4S$	14	M+H	319.0747
465	Pyrimethanil	53112-28-0	$C_{12}H_{13}N_3$	12.79	M+H	200.11822
466	Pyrimidifen	105779-78-0	$C_{20}H_{28}ClN_3O_2$	18.89	M+H	378.19428
467	Pyriminobac-methyl-(*Z*)	147411-70-9	$C_{17}H_{19}N_3O_6$	14.19	M+H	362.13466
468	Pyrimitate	5221-49-8	$C_{11}H_{20}N_3O_3PS$	0	M+H	306.10358
469	Pyriproxyfen	95737-68-1	$C_{20}H_{19}NO_3$	19.26	M+H	322.14377
470	Pyroquilon	57369-32-1	$C_{11}H_{11}NO$	8	M+H	174.09134
471	Quinalphos	13593-03-8	$C_{12}H_{15}N_2O_3PS$	17.47	M+H	299.06138
472	Quinclorac	84087-01-4	$C_{10}H_5Cl_2NO_2$	5.91	M+H	241.97701
473	Quinmerac	90717-03-6	$C_{11}H_8ClNO_2$	4.82	M+H	222.03163
474	Quinoclamine	2797-51-5	$C_{10}H_6ClNO_2$	7.33	M+H	208.01598
475	Quinoxyfen	124495-18-7	$C_{15}H_8Cl_2FNO$	19.46	M+H	308.00397
476	Quizalofop	76578-12-6	$C_{17}H_{13}ClN_2O_4$	17.16	M+H	345.06366
477	Quizalofop-ethyl	76578-14-8	$C_{19}H_{17}ClN_2O_4$	18.85	M+H	373.09496
478	Quizalofop-P-ethyl	100646-51-3	$C_{19}H_{17}ClN_2O_4$	18.86	M+H	373.09496
479	Rabenzazole	40341-04-6	$C_{12}H_{12}N_4$	11.47	M+H	213.11347
480	Resmethrin	10453-86-8	$C_{22}H_{26}O_3$	20.22	M+H	339.19547
481	RH 5849	112225-87-3	$C_{18}H_{20}N_2O_2$	10.97	M+H	297.15975
482	Rimsulfuron	122931-48-0	$C_{14}H_{17}N_5O_7S_2$	9.72	M+Na	454.04616
483	Rotenone	83-79-4	$C_{23}H_{22}O_6$	17.28	M+H	395.14891
484	Saflufenacil	372137-35-4	$C_{17}H_{17}ClF_4N_4O_5S$	14.58	$M+NH_4$	518.08826
485	Sebutylazine	7286-69-3	$C_9H_{16}ClN_5$	13.94	M+H	230.1167
486	Secbumeton	26259-45-0	$C_{10}H_{19}N_5O$	9.76	M+H	226.16624
487	Sethoxydim	74051-80-2	$C_{17}H_{29}NO_3S$	0	M+H	328.19409
488	Siduron	1982-49-6	$C_{14}H_{20}N_2O$	14.48	M+H	233.16484
489	Simazine	122-34-9	$C_7H_{12}ClN_5$	7.8	M+H	202.0854

续表

序号	农药名称	CAS 号	化学式	t_R（min）	离子化形式	前级离子
490	Simeconazole	149508-90-7	$C_{14}H_{20}FN_3OSi$	16.87	M+H	294.14324
491	Simeton	673-04-1	$C_8H_{15}N_5O$	5.39	M+H	198.13494
492	Simetryn	1014-70-6	$C_8H_{15}N_5S$	7.94	M+H	214.11209
493	S-Metolachlor	87392-12-9	$C_{15}H_{22}ClNO_2$	16.93	M+H	284.14118
494	Spinetoram	187166-40-1	$C_{42}H_{69}NO_{10}$	18.72	M+H	748.49942
495	Spinosad	168316-95-8	$C_{41}H_{65}NO_{10}$	18.28	M+H	732.46812
496	Spirodiclofen	148477-71-8	$C_{21}H_{24}Cl_2O_4$	19.79	M+H	411.11244
497	Spirotetramat	203313-25-1	$C_{21}H_{27}NO_5$	16.78	M+H	374.1962
498	Spiroxamine	118134-30-8	$C_{18}H_{35}NO_2$	15.28	M+H	298.27406
499	Sulcotrione	99105-77-8	$C_{14}H_{13}ClO_5S$	7.33	M+H	329.0245
500	Sulfallate	95-06-7	$C_8H_{14}ClNS_2$	17.55	M+H	224.0329
501	Sulfentrazone	122836-35-5	$C_{11}H_{10}Cl_2F_2N_4O_3S$	8.96	M+H	386.98915
502	Sulfotep	3689-24-5	$C_8H_{20}O_5P_2S_2$	17.73	M+H	323.03001
503	Sulfoxaflor	946578-00-3	$C_{10}H_{10}F_3N_3OS$	5.18	M+H	278.05694
504	Sulprofos	35400-43-2	$C_{12}H_{19}O_2PS_3$	19.47	M+H	323.03576
505	Tebuconazole	107534-96-3	$C_{16}H_{22}ClN_3O$	17.69	M+H	308.15242
506	Tebufenozide	112410-23-8	$C_{22}H_{28}N_2O_2$	17.54	M+H	353.22235
507	Tebufenpyrad	119168-77-3	$C_{18}H_{24}ClN_3O$	19.03	M+H	334.16807
508	Tebupirimfos	96182-53-5	$C_{13}H_{23}N_2O_3PS$	19.09	M+H	319.12398
509	Tebutam	35256-85-0	$C_{15}H_{23}NO$	16.99	M+H	234.18524
510	Tebuthiuron	34014-18-1	$C_9H_{16}N_4OS$	8.35	M+H	229.11176
511	Tembotrione	335104-84-2	$C_{17}H_{16}ClF_3O_6S$	14.12	M+NH4	458.06465
512	Temephos	3383-96-8	$C_{16}H_{20}O_6P_2S_3$	19.15	M+H	466.997
513	Tepraloxydim	149979-41-9	$C_{17}H_{24}ClNO_4$	16.47	M+H	342.14666
514	Terbucarb	1918-11-2	$C_{17}H_{27}NO_2$	18.53	M+H	278.21146
515	Terbufos	13071-79-9	$C_9H_{21}O_2PS_3$	19	M+H	289.05141
516	Terbufos sulfone	56070-16-7	$C_9H_{21}O_4PS_3$	14.37	M+H	321.04123
517	Terbufos-O-analogue sulfone	56070-15-6	$C_9H_{21}O_5PS_2$	7.14	M+H	305.06408
518	Terbumeton	33693-04-8	$C_{10}H_{19}N_5O$	9.95	M+H	226.16624
519	Terbuthylazine	5915-41-3	$C_9H_{16}ClN_5$	14.88	M+H	230.1167
520	Terbutryne	886-50-0	$C_{10}H_{19}N_5S$	14.71	M+H	242.14339
521	Tetrachlorvinphos	22248-79-9	$C_{10}H_9Cl_4O_4P$	17.44	M+H	364.90653
522	Tetraconazole	112281-77-3	$C_{13}H_{11}Cl_2F_4N_3O$	17.05	M+H	372.02881
523	Tetramethrin	7696-12-0	$C_{19}H_{25}NO_4$	18.95	M+H	332.18563
524	Thenylchlor	96491-05-3	$C_{16}H_{18}ClNO_2S$	16.82	M+H	324.08195
525	Thiabendazole	148-79-8	$C_{10}H_7N_3S$	4.47	M+H	202.04334
526	Thiabendazole-5-hydroxy	948-71-0	$C_{10}H_7N_3OS$	3.68	M+H	218.03826
527	Thiacloprid	111988-49-9	$C_{10}H_9ClN_4S$	5.8	M+H	253.03092

续表

序号	农药名称	CAS 号	化学式	t_R（min）	离子化形式	前级离子
528	Thiamethoxam	153719-23-4	$C_8H_{10}ClN_5O_3S$	3.79	M+H	292.02656
529	Thiazafluron	25366-23-8	$C_6H_7F_3N_4OS$	8.01	M+H	241.03654
530	Thiazopyr	117718-60-2	$C_{16}H_{17}F_5N_2O_2S$	17.82	M+H	397.10037
531	Thidiazuron	51707-55-2	$C_9H_8N_4OS$	7.72	M+H	221.04916
532	Thiencarbazone-methyl	317815-83-1	$C_{12}H_{14}N_4O_7S_2$	6.91	M+H	391.03767
533	Thifensulfuron-methyl	79277-27-3	$C_{12}H_{13}N_5O_6S_2$	7.86	M+H	388.038
534	Thiobencarb	28249-77-6	$C_{12}H_{16}ClNOS$	18.28	M+H	258.07139
535	Thiocyclam	31895-21-3	$C_5H_{11}NS_3$	2.2	M+H	182.01264
536	Thiodicarb	59669-26-0	$C_{10}H_{18}N_4O_4S_3$	11.25	M+H	355.05629
537	Thiofanox	39196-18-4	$C_9H_{18}N_2O_2S$	9.96	M+H	219.11618
538	Thiofanox sulfone	39184-59-3	$C_9H_{18}N_2O_4S$	4.68	M+H	251.106
539	Thiofanox-sulfoxide	39184-27-5	$C_9H_{18}N_2O_3S$	4.46	M+H	235.11109
540	Thionazin	297-97-2	$C_8H_{13}N_2O_3PS$	11.98	M+H	249.04573
541	Thiophanate-ethyl	23564-06-9	$C_{14}H_{18}N_4O_4S_2$	12.75	M+H	371.08422
542	Thiophanate-methyl	23564-05-8	$C_{12}H_{14}N_4O_4S_2$	7.67	M+H	343.05292
543	Thiram	137-26-8	$C_6H_{12}N_2S_4$	7.44	M+H	240.99561
544	Tiocarbazil	36756-79-3	$C_{16}H_{25}NOS$	19.58	M+H	280.17296
545	Tolclofos-methyl	57018-04-9	$C_9H_{11}Cl_2O_3PS$	18.24	M+H	300.96163
546	Tolfenpyrad	129558-76-5	$C_{21}H_{22}ClN_3O_2$	19.15	M+H	384.14733
547	Tralkoxydim	87820-88-0	$C_{20}H_{27}NO_3$	19.33	M+H	330.20637
548	Triadimefon	43121-43-3	$C_{14}H_{16}ClN_3O_2$	15.96	M+H	294.10038
549	Triadimenol	55219-65-3	$C_{14}H_{18}ClN_3O_2$	16.35	M+H	296.11603
550	Tri-allate	2303-17-5	$C_{10}H_{16}Cl_3NOS$	19.46	M+H	304.00909
551	Triapenthenol	76608-88-3	$C_{15}H_{25}N_3O$	17.35	M+H	264.20704
552	Triasulfuron	82097-50-5	$C_{14}H_{16}ClN_5O_5S$	8.07	M+H	402.06334
553	Triazophos	24017-47-8	$C_{12}H_{16}N_3O_3PS$	16.46	M+H	314.07228
554	Triazoxide	72459-58-6	$C_{10}H_6ClN_5O$	10.72	M+H	248.03336
555	Tribenuron-methyl	101200-48-0	$C_{15}H_{17}N_5O_6S$	17.11	M+H	396.09723
556	Tribufos	78-48-8	$C_{12}H_{27}OPS_3$	20.02	M+H	315.10344
557	Trichlorfon	52-68-6	$C_4H_8Cl_3O_4P$	4.69	M+H	256.92985
558	Tricyclazole	41814-78-2	$C_9H_7N_3S$	6.6	M+H	190.04334
559	Tridemorph	81412-43-3	$C_{19}H_{39}NO$	17.9	M+H	298.31044
560	Trietazine	1912-26-1	$C_9H_{16}ClN_5$	16.26	M+H	230.1167
561	Trifloxystrobin	141517-21-7	$C_{20}H_{19}F_3N_2O_4$	18.63	M+H	409.13697
562	Triflumizole	99387-89-0	$C_{15}H_{15}ClF_3N_3O$	18.64	M+H	346.09285
563	Triflumuron	64628-44-0	$C_{15}H_{10}ClF_3N_2O_3$	18.17	M+H	359.04048
564	Triflusulfuron-methyl	126535-15-7	$C_{17}H_{19}F_3N_6O_6S$	15.85	M+H	493.11116
565	Tri-n-butyl phosphate	126-73-8	$C_{12}H_{27}O_4P$	18.71	M+H	267.17197

续表

序号	农药名称	CAS 号	化学式	t_R（min）	离子化形式	前级离子
566	Trinexapac-ethyl	95266-40-3	$C_{13}H_{16}O_5$	12.41	M+H	253.10705
567	Triphenyl-phosphate	603-35-0	$C_{18}H_{15}O_4P$	18.07	M+H	327.07807
568	Triticonazole	131983-72-7	$C_{17}H_{20}ClN_3O$	16.68	M+H	318.13677
569	Uniconazole	83657-22-1	$C_{15}H_{18}ClN_3O$	17.22	M+H	292.12112
570	Validamycin	37248-47-8	$C_{20}H_{35}NO_{13}$	0.75	M+H	498.21812
571	Valifenalate	283159-90-0	$C_{19}H_{27}ClN_2O_5$	16.68	M+H	399.16813
572	Vamidothion	2275-23-2	$C_8H_{18}NO_4PS_2$	4.91	M+H	288.04876
573	Vamidothion sulfone	70898-34-9	$C_8H_{18}NO_6PS_2$	3.78	M+H	320.03859
574	Vamidothion sulfoxide	20300-00-9	$C_8H_{18}NO_5PS_2$	3.43	M+H	304.04368
575	Zoxamide	156052-68-5	$C_{14}H_{16}Cl_3NO_2$	17.76	M+H	336.03194

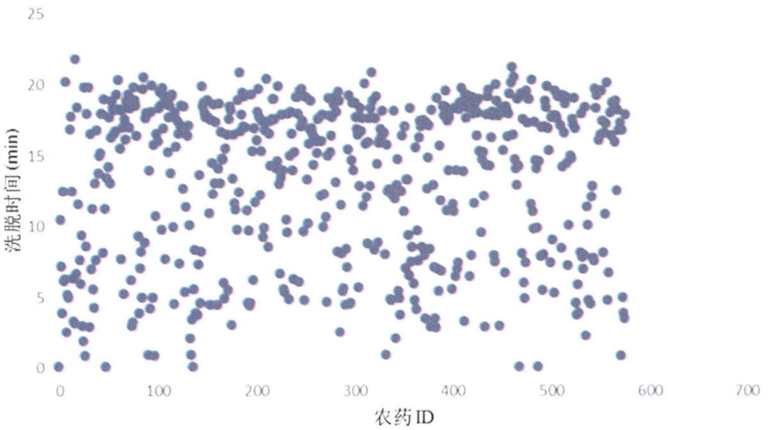

图 1-48　575 种农药的洗脱时间分布

1.6.2.2　Q-Orbitrap MS 数据库建立参数优化

Q-Orbitrap MS 是由四极杆和 Orbitrap 组成的质量分析器，因此该仪器可以选择的采集模式多种多样，如 full MS scan、full MS-SIM、full MS/dd-MS^2、product-ion scan、AIF、DIA。当仪器在 full MS-SIM 监控模式下，质量筛选范围 m/z 50~1050，分辨率设置为 70000（fwhm, m/z=200），Q-Orbitrap 采集 575 种农药的筛查和定量结果列于表 1-33。当仪器在 full MS/dd-MS^2 模式下进行操作时，仪器根据表 1-33 中碎裂的前级离子及其精确质量数，采集碎裂离子谱图。在研究建立数据库和方法开发的过程中，分别采用 NCE：20、40、60 和阶梯碰撞能量 40% ± 50%（NCE：20、40 和 60）实现目标化合物离子碎裂，对二级离子谱图进行优化。通过实际验证和比对，当选取单一碰撞能时无法获取农药最优的离子碎裂谱图，定性点相对较少或前级离子过于破碎不利于化合物的定性判断，而当选取阶梯碰撞能量 40% ± 50%时，化合物的定性点更丰富，以 Bensulide 为例详见图 1-49。从图 1-49 中看出，当碰撞能设置为 20 时 Bensulide 的碎片离子相对较少，用于筛查方法中时定性点少易造成假阳性或假阴性结果；当碰撞能设置为 40 时 Bensulide 的碎裂子离子为 4 个；当碰撞能设置为 60 时，虽然碎裂离子较多，但是由于离子质量数较小，在实际样品筛查过程中易受到杂质离子的干扰，影响结果的判别。当选取阶梯碰撞能量 40% ± 50%时，Bensulide 的二级质谱图，碎片离子相对丰富，同时避免了碎裂离子质量数过小的缺点，选取该碰撞能下的二级质谱图用于化合物的定性将更加准确、可靠。

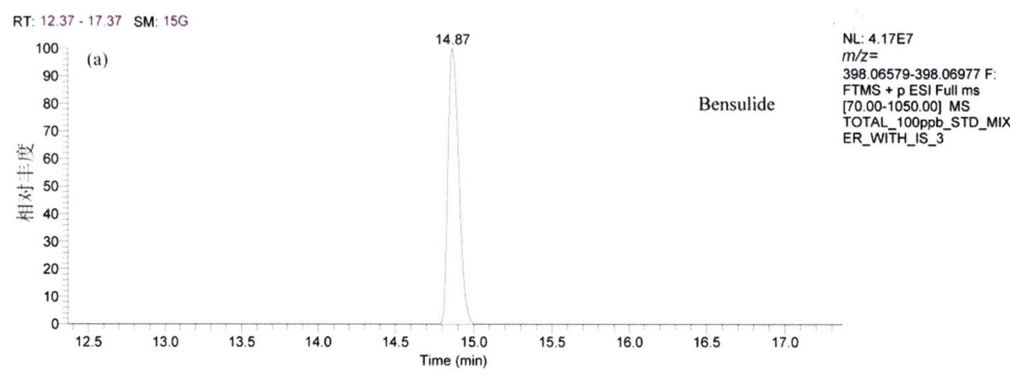

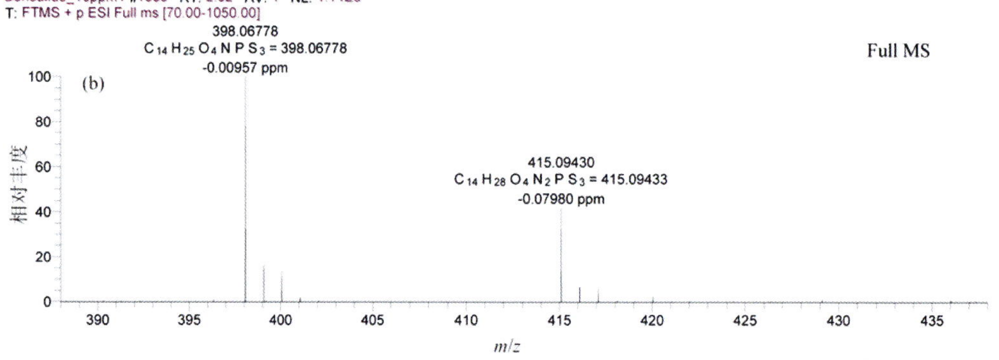

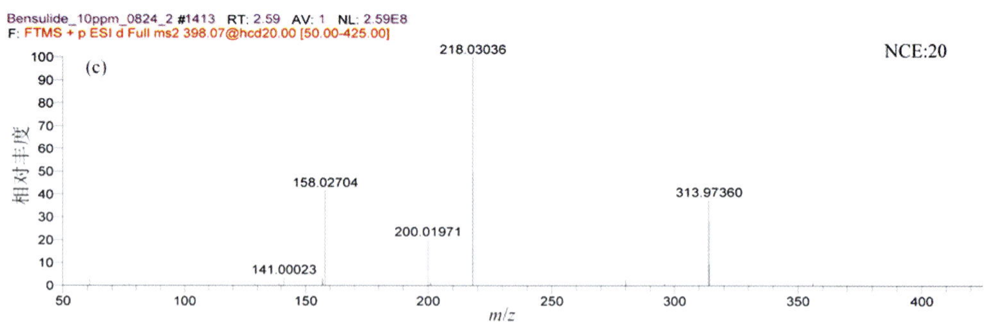

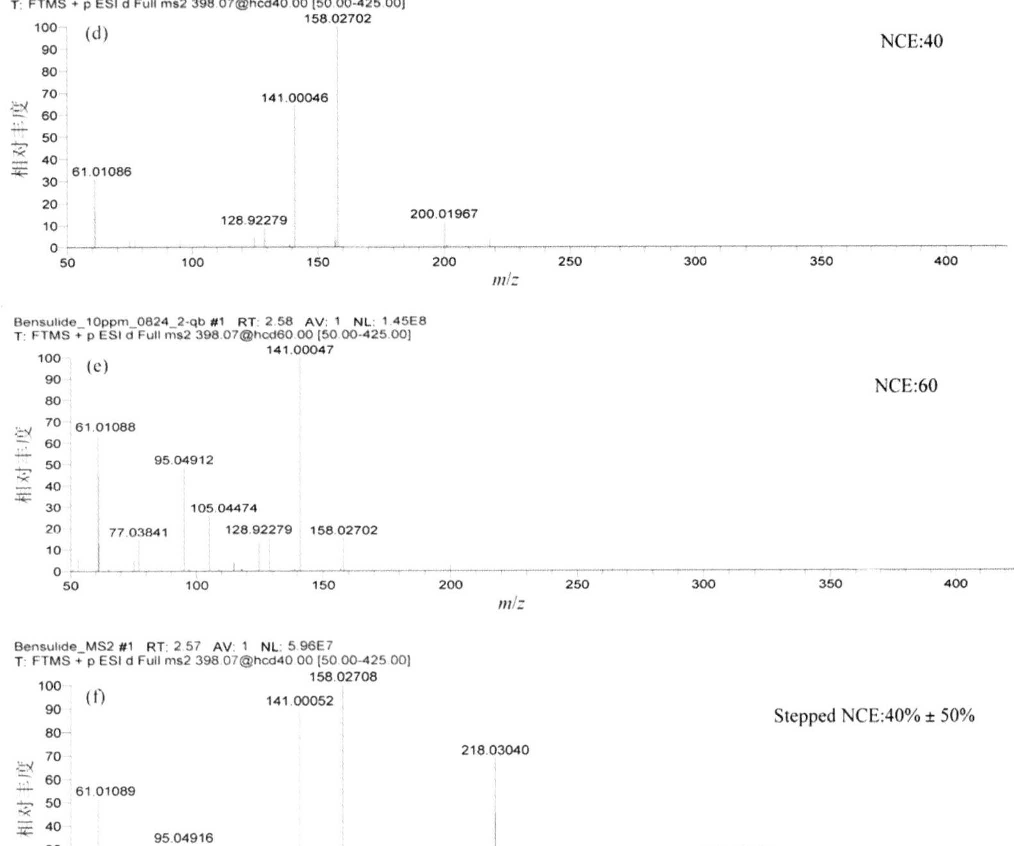

图 1-49　LC-Q-Orbitrap/MS FullMS/dd-MS^2 的色谱图和二级质谱图

（a）Bensulide（50 μg/L，溶剂标准）的提取离子色谱图；（b）一级质谱图；（c）碰撞能设置为 20 时的质谱图；（d）碰撞能设置为 40 时的质谱图；（e）碰撞能设置为 60 时的质谱图；（f）设置阶梯碰撞能 40%±50%时 dd-MS^2 的质谱图

在最初方法开发阶段，选取 575 种农药，配制 8 组混标，在已优化的液相色谱条件下，Full MS 模式进行分析，结合仪器自身高分辨率和精确质量数，确定化合物在液相色谱分离下相应的保留时间。然而，由于化合物自身纯度和其他药物的干扰，在实际检测验证过程中，发现一些药物无法准确识别检出，因此单标农药需要进样进行再次确证，如图 1-50 所示 prometryn 的保留时间确定过程中，设置相应的精确质量（242.14339）和质量偏差（5 ppm），但无法实现最终化合物保留时间的确定，此时需要进单标确认，单标确定后，prometryn 保留时间为 15.13 min。

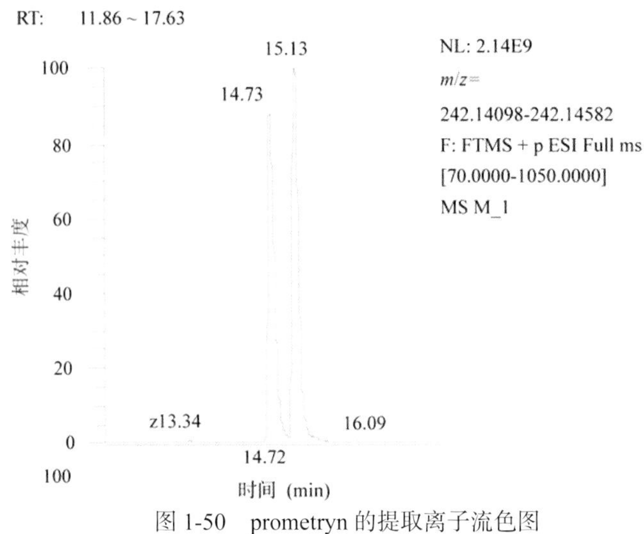

图 1-50　prometryn 的提取离子流色图

部分农药在单标测定中存在自身标准品不纯的现象，实际检测会出现多个色谱峰，此时需要认真核对，通过提取精确质量数确定最终数据库中的保留时间，以免后续带来干扰。如图 1-51（a），Full MS 模式下 Terbufos sulfone 单标进样，出现 2 个色谱峰，经处理后发现质量数分别为 305.0609 和 321.0380。通过精确质量可以判定 14.36 min 处的色谱峰为 Terbufos sulfone 的保留时间。对于 7.31 min 处的色谱峰，进一步进行确认，对该质量数化合物进行筛选和二级碎裂，并与数据库进行匹配，确证该化合物为 Terbufos oxon sulfone，如图 1-51（b）所示。这说明该化合物的出现，可能由于 Terbufos sulfone 的自身氧化所致。

同分异构体的存在给鉴定过程带来一定的困难，同时也会对方法实际应用产生干扰。对于同分异构体的识别，需要参考液相色谱分离下的保留时间和二级碎裂离子库进行比对，例如 Sebutylazine-desethyl 和 Simazine 这对同分异构体，在液相色谱条件下得到很好的分离，保留时间分别为 7.21 min 和 7.8 min，该组同分异构体完全可以通过保留时间进行确认。

部分同分异构体化合物仅依靠保留时间很难准确区分，例如：Propazine（14.18 min）、Sebutylazine（13.94 min）、Terbuthylazine（14.88 min）和 Trietazine（16.26 min），该组同分异构体共 4 种化合物，保留时间相对接近，如图 1-52（a）Full MS（m/z, 230.1167）提取离子流图所示，并且这 4 种同分异构体的前级离子形式一致，均为$[M+H]^+$，前级离子精确质量数为 230.1167，对于这类化合物的鉴定，二级碎裂离子库可以有效定性识别，如图 1-52（b）中 4 个化合物的 MS^2 离子流图，图 1-52（c）~（f）分别为 4 种化合物的二级质谱图。从表 1-34 可以看出，除 Sebutylazine 和 Terbuthylazine 离子种类相同外，其余同分异构体之间离子种类不同，可以作为区分化合物的定性依据，但 Sebutylazine 和 Terbuthylazine 由于离子种类相同，需考虑离子丰度比来增加定性手段。两张质谱图的离子丰度比相差很大，具体详见图 1-53。以上定性手段能为该类化合物的定性判定提供可靠的依据。

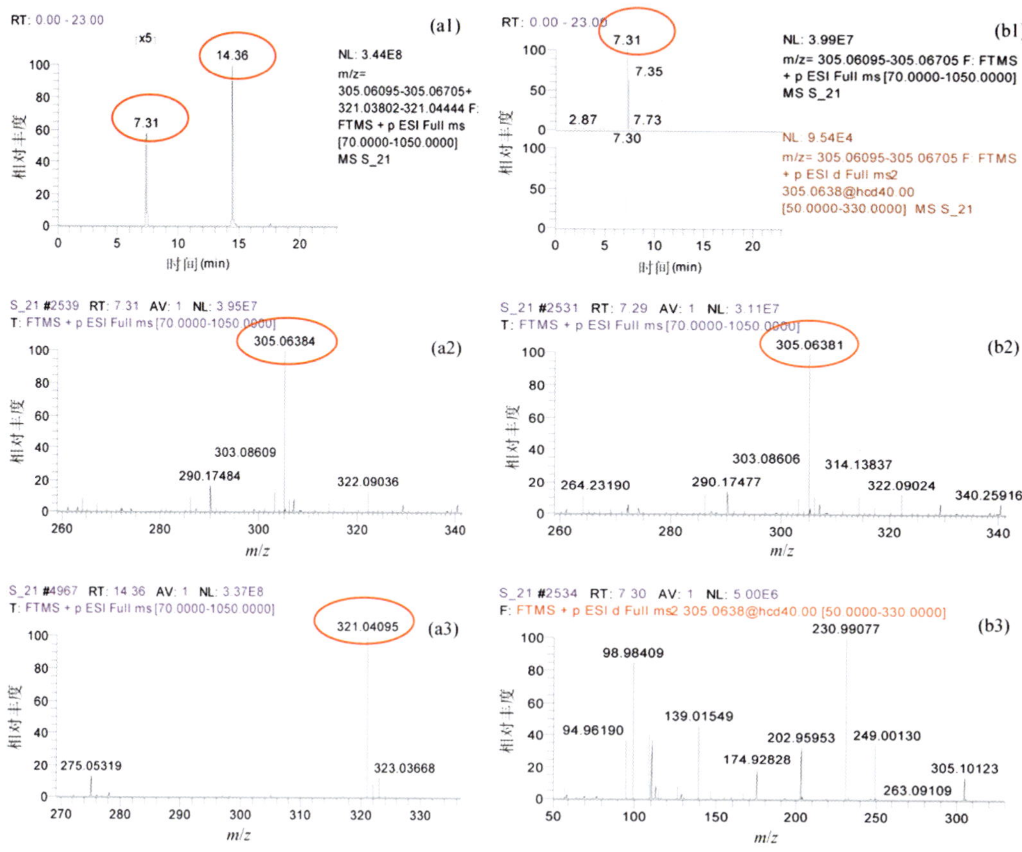

图 1-51　（a1）Full MS 模式下 Terbufos sulfone（50μg/L，溶剂标准）提取离子流色谱图；（a2）7.31 min 处一级质谱图；（a3）14.36 min 处一级质谱图；（b1）Full MS 模式下 7.31 min 提取离子流图和 dd-MS^2 模式下 7.31 min 提取离子流色谱图；（b2）Full MS 模式下 7.31 min 处质谱图；（b3）dd-MS^2 模式下 7.31 min 处质谱图

表 1-34　dd-MS^2 模式下 Sebutylazine, Propazine, Terbuthylazine 和 Trietazine 的碎裂离子

农药名称	前级离子	离子化形式	二级碎裂离子（理论值）
Sebutylazine	230.1167	$[M+H]^+$	174.0541，96.05562，104.001，146.0228，132.0323
Propazine	230.1167	$[M+H]^+$	146.0228，188.06975，104.001，110.04612
Terbuthylazine	230.1167	$[M+H]^+$	174.0541，132.0323，96.05562，146.0228，104.001
Trietazine	230.1167	$[M+H]^+$	99.09167，132.0323，202.0854，104.001，71.06037

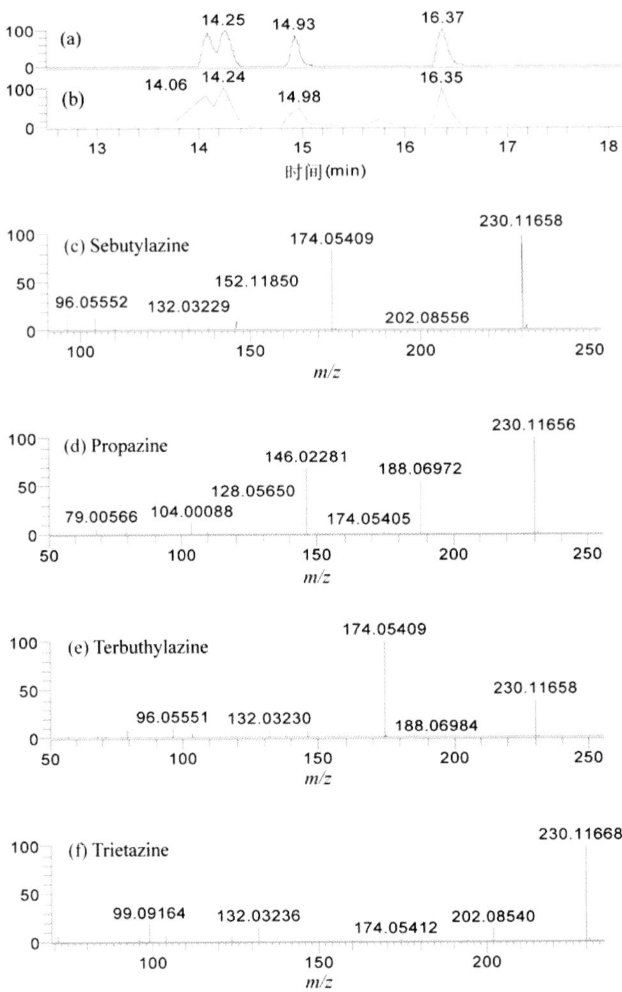

图 1-52 （a）Full MS 模式下 Sebutylazine, Propazine, Terbuthylazine 和 Trietazine 的提取离子流图；（b）dd-MS^2 模式下 Sebuthylazine, Propazine, Terbuthylazine 和 Trietazine 的提取离子流色谱图；（c）Sebuthylazine dd-MS^2 模式下质谱图；（d）Propazine dd-MS^2 模式下质谱图；（e）Terbuthylazine dd-MS^2 模式下质谱图；（f）Trietazine dd-MS^2 模式下质谱图

1.6.2.3 筛查方法的确立

筛查方法采用 Full MS/dd-MS^2 模式进样分析，通过一次进样分析即可获得 575 种农药的二级碎片离子信息，进而与标准谱库信息进行检索匹配。基于精确质量数据库和碎片离子谱库，采用 TraceFinder 软件对样品中的农药残留进行筛查。

在 TraceFinder 软件中调用已建立的精确质量数据库和碎片离子谱库数据库进行检索，设置相应的检索参数：保留时间限定范围为±0.5 min，精确质量偏差为±5 ppm，离子化形式选择$[M+H]^+$、$[M+NH_4]^+$、$[M+Na]^+$模式，峰面积阈值设置为 10000，最小检出离子数为 2，同位素匹配得分大于 70 分，数据库匹配得分大于 40 分，对数据进行检索。软件会根据化合物的精确质量数、保留时间、碎片离子数、同位素分布和比例的测定结果，计算其与理论值的偏差，给出检索匹配得分值，对于检索结果为 Confirm，该化合物确定为检出农药。对于检索结果为 Identify，为疑似农药，测定结果在碎片离子谱库中检索，检索参数设置：匹配模式为反相匹配，并在镜像比较下观察匹配结果。可确认该样品中是否含有该种农药。

对于上述参数的设置，在方法验证过程中发现参数满足化合物的识别与鉴定，能够有效降低假阳性和假阴性的检出率，如图 1-53 所示，在样品基质中筛查 Propazine，数据结果表明上述筛查参数的设置满足软件自动识别相对应的农药（Propazine），而不受同分异构体 Sebuthylazine、Terbuthylazine 和 Trietazine 的干扰，合理的参数设置可使化合物得到很好的区分和鉴别，满足后续方法数据处理自动化的要求。

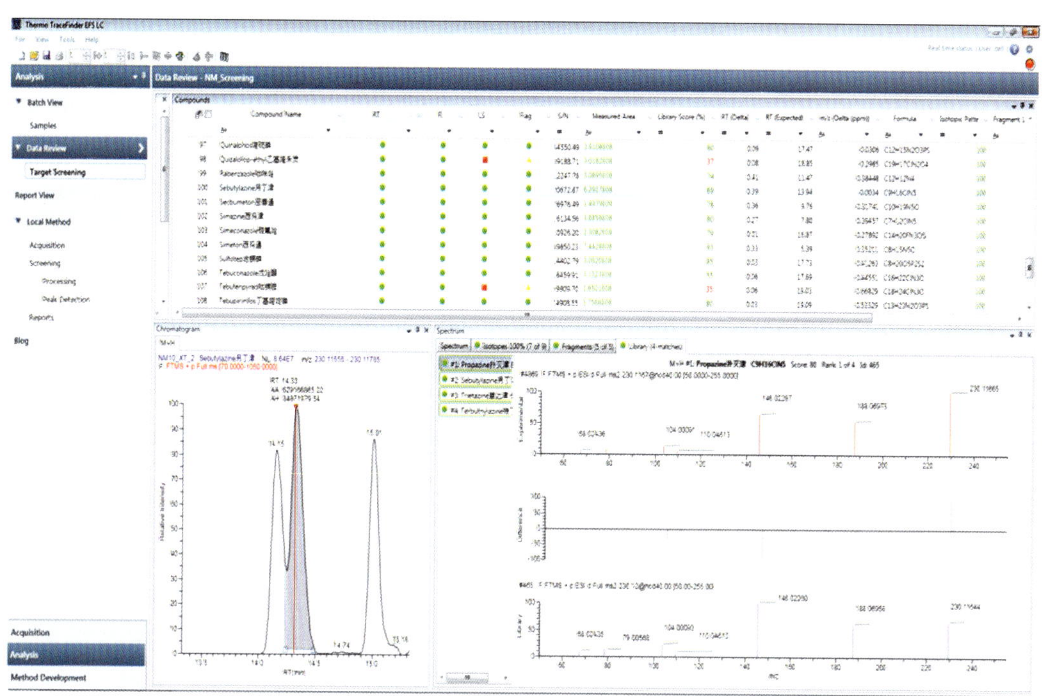

图 1-53　Full MS/dd-MS^2 模式下（100 μg/kg，基质标准）Propazine 在 TraceFinder 软件中的筛查结果

1.6.2.4　回收率分析（Rec.60%~120%且 RSD<20%）

1.6.2.4.1　回收率概况

在 575 种农药中，有 12 种农药由于原药浓度低等原因未添加，参与评价的农药个数为 563 个。表 1-35 按照回收率在 60%~120%之间，同时 3 个平行样的 RSD<20%的标准对 8 种基质中可以添加回收农药的数量进行了统计。8 种基质中可以添加回收的农药数量均大于 450 种，其占比范围均大于 81.0%，这表明该筛查方法具有较高的准确性，

可以实现 80%以上筛查农药的准确定量。同时，表 1-35 统计了不同基质中在 5 μg/kg、10 μg/kg 和 20 μg/kg 添加水平下均可以添加回收的农药个数，其中西瓜、番茄、结球甘蓝和芹菜中在 3 个水平下均符合要求的农药相对较多，均在 400 种以上，其占比均高于 71%。其余 4 种基质在 3 个浓度下均可添加回收的农药个数在 357~397 种之间，占比范围为 63.4%~70.5%。总体而言，该筛查方法可以在 5 μg/kg 浓度下实现 60%以上农药的准确添加回收（详细数据见附表 1-11）。

表 1-35　各基质可回收的农药数量及占比

	苹果	葡萄	西瓜	西柚	菠菜	番茄	结球甘蓝	芹菜
可回收农药合计	456	471	474	474	472	485	480	483
可回收农药占比（%）	81.0	83.7	84.2	84.2	83.8	86.2	85.3	85.8
3 个浓度均可回收农药合计	397	372	427	377	357	404	404	440
3 个浓度均可回收农药占比（%）	70.5	66.1	75.8	67.0	63.4	71.8	71.8	78.2

1.6.2.4.2　8 种基质符合回收率要求分析

表 1-36 给出了 8 种基质中 563 种农药分别在 5 μg/kg、10 μg/kg 和 20 μg/kg 水平下添加回收率符合 60%~120%之间，RSD<20%的农药个数及占比。在 5 μg/kg 下，8 种基质中符合要求的农药数量在 362~452 种之间，其占比范围为 64.3%~80.3%，除菠菜中符合要求的农药数量为 362 种，占比较低外，其他基质中符合要求的农药数量均高于 400 种，占比在 70%以上；在 10 μg/kg 下，8 种基质中符合要求的农药数量在 435~463 种之间，其占比范围为 77.3%~82.2%，不同基质中符合要求的农药数量差别均不大；在 20 μg/kg 下，8 种基质中符合要求的农药数量在 442~480 种之间，其占比范围为 78.5%~85.3%，其中西瓜、番茄和芹菜中符合要求的农药数量相对较多，分别为 469、480 和 478 种。总体而言，西瓜、番茄、结球甘蓝和芹菜中在 3 个水平下符合要求的农药数量均处于较高水平，苹果、葡萄、西柚和菠菜中在添加 5 μg/kg 时符合要求的农药个数低于 10 μg/kg 和 20 μg/kg。

表 1-36　各基质按添加回收浓度统计的可回收农药数量及占比

添加水平（μg/kg）	苹果		葡萄		西瓜		西柚		菠菜		番茄		结球甘蓝		芹菜	
	数量	占比（%）	数量	占比（%）	数量	占比（%）	数量	占比（%）	数量	占比（%）	数量	占比（%）	数量	占比（%）	数量	占比（%）
5	409	72.7	401	71.2	432	76.7	403	71.6	362	64.3	411	73	435	77.3	452	80.3
10	435	77.3	440	78.2	456	81	441	78.3	439	78	463	82.2	443	78.7	458	81.4
20	442	78.5	449	79.8	469	83.3	454	80.6	463	82.2	480	85.3	455	80.8	478	84.9

1.6.2.4.3　8 种基质不符合回收率要求分析

表 1-37 按照可回收基质种数对符合要求的农药数量及占比进行了统计，有 419 种

农药在 8 种基质中均可以添加回收，其占比为 74.4%，在 1~7 种基质中可添加回收的农药数量范围为 5~34 种，其占比范围为 0.9%~6.0%。在所有基质中均无法添加回收的农药为 50 种，其中部分农药响应较低，无法提取一级加合离子信息。在使用溶剂标准建立筛查方法时，这些农药在 100 μg/kg 仍无法提取加合离子信息，需要使用 10 mg/kg 的溶剂单标。另有部分农药，在 8 种基质的基质标准中可以进行筛查，但无法对其进行添加回收，因此需要在较高水平下进行添加回收实验。

表 1-37 按可回收基质种数统计的农药数量及占比

	数量	占比（%）
8 种基质均可回收	419	74.4
7 种基质可回收	34	6.0
6 种基质可回收	13	2.3
5 种基质可回收	9	1.6
4 种基质可回收	5	0.9
3 种基质可回收	10	1.8
2 种基质可回收	9	1.6
1 种基质可回收	14	2.5
均不可回收	50	8.9

1.6.2.5 基质分析

对不能添加回收农药的详细分布进行了统计，见表 1-38。在所有水果中均无法添加回收的农药有 13 种，在所有蔬菜中均无法添加回收的农药有 8 种，只在苹果、葡萄、西瓜和西柚中无法添加回收的农药分别有 15、4、2 和 1 种，只在菠菜、番茄、结球甘蓝和芹菜中无法添加回收的农药分别有 5、1、4 和 2 种。

表 1-38 无法添加回收的农药分布情况

序号	农药名称	CAS 号	无法添加回收分布
1	Bifenazate	149877-41-8	水果中均无法添加回收
2	Flufenoxuron	101463-69-8	水果中均无法添加回收
3	Foramsulfuron	173159-57-4	水果中均无法添加回收
4	Imibenconazole	86598-92-7	水果中均无法添加回收
5	Pymetrozine	123312-89-0	水果中均无法添加回收
6	Thiram	137-26-8	水果中均无法添加回收
7	Triazoxide	72459-58-6	水果中均无法添加回收
8	Triflusulfuron-methyl	126535-15-7	水果中均无法添加回收
9	Chlorimuron-ethyl	90982-32-4	水果中均无法添加回收

续表

序号	农药名称	CAS 号	无法添加回收分布
10	Inabenfide	82211-24-3	水果中均无法添加回收
11	Isopropalin	33820-53-0	水果中均无法添加回收
12	6-Benzylaminopurine	1214-39-7	水果中均无法添加回收
13	Flazasulfuron	104040-78-0	水果中均无法添加回收
1	Daminozide	1596-84-5	蔬菜中均无法添加回收
2	Resmethrin	10453-86-8	蔬菜中均无法添加回收
3	Bioresmethrin	28434-01-7	蔬菜中均无法添加回收
4	Clodinafop	114420-56-3	蔬菜中均无法添加回收
5	Haloxyfop	69806-34-4	蔬菜中均无法添加回收
6	Imazaquin	81335-37-7	蔬菜中均无法添加回收
7	Iodosulfuron-methyl	144550-06-1	蔬菜中均无法添加回收
8	Pyrasulfotole	365400-11-9	蔬菜中均无法添加回收
1	Sulcotrione	99105-77-8	苹果中无法添加回收
2	Ipconazole	125225-28-7	苹果中无法添加回收
3	Flubendiamide	272451-65-7	苹果中无法添加回收
4	Metsulfuron-methyl	74223-64-6	苹果中无法添加回收
5	Quinoxyfen	124495-18-7	苹果中无法添加回收
6	Thiencarbazone-methyl	317815-83-1	苹果中无法添加回收
7	Fenoxaprop-P-ethyl	71238-80-2	苹果中无法添加回收
8	Pebulate	1114-71-2	苹果中无法添加回收
9	Trinexapac-ethyl	95266-40-3	苹果中无法添加回收
10	Ametoctradin	865318-97-4	苹果中无法添加回收
11	Pyraclofos	89784-60-1	苹果中无法添加回收
12	Etobenzanid	79540-50-4	苹果中无法添加回收
13	Propyzamide	23950-58-5	苹果中无法添加回收
14	1,3-Diphenyl urea	102-07-8	苹果中无法添加回收
15	Pyrazoxyfen	71561-11-0	苹果中无法添加回收
1	Fenpyroximate	134098-61-6	葡萄中无法添加回收
2	Butocarboxim	34681-10-2	葡萄中无法添加回收
3	Imazalil	35554-44-0	葡萄中无法添加回收
4	Cyclosulfamuron	136849-15-5	葡萄中无法添加回收
1	Tralkoxydim	87820-88-0	西瓜中无法添加回收

续表

序号	农药名称	CAS 号	无法添加回收分布
2	Pyrazolynate	58011-68-0	西瓜中无法添加回收
1	Amidosulfuron	120923-37-7	西柚中无法添加回收
1	Dithiopyr	97886-45-8	菠菜中无法添加回收
2	Buprofezin	69327-76-0	菠菜中无法添加回收
3	Sulfallate	95-06-7	菠菜中无法添加回收
4	Phorate	298-02-2	菠菜中无法添加回收
5	Isoxadifen-ethyl	163520-33-0	菠菜中无法添加回收
1	Chlormequat	7003-89-6	番茄中无法添加回收
1	Methiocarb-sulfone	2179-25-1	结球甘蓝中无法添加回收
2	Clodinafop-propargyl	105512-06-9	结球甘蓝中无法添加回收
3	Terbutryn	886-50-0	结球甘蓝中无法添加回收
4	Dibutyl succinate	141-03-7	结球甘蓝中无法添加回收
1	Tridemorph	81412-43-3	芹菜中无法添加回收
2	Flurochloridone	61213-25-0	芹菜中无法添加回收

1.6.2.6　方法灵敏度

1.6.2.6.1　可筛查农药

在参与评价的 563 个农药中，部分农药由于响应低或存在基质干扰等原因无法确定筛查限。8 种基质中可以确定筛查限（即该方法可筛查）的农药个数在 521~537，其在 563 种添加农药中的占比范围为 92.5%~95.4%，见表 1-39。

表 1-39　8 种基质 LC-Q-Orbitrap/MS 可筛查的农药数量及占比

	通用筛查限	苹果	葡萄	西瓜	西柚	菠菜	番茄	结球甘蓝	芹菜
农药库合计	575	575	575	575	575	575	575	575	575
可筛查农药合计	547	526	521	522	531	531	529	530	537
未添加农药合计	12	12	12	12	12	12	12	12	12
响应低农药合计	16	37	42	41	32	32	34	33	26
可筛查农药占比（%）	97.2	93.4	92.5	92.7	94.3	94.3	94.0	94.1	95.4

表 1-40 给出了 LC-Q-Orbitrap/MS 方法中 8 种基质在 1 μg/kg、5 μg/kg、10 μg/kg、

20 μg/kg 和 50 μg/kg 5 个浓度下的可筛查农药数量。可以看出，在 8 种基质中均有 400 种以上的农药筛查限为 1 μg/kg，占 563 种农药的 70%以上；其次是筛查限为 5 μg/kg 的农药，其占比在 5.2%~18.5%之间；筛查限在 50 μg/kg 的农药，除葡萄中为 19 种，占比 3.4%外，其他 7 种基质中的农药个数均低于 10 种，占比均低于 1.8%。8 种基质中筛查限浓度低于 10 μg/kg 的农药个数范围为 499~522 个，其占比范围为 88.6%~92.7%。以上分析表明，LC-Q-Orbitrap/MS 筛查方法具有较强的筛查能力，可在较低浓度水平下对水果和蔬菜中的绝大多数农药进行筛查（详细数据见附表 1-12）。

表 1-40　8 种基质按 LC-Q-Orbitrap/MS 筛查限浓度统计的可筛查农药数量及占比

筛查限浓度（μg/kg）	通用筛查限		苹果		葡萄		西瓜		西柚		菠菜		番茄		结球甘蓝		芹菜	
	数量	占比（%）	数量	占比（%）	数量	占比（%）	数量	占比（%）	数量	占比（%）	数量	占比（%）	数量	占比（%）	数量	占比（%）	数量	占比（%）
1	345	61.3	448	79.6	452	80.3	452	80.3	445	79.0	417	74.1	463	82.2	405	71.9	405	71.9
5	75	13.3	45	8.0	29	5.2	40	7.1	40	7.1	59	10.5	41	7.3	85	15.1	104	18.5
10	44	7.8	12	2.1	18	3.2	13	2.3	27	4.8	24	4.3	8	1.4	9	1.6	13	2.3
20	46	8.2	11	2.0	3	0.5	7	1.2	13	2.3	24	4.3	15	2.7	23	4.1	10	1.8
50	37	6.6	10	1.8	19	3.4	10	1.8	6	1.1	7	1.2	2	0.4	8	1.4	5	0.9

注：占比=数量×100/563

1.6.2.6.2　无法筛查农药

表 1-41 按照基质种类对可筛查农药进行了统计，其中在 8 种基质中均可筛查的农药为 504 种，占 563 种农药的 89.52%。这表明，在该筛查方法中绝大多数农药均可在 8 种基质中筛出。只在 1~7 种基质中可以筛查的农药数量为 3~10 种，占比范围为 0.53%~1.78%，这是由于部分农药受到了不同基质的干扰，导致无法准确定性。另外，有 28 种农药（包含 12 种未添加农药）在各个基质中均无法筛查，这主要是由于这些农药在该筛查方法中的响应较低或无法找到加合离子信息。查看建立数据库时的原始记录发现，这些农药在 LC-Q-Orbitrap/MS 上的灵敏度相对较低，在建库时使用的溶剂单标浓度 10 mg/L 时仍然响应较低或为基线水平。

表 1-41　按可筛查基质种数统计的农药数量及占比

可筛查基质种类（种）	农药数量（个）	占比（%）
8	504	89.52
7	10	1.78
6	7	1.24
5	5	0.89
4	9	1.6
3	3	0.53
2	4	0.71
1	5	0.89
均不可筛查	28	2.84

1.6.3　结论

本研究应用LC-Q-Orbitrap/MS建立了水果和蔬菜中575种农药多残留的高通量筛查方法。首先，基于农药标准品建立了一级加合离子和二级碎片精确质量数据库，同时形成了二级谱图库，在此基础上，通过优化筛查中所需的各项参数（精确质量数偏差、保留时间限定范围和离子化形式等），建立了水果和蔬菜中 575 种农药多残留的快速筛查方法。通过添加回收率对方法的准确性和精密度进行了验证，同时考察了方法的筛查限，结果表明，本研究建立的筛查方法快速、准确、可靠，能够满足日常水果和蔬菜中农药多残留的高通量筛查，这项新技术将成为我国食品安全监管前移的有力工具。

参 考 文 献

[1] 杨杰,樊永祥,杨大进,等. 国际食品污染物监测体系理化指标监测介绍及思考. 中国食品卫生杂志,2009（2）: 161-168.

[2] 许彦阳,钱永忠. 中美农产品药物残留监测计划比较分析及启示. 世界农业,2015（7）:5-9.

[3] 汤晓艳,郭林宇,王敏,等. 欧盟农药残留监控体系概况及启示. 农业质量标准,2009（6）:41-44.

[4] The Japanese Positive List System for Agricultural Chemical Residues in Foods （Enforcement on May 29, 2006）. http://www.ffcr.or.jp/zaidan/ FFCRHOME.nsf/pages/ MRLs-p.

[5] 关于发布《中华人民共和国动物及动物源食品中残留物质监控计划》和《官方取样程序》的通知（农牧发[1999]8 号）.

[6] 关于印发《食品安全风险监测管理规定（试行）》的通知（卫监督发[2010]17 号）.

[7] EU Pesticides database; http://ec.europa.eu/food/plant/pesticides/eu-pesticides-database/ public/?event=activesubstance. selection& language=EN.

[8] 欧盟：http://www.europa.eu.int/comm/food.

[9] 美国：http://www.epa.gov.

[10] 日本：http://www.m5.ws001.squarestart.ne.jp/foundation/search.html.

[11] GB 2763—2016. 食品安全国家标准 食品中农药最大残留限量.

[12] 刘密新,等.仪器分析. 第 2 版. 北京：清华大学出版社, 2008.

[13] Guan F Y, Uboh C E, Soma L R, et al. Quantification of clenbuterol in equine plasma, urine and tissue by liquid chromatography coupled on-line with quadrupole time-of-flight mass spectrometry. Rapid Communications in Mass Spectrometry, 2002, 16（17）: 1642-1651.

[14] 庞国芳, 范春林, 常巧英, 等. 追踪近 20 年 SCI 论文, 见证世界农药残留检测技术进步. 食品科学, 2012（33）: 1-7.

[15] Ferrer I, Garcia-Reyes J F, Mezcua M, et al. Multi-residue pesticide analysis in fruits and vegetables by liquid chromatography–time-of-flight mass spectrometry. Journal of Chromatography A, 2005, 1082（1）: 81-90.

[16] Ferrer I, Thurman E M. Multi-residue method for the analysis of 101 pesticides and their degradates in food and water samples by liquid chromatography/time-of-flight mass spectrometry. Journal of Chromatography A, 2007, 1175（1）: 24-37.

[17] Gilbert-López B, Garcíareyes J F, Mezcua M, et al. Determination of postharvest Fungicides in fruit juices by solid-phase extraction followed by liquid chromatography electrospray time-of-flight mass spectrometry. Journal of Agricultural and Food Chemistry, 2007, 55（26）: 10548-10556.

[18] Gilbert-López B, García-Reyes J F, Ortega-Barrales P, et al. Analyses of pesticide residues in fruit-based baby food by liquid chromatography/electrospray ionization time-of-flight mass spectrometry. Rapid Communications in Mass Spectrometry, 2007, 21（13）: 2059-2071.

[19] Taylor M J, Keenan G A, Reid K B, et al. The utility of ultra-performance liquid chromatography/electrospray ionisation time-of-flight mass spectrometry for multi-residue determination of pesticides in strawberry. Rapid Communications in Mass

Spectrometry, 2008, 22（17）: 2731-2746.

[20] Lacina O, Urbanova J, Poustka J, et al. Identification/quantification of multiple pesticide residues in food plants by ultra-high-performance liquid chromatography-time-of-flight mass spectrometry. Journal of Chromatography A, 2010, 1217（5）: 648-659.

[21] Mezcua M, Malato O, Martinez-Uroz M A, et al. Evaluation of relevant time-of-flight-MS parameters used in HPLC/MS full-scan screening methods for pesticide residues. Journal of Aoac International, 2011, 94（6）: 1674-1684.

[22] Morris H R, Paxton T, Dell A, et al. High sensitivity collisionally-activated decomposition tandem mass spectrometry on a novel quadrupole/orthogonal-acceleration time-of-flight mass spectrometer. Rapid Communications in Mass Spectrometry, 1996, 10（8）: 889-896.

[23] Grimalt S, Pozo Ó J, Sancho J V, et al. Use of liquid chromatography coupled to quadrupole time-of-flight mass spectrometry to investigate pesticide residues in fruits. Analytical Chemistry, 2007, 79（7）: 2833-2843.

[24] Wang J, Leung D. Applications of ultra-performance liquid chromatography electrospray ionization quadrupole time-of-flight mass spectrometry on analysis of 138 pesticides in fruit- and vegetable-based infant foods. Journal of Agricultural and Food Chemistry, 2009, 57（6）: 2162-2173.

[25] Malato O, et al. Benefits and pitfalls of the application of screening methods for the analysis of pesticide residues in fruits and vegetables. Journal of Chromatography A, 2011, 1218（42）: 7615-7626.

[26] López M G, Fussell R J, Stead S L, et al. Evaluation and validation of an accurate mass screening method for the analysis of pesticides in fruits and vegetables using liquid chromatography-quadrupole-time of flight-mass spectrometry with automated detection. Journal of Chromatography A, 2014, 1373: 40-50.

[27] Wang Z B, Cao Y Z, Ge N, et al. Wide-scope screening of pesticides in fruits and vegetables using information-dependent acquisition employing UHPLC-Q-TOF/MS and automated MS/MS library searching. Analytical and Bioanalytical Chemistry, 2016, 408（27）: 7795-7810.

[28] Pérez-Ortega P, Lara-Ortega F J, García-Reyes J F, et al. A feasibility study of UHPLC-HRMS accurate-mass screening methods for multiclass testing of organic contaminants in food. Talanta, 2016. 160: 704-712.

[29] Patel K, Fussell R J, Goodall D M, et al. Evaluation of large volume-difficult matrix introduction-gas chromatography-time of flight-mass spectrometry （LV-DMI-GC-TOF-MS） for the determination of pesticides in fruit-based baby foods. Food Additives and Contaminants, 2004, 21（7）: 658-669.

[30] Leandro C C, Hancock P, Fussell R J, et al. Quantification and screening of pesticide residues in food by gas chromatography–exact mass time-of-flight mass spectrometry. Journal of Chromatography A, 2007, 1166（1）: 152-162.

[31] Koesukwiwat U, Lehotay S J, Miao S, et al. High throughput analysis of 150 pesticides in fruits and vegetables using QuEChERS and low-pressure gas chromatography-time-of-flight mass spectrometry. Journal of Chromatography A, 2010, 1217（43）: 6692-6703.

[32] Dasgupta S, Banerjee K, Dhumal K N, et al. Optimization of detection conditions and single-laboratory validation of a multiresidue method for the determination of 135 pesticides and 25 organic pollutants in grapes and wine by gas chromatography time-of-flight mass spectrometry. Journal of AOAC International, 2011, 94（1）: 273-285.

[33] Cervera M I, Portolés T, Pitarch E, et al. Application of gas chromatography time-of-flight mass spectrometry for target and non-target analysis of pesticide residues in fruits and vegetables. Journal of Chromatography A, 2012, 1244: 168-177.

[34] Portolés T, Sancho J V, Hernández F, et al. Potential of atmospheric pressure chemical ionization source in GC-QTOF MS for pesticide residue analysis. Journal of Mass Spectrometry, 2010, 45（8）: 926-936.

[35] Zhang F, Yu C T, Wang W W, et al. Rapid simultaneous screening and identification of multiple pesticide residues in vegetables. Analytica Chimica Acta, 2012, 757: 39-47.

[36] Zhang F, Wang H, Zhang L, et al. Suspected-target pesticide screening using gas chromatography-quadrupole time-of-flight mass spectrometry with high resolution deconvolution and retention index/mass spectrum library. Talanta, 2014, 128: 156-163.

[37] Cervera M I, Portolés T, López F J, et al. Screening and quantification of pesticide residues in fruits and vegetables making

use of gas chromatography-quadrupole time-of-flight mass spectrometry with atmospheric pressure chemical ionization. Analytical and Bioanalytical Chemistry, 2014, 406（27）: 6843-6855.

[38] Portoles T, Mol J G, Sancho J V, et al. Validation of a qualitative screening method for pesticides in fruits and vegetables by gas chromatography quadrupole-time of flight mass spectrometry with atmospheric pressure chemical ionization. Analytica Chimica Acta, 2014, 838: 76-85.

[39] Nacher-Mestre J, Serrano R, Portolés T, et al. Screening of pesticides and polycyclic aromatic hydrocarbons in feeds and fish tissues by gas chromatography coupled to high-resolution mass spectrometry using atmospheric pressure chemical ionization. Journal of Agricultural and Food Chemistry, 2014, 62（10）: 2165-2174.

[40] Makarov A. Electrostatic axially harmonic orbital trapping: a high-performance technique of mass analysis. Analytical Chemistry, 2000, 72（6）: 1156-1162.

[41] Alder L, Steinborn A, Bergelt S, et al. Suitability of an Orbitrap mass spectrometer for the screening of pesticide residues in extracts of fruits and vegetables. Journal of AOAC International, 2011, 94（6）: 1661-1673.

[42] Mol H G J, Zomer P, De Koning M, et al. Qualitative aspects and validation of a screening method for pesticides in vegetables and fruits based on liquid chromatography coupled to full scan high resolution （Orbitrap） mass spectrometry. Analytical and Bioanalytical Chemistry, 2012, 403（10）: 2891-2908.

[43] Wang J, Chow W, Chang J, et al. Ultrahigh-performance liquid chromatography electrospray ionization Q-orbitrap mass spectrometry for the analysis of 451 pesticide residues in fruits and vegetables: Method development and validation. Journal of Agricultural and Food Chemistry, 2014, 62（42）: 10375-10391.

[44] Dzuman Z, Iachariasova M, Veprikova Z, et al. Multi-analyte high performance liquid chromatography coupled to high resolution tandem mass spectrometry method for control of pesticide residues, mycotoxins, and pyrrolizidine alkaloids. Analytica Chimica Acta, 2015, 863: 29-40.

[45] Ishibashi M, Ando T, Sakai M, et al. High-throughput simultaneous analysis of pesticides by supercritical fluid chromatography coupled with high-resolution mass spectrometry. Journal of Agricultural and Food Chemistry, 2015, 63（18）: 4457-4463.

附表 1-1　LC-Q-TOF/MS 筛查 485 种农药在四种基质（苹果、葡萄、芹菜和番茄）中回收率结果（n=5）

序号	农药名称	苹果						葡萄						芹菜						番茄					
		5μg/kg		10μg/kg		20μg/kg		5μg/kg		10μg/kg		20μg/kg		5μg/kg		10μg/kg		20μg/kg		5μg/kg		10μg/kg		20μg/kg	
		Rec (%)	RSD (%)	Rec (%)	RSD (%)	Rec (%)	RSD (%)	Rec (%)	RSD (%)	Rec (%)	RSD (%)	Rec (%)	RSD (%)	Rec (%)	RSD (%)	Rec (%)	RSD (%)	Rec (%)	RSD (%)	Rec (%)	RSD (%)	Rec (%)	RSD (%)	Rec (%)	RSD (%)
1	1,3-Diphenyl urea	110.2	3.3	94.6	2.3	96.8	6.7	80.3	3.5	92.2	1.1	101.4	4.0	106.9	1.6	93.7	8.5	95.1	2.9	83.0	3.7	104.9	2.6	84.9	2.7
2	1-naphthyl acetamide	114.7	2.1	107.2	5.5	114.1	4.8	83.8	3.3	99.3	3.6	94.0	2.8	93.3	5.6	89.7	1.8	96.9	1.0	96.4	4.4	88.1	4.9	93.7	2.9
3	2,6-Dichlorobenzamide	109.9	4.0	89.3	7.2	109.9	2.7	87.5	5.0	98.9	0.9	102.6	4.6	101.4	4.2	88.8	1.0	97.9	3.7	88.1	1.4	88.5	5.4	95.5	5.5
4	3,4,5-Trimethacarb	44.3	21.7	95.4	6.5	96.6	2.8	67.4	5.0	79.9	6.2	133.8	8.2	108.9	6.4	93.6	3.9	81.5	15.1	-	-	93.9	5.2	77.1	6.6
5	6-chloro-4-hydroxy-3-phenyl-pyridazin	84.3	11.4	77.1	10.2	62.8	31.2	74.4	4.4	53.0	48.5	65.2	43.4	89.3	8.0	80.8	5.8	84.1	5.5	61.5	17.7	79.7	24.7	78.8	7.1
6	Acetamiprid	106.9	1.3	80.7	3.9	106.4	4.8	116.3	3.0	98.5	1.8	98.2	3.1	94.4	2.1	94.5	1.0	101.2	1.4	79.2	1.1	87.2	6.5	93.3	2.0
7	Acetochlor	107.7	5.6	87.9	1.4	96.8	3.4	82.4	8.2	91.6	6.6	101.3	10.0	114.8	6.7	101.7	8.6	96.1	4.7	91.8	7.0	84.7	9.5	93.9	10.3
8	Aclonifen	99.4	11.9	95.5	5.6	98.2	4.2	98.6	7.4	93.7	7.5	75.9	6.8	107.4	8.9	99.7	10.1	96.5	9.6	91.2	5.5	90.1	6.7	99.2	10.1
9	Aldicarb	111.1	2.8	90.8	2.7	108.2	4.4	83.5	2.7	89.9	5.0	101.0	6.0	98.1	4.2	90.8	2.2	94.5	3.0	102.4	6.1	94.0	8.5	88.2	1.8
10	Aldicarb-sulfone	138.3	10.2	100.2	5.1	114.0	2.5	94.0	3.3	98.9	3.9	91.5	2.7	80.2	28.5	99.0	0.7	111.8	12.4	-	-	97.3	9.0	85.6	8.6
11	Aldimorph	-	-	75.0	24.2	162.3	13.3	72.4	33.1	81.5	12.1	112.2	18.8	94.6	27.5	35.4	23.2	84.1	12.6	-	-	-	-	-	-
12	Allidochlor	104.3	5.3	95.7	4.1	100.3	4.6	93.2	7.9	56.6	34.4	80.1	12.5	82.0	16.4	100.9	5.8	89.9	5.9	95.4	3.0	89.6	8.3	74.8	6.0
13	Ametryn	109.9	3.6	89.3	5.4	97.0	2.6	85.1	6.2	91.5	8.2	90.5	8.1	107.5	10.3	108.7	8.7	98.0	4.7	103.7	5.2	112.8	5.2	96.6	18.5
14	Amidithion	108.2	3.6	99.7	5.9	81.4	3.6	83.3	3.0	92.0	3.6	100.4	2.9	96.5	2.2	87.7	1.8	95.6	1.6	88.7	3.0	91.0	2.9	95.3	2.1
15	Amidosulfuron	39.5	33.7	64.4	59.4	57.5	60.4	91.5	9.5	18.8	42.1	27.9	76.7	83.1	16.4	105.5	2.8	37.2	39.6	-	-	62.8	19.9	52.4	44.6
16	Aminocarb	103.7	3.7	93.4	12.3	110.6	5.3	87.6	2.1	86.7	4.6	87.1	4.8	88.8	7.9	91.8	1.6	89.9	1.8	86.2	4.7	87.2	4.9	92.5	4.4
17	Aminopyralid	-	-	-	-	-	-	-	-	-	-	-	-	-	-	-	-	-	-	-	-	-	-	-	-
18	Ancymidol	116.7	2.0	95.6	8.3	111.0	1.7	92.1	1.5	94.5	3.9	103.9	3.1	102.1	6.0	91.7	3.1	95.4	1.3	92.8	3.9	88.5	2.4	73.8	5.6
19	Anilofos	111.6	3.6	100.1	6.2	88.0	4.1	98.9	13.5	91.9	8.4	81.3	10.3	115.8	5.3	104.2	10.2	92.2	11.6	101.8	10.8	84.4	8.9	103.1	13.5
20	Aspon	139.2	16.3	96.2	6.9	90.4	9.8	92.1	9.3	93.9	5.2	106.7	4.7	91.1	23.2	94.3	6.6	81.2	15.4	83.4	14.9	69.1	28.7	106.6	32.8
21	Asulam	87.3	22.1	46.4	11.0	76.6	8.9	72.6	9.0	77.3	7.1	90.2	7.9	52.5	31.4	70.4	5.7	39.3	34.7	81.0	21.2	102.4	7.5	86.8	11.2
22	Athidathion	118.6	1.9	93.4	4.5	104.1	44.0	96.0	12.8	97.4	11.5	86.4	8.3	114.8	7.1	133.9	28.9	92.9	9.3	85.2	23.1	52.4	28.2	93.8	8.7
23	Atraton	113.4	1.2	95.6	1.3	98.6	2.5	87.8	3.9	95.3	6.0	102.5	4.0	103.3	5.7	101.9	6.8	97.6	2.0	92.9	1.9	101.0	5.1	94.7	9.3
24	Atrazine	114.8	3.5	94.4	7.2	111.1	2.3	91.2	5.4	99.6	6.5	99.8	5.7	114.4	5.1	100.7	9.1	103.8	4.0	91.3	6.3	83.8	12.3	100.0	15.0
25	Atrazine-desethyl	110.8	1.7	101.4	3.5	112.8	4.2	87.1	1.9	98.4	1.2	98.9	4.7	90.5	6.2	91.4	0.9	98.6	0.5	85.5	10.2	85.8	10.7	91.6	2.8
26	Azaconazole	114.0	3.5	105.7	7.1	113.3	3.8	89.4	2.1	93.5	5.6	98.3	5.7	105.1	4.4	97.5	4.8	94.8	2.1	90.5	8.5	92.7	8.4	91.7	3.9
27	Azamethiphos	113.9	1.4	105.2	8.2	112.7	3.1	86.5	2.9	97.2	1.9	90.2	3.9	108.8	4.3	91.6	2.3	97.0	0.3	84.4	5.9	101.3	12.7	97.4	3.1
28	Azinphos-ethyl	114.2	3.5	102.9	7.1	99.3	5.5	92.6	4.6	90.8	8.0	85.5	7.0	89.4	12.0	108.1	8.2	89.7	11.3	89.9	8.8	81.2	11.2	101.0	6.8
29	Azinphos-methyl	113.9	6.8	89.6	6.0	88.7	4.7	84.6	7.9	88.6	7.7	94.6	6.3	115.1	4.3	104.2	8.5	92.6	7.0	85.2	13.4	79.8	10.3	95.2	5.4
30	Aziprotryne	110.7	4.9	94.3	6.6	99.1	7.7	82.6	7.6	96.7	3.1	96.3	5.3	106.7	12.1	99.5	8.3	95.5	4.1	91.5	5.4	88.4	7.0	96.5	9.4
31	Azoxystrobin	114.5	2.6	93.0	1.2	95.5	4.1	-	-	93.4	5.3	90.4	8.4	113.8	7.3	103.4	8.4	96.4	4.8	86.6	6.3	89.0	4.9	91.9	5.1
32	Benalaxyl	105.4	3.0	109.2	5.3	108.5	4.5	92.3	5.6	94.9	7.4	86.7	16.7	89.9	7.7	106.6	10.3	96.7	7.8	93.1	5.5	85.5	7.8	97.1	8.8

续表

序号	农药名称	苹果						葡萄						芹菜						番茄					
		5μg/kg		10μg/kg		20μg/kg		5μg/kg		10μg/kg		20μg/kg		5μg/kg		10μg/kg		20μg/kg		5μg/kg		10μg/kg		20μg/kg	
		Rec (%)	RSD (%)	Rec (%)	RSD (%)	Rec (%)	RSD (%)	Rec (%)	RSD (%)	Rec (%)	RSD (%)	Rec (%)	RSD (%)	Rec (%)	RSD (%)	Rec (%)	RSD (%)	Rec (%)	RSD (%)	Rec (%)	RSD (%)	Rec (%)	RSD (%)	Rec (%)	RSD (%)
33	Bendiocarb	111.5	2.8	81.4	4.3	112.2	5.0	86.3	3.5	90.0	3.8	104.4	6.1	106.4	6.6	96.3	2.1	96.4	1.4	89.4	3.6	99.6	2.0	88.0	4.0
34	Benodanil	114.5	3.0	91.3	1.0	96.6	5.5	81.6	3.9	93.4	4.4	98.3	5.0	107.0	5.0	97.3	8.1	95.8	1.7	92.2	4.6	96.4	4.1	92.1	4.4
35	Benoxacor	110.9	1.3	85.5	4.3	102.6	8.8	80.9	5.8	88.3	5.3	102.8	4.3	105.6	5.3	94.9	6.6	94.2	2.7	84.2	5.1	90.3	3.5	93.2	4.2
36	Bensulfuron-methyl	97.4	4.4	89.7	12.2	98.9	3.6	86.3	4.9	88.8	1.8	95.0	7.8	103.1	3.4	96.3	5.7	92.8	5.0	74.0	4.1	69.0	15.9	94.6	3.0
37	Bensulide	117.3	1.9	101.9	7.5	87.1	6.3	99.9	11.6	91.6	5.4	77.7	9.0	99.5	11.6	102.4	10.5	91.3	9.6	93.5	6.9	86.1	4.8	91.9	5.8
38	Benzofenap	116.9	3.6	82.3	12.6	102.6	55.6	102.6	10.8	87.9	9.0	79.2	11.6	99.7	7.7	100.2	8.2	86.4	14.7	95.8	6.2	60.2	18.4	102.8	22.1
39	Benzoximate	101.7	5.1	107.9	8.2	105.7	8.9	105.8	7.4	94.6	6.1	77.6	9.1	112.3	6.0	112.6	10.4	90.9	14.9	90.7	9.8	75.5	6.8	101.3	5.1
40	Benzoylprop	61.2	14.1	46.6	27.1	32.9	17.3	38.7	35.7	33.9	19.7	43.3	34.4	55.9	20.6	70.0	9.7	50.7	12.3	-	-	30.8	15.1	53.7	8.8
41	Benzoylprop-ethyl	112.5	3.5	113.8	5.1	106.4	8.2	95.1	7.7	90.9	8.6	79.2	8.1	90.0	7.1	100.9	8.7	93.8	10.5	94.8	6.4	83.7	11.6	103.6	16.6
42	Benzyladenine	82.8	2.3	59.9	3.5	80.0	9.0	57.0	27.8	63.2	15.9	71.2	7.2	-	-	-	-	81.7	6.6	72.1	2.7	78.1	4.0	70.1	17.2
43	Bifenazate	-	-	269.0	5.9	261.5	15.2	218.4	8.0	175.3	35.5	233.4	19.1	153.8	39.0	189.0	13.8	106.3	6.3	121.1	32.0	113.0	5.3	164.2	14.3
44	Bioallethrin	125.9	6.0	113.3	11.4	105.1	7.5	99.8	4.7	90.0	5.9	86.8	9.3	100.2	7.4	106.2	5.9	91.5	17.3	83.4	9.5	69.1	24.1	132.1	14.4
45	Bioresmethrin	-	-	94.6	6.7	70.9	42.1	-	-	141.5	39.0	60.3	25.1	-	-	-	-	-	-	41.3	32.0	105.7	23.8	80.6	12.4
46	Bitertanol	112.2	4.0	106.7	7.5	86.8	5.5	109.3	11.3	91.2	8.1	87.5	9.2	102.4	8.6	112.6	6.3	92.4	11.3	83.4	14.4	75.7	15.7	100.8	15.4
47	Bromacil	111.9	1.6	85.1	3.5	104.7	4.6	86.1	3.8	94.1	1.7	102.6	5.6	94.2	2.4	91.6	2.3	92.2	1.4	88.5	4.1	104.1	9.9	93.8	1.6
48	Bromfenvinfos	115.7	3.7	98.6	7.0	89.8	3.0	99.2	13.4	94.3	12.7	80.2	12.3	115.6	13.2	104.3	11.0	95.0	9.5	95.6	11.1	88.3	6.0	104.1	14.2
49	Bromobutide	115.1	1.5	93.4	5.0	108.6	4.7	88.9	6.5	92.2	7.8	97.0	7.9	110.2	7.8	103.6	8.1	97.6	5.1	92.4	4.4	83.9	7.7	95.7	8.8
50	Bromophos-ethyl	-	-	-	-	-	-	-	-	112.1	15.2	81.9	20.9	-	-	101.9	31.0	66.4	42.7	102.1	13.4	58.0	22.9	142.8	27.5
51	Brompyrazon	111.2	3.2	97.8	2.8	106.5	4.2	85.1	9.2	92.2	4.6	96.6	7.1	102.7	5.8	82.6	12.9	98.4	8.2	80.7	9.0	100.4	4.0	84.4	5.5
52	Bromuconazole	110.3	4.0	106.8	6.5	106.0	5.8	89.6	5.8	96.1	6.0	92.4	11.7	111.8	9.3	100.3	10.0	95.7	6.6	90.2	5.7	93.9	8.5	92.6	10.8
53	Bupirimate	101.5	5.9	93.6	8.3	108.7	5.9	80.8	7.6	88.3	11.1	85.4	9.8	97.9	14.0	105.0	9.5	93.3	10.0	91.1	3.1	93.3	1.7	116.2	27.3
54	Buprofezin	97.9	17.7	121.6	11.5	132.5	5.5	79.1	12.0	96.5	11.1	85.0	6.2	92.7	13.7	113.7	13.7	96.2	9.2	90.9	2.7	99.3	3.7	109.2	23.6
55	Butachlor	109.7	7.0	81.2	11.9	103.3	10.5	96.6	6.3	93.2	6.7	82.4	9.0	102.9	8.9	95.4	7.8	91.3	16.4	81.9	10.0	69.0	24.2	116.5	26.8
56	Butafenacil	112.3	3.8	87.0	4.8	102.7	3.6	91.7	6.8	93.4	6.5	81.8	9.6	109.0	8.0	107.3	12.0	97.0	9.4	79.4	5.6	84.3	2.6	92.6	9.1
57	Butamifos	105.1	4.0	109.8	8.7	106.1	7.3	103.3	8.8	96.2	7.8	83.8	9.6	104.3	8.1	99.9	11.4	95.1	11.4	89.4	14.3	68.1	27.3	100.4	13.5
58	Butocarboxim	112.5	3.2	96.4	7.5	109.4	1.9	75.7	2.2	88.8	4.3	102.2	2.7	97.1	6.0	90.7	2.2	101.6	1.0	103.8	2.8	86.3	4.2	90.7	2.5
59	Butocarboxim-sulfoxide	106.5	36.4	93.4	7.4	104.8	5.3	96.9	4.5	88.4	3.2	101.0	0.7	96.9	2.9	86.9	2.9	92.0	3.0	101.2	24.6	82.1	9.9	99.3	9.8
60	Butoxycarboxim	104.5	4.3	123.3	20.7	112.0	6.3	84.2	5.9	89.6	3.4	95.4	3.8	95.9	2.9	85.7	11.0	110.5	11.8	85.0	10.9	87.0	5.8	97.3	7.4
61	Butralin	113.4	7.1	107.7	17.3	95.3	9.2	91.5	8.8	98.7	3.8	96.1	9.7	89.8	12.1	94.9	5.1	84.1	17.7	82.2	16.8	70.2	8.2	117.3	33.9
62	Butylate	107.1	8.0	107.1	13.0	99.2	7.0	-	-	-	-	-	-	-	-	102.7	9.5	81.3	13.9	38.2	60.5	62.9	15.5	67.1	33.0
63	Cadusafos	118.4	2.4	93.7	3.7	90.2	2.6	93.7	9.4	88.9	8.0	86.4	9.5	113.3	8.5	107.0	9.8	96.8	8.4	82.6	14.2	73.3	16.4	102.3	16.6
64	Cafenstrole	110.7	3.8	106.8	2.3	109.3	6.2	90.0	7.2	91.7	8.0	93.3	8.4	89.9	5.4	85.9	27.4	95.0	7.6	-	-	93.1	1.7	93.5	10.4
65	Carbaryl	106.7	0.8	82.7	4.7	103.7	4.3	78.5	4.5	87.4	4.3	93.9	3.2	95.7	2.4	93.3	2.7	92.1	0.5	87.9	3.3	96.4	3.6	91.9	1.4

续表

序号	农药名称	苹果						葡萄						芹菜						番茄					
		5μg/kg		10μg/kg		20μg/kg		5μg/kg		10μg/kg		20μg/kg		5μg/kg		10μg/kg		20μg/kg		5μg/kg		10μg/kg		20μg/kg	
		Rec (%)	RSD (%)	Rec (%)	RSD (%)	Rec (%)	RSD (%)	Rec (%)	RSD (%)	Rec (%)	RSD (%)	Rec (%)	RSD (%)	Rec (%)	RSD (%)	Rec (%)	RSD (%)	Rec (%)	RSD (%)	Rec (%)	RSD (%)	Rec (%)	RSD (%)	Rec (%)	RSD (%)
66	Carbendazim	100.3	4.4	83.7	5.1	92.3	8.3	98.0	5.9	95.8	2.3	103.0	2.7	83.0	6.5	93.8	8.0	92.3	4.5	107.7	3.6	110.9	5.3	104.0	10.1
67	Carbetamide	115.6	2.1	95.4	2.8	98.5	3.5	94.1	1.4	96.1	2.3	95.9	3.0	101.8	1.9	93.3	1.1	94.7	4.8	90.3	3.3	89.4	6.5	95.7	1.6
68	Carbofuran	109.4	5.0	78.7	2.3	108.0	4.9	85.8	2.0	95.8	2.3	102.3	3.7	99.2	8.3	98.1	6.3	96.0	2.3	94.6	4.1	97.7	2.6	78.0	9.6
69	Carbofuran-3-hydroxy	114.3	2.3	88.9	6.9	88.9	1.6	94.3	3.1	95.8	3.6	98.7	2.9	104.6	5.0	92.8	1.6	94.2	1.0	90.8	5.3	100.8	4.2	94.9	2.6
70	Carbophenothion	-	-	-	-	-	-	-	-	-	-	108.2	27.4	-	-	-	-	-	-	-	-	-	-	-	-
71	Carboxin	100.1	2.2	86.1	6.4	99.4	3.1	66.8	6.7	88.4	3.2	89.0	4.9	93.4	11.4	83.4	3.1	88.2	3.6	84.6	4.2	91.5	3.1	92.3	3.7
72	Carfentrazone-ethyl	102.1	3.9	103.0	5.9	103.7	2.3	89.2	8.0	95.1	7.6	79.8	14.1	111.3	10.8	105.1	11.9	98.5	10.1	90.8	9.0	81.5	6.9	97.2	11.1
73	Carpropamid	115.2	3.5	99.5	6.9	102.2	5.4	98.5	8.5	91.4	8.1	83.1	7.3	106.5	9.5	95.2	6.3	99.0	9.4	97.7	5.0	88.7	8.4	101.1	13.4
74	Cartap	-	-	86.6	54.7	235.0	59.4	-	-	62.2	25.5	76.8	31.1	40.8	25.1	84.6	18.2	72.0	14.7	-	-	-	-	-	-
75	Chlordimeform	-	-	59.0	24.9	99.5	17.3	118.6	25.8	52.9	38.3	70.6	26.2	-	-	104.0	2.0	77.4	37.0	79.7	5.3	87.7	9.5	135.0	23.3
76	Chlorfenvinphos	114.5	1.0	89.7	5.7	102.3	3.1	95.1	6.2	91.1	8.4	79.8	9.2	109.4	6.8	102.7	10.0	96.9	9.3	85.1	10.2	72.8	14.8	104.0	19.5
77	Chloridazon	115.9	2.1	84.8	4.8	87.8	1.5	96.4	3.5	92.7	2.8	94.9	1.8	98.6	2.7	91.8	1.5	93.6	1.1	90.7	2.6	101.4	5.4	91.8	2.8
78	Chlorimuron-ethyl	-	-	-	-	90.8	21.9	-	-	75.7	60.0	104.1	14.9	209.9	17.3	185.1	64.7	222.8	25.4	133.4	48.3	69.5	35.4	94.4	6.4
79	Chlortoluron	117.1	0.7	94.1	2.2	97.9	3.4	84.5	1.9	97.1	1.5	93.9	4.1	103.0	2.9	95.7	3.1	95.6	1.1	90.5	3.1	92.6	2.9	90.8	2.5
80	Chloroxuron	114.7	3.5	97.2	2.0	108.6	2.7	90.0	4.1	95.7	8.0	85.1	9.7	107.9	7.1	102.6	8.9	97.8	4.4	90.7	5.2	85.4	8.8	89.9	9.6
81	Chlorphoxim	111.8	4.7	90.6	19.7	99.0	9.3	109.9	10.6	93.7	6.9	82.9	6.0	97.8	20.0	107.5	16.6	83.9	14.2	90.3	6.5	77.1	8.3	99.6	12.3
82	Chlorpyrifos	104.0	6.1	122.1	18.0	107.2	7.0	99.2	10.3	90.9	5.8	95.8	8.4	104.8	14.4	128.5	18.6	79.3	11.5	78.2	13.4	74.4	22.5	110.8	30.3
83	Chlorpyrifos-methyl	112.4	9.7	76.9	4.7	96.0	8.9	93.8	8.9	88.1	6.2	82.6	8.9	95.3	10.9	99.9	8.8	89.3	12.8	94.7	7.8	79.0	15.8	93.9	18.4
84	Chlorsulfuron	-	-	76.0	57.8	58.3	65.9	-	-	-	-	67.3	72.2	-	-	-	-	88.6	12.8	-	-	-	-	-	-
85	Chlorthiophos	-	-	178.9	46.1	147.2	39.1	86.7	5.0	86.2	7.7	103.6	24.0	-	-	-	-	61.6	25.3	-	-	-	-	-	-
86	Chromafenozide	110.9	4.5	96.2	2.7	109.0	3.1	93.1	6.4	89.9	7.7	79.6	11.2	87.5	12.5	105.3	9.0	98.7	6.6	93.6	6.6	86.5	22.4	89.5	11.8
87	Cinmethylin	122.2	8.2	96.5	11.6	101.6	2.9	87.2	13.7	90.9	8.1	89.9	12.7	105.9	9.4	100.8	9.3	90.1	15.0	81.2	28.5	62.9	26.9	105.7	17.5
88	Cinosulfuron	106.2	2.2	86.5	3.9	87.2	2.9	75.3	6.1	83.7	1.4	78.5	8.6	91.7	3.7	81.9	3.5	73.5	10.5	-	-	-	-	81.2	5.9
89	Clethodim	-	-	-	-	98.4	5.1	-	-	-	-	-	-	99.3	26.0	70.7	5.0	68.6	11.7	-	-	-	-	-	-
90	Clodinafop	114.0	2.4	97.3	4.7	113.3	4.5	82.6	1.4	94.7	4.2	95.2	4.4	-	-	96.7	4.6	93.9	1.6	-	-	-	-	-	-
91	Clodinafop-propargyl	99.9	4.1	66.1	8.9	82.1	15.1	97.9	13.7	89.3	8.5	78.8	9.4	100.3	16.2	96.2	10.5	91.6	12.2	82.6	7.2	73.9	11.7	96.8	12.0
92	Clofentezine	103.8	6.3	109.3	9.7	109.7	8.6	109.4	12.6	95.7	8.0	76.6	7.9	88.9	11.1	96.4	13.5	92.4	5.5	98.8	19.0	92.8	25.8	97.3	15.7
93	Clomazone	116.1	2.5	92.7	3.1	103.8	4.1	86.3	4.6	89.2	5.4	102.5	6.6	105.8	3.6	96.4	4.5	95.4	2.0	90.6	4.5	93.5	2.9	94.0	4.3
94	Clomeprop	119.6	5.6	101.0	4.7	109.5	14.6	98.5	7.7	99.9	6.4	89.8	6.4	97.9	11.2	99.8	13.2	84.7	9.8	104.3	8.4	75.1	18.0	85.9	17.5
95	Cloquintocet-mexyl	112.5	4.3	114.5	15.6	91.7	9.0	87.3	9.5	92.2	6.3	97.5	7.9	81.8	15.7	94.1	9.2	87.6	12.5	87.3	17.0	73.3	11.7	126.2	37.7
96	Cloransulam-methyl	106.9	2.9	82.9	5.0	98.7	3.5	72.6	5.0	84.6	2.2	81.6	15.3	86.6	5.7	89.6	3.1	86.8	2.5	39.6	28.2	47.1	29.9	89.7	2.7
97	Clothianidin	114.2	4.2	94.5	4.3	109.9	4.8	85.5	4.4	96.5	2.9	99.7	3.5	104.7	3.8	88.3	2.0	94.8	0.5	91.9	5.1	100.0	4.7	90.3	3.2
98	Coumaphos	115.6	2.3	90.5	4.2	98.0	7.7	98.7	7.5	88.9	9.8	82.1	11.4	105.6	17.6	99.1	8.2	87.3	15.1	94.1	8.2	80.5	13.0	95.8	17.5

续表

序号	农药名称	苹果						葡萄						芹菜						番茄					
		5μg/kg		10μg/kg		20μg/kg		5μg/kg		10μg/kg		20μg/kg		5μg/kg		10μg/kg		20μg/kg		5μg/kg		10μg/kg		20μg/kg	
		Rec (%)	RSD (%)	Rec (%)	RSD (%)	Rec (%)	RSD (%)	Rec (%)	RSD (%)	Rec (%)	RSD (%)	Rec (%)	RSD (%)	Rec (%)	RSD (%)	Rec (%)	RSD (%)	Rec (%)	RSD (%)	Rec (%)	RSD (%)	Rec (%)	RSD (%)	Rec (%)	RSD (%)
99	Crotoxyphos	110.8	6.0	85.6	1.7	106.5	3.8	75.8	4.5	90.4	6.9	90.3	7.1	109.7	6.9	106.0	2.8	94.6	10.0	90.4	5.3	90.2	17.7	98.1	7.7
100	Crufomate	112.3	3.0	103.4	5.8	107.7	5.1	89.6	7.9	100.8	7.6	90.5	7.7	126.8	9.5	105.8	9.3	97.4	5.8	91.1	12.1	91.7	9.3	93.6	10.7
101	Cumyluron	110.8	3.6	99.0	3.2	108.7	3.7	93.3	9.7	94.0	8.8	86.9	7.7	115.9	5.2	105.9	9.6	97.2	5.9	89.9	6.8	88.4	8.7	97.4	13.0
102	Cyanazine	113.1	1.7	94.0	3.2	99.5	3.4	81.8	3.2	97.9	5.5	103.0	7.4	109.9	4.7	95.3	6.6	96.9	2.5	94.6	7.3	95.9	4.6	88.3	2.5
103	Cycloate	114.1	4.3	88.5	7.1	99.5	4.0	92.1	9.2	72.2	12.5	79.3	13.4	92.2	19.6	109.4	7.8	92.5	8.6	70.2	20.3	73.8	5.1	97.6	8.0
104	Cyclosulfamuron	109.9	3.9	104.7	3.6	101.3	3.2	88.1	5.6	82.5	4.1	85.4	14.7	111.2	6.4	74.7	36.2	87.9	9.2	95.2	4.2	75.8	13.3	99.7	11.3
105	Cycluron	112.0	2.6	92.2	2.4	96.2	1.5	83.0	3.1	94.5	2.6	99.2	6.0	107.0	2.9	96.3	3.8	100.0	1.7	89.9	3.8	91.0	4.2	92.4	2.5
106	Cyflufenamid	116.9	4.2	110.1	5.7	108.1	11.3	101.3	10.4	88.3	7.3	81.3	12.1	93.4	17.1	100.5	8.2	91.3	14.5	-	-	76.7	18.2	103.4	17.8
107	Cyprazine	114.6	2.4	89.3	7.9	93.1	2.0	94.1	8.3	103.8	6.3	104.0	5.2	115.9	5.9	100.7	8.5	103.9	3.6	92.7	3.6	91.6	6.8	99.1	11.1
108	Cyproconazole	108.3	2.6	102.3	6.2	108.5	3.5	85.1	6.2	94.9	7.8	101.9	6.2	111.6	5.9	102.0	9.7	97.2	3.9	96.2	5.6	86.6	10.6	93.1	8.7
109	Cyprodinil	99.4	7.9	110.5	12.9	95.7	6.0	74.2	9.1	92.0	7.7	94.9	4.9	71.5	19.6	105.1	7.4	89.1	6.7	104.2	6.6	94.5	4.5	113.8	34.2
110	Cyprofuram	115.8	1.0	95.8	3.1	101.7	2.6	83.5	2.1	94.8	1.6	93.0	3.1	102.0	3.5	91.8	2.5	95.8	1.7	88.0	5.0	97.5	2.8	91.5	1.0
111	Cyromazine	54.4	13.6	43.7	19.1	73.4	11.3	33.0	29.5	43.6	17.7	42.4	52.0	-	-	68.4	12.4	84.0	3.1	69.8	4.5	60.9	12.8	76.6	38.6
112	Dazomet	111.0	2.6	84.6	9.7	106.8	3.5	85.2	7.5	89.8	4.2	89.3	3.4	89.5	9.1	88.5	2.0	93.1	4.0	81.5	3.0	89.2	5.2	89.8	2.8
113	Demeton-S	-	-	99.8	64.4	173.0	52.3	71.4	12.9	77.5	5.4	102.6	3.3	103.9	2.7	99.3	6.9	95.2	6.0	93.4	8.4	85.2	6.5	90.7	7.7
114	Demeton-S sulfoxide	116.6	1.7	98.3	2.1	101.0	3.0	95.8	3.0	97.8	2.3	99.6	2.6	100.7	2.5	93.0	1.0	93.5	1.1	93.5	2.7	99.8	5.5	93.0	2.6
115	Demeton-S-methyl	107.1	2.0	87.9	7.2	110.4	4.2	-	-	81.5	2.5	94.3	2.3	90.6	5.5	89.2	1.8	94.8	3.8	88.2	3.7	79.5	12.8	91.0	1.8
116	Demeton-S-methyl sulfone	118.0	5.5	106.4	3.9	112.6	3.3	90.5	2.8	97.9	3.2	95.2	2.8	89.6	5.8	90.0	0.8	97.7	1.1	93.5	5.2	91.1	2.3	94.7	5.3
117	Demeton-S-methyl sulfoxide	139.2	4.1	131.6	6.4	108.4	3.9	141.4	9.8	112.3	3.2	106.7	7.4	87.9	4.1	109.7	4.8	108.4	1.6	96.2	2.4	87.1	6.5	90.7	8.5
118	Desamino-metamitron	112.2	2.6	92.8	2.7	97.4	2.6	90.5	3.9	90.8	3.0	93.8	1.7	106.8	3.0	89.5	0.7	94.2	1.4	81.3	4.3	96.2	8.7	85.8	7.2
119	Desethyl-sebuthylazine	116.8	1.6	96.4	4.3	105.6	2.7	86.6	2.1	96.3	6.5	101.0	7.4	104.9	4.5	93.4	4.6	95.4	1.6	87.0	3.0	91.3	3.2	92.7	2.5
120	Desisopropyl-atrazine	110.0	4.0	94.3	2.5	97.0	3.1	81.1	1.8	94.5	1.8	95.6	3.7	100.7	3.1	89.2	2.4	92.7	1.5	92.8	4.4	107.6	10.3	91.0	4.3
121	Desmedipham	110.1	2.7	91.2	3.2	89.5	1.8	82.8	5.4	92.0	5.4	92.7	6.5	107.9	4.9	102.4	11.2	97.4	2.3	87.6	5.2	89.1	8.4	93.4	7.4
122	Desmethyl-pirimicarb	107.6	3.5	89.2	2.5	100.4	4.3	91.4	3.5	93.7	1.9	98.5	2.8	98.0	3.5	91.6	1.0	94.9	0.8	87.2	2.4	90.3	2.5	88.4	5.3
123	Desmetryn	110.3	1.2	98.2	3.1	102.7	1.1	91.5	8.2	92.7	5.7	112.3	6.0	90.6	6.8	105.1	5.3	96.0	3.4	95.5	3.1	80.4	19.4	90.8	9.4
124	Dialifos	114.9	12.0	115.7	13.2	105.4	5.5	92.6	4.4	91.9	7.3	85.2	4.1	98.9	15.8	75.0	15.3	82.9	21.4	92.4	7.1	120.1	10.6	113.4	15.3
125	Diallate	104.7	5.3	94.6	10.4	90.5	2.9	98.1	11.2	78.9	6.2	82.6	19.3	100.6	14.3	106.6	8.6	90.8	12.3	75.2	17.8	73.8	13.1	98.0	24.1
126	Diazinon	116.8	2.5	91.1	3.3	90.1	3.3	103.0	18.0	87.7	10.2	82.2	9.7	151.5	15.3	99.7	10.7	95.8	11.6	89.7	9.1	99.1	6.0	98.7	14.6
127	Dibutyl succinate	76.8	16.1	89.3	11.6	94.1	5.2	90.3	8.5	60.0	31.8	84.1	10.9	95.8	11.4	110.9	7.3	94.4	4.6	76.8	15.3	69.0	17.8	88.9	12.3
128	Dichlofenthion	-	-	-	-	103.3	4.0	111.3	22.3	74.2	17.9	100.3	6.9	-	-	106.2	12.9	52.0	18.5	-	-	-	-	-	-
129	Diclobutrazol	114.6	3.0	99.5	5.4	100.0	1.7	93.5	8.7	93.2	9.1	93.5	12.3	105.5	8.7	101.3	9.8	97.3	5.2	97.3	6.3	74.8	14.2	98.7	11.3
130	Diclosulam	102.2	4.1	94.8	3.9	105.3	7.4	71.3	4.1	80.6	1.7	76.8	24.0	79.6	5.7	88.4	4.9	84.5	2.4	-	-	79.6	5.5	84.8	2.3

续表

序号	农药名称	苹果						葡萄						芹菜						番茄					
		5μg/kg		10μg/kg		20μg/kg		5μg/kg		10μg/kg		20μg/kg		5μg/kg		10μg/kg		20μg/kg		5μg/kg		10μg/kg		20μg/kg	
		Rec (%)	RSD (%)	Rec (%)	RSD (%)	Rec (%)	RSD (%)	Rec (%)	RSD (%)	Rec (%)	RSD (%)	Rec (%)	RSD (%)	Rec (%)	RSD (%)	Rec (%)	RSD (%)	Rec (%)	RSD (%)	Rec (%)	RSD (%)	Rec (%)	RSD (%)	Rec (%)	RSD (%)
131	Dicrotophos	115.5	3.1	87.9	2.6	106.8	2.5	86.6	3.7	92.0	2.8	95.5	3.2	93.3	2.8	92.2	1.7	97.1	1.2	84.8	2.8	87.6	2.5	94.3	5.9
132	Diethatyl-ethyl	110.6	3.5	96.2	2.5	107.3	3.9	86.9	9.5	93.7	5.6	93.8	8.1	118.2	2.3	101.9	8.8	97.6	7.5	90.7	6.3	84.9	8.0	96.6	11.0
133	Diethofencarb	113.6	3.7	85.9	9.2	90.0	1.5	83.4	6.2	85.7	10.5	95.6	5.1	114.4	4.8	90.6	4.8	105.9	3.5	92.3	5.3	79.1	16.8	94.6	3.3
134	Diethyltoluamide	114.3	1.0	88.2	3.3	104.2	6.3	101.3	4.9	95.4	10.1	93.8	4.4	94.2	3.3	95.3	1.6	95.8	1.0	83.2	5.9	84.9	3.8	90.8	3.0
135	Difenoconazole	117.7	3.5	124.1	10.3	96.3	5.2	-	-	94.1	4.2	89.0	7.4	115.9	31.9	104.5	6.3	87.5	11.9	108.7	13.2	101.8	39.3	109.0	24.1
136	Difenoxuron	115.0	2.1	89.5	6.7	88.8	1.1	85.6	2.2	62.8	30.7	92.0	6.3	107.6	4.2	100.6	7.7	96.1	2.2	84.1	3.7	94.0	3.2	94.8	4.9
137	Dimefox	110.8	3.3	106.3	4.4	101.3	1.4	112.3	15.7	94.1	1.5	83.4	8.3	83.8	10.8	95.8	3.8	92.4	12.7	51.2	46.3	85.1	20.2	81.4	6.4
138	Dimefuron	115.5	0.4	95.2	3.5	112.8	3.4	82.0	2.5	81.4	6.4	95.2	5.1	103.9	3.8	96.5	5.9	96.0	2.1	85.1	3.3	78.2	8.4	91.3	2.3
139	Dimepiperate	111.8	15.2	87.7	8.6	94.0	5.4	-	-	91.7	4.0	88.9	7.7	81.3	6.0	93.9	1.8	86.3	19.1	109.4	25.2	83.1	14.1	73.8	31.3
140	Dimethachlor	113.8	1.5	101.3	6.2	111.6	4.6	84.0	3.3	93.4	9.3	95.7	3.6	110.0	5.1	95.5	2.7	96.1	2.1	89.4	3.9	83.4	6.0	90.4	2.5
141	Dimethametryn	111.5	5.7	93.3	5.3	98.4	6.9	82.7	4.3	93.5	3.5	87.7	6.6	92.6	17.4	105.4	10.4	93.6	7.5	87.2	6.3	84.4	4.1	135.9	40.0
142	Dimethenamid	111.5	2.2	93.3	1.5	97.0	5.5	81.8	4.5	91.9	4.9	98.2	7.7	110.8	5.6	95.7	5.3	92.1	2.6	90.7	4.7	84.1	9.0	93.3	3.5
143	Dimethirimol	111.2	2.0	95.3	3.9	104.9	2.3	112.4	5.0	91.9	4.7	96.0	3.4	90.4	6.4	90.9	3.5	96.9	0.8	81.6	2.7	86.5	8.8	87.5	9.9
144	Dimethoate	114.0	3.2	82.2	4.2	102.2	5.1	91.3	8.4	89.9	6.2	93.4	6.0	94.4	4.4	86.9	12.2	101.2	8.9	78.0	5.3	93.5	4.2	88.5	4.4
145	Dimethomorph	107.8	4.0	89.2	8.3	90.8	0.8	-	-	95.5	6.3	90.0	10.1	115.0	8.0	101.6	8.9	97.0	3.4	88.5	5.0	93.8	5.5	97.3	8.1
146	Diniconazole	113.8	7.3	96.9	4.5	98.9	5.6	99.5	4.5	89.0	11.3	85.7	8.4	96.5	11.6	101.1	8.0	94.8	6.0	81.9	5.2	74.4	16.1	92.8	18.3
147	Dinitramine	111.3	6.1	96.3	3.8	94.1	7.1	92.2	11.7	92.1	4.9	78.3	7.8	108.8	6.6	99.3	10.2	90.4	11.9	93.3	9.4	80.2	10.5	101.1	18.3
148	Dinotefuran	98.8	3.1	85.6	3.7	118.1	3.0	89.9	5.0	96.8	3.1	97.0	3.4	101.0	6.1	107.2	3.8	92.1	3.2	40.1	21.9	93.3	6.8	86.7	12.9
149	Diphenamid	117.3	0.6	87.7	3.0	104.9	9.8	91.7	2.3	93.9	9.4	95.0	4.3	102.6	3.8	97.6	4.0	94.7	2.4	87.4	3.4	90.3	1.5	92.9	2.9
150	Dipropetryn	105.2	7.2	97.1	6.9	113.3	4.3	80.3	5.2	93.6	9.5	87.6	6.4	82.7	13.5	106.1	9.1	93.1	8.5	91.0	6.2	86.0	3.5	140.3	42.3
151	Disulfoton sulfone	113.7	2.4	95.5	4.1	110.2	1.3	76.6	3.7	93.6	3.0	97.3	6.0	109.6	5.3	90.0	5.9	93.6	3.1	83.6	3.9	79.6	9.4	91.5	2.2
152	Disulfoton sulfoxide	115.5	2.2	87.3	2.1	107.9	3.3	91.3	2.0	92.9	2.3	93.0	1.4	98.6	3.5	95.3	2.2	97.2	1.7	81.1	4.2	85.6	5.7	96.6	2.1
153	Ditalimfos	114.0	2.2	103.0	3.6	115.1	4.9	80.3	7.5	92.0	3.0	97.1	6.9	86.5	8.0	93.3	3.4	95.4	1.6	93.7	3.6	89.0	16.2	99.1	2.0
154	Dithiopyr	102.8	4.3	88.9	6.8	97.9	4.1	99.2	10.7	84.4	7.7	90.8	5.8	104.3	10.9	95.9	10.1	86.6	18.8	82.5	8.9	71.8	13.5	104.5	15.7
155	Diuron	113.7	2.1	103.0	6.1	110.1	5.9	95.0	2.1	93.2	4.6	96.8	5.0	109.6	2.4	98.1	5.4	99.4	1.2	91.2	3.9	98.5	1.4	92.0	2.5
156	Dodemorph	112.2	2.5	90.0	10.2	92.3	2.3	72.5	9.3	90.9	9.4	98.9	6.9	103.9	5.6	95.7	13.2	103.8	4.5	93.5	3.9	92.2	4.4	116.6	16.2
157	Drazoxolon	-	-	-	-	-	-	72.1	7.9	87.5	16.8	88.3	7.2	102.9	23.5	152.5	52.0	116.5	6.8	54.1	39.5	92.3	25.6	76.3	11.3
158	Edifenphos	114.4	2.8	98.4	4.6	92.2	2.1	93.5	10.9	95.0	6.6	83.8	11.0	110.0	8.4	106.9	11.6	95.6	8.7	92.1	10.2	82.1	9.9	98.3	12.9
159	Emamectin	103.0	11.4	127.7	35.7	144.6	12.4	50.5	69.2	89.3	10.0	90.8	3.9	68.7	27.6	119.7	6.2	111.8	9.3	97.5	8.9	107.8	15.4	93.1	53.1
160	Epoxiconazole	111.3	3.6	93.2	4.9	104.8	6.0	97.1	7.4	94.2	11.5	87.0	10.2	108.5	4.4	111.2	7.7	95.3	5.2	83.8	5.6	85.5	2.7	96.7	12.9
161	Esprocarb	116.4	3.2	99.6	11.2	90.6	5.5	99.1	12.2	97.0	4.1	84.5	8.1	101.1	10.0	108.4	7.6	87.4	14.6	86.2	15.5	74.2	14.7	101.9	21.9
162	Etaconazole	113.9	3.3	99.0	2.7	92.3	6.5	91.6	6.5	100.2	7.5	93.4	12.2	111.5	9.1	109.6	10.5	94.3	3.1	92.4	5.2	84.7	10.6	91.5	8.2
163	Ethametsulfuron-methyl	92.1	11.9	73.3	29.8	77.1	36.3	-	-	-	-	-	-	-	-	-	-	-	-	-	-	-	-	-	-

续表

序号	农药名称	苹果						葡萄						芹菜						番茄					
		5μg/kg		10μg/kg		20μg/kg		5μg/kg		10μg/kg		20μg/kg		5μg/kg		10μg/kg		20μg/kg		5μg/kg		10μg/kg		20μg/kg	
		Rec (%)	RSD (%)	Rec (%)	RSD (%)	Rec (%)	RSD (%)	Rec (%)	RSD (%)	Rec (%)	RSD (%)	Rec (%)	RSD (%)	Rec (%)	RSD (%)	Rec (%)	RSD (%)	Rec (%)	RSD (%)	Rec (%)	RSD (%)	Rec (%)	RSD (%)	Rec (%)	RSD (%)
164	Ethidimuron	114.2	2.8	94.7	4.1	103.0	6.6	104.2	2.1	93.8	3.4	99.9	1.6	101.6	3.5	91.8	1.2	92.0	1.0	92.7	4.5	94.2	1.7	96.0	2.0
165	Ethiofencarb	163.1	30.5	72.1	11.7	86.2	5.4	-	-	75.6	2.5	89.9	5.9	67.1	39.8	94.1	3.6	101.0	2.0	96.8	15.2	78.5	6.8	83.8	4.6
166	Ethiofencarb-sulfone	110.7	2.8	89.1	3.4	107.2	4.0	97.0	7.6	93.5	3.6	105.1	3.9	92.7	3.5	93.8	1.4	93.4	1.6	87.1	4.4	91.4	2.3	97.3	2.4
167	Ethiofencarb-sulfoxide	106.5	3.5	106.2	3.8	109.6	3.8	96.5	4.2	93.0	2.1	99.1	2.3	93.5	5.7	103.0	1.9	98.2	1.7	-	-	87.1	1.7	92.9	8.8
168	Ethion	-	-	93.0	17.6	102.7	17.8	91.0	15.9	92.1	7.3	97.1	7.9	105.9	16.0	76.4	16.0	79.5	18.6	69.6	15.7	48.3	19.1	118.2	26.5
169	Ethiprole	112.7	4.7	93.7	2.8	113.0	3.7	80.7	3.9	96.5	3.9	95.0	4.8	111.1	5.8	97.8	7.8	96.7	3.2	91.9	3.9	84.9	10.5	94.1	4.4
170	Ethirimol	111.2	2.0	97.4	3.8	104.9	2.3	110.3	5.0	91.9	4.9	94.8	1.3	58.0	9.6	90.9	3.5	96.9	0.8	81.6	2.7	49.0	17.5	87.4	9.9
171	Ethoprophos	115.7	4.5	102.1	4.4	109.1	7.1	83.7	5.0	92.9	4.6	96.4	10.9	116.5	7.6	100.4	7.0	98.3	4.0	82.9	7.8	84.3	5.4	92.1	7.5
172	Ethoxyquin	-	-	-	-	-	-	-	-	-	-	-	-	-	-	-	-	-	-	-	-	65.0	3.8	100.5	12.1
173	Ethoxysulfuron	-	-	87.5	17.8	79.0	70.7	-	-	-	-	-	-	85.8	26.7	84.5	38.5	96.6	7.8	-	-	-	-	-	-
174	Etobenzanid	110.8	1.3	92.3	7.1	85.1	1.7	84.5	5.2	58.9	15.8	75.7	9.3	87.6	19.9	94.2	8.1	79.2	12.2	80.1	6.1	68.6	11.9	75.3	19.4
175	Etoxazole	126.9	6.6	100.7	4.2	95.1	6.0	154.6	43.4	94.4	21.3	85.4	10.1	98.6	18.3	97.1	5.1	89.6	13.3	-	-	73.9	25.6	116.2	38.4
176	Etrimfos	113.9	3.0	102.3	7.0	103.7	2.1	90.6	8.9	90.0	9.0	89.1	14.0	132.5	16.8	97.4	9.9	92.8	9.0	90.8	16.5	86.3	11.6	96.2	12.9
177	Famphur	113.6	2.2	90.3	2.5	96.6	5.9	85.4	4.4	93.0	4.3	95.7	4.0	113.2	6.4	98.7	5.9	97.2	4.0	92.1	3.5	87.7	8.5	91.4	1.7
178	Fenamidone	112.3	5.7	103.4	5.1	108.2	5.0	85.9	5.5	96.1	8.1	92.8	5.7	91.8	5.7	101.9	8.8	96.3	4.3	-	-	87.0	5.1	90.6	7.1
179	Fenamiphos	108.9	3.4	83.0	5.4	100.6	3.3	80.6	9.9	93.3	9.9	88.9	12.5	108.4	10.5	98.9	10.7	95.5	6.0	73.2	6.4	72.1	14.6	98.7	12.9
180	Fenamiphos-sulfone	110.6	3.0	85.0	4.0	109.1	3.5	84.9	2.9	93.3	1.6	95.4	3.5	96.8	2.7	92.1	1.6	95.6	1.0	82.4	4.7	78.7	7.6	94.6	1.9
181	Fenamiphos-sulfoxide	113.9	1.5	94.0	4.2	108.4	7.9	95.0	2.4	97.1	1.8	95.4	3.7	103.0	4.4	92.0	1.8	99.1	0.5	81.2	5.5	81.9	6.2	95.4	2.3
182	Fenarimol	112.2	3.4	97.2	3.4	93.8	2.9	92.3	7.0	95.8	5.9	96.1	11.4	107.8	6.7	102.4	11.3	97.0	4.6	96.0	6.9	87.7	12.7	89.3	8.1
183	Fenazaquin	93.3	5.5	109.3	7.3	101.1	9.0	103.3	12.0	99.7	7.0	96.9	10.0	110.7	17.3	113.0	13.1	89.9	10.8	84.6	17.0	97.5	4.7	124.7	46.6
184	Fenbuconazole	111.8	3.3	99.5	5.7	100.1	4.4	95.0	6.0	90.9	9.5	80.8	9.1	98.8	13.5	106.9	9.2	93.0	6.3	81.3	8.4	86.5	5.5	95.4	11.5
185	Fenfuram	106.8	1.0	83.7	2.8	104.4	5.2	78.3	4.4	87.7	4.1	93.7	3.2	95.8	2.0	93.1	2.9	92.0	0.5	87.9	2.9	99.1	6.0	91.7	1.4
186	Fenhexamid	112.0	3.3	103.9	5.4	106.7	5.1	86.6	4.3	92.6	5.8	97.0	10.7	111.5	3.1	96.8	10.2	93.2	3.2	94.8	4.3	99.9	4.9	90.0	8.3
187	Fenobucarb	108.5	3.2	82.8	2.0	105.0	3.8	82.7	3.0	90.9	3.8	88.8	8.0	110.4	5.3	99.0	4.4	94.4	2.6	83.1	5.7	86.0	2.9	90.4	3.6
188	Fenothiocarb	107.3	4.1	85.8	5.2	95.2	3.2	92.3	7.2	92.9	9.1	86.4	12.4	116.1	2.5	100.8	9.3	96.7	8.0	90.1	6.0	85.8	8.2	96.2	12.8
189	Fenoxanil	109.4	4.4	81.5	5.2	105.3	7.0	92.7	9.3	94.6	5.5	80.3	8.8	95.3	8.6	86.7	12.1	85.9	15.6	89.5	4.2	95.4	22.3	95.3	8.1
190	Fenoxaprop-ethyl	110.9	1.3	87.8	7.5	101.1	10.8	110.4	18.6	93.7	9.8	78.8	10.3	102.5	16.5	100.7	9.3	87.9	14.1	104.8	18.2	86.0	20.6	105.0	19.4
191	Fenoxycarb	115.1	4.0	88.9	3.9	100.9	7.5	99.0	12.9	90.8	8.9	87.6	8.7	104.1	7.6	103.2	8.6	93.4	10.4	88.1	9.3	75.7	4.8	96.4	13.0
192	Fenpropidin	113.4	3.1	104.3	7.1	116.5	2.4	73.4	7.1	96.5	4.4	100.4	6.2	93.3	8.0	110.1	5.1	107.2	4.6	-	-	79.2	16.3	107.1	15.6
193	Fenpropimorph	109.3	4.2	89.4	11.2	94.7	1.8	73.1	8.5	89.4	9.9	94.1	6.2	100.6	12.0	99.3	12.9	100.6	4.6	93.9	3.8	91.9	6.1	120.4	20.0
194	Fenpyroximate	113.8	4.2	99.1	4.6	99.1	17.3	90.0	4.9	99.9	5.5	115.6	5.6	88.1	21.8	87.2	15.1	83.9	13.0	83.4	10.0	59.4	19.8	115.3	38.6
195	Fensulfothion	115.3	2.4	86.3	3.9	106.6	3.5	87.1	2.0	93.3	3.9	94.2	4.5	103.2	4.7	96.7	5.0	95.1	2.4	77.9	3.1	79.1	6.3	96.0	3.1
196	Fenthion	112.8	3.9	98.8	7.6	108.7	3.8	77.6	6.2	95.4	3.3	95.4	4.4	88.8	5.8	98.2	8.5	93.9	3.4	-	-	89.6	2.7	93.2	7.8

续表

序号	农药名称	苹果						葡萄						芹菜						番茄					
		5μg/kg		10μg/kg		20μg/kg		5μg/kg		10μg/kg		20μg/kg		5μg/kg		10μg/kg		20μg/kg		5μg/kg		10μg/kg		20μg/kg	
		Rec (%)	RSD (%)	Rec (%)	RSD (%)	Rec (%)	RSD (%)	Rec (%)	RSD (%)	Rec (%)	RSD (%)	Rec (%)	RSD (%)	Rec (%)	RSD (%)	Rec (%)	RSD (%)	Rec (%)	RSD (%)	Rec (%)	RSD (%)	Rec (%)	RSD (%)	Rec (%)	RSD (%)
197	Fenthion-oxon	108.2	0.9	84.6	3.3	102.1	4.7	76.5	4.4	94.2	2.7	94.5	5.9	101.5	6.0	93.2	4.6	93.2	2.4	84.3	4.6	87.2	6.6	90.4	3.2
198	Fenthion-oxon-sulfone	113.8	3.4	105.4	2.4	110.5	3.2	78.2	5.3	96.2	3.4	95.5	3.6	93.0	3.2	91.1	2.2	95.5	1.3	97.9	4.4	88.5	0.7	92.9	2.2
199	Fenthion-oxon-sulfoxide	113.4	2.5	115.3	1.8	96.5	34.9	110.9	8.6	102.7	3.7	99.7	4.9	128.2	12.2	102.1	2.5	105.3	1.2	95.8	6.0	101.1	4.9	90.2	3.8
200	Fenthion-sulfone	116.3	1.5	98.6	3.4	112.5	4.8	93.4	3.0	98.4	4.5	92.8	1.3	93.4	6.6	98.7	4.3	99.9	2.0	75.4	3.4	89.6	3.8	91.8	1.4
201	Fenthion-sulfoxide	109.3	4.3	118.4	7.3	108.5	2.9	98.6	3.9	105.4	3.7	99.8	5.2	101.9	2.9	106.3	7.4	108.2	3.4	82.4	7.1	96.5	5.3	96.9	3.3
202	Fentrazamide	112.9	3.3	87.5	1.9	104.6	5.3	99.2	9.5	93.1	11.0	81.0	11.6	108.7	4.4	100.8	10.3	95.8	10.5	112.0	5.8	62.2	30.9	96.8	7.4
203	Fenuron	109.4	1.5	99.5	4.4	108.0	3.8	93.7	4.6	93.2	3.1	95.4	1.0	98.9	1.4	90.3	0.7	93.4	1.1	90.6	2.5	95.7	3.2	93.6	1.7
204	Flamprop	52.1	31.5	32.6	30.8	50.9	21.8	37.8	51.1	38.9	10.5	45.2	29.1	53.7	17.7	86.5	1.9	49.3	12.1	50.0	36.2	48.3	15.4	58.9	6.7
205	Flamprop-isopropyl	115.8	1.7	107.7	6.1	101.0	3.0	94.0	10.9	92.6	8.6	84.6	9.4	112.5	7.1	101.1	11.5	95.4	10.8	95.0	9.8	74.9	15.7	104.0	7.7
206	Flamprop-methyl	110.0	2.8	94.1	3.7	103.8	5.0	84.3	8.8	93.9	6.1	92.3	8.6	112.1	9.1	97.7	8.2	96.5	4.9	90.9	4.5	86.0	7.3	92.2	6.8
207	Flazasulfuron	100.9	63.2	77.1	51.3	69.3	6.8	-	-	88.4	36.9	130.5	44.4	79.4	7.2	63.3	17.8	117.1	39.0	42.5	34.0	63.5	31.3	73.0	8.4
208	Florasulam	98.4	3.7	93.1	10.0	97.9	5.7	82.3	7.6	91.4	2.6	79.8	6.1	92.0	3.3	97.2	14.2	90.4	1.5	81.0	11.4	95.2	2.1	71.6	16.7
209	Fluazifop	31.0	17.2	22.4	62.7	94.4	4.1	-	-	-	-	-	-	22.8	41.2	45.3	6.0	31.5	14.6	-	-	16.7	41.3	31.0	21.5
210	Fluazifop-butyl	98.9	4.2	105.1	16.0	90.8	5.1	100.5	11.9	91.4	4.2	89.1	10.1	92.7	13.9	98.4	8.0	87.3	18.7	87.8	18.5	72.4	23.6	109.7	28.0
211	Flucycloxuron	-	-	119.5	10.7	101.0	4.5	97.0	6.1	97.1	1.5	77.3	30.8	94.6	19.0	95.7	9.1	91.0	14.6	-	-	107.3	6.0	119.2	23.8
212	Flufenacet	110.9	3.4	87.8	2.6	105.3	3.8	92.3	10.6	93.2	6.9	93.9	14.6	110.9	8.9	101.3	9.4	97.7	7.5	88.5	6.9	81.6	7.0	99.0	10.4
213	Flufenoxuron	-	-	-	-	61.5	49.1	73.0	19.8	98.9	10.1	118.4	26.9	-	-	-	-	75.4	26.4	-	-	-	-	-	-
214	Flumequine	110.9	5.1	103.7	13.7	88.2	3.7	103.2	11.2	93.6	6.0	77.3	7.4	88.1	8.9	84.3	2.2	88.0	9.2	81.0	5.6	76.8	2.6	75.7	4.3
215	Flumetsulam	106.4	1.9	79.8	15.1	80.1	2.3	80.5	6.3	84.6	3.9	85.5	4.2	94.0	3.7	86.1	1.4	88.1	3.2	77.0	19.7	78.9	4.7	86.6	3.8
216	Flumiclorac-pentyl	109.4	5.8	98.6	7.3	93.2	4.9	96.7	10.6	90.2	5.2	86.3	6.1	86.9	13.2	91.7	9.4	74.1	17.8	85.7	19.0	70.6	30.6	101.8	28.7
217	Fluometuron	110.4	4.0	84.8	2.3	107.1	3.9	81.5	2.2	92.2	1.8	99.8	2.8	95.0	2.1	92.5	3.8	96.0	0.9	85.6	4.3	92.4	1.3	93.6	2.7
218	Fluoroglycofen-ethyl	123.1	8.9	98.4	9.4	108.5	3.9	99.9	8.8	91.0	6.0	85.0	5.9	-	-	111.0	10.3	80.0	18.3	88.3	18.5	73.6	30.5	89.2	13.3
219	Fluquinconazole	114.7	4.2	94.6	2.9	108.4	3.4	86.8	9.5	91.9	7.8	88.8	10.9	117.1	3.4	100.2	9.1	97.6	6.4	92.9	2.3	82.9	8.6	99.1	12.8
220	Fluridone	110.2	3.8	87.8	3.5	105.5	3.2	91.2	4.1	90.6	8.0	97.0	7.9	99.5	5.5	106.8	9.9	99.1	4.5	89.3	5.3	84.7	4.3	92.1	7.6
221	Flurochloridone	115.6	4.0	108.1	1.3	108.3	5.1	95.2	10.0	95.7	4.5	86.0	6.0	89.0	8.1	100.7	9.3	95.3	7.2	93.0	5.5	85.6	10.0	97.0	9.2
222	Flurtamone	109.0	3.1	102.9	5.6	107.1	3.6	87.3	5.8	92.0	7.2	90.9	9.4	106.7	6.4	105.0	11.3	97.9	4.5	92.5	4.7	81.0	10.7	91.7	8.5
223	Flusilazole	109.5	4.1	115.2	3.3	100.6	5.2	-	-	89.0	10.4	83.8	4.8	111.3	20.4	105.3	8.8	91.6	7.7	88.0	18.1	79.3	9.1	101.4	16.0
224	Fluthiacet-methyl	113.9	3.1	101.0	4.6	103.6	5.2	93.6	7.7	91.7	10.1	81.3	12.5	106.4	11.3	104.3	11.3	91.2	9.9	89.5	6.2	98.4	12.4	97.4	11.3
225	Flutolanil	111.7	3.6	93.4	1.8	93.6	6.8	86.9	7.0	91.0	8.8	88.3	8.5	106.8	8.3	99.4	11.5	97.2	4.9	91.4	6.3	85.7	9.6	91.4	7.8
226	Flutriafol	118.1	0.8	103.4	6.2	114.1	4.3	100.4	5.4	102.2	3.5	108.0	6.6	108.1	2.6	95.0	3.8	110.0	1.5	97.1	2.6	102.2	1.6	90.5	1.2
227	Fonofos	113.3	4.6	86.7	4.0	99.5	6.8	89.3	9.3	84.3	6.7	83.3	8.9	110.9	12.0	99.5	8.3	86.6	7.6	77.3	13.6	71.3	15.2	98.8	15.9
228	Fosthiazate	114.2	2.3	85.3	3.4	108.4	3.2	93.6	3.1	92.2	2.9	94.6	1.5	95.5	2.2	94.8	0.9	101.6	1.4	85.4	5.4	87.0	6.3	94.8	2.5
229	Fuberidazole	112.9	4.5	100.8	5.8	106.5	3.1	75.9	9.6	83.5	5.3	94.8	2.6	87.1	6.0	91.3	1.7	90.6	3.3	44.6	21.8	86.2	3.2	87.8	6.9

续表

序号	农药名称	苹果						葡萄						芹菜						番茄					
		5μg/kg		10μg/kg		20μg/kg		5μg/kg		10μg/kg		20μg/kg		5μg/kg		10μg/kg		20μg/kg		5μg/kg		10μg/kg		20μg/kg	
		Rec (%)	RSD (%)	Rec (%)	RSD (%)	Rec (%)	RSD (%)	Rec (%)	RSD (%)	Rec (%)	RSD (%)	Rec (%)	RSD (%)	Rec (%)	RSD (%)	Rec (%)	RSD (%)	Rec (%)	RSD (%)	Rec (%)	RSD (%)	Rec (%)	RSD (%)	Rec (%)	RSD (%)
230	Furalaxyl	110.3	2.6	98.4	6.7	112.8	4.8	82.9	3.8	92.9	3.7	95.7	7.1	113.4	4.9	96.7	5.1	95.7	2.9	90.3	4.1	80.1	8.7	92.9	3.0
231	Furathiocarb	112.5	6.6	110.7	5.0	105.1	6.3	101.4	10.6	88.9	5.5	80.4	6.4	91.1	12.9	101.4	8.8	91.6	14.1	86.6	6.9	79.2	18.3	98.4	19.7
232	Furmecyclox	79.5	4.3	81.8	6.0	90.1	4.8	-	-	70.8	28.0	81.6	13.1	104.4	8.5	57.7	4.7	66.3	8.4	85.6	7.2	74.1	8.3	95.4	11.8
233	Halosulfuron-methyl	73.9	5.7	76.1	15.6	43.6	39.3	-	-	-	-	-	-	111.0	7.5	86.1	13.9	94.7	6.1	82.0	15.0	72.2	25.3	83.6	2.1
234	Haloxyfop	91.3	20.1	100.5	8.4	103.0	6.2	124.2	12.3	107.9	3.8	87.7	8.7	-	-	114.3	11.1	99.0	13.7	-	-	-	-	119.8	8.2
235	Haloxyfop-2-ethoxyethyl	117.0	3.5	108.6	9.8	101.9	1.5	97.8	9.9	90.8	11.1	80.5	6.1	89.6	15.3	95.4	8.9	89.7	15.5	89.7	14.2	76.4	20.2	104.1	16.7
236	Haloxyfop-methyl	113.3	3.4	99.0	9.7	90.1	3.2	104.2	14.8	92.2	6.8	81.3	10.4	114.6	6.2	99.2	10.7	91.9	13.8	93.6	7.6	81.4	7.4	100.2	13.0
237	Heptenophos	115.2	1.5	84.0	2.2	105.8	4.6	80.7	4.4	87.9	6.0	94.2	5.4	93.5	3.4	91.5	4.5	94.0	2.2	80.3	6.5	85.0	4.6	81.6	1.5
238	Hexaconazole	112.7	3.2	99.3	11.7	106.5	3.1	96.4	8.9	89.1	7.8	85.6	4.8	89.1	12.1	105.0	10.0	95.0	8.5	87.0	4.6	78.9	6.5	100.5	13.0
239	Hexazinone	94.7	2.7	84.8	2.7	106.9	3.2	89.4	2.4	96.8	2.5	92.5	2.7	96.0	3.1	91.0	1.6	95.5	0.6	87.7	4.0	88.9	1.7	92.9	1.7
240	Hexythiazox	113.5	15.6	107.5	3.6	90.2	4.9	99.2	7.8	95.6	7.3	93.7	11.0	92.5	15.3	95.4	4.4	85.3	16.7	118.3	24.1	73.7	26.0	93.5	18.7
241	Hydramethylnon	76.8	56.8	271.8	38.1	255.1	32.4	85.8	65.9	98.5	28.7	88.2	8.6	53.6	19.2	120.9	14.7	94.8	7.7	109.6	40.9	54.9	35.8	143.9	32.1
242	Imazalil	112.6	2.3	85.2	5.0	106.9	2.5	-	-	89.5	7.2	97.4	3.9	90.2	5.2	102.4	7.6	104.1	1.8	87.4	3.4	99.9	6.9	95.0	8.2
243	Imazamethabenz-methyl	108.8	2.3	88.2	2.6	104.3	2.3	92.0	1.8	95.2	1.0	99.1	3.1	94.8	1.7	91.8	1.1	95.3	1.4	87.4	3.2	93.3	3.3	93.8	1.0
244	Imazamox	62.4	19.6	40.0	59.7	56.2	47.8	-	-	-	-	-	-	46.5	24.0	49.1	16.9	35.1	17.4	-	-	32.2	31.1	54.4	19.8
245	Imazapic	108.7	1.6	58.5	18.3	97.7	4.1	48.4	29.5	92.7	1.4	32.5	43.1	-	-	-	-	-	-	90.2	4.8	48.9	29.6	70.8	14.1
246	Imazethapyr	115.5	1.5	69.9	12.0	108.6	4.9	62.4	13.6	92.4	1.6	52.1	27.5	71.8	23.1	64.4	7.4	93.1	3.3	-	-	-	-	75.9	1.2
247	Imazosulfuron	-	-	65.0	39.0	163.5	68.2	-	-	-	-	-	-	-	-	-	-	106.9	18.8	-	-	-	-	-	-
248	Imibenconazole	121.1	6.7	115.2	8.3	83.7	7.1	115.8	20.8	96.2	9.7	90.7	15.7	-	-	75.2	14.3	85.2	9.0	102.0	11.0	71.8	11.7	99.8	20.2
249	Imidacloprid	114.3	2.6	95.5	2.6	98.7	4.4	100.9	3.2	93.6	2.3	98.0	2.0	104.5	2.6	92.9	1.7	100.2	0.5	91.5	5.2	87.1	2.9	94.3	2.9
250	Inabenfide	104.8	3.3	74.9	2.9	94.4	4.7	68.4	30.6	94.1	1.6	17.0	33.4	90.3	7.4	96.4	5.9	82.4	21.6	89.8	5.9	88.2	10.5	82.5	4.6
251	Indoxacarb	113.1	3.1	111.8	15.3	84.3	8.3	102.9	14.5	84.2	7.0	85.9	9.2	92.2	12.0	98.4	8.6	86.5	14.8	95.2	8.7	73.0	23.3	96.6	18.4
252	Ipconazole	58.6	10.3	51.2	18.3	50.6	6.8	53.7	6.4	64.5	31.6	69.1	10.5	90.0	11.8	77.8	15.9	86.7	9.6	79.2	13.1	111.3	10.0	78.4	8.7
253	Iprobenfos	109.5	7.2	100.9	6.2	107.6	3.0	92.0	9.5	88.8	6.9	94.5	14.3	117.5	2.4	108.8	8.9	95.7	5.6	82.6	9.6	73.9	17.0	98.1	13.0
254	Iprovalicarb	110.8	2.4	93.5	2.9	93.3	4.9	89.5	5.9	96.1	6.0	90.2	9.6	112.9	8.5	106.0	9.8	99.2	5.9	81.2	8.9	80.4	10.7	96.6	8.7
255	Isazofos	111.3	3.7	101.7	6.5	110.2	4.6	85.5	6.5	87.9	7.7	92.0	11.0	90.7	7.0	100.1	8.9	96.1	6.8	87.8	6.6	85.7	7.2	92.8	8.7
256	Isocarbamid	109.7	3.0	103.3	6.7	104.8	5.0	91.7	2.8	95.9	1.8	102.1	4.2	91.8	4.0	88.9	0.8	92.0	1.6	99.4	28.0	88.2	18.4	93.5	4.4
257	Isocarbophos	113.5	1.8	98.8	6.0	112.8	3.8	82.6	1.5	94.3	4.2	95.2	4.5	89.1	10.3	96.7	4.7	93.9	1.6	-	-	90.2	1.6	90.1	1.3
258	Isofenphos	112.4	3.8	86.8	5.0	101.3	6.7	88.0	4.8	96.7	6.1	81.0	10.9	112.0	7.8	100.3	10.0	94.5	11.7	92.5	5.9	75.1	7.6	101.0	14.5
259	Isofenphos-oxon	114.9	2.8	85.9	3.1	107.6	3.5	96.7	8.2	97.2	7.5	91.0	6.8	109.4	7.2	99.0	6.0	95.8	3.4	88.2	5.8	82.9	8.0	96.8	5.6
260	Isomethiozin	-	-	30.1	25.2	57.1	27.6	69.5	32.2	92.7	6.0	87.8	16.2	105.6	21.7	88.1	6.8	129.3	32.9	59.0	17.7	73.2	19.2	236.0	25.9
261	Isoprocarb	111.1	4.5	85.7	2.5	96.9	2.6	83.4	12.1	86.7	1.7	99.5	6.5	101.5	4.5	91.2	6.5	92.5	3.5	83.5	16.1	97.7	3.1	82.2	2.2
262	Isopropalin	-	-	85.7	13.6	78.3	19.2	86.9	6.0	100.9	6.7	103.9	14.6	80.0	24.5	97.9	21.2	79.0	13.8	85.1	5.7	91.7	11.0	98.9	34.3

续表

序号	农药名称	苹果						葡萄						芹菜						番茄					
		5μg/kg		10μg/kg		20μg/kg		5μg/kg		10μg/kg		20μg/kg		5μg/kg		10μg/kg		20μg/kg		5μg/kg		10μg/kg		20μg/kg	
		Rec (%)	RSD (%)	Rec (%)	RSD (%)	Rec (%)	RSD (%)	Rec (%)	RSD (%)	Rec (%)	RSD (%)	Rec (%)	RSD (%)	Rec (%)	RSD (%)	Rec (%)	RSD (%)	Rec (%)	RSD (%)	Rec (%)	RSD (%)	Rec (%)	RSD (%)	Rec (%)	RSD (%)
263	Isoprothiolane	115.4	2.7	86.1	2.7	106.0	3.5	88.0	7.2	96.6	8.2	87.2	7.8	112.7	4.6	102.8	8.4	97.0	4.7	86.5	5.8	80.4	8.9	92.5	7.4
264	Isoproturon	117.0	1.2	86.6	4.7	89.9	1.0	87.7	1.9	97.7	1.5	95.9	3.7	104.4	1.9	97.0	3.2	97.0	1.1	93.6	3.9	96.9	3.9	93.2	3.0
265	Isouron	110.8	2.2	100.0	5.5	108.5	2.9	85.8	1.9	97.4	2.0	98.6	4.7	108.2	3.6	93.2	2.8	95.7	1.9	90.5	4.6	97.7	2.5	93.4	3.3
266	Isoxaben	108.2	4.6	88.4	2.9	90.6	4.7	91.3	6.5	91.8	8.4	86.4	8.3	110.7	6.9	101.7	8.5	98.1	4.2	88.7	5.8	86.8	8.7	90.4	8.2
267	Isoxadifen-ethyl	112.9	4.9	101.4	8.4	103.8	4.1	89.5	8.9	89.5	8.7	76.3	8.1	107.5	7.8	99.8	9.2	91.5	11.5	91.5	5.5	69.2	23.8	96.4	12.1
268	Isoxaflutole	-	-	76.4	2.0	100.3	4.5	-	-	-	-	94.4	17.4	103.2	4.8	93.5	2.9	98.9	1.9	-	-	-	-	-	-
269	Isoxathion	115.7	4.1	111.8	6.1	102.0	4.3	100.1	7.2	89.3	9.8	80.7	9.8	95.6	12.1	96.7	8.9	85.6	14.8	106.6	22.3	76.8	16.5	101.4	17.2
270	Kadethrin	92.9	8.7	94.3	3.1	90.4	7.1	73.8	12.1	76.4	13.2	85.9	11.8	89.7	18.8	78.7	4.4	73.0	16.9	91.5	5.3	98.1	9.0	86.0	18.5
271	Karbutilate	113.1	1.1	94.3	2.9	99.6	4.1	86.9	1.9	95.5	1.6	95.1	3.2	100.5	2.4	93.3	1.3	96.8	0.9	90.3	4.0	94.7	1.9	91.9	1.8
272	Kresoxim-methyl	114.5	2.9	87.8	3.9	105.4	4.9	96.0	11.4	93.0	7.5	82.4	8.2	116.1	4.0	106.0	10.8	94.5	7.7	87.2	9.0	85.8	3.7	96.6	7.3
273	Lactofen	112.9	17.4	90.1	6.4	95.5	5.8	103.3	15.2	87.5	9.6	92.1	9.8	80.9	16.7	77.3	24.4	88.8	11.9	86.7	17.5	168.7	12.1	88.3	14.3
274	Linuron	111.3	3.8	84.7	7.1	89.9	1.6	82.5	5.1	94.9	5.8	95.4	4.5	111.1	3.9	97.9	8.5	95.2	2.8	94.2	4.1	94.8	4.6	95.9	6.4
275	Malaoxon	113.7	2.2	94.0	2.4	115.5	2.8	87.7	2.8	91.6	2.8	93.1	1.8	99.1	1.5	92.4	1.4	95.7	1.1	88.4	3.9	93.1	2.0	95.6	5.2
276	Malathion	110.5	4.4	80.9	7.7	91.0	2.5	82.3	7.8	94.2	5.0	89.7	9.4	111.9	3.9	99.8	9.3	97.5	5.9	88.1	3.9	89.8	8.8	90.8	7.6
277	Mecarbam	111.3	3.2	86.3	6.4	89.5	12.5	88.3	6.2	98.0	4.5	86.1	13.1	116.6	2.5	101.4	9.4	93.5	8.4	92.2	4.3	85.0	10.8	95.4	9.7
278	Mefenacet	115.9	3.2	87.5	7.0	90.1	2.2	90.9	5.7	96.1	9.1	88.3	9.2	112.5	5.0	102.7	7.8	98.5	5.8	88.1	6.2	87.9	9.8	95.7	11.1
279	Mefenpyr-diethyl	106.3	4.0	87.0	9.3	97.8	6.2	95.2	8.8	93.6	9.5	76.6	7.9	111.7	4.6	103.5	10.2	93.8	11.8	88.9	4.4	66.6	27.2	99.9	15.4
280	Mepanipyrim	108.7	2.0	89.4	5.5	104.1	5.8	85.6	14.2	97.6	6.2	81.7	10.9	109.4	5.2	98.7	8.8	89.5	9.6	77.3	7.0	72.3	4.4	125.9	31.0
281	Mephosfolan	113.9	2.4	100.4	5.7	107.1	2.9	87.8	3.3	94.2	1.9	96.0	2.0	100.8	2.0	92.9	1.5	96.2	1.0	91.8	4.5	90.1	4.8	93.9	1.9
282	Mepiquat	89.7	2.8	88.8	3.0	93.7	2.1	74.0	7.4	91.4	2.4	82.2	2.7	72.5	4.7	73.4	1.6	83.1	3.7	103.4	9.8	74.7	1.0	79.9	10.8
283	Mepronil	109.2	3.7	88.5	6.2	92.4	2.8	87.3	9.0	92.4	8.8	88.0	8.0	113.8	4.4	104.5	10.6	97.8	5.1	94.6	5.3	81.5	9.0	93.8	9.5
284	Mesosulfuron-methyl	105.0	6.5	100.6	8.8	93.1	7.3	78.3	7.3	84.2	3.3	81.6	6.6	93.3	3.1	84.4	4.9	82.0	7.6	-	-	-	-	93.4	2.4
285	Metalaxyl	115.6	1.3	97.5	3.5	109.3	3.2	135.3	4.5	97.2	3.0	97.7	1.4	101.9	3.6	92.4	1.4	97.0	0.9	89.9	3.7	96.8	1.5	89.9	1.4
286	Metalaxyl-M	115.6	1.3	97.5	3.5	109.3	3.2	142.4	8.8	97.7	3.9	97.7	1.4	101.9	3.6	92.4	1.4	97.0	0.9	89.9	3.7	89.0	3.4	89.9	1.4
287	Metamitron	102.9	3.9	86.0	8.1	91.2	5.5	82.5	4.3	93.4	3.6	101.4	4.6	109.4	4.9	89.5	2.4	92.5	1.6	97.0	2.4	111.5	12.9	89.4	3.0
288	Metazachlor	115.3	1.9	83.3	12.4	88.1	1.1	89.7	4.1	93.0	5.0	94.1	5.6	106.3	2.9	99.6	3.4	95.3	2.2	87.6	5.1	90.7	10.7	91.8	3.1
289	Metconazole	111.2	4.7	97.1	3.0	97.4	4.2	95.7	6.6	96.2	7.5	87.7	10.4	103.8	5.3	101.3	11.7	92.9	7.3	87.3	5.6	79.1	5.7	100.5	14.1
290	Methabenzthiazuron	113.5	1.7	94.4	3.5	113.9	3.3	83.8	3.0	91.8	4.7	95.3	3.7	107.2	3.7	105.8	9.1	94.6	5.2	90.2	4.2	104.0	9.6	85.9	4.9
291	Methamidophos	104.6	2.0	80.4	3.9	99.8	2.5	72.1	3.5	88.8	2.8	93.2	4.8	85.4	2.7	83.9	1.8	90.4	0.8	81.9	4.7	85.6	2.2	91.9	9.9
292	Methiocarb	106.8	1.5	104.7	5.8	91.7	15.1	80.3	8.4	95.8	4.5	90.2	9.1	116.0	6.3	96.8	7.7	107.0	5.6	77.9	52.1	85.2	3.7	95.6	10.6
293	Methiocarb-sulfone	112.5	5.6	81.7	4.7	103.7	4.3	82.4	2.2	60.0	26.5	95.2	2.6	99.3	3.7	88.7	1.8	95.4	1.1	90.6	6.6	86.6	7.2	86.9	2.9
294	Methiocarb-sulfoxide	113.6	3.2	96.2	3.0	112.2	3.4	89.3	4.1	92.4	3.0	94.5	1.7	104.4	5.6	90.5	1.4	96.9	1.4	91.8	4.2	92.2	4.2	93.0	2.8
295	Methomyl	106.4	1.2	81.2	18.3	97.0	5.4	101.4	14.8	109.3	5.0	104.1	5.3	89.2	9.2	99.0	2.0	91.8	3.8	-	-	90.1	5.3	89.6	2.5

续表

序号	农药名称	苹果						葡萄						芹菜						番茄					
		5μg/kg		10μg/kg		20μg/kg		5μg/kg		10μg/kg		20μg/kg		5μg/kg		10μg/kg		20μg/kg		5μg/kg		10μg/kg		20μg/kg	
		Rec (%)	RSD (%)	Rec (%)	RSD (%)	Rec (%)	RSD (%)	Rec (%)	RSD (%)	Rec (%)	RSD (%)	Rec (%)	RSD (%)	Rec (%)	RSD (%)	Rec (%)	RSD (%)	Rec (%)	RSD (%)	Rec (%)	RSD (%)	Rec (%)	RSD (%)	Rec (%)	RSD (%)
296	Methoprotryne	111.1	3.4	94.6	1.2	98.0	3.0	85.3	7.2	96.7	7.5	93.5	8.6	108.1	9.4	105.5	10.3	97.8	4.3	100.5	3.3	98.7	3.1	91.3	15.5
297	Methoxyfenozide	109.8	4.2	100.7	4.2	109.1	5.0	95.6	6.2	93.2	8.3	84.4	9.0	94.8	7.7	110.9	9.3	97.4	5.0	-	-	85.9	6.4	91.6	8.9
298	Metobromuron	107.1	4.1	90.5	3.1	116.2	3.6	82.0	3.4	89.6	3.8	100.1	6.1	103.8	3.5	95.7	4.5	96.8	1.7	93.6	3.9	89.8	4.2	91.6	3.9
299	Metolachlor	111.2	4.7	93.7	2.6	110.0	4.8	90.4	6.6	93.5	8.0	94.5	8.3	112.3	4.1	100.6	7.3	97.3	4.8	87.6	5.1	85.5	7.3	96.4	8.7
300	Metolcarb	147.1	14.4	83.8	3.6	96.2	2.1	96.3	3.6	71.8	14.4	108.6	5.1	102.7	6.5	95.3	2.6	88.0	3.7	95.5	4.0	89.5	4.8	87.0	10.4
301	Metominostrobin-(E)	108.2	1.0	99.5	2.4	105.4	13.5	119.4	1.6	97.6	1.2	98.3	2.6	104.9	2.2	97.6	2.6	98.0	1.0	89.6	3.1	92.8	2.9	96.2	1.1
302	Metominostrobin-(Z)	108.2	1.0	99.9	2.6	99.1	3.3	118.7	1.1	97.7	1.2	98.5	2.6	105.0	2.2	97.6	2.6	98.0	1.0	89.8	3.2	92.8	2.9	96.2	1.1
303	Metosulam	104.6	5.6	105.1	6.3	107.9	5.7	76.3	5.0	83.7	3.6	86.7	5.9	85.1	6.1	89.9	4.5	88.8	2.4	47.7	27.0	78.4	17.8	102.3	1.6
304	Metoxuron	112.1	3.6	105.5	3.7	112.9	4.1	92.0	2.3	93.3	1.8	90.8	2.7	88.3	5.4	92.3	1.3	94.6	0.9	59.5	31.1	87.2	7.1	91.7	1.4
305	Metribuzin	111.8	4.2	115.4	3.0	89.0	0.8	91.0	2.7	96.8	5.8	103.9	8.2	107.6	4.2	106.4	6.8	93.5	4.2	92.2	3.6	116.3	16.1	87.6	8.0
306	Metsulfuron-methyl	54.2	50.6	68.1	37.7	70.8	18.4	80.9	4.5	56.9	25.5	52.7	24.5	-	-	-	-	-	-	-	-	69.0	1.9	55.0	32.6
307	Mevinphos	-	-	108.8	1.6	79.8	4.8	83.2	5.7	99.2	2.1	100.4	1.5	88.5	6.5	88.8	0.8	97.1	0.8	85.2	6.6	94.6	2.6	88.4	3.0
308	Mexacarbate	108.8	4.0	87.8	6.6	106.8	1.6	81.4	3.5	90.0	3.2	94.0	2.9	97.8	4.3	90.7	1.9	76.2	2.6	86.9	2.3	88.0	2.2	89.2	2.7
309	Molinate	105.2	6.9	104.8	4.4	96.3	4.0	85.1	10.1	57.3	23.2	84.0	20.1	91.6	15.7	107.8	4.3	91.0	4.4	71.5	16.1	85.4	8.9	77.2	14.1
310	Monocrotophos	103.7	4.0	88.0	7.0	105.7	6.8	85.6	5.1	93.0	2.4	95.3	2.7	90.7	4.3	93.3	1.2	95.8	1.7	80.9	4.1	84.4	4.7	100.1	6.6
311	Monolinuron	108.7	4.4	84.9	3.4	85.0	41.9	87.8	2.6	94.9	3.0	98.2	4.1	101.9	2.6	94.3	3.0	96.9	0.9	88.8	3.9	94.8	1.8	93.8	3.2
312	Monuron	111.3	3.8	83.2	1.3	107.8	2.4	85.6	2.2	97.6	1.1	99.7	4.5	96.6	3.4	93.0	1.9	96.3	1.3	85.1	3.9	89.7	1.9	89.6	1.6
313	Myclobutanil	108.9	4.5	87.1	4.1	91.4	2.3	108.4	9.4	91.1	6.2	91.8	13.0	113.4	4.7	101.6	7.2	95.4	5.1	87.7	6.3	93.7	2.5	97.1	10.7
314	Naproanilide	-	-	91.5	6.4	88.3	10.9	96.9	11.2	98.5	15.7	90.2	7.5	104.4	12.6	92.8	17.9	92.8	9.4	86.9	10.8	73.8	26.4	102.4	12.8
315	Napropamide	111.3	5.8	91.6	4.2	117.0	2.4	87.2	8.5	93.5	8.8	90.1	9.8	109.4	3.5	106.3	10.1	98.0	6.2	96.5	4.0	86.1	6.9	94.3	10.1
316	Naptalam	-	-	97.3	3.1	105.4	0.9	100.6	4.6	94.2	2.0	47.8	20.0	97.5	5.8	83.8	19.2	94.2	12.0	-	-	-	-	88.5	47.4
317	Neburon	114.4	3.7	106.1	4.7	105.5	6.6	97.8	11.6	94.9	10.1	86.4	7.5	102.9	7.4	101.2	10.9	95.4	6.1	93.5	4.5	81.3	8.7	96.3	13.8
318	Nitenpyram	98.2	4.3	99.5	1.6	94.8	4.4	85.8	6.6	92.5	2.3	89.4	4.8	110.9	10.3	84.8	4.1	39.8	13.7	93.2	13.1	106.3	8.0	98.2	6.4
319	Nitralin	108.8	4.8	93.4	2.6	97.9	5.2	89.6	11.3	88.3	10.9	84.4	11.9	113.0	3.4	100.9	11.6	93.5	9.5	92.0	6.3	89.1	7.6	96.7	9.8
320	Norflurazon	112.2	3.0	101.1	4.4	113.3	4.7	82.3	2.2	92.8	3.1	99.2	2.1	91.2	5.3	95.4	4.3	94.5	2.0	73.2	9.1	84.4	19.4	90.9	1.8
321	Nuarimol	100.0	13.1	91.1	5.9	90.2	1.8	80.4	5.5	89.3	6.3	94.9	9.9	110.1	1.8	95.0	9.5	91.2	2.3	95 .2	5.1	90.2	6.8	84.9	6.3
322	Octhilinone	97.2	1.9	75.4	5.2	98.9	6.2	61.9	5.6	41.8	11.0	63.8	17.2	112.6	5.4	99.0	8.9	92.8	6.3	77.4	5.8	78.9	7.3	81.2	10.3
323	Ofurace	111.0	2.7	86.5	2.1	110.9	5.6	89.1	2.0	95.3	1.2	98.0	4.7	94.8	1.7	92.5	2.0	96.0	0.7	84.1	4.5	85.4	5.0	94.5	1.4
324	Omethoate	99.5	0.9	102.8	4.2	114.9	4.2	82.3	2.8	89.0	4.2	92.3	2.3	89.2	5.0	90.3	1.1	93.2	1.2	56.9	4.5	90.2	3.3	94.8	5.4
325	Orbencarb	111.6	3.1	109.9	6.2	106.2	5.0	96.3	7.9	94.9	7.8	81.6	7.0	92.1	8.1	106.8	9.7	93.8	10.2	90.2	5.5	79.0	11.0	104.8	18.8
326	Oxadixyl	105.6	1.3	83.3	4.1	87.0	1.5	86.3	6.0	93.4	2.9	95.0	3.0	99.4	2.9	95.6	2.5	98.1	2.1	91.5	5.3	86.4	8.5	95.4	2.0
327	Oxamyl	-	-	-	-	-	-	-	-	78.6	11.3	87.2	2.4	97.1	6.2	88.3	2.3	82.2	6.2	117.6	35.5	72.9	17.8	84.9	4.5
328	Oxamyl-oxime	116.0	2.2	91.8	2.5	113.3	4.7	81.8	3.8	85.3	9.0	93.2	3.7	95.9	7.1	84.1	2.7	92.6	2.8	99.0	6.8	82.9	12.8	93.9	8.5

续表

序号	农药名称	苹果						葡萄						芹菜						番茄					
		5μg/kg		10μg/kg		20μg/kg		5μg/kg		10μg/kg		20μg/kg		5μg/kg		10μg/kg		20μg/kg		5μg/kg		10μg/kg		20μg/kg	
		Rec (%)	RSD (%)	Rec (%)	RSD (%)	Rec (%)	RSD (%)	Rec (%)	RSD (%)	Rec (%)	RSD (%)	Rec (%)	RSD (%)	Rec (%)	RSD (%)	Rec (%)	RSD (%)	Rec (%)	RSD (%)	Rec (%)	RSD (%)	Rec (%)	RSD (%)	Rec (%)	RSD (%)
329	Oxycarboxin	114.9	2.0	88.8	2.4	105.8	3.3	91.3	3.2	94.4	2.6	92.6	2.4	97.8	3.7	87.9	2.0	95.2	0.3	84.9	4.7	89.8	0.7	91.8	2.2
330	Oxyfluorfen	-	-	135.7	33.6	88.6	64.8	-	-	119.5	10.8	94.7	17.3	96.6	32.5	113.2	44.1	63.3	34.5	97.8	18.4	84.2	31.8	44.2	13.7
331	Paclobutrazol	115.2	4.4	95.5	0.7	96.1	4.2	90.0	5.2	93.7	6.8	100.6	5.9	106.9	8.9	101.4	8.9	96.6	3.1	94.3	6.1	88.0	9.1	96.8	9.5
332	Paraoxon-ethyl	108.8	4.5	95.4	4.6	110.5	3.8	82.6	4.1	92.5	1.1	103.2	6.0	107.1	3.7	97.7	4.6	93.0	1.8	91.1	5.0	100.4	3.3	88.7	3.1
333	Paraoxon-methyl	114.2	1.4	85.0	2.4	100.4	5.3	88.8	3.3	92.6	3.5	101.7	5.9	91.9	2.9	87.6	3.3	96.3	1.3	90.0	3.5	101.6	7.3	90.7	2.7
334	Pebulate	117.1	15.5	106.1	4.6	105.2	7.5	95.8	18.9	53.8	23.3	61.0	37.6	68.6	45.4	112.0	7.7	87.1	10.2	51.0	46.0	165.5	24.9	71.1	27.9
335	Penconazole	112.6	2.8	103.6	5.0	92.3	2.2	103.1	11.0	95.4	10.0	83.5	10.9	104.2	9.1	103.9	9.1	96.5	6.4	85.6	5.4	87.4	10.1	105.7	19.7
336	Pencycuron	104.2	5.9	113.5	6.4	101.0	5.1	101.1	8.8	95.5	8.1	80.6	6.7	93.6	11.9	100.9	7.4	89.6	9.8	87.4	7.3	75.1	12.9	104.6	25.3
337	Pentanochlor	109.9	5.5	96.5	1.7	106.0	2.8	92.7	10.8	91.4	8.1	87.0	8.1	105.7	9.0	104.9	11.0	96.6	5.8	95.5	5.1	86.0	9.6	96.5	13.8
338	Phenmedipham	110.0	2.8	90.5	5.5	81.9	19.8	82.8	5.4	91.9	5.4	93.0	9.7	107.9	4.9	102.4	11.2	97.4	2.3	87.6	5.2	89.5	7.6	93.4	7.4
339	Phenthoate	110.1	4.5	94.8	8.4	98.8	7.0	92.1	6.4	99.1	6.2	79.3	6.3	106.9	5.1	104.2	10.5	90.2	11.0	93.1	7.8	87.1	2.5	104.0	9.3
340	Phorate	128.3	4.1	81.4	9.8	95.9	3.2	90.0	9.6	69.5	11.2	80.2	5.8	103.2	9.9	87.9	19.8	101.3	10.9	64.8	21.2	72.4	15.8	89.3	17.8
341	Phorate-sulfone	113.1	4.1	83.6	7.5	88.6	2.7	83.6	2.7	96.4	2.7	95.0	2.3	108.5	3.9	89.4	4.2	96.8	2.1	87.1	3.4	84.2	11.9	93.7	2.4
342	Phorate-sulfoxide	121.8	3.1	157.4	3.4	113.9	5.0	167.0	5.7	183.2	13.5	117.6	4.2	199.9	11.8	168.4	4.5	114.9	7.0	104.9	5.6	171.6	11.8	98.7	2.1
343	Phosalone	115.1	7.1	99.9	3.5	105.2	8.8	94.1	17.2	85.4	10.5	81.2	22.5	109.6	17.1	139.1	29.2	99.1	19.3	86.2	7.5	81.8	12.7	114.2	17.5
344	Phosfolan	111.4	2.2	95.1	3.0	110.1	3.3	84.7	2.1	95.6	2.3	96.3	3.5	97.3	1.8	89.5	1.0	96.0	0.9	91.6	3.7	92.2	2.0	91.4	1.6
345	Phosmet	97.6	12.8	92.7	4.9	107.9	5.9	64.2	8.4	103.7	3.0	85.5	2.3	-	-	100.6	6.0	93.7	15.9	-	-	-	-	92.2	8.4
346	Phosmet-oxon	110.1	2.0	86.3	2.7	104.5	4.0	93.4	4.6	98.0	2.5	99.6	4.2	100.5	3.5	87.5	1.4	96.1	2.0	85.6	1.9	93.0	4.0	94.4	1.7
347	Phosphamidon	116.7	1.4	102.1	5.8	108.3	2.7	86.9	2.2	95.8	2.8	94.7	2.5	104.6	3.3	90.2	1.0	96.4	1.1	92.2	3.3	97.5	2.5	92.3	2.0
348	Phoxim	96.1	70.6	86.5	40.0	77.0	10.8	122.5	33.6	70.6	12.9	94.7	15.8	-	-	61.6	53.2	92.0	21.2	-	-	75.5	39.2	115.5	28.8
349	Picolinafen	92.1	3.0	125.3	16.5	92.9	4.4	109.5	4.9	97.8	4.9	92.2	7.2	97.0	13.6	91.1	6.2	82.3	12.5	101.9	14.2	76.3	5.7	105.4	25.0
350	Picoxystrobin	108.7	5.3	101.9	8.3	103.7	4.5	96.9	5.9	91.4	7.9	78.2	10.1	96.3	5.9	107.8	9.6	94.7	10.7	-	-	93.7	22.3	97.0	14.5
351	Piperonyl-butoxide	115.0	3.4	88.1	4.8	100.5	7.0	101.0	8.8	95.2	8.6	78.2	7.2	107.9	7.5	102.3	8.5	93.3	13.2	79.9	18.0	68.9	15.0	113.5	25.1
352	Piperophos	116.2	1.9	89.6	6.3	99.4	7.9	101.8	12.0	94.8	5.0	79.6	10.7	108.8	7.9	102.2	9.3	91.4	14.1	86.6	10.3	68.0	18.1	110.3	23.5
353	Pirimicarb	107.8	3.5	89.9	1.6	98.3	2.7	88.6	2.9	92.4	2.9	96.6	3.0	97.7	1.8	91.0	0.5	96.2	1.3	95.9	3.1	99.7	3.5	91.0	2.1
354	Pirimicarb-desmethyl-formamido	113.8	2.6	92.5	2.6	98.7	3.3	84.3	3.6	93.0	2.1	94.4	2.3	101.3	2.6	91.4	2.0	97.2	0.6	90.6	6.2	88.5	8.2	95.0	1.9
355	Pirimiphos-ethyl	115.8	12.4	90.2	11.7	122.0	5.3	86.2	5.5	93.0	11.3	92.3	5.7	81.4	22.0	101.8	9.1	90.7	14.8	93.4	6.7	83.7	5.3	113.2	30.8
356	Pirimiphos-methyl	107.8	5.8	109.1	8.0	109.3	3.7	88.9	8.9	91.1	10.5	80.2	11.1	111.6	17.1	107.2	10.8	94.4	10.4	88.8	2.2	102.6	8.2	101.0	19.1
357	Prallethrin	115.1	1.9	90.9	6.3	95.5	6.9	97.0	7.1	91.3	10.9	84.5	11.6	100.1	7.9	103.9	6.9	89.5	13.0	126.6	14.3	71.6	16.9	97.8	12.6
358	Pretilachlor	98.5	4.3	95.6	7.0	91.3	2.4	98.2	13.9	93.8	9.5	80.7	12.0	111.4	9.2	99.2	11.2	95.5	12.0	91.1	13.7	70.6	15.1	104.9	12.3
359	Primisulfuron-methyl	120.0	9.3	112.6	10.3	84.2	4.2	-	-	-	-	-	-	-	-	-	-	-	-	-	-	-	-	-	-
360	Prochloraz	102.3	3.0	109.8	5.8	104.6	3.2	126.6	14.1	85.0	18.8	82.1	7.0	74.8	19.1	104.9	7.3	87.9	12.8	89.2	5.3	75.8	15.0	130.6	19.8

续表

序号	农药名称	苹果						葡萄						芹菜						番茄					
		5μg/kg		10μg/kg		20μg/kg		5μg/kg		10μg/kg		20μg/kg		5μg/kg		10μg/kg		20μg/kg		5μg/kg		10μg/kg		20μg/kg	
		Rec (%)	RSD (%)	Rec (%)	RSD (%)	Rec (%)	RSD (%)	Rec (%)	RSD (%)	Rec (%)	RSD (%)	Rec (%)	RSD (%)	Rec (%)	RSD (%)	Rec (%)	RSD (%)	Rec (%)	RSD (%)	Rec (%)	RSD (%)	Rec (%)	RSD (%)	Rec (%)	RSD (%)
361	Profenofos	143.5	10.0	102.8	15.6	104.7	5.6	96.8	9.2	88.5	7.6	79.6	8.6	107.9	7.0	100.9	3.5	96.3	11.5	90.1	10.6	70.3	24.0	130.3	15.4
362	Promecarb	109.0	3.9	97.9	2.2	95.8	2.4	87.1	4.4	89.2	6.4	92.6	5.4	112.9	4.3	99.1	4.3	96.4	2.8	86.7	4.1	86.5	4.7	93.4	5.8
363	Prometon	111.1	2.7	65.2	27.5	104.7	2.9	87.6	5.3	94.1	8.5	95.2	8.1	101.9	8.3	106.4	9.4	97.2	2.4	87.5	4.9	95.8	5.3	66.0	7.6
364	Prometryn	109.2	4.8	101.0	4.9	97.5	2.4	83.6	6.1	93.2	8.1	84.7	9.1	95.9	11.1	107.6	10.8	97.5	7.6	91.0	3.7	94.6	4.6	91.8	29.8
365	Pronamide	115.0	1.9	102.5	5.2	106.2	4.6	86.6	7.1	94.3	6.1	95.2	10.5	111.4	6.8	104.6	9.0	98.8	3.4	94.1	6.1	94.5	3.9	94.0	8.5
366	Propachlor	110.1	3.3	89.2	3.8	89.0	3.6	79.6	4.1	87.2	2.4	99.4	7.5	105.3	4.2	94.3	3.2	95.4	2.0	90.1	5.7	96.1	4.1	85.1	4.4
367	Propamocarb	111.6	1.4	83.7	6.2	88.7	1.2	-	-	84.2	5.5	100.2	1.7	93.3	4.5	94.7	1.1	94.3	0.9	99.7	3.2	97.6	3.7	92.8	4.3
368	Propanil	113.3	3.2	86.0	2.4	110.4	5.7	86.1	4.1	93.0	6.0	92.5	7.8	103.0	2.2	103.2	6.4	93.7	1.8	86.7	4.4	93.8	3.1	92.4	5.8
369	Propaphos	109.3	3.5	88.8	4.8	87.0	2.1	85.6	11.8	91.7	9.8	83.7	12.4	110.4	12.4	102.8	10.1	93.2	9.4	92.8	9.5	71.5	19.2	102.2	11.6
370	Propaquizafop	115.2	3.9	110.8	5.7	103.0	6.3	98.9	6.5	88.5	7.0	84.4	21.4	93.9	18.9	100.4	9.9	88.2	13.9	74.8	16.9	73.1	19.8	100.7	18.9
371	Propargite	110.4	17.8	87.1	8.7	112.0	16.7	79.3	16.6	102.6	10.5	84.0	8.8	78.0	34.0	94.7	9.6	82.4	10.0	84.3	16.5	74.3	33.0	98.3	35.7
372	Propazine	110.8	7.4	98.1	2.1	104.8	2.5	89.1	11.6	104.6	9.5	86.5	13.5	115.8	3.6	105.7	9.7	92.7	6.1	91.0	13.2	87.3	8.4	124.2	14.8
373	Propetamphos	111.6	7.1	93.4	1.7	99.9	5.6	-	-	88.9	8.5	92.3	10.0	111.4	6.5	102.4	10.1	96.9	6.2	87.6	4.4	85.1	10.3	94.4	6.6
374	Propiconazol	113.5	7.9	111.3	4.9	105.4	3.1	101.2	7.7	90.8	8.8	85.5	10.9	107.3	11.6	104.6	5.7	89.6	13.3	91.5	12.7	76.2	15.8	117.1	12.4
375	Propisochlor	111.5	7.9	102.1	6.5	106.2	2.2	84.3	10.6	94.3	8.1	84.5	14.5	108.5	10.2	101.9	8.1	98.9	7.8	90.0	8.0	74.6	18.3	98.1	12.6
376	Propoxur	100.1	6.1	97.7	11.5	111.9	3.8	90.5	7.4	87.6	4.5	104.9	3.4	105.8	7.2	84.2	5.5	97.8	4.5	132.6	6.5	89.6	2.7	89.8	4.6
377	Propoxycarbazone	-	-	-	-	-	-	-	-	-	-	-	-	44.7	30.2	40.2	22.9	65.0	11.5	-	-	-	-	53.0	32.6
378	Prosulfocarb	111.2	2.5	89.6	14.5	102.1	8.1	97.1	12.5	94.5	5.7	85.9	9.3	104.2	10.7	106.9	6.5	89.1	13.5	95.8	10.6	74.1	16.9	121.0	15.7
379	Prothoate	113.6	2.2	86.5	2.3	104.3	4.2	85.4	1.9	93.8	2.6	99.0	6.0	101.7	3.3	96.4	3.4	95.4	2.0	87.0	3.8	87.3	7.6	94.7	2.2
380	Pymetrozine	-	-	-	-	-	-	-	-	-	-	-	-	-	-	43.1	10.9	56.0	7.0	64.0	11.1	65.7	7.9	44.4	20.8
381	Pyraclofos	114.2	2.1	95.2	8.8	99.1	8.5	102.6	12.0	92.6	6.7	79.5	6.4	102.3	8.8	104.3	9.0	89.2	11.4	91.3	6.9	71.1	26.6	103.7	20.6
382	Pyraclostrobin	116.1	2.2	107.5	10.7	89.4	8.0	140.2	16.7	91.8	8.8	84.9	19.0	102.1	9.7	107.5	9.3	90.4	11.4	94.8	9.9	86.5	5.2	97.0	15.0
383	Pyraflufen-ethyl	116.5	1.7	89.3	4.3	103.8	6.8	103.8	14.2	89.7	8.7	78.0	8.0	106.2	9.6	100.2	7.5	90.0	12.5	88.3	8.0	76.3	7.1	100.3	12.5
384	Pyrazolynate	34.7	12.3	110.4	20.0	72.8	48.3	74.5	35.9	56.7	17.1	55.2	45.7	-	-	105.7	19.4	64.0	53.3	-	-	111.7	16.1	117.3	14.7
385	Pyrazophos	116.9	8.2	96.0	4.4	106.1	9.3	97.1	4.3	91.1	11.9	77.4	9.6	120.8	7.5	107.5	10.3	92.3	13.5	88.2	9.5	87.5	9.6	100.8	18.1
386	Pyrazosulfuron-ethyl	104.2	4.3	99.3	5.0	106.9	7.2	77.1	6.8	81.3	6.8	80.2	35.0	89.2	5.1	91.5	5.3	93.8	3.8	-	-	84.0	2.7	93.5	3.8
387	Pyrazoxyfen	117.8	8.9	108.4	20.3	99.0	7.0	95.3	4.6	93.2	9.0	83.8	20.8	95.4	8.2	106.2	9.5	93.2	11.5	95.5	12.8	81.0	11.6	100.8	19.2
388	Pyributicarb	12.6	5.8	86.3	12.6	98.0	10.9	96.5	8.2	95.6	5.8	96.2	11.1	97.8	11.9	93.3	7.9	86.0	15.9	85.2	12.1	74.0	28.2	112.7	29.0
389	Pyridaben	34.6	7.7	140.2	32.0	99.9	6.6	94.6	8.6	100.8	4.9	119.8	3.6	95.9	33.2	100.0	14.2	91.7	12.6	-	-	124.7	14.9	82.2	24.4
390	Pyridalyl	-	-	-	-	-	-	-	-	-	-	-	-	-	-	-	-	-	-	-	-	108.0	21.1	98.6	5.9
391	Pyridaphenthion	112.7	4.5	90.7	7.6	91.4	2.2	85.8	7.8	92.9	8.2	89.0	9.5	109.7	4.9	102.9	9.9	96.9	6.4	92.4	3.9	87.4	9.5	92.0	7.6
392	Pyridate	-	-	-	-	91.6	8.7	84.7	8.0	92.9	6.0	100.2	8.8	-	-	89.6	21.9	79.5	21.3	74.9	21.5	56.7	14.8	102.9	34.9
393	Pyrifenox	86.8	5.6	67.7	15.0	84.7	7.4	72.7	9.7	89.7	11.4	93.3	11.9	91.8	12.8	110.4	11.1	95.1	5.6	115.4	17.3	85.7	4.2	105.7	16.0

续表

序号	农药名称	苹果						葡萄						芹菜						番茄					
		5μg/kg		10μg/kg		20μg/kg		5μg/kg		10μg/kg		20μg/kg		5μg/kg		10μg/kg		20μg/kg		5μg/kg		10μg/kg		20μg/kg	
		Rec (%)	RSD (%)	Rec (%)	RSD (%)	Rec (%)	RSD (%)	Rec (%)	RSD (%)	Rec (%)	RSD (%)	Rec (%)	RSD (%)	Rec (%)	RSD (%)	Rec (%)	RSD (%)	Rec (%)	RSD (%)	Rec (%)	RSD (%)	Rec (%)	RSD (%)	Rec (%)	RSD (%)
394	Pyrimethanil	105.6	4.3	87.6	3.9	105.3	4.2	-	-	90.9	7.5	87.6	9.0	103.1	12.6	109.0	9.4	95.0	5.5	85.8	3.0	96.7	9.2	121.5	15.5
395	Pyrimidifen	112.2	15.6	112.7	21.5	108.3	3.5	82.2	12.3	84.8	15.7	92.2	3.8	99.1	9.6	113.2	6.7	92.9	8.0	85.9	7.3	77.1	9.9	124.9	20.9
396	Pyriminobac-methyl (z)	113.0	2.2	88.8	3.5	103.0	5.8	82.8	1.7	90.8	4.6	98.1	4.4	105.2	6.9	96.5	2.3	97.2	3.0	91.8	3.6	88.2	4.9	92.5	1.2
397	Pyrimitate	111.4	4.6	93.6	4.2	93.5	3.7	86.5	9.2	94.0	11.9	82.6	10.1	116.8	3.3	102.8	8.4	94.2	8.0	88.6	2.1	95.4	4.1	95.9	16.2
398	Pyriproxyfen	106.5	6.3	126.9	21.4	106.1	4.8	92.2	3.2	94.0	5.8	93.3	9.3	99.8	12.9	98.5	3.8	86.3	14.8	82.8	11.3	76.5	20.3	97.8	22.9
399	Pyroquilon	109.4	2.4	104.7	3.6	111.6	4.3	86.9	1.8	98.9	2.3	97.3	2.7	89.8	5.7	91.8	1.8	95.4	1.6	84.4	8.1	86.2	7.6	88.8	1.8
400	Quinalphos	108.9	3.3	91.5	6.7	97.5	4.8	96.4	7.0	93.7	11.6	82.3	12.3	114.1	4.8	102.0	10.2	94.9	9.3	90.8	7.9	93.7	5.3	96.3	15.6
401	Quinmerac	106.1	2.8	86.4	6.7	107.3	4.4	96.5	3.5	92.7	2.8	94.9	1.8	-	-	91.8	1.5	93.6	1.1	-	-	90.7	2.5	91.8	2.8
402	Quinoclamine	109.8	2.3	87.1	1.9	108.8	4.2	78.4	2.6	92.4	3.4	95.3	5.0	97.4	3.0	88.9	3.3	96.7	1.0	84.6	2.3	88.9	3.9	94.6	2.1
403	Quinoxyphen	115.1	9.9	117.2	12.7	104.7	3.9	83.7	7.1	102.0	5.8	96.0	8.5	109.9	20.0	109.7	4.4	84.9	7.2	84.0	9.2	70.3	14.6	84.9	26.5
404	Quizalofop-ethyl	111.1	2.8	109.1	13.8	100.1	7.5	99.3	9.2	93.4	6.4	82.4	9.4	105.0	7.0	99.9	8.2	89.4	14.3	87.7	6.9	79.5	18.9	119.8	17.3
405	Rabenzazole	110.2	3.9	90.3	3.1	96.8	6.7	80.3	4.9	95.5	4.2	95.4	7.6	108.9	4.6	96.8	6.2	98.7	3.3	90.0	4.7	104.3	7.6	91.2	8.3
406	Resmethrin	-	-	124.3	15.3	69.8	39.7	-	-	117.9	34.2	57.3	29.5	-	-	-	-	-	-	80.8	14.0	120.4	34.6	80.6	12.4
407	Rimsulfuron	-	-	123.8	35.0	93.7	2.9	-	-	-	-	84.2	19.9	-	-	-	-	-	-	-	-	-	-	58.4	10.8
408	Rotenone	115.1	2.5	95.2	4.5	106.3	3.1	96.1	7.5	89.1	11.4	78.9	9.0	110.5	9.7	106.1	10.1	92.2	12.4	90.9	7.8	88.3	10.0	92.5	13.3
409	Sebutylazine	109.4	7.7	84.2	5.2	98.0	5.0	93.7	7.8	109.6	9.9	89.7	9.7	114.2	7.0	101.0	9.6	96.6	6.0	95.3	8.2	90.6	5.3	106.6	19.8
410	Secbumeton	107.1	2.2	65.2	27.5	104.7	2.9	87.7	5.3	93.6	10.0	99.5	7.0	101.6	8.3	107.3	10.1	97.2	2.4	86.5	6.1	97.9	3.1	42.8	9.7
411	Sethoxydim	170.7	24.2	133.0	48.9	66.3	49.4	81.9	21.0	57.5	14.0	65.0	15.7	75.2	16.5	39.9	7.3	58.9	9.3	78.5	41.2	60.3	49.4	81.2	19.1
412	Simazine	115.1	1.4	87.1	3.4	105.2	2.9	88.0	3.4	98.3	6.5	94.8	5.2	105.3	5.0	97.7	5.0	95.6	2.9	85.5	3.2	93.7	5.8	93.6	9.0
413	Simeconazole	113.9	4.1	87.1	5.0	91.7	1.8	90.7	6.0	90.7	7.1	99.3	7.8	104.8	6.0	101.5	8.3	97.2	4.2	97.9	5.2	104.1	3.8	94.4	9.4
414	Simeton	115.8	3.1	88.2	2.5	101.7	2.6	92.2	2.6	92.6	4.2	99.8	2.6	95.3	2.7	93.8	3.1	92.6	0.7	85.0	1.6	92.1	4.8	92.9	4.5
415	Simetryn	110.3	1.2	96.0	4.2	102.0	2.5	91.5	8.2	96.2	6.7	111.3	5.7	79.8	6.8	105.6	5.6	96.0	3.4	95.5	3.1	106.5	7.5	90.0	11.3
416	Spinosad	104.8	4.4	101.2	4.1	114.7	3.6	76.1	7.7	92.8	11.0	96.3	7.9	95.7	9.7	95.3	15.2	106.5	6.2	90.7	4.2	77.1	6.7	113.1	23.0
417	Spirodiclofen	-	-	-	-	53.3	43.1	97.9	34.4	73.0	10.7	104.1	21.8	-	-	-	-	-	-	-	-	130.4	53.4	108.5	34.2
418	Spiroxamine	109.4	1.8	99.1	4.6	116.2	2.6	78.0	4.5	88.2	9.3	109.5	4.7	102.3	4.7	107.4	7.7	103.6	3.7	91.3	4.0	94.5	4.1	100.5	14.2
419	Sulfallate	108.6	4.4	90.1	3.2	95.7	4.8	89.1	8.3	71.5	9.8	76.5	10.6	95.2	11.8	104.3	6.3	88.0	9.3	79.4	6.0	72.9	13.2	91.8	17.7
420	Sulfentrazone	104.5	5.8	93.8	9.4	90.9	2.5	99.6	3.5	97.1	4.0	98.5	6.3	99.7	3.7	86.6	2.4	94.8	3.1	86.8	4.9	90.0	7.7	96.3	3.5
421	Sulfotep	111.2	3.8	83.0	7.9	103.3	7.6	90.3	9.2	81.9	6.2	83.0	5.4	105.3	18.3	101.0	11.2	88.9	13.6	94.3	1.4	83.6	4.9	92.4	11.9
422	Sulprofos	57.6	16.2	92.6	6.7	83.9	4.3	91.7	26.7	92.1	4.7	102.4	6.5	95.1	23.8	72.2	21.3	84.2	17.9	97.4	5.8	91.5	33.1	107.0	27.4
423	Tebuconazole	105.2	2.5	92.6	6.4	88.6	2.7	153.6	8.1	89.2	5.6	89.0	8.3	101.2	9.2	101.9	9.7	95.7	4.4	92.9	7.5	76.9	22.3	100.4	15.5
424	Tebufenozide	101.6	5.0	111.3	4.5	101.6	5.7	108.7	15.2	89.3	12.1	89.2	6.3	114.5	5.5	106.7	5.6	100.1	5.1	56.5	16.0	76.4	23.0	92.1	12.7
425	Tebufenpyrad	119.5	7.5	99.5	3.8	110.1	5.3	97.6	9.0	92.8	6.8	85.2	9.1	98.8	6.4	97.2	7.5	92.6	11.8	89.9	14.7	95.5	6.1	100.4	21.9
426	Tebupirimfos	111.4	3.7	91.9	17.1	99.9	9.8	97.8	8.8	87.5	9.6	89.9	7.6	104.8	6.3	100.0	8.9	89.5	15.4	91.6	16.3	71.7	14.8	114.2	30.1

续表

序号	农药名称	苹果						葡萄						芹菜						番茄					
		5μg/kg		10μg/kg		20μg/kg		5μg/kg		10μg/kg		20μg/kg		5μg/kg		10μg/kg		20μg/kg		5μg/kg		10μg/kg		20μg/kg	
		Rec (%)	RSD (%)	Rec (%)	RSD (%)	Rec (%)	RSD (%)	Rec (%)	RSD (%)	Rec (%)	RSD (%)	Rec (%)	RSD (%)	Rec (%)	RSD (%)	Rec (%)	RSD (%)	Rec (%)	RSD (%)	Rec (%)	RSD (%)	Rec (%)	RSD (%)	Rec (%)	RSD (%)
427	Tebutam	109.0	4.7	85.5	6.0	91.9	2.0	85.1	6.8	87.9	6.6	100.8	5.6	104.4	10.2	104.7	8.3	97.4	4.9	88.4	6.7	89.1	4.4	92.9	11.6
428	Tebuthiuron	108.5	2.1	86.6	4.1	88.6	1.5	90.1	3.0	92.9	2.7	95.7	2.4	100.1	3.2	91.4	2.6	95.5	0.9	90.6	6.5	101.8	2.5	91.5	1.9
429	Temephos	105.9	3.5	98.6	4.9	95.9	20.8	104.1	11.3	90.3	7.2	83.6	9.1	90.0	14.5	108.7	14.0	85.5	14.1	82.9	7.6	75.4	3.4	104.2	17.3
430	TEPP	108.8	16.2	177.4	26.9	82.3	3.8	-	-	98.5	4.4	86.6	3.7	-	-	96.6	4.7	83.3	13.7	69.8	46.2	100.6	28.4	50.5	40.9
431	Tepraloxydim	149.3	6.7	105.8	3.3	111.9	4.0	77.0	10.2	90.2	8.1	89.7	9.5	92.8	7.5	111.0	9.0	109.5	9.3	-	-	85.5	5.4	110.0	6.9
432	Terbucarb	110.9	4.2	164.6	18.5	89.9	5.0	110.4	14.1	93.7	6.5	83.2	7.8	117.6	28.9	104.6	8.8	95.3	8.9	77.1	19.0	100.8	35.1	107.3	10.3
433	Terbufos	-	-	94.7	26.5	130.5	34.7	-	-	69.5	13.5	78.5	18.2	-	-	103.3	11.3	89.3	20.3	-	-	82.4	20.1	140.2	43.5
434	Terbufos-oxon- sulfone	112.7	1.7	92.9	1.8	108.9	3.4	94.3	14.5	102.5	1.6	100.7	3.5	95.1	1.4	94.9	3.3	97.3	1.5	97.6	2.0	91.8	6.4	89.6	6.8
435	Terbumeton	110.2	2.0	93.5	3.0	96.9	1.2	90.0	6.3	93.4	10.1	97.8	7.8	105.6	8.4	97.0	8.6	94.8	6.1	98.6	2.6	102.3	3.1	81.0	15.7
436	Terbuthylazine	103.0	13.5	104.1	4.2	95.1	3.0	92.1	6.5	104.7	7.1	84.6	7.6	116.4	4.5	105.1	8.7	93.0	7.0	97.4	6.3	88.8	8.0	151.1	21.8
437	Terbutryne	106.3	5.5	111.6	6.0	97.4	2.3	84.1	5.4	91.5	14.7	80.7	6.4	90.5	8.5	107.8	10.4	96.3	7.1	90.3	3.4	82.3	10.5	144.7	27.5
438	Tetrachlorvinphos	105.9	3.8	101.1	5.1	105.5	2.2	89.1	10.1	92.4	7.1	85.2	9.4	114.7	8.2	92.0	8.3	97.4	8.9	90.8	7.4	89.9	6.9	97.1	10.1
439	Tetraconazole	115.9	2.1	90.9	6.3	93.7	3.5	91.6	6.2	91.8	7.1	84.5	12.4	109.5	7.5	107.9	9.3	94.5	7.1	99.8	5.3	95.2	6.7	94.8	11.8
440	Tetramethrin	110.9	6.2	85.2	13.5	83.7	10.9	99.9	10.1	93.9	9.1	80.0	9.2	111.7	4.4	101.5	6.8	86.5	15.3	91.9	10.8	99.6	7.5	105.2	20.2
441	Thenylchlor	110.9	2.6	92.7	5.2	103.4	3.1	88.8	7.6	94.1	10.1	85.7	9.5	90.7	7.2	105.5	9.9	96.5	7.3	89.2	6.4	87.0	8.0	94.4	9.5
442	Thiabendazole	107.9	6.8	86.7	9.6	102.8	3.4	63.6	11.5	73.0	1.8	93.6	2.5	82.8	8.1	66.7	9.8	83.3	5.2	81.8	9.0	66.2	15.0	89.1	8.2
443	Thiacloprid	112.6	4.0	101.6	6.8	114.2	3.7	81.7	2.3	94.2	2.1	96.8	5.0	99.9	3.2	88.8	1.8	96.8	0.7	88.3	3.7	95.4	1.8	91.0	1.8
444	Thiamethoxam	114.5	1.5	100.6	5.8	112.4	2.5	94.2	3.7	100.6	1.8	99.9	2.1	109.0	5.3	90.7	1.3	99.0	5.4	88.5	3.2	101.9	6.9	96.2	3.6
445	Thiazafluron	109.0	5.5	106.6	3.7	113.2	3.1	90.5	2.8	97.5	2.7	95.2	2.8	89.5	5.8	90.0	0.8	97.7	1.1	91.2	4.6	91.0	2.4	94.7	5.3
446	Thiazopyr	107.1	3.4	93.3	5.0	96.7	6.9	98.2	9.1	92.5	8.0	77.8	10.0	107.4	4.1	105.9	10.7	95.2	12.2	95.8	6.0	84.9	5.2	99.2	14.0
447	Thidiazuron	-	-	-	-	-	-	87.5	2.9	93.6	0.7	37.5	132.7	-	-	38.6	54.4	91.7	7.4	-	-	-	-	73.0	18.9
448	Thifensulfuron-methyl	-	-	74.1	24.8	61.7	51.7	-	-	-	-	73.5	6.4	-	-	68.3	17.9	45.3	33.3	-	-	-	-	-	-
449	Thiobencarb	117.4	4.8	92.3	7.3	99.1	5.6	99.6	8.6	95.2	6.0	82.2	10.7	109.3	13.2	100.7	7.3	93.6	10.5	91.7	6.6	75.7	15.0	106.9	18.0
450	Thiodicarb	-	-	-	-	78.4	10.5	-	-	106.9	2.8	50.0	46.4	-	-	-	-	-	-	-	-	50.2	27.8	25.4	16.2
451	Thiofanox	115.7	1.4	92.3	2.2	108.3	4.3	81.8	4.7	91.8	5.3	98.6	4.5	97.3	2.9	91.0	2.0	98.7	2.4	117.2	5.9	95.6	13.0	92.4	2.4
452	Thiofanox-sulfone	-	-	103.9	6.7	86.5	4.3	74.5	14.7	74.7	2.5	81.6	3.3	97.9	5.3	127.2	15.6	87.7	3.6	126.6	25.0	100.6	15.4	88.5	5.9
453	Thiofanox-sulfoxide	-	-	-	-	85.9	14.9	-	-	103.4	5.1	93.9	6.3	132.3	10.8	112.2	13.0	87.2	6.5	103.2	19.6	115.2	9.0	105.3	11.0
454	Thionazin	111.8	2.5	86.7	1.9	107.9	5.7	79.1	5.9	74.5	21.6	95.3	8.3	94.6	6.0	96.3	3.0	93.7	2.4	78.3	5.9	92.3	5.4	88.1	6.0
455	Thiophanate-ethyl	76.9	24.4	41.1	12.5	66.9	32.6	58.1	26.0	76.0	22.4	85.4	11.2	-	-	47.6	12.2	54.7	17.9	68.2	25.6	121.2	19.8	87.0	6.8
456	Thiophanate-methyl	69.1	30.4	37.3	46.0	78.3	35.2	55.3	27.2	78.9	16.9	86.3	12.2	-	-	49.9	13.3	71.8	12.5	43.6	37.3	78.8	11.2	83.9	10.8
457	Thiram	-	-	66.0	24.1	62.9	61.0	-	-	186.3	19.3	179.8	22.1	-	-	-	-	-	-	-	-	101.3	23.7	57.2	52.8
458	Tiocarbazil	108.3	3.7	98.9	6.7	110.2	6.8	84.9	11.5	94.5	4.9	87.8	20.6	99.2	11.1	112.0	6.5	75.9	28.4	80.3	17.3	100.3	6.5	133.9	27.5
459	Tolclofos-methyl	100.1	12.1	92.9	6.4	97.0	6.5	94.7	10.4	85.5	7.9	85.0	10.6	101.9	8.3	88.4	7.6	91.5	8.3	84.4	10.6	77.0	8.8	94.7	18.2

续表

序号	农药名称	苹果						葡萄						芹菜						番茄					
		5μg/kg		10μg/kg		20μg/kg		5μg/kg		10μg/kg		20μg/kg		5μg/kg		10μg/kg		20μg/kg		5μg/kg		10μg/kg		20μg/kg	
		Rec (%)	RSD (%)	Rec (%)	RSD (%)	Rec (%)	RSD (%)	Rec (%)	RSD (%)	Rec (%)	RSD (%)	Rec (%)	RSD (%)	Rec (%)	RSD (%)	Rec (%)	RSD (%)	Rec (%)	RSD (%)	Rec (%)	RSD (%)	Rec (%)	RSD (%)	Rec (%)	RSD (%)
460	Tolfenpyrad	126.5	8.9	118.3	20.9	88.7	5.1	96.8	10.1	95.4	2.7	95.6	8.9	97.5	14.8	98.4	7.7	90.0	12.0	87.7	18.4	85.2	31.0	98.7	20.5
461	Tralkoxydim	89.9	3.3	56.1	17.5	41.0	15.9	53.0	12.3	68.7	8.3	56.3	19.6	65.9	16.5	51.5	6.0	52.9	9.6	60.3	13.9	47.9	17.9	75.2	13.4
462	Triadimefon	109.8	3.4	91.2	5.9	91.1	2.3	102.3	8.4	91.9	7.7	91.5	10.5	108.9	5.8	101.8	8.5	96.3	5.0	82.4	3.2	92.9	3.3	96.5	11.5
463	Triadimenol	111.3	4.2	94.6	3.8	92.0	6.6	154.4	8.7	90.3	7.9	102.9	4.0	103.5	2.5	41.6	16.2	92.8	4.0	84.8	9.2	78.4	11.1	93.1	9.3
464	Triallate	119.7	7.5	98.1	3.5	110.8	50.2	94.3	8.5	87.3	10.9	95.2	5.2	100.5	8.3	98.1	7.3	89.0	15.3	90.0	8.7	74.3	23.7	100.4	25.1
465	Triapenthenol	106.7	4.9	95.9	1.9	112.3	1.2	87.6	7.5	94.5	9.0	91.2	7.6	109.1	8.2	105.1	10.4	98.8	4.2	91.3	7.1	77.7	12.7	99.0	10.7
466	Triasulfuron	111.6	4.6	98.3	18.0	112.3	5.0	78.4	6.7	91.0	5.9	82.7	4.1	99.6	4.9	90.1	4.6	92.2	1.1	68.6	9.8	85.9	8.1	118.1	4.0
467	Triazophos	112.8	3.1	104.8	6.3	106.0	2.8	92.4	9.9	93.8	11.8	82.3	8.7	111.5	7.2	102.2	7.4	94.8	8.4	87.9	6.5	86.7	8.9	94.6	10.2
468	Tribufos	109.9	2.3	98.4	18.1	112.2	2.2	92.1	4.6	99.6	4.2	102.9	8.5	95.2	14.0	91.1	9.6	88.5	13.7	84.1	18.4	72.7	37.1	125.3	41.3
469	Trichlorfon	109.7	3.9	79.3	3.8	106.8	5.7	78.7	3.4	91.8	4.6	97.8	4.5	96.7	2.4	83.1	2.5	94.6	2.5	88.6	5.8	100.5	5.9	90.5	4.0
470	Tricyclazole	109.6	2.2	83.5	5.9	87.6	1.4	79.6	3.4	89.8	2.8	93.7	4.4	89.7	2.9	88.3	1.3	93.1	1.1	89.2	4.7	92.6	1.9	101.2	1.3
471	Tridemorph	-	-	-	-	113.1	5.9	76.9	19.4	74.6	6.9	57.0	65.8	92.2	3.7	92.1	15.4	131.3	14.0	-	-	-	-	83.5	10.1
472	Trietazine	110.6	4.8	92.8	3.9	90.6	4.8	92.1	10.8	103.4	6.7	85.6	9.0	110.6	10.5	102.7	9.8	96.8	7.1	90.8	6.3	84.5	9.1	106.2	17.2
473	Trifloxystrobin	108.5	4.3	104.2	7.9	101.6	6.9	113.0	8.2	91.6	8.7	85.4	10.3	103.2	9.4	101.4	7.2	89.5	16.5	94.3	13.3	77.7	9.0	101.0	17.0
474	Triflumizole	84.8	3.0	108.4	3.7	112.7	4.3	89.3	4.8	92.4	8.6	87.5	7.1	118.8	36.4	98.8	11.0	89.2	12.0	73.8	52.2	84.9	12.5	127.2	33.3
475	Triflumuron	117.1	1.0	107.5	13.4	85.5	5.5	100.6	13.8	91.2	8.0	81.2	10.2	99.9	7.7	103.2	11.6	89.0	11.4	95.4	7.9	76.9	17.0	103.6	24.1
476	Triflusulfuron-methyl	92.7	14.9	117.8	10.3	113.4	12.6	143.7	51.5	106.8	57.4	132.0	42.2	-	-	111.3	8.2	100.8	2.6	101.5	16.9	48.5	44.9	87.0	31.6
477	Tributyl phosphate	111.2	3.7	88.5	6.8	95.7	5.3	98.0	6.4	90.2	8.6	85.4	7.3	107.1	5.7	102.3	9.9	95.7	11.0	87.2	12.1	69.9	21.0	105.4	19.0
478	Trinexapac-ethyl	110.3	1.4	104.3	5.3	109.9	4.5	91.4	3.5	89.8	1.9	89.1	4.8	91.8	4.7	91.2	2.6	97.1	2.5	93.1	3.8	89.8	3.3	86.7	4.1
479	Triphenyl phosphate	108.1	5.6	103.2	7.2	102.1	5.5	98.0	8.4	92.0	6.7	79.7	9.6	102.8	6.7	95.9	9.6	91.6	11.1	84.6	8.1	92.8	8.7	101.5	20.6
480	Triticonazole	108.1	4.4	92.5	4.6	77.9	19.7	82.7	5.4	92.1	5.6	94.1	7.6	107.9	5.0	98.8	9.5	97.3	2.3	87.2	4.0	88.1	4.6	93.4	7.5
481	Uniconazole	116.0	2.8	111.9	3.4	102.0	1.7	92.6	7.2	94.1	5.9	97.1	9.6	92.8	11.2	107.4	9.2	94.8	4.3	88.4	8.2	79.4	9.9	88.9	8.6
482	Vamidothion	113.1	4.3	96.5	3.6	95.9	2.7	84.0	2.8	91.9	3.2	96.6	2.0	94.0	1.3	89.4	3.5	96.5	2.5	88.7	2.9	97.0	4.1	93.0	3.1
483	Vamidothion sulfone	110.9	3.4	88.5	3.7	103.2	5.5	83.8	2.5	92.2	2.5	95.9	4.6	96.3	3.9	91.6	2.2	95.7	0.9	86.2	4.9	93.2	1.7	97.4	6.6
484	Vamidothion sulfoxide	111.3	3.9	92.1	2.9	96.2	3.5	82.2	3.0	87.7	3.0	88.2	2.7	93.7	2.3	88.7	1.2	93.3	0.9	87.2	4.2	94.7	5.0	89.0	3.9
485	Zoxamide	114.4	5.0	102.2	9.5	107.4	5.6	103.0	4.8	86.4	6.2	67.6	47.8	103.0	7.5	99.3	10.9	93.0	7.3	-	-	95.5	13.3	99.0	14.7

注："-"表示未检出

附表 1-2　LC-Q-TOFMS 筛查 485 种农药在四种基质（苹果、葡萄、芹菜和番茄）中筛查限统计（μg/kg）

序号	农药名称	苹果	葡萄	芹菜	番茄
1	1,3-Diphenyl urea	5	1	5	1
2	1-naphthyl acetamide	10	1	5	10
3	2,6-Dichlorobenzamide	5	5	5	5
4	3,4,5-Trimethacarb	5	5	5	10
5	6-chloro-4-hydroxy-3-phenyl-pyridazin	5	1	1	1
6	Acetamiprid	5	5	5	5
7	Acetochlor	1	1	1	1
8	Aclonifen	1	1	5	1
9	Aldicarb	5	5	5	5
10	Aldicarb-sulfone	5	5	5	5
11	Aldimorph	1	1	1	10
12	Allidochlor	10	5	10	50
13	Ametryn	5	5	5	5
14	Amidithion	1	1	5	5
15	Amidosulfuron	1	1	1	1
16	Aminocarb	5	5	5	10
17	Aminopyralid	5	1	1	1
18	Ancymidol	50	50	50	100
19	Anilofos	1	1	5	1
20	Aspon	1	1	1	1
21	Asulam	5	5	5	5
22	Athidathion	1	5	5	5
23	Atraton	1	1	1	1
24	Atrazine	1	1	1	5
25	Atrazine-desethyl	1	1	1	1
26	Azaconazole	5	1	1	5
27	Azamethiphos	1	1	1	1
28	Azinphos-ethyl	1	1	1	1
29	Azinphos-methyl	5	5	5	5
30	Aziprotryne	5	5	5	5
31	Azoxystrobin	1	1	1	1
32	Benalaxyl	1	10	1	1
33	Bendiocarb	1	1	1	1
34	Benodanil	5	5	5	5
35	Benoxacor	1	1	1	1
36	Bensulfuron-methyl	5	5	5	5
37	Bensulide	1	5	1	1
38	Benzofenap	5	5	5	1
39	Benzoximate	5	5	5	5
40	Benzoylprop	1	1	1	1
41	Benzoylprop-ethyl	5	5	5	10
42	Benzyladenine	1	1	1	1
43	Bifenazate	5	1	20	5
44	Bioallethrin	1	10	5	5
45	Bioresmethrin	5	5	5	5
46	Bitertanol	10	10	50	5
47	Bromacil	5	5	5	5
48	Bromfenvinfos	5	5	5	5
49	Bromobutide	1	1	1	1
50	Bromophos-ethyl	1	5	1	5
51	Brompyrazon	100	10	10	5
52	Bromuconazole	1	1	1	1
53	Bupirimate	1	1	1	1
54	Buprofezin	1	1	1	1
55	Butachlor	1	1	1	1
56	Butafenacil	1	1	5	1
57	Butamifos	1	1	1	1
58	Butocarboxim	5	5	5	5
59	Butocarboxim-sulfoxide	5	5	5	1
60	Butoxycarboxim	5	5	5	5
61	Butralin	5	1	1	1
62	Butylate	5	5	5	5
63	Cadusafos	5	50	10	5
64	Cafenstrole	1	1	5	1
65	Carbaryl	1	5	1	10
66	Carbendazim	5	1	1	5
67	Carbetamide	5	1	5	5
68	Carbofuran	5	1	5	5
69	Carbofuran-3-hydroxy	5	1	1	1
70	Carbophenothion	100	20	50	100
71	Carboxin	1	1	1	1
72	Carfentrazone-ethyl	1	5	5	5
73	Carpropamid	5	5	1	1
74	Cartap	10	10	5	100
75	Chlordimeform	10	5	10	5
76	Chlorfenvinphos	1	1	1	1
77	Chloridazon	1	1	1	1
78	Chlorimuron-ethyl	20	10	5	5
79	Chlortoluron	5	5	5	5
80	Chloroxuron	1	1	1	1
81	Chlorphoxim	5	5	5	5
82	Chlorpyrifos	5	5	5	5
83	Chlorpyrifos-methyl	5	5	5	5
84	Chlorsulfuron	10	20	20	50
85	Chlorthiophos	10	50	20	50
86	Chromafenozide	1	1	1	1
87	Cinmethylin	5	5	5	5
88	Cinosulfuron	1	5	5	5
89	Clethodim	20	100	5	100
90	Clodinafop	5	5	10	50
91	Clodinafop-propargyl	5	1	5	1
92	Clofentezine	5	5	5	5
93	Clomazone	1	1	5	1
94	Clomeprop	5	5	5	5
95	Cloquintocet-mexyl	1	1	1	1
96	Cloransulam-methyl	5	1	1	1
97	Clothianidin	5	1	5	1
98	Coumaphos	5	5	1	1
99	Crotoxyphos	1	5	1	1
100	Crufomate	1	1	1	1
101	Cumyluron	1	1	1	1
102	Cyanazine	5	1	5	1
103	Cycloate	5	5	5	5
104	Cyclosulfamuron	5	5	5	5
105	Cycluron	1	1	1	1
106	Cyflufenamid	5	5	5	10
107	Cyprazine	5	1	1	1
108	Cyproconazole	1	1	5	1
109	Cyprodinil	1	1	1	1
110	Cyprofuram	1	1	1	1
111	Cyromazine	5	1	1	5
112	Dazomet	5	5	5	5
113	Demeton-S	10	5	5	5
114	Demeton-S sulfoxide	5	5	5	5
115	Demeton-S-methyl	5	10	5	5
116	Demeton-S-methyl sulfone	5	5	5	5
117	Demeton-S-methyl sulfoxide	5	5	5	5
118	Desamino-metamitron	5	5	5	5
119	Desethyl-sebuthylazine	1	1	1	1

续表

序号	农药名称	苹果	葡萄	芹菜	番茄	序号	农药名称	苹果	葡萄	芹菜	番茄
120	Desisopropyl-atrazine	1	1	1	1	183	Fenazaquin	1	5	1	1
121	Desmedipham	1	5	1	1	184	Fenbuconazole	1	1	1	1
122	Desmethyl-pirimicarb	1	1	1	1	185	Fenfuram	1	5	5	5
123	Desmetryn	1	5	1	1	186	Fenhexamid	5	5	5	5
124	Dialifos	5	5	5	5	187	Fenobucarb	5	5	5	1
125	Diallate	5	5	5	5	188	Fenothiocarb	5	1	5	1
126	Diazinon	1	1	1	1	189	Fenoxanil	1	1	1	1
127	Dibutyl succinate	5	5	5	5	190	Fenoxaprop-ethyl	1	1	1	1
128	Dichlofenthion	20	5	10	100	191	Fenoxycarb	5	5	5	5
129	Diclobutrazol	5	5	5	5	192	Fenpropidin	1	1	1	10
130	Diclosulam	5	5	1	10	193	Fenpropimorph	5	5	1	1
131	Dicrotophos	5	1	1	1	194	Fenpyroximate	5	5	1	1
132	Diethatyl-ethyl	1	1	1	1	195	Fensulfothion	1	1	1	1
133	Diethofencarb	5	5	5	5	196	Fenthion	5	5	5	10
134	Diethyltoluamide	1	1	1	1	197	Fenthion-oxon	5	5	5	5
135	Difenoconazole	1	10	1	1	198	Fenthion-oxon-sulfone	5	5	1	1
136	Difenoxuron	1	1	1	1	199	Fenthion-oxon-sulfoxide	5	5	5	5
137	Dimefox	1	5	1	5	200	Fenthion-sulfone	1	5	1	1
138	Dimefuron	1	1	1	1	201	Fenthion-sulfoxide	1	5	5	5
139	Dimepiperate	5	10	5	5	202	Fentrazamide	1	1	1	1
140	Dimethachlor	1	1	1	1	203	Fenuron	5	5	1	5
141	Dimethametryn	1	1	1	1	204	Flamprop	5	5	5	5
142	Dimethenamid	1	1	5	1	205	Flamprop-isopropyl	5	5	5	5
143	Dimethirimol	5	1	1	1	206	Flamprop-methyl	1	1	5	1
144	Dimethoate	5	1	1	1	207	Flazasulfuron	5	10	5	5
145	Dimethomorph	1	10	1	1	208	Florasulam	1	1	1	1
146	Diniconazole	1	1	1	1	209	Fluazifop	5	50	5	10
147	Dinitramine	5	5	5	5	210	Fluazifop-butyl	1	1	1	1
148	Dinotefuran	5	5	5	5	211	Flucycloxuron	10	5	5	10
149	Diphenamid	1	1	1	1	212	Flufenacet	5	5	5	5
150	Dipropetryn	1	5	1	5	213	Flufenoxuron	20	5	20	50
151	Disulfoton sulfone	1	1	1	1	214	Flumequine	1	1	1	1
152	Disulfoton sulfoxide	5	5	5	5	215	Flumetsulam	1	1	1	1
153	Ditalimfos	5	5	5	5	216	Flumiclorac-pentyl	5	5	5	1
154	Dithiopyr	5	5	5	5	217	Fluometuron	1	1	1	1
155	Diuron	1	1	5	1	218	Fluoroglycofen-ethyl	5	5	10	5
156	Dodemorph	5	1	1	1	219	Fluquinconazole	10	20	5	5
157	Drazoxolon	10	50	20	50	220	Fluridone	1	1	1	1
158	Edifenphos	1	1	1	1	221	Flurochloridone	5	5	5	5
159	Emamectin	50	5	5	5	222	Flurtamone	1	1	1	1
160	Epoxiconazole	1	1	1	1	223	Flusilazole	5	10	1	1
161	Esprocarb	5	5	5	1	224	Fluthiacet-methyl	1	1	1	1
162	Etaconazole	1	1	1	1	225	Flutolanil	1	1	1	1
163	Ethametsulfuron-methyl	5	50	50	100	226	Flutriafol	1	1	1	1
164	Ethidimuron	1	1	5	1	227	Fonofos	5	5	5	5
165	Ethiofencarb	5	10	5	5	228	Fosthiazate	1	1	1	1
166	Ethiofencarb-sulfone	5	5	5	5	229	Fuberidazole	5	1	1	1
167	Ethiofencarb-sulfoxide	5	5	5	10	230	Furalaxyl	1	1	1	1
168	Ethion	10	5	5	5	231	Furathiocarb	1	1	1	1
169	Ethiprole	5	5	5	5	232	Furmecyclox	5	10	5	5
170	Ethirimol	5	1	5	1	233	Halosulfuron-methyl	5	100	5	5
171	Ethoprophos	1	1	1	1	234	Haloxyfop	5	5	10	20
172	Ethoxyquin	100	100	100	10	235	Haloxyfop-2-ethoxyethyl	5	1	5	5
173	Ethoxysulfuron	10	50	5	100	236	Haloxyfop-methyl	5	5	5	1
174	Etobenzanid	5	20	5	1	237	Heptenophos	1	1	5	1
175	Etoxazole	1	5	1	1	238	Hexaconazole	1	1	1	1
176	Etrimfos	1	1	5	1	239	Hexazinone	5	1	1	5
177	Famphur	5	5	5	1	240	Hexythiazox	5	5	5	5
178	Fenamidone	1	1	1	10	241	Hydramethylnon	5	5	5	5
179	Fenamiphos	1	1	1	1	242	Imazalil	5	10	1	1
180	Fenamiphos-sulfone	5	5	5	5	243	Imazamethabenz-methyl	1	1	1	1
181	Fenamiphos-sulfoxide	5	5	5	5	244	Imazamox	5	50	5	10
182	Fenarimol	5	5	5	5	245	Imazapic	5	5	50	5

续表

序号	农药名称	苹果	葡萄	芹菜	番茄
246	Imazethapyr	5	5	1	20
247	Imazosulfuron	10	100	20	50
248	Imibenconazole	5	5	10	5
249	Imidacloprid	1	1	1	1
250	Inabenfide	5	5	5	5
251	Indoxacarb	5	5	5	1
252	Ipconazole	1	5	5	5
253	Iprobenfos	1	1	1	1
254	Iprovalicarb	1	1	5	5
255	Isazofos	1	1	1	1
256	Isocarbamid	5	5	5	5
257	Isocarbophos	1	1	5	10
258	Isofenphos	1	1	1	1
259	Isofenphos-oxon	5	5	5	5
260	Isomethiozin	10	5	5	5
261	Isoprocarb	5	1	1	5
262	Isopropalin	10	5	5	5
263	Isoprothiolane	1	1	1	1
264	Isoproturon	1	1	1	1
265	Isouron	1	1	1	1
266	Isoxaben	1	1	1	5
267	Isoxadifen-ethyl	5	5	5	5
268	Isoxaflutole	10	20	5	50
269	Isoxathion	5	1	1	1
270	Kadethrin	5	5	5	1
271	Karbutilate	1	1	1	5
272	Kresoxim-methyl	5	1	5	5
273	Lactofen	5	5	5	5
274	Linuron	5	5	5	5
275	Malaoxon	1	1	1	1
276	Malathion	1	1	1	1
277	Mecarbam	1	1	1	5
278	Mefenacet	1	1	1	1
279	Mefenpyr-diethyl	1	1	1	1
280	Mepanipyrim	5	5	5	5
281	Mephosfolan	1	1	1	1
282	Mepiquat	5	5	5	5
283	Mepronil	1	1	5	5
284	Mesosulfuron-methyl	5	5	5	20
285	Metalaxyl	1	1	1	1
286	Metalaxyl-M	5	5	5	5
287	Metamitron	1	1	1	5
288	Metazachlor	1	5	5	5
289	Metconazole	1	1	1	1
290	Methabenzthiazuron	1	1	1	1
291	Methamidophos	5	1	1	5
292	Methiocarb	5	5	5	5
293	Methiocarb-sulfone	1	5	5	5
294	Methiocarb-sulfoxide	5	5	5	5
295	Methomyl	5	5	5	10
296	Methoprotryne	5	1	1	5
297	Methoxyfenozide	1	1	5	10
298	Metobromuron	1	1	1	1
299	Metolachlor	1	1	1	1
300	Metolcarb	5	5	5	5
301	Metominostrobin-(E)	1	1	1	1
302	Metominostrobin-(Z)	1	1	1	1
303	Metosulam	1	1	1	1
304	Metoxuron	1	1	1	1
305	Metribuzin	1	5	5	1
306	Metsulfuron-methyl	5	5	50	10
307	Mevinphos	10	1	5	5
308	Mexacarbate	1	5	5	5
309	Molinate	5	5	5	5
310	Monocrotophos	1	1	1	1
311	Monolinuron	5	1	1	5
312	Monuron	1	1	1	1
313	Myclobutanil	5	1	1	1
314	Naproanilide	10	5	5	5
315	Napropamide	1	1	1	1
316	Naptalam	10	5	5	20
317	Neburon	1	1	1	1
318	Nitenpyram	1	1	1	1
319	Nitralin	5	5	5	5
320	Norflurazon	1	1	1	1
321	Nuarimol	1	1	1	1
322	Octhilinone	1	1	1	1
323	Ofurace	1	1	1	1
324	Omethoate	5	1	1	1
325	Orbencarb	5	5	5	1
326	Oxadixyl	1	1	1	5
327	Oxamyl	50	10	5	1
328	Oxamyl-oxime	5	5	5	5
329	Oxycarboxin	1	1	1	1
330	Oxyfluorfen	10	10	5	5
331	Paclobutrazol	1	1	5	1
332	Paraoxon-ethyl	5	5	5	5
333	Paraoxon-methyl	5	5	5	5
334	Pebulate	5	5	5	5
335	Penconazole	1	1	1	1
336	Pencycuron	1	1	1	1
337	Pentanochlor	1	1	1	1
338	Phenmedipham	1	1	5	1
339	Phenthoate	5	5	5	5
340	Phorate	5	5	5	5
341	Phorate-sulfone	5	5	5	5
342	Phorate-sulfoxide	5	5	5	5
343	Phosalone	5	5	5	5
344	Phosfolan	1	1	1	1
345	Phosmet	5	5	10	20
346	Phosmet-oxon	5	5	5	5
347	Phosphamidon	1	1	1	1
348	Phoxim	5	5	10	10
349	Picolinafen	5	5	5	5
350	Picoxystrobin	1	1	1	10
351	Piperonyl-butoxide	1	1	1	1
352	Piperophos	1	1	1	1
353	Pirimicarb	1	1	1	1
354	Pirimicarb-desmethyl-formamido	5	5	5	5
355	Pirimiphos-ethyl	1	1	1	1
356	Pirimiphos-methyl	1	1	1	1
357	Prallethrin	5	5	5	5
358	Pretilachlor	1	1	1	1
359	Primisulfuron-methyl	5	100	100	100
360	Prochloraz	1	1	1	1
361	Profenofos	5	5	5	1
362	Promecarb	5	5	5	1
363	Prometon	1	1	1	1
364	Prometryn	1	5	5	1
365	Pronamide	5	5	5	5
366	Propachlor	1	1	5	1
367	Propamocarb	1	10	1	1
368	Propanil	5	20	5	5
369	Propaphos	1	1	1	1
370	Propaquizafop	1	5	1	1

续表

序号	农药名称	苹果	葡萄	芹菜	番茄	序号	农药名称	苹果	葡萄	芹菜	番茄
371	Propargite	5	5	5	5	434	Terbufos-oxon- sulfone	5	5	5	5
372	Propazine	1	1	1	5	435	Terbumeton	5	1	1	5
373	Propetamphos	5	10	5	5	436	Terbuthylazine	1	1	5	1
374	Propiconazol	5	5	5	5	437	Terbutryne	1	1	1	1
375	Propisochlor	1	1	5	1	438	Tetrachlorvinphos	1	1	5	1
376	Propoxur	5	5	5	5	439	Tetraconazole	1	1	1	1
377	Propoxycarbazone	50	100	5	20	440	Tetramethrin	1	1	1	1
378	Prosulfocarb	5	5	5	1	441	Thenylchlor	1	1	1	1
379	Prothoate	5	5	5	5	442	Thiabendazole	5	5	1	1
380	Pymetrozine	50	100	10	5	443	Thiacloprid	1	1	1	1
381	Pyraclofos	1	1	1	1	444	Thiamethoxam	5	1	1	1
382	Pyraclostrobin	1	1	1	1	445	Thiazafluron	5	5	5	1
383	Pyraflufen-ethyl	5	5	5	5	446	Thiazopyr	1	1	1	1
384	Pyrazolynate	5	5	10	10	447	Thidiazuron	50	5	10	20
385	Pyrazophos	1	1	1	1	448	Thifensulfuron-methyl	10	20	10	50
386	Pyrazosulfuron-ethyl	1	5	1	10	449	Thiobencarb	5	5	5	5
387	Pyrazoxyfen	1	1	1	1	450	Thiodicarb	20	10	50	10
388	Pyributicarb	1	1	1	1	451	Thiofanox	5	5	5	5
389	Pyridaben	5	5	5	10	452	Thiofanox-sulfone	10	5	5	5
390	Pyridalyl	50	50	100	10	453	Thiofanox-sulfoxide	20	10	5	5
391	Pyridaphenthion	1	1	1	1	454	Thionazin	5	5	5	5
392	Pyridate	20	5	10	5	455	Thiophanate-ethyl	5	5	10	5
393	Pyrifenox	1	1	1	1	456	Thiophanate-methyl	5	5	10	5
394	Pyrimethanil	1	10	1	1	457	Thiram	10	10	100	10
395	Pyrimidifen	1	1	1	1	458	Tiocarbazil	5	5	5	1
396	Pyriminobac-methyl (z)	5	5	5	5	459	Tolclofos-methyl	5	5	5	5
397	Pyrimitate	5	5	5	5	460	Tolfenpyrad	5	5	5	1
398	Pyriproxyfen	5	1	1	1	461	Tralkoxydim	5	5	1	1
399	Pyroquilon	1	1	1	1	462	Triadimefon	1	1	1	1
400	Quinalphos	1	1	1	1	463	Triadimenol	5	5	5	5
401	Quinmerac	5	5	10	10	464	Triallate	5	5	5	5
402	Quinoclamine	5	5	5	5	465	Triapenthenol	1	1	1	1
403	Quinoxyphen	5	5	5	5	466	Triasulfuron	1	1	1	1
404	Quizalofop-ethyl	1	5	1	1	467	Triazophos	1	1	1	1
405	Rabenzazole	1	1	1	1	468	Tribufos	5	5	5	1
406	Resmethrin	10	10	50	5	469	Trichlorfon	5	5	5	5
407	Rimsulfuron	10	20	50	20	470	Tricyclazole	1	1	1	1
408	Rotenone	1	1	5	1	471	Tridemorph	20	1	1	20
409	Sebutylazine	1	1	5	1	472	Trietazine	1	1	5	1
410	Secbumeton	1	5	5	1	473	Trifloxystrobin	1	1	1	1
411	Sethoxydim	5	5	5	5	474	Triflumizole	5	5	5	1
412	Simazine	1	1	1	1	475	Triflumuron	5	5	5	5
413	Simeconazole	1	1	1	1	476	Triflusulfuron-methyl	5	5	10	5
414	Simeton	1	1	1	1	477	Tributyl phosphate	1	1	1	1
415	Simetryn	5	5	1	5	478	Trinexapac-ethyl	5	5	5	5
416	Spinosad	5	5	5	5	479	Triphenyl phosphate	5	5	5	5
417	Spirodiclofen	20	5	50	10	480	Triticonazole	5	5	5	5
418	Spiroxamine	1	1	1	1	481	Uniconazole	1	1	1	1
419	Sulfallate	5	5	5	5	482	Vamidothion	1	1	1	1
420	Sulfentrazone	1	5	5	5	483	Vamidothion sulfone	1	1	1	1
421	Sulfotep	5	5	5	1	484	Vamidothion sulfoxide	5	5	5	5
422	Sulprofos	5	5	5	5	485	Zoxamide	1	1	1	10
423	Tebuconazole	1	1	1	1	486	Terbufos-oxon- sulfone	5	5	5	5
424	Tebufenozide	1	1	1	5						
425	Tebufenpyrad	1	5	1	1						
426	Tebupirimfos	1	1	1	1						
427	Tebutam	1	1	1	1						
428	Tebuthiuron	5	1	5	5						
429	Temephos	5	5	5	5						
430	TEPP	5	10	10	5						
431	Tepraloxydim	5	5	5	10						
432	Terbucarb	5	5	5	5						
433	Terbufos	10	10	10	10						

附表 1-3 GC-Q-TOFMS 筛查 439 种农药在四种基质（苹果、葡萄、西红柿和菠菜）中准确性和精密性实验结果（n=5）

序号	农药名称	苹果				葡萄				菠菜				西红柿			
		0.01mg/kg		0.1mg/kg		0.01mg/kg		0.1mg/kg		0.01mg/kg		0.1mg/kg		0.01mg/kg		0.1mg/kg	
		Rec (%)	RSD (%)	Rec (%)	RSD (%)	Rec (%)	RSD (%)	Rec (%)	RSD (%)	Rec (%)	RSD (%)	Rec (%)	RSD (%)	Rec (%)	RSD (%)	Rec (%)	RSD (%)
1	1-Naphthyl acetamide	105	12	118	25	132	1	112	20	119	5	94	9	104	4	97	1
2	1-Nnaphthylacetic acid	-	-	-	-	-	-	106	6	-	-	75	7	-	-	103	1
3	2,3,5,6-Tetrachloroaniline	90	13	89	6	115	7	98	1	96	12	90	10	82	8	97	2
4	2,4-DB	-	-	113	2	-	-	96	3	-	-	157	13	-	-	110	0
5	2,4′-DDD	109	20	101	1	104	11	107	1	95	11	87	11	88	5	103	1
6	2,4′-DDE	89	5	91	4	93	11	104	5	88	1	82	4	93	4	85	4
7	2,4′-DDT	93	4	97	1	91	9	94	11	100	3	114	16	104	7	89	3
8	2-Phenylphenol	108	26	95	1	114	6	101	3	96	8	91	8	92	6	98	1
9	3,4,5-Trimethacarb	-	-	195	5	109	13	106	11	71	10	88	10	71	2	75	9
10	3,5-Dichloroaniline	59	14	88	16	78	15	85	5	83	4	98	4	73	14	80	3
11	3-Phenylphenol	98	8	91	10	93	22	114	18	63	5	70	23	114	4	112	24
12	4,4′-DDD	94	5	98	1	88	8	101	6	89	1	92	4	98	5	86	4
13	4,4′-Dibromobenzophenone	95	20	96	2	107	1	104	2	94	9	92	7	90	4	103	2
14	4-Bromo-3,5-Dimethylphenyl-*N*-Methylcarbamate	-	-	129	5	96	9	101	9	90	5	95	1	99	4	86	2
15	4-Chloronitrobenzene	-	-	68	107	100	14	131	32	148	24	101	13	100	17	73	15
16	Acenaphthene	97	15	57	14	110	14	103	15	145	15	118	11	102	10	96	13
17	Acetochlor	87	14	102	3	134	13	104	11	87	15	104	1	79	12	87	8
18	Acibenzolar-*S*-methyl	82	10	78	2	109	14	95	2	75	22	70	14	74	7	79	8
19	Aclonifen	-	-	90	3	118	2	111	16	-	-	128	38	74	16	109	4
20	Akton	97	3	96	1	91	8	101	6	88	2	89	3	95	2	87	6
21	Alachlor	91	14	67	20	115	3	108	1	102	7	84	11	93	4	102	2
22	Alanycarb	-	-	78	5	-	-	79	4	-	-	76	5	-	-	76	5
23	Aldimorph	-	-	76	6	-	-	100	1	-	-	92	5	-	-	89	7
24	Aldrin	89	14	97	4	111	2	101	0	98	8	89	10	89	6	100	2
25	Allethrin	96	18	95	4	97	23	117	3	88	11	88	8	95	6	103	2
26	Allidochlor	108	20	64	10	114	17	93	3	94	13	88	9	88	7	85	8
27	alpha-Cypermethrin	-	-	99	2	-	-	109	1	-	-	72	15	-	-	93	16
28	alpha-Endosulfan	115	17	103	1	101	10	106	1	99	10	82	10	87	4	103	2
29	alpha-HCH	80	11	111	4	110	2	98	14	126	12	99	26	82	11	84	8
30	Ametryn	78	9	77	7	105	12	97	4	113	6	86	2	104	5	94	5
31	Amidosulfuron	-	-	120	10	107	5	91	11	92	7	81	10	72	7	76	9
32	Aminocarb	-	-	186	5	118	9	96	10	66	2	83	17	75	2	70	14

续表

序号	农药名称	苹果				葡萄				菠菜				西红柿			
		0.01mg/kg		0.1mg/kg		0.01mg/kg		0.1mg/kg		0.01mg/kg		0.1mg/kg		0.01mg/kg		0.1mg/kg	
		Rec (%)	RSD (%)	Rec (%)	RSD (%)	Rec (%)	RSD (%)	Rec (%)	RSD (%)	Rec (%)	RSD (%)	Rec (%)	RSD (%)	Rec (%)	RSD (%)	Rec (%)	RSD (%)
33	Amitraz	-	-	137	8	-	-	159	9	-	-	105	2	113	19	114	11
34	Ancymidol	85	8	74	5	75	47	122	7	65	13	86	11	115	5	96	23
35	Anilofos	102	7	99	1	116	5	105	15	-	-	133	11	79	20	103	15
36	Anthracene D10	89	14	93	5	102	11	103	6	88	11	90	5	80	7	98	2
37	Aramite	-	-	103	2	-	-	103	15	-	-	110	35	-	-	85	6
38	Atraton	91	9	100	1	114	4	103	12	92	12	92	9	85	10	85	10
39	Atrazine	79	9	102	0	114	2	104	13	88	13	94	5	77	1	82	9
40	Atrazine-desethyl	89	12	81	12	111	7	101	4	109	8	98	3	84	13	101	6
41	Atrazine-desisopropyl	83	7	99	11	117	10	116	16	88	8	96	9	111	17	99	14
42	Azaconazole	86	3	95	1	104	5	96	11	78	6	86	13	74	8	76	6
43	Azinphos-ethyl	84	12	82	2	108	17	97	5	116	14	88	7	-	-	72	17
44	Aziprotryne	94	5	99	6	107	10	93	2	113	6	88	2	97	6	103	9
45	Azoxystrobin	101	20	94	3	82	32	117	4	92	19	66	17	80	2	114	6
46	Beflubutamid	89	11	99	1	112	19	97	13	-	-	61	15	90	14	84	9
47	Benalaxyl	77	8	77	2	98	13	101	4	103	7	103	2	95	5	90	4
48	Bendiocarb	109	22	116	2	100	18	111	4	96	7	97	2	85	19	97	5
49	Benfluralin	93	4	88	6	122	5	101	3	102	8	88	8	91	8	101	3
50	Benfuresate	98	18	103	2	106	1	106	4	96	6	90	8	92	3	100	5
51	Benodanil	140	4	100	10	112	12	87	23	37	24	79	24	90	8	89	10
52	Benoxacor	85	9	79	6	112	8	94	0	137	15	94	13	87	8	92	5
53	Benzoximate	-	-	94	3	99	16	102	5	-	-	119	13	98	5	88	6
54	Benzoylprop-Ethyl	80	9	79	3	99	12	96	2	204	85	120	5	103	14	97	6
55	beta-Endosulfan	113	20	110	0	104	9	108	1	116	9	82	13	91	5	102	3
56	beta-HCH	79	6	75	3	95	13	101	6	101	4	92	5	89	10	92	6
57	Bifenazate	70	17	81	35	76	33	68	43	91	3	102	8	66	4	75	17
58	Bifenox	-	-	103	7	109	3	102	4	-	-	72	15	-	-	103	7
59	Bifenthrin	107	20	105	1	106	1	110	9	106	27	97	4	91	4	102	1
60	Bioresmethrin	-	-	73	5	-	-	68	1	87	13	91	1	-	-	91	7
61	Bitertanol	-	-	94	1	122	2	101	9	71	8	93	9	78	6	87	10
62	Boscalid	93	12	92	4	73	19	97	7	90	3	78	6	96	2	83	11
63	Bromfenvinfos	86	8	84	4	99	12	101	4	105	2	88	15	90	5	82	8
64	Bromfenvinfos-Methyl	100	2	105	2	85	14	99	7	107	15	87	2	-	-	88	6
65	Bromobutide	54	8	77	4	103	10	101	2	122	13	96	6	89	20	89	6

续表

序号	农药名称	苹果				葡萄				菠菜				西红柿			
		0.01mg/kg		0.1mg/kg		0.01mg/kg		0.1mg/kg		0.01mg/kg		0.1mg/kg		0.01mg/kg		0.1mg/kg	
		Rec (%)	RSD (%)	Rec (%)	RSD (%)	Rec (%)	RSD (%)	Rec (%)	RSD (%)	Rec (%)	RSD (%)	Rec (%)	RSD (%)	Rec (%)	RSD (%)	Rec (%)	RSD (%)
66	Bromocyclen	85	13	92	5	115	3	100	0	97	9	92	10	87	7	98	3
67	Bromophos-Ethyl	78	8	79	4	97	13	98	4	98	7	90	5	101	4	89	5
68	Bromophos-Methyl	109	18	100	2	105	9	105	2	103	7	69	28	90	7	105	3
69	Bromopropylate	106	22	106	1	108	1	108	9	96	9	96	3	92	7	101	0
70	Bromoxynil octanoate	-	-	100	3	90	14	102	5	58	21	78	4	-	-	95	4
71	Bromuconazole	70	9	74	3	82	28	92	7	97	3	88	5	83	11	73	9
72	Bupirimate	76	9	77	3	97	13	101	3	94	8	89	2	100	4	90	5
73	Buprofezin	85	11	99	1	-	-	103	12	-	-	83	3	76	7	83	9
74	Butachlor	75	6	81	2	97	11	100	3	95	7	86	9	98	6	88	3
75	Butafenacil	106	9	98	1	112	7	100	14	73	7	120	7	77	1	65	17
76	Butamifos	91	5	97	2	118	5	106	15	123	14	113	13	89	9	90	8
77	Butralin	-	-	102	2	113	5	107	16	153	15	113	4	75	9	81	8
78	Cadusafos	89	14	105	1	117	5	103	12	100	14	99	4	81	7	85	9
79	Cafenstrole	73	10	64	5	106	30	93	3	-	-	125	5	-	-	74	14
80	Captan	-	-	92	4	-	-	73	3	-	-	94	3	-	-	77	5
81	Carbaryl	-	-	112	5	117	8	102	9	81	3	86	9	89	6	99	7
82	Carbofuran	107	15	105	3	97	15	110	4	213	24	87	35	113	19	99	18
83	Carbophenothion	93	1	97	0	86	8	99	7	89	2	88	3	103	5	87	4
84	Carboxin	63	15	65	8	63	31	61	42	55	29	52	23	87	14	82	6
85	Chlorbenside	87	19	93	2	105	0	103	5	92	9	92	6	93	7	102	0
86	Chlorbenside sulfone	101	17	103	2	105	4	109	7	92	10	91	3	92	5	102	4
87	Chlorbufam	88	19	92	7	100	7	104	5	96	9	73	5	-	-	94	4
88	Chlordane	-	-	96	3	-	-	107	7	-	-	83	4	-	-	86	4
89	Chlorethoxyfos	67	16	78	9	79	8	99	4	103	9	117	18	83	15	95	0
90	Chlorfenapyr	-	-	105	5	102	10	110	1	114	39	72	22	-	-	102	6
91	Chlorfenethol	104	19	103	2	109	0	106	2	95	8	92	9	90	5	102	1
92	Chlorfenprop-Methyl	63	12	67	3	130	8	93	3	101	10	94	8	76	15	85	1
93	Chlorfenson	101	18	97	2	106	1	105	1	93	8	91	7	91	6	101	1
94	Chlorfenvinphos	104	14	105	3	109	6	110	1	103	12	89	20	106	4	107	0
95	Chlorflurenol-methyl	91	2	101	2	84	17	112	3	88	1	90	3	100	7	88	2
96	Chlorobenzilate	102	21	107	2	110	1	108	9	97	9	97	3	96	6	102	0
97	Chloroneb	74	17	80	9	109	8	97	7	110	12	101	11	87	10	97	3
98	Chloropropylate	101	22	76	3	101	2	101	4	95	8	96	3	95	6	92	7

续表

序号	农药名称	苹果				葡萄				菠菜				西红柿			
		0.01mg/kg		0.1mg/kg		0.01mg/kg		0.1mg/kg		0.01mg/kg		0.1mg/kg		0.01mg/kg		0.1mg/kg	
		Rec (%)	RSD (%)	Rec (%)	RSD (%)	Rec (%)	RSD (%)	Rec (%)	RSD (%)	Rec (%)	RSD (%)	Rec (%)	RSD (%)	Rec (%)	RSD (%)	Rec (%)	RSD (%)
99	Chlorothalonil	119	5	109	3	43	3	78	10	77	13	71	20	-	-	73	6
100	Chlorotoluron	-	-	110	15	118	9	89	26	-	-	114	20	117	1	82	1
101	Chlorpropham	107	21	94	7	97	14	102	3	93	13	86	8	92	3	101	3
102	Chlorpyrifos	98	22	97	1	107	1	104	2	84	30	85	6	96	5	102	1
103	Chlorpyrifos-methyl	92	16	97	2	111	4	103	0	103	6	78	16	95	7	101	1
104	Chlorsulfuron	64	9	105	8	106	2	102	11	98	9	85	5	85	10	95	5
105	Chlorthal-dimethyl	103	16	101	1	107	1	105	1	97	10	93	8	93	2	102	3
106	Chlorthion	106	0	96	5	107	1	106	2	119	7	68	27	118	16	105	2
107	Chlorthiophos	79	8	78	2	96	13	99	4	97	5	87	4	99	6	89	4
108	Chlozolinate	91	15	91	1	118	4	154	2	129	13	92	9	81	14	99	1
109	Cinidon-Ethyl	114	19	95	5	102	12	115	8	114	6	75	22	103	11	107	8
110	*cis*-1,2,3,6-Tetrahydrophthalimide	100	4	87	24	-	-	84	37	133	5	75	6	-	-	149	50
111	cis-Permethrin	90	9	102	2	87	12	101	3	90	2	82	2	103	3	92	6
112	Clodinafop	-	-	82	1	-	-	97	2	-	-	89	2	-	-	95	3
113	Clodinafop-propargyl	-	-	86	4	88	13	102	8	82	4	79	5	78	14	83	3
114	Clomazone	85	11	101	1	110	3	103	11	104	12	101	4	87	9	92	9
115	Clopyralid	-	-	0	-	-	-	105	11	-	-	88	3	-	-	104	2
116	Coumaphos	79	12	81	3	102	17	102	5	109	5	90	7	-	-	71	4
117	Crufomate	86	3	99	2	110	2	105	13	176	9	114	6	76	16	94	8
118	Cyanofenphos	98	19	97	1	110	1	107	5	98	8	92	4	88	6	104	3
119	Cyanophos	90	17	97	1	108	1	106	1	101	7	78	12	94	7	103	3
120	Cycloate	77	16	119	5	110	2	95	15	96	13	99	4	81	12	81	10
121	Cyfluthrin	-	-	96	1	103	15	110	3	82	20	69	15	83	6	103	2
122	Cypermethrin	127	23	104	16	104	14	126	18	100	20	100	15	72	12	104	4
123	Cyphenothrin	-	-	98	0	106	14	105	3	104	5	87	11	-	-	100	2
124	Cyprazine	85	11	78	4	108	13	115	3	68	16	62	14	112	6	98	5
125	Cyproconazole	110	23	115	4	104	1	94	11	73	14	85	9	77	3	80	3
126	Cyprodinil	89	9	98	1	108	4	101	8	76	7	90	3	82	10	92	10
127	Cyprofuram	81	9	74	5	76	52	113	11	79	17	86	7	109	3	88	18
128	DDT	118	22	101	1	98	14	101	5	97	10	79	22	-	-	108	7
129	delta-HCH	86	8	99	1	110	4	103	13	205	7	71	11	79	10	89	5
130	Deltamethrin	-	-	95	0	-	-	129	12	-	-	71	9	-	-	108	4
131	Desethylterbuthylazine	96	2	103	1	96	11	109	5	90	2	85	3	97	6	86	3

续表

序号	农药名称	苹果				葡萄				菠菜				西红柿			
		0.01mg/kg		0.1mg/kg		0.01mg/kg		0.1mg/kg		0.01mg/kg		0.1mg/kg		0.01mg/kg		0.1mg/kg	
		Rec (%)	RSD (%)	Rec (%)	RSD (%)	Rec (%)	RSD (%)	Rec (%)	RSD (%)	Rec (%)	RSD (%)	Rec (%)	RSD (%)	Rec (%)	RSD (%)	Rec (%)	RSD (%)
132	Desmetryn	81	11	75	3	106	10	96	3	107	6	89	2	100	3	94	6
133	Dialifos	-	-	88	6	77	70	109	7	-	-	98	6	-	-	91	9
134	Diallate	80	11	66	9	99	15	93	1	98	6	91	5	93	3	85	7
135	Dibutyl succinate	62	16	114	6	109	4	98	9	95	14	99	2	89	22	88	11
136	Dicapthon	106	20	99	0	108	2	103	3	113	3	65	28	-	-	104	1
137	Dichlobenil	56	24	72	17	117	9	103	14	179	17	115	4	79	13	100	1
138	Dichlofenthion	71	13	102	1	107	2	101	14	95	15	96	3	69	3	79	10
139	Dichlofluanid	109	19	101	1	50	44	91	12	59	27	66	38	59	25	81	5
140	Dichlormid	85	15	78	9	98	11	95	10	101	11	128	11	93	16	97	1
141	Dichlorvos	76	14	81	5	104	8	95	9	100	16	115	19	89	16	97	1
142	Diclocymet	68	8	115	6	85	19	114	3	77	6	88	12	106	4	93	5
143	Diclofop-methyl	98	19	94	1	107	1	107	1	96	10	92	8	87	6	102	1
144	Dicloran	98	6	98	4	91	10	104	8	95	3	96	2	94	6	86	4
145	Dicofol	78	11	85	6	129	2	96	14	86	12	91	9	92	4	106	6
146	Dieldrin	101	18	99	4	-	-	94	3	-	-	91	8	94	12	104	1
147	Diethatyl-Ethyl	82	12	102	1	105	2	105	13	130	11	108	3	74	2	82	6
148	Diethofencarb	99	18	107	1	104	7	107	3	79	24	92	10	87	5	98	7
149	Diethyltoluamide	93	7	111	3	87	16	83	36	88	4	84	2	93	4	105	7
150	Difenoxuron	-	-	73	3	-	-	91	18	-	-	79	5	-	-	72	3
151	Diflufenican	82	11	102	1	107	1	101	7	82	13	98	3	72	2	85	8
152	Diflufenzopyr	-	-	89	11	72	11	90	18	85	4	84	8	-	-	43	3
153	Dimethachlor	96	8	104	1	113	4	104	10	149	11	110	3	81	11	87	7
154	Dimethametryn	90	10	119	2	111	3	90	5	-	-	98	0	82	11	115	16
155	Dimethenamid	77	11	78	4	105	10	98	2	108	5	92	4	95	6	92	4
156	Dimethoate	-	-	122	17	141	16	95	36	-	-	71	27	-	-	155	12
157	Dimethyl phthalate	119	19	107	6	101	2	105	8	110	3	97	3	89	11	100	2
158	Dimetilan	95	8	105	1	113	6	102	12	88	1	99	8	69	23	72	6
159	Diniconazole	-	-	79	3	85	7	80	13	83	10	88	9	82	2	84	7
160	Dinitramine	-	-	105	2	117	5	107	12	116	4	111	10	87	9	90	8
161	Dinobuton	-	-	124	7	105	7	115	5	-	-	100	3	-	-	103	15
162	Diofenolan	98	17	95	2	105	0	98	8	97	9	93	8	92	8	102	1
163	Dioxabenzofos	87	14	93	3	123	4	100	1	98	9	83	6	94	13	98	0
164	Dioxacarb	83	3	91	4	98	3	92	1	105	5	101	5	85	8	96	3

续表

序号	农药名称	苹果				葡萄				菠菜				西红柿			
		0.01mg/kg		0.1mg/kg		0.01mg/kg		0.1mg/kg		0.01mg/kg		0.1mg/kg		0.01mg/kg		0.1mg/kg	
		Rec (%)	RSD (%)	Rec (%)	RSD (%)	Rec (%)	RSD (%)	Rec (%)	RSD (%)	Rec (%)	RSD (%)	Rec (%)	RSD (%)	Rec (%)	RSD (%)	Rec (%)	RSD (%)
165	Dioxathion	109	15	98	1	105	7	105	2	104	7	84	13	90	6	102	2
166	Diphenamid	75	9	76	3	93	17	102	4	94	8	104	1	90	11	89	4
167	Diphenylamine	77	13	82	6	116	5	98	6	93	6	93	6	84	9	94	1
168	Dipropetryn	90	9	98	1	113	3	104	13	-	-	97	6	82	11	87	9
169	Disulfoton	98	14	85	1	69	7	93	12	60	6	74	2	87	6	83	5
170	Disulfoton sulfone	79	9	80	3	100	17	101	4	119	4	91	5	94	9	91	4
171	Disulfoton sulfoxide	82	8	114	0	111	6	107	12	102	7	126	4	77	6	85	8
172	Ditalimfos	139	17	132	5	101	8	93	14	105	7	96	6	82	18	73	10
173	Dithiopyr	73	10	99	4	111	2	104	14	95	14	95	4	71	1	80	10
174	Dodemorph	-	-	86	11	88	10	99	3	98	7	101	3	97	1	87	6
175	Edifenphos	76	15	75	3	104	16	94	4	-	-	106	26	-	-	81	0
176	Endosulfan-sulfate	101	5	99	2	88	9	101	6	91	14	107	5	-	-	87	6
177	Endrin	-	-	106	2	85	8	104	6	96	6	106	8	95	5	85	6
178	Endrin-aldehyde	-	-	91	10	80	1	101	18	-	-	79	6	71	7	68	5
179	Endrin-ketone	100	6	106	1	90	10	104	5	92	10	108	10	97	5	84	6
180	EPN	-	-	101	2	110	1	104	2	109	6	70	14	-	-	105	2
181	EPTC	-	-	1037	32	140	2	115	7	115	12	82	3	93	17	107	5
182	Esprocarb	71	11	101	1	108	1	103	12	92	11	94	2	77	21	82	10
183	Ethalfluralin	-	-	91	4	117	8	103	4	98	11	83	15	90	5	101	4
184	Ethion	79	9	80	3	-	-	101	4	119	4	91	5	94	9	91	4
185	Ethofumesate	100	18	101	1	107	3	108	2	97	8	90	8	92	4	101	5
186	Ethoprophos	88	15	77	8	110	10	95	1	114	4	90	4	95	6	89	4
187	Etofenprox	97	20	113	1	106	2	109	11	96	8	96	1	83	5	103	3
188	Etridiazole	-	-	127	30	130	2	123	18	105	10	99	7	98	22	115	11
189	Famphur	114	20	97	1	92	23	111	2	110	9	59	42	-	-	103	14
190	Fenamidone	74	11	77	2	100	14	97	3	104	8	88	1	87	16	88	4
191	Fenamiphos	116	17	92	1	100	12	107	4	92	11	84	16	92	10	103	0
192	Fenarimol	94	5	67	4	112	4	100	11	70	7	90	10	77	12	77	11
193	Fenazaquin	73	12	76	3	94	15	98	3	108	8	113	0	97	6	91	4
194	Fenchlorphos	94	2	90	4	92	9	104	6	91	1	84	3	95	6	84	3
195	Fenchlorphos-Oxon	95	4	97	2	118	3	105	13	-	-	146	11	-	-	129	10
196	Fenfuram	98	6	100	5	104	7	93	8	68	7	84	11	82	3	92	11
197	Fenitrothion	94	7	103	3	88	8	102	8	92	1	85	3	101	11	84	3

续表

序号	农药名称	苹果				葡萄				菠菜				西红柿			
		0.01mg/kg		0.1mg/kg		0.01mg/kg		0.1mg/kg		0.01mg/kg		0.1mg/kg		0.01mg/kg		0.1mg/kg	
		Rec (%)	RSD (%)	Rec (%)	RSD (%)	Rec (%)	RSD (%)	Rec (%)	RSD (%)	Rec (%)	RSD (%)	Rec (%)	RSD (%)	Rec (%)	RSD (%)	Rec (%)	RSD (%)
198	Fenobucarb	-	-	90	8	-	-	104	4	76	17	97	6	99	8	94	13
199	Fenothiocarb	87	13	97	0	-	-	105	11	-	-	93	8	89	7	93	9
200	Fenoxaprop-Ethyl	71	8	76	2	88	11	80	26	132	5	98	14	72	2	83	1
201	Fenoxycarb	-	-	120	17	-	-	125	1	-	-	86	9	96	10	81	7
202	Fenpiclonil	73	7	68	3	75	9	76	17	76	12	78	5	80	10	75	4
203	Fenpropathrin	104	21	111	2	104	0	110	10	101	8	97	3	88	6	102	0
204	Fenpropidin	-	-	103	0	-	-	97	13	-	-	96	8	-	-	72	14
205	Fenpropimorph	72	11	104	1	110	3	103	7	102	15	97	2	81	18	89	7
206	Fenson	-	-	100	1	97	11	101	3	98	15	88	11	86	4	99	0
207	Fensulfothion	102	4	107	9	60	26	102	3	81	8	99	8	105	6	92	12
208	Fenthion	88	2	91	1	83	7	98	7	80	2	87	3	93	5	84	5
209	Fenvalerate	-	-	97	4	-	-	99	9	-	-	92	2	-	-	85	7
210	Fipronil	109	13	125	14	-	-	105	2	70	3	108	12	106	6	100	12
211	Flamprop-isopropyl	97	7	102	1	111	3	103	8	90	12	96	5	82	11	89	9
212	Flamprop-methyl	79	11	102	1	108	3	103	9	88	11	96	4	72	1	83	6
213	Fluazinam	-	-	103	5	-	-	98	15	-	-	64	10	-	-	103	11
214	Fluchloralin	103	10	93	3	94	9	102	9	104	6	105	8	87	8	82	3
215	Flucythrinate	102	14	114	7	80	6	100	8	81	5	96	2	97	5	90	7
216	Flufenacet	90	7	96	0	116	3	105	12	100	12	128	5	89	11	113	4
217	Flumetralin	119	20	92	1	103	10	108	1	120	7	92	20	94	9	104	5
218	Flumioxazin	-	-	84	8	-	-	87	8	83	7	74	10	-	-	89	19
219	Fluopyram	75	7	78	3	93	19	101	4	102	8	100	1	86	15	88	5
220	Fluorodifen	-	-	89	9	80	9	92	10	-	-	132	7	-	-	84	7
221	Fluoroglycofen-ethyl	77	8	85	3	94	10	93	3	-	-	116	20	86	5	85	4
222	Fluotrimazole	-	-	92	12	88	9	90	11	88	2	91	2	95	3	80	6
223	Flurochloridone	89	3	92	4	87	15	103	4	93	5	96	4	102	6	88	2
224	Fluroxypyr-mepthyl	106	11	103	2	88	9	102	5	92	1	90	3	103	1	87	6
225	Flurprimidol	92	2	100	0	111	5	100	7	85	6	90	8	79	8	85	6
226	Flusilazole	99	14	91	3	107	3	105	7	90	9	92	4	86	9	100	4
227	Flutolanil	84	10	106	2	103	6	99	8	75	1	95	6	76	20	81	6
228	Flutriafol	67	13	74	5	89	27	109	10	79	12	90	7	104	5	96	17
229	Fluxapyroxad	-	-	107	2	80	32	109	11	85	16	88	6	83	8	96	16
230	Fonofos	70	9	69	6	100	12	96	2	95	6	99	3	93	6	88	6

续表

序号	农药名称	苹果				葡萄				菠菜				西红柿			
		0.01mg/kg		0.1mg/kg		0.01mg/kg		0.1mg/kg		0.01mg/kg		0.1mg/kg		0.01mg/kg		0.1mg/kg	
		Rec (%)	RSD (%)	Rec (%)	RSD (%)	Rec (%)	RSD (%)	Rec (%)	RSD (%)	Rec (%)	RSD (%)	Rec (%)	RSD (%)	Rec (%)	RSD (%)	Rec (%)	RSD (%)
231	Furalaxyl	81	14	77	1	94	24	99	4	99	8	99	1	89	17	90	5
232	Furathiocarb	77	6	75	3	98	10	90	4	-	-	86	39	70	9	87	4
233	Furmecyclox	62	11	85	1	83	4	68	13	-	-	71	13	74	19	90	11
234	gamma-Cyhalothrin	-	-	103	2	97	13	102	6	86	8	101	5	100	5	86	8
235	Haloxyfop-methyl	82	6	80	4	97	13	99	3	103	7	92	3	94	6	89	5
236	Heptachlor	109	3	107	1	93	9	104	9	93	1	89	5	99	11	89	4
237	Heptachlor-exo-epoxide	100	14	75	7	83	14	104	9	90	2	89	5	92	7	84	5
238	Heptenophos	92	6	79	11	105	14	102	1	95	3	90	11	95	4	84	8
239	Hexaconazole	131	50	92	1	74	8	98	4	110	11	91	15	91	3	82	8
240	Hexazinone	133	13	101	10	128	16	86	36	113	22	80	16	62	17	82	8
241	Imazamethabenz-methyl	-	-	113	9	92	7	100	9	101	3	105	3	81	8	72	7
242	Indanofan	-	-	96	8	-	-	147	12	-	-	95	1	-	-	81	8
243	Indoxacarb	74	8	71	3	95	19	98	2	-	-	111	29	-	-	71	6
244	Iodofenphos	116	20	100	1	101	11	108	1	94	13	83	27	90	10	106	1
245	Iprobenfos	135	3	90	8	115	6	98	0	94	5	99	1	79	4	95	9
246	Iprovalicarb	85	15	101	5	-	-	105	14	-	-	112	9	-	-	91	1
247	Isazofos	75	9	78	7	103	13	99	2	101	6	93	4	93	3	87	5
248	Isocarbamid	108	6	135	6	143	5	131	2	90	7	76	12	102	18	175	6
249	isocarbophos	111	8	96	5	104	6	101	11	110	5	189	27	87	7	105	7
250	Isofenphos-oxon	82	11	100	4	120	4	107	13	103	10	108	10	88	6	116	4
251	Isoprocarb	83	11	78	7	100	14	96	3	116	19	121	29	82	12	94	6
252	Isopropalin	82	10	78	4	108	13	94	3	133	5	88	8	96	7	91	4
253	Isoprothiolane	82	9	102	1	108	3	105	14	88	10	93	5	75	1	80	8
254	Isoxadifen-ethyl	87	23	75	2	88	22	100	5	106	16	109	14	88	2	92	4
255	Isoxaflutole	-	-	-	-	-	-	-	-	110	1	126	1	93	24	87	10
256	Isoxathion	-	-	75	3	-	-	99	10	-	-	113	29	-	-	88	12
257	Kinoprene	-	-	77	8	-	-	100	2	157	13	97	6	-	-	93	9
258	Kresoxim-methyl	78	11	79	2	98	5	97	3	103	11	95	2	99	6	94	5
259	Lactofen	-	-	76	10	104	14	93	3	-	-	117	30	-	-	71	13
260	Lindane	104	7	101	2	91	7	107	6	91	1	91	5	94	6	86	2
261	Malathion	88	9	103	1	113	5	106	13	120	14	305	26	80	10	91	8
262	Mcpa Butoxyethyl Ester	77	7	79	17	98	8	103	5	87	1	83	3	78	9	78	1
263	Mefenacet	79	11	98	1	109	2	101	12	138	12	102	4	-	-	98	16

续表

序号	农药名称	苹果				葡萄				菠菜				西红柿			
		0.01mg/kg		0.1mg/kg		0.01mg/kg		0.1mg/kg		0.01mg/kg		0.1mg/kg		0.01mg/kg		0.1mg/kg	
		Rec (%)	RSD (%)	Rec (%)	RSD (%)	Rec (%)	RSD (%)	Rec (%)	RSD (%)	Rec (%)	RSD (%)	Rec (%)	RSD (%)	Rec (%)	RSD (%)	Rec (%)	RSD (%)
264	Mefenpyr-diethyl	79	12	79	1	103	12	97	3	118	7	95	4	96	9	90	4
265	Mepanipyrim	74	10	101	0	109	2	100	10	85	9	102	3	75	4	91	8
266	Mepronil	86	9	103	1	84	2	92	10	76	7	95	5	74	0	82	8
267	Metalaxyl	113	14	106	1	76	28	121	4	81	7	74	15	88	4	101	18
268	Metazachlor	80	9	104	1	110	5	105	13	136	6	105	3	82	15	78	7
269	Metconazole	75	15	70	8	83	25	84	4	99	7	86	1	96	12	83	4
270	Methabenzthiazuron	89	9	80	4	102	12	98	0	103	7	89	3	90	8	97	8
271	Methacrifos	88	15	88	6	134	8	97	3	112	12	89	10	85	10	97	2
272	Methfuroxam	-	-	-	-	62	10	65	20	66	4	78	2	88	4	79	3
273	Methidathion	97	1	106	1	86	11	100	6	-	-	93	2	100	9	89	3
274	Methoprene	-	-	103	2	-	-	100	6	-	-	96	12	95	6	85	1
275	Methoprotryne	78	8	80	2	98	13	100	3	97	8	92	3	96	5	89	6
276	Methothrin	-	-	96	2	96	11	108	1	-	-	178	11	87	6	105	3
277	Methoxychlor	119	25	102	1	104	14	104	3	100	4	78	21	89	14	108	6
278	Metolachlor	77	8	79	3	98	14	100	2	106	5	95	4	94	3	91	3
279	Metribuzin	-	-	116	8	113	25	139	4	99	11	94	8	101	3	126	28
280	Mevinphos	105	13	100	1	88	33	111	1	85	18	88	8	92	7	98	14
281	Mexacarbate	-	-	132	6	105	9	100	0	90	7	86	1	94	9	91	6
282	Mgk 264	96	19	98	3	100	8	107	1	-	-	78	12	89	3	103	3
283	Mirex	116	20	107	2	97	11	103	2	100	8	82	13	91	4	107	2
284	Molinate	92	3	65	22	106	15	94	0	98	5	94	6	101	7	84	7
285	Monalide	94	5	97	2	87	5	103	6	92	3	93	3	95	3	84	5
286	Musk Ambrette	-	-	91	3	85	18	107	7	96	3	83	4	93	4	82	1
287	Musk Ketone	-	-	99	2	80	17	101	8	94	1	90	2	96	4	84	5
288	Myclobutanil	77	4	75	6	83	30	108	4	89	10	87	3	108	5	96	9
289	Naled	112	5	100	5	92	12	89	29	-	-	88	4	-	-	60	6
290	Napropamide	77	11	78	4	97	11	99	4	93	13	93	2	93	5	88	5
291	Nitralin	-	-	92	5	111	4	102	17	104	19	126	33	-	-	76	13
292	Nitrapyrin	-	-	91	26	137	1	118	22	108	7	103	7	103	1	109	7
293	Nitrofen	94	3	110	1	86	8	97	9	95	3	100	4	107	9	88	10
294	Nitrothal-Isopropyl	121	19	96	2	104	10	105	5	101	5	75	20	94	13	105	2
295	Nuarimol	76	7	76	2	94	21	102	3	87	11	107	2	88	17	89	5
296	Octachlorostyrene	105	16	101	3	99	8	100	2	94	9	81	12	88	3	106	2

续表

序号	农药名称	苹果				葡萄				菠菜				西红柿			
		0.01mg/kg		0.1mg/kg		0.01mg/kg		0.1mg/kg		0.01mg/kg		0.1mg/kg		0.01mg/kg		0.1mg/kg	
		Rec (%)	RSD (%)	Rec (%)	RSD (%)	Rec (%)	RSD (%)	Rec (%)	RSD (%)	Rec (%)	RSD (%)	Rec (%)	RSD (%)	Rec (%)	RSD (%)	Rec (%)	RSD (%)
297	Octhilinone	83	14	77	7	66	8	94	23	73	6	73	2	69	7	71	9
298	Orbencarb	70	8	73	4	95	11	97	3	104	8	91	4	95	4	88	6
299	Oxabetrinil	-	-	92	3	-	-	97	7	-	-	93	2	-	-	87	2
300	Oxadiazon	100	5	96	1	89	8	102	6	89	2	90	4	96	3	87	5
301	Oxadixyl	-	-	117	16	153	17	157	3	-	-	90	13	-	-	-	-
302	Paclobutrazol	76	17	80	9	102	21	102	2	90	5	89	1	85	16	90	4
303	Paraoxon-Methyl	-	-	73	6	-	-	117	4	-	-	79	17	-	-	83	16
304	Parathion	101	8	98	3	90	12	100	7	98	2	88	3	99	8	85	2
305	Parathion-Methyl	112	4	111	3	89	8	98	8	97	2	93	3	103	5	87	1
306	Pebulate	90	34	48	13	120	14	93	4	95	10	91	7	103	10	78	9
307	Penconazole	70	8	75	4	95	18	97	3	95	6	93	2	87	7	86	5
308	Pendimethalin	97	2	99	2	93	9	98	9	95	3	92	4	99	6	84	4
309	Pentachloroaniline	93	0	92	4	90	10	105	5	83	1	82	2	92	4	87	2
310	Pentachloroanisole	93	15	132	6	88	9	120	6	85	3	79	3	89	8	96	1
311	Pentachlorobenzene	-	-	124	23	92	5	108	6	86	7	74	3	97	16	108	3
312	Pentachlorocyanobenzene	123	6	104	2	90	9	108	7	88	3	90	2	92	6	88	3
313	Pentanochlor	76	6	76	3	97	15	103	4	96	7	96	1	89	12	91	6
314	Perthane	88	4	96	3	92	10	103	2	91	2	82	1	98	5	92	1
315	Phenanthrene	74	12	110	2	106	2	98	6	105	14	95	2	83	9	94	10
316	Phenthoate	85	4	81	5	108	12	97	3	120	5	87	5	92	7	87	4
317	Phorate-Sulfone	98	9	102	1	112	5	104	12	144	9	112	6	80	13	85	11
318	Phorate-Sulfoxide	-	-	102	2	120	8	108	14	127	10	100	5	64	15	94	7
319	Phosalone	97	10	96	1	115	4	104	14	119	11	88	14	78	18	95	15
320	Phosfolan	-	-	108	8	144	14	99	27	63	20	76	25	-	-	144	7
321	Phosmet	88	3	100	1	83	10	104	15	97	14	89	10	87	3	120	5
322	Phosphamidon	75	5	81	4	72	79	139	10	-	-	91	10	-	-	98	21
323	Phthalic Acid, Benzyl Butyl Ester	83	7	103	1	109	1	103	11	86	13	97	4	73	2	84	9
324	Phthalic Acid, *bis*-2-ethylhexyl ester	129	24	157	22	99	5	91	4	108	3	90	11	95	5	73	14
325	Phthalic Acid, *bis* -Butyl Ester	115	12	149	12	106	2	88	8	103	15	79	5	112	8	89	11
326	Phthalic Acid, *bis* -Cyclohexyl Ester	-	-	113	1	106	2	101	6	85	14	97	2	78	22	93	8
327	Phthalimide	93	10	85	17	54	1	106	26	72	12	118	5	135	14	72	22
328	Picolinafen	74	8	78	3	96	15	100	3	96	8	98	2	97	6	86	3
329	Picoxystrobin	83	10	78	2	101	12	97	3	103	6	95	0	94	8	93	5

续表

序号	农药名称	苹果				葡萄				菠菜				西红柿			
		0.01mg/kg		0.1mg/kg		0.01mg/kg		0.1mg/kg		0.01mg/kg		0.1mg/kg		0.01mg/kg		0.1mg/kg	
		Rec (%)	RSD (%)	Rec (%)	RSD (%)	Rec (%)	RSD (%)	Rec (%)	RSD (%)	Rec (%)	RSD (%)	Rec (%)	RSD (%)	Rec (%)	RSD (%)	Rec (%)	RSD (%)
330	Piperonyl Butoxide	101	2	120	4	87	8	100	7	92	2	72	1	99	5	117	6
331	Piperophos	83	13	82	4	114	15	99	2	-	-	89	4	97	4	88	3
332	Pirimicarb	89	10	101	1	112	2	102	9	93	11	96	5	78	13	85	9
333	Pirimiphos-Ethyl	78	11	77	3	102	11	95	3	106	6	87	3	104	5	95	4
334	Pirimiphos-Methyl	90	9	101	1	113	4	102	13	101	12	101	4	79	10	84	10
335	Plifenate	90	5	97	1	85	8	100	9	86	1	99	8	-	-	85	2
336	Prallethrin	-	-	78	4	-	-	94	2	-	-	105	17	-	-	90	3
337	Pretilachlor	80	10	81	2	98	11	100	3	93	5	87	8	94	3	86	4
338	Probenazole	104	4	81	4	79	6	108	6	81	5	101	15	93	15	86	21
339	Procymidone	91	8	96	2	67	15	104	5	114	21	89	18	96	3	85	5
340	Profenofos	80	14	97	3	105	2	104	15	-	-	122	12	75	5	102	5
341	Profluralin	-	-	88	3	100	6	109	7	94	3	83	3	93	3	84	2
342	Promecarb	-	-	171	7	124	8	105	11	68	10	90	11	83	10	77	10
343	Prometon	75	9	104	1	110	3	107	12	94	21	93	7	65	12	83	8
344	Prometryn	111	19	100	2	106	8	109	1	100	2	87	12	94	3	104	3
345	Propachlor	71	14	106	2	107	4	102	13	127	10	112	7	78	18	83	4
346	Propanil	113	39	70	7	97	31	144	14	62	9	81	13	113	9	133	11
347	Propaphos	78	17	81	4	99	10	94	3	96	9	84	1	89	9	87	3
348	Propargite	82	0	104	2	103	1	98	13	85	16	123	10	80	19	83	7
349	Propazine	86	12	78	4	105	9	98	3	104	9	89	2	104	5	97	7
350	Propetamphos	76	13	77	7	104	9	101	2	103	4	95	5	91	5	87	6
351	Propham	133	5	117	3	80	14	102	5	70	1	98	13	105	3	87	9
352	Propisochlor	82	11	78	4	109	9	97	1	110	3	90	6	98	5	92	4
353	Propyzamide	93	16	97	1	109	2	107	2	95	7	88	8	92	5	103	5
354	Prosulfocarb	88	9	98	1	106	6	103	12	121	13	108	3	92	9	91	6
355	Prothiofos	84	2	90	3	95	10	118	3	89	4	79	4	99	5	88	1
356	Pyracarbolid	57	10	61	17	60	5	45	4	-	-	88	2	73	3	61	6
357	Pyrazophos	82	5	90	3	85	13	102	5	97	0	83	3	104	5	87	5
358	Pyributicarb	92	9	97	0	111	3	102	10	88	12	96	5	84	12	87	8
359	Pyridaben	90	14	100	1	115	3	102	8	113	12	92	8	79	13	86	8
360	Pyridalyl	-	-	63	8	100	17	69	7	109	11	85	4	-	-	68	10
361	Pyridaphenthion	94	7	105	1	112	6	103	14	102	7	103	4	81	10	86	6
362	Pyrifenox	-	-	64	5	81	7	95	13	103	12	85	5	80	7	85	10

续表

序号	农药名称	苹果				葡萄				菠菜				西红柿			
		0.01mg/kg		0.1mg/kg		0.01mg/kg		0.1mg/kg		0.01mg/kg		0.1mg/kg		0.01mg/kg		0.1mg/kg	
		Rec (%)	RSD (%)	Rec (%)	RSD (%)	Rec (%)	RSD (%)	Rec (%)	RSD (%)	Rec (%)	RSD (%)	Rec (%)	RSD (%)	Rec (%)	RSD (%)	Rec (%)	RSD (%)
363	Pyriftalid	99	9	105	4	69	21	98	2	88	3	87	2	101	5	84	12
364	Pyrimethanil	78	13	79	4	101	3	84	0	114	41	120	4	104	5	102	6
365	Pyriproxyfen	98	9	101	1	110	2	101	8	79	12	97	4	86	9	88	7
366	Pyroquilon	79	9	75	3	92	24	106	3	97	9	94	0	94	13	91	8
367	Quinalphos	77	15	97	0	108	1	105	14	100	12	102	2	74	2	83	7
368	Quinoclamine	82	13	70	7	74	16	84	17	-	-	84	11	-	-	93	18
369	Quinoxyfen	85	8	92	4	87	11	100	4	90	1	83	3	100	5	86	4
370	Quintozene	126	11	114	3	93	5	113	7	101	2	86	4	89	11	88	2
371	Quizalofop-Ethyl	82	8	98	2	105	2	102	15	65	14	115	4	70	2	82	9
372	Rabenzazole	75	6	68	20	125	14	89	4	117	8	93	4	87	7	101	6
373	S 421	84	6	87	7	95	16	97	10	84	9	114	21	-	-	91	8
374	Sebuthylazine	76	10	102	1	111	3	104	12	71	3	94	8	72	1	84	9
375	Sebuthylazine-desethyl	93	7	103	4	112	2	106	10	-	-	99	7	88	9	94	8
376	Secbumeton	219	7	77	8	102	12	104	2	103	5	84	17	97	4	90	6
377	Silafluofen	90	13	91	0	85	13	101	6	87	1	78	3	104	3	89	9
378	Simazine	91	10	99	1	121	5	102	12	83	14	96	5	87	7	87	9
379	Simeconazole	79	8	106	4	109	3	98	10	84	9	90	7	75	2	79	6
380	Simeton	76	12	75	5	105	11	99	2	97	3	89	4	95	4	90	7
381	Simetryn	97	4	93	2	88	8	103	7	-	-	70	12	97	2	88	5
382	Spirodiclofen	104	79	114	7	109	37	112	14	-	-	8	74	105	4	114	8
383	Spiromesifen	100	2	105	4	95	9	109	3	106	10	80	4	96	6	84	5
384	Sulfallate	68	14	63	13	98	14	91	0	90	6	97	3	93	6	84	8
385	Sulfotep	113	12	102	1	93	11	110	6	92	1	83	3	91	7	86	3
386	Sulprofos	82	6	91	1	83	6	96	7	79	1	83	2	92	6	84	5
387	Tau-Fluvalinate	100	15	94	4	116	8	102	2	100	11	87	10	82	7	98	3
388	TCMTB	93	2	106	3	41	25	92	7	76	1	60	22	-	-	89	20
389	Tebuconazole	-	-	72	6	108	24	80	5	98	6	87	1	88	9	86	5
390	Tebufenpyrad	93	10	99	1	114	3	104	13	85	11	95	7	84	12	83	8
391	Tebupirimfos	94	7	94	2	95	9	107	6	87	2	82	3	89	6	85	3
392	Tebutam	104	32	75	4	131	37	101	1	98	26	101	0	73	5	98	9
393	Tebuthiuron	66	7	75	3	79	39	115	4	82	11	91	1	88	18	87	17
394	Tecnazene	74	15	79	12	99	8	98	3	107	10	79	15	81	16	94	2
395	Teflubenzuron	-	-	101	9	85	17	85	7	77	24	105	7	104	10	102	15

续表

序号	农药名称	苹果				葡萄				菠菜				西红柿			
		0.01mg/kg		0.1mg/kg		0.01mg/kg		0.1mg/kg		0.01mg/kg		0.1mg/kg		0.01mg/kg		0.1mg/kg	
		Rec (%)	RSD (%)	Rec (%)	RSD (%)	Rec (%)	RSD (%)	Rec (%)	RSD (%)	Rec (%)	RSD (%)	Rec (%)	RSD (%)	Rec (%)	RSD (%)	Rec (%)	RSD (%)
396	Tefluthrin	95	3	95	3	90	9	102	5	86	4	85	2	94	4	92	4
397	Tepraloxydim	85	3	80	10	78	3	74	4	84	12	109	10	71	1	74	6
398	Terbucarb	76	7	78	4	99	11	100	2	117	4	114	4	92	3	96	6
399	Terbufos	96	11	89	3	109	7	102	3	96	11	83	11	85	9	100	2
400	Terbufos-Sulfone	-	-	84	3	-	-	104	4	-	-	95	7	-	-	89	8
401	Terbumeton	82	10	78	5	104	8	96	2	106	4	92	2	100	4	94	6
402	Terbuthylazine	91	9	99	1	114	3	103	12	86	12	95	8	84	10	85	9
403	Terbutryn	92	3	94	2	74	21	112	5	-	-	105	2	96	4	87	6
404	*tert*-butyl-4-Hydroxyanisole	99	13	86	2	94	8	100	1	73	14	99	6	85	3	91	9
405	Tetrachlorvinphos	93	5	93	1	111	4	104	14	-	-	116	8	75	18	125	14
406	Tetraconazole	80	5	102	2	148	2	108	10	82	6	89	10	80	17	72	5
407	Tetradifon	87	8	90	4	89	12	103	6	91	2	83	3	98	5	85	5
408	Tetramethrin	-	-	98	1	114	3	101	11	-	-	187	18	90	1	90	7
409	Tetrasul	107	19	101	1	100	10	103	2	93	11	84	11	90	6	109	1
410	Thenylchlor	82	11	77	2	100	14	98	3	108	3	85	9	92	11	82	9
411	Thiazopyr	81	7	79	3	97	14	99	5	97	9	91	4	97	5	88	5
412	Thiobencarb	71	7	98	2	104	3	102	13	-	-	93	7	71	3	81	11
413	Thiocyclam	-	-	127	9	-	-	77	13	80	19	86	20	72	14	81	2
414	Thionazin	70	15	115	5	106	2	101	14	92	15	101	2	77	3	80	8
415	Tiocarbazil	69	26	76	2	-	-	63	2	103	15	114	18	89	8	96	7
416	Tolclofos-Methyl	72	13	101	0	107	2	101	12	105	14	101	1	69	2	82	9
417	Tolfenpyrad	83	9	93	2	110	4	101	16	62	12	104	3	60	29	86	8
418	Tolylfluanid	96	5	92	14	39	19	86	3	34	15	21	2	-	-	69	6
419	Tralkoxydim	84	15	82	2	102	21	102	6	105	10	96	1	87	10	80	4
420	*trans*-Chlordane	113	17	105	2	104	10	106	2	96	10	84	12	88	3	103	2
421	*trans* -Fluthrin	109	18	97	2	105	9	106	1	94	8	85	11	86	4	102	3
422	*trans* -Nonachlor	94	6	97	3	92	10	103	5	89	1	82	4	93	4	84	4
423	*trans* -Permethrin	108	21	101	1	101	12	107	4	94	9	89	7	79	6	103	1
424	Triadimefon	93	22	98	2	64	1	103	7	96	18	97	10	95	29	86	4
425	Triadimenol	-	-	106	1	-	-	101	9	-	-	86	10	-	-	90	6
426	Triallate	81	10	70	7	98	13	96	3	100	6	95	4	94	6	88	7
427	Triapenthenol	86	10	100	3	114	2	105	11	118	15	94	4	79	0	86	8
428	Triazophos	74	9	82	4	101	15	100	3	84	72	113	10	97	6	79	10

续表

序号	农药名称	苹果				葡萄				菠菜				西红柿			
		0.01mg/kg		0.1mg/kg		0.01mg/kg		0.1mg/kg		0.01mg/kg		0.1mg/kg		0.01mg/kg		0.1mg/kg	
		Rec (%)	RSD (%)	Rec (%)	RSD (%)	Rec (%)	RSD (%)	Rec (%)	RSD (%)	Rec (%)	RSD (%)	Rec (%)	RSD (%)	Rec (%)	RSD (%)	Rec (%)	RSD (%)
429	Tribufos	69	4	75	4	97	13	98	3	102	4	89	3	94	4	91	6
430	Tributyl Phosphate	94	15	109	1	120	4	103	5	97	14	99	2	88	9	98	9
431	Tricyclazole	-	-	56	7	-	-	66	5	34	23	88	27	-	-	123	26
432	Tridiphane	-	-	98	1	110	5	101	4	99	7	76	19	99	11	102	10
433	Trietazine	71	11	103	1	109	3	104	13	90	14	93	4	73	2	81	9
434	Trifloxystrobin	72	6	79	2	101	13	101	3	99	7	94	3	92	6	89	5
435	Trifluralin	-	-	91	4	115	4	103	5	105	7	82	14	88	10	102	3
436	Triphenyl phosphate	83	10	79	3	96	12	100	4	112	7	93	8	91	5	85	3
437	Uniconazole	-	-	77	10	110	24	97	1	94	7	92	2	94	6	97	5
438	Vernolate	-	-	98	17	100	8	118	7	94	8	78	3	91	13	106	1
439	Vinclozolin	100	3	95	2	92	10	105	6	85	4	86	2	95	4	84	3

注："-"表示浓度低于筛查限

附表 1-4 GC-Q-TOF/MS 筛查 439 种农药在四种基质（苹果、葡萄、西红柿和菠菜）中的筛查限统计

序号	农药名称	筛查限 (μg/kg)			
		苹果	葡萄	菠菜	西红柿
1	1-Naphthyl Acetamide	5	5	5	5
2	1-Naphthylacetic acid	20	50	20	20
3	2,3,5,6-Tetrachloroaniline	1	1	1	1
4	2,4-DB	50	50	100	50
5	2,4′-DDD	1	1	1	1
6	2,4′-DDE	5	1	1	1
7	2,4′-DDT	5	5	5	10
8	2-Phenylphenol	1	1	1	1
9	3,4,5-Trimethacarb	50	10	5	10
10	3,5-Dichloroaniline	5	5	1	1
11	3-Phenylphenol	5	5	5	10
12	4,4′-DDD	1	1	5	5
13	4,4′-Dibromobenzophenone	1	1	1	5
14	4-Bromo-3,5-Dimethylphenyl-*N*-Methylcarbamate	20	5	5	5
15	4-Chloronitrobenzene	20	5	5	5
16	Acenaphthene	1	1	1	1
17	Acetochlor	1	1	1	5
18	Acibenzolar-*S*-methyl	5	5	5	5
19	Aclonifen	20	5	20	10
20	Akton	1	1	1	1
21	Alachlor	5	5	5	5
22	Alanycarb	100	100	100	100
23	Aldimorph	20	20	20	20
24	Aldrin	5	5	5	5
25	Allethrin	1	1	5	10
26	Allidochlor	5	5	10	5
27	alpha-Cypermethrin	50	100	100	100
28	alpha-Endosulfan	5	5	5	5
29	alpha-HCH	1	1	5	1
30	Ametryn	5	5	5	1
31	Amidosulfuron	10	5	5	5
32	Aminocarb	20	5	1	5
33	Amitraz	20	20	20	10
34	Ancymidol	5	5	5	5
35	Anilofos	5	5	20	10
36	Anthracene D10	1	1	1	1
37	Aramite	20	50	50	20
38	Atraton	1	5	5	5
39	Atrazine	1	1	1	5
40	Atrazine-desethyl	10	5	1	5
41	Atrazine-desisopropyl	5	5	5	5
42	Azaconazole	1	1	1	1
43	Azinphos-ethyl	5	5	5	20
44	Aziprotryne	5	5	5	5
45	Azoxystrobin	5	1	5	10
46	Beflubutamid	5	5	20	5
47	Benalaxyl	1	5	5	1
48	Bendiocarb	1	5	1	1
49	Benfluralin	5	5	5	5
50	Benfuresate	5	5	5	1
51	Benodanil	5	5	5	10
52	Benoxacor	5	5	5	5

续表

序号	农药名称	筛查限 (μg/kg)			
		苹果	葡萄	菠菜	西红柿
53	Benzoximate	20	10	50	10
54	Benzoylprop-Ethyl	1	5	1	1
55	beta-Endosulfan	10	5	5	10
56	beta-HCH	1	5	1	1
57	Bifenazate	1	1	1	5
58	Bifenox	20	10	50	100
59	Bifenthrin	1	1	1	1
60	Bioresmethrin	20	20	50	20
61	Bitertanol	20	5	5	10
62	Boscalid	5	5	5	10
63	Bromfenvinfos	5	5	5	5
64	Bromfenvinfos-Methyl	5	5	10	50
65	Bromobutide	5	5	5	5
66	Bromocyclen	5	5	5	5
67	Bromophos-Ethyl	1	5	1	1
68	Bromophos-Methyl	1	1	1	5
69	Bromopropylate	1	1	1	1
70	Bromoxynil octanoate	20	10	10	50
71	Bromuconazole	5	5	5	5
72	Bupirimate	1	1	5	1
73	Buprofezin	5	50	50	5
74	Butachlor	1	5	5	1
75	Butafenacil	1	5	1	5
76	Butamifos	5	5	5	5
77	Butralin	20	5	10	5
78	Cadusafos	5	5	5	5
79	Cafenstrole	5	5	100	20
80	Captan	20	20	20	50
81	Carbaryl	100	5	5	10
82	Carbofuran	5	1	10	10
83	Carbophenothion	5	5	5	5
84	Carboxin	1	5	5	5
85	Chlorbenside	1	5	1	5
86	Chlorbenside sulfone	1	1	5	5
87	Chlorbufam	5	5	10	20
88	Chlordane	20	20	20	50
89	Chlorethoxyfos	5	1	1	5
90	Chlorfenapyr	20	10	10	20
91	Chlorfenethol	1	1	1	1
92	Chlorfenprop-Methyl	1	1	1	1
93	Chlorfenson	5	1	1	1
94	Chlorfenvinphos	5	5	5	10
95	Chlorflurenol-methyl	1	5	5	1
96	Chlorobenzilate	10	5	5	10
97	Chloroneb	1	1	1	1
98	Chloropropylate	10	10	5	10
99	Chlorothalonil	5	5	5	20
100	chlorotoluron	50	5	50	5
101	Chlorpropham	5	5	5	5
102	Chlorpyrifos	1	1	1	1
103	Chlorpyrifos-methyl	1	1	1	1
104	Chlorsulfuron	5	5	5	5
105	Chlorthal-dimethyl	1	1	1	1

续表

序号	农药名称	筛查限 (μg/kg)			
		苹果	葡萄	菠菜	西红柿
106	Chlorthion	5	5	5	10
107	Chlorthiophos	5	5	5	5
108	Chlozolinate	5	5	1	5
109	Cinidon-Ethyl	5	10	10	10
110	*cis*-1,2,3,6-Tetrahydrophthalimide	5	20	10	20
111	*cis*-Permethrin	1	1	1	5
112	Clodinafop	50	20	20	20
113	Clodinafop-propargyl	20	5	1	5
114	Clomazone	1	1	1	1
115	Clopyralid	100	100	100	100
116	Coumaphos	5	5	5	20
117	Crufomate	5	5	10	5
118	Cyanofenphos	1	1	1	1
119	Cyanophos	1	1	1	1
120	Cycloate	5	10	5	5
121	Cyfluthrin	20	5	10	10
122	Cypermethrin	5	5	10	5
123	Cyphenothrin	20	10	10	50
124	Cyprazine	1	5	5	1
125	Cyproconazole	1	5	5	5
126	Cyprodinil	1	1	5	5
127	Cyprofuram	5	5	5	5
128	DDT	5	1	10	20
129	delta-HCH	1	1	5	5
130	Deltamethrin	50	20	50	100
131	Desethylterbuthylazine	1	1	1	1
132	Desmetryn	1	1	1	1
133	Dialifos	20	10	20	50
134	Diallate	5	5	5	5
135	Dibutyl succinate	1	5	5	5
136	Dicapthon	1	5	5	20
137	Dichlobenil	1	1	1	1
138	Dichlofenthion	1	5	1	1
139	Dichlofluanid	5	1	5	10
140	Dichlormid	1	5	5	10
141	Dichlorvos	1	1	1	5
142	Diclocymet	1	1	1	1
143	Diclofop-methyl	1	1	1	1
144	Dicloran	1	5	5	5
145	Dicofol	1	5	5	5
146	Dieldrin	10	50	20	10
147	Diethatyl-Ethyl	1	5	5	1
148	Diethofencarb	5	5	10	5
149	Diethyltoluamide	1	1	1	1
150	Difenoxuron	50	50	50	50
151	Diflufenican	1	1	1	5
152	Diflufenzopyr	20	5	5	20
153	Dimethachlor	5	5	5	5
154	Dimethametryn	1	1	20	1
155	Dimethenamid	5	5	1	1
156	Dimethoate	20	5	20	50
157	Dimethyl phthalate	1	1	1	1
158	Dimetilan	5	5	5	5

续表

序号	农药名称	筛查限 (μg/kg)			
		苹果	葡萄	菠菜	西红柿
159	Diniconazole	20	5	5	10
160	Dinitramine	20	10	10	10
161	Dinobuton	50	10	100	50
162	Diofenolan	5	5	5	5
163	Dioxabenzofos	1	1	1	5
164	Dioxacarb	5	1	1	5
165	Dioxathion	5	5	5	5
166	Diphenamid	1	5	5	1
167	Diphenylamine	1	1	1	1
168	Dipropetryn	1	5	20	1
169	Disulfoton	5	5	5	5
170	Disulfoton sulfone	10	5	1	5
171	Disulfoton sulfoxide	5	5	5	5
172	Ditalimfos	5	1	10	5
173	Dithiopyr	1	1	1	1
174	Dodemorph	100	5	5	5
175	Edifenphos	5	5	50	20
176	Endosulfan-sulfate	5	5	10	20
177	Endrin	20	5	5	5
178	Endrin-aldehyde	20	10	20	5
179	Endrin-ketone	5	5	5	5
180	EPN	20	5	5	20
181	EPTC	20	5	5	1
182	Esprocarb	5	5	5	5
183	Ethalfluralin	20	5	5	5
184	Ethion	1	50	1	5
185	Ethofumesate	1	1	5	1
186	Ethoprophos	5	5	5	5
187	Etofenprox	5	5	5	5
188	Etridiazole	20	5	5	5
189	Famphur	10	5	10	50
190	Fenamidone	1	1	1	5
191	Fenamiphos	1	1	1	1
192	Fenarimol	5	5	5	10
193	Fenazaquin	5	5	10	5
194	Fenchlorphos	5	5	5	5
195	Fenchlorphos-Oxon	5	5	100	50
196	Fenfuram	5	5	5	5
197	Fenitrothion	5	5	5	5
198	Fenobucarb	100	50	1	1
199	Fenothiocarb	10	50	20	10
200	Fenoxaprop-Ethyl	5	5	5	10
201	Fenoxycarb	50	20	50	10
202	Fenpiclonil	5	1	1	5
203	Fenpropathrin	1	5	5	5
204	Fenpropidin	100	20	100	20
205	Fenpropimorph	5	5	5	5
206	Fenson	50	5	5	5
207	Fensulfothion	5	5	5	5
208	Fenthion	5	5	5	5
209	Fenvalerate	20	20	20	50
210	Fipronil	10	20	10	10
211	Flamprop-isopropyl	5	5	5	5

续表

序号	农药名称	筛查限 (μg/kg)			
		苹果	葡萄	菠菜	西红柿
212	Flamprop-methyl	5	5	5	5
213	Fluazinam	50	50	100	100
214	Fluchloralin	5	5	5	5
215	Flucythrinate	5	5	10	10
216	Flufenacet	5	1	10	5
217	Flumetralin	5	5	5	10
218	Flumioxazin	20	20	10	50
219	Fluopyram	1	5	1	1
220	Fluorodifen	50	10	50	100
221	Fluoroglycofen-ethyl	5	5	20	5
222	Fluotrimazole	20	5	5	5
223	Flurochloridone	5	1	5	5
224	fluroxypyr-mepthyl	1	1	1	5
225	Flurprimidol	1	1	1	5
226	Flusilazole	5	1	1	5
227	Flutolanil	5	1	1	5
228	Flutriafol	5	5	1	5
229	Fluxapyroxad	20	5	5	10
230	Fonofos	1	5	1	1
231	Furalaxyl	5	5	5	5
232	Furathiocarb	5	5	50	10
233	Furmecyclox	5	5	20	10
234	gamma-Cyhalothrin	20	10	10	10
235	Haloxyfop-methyl	1	1	1	1
236	Heptachlor	5	5	5	5
237	Heptachlor-exo-epoxide	1	1	1	1
238	Heptenophos	5	5	5	5
239	Hexaconazole	5	5	5	5
240	Hexazinone	10	10	10	10
241	Imazamethabenz-methyl	50	5	5	10
242	Indanofan	50	50	50	100
243	Indoxacarb	5	10	50	20
244	Iodofenphos	5	5	5	10
245	Iprobenfos	5	5	5	5
246	Iprovalicarb	10	20	100	20
247	Isazofos	1	5	1	1
248	Isocarbamid	5	5	5	10
249	isocarbophos	5	5	10	5
250	Isofenphos-oxon	5	1	10	5
251	Isoprocarb	5	5	10	5
252	Isopropalin	5	5	5	5
253	Isoprothiolane	1	1	1	1
254	Isoxadifen-ethyl	5	5	20	5
255	Isoxaflutole	-	-	5	5
256	Isoxathion	50	20	50	50
257	Kinoprene	20	20	10	20
258	Kresoxim-methyl	5	5	10	5
259	Lactofen	20	10	50	20
260	Lindane	5	5	1	5
261	Malathion	5	1	10	5
262	Mcpa Butoxyethyl Ester	5	1	1	5
263	Mefenacet	5	5	10	20
264	Mefenpyr-diethyl	1	5	1	5

续表

序号	农药名称	筛查限 (μg/kg)			
		苹果	葡萄	菠菜	西红柿
265	Mepanipyrim	5	5	5	5
266	Mepronil	5	5	5	5
267	Metalaxyl	5	1	1	5
268	Metazachlor	5	5	10	5
269	Metconazole	5	10	5	10
270	Methabenzthiazuron	5	5	5	5
271	Methacrifos	5	1	1	5
272	Methfuroxam	-	10	5	5
273	Methidathion	5	5	20	10
274	Methoprene	20	20	20	10
275	Methoprotryne	5	5	5	5
276	Methothrin	20	10	50	5
277	Methoxychlor	5	5	5	10
278	Metolachlor	5	5	5	5
279	Metribuzin	20	10	5	10
280	Mevinphos	1	5	1	5
281	Mexacarbate	50	5	5	5
282	Mgk 264	5	5	50	5
283	Mirex	1	1	1	1
284	Molinate	5	5	5	5
285	Monalide	5	5	5	5
286	Musk Ambrette	20	5	5	5
287	Musk Ketone	20	5	5	5
288	Myclobutanil	1	1	5	1
289	Naled	5	5	50	50
290	Napropamide	5	5	5	5
291	Nitralin	20	10	10	20
292	Nitrapyrin	20	5	10	10
293	Nitrofen	10	5	10	10
294	Nitrothal-Isopropyl	5	1	1	5
295	Nuarimol	1	5	1	1
296	Octachlorostyrene	1	1	1	1
297	Octhilinone	10	1	1	5
298	Orbencarb	1	5	1	1
299	Oxabetrinil	20	50	50	20
300	Oxadiazon	1	1	1	1
301	Oxadixyl	100	10	100	100
302	Paclobutrazol	5	5	1	5
303	Paraoxon-Methyl	20	20	20	100
304	Parathion	5	5	5	5
305	Parathion-Methyl	10	5	5	5
306	Pebulate	10	5	5	10
307	Penconazole	1	5	1	5
308	Pendimethalin	5	5	5	5
309	Pentachloroaniline	1	1	1	1
310	Pentachloroanisole	1	1	1	1
311	Pentachlorobenzene	20	1	1	1
312	Pentachlorocyanobenzene	5	5	1	5
313	Pentanochlor	5	5	5	1
314	Perthane	5	5	5	5
315	Phenanthrene	5	5	1	5
316	Phenthoate	5	5	1	5
317	Phorate-Sulfone	5	1	5	5

续表

序号	农药名称	筛查限 (μg/kg)			
		苹果	葡萄	菠菜	西红柿
318	Phorate-Sulfoxide	20	5	5	10
319	Phosalone	5	1	5	5
320	Phosfolan	20	5	5	20
321	Phosmet	5	5	10	10
322	Phosphamidon	5	5	100	20
323	Phthalic Acid, Benzyl Butyl Ester	5	5	5	5
324	Phthalic Acid, bis-2-ethylhexyl ester	5	10	1	1
325	Phthalic Acid, Bis-Butyl Ester	10	1	1	5
326	Phthalic Acid, Bis-Cyclohexyl Ester	50	5	5	1
327	Phthalimide	5	5	1	5
328	Picolinafen	1	1	1	1
329	Picoxystrobin	5	5	5	5
330	Piperonyl Butoxide	1	1	1	1
331	Piperophos	5	5	20	5
332	Pirimicarb	5	5	5	1
333	Pirimiphos-Ethyl	1	5	1	1
334	Pirimiphos-Methyl	1	1	1	1
335	Plifenate	5	5	10	20
336	Prallethrin	50	50	100	20
337	Pretilachlor	1	1	5	1
338	Probenazole	10	10	10	10
339	Procymidone	1	1	1	1
340	Profenofos	5	5	20	5
341	Profluralin	20	10	10	10
342	Promecarb	50	10	5	5
343	Prometon	1	5	1	1
344	Prometryn	1	1	10	1
345	Propachlor	5	5	5	5
346	Propanil	5	5	5	10
347	Propaphos	1	1	1	1
348	Propargite	5	5	10	5
349	Propazine	1	1	1	1
350	Propetamphos	5	5	5	5
351	Propham	5	5	5	5
352	Propisochlor	5	5	5	5
353	Propyzamide	5	5	5	5
354	Prosulfocarb	5	5	5	5
355	Prothiofos	1	1	1	1
356	Pyracarbolid	10	10	20	10
357	Pyrazophos	5	5	5	10
358	Pyributicarb	1	1	1	1
359	Pyridaben	5	5	1	10
360	Pyridalyl	20	10	5	20
361	Pyridaphenthion	10	1	5	5
362	Pyrifenox	20	5	5	5
363	Pyriftalid	1	1	1	1
364	Pyrimethanil	5	1	1	5
365	Pyriproxyfen	5	5	5	5
366	Pyroquilon	1	1	1	1
367	Quinalphos	1	1	5	5
368	Quinoclamine	5	10	50	50
369	Quinoxyfen	1	5	1	5
370	Quintozene	5	5	5	5

续表

序号	农药名称	筛查限 (μg/kg)			
		苹果	葡萄	菠菜	西红柿
371	Quizalofop-Ethyl	5	1	1	5
372	Rabenzazole	5	5	5	5
373	S 421	5	5	10	20
374	Sebuthylazine	5	5	5	5
375	Sebuthylazine-desethyl	5	5	20	5
376	Secbumeton	5	10	5	5
377	Silafluofen	1	1	1	5
378	Simazine	5	5	5	5
379	Simeconazole	5	5	5	5
380	Simeton	1	5	5	5
381	Simetryn	1	5	20	1
382	Spirodiclofen	10	5	50	10
383	Spiromesifen	5	1	10	5
384	Sulfallate	5	5	5	5
385	Sulfotep	1	1	1	1
386	Sulprofos	1	1	1	1
387	Tau-Fluvalinate	1	1	1	1
388	TCMTB	5	1	5	20
389	Tebuconazole	20	5	5	5
390	Tebufenpyrad	1	1	1	1
391	Tebupirimfos	5	1	1	5
392	Tebutam	5	5	5	5
393	Tebuthiuron	5	5	5	5
394	Tecnazene	5	5	5	5
395	Teflubenzuron	20	10	5	5
396	Tefluthrin	1	1	1	5
397	Tepraloxydim	5	10	5	10
398	Terbucarb	1	5	1	1
399	Terbufos	5	5	1	5
400	Terbufos-Sulfone	100	50	50	50
401	Terbumeton	1	5	5	5
402	Terbuthylazine	5	5	5	5
403	Terbutryn	5	10	20	1
404	tert-butyl-4-Hydroxyanisole	10	10	5	10
405	Tetrachlorvinphos	5	5	50	5
406	Tetraconazole	5	1	5	5
407	Tetradifon	1	1	1	1
408	Tetramethrin	20	5	20	10
409	Tetrasul	1	1	1	1
410	Thenylchlor	5	5	5	5
411	Thiazopyr	5	5	5	5
412	Thiobencarb	1	5	20	1
413	Thiocyclam	20	20	10	10
414	Thionazin	5	5	5	5
415	Tiocarbazil	5	20	10	5
416	Tolclofos-Methyl	5	1	5	5
417	Tolfenpyrad	5	5	5	10
418	Tolylfluanid	10	10	10	100
419	Tralkoxydim	5	5	5	10
420	trans-Chlordane	5	1	1	1
421	transfluthrin	1	1	5	1
422	trans-Nonachlor	1	1	1	1
423	trans-Permethrin	5	5	5	10

续表

序号	农药名称	筛查限 (μg/kg)			
		苹果	葡萄	菠菜	西红柿
424	Triadimefon	5	10	10	5
425	Triadimenol	20	50	20	20
426	Triallate	5	5	5	1
427	Triapenthenol	5	5	10	5
428	Triazophos	5	5	5	5
429	Tribufos	5	5	5	5
430	Tributyl Phosphate	5	1	5	5
431	Tricyclazole	20	20	5	50
432	Tridiphane	20	5	10	10
433	Trietazine	1	1	1	1
434	Trifloxystrobin	5	5	5	5
435	Trifluralin	20	5	5	5
436	Triphenyl phosphate	1	1	5	1
437	Uniconazole	20	5	5	5
438	Vernolate	20	5	5	5
439	Vinclozolin	1	1	1	1

附表 1-5a　LC-Q-TOF/MS 8 种水果蔬菜中 525 种农药化学污染物非靶向筛查方法验证结果汇总

序号	农药名称	葡萄						苹果						西柚						西瓜					
		5 μg/kg		10 μg/kg		20 μg/kg		5 μg/kg		10 μg/kg		20 μg/kg		5 μg/kg		10 μg/kg		20 μg/kg		5 μg/kg		10 μg/kg		20 μg/kg	
		AVE	RSD(%) (n=3)	AVE	RSD(%) (n=3)	AVE	RSD(%) (n=3)	AVE	RSD(%) (n=3)	AVE	RSD(%) (n=3)	AVE	RSD(%) (n=3)	AVE	RSD(%) (n=3)	AVE	RSD(%) (n=3)	AVE	RSD(%) (n=3)	AVE	RSD(%) (n=3)	AVE	RSD(%) (n=3)	AVE	RSD(%) (n=3)
1	1,3-Diphenyl urea	77.7	5.7	94.0	13.6	88.7	2.8	49.9	14.2	53.7	9.9	44.4	31.7	F	F	73.0	6.3	73.6	12.6	70.3	7.7	77.4	8.4	100.3	18.6
2	1-naphthyl acetamide	79.1	15.5	87.7	10.7	82.8	6.6	F	F	94.6	2.5	103.2	12.5	71.7	6.4	75.5	13.3	81.7	3.5	F	F	F	F	F	F
3	2,6-Dichlorobenzamide	41.8	86.8	88.9	7.2	81.5	1.6	F	F	111.0	19.1	97.4	11.0	F	F	F	F	47.4	34.4	F	F	115.7	1.2	102.2	12.4
4	3,4,5-Trimethacarb	59.2	9.9	338.7	21.6	73.8	4.5	79.8	12.1	89.3	12.8	102.6	2.2	114.6	1.1	106.5	4.9	95.8	1.4	91.1	15.6	80.5	5.7	99.6	2.2
5	6-Benzylaminopurine	17.4	72.4	27.5	86.6	25.6	80.1	F	F	18.5	37.7	24.2	30.2	F	F	46.2	2.8	12.5	35.2	F	F	F	F	F	F
6	Acetamiprid	90.5	7.3	80.5	3.0	82.9	6.5	114.9	12.4	90.3	5.1	101.3	4.3	82.1	2.5	93.8	5.8	76.7	6.7	92.6	3.8	84.6	3.0	94.2	1.0
7	Acetamiprid-*N*-desmethyl	98.6	9.7	107.0	5.7	79.1	9.7	99.3	6.7	86.0	11.7	98.1	6.3	186.8	12.8	58.8	16.2	203.1	22.7	100.8	1.4	110.9	13.1	108.2	9.3
8	Acetochlor	96.0	4.7	94.8	5.9	82.0	6.0	83.8	5.3	91.1	12.5	91.3	3.2	64.1	58.1	51.6	14.8	62.8	35.7	76.7	8.1	105.5	15.9	103.6	7.7
9	Aclonifen	F	F	F	F	F	F	F	F	F	F	F	F	F	F	F	F	F	F	F	F	F	F	F	F
10	Albendazole	F	F	F	F	F	F	F	F	F	F	F	F	F	F	F	F	F	F	F	F	F	F	F	F
11	Aldicarb	84.0	6.5	63.5	16.9	96.5	18.5	F	F	72.6	8.6	72.6	8.5	F	F	F	F	F	F	F	F	86.6	4.7	74.8	8.5
12	Aldicarb-sulfone	89.7	16.1	95.1	23.9	99.6	18.7	F	F	74.1	13.2	64.2	4.8	74.2	5.5	94.4	5.4	95.3	8.2	97.3	16.7	118.6	2.6	104.6	9.9
13	Aldimorph	67.1	45.5	87.1	3.8	103.8	11.7	F	F	F	F	F	F	49.7	18.3	41.9	20.2	42.4	17.2	122.2	11.5	77.6	5.3	102.1	7.1
14	Allethrin	F	F	F	F	F	F	F	F	F	F	F	F	F	F	F	F	F	F	F	F	F	F	F	F
15	Allidochlor	60.6	14.9	70.7	1.6	74.7	12.5	80.1	17.2	89.9	2.6	74.7	8.1	F	F	75.6	2.2	70.6	12.0	F	F	F	F	103.1	2.2
16	Ametoctradin	33.7	69.0	37.0	5.9	79.9	9.0	58.6	8.1	57.0	11.7	64.3	10.1	86.4	16.3	49.3	15.7	72.0	2.0	115.7	4.8	71.3	8.8	85.8	6.7
17	Ametryn	47.4	11.5	70.4	0.8	84.1	11.4	90.4	5.4	89.4	1.4	93.0	17.0	78.0	4.7	119.4	1.4	73.4	10.0	84.6	6.2	88.1	3.9	82.9	6.4
18	Amicarbazone	83.8	13.5	102.5	6.1	85.1	6.5	68.3	17.3	71.6	3.8	72.4	10.4	767.7	34.3	110.1	9.6	118.9	3.2	119.4	0.3	104.3	14.7	116.0	6.2
19	Amidosulfuron	F	F	F	F	F	F	F	F	99.3	2.9	79.2	8.0	F	F	F	F	F	F	103.6	5.0	86.9	7.0	102.2	10.4
20	Aminocarb	74.6	7.8	79.2	10.8	83.6	6.0	F	F	92.8	3.9	93.3	1.9	75.8	5.3	86.0	11.7	88.0	9.6	135.4	5.2	135.3	4.0	126.2	4.2
21	Aminopyralid	F	F	F	F	F	F	F	F	F	F	F	F	48.8	4.3	151.8	20.7	296.7	63.8	F	F	F	F	F	F
22	Ancymidol	73.6	5.3	90.6	14.4	74.6	11.9	111.6	5.6	111.7	7.1	111.3	4.8	F	F	80.3	8.5	78.2	0.2	106.9	2.9	105.9	3.2	98.0	7.8
23	Anilofos	85.1	11.2	99.0	13.6	92.8	6.9	76.1	12.8	77.8	4.0	93.5	3.9	101.1	3.4	70.8	15.2	71.5	1.4	79.9	0.4	100.2	13.7	108.6	5.5
24	Aspon	F	F	F	F	F	F	F	F	F	F	F	F	F	F	F	F	F	F	F	F	F	F	F	F
25	Asulam	51.9	23.4	74.9	2.0	58.6	6.4	F	F	62.7	19.7	82.4	7.5	F	F	76.3	3.0	114.2	5.2	72.7	4.5	64.6	12.9	75.6	14.0
26	Atraton	91.1	9.4	96.1	9.5	79.0	9.4	85.7	14.0	99.7	19.2	94.9	4.0	103.7	8.2	106.2	1.0	93.4	3.0	80.9	6.3	91.7	5.4	105.7	6.3
27	Atrazine	74.0	16.1	99.3	13.2	81.6	13.5	91.3	2.8	100.8	4.7	103.2	2.0	84.1	10.7	81.6	10.9	81.8	2.9	115.8	4.7	111.8	1.9	104.4	2.5
28	Atrazine-Desethyl	94.0	9.2	88.1	16.5	72.5	4.9	F	F	106.1	10.8	107.4	6.1	77.4	12.9	77.0	10.5	83.5	11.7	93.0	2.9	111.0	0.6	99.2	6.1
29	Atrazine-desisopropyl	93.3	19.7	116.5	17.4	77.1	6.5	92.7	15.8	96.7	4.6	91.0	10.4	104.7	83.8	171.5	7.5	150.1	2.9	F	F	641.4	3.2	61.4	28.4

续表

序号	农药名称	葡萄						苹果						西柚						西瓜					
		5 μg/kg		10 μg/kg		20 μg/kg		5 μg/kg		10 μg/kg		20 μg/kg		5 μg/kg		10 μg/kg		20 μg/kg		5 μg/kg		10 μg/kg		20 μg/kg	
		AVE	RSD(%) (n=3)	AVE	RSD(%) (n=3)	AVE	RSD(%) (n=3)	AVE	RSD(%) (n=3)	AVE	RSD(%) (n=3)	AVE	RSD(%) (n=3)	AVE	RSD(%) (n=3)	AVE	RSD(%) (n=3)	AVE	RSD(%) (n=3)	AVE	RSD(%) (n=3)	AVE	RSD(%) (n=3)	AVE	RSD(%) (n=3)
30	Azaconazole	84.5	3.9	91.8	3.3	80.8	8.7	83.1	15.5	88.6	7.3	90.4	2.5	92.5	2.5	95.4	5.6	81.6	3.9	87.0	4.4	84.5	1.1	114.9	7.0
31	Azamethiphos	86.4	1.1	96.6	9.8	85.7	1.2	83.0	13.4	87.4	3.5	101.1	1.7	84.0	3.2	91.2	5.5	86.6	7.1	83.5	3.7	86.7	1.6	102.0	3.6
32	Azinphos-ethyl	84.8	5.6	96.3	10.6	89.8	6.6	74.9	11.7	85.8	2.5	99.8	1.7	F	F	56.6	9.6	70.9	3.7	70.9	3.1	90.0	8.7	118.9	5.9
33	Azinphos-methyl	F	F	F	F	79.3	1.1	F	F	90.3	2.7	103.6	1.8	F	F	F	F	F	F	F	F	81.1	2.4	88.5	8.7
34	Aziprotryne	91.6	3.1	91.0	9.2	87.4	0.5	82.0	13.6	85.9	6.0	92.8	3.8	97.8	3.0	107.8	10.4	77.6	4.2	72.5	4.6	71.7	4.7	99.9	8.6
35	Azoxystrobin	88.5	1.6	93.8	2.6	89.8	3.4	81.5	9.8	87.1	4.2	96.5	3.1	79.1	4.3	55.9	8.7	85.9	17.8	82.0	4.7	89.5	1.8	110.5	6.0
36	Beflubutamid	F	F	F	F	109.4	4.5	F	F	86.3	6.4	83.4	13.4	F	F	F	F	F	F	F	F	F	F	71.1	7.3
37	Benalaxyl	95.8	6.4	92.9	9.6	80.6	7.5	83.8	6.0	87.4	10.6	90.5	4.3	90.4	8.5	98.4	15.0	103.8	7.8	88.4	4.5	82.6	3.8	89.9	13.2
38	Bendiocarb	F	F	94.6	8.4	90.7	1.8	F	F	F	F	F	F	F	F	F	F	F	F	F	F	F	F	F	F
39	Benodanil	85.7	0.9	95.5	1.9	89.3	4.3	83.4	14.1	86.5	5.9	91.2	2.9	86.9	13.7	59.2	6.4	83.7	2.4	84.2	6.5	93.2	2.9	115.1	8.4
40	Benoxacor	F	F	F	F	76.3	1.0	F	F	F	F	87.1	4.5	F	F	F	F	F	F	F	F	85.9	2.2	84.2	6.9
41	Bensulfuron-methyl	83.9	11.7	92.1	4.5	90.1	7.6	60.0	4.2	73.1	2.8	62.9	2.8	F	F	F	F	F	F	92.4	4.9	95.0	3.1	83.5	2.7
42	Bensulide	89.2	11.6	105.1	16.3	109.1	2.2	79.9	4.6	61.4	1.2	89.9	4.3	F	F	59.1	4.0	78.9	18.7	72.4	4.0	115.8	14.3	136.7	5.5
43	Bensultap	F	F	F	F	F	F	F	F	F	F	F	F	F	F	F	F	F	F	F	F	F	F	F	F
44	Benthiavalicarb-isopropyl	73.2	2.1	69.3	13.6	82.1	5.3	82.0	9.1	82.3	13.5	90.3	7.4	93.1	16.3	76.7	2.9	85.1	7.8	79.6	12.4	79.9	11.9	75.2	2.7
45	Benzofenap	62.0	8.6	112.8	5.4	152.8	37.7	64.1	20.6	82.7	7.7	79.8	16.4	86.0	18.2	45.3	46.3	92.0	4.7	112.3	10.4	78.3	9.3	83.1	12.2
46	Benzoximate	82.4	7.0	99.2	17.2	100.1	4.3	74.7	7.0	72.2	1.9	94.4	5.0	85.2	F	71.7	17.0	80.6	12.1	57.5	8.9	105.8	16.1	111.0	10.8
47	Benzoylprop	F	F	F	F	F	F	F	F	F	F	F	F	F	F	F	F	F	F	F	F	F	F	F	F
48	Benzoylprop-ethyl	75.1	5.7	99.5	15.1	83.5	10.4	79.3	9.1	89.7	15.7	87.2	7.9	94.4	8.5	97.0	20.1	104.0	11.2	86.5	4.0	74.6	7.4	84.4	16.8
49	Bifenazate	F	F	F	F	99.2	6.3	64.6	23.2	59.0	8.5	115.1	13.9	109.2	45.3	107.1	3.1	73.8	18.5	88.2	10.2	168.7	22.8	374.3	10.6
50	Bioresmethrin	F	F	F	F	F	F	F	F	F	F	F	F	F	F	F	F	F	F	F	F	F	F	F	F
51	Bitertanol	F	F	F	F	80.4	4.3	F	F	F	F	91.9	3.1	F	F	F	F	72.8	2.2	F	F	F	F	137.3	13.1
52	Bromacil	F	F	F	F	84.2	1.5	F	F	87.3	5.7	93.8	4.9	F	F	F	F	F	F	F	F	84.6	3.4	102.0	4.7
53	Bromfenvinfos	87.1	9.6	98.9	12.4	88.7	8.1	75.3	11.6	79.1	3.8	93.9	3.8	105.6	12.6	87.2	14.4	74.5	3.8	57.1	7.5	92.8	12.7	104.5	6.2
54	Bromobutide	F	F	F	F	81.7	6.9	80.9	9.2	86.1	9.9	86.7	5.9	83.8	9.9	88.9	16.6	100.7	2.3	F	F	89.1	0.4	99.4	0.4
55	Bromophos-ethyl	F	F	F	F	F	F	F	F	F	F	F	F	F	F	F	F	F	F	F	F	F	F	F	F
56	Brompyrazon	90.0	7.0	93.7	13.6	84.5	4.5	98.3	14.0	105.7	9.6	96.4	5.4	119.8	10.0	94.5	5.4	86.5	3.4	82.7	9.5	78.3	5.2	109.7	3.5
57	Bromuconazole	77.9	8.2	84.2	10.5	79.9	1.3	67.2	12.3	73.4	7.5	80.9	2.5	103.7	7.1	93.7	10.1	73.5	3.1	70.5	6.7	89.5	7.1	113.7	3.3
58	Bupirimate	39.8	16.0	66.4	4.5	92.2	8.6	93.2	5.0	87.4	1.9	96.6	5.6	86.0	10.1	138.7	9.6	77.7	7.2	73.7	9.5	84.8	4.6	70.2	0.4
59	Buprofezin	77.9	9.6	129.8	38.3	76.1	58.8	79.8	12.4	81.0	12.6	86.9	12.0	89.8	3.1	92.0	10.9	79.9	5.5	51.3	24.0	93.8	13.5	88.7	5.8

续表

序号	农药名称	葡萄						苹果						西柚						西瓜					
		5 μg/kg		10 μg/kg		20 μg/kg		5 μg/kg		10 μg/kg		20 μg/kg		5 μg/kg		10 μg/kg		20 μg/kg		5 μg/kg		10 μg/kg		20 μg/kg	
		AVE	RSD(%) (*n*=3)	AVE	RSD(%) (*n*=3)	AVE	RSD(%) (*n*=3)	AVE	RSD(%) (*n*=3)	AVE	RSD(%) (*n*=3)	AVE	RSD(%) (*n*=3)	AVE	RSD(%) (*n*=3)	AVE	RSD(%) (*n*=3)	AVE	RSD(%) (*n*=3)	AVE	RSD(%) (*n*=3)	AVE	RSD(%) (*n*=3)	AVE	RSD(%) (*n*=3)
60	Butachlor	75.7	12.0	79.9	4.0	77.8	14.9	79.9	6.5	85.5	8.1	78.9	14.1	94.3	15.0	105.1	16.1	75.2	13.8	F	F	90.1	2.8	77.5	9.9
61	Butafenacil	77.1	12.5	81.5	1.3	83.9	9.7	89.2	5.2	93.8	1.9	88.2	1.7	72.8	18.1	153.6	14.8	62.5	2.0	87.1	5.3	80.8	5.4	77.3	16.7
62	Butamifos	F	F	F	F	F	F	F	F	68.2	0.2	88.7	6.7	F	F	F	F	F	F	F	F	119.0	1.9	100.7	2.5
63	Butocarboxim	89.5	10.8	68.3	16.6	84.0	12.1	F	F	72.5	11.6	78.1	5.8	F	F	F	F	106.3	0.5	78.9	11.1	94.3	1.3	83.7	16.1
64	Butocarboxim-Sulfoxide	80.2	7.1	80.0	19.4	78.3	17.6	F	F	F	F	F	F	47.7	28.2	81.8	10.5	112.8	11.4	92.3	8.0	112.0	2.5	106.5	18.9
65	Butoxycarboxim	73.3	19.9	72.7	7.9	87.9	11.6	F	F	72.3	7.9	78.5	10.1	74.2	5.5	94.4	5.4	95.3	8.2	110.1	10.0	113.1	3.7	95.7	6.1
66	Butralin	F	F	F	F	F	F	F	F	F	F	F	F	F	F	F	F	F	F	F	F	F	F	F	F
67	Butylate	F	F	F	F	F	F	F	F	F	F	F	F	F	F	F	F	F	F	F	F	F	F	F	F
68	Cadusafos	75.8	5.5	78.0	8.4	90.5	1.9	70.8	11.8	73.2	7.6	91.2	3.1	96.7	2.9	84.3	15.4	70.4	5.0	99.1	3.9	78.8	7.1	101.1	5.4
69	Cafenstrole	79.7	14.2	96.5	5.7	85.9	9.1	79.9	3.9	80.2	5.0	79.2	4.9	79.5	15.4	92.1	13.9	116.7	5.8	86.3	4.2	85.5	3.4	88.5	13.2
70	Carbaryl	F	F	F	F	F	F	F	F	F	F	F	F	F	F	F	F	F	F	F	F	F	F	103.4	6.6
71	Carbendazim	66.1	11.9	97.6	0.7	82.8	9.5	F	F	F	F	74.9	10.7	114.7	8.4	169.8	6.3	98.5	3.1	93.7	5.9	65.5	11.1	145.4	8.4
72	Carbetamide	87.1	2.3	96.3	10.6	80.7	6.0	F	F	F	F	103.4	7.7	111.9	13.9	92.0	3.0	113.5	4.2	71.1	2.1	79.1	2.8	82.4	4.2
73	Carbofuran	91.2	2.1	70.2	2.8	79.5	5.8	F	F	90.2	3.0	96.4	3.4	F	F	F	F	F	F	100.8	3.0	93.7	5.3	105.4	1.9
74	Carbofuran-3-hydroxy	107.9	3.0	77.0	8.3	82.1	7.3	86.3	6.7	86.4	4.1	98.5	3.1	F	F	98.9	6.8	75.2	12.4	92.5	6.3	84.5	4.8	91.3	8.6
75	Carbophenothion	F	F	F	F	F	F	F	F	F	F	F	F	F	F	F	F	F	F	F	F	F	F	F	F
76	Carboxin	81.9	7.2	93.0	9.7	84.9	4.7	76.1	6.9	74.6	8.1	84.2	7.7	73.7	6.8	66.6	12.1	77.8	13.0	103.0	1.6	112.7	3.3	119.1	4.7
77	Carpropamid	96.2	19.6	95.9	15.5	89.9	10.1	81.3	5.7	86.1	13.1	91.7	7.1	101.7	6.3	98.5	15.3	104.5	8.0	F	F	76.0	7.7	87.3	13.6
78	Cartap	F	F	F	F	F	F	F	F	F	F	F	F	F	F	F	F	F	F	F	F	F	F	F	F
79	Chlordimeform	53.1	5.9	80.6	7.5	107.6	7.3	F	F	94.3	1.5	94.0	3.3	35.2	116.8	86.2	4.4	96.6	6.9	113.2	6.8	111.4	2.2	104.7	5.4
80	Chlorfenvinphos	71.1	15.4	81.0	0.1	81.3	6.7	82.1	5.3	88.7	2.9	87.8	0.5	95.1	14.0	113.9	2.1	77.5	1.1	84.5	1.1	83.9	1.7	74.2	14.4
81	Chloridazon	92.0	4.0	66.7	6.2	79.7	12.7	112.4	9.5	84.5	6.1	99.4	7.0	F	F	104.7	3.4	74.7	11.7	94.4	1.9	88.5	3.7	90.7	8.9
82	Chlorimuron-ethyl	F	F	F	F	F	F	F	F	F	F	F	F	F	F	F	F	F	F	F	F	F	F	F	F
83	Chlorotoluron	86.0	1.6	96.5	7.3	81.6	2.0	85.3	13.9	90.3	4.3	93.4	4.2	80.8	12.2	83.1	8.0	81.5	6.3	83.6	4.7	86.5	1.8	102.7	4.8
84	Chloroxuron	83.2	19.3	94.1	10.2	96.4	4.1	86.3	5.1	85.7	8.9	88.4	3.9	93.3	10.0	103.7	17.6	102.7	3.3	90.9	5.1	81.5	5.1	89.2	12.3
85	Chlorphonium	69.0	37.0	70.1	12.3	71.0	10.8	F	F	F	F	F	F	76.6	2.1	117.4	3.5	77.6	5.7	F	F	105.9	3.1	70.7	0.8
86	Chlorphoxim	F	F	F	F	F	F	F	F	F	F	F	F	F	F	F	F	F	F	F	F	F	F	F	F
87	Chlorpyrifos	F	F	F	F	F	F	F	F	F	F	F	F	F	F	F	F	F	F	F	F	F	F	F	F
88	Chlorpyrifos-methyl	F	F	F	F	F	F	F	F	F	F	F	F	F	F	F	F	F	F	F	F	F	F	F	F
89	Chlorsulfuron	F	F	F	F	F	F	F	F	F	F	F	F	F	F	F	F	F	F	F	F	F	F	F	F

续表

序号	农药名称	葡萄						苹果						西柚						西瓜					
		5 μg/kg		10 μg/kg		20 μg/kg		5 μg/kg		10 μg/kg		20 μg/kg		5 μg/kg		10 μg/kg		20 μg/kg		5 μg/kg		10 μg/kg		20 μg/kg	
		AVE	RSD(%) (n=3)	AVE	RSD(%) (n=3)	AVE	RSD(%) (n=3)	AVE	RSD(%) (n=3)	AVE	RSD(%) (n=3)	AVE	RSD(%) (n=3)	AVE	RSD(%) (n=3)	AVE	RSD(%) (n=3)	AVE	RSD(%) (n=3)	AVE	RSD(%) (n=3)	AVE	RSD(%) (n=3)	AVE	RSD(%) (n=3)
90	Chlorthiophos	F	F	F	F	F	F	F	F	F	F	F	F	F	F	F	F	F	F	F	F	F	F	F	F
91	Chromafenozide	90.6	19.7	92.5	12.7	96.1	6.0	85.1	6.1	83.7	9.8	86.2	4.7	91.7	8.7	99.2	15.1	114.4	2.9	84.7	4.9	78.9	4.3	85.7	12.7
92	Cinmethylin	F	F	F	F	F	F	F	F	F	F	F	F	F	F	F	F	F	F	F	F	F	F	F	F
93	Cinosulfuron	84.1	19.8	47.7	62.8	105.0	2.3	77.2	6.7	93.1	8.3	87.1	10.0	98.2	10.0	97.5	4.5	77.5	10.5	73.9	9.9	99.8	3.2	109.4	12.3
94	Clethodim	F	F	F	F	51.2	24.1	F	F	F	F	F	F	F	F	74.7	3.7	27.9	49.0	F	F	F	F	55.5	11.9
95	Clodinafop	77.4	8.9	86.2	3.1	86.5	6.2	F	F	93.8	3.4	91.6	8.2	83.5	4.4	91.3	16.0	100.3	15.2	101.3	4.0	103.4	3.7	2746.1	8.1
96	Clodinafop-propargyl	73.5	15.8	83.9	9.3	87.2	10.5	72.1	8.5	83.7	2.0	68.1	5.0	96.6	15.6	169.3	10.7	77.4	1.0	80.3	10.9	70.9	1.3	61.7	18.1
97	Clofentezine	F	F	F	F	F	F	F	F	F	F	F	F	F	F	F	F	F	F	F	F	F	F	F	F
98	Clomazone	85.1	3.5	91.6	3.1	81.9	3.5	80.8	8.3	81.2	9.0	91.0	3.8	80.8	6.3	90.2	7.4	80.2	8.1	81.3	7.3	82.3	8.2	102.5	8.6
99	Cloquintocet-mexyl	98.7	60.1	101.4	17.3	83.9	3.9	62.0	9.6	61.1	10.8	72.6	7.2	290.8	37.9	115.4	15.9	72.4	6.6	44.7	18.9	99.4	10.8	98.6	13.7
100	Cloransulam-methyl	84.0	3.6	81.0	0.6	76.1	2.4	83.7	3.7	80.8	3.4	73.5	13.1	75.7	16.9	94.8	14.7	76.5	6.1	83.1	11.2	85.0	4.5	85.7	7.6
101	Clothianidin	89.1	4.7	102.2	13.1	81.1	3.7	93.3	17.5	97.6	8.1	104.1	4.4	F	F	F	F	F	F	83.0	7.5	87.4	5.5	102.1	4.3
102	Coumaphos	F	F	F	F	167.4	6.1	74.0	7.1	77.9	6.6	80.8	15.0	F	F	F	F	F	F	F	F	85.7	5.7	61.6	26.7
103	Crotoxyphos	73.1	14.5	75.3	2.9	79.1	5.7	83.7	5.6	86.8	7.0	92.8	5.0	96.3	13.4	83.8	0.5	84.9	2.8	93.4	9.8	83.7	10.2	79.7	0.6
104	Crufomate	84.6	3.6	85.3	8.3	100.4	3.0	81.6	13.8	86.4	3.9	101.2	1.7	97.7	2.1	87.8	11.5	78.6	6.0	73.9	5.7	86.9	5.0	107.2	3.2
105	Cumyluron	99.1	7.8	97.9	10.9	93.2	8.1	84.7	7.1	86.7	10.9	88.8	4.7	93.5	9.3	100.9	15.3	100.0	2.6	89.5	4.6	79.8	5.4	87.9	9.9
106	Cyanazine	118.1	12.1	117.1	18.0	88.5	7.7	80.5	11.7	99.9	10.2	81.8	12.2	F	F	F	F	76.6	11.3	89.5	4.9	68.2	5.5	101.4	15.2
107	Cycloate	F	F	F	F	89.1	11.6	F	F	F	F	F	F	98.7	3.9	92.3	1.9	42.4	75.9	F	F	76.6	10.5	60.5	9.5
108	Cyclosulfamuron	F	F	F	F	F	F	F	F	F	F	72.5	3.1	F	F	F	F	F	F	F	F	F	F	F	F
109	Cycluron	88.4	2.0	94.3	5.7	81.1	3.4	81.0	12.2	88.3	5.0	93.3	4.1	88.5	2.4	93.8	5.1	87.7	4.5	81.9	3.9	86.0	1.4	98.2	5.0
110	Cyflufenamid	F	F	F	F	93.2	14.5	84.6	6.5	99.1	18.4	87.7	10.2	F	F	89.6	5.3	117.2	1.7	F	F	73.7	17.4	95.9	13.0
111	Cyprazine	60.4	3.3	71.5	1.2	73.2	16.0	104.1	4.3	93.7	3.8	102.6	13.3	91.5	3.9	93.5	2.5	79.6	2.6	97.8	4.3	100.3	6.8	99.4	5.3
112	Cyproconazole	83.6	3.0	88.9	9.8	78.7	16.8	79.6	15.7	85.8	6.6	93.6	1.6	106.3	2.8	102.3	9.9	82.5	5.0	83.2	4.8	89.0	4.3	118.0	0.6
113	Cyprodinil	120.3	72.1	121.1	46.8	97.4	77.1	76.0	10.9	74.4	12.7	72.9	10.5	264.5	51.1	145.7	25.5	88.7	18.2	33.6	18.2	103.8	13.5	78.0	28.1
114	Cyprofuram	81.0	9.6	84.3	5.7	83.4	6.8	86.5	3.0	92.0	2.3	96.5	2.1	74.5	1.3	59.4	63.8	92.5	10.6	97.8	5.7	100.7	3.1	94.0	8.5
115	Cyromazine	33.3	75.2	18.3	173.2	39.5	19.2	F	F	F	F	F	F	F	F	F	F	F	F	53.3	9.0	60.5	8.3	62.4	0.8
116	Daminozide	F	F	F	F	F	F	F	F	F	F	F	F	F	F	F	F	F	F	F	F	F	F	F	F
117	Dazomet	F	F	F	F	F	F	F	F	F	F	F	F	31.0	10.3	29.6	22.7	21.6	21.7	F	F	F	F	F	F
118	Demeton-*S*-methyl	F	F	F	F	82.2	9.4	F	F	F	F	81.7	9.9	F	F	F	F	96.8	13.3	F	F	85.4	4.1	81.7	18.4
119	Demeton-*S*-methyl-sulfone	75.7	6.8	84.1	7.8	84.6	4.8	F	F	89.9	7.0	93.1	5.0	52.0	21.4	65.5	8.8	81.3	11.8	112.6	5.9	107.6	2.4	103.6	4.7

续表

序号	农药名称	葡萄						苹果						西柚						西瓜					
		5 μg/kg		10 μg/kg		20 μg/kg		5 μg/kg		10 μg/kg		20 μg/kg		5 μg/kg		10 μg/kg		20 μg/kg		5 μg/kg		10 μg/kg		20 μg/kg	
		AVE	RSD(%) (n=3)	AVE	RSD(%) (n=3)	AVE	RSD(%) (n=3)	AVE	RSD(%) (n=3)	AVE	RSD(%) (n=3)	AVE	RSD(%) (n=3)	AVE	RSD(%) (n=3)	AVE	RSD(%) (n=3)	AVE	RSD(%) (n=3)	AVE	RSD(%) (n=3)	AVE	RSD(%) (n=3)	AVE	RSD(%) (n=3)
120	Demeton-*S*-Sulfoxide	84.4	3.3	95.6	9.1	80.4	2.5	88.7	13.7	94.0	7.0	93.6	6.3	105.1	14.6	99.5	5.0	96.9	1.9	84.8	4.2	89.3	2.0	98.8	4.6
121	Desmedipham	99.3	7.2	80.1	0.8	101.5	8.4	83.8	5.6	81.2	3.9	76.3	11.7	89.1	14.8	115.8	4.0	81.3	1.7	85.8	15.1	87.4	0.8	71.1	8.8
122	Desmetryn	F	F	87.2	10.4	77.1	3.9	92.5	5.5	94.7	3.7	96.7	1.8	85.3	10.2	84.9	11.1	85.4	7.6	99.5	1.9	96.5	1.8	94.6	4.5
123	Diafenthiuron	F	F	F	F	F	F	F	F	F	F	F	F	F	F	F	F	F	F	F	F	F	F	F	F
124	Dialifos	F	F	F	F	F	F	F	F	F	F	116.4	5.3	F	F	F	F	F	F	F	F	F	F	F	F
125	Diallate	F	F	F	F	F	F	F	F	F	F	F	F	F	F	F	F	F	F	F	F	F	F	83.0	15.7
126	Diazinon	77.9	19.4	89.6	6.0	97.0	49.7	74.4	8.0	77.0	6.2	92.0	7.9	104.4	4.8	90.1	19.2	73.2	7.0	71.5	3.4	49.8	8.8	92.7	18.6
127	Dibutyl succinate	F	F	F	F	F	F	F	F	F	F	F	F	F	F	83.6	7.6	76.8	10.1	F	F	F	F	F	F
128	Dichlofenthion	F	F	F	F	F	F	F	F	F	F	F	F	F	F	F	F	F	F	F	F	F	F	F	F
129	Diclobutrazol	80.8	5.6	90.2	12.2	78.1	0.4	79.4	16.8	84.2	5.0	90.5	4.1	118.7	3.1	117.2	12.6	76.6	1.9	71.9	6.8	98.4	10.6	118.8	7.0
130	Diclosulam	78.1	7.9	85.9	0.6	76.1	19.6	78.8	4.3	73.8	4.5	73.8	9.4	78.0	11.2	110.5	10.5	99.6	11.4	89.3	5.4	92.1	6.0	84.8	12.5
131	Dicrotophos	92.1	7.9	71.7	5.4	76.1	11.6	F	F	94.5	4.3	96.6	5.2	84.0	8.3	92.6	11.6	62.6	2.6	101.1	1.6	89.1	2.6	95.4	0.5
132	Diethatyl-ethyl	79.1	19.3	91.3	6.5	81.8	8.4	83.6	6.6	87.5	8.7	89.3	3.9	89.8	10.3	97.8	16.3	98.4	5.9	89.4	4.2	85.2	1.6	91.0	9.9
133	Diethofencarb	84.0	3.0	80.2	1.3	79.0	3.7	F	F	F	F	111.0	5.5	83.1	12.3	115.2	10.3	77.9	0.0	F	F	F	F	94.9	5.0
134	Diethyltoluamide	82.5	0.3	81.3	1.3	76.9	4.9	93.7	1.2	89.2	6.9	90.4	7.3	79.1	4.3	95.1	4.2	75.3	10.0	97.3	2.7	89.2	2.4	94.9	2.1
135	Difenoconazole	89.7	74.7	88.6	10.0	80.6	13.4	87.2	9.8	76.4	8.2	75.6	7.2	103.6	10.0	83.0	11.3	97.5	15.3	73.9	10.9	62.5	10.7	73.0	6.6
136	Difenoxuron	88.8	3.7	79.6	0.2	80.8	3.6	92.2	5.7	88.9	2.7	97.3	10.2	78.7	9.0	118.5	10.9	73.9	0.3	91.8	9.2	88.9	3.4	91.5	7.0
137	Dimefox	58.0	28.4	75.7	4.0	72.3	8.8	58.4	30.8	80.8	8.2	60.5	18.3	79.3	6.2	109.1	5.6	91.3	12.6	95.7	12.6	60.7	61.1	108.8	0.2
138	Dimefuron	81.1	9.3	84.9	4.4	86.5	6.2	86.5	3.6	89.2	2.9	86.9	3.7	84.8	11.3	97.8	15.8	91.9	6.6	96.5	4.7	100.2	3.8	92.6	4.1
139	Dimepiperate	F	F	F	F	114.6	15.3	F	F	F	F	89.2	12.5	F	F	F	F	F	F	F	F	F	F	F	F
140	Dimethachlor	87.4	1.3	95.9	5.9	86.1	0.9	83.2	11.7	86.6	6.1	96.3	1.1	83.5	2.3	86.3	6.9	79.7	3.0	86.0	4.4	87.2	0.5	103.4	6.8
141	Dimethametryn	33.5	15.9	62.3	6.9	82.4	43.3	89.7	4.5	87.6	2.2	101.8	2.0	102.0	16.5	113.5	19.0	84.0	15.2	77.6	8.1	87.2	9.7	72.3	5.3
142	Dimethenamid	87.5	0.5	92.6	2.7	82.7	4.0	79.3	12.5	85.7	6.5	89.1	2.9	83.1	8.3	80.1	8.3	81.2	6.2	80.8	4.9	83.3	2.6	104.3	8.1
143	Dimethirimol	66.2	23.9	89.9	19.1	106.5	17.0	F	F	90.6	3.2	92.4	1.6	83.5	10.8	86.6	15.6	94.9	7.9	114.3	6.0	113.4	0.7	112.5	1.8
144	Dimethoate	99.5	1.9	73.2	7.9	79.9	9.4	100.0	7.4	80.8	8.1	86.0	9.4	91.9	8.7	103.3	12.2	81.3	19.9	95.8	2.2	89.0	4.4	92.5	1.8
145	Dimethomorph	78.8	8.8	97.9	11.5	112.4	20.7	96.1	8.6	96.4	2.8	110.0	2.1	77.3	7.6	116.3	12.0	73.2	0.4	78.1	14.9	83.3	4.0	86.7	6.3
146	Dimethylvinphos (*Z*)	78.3	1.4	75.5	13.9	85.4	4.3	85.6	6.4	83.7	12.2	91.0	6.7	91.8	4.0	71.9	5.3	71.3	6.3	97.0	11.2	87.7	10.7	81.3	6.1
147	Dimetilan	82.2	2.4	86.8	3.0	72.9	8.5	87.1	4.5	76.0	7.2	94.2	7.2	100.2	5.5	83.9	16.0	88.5	4.9	105.3	2.2	94.5	12.4	98.3	1.1
148	Dimoxystrobin	75.3	1.1	76.2	12.1	83.3	3.6	84.0	9.6	79.5	16.2	89.9	8.8	88.7	18.0	83.3	4.7	78.3	6.6	94.2	17.5	81.8	11.6	76.7	6.0
149	Diniconazole	59.1	16.4	84.8	0.6	72.3	2.1	62.6	7.8	59.0	4.6	56.3	39.9	99.0	17.8	108.9	5.4	76.7	4.5	73.6	6.5	66.6	7.2	58.5	11.5

续表

序号	农药名称	葡萄						苹果						西柚						西瓜					
		5 μg/kg		10 μg/kg		20 μg/kg		5 μg/kg		10 μg/kg		20 μg/kg		5 μg/kg		10 μg/kg		20 μg/kg		5 μg/kg		10 μg/kg		20 μg/kg	
		AVE	RSD(%) (n=3)	AVE	RSD(%) (n=3)	AVE	RSD(%) (n=3)	AVE	RSD(%) (n=3)	AVE	RSD(%) (n=3)	AVE	RSD(%) (n=3)	AVE	RSD(%) (n=3)	AVE	RSD(%) (n=3)	AVE	RSD(%) (n=3)	AVE	RSD(%) (n=3)	AVE	RSD(%) (n=3)	AVE	RSD(%) (n=3)
150	Dinitramine	F	F	F	F	118.0	5.5	F	F	F	F	F	F	F	F	F	F	F	F	F	F	F	F	F	F
151	Dinotefuran	77.3	9.6	65.2	2.1	85.1	9.5	F	F	83.5	5.7	107.9	6.4	99.4	7.6	98.8	5.8	86.9	17.4	F	F	117.3	4.5	101.3	2.6
152	Diphenamid	85.3	3.3	75.4	0.7	79.4	2.9	93.5	6.0	90.8	2.7	87.0	16.6	52.2	50.2	114.4	9.9	73.8	4.4	90.5	9.6	89.2	3.8	93.0	7.0
153	Dipropetryn	51.2	10.4	72.6	9.9	80.1	7.6	90.3	4.5	87.9	3.1	115.8	7.0	92.2	6.9	102.6	4.9	76.5	10.8	F	F	F	F	F	F
154	Disulfoton sulfone	78.6	2.2	99.6	7.1	88.1	1.5	79.6	19.9	89.8	4.2	94.8	1.7	76.8	9.7	74.0	6.4	73.1	11.4	F	F	F	F	110.0	10.0
155	Disulfoton sulfoxide	91.6	2.3	79.9	0.7	81.5	3.5	93.1	7.3	91.5	1.9	94.3	6.2	89.8	4.4	99.4	7.7	78.8	5.5	91.9	6.6	88.0	3.8	95.2	4.0
156	Ditalimfos	F	F	87.1	4.4	84.6	6.9	94.4	3.8	93.6	4.5	96.7	1.4	F	F	F	F	98.2	18.1	103.6	5.9	104.4	3.8	96.4	5.9
157	Dithiopyr	F	F	F	F	F	F	F	F	F	F	F	F	F	F	F	F	F	F	F	F	F	F	F	F
158	Diuron	86.1	0.4	95.0	5.1	90.2	0.7	89.7	9.7	88.7	7.4	95.3	2.5	87.8	7.5	79.0	7.5	75.9	7.4	84.2	4.9	91.0	3.4	114.2	6.9
159	Dodemorph	37.7	17.3	47.8	2.1	60.2	25.3	92.8	6.3	90.0	2.2	100.0	7.6	89.0	0.8	100.4	2.6	87.1	2.3	94.3	18.2	105.3	16.2	89.3	13.3
160	Drazoxolon	F	F	F	F	F	F	F	F	55.1	4.7	51.7	3.0	F	F	F	F	F	F	F	F	F	F	F	F
161	Edifenphos	84.9	7.9	96.7	11.9	90.1	4.5	76.0	12.9	80.9	3.5	93.1	2.9	97.9	15.3	75.9	10.5	90.7	0.8	92.8	4.9	92.2	15.8	111.1	4.9
162	Emamectin	98.2	55.7	116.9	63.1	109.5	0.3	91.0	8.9	89.6	5.0	83.9	11.6	95.3	8.1	83.1	7.3	74.9	6.0	117.5	14.9	58.6	20.9	88.5	16.4
163	Epoxiconazole	71.3	16.7	84.6	1.8	86.8	16.7	83.6	3.6	81.5	1.5	83.4	1.0	88.1	14.6	116.8	4.0	71.3	2.2	91.2	2.4	81.1	4.7	76.0	13.4
164	Esprocarb	F	F	79.7	13.6	94.0	11.5	61.0	12.6	64.5	4.6	79.9	12.2	120.1	15.2	96.0	18.2	79.8	7.7	F	F	F	F	91.9	5.6
165	Etaconazole	222.6	56.5	86.2	10.0	79.1	5.6	48.2	70.0	81.1	8.9	89.2	6.2	78.6	4.5	105.7	10.0	80.7	3.6	78.5	11.1	85.7	5.0	100.4	4.3
166	Ethametsulfuron-methyl	68.0	41.1	89.6	16.5	27.6	58.5	51.7	17.8	53.9	47.5	76.6	5.7	F	F	98.9	14.9	81.5	6.2	84.1	11.6	49.7	35.3	45.5	62.0
167	Ethidimuron	87.1	3.9	98.7	10.8	81.5	3.6	103.0	2.3	96.2	3.0	104.9	9.5	104.7	14.5	79.4	10.4	86.0	9.8	76.1	5.3	81.8	3.4	93.6	3.2
168	Ethiofencarb	74.2	7.8	80.8	1.5	72.8	2.6	F	F	95.4	0.1	83.7	16.2	F	F	F	F	F	F	F	F	87.9	3.5	94.0	6.6
169	Ethiofencarb-sulfone	105.0	6.0	76.1	6.9	83.0	7.9	F	F	91.3	7.9	94.5	1.2	98.4	15.7	82.2	10.0	72.7	14.0	75.9	6.1	74.0	7.2	86.2	5.8
170	Ethiofencarb-sulfoxide	66.2	15.8	78.3	8.6	80.2	6.1	97.2	5.8	85.0	8.9	89.4	6.2	44.5	19.1	63.8	6.7	64.2	36.6	102.5	10.6	104.1	2.8	95.7	3.5
171	Ethion	F	F	F	F	F	F	F	F	F	F	F	F	F	F	F	F	F	F	F	F	F	F	F	F
172	Ethiprole	79.5	9.9	86.4	2.4	92.6	9.5	103.0	5.8	90.1	5.2	90.8	3.8	F	F	89.1	11.4	86.5	8.1	F	F	99.3	2.2	96.2	12.9
173	Ethirimol	66.2	23.9	89.9	19.1	106.5	17.0	F	F	F	F	F	F	83.5	10.8	86.6	15.6	94.9	7.9	114.3	6.0	113.4	0.7	112.5	1.8
174	Ethoprophos	84.8	0.5	87.7	2.7	86.5	2.6	71.8	12.8	79.1	7.0	91.4	8.3	90.7	4.7	83.4	6.6	81.4	4.7	72.8	6.3	76.7	5.7	100.3	5.1
175	Ethoxyquin	83.7	3.5	88.7	19.8	74.2	11.9	F	F	F	F	F	F	F	F	F	F	F	F	F	F	F	F	F	F
176	Ethoxysulfuron	F	F	F	F	F	F	F	F	F	F	F	F	F	F	F	F	F	F	F	F	F	F	F	F
177	Etobenzanid	F	F	F	F	104.2	18.0	44.4	6.6	59.9	21.6	53.0	0.2	F	F	91.1	16.0	108.8	53.1	F	F	81.1	7.1	88.6	7.9
178	Etoxazole	F	F	F	F	F	F	14.2	13.3	94.3	15.6	37.8	75.3	141.1	10.6	117.8	55.9	151.6	8.2	F	F	94.4	21.8	106.9	6.5
179	Etrimfos	74.0	9.0	74.3	11.9	94.6	4.9	74.8	2.8	73.1	7.2	93.7	3.9	91.6	2.5	80.7	15.8	71.9	2.5	75.5	4.3	77.3	6.0	103.6	4.7

续表

序号	农药名称	葡萄						苹果						西柚						西瓜					
		5 μg/kg		10 μg/kg		20 μg/kg		5 μg/kg		10 μg/kg		20 μg/kg		5 μg/kg		10 μg/kg		20 μg/kg		5 μg/kg		10 μg/kg		20 μg/kg	
		AVE	RSD(%) (n=3)	AVE	RSD(%) (n=3)	AVE	RSD(%) (n=3)	AVE	RSD(%) (n=3)	AVE	RSD(%) (n=3)	AVE	RSD(%) (n=3)	AVE	RSD(%) (n=3)	AVE	RSD(%) (n=3)	AVE	RSD(%) (n=3)	AVE	RSD(%) (n=3)	AVE	RSD(%) (n=3)	AVE	RSD(%) (n=3)
180	Famphur	F	F	100.4	3.2	89.1	5.7	87.4	0.5	86.9	4.9	91.9	1.6	78.9	6.2	55.5	6.6	96.7	18.0	F	F	87.6	2.3	114.9	8.8
181	Fenamidone	75.7	15.3	90.2	7.8	83.4	6.8	89.1	4.2	91.5	7.3	93.6	4.0	92.0	11.5	100.1	16.1	91.7	19.0	105.4	4.0	96.0	2.0	98.1	9.8
182	Fenamiphos	79.2	11.1	77.3	0.7	78.6	16.3	87.1	2.4	89.3	4.5	90.1	2.1	91.0	9.4	105.2	5.3	72.5	0.6	87.2	7.9	93.9	3.3	82.8	14.8
183	Fenamiphos-sulfone	91.1	7.1	83.7	1.2	81.3	5.9	95.1	5.1	88.6	3.2	96.1	3.6	88.8	9.8	102.8	10.3	88.0	2.0	93.4	11.8	91.0	2.2	95.9	0.8
184	Fenamiphos-sulfoxide	94.7	6.8	95.6	3.5	88.6	5.6	95.2	4.8	90.5	1.8	95.4	2.9	83.5	5.7	95.3	6.5	75.5	13.8	98.0	5.0	87.1	4.9	95.4	1.7
185	Fenarimol	F	F	F	F	F	F	F	F	F	F	F	F	102.5	2.8	75.1	11.2	82.3	7.4	F	F	F	F	F	F
186	Fenazaquin	F	F	F	F	F	F	46.0	20.3	52.8	7.9	84.0	6.3	200.2	38.8	107.3	19.3	77.7	2.7	F	F	98.0	5.7	143.8	52.1
187	Fenbuconazole	74.4	19.2	86.0	0.3	87.5	11.2	79.1	5.2	80.6	3.7	75.0	4.1	F	F	F	F	F	F	84.6	9.4	77.4	5.2	81.2	11.8
188	Fenfuram	87.2	5.0	78.3	2.1	77.7	1.0	92.1	4.9	89.7	1.7	82.8	8.6	82.1	7.8	106.7	7.9	77.8	8.6	90.3	8.2	89.1	4.2	93.0	4.4
189	Fenhexamid	F	F	F	F	107.5	7.8	F	F	80.1	5.9	91.5	4.1	F	F	64.8	1.5	90.1	8.4	F	F	112.8	7.7	138.4	4.3
190	Fenobucarb	89.0	1.8	75.6	2.4	80.2	2.6	F	F	F	F	84.8	16.2	79.3	3.6	117.5	5.8	41.2	72.1	80.6	9.2	81.9	5.9	99.2	6.5
191	Fenothiocarb	74.2	2.9	77.5	1.7	81.7	15.2	79.1	6.8	87.6	3.2	89.3	1.5	84.9	16.1	111.7	7.5	74.4	3.5	F	F	81.9	2.4	81.1	9.1
192	Fenoxanil	79.9	11.6	84.4	2.0	88.4	12.4	78.0	6.0	88.3	1.3	84.3	2.4	84.6	14.5	136.0	11.2	73.9	3.7	90.7	6.2	79.9	3.5	79.2	13.8
193	Fenoxaprop-ethyl	98.0	17.9	88.9	2.4	113.8	18.0	60.3	33.1	81.7	4.0	43.9	81.4	102.4	17.0	181.9	10.1	52.1	35.7	79.7	9.1	79.9	8.3	68.2	4.6
194	Fenoxycarb	F	F	F	F	F	F	90.5	2.6	89.9	3.7	94.0	5.4	F	F	136.6	9.6	84.5	19.7	F	F	F	F	F	F
195	Fenpropidin	85.6	12.7	92.1	19.0	76.3	15.4	84.7	4.9	93.1	3.9	96.1	1.1	90.5	11.2	87.5	11.9	85.2	12.0	110.4	3.7	81.0	8.0	94.8	4.5
196	Fenpropimorph	58.8	15.9	73.6	18.2	70.2	11.3	F	F	F	F	90.7	1.7	88.2	1.3	100.7	2.7	87.2	2.6	F	F	F	F	F	F
197	Fenpyroximate	F	F	F	F	F	F	105.9	17.0	85.6	8.9	29.4	88.7	F	F	F	F	72.5	5.6	F	F	F	F	F	F
198	Fensulfothion	87.3	3.8	80.5	0.0	81.0	4.8	93.3	8.2	91.2	1.2	88.1	13.8	90.8	6.2	88.9	1.6	79.8	0.8	84.8	15.0	89.6	4.6	93.4	7.0
199	Fenthion	F	F	F	F	F	F	F	F	F	F	F	F	F	F	F	F	65.2	25.0	F	F	F	F	101.4	4.5
200	Fenthion-oxon	77.2	3.9	77.2	5.6	72.3	4.7	87.0	3.0	84.8	4.4	91.5	4.4	86.3	15.5	26.4	131.8	91.6	0.4	101.7	8.2	99.0	8.9	87.5	2.5
201	Fenthion-oxon-sulfone	85.1	2.9	87.7	7.2	73.7	11.3	97.0	1.4	83.8	1.4	109.0	4.3	85.9	17.0	98.6	15.7	95.4	18.5	113.8	1.1	102.8	8.6	106.2	1.0
202	Fenthion-oxon-sulfoxide	84.5	5.4	92.5	4.4	85.1	12.7	91.8	8.3	80.8	3.0	94.7	2.3	153.2	4.4	64.6	1.3	81.1	3.3	103.2	1.7	97.4	8.2	103.4	2.9
203	Fenthion-sulfone	80.4	6.1	89.6	5.3	84.0	10.5	90.6	2.5	87.5	2.8	93.1	3.2	F	F	100.6	18.3	92.4	9.7	100.4	10.4	105.5	3.1	87.4	19.9
204	Fenthion-sulfoxide	97.6	13.0	127.1	24.4	89.5	12.7	90.8	13.4	90.1	4.3	94.8	6.5	81.4	14.5	87.4	11.3	81.0	1.7	86.8	3.8	86.5	1.1	102.5	5.1
205	Fentrazamide	66.9	2.5	87.5	10.4	103.0	1.2	80.0	17.1	95.1	7.4	82.6	16.3	95.7	3.2	72.5	2.7	81.1	14.1	94.4	18.0	78.6	10.8	80.2	0.6
206	Fenuron	F	F	93.9	10.1	88.7	3.0	97.9	14.6	97.9	13.7	92.0	8.9	209.1	17.9	97.8	9.6	95.9	2.6	77.2	13.6	77.0	3.3	97.9	4.0
207	Flamprop	F	F	F	F	52.5	9.3	F	F	F	F	F	F	F	F	99.4	10.0	88.1	5.7	F	F	F	F	F	F
208	Flamprop-isopropyl	F	F	100.4	10.7	92.4	5.5	F	F	74.5	3.2	100.0	4.1	87.5	17.5	75.5	13.6	94.1	8.5	84.8	4.8	96.9	12.7	104.2	8.1
209	Flamprop-methyl	86.5	3.3	93.5	4.5	88.7	2.5	88.0	12.9	85.5	6.0	98.5	1.8	84.2	2.2	65.3	8.4	80.3	6.6	78.3	4.0	93.4	4.8	113.7	4.3

续表

序号	农药名称	葡萄						苹果						西柚						西瓜					
		5 μg/kg		10 μg/kg		20 μg/kg		5 μg/kg		10 μg/kg		20 μg/kg		5 μg/kg		10 μg/kg		20 μg/kg		5 μg/kg		10 μg/kg		20 μg/kg	
		AVE	RSD(%) (n=3)	AVE	RSD(%) (n=3)	AVE	RSD(%) (n=3)	AVE	RSD(%) (n=3)	AVE	RSD(%) (n=3)	AVE	RSD(%) (n=3)	AVE	RSD(%) (n=3)	AVE	RSD(%) (n=3)	AVE	RSD(%) (n=3)	AVE	RSD(%) (n=3)	AVE	RSD(%) (n=3)	AVE	RSD(%) (n=3)
210	Flazasulfuron	F	F	F	F	F	F	F	F	F	F	F	F	F	F	105.1	9.8	74.8	7.0	F	F	F	F	F	F
211	Florasulam	107.9	16.8	146.2	37.0	102.0	1.7	99.7	16.8	90.8	3.6	98.2	7.0	83.0	14.8	76.1	2.0	70.1	11.4	88.0	4.3	85.1	3.0	106.5	5.3
212	Fluazifop	F	F	F	F	F	F	F	F	F	F	F	F	F	F	F	F	F	F	F	F	31.0	27.9	19.0	39.8
213	Fluazifop-butyl	74.6	16.9	88.2	12.0	97.5	5.4	56.0	16.9	58.2	11.3	80.8	11.4	86.6	18.2	93.9	13.3	72.0	14.3	46.4	15.8	107.4	19.5	94.7	13.9
214	Flucycloxuron	F	F	F	F	F	F	F	F	F	F	F	F	F	F	F	F	F	F	F	F	F	F	F	F
215	Flufenacet	73.5	9.1	78.3	3.9	83.9	11.8	87.9	4.4	88.2	2.8	92.9	1.9	87.3	1.9	114.9	8.1	77.6	4.0	94.1	3.0	81.2	4.3	85.4	17.9
216	Flufenoxuron	F	F	F	F	F	F	F	F	F	F	F	F	F	F	F	F	F	F	F	F	F	F	F	F
217	Flufenpyr-ethyl	F	F	70.6	19.0	85.6	5.6	77.1	13.0	84.4	19.5	98.1	10.3	87.3	6.7	81.8	4.9	76.0	1.9	87.3	16.7	81.3	11.2	71.3	10.6
218	Flumequine	96.1	6.4	104.9	1.2	90.3	8.0	74.6	4.3	82.5	11.9	91.9	2.8	75.5	3.9	83.0	3.0	71.7	5.2	97.3	8.1	72.2	7.8	78.9	7.9
219	Flumetsulam	53.6	25.8	86.0	16.9	71.8	17.5	149.1	10.7	90.3	18.2	94.8	2.7	72.9	3.4	105.5	6.3	79.3	0.4	105.8	6.8	94.5	4.6	105.0	10.7
220	Flumiclorac-pentyl	F	F	F	F	106.9	16.6	92.0	5.3	86.2	3.2	52.9	28.3	F	F	F	F	F	F	F	F	F	F	F	F
221	Fluometuron	89.6	4.3	76.2	0.5	83.0	5.2	96.5	6.1	89.7	2.1	92.0	6.3	88.1	7.9	99.8	7.2	76.7	3.3	88.3	9.0	89.7	3.2	95.8	3.1
222	Fluopyram	76.2	1.4	76.8	10.5	81.8	4.5	86.2	7.1	80.6	13.8	89.6	9.1	94.5	15.3	78.3	0.5	78.4	6.6	91.2	13.7	81.6	10.7	76.0	4.8
223	Fluoroglycofen-ethyl	F	F	F	F	F	F	F	F	F	F	F	F	F	F	F	F	F	F	F	F	F	F	F	F
224	Fluoxastrobin	77.9	0.8	80.0	15.1	85.7	3.8	81.9	9.5	81.6	16.3	89.0	9.0	100.9	19.9	89.6	5.9	94.5	1.9	94.3	19.5	79.9	11.5	71.4	9.3
225	Fluquinconazole	F	F	F	F	87.2	6.5	F	F	90.7	10.4	90.4	3.3	F	F	F	F	111.7	8.1	F	F	88.0	2.2	93.4	1.1
226	Fluridone	82.5	7.9	77.9	0.8	81.8	3.5	90.7	3.4	89.8	2.3	92.9	0.1	80.1	16.1	112.5	6.9	74.4	2.5	93.5	3.1	85.5	3.4	83.7	9.8
227	Flurochloridone	F	F	F	F	73.7	10.1	F	F	F	F	94.8	6.2	F	F	F	F	F	F	F	F	F	F	F	F
228	Flurprimidol	76.6	0.8	75.9	10.5	74.9	17.8	85.3	5.4	85.3	10.6	91.8	5.2	78.8	10.5	72.7	1.3	72.9	1.5	98.6	6.3	84.8	10.2	83.3	3.9
229	Flurtamone	84.0	2.4	93.3	3.7	89.4	2.8	82.5	13.5	85.7	5.4	99.6	1.2	89.2	2.3	60.8	10.8	71.3	3.4	74.5	5.5	93.4	3.5	110.5	2.9
230	Flusilazole	88.1	19.4	106.7	10.1	91.5	9.0	92.1	6.6	87.5	9.3	89.4	0.7	94.7	8.6	96.4	15.5	94.4	13.2	80.1	7.0	66.9	5.0	78.5	11.3
231	Fluthiacet-Methyl	84.7	8.7	96.7	12.0	98.1	4.1	77.9	13.4	78.7	5.0	98.5	1.5	84.0	2.5	55.9	9.3	80.9	15.4	88.5	5.9	100.6	7.8	115.1	4.0
232	Flutolanil	84.1	2.7	94.0	5.4	89.9	4.1	79.1	15.2	82.5	4.2	92.1	4.2	87.8	0.0	56.4	8.6	73.9	0.6	77.9	7.3	100.8	5.7	118.7	3.1
233	Flutriafol	90.0	4.4	97.6	6.8	82.8	8.0	84.8	16.4	91.9	7.8	93.0	5.1	90.1	6.0	94.3	7.8	82.4	2.8	90.4	4.2	80.4	0.2	112.1	6.7
234	Fluxapyroxad	82.7	3.2	86.1	10.1	88.6	5.1	82.0	5.0	82.4	12.9	93.3	7.7	89.6	15.6	82.8	0.9	99.5	2.6	96.8	9.0	84.8	8.8	80.8	2.8
235	Fonofos	F	F	F	F	F	F	F	F	F	F	F	F	F	F	F	F	F	F	F	F	F	F	F	F
236	Foramsulfuron	F	F	F	F	F	F	F	F	F	F	F	F	F	F	F	F	F	F	F	F	44.8	9.4	26.3	109.6
237	Forchlorfenuron	F	F	F	F	F	F	F	F	F	F	F	F	F	F	F	F	F	F	F	F	F	F	F	F
238	Fosthiazate	89.1	5.6	75.5	0.5	80.8	5.2	92.3	7.4	90.7	2.3	91.7	6.9	89.8	4.5	96.9	8.3	78.9	6.9	92.2	4.5	88.4	3.2	95.4	3.7
239	Fuberidazole	43.5	29.0	55.4	32.3	40.3	42.3	F	F	24.6	33.2	48.9	13.1	F	F	F	F	F	F	99.3	4.9	103.0	0.8	107.4	5.9

续表

序号	农药名称	葡萄						苹果						西柚						西瓜					
		5 μg/kg		10 μg/kg		20 μg/kg		5 μg/kg		10 μg/kg		20 μg/kg		5 μg/kg		10 μg/kg		20 μg/kg		5 μg/kg		10 μg/kg		20 μg/kg	
		AVE	RSD(%) (n=3)	AVE	RSD(%) (n=3)	AVE	RSD(%) (n=3)	AVE	RSD(%) (n=3)	AVE	RSD(%) (n=3)	AVE	RSD(%) (n=3)	AVE	RSD(%) (n=3)	AVE	RSD(%) (n=3)	AVE	RSD(%) (n=3)	AVE	RSD(%) (n=3)	AVE	RSD(%) (n=3)	AVE	RSD(%) (n=3)
240	Furalaxyl	86.7	1.7	95.4	3.3	88.1	1.0	82.5	13.0	88.3	5.7	98.8	1.7	82.1	10.6	76.2	8.3	77.4	9.8	81.6	4.8	87.8	2.0	107.8	5.6
241	Furathiocarb	80.3	60.8	97.9	17.2	77.3	14.8	81.9	7.5	90.1	18.5	89.4	9.4	95.5	7.5	92.3	12.4	105.3	9.6	83.9	3.5	73.0	3.9	81.6	19.4
242	Furmecyclox	44.1	39.1	65.0	2.6	60.4	2.3	68.6	3.9	84.4	11.1	84.4	8.4	78.7	5.2	89.0	10.6	89.1	4.1	88.5	5.2	83.7	2.2	90.0	7.7
243	Halofenozide	F	F	F	F	81.1	12.1	F	F	86.2	6.7	91.4	7.2	F	F	F	F	F	F	F	F	F	F	F	F
244	Halosulfuron-methyl	F	F	F	F	117.7	6.8	F	F	F	F	53.8	47.7	F	F	F	F	F	F	92.1	14.0	76.0	19.7	86.9	16.3
245	Haloxyfop	F	F	F	F	F	F	F	F	F	F	F	F	F	F	F	F	F	F	F	F	F	F	F	F
246	Haloxyfop-2-ethoxyethyl	83.6	53.6	100.9	16.7	79.3	17.1	80.4	7.1	103.9	1.4	91.6	7.2	85.9	8.2	98.1	14.4	114.3	4.2	82.9	7.7	78.0	7.0	81.7	19.3
247	Haloxyfop-methyl	82.1	8.3	82.9	3.7	86.2	6.6	74.8	5.6	71.3	5.1	87.6	7.0	91.4	14.4	72.0	14.5	80.6	15.5	F	F	98.3	18.5	96.5	7.8
248	Heptenophos	91.0	4.7	72.5	2.1	73.4	5.0	80.5	4.6	84.4	4.0	88.9	10.1	91.6	4.1	97.1	7.5	75.9	9.6	94.1	5.8	85.0	4.9	91.1	4.2
249	Hexaconazole	73.7	16.0	96.2	8.5	84.6	5.3	82.9	6.3	79.1	7.0	85.2	1.8	88.4	7.7	89.9	12.3	90.1	11.5	86.3	4.5	76.4	5.0	83.6	14.3
250	Hexazinone	89.6	4.6	78.9	0.2	81.9	4.3	93.5	8.4	90.5	2.2	95.9	3.2	87.4	2.5	114.6	8.4	74.5	3.5	94.3	4.7	88.8	2.3	98.0	2.2
251	Hexythiazox	F	F	F	F	F	F	F	F	F	F	F	F	F	F	F	F	F	F	F	F	F	F	F	F
252	Hydramethylnon	F	F	F	F	F	F	F	F	F	F	F	F	F	F	F	F	F	F	F	F	F	F	F	F
253	Imazalil	130.6	2.8	119.7	9.7	72.5	18.6	102.6	6.1	92.8	1.9	94.4	3.5	47.4	8.9	85.4	5.2	55.8	3.8	100.6	10.0	92.7	5.4	82.3	7.7
254	Imazamethabenz-methyl	89.5	6.5	79.6	0.3	81.9	2.6	94.9	7.8	87.8	3.8	94.5	1.6	89.3	5.3	90.2	6.1	74.6	16.6	89.5	6.8	92.1	4.0	96.8	1.4
255	Imazamox	58.9	63.6	81.8	12.9	35.9	45.1	F	F	F	F	86.8	14.5	F	F	46.5	61.3	85.7	2.8	F	F	56.4	13.5	50.2	33.8
256	Imazapic	59.7	49.6	93.0	18.3	42.7	22.4	F	F	82.8	19.5	84.9	14.0	54.0	17.7	46.9	43.8	57.3	40.1	73.5	8.7	70.2	2.6	72.7	1.9
257	Imazapyr	14.8	9.3	37.9	10.9	15.4	67.4	F	F	71.3	10.0	44.4	25.2	F	F	115.7	16.1	41.0	29.7	111.7	7.4	54.7	16.2	110.3	1.0
258	Imazaquin	F	F	F	F	F	F	39.7	16.1	20.1	54.2	13.0	22.0	F	F	16.8	63.7	8.6	54.5	27.6	101.0	14.6	117.0	9.0	41.3
259	Imazethapyr	57.7	26.8	94.8	3.1	84.5	13.3	80.0	45.4	83.8	10.9	63.4	21.4	102.1	5.0	180.0	4.3	103.0	9.6	115.6	2.4	79.8	10.0	146.2	20.4
260	Imazosulfuron	F	F	F	F	F	F	F	F	F	F	F	F	F	F	F	F	F	F	F	F	F	F	F	F
261	Imibenconazole	F	F	F	F	F	F	F	F	F	F	F	F	F	F	F	F	F	F	F	F	F	F	F	F
262	Imidacloprid	104.9	6.9	118.5	15.0	116.2	4.7	87.4	8.4	94.0	22.9	80.8	14.7	294.5	65.3	95.6	11.0	81.1	2.7	92.3	13.0	78.7	3.3	105.7	4.3
263	Imidacloprid-urea	85.9	11.9	80.2	4.3	74.8	12.6	86.6	11.5	80.6	7.1	97.5	1.3	118.3	6.1	85.0	6.2	110.3	8.7	105.6	0.5	110.4	12.6	115.9	9.8
264	Inabenfide	F	F	F	F	F	F	F	F	F	F	F	F	F	F	F	F	F	F	F	F	F	F	6.5	81.0
265	Indoxacarb	F	F	F	F	109.7	8.9	75.1	4.4	56.1	14.4	86.3	3.2	F	F	83.8	0.2	74.5	19.9	F	F	118.2	14.9	114.5	12.6
266	Iodosulfuron-methyl	F	F	F	F	F	F	F	F	F	F	F	F	F	F	F	F	F	F	F	F	F	F	F	F
267	Ipconazole	53.7	6.4	64.5	31.6	89.1	10.5	58.6	10.3	51.2	18.3	50.8	6.8	79.2	6.0	44.1	23.6	77.8	3.1	F	F	72.4	3.2	59.3	5.0
268	Iprobenfos	87.8	5.8	92.9	7.0	86.5	4.1	79.2	11.0	83.6	7.2	97.4	2.6	95.1	8.2	86.1	10.0	81.7	5.7	70.8	0.6	84.7	6.4	100.0	4.6
269	Iprovalicarb	88.8	4.7	92.7	4.2	82.0	8.6	83.7	13.7	88.4	4.6	96.1	4.4	94.9	8.6	86.6	8.6	83.2	6.3	75.5	6.3	75.3	4.5	90.7	4.7

续表

序号	农药名称	葡萄						苹果						西柚						西瓜					
		5 μg/kg		10 μg/kg		20 μg/kg		5 μg/kg		10 μg/kg		20 μg/kg		5 μg/kg		10 μg/kg		20 μg/kg		5 μg/kg		10 μg/kg		20 μg/kg	
		AVE	RSD(%) (n=3)	AVE	RSD(%) (n=3)	AVE	RSD(%) (n=3)	AVE	RSD(%) (n=3)	AVE	RSD(%) (n=3)	AVE	RSD(%) (n=3)	AVE	RSD(%) (n=3)	AVE	RSD(%) (n=3)	AVE	RSD(%) (n=3)	AVE	RSD(%) (n=3)	AVE	RSD(%) (n=3)	AVE	RSD(%) (n=3)
270	Isazofos	74.3	12.2	85.7	5.9	73.3	9.0	94.7	4.8	88.3	8.7	91.4	5.7	89.3	8.9	94.1	11.4	87.6	18.8	94.3	4.8	89.8	0.4	92.0	11.5
271	Isocarbamid	71.2	1.9	72.4	9.5	82.5	11.6	F	F	78.9	6.7	89.2	9.6	F	F	F	F	77.5	16.5	F	F	117.8	12.4	96.2	4.5
272	Isocarbophos	77.1	8.1	87.1	3.0	86.5	6.3	314.4	5.0	94.4	3.5	89.5	4.3	F	F	89.8	15.1	97.5	7.5	101.7	4.1	102.9	3.6	113.2	8.1
273	Isofenphos	76.0	5.4	78.4	0.9	78.6	7.1	77.9	9.5	83.7	3.5	77.6	3.1	82.1	12.4	135.4	3.3	92.9	5.0	84.9	6.8	80.5	3.0	73.3	17.9
274	Isofenphos-oxon	77.4	6.5	78.4	1.0	77.9	6.2	92.5	4.4	92.8	2.8	85.4	19.8	88.0	6.3	99.9	6.0	75.0	4.9	83.9	16.0	86.1	5.1	88.9	10.5
275	Isomethiozin	F	F	F	F	F	F	F	F	F	F	F	F	F	F	F	F	F	F	F	F	F	F	F	F
276	Isoprocarb	59.2	9.9	338.7	21.6	73.8	4.5	79.8	12.1	89.3	12.8	102.6	2.2	114.6	1.1	106.5	4.9	95.8	1.4	91.1	15.6	80.5	5.7	99.6	2.2
277	Isopropalin	F	F	F	F	F	F	F	F	F	F	F	F	F	F	F	F	F	F	F	F	F	F	F	F
278	Isoprothiolane	77.0	7.2	79.5	1.0	81.6	7.2	85.9	3.8	89.3	2.0	90.6	3.0	79.5	12.1	118.4	9.9	70.8	5.0	83.7	20.1	83.5	4.4	82.2	13.1
279	Isoproturon	82.9	2.9	74.3	1.0	78.7	3.0	92.6	6.7	90.4	2.3	100.9	7.4	83.1	4.3	106.2	6.2	78.9	1.1	92.6	5.5	89.8	3.2	95.1	6.8
280	Isouron	84.8	4.2	91.8	3.2	82.6	7.4	79.3	16.0	91.0	4.1	99.9	0.6	93.0	5.9	112.4	5.5	89.3	4.7	87.1	1.7	80.1	2.8	107.3	3.1
281	Isoxaben	87.2	2.5	94.0	4.9	88.8	4.5	80.3	12.2	84.4	4.8	94.0	4.0	84.7	4.0	57.6	11.8	85.3	17.3	77.9	7.0	100.4	5.6	118.1	2.0
282	Isoxadifen-ethyl	F	F	F	F	F	F	F	F	F	F	F	F	F	F	F	F	F	F	F	F	F	F	F	F
283	Isoxaflutole	F	F	F	F	F	F	F	F	F	F	F	F	F	F	F	F	F	F	F	F	F	F	F	F
284	Isoxathion	130.9	64.4	109.9	19.3	104.6	14.1	90.5	13.5	93.3	4.3	79.6	14.1	118.3	17.2	91.7	2.7	125.5	11.5	F	F	79.4	0.3	88.3	19.2
285	Kadethrin	F	F	F	F	F	F	82.7	11.4	111.9	4.2	88.7	5.8	F	F	F	F	152.7	10.1	F	F	56.9	27.3	67.6	47.5
286	Karbutilate	84.8	1.0	96.7	8.9	79.8	2.1	85.1	13.6	90.1	4.4	94.5	4.6	84.5	4.5	85.4	6.8	83.3	9.1	84.3	3.7	83.5	5.2	98.8	4.7
287	Kresoxim-methyl	73.5	12.0	82.3	0.2	88.4	15.4	83.8	4.2	85.3	2.9	89.8	4.4	89.1	5.9	113.0	2.0	79.2	15.1	89.5	2.1	80.7	4.7	83.2	16.9
288	Lactofen	F	F	F	F	F	F	F	F	F	F	F	F	F	F	F	F	F	F	F	F	F	F	F	F
289	Linuron	81.1	0.3	73.6	3.3	78.9	0.2	96.1	5.3	90.5	3.4	99.1	0.7	73.3	4.6	108.4	12.6	72.2	1.5	F	F	83.9	4.2	84.8	10.5
290	Malaoxon	81.2	8.5	86.8	3.7	87.3	6.2	89.7	5.7	90.2	3.4	91.3	2.5	89.8	10.4	88.4	3.3	90.1	5.3	99.4	5.9	103.3	4.7	94.0	2.5
291	Malathion	78.7	6.7	79.1	0.1	79.2	4.7	86.1	0.9	92.5	2.4	103.0	0.8	79.7	12.4	113.7	11.0	73.7	8.5	87.8	8.7	84.9	4.6	88.4	9.0
292	Mandipropamid	78.0	6.0	83.6	15.3	92.4	4.6	79.9	11.9	79.7	15.7	84.5	8.7	96.1	11.8	85.7	3.9	95.4	3.6	94.6	18.4	71.5	15.9	60.8	9.2
293	Mecarbam	73.6	10.1	81.6	1.6	81.0	9.6	80.9	3.1	89.3	0.3	100.8	2.8	78.8	13.6	117.8	8.7	73.6	6.6	91.2	1.7	83.8	4.9	84.2	10.3
294	Mefenacet	76.3	10.8	80.9	2.0	81.1	7.8	87.7	1.6	90.0	2.3	102.2	5.1	82.4	14.8	118.4	10.5	73.2	3.3	91.9	2.0	82.6	4.0	81.4	9.3
295	Mefenpyr-diethyl	71.4	18.2	81.9	0.0	79.3	6.1	78.8	8.0	88.0	2.2	91.9	7.8	90.7	17.5	135.7	5.1	71.4	3.7	84.2	0.7	80.0	2.5	78.8	1.4
296	Mepanipyrim	F	F	80.4	1.3	81.3	2.6	85.2	2.5	83.7	2.7	82.7	4.6	101.5	15.9	108.6	8.4	71.8	5.5	F	F	F	F	75.9	13.2
297	Mephosfolan	86.3	2.0	97.5	9.1	84.4	0.2	81.8	13.1	90.6	4.4	98.5	1.3	84.7	1.2	94.8	4.7	88.1	5.9	84.3	3.0	87.2	0.9	100.3	3.7
298	Mepiquat	59.2	11.1	63.5	6.5	54.4	13.3	F	F	99.7	4.3	134.0	6.8	65.3	7.3	74.3	0.8	72.1	6.5	87.7	2.3	89.4	10.0	85.3	2.3
299	Mepronil	82.6	0.8	80.9	2.7	85.0	6.6	81.4	4.1	89.4	1.5	98.0	8.9	82.9	13.9	114.0	7.5	72.1	4.4	93.5	1.1	82.9	3.9	80.5	9.4

续表

序号	农药名称	葡萄						苹果						西柚						西瓜					
		5 μg/kg		10 μg/kg		20 μg/kg		5 μg/kg		10 μg/kg		20 μg/kg		5 μg/kg		10 μg/kg		20 μg/kg		5 μg/kg		10 μg/kg		20 μg/kg	
		AVE	RSD(%) (n=3)	AVE	RSD(%) (n=3)	AVE	RSD(%) (n=3)	AVE	RSD(%) (n=3)	AVE	RSD(%) (n=3)	AVE	RSD(%) (n=3)	AVE	RSD(%) (n=3)	AVE	RSD(%) (n=3)	AVE	RSD(%) (n=3)	AVE	RSD(%) (n=3)	AVE	RSD(%) (n=3)	AVE	RSD(%) (n=3)
300	Mesosulfuron-methyl	71.9	12.4	93.8	9.7	79.4	8.9	85.2	17.3	76.0	7.6	82.8	2.4	59.0	16.3	52.9	8.5	78.3	1.3	105.1	4.7	176.7	0.4	114.7	3.8
301	Metalaxyl	116.4	10.7	110.4	6.7	83.7	12.4	90.4	4.6	91.4	3.1	98.4	1.4	85.8	10.1	82.6	5.3	83.7	1.9	96.2	5.3	102.5	4.1	104.1	6.4
302	Metalaxyl-M	93.0	1.0	95.5	9.1	82.7	0.6	85.5	14.2	89.3	4.3	91.4	3.4	86.2	1.8	91.9	4.5	84.6	4.7	85.8	3.7	88.1	1.1	94.5	2.2
303	Metamitron	85.2	5.9	58.2	5.7	76.4	10.2	117.9	9.9	91.0	4.7	113.7	10.8	89.4	3.1	110.0	1.9	73.4	11.5	119.5	14.4	108.8	7.2	119.7	13.2
304	Metazachlor	86.5	5.1	79.7	1.1	78.2	1.5	93.5	5.8	90.3	1.2	95.6	16.5	F	F	F	F	F	F	87.8	9.6	87.1	5.8	93.1	7.6
305	Metconazole	48.3	15.3	77.6	4.2	82.1	39.2	61.7	10.6	53.5	10.2	47.0	39.0	86.1	15.2	103.1	7.6	73.4	6.5	73.1	4.9	60.0	8.8	58.9	16.1
306	Methabenzthiazuron	79.5	9.8	87.2	7.1	86.9	5.4	94.5	6.1	93.3	4.1	95.4	2.8	92.4	10.6	85.6	9.7	87.8	14.1	101.7	4.2	103.1	3.4	96.9	3.8
307	Methamidophos	82.2	6.9	70.6	10.0	73.6	0.4	F	F	F	F	F	F	83.3	6.3	75.1	15.9	80.4	15.8	90.2	3.9	89.5	5.7	98.0	3.5
308	Methiocarb	84.5	3.8	76.1	6.9	82.4	2.7	F	F	F	F	89.3	5.4	F	F	F	F	F	F	F	F	80.2	3.6	99.0	2.0
309	Methiocarb-sulfone	F	F	F	F	F	F	F	F	F	F	F	F	F	F	F	F	F	F	F	F	F	F	F	F
310	Methiocarb-sulfoxide	73.6	6.1	84.8	8.6	82.1	3.8	107.3	11.4	90.3	2.7	89.4	2.5	76.8	13.9	83.2	13.4	77.3	14.1	101.7	5.3	110.3	3.0	100.5	5.6
311	Methomyl	F	F	F	F	97.9	12.9	F	F	F	F	F	F	F	F	52.7	20.8	110.5	7.5	94.1	7.6	112.9	4.0	88.4	17.6
312	Methoprotryne	84.1	2.1	103.2	17.0	80.1	15.8	84.8	14.8	89.4	5.1	94.4	3.5	105.9	5.0	102.3	4.2	87.9	3.6	55.6	7.5	73.5	8.5	82.5	7.6
313	Methoxyfenozide	81.7	15.2	91.6	7.5	90.2	5.0	84.9	5.2	82.3	8.4	83.5	3.9	92.4	11.5	97.4	14.1	114.3	5.4	89.8	5.4	85.2	2.9	86.1	14.5
314	Metobromuron	80.4	9.2	86.6	4.2	84.4	4.6	87.9	5.6	89.6	3.9	91.7	4.4	84.4	8.5	88.2	6.7	83.7	4.3	95.3	8.4	97.8	3.0	94.5	3.9
315	Metolachlor	78.0	13.7	88.0	5.6	83.0	6.7	83.3	4.9	89.4	7.0	92.9	1.8	89.1	9.2	92.5	9.9	94.4	2.2	93.4	5.0	92.7	1.9	93.0	7.2
316	Metolcarb	F	F	F	F	F	F	F	F	F	F	F	F	F	F	F	F	F	F	F	F	F	F	F	F
317	Metominostrobin-(E)	83.6	2.5	83.2	6.1	74.9	16.8	85.7	5.2	86.6	4.3	93.0	4.8	93.9	15.6	82.4	2.5	88.9	4.3	97.4	5.1	89.7	8.4	89.5	0.8
318	Metosulam	78.7	9.9	91.1	7.5	75.7	16.6	81.9	4.1	74.6	0.9	72.3	8.4	96.9	10.0	119.2	20.1	108.1	9.4	93.9	3.8	89.9	0.7	78.0	4.2
319	Metoxuron	80.6	10.2	86.4	5.3	83.2	5.9	97.0	5.4	95.3	3.3	98.1	1.0	81.6	10.2	85.0	4.7	88.9	5.0	100.2	4.4	105.0	4.1	94.3	6.5
320	Metrafenone	77.6	8.5	105.3	7.4	111.5	43.0	73.8	6.1	81.5	6.4	82.7	16.0	87.2	7.3	79.4	3.4	70.6	9.6	109.1	15.5	79.8	10.7	78.5	16.4
321	Metribuzin	83.7	3.5	88.7	19.8	101.3	12.3	95.2	6.5	91.9	1.9	105.0	4.2	83.0	2.9	94.2	6.4	81.0	0.8	94.1	4.2	89.2	6.1	93.4	8.1
322	Metsulfuron-methyl	77.3	6.9	90.9	10.5	71.1	12.2	76.3	5.5	61.6	34.2	59.6	47.9	68.1	43.1	84.9	19.2	87.0	2.6	113.9	11.4	99.4	14.0	91.1	12.7
323	Mevinphos	215.0	17.1	115.4	1.6	71.9	12.6	70.3	18.7	83.4	2.0	99.1	4.1	79.6	6.7	82.6	10.6	80.5	9.2	89.5	4.9	84.9	1.8	95.4	8.6
324	Mexacarbate	76.5	12.9	83.9	6.7	80.3	5.6	89.0	3.9	96.1	4.7	99.9	3.3	80.3	10.6	74.0	12.1	70.2	13.9	107.1	3.7	112.1	2.4	99.9	9.6
325	Molinate	F	F	F	F	82.5	7.2	F	F	91.0	1.6	78.1	0.7	F	F	F	F	70.3	4.0	F	F	F	F	77.9	17.4
326	Monocrotophos	94.3	8.4	78.9	10.6	78.1	7.7	116.3	8.1	110.2	3.4	107.4	8.2	106.1	13.5	87.9	11.4	84.6	6.5	98.1	8.4	83.1	5.4	91.9	2.3
327	Monolinuron	80.2	2.0	83.0	6.4	74.0	12.8	F	F	F	F	94.5	4.2	F	F	172.8	38.0	50.8	120.3	106.8	3.6	92.4	7.6	91.6	2.9
328	Monuron	88.0	5.7	76.9	1.7	79.9	3.3	90.9	5.1	91.0	1.7	91.4	3.1	84.7	4.4	98.9	7.7	78.9	2.1	92.6	5.2	89.5	3.7	95.9	2.5
329	Myclobutanil	74.9	11.9	82.6	2.7	88.4	13.7	90.8	2.8	89.9	1.5	100.3	2.7	95.0	9.6	113.7	8.5	81.0	0.4	85.0	18.4	86.3	3.6	81.8	8.8

续表

序号	农药名称	葡萄						苹果						西柚						西瓜					
		5 μg/kg		10 μg/kg		20 μg/kg		5 μg/kg		10 μg/kg		20 μg/kg		5 μg/kg		10 μg/kg		20 μg/kg		5 μg/kg		10 μg/kg		20 μg/kg	
		AVE	RSD(%) (n=3)	AVE	RSD(%) (n=3)	AVE	RSD(%) (n=3)	AVE	RSD(%) (n=3)	AVE	RSD(%) (n=3)	AVE	RSD(%) (n=3)	AVE	RSD(%) (n=3)	AVE	RSD(%) (n=3)	AVE	RSD(%) (n=3)	AVE	RSD(%) (n=3)	AVE	RSD(%) (n=3)	AVE	RSD(%) (n=3)
330	Naproanilide	F	F	F	F	164.0	0.5	F	F	78.4	6.3	83.9	11.3	F	F	F	F	96.1	3.0	F	F	F	F	89.8	15.9
331	Napropamide	81.0	17.5	88.5	7.5	83.7	7.1	84.2	4.4	89.4	7.0	92.5	1.1	87.7	9.7	96.4	12.5	93.8	1.8	89.3	5.9	87.4	1.9	91.7	7.4
332	Naptalam	F	F	F	F	F	F	F	F	F	F	F	F	F	F	F	F	F	F	F	F	F	F	F	F
333	Neburon	83.9	6.1	96.3	13.8	101.4	1.1	74.6	11.8	74.9	3.5	93.3	3.8	136.8	17.1	70.3	12.9	87.3	19.8	86.9	5.7	101.1	14.2	115.3	1.5
334	Nitenpyram	77.9	1.3	88.5	7.7	76.4	5.8	81.6	12.7	92.7	2.9	85.3	18.6	95.5	11.3	104.9	5.5	104.2	5.0	90.2	4.8	85.5	3.9	101.8	9.9
335	Nitralin	F	F	F	F	94.0	2.9	F	F	F	F	F	F	F	F	F	F	F	F	F	F	F	F	F	F
336	Norflurazon	80.3	9.1	85.8	5.2	83.5	6.6	86.8	2.7	92.2	2.2	95.4	1.7	85.5	10.6	95.5	8.5	91.9	10.6	97.8	5.0	100.4	3.3	94.3	8.3
337	Nuarimol	79.1	6.3	74.5	0.3	78.3	1.4	92.5	3.9	89.4	2.3	93.4	19.0	82.7	11.1	113.0	8.1	75.6	1.2	90.5	9.4	87.5	3.6	89.9	7.4
338	Octhilinone	44.5	9.1	56.1	13.7	49.5	6.4	83.5	4.7	89.6	6.2	89.4	4.3	51.7	8.3	50.8	7.4	45.1	45.2	74.6	6.4	62.6	2.5	75.7	7.9
339	Ofurace	90.4	6.2	80.7	0.9	82.6	4.5	94.1	8.3	90.8	1.4	90.7	9.2	75.1	7.9	108.0	9.9	88.1	6.7	89.3	9.5	90.5	3.3	96.1	3.3
340	Omethoate	75.8	7.7	79.6	7.4	80.3	6.8	F	F	91.1	4.0	92.7	2.0	86.0	9.3	84.4	9.7	87.6	6.9	113.2	6.3	119.0	4.3	106.8	3.0
341	Orbencarb	94.9	8.1	93.7	18.3	85.0	12.5	73.9	11.1	84.0	15.4	84.2	10.1	88.8	12.4	90.5	11.1	101.9	8.2	85.9	11.1	74.9	7.3	90.0	14.1
342	Orthosulfamuron	F	F	F	F	F	F	F	F	F	F	F	F	F	F	F	F	F	F	F	F	F	F	F	F
343	Oxadixyl	93.2	6.4	90.7	3.0	86.1	2.8	87.1	7.2	87.6	3.0	104.3	3.2	F	F	87.1	6.7	83.5	2.2	89.8	3.9	83.3	4.6	97.6	8.7
344	Oxamyl	F	F	77.9	99.3	115.2	19.0	F	F	58.3	22.4	56.1	16.8	83.0	10.4	106.8	44.6	113.0	0.6	F	F	78.3	10.1	74.9	6.8
345	Oxamyl-oxime	76.9	21.1	98.4	3.1	81.6	7.7	F	F	89.2	1.4	71.2	1.4	57.5	14.9	89.3	2.2	93.3	17.8	F	F	156.1	3.7	154.5	16.2
346	Oxycarboxin	94.4	5.8	100.4	3.1	91.0	10.1	91.3	3.5	80.1	3.1	86.6	3.4	72.4	8.9	101.8	11.8	50.1	27.0	98.8	10.4	89.0	2.5	99.8	3.4
347	oxydemeton-methyl	78.1	7.4	83.9	7.4	87.0	3.9	F	F	90.6	3.1	91.1	2.1	74.5	7.1	85.2	3.2	83.2	14.6	114.0	8.0	110.1	6.2	103.3	4.8
348	Oxyfluorfen	F	F	F	F	F	F	F	F	F	F	F	F	F	F	F	F	F	F	F	F	F	F	F	F
349	Paclobutrazol	77.9	4.0	90.1	7.3	75.1	13.3	82.9	16.1	89.4	5.6	93.1	5.3	97.6	5.0	100.3	8.8	79.9	4.0	86.5	5.4	87.1	4.0	110.4	8.1
350	Paraoxon-ethyl	87.2	2.5	97.2	5.8	84.9	1.9	91.4	14.3	89.4	6.2	96.7	2.6	F	F	90.2	0.1	89.6	2.8	89.8	6.3	87.1	1.9	111.2	6.6
351	Paraoxon-methyl	F	F	F	F	79.5	4.6	96.7	4.5	90.1	3.8	102.4	3.0	90.4	18.0	84.2	9.1	78.2	16.4	106.7	1.7	104.4	11.1	111.7	7.3
352	Pebulate	F	F	F	F	F	F	F	F	F	F	54.8	15.6	F	F	F	F	99.9	0.4	F	F	F	F	F	F
353	Penconazole	76.5	6.1	88.1	17.1	76.5	2.6	72.6	16.9	74.8	6.6	86.0	4.8	128.1	6.4	117.2	0.8	78.7	2.7	76.7	3.7	89.9	12.8	115.7	4.5
354	Pencycuron	104.2	71.5	103.1	31.9	98.2	7.7	85.1	12.7	99.8	1.9	84.2	13.3	110.9	13.6	95.5	10.4	111.0	4.6	93.4	9.5	71.8	16.3	91.0	18.9
355	Penoxsulam	82.0	1.1	81.1	3.3	75.1	8.2	50.0	13.3	60.6	2.3	46.4	48.7	60.9	50.0	76.2	0.7	86.9	2.2	74.6	14.2	56.1	46.2	45.6	44.3
356	Pentanochlor	94.3	13.8	97.5	14.6	99.0	8.1	81.4	6.3	84.3	14.4	83.3	8.7	91.4	6.5	99.9	16.2	107.3	3.4	92.6	3.7	79.2	8.0	86.8	15.2
357	Phenmedipham	84.7	4.0	104.2	11.4	110.7	14.0	75.1	12.2	76.1	4.6	82.9	0.7	87.3	7.2	47.5	6.1	89.5	23.9	79.0	13.5	105.6	8.4	133.4	5.8
358	Phenthoate	F	F	F	F	F	F	F	F	F	F	90.7	6.7	F	F	F	F	F	F	F	F	F	F	75.5	4.4
359	Phorate	F	F	F	F	F	F	F	F	F	F	F	F	F	F	F	F	F	F	F	F	F	F	F	F

续表

序号	农药名称	葡萄						苹果						西柚						西瓜					
		5 μg/kg		10 μg/kg		20 μg/kg		5 μg/kg		10 μg/kg		20 μg/kg		5 μg/kg		10 μg/kg		20 μg/kg		5 μg/kg		10 μg/kg		20 μg/kg	
		AVE	RSD(%) (n=3)	AVE	RSD(%) (n=3)	AVE	RSD(%) (n=3)	AVE	RSD(%) (n=3)	AVE	RSD(%) (n=3)	AVE	RSD(%) (n=3)	AVE	RSD(%) (n=3)	AVE	RSD(%) (n=3)	AVE	RSD(%) (n=3)	AVE	RSD(%) (n=3)	AVE	RSD(%) (n=3)	AVE	RSD(%) (n=3)
360	Phorate-Sulfone	88.4	5.0	79.0	0.1	80.7	5.3	91.9	6.3	93.1	3.4	101.4	0.5	F	F	F	F	59.1	0.9	90.2	14.9	86.9	2.8	104.8	8.8
361	Phorate-Sulfoxide	81.1	8.1	87.1	3.0	88.4	4.7	91.5	5.0	92.9	3.8	96.8	3.5	90.9	10.2	87.9	4.9	86.9	8.4	97.9	4.5	103.0	4.3	94.1	1.7
362	Phosalone	F	F	F	F	F	F	F	F	72.1	14.4	86.4	18.2	F	F	F	F	F	F	F	F	F	F	50.3	43.4
363	Phosfolan	79.4	7.6	83.3	6.0	87.9	5.1	92.1	5.0	92.7	3.3	94.4	2.0	79.1	9.6	75.8	8.6	73.2	9.3	98.3	4.4	104.8	4.3	94.6	3.6
364	Phosmet	84.2	8.4	79.7	9.6	91.6	7.5	F	F	98.2	1.0	94.9	2.8	F	F	F	F	88.1	13.3	F	F	91.5	3.5	96.0	18.0
365	Phosphamidon	85.5	1.8	96.7	9.8	84.6	1.5	87.2	10.8	93.1	4.4	99.7	1.5	91.3	9.6	92.6	3.9	91.5	4.5	81.4	2.8	83.3	1.5	98.3	4.7
366	Phoxim	F	F	F	F	F	F	F	F	F	F	F	F	F	F	F	F	F	F	F	F	F	F	F	F
367	Phthalic acid, benzyl butyl ester	121.9	54.7	121.3	22.7	102.2	15.5	85.9	7.7	91.3	17.9	85.7	14.5	93.5	4.6	97.1	20.1	119.0	2.4	F	F	70.0	9.4	93.9	17.5
368	Phthalic Acid, *bis*-Butyl Ester	75.1	4.3	96.0	4.6	90.5	5.7	94.2	14.2	64.8	6.7	78.9	11.4	103.9	10.9	101.6	13.0	89.0	18.3	93.0	8.8	110.8	2.6	89.6	9.8
369	Phthalic Acid, *bis*-Cyclohexyl	F	F	F	F	143.5	26.2	89.3	14.3	75.1	14.7	84.5	17.3	F	F	82.5	16.8	104.6	5.2	F	F	57.0	31.7	81.5	18.5
370	Picaridin	84.2	4.9	88.6	5.8	75.2	9.8	84.9	6.6	85.0	2.5	84.8	2.7	79.7	5.6	78.4	5.6	76.2	3.6	93.7	3.8	88.6	9.2	92.0	3.3
371	Picloram	F	F	F	F	F	F	F	F	F	F	F	F	F	F	F	F	F	F	F	F	F	F	F	F
372	Picolinafen	F	F	F	F	F	F	F	F	F	F	F	F	F	F	F	F	F	F	F	F	F	F	F	F
373	Picoxystrobin	97.0	19.1	95.1	11.6	81.1	11.6	80.0	7.2	84.5	13.1	87.2	6.6	94.7	8.0	90.5	10.8	111.2	8.4	86.5	4.9	78.9	4.7	89.6	10.5
374	Pinoxaden	63.3	7.0	68.5	15.6	98.9	14.2	92.1	8.1	84.0	12.3	93.9	5.8	84.1	17.7	54.1	9.2	84.7	0.1	98.3	6.2	75.7	13.9	70.8	12.8
375	Piperonyl Butoxide	85.3	7.9	75.4	7.3	76.3	8.0	75.7	10.5	83.7	6.1	74.0	1.5	95.3	9.2	102.7	6.5	85.8	2.9	80.9	8.5	80.0	2.6	75.6	0.0
376	Piperophos	83.4	10.8	79.9	1.3	80.8	7.9	80.5	8.1	88.4	0.9	79.0	6.2	94.4	16.3	117.2	3.5	74.3	0.8	82.8	0.1	80.0	3.8	75.1	1.4
377	Pirimicarb	83.6	1.5	92.1	7.9	79.4	1.8	81.1	12.0	88.9	5.1	93.0	4.2	94.5	13.9	94.3	3.5	95.0	2.7	93.1	14.0	102.3	1.5	113.3	4.6
378	Pirimicarb-desmethyl	88.8	6.9	71.8	3.4	76.8	10.8	99.4	7.8	92.1	2.4	95.1	3.8	84.8	11.6	100.5	2.2	75.3	3.8	99.6	5.6	92.6	0.9	95.4	0.6
379	Pirimiphos-ethyl	34.3	13.4	64.4	4.9	81.5	40.0	91.8	12.3	75.9	10.9	46.3	80.9	103.0	15.6	191.2	27.5	117.2	5.6	81.7	11.5	82.6	4.9	60.2	7.3
380	Pirimiphos-methyl	76.9	0.0	97.6	16.8	80.8	0.1	72.7	14.0	76.8	10.3	89.2	5.4	102.7	14.1	83.5	10.6	92.9	10.0	88.4	0.4	80.7	10.7	100.6	11.1
381	Prallethrin	F	F	F	F	F	F	F	F	F	F	F	F	F	F	F	F	F	F	F	F	F	F	F	F
382	Pretilachlor	85.8	6.7	93.2	10.7	83.3	8.3	75.2	14.5	77.1	3.0	92.9	3.6	106.6	11.2	91.0	15.3	75.5	1.7	57.2	6.1	89.5	13.8	95.8	8.3
383	Primisulfuron-methyl	F	F	F	F	F	F	F	F	F	F	F	F	F	F	F	F	F	F	F	F	F	F	F	F
384	Prochloraz	36.5	19.3	67.5	1.0	92.7	9.4	74.0	18.1	68.7	8.3	78.9	8.1	71.0	5.2	152.0	16.5	84.4	18.4	89.4	16.9	67.5	8.2	55.3	5.0
385	Profenofos	F	F	F	F	F	F	70.2	11.9	71.7	3.6	89.3	7.6	F	F	105.3	12.6	72.3	3.3	F	F	F	F	107.3	15.9
386	Promecarb	77.6	8.6	74.3	1.3	76.0	18.7	F	F	85.9	6.8	91.2	6.3	95.0	5.3	71.3	1.9	84.1	13.2	F	F	93.3	18.3	82.0	4.7
387	Prometon	49.7	11.5	75.3	9.9	79.0	11.5	92.0	5.9	92.3	1.0	93.0	6.6	100.9	1.6	97.5	0.9	80.9	1.0	85.1	5.7	85.5	5.3	81.1	8.1
388	Prometryn	79.1	7.9	98.2	18.8	105.7	17.3	82.1	13.9	85.1	6.0	92.1	3.2	152.8	19.8	116.4	8.5	91.8	8.2	F	F	74.7	18.2	67.5	13.5
389	Propachlor	92.2	1.7	93.0	5.4	79.4	3.2	74.1	4.7	82.7	8.6	86.6	7.1	F	F	F	F	91.6	12.6	84.5	6.8	84.1	1.7	100.6	6.6

续表

序号	农药名称	葡萄						苹果						西柚						西瓜					
		5 μg/kg		10 μg/kg		20 μg/kg		5 μg/kg		10 μg/kg		20 μg/kg		5 μg/kg		10 μg/kg		20 μg/kg		5 μg/kg		10 μg/kg		20 μg/kg	
		AVE	RSD(%) (n=3)	AVE	RSD(%) (n=3)	AVE	RSD(%) (n=3)	AVE	RSD(%) (n=3)	AVE	RSD(%) (n=3)	AVE	RSD(%) (n=3)	AVE	RSD(%) (n=3)	AVE	RSD(%) (n=3)	AVE	RSD(%) (n=3)	AVE	RSD(%) (n=3)	AVE	RSD(%) (n=3)	AVE	RSD(%) (n=3)
390	Propamocarb	63.2	3.7	64.3	9.0	86.4	6.5	92.6	2.8	91.6	2.4	103.1	1.8	112.2	4.5	99.2	2.9	85.9	1.9	96.6	3.3	86.6	6.6	98.7	9.9
391	Propanil	F	F	F	F	87.1	0.8	86.3	5.0	90.6	6.0	80.1	12.3	F	F	F	F	70.8	6.4	F	F	86.3	1.7	85.7	10.1
392	Propaphos	83.7	10.9	96.6	12.4	86.5	8.3	71.5	13.7	74.5	5.7	86.4	5.9	94.6	11.2	80.8	13.7	75.4	4.1	75.2	7.4	97.7	7.9	105.7	3.2
393	Propaquizafop	F	F	109.5	15.6	99.3	8.5	87.6	10.4	93.7	17.2	89.4	13.7	105.3	10.7	90.9	5.7	114.9	6.2	F	F	84.6	13.5	81.2	18.8
394	Propargite	F	F	F	F	F	F	F	F	F	F	F	F	F	F	F	F	F	F	F	F	F	F	F	F
395	Propazine	92.4	6.5	100.8	11.4	87.9	5.7	82.5	12.1	88.2	5.2	97.1	1.7	138.6	4.7	225.0	18.8	98.8	4.8	53.0	6.4	37.1	69.5	70.0	8.8
396	Propetamphos	F	F	F	F	F	F	F	F	F	F	F	F	F	F	F	F	F	F	F	F	F	F	F	F
397	Propiconazol	79.3	9.8	88.6	15.1	82.5	6.6	74.5	15.6	78.3	6.4	90.5	1.7	131.4	4.2	115.3	3.5	78.9	2.0	91.0	7.5	92.0	11.9	116.2	7.2
398	Propisochlor	82.4	3.8	90.9	8.5	86.8	4.1	77.7	11.6	81.3	5.0	96.9	3.5	89.4	11.4	79.6	13.1	75.6	4.3	80.5	3.4	84.8	6.9	101.8	6.6
399	Propoxur	81.9	6.4	89.9	9.2	86.7	6.1	72.6	13.1	81.6	3.5	108.7	3.1	72.3	4.4	83.9	8.2	93.3	11.0	74.8	5.8	76.8	3.5	93.2	6.3
400	Propoxycarbazone	303.8	11.5	150.5	66.2	29.5	95.9	F	F	F	F	F	F	F	F	F	F	F	F	32.6	46.3	89.8	3.5	35.5	24.7
401	Propyzamide	82.3	5.2	89.2	0.8	90.7	4.7	80.3	10.7	86.8	4.3	98.2	1.8	F	F	F	F	71.4	4.4	79.1	8.5	86.1	7.9	114.3	4.3
402	Proquinazid	F	F	F	F	287.6	24.0	59.0	10.8	58.1	9.4	88.7	18.0	F	F	F	F	F	F	F	F	F	F	85.2	8.6
403	Prosulfocarb	F	F	72.0	3.0	77.2	11.7	75.0	5.1	80.6	11.4	77.7	10.3	87.7	6.0	114.8	6.1	71.2	4.5	F	F	F	F	71.4	11.3
404	Pymetrozine	F	F	F	F	11.9	29.9	F	F	F	F	F	F	F	F	F	F	F	F	F	F	F	F	43.3	49.6
405	Pyraclofos	78.4	18.4	86.5	0.7	96.7	15.4	79.8	4.7	87.3	6.0	81.1	17.1	86.0	1.9	156.9	5.1	76.0	1.3	86.9	3.0	83.3	2.0	64.1	11.4
406	Pyraclostrobin	83.2	16.5	94.1	15.7	111.6	1.7	72.2	4.0	66.8	6.4	85.4	2.8	105.4	15.1	64.2	13.5	77.5	18.2	55.9	13.3	118.6	18.8	119.6	8.5
407	Pyraflufen-ethyl	F	F	F	F	92.9	15.3	81.9	12.9	90.4	4.2	72.2	7.7	F	F	F	F	78.3	1.5	F	F	78.7	0.1	59.1	12.9
408	Pyrasulfotole	F	F	37.9	0.8	22.6	16.6	F	F	F	F	F	F	F	F	27.4	6.7	16.8	17.1	28.5	3.4	11.0	47.7	18.9	38.1
409	Pyrazolynate	F	F	F	F	105.7	44.9	96.4	10.9	94.5	18.3	91.9	11.0	F	F	108.6	17.9	128.4	8.7	F	F	F	F	F	F
410	Pyrazophos	75.6	8.8	104.4	15.6	88.4	17.0	82.9	9.1	81.2	17.3	83.3	10.8	97.9	7.9	86.3	5.5	108.3	5.0	85.6	6.9	75.4	7.2	86.4	11.7
411	Pyrazosulfuron-ethyl	81.5	10.7	89.3	6.4	81.6	16.1	75.5	2.4	72.9	2.3	73.9	5.1	85.2	3.7	92.7	15.0	98.8	20.2	83.5	14.3	94.6	3.6	87.0	18.3
412	Pyrazoxyfen	88.9	15.8	105.8	15.2	91.5	10.1	82.5	11.6	87.8	15.4	87.4	7.5	99.3	8.7	95.9	8.1	114.9	15.9	84.1	4.9	71.7	9.0	85.8	15.0
413	Pyributicarb	89.6	13.0	86.3	6.3	104.6	10.3	86.1	0.7	77.3	10.5	39.2	92.1	114.4	1.2	224.6	12.2	77.4	12.8	88.4	17.6	85.7	3.0	64.6	8.1
414	Pyridaben	F	F	F	F	F	F	F	F	F	F	115.4	2.5	F	F	F	F	F	F	F	F	F	F	F	F
415	Pyridafol	50.8	50.2	62.9	8.0	62.1	7.6	F	F	75.0	7.3	75.8	1.4	48.6	61.9	91.2	2.4	72.4	7.0	87.4	6.0	66.7	3.9	83.9	4.2
416	Pyridalyl	F	F	F	F	F	F	F	F	F	F	F	F	F	F	F	F	F	F	F	F	F	F	F	F
417	Pyridaphenthion	77.7	8.3	79.7	0.5	79.2	7.4	94.6	2.1	90.7	2.2	103.9	4.0	78.3	13.7	117.6	14.2	70.4	0.5	90.6	16.2	77.9	8.7	74.8	12.5
418	Pyridate	F	F	F	F	F	F	F	F	F	F	F	F	F	F	F	F	F	F	F	F	F	F	F	F
419	Pyrifenox	87.4	8.6	83.3	10.6	57.9	18.0	72.0	3.5	71.7	2.8	75.6	1.6	83.4	13.5	92.7	17.7	82.9	6.2	90.6	2.6	72.0	4.0	89.5	11.2

续表

序号	农药名称	葡萄						苹果						西柚						西瓜					
		5 μg/kg		10 μg/kg		20 μg/kg		5 μg/kg		10 μg/kg		20 μg/kg		5 μg/kg		10 μg/kg		20 μg/kg		5 μg/kg		10 μg/kg		20 μg/kg	
		AVE	RSD(%) (n=3)	AVE	RSD(%) (n=3)	AVE	RSD(%) (n=3)	AVE	RSD(%) (n=3)	AVE	RSD(%) (n=3)	AVE	RSD(%) (n=3)	AVE	RSD(%) (n=3)	AVE	RSD(%) (n=3)	AVE	RSD(%) (n=3)	AVE	RSD(%) (n=3)	AVE	RSD(%) (n=3)	AVE	RSD(%) (n=3)
420	Pyrimethanil	63.5	11.3	111.2	1.1	81.3	8.4	88.3	3.7	85.2	1.4	85.4	2.2	92.6	8.7	110.9	10.3	75.3	11.2	79.0	3.6	86.1	5.1	77.5	4.1
421	Pyrimidifen	79.5	71.5	70.4	0.8	84.7	11.6	99.8	1.7	100.2	7.9	103.0	7.5	88.7	18.9	91.1	61.6	75.7	12.4	91.2	5.4	57.5	8.7	84.9	14.8
422	Pyriminobac-Methyl (Z)	82.8	2.7	86.8	6.3	72.0	16.2	87.6	4.5	87.4	3.8	92.6	3.8	92.4	15.4	84.5	0.7	88.4	2.8	94.9	5.6	90.6	8.6	92.1	0.7
423	Pyriproxyfen	187.0	49.9	124.6	3.3	235.9	23.7	117.5	24.7	107.0	13.9	102.6	9.2	101.1	19.5	101.8	4.7	130.7	18.1	99.8	4.2	83.7	11.9	102.3	12.8
424	Pyroquilon	77.4	10.1	83.7	6.4	80.6	6.0	91.1	4.0	93.2	2.2	90.8	2.9	79.9	11.6	77.7	3.3	88.0	7.6	102.3	5.0	104.1	3.6	94.4	4.1
425	Quinalphos	74.8	2.1	78.6	0.0	81.2	10.4	77.0	8.8	84.2	2.4	88.4	7.7	89.7	16.4	119.5	3.0	72.7	4.9	86.3	3.9	82.8	3.7	75.0	10.6
426	Quinclorac	F	F	F	F	F	F	F	F	F	F	F	F	F	F	F	F	F	F	F	F	F	F	F	F
427	Quinmerac	F	F	F	F	F	F	F	F	F	F	F	F	F	F	F	F	F	F	F	F	F	F	F	F
428	Quinoclamine	F	F	F	F	84.1	1.8	82.5	5.1	82.2	5.8	82.9	7.1	82.1	9.3	105.5	8.4	75.0	3.1	98.8	4.8	83.2	4.4	98.6	2.9
429	Quinoxyfen	197.5	23.9	127.6	2.2	206.0	31.2	F	F	F	F	145.3	27.0	90.4	9.2	118.7	87.0	88.1	11.3	F	F	60.9	22.9	73.7	39.7
430	Quizalofop	F	F	F	F	F	F	F	F	F	F	F	F	F	F	F	F	F	F	F	F	F	F	F	F
431	Quizalofop-ethyl	F	F	108.3	13.7	102.3	8.3	65.0	16.2	63.9	7.1	89.1	8.8	124.9	17.6	81.5	14.2	79.3	11.6	53.7	2.3	99.7	19.8	107.5	17.0
432	Rabenzazole	61.8	20.9	75.8	18.7	57.2	16.4	80.1	9.9	84.4	7.1	89.2	4.7	103.3	11.2	119.2	6.2	75.2	6.0	93.7	4.5	77.3	14.1	118.1	0.3
433	Resmethrin	F	F	F	F	F	F	F	F	F	F	F	F	F	F	F	F	F	F	F	F	F	F	F	F
434	Rimsulfuron	F	F	F	F	F	F	F	F	F	F	F	F	F	F	F	F	F	F	F	F	F	F	F	F
435	Rotenone	110.2	6.3	101.6	12.2	98.1	15.0	82.5	10.4	87.8	11.8	90.4	6.7	82.7	5.0	106.4	3.6	107.4	6.2	89.3	3.8	87.2	6.9	99.4	17.9
436	Saflufenacil	F	F	90.6	7.4	74.4	16.5	80.6	1.5	86.8	5.2	86.0	4.1	F	F	86.4	2.6	101.9	1.8	91.1	6.9	87.6	9.2	84.1	4.1
437	Sebuthylazine	58.3	9.7	75.3	0.8	84.2	10.3	96.4	4.0	91.7	2.9	109.5	5.6	98.6	10.9	91.1	4.6	79.4	7.1	87.0	9.5	97.6	5.5	93.9	7.3
438	Sebuthylazine-desethyl	83.9	42.9	81.9	19.0	85.0	7.1	118.7	2.9	111.9	4.2	126.0	7.4	77.9	8.6	80.8	17.2	73.2	4.2	108.7	3.8	109.1	4.6	99.9	12.2
439	Secbumeton	96.2	18.5	103.3	17.4	92.6	17.8	83.2	12.7	89.3	6.0	98.1	1.9	102.2	4.2	105.6	2.6	90.4	4.0	F	F	70.7	11.6	79.6	12.7
440	Siduron	102.5	11.3	115.3	5.2	93.7	18.4	F	F	79.4	11.9	90.8	7.9	F	F	75.5	11.7	80.1	8.2	F	F	85.2	12.2	79.1	5.4
441	Simazine	73.5	4.5	66.4	2.9	70.2	11.9	115.6	9.0	92.8	6.0	101.5	5.5	86.9	3.4	96.6	4.3	83.4	1.7	94.9	3.2	93.7	4.8	100.4	3.2
442	Simeconazole	74.2	13.8	80.0	1.2	79.1	10.1	84.1	1.1	85.1	2.8	100.1	2.0	89.2	9.8	103.3	3.2	78.6	0.0	86.6	12.8	85.3	5.3	79.7	9.3
443	Simeton	81.1	0.6	65.8	5.1	76.0	4.8	99.8	7.4	86.3	3.4	91.4	3.3	93.9	7.3	99.6	2.7	75.7	16.4	88.2	2.0	92.6	2.9	94.2	1.3
444	Simetryn	F	F	87.2	10.4	77.1	3.9	F	F	88.2	5.8	93.1	3.7	97.4	4.4	100.2	2.2	87.0	3.2	99.5	1.9	96.5	1.8	94.6	4.5
445	Spinetoram	52.9	89.3	47.8	27.1	91.2	16.0	86.3	4.3	83.4	4.5	81.5	12.2	103.5	6.8	91.8	1.6	85.9	9.4	90.2	5.3	97.1	3.6	98.4	19.6
446	Spinosad	F	F	F	F	F	F	F	F	F	F	F	F	F	F	F	F	F	F	F	F	111.0	6.9	72.1	12.8
447	Spirodiclofen	F	F	F	F	F	F	F	F	F	F	F	F	F	F	F	F	F	F	F	F	F	F	F	F
448	Spirotetramat	76.0	2.0	75.0	12.9	79.7	4.6	85.1	4.2	81.5	12.4	87.2	8.8	34.8	8.1	75.1	0.4	75.4	3.0	89.4	17.6	79.1	11.3	63.0	2.7
449	Spiroxamine	86.2	13.8	99.6	12.7	78.4	13.9	81.1	14.2	87.1	3.2	97.3	2.4	82.3	11.9	93.3	5.2	71.9	4.9	52.5	21.2	83.3	14.1	89.0	15.5

续表

序号	农药名称	葡萄						苹果						西柚						西瓜					
		5 μg/kg		10 μg/kg		20 μg/kg		5 μg/kg		10 μg/kg		20 μg/kg		5 μg/kg		10 μg/kg		20 μg/kg		5 μg/kg		10 μg/kg		20 μg/kg	
		AVE	RSD(%) (*n*=3)	AVE	RSD(%) (*n*=3)	AVE	RSD(%) (*n*=3)	AVE	RSD(%) (*n*=3)	AVE	RSD(%) (*n*=3)	AVE	RSD(%) (*n*=3)	AVE	RSD(%) (*n*=3)	AVE	RSD(%) (*n*=3)	AVE	RSD(%) (*n*=3)	AVE	RSD(%) (*n*=3)	AVE	RSD(%) (*n*=3)	AVE	RSD(%) (*n*=3)
450	Sulcotrione	77.7	11.9	84.6	4.9	76.8	9.5	79.0	20.9	59.6	15.6	53.9	4.2	40.4	20.0	75.3	5.5	88.9	2.5	78.9	10.8	72.3	7.9	77.7	9.9
451	Sulfallate	F	F	F	F	F	F	F	F	F	F	F	F	F	F	F	F	F	F	F	F	F	F	F	F
452	Sulfentrazone	92.7	7.4	108.7	11.0	80.9	7.1	93.9	14.7	85.3	3.2	98.2	1.8	F	F	F	F	94.6	9.8	90.1	1.1	91.3	1.9	101.3	4.5
453	Sulfotep	77.9	1.7	74.6	0.1	83.8	11.6	65.0	22.6	73.8	5.9	81.2	0.5	87.3	14.6	116.0	7.3	73.4	1.4	F	F	77.7	8.4	73.0	1.1
454	Sulprofos	F	F	F	F	F	F	F	F	F	F	F	F	F	F	F	F	F	F	F	F	F	F	F	F
455	Tebuconazole	95.7	16.5	128.3	10.0	80.6	12.9	65.7	9.6	53.8	13.0	53.8	29.8	87.9	10.3	110.5	3.7	74.8	2.9	80.0	1.4	64.1	8.7	61.7	14.9
456	Tebufenozide	82.7	5.9	99.6	13.1	99.7	3.8	76.4	13.3	75.4	3.8	95.7	3.6	115.2	5.1	63.6	8.8	82.5	12.3	80.6	10.4	105.3	12.0	119.8	2.6
457	Tebufenpyrad	F	F	97.7	17.6	108.8	18.7	84.1	10.7	88.4	19.7	88.7	12.0	98.2	6.7	90.2	16.8	103.0	7.9	F	F	83.0	3.9	88.6	11.7
458	Tebupirimfos	94.7	18.2	70.1	0.8	78.3	8.9	67.7	14.7	75.6	14.1	52.7	81.1	98.8	6.9	102.6	9.8	71.8	9.4	71.1	16.6	85.2	2.1	68.9	9.2
459	Tebutam	74.6	9.8	73.0	3.3	70.1	6.8	78.1	8.0	87.0	4.5	100.1	1.0	91.3	18.9	104.4	18.7	75.2	6.7	84.0	4.6	84.0	4.2	83.1	8.2
460	Tebuthiuron	77.4	10.8	72.8	2.1	74.9	9.9	119.9	12.2	94.0	7.0	108.1	3.4	80.5	4.4	97.8	5.9	83.4	3.6	F	F	F	F	F	F
461	Tembotrione	80.5	0.6	86.0	6.3	79.4	7.5	F	F	F	F	F	F	53.6	38.8	71.9	1.8	94.1	5.6	83.4	8.8	71.5	9.8	71.9	3.0
462	Temephos	F	F	F	F	F	F	F	F	F	F	F	F	F	F	F	F	F	F	F	F	F	F	F	F
463	TEPP	F	F	F	F	F	F	F	F	F	F	F	F	F	F	F	F	F	F	F	F	F	F	F	F
464	Tepraloxydim	52.6	10.1	61.1	32.5	53.7	11.7	93.9	11.4	76.9	9.4	88.1	7.0	68.2	4.9	57.5	28.3	50.5	32.7	76.0	14.6	103.9	12.7	64.6	27.1
465	Terbucarb	84.2	6.2	87.9	8.0	80.2	6.0	F	F	F	F	93.8	2.8	F	F	90.2	13.0	79.0	6.8	F	F	F	F	91.9	1.8
466	Terbufos	F	F	F	F	F	F	F	F	F	F	F	F	F	F	F	F	F	F	F	F	F	F	F	F
467	Terbufos-Oxon-Sulfone	F	F	F	F	F	F	F	F	F	F	F	F	F	F	F	F	F	F	F	F	F	F	F	F
468	Terbufos-sulfone	82.4	2.2	82.6	8.1	79.6	3.9	92.3	5.6	84.8	11.0	95.2	4.9	101.5	15.8	89.5	3.4	84.9	5.8	95.3	10.7	88.1	9.1	86.5	2.3
469	Terbumeton	52.6	10.6	72.5	4.6	71.6	16.8	F	F	92.5	1.8	98.4	9.2	88.4	1.1	99.0	1.0	86.3	5.7	86.1	4.6	88.9	3.5	85.4	2.2
470	Terbuthylazine	82.0	13.0	114.6	0.4	103.1	19.5	85.5	6.1	93.6	12.0	97.0	6.1	87.9	10.7	84.2	7.6	76.2	8.2	99.4	3.0	95.8	1.8	100.4	5.6
471	Terbutryn	88.1	11.3	110.5	19.8	95.4	14.5	95.3	2.7	98.5	6.6	102.9	1.4	80.8	18.2	79.7	10.9	72.0	15.6	93.0	2.3	71.8	1.7	90.6	8.3
472	Tetrachlorvinphos	85.5	5.5	96.8	7.8	91.1	3.5	78.9	11.5	80.5	4.5	95.0	3.1	89.7	13.1	77.7	10.4	72.6	1.5	72.3	8.1	96.3	6.3	112.3	4.6
473	Tetraconazole	60.7	17.0	88.0	8.6	86.8	4.3	84.4	2.6	87.2	1.8	92.5	3.3	89.9	15.9	113.1	5.5	72.8	3.6	87.2	4.1	81.0	4.2	75.4	10.6
474	Tetramethrin	92.9	54.6	105.9	19.3	91.2	19.5	84.2	7.2	96.0	15.2	89.6	6.6	87.7	7.9	102.4	9.6	107.0	9.8	76.2	13.8	72.4	19.9	80.1	16.8
475	Thenylchlor	88.4	18.1	93.9	7.6	85.2	6.9	84.6	4.6	87.6	9.8	90.3	4.2	94.4	9.1	99.3	18.6	108.2	9.0	86.8	4.9	84.3	4.1	88.2	13.1
476	Thiabendazole	F	F	F	F	F	F	F	F	F	F	1.8	101.2	F	F	F	F	F	F	45.7	16.5	52.2	18.0	52.3	5.4
477	Thiabendazole-5-hydroxy	F	F	F	F	F	F	F	F	F	F	F	F	F	F	F	F	F	F	F	F	F	F	F	F
478	Thiacloprid	82.8	4.0	97.7	9.0	83.3	7.7	90.7	19.2	95.1	5.8	100.0	4.1	86.2	6.0	90.0	3.3	75.0	8.0	114.7	6.9	109.7	2.7	140.6	2.9
479	Thiamethoxam	89.8	4.5	89.5	13.8	83.8	1.8	93.3	17.0	71.7	2.8	112.8	10.1	91.6	7.1	116.4	5.0	109.7	13.6	89.5	1.9	79.9	5.3	80.2	5.5

续表

序号	农药名称	葡萄						苹果						西柚						西瓜					
		5 μg/kg		10 μg/kg		20 μg/kg		5 μg/kg		10 μg/kg		20 μg/kg		5 μg/kg		10 μg/kg		20 μg/kg		5 μg/kg		10 μg/kg		20 μg/kg	
		AVE	RSD(%) (n=3)	AVE	RSD(%) (n=3)	AVE	RSD(%) (n=3)	AVE	RSD(%) (n=3)	AVE	RSD(%) (n=3)	AVE	RSD(%) (n=3)	AVE	RSD(%) (n=3)	AVE	RSD(%) (n=3)	AVE	RSD(%) (n=3)	AVE	RSD(%) (n=3)	AVE	RSD(%) (n=3)	AVE	RSD(%) (n=3)
480	Thiazafluron	80.9	7.1	89.4	7.9	84.6	3.1	88.5	5.7	93.2	3.4	90.8	3.9	90.7	9.2	86.5	5.4	93.5	3.3	99.3	5.2	102.8	3.6	86.4	7.9
481	Thiazopyr	70.9	17.8	80.5	1.6	83.6	14.5	78.7	9.0	85.2	1.0	89.4	7.1	90.4	16.3	96.2	6.7	71.5	6.7	82.3	1.0	76.3	3.8	71.0	17.7
482	Thidiazuron	F	F	F	F	F	F	F	F	F	F	F	F	F	F	F	F	F	F	F	F	F	F	F	F
483	Thiencarbazone-methyl	97.4	11.9	131.5	11.5	96.5	51.1	F	F	29.6	38.1	18.6	10.4	F	F	45.1	21.7	37.9	16.8	82.0	3.2	84.7	12.8	100.0	13.9
484	Thifensulfuron-methyl	96.4	19.1	100.0	42.7	43.1	98.5	57.0	23.5	37.7	70.0	37.3	67.5	39.2	88.4	76.3	17.7	57.4	13.7	103.6	8.0	93.4	6.3	56.8	68.1
485	Thiobencarb	F	F	F	F	95.8	20.1	67.5	13.5	80.1	9.6	79.7	9.9	F	F	F	F	73.0	3.2	F	F	77.9	1.6	82.6	7.1
486	Thiodicarb	84.6	16.0	84.1	2.9	95.3	10.5	81.2	5.8	76.6	2.5	84.2	6.3	61.9	10.9	70.6	9.9	43.9	52.5	60.0	21.4	58.1	7.0	83.3	14.0
487	Thiofanox	F	F	77.7	7.9	86.1	5.9	F	F	F	F	86.3	4.9	F	F	F	F	F	F	F	F	82.5	2.6	435.7	1.3
488	Thiofanox-Sulfone	77.9	14.0	78.6	12.0	87.7	11.5	64.1	1.5	73.3	2.5	64.2	7.2	87.7	13.5	88.8	18.4	117.3	9.6	F	F	99.2	5.8	84.1	5.0
489	Thiofanox-Sulfoxide	115.3	9.8	99.6	0.4	94.4	15.7	F	F	98.8	4.1	107.8	6.4	115.1	2.8	55.1	21.4	92.9	5.8	97.9	8.1	57.0	18.1	87.7	12.6
490	Thionazin	88.3	6.1	74.9	2.5	70.2	7.2	83.6	7.5	85.8	4.6	87.5	12.0	81.1	10.6	102.6	10.4	72.2	0.7	F	F	83.9	6.3	80.5	5.6
491	Thiophanate-Ethyl	F	F	F	F	40.7	18.7	F	F	13.7	31.2	60.9	23.0	31.4	42.6	69.4	54.4	91.4	1.3	77.1	11.5	63.8	43.6	376.7	19.2
492	Thiophanate-methyl	44.1	57.7	79.7	61.9	62.6	11.7	84.2	2.1	89.1	19.0	71.2	13.6	F	F	159.1	58.1	90.6	14.0	39.6	13.1	42.1	41.9	62.6	16.1
493	Thiram	F	F	F	F	F	F	F	F	F	F	F	F	F	F	F	F	F	F	F	F	F	F	F	F
494	Tiocarbazil	F	F	F	F	165.8	2.0	104.2	9.1	101.7	20.2	86.9	7.5	F	F	91.0	15.8	82.8	11.8	F	F	72.2	18.9	86.6	18.6
495	Tolclofos-methyl	F	F	F	F	78.7	3.6	77.1	12.3	72.1	25.9	76.9	5.3	F	F	F	F	88.6	4.9	F	F	F	F	83.8	16.6
496	Tolfenpyrad	F	F	F	F	F	F	F	F	55.0	7.9	65.7	14.9	F	F	F	F	F	F	F	F	F	F	F	F
497	Tralkoxydim	F	F	F	F	29.9	173.2	F	F	62.8	11.2	73.8	19.9	F	F	F	F	F	F	F	F	F	F	48.0	21.4
498	Triadimefon	72.2	12.4	78.4	1.1	79.4	8.8	87.1	2.6	90.6	1.9	102.4	4.5	85.2	10.7	114.6	6.4	74.2	1.4	84.4	17.8	87.3	4.5	83.7	9.1
499	Triadimenol	F	F	F	F	F	F	F	F	F	F	F	F	83.4	17.0	98.2	17.7	95.1	4.5	F	F	F	F	F	F
500	triallate	F	F	F	F	F	F	F	F	F	F	95.3	14.2	F	F	F	F	F	F	F	F	F	F	F	F
501	Triapenthenol	77.0	12.4	91.3	5.5	82.1	5.8	92.8	4.2	92.9	6.3	98.1	1.0	89.3	8.8	92.5	7.9	89.6	3.2	92.3	1.7	252.8	59.8	89.0	6.9
502	Triasulfuron	168.3	21.4	198.6	18.4	96.3	6.3	70.3	9.4	63.8	4.2	54.0	3.9	107.0	6.5	90.5	9.4	108.1	2.2	83.9	11.0	94.1	7.6	76.0	4.6
503	Triazophos	83.8	3.8	93.7	10.4	87.1	10.6	79.5	16.1	84.6	5.7	98.4	1.5	97.2	1.6	84.2	10.5	85.5	10.5	76.0	6.3	90.7	7.9	132.2	3.8
504	Triazoxide	F	F	F	F	F	F	F	F	F	F	F	F	F	F	F	F	F	F	F	F	F	F	F	F
505	Tribenuron-methyl	F	F	F	F	F	F	F	F	F	F	F	F	180.2	31.0	84.2	7.7	88.2	7.0	F	F	F	F	F	F
506	Tribufos	F	F	F	F	F	F	48.8	17.3	58.0	8.7	77.4	18.5	F	F	F	F	80.2	2.9	F	F	F	F	104.4	8.4
507	Tributyl phosphate	68.0	15.2	73.8	2.2	71.4	4.7	77.1	14.6	85.6	4.5	95.4	5.8	104.5	14.8	87.1	2.9	75.2	1.2	79.5	19.8	85.4	4.6	78.8	6.9
508	Trichlorfon	83.4	6.1	105.5	9.0	91.1	9.4	75.6	4.6	103.9	10.4	101.0	3.6	F	F	145.1	26.3	112.3	10.9	54.3	6.2	55.2	6.3	65.0	8.9
509	Tricyclazole	70.2	7.2	72.9	0.6	72.1	5.8	81.0	12.9	68.3	6.3	87.0	1.8	F	F	F	F	F	F	89.6	8.1	89.5	4.3	99.9	7.3

续表

序号	农药名称	葡萄						苹果						西柚						西瓜					
		5 μg/kg		10 μg/kg		20 μg/kg		5 μg/kg		10 μg/kg		20 μg/kg		5 μg/kg		10 μg/kg		20 μg/kg		5 μg/kg		10 μg/kg		20 μg/kg	
		AVE	RSD(%) (n=3)	AVE	RSD(%) (n=3)	AVE	RSD(%) (n=3)	AVE	RSD(%) (n=3)	AVE	RSD(%) (n=3)	AVE	RSD(%) (n=3)	AVE	RSD(%) (n=3)	AVE	RSD(%) (n=3)	AVE	RSD(%) (n=3)	AVE	RSD(%) (n=3)	AVE	RSD(%) (n=3)	AVE	RSD(%) (n=3)
510	Tridemorph	26.4	28.7	39.2	20.0	78.3	48.7	F	F	F	F	139.2	2.6	F	F	F	F	F	F	79.7	10.2	109.6	9.9	64.9	38.7
511	Trietazine	87.5	5.7	95.4	11.0	82.4	5.4	76.5	10.6	82.6	5.9	89.6	2.7	114.6	6.4	101.4	12.5	84.1	1.7	83.5	6.9	63.9	9.4	80.7	7.8
512	Trifloxystrobin	82.8	14.6	102.0	18.4	98.8	6.9	65.0	15.1	66.8	6.0	95.4	6.6	95.8	18.8	76.0	18.8	78.3	12.8	52.8	10.9	111.9	18.6	109.3	14.5
513	Triflumizole	F	F	F	F	112.0	8.7	53.2	10.7	88.3	14.0	83.6	7.1	95.4	8.3	150.7	26.5	81.4	19.3	84.0	7.1	68.0	10.0	67.6	6.4
514	Triflumuron	F	F	F	F	F	F	F	F	F	F	F	F	F	F	F	F	F	F	F	F	F	F	F	F
515	Triflusulfuron-methyl	F	F	F	F	F	F	F	F	F	F	F	F	F	F	F	F	F	F	F	F	F	F	F	F
516	Trinexapac-ethyl	80.9	7.0	85.7	3.6	86.2	7.2	F	F	89.2	0.9	88.7	5.0	F	F	108.7	1.7	108.0	13.0	111.4	4.8	96.6	6.5	85.0	9.2
517	Triphenyl phosphate	162.1	58.0	100.7	19.0	101.1	1.7	66.4	10.2	71.9	0.9	84.5	10.1	111.2	14.8	104.9	17.8	115.9	3.5	90.5	6.9	77.9	5.1	86.3	14.2
518	Triticonazole	74.7	0.3	87.3	2.5	76.4	17.5	F	F	F	F	F	F	F	F	111.4	0.7	70.8	0.9	F	F	F	F	F	F
519	Uniconazole	75.2	16.6	92.1	5.7	82.0	3.6	83.6	4.5	79.2	5.6	84.6	2.4	92.9	8.3	92.9	10.2	94.8	9.2	87.2	4.8	81.5	2.9	86.3	12.3
520	Validamycin	F	F	F	F	F	F	F	F	F	F	F	F	F	F	F	F	F	F	F	F	F	F	F	F
521	Valifenalate	75.2	1.7	75.6	10.5	81.8	8.5	84.9	6.9	82.7	12.9	88.7	6.0	90.3	16.5	82.3	7.9	70.6	3.3	89.0	12.3	83.6	13.1	74.9	1.7
522	Vamidothion	80.1	3.0	95.4	8.8	80.4	2.6	85.5	13.7	94.6	8.1	90.1	9.2	95.7	12.5	99.8	0.7	104.8	4.3	83.9	2.8	87.6	2.0	95.4	5.5
523	Vamidothion sulfone	85.4	3.8	86.4	4.4	83.5	10.8	91.8	3.3	84.1	11.7	89.0	11.4	102.6	3.6	84.0	3.9	83.9	8.6	92.8	4.2	96.0	11.5	109.3	1.9
524	Vamidothion sulfoxide	79.9	1.9	91.0	8.3	76.5	3.7	83.6	13.8	91.1	4.5	93.8	4.5	89.6	9.0	95.9	6.2	94.7	7.9	82.0	2.3	84.8	2.7	94.7	5.5
525	Zoxamide	82.5	6.0	95.1	12.1	99.8	1.3	72.3	12.6	75.2	3.9	95.4	3.7	100.1	19.5	60.2	12.7	81.3	14.4	77.6	4.9	113.9	15.8	117.5	0.8

附表 1-5b　LC-Q-TOF/MS 8 种水果蔬菜中 525 种农药化学污染物非靶向筛查方法验证结果汇总

序号	农药名称	番茄						菠菜						芹菜						结球甘蓝					
		5 μg/kg		10 μg/kg		20 μg/kg		5 μg/kg		10 μg/kg		20 μg/kg		5 μg/kg		10 μg/kg		20 μg/kg		5 μg/kg		10 μg/kg		20 μg/kg	
		AVE	RSD(%) (*n*=3)	AVE	RSD(%) (*n*=3)	AVE	RSD(%) (*n*=3)	AVE	RSD(%) (*n*=3)	AVE	RSD(%) (*n*=3)	AVE	RSD(%) (*n*=3)	AVE	RSD(%) (*n*=3)	AVE	RSD(%) (*n*=3)	AVE	RSD(%) (*n*=3)	AVE	RSD(%) (*n*=3)	AVE	RSD(%) (*n*=3)	AVE	RSD(%) (*n*=3)
1	1,3-Diphenyl urea	76.3	11.4	107.8	1.0	73.2	5.3	74.3	15.3	77.1	11.9	91.8	9.8	84.7	1.5	76.4	0.7	71.5	11.0	90.5	11.0	81.6	2.9	113.9	9.0
2	1-naphthyl acetamide	F	F	77.2	2.9	85.0	8.8	74.1	7.7	93.8	6.3	91.6	5.3	84.0	8.5	77.6	4.0	90.7	11.0	89.5	7.1	95.7	0.2	102.2	7.6
3	2,6-Dichlorobenzamide	78.8	11.8	97.8	12.9	82.3	7.0	71.3	1.5	97.6	8.2	101.8	7.7	106.5	9.3	82.6	13.5	93.2	5.5	90.9	6.3	123.3	1.7	86.7	6.0
4	3,4,5-Trimethacarb	F	F	F	F	F	F	F	F	F	F	F	F	94.9	19.6	83.0	5.4	82.2	3.9	82.6	11.4	72.3	1.4	99.9	15.1
5	6-Benzylaminopurine	F	F	83.0	2.4	77.7	6.7	F	F	F	F	F	F	77.3	7.7	95.3	14.7	80.7	5.9	F	F	43.1	19.3	51.8	4.4
6	Acetamiprid	78.0	12.1	84.1	4.3	106.9	3.3	83.9	3.1	86.2	3.0	106.0	2.8	96.1	1.5	72.7	9.6	159.7	7.8	97.1	2.4	96.1	2.2	97.3	0.2
7	Acetamiprid-N-desmethyl	99.9	0.5	87.6	1.8	74.4	6.2	92.7	4.5	122.4	6.0	88.0	7.6	106.5	8.6	104.7	6.1	91.2	14.4	119.8	3.0	118.3	8.6	107.2	14.3
8	Acetochlor	85.6	9.9	95.3	7.1	92.6	1.6	54.3	20.4	90.8	16.2	87.5	19.5	77.7	14.5	106.8	9.6	71.5	1.7	77.0	2.0	78.4	8.2	102.1	5.0
9	Aclonifen	F	F	F	F	F	F	F	F	F	F	F	F	F	F	F	F	F	F	F	F	F	F	F	F
10	Albendazole	F	F	F	F	F	F	F	F	F	F	52.0	17.1	F	F	F	F	F	F	F	F	F	F	F	F
11	Aldicarb	F	F	76.6	3.3	112.6	4.5	F	F	93.2	9.8	73.3	5.3	92.3	17.9	88.9	2.2	87.2	2.8	83.8	17.7	106.6	6.2	98.0	18.9
12	Aldicarb-sulfone	91.2	18.2	84.4	15.6	103.8	2.6	74.9	16.1	91.4	2.7	75.8	7.2	79.6	16.9	98.4	3.1	71.0	6.4	103.0	14.0	169.6	2.8	157.8	3.4
13	Aldimorph	100.7	11.2	100.6	12.8	108.2	7.6	F	F	F	F	88.1	6.0	F	F	100.6	16.8	104.8	2.7	84.3	19.9	115.2	1.6	82.3	4.8
14	Allethrin	F	F	F	F	157.9	14.2	F	F	F	F	F	F	F	F	F	F	F	F	F	F	F	F	F	F
15	Allidochlor	84.1	14.2	88.8	10.7	74.5	14.2	84.1	8.2	91.8	15.2	82.5	17.6	112.5	3.7	90.9	4.8	89.8	2.8	F	F	F	F	F	F
16	Ametoctradin	84.2	10.2	34.4	31.1	87.8	10.8	70.4	6.3	99.4	7.5	97.3	4.9	F	F	93.5	13.3	75.1	13.4	F	F	53.3	8.3	56.9	9.3
17	Ametryn	F	F	82.1	19.9	90.4	6.6	77.2	4.0	73.3	12.3	86.9	2.0	89.6	4.5	79.4	5.6	92.3	9.9	88.4	9.4	100.2	5.3	80.6	1.9
18	Amicarbazone	107.8	9.8	93.6	6.5	178.4	9.6	81.9	12.7	87.6	2.4	81.6	12.5	107.8	6.0	86.8	1.7	107.3	4.7	93.7	3.9	114.3	13.1	92.2	7.9
19	Amidosulfuron	F	F	94.8	2.1	74.6	7.9	104.0	15.1	92.3	10.2	85.3	10.9	84.3	11.1	77.9	2.0	75.5	11.1	F	F	F	F	92.5	2.4
20	Aminocarb	86.8	2.3	45.4	56.4	81.6	8.7	70.4	0.6	87.8	6.0	101.5	3.5	89.1	2.1	79.8	2.5	89.8	9.4	86.9	5.2	101.5	2.7	98.0	4.4
21	Aminopyralid	F	F	F	F	355.7	71.0	F	F	F	F	F	F	F	F	F	F	F	F	F	F	F	F	F	F
22	Ancymidol	89.2	3.4	108.1	4.5	89.1	2.1	75.6	7.5	88.5	7.2	86.5	10.2	96.4	5.8	86.0	4.8	96.2	12.7	78.7	8.2	91.2	0.8	74.7	8.6
23	Anilofos	92.5	16.5	103.4	7.9	93.8	4.9	83.9	19.2	80.2	15.1	102.5	18.3	79.9	7.5	96.2	10.9	97.1	7.7	73.1	2.9	63.1	1.0	105.8	7.9
24	Aspon	F	F	F	F	86.8	12.0	F	F	F	F	F	F	F	F	96.0	14.4	112.8	7.3	F	F	F	F	F	F
25	Asulam	F	F	96.8	14.9	133.9	13.8	F	F	46.3	32.6	91.5	49.9	78.4	14.1	86.2	6.9	72.3	9.3	60.4	13.8	81.0	1.1	47.6	5.9
26	Atraton	84.1	3.2	104.9	1.7	93.8	1.5	F	F	F	F	118.8	3.0	77.3	11.4	81.8	17.1	78.6	2.6	86.0	5.3	82.2	6.5	98.6	4.6
27	Atrazine	113.3	1.8	94.3	9.1	92.2	3.8	44.1	39.1	65.0	2.6	60.4	2.3	93.7	2.4	81.4	1.5	82.0	10.3	103.5	9.8	73.7	1.4	82.4	3.3
28	Atrazine-Desethyl	85.4	6.2	82.6	15.5	90.6	14.1	81.3	6.3	94.1	4.1	89.1	7.3	86.9	4.2	83.8	6.0	91.3	9.0	84.9	9.2	95.7	5.0	84.5	9.3
29	Atrazine-desisopropyl	77.8	12.1	115.7	6.5	88.5	6.2	107.6	12.0	4.8	56.0	105.2	3.2	81.1	3.0	91.3	4.7	96.1	3.8	F	F	81.5	15.7	99.7	1.3

续表

序号	农药名称	番茄						菠菜						芹菜						结球甘蓝					
		5 μg/kg		10 μg/kg		20 μg/kg		5 μg/kg		10 μg/kg		20 μg/kg		5 μg/kg		10 μg/kg		20 μg/kg		5 μg/kg		10 μg/kg		20 μg/kg	
		AVE	RSD(%) (n=3)	AVE	RSD(%) (n=3)	AVE	RSD(%) (n=3)	AVE	RSD(%) (n=3)	AVE	RSD(%) (n=3)	AVE	RSD(%) (n=3)	AVE	RSD(%) (n=3)	AVE	RSD(%) (n=3)	AVE	RSD(%) (n=3)	AVE	RSD(%) (n=3)	AVE	RSD(%) (n=3)	AVE	RSD(%) (n=3)
30	Azaconazole	75.8	4.2	95.3	2.3	90.5	2.6	72.9	12.3	88.9	9.8	93.0	13.6	81.3	7.6	85.7	11.8	79.3	4.2	87.1	6.4	94.3	8.3	99.2	3.5
31	Azamethiphos	82.5	8.2	96.5	4.3	91.7	1.5	79.9	8.2	98.9	6.6	88.0	2.9	97.8	3.0	90.1	10.6	98.6	2.5	284.9	6.0	114.8	7.0	93.7	6.2
32	Azinphos-ethyl	82.8	7.1	100.6	8.6	98.0	0.9	72.4	2.9	75.3	20.7	79.3	13.0	85.3	6.4	92.5	5.2	100.4	10.0	81.3	5.8	97.2	1.8	96.3	10.1
33	Azinphos-methyl	F	F	F	F	88.4	10.3	F	F	F	F	F	F	F	F	80.0	4.1	94.0	9.6	F	F	F	F	108.1	4.6
34	Aziprotryne	84.6	7.9	95.6	7.5	91.8	7.9	55.3	17.0	79.8	10.3	88.5	12.2	83.8	10.2	79.0	17.1	76.9	14.5	77.5	5.4	82.5	4.5	100.6	4.4
35	Azoxystrobin	52.0	11.1	98.6	4.4	92.1	1.4	76.6	9.4	87.6	16.7	94.3	13.4	89.4	7.0	82.2	12.8	102.8	1.6	83.8	5.6	84.5	6.8	101.6	5.2
36	Beflubutamid	89.6	16.2	92.1	11.2	84.2	4.5	F	F	105.8	12.1	109.2	11.3	111.1	3.0	105.0	6.3	106.7	8.9	F	F	85.9	7.2	79.5	14.2
37	Benalaxyl	77.2	2.7	93.7	11.7	88.4	1.6	94.3	11.4	101.7	16.9	103.3	16.4	101.4	3.3	78.6	2.3	80.1	7.8	110.3	5.8	89.6	3.6	99.0	12.6
38	Bendiocarb	F	F	96.2	11.5	94.4	1.7	F	F	F	F	F	F	F	F	F	F	F	F	F	F	F	F	77.1	1.6
39	Benodanil	85.8	12.9	102.8	4.9	90.7	4.3	73.1	11.1	83.7	14.3	90.6	11.5	91.2	7.7	82.7	14.9	73.0	3.1	89.6	4.3	92.5	5.1	104.1	4.4
40	Benoxacor	F	F	F	F	106.2	4.9	F	F	81.4	11.2	83.4	7.2	F	F	F	F	225.7	26.1	F	F	86.7	7.2	93.2	1.5
41	Bensulfuron-methyl	88.4	4.2	97.9	10.0	83.8	4.9	97.2	13.5	111.6	7.4	109.2	11.7	87.8	12.6	73.0	4.4	85.3	9.8	110.8	11.6	130.2	2.6	106.6	10.8
42	Bensulide	91.8	16.5	115.3	6.2	93.6	6.6	100.7	17.3	63.8	33.5	94.5	15.3	74.8	10.5	71.0	17.5	92.1	4.4	74.4	7.8	61.2	4.1	113.2	0.8
43	Bensultap	F	F	F	F	F	F	F	F	F	F	F	F	F	F	F	F	F	F	F	F	F	F	F	F
44	Benthiavalicarb-isopropyl	84.8	5.7	88.4	11.4	79.5	8.2	78.4	4.4	100.5	13.8	100.5	9.5	109.7	3.0	101.1	6.1	94.2	12.0	96.8	8.6	90.0	5.9	91.3	14.2
45	Benzofenap	105.0	9.4	92.8	15.1	83.0	4.7	74.6	6.7	107.0	4.5	110.7	20.9	118.7	3.5	110.9	8.3	98.3	17.9	85.8	3.7	91.9	7.0	75.9	19.9
46	Benzoximate	81.8	6.6	95.6	4.4	100.7	4.1	98.4	13.6	75.9	17.7	94.6	17.8	75.3	5.8	87.6	19.6	73.5	1.1	73.5	4.9	56.5	1.1	95.7	5.4
47	Benzoylprop	F	F	F	F	75.3	6.6	F	F	F	F	86.2	1.0	F	F	82.4	2.1	60.5	17.7	F	F	F	F	65.0	6.1
48	Benzoylprop-ethyl	93.2	3.5	89.1	12.1	92.9	5.4	110.3	14.3	97.8	14.5	115.8	16.8	122.4	5.7	84.2	5.4	94.7	9.2	112.5	2.1	92.1	4.3	101.4	12.0
49	Bifenazate	98.8	16.3	181.7	2.9	74.0	7.9	F	F	100.7	6.8	105.1	5.7	107.8	14.8	85.1	9.4	82.1	18.9	85.7	4.1	128.8	2.8	85.8	14.3
50	Bioresmethrin	F	F	F	F	F	F	F	F	F	F	F	F	F	F	F	F	F	F	F	F	F	F	F	F
51	Bitertanol	93.8	15.4	61.4	7.8	92.6	6.9	F	F	F	F	F	F	F	F	78.1	12.5	72.3	6.0	84.6	2.0	75.1	7.5	114.3	5.2
52	Bromacil	116.8	2.2	95.1	5.3	106.3	6.3	86.5	8.7	76.6	6.9	102.8	7.5	96.7	1.8	103.3	3.2	113.4	0.6	F	F	94.9	15.0	54.2	41.6
53	Bromfenvinfos	91.9	13.9	104.4	5.7	93.4	5.0	81.5	16.5	88.9	18.4	86.2	1.1	77.6	4.7	99.5	3.6	97.7	5.1	65.6	4.4	55.5	1.8	104.9	6.5
54	Bromobutide	F	F	89.5	9.9	92.1	6.7	80.4	11.3	91.2	8.4	88.7	15.7	98.5	1.1	81.4	2.3	86.6	5.8	97.3	3.0	89.2	3.4	106.6	7.7
55	Bromophos-ethyl	F	F	F	F	F	F	F	F	F	F	F	F	F	F	F	F	F	F	F	F	F	F	F	F
56	Brompyrazon	89.4	12.2	94.3	6.7	81.4	7.6	97.8	5.5	100.8	1.2	97.6	13.6	83.0	6.8	77.2	3.5	90.6	3.4	85.7	10.6	96.5	7.9	104.7	3.3
57	Bromuconazole	82.0	13.0	97.6	7.0	90.2	6.6	79.6	13.7	100.2	11.5	109.5	19.3	84.0	15.7	74.2	5.5	102.4	3.3	73.6	4.3	77.4	1.7	96.4	4.3
58	Bupirimate	93.1	19.9	86.2	5.5	89.9	9.2	75.0	3.1	84.2	18.9	80.0	7.8	82.0	8.0	80.8	7.0	108.2	13.4	91.7	17.2	110.2	10.9	74.8	5.1
59	Buprofezin	112.3	3.7	105.4	18.6	112.3	14.8	95.9	14.4	75.2	26.5	96.5	9.5	95.5	13.2	73.6	4.0	80.5	2.3	88.1	8.3	55.3	12.4	98.0	14.1

续表

序号	农药名称	番茄						菠菜						芹菜						结球甘蓝					
		5 μg/kg		10 μg/kg		20 μg/kg		5 μg/kg		10 μg/kg		20 μg/kg		5 μg/kg		10 μg/kg		20 μg/kg		5 μg/kg		10 μg/kg		20 μg/kg	
		AVE	RSD(%) (n=3)	AVE	RSD(%) (n=3)	AVE	RSD(%) (n=3)	AVE	RSD(%) (n=3)	AVE	RSD(%) (n=3)	AVE	RSD(%) (n=3)	AVE	RSD(%) (n=3)	AVE	RSD(%) (n=3)	AVE	RSD(%) (n=3)	AVE	RSD(%) (n=3)	AVE	RSD(%) (n=3)	AVE	RSD(%) (n=3)
60	Butachlor	77.0	68.2	84.2	7.8	91.6	5.5	F	F	F	F	70.4	16.8	81.7	6.1	95.3	7.4	95.1	10.9	80.9	8.9	91.4	11.9	99.7	15.4
61	Butafenacil	93.6	9.1	82.1	3.6	96.5	2.8	106.7	10.7	96.3	12.2	72.2	18.3	86.5	4.9	95.4	8.6	90.0	8.9	87.2	0.5	81.1	7.6	113.5	11.7
62	Butamifos	84.2	8.7	106.5	9.2	92.4	11.8	F	F	F	F	107.1	25.5	F	F	F	F	F	F	F	F	F	F	106.5	3.8
63	Butocarboxim	81.7	10.3	98.8	20.0	101.0	7.5	84.3	6.8	95.5	9.3	80.0	4.0	89.5	18.9	86.9	2.5	85.9	10.8	101.6	10.2	114.3	10.7	149.7	11.9
64	Butocarboxim-Sulfoxide	82.1	13.0	105.4	7.7	89.6	10.4	F	F	F	F	F	F	96.2	7.1	106.1	6.5	88.1	10.5	F	F	F	F	F	F
65	Butoxycarboxim	74.5	0.3	103.2	15.8	109.8	8.3	70.5	0.3	86.4	8.0	76.9	2.2	78.8	16.0	73.5	1.4	91.9	8.9	104.4	14.0	138.6	2.2	131.3	2.4
66	Butralin	F	F	F	F	F	F	F	F	F	F	F	F	F	F	F	F	F	F	F	F	F	F	F	F
67	Butylate	F	F	F	F	40.3	23.1	F	F	F	F	F	F	F	F	F	F	F	F	F	F	F	F	F	F
68	Cadusafos	80.8	12.1	92.8	9.5	87.0	9.1	74.9	5.0	82.9	21.4	109.0	15.8	77.4	7.5	95.2	13.8	89.6	4.3	75.2	8.9	81.6	2.1	112.3	5.7
69	Cafenstrole	86.9	1.2	95.3	10.2	86.7	2.9	122.6	13.2	70.3	1.7	95.5	8.6	115.1	12.2	91.3	10.5	97.2	4.5	102.9	7.5	99.5	3.5	103.5	14.2
70	Carbaryl	F	F	F	F	89.1	6.2	F	F	F	F	F	F	F	F	F	F	F	F	F	F	F	F	105.7	9.4
71	Carbendazim	59.8	4.9	72.0	2.1	87.7	7.1	99.9	15.5	94.9	13.3	99.4	15.6	80.2	4.7	93.1	19.1	76.4	5.5	84.6	4.9	82.9	8.8	78.0	4.7
72	Carbetamide	77.0	6.2	95.8	8.8	93.8	2.9	94.8	7.8	92.7	7.7	88.1	8.1	94.1	0.2	82.8	5.5	89.3	4.1	88.6	5.2	110.2	13.2	94.7	5.7
73	Carbofuran	109.7	3.5	82.2	3.5	98.3	9.4	98.3	0.5	87.8	5.3	80.5	13.6	77.8	1.3	96.2	18.6	76.2	9.7	76.0	1.0	61.2	14.6	47.8	16.6
74	Carbofuran-3-hydroxy	99.2	8.4	77.2	12.7	109.3	6.9	71.6	6.5	81.3	2.2	105.0	5.5	94.1	3.9	88.4	6.3	94.5	5.5	92.4	13.1	99.7	7.2	103.8	3.3
75	Carbophenothion	F	F	F	F	F	F	F	F	F	F	F	F	F	F	F	F	F	F	F	F	F	F	F	F
76	Carboxin	88.6	8.7	90.5	2.6	90.8	8.2	51.6	34.9	83.1	19.6	71.2	6.0	53.4	10.1	55.0	17.9	72.3	5.2	78.8	4.2	83.9	8.9	101.5	7.2
77	Carpropamid	160.3	3.3	90.2	9.8	93.6	11.2	103.8	15.8	92.7	15.3	89.3	12.5	112.8	4.5	78.4	4.4	83.9	7.2	118.5	5.7	93.0	5.6	90.9	5.2
78	Cartap	F	F	F	F	F	F	F	F	F	F	F	F	F	F	F	F	F	F	F	F	F	F	F	F
79	Chlordimeform	F	F	F	F	91.7	10.0	F	F	F	F	114.0	3.3	F	F	84.9	2.3	99.3	9.6	F	F	105.3	0.3	90.3	6.9
80	Chlorfenvinphos	90.3	16.7	85.9	1.7	96.6	5.0	85.9	7.7	93.3	18.3	72.9	15.4	85.1	5.0	87.1	3.3	95.5	6.0	90.9	1.5	86.2	6.5	98.7	12.8
81	Chloridazon	86.2	9.2	74.1	16.2	107.5	5.1	71.4	4.0	81.8	5.1	104.6	8.4	95.0	3.8	84.9	6.0	97.3	4.8	92.6	3.4	83.8	6.3	78.5	6.0
82	Chlorimuron-ethyl	F	F	F	F	F	F	F	F	F	F	F	F	F	F	F	F	F	F	F	F	F	F	F	F
83	Chlorotoluron	82.5	10.0	98.4	2.3	90.5	3.5	89.0	11.6	95.8	9.0	93.4	12.3	97.7	7.0	87.8	12.8	86.4	5.9	86.6	6.1	93.5	10.2	99.4	5.6
84	Chloroxuron	109.6	0.8	90.6	10.8	91.0	8.2	93.7	10.8	96.3	11.9	94.9	19.4	104.4	3.5	80.2	5.1	89.8	1.9	108.1	3.6	99.6	4.5	95.3	7.0
85	Chlorphonium	F	F	F	F	79.7	4.8	F	F	F	F	107.0	2.6	F	F	F	F	134.8	9.4	F	F	F	F	79.2	14.0
86	Chlorphoxim	F	F	F	F	F	F	F	F	F	F	F	F	F	F	F	F	F	F	F	F	F	F	F	F
87	Chlorpyrifos	F	F	F	F	F	F	F	F	F	F	F	F	F	F	F	F	F	F	F	F	F	F	F	F
88	Chlorpyrifos-methyl	F	F	F	F	F	F	F	F	F	F	F	F	F	F	F	F	F	F	F	F	F	F	F	F
89	Chlorsulfuron	F	F	F	F	F	F	F	F	F	F	F	F	55.5	11.0	105.3	11.4	73.9	12.6	F	F	F	F	F	F

续表

序号	农药名称	番茄						菠菜						芹菜						结球甘蓝					
		5 μg/kg		10 μg/kg		20 μg/kg		5 μg/kg		10 μg/kg		20 μg/kg		5 μg/kg		10 μg/kg		20 μg/kg		5 μg/kg		10 μg/kg		20 μg/kg	
		AVE	RSD(%) (n=3)	AVE	RSD(%) (n=3)	AVE	RSD(%) (n=3)	AVE	RSD(%) (n=3)	AVE	RSD(%) (n=3)	AVE	RSD(%) (n=3)	AVE	RSD(%) (n=3)	AVE	RSD(%) (n=3)	AVE	RSD(%) (n=3)	AVE	RSD(%) (n=3)	AVE	RSD(%) (n=3)	AVE	RSD(%) (n=3)
90	Chlorthiophos	F	F	F	F	F	F	F	F	F	F	F	F	F	F	F	F	F	F	F	F	F	F	F	F
91	Chromafenozide	118.9	2.1	88.1	10.8	86.6	5.7	100.2	10.2	94.0	12.1	77.4	12.7	106.4	7.2	77.3	6.8	89.7	1.5	112.6	6.4	106.8	6.6	101.3	6.2
92	Cinmethylin	F	F	96.9	5.2	112.3	11.1	F	F	F	F	F	F	F	F	F	F	F	F	F	F	F	F	146.0	10.8
93	Cinosulfuron	75.4	16.9	88.7	5.4	89.6	4.9	91.7	9.4	92.8	6.0	85.5	4.5	159.2	59.1	77.5	19.5	83.1	7.1	86.1	5.0	143.0	63.3	595.7	4.5
94	Clethodim	67.5	37.1	57.7	1.7	65.9	15.9	63.7	9.7	48.7	25.6	92.9	23.4	75.3	6.3	79.9	11.4	89.8	11.6	62.8	1.6	60.9	2.5	70.6	13.3
95	Clodinafop	84.8	4.4	78.9	3.8	218.9	15.1	F	F	37.8	5.8	27.7	19.2	305.0	75.4	343.0	6.6	143.6	139.9	97.6	7.0	78.5	3.4	115.2	1.3
96	Clodinafop-propargyl	104.7	6.4	70.7	7.2	82.3	8.1	71.9	12.4	101.2	8.6	71.1	15.6	71.1	6.7	92.9	9.0	76.7	6.5	87.7	9.3	78.5	5.9	64.5	8.8
97	Clofentezine	F	F	F	F	97.8	16.3	F	F	F	F	F	F	F	F	F	F	100.6	7.7	F	F	F	F	F	F
98	Clomazone	79.2	13.6	93.9	7.1	89.8	2.1	59.3	5.2	88.3	18.6	90.9	8.7	92.5	10.1	80.3	9.4	74.8	2.0	82.2	10.0	87.1	3.7	109.8	7.1
99	Cloquintocet-mexyl	103.3	7.0	114.4	16.3	99.9	12.7	158.2	26.0	77.3	40.4	124.0	11.3	72.6	10.7	71.3	16.9	77.5	5.9	82.3	12.1	23.7	10.8	117.0	13.6
100	Cloransulam-methyl	74.4	1.1	76.6	5.4	103.1	6.3	110.8	0.6	78.2	2.9	88.9	8.7	84.8	2.9	90.2	4.6	96.3	8.3	95.4	11.2	80.1	2.1	119.5	2.0
101	Clothianidin	87.5	5.9	100.7	3.6	91.7	2.9	88.9	4.1	74.4	3.0	80.1	13.5	F	F	73.9	11.1	105.6	3.6	F	F	F	F	107.0	2.9
102	Coumaphos	106.3	5.9	93.4	13.3	77.8	4.8	F	F	F	F	77.4	3.3	98.2	1.3	108.5	8.2	115.7	1.5	102.1	20.3	83.9	6.8	79.2	12.9
103	Crotoxyphos	90.1	5.4	89.7	11.4	81.5	4.8	74.5	5.1	103.3	10.4	85.6	6.2	101.4	6.9	93.9	1.0	91.7	11.7	83.8	3.5	83.0	3.5	78.7	9.8
104	Crufomate	85.4	11.9	99.7	4.4	90.8	5.3	71.3	18.9	86.0	18.7	93.1	16.0	83.8	8.8	70.5	3.9	95.8	4.3	73.8	5.3	81.7	5.1	103.2	5.1
105	Cumyluron	130.4	1.9	92.9	12.3	91.7	8.0	89.8	13.6	95.4	11.5	93.9	17.3	104.0	4.9	79.4	3.5	82.5	5.1	100.5	9.4	95.4	2.7	96.3	6.4
106	Cyanazine	84.2	10.8	94.1	3.6	91.5	0.4	86.5	9.4	112.2	19.1	108.9	6.5	81.2	7.3	81.7	12.2	76.6	1.3	89.5	4.4	90.4	11.9	104.1	6.7
107	Cycloate	F	F	76.2	5.6	93.1	1.6	F	F	86.5	14.0	82.4	10.3	78.6	5.4	82.9	3.0	82.1	2.6	86.7	11.3	80.8	12.3	82.4	14.7
108	Cyclosulfamuron	95.7	14.5	92.5	12.2	88.2	14.4	F	F	F	F	106.5	17.7	F	F	F	F	96.7	7.4	F	F	F	F	90.0	1.2
109	Cycluron	83.8	10.7	95.2	5.7	92.8	2.5	F	F	123.1	9.6	101.2	6.0	86.4	5.1	82.7	7.1	81.6	3.7	83.8	4.5	87.5	5.7	102.5	6.4
110	Cyflufenamid	89.0	3.7	86.5	9.4	94.7	9.6	112.1	14.1	77.6	5.0	111.5	16.6	115.9	6.8	79.1	4.2	88.6	11.9	117.4	6.9	106.3	9.2	100.1	15.6
111	Cyprazine	97.8	13.1	84.9	2.0	90.4	5.7	79.9	7.2	70.6	1.8	85.1	9.0	92.4	2.3	78.4	9.3	89.0	10.0	82.7	9.1	84.7	3.1	81.2	2.7
112	Cyproconazole	80.1	8.2	101.7	4.7	90.8	6.8	74.3	5.0	84.6	14.0	95.9	15.1	77.7	15.9	78.6	3.1	93.9	0.5	77.1	4.3	86.9	7.6	92.8	4.2
113	Cyprodinil	112.9	10.3	122.9	1.2	104.5	16.7	101.4	16.4	94.4	27.5	92.6	17.8	77.3	3.7	88.0	16.7	80.6	10.6	F	F	F	F	95.7	19.4
114	Cyprofuram	90.4	0.4	74.6	3.5	89.3	3.6	71.1	9.4	91.7	6.3	88.8	4.0	110.6	4.8	86.2	1.9	109.2	8.1	94.5	5.0	99.5	0.6	95.4	2.6
115	Cyromazine	F	F	62.5	9.7	29.4	19.4	12.3	40.7	23.9	58.4	59.6	8.4	43.7	0.9	46.0	2.9	56.2	6.3	53.0	16.8	64.5	3.3	76.8	4.7
116	Daminozide	F	F	F	F	13.9	24.7	F	F	F	F	F	F	F	F	F	F	F	F	F	F	F	F	F	F
117	Dazomet	F	F	F	F	F	F	90.3	7.1	98.3	6.1	92.4	1.0	92.7	6.1	92.1	3.9	97.5	1.3	116.2	5.5	83.4	8.1	45.0	6.2
118	Demeton-S-methyl	F	F	F	F	F	F	F	F	F	F	F	F	F	F	F	F	F	F	F	F	F	F	F	F
119	Demeton-S-methyl-sulfone	82.0	10.1	80.9	13.7	86.7	8.7	72.3	0.5	90.8	5.8	99.5	4.7	78.6	16.2	82.3	6.3	88.5	0.5	95.6	3.7	117.2	1.4	97.0	9.5

续表

序号	农药名称	番茄						菠菜						芹菜						结球甘蓝					
		5 μg/kg		10 μg/kg		20 μg/kg		5 μg/kg		10 μg/kg		20 μg/kg		5 μg/kg		10 μg/kg		20 μg/kg		5 μg/kg		10 μg/kg		20 μg/kg	
		AVE	RSD(%) (n=3)	AVE	RSD(%) (n=3)	AVE	RSD(%) (n=3)	AVE	RSD(%) (n=3)	AVE	RSD(%) (n=3)	AVE	RSD(%) (n=3)	AVE	RSD(%) (n=3)	AVE	RSD(%) (n=3)	AVE	RSD(%) (n=3)	AVE	RSD(%) (n=3)	AVE	RSD(%) (n=3)	AVE	RSD(%) (n=3)
120	Demeton-S-Sulfoxide	83.9	13.5	97.6	3.8	90.6	1.9	99.7	4.2	108.4	2.3	103.3	6.5	85.8	3.2	83.5	0.7	97.8	2.0	91.2	6.9	101.9	8.9	101.2	2.9
121	Desmedipham	97.8	5.2	88.9	7.9	99.1	2.8	81.5	11.4	79.4	14.3	116.9	9.6	89.1	1.5	86.5	5.0	101.7	13.2	86.2	9.0	77.4	7.3	92.5	4.6
122	Desmetryn	98.4	0.7	86.8	6.8	84.8	5.8	62.2	13.4	82.9	11.1	76.2	9.1	87.4	1.2	77.2	3.0	81.5	5.1	79.9	7.1	76.1	3.9	25.7	137.2
123	Diafenthiuron	F	F	F	F	F	F	F	F	F	F	F	F	F	F	F	F	79.1	7.8	F	F	F	F	F	F
124	Dialifos	F	F	F	F	F	F	F	F	F	F	F	F	F	F	F	F	F	F	F	F	F	F	F	F
125	Diallate	83.3	16.8	90.3	2.5	86.3	7.2	F	F	F	F	F	F	F	F	F	F	F	F	F	F	43.0	1.5	118.2	8.8
126	Diazinon	83.1	7.7	89.9	10.6	83.3	11.8	70.1	18.0	84.8	18.2	91.0	5.3	75.7	5.8	88.0	9.3	86.3	9.9	60.4	5.9	97.4	8.6	115.9	16.0
127	Dibutyl succinate	F	F	F	F	F	F	F	F	F	F	F	F	F	F	F	F	F	F	F	F	F	F	F	F
128	Dichlofenthion	F	F	F	F	F	F	F	F	F	F	F	F	F	F	F	F	F	F	F	F	F	F	F	F
129	Diclobutrazol	103.2	12.5	128.3	5.5	93.9	4.2	78.3	15.4	82.1	18.3	108.3	19.3	77.4	19.6	75.7	2.1	96.8	6.1	74.3	4.0	71.0	4.0	97.9	6.8
130	Diclosulam	81.9	4.8	88.4	14.9	79.3	6.6	73.1	7.6	91.0	8.4	92.6	4.1	83.5	7.4	80.5	4.8	77.1	4.3	96.1	5.5	107.0	1.0	99.1	7.2
131	Dicrotophos	82.1	6.4	76.4	15.8	108.1	6.9	82.3	2.8	75.3	1.8	90.8	13.3	84.9	15.0	87.6	1.0	98.4	6.9	92.1	4.9	89.8	6.8	80.5	11.9
132	Diethatyl-ethyl	76.7	0.7	94.3	11.7	90.2	6.1	88.4	13.0	99.4	11.2	96.3	18.9	100.8	1.9	79.4	2.9	84.4	7.8	108.3	4.3	92.1	3.7	93.9	6.7
133	Diethofencarb	F	F	F	F	F	F	F	F	72.2	0.4	96.3	5.5	100.9	7.0	89.2	2.6	108.9	1.0	95.5	17.1	82.3	3.3	71.8	2.7
134	Diethyltoluamide	91.4	1.3	89.2	9.7	99.7	5.6	80.3	1.4	72.4	6.4	95.9	1.0	91.3	3.5	73.4	8.6	92.3	4.5	92.0	2.2	87.4	4.4	90.3	3.5
135	Difenoconazole	176.0	7.2	85.5	16.5	89.7	7.7	119.2	14.4	85.8	3.8	109.0	10.1	96.0	8.1	70.4	0.9	71.1	1.5	119.6	8.7	92.7	10.9	94.7	15.6
136	Difenoxuron	90.7	4.6	87.7	4.4	96.3	3.2	79.6	8.0	78.3	7.5	94.8	1.5	92.4	3.4	88.6	2.7	97.2	6.7	91.1	4.2	88.6	6.5	91.2	3.8
137	Dimefox	F	F	510.8	17.4	97.6	6.4	72.7	16.9	115.7	16.7	72.4	11.6	117.1	5.9	101.7	1.2	85.1	12.2	118.0	16.8	148.5	17.5	86.3	10.5
138	Dimefuron	89.3	3.4	103.7	10.6	85.3	3.2	83.2	11.4	103.5	8.1	97.0	10.9	90.8	3.5	76.3	3.1	86.8	8.6	105.3	4.1	119.3	1.1	98.7	5.9
139	Dimepiperate	F	F	F	F	F	F	F	F	F	F	F	F	F	F	F	F	F	F	F	F	F	F	F	F
140	Dimethachlor	84.0	9.1	96.3	5.5	90.8	2.8	75.4	11.1	89.7	4.6	83.2	8.5	88.5	2.8	85.4	5.7	81.9	3.6	85.9	2.0	92.1	7.9	101.6	5.5
141	Dimethametryn	108.5	6.4	89.7	6.3	91.4	12.6	76.9	2.2	81.9	16.6	81.9	2.9	83.0	9.5	81.0	9.8	116.1	14.3	105.0	13.4	112.5	2.5	73.0	0.1
142	Dimethenamid	84.9	10.0	94.9	5.6	91.4	3.0	78.7	14.8	80.6	16.1	78.7	8.5	74.2	7.7	74.7	7.8	71.2	5.3	84.8	7.2	89.6	5.3	104.6	6.7
143	Dimethirimol	90.4	5.2	89.1	12.0	88.6	8.3	72.0	6.1	88.9	4.8	84.9	7.7	88.2	2.1	81.5	3.2	91.7	4.6	65.9	3.3	90.2	3.1	73.3	9.5
144	Dimethoate	81.9	10.5	83.9	3.5	113.2	3.4	75.7	4.5	81.9	5.1	99.4	6.5	94.8	2.3	77.9	6.3	99.2	15.7	95.6	12.6	80.2	2.3	88.7	5.4
145	Dimethomorph	25.6	16.7	57.3	1.2	147.4	1.7	87.0	8.2	84.3	9.1	91.2	7.0	95.6	3.4	87.4	3.8	92.6	7.4	95.8	2.2	93.1	6.0	97.4	4.7
146	Dimethylvinphos (*Z*)	95.1	10.0	96.9	9.0	81.1	4.4	79.3	0.8	111.1	11.9	87.9	17.3	104.9	0.8	87.6	3.1	92.6	11.3	93.5	14.2	86.7	2.8	84.4	16.8
147	Dimetilan	91.8	9.1	84.3	10.1	80.8	4.7	88.5	1.6	117.5	8.9	89.5	4.5	103.0	1.9	85.8	4.3	87.9	4.8	84.3	2.3	84.4	1.2	88.9	3.9
148	Dimoxystrobin	92.3	7.5	86.8	10.6	82.9	6.2	74.8	4.1	92.0	8.0	94.2	19.7	109.4	2.2	91.8	7.4	91.7	15.6	96.6	7.2	85.6	5.0	85.6	11.5
149	Diniconazole	83.6	18.7	88.6	1.9	87.1	3.4	82.7	9.5	84.2	17.1	82.8	0.9	77.4	12.7	76.9	6.5	87.0	19.2	80.1	3.7	71.9	7.1	84.7	9.3

续表

序号	农药名称	番茄						菠菜						芹菜						结球甘蓝					
		5 μg/kg		10 μg/kg		20 μg/kg		5 μg/kg		10 μg/kg		20 μg/kg		5 μg/kg		10 μg/kg		20 μg/kg		5 μg/kg		10 μg/kg		20 μg/kg	
		AVE	RSD(%) (n=3)	AVE	RSD(%) (n=3)	AVE	RSD(%) (n=3)	AVE	RSD(%) (n=3)	AVE	RSD(%) (n=3)	AVE	RSD(%) (n=3)	AVE	RSD(%) (n=3)	AVE	RSD(%) (n=3)	AVE	RSD(%) (n=3)	AVE	RSD(%) (n=3)	AVE	RSD(%) (n=3)	AVE	RSD(%) (n=3)
150	Dinitramine	F	F	F	F	81.8	4.6	F	F	F	F	F	F	F	F	F	F	99.0	11.9	F	F	F	F	F	F
151	Dinotefuran	F	F	68.1	24.3	87.8	4.2	F	F	93.7	0.8	81.6	6.5	78.5	6.1	71.2	2.3	79.9	7.6	104.8	16.1	110.6	1.1	124.2	3.8
152	Diphenamid	90.7	4.2	86.4	3.7	103.3	6.2	82.7	6.5	79.1	4.1	88.1	3.9	92.1	3.6	84.3	3.8	96.3	3.9	90.4	2.2	88.7	5.6	89.5	0.9
153	Dipropetryn	F	F	F	F	F	F	78.5	0.8	89.8	3.6	133.8	4.1	81.8	9.1	81.1	10.2	114.9	14.0	F	F	F	F	F	F
154	Disulfoton sulfone	92.1	13.9	99.5	3.3	92.0	4.4	43.5	52.6	80.8	1.5	78.8	3.2	95.5	4.4	81.1	8.2	84.9	3.9	90.1	5.9	100.9	7.6	99.5	4.0
155	Disulfoton sulfoxide	90.9	4.6	86.1	3.7	103.5	6.8	82.4	5.2	77.9	3.7	91.4	2.8	93.5	2.9	83.5	3.0	94.7	4.7	88.5	3.0	85.3	5.7	81.6	1.6
156	Ditalimfos	90.6	2.0	98.5	5.3	85.8	7.8	77.7	9.4	97.2	6.3	91.7	4.1	90.9	2.3	83.2	0.7	92.3	8.8	F	F	96.0	4.7	94.9	4.1
157	Dithiopyr	F	F	F	F	94.4	2.4	F	F	F	F	F	F	F	F	F	F	F	F	F	F	85.6	6.7	77.3	2.6
158	Diuron	90.8	7.0	99.2	4.5	91.3	3.1	77.8	8.6	86.3	8.5	87.3	12.3	93.8	7.0	86.5	11.8	80.6	6.0	93.7	7.1	97.1	4.9	103.1	2.7
159	Dodemorph	89.5	10.9	91.0	17.0	91.1	4.3	103.1	14.6	95.0	11.7	110.3	13.8	76.0	2.1	78.3	8.0	116.7	3.7	79.2	11.9	99.9	4.5	64.9	5.4
160	Drazoxolon	F	F	F	F	F	F	F	F	F	F	65.5	5.7	F	F	F	F	F	F	F	F	F	F	F	F
161	Edifenphos	90.4	17.5	103.4	8.2	94.4	4.7	75.8	11.7	78.1	15.3	86.9	10.4	88.2	3.5	94.6	12.9	94.0	8.0	75.2	3.1	59.9	0.2	106.3	6.8
162	Emamectin	111.2	7.2	84.7	7.6	76.8	10.4	96.7	9.6	97.6	16.5	82.5	5.4	93.0	11.1	90.9	8.9	141.0	8.5	81.5	2.6	50.1	26.3	71.7	0.7
163	Epoxiconazole	92.9	11.7	84.4	3.0	99.1	2.3	80.6	8.0	83.5	14.7	72.1	9.8	86.2	1.5	81.1	7.9	91.9	4.0	87.0	2.6	92.6	5.9	96.6	6.7
164	Esprocarb	91.5	15.9	98.6	9.0	93.5	6.9	F	F	F	F	92.2	15.2	F	F	83.0	15.8	73.6	12.3	50.9	4.1	45.4	3.6	100.7	7.7
165	Etaconazole	111.6	12.9	101.5	4.8	92.5	2.8	180.0	4.1	92.4	23.1	86.8	15.7	92.1	2.0	73.8	1.9	92.8	6.8	73.0	2.9	74.5	3.2	99.9	4.9
166	Ethametsulfuron-methyl	26.5	72.4	29.2	73.2	42.4	76.6	32.4	7.4	22.2	2.2	66.7	7.7	45.3	32.7	90.8	2.6	81.5	18.3	28.8	8.5	12.2	78.9	11.8	110.8
167	Ethidimuron	95.0	8.2	98.5	4.7	88.1	1.7	114.9	3.8	103.1	6.9	94.4	2.7	77.6	13.3	90.5	3.5	95.7	6.8	108.9	6.6	104.4	15.7	104.4	1.1
168	Ethiofencarb	F	F	F	F	90.3	5.6	F	F	F	F	78.4	6.0	71.1	2.1	87.5	8.6	90.1	11.7	F	F	F	F	108.0	3.4
169	Ethiofencarb-sulfone	103.0	8.6	94.0	14.2	114.1	4.7	77.2	7.5	76.6	2.8	94.4	1.9	94.5	1.5	86.3	5.4	98.7	5.6	91.5	15.7	99.3	0.7	108.0	2.2
170	Ethiofencarb-sulfoxide	83.9	8.4	97.1	15.4	85.5	5.1	76.0	1.9	77.5	4.3	82.0	4.5	78.1	16.0	79.0	4.6	86.2	2.4	F	F	73.6	3.3	81.1	3.0
171	Ethion	F	F	F	F	F	F	F	F	F	F	F	F	F	F	F	F	F	F	F	F	F	F	F	F
172	Ethiprole	100.2	6.8	97.7	6.6	90.3	2.8	70.6	12.5	95.0	5.5	90.8	9.2	94.2	2.3	83.2	1.4	90.7	8.1	92.3	1.9	81.5	2.2	89.7	2.8
173	Ethirimol	90.4	5.2	89.1	12.0	88.6	8.3	72.0	6.1	88.9	4.8	84.9	7.7	88.2	2.1	81.5	3.2	91.7	4.6	65.9	3.3	90.2	3.1	73.3	9.5
174	Ethoprophos	84.3	10.2	89.7	12.6	89.7	5.2	63.7	6.0	88.0	17.5	98.9	1.4	91.1	9.3	91.9	1.2	94.2	1.3	80.9	9.8	77.9	3.1	116.5	2.0
175	Ethoxyquin	F	F	F	F	F	F	F	F	F	F	F	F	F	F	F	F	F	F	F	F	F	F	F	F
176	Ethoxysulfuron	F	F	F	F	F	F	F	F	F	F	F	F	F	F	F	F	F	F	F	F	F	F	F	F
177	Etobenzanid	82.8	13.9	50.1	21.0	61.9	10.5	F	F	92.4	10.2	98.6	11.9	99.8	18.9	77.2	2.9	70.5	6.6	116.7	16.4	90.8	12.8	40.3	77.9
178	Etoxazole	196.9	30.7	73.8	15.3	145.0	62.2	F	F	93.5	8.8	181.8	8.6	97.8	0.0	102.3	0.6	103.4	12.1	278.6	15.2	223.3	13.7	237.8	8.0
179	Etrimfos	79.6	12.6	92.6	9.0	85.5	12.7	63.4	15.6	79.3	18.3	108.2	17.0	77.6	8.6	92.8	14.5	87.9	3.9	80.1	14.0	90.4	3.5	108.3	5.8

续表

序号	农药名称	番茄						菠菜						芹菜						结球甘蓝					
		5 μg/kg		10 μg/kg		20 μg/kg		5 μg/kg		10 μg/kg		20 μg/kg		5 μg/kg		10 μg/kg		20 μg/kg		5 μg/kg		10 μg/kg		20 μg/kg	
		AVE	RSD(%) (n=3)	AVE	RSD(%) (n=3)	AVE	RSD(%) (n=3)	AVE	RSD(%) (n=3)	AVE	RSD(%) (n=3)	AVE	RSD(%) (n=3)	AVE	RSD(%) (n=3)	AVE	RSD(%) (n=3)	AVE	RSD(%) (n=3)	AVE	RSD(%) (n=3)	AVE	RSD(%) (n=3)	AVE	RSD(%) (n=3)
180	Famphur	89.1	16.9	79.8	17.7	91.5	2.3	65.6	5.8	82.9	11.0	86.8	7.8	98.9	6.8	84.3	8.2	72.2	1.9	F	F	F	F	100.7	5.4
181	Fenamidone	119.8	3.4	96.5	10.6	86.7	4.5	76.1	10.8	93.6	9.0	93.2	10.9	99.6	2.2	79.0	1.2	89.0	9.5	96.2	4.5	89.7	4.3	96.5	2.1
182	Fenamiphos	85.5	10.6	83.6	1.8	98.2	2.8	93.1	9.3	83.5	10.8	73.1	14.8	85.3	2.8	84.8	8.1	82.0	3.9	93.8	3.2	85.0	6.4	100.9	6.3
183	Fenamiphos-sulfone	81.4	9.2	87.0	1.5	113.1	8.7	81.3	5.7	80.8	0.9	97.9	2.7	104.5	6.7	112.8	3.4	108.5	7.5	85.7	3.5	83.9	5.2	105.3	3.7
184	Fenamiphos-sulfoxide	79.2	11.2	96.2	3.8	115.4	5.2	91.2	4.0	82.4	3.8	94.2	4.0	99.2	4.6	100.3	4.4	115.2	2.0	99.8	3.4	100.9	7.2	102.3	4.6
185	Fenarimol	90.0	12.0	79.9	7.7	103.7	3.6	76.9	6.0	108.6	19.3	108.8	20.1	101.6	9.7	99.5	17.7	73.2	7.3	F	F	F	F	F	F
186	Fenazaquin	97.3	12.2	112.5	11.2	89.6	13.4	1627.2	77.9	105.5	15.9	90.3	5.6	113.1	10.3	89.0	1.7	73.2	11.3	73.7	3.3	38.3	14.7	107.1	12.9
187	Fenbuconazole	91.7	12.9	86.7	2.8	96.5	1.8	80.9	7.7	95.2	18.4	109.4	1.8	87.1	0.7	86.0	8.0	101.9	3.0	82.7	3.4	78.4	8.1	98.9	13.7
188	Fenfuram	93.4	1.1	90.1	9.3	99.2	7.4	77.2	5.6	75.8	4.4	94.8	6.3	80.6	1.1	79.5	3.0	71.0	5.8	79.2	3.0	70.6	7.1	84.8	13.1
189	Fenhexamid	156.2	20.5	112.7	9.9	86.5	8.7	F	F	97.0	21.8	108.6	11.2	94.3	12.4	72.2	17.6	103.2	6.3	87.9	7.5	85.6	3.2	111.8	5.1
190	Fenobucarb	78.2	4.1	82.1	3.7	94.8	5.3	82.3	8.8	77.1	7.3	90.3	7.8	91.3	0.8	83.4	7.5	91.0	9.0	72.9	17.7	96.3	14.7	92.5	13.1
191	Fenothiocarb	87.9	12.4	84.5	1.3	89.7	9.6	83.7	9.5	82.8	13.4	73.2	15.8	84.3	2.8	83.7	4.0	86.4	8.4	103.6	5.5	88.2	1.9	91.0	6.9
192	Fenoxanil	93.2	8.7	86.1	5.1	100.4	0.7	88.8	10.8	94.3	13.8	110.5	12.0	86.9	3.4	91.7	2.6	91.5	5.0	91.7	11.8	82.8	5.9	110.9	10.7
193	Fenoxaprop-ethyl	79.1	65.1	78.1	4.1	83.0	19.5	88.0	10.9	113.6	2.4	76.4	4.8	82.7	6.2	81.8	11.1	96.5	6.7	71.2	10.1	56.3	16.6	116.4	19.3
194	Fenoxycarb	F	F	F	F	F	F	F	F	F	F	121.9	10.3	81.7	5.7	87.8	3.8	99.2	3.8	F	F	F	F	89.8	16.6
195	Fenpropidin	96.9	2.7	95.4	4.7	103.4	3.4	77.3	13.6	93.5	15.2	72.6	12.1	99.1	4.9	80.7	2.4	91.1	8.2	88.1	7.6	70.5	15.8	86.1	13.9
196	Fenpropimorph	89.9	10.7	97.4	4.2	91.0	4.5	94.1	7.8	89.4	19.2	108.0	5.9	82.0	14.7	78.4	8.0	117.1	4.1	F	F	F	F	F	F
197	Fenpyroximate	86.7	7.9	98.7	6.3	86.8	16.2	F	F	F	F	142.3	34.3	82.7	5.4	94.4	2.5	109.7	2.0	F	F	F	F	107.8	12.1
198	Fensulfothion	85.2	6.3	88.7	3.7	108.7	7.0	93.4	4.8	74.8	2.1	86.4	4.3	92.8	3.3	89.2	3.8	93.0	3.4	95.3	2.8	89.9	9.8	87.7	2.1
199	Fenthion	F	F	F	F	90.8	5.5	F	F	F	F	102.6	4.1	F	F	F	F	F	F	F	F	F	F	F	F
200	Fenthion-oxon	86.2	11.2	90.7	10.5	81.3	5.7	76.6	2.8	112.6	3.8	86.3	6.5	95.4	2.1	76.2	7.4	85.6	12.5	84.8	3.8	82.4	6.3	83.4	7.5
201	Fenthion-oxon-sulfone	84.0	10.1	160.0	26.8	82.3	7.0	75.4	3.8	110.5	11.6	74.6	6.6	107.3	1.0	97.5	5.1	101.8	4.0	90.1	1.8	91.0	5.1	100.7	8.2
202	Fenthion-oxon-sulfoxide	87.8	5.7	90.9	10.8	82.1	5.3	90.8	4.2	119.0	2.9	90.7	3.0	115.0	4.2	111.0	2.7	101.1	5.5	96.7	4.0	99.4	2.9	95.9	2.1
203	Fenthion-sulfone	91.5	2.6	99.9	10.9	86.2	7.2	92.8	2.3	101.7	5.0	97.6	6.6	91.4	3.6	74.3	9.9	75.9	17.7	101.1	6.1	101.2	2.7	105.1	2.8
204	Fenthion-sulfoxide	80.3	10.3	97.4	1.0	91.4	4.4	106.1	7.9	106.5	7.3	102.4	4.4	105.8	11.5	98.8	17.8	98.9	7.5	85.8	5.0	90.9	9.1	96.1	5.8
205	Fentrazamide	77.6	15.8	77.6	12.0	78.7	6.1	78.8	4.7	113.0	3.2	112.6	2.9	90.9	6.3	79.5	9.3	96.1	5.1	100.4	14.3	92.5	6.4	83.1	19.1
206	Fenuron	97.1	13.3	97.3	5.3	85.6	6.9	F	F	F	F	111.1	14.3	89.1	6.3	80.2	2.2	101.6	3.9	95.0	2.5	105.1	8.2	104.6	1.2
207	Flamprop	F	F	86.4	15.5	60.6	3.1	F	F	72.7	1.3	72.8	6.8	F	F	52.1	10.1	55.3	8.6	F	F	F	F	F	F
208	Flamprop-isopropyl	94.5	14.6	106.6	6.2	93.0	6.4	F	F	72.8	25.5	86.4	13.6	86.1	2.7	70.1	12.9	100.0	3.8	73.2	3.1	85.2	17.5	104.0	4.7
209	Flamprop-methyl	87.2	9.4	99.4	4.7	92.6	3.8	61.2	14.7	88.9	23.1	90.4	17.0	74.7	10.5	73.6	18.5	96.1	3.8	85.0	5.0	83.9	4.9	102.0	5.3

续表

序号	农药名称	番茄						菠菜						芹菜						结球甘蓝					
		5 μg/kg		10 μg/kg		20 μg/kg		5 μg/kg		10 μg/kg		20 μg/kg		5 μg/kg		10 μg/kg		20 μg/kg		5 μg/kg		10 μg/kg		20 μg/kg	
		AVE	RSD(%) (n=3)	AVE	RSD(%) (n=3)	AVE	RSD(%) (n=3)	AVE	RSD(%) (n=3)	AVE	RSD(%) (n=3)	AVE	RSD(%) (n=3)	AVE	RSD(%) (n=3)	AVE	RSD(%) (n=3)	AVE	RSD(%) (n=3)	AVE	RSD(%) (n=3)	AVE	RSD(%) (n=3)	AVE	RSD(%) (n=3)
210	Flazasulfuron	F	F	F	F	F	F	F	F	F	F	87.0	10.5	F	F	F	F	91.9	7.1	F	F	F	F	F	F
211	Florasulam	74.3	14.3	86.3	2.4	86.8	2.6	190.9	4.2	140.8	22.9	93.8	12.3	238.7	14.7	91.8	4.8	108.0	10.5	F	F	72.5	1.2	88.4	4.4
212	Fluazifop	35.4	15.7	36.4	31.0	32.9	21.2	42.4	13.5	43.8	17.1	36.5	13.2	44.6	11.2	31.4	25.9	39.0	15.0	F	F	F	F	29.6	7.7
213	Fluazifop-butyl	91.2	13.3	104.1	10.4	91.5	8.6	131.7	13.4	73.4	35.8	99.9	16.1	76.2	10.5	70.2	17.8	96.9	10.2	47.5	10.2	34.7	5.4	42.9	7.7
214	Flucycloxuron	F	F	F	F	F	F	F	F	F	F	F	F	F	F	F	F	F	F	F	F	F	F	F	F
215	Flufenacet	87.8	10.7	81.3	0.4	100.6	0.8	85.0	9.3	79.5	12.7	70.2	11.9	90.1	1.7	86.2	4.7	89.2	2.8	92.3	0.1	85.6	7.6	94.5	5.4
216	Flufenoxuron	F	F	F	F	F	F	F	F	F	F	F	F	F	F	F	F	F	F	F	F	F	F	F	F
217	Flufenpyr-ethyl	96.2	8.0	88.3	11.5	82.0	8.0	76.6	8.6	77.2	4.6	110.0	0.8	115.1	4.4	97.6	15.1	98.9	17.6	89.1	13.8	85.8	6.8	86.7	19.2
218	Flumequine	97.5	5.1	81.7	9.2	97.6	4.2	73.4	7.3	87.4	13.7	96.9	5.4	89.1	4.9	77.1	1.1	89.1	10.2	82.2	11.3	93.5	9.1	94.5	4.5
219	Flumetsulam	72.4	2.8	99.8	3.8	98.3	3.0	70.8	4.1	70.8	4.1	97.4	4.0	94.2	0.9	103.3	14.0	81.4	10.6	71.1	15.1	77.5	1.6	75.4	12.6
220	Flumiclorac-pentyl	112.1	98.0	85.8	12.3	87.1	19.4	F	F	F	F	110.4	13.8	74.0	4.2	110.0	12.3	103.7	6.4	F	F	F	F	107.8	4.9
221	Fluometuron	89.4	1.6	86.3	5.6	102.0	6.2	73.2	6.4	72.2	4.4	96.9	5.7	92.9	3.2	84.4	4.1	94.7	2.4	85.3	5.7	80.7	5.8	76.9	0.5
222	Fluopyram	91.9	7.0	88.0	10.5	83.0	5.6	76.0	4.8	105.8	19.1	92.6	16.1	104.7	4.5	107.6	4.8	93.4	10.7	94.0	8.1	85.0	4.4	86.6	10.1
223	Fluoroglycofen-ethyl	F	F	F	F	F	F	F	F	F	F	F	F	F	F	F	F	F	F	F	F	F	F	F	F
224	Fluoxastrobin	93.0	6.6	85.7	10.5	79.9	8.1	78.3	5.7	107.4	17.1	96.8	19.9	112.9	3.6	97.7	8.8	91.7	16.5	97.6	7.8	88.8	8.7	87.6	12.4
225	Fluquinconazole	92.8	4.2	91.8	7.6	100.3	7.9	84.1	3.6	95.0	9.0	99.8	16.8	100.8	4.0	87.2	4.1	108.7	6.4	102.7	2.0	80.4	12.5	93.9	5.9
226	Fluridone	93.6	6.3	85.9	4.2	102.0	4.8	80.1	7.6	81.4	11.1	78.4	10.2	87.8	3.8	84.7	2.3	97.8	4.2	89.7	4.1	87.3	5.7	93.3	4.3
227	Flurochloridone	F	F	F	F	91.9	4.7	F	F	F	F	69.3	17.6	F	F	F	F	96.7	6.3	F	F	F	F	117.4	17.0
228	Flurprimidol	90.4	16.5	97.4	9.0	82.9	3.7	71.2	0.5	104.6	16.5	85.9	11.5	101.8	4.6	93.2	3.5	92.6	7.7	87.9	3.5	79.1	5.5	77.7	9.7
229	Flurtamone	85.9	12.9	97.9	6.0	89.9	5.1	70.2	5.1	94.5	17.4	95.2	17.2	79.3	12.0	81.5	19.8	96.6	2.9	83.7	6.9	79.9	5.7	104.7	3.3
230	Flusilazole	154.5	3.3	94.8	14.8	90.6	5.9	100.4	11.8	93.5	15.0	110.7	13.6	100.2	8.3	79.6	3.5	74.6	9.0	112.3	8.1	86.4	6.1	95.1	10.9
231	Fluthiacet-Methyl	84.9	16.3	105.7	8.4	85.0	8.4	81.7	20.0	77.6	11.4	86.4	9.6	57.5	15.5	44.2	28.0	84.6	6.3	56.2	1.4	52.5	2.7	20.0	22.7
232	Flutolanil	90.1	12.2	101.1	5.1	89.0	5.8	75.1	9.6	94.5	18.4	100.8	19.3	88.9	11.4	86.4	17.5	89.8	3.3	84.6	5.7	87.8	5.4	105.4	3.6
233	Flutriafol	79.2	10.7	96.2	5.6	92.3	4.4	81.1	8.6	77.4	10.4	81.4	0.4	78.1	9.0	83.1	9.0	80.8	2.8	94.4	6.5	107.3	11.0	101.9	5.2
234	Fluxapyroxad	94.0	6.8	91.1	8.7	79.2	5.6	78.8	3.5	107.0	12.2	88.9	14.5	109.8	3.8	94.6	3.6	100.3	7.7	92.9	1.5	93.4	19.7	87.1	11.8
235	Fonofos	F	F	F	F	95.0	5.3	F	F	F	F	F	F	F	F	85.5	6.5	110.0	2.5	F	F	79.5	5.7	82.6	0.9
236	Foramsulfuron	F	F	107.6	10.9	63.4	13.1	F	F	F	F	75.1	6.1	F	F	F	F	96.1	14.3	58.8	8.3	57.3	17.8	84.7	3.2
237	Forchlorfenuron	F	F	F	F	F	F	F	F	F	F	F	F	F	F	F	F	F	F	F	F	F	F	F	F
238	Fosthiazate	90.3	4.4	85.4	4.3	102.7	7.4	79.9	4.8	80.1	3.2	93.2	2.7	92.9	3.1	83.6	3.7	96.5	4.0	88.3	4.0	86.7	5.1	82.4	1.4
239	Fuberidazole	78.6	5.9	84.1	6.7	84.0	3.9	57.4	16.5	84.4	10.1	102.7	9.3	70.5	17.6	73.0	9.1	79.7	9.7	58.2	3.8	104.7	4.0	39.6	20.0

续表

序号	农药名称	番茄						菠菜						芹菜						结球甘蓝					
		5 μg/kg		10 μg/kg		20 μg/kg		5 μg/kg		10 μg/kg		20 μg/kg		5 μg/kg		10 μg/kg		20 μg/kg		5 μg/kg		10 μg/kg		20 μg/kg	
		AVE	RSD(%) (n=3)	AVE	RSD(%) (n=3)	AVE	RSD(%) (n=3)	AVE	RSD(%) (n=3)	AVE	RSD(%) (n=3)	AVE	RSD(%) (n=3)	AVE	RSD(%) (n=3)	AVE	RSD(%) (n=3)	AVE	RSD(%) (n=3)	AVE	RSD(%) (n=3)	AVE	RSD(%) (n=3)	AVE	RSD(%) (n=3)
240	Furalaxyl	85.1	12.3	97.3	5.3	90.2	3.0	70.5	11.2	88.7	14.7	84.9	7.8	85.8	7.7	83.1	9.8	75.1	5.3	84.1	5.4	87.2	7.7	99.3	4.8
241	Furathiocarb	246.4	4.5	91.8	11.7	105.6	9.9	93.3	13.1	82.1	17.3	106.0	16.7	107.4	5.9	83.1	3.5	164.5	15.6	117.5	10.8	82.4	5.6	93.1	15.4
242	Furmecyclox	142.0	3.2	90.3	12.0	89.2	10.0	F	F	F	F	F	F	15.6	37.2	11.8	21.0	13.0	16.7	23.5	14.7	14.0	16.0	17.9	34.5
243	Halofenozide	F	F	F	F	F	F	F	F	88.1	18.5	107.6	5.9	F	F	F	F	F	F	F	F	F	F	94.1	5.3
244	Halosulfuron-methyl	98.6	11.3	77.5	5.5	99.6	5.7	87.7	9.1	75.7	3.8	104.5	11.0	105.1	2.8	88.1	1.1	84.3	9.3	91.0	7.7	93.9	8.2	132.3	5.7
245	Haloxyfop	F	F	F	F	43.0	16.6	F	F	F	F	96.8	16.0	F	F	F	F	F	F	F	F	F	F	112.8	89.2
246	Haloxyfop-2-ethoxyethyl	229.0	2.2	90.0	11.1	93.4	9.2	117.4	14.8	91.4	16.3	114.3	17.8	104.2	6.8	78.8	5.2	98.3	14.6	108.1	9.1	76.6	5.9	92.4	18.6
247	Haloxyfop-methyl	90.5	13.2	98.1	5.4	93.0	5.0	94.0	19.8	77.4	15.9	84.6	11.1	79.5	12.5	96.5	5.6	92.4	6.3	71.4	1.8	52.9	2.8	88.4	6.9
248	Heptenophos	87.1	0.5	84.8	6.3	98.0	9.0	72.4	1.2	74.1	9.8	94.5	11.6	90.0	2.4	82.8	5.1	101.6	2.4	86.4	4.8	87.8	6.7	81.7	5.8
249	Hexaconazole	118.9	1.1	91.0	13.2	92.3	5.8	88.1	10.5	91.8	12.8	111.0	10.9	99.1	18.3	78.7	5.1	82.1	6.3	100.8	5.7	84.8	1.8	87.7	12.6
250	Hexazinone	F	F	F	F	F	F	81.0	3.1	79.2	1.2	99.1	2.6	92.5	3.0	85.9	5.5	99.8	3.2	93.1	15.7	96.1	8.0	73.8	1.0
251	Hexythiazox	F	F	F	F	83.7	6.9	F	F	F	F	F	F	F	F	F	F	101.1	18.3	F	F	F	F	F	F
252	Hydramethylnon	F	F	F	F	F	F	74.0	16.1	99.3	13.2	81.6	13.5	F	F	F	F	F	F	F	F	F	F	F	F
253	Imazalil	94.9	11.0	90.5	7.2	98.8	7.8	86.4	14.4	99.9	11.0	98.2	9.8	85.0	8.2	75.2	6.6	100.0	7.4	85.6	2.0	86.7	5.6	79.0	1.7
254	Imazamethabenz-methyl	89.3	11.5	85.5	7.5	102.2	5.6	79.3	5.0	70.8	2.5	96.0	1.2	93.3	1.7	84.1	6.5	97.8	3.5	95.0	2.6	94.6	5.1	94.0	2.3
255	Imazamox	F	F	55.5	40.7	45.6	27.4	F	F	28.9	18.8	70.0	8.2	71.1	4.7	90.6	15.5	87.9	4.8	44.9	17.4	47.4	14.2	14.0	75.2
256	Imazapic	78.7	4.5	62.0	11.0	51.9	30.2	F	F	26.2	12.1	56.5	6.5	77.0	0.9	72.2	17.4	73.8	4.3	31.3	5.3	49.9	17.2	20.1	39.4
257	Imazapyr	F	F	61.9	4.2	43.4	37.5	37.0	39.7	47.5	8.1	42.7	21.7	10.5	15.9	18.6	34.1	23.2	27.8	F	F	F	F	45.0	12.3
258	Imazaquin	1.5	2.2	9.6	92.8	2.1	44.7	21.1	75.3	9.6	126.5	20.5	3.4	31.7	125.4	29.0	13.3	18.3	13.7	F	F	F	F	F	F
259	Imazethapyr	71.2	6.2	109.1	8.9	85.4	8.4	59.8	9.1	70.2	7.1	74.7	1.4	41.0	32.7	81.8	6.4	83.6	12.3	21.1	32.0	15.5	64.5	83.6	3.6
260	Imazosulfuron	F	F	F	F	F	F	F	F	F	F	F	F	F	F	F	F	F	F	F	F	F	F	F	F
261	Imibenconazole	F	F	F	F	F	F	F	F	F	F	F	F	F	F	F	F	29.8	9.1	F	F	F	F	F	F
262	Imidacloprid	206.2	9.2	94.4	6.2	87.8	6.9	146.1	7.7	141.6	4.0	116.9	5.7	102.7	3.1	85.5	6.4	104.1	9.3	114.7	2.4	94.5	10.6	105.1	1.0
263	Imidacloprid-urea	87.1	8.2	74.4	8.5	77.3	8.7	85.0	8.9	117.4	7.6	77.1	3.8	110.5	12.1	102.6	9.3	86.1	3.4	80.3	5.3	83.6	2.8	82.0	1.3
264	Inabenfide	F	F	F	F	F	F	51.4	7.7	42.3	3.7	87.7	16.2	F	F	F	F	15.6	26.5	52.2	6.3	75.1	4.3	45.7	3.7
265	Indoxacarb	97.2	17.9	108.4	12.8	93.5	8.9	108.1	2.3	112.7	10.4	91.7	9.3	82.3	10.0	82.5	17.5	102.6	5.9	73.8	3.2	50.7	2.8	111.1	9.7
266	Iodosulfuron-methyl	F	F	81.7	15.9	25.5	25.2	87.5	24.1	27.2	69.7	178.2	64.8	30.2	101.3	30.8	23.7	13.9	55.6	F	F	F	F	F	F
267	Ipconazole	79.2	13.1	111.3	10.0	78.4	8.7	65.6	2.9	99.7	0.2	112.7	2.9	90.0	11.8	77.8	15.9	86.7	9.6	83.7	18.5	88.9	10.9	86.1	6.3
268	Iprobenfos	87.1	10.1	97.0	6.2	93.1	5.3	74.9	1.4	85.5	18.9	100.6	19.8	88.3	3.5	72.9	7.5	99.9	3.2	74.9	2.4	74.3	4.0	103.8	4.9
269	Iprovalicarb	90.1	11.3	96.0	5.6	92.1	1.7	86.1	4.6	86.5	14.3	106.7	18.5	90.3	8.1	71.0	0.3	92.6	6.9	75.9	4.2	73.8	1.3	100.8	6.4

续表

序号	农药名称	番茄						菠菜						芹菜						结球甘蓝					
		5 μg/kg		10 μg/kg		20 μg/kg		5 μg/kg		10 μg/kg		20 μg/kg		5 μg/kg		10 μg/kg		20 μg/kg		5 μg/kg		10 μg/kg		20 μg/kg	
		AVE	RSD(%) (n=3)	AVE	RSD(%) (n=3)	AVE	RSD(%) (n=3)	AVE	RSD(%) (n=3)	AVE	RSD(%) (n=3)	AVE	RSD(%) (n=3)	AVE	RSD(%) (n=3)	AVE	RSD(%) (n=3)	AVE	RSD(%) (n=3)	AVE	RSD(%) (n=3)	AVE	RSD(%) (n=3)	AVE	RSD(%) (n=3)
270	Isazofos	110.3	2.5	91.0	12.2	78.9	8.5	80.6	12.6	99.8	10.1	93.4	11.0	95.6	1.3	81.3	5.3	83.9	6.1	101.0	5.0	84.0	5.1	91.4	6.3
271	Isocarbamid	F	F	58.8	65.2	86.8	12.9	85.8	0.6	94.9	4.0	88.6	9.3	87.3	1.3	78.5	6.5	92.8	3.7	50.5	3.5	114.5	8.9	113.0	3.9
272	Isocarbophos	88.5	5.2	62.3	3.7	76.6	15.1	30.3	6.1	30.6	6.5	37.8	5.8	94.3	12.0	71.6	5.7	82.0	6.4	95.1	8.0	103.1	2.0	126.0	1.5
273	Isofenphos	90.8	19.5	84.0	6.0	97.0	6.4	76.5	11.4	99.6	3.3	113.4	5.4	84.5	4.7	80.2	9.2	88.8	8.8	88.2	3.9	78.8	7.9	96.7	15.2
274	Isofenphos-oxon	89.2	6.4	84.4	4.4	102.2	5.1	98.1	2.7	85.9	12.8	78.2	14.6	93.2	1.8	86.1	2.7	95.8	4.6	89.8	0.9	87.7	5.5	90.5	1.4
275	Isomethiozin	F	F	F	F	F	F	F	F	F	F	F	F	F	F	F	F	F	F	F	F	F	F	F	F
276	Isoprocarb	F	F	F	F	F	F	F	F	F	F	F	F	94.9	19.6	83.0	5.4	82.2	3.9	82.6	11.4	72.3	1.4	99.9	15.1
277	Isopropalin	F	F	F	F	F	F	F	F	F	F	F	F	F	F	F	F	F	F	F	F	F	F	F	F
278	Isoprothiolane	93.6	7.8	85.9	4.1	102.9	4.5	80.5	9.6	82.7	13.4	71.3	10.6	92.8	1.6	85.5	1.1	116.1	11.2	92.1	3.9	86.4	6.2	90.5	6.2
279	Isoproturon	98.1	3.6	90.1	8.3	93.2	5.5	84.2	5.0	75.1	2.1	97.6	2.4	93.2	3.0	84.8	4.3	93.6	8.0	89.1	2.0	88.0	3.5	87.2	4.5
280	Isouron	92.1	9.3	103.7	5.1	91.4	7.2	71.7	14.3	94.7	15.2	93.2	5.5	80.7	7.5	87.9	7.4	84.0	2.5	86.2	5.6	91.8	4.7	98.7	1.8
281	Isoxaben	92.2	13.9	103.3	6.5	89.8	3.6	17.0	54.6	50.1	82.6	90.4	17.5	79.8	13.4	79.9	19.4	96.2	5.2	F	F	75.0	8.6	105.3	9.1
282	Isoxadifen-ethyl	F	F	F	F	F	F	F	F	F	F	F	F	F	F	F	F	F	F	F	F	F	F	F	F
283	Isoxaflutole	F	F	F	F	F	F	F	F	F	F	F	F	F	F	F	F	F	F	F	F	F	F	F	F
284	Isoxathion	191.1	5.8	78.7	9.7	93.1	9.5	F	F	95.6	12.0	114.9	9.0	119.2	11.2	78.6	10.2	85.4	7.6	116.8	4.1	106.1	16.9	106.9	10.8
285	Kadethrin	97.4	6.7	51.6	3.1	97.0	15.5	F	F	F	F	100.7	9.5	F	F	F	F	116.6	17.7	F	F	F	F	53.4	13.3
286	Karbutilate	84.8	8.2	96.6	1.9	91.6	2.6	90.4	6.0	98.4	3.6	93.8	2.9	84.9	0.7	89.1	3.9	89.5	2.2	107.1	10.4	94.5	7.0	98.9	5.2
287	Kresoxim-methyl	90.7	9.2	85.4	3.0	109.2	1.9	F	F	85.4	24.1	81.0	5.4	80.1	6.6	85.6	3.9	88.6	7.1	93.1	9.0	88.0	5.5	95.4	7.7
288	Lactofen	F	F	F	F	F	F	F	F	F	F	F	F	F	F	F	F	F	F	F	F	F	F	F	F
289	Linuron	F	F	80.2	2.5	95.7	3.9	F	F	F	F	88.0	5.3	90.7	1.8	84.8	4.2	93.3	4.1	F	F	83.0	8.8	84.4	3.0
290	Malaoxon	90.1	2.5	92.6	2.4	88.7	4.6	71.9	7.4	90.6	6.3	85.4	6.3	89.5	0.6	77.1	3.9	84.6	9.9	79.1	4.5	92.9	0.7	80.2	15.7
291	Malathion	86.4	7.2	87.0	4.2	93.8	5.0	82.7	10.5	78.0	10.5	79.2	11.9	86.3	3.4	79.7	3.5	83.0	8.5	89.4	1.9	86.5	4.8	92.2	5.7
292	Mandipropamid	92.4	5.0	89.1	11.2	80.9	6.5	74.7	5.6	104.2	16.7	94.6	18.9	98.0	3.7	98.0	3.0	84.3	9.0	101.5	8.0	92.5	8.3	90.2	8.8
293	Mecarbam	F	F	85.8	3.9	94.3	7.3	77.9	11.1	79.1	11.5	87.6	2.1	91.7	3.0	87.9	4.2	85.8	12.8	92.4	1.6	89.9	6.3	47.2	4.2
294	Mefenacet	91.6	9.3	85.2	3.2	93.7	5.3	83.8	7.8	85.1	15.2	77.6	13.9	87.9	3.8	85.4	4.2	90.4	10.2	94.6	2.4	88.5	6.1	95.4	4.9
295	Mefenpyr-diethyl	93.7	11.0	84.4	2.0	87.4	13.1	87.4	9.2	96.8	19.5	70.3	17.9	79.2	3.5	91.7	6.7	88.1	13.0	89.4	2.5	82.0	6.0	102.4	9.1
296	Mepanipyrim	101.7	8.8	84.6	2.6	96.7	7.9	F	F	F	F	65.9	19.4	88.0	5.2	88.6	9.6	112.4	7.1	F	F	F	F	100.9	15.2
297	Mephosfolan	83.8	10.9	95.7	4.9	92.4	1.9	86.6	5.7	93.6	6.4	88.1	2.1	86.3	3.5	87.2	2.5	93.4	1.2	89.4	6.6	92.1	7.4	101.0	4.8
298	Mepiquat	115.3	4.4	77.4	6.8	70.2	5.1	59.7	6.2	77.2	7.5	81.1	1.5	71.7	5.5	90.6	14.5	75.3	10.9	53.9	4.3	70.0	3.2	53.3	12.4
299	Mepronil	91.2	9.3	86.1	3.8	95.0	4.9	85.3	10.6	83.3	13.7	75.5	14.9	93.7	0.8	91.9	0.8	119.1	12.3	93.8	6.4	88.1	7.5	91.4	5.6

续表

序号	农药名称	番茄						菠菜						芹菜						结球甘蓝					
		5 μg/kg		10 μg/kg		20 μg/kg		5 μg/kg		10 μg/kg		20 μg/kg		5 μg/kg		10 μg/kg		20 μg/kg		5 μg/kg		10 μg/kg		20 μg/kg	
		AVE	RSD(%) (n=3)	AVE	RSD(%) (n=3)	AVE	RSD(%) (n=3)	AVE	RSD(%) (n=3)	AVE	RSD(%) (n=3)	AVE	RSD(%) (n=3)	AVE	RSD(%) (n=3)	AVE	RSD(%) (n=3)	AVE	RSD(%) (n=3)	AVE	RSD(%) (n=3)	AVE	RSD(%) (n=3)	AVE	RSD(%) (n=3)
300	Mesosulfuron-methyl	77.1	12.9	90.8	5.7	86.8	2.6	91.3	13.6	100.8	11.9	92.3	4.9	57.3	25.9	72.1	4.0	97.1	2.1	79.3	7.8	84.8	5.5	98.9	6.1
301	Metalaxyl	80.2	7.5	96.7	3.3	90.9	1.5	74.4	7.7	94.3	7.3	89.1	6.0	90.7	4.2	91.4	4.1	91.0	9.7	86.9	6.0	92.2	6.0	83.4	19.3
302	Metalaxyl-M	92.9	2.0	90.2	3.7	88.3	4.7	74.4	7.7	94.3	7.3	89.1	6.0	88.1	3.0	81.1	2.0	92.4	1.6	92.4	3.4	99.1	0.9	100.4	4.1
303	Metamitron	F	F	F	F	102.8	13.1	74.2	9.5	97.5	11.3	102.5	7.7	91.0	2.5	79.3	11.9	99.0	10.1	85.2	5.8	89.3	3.3	63.2	4.8
304	Metazachlor	87.2	11.0	85.1	5.4	94.6	4.6	78.5	7.4	80.2	1.7	94.4	3.7	96.7	2.1	83.3	3.4	91.6	10.1	91.0	1.4	90.5	5.6	90.5	4.9
305	Metconazole	90.6	11.1	73.0	1.8	82.7	1.5	106.0	10.6	84.4	14.8	71.8	8.4	59.1	8.0	82.7	6.9	76.3	10.8	83.7	9.0	98.1	2.5	79.1	11.8
306	Methabenzthiazuron	97.4	6.6	38.3	98.8	85.0	6.4	79.8	19.9	100.5	10.5	71.1	12.5	87.5	2.5	74.3	9.5	76.9	1.0	50.9	7.7	28.7	1.5	46.9	38.0
307	Methamidophos	F	F	75.3	11.4	88.2	8.6	59.7	6.1	75.7	12.1	85.0	31.6	82.0	3.4	76.3	7.9	109.9	7.8	88.6	9.3	85.9	0.2	85.9	4.5
308	Methiocarb	86.8	3.9	87.5	7.6	97.3	8.6	F	F	75.8	9.9	108.8	4.8	95.7	12.2	77.9	7.3	89.5	9.6	F	F	F	F	85.2	6.4
309	Methiocarb-sulfone	F	F	F	F	F	F	F	F	F	F	F	F	F	F	F	F	F	F	F	F	F	F	F	F
310	Methiocarb-sulfoxide	111.9	3.2	86.6	14.7	93.5	3.0	71.4	9.4	93.5	5.9	82.5	10.0	89.8	1.4	80.1	4.9	88.9	5.9	82.6	7.8	100.7	2.1	80.8	6.6
311	Methomyl	F	F	97.2	7.2	94.0	6.2	F	F	F	F	F	F	F	F	83.8	17.6	95.1	17.3	190.8	16.6	211.0	0.8	115.2	10.7
312	Methoprotryne	83.7	9.3	96.0	5.0	95.2	2.3	73.5	9.0	94.9	14.3	108.0	19.1	81.4	8.1	74.4	3.8	71.7	5.7	80.8	4.4	71.3	0.0	99.2	4.3
313	Methoxyfenozide	103.5	3.4	92.3	10.1	89.9	2.2	89.5	8.5	94.0	13.2	84.0	14.4	106.2	3.2	88.0	9.0	89.9	4.4	108.7	4.8	108.0	2.7	106.9	8.6
314	Metobromuron	90.6	2.7	91.6	5.2	88.1	3.6	72.3	11.4	94.2	7.3	87.4	8.2	121.6	0.7	81.7	2.3	94.8	7.4	95.1	5.2	92.3	1.9	88.6	1.9
315	Metolachlor	119.4	1.4	93.4	10.7	91.4	6.7	79.7	12.8	98.8	8.7	92.0	14.4	96.8	4.6	80.1	3.4	86.5	7.8	103.4	4.2	88.1	2.6	89.5	4.5
316	Metolcarb	F	F	F	F	F	F	86.3	6.3	61.6	3.6	73.9	7.7	F	F	F	F	F	F	F	F	F	F	104.8	12.8
317	Metominostrobin-(*E*)	84.8	14.4	91.1	10.1	86.1	5.0	84.7	4.1	112.5	3.2	89.0	5.4	105.9	1.2	91.1	3.1	92.9	6.2	89.7	3.9	86.4	3.3	87.8	3.3
318	Metosulam	84.9	2.7	92.8	6.0	80.2	5.0	76.6	8.0	93.2	6.7	92.9	5.4	99.8	1.0	86.1	1.0	98.8	7.5	113.2	3.6	113.0	2.5	109.6	13.9
319	Metoxuron	88.4	3.4	93.8	2.6	89.3	4.9	72.3	7.3	92.3	7.2	90.4	2.7	90.4	1.7	80.6	2.5	92.7	8.3	89.8	4.3	98.6	0.8	93.3	7.0
320	Metrafenone	101.8	8.9	89.4	13.5	82.1	5.6	72.4	9.0	103.3	19.9	112.4	5.8	118.0	5.2	102.6	6.5	81.5	7.6	98.3	15.7	94.0	4.0	78.1	13.8
321	Metribuzin	99.0	14.8	88.5	9.8	93.4	8.9	F	F	71.2	8.6	121.3	3.7	84.1	7.1	86.9	10.0	111.0	6.8	118.1	1.6	104.4	11.8	29.0	10.3
322	Metsulfuron-methyl	78.4	1.1	98.4	24.8	82.3	2.7	77.9	1.9	77.5	3.3	73.8	6.5	95.3	17.2	90.2	12.4	117.0	4.2	58.4	4.1	94.0	6.8	74.0	2.7
323	Mevinphos	92.1	6.5	98.0	0.4	91.8	8.7	54.4	18.1	70.4	6.2	115.7	13.6	89.8	1.7	76.9	4.7	97.3	12.6	79.0	15.6	79.7	6.3	77.1	10.4
324	Mexacarbate	86.0	7.2	102.9	7.2	89.3	7.5	F	F	86.8	7.4	86.1	4.4	82.0	3.8	73.2	2.0	84.2	5.5	81.0	6.3	91.8	2.2	70.5	17.5
325	Molinate	F	F	79.4	13.7	74.4	5.9	F	F	F	F	94.3	20.9	F	F	F	F	82.1	16.3	F	F	F	F	F	F
326	Monocrotophos	77.7	7.0	100.7	6.0	112.5	6.2	86.6	2.8	71.7	4.7	72.9	8.4	101.1	2.6	93.1	5.5	106.9	9.9	86.9	5.4	84.9	4.4	78.7	15.9
327	Monolinuron	90.9	7.2	91.5	9.3	81.4	2.9	81.3	3.1	114.0	2.0	86.1	7.1	90.6	2.0	100.2	3.1	93.7	3.8	119.3	0.6	95.7	3.0	93.8	3.2
328	Monuron	82.3	15.3	99.9	93.3	104.3	7.3	70.6	6.4	75.9	4.5	95.9	2.0	93.3	4.1	87.0	4.0	99.8	5.3	81.4	3.8	86.7	1.9	90.9	3.1
329	Myclobutanil	99.7	9.7	85.5	2.7	86.0	5.2	90.2	9.6	86.1	10.9	76.7	18.5	89.4	1.6	86.6	5.9	91.0	8.4	F	F	F	F	97.4	2.7

续表

序号	农药名称	番茄						菠菜						芹菜						结球甘蓝					
		5 μg/kg		10 μg/kg		20 μg/kg		5 μg/kg		10 μg/kg		20 μg/kg		5 μg/kg		10 μg/kg		20 μg/kg		5 μg/kg		10 μg/kg		20 μg/kg	
		AVE	RSD(%) (n=3)	AVE	RSD(%) (n=3)	AVE	RSD(%) (n=3)	AVE	RSD(%) (n=3)	AVE	RSD(%) (n=3)	AVE	RSD(%) (n=3)	AVE	RSD(%) (n=3)	AVE	RSD(%) (n=3)	AVE	RSD(%) (n=3)	AVE	RSD(%) (n=3)	AVE	RSD(%) (n=3)	AVE	RSD(%) (n=3)
330	Naproanilide	106.7	7.8	95.6	4.4	80.3	9.7	F	F	F	F	109.3	8.8	100.9	17.7	99.8	12.6	116.9	7.4	F	F	96.2	8.9	77.8	11.9
331	Napropamide	82.4	1.3	93.7	11.1	95.2	6.9	84.6	11.1	96.2	12.1	91.9	17.0	93.9	1.7	80.7	2.2	98.3	7.5	105.4	4.5	87.2	2.3	89.7	5.7
332	Naptalam	F	F	F	F	F	F	F	F	F	F	F	F	F	F	F	F	F	F	F	F	F	F	F	F
333	Neburon	94.9	19.5	111.5	9.7	91.2	9.4	86.7	15.3	73.9	23.6	88.6	8.4	77.7	7.9	92.2	8.3	71.7	6.1	76.6	7.8	92.8	0.8	116.4	3.0
334	Nitenpyram	102.7	16.7	108.3	7.9	93.2	5.8	92.9	15.0	86.4	26.5	94.1	6.6	85.5	6.9	92.1	4.4	99.6	4.6	105.2	6.0	100.4	10.8	84.0	9.9
335	Nitralin	F	F	F	F	84.0	5.0	F	F	F	F	F	F	F	F	F	F	85.4	11.0	F	F	F	F	83.6	15.5
336	Norflurazon	90.3	0.2	93.7	5.6	89.2	3.8	72.2	9.4	91.6	7.0	88.8	3.6	100.4	1.3	85.8	1.9	110.2	7.3	95.4	4.7	98.9	0.6	96.3	3.5
337	Nuarimol	99.1	4.6	87.2	3.4	94.9	3.6	77.3	7.9	77.5	10.0	86.4	6.9	89.2	3.2	82.4	10.3	94.0	11.0	90.2	9.0	91.5	4.0	78.5	4.4
338	Octhilinone	98.6	2.3	81.6	9.4	78.7	8.4	6.2	43.6	5.9	50.0	8.3	26.0	78.6	2.6	78.9	6.9	70.7	3.2	95.5	4.1	75.6	2.9	85.9	8.9
339	Ofurace	92.2	2.5	90.7	8.3	102.6	6.7	82.2	4.9	77.4	1.5	95.1	3.2	96.4	2.3	89.2	3.9	96.6	2.7	91.1	3.5	87.4	4.9	88.0	3.0
340	Omethoate	96.7	56.5	94.2	3.3	85.1	6.4	72.0	2.8	87.2	5.7	93.8	1.5	88.8	0.9	78.5	2.2	89.4	9.2	92.7	3.4	98.1	2.9	105.2	4.2
341	Orbencarb	170.8	2.9	88.6	10.8	94.2	4.6	99.5	10.9	101.1	12.6	110.7	12.6	99.7	3.7	74.7	3.2	75.3	7.0	105.5	4.3	82.2	4.1	85.5	13.7
342	Orthosulfamuron	F	F	F	F	F	F	F	F	F	F	F	F	F	F	F	F	F	F	F	F	F	F	F	F
343	Oxadixyl	102.2	13.0	226.0	62.6	98.3	4.9	73.7	6.4	80.5	2.7	93.9	5.1	92.7	2.3	88.1	1.0	97.5	9.5	183.7	21.8	81.6	12.4	74.4	7.0
344	Oxamyl	108.6	1.0	93.9	20.0	119.7	45.2	58.8	9.1	65.7	5.3	46.1	5.3	95.6	7.2	84.6	0.3	98.9	5.6	F	F	F	F	F	F
345	Oxamyl-oxime	F	F	F	F	91.7	2.0	72.3	3.8	79.6	3.5	70.8	7.2	87.0	0.4	89.1	6.4	90.8	3.8	F	F	104.8	0.4	108.0	12.0
346	Oxycarboxin	102.7	12.0	92.3	14.9	112.2	7.2	72.4	5.6	83.2	3.7	108.2	6.7	91.9	2.1	80.5	3.0	101.5	4.6	83.7	9.2	73.2	12.6	79.4	11.1
347	oxydemeton-methyl	86.9	12.2	91.1	9.7	92.4	8.3	71.1	1.2	86.3	6.0	103.4	8.4	87.1	9.9	86.0	5.8	107.5	5.2	89.1	4.4	110.2	2.8	88.9	4.1
348	Oxyfluorfen	F	F	F	F	F	F	F	F	F	F	F	F	F	F	F	F	F	F	F	F	F	F	F	F
349	Paclobutrazol	84.3	8.9	103.2	4.7	92.8	3.1	74.0	10.1	82.8	11.8	103.6	18.7	83.1	14.4	75.0	0.5	96.4	5.3	82.8	3.4	86.4	6.0	100.4	6.9
350	Paraoxon-ethyl	74.4	6.0	84.7	4.4	84.9	4.3	70.7	4.9	81.3	6.8	87.6	5.0	94.0	1.3	86.9	3.3	83.7	0.3	74.5	2.4	84.7	7.6	89.4	2.8
351	Paraoxon-methyl	F	F	83.9	16.1	81.2	5.3	79.3	10.4	87.3	14.5	94.2	9.6	F	F	86.2	5.8	94.5	2.3	81.4	6.4	81.2	8.0	105.7	6.6
352	Pebulate	F	F	59.0	11.1	61.3	10.0	F	F	F	F	102.9	10.2	80.2	11.8	86.2	14.4	77.3	3.4	F	F	F	F	92.4	8.9
353	Penconazole	87.7	14.2	105.6	6.7	94.0	6.4	82.4	18.7	81.9	21.1	102.5	19.9	71.2	13.6	70.6	6.1	96.1	6.4	83.2	4.8	61.4	1.0	100.8	6.4
354	Pencycuron	164.0	8.4	75.1	9.2	95.5	10.1	125.6	15.7	87.9	10.5	119.3	17.0	116.4	13.2	78.4	10.1	81.5	8.9	118.1	1.2	112.5	16.0	103.6	7.0
355	Penoxsulam	43.3	26.9	83.6	5.2	63.6	31.2	98.3	5.6	118.8	7.0	93.9	4.6	85.1	6.1	88.5	4.9	73.5	11.0	88.9	11.7	90.5	3.3	108.3	6.2
356	Pentanochlor	81.4	1.3	87.8	9.4	91.4	11.3	98.3	11.1	91.3	8.4	95.9	18.2	112.7	5.6	82.0	3.7	90.7	4.2	103.1	5.7	97.0	5.7	94.7	5.2
357	Phenmedipham	100.8	10.6	111.0	10.4	87.3	6.2	71.2	15.5	82.0	18.8	100.9	14.7	86.0	12.4	72.4	18.3	73.2	11.6	79.1	12.3	94.2	3.6	89.4	4.5
358	Phenthoate	F	F	F	F	F	F	F	F	F	F	F	F	F	F	F	F	84.2	9.2	F	F	82.5	5.7	94.5	0.3
359	Phorate	F	F	F	F	F	F	F	F	F	F	F	F	F	F	F	F	F	F	F	F	F	F	F	F

续表

序号	农药名称	番茄						菠菜						芹菜						结球甘蓝					
		5 μg/kg		10 μg/kg		20 μg/kg		5 μg/kg		10 μg/kg		20 μg/kg		5 μg/kg		10 μg/kg		20 μg/kg		5 μg/kg		10 μg/kg		20 μg/kg	
		AVE	RSD(%) (*n*=3)	AVE	RSD(%) (*n*=3)	AVE	RSD(%) (*n*=3)	AVE	RSD(%) (*n*=3)	AVE	RSD(%) (*n*=3)	AVE	RSD(%) (*n*=3)	AVE	RSD(%) (*n*=3)	AVE	RSD(%) (*n*=3)	AVE	RSD(%) (*n*=3)	AVE	RSD(%) (*n*=3)	AVE	RSD(%) (*n*=3)	AVE	RSD(%) (*n*=3)
360	Phorate-Sulfone	87.1	0.3	88.9	6.1	97.3	4.9	66.3	17.5	73.9	13.1	92.8	4.9	89.6	3.3	83.3	5.5	110.4	9.7	78.0	3.7	90.5	9.4	83.9	6.3
361	Phorate-Sulfoxide	108.7	1.5	92.6	3.9	87.8	3.6	73.7	7.2	91.7	7.6	85.9	7.2	90.4	2.0	80.1	3.1	89.7	9.0	91.1	3.7	96.4	1.3	89.9	6.7
362	Phosalone	F	F	F	F	86.8	9.9	F	F	F	F	83.3	5.1	F	F	106.4	3.2	99.7	4.3	F	F	78.5	7.2	88.7	17.7
363	Phosfolan	89.2	0.9	105.1	12.1	92.4	2.3	66.2	2.7	81.6	8.3	86.5	5.6	92.2	0.8	81.3	1.7	90.8	8.9	91.8	4.2	98.0	2.0	93.3	11.5
364	Phosmet	F	F	F	F	92.3	2.6	F	F	F	F	82.6	15.7	F	F	F	F	108.0	5.5	F	F	84.6	0.5	98.2	7.8
365	Phosphamidon	78.3	10.6	94.6	5.9	92.7	2.0	74.7	3.5	82.9	3.3	82.2	0.9	90.6	4.1	89.9	2.7	95.6	1.1	89.4	6.5	91.9	6.6	101.3	4.8
366	Phoxim	F	F	F	F	F	F	F	F	F	F	F	F	F	F	F	F	F	F	F	F	F	F	F	F
367	Phthalic acid, benzyl butyl ester	185.8	2.0	75.8	9.3	96.1	9.1	F	F	F	F	116.7	19.0	101.8	5.4	77.1	6.3	83.0	11.3	113.4	7.2	90.7	7.8	97.6	9.0
368	Phthalic Acid, *bis*-Butyl Ester	96.4	12.7	89.8	4.3	102.0	16.0	95.3	5.8	93.2	6.3	83.2	8.0	79.6	8.8	59.8	15.4	98.9	3.2	91.1	5.0	124.5	8.4	94.0	2.5
369	Phthalic Acid, *bis*-Cyclohexyl	152.5	11.1	72.7	7.2	113.9	16.5	93.7	33.8	79.0	11.0	88.8	8.7	98.9	18.4	82.0	10.7	81.4	14.2	76.3	2.7	105.5	17.9	92.2	16.0
370	Picaridin	89.1	7.6	82.4	8.1	83.4	8.3	82.6	4.9	103.5	2.2	86.2	7.3	100.8	2.3	77.2	4.8	86.4	2.8	85.1	5.1	82.5	3.5	88.3	8.5
371	Picloram	F	F	F	F	F	F	F	F	F	F	F	F	F	F	F	F	F	F	F	F	F	F	F	F
372	Picolinafen	F	F	F	F	78.7	10.6	F	F	F	F	F	F	F	F	F	F	F	F	F	F	F	F	103.4	4.2
373	Picoxystrobin	76.1	0.7	93.7	10.7	87.6	4.0	99.2	13.6	94.9	14.8	108.7	16.9	105.1	3.8	78.3	2.8	87.2	8.9	107.7	7.4	89.3	6.7	100.5	13.0
374	Pinoxaden	88.9	10.6	98.2	9.7	73.0	11.1	47.4	5.7	89.1	1.0	77.6	3.5	105.4	4.0	100.2	4.8	88.1	9.6	74.0	8.1	42.6	3.4	79.5	0.7
375	Piperonyl Butoxide	111.0	9.5	76.9	10.4	86.0	14.7	83.8	10.0	93.0	19.0	81.9	9.7	82.1	7.2	83.4	7.8	105.4	11.9	82.0	5.4	83.9	9.7	101.8	16.2
376	Piperophos	73.8	5.6	79.0	8.4	89.5	13.2	86.5	8.2	92.2	18.3	117.2	11.2	80.1	6.4	81.3	9.0	93.6	10.2	87.2	4.8	81.1	7.3	104.6	14.6
377	Pirimicarb	83.3	9.7	97.2	3.5	92.5	3.4	86.8	6.0	98.7	7.9	94.7	1.7	78.0	7.8	86.1	3.8	94.4	4.0	84.8	6.0	90.4	7.6	100.9	4.8
378	Pirimicarb-desmethyl	92.1	4.7	93.9	1.1	103.0	4.7	86.1	5.0	72.7	1.6	92.1	15.2	86.8	10.6	89.7	7.4	104.8	3.8	88.1	2.7	92.3	5.8	81.3	6.3
379	Pirimiphos-ethyl	85.4	14.9	86.2	10.1	89.1	5.3	81.0	8.3	93.4	19.2	70.6	15.3	80.8	8.0	88.0	11.4	102.9	17.4	95.5	16.8	111.0	14.3	55.4	13.9
380	Pirimiphos-methyl	88.5	15.4	95.5	7.1	91.2	7.5	71.8	16.5	65.1	25.9	112.2	13.8	73.0	10.6	95.4	16.3	100.0	5.7	80.0	10.9	50.3	8.3	107.3	4.3
381	Prallethrin	F	F	F	F	F	F	94.3	19.4	96.6	2.7	70.2	13.1	F	F	F	F	F	F	F	F	F	F	F	F
382	Pretilachlor	90.4	15.3	100.6	6.6	94.5	4.6	98.9	9.5	79.5	22.4	80.5	5.7	82.9	6.5	70.3	10.0	92.6	9.1	83.0	1.8	57.9	2.4	100.9	6.8
383	Primisulfuron-methyl	F	F	F	F	F	F	F	F	F	F	F	F	F	F	F	F	F	F	F	F	F	F	F	F
384	Prochloraz	91.3	19.0	96.6	6.8	87.5	5.2	73.9	3.1	87.4	11.7	82.6	1.3	72.4	10.8	74.7	4.1	83.4	5.0	F	F	102.5	13.8	77.8	12.4
385	Profenofos	95.9	18.9	107.9	8.6	94.9	9.7	F	F	F	F	100.4	12.9	F	F	88.1	10.2	75.3	2.3	F	F	51.3	7.6	102.4	4.0
386	Promecarb	92.4	8.3	93.0	8.4	80.2	3.7	F	F	F	F	86.3	12.3	F	F	80.7	1.3	90.7	7.8	89.2	7.2	85.9	3.2	81.1	10.7
387	Prometon	89.3	9.4	90.3	3.3	95.7	2.8	81.5	9.6	72.7	9.7	93.4	15.9	90.0	6.0	77.3	6.6	99.5	6.4	93.0	11.2	102.7	6.3	59.8	6.0
388	Prometryn	F	F	99.5	9.2	100.8	9.0	87.4	17.0	82.0	25.4	86.1	13.4	78.7	8.6	82.7	15.2	72.6	2.6	F	F	F	F	98.9	5.4
389	Propachlor	79.8	8.2	91.1	10.2	90.2	3.3	81.1	6.7	81.2	7.2	92.1	9.5	91.5	5.0	79.3	10.3	76.5	4.9	86.5	12.9	87.2	7.3	117.1	6.9

续表

序号	农药名称	番茄						菠菜						芹菜						结球甘蓝					
		5 μg/kg		10 μg/kg		20 μg/kg		5 μg/kg		10 μg/kg		20 μg/kg		5 μg/kg		10 μg/kg		20 μg/kg		5 μg/kg		10 μg/kg		20 μg/kg	
		AVE	RSD(%) (*n*=3)	AVE	RSD(%) (*n*=3)	AVE	RSD(%) (*n*=3)	AVE	RSD(%) (*n*=3)	AVE	RSD(%) (*n*=3)	AVE	RSD(%) (*n*=3)	AVE	RSD(%) (*n*=3)	AVE	RSD(%) (*n*=3)	AVE	RSD(%) (*n*=3)	AVE	RSD(%) (*n*=3)	AVE	RSD(%) (*n*=3)	AVE	RSD(%) (*n*=3)
390	Propamocarb	46.3	29.4	91.9	3.7	129.2	0.2	75.3	2.9	73.9	0.5	96.3	2.0	89.7	2.9	83.7	4.9	97.9	6.2	87.7	2.1	86.4	4.1	84.1	6.2
391	Propanil	96.3	2.0	86.2	5.9	107.6	8.6	90.9	3.4	84.5	8.0	82.6	3.3	90.9	2.2	88.6	3.1	103.5	3.6	92.1	4.8	83.7	6.9	89.9	5.8
392	Propaphos	90.3	11.9	96.4	2.9	89.8	5.8	85.2	3.3	83.6	19.4	100.7	18.3	80.0	4.8	78.6	0.8	81.1	6.6	94.0	1.2	59.3	2.7	99.6	6.0
393	Propaquizafop	243.8	4.8	103.2	13.1	96.1	7.5	68.9	7.2	103.2	14.1	118.2	3.8	108.8	13.8	76.2	7.0	84.0	4.7	113.8	11.2	75.0	11.0	94.2	14.9
394	Propargite	F	F	F	F	F	F	F	F	F	F	F	F	F	F	F	F	F	F	F	F	F	F	F	F
395	Propazine	78.6	8.6	96.8	6.3	94.8	8.1	90.9	12.6	105.3	13.7	103.3	14.2	80.1	4.4	75.0	8.0	99.9	5.2	59.4	0.6	53.9	3.0	98.9	4.4
396	Propetamphos	F	F	F	F	85.1	8.1	F	F	F	F	F	F	F	F	F	F	100.4	10.1	F	F	F	F	F	F
397	Propiconazol	87.6	14.5	102.8	5.6	93.2	8.3	98.2	12.6	85.3	21.5	100.5	18.8	76.8	8.5	74.9	4.3	99.1	3.6	93.4	4.7	57.9	1.6	101.2	2.6
398	Propisochlor	86.9	12.9	99.6	5.2	94.5	5.2	77.2	7.8	78.1	11.5	96.1	19.4	86.1	9.3	94.5	6.0	95.5	0.8	75.7	6.0	75.0	3.9	103.7	8.1
399	Propoxur	F	F	88.5	11.9	91.0	4.5	102.7	2.3	104.8	9.5	88.5	1.8	93.2	7.8	104.4	16.7	93.1	3.1	F	F	110.3	1.6	93.0	1.4
400	Propoxycarbazone	71.0	10.8	77.1	6.5	78.2	6.5	79.3	3.7	79.9	2.1	82.8	4.2	82.0	13.1	72.3	7.7	72.7	9.6	88.3	3.4	104.0	1.8	76.3	15.5
401	Propyzamide	85.8	12.2	98.8	8.2	90.2	4.9	79.5	11.3	74.3	11.5	91.2	19.3	90.3	9.9	81.3	20.0	101.7	2.6	97.4	9.2	105.5	7.6	104.4	4.0
402	Proquinazid	111.5	1.7	112.0	10.8	71.9	10.0	F	F	F	F	106.5	1.7	92.8	4.3	98.1	4.8	104.0	3.4	F	F	F	F	49.6	4.4
403	Prosulfocarb	105.0	14.9	84.6	10.1	75.7	17.2	F	F	97.5	14.8	75.5	8.9	83.7	6.0	78.5	8.8	87.8	14.5	84.1	6.8	75.4	10.2	95.5	15.0
404	Pymetrozine	F	F	F	F	F	F	F	F	F	F	F	F	F	F	20.3	88.2	35.3	32.7	F	F	F	F	73.0	7.3
405	Pyraclofos	83.0	7.9	83.8	2.5	86.2	14.5	84.9	14.0	98.4	18.9	79.2	16.8	81.6	4.9	85.1	9.2	101.1	11.6	82.2	5.0	72.3	6.9	107.1	14.7
406	Pyraclostrobin	95.9	9.6	115.1	13.7	91.8	9.3	79.2	9.4	83.0	14.7	102.9	15.3	77.5	5.8	83.4	16.6	75.2	1.4	71.5	1.2	54.3	2.8	119.6	8.8
407	Pyraflufen-ethyl	90.1	9.5	76.3	15.1	93.9	6.9	F	F	100.0	31.7	81.2	15.5	81.0	11.4	84.6	7.4	98.9	15.3	75.4	0.2	73.8	13.8	78.8	17.7
408	Pyrasulfotole	34.1	35.0	43.1	22.5	40.7	24.3	46.1	10.0	49.5	9.3	42.9	10.6	44.2	2.0	40.3	22.0	47.9	10.8	F	F	F	F	F	F
409	Pyrazolynate	175.9	9.2	92.7	13.6	97.6	13.3	F	F	57.9	8.1	63.2	22.6	105.7	14.6	81.0	15.5	96.9	9.6	130.7	6.3	72.3	3.8	99.4	9.2
410	Pyrazophos	219.4	10.2	34.3	56.1	114.2	2.3	116.6	14.7	100.1	6.1	105.4	10.6	152.0	13.8	95.2	19.7	97.3	13.4	116.1	7.7	84.3	7.1	88.5	11.6
411	Pyrazosulfuron-ethyl	103.6	4.9	106.8	15.4	88.9	2.9	80.9	12.2	98.3	5.5	97.2	6.1	92.4	10.8	82.8	7.5	90.4	6.6	159.9	10.6	160.0	5.3	115.3	4.7
412	Pyrazoxyfen	188.0	3.4	90.6	12.6	93.2	6.7	117.0	11.9	105.8	17.3	114.4	16.9	116.1	9.1	82.0	4.0	84.8	8.1	105.4	17.4	102.5	9.5	98.8	15.5
413	Pyributicarb	119.8	58.9	89.2	4.8	87.8	0.7	F	F	93.3	18.5	76.2	9.6	84.0	8.1	89.2	17.2	98.6	16.2	51.4	9.6	80.2	8.3	112.7	3.8
414	Pyridaben	F	F	F	F	36.4	9.2	F	F	F	F	F	F	F	F	F	F	F	F	F	F	F	F	F	F
415	Pyridafol	76.2	9.3	94.1	6.5	82.6	4.9	73.0	9.5	87.1	13.0	78.0	14.4	81.3	5.6	80.3	7.3	86.2	4.0	48.5	42.6	36.8	40.5	87.1	3.2
416	Pyridalyl	F	F	F	F	F	F	F	F	F	F	F	F	F	F	F	F	F	F	F	F	F	F	F	F
417	Pyridaphenthion	90.1	7.7	95.6	2.3	93.0	5.3	87.3	6.9	79.4	9.7	75.5	9.8	88.3	1.6	109.3	3.4	107.5	10.7	95.4	1.3	89.3	13.6	93.6	7.8
418	Pyridate	F	F	F	F	F	F	F	F	F	F	F	F	F	F	F	F	F	F	F	F	F	F	F	F
419	Pyrifenox	108.9	5.0	89.5	10.0	84.0	8.3	73.0	10.8	80.9	14.8	79.6	16.7	83.3	4.1	72.4	5.4	73.7	7.1	72.8	2.8	55.8	13.8	40.9	47.5

续表

序号	农药名称	番茄						菠菜						芹菜						结球甘蓝					
		5 μg/kg		10 μg/kg		20 μg/kg		5 μg/kg		10 μg/kg		20 μg/kg		5 μg/kg		10 μg/kg		20 μg/kg		5 μg/kg		10 μg/kg		20 μg/kg	
		AVE	RSD(%) (n=3)	AVE	RSD(%) (n=3)	AVE	RSD(%) (n=3)	AVE	RSD(%) (n=3)	AVE	RSD(%) (n=3)	AVE	RSD(%) (n=3)	AVE	RSD(%) (n=3)	AVE	RSD(%) (n=3)	AVE	RSD(%) (n=3)	AVE	RSD(%) (n=3)	AVE	RSD(%) (n=3)	AVE	RSD(%) (n=3)
420	Pyrimethanil	87.3	12.6	86.4	4.1	97.6	1.6	117.4	3.0	74.2	11.8	72.5	7.6	86.1	6.1	79.4	7.8	100.7	3.1	93.6	12.7	109.0	7.6	79.1	7.3
421	Pyrimidifen	167.3	12.9	95.3	9.1	92.4	6.3	95.3	12.5	74.9	8.4	84.4	3.6	85.5	3.7	72.4	3.1	81.5	8.7	62.8	10.5	47.0	13.7	47.9	40.4
422	Pyriminobac-Methyl (Z)	91.6	4.6	89.8	10.3	84.6	5.2	84.5	3.2	116.3	6.4	90.4	4.8	104.7	0.4	92.1	4.5	94.4	6.7	89.3	3.4	85.7	3.8	87.6	3.5
423	Pyriproxyfen	107.0	12.0	77.2	2.5	110.4	9.6	97.2	10.4	111.2	3.8	94.8	11.4	87.0	13.5	85.5	0.7	138.9	13.6	114.0	4.7	77.4	5.1	86.8	13.4
424	Pyroquilon	87.1	1.0	81.7	0.0	88.2	5.7	71.2	3.4	88.6	7.1	88.1	3.1	90.6	1.5	85.5	1.0	112.5	9.1	92.8	5.6	97.3	1.7	99.6	8.5
425	Quinalphos	92.3	16.4	81.3	0.9	86.5	11.1	96.4	13.4	93.7	14.3	119.9	7.5	86.0	5.2	86.0	11.4	88.9	11.4	89.0	2.7	87.3	6.2	104.2	11.5
426	Quinclorac	F	F	F	F	F	F	F	F	F	F	F	F	F	F	F	F	F	F	F	F	96.1	13.9	99.0	6.6
427	Quinmerac	F	F	F	F	F	F	F	F	F	F	F	F	F	F	F	F	F	F	F	F	F	F	F	F
428	Quinoclamine	95.5	2.2	82.3	10.1	103.0	9.4	72.6	6.7	72.0	3.3	94.9	1.9	92.0	3.6	79.9	7.6	97.7	3.7	F	F	85.5	2.9	63.3	23.0
429	Quinoxyfen	84.9	12.0	43.1	3.7	92.3	2.9	91.6	13.4	92.7	8.1	109.2	14.2	93.4	15.8	88.8	13.1	94.3	6.4	71.1	5.9	77.2	6.9	46.4	21.6
430	Quizalofop	F	F	F	F	F	F	F	F	F	F	F	F	F	F	F	F	F	F	F	F	F	F	F	F
431	Quizalofop-ethyl	89.4	16.3	103.7	10.5	90.3	10.4	104.6	5.8	85.4	23.8	101.2	17.6	77.7	3.9	80.3	15.5	74.1	1.6	59.9	4.4	45.2	6.1	90.1	3.5
432	Rabenzazole	82.0	11.6	118.6	7.5	96.6	19.5	53.4	9.4	78.1	10.4	87.2	10.1	88.1	14.7	77.3	2.5	98.2	7.4	80.3	1.3	100.3	4.8	93.4	5.1
433	Resmethrin	F	F	F	F	F	F	F	F	F	F	F	F	F	F	F	F	F	F	F	F	F	F	F	F
434	Rimsulfuron	F	F	F	F	F	F	F	F	F	F	F	F	F	F	F	F	F	F	F	F	F	F	F	F
435	Rotenone	85.0	4.5	95.8	13.8	86.6	3.6	114.2	9.9	102.1	19.5	104.4	12.9	113.1	5.7	83.0	5.1	98.1	7.1	114.3	4.9	89.0	10.3	96.0	9.3
436	Saflufenacil	85.8	5.3	86.8	12.2	79.9	6.9	82.8	3.2	119.0	9.4	104.8	8.8	121.3	0.7	105.3	6.5	113.1	10.5	94.8	8.0	93.4	5.4	81.1	8.1
437	Sebuthylazine	88.9	18.0	87.0	2.0	90.6	9.2	77.6	0.2	70.2	0.4	80.3	13.8	94.0	4.6	81.1	9.1	90.3	13.9	82.4	12.2	90.1	2.7	85.5	3.9
438	Sebuthylazine-desethyl	106.3	2.5	75.3	17.9	89.6	1.2	75.4	9.9	101.7	8.5	88.8	9.8	90.0	6.3	80.2	1.4	90.8	12.2	94.3	2.3	85.7	2.2	80.9	13.7
439	Secbumeton	100.6	3.6	107.8	3.4	95.9	2.6	F	F	62.7	44.2	82.5	17.7	93.3	9.3	71.9	6.1	76.8	4.9	89.8	6.5	75.2	1.3	97.2	6.3
440	Siduron	F	F	92.8	10.1	81.8	9.9	79.3	2.8	107.2	19.0	74.6	11.6	96.2	10.5	111.5	10.0	115.0	5.9	F	F	79.2	17.3	77.2	8.9
441	Simazine	84.1	4.6	79.9	65.0	98.8	3.6	72.7	5.2	71.9	2.6	89.7	8.7	95.2	2.5	86.9	6.3	95.9	4.8	85.6	1.0	86.4	5.0	88.3	4.9
442	Simeconazole	97.6	13.3	85.7	6.7	90.6	5.2	79.0	10.5	76.3	6.8	75.2	17.8	90.0	0.6	84.9	8.0	93.7	13.8	85.4	4.1	90.4	3.7	78.9	4.6
443	Simeton	83.2	10.6	80.9	15.7	101.1	3.9	74.6	6.9	75.7	3.3	91.0	14.4	92.5	1.9	84.4	4.4	100.4	1.6	F	F	90.2	8.7	76.1	3.6
444	Simetryn	92.6	10.0	97.2	4.8	93.0	2.4	148.7	104.0	116.6	16.7	94.5	17.6	89.9	8.7	84.9	17.8	76.6	4.2	95.5	6.1	81.2	1.0	97.3	6.4
445	Spinetoram	108.1	10.9	85.8	6.8	75.7	13.4	72.5	10.8	91.0	13.4	111.2	18.6	129.4	7.8	105.0	13.6	93.9	10.4	46.9	28.4	42.6	37.4	83.9	7.1
446	Spinosad	93.7	11.2	99.0	7.8	92.3	3.0	76.7	2.4	68.3	9.9	117.5	6.6	75.5	15.2	77.4	8.1	113.8	1.7	80.1	9.4	97.2	5.3	78.2	1.4
447	Spirodiclofen	F	F	F	F	F	F	F	F	F	F	F	F	F	F	F	F	F	F	F	F	F	F	F	F
448	Spirotetramat	71.5	5.4	75.0	13.8	80.0	4.3	82.4	8.9	81.4	15.6	96.4	25.4	119.3	1.0	108.9	8.8	109.4	15.0	96.2	14.1	96.5	5.2	105.6	16.5
449	Spiroxamine	80.5	8.0	85.8	12.0	94.2	3.6	168.8	4.5	230.7	57.8	104.7	0.6	84.4	19.9	102.8	8.2	72.8	11.7	76.7	2.5	84.6	5.0	51.7	84.4

续表

序号	农药名称	番茄						菠菜						芹菜						结球甘蓝					
		5 μg/kg		10 μg/kg		20 μg/kg		5 μg/kg		10 μg/kg		20 μg/kg		5 μg/kg		10 μg/kg		20 μg/kg		5 μg/kg		10 μg/kg		20 μg/kg	
		AVE	RSD(%) (n=3)	AVE	RSD(%) (n=3)	AVE	RSD(%) (n=3)	AVE	RSD(%) (n=3)	AVE	RSD(%) (n=3)	AVE	RSD(%) (n=3)	AVE	RSD(%) (n=3)	AVE	RSD(%) (n=3)	AVE	RSD(%) (n=3)	AVE	RSD(%) (n=3)	AVE	RSD(%) (n=3)	AVE	RSD(%) (n=3)
450	Sulcotrione	77.5	7.0	87.6	10.7	73.3	2.4	70.4	4.4	102.2	15.7	99.1	14.1	87.9	6.6	83.2	5.4	80.8	5.1	72.6	8.1	70.7	0.7	75.6	9.5
451	Sulfallate	F	F	F	F	F	F	F	F	F	F	F	F	F	F	F	F	F	F	F	F	F	F	F	F
452	Sulfentrazone	83.1	8.6	97.2	3.8	94.4	3.8	79.6	12.2	84.4	4.4	78.1	2.5	94.2	1.8	88.4	4.4	87.1	11.2	97.1	6.0	96.3	9.6	99.8	6.5
453	Sulfotep	94.1	2.6	81.1	2.0	82.8	12.0	81.7	3.7	85.7	12.4	74.1	14.9	82.7	3.9	82.3	7.1	77.2	13.0	84.3	6.0	94.5	8.9	115.0	7.1
454	Sulprofos	F	F	F	F	F	F	F	F	F	F	F	F	F	F	F	F	F	F	F	F	F	F	F	F
455	Tebuconazole	83.9	6.0	96.1	2.5	83.6	3.9	83.2	6.1	75.6	10.4	82.1	5.1	84.1	17.7	96.8	13.4	93.1	17.1	80.2	8.3	91.4	12.4	84.4	11.8
456	Tebufenozide	96.2	13.4	105.2	10.5	94.3	4.6	F	F	69.7	31.2	95.0	14.5	77.9	8.6	80.9	19.4	96.3	4.3	77.9	3.6	85.5	20.2	105.2	3.8
457	Tebufenpyrad	181.7	2.6	79.2	8.5	106.6	15.5	F	F	102.5	14.0	115.0	18.9	108.2	8.3	78.8	7.9	73.7	13.9	117.2	2.2	100.1	13.1	85.7	8.6
458	Tebupirimfos	109.6	1.1	79.0	8.3	88.0	11.1	88.1	9.2	91.1	13.4	76.7	19.5	80.1	7.8	87.0	11.8	93.5	16.4	80.8	10.0	81.4	4.9	96.4	3.7
459	Tebutam	86.0	6.0	83.4	6.0	93.5	7.5	83.0	4.9	73.8	13.0	83.1	10.2	89.5	3.7	82.4	6.5	91.3	12.2	76.0	3.8	78.6	10.6	87.2	5.0
460	Tebuthiuron	80.3	10.5	87.7	10.5	98.4	4.4	80.4	4.4	77.8	1.3	104.2	0.4	93.1	3.3	83.8	6.5	96.3	9.2	88.3	0.9	89.5	6.3	84.1	7.5
461	Tembotrione	77.8	7.1	90.7	14.9	80.9	3.1	77.0	8.1	104.2	5.7	79.2	4.3	102.8	4.2	93.4	1.0	95.2	3.9	89.8	6.0	89.9	2.0	89.6	5.8
462	Temephos	F	F	F	F	F	F	F	F	F	F	F	F	F	F	F	F	F	F	F	F	F	F	F	F
463	TEPP	F	F	F	F	F	F	F	F	F	F	F	F	F	F	F	F	F	F	F	F	F	F	F	F
464	Tepraloxydim	101.8	5.1	95.3	9.9	315.0	12.9	F	F	77.2	2.4	86.9	7.1	73.7	1.3	84.5	6.2	86.2	12.8	82.8	3.5	84.3	4.9	75.0	5.1
465	Terbucarb	F	F	112.6	3.6	92.7	19.7	F	F	F	F	F	F	F	F	F	F	79.6	10.0	F	F	F	F	F	F
466	Terbufos	F	F	F	F	F	F	F	F	F	F	F	F	F	F	F	F	F	F	F	F	F	F	F	F
467	Terbufos-Oxon-Sulfone	F	F	F	F	F	F	F	F	F	F	F	F	F	F	F	F	F	F	F	F	F	F	F	F
468	Terbufos-sulfone	90.8	4.9	91.1	9.1	89.2	14.9	78.6	3.0	113.5	9.2	91.3	9.4	105.5	2.3	87.6	1.0	106.1	10.4	90.9	2.0	87.5	3.4	84.3	0.5
469	Terbumeton	F	F	F	F	95.5	4.4	79.2	5.1	71.0	8.8	113.8	14.5	85.0	6.7	80.4	9.9	100.9	6.2	94.9	6.2	76.0	2.5	97.1	6.5
470	Terbuthylazine	79.2	2.1	97.0	11.0	109.0	10.0	F	F	102.2	6.5	91.9	7.2	95.0	3.1	79.7	1.7	73.6	2.1	109.0	2.8	77.7	1.1	89.1	13.0
471	Terbutryn	149.6	6.4	98.2	11.4	99.3	3.1	85.9	17.3	91.6	15.8	82.3	7.8	84.7	4.4	75.8	5.2	74.8	7.0	75.3	17.4	56.1	10.0	75.3	4.1
472	Tetrachlorvinphos	90.8	12.1	98.6	4.8	92.4	5.5	74.0	4.3	80.1	19.3	101.9	19.6	87.3	11.4	71.1	10.8	96.5	2.2	73.7	4.2	71.3	6.2	101.7	2.3
473	Tetraconazole	92.2	14.2	98.2	2.6	91.2	6.3	77.7	7.7	85.2	16.9	76.1	17.9	79.1	0.7	97.1	5.3	102.3	13.2	86.5	3.9	100.2	13.0	86.6	11.0
474	Tetramethrin	229.7	5.5	97.7	10.1	121.5	17.4	111.8	12.6	67.2	10.1	95.5	0.8	114.5	10.2	88.1	10.7	102.1	11.1	118.1	9.0	79.6	3.5	75.7	7.9
475	Thenylchlor	83.8	3.7	86.1	7.7	89.1	3.4	86.7	13.0	96.9	12.7	90.0	10.0	88.0	9.8	75.9	8.2	78.7	4.0	109.8	6.1	98.9	3.6	110.2	7.9
476	Thiabendazole	38.2	14.7	24.9	49.7	36.7	35.5	14.4	40.8	22.7	47.3	71.9	0.1	13.4	3.7	28.5	55.2	28.2	35.4	41.9	7.6	91.5	0.1	49.5	28.1
477	Thiabendazole-5-hydroxy	F	F	F	F	F	F	F	F	F	F	F	F	F	F	F	F	F	F	F	F	F	F	F	F
478	Thiacloprid	82.6	8.5	97.4	6.8	89.2	8.0	92.6	7.1	94.6	7.1	87.6	4.7	76.7	12.6	77.8	7.7	90.1	8.8	86.7	5.8	99.2	9.6	98.1	3.4
479	Thiamethoxam	71.9	6.3	95.0	3.6	94.5	7.5	96.1	16.6	117.6	11.1	92.2	3.2	96.7	14.0	99.7	3.2	116.2	11.0	90.2	12.4	108.7	4.3	91.3	1.6

续表

序号	农药名称	番茄						菠菜						芹菜						结球甘蓝					
		5 μg/kg		10 μg/kg		20 μg/kg		5 μg/kg		10 μg/kg		20 μg/kg		5 μg/kg		10 μg/kg		20 μg/kg		5 μg/kg		10 μg/kg		20 μg/kg	
		AVE	RSD(%) (n=3)	AVE	RSD(%) (n=3)	AVE	RSD(%) (n=3)	AVE	RSD(%) (n=3)	AVE	RSD(%) (n=3)	AVE	RSD(%) (n=3)	AVE	RSD(%) (n=3)	AVE	RSD(%) (n=3)	AVE	RSD(%) (n=3)	AVE	RSD(%) (n=3)	AVE	RSD(%) (n=3)	AVE	RSD(%) (n=3)
480	Thiazafluron	90.3	0.7	94.9	10.6	86.5	5.8	72.4	6.1	86.7	7.1	86.9	5.7	91.7	2.2	82.7	2.1	95.1	7.1	97.1	4.6	101.2	3.1	97.3	4.2
481	Thiazopyr	95.2	4.2	85.3	3.6	85.5	15.7	87.3	9.1	92.8	19.3	72.3	15.1	83.6	7.3	101.6	10.2	91.0	14.8	87.1	2.1	85.8	6.1	100.1	8.4
482	Thidiazuron	F	F	F	F	F	F	F	F	F	F	F	F	F	F	F	F	F	F	F	F	F	F	F	F
483	Thiencarbazone-methyl	83.5	3.6	84.8	8.5	78.3	16.5	86.7	4.7	127.5	28.5	74.8	7.0	101.5	2.9	117.0	3.6	90.5	3.4	F	F	156.7	12.2	75.9	1.7
484	Thifensulfuron-methyl	53.1	29.2	62.0	100.1	71.3	2.7	39.8	21.9	28.4	64.5	92.4	5.2	79.3	9.4	70.6	4.3	82.6	13.5	F	F	85.1	6.3	32.3	59.3
485	Thiobencarb	104.3	4.0	81.4	3.7	82.7	13.6	F	F	99.2	0.4	76.0	11.7	84.2	6.4	80.7	5.9	87.4	11.0	85.8	3.9	100.3	11.0	93.9	12.7
486	Thiodicarb	82.9	19.9	81.8	13.6	96.9	5.4	49.4	10.9	16.4	22.1	113.3	16.3	79.2	3.2	77.8	0.2	91.1	6.7	74.3	3.3	79.0	5.7	94.1	5.3
487	Thiofanox	F	F	88.0	19.7	86.3	15.6	F	F	F	F	F	F	F	F	F	F	73.5	2.3	F	F	99.8	3.8	91.0	9.4
488	Thiofanox-Sulfone	F	F	80.9	5.5	80.9	16.2	75.0	6.7	82.2	5.6	110.3	6.4	93.8	16.1	80.5	15.6	87.2	6.5	F	F	138.3	0.8	112.2	5.8
489	Thiofanox-Sulfoxide	F	F	83.8	4.6	88.3	17.2	F	F	73.5	2.4	91.6	6.7	87.5	12.2	89.1	19.9	85.9	1.2	97.1	18.7	82.8	12.2	190.4	5.7
490	Thionazin	84.5	1.3	82.0	6.9	102.1	7.7	75.0	2.7	70.1	7.5	89.3	4.5	89.2	1.9	79.4	11.5	92.9	4.5	86.5	3.0	87.0	4.7	82.2	2.4
491	Thiophanate-Ethyl	81.5	8.2	186.1	14.8	120.4	38.0	13.0	86.2	46.8	27.0	35.5	11.3	9.4	8.0	76.7	106.0	73.3	77.1	78.6	12.9	289.8	14.5	88.5	14.4
492	Thiophanate-methyl	71.9	5.0	77.5	11.4	94.7	2.7	F	F	40.5	36.6	17.0	9.8	91.1	5.7	97.3	15.8	77.7	19.4	29.6	7.9	267.3	32.4	97.3	7.2
493	Thiram	F	F	F	F	F	F	F	F	F	F	F	F	F	F	F	F	F	F	F	F	F	F	F	F
494	Tiocarbazil	111.1	7.9	76.1	7.8	125.9	17.5	F	F	F	F	118.9	3.4	99.8	17.2	100.9	12.4	169.9	13.2	F	F	103.1	19.1	101.5	6.0
495	Tolclofos-methyl	84.1	12.8	86.2	9.6	59.5	4.0	F	F	F	F	F	F	F	F	F	F	98.4	12.0	F	F	98.0	11.8	85.6	3.7
496	Tolfenpyrad	530.5	116.8	151.9	25.1	84.6	16.4	F	F	69.3	39.4	91.5	32.7	F	F	74.2	15.1	71.3	7.5	F	F	23.2	80.4	118.6	4.8
497	Tralkoxydim	83.5	16.9	59.2	4.0	55.8	22.7	74.2	24.4	65.3	9.6	104.0	13.9	80.3	2.2	70.6	12.0	43.8	19.2	F	F	F	F	75.3	11.8
498	Triadimefon	91.4	11.6	85.7	2.2	93.5	6.0	87.7	8.6	83.9	9.1	74.8	18.6	89.9	3.2	87.3	5.5	91.4	10.6	92.0	5.3	91.1	6.8	96.5	3.0
499	Triadimenol	F	F	80.9	10.8	92.4	4.0	F	F	F	F	F	F	F	F	F	F	97.2	6.1	F	F	F	F	F	F
500	triallate	F	F	F	F	76.9	1.7	F	F	F	F	F	F	F	F	F	F	F	F	F	F	F	F	F	F
501	Triapenthenol	113.8	1.3	103.2	15.3	97.7	5.5	76.9	10.1	95.4	7.4	94.7	15.1	95.6	5.0	86.1	2.2	95.9	7.2	98.6	5.8	83.7	2.2	84.4	5.0
502	Triasulfuron	82.7	6.0	107.2	5.7	81.9	5.3	71.0	6.2	84.3	7.7	81.2	6.2	90.1	3.5	74.7	7.2	81.1	8.8	75.3	5.8	74.0	0.6	76.9	19.9
503	Triazophos	85.6	13.4	107.5	6.5	89.4	14.3	74.0	17.3	85.3	19.6	89.5	13.8	79.0	12.5	70.9	5.8	91.6	5.1	79.1	4.6	76.1	5.8	100.8	2.0
504	Triazoxide	F	F	F	F	F	F	F	F	F	F	F	F	F	F	F	F	F	F	F	F	F	F	F	F
505	Tribenuron-methyl	F	F	F	F	F	F	F	F	F	F	F	F	F	F	F	F	F	F	F	F	F	F	F	F
506	Tribufos	86.7	9.3	116.4	14.6	94.6	10.8	F	F	F	F	F	F	F	F	86.9	5.3	79.5	6.3	F	F	F	F	96.8	19.1
507	Tributyl phosphate	88.1	27.8	77.1	2.9	85.3	15.7	92.2	4.8	92.3	14.7	75.3	15.7	62.0	18.8	45.4	7.3	80.5	16.8	84.1	4.4	86.7	2.9	98.9	7.8
508	Trichlorfon	98.2	13.6	130.0	7.8	89.2	1.5	F	F	F	F	96.1	5.7	95.9	9.1	85.3	4.7	82.6	0.5	86.9	2.7	106.1	7.7	96.6	5.2
509	Tricyclazole	79.8	8.5	78.4	8.0	92.7	5.0	76.8	6.4	75.0	3.3	110.8	6.3	84.1	7.4	71.2	16.2	89.6	10.2	86.4	1.1	88.1	2.8	90.2	5.9

续表

序号	农药名称	番茄						菠菜						芹菜						结球甘蓝					
		5 μg/kg		10 μg/kg		20 μg/kg		5 μg/kg		10 μg/kg		20 μg/kg		5 μg/kg		10 μg/kg		20 μg/kg		5 μg/kg		10 μg/kg		20 μg/kg	
		AVE	RSD(%) (n=3)	AVE	RSD(%) (n=3)	AVE	RSD(%) (n=3)	AVE	RSD(%) (n=3)	AVE	RSD(%) (n=3)	AVE	RSD(%) (n=3)	AVE	RSD(%) (n=3)	AVE	RSD(%) (n=3)	AVE	RSD(%) (n=3)	AVE	RSD(%) (n=3)	AVE	RSD(%) (n=3)	AVE	RSD(%) (n=3)
510	Tridemorph	83.1	13.2	96.1	3.1	85.1	11.9	71.4	20.3	96.2	17.5	92.8	14.7	98.1	17.2	98.0	10.3	182.6	15.8	134.1	70.1	44.2	16.7	35.1	2.2
511	Trietazine	83.7	11.9	98.0	6.6	93.4	2.8	71.7	17.8	91.4	15.9	89.6	16.9	82.3	6.9	70.4	5.8	95.1	8.4	64.4	2.8	57.3	2.6	105.3	6.2
512	Trifloxystrobin	90.7	14.1	103.7	10.1	93.0	7.4	81.2	8.9	76.3	18.2	92.1	18.4	73.3	6.8	92.9	6.4	97.9	7.0	61.9	4.2	52.2	1.9	103.7	5.8
513	Triflumizole	202.3	8.5	89.3	18.7	91.8	3.3	F	F	95.3	17.3	110.4	18.9	F	F	74.4	6.9	76.7	0.8	92.3	9.2	84.9	17.3	75.9	7.6
514	Triflumuron	F	F	F	F	97.8	2.4	F	F	F	F	F	F	F	F	F	F	F	F	F	F	F	F	110.5	9.2
515	Triflusulfuron-methyl	F	F	F	F	F	F	F	F	F	F	F	F	F	F	F	F	F	F	F	F	F	F	F	F
516	Trinexapac-ethyl	94.1	4.1	92.4	5.4	83.5	2.4	80.2	11.6	102.3	8.0	96.1	2.9	91.0	0.2	78.9	1.7	92.8	8.2	96.4	2.0	91.3	4.1	96.5	4.8
517	Triphenyl phosphate	181.3	5.5	87.4	12.7	96.8	17.0	120.2	4.7	97.8	11.9	109.1	2.9	115.2	6.7	81.0	7.1	83.9	10.1	118.6	1.6	100.9	10.8	94.3	12.7
518	Triticonazole	89.2	7.1	81.4	5.5	100.5	3.6	F	F	F	F	F	F	80.6	4.9	79.2	5.2	91.3	8.4	F	F	F	F	F	F
519	Uniconazole	108.8	2.6	92.7	12.5	87.5	6.3	74.5	7.5	84.3	9.0	87.3	11.5	99.1	1.9	77.5	1.2	81.1	4.5	100.7	4.5	87.6	3.3	97.7	5.1
520	Validamycin	F	F	F	F	F	F	F	F	F	F	F	F	F	F	F	F	F	F	F	F	F	F	F	F
521	Valifenalate	88.1	7.1	85.5	10.4	81.8	6.4	80.7	4.4	106.3	20.0	100.3	11.1	115.5	2.3	96.7	5.0	96.7	13.1	93.8	11.0	87.9	6.2	91.3	16.1
522	Vamidothion	85.6	12.9	95.0	1.6	89.4	3.0	96.9	7.3	103.5	0.1	103.1	9.9	83.2	1.3	85.7	1.2	93.3	2.8	85.3	4.7	94.7	9.3	96.9	3.1
523	Vamidothion sulfone	84.3	2.9	85.0	5.6	76.1	14.9	84.0	2.7	115.3	0.5	87.2	4.4	98.1	7.3	88.0	7.0	92.6	1.2	94.3	3.7	89.1	4.3	97.7	5.8
524	Vamidothion sulfoxide	82.8	12.8	100.2	5.8	88.3	3.6	F	F	F	F	F	F	82.3	2.5	88.0	2.4	93.3	2.2	F	F	F	F	F	F
525	Zoxamide	97.6	18.9	113.9	10.1	91.3	7.8	75.4	13.6	74.5	13.5	113.2	12.8	81.6	10.2	90.8	15.1	70.6	6.3	81.8	8.6	70.6	0.6	111.5	4.0

附表 1-6a　GC-Q-TOF/MS 8 种水果蔬菜中 485 种农药化学污染物非靶向筛查方法验证结果汇总

序号	农药名称	葡萄						苹果						西柚						西瓜					
		10 μg/kg		50 μg/kg		100 μg/kg		10 μg/kg		50 μg/kg		100 μg/kg		10 μg/kg		50 μg/kg		100 μg/kg		10 μg/kg		50 μg/kg		100 μg/kg	
		AVE	RSD(%) (*n*=3)	AVE	RSD(%) (*n*=3)	AVE	RSD(%) (*n*=3)	AVE	RSD(%) (*n*=3)	AVE	RSD(%) (*n*=3)	AVE	RSD(%) (*n*=3)	AVE	RSD(%) (*n*=3)	AVE	RSD(%) (*n*=3)	AVE	RSD(%) (*n*=3)	AVE	RSD(%) (*n*=3)	AVE	RSD(%) (*n*=3)	AVE	RSD(%) (*n*=3)
1	1-naphthyl Acetamide	132.1	0.7	116.3	6.9	111.7	20.3	F	F	103.0	27.7	117.9	25.3	80.7	23.2	83.0	12.2	90.7	1.4	107.4	3.1	78.9	9.9	112.0	9.2
2	1-naphthylacetic acid	F	F	F	F	105.5	6.5	F	F	F	F	F	F	F	F	F	F	137.0	14.1	F	F	F	F	F	F
3	2,3,5,6-Tetrachloroaniline	115.1	6.8	110.7	7.1	97.9	0.8	90.0	12.7	87.7	6.1	88.7	5.9	98.7	8.0	108.7	6.3	104.3	3.8	94.8	1.9	79.8	25.7	95.9	8.6
4	2,4-DB	F	F	85.4	11.1	96.0	2.8	F	F	F	F	112.6	2.5	F	F	F	F	100.1	5.3	F	F	F	F	127.6	14.8
5	2,4′-DDD	103.9	10.9	90.1	5.4	107.2	0.7	109.1	19.5	102.6	0.4	101.2	0.8	78.4	5.3	89.2	6.7	87.8	3.0	87.8	1.9	76.4	25.6	96.6	7.6
6	2,4′-DDE	92.8	11.5	98.6	6.5	103.7	4.7	89.2	4.6	93.7	2.7	91.1	3.8	96.6	2.2	103.5	7.6	101.0	0.1	89.2	4.6	93.7	2.7	91.1	3.8
7	2,4′-DDT	91.3	9.1	104.8	19.0	93.8	11.3	93.3	3.7	97.8	2.3	96.5	1.0	93.4	6.5	123.8	8.0	86.5	1.7	93.3	3.7	97.8	2.3	96.5	1.0
8	2,6-Dichlorobenzamide	F	F	F	F	136.7	94.0	F	F	F	F	F	F	F	F	F	F	266.6	92.9	F	F	67.2	33.7	200.8	47.5
9	2-Phenylphenol	114.4	5.6	96.7	3.0	100.7	3.2	108.4	26.1	99.9	3.9	95.3	1.0	104.5	13.6	97.9	8.8	114.0	8.2	101.6	9.1	93.9	7.2	98.6	4.7
10	3,4,5-Trimethacarb	108.9	13.5	113.6	6.3	106.3	11.2	F	F	152.1	4.8	195.3	4.7	99.7	10.1	197.1	7.1	203.1	4.6	91.2	18.4	93.5	16.6	84.8	5.1
11	3,5-Dichloroaniline	47.5	10.2	81.6	6.1	85.3	4.8	36.3	15.8	29.6	11.9	55.2	20.1	83.5	4.1	105.7	3.4	100.4	0.7	36.3	15.8	29.6	11.9	55.2	20.1
12	3-Chloro-4-Methylaniline	F	F	53.3	38.6	26.9	47.2	F	F	87.5	13.7	55.4	37.6	86.8	10.6	71.8	35.1	69.1	20.2	F	F	F	F	F	F
13	3-Phenylphenol	92.6	21.9	112.7	7.7	113.5	18.4	97.6	8.3	108.7	21.3	91.3	9.8	116.4	12.1	126.5	9.9	116.9	5.9	115.9	8.1	146.9	23.6	129.7	8.0
14	4,4′-DDD	88.3	7.5	104.6	17.8	100.6	5.8	94.2	5.3	95.8	1.9	97.5	0.8	83.1	2.0	101.6	6.8	77.4	7.2	94.2	5.3	95.8	1.9	97.5	0.8
15	4,4′-Dibromobenzophenone	107.3	1.5	91.1	4.6	104.3	2.0	94.7	20.5	95.9	1.9	95.9	1.7	72.5	5.2	78.9	8.4	113.0	11.5	92.4	1.7	86.2	6.8	97.0	6.5
16	4-Bromo-3,5-Dimethylphenyl-N	95.9	9.0	113.0	18.8	100.5	8.7	F	F	137.1	10.4	129.2	4.9	127.9	2.7	142.1	6.2	128.8	2.5	F	F	137.1	10.4	129.2	4.9
17	4-Chloronitrobenzene	100.0	16.7	111.4	4.9	108.4	19.4	F	F	196.2	53.8	68.3	106.6	121.1	16.0	194.7	42.5	99.5	40.8	100.4	53.2	104.1	2.6	92.4	4.2
18	4-Chlorophenoxyacetic acid	F	F	F	F	F	F	F	F	F	F	F	F	F	F	F	F	F	F	F	F	F	F	F	F
19	Acenaphthene	130.1	13.6	86.1	27.6	103.3	14.9	56.6	35.1	66.3	25.8	56.8	24.3	95.3	29.0	84.7	27.1	110.9	22.3	163.7	4.3	131.3	10.5	104.9	3.9
20	Acetochlor	133.8	13.1	107.3	6.3	104.1	10.5	87.4	14.0	104.6	9.1	102.3	3.3	157.2	4.1	160.5	7.6	80.4	5.2	113.3	11.8	94.3	3.7	85.5	4.3
21	Acibenzolar-S-methyl	108.6	13.9	96.7	4.3	95.3	2.1	82.1	9.7	87.8	13.0	78.4	2.3	76.5	4.8	75.6	5.5	101.2	19.8	27.7	24.8	50.7	13.4	33.2	11.3
22	Aclonifen	118.0	2.1	111.7	10.1	110.6	15.8	F	F	94.8	3.3	90.5	2.6	F	F	86.4	16.3	103.5	7.1	104.6	11.2	90.3	12.0	80.3	1.1
23	Acrinathrin	208.3	2.7	160.5	10.2	185.6	15.0	289.0	13.0	614.5	0.9	711.8	0.5	321.0	11.1	340.7	13.8	493.7	17.9	202.7	13.9	336.6	40.1	461.1	12.5
24	Akton	91.2	8.4	106.3	17.3	100.6	6.4	96.5	2.8	96.1	2.0	96.2	0.8	93.7	1.5	107.3	7.0	98.1	2.9	96.5	2.8	96.1	2.0	96.2	0.8
25	Alachlor	115.0	2.7	95.9	4.6	107.9	0.6	90.7	14.1	74.9	6.5	67.1	20.4	97.6	7.6	109.5	9.7	87.7	9.5	91.7	0.7	92.7	7.1	99.6	6.0
26	Alanycarb	F	F	F	F	F	F	F	F	F	F	F	F	F	F	F	F	F	F	F	F	F	F	F	F
27	Aldicarb-sulfone	F	F	F	F	F	F	F	F	F	F	F	F	F	F	F	F	F	F	F	F	F	F	F	F
28	Aldimorph	F	F	100.5	1.2	100.1	0.8	F	F	84.1	13.4	76.4	6.4	F	F	114.2	4.9	70.3	6.6	F	F	105.1	13.0	98.4	5.5
29	Aldrin	110.5	2.4	95.8	3.1	100.8	0.4	89.4	13.5	94.8	2.9	96.6	4.0	96.6	6.7	86.4	3.2	91.6	8.2	95.8	0.4	88.9	6.9	97.6	7.8

续表

序号	农药名称	葡萄						苹果						西柚						西瓜					
		10 μg/kg		50 μg/kg		100 μg/kg		10 μg/kg		50 μg/kg		100 μg/kg		10 μg/kg		50 μg/kg		100 μg/kg		10 μg/kg		50 μg/kg		100 μg/kg	
		AVE	RSD(%) (*n*=3)	AVE	RSD(%) (*n*=3)	AVE	RSD(%) (*n*=3)	AVE	RSD(%) (*n*=3)	AVE	RSD(%) (*n*=3)	AVE	RSD(%) (*n*=3)	AVE	RSD(%) (*n*=3)	AVE	RSD(%) (*n*=3)	AVE	RSD(%) (*n*=3)	AVE	RSD(%) (*n*=3)	AVE	RSD(%) (*n*=3)	AVE	RSD(%) (*n*=3)
30	Allethrin	96.9	22.9	101.6	10.4	117.5	3.4	96.4	18.5	99.1	4.4	94.9	3.5	93.0	8.8	86.3	4.9	100.0	8.2	117.3	5.0	90.6	5.4	105.5	9.6
31	Allidochlor	114.1	17.3	97.6	5.7	92.8	3.2	107.7	19.8	86.3	12.3	64.1	30.4	78.1	14.7	99.5	18.0	82.1	12.2	93.3	10.0	85.8	15.3	111.5	7.4
32	alpha-Cypermethrin	F	F	F	F	108.7	1.4	F	F	F	F	99.2	1.9	F	F	F	F	F	F	F	F	F	F	F	F
33	alpha-Endosulfan	101.2	9.6	89.4	4.4	105.8	0.7	114.9	17.0	109.4	1.7	103.0	0.6	88.1	3.2	89.1	5.5	82.5	2.7	86.7	2.9	77.8	22.8	97.6	8.3
34	alpha-HCH	110.1	2.1	110.6	4.5	98.4	13.8	80.3	11.0	90.8	5.7	111.4	4.0	85.8	2.5	78.0	8.4	85.7	5.7	98.5	3.6	97.9	3.5	82.4	4.6
35	Ametryn	105.1	12.0	98.1	5.9	97.5	3.5	77.6	9.3	88.7	15.2	77.2	7.0	77.2	4.5	84.8	4.9	93.9	4.1	95.0	1.3	93.3	13.5	96.5	5.9
36	Amidosulfuron	107.0	4.9	110.9	7.2	91.4	11.2	F	F	86.1	1.9	120.2	9.5	94.0	13.1	103.6	8.3	113.0	6.5	100.3	5.4	91.9	7.9	73.8	18.4
37	Aminocarb	117.9	8.9	96.2	34.5	96.2	10.0	F	F	156.2	1.7	186.3	5.3	93.7	18.8	175.7	16.4	177.1	7.4	64.9	38.1	75.2	35.7	55.1	66.8
38	Amitraz	F	F	206.7	34.7	159.5	8.9	F	F	135.2	9.1	137.1	7.6	104.5	21.3	113.8	8.1	163.4	19.5	F	F	135.2	9.1	137.1	7.6
39	Ancymidol	75.1	46.6	57.5	19.3	121.5	7.0	84.6	8.3	82.8	12.2	74.1	4.8	114.1	4.0	93.5	32.1	83.8	10.2	78.0	28.5	68.2	42.8	64.0	26.4
40	Anilofos	115.5	5.1	103.2	13.2	105.1	14.8	102.0	7.4	108.3	6.9	98.6	1.2	F	F	69.7	13.8	72.8	5.2	96.2	3.3	93.4	5.7	82.4	6.1
41	Anthracene D10	102.4	11.1	92.9	1.4	103.5	6.2	89.2	13.7	84.3	3.7	93.5	5.0	72.2	5.2	80.7	4.6	70.9	3.9	91.6	3.3	79.2	26.0	98.0	4.3
42	Aramite	F	F	107.8	7.9	102.9	14.8	F	F	108.2	6.4	102.6	1.8	F	F	F	F	87.5	6.9	103.5	1.9	92.5	13.3	84.1	3.8
43	Atraton	113.9	4.3	102.9	8.6	103.3	12.4	91.3	9.4	99.0	3.1	100.5	0.6	89.4	8.6	101.2	8.9	111.9	5.1	102.1	2.5	95.6	5.1	83.4	6.6
44	Atrazine	114.3	2.3	106.0	7.8	104.0	13.1	79.2	9.3	97.1	2.2	102.0	0.2	92.3	9.8	107.0	8.8	114.3	4.0	112.6	1.8	93.3	12.3	83.1	4.2
45	Atrazine-desethyl	111.3	7.2	98.9	3.7	100.6	3.9	88.8	12.2	96.5	14.4	81.4	12.0	99.3	9.9	113.0	13.4	115.2	5.0	98.3	1.2	95.2	11.7	100.3	6.2
46	Atrazine-desisopropyl	117.1	10.1	122.5	3.2	115.7	16.0	82.6	7.3	120.1	14.8	99.1	11.0	93.9	11.0	80.6	17.2	101.8	4.6	109.2	5.0	109.9	32.4	110.7	8.9
47	Azaconazole	103.9	4.7	93.0	22.1	96.0	10.9	86.1	3.4	89.7	2.8	95.3	0.9	74.7	15.9	88.6	9.3	98.8	4.9	84.9	7.6	82.7	13.6	77.5	15.3
48	Azinphos-ethyl	108.0	16.5	92.7	7.1	97.2	4.6	F	F	92.3	15.1	82.4	1.9	74.0	3.3	107.6	14.7	111.1	11.1	91.2	4.5	82.1	10.2	93.1	8.1
49	Aziprotryne	106.6	9.9	99.1	8.4	92.6	2.1	F	F	98.8	12.9	99.0	6.2	107.9	0.6	124.3	5.8	130.3	7.3	87.4	6.9	92.7	10.1	99.4	6.1
50	Azoxystrobin	81.6	32.5	80.5	27.7	116.7	4.3	100.9	20.2	107.8	7.5	94.1	2.8	F	F	71.7	18.1	86.8	15.8	82.6	23.5	70.2	18.2	77.7	5.3
51	Beflubutamid	F	F	159.1	21.9	96.8	13.0	89.5	10.9	99.9	2.7	98.9	1.3	82.8	15.4	106.9	0.3	113.6	2.4	146.5	9.9	107.0	14.6	79.9	9.3
52	Benalaxyl	97.6	13.0	100.9	0.8	101.1	3.7	77.0	7.9	84.3	14.2	77.3	2.1	87.0	4.6	102.2	7.4	99.2	3.6	92.0	3.0	107.1	15.7	97.6	5.5
53	Bendiocarb	100.0	17.6	97.5	8.1	111.3	3.8	109.3	21.9	130.1	9.8	116.1	1.8	112.6	5.2	120.2	7.4	123.6	8.8	79.3	9.0	84.9	18.7	85.2	13.2
54	Benfluralin	121.6	5.3	102.1	11.2	100.9	2.7	92.5	3.6	86.9	0.5	87.9	5.6	116.6	10.7	78.8	11.9	114.4	10.1	109.7	5.2	95.1	12.3	101.6	7.6
55	Benfuresate	105.9	0.7	79.3	9.9	106.3	4.3	97.5	18.4	100.3	1.1	102.8	1.9	88.2	6.5	81.1	12.1	87.5	12.0	91.6	4.2	82.0	7.6	94.4	5.2
56	Benodanil	112.1	11.8	93.1	20.3	87.0	22.9	139.7	3.8	65.2	52.1	99.7	9.8	56.7	20.7	60.0	12.2	69.1	13.6	67.8	22.1	64.4	21.9	69.0	8.4
57	Benoxacor	111.9	8.2	98.5	5.5	94.4	0.4	85.1	9.1	87.8	15.1	78.8	6.2	93.6	16.4	79.6	5.0	85.3	17.0	97.0	5.4	90.9	10.1	100.9	5.6
58	Benzoximate	99.0	15.8	93.4	1.0	101.7	5.2	F	F	106.6	10.2	93.5	2.9	F	F	64.3	12.4	64.9	9.5	92.4	9.8	104.8	22.5	91.6	5.5
59	Benzoylprop-Ethyl	99.3	11.7	98.7	0.7	96.0	2.0	80.4	8.9	84.4	14.3	79.1	2.6	99.1	3.4	106.4	8.7	107.8	8.0	91.6	1.7	107.1	8.0	100.8	4.0

续表

序号	农药名称	葡萄						苹果						西柚						西瓜					
		10 μg/kg		50 μg/kg		100 μg/kg		10 μg/kg		50 μg/kg		100 μg/kg		10 μg/kg		50 μg/kg		100 μg/kg		10 μg/kg		50 μg/kg		100 μg/kg	
		AVE	RSD(%) (n=3)	AVE	RSD(%) (n=3)	AVE	RSD(%) (n=3)	AVE	RSD(%) (n=3)	AVE	RSD(%) (n=3)	AVE	RSD(%) (n=3)	AVE	RSD(%) (n=3)	AVE	RSD(%) (n=3)	AVE	RSD(%) (n=3)	AVE	RSD(%) (n=3)	AVE	RSD(%) (n=3)	AVE	RSD(%) (n=3)
60	beta-Endosulfan	104.1	9.3	89.6	3.1	108.3	0.5	112.6	20.4	110.5	0.6	110.0	0.4	78.2	3.3	75.9	3.0	72.2	3.0	91.2	4.4	78.0	23.5	96.3	8.3
61	beta-HCH	94.7	13.3	94.2	2.5	101.4	6.1	78.6	6.4	84.3	10.7	74.7	2.8	103.9	5.3	125.2	10.2	126.8	6.2	89.5	2.0	104.0	16.8	93.6	4.8
62	Bifenazate	76.1	33.3	72.5	27.5	67.9	42.5	70.2	17.3	124.0	9.5	81.1	35.1	55.8	11.6	82.5	26.5	95.9	9.7	97.3	47.2	64.9	26.2	77.8	6.8
63	Bifenox	109.0	2.5	96.4	9.7	102.5	4.4	F	F	109.9	4.1	103.5	6.9	F	F	F	F	41.7	6.8	102.8	7.2	86.2	4.1	93.0	9.9
64	Bifenthrin	106.3	0.6	90.5	5.0	109.7	9.4	106.6	20.4	106.1	3.3	104.6	1.2	109.3	3.6	90.2	1.0	98.3	3.4	91.3	1.3	89.0	6.3	102.0	3.3
65	Bioresmethrin	F	F	82.1	4.8	68.5	1.2	F	F	89.0	11.7	72.6	5.1	104.5	4.8	94.7	6.0	106.3	3.6	67.0	17.3	90.9	17.9	95.7	5.7
66	Bitertanol	121.8	2.1	100.3	19.9	101.1	9.1	F	F	94.7	2.2	94.0	1.3	66.2	17.1	93.4	10.5	98.5	3.5	94.0	4.6	86.1	7.9	85.1	5.8
67	Boscalid	72.6	19.3	86.6	4.4	97.3	6.6	93.1	12.2	89.7	8.6	92.0	3.9	80.6	2.9	78.7	7.2	84.7	16.4	93.1	12.2	89.7	8.6	92.0	3.9
68	Bromfenvinfos	99.0	12.4	100.5	3.3	100.7	3.8	86.0	8.0	101.3	12.2	83.6	3.6	91.9	9.7	83.9	10.4	83.9	7.3	91.5	1.9	105.6	16.9	95.3	5.8
69	Bromfenvinfos-Methyl	85.3	14.1	95.0	6.3	99.4	6.6	99.6	2.3	106.1	1.0	105.1	1.8	F	F	13.0	3.6	10.0	12.3	99.6	2.3	106.1	1.0	105.1	1.8
70	Bromobutide	103.2	10.5	99.5	0.9	101.3	2.3	53.7	7.8	81.7	14.5	76.6	4.3	84.0	2.1	93.9	7.6	95.8	1.2	90.3	2.2	102.1	13.2	96.0	5.6
71	Bromocyclen	115.4	3.2	101.1	3.3	100.3	0.2	85.4	13.2	90.9	4.2	91.6	5.3	120.3	7.6	85.7	6.0	95.4	9.2	100.9	1.1	91.1	6.4	97.2	8.0
72	Bromophos-Ethyl	96.7	13.3	99.0	1.0	97.8	4.0	77.8	8.4	97.3	12.2	78.6	3.9	112.2	10.6	75.0	7.0	78.2	4.6	90.2	0.3	103.1	13.1	96.4	5.7
73	Bromophos-Methyl	104.5	9.3	92.7	6.3	105.4	2.2	108.8	18.1	101.4	1.9	99.9	1.7	80.3	6.5	90.2	4.9	91.5	2.5	89.7	1.6	77.6	25.7	96.4	8.4
74	Bromopropylate	108.3	0.6	93.0	3.1	107.7	8.6	105.9	21.8	102.6	3.3	106.1	0.6	119.8	1.3	89.6	1.8	103.2	5.2	93.4	0.7	89.3	5.3	99.1	3.0
75	Bromoxynil octanoate	89.6	14.2	100.1	4.7	102.0	4.9	F	F	97.0	3.5	100.2	3.5	F	F	19.4	0.4	15.8	3.3	F	F	97.0	3.5	100.2	3.5
76	Bromuconazole	81.6	27.6	79.2	10.5	92.0	6.9	69.7	9.0	76.6	12.7	74.3	3.0	87.4	11.6	91.1	6.8	88.8	6.0	83.4	4.5	90.7	19.7	84.2	10.3
77	Bupirimate	97.2	13.1	99.3	1.2	101.0	2.9	76.4	8.8	93.0	13.6	76.9	3.0	98.8	6.6	118.6	6.6	122.2	3.8	89.7	2.9	105.5	14.5	96.0	5.0
78	Buprofezin	F	F	88.9	11.8	102.5	11.7	85.1	10.7	99.3	0.2	99.3	0.7	F	F	F	F	F	F	F	F	80.5	19.7	78.7	28.3
79	Butachlor	97.0	10.9	99.2	2.5	100.1	2.9	74.7	6.4	93.4	13.8	80.8	2.4	99.3	10.4	94.7	5.1	98.6	5.1	93.6	0.6	105.2	13.8	97.2	4.8
80	Butafenacil	112.0	6.7	98.3	22.7	100.1	13.7	105.6	9.2	106.1	4.2	98.5	0.9	69.1	10.2	91.8	13.2	104.4	4.0	84.4	9.1	83.1	14.3	88.3	15.9
81	Butamifos	118.0	4.6	108.5	11.8	105.8	15.5	90.6	5.1	104.6	4.1	96.7	1.9	89.1	2.9	82.1	11.4	103.7	6.7	96.2	3.1	92.3	4.6	81.5	5.6
82	Butralin	113.1	4.5	111.8	9.2	107.0	16.3	F	F	101.7	6.9	102.1	2.3	82.7	6.5	125.6	11.4	77.5	7.8	104.4	4.4	90.9	13.1	80.6	1.4
83	Cadusafos	117.3	5.5	106.1	5.5	102.8	12.2	88.7	14.0	97.7	0.3	105.3	1.1	94.2	7.1	102.7	8.5	108.9	5.3	103.5	4.3	98.2	3.4	83.2	4.0
84	Cafenstrole	105.6	30.2	86.4	2.4	93.1	3.4	72.9	10.1	64.9	18.0	63.7	5.5	F	F	F	F	F	F	86.9	13.8	79.7	37.7	78.9	12.0
85	Captafol	F	F	F	F	67.2	33.6	F	F	113.5	3.1	79.6	55.6	F	F	F	F	F	F	F	F	156.8	7.6	176.0	52.9
86	Captan	F	F	F	F	59.5	37.8	F	F	91.2	3.6	92.3	4.4	F	F	F	F	F	F	F	F	F	F	55.8	2.8
87	Carbaryl	117.5	7.6	107.0	11.0	102.0	9.2	F	F	F	F	211.9	4.8	97.6	8.8	106.9	5.5	112.9	5.2	88.9	14.0	82.0	18.4	82.3	7.4
88	Carbofuran	97.4	15.1	95.1	3.4	110.2	3.7	106.6	14.7	113.4	2.6	105.2	2.6	F	F	95.1	29.7	98.8	5.9	92.7	6.1	77.4	24.5	96.2	6.5
89	Carbofuran-3-Hydroxy	F	F	F	F	F	F	F	F	F	F	F	F	F	F	F	F	F	F	F	F	195.6	6.4	156.1	25.9

续表

序号	农药名称	葡萄						苹果						西柚						西瓜					
		10 μg/kg		50 μg/kg		100 μg/kg		10 μg/kg		50 μg/kg		100 μg/kg		10 μg/kg		50 μg/kg		100 μg/kg		10 μg/kg		50 μg/kg		100 μg/kg	
		AVE	RSD(%) (n=3)	AVE	RSD(%) (n=3)	AVE	RSD(%) (n=3)	AVE	RSD(%) (n=3)	AVE	RSD(%) (n=3)	AVE	RSD(%) (n=3)	AVE	RSD(%) (n=3)	AVE	RSD(%) (n=3)	AVE	RSD(%) (n=3)	AVE	RSD(%) (n=3)	AVE	RSD(%) (n=3)	AVE	RSD(%) (n=3)
90	Carbophenothion	86.4	8.2	103.1	19.0	99.5	6.6	93.2	0.5	93.2	0.9	96.6	0.4	78.0	2.8	96.4	6.8	78.0	6.8	93.2	0.5	93.2	0.9	96.6	0.4
91	Carbosulfan	F	F	F	F	F	F	F	F	F	F	F	F	F	F	F	F	F	F	F	F	F	F	F	F
92	Carboxin	62.5	30.8	71.6	22.3	60.8	42.1	63.4	15.4	63.9	21.7	65.3	8.5	123.9	6.3	111.0	9.9	114.2	2.0	62.7	48.2	51.9	42.3	38.8	22.4
93	Chlorbenside	104.8	0.4	91.0	4.1	103.1	4.7	86.9	19.1	89.9	1.8	92.7	2.0	73.6	8.3	86.4	8.2	111.5	8.6	93.9	0.8	87.9	6.7	98.6	5.6
94	Chlorbenside sulfone	105.3	4.1	91.2	5.2	109.4	6.6	101.2	17.4	102.2	1.3	103.0	2.3	70.2	10.8	73.5	17.5	74.2	14.3	90.4	2.6	88.4	7.3	97.7	3.4
95	Chlorbromuron	F	F	F	F	F	F	F	F	F	F	F	F	F	F	F	F	F	F	F	F	F	F	F	F
96	Chlorbufam	99.9	7.4	68.8	6.8	104.0	4.6	87.7	19.4	91.2	5.0	92.3	6.7	F	F	70.4	24.5	69.7	13.8	68.8	4.6	67.4	20.8	77.9	9.2
97	Chlordane	F	F	103.2	4.9	106.9	6.8	F	F	98.3	2.5	95.5	3.0	F	F	F	F	96.8	0.0	F	F	98.3	2.5	95.5	3.0
98	Chlordecone	F	F	F	F	F	F	F	F	F	F	F	F	F	F	F	F	F	F	F	F	F	F	F	F
99	Chlordimeform	F	F	F	F	F	F	F	F	F	F	F	F	F	F	F	F	F	F	F	F	F	F	F	F
100	Chlorethoxyfos	79.2	8.3	97.9	8.4	98.8	3.5	66.5	15.9	74.8	12.5	78.2	8.9	125.5	18.2	72.2	17.3	61.9	13.7	114.4	1.7	99.2	6.9	98.7	6.4
101	Chlorfenapyr	101.5	10.0	91.1	3.0	110.0	1.0	F	F	100.3	7.8	104.6	4.6	F	F	82.2	11.8	78.8	14.8	F	F	85.7	8.3	90.9	6.3
102	Chlorfenethol	109.0	0.4	94.9	3.8	105.8	1.6	104.2	19.1	105.9	1.4	102.7	1.5	83.2	6.5	91.9	6.5	118.9	9.1	93.5	1.8	88.2	6.8	99.3	6.5
103	Chlorfenprop-Methyl	130.3	7.9	115.7	7.2	93.1	3.1	63.2	12.2	66.2	7.8	67.4	3.5	87.8	12.0	73.6	18.9	103.7	15.3	83.6	0.4	80.9	4.3	85.5	4.3
104	Chlorfenson	105.7	1.0	92.8	3.7	105.5	1.5	101.0	18.5	95.3	0.8	97.0	1.8	70.6	10.6	77.9	20.9	78.4	17.1	91.3	0.9	86.7	6.7	96.6	6.7
105	Chlorfenvinphos	109.3	5.6	95.8	4.8	109.8	1.5	103.5	14.1	113.8	1.1	105.1	3.0	49.3	11.1	35.7	6.2	42.4	8.9	89.5	2.6	89.4	6.4	98.8	7.7
106	Chlorflurenol-methyl	84.3	16.9	98.6	3.7	112.1	3.5	91.4	1.7	94.5	2.7	101.3	2.3	77.4	2.2	88.1	7.4	89.5	0.7	91.4	1.7	94.5	2.7	101.3	2.3
107	Chloridazon	F	F	F	F	F	F	F	F	F	F	F	F	F	F	F	F	F	F	F	F	F	F	F	F
108	Chlorobenzilate	110.1	0.9	91.6	4.9	108.3	8.5	102.0	21.2	100.5	1.8	106.6	2.2	81.4	8.0	86.4	4.9	103.5	5.5	F	F	90.3	5.4	98.7	3.2
109	Chloroneb	109.0	7.9	74.4	11.1	97.0	6.6	73.7	17.1	78.6	11.7	79.5	9.1	87.4	11.8	87.2	17.0	91.3	15.5	114.1	0.8	98.1	6.5	98.4	6.5
110	Chloropropylate	F	F	F	F	F	F	100.5	22.1	101.9	1.6	76.2	2.5	115.5	1.3	F	F	F	F	F	F	F	F	F	F
111	Chlorothalonil	42.9	2.7	68.2	37.5	78.3	10.2	119.0	5.2	99.5	1.2	108.8	2.6	F	F	18.3	12.0	9.2	22.9	119.0	5.2	99.5	1.2	108.8	2.6
112	chlorotoluron	118.0	8.9	91.2	32.1	89.4	26.4	F	F	41.6	48.7	109.7	14.6	106.6	15.7	92.8	13.3	93.1	12.0	72.0	22.4	65.6	21.9	72.8	14.9
113	Chlorpropham	96.6	14.0	78.8	11.7	102.2	3.1	107.3	20.5	94.2	2.2	94.1	7.2	106.4	1.1	75.3	6.3	94.7	9.2	64.7	19.2	62.1	24.9	79.6	12.3
114	Chlorpyrifos	107.1	1.1	82.5	5.8	103.7	2.3	98.2	22.4	95.0	2.3	96.7	1.0	104.7	7.3	81.4	5.5	86.0	8.5	93.5	1.5	85.6	5.9	95.3	6.1
115	Chlorpyrifos-methyl	110.7	3.5	96.0	5.2	103.2	0.3	92.0	16.4	95.6	1.4	96.7	2.0	91.2	11.0	105.7	12.6	113.5	12.4	95.0	0.5	91.4	7.0	98.2	7.5
116	Chlorsulfuron	106.4	2.3	98.7	13.2	102.2	11.2	64.2	8.8	95.0	3.8	105.1	8.1	92.4	14.1	107.3	8.7	109.3	4.6	86.8	4.6	88.2	17.8	83.5	14.5
117	Chlorthal-dimethyl	106.9	0.8	92.8	3.6	104.8	1.3	102.7	16.4	100.6	0.3	101.0	1.4	77.7	5.8	84.0	9.8	88.1	11.3	92.2	0.9	87.0	6.7	97.6	6.7
118	Chlorthiamid	F	F	F	F	F	F	F	F	F	F	F	F	F	F	F	F	F	F	F	F	F	F	F	F
119	Chlorthion	107.2	1.3	102.5	7.4	105.5	2.4	106.5	0.1	101.5	3.7	96.1	4.8	F	F	22.9	26.0	49.9	19.6	100.5	1.6	90.0	7.1	99.4	7.8

续表

序号	农药名称	葡萄						苹果						西柚						西瓜					
		10 μg/kg		50 μg/kg		100 μg/kg		10 μg/kg		50 μg/kg		100 μg/kg		10 μg/kg		50 μg/kg		100 μg/kg		10 μg/kg		50 μg/kg		100 μg/kg	
		AVE	RSD(%) (*n*=3)	AVE	RSD(%) (*n*=3)	AVE	RSD(%) (*n*=3)	AVE	RSD(%) (*n*=3)	AVE	RSD(%) (*n*=3)	AVE	RSD(%) (*n*=3)	AVE	RSD(%) (*n*=3)	AVE	RSD(%) (*n*=3)	AVE	RSD(%) (*n*=3)	AVE	RSD(%) (*n*=3)	AVE	RSD(%) (*n*=3)	AVE	RSD(%) (*n*=3)
120	Chlorthiophos	95.9	12.5	100.5	1.2	99.4	4.1	79.0	7.7	94.4	13.3	77.5	1.9	80.7	6.1	96.4	6.6	101.4	2.5	90.3	0.2	106.3	14.0	95.9	4.8
121	Chlozolinate	118.1	4.2	114.2	8.3	154.4	1.8	90.8	14.8	103.7	3.3	91.4	0.6	79.2	13.9	92.5	3.3	132.0	44.9	90.6	2.6	79.8	27.0	98.4	8.3
122	Cinidon-Ethyl	101.6	12.4	102.7	4.5	115.0	8.3	114.3	19.5	96.7	5.7	94.9	5.1	F	F	87.4	20.5	90.5	10.6	87.1	27.0	70.6	26.3	98.1	10.2
123	*cis*-1,2,3,6-Tetrahydrophthalimi	F	F	117.7	17.9	84.0	37.4	100.4	3.8	123.7	28.7	86.6	24.1	F	F	74.1	148.2	89.0	5.3	100.4	3.8	123.7	28.7	86.6	24.1
124	cis-Permethrin	87.4	12.2	96.2	7.1	101.1	3.2	90.1	8.7	96.8	2.3	102.0	2.4	79.4	1.0	95.3	5.7	97.5	0.9	90.1	8.7	96.8	2.3	102.0	2.4
125	Clodinafop	F	F	95.5	6.7	97.0	2.0	F	F	86.5	12.9	82.4	1.2	F	F	124.3	10.6	130.1	4.0	F	F	98.1	12.5	91.9	7.7
126	Clodinafop-propargyl	87.9	13.4	94.0	7.9	101.6	8.2	F	F	67.7	12.5	86.2	4.1	99.1	11.1	88.5	9.3	91.1	18.9	F	F	67.7	12.5	86.2	4.1
127	Clomazone	109.9	2.7	103.0	8.7	102.7	11.0	85.0	10.6	96.1	0.4	101.3	1.0	85.1	2.2	94.3	9.7	102.6	4.3	100.5	3.2	96.5	4.4	85.9	5.0
128	Clopyralid	F	F	138.0	15.9	104.9	10.8	F	F	F	F	F	F	F	F	F	F	63.5	8.9	F	F	F	F	F	F
129	Coumaphos	101.7	17.0	99.4	1.1	101.6	5.1	F	F	91.3	15.2	80.6	3.0	F	F	87.5	14.8	87.5	8.1	91.7	4.0	96.2	11.1	92.8	6.9
130	Crufomate	109.7	2.1	103.5	10.4	105.4	13.2	86.4	2.9	102.2	1.7	98.9	2.4	94.8	5.0	111.4	13.3	97.0	5.9	105.3	5.7	93.4	5.2	84.1	5.9
131	Cyanofenphos	109.6	1.2	95.7	3.5	107.3	4.8	98.2	19.4	97.7	1.7	97.1	1.2	63.5	9.1	70.3	18.9	73.6	16.4	94.2	2.2	88.9	7.0	99.0	4.4
132	Cyanophos	108.0	1.1	95.9	2.2	106.5	1.2	89.9	16.7	97.7	0.7	96.9	0.7	114.8	13.3	121.1	22.3	109.7	17.6	92.9	1.2	91.1	6.9	97.7	6.2
133	Cycloate	110.1	2.0	118.8	2.8	95.2	15.2	76.5	15.9	84.3	8.4	119.0	5.2	99.1	6.7	104.5	8.8	120.7	6.9	97.3	3.2	102.4	3.5	80.6	4.4
134	Cycloprothrin	F	F	F	F	F	F	F	F	F	F	F	F	F	F	F	F	F	F	F	F	F	F	F	F
135	Cyflufenamid	F	F	F	F	F	F	F	F	F	F	F	F	F	F	F	F	F	F	144.4	1.2	97.0	11.3	97.7	7.5
136	Cyfluthrin	102.5	14.7	92.5	4.3	109.5	3.1	F	F	101.8	2.1	96.1	1.2	F	F	89.1	2.3	80.9	8.0	F	F	73.7	23.3	102.1	15.4
137	Cypermethrin	104.2	14.0	95.0	6.9	125.6	17.9	127.1	23.5	58.4	68.5	103.6	15.9	160.5	14.0	34.1	35.8	81.9	5.3	81.9	2.6	78.2	25.3	96.2	7.7
138	Cyphenothrin	105.8	13.6	98.3	7.8	105.1	3.5	F	F	99.9	2.3	98.3	0.3	F	F	118.4	9.5	113.0	0.9	F	F	77.0	22.8	87.8	9.4
139	Cyprazine	108.2	13.3	92.6	0.1	114.7	3.3	85.0	11.3	102.8	12.3	77.8	4.2	105.1	6.2	98.1	3.1	75.5	30.3	104.5	0.9	F	F	105.0	7.0
140	Cyproconazole	103.8	0.6	94.4	13.4	94.0	11.0	110.4	23.4	200.9	1.6	214.8	3.6	78.5	12.4	97.9	9.5	105.6	4.0	93.5	2.3	82.3	17.1	79.3	6.0
141	Cyprodinil	107.8	4.4	102.2	8.8	101.4	7.5	88.7	8.7	94.1	0.9	98.4	1.4	208.4	25.6	118.0	7.9	106.9	2.1	100.1	4.8	97.3	3.8	90.9	3.7
142	Cyprofuram	76.4	52.3	66.0	8.4	113.5	11.3	81.4	9.0	76.1	11.9	74.2	4.6	102.7	3.5	74.1	17.3	96.5	18.1	82.5	22.9	72.6	43.2	69.2	23.6
143	DDT	97.9	14.2	96.7	10.1	101.2	4.5	118.5	21.8	104.3	2.0	101.2	1.1	F	F	33.0	20.1	56.9	4.0	103.9	2.6	77.9	29.1	102.9	12.8
144	delta-HCH	110.0	4.3	103.2	8.8	103.2	12.5	86.0	7.5	95.4	3.2	99.2	1.3	61.6	2.0	38.6	8.9	41.7	4.8	102.1	4.8	93.3	4.9	82.7	5.3
145	Deltamethrin	F	F	98.5	18.7	128.5	11.7	F	F	91.9	6.2	95.2	0.1	F	F	F	F	67.7	10.9	F	F	98.1	2.2	95.5	2.9
146	Desethylterbuthylazine	96.5	11.1	102.6	6.4	108.9	4.9	96.4	2.1	100.7	8.1	103.4	1.1	90.5	5.4	98.5	6.7	93.5	0.2	96.4	2.1	100.7	8.1	103.4	1.1
147	Desmetryn	106.1	9.9	96.0	4.8	96.1	2.6	80.8	10.8	84.3	14.8	75.0	2.8	78.1	6.5	86.3	5.5	94.0	3.2	91.9	1.5	90.2	14.2	97.2	6.0
148	Dialifos	77.0	70.4	103.7	3.7	108.5	6.5	F	F	83.1	6.9	87.6	5.9	F	F	F	F	68.7	33.0	F	F	83.1	6.9	87.6	5.9
149	Diallate	98.7	14.8	95.5	3.1	93.4	0.7	79.5	11.0	82.1	12.3	66.4	8.9	70.5	5.6	85.1	7.4	78.1	3.0	88.9	2.8	102.8	12.6	97.4	5.0

续表

序号	农药名称	葡萄						苹果						西柚						西瓜					
		10 μg/kg		50 μg/kg		100 μg/kg		10 μg/kg		50 μg/kg		100 μg/kg		10 μg/kg		50 μg/kg		100 μg/kg		10 μg/kg		50 μg/kg		100 μg/kg	
		AVE	RSD(%) (n=3)	AVE	RSD(%) (n=3)	AVE	RSD(%) (n=3)	AVE	RSD(%) (n=3)	AVE	RSD(%) (n=3)	AVE	RSD(%) (n=3)	AVE	RSD(%) (n=3)	AVE	RSD(%) (n=3)	AVE	RSD(%) (n=3)	AVE	RSD(%) (n=3)	AVE	RSD(%) (n=3)	AVE	RSD(%) (n=3)
150	Dibutyl succinate	109.1	3.6	111.9	2.3	98.2	9.4	62.4	16.0	86.1	4.1	114.1	5.6	186.7	9.5	105.8	8.9	111.9	3.6	95.2	3.1	101.0	13.2	88.4	1.2
151	Dicapthon	108.1	1.7	107.1	9.8	103.2	3.0	105.6	19.8	109.7	4.5	99.0	0.0	F	F	20.9	26.5	44.1	19.2	100.0	5.4	91.5	7.3	99.6	9.0
152	Dichlobenil	117.0	9.1	111.3	26.7	103.5	13.9	56.1	24.3	70.8	27.8	72.1	17.1	87.7	14.6	82.4	22.7	63.7	10.4	214.4	5.2	153.3	19.5	105.2	2.1
153	Dichlofenthion	107.1	2.4	106.5	6.3	101.5	14.0	71.3	13.4	92.9	1.0	101.7	1.3	168.1	8.2	97.4	8.9	107.1	6.3	98.5	1.6	91.8	13.5	82.8	3.1
154	Dichlofluanid	50.1	43.6	48.5	55.3	91.4	12.3	109.2	18.9	100.0	3.0	101.0	1.2	54.1	11.5	18.0	27.4	38.9	25.4	73.3	8.3	56.5	4.6	68.6	4.3
155	Dichlormid	98.2	10.7	79.1	22.5	95.3	10.0	F	F	81.7	20.9	78.0	8.8	67.3	24.6	89.2	5.9	97.1	18.7	153.8	3.9	125.2	8.6	105.3	6.5
156	Dichlorprop	F	F	F	F	F	F	F	F	F	F	F	F	F	F	F	F	F	F	F	F	F	F	F	F
157	Dichlorvos	104.1	8.1	86.3	15.9	95.5	8.9	75.8	13.9	80.4	16.2	80.5	5.3	55.9	19.8	37.8	23.5	42.4	13.1	122.1	2.5	108.2	7.6	100.3	5.0
158	Diclocymet	84.7	18.7	102.9	12.9	114.2	3.3	68.0	7.9	119.3	12.3	114.6	6.1	108.4	5.7	98.7	5.5	123.4	12.2	68.0	7.9	119.3	12.3	114.6	6.1
159	Diclofop-methyl	107.2	0.8	95.0	3.6	106.6	1.1	98.1	19.1	97.2	1.4	93.7	1.3	78.9	8.9	82.5	10.8	86.7	11.9	89.5	2.9	85.7	7.4	95.4	6.1
160	Dicloran	90.8	9.5	98.5	7.9	103.9	7.7	98.4	6.2	103.7	2.1	98.1	4.4	88.0	14.5	108.1	4.8	65.1	10.7	98.4	6.2	103.7	2.1	98.1	4.4
161	Dicofol	128.9	1.5	91.5	17.1	96.3	14.0	F	F	65.9	14.1	84.6	5.7	290.9	1.9	187.2	5.9	238.5	5.9	126.7	5.3	88.4	10.7	117.0	5.2
162	Dieldrin	F	F	F	F	F	F	101.5	18.4	94.9	4.7	98.6	4.5	F	F	F	F	99.3	21.4	F	F	91.8	5.5	94.5	9.4
163	Diethatyl-Ethyl	105.0	1.6	104.2	9.6	105.2	13.1	81.7	11.9	104.8	1.4	101.9	0.8	161.9	2.7	66.9	9.5	73.0	5.8	98.9	2.1	88.9	15.0	82.9	4.3
164	Diethofencarb	104.0	7.0	78.6	9.7	107.3	3.3	98.7	18.1	102.8	7.2	106.8	0.9	92.0	7.4	75.1	4.8	76.5	10.5	92.1	11.1	77.4	7.5	92.0	7.2
165	Diethyltoluamide	86.6	15.9	99.8	2.2	83.4	36.3	93.4	7.2	93.7	1.6	111.1	2.7	96.2	1.3	100.7	3.6	91.6	8.0	93.4	7.2	93.7	1.6	111.1	2.7
166	Difenoxuron	F	F	29.6	2.6	100.0	0.7	F	F	89.7	45.3	59.6	28.2	F	F	F	F	F	F	F	F	F	F	14.1	26.3
167	Diflufenican	107.1	1.4	103.9	7.9	100.8	7.5	82.0	10.7	104.0	5.2	102.2	0.7	147.6	65.2	114.0	9.3	103.3	2.5	97.0	4.0	93.3	13.4	89.9	2.5
168	Diflufenzopyr	71.9	11.0	101.7	5.3	89.9	17.6	F	F	F	F	88.7	11.1	F	F	72.6	6.0	114.0	7.3	F	F	80.9	21.8	99.2	10.6
169	Dimethachlor	112.8	3.6	102.8	11.3	103.6	9.7	95.9	8.1	100.4	2.4	103.5	1.3	145.4	3.5	58.6	8.5	65.2	4.5	96.6	1.0	94.3	6.6	86.1	6.7
170	Dimethametryn	111.3	3.1	110.9	4.8	89.7	4.7	90.1	9.8	100.3	0.9	119.1	1.8	265.0	6.7	518.0	3.1	108.1	12.6	96.7	1.0	114.7	3.5	90.6	2.1
171	Dimethenamid	105.1	10.3	96.3	3.1	97.7	2.0	77.0	11.3	80.9	14.5	78.1	3.7	104.4	9.7	70.0	6.6	73.9	2.2	94.7	0.9	93.1	14.3	97.4	5.5
172	Dimethipin	F	F	F	F	F	F	F	F	F	F	F	F	F	F	F	F	F	F	F	F	F	F	F	F
173	Dimethoate	141.2	15.6	88.3	46.3	95.1	35.9	F	F	57.3	63.5	122.1	16.7	F	F	F	F	17.9	24.2	F	F	51.0	45.6	73.0	40.1
174	Dimethyl phthalate	101.0	2.3	115.9	2.1	104.9	8.1	119.1	18.7	101.9	8.4	106.8	5.6	125.7	15.2	93.3	11.2	118.6	4.4	104.6	13.2	89.2	16.2	99.6	2.9
175	Dimetilan	113.3	5.8	93.8	37.5	101.6	11.9	94.8	8.4	94.9	3.0	104.9	1.2	171.5	19.9	92.9	6.7	88.7	7.2	74.2	25.1	76.0	34.8	67.3	39.3
176	Diniconazole	85.4	7.1	78.1	12.0	80.3	12.6	F	F	66.3	4.1	78.6	2.7	F	F	97.0	11.2	109.6	4.1	79.1	6.0	77.5	9.8	67.1	10.4
177	Dinitramine	117.3	4.8	109.9	7.1	107.1	12.0	F	F	106.1	3.2	104.9	1.6	F	F	82.2	9.6	102.4	6.0	105.5	3.8	96.5	2.9	84.9	2.7
178	Dinobuton	105.1	7.4	91.4	8.1	114.7	4.9	F	F	134.8	9.5	123.7	6.7	F	F	F	F	22.2	18.0	F	F	60.0	23.6	72.7	5.9
179	Dinoterb	F	F	F	F	125.4	30.4	F	F	88.4	22.1	91.7	7.6	F	F	F	F	F	F	F	F	F	F	121.6	16.6

续表

序号	农药名称	葡萄						苹果						西柚						西瓜					
		10 μg/kg		50 μg/kg		100 μg/kg		10 μg/kg		50 μg/kg		100 μg/kg		10 μg/kg		50 μg/kg		100 μg/kg		10 μg/kg		50 μg/kg		100 μg/kg	
		AVE	RSD(%) (n=3)	AVE	RSD(%) (n=3)	AVE	RSD(%) (n=3)	AVE	RSD(%) (n=3)	AVE	RSD(%) (n=3)	AVE	RSD(%) (n=3)	AVE	RSD(%) (n=3)	AVE	RSD(%) (n=3)	AVE	RSD(%) (n=3)	AVE	RSD(%) (n=3)	AVE	RSD(%) (n=3)	AVE	RSD(%) (n=3)
180	Diofenolan	104.8	0.5	90.3	5.5	98.1	8.2	97.9	16.7	97.6	2.7	95.2	1.7	77.6	7.1	85.4	9.4	89.0	10.7	94.0	1.3	88.2	6.7	97.4	6.5
181	Dioxabenzofos	123.3	4.3	105.9	6.1	100.1	1.5	87.2	14.0	91.8	2.4	92.9	3.0	85.9	10.9	114.5	9.5	98.9	22.3	103.6	1.5	93.7	7.9	98.0	7.2
182	Dioxacarb	F	F	F	F	F	F	F	F	F	F	F	F	81.5	5.0	75.7	17.5	76.5	14.5	6.8	1.5	29.9	148.4	28.9	144.3
183	Dioxathion	104.6	7.0	91.1	8.8	105.4	1.8	108.9	15.1	99.1	1.4	98.2	1.0	F	F	77.3	12.3	74.8	10.1	91.9	2.7	83.2	25.3	99.0	8.9
184	Diphenamid	92.8	16.6	96.6	0.8	102.4	3.6	75.2	8.9	81.0	15.3	76.0	3.1	88.2	5.4	107.6	7.2	98.7	4.4	89.7	6.3	101.0	22.0	93.8	8.3
185	Diphenylamine	116.2	5.3	104.8	3.5	98.1	5.9	77.3	12.9	80.7	6.3	82.0	5.8	83.7	8.0	89.5	14.7	85.9	12.4	88.5	5.1	83.8	7.6	88.4	10.1
186	Dipropetryn	113.3	2.6	104.3	9.2	104.0	12.6	89.8	8.9	99.2	0.9	98.4	1.2	245.4	7.5	104.8	9.5	116.1	5.1	100.1	4.1	96.2	4.2	84.3	5.6
187	Disulfoton	69.3	7.1	84.4	9.2	93.2	11.8	98.1	14.1	73.0	4.8	85.2	1.0	101.6	2.2	108.5	7.4	111.3	5.9	98.1	14.1	73.0	4.8	85.2	1.0
188	Disulfoton sulfone	100.0	16.6	94.3	0.8	101.3	4.2	78.5	9.3	90.6	12.9	79.7	2.6	76.5	1.0	84.7	9.0	92.3	4.1	89.2	3.3	93.8	17.2	93.0	7.3
189	Disulfoton sulfoxide	111.1	6.3	102.1	16.4	107.2	11.5	82.1	7.7	97.2	2.8	114.5	0.4	101.2	12.5	71.0	9.5	74.5	5.1	81.0	12.2	83.6	21.5	81.3	10.6
190	Ditalimfos	101.0	8.3	92.8	28.2	92.6	14.2	138.7	16.9	98.3	17.8	172.0	5.5	121.8	14.5	40.2	3.8	40.8	7.0	74.3	21.4	70.5	29.3	71.0	17.4
191	Dithiopyr	110.9	1.9	104.5	6.3	103.7	14.3	73.1	10.1	97.2	0.4	99.0	3.6	163.7	5.2	107.9	9.7	117.1	5.8	101.0	4.3	93.0	12.8	83.4	3.0
192	Dodemorph	87.7	10.0	98.9	3.1	99.2	2.6	F	F	F	F	86.3	10.7	104.4	9.8	114.2	4.9	67.7	7.7	90.6	3.9	99.2	13.1	95.7	6.9
193	Edifenphos	104.2	16.2	96.4	0.1	93.6	4.1	75.8	15.0	82.8	15.0	75.1	3.0	F	F	6.7	18.2	7.4	7.2	103.7	5.2	89.6	26.9	91.6	6.7
194	Endosulfan-sulfate	87.5	9.5	103.2	15.7	100.7	5.6	101.1	5.4	97.5	0.5	98.6	2.3	F	F	23.2	6.0	12.6	14.8	101.1	5.4	97.5	0.5	98.6	2.3
195	Endrin	84.9	7.7	105.2	16.2	103.6	5.8	F	F	97.9	1.7	105.8	1.9	101.5	2.9	80.0	4.7	68.3	6.1	F	F	97.9	1.7	105.8	1.9
196	Endrin-aldehyde	79.8	1.4	96.1	6.0	101.1	18.3	F	F	102.9	7.0	91.2	9.8	F	F	58.5	15.4	63.7	9.9	87.2	12.7	81.1	3.1	69.2	1.5
197	Endrin-ketone	90.4	9.6	106.3	17.2	104.2	5.4	100.4	5.8	104.2	0.9	106.5	1.4	96.7	4.2	79.9	5.5	70.5	5.0	100.4	5.8	104.2	0.9	106.5	1.4
198	EPN	110.3	1.3	100.6	8.2	104.5	1.5	F	F	108.2	3.0	100.8	2.0	F	F	73.3	9.6	74.7	18.7	98.8	2.5	87.7	6.5	97.2	7.5
199	EPTC	139.6	1.7	141.0	28.9	115.5	7.2	F	F	132.5	11.0	1037.1	32.4	97.1	5.8	112.7	10.5	96.0	37.1	F	F	132.5	11.0	1037.1	32.4
200	Esprocarb	108.4	1.1	105.3	6.5	103.0	11.6	70.5	10.9	93.2	0.4	101.4	0.7	168.2	8.4	101.6	0.3	110.8	5.8	99.2	3.4	93.1	12.8	86.1	2.9
201	Ethalfluralin	117.5	7.6	102.7	10.8	103.0	4.4	F	F	91.4	4.5	91.2	3.6	60.8	12.7	79.3	7.9	84.9	7.0	107.3	7.8	90.6	34.3	106.8	9.0
202	Ethion	F	F	94.5	2.7	100.6	3.6	78.5	9.3	90.6	12.9	79.7	2.6	76.5	1.0	84.7	9.0	92.3	4.1	89.2	3.3	93.8	17.2	93.0	7.3
203	Ethofumesate	107.4	2.7	94.7	3.8	107.9	2.5	99.7	17.6	98.9	0.7	100.7	0.8	85.6	6.5	88.2	12.9	92.3	12.1	92.2	2.5	88.8	8.1	98.4	6.3
204	Ethoprophos	109.5	9.5	94.7	6.0	94.7	1.5	88.2	15.2	85.6	13.3	77.3	7.5	97.4	11.7	106.6	8.2	111.6	3.2	91.6	3.9	89.7	10.5	96.8	6.1
205	Etofenprox	106.4	1.5	90.7	6.9	108.7	10.7	97.2	19.5	98.8	5.2	112.8	0.7	109.5	7.4	73.9	4.9	90.4	3.9	95.3	0.6	88.6	4.7	99.0	1.9
206	Etridiazole	130.5	1.6	175.7	25.5	122.7	17.6	F	F	129.0	8.9	1126.7	29.9	87.5	9.7	75.4	12.3	56.0	29.0	F	F	129.0	8.9	1126.7	29.9
207	Famphur	92.3	22.7	87.0	6.7	111.0	2.4	114.3	20.3	102.4	2.6	97.1	1.1	F	F	62.4	2.9	59.8	20.5	81.9	11.0	71.9	21.6	89.1	2.6
208	Fenamidone	100.5	14.3	89.1	2.0	96.9	2.8	74.2	10.5	81.7	14.3	76.9	2.1	108.3	3.7	127.3	10.1	138.3	0.6	87.9	5.7	86.9	20.1	90.8	8.1
209	Fenamiphos	99.6	12.5	92.2	3.2	107.0	3.9	115.7	17.3	97.5	3.2	92.5	0.9	67.9	9.0	61.3	4.2	84.4	2.6	89.3	2.0	77.4	25.5	96.5	6.7

续表

序号	农药名称	葡萄						苹果						西柚						西瓜					
		10 μg/kg		50 μg/kg		100 μg/kg		10 μg/kg		50 μg/kg		100 μg/kg		10 μg/kg		50 μg/kg		100 μg/kg		10 μg/kg		50 μg/kg		100 μg/kg	
		AVE	RSD(%) (n=3)	AVE	RSD(%) (n=3)	AVE	RSD(%) (n=3)	AVE	RSD(%) (n=3)	AVE	RSD(%) (n=3)	AVE	RSD(%) (n=3)	AVE	RSD(%) (n=3)	AVE	RSD(%) (n=3)	AVE	RSD(%) (n=3)	AVE	RSD(%) (n=3)	AVE	RSD(%) (n=3)	AVE	RSD(%) (n=3)
210	Fenarimol	112.5	4.4	98.1	15.4	100.3	11.3	94.1	5.5	84.3	10.8	66.5	3.5	184.1	15.5	76.9	10.3	80.1	5.3	92.2	5.6	88.6	9.8	80.6	9.3
211	Fenazaflor	F	F	F	F	167.2	90.4	F	F	F	F	59.7	40.9	F	F	425.3	48.6	260.8	29.4	160.4	24.0	399.5	75.8	224.4	46.7
212	Fenazaquin	93.6	14.6	95.3	3.0	97.7	3.2	72.6	11.5	90.7	15.7	75.8	2.5	93.0	11.5	70.5	7.9	112.0	3.7	93.6	0.9	117.0	10.2	102.1	3.9
213	Fenchlorphos	92.0	9.3	98.8	5.2	104.5	5.7	93.6	2.1	91.3	2.1	90.0	3.8	120.0	2.2	133.2	6.5	108.0	4.4	93.6	2.1	91.3	2.1	90.0	3.8
214	Fenchlorphos-Oxon	118.0	2.5	110.2	9.5	105.1	13.2	95.1	3.6	103.4	1.3	97.3	1.6	F	F	7.4	13.8	7.6	5.9	102.8	9.4	94.0	3.8	82.5	5.1
215	Fenfuram	104.0	6.9	88.8	17.1	92.8	8.0	98.3	5.7	69.2	17.6	99.9	5.1	198.3	12.2	100.1	3.4	106.2	4.9	84.9	8.9	82.7	13.2	81.5	8.8
216	Fenitrothion	88.1	8.3	97.7	6.7	102.1	7.6	94.0	6.7	103.8	0.9	102.5	3.1	57.9	10.8	69.6	5.5	38.6	19.5	94.0	6.7	103.8	0.9	102.5	3.1
217	Fenobucarb	F	F	122.0	11.7	103.8	4.4	F	F	F	F	90.1	7.6	220.7	9.3	256.7	15.9	227.2	13.8	F	F	116.9	5.5	104.0	5.9
218	Fenoprop	F	F	F	F	F	F	F	F	F	F	F	F	F	F	F	F	F	F	F	F	F	F	F	F
219	Fenothiocarb	F	F	97.4	7.3	104.5	11.0	86.6	12.7	97.1	0.2	97.2	0.3	F	F	104.5	7.7	110.9	5.3	F	F	F	F	88.9	7.0
220	Fenoxaprop-Ethyl	87.7	11.1	94.1	2.5	79.6	25.7	71.0	7.6	96.4	16.2	75.7	2.1	88.8	2.9	98.5	17.9	103.3	8.1	89.9	1.3	100.5	10.8	96.4	5.4
221	Fenoxycarb	F	F	104.2	10.6	145.2	0.8	F	F	333.2	27.0	220.2	17.4	48.0	11.1	53.5	17.4	37.0	27.9	68.8	27.7	97.5	21.7	62.5	0.8
222	Fenpiclonil	F	F	F	F	F	F	F	F	F	F	F	F	F	F	F	F	F	F	F	F	F	F	F	F
223	Fenpropathrin	104.4	0.2	90.7	4.9	110.1	9.6	103.8	21.3	103.6	1.4	111.1	1.7	65.8	10.2	78.8	10.7	69.5	6.7	92.5	0.8	88.3	5.6	95.8	2.0
224	Fenpropidin	F	F	85.7	36.3	97.4	13.0	F	F	F	F	202.8	0.2	F	F	133.5	17.3	94.5	4.5	F	F	80.3	26.2	68.0	29.6
225	Fenpropimorph	110.5	3.4	106.5	8.6	102.7	7.2	71.8	11.3	93.7	2.1	103.7	1.2	191.0	10.0	110.4	7.4	105.3	2.4	94.3	2.4	95.9	14.9	89.2	3.3
226	Fenson	97.1	11.3	99.3	14.0	100.9	3.1	F	F	99.4	0.6	100.2	1.1	82.4	6.1	79.3	16.8	74.0	9.5	90.4	1.6	78.6	25.3	99.0	6.7
227	Fensulfothion	60.2	26.3	100.3	13.1	101.6	3.5	102.0	4.3	99.2	5.9	106.5	8.7	46.1	4.7	50.3	6.7	60.7	3.3	102.0	4.3	99.2	5.9	106.5	8.7
228	Fenthion	83.2	6.8	101.5	16.9	98.2	7.3	88.5	2.0	88.4	1.6	90.7	0.5	89.0	0.6	102.9	6.7	100.9	13.6	88.5	2.0	88.4	1.6	90.7	0.5
229	Fenvalerate	F	F	86.1	6.5	98.7	9.0	F	F	95.2	0.7	97.5	4.1	F	F	83.0	13.1	73.6	10.8	F	F	95.2	0.7	97.5	4.1
230	Fipronil	F	F	104.1	11.5	105.0	2.1	108.8	13.3	103.2	1.6	125.0	14.1	109.4	9.1	122.7	7.6	123.3	7.5	108.8	13.3	103.2	1.6	125.0	14.1
231	Flamprop-isopropyl	110.5	2.6	103.8	9.4	103.3	8.2	96.6	6.6	99.1	0.9	101.6	0.7	89.6	4.6	108.7	8.3	108.6	3.1	96.3	3.5	97.8	5.0	90.0	3.6
232	Flamprop-methyl	107.9	3.4	103.9	11.2	102.8	9.4	78.5	10.6	95.9	1.2	101.8	0.5	91.0	5.7	107.1	8.9	109.6	2.6	95.3	3.6	91.7	15.5	87.2	4.1
233	Fluazinam	F	F	79.1	3.2	98.4	15.0	F	F	F	F	F	F	F	F	F	F	70.2	44.6	F	F	F	F	63.5	3.1
234	Flubenzimine	F	F	F	F	F	F	F	F	F	F	F	F	F	F	F	F	F	F	F	F	F	F	F	F
235	Fluchloralin	93.9	9.2	108.3	18.5	102.3	8.7	103.0	10.0	100.4	2.9	92.7	3.3	82.2	8.9	103.1	4.8	88.0	8.9	103.0	10.0	100.4	2.9	92.7	3.3
236	Flucythrinate	79.9	5.8	94.2	17.0	99.9	7.9	101.6	13.7	112.0	5.0	114.2	7.1	80.7	14.7	97.1	6.9	70.6	18.4	101.6	13.7	112.0	5.0	114.2	7.1
237	Flufenacet	115.8	3.5	103.7	11.7	105.3	11.8	90.2	7.4	102.3	0.3	96.1	0.4	61.8	7.8	73.1	13.1	79.3	4.2	98.0	4.4	93.9	5.2	84.5	6.3
238	Flumetralin	103.5	9.8	90.7	5.4	107.9	1.4	119.3	20.1	100.5	5.5	91.5	0.8	F	F	95.9	18.7	118.1	8.9	89.0	1.8	72.9	27.3	92.1	8.7
239	Flumioxazin	F	F	76.5	11.2	87.2	8.3	F	F	71.0	22.5	83.8	7.6	F	F	61.2	12.5	59.2	7.9	F	F	71.0	22.5	83.8	7.6

续表

序号	农药名称	葡萄						苹果						西柚						西瓜					
		10 μg/kg		50 μg/kg		100 μg/kg		10 μg/kg		50 μg/kg		100 μg/kg		10 μg/kg		50 μg/kg		100 μg/kg		10 μg/kg		50 μg/kg		100 μg/kg	
		AVE	RSD(%) (n=3)	AVE	RSD(%) (n=3)	AVE	RSD(%) (n=3)	AVE	RSD(%) (n=3)	AVE	RSD(%) (n=3)	AVE	RSD(%) (n=3)	AVE	RSD(%) (n=3)	AVE	RSD(%) (n=3)	AVE	RSD(%) (n=3)	AVE	RSD(%) (n=3)	AVE	RSD(%) (n=3)	AVE	RSD(%) (n=3)
240	Fluopyram	93.1	19.5	94.1	0.8	101.2	4.0	75.3	7.3	86.4	12.4	77.8	3.2	101.3	4.6	107.3	8.8	100.3	9.2	85.7	9.2	98.3	28.1	88.7	11.3
241	Fluorodifen	80.3	9.2	100.0	19.6	92.1	10.3	F	F	92.8	7.5	88.6	8.7	F	F	49.3	2.0	16.9	30.1	F	F	92.8	7.5	88.6	8.7
242	Fluoroglycofen-ethyl	94.4	10.0	93.2	0.2	93.4	2.9	77.4	8.3	92.2	8.4	84.7	3.0	58.9	13.5	74.0	26.0	83.4	21.8	93.4	4.2	115.0	21.7	98.6	2.4
243	Fluotrimazole	87.7	8.9	100.2	16.3	90.3	10.7	F	F	68.7	55.4	91.5	11.7	91.7	2.9	111.3	6.5	110.9	1.3	F	F	68.7	55.4	91.5	11.7
244	Flurochloridone	86.6	14.5	96.7	5.2	103.5	4.4	89.1	3.1	92.4	1.9	92.3	3.9	69.4	4.6	78.7	3.7	64.9	19.5	89.1	3.1	92.4	1.9	92.3	3.9
245	fluroxypyr-mepthyl	87.7	9.3	105.1	16.5	102.2	5.4	106.1	11.1	100.4	1.4	103.2	2.5	85.7	2.8	108.3	6.0	99.4	1.7	106.1	11.1	100.4	1.4	103.2	2.5
246	Flurprimidol	111.1	5.0	98.4	16.9	99.9	7.3	92.3	1.7	95.4	3.1	100.2	0.3	95.4	14.3	102.5	6.8	106.1	3.6	89.1	7.0	86.8	11.9	87.0	8.5
247	Flusilazole	106.6	3.5	88.9	5.3	104.5	7.4	98.8	13.9	97.3	0.6	91.1	3.0	77.3	9.0	90.5	7.3	118.6	5.7	88.1	5.6	84.9	8.1	95.4	4.0
248	Flutolanil	103.1	6.1	99.4	15.0	99.3	7.6	84.2	10.2	83.9	9.8	105.6	1.6	84.9	10.9	94.2	6.1	106.4	2.3	84.9	7.4	85.4	20.6	85.8	5.8
249	Flutriafol	88.7	46.9	68.7	12.2	108.9	9.7	67.4	12.9	82.4	11.8	74.5	4.5	76.0	10.1	110.0	17.9	66.5	28.0	79.5	21.1	70.9	43.5	68.2	23.7
250	Fluxapyroxad	79.9	31.8	81.6	15.1	109.0	10.6	F	F	110.7	5.5	106.9	1.5	84.0	3.3	77.5	5.1	71.7	6.2	82.3	10.1	77.0	16.3	94.1	1.2
251	Folpet	F	F	F	F	F	F	F	F	F	F	F	F	F	F	F	F	F	F	F	F	F	F	F	F
252	Fonofos	99.5	12.2	97.3	3.0	96.1	1.8	69.8	8.7	81.7	14.0	69.4	6.4	89.7	3.0	104.1	7.6	103.3	1.4	89.0	3.2	104.4	10.1	98.0	5.0
253	Formothion	F	F	F	F	F	F	F	F	F	F	F	F	F	F	F	F	F	F	F	F	F	F	F	F
254	Fuberidazole	F	F	F	F	F	F	F	F	F	F	F	F	F	F	F	F	F	F	F	F	F	F	F	F
255	Furalaxyl	93.8	23.9	88.5	0.8	99.0	4.0	80.9	13.9	79.8	13.7	76.9	1.3	75.6	5.6	91.1	5.5	88.1	8.4	87.2	8.7	86.1	26.4	89.1	13.0
256	Furathiocarb	98.1	9.8	81.3	19.5	90.5	4.4	77.4	5.9	85.1	15.2	75.5	2.7	87.2	17.5	92.6	19.9	104.7	15.2	96.1	3.8	90.4	14.3	94.8	5.6
257	Furmecyclox	82.5	4.4	69.3	11.4	68.4	12.9	61.8	11.1	78.1	7.1	85.0	1.0	100.6	3.8	111.6	5.5	124.0	4.5	130.6	16.0	99.3	6.0	89.8	3.0
258	gamma-Cyhalothrin	97.0	13.2	101.5	16.1	101.6	5.5	F	F	98.3	2.4	102.7	2.1	F	F	90.5	6.7	86.2	6.9	28.1	19.8	98.3	2.4	102.7	2.1
259	Haloxyfop	F	F	F	F	F	F	F	F	F	F	F	F	F	F	F	F	F	F	F	F	F	F	F	F
260	Haloxyfop-methyl	96.9	12.8	100.5	3.5	98.8	3.4	81.9	6.4	87.8	13.3	79.8	3.7	101.3	4.4	118.7	6.3	120.1	1.4	91.4	0.7	104.5	14.5	94.4	5.5
261	Heptachlor	92.5	8.8	102.2	7.4	103.6	8.8	109.4	3.5	94.0	3.0	106.6	1.4	76.4	5.6	83.8	9.1	70.8	2.8	109.4	3.5	94.0	3.0	106.6	1.4
262	Heptachlor-*exo*-epoxide	82.5	14.5	100.9	16.1	103.8	8.5	100.1	13.6	84.8	6.5	75.5	6.9	97.0	4.8	109.3	7.8	99.3	3.2	100.1	13.6	84.8	6.5	75.5	6.9
263	Heptenophos	105.0	13.6	97.4	0.8	101.7	1.0	91.8	6.3	89.7	13.2	78.7	11.0	94.9	16.3	107.6	10.2	99.3	6.8	91.7	3.5	98.7	14.9	96.4	7.2
264	Hexaconazole	74.4	8.0	87.9	15.9	98.3	3.8	131.4	50.0	102.1	2.1	92.5	0.5	74.4	3.1	101.7	5.3	109.7	3.6	91.6	11.7	34.3	6.8	108.0	42.5
265	Hexaflumuron	F	F	F	F	F	F	F	F	F	F	F	F	F	F	F	F	F	F	F	F	F	F	F	F
266	Hexazinone	128.2	19.4	88.0	62.8	85.5	36.0	133.1	13.0	36.1	29.9	101.1	10.2	F	F	114.9	15.9	118.6	11.7	F	F	58.5	36.4	66.7	44.2
267	Imazamethabenz-methyl	92.2	8.4	92.6	32.2	100.4	8.5	F	F	267.3	6.3	459.6	14.7	81.5	18.8	91.2	6.8	99.0	5.8	79.6	22.5	74.4	24.5	74.6	32.3
268	Indanofan	F	F	129.2	14.4	147.4	12.1	F	F	F	F	F	F	F	F	142.2	7.2	51.1	35.2	F	F	F	F	F	F
269	Indoxacarb	94.8	19.1	95.5	1.4	97.6	2.5	74.0	7.7	79.7	13.9	71.4	3.0	F	F	99.2	15.8	85.1	9.4	94.0	5.8	98.5	18.6	93.4	8.3

续表

序号	农药名称	葡萄						苹果						西柚						西瓜					
		10 μg/kg		50 μg/kg		100 μg/kg		10 μg/kg		50 μg/kg		100 μg/kg		10 μg/kg		50 μg/kg		100 μg/kg		10 μg/kg		50 μg/kg		100 μg/kg	
		AVE	RSD(%) (n=3)	AVE	RSD(%) (n=3)	AVE	RSD(%) (n=3)	AVE	RSD(%) (n=3)	AVE	RSD(%) (n=3)	AVE	RSD(%) (n=3)	AVE	RSD(%) (n=3)	AVE	RSD(%) (n=3)	AVE	RSD(%) (n=3)	AVE	RSD(%) (n=3)	AVE	RSD(%) (n=3)	AVE	RSD(%) (n=3)
270	Iodofenphos	100.9	10.9	89.3	5.7	108.3	0.8	116.2	19.6	102.0	3.4	100.1	1.1	72.2	7.6	81.2	7.5	82.9	1.8	88.2	3.4	75.1	25.5	96.2	8.3
271	Iprobenfos	115.1	6.0	103.4	6.6	98.0	0.4	134.5	2.6	98.9	13.8	90.0	7.5	83.7	3.5	84.8	4.3	90.0	4.8	87.5	9.5	92.3	6.8	98.2	5.5
272	Iprodione	F	F	F	F	F	F	F	F	F	F	F	F	F	F	F	F	F	F	F	F	F	F	F	F
273	Iprovalicarb	F	F	107.7	10.9	104.7	14.0	F	F	72.7	24.2	100.7	4.6	F	F	85.5	8.4	83.0	8.8	F	F	F	F	F	F
274	Isazofos	102.6	12.8	100.6	1.3	98.9	2.1	74.9	8.9	86.2	14.4	77.7	7.1	88.2	3.5	97.9	7.0	101.0	0.2	91.5	2.8	105.8	10.7	97.2	4.5
275	Isocarbamid	143.0	5.2	122.0	23.4	131.0	1.7	F	F	92.3	8.3	135.1	5.5	82.1	11.9	100.2	16.2	110.9	13.0	85.6	10.0	83.3	17.9	123.0	23.2
276	isocarbophos	103.8	6.4	97.5	12.3	100.6	11.5	110.6	8.4	91.8	2.6	96.4	4.8	81.4	9.2	100.7	12.6	104.6	4.1	100.8	9.9	95.0	7.1	80.1	7.5
277	Isofenphos-oxon	120.0	3.9	115.2	9.1	107.0	12.9	82.4	10.7	119.6	9.8	99.7	3.8	110.0	3.0	87.8	12.7	98.3	4.7	104.0	2.7	91.4	13.8	86.3	1.6
278	Isoprocarb	100.4	14.4	90.1	2.5	95.6	2.6	82.6	11.4	82.6	12.6	77.8	7.1	64.9	12.4	71.7	22.4	80.9	11.8	88.6	9.1	91.5	15.5	96.3	6.7
279	Isopropalin	108.2	12.9	95.8	5.6	93.9	2.6	81.5	10.4	103.9	14.3	78.3	4.5	77.8	1.9	87.9	10.3	108.9	4.1	93.0	3.1	82.2	12.0	96.3	6.9
280	Isoprothiolane	107.7	3.2	105.0	8.8	104.7	13.7	82.3	8.9	97.7	0.2	101.9	1.1	90.0	3.7	108.3	9.6	115.2	4.4	99.1	3.4	91.0	14.0	83.3	4.7
281	Isoproturon	F	F	F	F	F	F	F	F	F	F	F	F	F	F	F	F	F	F	F	F	F	F	F	F
282	Isoxadifen-ethyl	87.7	21.5	92.4	0.2	99.8	4.7	86.8	22.5	78.7	11.1	74.5	2.2	67.2	11.1	80.4	14.9	87.6	3.2	85.8	5.4	117.0	19.0	97.9	5.4
283	Isoxaflutole	F	F	F	F	F	F	F	F	F	F	F	F	F	F	F	F	F	F	F	F	F	F	F	F
284	Isoxathion	F	F	104.0	11.2	99.3	9.8	F	F	74.7	3.4	75.0	3.1	F	F	F	F	81.4	3.6	F	F	84.5	10.3	89.7	2.8
285	Kinoprene	F	F	103.4	3.7	100.4	2.2	F	F	103.1	15.7	76.7	8.2	F	F	86.2	9.0	88.9	4.6	96.9	6.5	99.5	2.0	100.8	5.3
286	Kresoxim-methyl	F	F	94.3	7.0	97.1	3.2	77.9	10.9	86.9	13.4	78.6	2.3	103.9	3.4	130.9	8.6	134.4	1.6	92.2	1.8	92.4	15.0	97.2	5.7
287	Lactofen	103.9	14.2	94.2	3.6	92.9	2.5	F	F	73.9	14.4	76.0	10.5	F	F	78.4	3.6	94.0	1.7	97.2	5.4	85.2	22.0	93.4	5.6
288	Lindane	91.4	7.5	102.4	5.8	107.2	5.8	104.5	7.1	92.9	2.6	101.4	2.5	75.1	1.8	85.2	7.3	77.4	7.9	104.5	7.1	92.9	2.6	101.4	2.5
289	Malathion	112.5	4.5	105.8	10.5	105.5	12.7	87.8	9.4	105.4	0.8	103.1	1.5	82.6	1.5	100.4	10.8	108.4	4.6	98.3	2.3	93.9	4.7	83.1	5.9
290	Mcpa Butoxyethyl Ester	98.1	8.0	97.9	6.8	103.3	5.1	37.1	7.4	48.4	14.9	29.2	146.6	97.1	2.6	108.4	7.9	100.4	2.3	37.1	7.4	48.4	14.9	29.2	146.6
291	Mecoprop	F	F	F	F	F	F	F	F	F	F	F	F	F	F	F	F	F	F	F	F	F	F	F	F
292	Mefenacet	108.8	2.0	103.9	14.3	101.3	11.9	79.2	11.4	100.6	0.7	98.1	0.9	F	F	94.7	15.0	90.6	4.9	97.1	7.4	83.5	16.0	80.9	7.0
293	Mefenpyr-diethyl	102.7	12.2	95.7	4.8	97.4	3.0	79.5	11.6	87.4	14.2	78.7	1.1	100.8	2.9	122.7	6.5	107.8	3.9	92.5	1.5	91.5	14.9	95.9	6.4
294	Mepanipyrim	109.0	2.3	102.9	8.5	100.0	10.3	74.4	10.0	93.8	3.6	100.5	0.5	94.0	3.7	118.0	9.1	114.7	2.6	98.6	2.3	90.4	14.0	84.4	3.6
295	Mepronil	3.9	1.5	31.7	163.2	32.3	159.8	85.7	9.2	94.9	1.4	102.8	0.6	87.7	7.6	102.1	7.9	107.4	2.5	77.8	4.2	74.2	5.5	91.2	4.5
296	Metalaxyl	75.9	28.5	76.1	20.6	120.8	4.1	113.4	14.3	110.2	1.3	105.6	1.2	86.1	1.5	78.5	9.3	102.7	7.7	79.1	12.7	67.1	21.0	88.4	1.0
297	Metamitron	F	F	F	F	F	F	F	F	F	F	214.5	0.9	F	F	F	F	F	F	F	F	F	F	F	F
298	Metazachlor	109.6	5.0	104.1	14.9	105.1	13.3	80.2	9.0	101.0	1.8	103.6	1.2	88.3	5.6	99.7	9.3	106.0	5.1	97.7	3.5	89.4	18.3	81.0	8.3
299	Metconazole	82.8	24.7	65.4	5.3	83.9	4.2	F	F	72.0	12.6	70.2	7.8	88.0	5.2	77.8	8.1	81.2	7.4	79.3	2.8	79.3	15.1	83.4	8.4

续表

序号	农药名称	葡萄						苹果						西柚						西瓜					
		10 μg/kg		50 μg/kg		100 μg/kg		10 μg/kg		50 μg/kg		100 μg/kg		10 μg/kg		50 μg/kg		100 μg/kg		10 μg/kg		50 μg/kg		100 μg/kg	
		AVE	RSD(%) (n=3)	AVE	RSD(%) (n=3)	AVE	RSD(%) (n=3)	AVE	RSD(%) (n=3)	AVE	RSD(%) (n=3)	AVE	RSD(%) (n=3)	AVE	RSD(%) (n=3)	AVE	RSD(%) (n=3)	AVE	RSD(%) (n=3)	AVE	RSD(%) (n=3)	AVE	RSD(%) (n=3)	AVE	RSD(%) (n=3)
300	Methabenzthiazuron	102.2	12.1	93.0	2.4	98.0	0.2	89.1	9.1	81.7	12.1	79.7	4.3	83.5	4.1	100.6	8.8	112.5	3.4	90.6	3.9	85.8	13.8	95.2	8.7
301	Methacrifos	133.8	7.7	107.2	13.8	96.6	3.1	87.8	15.4	86.5	9.2	88.5	5.5	69.6	9.9	75.6	15.2	76.5	7.3	106.8	1.9	87.1	26.1	99.4	8.4
302	Methamidophos	F	F	F	F	284.5	47.1	F	F	F	F	130.9	0.9	F	F	F	F	F	F	F	F	155.7	49.7	189.4	22.8
303	Methfuroxam	50.0	8.4	54.6	12.4	55.4	9.8	F	F	21.0	57.0	24.3	13.1	108.3	2.4	119.3	6.5	100.1	8.1	F	F	21.0	57.0	24.3	13.1
304	Methidathion	85.9	11.3	104.8	16.3	100.1	6.2	97.2	0.6	99.1	1.9	105.5	1.3	30.5	7.7	36.7	4.8	25.1	17.7	97.2	0.6	99.1	1.9	105.5	1.3
305	Methoprene	F	F	99.4	6.4	100.0	6.2	F	F	104.1	0.5	102.8	2.3	83.4	4.8	105.4	9.1	108.5	2.4	F	F	104.1	0.5	102.8	2.3
306	Methoprotryne	97.8	12.8	100.9	1.4	100.4	3.0	77.8	7.7	97.1	14.8	80.3	2.3	87.2	5.7	94.6	7.6	95.8	3.5	92.3	0.6	104.7	14.5	96.6	5.8
307	Methothrin	95.7	10.7	93.5	7.0	107.6	1.3	F	F	99.4	1.8	96.2	1.8	F	F	78.0	3.7	75.9	1.5	88.6	3.6	80.7	27.8	101.6	9.8
308	Methoxychlor	104.2	14.4	96.7	8.1	104.3	3.3	119.1	24.7	101.1	3.2	102.4	0.8	F	F	101.2	12.2	84.4	10.6	104.8	2.9	77.5	28.4	102.1	9.0
309	Metolachlor	97.9	13.7	101.4	0.8	100.1	2.2	76.8	8.0	86.8	12.5	78.7	3.5	110.1	9.3	76.1	6.3	75.9	1.1	91.2	0.5	107.3	14.3	99.1	3.9
310	Metolcarb	2.0	1.5	53.6	134.0	56.2	120.0	6.2	1.5	112.8	152.0	103.7	108.0	72.6	15.5	92.3	20.4	101.8	17.5	137.8	25.4	109.0	12.0	104.9	25.4
311	Metribuzin	112.6	25.1	89.2	19.9	139.4	4.3	F	F	121.2	6.6	116.3	8.1	88.6	6.0	75.7	5.7	104.3	6.9	F	F	F	F	F	F
312	Mevinphos	88.2	33.0	92.2	11.0	110.7	1.3	104.5	13.2	108.3	4.2	100.4	1.1	37.9	9.0	37.3	6.1	45.2	6.9	86.3	8.9	78.2	24.8	94.6	0.2
313	Mexacarbate	105.0	9.4	106.2	9.5	100.1	0.4	F	F	153.5	12.8	132.3	6.0	141.9	5.6	176.7	6.1	185.5	10.4	86.4	9.0	93.1	9.2	93.9	10.4
314	Mgk 264	100.0	7.9	90.4	4.0	106.6	1.2	96.4	19.2	95.2	2.2	97.9	2.7	114.2	3.3	89.3	3.1	86.6	1.6	88.4	2.4	79.7	23.8	98.4	8.6
315	Mirex	97.5	10.5	87.8	5.1	102.9	2.4	115.9	19.7	108.3	0.6	106.9	1.6	73.8	4.2	76.4	1.0	90.5	3.2	90.0	3.8	76.2	24.7	96.3	9.3
316	Molinate	105.8	14.6	99.7	4.5	93.9	0.5	92.4	3.3	86.5	13.7	64.5	22.3	77.6	3.7	90.3	8.2	76.2	2.9	89.3	6.8	101.9	12.7	105.8	4.6
317	Monalide	86.9	5.3	106.1	15.3	102.5	5.9	93.8	4.5	91.9	1.5	96.8	1.6	102.3	1.9	117.6	6.2	102.3	5.4	93.8	4.5	91.9	1.5	96.8	1.6
318	Monuron	F	F	F	F	F	F	F	F	F	F	F	F	F	F	F	F	F	F	F	F	F	F	F	F
319	Musk Ambrette	95.3	7.8	101.7	6.6	106.7	7.0	F	F	94.6	1.5	91.1	3.3	85.2	5.6	106.2	7.9	74.3	6.1	F	F	94.6	1.5	91.1	3.3
320	Musk Ketone	89.7	8.3	107.5	17.7	101.4	7.5	F	F	97.0	0.2	98.8	1.6	107.6	3.8	91.8	7.2	95.9	9.9	F	F	97.0	0.2	98.8	1.6
321	Myclobutanil	82.9	29.7	79.5	3.5	108.4	4.3	77.1	3.5	83.7	9.0	74.5	5.7	83.9	4.1	88.2	12.0	92.1	14.7	84.4	12.8	80.1	29.8	79.8	15.3
322	Naled	92.0	12.2	103.4	37.5	88.8	28.8	112.3	5.0	77.9	2.5	100.4	4.7	F	F	14.0	8.7	10.3	37.0	112.3	5.0	77.9	2.5	100.4	4.7
323	Napropamide	97.4	11.3	99.9	1.5	99.5	3.9	77.3	10.6	83.9	12.7	78.3	3.7	118.2	5.6	110.5	7.9	112.0	1.0	89.8	4.2	106.1	16.4	96.0	6.2
324	Nitralin	111.2	3.8	101.4	20.6	102.1	16.9	F	F	71.7	11.9	92.4	5.2	F	F	15.4	13.1	18.1	0.6	118.8	38.5	79.6	12.2	73.9	7.9
325	Nitrapyrin	136.6	0.5	181.4	27.3	118.3	21.6	F	F	111.6	8.7	91.4	26.4	48.6	9.1	63.2	10.3	39.4	26.1	61.4	34.9	111.6	8.7	91.4	26.4
326	Nitrofen	86.2	8.2	103.0	21.1	97.3	8.7	94.0	3.0	105.0	1.2	109.9	1.3	33.9	7.8	49.2	6.0	26.0	9.4	94.0	3.0	105.0	1.2	109.9	1.3
327	Nitrothal-Isopropyl	104.1	9.9	101.2	13.3	105.3	5.1	121.3	19.1	103.5	4.2	95.9	2.3	85.5	12.5	78.9	15.5	94.5	6.1	99.0	3.4	82.9	30.5	98.8	9.2
328	Norflurazon	55.7	98.5	32.6	16.4	144.5	40.3	81.9	11.9	67.8	38.7	59.9	25.4	97.0	14.7	99.6	16.6	98.7	8.6	101.2	73.2	58.4	65.6	39.7	33.3
329	Nuarimol	94.2	21.5	90.6	3.3	102.1	2.7	76.4	7.5	81.0	14.0	76.5	1.9	74.3	6.1	79.4	12.8	70.1	10.9	86.7	9.6	102.1	25.3	93.6	9.9

续表

序号	农药名称	葡萄						苹果						西柚						西瓜					
		10 μg/kg		50 μg/kg		100 μg/kg		10 μg/kg		50 μg/kg		100 μg/kg		10 μg/kg		50 μg/kg		100 μg/kg		10 μg/kg		50 μg/kg		100 μg/kg	
		AVE	RSD(%) (n=3)	AVE	RSD(%) (n=3)	AVE	RSD(%) (n=3)	AVE	RSD(%) (n=3)	AVE	RSD(%) (n=3)	AVE	RSD(%) (n=3)	AVE	RSD(%) (n=3)	AVE	RSD(%) (n=3)	AVE	RSD(%) (n=3)	AVE	RSD(%) (n=3)	AVE	RSD(%) (n=3)	AVE	RSD(%) (n=3)
330	Octachlorostyrene	98.9	8.3	87.1	5.5	99.8	2.3	104.9	15.5	99.7	1.4	100.7	3.0	88.1	3.1	85.6	1.6	104.9	3.7	88.9	4.3	76.4	25.2	96.1	9.6
331	Octhilinone	65.7	9.4	61.9	6.4	81.0	1.9	83.2	14.2	85.7	9.5	76.8	6.5	52.4	11.4	58.7	6.2	59.1	13.6	67.1	2.3	84.9	11.1	64.2	6.5
332	Ofurace	109.4	20.7	83.9	52.3	82.1	40.1	112.7	11.5	42.0	42.6	105.6	8.4	F	F	F	F	F	F	F	F	F	F	48.0	86.8
333	Orbencarb	95.1	11.1	97.1	2.8	96.5	2.9	70.1	8.2	77.3	14.1	72.9	4.2	76.8	6.1	91.2	8.0	90.9	4.0	88.9	1.9	106.4	13.6	95.9	4.4
334	Oxabetrinil	F	F	99.7	14.6	97.0	6.6	F	F	93.8	2.2	92.5	2.8	F	F	117.2	6.0	86.9	10.8	F	F	93.8	2.2	92.5	2.8
335	oxadiazon	89.3	7.5	105.0	17.2	102.3	6.0	99.9	5.4	95.4	2.2	95.9	1.2	98.1	1.7	112.0	6.7	102.4	2.4	99.9	5.4	95.4	2.2	95.9	1.2
336	Oxadixyl	152.6	20.6	86.0	73.3	90.4	69.1	F	F	14.6	141.4	117.2	16.0	F	F	F	F	F	F	F	F	42.1	66.6	62.3	69.5
337	Oxycarboxin	F	F	20.8	7.6	307.6	71.0	102.0	29.9	50.0	64.8	35.5	53.9	F	F	F	F	F	F	165.4	18.4	92.0	62.8	58.4	16.0
338	Paclobutrazol	102.2	21.4	90.2	2.5	102.0	2.3	76.0	16.5	100.7	9.3	79.9	9.3	88.4	7.0	89.0	13.7	88.0	11.6	85.8	7.6	96.1	22.7	87.9	10.8
339	Paraoxon-Methyl	F	F	71.7	17.3	117.2	3.7	F	F	82.1	3.6	72.7	6.4	F	F	F	F	F	F	88.8	12.4	78.4	38.4	76.1	22.2
340	parathion	90.5	11.6	97.2	7.5	100.3	6.8	101.0	7.9	105.5	0.4	97.9	2.8	68.0	7.3	87.0	6.2	75.7	12.8	101.0	7.9	105.5	0.4	97.9	2.8
341	Parathion-Methyl	89.1	7.9	106.4	17.2	97.7	8.1	112.5	3.8	110.4	2.2	111.1	2.7	44.4	9.4	55.2	4.7	30.6	20.6	112.5	3.8	110.4	2.2	111.1	2.7
342	Pebulate	120.4	14.1	107.3	6.0	92.8	3.8	90.4	33.9	79.4	5.9	48.1	32.8	85.3	2.2	103.0	10.0	78.7	5.7	86.7	11.6	103.7	13.0	110.7	5.0
343	Penconazole	94.7	17.7	91.7	2.2	97.0	2.9	70.3	8.4	85.2	11.4	75.4	4.4	81.0	6.1	88.7	8.3	85.3	4.6	88.2	1.4	100.5	15.4	92.8	5.9
344	Pendimethalin	93.3	8.6	106.9	21.3	98.4	8.6	F	F	100.3	1.1	99.2	1.8	64.3	5.1	92.1	6.3	95.9	5.4	F	F	100.3	1.1	99.2	1.8
345	Pentachloroaniline	90.0	10.4	97.7	5.7	105.2	5.0	92.5	0.4	92.0	2.1	92.5	3.8	131.3	0.3	146.9	7.1	137.2	1.8	92.5	0.4	92.0	2.1	92.5	3.8
346	Pentachloroanisole	88.2	8.8	115.0	5.9	119.6	5.7	162.9	15.4	87.1	8.5	132.0	5.7	91.1	2.5	98.0	7.8	96.0	5.0	162.9	15.4	87.1	8.5	132.0	5.7
347	Pentachlorobenzene	91.8	4.7	122.3	7.3	107.8	6.2	F	F	137.8	3.0	823.8	23.2	86.6	0.6	96.4	9.4	92.6	22.3	27.0	38.0	137.8	3.0	823.8	23.2
348	Pentachlorocyanobenzene	90.4	9.2	113.6	18.0	108.2	6.5	123.1	5.9	88.8	5.0	104.0	1.8	89.1	2.1	98.7	6.7	86.8	5.4	123.1	5.9	88.8	5.0	104.0	1.8
349	Pentanochlor	97.2	15.0	96.9	1.4	103.0	4.5	76.3	6.5	84.8	10.6	76.1	2.7	93.9	4.8	96.0	7.9	97.4	3.9	88.6	4.2	102.1	17.4	93.6	6.7
350	Permethrin	F	F	F	F	F	F	F	F	F	F	F	F	F	F	F	F	F	F	F	F	F	F	F	F
351	Perthane	92.4	9.8	97.4	5.4	102.9	2.4	88.1	3.8	93.8	3.1	96.2	3.2	92.3	1.6	105.3	7.1	98.9	0.1	88.1	3.8	93.8	3.1	96.2	3.2
352	Phenanthrene	106.3	2.7	105.6	4.8	97.8	6.1	74.1	12.4	85.7	6.3	109.7	2.1	100.1	21.0	95.6	6.1	105.4	2.7	106.8	3.3	102.6	3.1	90.4	2.5
353	Phenthoate	108.3	11.7	88.1	19.6	97.2	2.9	84.5	4.4	94.5	15.0	80.8	4.7	84.0	0.9	99.2	13.7	102.2	4.4	93.5	2.1	88.4	12.7	94.1	6.6
354	Phorate-Sulfone	111.7	5.4	102.3	15.9	104.2	11.8	98.3	8.7	101.1	1.3	101.9	0.5	100.8	4.4	74.8	9.4	84.3	4.0	90.5	5.2	89.8	9.6	82.9	9.1
355	Phorate-Sulfoxide	119.8	8.0	117.2	17.3	108.4	13.8	F	F	104.0	2.3	101.9	1.7	104.0	9.6	98.5	9.3	108.6	3.8	90.1	10.6	85.4	19.0	81.3	9.0
356	Phosalone	114.5	4.4	104.7	12.2	103.6	14.4	97.4	10.1	103.4	3.6	96.0	0.8	78.0	7.8	97.0	11.9	107.6	5.0	95.4	2.0	92.6	5.2	82.9	6.5
357	Phosfolan	144.3	14.5	97.9	46.0	99.2	26.9	F	F	40.5	32.9	108.2	8.1	91.7	31.4	84.4	4.0	92.6	14.6	62.9	39.7	59.0	34.1	76.3	46.2
358	Phosmet	F	F	127.1	15.2	104.3	15.4	F	F	114.8	1.0	100.1	0.9	F	F	F	F	100.2	1.8	101.6	5.0	87.9	17.9	80.0	6.9
359	Phosphamidon	72.5	79.4	53.3	27.9	138.5	10.0	75.1	5.2	85.6	6.1	80.6	4.0	F	F	14.1	11.5	13.6	26.9	81.9	31.2	67.3	56.6	59.0	33.8

续表

序号	农药名称	葡萄						苹果						西柚						西瓜					
		10 μg/kg		50 μg/kg		100 μg/kg		10 μg/kg		50 μg/kg		100 μg/kg		10 μg/kg		50 μg/kg		100 μg/kg		10 μg/kg		50 μg/kg		100 μg/kg	
		AVE	RSD(%) (*n*=3)	AVE	RSD(%) (*n*=3)	AVE	RSD(%) (*n*=3)	AVE	RSD(%) (*n*=3)	AVE	RSD(%) (*n*=3)	AVE	RSD(%) (*n*=3)	AVE	RSD(%) (*n*=3)	AVE	RSD(%) (*n*=3)	AVE	RSD(%) (*n*=3)	AVE	RSD(%) (*n*=3)	AVE	RSD(%) (*n*=3)	AVE	RSD(%) (*n*=3)
360	Phthalic Acid, Benzyl Butyl Es	108.6	1.4	104.1	8.3	102.8	10.8	82.8	7.0	100.5	0.8	102.7	0.9	67.5	9.3	95.9	8.1	104.0	4.3	97.0	0.9	91.6	14.2	87.9	3.4
361	Phthalic Acid, *bis*-2-ethylhexyl	99.0	8.3	98.3	8.2	90.6	3.5	129.4	24.0	131.4	23.4	157.5	21.7	115.7	9.8	112.4	1.0	47.0	17.2	129.4	24.0	131.4	23.4	157.5	21.7
362	Phthalic Acid, *bis*-Butyl Ester	107.4	2.2	99.0	4.6	88.1	8.1	114.7	12.2	126.4	10.4	148.8	11.9	104.6	9.8	114.9	6.8	113.7	3.9	114.7	12.2	126.4	10.4	148.8	11.9
363	Phthalic Acid, *bis*-Cyclohexyl	105.6	2.8	102.6	5.8	101.4	5.5	F	F	101.5	1.6	113.2	1.0	84.8	8.9	100.4	6.4	102.1	2.3	97.0	2.0	103.3	10.7	94.4	1.9
364	Phthalimide	54.3	0.7	239.8	28.0	185.6	26.3	93.3	10.3	112.6	14.9	84.6	17.1	197.1	14.0	345.8	10.8	223.4	9.6	93.3	10.3	112.6	14.9	84.6	17.1
365	Picolinafen	96.0	14.6	100.2	0.8	99.6	2.7	73.8	8.2	91.5	14.3	78.2	2.7	92.9	4.9	110.2	6.3	107.4	2.6	91.6	1.5	110.7	14.1	97.4	4.2
366	Picoxystrobin	101.2	11.6	94.3	5.4	97.2	3.2	83.3	10.3	85.4	14.7	78.3	1.7	108.5	1.9	130.2	8.4	131.3	0.8	84.8	6.7	92.2	16.3	94.7	6.8
367	Piperonyl Butoxide	86.9	8.3	100.3	5.6	99.7	7.1	100.8	2.0	101.9	1.7	120.2	3.7	91.5	1.1	102.2	1.4	96.2	5.6	100.8	2.0	101.9	1.7	120.2	3.7
368	Piperophos	113.9	14.5	95.4	6.1	98.8	2.4	82.7	13.2	92.2	14.1	82.1	3.6	F	F	92.7	8.3	74.4	3.9	F	F	88.5	12.2	91.6	7.8
369	Pirimicarb	112.4	2.3	100.3	13.0	101.7	9.1	88.5	10.0	98.2	1.8	100.6	0.9	94.5	6.0	106.4	8.5	110.7	3.7	93.7	3.6	93.0	9.9	81.3	13.4
370	Pirimiphos-Ethyl	101.8	11.3	94.2	7.8	95.3	2.6	77.7	10.9	91.9	13.0	77.0	3.5	78.5	2.6	86.7	3.9	96.2	4.9	91.5	2.3	91.0	13.5	95.1	6.6
371	Pirimiphos-Methyl	113.1	3.7	101.2	8.6	102.5	12.8	90.1	8.6	98.0	0.2	100.7	1.4	87.1	5.0	86.6	9.3	97.0	5.1	95.8	1.7	97.1	3.5	83.1	4.7
372	Plifenate	85.3	7.8	106.3	17.0	100.1	8.7	90.1	5.3	91.3	1.9	96.9	0.9	75.3	2.4	87.2	7.3	76.8	3.9	90.1	5.3	91.3	1.9	96.9	0.9
373	Prallethrin	F	F	97.2	8.1	94.2	1.7	F	F	91.2	14.8	78.3	4.0	F	F	86.6	9.3	101.3	6.6	91.5	3.8	87.1	10.2	94.7	6.3
374	Pretilachlor	97.8	11.5	98.5	4.1	100.1	3.3	79.6	9.8	93.6	12.4	81.0	2.2	70.9	9.9	73.7	7.3	75.8	5.9	91.7	1.6	106.9	13.7	96.3	4.8
375	Probenazole	78.9	9.5	70.2	34.1	107.6	6.4	F	F	F	F	F	F	F	F	F	F	F	F	F	F	F	F	F	F
376	Procyazine	F	F	F	F	F	F	F	F	F	F	F	F	F	F	F	F	F	F	F	F	F	F	F	F
377	Procymidone	66.9	14.7	113.0	14.9	104.1	4.9	90.5	8.2	90.8	1.1	96.4	1.9	105.7	4.8	108.6	7.4	105.6	15.3	90.5	8.2	90.8	1.1	96.4	1.9
378	Profenofos	105.1	2.1	103.7	8.4	104.4	14.5	80.3	13.7	97.4	1.3	96.8	2.6	33.7	3.2	17.1	12.7	17.4	4.0	107.2	7.4	90.5	12.6	83.6	3.0
379	Profluralin	99.7	5.7	101.5	5.0	108.7	7.4	F	F	99.8	2.9	88.5	2.7	83.6	6.6	104.6	7.4	77.2	2.9	F	F	99.8	2.9	88.5	2.7
380	Promecarb	123.6	7.7	116.4	3.5	105.4	10.6	F	F	115.0	10.8	171.0	7.4	104.2	10.1	114.1	8.7	122.5	5.0	89.1	11.3	98.5	7.0	87.6	4.5
381	Prometon	109.9	3.0	103.9	7.8	106.8	12.1	74.9	8.6	97.1	3.1	104.4	0.6	94.0	7.9	114.0	7.6	114.9	4.7	105.3	3.2	94.0	12.1	83.2	4.0
382	Prometryn	105.6	8.3	86.6	3.5	109.2	1.0	111.1	19.5	99.1	1.7	100.1	1.6	112.0	3.3	90.4	1.8	89.7	2.2	92.7	2.0	79.8	25.4	100.4	8.2
383	Propachlor	106.8	3.9	103.9	9.0	102.0	13.4	70.8	14.4	91.8	1.2	106.5	2.2	79.8	3.9	89.3	7.5	97.1	4.7	96.4	2.4	90.2	16.0	81.3	5.6
384	Propamocarb	F	F	F	F	F	F	F	F	F	F	F	F	F	F	F	F	F	F	F	F	F	F	F	F
385	Propanil	97.4	30.9	67.8	0.9	143.9	13.7	112.6	38.6	96.2	17.9	69.9	7.3	98.9	3.6	92.1	40.7	74.1	28.1	75.9	18.8	82.2	13.0	82.6	8.2
386	Propaphos	99.5	10.3	90.8	5.2	94.3	3.2	77.7	17.0	96.4	13.5	81.4	4.2	68.4	3.4	95.6	9.4	102.9	2.3	89.0	2.4	91.3	15.9	93.4	6.1
387	Propargite	102.7	1.5	97.3	4.0	98.4	13.1	41.5	0.3	95.6	1.5	104.1	2.1	54.6	7.8	60.9	7.8	68.1	4.5	111.7	8.3	97.2	14.3	91.8	5.3
388	Propazine	104.9	9.3	96.4	6.0	98.5	3.5	86.1	11.5	104.3	13.9	78.1	4.1	69.1	5.5	75.3	4.0	79.8	5.8	90.0	1.0	93.1	13.2	100.9	5.2
389	Propetamphos	104.3	9.1	101.7	1.9	101.1	1.6	75.5	13.0	84.5	14.1	76.7	6.8	96.9	4.8	102.8	7.9	102.5	0.0	92.4	1.7	102.4	10.4	97.0	4.9

续表

序号	农药名称	葡萄						苹果						西柚						西瓜					
		10 μg/kg		50 μg/kg		100 μg/kg		10 μg/kg		50 μg/kg		100 μg/kg		10 μg/kg		50 μg/kg		100 μg/kg		10 μg/kg		50 μg/kg		100 μg/kg	
		AVE	RSD(%) (n=3)	AVE	RSD(%) (n=3)	AVE	RSD(%) (n=3)	AVE	RSD(%) (n=3)	AVE	RSD(%) (n=3)	AVE	RSD(%) (n=3)	AVE	RSD(%) (n=3)	AVE	RSD(%) (n=3)	AVE	RSD(%) (n=3)	AVE	RSD(%) (n=3)	AVE	RSD(%) (n=3)	AVE	RSD(%) (n=3)
390	Propham	79.7	13.7	102.0	14.4	101.9	4.8	132.7	5.3	74.3	11.4	116.8	3.1	94.5	11.9	82.3	8.3	88.1	15.3	132.7	5.3	74.3	11.4	116.8	3.1
391	Propisochlor	108.9	8.6	96.3	6.5	96.8	0.6	81.7	11.0	85.8	14.3	77.9	3.8	105.4	10.8	114.0	10.5	76.0	2.3	91.6	0.8	93.6	13.3	97.8	4.9
392	Propylene Thiourea	F	F	F	F	F	F	F	F	F	F	F	F	F	F	F	F	F	F	F	F	F	F	F	F
393	Propyzamide	108.7	1.6	78.5	61.0	107.1	2.5	93.1	16.3	99.6	1.6	97.2	0.6	77.3	7.2	87.5	9.6	93.2	10.0	93.2	3.0	90.7	7.0	97.1	5.0
394	Prosulfocarb	106.1	6.0	104.8	7.8	103.2	11.8	87.9	9.3	97.0	1.9	98.1	1.3	98.6	5.6	151.3	2.6	122.1	4.8	106.7	13.8	96.5	2.2	84.2	3.5
395	Prothiofos	95.2	10.5	97.4	6.4	118.1	3.2	83.5	2.1	90.5	0.5	89.7	2.8	81.9	0.9	88.1	9.2	89.7	0.5	83.5	2.1	90.5	0.5	89.7	2.8
396	Pyracarbolid	23.9	18.4	53.1	7.1	42.0	16.0	F	F	44.6	60.3	54.6	28.0	97.0	5.2	92.5	12.5	94.0	3.9	F	F	44.6	60.3	54.6	28.0
397	Pyraclostrobin	F	F	76.9	8.5	114.5	10.7	F	F	149.1	6.1	298.0	4.1	F	F	F	F	F	F	F	F	75.1	22.6	81.1	14.7
398	Pyrazophos	84.7	12.6	93.2	6.3	101.6	5.5	82.1	4.7	94.4	1.4	90.0	3.1	46.4	6.4	62.6	5.3	44.1	13.4	82.1	4.7	94.4	1.4	90.0	3.1
399	Pyrethrin I	F	F	F	F	F	F	F	F	F	F	F	F	F	F	F	F	F	F	F	F	F	F	F	F
400	Pyributicarb	111.2	3.3	101.2	9.2	102.2	10.3	92.1	8.5	104.2	6.0	96.9	0.3	85.8	7.8	107.1	8.6	108.8	4.6	96.5	0.7	95.1	4.1	88.6	4.4
401	Pyridaben	115.3	3.4	102.4	10.1	102.1	7.8	89.9	13.8	100.1	3.6	100.3	1.4	74.4	11.1	87.7	13.3	90.8	3.7	96.8	12.9	101.8	4.0	91.0	4.0
402	Pyridalyl	100.2	17.2	78.9	18.0	69.0	7.0	F	F	93.9	26.2	62.7	8.1	F	F	109.4	16.9	80.1	8.5	91.1	7.7	84.2	5.2	92.9	8.2
403	Pyridaphenthion	111.8	6.0	105.2	14.0	102.9	14.4	94.4	7.2	99.4	2.0	104.8	0.9	115.6	4.5	113.1	9.3	88.6	4.5	94.6	4.1	84.8	16.5	80.5	6.1
404	Pyrifenox	81.4	7.1	75.4	9.3	94.9	13.0	F	F	63.8	4.9	64.2	4.8	92.2	6.1	101.8	11.3	105.2	5.0	109.8	3.9	93.5	4.8	81.7	7.2
405	Pyriftalid	69.1	21.2	96.3	10.3	98.2	2.3	99.2	9.1	91.3	6.4	104.9	4.4	73.8	1.1	80.9	5.9	70.2	16.3	99.2	9.1	91.3	6.4	104.9	4.4
406	Pyrimethanil	101.5	2.6	103.8	1.9	84.2	0.2	78.3	12.6	90.1	14.3	79.3	3.8	81.6	4.8	86.1	4.2	81.4	5.4	92.0	0.9	109.4	10.9	105.0	3.2
407	Pyriproxyfen	109.8	2.2	101.4	8.8	101.3	8.2	98.3	9.2	101.2	1.8	101.4	0.6	79.9	6.3	96.9	9.2	99.5	3.3	96.9	1.1	97.7	3.9	90.3	3.4
408	Pyroquilon	92.1	24.2	85.0	2.7	105.9	3.3	79.5	8.6	79.4	12.5	75.2	3.2	95.9	7.4	104.1	4.9	63.8	8.7	87.9	6.6	82.2	24.9	88.2	13.4
409	Quinalphos	108.2	0.9	105.1	7.7	105.3	14.1	76.5	15.3	97.0	0.6	97.2	0.1	71.4	2.8	77.5	10.1	81.4	5.8	98.5	2.0	91.4	13.6	83.0	4.2
410	Quinoclamine	F	F	61.2	10.6	124.0	17.0	82.2	12.7	81.0	7.9	69.7	7.4	F	F	16.1	42.3	30.2	18.7	74.5	18.7	66.7	33.8	68.7	17.3
411	Quinoxyfen	87.0	11.0	94.7	6.9	100.2	4.2	84.7	7.6	91.8	3.1	92.1	4.2	84.1	0.6	96.4	7.4	92.2	2.3	84.7	7.6	91.8	3.1	92.1	4.2
412	Quintozene	93.3	5.2	109.3	5.9	113.1	7.0	126.1	10.6	93.4	5.3	113.9	3.3	45.6	6.4	56.1	6.3	38.0	2.6	126.1	10.6	93.4	5.3	113.9	3.3
413	Quizalofop-Ethyl	105.5	2.1	105.1	10.5	102.4	15.1	82.0	8.4	98.6	1.4	97.7	1.9	81.6	12.1	69.6	13.5	75.0	6.2	95.0	4.1	88.5	13.7	82.0	3.4
414	Rabenzazole	125.1	13.7	87.0	5.4	88.7	4.5	75.1	5.6	90.6	14.5	68.3	20.1	113.7	7.3	123.1	15.9	130.3	15.5	96.1	6.4	82.8	9.8	97.3	6.7
415	S 421	95.4	16.2	94.2	9.4	96.8	10.4	83.6	5.8	83.3	6.0	86.7	6.7	F	F	47.9	11.5	37.2	13.1	83.6	5.8	83.3	6.0	86.7	6.7
416	Sebuthylazine	110.6	2.6	103.5	7.6	104.1	11.6	76.5	10.4	95.2	3.0	102.1	0.9	91.9	9.7	105.5	8.2	111.2	4.2	100.1	3.0	93.8	12.5	84.7	3.6
417	Sebuthylazine-desethyl	111.6	1.9	103.8	7.3	105.7	10.1	92.7	7.2	111.9	2.6	102.7	4.5	85.6	2.5	93.2	9.3	103.0	4.4	99.0	2.1	96.3	3.1	87.3	6.1
418	Secbumeton	101.9	12.0	101.5	0.5	104.0	2.2	219.3	7.1	79.1	15.2	77.1	8.3	69.7	6.0	76.4	9.0	75.0	7.2	93.4	0.1	104.9	11.4	98.8	5.0
419	Silafluofen	85.3	13.3	91.9	6.6	101.2	5.8	89.6	12.7	90.2	2.9	91.3	0.3	73.8	1.6	81.4	7.5	87.6	0.4	89.6	12.7	90.2	2.9	91.3	0.3

续表

序号	农药名称	葡萄						苹果						西柚						西瓜					
		10 μg/kg		50 μg/kg		100 μg/kg		10 μg/kg		50 μg/kg		100 μg/kg		10 μg/kg		50 μg/kg		100 μg/kg		10 μg/kg		50 μg/kg		100 μg/kg	
		AVE	RSD(%) (n=3)	AVE	RSD(%) (n=3)	AVE	RSD(%) (n=3)	AVE	RSD(%) (n=3)	AVE	RSD(%) (n=3)	AVE	RSD(%) (n=3)	AVE	RSD(%) (n=3)	AVE	RSD(%) (n=3)	AVE	RSD(%) (n=3)	AVE	RSD(%) (n=3)	AVE	RSD(%) (n=3)	AVE	RSD(%) (n=3)
420	Simazine	120.7	5.1	102.5	9.0	101.8	11.6	91.0	9.9	96.5	2.2	99.2	0.7	98.5	8.6	104.5	9.0	111.6	3.4	112.9	6.1	97.2	3.1	84.7	4.9
421	Simeconazole	109.5	2.8	102.1	12.7	98.5	9.7	79.1	7.8	106.8	0.1	106.4	3.5	92.1	11.8	111.4	8.0	116.7	3.7	91.5	1.7	86.6	17.0	82.2	6.3
422	Simeton	105.0	10.8	98.6	0.2	99.2	1.6	75.8	12.0	90.1	14.6	75.3	5.5	71.8	3.7	77.6	6.7	73.2	6.2	93.5	4.8	102.0	14.3	98.6	5.7
423	Simetryn	88.0	8.1	105.6	16.2	103.3	6.8	96.7	3.6	92.7	1.8	92.7	2.4	101.3	1.5	107.6	6.2	103.4	2.2	96.7	3.6	92.7	1.8	92.7	2.4
424	Spirodiclofen	109.4	37.3	100.7	12.3	112.1	13.6	104.1	79.3	110.9	4.6	113.6	6.8	F	F	13.1	17.8	18.9	4.9	59.1	122.9	70.5	12.2	75.0	4.1
425	Spiromesifen	95.4	9.3	98.2	5.8	109.4	3.4	100.3	1.9	108.5	1.6	105.4	3.9	47.9	1.0	54.1	5.0	40.8	3.9	100.3	1.9	108.5	1.6	105.4	3.9
426	Spiroxamine	F	F	F	F	F	F	F	F	F	F	F	F	F	F	F	F	F	F	F	F	F	F	F	F
427	Sulfallate	97.5	14.3	93.2	2.8	91.1	0.1	F	F	78.9	11.8	63.2	12.6	94.0	3.6	110.5	8.1	105.9	2.2	87.5	7.3	99.6	7.1	98.6	4.3
428	Sulfotep	92.9	11.0	106.0	7.8	109.9	6.2	113.5	12.3	91.4	4.0	102.3	0.7	96.3	1.8	109.7	7.2	89.3	7.7	113.5	12.3	91.4	4.0	102.3	0.7
429	Sulprofos	83.5	6.4	98.4	17.0	96.1	6.9	82.3	5.9	86.5	2.8	91.2	0.6	91.7	2.7	112.2	6.6	92.7	6.3	82.3	5.9	86.5	2.8	91.2	0.6
430	Tau-Fluvalinate	115.5	8.4	97.4	6.1	101.8	1.8	100.3	14.7	92.6	5.7	94.0	3.9	78.6	4.5	87.7	6.0	87.3	3.1	96.6	2.7	81.5	26.3	97.0	8.3
431	TCMTB	40.9	25.0	74.8	12.7	91.7	6.9	92.9	2.3	103.1	0.6	105.5	3.3	F	F	24.0	17.9	10.3	23.0	92.9	2.3	103.1	0.6	105.5	3.3
432	Tebuconazole	107.9	24.0	68.2	8.8	80.4	5.5	F	F	74.4	13.1	72.0	6.3	86.9	2.1	81.6	8.1	87.5	6.0	77.5	1.4	78.6	15.0	83.8	8.9
433	Tebufenpyrad	113.8	3.2	102.7	10.0	103.5	13.1	93.3	9.5	100.3	3.5	99.0	1.2	80.7	6.5	92.5	8.9	100.4	5.3	97.0	2.7	95.2	4.4	84.3	5.4
434	Tebupirimfos	94.7	9.3	100.7	5.2	106.9	6.0	94.4	6.9	94.2	1.9	94.5	2.4	86.9	1.7	101.2	7.6	96.5	0.6	94.4	6.9	94.2	1.9	94.5	2.4
435	Tebutam	131.1	36.6	92.9	4.0	101.1	0.7	103.9	31.7	84.4	22.3	75.1	4.5	79.9	3.0	77.9	9.8	80.3	4.5	96.7	1.1	86.3	7.4	91.0	3.5
436	Tebuthiuron	79.1	38.7	74.5	12.4	114.9	3.9	66.1	6.8	77.4	9.2	75.4	3.2	71.2	9.0	82.1	19.7	78.0	21.6	81.3	20.7	83.9	37.4	73.9	22.2
437	Tecnazene	98.8	7.7	87.9	18.0	98.2	2.8	74.2	15.4	79.2	9.5	79.0	12.1	108.1	16.8	83.7	14.2	87.4	8.7	111.8	2.0	91.5	28.7	100.3	8.0
438	Teflubenzuron	85.0	17.4	89.4	10.0	85.2	7.5	F	F	90.8	10.8	101.3	8.7	189.8	5.1	277.3	6.2	206.6	4.2	F	F	90.8	10.8	101.3	8.7
439	Tefluthrin	89.6	9.4	106.3	16.2	102.1	4.7	94.7	3.2	90.5	1.2	95.1	2.8	89.1	2.4	99.9	6.2	102.2	0.5	94.7	3.2	90.5	1.2	95.1	2.8
440	Tepraloxydim	F	F	F	F	F	F	F	F	F	F	F	F	F	F	F	F	F	F	F	F	93.1	24.0	78.7	20.3
441	Terbucarb	99.1	11.3	101.1	1.0	100.4	1.6	75.7	7.1	85.3	14.3	77.9	4.4	107.2	11.0	73.7	5.8	114.5	2.4	92.0	0.7	113.5	12.8	102.0	3.3
442	Terbufos	109.3	6.6	98.8	7.4	101.7	3.4	95.9	11.4	88.6	2.8	88.9	2.8	66.7	9.2	83.4	5.3	85.2	3.0	98.5	2.1	82.2	27.9	96.6	9.5
443	Terbufos-Sulfone	F	F	93.6	6.6	104.1	3.5	F	F	F	F	83.9	3.1	F	F	79.7	18.5	92.9	5.5	F	F	99.4	13.7	89.6	6.5
444	Terbumeton	104.0	8.3	95.0	5.4	96.1	1.6	81.7	9.6	91.8	13.3	77.6	4.9	117.2	9.9	75.5	4.8	80.5	5.7	92.9	0.8	91.4	12.7	96.8	6.5
445	Terbuthylazine	114.2	2.5	102.8	8.6	102.9	12.0	91.3	9.1	96.5	1.8	99.4	0.7	99.9	8.2	103.6	8.9	113.1	4.6	103.9	3.8	97.2	3.9	83.7	5.7
446	Terbutryn	73.7	20.9	109.6	14.5	112.3	4.9	91.6	2.7	92.4	2.1	93.9	2.0	97.8	0.6	104.3	7.6	102.7	0.8	91.6	2.7	92.4	2.1	93.9	2.0
447	*tert*-butyl-4-Hydroxyanisole	91.2	11.6	83.2	4.1	99.6	0.7	99.4	12.5	89.8	4.5	85.6	0.4	107.5	5.7	104.7	3.4	103.8	5.5	86.3	4.7	74.1	21.7	86.4	5.0
448	Tetrachlorvinphos	111.3	4.4	101.4	12.5	103.6	13.7	93.3	5.1	100.0	1.7	93.2	1.2	F	F	7.5	11.1	7.8	3.9	103.6	12.9	92.0	4.0	83.0	6.0
449	Tetraconazole	148.2	1.6	103.0	16.2	108.3	9.8	79.9	4.6	97.8	2.3	101.8	1.6	89.8	11.5	103.0	7.6	111.2	3.8	89.9	4.1	81.7	19.8	79.3	9.3

续表

序号	农药名称	葡萄						苹果						西柚						西瓜					
		10 μg/kg		50 μg/kg		100 μg/kg		10 μg/kg		50 μg/kg		100 μg/kg		10 μg/kg		50 μg/kg		100 μg/kg		10 μg/kg		50 μg/kg		100 μg/kg	
		AVE	RSD(%) (*n*=3)	AVE	RSD(%) (*n*=3)	AVE	RSD(%) (*n*=3)	AVE	RSD(%) (*n*=3)	AVE	RSD(%) (*n*=3)	AVE	RSD(%) (*n*=3)	AVE	RSD(%) (*n*=3)	AVE	RSD(%) (*n*=3)	AVE	RSD(%) (*n*=3)	AVE	RSD(%) (*n*=3)	AVE	RSD(%) (*n*=3)	AVE	RSD(%) (*n*=3)
450	Tetradifon	89.5	12.5	95.8	6.3	103.4	5.7	86.7	8.4	91.4	3.2	90.1	4.0	85.5	3.1	106.4	7.3	79.2	10.9	86.7	8.4	91.4	3.2	90.1	4.0
451	Tetramethrin	113.7	2.6	104.6	9.5	101.5	10.7	F	F	107.2	8.2	97.7	0.8	F	F	77.9	10.8	81.9	3.7	96.3	2.0	96.7	4.3	88.9	3.4
452	Tetrasul	100.4	9.9	88.6	5.7	103.4	1.5	106.9	19.1	101.7	1.1	101.2	0.8	103.2	3.0	83.3	1.8	111.2	3.2	88.3	2.0	75.7	26.0	95.8	8.2
453	Thenylchlor	100.2	13.5	93.3	4.3	98.1	3.4	81.9	10.8	82.1	14.6	77.2	2.3	50.2	12.4	57.8	12.3	60.0	7.2	92.5	3.8	92.0	18.3	95.3	7.4
454	Thiabendazole	F	F	F	F	F	F	F	F	F	F	F	F	F	F	F	F	F	F	F	F	F	F	F	F
455	Thiazopyr	97.4	13.9	100.4	0.4	98.6	5.4	80.5	6.6	87.2	14.1	79.1	2.9	101.2	7.7	116.3	6.6	119.6	1.4	90.4	1.4	106.5	15.3	95.3	6.3
456	Thiobencarb	103.5	2.9	103.3	7.5	102.4	12.8	71.0	7.0	93.3	0.3	98.0	1.8	98.1	7.1	107.8	9.6	115.7	5.8	99.6	3.6	94.3	13.3	83.6	4.0
457	Thiocyclam	F	F	92.5	60.1	77.5	13.5	F	F	71.6	6.5	126.8	9.0	F	F	55.1	39.4	63.9	20.9	F	F	66.5	66.7	32.7	99.3
458	Thionazin	106.0	2.5	113.1	4.5	100.7	14.3	70.2	15.3	94.1	1.7	114.5	4.7	83.9	6.4	99.3	8.5	111.2	5.5	97.6	2.9	96.2	12.9	83.2	4.3
459	Tiocarbazil	F	F	103.9	3.0	62.8	1.8	68.6	26.2	85.1	7.5	75.5	2.2	F	F	114.4	4.1	89.1	5.0	103.1	13.9	145.8	32.2	93.2	36.1
460	Tolclofos-Methyl	106.6	1.6	104.1	7.1	101.1	11.8	72.4	12.7	93.6	0.5	101.3	0.5	76.4	6.5	81.9	10.0	88.9	5.2	98.3	2.4	93.0	13.1	85.1	2.7
461	Tolfenpyrad	109.6	4.1	105.9	11.3	100.7	16.4	82.6	8.6	97.2	4.1	93.5	1.8	104.2	9.0	127.6	14.9	67.6	5.1	95.3	5.2	90.3	12.7	81.6	2.7
462	Tolylfluanid	44.0	15.2	55.2	18.7	85.5	2.5	95.9	4.7	96.7	4.9	93.9	14.0	30.4	9.2	37.1	9.1	18.8	15.0	95.9	4.7	96.7	4.9	93.9	14.0
463	Tralkoxydim	102.0	21.0	99.3	1.6	102.2	5.8	84.2	15.1	93.1	17.1	81.8	1.7	92.1	10.4	107.9	9.2	102.5	9.8	93.8	6.1	102.7	17.5	96.5	10.0
464	Trans-Chlordane	103.6	9.6	90.1	5.9	106.4	1.8	112.5	16.7	106.7	0.8	105.5	1.8	119.1	3.1	86.0	2.9	85.0	1.9	87.6	1.9	78.7	24.8	97.6	9.3
465	Transfluthrin	104.8	9.0	90.8	6.5	105.7	1.0	109.1	17.7	98.4	1.6	97.3	1.6	76.1	3.4	86.8	2.2	85.9	2.1	88.2	3.6	79.0	25.8	98.2	8.5
466	Trans-Nonachlor	91.7	9.7	97.1	6.0	103.1	5.0	93.7	6.2	99.5	2.6	97.0	3.3	93.0	0.5	104.5	7.5	99.1	0.6	93.7	6.2	99.5	2.6	97.0	3.3
467	Trans-Permethrin	101.2	12.0	90.4	4.8	107.0	3.9	108.0	20.9	100.2	2.1	101.3	1.5	66.8	5.1	78.0	3.2	75.1	1.2	89.5	2.7	78.0	24.4	97.4	6.0
468	Triadimefon	64.0	1.1	111.2	14.0	102.9	7.0	93.0	22.4	105.4	6.2	97.6	2.2	106.1	28.3	91.2	7.5	106.5	6.7	93.0	22.4	105.4	6.2	97.6	2.2
469	Triadimenol	F	F	101.6	13.4	101.4	8.6	F	F	100.9	1.2	106.2	0.8	F	F	116.9	6.4	125.3	3.6	94.4	6.2	85.4	18.6	83.8	6.6
470	triallate	97.6	13.3	97.9	3.4	95.7	3.3	80.5	10.0	80.3	12.9	70.1	7.1	108.2	11.2	76.7	9.1	72.2	0.9	89.7	2.7	108.2	14.5	95.3	5.4
471	Triapenthenol	113.5	1.7	109.1	9.0	105.1	11.2	86.1	9.7	108.5	3.5	100.4	2.9	93.4	10.1	115.4	9.0	123.5	4.5	97.8	2.0	90.9	15.1	84.0	3.7
472	Triazophos	101.2	15.3	98.8	0.9	99.9	3.4	74.5	8.9	96.1	13.3	81.9	3.8	70.9	2.5	77.6	11.4	90.5	8.2	89.9	2.3	103.3	14.6	96.1	7.0
473	Tribufos	96.9	13.1	100.7	2.9	98.3	3.5	68.6	4.3	97.0	11.2	75.5	3.9	71.4	5.1	114.0	5.2	113.4	4.9	89.8	2.0	109.1	14.1	95.0	5.3
474	Tributyl Phosphate	119.6	4.5	106.0	5.3	102.7	5.0	93.7	14.8	108.6	2.5	109.4	1.2	93.9	6.6	106.8	6.4	107.1	2.2	95.1	2.7	103.9	3.5	92.7	2.5
475	Triclopyr	F	F	F	F	F	F	F	F	F	F	F	F	F	F	F	F	F	F	F	F	F	F	F	F
476	Tricyclazole	F	F	45.5	41.1	271.3	16.5	F	F	76.1	38.3	55.9	7.4	F	F	F	F	54.5	57.0	81.7	19.5	76.2	29.4	63.3	28.1
477	Tridiphane	109.8	5.5	100.7	12.5	100.7	3.8	F	F	98.4	2.2	97.5	0.8	74.6	17.4	70.3	21.4	69.6	5.1	103.1	6.2	87.4	29.9	105.4	10.6
478	Trietazine	109.0	3.3	104.3	6.7	103.6	13.0	71.4	11.1	95.1	1.8	102.9	0.8	94.0	8.6	106.5	8.2	114.8	4.9	100.8	2.1	92.5	13.5	83.6	3.0
479	Trifenmorph	F	F	F	F	F	F	F	F	F	F	F	F	F	F	F	F	F	F	F	F	F	F	101.5	14.5

续表

序号	农药名称	葡萄						苹果						西柚						西瓜					
		10 μg/kg		50 μg/kg		100 μg/kg		10 μg/kg		50 μg/kg		100 μg/kg		10 μg/kg		50 μg/kg		100 μg/kg		10 μg/kg		50 μg/kg		100 μg/kg	
		AVE	RSD(%) (n=3)	AVE	RSD(%) (n=3)	AVE	RSD(%) (n=3)	AVE	RSD(%) (n=3)	AVE	RSD(%) (n=3)	AVE	RSD(%) (n=3)	AVE	RSD(%) (n=3)	AVE	RSD(%) (n=3)	AVE	RSD(%) (n=3)	AVE	RSD(%) (n=3)	AVE	RSD(%) (n=3)	AVE	RSD(%) (n=3)
480	Trifloxystrobin	101.0	13.3	100.2	2.2	101.0	2.7	71.9	5.9	89.7	14.2	78.6	1.8	118.5	3.7	125.7	6.7	133.3	1.5	91.7	1.5	104.6	13.2	95.9	5.3
481	Trifluralin	114.8	4.0	100.2	13.8	102.7	4.6	F	F	90.3	2.8	90.5	4.3	56.0	9.3	80.3	8.5	92.6	5.2	103.6	6.4	86.9	34.4	102.4	9.2
482	Triphenyl phosphate	95.9	12.4	100.9	2.7	100.1	3.6	82.8	9.6	84.7	15.4	78.8	2.8	79.2	5.0	92.1	7.7	91.4	1.7	92.4	1.5	103.8	16.4	95.7	6.5
483	Uniconazole	109.7	23.6	81.7	6.0	97.0	0.9	F	F	89.6	5.9	77.5	10.4	102.5	5.5	89.2	10.9	97.3	11.2	84.9	5.1	84.0	18.2	88.3	9.6
484	Vernolate	99.7	8.2	125.3	7.0	117.7	7.3	F	F	95.3	8.9	358.2	17.1	94.2	2.0	106.7	9.3	92.1	22.9	F	F	95.3	8.9	358.2	17.1
485	Vinclozolin	92.4	10.1	98.0	6.3	105.5	6.0	99.9	3.0	98.1	1.8	94.6	1.9	119.7	1.4	118.1	6.0	112.6	12.1	99.9	3.0	98.1	1.8	94.6	1.9

附表 1-6b　GC-Q-TOF/MS 8 种水果蔬菜中 485 种农药化学污染物非靶向筛查方法验证结果汇总

序号	农药名称	番茄						菠菜						芹菜						结球甘蓝					
		10 μg/kg		50 μg/kg		100 μg/kg		10 μg/kg		50 μg/kg		100 μg/kg		10 μg/kg		50 μg/kg		100 μg/kg		10 μg/kg		50 μg/kg		100 μg/kg	
		AVE	RSD(%) (n=3)	AVE	RSD(%) (n=3)	AVE	RSD(%) (n=3)	AVE	RSD(%) (n=3)	AVE	RSD(%) (n=3)	AVE	RSD(%) (n=3)	AVE	RSD(%) (n=3)	AVE	RSD(%) (n=3)	AVE	RSD(%) (n=3)	AVE	RSD(%) (n=3)	AVE	RSD(%) (n=3)	AVE	RSD(%) (n=3)
1	1-naphthyl Acetamide	F	F	116.2	20.4	96.7	0.6	119.1	5.1	95.5	1.9	94.2	9.0	F	F	175.0	7.5	291.2	6.6	160.2	14.2	133.2	25.0	98.7	26.4
2	1-naphthylacetic acid	F	F	F	F	102.1	0.3	F	F	97.7	32.7	68.2	17.1	F	F	F	F	F	F	F	F	F	F	F	F
3	2,3,5,6-Tetrachloroaniline	81.7	7.9	86.0	4.8	96.7	2.3	96.3	12.4	88.4	7.8	90.0	10.1	80.9	6.6	103.7	2.5	93.4	3.9	82.8	2.1	81.4	20.8	63.3	16.8
4	2,4-DB	F	F	97.2	2.9	109.9	0.0	F	F	F	F	157.2	12.8	F	F	125.2	3.9	116.1	17.5	F	F	109.8	9.3	97.3	6.5
5	2,4'-DDD	88.0	5.5	92.4	6.6	103.1	0.8	95.3	10.9	86.5	9.5	86.8	10.6	94.3	5.8	100.1	4.4	92.0	0.7	92.7	5.1	93.2	2.1	85.1	7.3
6	2,4'-DDE	92.6	3.7	92.7	4.1	85.2	4.0	88.2	0.8	89.0	9.2	82.0	4.0	80.7	3.3	91.4	4.6	90.9	13.8	89.0	8.3	84.1	4.9	101.6	2.2
7	2,4'-DDT	103.9	7.1	108.2	10.2	89.0	3.5	100.0	3.1	73.8	5.3	114.3	16.3	76.2	7.0	101.2	7.9	103.7	14.9	87.1	13.8	95.5	4.8	76.9	8.7
8	2,6-Dichlorobenzamide	F	F	F	F	F	F	F	F	35.0	25.0	30.0	64.2	F	F	64.5	31.1	169.6	133.7	F	F	159.2	31.7	F	F
9	2-Phenylphenol	92.1	6.1	88.7	6.9	97.7	0.8	95.8	7.6	94.3	6.5	91.1	7.6	83.6	2.5	98.7	3.0	88.0	5.9	88.5	1.0	89.7	4.2	84.6	5.7
10	3,4,5-Trimethacarb	70.8	2.2	92.9	6.1	75.0	8.8	71.1	10.0	77.0	8.6	88.4	9.6	91.0	19.5	102.7	15.8	92.7	13.4	80.0	5.2	85.6	0.7	90.3	12.5
11	3,5-Dichloroaniline	24.5	47.0	47.4	30.6	70.0	22.0	54.0	32.9	50.5	15.9	54.2	2.6	26.4	22.2	31.7	77.3	64.1	37.0	73.4	14.0	77.9	17.8	87.8	15.7
12	3-Chloro-4-Methylaniline	41.1	23.7	32.7	27.4	26.5	25.9	F	F	6.2	87.9	12.4	17.6	F	F	9.8	38.2	7.3	17.6	36.6	5.4	41.5	7.5	31.2	1.3
13	3-Phenylphenol	114.1	3.7	107.2	11.8	112.1	24.3	63.0	5.2	99.4	10.8	70.4	22.7	F	F	114.2	16.9	133.4	9.1	83.9	4.6	83.9	9.8	114.8	2.9
14	4,4'-DDD	98.1	4.9	100.2	3.0	86.4	4.0	89.3	1.1	89.2	6.8	92.3	3.8	74.0	5.2	94.6	4.2	94.8	12.8	95.6	3.1	85.4	4.2	92.1	2.4
15	4,4'-Dibromobenzophenone	90.4	4.0	92.3	12.0	102.8	1.6	96.7	9.5	71.5	19.0	78.5	21.7	92.1	5.9	78.4	4.7	83.7	3.4	91.5	3.2	89.0	1.4	84.3	3.1
16	4-Bromo-3,5-Dimethylphenyl-N	98.6	4.0	99.3	2.8	86.2	2.0	94.3	8.8	91.9	4.4	91.8	7.5	72.6	1.4	88.6	7.9	79.4	9.0	88.3	3.1	87.8	2.2	108.4	2.5
17	4-Chloronitrobenzene	100.3	16.7	70.2	10.6	72.8	15.1	89.6	4.7	89.2	9.7	94.6	1.4	91.4	22.3	111.7	3.1	130.5	14.1	205.9	47.1	52.2	41.9	230.8	63.6
18	4-Chlorophenoxyacetic acid	F	F	F	F	95.9	5.7	171.0	40.5	63.8	8.1	111.7	27.6	F	F	F	F	78.3	4.8	F	F	F	F	F	F
19	Acenaphthene	102.2	10.5	84.2	9.6	F	F	144.9	14.7	110.3	8.5	118.4	11.1	F	F	108.5	7.1	117.2	6.6	61.1	30.5	105.7	25.3	64.2	72.6
20	Acetochlor	78.8	11.5	95.2	5.1	86.8	7.6	87.5	14.7	108.3	24.3	104.1	1.1	100.8	5.1	98.4	4.6	92.1	9.1	96.2	17.1	98.5	7.2	95.0	10.4
21	Acibenzolar-S-methyl	74.5	6.5	65.1	6.1	79.3	8.1	75.1	22.0	61.9	5.0	70.3	13.6	96.9	14.8	98.3	7.6	150.9	2.7	78.2	8.6	80.4	2.2	83.7	6.8
22	Aclonifen	73.6	16.0	103.0	14.0	108.9	4.1	F	F	89.4	33.6	127.7	37.7	F	F	98.3	5.4	95.4	2.9	F	F	152.1	27.9	113.2	16.9
23	Acrinathrin	173.4	11.6	224.4	20.4	352.1	11.2	45.5	67.2	131.6	14.5	157.3	7.5	222.9	19.0	167.8	10.3	241.9	6.8	180.8	23.6	229.2	5.1	194.8	18.8
24	Akton	95.3	2.4	97.6	2.4	86.6	5.5	88.1	2.1	89.7	7.4	88.8	3.3	71.5	3.2	91.6	4.2	91.0	13.2	90.8	1.5	83.0	4.4	96.0	0.7
25	Alachlor	92.9	4.0	89.7	7.6	102.4	1.9	102.1	6.6	88.5	5.1	83.8	10.6	96.3	9.6	108.4	2.6	94.4	2.4	89.5	4.7	90.2	3.0	84.3	5.5
26	Alanycarb	F	F	245.8	15.7	113.6	6.9	F	F	F	F	26.0	43.0	F	F	F	F	93.7	2.6	F	F	89.5	28.2	79.7	6.8
27	Aldicarb-sulfone	F	F	F	F	F	F	F	F	90.8	7.1	92.5	4.5	F	F	F	F	F	F	F	F	F	F	F	F
28	Aldimorph	F	F	83.7	3.6	89.4	6.5	98.1	7.5	89.6	5.9	89.4	10.1	F	F	76.6	2.8	86.8	7.9	F	F	91.4	1.0	91.6	2.4
29	Aldrin	88.6	6.2	88.3	7.9	100.2	2.3	87.9	10.7	85.6	11.0	87.5	7.6	87.4	9.8	95.3	3.7	92.1	2.0	87.5	2.3	82.8	12.3	74.1	7.6

续表

序号	农药名称	番茄						菠菜						芹菜						结球甘蓝					
		10 μg/kg		50 μg/kg		100 μg/kg		10 μg/kg		50 μg/kg		100 μg/kg		10 μg/kg		50 μg/kg		100 μg/kg		10 μg/kg		50 μg/kg		100 μg/kg	
		AVE	RSD(%) (n=3)	AVE	RSD(%) (n=3)	AVE	RSD(%) (n=3)	AVE	RSD(%) (n=3)	AVE	RSD(%) (n=3)	AVE	RSD(%) (n=3)	AVE	RSD(%) (n=3)	AVE	RSD(%) (n=3)	AVE	RSD(%) (n=3)	AVE	RSD(%) (n=3)	AVE	RSD(%) (n=3)	AVE	RSD(%) (n=3)
30	Allethrin	94.9	5.7	92.0	9.4	102.7	1.7	93.6	12.8	90.2	10.7	88.3	8.8	88.9	11.2	101.6	3.0	90.4	4.0	F	F	92.5	2.5	83.1	3.7
31	Allidochlor	87.6	7.2	88.1	10.3	85.3	8.1	F	F	F	F	71.7	14.7	85.0	11.4	96.9	5.0	87.9	8.6	92.4	12.7	78.8	3.4	106.8	27.5
32	alpha-Cypermethrin	F	F	F	F	93.2	16.5	99.0	9.5	82.4	8.7	82.1	10.5	F	F	F	F	F	F	F	F	F	F	81.9	7.2
33	alpha-Endosulfan	86.8	3.7	91.8	4.7	102.9	1.9	126.2	12.0	110.1	21.4	98.6	26.1	97.6	8.5	101.4	6.7	93.6	0.1	92.3	4.4	90.9	4.3	85.2	8.2
34	alpha-HCH	82.4	11.0	89.4	3.8	83.6	7.7	113.2	6.3	67.8	34.0	86.3	1.6	91.0	4.3	99.0	4.1	92.0	6.4	85.0	16.5	106.5	10.0	85.2	11.9
35	Ametryn	103.8	5.4	93.4	5.0	94.3	5.0	91.6	6.7	90.8	12.9	80.9	10.1	88.2	1.7	84.3	1.5	85.3	2.9	98.0	1.9	91.0	0.8	100.2	0.5
36	Amidosulfuron	72.5	7.1	84.7	6.2	76.2	8.7	65.5	1.8	76.7	15.2	82.8	16.9	79.0	20.0	95.7	19.8	88.3	13.7	79.5	19.8	85.8	4.3	75.9	13.3
37	Aminocarb	74.9	1.9	70.8	19.5	70.4	13.7	F	F	100.2	4.2	104.8	1.9	46.0	70.5	79.9	27.0	91.9	16.9	66.4	29.3	49.6	32.5	76.8	10.8
38	Amitraz	113.2	19.2	154.4	19.6	113.6	10.6	65.2	13.4	76.8	2.7	85.8	10.9	F	F	74.6	15.1	98.9	26.7	F	F	119.1	7.3	141.8	12.0
39	Ancymidol	114.9	4.6	90.9	19.8	96.2	22.8	F	F	117.6	37.0	132.6	11.4	119.4	19.4	122.4	1.1	142.0	16.9	76.3	14.7	78.0	30.5	63.9	13.5
40	Anilofos	78.7	19.6	92.1	14.9	103.4	14.7	88.3	11.3	80.7	8.0	90.4	5.1	F	F	106.4	5.4	109.4	14.7	83.6	3.5	110.9	14.2	90.4	10.7
41	Anthracene D10	80.2	6.7	87.2	6.0	97.9	1.6	F	F	99.9	26.0	109.9	35.2	80.6	8.3	87.3	3.4	91.7	1.8	82.6	2.5	82.3	13.9	79.1	10.3
42	Aramite	F	F	95.9	1.9	84.7	6.3	92.4	11.8	64.5	16.0	91.5	8.8	F	F	F	F	101.1	9.9	F	F	102.5	3.6	101.9	8.3
43	Atraton	84.9	10.0	97.3	3.6	85.0	9.8	88.0	12.9	89.6	18.6	94.1	5.1	96.4	7.8	97.9	5.7	92.2	9.1	92.1	5.9	96.7	5.0	85.9	11.9
44	Atrazine	77.4	1.3	106.8	3.2	81.7	8.6	108.9	7.9	90.3	8.3	97.5	3.2	104.4	2.3	90.1	2.4	84.3	3.9	87.8	7.1	102.1	7.3	94.9	8.4
45	Atrazine-desethyl	84.5	13.1	95.3	8.9	101.1	5.9	87.6	8.5	98.4	10.1	95.9	8.8	95.2	1.2	96.7	3.4	108.9	6.3	106.2	7.1	93.3	4.3	94.5	14.6
46	Atrazine-desisopropyl	110.6	16.9	106.8	1.1	99.1	14.3	77.7	5.9	71.8	0.6	86.3	13.2	84.6	17.2	146.5	8.2	133.7	6.3	88.0	11.8	108.0	3.2	86.6	17.5
47	Azaconazole	74.4	7.8	93.5	3.8	75.9	6.3	115.8	14.1	88.5	6.9	88.3	7.1	102.6	26.8	112.0	22.9	108.3	17.6	82.1	12.5	81.4	4.3	81.0	11.0
48	Azinphos-ethyl	F	F	73.9	5.1	72.0	16.9	113.0	5.6	138.1	110.8	88.1	2.2	F	F	95.3	5.9	108.1	5.1	F	F	85.2	2.6	91.3	5.9
49	Aziprotryne	96.5	5.8	100.0	6.2	103.1	9.2	92.2	18.9	95.0	10.4	66.0	17.1	92.5	5.4	94.4	3.1	96.5	4.0	97.8	4.3	92.7	2.7	102.0	7.2
50	Azoxystrobin	79.7	1.9	84.4	33.2	114.3	5.7	F	F	87.5	8.0	61.0	45.2	66.7	39.5	59.0	34.6	44.4	22.4	77.6	7.3	80.1	6.0	79.9	3.6
51	Beflubutamid	89.7	14.2	100.6	2.9	83.8	9.3	102.6	6.8	88.9	4.7	102.6	1.9	87.7	42.9	105.0	7.1	94.8	12.5	58.1	18.3	69.9	49.9	87.4	11.9
52	Benalaxyl	95.1	5.1	84.8	2.6	90.3	4.3	95.8	7.3	88.8	5.7	96.7	2.1	83.9	3.1	80.4	3.5	88.1	7.9	92.6	1.0	89.7	1.5	91.0	2.0
53	Bendiocarb	85.0	19.5	93.6	4.2	97.2	4.9	102.2	8.4	85.8	4.8	88.2	7.9	92.6	11.2	89.4	6.4	96.5	23.7	93.6	2.1	86.4	6.8	88.5	4.9
54	Benfluralin	91.0	8.4	86.8	7.8	101.0	2.7	95.6	6.2	95.4	7.4	89.8	8.1	87.7	18.6	106.6	6.3	100.0	1.4	85.9	6.9	82.2	15.3	65.8	11.7
55	Benfuresate	92.1	2.7	88.6	8.3	99.5	4.9	36.7	24.5	61.9	43.1	79.2	23.9	86.0	9.9	82.4	7.1	72.0	9.9	92.6	1.6	90.2	2.5	88.5	3.2
56	Benodanil	89.7	8.0	105.4	4.6	89.1	9.7	137.3	14.8	74.5	13.2	93.6	13.5	149.7	22.9	121.5	41.7	123.4	6.3	59.4	5.9	50.8	31.4	57.0	14.7
57	Benoxacor	86.7	7.7	94.4	15.1	91.6	4.8	F	F	84.0	13.8	119.5	13.1	94.5	11.5	97.8	2.8	187.2	6.1	102.9	8.1	92.7	4.7	102.6	11.5
58	Benzoximate	97.8	4.6	80.9	19.5	87.8	6.0	203.9	84.7	87.5	7.8	119.9	5.2	F	F	109.4	3.7	139.5	6.9	102.8	2.9	89.0	3.9	80.6	1.9
59	Benzoylprop-Ethyl	102.9	14.5	94.1	6.8	97.2	6.0	115.6	8.9	82.2	9.4	82.0	12.7	73.7	5.3	81.3	3.9	90.7	2.6	99.3	1.3	82.9	1.0	93.4	0.4

续表

序号	农药名称	番茄						菠菜						芹菜						结球甘蓝					
		10 μg/kg		50 μg/kg		100 μg/kg		10 μg/kg		50 μg/kg		100 μg/kg		10 μg/kg		50 μg/kg		100 μg/kg		10 μg/kg		50 μg/kg		100 μg/kg	
		AVE	RSD(%) (n=3)	AVE	RSD(%) (n=3)	AVE	RSD(%) (n=3)	AVE	RSD(%) (n=3)	AVE	RSD(%) (n=3)	AVE	RSD(%) (n=3)	AVE	RSD(%) (n=3)	AVE	RSD(%) (n=3)	AVE	RSD(%) (n=3)	AVE	RSD(%) (n=3)	AVE	RSD(%) (n=3)	AVE	RSD(%) (n=3)
60	beta-Endosulfan	90.6	5.1	91.1	5.5	101.7	2.6	101.3	3.7	84.1	7.1	92.0	4.8	93.2	1.6	96.9	3.1	83.0	2.2	90.8	5.2	92.2	1.4	87.8	7.0
61	beta-HCH	89.0	10.0	87.5	7.5	91.5	5.8	91.3	3.1	89.3	22.5	102.5	7.9	94.9	1.7	95.1	1.8	108.5	2.4	91.2	2.4	87.9	2.5	85.1	2.1
62	Bifenazate	66.0	4.1	50.2	26.7	75.2	17.2	F	F	47.7	86.9	71.8	24.8	65.4	23.0	98.2	1.2	75.6	5.8	73.8	2.8	78.0	7.7	77.8	7.7
63	Bifenox	F	F	F	F	102.9	7.0	106.5	26.8	91.3	6.7	96.7	3.5	F	F	F	F	F	F	F	F	F	F	81.3	10.0
64	Bifenthrin	90.7	3.7	91.6	9.5	101.9	0.9	36.6	103.2	76.9	1.5	90.8	0.8	90.9	7.7	92.3	3.9	92.8	1.1	85.7	4.9	90.3	0.6	92.8	2.0
65	Bioresmethrin	F	F	87.4	6.9	91.2	6.5	70.7	8.2	83.9	10.6	92.7	8.9	F	F	F	F	F	F	F	F	54.2	3.2	55.3	8.2
66	Bitertanol	78.1	6.5	98.3	5.4	86.8	10.4	90.4	3.0	77.9	13.2	78.0	5.5	F	F	118.5	6.8	119.2	15.2	F	F	99.2	11.6	79.8	12.2
67	Boscalid	96.2	1.9	90.4	17.2	83.2	10.8	105.1	2.5	86.9	7.4	88.0	15.2	79.4	3.9	73.9	11.1	67.7	27.3	62.8	12.7	67.7	12.1	72.8	12.2
68	Bromfenvinfos	89.9	5.4	79.5	16.4	82.2	8.3	106.9	14.9	91.1	3.3	87.0	1.9	96.0	6.2	97.9	2.4	128.4	3.4	101.0	3.9	91.6	1.0	90.3	3.8
69	Bromfenvinfos-Methyl	F	F	105.8	9.2	88.3	5.7	122.1	12.5	87.6	9.5	96.4	5.6	F	F	F	F	94.2	0.6	F	F	78.9	7.4	76.8	2.5
70	Bromobutide	89.1	19.8	85.1	3.8	89.1	6.1	96.8	9.2	91.0	4.3	91.9	9.9	88.0	5.4	86.8	1.6	101.7	5.4	98.6	1.5	91.7	0.9	91.4	1.8
71	Bromocyclen	86.5	7.1	88.6	7.9	98.2	2.6	98.2	6.9	88.5	7.9	89.6	4.6	84.8	12.1	99.2	4.0	95.2	1.3	83.7	1.5	81.4	15.5	67.5	9.5
72	Bromophos-Ethyl	101.0	4.3	83.7	4.6	89.1	5.4	103.2	7.4	79.5	9.9	69.4	28.0	89.9	4.3	90.5	0.8	96.8	2.3	93.4	1.2	89.2	2.2	89.6	1.7
73	Bromophos-Methyl	89.7	6.6	94.4	6.9	104.5	3.0	95.7	9.2	91.9	6.7	96.0	3.1	94.1	12.1	106.0	6.1	94.2	4.5	95.2	3.6	91.1	1.6	83.9	8.5
74	Bromopropylate	91.7	6.6	91.6	9.6	100.9	0.2	58.0	21.2	129.8	2.3	77.7	4.3	90.2	10.2	110.9	3.8	95.3	2.6	92.0	4.3	93.8	1.4	88.5	2.0
75	Bromoxynil octanoate	F	F	146.2	17.1	95.4	4.3	97.2	3.3	86.5	5.8	88.2	5.0	F	F	65.5	3.6	110.5	20.6	F	F	73.8	3.6	100.4	0.7
76	Bromuconazole	82.7	11.0	72.9	8.4	73.3	9.5	93.9	7.9	86.7	3.2	88.6	2.3	88.0	3.9	87.2	4.9	106.9	8.2	88.8	2.1	83.6	4.6	79.3	0.7
77	Bupirimate	100.3	3.7	84.5	1.9	89.6	5.2	94.5	6.9	92.5	8.7	85.6	9.1	82.6	2.8	77.6	3.8	86.6	6.4	92.1	1.1	90.7	1.1	90.9	2.0
78	Buprofezin	76.0	6.9	94.2	4.8	83.0	9.0	72.7	6.6	89.6	13.8	119.6	7.1	F	F	F	F	88.3	6.9	F	F	F	F	85.4	14.4
79	Butachlor	98.0	6.4	83.2	5.7	88.0	3.1	123.0	13.6	97.8	20.6	112.8	12.9	87.1	3.6	90.0	3.5	103.1	4.5	94.6	2.0	90.9	2.0	93.9	2.9
80	Butafenacil	77.4	0.7	93.4	4.2	65.4	16.9	153.1	15.5	117.7	31.3	112.7	3.6	96.4	36.9	110.4	46.3	111.2	0.1	83.6	16.0	86.9	8.1	74.0	13.2
81	Butamifos	89.0	8.9	97.8	3.4	90.5	7.6	99.5	13.9	95.0	15.4	99.5	4.4	121.7	6.6	102.4	9.2	107.4	4.8	93.8	23.7	109.7	2.6	89.1	16.4
82	Butralin	74.5	8.5	97.8	2.5	81.0	8.1	F	F	F	F	124.5	4.5	99.0	1.0	91.2	3.9	94.3	6.2	90.2	17.5	102.8	2.7	99.2	13.4
83	Cadusafos	80.5	7.2	90.8	6.0	85.2	9.3	81.2	3.2	74.6	8.4	85.8	9.4	95.3	4.4	97.7	1.8	90.4	7.8	87.3	13.1	106.4	9.1	84.1	13.5
84	Cafenstrole	F	F	80.7	2.0	74.5	14.3	213.3	24.0	62.8	24.1	87.0	34.7	F	F	94.9	15.9	105.2	17.0	F	F	98.5	2.4	72.3	22.8
85	Captafol	F	F	F	F	F	F	F	F	93.2	27.3	13.5	28.7	F	F	F	F	F	F	F	F	F	F	F	F
86	Captan	F	F	F	F	F	F	89.0	2.1	87.2	6.3	88.2	2.6	F	F	F	F	F	F	F	F	F	F	F	F
87	Carbaryl	88.7	5.7	107.2	2.1	98.8	6.7	55.3	29.0	87.2	5.1	51.9	22.7	135.3	5.3	109.0	30.8	129.9	12.5	98.7	20.5	95.0	6.3	91.0	10.4
88	Carbofuran	113.2	18.6	111.7	4.5	98.7	18.1	91.6	9.1	87.7	4.0	92.1	5.6	90.2	39.0	205.2	28.8	154.2	8100.0	F	F	106.0	9.3	86.0	12.6
89	Carbofuran-3-Hydroxy	F	F	F	F	F	F	92.4	10.5	93.2	6.4	91.5	2.9	F	F	F	F	F	F	F	F	F	F	F	F

续表

序号	农药名称	番茄						菠菜						芹菜						结球甘蓝					
		10 μg/kg		50 μg/kg		100 μg/kg		10 μg/kg		50 μg/kg		100 μg/kg		10 μg/kg		50 μg/kg		100 μg/kg		10 μg/kg		50 μg/kg		100 μg/kg	
		AVE	RSD(%) (n=3)	AVE	RSD(%) (n=3)	AVE	RSD(%) (n=3)	AVE	RSD(%) (n=3)	AVE	RSD(%) (n=3)	AVE	RSD(%) (n=3)	AVE	RSD(%) (n=3)	AVE	RSD(%) (n=3)	AVE	RSD(%) (n=3)	AVE	RSD(%) (n=3)	AVE	RSD(%) (n=3)	AVE	RSD(%) (n=3)
90	Carbophenothion	102.5	5.2	102.7	2.9	87.2	4.3	95.8	8.9	91.9	12.0	73.2	4.7	74.6	6.4	92.6	3.4	94.1	14.1	83.3	5.7	81.7	5.0	85.0	2.1
91	Carbosulfan	F	F	F	F	F	F	F	F	88.1	8.8	82.9	3.8	F	F	F	F	F	F	F	F	F	F	F	F
92	Carboxin	86.8	13.5	82.1	2.4	82.3	6.1	103.0	9.0	89.0	3.3	116.6	17.8	55.8	7.0	53.7	8.1	46.0	24.0	81.7	7.6	76.6	8.0	78.5	1.6
93	Chlorbenside	93.1	6.6	93.0	9.7	102.0	0.1	114.1	39.5	87.6	8.4	72.4	22.2	83.6	8.4	87.7	7.6	86.9	1.2	85.8	3.9	88.6	2.5	84.9	3.1
94	Chlorbenside sulfone	91.6	5.0	90.8	12.6	101.7	4.2	95.2	8.1	94.1	4.7	92.0	8.5	86.9	6.5	91.6	5.4	81.2	11.5	88.9	3.5	90.2	2.4	87.1	2.9
95	Chlorbromuron	F	F	F	F	F	F	100.7	10.2	90.8	3.6	93.7	7.7	F	F	F	F	F	F	F	F	F	F	F	F
96	Chlorbufam	F	F	99.4	9.3	94.5	3.9	93.3	8.4	93.4	5.2	90.9	7.0	F	F	116.1	10.0	111.8	8.0	F	F	103.0	6.0	92.6	8.9
97	Chlordane	F	F	91.4	5.1	86.0	3.9	103.3	12.2	96.8	2.6	89.0	20.1	F	F	91.6	3.6	93.9	13.2	F	F	84.4	8.8	102.9	2.5
98	Chlordecone	F	F	F	F	F	F	87.8	0.7	84.3	19.8	90.1	2.7	F	F	F	F	F	F	F	F	F	F	F	F
99	Chlordimeform	F	F	F	F	F	F	97.2	8.6	91.9	8.2	96.5	2.9	F	F	F	F	F	F	F	F	F	F	F	F
100	Chlorethoxyfos	82.9	15.4	86.8	7.3	95.1	0.5	110.4	11.6	97.1	3.6	101.1	10.6	76.1	26.3	109.3	6.0	117.0	2.3	75.7	8.2	87.4	22.1	77.5	19.4
101	Chlorfenapyr	F	F	89.9	6.7	102.2	5.8	95.5	8.0	92.2	8.5	96.3	3.1	F	F	93.8	1.9	85.0	6.3	F	F	94.2	4.0	81.2	2.6
102	Chlorfenethol	90.1	5.3	91.3	8.9	102.4	1.2	77.1	12.7	51.2	47.4	71.1	20.4	92.2	6.3	94.0	3.4	87.1	4.6	93.0	4.1	93.3	2.1	86.6	3.6
103	Chlorfenprop-Methyl	76.3	15.1	76.5	8.5	85.1	0.8	F	F	89.8	3.1	113.7	19.9	82.1	22.7	102.3	5.6	107.2	3.4	69.4	9.2	74.8	19.8	86.7	1.9
104	Chlorfenson	91.2	5.9	93.7	9.5	100.7	1.0	93.0	12.7	104.0	6.3	86.2	8.0	91.2	14.3	96.2	4.5	100.0	4.3	96.2	4.1	95.0	0.8	85.0	4.6
105	Chlorfenvinphos	105.8	3.9	93.6	7.8	106.9	0.0	83.9	30.0	75.9	10.7	85.4	6.1	112.2	14.8	118.2	6.9	97.6	5.0	101.8	8.3	94.0	6.7	91.1	4.4
106	Chlorflurenol-methyl	100.0	6.7	98.8	6.9	87.8	1.6	102.6	5.6	85.0	3.9	78.0	15.6	84.6	2.4	81.8	11.0	76.6	21.6	83.5	1.9	78.1	7.4	92.1	1.7
107	Chloridazon	F	F	F	F	F	F	97.7	8.6	90.5	20.6	84.9	4.9	F	F	F	F	F	F	F	F	F	F	F	F
108	Chlorobenzilate	96.0	6.2	92.6	6.7	101.9	0.4	96.6	10.0	93.4	4.1	92.5	7.9	91.3	10.8	116.0	3.0	96.0	2.1	93.7	5.0	96.3	1.1	92.4	2.1
109	Chloroneb	86.9	10.4	86.6	8.8	96.5	2.7	119.4	7.1	72.1	7.2	67.8	26.9	76.7	17.3	129.0	5.5	103.0	4.7	81.4	5.6	89.6	24.1	54.4	17.0
110	Chloropropylate	94.9	6.3	F	F	F	F	96.9	5.2	88.5	7.3	87.4	3.6	93.3	10.0	105.3	3.1	F	F	F	F	F	F	F	F
111	Chlorothalonil	F	F	84.3	27.4	72.6	6.3	129.3	13.5	64.6	15.4	92.5	9.1	F	F	71.0	4.2	150.1	31.6	F	F	F	F	F	F
112	chlorotoluron	116.9	1.5	92.9	7.8	82.3	1.0	113.9	6.1	81.5	11.8	74.8	21.8	120.8	31.2	90.5	13.3	92.9	14.2	88.1	17.0	87.2	6.6	120.5	11.8
113	Chlorpropham	91.7	3.0	91.2	11.9	100.7	2.6	132.7	5.0	65.4	20.4	75.0	5.5	86.4	11.0	86.1	4.3	80.9	5.6	91.8	8.3	88.9	3.4	92.8	6.6
114	Chlorpyrifos	96.1	5.3	93.6	7.6	101.9	0.7	90.0	2.4	91.4	7.9	81.8	2.0	98.6	14.3	100.7	2.0	83.4	1.5	92.6	0.4	90.4	2.7	84.3	2.9
115	Chlorpyrifos-methyl	94.8	6.8	92.2	8.2	101.2	1.0	F	F	91.4	3.6	88.5	1.9	97.0	18.1	121.2	5.7	101.4	2.3	92.7	5.9	89.2	4.5	80.1	5.7
116	Chlorsulfuron	85.2	10.3	96.0	4.6	94.9	5.2	81.6	3.6	73.3	3.3	78.9	4.7	118.6	9.9	119.0	4.9	119.1	11.1	94.7	14.9	105.8	4.2	100.2	12.8
117	Chlorthal-dimethyl	93.4	1.7	89.7	9.4	101.5	2.8	104.3	12.5	95.0	16.7	100.9	4.1	91.1	7.8	96.3	4.2	89.2	2.5	93.5	3.2	90.1	4.1	85.6	3.7
118	Chlorthiamid	F	F	F	F	F	F	F	F	F	F	88.5	3.5	F	F	F	F	F	F	F	F	F	F	F	F
119	Chlorthion	118.2	15.6	99.1	9.6	105.3	1.8	108.9	4.8	90.4	7.8	90.2	6.8	F	F	108.4	15.7	119.2	9.4	80.1	4.6	97.7	4.1	85.9	4.9

续表

序号	农药名称	番茄						菠菜						芹菜						结球甘蓝					
		10 μg/kg		50 μg/kg		100 μg/kg		10 μg/kg		50 μg/kg		100 μg/kg		10 μg/kg		50 μg/kg		100 μg/kg		10 μg/kg		50 μg/kg		100 μg/kg	
		AVE	RSD(%) (n=3)	AVE	RSD(%) (n=3)	AVE	RSD(%) (n=3)	AVE	RSD(%) (n=3)	AVE	RSD(%) (n=3)	AVE	RSD(%) (n=3)	AVE	RSD(%) (n=3)	AVE	RSD(%) (n=3)	AVE	RSD(%) (n=3)	AVE	RSD(%) (n=3)	AVE	RSD(%) (n=3)	AVE	RSD(%) (n=3)
120	Chlorthiophos	98.7	5.8	82.1	5.5	89.1	3.6	176.4	8.9	145.3	48.5	114.5	6.4	84.1	4.3	85.7	3.4	94.3	2.8	90.2	0.7	89.7	2.9	90.2	2.4
121	Chlozolinate	81.4	14.1	91.2	5.2	99.4	0.8	98.0	8.4	91.1	4.8	91.6	3.9	88.6	12.5	118.6	3.9	94.2	5.5	75.8	33.1	106.6	12.9	60.3	24.5
122	Cinidon-Ethyl	F	F	F	F	F	F	100.6	7.1	87.1	4.6	77.8	12.2	F	F	120.8	5.3	92.6	4.4	F	F	F	F	F	F
123	*cis*-1,2,3,6-Tetrahydrophthalimi	F	F	234.8	42.0	148.7	49.5	96.4	13.3	92.3	21.5	98.9	4.3	F	F	99.5	28.6	207.1	19.4	F	F	139.8	65.6	173.6	44.2
124	*cis*-Permethrin	102.8	3.2	101.6	5.9	91.7	5.7	F	F	F	F	98.2	16.7	77.6	1.2	90.8	4.1	102.1	15.9	76.5	0.9	81.0	5.6	103.0	1.1
125	Clodinafop	F	F	91.3	6.7	94.6	3.5	82.2	20.4	69.4	46.5	68.9	15.1	F	F	72.9	4.7	100.6	6.2	F	F	92.0	0.3	101.4	1.4
126	Clodinafop-propargyl	78.5	13.6	97.3	16.4	82.9	3.2	100.0	20.4	75.7	52.3	100.0	15.1	75.5	6.3	87.7	11.9	71.4	16.6	89.0	23.2	103.8	12.3	69.3	10.6
127	Clomazone	86.9	9.1	97.2	3.5	91.9	8.5	104.3	5.2	98.9	23.2	87.0	11.0	106.8	7.9	110.6	7.4	105.7	7.6	92.5	12.8	104.3	7.8	89.7	13.1
128	Clopyralid	F	F	108.9	14.8	103.8	1.8	67.7	86.3	74.4	61.7	62.2	33.5	F	F	F	F	82.2	8.8	F	F	F	F	104.0	15.4
129	Coumaphos	F	F	68.9	17.8	71.3	3.9	72.5	14.1	63.6	34.5	84.7	9.4	F	F	91.8	4.7	116.8	3.1	F	F	83.8	2.4	81.8	0.7
130	Crufomate	76.0	15.5	98.3	5.0	93.9	7.8	76.3	7.1	85.9	12.9	89.8	3.4	103.6	2.5	106.7	8.3	105.9	10.9	110.2	39.4	97.9	2.4	95.7	13.1
131	Cyanofenphos	88.4	6.1	91.5	10.6	103.5	2.5	78.7	17.1	81.9	3.1	86.3	6.6	91.8	8.9	107.8	3.7	91.4	4.8	91.6	3.7	91.9	1.4	85.6	3.1
132	Cyanophos	94.0	7.1	91.8	7.2	102.6	3.0	205.0	7.4	128.6	13.8	71.4	11.0	91.8	10.5	109.9	1.7	89.3	9.5	89.5	5.3	88.0	4.0	84.2	4.2
133	Cycloate	80.6	11.7	85.1	6.8	81.3	10.2	F	F	73.9	22.3	71.2	9.3	84.9	6.9	92.2	1.9	84.0	4.8	78.1	28.0	110.3	10.5	81.8	12.2
134	Cycloprothrin	F	F	F	F	F	F	90.0	2.0	92.8	8.3	84.9	2.5	F	F	F	F	F	F	F	F	F	F	F	F
135	Cyflufenamid	F	F	F	F	F	F	106.9	5.9	87.3	5.5	89.0	1.7	F	F	F	F	108.0	10.8	F	F	F	F	F	F
136	Cyfluthrin	82.5	5.6	87.2	10.8	102.7	1.7	F	F	82.9	7.8	98.4	5.5	F	F	150.4	15.3	126.0	4.8	F	F	93.9	7.0	72.8	10.6
137	Cypermethrin	72.2	11.8	92.7	12.3	103.9	4.4	98.1	6.1	89.5	8.4	91.5	4.6	F	F	169.9	14.2	148.1	10.7	71.2	17.4	71.7	2.9	78.9	6.8
138	Cyphenothrin	F	F	89.5	11.6	100.0	1.8	95.1	13.7	94.4	16.4	99.5	1.7	F	F	160.8	7.2	116.0	1.6	F	F	F	F	F	F
139	Cyprazine	111.8	5.9	94.4	5.9	97.5	5.5	113.1	3.0	71.0	10.2	65.2	28.1	84.0	8.4	83.6	13.3	78.4	12.4	93.9	2.2	93.5	4.2	95.4	3.2
140	Cyproconazole	76.5	3.0	93.5	5.8	79.7	3.5	179.3	17.3	121.2	11.5	115.1	4.2	126.8	17.7	119.3	5.2	121.4	11.0	84.4	18.4	94.6	3.0	90.3	8.8
141	Cyprodinil	82.2	9.9	98.5	3.1	91.6	9.8	95.2	15.0	95.8	16.8	95.7	3.0	95.8	2.9	107.0	10.8	93.7	5.4	84.6	4.1	94.5	4.5	89.2	8.5
142	Cyprofuram	108.8	2.6	87.5	10.7	87.9	18.1	28.8	27.1	17.8	61.5	35.6	38.4	99.3	19.2	99.4	4.2	46.1	31.6	83.7	12.1	79.6	22.4	69.3	14.9
143	DDT	F	F	104.5	6.3	107.9	7.2	181.4	10.5	116.2	3.8	127.8	10.9	F	F	99.9	6.5	117.7	7.2	F	F	100.9	6.4	79.0	12.1
144	delta-HCH	79.2	9.7	96.2	0.7	89.4	4.6	170.4	15.9	109.9	4.3	114.9	18.6	102.5	4.5	105.8	5.3	102.7	7.6	94.5	21.5	95.2	7.2	87.9	11.7
145	Deltamethrin	F	F	F	F	108.2	4.3	76.9	5.5	88.9	19.0	88.5	11.5	F	F	F	F	131.1	2.3	F	F	F	F	72.5	4.4
146	Desethylterbuthylazine	97.0	5.6	96.8	5.1	86.2	2.9	96.0	9.7	92.4	4.9	91.6	7.6	78.6	4.4	90.5	6.6	81.1	9.3	90.4	4.8	88.9	4.8	101.2	1.3
147	Desmetryn	99.7	3.2	93.0	5.9	93.8	5.8	95.3	2.8	83.0	2.6	95.8	2.5	82.9	1.2	84.6	2.4	84.0	3.5	98.2	1.9	90.6	1.3	98.5	1.9
148	Dialifos	F	F	99.1	5.8	91.1	8.5	85.8	12.0	93.9	5.8	91.0	9.4	F	F	81.7	8.7	83.0	8.6	F	F	73.3	5.4	82.8	8.1
149	Diallate	93.1	3.3	83.5	2.5	85.4	6.7	130.0	10.6	124.7	29.7	107.6	2.7	80.5	3.9	89.0	3.4	85.5	2.8	91.7	3.4	83.4	3.7	91.2	13.7

续表

序号	农药名称	番茄						菠菜						芹菜						结球甘蓝					
		10 μg/kg		50 μg/kg		100 μg/kg		10 μg/kg		50 μg/kg		100 μg/kg		10 μg/kg		50 μg/kg		100 μg/kg		10 μg/kg		50 μg/kg		100 μg/kg	
		AVE	RSD(%) (n=3)	AVE	RSD(%) (n=3)	AVE	RSD(%) (n=3)	AVE	RSD(%) (n=3)	AVE	RSD(%) (n=3)	AVE	RSD(%) (n=3)	AVE	RSD(%) (n=3)	AVE	RSD(%) (n=3)	AVE	RSD(%) (n=3)	AVE	RSD(%) (n=3)	AVE	RSD(%) (n=3)	AVE	RSD(%) (n=3)
150	Dibutyl succinate	89.1	22.0	89.4	3.8	87.9	10.9	78.5	23.6	98.2	6.0	92.2	9.6	90.2	3.1	108.0	9.6	90.1	4.9	43.9	5.5	45.2	6.5	51.5	8.0
151	Dicapthon	F	F	97.9	6.8	104.5	0.8	88.3	3.6	92.8	5.5	84.2	1.8	F	F	167.6	16.8	122.3	6.5	F	F	95.5	2.4	84.8	5.7
152	Dichlobenil	79.5	12.5	88.5	2.5	99.7	0.8	82.4	13.3	85.6	12.3	98.4	3.1	72.9	31.1	111.0	6.3	106.7	3.5	73.0	13.2	100.3	20.8	62.4	24.3
153	Dichlofenthion	68.6	2.8	93.2	2.1	79.3	10.1	85.1	3.7	87.9	9.2	84.0	7.7	101.7	2.4	99.0	2.1	91.3	6.5	85.6	10.2	106.3	8.5	96.0	11.6
154	Dichlofluanid	58.6	24.7	69.0	8.3	81.3	4.8	148.7	10.8	111.5	27.0	109.5	2.7	85.3	26.0	121.3	10.2	110.2	0.9	F	F	F	F	25.5	116.1
155	Dichlormid	92.8	16.1	88.3	6.3	97.3	1.1	F	F	141.7	11.3	97.9	0.0	83.3	29.0	121.9	5.4	124.5	5.8	73.9	13.5	117.5	22.2	86.6	22.3
156	Dichlorprop	F	F	F	F	F	F	108.0	4.6	89.9	8.4	92.2	4.4	F	F	F	F	F	F	F	F	F	F	F	F
157	Dichlorvos	88.6	15.5	88.1	6.5	97.3	1.4	F	F	72.1	1.6	70.6	27.3	81.1	14.4	112.8	5.9	114.3	10.9	78.8	5.1	79.7	22.3	58.7	31.5
158	Diclocymet	105.7	4.1	85.4	12.8	92.6	4.7	109.6	3.2	96.2	11.3	97.2	2.5	95.2	7.8	75.9	14.8	77.2	17.4	68.9	5.9	75.1	5.6	85.0	9.7
159	Diclofop-methyl	87.0	5.6	90.7	9.6	101.6	0.8	88.2	0.5	80.7	2.4	99.0	8.4	90.9	7.8	97.8	3.8	88.5	3.1	89.0	4.3	90.8	2.0	81.8	4.0
160	Dicloran	93.9	5.7	98.8	9.2	86.2	4.4	83.2	9.5	78.3	6.8	87.5	9.2	F	F	117.7	3.2	111.4	11.4	103.7	6.2	98.6	5.8	86.6	9.8
161	Dicofol	92.3	4.1	90.2	10.6	106.3	5.9	115.9	4.0	102.9	14.6	111.0	10.4	90.5	15.1	52.1	3.9	71.4	4.2	90.0	3.5	86.8	2.9	87.7	2.1
162	Dieldrin	94.1	12.1	90.0	11.0	103.7	1.1	F	F	F	F	100.0	2.5	84.9	17.2	95.5	42.7	90.8	15.1	F	F	112.6	5.3	98.8	12.4
163	Diethatyl-Ethyl	73.6	2.1	97.4	2.0	82.2	6.0	96.8	9.2	92.0	4.3	92.7	7.7	106.5	7.4	104.3	3.6	99.3	11.2	92.5	16.0	100.4	4.4	101.9	11.0
164	Diethofencarb	87.1	5.3	81.3	10.5	98.2	7.0	97.8	9.5	88.7	4.3	83.3	6.4	89.5	20.9	82.7	6.5	73.1	7.4	92.9	8.2	93.1	2.3	95.0	3.0
165	Diethyltoluamide	92.8	4.1	96.1	2.9	105.4	6.8	91.8	20.9	83.5	21.0	100.7	5.1	76.8	3.1	92.0	5.0	95.9	9.5	83.7	5.7	90.8	2.3	100.6	1.1
166	Difenoxuron	F	F	F	F	F	F	103.7	7.2	84.5	8.3	84.4	12.8	F	F	F	F	231.0	10.5	F	F	F	F	F	F
167	Diflufenican	71.6	1.5	98.2	2.8	85.4	7.8	93.9	7.9	88.2	5.9	103.7	0.9	108.5	5.8	111.3	6.9	96.5	6.9	85.0	7.6	98.6	0.6	97.2	6.6
168	Diflufenzopyr	F	F	76.5	10.6	43.1	3.0	92.7	6.3	85.0	7.1	93.0	6.1	F	F	112.1	11.7	71.6	7.0	F	F	98.6	13.4	91.3	10.6
169	Dimethachlor	80.6	10.8	95.0	1.7	87.1	6.8	F	F	109.5	0.5	96.7	6.3	86.7	13.4	99.6	11.9	93.6	14.6	99.1	16.7	92.5	3.6	88.9	11.0
170	Dimethametryn	81.6	10.6	104.6	10.4	114.8	16.1	59.9	5.8	68.5	12.3	74.2	1.8	92.5	3.4	100.9	2.3	102.1	11.1	87.5	6.0	84.9	62.1	189.4	58.6
171	Dimethenamid	95.3	6.0	92.2	7.9	91.6	3.5	119.5	3.8	102.5	14.9	91.3	5.3	82.3	3.3	79.8	1.7	87.1	9.3	97.6	3.5	89.4	0.7	96.2	1.3
172	Dimethipin	F	F	F	F	F	F	101.7	7.4	94.6	11.1	125.6	4.0	F	F	F	F	F	F	F	F	F	F	F	F
173	Dimethoate	F	F	F	F	154.6	11.8	104.7	7.0	85.0	1.8	95.9	6.1	F	F	F	F	F	F	F	F	58.2	46.8	59.5	17.8
174	Dimethyl phthalate	88.6	10.5	90.9	7.2	99.6	2.1	94.9	14.3	99.9	20.3	95.3	4.0	91.5	7.8	112.8	2.3	97.2	5.1	88.0	14.3	92.3	21.3	77.5	14.6
175	Dimetilan	68.8	23.0	84.3	6.7	71.6	6.1	98.2	7.0	78.6	11.5	100.6	2.9	85.1	38.9	130.5	38.7	120.3	21.3	79.3	7.8	91.2	26.9	92.5	9.5
176	Diniconazole	81.9	1.8	90.7	6.0	84.5	7.1	F	F	130.2	19.5	106.3	25.7	F	F	104.5	3.6	108.9	12.6	77.3	14.5	99.1	21.0	84.6	14.0
177	Dinitramine	86.8	9.0	97.8	4.2	90.4	8.5	91.4	13.9	70.9	7.2	106.5	4.7	99.1	8.7	98.0	9.4	96.8	11.7	96.7	17.1	117.3	20.8	89.4	17.8
178	Dinobuton	F	F	118.0	5.0	103.4	14.8	95.5	6.3	83.4	2.2	106.5	8.4	F	F	F	F	100.0	5.1	F	F	118.4	2.6	64.0	29.7
179	Dinoterb	F	F	F	F	F	F	F	F	100.1	0.2	78.6	5.6	F	F	F	F	F	F	F	F	F	F	F	F

续表

序号	农药名称	番茄						菠菜						芹菜						结球甘蓝					
		10 μg/kg		50 μg/kg		100 μg/kg		10 μg/kg		50 μg/kg		100 μg/kg		10 μg/kg		50 μg/kg		100 μg/kg		10 μg/kg		50 μg/kg		100 μg/kg	
		AVE	RSD(%) (*n*=3)	AVE	RSD(%) (*n*=3)	AVE	RSD(%) (*n*=3)	AVE	RSD(%) (*n*=3)	AVE	RSD(%) (*n*=3)	AVE	RSD(%) (*n*=3)	AVE	RSD(%) (*n*=3)	AVE	RSD(%) (*n*=3)	AVE	RSD(%) (*n*=3)	AVE	RSD(%) (*n*=3)	AVE	RSD(%) (*n*=3)	AVE	RSD(%) (*n*=3)
180	Diofenolan	92.3	7.5	86.4	7.5	101.8	0.6	92.3	9.5	83.0	2.7	108.4	9.7	95.0	9.1	95.8	3.8	88.4	2.6	88.6	4.2	90.4	1.4	80.5	7.7
181	Dioxabenzofos	93.6	13.5	92.4	6.7	98.1	0.1	109.2	5.5	71.9	10.9	70.3	14.1	90.0	13.1	125.2	2.9	101.7	5.3	90.6	3.0	87.4	10.4	76.4	9.2
182	Dioxacarb	44.7	78.9	52.7	19.7	28.1	125.6	115.3	11.7	72.6	7.6	82.3	2.8	44.4	28.0	23.1	76.1	28.9	72.5	43.5	73.5	13.6	30.2	50.0	56.7
183	Dioxathion	90.1	5.6	93.0	3.4	102.4	1.9	91.7	11.3	97.4	14.5	94.0	2.4	92.3	3.4	91.8	1.9	87.9	0.6	88.9	5.0	90.3	2.5	81.8	7.2
184	Diphenamid	90.3	10.6	82.5	0.1	89.3	4.2	98.3	11.3	78.1	12.9	82.8	14.9	82.1	9.5	77.9	5.6	78.3	15.2	95.8	3.9	89.3	4.8	87.7	2.9
185	Diphenylamine	84.4	9.2	78.0	10.9	94.4	1.1	119.5	3.8	102.5	14.9	91.3	5.3	72.6	14.3	91.9	7.6	87.2	1.5	82.8	2.7	80.5	14.5	76.2	11.9
186	Dipropetryn	81.6	10.6	95.2	3.1	87.3	9.3	96.6	8.3	93.2	5.7	90.4	7.5	92.8	2.9	97.3	4.8	92.4	5.5	90.5	5.9	102.8	8.6	88.3	13.3
187	Disulfoton	86.7	6.1	89.0	5.0	82.9	4.9	113.9	4.1	95.9	8.7	90.1	3.7	103.2	7.2	61.9	14.8	69.7	21.4	83.7	0.5	78.1	3.3	89.4	2.7
188	Disulfoton sulfone	93.9	8.9	86.6	10.0	90.9	4.0	96.0	8.0	91.3	8.4	96.5	1.2	89.0	5.6	86.1	2.2	101.0	3.0	F	F	F	F	F	F
189	Disulfoton sulfoxide	76.7	5.8	101.9	5.3	84.7	7.8	105.3	10.2	124.0	7.9	99.2	6.7	98.6	29.5	122.6	17.3	114.8	17.7	100.6	20.4	84.5	5.5	96.9	13.3
190	Ditalimfos	82.2	18.5	95.6	2.2	73.1	9.9	110.1	8.7	77.0	9.1	59.1	42.1	114.9	36.2	123.7	36.8	115.8	20.6	78.1	26.0	59.4	7.4	74.7	7.0
191	Dithiopyr	70.9	1.4	93.6	2.6	79.5	10.3	103.9	7.6	88.0	6.1	88.3	1.1	93.1	3.3	96.3	1.9	90.3	7.7	86.1	7.1	103.1	8.4	95.5	11.9
192	Dodemorph	97.0	1.4	80.0	4.6	87.3	5.6	91.9	10.5	83.0	7.6	83.9	16.4	77.6	8.8	71.5	5.2	79.0	11.9	F	F	90.2	2.1	83.9	9.0
193	Edifenphos	F	F	105.8	3.8	81.1	0.3	69.5	6.7	90.2	1.1	90.1	10.1	F	F	103.7	10.4	111.4	3.2	F	F	90.7	1.9	93.0	4.8
194	Endosulfan-sulfate	F	F	94.4	6.8	86.6	6.0	54.6	17.0	86.9	14.9	135.9	24.4	F	F	87.7	11.2	79.0	11.0	109.1	8.8	80.2	7.1	82.3	7.0
195	Endrin	94.9	4.8	92.2	4.8	84.6	5.9	107.7	7.6	92.3	7.2	113.1	0.3	67.3	4.5	88.4	5.4	84.7	9.2	106.6	4.8	86.5	5.0	85.3	1.4
196	Endrin-aldehyde	71.3	7.0	73.0	7.7	67.6	5.1	91.2	1.2	83.3	5.1	84.1	3.3	67.0	4.1	85.3	10.6	79.0	9.0	F	F	F	F	F	F
197	Endrin-ketone	97.1	5.1	94.5	3.4	84.4	6.2	F	F	F	F	145.8	11.2	70.7	6.3	88.9	6.3	84.0	7.2	113.2	7.1	84.6	5.5	84.6	2.0
198	EPN	F	F	97.9	8.1	105.4	1.9	68.3	7.0	79.3	14.0	83.9	11.3	F	F	183.8	18.2	134.5	7.8	F	F	99.6	6.5	81.7	7.5
199	EPTC	93.4	16.5	75.4	15.8	107.3	4.7	91.5	0.6	80.3	3.6	84.6	3.4	62.0	3.7	118.0	5.9	87.3	17.3	216.5	7.9	139.3	14.2	107.5	45.8
200	Esprocarb	77.2	20.9	92.4	4.3	82.1	10.3	75.7	16.9	F	F	96.6	6.2	89.8	6.5	102.5	4.2	92.4	6.7	88.5	7.9	102.3	2.6	97.1	9.9
201	Ethalfluralin	90.3	5.1	89.6	2.7	101.3	3.5	F	F	81.1	26.7	93.2	7.8	85.3	8.3	112.6	5.7	103.9	1.9	84.3	4.2	86.2	18.0	65.2	18.1
202	Ethion	93.9	8.9	86.6	10.0	90.9	4.0	131.9	5.1	116.9	13.7	98.3	14.3	89.0	5.6	86.1	2.2	101.0	3.0	97.3	2.1	87.8	0.1	95.0	2.9
203	Ethofumesate	91.6	3.6	89.3	8.7	101.5	4.6	11.2	57.7	104.1	23.7	11.2	18.4	91.5	6.6	94.0	5.0	80.9	11.0	91.3	4.0	92.6	2.6	88.0	3.4
204	Ethoprophos	94.9	5.6	90.4	7.0	89.4	4.2	100.9	8.2	87.2	8.4	97.0	3.1	82.8	2.4	85.7	2.1	90.0	3.7	93.5	2.5	86.1	0.6	95.8	6.1
205	Etofenprox	83.2	4.8	86.2	12.9	102.8	2.9	F	F	F	F	96.0	7.5	96.7	7.6	94.9	2.5	91.6	1.8	75.4	3.5	88.1	4.8	82.1	2.7
206	Etridiazole	98.2	22.4	111.5	0.9	114.9	11.1	101.5	15.5	96.0	10.4	97.5	2.4	92.6	10.8	139.6	2.4	111.5	18.7	186.0	6.0	124.3	19.4	94.3	51.2
207	Famphur	F	F	89.1	16.6	103.1	14.4	98.0	15.3	85.6	7.1	87.9	10.8	F	F	91.3	11.8	70.0	9.9	F	F	85.7	7.7	87.1	7.1
208	Fenamidone	87.0	16.2	88.7	7.0	88.2	4.4	80.8	7.7	83.6	17.6	98.6	8.5	81.6	4.0	80.0	2.8	83.7	11.6	92.3	2.3	87.1	4.5	86.9	4.6
209	Fenamiphos	91.9	9.7	95.4	6.8	102.9	0.3	79.7	2.4	83.0	8.0	87.4	2.8	90.5	14.1	107.4	9.4	87.2	0.8	90.8	7.0	91.1	3.4	84.5	6.6

续表

序号	农药名称	番茄						菠菜						芹菜						结球甘蓝					
		10 μg/kg		50 μg/kg		100 μg/kg		10 μg/kg		50 μg/kg		100 μg/kg		10 μg/kg		50 μg/kg		100 μg/kg		10 μg/kg		50 μg/kg		100 μg/kg	
		AVE	RSD(%) (n=3)	AVE	RSD(%) (n=3)	AVE	RSD(%) (n=3)	AVE	RSD(%) (n=3)	AVE	RSD(%) (n=3)	AVE	RSD(%) (n=3)	AVE	RSD(%) (n=3)	AVE	RSD(%) (n=3)	AVE	RSD(%) (n=3)	AVE	RSD(%) (n=3)	AVE	RSD(%) (n=3)	AVE	RSD(%) (n=3)
210	Fenarimol	77.2	12.4	96.3	2.5	77.2	10.9	F	F	65.0	12.2	92.4	2.0	114.6	4.6	108.3	19.6	103.7	16.1	88.6	16.6	86.6	3.8	80.3	11.2
211	Fenazaflor	F	F	110.5	11.6	77.0	5.7	69.9	2.7	77.9	15.3	108.2	11.7	74.0	39.9	103.5	48.7	113.7	14.5	F	F	78.7	14.0	135.9	10.1
212	Fenazaquin	97.3	6.3	81.3	3.1	91.2	4.1	90.1	12.4	93.2	14.7	95.6	4.6	87.3	2.7	86.7	0.8	95.8	1.5	88.1	1.6	90.3	2.5	92.1	2.8
213	Fenchlorphos	94.6	6.0	93.8	4.3	83.9	3.2	87.6	11.1	92.7	13.9	96.3	4.4	84.2	2.5	95.1	5.1	91.2	11.9	89.2	6.0	82.0	5.4	78.3	0.3
214	Fenchlorphos-Oxon	F	F	95.6	14.6	128.9	10.1	F	F	F	F	64.2	10.2	F	F	F	F	120.1	9.8	F	F	107.5	11.7	104.5	10.5
215	Fenfuram	81.6	2.7	100.2	4.1	91.9	10.6	104.4	5.7	73.2	6.1	104.9	7.9	73.6	26.2	78.5	31.8	77.5	6.1	66.8	4.2	57.8	3.9	60.9	5.8
216	Fenitrothion	100.9	10.8	99.4	4.8	84.5	3.3	80.7	4.6	69.0	9.3	95.8	2.0	93.2	3.0	100.6	6.5	87.3	5.0	90.7	2.3	80.6	7.8	67.8	2.7
217	Fenobucarb	99.2	7.9	92.7	4.0	94.1	12.9	100.2	11.9	83.6	0.9	128.1	5.2	86.1	8.5	78.3	6.0	74.0	3.9	86.9	2.7	86.7	6.0	82.8	6.0
218	Fenoprop	F	F	F	F	F	F	120.0	7.4	78.6	17.2	91.9	19.7	F	F	F	F	F	F	F	F	F	F	F	F
219	Fenothiocarb	88.9	7.5	96.5	2.8	93.0	9.0	82.9	6.7	64.8	19.4	74.4	10.1	90.3	11.1	102.1	6.5	96.5	6.8	83.8	6.4	103.4	4.3	87.8	14.0
220	Fenoxaprop-Ethyl	72.2	1.7	76.8	2.7	83.4	1.1	101.6	7.9	86.5	4.5	99.5	1.0	91.8	4.7	88.9	1.5	127.8	2.7	90.2	3.7	89.1	2.0	86.3	13.4
221	Fenoxycarb	95.9	10.3	83.0	14.3	80.8	7.1	F	F	55.3	15.7	131.8	7.2	62.8	1.4	50.2	20.5	61.8	32.0	100.3	14.6	91.5	6.9	82.3	16.3
222	Fenpiclonil	F	F	F	F	F	F	F	F	71.9	19.2	115.9	20.0	F	F	F	F	F	F	F	F	F	F	F	F
223	Fenpropathrin	87.6	5.6	89.7	9.7	102.2	0.5	88.2	2.1	91.5	7.4	91.0	2.4	105.2	17.1	143.2	6.2	104.2	1.0	87.7	4.5	91.5	1.4	88.2	1.6
224	Fenpropidin	F	F	77.5	20.6	71.8	13.8	92.6	5.5	77.7	1.4	96.4	3.9	F	F	F	F	72.2	27.7	F	F	F	F	61.7	53.1
225	Fenpropimorph	81.0	18.2	95.8	5.6	88.9	7.0	92.4	1.2	90.6	8.5	89.8	2.7	91.1	6.4	112.9	2.5	91.3	9.6	91.4	4.1	90.2	7.6	100.0	6.7
226	Fenson	86.2	4.5	89.3	0.5	99.3	0.4	85.3	6.0	84.6	5.9	89.9	8.4	89.9	8.1	106.7	2.5	89.8	4.0	93.3	6.4	93.5	2.8	85.0	4.6
227	Fensulfothion	104.7	5.7	105.4	17.4	92.0	12.5	89.7	9.2	92.0	5.1	92.3	4.1	90.1	29.3	71.5	4.7	97.1	8.2	81.6	11.4	64.8	8.6	74.9	13.1
228	Fenthion	92.7	4.8	94.8	2.1	83.9	4.8	75.1	1.3	80.3	3.7	94.7	5.9	104.8	2.4	77.6	3.6	79.0	10.7	90.0	3.4	78.4	4.2	82.8	0.5
229	Fenvalerate	F	F	110.8	8.6	84.7	6.5	78.6	12.3	83.3	5.6	90.2	6.8	F	F	111.4	6.9	111.1	12.9	F	F	87.4	7.7	69.1	5.4
230	Fipronil	106.5	6.3	101.5	6.7	100.3	11.8	84.5	15.8	87.5	6.7	88.4	5.6	104.6	4.3	73.4	5.9	87.5	18.5	92.5	21.3	74.4	7.8	107.9	10.2
231	Flamprop-isopropyl	82.3	11.1	96.9	4.1	89.1	8.6	95.4	6.0	90.8	8.9	98.8	2.8	92.8	7.4	107.3	5.4	92.9	7.7	87.2	6.2	94.5	4.3	90.5	8.3
232	Flamprop-methyl	71.6	1.4	96.8	3.8	82.7	6.2	98.7	8.4	87.8	5.1	99.1	0.7	90.2	18.1	109.8	9.3	95.2	11.9	82.5	6.1	89.1	3.4	97.8	9.0
233	Fluazinam	F	F	90.9	12.4	103.1	1.5	F	F	130.2	19.2	86.0	38.6	F	F	F	F	158.5	14.0	F	F	F	F	86.0	16.4
234	Flubenzimine	F	F	F	F	F	F	F	F	84.3	0.1	70.8	12.7	F	F	F	F	F	F	F	F	F	F	F	F
235	Fluchloralin	87.2	7.8	95.5	4.4	82.3	3.5	86.3	7.6	71.4	7.5	100.7	4.9	72.9	4.9	95.1	7.0	80.9	10.5	96.3	2.1	85.6	4.4	88.3	3.7
236	Flucythrinate	97.1	4.5	107.4	6.5	90.1	7.5	102.7	6.8	88.4	6.1	92.1	3.5	80.6	10.6	101.5	7.4	93.0	2.1	75.8	12.5	82.7	5.1	73.8	4.9
237	Flufenacet	88.6	10.9	106.2	10.8	113.0	4.4	92.9	0.6	82.2	2.9	88.7	5.4	134.4	15.2	111.9	15.4	117.5	5.7	95.8	9.5	117.5	7.6	104.8	16.8
238	Flumetralin	93.8	8.9	100.2	2.6	104.4	4.7	90.0	2.3	91.9	6.3	88.8	5.0	91.9	19.2	89.7	6.9	106.3	2.7	94.2	4.6	96.1	4.1	81.3	10.7
239	Flumioxazin	F	F	88.6	33.7	89.2	19.0	94.7	3.4	103.7	12.6	90.0	11.0	F	F	61.1	6.7	66.0	44.6	F	F	48.1	14.5	45.9	19.4

续表

序号	农药名称	番茄						菠菜						芹菜						结球甘蓝					
		10 μg/kg		50 μg/kg		100 μg/kg		10 μg/kg		50 μg/kg		100 μg/kg		10 μg/kg		50 μg/kg		100 μg/kg		10 μg/kg		50 μg/kg		100 μg/kg	
		AVE	RSD(%) (n=3)	AVE	RSD(%) (n=3)	AVE	RSD(%) (n=3)	AVE	RSD(%) (n=3)	AVE	RSD(%) (n=3)	AVE	RSD(%) (n=3)	AVE	RSD(%) (n=3)	AVE	RSD(%) (n=3)	AVE	RSD(%) (n=3)	AVE	RSD(%) (n=3)	AVE	RSD(%) (n=3)	AVE	RSD(%) (n=3)
240	Fluopyram	85.6	15.3	79.9	0.6	88.1	4.5	109.9	10.5	112.6	2.0	90.8	15.1	127.8	9.6	129.8	2.8	117.7	45.7	94.4	3.6	88.4	6.8	86.5	3.6
241	Fluorodifen	F	F	F	F	84.5	6.6	112.6	22.2	39.3	33.6	70.4	36.0	F	F	F	F	F	F	F	F	F	F	54.9	3.0
242	Fluoroglycofen-ethyl	86.1	5.4	84.6	14.2	85.1	4.4	100.6	3.3	92.3	3.6	168.8	14.9	83.0	6.6	83.8	7.1	210.1	8.4	95.0	5.3	90.1	5.1	89.3	2.6
243	Fluotrimazole	95.2	2.8	95.2	6.7	79.7	5.9	F	F	142.0	18.9	95.3	1.2	65.0	6.0	85.2	7.7	76.8	17.2	79.1	9.5	85.0	4.6	94.5	0.9
244	Flurochloridone	102.0	6.0	100.0	4.0	88.3	2.0	F	F	166.2	27.5	111.4	29.5	90.5	6.1	89.1	8.9	83.8	10.6	95.5	8.3	82.5	4.4	75.8	0.9
245	fluroxypyr-mepthyl	103.1	1.4	101.4	2.9	86.8	6.3	94.2	12.5	99.0	12.2	83.2	26.6	68.2	2.0	89.2	4.8	86.4	7.7	86.9	1.9	82.9	4.7	97.5	0.9
246	Flurprimidol	79.0	7.7	94.9	4.4	85.4	6.3	94.1	5.1	85.2	4.8	99.5	0.8	93.9	19.4	111.4	14.7	109.6	10.0	87.5	6.7	81.4	5.6	84.4	10.3
247	Flusilazole	85.7	8.5	89.9	11.2	100.2	4.4	F	F	F	F	111.8	8.9	85.4	5.7	93.6	6.4	79.5	12.9	87.4	3.6	88.2	2.3	86.4	2.6
248	Flutolanil	76.3	20.4	100.6	4.0	81.5	6.3	101.5	6.1	91.3	8.7	93.5	4.2	106.1	32.1	121.5	34.6	94.5	13.0	73.8	5.1	72.8	6.4	91.7	4.7
249	Flutriafol	104.0	4.9	88.7	9.0	96.4	16.7	90.4	7.2	88.6	20.9	75.9	12.4	115.4	24.6	94.8	10.2	49.1	35.2	87.2	8.2	79.1	20.8	72.8	10.1
250	Fluxapyroxad	82.6	8.2	80.4	17.2	95.9	15.8	110.2	5.3	132.2	27.3	189.3	27.5	78.0	28.9	70.6	20.3	70.6	16.0	80.7	5.3	84.6	4.1	90.9	4.3
251	Folpet	F	F	F	F	F	F	103.0	9.6	146.0	35.1	108.1	9.7	F	F	F	F	F	F	F	F	F	F	F	F
252	Fonofos	93.2	5.7	82.4	2.8	88.2	6.3	216.0	19.4	99.5	21.4	120.9	29.2	83.4	2.0	85.5	3.5	87.7	2.5	91.6	3.2	87.3	1.5	90.4	7.4
253	Formothion	F	F	F	F	F	F	133.3	4.8	87.8	10.9	87.9	7.6	F	F	F	F	F	F	F	F	F	F	F	F
254	Fuberidazole	F	F	F	F	F	F	87.6	10.3	90.8	15.1	93.4	4.9	F	F	F	F	F	F	F	F	F	F	F	F
255	Furalaxyl	88.6	16.5	88.7	3.8	90.1	4.6	196.5	15.9	120.6	11.6	108.7	14.3	81.7	12.3	79.7	2.5	87.1	22.9	93.0	1.5	88.2	6.0	90.3	4.0
256	Furathiocarb	70.4	8.6	94.8	21.6	86.8	4.2	110.6	0.4	64.8	9.6	126.1	0.5	82.8	21.8	129.0	7.4	99.0	9.7	F	F	83.0	21.4	161.2	41.4
257	Furmecyclox	74.0	18.8	98.8	13.9	90.1	10.8	F	F	106.9	17.7	113.4	28.6	F	F	F	F	F	F	40.9	3.0	36.8	29.9	31.6	18.6
258	gamma-Cyhalothrin	100.0	4.8	103.5	5.6	85.5	8.4	156.9	13.0	99.4	9.6	96.8	5.8	F	F	94.3	3.4	92.4	12.7	82.5	3.3	79.2	5.6	75.9	2.1
259	Haloxyfop	F	F	F	F	F	F	102.9	10.9	F	F	95.1	1.5	F	F	F	F	F	F	F	F	F	F	F	F
260	Haloxyfop-methyl	94.0	5.6	86.5	2.3	88.8	5.3	F	F	94.3	27.9	117.2	30.1	83.2	0.8	81.5	3.5	92.6	4.8	91.8	1.1	88.3	2.1	90.6	1.6
261	Heptachlor	99.1	11.0	99.8	12.6	89.4	3.7	90.9	0.9	82.4	3.6	90.5	4.9	90.7	2.5	101.7	4.5	99.3	14.6	107.4	10.9	90.8	6.2	88.3	14.3
262	Heptachlor-*exo*-epoxide	91.9	7.0	94.1	3.6	84.1	5.1	119.6	14.3	117.9	36.8	305.3	25.7	76.5	1.4	89.9	5.9	79.1	9.7	93.8	5.8	83.2	3.9	89.0	0.9
263	Heptenophos	95.5	4.2	77.5	8.7	84.0	7.6	86.9	1.0	87.5	7.8	83.2	3.2	97.1	9.9	89.9	6.6	95.0	13.0	87.0	2.8	88.0	1.8	85.4	5.2
264	Hexaconazole	91.2	2.8	95.5	5.5	82.5	7.8	137.6	12.2	99.6	5.5	101.7	3.8	115.3	21.9	126.4	14.3	104.5	13.2	90.4	11.4	104.4	30.4	81.5	16.4
265	Hexaflumuron	F	F	F	F	F	F	117.7	7.0	95.9	7.7	94.6	3.9	F	F	F	F	F	F	F	F	F	F	F	F
266	Hexazinone	45.6	9.8	65.5	29.4	82.1	7.9	84.6	8.6	81.2	37.4	101.8	2.5	81.9	39.3	130.7	18.4	136.8	19.5	81.7	20.7	55.0	17.2	72.7	12.7
267	Imazamethabenz-methyl	73.9	7.4	86.0	12.1	71.7	6.9	76.1	7.0	78.8	0.5	94.7	5.0	97.1	42.6	128.3	24.8	137.0	20.0	82.2	6.4	77.8	6.8	76.1	10.5
268	Indanofan	F	F	209.4	20.1	59.4	23.1	81.3	7.5	91.5	7.0	74.1	15.0	F	F	160.7	55.3	192.1	23.8	F	F	238.0	31.2	285.3	13.8
269	Indoxacarb	F	F	71.7	9.7	70.7	6.0	F	F	F	F	33.0	39.6	F	F	66.0	6.0	110.6	18.5	F	F	87.2	1.3	80.3	1.7

续表

序号	农药名称	番茄						菠菜						芹菜						结球甘蓝					
		10 μg/kg		50 μg/kg		100 μg/kg		10 μg/kg		50 μg/kg		100 μg/kg		10 μg/kg		50 μg/kg		100 μg/kg		10 μg/kg		50 μg/kg		100 μg/kg	
		AVE	RSD(%) (n=3)	AVE	RSD(%) (n=3)	AVE	RSD(%) (n=3)	AVE	RSD(%) (n=3)	AVE	RSD(%) (n=3)	AVE	RSD(%) (n=3)	AVE	RSD(%) (n=3)	AVE	RSD(%) (n=3)	AVE	RSD(%) (n=3)	AVE	RSD(%) (n=3)	AVE	RSD(%) (n=3)	AVE	RSD(%) (n=3)
270	Iodofenphos	90.0	9.7	97.0	8.5	106.4	0.6	135.9	5.6	117.4	30.3	105.0	3.4	103.8	14.6	115.0	7.3	96.1	5.4	96.4	2.0	90.3	2.8	85.5	7.2
271	Iprobenfos	78.7	3.7	91.6	12.3	94.7	8.6	98.7	7.4	88.7	6.2	86.4	1.0	89.8	16.0	89.9	1.4	94.9	3.4	105.8	9.7	89.2	2.6	99.5	6.0
272	Iprodione	F	F	F	F	F	F	103.2	7.3	100.2	10.4	88.7	3.0	F	F	F	F	F	F	F	F	F	F	F	F
273	Iprovalicarb	F	F	60.9	70.2	91.0	0.8	112.4	12.4	88.9	10.0	89.3	9.8	F	F	116.9	1.8	121.6	7.9	F	F	110.1	13.9	102.2	9.4
274	Isazofos	93.0	2.8	84.3	3.3	87.1	4.7	F	F	F	F	119.8	16.5	86.3	2.4	85.5	4.0	91.4	4.8	94.6	1.7	89.0	0.9	91.6	2.7
275	Isocarbamid	102.3	58.0	96.4	20.0	174.7	6.3	28.7	15.6	51.7	19.4	45.1	9.4	F	F	177.0	12.9	193.9	6.8	F	F	110.2	8.5	110.1	18.8
276	isocarbophos	86.5	7.2	107.2	7.4	104.6	7.5	F	F	82.4	3.2	93.1	1.8	126.6	16.1	120.5	4.0	105.3	13.0	101.1	26.5	108.8	2.1	106.0	14.2
277	Isofenphos-oxon	88.0	6.3	112.3	15.3	116.0	4.1	F	F	77.4	6.4	96.2	12.0	156.6	10.0	133.6	21.5	141.2	3.8	92.1	20.4	99.2	21.0	114.4	15.3
278	Isoprocarb	82.3	12.0	90.1	10.3	94.0	6.0	97.3	7.5	88.3	6.1	91.7	3.2	110.2	7.3	108.0	3.3	166.2	2.7	100.6	5.8	89.9	3.8	98.2	12.0
279	Isopropalin	96.4	7.3	89.9	7.4	91.5	4.0	F	F	159.0	34.7	178.5	11.3	83.1	5.7	82.2	2.3	113.3	2.3	94.8	2.7	86.5	3.8	95.6	5.0
280	Isoprothiolane	74.9	1.2	96.9	2.2	79.5	7.7	99.9	4.4	75.9	18.4	78.2	20.8	102.0	6.3	101.7	3.7	95.9	8.5	83.9	7.0	103.2	6.1	97.8	10.8
281	Isoproturon	F	F	F	F	F	F	105.9	4.8	89.0	7.0	95.3	4.3	F	F	F	F	F	F	F	F	F	F	F	F
282	Isoxadifen-ethyl	88.4	1.6	90.4	3.5	91.6	3.8	90.0	17.3	F	F	36.2	160.5	378.6	67.4	565.7	134.4	95.3	8.8	96.8	2.7	94.7	1.3	89.5	4.3
283	Isoxaflutole	103.0	16.9	80.4	10.4	87.3	9.6	99.3	10.7	93.5	6.7	93.8	8.4	F	F	83.0	14.1	112.9	31.1	F	F	75.6	16.8	118.7	29.1
284	Isoxathion	F	F	101.2	1.0	88.0	12.3	85.2	18.1	81.4	6.5	88.0	7.6	F	F	F	F	F	F	F	F	F	F	192.8	88.6
285	Kinoprene	F	F	79.0	4.1	92.5	8.8	90.4	7.2	85.6	3.0	86.3	0.6	F	F	96.9	1.0	91.3	2.1	F	F	85.8	1.3	89.0	6.4
286	Kresoxim-methyl	98.6	6.4	94.1	6.4	93.9	4.9	F	F	61.9	8.8	77.6	12.1	84.3	2.6	79.2	1.1	95.4	4.5	94.1	2.2	91.4	0.6	98.8	1.6
287	Lactofen	F	F	83.3	9.2	71.4	12.5	99.7	7.9	84.3	10.2	81.9	12.6	F	F	86.0	0.5	124.9	8.7	F	F	81.4	6.0	85.3	11.0
288	Lindane	93.8	6.2	91.0	4.8	85.7	2.0	97.7	5.4	85.4	10.0	94.1	5.7	84.3	2.3	97.7	4.2	89.9	9.4	104.6	9.8	86.6	4.7	86.8	4.6
289	Malathion	79.9	9.5	100.1	3.2	91.4	7.7	91.8	3.2	88.1	8.6	93.1	2.8	93.6	13.5	107.9	7.7	102.8	10.0	93.4	16.4	105.7	8.1	91.8	11.4
290	Mcpa Butoxyethyl Ester	77.7	9.3	84.3	7.1	77.9	1.0	96.4	2.8	86.0	4.3	83.0	3.7	79.1	1.9	86.9	7.1	85.2	9.2	93.7	5.4	101.6	12.1	80.9	0.5
291	Mecoprop	F	F	F	F	F	F	94.5	0.8	89.5	6.9	90.2	2.5	F	F	F	F	F	F	F	F	F	F	F	F
292	Mefenacet	F	F	91.1	16.9	98.0	16.0	88.9	9.5	86.2	5.1	87.2	3.5	F	F	108.6	10.6	124.0	10.8	96.8	64.6	100.8	11.4	103.3	4.6
293	Mefenpyr-diethyl	95.6	9.3	89.9	4.6	90.5	3.9	92.7	12.8	87.7	5.3	93.3	1.9	81.7	0.6	79.9	2.1	91.8	3.8	92.9	1.1	90.3	2.5	97.6	2.9
294	Mepanipyrim	74.5	3.9	102.9	4.2	91.3	8.3	103.9	19.4	75.1	1.3	125.6	33.3	126.0	3.2	116.4	12.3	101.2	4.6	80.2	11.1	106.9	7.2	97.9	6.9
295	Mepronil	73.6	0.4	101.0	3.9	82.4	8.2	107.8	7.0	118.9	8.9	103.3	7.4	92.4	17.2	115.2	13.5	100.1	9.7	83.9	9.7	92.7	4.7	94.2	6.5
296	Metalaxyl	88.5	4.1	84.8	13.4	100.7	17.6	95.0	3.3	77.1	7.4	100.0	4.4	92.4	4.9	66.6	19.6	60.0	20.1	100.1	4.4	89.8	2.2	90.6	5.6
297	Metamitron	F	F	F	F	F	F	101.5	4.5	64.8	18.0	74.7	20.3	F	F	F	F	F	F	F	F	F	F	F	F
298	Metazachlor	81.6	15.0	97.2	3.2	78.0	6.9	47.8	22.8	72.0	2.5	76.9	21.5	94.6	22.8	105.0	16.3	98.3	19.1	98.4	20.6	87.2	2.9	101.8	11.0
299	Metconazole	96.4	11.8	81.3	7.2	82.7	4.0	86.9	10.5	88.8	4.3	106.5	1.5	80.9	3.8	83.1	7.7	84.1	3.9	95.7	0.3	81.5	2.8	87.2	4.3

续表

序号	农药名称	番茄						菠菜						芹菜						结球甘蓝					
		10 μg/kg		50 μg/kg		100 μg/kg		10 μg/kg		50 μg/kg		100 μg/kg		10 μg/kg		50 μg/kg		100 μg/kg		10 μg/kg		50 μg/kg		100 μg/kg	
		AVE	RSD(%) (*n*=3)	AVE	RSD(%) (*n*=3)	AVE	RSD(%) (*n*=3)	AVE	RSD(%) (*n*=3)	AVE	RSD(%) (*n*=3)	AVE	RSD(%) (*n*=3)	AVE	RSD(%) (*n*=3)	AVE	RSD(%) (*n*=3)	AVE	RSD(%) (*n*=3)	AVE	RSD(%) (*n*=3)	AVE	RSD(%) (*n*=3)	AVE	RSD(%) (*n*=3)
300	Methabenzthiazuron	90.4	8.1	95.6	8.8	96.9	8.5	93.7	9.4	83.7	9.0	81.1	11.6	88.3	4.5	86.9	4.2	84.4	9.0	99.1	2.0	89.8	2.6	93.9	2.6
301	Methacrifos	84.6	9.9	86.1	5.0	97.1	1.9	11.1	25.7	13.3	3.6	2.9	38.8	81.9	11.2	123.5	2.4	103.8	4.0	86.7	2.6	97.1	22.8	81.6	21.6
302	Methamidophos	F	F	F	F	F	F	F	F	70.2	24.4	88.3	16.2	F	F	F	F	F	F	F	F	F	F	F	F
303	Methfuroxam	88.4	4.3	86.9	3.8	79.4	2.8	103.7	7.6	87.6	6.7	90.8	4.4	F	F	F	F	7.1	78.6	27.0	47.7	15.6	20.4	21.3	57.2
304	Methidathion	99.7	8.7	107.0	8.0	88.8	3.2	F	F	88.2	7.8	93.2	1.7	F	F	95.8	7.1	90.2	5.9	91.0	6.7	78.2	6.9	85.7	0.4
305	Methoprene	94.8	6.0	99.4	3.0	85.5	1.4	89.4	2.1	91.8	8.0	90.3	3.9	F	F	94.0	4.9	93.1	15.2	90.2	6.4	88.6	5.7	101.3	1.2
306	Methoprotryne	95.7	5.4	83.0	2.0	89.3	5.8	F	F	F	F	53.9	43.7	87.1	1.2	84.8	2.5	93.2	3.9	93.9	1.0	90.9	0.7	91.3	2.2
307	Methothrin	86.7	5.9	91.0	5.8	105.2	2.7	90.0	5.4	84.2	4.7	89.1	1.0	F	F	96.0	4.4	90.2	1.4	81.9	4.0	92.5	2.2	79.4	8.1
308	Methoxychlor	88.6	13.7	100.5	8.4	108.3	6.0	98.0	2.2	81.2	3.0	88.0	3.2	F	F	138.5	10.2	113.2	4.7	88.7	8.6	100.2	5.2	80.5	11.5
309	Metolachlor	94.0	3.4	85.3	4.0	90.8	3.5	97.0	2.3	79.5	4.5	92.6	2.9	85.0	1.5	83.8	4.0	95.1	6.3	96.7	2.7	90.2	1.0	91.4	0.9
310	Metolcarb	72.8	4.6	139.2	8.0	130.6	10.6	94.5	10.4	81.9	11.0	90.8	7.3	2.5	1.5	49.3	156.6	F	F	105.8	36.5	101.0	26.8	130.6	34.4
311	Metribuzin	101.3	3.0	82.8	1.7	125.6	28.2	94.9	6.1	88.0	5.9	92.7	2.1	79.3	6.9	90.1	17.3	69.1	9.1	101.3	2.7	105.3	7.6	112.6	9.9
312	Mevinphos	92.1	6.8	86.4	10.2	97.9	14.3	94.6	2.6	84.9	3.7	92.2	3.9	80.1	22.6	89.4	8.1	85.2	13.6	85.3	2.0	87.7	15.6	73.6	15.5
313	Mexacarbate	93.8	8.9	89.7	5.4	90.6	6.4	83.0	1.4	89.5	12.3	81.7	2.2	67.8	19.0	64.9	13.6	62.2	18.3	90.3	2.4	84.8	3.7	90.1	4.5
314	Mgk 264	89.2	2.9	92.1	6.5	102.8	3.0	85.0	2.9	88.6	8.4	78.9	3.1	90.9	2.5	91.8	3.5	87.8	1.3	91.8	5.7	92.4	3.9	83.9	8.5
315	Mirex	90.6	4.0	93.7	6.3	106.8	1.7	86.1	7.1	110.9	7.1	73.7	3.4	95.5	9.0	103.2	5.3	92.4	0.9	90.9	4.7	92.1	0.7	83.3	7.8
316	Molinate	101.1	6.5	82.7	2.7	84.0	7.1	87.6	3.1	90.4	6.7	89.9	1.6	79.6	4.7	92.9	4.0	85.9	2.7	89.2	6.6	77.6	6.1	98.2	24.4
317	Monalide	94.8	2.8	95.1	3.0	84.5	4.5	96.2	7.3	89.3	6.5	96.0	1.1	72.5	4.4	86.3	7.1	81.3	7.1	91.9	1.6	84.5	4.0	100.8	1.7
318	Monuron	F	F	F	F	F	F	91.1	1.6	91.6	7.9	81.8	1.5	F	F	F	F	F	F	F	F	F	F	F	F
319	Musk Ambrette	92.6	4.5	92.6	5.0	81.7	1.3	105.3	13.6	92.2	11.6	94.6	2.3	85.9	3.3	101.0	5.3	89.4	9.3	90.7	3.7	88.2	5.0	95.6	5.8
320	Musk Ketone	96.0	3.9	97.0	2.8	84.0	4.8	119.5	5.1	93.7	10.4	87.1	5.5	74.5	4.5	93.4	5.3	86.0	9.8	97.8	0.9	85.4	3.4	97.9	0.5
321	Myclobutanil	107.6	4.8	91.9	10.0	95.9	8.8	144.4	8.6	109.9	14.1	112.2	6.3	102.3	16.8	100.0	0.7	136.4	21.3	85.9	5.8	84.4	14.9	77.6	5.3
322	Naled	F	F	86.7	18.8	60.2	5.7	127.2	10.0	84.8	3.9	99.9	5.0	F	F	82.9	4.5	70.9	6.9	F	F	F	F	55.6	41.2
323	Napropamide	93.1	5.5	84.0	2.3	88.5	4.7	119.0	10.9	94.3	17.3	88.4	13.9	84.2	1.7	80.0	5.3	89.5	7.7	122.5	1.1	90.1	2.6	91.8	1.1
324	Nitralin	F	F	100.7	5.2	76.3	13.1	62.9	19.9	67.5	16.1	75.7	25.2	F	F	85.8	35.0	91.7	26.1	F	F	80.4	9.1	94.4	12.1
325	Nitrapyrin	F	F	100.5	3.8	109.2	7.1	F	F	F	F	91.4	9.8	F	F	104.9	3.9	98.8	11.7	103.0	1.5	111.5	15.4	109.2	0.2
326	Nitrofen	106.8	9.4	111.0	18.3	88.0	9.5	86.1	13.2	90.0	13.1	97.4	3.5	114.1	26.3	122.0	3.0	117.7	15.4	123.1	7.3	102.4	8.3	68.1	17.5
327	Nitrothal-Isopropyl	93.5	13.2	97.3	3.8	105.0	1.8	108.2	3.5	87.9	10.5	90.1	11.2	106.2	43.1	154.8	14.8	127.1	3.8	98.9	7.2	100.8	2.9	79.5	12.6
328	Norflurazon	124.7	3.4	71.0	12.3	83.8	16.7	102.8	15.2	97.2	2.0	79.4	5.1	F	F	187.5	9.2	186.5	7.7	71.1	13.1	84.0	35.7	60.3	11.7
329	Nuarimol	87.9	17.4	79.4	0.6	88.6	4.8	85.3	13.5	91.1	10.9	97.4	2.4	91.4	13.7	84.6	3.4	76.6	20.5	92.1	4.5	85.0	8.9	83.9	4.9

续表

序号	农药名称	番茄						菠菜						芹菜						结球甘蓝					
		10 μg/kg		50 μg/kg		100 μg/kg		10 μg/kg		50 μg/kg		100 μg/kg		10 μg/kg		50 μg/kg		100 μg/kg		10 μg/kg		50 μg/kg		100 μg/kg	
		AVE	RSD(%) (*n*=3)	AVE	RSD(%) (*n*=3)	AVE	RSD(%) (*n*=3)	AVE	RSD(%) (*n*=3)	AVE	RSD(%) (*n*=3)	AVE	RSD(%) (*n*=3)	AVE	RSD(%) (*n*=3)	AVE	RSD(%) (*n*=3)	AVE	RSD(%) (*n*=3)	AVE	RSD(%) (*n*=3)	AVE	RSD(%) (*n*=3)	AVE	RSD(%) (*n*=3)
330	Octachlorostyrene	88.1	2.7	92.2	5.9	105.9	1.8	72.1	12.3	74.1	11.4	118.3	4.6	90.6	4.4	87.9	4.9	87.6	0.7	88.1	2.2	86.8	5.4	78.2	9.5
331	Octhilinone	59.3	8.6	62.8	4.3	70.7	9.2	96.1	8.5	89.3	6.5	97.7	1.8	65.6	17.2	69.4	3.5	71.6	9.7	85.8	1.6	81.0	1.9	75.1	2.9
332	Ofurace	F	F	77.1	27.8	73.8	6.4	102.8	6.2	29.6	161.1	94.6	0.1	F	F	F	F	109.3	17.2	F	F	31.9	30.4	58.7	16.3
333	Orbencarb	95.1	3.7	84.2	2.3	87.8	5.6	91.7	2.4	98.3	2.6	71.5	1.4	85.5	2.6	84.0	3.1	88.8	3.2	89.3	0.4	89.3	2.0	91.4	2.5
334	Oxabetrinil	F	F	100.0	4.0	86.5	2.3	F	F	86.4	1.7	89.2	4.1	91.9	30.2	93.1	6.0	84.0	6.3	F	F	88.4	2.9	103.7	4.5
335	oxadiazon	96.2	2.9	97.3	1.9	86.6	5.1	93.0	10.6	91.3	10.8	96.2	5.3	68.9	1.5	88.0	4.9	87.7	13.0	96.6	4.6	84.5	4.8	102.5	1.6
336	Oxadixyl	F	F	F	F	F	F	106.1	6.3	90.8	7.6	86.6	3.1	F	F	F	F	91.8	22.9	F	F	F	F	88.4	17.2
337	Oxycarboxin	F	F	F	F	F	F	101.4	12.1	99.3	17.9	100.7	4.0	F	F	F	F	F	F	F	F	F	F	F	F
338	Paclobutrazol	85.3	16.1	81.8	3.4	90.4	4.4	85.8	1.4	83.4	4.8	98.8	8.3	102.9	10.7	96.4	3.4	83.3	11.8	93.4	3.3	86.7	7.8	80.8	3.3
339	Paraoxon-Methyl	F	F	F	F	83.1	15.6	F	F	F	F	104.8	16.7	F	F	F	F	F	F	F	F	F	F	F	F
340	parathion	99.3	8.0	99.7	8.2	84.6	1.9	92.7	4.5	96.9	11.7	87.2	8.3	92.8	7.5	104.3	6.5	96.3	3.1	97.6	4.7	89.6	5.2	84.8	3.7
341	Parathion-Methyl	102.6	4.9	104.1	7.9	86.7	0.8	113.6	21.3	65.5	7.5	88.9	18.4	80.6	7.6	101.6	6.2	91.7	6.0	98.7	5.2	85.4	6.4	64.5	6.2
342	Pebulate	102.8	10.0	74.3	4.3	78.0	9.4	F	F	154.9	55.9	122.0	12.3	F	F	95.8	3.4	80.1	5.5	93.5	18.5	66.7	13.6	111.2	35.1
343	Penconazole	86.7	6.7	82.7	1.8	86.5	4.6	93.6	3.1	82.6	3.2	83.1	3.1	84.0	4.7	83.3	2.3	86.3	6.6	91.6	1.8	88.2	1.6	88.7	1.2
344	Pendimethalin	98.7	5.8	100.4	6.4	83.8	4.4	67.6	9.7	86.4	9.1	89.7	11.4	93.4	29.0	99.3	6.6	93.3	12.0	98.4	5.1	86.5	4.7	87.2	3.3
345	Pentachloroaniline	92.2	3.7	91.2	3.9	87.0	1.8	94.1	21.1	105.4	14.8	92.8	6.7	78.5	2.8	92.2	4.3	89.6	12.7	84.1	5.5	85.2	3.1	111.0	2.8
346	Pentachloroanisole	88.9	8.5	86.3	4.8	96.0	0.9	99.9	2.3	85.8	9.3	87.5	11.9	78.8	3.0	92.5	2.0	91.7	15.7	97.1	9.2	83.6	5.5	92.8	13.1
347	Pentachlorobenzene	96.9	16.2	78.2	12.5	108.0	3.0	147.0	9.7	116.2	30.8	112.3	6.8	69.6	1.5	101.2	4.7	88.9	18.2	150.4	13.6	92.0	11.0	90.5	41.0
348	Pentachlorocyanobenzene	92.2	5.7	93.2	7.2	87.8	3.3	F	F	73.8	22.6	5.0	17.7	77.3	5.2	102.2	2.7	100.6	15.5	100.7	5.3	87.3	4.4	89.8	12.5
349	Pentanochlor	88.8	12.0	86.2	2.9	91.1	6.3	61.9	9.4	74.9	3.9	81.0	13.1	88.8	6.5	94.4	2.5	85.5	6.9	94.9	2.0	87.8	3.7	87.3	0.6
350	Permethrin	F	F	F	F	F	F	95.7	8.8	88.7	18.2	83.5	1.1	F	F	F	F	F	F	F	F	F	F	F	F
351	Perthane	97.8	5.2	98.4	4.1	92.4	1.1	85.3	15.5	100.5	42.2	123.2	9.6	80.2	2.4	93.8	3.6	102.3	15.8	87.0	7.9	85.8	3.9	112.2	1.2
352	Phenanthrene	83.2	8.6	90.4	10.0	94.2	10.0	103.9	9.1	88.0	4.8	89.0	1.6	98.4	5.7	120.9	17.4	92.4	4.6	86.2	7.3	94.2	12.2	89.4	5.9
353	Phenthoate	92.2	6.6	91.7	8.6	87.1	4.1	103.0	3.8	92.4	7.9	94.8	4.7	85.3	3.8	83.2	1.6	102.4	5.0	102.8	2.9	88.2	1.1	99.5	2.3
354	Phorate-Sulfone	80.1	12.6	97.3	3.7	84.9	11.0	69.5	1.2	85.4	8.1	97.6	12.7	90.1	22.1	114.4	4.8	112.5	17.4	94.3	24.8	93.4	6.9	86.4	12.9
355	Phorate-Sulfoxide	64.0	15.5	98.2	8.3	93.5	7.2	109.5	2.5	92.5	9.4	89.6	5.6	F	F	126.6	2.8	127.7	13.9	117.4	19.8	104.2	8.2	98.1	6.4
356	Phosalone	78.3	17.7	89.3	13.1	94.8	14.8	95.3	7.3	91.9	4.7	88.2	8.0	83.7	3.6	112.4	10.4	110.6	11.5	78.9	2.1	97.7	1.0	84.4	12.0
357	Phosfolan	F	F	78.9	23.7	143.9	6.8	120.5	13.3	101.1	19.0	107.8	3.2	F	F	149.1	21.2	193.0	19.7	99.8	12.1	80.6	24.2	62.3	7.3
358	Phosmet	F	F	F	F	120.5	4.5	89.4	3.8	96.5	8.8	78.9	4.0	F	F	138.7	9.5	122.8	20.5	F	F	F	F	F	F
359	Phosphamidon	F	F	92.9	15.9	97.5	21.3	F	F	71.5	16.7	87.7	2.2	F	F	F	F	60.8	46.6	F	F	79.4	24.2	72.2	17.9

续表

序号	农药名称	番茄						菠菜						芹菜						结球甘蓝					
		10 μg/kg		50 μg/kg		100 μg/kg		10 μg/kg		50 μg/kg		100 μg/kg		10 μg/kg		50 μg/kg		100 μg/kg		10 μg/kg		50 μg/kg		100 μg/kg	
		AVE	RSD(%) (*n*=3)	AVE	RSD(%) (*n*=3)	AVE	RSD(%) (*n*=3)	AVE	RSD(%) (*n*=3)	AVE	RSD(%) (*n*=3)	AVE	RSD(%) (*n*=3)	AVE	RSD(%) (*n*=3)	AVE	RSD(%) (*n*=3)	AVE	RSD(%) (*n*=3)	AVE	RSD(%) (*n*=3)	AVE	RSD(%) (*n*=3)	AVE	RSD(%) (*n*=3)
360	Phthalic Acid, Benzyl Butyl Es	73.2	2.1	96.3	2.7	84.1	8.6	96.7	0.5	86.3	6.3	83.0	3.5	107.9	3.5	107.7	6.3	96.2	5.8	87.7	8.9	104.3	3.8	98.7	6.5
361	Phthalic Acid, bis-2-ethylhexyl	95.5	4.8	113.3	10.0	73.1	14.2	88.0	11.7	88.1	13.2	95.6	5.0	118.0	14.9	87.3	3.5	105.3	11.6	97.2	6.7	106.4	12.0	132.9	10.1
362	Phthalic Acid, Bis-Butyl Ester	112.3	7.9	101.9	6.5	88.7	11.3	112.7	12.0	92.2	14.0	92.1	8.2	104.4	8.9	108.5	9.3	108.5	29.0	92.3	4.5	93.4	5.5	112.7	7.0
363	Phthalic Acid, Bis-Cyclohexyl	78.4	21.6	97.5	3.9	93.0	8.1	108.8	10.7	91.7	7.5	85.2	3.8	100.9	1.9	122.5	18.2	95.7	5.2	89.5	7.2	93.4	17.9	99.5	4.1
364	Phthalimide	134.5	14.3	156.0	36.1	71.5	21.8	101.7	6.5	100.0	12.1	102.6	3.7	116.6	8.2	108.8	7.0	127.0	6.3	137.0	13.6	132.5	8.6	307.0	39.2
365	Picolinafen	97.0	6.3	79.2	2.1	85.8	3.4	102.6	11.8	86.6	9.4	85.0	4.6	84.6	2.5	82.4	1.3	93.5	2.9	89.2	2.0	87.9	2.8	88.5	2.6
366	Picoxystrobin	93.7	8.1	93.3	5.5	92.6	5.0	88.5	2.8	81.8	12.6	87.0	1.7	78.0	4.4	76.5	2.1	84.7	8.7	93.0	2.1	91.3	2.0	98.2	0.7
367	Piperonyl Butoxide	99.5	4.9	100.4	0.3	116.8	5.6	113.8	40.7	93.6	9.3	120.4	3.5	68.9	4.2	97.1	2.0	143.8	27.6	85.5	5.3	93.3	2.6	144.2	10.7
368	Piperophos	97.1	4.3	86.0	10.1	88.1	3.3	79.0	12.4	79.8	8.4	97.4	3.7	86.3	6.6	89.0	3.0	107.8	2.8	115.6	5.0	86.3	1.8	99.0	3.2
369	Pirimicarb	78.2	12.9	92.3	3.8	84.9	9.0	97.1	8.5	89.3	8.0	94.4	0.2	79.3	17.2	101.9	14.0	92.2	10.7	86.5	5.9	88.6	3.5	88.5	10.5
370	Pirimiphos-Ethyl	104.5	5.4	94.5	6.5	95.2	3.8	100.5	12.3	97.0	19.3	101.9	1.8	82.6	2.9	84.5	2.0	88.3	2.0	98.0	1.8	91.4	1.4	97.6	2.3
371	Pirimiphos-Methyl	79.5	10.1	92.7	6.3	84.3	9.8	F	F	57.8	7.7	84.1	10.7	95.8	4.7	94.0	2.6	89.4	7.3	90.3	8.0	105.8	10.9	85.8	12.5
372	Plifenate	F	F	94.5	9.6	85.0	1.9	89.6	1.3	88.2	8.6	82.8	2.8	47.4	15.5	102.7	6.5	97.5	12.4	106.3	3.8	89.6	4.5	85.7	9.4
373	Prallethrin	F	F	89.9	7.4	90.0	3.0	101.5	2.3	86.0	3.5	85.7	4.3	F	F	F	F	128.0	8.2	F	F	89.7	3.3	98.8	5.9
374	Pretilachlor	93.8	2.6	83.8	8.6	86.1	3.6	65.0	14.5	58.5	2.5	114.6	3.6	88.8	2.4	89.3	5.5	108.7	6.0	99.9	1.7	92.6	1.1	91.1	1.9
375	Probenazole	F	F	F	F	95.9	8.2	117.4	8.2	93.5	12.6	93.1	3.7	F	F	F	F	F	F	F	F	F	F	84.6	9.5
376	Procyazine	F	F	F	F	F	F	84.2	9.1	67.6	6.1	113.6	20.8	F	F	F	F	F	F	F	F	F	F	F	F
377	Procymidone	95.6	3.2	97.0	3.7	85.5	4.8	70.6	3.3	81.1	24.0	94.0	7.9	66.7	6.3	86.3	5.7	80.8	7.4	88.0	2.8	85.3	3.7	103.8	2.0
378	Profenofos	75.0	5.0	96.9	11.4	102.2	4.6	F	F	85.7	0.1	99.1	6.5	120.1	7.6	114.3	15.8	113.3	6.8	111.6	45.7	108.1	6.3	112.6	8.9
379	Profluralin	93.2	3.4	96.3	6.7	83.7	2.4	102.8	4.8	F	F	54.0	66.8	80.5	4.6	99.4	5.5	89.0	11.0	87.5	3.1	86.2	3.3	93.9	3.4
380	Promecarb	82.9	10.5	92.1	7.6	76.8	10.4	87.4	1.0	87.3	8.8	78.0	2.8	84.4	11.7	F	F	98.5	12.8	82.3	12.0	86.3	4.1	80.0	12.2
381	Prometon	64.9	12.1	95.1	2.2	82.5	8.4	82.7	14.1	85.4	18.1	95.8	5.2	99.5	4.9	100.3	3.2	94.0	8.4	92.2	6.7	97.9	4.5	95.2	10.7
382	Prometryn	94.1	3.1	91.5	5.5	103.6	2.7	84.2	9.3	89.0	9.2	89.8	7.1	95.8	2.8	88.3	3.5	84.4	2.5	94.4	3.8	91.6	2.9	85.0	7.2
383	Propachlor	77.7	17.7	95.1	0.7	83.2	4.3	97.2	3.3	69.6	14.6	89.1	3.6	91.9	14.3	101.2	8.8	96.0	10.1	96.5	21.8	98.6	5.5	102.6	13.3
384	Propamocarb	F	F	F	F	F	F	F	F	90.5	9.3	70.4	42.3	F	F	F	F	F	F	F	F	F	F	F	F
385	Propanil	113.4	8.6	106.4	26.6	132.6	11.3	F	F	12.5	73.1	8.2	74.2	F	F	124.8	13.8	62.4	13.8	76.0	19.6	77.5	38.6	61.4	5.1
386	Propaphos	88.9	9.1	88.0	12.2	87.3	3.0	105.8	10.0	101.2	4.7	79.6	3.5	67.9	11.1	71.7	8.6	88.6	4.2	98.0	1.9	87.7	2.2	95.3	1.7
387	Propargite	79.6	18.7	92.6	3.5	83.1	7.3	90.3	5.7	90.6	9.2	96.6	3.0	100.5	9.1	105.8	4.3	91.7	14.6	84.9	23.4	90.7	14.2	93.8	8.9
388	Propazine	104.2	4.9	97.3	5.3	96.6	6.9	91.5	1.5	90.4	6.7	83.4	3.0	91.1	2.2	92.6	0.9	87.5	2.6	94.6	1.9	95.9	2.0	96.2	2.0
389	Propetamphos	91.3	4.8	83.6	2.0	87.4	6.0	78.9	1.1	82.6	7.4	83.3	2.0	81.5	3.1	83.7	4.6	91.1	5.7	96.1	2.2	90.1	0.9	91.2	1.9

续表

序号	农药名称	番茄						菠菜						芹菜						结球甘蓝					
		10 μg/kg		50 μg/kg		100 μg/kg		10 μg/kg		50 μg/kg		100 μg/kg		10 μg/kg		50 μg/kg		100 μg/kg		10 μg/kg		50 μg/kg		100 μg/kg	
		AVE	RSD(%) (*n*=3)	AVE	RSD(%) (*n*=3)	AVE	RSD(%) (*n*=3)	AVE	RSD(%) (*n*=3)	AVE	RSD(%) (*n*=3)	AVE	RSD(%) (*n*=3)	AVE	RSD(%) (*n*=3)	AVE	RSD(%) (*n*=3)	AVE	RSD(%) (*n*=3)	AVE	RSD(%) (*n*=3)	AVE	RSD(%) (*n*=3)	AVE	RSD(%) (*n*=3)
390	Propham	105.3	2.7	88.3	5.7	86.7	8.9	99.6	11.0	86.6	8.8	86.8	10.5	71.4	9.7	77.4	6.0	78.6	8.2	112.5	19.4	77.9	4.1	97.3	3.1
391	Propisochlor	97.5	5.4	91.9	7.5	91.7	3.9	75.6	1.2	52.3	32.5	59.8	21.6	82.6	1.9	83.3	2.0	91.2	5.9	97.9	2.8	90.6	1.8	97.9	2.6
392	Propylene Thiourea	F	F	F	F	F	F	98.4	5.7	88.0	6.4	86.6	0.7	F	F	F	F	F	F	F	F	F	F	F	F
393	Propyzamide	91.6	5.2	87.8	8.1	102.7	5.3	84.8	11.4	85.9	13.8	95.2	7.4	88.0	6.6	90.7	5.4	78.3	13.0	91.9	3.8	89.9	2.5	87.5	3.9
394	Prosulfocarb	91.7	8.5	85.9	12.6	90.9	5.5	87.0	1.6	88.9	8.3	82.0	2.7	583.0	81.8	124.4	38.4	110.3	18.6	187.6	53.1	128.2	16.8	83.4	21.0
395	Prothiofos	99.4	5.3	99.4	5.5	88.3	0.8	98.2	25.6	89.5	10.6	101.1	0.3	82.5	3.3	93.7	4.7	92.6	14.4	88.8	5.9	83.8	4.2	94.3	0.6
396	Pyracarbolid	73.9	3.8	75.1	2.8	54.5	28.0	81.8	11.2	99.0	7.5	91.5	0.8	67.3	9.6	56.5	13.8	46.7	55.1	104.7	22.5	122.2	13.0	79.9	5.8
397	Pyraclostrobin	F	F	F	F	F	F	107.1	10.0	77.6	14.6	78.9	14.5	F	F	F	F	F	F	F	F	F	F	F	F
398	Pyrazophos	104.0	4.9	106.6	5.6	86.7	4.5	77.2	24.2	66.1	6.0	105.1	7.0	93.7	7.6	95.8	4.4	92.1	1.9	75.9	6.5	75.6	7.7	60.9	1.5
399	Pyrethrin I	F	F	F	F	F	F	86.5	4.1	90.3	7.2	85.3	2.0	F	F	F	F	F	F	F	F	F	F	F	F
400	Pyributicarb	84.0	11.6	96.7	3.6	86.9	8.2	83.8	11.8	F	F	104.3	3.9	96.6	1.7	97.9	8.0	91.7	5.5	86.0	9.6	103.7	5.8	87.4	9.9
401	Pyridaben	79.0	12.9	92.6	1.5	85.5	8.0	116.6	3.8	91.8	9.0	113.8	3.7	114.7	3.0	105.8	11.0	97.8	7.9	94.7	19.1	112.1	11.8	86.1	11.5
402	Pyridalyl	F	F	73.9	6.9	68.4	10.0	96.4	10.9	81.8	9.8	83.3	11.2	F	F	86.2	8.0	95.7	7.1	F	F	88.4	7.5	76.3	16.6
403	Pyridaphenthion	81.3	9.9	100.4	9.1	86.2	5.6	F	F	74.4	10.5	95.2	7.5	104.3	11.2	119.6	7.8	116.2	16.8	98.8	35.3	102.2	13.3	95.2	6.0
404	Pyrifenox	80.5	7.0	102.0	2.7	84.6	10.0	105.6	4.1	90.1	5.7	91.6	2.3	87.7	8.4	96.9	3.5	94.9	7.2	97.8	12.8	98.3	7.1	87.6	11.3
405	Pyriftalid	101.1	5.1	94.5	17.6	83.7	12.2	86.5	12.2	89.5	20.7	94.6	7.8	65.5	1.3	70.2	12.8	71.2	26.2	68.4	16.4	66.3	11.2	80.3	9.2
406	Pyrimethanil	103.5	5.0	96.6	6.0	101.5	6.1	F	F	94.1	8.7	105.4	1.7	85.8	1.1	87.0	1.7	92.2	1.9	92.0	0.6	93.4	1.0	99.7	1.9
407	Pyriproxyfen	86.2	8.8	95.7	1.1	88.3	6.9	73.4	14.4	68.4	21.0	98.7	5.7	106.7	3.8	109.1	11.8	96.6	5.0	87.0	9.3	110.7	5.8	87.0	12.4
408	Pyroquilon	94.1	12.8	89.5	9.8	91.2	7.7	F	F	162.7	59.6	116.0	7.8	84.4	8.4	91.7	2.1	121.9	17.6	94.5	4.1	86.9	5.7	89.3	1.0
409	Quinalphos	74.2	1.9	97.6	2.6	82.7	7.2	81.6	6.0	83.7	4.1	88.7	10.1	111.4	1.8	108.0	7.3	103.4	6.7	91.7	17.1	108.2	11.0	101.3	9.8
410	Quinoclamine	F	F	72.8	10.0	92.6	17.8	90.8	2.4	89.0	8.6	82.6	3.1	F	F	F	F	73.0	12.4	F	F	71.6	27.4	65.2	9.4
411	Quinoxyfen	99.8	4.8	97.2	3.8	86.2	3.9	F	F	114.3	18.6	187.4	17.6	80.4	2.7	89.3	5.4	89.3	9.3	80.2	3.1	83.3	4.8	104.1	1.1
412	Quintozene	89.3	11.0	90.3	6.5	88.2	1.9	92.9	11.0	85.2	9.9	84.3	11.0	99.3	3.8	106.8	2.5	108.7	17.3	109.5	7.8	92.7	5.9	80.3	13.5
413	Quizalofop-Ethyl	69.6	2.3	92.9	13.2	81.7	9.1	107.6	2.7	92.0	7.8	84.7	9.4	120.7	3.4	108.7	7.4	103.6	9.0	85.4	14.6	106.5	2.9	91.2	8.8
414	Rabenzazole	87.4	7.2	111.8	16.5	100.8	6.3	96.7	9.3	87.4	3.9	90.8	3.8	112.7	8.0	116.7	13.4	125.4	11.5	116.1	11.8	96.4	10.5	117.8	20.4
415	S 421	F	F	103.4	10.2	91.2	8.5	F	F	78.9	51.2	93.0	7.3	F	F	99.6	8.7	97.6	16.0	F	F	99.2	6.4	78.2	17.8
416	Sebuthylazine	72.1	0.8	102.3	2.9	83.9	8.5	110.8	18.1	41.2	52.1	85.7	20.5	102.6	3.5	102.3	0.9	93.5	6.6	87.9	6.4	99.1	2.8	95.5	8.9
417	Sebuthylazine-desethyl	88.1	9.0	102.5	3.7	93.6	7.6	92.2	15.2	93.1	15.0	101.3	1.8	108.7	9.6	114.3	5.8	110.8	9.8	89.5	15.1	106.5	2.3	90.2	16.2
418	Secbumeton	97.1	4.2	85.9	1.8	90.4	5.6	F	F	F	F	113.9	17.9	88.8	1.4	83.1	3.9	87.3	5.5	95.0	1.6	91.1	0.7	90.9	2.6
419	Silafluofen	103.5	2.6	101.4	10.0	88.8	9.1	104.6	14.1	103.4	20.8	100.6	1.1	78.1	2.1	89.3	3.5	96.6	16.2	71.1	1.9	79.2	5.9	87.8	2.4

续表

序号	农药名称	番茄						菠菜						芹菜						结球甘蓝					
		10 μg/kg		50 μg/kg		100 μg/kg		10 μg/kg		50 μg/kg		100 μg/kg		10 μg/kg		50 μg/kg		100 μg/kg		10 μg/kg		50 μg/kg		100 μg/kg	
		AVE	RSD(%) (*n*=3)	AVE	RSD(%) (*n*=3)	AVE	RSD(%) (*n*=3)	AVE	RSD(%) (*n*=3)	AVE	RSD(%) (*n*=3)	AVE	RSD(%) (*n*=3)	AVE	RSD(%) (*n*=3)	AVE	RSD(%) (*n*=3)	AVE	RSD(%) (*n*=3)	AVE	RSD(%) (*n*=3)	AVE	RSD(%) (*n*=3)	AVE	RSD(%) (*n*=3)
420	Simazine	86.6	7.5	110.4	2.9	87.5	8.6	61.7	12.3	91.8	5.8	104.0	2.8	103.0	3.5	104.0	6.3	96.2	4.3	90.3	5.2	102.6	8.4	83.1	9.6
421	Simeconazole	74.9	1.7	96.7	0.6	79.2	5.6	34.2	15.0	21.6	25.5	21.1	2.1	110.5	18.6	112.0	7.8	108.1	11.2	85.3	12.3	91.0	2.2	95.4	11.9
422	Simeton	95.0	3.6	85.6	1.1	90.1	7.0	104.8	10.2	80.6	3.3	95.8	1.4	84.2	3.7	83.0	3.6	83.0	7.1	95.4	2.4	92.4	0.2	90.1	2.0
423	Simetryn	97.2	2.2	97.3	3.0	87.6	4.7	96.1	9.7	84.6	9.8	83.7	12.3	67.8	4.2	88.3	5.7	83.6	8.3	93.3	3.0	83.7	3.5	103.8	1.6
424	Spirodiclofen	F	F	94.1	3.1	114.1	8.4	94.4	8.3	84.4	10.1	84.9	10.9	F	F	104.3	14.8	87.5	1.6	F	F	103.4	6.7	104.8	31.3
425	Spiromesifen	96.0	6.1	95.1	5.2	83.6	5.2	88.6	0.5	87.5	8.5	82.4	4.1	73.2	12.0	86.1	6.2	80.0	12.6	86.4	10.0	83.0	6.1	72.9	3.9
426	Spiroxamine	F	F	F	F	F	F	94.1	9.5	85.0	7.6	89.1	7.5	F	F	F	F	F	F	F	F	F	F	F	F
427	Sulfallate	92.7	6.1	76.1	2.3	83.8	7.9	96.4	18.1	96.4	5.6	96.6	10.4	63.9	12.7	77.2	11.4	72.4	2.5	87.9	4.0	79.7	1.2	90.5	12.8
428	Sulfotep	91.1	7.3	90.4	4.3	86.0	3.0	F	F	90.3	4.3	85.8	10.0	79.3	3.7	93.4	3.5	85.0	10.2	92.1	5.3	83.4	5.5	92.4	6.2
429	Sulprofos	91.6	6.2	98.1	3.3	84.4	4.7	100.1	5.6	88.7	7.8	94.8	4.4	56.3	6.3	77.6	3.9	81.4	15.8	81.4	6.3	78.9	3.5	89.2	1.1
430	Tau-Fluvalinate	81.6	6.7	86.2	4.7	98.1	3.2	118.5	14.8	94.0	7.9	93.9	4.2	83.9	8.9	97.2	2.8	94.3	1.9	83.4	1.7	85.7	20.7	62.2	18.0
431	TCMTB	F	F	118.0	30.5	88.7	19.6	484.1	72.2	84.1	8.8	132.7	50.5	199.3	21.9	159.9	0.6	176.7	29.8	F	F	107.9	18.8	106.0	31.2
432	Tebuconazole	87.6	8.6	83.2	9.0	85.5	4.6	102.1	4.1	85.5	20.8	89.1	2.8	77.6	4.3	83.0	7.5	81.5	6.4	90.5	3.5	82.5	1.8	86.5	4.7
433	Tebufenpyrad	83.6	12.0	95.8	3.3	83.1	8.3	96.9	14.2	93.8	8.6	98.6	2.0	104.3	4.0	100.0	4.2	94.4	7.2	89.2	6.3	106.7	10.9	85.9	11.5
434	Tebupirimfos	88.5	5.7	93.4	3.9	85.0	2.9	34.0	23.1	58.5	20.0	83.4	22.3	82.8	2.5	91.8	3.8	88.4	14.2	86.2	3.1	84.6	3.9	97.3	1.9
435	Tebutam	72.8	5.4	103.6	11.3	98.5	9.4	99.4	7.1	70.4	13.1	75.9	19.2	90.0	0.5	94.0	13.1	89.8	4.4	94.9	6.5	87.8	1.6	95.3	3.2
436	Tebuthiuron	88.1	18.0	78.7	4.2	87.4	16.6	90.3	14.1	93.6	16.3	93.4	4.4	95.1	18.9	105.2	7.6	132.3	30.2	88.9	9.4	86.4	17.3	70.2	15.2
437	Tecnazene	80.5	16.4	86.3	4.4	94.1	1.8	99.4	7.1	89.3	4.9	94.1	2.8	86.8	47.4	90.3	12.4	104.1	6.8	79.2	7.0	91.8	22.5	71.7	22.0
438	Teflubenzuron	103.7	10.2	114.3	16.9	101.8	14.5	105.1	7.1	80.9	15.7	81.8	13.9	F	F	101.1	4.4	97.9	2.9	130.8	9.1	121.7	7.0	148.6	21.2
439	Tefluthrin	94.1	4.2	96.3	1.5	91.5	3.6	112.4	7.4	93.7	6.8	93.0	8.0	70.1	2.4	90.9	4.4	98.7	16.9	89.4	3.3	82.8	3.3	107.8	2.5
440	Tepraloxydim	F	F	F	F	F	F	93.8	7.2	85.0	5.9	92.3	2.1	F	F	F	F	F	F	F	F	F	F	F	F
441	Terbucarb	92.0	3.2	87.9	2.5	95.7	6.2	93.6	7.7	69.7	8.4	78.3	3.0	88.3	2.1	88.0	2.4	111.9	2.2	95.4	0.9	92.0	1.4	95.5	2.0
442	Terbufos	85.0	9.4	86.9	5.2	99.7	2.2	85.4	3.9	86.4	8.8	86.0	2.1	84.8	10.1	93.3	5.4	91.7	2.2	84.6	2.8	82.7	15.9	69.6	12.2
443	Terbufos-Sulfone	F	F	82.4	8.6	89.0	7.5	F	F	F	F	F	F	F	F	F	F	116.7	4.5	F	F	96.4	7.6	92.0	3.8
444	Terbumeton	99.9	3.8	93.9	4.3	93.5	5.7	F	F	F	F	F	F	81.9	5.3	81.0	0.3	85.6	4.9	93.8	2.5	92.2	1.9	98.6	2.6
445	Terbuthylazine	83.5	10.0	102.9	4.3	85.1	8.6	F	F	F	F	F	F	96.1	3.7	98.1	1.7	91.3	6.2	89.1	6.0	99.4	7.0	84.5	9.8
446	Terbutryn	96.5	3.9	96.3	3.8	86.6	5.9	F	F	F	F	F	F	F	F	86.5	5.4	80.0	15.2	97.2	3.4	84.3	4.0	101.9	3.4
447	tert-butyl-4-Hydroxyanisole	84.6	2.6	82.3	8.4	91.2	8.8	F	F	F	F	F	F	13.6	43.0	42.4	77.9	42.2	50.5	80.3	7.4	80.8	7.8	79.1	9.1
448	Tetrachlorvinphos	75.3	18.0	95.4	19.3	125.5	14.0	F	F	F	F	F	F	F	F	113.4	7.9	118.6	10.9	92.6	6.5	100.8	7.4	99.7	11.6
449	Tetraconazole	79.6	16.5	96.2	3.5	71.9	4.9	F	F	F	F	F	F	94.4	30.4	108.5	25.5	99.9	18.9	82.8	8.2	81.6	2.8	91.6	11.7

续表

序号	农药名称	番茄						菠菜						芹菜						结球甘蓝					
		10 μg/kg		50 μg/kg		100 μg/kg		10 μg/kg		50 μg/kg		100 μg/kg		10 μg/kg		50 μg/kg		100 μg/kg		10 μg/kg		50 μg/kg		100 μg/kg	
		AVE	RSD(%) (n=3)	AVE	RSD(%) (n=3)	AVE	RSD(%) (n=3)	AVE	RSD(%) (n=3)	AVE	RSD(%) (n=3)	AVE	RSD(%) (n=3)	AVE	RSD(%) (n=3)	AVE	RSD(%) (n=3)	AVE	RSD(%) (n=3)	AVE	RSD(%) (n=3)	AVE	RSD(%) (n=3)	AVE	RSD(%) (n=3)
450	Tetradifon	97.8	4.8	96.7	4.8	85.4	5.0	F	F	F	F	F	F	81.7	2.8	90.2	5.2	88.8	8.1	89.2	3.7	84.1	6.1	94.4	1.0
451	Tetramethrin	90.0	0.5	97.5	2.2	90.0	6.9	F	F	F	F	F	F	103.1	6.8	115.2	18.7	113.5	3.9	85.4	6.6	118.3	12.2	88.9	13.6
452	Tetrasul	89.5	6.1	95.0	8.2	108.8	1.4	F	F	F	F	F	F	93.1	1.8	84.9	5.7	84.9	0.7	90.7	3.2	90.4	1.8	82.3	8.5
453	Thenylchlor	91.7	11.4	86.4	15.9	82.0	8.5	F	F	F	F	F	F	86.5	2.6	82.5	1.8	93.7	12.4	99.7	6.1	88.3	1.7	92.4	0.8
454	Thiabendazole	F	F	F	F	F	F	F	F	F	F	F	F	F	F	F	F	F	F	F	F	F	F	F	F
455	Thiazopyr	97.0	4.7	87.0	3.1	88.4	4.6	F	F	F	F	F	F	85.1	1.9	77.6	5.4	91.2	5.7	94.3	2.0	90.7	1.5	92.2	1.4
456	Thiobencarb	70.7	3.2	92.8	2.7	81.3	10.9	F	F	F	F	F	F	97.4	3.4	100.1	4.0	92.9	6.1	86.0	5.7	102.9	4.4	97.8	11.0
457	Thiocyclam	F	F	45.0	46.8	23.9	32.2	F	F	F	F	F	F	F	F	F	F	56.6	52.4	F	F	F	F	85.1	19.5
458	Thionazin	77.3	3.4	92.9	1.5	80.5	8.2	F	F	F	F	F	F	104.1	12.3	103.4	3.3	93.6	8.2	88.2	18.2	104.0	9.6	95.1	15.1
459	Tiocarbazil	88.9	8.5	107.7	11.8	96.0	7.4	F	F	F	F	F	F	180.9	48.2	183.3	34.0	249.5	41.5	98.2	56.1	86.2	6.8	120.6	25.7
460	Tolclofos-Methyl	69.3	2.0	92.9	2.3	81.7	8.5	F	F	F	F	F	F	97.7	2.6	99.1	0.7	92.4	7.3	89.2	10.9	100.4	7.0	98.0	11.2
461	Tolfenpyrad	59.5	29.1	89.7	14.1	85.5	8.4	F	F	F	F	F	F	125.9	3.3	109.4	8.4	100.2	9.9	87.9	20.0	113.9	15.8	90.5	9.8
462	Tolylfluanid	F	F	78.4	14.0	68.9	5.9	F	F	F	F	F	F	101.5	8.8	101.0	4.3	91.4	7.8	F	F	F	F	13.7	10.4
463	Tralkoxydim	87.4	10.3	75.1	4.6	80.1	4.3	F	F	F	F	F	F	123.4	7.9	99.2	2.6	92.7	7.7	94.7	8.7	89.7	5.9	82.3	4.5
464	Trans-Chlordane	87.7	3.4	91.7	5.8	103.4	2.4	F	F	F	F	F	F	95.6	4.9	94.5	4.3	89.1	1.2	90.8	3.3	91.1	4.2	82.7	8.6
465	Transfluthrin	86.2	4.3	90.4	5.8	101.9	2.6	F	F	F	F	F	F	93.8	3.6	87.8	2.3	86.9	1.6	89.0	4.3	89.0	5.0	80.6	8.5
466	Trans-Nonachlor	93.3	3.6	93.9	4.1	83.6	3.8	F	F	F	F	F	F	81.1	2.7	91.7	4.2	90.3	13.8	90.9	8.6	84.7	4.3	99.3	2.2
467	Trans-Permethrin	79.0	5.6	86.8	12.5	102.8	1.0	F	F	F	F	F	F	95.4	1.6	92.8	3.2	88.4	1.1	78.9	4.0	88.3	4.2	78.1	6.8
468	Triadimefon	95.2	29.4	95.1	3.4	85.8	4.4	F	F	F	F	F	F	69.1	34.6	69.3	7.2	68.2	10.6	80.2	10.4	83.8	1.9	100.7	3.7
469	Triadimenol	F	F	100.3	6.7	89.6	5.7	F	F	F	F	F	F	F	F	124.8	1.8	125.0	9.6	F	F	93.7	2.4	94.6	7.6
470	triallate	94.3	5.5	84.3	3.9	87.8	7.0	F	F	F	F	F	F	82.0	1.5	89.6	1.6	87.8	2.8	90.6	5.3	88.9	1.2	90.8	7.4
471	Triapenthenol	79.3	0.2	104.8	3.3	86.0	7.9	F	F	F	F	F	F	115.0	8.7	111.5	3.7	108.1	7.8	90.8	11.0	105.1	7.2	101.4	10.6
472	Triazophos	97.0	6.3	75.9	11.7	78.9	10.1	F	F	F	F	F	F	98.6	14.5	92.3	2.9	118.4	1.6	95.5	3.4	88.0	3.4	90.7	2.2
473	Tribufos	93.7	3.8	85.1	3.7	90.5	5.5	F	F	F	F	F	F	90.1	3.6	87.4	1.2	111.7	2.9	97.5	1.4	90.8	1.7	91.8	2.0
474	Tributyl Phosphate	87.6	8.8	97.4	5.5	97.6	9.5	F	F	F	F	F	F	96.9	5.5	118.1	15.6	94.9	5.6	93.5	10.7	97.2	12.6	92.4	6.1
475	Triclopyr	F	F	F	F	F	F	F	F	F	F	F	F	F	F	F	F	F	F	F	F	F	F	F	F
476	Tricyclazole	F	F	F	F	104.8	7.7	F	F	F	F	F	F	F	F	F	F	35.8	39.1	F	F	82.8	42.7	62.5	8.5
477	Tridiphane	98.9	11.1	100.6	2.8	102.2	10.0	F	F	F	F	F	F	116.2	45.0	165.3	14.9	134.8	1.9	91.0	9.1	96.4	2.4	76.0	13.4
478	Trietazine	72.9	1.7	99.3	3.0	81.1	9.4	F	F	F	F	F	F	99.6	3.9	101.0	0.8	92.6	5.6	87.1	6.6	102.2	7.3	96.1	10.9
479	Trifenmorph	F	F	F	F	F	F	F	F	F	F	F	F	F	F	F	F	F	F	F	F	F	F	F	F

续表

序号	农药名称	番茄						菠菜						芹菜						结球甘蓝					
		10 μg/kg		50 μg/kg		100 μg/kg		10 μg/kg		50 μg/kg		100 μg/kg		10 μg/kg		50 μg/kg		100 μg/kg		10 μg/kg		50 μg/kg		100 μg/kg	
		AVE	RSD(%) (*n*=3)	AVE	RSD(%) (*n*=3)	AVE	RSD(%) (*n*=3)	AVE	RSD(%) (*n*=3)	AVE	RSD(%) (*n*=3)	AVE	RSD(%) (*n*=3)	AVE	RSD(%) (*n*=3)	AVE	RSD(%) (*n*=3)	AVE	RSD(%) (*n*=3)	AVE	RSD(%) (*n*=3)	AVE	RSD(%) (*n*=3)	AVE	RSD(%) (*n*=3)
480	Trifloxystrobin	91.8	6.3	82.7	2.5	89.3	5.0	F	F	F	F	F	F	84.8	3.0	82.4	1.9	103.5	3.6	95.0	2.8	88.8	1.4	91.2	2.8
481	Trifluralin	87.6	10.0	87.6	3.6	101.8	2.5	F	F	F	F	F	F	89.0	14.6	106.5	4.1	100.5	2.8	85.4	5.6	83.6	17.1	102.5	15.9
482	Triphenyl phosphate	91.1	5.3	82.9	3.6	85.1	2.6	F	F	F	F	F	F	72.8	2.1	82.8	2.2	117.5	5.2	94.3	1.9	89.5	1.0	89.7	1.2
483	Uniconazole	94.2	6.1	90.5	11.6	96.6	5.2	F	F	F	F	F	F	101.7	5.1	102.4	6.8	94.9	3.6	96.0	2.1	86.3	6.6	88.3	6.6
484	Vernolate	91.0	13.2	77.5	10.2	106.2	1.4	F	F	F	F	F	F	76.2	1.2	107.2	3.9	86.7	16.0	108.6	11.4	106.0	9.2	114.0	1.8
485	Vinclozolin	94.8	3.6	95.2	3.3	84.1	3.2	F	F	F	F	F	F	81.4	1.8	90.7	6.1	84.2	6.0	90.9	7.4	86.5	2.8	106.1	1.0

附表 1-7 LC-Q-TOF/MS 8 种水果蔬菜中 525 种农药化学污染物非靶向筛查方法验证结果汇总

序号	农药名称	保留时间(min)	CAS 号	葡萄 SDL (μg/kg)	苹果 SDL (μg/kg)	西柚 SDL (μg/kg)	西瓜 SDL (μg/kg)	番茄 SDL (μg/kg)	菠菜 SDL (μg/kg)	芹菜 SDL (μg/kg)	结球甘蓝 SDL (μg/kg)
1	1,3-Diphenyl urea	7.14	102-07-8	1	5	10	1	1	1	5	1
2	1-naphthyl acetamide	4.57	86-86-2	1	10	5	50	10	1	5	5
3	2,6-Dichlorobenzamide	3.24	2008-58-4	5	10	20	10	5	5	5	5
4	3,4,5-Trimethacarb	7.37	2686-99-9	1	1	1	1	50	50	5	1
5	6-Benzylaminopurine	3.78	1214-39-7	1	10	10	50	10	50	5	10
6	Acetamiprid	4.05	135410-20-7	1	1	1	1	1	1	1	1
7	Acetamiprid-*N*-desmethyl	3.71	190604-92-3	1	1	1	1	5	1	1	1
8	Acetochlor	12.76	34256-82-1	1	1	1	1	1	1	5	5
9	Aclonifen	13.91	74070-46-5	50	50	NA	50	50	50	50	50
10	Albendazole	6.37	54965-21-8	5	10	5	5	1	20	1	50
11	Aldicarb	4.75	116-06-3	5	10	20	10	10	10	5	5
12	Aldicarb-sulfone	2.66	1646-88-4	1	10	5	1	1	5	5	5
13	Aldimorph	14.40	91315-15-0	5	50	5	5	5	20	10	1
14	Allethrin	17.59	584-79-2	50	50	50	50	20	50	50	50
15	Allidochlor	5.07	93-71-0	5	5	10	20	5	5	5	50
16	Ametoctradin	13.78	865318-97-4	1	1	1	1	5	1	10	10
17	Ametryn	7.05	834-12-8	1	1	1	1	10	5	5	5
18	Amicarbazone	4.84	129909-90-6	1	5	1	5	5	5	5	1
19	Amidosulfuron	6.17	120923-37-7	20	10	10	5	10	5	5	20
20	Aminocarb	2.33	2032-59-9	1	10	1	1	1	5	1	1
21	Aminopyralid	1.62	150114-71-9	20	50	5	20	20	10	1	50
22	Ancymidol	5.32	12771-68-5	1	1	5	1	1	5	5	5
23	Anilofos	14.94	64249-01-0	1	1	1	1	1	1	1	1
24	Aspon	19.03	3244-90-4	50	20	50	50	20	50	10	50
25	Asulam	2.77	3337-71-1	5	10	10	5	10	10	5	5
26	Atraton	4.63	1610-17-9	1	1	1	1	1	20	1	1
27	Atrazine	6.50	1912-24-9	1	1	1	1	1	1	1	1
28	Atrazine-Desethyl	3.78	6190-65-4	1	10	1	1	5	1	1	1
29	Atrazine-desisopropyl	3.05	1007-28-9	1	1	5	10	1	5	1	10
30	Azaconazole	6.91	60207-31-0	1	1	1	1	1	1	1	1
31	Azamethiphos	5.41	35575-96-3	1	1	1	1	1	5	1	1
32	Azinphos-ethyl	13.40	2642-71-9	5	5	10	1	5	1	5	5
33	Azinphos-methyl	9.63	86-50-0	20	10	20	10	20	50	10	20
34	Aziprotryne	9.80	4658-28-0	1	1	1	1	1	1	1	1
35	Azoxystrobin	11.30	131860-33-8	1	1	1	1	1	1	1	1
36	Beflubutamid	14.56	113614-08-7	20	10	50	20	5	10	5	10
37	Benalaxyl	14.23	71626-11-4	1	1	1	1	1	1	1	1
38	Bendiocarb	5.88	22781-23-3	10	50	50	50	10	50	50	20
39	Benodanil	8.51	15310-01-7	1	1	1	1	1	1	1	1
40	Benoxacor	9.98	98730-04-2	20	20	20	10	20	10	20	10
41	Bensulfuron-methyl	7.96	83055-99-6	5	1	50	1	1	1	1	1
42	Bensulide	15.32	741-58-2	5	5	10	1	1	1	5	1
43	Bensultap	12.78	17606-31-4	NA	NA	50	NA	NA	NA	NA	NA
44	Benthiavalicarb-isoprop	9.59	177406-68-7	1	1	1	1	1	1	1	1
45	Benzofenap	16.34	82692-44-2	1	1	1	1	1	1	1	1
46	Benzoximate	16.47	29104-30-1	1	1	1	1	1	1	1	1

续表

序号	农药名称	保留时间(min)	CAS号	葡萄 SDL (μg/kg)	苹果 SDL (μg/kg)	西柚 SDL (μg/kg)	西瓜 SDL (μg/kg)	番茄 SDL (μg/kg)	菠菜 SDL (μg/kg)	芹菜 SDL (μg/kg)	结球甘蓝 SDL (μg/kg)
47	Benzoylprop	9.50	22212-56-2	50	50	50	50	20	20	10	20
48	Benzoylprop-ethyl	15.36	22212-55-1	1	1	1	1	1	1	1	1
49	Bifenazate	12.39	149877-41-8	20	1	5	1	5	10	5	5
50	Bioresmethrin	19.22	28434-01-7	50	50	50	50	50	50	50	50
51	Bitertanol	12.88	55179-31-2	20	20	20	20	5	20	10	5
52	Bromacil	4.93	314-40-9	20	10	20	10	5	5	5	10
53	Bromfenvinfos	14.25	33399-00-7	1	1	1	1	1	1	1	1
54	Bromobutide	13.92	74712-19-9	20	1	1	10	10	1	1	1
55	Bromophos-ethyl	18.88	4824-78-6	NA	NA	NA	NA	NA	NA	NA	NA
56	Brompyrazon	3.89	3042-84-0	1	1	1	5	1	5	1	1
57	Bromuconazole	10.50	116255-48-2	1	1	1	1	1	1	1	1
58	Bupirimate	12.96	41483-43-6	1	1	1	1	1	1	1	1
59	Buprofezin	17.63	69327-76-0	1	1	1	1	1	1	1	1
60	Butachlor	17.61	23184-66-9	1	1	1	10	1	20	5	1
61	Butafenacil	14.33	134605-64-4	1	1	1	1	1	1	1	1
62	Butamifos	16.62	36335-67-8	50	10	50	10	5	20	50	20
63	Butocarboxim	4.48	34681-10-2	5	10	20	5	1	5	5	5
64	Butocarboxim-Sulfoxide	2.24	34681-24-8	5	20	5	5	5	20	5	NA
65	Butoxycarboxim	2.66	34681-23-7	1	10	5	1	1	5	1	1
66	Butralin	18.28	33629-47-9	50	50	50	50	50	50	50	50
67	Butylate	16.77	2008-41-5	50	NA	NA	NA	20	50	50	NA
68	Cadusafos	14.78	95465-99-9	1	1	1	1	1	1	5	1
69	Cafenstrole	12.94	125306-83-4	5	1	1	1	1	1	1	1
70	Carbaryl	6.40	63-25-2	20	50	50	20	20	50	50	20
71	Carbendazim	2.86	10605-21-7	1	20	5	5	5	5	1	1
72	Carbetamide	4.75	16118-49-3	1	20	5	1	5	5	5	5
73	Carbofuran	5.96	1563-66-2	1	10	20	1	5	5	5	5
74	Carbofuran-3-hydroxy	3.67	16655-82-6	1	5	10	5	1	5	1	5
75	Carbophenothion	18.27	786-19-6	NA	NA	50	NA	50	50	NA	50
76	Carboxin	6.63	5234-68-4	1	1	1	1	1	1	1	1
77	Carpropamid	14.77	104030-54-8	5	5	1	10	1	1	1	5
78	Cartap	0.85	15263-53-3	NA	NA	50	NA	NA	NA	NA	NA
79	Chlordimeform	3.54	6164-98-3	5	10	1	5	20	20	10	10
80	Chlorfenvinphos	13.85	470-90-6	1	1	1	1	1	1	1	1
81	Chloridazon	3.74	1698-60-8	1	1	10	5	1	5	1	1
82	Chlorimuron-ethyl	10.92	90982-32-4	NA	NA	50	NA	50	50	NA	50
83	Chlorotoluron	6.24	15545-48-9	1	1	1	1	1	1	1	1
84	Chloroxuron	10.26	1982-47-4	1	1	1	1	1	1	1	1
85	Chlorphonium	14.44	7695-87-6	5	50	5	10	20	20	20	20
86	Chlorphoxim	16.55	14816-20-7	50	50	50	50	50	50	50	50
87	Chlorpyrifos	17.83	2921-88-2	50	50	50	50	50	50	50	50
88	Chlorpyrifos-methyl	15.88	5598-13-0	NA	NA	NA	NA	50	50	50	NA
89	Chlorsulfuron	6.11	64902-72-3	NA	NA	50	NA	50	NA	5	NA
90	Chlorthiophos	18.27	60238-56-4	50	50	50	50	50	50	50	50
91	Chromafenozide	13.12	143807-66-3	1	1	1	1	1	1	1	1
92	Cinmethylin	17.33	87818-31-3	50	20	50	50	10	10	50	20
93	Cinosulfuron	5.79	94593-91-6	1	1	1	1	1	1	1	1

续表

序号	农药名称	保留时间(min)	CAS 号	葡萄 SDL (μg/kg)	苹果 SDL (μg/kg)	西柚 SDL (μg/kg)	西瓜 SDL (μg/kg)	番茄 SDL (μg/kg)	菠菜 SDL (μg/kg)	芹菜 SDL (μg/kg)	结球甘蓝 SDL (μg/kg)
94	Clethodim	17.01	99129-21-2	20	10	10	20	1	5	1	1
95	Clodinafop	8.46	114420-56-3	1	10	5	1	1	10	1	5
96	Clodinafop-propargyl	15.27	105512-06-9	1	5	1	1	1	5	5	1
97	Clofentezine	15.52	74115-24-5	50	50	50	50	20	50	20	50
98	Clomazone	8.08	81777-89-1	1	1	5	5	1	1	5	1
99	Cloquintocet-mexyl	16.91	99607-70-2	1	1	1	1	1	1	1	1
100	Cloransulam-methyl	7.87	147150-35-4	1	5	1	1	1	1	1	1
101	Clothianidin	3.61	210880-92-5	1	5	50	5	1	5	10	20
102	Coumaphos	15.73	56-72-4	20	5	50	10	1	20	1	5
103	Crotoxyphos	9.82	7700-17-6	5	1	1	5	1	5	1	5
104	Crufomate	10.92	299-86-5	1	1	1	1	1	1	1	1
105	Cumyluron	10.96	99485-76-4	1	1	1	1	1	1	1	1
106	Cyanazine	5.32	21725-46-2	1	5	20	1	1	5	5	5
107	Cycloate	15.51	1134-23-2	20	50	5	10	10	10	5	5
108	Cyclosulfamuron	12.39	136849-15-5	50	20	50	50	5	20	20	20
109	Cycluron	6.55	2163-69-1	1	1	1	1	1	10	1	1
110	Cyflufenamid	16.71	180409-60-3	20	5	10	10	1	1	5	1
111	Cyprazine	6.52	22936-86-3	1	5	1	1	1	1	1	1
112	Cyproconazole	9.41	94361-06-5	1	1	1	1	1	5	5	1
113	Cyprodinil	12.17	121552-61-2	1	1	1	1	1	1	1	20
114	Cyprofuram	7.02	69581-33-5	1	1	1	1	1	1	1	5
115	Cyromazine	1.64	66215-27-8	1	50	5	1	10	1	1	1
116	Daminozide	1.36	1596-84-5	20	20	20	20	20	20	20	50
117	Dazomet	3.03	533-74-4	NA	NA	5	NA	NA	5	5	5
118	Demeton-*S*-methyl	5.40	919-86-8	20	20	20	10	50	NA	50	NA
119	Demeton-*S*-methyl-sulfo	3.16	17040-19-6	1	10	1	1	1	1	1	1
120	Demeton-*S*-Sulfoxide	3.65	2496-92-6	1	1	1	1	1	1	1	1
121	Desmedipham	9.46	13684-56-5	5	1	5	5	1	1	1	5
122	Desmetryn	5.47	1014-69-3	10	1	1	1	1	5	1	1
123	Diafenthiuron	18.64	80060-09-9	50	50	50	50	50	50	20	50
124	Dialifos	16.61	10311-84-9	50	20	50	NA	50	50	50	50
125	Diallate	16.83	2303-16-4	50	50	50	20	5	50	20	10
126	Diazinon	15.20	333-41-5	1	1	1	1	1	1	1	5
127	Dibutyl succinate	14.33	141-03-7	50	50	10	20	50	50	50	50
128	Dichlofenthion	17.75	97-17-6	NA	NA	50	NA	50	50	NA	NA
129	Diclobutrazol	11.81	75736-33-3	1	1	1	1	1	1	1	1
130	Diclosulam	8.35	145701-21-9	5	5	5	5	1	1	1	1
131	Dicrotophos	3.16	141-66-2	1	10	1	5	1	5	1	1
132	Diethatyl-ethyl	13.99	38727-55-8	1	1	1	1	1	1	1	1
133	Diethofencarb	9.73	87130-20-9	5	20	5	20	50	10	5	5
134	Diethyltoluamide	6.81	134-62-3	1	1	1	1	1	1	1	1
135	Difenoconazole	14.73	119446-68-3	1	1	1	1	1	1	1	1
136	Difenoxuron	7.15	14214-32-5	1	1	1	1	1	1	1	5
137	Dimefox	3.21	115-26-4	5	1	5	5	10	5	1	5
138	Dimefuron	8.23	34205-21-5	1	1	1	1	1	1	1	1
139	Dimepiperate	16.14	61432-55-1	20	20	50	50	50	50	50	50
140	Dimethachlor	7.84	50563-36-5	1	1	1	1	1	1	1	5

续表

序号	农药名称	保留时间(min)	CAS 号	葡萄 SDL (μg/kg)	苹果 SDL (μg/kg)	西柚 SDL (μg/kg)	西瓜 SDL (μg/kg)	番茄 SDL (μg/kg)	菠菜 SDL (μg/kg)	芹菜 SDL (μg/kg)	结球甘蓝 SDL (μg/kg)
141	Dimethametryn	11.38	22936-75-0	1	1	1	1	1	1	1	1
142	Dimethenamid	9.81	87674-68-8	1	1	1	1	1	5	5	1
143	Dimethirimol	3.72	5221-53-4	1	10	1	5	1	1	1	1
144	Dimethoate	3.90	60-51-5	1	5	5	5	1	1	1	5
145	Dimethomorph	9.05	110488-70-5	1	1	1	1	1	1	1	1
146	Dimethylvinphos (*Z*)	10.92	67628-93-7	1	1	1	5	5	1	1	1
147	Dimetilan	3.94	644-64-4	5	1	1	1	5	5	1	5
148	Dimoxystrobin	13.50	149961-52-4	1	1	1	1	1	1	1	1
149	Diniconazole	13.14	83657-24-3	1	1	1	1	1	1	1	1
150	Dinitramine	15.10	29091-05-2	20	20	50	50	20	50	20	50
151	Dinotefuran	2.41	165252-70-0	5	10	5	10	10	10	5	5
152	Diphenamid	8.08	957-51-7	1	1	1	1	1	1	1	1
153	Dipropetryn	11.96	4147-51-7	5	1	1	NA	50	5	1	NA
154	Disulfoton sulfone	8.67	2497-06-5	1	5	1	20	1	1	5	1
155	Disulfoton sulfoxide	6.48	2497-07-6	1	1	1	1	1	1	1	1
156	Ditalimfos	7.50	5131-24-8	10	5	20	5	5	5	5	10
157	Dithiopyr	17.32	97886-45-8	50	20	50	50	20	20	50	10
158	Diuron	6.82	330-54-1	1	1	1	1	1	1	5	1
159	Dodemorph	8.86	1593-77-7	1	5	5	5	1	1	1	1
160	Drazoxolon	12.33	5707-69-7	50	10	50	NA	50	20	20	NA
161	Edifenphos	13.66	17109-49-8	1	1	1	1	1	1	1	1
162	Emamectin	16.59	119791-41-2	1	1	1	1	1	1	1	1
163	Epoxiconazole	11.36	133855-98-8	1	1	1	1	1	1	1	1
164	Esprocarb	17.30	85785-20-2	10	5	1	20	1	20	10	5
165	Etaconazole	11.12	60207-93-4	1	1	1	1	1	1	1	1
166	Ethametsulfuron-methyl	6.53	97780-06-8	5	1	10	1	1	5	1	5
167	Ethidimuron	3.68	30043-49-3	1	1	5	5	1	5	5	5
168	Ethiofencarb	6.71	29973-13-5	5	10	50	10	20	20	5	20
169	Ethiofencarb-sulfone	3.60	53380-23-7	1	10	5	5	1	5	1	5
170	Ethiofencarb-sulfoxide	3.28	53380-22-6	1	1	1	1	1	1	1	10
171	Ethion	18.10	563-12-2	50	50	50	50	50	50	20	50
172	Ethiprole	9.50	181587-01-9	5	5	5	10	5	5	5	5
173	Ethirimol	3.75	23947-60-6	1	50	1	5	1	1	5	1
174	Ethoprophos	11.14	13194-48-4	1	1	1	1	1	1	1	1
175	Ethoxyquin	11.02	91-53-2	5	NA	50	NA	NA	NA	NA	50
176	Ethoxysulfuron	10.80	126801-58-9	NA	NA	NA	NA	NA	NA	NA	NA
177	Etobenzanid	15.00	79540-50-4	20	5	10	10	1	10	5	1
178	Etoxazole	18.28	153233-91-1	50	1	1	10	1	10	1	1
179	Etrimfos	14.74	38260-54-7	1	1	1	1	1	1	5	1
180	Famphur	9.53	52-85-7	10	5	5	10	1	5	5	20
181	Fenamidone	11.04	161326-34-7	1	1	1	1	1	1	1	1
182	Fenamiphos	10.71	22224-92-6	1	1	1	1	1	1	1	1
183	Fenamiphos-sulfone	5.74	31972-44-8	1	1	1	1	1	1	1	1
184	Fenamiphos-sulfoxide	4.72	31972-43-7	1	1	1	1	1	5	1	1
185	Fenarimol	10.78	60168-88-9	50	50	5	NA	5	5	5	50
186	Fenazaquin	18.55	120928-09-8	50	1	1	10	1	1	1	1
187	Fenbuconazole	12.61	114369-43-6	1	1	50	1	1	1	1	1

续表

序号	农药名称	保留时间(min)	CAS 号	葡萄 SDL (μg/kg)	苹果 SDL (μg/kg)	西柚 SDL (μg/kg)	西瓜 SDL (μg/kg)	番茄 SDL (μg/kg)	菠菜 SDL (μg/kg)	芹菜 SDL (μg/kg)	结球甘蓝 SDL (μg/kg)
188	Fenfuram	6.85	24691-80-3	5	1	1	1	5	1	5	5
189	Fenhexamid	11.27	126833-17-8	20	10	10	10	5	10	5	5
190	Fenobucarb	9.03	3766-81-2	5	20	5	1	1	1	5	5
191	Fenothiocarb	13.00	62850-32-2	1	5	5	10	1	1	5	1
192	Fenoxanil	14.13	115852-48-7	1	1	1	1	1	1	1	1
193	Fenoxaprop-ethyl	16.77	66441-23-4	1	1	1	1	1	1	1	1
194	Fenoxycarb	13.13	72490-01-8	50	5	10	NA	50	20	5	20
195	Fenpropidin	8.34	67306-00-7	1	1	1	1	1	1	1	1
196	Fenpropimorph	9.25	67564-91-4	5	20	5	NA	1	1	1	NA
197	Fenpyroximate	18.29	134098-61-6	50	5	20	50	1	20	1	20
198	Fensulfothion	7.56	115-90-2	1	1	1	1	1	1	1	1
199	Fenthion	8.93	55-38-9	50	50	20	20	20	20	50	NA
200	Fenthion-oxon	7.36	6552-12-1	1	1	1	1	1	1	1	1
201	Fenthion-oxon-sulfone	4.19	14086-35-2	1	1	1	1	1	1	1	1
202	Fenthion-oxon-sulfoxide	3.62	6552-13-2	1	1	1	1	1	1	1	1
203	Fenthion-sulfone	7.88	3761-42-0	5	5	10	5	5	5	5	5
204	Fenthion-sulfoxide	6.15	3761-41-9	1	1	1	1	1	1	1	1
205	Fentrazamide	15.38	158237-07-1	1	1	1	1	1	1	1	1
206	Fenuron	3.71	101-42-8	10	5	5	5	5	20	1	1
207	Flamprop	7.85	58667-63-3	20	20	10	50	10	10	10	50
208	Flamprop-isopropyl	15.29	52756-22-6	10	10	1	1	5	10	5	5
209	Flamprop-methyl	12.32	52756-25-9	1	1	1	1	1	5	5	1
210	Flazasulfuron	8.04	104040-78-0	NA	50	10	NA	50	20	20	NA
211	Florasulam	5.99	145701-23-1	1	1	1	1	1	5	1	10
212	Fluazifop	8.62	69335-91-7	5	10	10	10	1	5	5	20
213	Fluazifop-butyl	17.77	69806-50-4	1	1	1	1	1	1	1	1
214	Flucycloxuron	17.90	94050-52-9	50	50	50	50	50	50	50	50
215	Flufenacet	13.24	142459-58-3	5	5	5	5	5	5	5	5
216	Flufenoxuron	17.90	101463-69-8	50	50	50	50	50	50	50	50
217	Flufenpyr-ethyl	14.15	188489-07-8	10	5	5	5	1	1	1	5
218	Flumequine	5.74	42835-25-6	1	1	1	1	1	1	1	1
219	Flumetsulam	4.23	98967-40-9	1	1	1	1	1	1	1	5
220	Flumiclorac-pentyl	17.62	87546-18-7	20	5	50	50	1	20	5	20
221	Fluometuron	6.41	2164-17-2	1	1	1	1	1	1	1	1
222	Fluopyram	12.44	658066-35-4	1	1	1	1	1	1	1	1
223	Fluoroglycofen-ethyl	17.26	77501-90-7	50	50	50	50	50	20	50	50
224	Fluoxastrobin	13.76	361377-29-9	1	1	1	1	1	1	1	1
225	Fluquinconazole	11.62	136426-54-5	20	10	20	10	5	5	5	5
226	Fluridone	9.44	59756-60-4	1	1	1	1	1	1	1	1
227	Flurochloridone	13.15	61213-25-0	20	20	50	50	20	20	20	20
228	Flurprimidol	9.70	56425-91-3	5	5	5	1	5	5	5	5
229	Flurtamone	10.04	96525-23-4	1	1	1	1	1	1	1	1
230	Flusilazole	12.48	85509-19-9	1	1	1	1	1	1	1	1
231	Fluthiacet-Methyl	13.97	117337-19-6	1	1	1	1	1	1	1	1
232	Flutolanil	13.08	66332-96-5	1	1	1	1	1	1	1	1
233	Flutriafol	6.53	76674-21-0	1	1	1	1	1	5	1	1
234	Fluxapyroxad	11.70	907204-31-3	1	1	1	1	1	1	1	1

续表

序号	农药名称	保留时间(min)	CAS 号	葡萄 SDL (μg/kg)	苹果 SDL (μg/kg)	西柚 SDL (μg/kg)	西瓜 SDL (μg/kg)	番茄 SDL (μg/kg)	菠菜 SDL (μg/kg)	芹菜 SDL (μg/kg)	结球甘蓝 SDL (μg/kg)
235	Fonofos	15.41	944-22-9	50	50	50	50	20	50	10	10
236	Foramsulfuron	5.12	173159-57-4	50	10	5	10	5	20	20	5
237	Forchlorfenuron	6.46	68157-60-8	5	10	10	5	1	1	20	50
238	Fosthiazate	6.53	98886-44-3	1	1	1	1	1	1	1	1
239	Fuberidazole	3.21	3878-19-1	1	10	50	1	1	1	1	1
240	Furalaxyl	9.51	57646-30-7	1	1	1	1	1	1	1	1
241	Furathiocarb	17.43	65907-30-4	1	1	1	1	1	1	1	1
242	Furmecyclox	13.26	60568-05-0	1	1	1	1	1	1	1	1
243	Halofenozide	10.64	112226-61-6	20	10	50	50	50	10	50	20
244	Halosulfuron-methyl	10.01	100784-20-1	20	20	20	5	1	5	5	5
245	Haloxyfop	12.06	69806-34-4	20	50	50	10	20	20	10	20
246	Haloxyfop-2-ethoxyeth	17.21	87237-48-7	1	1	1	1	1	1	1	1
247	Haloxyfop-methyl	16.41	69806-40-2	5	5	5	10	1	1	5	1
248	Heptenophos	7.23	23560-59-0	1	1	1	1	1	1	5	1
249	Hexaconazole	12.39	79983-71-4	1	1	1	1	1	1	1	1
250	Hexazinone	4.78	51235-04-2	1	5	1	1	50	1	1	5
251	Hexythiazox	17.88	78587-05-0	50	50	50	50	20	50	20	50
252	Hydramethylnon	17.80	67485-29-4	50	NA	20	NA	50	5	50	NA
253	Imazalil	6.16	35554-44-0	1	1	1	1	1	1	1	1
254	Imazamethabenz-methyl	4.97	81405-85-8	1	1	1	1	1	1	1	1
255	Imazamox	3.68	114311-32-9	5	20	10	10	10	10	5	5
256	Imazapic	3.85	104098-48-8	1	10	5	5	5	10	5	5
257	Imazapyr	3.16	81334-34-1	5	10	10	5	10	5	1	20
258	Imazaquin	5.25	81335-37-7	10	1	10	1	1	1	1	50
259	Imazethapyr	4.44	81335-77-5	5	5	5	5	5	5	1	1
260	Imazosulfuron	7.97	122548-33-8	NA	NA	50	NA	50	NA	NA	NA
261	Imibenconazole	16.59	86598-92-7	50	50	50	50	50	50	20	50
262	Imidacloprid	3.79	138261-41-3	1	1	5	5	1	5	1	5
263	Imidacloprid-urea	3.37	120868-66-8	1	1	1	1	1	1	1	1
264	Inabenfide	7.99	82211-24-3	5	20	5	20	50	1	20	1
265	Indoxacarb	16.77	144171-61-9	20	5	10	10	1	1	5	1
266	Iodosulfuron-methyl	7.95	144550-06-1	50	10	10	10	10	5	5	50
267	Ipconazole	14.47	125225-28-7	1	1	1	10	1	1	1	1
268	Iprobenfos	12.53	26087-47-8	1	1	1	1	1	1	1	1
269	Iprovalicarb	10.67	140923-17-7	1	1	1	1	5	1	5	1
270	Isazofos	13.81	42509-80-8	1	1	1	1	1	1	1	1
271	Isocarbamid	3.68	30979-48-7	5	10	20	10	10	5	5	5
272	Isocarbophos	8.84	24353-61-5	1	1	10	1	5	1	5	1
273	Isofenphos	16.65	25311-71-1	1	1	1	1	1	1	1	1
274	Isofenphos-oxon	9.83	31120-85-1	1	1	1	1	1	1	5	1
275	Isomethiozin	13.53	57052-04-7	NA	NA	50	NA	NA	50	50	50
276	Isoprocarb	7.21	2631-40-5	1	1	1	1	50	50	1	1
277	Isopropalin	18.91	33820-53-0	50	50	50	50	50	50	20	50
278	Isoprothiolane	12.42	50512-35-1	1	1	1	1	1	1	1	1
279	Isoproturon	6.81	34123-59-6	1	1	1	1	1	1	1	1
280	Isouron	5.14	55861-78-4	1	1	1	1	1	1	1	1
281	Isoxaben	12.28	82558-50-7	1	1	1	1	5	5	1	10

续表

序号	农药名称	保留时间(min)	CAS 号	葡萄 SDL (μg/kg)	苹果 SDL (μg/kg)	西柚 SDL (μg/kg)	西瓜 SDL (μg/kg)	番茄 SDL (μg/kg)	菠菜 SDL (μg/kg)	芹菜 SDL (μg/kg)	结球甘蓝 SDL (μg/kg)
282	Isoxadifen-ethyl	14.61	163520-33-0	50	50	50	50	50	50	50	50
283	Isoxaflutole	4.47	141112-29-0	NA	50	NA	50	50	NA	50	NA
284	Isoxathion	16.37	18854-01-8	1	5	1	10	1	10	1	1
285	Kadethrin	17.55	58769-20-3	20	5	20	10	1	20	20	20
286	Karbutilate	5.69	4849-32-5	1	1	1	5	5	5	1	5
287	Kresoxim-methyl	14.43	143390-89-0	1	5	5	1	5	10	5	5
288	Lactofen	17.66	77501-63-4	50	50	50	50	50	50	50	50
289	Linuron	9.29	330-55-2	5	5	5	10	10	20	5	10
290	Malaoxon	5.87	1634-78-2	1	1	1	1	1	1	1	1
291	Malathion	12.74	121-75-5	1	1	1	1	1	1	1	1
292	Mandipropamid	12.16	374726-62-2	1	1	1	1	1	1	1	1
293	Mecarbam	13.91	2595-54-2	1	1	1	1	10	1	1	1
294	Mefenacet	11.09	73250-68-7	1	1	1	1	1	1	1	1
295	Mefenpyr-diethyl	15.75	135590-91-9	1	1	1	1	1	1	1	1
296	Mepanipyrim	11.69	110235-47-7	10	5	1	20	5	20	5	20
297	Mephosfolan	5.00	950-10-7	1	1	1	1	1	1	1	1
298	Mepiquat	0.81	15302-91-7	1	10	1	1	1	5	1	1
299	Mepronil	12.41	55814-41-0	1	1	1	1	5	5	5	1
300	Mesosulfuron-methyl	6.86	208465-21-8	5	5	1	1	5	1	5	5
301	Metalaxyl	6.84	57837-19-1	1	1	1	1	1	5	1	1
302	Metalaxyl-M	6.84	70630-17-0	1	1	1	1	1	5	1	1
303	Metamitron	3.57	41394-05-2	1	1	5	5	20	5	1	1
304	Metazachlor	7.63	67129-08-2	5	1	50	1	5	5	5	5
305	Metconazole	12.77	125116-23-6	1	1	1	1	1	1	1	1
306	Methabenzthiazuron	6.07	18691-97-9	1	1	1	1	1	1	1	1
307	Methamidophos	1.68	10265-92-6	1	50	1	5	10	1	1	1
308	Methiocarb	8.94	2032-65-7	5	20	50	10	5	10	5	20
309	Methiocarb-sulfone	4.31	2179-25-1	NA	NA	50	NA	50	NA	NA	NA
310	Methiocarb-sulfoxide	3.51	2635-10-1	1	1	1	1	1	1	1	5
311	Methomyl	2.95	16752-77-5	20	20	10	5	10	50	10	5
312	Methoprotryne	6.92	841-06-5	1	1	5	1	1	5	1	1
313	Methoxyfenozide	12.57	161050-58-4	1	1	1	1	5	5	5	5
314	Metobromuron	7.20	3060-89-7	1	1	5	1	1	1	1	1
315	Metolachlor	12.51	51218-45-2	1	1	1	1	1	1	1	1
316	Metolcarb	5.15	1129-41-5	NA	50	NA	50	50	1	NA	20
317	Metominostrobin-(*E*)	8.05	133408-50-1	1	1	1	1	1	1	1	1
318	Metosulam	6.86	139528-85-1	1	1	1	1	1	1	1	1
319	Metoxuron	4.70	19937-59-8	1	1	1	1	1	1	1	1
320	Metrafenone	16.49	220899-03-6	1	1	1	1	1	1	1	1
321	Metribuzin	5.40	21087-64-9	5	1	1	1	1	10	5	5
322	Metsulfuron-methyl	5.66	74223-64-6	5	5	1	1	1	1	1	1
323	Mevinphos	4.15	7786-34-7	1	5	5	5	5	5	5	5
324	Mexacarbate	4.17	315-18-4	5	1	5	5	5	10	5	5
325	Molinate	10.14	2212-67-1	20	10	20	20	10	20	20	NA
326	Monocrotophos	2.88	6923-22-4	1	1	5	5	1	5	1	1
327	Monolinuron	6.74	1746-81-2	1	20	10	1	5	1	1	1
328	Monuron	5.07	150-68-5	1	1	1	1	1	1	1	5

续表

序号	农药名称	保留时间(min)	CAS号	葡萄 SDL (μg/kg)	苹果 SDL (μg/kg)	西柚 SDL (μg/kg)	西瓜 SDL (μg/kg)	番茄 SDL (μg/kg)	菠菜 SDL (μg/kg)	芹菜 SDL (μg/kg)	结球甘蓝 SDL (μg/kg)
329	Myclobutanil	10.75	88671-89-0	1	5	5	1	1	1	1	20
330	Naproanilide	13.69	52570-16-8	20	10	20	20	5	20	5	10
331	Napropamide	11.77	15299-99-7	1	1	1	1	1	1	1	1
332	Naptalam	5.59	132-66-1	50	NA	50	NA	50	20	20	50
333	Neburon	13.32	555-37-3	1	1	1	1	1	1	1	1
334	Nitenpyram	2.87	120738-89-8	1	1	1	1	1	1	1	1
335	Nitralin	14.42	4726-14-1	20	50	50	50	20	50	20	20
336	Norflurazon	7.24	27314-13-2	1	1	1	1	1	1	1	1
337	Nuarimol	8.27	63284-71-9	1	1	1	1	1	1	1	1
338	Octhilinone	11.27	26530-20-1	1	1	1	1	1	1	1	1
339	Ofurace	6.82	58810-48-3	1	1	1	1	1	1	1	1
340	Omethoate	2.17	1113-02-6	1	10	1	1	1	1	1	1
341	Orbencarb	14.99	34622-58-7	5	5	1	1	1	5	5	1
342	Orthosulfamuron	6.61	213464-77-8	NA	NA	NA	NA	50	NA	NA	NA
343	Oxadixyl	5.13	77732-09-3	1	1	10	1	5	1	1	1
344	Oxamyl	2.79	23135-22-0	10	10	5	10	1	5	5	50
345	Oxamyl-oxime	2.27	30558-43-1	5	10	5	10	20	5	5	10
346	Oxycarboxin	4.54	5259-88-1	1	1	1	1	1	1	1	1
347	oxydemeton-methyl	2.74	301-12-2	1	10	1	1	1	1	1	1
348	Oxyfluorfen	17.59	42874-03-3	NA	NA	NA	NA	NA	NA	NA	NA
349	Paclobutrazol	8.85	76738-62-0	1	1	1	1	1	1	5	1
350	Paraoxon-ethyl	7.21	311-45-5	5	5	10	1	5	5	5	5
351	Paraoxon-methyl	5.14	950-35-6	20	5	5	5	10	5	10	5
352	Pebulate	15.47	1114-71-2	20	20	20	50	10	20	5	20
353	Penconazole	12.66	66246-88-6	1	1	1	1	1	1	1	1
354	Pencycuron	15.84	66063-05-6	1	1	1	1	1	1	1	1
355	Penoxsulam	8.15	219714-96-2	1	1	1	1	1	1	1	1
356	Pentanochlor	13.62	2307-68-8	1	1	5	1	1	1	1	1
357	Phenmedipham	9.40	13684-63-4	1	1	1	1	1	1	5	1
358	Phenthoate	15.11	2597-03-7	20	20	50	20	50	50	20	10
359	Phorate	15.79	298-02-2	NA	NA	NA	NA	NA	NA	NA	NA
360	Phorate-Sulfone	8.72	2588-04-7	5	5	20	1	5	5	5	5
361	Phorate-Sulfoxide	6.44	2588-03-6	1	1	1	1	1	1	1	1
362	Phosalone	16.15	2310-17-0	50	10	50	20	20	20	10	10
363	Phosfolan	4.25	947-02-4	1	1	1	1	1	1	1	5
364	Phosmet	10.41	732-11-6	5	10	20	10	20	20	20	10
365	Phosphamidon	4.79	13171-21-6	1	1	1	1	1	1	1	1
366	Phoxim	16.14	14816-18-3	50	50	50	50	50	50	50	50
367	Phthalic acid, benzyl but	16.78	85-68-7	1	5	1	10	1	20	5	5
368	Phthalic Acid, *bis*-Butyl	16.89	84-74-2	1	1	1	1	1	1	1	1
369	Phthalic Acid, *bis*-Cyclo	18.87	84-61-7	20	5	10	10	1	5	5	1
370	Picaridin	6.87	119515-38-7	1	5	1	5	5	1	1	1
371	Picloram	2.62	1918-02-1	NA	NA	50	NA	50	50	NA	50
372	Picolinafen	17.18	137641-05-5	50	50	50	50	20	50	50	20
373	Picoxystrobin	14.81	117428-22-5	1	1	1	1	1	5	1	1
374	Pinoxaden	13.44	243973-20-8	1	1	1	1	1	1	1	1
375	Piperonyl Butoxide	17.20	51-03-6	1	1	1	1	1	1	1	1

续表

序号	农药名称	保留时间(min)	CAS 号	葡萄 SDL (μg/kg)	苹果 SDL (μg/kg)	西柚 SDL (μg/kg)	西瓜 SDL (μg/kg)	番茄 SDL (μg/kg)	菠菜 SDL (μg/kg)	芹菜 SDL (μg/kg)	结球甘蓝 SDL (μg/kg)
376	Piperophos	16.35	24151-93-7	1	1	1	1	1	1	1	1
377	Pirimicarb	4.67	23103-98-2	1	1	1	1	1	5	1	1
378	Pirimicarb-desmethyl	3.31	30614-22-3	1	1	5	5	1	5	1	1
379	Pirimiphos-ethyl	17.97	23505-41-1	1	1	1	1	1	1	1	1
380	Pirimiphos-methyl	16.08	29232-93-7	1	1	1	1	1	1	1	1
381	Prallethrin	16.41	23031-36-9	50	50	50	50	50	5	50	50
382	Pretilachlor	16.34	51218-49-6	1	1	1	1	1	1	1	1
383	Primisulfuron-methyl	12.07	86209-51-0	NA	NA	50	NA	NA	NA	NA	NA
384	Prochloraz	13.57	67747-09-5	1	1	1	1	1	1	1	10
385	Profenofos	16.29	41198-08-7	20	5	10	20	1	20	10	10
386	Promecarb	9.93	2631-37-0	5	10	5	10	1	20	10	5
387	Prometon	5.68	1610-18-0	1	1	5	1	1	1	1	5
388	Prometryn	9.25	7287-19-6	1	1	1	10	10	1	1	20
389	Propachlor	7.52	1918-16-7	1	1	20	1	1	5	5	1
390	Propamocarb	2.30	24579-73-5	1	1	1	1	1	5	1	1
391	Propanil	8.17	709-98-8	20	5	20	10	5	5	5	5
392	Propaphos	13.29	7292-16-2	1	1	1	1	1	1	1	1
393	Propaquizafop	17.06	111479-05-1	10	1	1	10	1	1	1	1
394	Propargite	18.43	2312-35-8	50	50	50	50	50	50	50	50
395	Propazine	8.24	139-40-2	1	1	1	1	5	1	1	5
396	Propetamphos	13.13	31218-83-4	50	50	50	50	20	50	20	50
397	Propiconazol	13.27	60207-90-1	1	1	1	1	1	1	1	1
398	Propisochlor	14.47	86763-47-5	1	1	1	1	1	1	5	1
399	Propoxur	5.80	114-26-1	5	5	5	1	10	5	5	10
400	Propoxycarbazone	5.88	145026-81-9	5	10	5	1	1	1	1	5
401	Propyzamide	11.22	23950-58-5	5	5	20	5	5	1	5	5
402	Proquinazid	18.43	189278-12-4	20	5	50	20	1	20	1	20
403	Prosulfocarb	16.67	52888-80-9	10	5	5	20	1	10	5	1
404	Pymetrozine	2.20	123312-89-0	20	50	5	20	5	50	10	20
405	Pyraclofos	14.83	89784-60-1	1	1	1	1	1	1	1	1
406	Pyraclostrobin	15.55	175013-18-0	1	1	1	1	1	1	1	1
407	Pyraflufen-ethyl	15.15	129630-19-9	20	5	20	10	5	10	5	5
408	Pyrasulfotole	4.34	365400-11-9	10	10	10	1	1	1	1	50
409	Pyrazolynate	16.01	58011-68-0	20	5	10	50	1	10	5	1
410	Pyrazophos	15.28	13457-18-6	1	1	1	1	1	1	1	1
411	Pyrazosulfuron-ethyl	9.83	93697-74-6	5	1	1	1	1	1	1	1
412	Pyrazoxyfen	14.06	71561-11-0	1	1	1	1	1	1	1	1
413	Pyributicarb	17.96	88678-67-5	1	1	1	1	1	10	1	1
414	Pyridaben	18.95	96489-71-3	50	20	50	50	20	50	50	50
415	Pyridafol	4.03	40020-01-7	1	10	1	1	1	5	1	1
416	Pyridalyl	20.31	179101-81-6	50	50	50	50	50	50	50	50
417	Pyridaphenthion	11.76	119-12-0	1	1	1	1	1	1	1	1
418	Pyridate	19.74	55512-33-9	50	50	50	50	50	50	50	50
419	Pyrifenox	9.09	88283-41-4	1	1	1	1	1	1	1	1
420	Pyrimethanil	7.85	53112-28-0	1	1	1	5	1	1	1	5
421	Pyrimidifen	16.30	105779-78-0	1	1	1	1	1	5	1	1
422	Pyriminobac-Methyl (Z)	9.44	147411-70-9	1	1	1	1	1	1	1	1

续表

序号	农药名称	保留时间(min)	CAS 号	葡萄 SDL (μg/kg)	苹果 SDL (μg/kg)	西柚 SDL (μg/kg)	西瓜 SDL (μg/kg)	番茄 SDL (μg/kg)	菠菜 SDL (μg/kg)	芹菜 SDL (μg/kg)	结球甘蓝 SDL (μg/kg)
423	Pyriproxyfen	17.59	95737-68-1	1	5	1	1	1	5	1	1
424	Pyroquilon	4.99	57369-32-1	1	1	1	1	1	1	1	1
425	Quinalphos	14.13	13593-03-8	1	1	1	1	1	1	1	1
426	Quinclorac	4.15	84087-01-4	50	50	5	5	5	5	5	10
427	Quinmerac	3.66	90717-03-6	5	10	5	5	1	1	5	50
428	Quinoclamine	5.24	2797-51-5	20	5	5	5	5	5	5	10
429	Quinoxyfen	16.93	124495-18-7	1	20	1	10	1	5	1	1
430	Quizalofop	10.04	76578-12-6	20	20	20	10	5	5	5	50
431	Quizalofop-ethyl	16.76	76578-14-8	10	1	1	1	1	1	1	1
432	Rabenzazole	6.61	40341-04-6	1	1	1	1	1	1	1	1
433	Resmethrin	19.20	10453-86-8	50	50	50	50	50	50	50	50
434	Rimsulfuron	6.23	122931-48-0	NA	NA	50	NA	NA	50	50	NA
435	Rotenone	13.34	83-79-4	1	1	1	1	1	1	5	1
436	Saflufenacil	11.26	372137-35-4	10	5	10	5	1	1	5	5
437	Sebuthylazine	8.07	7286-69-3	1	1	1	1	1	1	5	1
438	Sebuthylazine-desethyl	4.59	37019-18-4	1	1	5	1	1	1	1	1
439	Secbumeton	5.60	26259-45-0	5	1	1	10	1	10	5	5
440	Siduron	9.40	1982-49-6	1	10	10	10	10	5	5	10
441	Simazine	5.11	122-34-9	1	1	1	1	1	1	1	1
442	Simeconazole	10.42	149508-90-7	1	1	1	1	1	1	1	1
443	Simeton	3.69	673-04-1	1	1	1	5	1	1	1	10
444	Simetryn	5.53	1014-70-6	10	10	1	1	5	5	1	5
445	Spinetoram	16.21	187166-40-1	1	1	1	1	1	1	1	1
446	Spinosad	15.02	168316-95-8	20	50	50	10	5	5	5	1
447	Spirodiclofen	19.08	148477-71-8	50	50	50	50	50	50	50	50
448	Spirotetramat	10.48	203313-25-1	1	1	1	1	1	1	5	1
449	Spiroxamine	8.76	118134-30-8	1	1	1	1	1	1	1	1
450	Sulcotrione	5.57	99105-77-8	5	5	5	1	1	5	1	5
451	Sulfallate	14.77	95-06-7	NA	50	NA	50	50	50	50	NA
452	Sulfentrazone	6.51	122836-35-5	5	1	20	1	5	1	5	5
453	Sulfotep	15.87	3689-24-5	5	5	5	10	1	1	5	1
454	Sulprofos	18.11	35400-43-2	50	50	50	50	50	50	50	50
455	Tebuconazole	11.86	107534-96-3	1	1	1	1	1	1	1	1
456	Tebufenozide	14.09	112410-23-8	1	1	1	1	5	10	1	1
457	Tebufenpyrad	16.79	119168-77-3	10	1	1	10	1	10	1	1
458	Tebupirimfos	17.71	96182-53-5	1	1	1	1	1	1	1	1
459	Tebutam	12.54	35256-85-0	1	1	1	1	1	1	1	1
460	Tebuthiuron	4.66	34014-18-1	1	5	1	50	5	1	5	5
461	Tembotrione	10.29	335104-84-2	1	50	5	1	1	1	1	1
462	Temephos	17.85	3383-96-8	50	50	50	50	50	50	50	50
463	TEPP	4.70	107-49-3	NA	NA	50	NA	NA	NA	NA	NA
464	Tepraloxydim	11.45	149979-41-9	5	5	5	5	1	10	5	1
465	Terbucarb	15.93	1918-11-2	5	20	10	20	10	50	20	50
466	Terbufos	17.56	13071-79-9	NA	NA	NA	NA	NA	NA	NA	NA
467	Terbufos-Oxon-Sulfone	5.29	56070-15-6	NA	NA	NA	NA	NA	NA	NA	NA
468	Terbufos-sulfone	12.00	56070-16-7	1	1	5	1	1	1	1	1
469	Terbumeton	5.94	33693-04-8	1	10	1	5	20	5	1	1

续表

序号	农药名称	保留时间(min)	CAS 号	葡萄 SDL (μg/kg)	苹果 SDL (μg/kg)	西柚 SDL (μg/kg)	西瓜 SDL (μg/kg)	番茄 SDL (μg/kg)	菠菜 SDL (μg/kg)	芹菜 SDL (μg/kg)	结球甘蓝 SDL (μg/kg)
470	Terbuthylazine	8.94	5915-41-3	1	1	1	1	1	10	5	1
471	Terbutryn	9.53	886-50-0	1	1	1	1	1	1	1	5
472	Tetrachlorvinphos	12.81	22248-79-9	1	1	1	1	1	1	5	1
473	Tetraconazole	11.97	112281-77-3	1	1	1	1	1	1	1	1
474	Tetramethrin	17.37	7696-12-0	1	1	1	1	1	1	1	1
475	Thenylchlor	13.11	96491-05-3	1	1	1	1	1	1	1	1
476	Thiabendazole	3.04	148-79-8	5	20	5	1	1	1	1	1
477	Thiabendazole-5-hydrox	2.51	948-71-0	5	10	5	5	50	1	1	50
478	Thiacloprid	4.61	111988-49-9	1	1	1	1	1	1	1	1
479	Thiamethoxam	3.24	153719-23-4	1	5	1	5	1	5	1	1
480	Thiazafluron	5.21	25366-23-8	5	5	5	5	1	5	5	5
481	Thiazopyr	15.58	117718-60-2	1	1	1	1	1	1	1	1
482	Thidiazuron	4.92	51707-55-2	5	10	5	5	5	1	5	50
483	Thiencarbazone-methyl	5.52	317815-83-1	1	10	10	1	1	5	1	10
484	Thifensulfuron-methyl	5.41	79277-27-3	5	5	5	1	1	5	1	10
485	Thiobencarb	15.32	28249-77-6	20	5	20	10	5	10	5	5
486	Thiodicarb	5.89	59669-26-0	1	1	1	1	1	1	1	1
487	Thiofanox	6.59	39196-18-4	10	20	50	10	10	50	20	10
488	Thiofanox-Sulfone	3.97	39184-59-3	5	5	1	10	10	5	5	10
489	Thiofanox-Sulfoxide	3.36	39184-27-5	5	10	5	5	10	10	1	5
490	Thionazin	8.24	297-97-2	5	5	5	10	5	5	5	5
491	Thiophanate-Ethyl	8.02	23564-06-9	20	10	5	1	1	1	1	5
492	Thiophanate-methyl	5.57	23564-05-8	1	5	10	1	1	10	1	1
493	Thiram	6.54	137-26-8	NA	NA	50	NA	NA	NA	NA	NA
494	Tiocarbazil	18.40	36756-79-3	20	5	10	10	1	20	5	10
495	Tolclofos-methyl	15.79	57018-04-9	20	5	20	20	5	50	20	10
496	Tolfenpyrad	17.04	129558-76-5	50	10	50	20	1	10	10	10
497	Tralkoxydim	17.76	87820-88-0	20	10	20	20	1	5	1	20
498	Triadimefon	11.33	43121-43-3	1	1	1	1	1	1	1	1
499	Triadimenol	8.65	55219-65-3	50	NA	5	NA	10	50	20	NA
500	triallate	18.19	2303-17-5	50	20	50	50	20	50	50	50
501	Triapenthenol	11.56	76608-88-3	1	1	1	1	1	5	1	1
502	Triasulfuron	6.16	82097-50-5	1	1	1	1	1	1	1	1
503	Triazophos	12.90	24017-47-8	1	1	1	1	1	1	1	1
504	Triazoxide	5.92	72459-58-6	5	10	5	5	1	5	1	50
505	Tribenuron-methyl	8.05	101200-48-0	NA	NA	1	NA	NA	NA	NA	NA
506	Tribufos	18.98	78-48-8	50	5	20	20	1	5	10	20
507	Tributyl phosphate	14.94	126-73-8	1	1	1	1	1	1	1	1
508	Trichlorfon	3.43	52-68-6	5	5	10	5	5	20	5	5
509	Tricyclazole	4.34	41814-78-2	1	1	20	1	1	1	1	1
510	Tridemorph	14.05	81412-43-3	1	20	10	1	1	1	1	1
511	Trietazine	11.61	1912-26-1	1	1	1	1	1	1	5	1
512	Trifloxystrobin	16.83	141517-21-7	1	1	1	1	1	1	1	1
513	Triflumizole	15.17	99387-89-0	20	5	1	1	1	10	10	1
514	Triflumuron	14.65	64628-44-0	50	50	50	50	20	50	50	20
515	Triflusulfuron-methyl	12.08	126535-15-7	NA	50	50	50	50	50	50	50
516	Trinexapac-ethyl	7.68	95266-40-3	5	10	10	5	5	1	5	5

续表

序号	农药名称	保留时间(min)	CAS 号	葡萄	苹果	西柚	西瓜	番茄	菠菜	芹菜	结球甘蓝
				SDL (μg/kg)	SDL (μg/kg)	SDL (μg/kg)	SDL (μg/kg)	SDL (μg/kg)	SDL (μg/kg)	SDL (μg/kg)	SDL (μg/kg)
517	Triphenyl phosphate	15.11	115-86-6	1	1	1	1	1	1	1	1
518	Triticonazole	9.52	131983-72-7	5	NA	10	NA	5	50	5	NA
519	Uniconazole	10.73	83657-22-1	1	1	1	1	1	1	1	1
520	Validamycin	0.69	37248-47-8	NA	NA	NA	NA	NA	NA	NA	NA
521	Valifenalate	10.63	283159-90-0	1	1	1	1	1	1	1	1
522	Vamidothion	3.49	2275-23-2	1	1	1	5	1	5	1	1
523	Vamidothion sulfone	2.97	70898-34-9	1	1	1	1	1	1	1	1
524	Vamidothion sulfoxide	2.54	20300-00-9	5	5	5	5	5	50	1	50
525	Zoxamide	15.09	156052-68-5	1	1	1	1	5	1	1	1

附表 1-8　GC-Q-TOF/MS 8 种水果蔬菜中 485 种农药化学污染物非靶向筛查方法验证结果汇总

序号	农药名称	保留时间 (min)	CAS 号	葡萄 SDL (μg/kg)	苹果 SDL (μg/kg)	西柚 SDL (μg/kg)	西瓜 SDL (μg/kg)	番茄 SDL (μg/kg)	菠菜 SDL (μg/kg)	芹菜 SDL (μg/kg)	结球甘蓝 SDL (μg/kg)
1	1-naphthyl Acetamide	23.24	86-86-2	5	5	5	5	50	5	20	10
2	1-naphthylacetic acid	15.92	86-87-3	100	NA	100	NA	100	20	NA	NA
3	2,3,5,6-Tetrachloroanili	14.17	3481-20-7	1	1	1	1	1	1	1	1
4	2,4-DB	18.94	94-82-6	50	50	50	100	50	100	50	50
5	2,4′-DDD	25.14	53-19-0	1	1	5	1	1	1	1	1
6	2,4′-DDE	22.75	3424-82-6	1	5	5	1	1	1	5	1
7	2,4′-DDT	25.67	789-02-6	5	5	5	5	10	5	5	5
8	2,6-Dichlorobenzamide	18.47	2008-58-4	100	NA	100	50	NA	20	50	50
9	2-Phenylphenol	12.67	90-43-7	1	1	1	1	1	1	1	1
10	3,4,5-Trimethacarb	9.66	2686-99-9	10	50	5	5	10	5	5	5
11	3,5-Dichloroaniline	11.51	626-43-7	1	1	1	1	1	1	1	1
12	3-Chloro-4-Methylanilin	8.88	95-74-9	20	1	5	NA	5	20	5	5
13	3-Phenylphenol	18.32	580-51-8	5	5	5	5	10	5	20	5
14	4,4′-DDD	26.94	72-54-8	1	1	1	1	5	5	5	1
15	4,4′-Dibromobenzophen	25.77	3988-03-2	1	1	5	1	5	10	1	5
16	4-Bromo-3,5-Dimethylp	13.51	672-99-1	5	20	5	20	5	1	5	1
17	4-Chloronitrobenzene	7.74	100-00-5	5	20	5	5	5	5	5	5
18	4-Chlorophenoxyacetic	11.94	122-88-3	NA	NA	NA	NA	100	5	100	NA
19	Acenaphthene	10.94	83-32-9	1	1	1	1	1	1	20	1
20	Acetochlor	19.77	34256-82-1	1	1	1	1	5	1	5	1
21	Acibenzolar-S-methyl	20.63	135158-54-2	5	5	5	5	5	5	5	5
22	Aclonifen	27.53	74070-46-5	5	20	20	5	10	20	20	10
23	Acrinathrin	15.99	101007-06-1	5	1	5	5	1	1	5	1
24	Akton	23.49	1757-18-2	1	1	1	1	1	1	1	1
25	Alachlor	20.13	15972-60-8	5	5	5	5	5	5	10	5
26	Alanycarb	13.77	83130-01-2	NA	NA	NA	NA	50	100	100	20
27	Aldicarb-sulfone	7.84	1646-88-4	NA	NA	NA	NA	NA	20	NA	NA
28	Aldimorph	17.94	91315-15-0	20	20	20	20	20	5	20	20
29	Aldrin	19.53	309-00-2	5	5	5	5	5	5	5	5
30	Allethrin	22.63	584-79-2	1	1	5	10	10	10	1	20
31	Allidochlor	8.89	93-71-0	5	5	5	5	5	100	10	10
32	alpha-Cypermethrin	33.65	67375-30-8	100	50	NA	NA	100	5	NA	100
33	alpha-Endosulfan	23.14	959-98-8	5	5	10	5	5	5	5	5
34	alpha-HCH	16.12	319-84-6	1	1	5	1	1	5	1	1
35	Ametryn	20.48	834-12-8	5	5	5	5	1	5	1	1
36	Amidosulfuron	8.61	120923-37-7	5	10	5	10	5	1	10	5
37	Aminocarb	10.18	2032-59-9	5	20	5	5	5	20	5	5
38	Amitraz	13.68	33089-61-1	20	20	10	20	10	5	50	20
39	Ancymidol	27.52	12771-68-5	5	5	5	5	5	20	10	5
40	Anilofos	31.22	64249-01-0	5	5	20	5	10	1	20	10
41	Anthracene D10	17.47	1719-06-8	1	1	5	1	1	50	5	1
42	Aramite	26.13	140-57-8	50	20	100	50	20	5	50	50
43	Atraton	17.00	1610-17-9	5	1	1	1	5	1	5	5
44	Atrazine	18.08	1912-24-9	1	1	5	1	5	1	5	5
45	Atrazine-desethyl	17.03	6190-65-4	5	10	5	1	5	5	5	5
46	Atrazine-desisopropyl	17.06	1007-28-9	5	5	5	5	5	1	5	5

续表

序号	农药名称	保留时间 (min)	CAS 号	葡萄 SDL (μg/kg)	苹果 SDL (μg/kg)	西柚 SDL (μg/kg)	西瓜 SDL (μg/kg)	番茄 SDL (μg/kg)	菠菜 SDL (μg/kg)	芹菜 SDL (μg/kg)	结球甘蓝 SDL (μg/kg)
47	Azaconazole	26.62	60207-31-0	1	1	1	1	1	5	1	1
48	Azinphos-ethyl	32.41	2642-71-9	5	5	10	5	20	5	20	20
49	Aziprotryne	19.45	4658-28-0	5	5	5	5	5	5	5	5
50	Azoxystrobin	38.04	131860-33-8	1	5	20	5	10	20	5	10
51	Beflubutamid	24.79	113614-08-7	5	5	5	10	5	5	5	5
52	Benalaxyl	27.82	71626-11-4	5	1	5	1	1	1	1	1
53	Bendiocarb	8.50	22781-23-3	5	1	5	1	1	5	1	1
54	Benfluralin	15.32	1861-40-1	5	5	5	5	5	5	5	5
55	Benfuresate	20.75	68505-69-1	5	5	5	5	1	5	5	5
56	Benodanil	29.17	15310-01-7	5	5	5	5	10	5	10	5
57	Benoxacor	19.63	98730-04-2	5	5	5	5	5	50	5	5
58	Benzoximate	13.14	29104-30-1	10	20	20	5	10	1	20	10
59	Benzoylprop-Ethyl	29.73	22212-55-1	5	1	1	1	1	5	1	1
60	beta-Endosulfan	27.02	33213-65-9	5	10	10	10	10	1	10	10
61	beta-HCH	20.68	319-85-7	5	1	5	1	1	1	5	1
62	Bifenazate	30.50	149877-41-8	1	1	1	1	5	50	1	1
63	Bifenox	31.12	42576-02-3	10	20	100	10	100	1	NA	100
64	Bifenthrin	28.80	82657-04-3	1	1	1	1	1	50	1	1
65	Bioresmethrin	27.86	28434-01-7	20	20	10	1	20	5	NA	20
66	Bitertanol	32.76	55179-31-2	5	20	20	5	10	5	50	20
67	Boscalid	34.44	188425-85-6	5	5	5	5	10	5	5	10
68	Bromfenvinfos	24.84	33399-00-7	5	5	5	5	5	10	5	5
69	Bromfenvinfos-Methyl	23.73	13104-21-7	5	5	20	5	50	5	100	50
70	Bromobutide	19.73	74712-19-9	5	5	5	5	5	5	5	5
71	Bromocyclen	17.38	1715-40-8	5	5	5	5	5	1	5	5
72	Bromophos-Ethyl	23.07	4824-78-6	5	1	5	1	1	1	1	1
73	Bromophos-Methyl	21.82	2104-96-3	1	1	5	1	5	1	5	5
74	Bromopropylate	29.69	18181-80-1	1	1	5	1	1	10	1	1
75	Bromoxynil octanoate	27.78	1689-99-2	10	20	20	20	50	5	50	50
76	Bromuconazole	31.07	116255-48-2	5	5	10	5	5	5	5	5
77	Bupirimate	26.31	41483-43-6	1	1	5	1	1	5	1	1
78	Buprofezin	25.12	69327-76-0	50	5	NA	50	5	1	100	100
79	Butachlor	23.98	23184-66-9	5	1	5	5	1	5	5	1
80	Butafenacil	33.96	134605-64-4	5	1	5	1	5	10	5	5
81	Butamifos	25.38	36335-67-8	5	5	5	5	5	5	5	5
82	Butralin	22.07	33629-47-9	5	20	20	5	5	50	10	5
83	Cadusafos	15.13	95465-99-9	5	5	5	5	5	5	5	5
84	Cafenstrole	34.45	125306-83-4	5	5	NA	5	20	10	50	50
85	Captafol	30.15	2425-06-1	50	50	NA	50	NA	20	NA	NA
86	Captan	24.70	133-06-2	100	20	NA	100	NA	5	NA	NA
87	Carbaryl	14.62	63-25-2	5	100	5	10	10	5	10	10
88	Carbofuran	17.97	1563-66-2	1	5	20	5	10	1	1	20
89	Carbofuran-3-Hydroxy	12.77	16655-82-6	NA	NA	NA	50	NA	5	NA	NA
90	Carbophenothion	27.67	786-19-6	5	5	5	5	5	10	5	5
91	Carbosulfan	28.79	55285-14-8	NA	NA	NA	NA	NA	20	NA	NA
92	Carboxin	26.74	5234-68-4	5	1	5	1	5	1	5	1
93	Chlorbenside	23.33	103-17-3	5	1	5	5	5	10	5	1

续表

序号	农药名称	保留时间 (min)	CAS 号	葡萄 SDL (μg/kg)	苹果 SDL (μg/kg)	西柚 SDL (μg/kg)	西瓜 SDL (μg/kg)	番茄 SDL (μg/kg)	菠菜 SDL (μg/kg)	芹菜 SDL (μg/kg)	结球甘蓝 SDL (μg/kg)
94	Chlorbenside sulfone	29.51	7082-99-7	1	1	5	5	5	1	1	5
95	Chlorbromuron	9.66	13360-45-7	NA	NA	NA	NA	NA	1	NA	NA
96	Chlorbufam	18.30	1967-16-4	5	5	20	10	20	1	50	20
97	Chlordane	23.59	57-74-9	20	20	100	20	50	5	20	20
98	Chlordecone	25.61	143-50-0	NA	NA	NA	NA	NA	5	NA	NA
99	Chlordimeform	15.05	6164-98-3	NA	NA	NA	NA	NA	5	NA	NA
100	Chlorethoxyfos	13.30	54593-83-8	1	5	5	1	5	1	5	5
101	Chlorfenapyr	27.53	122453-73-0	10	20	20	10	20	5	20	20
102	Chlorfenethol	23.80	80-06-8	1	1	1	1	1	5	1	1
103	Chlorfenprop-Methyl	13.79	14437-17-3	1	1	5	1	1	50	1	1
104	Chlorfenson	25.62	80-33-1	1	5	5	1	1	5	5	5
105	Chlorfenvinphos	23.35	470-90-6	5	5	5	5	10	1	10	10
106	Chlorflurenol-methyl	24.38	2536-31-4	5	1	1	1	1	1	5	5
107	Chloridazon	31.76	1698-60-8	NA	NA	NA	NA	NA	5	NA	NA
108	Chlorobenzilate	26.45	510-15-6	5	10	10	10	10	1	10	10
109	Chloroneb	11.79	2675-77-6	1	1	5	1	1	5	1	1
110	Chloropropylate	26.21	5836-10-2	NA	10	10	NA	10	5	5	NA
111	Chlorothalonil	19.96	1897-45-6	5	5	10	1	20	1	50	NA
112	chlorotoluron	6.87	15545-48-9	5	50	20	5	5	10	10	5
113	Chlorpropham	15.88	101-21-3	5	5	10	5	5	10	5	5
114	Chlorpyrifos	20.82	2921-88-2	1	1	1	1	1	1	1	1
115	Chlorpyrifos-methyl	19.30	5598-13-0	1	1	1	1	1	20	1	1
116	Chlorsulfuron	8.82	64902-72-3	5	5	5	5	5	1	10	5
117	Chlorthal-dimethyl	21.17	1861-32-1	1	1	1	1	1	1	1	1
118	Chlorthiamid	22.84	1918-13-4	NA	NA	NA	NA	NA	100	NA	NA
119	Chlorthion	23.48	500-28-7	5	5	20	5	10	5	20	10
120	Chlorthiophos	26.73	60238-56-4	5	5	5	5	5	10	5	5
121	Chlozolinate	23.91	84332-86-5	5	5	5	5	5	1	5	5
122	Cinidon-Ethyl	39.66	142891-20-1	10	5	20	10	NA	1	50	NA
123	*cis*-1,2,3,6-Tetrahydrop	13.93	1469-48-3	20	5	20	5	20	5	20	20
124	*cis*-Permethrin	31.73	61949-76-6	1	1	1	5	5	100	5	1
125	Clodinafop	25.49	114420-56-3	20	50	50	20	20	10	20	20
126	Clodinafop-propargyl	28.20	105512-06-9	5	20	5	20	5	10	5	5
127	Clomazone	17.21	81777-89-1	1	1	1	1	1	10	1	1
128	Clopyralid	11.54	1702-17-6	50	NA	100	NA	50	5	100	100
129	Coumaphos	33.67	56-72-4	5	5	20	5	20	5	50	20
130	Crufomate	23.28	299-86-5	5	5	5	5	5	5	5	5
131	Cyanofenphos	29.05	13067-93-1	1	1	5	1	1	5	1	1
132	Cyanophos	19.31	2636-26-2	1	1	5	1	1	5	5	5
133	Cycloate	13.54	1134-23-2	10	5	5	5	5	50	10	10
134	Cycloprothrin	18.81	63935-38-6	NA	NA	NA	NA	NA	1	NA	NA
135	Cyflufenamid	26.09	180409-60-3	NA	NA	NA	10	NA	1	100	NA
136	Cyfluthrin	33.90	68359-37-5	5	20	20	10	10	20	20	20
137	Cypermethrin	33.86	52315-07-8	5	5	5	5	5	5	20	10
138	Cyphenothrin	31.88	39515-40-7	10	20	10	50	50	5	50	NA
139	Cyprazine	20.44	22936-86-3	5	1	5	10	1	5	5	1
140	Cyproconazole	27.80	94361-06-5	5	1	5	5	5	1	5	5

续表

序号	农药名称	保留时间 (min)	CAS 号	葡萄	苹果	西柚	西瓜	番茄	菠菜	芹菜	结球甘蓝
				SDL (μg/kg)	SDL (μg/kg)	SDL (μg/kg)	SDL (μg/kg)	SDL (μg/kg)	SDL (μg/kg)	SDL (μg/kg)	SDL (μg/kg)
141	Cyprodinil	22.17	121552-61-2	1	1	5	1	5	1	5	5
142	Cyprofuram	28.95	69581-33-5	5	5	10	5	5	5	10	5
143	DDT	27.55	50-29-3	1	5	20	5	20	5	20	20
144	delta-HCH	21.54	319-86-8	1	1	5	1	5	1	5	5
145	Deltamethrin	35.94	52918-63-5	20	50	50	20	100	1	100	100
146	Desethylterbuthylazine	17.07	30125-63-4	1	1	5	5	1	1	5	5
147	Desmetryn	19.89	1014-69-3	1	1	5	1	1	5	1	1
148	Dialifos	32.36	10311-84-9	10	20	100	20	50	5	50	50
149	Diallate	14.73	2303-16-4	5	5	5	5	5	5	5	5
150	Dibutyl succinate	12.27	141-03-7	5	1	1	5	5	10	5	5
151	Dicapthon	22.87	2463-84-5	5	1	20	5	20	1	50	20
152	Dichlobenil	9.82	1194-65-6	1	1	1	1	1	1	1	1
153	Dichlofenthion	18.84	97-17-6	5	1	5	1	1	5	5	1
154	Dichlofluanid	22.01	1085-98-9	1	5	5	5	10	5	10	100
155	Dichlormid	9.81	37764-25-3	5	1	10	5	10	20	5	5
156	Dichlorprop	14.01	120-36-5	NA	NA	NA	NA	NA	1	NA	NA
157	Dichlorvos	7.85	62-73-7	1	1	5	1	5	20	5	5
158	Diclocymet	25.61	139920-32-4	1	1	5	1	1	1	1	1
159	Diclofop-methyl	28.45	51338-27-3	1	1	5	1	1	5	1	1
160	Dicloran	18.14	99-30-9	5	1	5	5	5	5	20	5
161	Dicofol	21.68	115-32-2	5	1	5	5	5	10	1	5
162	Dieldrin	24.51	60-57-1	NA	5	20	20	5	100	5	20
163	Diethatyl-Ethyl	25.13	38727-55-8	5	1	5	1	1	5	5	5
164	Diethofencarb	21.92	87130-20-9	5	5	5	5	5	1	10	5
165	Diethyltoluamide	14.00	134-62-3	1	1	1	1	1	1	1	1
166	Difenoxuron	21.13	14214-32-5	20	50	NA	10	NA	5	100	NA
167	Diflufenican	28.99	83164-33-4	1	1	5	1	5	5	1	1
168	Diflufenzopyr	10.22	109293-97-2	5	20	50	50	20	1	20	20
169	Dimethachlor	20.08	50563-36-5	5	5	5	5	5	20	5	5
170	Dimethametryn	22.91	22936-75-0	1	1	1	1	1	5	1	1
171	Dimethenamid	19.76	87674-68-8	5	5	5	1	1	1	1	5
172	Dimethipin	20.99	55290-64-7	NA	NA	NA	NA	NA	5	NA	NA
173	Dimethoate	19.45	60-51-5	5	20	100	5	50	10	NA	50
174	Dimethyl phthalate	11.51	131-11-3	1	1	1	1	1	1	1	1
175	Dimetilan	21.44	644-64-4	5	5	10	5	5	5	10	5
176	Diniconazole	27.50	83657-24-3	5	20	20	5	10	50	20	10
177	Dinitramine	19.58	29091-05-2	10	20	20	10	10	10	10	10
178	Dinobuton	24.20	973-21-7	10	50	100	20	50	5	100	50
179	Dinoterb	18.41	1420-07-1	100	50	NA	100	NA	20	NA	NA
180	Diofenolan	27.12	63837-33-2	5	5	5	5	5	5	5	5
181	Dioxabenzofos	16.56	3811-49-2	1	1	5	1	5	5	5	5
182	Dioxacarb	11.03	6988-21-2	NA	NA	1	5	1	5	1	1
183	Dioxathion	17.76	78-34-2	5	5	20	5	5	5	5	5
184	Diphenamid	23.32	957-51-7	5	1	1	5	1	5	5	1
185	Diphenylamine	14.71	122-39-4	1	1	1	1	1	1	1	1
186	Dipropetryn	21.22	4147-51-7	5	1	1	1	1	5	1	1
187	Disulfoton	17.98	298-04-4	5	5	5	5	5	5	5	5

续表

序号	农药名称	保留时间 (min)	CAS 号	葡萄 SDL (μg/kg)	苹果 SDL (μg/kg)	西柚 SDL (μg/kg)	西瓜 SDL (μg/kg)	番茄 SDL (μg/kg)	菠菜 SDL (μg/kg)	芹菜 SDL (μg/kg)	结球甘蓝 SDL (μg/kg)
188	Disulfoton sulfone	26.99	2497-06-5	5	10	5	10	5	5	1	NA
189	Disulfoton sulfoxide	8.38	2497-07-6	5	5	5	5	5	5	5	5
190	Ditalimfos	25.28	5131-24-8	1	5	5	1	5	10	5	5
191	Dithiopyr	20.58	97886-45-8	1	1	5	1	1	1	1	1
192	Dodemorph	19.53	1593-77-7	5	100	5	5	5	1	5	50
193	Edifenphos	28.34	17109-49-8	5	5	20	5	20	5	50	20
194	Endosulfan-sulfate	29.50	1031-07-8	5	5	10	5	20	5	20	10
195	Endrin	30.62	72-20-8	5	20	5	20	5	10	10	10
196	Endrin-aldehyde	28.51	7421-93-4	10	20	20	5	5	5	5	NA
197	Endrin-ketone	30.63	53494-70-5	5	5	5	5	5	100	5	5
198	EPN	30.56	2104-64-5	5	20	20	5	20	5	20	20
199	EPTC	8.44	759-94-4	5	20	5	20	1	5	5	10
200	Esprocarb	20.17	85785-20-2	5	5	5	5	5	1	5	5
201	Ethalfluralin	14.91	55283-68-6	5	20	10	10	5	20	10	10
202	Ethion	27.06	563-12-2	50	1	10	1	5	5	1	1
203	Ethofumesate	22.34	26225-79-6	1	1	5	5	1	1	5	1
204	Ethoprophos	14.54	13194-48-4	5	5	5	5	5	5	5	1
205	Etofenprox	33.16	80844-07-1	5	5	5	5	5	100	5	5
206	Etridiazole	10.23	2593-15-9	5	20	5	20	5	5	5	10
207	Famphur	30.02	52-85-7	5	10	20	10	50	5	50	50
208	Fenamidone	30.71	161326-34-7	1	1	5	5	5	5	1	1
209	Fenamiphos	25.65	22224-92-6	1	1	1	1	1	5	1	1
210	Fenarimol	31.95	60168-88-9	5	5	5	5	10	20	10	10
211	Fenazaflor	22.43	14255-88-0	100	100	20	5	50	10	10	20
212	Fenazaquin	29.37	120928-09-8	5	5	5	5	5	5	5	5
213	Fenchlorphos	19.84	299-84-3	5	5	5	5	5	5	5	5
214	Fenchlorphos-Oxon	19.42	3983-45-7	5	5	50	5	50	100	50	50
215	Fenfuram	20.49	24691-80-3	5	5	5	5	5	5	5	5
216	Fenitrothion	22.02	122-14-5	5	5	5	5	5	10	5	5
217	Fenobucarb	8.52	3766-81-2	50	100	10	20	1	10	5	10
218	Fenoprop	16.58	93-72-1	NA	NA	NA	NA	NA	5	NA	NA
219	Fenothiocarb	24.26	62850-32-2	50	10	10	20	10	10	10	10
220	Fenoxaprop-Ethyl	31.84	66441-23-4	5	5	5	5	10	1	5	5
221	Fenoxycarb	24.60	72490-01-8	20	50	5	10	10	50	10	5
222	Fenpiclonil	32.89	74738-17-3	NA	NA	NA	NA	NA	20	NA	NA
223	Fenpropathrin	30.06	64257-84-7	5	1	1	5	5	5	5	5
224	Fenpropidin	18.10	67306-00-7	20	100	20	10	20	5	100	100
225	Fenpropimorph	19.31	67564-91-4	5	5	5	5	5	1	5	10
226	Fenson	23.19	80-38-6	5	50	5	5	5	1	5	5
227	Fensulfothion	28.50	115-90-2	5	5	5	5	5	1	5	10
228	Fenthion	21.78	55-38-9	5	5	5	5	5	1	5	5
229	Fenvalerate	34.92	51630-58-1	20	20	50	20	50	1	50	50
230	Fipronil	28.03	120068-37-3	20	10	10	10	10	5	10	5
231	Flamprop-isopropyl	27.06	52756-22-6	5	5	5	5	5	1	5	5
232	Flamprop-methyl	26.24	52756-25-9	5	5	5	5	5	5	5	5
233	Fluazinam	29.73	79622-59-6	20	NA	100	100	20	50	100	20
234	Flubenzimine	25.78	37893-02-0	NA	NA	NA	NA	NA	20	NA	NA

续表

序号	农药名称	保留时间 (min)	CAS 号	葡萄 SDL (μg/kg)	苹果 SDL (μg/kg)	西柚 SDL (μg/kg)	西瓜 SDL (μg/kg)	番茄 SDL (μg/kg)	菠菜 SDL (μg/kg)	芹菜 SDL (μg/kg)	结球甘蓝 SDL (μg/kg)
235	Fluchloralin	19.21	33245-39-5	5	5	5	5	5	10	5	5
236	Flucythrinate	34.23	70124-77-5	5	5	5	5	10	1	10	10
237	Flufenacet	23.16	142459-58-3	1	5	5	5	5	5	10	5
238	Flumetralin	24.33	62924-70-3	5	5	20	5	10	1	10	5
239	Flumioxazin	36.17	103361-09-7	20	20	50	20	50	5	50	50
240	Fluopyram	24.77	658066-35-4	5	1	1	1	1	5	5	1
241	Fluorodifen	27.50	15457-05-3	10	50	50	20	100	10	NA	100
242	Fluoroglycofen-ethyl	27.50	77501-90-7	5	5	10	5	5	5	5	5
243	Fluotrimazole	28.53	31251-03-3	5	20	5	5	5	50	5	5
244	Flurochloridone	25.12	61213-25-0	1	5	5	1	5	50	5	5
245	fluroxypyr-mepthyl	28.90	81406-37-3	1	1	5	1	5	5	1	1
246	Flurprimidol	21.27	56425-91-3	1	1	5	1	5	5	1	1
247	Flusilazole	26.75	85509-19-9	1	5	5	1	5	100	1	5
248	Flutolanil	26.88	66332-96-5	1	5	5	5	5	1	5	1
249	Flutriafol	25.88	76674-21-0	5	5	5	1	5	5	5	5
250	Fluxapyroxad	31.36	907204-31-3	5	20	5	5	10	10	5	5
251	Folpet	24.34	133-07-3	NA	NA	NA	NA	NA	10	NA	NA
252	Fonofos	17.45	944-22-9	5	1	5	1	1	10	1	5
253	Formothion	19.34	2540-82-1	NA	NA	NA	NA	NA	5	NA	NA
254	Fuberidazole	22.69	3878-19-1	NA	NA	NA	NA	NA	1	NA	NA
255	Furalaxyl	23.92	57646-30-7	5	5	5	5	5	20	5	5
256	Furathiocarb	30.35	65907-30-4	5	5	5	5	10	5	5	20
257	Furmecyclox	18.23	60568-05-0	5	5	5	10	10	50	NA	10
258	gamma-Cyhalothrin	31.67	76703-62-3	10	20	5	5	10	10	20	10
259	Haloxyfop	28.58	69806-34-4	NA	NA	NA	NA	NA	10	NA	NA
260	Haloxyfop-methyl	23.52	69806-40-2	1	1	5	1	1	50	1	1
261	Heptachlor	18.49	76-44-8	5	5	5	5	5	1	5	5
262	Heptachlor-exo-epoxide	22.15	1024-57-3	1	1	1	1	1	10	1	1
263	Heptenophos	13.82	23560-59-0	5	5	5	5	5	1	5	5
264	Hexaconazole	25.29	79983-71-4	5	5	5	5	5	10	5	5
265	Hexaflumuron	21.91	86479-06-3	NA	NA	NA	NA	NA	1	NA	NA
266	Hexazinone	30.64	51235-04-2	5	5	5	20	5	5	10	5
267	Imazamethabenz-methyl	25.82	81405-85-8	5	1	1	5	1	5	5	1
268	Indanofan	9.28	133220-30-1	20	NA	20	NA	20	1	20	20
269	Indoxacarb	36.67	144171-61-9	10	5	50	5	20	100	50	20
270	Iodofenphos	24.50	18181-70-9	5	5	5	5	10	10	10	10
271	Iprobenfos	18.73	26087-47-8	5	5	5	5	5	5	5	5
272	Iprodione	17.77	36734-19-7	NA	NA	NA	NA	NA	5	NA	NA
273	Iprovalicarb	26.39	140923-17-7	20	10	50	NA	20	1	50	20
274	Isazofos	18.84	42509-80-8	5	1	5	1	1	100	5	5
275	Isocarbamid	19.80	30979-48-7	5	5	5	5	10	5	20	50
276	isocarbophos	23.38	24353-61-5	5	5	5	5	5	20	5	5
277	Isofenphos-oxon	22.58	31120-85-1	1	5	5	5	5	20	5	5
278	Isoprocarb	13.69	2631-40-5	5	5	5	1	5	5	5	5
279	Isopropalin	22.40	33820-53-0	5	5	5	5	5	50	5	5
280	Isoprothiolane	25.95	50512-35-1	1	1	5	1	1	5	1	1
281	Isoproturon	22.25	34123-59-6	NA	NA	NA	NA	NA	5	NA	NA

续表

序号	农药名称	保留时间 (min)	CAS 号	葡萄 SDL (μg/kg)	苹果 SDL (μg/kg)	西柚 SDL (μg/kg)	西瓜 SDL (μg/kg)	番茄 SDL (μg/kg)	菠菜 SDL (μg/kg)	芹菜 SDL (μg/kg)	结球甘蓝 SDL (μg/kg)
282	Isoxadifen-ethyl	27.29	163520-33-0	5	5	10	5	5	1	5	5
283	Isoxaflutole	25.19	141112-29-0	NA	NA	NA	NA	10	5	20	20
284	Isoxathion	26.76	18854-01-8	20	50	100	20	50	1	NA	100
285	Kinoprene	20.06	42588-37-4	20	20	20	10	20	5	50	20
286	Kresoxim-methyl	25.28	143390-89-0	5	5	5	5	5	50	10	10
287	Lactofen	32.14	77501-63-4	10	20	50	10	20	1	50	50
288	Lindane	17.71	58-89-9	5	5	5	1	5	5	5	5
289	Malathion	21.86	121-75-5	1	5	5	1	5	5	5	5
290	Mcpa Butoxyethyl Ester	22.99	19480-43-4	1	5	5	5	5	5	5	1
291	Mecoprop	12.44	7085-19-0	NA	NA	NA	NA	NA	5	NA	NA
292	Mefenacet	31.79	73250-68-7	5	5	20	5	20	5	50	10
293	Mefenpyr-diethyl	29.59	135590-91-9	5	1	5	1	5	5	1	1
294	Mepanipyrim	24.48	110235-47-7	5	5	5	10	5	10	5	5
295	Mepronil	28.65	55814-41-0	5	5	5	5	5	10	5	1
296	Metalaxyl	20.86	57837-19-1	1	5	5	5	5	10	5	5
297	Metamitron	29.31	41394-05-2	NA	100	NA	NA	NA	1	NA	NA
298	Metazachlor	23.59	67129-08-2	5	5	5	5	5	1	5	5
299	Metconazole	31.37	125116-23-6	10	5	5	5	10	1	10	5
300	Methabenzthiazuron	16.71	18691-97-9	5	5	5	5	5	1	5	5
301	Methacrifos	12.06	62610-77-9	1	5	5	5	5	1	5	5
302	Methamidophos	9.33	10265-92-6	100	50	NA	20	NA	50	NA	NA
303	Methfuroxam	22.84	28730-17-8	5	20	5	20	5	1	20	5
304	Methidathion	24.84	950-37-8	5	5	5	5	10	50	20	10
305	Methoprene	22.01	40596-69-8	20	20	5	20	10	1	10	10
306	Methoprotryne	26.08	841-06-5	5	5	5	5	5	100	5	5
307	Methothrin	23.41	34388-29-9	10	20	5	10	5	1	20	10
308	Methoxychlor	29.65	72-43-5	5	5	20	5	10	5	10	10
309	Metolachlor	21.46	51218-45-2	5	5	5	1	5	5	5	5
310	Metolcarb	6.40	1129-41-5	5	1	1	1	1	5	1	1
311	Metribuzin	20.76	21087-64-9	10	20	10	NA	10	1	10	10
312	Mevinphos	11.41	7786-34-7	5	1	5	1	5	5	5	5
313	Mexacarbate	10.97	315-18-4	5	50	5	5	5	1	5	1
314	Mgk 264	21.65	113-48-4	5	5	5	5	5	1	5	10
315	Mirex	29.12	2385-85-5	1	1	1	1	1	1	1	1
316	Molinate	12.09	2212-67-1	5	5	5	5	5	1	5	5
317	Monalide	20.59	7287-36-7	5	5	5	5	5	5	5	5
318	Monuron	22.21	150-68-5	NA	NA	NA	NA	NA	5	NA	NA
319	Musk Ambrette	18.71	83-66-9	10	20	5	20	10	1	10	5
320	Musk Ketone	21.94	81-14-1	10	20	10	20	10	1	5	5
321	Myclobutanil	27.75	88671-89-0	1	1	5	1	1	5	5	5
322	Naled	15.46	300-76-5	5	5	20	5	50	5	50	50
323	Napropamide	25.15	15299-99-7	5	5	5	5	5	5	5	5
324	Nitralin	31.50	4726-14-1	10	20	100	10	20	5	50	50
325	Nitrapyrin	10.85	1929-82-4	5	20	10	5	10	100	20	10
326	Nitrofen	26.66	1836-75-5	5	10	5	10	10	5	10	5
327	Nitrothal-Isopropyl	22.15	10552-74-6	1	5	5	5	5	1	5	5
328	Norflurazon	30.55	27314-13-2	5	5	5	5	10	1	20	5

续表

序号	农药名称	保留时间 (min)	CAS 号	葡萄 SDL (μg/kg)	苹果 SDL (μg/kg)	西柚 SDL (μg/kg)	西瓜 SDL (μg/kg)	番茄 SDL (μg/kg)	菠菜 SDL (μg/kg)	芹菜 SDL (μg/kg)	结球甘蓝 SDL (μg/kg)
329	Nuarimol	29.18	63284-71-9	5	1	1	1	1	5	1	1
330	Octachlorostyrene	20.14	29082-74-4	1	1	1	1	1	1	1	1
331	Octhilinone	19.39	26530-20-1	5	5	5	1	5	1	1	5
332	Ofurace	30.45	58810-48-3	5	5	NA	50	20	5	100	20
333	Orbencarb	20.30	34622-58-7	5	1	1	1	1	1	1	1
334	Oxabetrinil	19.27	74782-23-3	50	20	20	20	20	20	5	20
335	oxadiazon	25.35	19666-30-9	1	1	1	1	1	5	1	1
336	Oxadixyl	29.70	77732-09-3	10	20	NA	10	NA	1	100	100
337	Oxycarboxin	31.54	5259-88-1	10	5	NA	5	NA	1	NA	NA
338	Paclobutrazol	25.75	76738-62-0	5	5	5	5	5	10	5	5
339	Paraoxon-Methyl	20.46	950-35-6	20	20	NA	5	100	100	NA	NA
340	parathion	22.76	56-38-2	5	5	5	5	5	5	5	5
341	Parathion-Methyl	21.29	298-00-0	5	10	5	1	5	1	5	5
342	Pebulate	10.12	1114-71-2	5	10	5	10	10	20	20	10
343	Penconazole	23.59	66246-88-6	5	1	1	1	5	10	1	1
344	Pendimethalin	22.63	40487-42-1	5	5	5	5	5	5	10	5
345	Pentachloroaniline	18.81	527-20-8	1	1	1	1	1	1	1	1
346	Pentachloroanisole	14.82	1825-21-4	1	1	1	1	1	10	1	1
347	Pentachlorobenzene	10.68	608-93-5	1	20	1	20	1	5	1	1
348	Pentachlorocyanobenze	16.97	20925-85-3	5	5	5	1	5	20	5	5
349	Pentanochlor	23.25	2307-68-8	5	5	5	5	1	5	5	5
350	Permethrin	31.73	52645-53-1	NA	NA	NA	NA	NA	1	NA	NA
351	Perthane	25.11	72-56-0	5	5	1	5	5	10	5	5
352	Phenanthrene	17.30	85-01-8	1	1	1	1	1	1	1	1
353	Phenthoate	23.55	2597-03-7	5	5	5	1	5	5	5	5
354	Phorate-Sulfone	23.89	2588-04-7	1	5	5	1	5	5	5	5
355	Phorate-Sulfoxide	23.05	2588-03-6	5	20	5	5	10	5	20	10
356	Phosalone	31.63	2310-17-0	1	5	5	1	5	5	10	5
357	Phosfolan	26.10	947-02-4	5	20	5	5	20	5	50	10
358	Phosmet	30.88	732-11-6	50	50	100	10	100	1	50	NA
359	Phosphamidon	21.28	13171-21-6	5	5	20	5	20	20	100	20
360	Phthalic Acid, Benzyl Bu	28.11	85-68-7	1	5	5	5	5	5	5	5
361	Phthalic Acid, bis-2-ethy	29.70	117-81-7	1	1	1	1	1	1	1	1
362	Phthalic Acid, Bis-Butyl	20.78	84-74-2	1	1	1	1	1	1	1	1
363	Phthalic Acid, Bis-Cyclo	30.08	84-61-7	5	50	1	5	5	5	10	10
364	Phthalimide	13.30	85-41-6	5	5	5	5	5	5	5	5
365	Picolinafen	30.46	137641-05-5	1	1	1	1	1	5	1	1
366	Picoxystrobin	24.89	117428-22-5	5	5	5	5	5	1	5	1
367	Piperonyl Butoxide	27.95	51-03-6	1	1	1	1	1	1	1	1
368	Piperophos	30.47	24151-93-7	5	5	50	20	5	5	5	5
369	Pirimicarb	18.94	23103-98-2	5	5	5	5	1	1	5	1
370	Pirimiphos-Ethyl	21.58	23505-41-1	5	1	5	1	1	5	1	1
371	Pirimiphos-Methyl	20.34	29232-93-7	1	1	5	1	1	50	1	1
372	Plifenate	18.97	21757-82-4	5	5	5	5	20	1	10	10
373	Prallethrin	23.50	23031-36-9	50	50	50	10	20	5	100	50
374	Pretilachlor	24.99	51218-49-6	1	1	1	1	1	1	5	5
375	Probenazole	21.42	27605-76-1	10	NA	NA	NA	100	5	NA	100

续表

序号	农药名称	保留时间 (min)	CAS 号	葡萄 SDL (μg/kg)	苹果 SDL (μg/kg)	西柚 SDL (μg/kg)	西瓜 SDL (μg/kg)	番茄 SDL (μg/kg)	菠菜 SDL (μg/kg)	芹菜 SDL (μg/kg)	结球甘蓝 SDL (μg/kg)
376	Procyazine	27.04	32889-48-8	NA	NA	NA	NA	NA	10	NA	NA
377	Procymidone	24.71	32809-16-8	1	1	5	5	1	5	5	5
378	Profenofos	24.87	41198-08-7	5	5	5	5	5	20	10	10
379	Profluralin	17.33	26399-36-0	10	20	10	20	10	5	10	10
380	Promecarb	9.42	2631-37-0	10	50	5	5	5	1	5	5
381	Prometon	16.95	1610-18-0	5	1	1	1	1	5	1	5
382	Prometryn	20.36	7287-19-6	1	1	1	1	1	5	1	1
383	Propachlor	14.92	1918-16-7	5	5	5	5	5	5	5	5
384	Propamocarb	9.70	24579-73-5	NA	NA	NA	NA	NA	20	NA	NA
385	Propanil	23.30	709-98-8	5	5	10	5	10	50	20	10
386	Propaphos	24.48	7292-16-2	1	1	1	5	1	10	1	1
387	Propargite	28.44	2312-35-8	5	5	5	5	5	5	5	10
388	Propazine	17.95	139-40-2	1	1	5	1	1	1	1	1
389	Propetamphos	18.28	31218-83-4	5	5	5	5	5	1	5	5
390	Propham	11.51	122-42-9	5	5	5	5	5	1	5	5
391	Propisochlor	20.12	86763-47-5	5	5	5	5	5	5	10	5
392	Propylene Thiourea	18.21	2122-19-2	NA	NA	NA	NA	NA	5	NA	NA
393	Propyzamide	19.03	23950-58-5	5	5	5	5	5	1	5	5
394	Prosulfocarb	19.82	52888-80-9	5	5	5	5	5	1	5	5
395	Prothiofos	24.15	34643-46-4	1	1	5	5	1	5	1	1
396	Pyracarbolid	24.04	24691-76-7	5	10	5	1	5	5	5	5
397	Pyraclostrobin	32.19	175013-18-0	50	50	NA	50	NA	5	NA	NA
398	Pyrazophos	31.84	13457-18-6	5	5	5	5	10	5	10	10
399	Pyrethrin I		121-21-1	NA	NA	NA	NA	NA	1	NA	NA
400	Pyributicarb	28.96	88678-67-5	1	1	5	1	1	5	5	1
401	Pyridaben	32.35	96489-71-3	5	5	5	10	10	1	10	10
402	Pyridalyl	33.35	179101-81-6	10	20	20	10	20	1	20	20
403	Pyridaphenthion	30.54	119-12-0	1	10	5	10	5	50	5	5
404	Pyrifenox	23.55	88283-41-4	5	20	10	5	5	5	5	5
405	Pyriftalid	32.89	135186-78-6	1	1	1	1	1	5	1	1
406	Pyrimethanil	17.48	53112-28-0	1	5	5	5	5	20	5	5
407	Pyriproxyfen	30.34	95737-68-1	5	5	5	5	5	5	1	5
408	Pyroquilon	18.36	57369-32-1	1	1	1	1	1	50	1	1
409	Quinalphos	23.32	13593-03-8	1	1	5	1	5	5	5	5
410	Quinoclamine	23.00	2797-51-5	10	5	20	5	50	1	100	20
411	Quinoxyfen	27.30	124495-18-7	5	1	5	1	5	20	5	5
412	Quintozene	16.20	82-68-8	5	5	5	5	5	1	5	5
413	Quizalofop-Ethyl	33.43	76578-14-8	1	5	5	5	5	5	5	5
414	Rabenzazole	22.00	40341-04-6	5	5	10	5	5	5	5	5
415	S 421	19.60	127-90-2	5	5	20	5	20	20	50	20
416	Sebuthylazine	19.65	7286-69-3	5	5	5	5	5	10	5	5
417	Sebuthylazine-desethyl	18.68	37019-18-4	5	5	5	5	5	5	5	5
418	Secbumeton	18.60	26259-45-0	10	5	5	5	5	10	5	5
419	Silafluofen	33.38	105024-66-6	1	1	1	1	5	5	5	1
420	Simazine	18.18	122-34-9	5	5	5	5	5	5	5	5
421	Simeconazole	21.37	149508-90-7	5	5	5	5	5	10	5	5
422	Simeton	17.03	673-04-1	5	1	1	1	5	5	5	5

续表

序号	农药名称	保留时间 (min)	CAS 号	葡萄 SDL (μg/kg)	苹果 SDL (μg/kg)	西柚 SDL (μg/kg)	西瓜 SDL (μg/kg)	番茄 SDL (μg/kg)	菠菜 SDL (μg/kg)	芹菜 SDL (μg/kg)	结球甘蓝 SDL (μg/kg)
423	Simetryn	20.61	1014-70-6	5	1	5	5	1	1	1	1
424	Spirodiclofen	32.45	148477-71-8	5	10	20	10	10	5	20	20
425	Spiromesifen	29.60	283594-90-1	1	5	1	5	5	1	5	5
426	Spiroxamine	17.66	118134-30-8	NA	NA	NA	NA	NA	5	NA	NA
427	Sulfallate	15.91	95-06-7	5	5	5	5	5	10	5	5
428	Sulfotep	15.62	3689-24-5	1	1	5	1	1	20	1	1
429	Sulprofos	27.28	35400-43-2	1	1	5	1	1	5	1	1
430	Tau-Fluvalinate	13.88	102851-06-9	1	1	5	1	1	10	1	1
431	TCMTB	25.94	21564-17-0	1	5	5	1	20	5	5	20
432	Tebuconazole	30.01	107534-96-3	5	20	5	5	5	5	5	5
433	Tebufenpyrad	29.47	119168-77-3	1	1	1	5	1	5	1	1
434	Tebupirimfos	17.61	96182-53-5	1	5	1	5	5	5	5	5
435	Tebutam	15.41	35256-85-0	5	5	5	5	5	10	5	5
436	Tebuthiuron	14.40	34014-18-1	5	5	5	5	5	1	5	5
437	Tecnazene	13.21	117-18-0	5	5	5	1	5	5	5	5
438	Teflubenzuron	10.74	83121-18-0	10	20	10	20	5	5	20	10
439	Tefluthrin	17.42	79538-32-2	1	1	1	1	5	5	1	1
440	Tepraloxydim	30.26	149979-41-9	NA	NA	NA	50	NA	5	NA	NA
441	Terbucarb	19.79	1918-11-2	5	1	1	1	1	5	1	1
442	Terbufos	17.02	13071-79-9	5	5	5	5	5	1	5	5
443	Terbufos-Sulfone	24.65	56070-16-7	50	100	50	50	50	NA	100	50
444	Terbumeton	17.34	33693-04-8	5	1	1	1	5	NA	5	5
445	Terbuthylazine	18.35	5915-41-3	5	5	5	5	5	NA	5	5
446	Terbutryn	20.79	886-50-0	10	5	1	5	1	NA	20	1
447	tert-butyl-4-Hydroxyani	12.52	25013-16-5	1	1	1	1	1	NA	5	5
448	Tetrachlorvinphos	24.53	22248-79-9	5	5	20	5	5	NA	50	10
449	Tetraconazole	23.95	112281-77-3	1	5	5	1	5	NA	5	5
450	Tetradifon	31.02	116-29-0	1	1	5	1	1	NA	1	1
451	Tetramethrin	30.00	7696-12-0	5	20	20	10	10	NA	5	10
452	Tetrasul	25.99	2227-13-6	1	1	1	1	1	NA	1	1
453	Thenylchlor	29.17	96491-05-3	5	5	5	1	5	NA	5	5
454	Thiabendazole	24.87	148-79-8	NA	NA	NA	NA	NA	NA	NA	NA
455	Thiazopyr	21.72	117718-60-2	5	5	5	5	5	NA	5	5
456	Thiobencarb	20.99	28249-77-6	5	1	1	5	1	NA	5	1
457	Thiocyclam	11.56	31895-21-3	20	20	20	20	20	NA	100	100
458	Thionazin	14.22	297-97-2	5	5	5	5	5	NA	5	5
459	Tiocarbazil	20.86	36756-79-3	20	5	20	10	5	NA	10	5
460	Tolclofos-Methyl	19.92	57018-04-9	1	5	5	5	5	NA	5	5
461	Tolfenpyrad	36.42	129558-76-5	5	5	10	5	10	NA	10	10
462	Tolylfluanid	23.82	731-27-1	5	5	10	5	20	NA	10	50
463	Tralkoxydim	32.25	87820-88-0	5	5	10	10	10	NA	10	10
464	Trans-Chlordane	23.37	5103-74-2	1	5	5	1	1	NA	5	5
465	Transfluthrin	19.42	118712-89-3	1	1	5	1	1	NA	1	1
466	Trans-Nonachlor	23.60	39765-80-5	1	1	1	1	1	NA	1	1
467	Trans-Permethrin	31.97	61949-77-7	5	5	1	5	10	NA	5	5
468	Triadimefon	22.62	43121-43-3	10	5	5	5	5	NA	5	5
469	Triadimenol	24.83	55219-65-3	50	20	20	50	20	NA	50	20

续表

序号	农药名称	保留时间 (min)	CAS 号	葡萄 SDL (μg/kg)	苹果 SDL (μg/kg)	西柚 SDL (μg/kg)	西瓜 SDL (μg/kg)	番茄 SDL (μg/kg)	菠菜 SDL (μg/kg)	芹菜 SDL (μg/kg)	结球甘蓝 SDL (μg/kg)
470	triallate	17.18	2303-17-5	5	5	5	5	1	NA	5	5
471	Triapenthenol	21.72	76608-88-3	5	5	5	5	5	NA	10	5
472	Triazophos	28.79	24017-47-8	5	5	5	5	5	NA	10	5
473	Tribufos	24.51	78-48-8	5	5	5	5	5	NA	5	5
474	Tributyl Phosphate	14.48	126-73-8	1	5	5	5	5	NA	5	5
475	Triclopyr	15.25	55335-06-3	NA	NA	NA	NA	NA	NA	NA	NA
476	Tricyclazole	28.46	41814-78-2	20	20	20	10	100	NA	100	20
477	Tridiphane	19.88	58138-08-2	5	20	10	5	10	NA	10	10
478	Trietazine	17.69	1912-26-1	1	1	1	1	1	NA	1	1
479	Trifenmorph	30.41	1420-06-0	NA	NA	NA	100	NA	NA	NA	NA
480	Trifloxystrobin	27.68	141517-21-7	5	5	5	5	5	NA	5	5
481	Trifluralin	15.21	1582-09-8	5	20	5	5	5	NA	10	5
482	Triphenyl phosphate	29.15	115-86-6	1	1	5	5	1	NA	1	1
483	Uniconazole	26.73	83657-22-1	5	20	5	5	5	NA	10	5
484	Vernolate	9.82	1929-77-7	5	20	5	20	5	NA	5	5
485	Vinclozolin	20.57	50471-44-8	1	1	5	1	1	NA	5	1

注：SDL: Screening detection limit；F: Recovery or RSD is not acceptable；NA: Not detected

附表 1-9　IDA-LC-Q-TOF/MS 不同添加水平下定性筛查结果（苹果和菠菜各 3 例样品，添加水平 1 μg/kg、10 μg/kg、50 μg/kg）

序号	农药名称	检测样品数量(n=3)						确证样品数量(n=3)						检测(n=6)			确证(n=6)		
		1 μg/kg		10 μg/kg		50 μg/kg		1 μg/kg		10 μg/kg		50 μg/kg		1 μg/kg	10 μg/kg	50 μg/kg	1 μg/kg	10 μg/kg	50 μg/kg
		AP	SP	AP	SP	AP	SP	AP	SP	AP	SP	AP	SP						
1	1,3-Diphenyl urea	3	3	3	3	3	3	3	3	3	3	3	3	6/6	6/6	6/6	6/6	6/6	6/6
2	1-naphthyl acetamide	3	3	3	3	3	3	3	3	3	3	3	3	6/6	6/6	6/6	6/6	6/6	6/6
3	3,4,5-Trimethacarb	3	0	3	3	3	3	0	0	2	3	2	3	3/6	6/6	6/6	0/6	5/6	5/6
4	6-Benzylaminopurine	3	3	3	3	3	3	3	3	3	3	3	3	6/6	6/6	6/6	6/6	6/6	6/6
5	6-Chloro-4-hydroxy-3-phenyl-pyridazine	3	3	3	3	3	3	3	2	3	3	3	3	6/6	6/6	6/6	5/6	6/6	6/6
6	Acetamiprid	3	3	3	3	3	3	0	0	0	0	0	0	6/6	6/6	6/6	0/6	0/6	0/6
7	Acetamiprid-N-Desmethyl	3	3	3	3	3	3	3	1	3	3	3	3	6/6	6/6	6/6	4/6	6/6	6/6
8	Acetochlor	3	3	3	3	3	3	0	0	0	1	3	3	6/6	6/6	6/6	0/6	1/6	6/6
9	Albendazole	3	3	3	3	3	3	3	3	3	3	3	3	6/6	6/6	6/6	6/6	6/6	6/6
10	Aldicarb	1	0	1	0	1	0	0	0	0	0	0	0	1/6	1/6	1/6	0/6	0/6	0/6
11	Aldimorph	3	3	3	3	3	3	3	3	3	3	3	3	6/6	6/6	6/6	6/6	6/6	6/6
12	Allethrin	0	0	3	0	3	3	0	0	0	0	0	0	0/6	3/6	6/6	0/6	0/6	0/6
13	Ametoctradin	3	3	3	3	3	3	3	3	3	3	3	3	6/6	6/6	6/6	6/6	6/6	6/6
14	Ametryn	3	3	3	3	3	3	3	2	3	3	3	3	6/6	6/6	6/6	5/6	6/6	6/6
15	Amidosulfuron	3	3	3	3	3	3	3	3	3	3	3	3	6/6	6/6	6/6	6/6	6/6	6/6
16	Aminocarb	3	3	3	3	3	3	2	3	3	3	3	3	6/6	6/6	6/6	5/6	6/6	6/6
17	Ancymidol	3	3	3	3	3	3	3	2	3	3	3	3	6/6	6/6	6/6	5/6	6/6	6/6
18	Anilofos	3	3	3	3	3	3	3	3	3	3	3	3	6/6	6/6	6/6	6/6	6/6	6/6
19	Aspon	3	3	3	3	3	3	3	3	3	3	3	3	6/6	6/6	6/6	6/6	6/6	6/6
20	Atraton	3	3	3	3	3	3	3	2	3	3	3	3	6/6	6/6	6/6	5/6	6/6	6/6
21	Atrazine	3	3	3	3	3	3	2	3	3	3	3	3	6/6	6/6	6/6	5/6	6/6	6/6
22	Atrazine-Desethyl	3	3	3	3	3	3	0	0	2	2	3	3	6/6	6/6	6/6	0/6	4/6	6/6
23	Azaconazole	3	3	3	3	3	3	3	3	3	3	3	3	6/6	6/6	6/6	6/6	6/6	6/6
24	Azamethiphos	3	3	3	3	3	3	3	3	3	3	3	3	6/6	6/6	6/6	6/6	6/6	6/6
25	Azinphos-methyl	0	0	0	0	3	1	0	0	0	0	0	0	0/6	0/6	4/6	0/6	0/6	0/6
26	Azoxystrobin	3	3	3	3	3	3	3	3	3	3	3	3	6/6	6/6	6/6	6/6	6/6	6/6
27	Beflubutamid	3	3	3	3	3	3	3	2	3	3	3	3	6/6	6/6	6/6	5/6	6/6	6/6
28	Benalaxyl	3	3	3	3	3	3	3	3	3	3	3	3	6/6	6/6	6/6	6/6	6/6	6/6
29	Bendiocarb	3	3	3	3	3	3	1	0	1	3	3	3	6/6	6/6	6/6	1/6	4/6	6/6
30	Benoxacor	0	0	0	3	3	3	0	0	0	0	3	3	0/6	3/6	6/6	0/6	0/6	6/6
31	Bensulfuron-methyl	3	3	3	3	3	3	3	3	3	3	3	3	6/6	6/6	6/6	6/6	6/6	6/6
32	Benthiavalicarb-Isopropyl	3	3	3	3	3	3	3	3	3	3	3	3	6/6	6/6	6/6	6/6	6/6	6/6

续表

序号	农药名称	检测样品数量(*n*=3)						确证样品数量(*n*=3)						检测(*n*=6)			确证(*n*=6)		
		1 μg/kg		10 μg/kg		50 μg/kg		1 μg/kg		10 μg/kg		50 μg/kg		1 μg/kg	10 μg/kg	50 μg/kg	1 μg/kg	10 μg/kg	50 μg/kg
		AP	SP	AP	SP	AP	SP	AP	SP	AP	SP	AP	SP						
33	Benzofenap	3	3	3	3	3	3	3	3	3	3	3	3	6/6	6/6	6/6	6/6	6/6	6/6
34	Benzoximate	0	0	3	3	3	3	0	0	0	2	3	3	0/6	6/6	6/6	0/6	2/6	6/6
35	Benzoylprop-ethyl	3	3	3	3	3	3	2	3	3	3	3	3	6/6	6/6	6/6	5/6	6/6	6/6
36	Bioresmethrin	0	0	3	3	3	3	0	0	1	1	3	1	0/6	6/6	6/6	0/6	2/6	4/6
37	Boscalid	3	3	3	3	3	3	3	1	3	3	3	3	6/6	6/6	6/6	4/6	6/6	6/6
38	Bromacil	3	3	3	3	3	3	3	0	3	3	3	3	6/6	6/6	6/6	3/6	6/6	6/6
39	Brompyrazon	3	0	3	3	3	3	2	0	3	3	3	3	3/6	6/6	6/6	2/6	6/6	6/6
40	Bromuconazole	0	3	3	3	3	3	0	1	2	2	0	2	3/6	6/6	6/6	1/6	4/6	2/6
41	Bupirimate	3	3	3	3	3	3	3	3	3	3	3	3	6/6	6/6	6/6	6/6	6/6	6/6
42	Buprofezin	3	3	3	3	3	3	3	3	3	3	3	3	6/6	6/6	6/6	6/6	6/6	6/6
43	Butachlor	3	0	3	3	3	3	1	0	2	0	3	3	3/6	6/6	6/6	1/6	2/6	6/6
44	Butafenacil	3	3	3	3	3	3	3	3	3	3	3	3	6/6	6/6	6/6	6/6	6/6	6/6
45	Butamifos	3	0	3	3	3	3	0	0	0	0	0	1	3/6	6/6	6/6	0/6	0/6	1/6
46	Cadusafos	3	3	3	3	3	3	3	3	3	3	3	3	6/6	6/6	6/6	6/6	6/6	6/6
47	Cafenstrole	0	0	3	3	3	3	0	0	2	2	3	3	0/6	6/6	6/6	0/6	4/6	6/6
48	Carbaryl	0	0	3	3	3	3	0	0	3	3	3	3	0/6	6/6	6/6	0/6	6/6	6/6
49	Carbendazim	3	3	3	3	3	3	3	3	3	3	3	3	6/6	6/6	6/6	6/6	6/6	6/6
50	Carbetamide	3	3	3	3	3	3	1	0	3	3	3	3	6/6	6/6	6/6	1/6	6/6	6/6
51	Carbofuran	3	3	3	3	3	3	3	3	3	3	3	3	6/6	6/6	6/6	6/6	6/6	6/6
52	Carbofuran-3-hydroxy	3	3	3	3	3	3	0	0	3	0	3	3	6/6	6/6	6/6	0/6	3/6	6/6
53	Carbophenothion	0	0	0	0	3	3	0	0	0	0	2	3	0/6	0/6	6/6	0/6	0/6	5/6
54	Carboxin	3	3	3	3	3	3	3	3	3	3	3	3	6/6	6/6	6/6	6/6	6/6	6/6
55	Carfentrazone-ethyl	3	3	3	3	3	3	2	2	3	3	3	3	6/6	6/6	6/6	4/6	6/6	6/6
56	Carpropamid	3	3	3	3	3	3	2	2	2	2	2	2	6/6	6/6	6/6	4/6	4/6	4/6
57	Chlorfenvinphos	3	3	3	3	3	3	2	3	3	3	3	3	6/6	6/6	6/6	5/6	6/6	6/6
58	Chlorfluazuron	0	0	3	0	3	3	0	0	2	0	2	2	0/6	3/6	6/6	0/6	2/6	4/6
59	Chloridazon	3	3	3	3	3	3	0	0	0	0	1	0	6/6	6/6	6/6	0/6	0/6	1/6
60	Chlormequat Chloride	3	3	3	3	3	3	3	3	3	3	3	3	6/6	6/6	6/6	6/6	6/6	6/6
61	Chlorotoluron	3	3	3	3	3	3	3	3	3	3	3	3	6/6	6/6	6/6	6/6	6/6	6/6
62	Chloroxuron	3	3	3	3	3	3	1	1	2	2	2	2	6/6	6/6	6/6	2/6	4/6	4/6
63	Chlorpyrifos	0	0	3	3	3	3	0	0	1	2	1	2	0/6	6/6	6/6	0/6	3/6	3/6
64	Chlorthiophos	0	0	3	0	3	3	0	0	2	0	2	3	0/6	3/6	6/6	0/6	2/6	5/6
65	Chromafenozide	0	3	3	3	3	3	0	1	3	3	3	3	3/6	6/6	6/6	1/6	6/6	6/6

续表

序号	农药名称	检测样品数量(*n*=3)						确证样品数量(*n*=3)						检测(*n*=6)			确证(*n*=6)		
		1 μg/kg		10 μg/kg		50 μg/kg		1 μg/kg		10 μg/kg		50 μg/kg		1 μg/kg	10 μg/kg	50 μg/kg	1 μg/kg	10 μg/kg	50 μg/kg
		AP	SP	AP	SP	AP	SP	AP	SP	AP	SP	AP	SP						
66	Cinmethylin	0	0	0	0	3	3	0	0	0	0	3	3	0/6	0/6	6/6	0/6	0/6	6/6
67	Cinosulfuron	3	3	3	3	3	3	3	3	3	3	3	3	6/6	6/6	6/6	6/6	6/6	6/6
68	Clodinafop-propargyl	3	3	3	3	3	3	3	3	3	3	3	3	6/6	6/6	6/6	6/6	6/6	6/6
69	Clofentezine	0	0	0	0	3	3	0	0	0	0	3	3	0/6	0/6	6/6	0/6	0/6	6/6
70	Clomazone	3	3	3	3	3	3	0	0	0	0	0	0	6/6	6/6	6/6	0/6	0/6	0/6
71	Cloquintocet-mexyl	3	3	3	3	3	3	3	3	3	3	3	3	6/6	6/6	6/6	6/6	6/6	6/6
72	Cloransulam-methyl	3	3	3	3	3	3	2	1	3	3	3	3	6/6	6/6	6/6	3/6	6/6	6/6
73	Clothianidin	3	3	3	3	3	3	2	1	3	3	3	3	6/6	6/6	6/6	3/6	6/6	6/6
74	Coumaphos	3	3	3	3	3	3	3	3	3	3	3	3	6/6	6/6	6/6	6/6	6/6	6/6
75	Crufomate	3	3	3	3	3	3	0	2	1	2	2	3	6/6	6/6	6/6	2/6	3/6	5/6
76	Cumyluron	3	3	3	3	3	3	3	2	3	3	3	3	6/6	6/6	6/6	5/6	6/6	6/6
77	Cyanazine	3	3	3	3	3	3	1	0	1	0	0	0	6/6	6/6	6/6	1/6	1/6	0/6
78	Cycloate	0	3	3	3	3	3	0	0	2	3	2	3	3/6	6/6	6/6	0/6	5/6	5/6
79	Cyclosulfamuron	3	3	3	3	3	3	2	3	3	3	3	3	6/6	6/6	6/6	5/6	6/6	6/6
80	Cycluron	3	3	3	3	3	3	3	1	3	3	3	3	6/6	6/6	6/6	4/6	6/6	6/6
81	Cyflufenamid	3	3	3	3	3	3	3	3	3	3	3	3	6/6	6/6	6/6	6/6	6/6	6/6
82	Cyprazine	3	3	3	3	3	3	2	1	3	3	3	3	6/6	6/6	6/6	3/6	6/6	6/6
83	Cyproconazole	3	3	3	3	3	3	2	3	3	3	3	3	6/6	6/6	6/6	5/6	6/6	6/6
84	Cyprodinil	3	3	3	3	3	3	3	3	3	3	3	3	6/6	6/6	6/6	6/6	6/6	6/6
85	Cyromazine	3	3	3	3	3	3	2	2	3	3	3	3	6/6	6/6	6/6	4/6	6/6	6/6
86	Daminozide	0	0	3	0	3	3	0	0	2	0	3	3	0/6	3/6	6/6	0/6	2/6	6/6
87	Demeton-S-methyl	0	0	0	0	0	0	0	0	0	0	0	0	0/6	0/6	0/6	0/6	0/6	0/6
88	Demeton-S-methyl-sulfone	3	3	3	3	3	3	3	3	3	3	3	3	6/6	6/6	6/6	6/6	6/6	6/6
89	Demeton-S-methyl-sulfoxide	3	3	3	3	3	3	3	3	3	3	3	3	6/6	6/6	6/6	6/6	6/6	6/6
90	Demeton-S-sulfoxide	0	0	3	3	3	3	0	0	0	0	0	0	0/6	6/6	6/6	0/6	0/6	0/6
91	Desmedipham	3	3	3	3	3	3	3	3	3	3	3	3	6/6	6/6	6/6	6/6	6/6	6/6
92	Desmetryn	3	3	3	3	3	3	0	0	0	0	0	0	6/6	6/6	6/6	0/6	0/6	0/6
93	Diafenthiuron	3	0	3	0	3	0	2	0	2	0	2	0	3/6	3/6	3/6	2/6	2/6	2/6
94	Diallate	0	0	0	3	3	3	0	0	0	0	1	0	0/6	3/6	6/6	0/6	0/6	1/6
95	Diazinon	0	0	3	3	3	3	0	0	2	1	2	3	0/6	6/6	6/6	0/6	3/6	5/6
96	Dichlofenthion	0	0	3	0	3	3	0	0	1	0	1	1	0/6	3/6	6/6	0/6	1/6	2/6
97	Diclobutrazol	3	3	3	3	3	3	1	0	1	3	3	3	6/6	6/6	6/6	1/6	4/6	6/6
98	Diclosulam	3	3	3	3	3	3	3	2	3	3	3	3	6/6	6/6	6/6	5/6	6/6	6/6

续表

序号	农药名称	检测样品数量(n=3)						确证样品数量(n=3)						检测(n=6)			确证(n=6)		
		1 μg/kg		10 μg/kg		50 μg/kg		1 μg/kg		10 μg/kg		50 μg/kg		1 μg/kg	10 μg/kg	50 μg/kg	1 μg/kg	10 μg/kg	50 μg/kg
		AP	SP	AP	SP	AP	SP	AP	SP	AP	SP	AP	SP						
99	Dicrotophos	3	3	3	3	3	3	3	3	3	3	3	3	6/6	6/6	6/6	6/6	6/6	6/6
100	Diethatyl-ethyl	0	3	3	3	3	3	0	3	3	3	3	3	3/6	6/6	6/6	3/6	6/6	6/6
101	Diethofencarb	0	0	3	3	3	3	0	0	3	2	3	3	0/6	6/6	6/6	0/6	5/6	6/6
102	Diethyltoluamide	3	3	3	3	3	3	3	3	3	3	3	3	6/6	6/6	6/6	6/6	6/6	6/6
103	Difenoconazole	3	3	3	3	3	3	3	3	3	3	3	3	6/6	6/6	6/6	6/6	6/6	6/6
104	Difenoxuron	3	3	3	3	3	3	2	3	3	3	3	3	6/6	6/6	6/6	5/6	6/6	6/6
105	Dimefuron	3	3	3	3	3	3	1	1	1	3	2	3	6/6	6/6	6/6	2/6	4/6	5/6
106	Dimepiperate	0	0	3	0	3	3	0	0	0	0	2	1	0/6	3/6	6/6	0/6	0/6	3/6
107	Dimethachlor	3	3	3	3	3	3	3	3	3	3	3	3	6/6	6/6	6/6	6/6	6/6	6/6
108	Dimethametryn	3	3	3	3	3	3	3	3	3	3	3	3	6/6	6/6	6/6	6/6	6/6	6/6
109	Dimethenamid	3	3	3	3	3	3	3	2	3	3	3	3	6/6	6/6	6/6	5/6	6/6	6/6
110	Dimethirimol	3	3	3	3	3	3	3	3	3	3	3	3	6/6	6/6	6/6	6/6	6/6	6/6
111	Dimethoate	3	3	3	3	3	3	3	3	3	3	3	3	6/6	6/6	6/6	6/6	6/6	6/6
112	Dimethomorph	3	3	3	3	3	3	3	3	3	3	3	3	6/6	6/6	6/6	6/6	6/6	6/6
113	Dimetilan	3	3	3	3	3	3	3	3	3	3	3	3	6/6	6/6	6/6	6/6	6/6	6/6
114	Diniconazole	3	3	3	3	3	3	3	3	3	3	3	3	6/6	6/6	6/6	6/6	6/6	6/6
115	Diphenamid	3	3	3	3	3	3	3	2	3	3	3	3	6/6	6/6	6/6	5/6	6/6	6/6
116	Dipropetryn	3	3	3	3	3	3	3	3	3	3	3	3	6/6	6/6	6/6	6/6	6/6	6/6
117	Disulfoton sulfone	3	3	3	3	3	3	3	3	3	3	3	3	6/6	6/6	6/6	6/6	6/6	6/6
118	Disulfoton sulfoxide	3	3	3	3	3	3	3	3	3	3	3	3	6/6	6/6	6/6	6/6	6/6	6/6
119	Dithiopyr	3	3	3	3	3	3	1	2	2	3	3	3	6/6	6/6	6/6	3/6	5/6	6/6
120	Diuron	3	3	3	3	3	3	3	3	3	3	3	3	6/6	6/6	6/6	6/6	6/6	6/6
121	Dodemorph	3	3	3	3	3	3	3	2	3	3	3	3	6/6	6/6	6/6	5/6	6/6	6/6
122	Edifenphos	3	3	3	3	3	3	0	0	3	3	3	3	6/6	6/6	6/6	0/6	6/6	6/6
123	Emamectin	3	3	3	3	3	3	3	3	3	3	3	3	6/6	6/6	6/6	6/6	6/6	6/6
124	Epoxiconazole	3	3	3	3	3	3	3	2	3	3	3	3	6/6	6/6	6/6	5/6	6/6	6/6
125	Esprocarb	3	3	3	3	3	3	3	3	3	3	3	3	6/6	6/6	6/6	6/6	6/6	6/6
126	Etaconazole	3	0	3	3	3	3	0	0	0	0	1	2	3/6	6/6	6/6	0/6	0/6	3/6
127	Ethametsulfuron-methyl	3	3	3	3	3	3	3	3	3	3	3	3	6/6	6/6	6/6	6/6	6/6	6/6
128	Ethidimuron	3	3	3	3	3	3	2	3	3	3	3	3	6/6	6/6	6/6	5/6	6/6	6/6
129	Ethiofencarb-sulfone	3	3	3	3	3	3	3	3	3	3	3	3	6/6	6/6	6/6	6/6	6/6	6/6
130	Ethiofencarb-sulfoxide	3	3	3	3	3	3	3	3	3	3	3	3	6/6	6/6	6/6	6/6	6/6	6/6
131	Ethion	3	3	3	3	3	3	2	1	3	3	3	3	6/6	6/6	6/6	3/6	6/6	6/6

续表

序号	农药名称	检测样品数量(n=3)						确证样品数量(n=3)						检测(n=6)			确证(n=6)		
		1 μg/kg		10 μg/kg		50 μg/kg		1 μg/kg		10 μg/kg		50 μg/kg		1 μg/kg	10 μg/kg	50 μg/kg	1 μg/kg	10 μg/kg	50 μg/kg
		AP	SP	AP	SP	AP	SP	AP	SP	AP	SP	AP	SP						
132	Ethiprole	3	3	3	3	3	3	3	3	3	3	3	3	6/6	6/6	6/6	6/6	6/6	6/6
133	Ethirimol	3	3	3	3	3	3	3	3	3	3	3	3	6/6	6/6	6/6	6/6	6/6	6/6
134	Ethoprophos	3	3	3	3	3	3	3	3	3	3	3	3	6/6	6/6	6/6	6/6	6/6	6/6
135	Etobenzanid	3	3	3	3	3	3	1	2	2	3	3	3	6/6	6/6	6/6	3/6	5/6	6/6
136	Etrimfos	3	3	3	3	3	3	1	0	0	1	3	3	6/6	6/6	6/6	1/6	1/6	6/6
137	Famphur	3	3	3	3	3	3	1	0	1	3	3	3	6/6	6/6	6/6	1/6	4/6	6/6
138	Fenamidone	3	3	3	3	3	3	1	3	3	3	3	3	6/6	6/6	6/6	4/6	6/6	6/6
139	Fenamiphos	3	3	3	3	3	3	3	3	3	3	3	3	6/6	6/6	6/6	6/6	6/6	6/6
140	Fenamiphos-sulfone	3	3	3	3	3	3	3	3	3	3	3	3	6/6	6/6	6/6	6/6	6/6	6/6
141	Fenamiphos-sulfoxide	3	3	3	3	3	3	3	3	3	3	3	3	6/6	6/6	6/6	6/6	6/6	6/6
142	Fenarimol	3	3	3	3	3	3	0	0	0	0	0	0	6/6	6/6	6/6	0/6	0/6	0/6
143	Fenazaquin	0	0	1	0	3	0	0	0	0	0	0	0	0/6	1/6	3/6	0/6	0/6	0/6
144	Fenbuconazole	3	3	3	3	3	3	3	3	3	3	3	3	6/6	6/6	6/6	6/6	6/6	6/6
145	Fenfuram	3	3	3	3	3	3	3	3	3	3	3	3	6/6	6/6	6/6	6/6	6/6	6/6
146	Fenobucarb	3	3	3	3	3	3	3	3	3	3	3	3	6/6	6/6	6/6	6/6	6/6	6/6
147	Fenothiocarb	3	3	3	3	3	3	3	3	3	3	3	3	6/6	6/6	6/6	6/6	6/6	6/6
148	Fenoxanil	0	3	3	3	3	3	0	0	0	0	2	0	3/6	6/6	6/6	0/6	0/6	2/6
149	Fenoxaprop-ethyl	3	0	3	3	3	3	0	0	1	0	3	3	3/6	6/6	6/6	0/6	1/6	6/6
150	Fenoxaprop-P-Ethyl	3	3	3	3	3	3	0	0	1	0	3	3	6/6	6/6	6/6	0/6	1/6	6/6
151	Fenpropidin	3	3	3	3	3	3	3	3	3	3	3	3	6/6	6/6	6/6	6/6	6/6	6/6
152	Fenpropimorph	3	3	3	3	3	3	3	3	3	3	3	3	6/6	6/6	6/6	6/6	6/6	6/6
153	Fenpyroximate-E	3	3	3	3	3	3	3	3	3	3	3	3	6/6	6/6	6/6	6/6	6/6	6/6
154	Fensulfothion	3	3	3	3	3	3	3	3	3	3	3	3	6/6	6/6	6/6	6/6	6/6	6/6
155	Fensulfothion-oxon	3	3	3	3	3	3	3	3	3	3	3	3	6/6	6/6	6/6	6/6	6/6	6/6
156	Fenthion-oxon	3	3	3	3	3	3	3	3	3	3	3	3	6/6	6/6	6/6	6/6	6/6	6/6
157	Fenthion-oxon-sulfone	3	3	3	3	3	3	3	2	3	3	3	3	6/6	6/6	6/6	5/6	6/6	6/6
158	Fenthion-oxon-sulfoxide	3	3	3	3	3	3	3	3	3	3	3	3	6/6	6/6	6/6	6/6	6/6	6/6
159	Fenthion-sulfoxide	3	3	3	3	3	3	3	3	3	3	3	3	6/6	6/6	6/6	6/6	6/6	6/6
160	Fenuron	3	3	3	3	3	3	3	1	3	3	3	3	6/6	6/6	6/6	4/6	6/6	6/6
161	Flamprop	3	0	3	3	3	3	1	0	3	3	3	3	3/6	6/6	6/6	1/6	6/6	6/6
162	Flamprop-isopropyl	3	3	3	3	3	3	0	0	0	0	0	0	6/6	6/6	6/6	0/6	0/6	0/6
163	Flamprop-methyl	3	3	3	3	3	3	3	3	3	3	3	3	6/6	6/6	6/6	6/6	6/6	6/6
164	Florasulam	3	3	3	3	3	3	3	3	3	3	3	3	6/6	6/6	6/6	6/6	6/6	6/6

续表

序号	农药名称	检测样品数量(*n*=3)						确证样品数量(*n*=3)						检测(*n*=6)			确证(*n*=6)		
		1 μg/kg		10 μg/kg		50 μg/kg		1 μg/kg		10 μg/kg		50 μg/kg		1 μg/kg	10 μg/kg	50 μg/kg	1 μg/kg	10 μg/kg	50 μg/kg
		AP	SP	AP	SP	AP	SP	AP	SP	AP	SP	AP	SP						
165	Fluazifop	3	3	3	3	3	3	3	3	3	3	3	3	6/6	6/6	6/6	6/6	6/6	6/6
166	Fluazifop-butyl	3	3	3	3	3	3	3	3	3	3	3	3	6/6	6/6	6/6	6/6	6/6	6/6
167	Fluazifop-P-Butyl	3	3	3	3	3	3	3	3	3	3	3	3	6/6	6/6	6/6	6/6	6/6	6/6
168	Flucycloxuron	0	3	3	3	3	3	0	0	2	1	2	2	3/6	6/6	6/6	0/6	3/6	4/6
169	Flufenacet	3	3	3	3	3	3	3	3	3	3	3	3	6/6	6/6	6/6	6/6	6/6	6/6
170	Flufenoxuron	0	0	3	0	3	3	0	0	3	0	3	3	0/6	3/6	6/6	0/6	3/6	6/6
171	Flufenpyr-Ethyl	3	3	3	3	3	3	3	3	3	3	3	3	6/6	6/6	6/6	6/6	6/6	6/6
172	Flumequine	3	3	3	3	3	3	3	3	3	3	3	3	6/6	6/6	6/6	6/6	6/6	6/6
173	Flumetsulam	3	3	3	3	3	3	3	3	3	3	3	3	6/6	6/6	6/6	6/6	6/6	6/6
174	Flumiclorac-pentyl	3	3	3	3	3	3	3	3	3	3	3	3	6/6	6/6	6/6	6/6	6/6	6/6
175	Flumorph	3	3	3	3	3	3	3	3	3	3	3	3	6/6	6/6	6/6	6/6	6/6	6/6
176	Fluometuron	3	3	3	3	3	3	2	3	3	3	3	3	6/6	6/6	6/6	5/6	6/6	6/6
177	Fluopicolide	3	3	3	3	3	3	3	3	3	3	3	3	6/6	6/6	6/6	6/6	6/6	6/6
178	Fluopyram	3	3	3	3	3	3	3	3	3	3	3	3	6/6	6/6	6/6	6/6	6/6	6/6
179	Fluoxastrobin	3	3	3	3	3	3	3	3	3	3	3	3	6/6	6/6	6/6	6/6	6/6	6/6
180	Fluquinconazole	3	0	3	3	3	3	1	0	3	3	3	3	3/6	6/6	6/6	1/6	6/6	6/6
181	Fluridone	3	3	3	3	3	3	2	3	2	3	0	3	6/6	6/6	6/6	5/6	5/6	3/6
182	Flurochloridone	0	0	3	3	3	3	0	0	1	2	3	3	0/6	6/6	6/6	0/6	3/6	6/6
183	Flurprimidol	3	3	3	3	3	3	2	1	3	2	3	3	6/6	6/6	6/6	3/6	5/6	6/6
184	Flurtamone	3	3	3	3	3	3	3	3	3	3	3	3	6/6	6/6	6/6	6/6	6/6	6/6
185	Flusilazole	3	3	3	3	3	3	3	2	3	3	3	3	6/6	6/6	6/6	5/6	6/6	6/6
186	Fluthiacet-Methyl	3	3	3	3	3	3	3	3	3	3	3	3	6/6	6/6	6/6	6/6	6/6	6/6
187	Flutolanil	3	3	3	3	3	3	3	3	3	3	3	3	6/6	6/6	6/6	6/6	6/6	6/6
188	Flutriafol	3	3	3	3	3	3	3	3	3	3	3	3	6/6	6/6	6/6	6/6	6/6	6/6
189	Fluxapyroxad	3	3	3	3	3	3	3	3	3	3	3	3	6/6	6/6	6/6	6/6	6/6	6/6
190	Fonofos	0	0	3	3	3	3	0	0	2	3	3	3	0/6	6/6	6/6	0/6	5/6	6/6
191	Foramsulfuron	3	3	3	3	3	3	3	3	3	3	3	3	6/6	6/6	6/6	6/6	6/6	6/6
192	Forchlorfenuron	3	3	3	3	3	3	3	3	3	3	3	3	6/6	6/6	6/6	6/6	6/6	6/6
193	Fosthiazate	3	3	3	3	3	3	3	3	3	3	3	3	6/6	6/6	6/6	6/6	6/6	6/6
194	Fuberidazole	3	3	3	3	3	3	3	3	3	3	3	3	6/6	6/6	6/6	6/6	6/6	6/6
195	Furalaxyl	3	3	3	3	3	3	3	3	3	3	3	3	6/6	6/6	6/6	6/6	6/6	6/6
196	Furathiocarb	3	3	3	3	3	3	3	3	3	3	3	3	6/6	6/6	6/6	6/6	6/6	6/6
197	Furmecyclox	3	3	3	3	3	3	1	0	3	3	3	3	6/6	6/6	6/6	1/6	6/6	6/6

续表

序号	农药名称	检测样品数量(n=3)						确证样品数量(n=3)						检测(n=6)			确证(n=6)		
		1 μg/kg		10 μg/kg		50 μg/kg		1 μg/kg		10 μg/kg		50 μg/kg		1 μg/kg	10 μg/kg	50 μg/kg	1 μg/kg	10 μg/kg	50 μg/kg
		AP	SP	AP	SP	AP	SP	AP	SP	AP	SP	AP	SP						
198	Haloxyfop	3	3	3	3	3	3	1	0	3	3	3	3	6/6	6/6	6/6	1/6	6/6	6/6
199	Haloxyfop-2-ethoxyethyl	3	3	3	3	3	3	3	3	3	3	3	3	6/6	6/6	6/6	6/6	6/6	6/6
200	Haloxyfop-methyl	3	3	3	3	3	3	3	3	3	3	3	3	6/6	6/6	6/6	6/6	6/6	6/6
201	Hexaconazole	3	3	3	3	3	3	3	2	3	3	3	3	6/6	6/6	6/6	5/6	6/6	6/6
202	Hexazinone	3	3	3	3	3	3	2	3	3	3	3	3	6/6	6/6	6/6	5/6	6/6	6/6
203	Hexythiazox	3	0	3	3	3	3	0	0	1	0	2	0	3/6	6/6	6/6	0/6	1/6	2/6
204	Hydramethylnon	3	0	3	3	3	3	3	0	3	3	3	3	3/6	6/6	6/6	3/6	6/6	6/6
205	Imazalil	3	3	3	3	3	3	3	3	3	3	3	3	6/6	6/6	6/6	6/6	6/6	6/6
206	Imazamethabenz-methyl	3	3	3	3	3	3	3	3	3	3	3	3	6/6	6/6	6/6	6/6	6/6	6/6
207	Imazamox	3	3	3	3	3	3	3	3	3	3	3	3	6/6	6/6	6/6	6/6	6/6	6/6
208	Imazapic	3	3	3	3	3	3	3	1	3	3	3	3	6/6	6/6	6/6	4/6	6/6	6/6
209	Imazapyr	3	3	3	3	3	3	3	3	3	3	3	3	6/6	6/6	6/6	6/6	6/6	6/6
210	Imazaquin	3	3	3	3	3	3	3	3	3	3	3	3	6/6	6/6	6/6	6/6	6/6	6/6
211	Imazethapyr	3	3	3	3	3	3	3	3	3	3	3	3	6/6	6/6	6/6	6/6	6/6	6/6
212	Imidacloprid	3	3	3	3	3	3	3	1	3	3	3	3	6/6	6/6	6/6	4/6	6/6	6/6
213	Imidacloprid-Urea	3	3	3	3	3	3	3	3	3	3	3	3	6/6	6/6	6/6	6/6	6/6	6/6
214	Indoxacarb	3	3	3	3	3	3	0	0	3	3	3	3	6/6	6/6	6/6	0/6	6/6	6/6
215	Ipconazole	3	3	3	3	3	3	2	3	2	3	3	3	6/6	6/6	6/6	5/6	5/6	6/6
216	Iprobenfos	3	3	3	3	3	3	3	2	3	3	3	3	6/6	6/6	6/6	5/6	6/6	6/6
217	Iprovalicarb	3	3	3	3	3	3	2	0	3	2	3	3	6/6	6/6	6/6	2/6	5/6	6/6
218	Isazofos	3	3	3	3	3	3	3	3	3	3	3	3	6/6	6/6	6/6	6/6	6/6	6/6
219	Isocarbamid	3	3	3	3	3	3	3	0	3	3	3	3	6/6	6/6	6/6	3/6	6/6	6/6
220	Isomethiozin	0	0	1	0	1	0	0	0	0	0	0	0	0/6	1/6	1/6	0/6	0/6	0/6
221	Isoprocarb	3	3	3	3	3	3	0	0	2	3	3	3	6/6	6/6	6/6	0/6	5/6	6/6
222	Isopropalin	0	0	0	0	3	3	0	0	0	0	0	0	0/6	0/6	6/6	0/6	0/6	0/6
223	Isoprothiolane	3	3	3	3	3	3	3	3	3	3	3	3	6/6	6/6	6/6	6/6	6/6	6/6
224	Isoproturon	3	3	3	3	3	3	3	3	3	3	3	3	6/6	6/6	6/6	6/6	6/6	6/6
225	Isouron	3	3	3	3	3	3	3	3	3	3	3	3	6/6	6/6	6/6	6/6	6/6	6/6
226	Isoxaben	3	3	3	3	3	3	3	3	3	3	3	3	6/6	6/6	6/6	6/6	6/6	6/6
227	Isoxadifen-ethyl	3	3	3	3	3	3	2	3	3	3	3	3	6/6	6/6	6/6	5/6	6/6	6/6
228	Isoxathion	0	3	3	3	3	3	0	0	0	0	0	0	3/6	6/6	6/6	0/6	0/6	0/6
229	Kadethrin	3	3	3	3	3	3	2	0	3	3	3	3	6/6	6/6	6/6	2/6	6/6	6/6
230	Karbutilate	3	3	3	3	3	3	0	0	2	2	3	3	6/6	6/6	6/6	0/6	4/6	6/6

续表

序号	农药名称	检测样品数量(n=3)						确证样品数量(n=3)						检测(n=6)			确证(n=6)		
		1 μg/kg		10 μg/kg		50 μg/kg		1 μg/kg		10 μg/kg		50 μg/kg		1 μg/kg	10 μg/kg	50 μg/kg	1 μg/kg	10 μg/kg	50 μg/kg
		AP	SP	AP	SP	AP	SP	AP	SP	AP	SP	AP	SP						
231	Kresoxim-methyl	0	0	3	3	3	3	0	0	1	0	3	3	0/6	6/6	6/6	0/6	1/6	6/6
232	Lactofen	0	0	3	0	3	2	0	0	1	0	2	1	0/6	3/6	5/6	0/6	1/6	3/6
233	Linuron	3	3	3	3	3	3	2	2	3	3	3	3	6/6	6/6	6/6	4/6	6/6	6/6
234	Malaoxon	3	3	3	3	3	3	3	3	3	3	3	3	6/6	6/6	6/6	6/6	6/6	6/6
235	Malathion	3	3	3	3	3	3	3	3	3	3	3	3	6/6	6/6	6/6	6/6	6/6	6/6
236	Mandipropamid	3	3	3	3	3	3	3	3	3	3	3	3	6/6	6/6	6/6	6/6	6/6	6/6
237	Mecarbam	3	3	3	3	3	3	1	0	2	3	3	3	6/6	6/6	6/6	1/6	5/6	6/6
238	Mefenacet	3	3	3	3	3	3	3	3	3	3	3	3	6/6	6/6	6/6	6/6	6/6	6/6
239	Mefenpyr-diethyl	3	3	3	3	3	3	2	3	3	3	3	3	6/6	6/6	6/6	5/6	6/6	6/6
240	Mepanipyrim	3	3	3	3	3	3	2	2	3	3	3	3	6/6	6/6	6/6	4/6	6/6	6/6
241	Mephosfolan	3	3	3	3	3	3	3	3	3	3	3	3	6/6	6/6	6/6	6/6	6/6	6/6
242	Mepiquat	3	3	3	3	3	3	3	0	3	3	3	3	6/6	6/6	6/6	3/6	6/6	6/6
243	Mepronil	3	3	3	3	3	3	3	3	3	3	3	3	6/6	6/6	6/6	6/6	6/6	6/6
244	Mesosulfuron-methyl	3	3	3	3	3	3	3	3	3	3	3	3	6/6	6/6	6/6	6/6	6/6	6/6
245	Metalaxyl	3	3	3	3	3	3	3	3	3	3	3	3	6/6	6/6	6/6	6/6	6/6	6/6
246	Metamitron	3	3	3	3	3	3	0	1	3	3	3	3	6/6	6/6	6/6	1/6	6/6	6/6
247	Metamitron-desamino	3	3	3	3	3	3	3	2	3	3	3	3	6/6	6/6	6/6	5/6	6/6	6/6
248	Metazachlor	3	3	3	3	3	3	3	3	3	3	3	3	6/6	6/6	6/6	6/6	6/6	6/6
249	Metconazole	3	3	3	3	3	3	3	3	3	3	3	3	6/6	6/6	6/6	6/6	6/6	6/6
250	Methabenzthiazuron	3	3	3	3	3	3	3	3	3	3	3	3	6/6	6/6	6/6	6/6	6/6	6/6
251	Methamidophos	3	3	3	3	3	3	0	0	3	3	3	3	6/6	6/6	6/6	0/6	6/6	6/6
252	Methiocarb	0	0	3	3	3	3	0	0	3	3	3	3	0/6	6/6	6/6	0/6	6/6	6/6
253	Methiocarb-sulfoxide	3	3	3	3	3	3	3	3	3	3	3	3	6/6	6/6	6/6	6/6	6/6	6/6
254	Methomyl	0	0	0	0	3	3	0	0	0	0	3	3	0/6	0/6	6/6	0/6	0/6	6/6
255	Methoprotryne	3	3	3	3	3	3	3	3	3	3	3	3	6/6	6/6	6/6	6/6	6/6	6/6
256	Metobromuron	3	0	3	3	3	3	0	0	0	0	3	3	3/6	6/6	6/6	0/6	0/6	6/6
257	Metolachlor	3	3	3	3	3	3	3	3	3	3	3	3	6/6	6/6	6/6	6/6	6/6	6/6
258	Metominostrobin-(E)	3	3	3	3	3	3	3	3	3	3	3	3	6/6	6/6	6/6	6/6	6/6	6/6
259	Metosulam	3	3	3	3	3	3	3	3	3	3	3	3	6/6	6/6	6/6	6/6	6/6	6/6
260	Metoxuron	0	0	0	0	3	3	0	0	0	0	0	0	0/6	0/6	6/6	0/6	0/6	0/6
261	Metrafenone	3	3	3	3	3	3	3	3	3	3	3	3	6/6	6/6	6/6	6/6	6/6	6/6
262	Metribuzin	3	3	3	3	3	3	2	3	3	3	3	3	6/6	6/6	6/6	5/6	6/6	6/6
263	Metsulfuron-methyl	3	3	3	3	3	3	3	3	3	3	3	3	6/6	6/6	6/6	6/6	6/6	6/6

续表

序号	农药名称	检测样品数量(n=3)						确证样品数量(n=3)						检测(n=6)			确证(n=6)		
		1 μg/kg		10 μg/kg		50 μg/kg		1 μg/kg		10 μg/kg		50 μg/kg		1 μg/kg	10 μg/kg	50 μg/kg	1 μg/kg	10 μg/kg	50 μg/kg
		AP	SP	AP	SP	AP	SP	AP	SP	AP	SP	AP	SP						
264	Mevinphos	3	3	3	3	3	3	0	0	2	3	3	3	6/6	6/6	6/6	0/6	5/6	6/6
265	Mexacarbate	3	3	3	3	3	3	3	3	3	3	3	3	6/6	6/6	6/6	6/6	6/6	6/6
266	Monocrotophos	3	3	3	3	3	3	2	3	3	3	3	3	6/6	6/6	6/6	5/6	6/6	6/6
267	Monuron	3	3	3	3	3	3	3	3	3	3	3	3	6/6	6/6	6/6	6/6	6/6	6/6
268	Myclobutanil	3	3	3	3	3	3	2	1	3	3	3	3	6/6	6/6	6/6	3/6	6/6	6/6
269	Naproanilide	3	3	3	3	3	3	2	0	3	3	3	3	6/6	6/6	6/6	2/6	6/6	6/6
270	Napropamide	3	3	3	3	3	3	3	2	3	3	3	3	6/6	6/6	6/6	5/6	6/6	6/6
271	Neburon	3	3	3	3	3	3	0	1	0	2	2	2	6/6	6/6	6/6	1/6	2/6	4/6
272	Norflurazon	0	0	0	0	0	0	0	0	0	0	0	0	0/6	0/6	0/6	0/6	0/6	0/6
273	Nuarimol	3	3	3	3	3	3	2	3	3	3	3	3	6/6	6/6	6/6	5/6	6/6	6/6
274	Octhilinone	3	3	3	3	3	3	3	2	3	3	3	3	6/6	6/6	6/6	5/6	6/6	6/6
275	Ofurace	3	3	3	3	3	3	3	3	3	3	3	3	6/6	6/6	6/6	6/6	6/6	6/6
276	Omethoate	3	3	3	3	3	3	3	3	3	3	3	3	6/6	6/6	6/6	6/6	6/6	6/6
277	Orbencarb	3	3	3	3	3	3	3	2	3	3	3	3	6/6	6/6	6/6	5/6	6/6	6/6
278	Oxadixyl	3	3	3	3	3	3	0	0	2	2	3	3	6/6	6/6	6/6	0/6	4/6	6/6
279	Oxaziclomefone	3	3	3	3	3	3	3	3	3	3	3	3	6/6	6/6	6/6	6/6	6/6	6/6
280	Oxycarboxin	3	3	3	3	3	3	3	3	3	3	3	3	6/6	6/6	6/6	6/6	6/6	6/6
281	Paclobutrazol	3	3	3	3	3	3	3	3	3	3	3	3	6/6	6/6	6/6	6/6	6/6	6/6
282	Paraoxon-ethyl	3	3	3	3	3	3	2	3	3	3	3	3	6/6	6/6	6/6	5/6	6/6	6/6
283	Pebulate	0	0	3	0	3	3	0	0	0	0	2	2	0/6	3/6	6/6	0/6	0/6	4/6
284	Penconazole	3	3	3	3	3	3	0	0	0	0	0	0	6/6	6/6	6/6	0/6	0/6	0/6
285	Pencycuron	3	3	3	3	3	3	3	3	3	3	3	3	6/6	6/6	6/6	6/6	6/6	6/6
286	Penoxsulam	3	3	3	3	3	3	3	3	3	3	3	3	6/6	6/6	6/6	6/6	6/6	6/6
287	Pentanochlor	3	3	3	3	3	3	3	3	3	3	3	3	6/6	6/6	6/6	6/6	6/6	6/6
288	Phenmedipham	3	3	3	3	3	3	3	3	3	3	3	3	6/6	6/6	6/6	6/6	6/6	6/6
289	Phenthoate	0	3	3	3	3	3	0	0	3	3	3	3	3/6	6/6	6/6	0/6	6/6	6/6
290	Phorate-sulfone	0	0	3	3	3	3	0	0	3	3	3	3	0/6	6/6	6/6	0/6	6/6	6/6
291	Phorate-sulfoxide	3	3	3	3	3	3	3	3	3	3	3	3	6/6	6/6	6/6	6/6	6/6	6/6
292	Phosalone	3	3	3	3	3	3	2	3	3	3	3	3	6/6	6/6	6/6	5/6	6/6	6/6
293	Phosfolan	3	3	3	3	3	3	3	3	3	3	3	3	6/6	6/6	6/6	6/6	6/6	6/6
294	Phosphamidon	3	3	3	3	3	3	3	2	3	3	3	3	6/6	6/6	6/6	5/6	6/6	6/6
295	Phoxim	3	3	3	3	3	3	0	1	1	1	1	1	6/6	6/6	6/6	1/6	2/6	2/6
296	Picaridin	3	3	3	3	3	3	0	1	3	3	3	3	6/6	6/6	6/6	1/6	6/6	6/6

续表

序号	农药名称	检测样品数量(*n*=3)						确证样品数量(*n*=3)						检测(*n*=6)			确证(*n*=6)		
		1 μg/kg		10 μg/kg		50 μg/kg		1 μg/kg		10 μg/kg		50 μg/kg		1 μg/kg	10 μg/kg	50 μg/kg	1 μg/kg	10 μg/kg	50 μg/kg
		AP	SP	AP	SP	AP	SP	AP	SP	AP	SP	AP	SP						
297	Picolinafen	3	3	3	3	3	3	3	3	3	3	3	3	6/6	6/6	6/6	6/6	6/6	6/6
298	Picoxystrobin	3	3	3	3	3	3	0	0	0	0	1	3	6/6	6/6	6/6	0/6	0/6	4/6
299	Pinoxaden	3	3	3	3	3	3	3	3	3	3	3	3	6/6	6/6	6/6	6/6	6/6	6/6
300	Piperonyl butoxide	3	3	3	3	3	3	3	3	3	3	3	3	6/6	6/6	6/6	6/6	6/6	6/6
301	Piperophos	3	3	3	3	3	3	3	3	3	3	3	3	6/6	6/6	6/6	6/6	6/6	6/6
302	Pirimicarb	3	3	3	3	3	3	3	3	3	3	3	3	6/6	6/6	6/6	6/6	6/6	6/6
303	Pirimicarb-desmethyl	3	3	3	3	3	3	3	3	3	3	3	3	6/6	6/6	6/6	6/6	6/6	6/6
304	Pirimicarb-desmethyl-formamido	3	3	3	3	3	3	3	3	3	3	3	3	6/6	6/6	6/6	6/6	6/6	6/6
305	Pirimiphos-ethyl	3	3	3	3	3	3	3	3	3	3	3	3	6/6	6/6	6/6	6/6	6/6	6/6
306	Pirimiphos-methyl	3	3	3	3	3	3	3	3	3	3	3	3	6/6	6/6	6/6	6/6	6/6	6/6
307	Pretilachlor	3	3	3	3	3	3	3	3	3	3	3	3	6/6	6/6	6/6	6/6	6/6	6/6
308	Prochloraz	3	3	3	3	3	3	0	0	3	3	3	3	6/6	6/6	6/6	0/6	6/6	6/6
309	Profenofos	0	3	3	3	3	3	0	0	3	0	3	2	3/6	6/6	6/6	0/6	3/6	5/6
310	Prometon	3	3	3	3	3	3	3	3	3	3	3	3	6/6	6/6	6/6	6/6	6/6	6/6
311	Prometryn	3	3	3	3	3	3	3	3	3	3	3	3	6/6	6/6	6/6	6/6	6/6	6/6
312	Propachlor	3	3	3	3	3	3	3	3	3	3	3	3	6/6	6/6	6/6	6/6	6/6	6/6
313	Propamocarb	3	3	3	3	3	3	3	3	3	3	3	3	6/6	6/6	6/6	6/6	6/6	6/6
314	Propanil	0	0	3	3	3	3	0	0	3	3	3	3	0/6	6/6	6/6	0/6	6/6	6/6
315	Propaphos	3	3	3	3	3	3	3	3	3	3	3	3	6/6	6/6	6/6	6/6	6/6	6/6
316	Propaquizafop	3	3	3	3	3	3	1	0	3	2	3	3	6/6	6/6	6/6	1/6	5/6	6/6
317	Propargite	0	0	3	3	3	3	0	0	1	1	3	3	0/6	6/6	6/6	0/6	2/6	6/6
318	Propazine	3	3	3	3	3	3	2	2	3	3	3	3	6/6	6/6	6/6	4/6	6/6	6/6
319	Propiconazole	3	3	3	3	3	3	3	3	3	3	3	3	6/6	6/6	6/6	6/6	6/6	6/6
320	Propisochlor	0	3	3	3	3	3	0	0	0	0	0	2	3/6	6/6	6/6	0/6	0/6	2/6
321	Propoxur	0	0	3	3	3	3	0	0	2	3	3	3	0/6	6/6	6/6	0/6	5/6	6/6
322	Propyzamide	0	0	3	3	3	3	0	0	0	0	0	0	0/6	6/6	6/6	0/6	0/6	0/6
323	Proquinazid	3	3	3	3	3	3	3	3	3	3	3	3	6/6	6/6	6/6	6/6	6/6	6/6
324	Prosulfocarb	3	3	3	3	3	3	3	3	3	3	3	3	6/6	6/6	6/6	6/6	6/6	6/6
325	Pymetrozine	3	3	3	3	3	3	3	3	3	3	3	3	6/6	6/6	6/6	6/6	6/6	6/6
326	Pyraclofos	3	3	3	3	3	3	2	1	3	3	3	3	6/6	6/6	6/6	3/6	6/6	6/6
327	Pyraclostrobin	3	3	3	3	3	3	3	3	3	3	3	3	6/6	6/6	6/6	6/6	6/6	6/6
328	Pyraflufen-ethyl	3	3	3	3	3	3	3	1	3	3	3	3	6/6	6/6	6/6	4/6	6/6	6/6
329	Pyrasulfotole	3	3	3	3	3	3	3	3	3	3	3	3	6/6	6/6	6/6	6/6	6/6	6/6

续表

序号	农药名称	检测样品数量(n=3)						确证样品数量(n=3)						检测(n=6)			确证(n=6)		
		1 μg/kg		10 μg/kg		50 μg/kg		1 μg/kg		10 μg/kg		50 μg/kg		1 μg/kg	10 μg/kg	50 μg/kg	1 μg/kg	10 μg/kg	50 μg/kg
		AP	SP	AP	SP	AP	SP	AP	SP	AP	SP	AP	SP						
330	Pyrazolynate	3	3	3	3	3	3	2	2	3	3	3	3	6/6	6/6	6/6	4/6	6/6	6/6
331	Pyrazophos	3	3	3	3	3	3	3	3	3	3	3	3	6/6	6/6	6/6	6/6	6/6	6/6
332	Pyrazoxyfen	3	3	3	3	3	3	3	3	3	3	3	3	6/6	6/6	6/6	6/6	6/6	6/6
333	Pyridaben	3	3	3	3	3	3	3	3	3	3	3	3	6/6	6/6	6/6	6/6	6/6	6/6
334	Pyridalyl	0	0	3	0	3	0	0	0	1	0	0	0	0/6	3/6	3/6	0/6	1/6	0/6
335	Pyridaphenthion	3	3	3	3	3	3	3	3	3	3	3	3	6/6	6/6	6/6	6/6	6/6	6/6
336	Pyridate	0	0	3	3	3	3	0	0	3	1	3	3	0/6	6/6	6/6	0/6	4/6	6/6
337	Pyriftalid	3	3	3	3	3	3	3	3	3	3	3	3	6/6	6/6	6/6	6/6	6/6	6/6
338	Pyrimethanil	3	3	3	3	3	3	3	2	3	3	3	3	6/6	6/6	6/6	5/6	6/6	6/6
339	Pyrimidifen	3	3	3	3	3	3	3	3	3	3	3	3	6/6	6/6	6/6	6/6	6/6	6/6
340	Pyriproxyfen	3	3	3	3	3	3	3	3	3	3	3	3	6/6	6/6	6/6	6/6	6/6	6/6
341	Pyroquilon	3	3	3	3	3	3	3	3	3	3	3	3	6/6	6/6	6/6	6/6	6/6	6/6
342	Quinalphos	3	3	3	3	3	3	3	3	3	3	3	3	6/6	6/6	6/6	6/6	6/6	6/6
343	Quinoclamine	3	3	3	3	3	3	0	1	3	1	3	2	6/6	6/6	6/6	1/6	4/6	5/6
344	Quinoxyfen	3	3	3	3	3	3	3	3	3	3	3	3	6/6	6/6	6/6	6/6	6/6	6/6
345	Quizalofop-ethyl	3	3	3	3	3	3	3	3	3	3	3	3	6/6	6/6	6/6	6/6	6/6	6/6
346	Quizalofop-P-Ethyl	3	3	3	3	3	3	3	3	3	3	3	3	6/6	6/6	6/6	6/6	6/6	6/6
347	Rabenzazole	3	3	3	3	3	3	3	3	3	3	3	3	6/6	6/6	6/6	6/6	6/6	6/6
348	Rimsulfuron	0	0	0	0	0	0	0	0	0	0	0	0	0/6	0/6	0/6	0/6	0/6	0/6
349	Rotenone	3	3	3	3	3	3	3	3	3	3	3	3	6/6	6/6	6/6	6/6	6/6	6/6
350	Saflufenacil	3	3	3	3	3	3	3	3	3	3	3	3	6/6	6/6	6/6	6/6	6/6	6/6
351	Sebuthylazine	3	3	3	3	3	3	3	2	3	3	3	3	6/6	6/6	6/6	5/6	6/6	6/6
352	Sebuthylazine-desethyl	3	3	3	3	3	3	1	3	3	3	3	3	6/6	6/6	6/6	4/6	6/6	6/6
353	Secbumeton	3	3	3	3	3	3	3	3	3	3	3	3	6/6	6/6	6/6	6/6	6/6	6/6
354	Siduron	3	3	3	3	3	3	3	3	3	3	3	3	6/6	6/6	6/6	6/6	6/6	6/6
355	Simazine	3	3	3	3	3	3	2	3	3	3	3	3	6/6	6/6	6/6	5/6	6/6	6/6
356	Simeconazole	3	3	3	3	3	3	1	1	2	2	2	3	6/6	6/6	6/6	2/6	4/6	5/6
357	Simeton	3	3	3	3	3	3	2	2	3	3	3	3	6/6	6/6	6/6	4/6	6/6	6/6
358	Spinosad	3	3	3	3	3	3	3	3	3	3	3	3	6/6	6/6	6/6	6/6	6/6	6/6
359	Spirotetramat	3	3	3	3	3	3	3	3	3	3	3	3	6/6	6/6	6/6	6/6	6/6	6/6
360	Spiroxamine	3	3	3	3	3	3	3	0	3	0	3	0	6/6	6/6	6/6	3/6	3/6	3/6
361	Sulfentrazone	3	3	3	3	3	3	1	0	2	1	3	3	6/6	6/6	6/6	1/6	3/6	6/6
362	Sulfotep	3	3	3	3	3	3	2	3	3	3	3	3	6/6	6/6	6/6	5/6	6/6	6/6

续表

序号	农药名称	检测样品数量(n=3)						确证样品数量(n=3)						检测(n=6)			确证(n=6)		
		1 μg/kg		10 μg/kg		50 μg/kg		1 μg/kg		10 μg/kg		50 μg/kg		1 μg/kg	10 μg/kg	50 μg/kg	1 μg/kg	10 μg/kg	50 μg/kg
		AP	SP	AP	SP	AP	SP	AP	SP	AP	SP	AP	SP						
363	Sulprofos	3	0	3	3	3	3	0	0	2	1	3	3	3/6	6/6	6/6	0/6	3/6	6/6
364	Tebuconazole	3	3	3	3	3	3	2	3	3	3	3	3	6/6	6/6	6/6	5/6	6/6	6/6
365	Tebufenozide	0	0	3	3	3	3	0	0	1	2	3	3	0/6	6/6	6/6	0/6	3/6	6/6
366	Tebufenpyrad	3	3	3	3	3	3	2	1	3	3	3	3	6/6	6/6	6/6	3/6	6/6	6/6
367	Tebupirimfos	3	3	3	3	3	3	3	3	3	3	3	3	6/6	6/6	6/6	6/6	6/6	6/6
368	Tebutam	3	3	3	3	3	3	3	3	3	3	3	3	6/6	6/6	6/6	6/6	6/6	6/6
369	Tebuthiuron	3	3	3	3	3	3	3	3	3	3	3	3	6/6	6/6	6/6	6/6	6/6	6/6
370	Tembotrione	3	3	3	3	3	3	2	2	2	3	3	3	6/6	6/6	6/6	4/6	5/6	6/6
371	Temephos	0	0	3	0	0	3	0	0	1	0	0	0	0/6	3/6	3/6	0/6	1/6	0/6
372	Terbucarb	3	3	3	3	3	3	1	1	3	3	3	3	6/6	6/6	6/6	2/6	6/6	6/6
373	Terbufos-Sulfone	3	3	3	3	3	3	3	1	3	3	3	3	6/6	6/6	6/6	4/6	6/6	6/6
374	Terbumeton	3	3	3	3	3	3	1	3	2	3	2	3	6/6	6/6	6/6	4/6	5/6	5/6
375	Terbuthylazine	3	3	3	3	3	3	3	3	3	3	3	3	6/6	6/6	6/6	6/6	6/6	6/6
376	Terbutryn	3	3	3	3	3	3	3	3	3	3	3	3	6/6	6/6	6/6	6/6	6/6	6/6
377	Tetrachlorvinphos	3	3	3	3	3	3	3	3	3	3	3	3	6/6	6/6	6/6	6/6	6/6	6/6
378	Tetraconazole	3	3	3	3	3	3	3	3	3	3	3	3	6/6	6/6	6/6	6/6	6/6	6/6
379	Tetramethrin	3	3	3	3	3	3	2	1	3	3	3	3	6/6	6/6	6/6	3/6	6/6	6/6
380	Thiabendazole	3	3	3	3	3	3	3	3	3	3	3	3	6/6	6/6	6/6	6/6	6/6	6/6
381	Thiabendazole-5-Hydroxy	3	3	3	3	3	3	3	3	3	3	3	3	6/6	6/6	6/6	6/6	6/6	6/6
382	Thiacloprid	3	3	3	3	3	3	3	3	3	3	3	3	6/6	6/6	6/6	6/6	6/6	6/6
383	Thiamethoxam	3	3	3	3	3	3	2	3	3	3	3	3	6/6	6/6	6/6	5/6	6/6	6/6
384	Thiazafluron	3	3	3	3	3	3	1	0	3	3	3	3	6/6	6/6	6/6	1/6	6/6	6/6
385	Thiazopyr	3	3	3	3	3	3	3	3	3	3	3	3	6/6	6/6	6/6	6/6	6/6	6/6
386	Thidiazuron	3	3	3	3	3	3	3	2	3	3	3	3	6/6	6/6	6/6	5/6	6/6	6/6
387	Thifensulfuron-methyl	3	3	3	3	3	3	3	3	3	3	3	3	6/6	6/6	6/6	6/6	6/6	6/6
388	Thiobencarb	3	3	3	3	3	3	3	3	3	3	3	3	6/6	6/6	6/6	6/6	6/6	6/6
389	Thiodicarb	3	3	3	3	3	3	1	2	3	3	3	3	6/6	6/6	6/6	3/6	6/6	6/6
390	Thiofanox-sulfoxide	3	0	3	3	3	3	0	0	1	0	2	1	3/6	6/6	6/6	0/6	1/6	3/6
391	Thionazin	3	3	3	3	3	3	3	1	3	3	3	3	6/6	6/6	6/6	4/6	6/6	6/6
392	Thiophanate-Ethyl	3	3	3	3	3	3	3	3	3	3	3	3	6/6	6/6	6/6	6/6	6/6	6/6
393	Thiophanate-methyl	3	3	3	3	3	3	3	3	3	3	3	3	6/6	6/6	6/6	6/6	6/6	6/6
394	Tiocarbazil	3	3	3	3	3	3	2	3	3	3	3	3	6/6	6/6	6/6	5/6	6/6	6/6
395	Tolfenpyrad	3	3	3	3	3	3	2	2	3	3	3	3	6/6	6/6	6/6	4/6	6/6	6/6

续表

序号	农药名称	检测样品数量(n=3)						确证样品数量(n=3)						检测(n=6)			确证(n=6)		
		1 μg/kg		10 μg/kg		50 μg/kg		1 μg/kg		10 μg/kg		50 μg/kg		1 μg/kg	10 μg/kg	50 μg/kg	1 μg/kg	10 μg/kg	50 μg/kg
		AP	SP	AP	SP	AP	SP	AP	SP	AP	SP	AP	SP						
396	Tralkoxydim	3	3	3	3	3	3	0	0	0	0	3	2	6/6	6/6	6/6	0/6	0/6	5/6
397	Triadimefon	3	3	3	3	3	3	1	0	3	2	3	3	6/6	6/6	6/6	1/6	5/6	6/6
398	Triadimenol	0	0	3	3	3	3	0	0	0	1	1	1	0/6	6/6	6/6	0/6	1/6	2/6
399	Triapenthenol	3	3	3	3	3	3	1	2	2	2	2	2	6/6	6/6	6/6	3/6	4/6	4/6
400	Triasulfuron	3	3	3	3	3	3	3	3	3	3	3	3	6/6	6/6	6/6	6/6	6/6	6/6
401	Triazophos	3	3	3	3	3	3	3	3	3	3	3	3	6/6	6/6	6/6	6/6	6/6	6/6
402	Triazoxide	3	3	3	3	3	3	3	1	3	2	3	3	6/6	6/6	6/6	4/6	5/6	6/6
403	Tribufos	3	3	3	3	3	3	2	2	3	2	3	3	6/6	6/6	6/6	4/6	5/6	6/6
404	Trichlorfon	3	0	3	0	3	3	2	0	3	0	3	1	3/6	3/6	6/6	2/6	3/6	4/6
405	Tricyclazole	3	3	3	3	3	3	3	3	3	3	3	3	6/6	6/6	6/6	6/6	6/6	6/6
406	Tridemorph	0	0	3	3	3	3	0	0	0	0	3	1	0/6	6/6	6/6	0/6	0/6	4/6
407	Trietazine	3	3	3	3	3	3	3	3	3	3	3	3	6/6	6/6	6/6	6/6	6/6	6/6
408	Trifloxystrobin	3	3	3	3	3	3	3	3	3	3	3	3	6/6	6/6	6/6	6/6	6/6	6/6
409	Triflumizole	0	0	3	3	3	3	0	0	0	0	1	1	0/6	6/6	6/6	0/6	0/6	2/6
410	Triflumuron	3	3	3	3	3	3	3	2	3	3	3	3	6/6	6/6	6/6	5/6	6/6	6/6
411	Triticonazole	3	3	3	3	3	3	2	0	1	2	0	2	6/6	6/6	6/6	2/6	3/6	2/6
412	Uniconazole	3	3	3	3	3	3	3	2	3	2	3	3	6/6	6/6	6/6	5/6	5/6	6/6
413	Vamidothion	3	3	3	3	3	3	3	3	3	3	3	3	6/6	6/6	6/6	6/6	6/6	6/6
414	Vamidothion Sulfone	3	3	3	3	3	3	3	3	3	3	3	3	6/6	6/6	6/6	6/6	6/6	6/6
415	Vamidothion sulfoxide	3	3	3	3	3	3	3	3	3	3	3	3	6/6	6/6	6/6	6/6	6/6	6/6
416	Zoxamide	3	3	3	3	3	3	2	3	3	3	3	3	6/6	6/6	6/6	5/6	6/6	6/6

附表 1-10 IDA-LC-Q-TOF/MS 四种基质两个添加水平下的回收率（10 μg/kg 和 100 μg/kg）及相对标准偏差（n=3）

序号	农药名称	添加浓度(10 μg/kg)				添加浓度(100 μg/kg)			
		苹果	橙子	菠菜	番茄	苹果	橙子	菠菜	番茄
		R(RSD,%)[a]	R(RSD,%)[a]	R(RSD,%)[a]	R(RSD,%)[a]	R (RSD,%)[a]	R (RSD,%)[a]	R (RSD,%)[a]	R (RSD,%)[a]
1	1,3-Diphenyl urea	87.7(7.5)	93.0(6.2)	103.9(13.0)	85.4(5.5)	96.2(3.9)	93.1(7.1)	93.6(5.0)	89.8(5.8)
2	Acetamiprid	78.1(12.1)	85.0(11.3)	99.7(10.5)	79.8(9.0)	99.3(3.2)	77.9(6.4)	119.3(2.0)	87.6(7.7)
3	Acetochlor	132.8(17.9)	111.2(6.1)	105.4(9.8)	101.6(6.9)	111.7(11.4)	107.7(1.8)	105.2(3.8)	121.8(0.7)
4	Aldimorph	131.3(4.4)	115.9(5.1)	106.1(5.2)	136.7(3.9)	98.1(0.3)	97.5(8.6)	95.6(2.8)	92.3(3.5)
5	Ametryn	99.3(6.6)	92.0(2.8)	117.3(11.5)	106.4(4.0)	100.9(1.1)	108.3(7.8)	101.3(1.6)	90.2(2.4)
6	Ancymidol	97.0(3.4)	96.9(4.7)	104.3(4.8)	84.7(3.9)	107.0(2.4)	112.6(5.3)	104.8(2.6)	97.6(3.8)
7	Atrazine	122.3(3.1)	104.1(4.2)	104.5(5.3)	122.6(5.0)	110.2(0.2)	113.7(7.0)	115.0(2.4)	115.4(6.1)
8	Atrazine-Desethyl	104.9(4.5)	92.5(8.1)	104.8(11.2)	81.2(20.1)	71.6(0.2)	105.0(2.4)	109.3(10.1)	105.8(6.5)
9	Azoxystrobin	90.4(5.1)	89.6(7.9)	98.7(3.1)	138.6(9.1)	94.7(2.7)	97.3(7.2)	95.9(4.4)	82.9(5.1)
10	Bupirimate	94.9(2.9)	100.9(4.4)	95.5(7.0)	86.1(3.2)	93.6(0.2)	100.1(5.8)	94.5(4.4)	80.1(1.2)
11	Buprofezin	94.0(4.6)	97.2(9.1)	100.0(0.5)	89.6(5.0)	81.3(14.4)	102.1(7.8)	78.4(7.9)	99.2(7.7)
12	Carbaryl	94.4(2.4)	93.9(7.1)	108.2(5.0)	93.2(1.7)	92.8(1.5)	96.8(3.1)	96.7(1.9)	98.6(2.8)
13	Carbendazim	84.7(9.3)	76.7(1.8)	112.5(12.5)	85.8(15.1)	98.5(3.3)	93.6(6.7)	79.9(13.9)	94.5(6.1)
14	Carbetamide	93.1(10.9)	92.3(6.0)	99.8(4.5)	81.6(9.6)	100.3(11.0)	102.1(9.9)	95.2(4.9)	93.5(6.4)
15	Carbofuran	120.8(6.4)	112.0(5.4)	123.0(7.2)	128.0(7.7)	110.2(0.5)	125.8(5.7)	114.2(1.3)	103.6(4.5)
16	Carboxin	82.7(2.7)	99.7(6.1)	91.8(2.0)	78.6(8.6)	81.0(1.8)	99.5(6.4)	88.7(7.9)	83.3(3.6)
17	Chlorotoluron	93.0(4.3)	93.0(5.0)	103.9(3.9)	91.2(3.8)	99.2(3.1)	105.6(7.3)	102.4(0.9)	85.1(3.7)
18	Chlorpyrifos	119.2(4.3)	103.2(11.3)	111.4(9.5)	119.6(5.9)	114.4(9.0)	106.0(6.6)	105.4(12.9)	111.4(3.0)
19	Clothianidin	95.1(12.2)	86.8(15.6)	107.5(2.5)	88.1(0.5)	90.0(5.3)	98.2(5.9)	97.8(9.7)	89.4(4.4)
20	Coumaphos	115.9(10.8)	91.6(8.2)	98.5(13.7)	89.1(5.1)	92.0(2.1)	96.1(5.8)	91.9(4.9)	90.0(1.8)
21	Cyflufenamid	86.4(12.9)	92.2(7.0)	92.6(4.9)	84.7(3.8)	87.7(0.5)	98.2(15.1)	90.4(7.4)	79.7(2.0)
22	Cyprazine	105.8(1.0)	99.1(2.0)	116.2(11.4)	102.4(3.7)	110.1(2.2)	116.7(7.2)	110.8(3.1)	105.3(4.6)
23	Cyprodinil	119.0(12.0)	100.5(5.2)	104.9(6.0)	103.4(1.9)	95.2(0.1)	101.7(6.1)	101.3(3.9)	82.4(4.5)
24	Diethofencarb	87.3(13.1)	96.0(13.2)	103.4(5.7)	93.6(6.5)	109.1(8.7)	97.2(6.3)	102.3(9.9)	96.9(2.6)
25	Difenoconazole	90.9(0.8)	86.1(2.5)	95.2(10.8)	86.0(4.9)	95.7(7.0)	93.9(6.8)	90.0(1.0)	90.3(1.2)
26	Difenoxuron	90.2(3.8)	95.6(4.1)	101.2(5.6)	80.6(2.5)	92.1(2.3)	98.8(9.6)	101.5(2.5)	78.1(2.3)
27	Dimefuron	95.1(1.3)	92.4(8.6)	94.3(2.9)	114.8(13.8)	95.8(1.3)	99.4(6.2)	94.9(2.0)	88.2(1.9)
28	Dimethenamid	160.8(4.4)	119.7(4.0)	114.8(11.2)	111.3(2.2)	112.7(1.9)	106.0(3.7)	111.1(3.3)	113.2(3.2)
29	Dimethoate	103.1(14.0)	74.4(1.6)	106.5(6.5)	75.2(6.2)	106.6(8.8)	89.2(8.6)	99.1(3.9)	91.5(17.9)
30	Dimethomorph	93.0(3.9)	90.1(12.7)	96.2(26.0)	87.0(3.9)	95.9(4.2)	102.7(6.1)	103.7(5.9)	90.2(3.4)
31	Diniconazole	92.8(6.8)	97.9(6.2)	97.5(4.1)	83.1(11.3)	89.5(1.4)	99.2(6.0)	100.7(3.3)	91.5(1.4)
32	Diphenamid	90.8(13.2)	96.3(5.2)	105.8(4.7)	94.5(4.4)	97.3(2.3)	102.4(8.5)	93.5(3.9)	88.2(3.0)
33	Dipropetryn	99.9(6.8)	95.4(6.8)	106.9(6.6)	95.6(2.9)	95.4(0.7)	102.1(8.9)	96.5(6.2)	80.8(4.6)
34	Emamectin	64.4(6.4)	-	85.2(18.5)	98.0(7.6)	61.3(1.5)	-	60.8(10.9)	63.1(16.2)
35	Epoxiconazole	78.5(11.2)	84.1(4.3)	99.6(1.3)	79.2(3.9)	92.4(4.0)	99.7(0.5)	99.5(4.8)	99.1(3.1)
36	Ethion	83.9(5.7)	79.4(14.6)	107.6(15.7)	90.3(16.5)	84.8(0.0)	90.1(11.1)	87.7(4.9)	97.6(11.4)
37	Ethoprophos	97.4(3.9)	83.8(10.5)	-	95.8(5.7)	101.1(2.7)	107.0(9.5)	-	128.2(4.0)
38	Fenamiphos	87.7(3.1)	85.8(5.6)	93.8(10.1)	79.3(10.9)	92.2(1.3)	99.2(4.8)	89.8(4.4)	75.1(3.6)
39	Fenbuconazole	118.5(1.0)	92.8(2.3)	93.9(4.1)	80.2(3.0)	99.1(1.2)	95.2(7.3)	96.0(1.6)	93.4(0.6)
40	Fenobucarb	111.7(11.2)	103.8(0.5)	110.1(12.6)	87.6(7.8)	96.8(0.7)	126.2(11.9)	119.7(0.1)	111.7(7.5)
41	Fenpropimorph	104.4(2.5)	119.4(5.0)	106.9(4.4)	101.4(2.2)	101.7(0.3)	106.9(6.8)	116.5(1.8)	97.1(5.1)
42	Fenpyroximate-E	76.4(9.9)	102.7(8.3)	94.5(21.0)	77.0(6.9)	84.8(2.6)	107.1(5.2)	89.5(7.3)	85.6(7.5)
43	Fensulfothion	91.9(7.3)	86.5(8.8)	102.5(3.4)	87.0(6.2)	96.2(0.3)	105.4(4.9)	90.4(2.5)	83.6(1.1)
44	Fluazifop-butyl	86.2(5.7)	79.6(4.0)	105.4(5.9)	72.6(5.9)	93.5(14.0)	92.7(4.7)	83.7(7.7)	98.1(0.7)
45	Flufenoxuron	79.1(9.0)	82.2(10.9)	98.4(14.6)	83.6(9.5)	90.3(2.4)	99.1(5.1)	80.2(9.6)	97.0(9.7)
46	Fluometuron	108.5(5.4)	109.6(3.1)	110.3(11.3)	111.0(5.5)	108.2(5.0)	108.9(4.7)	113.8(2.1)	101.4(1.9)
47	Fluridone	92.6(3.4)	93.0(4.5)	95.5(4.1)	82.9(3.8)	90.9(1.2)	102.3(5.0)	90.2(2.1)	79.7(1.8)
48	Flusilazole	90.0(1.5)	90.4(12.2)	94.0(4.0)	78.5(15.6)	91.4(0.6)	94.4(5.1)	96.7(5.4)	85.0(1.5)
49	Flutriafol	98.7(7.0)	93.2(5.8)	106.7(4.4)	91.0(4.0)	104.8(3.2)	109.2(6.3)	104.9(3.7)	96.9(4.3)
50	Fosthiazate	94.9(1.4)	90.5(6.7)	107.6(7.8)	96.8(3.3)	108.3(3.0)	110.6(5.6)	104.0(3.4)	94.7(3.7)
51	Hexaconazole	89.0(4.9)	84.0(10.8)	93.7(13.0)	87.5(3.1)	95.2(5.7)	105.1(10.7)	78.3(2.9)	95.9(3.5)

续表

序号	农药名称	添加浓度(10 μg/kg)				添加浓度(100 μg/kg)			
		苹果	橙子	菠菜	番茄	苹果	橙子	菠菜	番茄
		R(RSD,%)[a]	R(RSD,%)[a]	R(RSD,%)[a]	R(RSD,%)[a]	R (RSD,%)[a]	R (RSD,%)[a]	R (RSD,%)[a]	R (RSD,%)[a]
52	Hexazinone	98.1(7.4)	102.5(4.7)	98.2(3.3)	87.1(5.6)	98.2(2.8)	105.3(5.1)	94.0(3.4)	89.3(6.7)
53	Imazalil	95.3(4.7)	96.3(7.2)	97.4(9.9)	88.0(6.9)	103.4(1.9)	108.1(8.9)	88.2(1.3)	84.4(3.2)
54	Imazamethabenz-met	92.0(8.3)	89.0(15.8)	105.1(10.3)	80.3(2.6)	130.5(0.8)	101.4(11.2)	99.3(14.3)	90.6(18.4)
55	Imidacloprid	100.2(16.4)	99.6(16.5)	80.8(12.6)	96.8(16.4)	106.1(1.6)	98.2(14.4)	120.4(6.5)	106.6(11.6)
56	Indoxacarb	84.4(4.1)	86.9(10.5)	87.0(15.7)	73.4(4.5)	92.4(6.4)	105.3(8.0)	82.5(10.4)	81.6(6.9)
57	Iprobenfos	154.5(4.8)	119.6(3.7)	107.9(5.0)	111.2(12.7)	107.4(6.0)	96.5(9.6)	102.3(1.7)	107.3(5.1)
58	Iprovalicarb	93.5(2.1)	89.0(10.5)	97.8(2.3)	103.3(2.9)	99.5(4.4)	88.0(3.0)	96.6(7.3)	95.7(3.3)
59	Isazofos	109.7(8.2)	128.0(9.2)	101.7(3.8)	94.3(5.6)	119.7(3.5)	108.0(8.2)	118.6(2.5)	117.3(1.7)
60	Isoprocarb	83.8(12.6)	102.9(4.7)	111.6(2.7)	97.5(9.9)	147.5(3.0)	98.5(7.7)	126.9(1.4)	132.3(3.9)
61	Isoprothiolane	89.7(7.1)	97.4(2.3)	104.4(5.4)	116.2(5.4)	96.4(0.8)	100.4(8.1)	95.6(4.0)	93.1(2.6)
62	Isoproturon	91.3(8.6)	94.7(3.9)	100.2(1.6)	91.2(7.3)	97.2(2.6)	98.7(5.1)	98.1(2.4)	93.7(2.8)
63	Isouron	96.3(3.9)	95.3(4.2)	108.4(8.5)	92.2(3.3)	99.7(0.0)	99.5(7.2)	103.7(2.4)	96.2(8.0)
64	Karbutilate	93.8(4.6)	105.6(4.0)	103.5(4.4)	93.5(2.0)	98.4(0.8)	104.4(3.9)	98.7(1.5)	89.8(5.7)
65	Kresoxim-methyl	86.9(11.7)	92.6(11.3)	93.6(9.8)	82.9(10.6)	92.8(4.2)	102.4(3.3)	91.4(6.4)	98.9(7.1)
66	Metalaxyl	101.7(5.6)	91.3(4.6)	112.5(8.5)	98.7(6.0)	100.0(1.3)	101.2(2.2)	105.0(1.7)	100.4(2.0)
67	Methoprotryne	90.4(4.5)	93.9(7.6)	98.7(3.0)	88.0(3.8)	96.6(0.3)	103.9(4.3)	97.2(2.1)	97.9(0.8)
68	Metolachlor	125.3(5.2)	102.8(5.2)	104.3(4.7)	134.6(3.8)	97.0(1.1)	100.5(6.9)	115.5(3.7)	99.7(2.9)
69	Monocrotophos	98.0(1.3)	71.4(9.3)	97.4(14.5)	89.7(12.4)	88.9(9.1)	103.3(8.0)	100.9(5.4)	94.6(1.8)
70	Myclobutanil	92.5(0.8)	89.2(4.9)	92.9(7.9)	84.3(4.8)	102.3(4.9)	96.4(2.8)	94.9(2.6)	93.0(1.5)
71	Omethoate	93.3(3.6)	82.1(6.5)	120.3(20.4)	86.7(2.3)	100.1(1.3)	98.4(9.5)	96.3(2.2)	115.2(7.5)
72	Oxadixyl	91.1(5.5)	97.8(15.9)	87.3(14.3)	97.0(11.7)	94.2(5.0)	96.8(3.4)	95.5(2.6)	107.3(2.1)
73	Paclobutrazol	93.3(6.0)	97.2(15.5)	97.5(0.8)	88.2(8.4)	96.6(3.6)	100.8(5.6)	99.6(4.4)	101.9(3.2)
74	Phosfolan	87.5(8.4)	88.5(1.2)	99.9(3.5)	84.9(2.1)	97.3(0.2)	98.9(5.1)	101.8(4.4)	96.7(5.8)
75	Piperonyl butoxide	58.8(23.8)	85.4(10.8)	79.7(29.3)	62.8(23.6)	68.9(3.7)	87.4(15.1)	63.3(27.0)	85.1(20.5)
76	Pirimicarb	106.9(5.7)	107.3(4.7)	113.1(11.6)	110(6.4)	108.7(0.9)	100.9(3.2)	119.9(0.7)	113.2(1.2)
77	Pirimiphos-methyl	166.8(2.7)	111.5(9.1)	109.7(7.3)	104.8(6.0)	106.1(2.0)	104.9(10.2)	117.2(5.6)	95.6(1.2)
78	Prochloraz	76.9(7.5)	91.9(10.8)	91.3(3.6)	82.8(6.2)	103.0(2.8)	98.7(10.2)	101.1(11.6)	91.0(1.5)
79	Prometryn	110.9(4.7)	104.6(3.8)	116.2(13.2)	108.5(1.1)	97.0(1.2)	100.4(5.7)	97.6(3.5)	88.1(4.1)
80	Propamocarb	81.3(10.5)	78.5(3.1)	78.1(25.6)	76.3(5.0)	91.1(4.6)	80.5(1.3)	94.9(7.9)	66.8(6.9)
81	Propargite	110.7(10.4)	117.7(4.0)	103.9(0.8)	79.8(4.4)	84.0(1.7)	98.4(4.8)	102.4(12.1)	97.4(2.3)
82	Propazine	123.6(0.6)	99.8(5.5)	86.0(13.5)	95.5(9.0)	102.8(0.2)	100.6(6.4)	103.5(2.5)	96.9(1.0)
83	Propiconazole	91.0(4.6)	86.8(8.0)	93.3(9.0)	105.8(12.3)	99.5(4.0)	100.0(4.0)	101.5(5.0)	95.2(1.3)
84	Propisochlor	151.1(11.2)	112.8(11.7)	104.6(6.2)	103.4(10.3)	107.1(3.7)	99.3(6.8)	107.0(4.0)	108.3(0.6)
85	Pyraclostrobin	63.7(14.6)	86.8(6.4)	91.3(10.1)	80.0(8.5)	92.0(1.5)	93.1(8.5)	78.1(6.9)	62.7(6.1)
86	Pyridaben	71.5(12.4)	105.7(4.7)	109.0(27.2)	74.3(8.7)	83.0(3.8)	73.1(14.3)	58.7(11.8)	83.7(8.0)
87	Pyrimethanil	111.5(4.6)	112.8(1.3)	102.7(1.2)	106.6(2.7)	117.6(1.2)	107.6(5.3)	101.3(4.5)	122.8(3.6)
88	Pyriproxyfen	82.1(5.5)	75.5(3.7)	99.7(21.2)	75.2(3.9)	82.3(10.0)	100.4(9.7)	70.4(10.3)	69.9(5.6)
89	Quinalphos	108.1(2.6)	96.8(3.5)	108.8(10.6)	88(17.5)	92.9(1.7)	94.1(11.0)	99.7(2.8)	89.7(2.5)
90	Quizalofop-ethyl	67.7(9.0)	102.6(8.4)	84.8(23.0)	77.4(7.5)	78.0(2.0)	100.7(12.9)	76.3(5.6)	69.0(1.9)
91	Rotenone	89.0(2.6)	93.3(5.2)	93.7(9.0)	80.4(6.7)	94.4(2.1)	95.8(6.5)	88.4(2.6)	87.0(4.8)
92	Spiroxamine	105.7(7.6)	95.3(9.0)	113.5(10.6)	98.0(10.1)	95.9(3.8)	97.6(6.3)	95.8(4.6)	99.9(3.4)
93	Tebuconazole	95.1(5.6)	86.7(1.2)	100.6(5.8)	83.9(11.1)	98.3(3.4)	97.7(3.8)	92.9(4.7)	93.6(5.7)
94	Tebuthiuron	96.1(2.7)	87.6(4.6)	106.4(2.3)	91.6(3.3)	98.5(1.7)	93.4(6.3)	95.8(3.7)	98.4(2.4)
95	Tetraconazole	96.4(2.2)	82.8(6.9)	87.0(11.6)	81.1(4.8)	94.2(6.5)	98.8(4.1)	97.2(0.4)	90.7(7.0)
96	Thiabendazole	64.6(3.5)	76.9(3.8)	107.9(13.8)	75.7(1.7)	103.5(9.0)	89.5(9.2)	96.6(15.2)	87.0(8.9)
97	Thiacloprid	88.8(4.6)	93.8(4.5)	106.8(3.4)	83.3(2.5)	92.4(0.7)	104.6(4.7)	113.9(4.1)	99.2(4.1)
98	Triadimefon	98.9(2.9)	86.0(3.7)	106.8(6.5)	125.6(4.2)	98.1(2.4)	102.4(6.6)	99.5(1.1)	87.5(2.6)
99	Triapenthenol	103.2(2.6)	92.1(2.7)	110.3(8.3)	97.0(2.0)	98.9(3.3)	104.9(5.1)	106.2(1.6)	99.4(4.0)
100	Triazophos	91.6(2.3)	88.9(4.2)	96.5(6.9)	80.7(1.8)	92.1(0.3)	96.0(5.1)	93.6(3.8)	81.7(2.5)
101	Tricyclazole	76.9(5.3)	90.7(3.7)	102.4(3.4)	85.8(2.9)	88.9(0.6)	99.3(4.3)	99.2(4.2)	92.4(6.5)
102	Trifloxystrobin	82.7(6.6)	110.9(5.6)	80.7(25.1)	80.2(8.9)	81.9(2.9)	138.2(12.2)	63.5(6.5)	60.8(3.1)
103	Triflumizole	80.9(8.2)	97.8(6.9)	90.2(14.7)	85.1(9.8)	107.7(0.0)	86.2(14.2)	86.7(6.8)	74.8(3.4)

续表

序号	农药名称	添加浓度(10 μg/kg)				添加浓度(100 μg/kg)			
		苹果	橙子	菠菜	番茄	苹果	橙子	菠菜	番茄
		R(RSD,%)[a]	R(RSD,%)[a]	R(RSD,%)[a]	R(RSD,%)[a]	R (RSD,%)[a]	R (RSD,%)[a]	R (RSD,%)[a]	R (RSD,%)[a]
104	Triflumuron	91.1(4.2)	115.9(9.7)	90.4(11.7)	82.7(18.9)	96.6(2.4)	86.5(8.2)	93.2(7.9)	86.3(4.4)
105	Uniconazole	93.5(2.1)	93.8(7.4)	100.7(3.1)	81.7(4.6)	95.9(1.8)	98.7(3.9)	95.2(6.0)	92.1(3.5)
106	Vamidothion	87.5(10.1)	92.8(5.8)	99.1(6.2)	84.1(1.7)	95.3(0.4)	107.7(9.1)	121.5(6.9)	84.7(6.4)

a. R-Mean recovery (%), RSD-relative standard deviation from analysis of spiked samples (n=3)

附表 1-11a　LC-Q-Orbitrap/MS 575 种农药在八种基质（苹果、葡萄、西瓜、西柚、甘蓝、菠菜、芹菜和番茄）中回收率结果（n=5）

序号	农药名称	苹果						葡萄						西瓜						西柚					
		5 μg/kg		10 μg/kg		20 μg/kg		5 μg/kg		10 μg/kg		20 μg/kg		5 μg/kg		10 μg/kg		20 μg/kg		5 μg/kg		10 μg/kg		20 μg/kg	
		Rec. (%)	RSD (%)	Rec. (%)	RSD (%)	Rec. (%)	RSD (%)	Rec. (%)	RSD (%)	Rec. (%)	RSD (%)	Rec. (%)	RSD (%)	Rec. (%)	RSD (%)	Rec. (%)	RSD (%)	Rec. (%)	RSD (%)	Rec. (%)	RSD (%)	Rec. (%)	RSD (%)	Rec. (%)	RSD (%)
1	1,3-Diphenyl urea	34.6	63.4	53.8	10.4	43.0	29.7	93.8	4.8	84.2	15.5	75.4	1.4	82.3	6.5	77.4	5.4	91.5	11.0	102.2	16.5	90.3	2.2	85.5	16.5
2	1-Naphthyl acetamide	91.9	7.1	92.3	2.9	95.4	1.6	89.1	1.3	72.6	18.1	94.2	14.3	102.6	2.8	100.2	5.7	105.6	14.3	98.2	9.0	83.7	1.7	92.7	5.2
3	2,6-Dichlorobenzamide	91.4	3.2	93.5	3.8	93.1	2.8	89.2	3.1	74.4	17.4	95.7	9.8	109.1	2.3	105.9	4.9	117.1	2.6	87.2	6.7	86.6	1.5	89.1	9.3
4	3,4,5-Trimethacarb	85.7	13.6	87.1	6.2	94.1	10.7	94.8	1.7	95.5	4.8	75.1	5.0	105.6	8.7	87.7	4.9	102.8	3.8	80.7	9.3	77.9	0.4	95.6	3.2
5	6-Benzylaminopurine	18.8	47.8	21.4	53.6	28.0	37.2	18.7	62.1	25.1	86.4	31.0	65.5	35.2	29.4	26.2	21.0	28.0	37.9	5.2	42.0	23.7	24.7	29.3	59.6
6	6-Chloro-4-hydroxy-3-phenyl-	58.5	25.2	69.4	3.3	76.0	7.6	69.2	1.5	63.7	5.5	82.1	11.9	94.3	6.0	87.1	3.1	95.4	2.4	30.5	61.8	73.3	5.2	70.9	8.6
7	Abamectin					54.2	45.0															130.9	6.3	62.3	8.7
8	Acephate	89.4	0.4	89.7	2.7	87.4	0.3	96.7	5.4	82.5	3.0	95.2	14.1	99.7	5.8	100.7	12.0	113.6	11.0	76.7	4.0	105.8	10.4	82.9	6.2
9	Acetamiprid	94.0	7.0	90.2	2.1	95.5	3.7	91.3	4.5	83.2	10.8	82.1	3.9	86.2	3.8	86.1	9.8	97.6	10.1	85.5	6.5	81.8	4.3	88.2	12.7
10	Acetamiprid-*N*-desmethyl	93.4	0.6	91.3	1.7	86.6	3.4	104.2	4.3	89.1	4.0	93.7	12.6	94.6	5.7	96.4	11.8	106.8	12.6	77.1	12.3	105.5	9.7	80.2	7.9
11	Acetochlor	76.6	1.6	88.6	13.3	93.9	10.4	105.2	3.7	93.3	7.0	71.0	7.4	79.2	17.4	107.3	10.3	100.2	6.6	50.3	56.0	84.2	1.3	89.2	12.2
12	Aclonifen																								
13	Albendazole																								
14	Aldicarb							78.0	2.8	74.5	19.4	92.0	9.2	92.5	6.5	104.5	7.6	106.6	0.6						
15	Aldicarb sulfone	89.9	5.9	94.8	4.2	95.5	2.0	83.0	2.8	75.2	18.5	97.9	13.8	108.2	0.7	108.3	6.7	117.6	2.0	94.1	10.3	84.8	4.6	88.6	5.6
16	Aldicarb-sulfoxide	87.4	1.4	89.7	3.2	87.9	2.8	100.7	5.2	87.5	6.2	98.4	13.6	99.6	6.4	101.5	10.3	109.1	11.5	74.5	5.3	105.6	11.2	83.8	4.1
17	Aldimorph			100.5	0.8	99.5	1.5	109.4	9.9	85.0	7.9	118.5	18.0	107.5	3.1	103.9	1.0	110.2	3.5	113.9	0.8	99.7	0.8	98.4	0.5
18	Allidochlor	84.1	5.8	91.5	1.8	68.2	4.6	80.8	18.8	80.9	3.1	89.7	12.4	89.6	11.4	90.8	7.8	97.9	19.1	72.2	11.3	95.1	9.6	82.6	13.6
19	Ametoctradin	59.6	5.4	57.6	11.9	54.3	8.1	53.2	56.8	50.5	18.7	79.8	9.2	109.6	11.6	75.7	9.6	86.9	11.1	86.4	14.2	106.9	11.9	78.4	10.6
20	Ametryn	91.6	5.0	92.2	0.1	103.6	1.7	51.2	9.0	80.7	16.4	74.6	18.5	73.8	3.7	82.4	11.8	80.8	16.6	83.4	4.2	94.9	6.0	99.7	15.0
21	Amicarbazone	94.2	2.9	90.8	3.0	102.3	3.3	104.8	3.0	88.4	4.6	94.4	12.6	146.2	5.0	116.8	7.7	106.2	13.7	77.1	7.1	107.2	12.0	90.8	9.3
22	Amidithion																								
23	Amidosulfuron					88.6	15.8					66.4	11.1	96.1	16.7	70.3	15.2	81.2	7.6			35.2	2.7	30.5	56.4
24	Aminocarb	86.5	6.4	89.5	3.7	87.1	2.0	81.8	4.2	74.5	3.2	87.5	18.1	109.6	4.5	117.2	7.1	116.9	6.3	93.2	10.0	82.1	2.5	95.4	5.7
25	Aminopyralid																								
26	Amitraz																								
27	Amitrole							71.6	17.4	26.9	11.4	35.3	9.7	220.7	36.3	138.3	12.7	180.7	10.6	136.5	16.1	104.6	62.1	318.9	4.8
28	Ancymidol	87.6	5.0	94.3	4.8	90.4	2.6	87.0	0.0	72.2	15.3	101.0	16.8	98.5	2.5	95.8	5.8	101.2	1.9	100.1	10.3	84.0	3.0	86.1	6.2
29	Anilofos	74.4	14.5	76.2	4.1	93.3	9.5	90.4	9.8	98.7	15.5	79.8	7.5	71.3	0.5	101.8	12.7	101.3	7.4	80.7	19.6	75.9	8.3	85.1	23.0
30	Aspon	89.0	14.0	73.6	17.0	16.5	140.0	107.2	5.4	97.2	8.5	118.7	7.5	85.2	17.0	94.2	13.0	76.0	3.7	134.4	20.7	269.0	30.8	88.1	0.4
31	Asulam	48.1	22.6	51.6	7.0	80.7	8.7	72.4	4.2	74.3	2.6	76.6	14.9	94.1	16.6	71.4	9.1	109.1	3.6	72.4	4.1	76.2	7.6	80.3	8.8
32	Athidathion																								
33	Atratone	81.8	12.4	92.6	5.7	91.4	6.1	95.8	11.0	98.7	12.0	98.2	10.8	91.4	9.3	92.4	4.8	104.2	1.7	80.1	6.3	84.2	2.5	102.8	6.8

续表

序号	农药名称	苹果						葡萄						西瓜						西柚					
		5 μg/kg		10 μg/kg		20 μg/kg		5 μg/kg		10 μg/kg		20 μg/kg		5 μg/kg		10 μg/kg		20 μg/kg		5 μg/kg		10 μg/kg		20 μg/kg	
		Rec. (%)	RSD (%)	Rec. (%)	RSD (%)	Rec. (%)	RSD (%)	Rec. (%)	RSD (%)	Rec. (%)	RSD (%)	Rec. (%)	RSD (%)	Rec. (%)	RSD (%)	Rec. (%)	RSD (%)	Rec. (%)	RSD (%)	Rec. (%)	RSD (%)	Rec. (%)	RSD (%)	Rec. (%)	RSD (%)
34	Atrazine	91.6	5.5	96.0	7.4	97.0	1.1	81.3	8.8	97.4	17.0	93.1	7.8	103.3	4.1	102.4	2.6	107.7	2.2	95.4	12.5	84.0	4.2	87.8	1.9
35	Atrazine-desethyl	91.8	8.4	93.6	3.4	97.3	1.3	89.1	1.6	72.0	18.9	92.9	15.3	107.3	1.0	106.1	4.2	111.9	4.7	97.4	9.4	83.1	3.1	90.5	8.0
36	Atrazine-desisopropyl	84.9	13.2	94.5	5.5	87.9	6.6	92.8	2.4	96.3	5.4	101.9	6.3	102.8	5.1	75.4	0.1	96.8	10.9	83.0	5.7	91.3	8.0	103.7	7.0
37	Azaconazole	78.0	9.4	82.6	6.0	86.1	6.5	83.9	0.7	87.2	8.9	70.5	7.1	99.6	3.6	87.6	2.6	103.2	3.5	71.2	8.0	91.9	1.9	97.5	4.4
38	Azamethiphos	82.4	11.6	89.2	5.3	91.1	3.5	89.6	2.1	97.4	9.9	109.1	7.9	94.7	3.5	79.8	3.0	91.5	4.3	72.5	3.3	88.7	1.7	100.8	1.7
39	Azinphos-ethyl	78.8	13.8	81.1	6.1	91.9	10.8	96.5	6.7	92.9	7.5	77.5	8.7	81.1	5.4	99.6	8.1	102.8	3.6	82.2	28.4	75.8	2.8	72.6	6.4
40	Azinphos-methyl			90.9	0.5	100.0	0.2	82.4	5.9	83.9	17.6	77.1	7.5	73.8	17.2	79.1	2.7	85.9	16.7	77.5	11.8	112.6	26.2	63.9	24.8
41	Aziprotryne	76.0	11.1	82.7	6.8	101.4	3.8	95.2	2.0	93.3	6.4	74.6	4.7	82.7	3.6	76.5	4.8	91.7	1.7	76.8	2.0	78.0	3.6	90.9	4.0
42	Azoxystrobin	81.2	8.7	87.5	7.1	92.3	10.3	91.3	2.7	93.7	0.8	77.8	7.2	96.0	3.4	93.1	1.5	107.7	2.9	77.5	5.5	80.9	1.9	86.2	19.8
43	Beflubutamid	76.2	12.1	85.4	4.8	83.0	12.8	73.6	12.9	92.1	13.9	111.0	2.7	93.4	11.8	83.9	13.2	85.2	9.2	58.2	11.3	103.4	8.4	71.1	9.6
44	Benalaxyl	85.3	7.2	90.2	9.9	93.6	3.7	88.3	15.7	80.8	19.9	90.4	8.3	88.9	1.8	78.5	9.0	100.5	6.8	98.2	10.3	90.5	14.1	101.3	5.8
45	Bendiocarb	81.6	13.4	89.5	6.8	87.0	4.0	92.2	4.6	96.2	5.6	112.2	7.5	105.3	7.8	84.5	8.9	106.1	1.6	88.2	1.7	90.9	4.5	98.5	3.8
46	Benfuracarb																								
47	Benodanil	82.7	9.7	85.1	5.1	80.1	4.7	105.6	3.4	97.4	3.1	113.1	8.6	100.9	6.0	91.0	2.8	109.2	2.5	76.4	10.9	79.9	3.0	94.1	19.2
48	Benomyl																								
49	Benoxacor	79.7	2.4	86.6	4.1	87.8	3.8	83.7	3.8	83.3	14.9	73.3	5.4	76.1	11.7	86.9	7.7	84.8	5.7	81.3	3.9	101.9	11.6	73.6	12.8
50	Bensulfuron-methyl	89.5	6.9	87.1	3.6	88.9	2.8	92.8	1.6	76.0	19.6	106.0	11.1	96.0	5.7	87.7	5.2	99.2	7.1	111.8	11.6	128.2	19.9	105.8	14.4
51	Bensulide	71.4	10.5	71.3	4.5	88.5	8.8	94.8	9.8	104.6	19.8	95.0	4.0	84.8	10.4	115.6	10.2	109.0	2.8	87.1	13.7	74.4	3.7	68.2	0.2
52	Bensultap																								
53	Benthiavalicarb-isopropyl	85.7	4.5	81.5	12.5	87.4	7.2	90.6	17.0	71.6	11.6	87.6	19.6	76.0	6.0	77.5	10.5	90.6	6.8	77.1	15.1	103.1	7.4	80.6	8.8
54	Benzofenap	69.4	13.6	84.8	10.1	83.2	13.3	75.0	14.7	92.8	1.4	75.0	14.7	104.8	8.7	82.2	13.5	82.5	12.4	64.0	62.3	99.4	12.9	87.9	3.3
55	Benzoximate	61.5	17.4	73.9	2.0	96.6	7.5	108.2	18.0	88.2	7.9	90.4	3.6	62.5	13.8	113.7	15.6	111.0	11.4	72.9	17.7	73.5	3.4	79.8	15.0
56	Benzoylprop	45.0	0.1	48.1	3.9	42.1	30.9	44.4	40.5	92.6	2.6	77.2	9.1	57.1	7.8	51.9	8.6	57.2	0.1	57.0	5.3	40.6	9.2	50.4	13.9
57	Benzoylprop-ethyl	82.5	9.4	90.3	15.9	89.8	8.0	74.3	6.6	73.4	1.1	95.1	8.5	85.9	3.5	74.0	11.7	97.7	10.3	107.7	7.0	97.5	17.1	108.3	8.8
58	Bifenazate																					85.8	30.3	128.1	21.9
59	Bioallethrin	62.5	16.4	64.1	2.2	89.7	12.0	85.6	8.2	86.9	8.2	82.7	6.0	73.5	10.6	105.4	18.6	97.7	9.5	96.6	9.5	79.7	3.6	78.9	11.1
60	Bioresmethrin																							118.2	1.7
61	Bitertanol	75.9	17.2	76.2	4.6	93.1	10.5	89.1	7.1	95.0	19.5	73.8	4.3	82.7	9.7	112.6	14.3	113.0	6.3	103.4	5.2	90.9	0.6	89.0	12.0
62	Boscalid	80.6	7.0	79.8	16.0	89.7	6.5	101.1	13.3	88.0	16.2	108.8	5.9	94.1	8.0	84.9	12.0	101.9	11.3	73.7	18.9	95.7	8.0	72.4	4.0
63	Bromacil	93.8	6.4	89.0	0.4	95.8	5.2	89.5	5.5	81.7	10.9	78.6	7.3	84.7	0.9	85.6	5.8	96.3	12.4	100.5	10.9	75.6	8.4	81.0	6.1
64	Bromfenvinfos	76.9	12.9	78.2	4.1	93.3	9.7	90.5	8.5	97.7	13.4	75.6	8.7	70.8	3.6	95.7	14.6	94.9	5.1	92.2	12.6	88.2	3.5	86.6	13.6
65	Bromobutide	81.7	6.2	89.9	8.8	88.5	5.9	81.7	6.1	81.9	16.8	89.1	8.4	94.2	4.2	87.8	4.8	100.9	4.2	101.5	9.6	94.4	14.3	98.7	3.3
66	Brompyrazon	84.6	10.9	92.6	4.6	91.9	0.3	90.6	2.5	96.7	9.8	108.4	7.3	98.1	4.7	85.9	2.6	99.7	2.8	76.4	3.8	89.2	1.0	104.1	1.9
67	Bromuconazole	74.3	10.6	72.6	7.4	87.4	5.5	82.9	5.9	88.4	17.3	74.9	4.1	81.6	8.3	93.1	15.0	114.8	8.3	93.6	2.2	84.1	2.4	88.1	7.0

续表

序号	农药名称	苹果						葡萄						西瓜						西柚					
		5 μg/kg		10 μg/kg		20 μg/kg		5 μg/kg		10 μg/kg		20 μg/kg		5 μg/kg		10 μg/kg		20 μg/kg		5 μg/kg		10 μg/kg		20 μg/kg	
		Rec. (%)	RSD (%)	Rec. (%)	RSD (%)	Rec. (%)	RSD (%)	Rec. (%)	RSD (%)	Rec. (%)	RSD (%)	Rec. (%)	RSD (%)	Rec. (%)	RSD (%)	Rec. (%)	RSD (%)	Rec. (%)	RSD (%)	Rec. (%)	RSD (%)	Rec. (%)	RSD (%)	Rec. (%)	RSD (%)
68	Bupirimate	91.0	5.5	90.0	3.6	102.1	5.2	39.6	17.6	33.3	9.0	68.3	10.8	64.8	8.3	82.5	12.0	72.3	18.1	87.3	11.2	111.6	6.7	88.5	19.5
69	Buprofezin	79.0	8.8	77.7	18.1	83.3	7.7	80.6	5.9	109.0	41.0	70.9	10.6	70.8	4.0	97.8	16.8	92.8	4.1	93.9	23.1	81.4	22.3	115.0	18.3
70	Butachlor	79.6	9.5	81.6	9.4	83.2	15.3	72.8	16.4	88.9	5.1	86.5	7.3	70.1	18.5	78.2	10.4	70.0	3.0	97.8	1.9	105.4	13.0	83.5	1.1
71	Butafenacil	86.5	2.5	88.9	1.0	93.9	2.4	77.2	11.9	97.9	4.3	80.7	9.8	77.9	3.7	75.7	7.9	74.4	1.9	74.6	12.0	112.0	19.5	72.7	3.5
72	Butamifos	63.9	12.5	66.9	4.1	86.5	7.4	89.1	11.5	90.4	10.1	94.4	4.2	72.0	5.9	115.2	18.4	117.2	9.6	97.5	0.2	80.0	10.4	79.3	15.9
73	Butocarboxim	96.9	11.2	89.9	3.0	90.7	2.2							33.4	22.7	96.5	6.3	103.1	16.7	84.3	35.1	79.4	0.4	149.1	15.1
74	Butocarboxim sulfoxide	81.7	13.1	90.1	5.2	90.7	6.3	88.7	3.4	95.7	9.5	97.8	6.7	104.4	6.0	82.3	1.7	101.7	10.1	75.3	3.2	93.7	4.0	103.7	1.6
75	Butoxycarboxim	96.5	4.8	135.8	34.1	93.5	1.2	87.9	2.4	69.2	17.1	96.6	10.6	119.7	5.6	92.6	7.1	91.3	0.3	149.1	9.1	84.5	7.0	86.8	5.0
76	Butralin	49.6	17.8	53.5	6.3	73.8	7.7	98.0	5.0	90.2	21.5	97.6	12.1			90.2	8.3	104.9	18.5	118.4	18.6	81.6	14.4	79.2	14.7
77	Butylate	39.8	55.6	58.9	23.8	39.4	15.7	27.8	29.3	43.1	15.9	54.1	32.4	70.6	0.7	72.9	5.3	103.2	14.3	52.1	42.9	64.0	25.2	64.6	4.8
78	Cadusafos	69.0	10.4	74.2	7.4	83.6	6.9	88.1	4.5	90.1	10.9	71.1	6.6	71.5	2.1	79.9	9.4	83.5	3.8	93.2	4.8	82.7	4.6	90.3	13.5
79	Cafenstrole	86.3	2.0	89.1	7.0	94.7	5.4	92.7	8.5	72.6	10.8	89.8	10.9	87.3	4.0	81.3	7.0	101.6	6.8	98.9	8.3	120.4	20.7	111.4	9.6
80	Carbaryl	83.3	13.5	87.7	5.3	86.1	5.7	87.0	3.2	96.9	6.0	104.5	7.0	108.5	3.4	91.7	2.7	103.7	3.1	73.3	10.0	83.3	1.2	100.6	12.0
81	Carbendazim	79.0	31.7	75.0	12.2	81.1	11.6	88.5	5.1	95.5	7.2	97.7	11.0	88.9	7.0	82.4	2.2	93.6	1.3	71.0	8.6	87.1	11.6	90.7	5.6
82	Carbetamide	83.5	10.9	90.5	4.2	91.3	6.0	95.6	1.6	97.9	9.0	103.4	7.4	119.1	6.0	102.3	2.1	113.1	4.7	73.8	1.0	85.2	0.0	102.8	4.7
83	Carbofuran	90.3	5.3	92.2	2.0	90.5	4.9	91.2	5.5	98.2	3.7	81.7	5.4	88.3	7.2	84.8	9.3	91.8	12.1	94.6	5.7	87.4	8.1	89.0	15.3
84	Carbofuran-3-hydroxy	97.6	8.6	90.8	2.3	107.9	2.2	90.7	6.2	92.1	4.8	77.2	6.4	80.3	7.4	84.9	8.0	96.5	19.6	95.0	7.5	82.0	6.1	101.3	7.2
85	Carbophenothion																								
86	Carbosulfan																								
87	Carboxin	68.6	13.6	75.7	9.2	79.0	6.7	81.6	7.3	92.6	10.2	112.0	2.6	119.3	0.3	115.0	3.0	118.6	3.4	71.4	6.5	88.4	1.9	103.4	4.4
88	Carfentrazone-ethyl																								
89	Carpropamid	85.1	8.0	90.0	13.9	86.9	8.8	73.5	0.8	73.4	3.8	101.5	8.2	89.2	7.0	74.0	7.8	98.7	10.1	110.8	8.2	95.6	16.8	103.9	4.4
90	Cartap																								
91	Chlorantraniliprole	89.7	4.6	82.0	10.2	91.3	3.2	119.3	15.3	92.7	10.6	96.8	13.9	91.1	1.8	87.0	10.9	107.4	6.3	86.3	11.2	95.7	8.3	76.0	6.2
92	Chlordimeform	82.8	8.6	95.5	7.0	89.5	1.7	101.7	1.9	70.9	15.9	96.7	6.5	123.3	2.0	109.2	4.1	119.3	2.6	104.7	10.7	88.5	5.2	99.0	3.1
93	Chlorfenvinphos	82.3	6.7	89.7	3.0	88.7	2.5	73.0	12.2	96.2	2.7	75.1	6.0	76.4	0.5	76.9	7.1	72.6	2.7	95.9	9.3	94.1	6.2	72.9	13.0
94	Chlorfluazuron																								
95	Chloridazon	95.3	8.5	92.0	1.8	108.1	1.9	89.3	5.8	90.9	4.2	78.4	7.9	84.9	4.2	87.5	8.6	88.5	10.6	90.1	5.1	86.0	5.5	94.5	6.3
96	Chlorimuron-ethyl																								
97	Chlormequat	72.0	1.9	72.9	2.3	74.2	2.4	82.0	8.4	61.0	3.6	75.8	11.5	80.4	5.6	86.3	11.7	120.0	0.1	75.1	8.6	83.9	7.9	82.2	9.9
98	Chlorotoluron	77.8	12.5	88.5	5.1	87.3	8.3	90.5	1.3	96.6	5.8	107.7	7.4	104.8	3.7	90.2	1.8	102.8	5.3	73.5	4.8	88.4	2.7	105.4	9.5
99	Chloroxuron	86.2	5.6	89.5	8.4	88.1	4.5	90.5	14.1	72.9	4.8	108.6	6.2	90.2	5.0	79.2	8.3	99.2	9.5	104.0	9.7	97.8	17.2	100.7	3.6
100	Chlorphonium	97.8	6.1	91.1	1.9	107.2	6.0	43.8	20.8	61.4	18.4	56.1	1.7	89.3	9.8	105.8	6.7	88.5	2.4	79.5	7.6	128.5	1.3	83.1	1.4
101	Chlorphoxim	80.2	4.4	77.2	8.0	38.0	83.0	76.3	18.8	109.7	9.7	100.3	24.4	76.3	10.4	77.5	6.1	71.5	5.6	91.6	1.9	129.7	19.6	97.2	3.7

续表

序号	农药名称	苹果						葡萄						西瓜						西柚					
		5 μg/kg		10 μg/kg		20 μg/kg		5 μg/kg		10 μg/kg		20 μg/kg		5 μg/kg		10 μg/kg		20 μg/kg		5 μg/kg		10 μg/kg		20 μg/kg	
		Rec. (%)	RSD (%)	Rec. (%)	RSD (%)	Rec. (%)	RSD (%)	Rec. (%)	RSD (%)	Rec. (%)	RSD (%)	Rec. (%)	RSD (%)	Rec. (%)	RSD (%)	Rec. (%)	RSD (%)	Rec. (%)	RSD (%)	Rec. (%)	RSD (%)	Rec. (%)	RSD (%)	Rec. (%)	RSD (%)
102	Chlorpyrifos	47.8	10.9	50.7	5.4	73.1	0.3			96.7	22.5	103.4	19.3			105.4	19.7	112.3	12.2	165.9	47.5	78.8	6.2	80.0	11.5
103	Chlorpyrifos-methyl	55.8	22.7	86.7	9.0	64.3	8.0															78.7	7.0	74.3	8.5
104	Chlorsulfuron			62.5	8.6	113.8	40.3					56.4	63.3	78.6	15.3	70.7	15.8	86.0	4.6			55.2	26.2	57.6	29.6
105	Chlorthiophos																								
106	Chromafenozide	91.4	5.1	91.4	10.0	86.9	5.1	92.0	14.8	70.0	4.4	102.4	7.0	88.4	6.1	79.0	5.5	96.6	7.9	107.8	10.5	95.5	14.2	112.8	3.2
107	Cinmethylin			76.9	7.4	82.8	12.1	113.9	1.0	96.9	11.9	94.1	10.8	120.4	5.1	125.4	16.0	112.3	3.6	47.1	33.3	83.5	0.0	94.5	2.3
108	Cinosulfuron	76.2	8.6	80.5	5.7	85.4	5.2	78.3	9.9	91.7	10.4	94.1	10.8	99.3	2.9	82.4	4.6	94.4	2.7	53.2	21.7	83.4	4.2	89.8	8.7
109	Clethodim			71.5	19.1	88.2	5.3	23.4	47.2	40.0	49.3	21.8	30.0	16.8	30.7	27.9	50.2	42.0	22.7	42.7	15.0	47.5	11.1	62.1	50.2
110	Clodinafop free acid									125.8	16.7	68.3	11.3	12.7	1.0	8.3	81.8	7.9	88.2						
111	Clodinafop-propargyl	70.4	6.7	77.4	1.1	74.2	2.8	73.0	15.9	99.6	6.0	79.4	14.2	68.5	8.6	72.6	6.6	110.1	5.8	89.2	18.7	124.4	9.7	73.9	5.9
112	Clofentezine	74.3	21.0	82.0	12.3	74.3	0.1	49.0	14.8	85.2	14.5	118.7	5.0	46.7	10.7	65.0	22.0	89.1	12.9	113.3	9.0	89.2	4.6	119.6	7.9
113	Clomazone	75.7	8.9	82.2	8.6	86.9	8.9	90.1	1.9	87.9	9.7	71.9	1.0	99.6	2.7	88.5	2.2	94.4	1.3	77.2	5.7	87.0	2.3	97.7	10.3
114	Clomeprop																								
115	Cloquintocet-mexyl	59.0	9.2	60.4	12.7	74.0	5.5	62.9	2.0	92.9	30.1	74.3	7.1	49.2	17.4	108.7	19.0	106.7	19.3	250.2	39.8	71.0	18.2	98.5	8.8
116	Cloransulam-methyl	86.9	6.1	78.1	7.4	84.6	13.6	89.1	7.4	84.8	12.2	78.3	2.3	72.4	11.8	75.2	8.7	81.2	6.0	72.2	10.6	101.7	11.7	64.8	14.7
117	Clothianidin	83.1	11.6	88.4	0.5	100.7	5.5	101.7	4.7	92.3	11.3	102.6	7.5	83.4	6.2	70.6	1.7	84.8	4.6	76.1	2.5	97.7	11.4	108.8	7.2
118	Coumaphos	69.1	13.8	76.4	8.1	77.5	14.5	84.4	7.8	99.6	3.6	84.3	7.8	102.3	18.4	77.3	13.5	97.0	19.7	51.0	62.9	98.6	12.0	72.1	10.1
119	Crotoxyphos	90.0	4.6	85.7	5.9	92.2	4.0	85.8	20.8	77.6	9.7	86.2	16.6	89.5	5.6	92.2	11.9	106.1	7.0	76.6	18.9	105.0	7.0	77.9	11.9
120	Crufomate	80.1	12.5	83.2	1.2	106.3	7.3	87.7	9.3	79.6	15.1	92.9	2.4	87.5	3.7	85.7	4.7	101.5	5.9	85.1	0.8	86.5	1.6	89.5	9.3
121	Cumyluron	86.5	7.3	88.5	12.2	87.3	5.9	74.8	5.3	75.1	3.2	102.9	6.8	90.0	4.1	77.9	8.4	98.3	7.1	101.2	9.3	95.9	15.1	99.8	1.5
122	Cyanazine	79.9	13.8	94.3	6.0	88.6	11.5	99.4	3.1	96.8	1.5	111.9	6.9	93.9	2.2	70.4	7.2	92.0	12.1	74.8	5.5	88.8	2.6	97.0	6.4
123	Cyazofamid	78.2	12.3	88.4	6.1	87.8	12.2	124.0	11.8	88.3	7.6	117.3	4.4	98.0	19.5	86.5	12.2	99.5	19.6	34.2	84.4	89.6	7.1	74.0	8.7
124	Cycloate	56.8	32.1	75.9	11.1	72.2	17.7	58.4	9.7	73.4	2.9	76.3	27.6	68.9	12.7	77.5	14.2	73.8	8.3	89.5	6.3	77.5	9.3	68.0	18.9
125	Cyclosulfamuron	83.1	8.0	82.0	9.5	79.8	7.6							87.1	6.4	72.0	19.6	82.7	10.2	103.3	9.7	135.3	34.6	145.9	1.6
126	Cycluron	83.2	13.2	88.8	5.8	92.1	9.5	91.8	1.9	97.1	4.3	72.5	5.5	103.7	2.7	87.7	1.6	100.6	4.1	72.7	6.5	94.7	2.0	106.5	4.1
127	Cyflufenamid	85.3	7.3	94.7	16.7	88.1	10.5	62.4	19.5	74.8	5.8	102.0	14.7	89.3	5.6	75.2	6.8	98.9	13.3	105.9	9.4	104.2	19.9	120.4	11.4
128	Cymoxanil	87.7	1.9	88.3	0.9	85.3	2.0	63.0	12.4	54.4	10.1	93.4	12.2	95.6	7.5	99.4	10.0	98.9	1.7	89.8	8.5	100.3	7.6	77.2	7.0
129	Cyprazine	92.5	2.1	93.9	9.6	94.7	15.8	71.8	5.5	82.5	17.9	77.6	17.4	76.9	4.7	79.0	2.8	91.6	11.2	93.0	1.6	84.7	9.8	92.0	2.5
130	Cyproconazole	75.5	14.3	79.4	7.8	93.3	5.9	86.9	5.7	86.9	8.3	71.8	2.8	99.2	4.6	93.5	4.9	114.2	3.5	84.1	6.2	96.0	0.4	100.2	2.3
131	Cyprodinil	75.9	9.8	78.3	6.1	72.4	4.4	76.6	5.8	80.3	10.7	78.6	14.9	37.4	19.7	103.2	22.5	85.0	15.8			126.7	7.8	96.6	15.2
132	Cyprofuram	92.7	11.3	93.9	5.3	90.7	3.5	92.0	3.6	83.4	14.3	95.6	9.9	95.8	2.9	103.3	7.2	107.0	5.7	99.5	15.0	87.9	6.5	93.9	6.1
133	Cyromazine							32.4	42.8	13.1	140.3	63.0	9.3	42.1	15.3	48.5	10.4	51.1	17.3						
134	Daminozide			18.3	11.2	19.0	23.7							50.2	16.5	35.9	8.3	71.2	6.3	34.1	10.9	71.0	7.0	16.0	25.6
135	Dazomet																								

续表

序号	农药名称	苹果						葡萄						西瓜						西柚					
		5 μg/kg		10 μg/kg		20 μg/kg		5 μg/kg		10 μg/kg		20 μg/kg		5 μg/kg		10 μg/kg		20 μg/kg		5 μg/kg		10 μg/kg		20 μg/kg	
		Rec. (%)	RSD (%)	Rec. (%)	RSD (%)	Rec. (%)	RSD (%)	Rec. (%)	RSD (%)	Rec. (%)	RSD (%)	Rec. (%)	RSD (%)	Rec. (%)	RSD (%)	Rec. (%)	RSD (%)	Rec. (%)	RSD (%)	Rec. (%)	RSD (%)	Rec. (%)	RSD (%)	Rec. (%)	RSD (%)
136	Demeton-*S*																								
137	Demeton-*S* sulfoxide	82.4	12.0	90.5	4.4	91.6	5.9	88.2	1.2	95.7	7.3	101.8	7.5	103.6	3.3	87.5	2.1	104.7	6.2	74.2	4.1	89.8	2.9	108.5	3.9
138	Demeton-*S*-methyl	72.2	12.5	94.6	1.5	93.1	6.1	79.2	1.6	72.0	19.9	86.1	14.6	104.9	3.1	105.9	0.7	107.0	5.4	99.9	16.0	90.1	1.5	105.7	4.3
139	Demeton-*S*-methyl sulfone	94.1	6.0	95.2	4.0	97.3	0.9	88.9	0.2	76.3	19.1	94.4	13.7	106.8	1.2	103.5	5.7	111.4	3.1	94.3	8.2	84.8	4.0	91.7	6.6
140	Demeton-*S*-methyl sulfoxide	100.3	1.5	93.2	3.1	89.2	3.7	91.1	2.4	74.3	18.4	103.5	14.1	102.2	2.0	98.0	9.2	105.6	2.9	94.9	9.2	80.9	1.7	84.3	8.2
141	Desethyl-sebuthylazine	88.1	3.9	94.7	4.2	94.5	2.9	88.4	0.6	74.1	16.0	94.5	11.4	101.7	0.5	106.5	5.1	107.2	9.1	98.7	10.0	84.3	3.3	84.7	12.3
142	Desmedipham	87.8	6.1	87.7	5.1	77.1	15.7	116.8	6.2	111.5	8.2	104.6	4.5	77.2	13.4	83.3	13.6	74.9	9.7	82.9	17.3	123.2	8.2	80.8	7.1
143	Desmethyl-pirimicarb	96.6	8.3	88.4	1.7	99.9	1.0	86.9	7.4	88.6	5.8	76.3	8.6	80.2	5.5	84.4	8.9	93.3	11.7	89.9	10.1	82.2	4.7	92.6	10.0
144	Desmetryn	90.9	4.7	89.9	2.2	95.9	2.5	86.6	12.9	83.9	15.4	85.8	5.5	99.9	2.9	92.4	4.4	103.3	3.7	97.0	8.9	81.1	9.7	92.2	9.3
145	Diafenthiuron																								
146	Dialifos	91.0	12.1	96.5	19.9	85.0	12.3	65.4	25.7	86.0	7.9	117.8	3.5	79.8	14.8	74.7	14.6	106.4	18.7	137.3	24.2	107.2	18.2	109.9	14.6
147	Diallate	48.6	36.7	58.8	15.2	63.9	6.7	56.7	16.0	87.5	16.2	71.7	5.0			73.8	3.1	76.8	6.1	86.7	13.3	75.6	13.5	73.8	13.6
148	Diazinon	72.6	9.9	88.0	10.9	117.2	10.7	96.1	9.7	65.0	48.5	128.1	2.7	84.5	3.8	90.7	16.0	78.4	18.7	88.4	9.3	76.6	4.0	87.8	12.2
149	Dibutyl succinate	78.6	7.2	82.9	3.2	70.3	17.2	84.1	11.6	87.0	5.4	86.7	13.2	79.3	8.7	77.0	18.6	94.2	13.9	75.7	15.2	87.4	6.5	88.8	5.5
150	Dichlofenthion																								
151	Diclobutrazole	76.8	15.0	81.5	4.8	92.0	9.7	82.3	5.5	87.3	13.7	73.1	4.9	86.8	5.9	98.8	11.2	115.5	6.3	101.5	5.9	87.0	3.9	94.5	9.1
152	Diclosulam	84.8	5.8	72.1	15.1	75.2	8.0	84.7	8.6	71.8	12.8	96.0	15.9	93.8	1.7	84.6	3.6	93.0	9.0	106.5	18.5	117.8	25.2	118.2	19.5
153	Dicrotophos	110.1	7.2	101.9	3.8	102.0	3.6	89.6	4.9	92.6	4.6	78.8	9.0	81.1	4.5	87.4	7.9	92.3	11.8	93.5	7.8	77.8	3.1	95.4	9.6
154	Diethatyl-ethyl	88.6	6.4	91.2	10.3	90.6	3.9	87.5	11.0	79.0	16.9	93.4	13.7	92.0	3.7	83.1	6.0	102.0	5.1	100.3	9.8	91.7	11.9	97.0	2.4
155	Diethofencarb	93.0	2.5	89.9	0.4	101.1	1.7	82.2	2.7	90.4	13.0	75.7	1.5	76.1	10.3	82.8	2.8	88.5	14.6	83.8	3.4	94.3	10.7	87.5	6.8
156	Diethyltoluamide	95.1	2.3	89.3	5.7	86.8	8.7	83.5	0.5	95.9	10.4	74.3	4.4	82.8	3.1	84.5	7.4	92.6	9.9	81.9	1.6	83.7	5.7	92.2	15.1
157	Difenoconazole	87.3	12.2	77.6	10.6	72.0	6.9	56.9	7.1	96.0	5.2	89.6	8.8	71.7	11.6	77.3	18.2	75.2	12.1	114.4	13.6	96.3	18.7	101.0	16.2
158	Difenoxuron	91.2	5.0	93.3	3.2	100.9	12.0	86.2	2.9	92.3	7.8	80.7	3.3	80.0	9.0	92.0	6.2	91.6	17.4	77.8	8.1	109.7	13.6	83.0	9.5
159	Diflubenzuron	74.7	9.0	80.4	4.4	81.4	9.8	97.5	9.3	70.5	1.6	123.3	13.5	109.0	7.0	82.5	15.8	94.6	13.3	60.2	22.2	94.0	9.9	63.4	2.0
160	Dimefox	58.0	28.5	78.1	9.9	58.0	17.3	82.4	18.5	80.1	4.0	88.4	8.3	79.2	14.9	84.8	9.4	94.1	17.3	61.0	13.2	88.0	17.1	74.1	11.1
161	Dimefuron	94.6	5.9	90.9	4.1	93.6	1.4	89.6	1.2	84.0	14.6	89.4	14.0	98.8	2.2	96.3	5.2	106.3	4.1	106.2	13.6	98.0	13.2	96.1	9.6
162	Dimepiperate	76.2	7.0	88.6	17.8	82.9	10.2	64.6	4.4	67.3	7.2	89.6	14.3	86.1	4.5	77.6	13.7	98.0	7.6	92.7	13.6	82.6	9.7	94.3	4.9
163	Dimethachlor	75.2	10.9	87.0	6.3	95.4	19.3	91.7	4.6	94.8	9.2	72.1	5.3	105.7	4.6	88.0	4.3	102.9	0.8	114.4	0.7	98.2	0.8	90.3	10.7
164	Dimethametryn	86.2	5.7	87.4	2.8	84.3	2.7	33.1	18.1	70.2	9.8	71.7	5.8	74.7	5.8	82.6	17.9	77.0	10.6	101.3	16.1	86.2	1.9	95.6	14.5
165	Dimethenamid	79.8	11.3	85.7	6.6	93.4	11.3	94.0	1.8	92.8	4.5	70.2	5.9	99.6	4.5	85.4	1.4	99.6	3.9	71.0	6.7	86.8	4.2	96.2	8.5
166	Dimethenamid-p																								
167	Dimethirimol	93.4	5.1	89.6	4.2	94.5	4.1	73.2	18.0	70.3	28.4	113.5	35.0	104.6	3.4	96.5	6.9	105.8	4.8	90.7	19.3	85.3	3.8	79.2	0.9
168	Dimethoate	96.6	8.1	91.9	1.1	97.4	4.2	89.9	5.4	92.0	4.4	77.9	7.8	82.6	3.9	84.7	7.0	94.1	11.5	87.7	6.8	78.6	5.3	84.7	10.1
169	Dimethomorph	102.1	8.9	93.5	4.1	106.2	0.7	82.3	13.8	119.0	18.1	90.7	4.0	77.8	14.2	78.9	6.5	79.2	14.8	82.9	5.6	101.3	12.5	78.1	11.0

续表

序号	农药名称	苹果						葡萄						西瓜						西柚					
		5 μg/kg		10 μg/kg		20 μg/kg		5 μg/kg		10 μg/kg		20 μg/kg		5 μg/kg		10 μg/kg		20 μg/kg		5 μg/kg		10 μg/kg		20 μg/kg	
		Rec. (%)	RSD (%)	Rec. (%)	RSD (%)	Rec. (%)	RSD (%)	Rec. (%)	RSD (%)	Rec. (%)	RSD (%)	Rec. (%)	RSD (%)	Rec. (%)	RSD (%)	Rec. (%)	RSD (%)	Rec. (%)	RSD (%)	Rec. (%)	RSD (%)	Rec. (%)	RSD (%)	Rec. (%)	RSD (%)
170	Dimethylvinphos (*Z*)	86.8	7.0	83.3	12.1	87.3	8.1	98.2	16.0	78.3	13.6	89.1	17.1	92.3	5.5	86.6	11.9	100.0	8.8	90.0	3.0	100.8	6.7	78.0	8.9
171	Dimetilan	89.9	0.5	91.9	2.5	88.3	2.8	106.7	4.7	86.3	3.9	94.6	10.4	94.9	5.1	99.3	11.1	117.3	2.9	79.3	6.4	103.7	10.8	83.1	6.0
172	Dimoxystrobin	83.7	8.1	79.7	17.6	87.7	9.0	90.0	16.6	72.9	13.7	100.4	11.4	92.0	11.4	82.8	13.1	92.6	10.9	83.4	1.8	94.5	7.9	75.3	11.2
173	Diniconazole	56.2	4.0	57.9	3.6	65.9	8.7	67.1	14.8	101.8	6.9	72.2	4.3	58.4	9.1	60.1	14.9	53.4	12.7	109.0	15.0	97.6	8.4	84.5	2.8
174	Dinitramine	72.8	13.5	80.6	4.0	80.3	13.1	89.9	5.0	90.9	14.9	117.6	2.5	106.6	13.3	79.4	17.0	80.8	6.7	33.2	87.8	89.8	11.7	87.4	8.0
175	Dinotefuran	95.1	5.0	94.2	4.7	93.2	2.4	89.4	5.3	81.7	9.3	96.1	12.2	115.7	1.8	109.9	4.6	95.7	3.2	95.8	9.0	84.3	7.4	93.2	6.0
176	Diphenamid	91.9	5.5	92.4	4.8	87.2	18.3	87.0	5.0	86.2	12.4	78.2	2.2	78.9	7.1	79.7	8.7	89.4	7.8	83.1	3.8	93.3	8.6	77.0	12.5
177	Dipropetryn	88.8	5.0	88.7	2.6	91.5	4.1	34.1	16.0	70.1	10.0	75.6	4.7	74.7	5.8	88.7	15.4	72.8	17.4	101.3	16.1	86.2	1.9	95.6	14.5
178	Disulfoton sulfone	78.9	9.5	87.6	6.1	91.2	7.0	90.4	2.1	96.7	6.0	111.6	6.5	103.7	2.1	90.9	1.7	105.9	2.7	76.3	8.8	85.7	2.9	96.6	8.8
179	Disulfoton sulfoxide	100.8	4.6	97.7	2.3	95.8	8.2	86.3	3.6	93.1	6.8	79.0	5.4	82.5	5.6	80.7	11.3	96.9	6.5	87.1	5.2	88.5	8.9	84.8	5.4
180	Ditalimfos	90.1	6.2	85.3	0.7	97.9	6.6	91.2	3.1	77.3	36.2	87.0	8.2	109.0	5.2	104.1	2.9	103.6	10.0	88.4	16.1	96.6	14.6	110.1	13.9
181	Dithiopyr	72.0	4.1	81.5	4.3	70.5	14.5	81.3	16.2	103.2	2.8	96.6	20.6			48.1	63.8	63.9	11.4	77.0	35.5	141.3	9.8	80.5	8.0
182	Diuron	77.7	13.9	87.2	5.3	96.6	8.0	90.8	1.7	95.1	4.1	76.0	3.7	99.8	4.1	89.6	2.6	106.1	1.7	76.1	11.2	85.0	2.1	99.6	3.9
183	Dodemorph	103.2	6.6	99.2	1.5	100.0	4.8	100.9	3.2	121.8	12.0	107.5	9.0	81.7	5.3	78.5	9.0	107.7	2.2	100.2	8.0	91.0	4.5	113.6	2.5
184	Drazoxolon	77.0	6.3	57.9	21.4	30.6	39.1																		
185	Edifenphos	76.6	13.3	79.2	5.3	89.8	8.1	90.4	8.3	98.6	13.4	78.1	5.7	77.0	8.0	98.4	12.2	103.5	7.1	82.7	14.6	81.1	0.1	86.5	18.2
186	Emamectin-benzoate	91.2	11.9	88.4	2.6	83.5	12.2	108.0	53.3	63.7	33.1	113.7	2.6	116.7	14.1	72.4	8.7	76.9	18.3	76.5	7.2	95.9	19.6	75.8	6.1
187	Epoxiconazole	81.1	2.4	80.5	0.9	83.4	2.1	71.3	19.2	99.4	7.1	86.4	18.2	78.6	5.6	75.4	5.2	71.9	1.3	87.4	8.5	106.0	7.4	75.1	7.4
188	Esprocarb	60.0	11.6	64.1	5.0	78.3	12.8	82.0	9.4	81.1	6.1	76.5	2.3	60.5	8.7	101.9	12.2	90.3	9.2	105.0	7.0	78.6	5.2	79.6	15.0
189	Etaconazole	74.9	11.5	78.3	6.4	90.1	10.5	86.9	3.5	86.1	10.5	90.2	6.5	86.1	4.8	80.5	6.9	105.2	6.5	85.8	4.2	87.5	0.9	95.1	8.0
190	Ethametsulfuron-methyl	51.8	21.3	52.0	42.7	67.2	8.5	77.7	2.0	73.4	13.5	80.4	18.7	76.1	14.6	63.3	10.1	77.6	12.7	51.7	89.2	99.3	1.2	86.6	11.9
191	Ethidimuron	82.4	12.1	86.3	1.7	96.0	7.2	91.3	3.4	93.9	9.4	101.4	7.4	85.6	7.9	72.9	1.6	86.8	8.8	78.3	3.6	91.2	2.5	104.9	5.0
192	Ethiofencarb	83.3	11.8	88.7	5.3	101.0	7.8	70.8	10.1	82.0	8.8	78.5	7.5	74.0	6.0	89.7	7.7	90.1	11.3	72.0	10.0	87.0	10.7	85.8	11.9
193	Ethiofencarb sulfone	100.5	7.6	95.7	2.3	94.3	4.3	91.9	8.9	91.7	5.6	75.8	11.6	71.2	10.1	82.5	7.5	90.5	12.3	97.5	7.6	81.1	9.0	99.3	6.3
194	Ethiofencarb sulfoxide	95.2	3.4	98.2	3.6	99.6	1.4	88.6	0.9	65.6	14.1	93.1	13.8	119.5	3.4	112.7	4.8	119.9	5.2	104.2	5.5	90.8	7.5	101.4	6.6
195	Ethion	87.0	9.4	75.5	10.9	25.1	99.8	103.8	7.8	123.6	23.4	141.8	13.4	72.8	17.4	82.7	5.8	113.0	2.6	124.1	12.5	251.4	23.6	86.3	5.1
196	Ethiprole	93.3	3.4	91.6	3.3	90.8	1.8	89.9	2.5	76.5	19.7	93.1	13.3	97.2	2.3	94.9	5.9	103.2	3.8	102.7	12.2	94.5	10.3	90.7	11.2
197	Ethirimol	89.6	9.2	85.5	6.2	92.9	2.2	85.2	11.8	89.0	16.0	115.0	33.3	104.6	3.4	96.5	6.9	105.8	4.8	90.7	19.3	85.3	3.8	79.2	0.9
198	Ethoprophos	72.2	11.1	78.5	8.0	90.0	6.2	91.1	1.5	89.3	3.4	73.1	5.0	89.1	6.4	86.1	7.5	96.9	1.8	77.6	4.1	82.4	1.0	94.3	6.0
199	Ethoxyquin																								
200	Ethoxysulfuron																								
201	Etobenzanid	57.6	10.8	56.8	24.4	50.0	5.5	43.4	1.0	63.0	12.1	116.9	15.9	82.3	2.8	71.3	2.1	84.8	16.4	99.4	8.0	89.8	17.1	101.0	0.9
202	Etoxazole							64.1	70.3	74.6	2.0	101.3	17.2					93.4	18.4						
203	Etrimfos	67.4	12.6	72.4	1.5	102.6	6.7	78.2	19.3	77.8	15.0	90.7	4.8	80.3	5.7	78.6	7.8	97.7	8.2	79.5	2.4	77.7	4.1	78.8	19.4

续表

序号	农药名称	苹果						葡萄						西瓜						西柚					
		5 μg/kg		10 μg/kg		20 μg/kg		5 μg/kg		10 μg/kg		20 μg/kg		5 μg/kg		10 μg/kg		20 μg/kg		5 μg/kg		10 μg/kg		20 μg/kg	
		Rec. (%)	RSD (%)	Rec. (%)	RSD (%)	Rec. (%)	RSD (%)	Rec. (%)	RSD (%)	Rec. (%)	RSD (%)	Rec. (%)	RSD (%)	Rec. (%)	RSD (%)	Rec. (%)	RSD (%)	Rec. (%)	RSD (%)	Rec. (%)	RSD (%)	Rec. (%)	RSD (%)	Rec. (%)	RSD (%)
204	Famphur	83.0	11.8	87.1	5.8	94.5	10.1	91.6	2.4	110.9	4.4	71.0	5.0	101.7	4.0	91.1	1.0	105.2	4.2	74.8	6.8	81.1	1.8	80.1	10.7
205	Fenamidone	84.2	6.3	85.5	14.2	87.1	7.9	89.4	11.9	75.0	17.4	90.4	13.8	96.5	3.3	92.2	4.9	104.9	7.4	96.2	11.5	108.0	8.1	105.0	5.9
206	Fenamiphos	87.8	2.7	91.8	2.8	97.2	0.9	68.5	8.6	91.1	5.9	77.7	12.5	76.2	3.5	92.4	7.8	81.4	3.3	90.4	3.2	92.6	4.7	79.8	7.8
207	Fenamiphos sulfoxide	104.5	4.4	93.4	3.7	98.6	3.8	96.1	3.7	97.6	6.7	82.2	3.5	80.3	4.8	90.3	8.3	87.1	10.6	94.2	2.9	80.7	10.7	95.4	15.1
208	Fenamiphos-sulfone	103.5	8.1	88.3	7.1	90.8	6.5	100.9	8.4	93.3	3.0	81.8	7.5	82.0	6.3	84.2	4.8	89.5	8.0	99.4	5.6	99.4	8.5	78.7	12.4
209	Fenarimol	77.9	13.2	80.7	5.0	95.2	10.0	87.4	4.6	91.6	10.1	75.1	12.2	86.0	6.6	100.0	9.3	104.6	4.4	85.8	5.0	85.8	0.8	91.0	14.9
210	Fenazaquin	39.7	14.8	53.0	47.0	93.8	20.9							64.1	5.4	82.0	19.2	106.3	40.9	234.3	77.3	78.0	4.4	92.0	12.6
211	Fenbuconazole	76.6	5.5	78.0	2.4	77.6	0.9	73.4	17.8	104.7	5.2	79.0	10.7	72.6	9.8	74.6	4.7	117.0	1.6	91.1	10.4	117.5	9.3	76.3	5.4
212	Fenfuram	87.6	2.5	90.5	3.7	97.1	7.1	88.5	3.8	87.5	6.2	75.6	1.4	84.1	5.9	85.1	7.4	91.5	8.4	78.4	2.8	100.6	8.2	78.3	12.6
213	Fenhexamid	76.5	10.2	77.4	3.8	90.3	4.2	88.2	2.0	98.3	8.2	89.7	5.2	102.3	11.0	108.1	8.2	82.9	0.3	105.0	18.8	87.7	1.1	90.7	9.1
214	Fenobucarb	89.5	1.4	87.4	2.9	90.8	5.6	85.9	3.4	86.3	9.6	73.3	1.5	85.3	6.4	79.3	10.5	86.2	8.4	83.6	1.9	94.0	9.8	77.8	12.7
215	Fenothiocarb	79.1	7.9	88.7	3.2	97.9	4.1	72.5	7.4	90.4	4.0	77.3	13.1	74.0	3.0	80.1	6.2	76.1	10.7	84.8	8.4	98.0	9.4	81.5	3.1
216	Fenoxanil	96.7	5.7	81.9	3.6	90.5	2.6	73.7	12.4	97.0	6.1	90.8	13.4	79.2	4.4	78.0	3.8	74.7	4.4	82.2	11.1	102.9	15.1	72.2	12.2
217	Fenoxaprop-ethyl	56.3	41.0	84.8	11.6	74.3	17.4	112.6	20.7	111.0	10.3	118.9	19.6	73.1	10.2	73.7	8.4	70.7	8.7	106.2	17.8	101.8	11.4	64.1	42.6
218	Fenoxaprop-p-ethyl	52.5	51.2	49.9	46.3	74.8	28.6	79.4	14.7	86.1	1.0	79.4	14.7	94.7	18.2	80.4	13.4	97.3	12.5	46.9	50.4	88.2	14.4	84.0	7.0
219	Fenoxycarb	81.1	6.4	87.7	3.0	81.9	2.7	73.8	17.3	105.3	15.3	84.6	13.1	77.6	0.2	77.3	9.0	66.7	2.2	96.8	13.6	117.1	8.6	83.1	13.2
220	Fenpropidin	86.4	0.2	98.2	5.4	89.0	3.1	82.1	14.5	61.9	36.4	90.5	5.3	114.5	0.8	79.1	10.0	105.2	7.7	95.6	11.7	81.1	8.4	93.1	5.4
221	Fenpropimorph	99.0	3.4	88.4	3.3	95.3	9.6	40.0	11.7	78.9	8.8	68.4	29.7	79.9	7.2	97.0	17.4	98.2	17.4	90.7	8.9	94.9	7.8	96.7	7.1
222	Fenpyroximate	105.7	24.2	84.6	10.0	19.4	133.9							69.6	1.5	86.7	7.1	84.0	8.2	172.9	15.9	540.8	30.4	87.3	4.2
223	Fensulfothion	91.0	7.4	93.3	3.7	90.4	11.7	84.0	4.6	91.6	9.4	79.9	3.4	79.9	7.4	83.6	5.6	91.5	9.3	82.0	2.8	101.0	9.6	78.1	7.9
224	Fensulfothion-oxon	88.3	0.9	90.1	2.0	86.9	0.4	107.2	2.9	88.8	3.0	98.6	14.0	93.3	5.2	95.6	12.1	109.2	11.6	78.1	6.0	105.1	9.6	85.2	5.7
225	Fensulfothion-sulfone	88.8	1.6	84.6	4.9	194.6	1.9	101.4	16.9	89.7	7.8	94.9	8.6	92.3	6.9	87.7	14.4	109.7	9.6	78.5	4.0	101.6	9.7	78.5	4.7
226	Fenthion	71.9	17.8	90.7	2.1	83.0	8.8	57.3	15.5	72.6	1.5	101.6	14.0	91.4	19.3	73.2	15.2	103.4	14.1	118.0	19.9	90.3	15.5	106.1	16.7
227	Fenthion oxon	88.4	1.6	84.5	2.6	88.7	4.9	99.9	15.2	73.5	5.5	83.3	10.5	101.8	2.8	103.8	11.3	110.1	6.6	85.4	17.7	108.6	9.0	77.7	6.4
228	Fenthion oxon sulfone	88.9	2.1	89.4	1.9	89.8	4.9	107.6	3.8	90.5	3.7	94.3	9.7	93.8	5.8	97.5	12.3	117.2	3.9	75.5	13.5	105.0	10.7	82.9	7.7
229	Fenthion oxon sulfoxide	88.5	0.4	90.2	2.9	86.2	4.2	107.6	6.2	93.6	4.4	106.0	13.4	92.8	7.8	92.7	10.9	101.2	4.1	84.4	7.9	98.2	7.6	81.7	12.4
230	Fenthion sulfone	88.0	3.8	87.2	2.6	93.4	1.8	85.6	0.7	85.3	12.4	93.6	11.9	98.2	4.6	99.9	6.5	105.5	3.6	107.8	11.7	98.0	19.4	98.7	7.2
231	Fenthion sulfoxide	79.4	13.0	88.2	6.1	86.6	4.3	78.8	4.2	100.3	6.9	104.6	8.5	104.7	5.2	89.6	1.8	100.9	6.5	75.3	8.3	89.5	1.5	99.9	4.3
232	Fentrazamide	77.5	8.6	86.8	5.1	84.8	11.3	74.7	5.9	86.1	11.5	98.1	5.1	210.0	26.0	92.0	16.5	99.6	17.9			105.9	9.5	81.9	1.6
233	Fenuron	84.3	12.8	91.7	5.0	92.8	1.8	94.6	2.3	97.7	8.9	108.9	8.6	102.8	4.5	86.0	1.4	100.3	2.8	78.2	6.3	86.7	2.6	102.3	4.7
234	Flamprop	31.0	18.7	34.5	36.3	35.2	34.0	52.1	1.2	66.2	19.1	66.1	10.9	46.6	6.0	53.0	3.6	48.3	22.5	64.3	22.2	49.8	29.0	63.8	7.3
235	Flamprop-isopropyl	74.8	12.4	77.3	5.1	99.1	6.0	90.6	6.2	96.0	10.7	79.2	6.4	71.3	8.8	100.9	12.8	101.7	7.9	75.5	15.2	80.5	1.8	84.7	11.2
236	Flamprop-methyl	78.4	13.5	85.7	5.0	99.4	5.1	92.8	1.8	91.2	4.2	81.8	4.8	94.8	4.6	93.3	3.2	107.1	3.5	74.5	3.4	83.3	0.8	90.2	9.1
237	Flazasulfuron																								

续表

序号	农药名称	苹果						葡萄						西瓜						西柚					
		5 μg/kg		10 μg/kg		20 μg/kg		5 μg/kg		10 μg/kg		20 μg/kg		5 μg/kg		10 μg/kg		20 μg/kg		5 μg/kg		10 μg/kg		20 μg/kg	
		Rec. (%)	RSD (%)	Rec. (%)	RSD (%)	Rec. (%)	RSD (%)	Rec. (%)	RSD (%)	Rec. (%)	RSD (%)	Rec. (%)	RSD (%)	Rec. (%)	RSD (%)	Rec. (%)	RSD (%)	Rec. (%)	RSD (%)	Rec. (%)	RSD (%)	Rec. (%)	RSD (%)	Rec. (%)	RSD (%)
238	Florasulam	74.1	12.8	74.4	1.5	88.4	9.3	77.0	4.6	84.8	3.5	105.3	6.9	104.5	2.7	89.7	3.1	102.2	0.9	73.4	2.2	81.6	5.6	89.3	4.3
239	Fluazifop					8.6	66.8	20.1	33.0	42.3	59.0	29.3	16.6	24.1	5.3	29.5	8.5	16.4	18.4	31.0	34.2	15.9	47.9	17.8	3.5
240	Fluazifop-butyl	57.6	13.8	56.9	11.7	78.6	13.3	82.7	15.9	85.3	12.2	83.7	4.9	54.3	17.4	101.8	15.2	95.8	16.5	77.6	15.4	76.8	0.2	78.2	16.4
241	Fluazifop-p-butyl	70.2	13.6	85.6	9.2	92.8	11.0	68.2	1.9	71.8	1.0	72.5	2.0	102.8	7.8	82.6	7.7	86.3	14.0	53.9	57.0	95.6	13.4	77.0	5.7
242	Flubendiamide									83.2	17.8	112.4	2.5	111.1	18.9	71.5	13.9	76.2	19.1			82.7	15.9	69.7	12.4
243	Flucarbazone									20.0	31.9	9.6	29.2												
244	Flucycloxuron																								
245	Flufenacet	87.4	4.6	89.5	2.0	93.3	4.8	72.7	10.3	96.5	4.4	77.9	12.1	76.4	0.8	80.1	5.3	79.8	0.8	83.3	6.8	101.6	10.1	74.2	6.5
246	Flufenoxuron																								
247	Flufenpyr-ethyl	78.9	10.5	85.2	2.2	83.5	9.9	82.7	17.7	72.9	22.2	96.0	10.1	83.1	14.1	81.1	10.4	89.8	15.2	74.2	11.6	87.5	10.3	74.5	11.8
248	Flumequine	48.3	85.8	121.3	11.7	73.5	18.7	83.6	6.0	85.6	62.5	94.4	2.9	76.1	7.2	79.6	2.1	100.3	19.5	78.8	19.7	71.9	23.4	104.2	10.5
249	Flumetsulam	65.3	3.4	70.6	1.6	89.6	5.0	79.1	1.0	104.4	17.3	72.1	12.3	83.9	8.9	83.2	8.5	84.8	7.1	79.9	6.8	74.3	6.3	83.2	8.0
250	Flumiclorac-pentyl	121.2	9.8	84.2	3.2	49.3	38.1																	52.5	34.3
251	Flumorph	90.8	2.4	88.8	4.0	118.5	1.0	104.5	14.2	81.8	6.6	94.9	8.2	91.0	2.4	90.8	16.7	114.6	8.7	55.3	30.4	103.5	9.0	81.6	3.2
252	Fluometuron	94.5	5.9	91.1	5.8	94.4	10.5	93.3	7.2	92.0	6.1	80.8	5.4	80.9	3.1	93.5	4.4	89.6	10.0	91.0	6.0	93.3	6.4	84.0	7.7
253	Fluopicolide	79.6	7.7	84.9	3.5	85.8	6.8	95.2	17.9	76.5	13.4	94.7	19.0	91.6	13.4	83.9	13.0	102.0	12.4	73.2	6.2	94.9	4.7	74.6	6.2
254	Fluopyram	84.6	7.0	83.7	14.2	84.8	8.5	95.7	16.6	75.5	12.1	97.5	9.3	87.3	11.3	84.9	12.3	96.3	11.8	86.7	4.7	94.4	6.2	74.9	14.2
255	Fluoroglycofen-ethyl																								
256	Fluoxastrobin	84.1	6.9	81.2	16.5	84.4	9.4	96.4	15.6	77.5	13.2	101.1	11.3	87.5	16.5	80.4	12.6	90.6	15.7	71.5	23.4	86.4	9.0	74.5	17.7
257	Fluquinconazole	87.5	3.5	86.5	10.1	91.5	5.8	92.6	18.3	71.6	8.0	99.4	8.6	86.8	4.3	81.8	6.7	99.5	8.8	108.4	9.9	111.3	9.9	104.8	4.8
258	Fluridone	91.5	1.7	90.2	3.7	94.1	1.8	78.4	8.8	86.3	18.3	84.8	4.8	75.8	18.5	81.5	8.0	79.5	6.1	81.6	11.0	100.0	12.2	70.6	11.0
259	Flurochloridone	81.2	5.8	90.3	9.8	89.3	3.9	85.6	13.6	84.2	16.3	99.4	13.0	92.9	5.5	78.1	8.2	100.1	7.8	106.5	5.6	89.3	17.2	108.8	8.5
260	Flurprimidol	86.9	5.0	84.2	9.7	90.1	6.8	97.0	15.7	80.1	8.7	96.7	16.7	77.6	4.9	78.0	11.7	87.8	5.8	79.3	14.3	105.9	6.1	78.5	8.6
261	Flurtamone	81.5	10.3	85.2	6.5	96.9	5.4	87.4	2.9	94.0	2.3	80.3	7.8	90.7	3.1	93.5	3.0	110.7	4.4	77.7	0.8	82.5	2.0	87.9	10.7
262	Flusilazole	91.5	7.3	87.3	10.7	83.4	3.5	86.0	21.0	81.8	2.6	101.7	10.0	77.8	4.1	70.8	4.4	85.8	6.9	105.5	7.0	90.8	13.1	94.1	11.5
263	Fluthiacet-methyl	76.7	11.4	78.5	5.4	96.7	5.3	85.7	6.8	97.2	12.2	86.2	6.2	85.2	6.5	106.8	10.4	117.8	8.4	70.9	1.3	77.4	5.6	72.5	5.0
264	Flutolanil	78.2	12.1	82.0	4.7	90.6	9.8	89.4	2.2	97.7	6.8	78.4	6.6	92.0	6.0	101.7	5.0	114.1	3.7	77.1	0.5	81.2	2.7	74.8	2.1
265	Flutriafol	77.1	11.4	83.1	5.2	93.1	6.8	87.2	3.5	92.0	3.1	70.9	6.1	102.1	4.8	90.6	1.4	108.2	2.0	73.6	5.0	86.6	0.1	101.2	0.8
266	Fluxapyroxad	84.6	5.3	83.0	9.6	87.7	7.6	103.1	15.1	90.5	10.6	97.7	14.4	94.1	5.8	82.1	12.4	95.6	6.7	76.2	16.8	92.9	6.0	77.9	12.3
267	Fonofos	61.3	23.2	80.0	9.6	72.4	5.8	67.6	10.6	93.2	4.9	87.8	23.5	74.2	1.6	79.6	13.3	73.8	0.4	93.4	10.2	104.1	6.5	74.1	7.9
268	Foramsulfuron													125.7	10.9	32.0	16.7	56.3	12.4						
269	Forchlorfenuron																								
270	Fosthiazate	95.6	7.9	85.5	13.1	90.4	9.1	91.7	5.9	94.0	6.7	79.5	4.7	83.2	3.4	81.8	8.5	91.2	12.4	77.3	17.7	87.0	12.4	86.9	7.3
271	Fuberidazole	11.7	26.4	20.1	36.0	41.2	18.9	30.8	64.5	49.4	47.1	54.8	31.5	95.5	5.2	94.5	6.1	97.7	7.7	19.1	25.1	24.6	43.2	7.6	32.5

续表

序号	农药名称	苹果						葡萄						西瓜						西柚					
		5 μg/kg		10 μg/kg		20 μg/kg		5 μg/kg		10 μg/kg		20 μg/kg		5 μg/kg		10 μg/kg		20 μg/kg		5 μg/kg		10 μg/kg		20 μg/kg	
		Rec. (%)	RSD (%)	Rec. (%)	RSD (%)	Rec. (%)	RSD (%)	Rec. (%)	RSD (%)	Rec. (%)	RSD (%)	Rec. (%)	RSD (%)	Rec. (%)	RSD (%)	Rec. (%)	RSD (%)	Rec. (%)	RSD (%)	Rec. (%)	RSD (%)	Rec. (%)	RSD (%)	Rec. (%)	RSD (%)
272	Furalaxyl	81.7	12.1	88.4	5.6	98.1	6.2	91.4	2.0	100.8	5.9	76.7	3.4	99.5	2.4	90.2	0.9	108.3	2.5	71.2	10.0	87.6	4.7	96.4	3.1
273	Furathiocarb	80.5	8.8	90.6	18.4	89.4	10.7	58.9	12.2	74.7	1.0	88.2	14.1	81.4	3.8	72.9	6.0	95.8	10.8	106.6	9.2	93.7	14.2	102.9	9.1
274	Furmecyclox	69.2	3.5	88.1	11.4	81.1	9.6	48.2	33.7	62.4	10.1	58.3	14.2	88.6	1.2	82.3	6.6	99.4	5.0	87.2	5.8	82.2	9.3	88.9	1.9
275	Halofenozide	89.2	5.2	85.5	8.1	91.3	7.2	94.5	20.3	85.5	6.9	98.1	12.8	96.7	3.8	88.9	14.3	102.7	10.2	92.7	14.6	100.0	5.2	83.2	11.8
276	Halosulfuron-methyl	30.8	29.1	54.9	28.1	62.0	58.0			137.3	2.5	113.3	3.4	58.4	29.7	64.4	13.7	70.5	10.3	9.9	144.7	22.8	27.3	32.0	130.3
277	Haloxyfop	17.1	68.9	22.2	36.9	4.7	55.1			97.1	4.4	78.2	4.1	28.2	42.7	26.0	1.5	16.7	16.8	28.5	30.4	15.3	33.7	20.8	31.4
278	Haloxyfop-ehyoxyethyl	81.2	8.3	93.4	15.9	87.2	10.5	62.0	9.5	73.2	0.3	82.7	14.5	83.5	3.2	71.4	5.0	92.2	11.4	105.8	9.8	90.8	16.7	104.2	11.4
279	Haloxyfop-methyl	74.8	3.4	70.6	5.6	88.1	11.9	84.3	8.6	96.7	15.8	73.9	9.7	66.5	8.0	98.7	14.6	95.9	6.8	76.7	13.4	86.3	4.4	79.0	23.7
280	Heptenophos	86.6	4.1	87.7	1.4	86.9	15.2	90.8	1.3	84.8	7.5	72.1	7.5	81.4	5.7	88.9	6.6	89.8	9.2	84.9	4.2	87.9	6.3	78.2	11.7
281	Hexaconazole	81.3	8.8	76.2	7.5	77.7	4.0	78.5	13.6	86.2	19.3	94.0	3.5	79.8	1.3	72.9	10.1	86.6	9.4	97.8	7.0	86.8	8.0	93.5	6.3
282	Hexazinone	97.0	8.2	90.2	4.2	99.4	5.5	91.0	6.6	90.1	4.1	83.0	7.2	84.3	4.1	85.3	14.9	92.4	12.2	92.1	7.1	82.2	6.0	91.4	13.7
283	Hexythiazox	88.7	15.6	110.6	2.9	91.5	10.7			91.1	1.1	89.1	2.7	88.6	7.7	70.6	7.9	104.5	17.0	94.2	19.5	97.5	15.4	114.1	14.7
284	Hydramethylnon																								
285	Hymexazol					76.2	9.4	91.7	20.0	101.3	7.4	96.4	12.4	90.5	18.1	71.5	13.6	117.3	17.5	78.8	18.1	90.5	6.6	74.6	13.5
286	Imazalil	104.0	5.4	95.4	1.3	103.3	5.5	137.5	7.2	128.8	0.4	57.9	27.5	90.5	11.1	91.1	11.5	71.0	1.1	40.5	18.3	79.8	4.8	51.2	3.8
287	Imazamethabenz-methyl	92.4	8.4	90.3	1.3	95.5	2.9	89.2	4.2	94.8	4.7	79.2	6.7	85.0	6.2	85.4	9.4	91.4	12.3	92.8	7.5	80.1	4.4	87.3	13.0
288	Imazamox	42.4	6.1	43.1	2.4	45.9	8.2	47.3	25.8	60.0	10.6	49.0	30.6	59.5	7.4	47.5	9.9	46.9	14.8	45.1	18.3	53.7	12.0	52.6	25.5
289	Imazapic	55.1	10.0	54.5	3.7	58.3	5.6	61.4	10.2	69.3	7.9	67.8	1.5	70.9	3.4	70.2	4.2	70.6	9.8	59.5	10.9	63.5	5.9	65.3	11.4
290	Imazapyr	54.9	14.3	57.1	4.3	54.9	9.6	17.1	7.3	20.8	65.8	20.8	23.6	58.8	7.5	57.5	1.2	54.5	9.6	33.4	9.5	35.8	15.0	49.8	26.3
291	Imazaquin	23.4	24.1	19.6	53.9	1.1	44.5	4.4	103.7	74.3	7.3	66.3	19.9	17.9	114.9	15.1	87.3	7.4	35.5						
292	Imazethapyr	72.9	4.4	74.3	3.0	72.9	6.7	53.3	18.9	67.0	12.3	71.5	6.1	92.6	2.1	98.1	2.3	87.1	4.4	52.9	3.4	92.2	18.6	84.7	11.1
293	Imazosulfuron					59.5	66.9															34.4	15.1	26.7	72.9
294	Imibenconazole			36.3	89.3	26.2	14.2																		
295	Imidacloprid	81.9	13.5	83.0	4.2	101.2	11.1	99.3	6.9	111.4	12.1	118.1	3.6	105.8	5.8	81.4	0.7	90.1	6.0	79.5	0.6	86.0	8.2	102.0	2.3
296	Imidacloprid-urea	83.2	2.3	83.5	2.7	78.6	5.5	110.2	3.8	97.4	6.0	96.1	9.3	105.0	6.0	111.6	9.3	113.8	4.2	81.6	7.6	104.6	10.2	85.1	7.7
297	Inabenfide																								
298	Indoxacarb	59.1	16.4	58.3	16.0	90.6	7.4	96.8	19.7	97.3	18.2	95.8	8.0	58.5	19.6	138.9	16.4	113.5	11.8	85.8	9.9	75.8	6.7	74.9	28.7
299	Iodosulfuron-methyl									113.4	7.2	114.2	5.9												
300	Ipconazole	55.7	7.3	48.3	19.1	51.3	4.8	61.3	3.3	80.5	18.4	116.1	29.7	61.0	30.8	54.1	8.5	65.7	7.0	87.6	27.2	102.8	11.5	81.3	1.0
301	Iprobenfos	78.6	11.8	84.5	5.7	95.7	4.8	95.5	4.6	91.5	8.1	77.5	5.5	81.7	4.7	85.1	9.4	96.1	3.3	82.9	8.5	83.7	3.0	94.3	4.2
302	Iprovalicarb	80.7	15.3	86.4	4.5	90.9	8.7	96.6	1.5	91.9	7.8	70.1	9.2	79.9	5.3	84.8	7.2	87.6	3.2	82.0	7.6	90.0	2.3	96.8	7.8
303	Isazofos	93.7	6.2	89.2	9.1	90.2	5.2	81.9	7.4	73.8	18.2	83.2	15.8	94.9	3.7	87.0	4.8	103.2	6.8	97.7	8.9	89.8	12.0	97.3	6.4
304	Isocarbamid	92.1	6.6	94.1	4.5	97.0	2.5	88.4	1.4	71.8	19.6	94.5	15.2	104.6	1.9	101.2	6.3	109.2	3.4	100.3	6.5	87.5	5.2	91.9	5.4
305	Isocarbophos	370.0	2.5	100.2	1.2	96.6	2.7	85.3	10.8	86.1	13.4	90.6	11.2	97.5	2.5	90.7	6.5	102.4	4.3	103.0	10.8	88.4	2.7	83.3	15.0

续表

序号	农药名称	苹果						葡萄						西瓜						西柚					
		5 μg/kg		10 μg/kg		20 μg/kg		5 μg/kg		10 μg/kg		20 μg/kg		5 μg/kg		10 μg/kg		20 μg/kg		5 μg/kg		10 μg/kg		20 μg/kg	
		Rec. (%)	RSD (%)	Rec. (%)	RSD (%)	Rec. (%)	RSD (%)	Rec. (%)	RSD (%)	Rec. (%)	RSD (%)	Rec. (%)	RSD (%)	Rec. (%)	RSD (%)	Rec. (%)	RSD (%)	Rec. (%)	RSD (%)	Rec. (%)	RSD (%)	Rec. (%)	RSD (%)	Rec. (%)	RSD (%)
306	Isofenphos	80.8	10.7	87.0	3.8	78.7	3.9	72.7	13.3	92.6	4.8	74.9	8.9	73.8	5.1	76.1	4.0	70.1	0.4	99.4	17.1	110.7	8.5	81.4	11.3
307	Isofenphos oxon	91.0	4.6	92.2	1.3	99.6	5.2	76.5	5.9	96.5	7.0	76.5	4.4	79.2	12.3	82.0	2.9	87.2	3.6	87.1	3.1	88.0	5.7	87.7	10.6
308	Isomethiozin																					238.6	5.5	75.8	20.1
309	Isoprocarb	75.6	9.7	82.2	8.6	86.9	5.1	87.1	3.5	93.2	7.6	101.4	2.6	102.8	7.5	91.5	1.6	96.3	5.9	74.6	2.0	79.9	1.3	97.5	7.5
310	Isopropalin																							68.4	36.7
311	Isoprothiolane	88.3	3.2	90.1	1.7	90.1	4.7	76.7	6.4	90.9	2.3	81.8	9.2	73.9	19.3	79.0	8.1	83.9	1.7	86.4	11.0	91.2	7.4	82.0	5.2
312	Isoproturon	95.4	8.5	86.7	3.5	105.8	7.2	80.3	4.8	93.1	5.4	78.3	4.9	82.8	5.2	77.4	13.7	92.5	16.8	82.7	1.1	92.1	6.5	100.7	15.8
313	Isouron	78.8	13.0	88.4	5.2	95.2	1.8	87.3	2.4	95.2	5.1	108.6	4.9	97.5	4.5	84.5	1.4	99.2	2.2	77.8	1.8	89.2	3.5	100.9	2.1
314	Isoxaben	80.8	11.6	84.3	5.4	91.8	11.2	91.2	2.6	101.4	7.6	78.4	7.5	93.6	4.7	104.8	5.4	114.7	4.1	76.6	2.5	85.5	1.5	89.3	19.7
315	Isoxadifen-ethyl	71.3	13.8	75.5	3.7	92.2	9.5	85.2	8.0	96.2	16.9	80.1	5.4	75.0	7.3	93.9	14.1	106.2	8.3	70.2	16.8	78.6	6.9	84.3	18.2
316	Isoxaflutole	117.1	17.5	103.0	10.8	118.6	3.9	68.0	28.9	64.6	4.0	81.3	12.3	415.5	11.3	266.5	4.5	156.9	14.5			52.2	20.9	217.8	6.3
317	Isoxathion	92.5	14.3	95.3	4.3	79.0	13.7	64.2	26.0	90.3	6.8	116.8	3.7	88.0	8.3	73.0	18.4	80.6	7.8	105.6	7.7	89.0	6.1	123.9	14.9
318	Ivermectin																								
319	Kadethrin			31.3	35.4	63.9	20.9																		
320	Karbutilate	85.1	12.9	90.2	4.1	92.5	6.5	90.9	2.5	96.0	7.4	101.7	6.8	99.9	5.4	92.1	0.6	92.5	6.8	74.3	2.7	94.6	2.6	99.9	4.8
321	Kresoxim-methyl	85.8	5.4	89.1	2.9	87.8	4.4	71.7	11.9	96.4	7.5	82.1	16.8	78.4	2.6	78.7	5.6	75.5	2.2	81.0	8.8	107.8	11.8	74.7	5.5
322	Lactofen	101.7	13.9	114.5	3.2	86.9	16.2			108.0	8.3	108.1	14.2	80.6	15.6	71.0	15.2	96.2	14.3	241.5	46.5	104.5	17.6	121.1	15.5
323	Linuron	89.4	0.5	92.3	3.6	98.7	4.5	80.7	5.5	88.3	10.7	76.3	3.4	77.3	8.3	84.1	8.7	84.6	14.1	82.1	6.7	105.8	11.3	76.3	11.6
324	Malaoxon	91.2	3.5	93.0	2.4	93.2	3.1	86.2	0.8	82.5	14.5	109.6	9.9	104.4	2.0	103.1	6.7	108.7	1.8	100.0	10.4	81.7	2.5	87.6	1.4
325	Malathion	88.6	2.8	88.3	2.6	98.5	1.7	78.6	6.3	91.4	3.5	75.9	3.6	82.5	5.8	78.4	6.4	87.0	11.8	78.1	10.6	96.1	9.6	78.7	15.4
326	Mandipropamid	83.0	6.3	82.2	13.2	88.6	9.3	97.7	14.3	81.9	12.5	89.9	22.3	88.8	12.9	75.8	12.9	86.4	11.3	65.3	25.8	94.0	8.3	76.8	16.0
327	Mecarbam	86.3	4.3	87.7	1.7	103.5	0.3	72.9	9.4	95.8	6.0	73.8	7.0	81.0	1.6	79.3	5.1	83.4	10.1	79.1	6.3	107.7	12.8	82.3	4.4
328	Mefenacet	86.1	1.8	91.1	3.5	104.4	2.1	74.5	9.5	93.9	7.3	80.9	7.8	70.5	19.2	83.6	5.5	77.7	12.6	81.9	9.1	105.1	10.4	82.3	4.1
329	Mefenpyr-diethyl	80.4	7.5	87.0	2.0	96.5	4.4	74.6	12.9	98.2	5.2	74.1	8.3	74.8	1.6	76.4	7.1	72.5	2.2	87.9	12.3	104.7	10.3	78.1	4.4
330	Mepanipyrim	83.3	4.6	87.9	2.0	81.7	4.3	60.0	13.1	95.5	9.0	82.5	2.5	71.7	15.8	82.7	11.4	73.2	2.6	110.4	15.8	93.1	12.4	86.4	12.4
331	Mephosfolan	81.0	11.7	90.6	4.0	94.9	3.6	88.9	1.3	94.9	8.3	110.5	5.9	107.7	5.1	86.7	2.3	104.0	4.0	75.8	1.0	87.3	0.9	100.3	2.4
332	Mepiquat chloride	70.0	7.1	74.6	6.6	76.6	1.3	73.2	2.6	65.3	4.7	79.1	16.7	81.0	1.1	88.0	6.4	95.6	4.6	73.8	8.8	68.2	2.4	71.4	5.0
333	Mepronil	85.8	2.8	88.1	2.1	100.3	6.8	80.4	7.7	96.5	4.5	86.6	9.0	71.6	19.4	80.2	8.1	77.5	11.3	175.2	20.7	94.5	6.9	69.8	38.9
334	Mesosulfuron-methyl	81.4	16.1	83.4	5.6	92.9	14.8	75.2	1.6	86.9	12.5	73.1	4.6	109.4	2.3	93.6	1.7	103.8	3.6	73.4	1.4	73.4	0.6	80.9	16.9
335	Metalaxyl	90.7	4.6	91.7	3.1	94.1	0.7	108.3	3.4	107.4	9.3	88.0	15.5	101.7	2.4	100.7	6.8	105.3	1.1	106.4	12.6	85.6	1.0	93.3	2.2
336	Metalaxyl-m	79.6	12.8	90.9	5.8	97.6	5.4	96.8	1.6	94.3	6.7	70.6	3.1	104.3	3.8	89.5	2.2	103.7	4.2	76.8	3.6	91.2	3.0	103.6	2.7
337	Metamitron	92.9	7.9	89.3	2.3	106.9	2.0	88.9	4.5	86.8	6.3	75.3	11.2	83.3	4.3	82.4	6.1	82.4	7.3	82.0	7.0	74.9	4.3	93.8	7.4
338	Metamitron-desamino																								
339	Metazachlor	100.1	5.8	91.7	2.5	101.1	12.7	83.8	3.9	89.5	10.0	76.2	2.0	78.7	7.5	79.5	13.6	92.0	16.7	77.5	3.5	92.9	6.1	77.9	16.6

续表

序号	农药名称	苹果						葡萄						西瓜						西柚					
		5 μg/kg		10 μg/kg		20 μg/kg		5 μg/kg		10 μg/kg		20 μg/kg		5 μg/kg		10 μg/kg		20 μg/kg		5 μg/kg		10 μg/kg		20 μg/kg	
		Rec. (%)	RSD (%)	Rec. (%)	RSD (%)	Rec. (%)	RSD (%)	Rec. (%)	RSD (%)	Rec. (%)	RSD (%)	Rec. (%)	RSD (%)	Rec. (%)	RSD (%)	Rec. (%)	RSD (%)	Rec. (%)	RSD (%)	Rec. (%)	RSD (%)	Rec. (%)	RSD (%)	Rec. (%)	RSD (%)
340	Metconazole	55.6	10.7	50.8	8.7	44.0	39.3	48.5	17.5	99.8	5.8	74.6	0.9	51.2	19.9	55.7	3.8	51.0	5.5	94.7	11.3	91.9	9.3	74.1	7.0
341	Methabenzthiazuron	91.9	7.0	88.9	3.6	91.2	1.4	87.6	1.2	84.0	13.5	97.1	7.9	99.7	4.8	97.8	5.1	106.7	3.3	97.6	9.3	85.7	6.4	86.2	6.4
342	Methamidophos	91.5	4.3	87.5	2.9	91.1	4.2	84.2	5.3	88.6	6.0	73.4	4.0	80.2	3.0	82.6	8.3	92.3	12.5	84.6	9.0	73.2	5.3	89.9	12.0
343	Methidathion	84.6	8.5	80.4	6.6	92.3	2.4	95.6	19.0	80.7	9.7	96.8	8.2	90.3	9.1	92.5	12.7	111.8	6.8	103.2	2.1	102.8	6.8	75.9	6.3
344	Methiocarb	92.9	3.3	90.5	2.6	86.4	4.7	83.5	3.7	86.9	11.0	78.3	4.1	79.2	8.9	86.6	5.1	86.3	4.2	81.0	4.6	99.9	11.1	70.4	17.0
345	Methiocarb sulfone			92.8	6.3	88.3	6.8	92.6	7.4	102.9	7.5	97.4	6.1			93.7	9.7	106.7	4.1	71.0	6.9	101.6	11.3	109.4	3.5
346	Methiocarb sulfoxide	90.8	5.0	94.5	4.8	95.0	3.5	88.5	0.7	88.1	12.8	88.8	7.2	119.5	3.4	112.7	4.8	119.9	5.2	104.2	5.5	90.8	7.5	101.4	6.6
347	Methomyl	86.0	13.9	93.8	4.5	93.6	1.1	91.3	4.4	97.7	6.6	112.1	9.2	111.0	3.4	89.7	2.1	103.9	2.7	84.4	6.3	92.5	3.1	99.0	1.8
348	Methoprotryne	77.2	13.9	88.0	7.1	92.6	10.5	83.9	2.7	104.9	18.6	71.4	11.4	71.2	0.0	70.9	7.9	77.9	5.8	83.2	7.3	84.4	8.4	98.8	3.4
349	Methoxyfenozide	88.0	2.4	86.8	8.3	92.4	3.5	91.6	11.0	69.7	7.2	95.6	8.3	90.6	5.8	82.5	7.0	101.9	8.8	100.6	12.6	106.6	18.4	109.9	8.0
350	Metobromuron	84.3	12.6	94.4	1.5	90.2	0.1	87.8	6.4	83.6	14.4	97.8	8.9	96.2	4.5	99.7	7.0	102.9	1.1	92.2	11.9	85.3	4.4	75.9	8.0
351	Metolachlor	85.8	5.1	93.6	6.9	92.7	3.2	84.5	6.7	75.6	18.1	91.0	9.4	94.0	2.1	92.2	5.3	102.1	2.9	97.9	10.0	89.3	8.0	94.1	1.5
352	Metolcarb	80.6	10.5	91.4	3.3	89.2	3.9	84.7	2.4	73.0	3.9	97.9	15.4	99.3	2.3	98.4	3.3	103.0	7.7	98.9	9.8	85.0	1.7	90.3	4.5
353	Metominostrobin-(*E*)	88.8	2.0	88.9	6.0	84.4	4.7	101.6	15.2	79.2	6.5	91.7	12.9	94.1	3.5	95.3	12.7	111.4	4.5	88.0	14.5	101.9	9.5	80.9	6.5
354	Metominostrobin-(*Z*)																								
355	Metosulam	91.1	3.8	85.2	1.4	83.9	8.9	86.1	3.9	76.8	15.8	89.2	19.8	86.9	4.0	84.6	8.5	97.0	5.2	89.8	10.4	85.0	18.8	92.7	8.3
356	Metoxuron	92.3	4.9	92.9	3.4	95.3	1.8	88.9	2.3	74.0	19.2	95.0	15.0	100.2	2.8	100.2	5.6	109.8	4.7	100.8	9.9	86.3	2.0	93.6	2.2
357	Metrafenone	71.2	11.4	80.6	6.4	82.4	14.3	80.3	11.8	99.2	19.1	80.3	11.8	103.1	13.2	83.5	12.8	80.4	16.7	57.9	55.3	95.4	7.8	89.5	2.7
358	Metribuzin	91.0	5.7	89.3	1.8	104.9	3.5	90.1	5.5	91.3	5.9	76.5	7.0	73.3	1.1	83.5	7.5	72.0	5.9	86.7	4.9	84.3	5.7	93.5	6.5
359	Metsulfuron-methyl	46.8	12.7	39.3	22.6	36.9	50.4	96.4	1.0	72.7	9.5	98.1	21.1	76.8	6.6	82.0	14.5	73.4	3.2	48.6	50.8	106.5	8.1	93.7	4.5
360	Mevinphos	86.8	3.0	84.8	3.3	102.9	1.8	92.2	6.5	89.3	6.6	71.0	7.7	81.8	3.2	84.9	8.7	80.7	7.6	89.1	6.3	81.3	5.6	94.4	9.9
361	Mexacarbate	86.2	7.4	91.0	5.7	97.8	3.7	87.2	5.1	76.5	19.4	102.3	11.1	101.3	2.3	96.5	6.6	107.8	4.5	95.2	9.7	82.5	7.2	87.0	1.3
362	Molinate	84.2	2.1	90.9	5.0	73.4	12.4	77.2	23.8	62.5	3.1	80.0	16.9	87.8	3.0	83.2	12.4	102.3	14.9	75.0	15.5	87.6	11.5	78.2	15.8
363	Monocrotophos	96.2	7.6	91.7	3.0	98.6	5.1	89.1	6.9	91.4	3.7	76.2	12.1	80.7	10.1	84.0	7.1	94.3	12.2	90.2	8.1	78.9	4.4	87.1	13.2
364	Monolinuron	80.4	8.7	87.3	4.1	82.8	5.2	102.2	6.6	86.3	8.2	92.0	12.1	96.1	5.2	93.9	14.8	110.1	4.7	80.4	17.2	108.7	9.2	76.0	11.0
365	Monuron	98.8	7.5	92.6	1.8	97.5	4.2	92.0	5.3	93.7	5.8	79.4	5.4	76.1	3.1	84.0	9.3	87.9	11.0	86.6	5.8	88.6	7.2	87.5	11.5
366	Myclobutanil	86.1	3.1	89.2	1.5	101.0	0.5	74.3	12.6	112.0	5.9	85.3	14.0	70.6	13.9	73.9	3.7	74.0	13.1	84.9	5.9	100.6	7.9	84.8	2.8
367	Naproanilide	71.7	11.3	77.7	6.6	82.0	15.0	91.3	7.1	76.6	0.8	91.3	7.1	107.9	7.9	81.5	14.4	80.2	6.4	59.3	47.6	92.3	13.1	87.7	3.9
368	Napropamide	85.8	4.7	91.7	6.7	92.3	3.1	83.7	10.4	78.8	19.2	88.9	8.4	92.4	3.1	88.8	6.2	100.5	3.9	98.0	10.0	92.5	12.4	96.5	1.8
369	Naptalam																								
370	Neburon	73.4	11.6	74.8	2.0	92.2	3.8	88.8	5.9	97.0	15.2	89.9	5.9	73.5	9.4	101.1	15.3	112.2	8.6	112.9	15.8	80.6	4.9	85.0	11.9
371	Nicosulfuron																								
372	Nitenpyram	77.3	10.9	84.5	3.8	82.9	1.3	87.6	3.8	91.3	8.8	98.9	7.1	108.5	3.0	92.8	3.1	108.0	9.7	73.9	4.0	84.6	2.1	95.6	5.5
373	Nitralin	73.6	10.8	84.8	3.4	82.1	12.9	126.7	6.6	77.9	18.0	99.7	8.0	114.6	21.0	78.1	13.3	83.6	15.7	29.0	106.7	82.0	13.1	77.2	17.3

续表

序号	农药名称	苹果						葡萄						西瓜						西柚					
		5 μg/kg		10 μg/kg		20 μg/kg		5 μg/kg		10 μg/kg		20 μg/kg		5 μg/kg		10 μg/kg		20 μg/kg		5 μg/kg		10 μg/kg		20 μg/kg	
		Rec. (%)	RSD (%)	Rec. (%)	RSD (%)	Rec. (%)	RSD (%)	Rec. (%)	RSD (%)	Rec. (%)	RSD (%)	Rec. (%)	RSD (%)	Rec. (%)	RSD (%)	Rec. (%)	RSD (%)	Rec. (%)	RSD (%)	Rec. (%)	RSD (%)	Rec. (%)	RSD (%)	Rec. (%)	RSD (%)
374	Norflurazon	89.0	4.1	92.3	3.6	96.0	2.5	95.3	2.4	84.7	15.0	87.3	10.0	102.4	4.1	95.6	2.6	102.9	5.7	98.9	10.9	94.9	2.6	84.5	9.2
375	Nuarimol	91.3	2.3	91.3	3.3	108.6	2.5	89.4	10.6	109.4	9.0	79.4	14.7	76.0	10.3	81.4	7.9	87.0	17.5	88.4	0.6	92.6	7.5	89.1	18.6
376	Octhilinone	85.1	4.8	92.8	7.1	91.6	3.8	49.0	1.4	48.5	8.1	54.4	11.2	65.2	1.9	64.7	5.7	81.0	8.6	57.2	7.9	54.8	1.7	46.2	42.6
377	Ofurace	96.3	7.2	92.3	3.4	88.6	11.8	88.4	5.5	91.3	6.4	81.3	7.0	82.8	4.7	93.1	6.5	91.2	8.7	78.8	3.5	95.5	9.2	80.4	8.7
378	Omethoate	89.0	3.5	91.9	4.2	97.0	2.3	86.0	2.2	73.0	19.7	92.3	14.8	120.7	1.1	119.5	7.7	99.0	1.0	98.7	8.7	81.3	5.4	94.3	1.5
379	Orbencarb	73.2	10.8	82.8	16.7	81.0	10.6	66.5	8.0	68.2	4.7	93.6	11.3	87.1	4.7	72.9	11.7	95.3	9.7	104.5	8.4	87.2	12.6	99.1	11.9
380	Orthosulfamuron																								
381	Oxadixyl	92.6	19.0	104.1	6.8	115.0	3.8	106.6	6.1	89.7	17.4	74.6	8.7	84.6	3.6	86.1	8.7	78.2	0.6	74.9	12.9	70.2	5.9	95.3	19.4
382	Oxamyl	101.4	4.4	95.7	3.1	93.9	3.3	87.7	2.2	83.2	13.0	96.9	9.0	119.0	2.4	112.1	6.0	103.5	0.7	95.5	10.8	79.2	5.1	84.3	14.6
383	Oxamyl-oxime	92.0	2.1	92.4	2.2	93.6	2.5	86.0	3.3	81.3	10.5	94.7	11.3	110.7	1.8	105.1	6.7	118.2	2.1	97.2	8.2	84.5	5.2	88.0	2.9
384	Oxaziclomefone	70.0	10.5	80.5	8.0	87.6	12.1	73.8	6.0	87.1	0.7	73.8	6.0	121.0	7.5	86.9	13.0	87.6	14.1	55.8	66.8	99.5	18.5	65.5	4.3
385	Oxine-copper																								
386	Oxycarboxin	93.7	7.7	90.3	1.4	99.6	3.5	87.0	3.5	95.4	6.0	80.3	6.3	82.4	3.3	86.7	9.3	93.5	10.2	82.2	5.1	87.8	6.2	84.4	10.5
387	Paclobutrazol	80.4	13.5	85.0	5.4	94.1	10.9	78.6	4.1	89.5	8.0	70.8	5.8	94.8	4.7	95.1	1.8	109.6	3.8	100.5	16.8	97.5	3.1	99.5	11.1
388	Paraoxon-ethyl	80.3	10.7	86.6	6.0	99.1	1.7	91.1	2.8	95.2	7.8	113.8	7.1	99.2	3.8	88.1	1.1	104.1	2.8	77.4	4.9	95.3	2.5	103.9	2.0
389	Paraoxon-methyl	91.0	4.6	88.2	7.1	76.6	4.0	91.0	10.2	89.7	4.7	90.5	10.1	110.4	7.6	112.8	4.6	119.6	10.8	83.8	15.6	100.6	5.0	76.3	12.4
390	Pebulate	33.4	41.1	47.4	18.0	49.6	16.4	56.5	28.5	52.0	20.3	63.8	5.7	84.0	22.9	72.2	12.0	74.1	6.3	77.7	18.5	71.7	13.4	92.8	1.5
391	Penconazole	70.5	15.1	75.2	6.2	84.3	10.1	80.5	6.9	87.4	16.6	80.8	3.5	72.7	7.1	92.4	13.5	106.3	7.8	110.9	3.0	84.9	3.0	91.9	10.8
392	Pencycuron	85.3	13.6	101.8	3.1	87.0	13.6	66.3	6.9	83.6	17.0	111.4	11.0	99.9	12.1	77.6	16.8	84.6	10.6	114.7	5.0	92.1	6.9	118.1	7.7
393	Pendimethalin	58.1	4.8	71.6	18.9	97.5	14.7	76.0	2.4	78.8	14.3	76.0	2.4	151.1	12.1	85.6	12.0	92.3	5.9	94.9	89.7	73.5	14.5	71.5	1.9
394	Penoxsulam	71.6	10.2	71.1	11.5	70.4	3.2	97.2	6.1	78.4	6.0	90.2	14.1	76.1	11.0	76.4	12.3	81.2	13.9	58.8	41.2	95.0	8.4	75.6	9.5
395	Pentanochlor	83.7	8.6	87.2	14.5	83.8	8.5	73.3	0.7	73.6	1.0	107.1	5.3	90.2	8.7	77.0	11.6	100.3	12.2	108.5	8.1	98.3	16.6	106.3	2.0
396	Phenmedipham	73.1	8.6	75.7	5.3	79.1	5.7	91.2	8.3	104.7	13.4	94.4	15.4	95.7	12.1	108.0	6.0	109.3	4.8	111.0	9.9	74.7	4.4	70.0	7.2
397	Phenthoate	78.4	9.2	84.4	3.1	91.7	6.9	75.2	9.3	100.4	6.8	78.4	15.0	76.4	4.2	78.1	6.5	70.3	9.0	89.6	15.7	119.3	11.4	87.6	11.0
398	Phorate	75.9	9.0	79.0	10.2	77.9	6.0			65.0	17.4	80.0	3.3			68.0	8.5	74.8	2.9			102.3	8.6	84.9	10.0
399	Phorate-oxon-sulfone																								
400	Phorate-sulfone	92.4	9.6	92.0	0.8	98.8	0.6	89.6	3.1	91.6	8.5	76.6	7.0	78.9	8.8	85.0	7.7	93.2	18.5	86.6	6.8	102.9	10.0	85.7	0.9
401	Phorate-sulfoxide	93.2	6.7	92.2	4.8	97.3	4.8	87.4	1.6	82.2	13.1	96.5	9.5	104.9	3.3	105.9	11.6	107.1	2.1	89.9	13.8	80.5	5.4	80.4	4.5
402	Phosalone	80.0	4.7	82.6	2.0	67.7	13.7	79.8	19.6	108.0	9.2	98.4	16.6	75.8	4.1	76.0	11.1	115.0	4.6	87.8	19.3	201.2	11.1	82.9	7.0
403	Phosfolan	91.6	5.5	93.3	3.3	93.7	1.0	88.2	2.7	73.7	18.9	98.8	13.1	101.3	3.4	102.0	5.3	111.4	1.4	101.1	9.5	85.0	0.6	89.7	4.3
404	Phosmet	94.2	1.9	90.7	3.2	93.1	2.7	89.7	4.8	88.9	18.4	97.9	9.2	103.4	3.7	99.5	1.4	112.0	6.1	105.2	10.1	94.6	12.7	90.5	16.1
405	Phosmet-oxon																								
406	Phosphamidon	82.9	6.2	89.4	5.3	97.3	2.1	87.8	1.4	90.7	12.9	114.0	5.8	100.9	5.2	87.9	1.3	101.4	1.4	72.5	4.3	83.9	2.6	101.7	3.6
407	Phoxim	61.3	13.4	63.7	6.8	84.3	6.0	82.4	10.0	88.6	7.2	82.2	19.6	68.4	2.6	111.3	9.4	115.4	10.6	74.5	17.0	76.2	6.7	75.7	17.4

续表

序号	农药名称	苹果						葡萄						西瓜						西柚					
		5 μg/kg		10 μg/kg		20 μg/kg		5 μg/kg		10 μg/kg		20 μg/kg		5 μg/kg		10 μg/kg		20 μg/kg		5 μg/kg		10 μg/kg		20 μg/kg	
		Rec. (%)	RSD (%)	Rec. (%)	RSD (%)	Rec. (%)	RSD (%)	Rec. (%)	RSD (%)	Rec. (%)	RSD (%)	Rec. (%)	RSD (%)	Rec. (%)	RSD (%)	Rec. (%)	RSD (%)	Rec. (%)	RSD (%)	Rec. (%)	RSD (%)	Rec. (%)	RSD (%)	Rec. (%)	RSD (%)
408	Phthalic acid, benzyl butyl ester	80.6	7.4	84.8	14.8	83.1	10.0	66.7	18.1	75.3	3.7	109.8	12.0	87.3	6.0	73.7	9.2	90.2	17.7	119.0	12.8	91.8	13.5	108.6	9.1
409	Phthalic acid, dicyclohexyl ester	88.2	18.4	103.4	11.3	91.4	9.2	68.4	29.9	94.2	2.3	182.3	17.9	101.1	9.6	76.7	10.7	102.9	17.8	110.5	12.9	83.3	13.3	100.2	4.1
410	Phthalic acid,bis-butyl	69.3	23.2	95.2	6.5	78.2	17.4	66.0	13.0	96.8	6.3	86.5	7.1	101.7	10.4	119.1	2.0	80.3	15.0	102.4	10.2	95.3	19.7	104.0	5.6
411	Picaridin	87.3	5.1	90.2	4.1	87.4	4.3	97.6	17.2	83.4	3.3	93.1	10.1	95.5	4.7	93.9	12.0	112.0	3.3	82.2	4.5	103.2	5.9	84.4	8.4
412	Picloram																								
413	Picolinafen	41.0	19.4	42.0	16.4	64.0	7.2			203.8	29.1	163.2	25.7	60.5	5.2	199.2	37.0	239.1	32.4			82.6	17.5	81.4	12.1
414	Picoxystrobin	87.7	7.6	92.1	12.2	92.5	6.6	78.2	2.9	74.8	6.8	89.4	13.5	85.2	4.1	77.3	9.0	100.8	9.3	106.3	9.4	89.1	14.6	108.0	7.3
415	Pinoxaden	93.1	8.0	93.5	7.4	103.0	2.2	88.9	11.3	85.3	2.4	102.3	16.7	100.5	2.1	78.9	10.2	84.8	15.4	80.5	15.7	100.3	4.2	75.5	5.9
416	Piperonyl butoxide	74.8	12.8	84.2	6.0	73.8	1.2	74.7	21.3	93.5	9.0	73.6	8.9	72.7	7.5	75.5	10.9	71.3	2.3	95.0	0.5	87.7	12.0	75.5	7.6
417	Piperophos	82.5	8.8	88.7	3.1	81.4	5.1	74.4	15.5	93.8	7.6	78.2	11.3	73.2	5.3	77.7	10.1	70.3	3.3	104.5	17.3	96.2	8.2	85.7	15.5
418	Pirimicarb			87.9	3.1	87.9	7.0	83.7	1.4	96.2	10.0	98.2	7.3	115.9	4.4	89.4	8.3	108.2	4.3	74.4	1.5	86.9	3.7	101.8	4.7
419	Pirimicarb-desmethyl-formamido																								
420	Pirimiphos-ethyl	92.7	11.4	79.9	10.4	70.2	15.9	34.8	13.0	76.7	13.3	75.9	9.0	71.5	10.4	79.0	11.3	71.3	16.6	81.2	14.4	156.7	30.5	98.6	27.8
421	Pirimiphos-methyl	69.2	12.8	74.8	5.1	92.7	9.5	83.8	1.9	93.9	13.5	76.5	0.8	72.6	8.9	80.6	9.0	100.4	15.8	95.4	16.4	76.2	9.2	94.4	17.6
422	Pirimiphos-methyl-n-desethyl	87.5	25.9	84.1	0.8	87.8	17.8	101.7	13.1	66.6	0.7	87.9	15.0	99.9	9.2	94.0	13.3	97.6	18.2	88.3	13.0	94.3	10.5	74.8	2.9
423	Prallethrin	71.8	11.5	85.2	6.3	74.6	10.3	74.5	5.4	86.6	11.2	105.2	5.1	92.4	12.0	79.9	11.1	79.6	11.2	62.0	32.9	97.5	9.3	81.3	16.2
424	Pretilachlor	76.3	1.8	80.1	3.8	99.0	12.9	95.6	11.3	100.9	13.6	70.8	8.0	73.4	11.9	93.9	16.7	102.8	2.8	94.1	8.3	86.3	0.8	83.9	12.3
425	Primisulfuron-methyl																								
426	Prochloraz	73.3	4.9	66.8	7.5	78.6	3.3	35.5	21.3	80.8	4.4	78.9	34.2	76.5	6.3	99.9	3.5	85.7	14.3	71.1	0.4	116.1	10.1	86.2	11.5
427	Profenofos	66.1	12.8	69.0	2.8	90.1	8.9	82.4	8.2	88.0	6.7	87.2	3.8	66.9	3.6	97.5	17.2	104.1	9.9	115.5	7.2	84.2	1.4	81.7	10.3
428	Promecarb	84.3	10.3	83.7	10.5	87.8	5.7	93.4	18.2	81.1	8.1	91.4	19.3	95.3	5.4	87.8	11.3	102.6	4.9	88.0	9.4	98.5	5.5	80.0	8.6
429	Prometon	94.1	4.9	91.3	0.4	94.3	10.9	52.7	9.8	80.3	11.7	72.5	17.0	77.5	7.7	82.7	14.9	83.2	13.5	78.8	19.9	88.4	10.5	91.7	12.0
430	Prometryne	84.6	8.0	83.5	7.2	86.2	10.1	83.1	8.2	93.9	14.5	83.8	23.6	48.6	11.7	69.5	19.8	65.8	13.1					105.6	2.0
431	Pronamide	34.6	63.4	34.6	63.4	34.6	63.4	85.1	2.8	95.3	3.3	71.8	4.6	93.6	3.5	91.2	3.5	113.1	2.7	108.6	4.2	84.8	6.1	92.5	8.7
432	Propachlor	79.9	8.1	80.7	8.5	87.0	9.7	89.8	5.6	91.8	7.4	72.2	0.9	97.7	6.1	86.1	1.3	98.0	2.9	71.4	3.6	82.0	6.9	99.3	10.4
433	Propamocarb	90.6	4.1	89.8	1.6	105.8	3.2	62.3	4.2	84.2	13.2	86.7	8.6	86.3	6.7	80.4	9.1	113.5	13.8	88.4	8.1	73.9	4.6	96.3	9.4
434	Propanil	90.0	3.4	84.9	7.7	84.2	15.8	91.0	2.6	94.3	8.9	84.2	1.7	84.3	9.0	81.0	8.6	78.4	6.7	80.3	4.2	123.8	6.2	74.3	12.4
435	Propaphos	72.1	14.5	77.5	4.9	86.3	10.5	89.3	9.3	94.6	14.1	74.1	9.2	77.0	6.2	96.3	9.0	96.9	5.9	81.8	12.0	84.6	4.3	89.5	15.4
436	Propaquizafop	84.7	11.9	107.7	1.1	94.2	15.6	68.4	7.5	80.5	0.6	98.0	1.8	90.1	6.7	83.8	17.9	91.3	9.5	119.6	13.3	88.0	3.7	108.4	9.8
437	Propargite	43.2	9.9	50.2	9.4	70.0	1.0			96.8	46.0	104.6	9.1	71.3	7.0	117.5	3.2	106.5	15.2	250.7	72.7	70.4	3.5	84.0	8.8
438	Propazine	86.5	8.4	86.1	4.3	97.3	5.5	92.8	2.8	94.6	14.2	78.5	3.7	60.2	3.5	62.8	6.5	65.3	3.6	110.4	1.9	81.1	5.3	96.8	1.5
439	Propetamphos	80.0	12.3	77.8	18.5	85.3	11.5	95.2	8.6	74.8	11.3	98.3	8.7	90.3	12.6	84.0	13.5	93.1	9.7	72.2	18.1	97.1	5.4	75.9	10.2
440	Propiconazole	72.9	12.2	74.4	8.3	93.0	5.7	81.6	10.9	91.9	13.9	71.1	1.5	71.6	7.3	93.4	11.5	102.0	13.6	112.6	2.7	81.9	0.4	88.6	4.9
441	Propisochlor	75.6	12.8	81.7	5.8	95.4	5.8	95.1	4.2	84.5	5.3	75.8	7.8	86.6	6.5	85.5	4.6	101.4	9.4	75.2	12.2	81.3	0.9	90.3	8.2

续表

序号	农药名称	苹果						葡萄						西瓜						西柚					
		5 μg/kg		10 μg/kg		20 μg/kg		5 μg/kg		10 μg/kg		20 μg/kg		5 μg/kg		10 μg/kg		20 μg/kg		5 μg/kg		10 μg/kg		20 μg/kg	
		Rec. (%)	RSD (%)	Rec. (%)	RSD (%)	Rec. (%)	RSD (%)	Rec. (%)	RSD (%)	Rec. (%)	RSD (%)	Rec. (%)	RSD (%)	Rec. (%)	RSD (%)	Rec. (%)	RSD (%)	Rec. (%)	RSD (%)	Rec. (%)	RSD (%)	Rec. (%)	RSD (%)	Rec. (%)	RSD (%)
442	Propoxur	81.3	9.8	87.8	6.0	91.0	1.5	93.8	5.9	96.1	8.6	110.1	7.8	109.2	7.5	90.9	3.5	104.7	1.7	81.1	1.2	89.3	2.7	101.1	1.3
443	Propoxycarbazone							53.9	25.8	79.2	2.0	70.2	4.1	33.2	7.6	85.9	14.7	70.7	8.5						
444	Proquinazid	56.4	8.0	58.0	13.6	87.5	19.5	90.4	7.4	103.4	1.0	90.4	7.4	161.8	8.3	110.7	7.7	94.9	12.1	69.7	55.2	79.5	4.5	72.8	6.1
445	Prosulfocarb	79.7	8.3	76.8	13.8	88.2	0.2	70.8	16.0	84.6	4.9	75.6	14.7	65.8	14.3	77.3	11.5	72.3	8.7	103.2	16.2	92.2	11.7	78.3	1.2
446	Prothioconazole																								
447	Prothoate																								
448	Pymetrozine													21.6	18.3	25.5	15.8	47.6	64.2						
449	Pyraclofos	34.6	63.4	34.6	63.4	34.6	63.4	79.8	20.5	110.5	8.9	93.9	15.6	72.7	2.3	76.0	8.8	115.9	5.2	114.6	19.9	114.6	6.2	87.3	3.6
450	Pyraclostrobin	68.1	11.9	68.7	3.7	84.7	8.4	85.3	15.7	93.8	15.7	97.7	4.5	67.8	7.7	112.5	15.3	114.4	7.4	109.8	5.5	78.7	11.3	78.9	26.6
451	Pyraflufen																								
452	Pyraflufen-ethyl	80.5	7.6	88.0	2.1	79.0	5.1	80.4	18.1	104.9	7.0	88.8	14.5	74.7	4.9	72.7	8.9	112.6	5.1	85.9	14.8	120.3	11.4	75.9	6.3
453	Pyrasulfotole									93.8	4.4	82.3	9.3									13.4	126.1	16.3	70.8
454	Pyrazolynate	103.8	11.1	111.8	5.3	121.2	8.1			67.1	41.1	91.7	0.2							113.0	3.2	107.9	3.5	107.4	11.5
455	Pyrazophos	84.7	11.9	84.7	15.3	81.7	11.5	72.9	8.5	76.8	5.8	98.5	16.4	85.4	4.5	71.2	12.1	95.2	9.7	118.1	5.7	105.6	18.3	113.1	8.2
456	Pyrazosulfuron-ethyl	24.8	169.7	69.7	2.7	69.1	10.9	90.2	16.7	76.3	7.7	79.3	6.9	79.9	10.7	85.6	1.7	85.1	3.4	89.0	4.4	115.6	7.8	107.6	5.0
457	Pyrazoxyfen	34.6	63.4	34.6	63.4	34.6	63.4	73.7	5.5	78.5	4.2	99.0	8.0	79.5	5.0	73.7	6.4	91.6	10.9	109.6	9.4	87.6	12.1	118.2	11.5
458	Pyributicarb	85.2	2.1	79.4	10.8	60.6	35.7	77.6	17.7	105.3	9.9	111.6	12.2	72.7	11.0	80.1	9.1	118.5	5.5	113.4	2.1	147.8	16.3	85.9	4.9
459	Pyridaben	90.2	47.2	115.9	10.2	99.4	27.3													109.8	3.6	75.1	35.8	124.7	37.8
460	Pyridalyl																								
461	Pyridaphenthion	89.9	2.2	89.1	0.5	105.4	0.6	77.1	9.0	99.3	9.1	80.4	6.9	79.6	6.4	81.0	5.0	78.8	11.9	80.5	8.1	100.2	12.8	83.2	3.0
462	Pyridate																							42.6	29.4
463	Pyrifenox	71.2	0.5	71.8	2.8	75.6	2.4	83.4	17.1	75.0	15.7	76.8	3.9	91.7	3.7	89.3	7.2	97.1	9.5	95.4	10.8	85.1	15.7	82.3	6.3
464	Pyriftalid	86.8	4.1	83.8	8.6	93.2	1.8	105.3	14.5	85.2	9.6	95.2	4.6	95.4	7.1	92.8	13.0	110.4	9.3	89.8	4.6	96.7	7.5	79.2	7.0
465	Pyrimethanil	87.7	4.1	86.1	0.9	86.4	4.0	56.7	11.2	116.1	16.8	78.6	9.2	70.7	8.8	81.4	11.9	77.8	5.1	78.7	18.2	111.2	12.1	86.3	3.1
466	Pyrimidifen	98.9	1.6	98.4	8.1	103.5	6.0	82.1	68.7	55.9	25.0	98.6	22.7	92.9	11.8	94.0	11.3	96.2	11.6	76.1	15.9	66.7	9.7	75.8	13.1
467	Pyriminobac-methyl(Z)	91.3	1.5	86.6	3.9	85.8	2.6	103.9	16.5	89.6	3.4	88.4	13.1	90.9	4.0	91.1	13.4	114.4	3.9	86.9	10.5	101.4	10.4	83.0	7.9
468	Pyrimitate																								
469	Pyriproxyfen	114.7	22.9	106.4	13.8	102.6	7.9	151.2	85.9	107.2	4.2	93.0	14.1	107.2	17.4	75.7	9.5	93.1	19.0	104.1	29.7	86.3	16.9	98.5	17.8
470	Pyroquilon	86.3	5.9	91.9	3.7	89.8	2.0	84.6	2.7	82.9	14.3	86.3	15.6	98.9	3.9	104.6	4.2	104.5	4.5	100.5	13.1	84.1	2.9	92.6	11.9
471	Quinalphos	77.6	9.1	84.7	2.9	93.0	6.4	74.2	10.2	94.1	6.8	74.2	9.7	77.6	5.0	78.5	5.0	71.5	9.0	89.7	10.9	105.7	7.9	78.9	9.1
472	Quinclorac																								
473	Quinmerac																								
474	Quinoclamine	82.4	8.3	74.5	6.4	75.9	2.0	93.7	5.5	89.8	9.5	80.3	4.4	72.7	4.7	82.1	6.3	82.8	8.9	80.2	5.5	87.1	9.8	79.6	10.6
475	Quinoxyfen	182.5	25.4	137.6	26.8	121.0	10.7	147.2	78.6	105.2	1.0	88.3	16.7	94.9	17.2	75.1	0.6	72.1	13.2	85.9	13.5	69.8	20.1	98.7	18.0

续表

序号	农药名称	苹果						葡萄						西瓜						西柚					
		5 μg/kg		10 μg/kg		20 μg/kg		5 μg/kg		10 μg/kg		20 μg/kg		5 μg/kg		10 μg/kg		20 μg/kg		5 μg/kg		10 μg/kg		20 μg/kg	
		Rec. (%)	RSD (%)	Rec. (%)	RSD (%)	Rec. (%)	RSD (%)	Rec. (%)	RSD (%)	Rec. (%)	RSD (%)	Rec. (%)	RSD (%)	Rec. (%)	RSD (%)	Rec. (%)	RSD (%)	Rec. (%)	RSD (%)	Rec. (%)	RSD (%)	Rec. (%)	RSD (%)	Rec. (%)	RSD (%)
476	Quizalofop																								
477	Quizalofop-ethyl	61.0	13.9	64.1	7.9	87.0	7.8	81.5	13.8	89.4	9.4	89.5	6.1	58.6	12.2	117.4	14.3	104.5	11.1	109.0	11.7	81.0	3.5	79.3	16.3
478	Quizalofop-p-ethyl	69.8	12.7	76.5	8.2	83.1	11.9	71.2	12.7	77.8	3.4	97.5	9.3	100.5	10.3	80.8	13.0	85.9	14.2	57.3	52.7	93.8	12.2	71.4	5.5
479	Rabenzazole	80.6	0.8	79.9	7.1	81.9	5.8	75.6	8.6	81.9	17.0	90.0	5.1	77.6	2.1	87.5	3.5	85.7	2.2	76.7	7.0	78.5	0.1	93.6	12.4
480	Resmethrin					87.1	0.5													85.8	3.4	115.2	26.0	210.8	35.7
481	Rh 5849	92.8	1.8	90.0	6.2	95.6	5.6	99.9	11.5	100.7	4.9	103.6	9.2	98.6	7.2	90.8	11.9	117.7	6.0	74.2	14.5	92.2	10.3	78.6	7.0
482	Rimsulfuron																								
483	Rotenone	87.0	10.8	96.4	12.8	91.3	6.5	76.9	6.6	74.3	9.3	99.7	15.9	97.8	6.2	83.8	6.5	114.6	18.1	105.2	7.1	88.5	14.5	104.6	2.2
484	Saflufenacil	85.6	2.7	80.8	1.6	79.7	4.8	100.7	21.5	108.4	1.4	97.3	12.5	89.8	4.9	88.6	16.2	105.5	8.6	77.9	29.9	89.3	10.3	77.2	15.5
485	Sebutylazine	90.7	3.1	94.5	4.8	109.7	5.2	58.9	12.5	89.8	9.9	83.8	11.7	70.7	10.0	82.2	8.2	88.7	12.3	98.8	8.1	82.5	5.3	82.9	14.3
486	Secbumeton	83.6	12.5	85.6	5.6	96.5	3.3	77.2	5.5	104.1	15.3	88.9	2.1	73.3	0.9	74.3	10.0	76.9	10.4	72.8	19.0	79.8	7.1	95.7	2.2
487	Sethoxydim																								
488	Siduron	84.6	6.3	82.5	10.4	85.6	8.1	101.0	14.6	88.0	6.7	106.7	15.4	94.0	6.4	86.9	13.1	100.5	5.6	87.7	7.2	102.5	7.0	75.7	13.2
489	Simazine	97.5	9.3	95.5	4.2	99.9	7.7	76.0	5.0	84.4	9.1	76.1	7.2	86.8	4.0	88.6	5.6	93.3	6.1	89.8	5.0	84.4	4.7	81.1	10.5
490	Simeconazole	82.5	3.4	84.3	1.8	101.2	1.1	77.1	13.4	96.6	5.6	79.4	13.0	71.8	12.8	77.5	4.1	80.6	12.0	88.8	1.5	87.9	7.7	88.5	9.1
491	Simeton	91.3	7.1	92.2	4.1	91.7	6.1	75.6	0.5	89.4	3.0	73.9	4.9	81.7	1.7	85.4	7.7	88.6	12.3	84.4	6.8	85.2	5.2	86.5	10.6
492	Simetryn	80.0	12.7	87.9	5.7	86.3	4.9	100.3	16.2	102.8	13.9	101.5	12.0	80.7	12.5	74.9	7.9	81.7	5.4	88.2	7.3	80.1	3.3	103.6	5.1
493	S-metolachlor	83.4	9.0	81.4	14.4	91.8	5.3	95.6	16.1	72.5	10.2	86.5	16.1	88.5	9.4	85.4	11.3	104.7	11.1	78.3	17.7	96.8	4.7	77.0	5.0
494	Spinetoram	91.2	4.0	80.0	1.9	82.4	12.1	29.9	36.2	68.0	9.7	90.4	10.9	87.2	10.7	113.7	15.1	98.0	16.8	100.7	4.6	114.9	17.6	70.4	5.2
495	Spinosad	93.4	5.4	92.7	1.5	87.8	3.1	46.7	19.0	64.9	5.1	60.9	13.7	89.6	11.4	111.6	18.5	80.1	18.9	81.9	8.4	106.3	7.1	85.7	4.0
496	Spirodiclofen	90.9	13.6	76.8	10.6	23.2	101.7													228.0	50.5	1193.1	48.4	81.9	14.9
497	Spirotetramat	83.0	5.5	82.5	12.2	83.4	7.5	96.0	15.4	74.7	12.2	87.5	18.3	74.0	10.9	73.6	9.9	86.4	8.3	72.6	17.3	97.8	8.2	78.8	11.1
498	Spiroxamine	78.6	13.9	86.4	3.9	95.5	5.1	90.6	18.3	104.0	14.2	72.8	13.0	70.3	3.9	91.9	18.1	90.9	15.4	79.5	3.8	84.3	7.1	108.3	6.6
499	Sulcotrione							91.2	6.1	100.7	17.8	84.6	6.8	32.2	42.6	55.0	9.2	98.8	3.6	22.7	22.2	81.9	3.9	51.0	36.6
500	Sulfallate	60.6	37.9	74.7	2.5	76.9	10.1	61.2	2.7	57.4	21.3	86.5	17.8	87.6	14.0	85.5	21.0	79.5	0.9	63.3	38.2	85.3	1.1	87.0	9.2
501	Sulfentrazone	78.9	13.6	86.5	4.1	93.0	9.7	80.8	6.0	94.4	11.5	107.1	7.1	107.9	2.3	100.0	3.4	109.3	7.1	75.8	13.7	80.2	0.9	97.0	9.5
502	Sulfotep	64.3	24.4	75.4	5.0	86.6	0.4	71.2	9.6	85.2	0.3	86.6	17.1	74.2	8.5	72.3	5.7	71.3	2.4	87.5	11.1	99.6	10.9	97.6	12.5
503	Sulfoxaflor	87.2	1.3	91.6	4.6	88.7	2.7	102.4	5.8	85.3	9.2	101.8	13.6	103.1	6.5	107.3	13.6	106.8	2.3	88.7	12.3	100.5	9.9	82.2	2.8
504	Sulprofos	95.8	19.2	70.1	15.7	29.8	103.4																	54.9	3.4
505	Tebuconazole	61.0	8.5	53.7	10.2	65.1	1.4	97.5	15.5	125.4	43.8	77.6	18.9	55.2	15.7	60.5	5.3	60.8	12.3	90.8	4.9	100.3	7.3	75.6	12.6
506	Tebufenozide	78.2	14.4	83.5	4.3	96.4	5.2	93.8	8.4	93.8	12.6	86.5	4.3	73.6	7.9	102.9	13.6	116.2	7.1	111.2	1.7	79.6	3.3	84.7	14.5
507	Tebufenpyrad	80.1	12.0	90.1	19.0	86.7	12.8	65.7	8.4	76.4	8.4	114.4	17.1	83.6	6.7	70.4	12.7	92.7	16.3	111.0	9.5	92.1	15.0	101.1	7.6
508	Tebupirimfos	66.8	15.2	77.4	15.1	77.1	12.6	71.6	12.1	85.5	8.3	74.6	10.6	68.1	12.9	75.3	10.2	70.8	7.5	111.6	17.7	83.4	11.6	80.5	0.8
509	Tebutam	81.9	9.7	86.9	2.9	102.4	2.5	74.8	9.1	90.2	2.9	70.0	2.3	73.5	14.9	79.8	6.4	82.7	11.8	87.2	3.2	91.4	7.7	82.1	5.5

续表

序号	农药名称	苹果						葡萄						西瓜						西柚					
		5 μg/kg		10 μg/kg		20 μg/kg		5 μg/kg		10 μg/kg		20 μg/kg		5 μg/kg		10 μg/kg		20 μg/kg		5 μg/kg		10 μg/kg		20 μg/kg	
		Rec. (%)	RSD (%)	Rec. (%)	RSD (%)	Rec. (%)	RSD (%)	Rec. (%)	RSD (%)	Rec. (%)	RSD (%)	Rec. (%)	RSD (%)	Rec. (%)	RSD (%)	Rec. (%)	RSD (%)	Rec. (%)	RSD (%)	Rec. (%)	RSD (%)	Rec. (%)	RSD (%)	Rec. (%)	RSD (%)
510	Tebuthiuron	97.5	7.7	92.5	3.6	107.5	2.4	87.5	6.8	94.4	5.7	78.6	7.5	93.3	3.6	85.7	10.5	94.7	19.8	86.4	5.9	80.9	4.6	97.6	6.9
511	Tembotrione							95.8	2.4	84.3	5.6	86.9	6.5	50.1	45.4	62.4	23.8	105.2	17.6	34.4	45.3	173.6	33.7	105.7	24.0
512	Temephos																							35.0	89.3
513	Tepraloxydim	81.6	2.4	85.0	5.0	87.2	5.0	82.3	7.3	75.3	0.7	82.4	13.6	78.7	4.8	84.1	5.6	83.0	7.8	86.8	8.2	88.8	13.6	99.9	0.5
514	Terbucarb	76.7	12.9	77.5	3.0	93.4	10.2	95.4	3.8	94.8	10.7	72.7	9.2	80.1	7.3	94.8	12.2	96.4	4.7	93.3	8.7	96.9	6.1	85.8	16.9
515	Terbufos															76.8	7.8	70.8	2.6			83.9	7.9	85.5	8.0
516	Terbufos sulfone	87.7	4.6	86.5	10.3	86.9	4.9	100.4	15.7	79.1	11.2	84.1	17.1	90.3	7.9	89.4	13.3	105.0	8.1	86.6	7.2	100.9	8.3	77.5	11.8
517	Terbufos-*O*-analogue sulfone																								
518	Terbumeton	94.0	2.9	87.2	3.4	94.8	14.7	57.6	14.7	79.8	12.0	72.1	15.6	78.7	8.2	78.3	12.1	73.8	5.1	91.9	12.6	88.4	10.5	93.3	9.5
519	Terbuthylazine	83.2	8.1	93.2	14.4	97.2	7.6	74.9	2.0	93.8	9.3	104.4	10.2	97.5	1.6	88.8	9.8	100.1	1.6	97.8	11.7	81.3	6.1	82.3	1.1
520	Terbutryne	97.5	1.1	98.0	7.2	99.9	3.1	100.3	23.2	78.5	6.4	105.1	16.7	94.5	7.9	99.3	8.1	93.4	3.9	92.8	17.7	73.4	0.5	72.7	16.4
521	Tetrachlorvinphos	79.4	13.4	81.2	4.5	95.9	5.5	95.0	8.2	96.4	10.1	81.7	6.9	77.4	1.5	90.1	10.5	107.2	8.7	80.1	9.9	81.9	0.9	87.5	9.0
522	Tetraconazole	83.8	3.6	85.3	0.8	92.7	0.6	66.6	5.1	105.0	2.5	83.7	0.5	75.8	7.6	77.0	5.5	74.3	10.0	86.5	9.8	107.8	8.7	73.8	15.9
523	Tetramethrin	83.3	7.7	93.7	18.7	88.0	10.9	62.7	5.4	75.0	3.2	98.9	18.1	81.4	4.7	70.2	5.6	93.0	9.4	115.1	10.0	95.1	14.2	102.6	8.5
524	Thenylchlor	86.1	6.2	92.5	9.9	92.5	5.2	85.9	14.0	81.6	16.2	97.1	13.8	89.7	1.5	83.8	5.5	100.3	6.1	103.3	9.2	99.6	18.9	108.7	7.8
525	Thiabendazole					29.6	48.6							54.4	11.4	53.1	19.4	60.1	14.1						
526	Thiabendazole-5-hydroxy																								
527	Thiacloprid	81.2	10.0	86.5	4.4	94.9	4.0	95.1	2.4	98.1	9.7	106.7	7.7	101.9	2.8	90.6	2.4	101.1	2.5	74.0	2.5	84.2	3.3	99.5	2.4
528	Thiamethoxam	85.4	11.5	93.6	5.1	93.9	4.3	102.9	2.4	92.6	14.0	97.5	8.5	118.4	2.8	91.2	3.5	105.0	3.0	81.0	11.2	92.2	7.8	96.4	4.1
529	Thiazafluron	92.3	7.0	86.8	3.4	94.7	3.2	83.1	2.9	72.0	17.0	93.4	10.5	99.6	6.6	100.4	5.6	108.0	5.4	96.6	15.1	82.6	0.9	87.7	19.3
530	Thiazopyr	78.1	8.0	87.4	1.6	97.1	2.9	71.2	16.4	97.1	6.2	93.3	19.5	75.4	1.6	73.5	6.3	70.9	8.0	88.7	11.7	101.9	9.7	78.4	8.6
531	Thidiazuron																								
532	Thiencarbazone-methyl	25.3	65.5	20.1	64.6	13.8	4.1	92.7	31.3	88.2	10.7	94.9	10.0	81.6	7.7	90.3	13.2	117.1	0.0			64.4	7.6	72.5	18.8
533	Thifensulfuron-methyl	45.2	24.8	33.5	61.2	33.2	71.5	73.9	17.7	73.2	16.1	59.2	0.4	62.3	10.5	68.2	19.7	42.2	62.7	26.2	113.4	73.3	2.4	46.9	43.1
534	Thiobencarb	68.5	14.5	80.5	9.0	85.2	10.7	69.3	14.6	86.7	3.1	77.9	12.4	67.6	11.1	78.7	12.5	71.0	6.8	98.4	16.5	97.4	10.6	79.2	1.5
535	Thiocyclam	73.4	9.7	81.7	1.8	71.9	3.8	76.9	17.3	84.9	17.1	95.6	14.6	79.5	6.0	102.7	3.7	114.5	14.0	71.2	1.3	86.8	8.1	77.7	4.1
536	Thiodicarb	91.3	8.4	83.3	1.4	104.1	9.1	81.1	5.0	77.0	7.3	76.3	6.1	56.9	13.9	53.7	11.9	68.7	16.3	65.3	5.3	65.6	8.4	64.1	10.4
537	Thiofanox																	112.9	17.9						
538	Thiofanox sulfone	90.3	2.3	95.6	2.7	96.0	3.6	88.3	2.5	81.2	18.2	97.4	10.6	105.8	0.6	105.0	7.9	112.0	2.1	86.2	8.0	78.6	3.8	84.7	8.9
539	Thiofanox-sulfoxide	99.3	6.3	95.5	3.0	108.7	1.1	85.7	4.7	89.8	6.9	77.2	10.8	79.4	13.3	90.8	8.7	88.8	9.5	95.6	6.1	80.5	6.5	104.7	4.8
540	Thionazin	78.5	9.9	83.7	3.9	89.0	15.3	91.6	6.8	81.4	8.3	70.8	7.0	79.6	8.3	86.0	11.4	84.6	7.8	80.8	3.5	90.0	10.1	80.0	11.2
541	Thiophanate-ethyl					60.0	19.5	11.9	33.7	17.5	34.8	44.8	39.8	65.1	14.1	63.9	31.6	110.3	12.5	20.2	138.4	114.3	38.8	105.4	13.1
542	Thiophanate-methyl	42.1	5.7	363.9	17.1	91.5	24.1	40.0	50.8	49.5	37.6	85.9	14.6	40.2	14.8	38.1	40.6	73.5	10.4	128.0	81.1	310.7	102.1	80.4	19.2
543	Thiram																								

续表

序号	农药名称	苹果						葡萄						西瓜						西柚					
		5 μg/kg		10 μg/kg		20 μg/kg		5 μg/kg		10 μg/kg		20 μg/kg		5 μg/kg		10 μg/kg		20 μg/kg		5 μg/kg		10 μg/kg		20 μg/kg	
		Rec. (%)	RSD (%)	Rec. (%)	RSD (%)	Rec. (%)	RSD (%)	Rec. (%)	RSD (%)	Rec. (%)	RSD (%)	Rec. (%)	RSD (%)	Rec. (%)	RSD (%)	Rec. (%)	RSD (%)	Rec. (%)	RSD (%)	Rec. (%)	RSD (%)	Rec. (%)	RSD (%)	Rec. (%)	RSD (%)
544	Tiocarbazil	95.9	11.5	95.3	15.5	85.6	9.5	53.7	27.9	81.9	3.7	108.9	9.3	96.5	12.8	71.1	7.0	101.9	17.2	109.9	14.7	83.9	9.7	96.5	6.3
545	Tolclofos-methyl			80.6	8.8	80.7	16.1					156.8	0.4											23.7	34.7
546	Tolfenpyrad	43.6	16.7	44.8	10.4	56.4	17.3							47.0	1.6	119.8	3.7	211.5	26.5	830.2	83.4	70.3	9.0	81.0	16.8
547	Tralkoxydim	56.6	9.2	60.9	15.5	80.7	13.8	69.0	1.8	47.1	48.6	63.1	36.9	26.9	30.0	35.8	24.4	40.3	18.7	71.0	11.4	53.5	8.3	51.2	4.1
548	Triadimefon	88.1	2.0	88.4	2.8	105.5	2.1	80.3	14.1	120.9	8.3	79.4	12.3	70.6	9.2	73.5	7.9	72.9	14.5	85.2	8.1	98.2	9.4	83.5	2.3
549	Triadimenol	83.6	13.5	86.0	4.9	94.5	13.8	87.1	3.7	90.6	10.0	72.4	9.6	105.6	4.3	97.1	3.8	104.2	7.0	78.4	5.6	93.7	2.1	97.1	8.2
550	Tri-allate	61.6	17.3	75.7	18.9	97.6	11.2			63.2	26.4	132.3	4.1									84.1	15.2	70.1	1.8
551	Triapenthenol	90.2	5.3	93.7	7.5	90.3	3.3	83.0	7.9	80.0	18.3	91.8	4.8	88.4	2.5	83.6	5.3	96.0	3.1	99.4	9.4	87.4	5.1	91.3	1.6
552	Triasulfuron	91.9	4.5	89.8	3.0	83.2	6.2	91.2	2.6	75.8	14.0	98.7	13.5	94.3	5.8	95.7	0.4	99.1	3.1	97.4	15.9	95.6	15.2	99.5	6.8
553	Triazophos	76.5	13.4	80.5	5.0	97.1	5.3	88.3	4.0	92.8	11.8	79.4	11.0	86.5	6.7	94.9	6.1	116.3	4.9	80.1	3.3	80.5	5.6	85.4	12.2
554	Triazoxide																							4.9	31.5
555	Tribenuron-methyl																								
556	Tribufos	47.9	16.1	58.4	5.6	75.1	19.9	88.1	12.9	123.3	20.9	81.3	17.1	64.3	13.2	99.8	16.1	93.1	18.0	178.5	29.3	70.4	4.4	82.9	4.9
557	Trichlorfon	82.8	12.4	89.9	3.7	96.5	2.9	92.8	4.2	95.3	8.6	108.6	6.7	105.2	2.9	88.0	0.8	101.3	3.2	74.9	3.6	89.6	1.5	101.9	1.6
558	Tricyclazole	80.7	10.7	71.9	1.2	88.3	3.4	71.3	6.2	84.4	10.3	72.1	4.1	74.7	3.4	79.9	9.3	104.2	15.7	77.8	6.5	78.5	4.3	88.3	8.2
559	Tridemorph	93.3	9.3	86.8	4.4	82.7	19.6	20.5	30.5	71.7	15.8	81.8	11.5	70.4	5.5	106.4	19.9	81.5	14.6	98.9	15.3	110.0	19.2	113.4	18.7
560	Trietazine	75.6	10.7	81.2	6.1	88.9	8.8	91.8	2.9	89.5	9.2	71.2	10.3	72.3	6.4	70.4	2.2	82.9	1.5	101.4	2.6	85.5	4.1	93.3	7.7
561	Trifloxystrobin	69.2	7.5	71.7	6.7	96.2	8.2	84.9	13.5	103.2	18.4	84.2	6.4	66.1	4.5	113.4	16.6	106.9	10.3	81.4	18.2	77.7	3.4	80.5	16.0
562	Triflumizole	77.2	15.1	73.0	16.7	62.6	7.1			73.8	10.6	94.6	4.4	45.5	44.7	56.3	10.5	71.3	2.0	104.0	5.6	81.0	14.4	83.2	0.3
563	Triflumuron	74.0	0.8	62.9	5.7	82.3	6.5	70.5	18.0	94.7	17.0	98.0	2.8	59.8	11.1	96.4	18.7	104.8	8.2	114.3	35.7	91.3	1.2	74.8	2.4
564	Triflusulfuron-methyl																								
565	Tri-n-butyl phosphate	85.0	10.6	85.9	6.5	105.3	1.9	72.8	11.3	89.7	4.8	84.6	8.0	70.4	18.6	80.2	7.7	76.8	9.1	107.0	9.2	76.5	6.2	79.5	15.4
566	Trinexapac-ethyl	254.0	50.6	200.6	166.3	99.6	87.1	104.5	1.1	54.7	37.8	94.2	16.7	192.7	7.5	83.6	4.0	103.6	9.1	112.7	10.7	93.2	17.3	111.0	8.7
567	Triphenyl-phosphate	66.5	10.0	51.8	43.3	83.7	10.9	167.8	54.7	80.5	8.0	113.4	15.0	91.6	12.6	71.5	11.0	93.6	19.4	115.9	13.1	102.1	18.0	104.6	6.7
568	Triticonazole	74.1	5.3	70.4	9.3	70.2	2.4	68.5	7.4	90.9	6.6	74.5	18.3	72.6	10.2	71.5	2.9	73.9	5.2	87.6	1.8	96.2	7.9	76.2	6.1
569	Uniconazole	80.2	6.2	78.7	12.5	81.0	2.4	82.4	12.4	80.7	19.1	92.6	5.8	85.7	1.6	77.7	7.8	91.2	9.5	102.2	9.7	90.4	8.0	99.6	5.5
570	Validamycin	34.6	63.4	34.6	63.4	34.6	63.4																		
571	Valifenalate	84.1	6.1	83.3	11.9	87.9	7.3	93.8	17.7	74.6	12.3	88.4	18.4	81.8	7.8	84.8	11.2	96.2	7.9	77.1	17.9	99.1	7.1	77.0	12.7
572	Vamidothion	83.4	11.2	90.0	4.4	86.8	3.3	90.3	1.6	96.3	8.3	101.7	6.0	105.1	3.2	89.3	2.1	103.3	3.4	74.6	6.1	89.7	2.6	105.9	4.6
573	Vamidothion sulfone	92.5	0.8	89.9	2.2	82.2	3.7	105.0	2.1	87.2	3.6	92.8	13.0	98.1	5.7	101.3	11.2	101.7	0.9	84.9	9.5	104.7	9.9	119.9	1.5
574	Vamidothion sulfoxide	83.0	11.9	91.5	4.9	81.6	2.4	87.5	1.1	91.7	11.4	100.3	9.2	96.7	6.3	99.4	5.4	96.9	11.0	76.3	7.8	74.8	4.7	117.0	6.4
575	Zoxamide	74.2	13.3	74.6	2.6	94.2	3.9	87.8	6.8	96.5	13.5	85.3	4.7	87.7	9.4	119.1	11.6	119.3	0.3	93.2	1.8	80.4	5.8	86.7	18.4

附表 1-11b　LC-Q-Orbitrap/MS 575 种农药在八种基质（苹果、葡萄、西瓜、西柚、甘蓝、菠菜、芹菜和番茄）中回收率结果（n=5）

序号	农药名称	甘蓝						菠菜						芹菜						番茄					
		5 μg/kg		10 μg/kg		20 μg/kg		5 μg/kg		10 μg/kg		20 μg/kg		5 μg/kg		10 μg/kg		20 μg/kg		5 μg/kg		10 μg/kg		20 μg/kg	
		Rec. (%)	RSD (%)	Rec. (%)	RSD (%)	Rec. (%)	RSD (%)	Rec. (%)	RSD (%)	Rec. (%)	RSD (%)	Rec. (%)	RSD (%)	Rec. (%)	RSD (%)	Rec. (%)	RSD (%)	Rec. (%)	RSD (%)	Rec. (%)	RSD (%)	Rec. (%)	RSD (%)	Rec. (%)	RSD (%)
1	1,3-Diphenyl urea	119.0	7.3	112.0	0.5	116.7	9.0	96.2	4.6	71.8	9.4	77.7	11.9	74.3	12.8	85.9	20.2	111.2	10.0	77.2	2.5	106.7	16.8	72.3	2.6
2	1-Naphthyl acetamide	88.0	4.2	112.3	3.5	90.6	4.0	80.5	3.8	97.1	6.0	96.1	0.5	80.7	12.7	71.1	3.9	90.2	6.8	90.6	2.5	91.5	6.1	72.5	1.6
3	2,6-Dichlorobenzamide	79.8	5.4	109.5	4.9	99.9	2.2	77.3	9.4	97.4	7.9	105.8	2.3	91.7	3.5	73.8	2.1	96.4	8.6	96.1	1.7	92.1	5.2	75.2	2.9
4	3,4,5-Trimethacarb	113.3	10.0	118.5	9.1	108.6	7.7	98.1	10.8	89.4	13.1	73.9	12.3	90.1	1.8	104.4	10.9	118.9	4.2	90.9	15.1	95.3	12.8	90.9	4.4
5	6-Benzylaminopurine	78.7	10.4	77.5	4.6	52.4	9.3	20.8	44.4	16.3	11.0	19.6	43.0	46.6	15.0	69.1	0.6	48.9	4.4	71.0	0.8	74.1	10.4	75.8	15.5
6	6-Chloro-4-hydroxy-3-phenyl-	73.8	7.1	41.5	32.0	89.8	1.6	88.2	5.9	78.2	12.6	78.0	1.7	75.1	8.6	98.7	7.1	117.0	4.2	71.7	17.5	93.2	10.0	86.8	6.4
7	Abamectin					107.3	19.2																		
8	Acephate	83.9	2.4	58.9	4.0	100.1	2.9	83.5	4.2	108.6	17.3	77.3	2.5	84.1	5.6	79.5	1.5	101.4	9.4	92.9	15.3	74.4	7.3	86.7	6.7
9	Acetamiprid	97.4	18.9	85.3	7.0	90.3	4.0			79.8	0.7	82.7	7.4	85.1	5.3	80.3	5.9	96.3	3.5	85.6	8.6	90.0	4.1	83.9	8.0
10	Acetamiprid-*N*-desmethyl	77.5	3.7	78.9	4.2	110.8	10.1	84.0	1.4	95.3	14.4	80.7	4.6	86.8	7.3	84.1	0.9	99.3	7.8	94.6	15.6	79.6	6.3	79.3	12.7
11	Acetochlor	91.1	1.6	107.5	14.7	110.7	12.7	57.6	3.3	81.7	5.8	71.4	6.9	107.5	9.3	113.7	9.4	106.4	7.7	87.5	14.3	100.7	7.1	91.6	2.7
12	Aclonifen																								
13	Albendazole																								
14	Aldicarb	81.9	3.5	119.4	4.5	84.7	10.2	75.5	9.4	101.4	5.5	98.6	7.7	84.4	10.7	74.2	4.5	85.8	11.4	91.9	4.9	89.6	4.3	75.5	2.3
15	Aldicarb sulfone	87.8	4.3	114.8	4.8	89.6	2.7	77.7	5.3	91.4	4.2	95.0	1.1	84.6	5.2	73.5	4.6	95.2	6.9	85.5	8.1	109.0	29.1	89.1	13.7
16	Aldicarb-sulfoxide	82.7	4.7	70.6	6.0	102.3	3.1	88.3	5.3	99.6	11.9	77.4	3.3	81.0	4.0	87.5	1.3	102.2	9.6	89.1	12.6	73.7	7.6	88.2	4.8
17	Aldimorph	97.9	1.2	115.6	1.6	100.5	1.4	112.3	12.0	98.2	1.1	105.9	2.3	94.4	3.5	92.4	3.3	103.5	0.8	103.3	0.8	93.7	7.2	82.3	3.7
18	Allidochlor	71.8	5.6	77.3	4.7	89.0	2.4	90.7	8.0	88.7	19.3	75.3	26.2	98.0	5.4	91.6	6.1	100.3	14.8	88.2	19.7	77.7	1.2	71.5	20.0
19	Ametoctradin	48.1	8.4	47.7	12.8	98.9	15.6	71.2	6.2	85.3	6.7	84.8	3.3	114.0	2.8	82.4	7.7	70.2	1.6	76.6	11.3	72.2	6.5	75.5	19.1
20	Ametryn	97.7	4.1	94.5	6.5	89.1	6.7	70.9	8.1	73.5	9.7	95.0	2.1	77.9	5.6	75.4	8.1	89.6	12.0	80.8	11.2	84.8	3.9	72.4	3.3
21	Amicarbazone	75.3	3.4	77.9	7.2	108.8	10.9	82.2	2.4	99.4	12.9	80.2	3.0	91.1	8.9	90.5	2.6	102.6	12.8	97.8	17.5	96.7	7.2	103.4	8.7
22	Amidithion																								
23	Amidosulfuron					94.1	3.5					74.7	8.8	41.9	38.1	93.9	10.7	101.3	11.2	42.3	29.3	81.3	13.7	72.5	12.5
24	Aminocarb	84.3	5.7	108.5	4.9	93.3	4.2	81.0	7.7	91.2	5.4	94.5	0.9	85.5	5.5	73.8	3.4	90.4	7.6	85.6	1.2	89.9	3.8	70.3	4.6
25	Aminopyralid																								
26	Amitraz																								
27	Amitrole	76.5	13.3	93.6	4.9	88.3	25.8	149.2	31.7	106.9	12.4	82.3	4.2			27.3	27.7	21.0	23.8	110.8	48.9	85.9	9.1	134.1	19.3
28	Ancymidol	89.2	4.2	109.6	2.5	83.3	12.6	82.7	2.9	96.7	6.1	95.0	5.0	86.0	3.2	72.9	2.9	93.0	6.5	92.5	1.6	90.2	4.3	76.1	5.8
29	Anilofos	93.8	3.1	82.4	0.4	109.1	10.6	61.5	11.7	87.4	14.0	75.2	6.6	78.5	6.7	87.2	11.7	98.0	7.8	95.5	16.6	102.2	4.5	93.7	3.7
30	Aspon	60.5	64.7	77.7	2.5	101.6	14.9	106.1	13.0	95.0	2.1	96.9	17.0	85.4	10.7	75.9	10.7	125.6	1.1	126.9	69.9	93.8	18.3	93.4	23.3
31	Asulam	72.7	16.7	70.2	1.7	78.3	3.0	40.9	14.8	50.2	16.7	87.1	14.5	74.1	3.2	116.2	6.8	94.2	9.3	119.9	16.2	73.1	6.7	82.3	14.2
32	Athidathion																								
33	Atratone	89.2	7.7	101.2	10.1	105.8	9.2	94.4	9.3	70.7	14.5	79.0	4.1	80.1	9.3	94.3	2.2	106.4	6.4	91.7	15.8	95.5	10.8	86.2	4.7

续表

序号	农药名称	甘蓝						菠菜						芹菜						番茄					
		5 μg/kg		10 μg/kg		20 μg/kg		5 μg/kg		10 μg/kg		20 μg/kg		5 μg/kg		10 μg/kg		20 μg/kg		5 μg/kg		10 μg/kg		20 μg/kg	
		Rec. (%)	RSD (%)	Rec. (%)	RSD (%)	Rec. (%)	RSD (%)	Rec. (%)	RSD (%)	Rec. (%)	RSD (%)	Rec. (%)	RSD (%)	Rec. (%)	RSD (%)	Rec. (%)	RSD (%)	Rec. (%)	RSD (%)	Rec. (%)	RSD (%)	Rec. (%)	RSD (%)	Rec. (%)	RSD (%)
34	Atrazine	102.0	9.5	97.7	5.0	81.1	7.4	79.1	7.1	110.1	5.5	89.3	7.4	88.1	3.5	76.3	2.7	83.4	10.7	71.0	10.2	89.2	5.7	77.5	11.4
35	Atrazine-desethyl	93.5	4.6	110.5	3.4	93.5	4.3	79.6	5.3	104.7	6.7	107.1	1.6	86.7	5.6	74.9	2.3	94.7	7.7	94.8	0.3	90.2	5.0	74.9	3.7
36	Atrazine-desisopropyl	89.8	5.0	92.4	6.7	104.9	7.5	116.3	5.3	79.2	6.5	78.0	16.3	86.1	6.5	113.6	12.5	86.6	3.1	91.9	15.9	99.2	11.5	92.0	4.9
37	Azaconazole	115.5	5.4	112.7	13.0	104.8	6.2	89.5	2.2	71.3	4.9	85.1	8.3	85.0	4.5	104.1	7.9	111.6	4.4	87.3	15.8	97.1	7.6	92.1	4.3
38	Azamethiphos	116.5	7.5	92.8	10.2	104.5	5.3	101.5	14.0	70.7	12.1	72.5	19.7	90.1	7.3	115.9	8.3	88.9	3.6	85.0	12.4	95.1	10.1	88.5	2.3
39	Azinphos-ethyl	103.6	3.4	101.4	2.6	107.3	10.7	63.5	12.3	83.7	16.0	76.2	5.8	87.5	3.7	91.8	2.5	97.5	7.8	92.8	14.3	101.2	6.9	92.2	2.6
40	Azinphos-methyl	106.2	13.8	86.6	5.6	95.7	8.3	74.0	11.0	77.7	13.9	106.9	5.9	177.1	42.7	97.7	11.1	86.0	4.9	86.3	5.9	89.3	3.0	73.9	3.9
41	Aziprotryne	114.0	9.0	108.3	3.9	112.5	6.5	59.4	32.5	81.5	14.4	88.8	5.8	88.2	3.5	90.5	3.2	99.9	3.8	90.7	14.3	100.1	11.0	83.7	8.7
42	Azoxystrobin	114.5	7.5	115.2	12.4	111.1	8.1	78.4	9.1	70.4	5.2	72.6	8.2	88.6	4.7	100.7	4.6	104.8	4.7	53.9	15.0	98.5	6.7	96.5	2.8
43	Beflubutamid	78.4	12.8	78.0	10.6	102.2	12.8	62.8	5.4	89.1	10.2	82.1	5.0	93.5	8.5	92.1	14.0	111.9	9.2	95.9	13.1	78.7	5.4	81.4	5.8
44	Benalaxyl	102.7	5.6	98.9	6.7	96.3	10.9	97.4	1.1	97.2	11.8	101.5	16.3	93.5	8.7	74.7	4.7	92.5	9.0	91.9	6.4	88.1	7.1	78.2	2.6
45	Bendiocarb	118.2	8.2	114.0	6.5	112.6	3.6	98.6	8.9	72.1	15.6	75.2	18.9	85.9	5.9	109.5	11.9	91.7	0.6	87.3	12.6	96.0	8.6	85.7	6.7
46	Benfuracarb																								
47	Benodanil	89.9	3.7	93.6	15.2	115.1	7.5	83.1	7.8	81.9	13.9	78.3	6.7	83.1	4.6	91.9	5.0	115.3	3.2	88.2	12.5	100.9	7.2	89.3	4.5
48	Benomyl																								
49	Benoxacor	108.3	9.8	88.8	7.5	95.3	7.5	75.6	12.1	75.0	8.2	109.0	16.6	88.5	5.5	79.4	4.6	89.9	5.1	84.5	7.2	84.4	4.9	82.4	4.6
50	Bensulfuron-methyl	99.1	4.4	118.1	1.9	79.0	19.8	89.7	3.0	91.8	8.2	94.6	9.7	90.2	4.6	71.7	5.2	88.8	5.4	93.9	2.4	86.1	4.5	71.1	7.7
51	Bensulide	107.3	5.5	87.4	1.7	118.3	10.0			37.6	29.9	84.1	3.5	82.9	0.5	84.2	15.2	114.9	8.1	99.5	19.1	112.8	6.1	89.7	7.1
52	Bensultap																								
53	Benthiavalicarb-isopropyl	81.9	4.6	75.3	5.9	103.4	10.9	77.5	4.6	98.6	7.4	82.6	9.3	89.4	18.2	95.7	4.5	95.4	5.4	81.5	14.3	79.9	5.7	81.5	7.0
54	Benzofenap	78.0	9.3	87.7	10.8	91.9	20.3	32.1	5.5	86.3	3.2	100.4	1.2	94.8	4.3	94.6	17.2	118.4	10.8	90.5	14.2	73.6	4.4	73.0	12.3
55	Benzoximate	76.3	7.8	71.2	1.4	107.1	3.4					77.8	15.0					79.9	11.8	92.5	19.5	114.2	5.4	92.1	11.1
56	Benzoylprop	22.3	79.7	15.7	68.6	73.2	13.6	42.6	13.7	43.6	21.7	74.3	4.9	56.7	15.0	55.2	10.5	31.8	12.8	62.3	9.3	59.6	4.5	72.1	9.8
57	Benzoylprop-ethyl	113.5	5.7	101.7	5.6	96.7	11.0	111.4	10.1	92.8	10.7	114.1	17.7	103.6	8.2	73.8	5.2	90.8	6.3	117.6	5.5	88.6	5.3	79.1	7.3
58	Bifenazate	48.7	19.0	63.0	9.0	102.1	3.0																		
59	Bioallethrin	79.5	8.8	81.0	3.5	96.2	11.9					79.7	5.7	74.9	6.1	75.2	2.1	92.4	7.1	98.4	12.1	103.8	8.4	96.8	10.2
60	Bioresmethrin																								
61	Bitertanol	87.0	2.6	77.5	0.2	114.5	9.6			84.4	10.7	98.5	9.2	74.2	18.1	87.8	23.4	97.0	9.2	99.9	16.0	109.4	5.6	95.6	5.9
62	Boscalid	81.7	5.6	73.8	6.8	103.6	4.0	71.5	0.8	93.8	11.0	80.9	11.3	97.2	9.6	85.8	5.3	99.6	17.1	96.9	9.6	84.9	3.1	93.0	4.1
63	Bromacil	97.9	15.0	87.9	6.7	93.5	5.8	72.9	10.8	80.3	4.4	103.7	4.6	92.4	4.9	82.2	8.4	94.4	0.7	84.3	9.4	90.3	3.9	78.2	7.6
64	Bromfenvinfos	87.5	3.7	78.8	1.7	111.8	9.2	71.9	9.2	79.1	10.0	82.4	6.3	80.4	5.5	88.1	10.4	98.0	11.0	95.7	16.0	104.2	6.0	96.2	5.3
65	Bromobutide	93.2	5.0	100.4	3.7	92.1	5.0	77.3	6.1	71.5	7.5	83.0	16.5	96.9	8.2	72.7	4.5	88.2	5.8	78.4	6.0	84.3	5.2	76.7	9.8
66	Brompyrazon	118.4	7.4	99.5	8.6	105.8	5.5	112.3	12.0	74.7	11.8	89.9	2.8	85.9	7.5	115.3	13.5	88.9	1.3	91.5	15.7	95.6	9.5	85.6	4.3
67	Bromuconazole	85.1	13.7	76.8	6.6	100.0	8.0					70.5	3.9	72.8	8.0	94.8	9.9	105.7	8.0	80.3	13.1	103.4	7.4	93.8	9.1

续表

序号	农药名称	甘蓝						菠菜						芹菜						番茄					
		5 μg/kg		10 μg/kg		20 μg/kg		5 μg/kg		10 μg/kg		20 μg/kg		5 μg/kg		10 μg/kg		20 μg/kg		5 μg/kg		10 μg/kg		20 μg/kg	
		Rec. (%)	RSD (%)	Rec. (%)	RSD (%)	Rec. (%)	RSD (%)	Rec. (%)	RSD (%)	Rec. (%)	RSD (%)	Rec. (%)	RSD (%)	Rec. (%)	RSD (%)	Rec. (%)	RSD (%)	Rec. (%)	RSD (%)	Rec. (%)	RSD (%)	Rec. (%)	RSD (%)	Rec. (%)	RSD (%)
68	Bupirimate	101.2	6.6	109.5	14.2	90.3	9.8	85.9	6.3	80.2	16.4	86.9	9.7	78.9	4.9	71.9	2.1	101.3	18.4	90.0	3.9	86.5	4.1	71.5	8.2
69	Buprofezin	91.7	8.2	71.5	14.7	99.3	15.7	58.8	43.3	38.7	36.6	90.6	21.3	88.0	12.3	88.6	10.4	117.2	6.7	112.5	4.8	99.8	16.2	112.3	14.0
70	Butachlor	86.9	14.7	78.6	5.7	98.1	11.7	25.7	28.6	96.3	17.4	93.6	11.0	78.0	4.7	80.1	10.0	90.4	13.0	81.2	34.5	79.9	13.3	90.6	6.9
71	Butafenacil	90.3	17.1	85.0	7.7	93.8	6.7	53.3	14.8	75.6	17.7	101.8	11.4	82.4	3.5	81.5	2.1	85.7	8.8	87.4	2.6	82.4	3.7	76.9	1.3
72	Butamifos	86.0	4.3	73.4	2.8	114.4	6.1	218.2	10.3	97.8	9.7	100.1	14.5	91.2	12.4	86.2	21.9	102.4	8.2	96.3	18.4	110.4	4.3	92.5	12.1
73	Butocarboxim	103.4	11.6	117.0	11.1	88.9	17.2	79.9	7.6	72.0	0.8	113.3	9.1	108.6	13.0	82.8	5.7	95.2	9.2	75.5	1.5	77.9	15.8	72.3	1.0
74	Butocarboxim sulfoxide	95.1	4.3	118.5	6.4	106.2	11.1	92.1	12.0	72.8	1.6	71.7	10.7	86.5	9.1	115.3	14.6	89.4	3.8	91.2	18.7	96.4	16.1	91.9	0.2
75	Butoxycarboxim	91.1	0.0	98.7	8.2	85.0	10.0	52.7	46.1	91.3	4.1	97.7	1.6	89.2	1.9	78.0	7.8	91.6	12.9	86.6	9.4	99.0	6.6	84.7	16.9
76	Butralin	72.5	16.1	71.5	6.9	103.4	18.9			83.5	17.0	79.0	16.7	54.7	32.8	65.4	19.4	99.0	6.1	82.6	27.2	98.1	7.0	89.2	8.3
77	Butylate	41.0	16.9	60.4	13.2	74.7	7.2	28.5	53.4	99.4	8.7	79.8	34.5	74.2	6.5	82.7	11.9	81.8	14.2	40.4	51.1	73.4	21.4	52.0	30.0
78	Cadusafos	88.3	5.9	76.0	2.2	120.7	11.1	69.4	6.2	73.7	11.1	79.3	8.8	78.9	5.4	83.6	1.6	95.4	9.6	86.7	14.9	96.6	9.8	90.5	6.9
79	Cafenstrole	103.2	3.7	112.4	5.3	95.7	10.0	89.9	2.1	95.2	12.5	98.3	12.1	91.4	2.9	71.5	5.0	89.2	6.4	82.1	4.9	89.3	4.5	72.0	2.4
80	Carbaryl	90.1	5.6	119.6	11.0	105.4	9.2	101.9	5.9	71.4	3.9	74.7	12.8	86.8	9.6	96.4	17.7	85.8	3.6	89.1	15.3	96.9	13.5	88.1	3.6
81	Carbendazim	97.7	6.1	98.4	8.9	77.1	16.5	86.2	6.8	80.5	8.5	81.0	10.7	80.7	4.1	101.2	7.5	108.7	15.7	87.1	17.2	94.3	9.8	86.2	7.7
82	Carbetamide	89.4	5.1	93.7	11.2	106.0	11.3	116.8	11.4	74.2	12.4	75.3	18.6	86.5	5.3	112.7	10.7	91.5	4.0	89.2	12.0	100.5	11.0	90.6	3.2
83	Carbofuran	91.8	16.1	84.8	8.0	93.7	6.1	79.5	4.5	83.3	3.4	98.6	3.7	92.0	7.6	80.6	6.5	92.9	5.3	81.2	8.5	86.0	3.3	85.9	8.0
84	Carbofuran-3-hydroxy	98.4	18.5	87.1	6.0	95.0	7.6	62.7	9.8	75.1	1.5	102.2	2.8	86.9	12.6	83.4	7.2	93.3	8.6	85.0	6.4	92.0	1.9	79.2	4.8
85	Carbophenothion																								
86	Carbosulfan																								
87	Carboxin	107.0	7.2	110.0	7.2	100.7	8.9	83.3	18.9	83.2	17.3	79.7	6.5	66.0	10.7	73.1	1.9	103.7	7.3	84.8	15.0	90.7	14.9	90.9	5.3
88	Carfentrazone-ethyl																								
89	Carpropamid	104.2	7.1	101.3	4.8	87.9	4.8	98.3	3.4	83.1	10.8	87.2	4.4	107.0	10.8	74.6	6.7	89.7	7.0	102.3	4.7	83.5	4.4	83.6	14.6
90	Cartap																								
91	Chlorantraniliprole	82.2	3.8	79.0	4.8	100.4	4.6	98.5	8.4	92.7	9.4	104.1	18.9	96.8	7.8	91.1	4.2	99.4	7.8	88.7	8.2	77.0	2.6	95.3	5.0
92	Chlordimeform	107.3	3.4	119.5	3.0	87.7	6.1	57.7	17.8	116.0	10.3	118.5	7.5	99.5	2.9	76.9	3.8	99.3	11.4	88.3	17.6	97.2	6.8	79.8	10.3
93	Chlorfenvinphos	94.8	15.5	82.5	6.1	96.0	6.6	71.3	11.6	83.6	19.1	79.1	12.3	83.7	3.2	81.8	4.8	90.1	5.7	85.6	10.0	86.3	4.5	77.9	0.7
94	Chlorfluazuron											113.6	37.9												
95	Chloridazon	97.7	18.5	86.2	7.0	93.8	7.0	84.0	7.3	77.3	1.4	104.5	2.7	88.8	10.4	82.1	6.2	92.7	8.7	83.9	4.9	91.1	1.3	79.1	4.2
96	Chlorimuron-ethyl					93.9	5.2																	82.6	10.0
97	Chlormequat	56.0	5.2	59.6	4.6	81.0	0.7	126.4	4.2	86.4	11.5	77.3	14.8	70.3	0.6	70.8	7.8	78.9	6.8	42.6	14.9	42.3	3.6	54.0	0.5
98	Chlorotoluron	114.6	6.8	117.5	13.3	96.6	4.8	95.0	7.0	71.3	9.8	70.8	12.0	85.5	4.9	106.8	10.8	81.6	7.8	88.0	15.2	90.9	11.6	90.0	4.4
99	Chloroxuron	104.3	3.9	111.2	1.9	92.3	3.0	99.1	1.1	96.6	11.2	97.7	16.6	95.7	7.5	72.0	6.0	88.7	2.3	70.1	5.1	83.4	6.5	75.6	10.6
100	Chlorphonium	85.8	12.4	103.4	15.7	99.5	2.1	77.7	2.8	70.0	9.5	87.0	14.6	72.1	3.3	70.7	2.0	104.5	10.4	83.3	10.6	119.6	12.0	73.5	10.2
101	Chlorphoxim	71.4	19.0	63.8	13.7	99.6	24.8	48.3	27.2	110.7	3.7	76.3	19.3	47.6	11.4	49.3	28.2	60.6	16.4	106.0	40.1	82.0	2.4	81.2	10.7

续表

序号	农药名称	甘蓝						菠菜						芹菜						番茄					
		5 μg/kg		10 μg/kg		20 μg/kg		5 μg/kg		10 μg/kg		20 μg/kg		5 μg/kg		10 μg/kg		20 μg/kg		5 μg/kg		10 μg/kg		20 μg/kg	
		Rec. (%)	RSD (%)	Rec. (%)	RSD (%)	Rec. (%)	RSD (%)	Rec. (%)	RSD (%)	Rec. (%)	RSD (%)	Rec. (%)	RSD (%)	Rec. (%)	RSD (%)	Rec. (%)	RSD (%)	Rec. (%)	RSD (%)	Rec. (%)	RSD (%)	Rec. (%)	RSD (%)	Rec. (%)	RSD (%)
102	Chlorpyrifos	80.6	12.2	76.0	22.3	111.5	19.8	227.1	25.3	97.3	26.5	84.0	10.1	62.5	0.3	78.5	26.9	110.3	11.4	80.8	32.0	113.6	7.0	89.9	16.2
103	Chlorpyrifos-methyl					74.5	14.5									58.3	26.6	87.2	11.4	81.4	9.6	91.6	7.6	73.9	0.1
104	Chlorsulfuron					85.7	5.3			70.0	6.0	78.0	3.6			82.2	24.0	37.9	34.1	40.7	73.2	70.4	14.8	62.0	12.4
105	Chlorthiophos																								
106	Chromafenozide	103.2	7.9	115.6	4.3	96.3	1.4	81.4	7.2	73.3	10.4	83.0	19.9	102.9	10.8	70.6	6.0	86.5	5.1	80.4	6.1	83.3	6.6	75.5	11.4
107	Cinmethylin	92.2	7.6	87.0	4.9	112.4	9.3	187.3	43.5	77.8	2.6	114.9	12.9	86.6	0.1	108.4	7.9	103.1	0.1	106.3	12.0	111.1	5.4	79.1	9.1
108	Cinosulfuron	83.4	8.4	89.0	28.6	98.1	6.5	106.5	11.3	71.5	4.3	82.9	3.7	70.9	13.3	99.4	9.8	114.8	6.7	75.2	13.2	91.2	10.9	84.0	2.2
109	Clethodim	70.3	18.6	70.0	4.0	76.6	8.3	38.8	32.8	52.2	17.6	21.1	16.8			42.5	10.2	42.9	17.6	64.4	7.4	64.7	12.1	72.7	9.5
110	Clodinafop free acid							6.7	83.7	4.6	27.5	29.6	10.9	28.8	41.6	18.0	57.9	27.6	36.7			15.5	48.2	14.1	22.7
111	Clodinafop-propargyl	54.6	13.6	47.3	12.6	6.0	39.9	55.1	1.3	88.8	10.7	106.2	20.7	70.5	6.3	70.7	4.8	87.3	10.5	62.9	14.4	64.1	1.7	79.7	9.7
112	Clofentezine	42.5	13.6	114.9	7.5	86.6	1.4	139.7	13.4	93.8	19.8	113.1	14.8	119.8	18.0	72.7	9.1	106.3	4.9	92.0	8.4	62.3	7.5	81.2	12.2
113	Clomazone	118.6	9.6	116.8	9.7	116.1	9.6	89.1	9.7	87.7	11.2	72.8	6.5	38.9	58.2	62.0	41.3	111.1	18.1	82.6	11.8	92.8	9.9	88.2	1.4
114	Clomeprop																								
115	Cloquintocet-mexyl	81.5	7.1	26.7	0.3	110.5	2.1	82.7	3.7	89.3	17.0	116.5	0.7	72.2	2.7	76.0	12.7	107.3	4.8	98.3	30.0	118.0	5.6	99.2	16.6
116	Cloransulam-methyl	59.4	54.4	49.5	36.7	91.8	11.6	73.7	0.7	77.4	5.7	88.5	4.4	81.9	5.4	76.1	3.8	77.4	13.8	70.0	7.6	82.5	4.7	86.4	5.7
117	Clothianidin	113.0	5.0	117.2	9.6	99.2	8.7	97.3	8.6	77.1	0.1	73.7	1.9	87.6	6.7	116.4	12.2	91.8	2.2	92.4	8.2	101.1	7.9	95.0	1.5
118	Coumaphos	88.1	16.9	85.4	16.2	103.2	29.2	67.5	5.8	97.3	7.0	92.0	6.5	104.3	9.5	90.5	17.2	75.5	0.9	97.7	14.0	78.7	8.6	78.7	13.1
119	Crotoxyphos	70.9	3.2	74.0	5.0	90.5	9.0	75.8	5.1	84.2	12.3	84.5	9.4	91.9	4.9	85.7	2.5	99.8	3.6	81.1	7.6	77.3	4.5	77.8	9.6
120	Crufomate	104.4	6.2	101.7	4.9	105.2	7.7	75.2	5.3	74.8	5.5	76.3	3.6	84.5	3.1	94.0	2.8	102.3	1.4	91.7	13.6	101.3	10.4	90.4	7.5
121	Cumyluron	111.0	7.7	108.1	2.1	91.0	6.0	99.0	3.3	93.5	11.2	94.9	18.1	96.9	7.6	70.3	5.7	84.2	3.7	83.6	5.5	86.1	6.3	77.6	11.1
122	Cyanazine	109.6	9.5	117.0	9.1	104.3	9.4	100.2	1.9	78.1	6.8	79.5	10.4	88.5	6.4	108.7	9.9	112.6	4.8	88.0	13.6	95.5	9.7	87.1	2.4
123	Cyazofamid	92.8	8.5	79.9	11.6	103.0	4.4	15.9	29.8	84.6	11.4	81.7	17.6	101.0	17.5	87.2	10.6	99.6	3.0	92.8	9.8	79.3	8.1	92.1	3.5
124	Cycloate	85.5	19.2	76.1	5.8	115.1	7.5	55.0	13.4	83.9	15.6	118.7	10.0	77.9	3.8	71.0	13.6	83.5	4.7	74.1	4.1	72.5	6.4	73.8	2.1
125	Cyclosulfamuron	113.0	4.1	117.9	1.4	106.7	4.7	92.8	7.1	105.8	16.1	103.7	16.1	97.2	13.2	73.8	2.1	85.2	3.8	81.3	5.5	85.4	5.4	72.5	6.9
126	Cycluron	117.1	6.9	118.2	6.0	106.1	10.1	96.9	11.2	73.3	8.6	70.6	13.3	86.5	5.6	104.0	11.1	114.2	5.2	81.9	12.9	90.2	8.8	88.5	1.7
127	Cyflufenamid	108.2	10.8	107.3	5.0	92.7	11.1	110.2	9.5	90.3	18.4	107.7	3.0	109.1	12.2	72.4	6.3	99.2	11.9	150.3	5.2	78.6	2.2	81.6	13.9
128	Cymoxanil	73.1	5.0	74.9	4.2	106.3	9.7	79.6	3.6	94.2	9.7	74.3	6.2	81.2	3.6	81.7	3.8	98.4	9.3	81.9	10.6	77.0	11.2	77.9	15.9
129	Cyprazine	96.6	6.2	87.0	3.8	90.0	4.6	76.2	9.3	72.6	6.8	95.8	7.6	91.5	4.4	75.1	4.1	88.4	6.8	86.2	6.4	86.6	3.5	76.8	5.7
130	Cyproconazole	99.2	3.8	92.6	10.2	104.3	7.5	77.8	2.0	70.6	7.9	76.2	2.1	70.3	3.9	88.4	5.0	93.2	3.5	79.5	9.1	101.6	9.7	89.0	4.0
131	Cyprodinil	98.7	10.5	65.9	8.4	73.7	19.3	68.9	23.7	99.4	16.4	82.3	11.2	88.5	9.9	84.9	18.7	83.1	9.9			104.0	15.5	103.1	15.4
132	Cyprofuram	88.5	4.4	113.7	4.6	78.2	10.8	86.4	3.2	95.5	6.3	96.2	7.3	88.1	2.6	77.0	3.0	91.7	10.5	91.7	2.7	88.2	7.5	71.3	0.9
133	Cyromazine	71.3	13.4	96.7	6.8	73.3	8.2	12.2	36.9	26.9	55.2	50.6	10.9	38.0	5.3	40.8	14.1	52.6	10.2	34.8	21.8	35.2	16.8	47.7	6.5
134	Daminozide					23.0	14.4	48.5	32.0	14.6	29.5	14.7	18.6	13.7	5.8	9.0	6.8	6.3	37.9	16.6	14.0	20.9	15.0	18.7	10.2
135	Dazomet																								

续表

序号	农药名称	甘蓝						菠菜						芹菜						番茄					
		5 μg/kg		10 μg/kg		20 μg/kg		5 μg/kg		10 μg/kg		20 μg/kg		5 μg/kg		10 μg/kg		20 μg/kg		5 μg/kg		10 μg/kg		20 μg/kg	
		Rec. (%)	RSD (%)	Rec. (%)	RSD (%)	Rec. (%)	RSD (%)	Rec. (%)	RSD (%)	Rec. (%)	RSD (%)	Rec. (%)	RSD (%)	Rec. (%)	RSD (%)	Rec. (%)	RSD (%)	Rec. (%)	RSD (%)	Rec. (%)	RSD (%)	Rec. (%)	RSD (%)	Rec. (%)	RSD (%)
136	Demeton-*S*																								
137	Demeton-*S* sulfoxide	92.7	5.5	97.8	9.7	109.4	6.9	117.6	12.7	74.7	12.4	90.3	1.4	84.8	5.4	112.8	11.4	92.0	2.7	85.4	14.3	96.1	9.5	89.1	1.3
138	Demeton-*S*-methyl	85.6	6.1	106.2	3.9	82.3	4.6	79.5	7.1	100.1	7.6	85.4	8.7	89.4	4.7	76.5	6.2	99.2	6.1	82.3	9.0	88.3	7.0	74.3	1.0
139	Demeton-*S*-methyl sulfone	80.9	2.7	110.0	4.1	98.1	4.8	79.6	7.9	93.3	5.7	105.0	3.2	92.8	3.8	74.0	3.8	98.7	7.2	87.8	1.0	91.1	6.0	71.7	3.6
140	Demeton-*S*-methyl sulfoxide	87.4	2.6	116.1	3.4	89.1	5.9	71.8	15.9	83.0	6.3	116.4	7.3	93.1	4.8	79.3	7.2	111.4	8.4	87.7	2.8	91.4	5.6	70.7	0.9
141	Desethyl-sebuthylazine	93.8	1.7	108.8	1.6	84.6	12.2	78.2	0.7	105.0	5.1	93.3	6.2	76.2	15.6	70.0	2.9	87.3	10.2	98.5	1.4	93.0	4.9	76.8	6.1
142	Desmedipham	81.3	16.4	70.6	13.4	104.2	9.1	74.1	16.0	83.8	13.6	113.2	4.5	93.0	6.1	87.4	2.9	104.7	12.9	98.3	1.1	92.4	6.0	80.2	0.5
143	Desmethyl-pirimicarb	94.9	17.8	87.2	4.9	87.0	3.6	71.2	8.4	75.5	2.5	107.7	4.7	89.9	6.9	79.9	8.7	94.3	0.9	86.4	9.0	85.8	0.8	80.8	8.9
144	Desmetryn	83.4	5.2	90.1	4.9	82.7	12.7	78.3	2.2	97.8	10.7	82.3	7.4	82.5	2.8	71.7	4.7	85.8	4.6	93.0	0.3	90.3	6.0	70.3	0.5
145	Diafenthiuron					70.8	29.8																		
146	Dialifos	114.7	5.2	114.4	9.3	85.9	7.3	116.6	16.6	103.0	16.4	119.1	5.9	113.1	15.9	73.7	5.1	105.6	14.1	151.4	3.5	77.3	2.8	104.6	6.7
147	Diallate	71.2	5.2	71.6	6.9	117.2	3.5					72.0	11.8	61.1	9.2	77.4	26.4	95.5	5.9	75.5	16.8	73.9	15.4	84.2	12.2
148	Diazinon	84.8	5.6	91.9	1.6	112.1	6.0	69.9	16.2	72.0	3.2	76.7	10.8	76.5	6.3	88.3	3.1	92.1	8.8	85.6	11.2	86.9	6.4	86.5	6.8
149	Dibutyl succinate	34.9	13.9	49.3	3.5	5.2	36.6	70.4	6.9	104.1	16.3	75.4	13.2	83.6	7.2	75.8	6.1	80.7	14.9	80.5	12.0	77.7	5.3	73.6	3.9
150	Dichlofenthion																								
151	Diclobutrazole	96.7	3.5	82.2	2.2	107.8	9.3	51.7	25.0	78.2	7.6	77.7	4.3	79.0	10.3	83.7	6.0	95.8	6.4	89.2	12.9	105.3	7.4	91.9	5.2
152	Diclosulam	82.6	8.1	115.3	4.5	87.5	7.1	83.8	4.4	85.5	6.2	89.7	7.9	78.0	7.0	70.6	4.8	95.3	4.7	88.4	5.8	91.7	12.2	70.4	1.9
153	Dicrotophos	96.3	18.6	84.6	8.3	88.8	5.3	71.7	7.3	78.3	2.8	100.7	5.3	85.0	11.8	80.8	6.2	92.2	3.4	84.5	5.6	89.2	0.6	85.5	7.6
154	Diethatyl-ethyl	99.1	7.3	97.4	3.3	86.9	5.4	89.7	1.5	92.3	13.1	98.5	17.5	91.3	5.4	73.5	5.2	88.2	8.6	90.3	5.9	87.0	7.2	78.6	10.6
155	Diethofencarb	93.4	16.6	88.5	5.5	91.3	6.5	84.6	2.4	75.9	12.9	93.7	8.0	92.1	5.5	80.5	6.3	85.9	8.0	87.1	7.1	85.6	3.6	76.3	4.2
156	Diethyltoluamide	99.0	15.2	86.2	7.4	98.8	4.3	71.9	2.5	72.2	6.0	101.8	4.5	87.3	9.7	95.4	4.4	88.9	2.3	87.0	12.6	84.0	3.8	82.5	6.0
157	Difenoconazole	114.5	8.0	108.9	8.0	98.0	13.8	107.8	10.9	100.6	16.5	110.1	5.2	86.3	13.2	76.4	7.0	118.9	7.1	110.9	8.0	75.2	4.5	88.5	15.6
158	Difenoxuron	100.9	18.4	82.9	6.4	90.2	11.6	70.4	9.0	78.3	6.4	114.8	3.0	88.2	3.5	80.4	6.8	89.2	7.1	84.1	5.3	92.1	2.8	75.8	2.2
159	Diflubenzuron	82.9	8.2	79.5	9.1	105.5	3.9	59.1	0.3	92.0	10.6	76.2	15.0	101.5	6.9	80.6	11.9	111.8	0.6	102.6	7.1	87.0	0.9	93.9	4.3
160	Dimefox	71.1	7.4	72.2	7.7	83.7	4.5	85.2	8.6	102.8	18.4	73.3	12.2	102.4	3.9	106.2	7.9	89.2	10.5	86.5	20.0	79.4	3.7	81.9	9.0
161	Dimefuron	89.2	3.3	113.5	2.7	84.4	6.8	86.0	3.3	94.5	7.3	93.7	10.2	89.0	2.7	75.2	4.4	87.4	5.2	90.5	2.2	89.1	5.6	73.8	7.4
162	Dimepiperate	91.2	8.2	92.4	4.6	81.5	10.5	101.2	6.6	98.2	6.9	116.4	16.3	91.6	8.5	84.5	8.3	97.0	10.2	119.9	10.4	87.6	6.1	96.1	16.5
163	Dimethachlor	92.3	14.4	97.8	22.9	112.2	5.3	103.8	2.1	71.8	4.5	96.5	6.9	81.2	8.0	109.2	5.6	88.4	1.2	100.3	31.0	108.6	3.1	95.6	4.5
164	Dimethametryn	97.2	9.0	115.9	17.5	99.7	11.7	71.0	6.9	79.0	18.0	79.7	5.9	42.2	6.3	75.1	8.1	107.8	11.7					74.3	7.2
165	Dimethenamid	103.3	6.4	110.4	13.8	102.2	12.4	59.8	24.1	54.5	32.1	93.6	5.7	99.7	4.0	107.2	1.5	113.5	9.3	87.2	13.5	95.9	10.1	88.1	1.9
166	Dimethenamid-p																								
167	Dimethirimol	94.2	3.7	97.4	1.0	74.0	4.4	81.7	7.2	80.9	6.4	94.8	3.4	85.2	4.4	75.5	3.1	85.6	9.4	97.0	4.9	89.7	6.7	79.4	6.2
168	Dimethoate	97.2	18.0	88.5	6.6	90.2	6.8	83.7	3.1	79.4	1.0	106.0	3.4	90.1	5.6	80.9	7.4	97.3	5.5	87.8	7.5	89.9	2.1	80.5	8.5
169	Dimethomorph	83.7	4.5	70.3	2.5	91.1	7.8	75.7	10.4	83.9	9.9	70.5	11.0	86.4	2.6	57.8	6.4	85.1	17.0	21.5	29.6	58.4	0.8	112.8	1.9

续表

序号	农药名称	甘蓝						菠菜						芹菜						番茄					
		5 μg/kg		10 μg/kg		20 μg/kg		5 μg/kg		10 μg/kg		20 μg/kg		5 μg/kg		10 μg/kg		20 μg/kg		5 μg/kg		10 μg/kg		20 μg/kg	
		Rec. (%)	RSD (%)	Rec. (%)	RSD (%)	Rec. (%)	RSD (%)	Rec. (%)	RSD (%)	Rec. (%)	RSD (%)	Rec. (%)	RSD (%)	Rec. (%)	RSD (%)	Rec. (%)	RSD (%)	Rec. (%)	RSD (%)	Rec. (%)	RSD (%)	Rec. (%)	RSD (%)	Rec. (%)	RSD (%)
170	Dimethylvinphos (*Z*)	78.1	6.3	74.3	4.5	105.2	9.6	76.8	4.4	103.5	13.4	82.6	16.6	95.2	6.1	90.0	3.2	95.5	0.9	81.1	17.9	79.4	6.8	80.9	6.7
171	Dimetilan	73.3	4.2	75.2	6.2	103.1	10.1	87.3	2.3	99.4	11.2	80.6	2.3	88.9	6.7	87.7	3.0	101.7	6.9	93.4	15.3	78.3	7.0	80.1	10.5
172	Dimoxystrobin	78.4	4.5	73.4	5.7	102.9	9.0	73.9	5.9	100.4	9.9	82.2	17.2	93.7	7.3	90.0	5.9	95.3	4.4	87.3	9.1	79.2	6.9	78.9	9.4
173	Diniconazole	86.7	19.8	73.0	8.9	94.3	11.0	75.7	10.4	85.6	19.9	84.6	12.5	53.4	16.3	55.4	3.6	77.2	19.2	64.8	30.3	86.5	5.3	84.5	3.1
174	Dinitramine	71.0	9.2	75.5	7.8	99.3	10.2			101.2	9.7	80.7	11.8	95.4	8.3	97.6	11.6	111.9	10.3	93.4	15.1	77.9	10.2	76.5	10.6
175	Dinotefuran	87.9	5.3	111.9	3.9	85.6	4.5	82.7	7.6	90.8	5.9	93.2	2.8	86.1	2.7	73.4	4.2	89.0	7.1	87.6	3.0	86.7	7.5	75.9	6.2
176	Diphenamid	95.8	15.7	86.7	6.8	92.9	8.0	76.4	9.6	79.2	2.9	112.4	7.8	87.7	4.2	77.8	2.7	87.5	6.0	81.5	19.9	86.6	4.6	82.4	8.3
177	Dipropetryn	97.2	9.0	115.9	17.5	99.7	11.7	71.0	6.9	79.0	18.0	117.0	8.8	33.0	37.2	75.1	8.1	104.0	15.9	88.3	17.4	86.8	8.7	74.3	7.2
178	Disulfoton sulfone	114.8	7.2	93.9	8.6	101.0	7.4	100.2	8.3	70.9	0.5	73.4	11.5	94.5	5.5	108.8	9.5	85.9	3.9	84.4	11.5	97.0	10.1	89.0	4.6
179	Disulfoton sulfoxide	99.3	17.8	87.4	10.2	84.8	5.9	73.2	10.2	83.6	5.2	92.3	4.5	87.3	3.4	75.1	5.9	88.2	5.6	89.3	0.9	81.8	2.0	80.8	8.6
180	Ditalimfos	63.1	11.2	91.6	2.0	81.3	7.3	75.3	11.6	86.7	13.9	91.7	4.0	89.8	2.5	75.5	2.9	92.8	5.7	81.5	5.0	86.0	4.2	82.2	9.6
181	Dithiopyr	39.7	87.8	77.7	1.6	103.4	13.9							65.1	8.6	72.3	3.9	112.5	10.1	81.8	34.7	98.4	16.0	81.8	12.5
182	Diuron	119.7	5.4	93.0	5.5	101.9	4.2	88.9	5.6	87.0	12.8	70.3	10.7	88.8	6.3	102.4	6.9	110.7	1.2	92.8	14.7	96.4	9.6	87.2	6.1
183	Dodemorph	119.0	14.0	102.4	5.7	97.3	5.8	86.0	1.0	96.2	2.3	88.3	7.2	96.2	6.5	90.6	6.8	99.7	8.8	94.2	11.8	102.8	8.5	81.2	3.4
184	Drazoxolon											76.3	3.2	68.9	7.0	107.9	10.6	110.8	19.6						
185	Edifenphos	94.8	3.3	91.8	14.3	105.6	10.5	67.6	8.6	89.3	13.1	76.9	7.6	84.6	3.0	90.0	10.0	98.4	7.4	91.4	15.4	103.5	7.1	93.0	4.7
186	Emamectin-benzoate	81.5	19.8	62.0	21.1	70.3	2.5	100.2	7.6	93.0	32.6	92.8	5.0	88.4	9.5	76.9	9.0	113.1	5.5	71.4	7.2	81.5	10.4	77.0	11.1
187	Epoxiconazole	96.0	14.2	85.0	9.5	96.1	8.1	70.7	3.0	76.4	19.5	82.7	8.7	80.8	4.0	74.2	0.7	91.4	0.8	90.4	0.5	87.3	0.6	75.7	3.0
188	Esprocarb	72.6	3.8	70.0	6.1	105.9	10.6	64.1	14.9	79.3	7.6	82.4	14.0	70.3	8.4	77.5	10.8	96.9	10.4	92.4	18.7	97.6	5.1	94.4	7.4
189	Etaconazole	108.5	2.3	83.2	9.8	105.1	8.5			76.4	11.9	88.2	3.6	72.5	11.0	90.9	0.6	86.9	5.3	85.5	11.7	97.7	7.2	92.9	2.3
190	Ethametsulfuron-methyl	16.3	83.8	8.9	103.5	19.8	132.9	32.5	22.0	22.9	4.0	60.5	14.5	38.7	38.6	43.8	51.1	71.8	6.8	18.4	82.9	19.8	85.0	35.8	66.6
191	Ethidimuron	89.2	5.5	96.4	11.7	104.9	8.9	118.4	6.5	75.0	10.9	75.0	18.9	89.7	5.9	116.6	12.0	91.2	2.9	92.3	12.3	101.7	7.9	87.9	2.5
192	Ethiofencarb	90.5	13.3	80.5	6.5	88.7	9.1	78.3	2.4	70.5	12.9	105.7	12.6	79.8	6.0	70.1	7.6	85.3	6.9	92.0	16.0	98.7	2.0	75.0	6.3
193	Ethiofencarb sulfone	86.0	11.6	85.1	5.5	93.7	6.1	75.1	7.6	75.2	3.2	104.7	7.7	83.4	15.6	84.1	6.4	92.5	5.2	82.5	1.0	93.9	2.7	88.7	8.0
194	Ethiofencarb sulfoxide	85.1	3.0	116.3	5.8	86.3	13.4	81.0	3.3	97.9	5.6	112.9	0.6	82.3	6.7	73.4	3.1	92.5	8.9	90.2	3.1	91.2	4.9	73.1	3.1
195	Ethion	63.4	41.0	72.2	16.5	104.6	30.9	83.2	4.6	109.5	1.4	89.8	12.3	81.1	9.6	95.2	19.4	100.6	12.0	78.0	26.4	85.6	9.4	94.3	12.7
196	Ethiprole	83.7	7.0	107.0	2.8	82.4	9.7	82.1	2.7	92.3	8.8	94.7	11.6	91.0	7.9	73.4	3.2	95.4	4.1	103.2	1.2	85.0	3.5	74.6	7.8
197	Ethirimol	94.2	3.7	97.4	1.0	74.0	4.4	81.7	7.2	80.9	6.4	94.8	3.4	85.2	4.4	75.5	3.1	85.6	9.4	97.0	4.9	89.7	6.7	79.4	6.2
198	Ethoprophos	105.5	9.4	104.7	6.7	117.9	6.4	63.2	13.3	80.7	5.5	81.7	9.6	87.7	5.0	92.3	2.7	102.8	1.4	85.1	11.6	90.7	9.7	86.9	6.1
199	Ethoxyquin					341.7	110.3																		
200	Ethoxysulfuron																								
201	Etobenzanid	100.1	11.8	118.3	8.0	81.8	1.9	112.7	4.8	82.9	7.1	109.8	18.6	110.1	6.7	104.6	10.5	78.2	7.7	75.8	7.9	49.4	16.0	71.5	8.4
202	Etoxazole	172.4	2.5	175.3	31.8	294.9	14.7	182.1	13.2	103.1	5.5	119.6	2.2	118.5	0.0	73.7	18.5	87.7	19.5	94.2	7.2	58.5	1.3	96.0	8.2
203	Etrimfos	94.1	6.9	95.9	0.9	113.4	7.9	57.9	4.6	86.7	13.5	70.8	7.6	82.0	5.6	84.4	2.8	95.2	5.8	85.0	13.4	87.8	6.0	85.5	10.7

续表

序号	农药名称	甘蓝						菠菜						芹菜						番茄					
		5 μg/kg		10 μg/kg		20 μg/kg		5 μg/kg		10 μg/kg		20 μg/kg		5 μg/kg		10 μg/kg		20 μg/kg		5 μg/kg		10 μg/kg		20 μg/kg	
		Rec. (%)	RSD (%)	Rec. (%)	RSD (%)	Rec. (%)	RSD (%)	Rec. (%)	RSD (%)	Rec. (%)	RSD (%)	Rec. (%)	RSD (%)	Rec. (%)	RSD (%)	Rec. (%)	RSD (%)	Rec. (%)	RSD (%)	Rec. (%)	RSD (%)	Rec. (%)	RSD (%)	Rec. (%)	RSD (%)
204	Famphur	116.8	10.3	114.2	9.5	106.3	9.2	91.2	8.2	83.4	11.5	75.0	10.6	92.2	3.9	103.4	5.8	109.4	5.5	86.9	15.0	99.0	8.9	93.0	3.4
205	Fenamidone	95.4	4.8	107.6	1.8	95.6	3.2	85.2	3.0	98.4	9.0	97.4	10.2	90.8	4.1	70.9	4.8	90.9	4.7	74.8	7.0	85.3	4.8	70.1	2.3
206	Fenamiphos	99.2	15.2	85.8	4.0	90.3	6.4	77.7	11.9	76.5	8.7	77.9	8.4	81.5	0.9	75.8	0.9	82.2	4.5	80.5	2.7	87.5	1.5	78.3	3.1
207	Fenamiphos sulfoxide	104.2	17.8	88.3	9.3	89.7	4.2	72.4	7.9	79.8	3.6	102.1	4.5	97.3	4.6	85.8	6.9	106.4	2.6	82.9	10.0	89.6	2.1	82.4	9.4
208	Fenamiphos-sulfone	114.6	7.9	80.7	6.2	92.3	5.2	71.9	7.7	77.9	3.4	82.1	4.5	90.8	4.5	84.7	6.8	90.5	6.4	85.9	10.3	86.4	6.9	88.5	3.2
209	Fenarimol	100.9	4.1	96.5	4.7	106.1	8.8	61.6	9.3	91.3	9.6	76.1	5.6	86.2	5.5	88.4	7.3	94.6	6.4	87.2	12.8	105.0	8.0	93.0	3.3
210	Fenazaquin	65.1	35.7	19.0	8.3	108.0	16.8			119.5	68.1	122.0	19.7			74.4	2.9	112.5	8.1	126.8	54.9	118.4	11.4	84.2	16.7
211	Fenbuconazole	92.3	16.0	78.6	8.6	100.4	12.2	73.0	12.0	87.5	9.3	77.2	8.6	75.4	3.5	73.8	6.3	88.9	5.9	92.4	0.4	91.5	2.3	72.5	2.9
212	Fenfuram	86.6	18.8	72.8	8.3	87.2	4.6	80.5	4.6	75.3	5.2	97.8	6.1	72.9	5.3	82.0	6.8	73.4	7.2	90.4	12.0	87.2	4.0	83.6	8.8
213	Fenhexamid	89.5	12.3	109.0	1.0	116.1	0.5	68.3	2.2	77.9	11.1	71.2	10.5	85.3	3.6	84.3	6.0	108.9	2.8	88.2	19.0	109.5	6.2	86.4	9.8
214	Fenobucarb	98.3	19.1	82.1	5.3	91.8	5.7	70.4	8.3	71.9	6.7	105.0	7.6	91.3	4.6	86.8	1.5	86.7	4.8	82.9	5.7	84.9	3.2	80.1	9.4
215	Fenothiocarb	96.8	17.1	83.2	5.4	90.2	9.3	80.8	10.4	78.4	13.5	119.8	11.1	81.4	1.5	78.0	3.2	82.4	12.4	81.1	1.0	86.2	2.5	87.8	8.0
216	Fenoxanil	99.3	17.7	81.6	5.5	103.7	6.2	72.8	15.9	119.2	17.6	72.7	15.8	84.9	6.2	80.8	3.5	91.3	5.9	83.4	0.7	89.9	0.6	78.2	2.6
217	Fenoxaprop-ethyl	81.5	19.3	72.8	6.4	91.2	16.2	81.8	13.3	107.6	5.5	83.6	13.0	76.8	2.8	86.2	12.0	95.5	5.5	91.5	39.4	89.8	9.6	82.4	13.8
218	Fenoxaprop-p-ethyl	71.5	9.5	90.0	10.1	71.7	8.4	68.9	9.8	96.0	4.8	91.5	6.2	96.0	5.1	89.5	12.6	119.9	15.8	93.0	17.4	75.6	8.6	79.1	14.8
219	Fenoxycarb	77.7	12.6	78.7	4.3	102.9	9.2	49.4	14.3	91.1	6.1	88.1	12.0	82.8	3.4	83.9	1.6	95.5	4.2	93.1	9.7	89.7	0.7	77.0	2.0
220	Fenpropidin	77.9	9.6	78.7	11.3	80.6	17.5	75.4	0.3	97.9	17.0	83.0	1.9	90.5	9.2	74.5	7.0	88.8	5.4	93.7	5.5	89.6	4.5	79.1	5.5
221	Fenpropimorph	88.2	0.4	70.4	12.7	95.9	10.0	35.9	19.7	74.8	6.5	79.7	2.2	82.5	7.9	71.7	2.1	111.8	9.5	82.8	3.7	94.7	0.1	70.3	5.7
222	Fenpyroximate					101.2	7.9	112.0	57.4	104.5	11.7	87.0	14.6	83.2	12.3	74.8	2.9	103.8	2.4	242.8	55.0	95.4	8.7	73.7	2.6
223	Fensulfothion	100.0	18.8	85.9	6.6	88.7	8.4	70.5	10.7	75.8	4.9	114.1	7.7	90.8	6.8	82.9	7.9	89.7	5.3	84.6	8.1	88.5	2.1	82.4	8.4
224	Fensulfothion-oxon	73.5	3.8	74.9	5.9	103.0	1.5	87.6	2.0	96.7	11.1	80.8	6.4	91.8	8.0	88.8	0.9	108.0	10.3	93.2	15.9	80.3	6.5	93.8	6.6
225	Fensulfothion-sulfone	76.1	3.7	76.9	7.5	103.5	3.1	78.1	5.9	101.1	1.7	75.9	13.3	93.3	4.9	86.6	4.4	103.3	4.2	79.8	11.6	79.6	3.3	94.1	4.4
226	Fenthion	79.2	16.2	79.1	11.2	79.8	13.9			74.0	15.1	89.1	8.4	101.4	12.7	87.3	1.3	77.9	1.9	203.0	25.9	72.3	7.6	82.0	9.2
227	Fenthion oxon	75.0	2.4	72.9	5.6	101.3	10.1	81.3	4.2	97.9	7.9	78.8	7.9	86.3	5.5	81.4	4.1	93.8	3.4	92.1	7.4	81.0	7.0	83.0	7.4
228	Fenthion oxon sulfone	77.6	3.8	78.2	6.1	107.0	10.0	88.7	2.6	99.7	11.6	82.5	2.0	92.2	8.3	89.5	2.4	106.0	8.0	90.7	15.9	77.7	6.4	83.1	11.3
229	Fenthion oxon sulfoxide	77.4	2.6	79.7	5.8	105.3	11.0	93.2	2.7	92.0	12.8	83.9	2.5	95.3	6.2	99.2	0.9	104.2	12.2	96.9	14.7	84.6	7.7	80.3	14.0
230	Fenthion sulfone	93.6	6.8	115.4	4.1	94.4	3.3	75.9	7.3	102.3	7.7	98.5	5.6	89.4	3.0	76.2	7.2	91.2	9.0	96.1	2.6	92.8	4.2	71.3	4.5
231	Fenthion sulfoxide	119.4	6.0	119.1	9.1	110.1	9.2	112.3	8.6	70.2	13.0	72.3	17.1	88.4	6.4	115.8	14.0	81.5	5.0	91.3	16.0	95.0	11.2	91.3	0.8
232	Fentrazamide	41.0	26.0	72.3	15.2	112.5	0.3					88.3	17.4	90.6	6.1	87.4	10.8	106.9	3.9	101.6	15.5	73.9	7.9	82.2	7.6
233	Fenuron	92.7	7.4	95.3	9.7	105.0	6.5	114.3	12.5	71.7	9.9	71.6	18.0	86.0	6.9	111.1	11.6	88.6	2.2	90.0	14.5	99.9	9.4	89.3	3.5
234	Flamprop	23.2	33.5	57.1	2.7	53.2	19.3	31.2	38.0	48.1	4.3	42.3	15.0	60.4	7.7	45.9	13.1	54.2	4.9	31.4	9.2	49.0	10.8	45.4	22.6
235	Flamprop-isopropyl	91.2	4.3	83.6	3.6	109.5	6.6	69.9	12.2	90.1	11.1	75.3	6.1	81.5	5.6	85.1	8.6	98.0	7.8	92.1	14.4	100.8	5.1	97.1	8.0
236	Flamprop-methyl	110.3	6.0	107.8	6.1	106.3	8.0	75.7	6.1	78.0	16.8	72.3	3.7	90.0	2.5	94.6	1.1	101.2	2.8	89.3	12.1	99.7	9.4	91.6	6.4
237	Flazasulfuron					83.1	19.6	46.2	21.1	38.5	60.2	79.5	16.1											85.9	5.2

续表

序号	农药名称	甘蓝						菠菜						芹菜						番茄					
		5 μg/kg		10 μg/kg		20 μg/kg		5 μg/kg		10 μg/kg		20 μg/kg		5 μg/kg		10 μg/kg		20 μg/kg		5 μg/kg		10 μg/kg		20 μg/kg	
		Rec. (%)	RSD (%)	Rec. (%)	RSD (%)	Rec. (%)	RSD (%)	Rec. (%)	RSD (%)	Rec. (%)	RSD (%)	Rec. (%)	RSD (%)	Rec. (%)	RSD (%)	Rec. (%)	RSD (%)	Rec. (%)	RSD (%)	Rec. (%)	RSD (%)	Rec. (%)	RSD (%)	Rec. (%)	RSD (%)
238	Florasulam	103.7	11.5	95.4	5.3	98.2	2.3	97.0	4.5	79.2	19.0	71.7	8.5	88.7	7.7	113.8	16.6	86.4	5.5	84.8	14.3	96.3	8.8	90.1	5.2
239	Fluazifop	32.0	6.9	22.4	34.9	25.3	20.1	32.0	12.1	30.3	27.1	32.9	16.0	38.8	10.1	28.2	27.9	39.3	10.8	16.5	38.5	24.8	26.4	26.0	27.5
240	Fluazifop-butyl	82.5	5.1	70.4	8.9	47.6	14.0	76.7	14.6	96.3	9.2	89.6	10.0	71.2	10.6	72.9	12.4	96.2	10.6	94.3	22.4	102.7	2.6	95.4	6.7
241	Fluazifop-p-butyl	61.4	21.9	80.4	10.7	40.9	3.1	69.3	6.0	91.0	2.9	92.2	1.7	93.7	6.6	87.3	19.2	78.0	10.9	94.9	18.1	73.8	15.6	87.1	5.3
242	Flubendiamide	65.0	24.9	93.4	7.9	89.5	3.8					77.1	12.9	78.5	3.9	88.5	11.9	104.9	11.7	93.1	12.0	74.1	3.9	89.2	11.3
243	Flucarbazone	12.2	79.9	21.5	48.7	45.4	22.1	28.0	25.1	54.6	19.3	35.5	11.7	23.9	27.4	28.3	47.9	40.5	23.3			18.1	27.5	15.5	37.8
244	Flucycloxuron											179.4	46.3												
245	Flufenacet	93.4	17.1	84.7	5.8	92.2	6.8	54.3	16.1	74.6	14.7	109.3	10.4	84.7	3.2	78.7	2.3	85.9	6.1	87.2	0.1	83.9	2.4	77.9	2.5
246	Flufenoxuron																	80.7	10.6						
247	Flufenpyr-ethyl	75.1	5.5	73.3	5.7	73.7	9.0	70.6	3.2	98.9	8.8	76.5	19.5	96.8	11.4	84.3	11.9	91.5	9.8	86.8	12.7	77.0	5.6	78.8	4.9
248	Flumequine	82.5	1.5	91.7	2.1	82.6	9.8	40.6	27.3	46.4	65.6	91.3	13.9	216.7	7.2	94.2	3.3	86.5	9.1	7742.4	48.0	77.0	2.2	88.4	2.5
249	Flumetsulam	74.5	0.2	70.5	7.0	87.5	7.0	73.9	2.0	75.9	1.8	92.1	5.4	86.6	7.2	81.2	7.1	78.4	16.3	82.6	9.4	92.3	2.8	81.2	6.7
250	Flumiclorac-pentyl																							73.4	18.7
251	Flumorph	75.0	4.4	75.5	5.6	104.3	1.4	79.2	2.6	99.1	9.0	81.6	6.2	92.0	3.3	84.6	1.1	108.1	7.1	88.4	8.9	79.6	4.2	92.2	5.3
252	Fluometuron	82.4	16.0	85.3	8.9	91.8	4.8			81.1	2.8	87.3	4.2	89.1	10.2	74.8	6.6	87.7	0.9	84.8	8.1	95.0	2.3	80.1	5.8
253	Fluopicolide	52.9	18.1	54.8	14.1	111.0	13.2	73.7	19.0	83.1	5.8	76.2	7.4	113.0	18.7	91.3	18.6	72.1	7.6	102.1	8.0	79.5	6.2	102.2	19.7
254	Fluopyram	77.4	5.0	77.6	6.7	100.0	10.4	42.0	5.4	96.2	11.8	81.6	8.5	95.4	13.6	88.0	5.4	101.1	3.0	86.4	12.0	76.5	4.9	82.7	6.7
255	Fluoroglycofen-ethyl																								
256	Fluoxastrobin	78.7	6.9	76.8	9.8	101.9	11.2	41.0	5.4	95.6	15.7	80.6	10.9	92.5	12.8	84.3	6.3	95.9	8.7	84.0	15.5	74.2	5.0	81.3	6.9
257	Fluquinconazole	105.7	2.4	102.5	1.5	89.4	6.5	86.7	8.1	93.1	15.8	101.8	18.6	95.7	9.4	75.1	5.9	80.7	5.9	80.6	9.4	79.9	4.9	76.4	13.2
258	Fluridone	96.1	18.5	86.4	5.0	91.3	4.7	71.7	12.5	77.1	6.7	70.2	5.3	81.0	2.9	78.9	0.9	91.0	2.4	91.1	4.0	85.3	3.1	82.4	7.1
259	Flurochloridone	92.7	5.6	106.4	1.1	94.0	1.8	81.0	4.2	86.4	15.5	90.3	15.5					87.2	37.7	100.0	7.2	76.8	7.1	74.9	2.1
260	Flurprimidol	84.6	2.2	70.8	6.5	114.4	13.0	70.6	8.4	110.0	16.2	73.1	9.5	78.1	16.2	107.2	9.9	82.9	17.4	118.7	3.0	89.9	7.6	98.9	15.6
261	Flurtamone	110.3	8.6	107.9	12.1	110.0	5.9	80.1	3.7	72.3	16.2	70.8	2.2	85.1	4.3	94.8	2.2	101.2	1.0	88.7	14.8	100.3	6.4	94.6	6.4
262	Flusilazole	115.1	9.8	102.9	2.6	96.1	13.2	84.8	5.2	75.0	16.7	101.4	12.7	93.8	8.3	71.9	3.1	79.9	5.7	97.9	6.2	81.7	3.2	76.9	8.3
263	Fluthiacet-methyl	74.6	6.6	73.4	0.3	19.0	23.2	18.7	28.7	94.7	9.1	79.7	8.9	69.5	2.7	68.7	9.0	96.2	8.2	89.4	12.8	99.9	7.6	87.2	8.7
264	Flutolanil	114.0	7.2	102.6	5.7	102.1	10.4	104.9	5.8	88.0	19.2	86.8	0.9	114.3	17.1	98.4	7.3	115.4	8.5	86.4	12.2	101.9	8.0	90.1	3.3
265	Flutriafol	115.2	6.6	117.6	10.3	102.1	7.5	91.8	8.8	86.8	9.3	72.2	13.0	89.8	1.2	110.2	9.0	114.5	2.5	84.9	14.2	93.9	7.8	91.0	5.1
266	Fluxapyroxad	77.6	4.0	74.0	6.3	107.7	9.5	78.0	9.1	92.2	1.4	73.9	14.7	90.4	5.0	82.0	9.2	80.0	16.0	92.2	16.8	82.0	4.5	85.5	6.0
267	Fonofos	97.9	20.0	70.9	3.4	112.6	9.6	46.8	33.1	81.9	8.6	99.3	1.4	71.1	1.4	78.9	13.6	84.1	8.7	77.0	6.4	84.9	4.3	77.1	1.9
268	Foramsulfuron	30.1	75.4	35.1	59.7	43.5	21.2					36.7	3.2	50.5	17.5	42.2	23.0	62.6	5.2					46.7	1.4
269	Forchlorfenuron																								
270	Fosthiazate	103.8	15.9	83.0	1.6	83.7	7.1	71.0	4.5	75.8	2.2	103.9	6.6	88.8	13.1	102.7	9.8	73.5	14.6	108.8	22.5	86.6	6.6	85.7	7.2
271	Fuberidazole	77.9	5.7	105.2	5.2	89.9	12.4	58.6	8.3	77.1	7.3	92.8	3.0	88.3	6.4	77.1	5.9	75.9	2.3	71.3	14.2	72.8	8.2	70.3	13.9

续表

序号	农药名称	甘蓝						菠菜						芹菜						番茄					
		5 μg/kg		10 μg/kg		20 μg/kg		5 μg/kg		10 μg/kg		20 μg/kg		5 μg/kg		10 μg/kg		20 μg/kg		5 μg/kg		10 μg/kg		20 μg/kg	
		Rec. (%)	RSD (%)	Rec. (%)	RSD (%)	Rec. (%)	RSD (%)	Rec. (%)	RSD (%)	Rec. (%)	RSD (%)	Rec. (%)	RSD (%)	Rec. (%)	RSD (%)	Rec. (%)	RSD (%)	Rec. (%)	RSD (%)	Rec. (%)	RSD (%)	Rec. (%)	RSD (%)	Rec. (%)	RSD (%)
272	Furalaxyl	90.7	5.7	94.3	7.5	108.5	4.2	88.9	7.3	85.0	13.7	74.4	14.3	88.3	2.6	103.6	6.5	80.0	4.0	85.2	12.7	95.0	8.3	91.6	2.5
273	Furathiocarb	119.1	8.2	98.8	7.5	95.6	13.6	98.4	7.4	83.9	13.8	111.0	14.7	97.7	11.3	72.5	10.3	85.0	15.2	157.0	6.6	89.5	5.8	84.5	11.3
274	Furmecyclox	19.1	8.8	15.5	20.0	14.0	53.9	72.8	3.7	78.5	7.8	72.8	10.8	13.1	44.8	10.5	23.3	14.1	18.0	83.4	6.2	82.9	6.3	74.5	11.7
275	Halofenozide	76.5	5.9	70.7	9.2	107.9	10.7	73.7	0.0	98.5	18.2	71.1	11.6	101.0	11.2	94.1	2.3	94.0	12.9	89.6	10.5	82.6	6.4	79.7	9.0
276	Halosulfuron-methyl	119.3	1.4	100.8	11.5	88.1	5.7	72.6	13.4	80.9	8.1	102.4	8.5	90.6	10.9	77.3	8.2	108.6	10.1	95.7	4.8	80.8	8.7	78.3	8.2
277	Haloxyfop					47.4	34.2	22.4	64.5	7.3	65.9	19.7	27.4	42.8	41.2	44.0	9.3	22.3	4.5			40.9	14.5	32.5	15.5
278	Haloxyfop-ehyoxyethyl	101.1	9.0	83.6	8.5	89.4	14.5	116.2	8.2	95.5	15.2	113.4	12.2	104.7	12.5	74.9	7.5	90.0	19.7	155.5	8.0	88.0	5.1	82.5	10.2
279	Haloxyfop-methyl	81.4	3.8	71.0	2.0	91.9	10.5	69.6	10.1	93.3	14.2	81.6	12.0	71.7	4.0	78.0	5.2	93.9	11.4	100.7	17.5	104.5	6.5	89.9	6.8
280	Heptenophos	94.1	18.6	83.1	1.3	93.2	4.5	26.6	66.7	74.9	5.5	107.8	6.5	86.9	4.2	77.6	2.3	89.4	3.1	83.2	6.9	87.0	4.6	80.9	10.0
281	Hexaconazole	112.7	6.5	109.8	1.2	94.7	13.5	92.1	3.8	91.1	11.3	104.7	11.5	90.0	8.0	75.6	3.2	84.8	1.0	74.2	5.6	83.2	2.7	77.5	6.1
282	Hexazinone	89.6	17.2	84.7	6.6	93.5	6.6	64.9	7.3	79.4	3.3	103.5	3.0	92.3	6.6	76.2	5.2	91.8	3.0	85.1	10.2	88.3	2.5	85.9	6.6
283	Hexythiazox	116.2	2.7	109.5	0.6	91.7	1.3	153.1	7.4	99.8	7.9	114.9	8.8	99.8	16.1	72.6	18.7	71.7	14.7	114.1	12.7	71.3	6.9	87.6	14.3
284	Hydramethylnon																								
285	Hymexazol					109.3	5.0	103.2	19.1	114.2	18.5	74.3	1.2	109.5	0.6	83.9	9.8	97.3	13.2	104.9	19.1	80.5	15.5	86.5	11.6
286	Imazalil	89.4	15.3	78.4	5.3	85.7	4.9	51.4	2.8	65.5	9.7	89.8	19.0	86.8	3.9	80.0	5.2	109.1	3.4	93.6	13.8	90.3	4.1	77.8	3.9
287	Imazamethabenz-methyl	101.1	18.7	85.5	6.2	89.0	2.9	60.7	3.8	74.1	0.4	101.1	3.6	88.0	4.4	80.6	5.3	93.3	4.0	88.9	9.6	86.6	3.6	82.9	8.1
288	Imazamox	52.9	12.6	47.4	16.4	28.1	59.4	23.4	48.3	20.7	18.6	54.9	5.6	57.1	2.3	46.1	12.7	70.6	7.9	32.4	17.5	53.5	13.3	49.4	7.9
289	Imazapic	62.6	5.4	70.8	5.9	53.0	34.2	32.8	33.9	30.5	12.0	58.6	3.7	64.2	4.8	53.4	4.1	73.4	6.0	39.7	9.3	70.7	6.3	53.4	2.9
290	Imazapyr					52.1	11.8	41.2	20.2	28.5	16.3	31.7	13.5	14.3	46.8	21.8	35.7	19.5	11.4	25.1	50.5	41.9	12.3	43.1	10.9
291	Imazaquin					19.2	64.1	14.8	82.5	7.1	162.8	5.5	126.3	31.3	132.2	33.0	36.4	23.2	11.0						
292	Imazethapyr	21.8	26.6	9.7	53.3	92.2	9.4	92.4	1.1	71.0	8.0	71.2	1.6	71.1	9.1	71.2	2.6	81.2	13.9	77.3	2.0	82.1	10.3	79.1	8.9
293	Imazosulfuron																					57.0	28.3	65.7	37.7
294	Imibenconazole											243.1	38.1			14.9	66.0	31.5	24.0	28.5	21.2	18.3	35.0	78.1	13.1
295	Imidacloprid	117.7	7.0	95.7	11.9	102.5	9.7	184.7	9.0	91.0	13.4	83.3	9.8	92.1	6.1	114.2	10.8	91.2	3.5	244.1	6.4	101.7	6.7	89.2	3.1
296	Imidacloprid-urea	79.3	4.1	78.7	6.1	107.1	10.4	84.2	2.6	95.4	13.3	75.5	2.7	82.5	7.3	83.4	1.2	99.0	8.8	98.2	18.6	86.9	7.3	90.1	9.9
297	Inabenfide	53.7	19.8	70.6	4.7	37.0	6.7	37.4	18.6	49.1	3.5	71.3	1.4												
298	Indoxacarb	74.0	2.8	73.7	7.7	114.9	14.9			73.9	13.7	85.2	13.9	71.9	14.8	75.0	9.9	99.8	6.8	99.6	15.5	111.6	8.0	90.5	5.3
299	Iodosulfuron-methyl					20.2	14.7	36.0	30.8	22.8	65.1	17.1	44.8	29.8	118.9	25.9	39.5	20.5	21.6	15.6	21.1	10.3	40.9	22.8	13.3
300	Ipconazole	72.7	10.7	74.8	11.1	80.1	3.7	63.6	5.4	92.0	8.5	101.5	6.6	78.5	2.0	74.5	18.8	111.3	17.2	75.1	12.2	79.6	7.2	74.6	10.3
301	Iprobenfos	99.9	6.6	90.7	3.2	107.8	7.8	75.1	5.4	93.3	11.4	70.9	6.5	86.4	3.5	93.6	1.0	100.5	5.0	89.0	12.9	96.9	9.2	91.2	6.1
302	Iprovalicarb	103.6	6.6	95.7	9.0	105.7	9.7	73.3	11.2	90.9	12.2	71.7	7.4	87.1	5.1	95.8	2.6	97.4	5.7	88.0	15.5	94.4	6.9	91.3	1.8
303	Isazofos	93.8	6.2	94.5	4.8	90.4	7.9	82.3	2.3	100.1	10.3	95.7	8.5	87.8	5.0	75.9	3.0	82.7	6.4	90.8	6.7	84.7	7.5	81.5	3.8
304	Isocarbamid	91.3	3.9	115.0	3.9	94.3	2.0	79.5	5.6	93.9	5.9	100.0	0.4	86.4	5.8	75.6	3.4	94.1	6.0	89.4	1.0	88.5	5.0	73.0	2.4
305	Isocarbophos	93.4	0.3	108.6	2.7	80.6	18.8	84.2	2.9	99.8	6.5	95.7	3.0	89.9	2.5	74.4	6.6	90.6	4.3	95.5	3.0	88.1	5.6	71.8	3.2

续表

序号	农药名称	甘蓝						菠菜						芹菜						番茄					
		5 μg/kg		10 μg/kg		20 μg/kg		5 μg/kg		10 μg/kg		20 μg/kg		5 μg/kg		10 μg/kg		20 μg/kg		5 μg/kg		10 μg/kg		20 μg/kg	
		Rec. (%)	RSD (%)	Rec. (%)	RSD (%)	Rec. (%)	RSD (%)	Rec. (%)	RSD (%)	Rec. (%)	RSD (%)	Rec. (%)	RSD (%)	Rec. (%)	RSD (%)	Rec. (%)	RSD (%)	Rec. (%)	RSD (%)	Rec. (%)	RSD (%)	Rec. (%)	RSD (%)	Rec. (%)	RSD (%)
306	Isofenphos	90.6	19.7	82.0	5.1	92.5	10.8	75.2	12.0	96.7	8.9	74.5	15.9	71.6	5.0	72.3	3.4	72.3	6.8	85.2	18.5	83.7	7.2	71.9	8.1
307	Isofenphos oxon	98.6	13.9	86.6	6.9	92.3	7.1	80.8	8.8	78.9	4.4	87.2	2.6	87.0	4.4	78.1	1.4	83.1	4.5	88.6	5.5	87.9	2.3	79.1	6.2
308	Isomethiozin																								
309	Isoprocarb	89.9	6.7	117.2	7.0	119.8	9.9	96.8	17.0	71.7	9.7	70.3	9.2	87.6	5.6	100.5	6.0	119.4	2.6	84.2	15.3	88.2	9.0	92.2	2.7
310	Isopropalin									90.4	13.5	87.6	20.4							152.3	110.4	187.4	13.0	80.8	2.5
311	Isoprothiolane	98.4	19.4	75.5	5.1	92.5	7.0	70.6	13.6	84.1	12.7	99.8	15.2	82.9	1.2	61.1	5.1	89.0	12.4	92.4	1.1	83.6	4.7	79.6	4.9
312	Isoproturon	100.1	16.8	79.8	7.8	89.4	4.6	72.4	6.2	76.7	3.9	107.4	0.8	90.2	2.7	81.3	4.3	89.7	8.8	86.9	10.1	91.4	2.0	76.4	2.5
313	Isouron	111.8	7.9	112.9	9.6	107.2	5.0	85.1	14.7	75.4	9.5	78.0	12.1	86.5	7.4	110.4	5.3	80.8	5.4	85.4	15.2	89.9	10.4	93.8	4.5
314	Isoxaben	115.8	6.8	100.7	7.7	104.2	9.0	100.8	5.2	71.5	7.8	83.4	1.9	115.6	16.5	97.6	5.8	116.7	10.0	86.1	14.3	100.4	7.2	91.1	3.2
315	Isoxadifen-ethyl	89.0	7.8	83.9	7.9	87.3	8.6							108.3	7.9	85.0	14.7	95.1	5.9	85.3	19.4	99.7	3.2	91.6	11.7
316	Isoxaflutole	65.4	51.0	81.2	4.2	108.1	4.2	29.6	82.5	105.1	18.6	76.4	30.3	110.0	6.3	108.6	13.1	95.9	11.6	84.7	14.8	94.3	2.3	117.3	16.0
317	Isoxathion	117.3	0.8	110.9	14.2	101.0	9.8	139.3	5.9	93.5	12.8	115.4	6.0	93.0	12.7	81.7	17.7	78.0	11.7	116.6	3.8	74.4	5.2	82.8	13.9
318	Ivermectin																								
319	Kadethrin																							43.3	34.8
320	Karbutilate	88.9	5.5	92.5	7.5	101.9	11.1	108.1	11.3	70.5	13.3	90.2	0.5	90.4	7.4	91.1	5.1	88.8	5.3	88.5	14.4	91.0	9.9	88.1	2.1
321	Kresoxim-methyl	97.8	18.4	88.7	4.5	94.6	7.2	48.3	15.4	83.7	8.6	77.9	17.9	82.7	3.7	79.8	1.6	91.9	9.9	84.7	3.1	87.0	1.3	75.3	2.1
322	Lactofen	298.0	18.1	254.3	45.7	106.7	2.1	295.6	28.0	73.0	0.4	115.8	7.2	88.6	4.0	71.2	8.4	70.4	13.4	100.6	4.4	64.3	5.1	98.2	3.7
323	Linuron	90.9	18.1	86.7	6.6	91.8	7.3	73.1	14.6	83.6	11.8	111.3	8.2	97.4	11.4	81.8	7.0	95.4	10.4	93.2	3.2	86.6	2.5	76.4	4.0
324	Malaoxon	86.7	4.6	111.1	7.1	88.9	0.3	82.7	5.0	94.4	5.4	95.3	4.6	84.7	2.1	73.7	5.0	91.6	7.3	88.5	2.2	93.3	4.2	74.9	5.4
325	Malathion	77.4	1.5	76.3	5.7	85.9	9.0	75.8	13.2	86.5	12.4	86.9	5.4	72.2	7.6	42.9	14.3	92.3	14.4	94.1	1.4	82.9	5.0	87.4	9.9
326	Mandipropamid	70.5	6.5	71.6	0.7	102.2	11.6	74.0	4.2	102.4	19.1	88.1	9.2			98.8	5.2	87.0	4.1	86.1	12.1	74.7	4.4	81.0	8.2
327	Mecarbam	100.5	16.2	84.8	7.1	91.5	9.1	71.7	10.3	80.9	12.6	119.1	14.4	84.6	3.9	79.3	2.2	81.0	12.8	87.7	0.8	84.9	3.4	70.3	7.0
328	Mefenacet	98.8	17.5	84.1	5.0	93.2	7.4	72.3	12.0	81.8	12.4	117.4	5.6	84.9	1.9	76.9	3.9	94.6	10.9	85.6	4.1	86.6	2.0	72.7	4.9
329	Mefenpyr-diethyl	97.8	16.6	84.7	5.2	93.7	8.7	72.8	14.2	86.6	19.9	118.1	12.1	80.2	4.9	82.9	5.5	89.2	13.3	87.2	13.7	83.6	7.7	87.7	13.4
330	Mepanipyrim	90.7	7.2	92.3	7.0	103.2	9.1	73.3	11.2	80.3	11.7	101.4	11.4	82.0	4.5	75.1	7.0	96.8	6.1	78.7	20.5	87.7	6.9	76.7	6.4
331	Mephosfolan	118.0	5.4	96.9	7.2	105.5	8.2	114.6	11.9	72.9	13.3	90.9	1.7	85.6	4.5	115.5	12.8	93.6	1.2	87.2	13.2	96.7	9.5	90.3	6.5
332	Mepiquat chloride	68.1	1.3	94.3	7.4	80.4	4.0	67.3	9.1	77.2	8.9	82.7	2.3	73.6	2.0	92.6	3.3	76.5	9.3	71.6	2.4	79.4	3.4	70.8	3.6
333	Mepronil	89.0	14.6	83.6	4.7	94.7	9.3	73.7	11.5	83.3	13.3	102.6	11.0	84.9	3.8	79.6	0.5	89.6	9.2	91.2	1.3	87.4	1.7	75.0	4.0
334	Mesosuifuron-methyl	82.5	9.9	91.3	16.6	97.0	8.7	91.1	12.0	76.8	0.5	75.9	10.2	72.9	13.5	104.2	2.4	111.7	5.7	78.6	12.7	86.0	11.4	81.2	5.7
335	Metalaxyl	90.2	3.7	113.6	5.8	88.4	0.1	82.3	4.0	96.9	2.9	96.3	6.7	86.1	6.9	72.0	5.8	93.2	8.6	86.6	4.8	86.9	6.3	72.5	6.6
336	Metalaxyl-m	117.6	5.0	117.8	13.1	105.3	8.3	100.8	8.8	84.0	4.6	90.1	2.5	87.2	4.2	112.6	10.5	87.7	2.9	84.5	13.1	95.4	13.0	87.5	6.8
337	Metamitron	97.9	19.1	83.8	4.5	88.5	6.1	86.9	8.4	76.9	4.2	104.2	3.8	88.5	5.1	80.2	6.3	91.5	8.5	106.9	7.2	98.8	2.8	73.8	2.1
338	Metamitron-desamino																								
339	Metazachlor	95.0	14.2	84.8	7.0	84.0	7.8	74.7	3.0	71.7	5.2	116.8	3.1	90.0	3.5	77.2	10.0	88.2	7.7	78.1	13.2	92.2	4.0	77.4	5.6

续表

序号	农药名称	甘蓝						菠菜						芹菜						番茄					
		5 μg/kg		10 μg/kg		20 μg/kg		5 μg/kg		10 μg/kg		20 μg/kg		5 μg/kg		10 μg/kg		20 μg/kg		5 μg/kg		10 μg/kg		20 μg/kg	
		Rec. (%)	RSD (%)	Rec. (%)	RSD (%)	Rec. (%)	RSD (%)	Rec. (%)	RSD (%)	Rec. (%)	RSD (%)	Rec. (%)	RSD (%)	Rec. (%)	RSD (%)	Rec. (%)	RSD (%)	Rec. (%)	RSD (%)	Rec. (%)	RSD (%)	Rec. (%)	RSD (%)	Rec. (%)	RSD (%)
340	Metconazole	77.2	10.4	74.0	0.1	86.9	9.4	88.2	5.0	83.4	12.2	85.4	11.7	55.8	16.8	59.8	8.5	75.7	9.2	52.0	44.0	77.1	1.8	84.4	1.2
341	Methabenzthiazuron	92.3	9.1	109.3	2.1	92.0	13.1	78.2	0.3	100.3	9.6	95.9	6.2	87.5	3.7	71.6	6.3	89.5	7.8	83.1	1.4	89.2	9.1	74.5	6.2
342	Methamidophos	93.7	11.2	79.4	9.8	88.0	6.3	72.0	2.3	73.9	2.3	98.2	4.3	84.3	7.4	75.4	6.2	90.9	6.0	90.9	9.9	82.2	4.5	72.6	7.4
343	Methidathion	74.8	4.5	72.9	2.1	95.2	2.4	82.8	2.0	104.5	4.2	74.4	12.7	93.4	13.9	89.6	2.7	100.5	6.9	86.4	13.0	80.1	5.3	96.1	5.1
344	Methiocarb	82.5	10.1	85.8	2.5	91.5	6.5	52.8	25.9	81.5	9.2	89.5	5.5	86.7	3.0	74.3	4.8	91.3	5.4	87.9	4.4	84.9	2.4	81.6	7.4
345	Methiocarb sulfone					99.7	29.5					78.6	9.6	71.5	12.2	110.3	4.3	86.6	2.4	89.4	23.8	115.8	8.8	91.4	0.3
346	Methiocarb sulfoxide	85.1	3.0	116.3	5.8	86.3	13.4	81.0	3.3	97.9	5.6	112.9	0.6	82.3	6.7	73.4	3.1	92.5	8.9	90.2	3.1	91.2	4.9	73.1	3.1
347	Methomyl	115.1	12.0	119.9	8.2	104.0	4.8	118.8	7.7	76.2	8.7	75.2	18.9	86.5	6.2	113.7	12.7	94.6	1.5	91.9	16.4	111.6	9.8	91.4	5.5
348	Methoprotryne	112.6	11.0	83.9	7.4	32.7	172.3	87.7	7.0	78.7	11.4	86.7	5.6	85.0	6.3	97.5	0.7	87.4	4.8	49.4	8.7	98.9	9.5	87.8	3.4
349	Methoxyfenozide	102.3	4.5	109.3	2.7	101.7	8.3	90.8	3.6	91.0	9.9	94.7	13.7	97.3	5.8	71.4	5.2	89.3	4.0	76.0	5.0	88.2	5.5	71.1	2.2
350	Metobromuron	95.6	1.7	115.0	3.1	79.5	10.4	85.3	3.9	101.6	7.3	95.0	8.4	92.9	3.8	74.4	4.0	106.0	5.2	90.6	4.3	83.6	5.4	73.9	6.5
351	Metolachlor	99.8	2.9	103.1	4.7	87.9	2.5	79.8	0.7	94.4	7.6	92.3	14.4	88.1	5.8	72.6	4.0	88.2	6.1	75.4	7.9	85.0	5.9	78.0	8.8
352	Metolcarb	90.5	3.7	111.1	3.7	82.5	4.6	82.7	8.4	95.0	8.7	94.0	8.1	84.0	6.1	75.1	3.0	90.2	7.8	88.6	2.9	85.4	9.1	70.7	8.0
353	Metominostrobin-(*E*)	75.6	5.1	75.9	3.8	106.4	10.6	83.5	4.1	98.8	7.7	85.9	7.8	91.7	4.0	87.0	0.1	98.7	4.2	88.5	8.2	81.8	5.5	81.2	8.7
354	Metominostrobin-(*Z*)	75.6	5.1	75.9	3.8	106.4	10.6	83.5	4.1	98.8	7.7	85.9	7.8												
355	Metosulam	86.0	4.5	105.2	5.9	92.8	9.8	88.4	3.6	93.9	9.1	93.1	2.2	86.1	6.9	71.2	5.1	85.3	5.2	84.4	2.4	79.6	7.9	80.8	4.9
356	Metoxuron	92.6	5.7	114.6	5.0	95.6	6.3	81.8	2.7	94.9	5.9	94.7	0.2	83.6	5.9	72.1	6.0	94.4	5.6	89.5	3.4	89.1	7.1	73.7	3.5
357	Metrafenone	81.8	14.6	81.7	10.8	111.5	16.5	70.2	4.4	102.2	5.7	95.6	6.0	75.7	11.5	75.2	14.8	91.9	3.2	96.2	14.1	82.1	6.0	79.7	8.6
358	Metribuzin	95.4	16.8	83.5	6.6	91.7	6.9	62.1	23.8	74.8	1.6	98.8	3.1	86.8	6.4	74.0	8.0	87.6	8.7	88.4	10.2	90.9	3.1	76.7	5.1
359	Metsulfuron-methyl	72.3	3.1	107.5	6.3	84.4	2.9	69.9	5.5	69.7	21.8	80.0	6.8	74.6	8.1	75.3	18.3	81.5	7.3	41.1	27.9	44.6	67.6	75.2	3.7
360	Mevinphos	91.8	18.7	75.3	1.0	87.2	6.5	76.8	4.1	71.6	5.9	92.2	5.5	88.9	5.3	78.1	2.5	88.7	9.2	78.5	9.2	82.1	5.4	73.4	5.7
361	Mexacarbate	80.7	5.4	109.0	2.4	81.8	11.2	74.6	3.8	92.2	9.2	87.2	10.8	75.2	17.4	71.5	2.7	88.5	4.9	87.2	2.3	87.6	7.3	72.7	4.3
362	Molinate	83.2	11.2	73.3	7.1	82.1	4.1	79.6	1.1	108.5	18.7	81.5	14.0	102.8	7.2	88.8	8.4	82.1	20.0	76.4	10.6	73.6	2.1	77.6	17.2
363	Monocrotophos	95.6	19.7	83.7	5.6	97.9	6.9	72.1	8.8	75.6	3.0	102.8	6.9	81.4	16.9	83.3	8.1	90.6	7.6	85.4	4.7	93.6	2.3	87.1	9.3
364	Monolinuron	75.8	5.2	76.6	5.6	105.5	9.5	81.8	3.7	92.0	10.0	77.9	4.3	91.4	9.8	91.5	1.7	97.9	9.2	90.8	11.6	82.4	1.9	84.7	7.0
365	Monuron	95.7	17.9	85.2	6.4	91.4	6.9	85.0	3.8	78.3	0.6	104.8	3.9	88.2	3.9	77.7	6.7	94.1	1.3	87.0	6.1	87.8	4.5	83.3	9.6
366	Myclobutanil	103.2	17.1	98.3	8.6	96.6	8.1	72.4	10.6	78.5	13.3	74.9	3.6	87.9	4.6	71.7	9.5	117.0	9.5	122.2	16.5	82.0	4.8	81.2	10.0
367	Naproanilide	83.6	16.2	82.8	12.6	104.2	16.4	70.8	5.7	95.8	9.1	86.8	11.7	107.9	4.0	92.9	16.9	111.6	12.5	102.1	12.0	86.8	2.5	79.4	7.1
368	Napropamide	103.7	3.7	103.3	5.0	89.0	4.3	83.7	0.9	93.5	8.6	92.1	15.2	88.6	6.7	72.6	5.5	86.3	6.6	79.0	8.1	85.3	6.1	79.1	9.6
369	Naptalam											1.3	63.1												
370	Neburon	99.7	4.1	85.7	3.2	115.1	5.6	62.9	8.1	88.0	8.5	76.5	7.7	79.3	2.2	83.6	14.6	112.6	4.3	99.9	19.8	111.9	7.1	90.7	11.5
371	Nicosulfuron																								
372	Nitenpyram	108.7	13.5	95.7	11.3	92.6	5.8	100.1	4.4	72.1	2.9	84.0	1.6	83.4	5.4	118.4	14.3	92.7	1.4	80.5	17.1	87.8	8.2	99.1	7.4
373	Nitralin	85.1	3.8	81.4	7.1	101.6	9.6	22.0	6.2	108.9	11.8	78.0	14.0	100.4	11.0	85.9	15.3	100.2	4.9	90.2	11.3	78.5	6.0	83.2	7.1

续表

序号	农药名称	甘蓝						菠菜						芹菜						番茄					
		5 μg/kg		10 μg/kg		20 μg/kg		5 μg/kg		10 μg/kg		20 μg/kg		5 μg/kg		10 μg/kg		20 μg/kg		5 μg/kg		10 μg/kg		20 μg/kg	
		Rec. (%)	RSD (%)	Rec. (%)	RSD (%)	Rec. (%)	RSD (%)	Rec. (%)	RSD (%)	Rec. (%)	RSD (%)	Rec. (%)	RSD (%)	Rec. (%)	RSD (%)	Rec. (%)	RSD (%)	Rec. (%)	RSD (%)	Rec. (%)	RSD (%)	Rec. (%)	RSD (%)	Rec. (%)	RSD (%)
374	Norflurazon	90.3	3.6	114.9	3.1	89.3	5.0	83.7	3.8	94.9	5.6	97.1	3.1	88.7	3.1	73.9	6.1	90.1	3.3	91.3	2.0	89.9	6.5	80.0	4.5
375	Nuarimol	87.5	10.6	88.5	2.0	87.4	9.5	27.6	50.4	81.5	10.1	76.1	15.7	76.6	2.0	81.3	8.8	88.5	11.3	86.7	10.3	87.3	5.6	72.0	7.9
376	Octhilinone	96.9	4.1	93.6	4.7	86.8	7.1	4.9	42.4	5.1	53.7	8.3	26.7	76.0	6.6	82.0	9.4	71.2	2.4	96.6	1.8	72.7	5.7	71.8	2.3
377	Ofurace	101.1	18.5	83.9	6.4	91.2	7.2	32.2	45.6	78.8	1.9	99.2	3.9	101.9	6.3	89.5	8.9	84.2	1.8	85.9	9.2	89.3	2.2	82.2	7.8
378	Omethoate	84.2	3.5	110.2	5.4	92.5	5.1	80.6	7.1	91.5	5.0	94.2	1.1	85.7	4.9	71.9	5.0	89.9	7.1	87.7	1.9	89.3	5.4	81.8	7.7
379	Orbencarb	104.0	4.2	94.6	4.9	86.2	12.4	100.4	7.5	96.6	9.6	115.4	11.6	91.3	6.1	73.7	2.6	81.0	5.8	112.2	5.3	83.8	4.7	79.8	7.7
380	Orthosulfamuron											22.5	11.0												
381	Oxadixyl	105.7	18.5	71.4	1.8	83.9	23.2	72.7	10.8	71.4	0.4	103.8	12.7	92.5	12.8	75.2	6.8	102.0	16.7	86.1	10.0	114.0	2.0	71.5	5.5
382	Oxamyl	89.1	2.8	110.4	5.0	85.5	3.1	79.9	2.7	88.9	5.0	94.4	3.9	87.8	5.5	74.5	1.2	91.4	11.6	90.1	3.2	91.4	6.2	75.6	6.7
383	Oxamyl-oxime	80.7	3.8	111.7	5.2	87.5	4.2	77.2	5.7	90.9	4.4	87.4	2.5	87.5	4.7	72.7	4.0	94.0	8.2	93.7	1.5	94.2	5.8	77.2	8.2
384	Oxaziclomefone	84.8	18.8	86.1	15.4	115.4	18.3	69.4	15.4	94.0	4.6	96.6	5.0	104.5	4.8	91.1	15.0	90.5	16.4	100.3	13.3	82.9	7.3	81.7	16.5
385	Oxine-copper																								
386	Oxycarboxin	98.2	19.8	82.8	6.1	90.8	5.1	81.8	1.7	75.8	0.8	98.0	2.3	86.6	5.8	81.6	6.5	97.2	1.6	100.6	1.6	98.0	4.4	91.1	7.3
387	Paclobutrazol	105.9	5.0	99.4	8.1	104.5	9.0	83.6	5.3	72.4	9.1	81.6	4.7	79.8	4.4	95.8	3.7	93.3	4.2	87.6	13.1	96.9	8.2	89.3	1.2
388	Paraoxon-ethyl	107.5	8.4	115.7	6.2	101.6	6.0	91.2	12.5	71.6	4.6	71.9	14.3	97.1	9.3	115.4	11.0	119.7	2.6	75.7	14.6	84.2	10.8	85.9	6.2
389	Paraoxon-methyl	78.6	4.7	78.4	7.4	92.9	10.8	81.2	6.0	86.7	17.7	80.1	1.8	80.3	6.2	80.4	5.3	89.2	10.5	89.5	12.9	78.3	9.9	74.6	13.4
390	Pebulate	113.3	8.0	99.1	2.8	87.9	14.0	101.3	12.6	81.0	12.2	106.1	18.9	79.9	8.5	95.8	10.0	80.7	12.0	71.7	7.0	54.7	11.1	49.4	11.1
391	Penconazole	84.8	3.5	82.5	0.9	101.8	10.4	73.0	4.5	75.8	13.9	91.5	7.1	74.9	10.5	85.9	9.1	92.8	6.0	87.4	14.8	104.2	7.4	94.8	4.3
392	Pencycuron	117.1	2.6	102.0	13.2	98.8	7.7	140.7	8.2	85.7	13.1	118.2	18.3	115.8	18.5	75.5	13.4	94.4	8.4	101.8	7.9	70.1	4.7	80.7	17.2
393	Pendimethalin	61.3	56.5	96.6	33.5	119.0	17.7	10.4	66.3	100.3	20.0	91.3	13.5	106.2	13.5	97.7	14.3	85.0	16.6	98.4	10.5	92.0	11.9	90.1	5.0
394	Penoxsulam	83.9	2.9	75.8	8.5	95.0	17.4	84.3	10.4	101.9	10.1	81.8	8.2	96.1	9.9	87.2	1.4	88.8	5.6	52.7	38.9	72.0	13.4	64.4	26.4
395	Pentanochlor	103.0	6.4	112.7	1.7	90.9	6.8	105.7	5.4	89.0	10.4	87.5	9.5	106.1	8.9	73.3	8.2	90.7	3.2	88.4	3.7	80.5	5.7	79.1	14.3
396	Phenmedipham	94.5	9.0	103.5	1.1	117.2	0.7	78.8	8.0	82.4	7.6	84.9	7.0	80.8	7.9	83.2	10.1	104.1	7.0	106.0	4.9	105.9	5.6	83.8	7.3
397	Phenthoate	91.5	18.2	81.9	5.6	100.2	11.6	57.6	7.2	99.7	13.1	78.5	11.1	78.5	4.5	78.7	4.4	90.4	14.9	90.1	13.5	87.0	4.4	84.3	14.2
398	Phorate			57.9	20.8	77.8	8.9					21.8	81.0	78.5	17.2	79.5	5.5	84.3	3.2	84.4	8.5	79.5	26.8	60.3	4.2
399	Phorate-oxon-sulfone																								
400	Phorate-sulfone	100.5	16.6	85.6	7.7	90.0	9.1	71.1	8.8	81.7	3.9	97.2	3.0	90.3	6.8	83.7	7.1	91.9	8.7	88.1	3.3	87.2	1.8	76.6	3.9
401	Phorate-sulfoxide	87.9	7.2	117.7	3.2	93.2	12.0	83.2	0.1	96.5	7.7	96.6	4.3	87.4	1.7	70.3	5.5	91.8	8.6	94.0	2.9	88.4	4.4	72.4	7.2
402	Phosalone	80.4	12.3	72.1	9.3	111.1	15.4	72.1	9.5	102.7	5.7	72.6	15.1	58.2	10.4	70.8	3.6	101.0	5.9	102.8	33.7	90.1	4.0	72.2	7.5
403	Phosfolan	91.6	4.5	114.7	4.7	89.1	8.1	79.5	3.2	92.5	5.4	93.7	3.7	83.2	4.4	73.4	6.4	93.8	8.2	89.4	3.3	90.1	7.4	76.3	5.3
404	Phosmet	96.6	4.0	109.3	4.4	82.6	3.3	93.1	3.5	93.6	7.8	99.5	12.8	103.8	3.2	79.2	8.4	89.9	5.1	72.8	8.2	87.7	8.4	74.9	8.4
405	Phosmet-oxon																								
406	Phosphamidon	91.7	13.0	94.2	6.9	103.4	7.1	106.4	13.3	71.1	12.2	93.8	1.3	87.6	6.8	115.8	16.5	90.0	4.1	89.1	17.5	99.0	10.3	88.5	3.4
407	Phoxim	76.4	6.2	70.5	15.0	105.4	7.0			88.7	8.3	78.9	10.4	73.3	1.2	77.1	16.5	107.5	8.7	87.2	18.3	85.3	4.5	79.4	13.8

续表

序号	农药名称	甘蓝						菠菜						芹菜						番茄					
		5 μg/kg		10 μg/kg		20 μg/kg		5 μg/kg		10 μg/kg		20 μg/kg		5 μg/kg		10 μg/kg		20 μg/kg		5 μg/kg		10 μg/kg		20 μg/kg	
		Rec. (%)	RSD (%)	Rec. (%)	RSD (%)	Rec. (%)	RSD (%)	Rec. (%)	RSD (%)	Rec. (%)	RSD (%)	Rec. (%)	RSD (%)	Rec. (%)	RSD (%)	Rec. (%)	RSD (%)	Rec. (%)	RSD (%)	Rec. (%)	RSD (%)	Rec. (%)	RSD (%)	Rec. (%)	RSD (%)
408	Phthalic acid, benzyl butyl ester	111.3	5.4	107.3	5.9	91.1	17.0	107.5	7.9	99.8	15.8	114.7	3.9	102.8	13.3	75.3	7.9	109.6	12.1	113.7	0.0	73.2	9.3	83.3	14.6
409	Phthalic acid, dicyclohexyl ester	128.4	5.2	127.5	24.3	86.7	8.7	111.2	17.2	101.6	8.3	126.5	7.2	115.2	9.8	75.4	16.4	70.2	19.3	116.0	13.2	65.4	1.6	111.9	2.9
410	Phthalic acid,bis-butyl	80.3	11.4	123.3	26.5	71.1	1.6	76.1	13.3	89.3	13.7	117.0	13.2	109.2	10.3	71.4	2.2	84.2	14.7	93.1	9.2	84.3	18.4	84.3	16.2
411	Picaridin	74.8	4.4	76.4	5.0	101.0	6.8	91.1	9.8	95.5	7.5	92.0	7.0	96.0	2.9	93.7	2.3	99.8	12.1	93.0	15.0	80.2	4.9	81.5	7.4
412	Picloram																								
413	Picolinafen					121.4	11.4					89.7	15.3			73.3	9.9	119.7	0.7	136.9	63.0	155.0	20.3	82.5	17.7
414	Picoxystrobin	102.0	9.3	98.1	7.4	96.4	7.6	104.0	7.3	84.5	15.9	106.4	13.7	97.5	7.6	71.7	3.1	87.0	7.6	115.4	4.7	88.5	7.4	74.4	6.2
415	Pinoxaden	74.6	12.1	71.3	7.0	35.1	12.1	45.8	10.9	70.1	8.9	76.4	0.4	88.6	10.7	88.4	5.0	90.1	9.5	82.9	16.5	80.0	4.9	83.3	7.5
416	Piperonyl butoxide	81.5	12.5	81.9	6.8	95.0	8.3	72.2	11.1	101.0	7.3	87.1	13.8	77.6	1.6	78.3	7.6	93.7	11.0	82.3	27.4	77.0	14.5	87.7	13.0
417	Piperophos	94.5	12.0	80.3	5.0	102.3	9.6	75.3	13.2	97.9	10.1	86.4	18.4	76.4	2.8	83.7	6.9	96.3	9.5	85.5	22.7	83.7	10.4	70.6	10.9
418	Pirimicarb	89.5	6.3	97.9	6.8	114.0	9.2	112.2	18.0	70.8	14.0	72.8	17.6	86.2	5.7	108.9	11.7	87.6	3.0	87.7	14.2	94.4	9.4	90.9	3.3
419	Pirimicarb-desmethyl-formamido																								
420	Pirimiphos-ethyl	99.3	5.2	110.2	18.6	102.9	10.1	88.8	10.7	104.4	8.8	80.2	6.7	77.2	1.7	85.1	12.4	98.6	16.1	96.1	26.4	89.1	14.2	82.4	14.6
421	Pirimiphos-methyl	104.8	3.8	82.0	12.1	110.9	7.5	62.6	11.1	76.9	9.7	71.6	9.1	78.5	6.9	82.2	9.0	102.8	6.6	91.3	17.1	96.0	7.0	94.1	8.3
422	Pirimiphos-methyl-n-desethyl	80.8	7.3	70.5	9.2	88.1	6.4	72.4	3.2	111.9	2.5	112.7	12.8	94.5	6.8	90.7	4.6	109.1	12.3	81.0	17.1	82.7	2.8	86.9	4.2
423	Prallethrin	76.5	5.8	79.4	8.1	105.1	13.1	69.3	7.0	100.2	9.2	92.8	6.5	87.7	10.7	79.1	15.5	91.4	18.1	85.5	14.1	75.5	10.6	79.0	7.8
424	Pretilachlor	85.9	3.9	74.5	2.0	101.1	13.9	73.1	12.6	73.7	18.4	72.3	5.2	76.9	3.3	93.9	6.4	102.1	8.0	92.2	13.0	108.7	11.1	98.1	6.0
425	Primisulfuron-methyl																								
426	Prochloraz	91.9	8.8	104.4	19.8	88.6	14.5	72.7	5.9	86.0	14.0	89.2	15.3	71.2	10.9	74.2	4.1	86.6	17.4	88.1	8.0	89.9	7.5	85.4	8.3
427	Profenofos	80.7	1.2	71.0	8.0	107.4	8.8	56.1	15.6	78.7	6.3	83.5	15.3	72.2	6.7	80.0	13.2	102.4	7.6	94.5	19.5	110.4	2.8	94.8	8.6
428	Promecarb	74.8	2.7	70.8	5.3	103.8	8.9	80.5	5.8	92.5	4.3	79.7	13.6	83.2	15.1	86.9	2.2	97.4	3.9	85.3	8.7	79.3	4.7	79.8	8.4
429	Prometon	90.9	11.5	94.0	7.8	91.9	7.4	72.7	5.9	70.3	2.0	95.0	6.4	81.4	10.9	78.0	5.5	96.5	6.1	94.9	17.9	89.6	2.4	83.9	7.5
430	Prometryne	98.9	2.1	70.5	3.0	147.6	109.9	83.2	10.5	80.0	18.9	99.0	0.4	81.8	7.6	91.1	5.9	107.9	6.4			99.7	10.3	97.8	6.8
431	Pronamide	111.5	7.9	115.3	4.5	108.7	11.0			82.4	7.4	70.5	3.4	79.9	4.8	96.1	1.4	104.0	5.5	81.2	13.8	103.4	10.1	87.0	6.4
432	Propachlor	114.7	9.8	115.2	11.1	117.0	8.7	82.3	19.4	70.7	16.0	71.6	8.2	90.1	6.8	104.1	5.9	108.6	4.5	80.9	9.3	91.4	8.2	90.4	3.8
433	Propamocarb	90.3	16.6	81.1	6.0	89.1	8.1	70.4	2.5	72.9	3.1	111.7	9.5	83.4	7.3	77.0	6.5	88.8	8.2	42.7	46.6	58.1	11.7	118.5	1.7
434	Propanil	111.8	14.7	73.3	12.4	97.5	3.4	49.3	21.0	84.0	12.5	108.1	9.3	90.1	23.6	92.4	33.8	119.0	3.8	86.8	10.4	90.7	8.0	90.0	9.4
435	Propaphos	89.5	3.8	78.4	0.6	103.0	10.6	71.9	0.9	92.2	15.1	76.2	5.9	64.7	5.4	72.6	1.5	84.4	7.9	91.2	13.1	98.1	7.9	89.9	4.8
436	Propaquizafop	116.1	8.9	111.6	9.0	91.5	3.8	114.4	14.6	91.5	13.6	116.9	7.5	91.6	15.5	73.0	7.0	79.9	16.1	144.6	6.9	85.5	4.9	82.1	13.6
437	Propargite	76.0	16.7	89.3	15.3	108.4	11.5			117.3	41.5	108.5	15.7	57.3	5.8	85.5	2.9	84.6	11.4	124.9	54.4	73.7	16.0	84.0	17.5
438	Propazine	81.4	3.7	70.5	1.0	103.1	5.6	88.5	12.1	89.9	9.4	90.6	6.9	76.0	11.8	92.2	4.2	97.2	5.9	89.1	14.0	95.9	6.2	94.1	11.3
439	Propetamphos	75.0	6.5	72.4	5.9	95.9	6.2	72.5	6.1	105.1	16.9	71.5	16.9	80.0	61.0	117.6	7.1	95.8	3.2	91.0	11.8	77.0	2.7	81.3	4.9
440	Propiconazole	88.9	4.9	73.0	1.9	104.9	6.8	60.0	16.2	87.3	11.6	93.5	4.1	77.9	8.8	91.1	4.0	92.7	1.5	86.8	13.9	101.1	5.4	95.4	9.4
441	Propisochlor	102.2	8.2	99.6	5.4	107.5	8.3	60.9	2.6	89.9	15.0	71.7	2.6	81.5	5.0	95.4	2.0	100.8	4.7	90.9	12.5	102.0	9.1	88.6	5.4

续表

序号	农药名称	甘蓝						菠菜						芹菜						番茄					
		5 μg/kg		10 μg/kg		20 μg/kg		5 μg/kg		10 μg/kg		20 μg/kg		5 μg/kg		10 μg/kg		20 μg/kg		5 μg/kg		10 μg/kg		20 μg/kg	
		Rec. (%)	RSD (%)	Rec. (%)	RSD (%)	Rec. (%)	RSD (%)	Rec. (%)	RSD (%)	Rec. (%)	RSD (%)	Rec. (%)	RSD (%)	Rec. (%)	RSD (%)	Rec. (%)	RSD (%)	Rec. (%)	RSD (%)	Rec. (%)	RSD (%)	Rec. (%)	RSD (%)	Rec. (%)	RSD (%)
442	Propoxur	116.8	6.3	94.1	7.9	107.4	9.5	108.3	19.4	75.3	8.8	73.3	19.6	90.5	8.0	113.5	9.3	86.9	2.2	85.8	12.3	94.4	10.1	88.9	4.9
443	Propoxycarbazone	82.2	5.8	110.0	4.9	100.3	5.1	72.8	7.9	71.7	13.9	79.9	1.7	76.7	9.6	72.5	1.9	82.7	7.0	30.5	34.5	18.3	38.3	48.0	28.9
444	Proquinazid	75.9	14.7	92.8	32.7	109.6	23.0	82.9	6.9	104.3	11.3	106.9	8.7	77.1	3.7	90.8	13.1	97.4	18.1	98.4	1.4	98.7	9.4	62.7	15.2
445	Prosulfocarb	87.8	14.0	74.5	9.4	85.6	10.2	74.2	10.1	90.4	18.2	73.7	7.9	78.2	6.2	70.0	4.8	85.1	15.3	61.1	55.5	88.3	12.1	77.5	13.9
446	Prothioconazole																							53.6	35.2
447	Prothoate																								
448	Pymetrozine	71.7	16.9	70.9	1.9	52.7	16.1							2.1	100.5	4.7	112.9	36.7	24.9						
449	Pyraclofos	92.5	14.4	73.8	6.9	106.1	12.4	4.8	93.3	101.1	10.8	88.4	7.8	70.0	1.3	70.2	5.5	72.8	13.2	95.8	27.6	85.0	3.1	86.4	14.6
450	Pyraclostrobin	85.3	3.0	73.7	6.6	118.1	5.4	72.4	20.0	70.7	15.4	91.2	9.9	71.2	1.5	80.3	16.7	107.3	11.3	96.0	26.3	112.5	3.6	90.9	10.3
451	Pyraflufen																								
452	Pyraflufen-ethyl	65.6	19.7	62.0	5.5	83.2	4.4	80.3	12.3	109.3	8.1	106.6	11.8	74.0	6.4	77.8	8.2	91.5	6.7	95.7	15.8	86.3	9.3	77.2	4.5
453	Pyrasulfotole	20.1	41.5	28.0	83.7	46.7	29.6	39.1	15.5	64.6	37.7	35.5	10.5	24.7	56.9	39.9	6.4	36.8	5.0	24.5	53.5	47.7	4.8	37.6	30.5
454	Pyrazolynate	150.2	9.9	108.7	16.2	76.5	19.0	164.9	2.8	86.9	3.9	112.3	12.1	107.7	15.9	73.9	6.3	102.6	8.8	115.6	4.5	74.7	7.7	82.1	15.1
455	Pyrazophos	118.6	9.4	105.1	8.3	87.7	8.5	99.5	6.6	94.6	12.2	110.1	16.7	100.4	8.8	75.0	1.4	82.2	8.9	138.0	4.9	90.2	4.8	80.9	15.2
456	Pyrazosulfuron-ethyl	120.0	8.2	128.3	8.6	111.5	5.7	94.2	6.5	101.8	3.4	99.3	2.2	88.3	1.4	73.0	7.5	88.9	6.8	95.7	9.7	78.7	4.4	81.8	4.4
457	Pyrazoxyfen	119.2	6.1	102.3	4.3	96.2	12.7	112.3	3.5	94.8	14.0	110.7	16.9	98.3	14.4	73.5	3.0	87.4	8.3	113.6	4.1	83.0	4.7	77.9	5.8
458	Pyributicarb	81.3	25.0	73.2	8.8	99.6	29.0	70.4	16.8	108.4	1.9	86.2	11.3	80.0	5.9	87.0	13.6	101.0	15.3	106.8	49.1	86.3	7.1	90.5	1.3
459	Pyridaben	882.0	40.6	252.8	76.3	30.0	40.0	110.0	4.7	118.5	4.4	119.0	7.2					18.2	21.5	16.6	29.6	36.4	19.1	32.9	4.7
460	Pyridalyl																								
461	Pyridaphenthion	99.6	16.2	87.1	4.7	92.7	7.1	72.0	13.2	78.5	11.1	117.8	11.2	85.3	3.4	78.0	3.3	82.5	7.4	85.1	3.4	87.9	1.4	73.5	4.0
462	Pyridate																								
463	Pyrifenox	70.2	3.6	92.4	6.5	47.0	16.8	59.5	19.9	79.1	25.8	113.1	1.5	75.8	5.3	108.8	7.5	78.4	3.8	104.2	6.9	80.4	6.1	72.7	6.1
464	Pyriftalid	76.9	5.0	73.4	6.4	97.2	3.1	84.7	3.2	97.0	6.3	76.2	12.3	95.2	8.1	91.3	3.9	102.0	5.3	80.9	13.4	77.7	4.5	95.1	6.6
465	Pyrimethanil	103.0	7.3	100.0	14.7	94.1	3.1	77.7	3.7	72.6	13.8	76.5	9.7	73.0	6.6	79.2	3.2	93.2	3.5	58.5	49.0	90.2	9.4	80.8	5.5
466	Pyrimidifen	58.3	8.1	55.3	11.6	35.8	50.7	102.8	3.5	78.4	11.0	86.5	1.8	78.1	11.5	72.2	8.8	74.6	1.9	104.7	8.0	88.7	3.0	82.4	3.2
467	Pyriminobac-methyl(*Z*)	72.3	2.9	75.1	2.4	108.4	8.7	86.9	3.1	96.3	7.5	84.0	6.2	93.3	7.4	90.6	3.0	95.0	4.8	85.3	8.8	80.0	6.9	81.6	11.8
468	Pyrimitate																								
469	Pyriproxyfen	107.2	9.2	96.4	8.8	73.2	9.3	141.2	2.9	105.3	6.8	127.4	8.0	79.5	17.0	80.1	22.8	74.4	12.3	92.1	14.3	61.2	3.2	92.1	13.9
470	Pyroquilon	90.3	3.8	115.2	6.3	88.7	7.7	81.7	7.1	95.7	7.1	91.0	1.7	87.1	6.4	72.2	5.8	90.3	4.9	87.3	2.3	90.7	6.7	70.7	2.7
471	Quinalphos	94.1	17.4	84.1	5.7	95.0	11.1	59.0	8.4	82.0	2.0	90.2	9.6	83.1	2.6	79.2	2.4	86.4	12.8	84.9	7.6	86.6	2.5	87.1	8.3
472	Quinclorac																								
473	Quinmerac																								
474	Quinoclamine	103.7	14.1	79.2	8.9	86.2	4.4	67.9	4.6	75.7	3.8	103.2	3.9	92.0	5.2	76.1	7.4	90.5	3.9	90.7	8.2	86.6	3.2	80.8	10.1
475	Quinoxyfen	112.0	11.7	104.5	27.4	75.3	11.9	178.7	19.2	100.1	10.0	112.3	5.0	102.6	13.3	73.4	16.8	104.7	16.3	79.1	16.5	75.4	6.9	91.0	8.9

续表

序号	农药名称	甘蓝						菠菜						芹菜						番茄					
		5 μg/kg		10 μg/kg		20 μg/kg		5 μg/kg		10 μg/kg		20 μg/kg		5 μg/kg		10 μg/kg		20 μg/kg		5 μg/kg		10 μg/kg		20 μg/kg	
		Rec. (%)	RSD (%)	Rec. (%)	RSD (%)	Rec. (%)	RSD (%)	Rec. (%)	RSD (%)	Rec. (%)	RSD (%)	Rec. (%)	RSD (%)	Rec. (%)	RSD (%)	Rec. (%)	RSD (%)	Rec. (%)	RSD (%)	Rec. (%)	RSD (%)	Rec. (%)	RSD (%)	Rec. (%)	RSD (%)
476	Quizalofop																								
477	Quizalofop-ethyl	77.7	3.2	67.0	8.4	91.8	8.4	58.4	20.4	93.9	20.5	88.4	14.5	71.1	1.5	82.1	10.4	106.7	7.8	94.6	21.9	108.6	2.4	94.1	9.9
478	Quizalofop-p-ethyl	80.7	18.3	83.0	10.8	83.1	11.6	62.6	7.2	97.5	1.7	93.0	6.2	98.6	6.3	89.1	12.9	115.5	18.9	87.7	19.5	74.8	9.1	78.4	14.5
479	Rabenzazole	114.1	3.9	110.3	5.4	108.2	6.4	86.1	14.2	80.3	8.8	76.6	9.8	89.8	3.5	99.3	0.7	117.5	6.1	85.7	17.9	96.7	8.4	91.2	3.1
480	Resmethrin																								
481	Rh 5849	73.8	2.6	80.2	4.9	108.5	5.2	82.4	0.9	106.8	6.8	80.3	10.2	94.9	7.8	95.3	6.4	111.7	12.1	90.3	14.3	76.4	3.3	87.7	7.4
482	Rimsulfuron																								
483	Rotenone	113.8	5.4	112.4	4.3	85.4	1.4	112.2	14.2	88.4	17.2	95.2	4.7	106.4	9.5	70.6	3.5	89.3	5.9	105.1	5.4	82.9	3.6	75.1	14.6
484	Saflufenacil	75.4	8.7	53.5	5.8	118.5	15.3	78.4	2.8	77.4	1.6	70.2	12.5	91.6	1.9	87.4	4.6	96.8	4.5	83.8	6.9	80.4	5.7	84.4	6.7
485	Sebutylazine	95.9	6.9	89.0	6.0	89.3	7.2	73.6	12.9	74.1	10.1	115.1	3.8	83.9	2.7	70.2	1.1	83.6	9.0	81.1	4.4	87.8	4.9	73.7	4.7
486	Secbumeton	116.0	5.5	81.0	11.5	134.9	73.9	77.3	7.5	89.1	12.8	80.3	7.1	94.6	4.7	101.5	6.9	108.5	6.0	133.4	38.2	95.7	11.8	85.5	7.0
487	Sethoxydim																								
488	Siduron	75.7	7.3	72.8	8.8	108.1	10.5	70.7	6.5	105.4	18.1	81.4	14.3	99.1	5.6	91.6	3.9	99.8	12.6	85.1	7.0	80.6	2.8	83.1	9.0
489	Simazine	95.0	14.9	85.7	6.6	92.1	6.6	91.0	9.6	76.9	2.9	72.6	5.7	86.0	3.0	77.7	5.8	91.8	2.1	86.9	6.6	86.1	3.0	82.5	8.0
490	Simeconazole	97.3	14.7	85.4	6.6	92.2	8.8	32.7	18.5	70.3	2.2	70.1	9.4	84.6	3.7	77.8	2.4	84.1	9.3	89.3	2.9	87.5	1.2	72.8	5.5
491	Simeton	95.0	19.1	84.0	6.5	87.2	4.1	38.4	13.5	73.5	1.7	118.9	8.6	85.1	4.5	76.7	7.9	98.0	4.0	83.0	8.1	90.4	2.7	82.2	8.4
492	Simetryn	116.8	6.9	94.9	10.6	104.2	6.6	89.9	7.3	76.4	12.1	78.7	0.5	90.2	5.8	99.8	5.4	107.9	6.2	86.1	14.5	95.2	11.9	92.8	6.2
493	S-metolachlor	73.9	5.1	73.6	5.0	97.8	1.2	71.1	6.1	107.2	15.3	79.6	12.1	92.7	13.1	83.8	3.8	100.1	7.7	80.8	17.9	75.5	3.9	93.0	2.9
494	Spinetoram	37.3	27.0	47.1	26.6	116.2	16.4	59.3	15.6	74.8	16.5	110.0	2.3	101.6	11.3	101.3	9.8	112.6	0.0	97.1	18.4	82.3	13.8	74.0	14.1
495	Spinosad	84.6	10.2	93.4	11.0	89.0	3.9	78.7	3.5	71.8	6.9	72.5	14.6	73.0	11.0	71.3	4.3	98.2	7.8	92.5	8.7	99.6	4.6	72.0	5.6
496	Spirodiclofen					108.4	41.6							88.9	15.1	80.8	5.3	126.8	55.9	175.3	68.0	101.5	12.8	76.5	3.3
497	Spirotetramat	73.0	7.3	74.1	6.3	72.7	11.6	40.8	6.3	95.7	8.2	77.5	12.0	90.8	10.8	85.6	2.0	96.3	5.1	77.8	17.1	76.7	4.4	83.0	7.6
498	Spiroxamine	89.1	6.9	99.2	13.4	108.4	10.6	124.8	18.2	52.1	38.3	88.9	13.4	80.6	7.1	90.4	5.2	113.2	5.6	90.0	10.2	99.3	12.8	93.7	10.2
499	Sulcotrione	89.7	6.6	71.3	11.3	97.8	14.8	76.2	9.0	87.1	15.6	79.8	11.2	61.5	6.9	89.2	5.5	98.0	18.4	98.0	19.3	70.5	0.6	78.6	5.8
500	Sulfallate	61.4	25.0	79.1	4.8	80.5	6.3			179.0	21.4	32.0	24.3	76.2	8.9	73.6	16.2	84.6	2.3	84.4	16.2	71.8	8.8	65.0	1.3
501	Sulfentrazone	118.3	5.9	101.1	8.0	109.4	9.8	102.7	15.7	71.4	10.0	84.5	1.5	79.3	7.9	100.1	10.5	83.3	7.1	81.9	12.6	96.0	12.0	91.2	9.9
502	Sulfotep	86.9	13.2	83.8	6.4	112.9	17.4			80.9	19.9	108.8	12.8	77.4	3.6	75.9	8.9	77.8	16.4	81.4	12.0	77.7	4.4	81.9	13.9
503	Sulfoxaflor	73.9	4.5	72.3	2.6	103.3	2.6	89.3	4.2	94.9	12.9	76.7	5.3	89.5	7.2	93.7	2.3	106.4	13.3	96.3	10.7	80.9	6.6	89.4	7.6
504	Sulprofos					171.3	44.0									100.8	11.8	164.7	2.3	164.9	70.7	98.3	7.8	72.8	8.1
505	Tebuconazole	85.7	12.0	77.8	13.8	89.9	11.2			76.3	14.8	94.8	9.1	59.7	20.0	60.7	5.6	79.7	17.3	70.5	2.7	77.2	4.3	81.7	5.2
506	Tebufenozide	101.2	9.9	116.5	4.0	116.5	6.3			116.5	1.8	86.7	22.0	73.8	7.8	87.4	10.3	106.6	5.0	67.9	5.5	109.2	9.9	90.0	7.9
507	Tebufenpyrad	119.8	6.2	118.7	8.8	95.2	6.0	112.8	14.6	100.1	9.5	115.2	9.9	109.5	13.5	73.7	9.0	80.7	14.0	125.5	5.3	83.9	3.5	95.3	19.2
508	Tebupirimfos	80.9	9.7	71.4	5.3	105.5	13.5	76.0	15.3	90.9	19.9	89.5	9.9	79.1	4.1	74.5	8.9	87.6	15.7	76.2	27.0	77.7	10.7	88.7	10.6
509	Tebutam	93.8	16.7	83.3	5.3	96.4	7.5	70.8	9.3	73.2	12.1	119.2	2.4	83.7	4.5	75.0	1.6	82.3	10.0	82.5	3.5	82.2	1.0	72.3	6.7

续表

序号	农药名称	甘蓝						菠菜						芹菜						番茄					
		5 μg/kg		10 μg/kg		20 μg/kg		5 μg/kg		10 μg/kg		20 μg/kg		5 μg/kg		10 μg/kg		20 μg/kg		5 μg/kg		10 μg/kg		20 μg/kg	
		Rec. (%)	RSD (%)	Rec. (%)	RSD (%)	Rec. (%)	RSD (%)	Rec. (%)	RSD (%)	Rec. (%)	RSD (%)	Rec. (%)	RSD (%)	Rec. (%)	RSD (%)	Rec. (%)	RSD (%)	Rec. (%)	RSD (%)	Rec. (%)	RSD (%)	Rec. (%)	RSD (%)	Rec. (%)	RSD (%)
510	Tebuthiuron	98.3	18.6	87.7	5.1	93.6	10.0	83.5	4.3	77.6	0.5	100.6	3.7	93.6	4.4	84.5	9.3	87.9	9.7	87.1	9.3	88.2	3.2	73.7	4.0
511	Tembotrione	48.4	18.3	124.7	35.2	121.4	4.7	128.2	58.4	187.9	38.9	26.8	70.8	83.3	18.5	92.0	17.7	88.8	13.0	186.7	42.5	2943.7	21.3	103.2	16.6
512	Temephos																								
513	Tepraloxydim	100.1	7.5	113.7	2.4	89.1	4.5	69.5	2.8	82.5	7.4	80.7	6.2	91.5	4.1	76.0	4.1	98.7	6.7	72.9	7.2	83.1	4.6	72.3	2.5
514	Terbucarb	97.3	1.2	79.3	0.7	110.5	8.2	80.6	18.3	75.1	4.6	82.3	9.0	84.3	9.0	85.7	9.3	100.6	8.9	97.6	14.7	111.6	6.2	92.3	7.3
515	Terbufos			78.8	1.8	98.6	17.7					58.1	3.4	94.8	11.1	80.4	10.1	98.0	8.7	85.4	14.3	88.6	19.7	60.6	12.1
516	Terbufos sulfone	79.6	3.6	77.4	3.8	105.6	6.8	78.2	3.0	109.6	18.8	85.4	9.0	93.9	6.0	87.8	3.6	96.9	1.6	79.3	14.4	78.4	4.7	80.6	8.6
517	Terbufos-*O*-analogue sulfone																								
518	Terbumeton	92.3	10.4	96.5	12.0	86.9	3.6	78.9	8.2	73.0	8.6	72.0	2.0	87.6	6.1	87.6	6.1	93.0	3.8	98.2	10.8	81.9	10.8	83.5	2.1
519	Terbuthylazine	89.9	8.1	82.0	2.1	78.2	11.1	75.1	5.8	98.8	10.9	82.1	9.4	86.7	4.1	75.1	9.5	72.8	3.4	109.3	7.0	90.7	6.3	90.9	13.4
520	Terbutryne	27.7	40.9	33.3	31.0	47.1	20.3	86.1	4.5	79.6	8.3	83.4	9.1			115.1	4.0	75.7	10.7	95.9	6.8	92.3	6.9	83.5	1.8
521	Tetrachlorvinphos	96.9	4.1	91.6	5.5	105.6	7.5	43.0	2.9	68.6	8.4	78.7	1.9	84.9	3.6	93.7	7.2	107.5	6.0	91.9	13.1	99.4	8.4	90.6	8.2
522	Tetraconazole	93.5	15.2	87.1	5.8	97.3	9.4	78.9	8.2	82.8	19.9	80.8	8.7	78.9	2.5	75.2	3.0	84.9	10.3	97.5	0.2	97.0	1.3	87.0	10.8
523	Tetramethrin	115.2	9.4	102.0	7.9	86.4	1.0	117.6	11.6	101.1	15.2	112.9	1.3	116.1	11.6	76.6	7.4	97.8	8.4	170.4	8.2	87.9	4.5	90.9	19.0
524	Thenylchlor	104.5	4.9	104.5	4.0	102.9	10.8	77.9	0.3	74.3	9.4	93.6	11.0	95.7	9.7	71.8	4.4	87.3	9.1	87.5	7.0	88.0	5.6	73.9	3.0
525	Thiabendazole	49.1	6.8	77.3	1.0	80.3	33.5	15.0	33.4	28.5	42.1	84.8	5.1	12.6	23.3	19.2	22.3	28.1	3.9	26.0	18.1	45.4	21.2	41.8	2.2
526	Thiabendazole-5-hydroxy																								
527	Thiacloprid	110.7	7.7	102.2	8.8	102.6	6.4	107.0	11.1	71.7	3.0	83.0	1.4	88.3	5.5	114.2	11.7	90.4	2.3	87.7	12.8	97.4	8.6	89.9	4.6
528	Thiamethoxam	95.9	3.7	95.7	6.9	102.9	5.1	114.9	12.3	76.1	10.6	91.3	1.7	85.7	5.6	117.8	14.4	90.0	3.0	77.6	6.3	101.8	9.6	98.8	3.6
529	Thiazafluron	86.1	5.1	112.3	2.3	89.4	6.3	79.4	5.4	91.2	3.0	90.7	1.4	80.3	2.5	71.4	5.5	92.2	4.5	87.1	4.9	90.0	6.3	72.7	4.5
530	Thiazopyr	90.3	13.0	82.3	5.4	96.1	8.3	70.9	11.4	95.8	14.0	110.2	14.2	77.8	3.5	80.9	3.5	82.8	13.5	86.0	11.6	83.5	7.4	87.0	14.2
531	Thidiazuron																								
532	Thiencarbazone-methyl	75.3	3.4	77.7	3.9	99.4	10.2	91.7	6.3	93.3	12.1	78.4	1.6	89.3	7.1	87.7	1.5	101.0	7.3	92.9	15.0	80.6	6.6	84.1	9.8
533	Thifensulfuron-methyl	59.4	7.5	86.2	5.8	62.8	19.4	41.7	29.6	33.7	62.7	70.5	8.1	71.8	0.6	61.9	2.4	77.8	7.0	31.7	35.1	32.5	109.9	56.7	7.2
534	Thiobencarb	92.6	14.3	76.8	7.7	98.8	13.8	81.5	10.7	86.5	18.4	76.7	7.6	70.3	5.3	74.2	6.3	72.9	16.6	62.6	64.8	83.1	8.2	78.4	8.5
535	Thiocyclam					80.3	4.8	30.9	11.8	93.5	15.7	40.4	31.6	88.9	4.0	83.3	6.1	99.8	9.3	85.8	17.5	72.1	1.1	77.7	9.7
536	Thiodicarb	66.2	39.5	90.5	3.4	70.7	2.1	9.9	25.3	16.6	19.6	87.3	4.7	76.7	4.9	76.2	7.9	90.1	7.3	86.5	7.3	83.3	4.4	75.2	6.2
537	Thiofanox											79.9	0.5					75.5	18.5						
538	Thiofanox sulfone	94.8	12.4	110.5	3.1	90.9	3.4	75.5	3.6	92.7	4.9	96.2	5.8	77.4	15.7	74.2	6.1	89.1	6.4	85.8	6.2	87.4	6.0	72.4	4.3
539	Thiofanox-sulfoxide	92.6	15.9	87.3	8.7	87.9	3.3	11.7	28.4	80.0	3.7	105.6	6.4	91.3	7.2	82.0	7.6	92.3	9.6	86.4	12.6	84.5	2.4	75.3	3.5
540	Thionazin	88.7	17.0	83.7	3.9	106.6	6.7	81.9	4.1	73.5	7.9	100.9	6.6	85.3	3.6	77.9	2.1	86.7	6.2	83.3	9.2	81.4	3.8	84.1	9.5
541	Thiophanate-ethyl	91.4	8.1	260.7	1.6	96.0	3.0			30.2	18.3	29.3	30.1	18.1	27.9	37.2	15.6	63.2	1.9	83.0	12.3	72.3	13.2	119.6	13.6
542	Thiophanate-methyl	58.2	3.1	110.8	3.6	94.6	26.3	28.5	53.5	48.0	43.0	15.3	72.4	39.0	67.9	28.3	40.1	72.0	13.7	37.4	10.5	94.3	10.6	105.8	9.5
543	Thiram													92.4	18.0	78.4	9.9	85.0	9.0						

续表

序号	农药名称	甘蓝						菠菜						芹菜						番茄					
		5 μg/kg		10 μg/kg		20 μg/kg		5 μg/kg		10 μg/kg		20 μg/kg		5 μg/kg		10 μg/kg		20 μg/kg		5 μg/kg		10 μg/kg		20 μg/kg	
		Rec. (%)	RSD (%)	Rec. (%)	RSD (%)	Rec. (%)	RSD (%)	Rec. (%)	RSD (%)	Rec. (%)	RSD (%)	Rec. (%)	RSD (%)	Rec. (%)	RSD (%)	Rec. (%)	RSD (%)	Rec. (%)	RSD (%)	Rec. (%)	RSD (%)	Rec. (%)	RSD (%)	Rec. (%)	RSD (%)
544	Tiocarbazil	117.2	7.3	110.3	13.3	78.5	9.0	107.9	16.0	110.7	14.3	119.1	5.2	96.8	16.8	76.5	15.2	75.4	16.7	128.6	9.6	71.6	2.0	114.4	3.2
545	Tolclofos-methyl			109.7	17.7	78.4	19.5																	64.0	19.0
546	Tolfenpyrad			21.1	64.7	125.4	6.6											108.8	5.1	114.3	55.9	128.4	20.4	96.0	9.6
547	Tralkoxydim	71.3	17.4	71.2	12.2	71.4	15.8	86.2	6.3	74.1	2.1	70.5	3.0	70.6	0.7	72.6	1.7	97.0	16.0	48.6	58.6	59.1	6.5	73.7	4.5
548	Triadimefon	93.0	15.8	104.9	7.7	94.6	7.6	77.0	11.8	80.3	13.9	80.0	5.7	86.4	1.0	80.8	7.3	90.3	11.2	102.4	1.1	86.9	8.3	70.5	9.4
549	Triadimenol	113.2	7.7	105.0	7.9	106.1	9.7	80.1	7.5	92.1	15.9	74.9	4.1	81.7	13.9	87.4	9.9	91.2	3.0	81.8	10.9	101.2	8.6	91.1	1.1
550	Tri-allate	52.9	92.1	87.6	1.0	108.2	14.7			80.9	33.1	94.7	5.4	89.3	3.5	90.8	16.4	97.3	14.7	88.1	18.2	91.6	14.5	71.8	0.3
551	Triapenthenol	105.2	6.7	103.7	1.2	90.2	10.4	84.1	1.0	92.9	9.4	92.8	16.7	87.5	5.9	72.8	4.8	85.0	5.4	71.8	5.7	85.0	4.5	76.8	9.3
552	Triasulfuron	85.2	8.5	115.6	5.5	83.8	1.9	82.3	5.3	86.0	4.5	85.0	6.5	84.1	3.1	75.2	8.2	91.2	6.3	84.0	2.8	83.3	4.6	70.4	4.0
553	Triazophos	103.2	7.0	92.7	5.5	106.1	6.4	72.4	5.6	87.6	12.0	75.9	5.5	84.4	3.7	90.4	3.1	97.3	2.9	91.8	14.2	100.7	8.2	90.0	10.6
554	Triazoxide					117.9	11.4																		
555	Tribenuron-methyl																								
556	Tribufos	56.4	30.7	26.5	12.6	95.8	15.1			87.6	13.9	101.8	15.5	79.4	6.5	76.0	8.8	105.8	2.7	83.4	34.6	112.8	6.3	96.9	15.8
557	Trichlorfon	97.5	4.9	101.0	10.3	100.2	5.5	110.1	10.0	74.1	1.6	70.8	19.2	85.4	6.8	108.1	11.2	88.8	1.1	93.9	14.1	98.4	8.9	89.9	4.2
558	Tricyclazole	90.8	17.4	82.5	8.2	86.2	7.2	77.0	11.8	79.9	4.3	98.2	1.8	118.9	4.2	74.1	2.6	86.5	8.4	78.0	10.3	83.7	0.7	71.8	5.0
559	Tridemorph	48.7	46.8	117.9	3.8	88.3	2.9	79.7	84.4	135.8	16.2	72.0	13.7	72.1	30.7	80.3	33.3	139.3	14.3	94.3	4.7	94.7	37.3	77.9	11.5
560	Trietazine	90.0	3.9	76.1	0.8	109.2	8.5	78.9	6.8	81.4	14.2	82.6	7.2	85.6	6.3	96.0	0.6	99.1	10.9	85.9	11.2	96.7	7.6	89.1	3.8
561	Trifloxystrobin	75.9	3.4	70.0	2.0	109.1	10.0	64.8	26.4	86.1	8.5	83.5	9.4	71.4	10.0	80.6	7.2	102.4	8.2	97.7	15.9	104.6	7.5	87.4	7.9
562	Triflumizole	61.1	17.0	57.2	5.7	42.4	47.7	74.1	16.2	85.8	28.6	94.7	3.3	71.4	13.4	72.1	6.9	70.2	7.0	94.1	8.4	81.8	2.2	76.4	8.7
563	Triflumuron	85.7	6.7	73.5	1.0	114.3	8.2					80.4	13.7	79.5	9.2	83.2	13.9	80.0	6.1	101.2	23.0	118.5	6.4	92.8	12.4
564	Triflusulfuron-methyl																							71.9	13.0
565	Tri-n-butyl phosphate	94.1	10.9	86.6	1.5	93.7	6.1	75.0	11.9	87.8	13.1	85.3	3.1	82.2	1.3	72.2	4.9	86.6	12.4	82.0	8.6	85.6	8.1	83.4	14.1
566	Trinexapac-ethyl	80.8	1.8	116.8	13.4	83.2	16.8	91.0	5.7	105.1	8.7	94.6	3.7	73.9	12.3	74.0	8.2	88.5	10.7	84.8	7.1	82.5	8.6	71.3	3.4
567	Triphenyl-phosphate	118.6	1.9	119.4	7.8	93.2	6.2	119.3	13.0	95.3	7.9	112.7	2.2	114.6	12.8	74.8	10.8	94.5	8.1	111.4	6.9	85.0	4.9	85.1	18.5
568	Triticonazole	91.1	14.8	84.1	9.3	90.5	9.5	88.3	6.9	73.6	11.9	81.3	7.3	77.4	8.9	73.1	1.3	81.3	7.4	75.0	10.6	82.9	2.8	75.1	5.4
569	Uniconazole	107.3	3.9	105.7	2.8	97.3	13.7	84.7	6.0	81.7	11.1	96.0	11.6	94.5	7.1	70.8	3.6	84.5	2.6	70.9	6.6	75.1	4.1	73.0	5.5
570	Validamycin																								
571	Valifenalate	78.1	4.4	77.9	8.4	98.4	9.5	72.6	6.4	102.4	6.3	89.7	8.5	90.2	11.1	88.7	5.3	101.2	4.3	79.1	12.5	76.6	4.1	81.6	8.6
572	Vamidothion	90.3	4.4	95.3	7.8	106.4	6.3	111.0	8.4	70.7	11.4	88.4	2.7	84.1	5.9	111.1	12.2	87.0	2.9	85.4	15.7	110.6	11.4	87.8	1.7
573	Vamidothion sulfone	80.9	3.6	80.7	3.9	106.3	11.4	86.2	2.5	103.3	12.8	78.0	5.2	88.6	9.0	88.3	0.7	98.7	6.6	95.8	15.2	79.3	7.9	80.0	11.6
574	Vamidothion sulfoxide	92.7	8.8	111.7	18.1	55.3	6.4	113.5	16.5	80.8	2.8	87.3	7.4	82.8	6.7	90.9	8.1	92.9	15.1	82.7	18.0	96.0	13.9	91.0	4.8
575	Zoxamide	109.5	7.1	102.6	4.1	113.5	9.0	56.1	13.3	74.5	8.3	70.8	9.7	79.3	3.8	82.5	18.7	112.1	9.3	99.3	17.5	112.2	8.6	90.7	9.0

注：附表中空格代表未检出

附表 1-12 LC-Q-Orbitrap/MS 575 种农药在八种基质（苹果、葡萄、西瓜、西柚、甘蓝、菠菜、芹菜和番茄）中筛查限统计（μg/kg）

序号	农药名称	苹果	葡萄	西瓜	西柚	甘蓝	菠菜	芹菜	番茄
1	1,3-Diphenyl urea	1	1	1	1	1	1	1	1
2	1-Naphthyl acetamide	1	1	1	1	1	1	1	1
3	2,6-Dichlorobenzamide	1	1	1	1	1	1	1	1
4	3,4,5-Trimethacarb	1	1	1	20	1	1	1	1
5	6-Benzylaminopurine	1	1	1	1	1	1	1	1
6	6-Chloro-4-hydroxy-3-phenyl-	1	1	1	1	1	1	1	1
7	Abamectin	20	50	20	10	20	5	50	20
8	Acephate	1	1	1	1	5	1	5	1
9	Acetamiprid	1	1	1	1	1	10	1	1
10	Acetamiprid-*N*-desmethyl	1	1	1	1	1	1	1	1
11	Acetochlor	1	1	1	1	1	1	1	1
12	Aclonifen	响应低	50	响应低	响应低	50	响应低	响应低	响应低
13	Albendazole	1	1	1	1	1	1	1	20
14	Aldicarb	50	5	5	响应低	5	5	5	5
15	Aldicarb sulfone	1	1	1	1	1	1	1	1
16	Aldicarb-sulfoxide	1	1	1	1	5	1	5	1
17	Aldimorph	10	1	1	20	1	1	1	1
18	Allidochlor	1	1	1	1	1	1	1	1
19	Ametoctradin	1	1	1	1	1	1	1	1
20	Ametryn	1	1	1	1	1	1	1	1
21	Amicarbazone	1	1	1	1	1	1	1	1
22	Amidithion	未添加	未添加	未添加	未添加	未添加	未添加	未添加	未添加
23	Amidosulfuron	20	20	5	10	20	20	5	5
24	Aminocarb	1	1	1	1	1	1	1	1
25	Aminopyralid	20	5	10	5	10	20	20	10
26	Amitraz	响应低	响应低	响应低	响应低	无二级	响应低	响应低	响应低
27	Amitrole	20	1	5	5	5	5	10	5
28	Ancymidol	1	1	1	1	1	1	1	1
29	Anilofos	1	1	1	1	1	1	1	1
30	Aspon	5	5	1	5	5	5	5	1
31	Asulam	1	1	1	1	1	5	1	1
32	Athidathion	未添加	未添加	未添加	未添加	未添加	未添加	未添加	未添加
33	Atratone	1	1	1	1	1	1	1	1
34	Atrazine	1	1	1	1	1	1	1	1
35	Atrazine-desethyl	1	1	1	1	1	1	1	1

续表

序号	农药名称	苹果	葡萄	西瓜	西柚	甘蓝	菠菜	芹菜	番茄
36	Atrazine-desisopropyl	1	1	1	1	1	1	1	1
37	Azaconazole	1	1	1	1	1	1	1	1
38	Azamethiphos	1	1	1	1	1	1	1	1
39	Azinphos-ethyl	5	1	1	5	5	1	5	1
40	Azinphos-methyl	10	1	1	1	5	1	5	5
41	Aziprotryne	1	1	1	1	1	1	1	1
42	Azoxystrobin	1	1	1	1	1	1	1	1
43	Beflubutamid	1	1	1	1	1	1	1	1
44	Benalaxyl	1	1	1	1	1	1	1	1
45	Bendiocarb	1	1	1	1	1	1	1	1
46	Benfuracarb	响应低	响应低	响应低	响应低	响应低	响应低	响应低	响应低
47	Benodanil	1	1	1	1	1	1	1	1
48	Benomyl	响应低	响应低	响应低	响应低	无一级	响应低	响应低	响应低
49	Benoxacor	1	1	1	1	1	1	1	1
50	Bensulfuron-methyl	1	1	1	1	1	1	1	1
51	Bensulide	1	1	1	5	1	10	1	1
52	Bensultap	响应低	响应低	响应低	响应低	无二级	响应低	响应低	响应低
53	Benthiavalicarb-isopropyl	1	1	1	1	1	1	1	1
54	Benzofenap	1	1	1	1	1	1	1	1
55	Benzoximate	1	1	1	5	5	20	20	1
56	Benzoylprop	1	1	1	1	1	5	1	1
57	Benzoylprop-ethyl	1	1	1	1	1	1	1	1
58	Bifenazate	响应低	响应低	响应低	10	5	响应低	5	响应低
59	Bioallethrin	1	1	1	5	5	20	5	1
60	Bioresmethrin	响应低	响应低	响应低	20	响应低	5	5	20
61	Bitertanol	5	1	1	5	5	10	5	1
62	Boscalid	1	1	1	1	1	1	1	1
63	Bromacil	1	1	1	1	1	5	1	1
64	Bromfenvinfos	1	1	1	1	1	1	1	1
65	Bromobutide	1	1	1	1	1	1	1	1
66	Brompyrazon	1	1	1	1	5	1	5	1
67	Bromuconazole	1	1	5	1	5	20	5	1
68	Bupirimate	1	1	1	1	1	1	1	1
69	Buprofezin	1	1	1	1	1	1	1	1
70	Butachlor	1	1	1	1	1	1	1	1
71	Butafenacil	1	1	1	1	1	1	1	1

续表

序号	农药名称	苹果	葡萄	西瓜	西柚	甘蓝	菠菜	芹菜	番茄
72	Butamifos	1	1	1	1	1	1	1	1
73	Butocarboxim	5	响应低	5	5	5	50	5	5
74	Butocarboxim sulfoxide	1	1	1	5	5	1	5	1
75	Butoxycarboxim	1	1	1	1	1	1	1	1
76	Butralin	5	5	10	1	5	10	5	1
77	Butylate	1	5	5	1	5	5	5	1
78	Cadusafos	1	1	1	1	1	1	1	1
79	Cafenstrole	1	1	1	1	1	1	1	1
80	Carbaryl	1	1	1	1	5	1	5	1
81	Carbendazim	1	1	1	1	1	1	1	1
82	Carbetamide	1	1	1	1	1	1	1	1
83	Carbofuran	1	1	1	1	1	1	1	1
84	Carbofuran-3-hydroxy	1	1	1	5	1	1	1	1
85	Carbophenothion	响应低	响应低	响应低	响应低	50	20	50	响应低
86	Carbosulfan	响应低	响应低	响应低	响应低	响应低	响应低	响应低	响应低
87	Carboxin	1	1	1	1	1	1	1	1
88	Carfentrazone-ethyl	未添加	未添加	未添加	未添加	未添加	未添加	未添加	未添加
89	Carpropamid	1	1	1	1	1	1	1	1
90	Cartap	响应低	响应低	响应低	响应低	无二级	响应低	响应低	响应低
91	Chlorantraniliprole	1	1	1	1	1	1	1	1
92	Chlordimeform	1	1	1	1	5	5	5	5
93	Chlorfenvinphos	1	1	1	1	1	1	1	1
94	Chlorfluazuron	响应低	响应低	20	5	响应低	20	5	响应低
95	Chloridazon	1	1	1	1	1	1	1	1
96	Chlorimuron-ethyl	响应低	响应低	响应低	响应低	20	响应低	响应低	20
97	Chlormequat	1	1	1	1	1	1	1	1
98	Chlorotoluron	1	1	1	1	1	1	1	1
99	Chloroxuron	1	1	1	1	1	1	1	1
100	Chlorphonium	1	1	1	1	1	1	1	1
101	Chlorphoxim	1	1	1	1	5	1	5	1
102	Chlorpyrifos	5	10	10	10	5	5	5	1
103	Chlorpyrifos-methyl	1	50	50	10	20	50	10	5
104	Chlorsulfuron	10	20	5	10	20	10	10	1
105	Chlorthiophos	响应低	响应低	响应低	响应低	响应低	响应低	响应低	响应低
106	Chromafenozide	1	1	1	1	1	1	1	1
107	Cinmethylin	10	5	1	5	1	1	1	1

续表

序号	农药名称	苹果	葡萄	西瓜	西柚	甘蓝	菠菜	芹菜	番茄
108	Cinosulfuron	1	1	1	1	1	1	1	1
109	Clethodim	10	1	1	1	1	1	10	5
110	Clodinafop free acid	1	10	1	1	1	5	1	10
111	Clodinafop-propargyl	1	1	1	1	1	1	1	1
112	Clofentezine	5	1	5	1	5	5	5	1
113	Clomazone	1	1	1	1	1	1	1	5
114	Clomeprop	未添加	未添加	未添加	未添加	未添加	未添加	未添加	未添加
115	Cloquintocet-mexyl	1	1	1	1	1	1	1	1
116	Cloransulam-methyl	1	1	1	1	1	1	1	1
117	Clothianidin	1	1	1	1	1	1	1	1
118	Coumaphos	1	1	1	1	1	1	1	1
119	Crotoxyphos	1	1	1	1	1	1	1	1
120	Crufomate	1	1	1	1	1	1	1	1
121	Cumyluron	1	1	1	1	1	1	1	1
122	Cyanazine	1	1	1	1	1	1	1	1
123	Cyazofamid	1	1	5	5	5	5	5	5
124	Cycloate	1	1	1	1	1	1	1	1
125	Cyclosulfamuron	5	50	5	1	5	5	5	5
126	Cycluron	1	1	1	1	1	1	1	1
127	Cyflufenamid	1	1	1	1	1	1	1	1
128	Cymoxanil	1	5	5	10	5	50	5	5
129	Cyprazine	1	1	1	1	1	1	1	1
130	Cyproconazole	1	1	1	1	1	1	1	1
131	Cyprodinil	1	1	1	10	1	1	1	10
132	Cyprofuram	1	1	1	1	1	1	1	1
133	Cyromazine	1	1	1	1	1	1	1	1
134	Daminozide	10	10	5	1	20	1	5	5
135	Dazomet	响应低	响应低	响应低	10	响应低	响应低	响应低	响应低
136	Demeton-S	未添加	未添加	未添加	未添加	未添加	未添加	未添加	未添加
137	Demeton-*S* sulfoxide	1	1	1	1	1	1	1	1
138	Demeton-*S*-methyl	5	5	5	5	5	5	5	5
139	Demeton-*S*-methyl sulfone	1	1	1	1	1	1	1	1
140	Demeton-*S*-methyl sulfoxide	1	1	1	1	1	1	1	1
141	Desethyl-sebuthylazine	1	1	1	1	1	1	1	1
142	Desmedipham	1	1	1	1	1	1	1	1
143	Desmethyl-pirimicarb	1	1	1	1	1	1	1	1

续表

序号	农药名称	苹果	葡萄	西瓜	西柚	甘蓝	菠菜	芹菜	番茄
144	Desmetryn	1	1	1	1	1	1	1	1
145	Diafenthiuron	响应低	50	响应低	50	20	响应低	10	响应低
146	Dialifos	5	1	1	1	5	1	5	1
147	Diallate	1	5	10	1	5	20	5	1
148	Diazinon	1	1	1	1	1	1	1	1
149	Dibutyl succinate	1	1	1	1	1	5	1	1
150	Dichlofenthion	响应低	响应低	响应低	响应低	50	50	50	50
151	Diclobutrazole	1	1	1	1	5	1	5	1
152	Diclosulam	5	1	1	1	1	1	1	1
153	Dicrotophos	1	1	1	1	1	1	1	1
154	Diethatyl-ethyl	1	1	1	1	1	1	1	1
155	Diethofencarb	1	1	1	1	1	1	1	1
156	Diethyltoluamide	1	1	1	1	1	1	1	1
157	Difenoconazole	1	1	1	1	1	1	1	1
158	Difenoxuron	1	1	1	1	1	1	1	1
159	Diflubenzuron	1	1	1	1	1	1	1	1
160	Dimefox	1	5	5	10	5	10	5	1
161	Dimefuron	1	1	1	1	1	1	1	1
162	Dimepiperate	1	1	1	1	1	1	1	1
163	Dimethachlor	1	1	1	1	1	1	1	1
164	Dimethametryn	1	1	1	1	1	1	1	20
165	Dimethenamid	1	1	1	1	10	5	5	1
166	Dimethenamid-P	响应低	响应低	响应低	响应低	响应低	响应低	响应低	响应低
167	Dimethirimol	1	1	1	1	1	1	1	1
168	Dimethoate	1	1	1	1	1	1	1	1
169	Dimethomorph	1	1	1	1	1	1	1	1
170	Dimethylvinphos (*Z*)	1	1	1	1	1	1	1	1
171	Dimetilan	1	1	1	1	1	1	1	1
172	Dimoxystrobin	1	1	1	1	1	1	1	1
173	Diniconazole	1	1	1	1	1	1	1	1
174	Dinitramine	1	1	5	1	5	10	5	1
175	Dinotefuran	1	1	1	1	1	1	1	1
176	Diphenamid	1	1	1	1	1	1	1	1
177	Dipropetryn	1	1	1	1	1	1	1	5
178	Disulfoton sulfone	1	1	1	1	1	1	1	1
179	Disulfoton sulfoxide	1	1	1	1	1	1	1	1

续表

序号	农药名称	苹果	葡萄	西瓜	西柚	甘蓝	菠菜	芹菜	番茄
180	Ditalimfos	5	5	5	5	5	5	5	5
181	Dithiopyr	5	5	10	5	5	5	5	5
182	Diuron	1	1	1	1	1	1	1	1
183	Dodemorph	1	1	1	1	1	1	1	1
184	Drazoxolon	5	50	响应低	响应低	响应低	20	5	50
185	Edifenphos	1	1	1	1	1	1	1	1
186	Emamectin-benzoate	1	1	1	1	1	1	1	1
187	Epoxiconazole	1	1	1	1	1	1	1	1
188	Esprocarb	1	1	1	1	1	1	1	1
189	Etaconazole	1	1	1	1	5	10	5	1
190	Ethametsulfuron-methyl	1	1	1	1	1	1	1	1
191	Ethidimuron	1	1	1	1	1	1	1	1
192	Ethiofencarb	1	1	1	1	1	1	1	1
193	Ethiofencarb sulfone	1	1	1	1	1	1	1	1
194	Ethiofencarb sulfoxide	1	1	1	1	1	1	1	1
195	Ethion	5	1	1	5	5	1	5	1
196	Ethiprole	1	1	1	1	1	1	1	1
197	Ethirimol	1	1	1	1	1	1	1	1
198	Ethoprophos	1	1	1	1	1	1	1	1
199	Ethoxyquin	响应低	响应低	响应低	响应低	20	响应低	10	响应低
200	Ethoxysulfuron	响应低	响应低	响应低	响应低	响应低	响应低	响应低	响应低
201	Etobenzanid	1	1	1	1	1	1	1	1
202	Etoxazole	1	1	20	1	5	1	5	1
203	Etrimfos	1	1	1	1	1	1	1	1
204	Famphur	1	1	1	1	1	1	1	1
205	Fenamidone	1	1	1	1	1	1	1	1
206	Fenamiphos	1	1	1	1	1	1	1	1
207	Fenamiphos sulfoxide	1	1	1	1	1	1	1	1
208	Fenamiphos-sulfone	1	1	1	1	1	1	1	1
209	Fenarimol	1	1	1	1	5	1	5	1
210	Fenazaquin	1	50	1	10	1	10	10	1
211	Fenbuconazole	1	1	1	1	1	1	1	1
212	Fenfuram	1	1	1	1	1	1	1	1
213	Fenhexamid	1	1	1	1	1	1	1	1
214	Fenobucarb	1	1	1	1	1	1	1	1
215	Fenothiocarb	1	1	1	1	1	1	1	1

续表

序号	农药名称	苹果	葡萄	西瓜	西柚	甘蓝	菠菜	芹菜	番茄
216	Fenoxanil	1	1	1	1	1	1	1	1
217	Fenoxaprop-ethyl	1	1	1	1	1	1	1	1
218	Fenoxaprop-P-ethyl	1	1	1	1	5	1	5	1
219	Fenoxycarb	1	1	1	1	1	1	1	1
220	Fenpropidin	1	1	1	1	1	1	1	1
221	Fenpropimorph	1	1	1	1	1	1	1	1
222	Fenpyroximate	5	50	1	1	20	1	5	1
223	Fensulfothion	1	1	1	1	1	1	1	1
224	Fensulfothion-oxon	1	1	1	1	1	1	1	1
225	Fensulfothion-sulfone	1	1	1	1	1	1	1	1
226	Fenthion	5	5	5	5	5	10	5	5
227	Fenthion oxon	1	1	1	1	1	1	1	1
228	Fenthion oxon sulfone	1	1	1	1	1	1	1	1
229	Fenthion oxon sulfoxide	1	1	1	1	1	1	1	1
230	Fenthion sulfone	1	1	1	1	1	1	1	1
231	Fenthion sulfoxide	1	1	1	1	1	1	1	1
232	Fentrazamide	1	5	5	10	5	20	5	5
233	Fenuron	1	1	1	1	1	1	1	1
234	Flamprop	1	1	1	1	1	5	1	1
235	Flamprop-isopropyl	1	1	1	1	1	1	1	5
236	Flamprop-methyl	1	1	1	1	1	1	1	1
237	Flazasulfuron	50	响应低	响应低	响应低	20	5	响应低	20
238	Florasulam	1	1	1	1	1	1	1	1
239	Fluazifop	1	1	1	1	1	1	1	5
240	Fluazifop-butyl	1	1	1	10	1	1	1	1
241	Fluazifop-P-butyl	1	1	1	1	1	1	1	1
242	Flubendiamide	50	10	5	10	5	20	5	5
243	Flucarbazone	1	10	5	1	1	5	1	10
244	Flucycloxuron	响应低	响应低	响应低	响应低	响应低	20	响应低	响应低
245	Flufenacet	1	1	1	1	1	1	1	1
246	Flufenoxuron	响应低	响应低	50	50	响应低	50	20	20
247	Flufenpyr-ethyl	1	1	1	1	1	1	1	1
248	Flumequine	5	1	1	1	5	1	5	1
249	Flumetsulam	1	1	1	1	1	1	1	1
250	Flumiclorac-pentyl	5	50	响应低	20	50	5	5	20
251	Flumorph	1	1	1	1	1	1	1	1

续表

序号	农药名称	苹果	葡萄	西瓜	西柚	甘蓝	菠菜	芹菜	番茄
252	Fluometuron	1	1	1	1	1	10	1	1
253	Fluopicolide	1	1	1	1	1	1	1	1
254	Fluopyram	1	1	1	1	1	1	1	1
255	Fluoroglycofen-ethyl	响应低	响应低	响应低	响应低	无二级	响应低	响应低	响应低
256	Fluoxastrobin	1	1	1	1	1	1	1	1
257	Fluquinconazole	1	1	1	1	1	5	1	1
258	Fluridone	1	1	1	1	5	1	5	5
259	Flurochloridone	5	1	1	1	5	5	20	5
260	Flurprimidol	1	1	1	1	1	1	1	1
261	Flurtamone	1	1	1	1	1	1	1	1
262	Flusilazole	1	1	1	1	1	1	1	1
263	Fluthiacet-methyl	1	1	1	1	1	1	1	1
264	Flutolanil	1	1	1	1	1	1	1	1
265	Flutriafol	1	1	1	1	1	1	1	1
266	Fluxapyroxad	1	1	1	1	1	1	1	1
267	Fonofos	1	1	1	1	1	1	1	1
268	Foramsulfuron	5	10	5	10	5	20	5	20
269	Forchlorfenuron	5	1	1	响应低	1	1	1	1
270	Fosthiazate	1	1	1	1	1	1	1	1
271	Fuberidazole	1	1	1	1	1	1	1	1
272	Furalaxyl	1	1	1	1	1	1	1	1
273	Furathiocarb	1	1	1	1	1	1	1	1
274	Furmecyclox	1	1	1	1	1	1	1	1
275	Halofenozide	5	1	5	5	5	5	5	5
276	Halosulfuron-methyl	5	10	5	10	5	5	5	1
277	Haloxyfop	1	10	1	1	20	1	1	10
278	Haloxyfop-ehyoxyethyl	1	1	1	1	1	1	1	1
279	Haloxyfop-methyl	1	1	1	1	1	1	1	1
280	Heptenophos	1	1	1	1	1	1	1	1
281	Hexaconazole	1	1	1	1	1	1	1	1
282	Hexazinone	1	1	1	1	1	1	1	1
283	Hexythiazox	1	10	1	1	1	1	1	1
284	Hydramethylnon	50	响应低	20	50	响应低	5	5	响应低
285	Hymexazol	20	5	5	10	20	5	5	5
286	Imazalil	1	1	1	1	1	1	1	1
287	Imazamethabenz-methyl	1	1	1	1	1	1	1	1

续表

序号	农药名称	苹果	葡萄	西瓜	西柚	甘蓝	菠菜	芹菜	番茄
288	Imazamox	1	1	1	1	1	1	1	1
289	Imazapic	1	1	1	1	1	1	1	1
290	Imazapyr	1	1	1	1	20	1	1	1
291	Imazaquin	1	1	1	1	20	1	1	1
292	Imazethapyr	1	1	1	1	1	1	1	1
293	Imazosulfuron	20	响应低	50	10	50	响应低	50	10
294	Imibenconazole	10	50	响应低	1	响应低	20	10	1
295	Imidacloprid	1	1	1	1	1	1	1	1
296	Imidacloprid-urea	1	1	1	1	1	5	1	1
297	Inabenfide	5	1	5	1	1	5	1	1
298	Indoxacarb	1	1	1	1	1	5	1	1
299	Iodosulfuron-methyl	1	10	5	5	20	1	5	1
300	Ipconazole	1	1	1	1	1	1	1	1
301	Iprobenfos	1	1	1	1	1	1	1	1
302	Iprovalicarb	1	1	1	1	1	1	1	1
303	Isazofos	1	1	1	1	1	1	1	1
304	Isocarbamid	1	1	1	1	1	1	1	1
305	Isocarbophos	1	1	1	1	1	1	1	1
306	Isofenphos	1	1	1	1	1	1	1	1
307	Isofenphos oxon	1	1	1	1	1	1	1	1
308	Isomethiozin	50	响应低	响应低	10	1	响应低	响应低	1
309	Isoprocarb	1	1	1	1	1	1	1	1
310	Isopropalin	20	响应低	响应低	20	50	10	50	5
311	Isoprothiolane	1	1	1	1	1	1	1	1
312	Isoproturon	1	1	1	1	1	1	1	1
313	Isouron	1	1	1	1	1	1	1	1
314	Isoxaben	1	1	1	1	1	1	1	1
315	Isoxadifen-ethyl	1	1	1	5	5	10	5	5
316	Isoxaflutole	5	5	5	10	5	5	5	5
317	Isoxathion	1	1	1	1	1	1	1	1
318	Ivermectin	响应低	响应低	50	20	响应低	5	20	响应低
319	Kadethrin	10	50	50	响应低	5	响应低	20	20
320	Karbutilate	1	1	1	1	1	1	1	1
321	Kresoxim-methyl	1	1	1	1	1	1	1	1
322	Lactofen	5	10	1	1	5	5	5	1
323	Linuron	1	1	1	1	1	1	1	1

续表

序号	农药名称	苹果	葡萄	西瓜	西柚	甘蓝	菠菜	芹菜	番茄
324	Malaoxon	1	1	1	1	1	1	1	1
325	Malathion	1	1	1	1	1	1	1	1
326	Mandipropamid	1	1	1	1	1	1	10	1
327	Mecarbam	1	1	1	1	1	1	1	1
328	Mefenacet	1	1	1	1	1	1	1	1
329	Mefenpyr-diethyl	1	1	1	1	1	1	1	1
330	Mepanipyrim	1	1	1	1	1	1	1	1
331	Mephosfolan	1	1	1	1	1	1	1	1
332	Mepiquat chloride	1	1	1	1	1	1	1	1
333	Mepronil	1	1	1	1	1	1	1	1
334	Mesosuifuron-methyl	1	1	1	1	5	1	5	1
335	Metalaxyl	1	1	1	1	1	1	1	1
336	Metalaxyl-M	1	1	1	1	1	1	1	1
337	Metamitron	1	1	1	5	1	1	1	1
338	metamitron-desamino	未添加	未添加	未添加	未添加	未添加	未添加	未添加	未添加
339	Metazachlor	1	1	1	1	1	1	1	1
340	Metconazole	1	1	1	1	1	1	1	1
341	Methabenzthiazuron	1	1	1	1	1	1	1	1
342	Methamidophos	1	1	1	1	1	1	1	1
343	Methidathion	5	1	1	5	1	1	1	1
344	Methiocarb	1	1	1	1	1	1	1	1
345	Methiocarb sulfone	5	5	10	10	20	20	5	5
346	Methiocarb sulfoxide	1	1	1	1	1	1	1	1
347	Methomyl	1	1	1	1	5	1	5	1
348	Methoprotryne	1	1	1	1	1	1	1	1
349	Methoxyfenozide	1	1	1	1	1	1	1	1
350	Metobromuron	1	1	1	1	1	1	1	1
351	Metolachlor	1	1	1	1	1	1	1	1
352	Metolcarb	1	1	1	1	1	1	1	1
353	Metominostrobin-(*E*)	1	1	1	1	1	1	1	1
354	Metominostrobin-(*Z*)	未添加	未添加	未添加	未添加	1	未添加	未添加	未添加
355	Metosulam	1	1	1	1	1	1	1	1
356	Metoxuron	1	1	1	1	1	1	1	1
357	Metrafenone	1	1	1	1	1	1	1	1
358	Metribuzin	1	1	1	1	1	1	1	1
359	Metsulfuron-methyl	1	1	1	1	5	1	5	1

续表

序号	农药名称	苹果	葡萄	西瓜	西柚	甘蔗	菠菜	芹菜	番茄
360	Mevinphos	1	1	1	1	1	1	1	1
361	Mexacarbate	1	1	1	1	1	1	1	1
362	Molinate	1	1	1	1	1	1	1	1
363	Monocrotophos	1	1	1	1	1	1	1	1
364	Monolinuron	1	1	1	1	1	1	1	1
365	Monuron	1	1	1	1	1	1	1	1
366	Myclobutanil	1	1	1	1	1	1	1	1
367	Naproanilide	1	1	1	1	1	1	1	1
368	Napropamide	1	1	1	1	1	1	1	1
369	Naptalam	20	50	响应低	响应低	5	20	5	1
370	Neburon	1	1	1	1	1	1	1	1
371	Nicosulfuron	5	5	5	1	5	20	5	5
372	Nitenpyram	1	1	1	1	1	1	1	1
373	Nitralin	1	5	5	1	5	5	5	1
374	Norflurazon	1	1	1	1	1	1	1	1
375	Nuarimol	1	1	1	1	1	5	1	1
376	Octhilinone	1	1	1	1	1	1	1	1
377	Ofurace	1	1	1	1	1	1	1	1
378	Omethoate	1	1	1	1	1	1	1	1
379	Orbencarb	1	1	1	1	1	1	1	1
380	Orthosulfamuron	响应低	响应低	响应低	响应低	响应低 无一级	20	响应低	响应低
381	Oxadixyl	1	1	1	1	1	1	1	1
382	Oxamyl	1	1	1	5	5	1	5	5
383	Oxamyl-oxime	1	1	1	1	1	1	1	1
384	Oxaziclomefone	1	1	1	1	1	1	1	1
385	Oxine-copper	响应低	响应低	响应低	响应低	无一级	响应低	响应低	响应低
386	Oxycarboxin	1	1	1	1	1	1	1	1
387	Paclobutrazol	1	1	1	5	1	1	1	1
388	Paraoxon-ethyl	1	1	1	1	1	1	1	1
389	Paraoxon-methyl	5	5	5	5	5	5	5	1
390	Pebulate	1	1	1	1	5	1	5	1
391	Penconazole	1	1	1	1	1	1	1	1
392	Pencycuron	1	1	1	1	1	1	1	1
393	Pendimethalin	5	5	5	1	5	1	5	1
394	Penoxsulam	1	1	1	1	1	1	1	1
395	Pentanochlor	1	1	1	1	1	1	1	1

续表

序号	农药名称	苹果	葡萄	西瓜	西柚	甘蓝	菠菜	芹菜	番茄
396	Phenmedipham	1	1	1	1	1	1	1	1
397	Phenthoate	1	1	1	1	1	1	1	1
398	Phorate	5	10	10	10	10	20	5	5
399	Phorate-oxon-sulfone	响应低	响应低	响应低	响应低	响应低	响应低	响应低	响应低
400	Phorate-sulfone	1	1	1	1	1	1	1	1
401	Phorate-sulfoxide	1	1	1	1	1	1	1	1
402	Phosalone	1	1	1	1	1	1	1	1
403	Phosfolan	1	1	1	1	1	1	1	1
404	Phosmet	1	1	1	1	1	1	1	1
405	Phosmet-oxon	未添加	未添加	未添加	未添加	未添加	未添加	未添加	未添加
406	Phosphamidon	1	1	1	1	1	1	1	1
407	Phoxim	1	1	1	1	1	10	1	1
408	Phthalic acid, benzyl butyl ester	1	1	1	1	1	1	1	1
409	Phthalic acid, dicyclohexyl ester	1	1	1	1	1	1	1	1
410	Phthalic acid,bis-butyl	1	1	1	1	1	1	1	1
411	Picaridin	1	1	1	1	1	5	1	1
412	Picloram	10	5	10	1	20	10	10	20
413	Picolinafen	1	10	1	10	20	20	10	1
414	Picoxystrobin	1	1	1	1	1	1	1	1
415	Pinoxaden	1	1	1	1	1	1	1	1
416	Piperonyl butoxide	1	1	1	1	1	1	1	1
417	Piperophos	1	1	1	1	1	1	1	1
418	Pirimicarb	10	1	1	1	1	1	1	1
419	Pirimicarb-desmethyl-formamido	未添加	未添加	未添加	未添加	未添加	未添加	未添加	未添加
420	Pirimiphos-ethyl	1	1	1	1	1	1	1	1
421	Pirimiphos-methyl	1	1	1	1	1	1	1	1
422	Pirimiphos-methyl-N-desethyl	1	1	1	1	5	1	5	1
423	Prallethrin	1	1	1	1	1	1	1	1
424	Pretilachlor	1	1	1	1	1	1	1	1
425	Primisulfuron-methyl	响应低	响应低	响应低	响应低	响应低 无一级降解	响应低	响应低	响应低
426	Prochloraz	1	1	1	1	1	1	1	1
427	Profenofos	1	1	1	1	1	1	1	1
428	Promecarb	1	1	1	1	1	1	1	1
429	Prometon	1	1	1	1	1	1	1	1
430	Prometryne	1	1	1	20	10	1	5	10
431	Pronamide	1	1	1	1	1	10	1	1

续表

序号	农药名称	苹果	葡萄	西瓜	西柚	甘蓝	菠菜	芹菜	番茄
432	Propachlor	1	1	1	1	1	1	1	1
433	Propamocarb	1	1	1	1	1	1	1	1
434	Propanil	5	5	5	5	5	5	5	5
435	Propaphos	1	1	1	1	1	1	1	1
436	Propaquizafop	1	1	1	1	1	1	1	1
437	Propargite	1	10	1	1	5	10	5	1
438	Propazine	1	1	1	1	1	1	1	1
439	Propetamphos	5	1	1	1	5	1	5	1
440	Propiconazole	1	1	1	1	5	1	5	1
441	Propisochlor	1	1	1	1	5	1	5	1
442	Propoxur	1	1	1	1	1	1	1	1
443	Propoxycarbazone	1	5	1	1	1	1	1	1
444	Proquinazid	1	1	1	1	5	1	5	1
445	Prosulfocarb	1	1	1	1	1	1	1	1
446	Prothioconazole	50	50	50	50	响应低	50	5	20
447	Prothoate	未添加	未添加	未添加	未添加	未添加	未添加	未添加	未添加
448	Pymetrozine	10	1	1	1	5	1	5	10
449	Pyraclofos	1	1	1	1	1	1	1	1
450	Pyraclostrobin	1	1	1	1	1	1	1	1
451	Pyraflufen	响应低	响应低	响应低	响应低	响应低	响应低	响应低	响应低
452	Pyraflufen-ethyl	1	1	1	1	1	1	1	1
453	Pyrasulfotole	响应低	10	10	10	5	5	5	1
454	Pyrazolynate	1	10	20	1	5	5	5	1
455	Pyrazophos	1	1	1	1	1	1	1	1
456	Pyrazosulfuron-ethyl	1	1	1	1	1	1	1	1
457	Pyrazoxyfen	1	1	1	1	1	1	1	1
458	Pyributicarb	1	1	1	1	1	1	1	1
459	Pyridaben	5	50	10	1	5	1	20	1
460	Pyridalyl	响应低	响应低	响应低	20	响应低	20	5	响应低
461	Pyridaphenthion	1	1	1	1	1	1	1	1
462	Pyridate	响应低	响应低	50	20	响应低	5	5	响应低
463	Pyrifenox	1	1	1	1	5	5	5	1
464	Pyriftalid	1	1	1	1	1	1	1	1
465	Pyrimethanil	1	1	1	1	1	1	1	5
466	Pyrimidifen	1	1	1	1	1	1	1	1
467	Pyriminobac-methyl(*Z*)	1	1	1	1	1	1	1	1

续表

序号	农药名称	苹果	葡萄	西瓜	西柚	甘蓝	菠菜	芹菜	番茄
468	Pyrimitate	未添加	未添加	未添加	未添加	未添加	未添加	未添加	未添加
469	Pyriproxyfen	1	1	1	1	5	5	5	1
470	Pyroquilon	1	1	1	1	1	1	1	1
471	Quinalphos	1	1	1	1	1	1	1	1
472	Quinclorac	1	1	1	1	10	5	1	1
473	Quinmerac	1	1	10	1	1	1	1	1
474	Quinoclamine	1	1	1	1	1	1	1	1
475	Quinoxyfen	1	1	1	1	1	1	1	1
476	Quizalofop	1	1	1	1	1	1	1	1
477	Quizalofop-ethyl	1	1	1	1	1	1	1	1
478	Quizalofop-P-ethyl	1	1	1	1	1	1	1	1
479	Rabenzazole	1	1	1	1	1	1	1	1
480	Resmethrin	20	响应低	响应低	1	10	响应低	5	20
481	RH 5849	1	1	5	1	5	1	5	1
482	Rimsulfuron	50	响应低	响应低	响应低	响应低	响应低	响应低	响应低
483	Rotenone	1	1	1	1	1	1	1	1
484	Saflufenacil	1	1	1	1	1	1	1	1
485	Sebutylazine	1	1	1	1	1	1	1	1
486	Secbumeton	1	1	1	1	1	1	1	1
487	Sethoxydim	未添加	未添加	未添加	未添加	未添加	未添加	未添加	未添加
488	Siduron	1	1	1	1	1	1	1	1
489	Simazine	1	1	1	1	1	1	1	1
490	Simeconazole	1	1	1	1	1	5	1	1
491	Simeton	1	1	1	1	1	1	1	1
492	Simetryn	1	1	1	1	1	1	1	1
493	S-Metolachlor	1	1	1	1	1	1	1	1
494	Spinetoram	1	1	1	1	1	1	1	1
495	Spinosad	1	1	1	1	1	1	1	1
496	Spirodiclofen	5	50	响应低	5	20	1	5	1
497	Spirotetramat	1	1	1	1	1	1	1	1
498	Spiroxamine	1	1	1	1	1	1	1	1
499	Sulcotrione	50	5	5	5	1	5	1	1
500	Sulfallate	1	5	5	1	5	10	5	5
501	Sulfentrazone	5	5	5	1	5	5	5	5
502	Sulfotep	1	1	1	1	1	10	1	1
503	Sulfoxaflor	1	1	5	1	1	5	1	1

续表

序号	农药名称	苹果	葡萄	西瓜	西柚	甘蓝	菠菜	芹菜	番茄
504	Sulprofos	5	50	50	20	20	5	10	5
505	Tebuconazole	1	1	1	1	1	10	1	1
506	Tebufenozide	1	1	1	5	5	10	5	1
507	Tebufenpyrad	1	1	1	1	1	1	1	1
508	Tebupirimfos	1	1	1	1	1	1	1	1
509	Tebutam	1	1	1	1	1	1	1	1
510	Tebuthiuron	1	1	1	1	1	1	1	1
511	Tembotrione	响应低	5	5	5	1	5	1	1
512	Temephos	响应低	响应低	50	20	响应低	5	5	响应低
513	Tepraloxydim	1	1	1	1	1	1	1	1
514	Terbucarb	1	1	1	1	1	1	1	1
515	Terbufos	响应低	响应低	10	10	10	20	5	5
516	Terbufos sulfone	1	1	1	1	1	1	1	1
517	Terbufos-*O*-analogue sulfone	响应低	响应低	响应低	响应低	响应低 无二级降解	响应低	响应低	响应低
518	Terbumeton	1	1	1	1	1	1	1	1
519	Terbuthylazine	1	1	1	1	1	1	1	1
520	Terbutryne	1	1	1	1	1	1	10	5
521	Tetrachlorvinphos	1	1	1	1	1	1	1	1
522	Tetraconazole	1	1	1	1	1	1	1	1
523	Tetramethrin	1	1	1	1	1	1	1	1
524	Thenylchlor	1	1	1	5	1	5	1	1
525	Thiabendazole	20	1	1	1	1	1	1	1
526	Thiabendazole-5-hydroxy	1	1	1	1	1	1	1	1
527	Thiacloprid	1	1	1	1	1	1	1	1
528	Thiamethoxam	1	1	1	1	1	1	1	1
529	Thiazafluron	1	1	1	1	1	1	1	1
530	Thiazopyr	1	1	1	1	1	1	1	1
531	Thidiazuron	1	1	10	5	1	1	1	1
532	Thiencarbazone-methyl	1	1	1	10	1	1	1	1
533	Thifensulfuron-methyl	1	1	1	5	1	1	1	1
534	Thiobencarb	1	1	1	1	5	1	5	1
535	Thiocyclam	5	5	5	1	20	5	5	5
536	Thiodicarb	1	1	1	1	1	1	1	1
537	Thiofanox	50	50	20	50	50	20	20	响应低
538	Thiofanox sulfone	1	1	1	5	20	5	5	1
539	Thiofanox-sulfoxide	5	1	1	1	5	1	5	1

续表

序号	农药名称	苹果	葡萄	西瓜	西柚	甘蓝	菠菜	芹菜	番茄
540	Thionazin	1	1	1	1	1	1	1	1
541	Thiophanate-ethyl	20	1	1	5	1	10	1	1
542	Thiophanate-methyl	1	1	1	5	5	1	5	1
543	Thiram	响应低	响应低	响应低	响应低	响应低 无一级	响应低	5	响应低
544	Tiocarbazil	1	1	1	1	1	1	1	1
545	Tolclofos-methyl	10	20	响应低	20	10	响应低	响应低	20
546	Tolfenpyrad	5	50	1	1	10	50	20	1
547	Tralkoxydim	1	1	1	1	1	1	1	1
548	Triadimefon	1	1	1	1	1	1	1	1
549	Triadimenol	1	1	1	1	5	5	5	1
550	Tri-allate	1	10	20	10	5	10	5	1
551	Triapenthenol	1	1	1	1	1	1	1	1
552	Triasulfuron	1	1	1	1	1	1	1	1
553	Triazophos	1	1	1	1	1	1	1	1
554	Triazoxide	5	1	5	20	20	响应低	1	1
555	Tribenuron-methyl	响应低	响应低	响应低	响应低	响应低 无一级	响应低	响应低	响应低
556	Tribufos	1	1	1	1	1	10	1	1
557	Trichlorfon	1	1	1	1	5	1	5	1
558	Tricyclazole	1	1	1	1	1	1	1	1
559	Tridemorph	1	1	1	1	1	1	1	1
560	Trietazine	1	1	1	1	1	1	1	1
561	Trifloxystrobin	1	1	1	1	1	1	1	1
562	Triflumizole	1	10	1	1	5	5	5	1
563	Triflumuron	1	1	1	5	1	20	1	1
564	Triflusulfuron-methyl	50	50	50	50	响应低	响应低	20	20
565	Tri-n-butyl phosphate	1	1	1	1	1	1	1	1
566	Trinexapac-ethyl	5	1	1	5	1	1	1	1
567	Triphenyl-phosphate	1	1	1	1	1	1	1	1
568	Triticonazole	1	1	1	1	1	1	1	1
569	Uniconazole	1	1	1	1	1	1	1	1
570	Validamycin	5	响应低	响应低	响应低	50	响应低	响应低	响应低
571	Valifenalate	1	1	1	1	1	1	1	1
572	Vamidothion	1	1	1	1	1	1	1	1
573	Vamidothion sulfone	1	1	1	1	1	1	1	1
574	Vamidothion sulfoxide	1	1	1	1	1	1	1	1
575	Zoxamide	1	1	1	1	1	1	1	1

第 2 章　高分辨质谱-互联网-数据科学三元融合技术构建农药残留侦测技术平台

2.1　引　　言

高分辨质谱技术的出现和应用，改变了以往农药残留目标性定性和定量检测的方式，其在农药多残留检测方面的最大优势是可在全扫描模式下提供足够的灵敏度和分辨率，并快速获得数百种农药化学污染物信息，这使得快速获得海量农药残留检测数据变为可能。鉴于高分辨质谱侦测技术的高度数字化、信息化和自动化的实现，产生的数据也呈现出规模巨大（volume）、类型多样（variety）、产生速度快（velocity）、价值密度低（value）的大数据“4V”特征，这就为农药残留数据的采集、处理、存储和分析提出了极大的挑战[1, 2]。因此，为了对海量数据进行快速智能分析，亟待开发可以用于大数据采集、传送、统计和智能分析的农药残留侦测技术平台。

基于互联网，将先进的高分辨率质谱技术与数据科学融合，构建农药残留侦测数据平台，可以实现食用农产品农药残留数据的及时采集、管理和智能分析，并在短时间内自动生成相关农药残留侦测报告，为农药残留追根溯源、风险评估以及农药的科学管理与使用，提供实时在线服务。到目前为止，这类方法和系统未见报道。

本章研究了一种高分辨质谱-互联网-数据科学三元融合技术，并基于该技术构建了农药残留侦测技术平台，提出了侦测报告自动生成及一键快速下载的方法。通过全国各地的联盟实验室用高分辨质谱技术对 18 类 146 种水果蔬菜中世界常用 1200 多种农药化学污染物实施一年四季循环监测；通过互联网实现各个联盟实验室数据的互联互通及数据共享；通过数据采集系统和智能分析系统对数据进行智能管理与分析，实现了报告自动生成并一键快速下载。该方法大大提高了农药残留的发现能力，是任何一种传统农药残留检测技术所不能比拟的。同时，也使农药残留食品安全问题早发现、早预警、早管理，促进食品安全监管前移，实现食品安全由被动整治逐步向防患于未然转移。

2.2　高分辨质谱-互联网-数据科学三元融合技术概述

本研究应用液相色谱-四极杆飞行时间质谱（LC-Q-TOF/MS）和气相色谱-四极杆飞

行时间质谱（GC-Q-TOF/MS）两种技术，同时侦测全国 31 省会/直辖市市售水果蔬菜样品中 1200 种农药残留，获得海量农药残留侦测数据。多地区、多种水果蔬菜中多种类别农药残留的定期侦测，使得侦测结果数据量庞大而且结构复杂。查清全国 31 个省会/直辖市所售不同产地水果蔬菜中不同农药残留情况和规律特征，才能使侦测结果发挥应有的作用。因此，如何实现农药残留数据的及时采集、管理和智能分析，并在短时间内自动生成相关农药残留侦测报告是至关重要的。基于互联网的信息管理系统体系架构和数据科学中的数据处理方法，搭建农药残留数据采集与分析平台，可以将全国各个检测单位的侦测数据及时采集到数据中心，进行快速的智能分析，并自动化生成农药残留侦测报告供相关人员参考。

因此，本研究首次提出了高分辨质谱-互联网-数据科学（High-resolution Mass Spectrometry，Internet，Data Science，HID）三元融合技术，搭建基于三元融合技术的农药残留数据智能分析平台，进行农药残留侦测数据的分析与管理。该技术采用高分辨率质谱对水果蔬菜中农药残留进行侦测，运用数据科学对侦测数据进行分析处理与挖掘计算，通过互联网技术对大数据进行存储、处理与展示，最后自动化生成统计分析报告。高分辨质谱-互联网技术-数据科学三者相结合，相辅相成，既是应用高分辨质谱、互联网和数据科学实现对农产品中农药残留进行侦测和智能分析并给出预警结果的技术融合，又是针对食品中农药化学污染残留情况进行检测、统计与分析的综合方法，为食品中农药化学污染物的综合评定提供科学、快捷、有效的综合信息管理平台（图 2-1）。

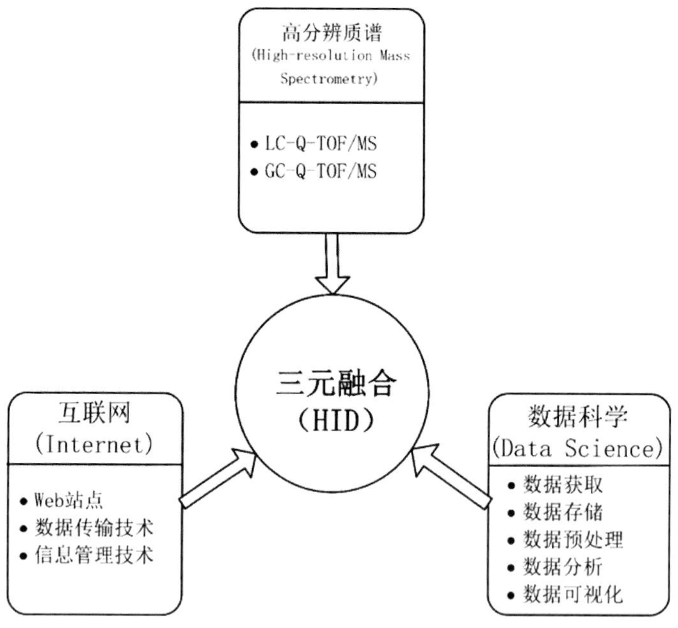

图 2-1 三元融合技术的组成

2.2.1　高分辨质谱检测新技术研发与网络联盟实验室的构建

2.2.1.1　高分辨质谱侦测技术研发

基于 1200 多种世界常用农药化学污染物高分辨质谱一级精确质量数据库和二级碎片离子谱图库，采用 LC-Q-TOF/MS 和 GC-Q-TOF/MS 技术对水果蔬菜中农药残留完成非靶向高通量侦测，可获得海量农药残留原始数据。农药精确质量数据库建立和农药残留侦测流程图如图 2-2 和图 2-3 所示。

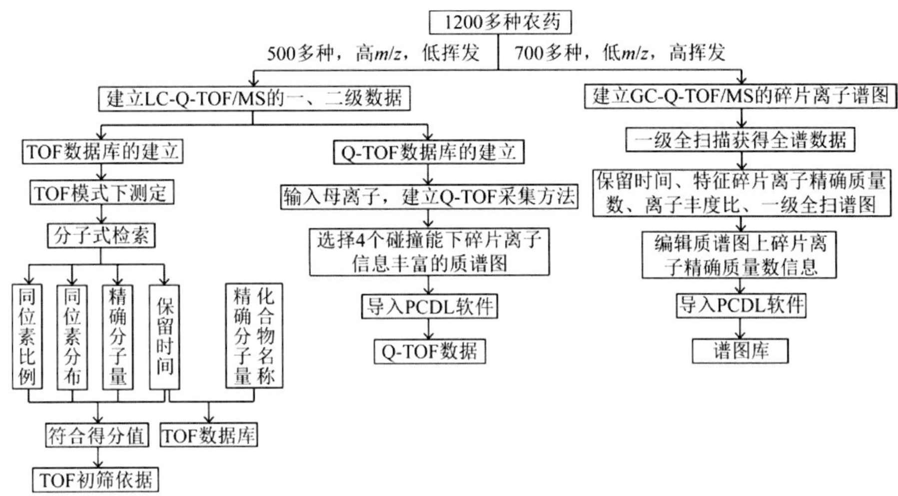

图 2-2　LC-Q-TOF/MS 和 GC-Q-TOF/MS 农药精确质量数据库建立流程

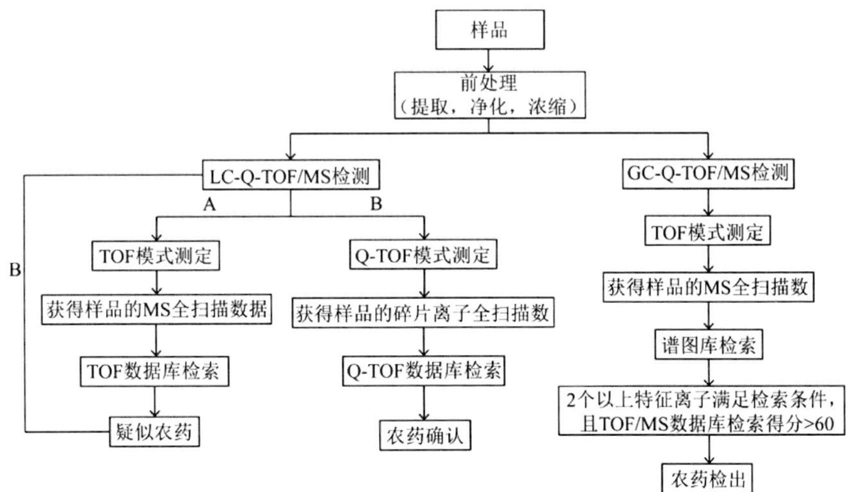

图 2-3　水果蔬菜中农药残留侦测流程图

2.2.1.2 高分辨质谱网络联盟实验室构建

加入网络联盟实验室要满足 4 个条件：①要熟悉高分辨质谱，比如 LC-Q-TOF/MS、GC-Q-TOF/MS 或其他高分辨质谱检测农药残留技术；②要有一定的农药残留识谱和解谱能力；③要通过国家或国际组织农药残留水平测试考核，并获得 A 等级的实验室（该考核需每年 1 次），还要通过联盟实验室组织的飞行样品考核，由考核成绩优秀的实验室组成；④为了保障检测数据的统一性、完整性、安全性和可靠性，联盟成员按照“五统一”规范进行操作，即统一采样、统一制样、统一检测方法、统一格式数据上传和统一内容统计分析报告。通过全国各联盟实验室成员的标准化操作，每年、每季度、每个月都会定期采样并进行检测，从而实现一年四季循环侦测，产生并积累大量农药残留检测结果数据，存入数据库。

2.2.2 基于互联网的信息处理系统

2.2.2.1 信息处理系统简介

信息处理系统（Information Processing System，IPS）是指运用现代信息处理技术，对企业的事务和基本信息进行加工处理，以提高事务处理的效率和自动化水平的信息系统。信息处理系统以信息基础设施为基本运行环境，由人、信息技术即设备、运行规程组成，目的是及时、正确地收集、加工、存储、传递和提供信息，实现组织各项活动的管理、调节和控制。开发信息处理系统的目的就是更好地利用信息资源，提高管理决策的水平。

信息处理系统可分为如下几类：

1）信息存储和检索系统

系统存储大量的数据，能够根据用户的查询要求检索出相关数据信息，并给出反馈，如数据库检索系统。

2）监督控制信息系统

这类系统用于监督某些过程的进行，在给定的情况发生时发出信号，提醒用户采取措施进行处理，如城市交通管理系统。

3）业务信息处理系统

系统用于完成具体业务的信息处理过程，事物的处理过程、输入输出形式被设计者预先设定，数据库中存放用于完成业务所需的各种数据，如火车票预购系统。

4）信息传输系统

传输系统将地理上分散的机构之间的信息进行快速、准确的传输、交换，以确保信息的同步与系统的稳定，如国家银行数据通信系统。

5）计算机辅助系统

采用人机协作的方式，利用计算机的高性能辅助人们从事设计、加工、决策等工作，如计算机辅助设计系统（Computer-aided system）。

6）过程控制系统

通过物理设备从现实场景获取数据，以用于进行数据挖掘与建模分析，反馈出控制信息，以控制物理过程，如化工过程控制系统。

2.2.2.2　信息处理系统的实现模式

信息处理系统的实现模式通常有五种：单机模式，客户/服务器模式（C/S 架构）、浏览器/服务器模式（B/S 架构）、对等模式（P2P 架构）和混合模式。

1）单机模式

单主机计算模式是最初的信息处理系统采用的模式。在早期阶段，计算机应用系统所用的操作系统多为单用户操作系统，系统一般只有一个控制台，局限于单向应用如绩效统计报表等。在分时多用户操作系统出现之后，随着计算机终端的普及，早期的单机模式发展为单主机-多终端的计算模式阶段。在这种计算模式中，用户能够利用终端访问计算机资源，由主机分时轮流为每个终端用户提供服务。单主机-多终端计算模式中的“单主机”在我国当时被称为“计算中心”，这种计算模式可以实现多个管理系统并实现关联，但是由于硬件结构的限制，只能将数据和应用（程序）集中地放在一个主机上，在数据量日益庞大的今天，将两者集中存放一个主机的行为显然已经无法满足系统高效、稳定运行的需求，这种模式的应用范围也渐渐减小。

2）客户/服务器模式

随着个人计算机的发展和局域网技术逐渐趋于成熟，用户可以通过计算机网络共享计算机资源，计算机之间通过构建局域网完成数据交换、处理工作。局域网技术使信息处理过程不再受个人计算机资源的限制，应用程序在利用本机资源的同时，可以共享同网络下的其他计算机资源。这就形成了分布式客户/服务器（Client/Server，C/S）计算模式或架构。

C/S 模式根据计算机硬件配置的区别，将数据处理任务分配到客户机端和服务器端来实现，降低系统通信开销。客户机端通过安装客户端软件访问服务器端服务，负责与用户进行沟通，执行前台功能，如管理用户接口、数据处理和报告请求等；服务器端则负责执行各种后台服务，如业务逻辑、控制逻辑、数据库访问操作等。C/S 模式的工作原理如图 2-4 所示。服务器端的计算机通常采用高性能 PC、工作站或者小型机，采用大数据库系统，如 SQL Server、Oracle、Sybase 等。

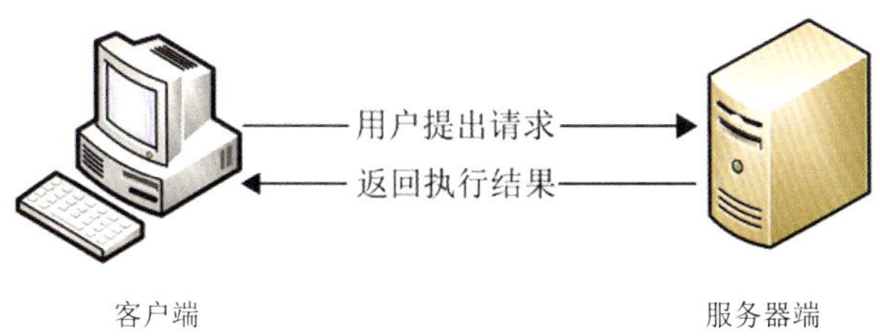

图 2-4　C/S 模式工作原理

C/S 模式的优点在于能够充分发挥客户端 PC 的处理能力，很多工作通过客户端处理后提交到服务器，服务器仅在接收到客户端请求时根据预定规则对客户端作出应答并提供服务，减轻了服务器的负担；将数据与复杂的数据处理统一放置在高性能服务器端，增加了数据的安全性；客户端与服务器之间点对点的连接方式也使整个通信过程更加安全。

然而，随着互联网的飞速发展，移动办公的普及，对系统扩展性要求的增加，系统的不断升级换代也使客户端无法完全适应客户的需求。客户端是安装在客户机上，用于与服务器进行信息传递的应用程序，在遇到电脑硬件损坏、系统升级、更换系统的情况时，需要及时进行安装维护，导致其维护和升级成本很高。因此，在 C/S 模式的基础上，浏览器/服务器（B/S）模式成为构建信息系统的另一种选择。

3）浏览器/服务器模式

随着数据库技术和互联网技术的快速发展与广泛应用，单机模式和基于 C/S 结构的信息处理系统已远不能满足用户的需求，Web 服务已成为 Internet 上的主要服务，用户通常通过浏览器来获得信息，将 Web 服务器和数据库服务器以一定方式结合在一起，用户就可以通过使用浏览器来访问数据库，这样便形成了浏览器/服务器（Browser/Server，B/S）模式。这种模式的优点在于：①能够大大降低软件维护开销，只需开发和维护服务器端应用程序，无须开发客户端程序；②服务器上所有应用程序执行后，可以通过 Web 浏览器在客户机上显示执行结果，从而统一了用户界面；③几乎所有操作系统上都有浏览器，所以 B/S 应用可以方便地实现跨平台操作。综上所述，把信息管理系统 Internet 化，也就是说采用 B/S 模式开发信息处理系统是软件发展的一种必然趋势，而且也符合世界经济全球化的趋势。一个分支遍布全球的跨国大型企业，用 C/S 很难实现企业信息的整体管理，而 B/S 和 Internet 正好能解决这个问题。基于 B/S 模式的系统工作原理如图 2-5 所示。

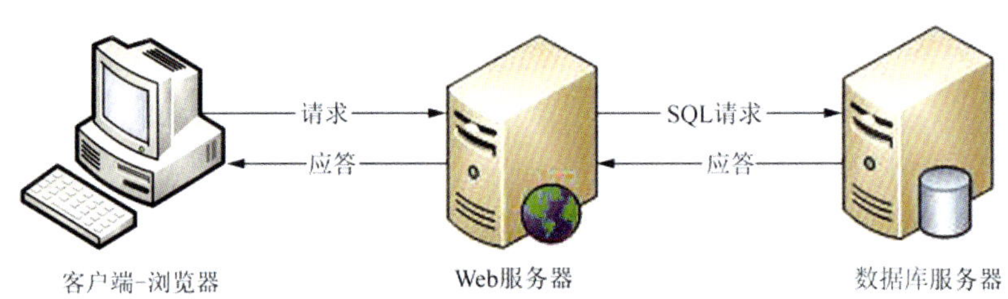

图 2-5　B/S 模式的工作原理

4）对等模式

对等模式（Peer-to-Peer 模式，P2P）是指两个主机在通信时并不区分服务请求方和服务提供方。只要在两个主机上运行对等连接软件（P2P 软件），它们就能进行平等的、对等的连接通信。这时，连接的双方可以下载对方存储在硬盘中的共享文档，实现信息的传递。因此这种工作方式称为 P2P 方式。在 P2P 网络结构中，每个节点既可以从其他节点中获取服务，也能够向其他节点提供服务。实际上，对等连接方式从本质上看仍然是使用客户端/服务器方式，只是对等连接中的每一台主机既是客户又同时是服务器。目前，大多数流行的流量密集型应用程序都是 P2P 架构的，如文件分发软件 BitTorrent、文件搜索/共享 eMule、因特网电话 Skype 等。P2P 模式的工作原理如图 2-6 所示。

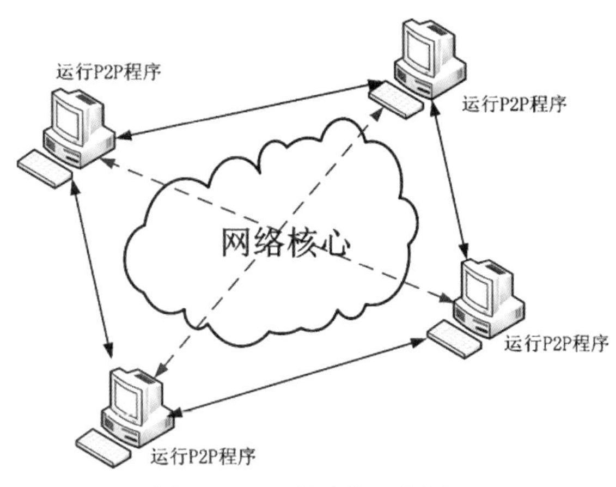

图 2-6　P2P 模式的工作原理

5）混合模式

信息处理系统的上述四种实现模式各有其优缺点，采用 C/S 模式搭建的信息管理系统，由于数据的管理与服务由特定的、有限的服务器承担，使系统容易出现失效节点。同时，少数服务器面对多客户端，CPU 能力、内存大小等问题均会影响服务的质量。P2P 网络中，每个节点既可以做服务器端，也可作为客户端使用，利用庞大的终端资源解决 C/S 网络中服务器负担过重的问题。目前 P2P 主要应用于内容共享、网络通信、协同计算等。由于 P2P 模式的主要作用在于数据的分散存储及资源的分散控制，当面对需要对大量数据进行整合计算的系统要求时，显然 P2P 模式很难满足人们的需求。并且 P2P 模式的实现，要在请求进行数据通信的双方主机上运行 P2P 软件，这大大限制了用户访问信息管理系统的自由，很难满足用户在任意机器上随时访问信息管理系统的需求，为此后来又产生了 C/S 与 P2P 相结合的混合模式。

2.2.2.3　信息处理系统原理与相关技术

信息处理系统用于整合数据信息，供用户进行查询与分析。目前系统开发过程中，为了能够适应更为广泛的用户，增加系统开发效率，降低系统维护和升级成本，本项目最终选择了 B/S 架构进行系统开发。采用 B/S 架构的信息处理系统主要由以下三部分构成：

1）数据库服务器

数据库服务器由运行在网络中的一台或多台计算机和数据库管理系统软件共同构成，为客户应用程序提供数据服务。

在 B/S 体系结构中，数据库服务器除了必要的硬件设备之外，最主要的是对数据库管理系统的选择。根据数据特点、开发环境、运行环境等因素，选择合适的数据库环境。数据库服务器实现数据库的管理功能，包括系统配置与管理、数据的存储与更新管理、数据完整性管理和数据安全性管理，同时还应具有查询和操作功能。数据库应满足能处理并发请求的需求，因为在同一时间，访问数据库的用户不止一个，所以数据库服务器需要支持并行运行机制，能够处理多事件同时发生。

2）Web 服务器

Web 服务器一般指网站服务器，能够向浏览器等 Web 客户端提供文档，也可以放置网站文件，供全世界的互联网用户浏览；能够放置数据文件，供互联网用户下载。

Web 服务器的工作主要分为四个步骤：连接过程、请求过程、应答过程、关闭连接。连接过程指 Web 服务器和用户端的浏览器之间建立连接，这是采用 B/S 架构构建信息处理系统的前提。当确定连接建立成功后，浏览器可以向服务器发出应用请求。收到浏览器请求的服务器使用 HTTP 协议对浏览器的请求给予应答，将任务处理后的结果返回到浏览器，在浏览器上显示其请求的结果。当一个应答过程完成之后，Web 服务器和浏览器之间会断开连接，这一过程称为关闭连接。Web 服务器的工作流程环环相扣，可支持多进程、多线程及多进程多线程混合技术。当前常用的 Web 服务器有 IIS、Kangle、WebSphere、WebLogic、Apache、Tomcat、Jboss 等。

3）浏览器

浏览器是指可以显示 HTML 文件内容，并让用户与这些文件交互的一种软件。它用来显示在万维网或局域网内的文字、图像及其他信息。这些文字或图像可以包含连接其他网址的超链接，用户可以利用浏览器很方便地浏览各种信息。目前常用的网页浏览器有 IE、Firefox、Google Chrome、360 浏览器等。

基于 B/S 架构的信息处理系统，使用浏览器代替 C/S 架构中的客户端，使得处理系统具有更良好的通用性，不必针对不同的系统制定不同的客户端程序，使用户即使更换不同的电脑也可以快速访问系统进行日常办公。由于 B/S 架构具有的种种优势，本书中基于 HID 三元融合技术的农药残留侦测数据采集与智能分析平台即采用该种架构，通过在 Web 服务器上部署应用服务，使用网页作为与使用者进行信息通信的接口。

2.2.3　数据科学

2.2.3.1　数据科学的研究内容

“数据科学”一词最早出现于 1960 年，由丹麦图灵奖获得者，计算机科学家彼得·诺尔提出，当时数据科学被用来代称计算机科学。后来经过统计学的发展，1997 年统计学家吴建福在“统计学是否等同于数据科学”的讲座上，提出应该将“统计学”重命名为“数据科学”。如今数据科学的研究范围进一步扩大，并且已经成为一门独立的学科。它涵盖了数学、统计学、数据工程、可视化技术等研究领域，主要研究内容涵盖了数据基础理论、数据计算与数据管理等诸多数据处理方面。然而其研究对象依旧围绕着数据本身，从复杂繁多且结构各异的数据中，透过它们呈现出的数字、文本、图像信息，获取数据间潜在的规律甚至是数据产生过程中被人忽视的状态，反馈给用户进行使用与研究。在数据洪流时代已经到来的今天，对如何利用统计学、计算机科学、人工智能等不同研究领域的方法对数据进行分析与挖掘，显得尤为重要[3]。

数据科学的研究从收集原始数据开始，经过数据存储、数据预处理、数据分析、可视化等步骤，获得数据分析报告，供研究人员进行分析。数据处理过程如图 2-7 所示。

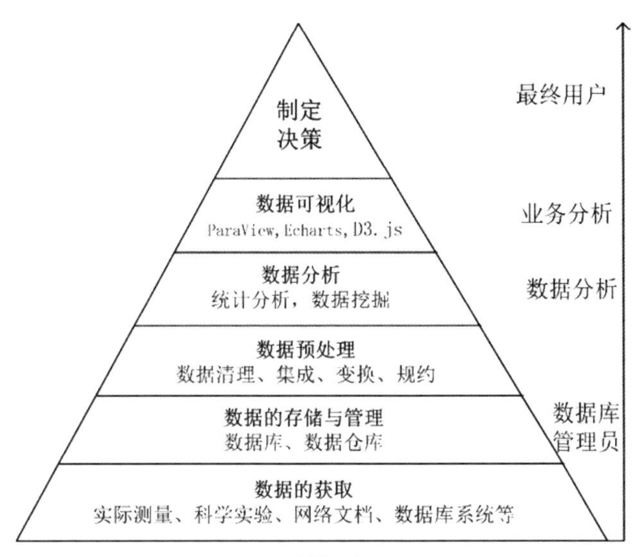

图 2-7　数据处理过程

1）数据的获取

在科学研究领域，数据来源主要可以归结到如下几类：①通过测量、传感器等方式获取到的观测型数据，如通过传感器获得的室内温湿度数据；②通过实验如物理、化学、医学等专业在实验过程中获得的实验型数据，如化学反应实验中生成的数据；③来源于大规模模拟计算的计算型数据；④来源于跨学科、横向研究的参考型数据，如人类基因数据。这些数据有些由于获取条件的不可重复性而获取难度大，为了能够从中寻找科学规律，长期有效地保存数据、科学地管理数据、有条件地共享数据和促进数据利用是十分重要的。

2）数据的存储与管理

采集到的数据需要存储在统一的数据库中准备进行下一步的分析与使用。数据根据其结构特征可分为结构化数据和非结构化数据，分别采用不同形式的数据库进行存储。当前两类数据库被广泛应用：关系型数据库和非关系型数据库。

A. 关系型数据库

关系型数据库是建立在关系模型上的数据库系统。关系模型采用二维表的形式来标识实体与实体间的联系，多个二维表及其之间的连接构成关系型数据库。

关系型数据库最大的特点就是事务的一致性，传统的关系型数据库读写操作都是事务的，具有 ACID 特点，即原子性（Atomicity）、一致性（Consistency）、隔离性（Isolation）和持久性（Durability），使数据库系统可以稳定地处理一些严格要求数据一致的项目。关系型数据库另一特点就是具有固定的表结构，该特点使数据库结构容易理解，可以使用通用的结构化查询语言（Structured Query Language，SQL）进行数据库的检索与数据表的关联，且易于维护。当前主流的关系型数据库有 Oracle、SQL Server、MySql 等。

随着当今数据量的急剧增加和数据格式的不断多样，非结构化数据的数量日益增大。主要用于管理结构化数据的关系型数据库已无法满足对海量非结构化数据的高速率和高并发的读写需求，因此用于管理非结构化数据的非关系型数据库应运而生。

B. 非关系型数据库

随着互联网 web2.0 网站的兴起，传统的关系数据库在面对大规模、高并发的社交网络服务类型的网站时，已无法满足需求。因此，非关系型数据库得以快速发展。

NoSQL（Not Only SQL）泛指的非关系型数据库根据数据存储方式分为四类：键值存储数据库、列存储数据库、文档型数据库和图形数据库，每一类存储方式对应解决一类数据存储问题，如键值存储数据库用于处理具有极高并发读写的需求。文档型数据库用来管理文档。在文档数据库中，文档是处理信息的基本单位，一个文档可以很长，很复杂，可以无结构，与字处理文档类似。一个文档相当于关系数据库中的一条记录。

非关系型数据库一般不保证遵循 ACID 原则，没有统一的架构，具有高并发读写性能，易扩展，且存储格式除了基础数据类型外，还包括文档形式、图片形式等等，具有广泛的应用范围。当前采用 NoSQL 形式的数据库有 Google 的 BigTable 和 Amazon 的 Dynamo。

3）数据的预处理

在现实场景中，获取数据的渠道有很多，数据涵盖的内容也各有不同，因此，从外界直接获取到的数据常常是杂乱的，没有统一、整齐的格式，对下一步的数据处理分析造成困难。由于原始数据的杂乱性、重复性、不完整性和存在噪声等问题，在进行数据分析之前进行预处理就显得十分必要[4]。

数据预处理的主要任务有：数据清理、数据集成、数据变换、数据归约。

A. 数据清理

数据清理是指发现和纠正数据中可识别的错误，将“脏”数据转化为“干净的”数据。常用的数据清理过程有：缺失数据处理、平滑噪声数据、纠正不一致数据、消除冗余问题等。

B. 数据集成

数据集成是指将数据源中数据结合起来放在一个一致的数据存储中，在数据集成过程中需要考虑多信息源的匹配、数据冗余、数据值冲突等问题。

C. 数据变换

数据变换是通过变换将数据转换成适合进行处理和分析的形式。数据变换涉及如下内容：平滑、聚集、数据概化、规范化、属性构造等。

D. 数据归约

由于收集到的数据集往往很庞大，分析和挖掘过程很难进行，这时就需要采用数据归约的方法。数据归约技术采用主成分分析法、线性回归与多元回归等方法，提取原数据中的主要成分供研究人员进行分析。

4）数据分析

数据分析过程是从原始数据中抽取出有价值的信息，该过程和预处理过程不同。数据的预处理在于将从外界获取到的数据进行"整理"使其满足进行下一步深入分析的条件，数据分析会用更加科学、复杂的方法对数据中隐含的信息进行挖掘。数据分析过程运用的方法根据其理论难度分为四种：单纯的数据加工方法、数理统计方法、数据挖掘方法和大数据分析方法。HID 三元融合技术将采用数理统计方法和数据挖掘算法对数据进行深入分析，探索数据中隐含的、能够帮助人们进行决策的信息。

A. 单纯的数据加工方法

单纯的数据加工方法主要应用于数据预处理过程中，也可以用于对数据进行描述性统计分析和简单的相关性分析。例如采用平均数、中位数、众数、方差、标准差等统计指标对数据的分布进行描述，运用相关系数对数据集中各因素相关性进行分析，以供决策者对数据集特征进行整体的把握。

B. 数理统计方法

数理统计的理论基础源自概率论与微积分，从数据的分布出发，进行数据的抽样判断和假设检验。分析人员通过对数据分布和变量之间的关系进行假设，运用数理统计方法证明该假设是否成立，得到数据集中各因素之间可能存在的潜在关联。常用的数理统计方法包括方差分析、因子分析、回归分析等。

C. 数据挖掘方法

数据挖掘利用了统计学、模式识别、机器学习等多领域的思想，能够从大量的数据中通过算法搜索隐藏于其中的信息，通过对历史数据的学习，挖掘数据间潜在关联以构建数据模型，用于对新的数据进行聚类、分类或预测。常用的数据挖掘方法包括聚类分析、分类分析、回归分析、关联规则分析等。具体方法有 K-Means、决策树、人工神经网络、贝叶斯分类方法等。

D. 大数据分析方法

在大数据时代，单纯使用数理统计方法和数据挖掘算法进行数据处理，在面对海量异构数据时，其运行效率与分析结果常常不尽如人意。基于大数据的分析方法依旧主要采用数据挖掘算法，但将数据处理过程放在由多台计算机搭建的分布式平台上，通过互联网技术确保各个计算机存储、通信过程的安全性、一致性，提供高效、可靠的数据处理服务。目前被广泛用于数据处理的分布式系统有 Hadoop 和 Apache Spark。

5）数据可视化

经过处理的数据虽然较原始数据而言已经反映了一些问题，然而人对于从图形、色彩中获取信息的敏感度远远高于从文字中获取信息的敏感度，因此，将数据以图形化的界面展示给人们是十分有益的。

在基础的数理统计分析过程中，简单的可视化图形已经被广泛用于数据展示，如将数据导入 Excel 生成饼图、折线图、条形图、散点图等。当数据量增加，数据之间的关系更加复杂，简单的可视化图形已经无法满足用户对于复杂数据的认知要求，新的可视化方法被不断提出。现代数据可视化技术综合运用计算机图形学、人机交互、图像处理等技术，将数据变换为可识别的图像、视频或动画，依次呈现对用户有价值的信息。根据数据特征和分析需求的不同，数据可视化主要分为三类：科学可视化、信息可视化和可视分析学[5]。

A. 科学可视化

科学可视化主要面向自然科学和工程领域，与物理、化学、气象、航空、医学等自然理论学科有很强的关联，通过构建二维或者三维模型对其数据进行展示，以寻找其数据中的模式与特点。能够用于进行科学可视化的开发工具有 VTK，ParaView 等。

B. 信息可视化

信息可视化处理的对象是抽象的、非结构化的数据集合，如文本、图表、地图等。表现形式经常采用二维空间映射的方式，通过设计可视化界面与交互方法，在有限的展示空间中以直观的方式传达大量的抽象信息，如数据的层次特征、时空分布情况等。能够用于进行信息可视化的开发工具有 Processing，D3.js，Echarts.js 等[6]。

C. 可视分析学

可视分析学是以可视化交互界面为基础的分析推理科学，它将图形学、数据挖掘、人机交互等技术结合起来，以可视化交互界面为媒介，将人的感知融入数据处理过程中，以完成有效的分析、推理与决策。用于进行可视分析的软件有 Google Public Data Explorer 等。

2.2.3.2　数据科学的发展现状与发展趋势

数据科学利用计算机的运算能力对数据进行处理，从数据中提取信息。现在它已经在 IT、金融、医学等领域得到广泛应用。在大数据背景下，数据科学最为典型的应用为关联分析和趋势预测[7]。

1）关联分析

关联分析最为典型的例子源于沃尔玛商场在对销售数据进行分析处理后，得到尿布与啤酒之间存在的一种隐含的关联关系。尿布与啤酒看似毫不相关的两种商品，因为购买人的特点使这样的组合经常出现在同一个购物车中，沃尔玛通过数据科学方法分析大量的销售数据，从中挖掘出消费者购买商品的特点并分析原因，制定相应的销售策略。

关联分析除了可用于分析商品之间的关联以帮助制定销售计划外，还可以应用于推荐系统，如音乐盒的推荐歌单、淘宝首页上的优惠商品、百度网页上的关联词条，都是根据用户曾经的使用历史记录，进行数据关联分析，从而得到可能的用户习惯（喜好），以推荐更加可能被用户喜爱或者需要的内容。

2）趋势预测

数据科学的另一种典型应用就是趋势预测。2013 年 6 月谷歌发布一篇研究论文称可以根据谷歌网页和 YouTube 的搜索量，以及其他辅助数据，以 90%以上的准确率预测好莱坞新电影首映第一个周末的票房[8]。这看似神奇的预测需要大量的数据，应用适当的数据科学方法，以及类似于 Hadoop 这样可以快速处理海量数据的分布式平台进行数据挖掘与分析，才能得到最接近准确的预测结果。

3）应用领域

目前数据科学已广泛应用于各行各业，特别是智慧城市、智慧医疗、智慧农业等领域，把信息技术应用到社会基础设施中，以建设能够稳定供给能源并绿色环保的社会。智慧城市基于物联网、云计算等新一代信息技术，使城市生活更加智能化，提高资源利用率，促进成本和能源的节约，改善城市居民的生活质量，减少对环境的污染。在智慧城市建设中，利用物联网的传感器节点感知获取信息，利用数据科学等信息技术可以实现基础设施故障的可视化以及基础设施管理自动化。智慧城市的建设已经在国内外许多地区展开，并取得一系列的成果，如中国的智慧上海，韩国的“U-City 计划”等[9]。

除了智慧城市，智慧医疗、智慧农业的概念也被提出。所谓“智慧农业”[10]是结合了计算机与网络技术、物联网技术、数据科学分析方法、无线通信技术、云计算技术等多学科的综合智能管理体系。通过利用传感器获取农作物生长过程中的诸多生长环境指标，汇总到数据处理中心，利用数据科学中包含的数据处理、挖掘方法，制定科学的农作物种植方案，并对农业生产种植过程中可能存在的问题作出预测，以更加自动化的方式进行农业生产，提高作物产量。在物联网、云计算技术趋于完善与成熟的情况下，数据科学将成为支持“智慧”项目实现不可或缺的技术。在未来，数据科学将随着数据量的增加、数据类型的丰富得到进一步发展。自然语言作为人类用来沟通交流的方式，由于没有固定的结构，如何让机器对自然语言进行存储、处理还存在着一些困难。因此，在自然语言处理和相关研究领域，数据科学还有很大的应用空间。同时深度学习理念当前正炙手可热，如何构建具有学习复杂的非线性关系能力的数据处理系统成为研究者争相研究的课题。

2.3　农药残留侦测数据采集与智能分析平台构建

通过对全国 31 个省会/直辖市市售水果蔬菜中农药残留污染情况进行全面剖析，对侦测结果进行科学的统计分析，生成统计分析和残留侦测报告，帮助相关专家对中国各地的农药残留污染情况进行了解，辅助对农药滥用的监管和相关标准的制定。本书设计构建的基于 HID 三元融合技术的农药残留数据采集与分析平台，实现了对全国农药残留侦测结果数据的采集、存储、查询、存档和基本分析，根据农药最大残留限量（Maximum Residue Limit，MRL）中国国家标准、欧盟标准、日本标准、中国香港标准、美国标准和 CAC（国际食品法典委员会，Codex Alimentarius Commission）标准进行超标判定，实现了对侦测结果数据的采集、分析、预警和报告自动生成。

农药残留侦测数据采集与智能分析平台的构建目的是为水果蔬菜中农药残留的侦测提供基于 Internet 技术的软硬件平台，使位于全国各地的检测单位可在当地将侦测结果上传到平台数据中心，存入数据库，进行统计分析，进而生成统计分析结果和残留侦测报告。农药残留侦测数据采集与智能分析平台架构如图 2-8 所示。

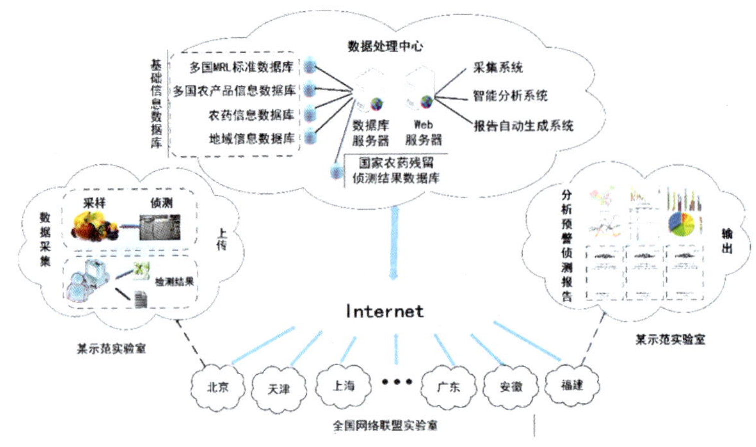

图 2-8　农药残留侦测数据采集与智能分析平台示意图

农药残留侦测数据采集与智能分析平台由位于数据中心的基础信息数据库（包括多个国家、组织或地区 MRL 标准数据库、农产品信息数据库、农药信息数据库、地理信息数据库）、农药残留侦测结果数据库、采集系统、智能分析系统和侦测报告自动生成系统几部分组成，基于互联网实现客户端与数据中心之间的数据传输。

农药残留侦测数据采集与智能分析平台的工作原理如下：

（1）分布在全国的各网络联盟实验室，在其客户端将侦测结果通过 Internet 上传至采集系统；

（2）采集系统通过数据获取、信息补充、衍生物合并、禁药处理、参照不同 MRL 标准进行污染等级判定、形成结果记录，存入侦测结果数据库；

（3）智能分析系统根据用户的条件设定、读取数据，然后逐一根据统计分析模型进行各项统计分析，生成图表，得出综合结论，将分析结果返回给示范实验室的客户端；

（4）侦测报告自动生成系统根据用户设定的样式和统计要求，综合智能分析系统得出的各类统计结果，最终生成一本图文并茂的市售水果蔬菜中农药残留侦测报告。

该平台基于高分辨率质谱、互联网、数据科学等理论与技术实现了侦测结果的自动获取、污染等级判定、数据统计分析、统计报表输出和侦测报告生成的自动化，大大提高了农药残留侦测数据统计分析的精准度和效率。

2.3.1　构建农药残留数据库

使用数据库系统来管理数据具有数据结构化、共享性好、冗余度低、独立性高的特点。数据结构化是数据库与文件系统的根本区别。在数据库系统中不仅要考虑某个应用的数据结构，还要考虑整个组织的系统结构。进行数据库设计之前，必须对数据进行详细分析，根据其数据的组成、特征和数据之间的关系进行数据库设计。为有效地保存和使用农药残留检测数据，并为农药残留污染物进行等级判定，以及为统计分析提供基础和依据，设计并建立了农药残留数据库，包括农药残留侦测结果数据库、MRL 标准数据库、农产品分类信息数据库、农药信息数据库和地理信息数据库五大数据库。

2.3.1.1 数据库基本信息

进行数据库设计首先必须准确了解和分析用户需求，详细分析所有数据特征。这是整个数据库设计过程的基础，也是最困难、最耗时的一步。农药残留信息数据库不仅要包括侦测结果信息，还要为实现自动判定、智能分析提供其他数据信息，包括 MRL 标准信息、农产品基本信息、农药基本信息和地理信息等等。

1）侦测结果信息

农药残留侦测结果信息包括样品信息、采样时间、采样地点信息、检出农药的 CAS 号、检出浓度、检测方法等相关信息，它们来源于各个检测单位上传的数据。这些信息为农药残留智能分析系统进行分析统计、结论生成提供了数据基础。表 2-1 列出农药残留侦测结果信息。

表 2-1 农药残留侦测结果表

样品名称	采样时间	省	市	区县	采样点	农药 CAS 号	检测结果	检测方法	按中国标准判断结果	按欧盟标准判断结果
豆角	2014/1/10	北京市	北京市	朝阳区	**超市（**店）	24307-26-4	0.0269	LC-Q-TOF/MS	合格	待定
黄瓜	2014/1/10	北京市	北京市	朝阳区	**超市（**店）	24579-73-5	0.0455	LC-Q-TOF/MS	合格	合格

2）MRL 标准信息

在国际上，风险分析已被认为是制定食品与农产品安全标准的基础，而农药残留风险评估的目的就是制定 MRL，风险管理的结果就是决定农药能否获准登记，而 MRL 的制定水平直接反映了农药登记管理和风险评估的水平，并直接影响到消费安全与食品和农产品国际贸易。根据标准所涉及的农产品分类和农药残留限量值的不同，各国的农药残留限量标准目前也有所不同，例如 MRL 中国国家标准、欧盟标准、日本标准、中国香港标准、美国标准和 CAC 标准等。表 2-2 所示为上述不同国家、组织和地区制定的 MRL 标准数据概况，表 2-3 给出了 MRL 标准值示例[11]。

表 2-2 农药残留最大限量 MRL 标准数据

标准类别	涉及农药（种）	涉及农产品（种）	标准数量（条）
中国国家标准（2012）	322	299	2293
中国国家标准（2014）	387	346	3650
中国国家标准（2016）	433	346	4140

续表

标准类别	涉及农药（种）	涉及农产品（种）	标准数量（条）
欧盟标准	576	438	168382
日本标准	592	323	44137
中国香港标准	257	316	4118
美国标准	323	403	4818
CAC 标准	176	348	3999

表 2-3　MRL 中国国家标准值示例

农药名称	主要用途	农产品名称	再残留限量（mg/kg）
艾氏剂（aldrin）	杀虫剂	鳞茎类蔬菜	0.05
艾氏剂（aldrin）	杀虫剂	芸薹属类蔬菜	0.05
艾氏剂（aldrin）	杀虫剂	柑橘类水果	0.05
滴滴涕（DDT）	杀虫剂	稻谷	0.1
滴滴涕（DDT）	杀虫剂	麦类	0.1
滴滴涕（DDT）	杀虫剂	旱粮类	0.1
吡唑醚菌酯（pyraclostrobin）	杀菌剂	苹果	0.5
吡唑醚菌酯（pyraclostrobin）	杀菌剂	芒果	0.05
吡唑醚菌酯（pyraclostrobin）	杀菌剂	香蕉	0.02

3）农产品基本信息

农药侦测是针对农产品进行的，最大农残限量是针对具体农产品设置的，部分是针对某类农产品设置的，所以，在数据库中必须保存农产品及其分类信息。根据现有国际贸易商品分类，主要包括蔬菜、水果、谷物、调味料、动植物油、酒和烟草、非食用农业原料、畜产品等几个大类。而每个大类又可以细化分为各个子类，例如蔬菜大类又包括芸薹属类蔬菜、茄果类蔬菜、叶菜类蔬菜等等。然而因为各地区农产品种类多样，且农产品分类标准尚不能完全统一，因此，各国的农产品分类仍有所不同，这使得农药残留标准及污染等级判定分析对比具有一定的复杂性。例如，根据 MRL 中国国家标准[11]，部分农产品分类及其农药残留测定部位如表 2-4 所示。

表 2-4　农产品分类（部分）及其农药残留测定部位

农产品类别	类别说明	测定部位
谷物	稻类：稻谷等	整粒
	麦类：小麦、大麦、燕麦、黑麦等	整粒
	旱粮类：玉米、高粱、粟、稷、薏仁、荞麦等	整粒，鲜食玉米（包括玉米粒和轴）
	杂粮类：绿豆、豌豆、赤豆、小扁豆、鹰嘴豆等	整粒
	成品粮：大米粉、小麦粉、全麦粉、玉米糁、玉米粉、高粱米、大麦粉、荞麦粉、莜麦粉、甘薯粉、高梁粉、黑麦粉、黑麦全粉、大米、糙米、麦胚等	
蔬菜（鳞茎类）	鳞茎葱类：大蒜、洋葱、薤等	可食部分
	绿叶葱类：韭菜、葱、青蒜、蒜薹、韭葱等	整株
	百合	鳞茎头
蔬菜（芸薹属类）	结球芸薹属：结球甘蓝、球茎甘蓝、抱子甘蓝、赤球甘蓝、羽衣甘蓝等	整棵
	头状花序芸薹属：花椰菜、青花菜等	整棵，去除叶
	茎类芸薹属：芥蓝、菜薹、茎芥菜等	整棵，去除根
蔬菜（叶菜类）	绿叶类：菠菜、普通白菜（小白菜、小油菜、青菜）、苋菜、蕹菜、茼蒿、大叶茼蒿、叶用莴苣、结球莴苣、莴笋、苦苣、野苣、落葵、油麦菜、叶芥菜、萝卜叶、芜菁叶、菊苣等	整棵，去除根
	叶柄类：芹菜、小茴香、球茎	整棵，去除根
	大白菜	整棵，去除根
蔬菜（茄果类）	番茄类：番茄、樱桃番茄等	全果（去柄）
	其他茄果类：茄子、辣椒、甜椒、黄秋葵、酸浆等	全果（去柄）
蔬菜（瓜类）	黄瓜、腌制用小黄瓜	全瓜（去柄）
	小型瓜类：西葫芦、节瓜、苦瓜、丝瓜、线瓜、瓠瓜类	全瓜（去柄）
	大型瓜类：冬瓜、南瓜、笋瓜等	全瓜（去柄）
蔬菜（豆类）	荚可食类：豇豆、菜豆、食荚豌豆、四棱豆、扁豆、刀豆、利马豆等	全荚
	荚不可食类：菜用大豆、蚕豆、豌豆、菜豆等	全豆（去荚）
蔬菜（茎类）	芦笋、朝鲜蓟、大黄等	整棵
蔬菜（根茎类和薯芋类）	根茎类：萝卜、胡萝卜、根甜菜、根芹菜、根芥菜、姜、辣根、芜菁、桔梗等	整棵，去除顶部叶及叶柄
	马铃薯	全薯
	其他薯芋类：甘薯、山药、牛蒡、木薯、芋、葛、魔芋类	全薯
蔬菜（水生类）	茎叶类：水芹、豆瓣菜、茭白、蒲菜等	整棵，茭白去除外皮
	果实类：菱角、芡实等	全果（去壳）
	根类：莲藕、荸荠、慈姑等	整棵

续表

农产品类别	类别说明	测定部位
蔬菜（芽菜类）	绿豆芽、黄豆芽、萝卜芽、苜蓿芽、花椒芽、香椿芽等	全部
蔬菜（其他类）	黄花菜、竹笋、仙人掌、玉米笋等	全部
干制蔬菜	脱水蔬菜、干豇豆、萝卜干等	全部
水果（柑橘类）	橙、橘、柠檬、柚、柑、佛手柑、金橘等	全果
水果（仁果类）	苹果、梨、山楂、枇杷、榅桲等	全果（去柄），枇杷参照核果
水果（核果类）	桃、油桃、杏、枣（鲜）、李子、樱桃、青梅	全果（去柄和果核），残留量计算应计入果核的重量
水果（浆果和其他小型水果）	藤蔓和灌木类：枸杞、黑莓、蓝莓、覆盆子、越橘、加仑子、悬钩子、醋栗、桑葚、唐棣、露莓（包括波森莓和罗甘莓）等	全果（去柄）
	小型攀缘类：皮可食：葡萄、树番茄、五味子等 皮不可食：猕猴桃、西番莲等	全果
	草莓	全果（去柄）
水果（热带和亚热带水果）	皮可食：柿子、杨梅、橄榄、无花果、杨桃、莲雾	全果（去柄），杨梅、橄榄检测果肉部分，残留量计算应计入果核的重量
	皮不可食：小型果：荔枝、龙眼、红毛丹等； 中型果：芒果、石榴、鳄梨、番荔枝、番石榴、西榴莲、黄皮、山竹等； 大型果：香蕉、番木瓜、椰子等； 带刺果：菠萝、菠萝蜜、榴莲、火龙果等	果肉，残留量计算应计入果核的重量；全果，鳄梨和芒果去除核，山竹测定果肉，残留量计算应计入果核的重量；香蕉测定全蕉；番木瓜测定去除果核的所有部分，残留量计算应计入果核的重量；椰子测定椰汁和椰肉菠萝、火龙果去除叶冠部分；菠萝蜜、榴莲测定果肉，残留量计算应计入果核的重量
水果（瓜果类）	西瓜	全瓜
	甜瓜类：薄皮甜瓜、网纹甜瓜、哈密瓜、白兰瓜、香瓜等	全瓜

4）农药基本信息

为了分析侦测结果中农药的使用情况，数据库中必须保存农药的基本信息。具体包括：农药的 CAS 号、中英文名称、理化属性、功效属性、毒性属性、禁用属性、衍生物属性等丰富信息。根据化学成分，农药可分为有机氯类、有机磷类、氨基甲酸酯类、拟除虫菊酯类、有机氮类、有机硫类农药等；根据作用功效，可分为杀虫剂、杀菌剂、除草剂、杀螨剂、植物生长调节剂、昆虫驱避剂、增塑剂、增效剂等，其中，以杀虫剂、杀菌剂、杀螨剂和除草剂较为常用。根据农药毒性，可分为低毒、中毒、高毒、剧毒等；根据管理状况，可分为禁用农药和非禁用农药。这些基本信息在进行数据库设计时都要考虑到。

从前面叙述可以看出，农药残留数据具有多源、多维时空、层次、关联和不确定等特征，如图 2-9 所示。多源是指农药残留数据来源广泛多样，包括检测结果、监测数据、标准文件、监管数据、互联网数据等；时空是指农药残留数据有一定的时间属性和空间属性，通常人们需要统计农药残留数据的按空间分布和时间分布的态势；层次是指数据具有树型的层次结构，例如，农产品分类、农药分类、地域的行政区划等都具有层次特征；关联是指农药残留数据之间的不同属性存在一定关联关系，如污染物和地域的关联、污染物和农产品的关联、受污染农产品和地域的关联等；不确定性是指由于农药残留数据来源多样，数据从采集到使用的过程中不可避免地存在误差和不确定性，它存在于数据处理的各个环节[12]。

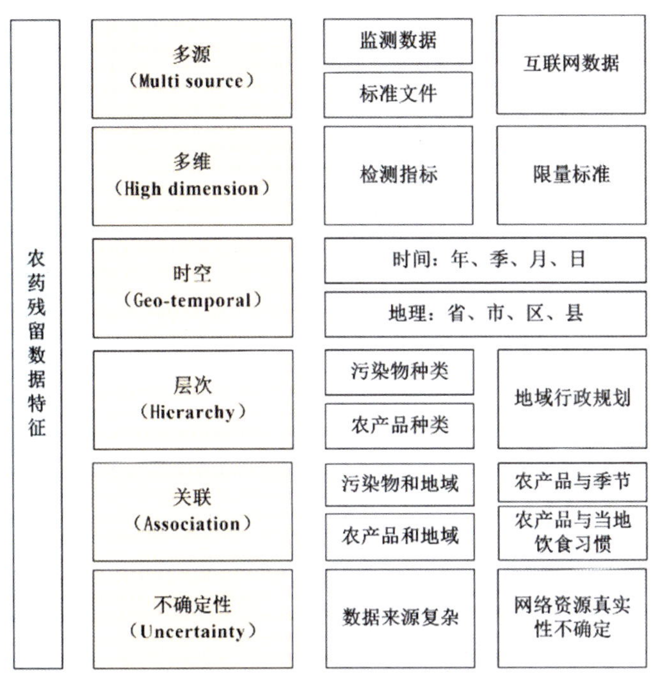

图 2-9　农药残留数据特征图

2.3.1.2　农药残留数据库实现

考虑到农药残留的数据特点及其应用系统开发全过程，将农药残留数据库设计分为以下 6 个阶段：需求分析阶段，进行数据库设计首先必须准确了解与分析用户需求；概念结构设计阶段，通过对用户需求进行综合、归纳与抽象，形成一个独立于具体 DBMS 的概念模型；逻辑结构设计阶段，将概念结构转换为某个 DBMS 所支持的数据模型，并对其进行优化；数据库物理设计阶段，为逻辑数据模型选取一个最适合应用环境的物理结构；数据库实施阶段，建立数据库，编制与调试应用程序，组织数据入库，并进行试运行；数据库运行和维护阶段，不断地对数据库进行评价、调整和修改。

整个数据库构建的过程就是将以上六步顺序执行完成的过程，其中会出现循环迭代的过程，这是实施一个完整的数据库的必要过程，如图 2-10 所示。

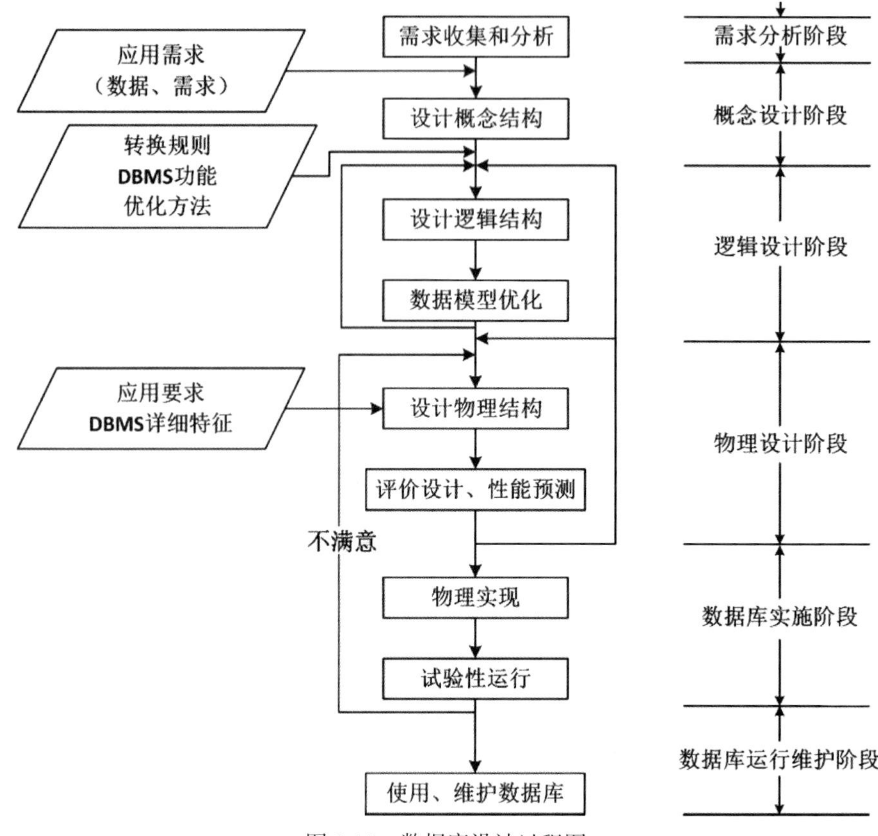

图 2-10　数据库设计过程图

农药残留数据库主要用于保存农药残留侦测结果和相关标准数据，为农药残留智能分析提供数据基础，包含：农药残留侦测结果数据库、MRL 标准数据库、农产品分类信息数据库、农药信息数据库和中国行政区划地理信息数据库。各数据库中的信息如表 2-5 所示，其余四个基础数据库与侦测结果数据库之间的关系如图 2-11 所示。

表 2-5　农药残留数据库内容简介

侦测结果数据库（联盟实验室）	MRL 标准数据库	农产品信息数据库	农药信息数据库	地理信息数据库
① 样品（农产品）信息	① MRL 中国国家标准	① 中国国家农产品分类	① 基本信息	①7 个大区
② 检测农药信息	② MRL 中国香港标准	② 中国香港农产品分类	② 毒性信息	②34 个省市自治区
③ 采样点信息	③ MRL 美国标准	③ 美国农产品分类	③ 功能信息	③334 个地级市
④ 农药残留含量	④ MRL 欧盟标准	④ 欧盟农产品分类	④ 化学成分	④2853 个县
⑤ 污染等级制定结果	⑤ MRL 日本标准	⑤ 日本农产品分类	⑤ 禁用信息	
	⑥ MRL CAC 标准	② CAC 农产品分类	⑥ 衍生物信息	
全国 31 省市侦测结果数据	MRL 标准 241527 条	农产品 350 种	农药属性分类	全国 2853 个县

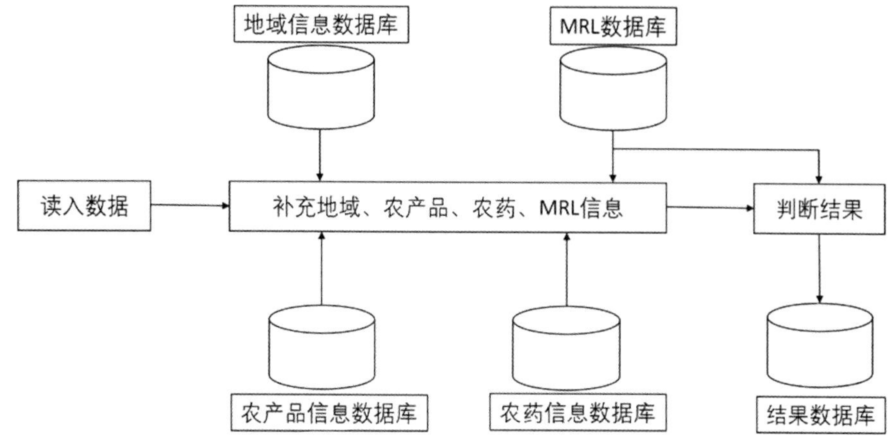

图 2-11　侦测数据结果数据库和四个基础数据库关系图

2.3.1.3　农药残留侦测结果数据库

农药残留侦测结果数据库中存储了通过采集系统采集、处理和融合后的侦测结果数据，为智能分析系统和侦测报告生成系统提供数据支持。该数据库中包含的主要属性如图 2-12 所示。其中，样品信息包括样品名称、样品类别、样品编号等信息；位置信息包括采样点所述的区域-省-市-县-市场/超市/田间的名称；检测农药信息包括农药 CAS 号、检测农药名称和农药所属类别；检测方法包括方法名称、测定低限等；侦测结果为检出农药残留的含量；MRL 值为该侦测结果对应的 MRL 值；判定结果为检出农药残留含量与 MRL 标准值对比得出的污染等级，取值可以是 1 级污染、2 级污染、3 级污染、未检出和待定。此外，还有一列备注属性，用来标识特殊数据。应用本项目自主研发的农药残留侦测结果数据采集系统，本数据库目前已存储了全国 31 个省会/直辖市水果蔬菜中农药残留侦测结果数据。

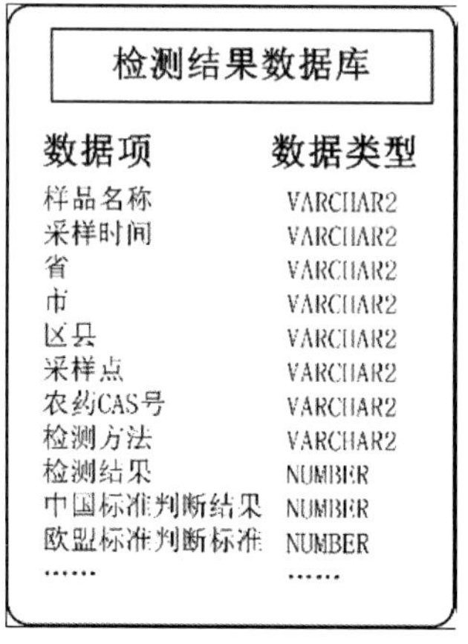

图 2-12　侦测结果数据库中的数据属性

2.3.1.4　MRL 标准数据库

MRL 标准数据库中主要存储 MRL 标准信息，这些信息用于判定农药残留侦测结果是否超标。目前数据库已建立的 MRL 限量标准包括：MRL 中国国家标准 4140 条[13]，涉及农药 433 种，农产品 346 种（类）；MRL 欧盟标准 168382 条，涉及农药 576 种，农产品 438 种（类）；MRL 日本标准 44137 条，涉及农药 592 种，农产品 323 种（类）；MRL 中国香港标准 4118 条，涉及农药 257 种，农产品 316 种（类）；MRL 美国标准 4818 条，涉及农药 323 种，农产品 403 种（类）；MRL CAC 标准 3999 条，涉及农药 176 种，农产品 348 种（类）。

如图 2-13 所示，不同 MRL 标准限量值不同，在不同时间内 MRL 限量值也有变化，因此，在 MRL 标准数据库中，将不同地区某一年的 MRL 标准数据做成六张表，作为一组处理。不同的年份就会产生多组 MRL 数据表。

以 MRL 中国国家标准数据表为例，主要数据项有农药名称、农产品 ID、MRL 限量标准、农药 CAS 号等，CAS 号由于可以唯一表示某种物质（农药），设定为主键 1，农产品 ID 作为主键 2，两个主键就可以确定某农产品中某种农药的 MRL 标准值。

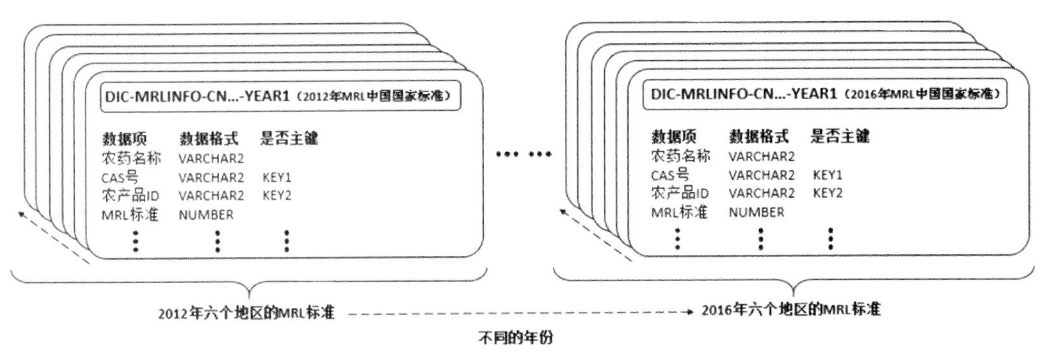

图 2-13　农药残留最大限量 MRL 标准数据库

2.3.1.5　农产品信息数据库

农产品信息数据库存储了多个国家、组织或地区的农产品名称和分类信息，数据项有农产品名称、农产品分类。农产品名称设置为主键，由于农产品分类分为多层次，有的 2 级，有的 3 级，所以必须在一个数据项中表示出所有分类的主从关系，如菠菜分类为：蔬菜，叶菜类，绿叶类，表示菠菜的分类为 3 级。这样在参照 MRL 标准判定时，可先查找菠菜的 MRL 值，若没有则按绿叶类、叶菜类、蔬菜的顺序查找 MRL 值。目前数据库中已建立了 6 个国家、组织或地区 MRL 标准中涉及的农产品名称和分类信息。

农产品分类信息数据库中各个表之间的关系结构如图 2-14 所示，由于在不同国家、组织或地区对某一种农产品的分类是有差异的，而且各个国家、组织或地区对农产品进行分类的方法也不一样，因此，将 6 个国家、组织或地区的分类数据作为一组分类表。农产品信息数据库对农产品的农药残留数据进行限量判定、样品统计分析等提供了基础数据。

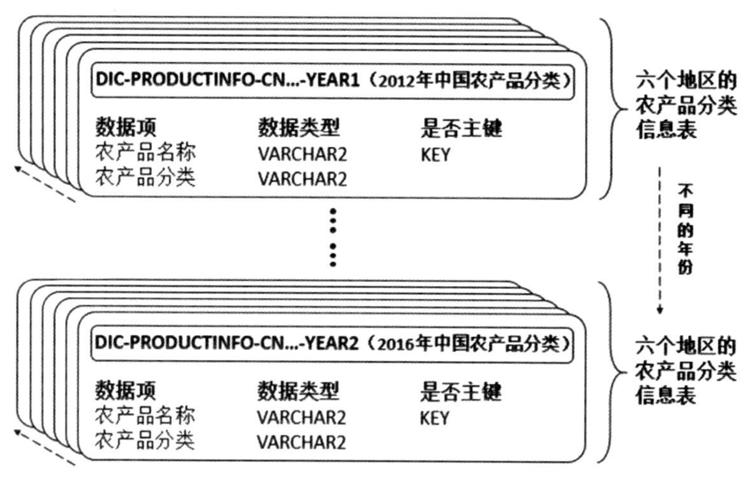

图 2-14　农产品分类信息数据库

2.3.1.6　农药信息数据库

农药信息数据子库主要包含农药的基本信息，具体包括：农药的 CAS 号、农药中文名称、农药英文名称、农药的理化属性、功效属性、毒性属性、禁用属性、衍生物属性等丰富信息。目前农药信息数据库涉及农药信息 1078 条，衍生物 36 多条，禁药信息 46 条。

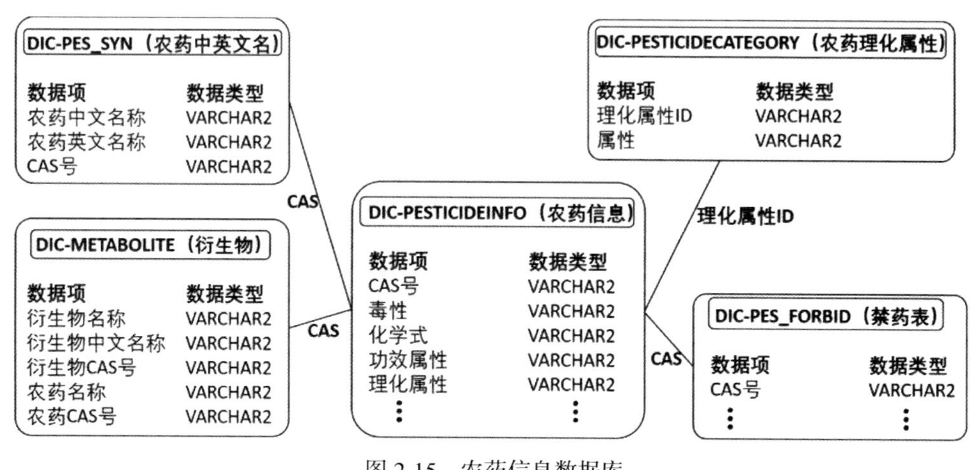

图 2-15　农药信息数据库

图 2-15 展示了农药信息数据库中各个表之间的关联，其中农药信息表中包括农药CAS 号、毒性信息、化学式、功效属性信息等基本信息，还包括理化属性信息的索引，并且通过农药 CAS 号可以关联中英文对照表、衍生物表、禁药表。这种设计从实际的需求出发，对于有单独处理需求的数据独立成表（例如禁药表、衍生物表等），对于某些不需要单独处理的数据则放在农药信息表中。农药信息数据库对农产品的农药残留数据进行限量判定、毒性分析等提供了基础数据。

2.3.1.7 地理信息数据库

中国行政区划地理信息数据库中包含了全中国的行政区划和地理信息，数据库中信息以“区域-省-市-县”四级层次结构进行组织，包括七大行政区域，34 个省级行政区，333 个地级市和 2862 个区县级行政单位。为按地域对农药残留数据进行统计分析、输出全国农药残留统计地图提供了基础数据。

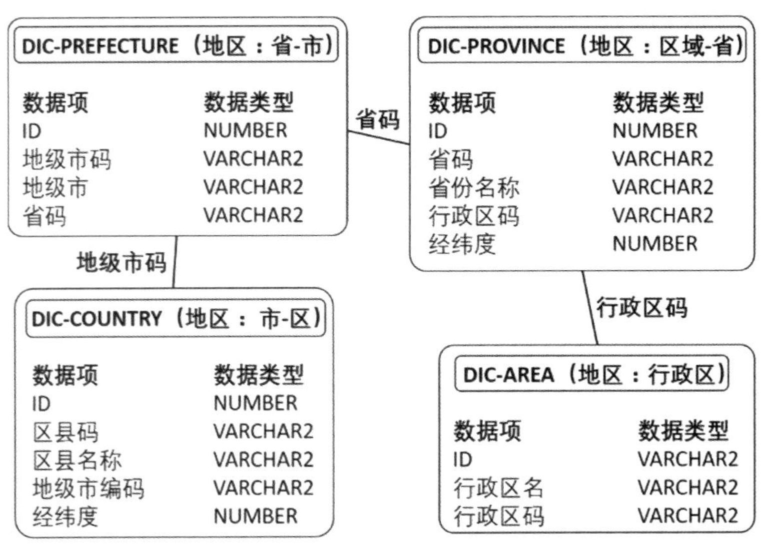

图 2-16　地理信息数据库

图 2-16 展示了地理信息数据库中各个数据表的结构与联系，考虑到对侦测结果进行分析或者绘制统计地图时的需求，经常要缩放到某一个具体的位置，因此，将数据表的结构设计为与中国行政区划相吻合的状态，以达到对不同需求的最大限度满足。不同数据表之间的关联是由真实的行政区划编码组成，因此，既可以进行关联查询，也可以直接查询目标区划所在的数据表。同时提供了经纬度信息帮助绘制统计分析地图，并且提供中文名称与拼音等信息进行辅助。

2.3.1.8　农药残留数据库管理系统

农药残留侦测数据库为关系型数据库，目前主要的关系数据库管理系统有 Oracle、SQLSERVER、DB2 等等，农药残留数据库选择采用 Oracle 数据库管理系统[14]，它具有以下突出特点：

（1）支持分布式数据库和分布处理。Oracle 为了充分利用计算机系统和网络，允许将处理分为数据库服务器和客户应用程序，所有共享的数据管理由运行数据库管理系统的计算机处理，而运行数据库应用程序的工作站主要解释和显示数据。通过网络连接的计算机环境，Oracle 将存放在多台计算机上的数据组合成一个逻辑数据库，可被全部网络用户存取。分布式系统像集中式数据库一样具有透明性和数据一致性。

（2）具有可移植性、可兼容性和可连接性。由于 Oracle 软件可在许多不同的操作系统上运行，因此，Oracle 上所开发的应用可移植到任何操作系统，只需很少修改或不需修改。Oracle 软件同工业标准相兼容，包括很多工业标准的操作系统，所开发的应用系统可在任何操作系统上运行。可连接性是指 Oralce 允许不同类型的计算机和操作系统通过网络可共享信息。

（3）支持大数据库、多用户的高性能的事务处理。Oracle 支持最大数据库，其大小可到几百千兆，可充分利用硬件设备。支持大量用户同时在同一数据上执行各种数据应用，并使数据争用最小，保证数据一致性；系统维护具有高的性能，Oracle 每天可连续 24 小时工作，正常的系统操作（后备或个别计算机系统故障）不会中断数据库的使用。可控制数据库数据的可用性，可在数据库级或在子数据库级上控制。

（4）实施安全性控制和完整性控制。Oracle 为限制各监控数据存取提供系统可靠的安全性。Oracle 实施数据完整性，为可接受的数据指定标准。

2.3.2　农药残留数据的采集与融合处理

面对海量侦测数据，如何对这些数据进行统一的采集与融合处理，存入数据库，为后续智能分析与风险评估奠定基础[15, 16]，是一个亟待解决的技术问题。

2.3.2.1　农药残留数据的采集

农药残留数据侦测结果通常是由全国各检测单位通过采集和侦测得到侦测结果，并上传至数据中心。

为了实现农药残留侦测数据的高效采集，采用建立网络联盟实验室的方法。联盟成员按照五统一规范进行操作，即统一采样、统一制样、统一检测方法、统一格式数据上传、统一内容统计分析报告，工作流程如图 2-17 所示。目前已在北京、秦皇岛、上海、深圳等全国各地建立了 10 多个联盟成员实验室。通过全国各联盟成员实验室的标准化操作，每年、每季度、每个月都会定期采样并进行侦测，从而实施一年四季循环侦测，产生并沉淀大量农药残留侦测结果数据，上传到数据中心，经融合处理存入数据库。

图 2-17　示范的网络联盟实验室工作流程图

2.3.2.2　农药残留数据的融合处理

数据融合技术是指利用计算机对按时序获得的多源数据信息，在一定准则下加以自动分析、综合，为完成所需决策和评估任务而进行的信息处理技术。数据融合起源于军事领域的传感器和地理空间数据等“硬”数据，而随着大数据时代的到来，其在来自社会的软数据处理方面也有了新的应用和发展。针对同样的事物可能会有不同的表示（例如，“番茄”同“西红柿”等）需从逻辑语义层和意义建构理论角度进行解释。而多源侦测结果信息的处理还涉及多种异构数据的转换问题、数据的合并处理或者数据命名、结构或单位的一致性问题等，且通常需要经过归约变换或属性选择以满足业务分析需求。

本项目提出一种基于概念层次树的农药残留侦测数据的融合处理方法，通过采用数据属性关系映射及层次化分类方法，包括数据格式转换及补充（包括农药、地域等信息）、构建概念层次树、农药衍生物及禁药信息处理、农产品类别归属判定、根据不同 MRL 标准进行污染等级判定等过程，对农药残留侦测数据进行融合处理，获得农药残留侦测数据中不同层次属性值之间的关系，形成完备、可靠的分析数据集，为进一步统计分析奠定基础，农药残留侦测数据融合处理流程如图 2-18 所示，具体步骤如下：

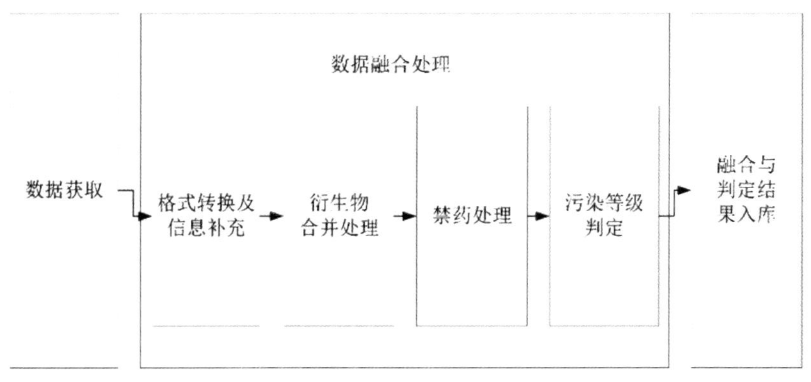

图 2-18　农药残留侦测数据融合处理流程图

（1）针对获取的农残侦测原始数据，执行数据类型、格式转换和信息补充，将原始数据集与数据库中的属性建立对应关系，得到待处理数据集；

（2）根据步骤（1）所得的待处理数据集及各 MRL 标准数据，结合领域知识构建概念层次树，包括衍生物概念树、农产品分类概念树、农残污染程度概念树和采样点地区概念树，如图 2-19 所示；

（3）根据（2）中概念层次树，进行农药衍生物及禁药业务逻辑判断及处理；

（4）根据（2）中概念层次树判断待处理数据集中的数据记录中农产品的类别归属和所在层次，参照不同 MRL 评判标准逐级执行污染等级判定。判定标准如下：如果农产品中未检出农药，则判定结果为“未检出”；如果检出含量<0.1MRL，判定结果为“3 级污染”；如果 0.1MRL≤检出含量<1MRL，则判定结果为“2 级污染”；如果检出含量 ≥ 1MRL，则判定结果为“1 级污染”；

（5）系统自动生成最终的判定结果记录，并将其存入侦测结果数据库；

（6）若数据集中有多条记录，则重复上述（3）~（5）步骤，直至所有记录处理完成，形成完备、可靠的分析数据集。

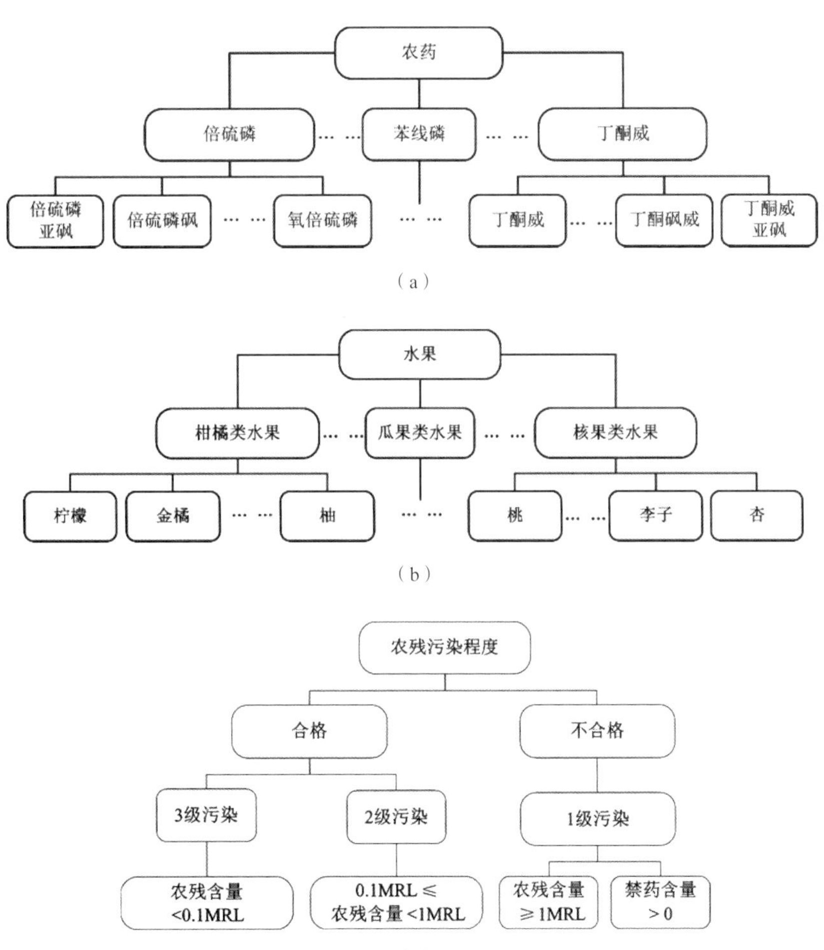

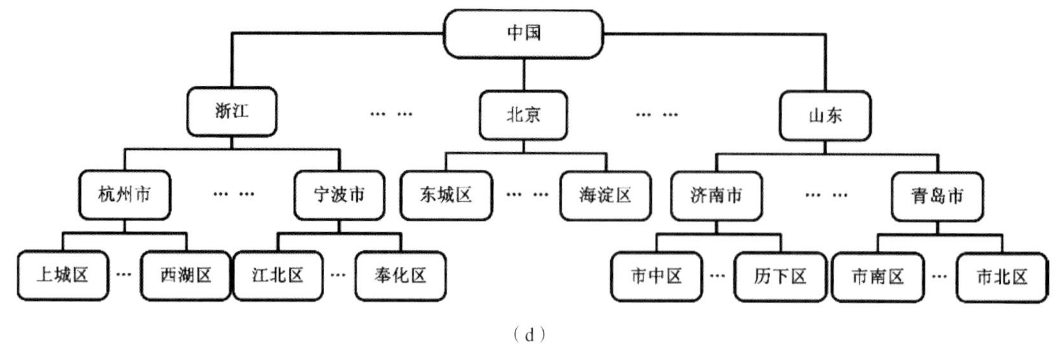

（d）

图 2-19　构建概念层次树

（a）衍生物概念树；（b）农产品分类概念树；（c）农残污染程度概念树；（d）采样点地区概念树

2.3.2.3　基于 B/S 架构的农药残留数据采集系统设计与实现

1）B/S 三层体系软件架构

在软件体系架构设计中，分层式结构是最常见，也是最重要的一种结构，通过区分层次实现“高内聚，低耦合”。B/S 三层体系软件架构在开发 Web 应用程序时经常被使用。通常意义上的三层架构就是将整个业务应用划分为：表现层（UI）、业务逻辑层（BLL）、数据访问层（DAL）。如图 2-20 所示，其中表现层（UI）是用以展现给用户的界面，即用户在使用一个系统时的所见所得；业务逻辑层（BLL）是针对具体问题的操作，实现对数据业务逻辑的处理；数据访问层（DAL）则是直接操作数据库的层次，实现针对数据的增添、删除、修改、更新和查找等。在这三个层次中，系统主要功能和业务逻辑都在业务逻辑层中实现，图中的实体层贯穿于左面三层，它的作用就是在三层之间传递数据。

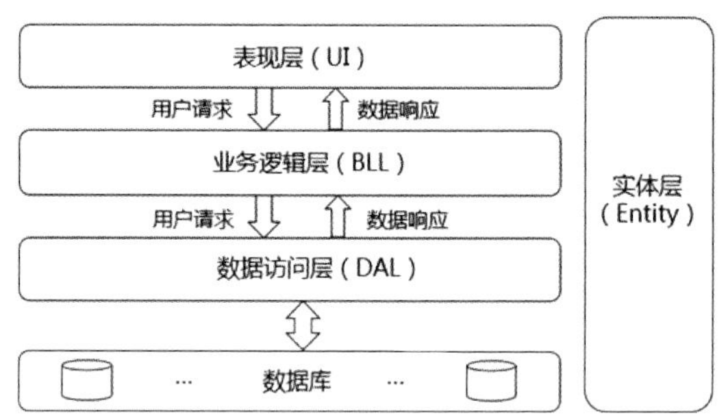

图 2-20　B/S 三层体系软件架构图

2）基于 B/S 的农药残留数据采集系统

采集系统实现对全国农药残留侦测结果数据的采集、处理、存储、查询、存档和基本分析[17]，可根据不同 MRL 标准自动进行污染等级判定。如果该农产品中未检出农药，则判定结果为“未检出”；如果检出含量＜0.1MRL，判定结果为“3 级污染”；如果 0.1MRL ≤

检出含量 <1MRL，则判定结果为“2 级污染”；如果检出含量 ≥ 1MRL，则判定结果为“1 级污染”，为分析人员提供快速、准确、有效的数据获取方法和工具，从而得到有价值的信息。本节将以中国检验检疫科学研究院和北京工商大学等单位合作开发的农药残留数据采集系统为例，介绍采集系统的系统设计与实现。采集系统包括数据上传、下载、数据删除、数据查询、用户管理等功能，其需求用例图如图 2-21 所示。

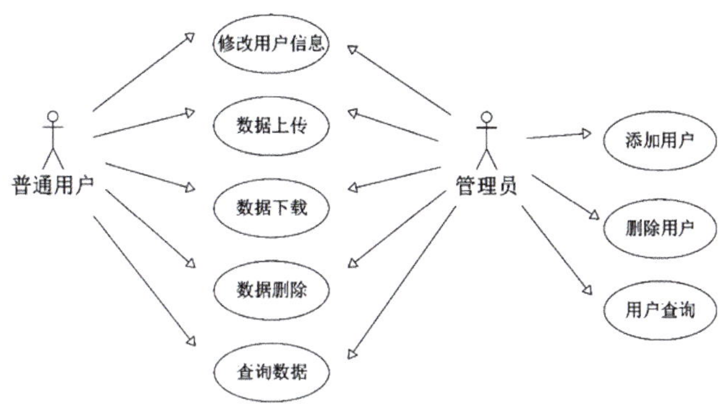

图 2-21　采集系统需求用例图

农药残留数据采集系统运行于农药残留数据采集与智能分析平台上，它基于 Internet 技术将全国各地的侦测结果原始数据采集到数据中心，经过信息处理与融合，将结果存入侦测结果数据库，其工作原理如图 2-22 所示。具体如下：①获取侦测结果原始数据；②对农药、地域和农产品分类等信息进行补充；③进行农药衍生物合并、禁药判定等处理；④根据各国（或地区组织）的 MRL 标准进行污染等级判定；⑤形成结果记录存入侦测结果数据库。

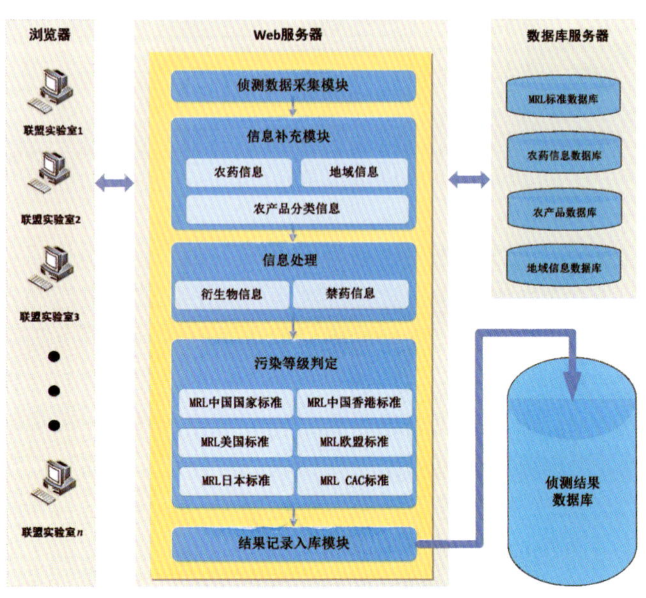

图 2-22　采集系统工作原理图

采集系统的技术架构如图 2-23 所示，系统基于浏览器/服务器的三层架构，即 Web 表示层、业务逻辑层和数据访问层。数据访问层主要实现对各个数据库的访问功能；业务逻辑层主要实现与数据处理和污染等级判定有关的各种业务逻辑，如对上传侦测结果的信息补充、信息处理、污染等级判定；Web 表示层主要负责展现业务逻辑层的计算结果。该系统采用 ASP.NET 技术开发，实现了侦测结果的自动上传与污染等级判定，为建立农药残留侦测结果数据库提供了有效工具。

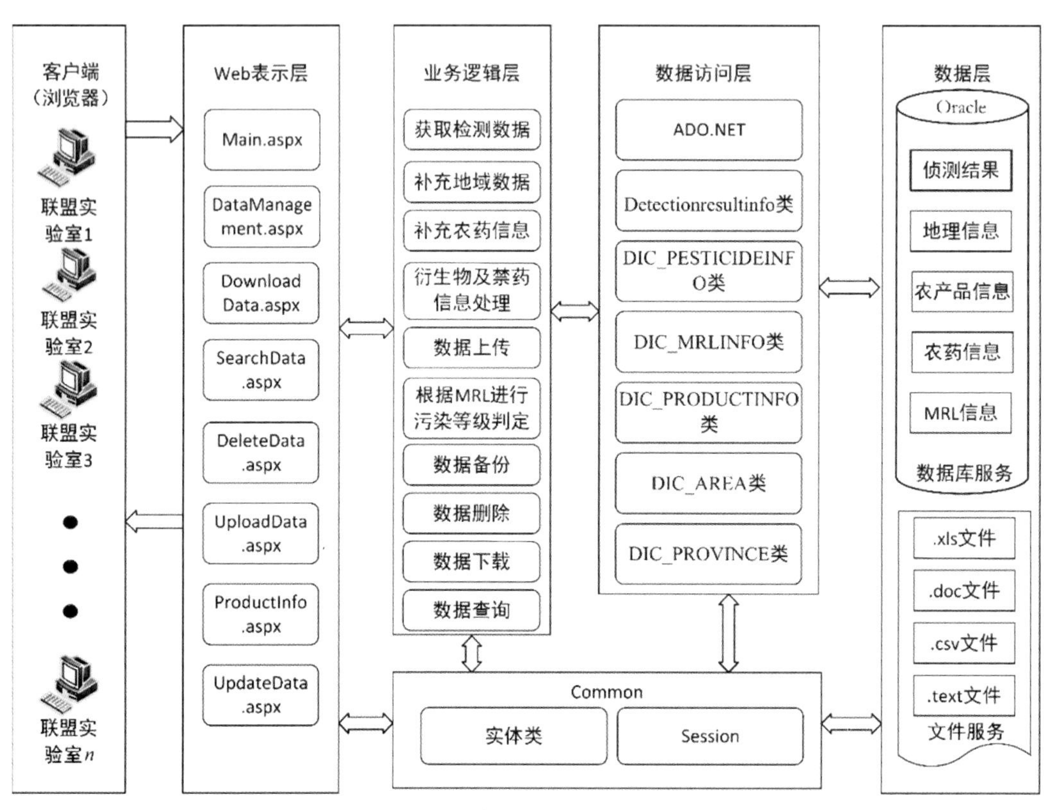

图 2-23　采集系统的技术架构图

采集系统综合应用农药残留限量（MRL）标准、农产品分类信息、农药信息等基础数据，将侦测结果与六项 MRL 标准值进行对比，得出判定结果后存入侦测结果数据库中，以供后续进一步的智能分析。通过对用户信息进行管理，可以为全国各检测单位提供上传数据的功能，并可以在较短时间内对所有上传的数据与不同 MRL 值进行对比，得出污染等级判定结果。为了方便用户对数据进行管理和操作，采集系统还提供了对结果数据的查询功能，用户可以通过数据查询模块，对自己上传的数据结果按查询条件进行简单浏览，还可以对原始数据进行下载，对结果数据进行导出，导出格式包括有 excel、word、csv、txt。采集系统使得用户不再需要手动查询 MRL 值与人工对比数据结果，从而改善用户面对大数据量时浪费时间又容易出错的弊端。通过互联网，应用采集系统，无论身处何地，只需点击一个按钮即可实现数据的上传，只需等待几分钟，就可以得出对所有数据的判定结果，大大提高对污染等级，尤其是超标判定的效率和准确度。

2.3.3 农药残留数据的智能分析

2.3.3.1 农药残留数据分析方法

农药残留数据具有明显的多维、层次、时空和关联特征，为探索其中的分布态势和潜在规律，实现评估和预警，通常可以使用统计分析、数据挖掘、可视分析等方法对其进行分析。具体包括：①统计分析中的计数、求和、均值、最值和排序等统计，如计算检出农药残留的频次、检出农药残留的农产品种类数、检出农药种类数最多的几种农产品；②数据挖掘中的相关性挖掘、聚类和分类等分析，如检出农药残留与地区之间的相关性分析，根据农药的成分、功效等对检出农药残留的农产品进行聚类和分类分析[18]；③可视分析中的分布模式、关联关系、隐含规律的探索等，如通过设计可视化方案、构建可视分析系统，辅助领域专家交互式地对农药残留数据进行探索式分析。

1）农药残留数据集的形式化描述

为方便进行上述分析，本书用一个 m 列 n 行的特征向量 $\boldsymbol{X}$ 来描述农药残留侦测数据集，如下所示：

$$\boldsymbol{X}=\begin{bmatrix} x_{11} & x_{12} & \cdots & x_{1j} & \cdots & x_{1m} \\ x_{21} & x_{22} & \cdots & x_{2j} & \cdots & x_{2m} \\ \vdots & \vdots & & \vdots & & \vdots \\ x_{i1} & x_{i2} & \cdots & x_{ij} & \cdots & x_{im} \\ \vdots & \vdots & & \vdots & & \vdots \\ x_{n1} & x_{\mathrm{n}2} & \cdots & x_{nj} & \cdots & x_{\mathrm{nm}} \end{bmatrix}$$

其中，m 为属性的个数，n 为记录的个数，$[\boldsymbol{X}_1, \boldsymbol{X}_2, \cdots, \boldsymbol{X}_{\mathrm{j}}, \cdots, \boldsymbol{X}_m]$为属性向量，$\boldsymbol{X}_j=[x_{1j},x_{2j},\cdots,x_{ij},\cdots,x_{nj}]^{\mathrm{T}}(1\leqslant j\leqslant m)$，$[\boldsymbol{Y}_1, \boldsymbol{Y}_2,\cdots, \boldsymbol{Y}_i,\cdots, \boldsymbol{Y}_n]$为记录向量，$\boldsymbol{Y}_i=[x_{i1},x_{i2},\cdots,x_{ij},\cdots,x_{im}](1\leqslant i\leqslant n)$。在此向空间 $\boldsymbol{X}$ 上可以进行各种统计分析计算，如计数、求和、均值、最值、排序，以及相关性、聚类等。

2）统计分析方法

把分析任务用 S=F（$\boldsymbol{X}$）描述，即对 $\boldsymbol{X}$ 进行 F（ ）操作，把得出的结果定义为 S，F（ ）可以是计数、求和、平均、极值、排序等。

在特征向量空间上对数据进行各种定制分析，主要包括以下 5 类分析。

①计数

S_{count}=F_{count}（$\boldsymbol{X}$），在特征向量空间 $\boldsymbol{X}$ 上，执行 F_{count}（ ）操作，其中 F_{count}（ ）为对特征值进行计数，并把结果记为 S_{count}。例如统计特征向量空间 $\boldsymbol{X}$ 某一列特征值中包含的空值个数。

②求和

$S_{sum}=F_{sum}$（$\boldsymbol{X}$），在特征向量空间 $\boldsymbol{X}$ 上，执行 F_{sum}（ ）操作，其中 F_{sum}（ ）为对特征值进行求和，并把结果记为 S_{sum}。例如对特征向量空间 $\boldsymbol{X}$ 某一列特征值中的非空值求和。

③求平均

$S_{avg}=F_{avg}$（$\boldsymbol{X}$），在特征向量空间 $\boldsymbol{X}$ 上，执行 F_{avg}（ ）操作，其中 F_{avg}（ ）为对特征值进行求平均操作，并把结果记为 S_{avg}。例如求特征向量空间 $\boldsymbol{X}$ 某一列特征值的平均值。

④求最值

$S_{max}=F_{max}$（$\boldsymbol{X}$），在特征向量空间 $\boldsymbol{X}$ 上，执行 F_{max}（ ）操作，其中 F_{max}（ ）为对特征值求最大值，并把结果记为 S_{max}。例如求特征向量空间 $\boldsymbol{X}$ 某一列特征值的最大值。

$S_{min}=F_{min}$（$\boldsymbol{X}$），在特征向量空间 $\boldsymbol{X}$ 上，执行 F_{min}（ ）操作，其中 F_{min}（ ）为对特征值求最小值，并把结果记为 S_{min}。例如求特征向量空间 $\boldsymbol{X}$ 某一列特征值的最小值。

⑤ 排序

$S_{sort}=F_{sort}$（$\boldsymbol{X}$），在特征向量空间 $\boldsymbol{X}$ 上，执行 F_{sort}（ ）操作，其中 F_{sort}（ ）为对特征值进行排序，并把结果记为 S_{sort}。例如对特征向量空间 $\boldsymbol{X}$ 中某一列特征值按照从大到小排序。

如需要进行相关性、聚类等分析，可根据制定的相关性度量求出两个向量之间的距离，进而得出相关性结果，类似地，基于向量空间也可进行聚类分析。

3）数据挖掘方法

数据挖掘是从大量数据中挖掘有趣模式和知识的过程。作为知识发现过程，它通常包括数据清理、数据集成、数据选择、数据变换、模式发现、模式评估和知识表示[19]。在农药残留数据分析中常用的数据挖掘方法包括相关性挖掘和聚类分析等。

①相关性挖掘

相关性（correlation）是指两个变量之间相关的程度，通常用相关性系数度量，可以用相关表、相关图等来分析。皮尔逊相关系数是最常用的相关性度量方法，它用两个变量 $\boldsymbol{X}$ 和 $\boldsymbol{Y}$ 之间的协方差与标准差的商来表示 $\boldsymbol{X}$ 和 $\boldsymbol{Y}$ 之间的相关程度，其定义为：

$$\rho_{XY}=\frac{\mathrm{Cov}(\boldsymbol{X},\boldsymbol{Y})}{\sqrt{D(\boldsymbol{X})}\sqrt{D(\boldsymbol{Y})}}=\frac{E\left(\left(\boldsymbol{X}-E(\boldsymbol{X})\right)\left(\boldsymbol{Y}-E(\boldsymbol{Y})\right)\right)}{\sqrt{D(\boldsymbol{X})}\sqrt{D(\boldsymbol{Y})}}$$

其中，ρ_{XY} 为 $\boldsymbol{X}$ 与 $\boldsymbol{Y}$ 之间的相关系数；$\mathrm{Cov}(\boldsymbol{X},\boldsymbol{Y})$ 为 $\boldsymbol{X}$ 与 $\boldsymbol{Y}$ 的协方差，其计算方法为 $\mathrm{Cov}(\boldsymbol{X},\boldsymbol{Y})=E\left(\left(\boldsymbol{X}-E(\boldsymbol{X})\right)\left(\boldsymbol{Y}-E(\boldsymbol{Y})\right)\right)$，$E(\ )$ 为数学期望或均值计算；$\sqrt{D(X)}$ 和 $\sqrt{D(Y)}$ 分别为 $\boldsymbol{X}$ 和 $\boldsymbol{Y}$ 的标准差。

皮尔逊相关系数 $\rho_{XY}>0$ 为正相关，表示当一个变量的值域为[−1, +1]。当增大时，另一个变量也随之增大；$\rho_{XY}<0$ 为负相关，表示当一个变量增大时，另一个变量随之减小；当 $\rho_{XY}=0$ 为不相关，表示两个变量之间没有相关性；ρ_{XY} 绝对值越大则相关程度越高。

②聚类分析

聚类分析在农药残留数据分析中也是一种常用的分析方法，K-means 是最为常用的聚类方法之一，它具有效率快、易于实现的优点。

K-means 是一种基于划分的聚类方法，其目标是要将数据集中的所有点划分为 k 个聚类簇。其具体实现步骤为：

（a）从数据集中随机选出 k 个数据作为 k 个聚类簇的代表数据或中心点；

（b）计算每个数据点与 k 个中心点的距离并将其归类到离它最近的聚类簇中；

（c）重新计算每个簇的均值作为新的中心点；

（d）重复执行（b）和（c）直到中心点不再发生变化为止。

在 K-means 聚类过程中，中心点的位置不断地改变，构造出来的聚类簇也在不断变化，通过多次迭代，这 k 个中心点最终达到收敛并不再移动，k 个聚类簇也就形成了。

4）可视分析方法

近年来出现的信息可视化与可视分析技术，充分利用人类在可视模式上的快速识别能力，把数据、信息和知识转化为可视表示的形式，将人脑和现代计算机这两个最强大的信息处理系统联系在一起，通过提供有效的交互可视界面，使人们能快速准确地观察、过滤、探索、理解和分析大规模数据，从而有效地发现隐藏在信息内部的特征和规律。它从根本上改变了人们表示、理解和分析大规模复杂数据的方式，为大数据分析提供了新的有效手段[12]。近年来可视分析方法已开始应用于农药残留数据的分析，针对农药残留数据的多维、层次、时空、关联特征，人们提出了相应的可视化与可视分析方法。

①多维数据可视化方法

多维数据的可视化方法有平行坐标（parallel coordinates）、散点图（scatter plot）和散点图矩阵（scatterplot matrix）等。平行坐标利用一系列平行直线表示不同属性，通过连线表示数据的多维特征。散点图是指数据点在直角坐标平面上的分布图，可以展示两维数据之间的相关性，将多个散点图组成散点图矩阵则可以展示多维数据之间的相关性。将这些方法应用与农药残留数据，配以相应的交互手段，可以实现对多维农药残留数据的可视分析[20, 21]。

②层次数据可视化方法

层次数据可视化方法主要分为两类：结点-链接法和空间填充法。结点-链接法用不同形状的结点表示数据（内容信息），结点之间的连线表示数据间的关系（结构信息），代表技术有结点-链接树、双曲树（hyperbolic tree）[22]等；而空间填充法则是利用各种形状的包围框来表示结点或者内容的层次结构，父辈结点将子孙辈结点包围在其中，表示数据间的父子关系；其代表技术有树图（treemap）[23, 24]、放射环（sunburst）[25]等。

③时空数据可视化方法

农药残留数据具有较强的时空特性。针对时变数据，传统的可视化方法主要包括折线图与曲线图。这些可视化方法能够较为直观地反映出数据随时间变化的规律和趋势，同时也能够展现数据细节。在经典的文本可视化方法中，具有时序性特征的数据表现方式主要有主题河流（ThemeRiver）[26]。2015 年，有学者提出一种改进的非连续数据 ThemeRiver 可视化方法，将其用于对农药残留数据时变特征的分析[27]。针对空间属性，利用地理信息系统（GIS）来显示区域情况是可视化工作的重要依托，地图数据能够准确地定位产生数据的经纬度。热力图（heat map）是一种能够有效显示数据整体情况的可视化方法，它用颜色的色系、灰度、饱和度的不同来表示数据的大小[28]。

④关联数据可视化方法

关联数据的可视化方法主要有结点-链接法和邻接矩阵法。其中结点-链接方法既是表达层次关系的常用方法，也是对网络关系最自然、经典的可视化布局表达，它以结点表示实体对象、用线（或边）表示结点间的关联。邻接矩阵（adjacency matrix）通过一个 $N \times N$ 的矩阵来表达 N 个节点之间的关系。将这些方法配以相应的交互手段，可有效地实现对农药残留数据之间的关联分析[25,29]。

2.3.3.2　农药残留数据智能分析系统设计

1）系统需求分析

基于 Web 的农药残留数据智能分析系统主要对采集系统采集的侦测数据进行分析统计，要求能够对采样数据进行基于时空的农药分布分析，并根据不同 MRL 标准进行超标情况以及毒性分析，最终做出食品安全性评价。

A. 统计功能需求分析

农药残留数据统计分析系统是各个检测单位根据不同的检测方法，在全国范围内（西北地区、华北地区、东北地区、华中地区、西南地区、华南地区、华东地区）对水果和蔬菜的农药残留数据进行分析。用户可以在农药残留数据智能分析系统中找出相关的数据进行分析和统计，然后可以在不同的标准下，统计出相关数据，按要求对数据进行分析，得到想要的结果。

农药残留数据智能分析系统需要实现以下 18 项统计分析功能：①采样信息统计：采样点分布图、采样点编号及类型、采样点采样数量；②各采样点样品检出概况；③检出农药的品种与频次统计；④单种农产品检出农药种类数统计；⑤单种农产品检出农药频次统计；⑥单例样品平均检出农药品种与占比统计；⑦检出农药所属类别与占比统计；⑧检出农药残留水平与占比；⑨检出农药毒性分类与占比统计；⑩检出剧毒/高毒农药情况和样品情况表；⑪检出农药可与 MRL 标准参考的数量和占比统计；⑫检出农药参照 MRL 标准判定结果统计；⑬超过 MRL 标准结果在各农产品中的分布；⑭超过 MRL 标准农产品种类与农药品种统计；⑮超过 MRL 标准农产品在不同采样点分布统计；⑯特例样品检出农药品种与频次统计；⑰特例样品超标农药品种与频次统计；⑱结论报告。

B. 系统性能需求分析

数据精确度：在精度需求上，根据实际需要，数据在输入、输出及传输的过程中要满足各种精度的需求。根据关键字精度的不同，查找可分为精确查询和模糊查询，精确查询是完全匹配查询条件的方式，模糊查询是利用部分参数查询相关数据的方式。

时间特性：系统响应时间应在用户能够接受的范围内，满足用户要求。

适应性：在操作方式、运行环境、软件接口或开发计划等发生变化时，应具有适应能力。

可使用性：操作界面简单明了，易于操作，对格式和数据类型限制的数据，进行验证，包括客户端验证和服务器端验证，并采用错误提醒机制，提示用户输入正确的数据和正确的操作。

安全保密性：只有合法用户才能登录使用系统，对每个用户都有权限设置。对登录名、密码以及用户重要信息进行加密，保证账号信息安全。

可维护性：系统采用了记录日志，用于记录用户的操作及故障信息，同时本系统采用 B/S 模式，结构清晰，便于维护人员进行维护。

2）系统设计

农药残留数据智能分析系统综合应用统计分析、数据库、可视化及 Web 编程技术，结合 MRL 标准、农产品、农药、地理信息四个基础数据库，对侦测结果数据库中的数据进行按农药、农产品、地域、时间等多维度的统计分析，快速生成统计图和统计报表，其工作原理如图 2-24 所示。

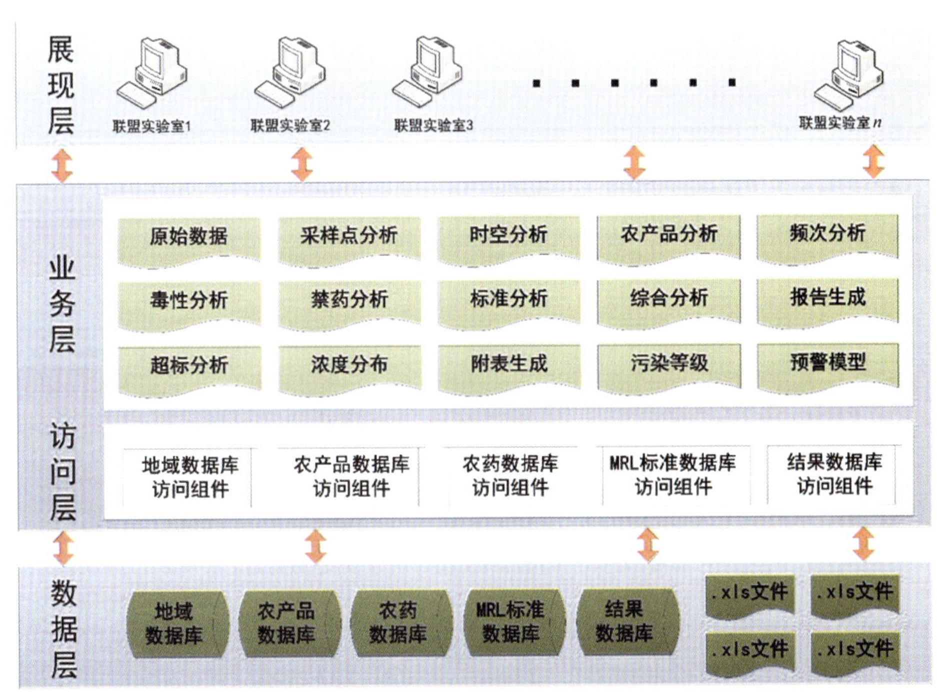

图 2-24　农药残留数据智能分析系统工作原理图

农药残留数据智能分析系统的技术架构如图 2-25 所示，它也是基于浏览器/服务器的三层架构，由展现层、业务层、访问层和数据层组成。其中数据层由侦测结果数据库、四大基础数据库以及相关文件组成，提供数据库和文件服务；访问层则通过数据库访问组件访问数据库中的数据提供给业务层；业务层则根据统计分析模型实现从采样点、农药、污染等级等多维度的统计分析；展现层则实现用户统计范围和条件的设定，以及展示智能分析结果。本系统采用 ASP.NET 技术开发，实现了基于多个国家、组织或地区

MRL 标准、农产品分类、农药特征属性，按时间、地域、农产品、农药，对侦测结果的分类、分布、安全性和可控性等方面进行多维度的智能分析与评价，最后生成统计分析报告，大大提高了分析报告的精准度和制作效率。

目前农药残留智能分析系统可对农药残留信息的 18 项内容进行统计分析、5 个方面进行综合分析、自动生成 20 个附表，用户可按时间段（年度、季度、月及任意时间区间）、采样范围（全国、某一地区、省份、具体的某个地方等）、不同 MRL 标准（中国国家标准、中国香港标准、美国标准、欧盟标准、日本标准和 CAC 标准）和农产品种类或名称进行统计分析。系统采用 B/S 体系结构，用户只要通过互联网和浏览器即可实现统计和对比分析，安装、使用和维护方便。

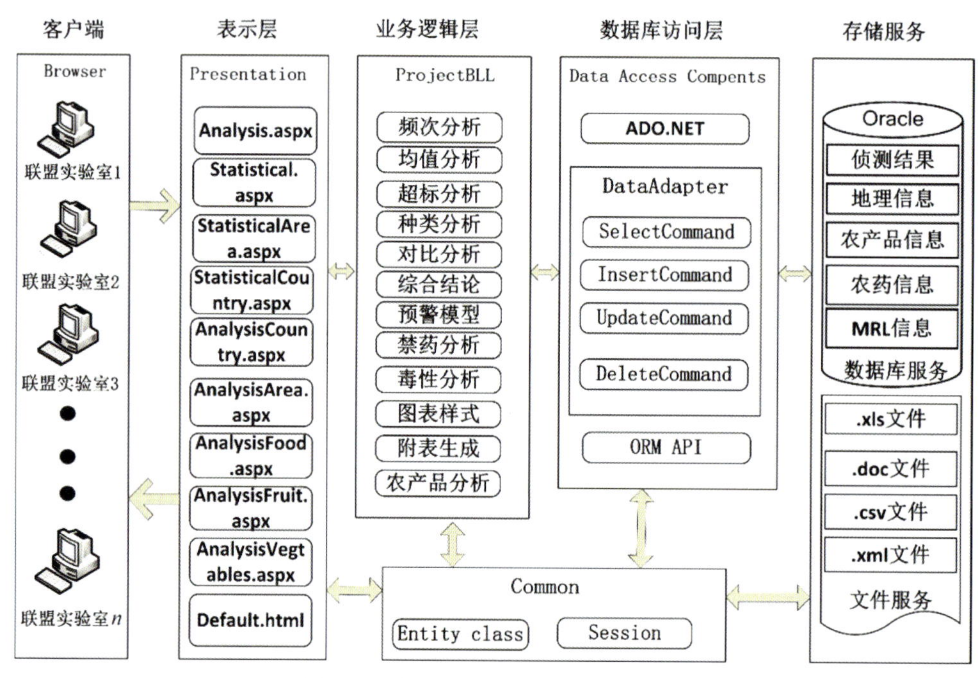

图 2-25　智能分析系统的技术架构图

2.3.3.3　农药残留数据智能分析系统实现

1）采样信息统计

采样信息统计主要包括统计采样样品的来源、数量及分布情况。统计分为按农产品分类和地区分布统计。按农产品分类统计首先根据每个样品的来源信息（包括省、市、区县、超市或市场），从采集结果表中获取该地区的检测数据，按农产品分类级别计算出一级分类和二级分类的农产品的采样数量，并以列表的方式显示；按地区分布以区县为单位计算每个地区的采样数量，根据每个样品的来源信息（包括省、市、区县、超市货市场），从侦测结果数据库中获取该地区的侦测数据，从而获得样品的分布信息，同时生成基于地理信息的分布图。

以北京市的采样点为例，采样点及采样点编号如表 2-6 所示，样品类型及数量如表 2-7 所示，水果和蔬菜采样量统计如表 2-8 所示。

表 2-6 采样点及采样点编号

采样点编号	区级	采样点
超市（48）		
1	朝阳区	***超市（朝阳区）
2	朝阳区	***超市（青年路店）
3	朝阳区	***超市（慈云寺店）
4	朝阳区	***超市（朝阳区）
5	朝阳区	***（慈云寺店）
6	朝阳区	***（姚家园店）
7	朝阳区	***超市（慈云寺店）
8	朝阳区	***样品室
9	朝阳区	***超市（青年路店）
10	朝阳区	***超市（大成东店）
11	朝阳区	***超市（朝阳北路店）
12	朝阳区	***超市（大望路店）
13	朝阳区	***超市（朝阳路店）
14	朝阳区	***超市（朝阳区）
15	朝阳区	***超市（青年路店）
16	大兴区	***超市（大兴区）
17	大兴区	***超市（亦庄店）
18	大兴区	***（大兴区）
19	大兴区	***超市（泰河园店）
20	大兴区	***超市（西沙窝村超市）
21	东城区	***超市（东城区）

续表

采样点编号	区级	采样点
超市（48）		
22	东城区	***超市（东城区）
23	房山区	***超市（房山区）
24	房山区	***超市（良乡店）
25	海淀区	***超市（白石桥店）
26	海淀区	***超市（增光路店）
27	海淀区	***超市（五棵松店）
28	怀柔区	***超市（怀柔区）
29	怀柔区	***超市（怀柔区）
30	门头沟区	***超市（门头沟区）
31	门头沟区	***超市（新桥店）
32	密云县	***超市（密云县）
33	平谷区	***超市（平谷店）
34	石景山区	***超市（苹果园店）
35	石景山区	***超市（石景山区）
36	石景山区	***超市（石景山区）
37	石景山区	***超市（西黄村二店）
38	顺义区	***超市（顺义店）
39	通州区	***（官庄店）
40	通州区	***超市（九棵树店）
41	通州区	***超市（通州区）
42	通州区	***超市（九棵树店）
43	通州区	***超市（通州区）
44	西城区	***超市（西城区）
45	西城区	***超市（阜成门店）
46	西城区	***超市（三里河店）
47	延庆县	***超市（延庆店）
48	延庆县	***超市（延庆店）

续表

采样点编号	区级	采样点
农贸市场（12）		
49	昌平区	***农副产品批发市场（昌平区）
50	昌平区	***农副产品批发市场（昌平区）
51	朝阳区	***综合批发市场（朝阳区）
52	朝阳区	***农贸产品批发市场（朝阳区）
53	朝阳区	***农产品市场（朝阳区）
54	丰台区	***农贸产品批发市场（丰台区）
55	丰台区	***农副产品批发市场（丰台区）
56	海淀区	***综合批发市场（海淀区）
57	平谷区	***批发市场（平谷区）
58	顺义区	***批发市场（顺义区）
59	通州区	***批发市场（通州区）
60	延庆县	***批发市场（延庆县）

表 2-7　样品类型及数量

样品类型	样品名称	样品数量
水果		95
热带和亚热带水果	番石榴（8），杨桃（7），火龙果（9），芒果（8）	32
浆果和其他小型水果	西番莲（7），葡萄（10）	17
柑橘类水果	橘（9）	9
仁果类水果	梨（9），苹果（10）	19
核果类水果	李子（9），桃（9）	18
蔬菜		167
叶菜类蔬菜	芹菜（9），叶芥菜（8），大白菜（9），小白菜（10），生菜（9），苋菜（6），油麦菜（3），蕹菜（8），春菜（6）	68
芸薹属类蔬菜	菜薹（9），甘蓝（7），西兰花（10）	26
瓜类蔬菜	西葫芦（9），黄瓜（10）	19

续表

样品类型	样品名称	样品数量
水生类蔬菜	莲藕（8）	8
茄果类蔬菜	茄子（8），番茄（10），甜椒（10）	28
食用菌	蘑菇（9）	9
豆类蔬菜	豆角（9）	9
合计	（1）水果 11 种：番石榴、杨桃、火龙果、芒果、西番莲、葡萄、橘、梨、苹果、李子、桃。 （2）蔬菜 20 种：芹菜、叶芥菜、大白菜、小白菜、生菜、苋菜、油麦菜、蕹菜、春菜、菜薹、甘蓝、西兰花、西葫芦、黄瓜、莲藕、茄子、番茄、甜椒、蘑菇、豆角。	262

表 2-8　水果和蔬菜采样量统计

编号	地区	水果采样量	蔬菜采样量
1	昌平区	8	13
2	朝阳区	89	149
3	大兴区	21	41
4	东城区	20	30
5	房山区	11	19
6	丰台区	8	13
7	海淀区	22	45
8	怀柔区	12	24
9	门头沟区	12	21
10	密云县	12	22
11	平谷区	10	24
12	石景山区	20	33
13	顺义区	11	25
14	通州区	29	47
15	西城区	17	33
16	延庆县	19	33

2）各采样点样品农药检出率统计

各采样点样品检出概况统计主要针对某一地区的各个采样点中所有样品计算农药检出率，并按采样点地域排序，将结果以柱状图的形式展示。图 2-26 是某地区的各采样点样品检出概况统计，可清楚地看出各采样点的农药检出情况。

采样点农药检出率=采样点（超市）检出农药的样品数/采样点（超市）的样品数：

$$r=m/n$$

式中，r 为采样点农药检出率；m 为采样点（超市）检出农药的样品数；n 为采样点（超市）的样品数。

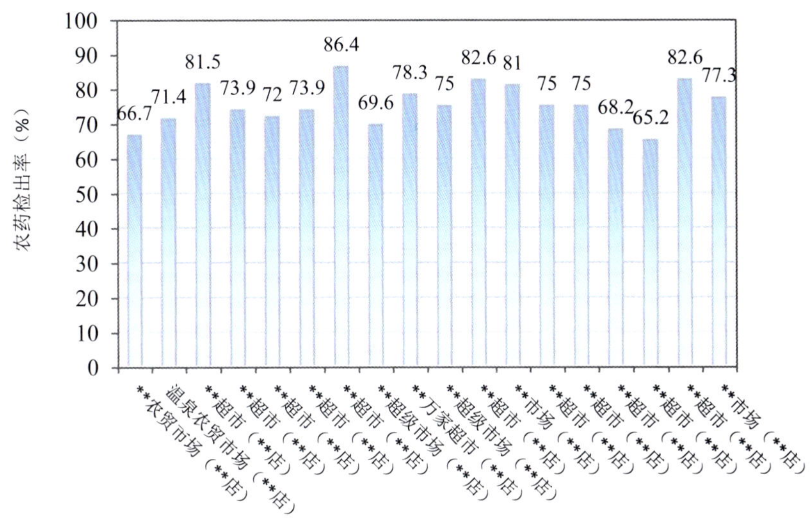

图 2-26　各采样点样品检出率

3）检出农药的品种与频次统计

针对某一地区的所有样品统计检出农药种类和频次，并对检出频次进行排序，生成统计图。图 2-27 是某地区检出农药的品种与频次统计图。

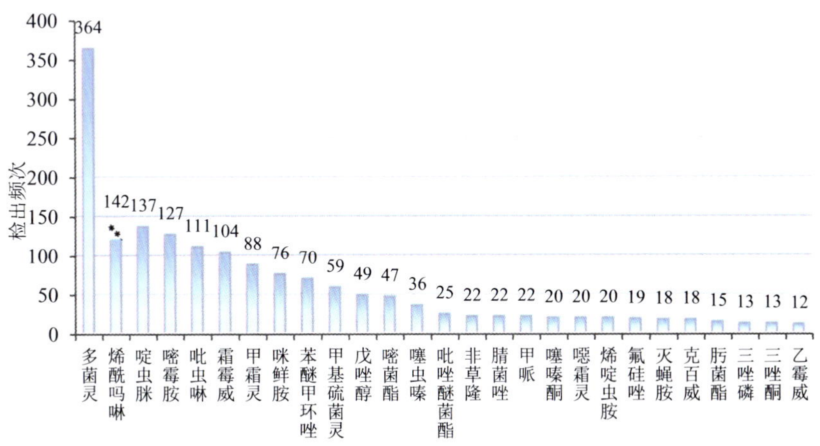

图 2-27　检出农药的品种与频次

4）单种水果蔬菜检出农药种类数统计

针对单种水果蔬菜统计检出的农药种类，并按检出的农药种类数排序。图 2-28 为某地区的检出农药的种类数，对于单种水果蔬菜检出农药种类数来说，甜椒、草莓、芹菜、菠菜、韭菜、番茄和菜豆中单种水果蔬菜检出农药的种类数超过（含）20 种，其中甜椒检出农药种类数最多，共检出 27 种。

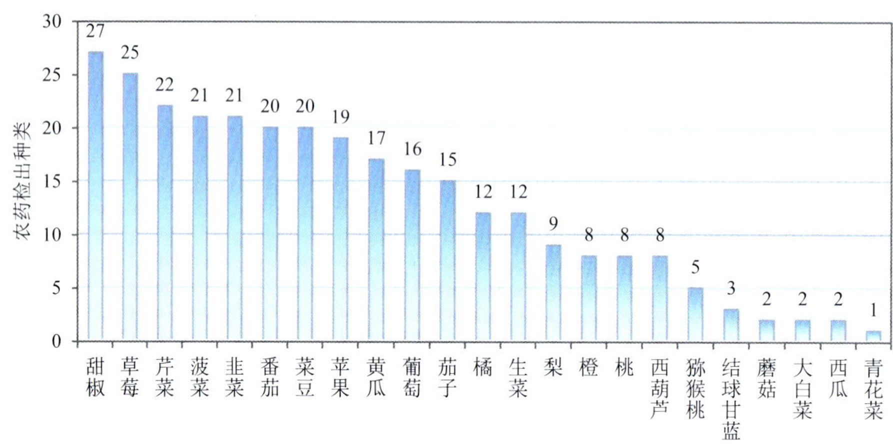

图 2-28　单种水果蔬菜检出农药的种类数

5）单种水果蔬菜检出农药频次统计

单种水果蔬菜检出农药频次统计针对每种水果蔬菜统计检出的农药频次，并按检出的农药频次排序。图 2-29 为某地区的单种水果蔬菜检出农药频次。

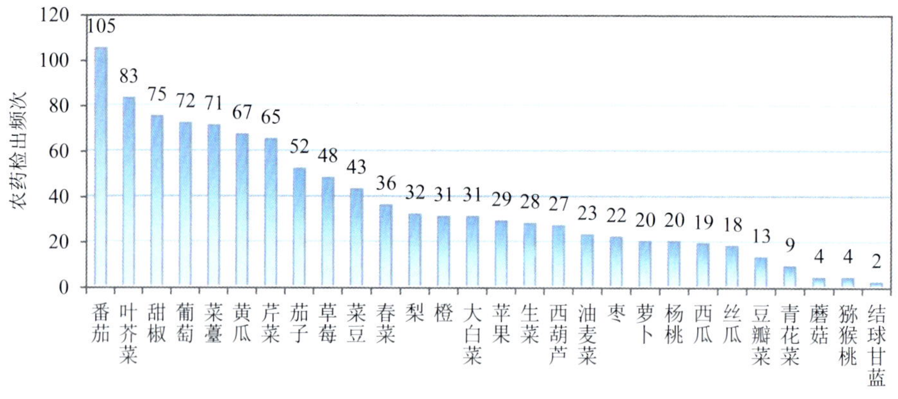

图 2-29　单种水果蔬菜检出农药频次

6）单例样品平均检出农药品种与占比统计

单例样品平均检出农药品种与占比主要按检出农药的种类数分别计算，分为 5 级，包括未检出农药的样品数、检出 1 种农药的样品数、检出 2~5 种农药的样品数、检出 6~10 种农药的样品数、检出大于 10 种农药的样品数，并计算占比。图 2-30 为某地区的单例样品平均检出农药品种与占比。

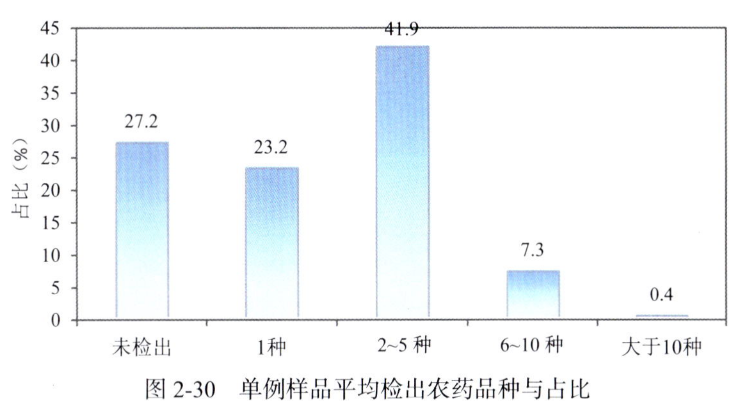

图 2-30　单例样品平均检出农药品种与占比

7）检出农药所属类别与占比统计

农药按功能分为杀菌剂、杀虫剂、除草剂、植物生长调节剂、增效剂等。检出农药所属类别与占比统计获取该地区的所有检测数据，分析检出农药的功能属性，并每种农药功能计算检出的农药数及占比，并按占比进行排序。图 2-31 为某地区检出农药所属类别与占比统计图。

农药所属类别占比=检出单个类别农药的样品数/检出农药的样品数：

$$a = b/c$$

式中，a 为农药所属类别占比；b 为检出单个类别农药的样品数；c 为检出农药的样品数。

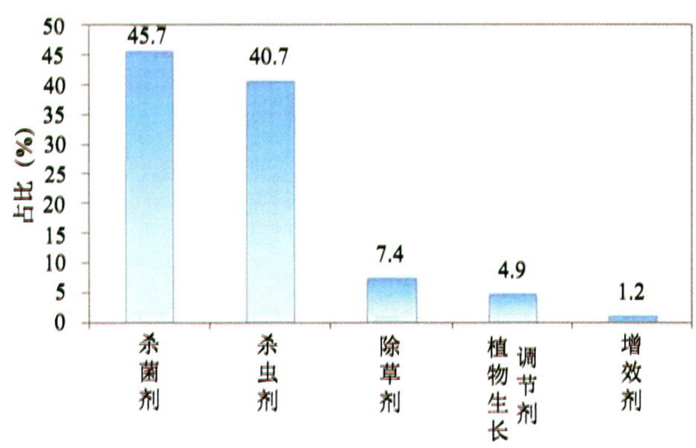

图 2-31　检出农药所属类别与占比统计

8）检出农药残留水平与占比统计

农药残留水平共分为五个等级：1~5 μg/kg，5~10 μg/kg，10~100 μg/kg，100~1000 μg/kg，大于 1000 μg/kg。检出残留水平与占比统计获取该地区的所有检测数据，分析检出农药的残留水平等级，并计算属于某个农药残留等级的频次数及占比。图 2-32 为某地区检出农药残留水平与占比统计图。

农药残留水平占比=属于某个农药残留等级的频次数/总的检出农药频次数：

$$e=d/f$$

式中，e 为农药残留水平占比；d 为属于某个农药残留等级的频次数；f 为总的检出农药的频次数。

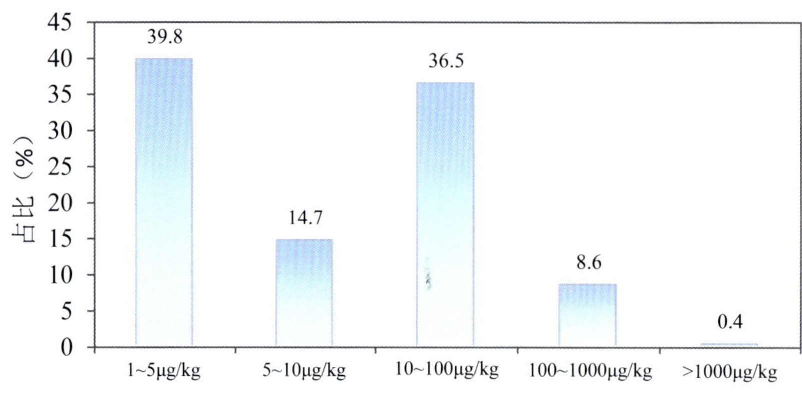

图 2-32　检出农药残留水平与占比

9）检出农药毒性分类与占比统计

农药分为剧毒、高毒、中毒、低毒和微毒五类；检出农药毒性分类与占比统计对某地区的每个样品的检出农药进行毒性分析，根据毒性等级分别计算各级别中的农药名称、数量及占比、检出频次及占比，并以图和列表的方式显示。表 2-9 和图 2-33 为某地区的检出农药毒性分类与占比列表和统计图。

表 2-9　检出农药毒性分类与占比

毒性分类	农药品种/占比（%）	检出频次/占比（%）	超标频次/超标率（%）
剧毒农药	1/1.8	14/1.3	12/85.7
高毒农药	3/5.5	28/2.7	7/25.0
中毒农药	29/52.7	467/44.5	4/0.9
低毒农药	11/20.0	230/21.9	0/0.0
微毒农药	11/20.0	310/29.6	1/0.3

农药检出频次中毒性分类占比=所属毒性类别的检出频次/总的检出频次：

$$i=g/h$$

式中，i 为农药检出频次中毒性分类占比；g 为所属毒性类别的频次；h 为总的检出频次。

农药种类占比=所属毒性分类的农药种类数量/总的农药种类数量：

$$j=k/l$$

式中，j 为农药种类占比；k 为所属毒性分类的农药种类数量；l 为总的农药种类数量。

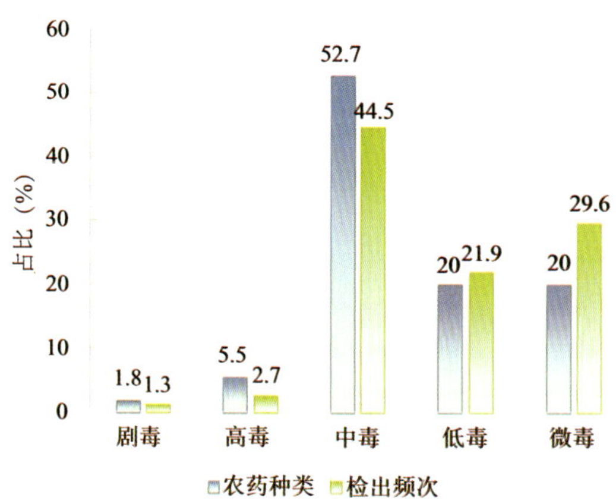

图 2-33　检出农药毒性分类与占比

10）检出剧毒和高毒农药情况统计

对某地区的每个样品的检出农药进行毒性分析，根据毒性为剧毒和高毒的样品获取样品名称、检出浓度，计算检出频次、超标频次，对具有超标的样品在其浓度值加注超标标记，并以列表和统计图的方式显示。表 2-10 和图 2-34 为某地区的检出剧毒和高毒农药情况列表和统计图。

表 2-10　检出剧毒和高毒农药情况

样品名称	农药名称	检出频次	超标频次	检出浓度（μg/kg）
		水果 3 种		
草莓	甲拌磷*▲	2	0	1.2, 8.6
梨	水胺硫磷▲	1	0	3.8
橘	三唑磷	5	3	220.2[a], 177.2, 339.6[a], 787.8[a], 90.1
橘	杀扑磷▲	1	0	1.2
小计		9	3	超标率：33.3%

续表

样品名称	农药名称	检出频次	超标频次	检出浓度（μg/kg）
蔬菜 8 种				
菠菜	涕灭威*▲	3	0	2.8, 2.9, 1.0
菜豆	三唑磷	9	0	16.4, 3.2, 257.8, 4.0, 19.0, 69.3, 1.2, 2.5, 32.8
菜豆	克百威▲	3	0	2.3, 18.8, 7.9
菜豆	水胺硫磷▲	3	0	5.0, 34.8, 17.0
黄瓜	克百威▲	1	0	19.7
韭菜	水胺硫磷▲	1	0	2.9
茄子	克百威▲	2	1	10.0, 20.2[a]
芹菜	甲拌磷*▲	2	0	1.1, 1.1
芹菜	克百威▲	4	3	17.9, 30.4[a], 41.9[a], 40.2[a]
芹菜	水胺硫磷▲	4	0	2.3, 5.8, 2.6, 2.0
甜椒	克百威▲	3	0	6.0, 3.0, 8.5
甜椒	甲胺磷▲	1	0	2.3
甜椒	三唑磷	1	0	2.5
西葫芦	异艾氏剂*	1	0	21.5
小计		38	4	超标率：10.5%
合计		47	7	超标率：14.9%

注：*表示剧毒农药；▲表示禁用农药；a 表示超标结果（参考 MRL 中国国家标准）

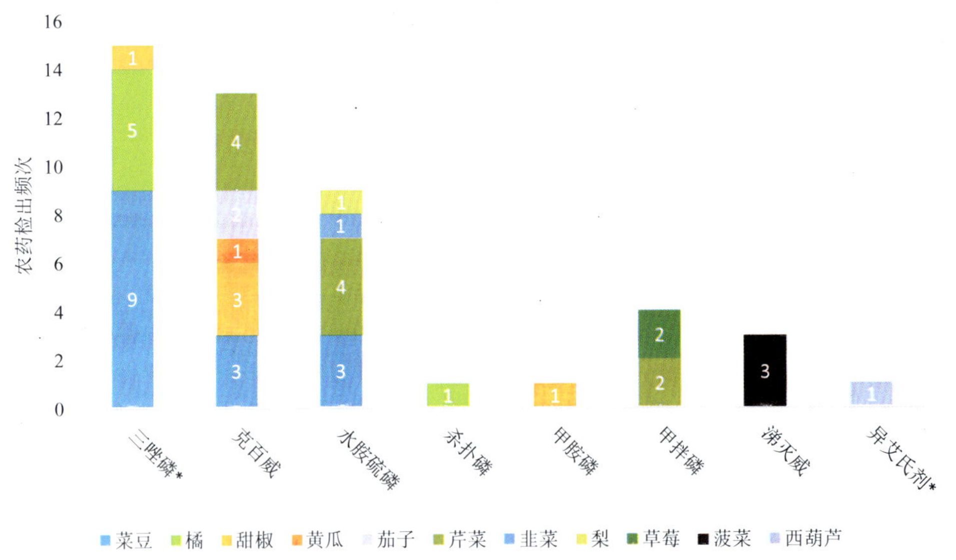

图 2-34　检出剧毒和高毒农药频次分布图

*表示允许在水果和蔬菜上使用的农药

11）检出农药与各 MRL 标准参照的数量和占比统计

将每个样品的侦测结果数值参照不同 MRL 标准进行查找，对每个水果蔬菜的检出项查找是否有相应的 MRL 标准并进行计数，从而可得到 MRL 标准的覆盖面和占比，图 2-35、图 2-36 为某地区检出农药可与不同 MRL 标准参照的数量和占比。

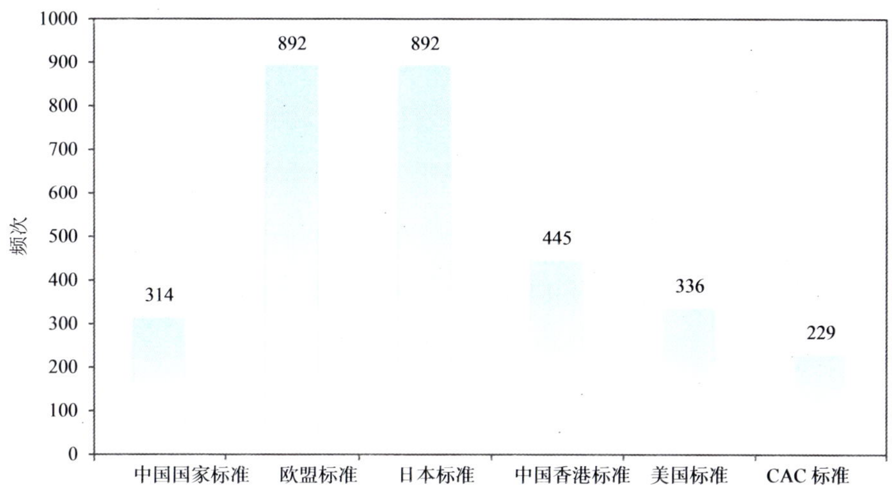

图 2-35　检出农药可与 MRL 中国国家标准、欧盟标准、日本标准、中国香港标准、美国标准、CAC 标准衡量的频次数量对比图

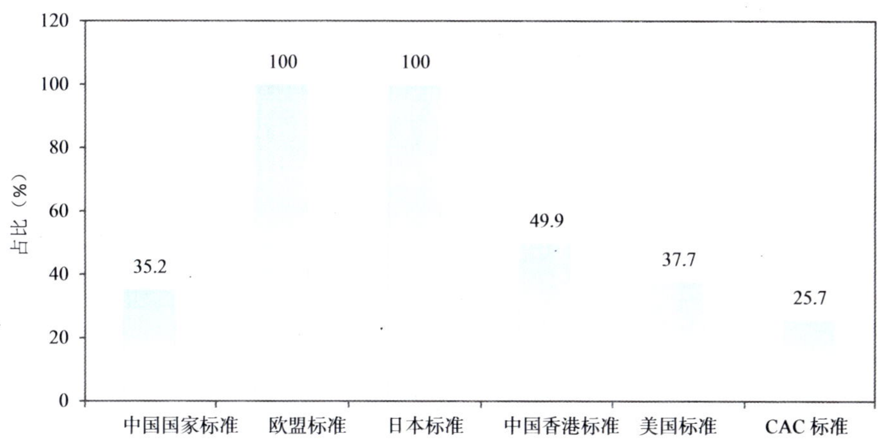

图 2-36　检出农药可与 MRL 中国国家标准、欧盟标准、日本标准、中国香港标准、美国标准、CAC 标准衡量的频次占比对比图

12）检出农药参照各 MRL 标准判定结果统计

水果蔬菜的检出结果按各 MRL 标准判定结果分为 5 类：1 级污染（超标）、2 级污染（未超标）、3 级污染（未超标）、未检出、无 MRL 标准。针对每个农产品的检出项

及检出浓度分别参照不同 MRL 标准进行判定，计算检出超标，检出未超标（2 级污染和 3 级污染），未检出的样品个数和占比，并生成并排式饼状统计对比图。具体计算公式如下：

按照某个标准，某个判定结果的占比=所属判定结果的样品数/总的样品数：

$$p=s/t$$

式中，p 为某个判定结果的占比；s 为所属判定结果的样品数；t 为总的样品数。

图 2-37 为某地区检出农药参照 MRL 中国国家标准、欧盟标准、日本标准、中国香港标准、美国标准和 CAC 标准判定结果统计对比图，可以清楚地看出各个 MRL 标准下检出结果的超标情况。

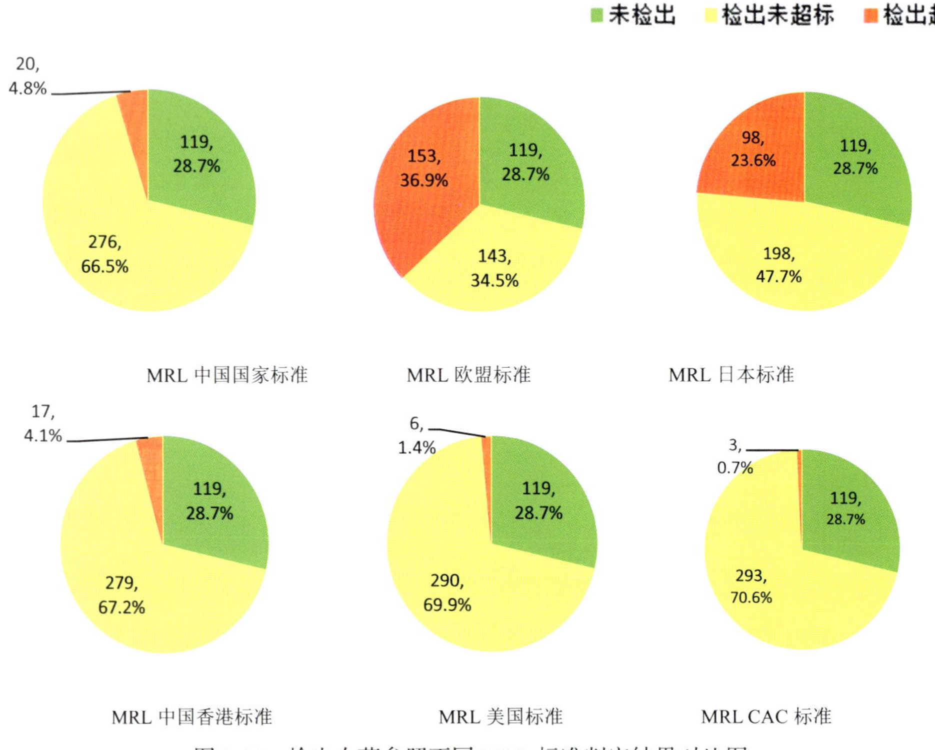

图 2-37　检出农药参照不同 MRL 标准判定结果对比图

13）超过各 MRL 标准结果在各水果蔬菜中的分布统计

每一批样品中，按不同 MRL 标准判定，其超标样品数都会不同，有 MRL 标准的样品数也会不同。针对每批样品按不同 MRL 标准计算超标样品名称、样品数量和占比，进行对比，生成不同国家或地区的详细分析结果及统计对比图。图 2-38 为某地区超过不同 MRL 结果在各水果蔬菜中的分布对比图。

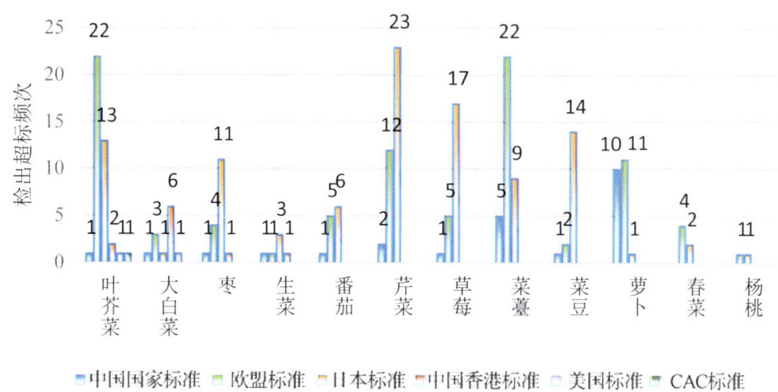

图 2-38　超过各 MRL 结果在各水果蔬菜中的分布图

14）超过各 MRL 标准水果蔬菜种类与农药品种统计

根据不同 MRL 标准，计算每批样品中超标的水果蔬菜及超标农药品种和检出频次。并用堆叠柱状图显示超标水果蔬菜的农药品种和检出频次。图 2-39 为某地区超过 MRL 标准水果蔬菜种类与农药品种，其中水果蔬菜种类在下方显示，横坐标为超标农药品种，堆叠柱状图以不同颜色表示水果蔬菜，数字代表该水果蔬菜中超标农药的检出频次。

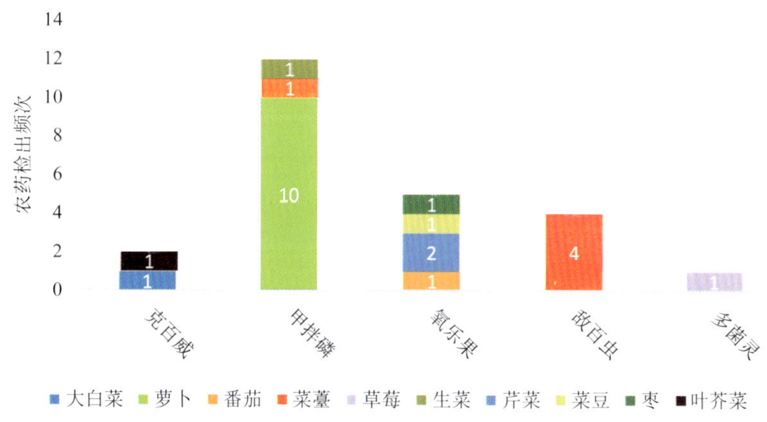

图 2-39　超过不同 MRL 标准水果蔬菜种类与农药品种对比图

15）超过不同 MRL 标准水果蔬菜在不同采样点分布统计

超过各 MRL 标准水果蔬菜在不同采样点分布统计按不同 MRL 标准，统计检出超标农药残留的水果蔬菜来源。针对每批样品，首先计算每个采样点的样品总数，按不同国家、组织或地区的 MRL 标准判定，分别计算每个采样点的超标样品数，计算超标农药检出率，并生成统计列表和统计图。表 2-11 和图 2-40 给出了某地区检出农药超过某个 MRL 标准的水果蔬菜在不同采样点分布。

表 2-11　检出农药超过某个 MRL 标准的水果蔬菜在不同采样点分布表

	采样点	样品总数	超标数量	超标率（%）	行政区域
1	**超市（**店）	27	2	7.4	**区
2	**超市（**店）	25	2	8.0	**区
3	**市场（**店）	24	1	4.2	**区
4	**超市（**店）	23	1	4.3	**区
5	**超市（**店）	23	1	4.3	**区
6	**超市（**店）	23	2	8.7	**区
7	**超市（**店）	23	2	8.7	**区
8	**超市（**店）	23	2	8.7	**区
9	**超市（**店）	23	2	8.7	**区
10	**超市（**店）	23	1	4.3	**区
11	**市场（**店）	22	1	4.5	**区
12	**超市（**店）	22	2	9.1	**区
13	**农贸市场（**区）	20	5	25.0	**区
14	**农贸市场（**区）	21	2	9.5	**区
15	**超市（**店）	20	1	5.0	**区

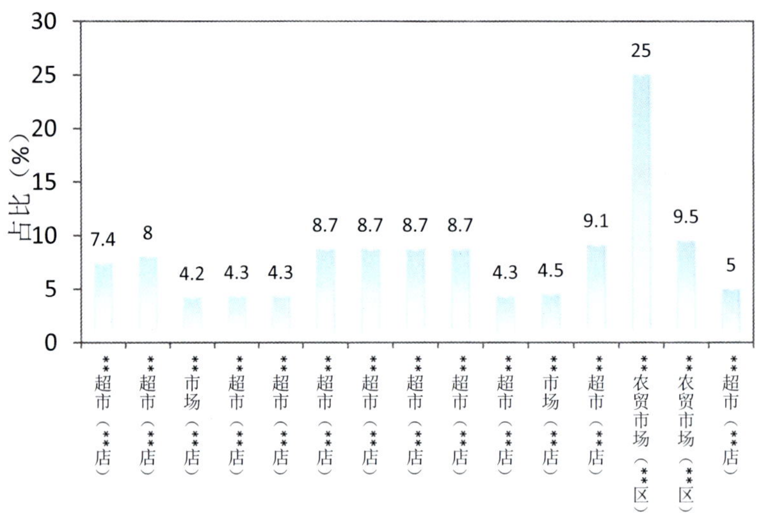

图 2-40　检出农药超过某个 MRL 标准的水果蔬菜在不同采样点分布图

16）典型样品检出农药品种与频次统计

典型样品检出农药品种与频次统计是针对一批样品中的一些典型样品进行检出农药品种与频次统计。典型样品的选取原则：采样覆盖采样点 50%以上、农药检出频次最高的前三个样品。对于选出的典型样品，统计该样品的检出农药和检出浓度，计算检出农药种类数和检出频次，并按检出频次排序。图 2-41 为某地区葡萄样品检出农药品种与频次的统计图。

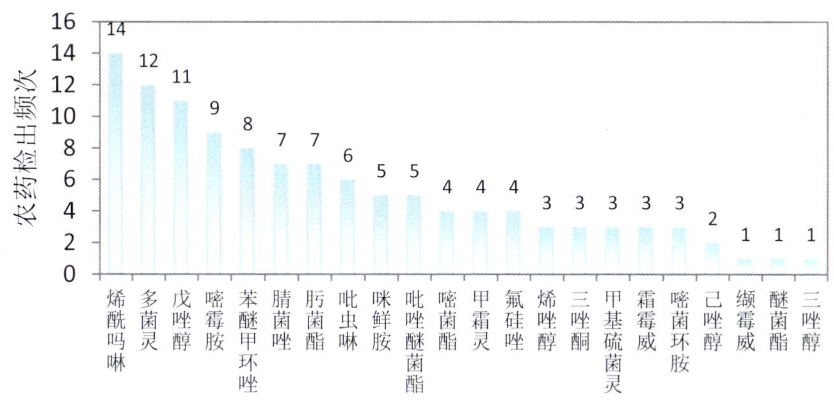

图 2-41　葡萄样品检出农药品种与频次分布图

17）典型样品超标农药品种与频次统计

典型样品超标农药品种与频次统计是针对一批样品中的一些典型样品进行超标农药品种与频次分析。典型样品选取原则：采样覆盖采样点 50%以上，农药检出频次最高的前三个样品。对于选出的典型样品，统计该样品的检出农药和检出浓度，按不同 MRL 标准分别计算检出超标农药种类数和频次。图 2-42 为某批样品中典型样品草莓按 MRL 中国国家标准判定超标农药品种与频次图。

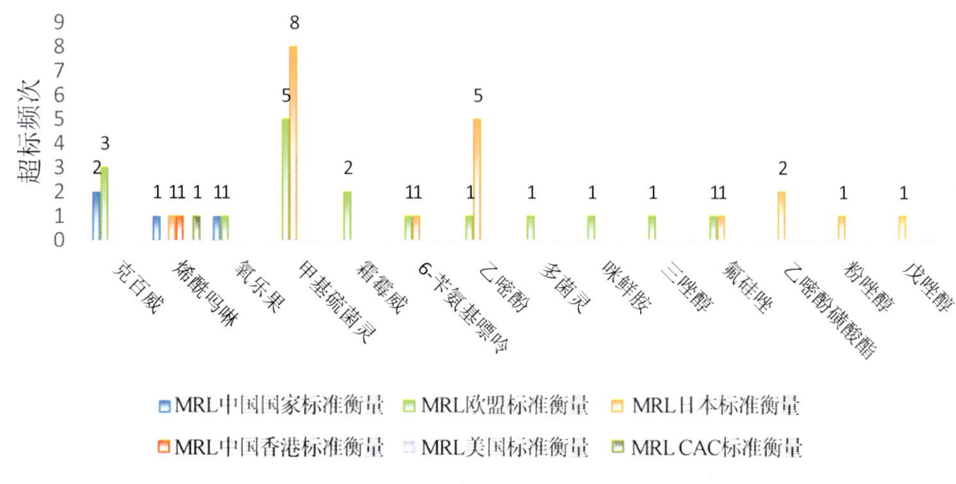

图 2-42　草莓样品超标农药品种与频次分布图

18）结论报告

A. 初步结论及发现的问题统计

初步结论及发现的问题统计主要根据其他各分项的统计分析自动生成农药残留现况的总结和结论。总结信息包括样品总数、农药残留检出样品数及占比、按不同 MRL 标准的超标样品信息。结论主要根据 MRL 中国国家标准衡量，并按农药残留超标样品占比生成结论（图 2-43）。

初步结论（以**市为例）：**市部分市售水果蔬菜存在广泛使用农药的现象，而且农药残留超标样品达到了5%以上，质量安全状况堪忧。

本次侦测的478 例样品中，378 例样品均检出不同水平、不同种类的农药残留，占样品总量的79.1%，其余100 例样品未检出任何农药，占样品总量的20.9%。同时也发现，在这次检测的478 例样品中，按MRL 中国国家标准衡量，444 例样品没有检出超标农药，占样品总数的92.9%，有34 例样品检出了超标农药，占样品总数的7.1%；按MRL 欧盟标准衡量，414 例样品没有检出超标农药，占样品总数的86.6%，有64 例样品检出了超标农药，占样品总数的13.4%；按MRL 日本标准衡量，407 例样品没有检出超标农药，占样品总数的85.1%，有71 例样品检出了超标农药，占样品总数的14.9%；按MRL 中国香港标准衡量，443 例样品没有检出超标农药，占样品总数的92.7%，有35 例样品检出了超标农药，占样品总数的7.3%；按MRL美国标准衡量，478 例样品没有检出超标农药，占样品总数的100%，有0 例样品检出了超标农药，占样品总数的0%；按MRL CAC 标准衡量，477 例样品没有检出超标农药，占样品总数的99.8%，有1 例样品检出了超标农药，占样品总数的0.2%。这说明北京市部分市售水果蔬菜存在广泛使用农药的现象，而且农药残留超标样品达到了5.0%以上，质量安全状况堪忧。

图 2-43　××市农药残留分析初步结论

B. 禁用剧毒/高毒农药现象结论

禁用剧毒/高毒农药现象结论分析主要根据样品中的禁药、高毒、剧毒农药的检出种类和频次和占比，自动得出禁用剧毒/高毒农药现象结论。如图 2-44 所示。

在此次侦测的478例样品中有9种蔬菜和5种水果、33例样品检出了38频次的剧毒和高毒农药，占样品总量的6.9%。其中禁用高毒农药克百威、禁用高毒农药氧乐果、禁用剧毒农药甲拌磷检出频次较高。按MRL中国国家标准衡量，禁用高毒农药克百威，检出11次，超标11次；禁用高毒农药氧乐果，检出8次，超标8次；禁用剧毒农药甲拌磷，检出5次，超标5次。按超标程度比较，韭菜中氧乐果超标146138倍，黄瓜中克百威超标1330倍，芹菜中氧乐果超标1302倍，芹菜中甲拌磷超标1102倍，甘蓝中甲胺磷超标1021倍。这些超标的剧毒和高毒农药都是中国政府早有规定禁止在水果蔬菜中使用的，这些农药为什么还屡次被检出?

图 2-44　××市禁用剧毒/高毒农药结论

C. 残留限量标准对比分析

残留限量标准对比分析是在不同国家、组织或地区 MRL 标准中能找到该农药残留限量的频次占比。主要分析 MRL 中国国家标准与其他国家、组织或地区 MRL 标准的差距。如图 2-45 所示。

1235 频次的检出结果与我国公布的 GB 2763—2014《食品中农药最大残留限量》对比，有 685 频次能找到对应的 MRL 中国国家标准，占 55.5%。还有 550 频次的侦测数据无相关 MRL 标准供参考，占 44.5%。与国际上现行 MRL 对比发现，1235 频次的检出结果中有 1204 频次的结果找到了对应的 MRL 欧盟标准。占 97.5%；有 1235 频次的结果找到了对应的 MRL 日本标准，占 100%，其中，1043 频次的结果有明确对应的 MRL，占 84.5%，其余 192 频次按照日本一律标准判定；有 701 频次的结果找到了对应的 MRL 中国香港标准，占 56.8%；有 0 频次的结果找到了对应的 MRL 美国标准，占 0%；有 293 频次的结果找到了对应的 MRL CAC 标准，占 23.7%。可见，MRL 中国国家标准与国际标准还有很大差距，我们无标准，国外有标准，这就会导致我国在国际贸易中，处于受制于人的被动地位。

图 2-45　不同 MRL 标准测试结果

2.4　农药残留侦测报告的自动生成

农药残留侦测数据分析的结果需要形成侦测报告，报告内容包含侦测结果原始数据、统计分析结果图表、综合结论与预警；报告形式包括文字、数据、表格、统计图等，如何根据前面智能分析系统生成的统计分析结果自动生成侦测报告是一个亟待解决的问题。本节首先给出农药残留侦测报告的内容组成与形式需求，然后介绍报告自动生成技术。

2.4.1　农药残留侦测报告的内容组成与形式需求

要根据智能分析系统得出的统计分析结果自动生成农药残留侦测报告，首先需要了解侦测报告的内容组成和形式需求。农药残留侦测报告的内容组成包括：样品种类、数量与来源统计分析；农药残留检出水平与最大残留限量标准对比分析；蔬菜水果中的农药分布情况分析；综合结论和问题发现，具体如图 2-46（a）所示。农药残留侦测报告的形式包括统计分析文字、统计分析报表、统计分析图，具体如图 2-46（b）所示。

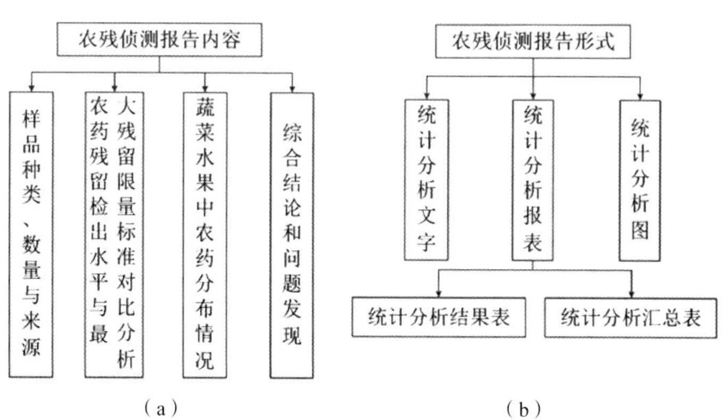

图 2-46　农药残留侦测报告的内容组成与形式需求

2.4.1.1　侦测报告文字内容

农药残留侦测报告中的统计分析内容是各个检测单位采用不同的检测方法（GC-Q-TOF/MS，LC-Q-TOF/MS），在全国范围内（华北地区，东北地区，华东地区，华中地区，西南地区，华南地区，西北地区）对水果和蔬菜的农药残留数据进行采集，然后找出相关的数据进行统计和分析，并且根据不同国家或地区的 MRL 标准，统计分析得出相关数据，进行不同国家或地区之间的数据对比，从而得出相应的统计报告内容。文字内容方面，在自动生成 Word 报告的时候，只有少部分的内容是固定不变的，大部分内容要从统计结果中获取并嵌入到报告中，如报告中每个章节的标题内容、报告中的前言及图片的标题等。如图 2-47 所示，生成报告中的目录，这些章节目录一般是不会变化的。如图 2-48 所示，农药残留侦测报告中的图片标题中含有数字信息，比如数字 670，这些数字信息均可通过智能分析系统计算得出，因此每个报告的值不固定。最后通过智能分析系统得出的数据信息，在 Word 报告中相应位置准确地插入，需要在每个位置上设定书签占位符，通过书签占位符准确定位文字内容的位置。

◢ 1 样品种类、数量与来源
　1.1 样品采集与检测
　◢ 1.2 检测结果
　　1.2.1 各采样点样品检出情况
　　1.2.2 检出农药的品种总数与频次
　　1.2.3 单例样品农药检出种类与占比
　　1.2.4 检出农药类别与占比
　　1.2.5检出农药的残留水平
　　1.2.6 检出农药的毒性类别与占比，频次与占比

图 2-47　农药残留报告目录

670 频次检出农药可用 MRL 中国国家标准、欧盟标准、日本标准、中国香港标准、美国标准、CAC 标准衡量的数量

图 2-48　农药残留报告中的图片标题

报告文字中还有一个比较重要的部分，就是结论报告。农药残留侦测结论报告，根据其他各分项的统计分析自动生成农药残留侦测结果的总结和结论，并对各类水果蔬菜进行安全评价。具体包括初步结论及发现的问题、禁用剧毒/高毒农药现象结论、最大残留限量标准对比分析。例如检出农药毒性频次占比结论报告如图 2-49 所示。

这次侦测的 533 例样品中，检出了 61 种农药。其中 48 种农药属低毒农药，占 78.7%，检出频次占 83.7%；中毒农药 7 种，占 11.5%，检出频次占 11.9%；两项合计中低毒农药占检出农药品种的 90.2%，检出频次占 95.6%。剧毒和高毒农药占 9.8%，检出频次占 4.3%。

图 2-49　检出农药毒性频次占比结论报告

2.4.1.2　统计报告报表内容

农药残留侦测报告中的第二个重要内容是报表，报表主要包括两个方面，一个是统计分析结果报表，另一个是统计分析汇总报表。报告中统计分析结果报表具有固定的格式，每个表格的表头也是固定的，只有表格中的内容不一样。因此，根据表格的内容设置好表格的格式和表头，在书签占位符位置插入相应表格信息，完成表格内容。如图 2-50 所示样品类型及数量表格示意图，表格包含三列属性，即样品类型、样品名称（数量）和样品数量。

表1 样品类型及数量

样品类型	样品名称(数量)	样品数量
蔬菜		**354**
叶菜类蔬菜	菠菜 (21)，芹菜 (30)，生菜 (29)，茼蒿 (17)，油菜 (1)	98
瓜类蔬菜	冬瓜 (12)，黄瓜 (28)，西葫芦 (18)	58
茄果类蔬菜	茄子 (23)，番茄 (26)，甜椒 (25)	74
豆类蔬菜	豆角 (27)	27
鳞茎类蔬菜	韭菜 (25)	25
食用菌	蘑菇 (22)	22

图 2-50　样品类型及数量表节选

2.4.1.3　统计报告中插图的内容

农药残留侦测报告中包含从智能分析系统得出的分析结果，需要各种各样的图表样式对生成的统计分析结果进行展示。本系统能生成 18 种统计分析结果，用户可以通过选择不同的检测方法、检测单位和统计区域，对照不同国家或地区组织的 MRL 标准，生成全国 31 个省、自治区、直辖市和不同地级市的统计分析结果，因此将会生成大量的统计分析报告。图表的样式可以多种多样，如柱状图、饼状图、折线图等，从而以丰富直观的图表样式展示数据。具体的统计图样式示例将在 2.4.3 节详细介绍，这里只做一下简单的介绍。

农药残留侦测报告中生成的统计图有柱状图、堆叠柱状图、三维柱状图、折线图、面积图、三维面积图和饼图。保存当前统计图时，图的格式有 jpeg，xls，png，bmp，tiff，gif 等。在生成统计图时，有时需要对统计图的外观进行设置，包括 Chameleon，Dark，Dark Flat，Gary，In A Fog，Light，Nature Colors，Northern Lights，Pastel Kit，Terracotta Pie，The Trees 等外观。有时还需要对统计图的配色进行设置，包括 Apex，Aspect，Black and White，Chameleon，Civic，Concourse，Equity，Flow，Foundry，Grayscale，In A Fog，Median，Metro，Mixed，module，Nature Colors，Northern Lights，Office，Opulent，Oriel，Origen，Paper，Pastel Kit，Solstice，Technic，Terracotta pie，The Trees，Trek，Urban，Verve 等配色。统计图里的坐标轴有 X 轴（横轴）和 Y 轴（纵轴），X 轴上有时可能划分

的粒度太高，导致文字或者数字可能会有覆盖，需要设置文字或者数字的偏转角度，包括 0°，30°，45°，60°，90°，270°。

在图表样式设计阶段，需要对统计图和统计附表进行设计，包括对统计图图型的设计，统计图本身的样式设计，统计附表的样式设计。

农药残留侦测报告中生成的统计图本身还可以进行样式编辑，如图 2-51 所示统计图样式编辑。统计图的长度和高度选择有自适应、小、中、大四类。柱体的宽度有 0.15，0.25，0.35，自适应。柱体是否需要加纹理，标签是否需要显示，标签边框是否需要显示，标签字体的大小需要设置，标签的字体样式是否需要加粗，标签的字体颜色需要进行设置。图中标题是否需要显示，标题的字体大小需要进行设置，标题的字体样式是否需要加粗。X 轴和 Y 轴的刻度大小需要进行设置，X 轴和 Y 轴的文字大小需要进行设置。3D 图的 X 轴，Y 轴，Z 轴的角度是否需要设置，3D 图的放大倍数是否需要调整。

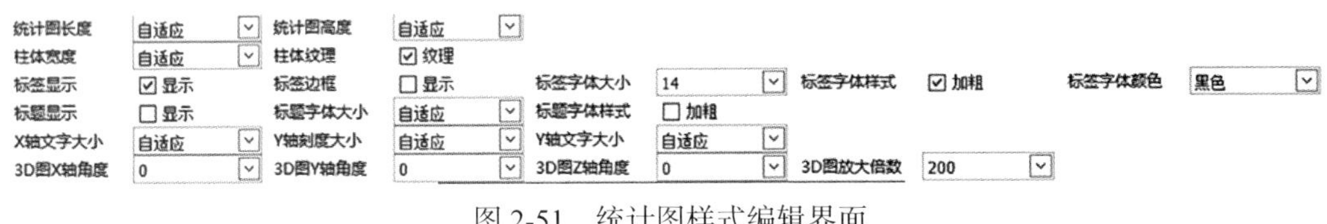

图 2-51　统计图样式编辑界面

2.4.2　农药残留侦测报告统计结果的自动生成

2.4.2.1　侦测报告的自动生成技术概述

根据需求得知，用户需要生成的报告是 Word 文档格式，所以在设计农药残留报告自动生成系统时，考虑直接使用 Word 生成技术。Word 是一种使用范围较广泛的文字处理工具，开发人员可以调用其中的接口来实现对 Word 文档的基本操作。Word 所对应的 COM 组件，即 Microsoft.Office.Interop.Word 等，为程序提供底层的方法和属性。其中常用的对象有 Word 应用程序对象（Application）、Word 文档对象（Document）等。上述两个对象中基本包括了对 Word 文档操作的基本方法和属性，如文档的打开（Open）和保存（SaveAs2）、在文档相应的位置插入某些特定的内容（InsertParagraphAfter，Text）等。

农药残留侦测数据需要编制生成大量的 Word 报告，然而多数报告的格式都是固定的，只是一些具体的数据不同而已。如果仅依靠人工进行处理，大量查询、复制和粘贴工作，不但繁琐、耗时、效率低下，而且容易出错，降低了报告的准确性。因此，农药残留侦测 Word 报告的自动生成具有重要意义。在农药残留侦测报告生成的过程中，首先，在服务器端预先定制报告模板，并在模板中相应位置设置书签占位符，然后系统通过调用数据查询方法读取、展示、编辑信息，最终利用这些信息替换报告模板中的书签占位符，从而生成最终的农药残留侦测报告。农药残留侦测报告生成之后保存在服务器端以便客户下载。

2.4.2.2　农药残留采样点分布与检测结果基本情况的自动生成

农药残留样品采集与侦测结果报告部分，是通过统计分析系统得出的某市采样点、采样数量、样品类型的总览。其中，对于样品中农药化学污染物残留情况的侦测，是采用高分辨质谱技术。具体报告内容包括：各采样点样品检出的情况，检出农药的品种总数与频次，单例样品农药检出的种类与占比，检出农药类别与占比，检出农药的残留水平，检出农药的毒性类别与占比，检出农药的毒性频次与占比，检出剧毒/高毒类农药的品种与频次。

在农药残留样品采集与检测结果报告自动生成部分，首先通过用户在系统参数选择界面进行参数设置，如检测方法、检测单位、开始时间、结束时间、地区、省级、地级等参数。用户点击一键导出功能按钮后，系统开始自动报告生成功能操作。系统首先会进行非空验证操作，判断用户在选择参数的时候是否有必选参数没有填写，如果有，则提示用户没填写的信息，反之，则继续进行操作。

系统开始根据服务器上的报告模板创建新的报告文档，如果之前存在重名的文档，则删除原有文档，否则直接生成新的文档，并在服务器指定的位置中存储起来。

在 Word 中插入文字的方法比较简单，在文档指定的位置中调用 Word 命名空间中 Document 对象中的 InsertParagraphAfter 方法和 Text 属性即可。例如各采样点样品检出的情况，经过统计分析系统得出的分析数据，经过查询操作查出数据，然后通过系统对书签占位符的查找，找到相应插入位置，将对应文字信息插入到 Word 报告中。

若要在该类报告 Word 文档中插入一个形式如表 2-12 所示的二维表格，其具体实现方法是：首先根据统计分析系统得出的数据行数和列数在文档中标签所在的位置插入一个对应的二维表格，再将查询出的表格内容依次插入到 Word 文档表格当中，如检出农药的毒性类别与占比、频次与占比，毒性分为剧毒、高毒、中毒和低毒四类，因此，表格有五行；而列项则为毒性分类、农药种类数量、农药种类占比、检出频次数量、检出频次占比、农药名称共六列。系统通过查询书签占位符的位置，将表格插入到毒性分析的位置。

表 2-12　检出农药的毒性分析

农药毒性	农药种类数量（种）	农药种类占比（%）	检出频次（次）	检出频次占比（%）	农药名称
剧毒	1	1.6	4	0.6	甲拌磷
高毒	5	8.2	25	3.7	氧乐果、克百威、灭多威、三唑磷、久效威
中毒	7	11.5	80	11.9	
低毒	48	78.7	561	83.7	

若要在 Word 文档中插入一张图片，首先系统生成相应的图片内容，将需要的图片保存到服务器上的一定位置，然后根据书签占位符的位置，将服务器上的图片插入到对应的位置上。例如，检出剧毒/高毒类农药的品种和频次如图 2-52 所示。

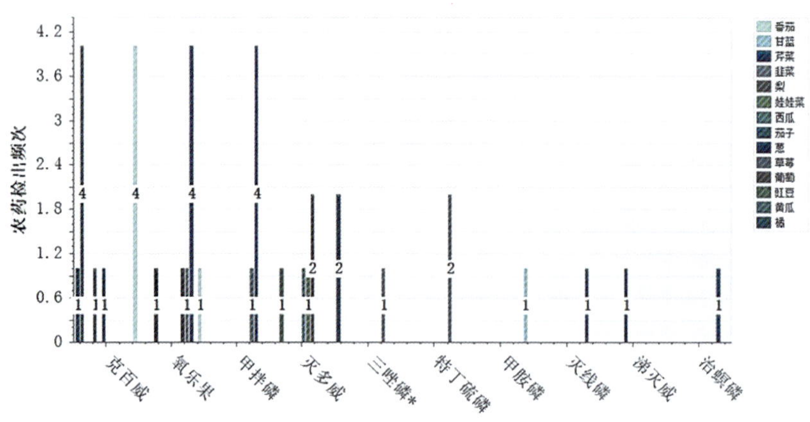

图 2-52　检出剧毒/高毒农药的样品情况

以上是农药残留样品种类、数量与来源检测结果报告中插入文字、表格和图片的实现过程。在插入文字、表格或者图片之前，必须首先获得文档书签占位符的位置，以便在指定的位置上插入相应的内容。

2.4.2.3　农药残留超标对比分析结果的自动生成

不同标准下的农药残留超标对比分析报告，是将侦测结果与我国农药残留限量国家标准 GB 2763—2014《食品中农药最大残留限量》进行对比得出的，同时将侦测结果与其他国家或地区的 MRL 对比得出的不同标准下农药残留超标分析报告。具体报告内容包括：超标农药样品分析、超标农药种类分析、样品采样点超标情况分析。

不同标准下的农药残留超标对比分析报告自动生成时，首先根据用户在系统参数选择界面进行的参数设置，如检测方法、检测单位、开始时间、结束时间、地区、省级地域、地级地域等参数，系统开始自动导出功能操作。系统继续使用上一节报告中所述的报告模板修改报告文档，并在服务器指定的位置中存储起来。本部分报告也包含三大类型的内容：文字、表格和图片。

在 Word 中插入文字，在文档指定的位置中调用 Word 命名空间中 Document 对象中的 InsertParagraphAfter 方法和 Text 属性即可。例如超标农药样品分析，经过统计分析系统得出的分析结果，经过查询操作查出数据，查出六个不同 MRL 衡量标准的统计分析结果，然后系统通过对书签占位符位置的查找，找到相应插入位置，将对应六个不同 MRL 标准的文字信息插入到 Word 报告中。

若要在农药残留超标对比分析 Word 文档中插入一个形式如表 2-13 所示的二维表格，其具体实现方法是：首先判断是哪个国家或地区的 MRL 标准，然后根据统计分析系统得出的数据行数和列数，在文档中书签占位符所在的位置插入一个对应的二维表格，再将查询出的表格内容依次插入到不同标准对应的 Word 文档表格当中。例如，样品采样点超标情况分析，采样点有七个，因此表格有七条记录，即七行数据；而列项则为采样点、样品总数、超标数量、超标农药检出率、区级五个属性，故列数为五列。系统通过查询书签占位符的位置，将表格插入到超标情况分析的相应位置。

表 2-13　超过 MRL 中国国家标准限量值的水果蔬菜在不同采样点的分布

采样点	样品总数（种）	超标数量（种）	超标农药检出率（%）	区级
***超市（**店）	17	1	5.9	**区
***超市（**店）	17	1	5.9	**区
***超市（**店）	17	1	5.9	**区
***超市（**店）	20	2	10	**区
超市（店）	19	2	5.3	**县
***购物中心（**店）	20	1	5	**县
超市（店）	19	1	5.3	**区

若要在农药残留超标对比分析 Word 文档中插入一张图片，首先系统将需要的图片保存到服务器上的一定位置，然后根据书签占位符的位置，将服务器上的图片插入到相应 MRL 标准对应的位置上。例如，超标农药种类分析，超过 MRL 中国国家标准限量值的水果蔬菜种类与农药品种，如图 2-53 所示。

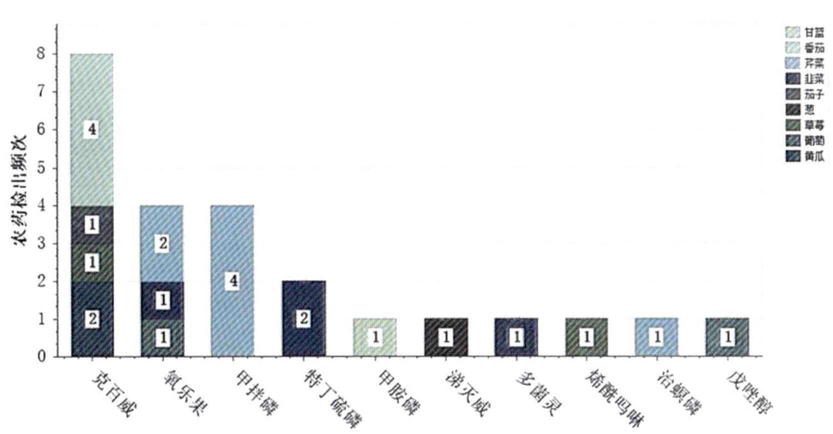

图 2-53　超过 MRL 中国国家标准限量值的水果蔬菜种类与农药品种

2.4.2.4　典型样品对比分析结果自动生成

不同国家或地区 MRL 标准下的水果蔬菜中检出农药分析报告部分，是通过统计分析系统对残留侦测中污染较为严重的水果蔬菜典型样品进行进一步分析，并将侦测结果与国际上现行的 MRL 标准对比得出的不同国家或地区 MRL 标准下的水果和蔬菜中农药数据分析报告。具体报告内容包括：水果中农药分布、蔬菜中农药分布。

在不同国家或地区 MRL 标准下的水果蔬菜中农药分析报告自动生成时，首先根据用户在系统参数选择界面进行的参数设置，如检测方法、检测单位、开始时间、结束时间、地区、省级、地级等参数，系统开始自动导出功能操作。系统继续使用上一节报告中所述的报告模板修改报告文档，并在服务器指定的位置中存储起来。本部分报告包含两大类型的内容：文字和图片。

在 Word 中插入文字，在文档指定的位置中调用 Word 命名空间中 Document 对象中的 InsertParagraphAfter 方法和 Text 属性即可。比如水果中农药分布，首先选择农药残留侦测结果中污染较为严重的前三种水果作为典型样品，然后经过查询操作查出每一种水果的农药残留数据，同时查出其对照不同国家或地区 MRL 标准的统计分析结果，然后通过对书签占位符位置的查找，找到相应插入位置，将每一种水果对应的不同国家或地区 MRL 标准的文字信息插入到 Word 报告中。

若要在典型样品对比分析报告 Word 文档中插入一张图片，首先将系统排序得出污染水平较高的典型样品的图片保存到服务器上一定位置，然后根据不同的 MRL 标准生成相应的文字描述，最后根据书签占位符的位置，将服务器上的图片插入到典型样品对应的位置上。比如葡萄样品中检出农药品种和频次分析，如图 2-54 所示。

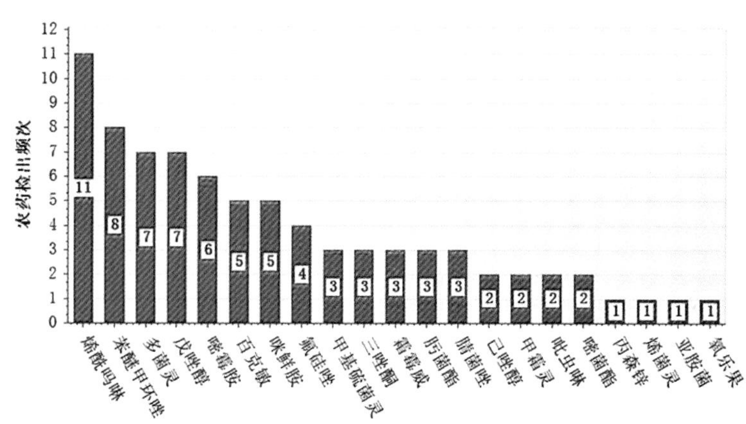

图 2-54　葡萄样品中检出农药品种和频次分析

2.4.2.5　综合结论的自动生成

如前所述，农药残留侦测综合结论包括三部分：①初步结论及发现的问题，这部分主要根据其他各分项的统计分析自动生成农药残留侦测结果的总结和结论。总结信息包括样品总数、农药残留检出样品数及占比、按不同国家或地区 MRL 标准判定的超标样品信息。报告中结论部分主要根据 MRL 中国国家标准衡量，并按农药残留超标样品占比生成结论。②禁用剧毒/高毒农药现象结论，主要分析根据样品中禁用高毒、禁用剧毒农药的检出种类、频次和占比，自动得出禁用剧毒/高毒农药在农产品中使用现象结论。③残留限量标准分析，主要对比在不同国家或地区 MRL 标准中能找到该农药残留限量的频次占比，主要分析 MRL 中国国家标准与其他国家或地区 MRL 标准的差距。

在农药残留数据分析结论报告自动生成部分，首先根据用户在系统参数选择界面进行的参数设置，如检测方法、检测单位、开始时间、结束时间、地区、省级、地级等参数，系统开始自动导出功能操作。系统继续使用上一节报告中所述的报告模板修改报告文档，并在服务器指定的位置中存储起来。本部分报告主要形式为文字。

在 Word 中插入文字，在文档指定的位置中调用 Word 命名空间中 Document 对象中的 InsertParagraphAfter 方法和 Text 属性即可。比如初步结论及发现的问题，根据其他各分项的统计分析得出现况的总结和结论，然后系统通过对书签占位符位置的寻找，找到相应插入位置，将初步结论文字信息插入到 Word 报告中。图 2-55 为初步结论报告示意图，某市销售水果蔬菜中检出农药以中低毒农药为主，占市场主体的 91.4%。

5.2 水果蔬菜中检出农药以中低毒农药为主，占市场主体的 91.4%。

这次侦测的 702 例样品中，检出了 74 种农药，其中 53 种农药属低毒农药，占 75.7%，检出频次占 83.7%；中毒农药 11 种，占 15.7%，检出频次占 12.2%；两项合计中低毒农药占检出农药品种的 91.4%，检出频次占 95.9%。剧毒和高毒农药占 8.5%，检出频次占 4.1%。

图 2-55　初步结论报告示意图

2.4.3　农药残留侦测报告样式的自动生成

农药残留报告中生成的统计图要求清晰、美观、容易理解，且能够生成不同样式的统计图。农药残留报告中统计图样式有柱状图、折线图、饼图、堆叠图、三维柱状图等等，图上的文字、标题、数字、字体、标签都可以灵活改变。图 2-56 至图 2-60 为不同样式的统计图示例。

（1）图型：柱状图；外观：Light；配色：Civic；*X* 轴文字角度：45°；标签显示：有。如图 2-56 所示。

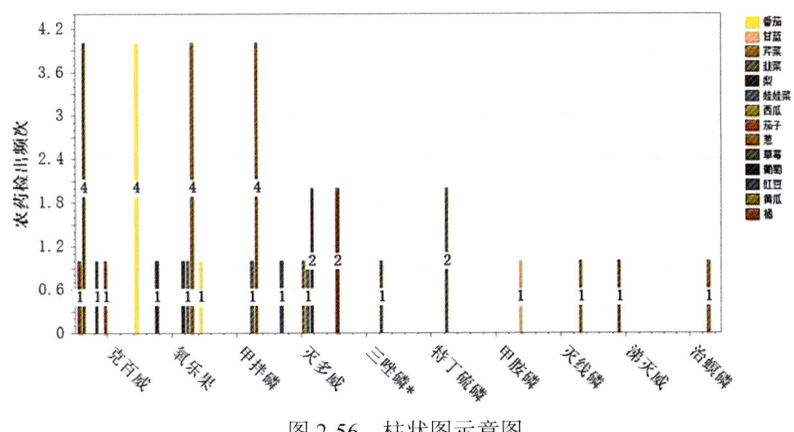

图 2-56　柱状图示意图

（2）图型：折线图；外观：Light；配色：Concourse；*X* 轴文字角度：45°；标签显示：有。如图 2-57 所示。

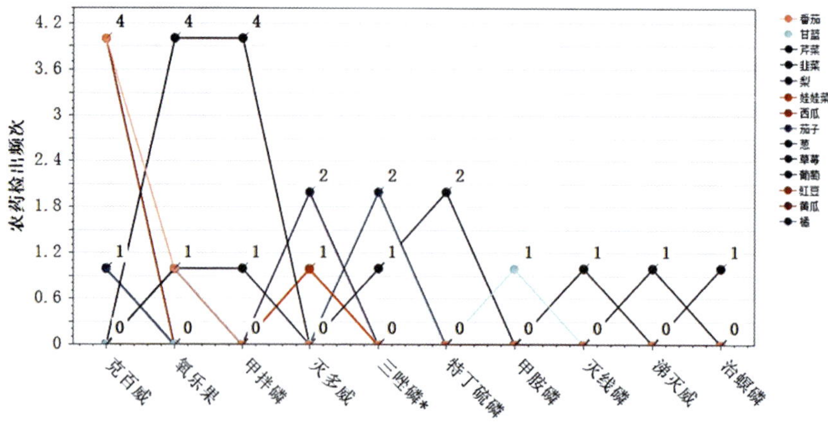

图 2-57　折线示意图

（3）图型：三维饼图；外观：Light；配色：Civic；*X* 轴文字角度：45°；标签显示：有。如图 2-58 所示。

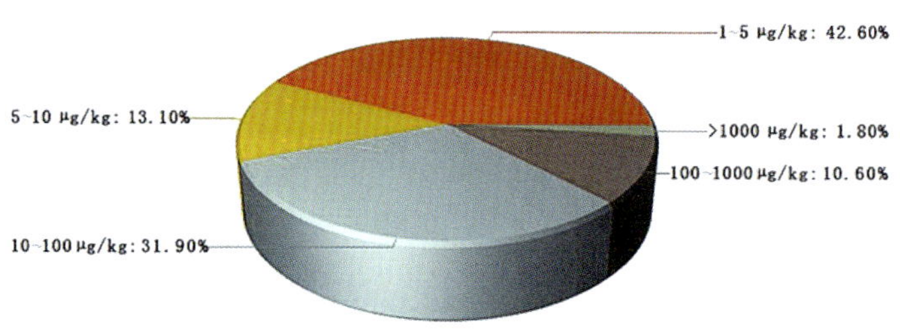

图 2-58　三维饼图示意图

（4）图型：环图；外观：Chameleon；配色：Apex；*X* 轴文字角度：45°；标签显示：有。如图 2-59 所示。

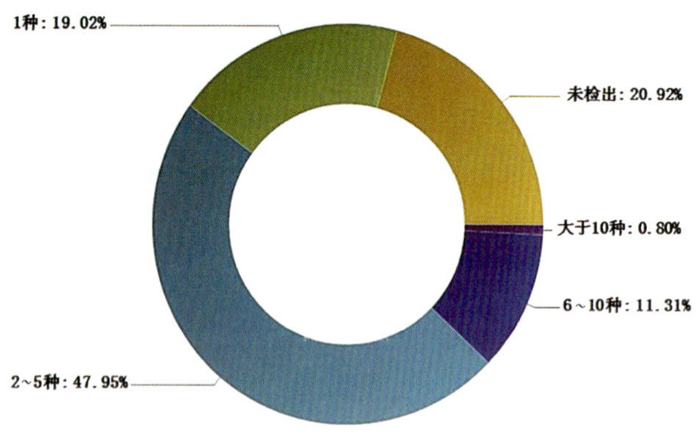

图 2-59　环图示意图

（5）图型：柱状图；外观：In A Fog；配色：Flow；*X* 轴文字角度：90°；标签显示：无。如图 2-60 所示。

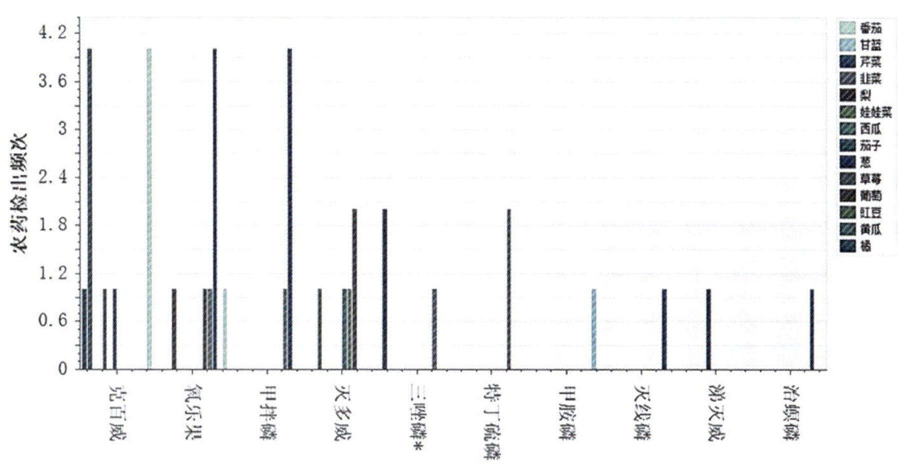

图 2-60　柱体宽度大小调整和无标签柱状图

2.5　农药残留侦测数据采集与智能分析平台应用示范

智能分析系统建立了在线定制模式，支持用户自主选择和过滤统计数据以凸显兴趣数据或关键数据；支持用户定制报告类型和范围，提高数据展示和大数据分析能力。同时，自动报告系统还可实现报告结构和内容的定制扩展开发。从 31 个省会/直辖市水果蔬菜中农药残留的情况分析，该平台可以在客户端自主选择所需报告类型并下载分析报告。农药残留侦测结果报告下载参数可任意选择采样期间类型，任意选择一个或多个行政区域（可实现全国—大区—省级—地市级—区县级 5 级架构），选择检测设备类型，选择导出报告正文或附表。根据数据量不同，一份报告字数从几万到几十万不等，从正文到附表，图文并茂，均可在 30 分钟内实现“一键下载”，一次性成型，极大地提高了对海量农残数据进行分析报告的能力，见图 2-61。

图 2-61　“一键下载”一个省的图文并茂农药残留侦测报告 30 分钟自动完成示意图

应用本平台形成的检测报告与现有人工报告相比，不但准确性高、速度快、判定标准多，且统计范围灵活、分析方法多样。实现了在线数据采集、结果判定、统计分析和报告制作的自动化，大大提高了数据分析的深度、精准度和工作效率，这是传统统计报告模式不可比拟的。因此，这种统计分析软件具有极其重要的现实意义和商业推广价值。

以下对自动化智能统计分析发现的 31 省会/直辖市普遍的典型农药残留规律性特征进行解读。

2.5.1　发现我国市售水果蔬菜农药残留普遍存在

31 省会/直辖市市售水果蔬菜 22368 例样品，共检出农药 517 种，检出频次 45866 频次，LC-Q-TOF/MS 检出率 39%~88%，GC-Q-TOF/MS 检出率 54%~97%。见图 2-62。

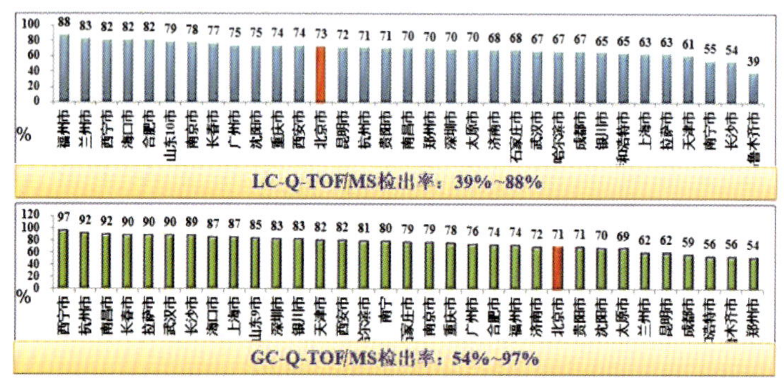

图 2-62　31 省会/直辖市在 2012~2015 年间市售水果蔬菜农药残留检出率分布图

2.5.2　发现了我国使用农药功能分类状况

从图 2-63 可以看出，LC-Q-TOF/MS 检出了 174 种农药，GC-Q-TOF/MS 检出了 343 种农药，两种技术合计检出 517 种农药，其中含共检的 93 种。两种技术共同发现，我国现行使用的农药排前三名的分别为杀虫剂、杀菌剂和除草剂，但检出品种数各有不同，证明两种技术联用有很强的互补性，能够更好地反映出水果蔬菜农药残留真实状况。

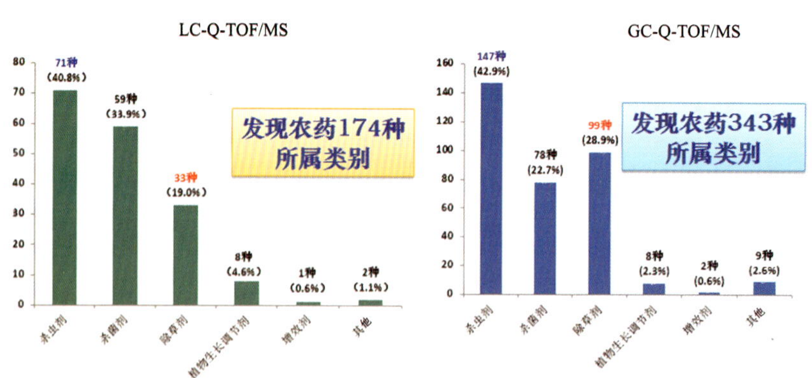

图 2-63　市售水果蔬菜检出农药品种（按功能分类）分布图

2.5.3　发现了我国使用农药化学组成分类状况

从图 2-64 可以看出，两种技术检出的农药，按化学组成分类，主要以有机氯、有机磷、有机氮为主。

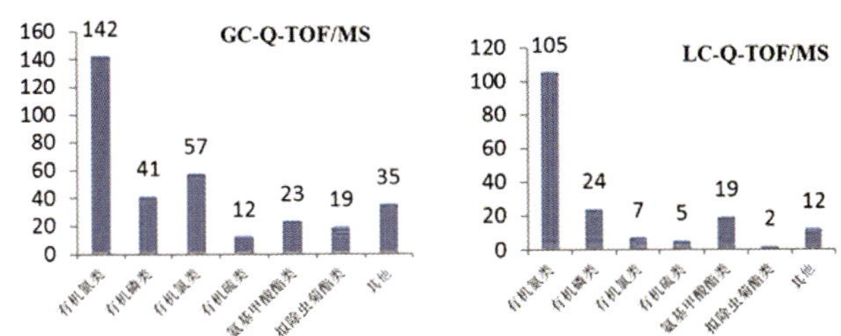

图 2-64　市售水果蔬菜检出农药品种（化学组成分分类）分布图

2.5.4　发现了市售果蔬农药残留水平状况

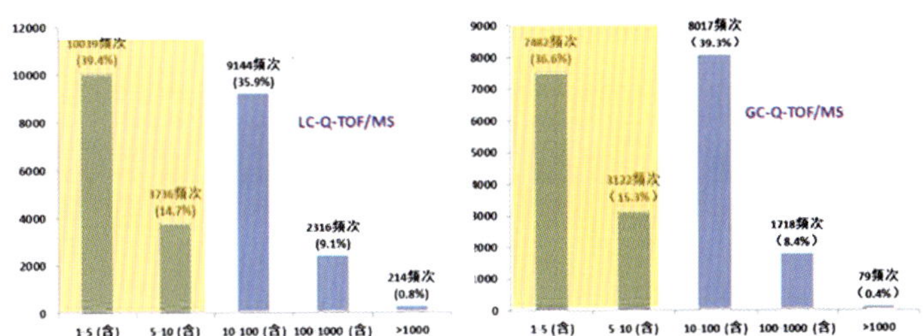

图 2-65　市售水果蔬菜检出农药水平分布图

从图 2-65 可以看出，目前我国水果蔬菜检出农药以低、中残留水平为主，LC-Q-TOF/MS 占比 54.1%，GC-Q-TOF/MS 占比 51.9%。两种技术检出农药残留水平相应档次占比相接近，证明了两种技术的置信度。

2.5.5　发现单例样本检出农药品种与占比

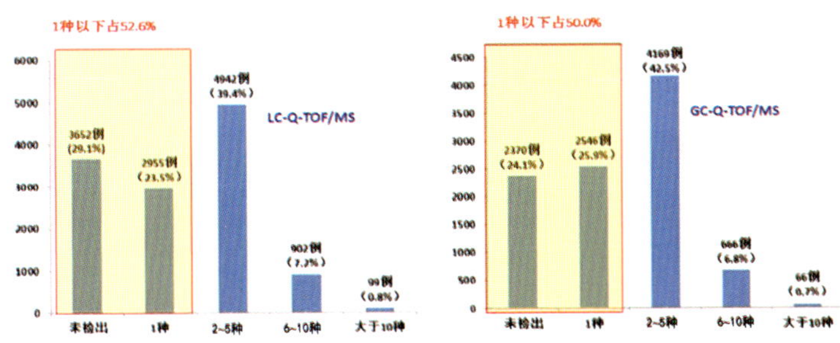

图 2-66　市售水果蔬菜单例样品检出农药品种分布图

从图 2-66 可以看出，就单例样品而论，检出农药 1 种和没有农药检出的样品，LC-Q-TOF/MS 占 52.6%，GC-QTOF/MS 占 50%。

2.5.6　发现了水果蔬菜检出农药的毒性状况

图 2-67 检测结果表明，目前我国蔬菜和水果中检出农药残留以低毒和中毒农药为主，LC-Q-TOF/MS 种类和频次占比分别为 85.4%和 92.9%，GC-Q-TOF/MS 占比分别为 83.4%和 87.6%。但是，值得特别警醒的是，就 LC-Q-TOF/MS 而论，高剧毒农药检出率占 3.9%，违禁农药占 3.2%，而 GC-Q-TOF/MS 高剧毒农药检出率为 7.0%，违禁农药占 6.0%。

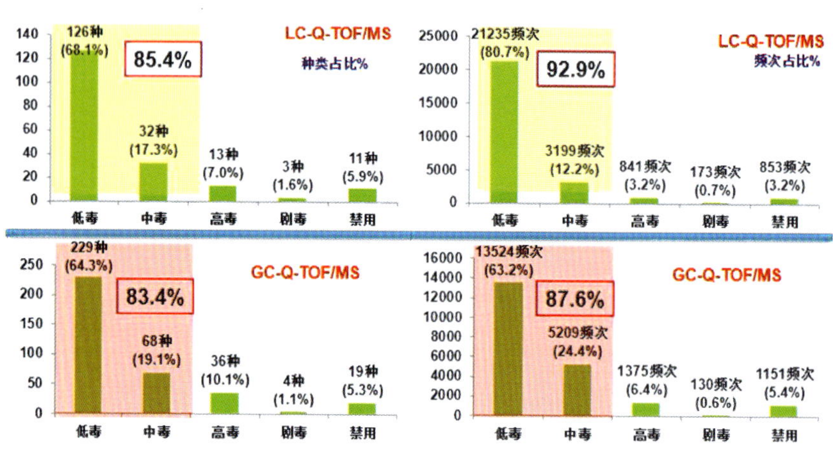

图 2-67　市售水果蔬菜检出农药毒性分布图

2.5.7　发现了 31 个省会/直辖市市售水果蔬菜农药残留安全水平有基本保障

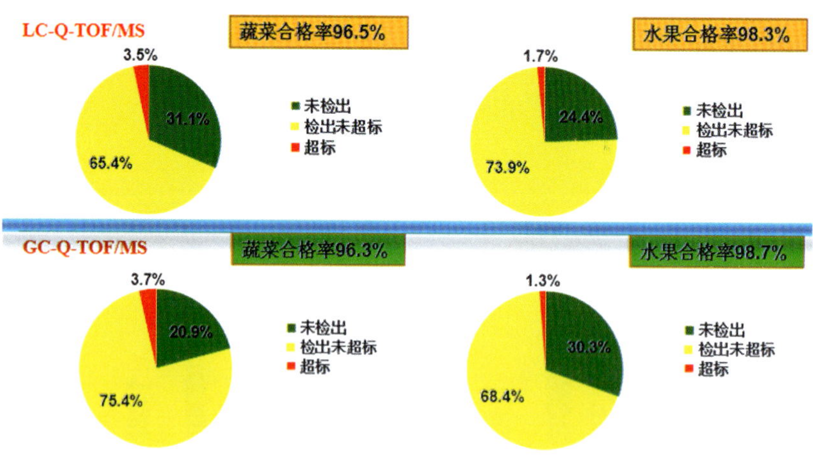

图 2-68　31 个省会/直辖市市售水果蔬菜农药残留报告统计分析分布图

从图 2-68 可以看出，蔬菜 LC-Q-TOF/MS 检验合格率 96.5%；GC-Q-TOF/MS 合格率 96.3%。水果 LC-Q-TOF/MS 检验合格率 98.3%；GC-Q-TOF/MS 合格率 98.7%。这充分证明我国市售水果蔬菜农药残留安全水平有基本保障。

2.5.8 发现了我国 MRL 标准与世界发达国家相比，数量少和水平低

本研究对全国 31 省会/直辖市 284 县区 600 多个采样点 2012~2015 年共采集民众菜篮子中水果蔬菜 18 类 146 种，共计 22368 批样品，GC/LC-Q-TOF/MS 两种技术检测共发现 517 种农药残留，检出 45866 频次。如图 2-69 所示，经智能化软件统计分析发现，按 MRL 中国国家标准衡量，这些检测数据仅用了 40%，还有 60%因我国无 MRL 标准不能把这些检出农药的数据盘活，而用 MRL 欧盟标准衡量，95%以上数据都有 MRL 欧盟标准来衡量。仅就可用 MRL 中国国家标准盘活的 40%数据而论，我们也发现，我国 MRL 标准数量少，水平低，必然在国际贸易中受制于人。更重要的是，对健康的潜在风险更是一大隐患，务必引起高度重视。

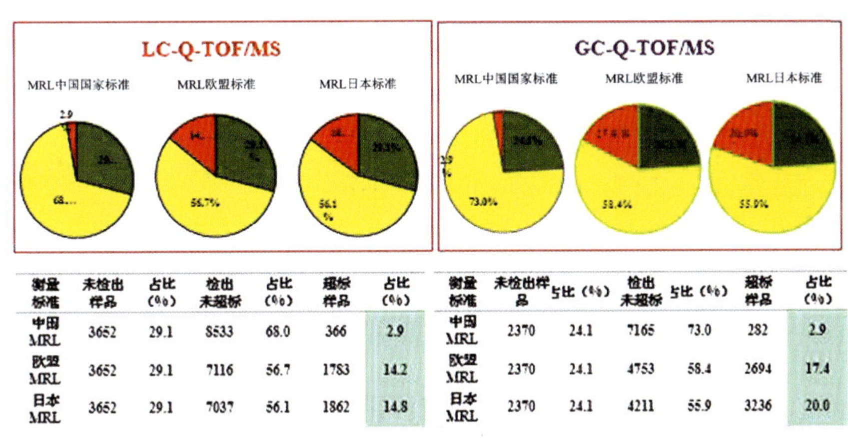

衡量标准	未检出样品	占比（%）	检出未超标	占比（%）	超标样品	占比（%）
中国MRL	3652	29.1	8533	68.0	366	2.9
欧盟MRL	3652	29.1	7116	56.7	1783	14.2
日本MRL	3652	29.1	7037	56.1	1862	14.8

衡量标准	未检出样品	与比（%）	检出未超标	与比（%）	超标样品	占比（%）
中国MRL	2370	24.1	7165	73.0	282	2.9
欧盟MRL	2370	24.1	4753	58.4	2694	17.4
日本MRL	2370	24.1	4211	55.9	3236	20.0

图 2-69　检出结果参考我国 MRL 标准与世界发达国家比对图

2.6 结　论

该平台构建及侦测报告自动生成方法为我国各地区农药残留数据的分析与预警提供了高效精准的数据分析平台。其中联盟实验室与农药残留检测标准方法充分保障数据的统一性、完整性、准确性、安全性和可靠性；联盟实验室检测结果数据库和四个基础数据子库的建立为农药残留侦测数据的分析和污染等级判定提供依据；提出的农药残留数据采集系统实现了检测结果的自动上传、数据预处理和污染等级判定，建立了农药残留侦测结果数据库；提出的农药残留数据智能分析系统实现了农药残留侦测结果数据库

和四个基础数据子库相互关联、互联互通，多维农药残留数据的单项和综合统计分析，实现了图文并茂的检查结果报告生成的自动化。

实现了“一键下载”一个省市的农药残留图文并茂侦测报告 30 分钟自动生成，这是传统统计方法不可能实现的。形成的检测报告与现有人工报告相比，不但准确性高、速度快、判定标准多，且统计范围灵活、分析方法多样。实现了在线数据采集、结果判定、统计分析和报告制作的自动化，大大提高了数据分析的深度、精准度和工作效率，具有极其重要的现实意义和商业推广价值。同时，为实现“十三五”国家规划纲要农药零增长提供重要技术支撑。

参 考 文 献

[1] 冯超, 徐骞, 金玉娥, 等. 植物源性食品中农药残留筛选平台研究. 食品安全质量检测学报, 2015, 6（5）: 1646-1653.

[2] 杨永坛, 陈士恒, 史晓梅. 食品中农药残留筛查系统的构建. 食品安全质量检测学报, 2015, 6（4）: 1101-1106.

[3] Cao L. Data science: Challenges and directions. Communications of the ACM, 2017, 60（8）: 59-68.

[4] Wes M K. Python for Data Analysis. 南京: 东南大学出版社, 2013.

[5] 陈为, 张嵩, 鲁爱东. 数据可视化的基本原理与方法. 北京: 科学出版社, 2013.

[6] 吕之华. 精通 D3.js : 交互式数据可视化高级编程. 北京: 电子工业出版社, 2015.

[7] Cowls J, Schroeder R. Causation, correlation, and big data in social science research. Policy & Internet, 2016, 7（4）: 447-472.

[8] Panaligan R, Chen A. Quantifying movie magic with google search. Google Whitepaper—Industry Perspectives+ User Insights, 2013.

[9] Jang M, Suh S T. U-City: new trends of urban planning in korea based on pervasive and ubiquitous geotechnology and geoinformation. International Conference on Computational Science and ITS Applications. Springer-Verlag, 2010: 262-270.

[10] 李道亮. 物联网与智慧农业. 北京: 中国农业出版社, 2014.

[11] GB 2763—2016 食品安全国家标准 食品中农药最大残留限量; GB 2763—2016 Food safety national standard-Pesticide maximum residue limit in food.

[12] 陈谊, 刘莹, 田帅,等. 食品安全大数据可视分析方法研究. 计算机辅助设计与图形学学报, 2017, 29（1）: 8-16.

[13] 谭兴和. 国内外食品安全监管体系建设比较研究. 食品安全质量检测学报, 2017, 8（8）: 2837-2840.

[14] 凯特, 库恩. Oracle 编程艺术 : 深入理解数据库体系结构. 第 3 版. 北京: 人民邮电出版社, 2016.

[15] 陈夏, 李江华. 食品安全风险分析在农药残留标准制定中的应用探讨. 食品科学, 2010, 31（19）: 430-434.

[16] 宋稳成, 白小宁, 段丽芳, 等. 我国农药残留标准体系建设现状和发展思路. 食品安全质量检测学报, 2014（2）: 335-338.

[17] 侯堃, 巩丽伟, 雷霆, 等. 农药残留检测数据分析系统的研究与实现. 计算机工程与设计, 2014, 35（1）: 315-321.

[18] 陈谊，李潇潇，蔡进峰, 等. 基于类区间的多维数据可视化方法. 系统仿真学报, 2013, 25（10）: 2418-2423.

[19] Han J W, Kamber M, Pei J. Data Mining: Concepts and Techniques. 3rd edition.New York: El sevier, 2012: 151-151.

[20] 陈谊, 蔡进峰, 石耀斌, 等. 基于平行坐标的多视图协同可视分析方法. 系统仿真学报, 2013, 25（1）: 81-86.

[21] 陈谊, 李潇潇, 蔡进峰, 等. 基于类区间的多维数据可视化方法. 系统仿真学报, 2013, 25（10）: 2418-2423.

[22] 李志龙, 陈谊, 赵建宇, 等. 基于双曲树的农产品分类信息可视化方法. 计算机仿真, 2015, 32（2）: 436-440.

[23] Jia YJ, Chen Y, Li Z G. Treemap-based visualization methods for pesticide residues detection data. Communications in Computer and Information Science. Advances in Image and Graphics Technologies, IGTA2013: 154-162, Beijing, China. Springer.

[24] 陈谊, 贾艳杰, 孙悦红. 分块排序的正方化树图布局算法. 计算机辅助设计与图形学学报, 2013, 25（5）: 731-737.

[25] Chen Y, Zhang X Y, Feng Y C, et al. Sunburst with ordered nodes based on hierarchical clustering: A visual analyzing method for associated hierarchical pesticide residue data. Journal of Visualization. 2015, 18（2）: 237-254.

[26] Shi C L, Cui W W, Liu S X, et al. Rank explorer: visualization of ranking changes in large time series data. IEEE Transactions on Visualization and Computer Graphics,2012, 18（12）: 2669 - 2678.

[27] 甄远刚, 陈谊, 刘莹, 等. 一种基于 ThemeRiver 模型的非连续层次数据可视化方法. 系统仿真学报, 2015, 27（10）: 2460-2474.

[28] 陈谊, 王嘉良, 孙悦红. 基于 GIS 的信息可视化方法及应用研究. 系统仿真学报, 2012, 24（9）: 1877-1881.

[29] 冯玉超, 陈谊, 刘莹, 等. 食品中农药残留检测数据的对比与关联可视分析. 系统仿真学报, 2015, 27（10）: 2538-2545.

第 3 章　高分辨质谱-互联网-地理信息系统三元融合技术实现农药残留可视化

3.1　引　　言

世界各国的科学家长期致力于食品中农药残留检测技术的研究，这为保障消费者食品安全提供了重要的技术支撑。但是，这种方式是在农药残留造成危害的时候去解决问题，相对较为被动。农药残留结果往往与样品、地域、时间等信息交织在一起，如何实时、直观地了解复杂的农药残留情况，并从中找出分布规律，最终进行预测和预警是农药残留领域的另一重要研究内容，从而使得农药残留研究变被动为主动。

采用将农药残留检测数据处理后进行地图可视化的方式，能更加清晰直观地反映不同地域市场食品安全状况，这个过程属于专题地图可视化。所谓专题地图可视化，是指将有着空间与时间分布属性的专题数据在地图上进行图形化表达的过程。这种信息加工方式方便人们对复杂数据产生最直观的感知和认识，以便于快速准确地了解信息的空间和时间分布。相比其他可视化的手段，如文字、表格等，地图可视化在表达市售水果蔬菜农药残留检测数据时，有以下三个明显优势。

（一）能够表达多种复杂形态的数据

按照本·施耐德曼（Ben Shneiderman）对不同形态数据的可视化分类，专题地图作为一种可视化的形式，其能够表达的数据形式包括二维、三维、多维、时态、网络等多种形态的数据，实现多种形态数据的可视化，其表达范围广，对数据的适应性强，能完全兼容本研究中形态较为复杂的水果蔬菜农药残留检测的各类数据。

（二）提高数据视觉传输效率

利用专题地图可视化方式，可以有效提高数据视觉传输效率，创立农药残留监测数据应用服务新模式。目前的农药残留情况检测报告中，数据的主要表现形式为表格和统计图表。就视觉传输效率来说，表格中只有数字和字符，阅读效率较低，不够直观，读者为找到某一数据需要花费较长的时间；统计图表虽表达直观，但它并不能表示数据在空间上的分布特征。相比之下，专题地图同时具备了较强的直观性以及显著的时空表达特性，使得数据信息能更快更简明地传递给读者，让读者以最快的速度掌握数据的总体情况。

（三）建立制图模型，挖掘隐含在数据中的规律，服务不同层次用户

由于专题地图在进行数据综合和表达的过程中能够从海量的离散数据中挖掘出数据的分布规律，具体到本研究中可以得出不同地区的市售水果蔬菜农药残留情况和不同农药超标分布情况，政府和质量监督部门可以针对常见的超标农药和超标严重的水果蔬菜进行重点监控和管理，并对民众发布预警信息；民众则可以根据发布的数据进行更加安全健康的购物和更为合理的饮食规划；研究者则可以将不同国家和地区的食品安全标准进行对比分析，找出各国在食品安全监管方面的薄弱环节，为标准的制定和更新提供参考依据。

目前中国关于农药残留专题地图及其制图方法与规范鲜有报道，而国际上也只有欧盟的食品安全局网站上有一些简单的农药残留统计专题地图。本研究将海量的农药残留侦测数据与互联网技术和地理信息技术相结合，通过研究侦测数据在专题地图上的可视化方法与关键技术，以及地图语言的标准化，将侦测数据的表达直观化，初步构建了我国首个农药残留可视化系统，该系统由两部分构成：

（1）在线制图系统：基于网络地理信息系统（WebGIS），结合数据统计分析方法，创新性地以专题地图的形式，综合使用形象直观的地图、统计图表、报表等表达方式，多形式、多视角、多层次地呈现我国农药残留现状；

（2）纸质地图：采用系统的思想集成表达了农药残留的空间分布、农药种类、水果蔬菜类型、残留量、毒性、超标情况等多种维度的信息。

目前，该系统已经在全国 31 个省会/直辖市 284 县区 638 个采样点，2012 ~ 2015 年采集的 22278 例水果和蔬菜样品的高分辨质谱农药残留筛查结果中得到了应用。

3.2　基于高分辨质谱的农药残留大数据

3.2.1　农药残留侦测标准方法的建立和数据采集

研究建立了世界常用 1200 多种农药化学污染物高分辨质谱一级精确质量数据库（Accuracy database）和二级碎片离子谱图库（Spectral library），为研发非靶向侦测技术奠定理论和方法基础。在此基础上为 1200 多种农药的每一种都建立了自身独有的电子身份证（电子识别标准），并研究了一次样品制备技术，适用于液相色谱-四极杆飞行时间质谱（LC-Q-TOF/MS）和气相色谱-四极杆飞行时间质谱（GC-Q-TOF/MS）两种技术同时侦测 1200 多种农药化学污染物的高通量侦测技术。实现了农药残留侦测的高速度（0.5 h）、高通量（700/500 种以上）、高精度（0.0001 *m/z*）、高可靠性（10 个以上确证点）、高度信息化和自动化，也实现了电子化，其方法效能是传统方法不可比拟的。该方法适用于 18 类 150 多种水果蔬菜，涵盖中国水果蔬菜名录 85%以上的品种，具有很强的残留农药侦测能力。方法灵敏度可以满足 70%以上的农药，可以精准侦测一律标准 10 μg/kg 的技术要求。

所建立的农药残留侦测标准方法是基于农药精确质量数数据库，采用LC-Q-TOF/MS和GC-Q-TOF/MS技术对水果蔬菜中农药残留完成非靶向高通量检测，可获得相关农药残留原始数据。农药精确质量数数据库建立和农药残留侦测流程图如图3-1和图3-2所示。

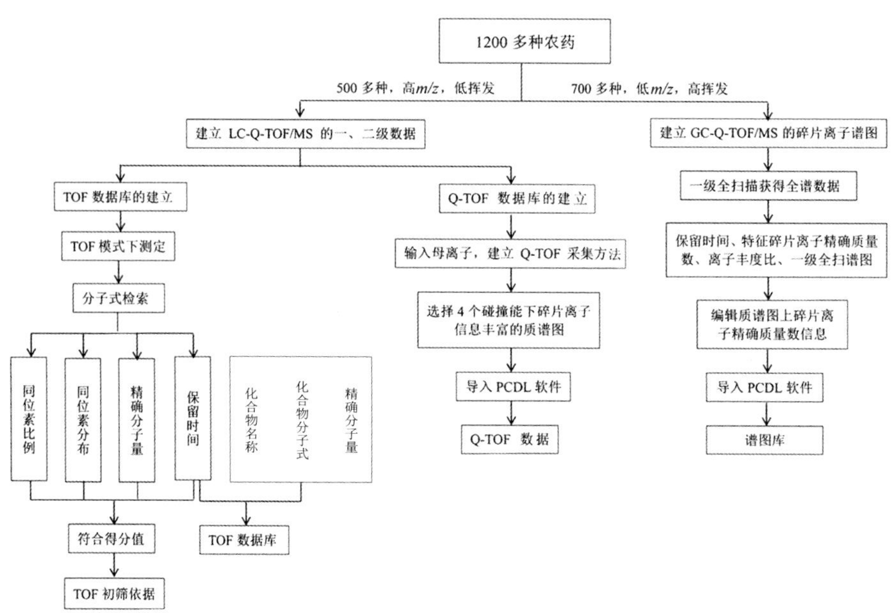

图3-1　LC-Q-TOF/MS和GC-Q-TOF/MS农药化学污染物质谱数据库建立流程图

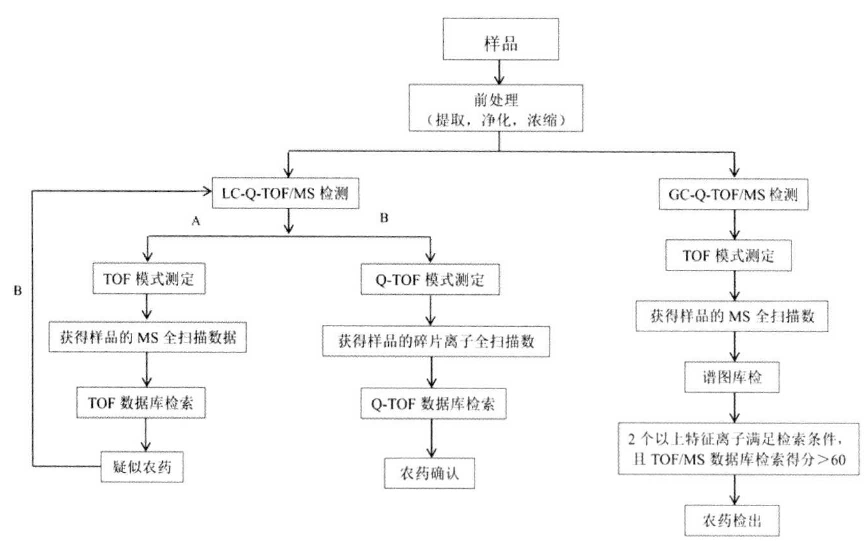

图3-2　LC-Q-TOF/MS和GC-Q-TOF/MS农药残留侦测流程图

3.2.2　水果蔬菜农药残留侦测结果数据库

2012~2015 年全国 31 个省会/直辖市 284 县区 638 个采样点，采集了 22278 例样品，具体采样分布见图 3-3。

采用 LC-Q-TOF/MS 技术侦测了 12551 例样品，共计检出农药化学污染物 174 种，检出 25486 频次；采用 GC-Q-TOF/MS 技术侦测了 9727 例样品，共计检出农药化学污染物 329 种，检出 20412 频次，现已建成农药残留数据库，见图 3-4。

水果蔬菜的农药残留侦测数据包括三部分信息：样品标识信息、样品采集地理信息和样品侦测信息，见图 3-5。样品标识信息记录了样品名称、样品编号、采样时间等信息；样品采集地理信息记录了样品的采样地点、采样地点类型（超市、农贸市场、田间）、采样地点所在省市和县等的信息；样品侦测信息记录了侦测项目名称、侦测项目 CAS、侦测结果、侦测技术、TOF 定性得分、Q-TOF 定性得分等的信息。样品名称指的是水果蔬菜名称，包括番茄、黄瓜、苹果等 100 多种种类，侦测项目指的是侦测的农药，包括多菌灵、烯酰吗啉、啶虫脒、甲霜灵等 1200 余种常用农药。

3.3　农药残留可视化系统的设计

地理信息系统（GIS）是一种利用计算机对有关地理、空间位置的数据进行输入、存储、分析和显示的计算机系统，它将地图技术、地理空间建模与一般的数据库操作集成在一起，图文并茂地挖掘并展现地物在时空上的分布、属性及其潜在的规律性。科研人员借助 GIS 方法，开展了一系列针对农药残留的研究。例如，Brody 等[1]应用 GIS 和历史记录信息重现了大规模农药应用的残留暴露情况。Wan[2]应用 GIS 方法在较大范围内研究了特定农药成分的人口暴露信息。Akbar 等[3]基于 GIS 模拟系统对从土壤到地下水中可能存在的农药进行了空间模拟。Pistocchi 等[4]以拟除虫菊酯农药为例，建立了基于 GIS 模型对土壤和水中潜在污染物进行分析的方法。Aguilar 等[5]应用 LC-MS/MS 测定了地表水样品中的 50 种农药，并结合 GIS 和综合统计分析建立了西班牙桥卡河流域中农业化学品的确证方法。

随着互联网（Web）技术的发展，互联网与 GIS 技术相融合而产生了 WebGIS 技术，该技术的原理就是基于网络提供地理信息服务，用户通过浏览器便可以从 WebGIS 服务器上获取地理数据和地理处理服务，降低了终端用户的经济和技术负担，这使得相对较为专业的 GIS 走向了大众化[6]。WebGIS 遵循 Internet/Intranet 的技术标准，支持 TCP/IP 和 HTTP，以 Internet/Intranet 为平台，能够实现对地理空间数据的发布和出版，数据更新更及时、应用范围更广。WebGIS 是分散式系统，可以实现数据的分散式管理，多源地理数据可以分散部署在不同的平台，终端用户只要通过 Internet/Intranet 相连就可以享受到实时的 GIS 信息服务而不需要专门的 GIS 软件，系统安全性高，建设和维护的成本低[7-9]。

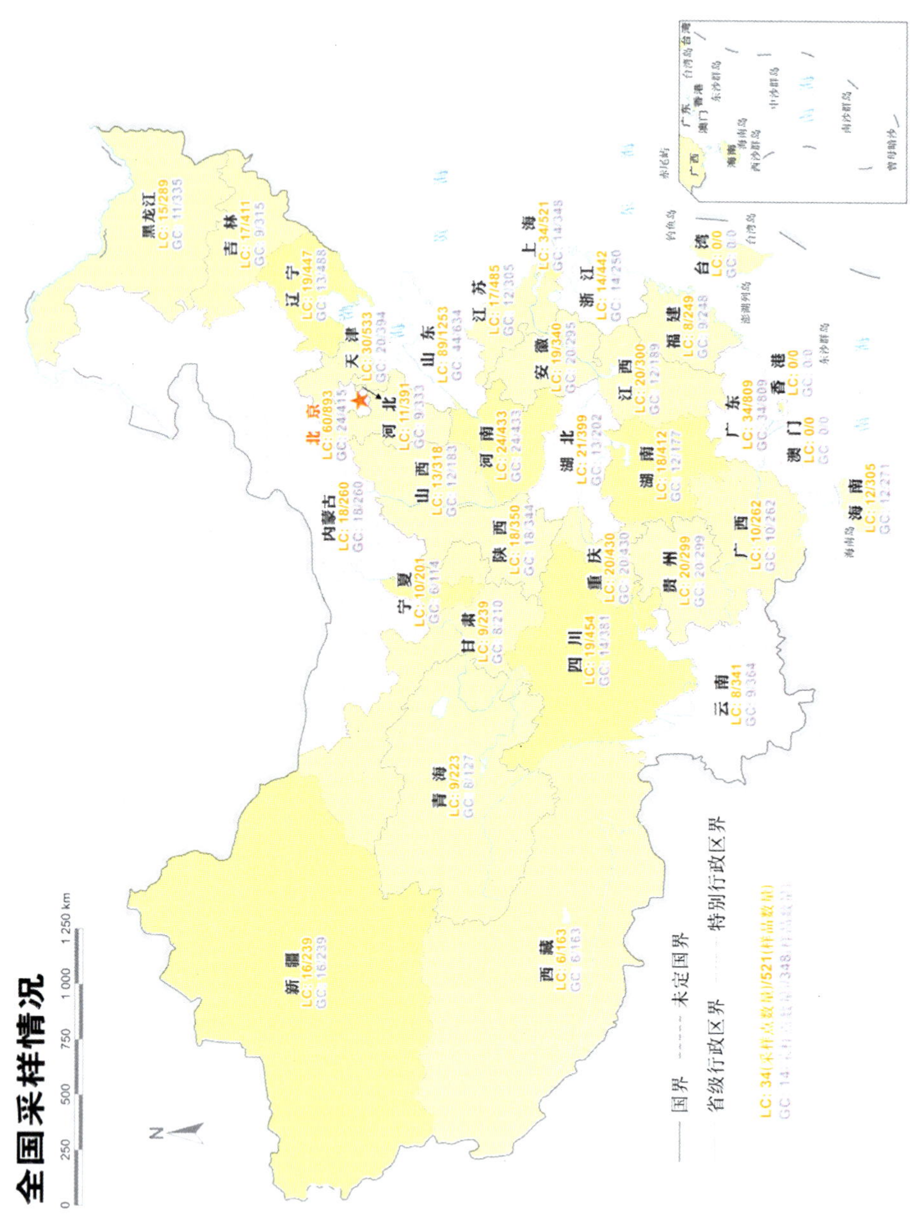

图 3-3 LC-Q-TOF/MS 和 GC-Q-TOF/MS 技术侦测全国 31 个省会/直辖市（284 个区县）600 多个采样点示意图

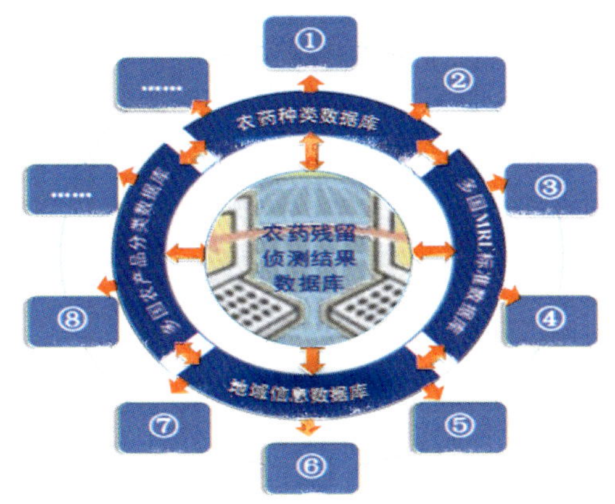

农药残留大数据库构建已具雏形：（1）31 个省会/直辖市 284 个区县，600 多个采样点；（2）18 类 146 种水果蔬菜 20000 多例样品；（3）400 多种检出农药；（4）1.37 亿数据；（5）1.4 亿张残留农药质谱图；（6）2500 万字图文并茂侦测报告。

图 3-4　农药残留侦测结果数据库结构示意图

①②③④⑤⑥⑦⑧…为示范实验室侦测结果数据库

序号	样品标识信息			样品采集地地理信息					样品检测信息				
	样品名称	样品编号	采样时间	地区、盟、自治州、地级市	县、自治县、旗、自治旗、县级市、市辖区、林区、特区	采样地点	采样地点类别	检测项目CAS	检测项目名称	检测结果（mg/kg）	检测方法（GC、LC等）	TOF定性得分	Q-TOF定性得分
1	白菜	20140110-110000-CAIQ-01-01	2014-1-10	北京市	朝阳区	***超市（慈云寺店）	超市			0	LC-Q-TOF/MS		
2	草莓	20140110-110000-CAIQ-01-02	2014-1-10	北京市	朝阳区	***超市（慈云寺店）	超市	1563-66-2	carbofuran	0.0211	LC-Q-TOF/MS	80.29	78.98

图 3-5　水果蔬菜样品中农药残留侦测数据示意图

WebGIS 技术的优势在于能够将具有独特视觉效果和地理分析功能的网络化地图与具体学科领域的系统应用和数据库操作很便捷地集成在一起，从而使得 GIS 技术在不同领域的应用更加广泛[10]。科研工作者已经将 WebGIS 技术应用于对作物病虫害的监测与防控[11-14]，重金属污染决策支持系统的开发和应用[15]等。但是，有关农药残留高分辨质谱筛查技术与 WebGIS 技术结合，构建农药残留风险监控可视化系统的相关研究未见报道。本研究基于高分辨质谱筛查技术侦测我国 31 个省会/直辖市市售水果和蔬菜样品中农药残留结果，首次将其与 WebGIS 技术相结合，并应用数据统计分析方法，创新性地以专题地图的形式，综合使用形象直观的地图、统计图表、报表等表达方式呈现我国农药残留现状。

同时，在本研究中还开发了《中国市售水果蔬菜农药残留水平地图集》，采用系统的思想集成表达了农药残留的空间分布、农药种类、水果蔬菜类型、残留量、毒性、超标情况等多种维度的信息，具有单幅图多任务的特点。WebGIS 在线制图系统和线下的纸质地图相互补充，以不同的方式反映农药残留侦测结果，共同组成了我国农药残留风险监控可视化系统。

3.3.1　农药残留可视化地图系统总体设计

本系统应用高分辨质谱对我国 31 个省会/直辖市市售水果和蔬菜中农药残留进行侦测，从而建立了农药残留结果的基础数据库，结合相关制图需求的指标，构成绘制残留农药地图的主题数据库。同时根据系列标准地图建立基础地理底图数据库，这两个数据库通过空间位置关联，最终通过 WebGIS 建立中国水果蔬菜农药残留侦测在线制图系统。同时设计完成线下纸质地图形式的中国市售水果蔬菜农药残留水平地图集。设计的农药残留可视化系统流程图见图 3-6。

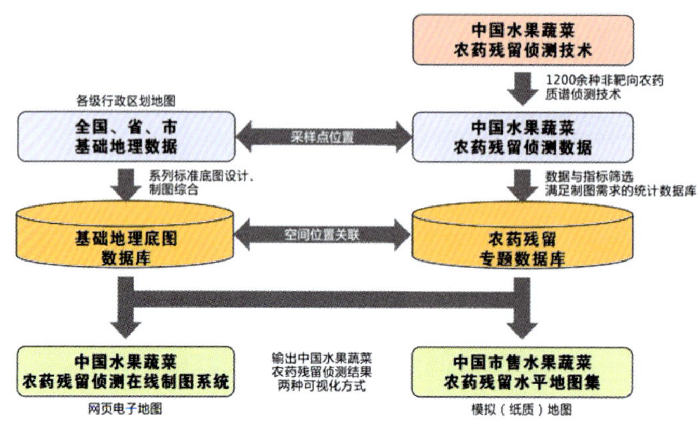

图 3-6　农药残留可视化地图系统设计流程图

本系统首次将高分辨质谱农药残留侦测技术、互联网和地理信息系统三种技术有机融合在一起，综合使用形象直观地图、统计图表、报表等形象直观的表达方式，多形式、多视角、多层次地呈现我国农药残留现状。

1）设计在线制图系统

将农药残留侦测数据与地理数据相关联，在统计分析大量农药残留数据的基础上，归纳总结了 20 项统计文件（表 3-1），首次以专题地图的形式展示农药残留结果。通过专题地图的形式，可以有效地将高分辨质谱筛查的大量、复杂的农药残留结果与地图系统融合在一起。支持用户自主选择和过滤统计数据以凸显兴趣数据或关键数据；支持用户定制专题地图符号类型和色彩，提高数据展示和分析能力，构建了面向“全国-省-市（区）”多尺度的开放式专题地图表达框架，既便于现有数据的汇聚，也可实现未来数据的动态添加和实时更新[16]。

表 3-1　在线制图系统 20 项统计

序号	文件内容
1	水果蔬菜数量及种类分布
2	采样点数量及分布
3	检出农药品种与频次
4	检出农药残留水平
5	检出农药按功能分类品种数和频次占比
6	检出农药按毒性分类品种数和频次占比

续表

序号	文件内容
7	检出剧毒/高毒类农药的品种与频次
8	检出频次排名前 10 的农药
9	涉及样品种数排名前 10 的农药
10	检出农药品种排前 10 的水果蔬菜
11	检出农药频次排前 10 的水果蔬菜
12	按各 MRL 标准衡量样品检出与超标情况（三色图）
13	按各 MRL 标准衡量超标农药在各种样品中分布
14	按各 MRL 标准衡量超标农药品种与频次
15	各地区超标农药残留检出频次情况
16	超标农药品种排名前 10 的水果蔬菜
17	超标农药频次排名前 10 的水果蔬菜
18	农药残留检出率较高的水果蔬菜样品分析（特例样品）
19	单种水果蔬菜农药残留状况
20	单种农药残留状况

注：MRL 为最大残留限量

2）设计纸质地图集

将原始的农药侦测数据转化为专题地图并组织这些地图来制作纸质地图集。在农药侦测概况、检出农药分析和不同 MRL 标准比较三个方面下，数据被转换成不同主题的专题地图。在注重数据空间分布的同时，也注重可视化效果和美观程度，实现了农药数据多维统计属性和空间位置属性的融合，通过选用相应的饼图、条形图、柱状图、折线图、雷达图或其组合等多元化专题地图表达方式来表示统计指标的数量、结构、对比、趋势变化等，形象直观地展示我国主要水果蔬菜中农药残留现状水平[17]。

3.3.2　地图表达标准化设计

3.3.2.1　农药残留地图图形语言的标准化

地图的图形语言包括地图符号的形状、方向、排列等图形变量。根据上文筛选后的农药专题制图数据进行审查，可发现以下几方面内容需要进行图形上的统一设计，并进一步形成农药残留制图标准：①不同区域的地理底图。同一城市的不同农药残留专题地图须采用同一地理底图，以方便读者对不同专题要素进行对比。②在图表中需要按一定逻辑顺序进行排列的要素。例如，对于侦测结果的排序，先后顺序为农药残留未检出、检出但未超标、检出且超标[图 3-7（a）]；对于农药毒性和是否禁药的排序为：低毒、中毒、高毒、剧毒农药以及非禁用农药、禁用农药[图 3-7（b）]；农药类别排序为杀虫剂、杀菌剂、除草剂、昆虫驱避剂、植物生长调节剂、增效剂等；各标准的排序为中国国家标准、日本标准和欧盟标准[图 3-7（c）]。

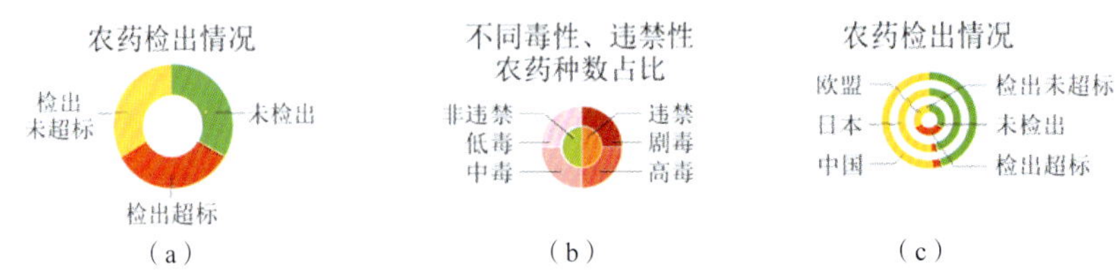

图 3-7　农药残留地图图形语言标准化设计示例图

某一专题要素在不同图组的相同位置以系列图的形式出现，需要使用系统的同一套符号，例如不同城市的各县区超标水果蔬菜分布图中各种水果蔬菜的符号。

与几何符号相比，水果蔬菜的象形符号在地图上更易于理解。某市农药残留超标的水果蔬菜均采用象形符号进行表示，见图 3-8。

图 3-8　水果蔬菜样品标准化符号样示例图

3.3.2.2　农药残留地图色彩语言的标准化

专题地图的色彩与普通图画的色彩作用不同，专题地图的色彩常带有特殊信息，如数量、属性等。例如用深浅不一的底色表示数量多少的级别底色等，例如，图 3-9 给出了南宁市检出农药残留水平分布，地图颜色的深浅表示平均检出农药含量的多少，颜色越深含量越高。因此，专题地图的色彩语言是专题地图的地图语言中不可或缺的一部分。从艺术角度来说，专题地图的色彩设计当然是越丰富越美观越好，但在专题地图的设计中，一些重要的专题符号需要进行统一的色彩设计，并将其标准化，不仅便于信息的高效传达，还增加了系列专题地图的统一协调性[18]。

这类专题符号用色，通常是有行业标准，或者有一些公认的色彩的通感或象征意义。色彩的通感指的是色彩能够给人带来源于生活中的具体事物或具体感受的联想。比如，红色能令人联想到血液、太阳等，绿色能令人联想到叶片、树林等，蓝色能令人联想到天空、海洋等。由色彩的通感，可以进一步抽象为色彩的象征意义。例如红黄绿灯的三种色彩，红色是血液的颜色，引申为危险、禁止等意义；黄色是自然界常见的警示色，引申为警告；绿色是叶片的色彩，引申为生态、和平、安全等意义。按照上述定义，本章涉及的系列专题地图中，有以下意义的符号在色彩应用时适宜进行统一设计并进一步形成制图标准：

（1）未检出、检出未超标和超标样品的符号设色。按照色彩的通感及其象征意义，可选用象征安全的绿色代表“未检出农药”；选用相对比较安全但有警示意义的黄色代表“检出未超标”；选用表示危险的红色代表“超标”，这就像日常生活中的红黄绿灯一样，绿色是可以通行的，黄色表示要引起注意，而红色则是禁止的（见图 3-10）。

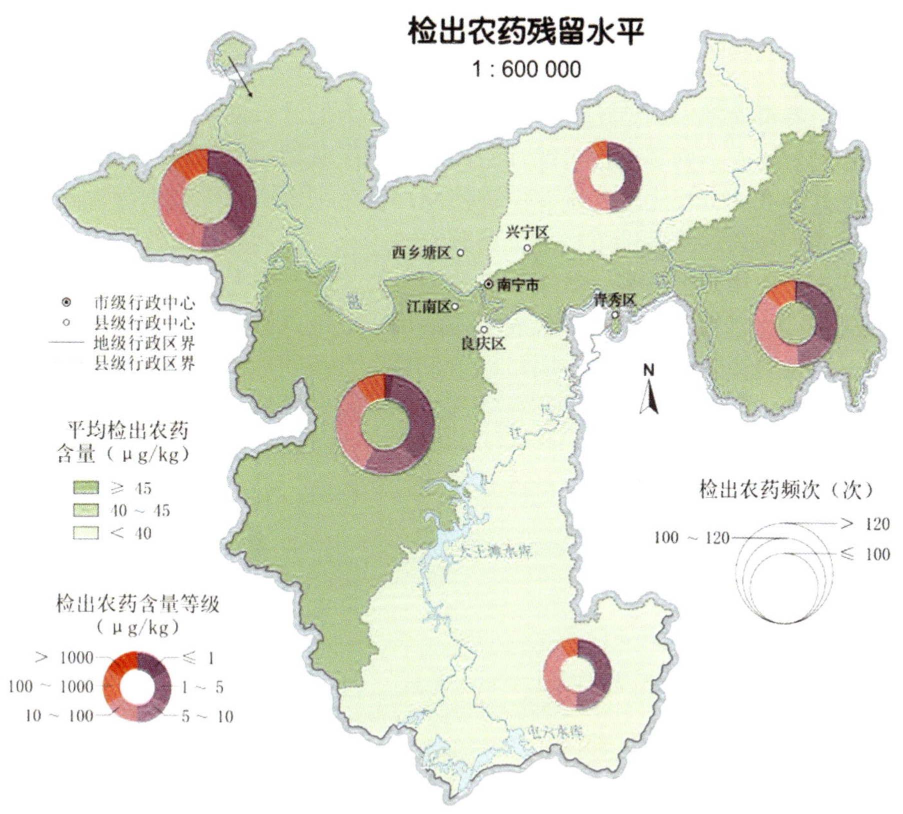

图 3-9　南宁市水果蔬菜样品检出农药残留水平图

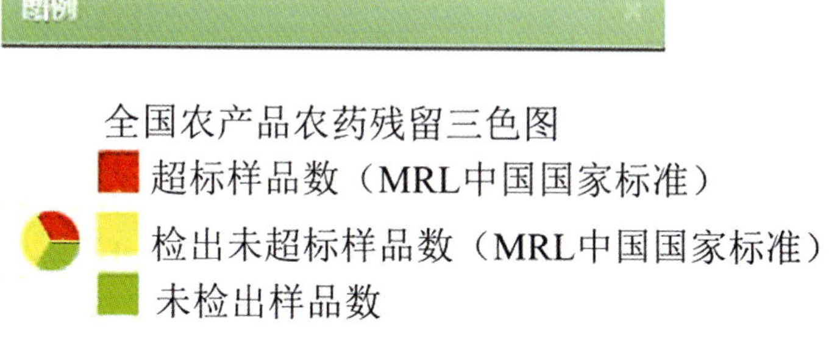

图 3-10　农药残留三色图图例示意图

（2）低毒、中毒、高毒和剧毒农药的符号设色。农药毒性的分级依照的指标是农药对人类的致死量，致死量越低毒性越高。这是一种顺序量表，理应用同一色相的不同明度或饱和度来进行色彩的区分。但因食品安全事关重大，需要用更加突出的色相变量来进行区别表示。由于农药毒性的设色不能使用代表安全的绿色，低毒、中毒和高毒依次按照浅粉色、粉色、红色进行设色，剩下的剧毒农药一项使用本身具有“有毒”象征意义的血红色进行标识。

（3）禁用农药和非禁用农药的符号设色。农药按照是否被法律禁止使用分为“非禁药”和“禁药”。按照通常的色彩象征意义，“非禁药”使用绿色表示，“禁药”使用红色表示，见图 3-7（b）。

以呼和浩特市地图中的检出农药毒性色彩设计为例进行说明。按照低毒、中毒、高毒、剧毒对检出农药的频次进行统计，同时，按照非禁用和禁用农药的频次进行统计。上述数据以下列方式表示：统计图表使用环形图来表示低毒，中毒，高毒和剧毒农药，环形的大小表示该毒性下检出农药频次的占比，图例的颜色按照由浅到深表示毒性由低到高；使用圆形图表示禁用和非禁用农药，圆形的大小表示禁用和非禁用农药检出频次的占比，图例的颜色绿色表示非禁用，红色则表示禁用。图例的大小和颜色相结合，可以使读者能够清楚、明了地了解检出农药的毒性分布情况。使用检出高毒和剧毒农药的频次占比大小作为该采样区域的分层背景颜色，按照高剧毒农药频次占比≤10%，10%～20%和>20%进行分级表示，颜色越深表示该区域高剧毒农药频次占比较高，用于此地图的处理后的制图数据为呼和浩特市各区县水果蔬菜样品检出农药的总频次数，见图 3-11。

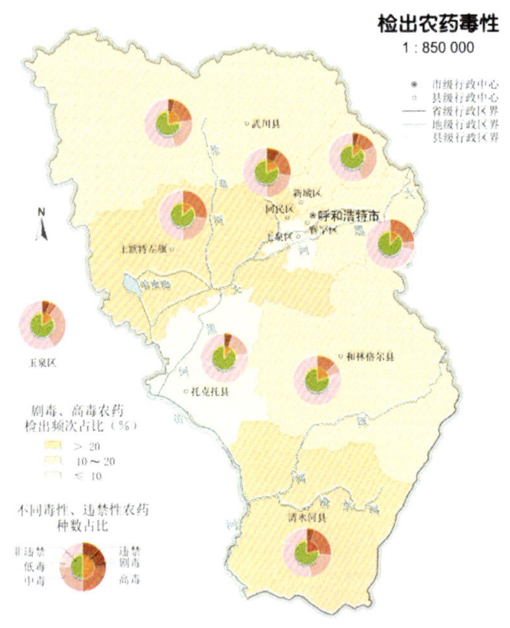

图 3-11　呼和浩特市水果蔬菜样品检出农药毒性分类图

（4）关于国家和地区的代表色。为了展现不同的国家和地区的农药残留标准的区别，需要用不同的色彩来表示不同国家和地区的对比。本书中可用于参照的标准有 MRL 中国国家标准、MRL 欧盟标准和 MRL 日本标准。中国的吉祥色是红色，欧洲的森林覆盖率较高，日本是一个海洋国家，因此中、欧、日的色彩分别赋为红色、绿色、蓝色（见图 3-12）。

图 3-12　MRL 中国国家标准、欧盟标准和日本标准色彩示意图

3.3.3　农药残留数据组织方式设计

农药残留数据的组织是为了更好地展示，更方便地传达数据信息、挖掘和发现规律。数据的组织包括底图数据的组织和统计数据的组织。样品采集地理信息是基于行政单元的，因此底图数据采用全国行政区划图，根据统计单元的级别确定是使用省级行政区划图、市级行政区划图或县级行政区划图。

统计数据的组织和统计指标的关系密切。水果蔬菜农药残留侦测数据中最关键的信息是地区、水果蔬菜、农药名称、残留水平、毒性，用户最想知道的信息也是哪个地区、哪些水果蔬菜、检出哪些农药、是否超标。按照该思路可以实现在线制图系统和纸质地图农药残留的数据组织设计。

3.3.3.1　在线制图系统农药残留数据组织方式

在该系统中，农药残留统计数据按地区分区，每个区的内容分成三类，农药残留综合情况[图 3-13（a）]、单种水果蔬菜[图 3-13（b）]和单种农药[图 3-13（c）]。该系统从统计用户的角度出发，对统计用户制作专题地图进行分步引导。

第一步，统计用户用统计数据库中选择统计内容，统计内容内含的是一张二维统计数据表，统计内容中有很多统计指标，例如不同标准下农药残留情况表中含有 MRL 中国国家标准、欧盟标准、日本标准下的超标样品数、检出未超标样品数、未检出样品数、超标率、合格率、检出率等 20 项统计指标。统计内容确定后，通过统计表中统计单元的行政级别可自动获取需要的地理底图数据。

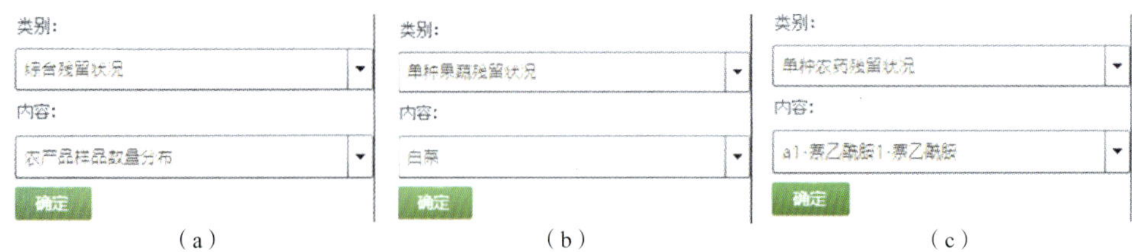

图 3-13　在线制图系统三类统计功能分类示意图

第二步，在线专题图适合单屏单任务的信息传达模式，用户需要选择用于此次地图可视化内容的数据指标，包括统计数据指标和分级数据指标，选定统计数据指标和分级数据指标后，统计指标地图可视化知识库会进行查询分析，引导用户选取最合适的统计图表和分级图类型，见图 3-14。

第三步，统计图表和分级图类型确定后，统计用户可以对它们进行样式设置，即可观看屏幕输出的专题地图，并可以添加图例，保存出图，用于其他场合使用。

第四步，如果统计内容选择不合适，或者需要进行统计图表或分级图类型样式的设置，该系统支持即改即看，所见即所得（见图 3-15）。

图 3-14　农药残留统计指标和分级内容选择示意图

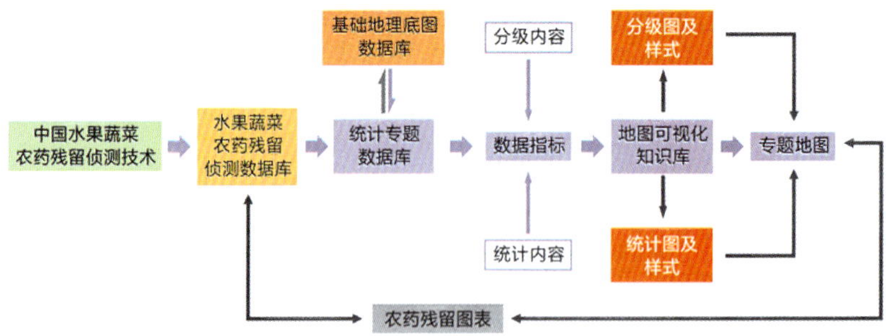

图 3-15　农药残留在线制图系统数据组织方式图

3.3.3.2　纸质地图农药残留数据组织方式

在纸质地图中，专题内容主要通过统计、分析 31 个省会/直辖市及重点城市的市售水果蔬菜中农药化学污染物残留侦测结果得到，其他数据和文档作为辅助或指导资料。纸质地图数据包含以下五方面的内容：

（1）水果蔬菜属性信息：包括所有种类水果蔬菜的名称、一级分类、二级分类等信息；

（2）农药属性信息：包括所有检出农药的名称、CAS 码、毒性强度、是否代谢产物及其代谢前身、是否为中国标准禁用；

（3）采样点地域信息：包括所有采样点所属的省级行政区划、地级行政区划、县级行政区划和详细地址；

（4）侦测标准信息：包括所针对的农药、水果蔬菜、允许最大残留量、标准制定国家；

（5）侦测结果数据：包括样品编号、名称、采样点名称、采样点所属行政区划、所属水果蔬菜种类、侦测技术、残留农药种类、残留量等信息。注意，这里的每一条数据只针对一例样品中的一种残留农药，如果一例样品中有多种农药残留，则会产生多条数据；若一例样品中没有侦测出农药残留，则会有一条表达为“未检出”的数据。其多维度信息模型如图 3-16，其中带*的变量为特征变量。

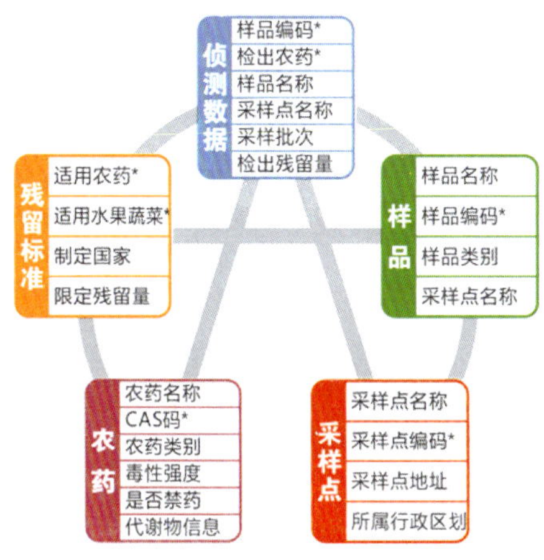

图 3-16　农药多维度原始数据描述模型图

3.4　农药残留在线制图系统开发

3.4.1　系统设计

在线制图系统包括三大功能模块：地图模块、图表模块和源数据模块，系统初始界面如图 3-17。包括三大功能：专题地图制图（“地图”按钮）、统计图表生成（“图表”按钮）和数据查询（“数据”按钮）。

图 3-17　农药残留在线制图系统初始界面

地图模块是该系统的核心模块，提供了地图的基本功能，包括浏览、放缩、平移、全屏等操作；统计制图功能，即统计数据地图可视化的功能，包括统计数据选择，统计图表的类型选择、样式修改、颜色搭配等和分级图中的分级方法、分级数量、分级色系等的选择；地图交互功能，辅助地图可视化分析的功能，包括地图的交互和统计图表的交互，地图的交互可以实现天气预报效果的区域间互联互通，从全国、省到市和从市、省到全国的同内容查看，统计图表的交互可以查看统计图表各部分的具体含义，包括指标、数值等，地图模块功能介绍见图 3-18。

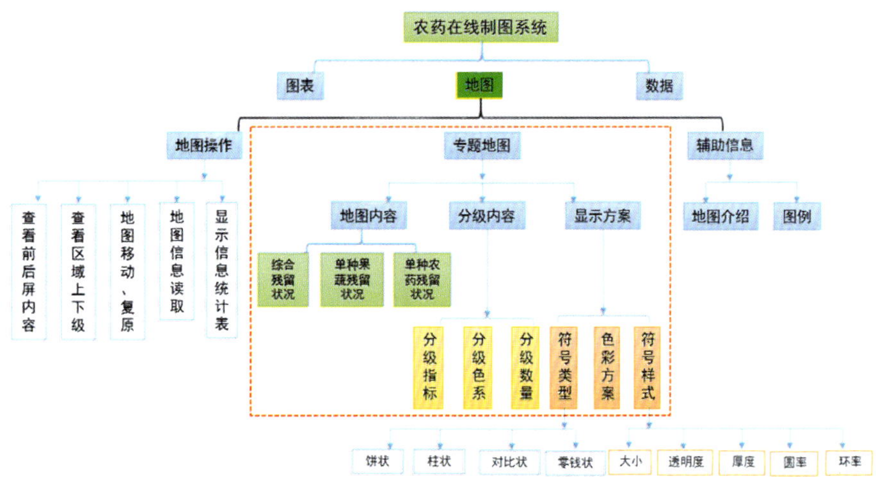

图 3-18　农药在线制图系统架构图

基于此模块功能图，可以从国家尺度、省区尺度和区县尺度等多维空间尺度表达农作物农药残留特征。构建了面向“全国-省-市（区）”多尺度的开放式专题地图表达框架，既便于现有数据的汇聚，也实现未来数据的动态添加和实时更新，从而可以实现 31 个省会/直辖市市售水果蔬菜样品农药残留情况的产地溯源、农药溯源和水果蔬菜类型溯源等[19]。

3.4.2 软硬件环境

3.4.2.1 开发环境

该系统的开发环境如下：

（1）操作系统：Windows7、Windows XP，由于需要安装 Oracle11g，电脑配置建议高一些，内存 4G，硬盘 500G，主频 2G 等；

（2）数据库：Oracle11g 用于存储原始统计数据和行政区划表、农药性质表、水果蔬菜信息表、各标准的 MRLs 表等，以及经过数学计算、统计后生成的统计数据表，后一项的表数量较多，数据量较大，数据库应装在一个剩余空间较大的硬盘中，建议 20G 以上的空间；

（3）网络应用服务器：Tomcat6.0.37，选用轻量级的应用服务器，配置简单，使用方便；

（4）开发工具：开发语言选用 Java + Flex，后台开发工具选用 MyEclipse8.5，前台开发工具选用 FlashBuilder4.1；

（5）第三方技术：OJDBC、dom4j、ArcGIS API For Flex、FusionCharts，OJDBC 提供 Java 对 Oracle 的连接、查询等基本操作；dom4j 提供对 XML 文件的解析；ArcGIS API For Flex 提供地图的基本操作，例如漫游、放缩等；FusionCharts 可生成常用的独立图表，方便快速，兼容性好。

3.4.2.2 核心技术

1）XML

统计指标（数据）地图可视化知识库表达的是统计指标与统计图表间的对应关系，在农药残留侦测数据在线制图系统中表现为专题地图的初始化引导。在地图交互的过程中，主要是统计图表和分级图样式的修改，对应的是它们的描述文件值的更改，统计图表描述文件记录了统计图表的各属性的值，例如大小、颜色、透明度等；分级图描述文件记录了分级图的分级数量、分级方法、分级色系等。在对统计指标地图可视化知识库总结，统计图表和分级图描述，农药残留侦测数据信息分类组织中，本研究选用了可扩展标记语言。

XML（可扩展标记语言）是标准通用标记语言的一个子集，继承了标准通用标记语言的大部分功能，是描述网络上数据和结构的标准。它重新定义了标准通用标记语言的一些内部值和参数，去除大量很少用到的功能，同时，保留结构化功能以便开发者可以定义自己的文档类型，可扩展性标记语言也推出了一种新的文档类型，使得开发者也可以不必定义文档类型。

XML 与 MySQL、SQL Server、Oracle 和 Access 等数据库提供强大的数据存储和分析能力不同，可扩展标记语言的宗旨是传输数据。与别的标准通用标记语言相比，它极其简单，易于在任何应用程序中读写数据，这也使得 XML 很快就成为数据交换的唯一公共语言。虽然不同的应用程序也支持其他的数据交换格式，但是不久之后它们都支持 XML，这让程序可以更容易地与不同操作系统平台产生的信息结合、分析和输出。

2）CorelDraw

行政区划底图、人形艺术符号等，该系统采用 CorelDraw 制作。

CorelDraw 是加拿大 Corel 公司开发的一款矢量图形编辑软件，拥有强大的图形绘制、处理、编辑功能，界面友好，操作简单，易学易用。CorelDraw 拥有非凡的设计能力，制作的图形色彩精确美观，被广泛用于商标设计、描图插画、标识制作等，十分适合编制幅面小、内容相对简单、对数学精度要求不高的专题地图，现在公开出版地图领域使用非常广泛。

CorelDraw 制作的地图底图为矢量格式，小而精美，在线传输显示高效，同时放大缩小不会出现锯齿。使用 CorelDraw 设计艺术符号，可以设计出相当精美的符号用以充实符号库。

CorelDraw 拥有丰富的数据接口，可导出 AI 格式的文件。武汉大学远图实验室开发了一套工具，可以将 CorelDraw9 中编辑好的文件转出的 AI 文件进行读写操作后，在浏览器端无损显示，此技术给专题底图的在线显示提供了一种完美的解决方案。

3）Java 2D

该系统涉及大量的图形编程，例如统计图表的绘制、分级地图颜色的填充、晕线的绘制等，这些都涉及 Java2D 编程。

Java2D API 是 Java 基础库的一部分，从 JDK1.2 中开始支持使用。Java2D API，增强了 AWT 的图形、文本和图像处理能力，使用 Java2D API，开发人员可以轻松地进行图形绘制。Java2D 提供了对图形的大量变换，包括平移、旋转、错切等，也支持开发人员自定义变换矩阵。对图形的样式，Java2D 提供了多种不同的填充形式（包括颜色、符号等）和填充样式（包括均匀填充、渐变填充等）。Java2D 提供对线条的反走样处理，对重叠图像的填充颜色进行复合处理显示，在处理图形图像过程中允许采用过滤器，能对任意的几何图形做碰撞检测等。Java2D 的结构见图 3-19。

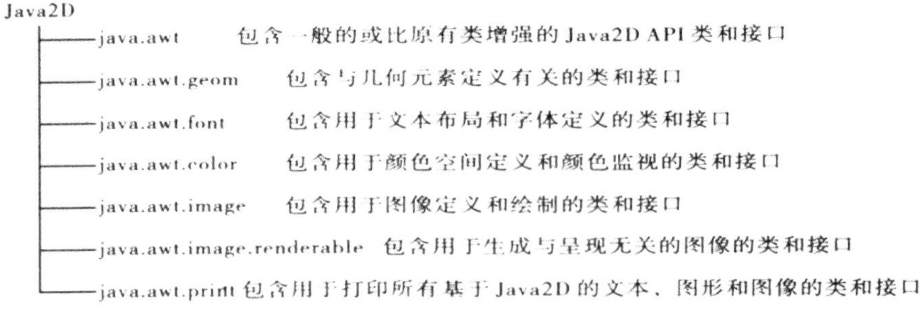

图 3-19　Java2D 类结构图

3.4.3　系统实现

该系统共有地图、图表和源数据三大功能模块，地图模块是数据可视化的核心模块，图表模块是数据可视化内容最丰富的模块，源数据模块是数据值最精确的模块。图表模块使用第三方技术 FusionCharts，FusionCharts 是一个 Flash 的图表组件，使用 XML 作为数据接口，易于使用、交互性强，拥有大量的图表类型，有条形图、柱状图、线状图、饼状图等。源数据模块使用结构化查询语言（SQL）对统计需求实时查询，一个需求关联一条 SQL 语句，便于添加和修改统计需求。地图模块主要包括三方面的内容：专题地图、地图交互和趋势面分析。

3.4.3.1　专题地图

传统统计数据的地图可视化流程是基于制图专家的知识库来设计的，其出发点是专题地图的制图，侧重专题图的类型。地图的制图流程是选择模板→添加数据→生成地图。它们的最先出发点都不是数据。统计用户没有制图经验，不了解各种专题图类型和模板的特点，因此选择专题图类型和模板的时候会显得较为盲目。统计用户面对的首先是统计数据，他们熟悉统计数据以及统计指标间的关系，基于此，该系统提出了一种改善的统计数据地图可视化的技术路线，见图 3-20。

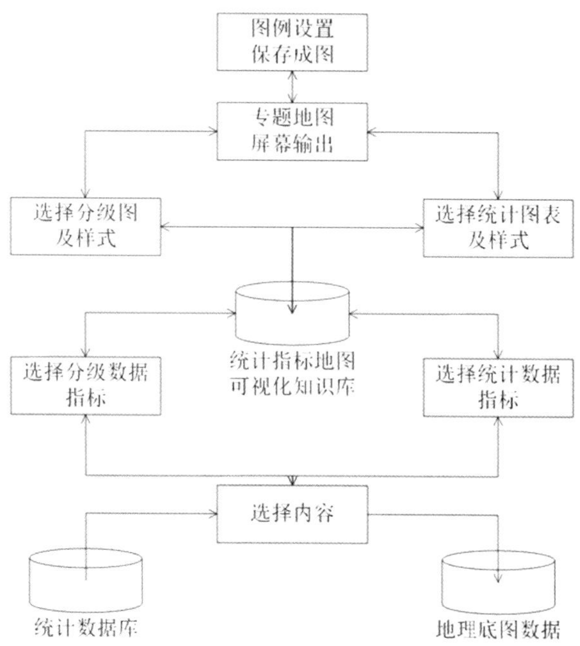

图 3-20　改善的统计数据地图可视化的技术路线图

该技术路线从统计用户的角度出发，对统计用户制作专题地图进行分步引导。第一步，统计用户用统计数据库中选择统计内容，统计内容内含的是一张二维统计数据表，统计内容中有很多统计指标，例如不同标准下农药残留情况表中含有 MRL 中国国家标准、MRL 欧盟标准、MRL 日本标准下的超标样品数、检出未超标样品数、未检出样品数、超标率、合格率、检出率等 20 项统计指标，统计内容确定后，通过统计表中统计单元的行政级别可自动获取需要的地理底图数据；第二步，在线专题图适合单屏单任务的信息传达模式，用户需要选择用于此次地图可视化内容的数据指标，包括统计数据指标和分级数据指标，选定统计数据指标和分级数据指标后，统计指标地图可视化知识库会进行查询分析，引导用户选取最合适的统计图表和分级图类型；第三步，统计图表和分级图类型确定后，统计用户可以对它们进行样式设置后，即可观看屏幕输出的专题地图，并可以添加图例，保存出图，用于其他场合使用；第四步，如果统计内容选择不合适，或者需要进行统计图表或分级图类型样式的设置，该系统支持即改即看，所见即所得。

该系统的技术路线分成统计指标地图可视化知识库、统计图表、分级图三部分来详细阐述。

3.4.3.2 统计指标地图可视化知识库

统计指标地图可视化知识库是统计数据与统计图表对应关系的规则库，该系统中表现为农药残留侦测统计内容与统计图表间规则关系的总结。

该系统通过研究各地区农药残留研究报告内容，初步总结出农药残留侦测中需要进行的统计内容，并将它们进行合适归类，对每类统计内容均予以分析它们合适的可视化表达方式，形成了农药残留侦测统计指标地图可视化知识库，如下所示：

<atlas>
<group id = "01" value = "综合残留状况">
<theme id = "01" value = "农产品样品数量分布"
allchartcolstr = "1,2" allgradecolstr = "3" allchartid = "010201,010202,010301,010302,020201,020303"/>
<theme id = "02" value = "农产品样品种类分布"
allchartcolstr = "4,5" allgradecolstr = "6" allchartid = "010201,010202,010301,010302,020201,020303"/>
<theme id = "03" value = "农产品农药残留三色图" allchartcolstr = "7,8,9,10,11,12,13,14,15,16" allgradecolstr = "14,15,16" allchartid = "010201,010202,010205,030201"/>
<theme id = "04" value = "农产品残留农药品种数（功能分类）" allchartcolstr = "17,18,19,20" allgradecolstr = "21" allchartid = "010201,010202,010301,010302"/>
<theme id = "05" value = "农产品残留农药频次数（功能分类）" allchartcolstr = "22,23,24,25" allgradecolstr = "21" allchartid = "010201,010202,010301,010302"/>

```
<theme id = "06" value = "农产品残留农药品种数（毒性分类）" allchartcolstr = "26,27,28,29" allgradecolstr = "30" allchartid = "010201,010202,010301,010302"/>
<theme id = "07" value = "农产品残留农药频次数（毒性分类）" allchartcolstr = "31,32,33,34" allgradecolstr = "30" allchartid = "010201,010202,010301,010302"/>
<theme id = "08" value = "农产品农药残留水平（占比）" allchartcolstr = "35,36,37,38,39" allgradecolstr = "40" allchartid = "030201,030202,030301,030302"/>
<theme id = "09" value = "单例样品检出农药品种数（占比）" allchartcolstr = "41,42,43,44,45,46" allgradecolstr = "47" allchartid = "030201,030202,030301,030302"/>
<theme id = "10" value = "最常检出的 10 种农药检出品种数" allchartid = "010205,010305,030201,030301">
        ……
    </group>
    <group id = "02" value = "单种果蔬残留状况">
    ……
    </group>
    <group id = "03" value = "单种农药残留状况">
    ……
    </group>
</atlas>
```

表中的 group 代表类别，theme 代表统计内容，allchartcolstr 代表统计指标索引，allgradecolstr 代表分级指标索引，allchartid 代表合适的统计图表表示方法。该系统将统计指标数据尽可能存储在少量的几张数据表中，在不同级别的行政单元分级对它们进行统计形成一张总表，各类统计内容仅存储需要统计的指标，从该总表中读取数据，这种方式可以减少数据冗余，方便数据存储和更新。

统计指标地图可视化知识库的建立，可以正确引导统计用户进行地图可视化，同时，每类统计内容中存储了多种合适统计图表表示方法，使用户在正确进行可视化过程中又不失个性化和创新性。

3.4.3.3 分区统计图表

通过对传统纸质地图集和在线地图集的专题符号的研究，该系统将常用的统计图表分为饼状图、对比图、柱状图、零钱图（定值累加图）、折线图、组合图、艺术符号七大类，并进行分类编码形成统计图表库，见图 3-21。其中，饼状图、对比图、柱状图、零钱图、折线图和组合图这六类图属于规则图表，该系统采用 Java2D 技术进行实现，艺术符号则在 CorelDraw 中进行设计绘制，通过转换工具将符号坐标和样式信息保存成文本文件，然后在 Java 中读取后运用 Java2D 技术进行绘制。统计图表主要表达方式是规则图表，下面具体介绍规则图表的实现方式。

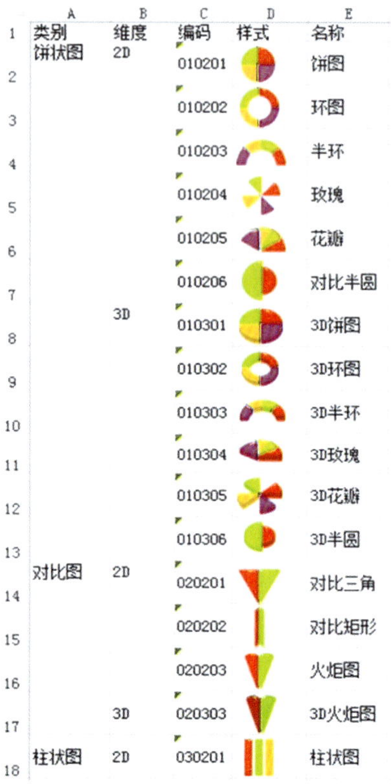

	A	B	C	D	E
1	类别	维度	编码	样式	名称
2	饼状图	2D	010201		饼图
3			010202		环图
4			010203		半环
5			010204		玫瑰
6			010205		花瓣
7			010206		对比半圆
8		3D	010301		3D饼图
9			010302		3D环图
10			010303		3D半环
11			010304		3D玫瑰
12			010305		3D花瓣
13			010306		3D半圆
14	对比图	2D	020201		对比三角
15			020202		对比矩形
16			020203		火炬图
17		3D	020303		3D火炬图
18	柱状图	2D	030201		柱状图

图 3-21　部分规则图表示意图

不同类别的统计图表样式信息有相同的，也有不同的，规则图表共有的样式信息有大小、透明度、色彩方案、边界样式等。饼状图特有的样式信息有圆率、环率、起始角等。为了方便统计图表的交互，对规则图表使用同一个 XML 模板，不同的样式信息使用字符串表示后存储在同一个字段中，规则图表描述文件如下：

```
<chart>
<chartpara>010201,9901</chartpara>
<chartwidth>30000000</chartwidth>
<chartheight>30000000</chartheight>
<transparency>1</transparency>
<chartsetting>0,1,1,0,0,360,0.5,60</chartsetting>
</chart>
```

文件中，chartsetting 记录的是图表各自的样式信息，chartsetting 中的每个数值代表的意义和具体统计图表有关。若描述的是饼状图类，则从左到右的数值代表的含义分别是图表厚度、角度间隙类型、圆率、环率、起始角、角度跨度、角度间隙率、单片玫瑰叶字角度。

对规则统计图表使用这种方式进行描述，有利于统计图表的编程实现和图表库的扩充。统计图表绘制引擎是一个生产统计图表的工具，其设计包括两部分：图表样式和图表绘制。图表样式依据图表描述文件定义一个 ChartStyle 类，主要代码如下：

```
public class ChartStyle {
private boolean borderVisible   =   false;    //是否绘制边界，默认无边界
private Color borderColor   =   Color.BLACK;//边界的颜色，默认为黑色
private Stroke borderStroke   =   new BasicStroke();//边界的线粗，默认为 1
private float alpha   =   1f;// 透明度，默认为 1
private HashMap colorMap   =   new HashMap<Integer, Color>();//色彩方案
public void load(String chartSetting) {         //图表样式信息
}
……
}
```

图表绘制定义一个借口，代码如下：

```
public interface Chart {
        /**
         * @param g2D 画笔
         * @param rect 绘制范围
         * @param chartStyle 符号类型
         * @param chartDataStyle 符号数据
         */
        public void drawChart(Graphics2D g2D, Rectangle2D.Double rect,
                    ChartStyle chartStyle, ChartDataStyle chartDataStyle);
        /**
         * @param scale ArcGIS 中 WC 与 DC 仿射变换时的 scale，用于对 ChartStyle
中的常量进行变换
         * @param rect 绘制范围
         * @param chartStyle 符号类型
         * @param chartDataStyle 符号数据
         * @return 顺时针，与绘制相反方向
         */
        public JTip[] loadTip(double scale, Rectangle2D.Double rect, ChartStyle chartStyle,
ChartDataStyle chartDataStyle);
        /**
         * @param rect 符号绘制范围
         * @param chartStyle 符号类型
         * @param chartDataStyle 符号数据
         * @param legendStyle 图例样式
```

```
    */
    public BufferedImage drawLegend(Rectangle2D.Double rect, ChartStyle chartStyle, ChartDataStyle chartDataStyle, LegendStyle legendStyle);
}
```

当对规则统计图表库进行扩充时，只需要继承 ChartStyle 样式，并实现 Chart 接口中的方法就可以，进行图表库的扩充非常方便。

3.4.3.4　分级底色图

分级图主要包括晕线和颜色两种填充方式，晕线填充容易造成其他要素显示模糊，因此，在使用分级图时，颜色填充的方式更为普遍。该系统提供颜色分级图的制作。

分级图的样式信息包括分级数量、分级方法和分级色系。用户在制作分级图的过程中，也经常调整这些设置。合适的分级数量和分级方法，可以对数据进行合理分类，正确反映数据信息。该系统提供了常用的分级方法，包括界限等差分级、间隔等差分级、界限等比分级、间隔等比分级。有很多学者对分级方法进行了研究，也提出了实现方式，在此不再赘述。统计用户对分级数量和分级方法较为熟悉，但是对于分级色系的选择经验不足。基于此，该系统添加了分级色系专家库，包含 14 种 4 色色系方案，和 10 种 10 色色系方案，见图 3-22。分级数量一般为 4~7，不会超出 3~10，对分级数量不为 4 和 10 的情况，系统会根据分级数量相应地从 4 级色系或 10 级色系中选出相应数量的颜色数组成所需的分级色系。

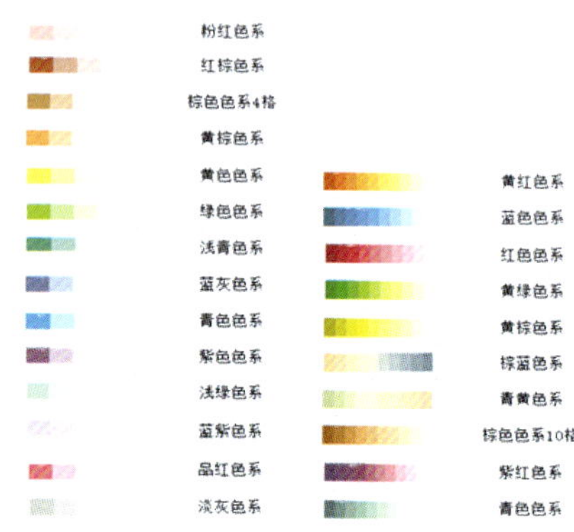

图 3-22　专家分级色系方案示意图

3.4.4　交互功能设计

3.4.4.1　图表交互功能设计

图表交互包括统计图表和分级图表的定制、统计指标和分级指标的选择和过滤、鼠标悬停显示详细信息三部分。

统计图表和分级图表的定制界面见图 3-23，对它们进行定制，也就是更改专题图描述文件中记录的 chart 和 grade 信息，对应关系如下：符号类型和色彩方案对应 chartpara，大小对应 chartwidth 和 chartheight，透明度对应 transparency，厚度、圆率、环率对应 chartsetting，分级数量、模型、色系对应 gradepara。当用户对统计符号和分级符号样式信息进行更改时，更改后的信息会保存在专题图描述文件中，进而解析绘制生成新的专题地图，显示专题图定制后的效果。

统计指标和分级指标的选择和过滤是刷技术的应用，其界面见图 3-24，当前统计内容包括的所有统计指标和分级指标记录在 info 中，当前专题图表达的统计指标和分级指标存储在 chart 和 grade 中，其实现路线可参考统计图表和分级图表定制功能。

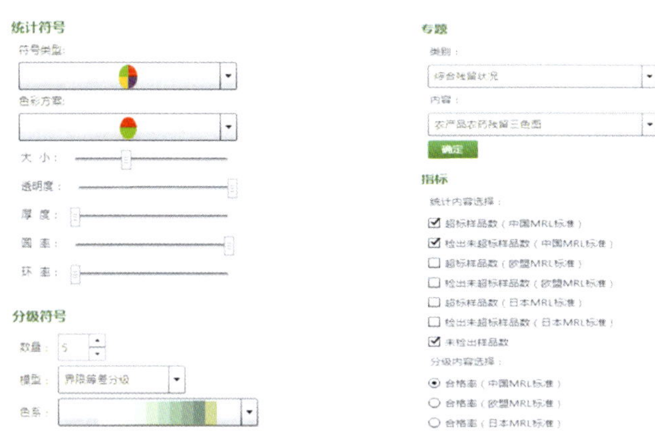

图 3-23　图表定制界面图　　　图 3-24　指标选择和过滤界面图

鼠标悬停提示详细信息是 Focus + Content 技术的应用，其效果见图 3-25。任何一个新添加的图表，需要实现三个方法：绘制符号、绘制图例和返回图表各部分区域及其代表信息。返回图表各部分区域及其代表信息是 Focus + Content 实现的基础，在 Focus + Content 交互过程中，需要两方面的内容：区域和提示信息，于是可定义 JTip 类：

```
public class JTip {
    private JContent content  =  new JContent();//提示信息（name：value + unit）
    private String boundary;  //区域（xpoint，ypoint；xpoint，ypoint……）
    ……
}
```

对于边线为曲线，可取适量的点构成多边形以近似表示。点数太少，与原图形差别太大，准确度较低；点数太多，影响系统运行速度。经过测试，在圆周上可均匀选取 200 个点进行近似表示，以此类推，半圆取 100 个点，这样，系统运行效率高且准确。

图 3-25　鼠标悬停提示信息示意图

3.4.4.2　地图交互功能设计

类似图表描述文件，专题地图也有描述文件，专题地图描述文件是地图交互的基础。专题地图根据专题地图描述文件进行绘制，专题地图描述文件记录了专题内容可用全部统计指标、专题地图表达的统计指标、分级指标、统计图表、分级图等信息，如下所示：

<map>

<info>

<introduce>全国啶虫脒残留情况专题图的介绍</introduce>

<allchartcolstr>1,2,3</allchartcolstr>

<allchartcolname>样品超标率（MRL 中国国家标准），样品超标率（MRL 欧盟标准），样品超标率（MRL 日本标准）</allchartcolname>

<allgradecolstr>4</allgradecolstr>

<allgradecolname>检出率</allgradecolname>

<allgradedatatype>1</allgradedatatype>

</info>

<chart>

<chartcolstr>1,2,3</chartcolstr>

<chartcolname>样品超标率（MRL 中国国家标准），样品超标率（MRL 欧盟标准），样品超标率（MRL 日本标准）</chartcolname>

<chartpara>010201,9901</chartpara>

<chartsetting>0,1,1,0,0,360,0.5,60</chartsetting>

<transparency>1</transparency>

<chartwidth>30000000</chartwidth>

<chartheight>30000000</chartheight>

</chart>

```
<grade>
<gradecolstr>4</gradecolstr>
<gradecolname>检出率</gradecolname>
<gradedatatype>1</gradedatatype>
<gradepara>2,5,101012</gradepara>
</grade>
</map>
```

文件中的 info 记录该专题图所属统计内容的信息，这是刷技术的数据支撑；chart 记录该专题图的统计图表的内容、类型、样式等信息，grade 记录该专题图的分级图的内容、样式等信息，图表交互其实就是修改专题地图描述文件的信息。

地图交互包括地图的放缩、漫游、复原等基本交互，以及区域间的互联互通。地图的基本交互在制图系统中比较普遍，并有很多成熟的实现方式，本书不作说明。区域间的互联互通是指同一内容不同区域的专题图间的相互切换（见图 3-26 和图 3-27），区域间的互联互通实现路线见图 3-28。

图 3-26　同一内容区域切换（河南省）示意图

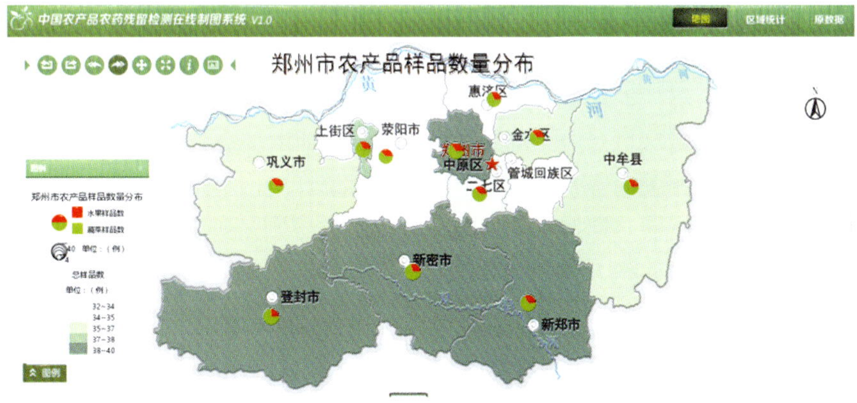

图 3-27　同一内容区域切换（郑州市）示意图

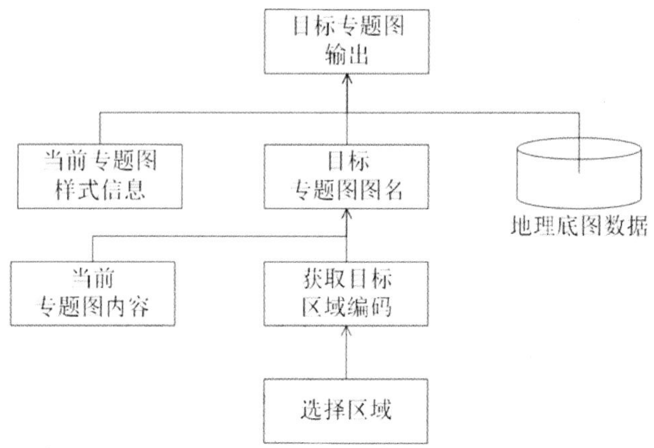

图 3-28　区域间的互联互通实现路线图

该路线包括三个部分，目标区域编码获取、目标专题图图名确定和目标专题图出图。获取目标区域编码通过数据绑定实现，数据绑定将属性数据绑定到控件上，可以方便地进行数据显示与控件交互。目标专题图主题的确定和目标专题图输出，该系统使用了一种巧妙的方法——仿照区划行政编码，对专题图进行编码。专题图编码包括两部分：区划行政编码+专题图内容编码。按照这种方式编码，我们可以方便地完成目标区域的图名确定。

3.4.5　在线系统展示

3.4.5.1　按产地溯源

以样品采样情况为例，图 3-29 山东省各采样城市的水果蔬菜样品数量分布图，其左下方是图例部分，通过图例可以看出是以饼状图的形式给出了本研究过程中山东省各区县的采样数量，其中红色是水果样品数，绿色是蔬菜样品数，饼图的大小表示了各地区采样量的多少，各地的底图则显示总样品数，颜色越深代表总样品数越多。左上方的工具条与图 3-18 中的地图操作相对应，这八个功能按钮分别可以实现返回上一屏，查看下一屏，返回上一级，查看下一级，移动拖拽，全屏显示，查看图标信息和查看数据表，最右侧的地图编辑区域对应于图 3-18 中的主题地图部分，在专题中的类别和内容可以选择地图显示的相关内容，在指标中则可以对统计的内容进行勾选，例如可以只选择水果或蔬菜，也可以同时选择水果和蔬菜，分级内容则是负责整个地图底色的显示。本章关于在线制图系统的相关图例均是按照上述操作实现的。从图 3-29 进入下一级，图 3-30 给出了济南市各区水果蔬菜样品数量分布图，通过该图可以了解济南市各区县不同城市的采样数量分布，从该图上可以看出各区县均是蔬菜样品数量多于水果，大多数辖区采样数量比较接近。

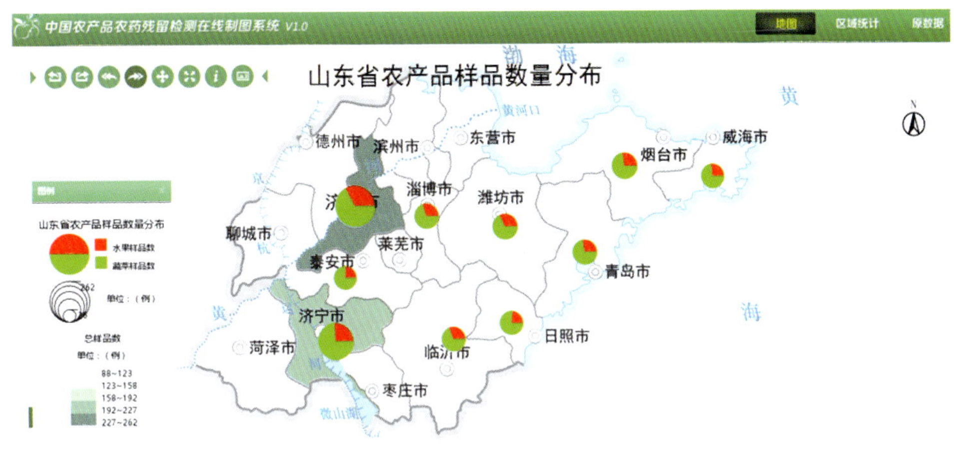

图 3-29　山东省水果蔬菜样品数量分布图

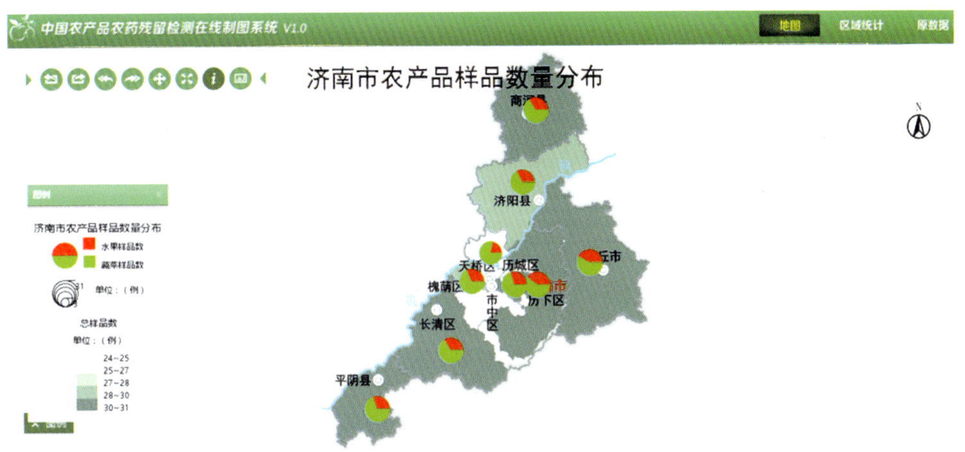

图 3-30　济南市水果蔬菜样品数量分布图

根据前述内容，用户可以选择不同的形状显示感兴趣的内容，可以查看全国 31 个省会/直辖市、省、市不同层级的数据分布，其他统计指标的可视化方式与样品数量分布情况类似。

3.4.5.2　按农药溯源

图 3-31 和图 3-32 分别给出了山东省和济南市检出频次最多的 10 种农药分布情况。这两级分布图均以扇形图的形式给出了该层级统计下的农药分布情况，可以迅速地对检出农药进行溯源。例如，在图 3-31 中山东省检出频次前 3 位农药分别是多菌灵、啶虫脒和烯酰吗啉，在图 3-32 中济南市检出频次前 3 位的农药分别是多菌灵、吡虫啉和啶虫脒。在地图右侧的统计指标中也可以对用户关心的前 10 位农药中的任意一个进行选择，了解其在全国、省级和市级的检出情况。

图 3-31　山东省各市检出频次最多的 10 种农药示意图

图 3-32　济南市各区县检出频次最多的 10 种农药示意图

3.4.5.3　按水果蔬菜类型溯源

根据本系统的设计，逐级展开后可以对检出农药最多的蔬菜进行溯源，例如，全国 31 个省会/直辖市检出农药品种最多的前三种蔬菜分别是芹菜、青椒和番茄，根据图例颜色可以查看这三种蔬菜在全国的分布情况；在黑龙江省，检出农药品种最多的前三种蔬菜分别是芹菜、黄瓜和番茄。据此可以详细了解不同层级检出农药品种最多的 10 种蔬菜的分布情况，实现水果蔬菜溯源。

3.5　农药残留地图编绘

为了直观反映我国农作物农药残留的空间分布、农药受体类型、残留种类、残留水平等中国水果蔬菜农药残留侦测结果，设计与编制了农药残留侦测可视化系统，该系统以模拟地图集和在线电子地图集两种形式为不同环境下的用户提供服务。其中实物地图集分为两卷，为 LC-Q-TOF/MS 卷和 GC-Q-TOF/MS 卷，分别以传统专题地图的形式表示两种侦测技术所侦测样品的农药残留检出情况。网络电子地图系统则为开放的系统，可实时开放网页浏览查询，其中的地图系统能展示全国、省、市、区县等行政区域的侦测数据，并支持数据更新，方便各层次的读图者分析和使用。

在地图集的设计过程中，需要将水果蔬菜农药残留侦测结果进行处理后制作成专题地图。但国内以前并未进行过大范围且复杂的水果蔬菜农药残留侦测，更不可能有与此相关的农药残留地图集。在全球范围内，目前互联网上仅能查到欧洲食品安全局根据市售水果蔬菜检验数据制作的一些极其简单的数据展示地图。社会对农药残留侦测数据极为敏感，若处理不当极容易产生很大负面效应。因此，这类地图在设计的过程中，应在保证显示数据客观准确的基础上尽量降低负面效应。这就意味着农药残留专题地图对数据处理的过程的要求较高。

从原始的农药侦测数据到最终呈现的专题地图，制图者需要对数据进行概念模型构建、数据形态分析、制图数据模型建立、面向数据的地图标准化设计、地图设计及艺术设计等步骤，如图 3-33 所示。

由于没有先例可以参考，可以借鉴类似专题地图或地图集的设计。这本地图集在专题内容上属于农业地图。国内外的农业地图和地图集很多，主要内容一般包括生产要素（如自然条件、农村经济条件等）、农业人口、生产状况等。例如，有分析农业气候条件的专题地图，反映农村土地利用类型和农业景观类型的专题地图，反映农田土壤状况的专题地图，等等。

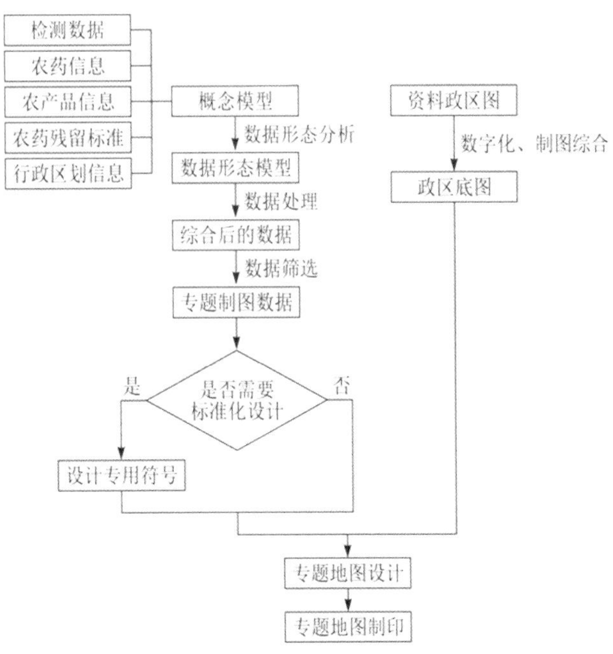

图 3-33　农药侦测数据的地图可视化流程图

3.5.1　纸质地图集概况

3.5.1.1　地图集的概念与设计

为了统一的用途和服务对象，依据统一的编制原则而系统汇集的一组地图，编制成册（或活页汇集），即称为地图集。现代地图集的特点是：有统一的思想结构；共同的、协调而完整的表示方法；图幅编排的先后次序，各类地图的比重，各图幅间的相互协调配合，都符合于逻辑性和系统性；图幅的配置和图例的表示有着一致的规格和原则；各地图内容的取舍，制图综合的要求有着统一的规定；地图集内各地图的投影和比例尺都经详细研究，选择使用，使地图集内各地图相互可比，相互补充而又相互配合。因此，地图集绝不是多幅地图的机械组合，而是一部完整而统一的科学作品。由于地图集内容的广泛而多样，表示方法的生动以及它的一览性，无疑，比之用长篇的文字叙述来得更为直观而具体。因此，在国民经济建设、科学研究，以及教育上有着很大的参考价值，同时，也是检验地理学方面理论研究和制图科学技术水平的标志之一。

在地图集的编纂工作中，最重要的是设计工作，其中包括：设计地图集开本以确定图幅幅面；地图集内容目录的设计与确定；确定各图幅的分幅；确定地图比例尺；确定地图集各图幅的编排次序；设计各图幅的地图类型并进行具体图幅内容表达的设计；地图集图面配置设计；设计和选择地图投影；图式图例设计；地图集整饰设计。对专题地图集而言还需对底图的内容进行设计。

3.5.1.2　地图集实施软件

纸质地图集（下文简称“图集”）使用 ArcGIS、CorelDraw 两款软件进行制图工作。

ArcGIS 是 ESRI 公司集四十多年地理信息系统咨询和研发经验，奉献给用户的一套完整的地理信息系统平台产品，具有强大的地图制图、空间数据管理、空间分析、空间信息整合、发布于共享的能力。

CorelDraw Graphics Suite X6 是加拿大 Corel 公司的平面设计软件；该软件是 Corel 公司出品的矢量图形制作工具软件，这个图形工具给设计师提供了矢量动画、页面设计、网站制作、位图编辑和网页动画等多种功能，已在前文有详细介绍。

在图集的设计制作中，底图的部分处理方式是：先由 ArcGIS 对底图资料进行数据处理（例如投影转换），再将数据经由中间格式导入矢量绘图软件 CorelDraw 数字化和综合。而专题图表的设计和制作则直接在 CorelDraw 里完成。在这个流程中，两种软件互相配合，扬长避短。ArcGIS 的优势在于对地理信息的转化和储存的高效率，而 CorelDraw 的优势在于其强大的图形处理功能、图文混排、视觉特效功能。因此，这是一种常用的地图处理、编辑、出版方式，而高校的地图学教学也常采用这种形式。这种处理方式从源头上提高了地图的精细程度，又从绘制手段上丰富了地图的艺术表现形式，使地图作品更能够令人愉悦，从而产生美感和信任感。

3.5.2　纸质地图数据处理与转化

在地图制图的过程中，原始数据和经处理后的数据都可以作为专题地图制图数据。相比较而言，处理后的数据更能够体现数据在空间分布上的深层次特征与规律。因此，对原始数据的处理与转化就显得尤为重要。

数据处理与转化就是根据原始数据的形态，将原始数据通过统计计算、空间分析等手段转化为可制图数据的过程。一般情况下，对原始数据的处理分为统计计算和空间分析两种方法。

3.5.2.1　统计计算

统计计算常用于处理统计数据或一些原始的观测数据。统计和观测数据因为常含有地域信息，是常见的可用于地图制图的专题数据。统计和观测数据在进行数据分析、处理和统计计算后即可直接表示在地图上。例如，本研究中“中国市售水果蔬菜农药残留水平地图集”中的专题地图制图工作就主要属于统计制图范畴。在制图过程中，农药侦测数据被进行统计处理并转化为可用于专题地图制图的“制图数据”，这个过程中用到了一些常用的统计计算方法。这些方法包括：

计数：统计某一项数据的数据量。

分级：按照某一种数据的分布和范围进行数学上的分段分级。

加和：统计某一项数据的总和。

期望：计算某一项所有数据的数学平均值。

百分比：计算某一项数据中满足某一条件的数据个数占到总数据量的百分比。

不同的统计方法描述现象的角度、方向和程度不同，因此，要将统计和观测数据转化为可用于地图制图的数据，需要结合原始数据的特征和制图需求进行多种统计计算相结合的复合计算，最终将数据进行高度综合。

3.5.2.2　空间分析

空间分析常用于处理一些较为原始的空间信息数据，例如遥感影像、矢量地图数据等。空间分析方法是专门针对数据的空间特征进行测量、分析等科学的定量研究，主要包括以下方式：

空间数据量算：对专题要素的空间分布特征进行测量、计算等。

空间信息分类：对专题要素按照某些属性值进行分类统计。

缓冲区分析：对专题要素周边一定范围内的区域进行划定和研究。

叠置分析：对多种空间分布的要素及空间运算的结果进行叠加分析。

网络分析：对多个或多类要素空间分布的关联性和相互关系进行分析。

空间分析通过不同空间数据间的互动和计算，能更好地展现数据的空间分布、质量、关联性等精细定量特征，这是统计计算无法获取的。

3.5.2.3　图集的数据处理

“中国市售水果蔬菜农药残留水平地图集”中的专题地图制图工作主要属于统计制图范畴，目前尚未涉及需要进行空间分析处理的数据。未来数据采集内容更加丰富的情况下，可能会出现一些诸如农药施用分析等方面的空间分析处理。

这里举一些详细的例子进行具体说明。

案例一：图 3-34 给出了北京市市售水果蔬菜样品检出农药类别（如除草剂、杀虫剂、杀菌剂、植物生长调节剂等）及占比分布图，其计算过程如下：首先，对农药残留检出结果按照各类别进行数量统计，然后统计出每个类别下农药的种类数，最后，根据每个类别下农药的种类数在检出结果的总种类数中的比例，计算出每个农药类别下农药种类数的占比（%）。

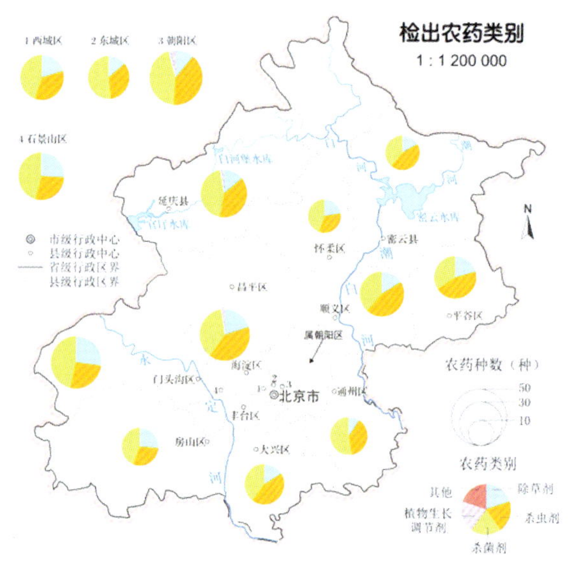

图 3-34　北京市水果蔬菜样品检出农药的类别及占比图

案例二：为了解天津市水果蔬菜样品中检出的农药品种比例，首先需要将样品分成五组：未检出农药的样品（无农药残留或残留水平低于仪器的检出灵敏度），检出 1 种农药的样品，检出 2~5 种农药的样品，检出 6~10 种农药的样品，检出 10 种以上农药的样品。之后，对每一组样品的数量进行统计，并计算每组样品在样品总量中所占的百分比。图 3-35 以天津市为例，给出了检出农药种类数及占比情况。

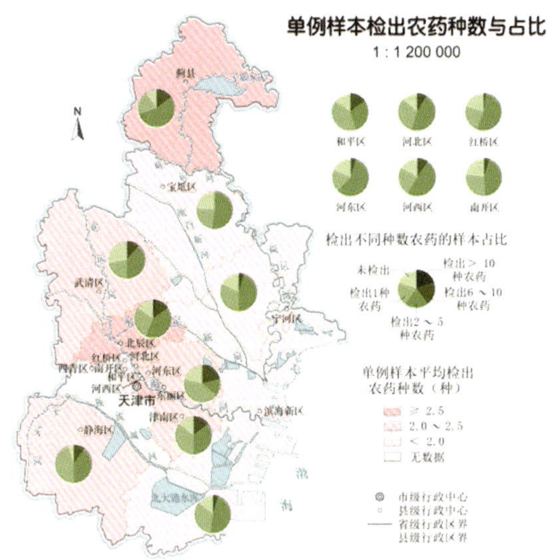

图 3-35　天津市水果蔬菜样品检出农药品种与占比图

案例三：在农药残留地图中，将检出农药残留水平的记录分成 5 组：1~5 μg/kg，5~10 μg/kg，10~100 μg/kg，100~1 000 μg/kg，超过 1000 μg/kg。然后统计出每组的记录数量，并计算每组记录在总量中所占的百分比，例如图 3-36 给出了上海市各地区农药残留水平及占比情况。

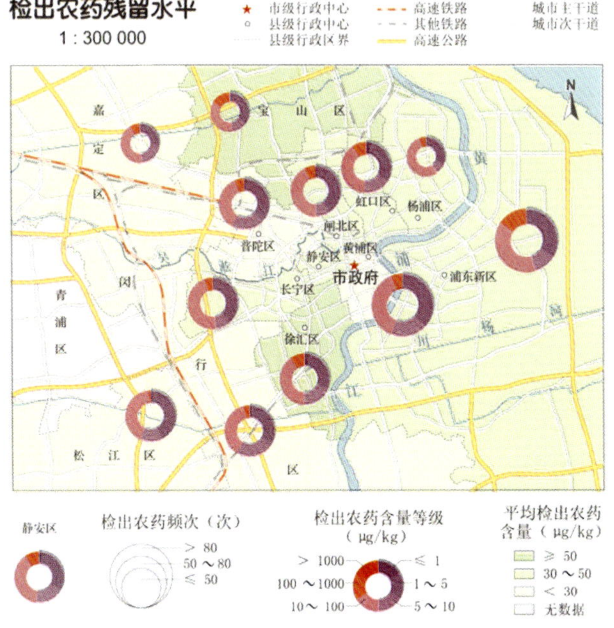

图 3-36　上海市水果蔬菜样品检出农药残留水平示意图

案例四：检出农药的毒性，可以按照按剧毒、高毒、中毒、低毒这四个毒性类别进行分类，首先计算出这四种毒性下农药的种类，再对其占比进行计算。另外，对于这四类农药可以按照禁用和非禁用进行统计，同样，先计算禁用和非禁用下农药的种类，再对其占比进行计算。例如图 3-37 给出了重庆市各地区农药毒性及占比情况。

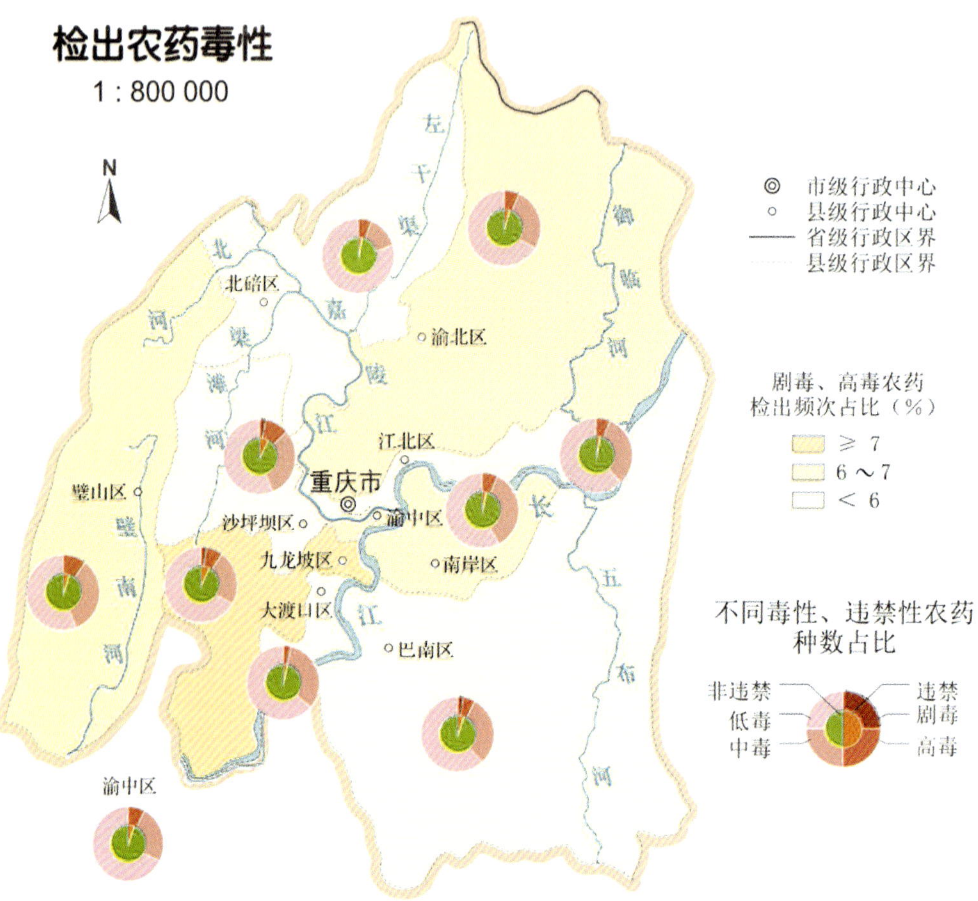

图 3-37　重庆市水果蔬菜样品检出农药毒性分类图

上述四个例子综合运用了诸如计数、分级、合计和百分比等统计方法来描述一个行政区内各个农药残留数据集的特征。此结果可让读者对某一地区水果蔬菜所使用的农药品种有一个清晰的认识。

3.5.3　图集的功能需求分析

图集针对三类人群设计——消费者与餐饮从业者、政府监管部门、农业与社会学者。分析这三类人群对农药残留信息的关注重点和需求，有助于对专题地图的内容和编排风格进行具有针对性的设计。

3.5.3.1　消费者和餐饮从业者需求分析

站在消费者或餐饮从业者的角度来说，拿到这样一本图集，或是在网页上发现这样一个网页电子地图系统，首先关心的问题一般是：

（1）我所在的地方（及其周边）买菜是否安全？

（2）在周边市场售卖的水果蔬菜中，哪些品种的农药残留少？哪些品种的农药残留多？哪些品种的合格率高？

（3）蔬菜（或水果）里面有残留的剧毒农药吗？等等。

这三个问题关注的重点在于水果蔬菜本身的质量问题及其对购物的影响。对于消费者和餐饮从业者来说，图集所表示的内容要能够满足他们的需求，在生活或服务过程中能够有针对性地进行水果蔬菜购买，实现健康生活或健康饮食服务的目标。

3.5.3.2　政府监管部门需求分析

质监部门对水果蔬菜质量关注的焦点一般情况下集中在以下方面：

（1）监管区域的总体检出情况如何？哪些市场售卖的水果蔬菜合格率较低？

（2）监管区域中有没有超标情况比较严重的水果蔬菜种类？

（3）监管区域的水果蔬菜中哪些农药容易超标？剧毒或高毒农药超标情况是否严重？是否有国家禁药残留？

这三个问题不仅对水果蔬菜的质量问题有所关注，而且对隐藏其背后的残留农药的分布规律也有涉及，这就比消费者单纯地关注水果蔬菜要深入一些。

对于政府监管部门来说，本研究图集所表示的内容能够满足他们日常工作的需求。图集反映问题及时、准确，便于质监部门有针对性地进行市场抽查和侦测，大大提高了质监部门的工作效率。因此，图集对于他们来说所显现的功能之美也是显而易见。

3.5.3.3　农业、社会学者需求分析

农业学者和社会学者在这本图集中关注的问题可能相对更深入一些。比如：

（1）不同区域的市售水果蔬菜农药残留状况的对比；

（2）不同国家的标准涵盖范围如何？严格程度如何？

（3）同样的样品及其侦测数据，用不同国家和地区的标准衡量，合格与否的结果相差是否悬殊？中国标准更合适还是外国标准更合适？

这三个问题相比前面的问题，站的角度高出很多。首先是对于不同地区之间的对比，这样的眼界就比消费者和监管者要广阔很多。其次还出现了对不同国家标准之间的对比，对这个问题的研究更加有意义，因为这对于国家制订或修订标准、政策、法律法规有着重要的指导和借鉴作用。

对于学者来说，本图集对他们关注的不同区域的农药残留状况对比、不同国家的农

药残留标准对比有了明晰的分析和表达。这样不仅方便他们对不同区域间的数据进行对比，并进行农药可能的施用状况分析，更能够研究不同国家制定标准时的不同侧重点，方便未来在制定新标准时能够"博采众家之长"，使新标准能够更好地保护国民的健康。

3.5.4　图集内容结构与表示方法的设计

分析数据的结构，运用数据处理的各种方法，可以得到很多可以用于专题地图制图的数据。但是，如何组织这些制图数据则需要通过对用户需求的分析才能确定。

综合以上三类人群对农药残留信息的关注点和需求，初步可归纳出用户对农药残留信息的关注重点集中在以下三个方面：

（1）水果蔬菜采样情况及其农药残留的总体检出情况。

（2）各类农药残留的具体情况。

（3）同样的样品在不同国家标准下的超标情况对比。

其中第一部分从水果蔬菜的角度反映各地总体采样和农药检出情况，第二部分从农药的角度反映各地样品中的农药施用的情况，第三部分则反映出不同国家在检验检疫方面的关注重点的差异和标准制定的差异。这三方面的内容恰好与原始侦测数据的内容相对应。因此，无论是模拟地图集还是电子地图集，其基本的内容框架都围绕这三方面进行设定。

图形内容的结构制图模型需要专业性和全面性。专业性与地图的科学美相对应，因此，专题地图并不只是做得好看，或者只是简单地显示数据，而是需要带有极强专业色彩的信息，不仅方便普通读者了解专业知识，更使得专业人员的信息获取和数据分析工作更为便捷。全面性与地图的功能美挂钩，全面而不冗余，使得专题地图能够查询到原始数据所蕴含的信息，避免信息丢失，使地图的查询功能最大限度地发挥出来。

《中国市售水果蔬菜农药残留水平地图集》中，原始数据的特点是，数据量大，专业性强，但数据类型偏少。因此，数据的科学性和专业性无须强化，只是需在制图模型的设计中重点考虑应该如何根据有限的数据类型计算出多种类的综合性数据用于地图表达。这就需要在拓展地图的功能美上下功夫。

要拓展地图的功能美首先须根据面向的用户设计地图可能的功能。图集面向的主要读者为三类人群：普通消费者（包括餐饮业从业者）、政府监管部门和科研工作者，而数据包含的信息则有水果蔬菜、采样点、农药信息三类。根据三类人群的具体需求，每个采样区域的专题地图需要包含以下三方面的专题内容：首先是采样情况和样品情况。这是对采样情况的总体描述，也需要介绍样品的具体信息；其次是检出农药情况说明，对所有的水果蔬菜来说，并不是只要含有一星半点的农药就不可食用，因此，需要对农药的种类、毒性、含量、安全性、残留超标情况等方面进行客观反映；最后是不同国家农药残留标准的对比，这方面的信息主要是提供给监管部门和科研工作者参考的，显示的应该是同样的样品在不同国家标准下的超标情况，为监管部门修订残留标准提供参考对比，也为研究者对不同标准关注重点等方面研究提供方便。同时，更为研究工作者对农药残留展开深层次的研究提供机会。

因此，《中国市售水果蔬菜农药残留水平地图集》纸质版中每个制图区域的制图模型结构初步设计为如图 3-38。上述三个内容分别设计为三个展开页，大致设计十几幅地图和十几个统计图表，而最终确定的制图模型如表 3-2。

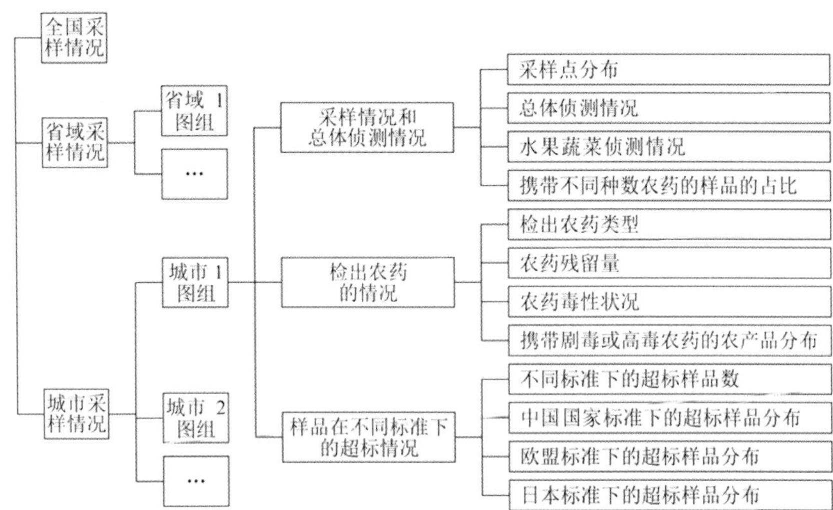

图 3-38　《中国市售水果蔬菜农药残留水平地图集》制图模型设计图

表 3-2　《中国市售水果蔬菜农药残留水平地图集》各制图区域农药残留情况

设计主题	图表编号及图名	表示方法**	表示的数据项目	计算公式或计算说明
主题 1 样品侦测情况	图 1 采样情况	范围法	侦测样品所采集的行政区划范围	
		点状符号法	采样点	
	表 1 采样点情况	表格	采样点编号、名称、所属行政区划、样品农药检出率、采样点样品合格率	$P_y=N_y/N$；$P_q=N_y/N$ 其中 N 表示在某一采样点采集的样品总数，N_y、N_q 分别为检出样品数与合格样品数（包括未检出农药的样品），P_y、P_q 分别为该采样点的检出率与合格率。 以 MRL 中国国家标准作为合格判定标准
	图 2 农药检出情况	分级统计图法（分级底色）	各行政区划的样品种类数	
		分区统计图表法	各行政区划的样品总数 其中未检出农药样品、检出未超标样品、检出超标样品的数量或占比	以 MRL 中国国家标准为准
	*图 3 蔬菜、水果的农药检出情况占比	分区统计图表法	各行政区蔬菜样品的农药未检出、检出未超标、超标样品数量占比； 各行政区水果样品的农药未检出、检出未超标、超标样品数量占比	以 MRL 中国国家标准为准

续表

设计主题	图表编号及图名	表示方法**	表示的数据项目	计算公式或计算说明
主题 1 样品侦测情况	表 2 检出农药频次最多的水果蔬菜	统计图表	按水果蔬菜种类统计农药检出次数，由多到少排列出前 N 项水果蔬菜（N = 5, 8, 10, 15 等）	
	图 4 检出农药种数与占比	分级统计图法（分级底色）	各行政区平均单例样品检出农药种数	$A=\frac{\sum_{i=1}^{N} n_{mi}}{N}$，其中 A 为平均单例样品检出农药种数，n_{mi} 为第 i 例样品检出的农药种数，N 为样品数
		分区统计图表法	在各行政区的样品中，分别统计出未检出、检出 1 种、检出 2~5 种、检出 6~10 种、检出 10 种以上农药的样品数量及其占比	$P_i = N_i / N$ (i = 0, 1, 2~5, 6~10, >10) 其中 P_i 表示含有 i 种农药的样品的数量占比，N_i 表示含有 i 种农药的样品的数量，N 表示样品总数
	表 3 检出农药数量最多的水果蔬菜	统计图表	按水果蔬菜种类统计检出农药的种数，由多到少排列出前 N 项水果蔬菜（N = 5, 8, 10, 15 等）	
	*表 4 合格率最高（低）的水果蔬菜	统计图表	按水果蔬菜种类统计农药残留合格率，由多到少或由少到多排列出前 N 项水果蔬菜（N = 5, 8, 10, 15 等）	以 MRL 中国国家标准为准
主题 2 检出农药情况	图 5 检出农药类别	分区统计图表法	各行政区的样品检出的总农药种数	
		分区统计图表法	不同类别农药的检出频次占比	农药类别分为以下六种：除草剂、杀虫剂、杀菌剂、植物生长调节剂、昆虫驱避剂、增效剂
	图 6 检出农药残留水平	分级统计图法（分级底色）	各行政区所有样品的农药残留平均值 （单位：微克/千克）	$A=\frac{\sum_{i=1}^{N}(\sum_{j=1}^{M_N} c_{ij})}{N}$，其中 A 表示农药残留浓度平均值，N 表示样品数，M_N 表示第 i 例样品中的检出农药种数，c_{ij} 是第 i 例样品中第 j 种农药的残留浓度，单位：微克/千克
		分区统计图表法	在各行政区的样品中，分别统计出未检出农药、农药残留量少于 1、1~10、10~100、100~1000、不少于 1000 微克/千克的样品数量及其占比	$P_i = N_i / N$ (i= <1, 1~10, 10~100, 100~1000, ≥1000) 其中 P_i 表示农药残留量为 i 微克/千克的样品的数量占比，N_i 表示农药残留量为 i 微克/千克的样品的数量，N 表示样品总数
	表 5 检出频次最高的农药	统计图表	按农药种类统计每种农药的总检出次数，由多到少排列出前 N 项农药名称（N = 5, 8, 10, 15 等）	
	*表 6 不同标准下超标倍数最大的农药	统计图表	按农药种类统计每种农药的最大检出值，分别除以 MRL 中国国家标准、日本标准、欧盟标准三种标准值，得到最大超标倍数，由多到少排列出 N 项农药名称（N = 5, 8, 10, 15 等）	

续表

设计主题	图表编号及图名	表示方法**	表示的数据项目	计算公式或计算说明
主题 2 检出农药情况	表 7 特殊种类蔬果的检出农药频次及超标频次	统计图表	取检出情况最严重的一种蔬果，统计其检出农药种类及其检出频次，并对照 MRL 中国国家标准、日本标准、欧盟标准值统计每种农药在三种标准下的超标样品数	
	图 7 检出农药毒性	分级统计图法（级别底色）	各行政区高、剧毒农药的检出总频次占农药检出总频次的百分比	农药毒性按致死量分为剧毒、高毒、中毒、低毒四种，有统一的规定。下同
		分区统计图表法	各行政区禁药检出频次占农药检出总频次的百分比 各行政区剧毒、高毒、中毒、低毒农药检出频次占农药检出总频次的百分比	禁药参照国家规定，统一按照中国禁药名单统计
	图 8 剧毒高毒水果蔬菜分布	分区统计图表法	在各行政区范围内列出该行政区检出剧毒或高毒农药的水果蔬菜及其剧毒高毒农药检出频次	
	*表 8 剧毒、高毒农药在水果蔬菜中的分布	统计图表	按照检出剧毒高毒农药种类，统计残留有该种农药的蔬果种类及其检出频次	
	*表 9 检出剧毒、高毒农药最多的水果蔬菜	统计图表	按照蔬果种类，统计每种蔬果中检出的剧毒、高毒农药种类及其检出频次	
主题 3 不同国家地区制定标准的比较	表 10 检出农药记录可与不同标准参照的比例	统计图表	计算所有的检出记录中，可分别与 MRL 中国国家标准、欧盟标准、日本标准参照对比的记录数的占比	$P = N_{\mathrm{MRL}} / N$，其中 P 为参照占比，N_{MRL} 为检出记录中可与某一 MRL 标准进行参照比对的记录数，N 为总检出记录数
	图 9 不同标准下农药超标状况	分区统计图表法	各行政区中： 按 MRL 中国国家标准统计的超标样品数 按 MRL 欧盟标准统计的超标样品数 按 MRL 日本标准统计的超标样品数	
	表 11 不同标准下农药超标状况	统计图表	分别按照 MRL 中国国家标准、欧盟标准、日本标准统计： 超标样品总数、检出未超标样品总数、未检出农药样品总数	
	表 12 不同标准下水果蔬菜超标频次	统计图表	按照蔬果种类，统计每种蔬果的在不同标准下出现超标记录的频次（若种类较多可选取前 N 种）	

续表

设计主题	图表编号及图名	表示方法**	表示的数据项目	计算公式或计算说明
主题 3 不同国家地区制定标准的比较	表 13 不同标准下农药超标频次	统计图表	按农药种类，统计不同标准的超标记录中每种农药出现的频次(若种类较多可选取前 N 种)	
	图 10 中国标准下超标水果蔬菜的分布	分级统计图法（级别底色）	按中国标准统计出的各行政区的蔬果样品合格率	
		分区统计图表法	按中国标准统计，各行政区中出现的超标样品种类及其数量。	
	图 11 欧盟标准下超标水果蔬菜的分布	分级统计图法（级别底色）	按欧盟标准统计出的各行政区的蔬果样品合格率	
		分区统计图表法	按欧盟标准统计，各行政区中出现的超标样品种类及其数量。	
	图 12 日本标准下超标水果蔬菜的分布	分级统计图法（级别底色）	按日本标准统计出的各行政区的蔬果样品合格率	
		分区统计图表法	按日本标准统计，各行政区中出现的超标样品种类及其数量。	

* 在版面或其他条件不允许的情况下，标注*的内容可不表示

**本表中所有的专题地图表示方法名称均以武汉大学出版社出版的《专题地图编制》教材为标准

由于统计的区域不同，在图集中，制图区域可分为全国、省区和城市三类。因此，图集分为三个图组：全国调查情况汇总、重点省域调查情况、重点城市调查情况。这三个图组分别展示的全国、各省区、各地级行政区的农药残留专题信息。在具体的省市排列上，则参照“中华人民共和国行政区划代码”的顺序进行排列。见图 3-39。

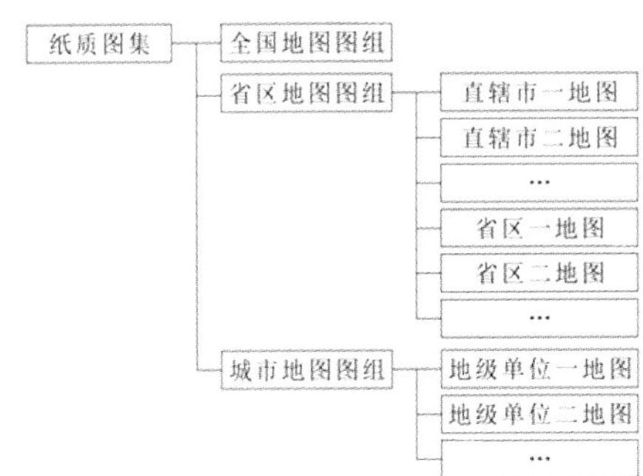

图 3-39　纸质版《中国市售水果蔬菜农药残留水平地图集》编排结构示意图

这样的编排方式归根结底是按照“先总后分”的逻辑顺序。这样的逻辑顺序不仅使得看似杂乱无章的地图们能有机串联为一个整体，而且使得地图集在编排上显得更加严谨和结构清晰，使读者在查阅时更加方便，从而产生了一种秩序上的美感。

3.5.5 图面视觉效果设计

3.5.5.1 比例尺系列设计

在一本地图集中，比例尺直接决定了地图的图面大小及其在介质版面（例如纸张等）所占的比重，对地图版面结构的影响十分重大。

另外，一幅地图集中的地图需要占满全页，还是蜷缩居于一隅，这取决于地图表达的内容在整个图面上是主要内容还是次要内容。因此，比例尺的设计还和“重点与层次”法则有关。

一本地图集同一个区域的地图，需要设计多个不同的比例尺，以形成比例尺系列。在版面构成设计中，一个版面的主要内容选用大比例尺地图表示，次要内容选用小比例尺表示，不仅有助于使图面形成重点突出、层次分明的版面结构，并且还能够使多幅地图在有限的版面内形成大小错落、结构雅致的状态，并且能互相配合、相得益彰。并且，按照接近黄金比例的原则，相邻两级的比例尺大小宜采用 1∶2、2∶3 等简单且接近黄金比例大小的比例来进行确定。

《中国市售水果蔬菜农药残留水平地图集》纸质图的比例尺设计相对其他地图集来说比较复杂，因为其制图区域很多，包含全国、5 省、39 市等共计 40 个制图区域，并且每个制图区域的地图能够形成一个小规模的图组，因此需要为每个制图区域量身定做比例尺系统。图集中为每个制图区域设计的比例尺系列如表 3-3。其中比例尺一为较大比例尺，用于表示展开页中较为重要的信息，能占到一个展开页的 1/2 ~ 1/3 大小；比例尺二为较小比例尺，用于表示展开页中较为次要的信息，占一个展开页面积的 1/4 及以下。

表 3-3 《中国市售水果蔬菜农药残留水平地图集》（LC 数据版）比例尺系列设计

序号	制图地区	比例尺一	比例尺二	制图范围
全国图				
1	全国	1∶1400 万	1∶2600 万	全国（南海诸岛为附图）
省域图				
2	北京市	1∶75 万	1∶120 万	全区域
3	天津市	1∶75 万	1∶120 万	全区域
4	上海市	1∶15 万	1∶20 万	主城区矩形图幅
5	重庆市	1∶50 万	1∶80 万	主城九区及璧山区
6	山东省	1∶200 万 1∶320 万	1∶400 万 1∶450 万	全区域

续表

序号	制图地区	比例尺一	比例尺二	制图范围
市域图				
7	石家庄市	1∶20万	1∶30万	主城四区及正定县
8	太原市	1∶30万	1∶45万	主城六区
9	呼和浩特市	1∶55万	1∶85万	全区域
10	沈阳市	1∶50万	1∶60万	九城区
11	长春市	1∶30万	1∶45万 1∶60万	绿园、朝阳、二道、南关四区
12	哈尔滨市	1∶75万	1∶100万	主城六区及 阿城区、呼兰区
13	南京市	1∶45万	1∶55万	主城八区
14	杭州市	1∶45万	1∶55万	主城八区及富阳区
16	合肥市	1∶55万	1∶85万 1∶100万	除巢湖市、庐江县以外的全区域
17	福州市	1∶55万	1∶85万	主城四区
18	南昌市	1∶45万	1∶70万	暂无资料
19	济南市/泰安市	1∶85万	1∶120万 1∶150万	济南全市与 泰安市泰山区
20	淄博市/潍坊市	1∶75万	1∶100万	张店、临淄、淄川、奎文、青州、昌邑
21	济宁市	1∶50万	1∶80万	任城、兖州、曲阜
22	枣庄市/临沂市/ 日照市	1∶120万	1∶150万	全区域
23	青岛市	1∶150万	—	市南、市北、李沧
24	烟台市/威海市	1∶60万	1∶100万	烟台四区及栖霞市，威海环翠区、文登区
25	郑州市	1∶50万	1∶70万	全区域
26	武汉市	1∶30万	1∶50万	主城七区
27	长沙市	1∶30万 1∶40万	1∶60万	主城五区及长沙县
28	广州市	1∶65万	1∶120万	全区域
29	深圳市	1∶40万	1∶45万	全区域
30	南宁市	1∶75万	1∶120万	除马山、隆安、宾阳三县外的全区域
31	海口市	1∶45万	1∶55万	全区域
32	成都市	1∶30万	1∶50万	主城五区及新都区、龙泉驿区、双流县
33	贵阳市	1∶50万	1∶80万 1∶120万	全区域

续表

序号	制图地区	比例尺一	比例尺二	制图范围
34	昆明市	1∶45 万	1∶75 万	主城四区
35	拉萨市	1∶30 万	1∶35 万	城区矩形图幅
36	西安市	1∶45 万	1∶55 万 1∶60 万	除阎良区外的所有区（不含县）
37	兰州市	1∶30 万	1∶70 万	主城四区
38	西宁市	1∶20 万	1∶45 万	主城四区
39	银川市	1∶45 万	1∶55 万 1∶70 万	除灵武市外的 全区域
40	乌鲁木齐市	1∶75 万	1∶120 万	全区域

以其中“昆明市”的比例尺为例，这个制图区域所采用的两个比例尺和图集展开页大小的对比示意如图 3-40。

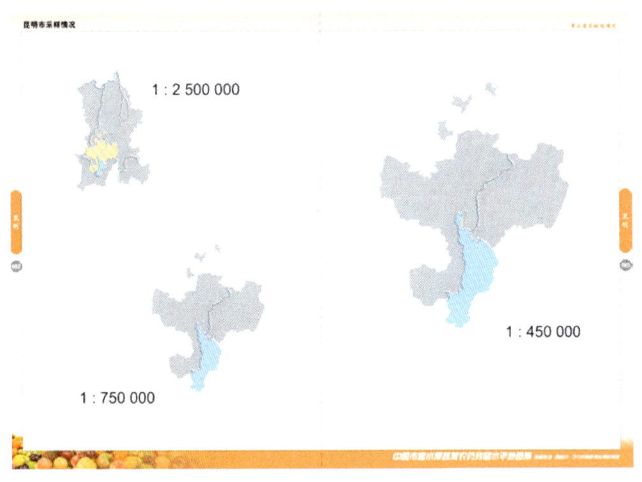

图 3-40　昆明市地图比例尺设计与展开页大小对比图

按照一般比例尺系列的设计原则，比例尺需要按照展开页的尺寸来确定。一般最大比例尺为占满全展开页，而后依次为占 1/2 展开页、占 1/4 展开页、1/6 展开页的地图的比例尺。经试验之后确认，对于本图集来说，占满全展开页的地图比例尺大小为 1∶130 万，占 1/2 展开页的地图比例尺为 1∶200 万，占 1/4 展开页的地图比例尺为 1∶300 万（部分展开页采用 1∶250 万），占 1/6 展开页的地图的比例尺为 1∶400 万。

3.5.5.2　地图要素排列设计

地图要素的排列设计，指的是地图的图面要素，如地图符号、注记、图例、图名等要素在地图平面上的排列。一幅专题地图（区别于“一本”、“一系列”，单指其中的一幅）

即为一个整体，地图符号、注记、图例、图名即为在整体格局下排列的元素。与此相对，地图符号和注记之类要素的内部结构自然就是“局部”了。按照上述理论，不难得出：地图要素的排列规律就是，专题地图符号的内部结构宜使用规则的或者有规律的方式进行设计或排列，而专题地图符号（有定位要求的符号除外）、注记、图例、图名等其他图面要素的排列则需要做到错落有致，有韵味且富于变化。

在图 3-41 不同 MRL 标准下郑州市各县区超标样品分布中，超标水果蔬菜的符号设计为正方形其实有着便于排列的考虑。在该图的图面上，每个县域可能出现多个超标样品符号。由于底图的居民地等符号已经是自然排列，如果此时超标样品符号也随机排列，整个图面必然显得杂乱无章。因此，每个县域的多个超标样品按照规则的方式排列，每个符号与其上下左右相邻的符号间各留出 1 mm 的宽度。每行符号的个数根据具体的行政区大小、形状来确定。排列好后符号组就成为整体图面中的一个元素，参与图面要素的排列了。在图面要素的排列中，这些符号组安排在何位置主要就是考虑“错落”的原则。“错落”是为了图面的平衡感。因此，符号组往往被安排在一个行政区域的重心附近，并且需要小心地避开行政中心居民地的点符号。该图因为是一个小的系列图，共由三幅分图构成，因此，图例等公共要素（即只出现一次，但反映的是三个图上共有的内容）直接参与更大的图面要素（即地图与地图之间的位置排列）的排列。

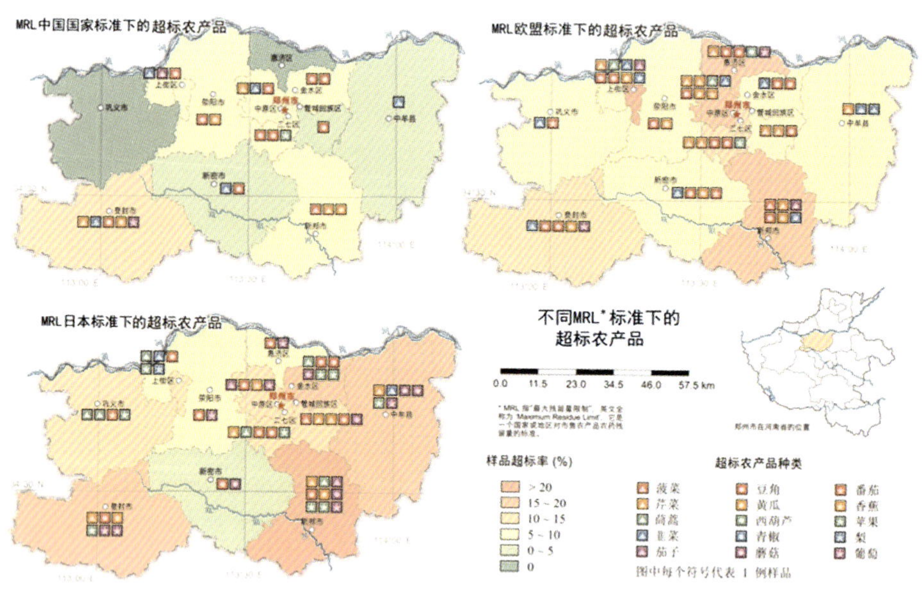

图 3-41　不同 MRL 标准下郑州市各县区超标样品分布图

3.5.5.3　版面构成设计

版面构成设计即为在地图的介质平面范围内（展开页、电脑屏幕）对系列专题地图及其相关统计图表进行平面结构上的摆放和安排。

地图集的比例尺设计带来了一个版面（展开页）中出现同区域不同比例尺的地图。不同的尺寸和相同的区域形状保持了系列地图在对比与协调上的统一；大比例尺地图表示主要内容，小比例尺地图表示次要内容，使版面重点突出、层次分明。

按照版式设计中的视觉流程理论。一般情况下，一个版面上最重要的要素（往往也是尺寸最大的要素）可能安排在两个地方：一个是版面的左右黄金分割点附近，这样的版面安排有一种稳定感，令读图者感到放松和舒适；另一个是视觉流程最初的地方——页面的左侧或者上方，因为这个地方按照视觉流程理论是人的注意力最为集中的地方，放置重要的信息能给人留下较为深刻的印象。

另外，不同色彩要素的排列可以带来平衡感。不同尺寸的地图虽然可以通过位置上的排列营造平衡感，但不同地图之间如果色彩搭配不够合理也会让图面失去平衡感。一般情况下，越小的要素，其色彩饱和度需要越高越好，这样能够使小要素显得更醒目，在视觉上“增重”；越大的要素则是越浅淡越好，需要“减重”。这在视觉上弥补了尺寸所带来的差距，能使图面更具有均衡的感觉。

这里举图集中长春市的第二个展开页为例进行说明。这个展开页中共有 4 幅长春市采样区的地图，其中稍大的两幅为 1∶450 万，另外两幅较小的为 1∶600 万。制图者将两幅尺寸较大的地图使用了相对浅淡的色调，两幅尺寸较小的地图使用了相对浓重的色调，使得这个展开页从色彩上来说构成了一种平衡感（见图 3-42）。

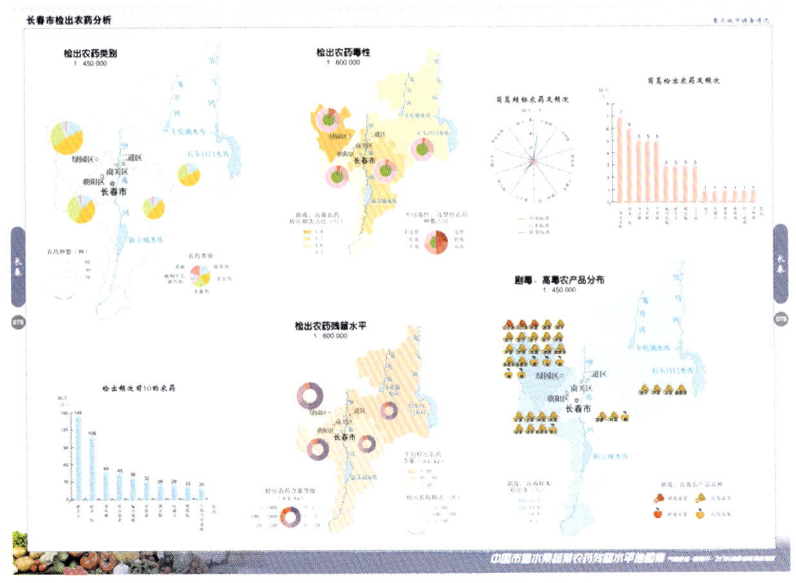

图 3-42　长春市检出农药分析图

3.5.5.4　开本尺寸选择

地图的功能给读者带来的愉悦感，首要的一条就是地图的尺度、内容选择符合地图功能的要求。这里的尺度不仅指比例尺和地图符号大小的选择，对于纸质地图集来说，还应该包括地图开本的尺寸的选择。

一般来说，反映重大事件或区域专题要素的地图集，为表达庄重肃穆之感，宜选用较大的开本尺寸。例如《中国高等教育发展地图集》的开本尺寸为 400 mm×275 mm，且因为内容丰富，在翻阅时具有宽阔厚重之感，但取阅不方便。普通的专题地图集尺寸小一些，例如《南北极地图集》的开本尺寸为 320 mm×240 mm，相对前者而言，轻便程度增加，取阅较为方便，适合阅读和研究使用。小的地图集和地图册适用于一些介绍常识性地理知识的地图集，例如《中国地图册》开本尺寸为 240 mm×170 mm，取用方便，方便携带。根据地图集的类型选用合适的尺寸，方便的是地图的使用者，因此符合地图集尺寸符合地图功能的要求。

《中国市售水果蔬菜农药残留水平地图集》是中国第一本将全国市售水果蔬菜农药残留状况进行表达的地图，具有重大意义，因此宜采用较大的开本尺寸。最终这本图集选定的开本尺寸为 370 mm×260 mm。

3.5.5.5　版式设计

版式设计指地图版面中页边部分的文字、图案、花纹设计。一本图集中，统一中带有些许不同的版式设计，不仅符合地图形式美中“多样与统一”法则的要求，并且若设计得当，能和版面中安排的地图内容互相照应，提升地图的艺术美和趣味性，增强读者的阅读兴趣。

地图集的版式设计按照页边图案所在的位置一般分为四边式和上下式。页边图案的设计原则为：首先，应尽量位于页面有效范围之外与页边裁切线之间，就算有极少的部分进入到有效范围之内也不宜影响该版面内地图和统计图表的安排与表达；其次，页边图案的文字部分应简明地写明本版面的主要内容、页码以及图集名称等信息；再次，页边图案的图形部分的主题应该与图集反映的主要内容相一致。

《中国市售水果蔬菜农药残留水平地图集》的版式设计采用了四边式的设计。其中左右两边为页码和图面中地图所表示的城市的名称（相当于图组名）；上方左侧为展开页的主题名称，右侧为一个渐变的色块；下方左侧为蔬菜水果的图片，为点题之笔，右侧则写有地图集的名字。图 3-43 和图 3-44 即为《中国市售水果蔬菜农药残留地图集》LC 版和 GC 版的版式设计。

图 3-43　《中国市售水果蔬菜农药残留水平地图集》LC 版版式设计图

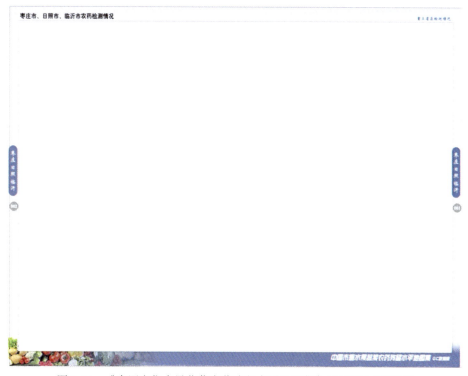

图 3-44　《中国市售水果蔬菜农药残留水平地图集》GC 版版式设计图

3.5.5.6　封面设计

地图集的封面是地图美的重要载体。它的设计是最为自由的，完全不受地图的制图规则所限制。但它也需要章法，图案杂乱的封面不但不能引起地图读者的兴趣，而且和内容排列井然有序的地图相比起来在风格上差异过大，故不太可取。

一本地图集的封面图案，往往与地图集的内容或主题相关。即便是没有具体的图案只有简单的几何图形，其版面构成、色彩设计等要素也能间接体现出地图集的总体风格，例如简单、务实、朴素、丰赡、多彩等。艺术美体现在封面的图案内容、版面构成设计、色彩与色调设计等方面。

3.5.6　纸质地图样例展示

在纸质地图中，将相关指标结合，表达采样点检出情况、农药残留情况、农药毒性分布情况、高剧毒农药检出情况、不同 MRL 标准比较情况等主题。再将各种图表归纳为农药侦测概况、检出农药分析、不同 MRL 标准比较三个方面内容。根据不同区域确定每个方面内容的幅面，大部分省会城市分市区域制作 3 个展开页，个别内容较少的区域制作 2 个展开页。

以北京市为例，图 3-45 给出了北京市农药侦测概况，从该图上可以了解该城市的采样情况，检出农药的总体情况、检出农药种数等情况。图 3-46 是对北京市检出农药情况进行解剖分析，可以从该图上了解检出农药类别、检出农药残留水平，毒性情况，含有剧毒、高毒水果蔬菜的分布情况，以及一些特例水果蔬菜中农药分布状况。图 3-47 主要是应用不同 MRL 标准对北京市检出农药情况进行对比，在该图中可以了解到 MRL 中国国家标准、欧盟标准和日本标准下北京市超标水果蔬菜的分布情况。

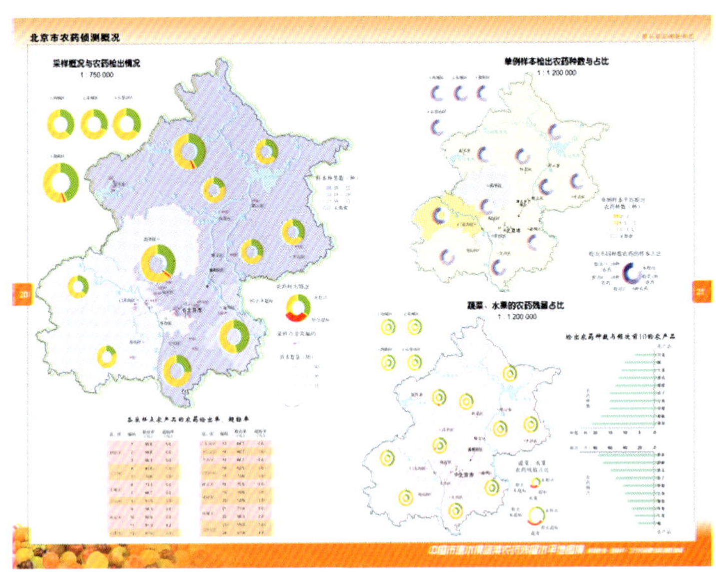

图 3-45　北京市市售水果蔬菜样品农药侦测概况图

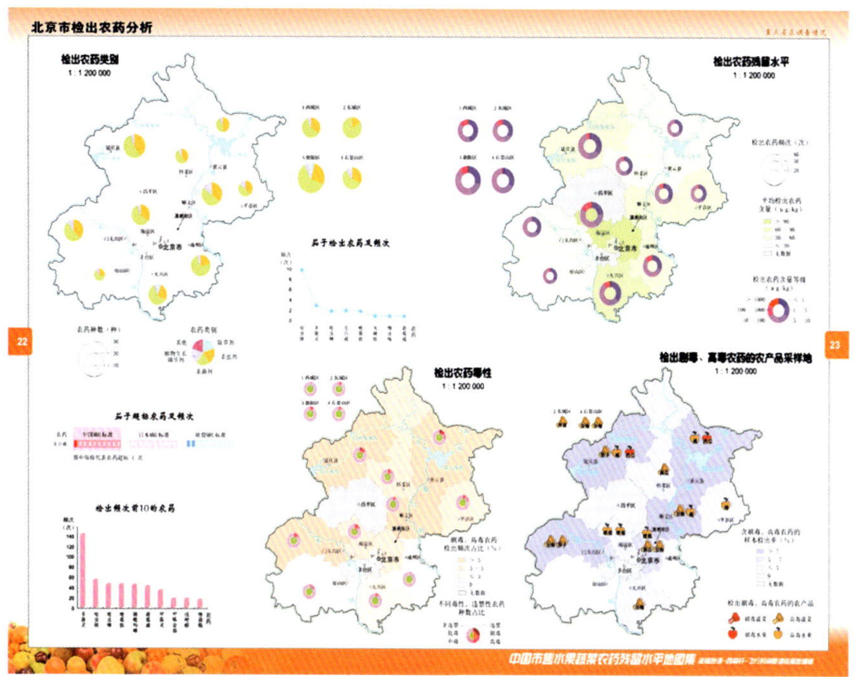

图 3-46　北京市市售水果蔬菜样品检出农药残留分析图

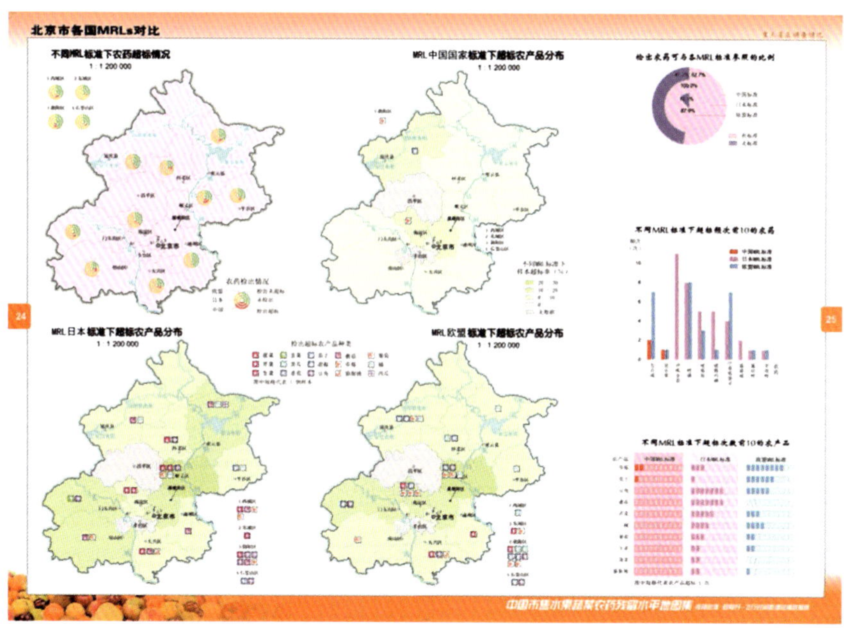

图 3-47　北京市市售水果蔬菜样品不同 MRL 标准比较图

全国 31 个省会/直辖市共计 492 个展开页，两种技术侦测结果 GC-Q-TOF/MS 共计 243 个展开页，LC-Q-TOF/MS 共计 249 个展开页，现已绘制成中国 31 个省会/直辖市市售水果蔬菜农药残留监测地图集 GC-Q-TOF/MS 侦测数据版和 LC-Q-TOF/MS 侦测数据版。

3.6　农药残留可视化系统示范应用实例解读

3.6.1　31 个省会/直辖市市售水果蔬菜农药残留概况

图 3-48 中分别对水果和蔬菜在两种技术侦测结果下的合格率进行了讨论，按照 MRL 中国国家标准，对于蔬菜样品，应用 LC-Q-TOF/MS 进行侦测，未检出农药样品的占比为 31.1%，检出未超标的样品的占比为 65.4%，超标样品的占比为 3.5%，合格率为 96.5%；应用 GC-Q-TOF/MS 进行侦测，未检出农药样品的占比为 20.9%，检出未超标样品的占比为 75.4%，超标样品的占比为 3.7%，合格率为 96.3%。对于水果样品，应用 LC-Q-TOF/MS 进行侦测，未检出农药样品的占比为 24.4%，检出未超标样品的占比为 73.9%，超标样品的占比为 1.7%，合格率为 98.3%；应用 GC-Q-TOF/MS 进行侦测，未检出农药样品的占比为 30.3%，检出未超标的样品的占比为 68.4%，超标样品的占比为 1.3%，合格率为 98.7%。因此，31 个省会/直辖市市售水果蔬菜农药残留合格率在 96.3%~98.7%之间，安全水平有基本保障。

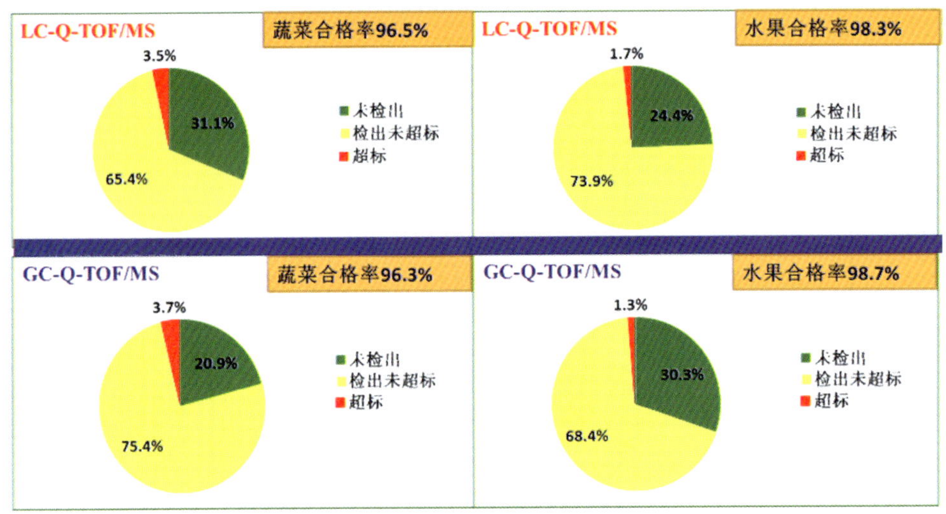

图 3-48　2012~2015 年全国 31 个省会/直辖市水果蔬菜样品合格率对比图

3.6.2　31 个省会/直辖市市售水果蔬菜检出农药种类

所有检出农药按功能分类，包括杀虫剂、杀菌剂、除草剂、植物生长调节剂、增效剂、驱避剂共 6 类。图 3-49 给出了纸质地图按照农药品种数统计出的 31 个省会/直辖水果蔬菜检出农药种类分布情况，其中以杀菌剂和杀虫剂为主。

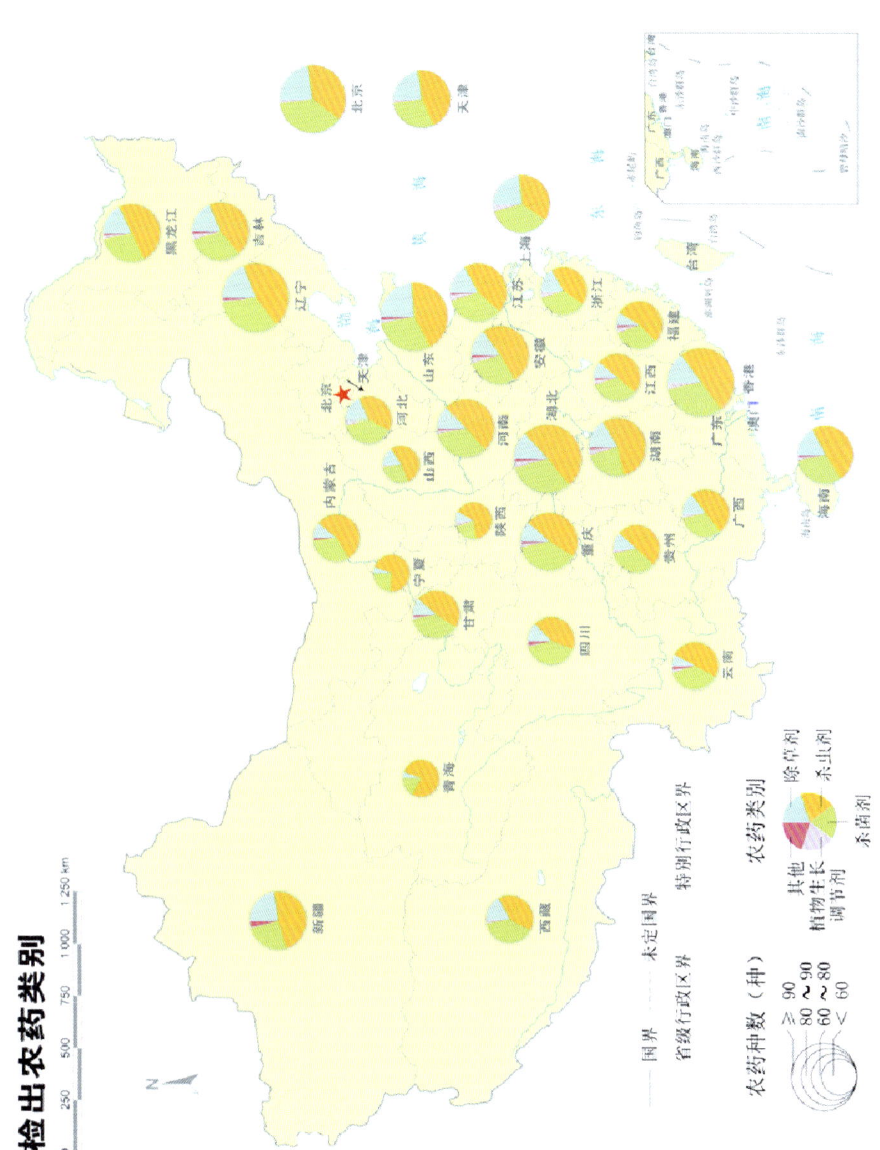

图 3-49　全国 31 个省会/直辖市水果蔬菜样品检出农药类别图

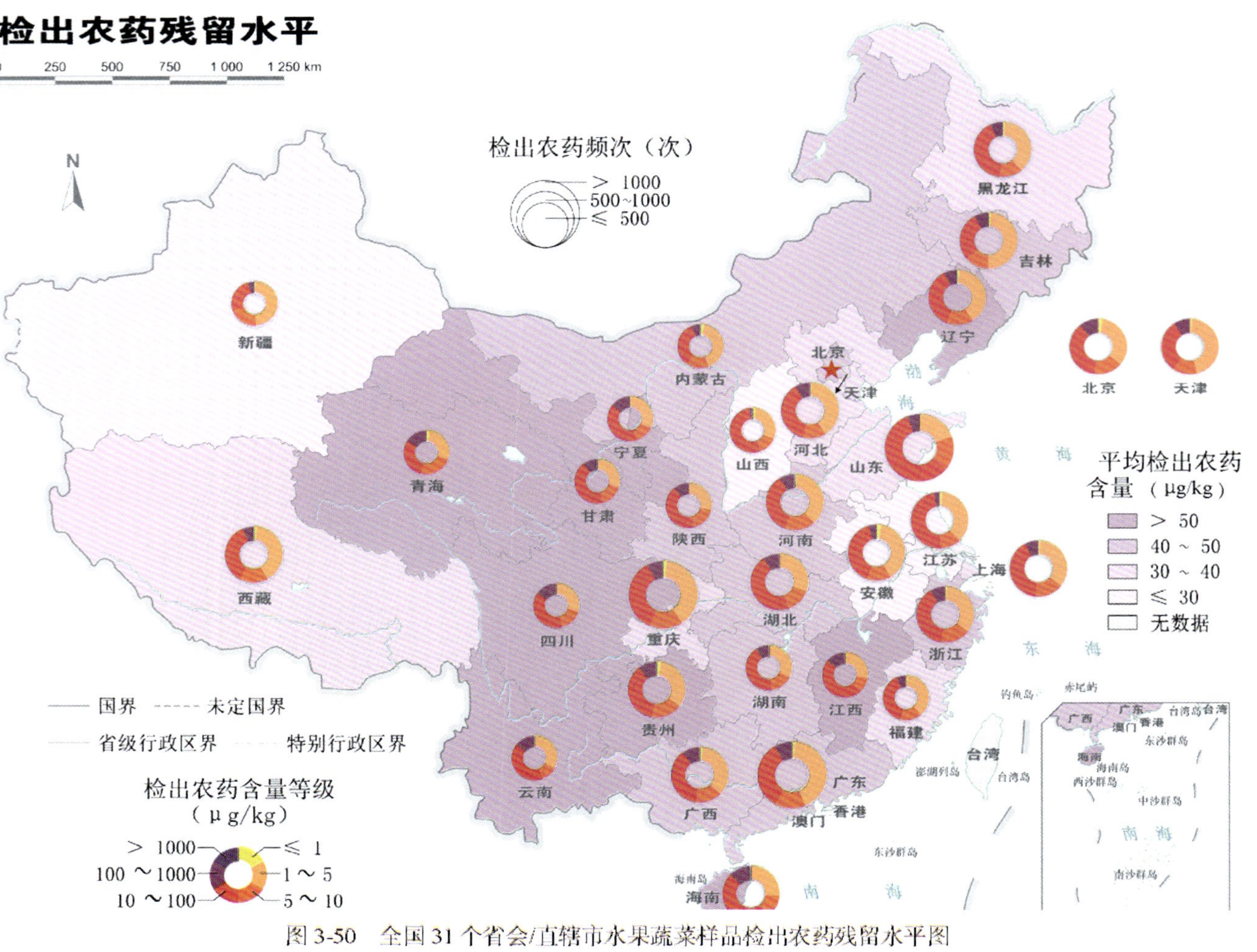

图 3-50　全国 31 个省会/直辖市水果蔬菜样品检出农药残留水平图

3.6.3　31 个省会/直辖市市售水果蔬菜检出农药残留水平

图 3-50 给出了纸质地图统计出的 31 个省会/直辖市检出农药残留水平分布图，可以看出 50%以上的农药检出残留水平不超过 10 μg/kg，统计发现目前我国蔬菜和水果检出农药以低、中残留水平为主。在 LC-Q-TOF/MS 检出结果中残留水平不超过 10 μg/kg 的占比为 54.1%，在 GC-Q-TOF/MS 检出结果中残留水平不超过 10 μg/kg 的占比 51.9%。

3.6.4　31 个省会/直辖市市售水果蔬菜检出农药毒性

图 3-51 给出了纸质地图中 31 个省会/直辖市市售水果蔬菜检出农药的毒性分布情况，各地检出农药以低毒和中毒农药为主。统计发现，在 LC-Q-TOF/MS 侦测结果中，低毒农药为 126 种，占比 68.1%，中毒农药为 32 种，占比 17.3%，高毒和剧毒农药分别为 13 种和 3 种，占比分别为 7%和 1.6%，另外，禁用农药有 11 种，占比 5.9%；在 GC-Q-TOF/MS 侦测结果中，低毒农药为 229 种，占比 64.3%，中毒农药为 68 种，占比 19.1%，高毒和剧毒农药分别为 36 种和 4 种，占比分别为 10.1%和 1.1%，另外，禁用农药有 19 种，占比 5.3%。按照低毒和中毒农药合计统计，LC-Q-TOF/MS 和 GC-Q-TOF/MS 检出中低毒农药种类占比分别为 85.4%和 83.4%，显然目前我国市售水果蔬菜中检出农药残留以低毒和中毒农药为主。

3.6.5　禁用高剧毒农药检出

从图 3-51 可以看出，我国市售水果蔬菜样品检出农药中高剧毒农药仍然存在，其中部分甚至是禁用农药。本项目对京津冀地区进行统计发现，在 LC-Q-TOF/MS 侦测结果中，5095 例样品中有 27 种蔬菜 18 种水果的 243 例样品检出了 18 种 283 频次的剧毒和高毒农药，占样品总量的 4.8%，在检出的剧毒和高毒农药中，有 12 种是我国早已禁止在果树和蔬菜上使用的，分别是：克百威、甲拌磷、磷胺、久效磷、甲胺磷、氧乐果、灭多威、灭线磷、苯线磷、特丁硫磷、水胺硫磷和硫线磷。在 GC-Q-TOF/MS 侦测结果中，5095 例样品中有 21 种蔬菜 15 种水果的 312 例样品检出了 20 种 350 频次的剧毒和高毒农药，占样品总量的 6.1%，在检出的剧毒和高毒农药中，有 12 种是我国早已禁止在果树和蔬菜上使用的，分别是：克百威、艾氏剂、甲拌磷、治螟磷、杀扑磷、甲胺磷、特丁硫磷、灭线磷、甲基对硫磷、水胺硫磷、对硫磷和硫线磷。

3.6.6　MRL 中国国家标准与发达国家的比较

图 3-52 给出了纸质地图中，MRL 中国国家标准、欧盟标准和日本标准下，31 个省会/直辖市市售水果蔬菜未检出农药样品数、检出农药但未超标的样品数和检出农药超标的样品数的占比情况，其中绿色为未检出，黄色为检出未超标，红色为超标。对比发现，按照 MRL 中国国家标准进行衡量，超标样品占比明显低于 MRL 欧盟标准和日本标准。统计发现，应用 LC-Q-TOF/MS 进行侦测，按照 MRL 欧盟标准和 MRL 日本标准衡量，超标样品数是 MRL 中国国家标准下的 7 倍左右（表 3-4）；应用 GC-Q-TOF/MS 进行侦测，按照 MRL 欧盟标准和日本标准衡量，超标样品数是 MRL 中国国家标准下的 8 倍和 10 倍左右（表 3-5）。由此可见，与欧盟、日本等发达国家相比，MRL 中国国家标准数量仍然较少，且相对宽松。

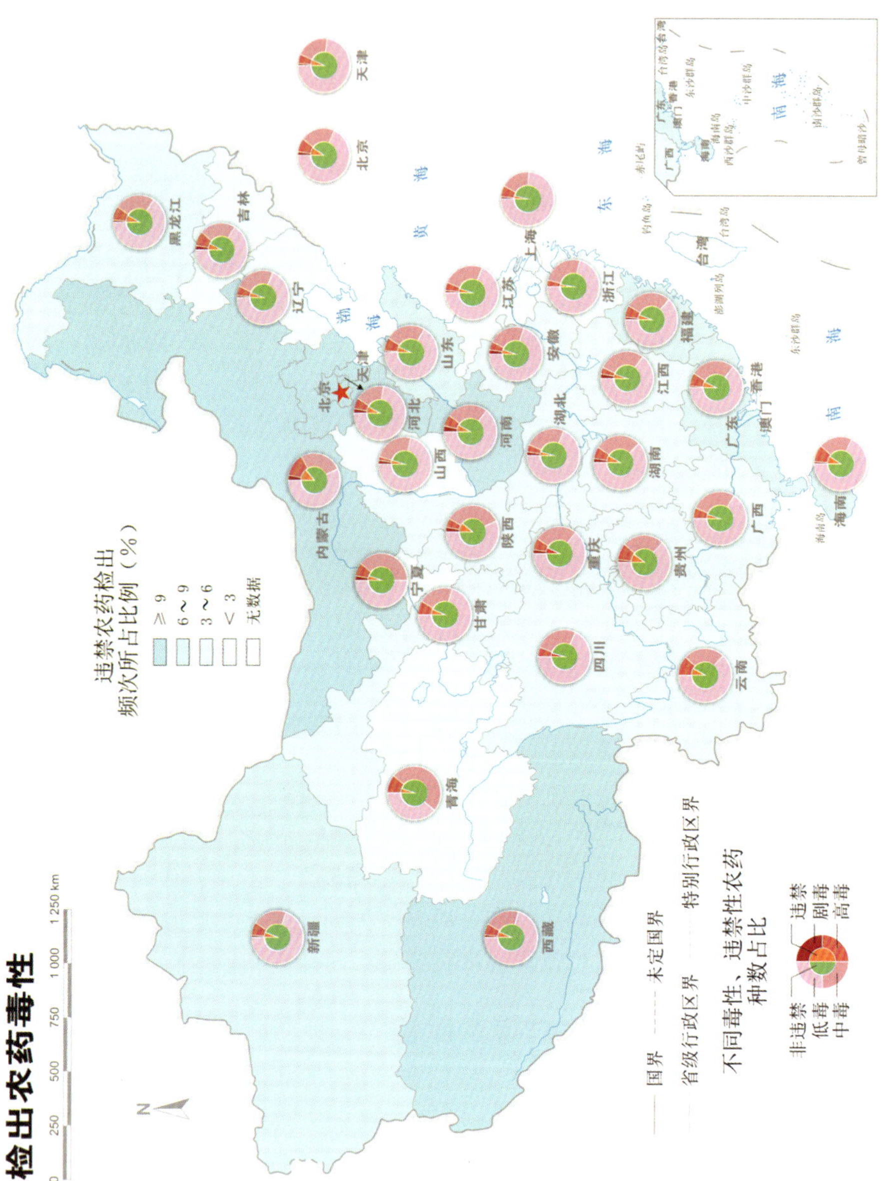

图 3-51　全国 31 个省会/直辖市水果蔬菜样品检出农药毒性示意图

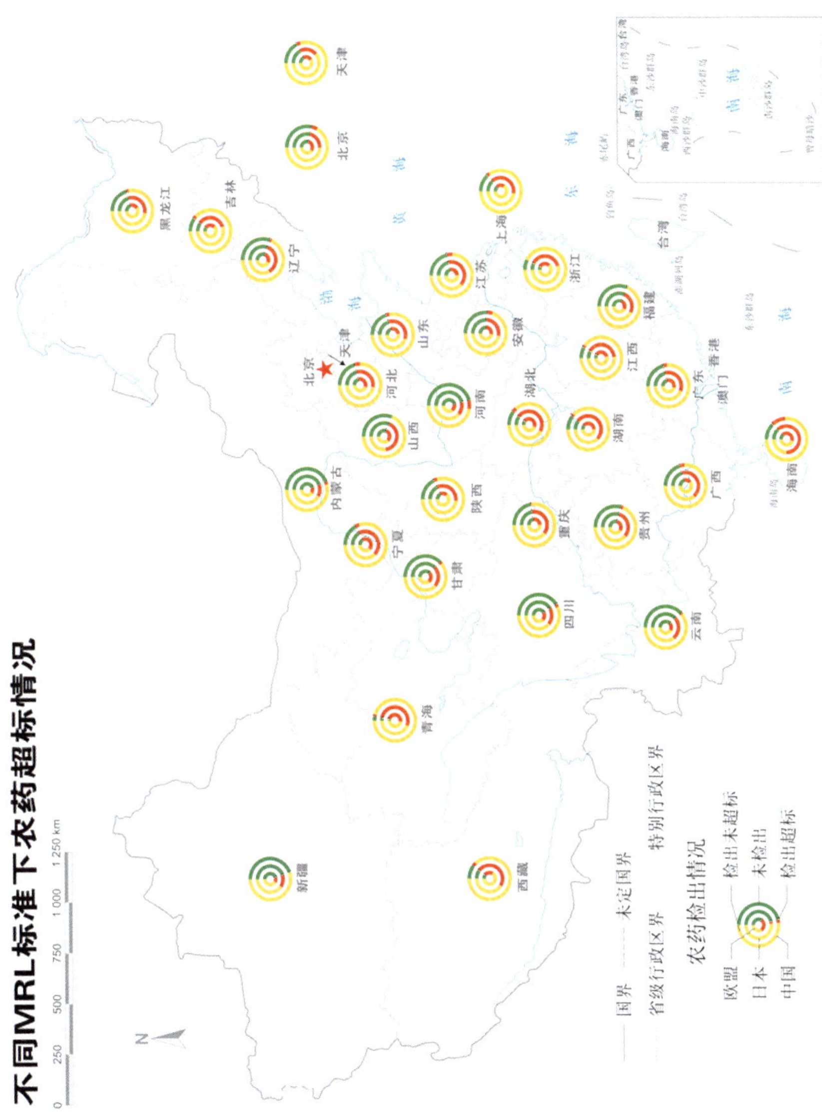

图 3-52　不同 MRL 标准下全国 31 个省会/直辖市水果蔬菜样品检出农药超标情况对比图

表 3-4　LC-Q-TOF/MS 侦测结果不同 MRL 标准衡量对比

衡量标准	未检出农药样品	占比（%）	检出农药未超标样品	占比（%）	农药超标样品	占比（%）
MRL 中国国家标准	3652	29.1	8533	68.0	366	2.9
MRL 欧盟标准	3652	29.1	7116	56.7	1783	14.2
MRL 日本标准	3652	29.1	7037	56.1	1862	14.8

表 3-5　GC-Q-TOF/MS 侦测结果不同 MRL 标准衡量对比

衡量标准	未检出农药样品	占比（%）	检出农药未超标样品	占比（%）	农药超标样品	占比（%）
MRL 中国国家标准	2370	24.1	7165	73.0	282	2.9
MRL 欧盟标准	2370	24.1	4753	58.4	2694	17.4
MRL 日本标准	2370	24.1	4211	55.9	3236	20.0

3.7　结　　论

本章基于地理信息系统研究农药残留侦测大数据的地图可视化方法，以在线和线下的方式研究建立了农药残留可视化系统：包括在线制图系统和纸质地图。采用 LC-Q-TOF/MS 和 GC-Q-TOF/MS 非靶向高通量筛查全国 31 个省会/直辖市市售水果和蔬菜中农药残留，获得了海量农药残留侦测结果；将其与互联网和地理信息技术相结合，完成农药残留可视化系统的构建。在线系统创新性地以专题地图的形式，综合使用形象直观的地图、统计图表、报表等表达方式，多形式、多视角、多层次地呈现我国农药残留现状，系统友好，操作简单、方便，只需要一台可以上网的电脑或者手机就可以使我国农药残留实时状况一目了然。纸质地图以农药残留侦测概况、检出农药分析和不同 MRL 标准比较三个主题综合展现了我国农药残留现状，形式新颖，查阅方便，可读性强，实现了只要一册《中国市售水果蔬菜农药残留水平地图集》在手，我国市售水果蔬菜农药残留概况总览无余。

该系统的推广和应用将使我国农药残留监控像天气预报一样实现实时可视化，地理信息系统为农药残留检测大数据分析提供了支撑平台，针对消费者与餐饮从业者、政府监管部门、农业与社会学者，基于水果蔬菜、农药和地域综合实时反映市售水果蔬菜农药残留水平，为我国农药残留监控提供了重要的技术支持。当食品安全发生问题时该系统可以在最短的时间内对问题产品追根溯源，从而为政府决策提供重要依据，为未来“智慧农药监管”打下坚实基础。这项研究成果紧扣国家“十三五”规划纲要：第十八章“增加水果蔬菜安全保障能力”和第六十章“推进健康中国建设”的主题。该项研究成果可在这些领域的发展中，发挥重要的技术支撑作用。

参 考 文 献

[1] Brody J G, Vorhees D J, Melly S J, et al. Using GIS and historical records to reconstruct residential exposure to large-scale pesticide application. Journal of Exposure Science and Environmental Epidemiology, 2002, 12(1): 64.

[2] Wan N. Pesticides exposure modeling based on GIS and remote sensing land use data. Applied Geography, 2015, 56: 99-106.

[3] Akbar T A, Lin H, DeGroote J. Development and evaluation of GIS-based ArcPRZM-3 system for spatial modeling of groundwater vulnerability to pesticide contamination. Computers & Geosciences, 2011, 37(7): 822-830.

[4] Pistocchi A, Vizcaino P, Hauck M. A GIS model-based screening of potential contamination of soil and water by pyrethroids in Europe. Journal of Environmental Management, 2009, 90(11): 3410-3421.

[5] Aguilar J A P, Andreu V, Campo J, et al. Pesticide occurrence in the waters of Júcar River, Spain from different farming landscapes. Science of The Total Environment, 2017, 607: 752-760.

[6] 马林兵, 张新长, 伍少坤. WebGIS 原理与方法教程. 北京: 科学出版社, 2010.

[7] 张宏武, 周新邵. WebGIS-互联网时代的 GIS 开发. 湖南科技学院学报, 2008, 29(4): 97-98.

[8] 范钊. 浅析 Web GIS 中的相关基础技术. 地理空间信息, 2006, 4(2): 44-46.

[9] 徐波. 从 WebGIS 看 GIS 发展的大众化. 林业科技情报, 2009, 41(3): 87-89.

[10] 杜克明, 褚金翔, 孙忠富, 等. WebGIS 在农业环境物联网监测系统中的设计与实现. 农业工程学报, 2016, 32(4): 171-178.

[11] 高琪娟, 季小闯, 乐毅, 等. 基于 WEBGIS 的农业病虫害监测系统. 计算机技术与发展, 2010, 20(4): 224-227.

[12] Bao Y W, Yu M X, Wu W. Design and implementation of database for a WebGIS-based rice diseases and pests system. Procedia Environmental Sciences, 2011, 10: 535-540.

[13] Karydis I, Gratsanis P, Semertzidis C. WebGIS design & implementation for pest life-cycle & control simulation management: The case of olive-fruit fly. Procedia Technology, 2013, 8: 526-529.

[14] Yao X, Zhu D, Yun W, et al. A WebGIS-based decision support system for locust prevention and control in China. Computers and Electronics in Agriculture, 2017, 140: 148-158.

[15] 王元胜, 赵春江, 王纪华, 等. 基于 WebGIS 的重金属污染决策支持系统设计与应用. 农业工程学报, 2005, 21(12): 137-140.

[16] 胡昌平, 张晶. 从信息传输到可视化: 地图制图学视角下的知识地图理论研究. 图书馆论坛, 2014 (5): 29- 35, 70.

[17] 高俊, 王光霞, 庞小平, 等. 地图制图基础. 武汉: 武汉大学出版社, 2014: 130-154.

[18] 黄仁涛, 庞小平, 马晨燕. 专题地图编制. 武汉: 武汉大学出版社, 2006: 10-47.

[19] 尹章才. Web 2.0 地图的双向地图信息传递模型. 武汉大学学报·信息科学版, 2012, 37(6): 733-736.

第4章 市售水果蔬菜农药残留侦测报告（2012~2015年）

4.1 引 言

农药化学污染物残留问题已成为国际共同关注的食品安全重大问题之一，世界各国已实施从农田到餐桌农药等化学污染物的监测监控调查，其中欧盟、美国和日本均建立了较完善的法律法规和监管机构，制定了农产品中农药最大允许残留限量（MRL）标准，严格控制农药使用的同时，不断加强和重视食品中有害残留物质的监控和检测技术的研发，并形成了完善的监控调查体系。

我国作为农业大国，是世界上农药生产和消费量较高的国家。据中国统计年鉴数据统计，2000~2015年我国化学农药原药产品从60万吨已增加到374万吨。我国市售农产品中农药检出情况依然普遍，违禁、高剧毒农药残留仍在威胁民众“菜篮子”安全。尽管我国有关部门都有不同的残留监控计划，但还没有形成一套严格法律法规和全国一盘棋的监控体系，各部门仅有的残留数据资源在食品安全监管中发挥的作用也十分有限。我国农产品中农药残留大数据尚未形成资源，而这些基础数据对食品监管非常重要。

作为农产品质量源头监管的关键点之一的农药残留监测技术，已从经典的色谱技术、质谱技术，发展到高分辨质谱技术，并在非靶向农药目标物定性筛查方面实现了智能化、自动化创新。本章结合作者团队在高分辨质谱-互联网-数据科学三元融合技术研发与实践应用等方面取得的成果，2012~2015年，应用自主研发的LC-Q-TOF/MS和GC-Q-TOF/MS高通量筛查方法，对全国42个城市（27个省会城市、4个直辖市及11个水果蔬菜主产区城市）284个区县638个采样点采集的18类146种22374例水果蔬菜样品进行了农药残留侦测，形成了市售水果蔬菜农药残留侦测报告，初步查清了中国市售水果蔬菜农药残留状况，包括残留农药的种类、毒性、残留水平，以及在不同农产品和不同产地农药残留的差异等20项规律性特征，查清了市售水果蔬菜总体农药残留水平是有安全保障的，但值得警醒的是，我国“菜篮子”中残留农药风险隐患依然严峻，高剧毒和违禁农药仍有检出，农药残留大量数据验证了我国生产质量管理规范（GMP）、良好农业规范（GAP）、危害分析和关键控制点（HACCP）等法律法规，在食品安全中发挥的作用未能显现。因此，建立完善我国农药残留监控体系，对保障“农田到餐桌”食品安全，实现食品安全问题上可溯源，下可追踪，提供技术和数据支持，同时对农业良好规范的落实，农药科学使用与监控，对食品安全监管都具有十分重要的指导意义。这项研究是供给侧改革在农药残留检测技术领域的一个重要突破，为落实国家“十三五”规划纲要“增强农产品质量安全保障能力”和“推进健康中国建设”的需求，提供了重要技术保障和科学数据支持。

4.2 气相色谱-四极杆飞行时间质谱（GC-Q-TOF/MS）非靶向侦测报告

4.2.1 样品概况

为了真实反映百姓餐桌上水果蔬菜中农药残留的污染状况，本次所有检测样品均由检验人员于 2013 年 5 月至 2015 年 9 月期间，从全国 31 个省会/直辖市的 471 个采样点，包括 28 个农贸市场、443 个超市，以随机购买方式采集，总计 480 批 9823 例样品，从中检出农药 329 种，20412 频次[1-8]。样品信息及全国分布情况详见表 4-1 及图 4-1。

表 4-1 采样信息简表

采样地区	全国 31 个省会/直辖市
采样点（超市+农贸市场）	471
调味料样品种数	1
谷物样品种数	1
水果样品种数	32
食用菌样品种数	5
蔬菜样品种数	67
样品总数	9823

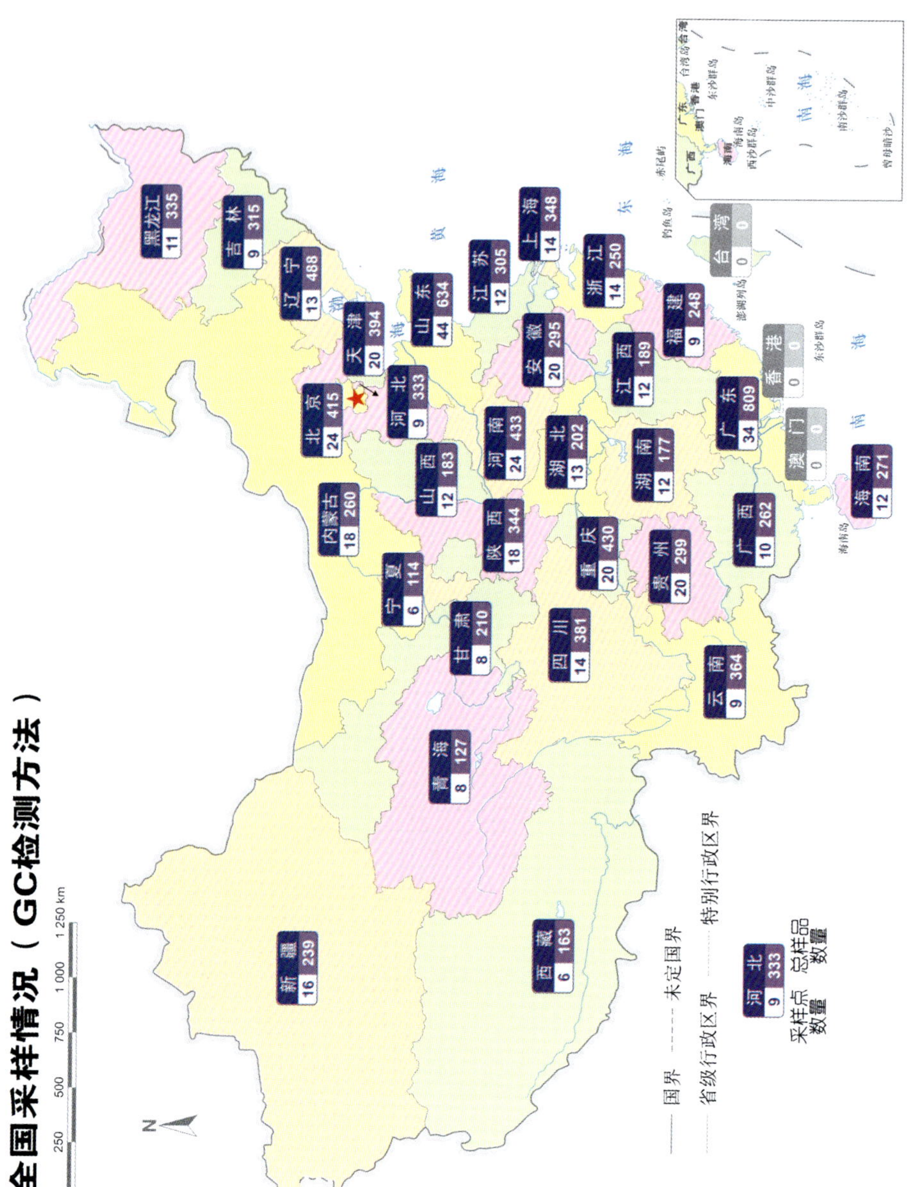

图 4-1　GC-Q-TOF/MS 侦测全国 31 个省会/直辖市 471 个采样点示意图

4.2.1.1　样品种类和数量

本次侦测所采集的 9823 例样品涵盖调味料、谷物、水果、食用菌和蔬菜 5 个大类，其中调味料 1 种 22 例，谷物 1 种 4 例，水果 32 种 3404 例，食用菌 5 种 327 例，蔬菜 67 种 6066 例。样品分类及数量明细详见表 4-2。

表 4-2　样品分类及数量

样品分类	样品名称（数量）	数量小计
1. 调味料		22
1）叶类调味料	芫荽（22）	22
2. 谷物		4
1）旱粮类谷物	鲜食玉米（4）	4
3. 水果		3404
1）仁果类水果	苹果（450），山楂（4），梨（437），枇杷（10）	901
2）核果类水果	桃（279），油桃（3），杏（18），枣（44），李子（91）	435
3）浆果和其他小型水果	猕猴桃（194），西番莲（7），葡萄（381），草莓（51）	633
4）瓜果类水果	西瓜（158），哈密瓜（39），香瓜（51），甜瓜（25）	273
5）热带和亚热带水果	山竹（47），石榴（9），香蕉（149），龙眼（12），木瓜（30），芒果（79），荔枝（56），火龙果（229），菠萝（44），杨桃（43），番石榴（23）	721
6）柑橘类水果	柚（50），橘（162），橙（185），柠檬（44）	441
4. 食用菌		327
1）蘑菇类	平菇（13），香菇（35），蘑菇（210），杏鲍菇（36），金针菇（33）	327
5. 蔬菜		6066
1）豆类蔬菜	豇豆（23），菜用大豆（6），扁豆（22），菜豆（374），食荚豌豆（4）	429
2）鳞茎类蔬菜	青蒜（19），韭菜（223），洋葱（50），大蒜（12），百合（9），葱（22）	335
3）水生类蔬菜	莲藕（26），豆瓣菜（13），茭白（4）	43
4）叶菜类蔬菜	芹菜（353），蕹菜（72），苦苣（35），菠菜（167），苋菜（28），落葵（12），紫背菜（7），春菜（19），奶白菜（1），小白菜（124），油麦菜（137），叶芥菜（37），枸杞叶（7），大白菜（199），生菜（277），小油菜（82），茼蒿（111），娃娃菜（4），甘薯叶（25），青菜（73），莴笋（22）	1792
5）芸薹属类蔬菜	结球甘蓝（293），花椰菜（43），儿菜（8），芥蓝（24），青花菜（210），紫甘蓝（41），菜薹（93）	712
6）瓜类蔬菜	黄瓜（434），西葫芦（202），佛手瓜（12），南瓜（34），瓠瓜（18），苦瓜（125），冬瓜（94），丝瓜（42）	961
7）茄果类蔬菜	番茄（433），甜椒（369），辣椒（79），樱桃番茄（65），人参果（22），茄子（363），秋葵（12）	1343
8）其他类蔬菜	芋花（9），竹笋（8）	17
9）根茎类和薯芋类蔬菜	甘薯（4），紫薯（8），山药（14），胡萝卜（154），芋（13），姜（22），马铃薯（120），萝卜（99）	434
合计	1. 调味料 1 种 2. 谷物 1 种 3. 水果 32 种 4. 食用菌 5 种 5. 蔬菜 67 种	9823

4.2.1.2　采样点数量与分布

本次侦测的471个采样点分布于全国除港澳台以外的31省会/直辖市。各地采样点数量分布情况见表4-3。

表4-3　各地采样点数量

城市编号	省级	地级	采样点个数
农贸市场（28）			
1	江苏省	南京市	2
2	西藏自治区	拉萨市	4
3	新疆维吾尔自治区	乌鲁木齐市	1
4	内蒙古自治区	呼和浩特市	8
5	安徽省	合肥市	4
6	山西省	太原市	3
7	海南省	海口市	2
8	贵州省	贵阳市	2
9	广东省	广州市	2
	总计		28
超市（443）			
1	重庆市		20
2	山东省	枣庄市	2
3	江苏省	南京市	10
4	甘肃省	兰州市	8
5	山东省	烟台市	3
6	陕西省	西安市	18
7	湖北省	武汉市	13
8	山东省	临沂市	5
9	黑龙江省	哈尔滨市	11
10	吉林省	长春市	9
11	河南省	郑州市	24
12	江西省	南昌市	12
13	山东省	济宁市	4
14	山东省	淄博市	2
15	山东省	威海市	3
16	新疆维吾尔自治区	乌鲁木齐市	15
17	广西壮族自治区	南宁市	10
18	河北省	石家庄市	9
19	宁夏回族自治区	银川市	6
20	西藏自治区	拉萨市	2
21	福建省	福州市	9
22	浙江省	杭州市	14

续表

城市编号	省级	地级	采样点个数
23	山东省	济南市	16
24	天津市		20
25	云南省	昆明市	9
26	山东省	泰安市	3
27	山东省	日照市	2
28	四川省	成都市	14
29	北京市		24
30	海南省	海口市	10
31	贵州省	贵阳市	18
32	安徽省	合肥市	16
33	山西省	太原市	9
34	湖南省	长沙市	12
35	辽宁省	沈阳市	13
36	内蒙古自治区	呼和浩特市	10
37	广东省	深圳市	12
38	青海省	西宁市	8
39	广东省	广州市	20
40	上海市		14
41	山东省	潍坊市	4
	总计		443

4.2.2　样品中农药残留检出情况

4.2.2.1　农药残留总体概况

采用庞国芳院士团队最新研发的不需使用标准品对照，而以高分辨精确质量数（0.0001 *m/z*）为基准的 GC-Q-TOF/MS 侦测技术，对于 9823 例样品，每个样品均侦测了 499 种农药化学污染物的残留现状。通过本次侦测，在 9823 例样品中共检出农药化学污染物 329 种，检出 20412 频次。

1）31 个省会/直辖市的样品检出情况

统计分析发现，31 个省会/直辖市被测样品的农药检出率范围为 54.0%~96.9%。其中，长春市、天津市、南昌市、临沂市、日照市、泰安市、威海市、潍坊市、烟台市、淄博市、上海市、杭州市、深圳市、海口市、武汉市、长沙市、银川市、西宁市、西安市和拉萨市 20 个城市的样品检出率均超过 80.0%。西宁市的检出率最高为 96.9%，郑州市的检出率最低为 54.0%。详细结果见图 4-2。

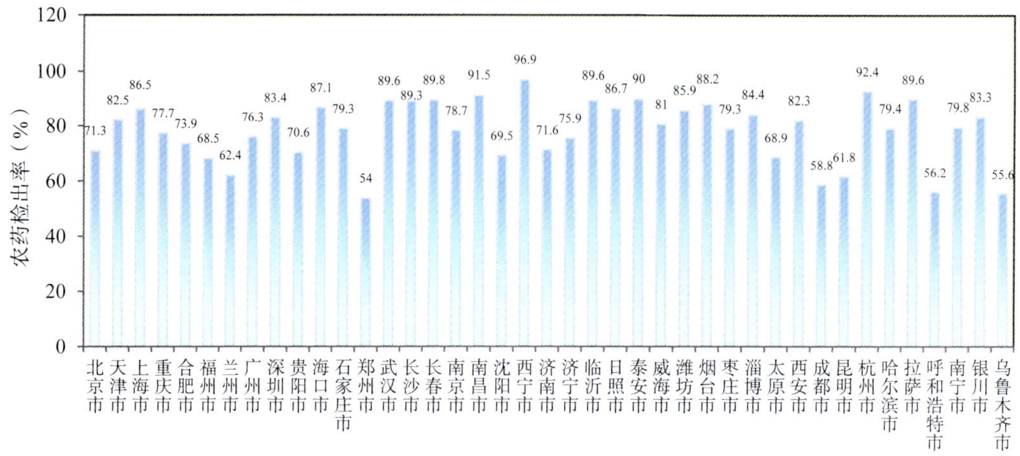

图 4-2　全国 31 个省会/直辖市的农药残留检出率图

2）检出农药的品种总数与频次

统计分析发现，对于 9823 例样品中 499 种农药化学污染物的侦测，共检出农药 20412 频次，涉及农药 329 种，结果如图 4-3 所示。其中威杀灵的检出频次最高，共检出 1447 次，检出频次排名前 10 的农药如下：①威杀灵（1447）；②毒死蜱（1256）；③除虫菊酯（1073）；④腐霉利（872）；⑤硫丹（696）；⑥哒螨灵（683）；⑦甲霜灵（614）；⑧嘧霉胺（610）；⑨戊唑醇（534）；⑩新燕灵（410）。

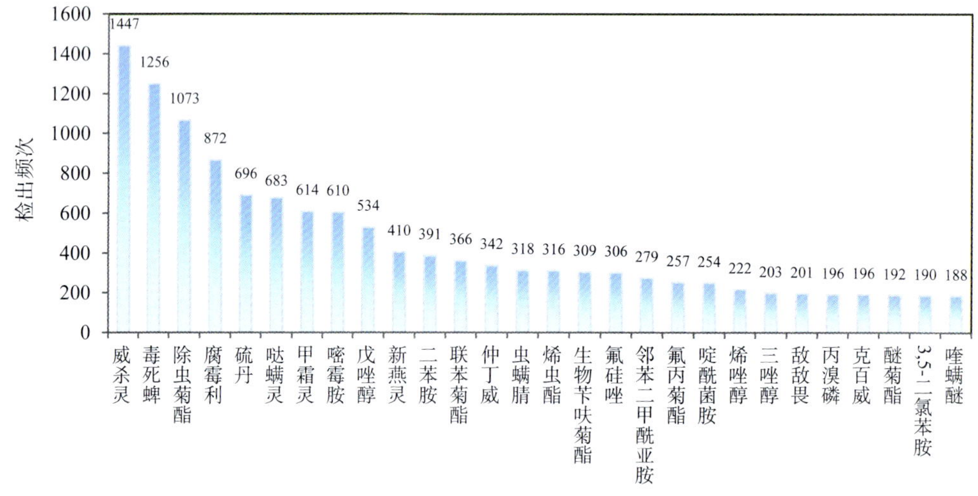

图 4-3　检出农药 329 种 20412 频次（仅列出 188 频次及以上数据）

由图 4-4 可见，芹菜、菜豆、黄瓜、番茄和甜椒 5 种水果蔬菜样品中检出的农药品种数较高，均超过 100 种，其中，芹菜检出农药品种最多，为 151 种。由图 4-5 可见，芹菜、黄瓜、葡萄和番茄 4 种水果蔬菜样品中的农药检出频次较高，均超过 1000 次，其中，芹菜检出农药频次最高，为 1525 次。

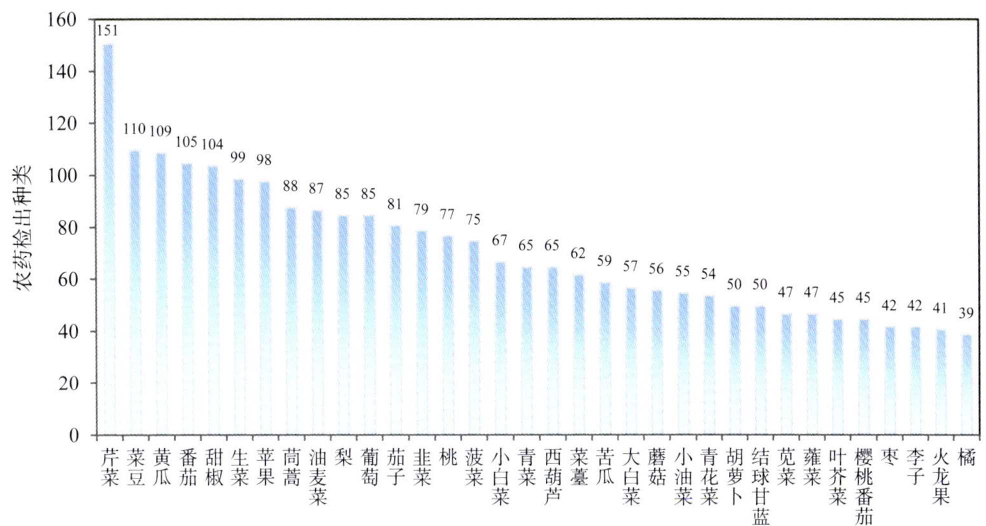

图 4-4　单种水果蔬菜检出农药的种类数（仅列出 39 种及以上数据）

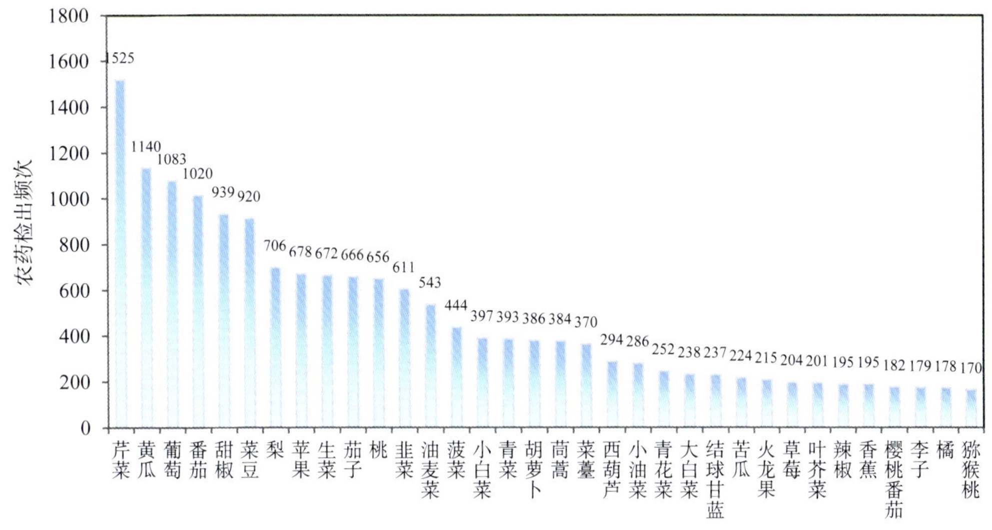

图 4-5　单种水果蔬菜的检出农药频次（仅列出 170 频次及以上数据）

3）单例样品农药检出种类与占比

对单例样品检出农药的种类和频次进行统计发现，未检出农药的样品占总样品数的 24.1%，检出 1 种农药的样品占总样品数的 26.0%，检出 2~5 种农药的样品占总样品数的 42.5%，检出 6~10 种农药的样品占总样品数的 6.8%，检出大于 10 种农药的样品占总样品数的 0.7%。每例样品中平均检出农药为 2.1 种，数据见表 4-4 及图 4-6。

表 4-4 单例样品检出农药品种占比

检出农药品种数	样品数量/占比（%）
未检出	2370/24.1
1 种	2552/26.0
2~5 种	4172/42.5
6~10 种	665/6.8
大于 10 种	64/0.7
单例样品平均检出农药品种数	2.1 种

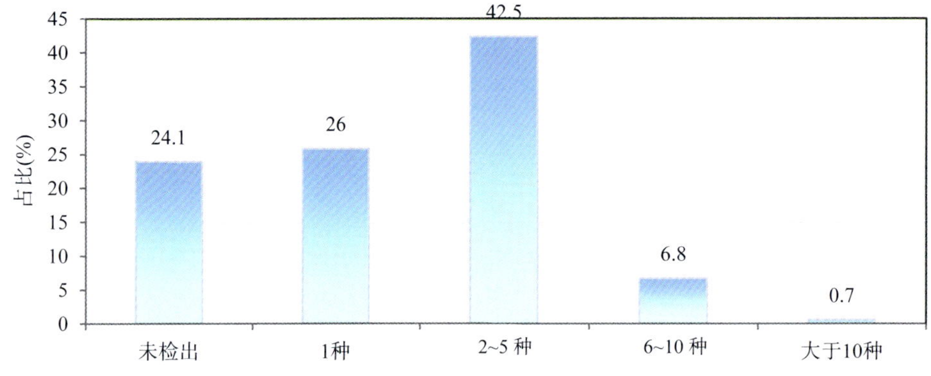

图 4-6 单例样品的平均检出农药品种数及占比

4）检出农药类别与占比

所有检出农药按功能分类，包括杀虫剂、除草剂、杀菌剂、植物生长调节剂、增效剂、驱避剂、除草剂安全剂、增塑剂和其他共 9 类。其中杀虫剂与除草剂为主要检出的农药类别，分别占总数的 41.6%和 29.8%，见表 4-5 及图 4-7。

表 4-5 检出农药所属类别及占比

农药类别	数量/占比（%）
杀虫剂	137/41.6
除草剂	98/29.8
杀菌剂	78/23.7
植物生长调节剂	8/2.4
增效剂	2/0.6
驱避剂	1/0.3
除草剂安全剂	1/0.3
增塑剂	1/0.3
其他	2/0.6

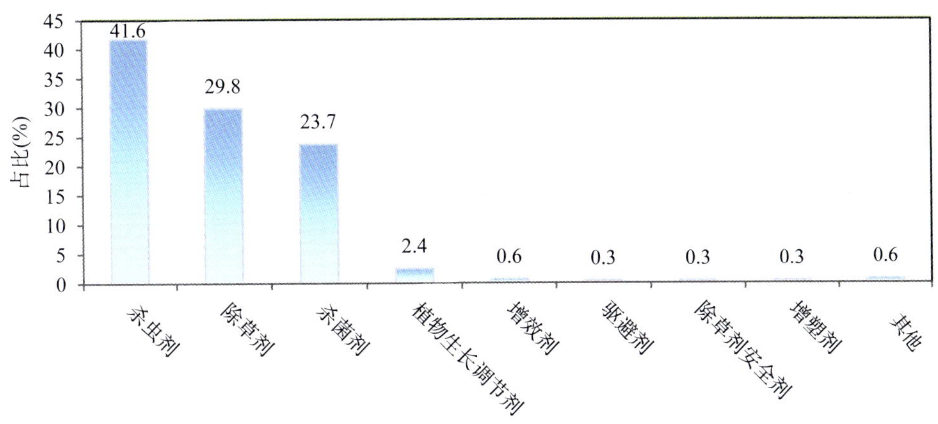

图 4-7　检出 329 种农药所属类别和占比

5）检出农药的残留水平

按检出农药残留水平进行统计，残留水平在 1~5 μg/kg（含）的农药占总数的 36.7%，在 5~10 μg/kg（含）的农药占总数的 15.2%，在 10~100 μg/kg（含）的农药占总数的 39.3%，在 100~1000 μg/kg（含）的农药占总数的 8.4%，>1000 μg/kg 的农药占总数的 0.4%。

由此可见，480 批 9823 例水果蔬菜样品中的农药多数处于较低残留水平。结果见表 4-6 及图 4-8。

表 4-6　农药残留水平及占比

残留水平（μg/kg）	检出频次数/占比（%）
1~5（含）	7487/36.7
5~10（含）	3104/15.2
10~100（含）	8025/39.3
100~1000（含）	1717/8.4
>1000	79/0.4

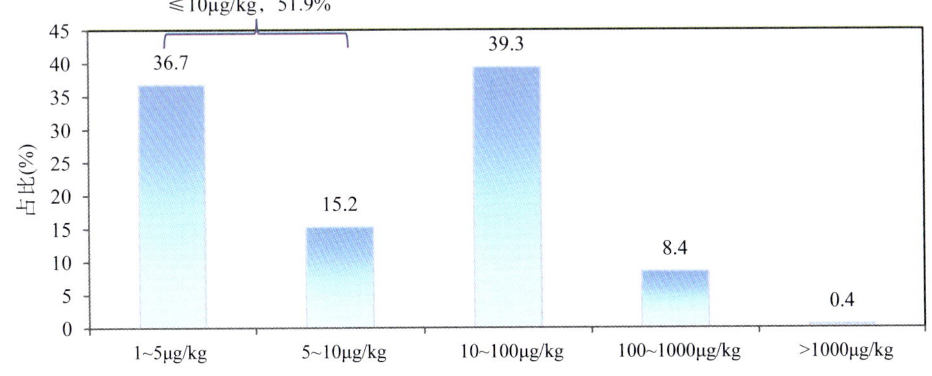

图 4-8　检出 329 种农药的残留水平（μg/kg）占比

6）检出农药的毒性类别、检出频次和超标频次及占比

对检出的 329 种 20412 频次的农药，按剧毒、高毒、中毒、低毒和微毒 5 个毒性类别进行分类，可以看出，全国目前普遍使用的农药为中低微毒农药，品种占 88.1%，频次占 95.2%。结果见表 4-7 及图 4-9。

表 4-7 检出农药的毒性类别及占比

毒性分类	农药品种/占比（%）	检出频次/占比（%）	超标频次/超标率（%）
剧毒农药	14/4.3	182/0.9	67/36.8
高毒农药	25/7.6	799/3.9	132/16.5
中毒农药	100/30.5	9497/46.6	83/0.9
低毒农药	141/43.0	6289/30.8	2/0.0
微毒农药	48/14.6	3641/17.8	18/0.5

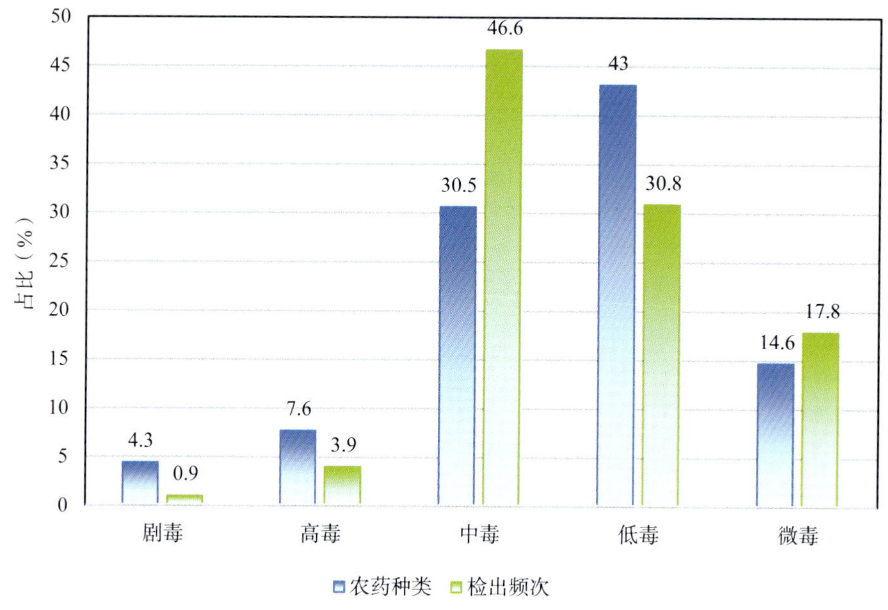

图 4-9 检出农药的毒性分类和占比

7）检出剧毒/高毒类农药的品种和频次

值得特别关注的是，在此次侦测的 9823 例样品中有 46 种蔬菜、22 种水果、1 种调味料、3 种食用菌的 889 例样品检出了 39 种 981 频次的剧毒和高毒农药，占样品总量的 9.1%，详见图 4-10、表 4-8 及表 4-9。

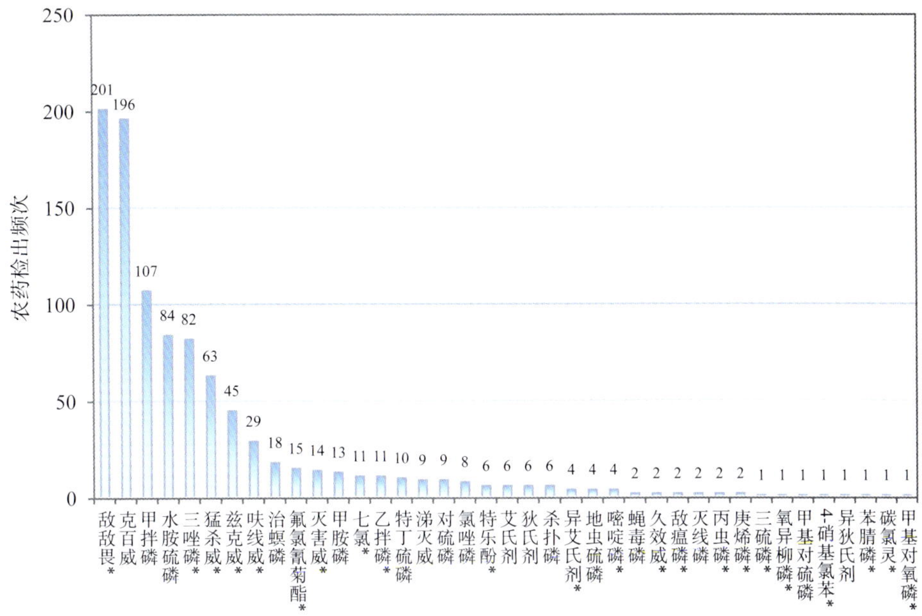

图 4-10 检出剧毒/高毒农药的品种及频次

*表示允许在水果和蔬菜上使用的农药，其余 17 种禁止使用

表 4-8 水果和蔬菜中检出剧毒农药的情况

序号	农药名称	检出频次	超标频次	超标率
		从 5 种水果中检出 8 种剧毒农药，共检出 14 次		
1	对硫磷*	3	3	100.0%
2	甲拌磷*	3	0	0.0%
3	乙拌磷*	2	0	0.0%
4	灭线磷*	2	0	0.0%
5	甲基对氧磷*	1	0	0.0%
6	异艾氏剂*	1	0	0.0%
7	七氯*	1	1	100.0%
8	甲基对硫磷*	1	0	0.0%
	小计	14	4	超标率：28.6%
		从 28 种蔬菜中检出 11 种剧毒农药，共检出 162 次		
1	甲拌磷*	102	48	47.1%
2	特丁硫磷*	10	3	30.0%
3	乙拌磷*	9	0	0.0%
4	七氯*	9	5	55.6%

续表

序号	农药名称	检出频次	超标频次	超标率
5	涕灭威*	7	0	0.0%
6	艾氏剂*	6	0	0.0%
7	狄氏剂*	6	0	0.0%
8	对硫磷*	5	4	80.0%
9	地虫硫磷*	4	3	75.0%
10	异艾氏剂*	3	0	0.0%
11	异狄氏剂*	1	0	0.0%
	小计	162	63	超标率：38.9%
	合计	176	67	超标率：38.1%

注：*表示剧毒农药；超标结果参考 MRL 中国国家标准计算

表 4-9　高毒农药的检出情况

序号	农药名称	检出频次	超标频次	超标率
从 21 种水果中检出 14 种高毒农药，共检出 165 次				
1	敌敌畏	39	2	5.1%
2	克百威	34	18	52.9%
3	猛杀威	25	0	0.0%
4	水胺硫磷	23	2	8.7%
5	三唑磷	23	5	21.7%
6	杀扑磷	5	0	0.0%
7	嘧啶磷	4	0	0.0%
8	甲胺磷	4	1	25.0%
9	特乐酚	2	0	0.0%
10	蝇毒磷	2	0	0.0%
11	呋线威	1	0	0.0%
12	4-硝基氯苯	1	0	0.0%
13	氟氯氰菊酯	1	0	0.0%
14	灭害威	1	0	0.0%
	小计	165	28	超标率：17.0%
从 43 种蔬菜中检出 22 种高毒农药，共检出 624 次				
1	克百威	158	80	50.6%
2	敌敌畏	157	6	3.8%
3	水胺硫磷	61	0	0.0%
4	三唑磷	59	0	0.0%

续表

序号	农药名称	检出频次	超标频次	超标率
5	兹克威	45	0	0.0%
6	猛杀威	38	0	0.0%
7	呋线威	28	0	0.0%
8	治螟磷	18	13	72.2%
9	氟氯氰菊酯	13	0	0.0%
10	灭害威	13	0	0.0%
11	甲胺磷	9	1	11.1%
12	氯唑磷	8	4	50.0%
13	特乐酚	4	0	0.0%
14	庚烯磷	2	0	0.0%
15	敌瘟磷	2	0	0.0%
16	丙虫磷	2	0	0.0%
17	久效威	2	0	0.0%
18	三硫磷	1	0	0.0%
19	苯腈磷	1	0	0.0%
20	碳氯灵	1	0	0.0%
21	氧异柳磷	1	0	0.0%
22	杀扑磷	1	0	0.0%
	小计	624	104	超标率：16.7%
	合计	789	132	超标率：16.7%

在检出的剧毒和高毒农药中，有 17 种是我国早已禁止在果树和蔬菜上使用的农药，分别是：克百威、艾氏剂、甲拌磷、治螟磷、狄氏剂、蝇毒磷、氯唑磷、甲胺磷、杀扑磷、地虫硫磷、特丁硫磷、甲基对硫磷、灭线磷、涕灭威、水胺硫磷、对硫磷和异狄氏剂。禁用农药的检出情况见表 4-10。

表 4-10　禁用农药的检出情况

序号	农药名称	检出频次	超标频次	超标率
从 24 种水果中检出 14 种禁用农药，共检出 280 次				
1	硫丹	145	0	0.0%
2	氰戊菊酯	35	3	8.6%
3	克百威	34	18	52.9%
4	水胺硫磷	23	2	8.7%
5	六六六	11	5	45.5%

续表

序号	农药名称	检出频次	超标频次	超标率
6	氟虫腈	10	0	0.0%
7	杀扑磷	5	0	0.0%
8	甲胺磷	4	1	25.0%
9	甲拌磷*	3	0	0.0%
10	对硫磷*	3	3	100.0%
11	灭线磷*	2	0	0.0%
12	滴滴涕	2	0	0.0%
13	蝇毒磷	2	0	0.0%
14	甲基对硫磷*	1	0	0.0%
	小计	280	32	超标率：11.4%
从 43 种蔬菜中检出 21 种禁用农药，共检出 1123 次				
1	硫丹	543	0	0.0%
2	克百威	158	80	50.6%
3	氟虫腈	145	9	6.2%
4	甲拌磷*	102	48	47.1%
5	水胺硫磷	61	0	0.0%
6	六六六	19	0	0.0%
7	治螟磷	18	13	72.2%
8	氰戊菊酯	14	2	14.3%
9	特丁硫磷*	10	3	30.0%
10	甲胺磷	9	1	11.1%
11	氯唑磷	8	4	50.0%
12	涕灭威*	7	0	0.0%
13	艾氏剂*	6	0	0.0%
14	狄氏剂*	6	0	0.0%
15	对硫磷*	5	4	80.0%
16	地虫硫磷*	4	3	75.0%
17	林丹	2	0	0.0%
18	除草醚	2	0	0.0%
19	滴滴涕	2	0	0.0%
20	异狄氏剂*	1	0	0.0%
21	杀扑磷	1	0	0.0%
	小计	1123	167	超标率：14.9%
	合计	1403	199	超标率：14.2%

注：表中*为剧毒农药；超标结果参考 MRL 中国国家标准计算

此次抽检的水果蔬菜样品中，有 3 种禁用农药的检出情况比较突出，检出超过 150 频次，为：高毒农药克百威检出 192 次，中毒农药硫丹检出 688 次，中毒农药氟虫腈检出 155 次。

本次检出结果表明，高毒、剧毒农药的使用现象依旧存在，详见表 4-11。

水果蔬菜样品中检出剧毒和高毒农药的残留水平超过 MRL 中国国家标准的频次为 199 次，其中，超标 10 频次及以上的有：芹菜检出克百威超标 41 次，菜豆检出克百威超标 16 次，萝卜检出甲拌磷超标 12 次，芹菜检出甲拌磷超标 12 次。

表 4-11　各样本中检出的剧毒/高毒农药情况

样品名称	农药名称	检出频次	超标频次	检出浓度（μg/kg）
		水果 22 种		
哈密瓜	甲基对氧磷*	1	0	4.0
李子	三唑磷	2	0	409.9, 31.4
李子	敌敌畏	1	0	4.0
杏	敌敌畏	1	0	141.3
杨桃	水胺硫磷▲	2	0	4.0, 4.8
枣	三唑磷	1	0	5.3
枣	猛杀威	1	0	1.1
柠檬	水胺硫磷▲	7	0	519.7, 23.1, 12.1, 12.6, 5.5, 11.5, 180.8
柠檬	克百威▲	3	2	3.1, 388.4[a], 656.2[a]
桃	克百威▲	10	6	35.0[a], 27.8[a], 44.1[a], 31.1[a], 41.8[a], 3.9, 2.9, 1.1, 4.1, 26.4[a]
桃	敌敌畏	5	0	2.8, 16.4, 2.6, 2.6, 96.8
桃	猛杀威	5	0	8.4, 7.1, 5.7, 6.5, 6.6
桃	三唑磷	4	0	8.9, 2.5, 1.3, 125.2
桃	嘧啶磷	4	0	16.0, 66.8, 14.4, 7.7
桃	杀扑磷▲	1	0	22.9
桃	氟氯氰菊酯	1	0	10.3
桃	水胺硫磷▲	1	0	39.4
桃	蝇毒磷▲	1	0	41.6
梨	猛杀威	11	0	34.1, 21.7, 8.0, 7.5, 10.1, 32.5, 8.0, 1.6, 3.0, 6.9, 10.7
梨	敌敌畏	9	0	20.9, 5.2, 25.6, 24.4, 168.3, 47.5, 3.3, 95.4, 4.1
梨	克百威▲	2	0	9.0, 4.1
梨	水胺硫磷▲	2	0	15.8, 3.8
梨	甲胺磷▲	2	0	4.3, 3.1
梨	对硫磷*▲	2	2	41.2[a], 13.4[a]
梨	七氯*	1	1	16.6[a]

续表

样品名称	农药名称	检出频次	超标频次	检出浓度（μg/kg）
梨	异艾氏剂*	1	0	47.5
梨	甲基对硫磷*▲	1	0	1.6
橘	三唑磷	10	5	787.8[a], 177.2, 339.6[a], 220.2[a], 90.1, 29.2, 60.4, 57.8, 349.0[a], 382.4[a]
橘	水胺硫磷▲	4	1	3.0, 13.0, 2.0, 26.1[a]
橘	杀扑磷▲	1	0	1.2
橘	猛杀威	1	0	2.0
橙	水胺硫磷▲	3	1	16.2, 1042.9[a], 4.3
橙	克百威▲	3	0	1.0, 2.0, 2.3
橙	杀扑磷▲	3	0	1.7, 4.8, 3.7
火龙果	克百威▲	7	5	23.4[a], 28.6[a], 21.6[a], 46.9[a], 14.2, 14.6, 65.6[a]
火龙果	呋线威	1	0	25.4
火龙果	灭害威	1	0	214.7
火龙果	灭线磷*▲	2	0	2.1, 2.2
猕猴桃	敌敌畏	4	0	6.3, 1.1, 1.7, 2.1
猕猴桃	水胺硫磷▲	1	0	2.8
番石榴	特乐酚	2	0	9.0, 10.0
石榴	克百威▲	4	4	96.4[a], 93.8[a], 24.3[a], 147.2[a]
芒果	敌敌畏	2	0	1.3, 1.1
芒果	三唑磷	1	0	2.4
芒果	水胺硫磷▲	1	0	2.7
苹果	敌敌畏	8	2	73.2, 269.5[a], 308.2[a], 104.9, 9.4, 11.3, 17.0, 4.1
苹果	三唑磷	2	0	25.7, 117.0
苹果	克百威▲	1	1	21.3[a]
苹果	4-硝基氯苯	1	0	30.1
苹果	水胺硫磷▲	1	0	1.0
苹果	猛杀威	1	0	1.6
草莓	敌敌畏	1	0	61.8
草莓	甲拌磷*▲	3	0	1.2, 8.6, 1.6
荔枝	三唑磷	3	0	1.6, 1.7, 2.1
荔枝	敌敌畏	2	0	24.0, 113.0
荔枝	水胺硫磷▲	1	0	1.1
葡萄	敌敌畏	3	0	2.5, 18.7, 1.7
葡萄	克百威▲	2	0	3.0, 2.3

续表

样品名称	农药名称	检出频次	超标频次	检出浓度（μg/kg）
葡萄	甲胺磷▲	1	1	146.3[a]
葡萄	蝇毒磷▲	1	0	3.7
香瓜	克百威▲	1	0	6.3
香蕉	猛杀威	6	0	1.2, 3.1, 4.9, 24.6, 90.5, 22.5
香蕉	敌敌畏	2	0	112.4, 21.9
香蕉	克百威▲	1	0	1.3
香蕉	甲胺磷▲	1	0	2.2
香蕉	乙拌磷*	2	0	4.5, 5.0
香蕉	对硫磷*▲	1	1	11.6[a]
龙眼	敌敌畏	1	0	6.5
小计		179	32	超标率：17.9%
蔬菜46种				
丝瓜	甲拌磷*▲	1	0	5.5
冬瓜	敌敌畏	2	0	1.6, 6.8
叶芥菜	敌敌畏	9	0	1.4, 8.8, 3.0, 3.9, 21.7, 12.6, 2.8, 36.9, 2.0
叶芥菜	氟氯氰菊酯	6	0	4.1, 9.8, 12.2, 5.8, 12.3, 29.9
叶芥菜	克百威▲	2	1	14.0, 36.6[a]
叶芥菜	三唑磷	2	0	23.1, 13.4
叶芥菜	敌瘟磷	2	0	85.4, 491.0
叶芥菜	对硫磷*▲	1	1	138.2[a]
大白菜	克百威▲	2	1	20.6[a], 2.6
大白菜	三唑磷	2	0	57.8, 29.2
大白菜	治螟磷▲	1	1	22.2[a]
大白菜	敌敌畏	1	0	10.1
大白菜	猛杀威	1	0	8.1
大白菜	七氯*	1	0	16.6
大蒜	呋线威	1	0	35.0
姜	呋线威	4	0	107.4, 120.7, 60.7, 4.4
姜	丙虫磷	1	0	99.4
姜	猛杀威	1	0	66.5
小油菜	三唑磷	4	0	38.9, 361.9, 572.5, 3.0
小油菜	兹克威	3	0	1.8, 5.7, 6.1
小油菜	灭害威	1	0	27.5

续表

样品名称	农药名称	检出频次	超标频次	检出浓度（μg/kg）
小油菜	甲胺磷▲	1	0	1.3
小白菜	三唑磷	4	0	6.5, 2.6, 30.5, 8.9
小白菜	兹克威	4	0	4.8, 38.2, 9.0, 24.0
小白菜	敌敌畏	3	0	1.4, 2.0, 1.6
小白菜	甲拌磷*▲	2	2	39.1[a], 33.0[a]
春菜	敌敌畏	7	0	2.2, 4.1, 41.1, 1.2, 1.2, 5.7, 9.1
春菜	三唑磷	1	0	32.4
春菜	甲拌磷*▲	1	0	8.6
枸杞叶	敌敌畏	7	0	7.6, 4.9, 8.5, 5.1, 4.5, 8.8, 6.1
枸杞叶	克百威▲	3	2	840.4[a], 7.8, 26.7[a]
樱桃番茄	敌敌畏	3	0	7.5, 10.7, 31.5
樱桃番茄	克百威▲	1	1	39.4[a]
油麦菜	敌敌畏	15	0	7.3, 2.6, 7.2, 7.1, 5.0, 5.6, 7.5, 8.0, 7.9, 18.2, 9.8, 12.5, 9.9, 3.8, 5.6
油麦菜	兹克威	8	0	5.2, 10.9, 2.3, 10.0, 21.6, 7.5, 9.4, 37.9
油麦菜	克百威▲	5	3	402.0[a], 131.6[a], 5.2, 10.7, 47.8[a]
油麦菜	三唑磷	3	0	17.8, 1.4, 1.7
油麦菜	甲胺磷▲	1	1	68.8[a]
油麦菜	水胺硫磷▲	1	0	8.9
油麦菜	甲拌磷*▲	3	2	121.6[a], 254.0[a], 2.0
洋葱	甲胺磷▲	1	0	3.1
甘薯叶	敌敌畏	2	0	1.6, 87.5
甜椒	克百威▲	15	5	6.0, 3.0, 8.5, 10.0, 11.1, 9.8, 6.7, 6.1, 20.0, 22.3[a], 58.0[a], 21.7[a], 41.2[a], 7.2, 87.0[a]
甜椒	敌敌畏	7	0	3.8, 4.2, 4.4, 1.8, 2.6, 1.5, 2.9
甜椒	三唑磷	1	0	2.5
甜椒	甲胺磷▲	1	0	2.3
甜椒	苯腈磷	1	0	2.5
甜椒	甲拌磷*▲	3	0	2.7, 6.2, 7.6
甜椒	七氯*	1	1	21.8[a]
生菜	兹克威	7	0	22.3, 20.0, 45.4, 19.7, 13.1, 32.9, 46.6
生菜	敌敌畏	4	0	1.2, 1.4, 1.3, 1.1
生菜	久效威	2	0	1113.7, 1879.4
生菜	克百威▲	2	0	9.2, 3.3
生菜	氟氯氰菊酯	1	0	2.3

续表

样品名称	农药名称	检出频次	超标频次	检出浓度（μg/kg）
生菜	甲拌磷*▲	9	3	25.4[a], 174.3[a], 1.7, 9.0, 5.0, 8.2, 4.0, 1.6, 16.5[a]
生菜	七氯*	1	0	16.6
生菜	异狄氏剂*▲	1	0	23.1
番茄	敌敌畏	3	1	120.9, 402.2[a], 6.9
番茄	三唑磷	3	0	9.6, 2.1, 38.6
番茄	猛杀威	3	0	1.8, 2.0, 1.4
番茄	克百威▲	2	1	26.2[a], 7.4
番茄	呋线威	2	0	2.1, 3.6
番茄	三硫磷	1	0	3.7
番茄	甲胺磷▲	1	0	17.5
百合	庚烯磷	2	0	3.6, 3.0
紫甘蓝	敌敌畏	4	0	2.3, 2.0, 2.1, 1.8
紫甘蓝	猛杀威	1	0	6.3
结球甘蓝	敌敌畏	8	0	1.5, 1.2, 1.2, 2.8, 1.3, 1.4, 1.9, 1.1
结球甘蓝	猛杀威	4	0	29.2, 4.1, 2.3, 2.1
结球甘蓝	克百威▲	1	0	2.8
结球甘蓝	涕灭威*▲	1	0	8.1
胡萝卜	呋线威	20	0	2.1, 4.8, 2.5, 4.2, 4.1, 19.4, 34.2, 22.2, 8.0, 12.4, 8.1, 21.3, 14.5, 18.1, 9.8, 5.4, 7.6, 18.4, 10.7, 14.3
胡萝卜	水胺硫磷▲	3	0	8.7, 3.1, 1.6
胡萝卜	猛杀威	3	0	4.7, 13.2, 20.6
胡萝卜	敌敌畏	1	1	832.0[a]
胡萝卜	甲拌磷*▲	10	1	14.7[a], 6.1, 1.0, 2.4, 1.4, 6.1, 3.9, 1.2, 4.3, 2.0
芋	猛杀威	1	0	4.2
芥蓝	敌敌畏	9	0	1.7, 14.6, 8.7, 3.2, 8.7, 7.1, 5.7, 16.3, 3.9
芹菜	克百威▲	73	41	2.4, 7.7, 17.9, 30.4[a], 41.9[a], 40.2[a], 5.3, 24.7[a], 24.5[a], 103.3[a], 149.2[a], 48.3[a], 780.8[a], 8.3, 25.6[a], 576.1[a], 510.9[a], 195.2[a], 401.4[a], 199.5[a], 34.3[a], 398.3[a], 23.8[a], 90.3[a], 146.3[a], 26.4[a], 5.6, 4.3, 19.7, 11.2, 19.8, 14.2, 27.3[a], 15.1, 65.2[a], 89.6[a], 8.6, 20.6[a], 6.8, 5.9, 5.5, 2.5, 8.5, 50.8[a], 81.8[a], 91.1[a], 97.3[a], 100.0[a], 88.4[a], 96.5[a], 59.7[a], 3.7, 21.7[a], 4.2, 4.2, 13.9, 11.7, 7.2, 5.6, 38.1[a], 40.3[a], 58.4[a], 34.2[a], 11.7, 43.5[a], 20.1[a], 13.5, 16.5, 22.2[a], 2.0, 1.1, 7.9, 4.5
芹菜	兹克威	10	0	24.5, 10.2, 24.8, 16.6, 5.9, 8.4, 21.6, 20.4, 858.7, 119.3
芹菜	水胺硫磷▲	10	0	85.8, 6.9, 9.7, 9.3, 13.9, 66.6, 2.0, 2.6, 5.8, 2.3
芹菜	敌敌畏	9	2	34.2, 180.3, 330.6[a], 179.5, 580.0[a], 3.2, 4.5, 2.9, 6.0
芹菜	治螟磷▲	7	2	2.2, 12.1[a], 1.0, 17.6[a], 1.9, 3.8, 4.4
芹菜	三唑磷	4	0	79.8, 10.7, 35.1, 2.9

续表

样品名称	农药名称	检出频次	超标频次	检出浓度（μg/kg）
芹菜	甲胺磷▲	2	0	6.1, 2.3
芹菜	杀扑磷▲	1	0	522.3
芹菜	氟氯氰菊酯	1	0	27.6
芹菜	甲拌磷*▲	30	12	6.2, 1.5, 5.1, 4.2, 3.7, 4.4, 4.6, 7.3, 4.0, 8.0, 36.4[a], 481.6[a], 32.0[a], 74.8[a], 28.6[a], 17.3[a], 131.2[a], 1.5, 8.4, 5.9, 14.1a, 18.1[a], 8.3, 19.5[a], 2.9, 171.8[a], 136.3[a], 1.1, 1.1, 4.6
芹菜	乙拌磷*	6	0	17.7, 11.7, 14.9, 3.6, 214.2, 10.9
芹菜	地虫硫磷*▲	4	3	73.8[a], 77.0[a], 2.6, 34.9[a]
芹菜	特丁硫磷*▲	4	2	66.2[a], 2.2, 12.9[a], 2.0
芹菜	艾氏剂*▲	2	0	2.7, 6.1
芹菜	异艾氏剂*	1	0	22.2
苋菜	克百威▲	2	0	1.2, 1.8
苋菜	氟氯氰菊酯	2	0	172.2, 9.9
苋菜	三唑磷	1	0	103.4
苋菜	甲拌磷*▲	1	0	3.1
苦瓜	氯唑磷▲	8	4	38.8[a], 14.0[a], 4.0, 25.6[a], 1.2, 2.3, 1.4, 33.2[a]
苦瓜	猛杀威	2	0	31.3, 31.6
苦瓜	敌敌畏	1	0	2.9
苦瓜	水胺硫磷▲	1	0	31.6
苦瓜	狄氏剂*▲	5	0	4.9, 3.0, 6.6, 11.7, 19.4
苦瓜	甲拌磷*▲	1	1	185.0[a]
苦瓜	乙拌磷*	1	0	5.2
苦苣	猛杀威	2	0	25.0, 9.0
苦苣	兹克威	1	0	155.2
茄子	水胺硫磷▲	27	0	39.3, 6.4, 109.4, 6.4, 38.6, 19.6, 10.2, 85.9, 49.8, 17.0, 19.5, 90.0, 26.4, 20.9, 38.3, 21.9, 2709.1, 82.4, 301.4, 210.4, 91.9, 88.6, 31.4, 35.6, 4.3, 3.8, 4.6
茄子	克百威▲	6	2	10.0, 20.2[a], 44.1[a], 3.4, 6.7, 10.6
茄子	敌敌畏	4	0	119.4, 150.7, 105.0, 1.3
茄子	三唑磷	3	0	26.6, 9.3, 127.0
茄子	兹克威	1	0	56.8
茄子	猛杀威	1	0	4.3
茄子	甲拌磷*▲	1	1	32.0[a]
茼蒿	灭害威	5	0	18.9, 14.4, 4.1, 7.6, 26.7
茼蒿	三唑磷	4	0	1.2, 80.0, 6.0, 445.9
茼蒿	兹克威	3	0	67.9, 9.5, 29.6

续表

样品名称	农药名称	检出频次	超标频次	检出浓度（μg/kg）
茼蒿	敌敌畏	2	0	155.0, 2.0
茼蒿	水胺硫磷▲	2	0	144.3, 256.6
茼蒿	氟氯氰菊酯	1	0	41.4
茼蒿	甲胺磷▲	1	0	1.1
茼蒿	甲拌磷*▲	7	3	2.5, 2.5, 1.8, 14.4[a], 165.5[a], 42.0[a], 1.8
茼蒿	特丁硫磷*▲	4	1	5.4, 1.7, 1.0, 90.4[a]
茼蒿	七氯*	1	1	21.9[a]
莴笋	对硫磷*▲	2	1	8.3, 16.4[a]
莴笋	甲拌磷*▲	1	0	1.8
菜薹	敌敌畏	18	0	1.0, 1.3, 99.0, 181.5, 43.7, 42.5, 23.5, 9.6, 1.7, 20.1, 2.8, 1.3, 2.8, 1.7, 2.5, 2.1, 2.1, 1.5
菜薹	三唑磷	4	0	11.8, 11.2, 25.5, 27.3
菜薹	兹克威	2	0	15.6, 7.6
菜薹	克百威▲	1	0	19.9
菜薹	灭害威	1	0	17.4
菜薹	甲拌磷*▲	2	1	384.1[a], 2.3
菜薹	艾氏剂*▲	2	0	1.7, 20.7
菜豆	克百威▲	22	16	7.6, 66.2[a], 2.3, 18.8, 7.9, 389.0[a], 192.5[a], 21.1[a], 47.8[a], 320.2[a], 39.6[a], 69.6[a], 101.8[a], 204.6[a], 241.2[a], 285.8[a], 76.5[a], 40.9[a], 4.5, 57.0[a], 181.6[a], 3.6
菜豆	三唑磷	14	0	4.3, 32.8, 2.5, 69.3, 16.4, 3.2, 1.2, 19.0, 4.0, 257.8, 15.6, 2.9, 8.7, 58.6
菜豆	水胺硫磷▲	11	0	19.3, 228.9, 130.8, 4.7, 9.2, 385.1, 17.4, 10.5, 17.0, 5.0, 34.8
菜豆	治螟磷▲	6	6	142.1[a], 133.5[a], 160.2[a], 134.0[a], 117.3[a], 149.1[a]
菜豆	特乐酚	4	0	5.5, 41.6, 6.7, 34.4
菜豆	兹克威	1	0	12.8
菜豆	呋线威	1	0	4.5
菜豆	敌敌畏	1	0	3.4
菜豆	猛杀威	1	0	23.2
菠菜	敌敌畏	5	0	1.2, 17.2, 11.3, 4.6, 2.1
菠菜	兹克威	2	0	1.6, 1.5
菠菜	克百威▲	1	1	64.1[a]
菠菜	氟氯氰菊酯	1	0	35.5
菠菜	猛杀威	1	0	1.3
菠菜	甲拌磷*▲	3	1	1.2, 546.0[a], 2.1

续表

样品名称	农药名称	检出频次	超标频次	检出浓度（μg/kg）
菠菜	涕灭威*▲	3	0	1.0, 2.8, 2.9
萝卜	猛杀威	3	0	40.8, 11.8, 17.6
萝卜	甲拌磷*▲	14	12	3.7, 60.6[a], 804.9[a], 42.6[a], 23.4[a], 14.8[a] 13.5[a], 1.2, 231.3[a], 47.1[a], 26.8[a], 284.1[a], 20.2[a], 25.1[a]
落葵	敌敌畏	1	0	48.2
蕹菜	敌敌畏	12	0	1.6, 2.0, 1.8, 2.1, 1.6, 1.7, 1.9, 2.5, 3.2, 2.7, 2.0, 1.3
蕹菜	治螟磷▲	3	3	58.9[a], 177.5[a], 183.5[a]
蕹菜	水胺硫磷▲	1	0	1.6
蕹菜	七氯*	1	0	10.2
西葫芦	克百威▲	1	1	34.9[a]
西葫芦	敌敌畏	1	1	446.6[a]
西葫芦	氟氯氰菊酯	1	0	74.6
西葫芦	猛杀威	1	0	91.5
西葫芦	七氯*	1	1	21.8[a]
西葫芦	异艾氏剂*	1	0	21.5
豆瓣菜	异艾氏剂*	1	0	5.8
豇豆	丙虫磷	1	0	1.7
豇豆	碳氯灵	1	0	2.4
豇豆	甲拌磷*▲	1	1	26.6[a]
辣椒	克百威▲	2	0	9.4, 19.8
辣椒	敌敌畏	2	0	28.3, 29.3
辣椒	三唑磷	1	0	1081.1
青花菜	敌敌畏	1	1	565.2[a]
青花菜	克百威▲	1	0	4.5
青花菜	对硫磷*▲	2	2	221.8[a], 183.2[a]
青花菜	七氯*	1	1	21.9[a]
青花菜	甲拌磷*▲	1	0	2.4
青菜	克百威▲	4	2	63.2[a], 1.1, 44.8[a], 1.1
青菜	兹克威	2	0	15.1, 10.1
青菜	猛杀威	2	0	1.1, 4.5
青菜	三唑磷	1	0	2.0
青菜	水胺硫磷▲	1	0	42.4
青菜	乙拌磷*	2	0	3.9, 2.9
青蒜	猛杀威	1	0	4.8

续表

样品名称	农药名称	检出频次	超标频次	检出浓度（μg/kg）
韭菜	三唑磷	6	0	1.9, 188.2, 1.6, 1.5, 3.1, 3.7
韭菜	灭害威	6	0	3.3, 3.6, 9.7, 5.8, 2.0, 2.5
韭菜	克百威▲	3	1	23.3[a], 14.8, 1.1
韭菜	敌敌畏	3	0	5.3, 8.8, 7.1
韭菜	水胺硫磷▲	3	0	258.1, 42.8, 2.9
韭菜	猛杀威	2	0	1.2, 2.8
韭菜	兹克威	1	0	20.2
韭菜	甲拌磷*▲	11	8	61.5[a], 14.2[a], 56.3[a], 24.5[a], 15.6[a], 237.6[a], 2.7, 8.0, 68.0[a], 1.3, 142.9[a]
韭菜	七氯*	1	1	21.9[a]
韭菜	特丁硫磷*▲	1	0	3.6
韭菜	狄氏剂*▲	1	0	1.1
马铃薯	猛杀威	1	0	6.8
马铃薯	七氯*	1	0	1.1
马铃薯	特丁硫磷*▲	1	0	3.3
黄瓜	敌敌畏	12	0	74.2, 14.5, 13.1, 16.9, 22.9, 19.4, 12.5, 27.5, 22.4, 1.2, 184.5, 32.3
黄瓜	克百威▲	9	2	73.5[a], 19.7, 11.1, 10.5, 2.7, 13.0, 32.1[a], 10.2, 18.9
黄瓜	猛杀威	7	0	22.6, 4.5, 12.9, 19.0, 14.4, 21.5, 8.1
黄瓜	治螟磷▲	1	1	25.3[a]
黄瓜	三唑磷	1	0	1.4
黄瓜	氧异柳磷	1	0	1.0
黄瓜	水胺硫磷▲	1	0	4.4
黄瓜	甲胺磷▲	1	0	1.9
黄瓜	涕灭威*▲	3	0	2.2, 22.2, 8.0
黄瓜	艾氏剂*▲	2	0	4.0, 10.9
小计		786	167	超标率：21.2%
合计		965	199	超标率：20.6%

注：表中*为剧毒农药；▲为禁用农药；a 为超标结果（参考 MRL 中国国家标准）

4.2.2.2　全国检出农药残留情况汇总

对侦测取得全国 31 个省会/直辖市市售水果蔬菜的农药残留检出情况，分别从检出的农药品种和检出残留农药的样品两个方面进行归纳汇总，取各项排名前 10 的数据汇总得到表 4-12 至表 4-14，以展示全国农药残留检测的总体概况。

1）检出频次排名前 10 的农药

表 4-12　全国各地检出频次排名前 10 的农药情况汇总

序号	地区	行政区域代码	统计结果
1	全国汇总		①威杀灵（1447），②毒死蜱（1256），③除虫菊酯（1073），④腐霉利（872），⑤硫丹（696），⑥哒螨灵（683），⑦甲霜灵（614），⑧嘧霉胺（610），⑨戊唑醇（534），⑩新燕灵（410）
2	北京市	110000	①腐霉利（102），②硫丹（98），③异噁唑草酮（62），④毒死蜱（46），⑤嘧霉胺（43），⑥甲霜灵（40），⑦啶酰菌胺（37），⑧哒螨灵（30），⑨戊唑醇（25），⑩五氯苯甲腈（22）
3	天津市	120000	①威杀灵（199），②硫丹（68），③腐霉利（67），④毒死蜱（43），⑤嘧霉胺（39），⑥啶酰菌胺（34），⑦戊唑醇（29），⑧哒螨灵（25），⑨联苯菊酯（23），⑩丙溴磷（19）
4	石家庄市	130100	①腐霉利（74），②威杀灵（66），③生物苄呋菊酯（56），④硫丹（56），⑤除虫菊酯（47），⑥毒死蜱（39），⑦哒螨灵（39），⑧嘧霉胺（24），⑨甲霜灵（22），⑩联苯菊酯（21）
5	太原市	140100	①喹螨醚（41），②烯虫酯（37），③芬螨酯（27），④抑芽唑（21），⑤毒死蜱（16），⑥仲丁威（9），⑦哒螨灵（9），⑧γ-氟氯氰菌酯（9），⑨乙滴滴（8），⑩氟丙菊酯（8）
6	呼和浩特市	150100	①毒死蜱（56），②戊唑醇（22），③硫丹（18），④腐霉利（15），⑤嘧霉胺（14），⑥甲霜灵（13），⑦六六六（8），⑧哒螨灵（7），⑨噁霜灵（7），⑩甲拌磷（7）
7	沈阳市	210100	①二苯胺（95），②威杀灵（74），③毒死蜱（53），④烯虫酯（51），⑤氟丙菊酯（48），⑥生物苄呋菊酯（45），⑦腐霉利（44），⑧戊唑醇（38），⑨哒螨灵（24），⑩联苯菊酯（19）
8	长春市	220100	①威杀灵（145），②二苯胺（109），③毒死蜱（49），④除虫菊酯（45），⑤氟丙菊酯（38），⑥醚菌酯（32），⑦哒螨灵（26），⑧烯虫酯（26），⑨嘧霉胺（22），⑩生物苄呋菊酯（20）
9	哈尔滨市	230100	①除虫菊酯（106），②烯虫酯（50），③威杀灵（49），④二苯胺（46），⑤毒死蜱（32），⑥哒螨灵（28），⑦氯氰菊酯（22），⑧嘧霉胺（21），⑨生物苄呋菊酯（21），⑩硫丹（19）
10	上海市	310000	①除虫菊酯（195），②邻苯二甲酰亚胺（94），③西玛津（43），④毒死蜱（40），⑤吡喃灵（27），⑥猛杀威（20），⑦醚菊酯（19），⑧噻菌灵（17），⑨二丙烯草胺（16），⑩威杀灵（15）
11	南京市	320100	①喹螨醚（64），②毒死蜱（59），③醚菊酯（59），④哒螨灵（36），⑤烯虫酯（34），⑥γ-氟氯氰菌酯（28），⑦腐霉利（23），⑧联苯菊酯（20），⑨嘧霉胺（16），⑩仲丁威（14）
12	杭州市	330100	①除虫菊酯（126），②邻苯二甲酰亚胺（85），③西玛津（38），④毒死蜱（34），⑤腐霉利（24），⑥邻苯基苯酚（23），⑦苄草丹（23），⑧虫螨腈（18），⑨戊唑醇（16），⑩嘧霉胺（15）
13	合肥市	340100	①毒死蜱（47），②芬螨酯（41），③嘧霉胺（28），④二苯胺（28），⑤戊唑醇（25），⑥醚菊酯（22），⑦新燕灵（22），⑧腐霉利（19），⑨克百威（19），⑩甲霜灵（17）
14	福州市	350100	①毒死蜱（32），②腐霉利（27），③解草腈（22），④甲霜灵（17），⑤硫丹（15），⑥丁硫克百威（15），⑦哒螨灵（15），⑧新燕灵（15），⑨生物苄呋菊酯（14），⑩联苯菊酯（14）
15	南昌市	360100	①除虫菊酯（86），②毒死蜱（51），③仲丁威（24），④烯虫酯（16），⑤戊唑醇（14），⑥嘧霉胺（13），⑦马拉硫磷（12），⑧腐霉利（12），⑨烯唑醇（12），⑩醚菊酯（11）
16	山东 9 市	370000	①除虫菊酯（219），②毒死蜱（61），③威杀灵（42），④喹螨醚（29），⑤硫丹（28），⑥新燕灵（27），⑦莠去津（21），⑧腐霉利（20），⑨戊唑醇（17），⑩哒螨灵（15）
17	济南市	370100	①新燕灵（91），②毒死蜱（48），③硫丹（29），④威杀灵（22），⑤腐霉利（22），⑥去乙基阿特拉津（18），⑦邻苯基苯酚（17），⑧莠去津（16），⑨邻苯二甲酰亚胺（13），⑩甲醚菊酯（13）
18	郑州市	410100	①毒死蜱（52），②戊唑醇（46），③腐霉利（38），④甲霜灵（35），⑤联苯菊酯（28），⑥硫丹（27），⑦哒螨灵（26），⑧嘧霉胺（22），⑨杀螨特（22），⑩虫螨腈（21）

续表

序号	地区	行政区域代码	统计结果
19	武汉市	420100	①毒死蜱（37），②哒螨灵（31），③仲丁威（29），④戊唑醇（28），⑤醚菊酯（23），⑥γ-氟氯氰菌酯（22），⑦除虫菊酯（22），⑧氟硅唑（21），⑨腐霉利（20），⑩嘧霉胺（16）
20	长沙市	430100	①仲丁威（35），②毒死蜱（34），③除虫菊酯（20），④醚菊酯（20），⑤戊唑醇（17），⑥氟硅唑（16），⑦哒螨灵（15），⑧联苯菊酯（13），⑨γ-氟氯氰菌酯（13），⑩马拉硫磷（12）
21	广州市	440100	①腐霉利（114），②甲霜灵（77），③新燕灵（66），④毒死蜱（63），⑤硫丹（55），⑥哒螨灵（53），⑦虫螨腈（50），⑧嘧霉胺（49），⑨杀螨特（42），⑩仲丁威（35）
22	深圳市	440300	①威杀灵（183），②敌敌畏（72），③硫丹（55），④杀螨特（47），⑤哒螨灵（43），⑥毒死蜱（41），⑦新燕灵（39），⑧虫螨腈（37），⑨戊唑醇（27），⑩邻苯基苯酚（26）
23	南宁市	450100	①威杀灵（161），②哒螨灵（32），③毒死蜱（29），④甲霜灵（21），⑤嘧霉胺（21），⑥氟硅唑（19），⑦戊唑醇（18），⑧氯杀螨砜（17），⑨杀螨特（16），⑩硫丹（15）
24	海口市	460100	①甲霜灵（103），②o,p'-滴滴伊（49），③嘧菌胺（37），④毒死蜱（26），⑤特草灵（25），⑥戊唑醇（24），⑦威杀灵（22），⑧氟吡禾灵（19），⑨除虫菊酯（17），⑩溴丁酰草胺（14）
25	重庆市	500000	①威杀灵（121），②哒螨灵（68），③腐霉利（64），④毒死蜱（57），⑤新燕灵（48），⑥嘧霉胺（47），⑦硫丹（40），⑧3,5-二氯苯胺（37），⑨啶酰菌胺（33），⑩氟硅唑（31）
26	成都市	510100	①腐霉利（50），②生物苄呋菊酯（36），③哒螨灵（29），④毒死蜱（26），⑤嘧霉胺（22），⑥啶酰菌胺（21），⑦甲霜灵（19），⑧解草腈（16），⑨氟硅唑（15），⑩三唑醇（12）
27	贵阳市	520100	①毒死蜱（45），②甲霜灵（44），③杀螨特（41），④嘧霉胺（39），⑤氟硅唑（27），⑥邻苯二甲酰亚胺（26），⑦异噁唑草酮（24），⑧威杀灵（22），⑨腐霉利（20），⑩戊唑醇（18）
28	昆明市	530100	①毒死蜱（37），②嘧霉胺（36），③邻苯基苯酚（27），④氟硅唑（25），⑤哒螨灵（25），⑥烯唑醇（20），⑦除虫菊酯（20），⑧解草腈（17），⑨戊唑醇（16），⑩威杀灵（15）
29	拉萨市	540100	①威杀灵（97），②硫丹（53），③五氯苯胺（28），④甲霜灵（23），⑤特草灵（22），⑥腐霉利（22），⑦毒死蜱（22），⑧五氯硝基苯（18），⑨哒螨灵（15），⑩氟虫腈（15）
30	西安市	610100	①除虫菊酯（66），②异丙威（62），③威杀灵（50），④甲醚菊酯（32），⑤二苯胺（22），⑥丁二酸二丁酯（21），⑦哒螨灵（17），⑧生物苄呋菊酯（17），⑨仲丁威（17），⑩灭除威（14）
31	兰州市	620100	①毒死蜱（47），②仲丁威（25），③嘧霉胺（17），④除虫菊酯（16），⑤威杀灵（12），⑥烯虫酯（11），⑦哒螨灵（10），⑧腐霉利（10），⑨联苯菊酯（9），⑩邻苯二甲酰亚胺（9）
32	西宁市	630100	①威杀灵（42），②异丙威（38），③除虫菊酯（36），④烯丙菊酯（36），⑤二苯胺（30），⑥速灭威（23），⑦灭除威（20），⑧甲醚菊酯（19），⑨生物苄呋菊酯（12），⑩仲丁威（9）
33	银川市	640100	①威杀灵（41），②速灭威（30），③除虫菊酯（28），④烯丙菊酯（23），⑤敌敌畏（12），⑥解草腈（11），⑦二苯胺（8），⑧毒死蜱（8），⑨仲丁威（5），⑩甲醚菊酯（4）
34	乌鲁木齐市	650100	①二苯胺（18），②硫丹（16），③毒死蜱（16），④氰戊菊酯（13），⑤威杀灵（12），⑥甲基嘧啶磷（10），⑦哒螨灵（9），⑧戊唑醇（9），⑨丙溴磷（8），⑩敌敌畏（7）

2）检出农药品种排名前 10 的水果蔬菜

表 4-13 全国各地检出农药品种排名前 10 的水果蔬菜情况汇总

序号	地区	行政区域代码	分类	统计结果
1	全国汇总		水果	①苹果（98），②梨（85），③葡萄（85），④桃（77），⑤李子（42），⑥枣（42），⑦火龙果（41），⑧橘（39），⑨草莓（38），⑩香瓜（38）
			蔬菜	①芹菜（151），②菜豆（110），③黄瓜（109），④番茄（105），⑤甜椒（104），⑥生菜（99），⑦茼蒿（88），⑧油麦菜（87），⑨茄子（81），⑩韭菜（79）
2	北京市	110000	水果	①草莓（25），②苹果（19），③葡萄（16），④橘（12），⑤梨（9），⑥桃（8），⑦橙（8），⑧猕猴桃（5），⑨西瓜（2）
			蔬菜	①甜椒（27），②芹菜（22），③韭菜（21），④菠菜（21），⑤番茄（20），⑥菜豆（20），⑦黄瓜（17），⑧茄子（15），⑨生菜（12），⑩西葫芦（8）
3	天津市	120000	水果	①草莓（20），②苹果（19），③葡萄（16），④橘（11），⑤猕猴桃（8），⑥橙（6），⑦菠萝（5），⑧梨（3），⑨火龙果（2）
			蔬菜	①番茄（25），②菜豆（24），③甜椒（23），④黄瓜（20），⑤芹菜（15），⑥茄子（14），⑦生菜（13），⑧韭菜（12），⑨菠菜（12），⑩茼蒿（10）
4	石家庄市	130100	水果	①龙眼（9），②苹果（8），③葡萄（8），④梨（8），⑤芒果（8），⑥火龙果（6），⑦甜瓜（6），⑧柠檬（5），⑨桃（5），⑩橘（4）
			蔬菜	①樱桃番茄（25），②油麦菜（22），③芹菜（21），④甜椒（19），⑤黄瓜（14），⑥菠菜（14），⑦茼蒿（11），⑧菜薹（11），⑨生菜（11），⑩苦瓜（10）
5	太原市	140100	水果	①苹果（8），②葡萄（3），③西瓜（2），④桃（2），⑤梨（1）
			蔬菜	①韭菜（15），②青花菜（9），③生菜（9），④马铃薯（9），⑤甜椒（9），⑥青菜（8），⑦黄瓜（7），⑧大白菜（5），⑨番茄（5），⑩菜豆（4）
6	呼和浩特市	150100	水果	①葡萄（18），②梨（9），③苹果（5）
			蔬菜	①芹菜（20），②菠菜（11），③番茄（11），④黄瓜（10），⑤茼蒿（9），⑥茄子（6），⑦生菜（5），⑧菜豆（5），⑨韭菜（4），⑩大白菜（1）
7	沈阳市	210100	水果	①枣（21），②柠檬（20），③葡萄（18），④桃（12），⑤梨（8），⑥香蕉（7），⑦苹果（7），⑧李子（7），⑨橙（5），⑩猕猴桃（5）
			蔬菜	①芹菜（26），②韭菜（19），③甜椒（19），④茼蒿（17），⑤豇豆（17），⑥樱桃番茄（16），⑦小油菜（16），⑧生菜（15），⑨番茄（14），⑩黄瓜（14）
8	长春市	220100	水果	①枣（14），②香瓜（14），③桃（13），④葡萄（12），⑤香蕉（10），⑥苹果（10），⑦橙（10），⑧橘（9），⑨梨（8），⑩李子（7）
			蔬菜	①小油菜（16），②芹菜（15），③茼蒿（15），④小白菜（14），⑤生菜（12），⑥苦苣（11），⑦豇豆（11），⑧菠菜（10），⑨菜豆（9），⑩韭菜（9）
9	哈尔滨市	230100	水果	①葡萄（13），②香瓜（12），③李子（11），④桃（8），⑤火龙果（7），⑥橙（6），⑦香蕉（5），⑧芒果（4），⑨柠檬（4），⑩猕猴桃（3）
			蔬菜	①芹菜（29），②黄瓜（18），③甜椒（18），④茼蒿（17），⑤油麦菜（16），⑥菜豆（14），⑦小油菜（12），⑧菠菜（12），⑨苦瓜（10），⑩小白菜（10）
10	上海市	310000	水果	①葡萄（13），②香瓜（10），③猕猴桃（9），④火龙果（9），⑤梨（6），⑥桃（6），⑦苹果（4），⑧橘（2），⑨西瓜（1），⑩香蕉（1）
			蔬菜	①青菜（24），②黄瓜（22），③菜豆（21），④芹菜（20），⑤姜（18），⑥西葫芦（17），⑦结球甘蓝（16），⑧胡萝卜（13），⑨茄子（11），⑩冬瓜（11）
11	南京市	320100	水果	①葡萄（21），②苹果（14），③桃（11），④荔枝（7），⑤西瓜（7），⑥梨（5），⑦柚（3），⑧火龙果（3），⑨哈密瓜（2），⑩橘（2）
			蔬菜	①青菜（27），②芹菜（23），③黄瓜（23），④生菜（17），⑤茄子（16），⑥番茄（16），⑦甜椒（16），⑧菜豆（15），⑨马铃薯（11），⑩胡萝卜（9）

续表

序号	地区	行政区域代码	分类	统计结果
12	杭州市	330100	水果	①葡萄（14），②枣（11），③梨（10），④香瓜（8），⑤桃（4），⑥苹果（2），⑦橘（1）
			蔬菜	①苋菜（17），②洋葱（17），③生菜（16），④菜豆（16），⑤葱（15），⑥胡萝卜（14），⑦姜（12），⑧扁豆（11），⑨蕹菜（11），⑩山药（10）
13	合肥市	340100	水果	①梨（15），②苹果（13），③葡萄（12），④西瓜（8），⑤石榴（7），⑥柚（5），⑦橘（5），⑧哈密瓜（4），⑨火龙果（4），⑩桃（3）
			蔬菜	①青菜（29），②芹菜（24），③生菜（23），④甜椒（15），⑤黄瓜（14），⑥韭菜（13），⑦番茄（13），⑧马铃薯（8），⑨茄子（8），⑩胡萝卜（6）
14	福州市	350100	水果	①桃（14），②葡萄（12），③李子（9），④苹果（7），⑤枣（7），⑥梨（7），⑦甜瓜（6），⑧杏（5），⑨香蕉（5），⑩猕猴桃（5）
			蔬菜	①韭菜（17），②苋菜（17），③油麦菜（16），④芹菜（15），⑤菜豆（14），⑥黄瓜（12），⑦茼蒿（11），⑧辣椒（10），⑨丝瓜（9），⑩茄子（8）
15	南昌市	360100	水果	①梨（12），②苹果（11），③香蕉（7），④李子（6），⑤火龙果（5），⑥桃（5），⑦葡萄（5），⑧橘（2）
			蔬菜	①青菜（21），②芹菜（19），③菜豆（18），④油麦菜（17），⑤番茄（16），⑥黄瓜（14），⑦生菜（13），⑧胡萝卜（13），⑨茄子（12），⑩甜椒（11）
16	山东 9 市	370000	水果	①梨（14），②葡萄（11），③甜瓜（9），④桃（9），⑤苹果（9），⑥李子（5），⑦香蕉（3），⑧哈密瓜（3），⑨枣（2），⑩火龙果（1）
			蔬菜	①芹菜（32），②小油菜（20），③辣椒（19），④黄瓜（16），⑤番茄（14），⑥菜豆（13），⑦韭菜（13），⑧小白菜（11），⑨姜（11），⑩生菜（10）
17	济南市	370100	水果	①葡萄（22），②桃（16），③梨（13），④西瓜（10），⑤苹果（8），⑥菠萝（3），⑦橙（2）
			蔬菜	①芹菜（31），②茼蒿（30），③黄瓜（23），④番茄（21），⑤生菜（20），⑥甜椒（19），⑦菜豆（15），⑧茄子（14），⑨韭菜（11），⑩菠菜（10）
18	郑州市	410100	水果	①葡萄（20），②梨（17），③苹果（7），④西瓜（6），⑤香蕉（2）
			蔬菜	①芹菜（43），②韭菜（21），③番茄（19），④黄瓜（18），⑤菜豆（17），⑥茼蒿（16），⑦甜椒（16），⑧茄子（12），⑨菠菜（11），⑩生菜（10）
19	武汉市	420100	水果	①桃（21），②苹果（20），③葡萄（13），④香蕉（12），⑤梨（8），⑥火龙果（5），⑦李子（4），⑧芒果（1）
			蔬菜	①芹菜（30），②菜豆（23），③甜椒（23），④青菜（22），⑤油麦菜（20），⑥黄瓜（19），⑦番茄（17），⑧西葫芦（12），⑨胡萝卜（9），⑩茄子（9）
20	长沙市	430100	水果	①桃（16），②梨（15），③苹果（14），④香蕉（9），⑤火龙果（7），⑥橘（7），⑦柚（1）
			蔬菜	①油麦菜（22），②番茄（22），③芹菜（19），④黄瓜（19），⑤菜豆（17），⑥青菜（16），⑦胡萝卜（14），⑧茄子（10），⑨甜椒（9），⑩结球甘蓝（8）
21	广州市	440100	水果	①草莓（13），②葡萄（13），③枣（11），④梨（8），⑤橙（7），⑥杨桃（6），⑦苹果（5），⑧西瓜（4），⑨猕猴桃（3），⑩火龙果（1）
			蔬菜	①叶芥菜（35），②芹菜（28），③春菜（26），④菜薹（24），⑤菜豆（23），⑥甜椒（17），⑦番茄（16），⑧茄子（16），⑨黄瓜（15），⑩油麦菜（14）
22	深圳市	440300	水果	①葡萄（20），②桃（11），③苹果（8），④梨（8），⑤荔枝（4），⑥芒果（3），⑦猕猴桃（2），⑧橘（2），⑨西瓜（2）
			蔬菜	①芹菜（32），②枸杞叶（29），③小白菜（28），④油麦菜（25），⑤芥蓝（25），⑥甜椒（20），⑦菜豆（19），⑧菜薹（16），⑨韭菜（14），⑩黄瓜（14）
23	南宁市	450100	水果	①桃（11），②李子（9），③芒果（7），④葡萄（6），⑤苹果（6），⑥杨桃（5），⑦梨（4），⑧火龙果（3），⑨番石榴（3），⑩西番莲（3）

续表

序号	地区	行政区域代码	分类	统计结果
23	南宁市	450100	蔬菜	①芹菜（18），②小油菜（16），③叶芥菜（11），④生菜（10），⑤苋菜（10），⑥油麦菜（9），⑦菜豆（9），⑧春菜（9），⑨菜薹（9），⑩大白菜（8）
24	海口市	460100	水果	①李子（17），②梨（11），③葡萄（9），④木瓜（9），⑤苹果（7），⑥火龙果（6），⑦山竹（6），⑧桃（5），⑨杨桃（5），⑩芒果（4）
			蔬菜	①菜豆（20），②苦瓜（13），③番茄（13），④生菜（11），⑤油麦菜（11），⑥芹菜（10），⑦韭菜（9），⑧蕹菜（8），⑨叶芥菜（8），⑩莴笋（7）
25	重庆市	500000	水果	①葡萄（18），②桃（12），③香瓜（9），④苹果（9），⑤猕猴桃（7），⑥梨（6），⑦草莓（4），⑧西瓜（4），⑨山竹（3），⑩枇杷（3）
			蔬菜	①黄瓜（31），②番茄（22），③茄子（19），④小白菜（19），⑤菠菜（19），⑥芹菜（15），⑦油麦菜（15），⑧蕹菜（15），⑨芥蓝（14），⑩甜椒（14）
26	成都市	510100	水果	①葡萄（17），②桃（6），③苹果（6），④李子（5），⑤木瓜（5），⑥梨（4），⑦芒果（3），⑧火龙果（3），⑨橘（2），⑩橙（1）
			蔬菜	①甜椒（26），②油麦菜（21），③芹菜（18），④番茄（16），⑤菜薹（14），⑥生菜（14），⑦黄瓜（12），⑧小油菜（12），⑨茄子（12），⑩胡萝卜（7）
27	贵阳市	520100	水果	①葡萄（16），②梨（6），③苹果（4），④猕猴桃（2），⑤橙（2），⑥香蕉（1）
			蔬菜	①甜椒（25），②芹菜（24），③生菜（19），④番茄（16），⑤小白菜（15），⑥菠菜（13），⑦茄子（13），⑧菜豆（12），⑨结球甘蓝（12），⑩青花菜（5）
28	昆明市	530100	水果	①桃（12），②葡萄（8），③杨桃（7），④苹果（5），⑤柚（4），⑥木瓜（4），⑦柠檬（4），⑧梨（3），⑨荔枝（3），⑩芒果（3）
			蔬菜	①芹菜（17），②甜椒（16），③菠菜（14），④小油菜（14），⑤油麦菜（13），⑥紫背菜（11），⑦生菜（11），⑧莴笋（11），⑨黄瓜（10），⑩茄子（8）
29	拉萨市	540100	水果	①葡萄（13），②李子（7），③桃（7），④梨（5），⑤山竹（3），⑥猕猴桃（3），⑦火龙果（2），⑧荔枝（2），⑨橙（2），⑩苹果（2）
			蔬菜	①菜薹（29），②芹菜（21），③甜椒（19），④菠菜（16），⑤油麦菜（13），⑥茼蒿（12），⑦西葫芦（10），⑧韭菜（10），⑨落葵（9），⑩苦瓜（8）
30	西安市	610100	水果	①苹果（10），②葡萄（9），③香蕉（6），④桃（5），⑤梨（5），⑥橙（4），⑦橘（3），⑧火龙果（2）
			蔬菜	①茄子（9），②芹菜（8），③樱桃番茄（8），④菜豆（8），⑤辣椒（8），⑥黄瓜（7），⑦茼蒿（7），⑧番茄（5），⑨苦瓜（4），⑩萝卜（4）
31	兰州市	620100	水果	①葡萄（13），②枣（8），③梨（5），④桃（4），⑤橘（2），⑥猕猴桃（2），⑦苹果（2），⑧火龙果（1），⑨香瓜（1）
			蔬菜	①黄瓜（16），②茄子（15），③菠菜（11），④芹菜（10），⑤苦苣（10），⑥茼蒿（9），⑦小油菜（8），⑧番茄（7），⑨樱桃番茄（7），⑩青蒜（5）
32	西宁市	630100	水果	①葡萄（6），②苹果（5），③李子（5），④桃（5），⑤火龙果（3），⑥梨（3），⑦香蕉（2）
			蔬菜	①菠菜（9），②芹菜（8），③菜豆（8），④黄瓜（6），⑤生菜（6），⑥胡萝卜（6），⑦辣椒（5），⑧马铃薯（3），⑨茄子（3），⑩萝卜（3）
33	银川市	640100	水果	①苹果（7），②香蕉（7），③葡萄（5），④桃（5），⑤火龙果（3）
			蔬菜	①辣椒（12），②番茄（11），③芹菜（9），④菠菜（8），⑤茼蒿（7），⑥大白菜（7），⑦胡萝卜（6），⑧黄瓜（6），⑨樱桃番茄（6），⑩茄子（4）
34	乌鲁木齐市	650100	水果	①桃（32），②苹果（23），③梨（14），④杏（11），⑤哈密瓜（9），⑥葡萄（5），⑦西瓜（2）
			蔬菜	①芹菜（28），②甜椒（11），③黄瓜（10），④番茄（9），⑤茄子（7），⑥菜豆（7），⑦结球甘蓝（5）

3）检出农药频次排名前 10 的水果蔬菜

表 4-14　全国各地检出农药频次排名前 10 的水果蔬菜情况汇总

序号	地区	行政区域代码	分类	统计结果
1	全国汇总		水果	①葡萄（1083），②梨（706），③苹果（678），④桃（656），⑤火龙果（215），⑥草莓（204），⑦香蕉（195），⑧李子（179），⑨橘（178），⑩猕猴桃（170）
			蔬菜	①芹菜（1525），②黄瓜（1140），③番茄（1020），④甜椒（939），⑤菜豆（920），⑥生菜（672），⑦茄子（666），⑧韭菜（611），⑨油麦菜（543），⑩菠菜（444）
2	北京市	110000	水果	①草莓（88），②葡萄（49），③橘（41），④苹果（37），⑤梨（27），⑥橙（16），⑦猕猴桃（11），⑧桃（10），⑨西瓜（8）
			蔬菜	①韭菜（106），②番茄（90），③甜椒（78），④芹菜（65），⑤黄瓜（62），⑥菜豆（56），⑦茄子（55），⑧菠菜（37），⑨生菜（24），⑩西葫芦（21）
3	天津市	120000	水果	①草莓（70），②葡萄（52），③橘（39），④苹果（37），⑤橙（24），⑥梨（19），⑦火龙果（14），⑧猕猴桃（11），⑨菠萝（10）
			蔬菜	①番茄（88），②菜豆（76），③甜椒（69），④芹菜（66），⑤黄瓜（64），⑥茄子（40），⑦菠菜（37），⑧韭菜（34），⑨青花菜（34），⑩生菜（32）
4	石家庄市	130100	水果	①梨（27），②葡萄（23），③芒果（19），④甜瓜（18），⑤龙眼（17），⑥桃（15），⑦苹果（14），⑧火龙果（9），⑨猕猴桃（8），⑩柠檬（8）
			蔬菜	①樱桃番茄（75），②芹菜（49），③油麦菜（37），④黄瓜（36），⑤甜椒（32），⑥菜薹（28），⑦丝瓜（27），⑧西葫芦（27），⑨菠菜（24），⑩苦瓜（24）
5	太原市	140100	水果	①苹果（16），②西瓜（10），③梨（7），④桃（4），⑤葡萄（3）
			蔬菜	①青菜（29），②青花菜（28），③韭菜（27），④生菜（24），⑤黄瓜（23），⑥马铃薯（19），⑦甜椒（18），⑧菜豆（16），⑨大白菜（16），⑩番茄（8）
6	呼和浩特市	150100	水果	①葡萄（36），②梨（28），③苹果（21）
			蔬菜	①芹菜（60），②茼蒿（36），③菠菜（19），④番茄（16），⑤菜豆（15），⑥黄瓜（13），⑦茄子（12），⑧生菜（10），⑨韭菜（7），⑩结球甘蓝（2）
7	沈阳市	210100	水果	①葡萄（63），②枣（56），③柠檬（41），④猕猴桃（34），⑤桃（25），⑥梨（25），⑦香蕉（24），⑧苹果（15），⑨李子（12），⑩火龙果（11）
			蔬菜	①芹菜（68），②韭菜（59），③小油菜（51），④小白菜（44），⑤甜椒（40），⑥樱桃番茄（40），⑦茼蒿（38），⑧生菜（34），⑨番茄（25），⑩黄瓜（24）
8	长春市	220100	水果	①桃（40），②枣（33），③橙（29），④苹果（26），⑤梨（25），⑥香蕉（25），⑦香瓜（24），⑧火龙果（23），⑨葡萄（21），⑩橘（14）
			蔬菜	①茼蒿（46），②芹菜（32），③生菜（28），④小油菜（28），⑤菠菜（27），⑥小白菜（27），⑦豇豆（26），⑧胡萝卜（25），⑨苦苣（22），⑩紫甘蓝（19）
9	哈尔滨市	230100	水果	①葡萄（28），②李子（23），③桃（22），④香蕉（18），⑤香瓜（18），⑥梨（14），⑦火龙果（11），⑧猕猴桃（10），⑨橙（9），⑩柠檬（9）
			蔬菜	①芹菜（60），②甜椒（54），③茼蒿（39），④菠菜（35），⑤黄瓜（33），⑥菜豆（31），⑦小油菜（31），⑧油麦菜（27），⑨花椰菜（24），⑩番茄（19）
10	上海市	310000	水果	①葡萄（36），②火龙果（21），③桃（17），④猕猴桃（13），⑤香瓜（13），⑥梨（13），⑦苹果（12），⑧橘（5），⑨西瓜（2），⑩香蕉（1）

续表

序号	地区	行政区域代码	分类	统计结果
10	上海市	310000	蔬菜	①黄瓜（64），②青菜（55），③胡萝卜（44），④菜豆（42），⑤姜（41），⑥西葫芦（41），⑦芹菜（39），⑧结球甘蓝（34），⑨萝卜（33），⑩茄子（22）
11	南京市	320100	水果	①葡萄（60），②苹果（34），③桃（26），④梨（23），⑤橘（11），⑥西瓜（9），⑦火龙果（9），⑧荔枝（7），⑨柚（7），⑩哈密瓜（5）
			蔬菜	①青菜（77），②芹菜（55），③甜椒（52），④黄瓜（50），⑤菜豆（38），⑥番茄（37），⑦生菜（28），⑧青花菜（27），⑨茄子（24），⑩胡萝卜（18）
12	杭州市	330100	水果	①葡萄（29），②枣（20），③梨（19），④桃（13），⑤香瓜（11），⑥苹果（7），⑦橘（4）
			蔬菜	①菜豆（40），②扁豆（35），③洋葱（33），④苋菜（31），⑤姜（28），⑥葱（27），⑦胡萝卜（25），⑧萝卜（23），⑨生菜（17），⑩山药（17）
13	合肥市	340100	水果	①葡萄（36），②苹果（34），③梨（33），④石榴（24），⑤柚（18），⑥西瓜（15），⑦哈密瓜（13），⑧火龙果（8），⑨橘（7），⑩桃（4）
			蔬菜	①青菜（75），②芹菜（51），③生菜（45），④韭菜（37），⑤甜椒（37），⑥黄瓜（30），⑦番茄（27），⑧胡萝卜（24），⑨茄子（14），⑩马铃薯（12）
14	福州市	350100	水果	①桃（21），②葡萄（18），③梨（16），④李子（13），⑤香蕉（13），⑥甜瓜（10），⑦苹果（10），⑧香瓜（9），⑨猕猴桃（9），⑩柠檬（9）
			蔬菜	①黄瓜（27），②韭菜（27），③胡萝卜（25），④苋菜（24），⑤油麦菜（20），⑥芹菜（19），⑦菜豆（16），⑧丝瓜（15），⑨番茄（12），⑩辣椒（12）
15	南昌市	360100	水果	①苹果（28），②梨（25），③香蕉（14），④李子（14），⑤桃（9），⑥火龙果（7），⑦葡萄（5），⑧橘（3）
			蔬菜	①番茄（44），②青菜（37），③油麦菜（36），④菜豆（34），⑤胡萝卜（29），⑥芹菜（26），⑦茄子（24），⑧黄瓜（23），⑨生菜（22），⑩甜椒（21）
16	山东 9 市	370000	水果	①桃（42），②甜瓜（41），③梨（36），④葡萄（33），⑤苹果（29），⑥香蕉（8），⑦李子（6），⑧橙（3），⑨橘（3），⑩哈密瓜（3）
			蔬菜	①芹菜（56），②辣椒（50），③小油菜（44），④菜豆（41），⑤黄瓜（29），⑥番茄（29），⑦韭菜（26），⑧姜（24），⑨小白菜（24），⑩青花菜（20）
17	济南市	370100	水果	①葡萄（42），②桃（31），③梨（24），④苹果（16），⑤西瓜（13），⑥橙（5），⑦菠萝（3）
			蔬菜	①芹菜（55），②黄瓜（43），③茼蒿（42），④番茄（35），⑤甜椒（31），⑥生菜（26），⑦菜豆（24），⑧茄子（22），⑨韭菜（21），⑩西葫芦（14）
18	郑州市	410100	水果	①葡萄（77），②梨（52），③苹果（26），④西瓜（9），⑤香蕉（2）
			蔬菜	①芹菜（155），②黄瓜（63），③菜豆（60），④番茄（51），⑤甜椒（51），⑥韭菜（40），⑦茼蒿（35），⑧茄子（25），⑨菠菜（22），⑩生菜（15）
19	武汉市	420100	水果	①苹果（52），②桃（43），③香蕉（22），④梨（19），⑤葡萄（18），⑥火龙果（13），⑦李子（7），⑧芒果（1）
			蔬菜	①青菜（72），②芹菜（52），③甜椒（50），④菜豆（45），⑤油麦菜（41），⑥黄瓜（40），⑦番茄（31），⑧胡萝卜（29），⑨茄子（15），⑩结球甘蓝（14）

续表

序号	地区	行政区域代码	分类	统计结果
20	长沙市	430100	水果	①桃（40），②苹果（32），③梨（27），④香蕉（18），⑤火龙果（13），⑥橘（8），⑦柚（1）
			蔬菜	①胡萝卜（49），②黄瓜（47），③油麦菜（41），④番茄（40），⑤青菜（35），⑥芹菜（33），⑦菜豆（29），⑧甜椒（18），⑨结球甘蓝（14），⑩茄子（14）
21	广州市	440100	水果	①葡萄（66），②草莓（39），③梨（29），④西瓜（24），⑤枣（19），⑥橙（14），⑦猕猴桃（11），⑧杨桃（9），⑨苹果（7），⑩火龙果（1）
			蔬菜	①叶芥菜（145），②菜薹（112），③春菜（110），④黄瓜（78），⑤芹菜（72），⑥番茄（69），⑦甜椒（56），⑧豆瓣菜（53），⑨茄子（50），⑩菜豆（48）
22	深圳市	440300	水果	①葡萄（53），②苹果（27），③桃（27），④梨（24），⑤猕猴桃（11），⑥芒果（9），⑦荔枝（8），⑧西瓜（6），⑨橘（4）
			蔬菜	①芹菜（103），②小白菜（99），③枸杞叶（85），④芥蓝（83），⑤油麦菜（67），⑥菜薹（64），⑦甜椒（57），⑧蕹菜（44），⑨甘薯叶（43），⑩韭菜（39）
23	南宁市	450100	水果	①桃（33），②李子（26），③杨桃（26），④芒果（20），⑤葡萄（19），⑥苹果（17），⑦火龙果（11），⑧梨（10），⑨西番莲（8），⑩番石榴（6）
			蔬菜	①芹菜（50），②小油菜（48），③菜薹（33），④叶芥菜（32），⑤菜豆（30），⑥黄瓜（27），⑦春菜（21），⑧苋菜（20），⑨番茄（19），⑩生菜（17）
24	海口市	460100	水果	①葡萄（40），②梨（37），③李子（30），④苹果（30），⑤木瓜（28），⑥芒果（20），⑦火龙果（19），⑧山竹（18），⑨番石榴（16），⑩杨桃（14）
			蔬菜	①番茄（59），②菜豆（54），③苦瓜（41），④油麦菜（41），⑤芹菜（32），⑥生菜（31），⑦蕹菜（23），⑧叶芥菜（21），⑨韭菜（20），⑩莴笋（14）
25	重庆市	500000	水果	①葡萄（82），②桃（48），③苹果（23），④香瓜（23），⑤猕猴桃（23），⑥梨（20），⑦西瓜（14），⑧山竹（9），⑨草莓（7），⑩枇杷（3）
			蔬菜	①黄瓜（139），②茄子（80），③小白菜（78），④辣椒（63），⑤番茄（62），⑥菠菜（50），⑦油麦菜（38），⑧菜豆（36），⑨芥蓝（35），⑩甜椒（31）
26	成都市	510100	水果	①葡萄（39），②苹果（16），③桃（12），④木瓜（10），⑤梨（9），⑥芒果（9），⑦李子（7），⑧火龙果（6），⑨橙（4），⑩橘（2）
			蔬菜	①甜椒（53），②油麦菜（39），③生菜（34），④芹菜（33），⑤番茄（31），⑥黄瓜（28），⑦茄子（25），⑧小油菜（22），⑨菜薹（22），⑩胡萝卜（16）
27	贵阳市	520100	水果	①葡萄（34），②苹果（22），③梨（22），④猕猴桃（7），⑤橙（2），⑥香蕉（1）
			蔬菜	①芹菜（74），②甜椒（57），③番茄（56），④生菜（48），⑤小白菜（39），⑥菠菜（35），⑦结球甘蓝（33），⑧茄子（28），⑨青花菜（25），⑩菜豆（19）
28	昆明市	530100	水果	①葡萄（20），②桃（19），③杨桃（10），④木瓜（8），⑤番石榴（8），⑥柠檬（8），⑦芒果（7），⑧苹果（7），⑨荔枝（5），⑩柚（5）
			蔬菜	①小油菜（42），②紫背菜（29），③甜椒（27），④芹菜（26），⑤菠菜（25），⑥油麦菜（22），⑦黄瓜（18），⑧胡萝卜（17），⑨莴笋（15），⑩生菜（15）
29	拉萨市	540100	水果	①葡萄（21），②桃（20），③李子（14），④梨（11），⑤猕猴桃（6），⑥苹果（5），⑦山竹（4），⑧火龙果（3），⑨橙（3），⑩荔枝（2）

续表

序号	地区	行政区域代码	分类	统计结果
29	拉萨市	540100	蔬菜	①菜薹（48），②芹菜（47），③甜椒（38），④西葫芦（34），⑤菠菜（28），⑥黄瓜（24），⑦油麦菜（22），⑧韭菜（17），⑨冬瓜（15），⑩茼蒿（15）
30	西安市	610100	水果	①梨（32），②葡萄（27），③苹果（19），④香蕉（19），⑤桃（18），⑥橘（10），⑦火龙果（8），⑧橙（8）
			蔬菜	①番茄（39），②韭菜（32），③辣椒（29），④萝卜（27），⑤苦瓜（23），⑥茄子（22），⑦黄瓜（21），⑧芹菜（21），⑨菜豆（18），⑩西葫芦（14）
31	兰州市	620100	水果	①葡萄（20），②枣（18），③桃（9），④梨（9），⑤苹果（7），⑥橘（4），⑦猕猴桃（3），⑧香瓜（1），⑨火龙果（1）
			蔬菜	①黄瓜（27），②芹菜（23），③番茄（22），④茄子（21），⑤茼蒿（20），⑥苦苣（19），⑦菠菜（17），⑧樱桃番茄（15），⑨油麦菜（12），⑩小油菜（10）
32	西宁市	630100	水果	①葡萄（21），②桃（20），③香蕉（11），④苹果（11），⑤李子（11），⑥火龙果（10），⑦梨（9）
			蔬菜	①菠菜（31），②生菜（27），③胡萝卜（23），④菜豆（17），⑤辣椒（14），⑥茄子（13），⑦芹菜（11），⑧黄瓜（8），⑨樱桃番茄（8），⑩莲藕（7）
33	银川市	640100	水果	①苹果（11），②香蕉（11），③桃（10），④火龙果（8），⑤葡萄（6）
			蔬菜	①辣椒（18），②芹菜（14），③韭菜（14），④菠菜（14），⑤番茄（13），⑥大白菜（12），⑦菜豆（12），⑧茼蒿（11），⑨黄瓜（11），⑩樱桃番茄（11）
34	乌鲁木齐市	650100	水果	①桃（68），②梨（30），③苹果（28），④哈密瓜（14），⑤杏（12），⑥葡萄（6），⑦西瓜（2）
			蔬菜	①芹菜（49），②黄瓜（18），③甜椒（15），④茄子（14），⑤番茄（10），⑥菜豆（8），⑦结球甘蓝（7）

4.2.3　农药残留检出水平与最大残留限量标准对比分析

我国于 2014 年 3 月 20 日正式颁布并于 2014 年 8 月 1 日正式实施食品农药残留限量国家标准《食品中农药最大残留限量》（GB 2763—2014）[9]。该标准包括 371 个农药条目，涉及最大残留限量（MRL）标准 3653 项。将 20412 频次检出农药的浓度水平与 3653 项国家 MRL 标准进行核对，其中只有 4408 频次的农药找到了对应的 MRL 标准，占 21.6%，还有 16004 频次的侦测数据则无相关 MRL 标准供参考，占 78.4%。

将此次侦测结果与国际上现行 MRL 对比发现，在 20412 频次的检出结果中有 20412 频次的结果找到了对应的 MRL 欧盟标准[10, 11]，占 100.0%；其中，14193 频次的结果有明确对应的 MRL 标准，占 69.5%，其余 6219 频次按照欧盟一律标准判定，占 30.5%；有 20412 频次的结果找到了对应的 MRL 日本标准[12]，占 100.0%；其中，10937 频次的结果有明确对应的 MRL 标准，占 53.6%，其余 9475 频次按照日本一律标准判定，占 46.4%；有 7119 频次的结果找到了对应的 MRL 中国香港标准[13]，占 34.9%；有 5358 频次的结果找到了对应的 MRL 美国标准[14]，占 26.2%；有 3510 频次的结果找到了对应的 MRL CAC 标准[15]，占 17.2%。见图 4-11 和图 4-12。

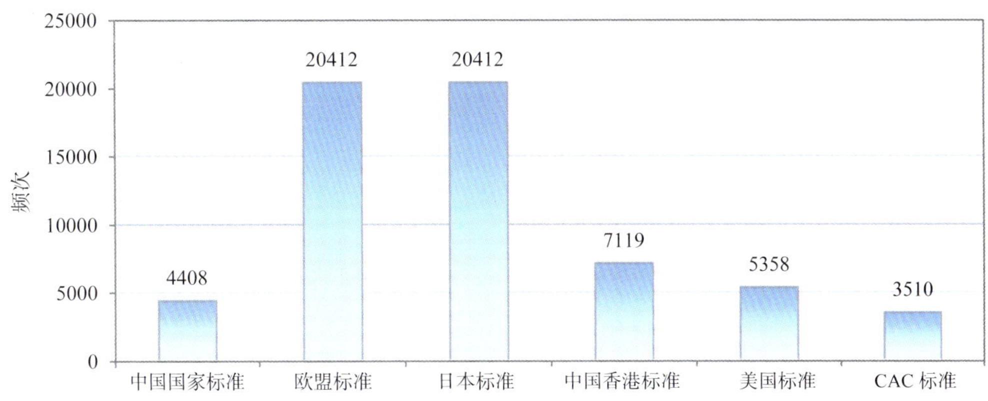

图 4-11　20412 频次检出农药可用 MRL 中国国家标准、欧盟标准、日本标准、中国香港标准、美国标准、CAC 标准判定衡量的数量

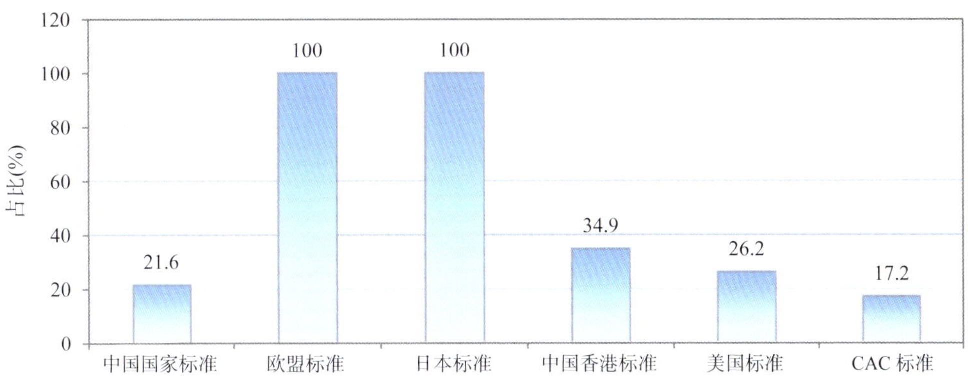

图 4-12　20412 频次检出农药可用 MRL 中国国家标准、欧盟标准、日本标准、中国香港标准、美国标准、CAC 标准衡量的占比

4.2.3.1　检出残留水平超标的样品分析

本次侦测的 9823 例样品中，2370 例样品未检出任何残留农药，占样品总量的 24.1%，7453 例样品检出不同水平、不同种类的残留农药，占样品总量的 75.9%。将本次侦测的农药残留检出情况与 MRL 中国国家标准、欧盟标准、日本标准、中国香港标准、美国标准和 CAC 标准这 6 大国际主流标准进行对比分析，样品的农药残留检出与超标情况见图 4-13、表 4-15，样品中检出农药残留超过各 MRL 标准的分布情况见表 4-16。

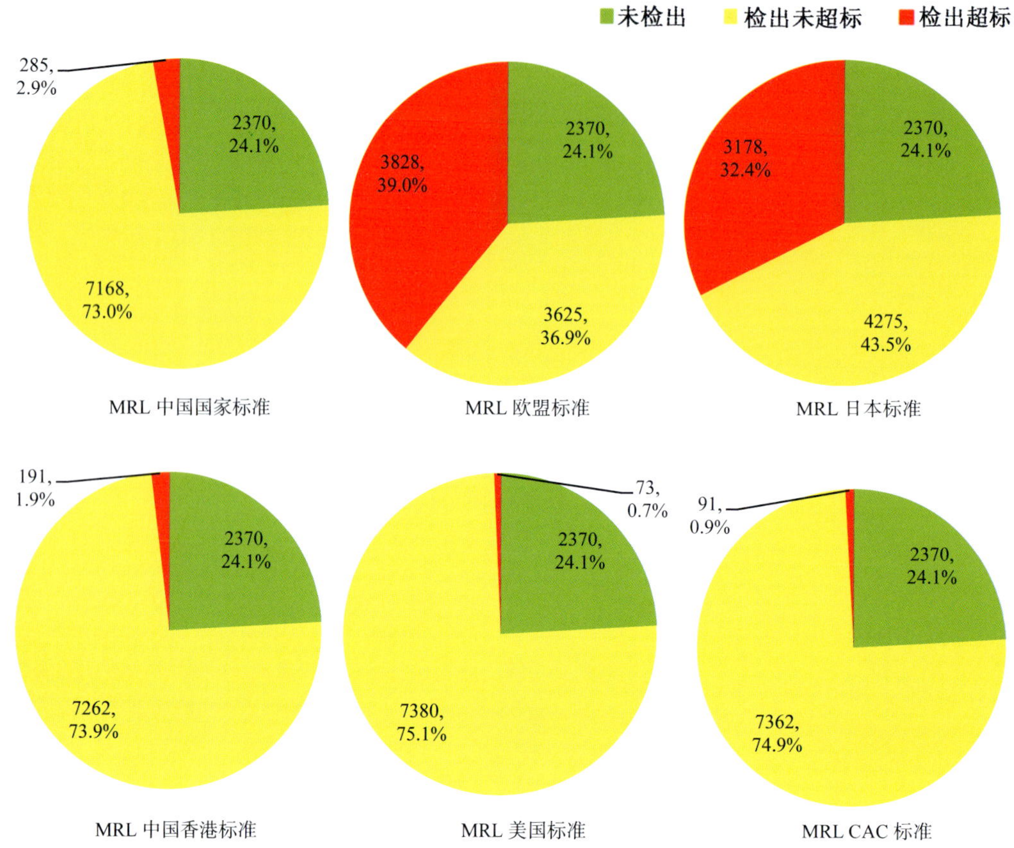

图 4-13　检出和超标样品的比例情况

表 4-15　各 MRL 标准下样本的农药残留检出与超标数量及占比

	中国国家标准数量/占比（%）	欧盟标准数量/占比（%）	日本标准数量/占比（%）	中国香港标准数量/占比(%)	美国标准数量/占比（%）	CAC 标准数量/占比（%）
未检出	2370/24.1	2370/24.1	2370/24.1	2370/24.1	2370/24.1	2370/24.1
检出未超标	7168/73.0	3625/36.9	4275/43.5	7262/73.9	7380/75.1	7362/74.9
检出超标	285/2.9	3828/39.0	3178/32.4	191/1.9	73/0.7	91/0.9

表 4-16　样品中检出农药残留超过各 MRL 标准的频次分布情况

序号	样品名称	中国国家标准	欧盟标准	日本标准	中国香港标准	美国标准	CAC 标准
1	芹菜	83	571	420	23	2	1
2	韭菜	35	178	169	20	0	0
3	菜豆	22	286	477	8	1	8

续表

序号	样品名称	中国国家标准	欧盟标准	日本标准	中国香港标准	美国标准	CAC 标准
4	橘	12	49	35	10	0	3
5	萝卜	12	49	30	5	0	5
6	菠菜	11	129	108	8	1	1
7	桃	9	146	92	0	4	0
8	黄瓜	8	216	89	5	2	4
9	青菜	7	154	124	5	2	0
10	甜椒	6	234	94	7	3	0
11	小白菜	6	157	107	2	0	0
12	小油菜	6	78	73	5	0	0
13	油麦菜	6	174	153	1	0	0
14	火龙果	5	82	106	0	0	0
15	苦瓜	5	53	35	15	2	14
16	梨	5	158	88	4	10	0
17	茼蒿	5	138	142	1	0	0
18	橙	4	44	27	7	0	7
19	青花菜	4	134	118	3	0	0
20	石榴	4	15	15	0	0	0
21	西葫芦	4	82	55	9	0	8
22	菜薹	3	148	109	5	1	0
23	大白菜	3	85	69	1	0	0
24	苹果	3	145	103	3	34	0
25	葡萄	3	179	99	2	6	2
26	茄子	3	246	128	0	1	1
27	生菜	3	233	194	3	0	1
28	蕹菜	3	40	26	0	0	0
29	杨桃	3	17	39	3	0	0
30	番茄	2	276	104	2	0	15
31	枸杞叶	2	19	7	0	0	0
32	胡萝卜	2	126	141	4	0	3
33	李子	2	33	63	2	0	0
34	柠檬	2	22	21	3	0	2
35	叶芥菜	2	75	47	1	0	0

续表

序号	样品名称	中国国家标准	欧盟标准	日本标准	中国香港标准	美国标准	CAC 标准
36	瓠瓜	1	6	13	0	0	0
37	豇豆	1	16	27	2	0	0
38	马铃薯	1	29	25	2	3	2
39	莴笋	1	11	7	1	0	0
40	香蕉	1	66	50	1	0	0
41	樱桃番茄	1	33	24	0	0	0
42	芋	1	6	2	1	0	1
43	百合	0	5	5	0	0	0
44	扁豆	0	10	25	0	0	0
45	菠萝	0	3	2	0	0	0
46	菜用大豆	0	1	1	0	0	0
47	草莓	0	53	29	0	0	0
48	春菜	0	48	37	0	0	4
49	葱	0	8	4	0	0	0
50	大蒜	0	4	3	0	0	0
51	冬瓜	0	18	18	1	0	1
52	豆瓣菜	0	32	25	0	0	0
53	儿菜	0	2	0	0	0	0
54	番石榴	0	12	1	0	0	0
55	佛手瓜	0	2	2	0	0	0
56	甘薯	0	2	1	1	1	1
57	甘薯叶	0	20	21	0	0	0
58	哈密瓜	0	6	6	1	0	1
59	花椰菜	0	16	15	0	0	0
60	姜	0	40	24	0	0	0
61	结球甘蓝	0	65	59	0	0	0
62	芥蓝	0	51	40	0	0	0
63	金针菇	0	29	26	0	0	0
64	苦苣	0	28	30	0	0	0
65	辣椒	0	56	38	1	0	0
66	荔枝	0	11	15	0	0	0
67	莲藕	0	5	7	1	0	1

续表

序号	样品名称	中国国家标准	欧盟标准	日本标准	中国香港标准	美国标准	CAC 标准
68	龙眼	0	3	9	2	0	0
69	落葵	0	11	9	0	0	0
70	芒果	0	36	26	0	0	0
71	猕猴桃	0	47	38	0	0	0
72	蘑菇	0	64	66	1	0	0
73	木瓜	0	34	29	0	0	0
74	奶白菜	0	2	0	0	0	0
75	南瓜	0	4	4	2	0	2
76	枇杷	0	2	1	0	0	0
77	平菇	0	5	2	0	0	0
78	青蒜	0	11	4	0	0	0
79	秋葵	0	1	0	0	0	0
80	人参果	0	4	3	0	0	0
81	山药	0	4	3	2	2	2
82	山楂	0	0	1	0	0	0
83	山竹	0	15	21	0	0	0
84	食荚豌豆	0	0	1	0	0	0
85	丝瓜	0	29	6	1	0	1
86	甜瓜	0	12	4	0	0	0
87	西番莲	0	2	2	0	0	0
88	西瓜	0	40	36	0	0	0
89	鲜食玉米	0	1	1	0	0	0
90	苋菜	0	38	31	0	0	0
91	香菇	0	6	7	0	0	0
92	香瓜	0	28	22	2	0	2
93	杏	0	4	3	0	0	0
94	杏鲍菇	0	3	6	0	0	0
95	洋葱	0	26	23	0	0	0
96	油桃	0	1	0	0	0	0
97	柚	0	14	12	0	0	0
98	芫荽	0	33	36	0	0	0
99	枣	0	29	74	0	0	0
100	竹笋	0	9	4	0	0	0

续表

序号	样品名称	中国国家标准	欧盟标准	日本标准	中国香港标准	美国标准	CAC 标准
101	紫背菜	0	15	14	4	0	0
102	紫甘蓝	0	5	5	0	0	0
103	紫薯	0	4	5	0	0	0

4.2.3.2 检出残留水平超标的农药分析

按照 MRL 中国国家标准、欧盟标准、日本标准、中国香港标准、美国标准和 CAC 标准这 6 大国际主流标准衡量，本次侦测检出的农药超标品种及频次情况见表 4-17。

表 4-17 各 MRL 标准下超标农药品种及频次

	中国国家标准	欧盟标准	日本标准	中国香港标准	美国标准	CAC 标准
超标农药品种	27	247	244	24	13	8
超标农药频次	302	6007	4797	193	75	93

1）按 MRL 中国国家标准衡量

按 MRL 中国国家标准衡量，共有 27 种农药超标，检出 302 频次，分别为剧毒农药特丁硫磷、地虫硫磷、甲拌磷、七氯和对硫磷，高毒农药治螟磷、甲胺磷、克百威、三唑磷、氯唑磷、水胺硫磷和敌敌畏，中毒农药联苯菊酯、六六六、氟虫腈、毒死蜱、灭蚁灵、氟吡禾灵、三唑醇、三唑酮、唑虫酰胺、丙溴磷、氯氰菊酯和氰戊菊酯，低毒农药嘧菌环胺和己唑醇，微毒农药腐霉利。侦测结果见图 4-14。

按超标程度比较，萝卜中甲拌磷超标 79.5 倍，菠菜中甲拌磷超标 53.6 倍，橙中水胺硫磷超标 51.1 倍，芹菜中甲拌磷超标 47.2 倍，枸杞叶中克百威超标 41.0 倍。

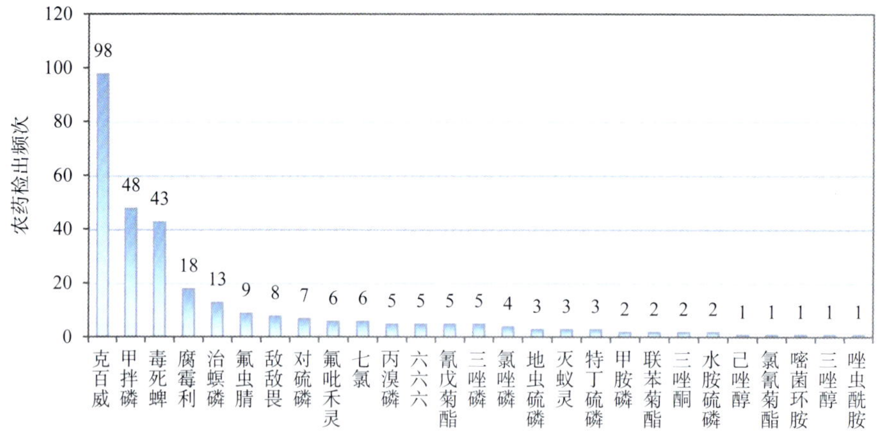

图 4-14 超过 MRL 中国国家标准的农药品种及频次

2）按 MRL 欧盟标准衡量

按 MRL 欧盟标准衡量，共有 247 种农药超标，检出 6007 频次，分别为剧毒农药涕灭威、异艾氏剂、艾氏剂、特丁硫磷、异狄氏剂、乙拌磷、地虫硫磷、甲拌磷、七氯和对硫磷，高毒农药猛杀威、久效威、特乐酚、嘧啶磷、杀扑磷、治螟磷、蝇毒磷、4-硝基氯苯、克百威、甲胺磷、三唑磷、氯唑磷、水胺硫磷、丙虫磷、兹克威、敌瘟磷、氟氯氰菊酯、敌敌畏、呋线威和灭害威，中毒农药联苯菊酯、乐果、六六六、氯菊酯、咯喹酮、哌草磷、克草敌、异噁草酮、氟虫腈、多效唑、氟胺氰菊酯、戊唑醇、甲苯氟磺胺、三环唑、环嗪酮、抗螨唑、仲丁威、辛酰溴苯腈、乙基溴硫磷、毒死蜱、烯唑醇、硫丹、甲霜灵、灭蚁灵、甲萘威、二甲草胺、喹螨醚、甲氰菊酯、氟吡禾灵、禾草敌、三唑酮、炔丙菊酯、三唑醇、γ-氟氯氰菌酯、2,6-二氯苯甲酰胺、3,4,5-混杀威、二丙烯草胺、氧环唑、杀螺吗啉、消螨通、虫螨腈、乙硫磷、氟噻草胺、稻瘟灵、噁霜灵、速灭威、唑虫酰胺、杀虫环、甲草胺、双甲脒、仲丁灵、丁硫克百威、氟硅唑、腈菌唑、二甲戊灵、哒螨灵、吡螨胺、四氟醚唑、*o,p*'-滴滴伊、氯氰菊酯、丙溴磷、喹硫磷、异丙威、苯醚氰菊酯、棉铃威、草完隆、2,4-滴丁酸、三氯杀螨醇、茵草敌、氰戊菊酯、安硫磷、特丁通、呋霜灵、*o,p*'-滴滴滴和烯丙菊酯，低毒农药十二环吗啉、丁苯吗啉、嘧霉胺、氟硅菊酯、西草净、牧草胺、环丙津、叠氮津、丁二酸二丁酯、环丙腈津、茚草酮、邻苯基苯酚、杀螨醚、嘧菌环胺、二苯胺、乙羧氟草醚、三氯杀螨砜、磷酸三苯酯、灭除威、2 甲 4 氯丁氧乙基酯、2,3,5,6-四氯苯胺、氯杀螨砜、螺螨酯、仲丁通、扑草净、呋菌胺、2,6-二硝基-3-甲氧基-4-叔丁基甲苯、灭草环、4,4-二溴二苯甲酮、避蚊胺、吡喃灵、乙草胺、杀螨特、萎锈灵、己唑醇、异丙甲草胺、苄草丹、苄呋菊酯、西玛通、丙草胺、丁羟茴香醚、五氯苯、麦锈灵、烯虫炔酯、氨氟灵、灭菌磷、戊草丹、五氯苯甲腈、莠去津、乙菌利、三氟甲吡醚、噻菌灵、环酯草醚、扑灭通、杀虫威、胺菊酯、氟啶脲、整形醇、四氢吩胺、莠去通、新燕灵、氯硫酰草胺、敌草腈、氟咯草酮、氟唑菌酰胺、苯胺灵、西玛津、邻苯二甲酰亚胺、甲氧丙净、甲醚菊酯、威杀灵、八氯苯乙烯、去乙基阿特拉津、呋草黄、抑芽唑、反式九氯、乙滴滴、杀螨酯、马拉硫磷、异丙草胺、八氯二丙醚、特草灵、4,4-二氯二苯甲酮、呋酰胺、五氯甲氧基苯、芬螨酯、氟丙嘧草酯、苯虫醚、增效胺、噻嗪酮、氯唑灵、甲基苯噻隆、炔螨特、啶斑肟、烯丙苯噻唑、清菌噻唑、特丁净、拌种胺、3,5-二氯苯胺、间羟基联苯和五氯苯胺，微毒农药萘乙酰胺、醚菊酯、解草嗪、乙霉威、缬霉威、敌草胺、甲呋酰胺、避蚊酯、氟丙菊酯、克菌丹、绿麦隆、异噁唑草酮、腐霉利、溴丁酰草胺、嘧菌酯、灭锈胺、五氯硝基苯、增效醚、解草腈、拌种咯、丙炔氟草胺、啶氧菌酯、氟硫草定、苯草醚、百菌清、氟乐灵、氯磺隆、吡丙醚、四氯硝基苯、肟菌酯、生物苄呋菊酯、溴螨酯、氟酰胺、醚菌酯、嘧菌胺、烯虫酯、霜霉威、氟铃脲、氟草敏和仲草丹。侦测结果见图 4-15。

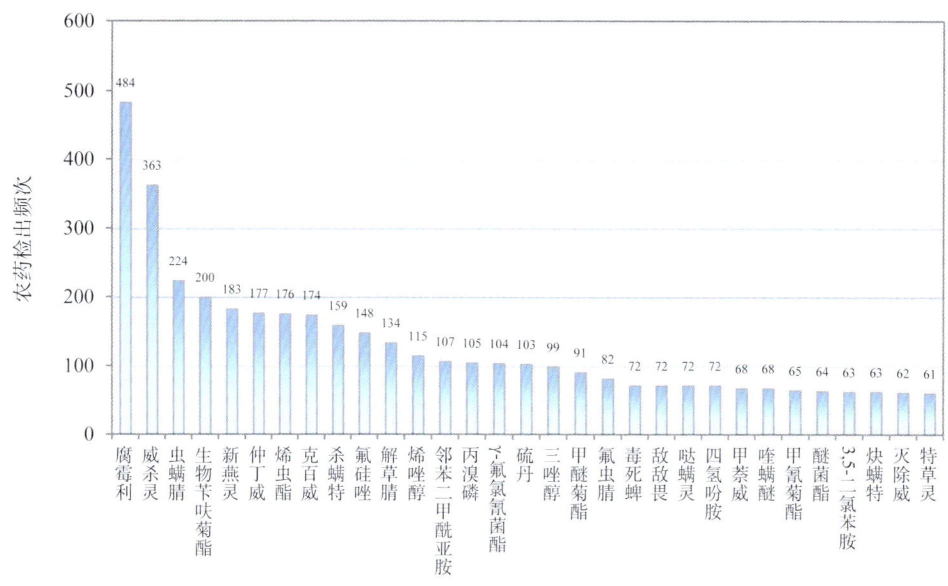

图 4-15　超过 MRL 欧盟标准的农药品种及频次（仅列出超标 61 频次及以上的数据）

按超标程度比较，芹菜中嘧霉胺超标 588.3 倍，芹菜中克百威超标 389.4 倍，油麦菜中氟虫腈超标 371.9 倍，香蕉中茚草酮超标 311.8 倍，韭菜中腐霉利超标 280.4 倍。

3）按 MRL 日本标准衡量

按 MRL 日本标准衡量，共有 244 种农药超标，检出 4797 频次，分别为剧毒农药涕灭威、异艾氏剂、艾氏剂、特丁硫磷、异狄氏剂、地虫硫磷、甲拌磷和七氯，高毒农药猛杀威、久效威、嘧啶磷、特乐酚、杀扑磷、蝇毒磷、治螟磷、4-硝基氯苯、克百威、三唑磷、氯唑磷、水胺硫磷、敌瘟磷、丙虫磷、兹克威、氟氯氰菊酯、敌敌畏、呋线威和灭害威，中毒农药六六六、联苯菊酯、乐果、粉唑醇、克草敌、咯喹酮、哌草磷、糠菌唑、异噁草酮、仲丁威、氟虫腈、环嗪酮、多效唑、戊唑醇、甲苯氟磺胺、三环唑、氟胺氰菊酯、抗螨唑、辛酰溴苯腈、毒死蜱、硫丹、甲霜灵、苯嗪草酮、灭蚊灵、乙基溴硫磷、烯唑醇、甲萘威、甲氰菊酯、氟吡禾灵、禾草敌、三唑酮、三唑醇、炔丙菊酯、γ-氟氯氰菌酯、2,6-二氯苯甲酰胺、3,4,5-混杀威、喹螨醚、二丙烯草胺、氧环唑、杀螺吗啉、二甲草胺、消螨通、虫螨腈、氟噻草胺、茚虫威、稻瘟灵、嗪草酮、噁霜灵、除虫菊酯、唑虫酰胺、速灭威、麦穗宁、杀虫环、甲草胺、双甲脒、丁硫克百威、氟硅唑、腈菌唑、二甲戊灵、哒螨灵、吡螨胺、四氟醚唑、仲丁灵、*o,p'*-滴滴伊、棉铃威、氯氰菊酯、异丙威、丙溴磷、喹硫磷、苯醚氰菊酯、草完隆、烯丙菊酯、2,4-滴丁酸、三氯杀螨醇、茵草敌、氰戊菊酯、特丁通、安硫磷、呋霜灵和 *o,p'*-滴滴滴，低毒农药丁二酸二丁酯、丁苯吗啉、茚草酮、嘧霉胺、氟硅菊酯、西草净、牧草胺、环丙津、叠氮津、喹禾灵、十二环吗啉、环丙腈津、嘧菌环胺、二苯胺、邻苯基苯酚、磷酸三苯酯、灭除威、2 甲 4 氯丁氧乙基酯、2,3,5,6-四氯苯胺、乙羧氟草醚、杀螨醚、氯杀螨砜、氟吡菌酰胺、螺螨酯、仲丁通、呋菌胺、2,6-二硝基-3-甲氧基-4-叔丁基甲苯、灭草环、4,4-二溴二苯甲酮、避蚊胺、吡喃灵、乙草胺、丁羟茴香醚、萎锈灵、戊草丹、己唑醇、异丙甲草胺、丙草胺、苄草丹、西玛通、五氯苯、杀螨特、麦锈灵、烯虫炔酯、氨氟灵、灭菌磷、五氯苯甲腈、莠去津、三氟甲吡醚、环酯草醚、噻菌灵、扑灭通、胺菊酯、整形醇、乙菌利、四氢吩胺、莠去通、新燕灵、呋草黄、西玛津、苯胺灵、邻苯二甲酰亚胺、甲氧丙净、甲醚菊酯、威杀灵、八氯苯乙烯、氟咯草酮、氯硫酰草胺、去乙基阿特拉津、抑芽唑、反式九氯、禾草灵、马拉硫磷、异丙草胺、八氯二丙醚、特草灵、4,4-二氯二苯甲酮、呋酰胺、五氯甲氧基苯、乙滴滴、芬螨酯、杀螨酯、苯虫醚、增效胺、乙嘧酚磺酸酯、噻嗪酮、氯唑灵、甲基苯噻隆、萘乙酸、烯丙苯噻唑、炔螨特、特丁净、啶斑肟、清菌噻唑、拌种胺、3,5-二氯苯胺、间羟基联苯和五氯苯胺，微毒农药解草嗪、醚菊酯、萘乙酰胺、喹氧灵、缬霉威、敌草胺、甲呋酰胺、避蚊酯、氟丙菊酯、溴丁酰草胺、绿麦隆、乙氧呋草黄、异噁唑草酮、腐霉利、嘧菌酯、灭锈胺、解草腈、增效醚、五氯硝基苯、拌种咯、氟硫草定、啶氧菌酯、乙丁氟灵、百菌清、苯草醚、生物苄呋菊酯、啶酰菌胺、氯磺隆、吡丙醚、四氯硝基苯、肟菌酯、氟酰胺、醚菌酯、嘧菌胺、烯虫酯、霜霉威、氟铃脲和仲草丹。侦测结果见图 4-16。

按超标程度比较，油麦菜中氟虫腈超标 931.2 倍，芹菜中嘧霉胺超标 588.3 倍，香蕉中茚草酮超标 311.8 倍，茄子中水胺硫磷超标 269.9 倍，杏鲍菇中解草腈超标 227.9 倍。

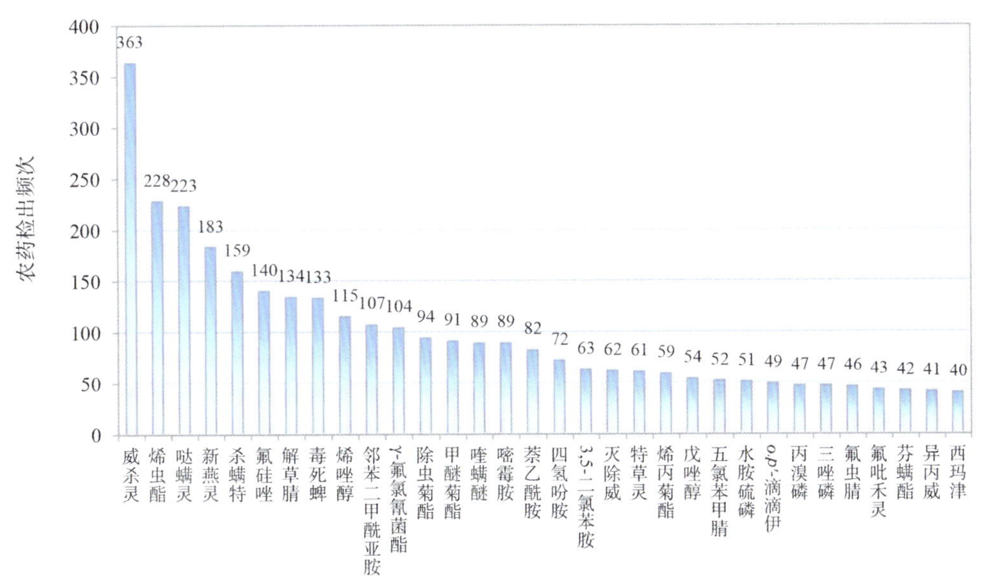

图 4-16　超过 MRL 日本标准的农药品种及频次（仅列出超标 40 频次及以上的数据）

4）按 MRL 中国香港标准衡量

按 MRL 中国香港标准衡量，共有 24 种农药超标，检出 193 频次，分别为剧毒农药对硫磷，高毒农药克百威、甲胺磷、三唑磷、水胺硫磷和敌敌畏，中毒农药联苯菊酯、六六六、戊唑醇、毒死蜱、硫丹、甲霜灵、氟吡禾灵、三唑醇、除虫菊酯、双甲脒、氯氰菊酯、丙溴磷和氰戊菊酯，微毒农药敌草胺、克菌丹、腐霉利、丙炔氟草胺和肟菌酯。侦测结果见图 4-17。

按超标程度比较，辣椒中三唑磷超标 53.1 倍，龙眼中甲霜灵超标 33.4 倍，韭菜中腐霉利超标 27.1 倍，青花菜中对硫磷超标 21.2 倍，菜薹中毒死蜱超标 18.5 倍。

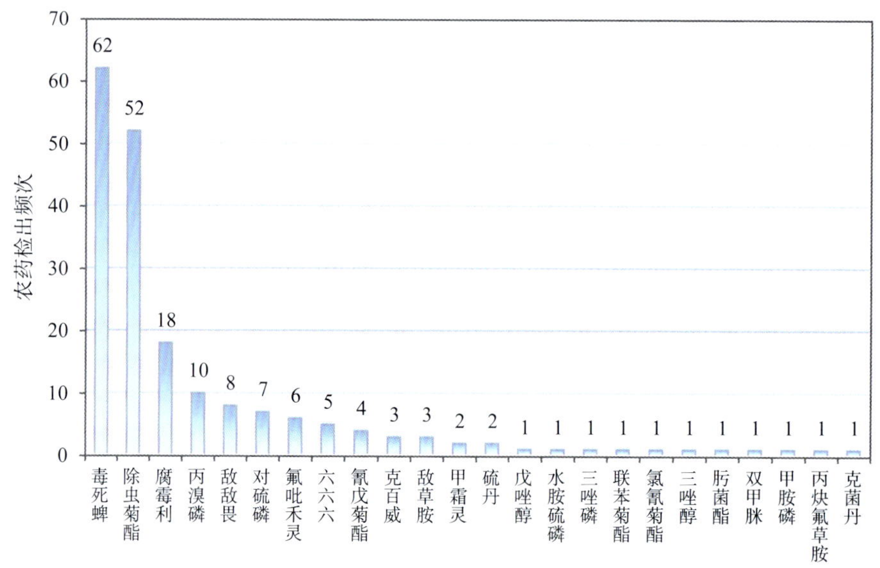

图 4-17　超过 MRL 中国香港标准的农药品种及频次

5）按 MRL 美国标准衡量

按 MRL 美国标准衡量，共有 13 种农药超标，检出 75 频次，分别为中毒农药氯菊酯、联苯菊酯、戊唑醇、毒死蜱、甲霜灵、γ-氟氯氰菌酯、除虫菊酯、唑虫酰胺和腈菌唑，低毒农药噻菌灵，微毒农药敌草胺、克菌丹和丙炔氟草胺。侦测结果见图 4-18。

按超标程度比较，葡萄中毒死蜱超标 128.8 倍，苹果中毒死蜱超标 23.1 倍，梨中毒死蜱超标 9.5 倍，马铃薯中唑虫酰胺超标 7.3 倍，苹果中戊唑醇超标 6.8 倍。

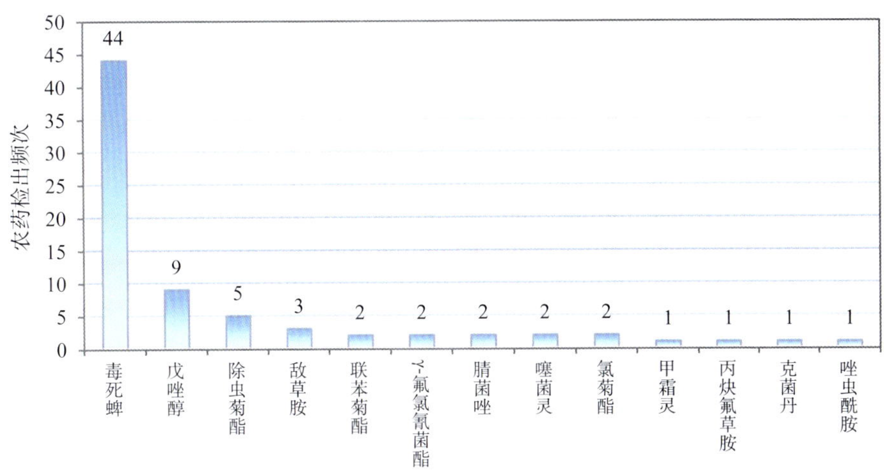

图 4-18　超过 MRL 美国标准的农药品种及频次

6）按 MRL CAC 标准衡量

按 MRL CAC 标准衡量，共有 8 种农药超标，检出 93 频次，分别为中毒农药戊唑醇、毒死蜱、氟吡禾灵、三唑醇、除虫菊酯和氯氰菊酯，低毒农药嘧菌环胺，微毒农药肟菌酯。侦测结果见图 4-19。

按超标程度比较，冬瓜中除虫菊酯超标 12.8 倍，西葫芦中除虫菊酯超标 12.6 倍，苦瓜中除虫菊酯超标 10.5 倍，橙中除虫菊酯超标 7.2 倍，番茄中除虫菊酯超标 5.6 倍。

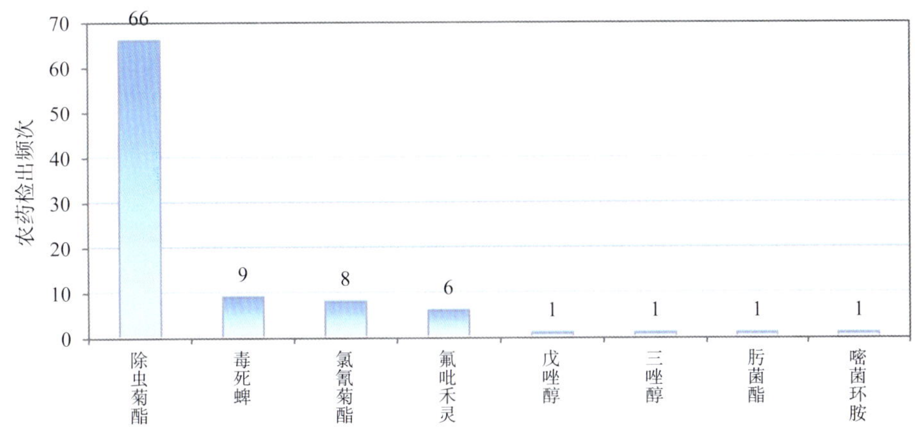

图 4-19　超过 MRL CAC 标准的农药品种及频次

4.2.3.3　42 个城市超标情况分析

1）按 MRL 中国国家标准衡量

按 MRL 中国国家标准衡量，有 34 个城市的样品存在不同程度的超标农药检出，其中海口市的超标率最高，为 11.8%，如图 4-20 所示。

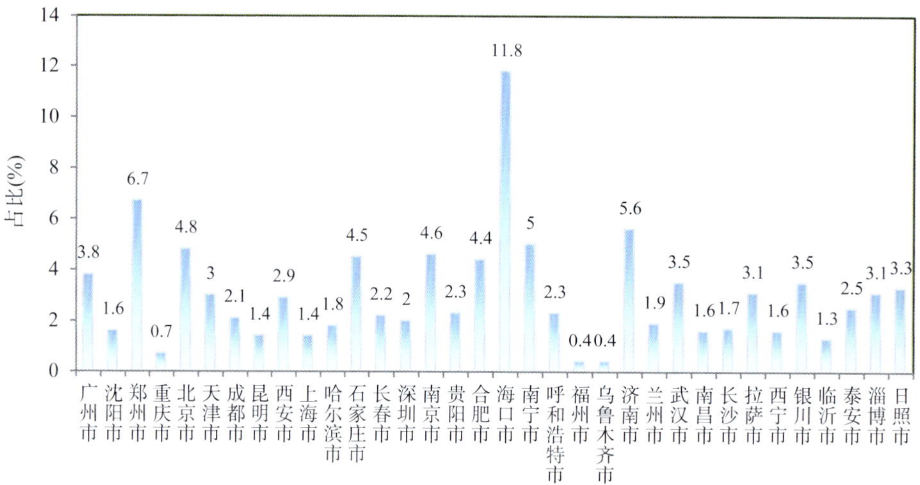

图 4-20　超过 MRL 中国国家标准水果蔬菜在不同城市的分布

2）按 MRL 欧盟标准衡量

按 MRL 欧盟标准衡量，有 41 个城市的样品存在不同程度的超标农药检出，其中海口市的超标率最高，为 65.7%，如图 4-21 所示。

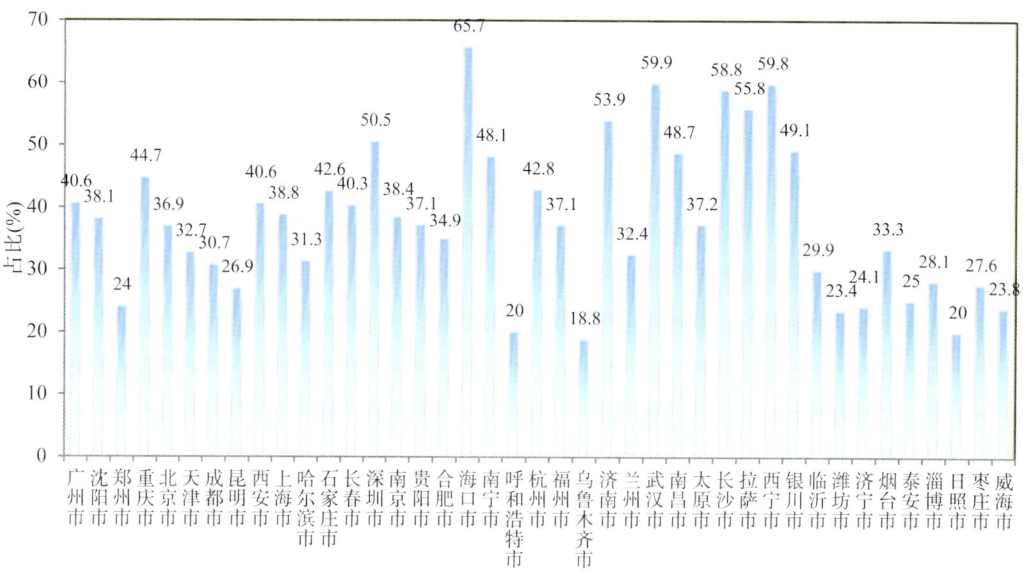

图 4-21　超过 MRL 欧盟标准水果蔬菜在不同城市的分布

3）按 MRL 日本标准衡量

按 MRL 日本标准衡量，有 41 个城市的样品存在不同程度的超标农药检出，其中海口市的超标率最高，为 60.1%，如图 4-22 所示。

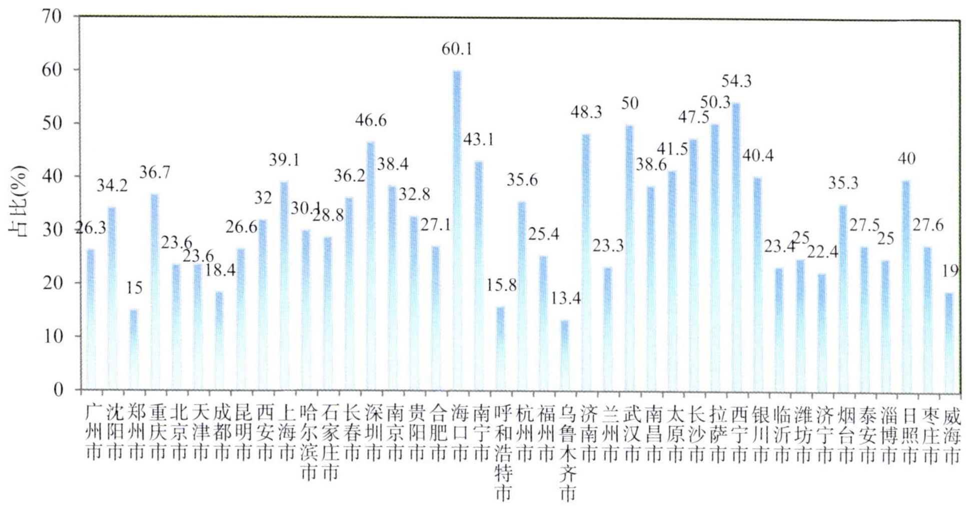

图 4-22　超过 MRL 日本标准水果蔬菜在不同城市的分布

4）按 MRL 中国香港标准衡量

按 MRL 中国香港标准衡量，有 33 个城市的样品存在不同程度的超标农药检出，其中泰安市的超标率最高，为 7.5%，如图 4-23 所示。

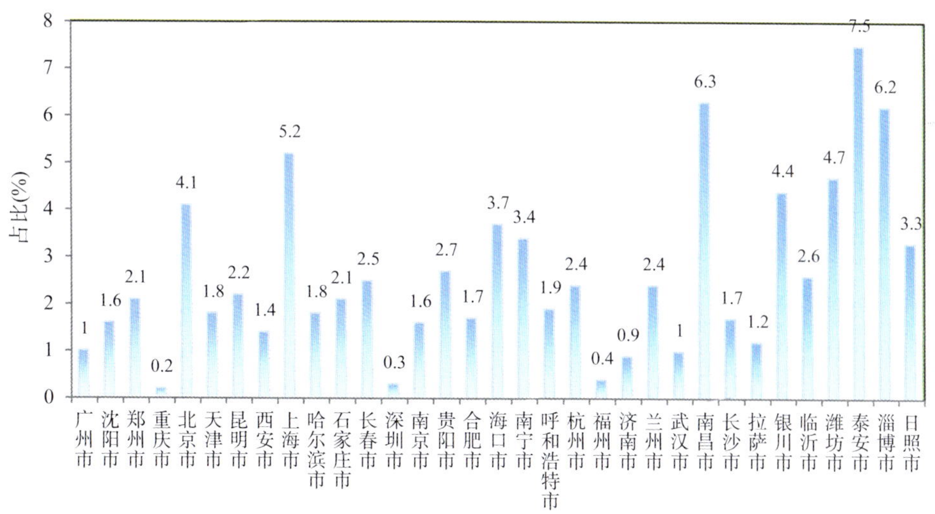

图 4-23　超过 MRL 中国香港标准水果蔬菜在不同城市的分布

5）MRL 按美国标准衡量

按 MRL 美国标准衡量，有 31 个城市的样品存在不同程度的超标农药检出，其中泰安市的超标率最高，为 5.0%，如图 4-24 所示。

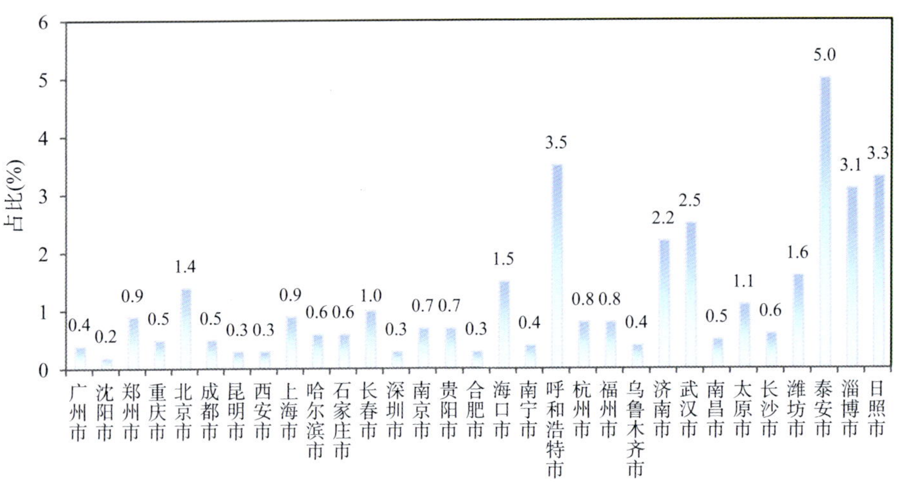

图 4-24　超过 MRL 美国标准水果蔬菜在不同城市的分布

6）按 MRL CAC 标准衡量

按 MRL CAC 标准衡量，有 22 个城市的样品存在不同程度的超标农药检出，其中南昌市的超标率最高，为 10.1%，如图 4-25 所示。

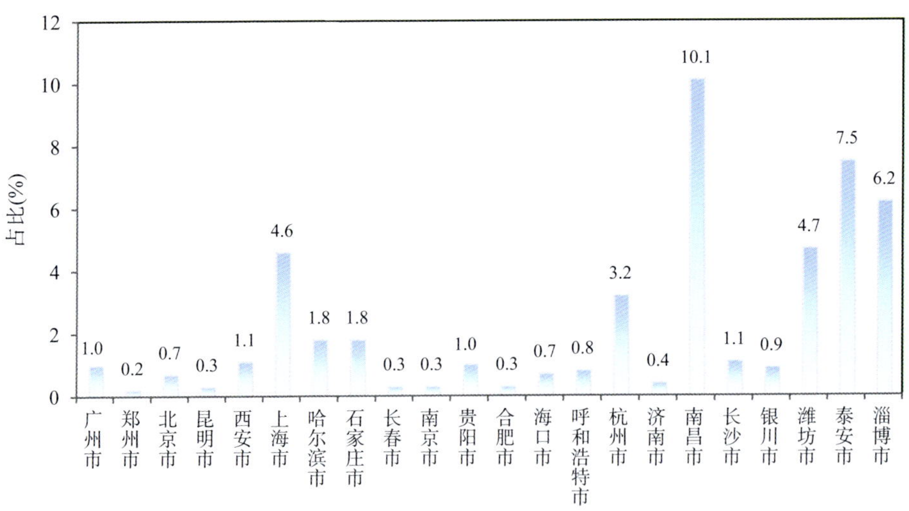

图 4-25　超过 MRL CAC 标准水果蔬菜在不同城市的分布

7）42 个城市的超标农药检出率

将 42 个城市的侦测结果分别按 MRL 中国国家标准、欧盟标准、日本标准、中国香港标准、美国标准和 CAC 标准进行分析，见表 4-18。

表 4-18　42 个城市的超标农药检出率（%）

编号	城市	MRL 中国国家标准	MRL 欧盟标准	MRL 日本标准	MRL 中国香港标准	MRL 美国标准	MRL CAC 标准
1	北京市	2.4	27.1	17.0	2.0	0.7	0.3
2	成都市	1.6	34.6	18.1	0.0	0.4	0.0
3	福州市	0.5	30.8	21.9	0.2	0.5	0.0
4	广州市	1.6	29.2	17.3	0.4	0.2	0.5
5	贵阳市	1.3	34.3	25.6	1.5	0.4	0.5
6	哈尔滨市	0.8	20.2	19.5	0.8	0.3	0.8
7	海口市	5.2	48.1	41.4	1.4	0.6	0.3
8	杭州市	0.0	24.8	22.8	0.9	0.3	1.2
9	合肥市	2.3	28.7	21.4	0.9	0.2	0.2
10	呼和浩特市	2.1	23.3	17.4	1.7	3.1	0.7
11	济南市	2.8	49.9	42.2	0.4	1.0	0.2
12	济宁市	0.0	18.0	14.0	0.0	0.0	0.0
13	昆明市	1.0	30.7	30.5	1.6	0.2	0.2
14	拉萨市	1.4	29.2	26.1	0.4	0.0	0.0
15	兰州市	1.3	31.8	23.1	1.6	0.0	0.0
16	临沂市	0.7	16.1	12.8	1.3	0.0	0.0
17	南昌市	0.6	29.4	23.7	2.5	0.4	3.9
18	南京市	2.5	28.4	26.2	0.8	0.3	0.2
19	南宁市	2.5	36.8	32.1	1.6	0.2	0.0
20	日照市	1.9	17.0	30.2	1.9	1.9	0.0
21	上海市	0.6	24.1	22.6	2.3	0.4	2.1
22	深圳市	0.6	29.3	23.1	0.1	0.1	0.0
23	沈阳市	0.8	26.8	26.7	0.8	0.1	0.0
24	石家庄市	2.0	26.3	17.5	0.9	0.3	0.8
25	太原市	0.0	40.7	45.7	0.0	1.2	0.0
26	泰安市	1.1	20.5	15.9	3.4	2.3	3.4
27	天津市	1.6	22.9	13.9	0.8	0.0	0.0
28	威海市	0.0	22.5	20.0	0.0	0.0	0.0
29	潍坊市	0.0	19.3	20.2	2.8	0.9	2.8
30	乌鲁木齐市	0.3	20.1	13.0	0.0	0.3	0.0
31	武汉市	1.1	34.4	25.8	0.3	0.8	0.0
32	西安市	2.3	37.8	29.3	1.2	0.2	0.9

续表

编号	城市	MRL 中国国家标准	MRL 欧盟标准	MRL 日本标准	MRL 中国香港标准	MRL 美国标准	MRL CAC 标准
33	西宁市	0.7	35.7	32.0	0.0	0.0	0.0
34	烟台市	0.0	19.2	20.2	0.0	0.0	0.0
35	银川市	1.9	38.8	32.2	2.3	0.0	0.5
36	枣庄市	0.0	18.0	22.0	0.0	0.0	0.0
37	长春市	0.9	22.3	21.7	1.0	0.4	0.1
38	长沙市	0.6	31.6	24.5	0.6	0.2	0.4
39	郑州市	4.6	26.6	18.5	1.3	0.6	0.1
40	重庆市	0.3	29.2	20.9	0.1	0.2	0.0
41	淄博市	1.4	19.2	13.7	2.7	1.4	2.7

4.2.4 水果中农药残留分布

4.2.4.1 检出农药品种和频次排前 10 的水果

本次残留侦测的水果共 32 种，包括西瓜、猕猴桃、山竹、桃、石榴、香蕉、龙眼、哈密瓜、木瓜、油桃、香瓜、苹果、杏、西番莲、葡萄、草莓、山楂、梨、枣、芒果、李子、柚、荔枝、枇杷、橘、火龙果、橙、菠萝、柠檬、甜瓜、杨桃和番石榴。

根据检出农药品种及频次进行排名，将各项排名前 10 位的水果样品检出情况列表说明，详见表 4-19。

表 4-19 检出农药品种和频次排名前 10 的水果

检出农药品种排名前 10（品种）	①苹果（98），②梨（85），③葡萄（85），④桃（77），⑤李子（42），⑥枣（42），⑦火龙果（41），⑧橘（39），⑨草莓（38），⑩香瓜（38）
检出农药频次排名前 10（频次）	①葡萄（1083），②梨（706），③苹果（678），④桃（656），⑤火龙果（215），⑥草莓（204），⑦香蕉（195），⑧李子（179），⑨橘（178），⑩猕猴桃（170）
检出禁用、高毒及剧毒农药品种排名前 10（品种）	①梨（12），②桃（11），③苹果（11），④葡萄（7），⑤香蕉（6），⑥李子（5），⑦火龙果（5），⑧橘（5），⑨草莓（4），⑩荔枝（4）
检出禁用、高毒及剧毒农药频次排名前 10（频次）	①桃（92），②梨（68），③草莓（31），④苹果（29），⑤橘（17），⑥甜瓜（17），⑦葡萄（16），⑧李子（14），⑨香蕉（13），⑩火龙果（13）

4.2.4.2 超标农药品种和频次排前 10 的水果

鉴于 MRL 欧盟标准和 MRL 日本标准的制定比较全面且覆盖率较高，参照 MRL 中国国家标准、欧盟标准和日本标准衡量水果样品中农药残留检出情况，将超标农药品种及频次排名前 10 的水果列表说明，详见表 4-20。

表 4-20　超标农药品种和频次排名前 10 的水果

超标农药品种排名前 10（农药品种数）	MRL 中国国家标准	①橘（4），②葡萄（3），③梨（3），④桃（3），⑤橙（2），⑥苹果（2），⑦柠檬（1），⑧石榴（1），⑨香蕉（1），⑩李子（1）
	MRL 欧盟标准	①苹果（51），②葡萄（44），③梨（40），④桃（37），⑤火龙果（22），⑥香蕉（16），⑦橘（14），⑧李子（14），⑨草莓（13），⑩木瓜（12）
	MRL 日本标准	①苹果（31），②葡萄（29），③梨（28），④桃（25），⑤李子（25），⑥火龙果（23），⑦枣（20），⑧香蕉（12），⑨荔枝（11），⑩杨桃（11）
超标农药频次排名前 10（农药频次数）	MRL 中国国家标准	①橘（12），②桃（9），③梨（5），④火龙果（5），⑤橙（4），⑥石榴（4），⑦杨桃（3），⑧葡萄（3），⑨苹果（3），⑩李子（2）
	MRL 欧盟标准	①葡萄（179），②梨（158），③桃（146），④苹果（145），⑤火龙果（82），⑥香蕉（66），⑦草莓（53），⑧橘（49），⑨猕猴桃（47），⑩橙（44）
	MRL 日本标准	①火龙果（106），②苹果（103），③葡萄（99），④桃（92），⑤梨（88），⑥枣（74），⑦李子（63），⑧香蕉（50），⑨杨桃（39），⑩猕猴桃（38）

通过对各品种水果样本总数及检出率进行综合分析发现，苹果、葡萄和梨的农药残留最为严重，参照 MRL 中国国家标准、欧盟标准和日本标准对这 3 种水果的农药残留检出情况进行进一步分析。

4.2.4.3　农药残留检出率较高的水果样品分析

1）苹果

共检测 450 例苹果样品，324 例样品中检出了农药残留，检出率为 72.0%，检出农药共 98 种。其中毒死蜱、戊唑醇、威杀灵、甲醚菊酯和除虫菊酯检出频次较高，分别检出了 133、66、59、55 和 45 次。苹果中农药的检出品种和频次见图 4-26，检出农药残留的超标情况见表 4-21 和图 4-27。

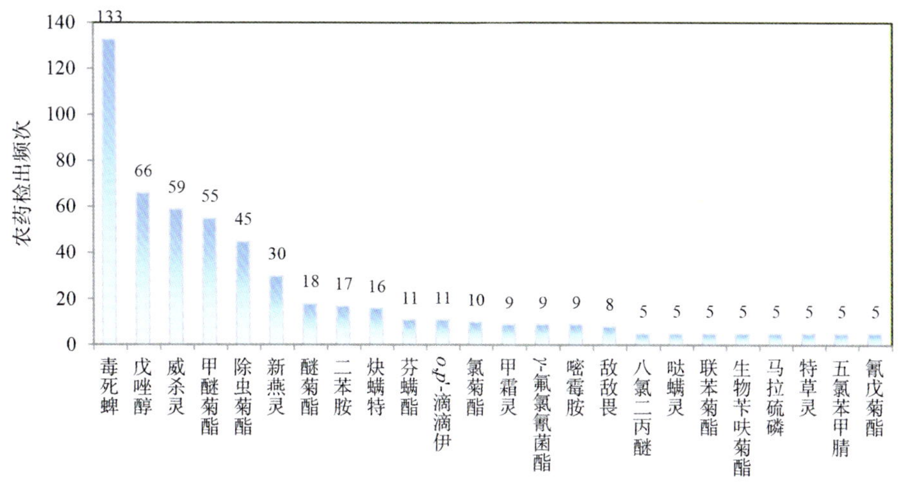

图 4-26　苹果样品的检出农药品种和频次分析（仅列出 5 频次及以上的数据）

表 4-21　苹果中的农药残留超标情况明细表

样品总数	检出农药样品数	样品检出率（%）	检出农药品种总数
450	324	72	98

超标农药品种		超标农药频次	按照 MRL 中国国家标准、欧盟标准和日本标准衡量超标农药名称及频次
中国国家标准	2	3	敌敌畏（2），克百威（1）
欧盟标准	51	145	甲醚菊酯（27），炔螨特（14），威杀灵（13），*o,p'*-滴滴伊（10），新燕灵（7），敌敌畏（6），*γ*-氟氯氰菌酯（4），特草灵（4），八氯二丙醚（3），麦锈灵（3），解草腈（3），生物苄呋菊酯（3），仲丁威（3），环嗪酮（3），丁硫克百威（3），芬螨酯（2），异噁草酮（2），三唑磷（2），烯唑醇（1），西玛津（1），烯丙菊酯（1），抑芽唑（1），茵草敌（1），甲氰菊酯（1），3，4，5-混杀威（1），四氢吩胺（1），氟虫腈（1），氟酰胺（1），戊唑醇（1），西玛通（1），灭除威（1），呋霜灵（1），氟草敏（1），氯菊酯（1），丙溴磷（1），炔丙菊酯（1），抗螨唑（1），甲草胺（1），氟硅唑（1），六六六（1），己唑醇（1），灭菌磷（1），氰戊菊酯（1），马拉硫磷（1），增效醚（1），氟丙嘧草酯（1），克百威（1），丙炔氟草胺（1），咯喹酮（1），4-硝基氯苯（1），环丙腈津（1）
日本标准	31	103	甲醚菊酯（27），威杀灵（13），*o,p'*-滴滴伊（10），新燕灵（7），特草灵（4），*γ*-氟氯氰菌酯（4），麦锈灵（3），八氯二丙醚（3），解草腈（3），敌敌畏（3），环嗪酮（3），三唑磷（2），芬螨酯（2），异噁草酮（2），烯丙菊酯（1），抑芽唑（1），烯唑醇（1），茵草敌（1），3，4，5-混杀威（1），四氢吩胺（1），氟酰胺（1），西玛通（1），灭除威（1），呋霜灵（1），炔丙菊酯（1），抗螨唑（1），甲草胺（1），灭菌磷（1），咯喹酮（1），4-硝基氯苯（1），环丙腈津（1）

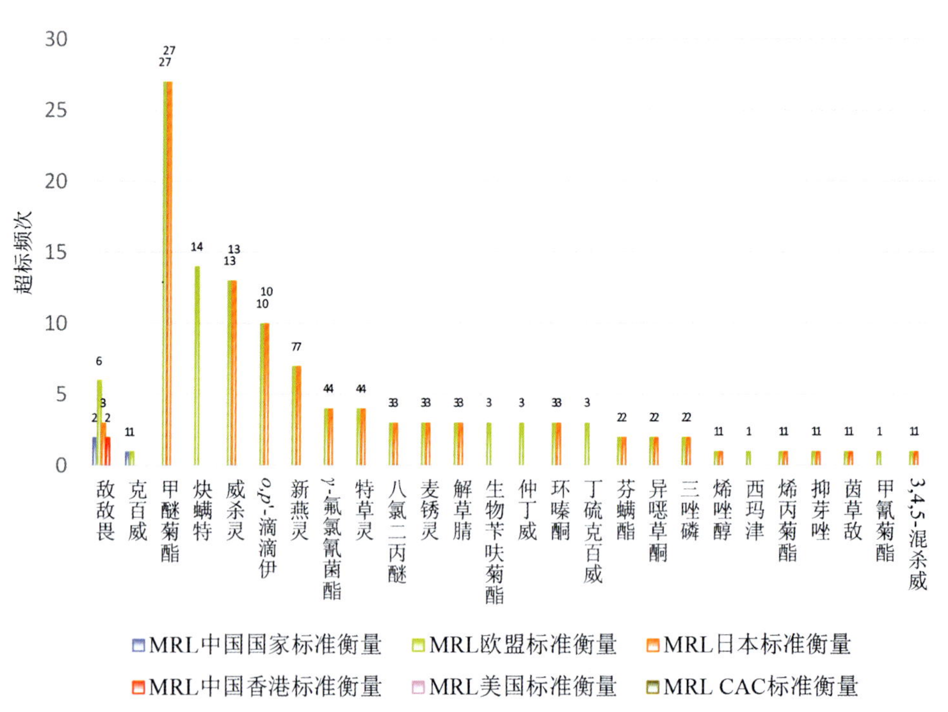

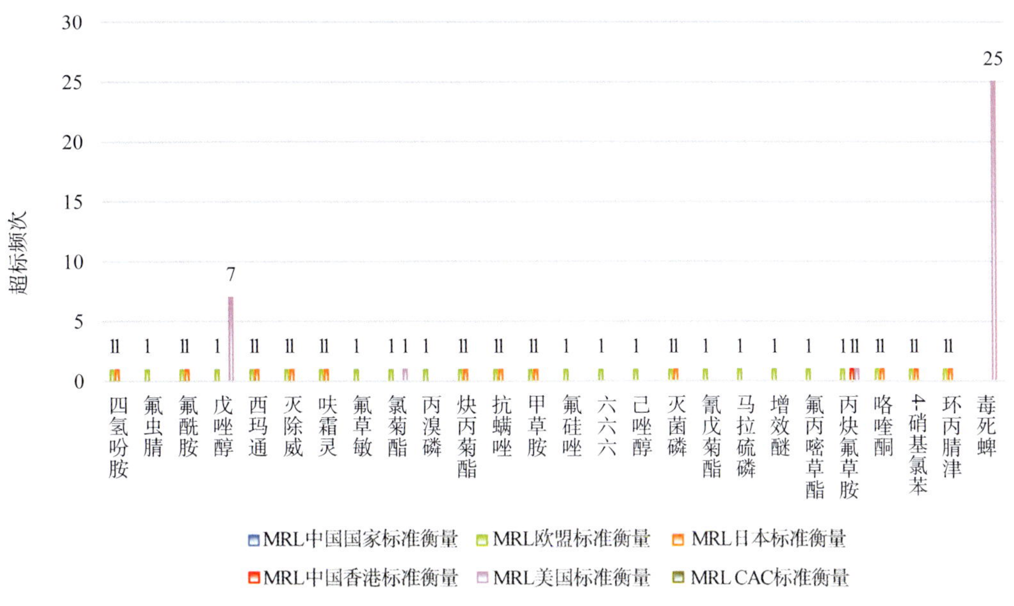

图 4-27　苹果样品中的超标农药分析

2）葡萄

共检测 381 例葡萄样品，327 例样品中检出了农药残留，检出率为 85.8%，检出农药共 85 种。其中嘧霉胺、戊唑醇、腐霉利、啶酰菌胺和威杀灵检出频次较高，分别检出了 110、104、74、65 和 51 次。葡萄中农药的检出品种和频次见图 4-28，检出农药残留的超标情况见表 4-22 和图 4-29。

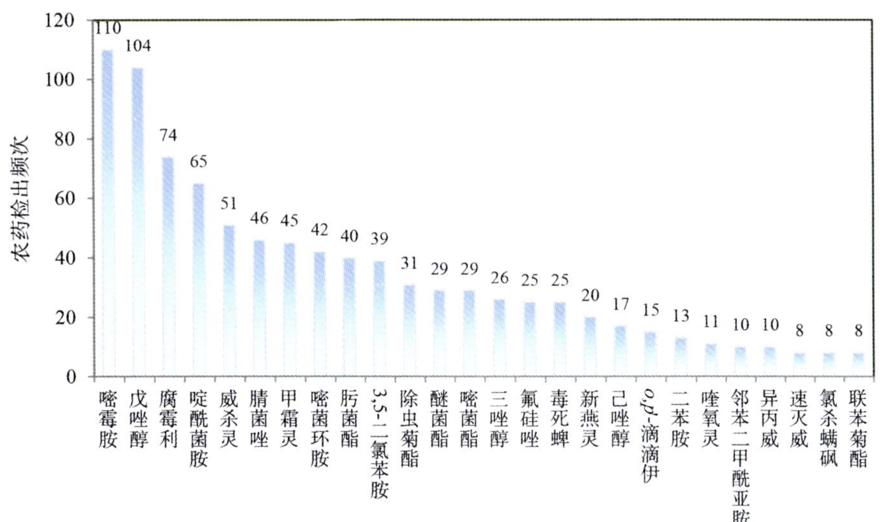

图 4-28　葡萄样品的检出农药品种和频次分析（仅列出 8 频次及以上的数据）

表 4-22 葡萄中的农药残留超标情况明细表

样品总数			检出农药样品数	样品检出率（%）	检出农药品种总数
381			327	85.8	85
超标农药品种		超标农药频次	按照MRL中国国家标准、欧盟标准和日本标准衡量超标农药名称及频次		
中国国家标准	3	3	氟吡禾灵（1），甲胺磷（1），己唑醇（1）		
欧盟标准	44	179	腐霉利（37），三唑醇（17），3,5-二氯苯胺（15），*o,p'*-滴滴伊（13），威杀灵（13），丁二酸二丁酯（7），新燕灵（6），氟硅唑（6），霜霉威（5），炔螨特（5），烯丙菊酯（4），杀螨酯（4），*γ*-氟氯氰菌酯（3），灭除威（3），4,4-二氯二苯甲酮（2），己唑醇（2），戊唑醇（2），速灭威（2），烯唑醇（2），甲氰菊酯（2），溴丁酰草胺（2），克百威（2），氯杀螨砜（2），邻苯二甲酰亚胺（2），虫螨腈（2），甲胺磷（1），氟唑菌酰胺（1），硫丹（1），五氯苯甲腈（1），毒死蜱（1），甲醚菊酯（1），噻菌灵（1），三氯杀螨醇（1），炔丙菊酯（1），敌敌畏（1），萎锈灵（1），仲丁威（1），啶氧菌酯（1），氟虫腈（1），二苯胺（1），氟吡禾灵（1），生物苄呋菊酯（1），仲丁灵（1），丁硫克百威（1）		
日本标准	29	99	3,5-二氯苯胺（15），威杀灵（13），*o,p'*-滴滴伊（13），丁二酸二丁酯（7），新燕灵（6），霜霉威（5），烯丙菊酯（4），杀螨酯（4），灭除威（3），*γ*-氟氯氰菌酯（3），溴丁酰草胺（2），乙嘧酚磺酸酯（2），4,4-二氯二苯甲酮（2），邻苯二甲酰亚胺（2），速灭威（2），氯杀螨砜（2），烯唑醇（2），氟吡禾灵（1），萎锈灵（1），炔丙菊酯（1），己唑醇（1），五氯苯甲腈（1），多效唑（1），啶氧菌酯（1），二苯胺（1），甲醚菊酯（1），仲丁灵（1），蝇毒磷（1），毒死蜱（1）		

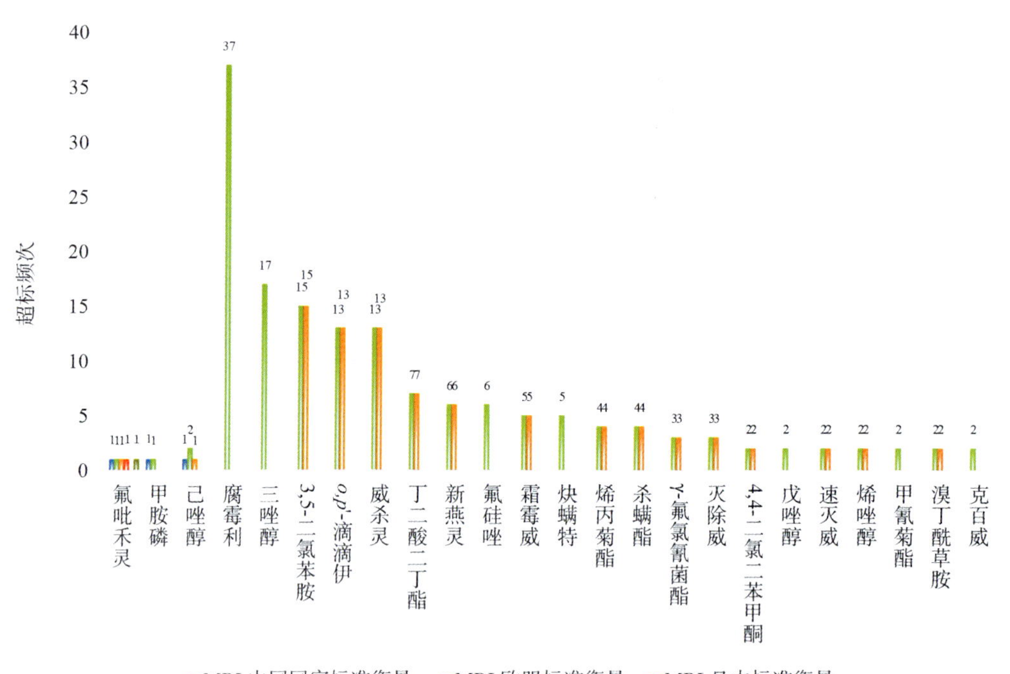

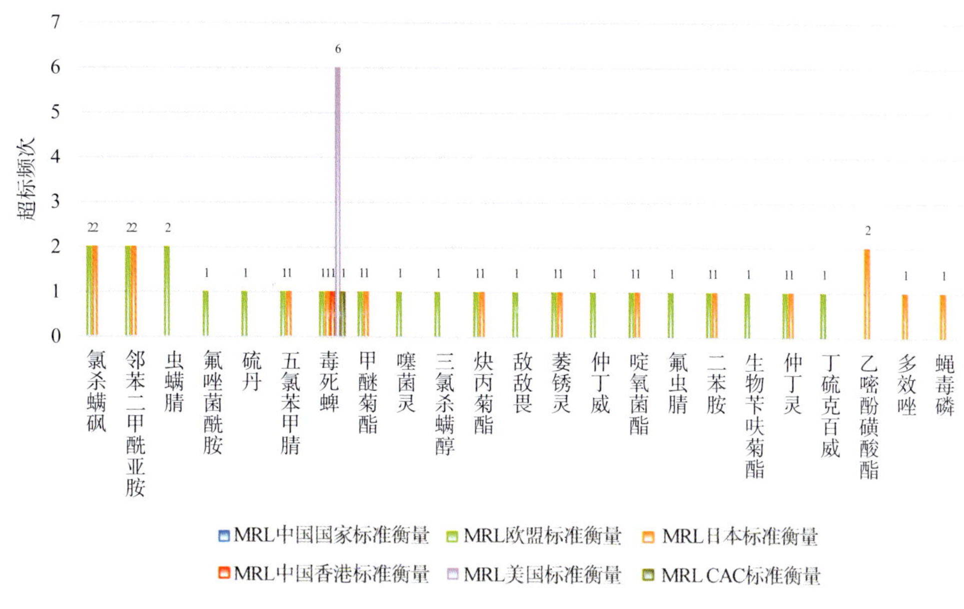

图 4-29　葡萄样品中的超标农药分析

3）梨

共检测 437 例梨样品，349 例样品中检出了农药残留，检出率为 79.9%，检出农药共 85 种。其中毒死蜱、威杀灵、生物苄呋菊酯、新燕灵和硫丹检出频次较高，分别检出了 211、55、47、26 和 21 次。梨中农药的检出品种和频次见图 4-30，检出农药残留的超标情况见表 4-23 和图 4-31。

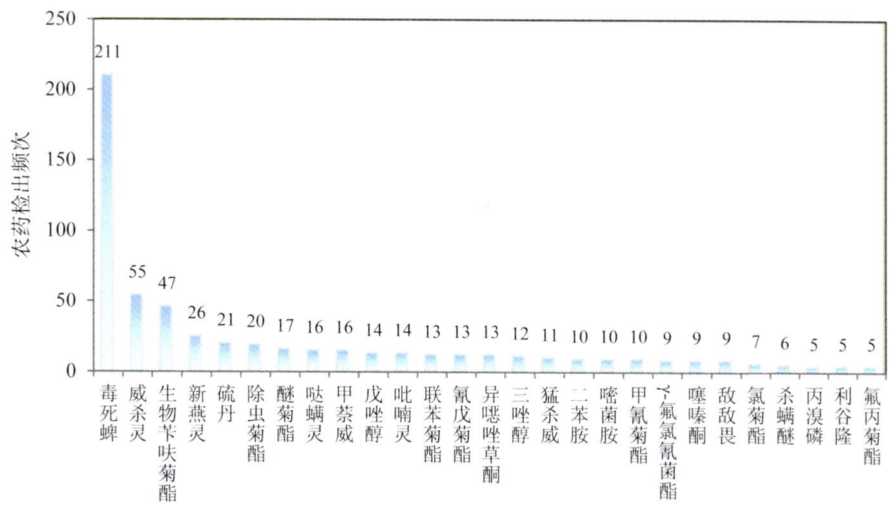

图 4-30　梨样品的检出农药品种和频次分析（仅列出 5 频次及以上的数据）

表 4-23　梨中的农药残留超标情况明细表

样品总数			检出农药样品数	样品检出率（%）	检出农药品种总数
437			349	79.9	85
超标农药品种		超标农药频次	按照 MRL 中国国家标准、欧盟标准和日本标准衡量超标农药名称及频次		
中国国家标准	3	5	六六六（2）,对硫磷（2）,七氯（1）		
欧盟标准	40	158	生物苄呋菊酯（38），新燕灵（14），甲萘威（13），嘧菌胺（9），三唑醇（8），杀螨醚（6），敌敌畏（6），猛杀威（5），四氢吩胺（4），甲氰菊酯（4），威杀灵（4），辛酰溴苯腈（4），γ-氟氯氰菌酯（4），六六六（3），硫丹（3），解草腈（3），邻苯二甲酰亚胺（2），八氯二丙醚（2），氰戊菊酯（2），克百威（2），丙溴磷（2），五氯苯甲腈（2），抑芽唑（1），胺菊酯（1），嘧菌酯（1），毒死蜱（1），棉铃威（1），七氯（1），异噁唑草酮（1），炔螨特（1），灭菌磷（1），氯杀螨砜（1），异丙威（1），异艾氏剂（1），灭锈胺（1），水胺硫磷（1），炔丙菊酯（1），仲丁威（1），烯虫酯（1），氯菊酯（1）		
日本标准	28	88	生物苄呋菊酯（19），新燕灵（14），杀螨醚（6），猛杀威（5），辛酰溴苯腈（4），γ-氟氯氰菌酯（4），异噁唑草酮（4），威杀灵（4），四氢吩胺（4），解草腈（3），五氯苯甲腈（2），八氯二丙醚（2），邻苯二甲酰亚胺（2），异丙威（1），七氯（1），毒死蜱（1），灭菌磷（1），氯杀螨砜（1），水胺硫磷（1），胺菊酯（1），喹氧灵（1），丙溴磷（1），烯虫酯（1），敌敌畏（1），炔螨特（1），异艾氏剂（1），抑芽唑（1），炔丙菊酯（1）		

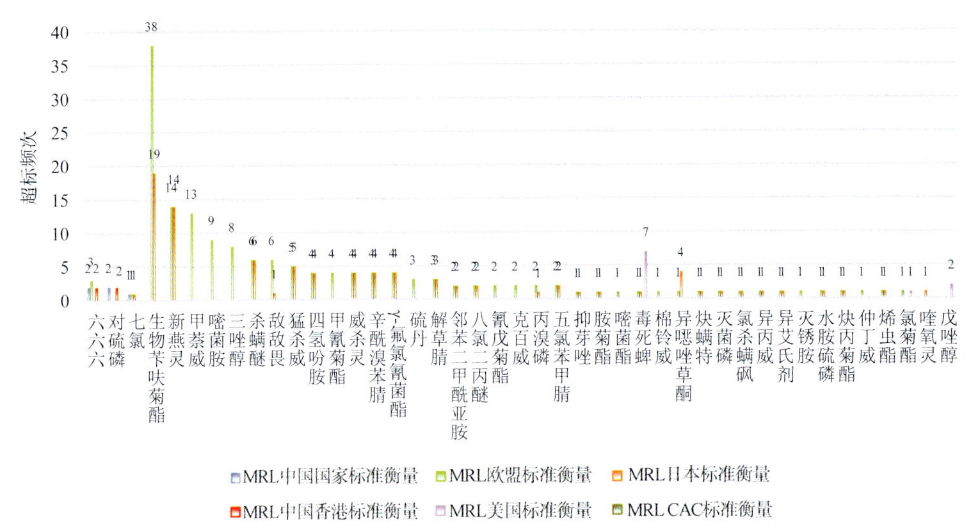

图 4-31　梨样品中的超标农药分析

4.2.5　蔬菜中农药残留分布

4.2.5.1　检出农药品种和频次排前 10 的蔬菜

本次残留侦测的蔬菜共 67 种，包括青蒜、结球甘蓝、莲藕、韭菜、芹菜、黄瓜、蕹菜、洋葱、苦苣、大蒜、甘薯、紫薯、百合、番茄、菠菜、豇豆、花椰菜、儿菜、山药、西葫芦、菜用大豆、甜椒、芥蓝、葱、苋菜、辣椒、落葵、樱桃番茄、扁豆、人参果、佛手瓜、紫背菜、春菜、奶白菜、胡萝卜、小白菜、青花菜、油麦菜、南瓜、紫甘蓝、瓠瓜、豆瓣菜、叶芥菜、枸杞叶、芋、芋花、姜、马铃薯、茄子、萝卜、秋葵、菜豆、苦瓜、冬瓜、大白菜、茭白、菜薹、生菜、小油菜、茼蒿、娃娃菜、食荚豌豆、甘薯叶、青菜、丝瓜、莴笋和竹笋。

根据检出农药品种及频次进行排名，将各项排名前 10 位的蔬菜样品检出情况列表说明，详见表 4-24。

表 4-24　检出农药品种和频次排名前 10 的蔬菜

检出农药品种排名前 10（品种）	①芹菜（151），②菜豆（110），③黄瓜（109），④番茄（105），⑤甜椒（104），⑥生菜（99），⑦茼蒿（88），⑧油麦菜（87），⑨茄子（81），⑩韭菜（79）
检出农药频次排名前 10（频次）	①芹菜（1525），②黄瓜（1140），③番茄（1020），④甜椒（939），⑤菜豆（920），⑥生菜（672），⑦茄子（666），⑧韭菜（611），⑨油麦菜（543），⑩菠菜（444）
检出禁用、高毒及剧毒农药品种排名前 10（品种）	①芹菜（19），②韭菜（15），③黄瓜（14），④茼蒿（14），⑤生菜（12），⑥菠菜（11），⑦菜豆（11），⑧西葫芦（10），⑨茄子（10），⑩番茄（9）
检出禁用、高毒及剧毒农药频次排名前 10（频次）	①芹菜（212），②黄瓜（194），③菜豆（97），④韭菜（80），⑤茄子（72），⑥甜椒（69），⑦番茄（65），⑧生菜（57），⑨茼蒿（56），⑩菜薹（52）

4.2.5.2　超标农药品种和频次排前 10 的蔬菜

鉴于 MRL 欧盟标准和日本标准的制定比较全面且覆盖率较高，参照 MRL 中国国家标准、欧盟标准和日本标准衡量蔬菜样品中农残检出情况，将超标农药品种及频次排名前 10 的蔬菜列表说明，详见表 4-25。

表 4-25　超标农药品种和频次排名前 10 的蔬菜

超标农药品种排名前 10（农药品种数）	MRL 中国国家标准	①芹菜（8），②韭菜（6），③黄瓜（5），④西葫芦（4），⑤菠菜（4），⑥青菜（3），⑦大白菜（3），⑧茼蒿（3），⑨小白菜（3），⑩青花菜（3）
	MRL 欧盟标准	①芹菜（102），②菜豆（65），③生菜（58），④番茄（52），⑤茼蒿（50），⑥黄瓜（49），⑦菠菜（46），⑧甜椒（42），⑨菜薹（41），⑩油麦菜（41）
	MRL 日本标准	①芹菜（83），②菜豆（79），③茼蒿（45），④生菜（45），⑤番茄（38），⑥韭菜（36），⑦菠菜（35），⑧菜薹（32），⑨黄瓜（32），⑩甜椒（31）
超标农药频次排名前 10（农药频次数）	MRL 中国国家标准	①芹菜（83），②韭菜（35），③菜豆（22），④萝卜（12），⑤菠菜（11），⑥黄瓜（8），⑦青菜（7），⑧甜椒（6），⑨油麦菜（6），⑩小油菜（6）
	MRL 欧盟标准	①芹菜（571），②菜豆（286），③番茄（276），④茄子（246），⑤甜椒（234），⑥生菜（233），⑦黄瓜（216），⑧韭菜（178），⑨油麦菜（174），⑩小白菜（157）
	MRL 日本标准	①菜豆（477），②芹菜（420），③生菜（194），④韭菜（169），⑤油麦菜（153），⑥茼蒿（142），⑦胡萝卜（141），⑧茄子（128），⑨青菜（124），⑩青花菜（118）

通过对各品种蔬菜样本总数及检出率进行综合分析发现，芹菜、菜豆和黄瓜的农药残留最为严重，参照 MRL 中国国家标准、欧盟标准和日本标准对上述 3 种蔬菜的农残检出情况进行进一步分析。

4.2.5.3 农药残留检出率较高的蔬菜样品分析

1）芹菜

共检测 353 例芹菜样品，341 例样品中检出了农药残留，检出率为 96.6%，检出农药共 132 种。其中毒死蜱、威杀灵、克百威、戊唑醇和二甲戊灵检出频次较高，分别检出了 121、112、73、57 和 56 次。芹菜中农药的检出品种和频次见图 4-32，检出农药残留的超标情况见表 4-26 和图 4-33。

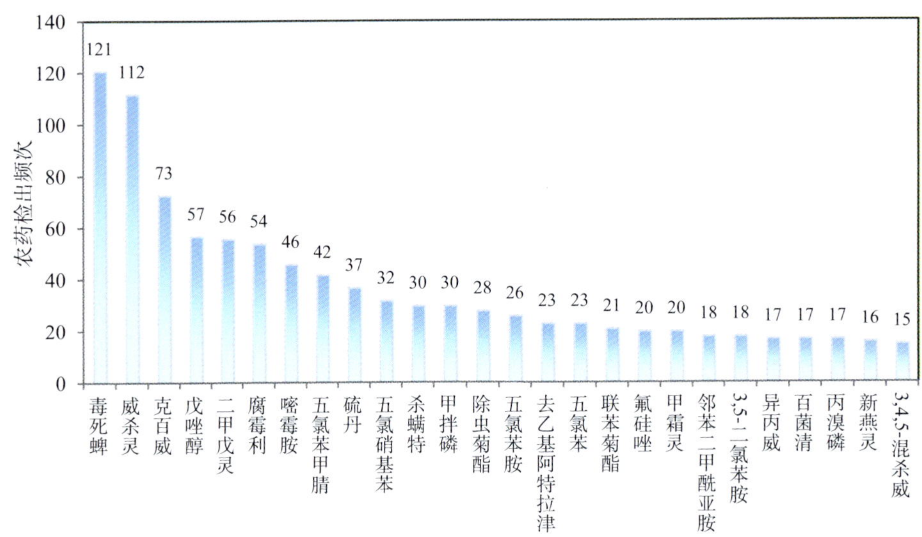

图 4-32 芹菜样品的检出农药品种和频次分析（仅列出 15 频次及以上的数据）

表 4-26 芹菜中的农药残留超标情况明细表

样品总数			检出农药样品数	样品检出率（%）	检出农药品种总数
353			341	96.6	132
	超标农药品种	超标农药频次	按照 MRL 中国国家标准、欧盟标准和日本标准衡量超标农药名称及频次		
中国国家标准	8	83	克百威（41），毒死蜱（20），甲拌磷（12），地虫硫磷（3），特丁硫磷（2），治螟磷（2），敌敌畏（2），氟虫腈（1），克百威（71），威杀灵（40），腐霉利（33），杀螨特（28），五氯苯甲腈（23），嘧霉胺（22），毒死蜱（20），去乙基阿特拉津（15），硫丹（13），甲拌磷（12），五氯硝基苯（11），异丙威（10），邻苯二甲酰亚胺（10），新燕灵（10），氟硅唑（10），丙溴磷（9），特草灵（8），兹克威（8），解草腈（7），氯杀螨砜（7），噻菌灵（7），五氯苯胺（7），氟噻草胺（6），虫螨腈（6），甲萘威（6），五氯苯（6），氯硫酰草		
欧盟标准	102	571	胺（6），敌敌畏（5），唑虫酰胺（5），乙拌磷（5），己唑醇（5），烯唑醇（5），啶斑肟（5），噁霜灵（4），嘧菌胺（4），联苯菊酯（4），氟乐灵（4），异丙草胺（4），拌种胺（4），氯氰菊酯（4），氟虫腈（4），γ-氟氯氰菌酯（3），地虫硫磷（3），杀螨醚（3），醚菌酯（3），甲醚菊酯（3），甲霜灵（3），三唑磷（3），喹螨醚（3），清菌噻唑（3），3,5-二氯苯胺（3），氧环唑（3），水胺硫磷（3），治螟磷（2），西玛津（2），速灭威（2），炔丙菊酯（2），啶氧菌酯（2），四氯硝基苯（2），腈菌唑		

续表

样品总数			检出农药样品数	样品检出率（%）	检出农药品种总数
353			341	96.6	132
欧盟标准	102	571	（2），莠去津（2），烯丙菊酯（2），稻瘟灵（2），特丁硫磷（2），乙草胺（2），二甲戊灵（2），哒螨灵（1），三氟甲吡醚（1），氟硅菊酯（1），磷酸三苯酯（1），溴丁酰草胺（1），氟氯氰菊酯（1），乙霉威（1），三唑酮（1），异艾氏剂（1），杀虫环（1），氟咯草酮（1），戊唑醇（1），灭除威（1），仲丁威（1），噻嗪酮（1），烯虫酯（1），霜霉威（1），氟胺氰菊酯（1），肟菌酯（1），特丁净（1），芬螨酯（1），整形醇（1），氟吡禾灵（1），呋菌胺（1），扑灭通（1），杀扑磷（1），安硫磷（1），乐果（1），辛酰溴苯腈（1），甲呋酰胺（1），吡螨胺（1），马拉硫磷（1），丁苯吗啉（1），甲草胺（1），扑草净（1），三唑醇（1）		
日本标准	83	420	威杀灵（40），杀螨特（28），二甲戊灵（25），五氯苯甲腈（23），嘧霉胺（22），毒死蜱（20），去乙基阿特拉津（15），氟噻草胺（14），氟硅唑（10），异丙威（10），邻苯二甲酰亚胺（10），新燕灵（10），特草灵（8），兹克威（8），解草腈（7），联苯菊酯（7），氯杀螨砜（7），五氯苯胺（7），五氯苯（6），氯硫酰草胺（6），哒螨灵（5），烯唑醇（5），啶斑肟（5），敌敌畏（4），拌种胺（4），五氯硝基苯（4），嘧菌胺（4），烯虫酯（4），异丙草胺（4），水胺硫磷（3），噻嗪酮（3），戊唑醇（3），莠去津（3），氧环唑（3），3，5-二氯苯胺（3），丙溴磷（3），喹螨醚（3），清菌噻唑（3），三唑磷（3），克百威（3），杀螨醚（3），甲醚菊酯（3），地虫硫磷（3），γ-氟氯氰菌酯（3），烯丙菊酯（2），稻瘟灵（2），特丁硫磷（2），西玛津（2），乙草胺（2），异噁唑草酮（2），己唑醇（2），速灭威（2），治螟磷（2），腈菌唑（2），炔丙菊酯（2），氟咯草酮（2），喹禾灵（2），啶氧菌酯（2），溴丁酰草胺（1），氟吡禾灵（1），三氟甲吡醚（1），氟硅菊酯（1），磷酸三苯酯（1），氟氯氰菊酯（1），三唑酮（1），异艾氏剂（1），杀虫环（1），甲拌磷（1），灭除威（1），霜霉威（1），特丁净（1），氟胺氰菊酯（1），芬螨酯（1），整形醇（1），甲草胺（1），丁苯吗啉（1），吡螨胺（1），甲呋酰胺（1），辛酰溴苯腈（1），杀扑磷（1），安硫磷（1），扑灭通（1），呋菌胺（1）		

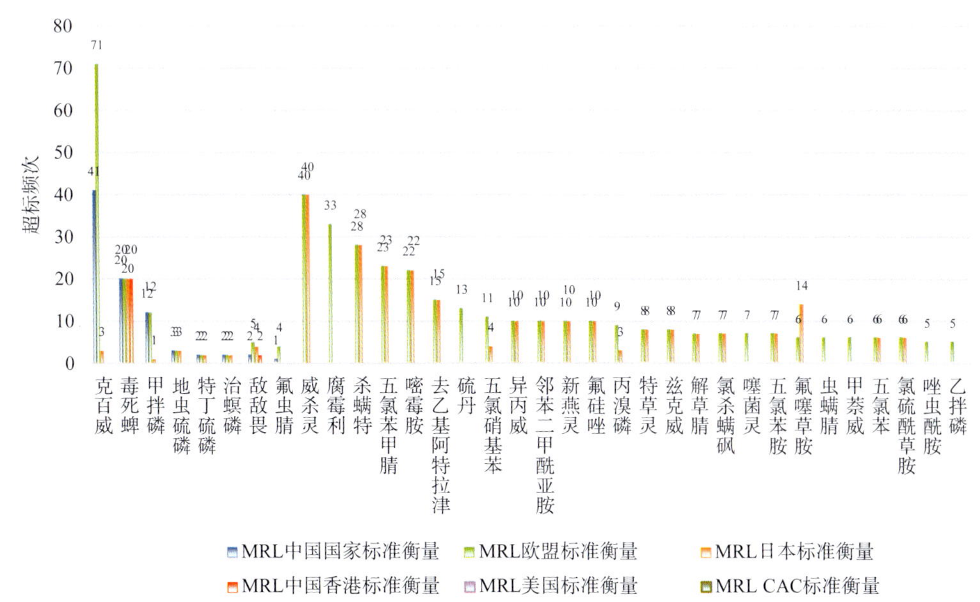

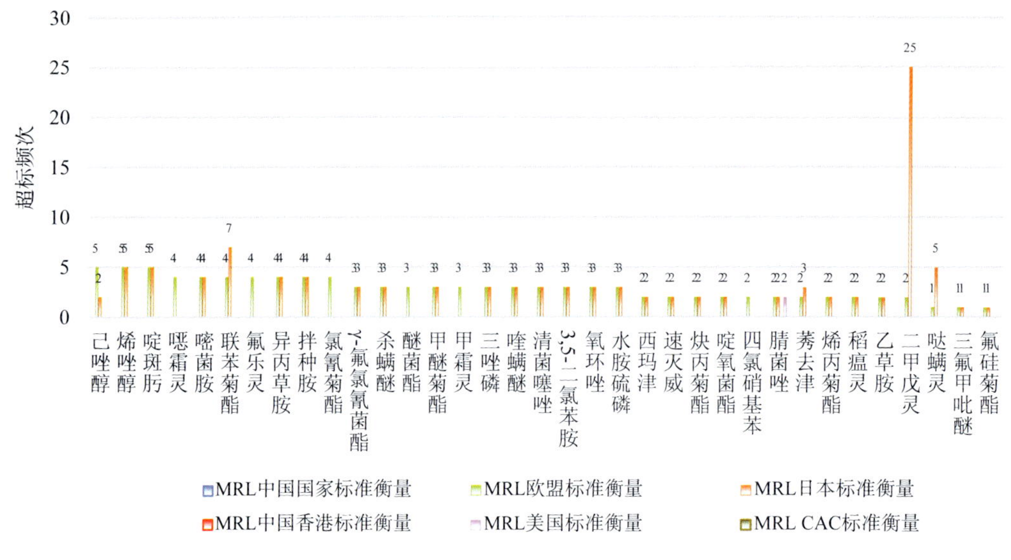

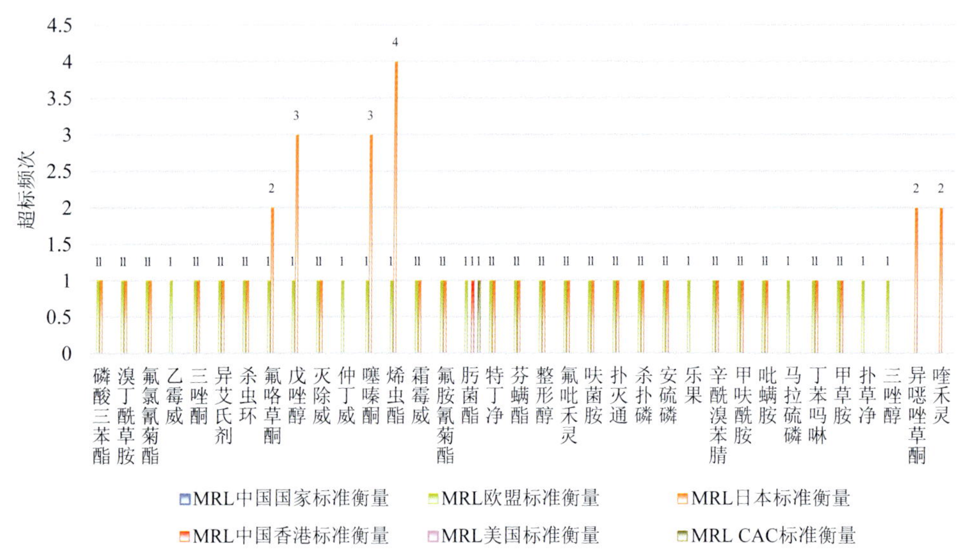

图 4-33　芹菜样品中的超标农药分析

2）菜豆

共检测 374 例菜豆样品，317 例样品中检出了农药残留，检出率为 84.8%，检出农药共 110 种。其中威杀灵、哒螨灵、除虫菊酯、联苯菊酯和烯虫酯检出频次较高，分别检出了 58、50、50、35 和 34 次。菜豆中农药的检出品种和频次见图 4-34，检出农药残留的超标情况见表 4-27 和图 4-35。

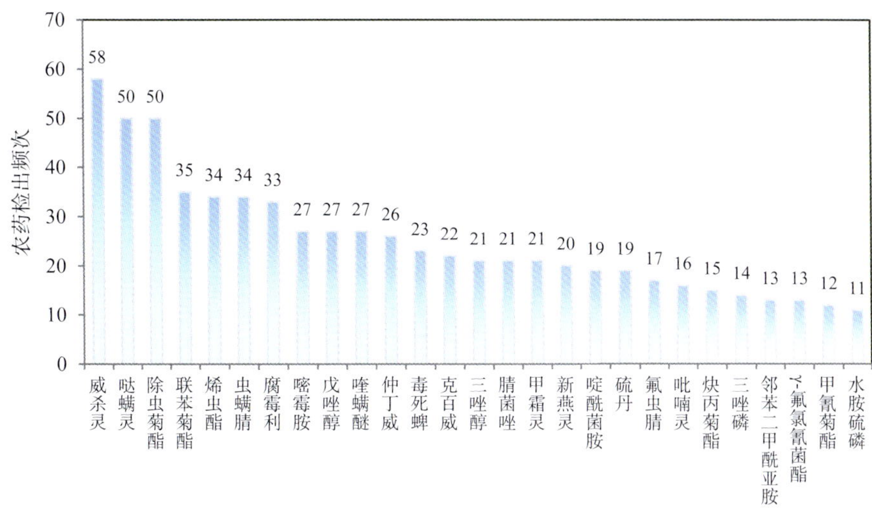

图 4-34　菜豆样品的检出农药品种和频次分析（仅列出 11 频次及以上的数据）

表 4-27　菜豆中的农药残留超标情况明细表

样品总数			检出农药样品数	样品检出率（%）	检出农药品种总数
374			317	84.8	110
	超标农药品种	超标农药频次	按照 MRL 中国国家标准、欧盟标准和日本标准衡量超标农药名称及频次		
中国国家标准	2	22	克百威（16），治螟磷（6）		
欧盟标准	65	286	腐霉利（22），虫螨腈（21），烯虫酯（18），克百威（17），炔丙菊酯（12），氟虫腈（11），甲醚菊酯（10），生物苄呋菊酯（10），γ-氟氯氰菌酯（9），新燕灵（9），仲丁威（9），水胺硫磷（8），威杀灵（8），甲氰菊酯（7），邻苯二甲酰亚胺（7），三唑磷（7），嘧菌胺（7），治螟磷（6），西玛津（6），五氯甲氧基苯（6），吡喃灵（6），灭除威（5），外环氧七氯（4），缬霉威（3），多效唑（3），3,5-二氯苯胺（3），三唑醇（3），五氯苯甲腈（3），速灭威（3），唑虫酰胺（2），烯丙菊酯（2），炔螨特（2），特乐酚（2），丙溴磷（2），三氯杀螨醇（2），氟硅唑（2），乙羧氟草醚（1），环丙津（1），解草腈（1），抑芽唑（1），二苯胺（1），氯唑灵（1），噁霜灵（1），三唑酮（1），3,4,5-混杀威（1），啶氧菌酯（1），猛杀威（1），氟铃脲（1），稻瘟灵（1），2 甲 4 氯丁氧乙基酯（1），拌种咯（1），己唑醇（1），杀螺吗啉（1），醚菌酯（1），噻菌灵（1），苯草醚（1），毒死蜱（1），乐果（1），安硫磷（1），兹克威（1），间羟基联苯（1），4,4-二氯二苯甲酮（1），硫丹（1），异丙威（1），三氟甲吡醚（1）		
日本标准	79	477	除虫菊酯（43），哒螨灵（32），烯虫酯（31），腐霉利（22），虫螨腈（21），克百威（17），联苯菊酯（15），啶酰菌胺（14），嘧霉胺（14），炔丙菊酯（12），戊唑醇（12），甲霜灵（10），甲醚菊酯（10），生物苄呋菊酯（10），新燕灵（9），γ-氟氯氰菌酯（9），仲丁威（9），氟虫腈（9），水胺硫磷（8），威杀灵（8），毒死蜱（8），邻苯二甲酰亚胺（7），嘧菌胺（7），腈菌唑（7），甲氰菊酯（7），三唑磷（7），五氯甲氧基苯（6），西玛津（6），吡喃灵（6），治螟磷（6），灭除威（5），氯氰菊酯（5），硫丹（5），嘧菌酯（5），外环氧七氯（4），喹螨醚（4），缬霉威（3），速灭威（3），3,5-二氯苯胺（3），三唑醇（3），五氯苯甲腈（3），百菌清（3），多效唑（3），三氯杀螨醇（2），烯丙菊酯（2），唑虫酰胺（2），二苯胺（2），氯唑灵（2），炔螨特（2），丙溴磷（2），肟菌酯（2），氟硅唑（2），特乐酚（2），解草腈（1），三氟甲吡醚（1），乙羧氟草醚（1），抑芽唑（1），粉唑醇（1），噁霜灵（1），三唑酮（1），3,4,5-混杀威（1），啶氧菌酯（1），猛杀威（1），氟铃脲（1），稻瘟灵（1），2 甲 4 氯丁氧乙基酯（1），拌种咯（1），己唑醇（1），杀螺吗啉（1），醚菌酯（1），噻菌灵（1），乐果（1），兹克威（1），安硫磷（1），间羟基联苯（1），4,4-二氯二苯甲酮（1），苯草醚（1），异丙威（1），环丙津（1）		

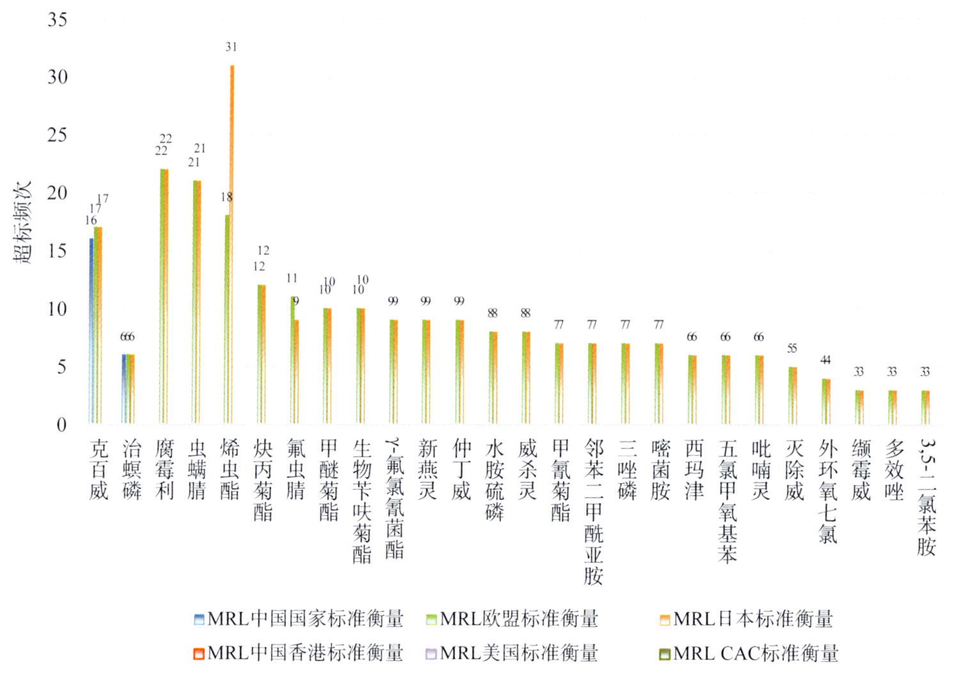
超标频次
克百威
治螟磷
腐霉利
虫螨腈
烯虫酯
炔丙菊酯
氟虫腈
甲醚菊酯
生物苄呋菊酯
γ-氟氯氰菌酯
新燕灵
仲丁威
水胺硫磷
威杀灵
甲氰菊酯
邻苯二甲酰亚胺
三唑磷
嘧菌胺
西玛津
五氯甲氧基苯
吡喃灵
灭除威
外环氧七氯
缬霉威
多效唑
3,5-二氯苯胺
MRL中国国家标准衡量
MRL欧盟标准衡量
MRL日本标准衡量
MRL中国香港标准衡量
MRL美国标准衡量
MRL CAC标准衡量

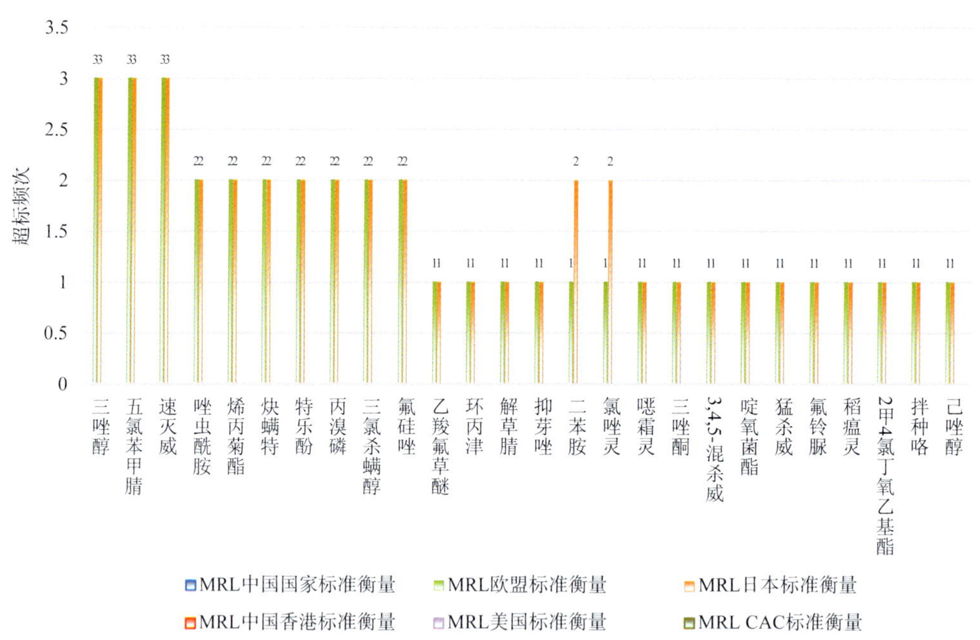
超标频次
三唑醇
五氯苯甲腈
速灭威
唑虫酰胺
烯丙菊酯
炔螨特
特乐酚
丙溴磷
三氯杀螨醇
氟硅唑
乙羧氟草醚
环丙津
解草腈
抑芽唑
二苯胺
氯唑灵
噁霜灵
三唑酮
3,4,5-混杀威
啶氧菌酯
猛杀威
氟铃脲
稻瘟灵
2甲4氯丁氧乙基酯
拌种咯
己唑醇
MRL中国国家标准衡量
MRL欧盟标准衡量
MRL日本标准衡量
MRL中国香港标准衡量
MRL美国标准衡量
MRL CAC标准衡量

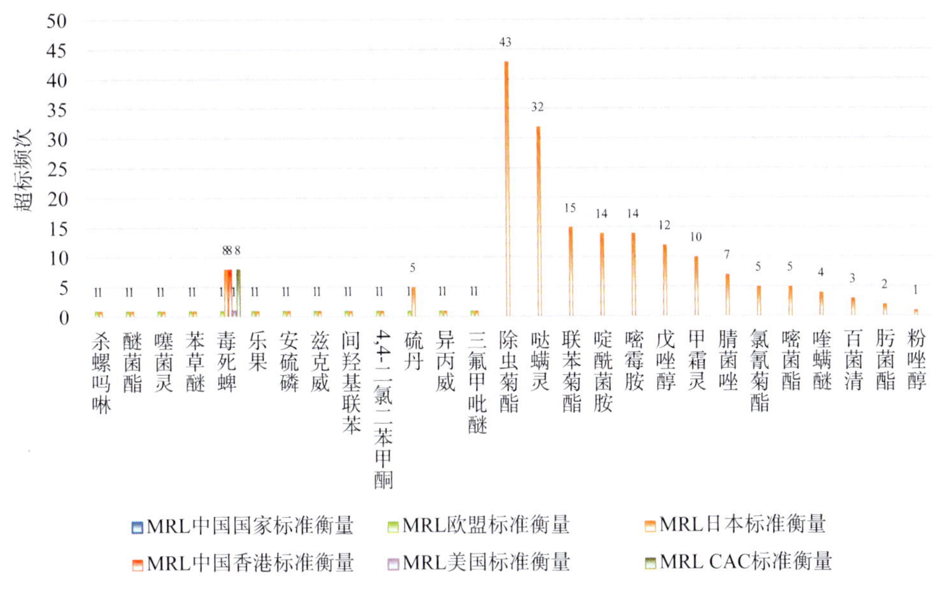

图 4-35　菜豆样品中的超标农药分析

3）黄瓜

共检测 434 例黄瓜样品，381 例样品中检出了农药残留，检出率为 87.8%，检出农药共 109 种。其中硫丹、甲霜灵、哒螨灵、腐霉利和嘧霉胺检出频次较高，分别检出了 149、129、99、68 和 64 次。黄瓜中农药的检出品种和频次见图 4-36，检出农药残留的超标情况见表 4-28 和图 4-37。

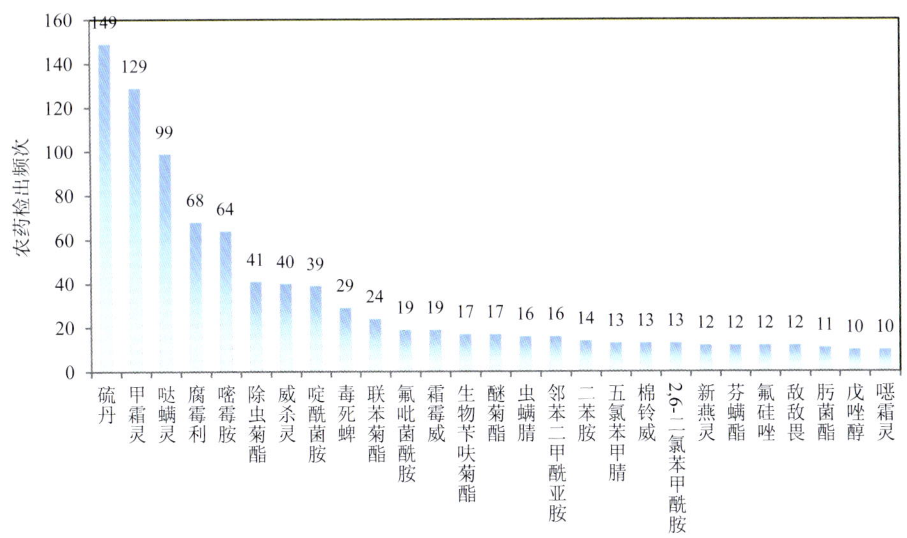

图 4-36　黄瓜样品的检出农药品种和频次分析（仅列出 10 频次及以上的数据）

表 4-28 黄瓜中的农药残留超标情况明细表

样品总数	检出农药样品数	样品检出率（%）	检出农药品种总数
434	381	87.8	109

	超标农药品种	超标农药频次	按照 MRL 中国国家标准、欧盟标准和日本标准衡量超标农药名称及频次
中国国家标准	5	8	氰戊菊酯（2），三唑酮（2），克百威（2），治螟磷（1），嘧菌环胺（1） 腐霉利（37），硫丹（20），敌敌畏（11），棉铃威（11），虫螨腈（10），芬螨酯（9），克百威（9），生物苄呋菊酯（9），四氢吩胺（7），邻苯二甲酰亚胺（7），异丙威（6），西玛津（6），新燕灵（5），噁霜灵（5），猛杀威（5），烯虫酯（4），威杀灵（4），乙草胺（4），马拉硫磷（3），仲丁威（3），特草灵（3），γ-氟氯氰菌酯（3），烯虫炔酯（2）
欧盟标准	49	216	氟硅唑（2），三氯杀螨砜（2），丙溴磷（2），噻菌灵（2），炔螨特（2），甲萘威（2），氰戊菊酯（2），甲呋酰胺（1），2,6-二氯苯甲酰胺（1），吡螨胺（1），氯杀螨砜（1），灭草环（1），三唑醇（1），五氯苯胺（1），嘧菌环胺（1），去乙基阿特拉津（1），治螟磷（1），氟虫腈（1），甲氰菊酯（1），4,4-二溴二苯甲酮（1），解草腈（1），三氟甲吡醚（1），哒螨灵（1），艾氏剂（1），涕灭威（1），烯唑醇（1）
日本标准	32	89	芬螨酯（9），邻苯二甲酰亚胺（7），四氢吩胺（7），西玛津（6），异丙威（6），烯虫酯（5），新燕灵（5），猛杀威（5），乙草胺（4），威杀灵（4），γ-氟氯氰菌酯（3），特草灵（3），烯虫炔酯（2），炔螨特（2），氟硅唑（2），三唑酮（2），氰戊菊酯（2），涕灭威（1），解草腈（1），4,4-二溴二苯甲酮（1），烯唑醇（1），氟虫腈（1），治螟磷（1），麦穗宁（1），去乙基阿特拉津（1），异噁唑草酮（1），五氯苯胺（1），灭草环（1），氯杀螨砜（1），2,6-二氯苯甲酰胺（1），甲呋酰胺（1），艾氏剂（1）

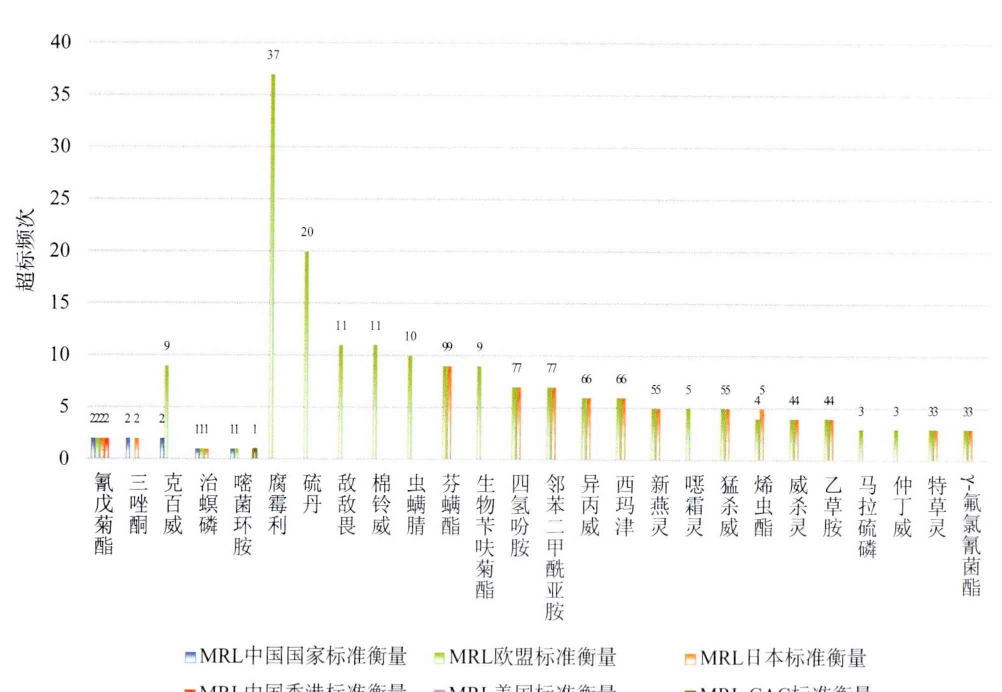

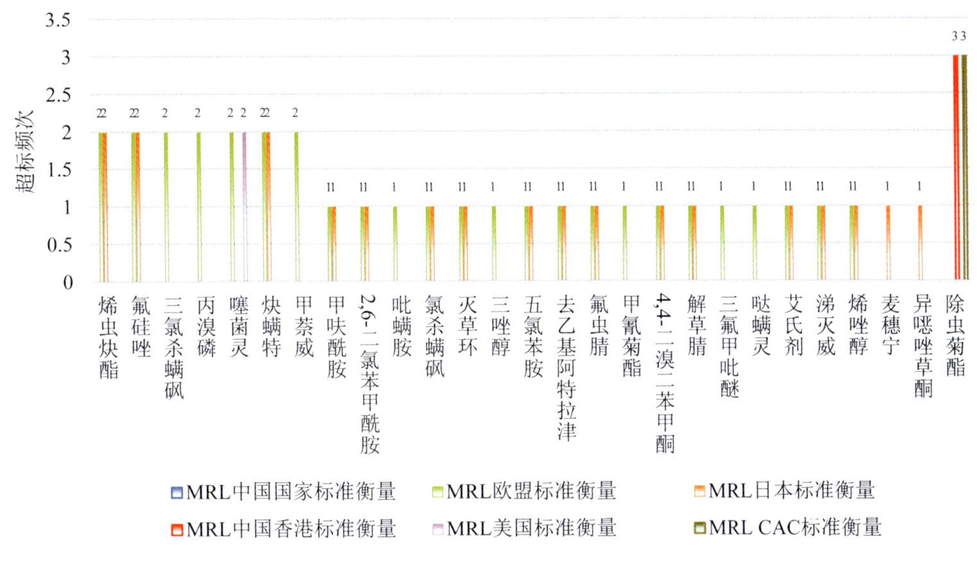

图 4-37　黄瓜样品中的超标农药分析

4.2.6 小结

4.2.6.1 农药残留按 MRL 中国国家标准和国际主要 MRL 标准衡量的合格率有差异

本次侦测的 9823 例样品中，2370 例样品未检出任何残留农药，占样品总量的 24.1%，7453 例样品检出不同水平、不同种类的残留农药，占样品总量的 75.9%。在这 7453 例检出农药残留的样品中：按照 MRL 中国国家标准衡量，有 7168 例样品检出残留农药但含量未超标，占样品总数的 73.0%，有 285 例样品检出了超标农药，占样品总数的 2.9%；按照 MRL 欧盟标准衡量，有 3625 例样品检出残留农药但含量未超标，占样品总数的 36.9%，有 3828 例样品检出了超标农药，占样品总数的 39.0%；按照 MRL 日本标准衡量，有 4275 例样品检出残留农药但含量未超标，占样品总数的 43.5%，有 3178 例样品检出了超标农药，占样品总数的 32.4%；按照 MRL 中国香港标准衡量，有 7262 例样品检出残留农药但含量未超标，占样品总数的 73.9%，有 191 例样品检出了超标农药，占样品总数的 1.9%；按照 MRL 美国标准衡量，有 7380 例样品检出残留农药但含量未超标，占样品总数的 75.1%，有 73 例样品检出了超标农药，占样品总数的 0.7%；按照 MRL CAC 标准衡量，有 7362 例样品检出残留农药但含量未超标，占样品总数的 74.9%，有 91 例样品检出了超标农药，占样品总数的 0.9%。

4.2.6.2　检出农药以中低微毒农药为主

侦测的 9823 例样品包括调味料 1 种 22 例，谷物 1 种 4 例，食用菌 5 种 3404 例，水果 32 种 327 例，蔬菜 67 种 6066 例，共检出 329 种农药，检出农药的毒性以中低微毒为主，详见表 4-29。

表 4-29　市场主体农药的毒性分布

毒性	检出品种	占比（%）	检出频次	占比（%）
剧毒农药	14	4.3	182	0.9
高毒农药	25	7.6	799	3.9
中毒农药	100	30.4	9497	46.6
低毒农药	141	42.9	6289	30.8
微毒农药	48	14.6	3641	17.8
中低微毒农药，品种占比 87.8%，频次占比 95.2%				

4.2.6.3　检出剧毒、高毒和禁用农药现象应该警醒

在此次侦测的 9823 例样品中有 49 种蔬菜和 26 种水果的 1636 例样品检出了 46 种 1925 频次的剧毒和高毒或禁用农药，占样品总量的 16.7%。其中剧毒农药甲拌磷、乙拌磷和七氯以及高毒农药敌敌畏、克百威和水胺硫磷的检出频次较高。

按 MRL 中国国家标准衡量，剧毒农药甲拌磷，检出 107 次，超标 48 次；七氯，检出 11 次，超标 6 次；高毒农药敌敌畏，检出 201 次，超标 8 次；克百威，检出 196 次，超标 98 次；水胺硫磷，检出 84 次，超标 2 次；按超标程度比较，萝卜中甲拌磷超标 79.5 倍，菠菜中甲拌磷超标 53.6 倍，橙中水胺硫磷超标 51.1 倍，芹菜中甲拌磷超标 47.2 倍，枸杞叶中克百威超标 41.0 倍。

剧毒、高毒或禁用农药的检出情况及按照 MRL 中国国家标准衡量的超标情况见表 4-30。

表 4-30　剧毒、高毒或禁用农药的检出及超标明细

序号	农药名称	样品名称	检出频次	超标频次	最大超标倍数	超标率（%）
1.1	七氯*	梨	1	1	0.7	100.0
1.2	七氯*	茼蒿	1	1	0.1	100.0
1.3	七氯*	青花菜	1	1	0.1	100.0
1.4	七氯*	韭菜	1	1	0.1	100.0
1.5	七氯*	甜椒	1	1	0.1	100.0

续表

序号	农药名称	样品名称	检出频次	超标频次	最大超标倍数	超标率（%）
1.6	七氯*	西葫芦	1	1	0.1	100.0
1.7	七氯*	大白菜	1	0		0.0
1.8	七氯*	生菜	1	0		0.0
1.9	七氯*	蕹菜	1	0		0.0
1.10	七氯*	蘑菇	1	0		0.0
1.11	七氯*	马铃薯	1	0		0.0
2.1	乙拌磷*	芹菜	6	0		0.0
2.2	乙拌磷*	青菜	2	0		0.0
2.3	乙拌磷*	香蕉	2	0		0.0
2.4	乙拌磷*	苦瓜	1	0		0.0
3.1	地虫硫磷*▲	芹菜	4	3	6.7	75.0
4.1	对硫磷*▲	青花菜	2	2	21.2	100.0
4.2	对硫磷*▲	梨	2	2	3.1	100.0
4.3	对硫磷*▲	莴笋	2	1	0.6	50.0
4.4	对硫磷*▲	叶芥菜	1	1	12.8	100.0
4.5	对硫磷*▲	香蕉	1	1	0.2	100.0
4.6	对硫磷*▲	蘑菇	1	0		0.0
5.1	异狄氏剂*▲	生菜	1	0		0.0
6.1	异艾氏剂*	梨	1	0		0.0
6.2	异艾氏剂*	芹菜	1	0		0.0
6.3	异艾氏剂*	西葫芦	1	0		0.0
6.4	异艾氏剂*	豆瓣菜	1	0		0.0
7.1	涕灭威*▲	菠菜	3	0		0.0
7.2	涕灭威*▲	黄瓜	3	0		0.0
7.3	涕灭威*▲	蘑菇	2	0		0.0
7.4	涕灭威*▲	结球甘蓝	1	0		0.0
8.1	灭线磷*▲	火龙果	2	0		0.0
9.1	特丁硫磷*▲	芹菜	4	2	5.6	50.0
9.2	特丁硫磷*▲	茼蒿	4	1	8.0	25.0
9.3	特丁硫磷*▲	韭菜	1	0		0.0
9.4	特丁硫磷*▲	马铃薯	1	0		0.0

续表

序号	农药名称	样品名称	检出频次	超标频次	最大超标倍数	超标率（%）
10.1	狄氏剂*▲	苦瓜	5	0		0.0
10.2	狄氏剂*▲	韭菜	1	0		0.0
11.1	甲基对氧磷*	哈密瓜	1	0		0.0
12.1	甲基对硫磷*▲	梨	1	0		0.0
13.1	甲拌磷*▲	芹菜	30	12	47.2	40.0
13.2	甲拌磷*▲	萝卜	14	12	79.5	85.7
13.3	甲拌磷*▲	韭菜	11	8	22.8	72.7
13.4	甲拌磷*▲	胡萝卜	10	1	0.5	10.0
13.5	甲拌磷*▲	生菜	9	3	16.4	33.3
13.6	甲拌磷*▲	茼蒿	7	3	15.6	42.9
13.7	甲拌磷*▲	油麦菜	3	2	24.4	66.7
13.8	甲拌磷*▲	菠菜	3	1	53.6	33.3
13.9	甲拌磷*▲	甜椒	3	0		0.0
13.10	甲拌磷*▲	草莓	3	0		0.0
13.11	甲拌磷*▲	小白菜	2	2	2.9	100.0
13.12	甲拌磷*▲	菜薹	2	1	37.4	50.0
13.13	甲拌磷*▲	苦瓜	1	1	17.5	100.0
13.14	甲拌磷*▲	茄子	1	1	2.2	100.0
13.15	甲拌磷*▲	豇豆	1	1	1.7	100.0
13.16	甲拌磷*▲	丝瓜	1	0		0.0
13.17	甲拌磷*▲	春菜	1	0		0.0
13.18	甲拌磷*▲	芫荽	1	0		0.0
13.19	甲拌磷*▲	苋菜	1	0		0.0
13.20	甲拌磷*▲	莴笋	1	0		0.0
13.21	甲拌磷*▲	蘑菇	1	0		0.0
13.22	甲拌磷*▲	青花菜	1	0		0.0
14.1	艾氏剂*▲	芹菜	2	0		0.0
14.2	艾氏剂*▲	菜薹	2	0		0.0
14.3	艾氏剂*▲	黄瓜	2	0		0.0
15.1	4-硝基氯苯◊	苹果	1	0		0.0
16.1	三唑磷◊	菜豆	14	0		0.0

续表

序号	农药名称	样品名称	检出频次	超标频次	最大超标倍数	超标率（%）
16.2	三唑磷◊	橘	10	5	2.9	50.0
16.3	三唑磷◊	韭菜	6	0		0.0
16.4	三唑磷◊	小油菜	4	0		0.0
16.5	三唑磷◊	小白菜	4	0		0.0
16.6	三唑磷◊	桃	4	0		0.0
16.7	三唑磷◊	芹菜	4	0		0.0
16.8	三唑磷◊	茼蒿	4	0		0.0
16.9	三唑磷◊	菜薹	4	0		0.0
16.10	三唑磷◊	油麦菜	3	0		0.0
16.11	三唑磷◊	番茄	3	0		0.0
16.12	三唑磷◊	茄子	3	0		0.0
16.13	三唑磷◊	荔枝	3	0		0.0
16.14	三唑磷◊	叶芥菜	2	0		0.0
16.15	三唑磷◊	大白菜	2	0		0.0
16.16	三唑磷◊	李子	2	0		0.0
16.17	三唑磷◊	苹果	2	0		0.0
16.18	三唑磷◊	春菜	1	0		0.0
16.19	三唑磷◊	枣	1	0		0.0
16.20	三唑磷◊	甜椒	1	0		0.0
16.21	三唑磷◊	芒果	1	0		0.0
16.22	三唑磷◊	苋菜	1	0		0.0
16.23	三唑磷◊	辣椒	1	0		0.0
16.24	三唑磷◊	青菜	1	0		0.0
16.25	三唑磷◊	黄瓜	1	0		0.0
17.1	三硫磷◊	番茄	1	0		0.0
18.1	丙虫磷◊	姜	1	0		0.0
18.2	丙虫磷◊	豇豆	1	0		0.0
19.1	久效威◊	生菜	2	0		0.0
20.1	克百威◊▲	芹菜	73	41	38.0	56.2
20.2	克百威◊▲	菜豆	22	16	18.5	72.7
20.3	克百威◊▲	甜椒	15	5	3.4	33.3

续表

序号	农药名称	样品名称	检出频次	超标频次	最大超标倍数	超标率（%）
20.4	克百威◊▲	桃	10	6	1.2	60.0
20.5	克百威◊▲	黄瓜	9	2	2.7	22.2
20.6	克百威◊▲	火龙果	7	5	2.3	71.4
20.7	克百威◊▲	茄子	6	2	1.2	33.3
20.8	克百威◊▲	油麦菜	5	3	19.1	60.0
20.9	克百威◊▲	石榴	4	4	6.4	100.0
20.10	克百威◊▲	青菜	4	2	2.2	50.0
20.11	克百威◊▲	枸杞叶	3	2	41.0	66.7
20.12	克百威◊▲	柠檬	3	2	31.8	66.7
20.13	克百威◊▲	韭菜	3	1	0.2	33.3
20.14	克百威◊▲	橙	3	0		0.0
20.15	克百威◊▲	蘑菇	3	0		0.0
20.16	克百威◊▲	叶芥菜	2	1	0.8	50.0
20.17	克百威◊▲	番茄	2	1	0.3	50.0
20.18	克百威◊▲	大白菜	2	1	0.03	50.0
20.19	克百威◊▲	梨	2	0		0.0
20.20	克百威◊▲	生菜	2	0		0.0
20.21	克百威◊▲	苋菜	2	0		0.0
20.22	克百威◊▲	葡萄	2	0		0.0
20.23	克百威◊▲	辣椒	2	0		0.0
20.24	克百威◊▲	菠菜	1	1	2.3	100.0
20.25	克百威◊▲	樱桃番茄	1	1	1.0	100.0
20.26	克百威◊▲	西葫芦	1	1	0.7	100.0
20.27	克百威◊▲	苹果	1	1	0.1	100.0
20.28	克百威◊▲	结球甘蓝	1	0		0.0
20.29	克百威◊▲	芫荽	1	0		0.0
20.30	克百威◊▲	菜薹	1	0		0.0
20.31	克百威◊▲	青花菜	1	0		0.0
20.32	克百威◊▲	香瓜	1	0		0.0
20.33	克百威◊▲	香蕉	1	0		0.0
21.1	兹克威◊	芹菜	10	0		0.0

续表

序号	农药名称	样品名称	检出频次	超标频次	最大超标倍数	超标率（%）
21.2	兹克威◊	油麦菜	8	0		0.0
21.3	兹克威◊	生菜	7	0		0.0
21.4	兹克威◊	小白菜	4	0		0.0
21.5	兹克威◊	小油菜	3	0		0.0
21.6	兹克威◊	茼蒿	3	0		0.0
21.7	兹克威◊	菜薹	2	0		0.0
21.8	兹克威◊	菠菜	2	0		0.0
21.9	兹克威◊	青菜	2	0		0.0
21.10	兹克威◊	苦苣	1	0		0.0
21.11	兹克威◊	茄子	1	0		0.0
21.12	兹克威◊	菜豆	1	0		0.0
21.13	兹克威◊	韭菜	1	0		0.0
22.1	呋线威◊	胡萝卜	20	0		0.0
22.2	呋线威◊	姜	4	0		0.0
22.3	呋线威◊	番茄	2	0		0.0
22.4	呋线威◊	大蒜	1	0		0.0
22.5	呋线威◊	火龙果	1	0		0.0
22.6	呋线威◊	菜豆	1	0		0.0
23.1	嘧啶磷◊	桃	4	0		0.0
24.1	庚烯磷◊	百合	2	0		0.0
25.1	敌敌畏◊	菜薹	18	0		0.0
25.2	敌敌畏◊	油麦菜	15	0		0.0
25.3	敌敌畏◊	蕹菜	12	0		0.0
25.4	敌敌畏◊	黄瓜	12	0		0.0
25.5	敌敌畏◊	芹菜	9	2	1.9	22.2
25.6	敌敌畏◊	叶芥菜	9	0		0.0
25.7	敌敌畏◊	梨	9	0		0.0
25.8	敌敌畏◊	芥蓝	9	0		0.0
25.9	敌敌畏◊	苹果	8	2	0.5	25.0
25.10	敌敌畏◊	结球甘蓝	8	0		0.0
25.11	敌敌畏◊	春菜	7	0		0.0

续表

序号	农药名称	样品名称	检出频次	超标频次	最大超标倍数	超标率（%）
25.12	敌敌畏◊	枸杞叶	7	0		0.0
25.13	敌敌畏◊	甜椒	7	0		0.0
25.14	敌敌畏◊	桃	5	0		0.0
25.15	敌敌畏◊	菠菜	5	0		0.0
25.16	敌敌畏◊	猕猴桃	4	0		0.0
25.17	敌敌畏◊	生菜	4	0		0.0
25.18	敌敌畏◊	紫甘蓝	4	0		0.0
25.19	敌敌畏◊	茄子	4	0		0.0
25.20	敌敌畏◊	番茄	3	1	1.0	33.3
25.21	敌敌畏◊	小白菜	3	0		0.0
25.22	敌敌畏◊	樱桃番茄	3	0		0.0
25.23	敌敌畏◊	葡萄	3	0		0.0
25.24	敌敌畏◊	蘑菇	3	0		0.0
25.25	敌敌畏◊	韭菜	3	0		0.0
25.26	敌敌畏◊	冬瓜	2	0		0.0
25.27	敌敌畏◊	甘薯叶	2	0		0.0
25.28	敌敌畏◊	芒果	2	0		0.0
25.29	敌敌畏◊	茼蒿	2	0		0.0
25.30	敌敌畏◊	荔枝	2	0		0.0
25.31	敌敌畏◊	辣椒	2	0		0.0
25.32	敌敌畏◊	香蕉	2	0		0.0
25.33	敌敌畏◊	胡萝卜	1	1	3.2	100.0
25.34	敌敌畏◊	青花菜	1	1	1.8	100.0
25.35	敌敌畏◊	西葫芦	1	1	1.2	100.0
25.36	敌敌畏◊	大白菜	1	0		0.0
25.37	敌敌畏◊	李子	1	0		0.0
25.38	敌敌畏◊	杏	1	0		0.0
25.39	敌敌畏◊	苦瓜	1	0		0.0
25.40	敌敌畏◊	草莓	1	0		0.0
25.41	敌敌畏◊	菜豆	1	0		0.0
25.42	敌敌畏◊	落葵	1	0		0.0

续表

序号	农药名称	样品名称	检出频次	超标频次	最大超标倍数	超标率（%）
25.43	敌敌畏◊	金针菇	1	0		0.0
25.44	敌敌畏◊	香菇	1	0		0.0
25.45	敌敌畏◊	龙眼	1	0		0.0
26.1	敌瘟磷◊	叶芥菜	2	0		0.0
27.1	杀扑磷◊▲	橙	3	0		0.0
27.2	杀扑磷◊▲	桃	1	0		0.0
27.3	杀扑磷◊▲	橘	1	0		0.0
27.4	杀扑磷◊▲	芹菜	1	0		0.0
28.1	氟氯氰菊酯◊	叶芥菜	6	0		0.0
28.2	氟氯氰菊酯◊	苋菜	2	0		0.0
28.3	氟氯氰菊酯◊	桃	1	0		0.0
28.4	氟氯氰菊酯◊	生菜	1	0		0.0
28.5	氟氯氰菊酯◊	芫荽	1	0		0.0
28.6	氟氯氰菊酯◊	芹菜	1	0		0.0
28.7	氟氯氰菊酯◊	茼蒿	1	0		0.0
28.8	氟氯氰菊酯◊	菠菜	1	0		0.0
28.9	氟氯氰菊酯◊	西葫芦	1	0		0.0
29.1	氧异柳磷◊	黄瓜	1	0		0.0
30.1	氯唑磷◊▲	苦瓜	8	4	2.9	50.0
31.1	水胺硫磷◊▲	茄子	27	0		0.0
31.2	水胺硫磷◊▲	菜豆	11	0		0.0
31.3	水胺硫磷◊▲	芹菜	10	0		0.0
31.4	水胺硫磷◊▲	柠檬	7	0		0.0
31.5	水胺硫磷◊▲	橘	4	1	0.3	25.0
31.6	水胺硫磷◊▲	橙	3	1	51.1	33.3
31.7	水胺硫磷◊▲	胡萝卜	3	0		0.0
31.8	水胺硫磷◊▲	韭菜	3	0		0.0
31.9	水胺硫磷◊▲	杨桃	2	0		0.0
31.10	水胺硫磷◊▲	梨	2	0		0.0
31.11	水胺硫磷◊▲	茼蒿	2	0		0.0
31.12	水胺硫磷◊▲	桃	1	0		0.0

续表

序号	农药名称	样品名称	检出频次	超标频次	最大超标倍数	超标率（%）
31.13	水胺硫磷◊▲	油麦菜	1	0		0.0
31.14	水胺硫磷◊▲	猕猴桃	1	0		0.0
31.15	水胺硫磷◊▲	芒果	1	0		0.0
31.16	水胺硫磷◊▲	苦瓜	1	0		0.0
31.17	水胺硫磷◊▲	苹果	1	0		0.0
31.18	水胺硫磷◊▲	荔枝	1	0		0.0
31.19	水胺硫磷◊▲	蕹菜	1	0		0.0
31.20	水胺硫磷◊▲	青菜	1	0		0.0
31.21	水胺硫磷◊▲	黄瓜	1	0		0.0
32.1	治螟磷◊▲	芹菜	7	2	0.8	28.6
32.2	治螟磷◊▲	菜豆	6	6	15.0	100.0
32.3	治螟磷◊▲	蕹菜	3	3	17.4	100.0
32.4	治螟磷◊▲	黄瓜	1	1	1.5	100.0
32.5	治螟磷◊▲	大白菜	1	1	1.2	100.0
33.1	灭害威◊	韭菜	6	0		0.0
33.2	灭害威◊	茼蒿	5	0		0.0
33.3	灭害威◊	小油菜	1	0		0.0
33.4	灭害威◊	火龙果	1	0		0.0
33.5	灭害威◊	菜薹	1	0		0.0
34.1	特乐酚◊	菜豆	4	0		0.0
34.2	特乐酚◊	番石榴	2	0		0.0
35.1	猛杀威◊	梨	11	0		0.0
35.2	猛杀威◊	黄瓜	7	0		0.0
35.3	猛杀威◊	香蕉	6	0		0.0
35.4	猛杀威◊	桃	5	0		0.0
35.5	猛杀威◊	结球甘蓝	4	0		0.0
35.6	猛杀威◊	番茄	3	0		0.0
35.7	猛杀威◊	胡萝卜	3	0		0.0
35.8	猛杀威◊	萝卜	3	0		0.0
35.9	猛杀威◊	苦瓜	2	0		0.0
35.10	猛杀威◊	苦苣	2	0		0.0

续表

序号	农药名称	样品名称	检出频次	超标频次	最大超标倍数	超标率（%）
35.11	猛杀威◊	青菜	2	0		0.0
35.12	猛杀威◊	韭菜	2	0		0.0
35.13	猛杀威◊	大白菜	1	0		0.0
35.14	猛杀威◊	姜	1	0		0.0
35.15	猛杀威◊	枣	1	0		0.0
35.16	猛杀威◊	橘	1	0		0.0
35.17	猛杀威◊	紫甘蓝	1	0		0.0
35.18	猛杀威◊	芋	1	0		0.0
35.19	猛杀威◊	苹果	1	0		0.0
35.20	猛杀威◊	茄子	1	0		0.0
35.21	猛杀威◊	菜豆	1	0		0.0
35.22	猛杀威◊	菠菜	1	0		0.0
35.23	猛杀威◊	西葫芦	1	0		0.0
35.24	猛杀威◊	青蒜	1	0		0.0
35.25	猛杀威◊	马铃薯	1	0		0.0
36.1	甲胺磷◊▲	梨	2	0		0.0
36.2	甲胺磷◊▲	芹菜	2	0		0.0
36.3	甲胺磷◊▲	葡萄	1	1	1.9	100.0
36.4	甲胺磷◊▲	油麦菜	1	1	0.4	100.0
36.5	甲胺磷◊▲	小油菜	1	0		0.0
36.6	甲胺磷◊▲	洋葱	1	0		0.0
36.7	甲胺磷◊▲	甜椒	1	0		0.0
36.8	甲胺磷◊▲	番茄	1	0		0.0
36.9	甲胺磷◊▲	茼蒿	1	0		0.0
36.10	甲胺磷◊▲	香蕉	1	0		0.0
36.11	甲胺磷◊▲	黄瓜	1	0		0.0
37.1	碳氯灵◊	豇豆	1	0		0.0
38.1	苯腈磷◊	甜椒	1	0		0.0
39.1	蝇毒磷◊▲	桃	1	0		0.0
39.2	蝇毒磷◊▲	葡萄	1	0		0.0
40.1	六六六▲	杨桃	6	3	5.2	50.0

续表

序号	农药名称	样品名称	检出频次	超标频次	最大超标倍数	超标率（%）
40.2	六六六▲	生菜	4	0		0.0
40.3	六六六▲	菠菜	4	0		0.0
40.4	六六六▲	梨	3	2	2.5	66.7
40.5	六六六▲	芹菜	2	0		0.0
40.6	六六六▲	苹果	2	0		0.0
40.7	六六六▲	蘑菇	2	0		0.0
40.8	六六六▲	西葫芦	2	0		0.0
40.9	六六六▲	韭菜	2	0		0.0
40.10	六六六▲	黄瓜	2	0		0.0
40.11	六六六▲	姜	1	0		0.0
40.12	六六六▲	茼蒿	1	0		0.0
40.13	六六六▲	葱	1	0		0.0
41.1	林丹▲	胡萝卜	1	0		0.0
41.2	林丹▲	西葫芦	1	0		0.0
42.1	氟虫腈▲	菜豆	17	0		0.0
42.2	氟虫腈▲	青菜	13	2	6.8	15.4
42.3	氟虫腈▲	叶芥菜	13	0		0.0
42.4	氟虫腈▲	菜薹	12	0		0.0
42.5	氟虫腈▲	韭菜	8	1	1.4	12.5
42.6	氟虫腈▲	芹菜	8	1	0.1	12.5
42.7	氟虫腈▲	春菜	8	0		0.0
42.8	氟虫腈▲	菠菜	7	2	4.8	28.6
42.9	氟虫腈▲	油麦菜	7	0		0.0
42.10	氟虫腈▲	小白菜	6	2	0.4	33.3
42.11	氟虫腈▲	甘薯叶	6	0		0.0
42.12	氟虫腈▲	甜椒	6	0		0.0
42.13	氟虫腈▲	茼蒿	5	0		0.0
42.14	氟虫腈▲	蕹菜	5	0		0.0
42.15	氟虫腈▲	生菜	4	0		0.0
42.16	氟虫腈▲	大白菜	3	0		0.0
42.17	氟虫腈▲	葡萄	3	0		0.0

续表

序号	农药名称	样品名称	检出频次	超标频次	最大超标倍数	超标率（%）
42.18	氟虫腈▲	黄瓜	3	0		0.0
42.19	氟虫腈▲	小油菜	2	1	0.03	50.0
42.20	氟虫腈▲	火龙果	2	0		0.0
42.21	氟虫腈▲	苋菜	2	0		0.0
42.22	氟虫腈▲	苹果	2	0		0.0
42.23	氟虫腈▲	茄子	2	0		0.0
42.24	氟虫腈▲	蘑菇	2	0		0.0
42.25	氟虫腈▲	李子	1	0		0.0
42.26	氟虫腈▲	枸杞叶	1	0		0.0
42.27	氟虫腈▲	樱桃番茄	1	0		0.0
42.28	氟虫腈▲	紫薯	1	0		0.0
42.29	氟虫腈▲	苦瓜	1	0		0.0
42.30	氟虫腈▲	草莓	1	0		0.0
42.31	氟虫腈▲	荔枝	1	0		0.0
42.32	氟虫腈▲	落葵	1	0		0.0
42.33	氟虫腈▲	葱	1	0		0.0
42.34	氟虫腈▲	西葫芦	1	0		0.0
42.35	氟虫腈▲	青花菜	1	0		0.0
43.1	氰戊菊酯▲	梨	13	0		0.0
43.2	氰戊菊酯▲	桃	8	1	1.0	12.5
43.3	氰戊菊酯▲	苹果	5	0		0.0
43.4	氰戊菊酯▲	李子	4	2	5.6	50.0
43.5	氰戊菊酯▲	小油菜	3	0		0.0
43.6	氰戊菊酯▲	枣	3	0		0.0
43.7	氰戊菊酯▲	番茄	3	0		0.0
43.8	氰戊菊酯▲	黄瓜	2	2	2.0	100.0
43.9	氰戊菊酯▲	生菜	2	0		0.0
43.10	氰戊菊酯▲	芫荽	2	0		0.0
43.11	氰戊菊酯▲	韭菜	2	0		0.0
43.12	氰戊菊酯▲	小白菜	1	0		0.0
43.13	氰戊菊酯▲	杏	1	0		0.0

续表

序号	农药名称	样品名称	检出频次	超标频次	最大超标倍数	超标率（%）
43.14	氰戊菊酯▲	萝卜	1	0		0.0
43.15	氰戊菊酯▲	葡萄	1	0		0.0
44.1	滴滴涕▲	苹果	2	0		0.0
44.2	滴滴涕▲	茄子	1	0		0.0
44.3	滴滴涕▲	菠菜	1	0		0.0
45.1	硫丹▲	黄瓜	149	0		0.0
45.2	硫丹▲	桃	52	0		0.0
45.3	硫丹▲	番茄	47	0		0.0
45.4	硫丹▲	芹菜	37	0		0.0
45.5	硫丹▲	甜椒	34	0		0.0
45.6	硫丹▲	西葫芦	34	0		0.0
45.7	硫丹▲	韭菜	30	0		0.0
45.8	硫丹▲	茄子	26	0		0.0
45.9	硫丹▲	草莓	26	0		0.0
45.10	硫丹▲	梨	21	0		0.0
45.11	硫丹▲	生菜	20	0		0.0
45.12	硫丹▲	苦瓜	19	0		0.0
45.13	硫丹▲	茼蒿	19	0		0.0
45.14	硫丹▲	菜豆	19	0		0.0
45.15	硫丹▲	甜瓜	17	0		0.0
45.16	硫丹▲	菠菜	12	0		0.0
45.17	硫丹▲	菜薹	10	0		0.0
45.18	硫丹▲	丝瓜	9	0		0.0
45.19	硫丹▲	叶芥菜	8	0		0.0
45.20	硫丹▲	蕹菜	8	0		0.0
45.21	硫丹▲	冬瓜	7	0		0.0
45.22	硫丹▲	哈密瓜	6	0		0.0
45.23	硫丹▲	小白菜	6	0		0.0
45.24	硫丹▲	李子	6	0		0.0
45.25	硫丹▲	枸杞叶	6	0		0.0
45.26	硫丹▲	樱桃番茄	6	0		0.0

续表

序号	农药名称	样品名称	检出频次	超标频次	最大超标倍数	超标率（%）
45.27	硫丹▲	甘薯叶	6	0		0.0
45.28	硫丹▲	蘑菇	6	0		0.0
45.29	硫丹▲	葡萄	5	0		0.0
45.30	硫丹▲	小油菜	4	0		0.0
45.31	硫丹▲	油麦菜	4	0		0.0
45.32	硫丹▲	苹果	4	0		0.0
45.33	硫丹▲	人参果	3	0		0.0
45.34	硫丹▲	春菜	3	0		0.0
45.35	硫丹▲	豆瓣菜	3	0		0.0
45.36	硫丹▲	姜	2	0		0.0
45.37	硫丹▲	平菇	2	0		0.0
45.38	硫丹▲	结球甘蓝	2	0		0.0
45.39	硫丹▲	萝卜	2	0		0.0
45.40	硫丹▲	辣椒	2	0		0.0
45.41	硫丹▲	青菜	2	0		0.0
45.42	硫丹▲	杨桃	1	0		0.0
45.43	硫丹▲	枣	1	0		0.0
45.44	硫丹▲	柚	1	0		0.0
45.45	硫丹▲	橘	1	0		0.0
45.46	硫丹▲	油桃	1	0		0.0
45.47	硫丹▲	猕猴桃	1	0		0.0
45.48	硫丹▲	胡萝卜	1	0		0.0
45.49	硫丹▲	芥蓝	1	0		0.0
45.50	硫丹▲	苋菜	1	0		0.0
45.51	硫丹▲	西瓜	1	0		0.0
45.52	硫丹▲	豇豆	1	0		0.0
45.53	硫丹▲	香瓜	1	0		0.0
46.1	除草醚▲	芹菜	1	0		0.0
46.2	除草醚▲	茼蒿	1	0		0.0
合计			1925	218		11.3

注：表中*为剧毒农药；◊为高毒农药；▲为禁用农药；超标倍数参照 MRL 中国国家标准衡量

上述超标的剧毒和高毒农药均为中国政府早有规定禁止在水果蔬菜中使用的农药，仍屡次被检出，应该引起警惕。

4.2.6.4　残留限量标准与先进国家限量标准差距较大

20412 频次的检出结果与我国公布的《食品中农药最大残留限量》(GB 2763—2014）对比，有 4408 频次能找到对应的 MRL 中国国家标准，占 21.6%；还有 16004 频次的侦测数据无相关 MRL 标准供参考，占 78.4%。与国际上现行 MRL 标准对比发现：有 20412 频次能找到对应的 MRL 欧盟标准，占 100.0%；有 20412 频次能找到对应的 MRL 日本标准，占 100.0%；有 7119 频次能找到对应的 MRL 中国香港标准，占 34.9%；有 5358 频次能找到对应的 MRL 美国标准，占 26.2%；有 3510 频次能找到对应的 MRL CAC 标准，占 17.2%。由此可见，我国的 MRL 国家标准与国际标准有很大差距，我国无标准，国外有标准，这导致我国在国际贸易中，处于受制于人的被动地位。

4.2.6.5　单种样品检出上百种农药残留，急需加强农药使用规范性

通过此次监测发现，苹果、梨和葡萄是检出农药品种最多的 3 种水果，芹菜、菜豆和黄瓜是检出农药品种最多的 3 种蔬菜，从中检出农药的品种及频次详见表 4-31。

表 4-31　单种样品检出农药的品种及频次

样品名称	样品总数	检出农药样品数	检出率（%）	检出农药品种数	检出农药（频次）
芹菜	353	341	96.6	132	毒死蜱（121），威杀灵（112），克百威（73），戊唑醇（57），二甲戊灵（56），腐霉利（54），嘧霉胺（46），五氯苯甲腈（42），硫丹（37），五氯硝基苯（32），杀螨特（30），甲拌磷（30），除虫菊酯（28），五氯苯胺（26），去乙基阿特拉津（23），五氯苯（23），联苯菊酯（21），氟硅唑（20），甲霜灵（20），邻苯二甲酰亚胺（18），3,5-二氯苯胺（18），异丙威（17），百菌清（17），丙溴磷（17），新燕灵（16），3,4,5-混杀威（15），氟噻草胺（14），二苯胺（14），异噁唑草酮（14），莠去津（14），氯杀螨砜（14），烯唑醇（13），烯虫酯（13），邻苯基苯酚（12），己唑醇（11），噁霜灵（11），喹螨醚（11），氟乐灵（11），啶斑肟（10），氟丙菊酯（10），哒螨灵（10），水胺硫磷（10），兹克威（10），芬螨酯（10），敌敌畏（9），腈菌唑（9），氟虫腈（8），异丙甲草胺（8），氯氰菊酯（8），特草灵（8），扑草净（8），肟菌酯（8），四氯硝基苯（7），治螟磷（7），噻菌灵（7），解草腈（7），甲萘威（7），仲丁灵（6），氯硫酰草胺（6），唑虫酰胺（6），虫螨腈（6），乙草胺（6），乙拌磷（6），异丙草胺（6），醚菌酯（6），γ-氟氯氰菌酯（5），稻瘟灵（5），拌种胺（5），西玛津（5），马拉硫磷（5），萘乙酸（5），嘧菌胺（5），啶酰菌胺（5），多效唑（4），氧环唑（4），噻嗪酮（4），氟氯氢菊脂（4），地虫硫磷（4），甲醚菊酯（4），特丁硫磷（4），三唑磷（4），甲基立枯磷（4），

续表

样品名称	样品总数	检出农药样品数	检出率（%）	检出农药品种数	检出农药（频次）
芹菜	353	341	96.6	132	呋菌胺（4），清菌噻唑（3），安硫磷（3），三唑酮（3），噁草酮（3），吡喃灵（3），啶氧菌酯（3），霜霉威（3），2,3,5,6-四氯苯胺（3），炔丙菊酯（3），三唑醇（3），醚菊酯（3），速灭威（3），杀螨醚（3），嘧菌酯（3），乐果（3），环酯草醚（3），甲胺磷（2），吡丙醚（2），氟硅菊酯（2），烯丙菊酯（2），磷酸三苯酯（2），氟吡禾灵（2），双甲脒（2），螺甲螨酯（2），喹禾灵（2），氟咯草酮（2），整形醇（2），六六六（2），*o,p'*-滴滴伊（2），扑灭通（2），艾氏剂（2），毒草胺（1），杀扑磷（1），三氟甲吡醚（1），八氯二丙醚（1），四氟醚唑（1），甲基嘧啶磷（1），粉唑醇（1），乙霉威（1），四氢吩胺（1），氟氯氰菊酯（1），杀虫环（1），异艾氏剂（1），甲基毒死蜱（1），敌稗（1），灭除威（1），抗蚜威（1），溴氰菊酯（1），仲丁威（1）
菜豆	374	317	84.8	110	威杀灵（58），哒螨灵（50），除虫菊酯（50），联苯菊酯（35），烯虫酯（34），虫螨腈（34），腐霉利（33），嘧霉胺（27），戊唑醇（27），喹螨醚（27），仲丁威（26），毒死蜱（23），克百威（22），三唑醇（21），腈菌唑（21），甲霜灵（21），新燕灵（20），啶酰菌胺（19），硫丹（19），氟虫腈（17），吡喃灵（16），炔丙菊酯（15），三唑磷（14），邻苯二甲酰亚胺（13），γ-氟氯氰菌酯（13），甲氰菊酯（12），水胺硫磷（11），甲醚菊酯（10），生物苄呋菊酯（10），西玛津（8），五氯甲氧基苯（8），灭除威（8），3,5-二氯苯胺（8），氟硅唑（8），丙溴磷（7），嘧菌胺（7），唑虫酰胺（6），二苯胺（6），治螟磷（6），氯氰菊酯（5），多效唑（5），抑芽唑（5），醚菊酯（5），百菌清（5），速灭威（5），嘧菌酯（5），苄草丹（4），外环氧七氯（4），特乐酚（4），五氯苯甲腈（4），异丙威（4），解草腈（4），氟丙菊酯（3），环丙津（3），3,4,5-混杀威（3），噻菌灵（3），醚菌酯（3），戊草丹（3），去乙基阿特拉津（3），缬霉威（3），烯丙菊酯（2），乙羧氟草醚（2），粉唑醇（2），三唑酮（2），氯唑灵（2），莠去津（2），炔螨特（2），肟菌酯（2），稻瘟灵（2），嘧菌环胺（2），拌种咯（2），灭锈胺（2），扑草净（2），三氯杀螨醇（2），己唑醇（2），氯杀螨砜（2），吡丙醚（2），烯唑醇（1），氟吡菌酰胺（1），磷酸三苯酯（1），三氟甲吡醚（1），燕麦酯（1），乙霉威（1），噁霜灵（1），甲基嘧啶磷（1），萘乙酸（1），猛杀威（1），野麦畏（1），啶氧菌酯（1），氟铃脲（1），五氯苯胺（1），五氯硝基苯（1），敌敌畏（1），2 甲 4 氯丁氧乙基酯（1），氯苯氧乙酸（1），异噁唑草酮（1），杀螺吗啉（1），萘乙酰胺（1），邻苯基苯酚（1），戊菌唑（1），马拉硫磷（1），呋线威（1），苯醚氰菊酯（1），兹克威（1），苯草醚（1），间羟基联苯（1），4,4-二氯二苯甲酮（1），乐果（1），安硫磷（1），*o,p'*-滴滴伊（1）
黄瓜	434	381	87.8	109	硫丹（149），甲霜灵（129），哒螨灵（99），腐霉利（68），嘧霉胺（64），除虫菊酯（41），威杀灵（40），啶酰菌胺（39），毒死蜱（29），联苯菊酯（24），氟吡菌酰胺（19），霜霉威（19），生物苄呋菊酯（17），醚菊酯（17），虫螨腈（16），邻苯二甲酰亚胺（16），二苯胺（14），五氯苯甲腈（13），棉铃威（13），

续表

样品名称	样品总数	检出农药样品数	检出率（%）	检出农药品种数	检出农药（频次）
黄瓜	434	381	87.8	109	2,6-二氯苯甲酰胺（13），新燕灵（12），芬螨酯（12），氟硅唑（12），敌敌畏（12），肟菌酯（11），戊唑醇（10），噁霜灵（10），克百威（9），西玛津（9），噻菌灵（9），烯虫酯（8），醚菌酯（8），腈菌唑（7），嘧菌环胺（7），异丙威（7），猛杀威（7），莠去津（7），四氢吩胺（7），乙草胺（5），仲丁威（5），马拉硫磷（5），速灭威（5），γ-氟氯氰菌酯（4），氯杀螨砜（4），氯硫酰草胺（4），喹螨醚（3），嘧菌酯（3），特草灵（3），涕灭威（3），氯磺隆（3），三唑酮（3），抑芽唑（3），百菌清（3），噻嗪酮（3），烯虫炔酯（3），氟虫腈（3），戊菌唑（2），烯唑醇（2），己唑醇（2），4,4-二溴二苯甲酮（2），炔螨特（2），六六六（2），甲氰菊酯（2），甲萘威（2），邻苯基苯酚（2），灭蚁灵（2），氰戊菊酯（2），五氯苯胺（2），丙溴磷（2），四氟醚唑（2），三氯杀螨砜（2），艾氏剂（2），八氯苯乙烯（2），氟丙菊酯（2），吡丙醚（2），三唑磷（1），甲胺磷（1），氟唑菌酰胺（1），*o,p'*-滴滴伊（1），乐果（1），咪草酸（1），吡螨胺（1），甲呋酰胺（1），仲草丹（1），苯嗪草酮（1），克草敌（1），灭草环（1），杀螺吗啉（1），呋草黄（1），氧异柳磷（1），三唑醇（1），灭锈胺（1），水胺硫磷（1），氟氯氢菊脂（1），异噁唑草酮（1），治螟磷（1），去乙基阿特拉津（1），氯氰菊酯（1），麦穗宁（1），氟啶虫酰胺（1），甲基嘧啶磷（1），3,4,5-混杀威（1），3,5-二氯苯胺（1），解草腈（1），环酯草醚（1），多效唑（1），三氟甲吡醚（1），唑虫酰胺（1），五氯硝基苯（1）
苹果	450	324	72.0	98	毒死蜱（133），戊唑醇（66），威杀灵（59），甲醚菊酯（55），除虫菊酯（45），新燕灵（30），醚菊酯（18），二苯胺（17），炔螨特（16），芬螨酯（11），*o,p'*-滴滴伊（11），氯菊酯（9），甲霜灵（9），γ-氟氯氰菌酯（9），嘧霉胺（9），敌敌畏（8），八氯二丙醚（5），哒螨灵（5），联苯菊酯（5），生物苄呋菊酯（5），马拉硫磷（5），特草灵（5），五氯苯甲腈（5），氰戊菊酯（5），丙溴磷（4），炔丙菊酯（4），仲丁威（4），甲氰菊酯（4），硫丹（4），增效醚（4），氟硅唑（4），抗螨唑（3），三唑醇（3），氟草敏（3），丁硫克百威（3），呋霜灵（3），麦锈灵（3），解草腈（3），氯杀螨砜（3），环嗪酮（3），甲呋酰胺（2），3,5-二氯苯胺（2），三唑磷（2），啶酰菌胺（2），滴滴涕（2），多效唑（2），异噁草酮（2），丙炔氟草胺（2），咯喹酮（2），氟丙嘧草酯（2），邻苯基苯酚（2），醚菌酯（2），氟丙菊酯（2），甲基嘧啶磷（2），茵草敌（2），烯唑醇（2），六六六（2），甲草胺（2），氟虫腈（2），西玛津（1），抑芽唑（1），烯丙菊酯（1），3,4,5-混杀威（1），四氢吩胺（1），猛杀威（1），腐霉利（1），莠去津（1），西玛通（1），灭除威（1），二甲草胺（1），氟酰胺（1），麦穗宁（1），噁草酮（1），噻嗪酮（1），水胺硫磷（1），吡唑草胺（1），肟菌酯（1），己唑醇（1），灭菌磷（1），杀螺吗啉（1），灭草环（1），丁苯吗啉（1），速灭威（1），腈菌唑（1），仲丁通（1），禾草灵（1），双苯酰草胺（1），乐果（1），克百威（1），三环唑（1），螺螨酯（1），4-硝基氯苯（1），扑灭通（1），喹螨醚（1），环丙腈津（1），胺菊酯（1），氯丹（1），二甲戊灵（1）

续表

样品名称	样品总数	检出农药样品数	检出率（%）	检出农药品种数	检出农药（频次）
梨	437	349	79.9	85	毒死蜱（211），威杀灵（55），生物苄呋菊酯（47），新燕灵（26），硫丹（21），除虫菊酯（20），醚菊酯（17），哒螨灵（16），甲萘威（16），戊唑醇（14），吡喃灵（14），联苯菊酯（13），氰戊菊酯（13），异噁唑草酮（13），三唑醇（12），猛杀威（11），二苯胺（10），嘧菌胺（10），甲氰菊酯（10），γ-氟氯氰菌酯（9），噻嗪酮（9），敌敌畏（9），氯菊酯（7），杀螨醚（6），丙溴磷（5），利谷隆（5），氟丙菊酯（5），氟硅唑（4），辛酰溴苯腈（4），四氢吩胺（4），氯杀螨砜（4），马拉硫磷（4），多效唑（3），解草腈（3），嘧霉胺（3），甲基嘧啶磷（3），六六六（3），嘧菌酯（3），棉铃威（3），邻苯二甲酰亚胺（3），甲胺磷（2），邻苯基苯酚（2），仲丁威（2），灭菌磷（2），抑芽唑（2），异丙威（2），增效醚（2），八氯二丙醚（2），克百威（2），克草敌（2），对硫磷（2），水胺硫磷（2），五氯苯甲腈（2），乙硫磷（1），乙草胺（1），烯虫酯（1），喹氧灵（1），稻瘟灵（1），炔丙菊酯（1），三氯杀螨醇（1），灭锈胺（1），甲醚菊酯（1），醚菌酯（1），吡螨胺（1），2,6-二氯苯甲酰胺（1），*o,p*'-滴滴伊（1），螺螨酯（1），2,6-二硝基-3-甲氧基-4-叔丁基甲苯（1），七氯（1），避蚊胺（1），环丙津（1），氯氰菊酯（1），甲基对硫磷（1），炔螨特（1），去乙基阿特拉津（1），3,4,5-混杀威（1），异艾氏剂（1），三唑酮（1），唑虫酰胺（1），3,5-二氯苯胺（1），啶酰菌胺（1），叶菌唑（1），磷酸三苯酯（1），胺菊酯（1），戊草丹（1）
葡萄	381	327	85.8	85	嘧霉胺（110），戊唑醇（104），腐霉利（74），啶酰菌胺（65），威杀灵（51），腈菌唑（46），甲霜灵（45），嘧菌环胺（42），肟菌酯（40），3,5-二氯苯胺（39），除虫菊酯（31），醚菌酯（29），嘧菌酯（29），三唑醇（26），氟硅唑（25），毒死蜱（25），新燕灵（20），己唑醇（17），*o,p*'-滴滴伊（15），二苯胺（13），喹氧灵（11），邻苯二甲酰亚胺（10），异丙威（10），速灭威（8），氯杀螨砜（8），联苯菊酯（8），醚菊酯（7），γ-氟氯氰菌酯（7），四氟醚唑（7），乙嘧酚磺酸酯（7），丁二酸二丁酯（7），戊菌唑（7），霜霉威（6），氟丙菊酯（6），4,4-二氯二苯甲酮（6），炔螨特（6），利谷隆（6），三氯杀螨醇（5），硫丹（5），烯唑醇（5），烯丙菊酯（4），甲氰菊酯（4），啶氧菌酯（4），虫螨腈（4），杀螨酯（4），噻菌灵（4），螺螨酯（4），仲丁灵（3），氯氰菊酯（3），灭除威（3），氟虫腈（3），噻嗪酮（3），敌敌畏（3），邻苯基苯酚（3），氟吡菌酰胺（3），仲丁威（2），生物苄呋菊酯（2），五氯苯甲腈（2），克百威（2），粉唑醇（2），哒螨灵（2），麦穗宁（2），西玛津（2），多效唑（2），异噁唑草酮（2），溴丁酰草胺（2），莠灭净（2），叠氮津（2），甲醚菊酯（1），氟唑菌酰胺（1），氰戊菊酯（1），克草敌（1），百菌清（1），炔丙菊酯（1），萎锈灵（1），啶斑肟（1），三唑酮（1），氯苯嘧啶醇（1），丁硫克百威（1），蝇毒磷（1），缬霉威（1），解草腈（1），氟吡禾灵（1），避蚊胺（1），甲胺磷（1）

上述 6 种水果蔬菜，检出农药 85~132 种，是多种农药综合防治，还是未严格实施农业良好管理规范（GAP），抑或是乱施药，值得我们思考。

4.3 液相色谱-四极杆飞行时间质谱（LC-Q-TOF/MS）非靶向侦测报告

4.3.1 样品概况

为了真实反映百姓餐桌上水果蔬菜中农药残留的污染状况，本次所有检测样品均由检验人员于 2012 年 7 月至 2014 年 8 月期间，从全国 31 个省会/直辖市的 635 个采样点，包括 52 个农贸市场、582 个超市、1 个实验室，以随机购买方式采集，总计 652 批 12551 例样品，从中检出农药 174 种，25486 频次[1-8]。样品信息及全国分布情况详见表 4-32 及图 4-38。

表 4-32　采样信息简表

采样地区	全国 31 个省会/直辖市
采样点（超市+农贸市场）	635
调味料样品种数	2
谷物样品种数	1
水果样品种数	41
食用菌样品种数	5
蔬菜样品种数	79
样品总数	12551

4.3.1.1 样品种类和数量

本次侦测所采集的 12551 例样品涵盖调味料、谷物、水果、食用菌和蔬菜 5 个大类，其中调味料 2 种 53 例，谷物 1 种 11 例，水果 41 种 3826 例，食用菌 5 种 423 例，蔬菜 79 种 8238 例。样品分类及数量明细详见表 4-33。

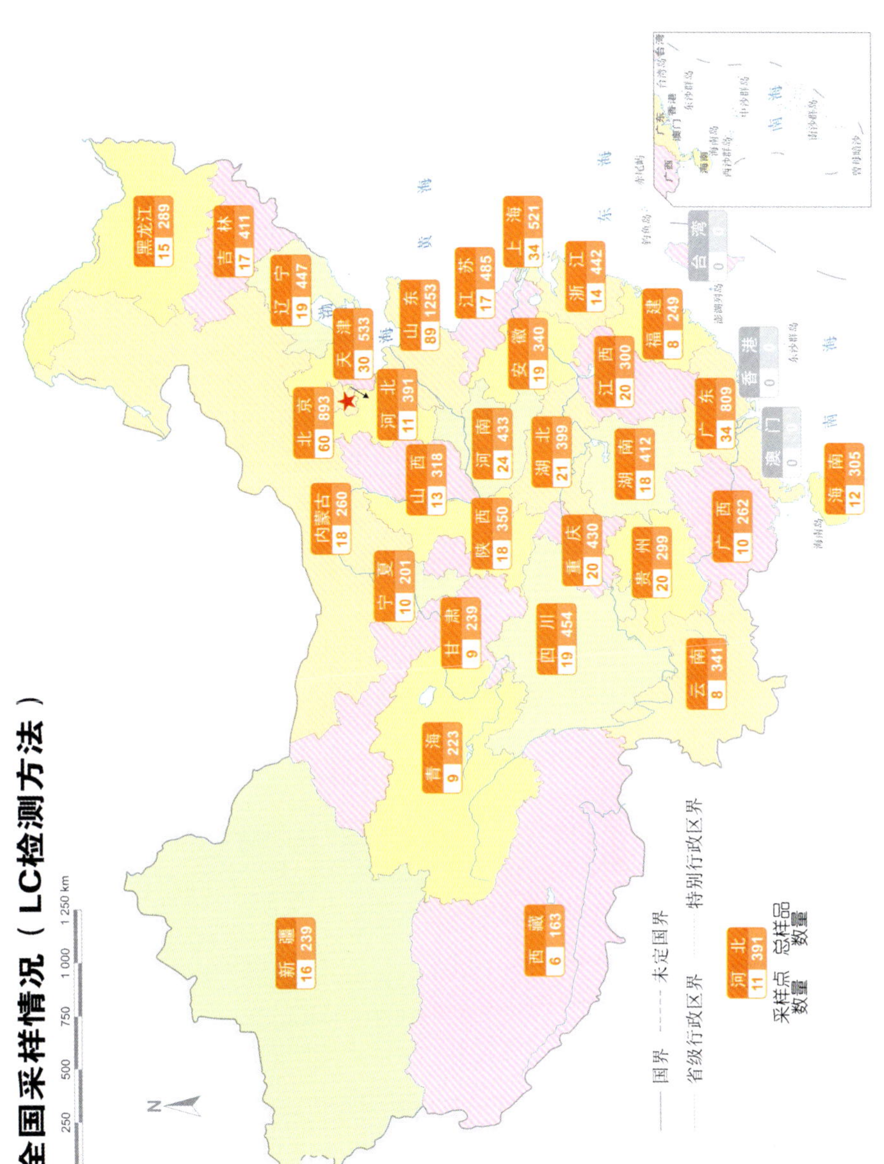

图 4-38　LC-Q-TOF/MS 侦测全国 31 个省会/直辖市 635 个采样点示意图

表 4-33 样品分类及数量

样品分类	样品名称（数量）	数量小计
1. 调味料		53
1）叶类调味料	薄荷（2），芫荽（51）	53
2. 谷物		11
1）旱粮类谷物	鲜食玉米（11）	11
3. 水果		3826
1）仁果类水果	苹果（628），山楂（13），梨（574），枇杷（11）	1226
2）核果类水果	桃（310），油桃（3），杏（24），李子（102），枣（50），樱桃（6）	495
3）浆果和其他小型水果	猕猴桃（154），蓝莓（2），西番莲（7），葡萄（421），草莓（114），桑葚（1）	699
4）瓜果类水果	西瓜（237），哈密瓜（32），香瓜（50），甜瓜（38）	357
5）热带和亚热带水果	山竹（32），石榴（4），香蕉（99），柿子（8），龙眼（8），莲雾（1），木瓜（13），杨梅（1），荔枝（46），芒果（62），榴莲（1），菠萝（92），火龙果（136），番石榴（23），杨桃（33）	559
6）柑橘类水果	柑（3），柚（24），橘（147），橙（284），柠檬（23），金橘（9）	490
4. 食用菌		423
1）蘑菇类	香菇（15），平菇（4），蘑菇（362），金针菇（35），杏鲍菇（7）	423
5. 蔬菜		8238
1）豆类蔬菜	豇豆（23），豌豆（3），菜用大豆（4），刀豆（2），菜豆（490），食荚豌豆（8）	530
2）鳞茎类蔬菜	韭菜（351），青蒜（11），大蒜（21），洋葱（33），韭菜花（3），蒜黄（1），百合（6），葱（41），蒜薹（58）	525
3）水生类蔬菜	莲藕（19），荸荠（2），豆瓣菜（13），茭白（6），水芹（1）	41
4）叶菜类蔬菜	芹菜（537），蕹菜（84），苦苣（50），小茴香（13），菠菜（309），乌菜（2），苋菜（36），落葵（22），春菜（19），奶白菜（1），油麦菜（112），小白菜（197），叶芥菜（39），枸杞叶（7），茼蒿（203），生菜（418），大白菜（350），小油菜（78），娃娃菜（15），青菜（144），甘薯叶（23），莴笋（16）	2675
5）芸薹属类蔬菜	结球甘蓝（459），花椰菜（60），儿菜（8），芥蓝（40），紫甘蓝（25），青花菜（268），菜薹（74）	934
6）瓜类蔬菜	黄瓜（591），笋瓜（2），西葫芦（280），佛手瓜（27），南瓜（73），瓠瓜（6），苦瓜（76），冬瓜（200），丝瓜（32）	1287
7）茄果类蔬菜	番茄（621），甜椒（549），辣椒（72），樱桃番茄（66），人参果（21），茄子（466）	1795

续表

样品分类	样品名称（数量）	数量小计
8）芽菜类蔬菜	香椿芽（1），绿豆芽（4），草头（3）	8
9）茎类蔬菜	芦笋（14）	14
10）其他类蔬菜	芋花（1），竹笋（1）	2
11）根茎类和薯芋类蔬菜	紫薯（19），甘薯（7），山药（17），胡萝卜（166），芋（13），马铃薯（105），萝卜（77），姜（18），雪莲果（5）	427
合计	1. 调味料 2 种 2. 谷物 1 种 3. 水果 41 种 4. 食用菌 5 种 5. 蔬菜 79 种	12551

4.3.1.2　采样点数量与分布

本次侦测的 635 个采样点分布于全国除港澳台以外的 31 个省会/直辖市。各地采样点数量分布情况见表 4-34。

表 4-34　各地采样点数量

城市编号	省级	地级	采样点个数
农贸市场（52）			
1	江苏省	南京市	4
2	甘肃省	兰州市	1
3	西藏自治区	拉萨市	4
4	新疆维吾尔自治区	乌鲁木齐市	1
5	浙江省	杭州市	1
6	天津市		2
7	四川省	成都市	3
8	北京市		12
9	内蒙古自治区	呼和浩特市	8
10	海南省	海口市	2
11	贵州省	贵阳市	2
12	山西省	太原市	1
13	上海市		9
14	广东省	广州市	2
总计			52

续表

城市编号	省级	地级	采样点个数
超市（582）			
1	重庆市		20
2	山东省	枣庄市	6
3	江苏省	南京市	13
4	陕西省	西安市	18
5	湖北省	武汉市	21
6	山东省	临沂市	10
7	甘肃省	兰州市	8
8	山东省	烟台市	9
9	黑龙江省	哈尔滨市	15
10	山东省	济宁市	7
11	山东省	威海市	7
12	河南省	郑州市	24
13	吉林省	长春市	17
14	江西省	南昌市	20
15	山东省	淄博市	5
16	新疆维吾尔自治区	乌鲁木齐市	15
17	河北省	石家庄市	11
18	宁夏回族自治区	银川市	10
19	广西壮族自治区	南宁市	10
20	西藏自治区	拉萨市	2
21	福建省	福州市	8
22	浙江省	杭州市	13
23	山东省	济南市	20
24	天津市		28
25	云南省	昆明市	8
26	山东省	日照市	6
27	山东省	泰安市	6
28	四川省	成都市	16
29	山东省	青岛市	5
30	北京市		44

续表

城市编号	省级	地级	采样点个数
31	贵州省	贵阳市	18
32	海南省	海口市	10
33	安徽省	合肥市	19
34	辽宁省	沈阳市	19
35	湖南省	长沙市	18
36	山西省	太原市	12
37	内蒙古自治区	呼和浩特市	10
38	广东省	深圳市	12
39	山东省	潍坊市	8
40	青海省	西宁市	9
41	广东省	广州市	20
42	上海市		25
	总计		582
	实验室（1）		
1	北京市		1
	总计		1

4.3.2　样品中农药残留检出情况

4.3.2.1　农药残留总体概况

采用庞国芳院士团队最新研发的不需使用标准品对照，而以高分辨精确质量数（0.0001 *m/z*）为基准的 LC-Q-TOF/MS 侦测技术，对于 12551 例样品，每个样品均侦测了 537 种农药化学污染物的残留现状。通过本次侦测，在 12551 例样品中共检出农药化学污染物 174 种，检出 25486 频次。

1）31 个省会/直辖市的样品检出情况

统计分析发现，31 个省会/直辖市的样品农药检出率范围为 39.3%~88.0%。其中，合肥市、福州市、临沂市、日照市、泰安市、潍坊市、海口市、兰州市和西宁市 9 个城市的样品检出率均超过 80.0%。福州市的检出率最高，为 88.0%，乌鲁木齐市的检出率最低，为 39.3%。详细结果见图 4-39。

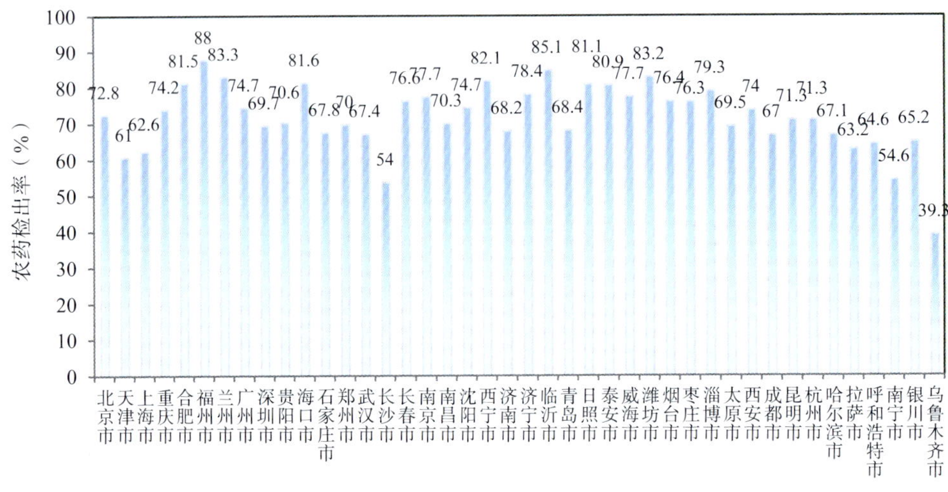

图 4-39　全国 31 个省会/直辖市的农药残留检出率图

2）检出农药的品种总数与频次

统计分析发现，对于 12551 例样品中 537 种农药化学污染物的侦测，共检出农药 25486 频次，涉及农药 174 种，结果如图 4-40 所示。其中多菌灵检出频次最高，共检出 3760 次，检出频次排名前 10 的农药如下：①多菌灵（3760）；②烯酰吗啉（2309）；③啶虫脒（2219）；④吡虫啉（1482）；⑤甲霜灵（1272）；⑥霜霉威（1224）；⑦苯醚甲环唑（932）；⑧嘧霉胺（928）；⑨双苯基脲（645）；⑩嘧菌酯（616）。

由图 4-41 可见，芹菜、番茄、甜椒、黄瓜、葡萄和菜豆 6 种水果蔬菜样品中检出的农药品种数较高，均超过 70 种，其中芹菜检出农药品种最多，为 89 种。

由图 4-42 可见，番茄、黄瓜、芹菜和葡萄 4 种水果蔬菜样品中的农药检出频次较高，均超过 1700 次，其中番茄检出农药频次最高，为 2014 次。

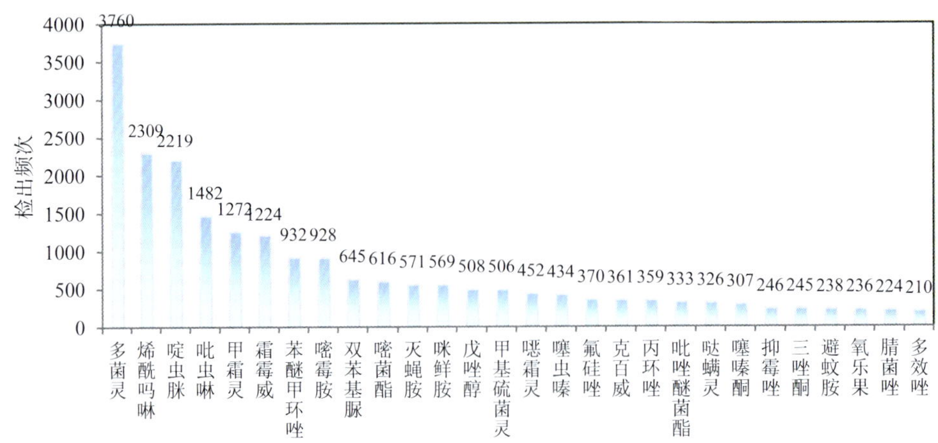

图 4-40　检出农药 174 种 25486 频次（仅列出 200 频次及以上数据）

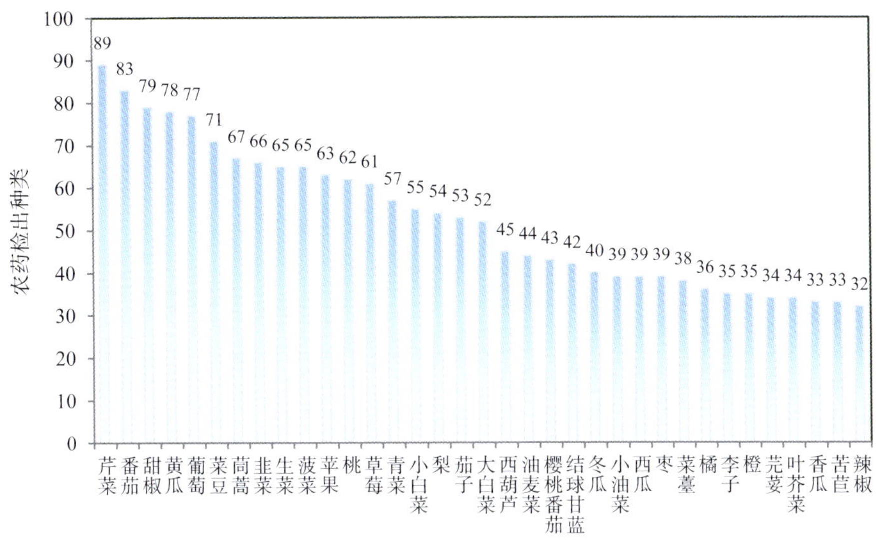

图 4-41　单种水果蔬菜检出农药的种类数（仅列出 32 种及以上数据）

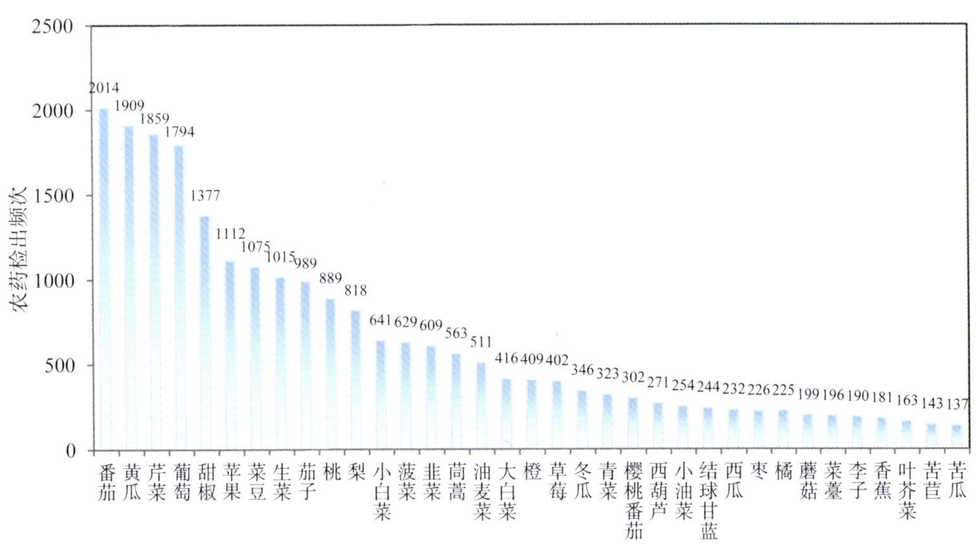

图 4-42　单种水果蔬菜的检出农药频次（仅列出 137 频次及以上数据）

3）单例样品的农药检出种类与占比

对单例样品的检出农药种类和频次进行统计发现，未检出农药的样品占总样品数的 29.1%，检出 1 种农药的样品占总样品数的 23.5%，检出 2~5 种农药的样品占总样品数的 39.4%，检出 6~10 种农药的样品占总样品数的 7.2%，检出大于 10 种农药的样品占总样品数的 0.8%。每例样品中平均检出农药为 2.0 种，数据见表 4-35 及图 4-43。

表 4-35 单例样品检出农药品种占比

检出农药品种数	样品数量/占比（%）
未检出	3653/29.1
1 种	2953/23.5
2~5 种	4942/39.4
6~10 种	903/7.2
大于 10 种	100/0.8
单例样品平均检出农药品种数	2.0 种

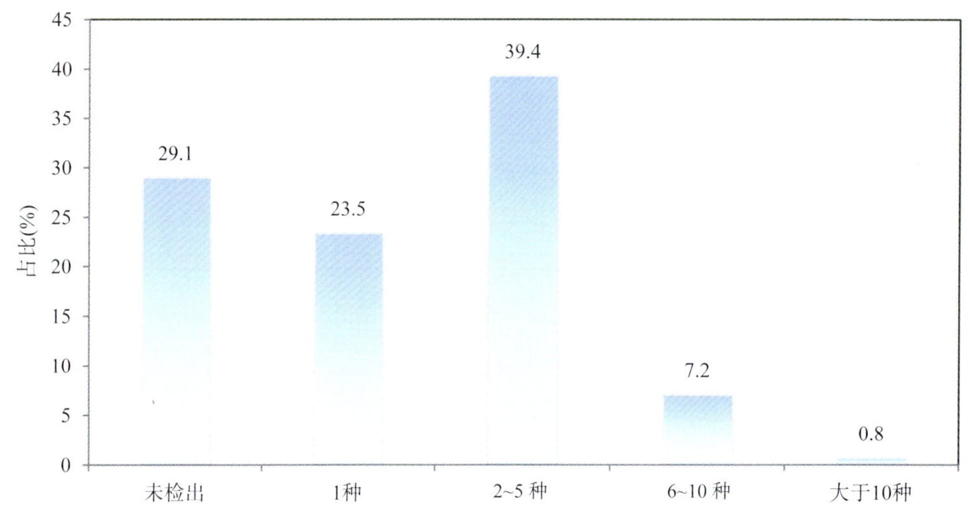

图 4-43 单例样品的平均检出农药品种数及占比

4）检出农药的类别与占比

所有检出农药按功能分类，包括杀虫剂、杀菌剂、除草剂、植物生长调节剂、增效剂、驱避剂共 6 类。其中杀虫剂与杀菌剂为主要检出的农药类别，分别占总数的 41.4% 和 33.3%，见表 4-36 及图 4-44。

表 4-36 检出农药所属类别及占比

农药类别	数量/占比（%）
杀虫剂	72/41.4
杀菌剂	58/33.3
除草剂	33/19.0

续表

农药类别	数量/占比（%）
植物生长调节剂	9/5.2
增效剂	1/0.6
驱避剂	1/0.6

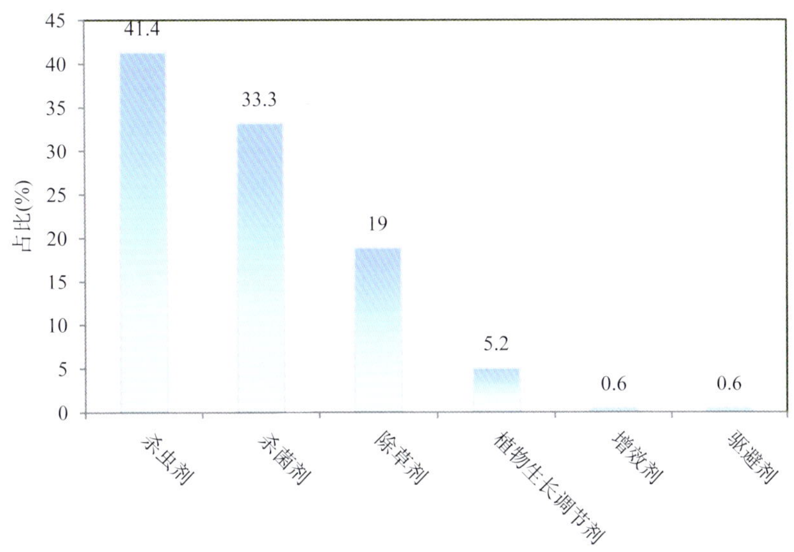

图 4-44　检出 174 种农药所属类别和占比

5）检出农药的残留水平

按检出农药残留水平进行统计，残留水平在 1~5 μg/kg（含）的农药占总数的 39.3%，在 5~10 μg/kg（含）的农药占总数的 14.8%，在 10~100 μg/kg（含）的农药占总数的 36.0%，在 100~1000 μg/kg（含）的农药占总数的 9.1%，>1000 μg/kg 的农药占总数的 0.8%。

由此可见，这次检测的 652 批 12551 例水果蔬菜样品中农药多数处于较低残留水平。结果见表 4-37 及图 4-45。

表 4-37　农药残留水平及占比

残留水平（μg/kg）	检出频次数/占比（%）
1~5（含）	10016/39.3
5~10（含）	3765/14.8
10~100（含）	9177/36.0
100~1000（含）	2314/9.1
>1000	214/0.8

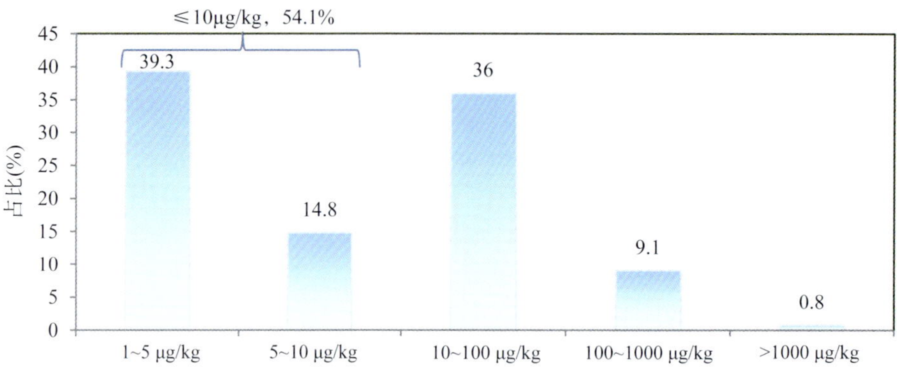

图 4-45　检出 174 种农药的残留水平（μg/kg）占比

6）检出农药的毒性类别、检出频次和超标频次及占比

对检出的 174 种 25486 频次的农药，按剧毒、高毒、中毒、低毒和微毒 5 个毒性类别进行分类，可以看出，全国目前普遍使用的农药为中低微毒农药，品种占 90.2%，频次占 96.0%。结果见表 4-38 及图 4-46。

表 4-38　检出农药的毒性类别及占比

毒性分类	农药品种/占比（%）	检出频次/占比（%）	超标频次/超标率（%）
剧毒农药	4/2.3	181/0.7	85/47.0
高毒农药	13/7.5	840/3.3	220/26.2
中毒农药	66/37.9	11258/44.2	45/0.4
低毒农药	67/38.5	6226/24.4	13/0.2
微毒农药	24/13.8	6981/27.4	22/0.3

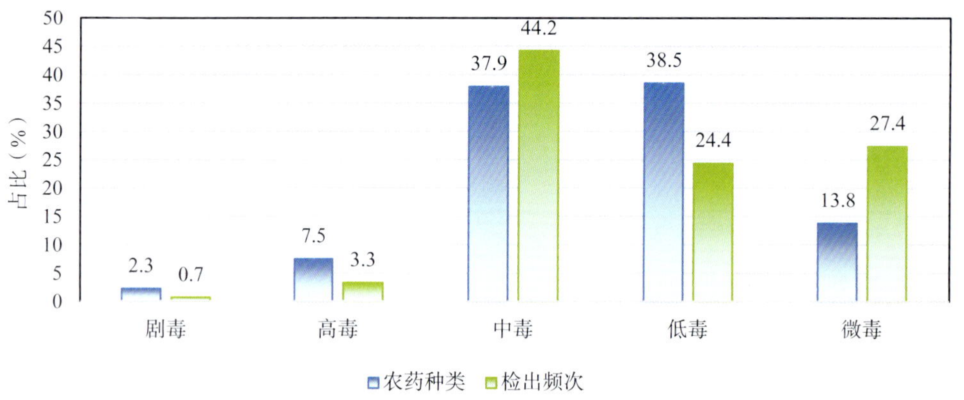

图 4-46　检出农药的毒性分类和占比

7）检出剧毒/高毒类农药的品种和频次

值得特别关注的是，在此次侦测的 12551 例样品中有 43 种蔬菜、22 种水果、1 种调味料、3 种食用菌的 945 例样品检出了 17 种 1021 频次的剧毒和高毒农药，占样品总量的 7.5%，详见图 4-47、表 4-39 及表 4-40。

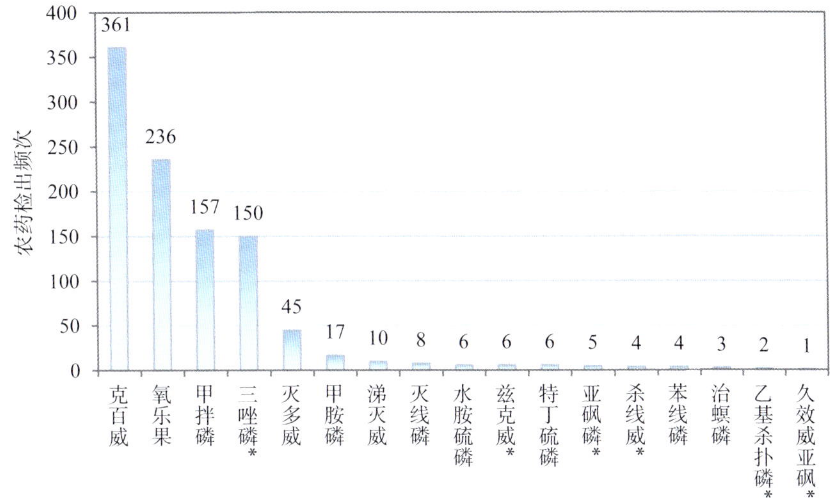

图 4-47　检出剧毒/高毒农药的的品种及频次

*表示允许在水果和蔬菜上使用的农药，其余 11 种禁止使用

表 4-39　水果和蔬菜中检出剧毒农药的情况

序号	农药名称	检出频次	超标频次	超标率
	从 8 种水果中检出 4 种剧毒农药，共检出 17 次			
1	甲拌磷*	13	4	30.8%
2	涕灭威*	2	0	0.0%
3	特丁硫磷*	1	0	0.0%
4	灭线磷*	1	0	0.0%
	小计	17	4	超标率：23.5%
	从 26 种蔬菜中检出 4 种剧毒农药，共检出 161 次			
1	甲拌磷*	141	69	48.9%
2	涕灭威*	8	4	50.0%
3	灭线磷*	7	5	71.4%
4	特丁硫磷*	5	3	60.0%
	小计	161	81	超标率：50.3%
	合计	178	85	超标率：47.8%

注：表中*为剧毒农药；超标结果参考 MRL 中国国家标准计算

表 4-40　高毒农药的检出情况

序号	农药名称	检出频次	超标频次	超标率
从 20 种水果中检出 11 种高毒农药，共检出 200 次				
1	氧乐果	63	20	31.7%
2	克百威	60	14	23.3%
3	三唑磷	49	0	0.0%
4	灭多威	13	0	0.0%
5	甲胺磷	6	1	16.7%
6	水胺硫磷	2	0	0.0%
7	亚砜磷	2	0	0.0%
8	乙基杀扑磷	2	0	0.0%
9	杀线威	1	0	0.0%
10	兹克威	1	0	0.0%
11	久效威亚砜	1	0	0.0%
	小计	200	35	超标率：17.5%
从 40 种蔬菜中检出 11 种高毒农药，共检出 629 次				
1	克百威	297	107	36.0%
2	氧乐果	168	73	43.5%
3	三唑磷	100	0	0.0%
4	灭多威	31	0	0.0%
5	甲胺磷	11	3	27.3%
6	兹克威	5	0	0.0%
7	苯线磷	4	1	25.0%
8	水胺硫磷	4	0	0.0%
9	亚砜磷	3	0	0.0%
10	杀线威	3	0	0.0%
11	治螟磷	3	1	33.3%
	小计	629	185	超标率：29.4%
	合计	829	220	超标率：26.5%

在检出的剧毒和高毒农药中，有 11 种是我国早已禁止在果树和蔬菜上使用的农药，分别是：克百威、甲拌磷、治螟磷、甲胺磷、氧乐果、灭多威、苯线磷、特丁硫磷、灭线磷、涕灭威和水胺硫磷。禁用农药的检出情况见表 4-41。

表 4-41　禁用农药的检出情况

序号	农药名称	检出频次	超标频次	超标率
从 21 种水果中检出 9 种禁用农药，共检出 161 次				
1	氧乐果	63	20	31.7%
2	克百威	60	14	23.3%
3	甲拌磷*	13	4	30.8%
4	灭多威	13	0	0.0%
5	甲胺磷	6	1	16.7%
6	涕灭威*	2	0	0.0%
7	水胺硫磷	2	0	0.0%
8	灭线磷*	1	0	0.0%
9	特丁硫磷*	1	0	0.0%
	小计	161	39	超标率：24.2%
从 42 种蔬菜中检出 12 种禁用农药，共检出 680 次				
1	克百威	297	107	36.0%
2	氧乐果	168	73	43.5%
3	甲拌磷*	141	69	48.9%
4	灭多威	31	0	0.0%
5	甲胺磷	11	3	27.3%
6	涕灭威*	8	4	50.0%
7	灭线磷*	7	5	71.4%
8	特丁硫磷*	5	3	60.0%
9	苯线磷	4	1	25.0%
10	水胺硫磷	4	0	0.0%
11	治螟磷	3	1	33.3%
12	丁酰肼	1	0	0.0%
	小计	680	266	超标率：39.1%
	合计	841	305	超标率：36.3%

注：表中*为剧毒农药；超标结果参考 MRL 中国国家标准计算

此次抽检的水果蔬菜样品中，有 3 种禁用农药的检出情况比较突出，检出超过 150 频次，为：剧毒农药甲拌磷检出 154 次，高毒农药克百威检出 357 次，高毒农药氧乐果检出 231 次。

本次检出结果表明，高毒、剧毒农药的使用现象依旧存在，详见表 4-42。

水果蔬菜样品中检出剧毒和高毒农药的残留水平超过 MRL 中国国家标准的频次为

305 次，其中，超标 10 频次及以上的有：芹菜中检出甲拌磷超标 22 次，韭菜中检出氧乐果超标 19 次，豆角中检出克百威超标 19 次，甜椒中检出克百威超标 14 次，芹菜中检出克百威超标 12 次，芹菜中检出氧乐果超标 12 次，萝卜中检出甲拌磷超标 11 次，茄子中检出克百威超标 11 次，茄子中检出氧乐果超标 10 次，茼蒿中检出甲拌磷超标 10 次。

表 4-42 各样本中检出的剧毒/高毒农药情况

样品名称	农药名称	检出频次	超标频次	检出浓度（μg/kg）
水果 22 种				
哈密瓜	甲胺磷▲	1	0	17.6
李子	三唑磷	6	0	4.5，2.2，1.2，23.9，31.2，11.6
李子	灭多威▲	1	0	11.0
杏	克百威▲	1	0	17.0
杨桃	水胺硫磷▲	2	0	26.6，22.8
杨桃	灭多威▲	1	0	5.6
枣	氧乐果▲	6	2	42.9[a]，10.3，42.0[a]，1.5，4.6，8.1
枣	三唑磷	2	0	3.7，1.0
柠檬	氧乐果▲	1	0	7.8
桃	克百威▲	14	5	12.0，72.3[a]，1197.3[a]，106.2[a]，80.1[a]，5.5，2.7，18.0，155.7[a]，15.1，4.3，1.7，11.9，5.5
桃	三唑磷	12	0	22.4，1.0，9.2，1.2，1.5，4.8，2.6，250.7，198.2，2.2，1.1，1.9
桃	氧乐果▲	8	4	3.5，2.6，8.6，69.5[a]，36.1[a]，32.9[a]，11.4，58.6[a]
桃	甲胺磷▲	2	0	26.0，36.2
桃	灭多威▲	1	0	2.2
桃	甲拌磷*▲	6	2	2.8，35.3[a]，280.3[a]，1.1，9.3，3.4
梨	克百威▲	8	0	6.2，1.1，3.8，8.8，10.0，4.2，5.8，1.8
梨	灭多威▲	7	0	142.2，39.6，11.6，30.4，23.1，4.4，5.1
梨	氧乐果▲	5	1	1.3，46.1[a]，10.9，1.6，1.4
梨	三唑磷	1	0	4.8
梨	乙基杀扑磷	1	0	25.0
梨	甲拌磷*▲	3	1	19.9[a]，1.0，5.8
樱桃	氧乐果▲	1	0	2.1
橘	克百威▲	6	1	6.2，27.0[a]，3.3，19.0，2.9，7.3

续表

样品名称	农药名称	检出频次	超标频次	检出浓度（μg/kg）
橘	三唑磷	6	0	47.9，70.8，24.3，47.3，47.2，24.1
橘	氧乐果▲	2	1	61.0[a]，14.0
橙	氧乐果▲	4	1	5.6，16.8，35.4[a]，9.5
橙	三唑磷	3	0	31.4，6.7，1.5
橙	克百威▲	2	0	2.9，3.5
火龙果	灭线磷*▲	1	0	1.7
番石榴	克百威▲	2	1	1.1，23.9[a]
番石榴	三唑磷	1	0	2.1
芒果	三唑磷	1	0	1.9
芒果	氧乐果▲	1	0	3.7
苹果	氧乐果▲	9	4	1.0，14.0，2.4，2.0，402.8[a]，2.7，84.7[a]，24.7[a]，554.7[a]
苹果	克百威▲	5	0	19.2，1.8，4.7，5.5，5.7
苹果	甲胺磷▲	2	0	1.3，5.1
苹果	三唑磷	1	0	13.8
苹果	久效威亚砜	1	0	2.4
苹果	亚砜磷	1	0	9.2
草莓	克百威▲	15	5	6.2，3.0，65.0[a]，18.0，33.9[a]，84.0[a]，3.8，1.1，4.5，1.0，21.1[a]，26.6[a]，14.7，11.7，7.8
草莓	三唑磷	5	0	100.0，12.0，10.0，5.5，4.1
草莓	氧乐果▲	3	1	5.1，16.3，184.7[a]
草莓	乙基杀扑磷	1	0	19.0
草莓	兹克威	1	0	7.4
草莓	甲拌磷*▲	2	1	2.2，15.2[a]
荔枝	三唑磷	3	0	2.2，2.1，1.7
菠萝	特丁硫磷*▲	1	0	4.8
葡萄	氧乐果▲	17	6	1.7，1.8，1.0，21.0[a]，71.1[a]，2.6，34.1[a]，4.3，22.7[a]，1.5，3.6，2.1，2.0，14.0，21.3[a]，29.9[a]，1.0
葡萄	克百威▲	4	2	3.9，14.0，213.3[a]，87.0[a]
葡萄	灭多威▲	2	0	6.5，22.7
葡萄	甲胺磷▲	1	1	60.0[a]
葡萄	三唑磷	1	0	253.9

续表

样品名称	农药名称	检出频次	超标频次	检出浓度（μg/kg）
葡萄	涕灭威*▲	1	0	0.8
西瓜	三唑磷	2	0	5.0，2.0
西瓜	克百威▲	2	0	1.8，2.0
西瓜	氧乐果▲	2	0	19.3，6.9
西瓜	亚砜磷	1	0	4.2
西瓜	杀线威	1	0	11.7
西瓜	灭多威▲	1	0	46.5
西瓜	涕灭威*▲	1	0	12.5
西瓜	甲拌磷*▲	1	0	1.4
金橘	三唑磷	4	0	56.0，103.5，85.1，2.4
金橘	克百威▲	1	0	2.4
金橘	甲拌磷*▲	1	0	1.5
香蕉	氧乐果▲	4	0	1.3，1.3，4.3，13.3
香蕉	三唑磷	1	0	2.4
小计		217	39	超标率：18.0%
蔬菜 43 种				
丝瓜	克百威▲	1	0	3.6
人参果	克百威▲	1	0	15.7
冬瓜	克百威▲	6	1	2.6，120.0[a]，1.4，8.1，8.5，3.0
冬瓜	亚砜磷	1	0	6.6
冬瓜	灭多威▲	1	0	25.5
冬瓜	甲拌磷*▲	1	0	3.0
叶芥菜	克百威▲	1	1	241.9[a]
大白菜	克百威▲	4	2	19.0，24.0[a]，50.5[a]，2.5
大白菜	氧乐果▲	4	1	4.3，10.4，9.2，230.5[a]
大白菜	灭线磷*▲	1	1	30.0[a]
大白菜	涕灭威*▲	1	0	5.6
大白菜	甲拌磷*▲	1	0	2.5
大蒜	克百威▲	1	0	1.5
大蒜	杀线威	1	0	55.0
娃娃菜	灭多威▲	1	0	7.8
小油菜	克百威▲	9	5	3.2，17.1，22.7[a]，174.1[a]，177.1[a]，4.0，84.1[a]，166.5[a]，6.4

续表

样品名称	农药名称	检出频次	超标频次	检出浓度（μg/kg）
小油菜	氧乐果▲	4	1	2.8，3.9，7.2，36.0[a]
小油菜	三唑磷	3	0	78.1，801.2，57.9
小白菜	克百威▲	3	0	1.4，1.0，1.5
小白菜	三唑磷	2	0	0.6，6.9
小白菜	甲胺磷▲	1	1	260.0[a]
小白菜	氧乐果▲	1	0	6.9
小白菜	甲拌磷*▲	4	1	69.6[a]，7.9，1.1，2.3
小茴香	克百威▲	1	0	15.8
小茴香	氧乐果▲	1	0	12.7
小茴香	甲拌磷*▲	3	0	1.5，2.4，1.9
山药	克百威▲	1	0	2.0
山药	涕灭威*▲	1	0	3.0
枸杞叶	克百威▲	1	1	434.2[a]
樱桃番茄	三唑磷	5	0	43.4，3.0，1.6，1.8，2.5
樱桃番茄	克百威▲	4	0	4.8，3.7，1.0，7.8
樱桃番茄	氧乐果▲	1	0	3.1
樱桃番茄	甲拌磷*▲	1	0	6.9
油麦菜	克百威▲	3	1	129.8[a]，2.5，5.5
洋葱	氧乐果▲	1	1	27.0[a]
甜椒	克百威▲	39	14	2.0，13.3，10.3，4.1，1.0，13.4，6.6，5.0，4.6，12.3，10.7，38.8[a]，16.8，2.6，10.0，10.0，9.0，22.0[a]，33.0[a]，22.9[a]，79.0[a]，73.4[a]，71.0[a]，2.9，20.7[a]，38.7[a]，3.3，1.6，1010.0[a]，6.1，7.5，18.3，28.6[a]，1.1，7.5，35.0[a]，64.8[a]，26.7[a]，5.2
甜椒	氧乐果▲	6	2	509.2[a]，3.0，8.2，1.9，66.6[a]，8.4
甜椒	三唑磷	6	0	70.4，42.7，2.8，243.5，2.2，1.4
甜椒	灭多威▲	3	0	3.2，2.3，3.8
甜椒	兹克威	1	0	190.0
甜椒	甲拌磷*▲	3	0	7.4，6.1，5.1
生菜	氧乐果▲	14	4	2.4，8.0，1.0，2.6，55.1[a]，297.4[a]，2.5，1.8，33.1[a]，1.2，1.7，2.8，2.4，56.8[a]
生菜	克百威▲	8	5	6.5，22.0[a]，30.0[a]，90.2[a]，21.0[a]，7.7，1.8，24.0[a]
生菜	灭多威▲	3	0	36.8，19.5，112.4

续表

样品名称	农药名称	检出频次	超标频次	检出浓度（μg/kg）
生菜	三唑磷	1	0	78.9
生菜	亚砜磷	1	0	4.6
生菜	甲胺磷▲	1	0	4.3
生菜	甲拌磷*▲	3	2	1.2，135.8[a]，171.6[a]
生菜	特丁硫磷*▲	1	1	30.3[a]
番茄	克百威▲	27	4	82.4[a]，9.6，11.8，2.0，21.0[a]，22.0[a]，1.0，11.5，4.4，5.0，13.8，5.3，17.0，7.1，60.6[a]，1.5，1.9，4.9，2.8，7.0，3.7，2.9，1.6，15.1，1.2，12.8，3.5
番茄	氧乐果▲	9	2	1.5，5.0，3.8，9.1，5.5，92.4[a]，0.9，29.2[a]，2.5
番茄	三唑磷	6	0	74.3，6.1，1.3，53.0，2.3，1.5
番茄	兹克威	1	0	31.0
番茄	甲胺磷▲	1	0	12.4
番茄	苯线磷▲	1	0	16.0
番茄	甲拌磷*▲	3	1	2.0，91.0[a]，2.2
番茄	灭线磷*▲	1	1	380.0[a]
结球甘蓝	克百威▲	5	1	3.2，21.6[a]，4.9，19.5，1.2
结球甘蓝	氧乐果▲	3	2	32.2[a]，24.3[a]，2.5
结球甘蓝	甲胺磷▲	1	1	102.2[a]
结球甘蓝	三唑磷	1	0	2.5
胡萝卜	三唑磷	1	0	9.4
胡萝卜	氧乐果▲	1	0	1.0
胡萝卜	甲拌磷*▲	14	6	46.0[a]，357.2[a]，6.9，4.3，44.3[a]，3.3，7.4，322.6[a]，6.2，16.5[a]，1.6，18.0[a]，4.0，0.6
胡萝卜	涕灭威*▲	1	0	17.0
芥蓝	灭多威▲	1	0	102.6
花椰菜	氧乐果▲	1	0	2.8
芹菜	氧乐果▲	36	12	2.1，99.0[a]，2.6，2.4，3.1，1.0，1.0，5.5，2.0，872.5[a]，897.4[a]，150.1[a]，126.0[a]，1.2，5.4，668.7[a]，12.0，3.2，2.4，15.7，29.1[a]，12.3，122.7[a]，164.1[a]，1.1，34.4[a]，2.0，6.0，7.8，12.9，65.1[a]，2.0，1.7，130.3[a]，1.9，1.7
芹菜	克百威▲	25	12	10.1，8.5，19.7，27.0[a]，9.0，48.1[a]，88.2[a]，3.4，35.7[a]，2.1，206.6[a]，1.2，49.7[a]，27.0[a]，86.1[a]，41.3[a]，67.6[a]，2.8，5.6，4.3，4.0，1.1，97.7[a]，20.0，31.7[a]

续表

样品名称	农药名称	检出频次	超标频次	检出浓度（μg/kg）
芹菜	三唑磷	9	0	1.1，13.0，160.0，6.6，12.2，2.0，5.2，258.5，3.1
芹菜	治螟磷▲	3	1	3.5，5.2，19.1[a]
芹菜	甲胺磷▲	2	0	11.3，17.4
芹菜	灭多威▲	1	0	2.3
芹菜	甲拌磷*▲	47	22	7.8，51.8[a]，113.5[a]，4.3，3.6，1.3，16.9[a]，101.4[a]，9.1，68.3[a]，3.3，26.1[a]，7.2，60.8[a]，2.7，3.6，25.9[a]，155.9[a]，7.4，23.3[a]，2.0，5.9，14.8[a]，2.0，6.9，38.7[a]，54.2[a]，121.2[a]，8.5，44.0[a]，9.4，1.9，35.0[a]，2.6，27.1[a]，36.8[a]，23.1[a]，4.9，1.6，4.2，6.3，9.6，100.1[a]，110.3[a]，5.1，2.3，70.9[a]
芹菜	灭线磷*▲	2	1	297.6[a]，16.6
芹菜	涕灭威*▲	1	1	610.0[a]
苦苣	甲拌磷*▲	2	1	2.3，22.3[a]
茄子	克百威▲	36	11	27.1[a]，14.9，25.3[a]，20.5[a]，65.0[a]，1.5，12.5，6.0，1.2，2.8，2.3，1.8，6.3，1.8，2.4，6.8，30.9[a]，15.2，15.6，1.3，27.9[a]，11.3，28.5[a]，1.6，1.3，2.2，5.2，23.5[a]，1.0，20.4[a]，92.1[a]，1.9，4.4，45.0[a]，3.0，1.8
茄子	三唑磷	19	0	19.8，10.3，49.4，3.5，4.2，5.4，7.6，167.7，6.8，8.9，35.8，83.2，2.3，5.6，1.7，47.6，2.7，1.8，1.0
茄子	氧乐果▲	16	10	20.7[a]，42.5[a]，48.0[a]，42.0[a]，38.8[a]，275.0[a]，16.9，22.5[a]，2.3，51.4[a]，9.5，4.7，31.7[a]，13.0，5.6，47.9[a]
茄子	灭多威▲	5	0	1.2，2.2，1.2，3.8，9.5
茄子	水胺硫磷▲	1	0	286.9
茄子	甲拌磷*▲	1	0	10.0
茼蒿	氧乐果▲	10	3	3.1，1.7，29.0[a]，83.6[a]，5.4，184.8[a]，3.8，18.5，8.4，1.2
茼蒿	克百威▲	3	1	32.1[a]，4.4，17.0
茼蒿	灭多威▲	3	0	23.9，35.4，4.0
茼蒿	甲胺磷▲	1	1	63.0[a]
茼蒿	三唑磷	1	0	69.5
茼蒿	甲拌磷*▲	16	10	26.6[a]，22.8[a]，13.3[a]，3.8，12.4[a]，7.4，10.5[a]，11.9[a]，160.0[a]，1.2，83.5[a]，3.0，22.5[a]，11.0[a]，1.4，8.8

续表

样品名称	农药名称	检出频次	超标频次	检出浓度（μg/kg）
茼蒿	灭线磷*▲	2	2	74.0[a]，71.0[a]
菜薹	三唑磷	2	0	25.6，27.0
菜薹	克百威▲	2	0	15.1，10.6
菜薹	氧乐果▲	1	0	12.5
菜薹	甲拌磷*▲	1	1	22.2[a]
菜豆	克百威▲	40	19	15.1，89.2[a]，2.5，86.3[a]，265.3[a]，5.4，53.3[a]，308.1[a]，10.2，115.7[a]，138.7[a]，119.2[a]，1.2，1.4，311.5[a]，172.9[a]，154.4[a]，7.7，67.0[a]，19.3，75.5[a]，154.2[a]，79.9[a]，14.2，16.4，81.5[a]，2.3，187.2[a]，9.5，10.3，24.8[a]，18.1，11.5，32.0[a]，14.8，2.5，3.1，1.0，1.1，11.0
菜豆	三唑磷	23	0	28.9，3.4，15.4，247.8，27.9，23.8，476.3，11.6，1.6，32.6，19.0，3.0，3.0，1.0，138.1，20.2，258.4，10.2，12.3，3.3，11.7，90.7，2.2
菜豆	氧乐果▲	11	6	3.6，1588.7[a]，26.7[a]，45.9[a]，10.3，9.5，34.6[a]，2.9，24.3[a]，1.7，283.0[a]
菜豆	灭多威▲	7	0	3.8，96.0，19.0，17.7，226.8，453.3，86.7
菜豆	水胺硫磷▲	2	0	101.1，148.6
菠菜	氧乐果▲	14	7	4.9，38.2[a]，27.8[a]，1.2，22.6[a]，1.0，39.4[a]，125.4[a]，2.2，1.4，65.0[a]，49.5[a]，17.8，1.9
菠菜	克百威▲	13	7	4.5，2.6，60.0[a]，218.0[a]，9.0，8.3，522.9[a]，34.9[a]，417.6[a]，24.7[a]，82.0[a]，5.0，1.0
菠菜	灭多威▲	2	0	37.1，18.4
菠菜	甲拌磷*▲	5	3	16.2[a]，1.6，49.4[a]，8.9，100.5[a]
萝卜	甲拌磷*▲	14	11	1.4，391.6[a]，18.8[a]，117.6[a]，18.2[a]，19.2[a]，3.9，4.2，138.0[a]，31.6[a]，12.6[a]，85.1[a]，13.6[a]，12.0[a]
葱	克百威▲	1	1	25.0[a]
葱	氧乐果▲	1	1	110.0[a]
葱	涕灭威*▲	1	1	50.0[a]
蒜薹	氧乐果▲	1	0	2.9
蕹菜	三唑磷	1	0	9.9
蕹菜	甲胺磷▲	1	0	10.9
蕹菜	甲拌磷*▲	1	1	107.5[a]

续表

样品名称	农药名称	检出频次	超标频次	检出浓度（μg/kg）
西葫芦	克百威▲	6	2	29.9[a]，35.3[a]，10.2，9.0，1.5，9.1
西葫芦	氧乐果▲	3	1	1.1，492.3[a]，14.0
西葫芦	杀线威	1	0	8.7
西葫芦	涕灭威*▲	1	0	3.3
西葫芦	甲拌磷*▲	1	0	2.8
豇豆	克百威▲	2	0	3.4，1.0
豇豆	灭多威▲	1	0	4.0
辣椒	三唑磷	4	0	4.2，33.4，6.3，8.9
辣椒	氧乐果▲	2	0	6.1，2.4
辣椒	克百威▲	1	0	1.5
辣椒	灭多威▲	1	0	18.2
辣椒	甲拌磷*▲	1	1	19.8[a]
雪莲果	特丁硫磷*▲	1	0	6.6
青花菜	氧乐果▲	1	0	13.3
青菜	克百威▲	5	3	23.0[a]，57.0[a]，10.3，93.0[a]，19.0
青菜	三唑磷	3	0	6.9，1.2，4.3
青菜	兹克威	3	0	1.8，5.5，24.0
青菜	氧乐果▲	1	1	33.9[a]
青菜	灭多威▲	1	0	23.6
青菜	甲胺磷▲	1	0	4.8
青菜	苯线磷▲	1	0	1.2
青菜	甲拌磷*▲	2	1	4.4，12.0[a]
韭菜	氧乐果▲	23	19	28.2[a]，474.1[a]，702.9[a]，2268.0[a]，851.4[a]，25.4[a]，851.4[a]，1.6，216.3[a]，20.6[a]，27.4[a]，19.0，76.5[a]，41.9[a]，51.5[a]，526.5[a]，886.0[a]，6.0，1.8，383.1[a]，328.5[a]，291.1[a]，14613.9[a]
韭菜	克百威▲	14	7	3.1，28.0[a]，19.5，154.0[a]，178.2[a]，131.3[a]，14.5，2.0，22.0[a]，91.6[a]，2.9，12.4，21.6[a]，13.5
韭菜	三唑磷	9	0	132.0，153.7，32.9，13.0，9.1，12.0，1.0，17.6，30.3
韭菜	甲胺磷▲	2	0	32.0，41.0
韭菜	水胺硫磷▲	1	0	91.2
韭菜	甲拌磷*▲	13	7	39.0[a]，53.0[a]，1.2，75.4[a]，9.3，2227.0[a]，33.1[a]，2.8，14.3[a]，53.5[a]，9.2，10.0，8.0

续表

样品名称	农药名称	检出频次	超标频次	检出浓度（μg/kg）
韭菜	特丁硫磷*▲	3	2	2.3，12.1[a]，18.7[a]
韭菜	灭线磷*▲	1	0	1.8
韭菜花	三唑磷	1	0	6.4
马铃薯	氧乐果▲	1	0	7.0
马铃薯	甲拌磷*▲	3	0	2.0，1.3，1.4
黄瓜	克百威▲	34	9	32.1[a]，48.7[a]，1.6，133.1[a]，16.7，10.3，1.4，9.0，10.8，16.3，5.7，1.2，1.5，1.3，13.9，8.1，2.8，41.9[a]，65.9[a]，1.4，23.3[a]，1.4，20.0，6.6，1.2，27.9[a]，40.5[a]，3.3，8.2，17.6，15.9，11.1，22.9[a]，3.8
黄瓜	三唑磷	3	0	29.9，2.1，1.9
黄瓜	苯线磷▲	2	1	33.1[a]，1.8
黄瓜	亚砜磷	1	0	4.5
黄瓜	杀线威	1	0	1.9
黄瓜	氧乐果▲	1	0	2.9
黄瓜	灭多威▲	1	0	4.1
黄瓜	涕灭威*▲	2	2	81.0[a]，35.2[a]
黄瓜	甲拌磷*▲	1	1	94.4[a]
小计		790	266	超标率：33.7%
合计		1007	305	超标率：30.2%

注：表中*为剧毒农药；▲为禁用农药；a 为超标结果（参考 MRL 中国国家标准）

4.3.2.2　全国检出农药残留情况汇总

对侦测取得全国 31 个省会/直辖市市售水果蔬菜的农药残留检出情况，分别从检出的农药品种和检出残留农药的样品两个方面进行归纳汇总，取各项排名前 10 的数据汇总得到表 4-43 至表 4-45，以展示全国农药残留检测的总体概况。

1）检出频次排名前 10 的农药

表 4-43　全国各地检出频次排名前 10 的农药情况汇总

序号	地区	行政区域代码	统计结果
1	全国汇总		①多菌灵（3760），②烯酰吗啉（2309），③啶虫脒（2219），④吡虫啉（1482），⑤甲霜灵（1272），⑥霜霉威（1224），⑦苯醚甲环唑（932），⑧嘧霉胺（928），⑨双苯基脲（645），⑩嘧菌酯（616）

续表

序号	地区	行政区域代码	统计结果
2	北京市	110000	①多菌灵（364），②烯酰吗啉（142），③啶虫脒（137），④嘧霉胺（127），⑤吡虫啉（111），⑥霜霉威（104），⑦甲霜灵（88），⑧咪鲜胺（76），⑨苯醚甲环唑（70），⑩甲基硫菌灵（59）
3	天津市	120000	①多菌灵（136），②啶虫脒（56），③嘧霉胺（55），④霜霉威（38），⑤甲霜灵（36），⑥吡虫啉（32），⑦烯酰吗啉（30），⑧噻菌灵（18），⑨苯醚甲环唑（18），⑩甲哌（18）
4	石家庄市	130100	①多菌灵（80），②啶虫脒（76），③吡虫啉（60），④烯酰吗啉（58），⑤苯醚甲环唑（52），⑥咪鲜胺（47），⑦哒螨灵（35），⑧戊唑醇（34），⑨甲霜灵（28），⑩噻虫嗪（28）
5	太原市	140100	①烯酰吗啉（94），②多菌灵（92），③啶虫脒（72），④吡虫啉（36），⑤嘧霉胺（34），⑥苯醚甲环唑（34），⑦哒螨灵（32），⑧霜霉威（27），⑨嘧菌酯（21），⑩烯啶虫胺（20）
6	呼和浩特市	150100	①多菌灵（98），②啶虫脒（52），③烯酰吗啉（49），④霜霉威（36），⑤吡虫啉（26），⑥甲霜灵（25），⑦戊唑醇（21），⑧嘧霉胺（16），⑨丙环唑（12），⑩克百威（11）
7	沈阳市	210100	①多菌灵（106），②双苯基脲（94），③烯酰吗啉（89），④苯醚甲环唑（66），⑤吡虫啉（60），⑥啶虫脒（59），⑦甲霜灵（40），⑧霜霉威（39），⑨嘧霉胺（36），⑩噁霜灵（29）
8	长春市	220100	①多菌灵（92），②莠去津（82），③烯酰吗啉（73），④吡虫啉（58），⑤避蚊胺（49），⑥嘧霉胺（40），⑦啶虫脒（36），⑧甲霜灵（36），⑨苯醚甲环唑（35），⑩双苯基脲（34）
9	哈尔滨市	230100	①多菌灵（76），②烯酰吗啉（43），③苯醚甲环唑（42），④吡虫啉（39），⑤噁霜灵（38），⑥甲霜灵（33），⑦嘧霉胺（30），⑧嘧菌酯（24），⑨啶虫脒（24），⑩哒螨灵（18）
10	上海市	310000	①多菌灵（140），②啶虫脒（117），③烯酰吗啉（82），④双苯基脲（48），⑤甲霜灵（32），⑥吡虫啉（26），⑦霜霉威（22），⑧嘧菌酯（21），⑨苯醚甲环唑（18），⑩噻嗪酮（17）
11	南京市	320100	①烯酰吗啉（117），②多菌灵（113），③啶虫脒（85），④霜霉威（65），⑤甲霜灵（56），⑥双苯基脲（43），⑦吡虫啉（42），⑧噻嗪酮（39），⑨嘧菌酯（34），⑩克百威（25）
12	杭州市	330100	①多菌灵（166），②啶虫脒（129），③烯酰吗啉（63），④甲霜灵（52），⑤霜霉威（42），⑥吡虫啉（37），⑦灭蝇胺（23），⑧嘧菌酯（21），⑨双苯基脲（20），⑩噁霜灵（19）
13	合肥市	340100	①多菌灵（133），②烯酰吗啉（80），③三唑酮（72），④啶虫脒（68），⑤吡虫啉（55），⑥嘧霉胺（53），⑦咪鲜胺（47），⑧甲霜灵（45），⑨霜霉威（37），⑩甲基硫菌灵（32）
14	福州市	350100	①多菌灵（107），②烯酰吗啉（81），③避蚊胺（57），④啶虫脒（56），⑤苯醚甲环唑（55），⑥吡虫啉（53），⑦甲霜灵（42），⑧嘧菌酯（30），⑨咪鲜胺（30），⑩甲基硫菌灵（26）
15	南昌市	360100	①啶虫脒（91），②多菌灵（81），③吡虫啉（35），④苯醚甲环唑（26），⑤霜霉威（24），⑥灭蝇胺（22），⑦烯酰吗啉（22），⑧嘧菌酯（21），⑨戊唑醇（20），⑩甲霜灵（20）
16	山东10市	370000	①多菌灵（340），②啶虫脒（202），③乐果（123），④烯酰吗啉（120），⑤吡虫啉（93），⑥霜霉威（85），⑦双苯基脲（70），⑧噻虫嗪（60），⑨避蚊胺（59），⑩甲霜灵（54）

续表

序号	地区	行政区域代码	统计结果
17	济南市	370100	①多菌灵（102），②吡虫啉（53），③啶虫脒（49），④烯酰吗啉（37），⑤甲霜灵（25），⑥霜霉威（25），⑦嘧霉胺（22），⑧噻虫嗪（18），⑨莠去津（15），⑩苯醚甲环唑（14）
18	郑州市	410100	①多菌灵（151），②啶虫脒（128），③吡虫啉（59），④甲霜灵（51），⑤戊唑醇（38），⑥烯酰吗啉（37），⑦霜霉威（31），⑧噻虫嗪（30），⑨甲基硫菌灵（28），⑩克百威（26）
19	武汉市	420100	①多菌灵（124），②啶虫脒（72），③霜霉威（67），④灭蝇胺（52），⑤烯酰吗啉（52），⑥吡虫啉（45），⑦嘧霉胺（31），⑧噁霜灵（20），⑨甲霜灵（17），⑩咪鲜胺（16）
20	长沙市	430100	①多菌灵（33），②霜霉威（30），③甲霜灵（23），④烯酰吗啉（22），⑤啶虫脒（17），⑥灭蝇胺（17），⑦苯醚甲环唑（15），⑧吡虫啉（15），⑨嘧霉胺（10），⑩嘧菌酯（9）
21	广州市	440100	①多菌灵（156），②烯酰吗啉（119），③啶虫脒（102），④甲霜灵（94），⑤吡虫啉（84），⑥霜霉威（46），⑦嘧霉胺（42），⑧吡唑醚菌酯（37），⑨灭蝇胺（37），⑩苯醚甲环唑（28）
22	深圳市	440300	①烯酰吗啉（77），②啶虫脒（76），③多菌灵（65），④吡虫啉（53），⑤甲霜灵（46），⑥灭蝇胺（39），⑦噻虫嗪（23），⑧霜霉威（22），⑨苯醚甲环唑（20），⑩双苯基脲（18）
23	南宁市	450100	①多菌灵（56），②烯酰吗啉（51），③苯醚甲环唑（27），④甲霜灵（24），⑤啶虫脒（23），⑥嘧菌酯（20），⑦吡虫啉（15），⑧氟硅唑（13），⑨霜霉威（13），⑩戊唑醇（13）
24	海口市	460100	①多菌灵（130），②烯酰吗啉（94），③啶虫脒（64），④苯醚甲环唑（63），⑤甲霜灵（49），⑥吡虫啉（49），⑦甲基硫菌灵（44），⑧嘧霉胺（43），⑨丙环唑（40），⑩氟硅唑（39）
25	重庆市	500000	①多菌灵（184），②烯酰吗啉（96），③霜霉威（91），④吡虫啉（76），⑤啶虫脒（70），⑥甲霜灵（44），⑦灭蝇胺（23），⑧嘧菌酯（22），⑨戊唑醇（20），⑩嘧霉胺（18）
26	成都市	510100	①多菌灵（114），②烯酰吗啉（81），③吡虫啉（51），④啶虫脒（50），⑤甲霜灵（43），⑥霜霉威（40），⑦双苯基脲（39），⑧灭蝇胺（38），⑨苯醚甲环唑（36），⑩噁霜灵（23）
27	贵阳市	520100	①多菌灵（115），②烯酰吗啉（90），③啶虫脒（57），④霜霉威（53），⑤甲霜灵（49），⑥灭蝇胺（24），⑦丙环唑（22），⑧嘧霉胺（20），⑨吡虫啉（20），⑩苯醚甲环唑（18）
28	昆明市	530100	①双苯基脲（135），②多菌灵（93），③烯酰吗啉（52），④啶虫脒（44），⑤苯醚甲环唑（32），⑥霜霉威（31），⑦吡虫啉（27），⑧嘧霉胺（25），⑨甲霜灵（24），⑩哒螨灵（19）
29	拉萨市	540100	①多菌灵（44），②烯酰吗啉（34），③甲霜灵（26），④吡虫啉（25），⑤双苯基脲（22），⑥灭蝇胺（14），⑦霜霉威（13），⑧嘧菌酯（8），⑨啶虫脒（8），⑩嘧霉胺（7）
30	西安市	610100	①多菌灵（79），②烯酰吗啉（74），③三唑酮（42），④甲霜灵（41），⑤啶虫脒（40），⑥抑霉唑（37），⑦吡虫啉（32），⑧灭蝇胺（32），⑨嘧霉胺（26），⑩霜霉威（26）
31	兰州市	620100	①烯酰吗啉（104），②多菌灵（69），③甲霜灵（52），④啶虫脒（46），⑤嘧霉胺（43），⑥咪鲜胺（41），⑦吡虫啉（39），⑧氟硅唑（38），⑨苯醚甲环唑（33），⑩霜霉威（28）
32	西宁市	630100	①烯酰吗啉（110），②多菌灵（67），③嘧霉胺（51），④咪鲜胺（40），⑤甲霜灵（40），⑥啶虫脒（39），⑦苯醚甲环唑（37），⑧甲基硫菌灵（36），⑨霜霉威（32），⑩吡虫啉（29）

续表

序号	地区	行政区域代码	统计结果
33	银川市	640100	①吡虫啉（37），②啶虫脒（30），③烯酰吗啉（28），④霜霉威（28），⑤多菌灵（26），⑥嘧霉胺（17），⑦苯醚甲环唑（17），⑧灭蝇胺（15），⑨戊唑醇（12），⑩甲霜灵（10）
34	乌鲁木齐市	650100	①啶虫脒（44），②多菌灵（28），③氧乐果（11），④吡虫啉（10），⑤双苯基脲（9），⑥戊唑醇（9），⑦甲霜灵（8），⑧烯酰吗啉（8），⑨甲哌（7），⑩霜霉威（6）

2）检出农药品种排名前 10 的水果蔬菜

表 4-44　全国各地检出农药品种排名前 10 的水果蔬菜情况汇总

序号	地区	行政区域代码	分类	统计结果
1	全国汇总		水果	①葡萄（77），②苹果（63），③桃（62），④草莓（61），⑤梨（54），⑥枣（39），⑦西瓜（39），⑧橘（36），⑨橙（35），⑩李子（35）
			蔬菜	①芹菜（89），②番茄（83），③甜椒（79），④黄瓜（78），⑤菜豆（71），⑥茼蒿（67），⑦韭菜（66），⑧菠菜（65），⑨生菜（65），⑩青菜（57）
2	北京市	110000	水果	①草莓（32），②葡萄（27），③橘（19），④苹果（18），⑤梨（18），⑥桃（16），⑦西瓜（14），⑧橙（8），⑨枣（8），⑩猕猴桃（5）
			蔬菜	①芹菜（34），②番茄（34），③黄瓜（33），④韭菜（25），⑤生菜（22），⑥甜椒（22），⑦大白菜（19），⑧茄子（18），⑨豇豆（17），⑩菜豆（16）
3	天津市	120000	水果	①草莓（19），②葡萄（18），③苹果（12），④西瓜（12），⑤桃（9），⑥梨（6），⑦橙（6），⑧菠萝（3），⑨橘（2）
			蔬菜	①甜椒（24），②芹菜（18），③黄瓜（17），④番茄（16），⑤茄子（14），⑥茼蒿（12），⑦菜豆（12），⑧菠菜（11），⑨生菜（10），⑩结球甘蓝（7）
4	石家庄市	130100	水果	①枣（27），②葡萄（21），③山楂（14），④香瓜（12），⑤梨（10），⑥香蕉（10），⑦猕猴桃（9），⑧桃（8），⑨苹果（8），⑩橙（8）
			蔬菜	①芹菜（18），②樱桃番茄（18），③韭菜（17），④番茄（16），⑤甜椒（16），⑥小茴香（13），⑦丝瓜（13），⑧黄瓜（12），⑨生菜（12），⑩苦瓜（12）
5	太原市	140100	水果	①桃（17），②葡萄（16），③橙（12），④梨（9），⑤李子（7），⑥苹果（6）
			蔬菜	①芹菜（27），②番茄（24），③黄瓜（23），④韭菜（18），⑤甜椒（14），⑥茄子（13），⑦菜豆（11），⑧西葫芦（11），⑨菠菜（7），⑩大白菜（7）
6	呼和浩特市	150100	水果	①葡萄（19），②苹果（9），③梨（7），④西瓜（1）
			蔬菜	①番茄（19），②黄瓜（19），③芹菜（15），④茄子（13），⑤菜豆（9），⑥菠菜（9），⑦茼蒿（9），⑧生菜（8），⑨韭菜（6），⑩结球甘蓝（3）
7	沈阳市	210100	水果	①葡萄（27），②桃（25），③香瓜（18），④西瓜（14），⑤李子（11），⑥梨（10），⑦苹果（5）
			蔬菜	①芹菜（24），②苦苣（19），③菜豆（19），④黄瓜（19），⑤小白菜（18），⑥甜椒（16），⑦樱桃番茄（15），⑧番茄（14），⑨生菜（13），⑩茼蒿（12）

续表

序号	地区	行政区域代码	分类	统计结果
8	长春市	220100	水果	①桃（23），②香瓜（17），③李子（13），④苹果（11），⑤葡萄（11），⑥梨（10），⑦杏（9），⑧樱桃（9），⑨香蕉（5），⑩火龙果（5）
			蔬菜	①甜椒（30），②芹菜（22），③小白菜（20），④番茄（20），⑤黄瓜（19），⑥樱桃番茄（17），⑦生菜（14），⑧苦苣（14），⑨小油菜（14），⑩冬瓜（14）
9	哈尔滨市	230100	水果	①葡萄（27），②桃（20），③苹果（14），④梨（8），⑤西瓜（6），⑥橙（5），⑦菠萝（5）
			蔬菜	①芹菜（23），②黄瓜（18），③番茄（18），④生菜（16），⑤菠菜（16），⑥茼蒿（15），⑦甜椒（11），⑧大白菜（9），⑨韭菜（9），⑩西葫芦（9）
10	上海市	310000	水果	①葡萄（20），②桃（15），③柠檬（7），④芒果（7），⑤橙（6），⑥猕猴桃（5），⑦甜瓜（5），⑧梨（5），⑨香蕉（4），⑩李子（4）
			蔬菜	①甜椒（19），②芹菜（18），③青菜（17），④番茄（16），⑤菜豆（16），⑥茄子（15），⑦苋菜（11），⑧生菜（10），⑨小白菜（9），⑩韭菜（8）
11	南京市	320100	水果	①草莓（31），②苹果（21），③葡萄（17），④橘（14），⑤梨（12），⑥橙（10），⑦猕猴桃（8），⑧桃（7），⑨柚（6），⑩西瓜（4）
			蔬菜	①茼蒿（31），②芹菜（29），③番茄（28），④甜椒（26），⑤青菜（24），⑥小白菜（24），⑦黄瓜（21），⑧菜豆（21），⑨韭菜（17），⑩大白菜（17）
12	杭州市	330100	水果	①葡萄（25），②草莓（18），③桃（9），④苹果（6），⑤橙（5），⑥西瓜（5），⑦橘（5），⑧梨（4），⑨猕猴桃（3），⑩火龙果（2）
			蔬菜	①芹菜（32），②青菜（29），③黄瓜（27），④番茄（26），⑤茼蒿（26），⑥甜椒（18），⑦小白菜（18），⑧韭菜（17），⑨菠菜（15），⑩大白菜（12）
13	合肥市	340100	水果	①梨（20），②金橘（19），③草莓（16），④苹果（14），⑤葡萄（14），⑥芒果（13），⑦橙（8），⑧哈密瓜（8），⑨火龙果（7），⑩菠萝（6）
			蔬菜	①番茄（28），②芹菜（24），③菜豆（23），④油麦菜（22），⑤樱桃番茄（20），⑥韭菜（20），⑦茄子（19），⑧黄瓜（17），⑨生菜（17），⑩甜椒（17）
14	福州市	350100	水果	①葡萄（21），②桃（18），③苹果（12），④杏（11），⑤芒果（9），⑥李子（8），⑦番石榴（7），⑧荔枝（7），⑨橙（7），⑩香蕉（7）
			蔬菜	①芹菜（28），②小油菜（25），③韭菜（22），④甜椒（20），⑤油麦菜（20），⑥生菜（19），⑦番茄（16），⑧菠菜（16），⑨丝瓜（16），⑩苦瓜（15）
15	南昌市	360100	水果	①葡萄（25），②枣（20），③梨（13），④苹果（11），⑤橘（10），⑥桃（5），⑦香蕉（2），⑧火龙果（1）
			蔬菜	①芹菜（23），②番茄（19），③菜豆（19），④生菜（18），⑤黄瓜（15），⑥辣椒（15），⑦青菜（14），⑧油麦菜（11），⑨茄子（8），⑩豇豆（8）
16	山东10市	370000	水果	①葡萄（27），②桃（26），③苹果（21），④梨（18），⑤草莓（18），⑥甜瓜（15），⑦西瓜（14），⑧李子（8），⑨香瓜（3），⑩樱桃（3）
			蔬菜	①芹菜（36），②甜椒（35），③番茄（32），④黄瓜（31），⑤茄子（26），⑥韭菜（25），⑦菜豆（24），⑧大白菜（21），⑨生菜（20），⑩西葫芦（19）

续表

序号	地区	行政区域代码	分类	统计结果
17	济南市	370100	水果	①葡萄（26），②梨（11），③桃（8），④苹果（8），⑤橙（6），⑥菠萝（4），⑦甜瓜（2），⑧西瓜（2）
			蔬菜	①芹菜（22），②番茄（21），③甜椒（19），④黄瓜（19），⑤茄子（14），⑥茼蒿（13），⑦生菜（10），⑧菜豆（9），⑨大白菜（8），⑩菠菜（7）
18	郑州市	410100	水果	①葡萄（14），②梨（10），③香蕉（8），④西瓜（8），⑤苹果（7），⑥橙（5），⑦菠萝（2）
			蔬菜	①芹菜（33），②菜豆（30），③番茄（23），④黄瓜（19），⑤韭菜（17），⑥茼蒿（14），⑦茄子（13），⑧生菜（12），⑨甜椒（11），⑩西葫芦（8）
19	武汉市	420100	水果	①草莓（11），②苹果（8），③梨（7），④西瓜（6），⑤橙（6），⑥菠萝（3），⑦枣（2），⑧香蕉（2），⑨橘（2），⑩桃（2）
			蔬菜	①菜豆（24），②番茄（24），③茄子（19），④甜椒（18），⑤芹菜（15），⑥韭菜（14），⑦大白菜（14），⑧黄瓜（12），⑨茼蒿（12），⑩生菜（11）
20	长沙市	430100	水果	①火龙果（13），②香蕉（12），③橙（4），④梨（2），⑤苹果（1）
			蔬菜	①番茄（18），②菠菜（16），③黄瓜（12），④青菜（12），⑤菜豆（9），⑥芹菜（9），⑦辣椒（6），⑧结球甘蓝（5），⑨大白菜（3），⑩生菜（2）
21	广州市	440100	水果	①葡萄（14），②草莓（14），③梨（11），④枣（10），⑤橙（8），⑥苹果（6），⑦西瓜（6），⑧杨桃（4），⑨猕猴桃（3）
			蔬菜	①叶芥菜（27），②菜薹（21），③番茄（21），④芹菜（18），⑤甜椒（17），⑥菜豆（16），⑦春菜（13），⑧黄瓜（11），⑨油麦菜（11），⑩大白菜（10）
22	深圳市	440300	水果	①桃（12），②葡萄（11），③苹果（7），④橘（5），⑤荔枝（5），⑥芒果（3），⑦西瓜（3），⑧猕猴桃（1），⑨梨（1）
			蔬菜	①芹菜（17），②甜椒（15），③油麦菜（15），④菜豆（14），⑤枸杞叶（13），⑥芥蓝（12），⑦黄瓜（11），⑧冬瓜（10），⑨小白菜（10），⑩茄子（10）
23	南宁市	450100	水果	①葡萄（14），②梨（8），③桃（7），④芒果（7），⑤橘（4），⑥番石榴（4），⑦苹果（4），⑧西番莲（2），⑨李子（2），⑩杨桃（1）
			蔬菜	①番茄（12），②春菜（12），③小油菜（12），④芹菜（10），⑤菜豆（9），⑥生菜（8），⑦叶芥菜（8），⑧油麦菜（7），⑨菜薹（6），⑩黄瓜（6）
24	海口市	460100	水果	①葡萄（34），②李子（23），③梨（19），④苹果（16），⑤桃（11），⑥木瓜（10），⑦芒果（9），⑧杨桃（9），⑨橘（8），⑩龙眼（7）
			蔬菜	①菜豆（29），②芹菜（26），③番茄（22），④小白菜（21），⑤油麦菜（20），⑥芥蓝（19），⑦叶芥菜（18），⑧生菜（18），⑨韭菜（14），⑩黄瓜（14）
25	重庆市	500000	水果	①葡萄（21），②香瓜（8），③桃（7），④梨（7），⑤草莓（5），⑥苹果（4），⑦西瓜（4），⑧橙（4），⑨猕猴桃（3），⑩枇杷（2）
			蔬菜	①番茄（23），②辣椒（18），③黄瓜（15），④小白菜（12），⑤茄子（12），⑥甜椒（12），⑦菠菜（11），⑧油麦菜（10），⑨生菜（9），⑩大白菜（9）
26	成都市	510100	水果	①葡萄（30），②桃（16），③苹果（9），④西瓜（7），⑤荔枝（6），⑥梨（5），⑦火龙果（5），⑧李子（5），⑨哈密瓜（2），⑩橙（2）

续表

序号	地区	行政区域代码	分类	统计结果
26	成都市	510100	蔬菜	①芹菜（28），②小白菜（24），③生菜（20），④黄瓜（19），⑤番茄（19），⑥青菜（17），⑦蕹菜（16），⑧油麦菜（15），⑨茼蒿（15），⑩菜豆（14）
27	贵阳市	520100	水果	①葡萄（24），②梨（7），③苹果（6），④猕猴桃（4），⑤橙（4），⑥香蕉（3）
			蔬菜	①番茄（25），②甜椒（20），③生菜（18），④小白菜（16），⑤菜豆（14），⑥茄子（10），⑦黄瓜（9），⑧芹菜（9），⑨菠菜（8），⑩儿菜（6）
28	昆明市	530100	水果	①葡萄（19），②苹果（17），③梨（14），④李子（9），⑤火龙果（8），⑥橘（8），⑦桃（7），⑧柠檬（6），⑨橙（6），⑩龙眼（5）
			蔬菜	①小白菜（22），②莴笋（18），③大白菜（16），④叶芥菜（16），⑤结球甘蓝（16），⑥菠菜（14），⑦生菜（12），⑧茼蒿（11），⑨黄瓜（10），⑩菜薹（9）
29	拉萨市	540100	水果	①葡萄（17），②桃（6），③李子（5），④苹果（4），⑤荔枝（1），⑥橙（1），⑦山竹（1）
			蔬菜	①芹菜（12），②生菜（11），③甜椒（10），④菠菜（9），⑤落葵（8），⑥茄子（8），⑦菜薹（8），⑧茼蒿（5），⑨大白菜（5），⑩黄瓜（4）
30	西安市	610100	水果	①葡萄（12），②桃（12），③苹果（11），④荔枝（9），⑤柠檬（9），⑥橙（5），⑦梨（5），⑧草莓（4），⑨火龙果（4），⑩哈密瓜（4）
			蔬菜	①甜椒（25），②芹菜（22），③青菜（20），④番茄（20），⑤黄瓜（20），⑥茼蒿（17），⑦生菜（15），⑧茄子（13），⑨冬瓜（10），⑩菜豆（10）
31	兰州市	620100	水果	①香蕉（13），②橙（7），③梨（7），④橘（7），⑤猕猴桃（5），⑥苹果（4）
			蔬菜	①樱桃番茄（21），②油麦菜（19），③甜椒（19），④小油菜（18），⑤黄瓜（16），⑥生菜（15），⑦冬瓜（14），⑧菠菜（14），⑨人参果（14），⑩芹菜（13）
32	西宁市	630100	水果	①葡萄（17），②枣（11），③山楂（11），④橘（8），⑤苹果（7），⑥橙（7），⑦梨（7），⑧火龙果（5），⑨草莓（5），⑩柠檬（4）
			蔬菜	①菜豆（26），②生菜（23），③菠菜（23），④甜椒（22），⑤油麦菜（21），⑥食荚豌豆（18），⑦西葫芦（18），⑧樱桃番茄（17），⑨茄子（15），⑩番茄（14）
33	银川市	640100	水果	①葡萄（17），②苹果（9），③甜瓜（8），④桃（8），⑤梨（7），⑥西瓜（5）
			蔬菜	①芹菜（16），②番茄（16），③茼蒿（13），④甜椒（9），⑤茄子（8），⑥黄瓜（8），⑦生菜（7），⑧菜豆（4），⑨菠菜（4），⑩结球甘蓝（3）
34	乌鲁木齐市	650100	水果	①桃（12），②苹果（10），③梨（6），④葡萄（3），⑤西瓜（3），⑥哈密瓜（2），⑦杏（1）
			蔬菜	①芹菜（11），②黄瓜（7），③番茄（4），④茄子（2），⑤菜豆（1），⑥甜椒（1），⑦结球甘蓝（1）

3）检出农药频次排名前 10 的水果蔬菜

表 4-45　全国各地检出农药频次排名前 10 的水果蔬菜情况汇总

序号	地区	行政区域代码	分类	统计结果
1	全国汇总		水果	①葡萄（1794），②苹果（1112），③桃（889），④梨（818），⑤橙（409），⑥草莓（402），⑦西瓜（232），⑧枣（226），⑨橘（225），⑩李子（190）
			蔬菜	①番茄（2014），②黄瓜（1909），③芹菜（1859），④甜椒（1377），⑤菜豆（1075），⑥生菜（1015），⑦茄子（989），⑧小白菜（641），⑨菠菜（629），⑩韭菜（609）
2	北京市	110000	水果	①葡萄（121），②苹果（113），③草莓（108），④梨（83），⑤橘（76），⑥桃（31），⑦橙（25），⑧西瓜（24），⑨枣（11），⑩猕猴桃（9）
			蔬菜	①黄瓜（262），②番茄（260），③芹菜（147），④甜椒（104），⑤生菜（80），⑥韭菜（70），⑦茄子（66），⑧菜豆（43），⑨菠菜（42），⑩大白菜（38）
3	天津市	120000	水果	①葡萄（50），②草莓（48），③苹果（39），④橙（36），⑤桃（30），⑥梨（23），⑦西瓜（21），⑧菠萝（3），⑨橘（2）
			蔬菜	①黄瓜（81），②甜椒（68），③番茄（52），④芹菜（41），⑤茄子（36），⑥菜豆（32），⑦茼蒿（23），⑧菠菜（18），⑨生菜（16），⑩韭菜（10）
4	石家庄市	130100	水果	①枣（99），②葡萄（51），③山楂（32），④香蕉（31），⑤梨（25），⑥猕猴桃（19），⑦苹果（19），⑧橙（17），⑨香瓜（13），⑩桃（10）
			蔬菜	①番茄（59），②甜椒（51），③樱桃番茄（51），④芹菜（45），⑤韭菜（35），⑥黄瓜（29），⑦苦瓜（25），⑧茄子（24），⑨小茴香（23），⑩菜豆（20）
5	太原市	140100	水果	①葡萄（70），②桃（40），③橙（32），④苹果（21），⑤梨（16），⑥李子（15）
			蔬菜	①番茄（121），②芹菜（89），③黄瓜（87），④韭菜（80），⑤茄子（57），⑥甜椒（37），⑦大白菜（23），⑧菜豆（17），⑨西葫芦（15），⑩蒜薹（12）
6	呼和浩特市	150100	水果	①葡萄（55），②苹果（37），③梨（24），④西瓜（1）
			蔬菜	①芹菜（72），②黄瓜（63），③番茄（49），④茄子（31），⑤菠菜（29），⑥茼蒿（26），⑦菜豆（23），⑧生菜（12），⑨韭菜（8），⑩结球甘蓝（4）
7	沈阳市	210100	水果	①葡萄（100），②桃（98），③香瓜（53），④梨（37），⑤李子（30），⑥西瓜（29），⑦苹果（23）
			蔬菜	①芹菜（82），②黄瓜（64），③小白菜（53），④苦苣（52），⑤菜豆（51），⑥甜椒（46），⑦生菜（33），⑧茼蒿（31），⑨番茄（28），⑩樱桃番茄（27）
8	长春市	220100	水果	①桃（82），②香瓜（39），③苹果（28），④葡萄（26），⑤梨（23），⑥李子（19），⑦樱桃（14），⑧杏（10），⑨火龙果（10），⑩香蕉（6）
			蔬菜	①甜椒（74），②番茄（61），③小白菜（46），④冬瓜（40），⑤芹菜（40），⑥黄瓜（39），⑦樱桃番茄（39），⑧苦苣（35），⑨生菜（34），⑩小油菜（32）
9	哈尔滨市	230100	水果	①葡萄（74），②桃（71），③苹果（38），④梨（21），⑤橙（20），⑥西瓜（10），⑦菠萝（9）
			蔬菜	①芹菜（57），②生菜（44），③番茄（42），④黄瓜（41），⑤茼蒿（29），⑥菠菜（22），⑦甜椒（22），⑧韭菜（19），⑨西葫芦（18），⑩大白菜（15）

续表

序号	地区	行政区域代码	分类	统计结果
10	上海市	310000	水果	①葡萄（54），②桃（29），③苹果（18），④橙（9），⑤梨（9），⑥甜瓜（8），⑦芒果（8），⑧柠檬（7），⑨猕猴桃（6），⑩香蕉（6）
			蔬菜	①甜椒（72），②青菜（50），③菜豆（47），④番茄（39），⑤小白菜（37），⑥芹菜（34），⑦茄子（31），⑧结球甘蓝（22），⑨苋菜（20），⑩黄瓜（20）
11	南京市	320100	水果	①草莓（62），②苹果（46），③橘（25），④葡萄（24），⑤梨（17），⑥橙（15），⑦猕猴桃（13），⑧桃（8），⑨柚（7），⑩火龙果（5）
			蔬菜	①茼蒿（63），②芹菜（60），③小白菜（54），④青菜（51），⑤甜椒（47），⑥番茄（46），⑦黄瓜（42），⑧菜豆（36），⑨韭菜（29），⑩菠菜（24）
12	杭州市	330100	水果	①葡萄（64），②草莓（31），③苹果（17），④桃（12），⑤橘（8），⑥西瓜（8），⑦梨（7），⑧橙（6），⑨猕猴桃（3），⑩火龙果（2）
			蔬菜	①芹菜（78），②青菜（74），③茼蒿（69），④番茄（64），⑤黄瓜（58），⑥小白菜（51），⑦甜椒（41），⑧菠菜（28），⑨韭菜（24），⑩大白菜（23）
13	合肥市	340100	水果	①梨（55），②苹果（37），③金橘（34），④橙（32），⑤葡萄（25），⑥草莓（22），⑦芒果（21），⑧哈密瓜（16），⑨香蕉（7），⑩菠萝（7）
			蔬菜	①番茄（72），②芹菜（70），③黄瓜（52），④甜椒（40），⑤菜豆（39），⑥茄子（38），⑦青菜（37），⑧樱桃番茄（37），⑨油麦菜（36），⑩韭菜（34）
14	福州市	350100	水果	①葡萄（53），②桃（51），③芒果（28），④苹果（25），⑤橙（20），⑥香蕉（18），⑦荔枝（18），⑧杏（16），⑨梨（15），⑩柠檬（14）
			蔬菜	①芹菜（61），②油麦菜（46），③小油菜（45），④甜椒（43），⑤生菜（41），⑥黄瓜（40），⑦韭菜（38），⑧番茄（31），⑨苦瓜（31），⑩丝瓜（26）
15	南昌市	360100	水果	①枣（74），②葡萄（54），③苹果（27），④梨（18），⑤橘（16），⑥桃（9），⑦香蕉（4），⑧火龙果（1）
			蔬菜	①芹菜（56），②番茄（42），③黄瓜（37），④生菜（37），⑤菜豆（37），⑥青菜（30），⑦辣椒（29），⑧油麦菜（24），⑨茄子（14），⑩豇豆（13）
16	山东 10 市	370000	水果	①苹果（117），②葡萄（113），③桃（110），④梨（79），⑤甜瓜（38），⑥草莓（31），⑦西瓜（31），⑧李子（10），⑨樱桃（4），⑩香瓜（3）
			蔬菜	①黄瓜（177），②甜椒（176），③芹菜（167），④番茄（134），⑤茄子（108），⑥菜豆（105），⑦韭菜（65），⑧生菜（57），⑨大白菜（56），⑩菠菜（51）
17	济南市	370100	水果	①葡萄（65），②桃（32），③苹果（28），④梨（26），⑤橙（9），⑥菠萝（4），⑦西瓜（3），⑧甜瓜（2）
			蔬菜	①黄瓜（74），②芹菜（73），③番茄（59），④甜椒（39），⑤茄子（28），⑥茼蒿（22），⑦菜豆（16），⑧生菜（13），⑨菠菜（11），⑩西葫芦（9）
18	郑州市	410100	水果	①葡萄（64），②苹果（61），③梨（36），④香蕉（25），⑤西瓜（19），⑥橙（13），⑦菠萝（6）
			蔬菜	①菜豆（125），②芹菜（113），③黄瓜（85），④番茄（78），⑤甜椒（56），⑥茄子（48），⑦韭菜（29），⑧茼蒿（27），⑨生菜（24），⑩菠菜（19）
19	武汉市	420100	水果	①苹果（29），②草莓（26），③梨（24），④橙（23），⑤西瓜（11），⑥菠萝（3），⑦桃（2），⑧枣（2），⑨橘（2），⑩香蕉（2）

续表

序号	地区	行政区域代码	分类	统计结果
19	武汉市	420100	蔬菜	①番茄（94），②菜豆（79），③茄子（65），④大白菜（58），⑤甜椒（50），⑥芹菜（48），⑦黄瓜（45），⑧生菜（29），⑨茼蒿（27），⑩韭菜（21）
20	长沙市	430100	水果	①香蕉（24），②火龙果（22），③苹果（9），④橙（5），⑤梨（2）
			蔬菜	①菠菜（54），②黄瓜（41），③番茄（34），④芹菜（27），⑤青菜（23），⑥菜豆（18），⑦辣椒（14），⑧结球甘蓝（8），⑨大白菜（4），⑩生菜（2）
21	广州市	440100	水果	①葡萄（72），②草莓（48），③梨（32），④橙（31），⑤苹果（29），⑥枣（22），⑦杨桃（20），⑧西瓜（19），⑨猕猴桃（4）
			蔬菜	①番茄（105），②叶芥菜（83），③甜椒（75），④菜薹（71），⑤黄瓜（67），⑥芹菜（65），⑦茄子（52），⑧菜豆（43），⑨春菜（36），⑩大白菜（31）
22	深圳市	440300	水果	①葡萄（29），②桃（20），③苹果（19），④荔枝（15），⑤橘（14），⑥芒果（5），⑦西瓜（3），⑧梨（1），⑨猕猴桃（1）
			蔬菜	①油麦菜（61），②芥蓝（45），③芹菜（43），④黄瓜（40），⑤甜椒（34），⑥枸杞叶（32），⑦冬瓜（30），⑧小白菜（27），⑨茄子（27），⑩蕹菜（25）
23	南宁市	450100	水果	①葡萄（48），②桃（17），③苹果（14），④梨（13），⑤芒果（11），⑥橘（8），⑦番石榴（6），⑧李子（5），⑨西番莲（3），⑩火龙果（2）
			蔬菜	①番茄（45），②小油菜（29），③春菜（27），④菜豆（21），⑤黄瓜（18），⑥芹菜（18），⑦生菜（16），⑧叶芥菜（11），⑨油麦菜（10），⑩菜薹（9）
24	海口市	460100	水果	①葡萄（112），②梨（55），③桃（44），④李子（42），⑤苹果（38），⑥杨桃（24），⑦芒果（19），⑧橘（17），⑨猕猴桃（14），⑩番石榴（14）
			蔬菜	①菜豆（80），②番茄（79），③小白菜（75），④芹菜（68），⑤芥蓝（58），⑥生菜（57），⑦油麦菜（48），⑧叶芥菜（46），⑨黄瓜（36），⑩莴笋（29）
25	重庆市	500000	水果	①葡萄（81），②桃（37），③苹果（25），④梨（23），⑤香瓜（22），⑥草莓（14），⑦猕猴桃（14），⑧橙（11），⑨西瓜（8），⑩枇杷（4）
			蔬菜	①番茄（91），②黄瓜（81），③辣椒（56），④茄子（55），⑤小白菜（44），⑥油麦菜（40），⑦菠菜（36），⑧生菜（35），⑨甜椒（31），⑩菜豆（22）
26	成都市	510100	水果	①葡萄（125），②桃（39），③苹果（36），④西瓜（14），⑤荔枝（11），⑥梨（9），⑦火龙果（7），⑧李子（5），⑨山竹（4），⑩橙（4）
			蔬菜	①黄瓜（69），②小白菜（68），③芹菜（68），④生菜（66），⑤茼蒿（40），⑥番茄（31），⑦蕹菜（28），⑧茄子（27），⑨青菜（27），⑩菜豆（23）
27	贵阳市	520100	水果	①葡萄（75），②梨（34），③苹果（32），④橙（16），⑤猕猴桃（14），⑥香蕉（5）
			蔬菜	①番茄（118），②生菜（72），③小白菜（58），④甜椒（58），⑤黄瓜（40），⑥芹菜（23），⑦菜豆（23），⑧茄子（19），⑨结球甘蓝（9），⑩菠菜（9）
28	昆明市	530100	水果	①苹果（56），②葡萄（44），③梨（42），④李子（29），⑤桃（16），⑥芒果（13），⑦橘（12），⑧火龙果（11），⑨香蕉（10），⑩橙（8）
			蔬菜	①小白菜（57），②生菜（33），③大白菜（26），④结球甘蓝（25），⑤莴笋（24），⑥黄瓜（23），⑦叶芥菜（23），⑧番茄（18），⑨菠菜（16），⑩胡萝卜（14）

续表

序号	地区	行政区域代码	分类	统计结果
29	拉萨市	540100	水果	①葡萄（37），②桃（20），③李子（10），④苹果（9），⑤橙（1），⑥山竹（1），⑦荔枝（1）
			蔬菜	①芹菜（21），②生菜（18），③菜薹（17），④甜椒（16），⑤菠菜（15），⑥黄瓜（11），⑦茄子（11），⑧落葵（10），⑨茼蒿（8），⑩番茄（7）
30	西安市	610100	水果	①苹果（31），②桃（26），③荔枝（21），④橙（20），⑤柠檬（19），⑥葡萄（18），⑦梨（14），⑧火龙果（7），⑨哈密瓜（4），⑩草莓（4）
			蔬菜	①黄瓜（73），②芹菜（63），③甜椒（56），④茼蒿（46），⑤番茄（41），⑥冬瓜（35），⑦生菜（34），⑧青菜（31），⑨茄子（30），⑩菠菜（18）
31	兰州市	620100	水果	①香蕉（34），②橙（33），③橘（20），④苹果（14），⑤猕猴桃（10），⑥梨（9）
			蔬菜	①油麦菜（74），②樱桃番茄（68），③生菜（60），④冬瓜（57），⑤黄瓜（46），⑥小油菜（46），⑦甜椒（42），⑧茄子（37），⑨菠菜（35），⑩人参果（29）
32	西宁市	630100	水果	①葡萄（41），②苹果（25），③橙（23），④山楂（21），⑤橘（17），⑥梨（11），⑦枣（11），⑧草莓（8），⑨火龙果（5），⑩柠檬（5）
			蔬菜	①油麦菜（71），②菜豆（67），③菠菜（63），④甜椒（58），⑤生菜（47），⑥樱桃番茄（39），⑦茄子（38），⑧番茄（35），⑨冬瓜（33），⑩黄瓜（29）
33	银川市	640100	水果	①葡萄（46），②苹果（21），③梨（18），④桃（17），⑤甜瓜（11），⑥西瓜（7）
			蔬菜	①芹菜（38），②番茄（29），③茼蒿（27），④黄瓜（23），⑤茄子（20），⑥生菜（14），⑦甜椒（11），⑧菜豆（9），⑨菠菜（7），⑩南瓜（4）
34	乌鲁木齐市	650100	水果	①桃（38），②苹果（31），③梨（17），④西瓜（5），⑤哈密瓜（4），⑥葡萄（3），⑦杏（1）
			蔬菜	①芹菜（27），②黄瓜（16），③番茄（6），④甜椒（6），⑤茄子（5），⑥菜豆（1），⑦结球甘蓝（1）

4.3.3 农药残留检出水平与最大残留限量标准对比分析

我国于 2014 年 3 月 20 日正式颁布并于 2014 年 8 月 1 日正式实施食品农药残留限量国家标准《食品中农药最大残留限量》（GB 2763—2014）[9]。该标准包括 371 个农药条目，涉及最大残留限量（MRL）标准 3650 项。将 25486 频次检出农药的浓度水平与 3650 项国家 MRL 标准进行核对，其中只有 10645 频次的农药找到了对应的 MRL 标准，占 41.8%，还有 14841 频次的侦测数据则无相关 MRL 标准供参考，占 58.2%。

将此次侦测结果与国际上现行 MRL 对比发现，在 25486 频次的检出结果中有 25486 频次的结果找到了对应的 MRL 欧盟标准[10,11]，占 100.0%；其中，23726 频次的结果有明确对应的 MRL 标准，占 93.1%，其余 1760 频次按照欧盟一律标准判定，占 6.9%；有 25486 频次的结果找到了对应的 MRL 日本标准[12]，占 100.0%；其中，19510 频次的结果有明确对应的 MRL 标准，占 76.6%，其余 5975 频次按照日本一律标准判定，占

23.4%；有 14957 频次的结果找到了对应的 MRL 中国香港标准[13]，占 58.7%；有 13088 频次的结果找到了对应的 MRL 美国标准[14]，占 51.4%；有 11380 频次的结果找到了对应的 MRL CAC 标准[15]，占 44.7%。见图 4-48 和图 4-49。

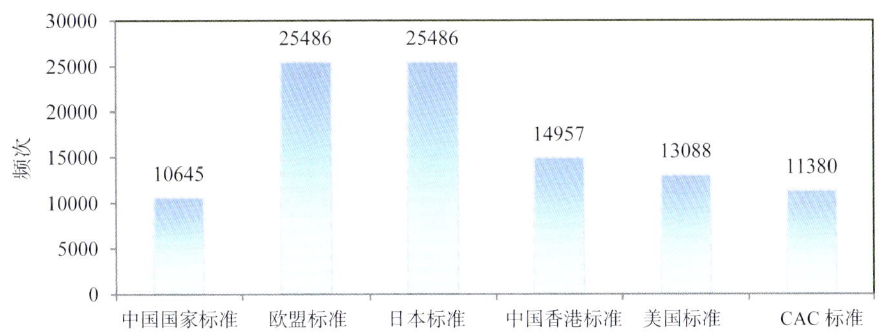

图 4-48　25486 频次检出农药可用 MRL 中国国家标准、欧盟标准、日本标准、中国香港标准、美国标准、CAC 标准判定衡量的数量

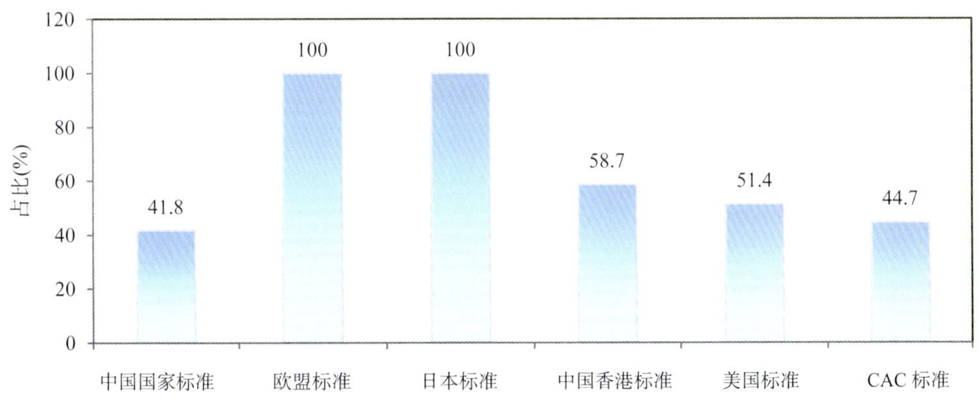

图 4-49　25486 频次检出农药可用 MRL 中国国家标准、欧盟标准、日本标准、中国香港标准、美国标准、CAC 标准衡量的占比

4.3.3.1　检出残留水平超标的样品分析

本次侦测的 12551 例样品中，3653 例样品未检出任何残留农药，占样品总量的 29.1%，8898 例样品检出不同水平、不同种类的残留农药，占样品总量的 70.9%。将本次侦测的农药残留检出情况与 MRL 中国国家标准、欧盟标准、日本标准、中国香港标准、美国标准和 CAC 标准这 6 大国际主流标准进行对比分析，样品的农药残留检出与超标情况见图 4-50、表 4-46，样品中检出农药残留超过各 MRL 标准的分布情况见表 4-47。

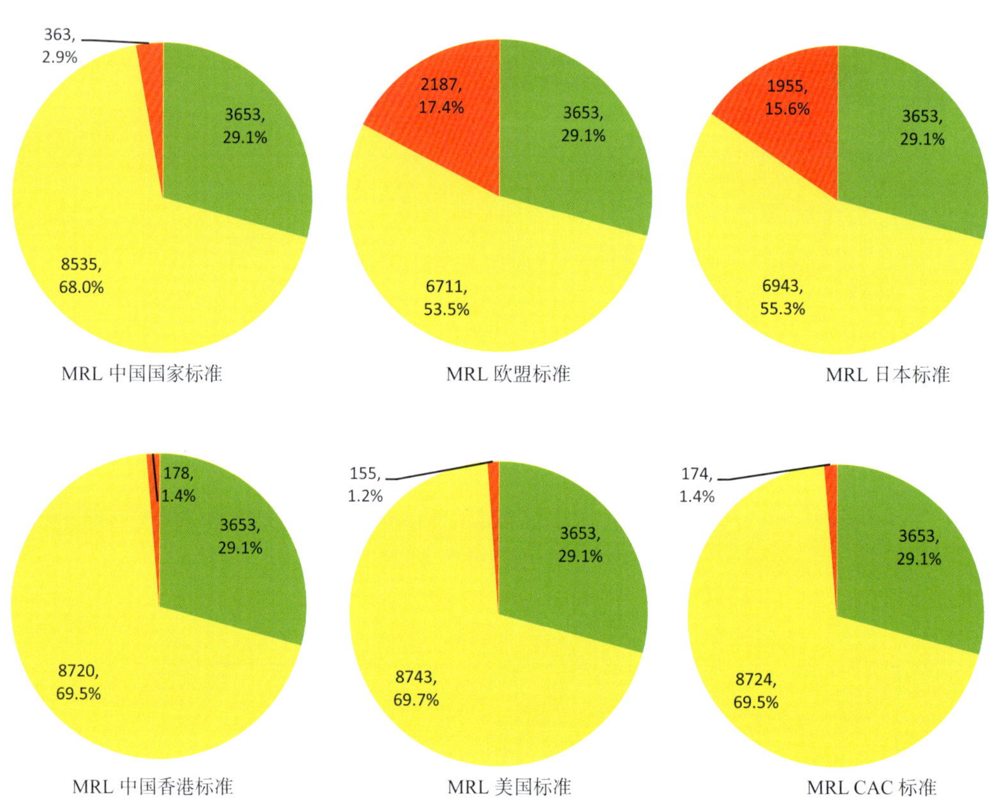

图 4-50　检出和超标样品的比例情况

表 4-46　各 MRL 标准下样本的农药残留检出与超标数量及占比

	中国国家标准 数量/占比（%）	欧盟标准 数量/占比（%）	日本标准 数量/占比（%）	中国香港标准 数量/占比（%）	美国标准 数量/占比（%）	CAC 标准 数量/占比（%）
未检出	3653/29.1	3653/29.1	3653/29.1	3653/29.1	3653/29.1	3653/29.1
检出未超标	8535/68.0	6711/53.5	6943/55.3	8720/69.5	8743/69.7	8724/69.5
检出超标	363/2.9	2187/17.4	1955/15.6	178/1.4	155/1.2	174/1.4

表 4-47　样品中检出农药残留超过各 MRL 标准的频次分布情况

	样品名称	中国国家标准	欧盟标准	日本标准	中国香港标准	美国标准	CAC 标准
1	芹菜	52	304	136	3	3	0
2	韭菜	41	123	132	2	1	0

续表

	样品名称	中国国家标准	欧盟标准	日本标准	中国香港标准	美国标准	CAC 标准
3	菜豆	33	181	522	42	28	41
4	黄瓜	24	140	50	11	7	55
5	茄子	23	112	35	12	9	12
6	菠菜	18	102	65	1	0	0
7	茼蒿	17	103	127	3	0	0
8	甜椒	16	132	52	20	21	17
9	草莓	15	61	46	4	0	4
10	葡萄	15	127	100	9	8	8
11	桃	14	77	61	4	7	4
12	生菜	12	109	100	0	0	0
13	萝卜	12	16	8	4	3	0
14	番茄	9	121	72	15	17	18
15	小油菜	8	65	37	7	1	0
16	大白菜	7	62	39	1	1	0
17	苹果	7	65	62	2	9	2
18	小白菜	6	130	96	5	2	0
19	胡萝卜	6	20	10	1	1	0
20	结球甘蓝	5	21	13	1	0	0
21	菜薹	5	44	47	7	2	0
22	青菜	5	80	43	3	3	0
23	梨	4	42	24	1	8	1
24	西葫芦	4	30	13	3	6	4
25	枣	3	24	105	3	0	0
26	葱	3	12	4	0	0	0
27	西瓜	3	13	8	1	3	1
28	橘	2	21	22	1	0	0
29	菠萝	2	5	3	2	0	2
30	冬瓜	1	22	19	0	2	1
31	叶芥菜	1	36	33	2	0	0
32	枸杞叶	1	3	1	0	0	0

续表

	样品名称	中国国家标准	欧盟标准	日本标准	中国香港标准	美国标准	CAC标准
33	橙	1	10	23	0	0	0
34	油麦菜	1	69	70	1	1	1
35	洋葱	1	3	1	0	1	1
36	番石榴	1	6	5	0	0	0
37	苦苣	1	14	19	0	0	0
38	蕹菜	1	27	5	0	0	0
39	辣椒	1	7	1	4	3	3
40	金针菇	1	13	14	1	0	1
41	食荚豌豆	1	7	8	0	0	0
42	香菇	1	3	1	1	0	1
43	马铃薯	1	1	2	1	1	1
44	丝瓜	0	6	3	0	0	0
45	人参果	0	8	7	0	0	0
46	佛手瓜	0	1	1	0	0	0
47	儿菜	0	2	2	0	0	0
48	南瓜	0	4	7	1	1	0
49	哈密瓜	0	3	2	0	0	0
50	大蒜	0	1	1	0	0	0
51	姜	0	1	2	0	1	0
52	娃娃菜	0	2	2	1	1	1
53	小茴香	0	2	2	0	0	0
54	山楂	0	8	25	0	2	0
55	山竹	0	3	5	0	0	0
56	山药	0	3	3	0	0	0
57	平菇	0	1	0	0	0	0
58	春菜	0	12	19	0	0	0
59	木瓜	0	6	5	0	0	0
60	李子	0	24	73	0	3	0
61	杏	0	1	1	0	0	0
62	杨桃	0	10	30	0	0	0

续表

样品名称		中国国家标准	欧盟标准	日本标准	中国香港标准	美国标准	CAC标准
63	柚	0	2	3	0	0	0
64	柿子	0	2	2	0	0	0
65	榴莲	0	1	1	0	0	0
66	樱桃	0	1	0	0	0	0
67	樱桃番茄	0	17	19	4	1	4
68	火龙果	0	10	21	0	0	0
69	猕猴桃	0	24	29	0	0	0
70	甘薯叶	0	1	0	0	0	0
71	甜瓜	0	7	5	0	0	0
72	百合	0	2	1	0	0	0
73	石榴	0	3	3	0	0	0
74	紫薯	0	2	2	0	0	0
75	芋	0	2	2	0	0	0
76	芒果	0	11	13	1	0	1
77	芥蓝	0	15	28	1	0	0
78	芫荽	0	20	26	0	0	0
79	花椰菜	0	9	3	0	0	0
80	苋菜	0	4	2	1	0	0
81	苦瓜	0	5	7	0	0	0
82	茭白	0	1	0	0	0	0
83	荔枝	0	6	23	0	0	0
84	莲藕	0	1	1	0	0	0
85	莴笋	0	3	1	0	0	0
86	菜用大豆	0	2	2	0	1	0
87	落葵	0	14	3	0	0	0
88	蒜薹	0	19	2	0	0	0
89	蓝莓	0	1	0	0	0	0
90	蘑菇	0	37	66	0	0	0
91	西番莲	0	2	2	0	0	0
92	豆瓣菜	0	6	2	0	0	0

续表

	样品名称	中国国家标准	欧盟标准	日本标准	中国香港标准	美国标准	CAC标准
93	豇豆	0	3	23	1	1	1
94	金橘	0	8	6	0	0	0
95	青花菜	0	8	6	0	0	0
96	香瓜	0	7	5	1	2	1
97	香蕉	0	15	27	4	0	4
98	龙眼	0	2	5	0	0	0
99	奶白菜	0	0	1	0	0	0
100	杨梅	0	0	1	0	0	0
101	柠檬	0	0	9	0	0	0
102	桑葚	0	0	1	0	0	0
103	甘薯	0	0	2	0	0	0
104	芦笋	0	0	3	0	0	0
105	莲雾	0	0	1	0	0	0
106	薄荷	0	0	2	0	0	0
107	雪莲果	0	0	1	0	0	0

4.3.3.2 检出残留水平超标的农药分析

按照MRL中国国家标准、欧盟标准、日本标准、中国香港标准、美国标准和CAC标准这6大国际主流标准衡量，本次侦测检出的农药超标品种及频次情况见表4-48。

表4-48 各MRL标准下超标农药品种及频次

	中国国家标准	欧盟标准	日本标准	中国香港标准	美国标准	CAC标准
超标农药品种	29	119	125	25	19	18
超标农药频次	385	2934	2786	193	161	190

1）按MRL中国国家标准衡量

按MRL中国国家标准衡量，共有29种农药超标，检出385频次，分别为剧毒农药涕灭威、灭线磷、特丁硫磷和甲拌磷，高毒农药苯线磷、治螟磷、甲胺磷、克百威和氧乐果，中毒农药敌百虫、戊唑醇、毒死蜱、甲霜灵、噻虫嗪、三唑醇、三唑酮、丙环唑、甲氨基阿维菌素、辛硫磷、啶虫脒、氟硅唑、倍硫磷和吡虫啉，低毒农药嘧霉胺、灭蝇胺、烯酰吗啉和嘧菌环胺，微毒农药多菌灵和霜霉威。侦测结果见图 4-51。

按超标程度比较，韭菜中氧乐果超标 729.7 倍，韭菜中甲拌磷超标 221.7 倍，菜豆中氧乐果超标 78.4 倍，黄瓜中多菌灵超标 75.2 倍，菜豆中倍硫磷超标 73.4 倍。

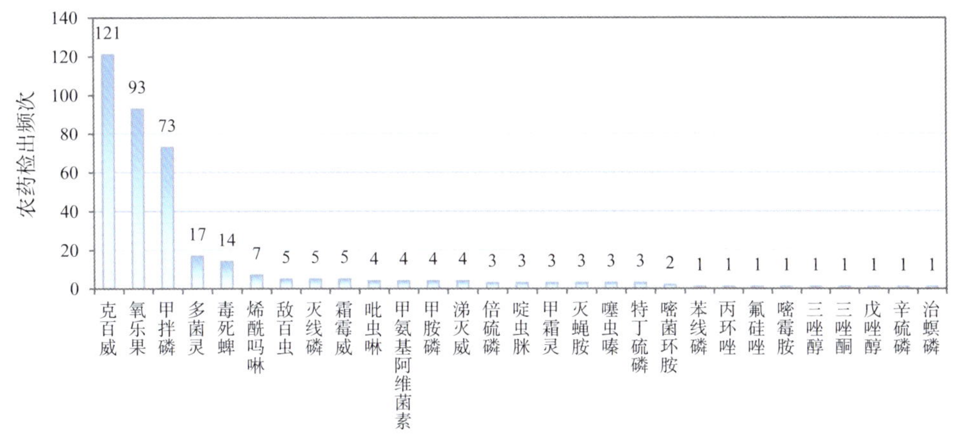

图 4-51　超过 MRL 中国国家标准的农药品种及频次

2）按 MRL 欧盟标准衡量

按 MRL 欧盟标准衡量，共有 119 种农药超标，检出 2934 频次，分别为剧毒农药涕灭威、灭线磷、特丁硫磷和甲拌磷，高毒农药灭多威、苯线磷、乙基杀扑磷、治螟磷、克百威、甲胺磷、杀线威、三唑磷、水胺硫磷、兹克威和氧乐果，中毒农药环丙唑醇、乐果、粉唑醇、噻唑磷、异丙隆、咪鲜胺、敌百虫、异噁隆、甲哌、多效唑、戊唑醇、三环唑、环嗪酮、仲丁威、毒死蜱、噻虫胺、烯唑醇、甲霜灵、去甲基-甲酰氨基-抗蚜威、甲萘威、噻虫嗪、三唑酮、三唑醇、3,4,5-混杀威、氰草津、氧环唑、苯醚甲环唑、甲氨基阿维菌素、茚虫威、稻瘟灵、噁霜灵、辛硫磷、丙环唑、噻虫啉、速灭威、唑虫酰胺、啶虫脒、仲丁灵、二嗪磷、氟硅唑、腈菌唑、哒螨灵、十三吗啉、倍硫磷、抑霉唑、吡虫啉、丙溴磷、残杀威、异稻瘟净、异丙威、鱼藤酮、螺环菌胺和烯丙菊酯，低毒农药灭蝇胺、烯酰吗啉、呋虫胺、丁苯吗啉、嘧霉胺、西草净、丁二酸二丁酯、嘧菌环胺、二甲嘧酚、螺螨酯、虫酰肼、扑草净、4-十二烷基-2,6-二甲基吗啉、避蚊胺、乙草胺、苯氧威、己唑醇、异丙甲草胺、硫菌灵、烯啶虫胺、莠去津、噻菌灵、福美双、乙虫腈、胺菊酯、莠去通、6-苄氨基嘌呤、氟氯氢菊脂、去乙基阿特拉津、双苯基脲、马拉硫磷、稻瘟酰胺、噻嗪酮、炔螨特、异丙净和环丙嘧啶醇，微毒农药多菌灵、乙嘧酚、吡唑醚菌酯、丁酰肼、乙霉威、缬霉威、苄嘧磺隆、嘧菌酯、甲氧虫酰肼、增效醚、联苯肼酯、啶氧菌酯、甲基硫菌灵、醚菌酯和霜霉威。侦测结果见图 4-52。

按超标程度比较，韭菜中氧乐果超标 1460.4 倍，李子中双苯基脲超标 1328.4 倍，桃中克百威超标 597.6 倍，甜椒中克百威超标 504.0 倍，葡萄中霜霉威超标 457.5 倍。

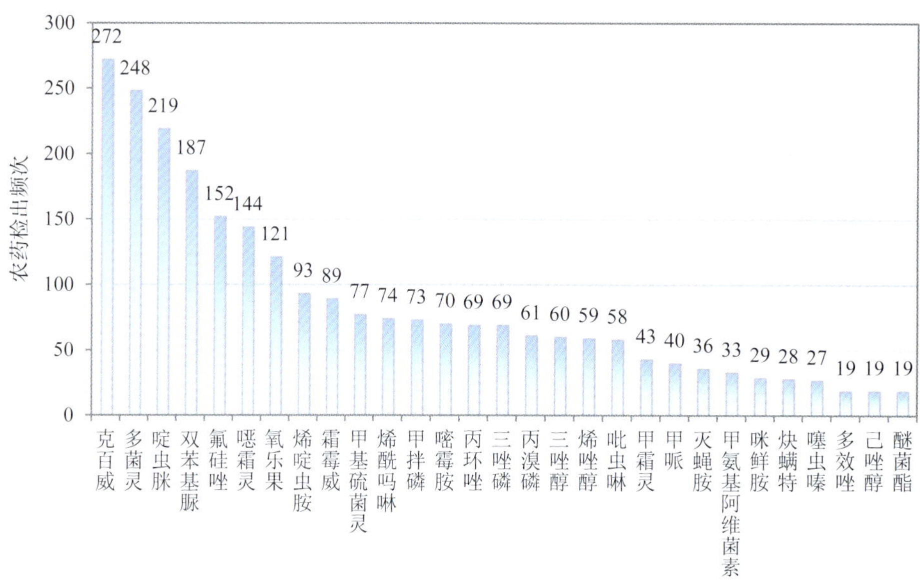

图 4-52 超过 MRL 欧盟标准的农药品种及频次（仅列出超标 19 频次及以上的数据）

3）按 MRL 日本标准衡量

按 MRL 日本标准衡量，共有 125 种农药超标，检出 2786 频次，分别为剧毒农药涕灭威、灭线磷、特丁硫磷和甲拌磷，高毒农药灭多威、乙基杀扑磷、治螟磷、克百威、三唑磷、水胺硫磷、兹克威和氧乐果，中毒农药环丙唑醇、乐果、粉唑醇、噻唑磷、异丙隆、异噁隆、咪鲜胺、敌百虫、环嗪酮、甲哌、多效唑、戊唑醇、三环唑、毒死蜱、噻虫胺、甲霜灵、苯嗪草酮、去甲基-甲酰氨基-抗蚜威、烯唑醇、氰草津、氟吡禾灵、噻虫嗪、三唑酮、三唑醇、3,4,5-混杀威、喹螨醚、氧环唑、苯醚甲环唑、甲氨基阿维菌素、茚虫威、稻瘟灵、噁霜灵、辛硫磷、丙环唑、噻虫啉、唑虫酰胺、速灭威、啶虫脒、二嗪磷、氟硅唑、腈菌唑、哒螨灵、十三吗啉、仲丁灵、倍硫磷、抑霉唑、吡虫啉、异稻瘟净、异丙威、丙溴磷、残杀威、烯丙菊酯、螺环菌胺和鱼藤酮，低毒农药灭蝇胺、丁二酸二丁酯、烯酰吗啉、丁苯吗啉、嘧霉胺、西草净、嘧菌环胺、吡蚜酮、二甲嘧酚、扑草净、螺螨酯、虫酰肼、4-十二烷基-2,6-二甲基吗啉、避蚊胺、乙草胺、四螨嗪、氟环唑、苯氧威、己唑醇、异丙甲草胺、烯啶虫胺、氟菌唑、硫菌灵、莠去津、6-苄氨基嘌呤、乙虫腈、腈苯唑、噻菌灵、胺菊酯、福美双、莠去通、氟氯氢菊脂、去乙基阿特拉津、双苯基脲、稻瘟酰胺、马拉硫磷、乙嘧酚磺酸酯、噻嗪酮、炔螨特、异丙净和环丙嘧啶醇，微毒农药多菌灵、萘乙酰胺、吡唑醚菌酯、乙嘧酚、苄嘧磺隆、乙霉威、乙螨唑、缬霉威、丁酰肼、嘧菌酯、增效醚、联苯肼酯、啶氧菌酯、甲基硫菌灵、吡丙醚、肟菌酯、醚菌酯和霜霉威。侦测结果见图 4-53。

按超标程度比较，菜豆中噻虫嗪超标 1751.5 倍，李子中双苯基脲超标 1328.4 倍，菜薹中甲基硫菌灵超标 980.4 倍，韭菜中嘧霉胺超标 475.5 倍，韭菜中甲基硫菌灵超标 466.6 倍。

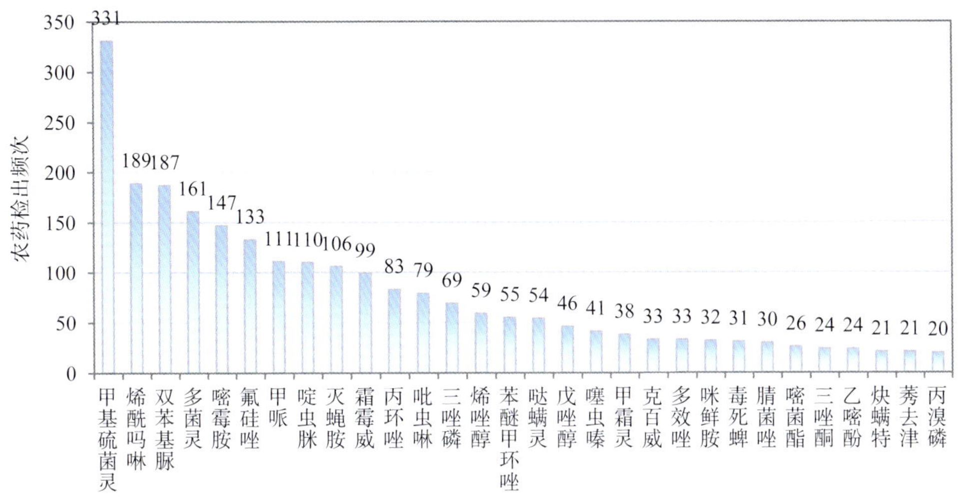

图 4-53　超过 MRL 日本标准的农药品种及频次（仅列出超标 20 频次及以上的数据）

4）按 MRL 中国香港标准衡量

按 MRL 中国香港标准衡量，共有 25 种农药超标，检出 193 频次，分别为剧毒农药灭线磷，高毒农药克百威、甲胺磷和三唑磷，中毒农药敌百虫、戊唑醇、毒死蜱、噻虫胺、甲霜灵、噻虫嗪、三唑醇、甲氨基阿维菌素、辛硫磷、啶虫脒、氟硅唑、倍硫磷、吡虫啉和丙溴磷，低毒农药灭蝇胺、烯酰吗啉、嘧霉胺和嘧菌环胺，微毒农药多菌灵、吡丙醚和霜霉威。侦测结果见图 4-54。

按超标程度比较，菜豆中噻虫嗪超标 1751.5 倍，萝卜中啶虫脒超标 102.0 倍，黄瓜中多菌灵超标 75.2 倍，菜豆中倍硫磷超标 73.4 倍，番茄中灭线磷超标 37.0 倍。

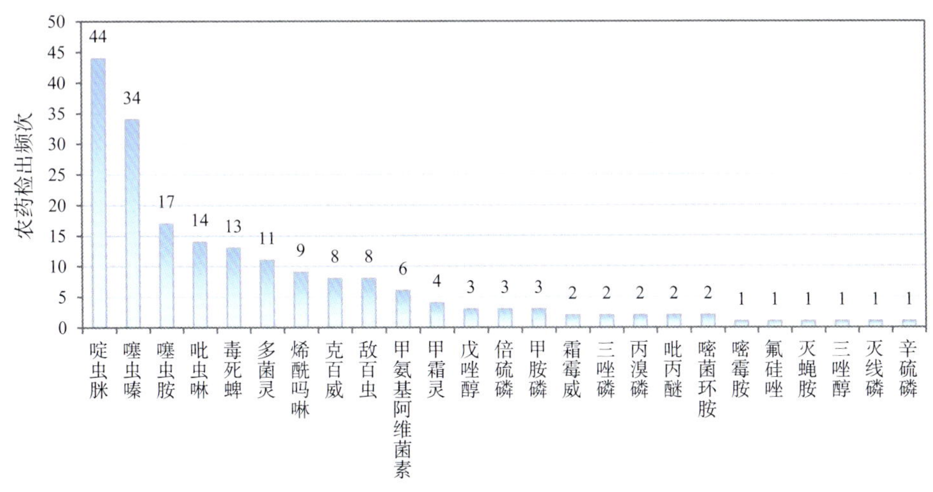

图 4-54　超过 MRL 中国香港标准的农药品种及频次

5）按 MRL 美国标准衡量

按 MRL 美国标准衡量，共有 19 种农药超标，检出 161 频次，分别为剧毒农药灭线磷，中毒农药戊唑醇、毒死蜱、甲霜灵、噻虫胺、噻虫嗪、丙环唑、甲氨基阿维菌素、腈菌唑、啶虫脒和吡虫啉，低毒农药灭蝇胺、烯酰吗啉、嘧霉胺和嘧菌环胺，微毒农药嘧菌酯、甲基硫菌灵、吡丙醚和霜霉威。侦测结果见图 4-55。

按超标程度比较，菜豆中噻虫嗪超标 875.2 倍，萝卜中啶虫脒超标 102.0 倍，芹菜中腈菌唑超标 32.7 倍，黄瓜中甲氨基阿维菌素超标 20.5 倍，苹果中戊唑醇超标 16.9 倍。

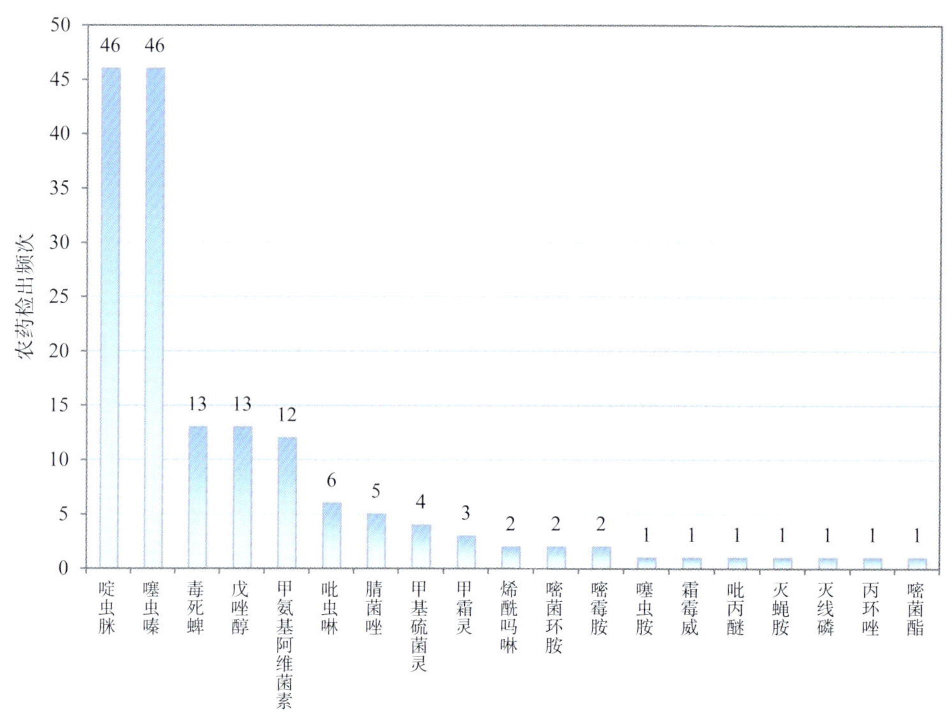

图 4-55　超过 MRL 美国标准的农药品种及频次

6）按 MRL CAC 标准衡量

按 MRL CAC 标准衡量，共有 18 种农药超标，检出 190 频次，分别为剧毒农药灭线磷，中毒农药戊唑醇、毒死蜱、噻虫胺、甲霜灵、噻虫嗪、三唑醇、甲氨基阿维菌素、丙环唑、啶虫脒、氟硅唑和吡虫啉，低毒农药灭蝇胺、烯酰吗啉、嘧霉胺和嘧菌环胺，微毒农药多菌灵和霜霉威。侦测结果见图 4-56。

按超标程度比较，菜豆中噻虫嗪超标 1751.5 倍，黄瓜中多菌灵超标 761.4 倍，黄瓜中甲氨基阿维菌素超标 60.4 倍，冬瓜中甲氨基阿维菌素超标 39.0 倍，番茄中灭线磷超标 37.0 倍。

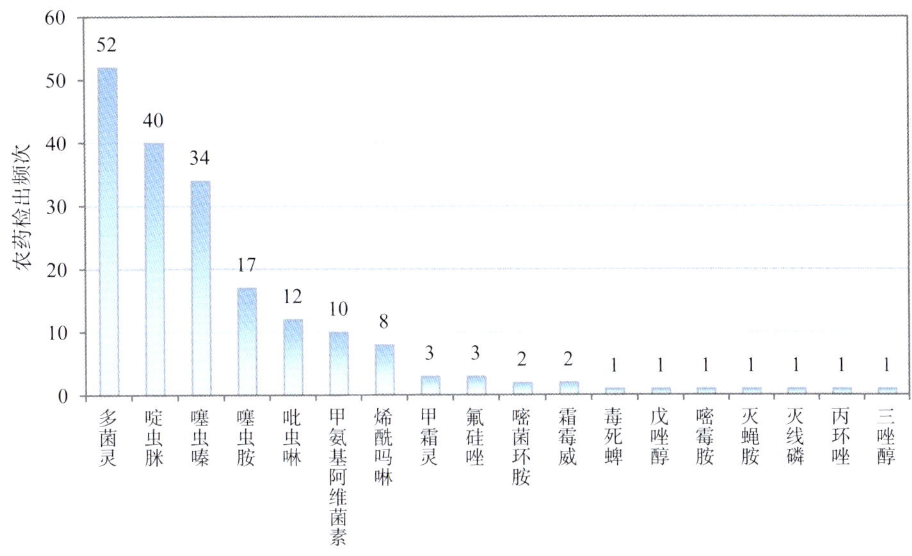

图 4-56　超过 MRL CAC 标准的农药品种及频次

4.3.3.3　31 个省会/直辖市超标情况分析

1）按 MRL 中国国家标准衡量

按 MRL 中国国家标准衡量，有 42 个城市的样品存在不同程度的超标农药检出，其中烟台市的超标率最高，为 10.9%，如图 4-57 所示。

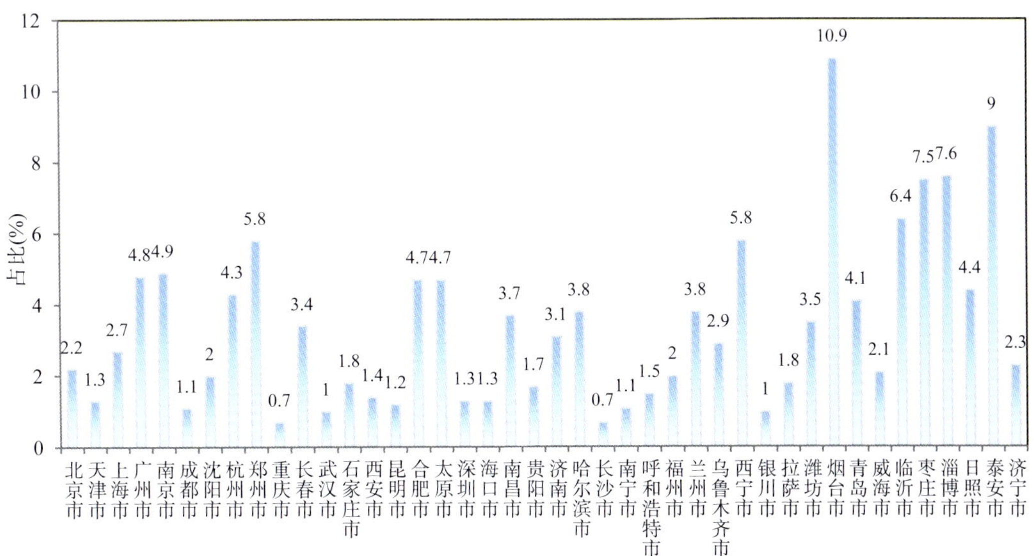

图 4-57　超过 MRL 中国国家标准水果蔬菜在不同城市的分布

2）按 MRL 欧盟标准衡量

按 MRL 欧盟标准衡量，有 42 个城市的样品存在不同程度的超标农药检出，其中南京市的超标率最高，为 32.2%，如图 4-58 所示。

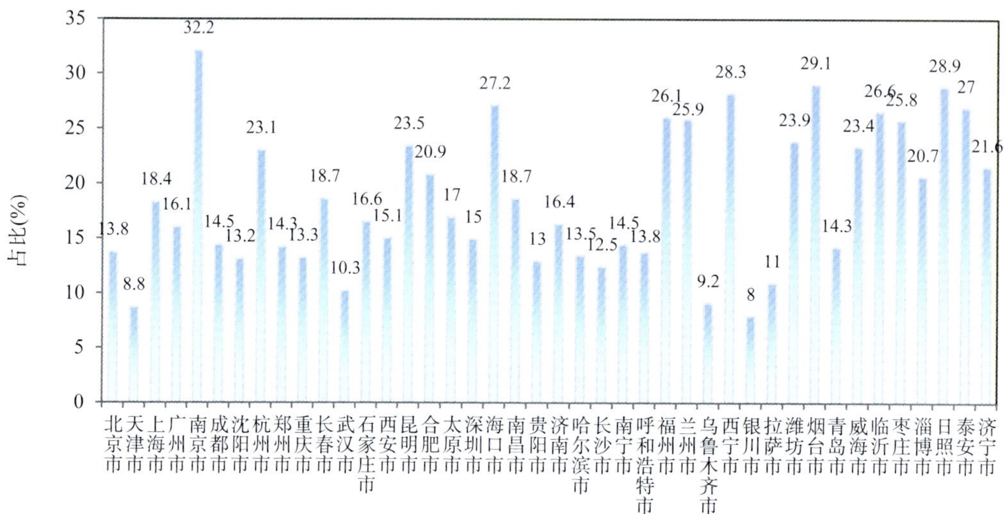

图 4-58　超过 MRL 欧盟标准水果蔬菜在不同城市的分布

3）按 MRL 日本标准衡量

按 MRL 日本标准衡量，有 42 个城市的样品存在不同程度的超标农药检出，其中海口市的超标率最高，为 37.4%，如图 4-59 所示。

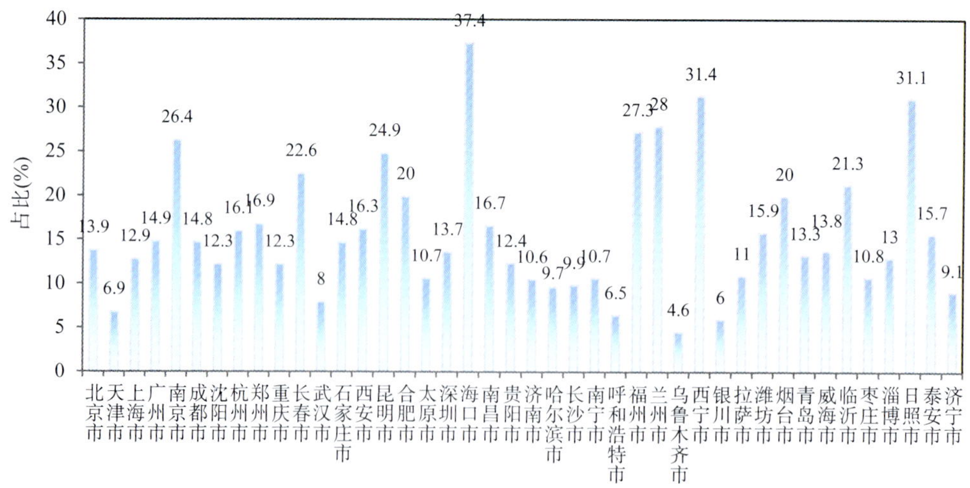

图 4-59　超过 MRL 日本标准水果蔬菜在不同城市的分布

4）按 MRL 中国香港标准衡量

按 MRL 中国香港标准衡量，有 36 个城市的样品存在不同程度的超标农药检出，其中日照市的超标率最高，为 5.6%，如图 4-60 所示。

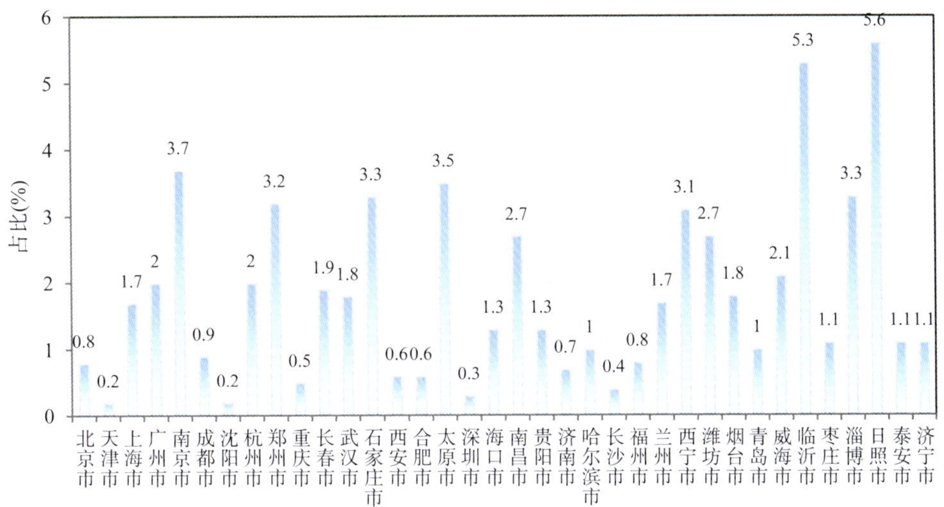

图 4-60　超过 MRL 中国香港标准水果蔬菜在不同城市的分布

5）按 MRL 美国标准衡量

按 MRL 美国标准衡量，有 31 个城市的样品存在不同程度的超标农药检出，其中临沂市的超标率最高，为 7.4%，如图 4-61 所示。

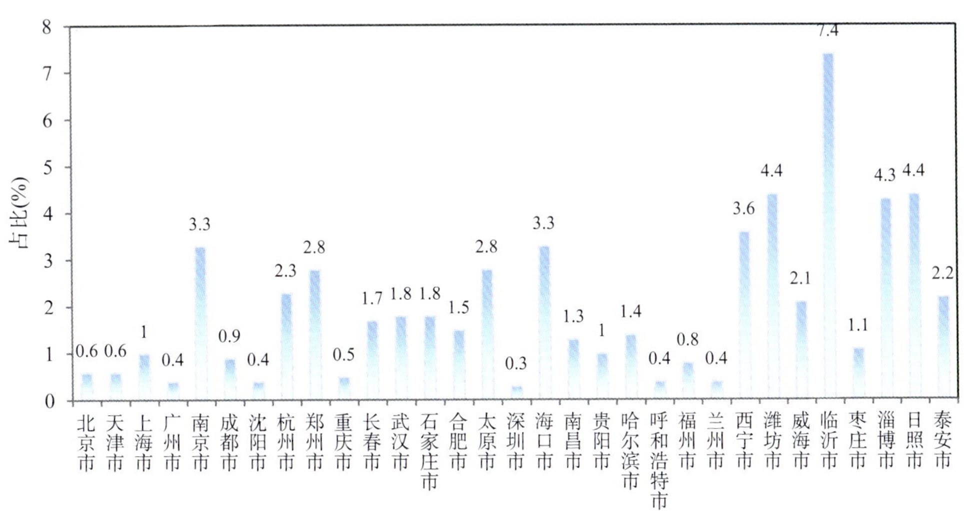

图 4-61　超过 MRL 美国标准水果蔬菜在不同城市的分布

6）按 MRL CAC 标准衡量

按 MRL CAC 标准衡量，有 33 个城市的样品存在不同程度的超标农药检出，其中日照市的超标率最高，为 6.7%，如图 4-62 所示。

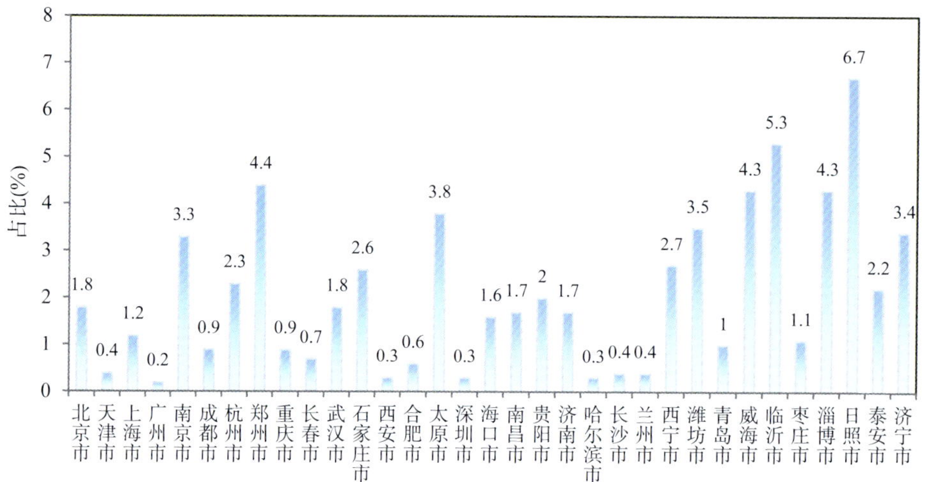

图 4-62　超过 MRL CAC 标准水果蔬菜在不同城市的分布

7）全国 31 个省会/直辖市的超标农药检出率

将 31 个省会/直辖市的侦测结果分别按 MRL 中国国家标准、欧盟标准、日本标准、中国香港标准、美国标准和 CAC 标准进行分析，见表 4-49。

表 4-49　31 个省会/直辖市的超标农药检出率（%）

序号	城市	MRL 中国国家标准	MRL 欧盟标准	MRL 日本标准	MRL 中国香港标准	MRL 美国标准	MRL CAC 标准
1	北京市	1.2	9.2	8.9	0.4	0.3	0.9
2	成都市	0.6	9.3	9.3	0.5	0.5	0.5
3	福州市	0.5	11.5	11.7	0.2	0.2	0.0
4	广州市	2.3	10.2	9.7	1.0	0.2	0.1
5	贵阳市	0.9	7.7	7.7	0.6	0.5	0.9
6	哈尔滨市	2.0	8.3	6.5	0.5	0.7	0.2
7	海口市	0.4	12.9	19.2	0.5	1.0	0.5
8	杭州市	2.5	17.9	12.9	1.1	1.2	1.3
9	合肥市	1.8	11.8	10.5	0.2	0.6	0.2
10	呼和浩特市	0.9	9.8	4.8	0.0	0.2	0.0
11	济南市	1.7	10.2	6.7	0.4	0.0	0.9

续表

序号	城市	MRL 中国国家标准	MRL 欧盟标准	MRL 日本标准	MRL 中国香港标准	MRL 美国标准	MRL CAC 标准
12	济宁市	1.5	15.7	6.7	0.7	0.0	2.2
13	昆明市	0.6	14.6	16.4	0.0	0.0	0.0
14	拉萨市	1.2	8.9	7.4	0.0	0.0	0.0
15	兰州市	1.3	11.9	12.3	0.5	0.1	0.3
16	临沂市	3.3	16.7	12.6	2.3	3.3	2.8
17	南昌市	2.0	12.5	15.7	1.6	0.7	0.9
18	南京市	2.7	22.1	17.0	1.9	1.7	1.9
19	南宁市	0.9	13.5	11.7	0.0	0.0	0.0
20	青岛市	3.4	13.4	10.9	0.8	0.0	0.8
21	日照市	2.3	13.1	15.8	2.7	1.8	3.2
22	上海市	2.0	15.9	12.0	1.3	0.7	0.8
23	深圳市	0.7	9.2	8.4	0.2	0.2	0.2
24	沈阳市	1.0	8.2	6.8	0.1	0.2	0.0
25	石家庄市	0.8	9.4	12.9	1.5	0.8	1.2
26	太原市	2.2	10.5	6.6	1.4	1.1	1.5
27	泰安市	4.9	17.3	9.9	0.6	1.2	1.2
28	天津市	1.0	7.8	7.0	0.1	0.4	0.3
29	威海市	1.1	13.6	9.8	1.1	1.1	2.2
30	潍坊市	1.8	12.7	8.8	1.8	2.6	1.8
31	乌鲁木齐市	4.1	14.2	7.1	0.0	0.0	0.0
32	武汉市	0.6	8.4	10.4	1.7	1.1	1.7
33	西安市	0.7	8.6	9.6	0.3	0.0	0.1
34	西宁市	1.8	14.1	16.8	1.1	1.0	0.8
35	烟台市	5.8	18.4	14.1	1.0	0.0	0.0
36	银川市	0.6	5.7	4.4	0.0	0.0	0.0
37	枣庄市	3.5	14.1	5.5	0.5	0.5	0.5
38	长春市	1.4	11.4	12.3	0.9	0.8	0.4
39	长沙市	0.7	15.0	13.2	0.3	0.0	0.3
40	郑州市	3.2	10.6	15.1	2.0	1.5	2.3
41	重庆市	0.3	7.8	6.3	0.2	0.2	0.5
42	淄博市	5.1	14.0	7.9	1.7	2.2	2.2

4.3.4　水果中农药残留分布

4.3.4.1　检出农药品种和频次排前 10 的水果

本次残留侦测的水果共 41 种，包括桃、西瓜、猕猴桃、山竹、石榴、香蕉、哈密瓜、柿子、龙眼、莲雾、木瓜、蓝莓、油桃、苹果、香瓜、柑、杏、西番莲、葡萄、草莓、山楂、杨梅、荔枝、梨、李子、枣、柚、芒果、桑葚、枇杷、橘、樱桃、榴莲、橙、菠萝、火龙果、柠檬、金橘、番石榴、甜瓜和杨桃。

根据检出农药的品种及频次进行排名，将各项排名前 10 位的水果样品检出情况列表说明，详见表 4-50。

表 4-50　检出农药品种和频次排名前 10 的水果

检出农药品种排名前 10（品种）	①葡萄（77），②苹果（63），③桃（62），④草莓（61），⑤梨（54），⑥枣（39），⑦西瓜（39），⑧橘（36），⑨橙（35），⑩李子（35）
检出农药频次排名前 10（频次）	①葡萄（1794），②苹果（1112），③桃（889），④梨（818），⑤橙（409），⑥草莓（402），⑦西瓜（232），⑧枣（226），⑨橘（225），⑩李子（190）
检出禁用、高毒及剧毒农药品种排名前 10（品种）	①西瓜（8），②桃（6），③梨（6），④草莓（6），⑤葡萄（6），⑥苹果（6），⑦橘（3），⑧橙（3），⑨金橘（3），⑩香蕉（2）
检出禁用、高毒及剧毒农药频次排名前 10（频次）	①桃（43），②草莓（27），③葡萄（26），④梨（25），⑤苹果（19），⑥橘（14），⑦西瓜（11），⑧橙（9），⑨枣（8），⑩李子（7）

4.3.4.2　超标农药品种和频次排前 10 的水果

鉴于 MRL 欧盟标准和日本标准的制定比较全面且覆盖率较高，参照 MRL 中国国家标准、欧盟标准和日本标准衡量水果样品中农药残留检出情况，将超标农药品种及频次排名前 10 的水果列表说明，详见表 4-51。

表 4-51　超标农药品种和频次排名前 10 的水果

超标农药品种排名前 10（农药品种数）	MRL 中国国家标准	①葡萄（7），②桃（5），③草莓（5），④梨（4），⑤苹果（4），⑥橘（2），⑦枣（2），⑧橙（1），⑨西瓜（1），⑩番石榴（1）
	MRL 欧盟标准	①葡萄（28），②草莓（24），③苹果（21），④桃（17），⑤梨（17），⑥枣（13），⑦橘（10），⑧李子（10），⑨猕猴桃（9），⑩西瓜（8）
	MRL 日本标准	①枣（28），②李子（24），③葡萄（23），④草莓（17），⑤桃（17），⑥火龙果（15），⑦苹果（11），⑧猕猴桃（9），⑨香蕉（9），⑩梨（8）
超标农药频次排名前 10（农药频次数）	MRL 中国国家标准	①草莓（15），②葡萄（15），③桃（14），④苹果（7），⑤梨（4），⑥枣（3），⑦西瓜（3），⑧橘（2），⑨菠萝（2），⑩番石榴（1）
	MRL 欧盟标准	①葡萄（127），②桃（77），③苹果（65），④草莓（61），⑤梨（42），⑥猕猴桃（24），⑦李子（24），⑧枣（24），⑨橘（21），⑩香蕉（15）

续表

超标农药频次排名前 10（农药频次数）	MRL 日本标准	①枣（105），②葡萄（100），③李子（73），④苹果（62），⑤桃（61），⑥草莓（46），⑦杨桃（30），⑧猕猴桃（29），⑨香蕉（27），⑩山楂（25）

通过对各品种水果的样本总数及检出率进行综合分析发现，葡萄、苹果和梨的农药残留最为严重，参照 MRL 中国国家标准、欧盟标准和日本标准对上述 3 种水果的农药残留检出情况进行进一步分析。

4.3.4.3　农药残留检出率较高的水果样品分析

1）葡萄

共检测 421 例葡萄样品，376 例样品中检出了农药残留，检出率为 89.3%，检出农药共 77 种。其中烯酰吗啉、嘧霉胺、多菌灵、苯醚甲环唑和嘧菌酯检出频次较高，分别检出了 164、160、160、113 和 113 次。葡萄中农药的检出品种和频次见图 4-63，检出农药残留超标情况见表 4-52 和图 4-64。

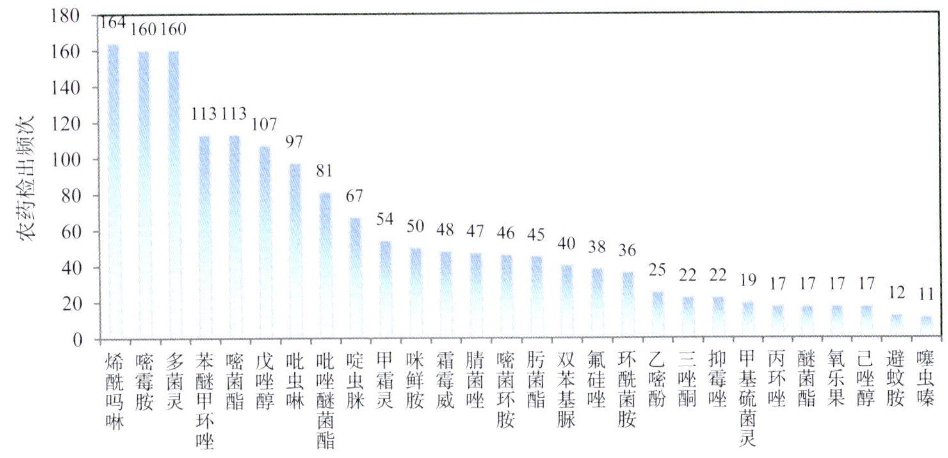

图 4-63　葡萄样品的检出农药品种和频次分析（仅列出 11 频次及以上的数据）

表 4-52　葡萄中的农药残留超标情况明细表

样品总数		检出农药样品数	样品检出率（%）	检出农药品种总数
421		376	89.3	77
	超标农药品种	超标农药频次	按照 MRL 中国国家标准、欧盟标准和日本标准衡量超标农药名称及频次	
中国国家标准	7	15	氧乐果（6），霜霉威（3），克百威（2），戊唑醇（1），辛硫磷（1），甲胺磷（1），嘧霉胺（1）	

续表

样品总数		检出农药样品数	样品检出率（%）	检出农药品种总数
421		376	89.3	77
欧盟标准	28	127	霜霉威（32），氟硅唑（20），双苯基脲（15），多菌灵（10），氧乐果（7），抑霉唑（5），吡虫啉（4），克百威（4），甲基硫菌灵（4），三唑醇（3），咪鲜胺（3），烯唑醇（3），戊唑醇（2），胺菊酯（1），辛硫磷（1），甲胺磷（1），三唑磷（1），丙环唑（1），二甲嘧酚（1），灭多威（1），己唑醇（1），4-十二烷基-2，6-二甲基吗啉（1），嘧菌环胺（1），异丙净（1），炔螨特（1），啶氧菌酯（1），6-苄氨基嘌呤（1），嘧霉胺（1）	
日本标准	23	100	霜霉威（32），双苯基脲（15），甲基硫菌灵（11），乙嘧酚（10），抑霉唑（9），咪鲜胺（3），烯唑醇（3），氟硅唑（2），灭蝇胺（1），二甲嘧酚（1），丙环唑（1），三唑磷（1），6-苄氨基嘌呤（1），辛硫磷（1），氟环唑（1），4-十二烷基-2，6-二甲基吗啉（1），异丙净（1），啶氧菌酯（1），氟菌唑（1），三唑酮（1），胺菊酯（1），多效唑（1），嘧霉胺（1）	

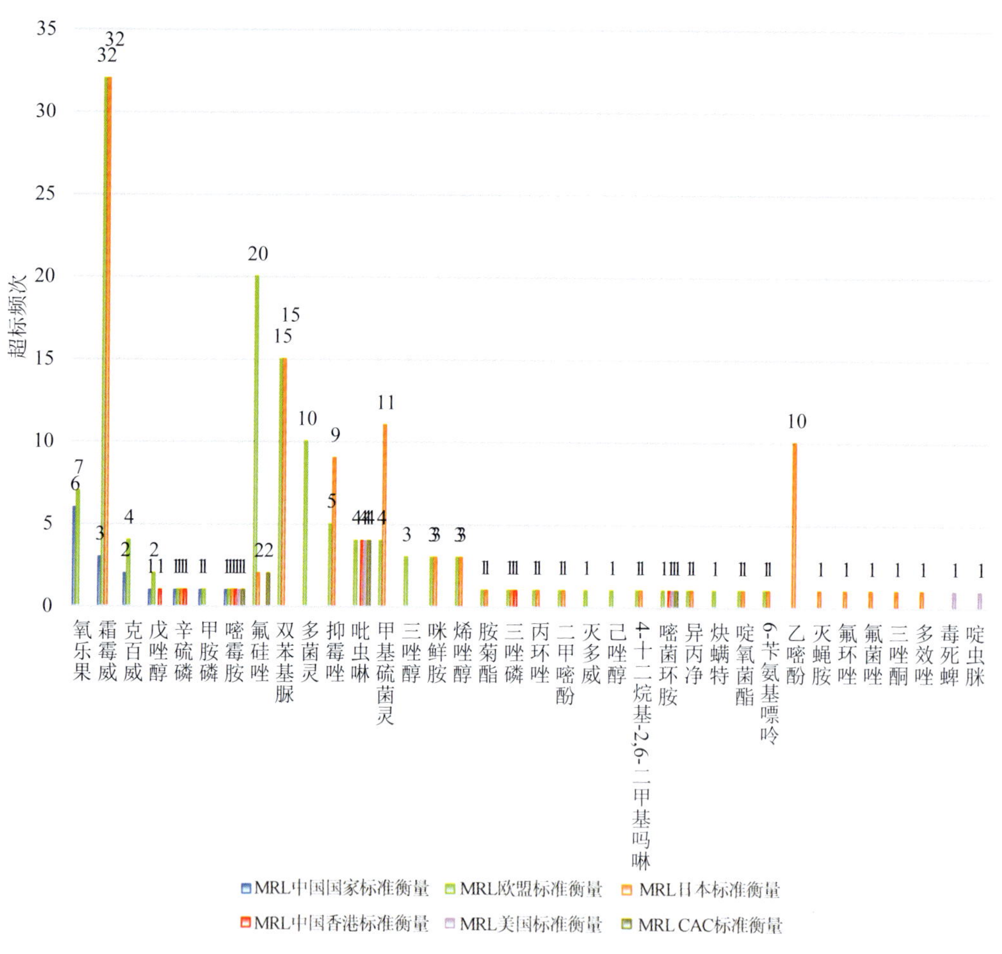

图 4-64　葡萄样品中的超标农药分析

2）苹果

共检测 628 例苹果样品，579 例样品中检出了农药残留，检出率为 92.2%，检出农药共 63 种。其中多菌灵、啶虫脒、戊唑醇、甲基硫菌灵和双苯基脲检出频次较高，分别检出了 514、137、66、63 和 39 次。苹果中农药的检出品种和频次见图 4-65，检出农药残留的超标情况见表 4-53 和图 4-66。

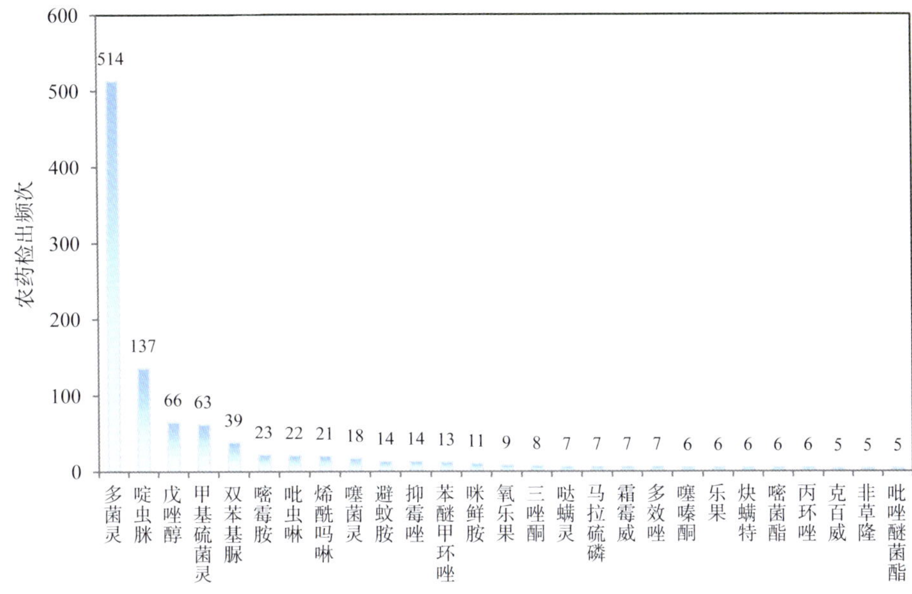

图 4-65　苹果样品的检出农药品种和频次分析（仅列出 5 频次及以上的数据）

表 4-53　苹果中的农药残留超标情况明细表

样品总数		检出农药样品数	样品检出率（%）	检出农药品种总数
628		579	92.2	63
	超标农药品种	超标农药频次	按照 MRL 中国国家标准、欧盟标准和日本标准衡量超标农药名称及频次	
中国国家标准	4	7	氧乐果（4），啶虫脒（1），三唑醇（1），丙环唑（1）	
欧盟标准	21	65	多菌灵（14），双苯基脲（11），烯酰吗啉（8），氧乐果（5），克百威（5），炔螨特（4），丁二酸二丁酯（3），嘧菌酯（2），异丙隆（1），三唑醇（1），噁霜灵（1），三唑磷（1），丙环唑（1），速灭威（1），增效醚（1），胺菊酯（1），丙溴磷（1），咪鲜胺（1），马拉硫磷（1），啶虫脒（1），戊唑醇（1）	
日本标准	11	62	甲基硫菌灵（33），双苯基脲（11），烯酰吗啉（8），丁二酸二丁酯（3），咪鲜胺（1），异丙隆（1），速灭威（1），三唑磷（1），三唑醇（1），胺菊酯（1），丙环唑（1）	

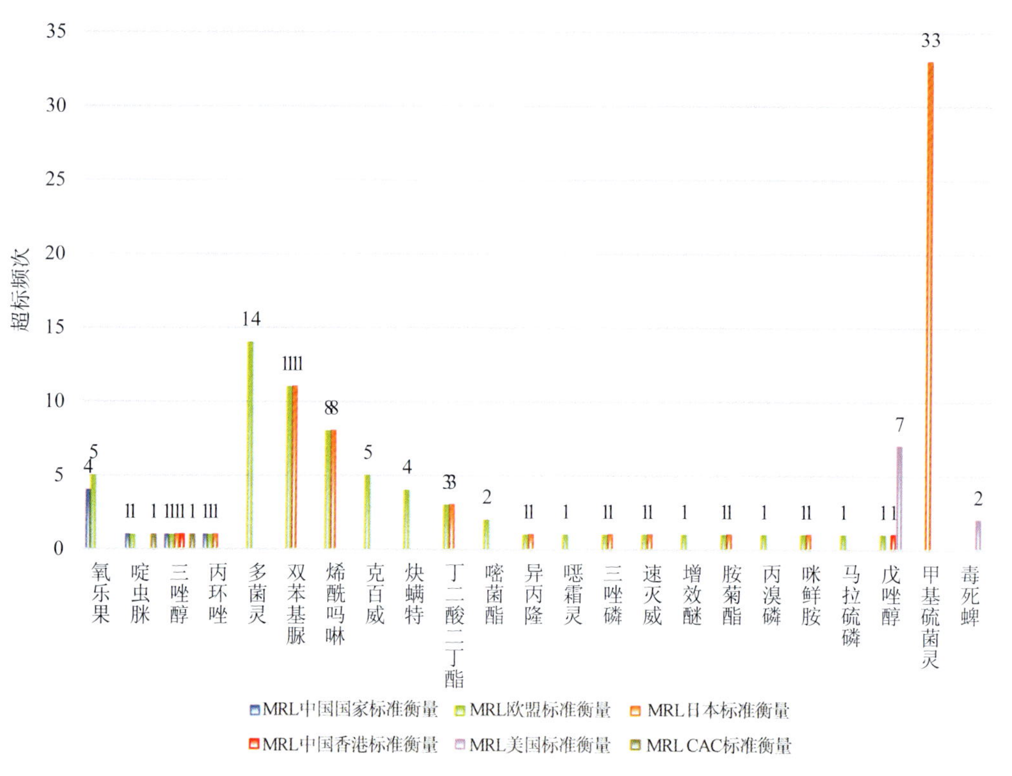

图 4-66　苹果样品中的超标农药分析

3）梨

共检测 574 例梨样品，397 例样品中检出了农药残留，检出率为 69.2%，检出农药共 54 种。其中多菌灵、啶虫脒、吡虫啉、嘧菌酯和噻嗪酮检出频次较高，分别检出了 225、101、93、77 和 35 次。梨中农药的检出品种和频次见图 4-67，检出农药残留的超标情况见表 4-54 和图 4-68。

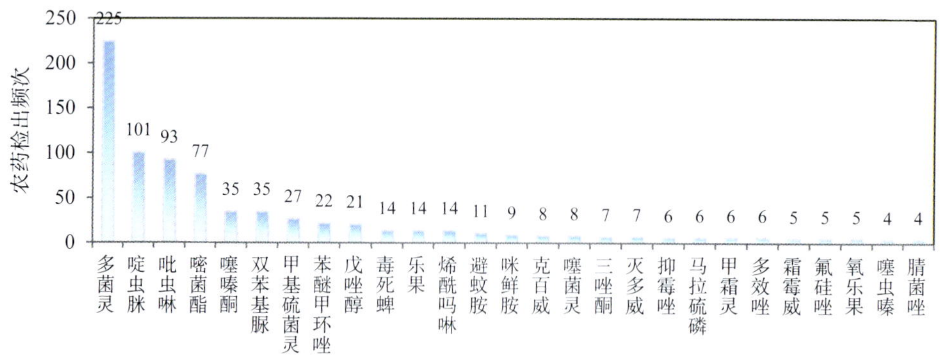

图 4-67　梨样品的检出农药品种和频次分析（仅列出 4 频次及以上的数据）

表 4-54　梨中的农药残留超标情况明细表

样品总数			检出农药样品数	样品检出率（%）	检出农药品种总数
574			397	69.2	54
	超标农药品种	超标农药频次	按照 MRL 中国国家标准、欧盟标准和日本标准衡量超标农药名称及频次		
中国国家标准	4	4	氧乐果（1），吡虫啉（1），甲拌磷（1），甲氨基阿维菌素（1）		
欧盟标准	17	42	克百威（8），多菌灵（7），双苯基脲（5），灭多威（4），烯酰吗啉（3），氧乐果（2），霜霉威（2），嘧菌酯（2），丙溴磷（1），甲拌磷（1），三唑酮（1），甲基硫菌灵（1），乙基杀扑磷（1），仲丁威（1），吡虫啉（1），氟氯氢菊酯（1），甲氨基阿维菌素（1）		
日本标准	8	24	甲基硫菌灵（10），双苯基脲（5），烯酰吗啉（3），霜霉威（2），乙基杀扑磷（1），甲氨基阿维菌素（1），氟氯氢菊酯（1），丙溴磷（1）		

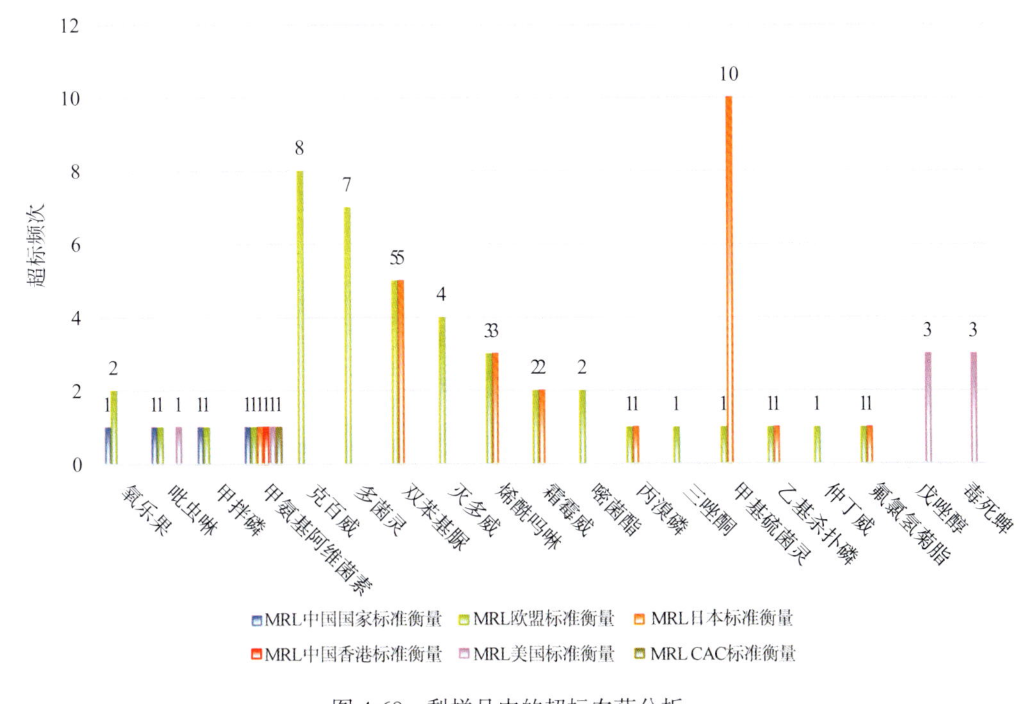

图 4-68　梨样品中的超标农药分析

4.3.5　蔬菜中农药残留分布

4.3.5.1　检出农药品种和频次排前 10 的蔬菜

本次残留侦测的蔬菜共 79 种，包括结球甘蓝、韭菜、青蒜、芹菜、蕹菜、黄瓜、苦苣、莲藕、紫薯、大蒜、甘薯、小茴香、洋葱、韭菜花、笋瓜、香椿芽、荸荠、菠菜、山药、番茄、豇豆、花椰菜、蒜黄、儿菜、芦笋、百合、豌豆、西葫芦、甜椒、芥蓝、菜用大豆、乌菜、葱、苋菜、辣椒、落葵、樱桃番茄、佛手瓜、人参果、春菜、奶白菜、刀豆、胡萝卜、南瓜、油麦菜、小白菜、紫甘蓝、青花菜、叶芥菜、豆瓣菜、枸杞叶、芋、瓠瓜、芋花、茄子、马铃薯、萝卜、姜、绿豆芽、菜豆、茼蒿、生菜、菜薹、苦瓜、大白菜、冬瓜、小油菜、娃娃菜、食荚豌豆、茭白、草头、青菜、甘薯叶、蒜薹、丝瓜、莴笋、水芹、雪莲果和竹笋。

根据检出农药的品种及频次进行排名，将各项排名前 10 位的蔬菜样品检出情况列表说明，详见表 4-55。

表 4-55　检出农药品种和频次排名前 10 的蔬菜

检出农药品种排名前 10（品种）	①芹菜（89），②番茄（83），③甜椒（79），④黄瓜（78），⑤菜豆（71），⑥茼蒿（67），⑦韭菜（66），⑧菠菜（65），⑨生菜（65），⑩青菜（57）
检出农药频次排名前 10（频次）	①番茄（2014），②黄瓜（1909），③芹菜（1859），④甜椒（1377），⑤菜豆（1075），⑥生菜（1015），⑦茄子（989），⑧小白菜（641），⑨菠菜（629），⑩韭菜（609）
检出禁用、高毒及剧毒农药品种排名前 10（品种）	①黄瓜（9），②青菜（9），③芹菜（9），④韭菜（8），⑤生菜（8），⑥番茄（8），⑦茼蒿（7），⑧甜椒（6），⑨茄子（6），⑩西葫芦（5）
检出禁用、高毒及剧毒农药频次排名前 10（频次）	①芹菜（126），②菜豆（83），③茄子（78），④韭菜（66），⑤甜椒（58），⑥番茄（49），⑦黄瓜（46），⑧茼蒿（36），⑨菠菜（34），⑩生菜（32）

4.3.5.2　超标农药品种和频次排前 10 的蔬菜

鉴于 MRL 欧盟标准和日本标准的制定比较全面且覆盖率较高，参照 MRL 中国国家标准、欧盟标准和日本标准衡量蔬菜样品中农残检出情况，将超标农药品种及频次排名前 10 的蔬菜列表说明，详见表 4-56。

表 4-56　超标农药品种和频次排名前 10 的蔬菜

超标农药品种排名前 10（农药品种数）	MRL 中国国家标准	①黄瓜（8），②芹菜（7），③韭菜（6），④大白菜（5），⑤茼蒿（5），⑥番茄（5），⑦菜豆（5），⑧茄子（4），⑨菠菜（4），⑩生菜（4）
	MRL 欧盟标准	①芹菜（51），②菜豆（34），③韭菜（33），④茼蒿（32），⑤小白菜（32），⑥番茄（30），⑦生菜（28），⑧黄瓜（27），⑨青菜（27），⑩甜椒（27）
	MRL 日本标准	①菜豆（53），②芹菜（34），③韭菜（31），④小白菜（25），⑤茼蒿（24），⑥菠菜（23），⑦黄瓜（23），⑧青菜（22），⑨生菜（20），⑩番茄（20）
超标农药频次排名前 10（农药频次数）	MRL 中国国家标准	①芹菜（52），②韭菜（41），③菜豆（33），④黄瓜（24），⑤茄子（23），⑥菠菜（18），⑦茼蒿（17），⑧甜椒（16），⑨萝卜（12），⑩生菜（12）
	MRL 欧盟标准	①芹菜（304），②菜豆（181），③黄瓜（140），④甜椒（132），⑤小白菜（130），⑥韭菜（123），⑦番茄（121），⑧茄子（112），⑨生菜（109），⑩茼蒿（103）
	MRL 日本标准	①菜豆（522），②芹菜（136），③韭菜（132），④茼蒿（127），⑤生菜（100），⑥小白菜（96），⑦番茄（72），⑧油麦菜（70），⑨菠菜（65），⑩甜椒（52）

通过对各品种蔬菜样本的总数及检出率进行综合分析发现，芹菜、番茄和甜椒的农药残留最为严重，参照 MRL 中国国家标准、欧盟标准和日本标准对上述 3 种蔬菜的农药残留检出情况进行进一步分析。

4.3.5.3　农药残留检出率较高的蔬菜样品分析

1）芹菜

共检测 537 例芹菜样品，479 例样品中检出了农药残留，检出率为 89.2%，检出农药共 89 种。其中多菌灵、烯酰吗啉、吡虫啉、苯醚甲环唑和啶虫脒检出频次较高，分别检出了 215、180、152、148 和 97 次。芹菜中农药的检出品种和频次见图 4-69，检出农药残留的超标情况见表 4-57 和图 4-70。

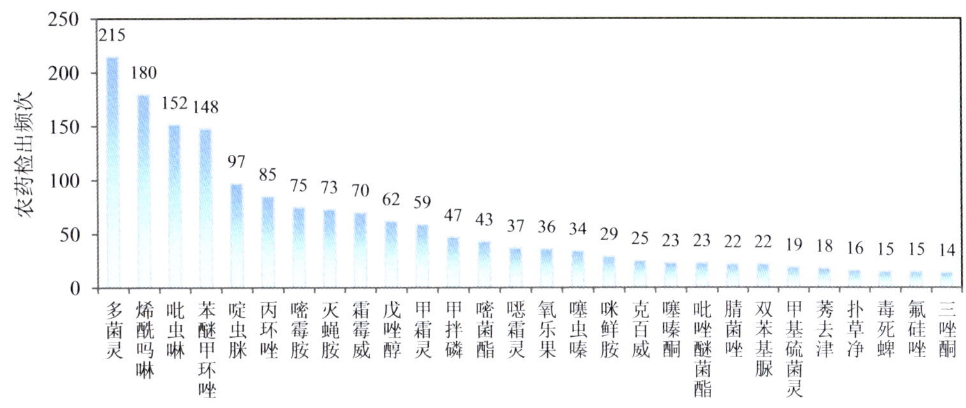

图 4-69　芹菜样品的检出农药品种和频次分析（仅列出 14 频次及以上的数据）

表 4-57　芹菜中的农药残留超标情况明细表

样品总数			检出农药样品数	样品检出率（%）	检出农药品种总数
537			479	89.2	89
	超标农药品种	超标农药频次	按照 MRL 中国国家标准、欧盟标准和日本标准衡量超标农药名称及频次		
中国国家标准	7	52	甲拌磷（22），氧乐果（12），克百威（12），毒死蜱（3），灭线磷（1），治螟磷（1），涕灭威（1）		
欧盟标准	51	304	多菌灵（35），嘧霉胺（31），霜霉威（30），克百威（23），甲拌磷（22），丙环唑（17），氧乐果（16），吡唑醚菌酯（11），噁霜灵（9），氟硅唑（7），腈菌唑（7），甲基硫菌灵（6），双苯基脲（5），三唑酮（5），醚菌酯（5），异丙威（5），三唑醇（4），咪鲜胺（4），烯唑醇（4），多效唑（4），三唑磷（4），己唑醇（3），毒死蜱（3），甲霜灵（3），丙溴磷（3），噻嗪酮（3），啶氧菌酯（3），虫酰肼（3），扑草净（3），乙霉威（2），乐果（2），甲胺磷（2），避蚊胺（2），噻唑磷（1），吡虫啉（1），稻瘟灵（1），涕灭威（1），乙草胺（1），异稻瘟净（1），甲氨基阿维菌素（1），甲哌（1），稻瘟酰胺（1），灭线磷（1），唑虫酰胺（1），治螟磷（1），烯啶虫胺（1），戊唑醇（1），速灭威（1），缬霉威（1），哒螨灵（1），福美双（1）		

续表

样品总数			检出农药样品数	样品检出率（%）	检出农药品种总数
537			479	89.2	89
日本标准	34	136	嘧霉胺（31），腈菌唑（11），甲基硫菌灵（11），氟硅唑（7），噻嗪酮（7），异丙威（5），多效唑（5），三唑酮（5），双苯基脲（5），三唑磷（4），烯唑醇（4），霜霉威（3），啶氧菌酯（3），戊唑醇（3），哒螨灵（3），毒死蜱（3），吡丙醚（2），灭线磷（2），甲哌（2），丙溴磷（2），莠去津（2），避蚊胺（2），己唑醇（2），扑草净（2），涕灭威（1），稻瘟酰胺（1），缬霉威（1），治螟磷（1），乙草胺（1），稻瘟灵（1），腈苯唑（1），速灭威（1），异稻瘟净（1），福美双（1）		

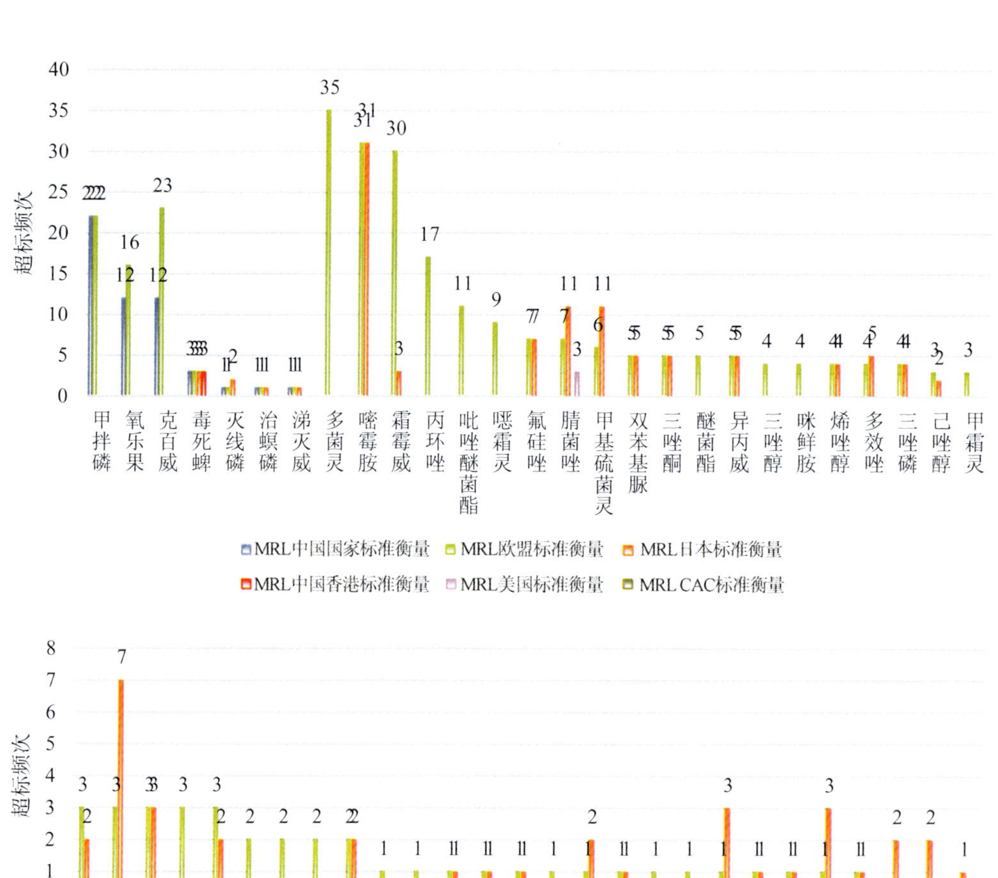

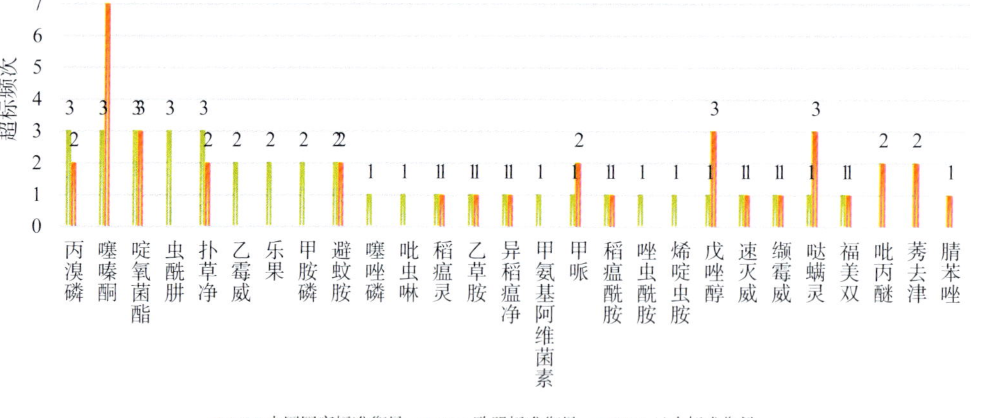

图 4-70 芹菜样品中的超标农药分析

2）番茄

共检测 621 例番茄样品，547 例样品中检出了农药残留，检出率为 88.1%，检出农药共 83 种。其中多菌灵、烯酰吗啉、啶虫脒、霜霉威和苯醚甲环唑检出频次较高，分别检出了 269、224、172、132 和 119 次。番茄中农药的检出品种和频次见图 4-71，检出农药残留超标情况见表 4-58 和图 4-72。

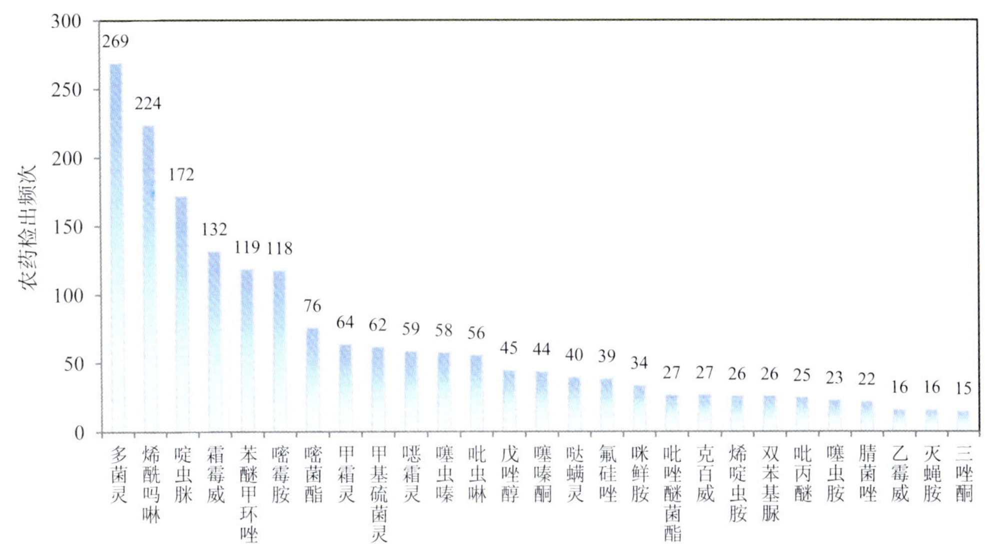

图 4-71　番茄样品的检出农药品种和频次分析（仅列出 15 频次及以上的数据）

表 4-58　番茄中的农药残留超标情况明细表

样品总数			检出农药样品数	样品检出率（%）	检出农药品种总数
621			547	88.1	83
	超标农药品种	超标农药频次	按照 MRL 中国国家标准、欧盟标准和日本标准衡量超标农药名称及频次		
中国国家标准	5	9	克百威（4），氧乐果（2），灭线磷（1），甲拌磷（1），霜霉威（1）		
欧盟标准	30	121	噁霜灵（26），克百威（21），啶虫脒（12），烯啶虫胺（11），双苯基脲（8），噻虫嗪（5），氟硅唑（5），三唑醇（4），多菌灵（3），氧乐果（2），三唑磷（2），甲哌（2），啶氧菌酯（2），炔螨特（2），避蚊胺（1），异丙威（1），噻虫胺（1），灭线磷（1），敌百虫（1），甲霜灵（1），丙环唑（1），鱼藤酮（1），稻瘟灵（1），兹克威（1），异稻瘟净（1），霜霉威（1），甲胺磷（1），烯唑醇（1），异丙净（1），甲拌磷（1）		
日本标准	20	72	甲基硫菌灵（34），双苯基脲（8），甲哌（7），氟硅唑（5），啶氧菌酯（2），三唑磷（2），避蚊胺（1），灭线磷（1），异稻瘟净（1），丙环唑（1），鱼藤酮（1），兹克威（1），异丙威（1），醚菌酯（1），腈苯唑（1），霜霉威（1），稻瘟灵（1），异丙净（1），烯唑醇（1），萘乙酰胺（1）		

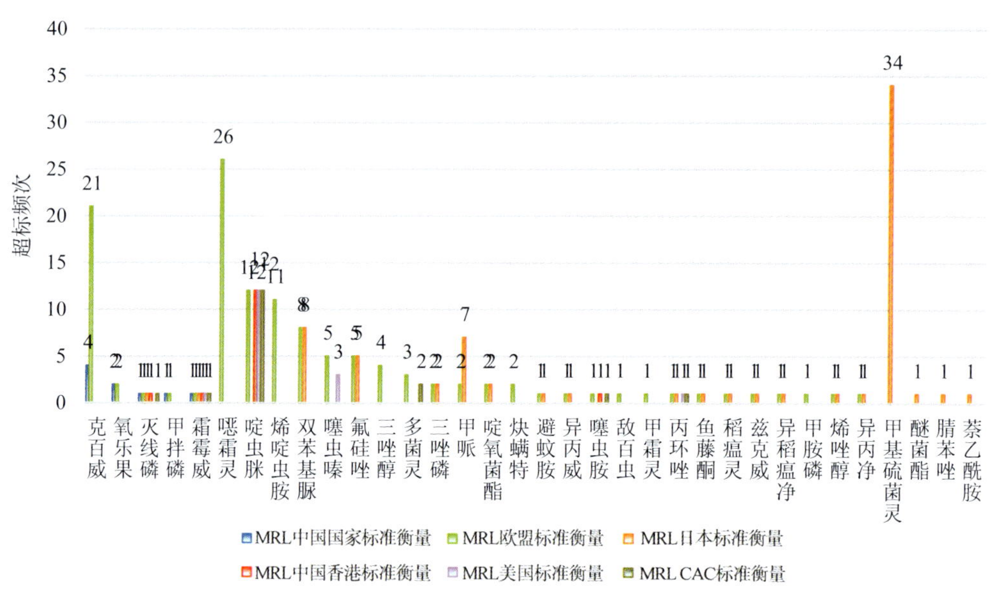

图 4-72　番茄样品中的超标农药分析

3）甜椒

共检测 549 例甜椒样品，440 例样品中检出了农药残留，检出率为 80.1%，检出农药共 79 种。其中啶虫脒、吡虫啉、多菌灵、烯酰吗啉和甲霜灵检出频次较高，分别检出了 237、152、125、93 和 86 次。甜椒中农药的检出品种和频次见图 4-73，检出农药残留的超标情况见表 4-59 和图 4-74。

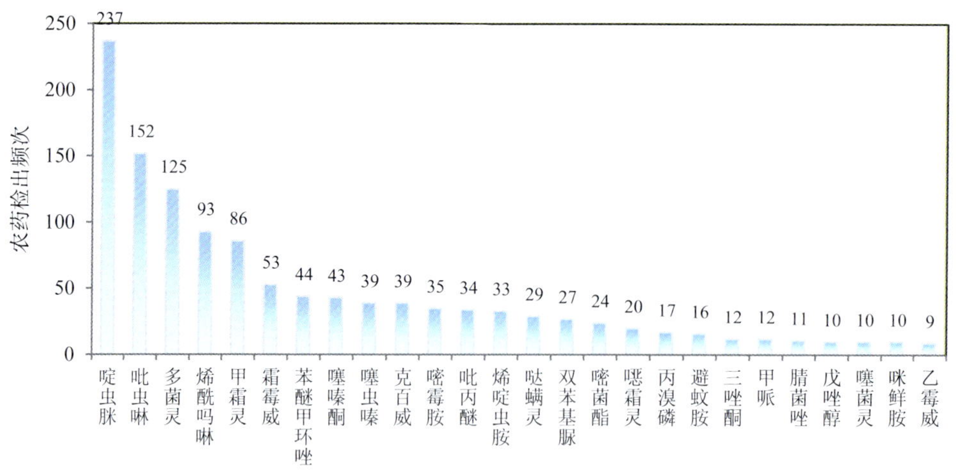

图 4-73　甜椒样品的检出农药品种和频次分析（仅列出 9 频次及以上的数据）

表 4-59　甜椒中的农药残留超标情况明细表

样品总数		检出农药样品数	样品检出率（%）	检出农药品种总数
549		440	80.1	79
	超标农药品种	超标农药频次	按照 MRL 中国国家标准、欧盟标准和日本标准衡量超标农药名称及频次	
中国国家标准	2	16	克百威（14），氧乐果（2）	
欧盟标准	27	132	克百威（35），烯啶虫胺（20），丙溴磷（13），噁霜灵（10），啶虫脒（10），多菌灵（8），双苯基脲（8），三唑醇（4），三唑磷（3），唑虫酰胺（2），氧乐果（2），噻虫胺（2），甲氨基阿维菌素（1），速灭威（1），环丙唑醇（1），乐果（1），甲哌（1），甲霜灵（1），兹克威（1），倍硫磷（1），炔螨特（1），避蚊胺（1），氧环唑（1），啶氧菌酯（1），甲基硫菌灵（1），仲丁威（1），氟硅唑（1）	
日本标准	19	52	嘧霉胺（16），双苯基脲（8），甲哌（6），甲基硫菌灵（5），三唑磷（3），乙嘧酚磺酸酯（1），氧环唑（1），炔螨特（1），啶氧菌酯（1），丙溴磷（1），氟硅唑（1），啶虫脒（1），速灭威（1），克百威（1），环丙唑醇（1），兹克威（1），倍硫磷（1），喹螨醚（1），避蚊胺（1）	

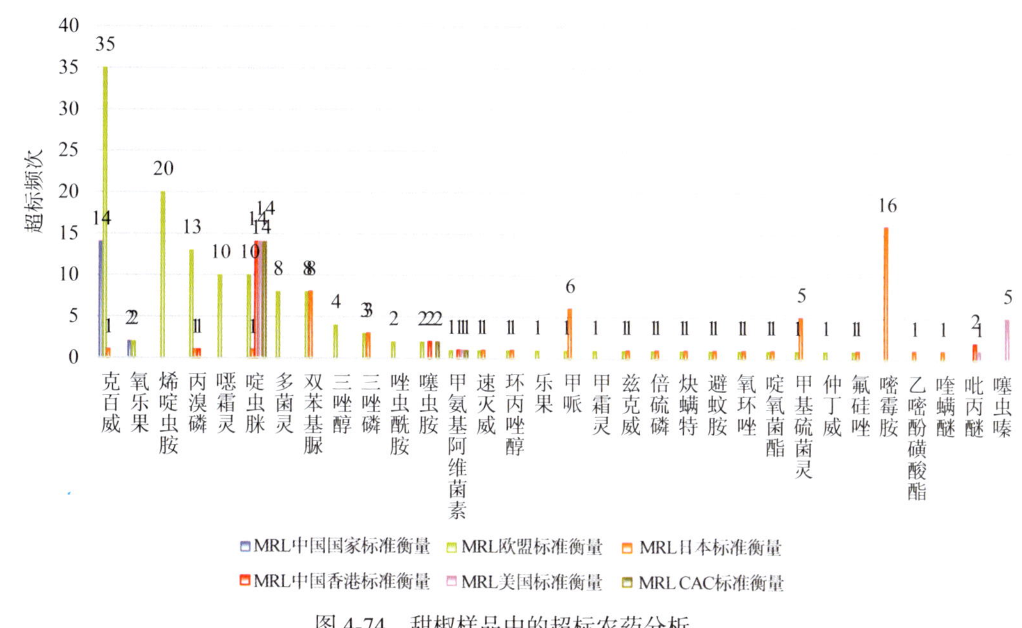

图 4-74　甜椒样品中的超标农药分析

4.3.6 小结

4.3.6.1 农药残留按 MRL 中国国家标准和国际主要 MRL 标准衡量的合格率有差异

本次侦测的 12551 例样品中，3653 例样品未检出任何残留农药，占样品总量的

29.1%，8898 例样品检出不同水平、不同种类的残留农药，占样品总量的 70.9%。在这 8898 例检出农药残留的样品中：按照 MRL 中国国家标准衡量，有 8535 例样品检出残留农药但含量没有超标，占样品总数的 68.0%，有 363 例样品检出了超标农药，占样品总数的 2.9%；按照 MRL 欧盟标准衡量，有 6711 例样品检出残留农药但含量未超标，占样品总数的 53.5%，有 2187 例样品检出了超标农药，占样品总数的 17.4%；按照 MRL 日本标准衡量，有 6943 例样品检出残留农药但含量未超标，占样品总数的 55.3%，有 1955 例样品检出了超标农药，占样品总数的 15.6%；按照 MRL 中国香港标准衡量，有 8720 例样品检出残留农药但含量未超标，占样品总数的 69.5%，有 178 例样品检出了超标农药，占样品总数的 1.4%；按照 MRL 美国标准衡量，有 8743 例样品检出残留农药但含量未超标，占样品总数的 69.7%，有 155 例样品检出了超标农药，占样品总数的 1.2%；按照 MRL CAC 标准衡量，有 8724 例样品检出残留农药但含量未超标，占样品总数的 69.5%，有 174 例样品检出了超标农药，占样品总数的 1.4%。

4.3.6.2 检出农药以中低微毒农药为主

侦测的 12551 例样品包括调味料 2 种 53 例，谷物 1 种 11 例，食用菌 5 种 3826 例，水果 41 种 423 例，蔬菜 79 种 8238 例，共检出了 174 种农药，检出农药的毒性以中低微毒为主，详见表 4-60。

表 4-60 市场主体农药的毒性分布

毒性	检出品种	占比（%）	检出频次	占比（%）
剧毒农药	4	2.3	181	0.7
高毒农药	13	7.5	840	3.3
中毒农药	66	37.9	11258	44.2
低毒农药	67	38.5	6226	24.4
微毒农药	24	13.8	6981	27.4
中低微毒农药，品种占比 90.2%，频次占比 96.0%				

4.3.6.3 检出剧毒、高毒和禁用农药现象应该警醒

在此次侦测的 12551 例样品中有 43 种蔬菜和 22 种水果的 946 例样品检出了 18 种 1022 频次的剧毒和高毒或禁用农药，占样品总量的 7.5%。其中剧毒农药甲拌磷、涕灭威和灭线磷以及高毒农药克百威、氧乐果和三唑磷的检出频次较高。

按 MRL 中国国家标准衡量，剧毒农药甲拌磷，检出 157 次，超标 73 次；涕灭威，检出 10 次，超标 4 次；灭线磷，检出 8 次，超标 5 次；高毒农药克百威，检出 361 次，超标 121 次；氧乐果，检出 236 次，超标 93 次；按超标程度比较，韭菜中氧乐果超标

729.7 倍，韭菜中甲拌磷超标 221.7 倍，菜豆中氧乐果超标 78.4 倍，桃中克百威超标 58.9 倍，甜椒中克百威超标 49.5 倍。

剧毒、高毒或禁用农药的检出情况及按照 MRL 中国国家标准衡量的超标情况见表 4-61。

表 4-61 剧毒、高毒或禁用农药的检出及超标明细

序号	农药名称	样品名称	检出频次	超标频次	最大超标倍数	超标率（%）
1.1	涕灭威*▲	黄瓜	2	2	1.7	100.0
1.2	涕灭威*▲	芹菜	1	1	19.3	100.0
1.3	涕灭威*▲	葱	1	1	0.7	100.0
1.4	涕灭威*▲	大白菜	1	0	0	0.0
1.5	涕灭威*▲	山药	1	0	0	0.0
1.6	涕灭威*▲	胡萝卜	1	0	0	0.0
1.7	涕灭威*▲	葡萄	1	0	0	0.0
1.8	涕灭威*▲	西瓜	1	0	0	0.0
1.9	涕灭威*▲	西葫芦	1	0	0	0.0
2.1	灭线磷*▲	茼蒿	2	2	2.7	100.0
2.2	灭线磷*▲	芹菜	2	1	13.9	50.0
2.3	灭线磷*▲	番茄	1	1	18	100.0
2.4	灭线磷*▲	大白菜	1	1	0.5	100.0
2.5	灭线磷*▲	火龙果	1	0	0	0.0
2.6	灭线磷*▲	韭菜	1	0	0	0.0
3.1	特丁硫磷*▲	韭菜	3	2	0.9	66.7
3.2	特丁硫磷*▲	生菜	1	1	2.0	100.0
3.3	特丁硫磷*▲	菠萝	1	0	0	0.0
3.4	特丁硫磷*▲	雪莲果	1	0	0	0.0
4.1	甲拌磷*▲	芹菜	47	22	14.6	46.8
4.2	甲拌磷*▲	茼蒿	16	10	15	62.5
4.3	甲拌磷*▲	萝卜	14	11	38.2	78.6
4.4	甲拌磷*▲	胡萝卜	14	6	34.7	42.9
4.5	甲拌磷*▲	韭菜	13	7	221.7	53.8
4.6	甲拌磷*▲	桃	6	2	27.0	33.3
4.7	甲拌磷*▲	菠菜	5	3	9.1	60.0
4.8	甲拌磷*▲	小白菜	4	1	6.0	25.0

续表

序号	农药名称	样品名称	检出频次	超标频次	最大超标倍数	超标率（%）
4.9	甲拌磷*▲	生菜	3	2	16.2	66.7
4.10	甲拌磷*▲	番茄	3	1	8.1	33.3
4.11	甲拌磷*▲	梨	3	1	1	33.3
4.12	甲拌磷*▲	小茴香	3	0	0	0.0
4.13	甲拌磷*▲	甜椒	3	0	0	0.0
4.14	甲拌磷*▲	马铃薯	3	0	0	0.0
4.15	甲拌磷*▲	苦苣	2	1	1.2	50.0
4.16	甲拌磷*▲	草莓	2	1	0.5	50.0
4.17	甲拌磷*▲	青菜	2	1	0.2	50.0
4.18	甲拌磷*▲	芫荽	2	0	0	0.0
4.19	甲拌磷*▲	蕹菜	1	1	9.8	100.0
4.20	甲拌磷*▲	黄瓜	1	1	8.4	100.0
4.21	甲拌磷*▲	菜薹	1	1	1.2	100.0
4.22	甲拌磷*▲	辣椒	1	1	1	100.0
4.23	甲拌磷*▲	冬瓜	1	0	0	0.0
4.24	甲拌磷*▲	大白菜	1	0	0	0.0
4.25	甲拌磷*▲	樱桃番茄	1	0	0	0.0
4.26	甲拌磷*▲	茄子	1	0	0	0.0
4.27	甲拌磷*▲	蘑菇	1	0	0	0.0
4.28	甲拌磷*▲	西瓜	1	0	0	0.0
4.29	甲拌磷*▲	西葫芦	1	0	0	0.0
4.30	甲拌磷*▲	金橘	1	0	0	0.0
5.1	三唑磷◊	菜豆	23	0	0	0.0
5.2	三唑磷◊	茄子	19	0	0	0.0
5.3	三唑磷◊	桃	12	0	0	0.0
5.4	三唑磷◊	芹菜	9	0	0	0.0
5.5	三唑磷◊	韭菜	9	0	0	0.0
5.6	三唑磷◊	李子	6	0	0	0.0
5.7	三唑磷◊	橘	6	0	0	0.0
5.8	三唑磷◊	甜椒	6	0	0	0.0
5.9	三唑磷◊	番茄	6	0	0	0.0
5.10	三唑磷◊	樱桃番茄	5	0	0	0.0
5.11	三唑磷◊	草莓	5	0	0	0.0

续表

序号	农药名称	样品名称	检出频次	超标频次	最大超标倍数	超标率（%）
5.12	三唑磷◊	辣椒	4	0	0	0.0
5.13	三唑磷◊	金橘	4	0	0	0.0
5.14	三唑磷◊	小油菜	3	0	0	0.0
5.15	三唑磷◊	橙	3	0	0	0.0
5.16	三唑磷◊	荔枝	3	0	0	0.0
5.17	三唑磷◊	青菜	3	0	0	0.0
5.18	三唑磷◊	黄瓜	3	0	0	0.0
5.19	三唑磷◊	小白菜	2	0	0	0.0
5.20	三唑磷◊	枣	2	0	0	0.0
5.21	三唑磷◊	菜薹	2	0	0	0.0
5.22	三唑磷◊	西瓜	2	0	0	0.0
5.23	三唑磷◊	梨	1	0	0	0.0
5.24	三唑磷◊	生菜	1	0	0	0.0
5.25	三唑磷◊	番石榴	1	0	0	0.0
5.26	三唑磷◊	结球甘蓝	1	0	0	0.0
5.27	三唑磷◊	胡萝卜	1	0	0	0.0
5.28	三唑磷◊	芒果	1	0	0	0.0
5.29	三唑磷◊	苹果	1	0	0	0.0
5.30	三唑磷◊	茼蒿	1	0	0	0.0
5.31	三唑磷◊	葡萄	1	0	0	0.0
5.32	三唑磷◊	蕹菜	1	0	0	0.0
5.33	三唑磷◊	蘑菇	1	0	0	0.0
5.34	三唑磷◊	韭菜花	1	0	0	0.0
5.35	三唑磷◊	香蕉	1	0	0	0.0
6.1	久效威亚砜◊	苹果	1	0	0	0.0
7.1	乙基杀扑磷◊	梨	1	0	0	0.0
7.2	乙基杀扑磷◊	草莓	1	0	0	0.0
8.1	亚砜磷◊	冬瓜	1	0	0	0.0
8.2	亚砜磷◊	生菜	1	0	0	0.0
8.3	亚砜磷◊	苹果	1	0	0	0.0
8.4	亚砜磷◊	西瓜	1	0	0	0.0
8.5	亚砜磷◊	黄瓜	1	0	0	0.0
9.1	克百威◊▲	菜豆	40	19	14.6	47.5

续表

序号	农药名称	样品名称	检出频次	超标频次	最大超标倍数	超标率（%）
9.2	克百威◊▲	甜椒	39	14	49.5	35.9
9.3	克百威◊▲	茄子	36	11	3.6	30.6
9.4	克百威◊▲	黄瓜	34	9	5.7	26.5
9.5	克百威◊▲	番茄	27	4	3.1	14.8
9.6	克百威◊▲	芹菜	25	12	9.3	48.0
9.7	克百威◊▲	草莓	15	5	3.2	33.3
9.8	克百威◊▲	韭菜	14	7	7.9	50.0
9.9	克百威◊▲	桃	14	5	58.9	35.7
9.10	克百威◊▲	菠菜	13	7	25.1	53.8
9.11	克百威◊▲	小油菜	9	5	7.9	55.6
9.12	克百威◊▲	生菜	8	5	3.5	62.5
9.13	克百威◊▲	梨	8	0	0	0.0
9.14	克百威◊▲	西葫芦	6	2	0.8	33.3
9.15	克百威◊▲	冬瓜	6	1	5	16.7
9.16	克百威◊▲	橘	6	1	0.4	16.7
9.17	克百威◊▲	青菜	5	3	3.7	60.0
9.18	克百威◊▲	结球甘蓝	5	1	0.1	20.0
9.19	克百威◊▲	苹果	5	0	0	0.0
9.20	克百威◊▲	葡萄	4	2	9.7	50.0
9.21	克百威◊▲	大白菜	4	2	1.5	50.0
9.22	克百威◊▲	樱桃番茄	4	0	0	0.0
9.23	克百威◊▲	油麦菜	3	1	5.5	33.3
9.24	克百威◊▲	茼蒿	3	1	0.6	33.3
9.25	克百威◊▲	小白菜	3	0	0	0.0
9.26	克百威◊▲	番石榴	2	1	0.2	50.0
9.27	克百威◊▲	橙	2	0	0	0.0
9.28	克百威◊▲	菜薹	2	0	0	0.0
9.29	克百威◊▲	蘑菇	2	0	0	0.0
9.30	克百威◊▲	西瓜	2	0	0	0.0
9.31	克百威◊▲	豇豆	2	0	0	0.0
9.32	克百威◊▲	枸杞叶	1	1	20.7	100.0
9.33	克百威◊▲	叶芥菜	1	1	11.1	100.0
9.34	克百威◊▲	葱	1	1	0.3	100.0

续表

序号	农药名称	样品名称	检出频次	超标频次	最大超标倍数	超标率（%）
9.35	克百威◊▲	丝瓜	1	0	0	0.0
9.36	克百威◊▲	人参果	1	0	0	0.0
9.37	克百威◊▲	大蒜	1	0	0	0.0
9.38	克百威◊▲	小茴香	1	0	0	0.0
9.39	克百威◊▲	山药	1	0	0	0.0
9.40	克百威◊▲	杏	1	0	0	0.0
9.41	克百威◊▲	芫荽	1	0	0	0.0
9.42	克百威◊▲	辣椒	1	0	0	0.0
9.43	克百威◊▲	金橘	1	0	0	0.0
9.44	克百威◊▲	香菇	1	0	0	0.0
10.1	兹克威◊	青菜	3	0	0	0.0
10.2	兹克威◊	甜椒	1	0	0	0.0
10.3	兹克威◊	番茄	1	0	0	0.0
10.4	兹克威◊	草莓	1	0	0	0.0
11.1	杀线威◊	大蒜	1	0	0	0.0
11.2	杀线威◊	西瓜	1	0	0	0.0
11.3	杀线威◊	西葫芦	1	0	0	0.0
11.4	杀线威◊	黄瓜	1	0	0	0.0
12.1	氧乐果◊▲	芹菜	36	12	43.9	33.3
12.2	氧乐果◊▲	韭菜	23	19	729.7	82.6
12.3	氧乐果◊▲	葡萄	17	6	2.6	35.3
12.4	氧乐果◊▲	茄子	16	10	12.8	62.5
12.5	氧乐果◊▲	菠菜	14	7	5.3	50.0
12.6	氧乐果◊▲	生菜	14	4	13.9	28.6
12.7	氧乐果◊▲	菜豆	11	6	78.4	54.5
12.8	氧乐果◊▲	茼蒿	10	3	8.2	30.0
12.9	氧乐果◊▲	苹果	9	4	26.7	44.4
12.10	氧乐果◊▲	番茄	9	2	3.6	22.2
12.11	氧乐果◊▲	桃	8	4	2.5	50.0
12.12	氧乐果◊▲	甜椒	6	2	24.5	33.3
12.13	氧乐果◊▲	枣	6	2	1.1	33.3
12.14	氧乐果◊▲	梨	5	1	1.3	20.0
12.15	氧乐果◊▲	大白菜	4	1	10.5	25.0

续表

序号	农药名称	样品名称	检出频次	超标频次	最大超标倍数	超标率（%）
12.16	氧乐果◊▲	小油菜	4	1	0.8	25.0
12.17	氧乐果◊▲	橙	4	1	0.8	25.0
12.18	氧乐果◊▲	香蕉	4	0	0	0.0
12.19	氧乐果◊▲	结球甘蓝	3	2	0.6	66.7
12.20	氧乐果◊▲	西葫芦	3	1	23.6	33.3
12.21	氧乐果◊▲	草莓	3	1	8.2	33.3
12.22	氧乐果◊▲	橘	2	1	2.1	50.0
12.23	氧乐果◊▲	芫荽	2	0	0	0.0
12.24	氧乐果◊▲	蘑菇	2	0	0	0.0
12.25	氧乐果◊▲	西瓜	2	0	0	0.0
12.26	氧乐果◊▲	辣椒	2	0	0	0.0
12.27	氧乐果◊▲	葱	1	1	4.5	100.0
12.28	氧乐果◊▲	青菜	1	1	0.7	100.0
12.29	氧乐果◊▲	洋葱	1	1	0.4	100.0
12.30	氧乐果◊▲	小白菜	1	0	0	0.0
12.31	氧乐果◊▲	小茴香	1	0	0	0.0
12.32	氧乐果◊▲	平菇	1	0	0	0.0
12.33	氧乐果◊▲	柠檬	1	0	0	0.0
12.34	氧乐果◊▲	樱桃	1	0	0	0.0
12.35	氧乐果◊▲	樱桃番茄	1	0	0	0.0
12.36	氧乐果◊▲	胡萝卜	1	0	0	0.0
12.37	氧乐果◊▲	芒果	1	0	0	0.0
12.38	氧乐果◊▲	花椰菜	1	0	0	0.0
12.39	氧乐果◊▲	菜薹	1	0	0	0.0
12.40	氧乐果◊▲	蒜薹	1	0	0	0.0
12.41	氧乐果◊▲	青花菜	1	0	0	0.0
12.42	氧乐果◊▲	马铃薯	1	0	0	0.0
12.43	氧乐果◊▲	黄瓜	1	0	0	0.0
13.1	水胺硫磷◊▲	杨桃	2	0	0	0.0
13.2	水胺硫磷◊▲	菜豆	2	0	0	0.0
13.3	水胺硫磷◊▲	茄子	1	0	0	0.0
13.4	水胺硫磷◊▲	韭菜	1	0	0	0.0
14.1	治螟磷◊▲	芹菜	3	1	0.9	33.3

续表

序号	农药名称	样品名称	检出频次	超标频次	最大超标倍数	超标率（%）
15.1	灭多威◊▲	梨	7	0	0	0.0
15.2	灭多威◊▲	菜豆	7	0	0	0.0
15.3	灭多威◊▲	茄子	5	0	0	0.0
15.4	灭多威◊▲	甜椒	3	0	0	0.0
15.5	灭多威◊▲	生菜	3	0	0	0.0
15.6	灭多威◊▲	茼蒿	3	0	0	0.0
15.7	灭多威◊▲	菠菜	2	0	0	0.0
15.8	灭多威◊▲	葡萄	2	0	0	0.0
15.9	灭多威◊▲	冬瓜	1	0	0	0.0
15.10	灭多威◊▲	娃娃菜	1	0	0	0.0
15.11	灭多威◊▲	李子	1	0	0	0.0
15.12	灭多威◊▲	杨桃	1	0	0	0.0
15.13	灭多威◊▲	桃	1	0	0	0.0
15.14	灭多威◊▲	芥蓝	1	0	0	0.0
15.15	灭多威◊▲	芹菜	1	0	0	0.0
15.16	灭多威◊▲	蘑菇	1	0	0	0.0
15.17	灭多威◊▲	西瓜	1	0	0	0.0
15.18	灭多威◊▲	豇豆	1	0	0	0.0
15.19	灭多威◊▲	辣椒	1	0	0	0.0
15.20	灭多威◊▲	青菜	1	0	0	0.0
15.21	灭多威◊▲	黄瓜	1	0	0	0.0
16.1	甲胺磷◊▲	桃	2	0	0	0.0
16.2	甲胺磷◊▲	芹菜	2	0	0	0.0
16.3	甲胺磷◊▲	苹果	2	0	0	0.0
16.4	甲胺磷◊▲	韭菜	2	0	0	0.0
16.5	甲胺磷◊▲	小白菜	1	1	4.2	100.0
16.6	甲胺磷◊▲	结球甘蓝	1	1	1.0	100.0
16.7	甲胺磷◊▲	茼蒿	1	1	0.3	100.0
16.8	甲胺磷◊▲	葡萄	1	1	0.2	100.0
16.9	甲胺磷◊▲	哈密瓜	1	0	0	0.0
16.10	甲胺磷◊▲	生菜	1	0	0	0.0
16.11	甲胺磷◊▲	番茄	1	0	0	0.0
16.12	甲胺磷◊▲	蕹菜	1	0	0	0.0

续表

序号	农药名称	样品名称	检出频次	超标频次	最大超标倍数	超标率（%）
16.13	甲胺磷◊▲	青菜	1	0	0	0.0
17.1	苯线磷◊▲	黄瓜	2	1	0.7	50.0
17.2	苯线磷◊▲	番茄	1	0	0	0.0
17.3	苯线磷◊▲	青菜	1	0	0	0.0
18.1	丁酰肼▲	青菜	1	0	0	0.0
合计			1022	305		29.8

注：*表示剧毒农药；◊为高毒农药；▲为禁用农药；超标倍数参照 MRL 中国国家标准衡量

上述超标的剧毒和高毒农药均为中国政府早有规定禁止在水果蔬菜中使用的农药，仍屡次被检出，应该引起警惕。

4.3.6.4　残留限量标准与先进国家限量标准差距较大

25486 频次的检出结果与我国公布的《食品中农药最大残留限量》(GB 2763—2014)对比，有 10645 频次能找到对应的 MRL 中国国家标准，占 41.8%；还有 14841 频次的侦测数据无相关 MRL 标准供参考，占 58.2%。与国际上现行 MRL 标准对比发现：有 25486 频次能找到对应的 MRL 欧盟标准，占 100.0%；有 25486 频次能找到对应的 MRL 日本标准，占 100.0%；有 14957 频次能找到对应的 MRL 中国香港标准，占 58.7%；有 13088 频次能找到对应的 MRL 美国标准，占 51.4%；有 11380 频次能找到对应的 MRL CAC 标准，占 44.7%。由此可见，我国的 MRL 国家标准与国际标准有很大差距，我国无标准，国外有标准，这导致我国在国际贸易中，处于受制于人的被动地位。

4.3.6.5　单种样品检出近百种农药残留，急需加强农药使用的规范性

通过此次监测发现，葡萄、苹果和桃是检出农药品种最多的 3 种水果，芹菜、番茄和甜椒是检出农药品种最多的 3 种蔬菜，从中检出农药的品种及频次详见表 4-62。

表 4-62　单种样品检出农药的品种及频次

样品名称	样品总数	检出农药样品数	检出率（%）	检出农药品种数	检出农药（频次）
芹菜	537	479	89.2	89	多菌灵(215)，烯酰吗啉(180)，吡虫啉(152)，苯醚甲环唑(148)，啶虫脒(97)，丙环唑(85)，嘧霉胺(75)，灭蝇胺(73)，霜霉威(70)，戊唑醇(62)，甲霜灵(59)，甲拌磷(47)，嘧菌酯(43)，噁霜灵(37)，氧乐果(36)，噻虫嗪(34)，咪鲜胺(29)，克百威(25)，噻嗪酮(23)，吡唑醚菌酯(23)，腈菌唑(22)，双苯基脲(22)，

续表

样品名称	样品总数	检出农药样品数	检出率（%）	检出农药品种数	检出农药（频次）
芹菜	537	479	89.2	89	甲基硫菌灵（19），莠去津（18），扑草净（16），毒死蜱（15），氟硅唑（15），三唑酮（14），哒螨灵（13），噻菌灵（12），乐果（11），三唑磷（9），虫酰肼（9），己唑醇（8），多效唑（8），醚菌酯（7），烯唑醇（7），三唑醇（7），避蚊胺（7），甲哌（7），马拉硫磷（6），异丙威（6），乙霉威（6），肟菌酯（5），甲氨基阿维菌素（4），三环唑（3），马拉氧磷（3），异丙隆（3），治螟磷（3），啶氧菌酯（3），乙草胺（3），丙溴磷（3），噻虫胺（3），缬霉威（2），甲基嘧啶磷（2），去乙基阿特拉津（2），异丙甲草胺（2），嘧菌环胺（2），氟环唑（2），抑霉唑（2），烯啶虫胺（2），扑灭津（2），灭线磷（2），甲胺磷（2），吡丙醚（2），敌百虫（2），残杀威（1），福美双（1），稻瘟酰胺（1），唑虫酰胺（1），涕灭威（1），3，4，5-混杀威（1），茚虫威（1），仲丁威（1），抗蚜威（1），噻唑磷（1），杀铃脲（1），稻瘟灵（1），灭多威（1），苯嗪草酮（1），速灭威（1），腈苯唑（1），增效醚（1），异戊乙净（1），环丙唑醇（1），异稻瘟净（1），吡蚜酮（1），辛硫磷（1），6-苄氨基嘌呤（1）
番茄	621	547	88.1	83	多菌灵（269），烯酰吗啉（224），啶虫脒（172），霜霉威（132），苯醚甲环唑（119），嘧霉胺（118），嘧菌酯（76），甲霜灵（64），甲基硫菌灵（62），噁霜灵（59），噻虫嗪（58），吡虫啉（56），戊唑醇（45），噻嗪酮（44），哒螨灵（40），氟硅唑（39），咪鲜胺（34），吡唑醚菌酯（27），克百威（27），烯啶虫胺（26），双苯基脲（26），吡丙醚（25），噻虫胺（23），腈菌唑（22），乙霉威（16），灭蝇胺（16），三唑酮（15），甲哌（14），丙环唑（14），肟菌酯（11），氧乐果（9），三唑醇（8），乐果（8），二甲嘧酚（7），避蚊胺（6），三唑磷（6），虫酰肼（6），啶氧菌酯（5），嘧菌环胺（5），丙溴磷（5），毒死蜱（5），莠去津（4），粉唑醇（4），抑霉唑（3），炔螨特（3），甲氨基阿维菌素（3），甲拌磷（3），己唑醇（3），三环唑（2），异丙威（2），非草隆（2），甲氧丙净（2），稻瘟灵（2），烯唑醇（2），多效唑（2），缬霉威（2），马拉氧磷（2），增效醚（2），噻唑磷（2），氟菌唑（2），乙嘧酚（2），二嗪磷（1），乙嘧酚磺酸酯（1），残杀威（1），异丙净（1），苯线磷（1），乙草胺（1），氟环唑（1），唑螨酯（1），丁噻隆（1），醚菌酯（1），萘乙酰胺（1），噻菌灵（1），腈苯唑（1），马拉硫磷（1），兹克威（1），灭线磷（1），异稻瘟净（1），鱼藤酮（1），敌百虫（1），甲胺磷（1），环莠隆（1），螺螨酯（1）

续表

样品名称	样品总数	检出农药样品数	检出率（%）	检出农药品种数	检出农药（频次）
甜椒	549	440	80.1	79	啶虫脒（237），吡虫啉（152），多菌灵（125），烯酰吗啉（93），甲霜灵（86），霜霉威（53），苯醚甲环唑（44），噻嗪酮（43），噻虫嗪（39），克百威（39），嘧霉胺（35），吡丙醚（34），烯啶虫胺（33），哒螨灵（29），双苯基脲（27），嘧菌酯（24），噁霜灵（20），丙溴磷（17），避蚊胺（16），三唑酮（12），甲哌（12），腈菌唑（11），戊唑醇（10），噻菌灵（10），咪鲜胺（10），乙霉威（9），噻虫胺（7），甲基硫菌灵（7），三唑醇（7），醚菌酯（7），肟菌酯（7），吡唑醚菌酯（7），抑霉唑（7），唑虫酰胺（7），氧乐果（6），氟硅唑（6），灭蝇胺（6），三唑磷（6），乐果（5），丙环唑（4），己唑醇（4），三环唑（4），粉唑醇（4），甲拌磷（3），灭多威（3），多效唑（3），螺螨酯（3），甲氨基阿维菌素（3），倍硫磷（2），二嗪磷（2），残杀威（2），马拉氧磷（2），乙螨唑（2），四氟醚唑（2），非草隆（2），莠去津（2），噻唑磷（2），炔螨特（2），乙嘧酚磺酸酯（1），莠去通（1），氧环唑（1），啶氧菌酯（1），氟菌唑（1），仲丁威（1），异丙净（1），联苯肼酯（1），嘧菌环胺（1），唑螨酯（1），噻虫啉（1），速灭威（1），增效醚（1），马拉硫磷（1），氟甲喹（1），毒死蜱（1），环丙唑醇（1），兹克威（1），敌百虫（1），喹螨醚（1），吡蚜酮（1）
葡萄	421	376	89.3	77	烯酰吗啉（164），嘧霉胺（160），多菌灵（160），苯醚甲环唑（113），嘧菌酯（113），戊唑醇（107），吡虫啉（97），吡唑醚菌酯（81），啶虫脒（67），甲霜灵（54），咪鲜胺（50），霜霉威（48），腈菌唑（47），嘧菌环胺（46），肟菌酯（45），双苯基脲（40），氟硅唑（38），环酰菌胺（36），乙嘧酚（25），三唑酮（22），抑霉唑（22），甲基硫菌灵（19），丙环唑（17），醚菌酯（17），氧乐果（17），己唑醇（17），避蚊胺（12），噻虫嗪（11），四氟醚唑（8），缬霉威（8），噻嗪酮（8），喹氧灵（7），腈苯唑（7），烯唑醇（6），甲哌（6），6-苄氨基嘌呤（5），啶氧菌酯（5），多效唑（5），氯吡脲（4），噁霜灵（4），戊菌唑（4），克百威（4），茚虫威（4），乐果（4），噻虫胺（4），莠去津（3），甲氧虫酰肼（3），哒螨灵（3），乙嘧酚磺酸酯（3），毒死蜱（3），噻菌灵（3），虫酰肼（3），三唑醇（3），氟环唑（2），螺螨酯（2），灭蝇胺（2），胺菊酯（2），二甲嘧酚（2），甲氨基阿维菌素（2），氟菌唑（2），灭多威（2），乙霉威（1），涕灭威（1），三唑磷（1），环丙唑醇（1），残杀威（1），呋虫胺（1），粉唑醇（1），甲胺磷（1），炔螨特（1），异丙净（1），马拉硫磷（1），多杀霉素（1），唑螨酯（1），螺环菌胺（1），辛硫磷（1），4-十二烷基-2，6-二甲基吗啉（1）

续表

样品名称	样品总数	检出农药样品数	检出率（%）	检出农药品种数	检出农药（频次）
苹果	628	579	92.2	63	多菌灵（514），啶虫脒（137），戊唑醇（66），甲基硫菌灵（63），双苯基脲（39），嘧霉胺（23），吡虫啉（22），烯酰吗啉（21），噻菌灵（18），避蚊胺（14），抑霉唑（14），苯醚甲环唑（13），咪鲜胺（11），氧乐果（9），三唑酮（8），哒螨灵（7），马拉硫磷（7），霜霉威（7），多效唑（7），噻嗪酮（6），乐果（6），炔螨特（6），嘧菌酯（6），丙环唑（6），克百威（5），非草隆（5），吡唑醚菌酯（5），残杀威（4），甲霜灵（4），氟硅唑（4），虫酰肼（3），丁二酸二丁酯（3），增效醚（3），腈菌唑（3），噻虫啉（3），毒死蜱（3），二嗪磷（2），噻虫嗪（2），甲萘威（2），莠去通（2），马拉氧磷（2），多杀霉素（2），扑草净（2），甲胺磷（2），异丙隆（2），噁霜灵（2），胺菊酯（1），烯唑醇（1），甲哌（1），三唑磷（1），亚砜磷（1），氟甲喹（1），丙溴磷（1），速灭威（1），腈苯唑（1），甲基嘧啶磷（1），久效威亚砜（1），莠去津（1），抗蚜威（1），三唑醇（1），杀铃脲（1），灭蝇胺（1），肟菌酯（1）
桃	310	274	88.4	62	多菌灵（192），吡虫啉（94），多效唑（82），苯醚甲环唑（65），啶虫脒（61），甲基硫菌灵（35），哒螨灵（31），戊唑醇（28），毒死蜱（26），双苯基脲（23），噻嗪酮（19），氟硅唑（15），克百威（14），烯酰吗啉（13），避蚊胺（12），三唑磷（12），嘧霉胺（10），甲氨基阿维菌素（10），嘧菌酯（9），咪鲜胺（9），腈菌唑（9），己唑醇（9），氧乐果（8），抑霉唑（7），乐果（7），丙溴磷（7），丙环唑（6），甲拌磷（6），腈苯唑（6），甲霜灵（5），噻菌灵（5），吡唑醚菌酯（4），烯啶虫胺（4），三唑酮（3），残杀威（3），马拉硫磷（3），霜霉威（3），增效醚（2），茚虫威（2），甲胺磷（2），肟菌酯（2），稻瘟灵（2），炔螨特（2），莠去津（2），噻虫胺（2），三环唑（2），甲哌（1），氟甲喹（1），乙螨唑（1），灭蝇胺（1），噻虫嗪（1），环酰菌胺（1），联苯肼酯（1），抗蚜威（1），粉唑醇（1），乙嘧酚（1），马拉氧磷（1），烯唑醇（1），灭多威（1），吡丙醚（1），螺螨酯（1），胺菊酯（1）

上述 6 种水果蔬菜，检出农药 62~89 种，是多种农药综合防治，还是未严格实施农业良好管理规范（GAP），抑或是乱施药，值得我们思考。

4.4 结　论

4.4.1 初步查清了全国 31 个省会/直辖市市售水果蔬菜农药残留“家底”

（1）本研究首次采用 GC-Q-TOF/MS 技术，对全国 31 个省会/直辖市，471 个采样点，106 种水果蔬菜，共计 9823 例样品进行了非靶向目标物农药残留筛查，得到检测数据 6954684 个，初步查清了 8 个方面的本底水平：

①31 个省会/直辖市的水果蔬菜农药残留“家底”：31 个省会/直辖市被测样品的农药检出率范围为 54.0%~96.9%，其中，长春市、天津市、南昌市、临沂市、日照市、泰安市、威海市、潍坊市、烟台市、淄博市、上海市、天津市、南昌市、临沂市、日照市、泰安市、威海市、银川市、西宁市、西安市和拉萨市 20 个城市的样品检出率均超过 80.0%；

②106 种水果蔬菜的农药残留“家底”：检出农药频次排名前 10 的水果为葡萄、梨、苹果、桃、火龙果、草莓、香蕉、李子、橘和猕猴桃，检出农药频次排名前 10 的蔬菜为芹菜、黄瓜、番茄、甜椒、菜豆、生菜、茄子、韭菜、油麦菜和菠菜；

③检出 329 种农药化学污染物的种类分布、残留水平分布和毒性分布：检出农药按功能分类，包括杀虫剂、除草剂、杀菌剂、植物生长调节剂、增效剂、趋避剂、除草剂安全剂、增塑剂和其他共 9 类，其中杀虫剂与除草剂为主要检出的农药类别，分别占总数的 41.6%和 29.8%。检出农药残留水平在 1~5 μg/kg（含）的农药占总数的 36.7%，在 5~10 μg/kg（含）的农药占总数的 15.2%，在 10~100 μg/kg（含）的农药占总数的 39.3%，在 100~1000 μg/kg（含）的农药占总数的 8.4%，>1000 μg/kg 的农药占总数的 0.4%，因此，480 批 9823 例水果蔬菜样品中农药多数处于较低残留水平。检出的 20412 频次的农药，按剧毒、高毒、中毒、低毒和微毒 5 个毒性类别进行分类，全国目前普遍使用的农药为中低微毒农药，品种占 88.1%，频次占 95.2%；

④对单种水果蔬菜的检出农药排序：单种水果蔬菜检出频次排名前 10 的农药为威杀灵、毒死蜱、除虫菊酯、腐霉利、硫丹、哒螨灵、甲霜灵、嘧霉胺、戊唑醇和新燕灵；

⑤同类水果蔬菜的检出农药品种排序：检出农药品种排名前 10 的水果为苹果、梨、葡萄、桃、李子、枣、火龙果、橘、草莓和香瓜，检出农药品种排名前 10 的蔬菜为芹菜、菜豆、黄瓜、番茄、甜椒、生菜、茼蒿、油麦菜、茄子和韭菜；

⑥检出的高毒、剧毒和禁用农药分布：侦测的 9823 例样品中有 889 例样品检出了 39 种 981 频次的剧毒高毒农药，占样品总量的 9.1%，其中包含 17 种禁用农药；

⑦与先进国家比对发现差距：我国的 MRL 国家标准与国际标准有很大差距，我国无标准，国外有标准，这导致我国在国际贸易中，处于受制于人的被动地位；

⑧发现风险评估新资源。

（2）本研究首次采用 LC-Q-TOF/MS 技术，对全国 31 个省会/直辖市，635 个采样点，128 种水果蔬菜，共计 12551 例样品进行了非靶向目标物农药残留筛查，得到检测数据 6739887 个，初步查清了 8 个方面的本底水平：

①31 个省会/直辖市的水果蔬菜农药残留"家底"：31 个省会/直辖市被测样品的农药检出率范围为 39.3%~88.0%，其中，合肥市、福州市、临沂市、日照市、泰安市、潍坊市、海口市、兰州市和西宁市 9 个城市的样品检出率均超过 80.0%；

②128 种水果蔬菜的农药残留"家底"：检出农药频次排名前 10 的水果为葡萄、苹果、桃、梨、橙、草莓、西瓜、枣、橘和李子，检出农药频次排名前 10 的蔬菜为番茄、黄瓜、芹菜、甜椒、菜豆、生菜、茄子、小白菜、菠菜和韭菜；

③检出 174 种农药化学污染物的种类分布、残留水平分布和毒性分布：检出农药按功能分类，包括杀虫剂、杀菌剂、除草剂、植物生长调节剂、增效剂和趋避剂共 6 类，其中杀虫剂与杀菌剂为主要检出的农药类别，分别占总数的 41.4%和 33.3%。检出农药残留水平在 1~5 μg/kg（含）的农药占总数的 39.3%，在 5~10 μg/kg（含）的农药占总数的 14.8%，在 10~100 μg/kg（含）的农药占总数的 36.0%，在 100~1000 μg/kg（含）的农药占总数的 9.1%，>1000 μg/kg 的农药占总数的 0.8%，因此，652 批 12551 例水果蔬菜样品中农药多数处于较低残留水平。检出的 25486 频次的农药，按剧毒、高毒、中毒、低毒和微毒 5 个毒性类别进行分类，全国目前普遍使用的农药为中低微毒农药，品种占 90.2%，频次占 96.0%；

④对单种水果蔬菜的检出农药排序：单种水果蔬菜检出频次排名前 10 的农药为多菌灵、烯酰吗啉、啶虫脒、吡虫啉、甲霜灵、霜霉威、苯醚甲环唑、嘧霉胺、双苯基脲和嘧菌酯；

⑤同类水果蔬菜的检出农药品种排序：检出农药品种排名前 10 的水果为葡萄、苹果、桃、草莓、梨、枣、西瓜、橘、橙和李子，检出农药品种排名前 10 的蔬菜为芹菜、番茄、甜椒、黄瓜、菜豆、茼蒿、韭菜、菠菜、生菜和青菜；

⑥检出的高毒、剧毒和禁用农药分布：侦测的 12551 例样品中有 945 例样品检出了 17 种 1021 频次的剧毒高毒农药，占样品总量的 7.5%，其中包含 11 种禁用农药；

⑦与先进国家比对发现差距：我国的 MRL 国家标准与国际标准有很大差距，我国无标准，国外有标准，这导致我国在国际贸易中，处于受制于人的被动地位；

⑧发现风险评估新资源。

4.4.2　初步找到了我国水果蔬菜安全监管要思考的问题

新技术大数据示范结果显示，水果蔬菜农药残留不容忽视，预防为主、监管前移是十分必要的，也是当务之急。这次中国水果蔬菜农药残留本底水平侦测报告，引出了以下几个亟待解决和落实的问题，望监督管理部门重点考虑：①农药科学管理与使用；②农业良好规范的执行；③HACCP 的落实；④食品安全隐患所在；⑤预警召回提供依据；⑥如何运用科学发现的数据。

4.4.3 新技术大数据示范结果构建了农药残留数据库雏形，初显了八方面功能

1）政府部门科学决策的根基

掌握准确、全面、及时、有效的信息是科学决策的基础。对于农药残留和食品安全等政府管理部门，能够掌握我国农药化学污染物残留全面信息，了解其发展趋势，对于政府科学决策和施政极其重要。本项研究建立的农药残留大数据库将准确、全面反映我国市售水果蔬菜中农药化学污染物残留信息，将为提高政府农药残留监管水平提供有力支撑。

2）农药残留风险预警、监管执法的导航仪

我国水果蔬菜中农药残留的品种有哪些？农药残留的浓度是多少？哪些地区的哪些农药、哪些水果蔬菜品种存在安全风险？这些都是重要的风险预警信息，政府监管部门必须掌握并指导监管工作。本项研究建立的农药残留大数据库可以准确、全面回答上述问题，可以预警农药残留风险、为政府监管执法发挥导航仪的作用，为提高农药残留监管水平提供有力支撑。

3）追溯农药残留源头、保障舌尖上的安全

作为“从田间到餐桌”的一个重要环节，市售水果蔬菜中检测到的农药残留数据可以清楚指示出污染源“藏匿之地”。对于政府管理部门，找到并有效控制农药残留污染源才会从根本上解决食品安全问题。依靠本研究建立的农药残留大数据库可以准确、快速地发现水果蔬菜污染的源头，为政府管理部门提供科学溯源依据，以保障水果蔬菜从“田间到餐桌”上的“安全之旅”。

4）追责问题和召回产品的依据

水果蔬菜中的农药残留是人们普遍关注和忧虑的问题，超标农药和禁用农药现象依然存在。对于执法部门而言，追究其责任不可懈怠。本研究获得的农药残留大数据库是执法部门问题追责的助手，帮助执法部门快速追查责任企业，依法追究其法律责任。同时，对于已经造成食品安全问题的产品，依据大数据库中的数据，可及时对问题产品召回，最大限度地降低由此可能造成的对人类身体健康和经济贸易的损失。

5）准确进行暴露评估的基础

水果蔬菜中农药残留普遍存在，且有些水果蔬菜存在高浓度的农药残留，这些可能存在膳食暴露风险，对人体健康产生危害。国家主管部门需要依据我国水果蔬菜中农药残留浓度数据定量地评价其风险程度。本项研究建立的农药残留大数据库可以为风险预警提供科学、准确的评估数据，从而更好地保障公众水果蔬菜膳食安全。

6）有助于完善我国标准体系建设

水果蔬菜中农药残留最大限量（MRL）标准是判定水果蔬菜是否符合食品安全要求的重要依据，它既可以保护公民健康又是发达国家设置技术性贸易壁垒的重要手段。准确、大量的检测数据结果是制定 MRL 标准的科学依据。本项研究建立的农药残留大数据库可以提供这些可靠的数据，从而完善我国的标准体系建设，对推进绿色生产，提高农产品国际竞争力，促进农业可持续发展产生积极影响。

7）修改制定法规提供科学数据

水果蔬菜中农药残留超标的主要原因是农民不按说明书的要求用药或者农药生产、经营单位在准用农药中非法添加禁用农药成分，使农民在不知情的情况下使用了禁用农药。我国在此方面的监督上相关法律法规滞后或缺乏依据。本项研究建立的农药残留大数据库帮助立法部门起草有关农药方面的法律、法规和规章，并监督执行，从而规范农药使用者的用药行为，严格控制农药经营主体的数量和质量，从源头控制假劣农药流入市场，以减少农药伤害事故的发生。

8）开展深层次研究与国际交流

作为国际食品法典农药残留委员会主席国，我国是少数几个参与制定国际标准的国家之一。本项研究建立的农药残留大数据库，涵盖的信息准确、广泛，对我国参与制定国际标准具有重要的参考价值，能够提升我国国际标准制定的能力和影响力，同时，为开展农药国际交流与合作提供科学数据，更好地承担《斯德哥尔摩公约》和《鹿特丹公约》等与农药相关的国际公约的履约工作。

新技术大数据充分显示了：有测量，才能管理；有管理，才能改进；有改进，才能提高食品安全水平，确保民众舌尖上的安全。三年多的示范证明，这项技术将有广阔的应用前景。

参 考 文 献

[1] 庞国芳，等. 中国市售水果蔬菜农药残留报告. 华北卷. 北京：科学出版社, 2018.
[2] 庞国芳，等. 中国市售水果蔬菜农药残留报告. 东北卷. 北京：科学出版社, 2018.
[3] 庞国芳，等. 中国市售水果蔬菜农药残留报告. 华东卷一. 北京：科学出版社, 2018.
[4] 庞国芳，等. 中国市售水果蔬菜农药残留报告. 华东卷二. 北京：科学出版社, 2018.
[5] 庞国芳，等. 中国市售水果蔬菜农药残留报告. 华中卷. 北京：科学出版社, 2018.
[6] 庞国芳，等. 中国市售水果蔬菜农药残留报告. 华南卷. 北京：科学出版社, 2018.
[7] 庞国芳，等. 中国市售水果蔬菜农药残留报告. 西南卷. 北京：科学出版社, 2018.
[8] 庞国芳，等. 中国市售水果蔬菜农药残留报告. 西北卷. 北京：科学出版社, 2018.
[9] GB 2763—2014 食品安全国家标准 食品中农药最大残留限量.
[10] EU Pesticides database. http://ec.europa.eu/food/plant/pesticides/eu-pesticides-database/public/?event=activesubstance.selection&language=EN.
[11] MRL 欧盟标准. http://www.europa.eu.int/comm/food.
[12] MRL 日本标准. http://www.m5.ws001.squarestart.ne.jp/foundation/search.html.
[13] MRL 中国香港标准. http://www.fehd.gov.hk/safefood.
[14] MRL 美国标准. http://www.epa.gov.
[15] MRL CAC 标准. http://www.fao.org/fao-who-codexalimentarius/en/.

第5章　市售水果蔬菜农药残留膳食暴露及预警风险评估报告（2012~2015年）

5.1　引　　言

食品质量与安全关乎国计民生，是民众最直接、最关心、最现实的利益问题。当前，国内外的食品安全问题依然十分严峻，食源性疾病与食品污染已成为一个全球性的问题。食品中的诸多因素均可能引起安全隐患，许多国家均有食源性疾病严重暴发的文献记载，每年有数百万人因食用不安全食品而致病，且近年来疾病发生率依然呈上升趋势，严重影响人类生命健康。在我国食品安全已经上升至国家战略高度，成为建设健康中国、增进人民福祉的重要内容。

农产品中农药残留是不容忽视的食品安全问题，农药在病虫害防治和农业丰产增收方面发挥着重要作用，自20世纪60年代以来，农药已作为一种重要的生产资料，已广泛地应用于农业生产中。然而，随着农药的频繁、大量使用，尤其是一些持久性、剧毒高毒农药的滥用，各国农产品和生态环境受到严重污染，对人类健康构成极大威胁。由于农药市场的监管体制不完善、生产者的食品安全意识淡薄等诸多因素，农药残留超标问题日益突出，食品安全事件屡次发生。目前，在欧美各国对农药均实行严格的市场准入制度，对农作物中的农药残留已经制定了较为严格的限量标准和健全的法律制度。近年来，尽管我国本着“预防在先、风险管理、全程管控、国际共治”的原则，不断建立和完善进出口食品安全生产各环节的“全过程”管理体系，对可能导致食品安全问题的农药实行全程监管模式及食品追溯制度，相继出台了多项关于农药生产、销售和使用的规定，同时相关部门也不断加大农药的监管力度[1]，但是与欧美发达国家相比，我国的食品安全监管体系仍存在制度的不完善及监管力度不到位等薄弱环节，农药残留问题所引发的食品安全问题未得到有效遏制，在进出口食品中引起的“绿色壁垒”问题也越来越多地受到关注。水果蔬菜对于人类不可或缺，且其农药残留问题严峻，因此，开展水果蔬菜中的农药残留侦测并进行风险评估研究更具重要战略意义。

为了真实反映我国百姓餐桌上水果蔬菜中农药残留污染及其健康风险，中国检验检疫科学研究院庞国芳院士课题组创建了“食品中农药化学污染物非靶向高通量侦测技术”，以高分辨精确质量数（0.0001 *m/z* 为基准）为识别标准，采用 GC-Q-TOF/MS 和

LC-Q-TOF/MS 两种技术分别对水果蔬菜中农药化学污染物进行侦测。迄今为止，文献及标准中的数据远远少于该成果侦测出的农药残留种类。本章根据 2012 年至 2015 年期间庞国芳院士团队对全国水果蔬菜进行侦测得出的大量数据，结合农药残留水平、特性、致害效应和相关标准，采用食品安全指数模型和风险系数两种模型，分别设计开发了风险值自动计算应用程序，集成了信息采集、存储、处理于一体的计算机应用技术，对全国水果蔬菜中侦测出的农药开展了系统的膳食暴露风险和预警风险评估。膳食暴露评估是食品危险度评估的重要组成部分，也是膳食安全性的衡量标准[2]。国际上最早研究膳食暴露风险评估的机构主要是联合国粮农组织/世界卫生组织（FAO/WHO）农药残留联合专家会议（Joint Meeting on Pesticide Residues，JMPR），该组织自 1995 年就已制定了急性毒性物质的风险评估方法预测急性毒性农药残留的摄入量。1960 年美国规定食品中不得加入致癌物质进而提出零阈值理论，渐渐零阈值理论发展成在一定概率条件下可接受风险的概念[3]，后衍变为食品中每日允许最大摄入量（ADI），而国际食品农药残留法典委员会（CCPR）认为 ADI 不是独立风险评估的唯一标准[4]，1995 年 JMPR 开始研究农药急性膳食暴露风险评估，并对食品短期摄入量的计算方法进行了修正，亦对膳食暴露评估准则及评估方法进行了修正[5]，2002 年，在对世界上现行的食品安全评价方法，尤其是国际公认的国际食品法典委员会（CAC）的评价方法、全球环境监测系统/食品污染监测和评估规划（WHO GEMS/Food）及 FAO、WHO 食品添加剂联合专家委员会（JECFA）和 JMPR 对食品安全风险评估工作研究的基础之上，检验检疫食品安全管理的研究人员提出了结合残留监控和膳食暴露评估，以食品安全指数（IFS）计算食品中各种化学污染物对消费者的健康危害程度[6]。IFS 是表示食品安全状态的新方法，可有效地评价某种农药的安全性，进而评价食品中各种农药化学污染物对消费者健康的整体危害程度[7, 8]。从理论上分析，IFS_c 可指出食品中的污染物 c 对消费者健康是否存在危害及危害的程度[9]。其优点在于操作简单且结果容易被接受和理解，不需要大量的数据来对结果进行验证，使用默认的标准假设或者模型即可[10, 11]。2003 年，我国检验检疫食品安全管理的研究人员根据 WTO 的有关原则和我国的具体规定，结合危害物本身的敏感性、超标率及其相应的施检频率，首次提出了食品中危害物风险系数 R 的概念[12]。R 是衡量一个危害物的风险程度大小最直观的参数，即在一定时期内其超标率或阳性检出率的高低，但受其施检频率的高低及其本身的敏感性（受关注程度）影响，能直观而全面地反映出农药在一段时间内的风险程度[13]。

本研究中由于侦测出的农药种数巨大，种类最为齐全，风险清单也随之变化，本研究中风险因素分析最为全面，通过农药残留的风险评估结果在一定程度上客观全面地反映出食品中农药残留对人体可能产生的危害程度。同时，本研究对不同水果、不同农药、不同产地进行了对比，全面准确地反映出水果蔬菜中农药残留风险水平和规律，发现了我国水果蔬菜中风险程度较高的因素，不仅能够为消费者的膳食摄入提供科学指导，还将为推进水果蔬菜中农药监管的规范化、制度化奠定基础，同时针对中国农药残留研究滞后、标准数据匮乏等现存问题提出了客观建议。研究成果可用于指导我国农药的重点监管、提高监管效率，有效地促进水果蔬菜的安全生产。这对于全面认识我国水果蔬菜食用安全水平、掌握各种农药残留对人体健康的影响、提高农产品安全水平具有十分重要的理论价值和实用意义。

5.2 GC-Q-TOF/MS 技术侦测 9823 例市售水果蔬菜农药残留膳食暴露风险与预警风险评估

5.2.1 农药残留风险评估方法

5.2.1.1 全国水果蔬菜中农药残留水平分析

本次采样以全国 31 个省会城市/直辖市分别作为省（市）的代表性采样点（未对港、澳、台地区采样），同时，对代表性的山东蔬菜产区（含 9 个地级市）和深圳市进行采样（本章节按 33 个地区划分），共计 41 个城市和 471 个采样点，包括 28 个农贸市场、443 个超市。以随机购买方式采集，总计 480 批 9823 例样品，全国样品分布及农药检出频次情况见图 5-1 和表 5-1。采用高分辨精确质量数（0.0001 *m/z*）为基准的 GC-Q-TOF/MS 技术对全部样品中 499 种农药化学污染物进行非靶向目标物的残留侦测，从中检出农药 20412 频次，涉及农药 329 种。

表 5-1 GC-Q-TOF/MS 侦测全国水果蔬菜样品分布及检出频次

编号	地区	省（自治区、直辖市）	城市	样品数	水果蔬菜种类数	农药种数	农药检出频次
1	华北	北京	北京市	415	23	96	892
2		天津	天津市	394	22	93	882
3		河北	石家庄市	333	46	86	758
4		内蒙古	呼和浩特市	260	19	65	288
5		山西	太原市	183	17	49	258
6	华东	山东	济南市	232	24	94	505
7		/	山东产地	402	56	84	761
8		上海	上海市	348	48	105	829
9		江西	南昌市	189	32	84	486
10		浙江	杭州市	250	45	88	670
11		江苏	南京市	305	24	91	645

续表

编号	地区	省（自治区、直辖市）	城市	样品数	水果蔬菜种类数	农药种数	农药检出频次
12	华东	安徽	合肥市	295	24	89	571
13		福建	福州市	248	59	80	439
14	华南	广东	广州市	502	29	87	1203
15		/	深圳市	307	27	87	1016
16		广西	南宁市	262	31	62	557
17		海南	海口市	271	32	98	693
18	东北	黑龙江	哈尔滨市	335	44	89	709
19		吉林	长春市	315	41	84	810
20		辽宁	沈阳市	488	47	98	987
21	华中	河南	郑州市	433	23	83	696
22		湖北	武汉市	202	31	100	643
23		湖南	长沙市	177	24	94	493
24	西南	四川	成都市	381	35	78	485
25		重庆	重庆市	430	35	85	1037
26		云南	昆明市	364	46	84	498
27		贵州	贵阳市	299	24	70	551
28		西藏	拉萨市	163	34	70	510
29	西北	陕西	西安市	350	22	46	434
30		甘肃	兰州市	210	32	66	308
31		青海	西宁市	127	20	23	291
32		宁夏	银川市	114	20	40	214
33		新疆	乌鲁木齐市	239	15	85	293
合计				9823			20412

全国水果蔬菜样品农药检出率在 54%~96.9%之间，检出的农药种类以杀虫剂种类最多（137 种，占 41.6%），其次是除草剂（98 种，29.8%）、杀菌剂（78 种，23.7%）。农药残留水平在 1~5 μg/kg（含）的农药占总数的 36.7%，在 5~10 μg/kg（含）的农药占总数的

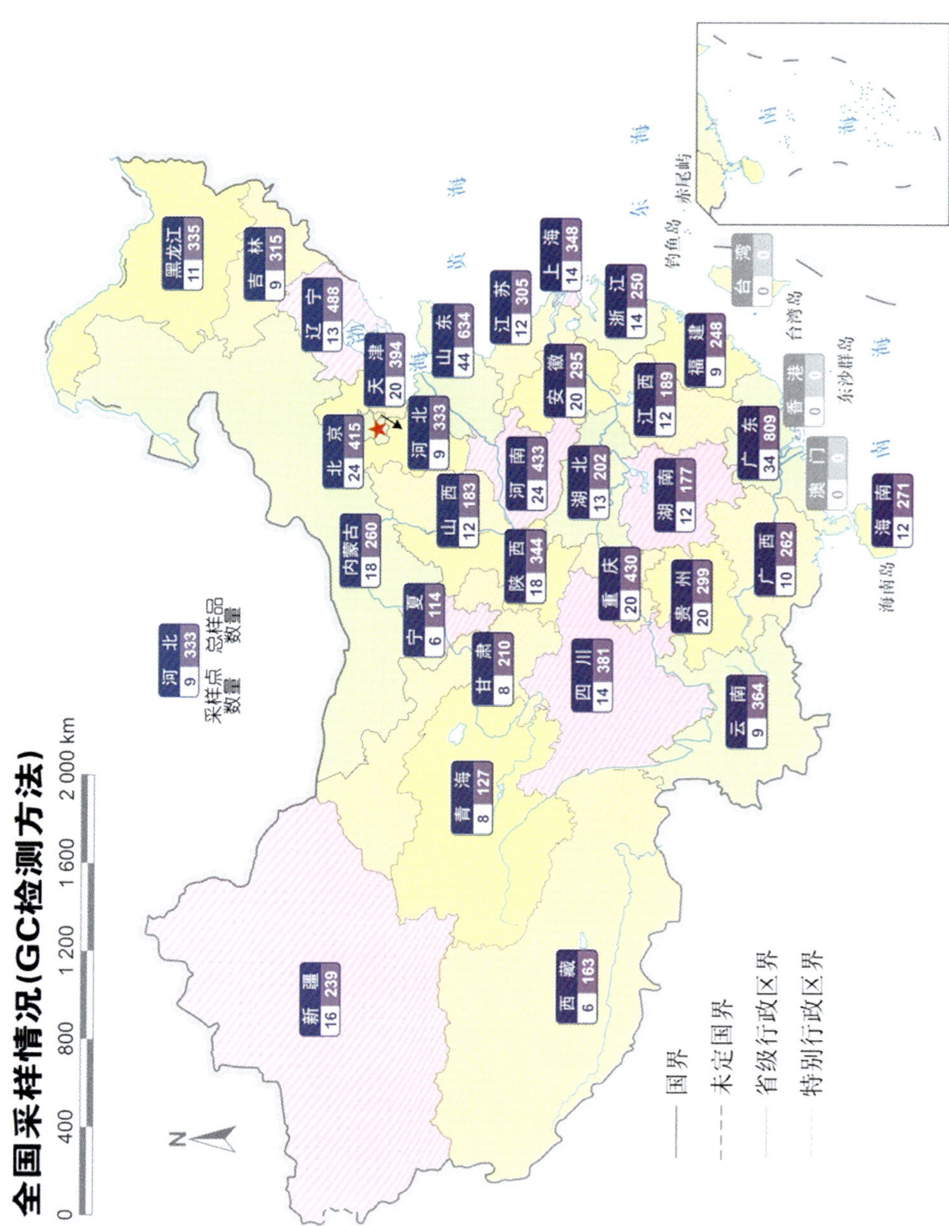

图 5-1　GC-Q-TOF/MS 侦测全国 471 个采样点 9823 例样品分布图

15.2%，在 10~100 μg/kg（含）的农药占总数的 39.3%，在 100~1000 μg/kg（含）的农药占总数的 8.4%，在>1000 μg/kg（含）的农药占总数的 0.4%，大多处于较低残留水平。

5.2.1.2　农药残留风险评估模型

对全国水果蔬菜中农药残留分别开展暴露风险评估和预警风险评估。膳食暴露风险评估利用食品安全指数模型（food safety index，IFS），对经蔬菜、水果摄入农药的对人体可能产生的危害程度进行评价，该模型结合残留监测和膳食暴露评估评价化学污染物的危害；采用风险系数（risk index，R）进行预警风险评估，风险系数综合考虑了危害物的超标率、施检频率及其本身敏感性的影响，能直观而全面地反映出危害物在一段时间内的风险程度。

1）食品安全指数模型

IFS 是表示食品安全状态的新方法，可有效地评价某种农药的安全性，进而评价食品中各种农药化学污染物对消费者健康的整体危害程度[7, 8]。从理论上分析，IFS_c 可指出食品中的污染物 c 对消费者健康是否存在危害及危害的程度[9]。

A. IFS_c 的计算

IFS_c 计算公式如下：

$$\text{IFS}_c = \frac{\text{EDI}_c \times f}{\text{SI}_c \times \text{bw}} \tag{5-1}$$

式中，c 为所研究的农药；EDI_c 为农药 c 的实际日摄入量估算值，等于 $\sum(R_i \times F_i \times E_i \times P_i)$（$i$ 为食品种类；R_i 为食品 i 中农药 c 的残留水平，mg/kg；F_i 为食品 i 的估计日消费量，g/（人·天）；E_i 为食品 i 的可食用部分因子；P_i 为食品 i 的加工处理因子）；SI_c 为安全摄入量，可采用每日允许摄入量 ADI；bw 为人平均体重，kg；f 为校正因子，如果安全摄入量采用 ADI，f 取 1。

$\text{IFS}_c \ll 1$，农药 c 对食品安全没有影响；$\text{IFS}_c \leqslant 1$，农药 c 对食品安全的影响可以接受；$\text{IFS}_c > 1$，农药 c 对食品安全的影响不可接受。

本次评价中：

$\text{IFS}_c \leqslant 0.1$，农药 c 对水果蔬菜安全没有影响；

$0.1 < \text{IFS}_c \leqslant 1$，农药 c 对水果蔬菜安全的影响可以接受；

$\text{IFS}_c > 1$，农药 c 对水果蔬菜安全的影响不可接受。

本次评价中残留水平 R_i 取值为中国检验检疫科学研究院庞国芳院士课题组采用以高分辨精确质量数（0.0001 m/z）为基准的 GC-Q-TOF/MS 侦测技术对全国水果蔬菜检测结果，估计日消费量 F_i 取值 0.38 kg/（人·天），E_i=1，P_i=1，f=1，SI_c 采用《食品安全国家标准　食品中农药最大残留限量》（GB 2763—2016）中 ADI 值（具体数值见表 5-2），人平均体重（bw）取值 60 kg。

表 5-2　全国水果蔬菜中检出农药的 ADI 值

序号	中文名称	ADI	序号	中文名称	ADI	序号	中文名称	ADI	序号	中文名称	ADI
1	唑嘧菌胺	10	32	腐霉利	0.1	63	啶酰菌胺	0.04	94	莠去津	0.02
2	氯氟吡氧乙酸	1	33	克菌丹	0.1	64	氟氯氰菊酯	0.04	95	灭多威	0.02
3	毒草胺	0.54	34	啶氧菌酯	0.09	65	绿麦隆	0.04	96	氟环唑	0.02
4	烯啶虫胺	0.53	35	氟酰胺	0.09	66	乙嘧酚	0.035	97	环丙唑醇	0.02
5	丁酰肼	0.5	36	甲基硫菌灵	0.08	67	氟菌唑	0.035	98	烯效唑	0.02
6	霜霉威	0.4	37	甲霜灵	0.08	68	异稻瘟净	0.035	99	乙草胺	0.02
7	醚菌酯	0.4	38	噻虫嗪	0.08	69	多菌灵	0.03	100	四螨嗪	0.02
8	邻苯基苯酚	0.4	39	二苯胺	0.08	70	戊唑醇	0.03	101	抗蚜威	0.02
9	马拉硫磷	0.3	40	甲苯氟磺胺	0.08	71	吡唑醚菌酯	0.03	102	多杀霉素	0.02
10	唑啉草酯	0.3	41	吡唑草胺	0.08	72	三唑酮	0.03	103	百菌清	0.02
11	嘧霉胺	0.2	42	莠灭净	0.072	73	腈菌唑	0.03	104	氯氰菊酯	0.02
12	烯酰吗啉	0.2	43	啶虫脒	0.07	74	三唑醇	0.03	105	氰戊菊酯	0.02
13	嘧菌酯	0.2	44	丙环唑	0.07	75	抑霉唑	0.03	106	丙炔氟草胺	0.02
14	增效醚	0.2	45	氯吡脲	0.07	76	丙溴磷	0.03	107	四氯硝基苯	0.02
15	环酰菌胺	0.2	46	苯霜灵	0.07	77	嘧菌环胺	0.03	108	氟铃脲	0.02
16	呋虫胺	0.2	47	烯丙苯噻唑	0.07	78	戊菌唑	0.03	109	炔苯酰草胺	0.02
17	苄嘧磺隆	0.2	48	甲基立枯磷	0.07	79	腈苯唑	0.03	110	三氯杀螨砜	0.02
18	喹氧灵	0.2	49	吡虫啉	0.06	80	吡蚜酮	0.03	111	苯锈啶	0.02
19	仲丁灵	0.2	50	灭蝇胺	0.06	81	苯嗪草酮	0.03	112	丙草胺	0.018
20	氯磺隆	0.2	51	仲丁威	0.06	82	甲基嘧啶磷	0.03	113	西玛津	0.018
21	敌稗	0.2	52	环嗪酮	0.05	83	二甲戊灵	0.03	114	稻瘟灵	0.016
22	双炔酰菌胺	0.2	53	乙螨唑	0.05	84	虫螨腈	0.03	115	异丙隆	0.015
23	萘乙酸	0.15	54	氯菊酯	0.05	85	甲氰菊酯	0.03	116	辛酰溴苯腈	0.015
24	异噁草酮	0.133	55	杀虫环	0.05	86	生物苄呋菊酯	0.03	117	杀铃脲	0.014
25	多效唑	0.1	56	灭锈胺	0.05	87	醚菊酯	0.03	118	异丙草胺	0.013
26	噻虫胺	0.1	57	螺虫乙酯	0.05	88	溴螨酯	0.03	119	嗪草酮	0.013
27	噻菌灵	0.1	58	乙基多杀菌素	0.05	89	西草净	0.025	120	咪鲜胺	0.01
28	吡丙醚	0.1	59	苯嘧磺草胺	0.05	90	氟乐灵	0.025	121	苯醚甲环唑	0.01
29	甲氧虫酰肼	0.1	60	肟菌酯	0.04	91	氟啶虫酰胺	0.025	122	噁霜灵	0.01
30	异丙甲草胺	0.1	61	扑草净	0.04	92	野麦畏	0.025	123	哒螨灵	0.01
31	丁草胺	0.1	62	三环唑	0.04	93	虫酰肼	0.02	124	福美双	0.01

续表

序号	中文名称	ADI	序号	中文名称	ADI	序号	中文名称	ADI	序号	中文名称	ADI
125	炔螨特	0.01	151	苯硫威	0.008	177	涕灭威	0.003	203	久效磷	0.0006
126	毒死蜱	0.01	152	吡氟禾草灵	0.007	178	丁苯吗啉	0.003	204	甲氨基阿维菌素	0.0005
127	粉唑醇	0.01	153	氟硅唑	0.007	179	水胺硫磷	0.003	205	氯丹	0.0005
128	联苯肼酯	0.01	154	稻瘟酰胺	0.007	180	敌瘟磷	0.003	206	喹硫磷	0.0005
129	茚虫威	0.01	155	倍硫磷	0.007	181	甲基对硫磷	0.003	207	硫线磷	0.0005
130	螺螨酯	0.01	156	苯噻酰草胺	0.007	182	稻丰散	0.003	208	磷胺	0.0005
131	噻虫啉	0.01	157	禾草丹	0.007	183	禾草灵	0.002	209	鱼藤酮	0.0004
132	唑螨酯	0.01	158	唑虫酰胺	0.006	184	乐果	0.002	210	灭线磷	0.0004
133	联苯菊酯	0.01	159	硫丹	0.006	185	异丙威	0.002	211	氧乐果	0.0003
134	五氯硝基苯	0.01	160	环酯草醚	0.006	186	敌百虫	0.002	212	亚砜磷	0.0003
135	氟吡菌酰胺	0.01	161	己唑醇	0.005	187	氰草津	0.002	213	蝇毒磷	0.0003
136	丁硫克百威	0.01	162	烯唑醇	0.005	188	三氯杀螨醇	0.002	214	氟虫腈	0.0002
137	甲基毒死蜱	0.01	163	二嗪磷	0.005	189	乙硫磷	0.002	215	灭蚁灵	0.0002
138	溴氰菊酯	0.01	164	乙虫腈	0.005	190	地虫硫磷	0.002	216	异狄氏剂	0.0002
139	滴滴涕	0.01	165	喹螨醚	0.005	191	克百威	0.001	217	艾氏剂	0.0001
140	双甲脒	0.01	166	六六六	0.005	192	三唑磷	0.001	218	狄氏剂	0.0001
141	联苯三唑醇	0.01	167	氟胺氰菊酯	0.005	193	治螟磷	0.001	219	七氯	0.0001
142	甲草胺	0.01	168	氟啶脲	0.005	194	莎稗磷	0.001	220	氯唑磷	0.00005
143	乙羧氟草醚	0.01	169	林丹	0.005	195	杀扑磷	0.001	221	双苯基脲	—
144	乙烯菌核利	0.01	170	乙霉威	0.004	196	禾草敌	0.001	222	甲哌	—
145	氯苯嘧啶醇	0.01	171	甲胺磷	0.004	197	敌草隆	0.001	223	缬霉威	—
146	氯硝胺	0.01	172	辛硫磷	0.004	198	喹禾灵	0.0009	224	乙嘧酚磺酸酯	—
147	噻嗪酮	0.009	173	噻唑磷	0.004	199	苯线磷	0.0008	225	莠去通	—
148	杀线威	0.009	174	敌敌畏	0.004	200	甲拌磷	0.0007	226	丁噻隆	—
149	甲萘威	0.008	175	对硫磷	0.004	201	氟吡禾灵	0.0007	227	非草隆	—
150	萎锈灵	0.008	176	噁草酮	0.004	202	特丁硫磷	0.0006	228	异丙净	—

续表

序号	中文名称	ADI	序号	中文名称	ADI	序号	中文名称	ADI	序号	中文名称	ADI
229	四氟醚唑	—	256	去甲基-甲酰氨基-抗蚜威	—	283	敌草胺	—	310	猛杀威	—
230	6-苄氨基嘌呤	—	257	噁唑隆	—	284	五氯苯胺	—	311	抑芽唑	—
231	残杀威	—	258	麦穗宁	—	285	五氯苯	—	312	苯醚氰菊酯	—
232	马拉氧磷	—	259	速灭威	—	286	麦锈灵	—	313	棉铃威	—
233	丁二酸二丁酯	—	260	特丁净	—	287	氟丙嘧草酯	—	314	γ-氟氯氰菌酯	—
234	去乙基阿特拉津	—	261	3,4,5-混杀威	—	288	二甲草胺	—	315	烯虫酯	—
235	避蚊胺	—	262	螺环菌胺	—	289	灭菌磷	—	316	灭除威	—
236	环氟菌胺	—	263	氧环唑	—	290	抗螨唑	—	317	磷酸三苯酯	—
237	十三吗啉	—	264	乙基杀扑磷	—	291	呋霜灵	—	318	炔丙菊酯	—
238	扑灭津	—	265	异噁隆	—	292	氟草敏	—	319	灭害威	—
239	吡咪唑	—	266	咪草酸	—	293	咯喹酮	—	320	吡喃灵	—
240	苯氧威	—	267	异噁唑草酮	—	294	2,3,5,6-四氯苯胺	—	321	除草醚	—
241	4-十二烷基-2,6-二甲基吗啉	—	268	久效威亚砜	—	295	茵草敌	—	322	间羟基联苯	—
242	二甲嘧酚	—	269	枯莠隆	—	296	异艾氏剂	—	323	烯虫炔酯	—
243	胺菊酯	—	270	异戊乙净	—	297	啶斑肟	—	324	杀螺吗啉	—
244	氟甲喹	—	271	烯丙菊酯	—	298	胺丙畏	—	325	呋菌胺	—
245	兹克威	—	272	十二环吗啉	—	299	苯草醚	—	326	杀螨特	—
246	环莠隆	—	273	特草灵	—	300	氟丙菊酯	—	327	三氟甲吡醚	—
247	双苯酰草胺	—	274	2,6-二氯苯甲酰胺	—	301	解草腈	—	328	安硫磷	—
248	环丙嘧啶醇	—	275	3,5-二氯苯胺	—	302	甲醚菊酯	—	329	戊草丹	—
249	萘乙酰胺	—	276	新燕灵	—	303	四氢吩胺	—	330	氯杀螨砜	—
250	去甲基抗蚜威	—	277	威杀灵	—	304	o,p'-滴滴伊	—	331	反式九氯	—
251	苄氯三唑醇	—	278	4,4-二氯二苯甲酮	—	305	除虫菊酯	—	332	4,4-二溴二苯甲酮	—
252	硫菌灵	—	279	克草敌	—	306	氟唑菌酰胺	—	333	杀螨酯	—
253	氧化萎锈灵	—	280	邻苯二甲酰亚胺	—	307	茚草酮	—	334	四氟苯菊酯	—
254	甲氧丙净	—	281	五氯苯甲腈	—	308	吡螨胺	—	335	芬螨酯	—
255	氟氯氰菊酯	—	282	甲呋酰胺	—	309	整形醇	—	336	呋草黄	—

续表

序号	中文名称	ADI	序号	中文名称	ADI	序号	中文名称	ADI	序号	中文名称	ADI
337	杀螟腈	—	365	2,4-滴丙酸	—	393	牧草胺	—	421	灭藻醌	—
338	拌种咯	—	366	特丁通	—	394	氟噻草胺	—	422	氯苯氧乙酸	—
339	外环氧七氯	—	367	叶菌唑	—	395	叠氮津	—	423	三硫磷	—
340	嘧菌胺	—	368	乙酯杀螨醇	—	396	八氯苯乙烯	—	424	除虫菊素 I	—
341	特乐酚	—	369	西玛通	—	397	草达津	—	425	氟吡酰草胺	—
342	环丙津	—	370	扑灭通	—	398	碳氯灵	—	426	砜拌磷	—
343	氯唑灵	—	371	丁羟茴香醚	—	399	除线磷	—	427	噁虫威	—
344	仲丁通	—	372	杀螨醚	—	400	庚烯磷	—	428	呋嘧醇	—
345	溴丁酰草胺	—	373	仲草丹	—	401	乙滴滴	—	429	双氯氰菌胺	—
346	苄呋菊酯	—	374	2,6-二硝基-3-甲氧基-4-叔丁基甲苯	—	402	丙虫磷	—	430	甲氧滴滴涕	—
347	利谷隆	—	375	氟硅菊酯	—	403	氟硫草定	—	431	双苯恶唑酸	—
348	2,4-滴丁酸	—	376	螺甲螨酯	—	404	氯酞酸甲酯	—	432	异氯磷	—
349	氨氟灵	—	377	清菌噻唑	—	405	氧异柳磷	—	433	丙硫磷	—
350	咪唑菌酮	—	378	4-硝基氯苯	—	406	氯草敏	—	434	*N*-去甲基啶虫脒	—
351	避蚊酯	—	379	八氯二丙醚	—	407	苯胺灵	—	435	速灭磷	—
352	解草嗪	—	380	*o,p'*-滴滴滴	—	408	乙菌利	—	436	苯菌酮	—
353	拌种胺	—	381	草完隆	—	409	二甲吩草胺	—	437	苯噻菌胺	—
354	乙丁氟灵	—	382	嘧啶磷	—	410	菲	—	438	吡虫啉脲	—
355	燕麦酯	—	383	哌草磷	—	411	氯硫酰草胺	—	439	灭草烟	—
356	乙拌磷	—	384	环丙腈津	—	412	苯腈磷	—	440	地胺磷	—
357	久效威	—	385	糠菌唑	—	413	增效胺	—	441	嘧螨醚	—
358	敌草腈	—	386	灭草环	—	414	杀虫威	—	442	氟丁酰草胺	—
359	呋线威	—	387	呋酰胺	—	415	氟咯草酮	—	443	嘧草醚-Z	—
360	苄草丹	—	388	乙基溴硫磷	—	416	甲基对氧磷	—	444	噻苯咪唑-5-羟基	—
361	消螨通	—	389	五氯甲氧基苯	—	417	吡喃草酮	—	445	埃卡瑞丁	—
362	二丙烯草胺	—	390	乙氧呋草黄	—	418	丙酯杀螨醇	—	446	甲基吡噁磷	—
363	2-甲-4-氯丁氧乙基酯	—	391	甲基苯噻隆	—	419	吡菌磷	—	447	阿苯达唑	—
364	氯苯甲醚	—	392	丁咪酰胺	—	420	苯虫醚	—	448	苯氧菌胺-（*Z*）	—

注：“—”表示国家标准中无 ADI 值规定；ADI 值单位为 mg/kg bw

B. 计算 IFS_c 的平均值$\overline{IFS}$，评价农药对食品安全的影响程度

以$\overline{IFS}$评价各种农药对人体健康危害的总程度，评价模型见公式（5-2）。

$$\overline{IFS}=\frac{\sum_{i=1}^{n}IFS_c}{n} \tag{5-2}$$

$\overline{IFS}$≪1，所研究消费者人群的食品安全状态很好；$\overline{IFS}$≤1，所研究消费者人群的食品安全状态可以接受；$\overline{IFS}$>1，所研究消费者人群的食品安全状态不可接受。

本次评价中：

$\overline{IFS}$≤0.1，所研究消费者人群的水果蔬菜安全状态很好；

0.1<$\overline{IFS}$≤1，所研究消费者人群的水果蔬菜安全状态可以接受；

$\overline{IFS}$>1，所研究消费者人群的水果蔬菜安全状态不可接受。

2）预警风险评估模型

预警风险评估采用风险系数模型，风险系数是衡量一个危害物的风险程度大小最直观的参数，该模型综合考察了农药在水果蔬菜中的超标率、施检频率及其本身敏感性，能直观而全面地反映出农药在一段时间内的风险程度[13]。

A. *R* 计算方法

危害物的风险系数综合考虑了危害物的超标率或阳性检出率、施检频率和其本身的敏感性影响，并能直观而全面地反映出危害物在一段时间内的风险程度。风险系数 *R* 的计算公式如式（5-3）：

$$R=aP+\frac{b}{F}+S \tag{5-3}$$

式中，*P* 为该种危害物的超标率；*F* 为危害物的施检频率；*S* 为危害物的敏感因子；*a*, *b* 分别为相应的权重系数。

本次评价中 *F* =1；*S* =1；*a* =100；*b* =0.1，对参数 *P* 进行计算，计算时首先判断是否为禁用农药，如果为非禁用农药，*P*=超标的样品数（侦测出的含量高于食品最大残留限量标准值，即 MRL）除以总样品数（包括超标、不超标、未检出）；如果为禁用农药，则检出即为超标，*P*=能检出的样品数除以总样品数。判断全国水果蔬菜农药残留是否超标的标准限值 MRL 分别以 MRL 中国国家标准[14]和 MRL 欧盟标准作为对照，具体值列于附表 5-1 中。

B. 评价风险程度

R≤1.5，受检农药处于低度风险；

1.5<*R*≤2.5，受检农药处于中度风险；

$R>2.5$，受检农药处于高度风险。

3）食品膳食暴露风险和预警风险评估应用程序的开发

A. 应用程序开发的步骤

为成功开发膳食暴露风险和预警风险评估应用程序，与软件工程师多次沟通讨论，逐步提出并描述清楚计算需求，开发了初步应用程序。为明确出不同水果蔬菜、不同农药、不同地域和不同季节的风险水平，向软件工程师提出不同的计算需求，软件工程师对计算需求进行逐一的分析，经过反复的细节沟通，需求分析得到明确后，开始进行解决方案的设计，在保证需求的完整性、一致性的前提下，编写出程序代码，最后设计出满足需求的风险评估专用计算软件，并通过一系列的软件测试和改进，完成专用程序的开发。软件开发基本步骤见图 5-2。

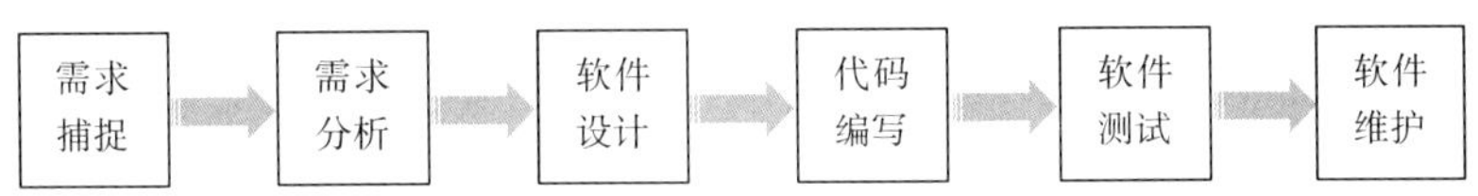

图 5-2　专用程序开发总体步骤

B. 膳食暴露风险评估专业程序开发的基本要求

首先直接利用公式（5-1），分别计算 LC-Q-TOF/MS 和 GC-Q-TOF/MS 仪器检出的各水果蔬菜样品中每种农药 IFS_c，将结果列出。为考察超标农药和禁用农药的使用安全性，分别以我国《食品安全国家标准　食品中农药最大残留限量》（GB 2763—2016）和欧盟食品中农药最大残留限量（以下简称 MRL 中国国家标准和 MRL 欧盟标准）为标准，对检出的禁用农药和超标的非禁用农药 IFS_c 单独进行评价；按 IFS_c 大小列表，并找出 IFS_c 值排名前 20 的样本重点关注。

对不同水果蔬菜 i 中每一种检出的农药 c 的安全指数进行计算，多个样品时求平均值。若监测数据为该市多个月的数据，则逐月、逐季度分别列出每个月、每个季度内每一种水果蔬菜 i 对应的每一种农药 c 的 IFS_c。

按农药种类，计算整个监测时间段内每种农药的 IFS_c，不区分水果蔬菜。若检测数据为该市多个月的数据，则需分别计算每个月、每个季度内每种农药的 IFS_c。

C. 预警风险评估专业程序开发的基本要求

分别以 MRL 中国国家标准和 MRL 欧盟标准，按公式（5-3）逐个计算不同水果蔬菜、不同农药的风险系数，禁用农药和非禁用农药分别列表。

为清楚了解各种农药的预警风险，不分时间，不分水果蔬菜，按禁用农药和非禁用农药分类，分别计算各种检出农药全部检测时段内风险系数。由于有 MRL 中国国家标准的农药种类太少，无法计算超标数，非禁用农药的风险系数只以 MRL 欧盟标准为标准进行计算。若检测数据为多个月的，则按月计算每个月、每个季度内每种禁用农药残留的风险系数和以 MRL 欧盟标准为标准的非禁用农药残留的风险系数。

D. 风险程度评价的专业应用程序开发方法

采用 Python 计算机程序设计语言，Python 是一个高层次地结合了解释性、编译性、互动性和面向对象的脚本语言。风险评估专用程序主要功能包括：分别读入每例样品 LC-Q-TOF/MS 和 GC-Q-TOF/MS 农药残留检测数据，根据风险评估工作要求，依次对不同农药、不同食品、不同时间、不同采样点的 IFS_c 值和 R 值分别进行数据计算，筛选出禁用农药、超标农药（分别与 MRL 中国国家标准、MRL 欧盟标准限值进行对比）单独重点分析，再分别对各农药、各水果蔬菜种类分类处理，设计出计算和排序程序，编写计算机代码，最后将生成的膳食暴露风险评估和超标风险评估定量计算结果列入设计好的各个表格中，并定性判断风险对目标的影响程度，直接用文字描述风险发生的高低，如“不可接受”“可以接受”“没有影响”“高度风险”“中度风险”“低度风险”。

5.2.2 GC-Q-TOF/MS 技术侦测全国市售水果蔬菜农药残留膳食暴露风险评估

5.2.2.1 每例水果蔬菜样品中农药残留安全指数分析

基于农药残留检测数据，发现在 9823 例样品中检出农药 20412 频次，计算样品中每种农药残留的安全指数 IFS_c，并分析农药对样品安全的影响程度，农药残留对水果蔬菜样品安全的影响程度频次分布情况如图 5-3 所示。

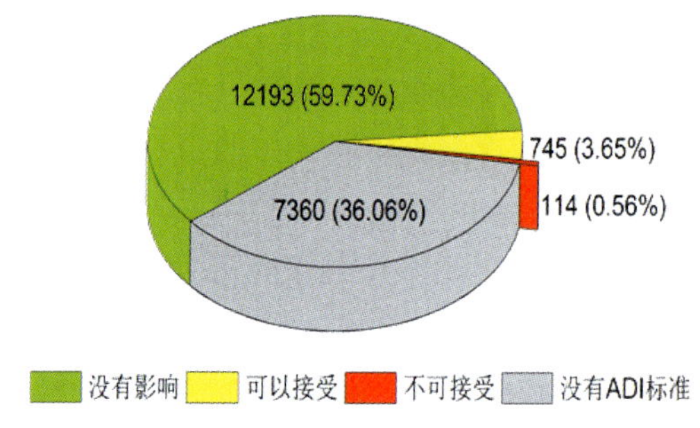

图 5-3 农药残留对水果蔬菜样品安全的影响程度频次分布图

由图 5-3 可以看出，农药残留对样品安全的影响不可接受的频次为 114，占 0.56%；农药残留对样品安全的影响可以接受的频次为 745，占 3.65%；农药残留对样品安全没有影响的频次为 12193，占 59.73%。表 5-3 为水果蔬菜样品中膳食暴露不可接受的农药残留列表。

表 5-3　水果蔬菜样品中膳食暴露不可接受的农药残留列表

序号	样品编号	省市	采样点	基质	农药	含量（mg/kg）	IFS_c
1	20140728-540100-CAIQ-YM-04A	拉萨市	***超市（城关区店）	油麦菜	氟虫腈	1.8644	59.0393
2	20140322-440100-CAIQ-DJ-03A	广州市	***超市（五羊新城店）	菜豆	氟虫腈	1.0026	31.7490
3	20140323-440100-CAIQ-CC-03A	广州市	***超市（夏园店）	春菜	氟虫腈	0.4857	15.3805
4	20140322-440100-CAIQ-DJ-01A	广州市	***超市（客村店）	菜豆	氟虫腈	0.2415	7.6475
5	20140329-440100-CAIQ-LB-02A	广州市	***农贸市场（从化区）	萝卜	甲拌磷	0.8049	7.2824
6	20140322-440100-CAIQ-YJ-03A	广州市	***超市（五羊新城店）	叶芥菜	氟虫腈	0.2189	6.9318
7	20150925-371300-LYCIQ-LJ-26A	山东蔬菜产区	***购物中心	辣椒	三唑磷	1.0811	6.8470
8	20150707-530100-CAIQ-EP-04A	昆明市	***超市（前兴路店）	茄子	氟吡禾灵	0.7494	6.7803
9	20140803-460100-CAIQ-XL-03A	海口市	***超市（国贸店）	青花菜	氟吡禾灵	0.7005	6.3379
10	20140804-460100-CAIQ-XL-04A	海口市	***超级市场	青花菜	氟吡禾灵	0.6644	6.0112
11	20130529-370100-CAIQ-EP-02A	济南市	***超市（天桥区）	茄子	水胺硫磷	2.7091	5.7192
12	20140804-460100-CAIQ-MU-04A	海口市	***超级市场	蘑菇	氟吡禾灵	0.6232	5.6385
13	20140804-460100-CAIQ-BC-05A	海口市	***农贸市场	大白菜	氟吡禾灵	0.5901	5.3390
14	20140619-440300-CAIQ-QY-11A	深圳市	***超市（民乐店）	枸杞叶	克百威	0.8404	5.3225
15	20150513-510100-CAIQ-CT-14A	成都市	***百货（武侯店）	菜薹	氟虫腈	0.1626	5.1490
16	20130526-370100-CAIQ-TH-02A	济南市	***商城（章丘市）	茼蒿	氟虫腈	0.1609	5.0952
17	20140220-110228-CAIQ-OR-01A	北京市	***超市（密云县店）	橘	三唑磷	0.7878	4.9894
18	20140804-460100-CAIQ-CE-04A	海口市	***超级市场	芹菜	克百威	0.7808	4.9451
19	20140728-540100-CAIQ-BO-03A	拉萨市	***农贸市场	菠菜	甲拌磷	0.5460	4.9400
20	20150710-420100-JXCIQ-QC-06A	武汉市	***超市（国广店）	青菜	氟虫腈	0.1553	4.9178

续表

序号	样品编号	省市	采样点	基质	农药	含量（mg/kg）	IFS_c
21	20140804-460100-CAIQ-KG-06A	海口市	***超市（金龙店）	苦瓜	氯唑磷	0.0388	4.9147
22	20150815-360100-JXCIQ-CE-06A	南昌市	***超市（上海路店）	芹菜	甲拌磷	0.4816	4.3573
23	20140805-460100-CAIQ-KG-08A	海口市	***超市（金鼎分店）	苦瓜	氯唑磷	0.0332	4.2053
24	20150710-530100-CAIQ-NM-09A	昆明市	***超市（云纺店）	柠檬	克百威	0.6562	4.1559
25	20140424-500113-CAIQ-BO-15A	重庆市	***超市（巴南店）	菠菜	氟虫腈	0.1155	3.6575
26	20140803-460100-CAIQ-CE-02A	海口市	***农贸市场	芹菜	克百威	0.5761	3.6486
27	20150715-230100-QHDCIQ-CL-05A	哈尔滨市	***超市（中山店）	小油菜	三唑磷	0.5725	3.6258
28	20150512-510100-CAIQ-CT-13A	成都市	***超市（府河店）	菜薹	氟虫腈	0.1133	3.5878
29	20150508-510100-CAIQ-CT-07A	成都市	***超市（建设路店）	菜薹	氟虫腈	0.1109	3.5118
30	20140329-440100-CAIQ-CT-02A	广州市	***农贸市场（从化区）	菜薹	甲拌磷	0.3841	3.4752
31	20140326-440100-CAIQ-YJ-02A	广州市	***超市（花都区店）	叶芥菜	氟虫腈	0.1078	3.4137
32	20140619-440300-CAIQ-CE-12A	深圳市	***超市（民乐店）	芹菜	杀扑磷	0.5223	3.3079
33	20140803-460100-CAIQ-KG-02A	海口市	***农贸市场	苦瓜	氯唑磷	0.0256	3.2427
34	20140803-460100-CAIQ-CE-01A	海口市	***超市（宗恒店）	芹菜	克百威	0.5109	3.2357
35	20140321-440100-CAIQ-CC-04A	广州市	***超级市场（天河区店）	春菜	氟虫腈	0.1013	3.2078
36	20150731-330100-SHCIQ-IP-04A	杭州市	***超市（黄龙店）	蕹菜	氟虫腈	0.1005	3.1825
37	20140321-440100-CAIQ-CC-01A	广州市	***超级市场（黄沙店）	春菜	氟虫腈	0.0969	3.0685
38	20140805-460100-CAIQ-YM-08A	海口市	***超市（金鼎分店）	油麦菜	氟虫腈	0.0954	3.0210
39	20130904-150100-CAIQ-TH-02A	呼和浩特市	***农贸市场	茼蒿	三唑磷	0.4459	2.8240
40	20150709-350100-FJCIQ-LZ-03A	福州市	***超市（宝龙广场店）	李子	三唑磷	0.4099	2.5960
41	20140326-440100-CAIQ-LB-04A	广州市	***超市（增城区店）	萝卜	甲拌磷	0.2841	2.5704
42	20150702-430100-JXCIQ-YM-01A	长沙市	***超市（千禧店）	油麦菜	克百威	0.4020	2.5460

续表

序号	样品编号	省市	采样点	基质	农药	含量（mg/kg）	IFS_c
43	20140806-460100-CAIQ-CE-10A	海口市	***超市（海甸分店）	芹菜	克百威	0.4014	2.5422
44	20150507-510100-CAIQ-CE-04A	成都市	***超市（华阳店）	芹菜	克百威	0.3983	2.5226
45	20140807-460100-CAIQ-YM-12A	海口市	***超市（红城湖店）	油麦菜	氟吡禾灵	0.2736	2.4754
46	20140804-460100-CAIQ-BC-04A	海口市	***超级市场	大白菜	氟吡禾灵	0.2727	2.4673
47	20131024-410100-CAIQ-DJ-01A	郑州市	***超市（管城区店）	菜豆	克百威	0.3890	2.4637
48	20150707-530100-CAIQ-NM-08A	昆明市	***超市（东华店）	柠檬	克百威	0.3884	2.4599
49	20150302-120103-CAIQ-OR-05A	天津市	***超市（河西店）	橘	三唑磷	0.3824	2.4219
50	20140807-460100-CAIQ-YM-11A	海口市	***超市（国兴店）	油麦菜	氟吡禾灵	0.2619	2.3696
51	20150512-130100-CAIQ-YM-08A	石家庄市	***超市（益友店）	油麦菜	甲拌磷	0.2540	2.2981
52	20150715-230100-QHDCIQ-CL-08A	哈尔滨市	***超市（道外店）	小油菜	三唑磷	0.3619	2.2920
53	20140806-460100-CAIQ-YM-09A	海口市	***超市（安民路店）	油麦菜	氟吡禾灵	0.2509	2.2700
54	20150302-120103-CAIQ-OR-04A	天津市	***超市（紫金山路店）	橘	三唑磷	0.3490	2.2103
55	20131209-520100-CAIQ-CZ-16A	贵阳市	***超市（云岩区店）	橙	水胺硫磷	1.0429	2.2017
56	20140613-440300-CAIQ-DJ-05A	深圳市	***超市（布吉店）	菜豆	氟虫腈	0.0683	2.1628
57	20140226-110113-CAIQ-OR-02A	北京市	***超市（顺义店）	橘	三唑磷	0.3396	2.1508
58	20131017-410100-CAIQ-JC-03A	郑州市	***超市新密市	韭菜	甲拌磷	0.2376	2.1497
59	20140321-440100-CAIQ-LB-02A	广州市	***超市（康王中路店）	萝卜	甲拌磷	0.2313	2.0927
60	20131017-410100-CAIQ-DJ-03A	郑州市	***超市新密市	菜豆	克百威	0.3202	2.0279
61	20140321-440100-CAIQ-CT-01A	广州市	***超级市场（黄沙店）	菜薹	异丙威	0.6294	1.9931
62	20131023-410100-CAIQ-DJ-03A	郑州市	***超市（二七区店）	菜豆	克百威	0.2858	1.8101
63	20140807-460100-CAIQ-KG-11A	海口市	***超市（国兴店）	苦瓜	氯唑磷	0.0140	1.7733
64	20131023-410100-CAIQ-CE-03A	郑州市	***超市（二七区店）	芹菜	氟吡禾灵	0.1921	1.7380

续表

序号	样品编号	省市	采样点	基质	农药	含量（mg/kg）	IFS_c
65	20150512-130100-CAIQ-KG-05A	石家庄市	***超市（中山店）	苦瓜	甲拌磷	0.1850	1.6738
66	20140212-110107-CAIQ-DJ-03A	北京市	***超市（苹果园店）	菜豆	三唑磷	0.2578	1.6327
67	20140329-440100-CAIQ-LE-01A	广州市	***农贸市场（从化区）	生菜	甲拌磷	0.1743	1.5770
68	20150806-420100-JXCIQ-CE-04A	武汉市	***超市（中山大道店）	芹菜	甲拌磷	0.1718	1.5544
69	20131023-410100-CAIQ-DJ-04A	郑州市	***超市（二七区店）	菜豆	克百威	0.2412	1.5276
70	20140803-460100-CAIQ-JC-02A	海口市	***农贸市场	韭菜	氟虫腈	0.0473	1.4978
71	20150919-610100-NXCIQ-TH-13A	西安市	***超市（安定广场店）	茼蒿	甲拌磷	0.1655	1.4974
72	20150702-320100-AHCIQ-LI-02A	南京市	***超市（江宁店）	荔枝	氟虫腈	0.0464	1.4693
73	20140804-460100-CAIQ-YJ-04A	海口市	***超级市场	叶芥菜	氟虫腈	0.0452	1.4313
74	20140305-110229-CAIQ-OR-02A	北京市	***超市（妫水北街店）	橘	三唑磷	0.2202	1.3946
75	20140728-540100-CAIQ-KG-02A	拉萨市	***广场（城关区店）	苦瓜	氟虫腈	0.0440	1.3933
76	20130713-370100-CAIQ-JC-01A	济南市	***大厦	韭菜	七氯	0.0219	1.3870
77	20130712-370100-CAIQ-XL-02A	济南市	***超市（商中路店）	青花菜	七氯	0.0219	1.3870
78	20130712-370100-CAIQ-TH-02A	济南市	***超市（商中路店）	茼蒿	七氯	0.0219	1.3870
79	20130712-370100-CAIQ-PP-02A	济南市	***超市（商中路店）	甜椒	七氯	0.0218	1.3807
80	20130712-370100-CAIQ-XH-02A	济南市	***超市（商中路店）	西葫芦	七氯	0.0218	1.3807
81	20150920-620100-CAIQ-LE-02A	兰州市	***超市（红星店）	生菜	噁霜灵	2.0901	1.3237
82	20150731-640100-NXCIQ-HU-02A	银川市	***超市（亲水大街店）	胡萝卜	敌敌畏	0.8320	1.3173
83	20140728-540100-CAIQ-CT-03A	拉萨市	***农贸市场	菜薹	艾氏剂	0.0207	1.3110
84	20140805-460100-CAIQ-TO-08A	海口市	***超市（金鼎分店）	番茄	氟吡禾灵	0.1434	1.2974
85	20131023-410100-CAIQ-DJ-01A	郑州市	***超市（金水区店）	菜豆	克百威	0.2046	1.2958
86	20150308-120116-CAIQ-JC-10A	天津市	***超市（福州道店）	韭菜	甲拌磷	0.1429	1.2929

续表

序号	样品编号	省市	采样点	基质	农药	含量（mg/kg）	IFS_c
87	20150506-510100-CAIQ-CE-02A	成都市	***超市	芹菜	克百威	0.1995	1.2635
88	20140806-460100-CAIQ-CE-09A	海口市	***超市（安民路店）	芹菜	克百威	0.1952	1.2363
89	20140326-440100-CAIQ-CT-03A	广州市	***超市（增城区店）	菜薹	毒死蜱	1.9511	1.2357
90	20150709-420100-JXCIQ-CE-03A	武汉市	***超市（港澳店）	芹菜	甲拌磷	0.1363	1.2332
91	20140805-460100-CAIQ-KG-08A	海口市	***超市（金鼎分店）	苦瓜	狄氏剂	0.0194	1.2287
92	20131021-410100-CAIQ-DJ-06A	郑州市	***超市	菜豆	克百威	0.1925	1.2192
93	20150705-530100-CAIQ-CL-01A	昆明市	***超市（大观店）	小油菜	烯唑醇	0.9457	1.1979
94	20150506-510100-CAIQ-JC-02A	成都市	***超市	韭菜	三唑磷	0.1882	1.1919
95	20150918-620100-CAIQ-CU-06A	兰州市	***超市（飞天店）	黄瓜	异丙威	0.3763	1.1916
96	20140728-540100-CAIQ-CE-04A	拉萨市	***超市（城关区店）	芹菜	甲拌磷	0.1312	1.1870
97	20140807-460100-CAIQ-IP-12A	海口市	***超市（红城湖店）	蕹菜	治螟磷	0.1835	1.1622
98	20140110-110105-CAIQ-PP-01A	北京市	***超市（慈云寺店）	甜椒	氟吡禾灵	0.1276	1.1545
99	20131205-520100-CAIQ-DJ-08A	贵阳市	***超市	菜豆	克百威	0.1816	1.1501
100	20140806-460100-CAIQ-IP-09A	海口市	***超市（安民路店）	蕹菜	治螟磷	0.1775	1.1242
101	20140226-110117-CAIQ-OR-01A	北京市	***超市（平谷店）	橘	三唑磷	0.1772	1.1223
102	20140804-460100-CAIQ-LE-04A	海口市	***超级市场	生菜	萎锈灵	1.4118	1.1177
103	20150512-130100-CAIQ-YM-05A	石家庄市	***超市（中山店）	油麦菜	甲拌磷	0.1216	1.1002
104	20150921-210100-QHDCIQ-NM-04A	沈阳市	***超市（沈阳重工店）	柠檬	水胺硫磷	0.5197	1.0971
105	20131210-520100-CAIQ-LE-18A	贵阳市	***超市（花溪区店）	生菜	氟硅唑	1.2044	1.0897
106	20130712-370100-CAIQ-MU-02A	济南市	***超市（商中路店）	蘑菇	七氯	0.0167	1.0577
107	20130712-370100-CAIQ-BC-02A	济南市	***超市（商中路店）	大白菜	七氯	0.0166	1.0513
108	20130712-370100-CAIQ-PE-02A	济南市	***超市（商中路店）	梨	七氯	0.0166	1.0513

续表

序号	样品编号	省市	采样点	基质	农药	含量（mg/kg）	IFS_c
109	20130712-370100-CAIQ-LE-02A	济南市	***超市（商中路店）	生菜	七氯	0.0166	1.0513
110	20140806-460100-CAIQ-TO-10A	海口市	***超市（海甸分店）	番茄	氟吡禾灵	0.1147	1.0378
111	20140322-440100-CAIQ-YJ-03A	广州市	***超市（五羊新城店）	叶芥菜	敌瘟磷	0.4910	1.0366
112	20140806-460100-CAIQ-TO-09A	海口市	***超市（安民路店）	番茄	氟吡禾灵	0.1141	1.0323
113	20140325-440100-CAIQ-DB-01A	广州市	***超市（南沙区店）	豆瓣菜	异丙威	0.3206	1.0152
114	20140806-460100-CAIQ-DJ-10A	海口市	***超市（海甸分店）	菜豆	治螟磷	0.1602	1.0146

部分样品侦测出禁用农药 24 种 1426 频次，为了明确残留的禁用农药对样品安全的影响，分析检出禁用农药残留的样品安全指数，禁用农药残留对水果蔬菜样品安全的影响程度频次分布情况如图 5-4 所示，农药残留对样品安全的影响不可接受的频次为 68，占 4.77%；农药残留对样品安全的影响可以接受的频次为 317，占 22.23%；农药残留对样品安全没有影响的频次为 1040，占 72.93%。表 5-4 列出了水果蔬菜样品中检出的禁用农药残留的安全指数。

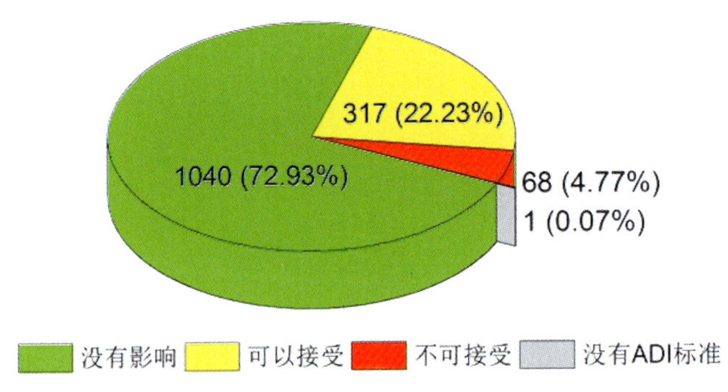

图 5-4　禁用农药对水果蔬菜样品安全影响程度的频次分布图

表 5-4　水果蔬菜样品中侦测出不可接受的禁用农药残留食品安全指数列表

序号	样品编号	省市	采样点	基质	农药	含量（mg/kg）	IFS_c
1	20140728-540100-CAIQ-YM-04A	拉萨市	***超市（城关区店）	油麦菜	氟虫腈	1.8644	59.0393
2	20140322-440100-CAIQ-DJ-03A	广州市	***超市（五羊新城店）	菜豆	氟虫腈	1.0026	31.7490
3	20140323-440100-CAIQ-CC-03A	广州市	***超市（夏园店）	春菜	氟虫腈	0.4857	15.3805

续表

序号	样品编号	省市	采样点	基质	农药	含量（mg/kg）	IFS_c
4	20140322-440100-CAIQ-DJ-01A	广州市	***超市（客村店）	菜豆	氟虫腈	0.2415	7.6475
5	20140329-440100-CAIQ-LB-02A	广州市	***农贸市场（从化区）	萝卜	甲拌磷	0.8049	7.2824
6	20140322-440100-CAIQ-YJ-03A	广州市	***超市（五羊新城店）	叶芥菜	氟虫腈	0.2189	6.9318
7	20130529-370100-CAIQ-EP-02A	济南市	***超市（天桥区）	茄子	水胺硫磷	2.7091	5.7192
8	20140619-440300-CAIQ-QY-11A	深圳市	***超市（民乐店）	枸杞叶	克百威	0.8404	5.3225
9	20150513-510100-CAIQ-CT-14A	成都市	***百货（武侯店）	菜薹	氟虫腈	0.1626	5.1490
10	20130526-370100-CAIQ-TH-02A	济南市	***商城（章丘市）	茼蒿	氟虫腈	0.1609	5.0952
11	20140804-460100-CAIQ-CE-04A	海口市	***超级市场	芹菜	克百威	0.7808	4.9451
12	20140728-540100-CAIQ-BO-03A	拉萨市	***农贸市场	菠菜	甲拌磷	0.5460	4.9400
13	20150710-420100-JXCIQ-QC-06A	武汉市	***超市（国广店）	青菜	氟虫腈	0.1553	4.9178
14	20140804-460100-CAIQ-KG-06A	海口市	***超市（金龙店）	苦瓜	氯唑磷	0.0388	4.9147
15	20150815-360100-JXCIQ-CE-06A	南昌市	***超市（上海路店）	芹菜	甲拌磷	0.4816	4.3573
16	20140805-460100-CAIQ-KG-08A	海口市	***超市（金鼎分店）	苦瓜	氯唑磷	0.0332	4.2053
17	20150710-530100-CAIQ-NM-09A	昆明市	***超市（云纺店）	柠檬	克百威	0.6562	4.1559
18	20140424-500113-CAIQ-BO-15A	重庆市	***超市（巴南店）	菠菜	氟虫腈	0.1155	3.6575
19	20140803-460100-CAIQ-CE-02A	海口市	***农贸市场	芹菜	克百威	0.5761	3.6486
20	20150512-510100-CAIQ-CT-13A	成都市	***超市（府河店）	菜薹	氟虫腈	0.1133	3.5878
21	20150508-510100-CAIQ-CT-07A	成都市	***超市（建设路店）	菜薹	氟虫腈	0.1109	3.5118
22	20140329-440100-CAIQ-CT-02A	广州市	***农贸市场（从化区）	菜薹	甲拌磷	0.3841	3.4752
23	20140326-440100-CAIQ-YJ-02A	广州市	***超市（花都区店）	叶芥菜	氟虫腈	0.1078	3.4137
24	20140619-440300-CAIQ-CE-12A	深圳市	***超市（民乐店）	芹菜	杀扑磷	0.5223	3.3079
25	20140803-460100-CAIQ-KG-02A	海口市	***农贸市场	苦瓜	氯唑磷	0.0256	3.2427
26	20140803-460100-CAIQ-CE-01A	海口市	***超市（宗恒店）	芹菜	克百威	0.5109	3.2357
27	20140321-440100-CAIQ-CC-04A	广州市	***超级市场（天河区店）	春菜	氟虫腈	0.1013	3.2078
28	20150731-330100-SHCIQ-IP-04A	杭州市	***超市（黄龙店）	蕹菜	氟虫腈	0.1005	3.1825
29	20140321-440100-CAIQ-CC-01A	广州市	***超级市场（黄沙店）	春菜	氟虫腈	0.0969	3.0685
30	20140805-460100-CAIQ-YM-08A	海口市	***超市（金鼎分店）	油麦菜	氟虫腈	0.0954	3.0210
31	20140326-440100-CAIQ-LB-04A	广州市	***超市（增城区店）	萝卜	甲拌磷	0.2841	2.5704
32	20150702-430100-JXCIQ-YM-01A	长沙市	***超市（千禧店）	油麦菜	克百威	0.4020	2.5460
33	20140806-460100-CAIQ-CE-10A	海口市	***超市（海甸分店）	芹菜	克百威	0.4014	2.5422
34	20150507-510100-CAIQ-CE-04A	成都市	***超市（华阳店）	芹菜	克百威	0.3983	2.5226

续表

序号	样品编号	省市	采样点	基质	农药	含量（mg/kg）	IFS_c
35	20131024-410100-CAIQ-DJ-01A	郑州市	***超市（管城区店）	菜豆	克百威	0.3890	2.4637
36	20150707-530100-CAIQ-NM-08A	昆明市	***超市（东华店）	柠檬	克百威	0.3884	2.4599
37	20150512-130100-CAIQ-YM-08A	石家庄市	***超市（益友店）	油麦菜	甲拌磷	0.2540	2.2981
38	20131209-520100-CAIQ-CZ-16A	贵阳市	***超市（云岩区店）	橙	水胺硫磷	1.0429	2.2017
39	20140613-440300-CAIQ-DJ-05A	深圳市	***超市（布吉店）	菜豆	氟虫腈	0.0683	2.1628
40	20131017-410100-CAIQ-JC-03A	郑州市	***超市新密市	韭菜	甲拌磷	0.2376	2.1497
41	20140321-440100-CAIQ-LB-02A	广州市	***超市（康王中路店）	萝卜	甲拌磷	0.2313	2.0927
42	20131017-410100-CAIQ-DJ-03A	郑州市	***超市新密市	菜豆	克百威	0.3202	2.0279
43	20131023-410100-CAIQ-DJ-03A	郑州市	***超市（二七区店）	菜豆	克百威	0.2858	1.8101
44	20140807-460100-CAIQ-KG-11A	海口市	***超市（国兴店）	苦瓜	氯唑磷	0.0140	1.7733
45	20150512-130100-CAIQ-KG-05A	石家庄市	***超市（中山店）	苦瓜	甲拌磷	0.1850	1.6738
46	20140329-440100-CAIQ-LE-01A	广州市	***农贸市场（从化区）	生菜	甲拌磷	0.1743	1.5770
47	20150806-420100-JXCIQ-CE-04A	武汉市	***超市（中山大道店）	芹菜	甲拌磷	0.1718	1.5544
48	20131023-410100-CAIQ-DJ-04A	郑州市	***超市（二七区店）	菜豆	克百威	0.2412	1.5276
49	20140803-460100-CAIQ-JC-02A	海口市	***农贸市场	韭菜	氟虫腈	0.0473	1.4978
50	20150919-610100-NXCIQ-TH-13A	西安市	***超市（安定广场店）	茼蒿	甲拌磷	0.1655	1.4974
51	20150702-320100-AHCIQ-LI-02A	南京市	***超市（江宁店）	荔枝	氟虫腈	0.0464	1.4693
52	20140804-460100-CAIQ-YJ-04A	海口市	***超级市场	叶芥菜	氟虫腈	0.0452	1.4313
53	20140728-540100-CAIQ-KG-02A	拉萨市	***广场（城关区店）	苦瓜	氟虫腈	0.0440	1.3933
54	20140728-540100-CAIQ-CT-03A	拉萨市	***农贸市场	菜薹	艾氏剂	0.0207	1.3110
55	20131023-410100-CAIQ-DJ-01A	郑州市	***超市（金水区店）	菜豆	克百威	0.2046	1.2958
56	20150308-120116-CAIQ-JC-10A	天津市	***超市（福州道店）	韭菜	甲拌磷	0.1429	1.2929
57	20150506-510100-CAIQ-CE-02A	成都市	***超市	芹菜	克百威	0.1995	1.2635
58	20140806-460100-CAIQ-CE-09A	海口市	***超市（安民路店）	芹菜	克百威	0.1952	1.2363
59	20150709-420100-JXCIQ-CE-03A	武汉市	***超市（港澳店）	芹菜	甲拌磷	0.1363	1.2332
60	20140805-460100-CAIQ-KG-08A	海口市	***超市（金鼎分店）	苦瓜	狄氏剂	0.0194	1.2287
61	20131021-410100-CAIQ-DJ-06A	郑州市	***超市	菜豆	克百威	0.1925	1.2192
62	20140728-540100-CAIQ-CE-04A	拉萨市	***超市（城关区店）	芹菜	甲拌磷	0.1312	1.1870
63	20140807-460100-CAIQ-IP-12A	海口市	***超市（红城湖店）	蕹菜	治螟磷	0.1835	1.1622
64	20131205-520100-CAIQ-DJ-08A	贵阳市	***超市	菜豆	克百威	0.1816	1.1501
65	20140806-460100-CAIQ-IP-09A	海口市	***超市（安民路店）	蕹菜	治螟磷	0.1775	1.1242
66	20150512-130100-CAIQ-YM-05A	石家庄市	***超市（中山店）	油麦菜	甲拌磷	0.1216	1.1002
67	20150921-210100-QHDCIQ-NM-04A	沈阳市	***超市（沈阳重工店）	柠檬	水胺硫磷	0.5197	1.0971
68	20140806-460100-CAIQ-DJ-10A	海口市	***超市（海甸分店）	菜豆	治螟磷	0.1602	1.0146

此外，本次侦测发现部分样品中非禁用农药残留量超过了 MRL 中国国家标准和欧盟标准，为了明确超标的非禁用农药对样品安全的影响，分析了非禁用农药残留超标的样品安全指数。

残留量超过 MRL 中国国家标准的非禁用农药对水果蔬菜样品安全的影响程度频次分布情况如图 5-5 所示。可以看出检出超过 MRL 中国国家标准的非禁用农药共 116 频次，其中农药残留对样品安全的影响不可接受的频次为 12，占 10.34%；农药残留对样品安全的影响可以接受的频次为 48，占 41.38%；农药残留对样品安全没有影响的频次为 56，占 48.28%。表 5-5 为水果蔬菜样品中安全指数不可接受的残留超标非禁用农药列表。

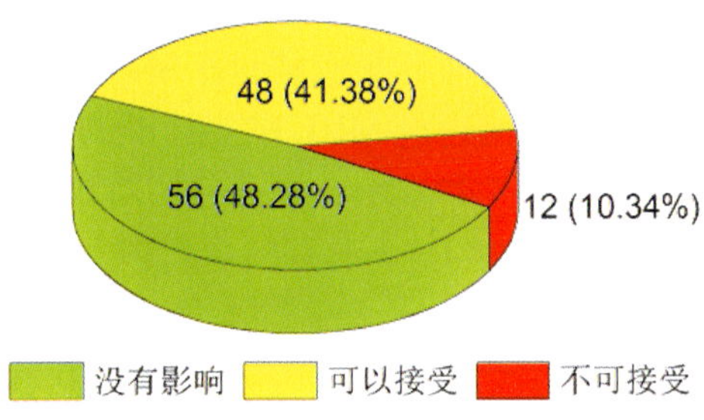

图 5-5　残留超标的非禁用农药对水果蔬菜样品安全的影响程度频次分布图（MRL 中国国家标准）

表 5-5　水果蔬菜样品中不可接受的残留超标非禁用农药安全指数列表（MRL 中国国家标准）

序号	样品编号	省市	采样点	基质	农药	含量（mg/kg）	中国国家标准	超标倍数	IFS_c
1	20140220-110228-CAIQ-OR-01A	北京市	***超市（密云县店）	橘	三唑磷	0.7878	0.2	2.94	4.9894
2	20150302-120103-CAIQ-OR-05A	天津市	***超市（河西店）	橘	三唑磷	0.3824	0.2	0.91	2.4219
3	20150302-120103-CAIQ-OR-04A	天津市	***超市（紫金山路店）	橘	三唑磷	0.3490	0.2	0.75	2.2103
4	20140226-110113-CAIQ-OR-02A	北京市	***超市（顺义店）	橘	三唑磷	0.3396	0.2	0.70	2.1508
5	20140305-110229-CAIQ-OR-02A	北京市	***超市（妫水北街店）	橘	三唑磷	0.2202	0.2	0.10	1.3946
6	20130713-370100-CAIQ-JC-01A	济南市	***大厦	韭菜	七氯	0.0219	0.02	0.09	1.3870
7	20130712-370100-CAIQ-XL-02A	济南市	***超市（商中路店）	青花菜	七氯	0.0219	0.02	0.09	1.3870
8	20130712-370100-CAIQ-TH-02A	济南市	***超市（商中路店）	茼蒿	七氯	0.0219	0.02	0.09	1.3870

续表

序号	样品编号	省市	采样点	基质	农药	含量（mg/kg）	中国国家标准	超标倍数	IFS_c
9	20130712-370100-CAIQ-PP-02A	济南市	***超市（商中路店）	甜椒	七氯	0.0218	0.02	0.09	1.3807
10	20130712-370100-CAIQ-XH-02A	济南市	***超市（商中路店）	西葫芦	七氯	0.0218	0.02	0.09	1.3807
11	20150731-640100-NXCIQ-HU-02A	银川市	***超市（亲水大街店）	胡萝卜	敌敌畏	0.8320	0.2	3.16	1.3173
12	20130712-370100-CAIQ-PE-02A	济南市	***超市（商中路店）	梨	七氯	0.0166	0.01	0.66	1.0513

残留量超过 MRL 欧盟标准的非禁用农药对水果蔬菜样品安全的影响程度频次分布情况如图 5-6 所示。可以看出检出超过 MRL 欧盟标准的非禁用农药共 5484 频次，其中农药没有 ADI 的频次为 2614，占 47.67%；农药残留对样品安全的影响可以接受的频次为 330，占 6.02%；农药残留对样品安全没有影响的频次为 2494，占 45.48%，农药残留对样品安全不可接受的频次为 46，占 0.84%。表 5-6 为水果蔬菜样品中不可接受的残留超标非禁用农药安全指数列表。

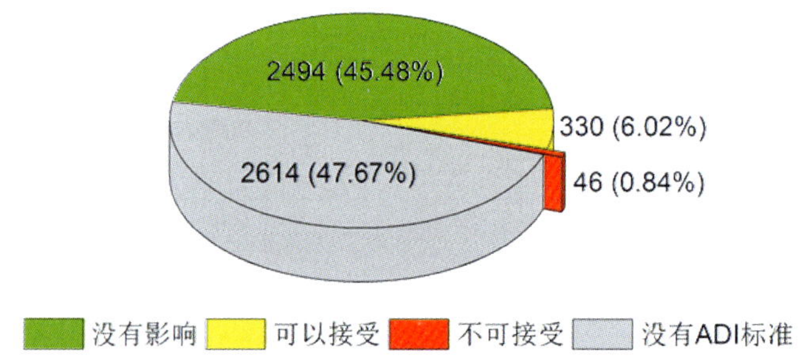

图 5-6 残留超标的非禁用农药对水果蔬菜样品安全的影响程度频次分布图（MRL 欧盟标准）

表 5-6 水果蔬菜样品中不可接受的残留超标非禁用农药安全指数列表（MRL 欧盟标准）

序号	样品编号	省市	采样点	基质	农药	含量（mg/kg）	欧盟标准	超标倍数	IFS_c
1	20150925-371300-LYCIQ-LJ-26A	山东蔬菜产区	***商城购物中心	辣椒	三唑磷	1.0811	0.01	107.11	6.8470
2	20150707-530100-CAIQ-EP-04A	昆明市	***超市（前兴路店）	茄子	氟吡禾灵	0.7494	0.05	13.99	6.7803
3	20140803-460100-CAIQ-XL-03A	海口市	***超市（国贸店）	青花菜	氟吡禾灵	0.7005	0.05	13.01	6.3379

续表

序号	样品编号	省市	采样点	基质	农药	含量（mg/kg）	欧盟标准	超标倍数	IFS_c
4	20140804-460100-CAIQ-XL-04A	海口市	***超级市场	青花菜	氟吡禾灵	0.6644	0.05	12.29	6.0112
5	20140804-460100-CAIQ-MU-04A	海口市	***超级市场	蘑菇	氟吡禾灵	0.6232	0.05	11.46	5.6385
6	20140804-460100-CAIQ-BC-05A	海口市	***农贸市场	大白菜	氟吡禾灵	0.5901	0.05	10.80	5.3390
7	20140220-110228-CAIQ-OR-01A	北京市	***超市（密云县店）	橘	三唑磷	0.7878	0.01	77.78	4.9894
8	20150715-230100-QHDCIQ-CL-05A	哈尔滨市	***超市（中山店）	小油菜	三唑磷	0.5725	0.01	56.25	3.6258
9	20130904-150100-CAIQ-TH-02A	呼和浩特市	***农贸市场	茼蒿	三唑磷	0.4459	0.01	43.59	2.8240
10	20150709-350100-FJCIQ-LZ-03A	福州市	***超市（宝龙广场店）	李子	三唑磷	0.4099	0.01	39.99	2.5960
11	20140807-460100-CAIQ-YM-12A	海口市	***超市（红城湖店）	油麦菜	氟吡禾灵	0.2736	0.1	1.74	2.4754
12	20140804-460100-CAIQ-BC-04A	海口市	***超级市场	大白菜	氟吡禾灵	0.2727	0.05	4.45	2.4673
13	20150302-120103-CAIQ-OR-05A	天津市	***超市（河西店）	橘	三唑磷	0.3824	0.01	37.24	2.4219
14	20140807-460100-CAIQ-YM-11A	海口市	***超市（国兴店）	油麦菜	氟吡禾灵	0.2619	0.1	1.62	2.3696
15	20150715-230100-QHDCIQ-CL-08A	哈尔滨市	***超市（道外店）	小油菜	三唑磷	0.3619	0.01	35.19	2.2920
16	20140806-460100-CAIQ-YM-09A	海口市	***超市（安民路店）	油麦菜	氟吡禾灵	0.2509	0.1	1.51	2.2700
17	20150302-120103-CAIQ-OR-04A	天津市	***超市（紫金山路店）	橘	三唑磷	0.3490	0.01	33.90	2.2103
18	20140226-110113-CAIQ-OR-02A	北京市	***超市（顺义店）	橘	三唑磷	0.3396	0.01	32.96	2.1508
19	20140321-440100-CAIQ-CT-01A	广州市	***超级市场（黄沙店）	菜薹	异丙威	0.6294	0.01	61.94	1.9931
20	20131023-410100-CAIQ-CE-03A	郑州市	***超市（二七区店）	芹菜	氟吡禾灵	0.1921	0.05	2.84	1.7380
21	20140212-110107-CAIQ-DJ-03A	北京市	***超市（苹果园店）	菜豆	三唑磷	0.2578	0.01	24.78	1.6327
22	20140305-110229-CAIQ-OR-02A	北京市	***超市（妫水北街店）	橘	三唑磷	0.2202	0.01	21.02	1.3946
23	20130713-370100-CAIQ-JC-01A	济南市	***大厦	韭菜	七氯	0.0219	0.01	1.19	1.3870

续表

序号	样品编号	省市	采样点	基质	农药	含量（mg/kg）	欧盟标准	超标倍数	IFS_c
24	20130712-370100-CAIQ-XL-02A	济南市	***超市（商中路店）	青花菜	七氯	0.0219	0.01	1.19	1.3870
25	20130712-370100-CAIQ-TH-02A	济南市	***超市（商中路店）	茼蒿	七氯	0.0219	0.01	1.19	1.3870
26	20130712-370100-CAIQ-PP-02A	济南市	***超市（商中路店）	甜椒	七氯	0.0218	0.01	1.18	1.3807
27	20130712-370100-CAIQ-XH-02A	济南市	***超市（商中路店）	西葫芦	七氯	0.0218	0.01	1.18	1.3807
28	20150920-620100-CAIQ-LE-02A	兰州市	***超市（红星店）	生菜	噁霜灵	2.0901	0.05	40.80	1.3237
29	20150731-640100-NXCIQ-HU-02A	银川市	***超市（亲水大街店）	胡萝卜	敌敌畏	0.8320	0.01	82.20	1.3173
30	20140805-460100-CAIQ-TO-08A	海口市	***超市（金鼎分店）	番茄	氟吡禾灵	0.1434	0.05	1.87	1.2974
31	20140326-440100-CAIQ-CT-03A	广州市	***超市（增城区店）	菜薹	毒死蜱	1.9511	0.05	38.02	1.2357
32	20150705-530100-CAIQ-CL-01A	昆明市	***超市（大观店）	小油菜	烯唑醇	0.9457	0.01	93.57	1.1979
33	20150506-510100-CAIQ-JC-02A	成都市	***超市	韭菜	三唑磷	0.1882	0.01	17.82	1.1919
34	20150918-620100-CAIQ-CU-06A	兰州市	***超市（飞天店）	黄瓜	异丙威	0.3763	0.01	36.63	1.1916
35	20140110-110105-CAIQ-PP-01A	北京市	***超市（慈云寺店）	甜椒	氟吡禾灵	0.1276	0.05	1.55	1.1545
36	20140226-110117-CAIQ-OR-01A	北京市	***超市（平谷店）	橘	三唑磷	0.1772	0.01	16.72	1.1223
37	20140804-460100-CAIQ-LE-04A	海口市	***超级市场	生菜	萎锈灵	1.4118	0.05	27.24	1.1177
38	20131210-520100-CAIQ-LE-18A	贵阳市	***超市（花溪区店）	生菜	氟硅唑	1.2044	0.01	119.44	1.0897
39	20130712-370100-CAIQ-MU-02A	济南市	***超市（商中路店）	蘑菇	七氯	0.0167	0.01	0.67	1.0577
40	20130712-370100-CAIQ-BC-02A	济南市	***超市（商中路店）	大白菜	七氯	0.0166	0.01	0.66	1.0513
41	20130712-370100-CAIQ-LE-02A	济南市	***超市（商中路店）	生菜	七氯	0.0166	0.01	0.66	1.0513
42	20130712-370100-CAIQ-PE-02A	济南市	***超市（商中路店）	梨	七氯	0.0166	0.01	0.66	1.0513

续表

序号	样品编号	省市	采样点	基质	农药	含量（mg/kg）	欧盟标准	超标倍数	IFS_c
43	20140806-460100-CAIQ-TO-10A	海口市	***超市（海甸分店）	番茄	氟吡禾灵	0.1147	0.05	1.29	1.0378
44	20140322-440100-CAIQ-YJ-03A	广州市	***超市（五羊新城店）	叶芥菜	敌瘟磷	0.4910	0.01	48.10	1.0366
45	20140806-460100-CAIQ-TO-09A	海口市	***超市（安民路店）	番茄	氟吡禾灵	0.1141	0.05	1.28	1.0323
46	20140325-440100-CAIQ-DB-01A	广州市	***超市（南沙区店）	豆瓣菜	异丙威	0.3206	0.01	31.06	1.0152

在 9823 例样品中，2370 例样品未侦测出农药残留，7453 例样品中侦测出农药残留，计算每例有农药检出样品的$\overline{IFS}$值，进而分析样品的安全状态，结果如图 5-7 所示（未检出农药的样品安全状态视为很好）。可以看出，33 例样品的安全状态不可接受，占 0.34%；372 例样品的安全状态可以接受，占 3.79%；7828 例样品的安全状态很好，占 79.69%。表 5-7 列出了$\overline{IFS}$值为不可接受的水果蔬菜样品。

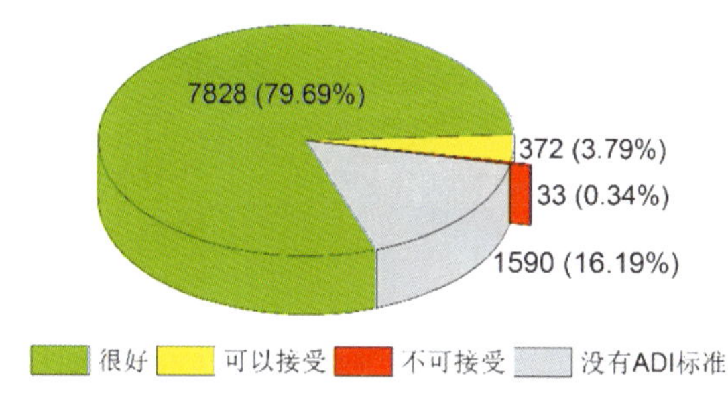

图 5-7 水果蔬菜样品安全状态分布图

表 5-7 水果蔬菜安全状态不可接受的样品列表

序号	样品编号	省市	采样点	基质	$\overline{IFS}$
1	20140322-440100-CAIQ-DJ-03A	广州市	***超市（五羊新城店）	菜豆	15.9113
2	20140728-540100-CAIQ-YM-04A	拉萨市	***超市（城关区店）	油麦菜	14.8117
3	20140804-460100-CAIQ-MU-04A	海口市	***超级市场	蘑菇	5.6385
4	20150513-510100-CAIQ-CT-14A	成都市	***百货（武侯店）	菜薹	5.1490
5	20140329-440100-CAIQ-LB-02A	广州市	***农贸市场（从化区）	萝卜	3.6413
6	20150512-510100-CAIQ-CT-13A	成都市	***超市（府河店）	菜薹	3.5878
7	20150925-371300-LYCIQ-LJ-26A	山东蔬菜产区	***购物中心	辣椒	3.4353

续表

序号	样品编号	省市	采样点	基质	$\overline{IFS}$
8	20140803-460100-CAIQ-XL-03A	海口市	***超市（国贸店）	青花菜	3.2066
9	20130529-370100-CAIQ-EP-02A	济南市	***超市（天桥区）	茄子	2.8674
10	20140323-440100-CAIQ-CC-03A	广州市	***超市（夏园店）	春菜	2.5728
11	20140322-440100-CAIQ-DJ-01A	广州市	***超市（客村店）	菜豆	2.5601
12	20150507-510100-CAIQ-CE-04A	成都市	***超市（华阳店）	芹菜	2.5226
13	20140804-460100-CAIQ-BC-04A	海口市	***超级市场	大白菜	2.4673
14	20150707-530100-CAIQ-EP-04A	昆明市	***超市（前兴路店）	茄子	2.2636
15	20131209-520100-CAIQ-CZ-16A	贵阳市	***超市（云岩区店）	橙	2.2017
16	20150815-360100-JXCIQ-CE-06A	南昌市	***超市（上海路店）	芹菜	2.1799
17	20150710-530100-CAIQ-NM-09A	昆明市	***超市（云纺店）	柠檬	2.1236
18	20140804-460100-CAIQ-XL-04A	海口市	***超级市场	青花菜	2.0274
19	20140803-460100-CAIQ-CE-02A	海口市	***农贸市场	芹菜	1.8338
20	20140804-460100-CAIQ-BC-05A	海口市	***农贸市场	大白菜	1.8269
21	20140807-460100-CAIQ-KG-11A	海口市	***超市（国兴店）	苦瓜	1.7733
22	20140804-460100-CAIQ-CE-04A	海口市	***超级市场	芹菜	1.6492
23	20140805-460100-CAIQ-KG-08A	海口市	***超市（金鼎分店）	苦瓜	1.3605
24	20140804-460100-CAIQ-KG-06A	海口市	***超市（金龙店）	苦瓜	1.3064
25	20150707-530100-CAIQ-NM-08A	昆明市	***超市（东华店）	柠檬	1.2816
26	20140805-460100-CAIQ-YM-08A	海口市	***超市（金鼎分店）	油麦菜	1.2472
27	20131024-410100-CAIQ-DJ-01A	郑州市	***超市（管城区店）	菜豆	1.2429
28	20140322-440100-CAIQ-YJ-03A	广州市	***超市（五羊新城店）	叶芥菜	1.1758
29	20140803-460100-CAIQ-CE-01A	海口市	***超市（宗恒店）	芹菜	1.1584
30	20140804-460100-CAIQ-LE-04A	海口市	***超级市场	生菜	1.1177
31	20140613-440300-CAIQ-DJ-05A	深圳市	***超市（布吉店）	菜豆	1.0886
32	20140321-440100-CAIQ-LB-02A	广州市	***超市（康王中路店）	萝卜	1.0485
33	20140220-110228-CAIQ-OR-01A	北京市	***超市（密云县店）	橘	1.0212

5.2.2.2 单种水果蔬菜中农药残留安全指数分析

本次侦测的水果蔬菜共计 106 种，106 种水果蔬菜中均侦测出农药残留（鲜食玉米、茭白、甘薯 3 种水果蔬菜侦测出的农药没有 ADI 标准），侦测出农药 329 种，检出频次为 20412 次，其中 152 种农药存在 ADI 标准。计算每种水果蔬菜中农药的 IFS_c 值，将农药残留对水果蔬菜安全指数为不可接受和可以接受的样品列出，结果如图 5-8 所示。

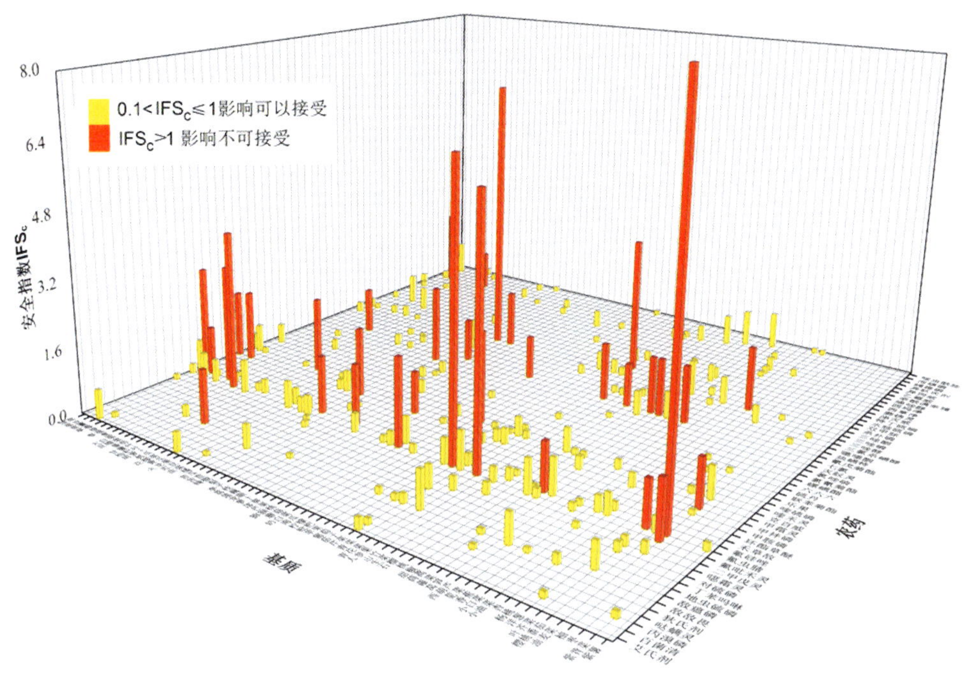

图 5-8　水果蔬菜中安全影响不可接受和可以接受的农药的安全指数分布图

本次侦测中，106 种水果蔬菜和 329 种农药（包括没有 ADI）共涉及 3597 个分析样本，农药对水果蔬菜安全的影响程度分布情况如图 5-9 所示。可以看出 55.13%的样本中农药对水果蔬菜安全没有影响，5.45%的样本中农药对水果蔬菜安全的影响可以接受，1.06%的样本中农药对水果蔬菜安全的影响不可接受。

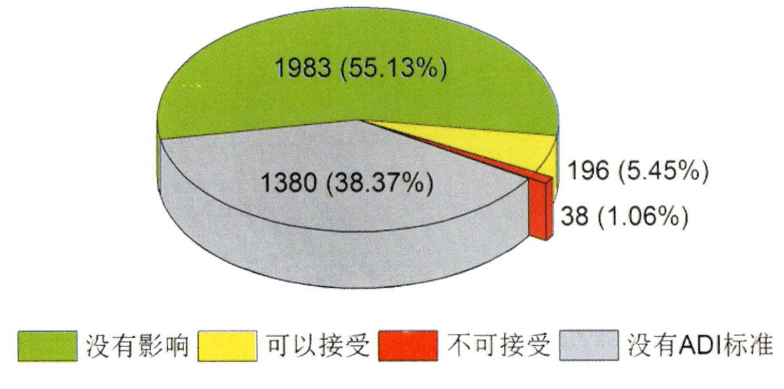

图 5-9　3597 个分析样本的影响程度的频次分布图

此外，分别计算 103 种水果蔬菜中所有检出农药 IFS_c 的平均值 $\overline{IFS}$，分析每种水果蔬菜的安全状态，结果如图 5-10 所示，分析发现，16.5%的水果蔬菜安全状态可以接受；83.5%的水果蔬菜安全状态很好。

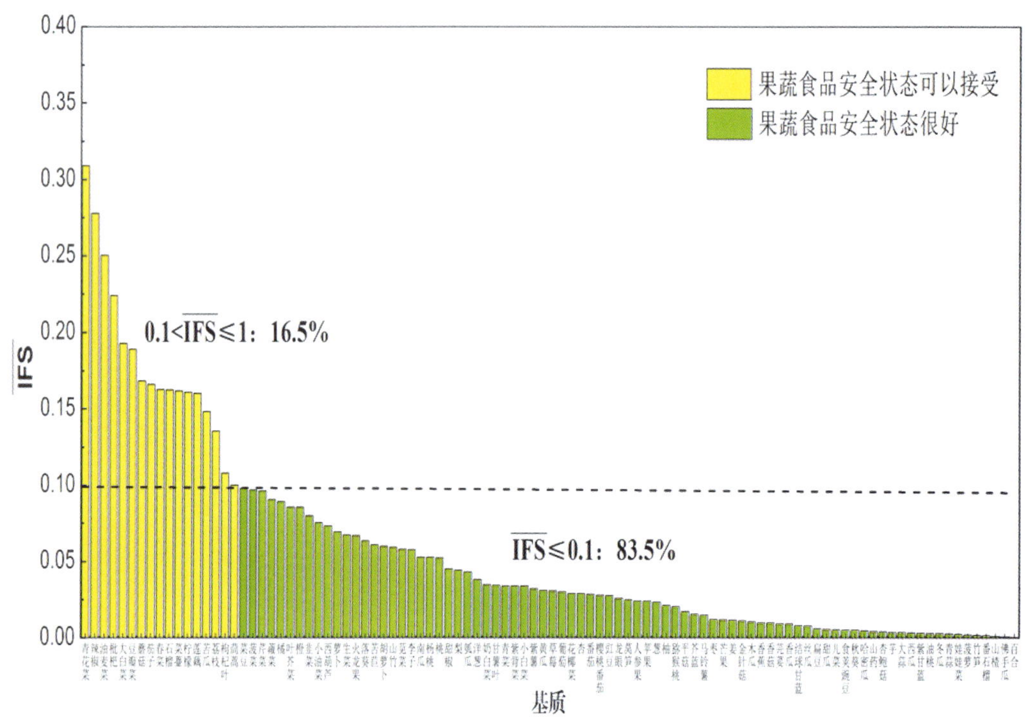

图 5-10　103 种水果蔬菜的$\overline{IFS}$值和安全状态统计图

5.2.2.3　所有水果蔬菜中农药残留安全指数分析

计算所有水果蔬菜中 152 种农药的 IFS_c 值，结果如图 5-11 及表 5-8 所示。

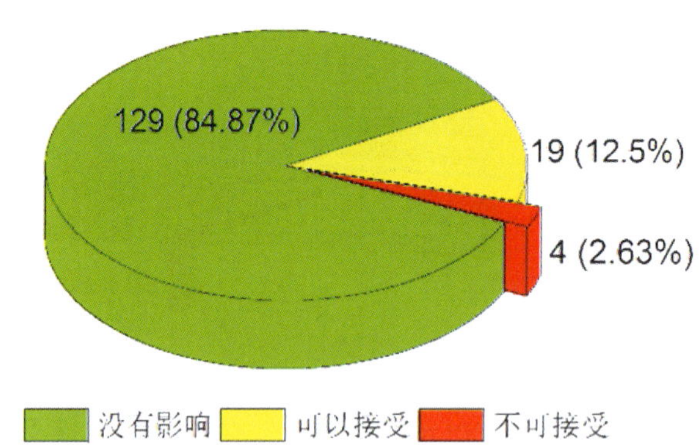

图 5-11　152 种残留农药对水果蔬菜安全影响程度的频次分布图

分析发现，4 种（2.63%）农药对水果蔬菜安全的影响不可接受，19 种（12.5%）农药对水果蔬菜安全的影响可以接受，129 种（84.87%）农药对水果蔬菜安全没有影响。

表 5-8 水果蔬菜中 152 种农药残留的安全指数表

序号	农药	检出频次	检出率（%）	$\overline{IFS}>1$ 的频次	$\overline{IFS}>1$ 的比例（%）	IFS_c	影响程度
1	氯唑磷	8	0.08	4	0.04	1.9079	不可接受
2	氟虫腈	157	1.60	21	0.21	1.2873	不可接受
3	氟吡禾灵	51	0.52	14	0.14	1.2133	不可接受
4	七氯	11	0.11	9	0.09	1.0772	不可接受
5	异狄氏剂	1	0.01	0	0	0.7315	可以接受
6	敌瘟磷	2	0.02	1	0.01	0.6084	可以接受
7	杀扑磷	6	0.06	1	0.01	0.5875	可以接受
8	三唑磷	82	0.83	13	0.13	0.5613	可以接受
9	狄氏剂	6	0.06	1	0.01	0.4929	可以接受
10	艾氏剂	6	0.06	1	0.01	0.4866	可以接受
11	甲拌磷	107	1.09	16	0.16	0.4812	可以接受
12	蝇毒磷	2	0.02	0	0	0.4782	可以接受
13	治螟磷	18	0.18	3	0.03	0.4738	可以接受
14	克百威	196	2.00	18	0.18	0.3957	可以接受
15	灭蚁灵	9	0.09	0	0	0.3237	可以接受
16	喹硫磷	3	0.03	0	0	0.2419	可以接受
17	水胺硫磷	84	0.86	3	0.03	0.2007	可以接受
18	特丁硫磷	10	0.10	0	0	0.1992	可以接受
19	喹禾灵	2	0.02	0	0	0.1647	可以接受
20	地虫硫磷	4	0.04	0	0	0.1491	可以接受
21	禾草敌	7	0.07	0	0	0.1281	可以接受
22	丁苯吗啉	5	0.05	0	0	0.1234	可以接受
23	对硫磷	9	0.09	0	0	0.1118	可以接受
24	乐果	7	0.07	0	0	0.0932	没有影响
25	双甲脒	7	0.07	0	0	0.0862	没有影响
26	异丙威	159	1.62	3	0.03	0.0855	没有影响
27	百菌清	47	0.48	0	0	0.0773	没有影响
28	三氯杀螨醇	27	0.27	0	0	0.0678	没有影响
29	敌敌畏	201	2.05	1	0.01	0.0619	没有影响
30	烯唑醇	222	2.26	1	0.01	0.0600	没有影响
31	唑虫酰胺	66	0.67	0	0	0.0587	没有影响
32	茚虫威	5	0.05	0	0	0.0577	没有影响

续表

序号	农药	检出频次	检出率（%）	$\overline{IFS}>1$ 的频次	$\overline{IFS}>1$ 的比例（%）	IFS_c	影响程度
33	辛酰溴苯腈	21	0.21	0	0	0.0547	没有影响
34	氟硅唑	306	3.12	1	0.01	0.0512	没有影响
35	炔螨特	76	0.77	0	0	0.0512	没有影响
36	乙硫磷	10	0.10	0	0	0.0481	没有影响
37	萎锈灵	37	0.38	1	0.01	0.0472	没有影响
38	噁霜灵	79	0.80	1	0.01	0.0435	没有影响
39	涕灭威	9	0.09	0	0	0.0423	没有影响
40	丁硫克百威	25	0.25	0	0	0.0410	没有影响
41	氯氰菊酯	156	1.59	0	0	0.0406	没有影响
42	乙霉威	16	0.16	0	0	0.0403	没有影响
43	噻嗪酮	55	0.56	0	0	0.0400	没有影响
44	氰戊菊酯	51	0.52	0	0	0.0360	没有影响
45	六六六	32	0.33	0	0	0.0350	没有影响
46	硫丹	696	7.09	0	0	0.0345	没有影响
47	灭线磷	2	0.02	0	0	0.0340	没有影响
48	氟啶虫酰胺	3	0.03	0	0	0.0334	没有影响
49	甲胺磷	13	0.13	0	0	0.0317	没有影响
50	溴氰菊酯	7	0.07	0	0	0.0295	没有影响
51	甲萘威	85	0.87	0	0	0.0290	没有影响
52	西草净	4	0.04	0	0	0.0277	没有影响
53	西玛津	92	0.94	0	0	0.0269	没有影响
54	五氯硝基苯	65	0.66	0	0	0.0257	没有影响
55	螺螨酯	33	0.34	0	0	0.0255	没有影响
56	氟啶脲	1	0.01	0	0	0.0255	没有影响
57	环酯草醚	41	0.42	0	0	0.0242	没有影响
58	啶酰菌胺	254	2.59	0	0	0.0237	没有影响
59	氯丹	3	0.03	0	0	0.0220	没有影响
60	嘧菌环胺	77	0.78	0	0	0.0218	没有影响
61	三环唑	10	0.10	0	0	0.0217	没有影响
62	氟胺氰菊酯	1	0.01	0	0	0.0206	没有影响
63	哒螨灵	683	6.95	0	0	0.0200	没有影响
64	三唑酮	59	0.60	0	0	0.0195	没有影响

续表

序号	农药	检出频次	检出率（%）	$\overline{IFS}>1$ 的频次	$\overline{IFS}>1$ 的比例（%）	IFS_c	影响程度
65	禾草灵	3	0.03	0	0	0.0195	没有影响
66	己唑醇	67	0.68	0	0	0.0188	没有影响
67	丙溴磷	196	2.00	0	0	0.0174	没有影响
68	氟吡菌酰胺	68	0.69	0	0	0.0173	没有影响
69	喹螨醚	188	1.91	0	0	0.0166	没有影响
70	毒死蜱	1256	12.79	1	0.01	0.0157	没有影响
71	虫螨腈	318	3.24	0	0	0.0140	没有影响
72	联苯菊酯	366	3.73	0	0	0.0139	没有影响
73	嗪草酮	5	0.05	0	0	0.0127	没有影响
74	异丙草胺	11	0.11	0	0	0.0125	没有影响
75	丙草胺	1	0.01	0	0	0.0123	没有影响
76	粉唑醇	21	0.21	0	0	0.0106	没有影响
77	溴螨酯	1	0.01	0	0	0.0099	没有影响
78	三氯杀螨砜	4	0.04	0	0	0.0093	没有影响
79	乙草胺	23	0.23	0	0	0.0085	没有影响
80	氟铃脲	1	0.01	0	0	0.0085	没有影响
81	戊唑醇	534	5.44	0	0	0.0077	没有影响
82	甲基毒死蜱	8	0.08	0	0	0.0073	没有影响
83	烯丙苯噻唑	35	0.36	0	0	0.0070	没有影响
84	三唑醇	203	2.07	0	0	0.0069	没有影响
85	林丹	2	0.02	0	0	0.0068	没有影响
86	生物苄呋菊酯	309	3.15	0	0	0.0067	没有影响
87	甲氰菊酯	111	1.13	0	0	0.0066	没有影响
88	乙羧氟草醚	2	0.02	0	0	0.0066	没有影响
89	稻瘟灵	24	0.24	0	0	0.0065	没有影响
90	甲草胺	4	0.04	0	0	0.0064	没有影响
91	二甲戊灵	102	1.04	0	0	0.0062	没有影响
92	肟菌酯	110	1.12	0	0	0.0062	没有影响
93	抗蚜威	5	0.05	0	0	0.0059	没有影响
94	氟氯氰菊酯	15	0.15	0	0	0.0056	没有影响
95	苯嗪草酮	5	0.05	0	0	0.0054	没有影响
96	灭锈胺	18	0.18	0	0	0.0054	没有影响

续表

序号	农药	检出频次	检出率（%）	$\overline{IFS}>1$ 的频次	$\overline{IFS}>1$ 的比例（%）	IFS_c	影响程度
97	炔苯酰草胺	2	0.02	0	0	0.0050	没有影响
98	仲丁威	342	3.48	0	0	0.0049	没有影响
99	噻菌灵	74	0.75	0	0	0.0048	没有影响
100	丙炔氟草胺	2	0.02	0	0	0.0048	没有影响
101	联苯三唑醇	11	0.11	0	0	0.0046	没有影响
102	苯硫威	4	0.04	0	0	0.0044	没有影响
103	腐霉利	872	8.88	0	0	0.0042	没有影响
104	杀虫环	6	0.06	0	0	0.0039	没有影响
105	环嗪酮	3	0.03	0	0	0.0039	没有影响
106	乙烯菌核利	1	0.01	0	0	0.0037	没有影响
107	滴滴涕	4	0.04	0	0	0.0035	没有影响
108	联苯肼酯	2	0.02	0	0	0.0034	没有影响
109	甲基对硫磷	1	0.01	0	0	0.0034	没有影响
110	嘧菌酯	64	0.65	0	0	0.0031	没有影响
111	霜霉威	63	0.64	0	0	0.0028	没有影响
112	氟乐灵	51	0.52	0	0	0.0027	没有影响
113	莠去津	118	1.20	0	0	0.0027	没有影响
114	腈菌唑	163	1.66	0	0	0.0026	没有影响
115	甲基立枯磷	5	0.05	0	0	0.0025	没有影响
116	氯苯嘧啶醇	1	0.01	0	0	0.0025	没有影响
117	噁草酮	5	0.05	0	0	0.0025	没有影响
118	甲苯氟磺胺	1	0.01	0	0	0.0024	没有影响
119	四氯硝基苯	14	0.14	0	0	0.0024	没有影响
120	克菌丹	4	0.04	0	0	0.0024	没有影响
121	嘧霉胺	610	6.21	0	0	0.0022	没有影响
122	多效唑	148	1.51	0	0	0.0022	没有影响
123	甲霜灵	614	6.25	0	0	0.0022	没有影响
124	醚菊酯	192	1.95	0	0	0.0019	没有影响
125	啶氧菌酯	21	0.21	0	0	0.0019	没有影响
126	绿麦隆	5	0.05	0	0	0.0018	没有影响
127	戊菌唑	14	0.14	0	0	0.0018	没有影响
128	异噁草酮	2	0.02	0	0	0.0018	没有影响

续表

序号	农药	检出频次	检出率（%）	$\overline{IFS}>1$ 的频次	$\overline{IFS}>1$ 的比例（%）	IFS_c	影响程度
129	增效醚	35	0.36	0	0	0.0017	没有影响
130	禾草丹	1	0.01	0	0	0.0015	没有影响
131	吡丙醚	97	0.99	0	0	0.0015	没有影响
132	氯菊酯	39	0.40	0	0	0.0015	没有影响
133	氟酰胺	11	0.11	0	0	0.0011	没有影响
134	醚菌酯	169	1.72	0	0	0.0011	没有影响
135	氯磺隆	17	0.17	0	0	0.0010	没有影响
136	扑草净	21	0.21	0	0	0.0008	没有影响
137	野麦畏	1	0.01	0	0	0.0007	没有影响
138	异丙甲草胺	15	0.15	0	0	0.0006	没有影响
139	甲基嘧啶磷	19	0.19	0	0	0.0006	没有影响
140	烯效唑	1	0.01	0	0	0.0006	没有影响
141	马拉硫磷	55	0.56	0	0	0.0005	没有影响
142	二苯胺	391	3.98	0	0	0.0005	没有影响
143	仲丁灵	12	0.12	0	0	0.0002	没有影响
144	喹氧灵	15	0.15	0	0	0.0002	没有影响
145	莠灭净	3	0.03	0	0	0.0002	没有影响
146	敌稗	2	0.02	0	0	0.0002	没有影响
147	萘乙酸	41	0.42	0	0	0.0002	没有影响
148	吡唑草胺	2	0.02	0	0	0.0001	没有影响
149	丁草胺	3	0.03	0	0	0.0001	没有影响
150	邻苯基苯酚	133	1.35	0	0	0.0001	没有影响
151	毒草胺	4	0.04	0	0	0.0000	没有影响
152	氯氟吡氧乙酸	1	0.01	0	0	0.0000	没有影响

5.2.3 GC-Q-TOF/MS 技术侦测全国水果蔬菜农药残留预警风险评估

基于全国水果蔬菜中农药残留 GC-Q-TOF/MS 侦测数据，分析禁用农药的检出率，同时参照中华人民共和国国家标准 GB 2763—2016 和欧盟农药最大残留限量（MRL）标准分析非禁用农药残留的超标率，并计算农药残留预警风险系数，分析单种水果蔬菜中农药残留以及所有水果蔬菜中农药残留的风险程度。

5.2.3.1 单种水果蔬菜中农药残留风险系数分析

1）单种水果蔬菜中禁用农药残留风险系数分析

侦测出的 329 种农药中有 24 种禁用农药，且它们分布在 70 种水果蔬菜，计算该 70 种水果蔬菜中禁用农药的超标率，根据超标率计算风险系数 R，进而分析水果蔬菜中禁用农药的风险程度，结果如图 5-12 与表 5-9 所示。分析发现 16 种禁用农药在 61 种水果蔬菜中的残留处均于高度风险。

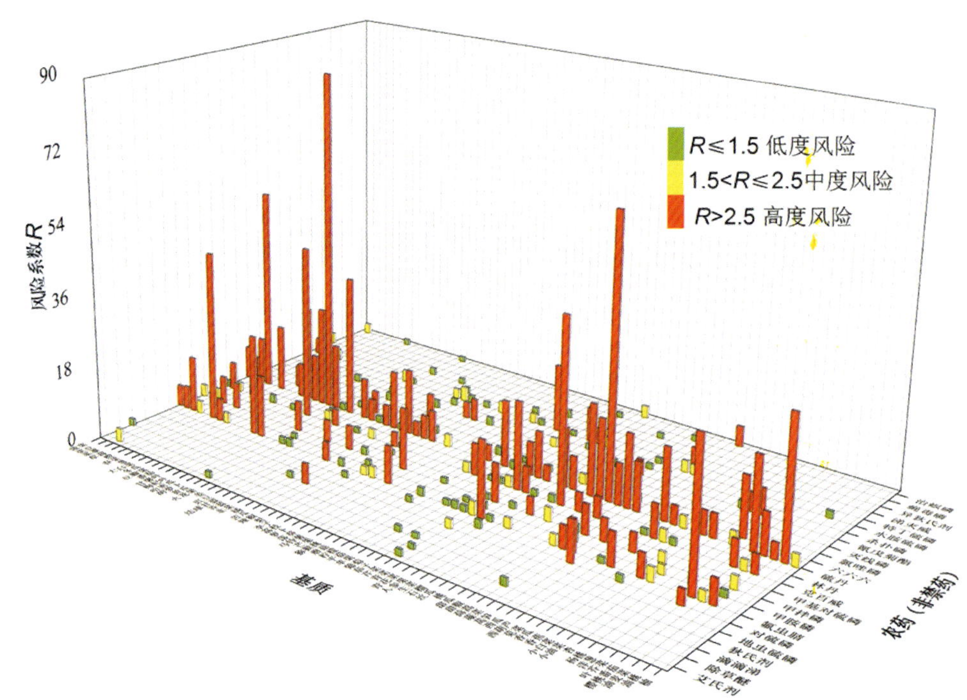

图 5-12 70 种水果蔬菜中 24 种禁用农药的风险系数分布图

表 5-9 70 种水果蔬菜中 24 种禁用农药的风险系数列表

序号	基质	农药	检出频次	超标率 P（%）	风险系数 R	风险程度
1	枸杞叶	硫丹	6	85.71	86.8	高度风险
2	甜瓜	硫丹	17	68.00	69.1	高度风险
3	草莓	硫丹	26	50.98	52.1	高度风险
4	石榴	克百威	4	44.44	45.5	高度风险
5	枸杞叶	克百威	3	42.86	44.0	高度风险
6	春菜	氟虫腈	8	42.11	43.2	高度风险
7	叶芥菜	氟虫腈	13	35.14	36.2	高度风险

续表

序号	基质	农药	检出频次	超标率 *P*（%）	风险系数 *R*	风险程度
8	黄瓜	硫丹	149	34.33	35.4	高度风险
9	油桃	硫丹	1	33.33	34.4	高度风险
10	甘薯叶	硫丹	6	24.00	25.1	高度风险
11	甘薯叶	氟虫腈	6	24.00	25.1	高度风险
12	豆瓣菜	硫丹	3	23.08	24.2	高度风险
13	叶芥菜	硫丹	8	21.62	22.7	高度风险
14	丝瓜	硫丹	9	21.43	22.5	高度风险
15	芹菜	克百威	73	20.68	21.8	高度风险
16	桃	硫丹	52	18.64	19.7	高度风险
17	青菜	氟虫腈	13	17.81	18.9	高度风险
18	茼蒿	硫丹	19	17.12	18.2	高度风险
19	西葫芦	硫丹	34	16.83	17.9	高度风险
20	柠檬	水胺硫磷	7	15.91	17.0	高度风险
21	春菜	硫丹	3	15.79	16.9	高度风险
22	平菇	硫丹	2	15.38	16.5	高度风险
23	哈密瓜	硫丹	6	15.38	16.5	高度风险
24	苦瓜	硫丹	19	15.20	16.3	高度风险
25	枸杞叶	氟虫腈	1	14.29	15.4	高度风险
26	萝卜	甲拌磷	14	14.14	15.2	高度风险
27	杨桃	六六六	6	13.95	15.1	高度风险
28	人参果	硫丹	3	13.64	14.7	高度风险
29	韭菜	硫丹	30	13.45	14.6	高度风险
30	菜薹	氟虫腈	12	12.90	14.0	高度风险
31	紫薯	氟虫腈	1	12.50	13.6	高度风险
32	蕹菜	硫丹	8	11.11	12.2	高度风险
33	番茄	硫丹	47	10.85	12.0	高度风险
34	菜薹	硫丹	10	10.75	11.9	高度风险
35	芹菜	硫丹	37	10.48	11.6	高度风险
36	樱桃番茄	硫丹	6	9.23	10.3	高度风险
37	甜椒	硫丹	34	9.21	10.3	高度风险
38	芫荽	氰戊菊酯	2	9.09	10.2	高度风险
39	姜	硫丹	2	9.09	10.2	高度风险
40	莴笋	对硫磷	2	9.09	10.2	高度风险

续表

序号	基质	农药	检出频次	超标率 P（%）	风险系数 R	风险程度
41	芹菜	甲拌磷	30	8.50	9.6	高度风险
42	落葵	氟虫腈	1	8.33	9.4	高度风险
43	冬瓜	硫丹	7	7.45	8.5	高度风险
44	茄子	水胺硫磷	27	7.44	8.5	高度风险
45	生菜	硫丹	20	7.22	8.3	高度风险
46	菠菜	硫丹	12	7.19	8.3	高度风险
47	茄子	硫丹	26	7.16	8.3	高度风险
48	苋菜	氟虫腈	2	7.14	8.2	高度风险
49	苋菜	克百威	2	7.14	8.2	高度风险
50	蕹菜	氟虫腈	5	6.94	8.0	高度风险
51	枣	氰戊菊酯	3	6.82	7.9	高度风险
52	柠檬	克百威	3	6.82	7.9	高度风险
53	李子	硫丹	6	6.59	7.7	高度风险
54	胡萝卜	甲拌磷	10	6.49	7.6	高度风险
55	苦瓜	氯唑磷	8	6.40	7.5	高度风险
56	茼蒿	甲拌磷	7	6.31	7.4	高度风险
57	菜豆	克百威	22	5.88	7.0	高度风险
58	草莓	甲拌磷	3	5.88	7.0	高度风险
59	杏	氰戊菊酯	1	5.56	6.7	高度风险
60	青菜	克百威	4	5.48	6.6	高度风险
61	叶芥菜	克百威	2	5.41	6.5	高度风险
62	春菜	甲拌磷	1	5.26	6.4	高度风险
63	油麦菜	氟虫腈	7	5.11	6.2	高度风险
64	菜豆	硫丹	19	5.08	6.2	高度风险
65	韭菜	甲拌磷	11	4.93	6.0	高度风险
66	小油菜	硫丹	4	4.88	6.0	高度风险
67	小白菜	硫丹	6	4.84	5.9	高度风险
68	小白菜	氟虫腈	6	4.84	5.9	高度风险
69	梨	硫丹	21	4.81	5.9	高度风险
70	杨桃	水胺硫磷	2	4.65	5.8	高度风险
71	芫荽	甲拌磷	1	4.55	5.6	高度风险
72	芫荽	克百威	1	4.55	5.6	高度风险
73	葱	六六六	1	4.55	5.6	高度风险

续表

序号	基质	农药	检出频次	超标率 *P*（%）	风险系数 *R*	风险程度
74	姜	六六六	1	4.55	5.6	高度风险
75	菜豆	氟虫腈	17	4.55	5.6	高度风险
76	葱	氟虫腈	1	4.55	5.6	高度风险
77	莴笋	甲拌磷	1	4.55	5.6	高度风险
78	茼蒿	氟虫腈	5	4.50	5.6	高度风险
79	李子	氰戊菊酯	4	4.40	5.5	高度风险
80	豇豆	硫丹	1	4.35	5.4	高度风险
81	豇豆	甲拌磷	1	4.35	5.4	高度风险
82	菠菜	氟虫腈	7	4.19	5.3	高度风险
83	芥蓝	硫丹	1	4.17	5.3	高度风险
84	蕹菜	治螟磷	3	4.17	5.3	高度风险
85	甜椒	克百威	15	4.07	5.2	高度风险
86	苦瓜	狄氏剂	5	4.00	5.1	高度风险
87	小油菜	氰戊菊酯	3	3.66	4.8	高度风险
88	油麦菜	克百威	5	3.65	4.7	高度风险
89	茼蒿	特丁硫磷	4	3.60	4.7	高度风险
90	韭菜	氟虫腈	8	3.59	4.7	高度风险
91	桃	克百威	10	3.58	4.7	高度风险
92	苋菜	硫丹	1	3.57	4.7	高度风险
93	苋菜	甲拌磷	1	3.57	4.7	高度风险
94	生菜	甲拌磷	9	3.25	4.3	高度风险
95	火龙果	克百威	7	3.06	4.2	高度风险
96	梨	氰戊菊酯	13	2.97	4.1	高度风险
97	菜豆	水胺硫磷	11	2.94	4.0	高度风险
98	油麦菜	硫丹	4	2.92	4.0	高度风险
99	桃	氰戊菊酯	8	2.87	4.0	高度风险
100	蘑菇	硫丹	6	2.86	4.0	高度风险
101	芹菜	水胺硫磷	10	2.83	3.9	高度风险
102	青菜	硫丹	2	2.74	3.8	高度风险
103	叶芥菜	对硫磷	1	2.70	3.8	高度风险
104	辣椒	硫丹	2	2.53	3.6	高度风险
105	辣椒	克百威	2	2.53	3.6	高度风险
106	橘	水胺硫磷	4	2.47	3.6	高度风险

续表

序号	基质	农药	检出频次	超标率 P（%）	风险系数 R	风险程度
107	小油菜	氟虫腈	2	2.44	3.5	高度风险
108	菠菜	六六六	4	2.40	3.5	高度风险
109	丝瓜	甲拌磷	1	2.38	3.5	高度风险
110	杨桃	硫丹	1	2.33	3.4	高度风险
111	枣	硫丹	1	2.27	3.4	高度风险
112	芹菜	氟虫腈	8	2.27	3.4	高度风险
113	油麦菜	甲拌磷	3	2.19	3.3	高度风险
114	菜薹	艾氏剂	2	2.15	3.3	高度风险
115	菜薹	甲拌磷	2	2.15	3.3	高度风险
116	黄瓜	克百威	9	2.07	3.2	高度风险
117	萝卜	硫丹	2	2.02	3.1	高度风险
118	柚	硫丹	1	2.00	3.1	高度风险
119	洋葱	甲胺磷	1	2.00	3.1	高度风险
120	芹菜	治螟磷	7	1.98	3.1	高度风险
121	香瓜	硫丹	1	1.96	3.1	高度风险
122	草莓	氟虫腈	1	1.96	3.1	高度风险
123	香瓜	克百威	1	1.96	3.1	高度风险
124	胡萝卜	水胺硫磷	3	1.95	3.0	高度风险
125	茼蒿	水胺硫磷	2	1.80	2.9	高度风险
126	菠菜	涕灭威	3	1.80	2.9	高度风险
127	菠菜	甲拌磷	3	1.80	2.9	高度风险
128	荔枝	水胺硫磷	1	1.79	2.9	高度风险
129	荔枝	氟虫腈	1	1.79	2.9	高度风险
130	茄子	克百威	6	1.65	2.8	高度风险
131	甜椒	氟虫腈	6	1.63	2.7	高度风险
132	橙	杀扑磷	3	1.62	2.7	高度风险
133	橙	水胺硫磷	3	1.62	2.7	高度风险
134	橙	克百威	3	1.62	2.7	高度风险
135	小白菜	甲拌磷	2	1.61	2.7	高度风险
136	菜豆	治螟磷	6	1.60	2.7	高度风险
137	樱桃番茄	克百威	1	1.54	2.6	高度风险
138	樱桃番茄	氟虫腈	1	1.54	2.6	高度风险
139	大白菜	氟虫腈	3	1.51	2.6	高度风险

续表

序号	基质	农药	检出频次	超标率 *P*（%）	风险系数 *R*	风险程度
140	生菜	六六六	4	1.44	2.5	高度风险
141	生菜	氟虫腈	4	1.44	2.5	高度风险
142	蘑菇	克百威	3	1.43	2.5	高度风险
143	蕹菜	水胺硫磷	1	1.39	2.5	中度风险
144	青菜	水胺硫磷	1	1.37	2.5	中度风险
145	韭菜	水胺硫磷	3	1.35	2.4	中度风险
146	韭菜	克百威	3	1.35	2.4	中度风险
147	葡萄	硫丹	5	1.31	2.4	中度风险
148	芒果	水胺硫磷	1	1.27	2.4	中度风险
149	小油菜	甲胺磷	1	1.22	2.3	中度风险
150	芹菜	特丁硫磷	4	1.13	2.2	中度风险
151	芹菜	地虫硫磷	4	1.13	2.2	中度风险
152	苹果	氰戊菊酯	5	1.11	2.2	中度风险
153	李子	氟虫腈	1	1.10	2.2	中度风险
154	菜薹	克百威	1	1.08	2.2	中度风险
155	萝卜	氰戊菊酯	1	1.01	2.1	中度风险
156	大白菜	克百威	2	1.01	2.1	中度风险
157	西葫芦	六六六	2	0.99	2.1	中度风险
158	蘑菇	涕灭威	2	0.95	2.1	中度风险
159	蘑菇	六六六	2	0.95	2.1	中度风险
160	蘑菇	氟虫腈	2	0.95	2.1	中度风险
161	青花菜	对硫磷	2	0.95	2.1	中度风险
162	茼蒿	除草醚	1	0.90	2.0	中度风险
163	茼蒿	甲胺磷	1	0.90	2.0	中度风险
164	茼蒿	六六六	1	0.90	2.0	中度风险
165	韭菜	氰戊菊酯	2	0.90	2.0	中度风险
166	韭菜	六六六	2	0.90	2.0	中度风险
167	苹果	硫丹	4	0.89	2.0	中度风险
168	火龙果	氟虫腈	2	0.87	2.0	中度风险
169	火龙果	灭线磷	2	0.87	2.0	中度风险
170	马铃薯	特丁硫磷	1	0.83	1.9	中度风险
171	甜椒	甲拌磷	3	0.81	1.9	中度风险
172	小白菜	氰戊菊酯	1	0.81	1.9	中度风险

续表

序号	基质	农药	检出频次	超标率 *P*（%）	风险系数 *R*	风险程度
173	苦瓜	水胺硫磷	1	0.80	1.9	中度风险
174	苦瓜	氟虫腈	1	0.80	1.9	中度风险
175	苦瓜	甲拌磷	1	0.80	1.9	中度风险
176	葡萄	氟虫腈	3	0.79	1.9	中度风险
177	油麦菜	甲胺磷	1	0.73	1.8	中度风险
178	油麦菜	水胺硫磷	1	0.73	1.8	中度风险
179	生菜	氰戊菊酯	2	0.72	1.8	中度风险
180	生菜	克百威	2	0.72	1.8	中度风险
181	番茄	氰戊菊酯	3	0.69	1.8	中度风险
182	黄瓜	涕灭威	3	0.69	1.8	中度风险
183	黄瓜	氟虫腈	3	0.69	1.8	中度风险
184	梨	六六六	3	0.69	1.8	中度风险
185	结球甘蓝	硫丹	2	0.68	1.8	中度风险
186	香蕉	甲胺磷	1	0.67	1.8	中度风险
187	香蕉	克百威	1	0.67	1.8	中度风险
188	香蕉	对硫磷	1	0.67	1.8	中度风险
189	胡萝卜	林丹	1	0.65	1.7	中度风险
190	胡萝卜	硫丹	1	0.65	1.7	中度风险
191	西瓜	硫丹	1	0.63	1.7	中度风险
192	橘	硫丹	1	0.62	1.7	中度风险
193	橘	杀扑磷	1	0.62	1.7	中度风险
194	菠菜	滴滴涕	1	0.60	1.7	中度风险
195	菠菜	克百威	1	0.60	1.7	中度风险
196	芹菜	艾氏剂	2	0.57	1.7	中度风险
197	芹菜	甲胺磷	2	0.57	1.7	中度风险
198	芹菜	六六六	2	0.57	1.7	中度风险
199	茄子	氟虫腈	2	0.55	1.7	中度风险
200	葡萄	克百威	2	0.52	1.6	中度风险
201	猕猴桃	硫丹	1	0.52	1.6	中度风险
202	猕猴桃	水胺硫磷	1	0.52	1.6	中度风险
203	大白菜	治螟磷	1	0.50	1.6	中度风险

续表

序号	基质	农药	检出频次	超标率 *P*（%）	风险系数 *R*	风险程度
204	西葫芦	林丹	1	0.50	1.6	中度风险
205	西葫芦	克百威	1	0.50	1.6	中度风险
206	西葫芦	氟虫腈	1	0.50	1.6	中度风险
207	蘑菇	对硫磷	1	0.48	1.6	中度风险
208	蘑菇	甲拌磷	1	0.48	1.6	中度风险
209	青花菜	克百威	1	0.48	1.6	中度风险
210	青花菜	氟虫腈	1	0.48	1.6	中度风险
211	青花菜	甲拌磷	1	0.48	1.6	中度风险
212	番茄	克百威	2	0.46	1.6	中度风险
213	黄瓜	氰戊菊酯	2	0.46	1.6	中度风险
214	黄瓜	艾氏剂	2	0.46	1.6	中度风险
215	黄瓜	六六六	2	0.46	1.6	中度风险
216	梨	甲胺磷	2	0.46	1.6	中度风险
217	梨	克百威	2	0.46	1.6	中度风险
218	梨	水胺硫磷	2	0.46	1.6	中度风险
219	梨	对硫磷	2	0.46	1.6	中度风险
220	韭菜	狄氏剂	1	0.45	1.5	中度风险
221	韭菜	特丁硫磷	1	0.45	1.5	中度风险
222	苹果	滴滴涕	2	0.44	1.5	中度风险
223	苹果	六六六	2	0.44	1.5	中度风险
224	苹果	氟虫腈	2	0.44	1.5	中度风险
225	生菜	异狄氏剂	1	0.36	1.5	低度风险
226	桃	杀扑磷	1	0.36	1.5	低度风险
227	桃	蝇毒磷	1	0.36	1.5	低度风险
228	桃	水胺硫磷	1	0.36	1.5	低度风险
229	结球甘蓝	涕灭威	1	0.34	1.4	低度风险
230	结球甘蓝	克百威	1	0.34	1.4	低度风险
231	芹菜	除草醚	1	0.28	1.4	低度风险
232	芹菜	杀扑磷	1	0.28	1.4	低度风险

续表

序号	基质	农药	检出频次	超标率 P（%）	风险系数 R	风险程度
233	茄子	滴滴涕	1	0.28	1.4	低度风险
234	茄子	甲拌磷	1	0.28	1.4	低度风险
235	甜椒	甲胺磷	1	0.27	1.4	低度风险
236	葡萄	氰戊菊酯	1	0.26	1.4	低度风险
237	葡萄	甲胺磷	1	0.26	1.4	低度风险
238	葡萄	蝇毒磷	1	0.26	1.4	低度风险
239	番茄	甲胺磷	1	0.23	1.3	低度风险
240	黄瓜	水胺硫磷	1	0.23	1.3	低度风险
241	黄瓜	甲胺磷	1	0.23	1.3	低度风险
242	黄瓜	治螟磷	1	0.23	1.3	低度风险
243	梨	甲基对硫磷	1	0.23	1.3	低度风险
244	苹果	克百威	1	0.22	1.3	低度风险
245	苹果	水胺硫磷	1	0.22	1.3	低度风险

2）基于 MRL 中国国家标准的单种水果蔬菜中非禁用农药残留风险系数分析

参照中华人民共和国国家标准 GB 2763—2016 中农药残留限量计算每种水果蔬菜中每种非禁用农药的超标率，进而计算其风险系数，根据风险系数大小判断农药残留的预警风险程度，水果蔬菜中非禁用农药残留风险程度分布情况如图 5-13 所示。

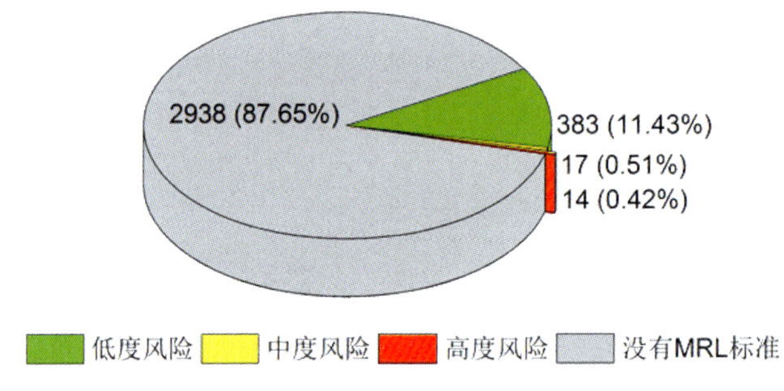

图 5-13　水果蔬菜中非禁用农药风险程度的频次分布图（MRL 中国国家标准）

本次分析中，发现在 106 种水果蔬菜中检出 305 种残留非禁用农药，涉及样本 3352 个，在 3352 个样本中，0.42%处于高度风险，0.51%处于中度风险，11.43%处于低度风险，此外发现有 2938 个样本没有 MRL 中国国家标准值，无法判断其风险程度，有 MRL 中国国家标准值的 414 个样本涉及 74 种水果蔬菜中的 67 种非禁用农药，其风险系数如图 5-14 所示。表 5-10 为非禁用农药残留处于高度风险的水果蔬菜列表。

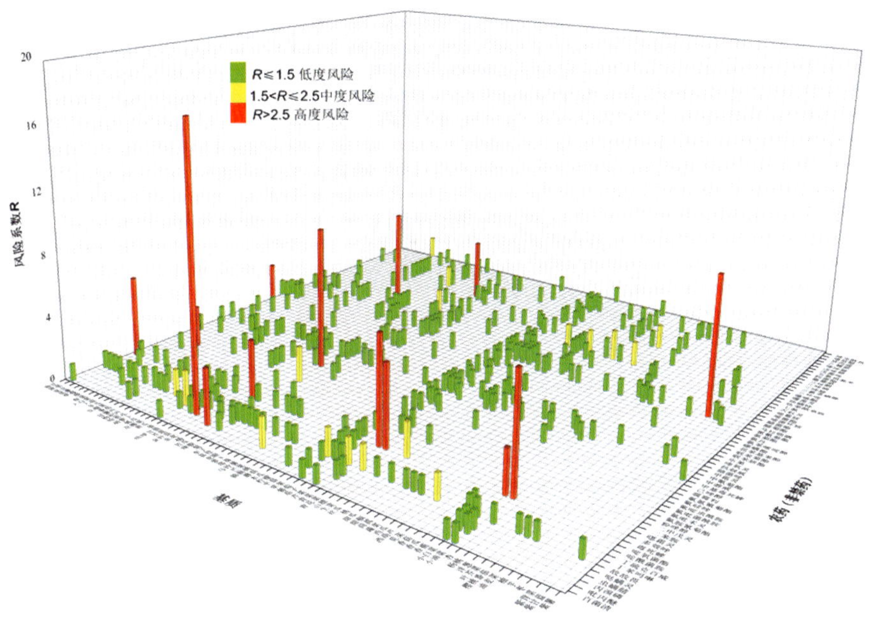

图 5-14　74 种水果蔬菜中 67 种非禁用农药的风险系数分布图（MRL 中国国家标准）

表 5-10　单种水果蔬菜中处于高度风险的非禁用农药风险系数表（MRL 中国国家标准）

序号	基质	中文名称	超标频次	超标率 P（%）	风险系数 R
1	芥蓝	虫螨腈	4	16.67	17.8
2	韭菜	腐霉利	18	8.07	9.2
3	芋	氯氰菊酯	1	7.69	8.8
4	小油菜	毒死蜱	5	6.10	7.2
5	芹菜	毒死蜱	20	5.67	6.8
6	瓠瓜	灭蚁灵	1	5.56	6.7
7	菠菜	毒死蜱	7	4.19	5.3
8	青菜	毒死蜱	3	4.11	5.2
9	橘	三唑磷	5	3.09	4.2
10	韭菜	毒死蜱	6	2.69	3.8
11	橘	丙溴磷	4	2.47	3.6
12	菜薹	联苯菊酯	2	2.15	3.3
13	橙	氟吡禾灵	3	1.62	2.7
14	小白菜	毒死蜱	2	1.61	2.7

3）基于 MRL 欧盟标准的单种水果蔬菜中非禁用农药残留风险系数分析

参照 MRL 欧盟标准计算每种水果蔬菜中每种非禁用农药的超标率，进而计算其风险系数，根据风险系数大小判断农药残留的预警风险程度，水果蔬菜中非禁用农药残留风险程度分布情况如图 5-15 所示。

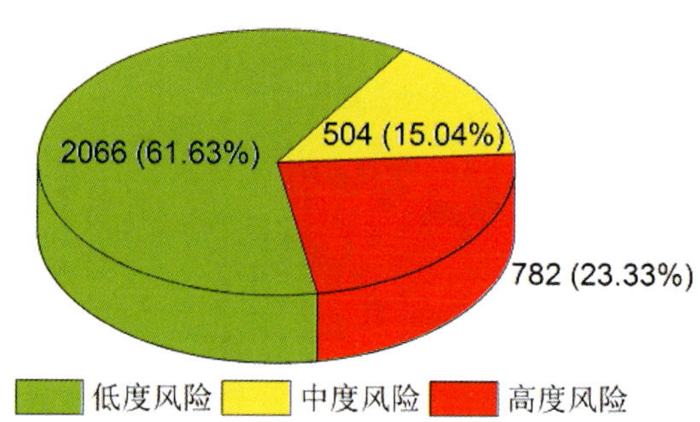

图 5-15　水果蔬菜中非禁用农药风险程度的频次分布图（MRL 欧盟标准）

本次分析中，发现在 106 种水果蔬菜中共侦测出 305 种非禁用农药，涉及样本 3352 个，其中，23.33%处于高度风险，涉及 101 种水果蔬菜和 138 种农药；61.63%处于低度风险，涉及 105 种水果蔬菜和 272 种农药。单种水果蔬菜中处于高度风险的前 100 种非禁用农药的风险系数如图 5-16 和表 5-11 所示。

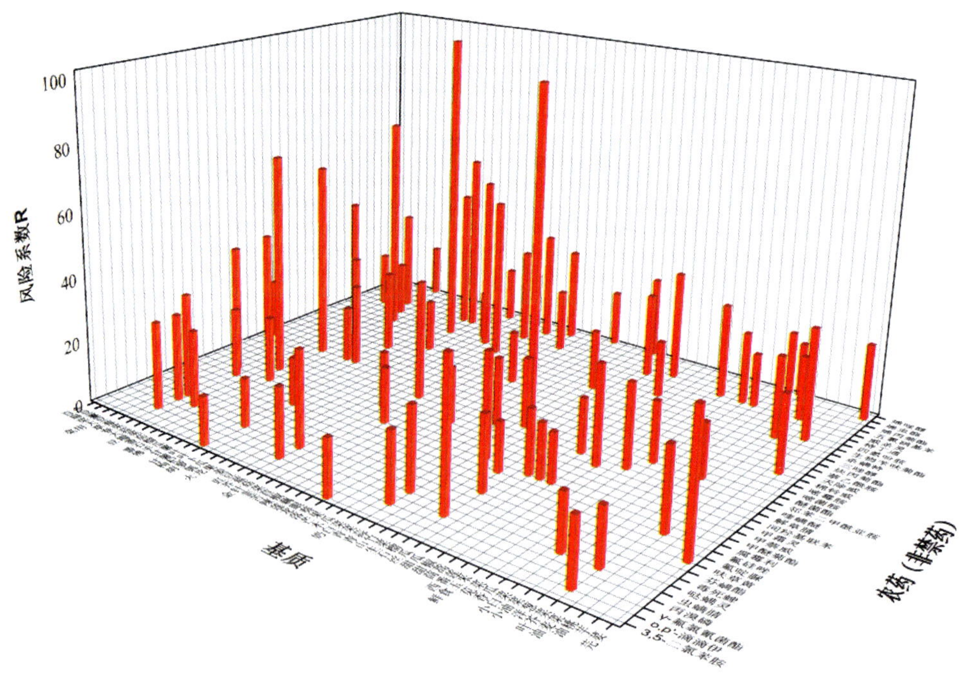

图 5-16　单种水果蔬菜中处于高度风险的前 100 种非禁用农药的风险系数分布图（MRL 欧盟标准）

表 5-11　单种水果蔬菜中处于高度风险的前 100 种非禁用农药的风险系数表（MRL 欧盟标准）

序号	基质	农药	超标频次	超标率 P（%）	风险系数 R
1	枸杞叶	生物苄呋菊酯	7	100.00	101.1
2	奶白菜	醚菌酯	1	100.00	101.1
3	奶白菜	唑虫酰胺	1	100.00	101.1
4	豆瓣菜	杀螨特	9	69.23	70.3
5	豆瓣菜	甲萘威	9	69.23	70.3
6	豆瓣菜	邻苯二甲酰亚胺	8	61.54	62.6
7	枸杞叶	威杀灵	4	57.14	58.2
8	紫背菜	嘧霉胺	4	57.14	58.2
9	紫背菜	毒死蜱	4	57.14	58.2
10	紫背菜	丙溴磷	4	57.14	58.2
11	姜	生物苄呋菊酯	12	54.55	55.6
12	芥蓝	杀螨特	12	50.00	51.1
13	石榴	丙溴磷	4	44.44	45.5
14	甘薯叶	威杀灵	11	44.00	45.1
15	芫荽	呋草黄	9	40.91	42.0
16	草莓	腐霉利	20	39.22	40.3
17	菜薹	杀螨特	35	37.63	38.7
18	竹笋	仲丁威	3	37.50	38.6
19	金针菇	解草腈	12	36.36	37.5
20	石榴	五氯硝基苯	3	33.33	34.4
21	油桃	生物苄呋菊酯	1	33.33	34.4
22	金针菇	烯丙菊酯	11	33.33	34.4
23	百合	邻苯二甲酰亚胺	3	33.33	34.4
24	青蒜	腐霉利	6	31.58	32.7
25	春菜	哒螨灵	6	31.58	32.7
26	春菜	威杀灵	6	31.58	32.7
27	番石榴	嘧菌胺	7	30.43	31.5
28	茼蒿	间羟基联苯	33	29.73	30.8
29	芥蓝	威杀灵	7	29.17	30.3
30	芥蓝	虫螨腈	7	29.17	30.3
31	苦苣	烯虫酯	10	28.57	29.7
32	西番莲	威杀灵	2	28.57	29.7

续表

序号	基质	农药	超标频次	超标率 *P*（%）	风险系数 *R*
33	春菜	虫螨腈	5	26.32	27.4
34	春菜	*γ*-氟氯氰菌酯	5	26.32	27.4
35	豇豆	仲丁威	6	26.09	27.2
36	山竹	威杀灵	12	25.53	26.6
37	枣	解草腈	11	25.00	26.1
38	鲜食玉米	解草腈	1	25.00	26.1
39	竹笋	生物苄呋菊酯	2	25.00	26.1
40	竹笋	炔丙菊酯	2	25.00	26.1
41	竹笋	甲醚菊酯	2	25.00	26.1
42	甘薯	邻苯二甲酰亚胺	1	25.00	26.1
43	甘薯	棉铃威	1	25.00	26.1
44	青菜	烯唑醇	18	24.66	25.8
45	青菜	虫螨腈	18	24.66	25.8
46	叶芥菜	杀螨特	9	24.32	25.4
47	油麦菜	氟硅唑	33	24.09	25.2
48	豆瓣菜	虫螨腈	3	23.08	24.2
49	芋	棉铃威	3	23.08	24.2
50	芫荽	烯虫酯	5	22.73	23.8
51	石榴	芬螨酯	2	22.22	23.3
52	苋菜	威杀灵	6	21.43	22.5
53	春菜	氟硅唑	4	21.05	22.2
54	芥蓝	*γ*-氟氯氰菌酯	5	20.83	21.9
55	青菜	喹螨醚	15	20.55	21.6
56	青菜	*γ*-氟氯氰菌酯	15	20.55	21.6
57	木瓜	解草腈	6	20.00	21.1
58	番茄	腐霉利	86	19.86	21.0
59	丝瓜	腐霉利	8	19.05	20.1
60	辣椒	威杀灵	15	18.99	20.1
61	叶芥菜	威杀灵	7	18.92	20.0
62	叶芥菜	*o,p'*-滴滴伊	7	18.92	20.0
63	小白菜	烯唑醇	23	18.55	19.6
64	扁豆	邻苯二甲酰亚胺	4	18.18	19.3
65	姜	增效醚	4	18.18	19.3

续表

序号	基质	农药	超标频次	超标率 P（%）	风险系数 R
66	苋菜	邻苯二甲酰亚胺	5	17.86	19.0
67	青菜	三唑醇	13	17.81	18.9
68	芒果	解草腈	14	17.72	18.8
69	番石榴	增效醚	4	17.39	18.5
70	豇豆	烯虫酯	4	17.39	18.5
71	丝瓜	生物苄呋菊酯	7	16.67	17.8
72	瓠瓜	烯虫酯	3	16.67	17.8
73	龙眼	甲霜灵	2	16.67	17.8
74	大蒜	四氢吩胺	2	16.67	17.8
75	菜用大豆	特丁通	1	16.67	17.8
76	佛手瓜	邻苯二甲酰亚胺	2	16.67	17.8
77	落葵	3,5-二氯苯胺	2	16.67	17.8
78	落葵	烯唑醇	2	16.67	17.8
79	芥蓝	甲萘威	4	16.67	17.8
80	韭菜	腐霉利	37	16.59	17.7
81	叶芥菜	虫螨腈	6	16.22	17.3
82	小白菜	虫螨腈	20	16.13	17.2
83	甜瓜	腐霉利	4	16.00	17.1
84	甜瓜	解草腈	4	16.00	17.1
85	洋葱	邻苯二甲酰亚胺	8	16.00	17.1
86	小油菜	烯唑醇	13	15.85	17.0
87	春菜	烯唑醇	3	15.79	16.9
88	春菜	唑虫酰胺	3	15.79	16.9
89	香瓜	威杀灵	8	15.69	16.8
90	胡萝卜	萘乙酰胺	24	15.58	16.7
91	莲藕	灭除威	4	15.38	16.5
92	火龙果	四氢吩胺	34	14.85	15.9
93	生菜	氟硅唑	40	14.44	15.5
94	甜椒	腐霉利	53	14.36	15.5
95	枸杞叶	虫螨腈	1	14.29	15.4
96	枸杞叶	新燕灵	1	14.29	15.4
97	枸杞叶	氟啶脲	1	14.29	15.4
98	枸杞叶	溴螨酯	1	14.29	15.4
99	枸杞叶	3,5-二氯苯胺	1	14.29	15.4
100	紫背菜	增效醚	1	14.29	15.4

5.2.3.2 所有水果蔬菜中农药残留风险系数分析

1）所有水果蔬菜中禁用农药残留风险系数分析

在侦测出的 329 种农药中有 24 种禁用农药，计算所有水果蔬菜中禁用农药的风险系数，结果如表 5-12 所示。可以看出，硫丹、克百威和氟虫腈 3 种禁用农药处于高度风险，甲拌磷、水胺硫磷和氰戊菊酯 3 种禁用农药处于中度风险，其他禁用农药均处于低度风险。

表 5-12 水果蔬菜中 24 种禁用农药的风险系数表

序号	中文名称	检出频次	检出率 P（%）	风险系数 R	风险程度
1	硫丹	696	7.09	8.2	高度风险
2	克百威	196	2.00	3.1	高度风险
3	氟虫腈	157	1.60	2.7	高度风险
4	甲拌磷	107	1.09	2.2	中度风险
5	水胺硫磷	84	0.86	2.0	中度风险
6	氰戊菊酯	51	0.52	1.6	中度风险
7	六六六	32	0.33	1.4	低度风险
8	治螟磷	18	0.18	1.3	低度风险
9	甲胺磷	13	0.13	1.2	低度风险
10	特丁硫磷	10	0.10	1.2	低度风险
11	涕灭威	9	0.09	1.2	低度风险
12	对硫磷	9	0.09	1.2	低度风险
13	氯唑磷	8	0.08	1.2	低度风险
14	杀扑磷	6	0.06	1.2	低度风险
15	艾氏剂	6	0.06	1.2	低度风险
16	狄氏剂	6	0.06	1.2	低度风险
17	滴滴涕	4	0.04	1.1	低度风险
18	地虫硫磷	4	0.04	1.1	低度风险
19	除草醚	2	0.02	1.1	低度风险
20	林丹	2	0.02	1.1	低度风险
21	蝇毒磷	2	0.02	1.1	低度风险
22	灭线磷	2	0.02	1.1	低度风险
23	异狄氏剂	1	0.01	1.1	低度风险
24	甲基对硫磷	1	0.01	1.1	低度风险

2）所有水果蔬菜中非禁用农药残留风险系数分析

参照 MRL 欧盟标准计算所有水果蔬菜中每种非禁用农药残留的风险系数，如图 5-17 与表 5-13 所示。在检出的 305 种非禁用农药中，9 种农药（2.95%）残留处于高度风险，29 种农药（9.51%）残留处于中度风险，267 种农药（87.54%）残留处于低度风险。

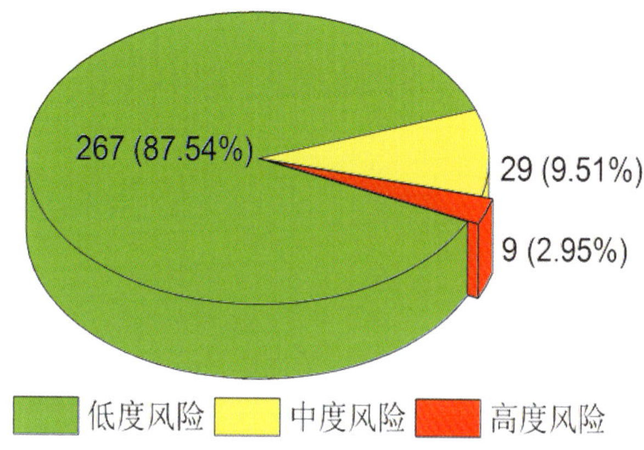

图 5-17 水果蔬菜中 305 种非禁用农药风险程度的频次分布图

表 5-13 水果蔬菜中 305 种非禁用农药的风险系数表

序号	中文名称	超标频次	超标率 P（%）	风险系数 R	风险程度
1	腐霉利	484	4.93	6.0	高度风险
2	威杀灵	363	3.70	4.8	高度风险
3	虫螨腈	224	2.28	3.4	高度风险
4	生物苄呋菊酯	200	2.04	3.1	高度风险
5	新燕灵	183	1.86	3.0	高度风险
6	仲丁威	177	1.80	2.9	高度风险
7	烯虫酯	176	1.79	2.9	高度风险
8	杀螨特	159	1.62	2.7	高度风险
9	氟硅唑	148	1.51	2.6	高度风险
10	解草腈	134	1.36	2.5	中度风险
11	烯唑醇	115	1.17	2.3	中度风险
12	邻苯二甲酰亚胺	107	1.09	2.2	中度风险
13	丙溴磷	105	1.07	2.2	中度风险
14	γ-氟氯氰菌酯	104	1.06	2.2	中度风险
15	三唑醇	99	1.01	2.1	中度风险
16	甲醚菊酯	91	0.93	2.0	中度风险

续表

序号	中文名称	超标频次	超标率 P（%）	风险系数 R	风险程度
17	毒死蜱	72	0.73	1.8	中度风险
18	哒螨灵	72	0.73	1.8	中度风险
19	四氢吩胺	72	0.73	1.8	中度风险
20	敌敌畏	72	0.73	1.8	中度风险
21	喹螨醚	68	0.69	1.8	中度风险
22	甲萘威	68	0.69	1.8	中度风险
23	甲氰菊酯	65	0.66	1.8	中度风险
24	醚菌酯	64	0.65	1.8	中度风险
25	3,5-二氯苯胺	63	0.64	1.7	中度风险
26	炔螨特	63	0.64	1.7	中度风险
27	灭除威	62	0.63	1.7	中度风险
28	特草灵	61	0.62	1.7	中度风险
29	烯丙菊酯	59	0.60	1.7	中度风险
30	嘧霉胺	55	0.56	1.7	中度风险
31	五氯苯甲腈	52	0.53	1.6	中度风险
32	*o,p'*-滴滴伊	49	0.50	1.6	中度风险
33	三唑磷	47	0.48	1.6	中度风险
34	噁霜灵	45	0.46	1.6	中度风险
35	芬螨酯	42	0.43	1.5	中度风险
36	棉铃威	42	0.43	1.5	中度风险
37	西玛津	42	0.43	1.5	中度风险
38	异丙威	41	0.42	1.5	中度风险
39	抑芽唑	39	0.40	1.5	低度风险
40	唑虫酰胺	37	0.38	1.5	低度风险
41	去乙基阿特拉津	35	0.36	1.5	低度风险
42	间羟基联苯	35	0.36	1.5	低度风险
43	嘧菌胺	34	0.35	1.4	低度风险
44	炔丙菊酯	31	0.32	1.4	低度风险
45	烯丙苯噻唑	30	0.31	1.4	低度风险
46	氟吡禾灵	29	0.30	1.4	低度风险
47	兹克威	29	0.30	1.4	低度风险
48	速灭威	28	0.29	1.4	低度风险
49	猛杀威	25	0.25	1.4	低度风险

续表

序号	中文名称	超标频次	超标率 P（%）	风险系数 R	风险程度
50	丁硫克百威	25	0.25	1.4	低度风险
51	萘乙酰胺	24	0.24	1.3	低度风险
52	五氯苯胺	22	0.22	1.3	低度风险
53	甲霜灵	21	0.21	1.3	低度风险
54	己唑醇	21	0.21	1.3	低度风险
55	丁二酸二丁酯	21	0.21	1.3	低度风险
56	氯杀螨砜	20	0.20	1.3	低度风险
57	氟乐灵	19	0.19	1.3	低度风险
58	溴丁酰草胺	19	0.19	1.3	低度风险
59	烯虫炔酯	18	0.18	1.3	低度风险
60	多效唑	17	0.17	1.3	低度风险
61	避蚊胺	17	0.17	1.3	低度风险
62	马拉硫磷	17	0.17	1.3	低度风险
63	环酯草醚	16	0.16	1.3	低度风险
64	辛酰溴苯腈	16	0.16	1.3	低度风险
65	五氯硝基苯	15	0.15	1.3	低度风险
66	杀螨酯	15	0.15	1.3	低度风险
67	噻菌灵	15	0.15	1.3	低度风险
68	吡喃灵	15	0.15	1.3	低度风险
69	呋线威	15	0.15	1.3	低度风险
70	联苯菊酯	14	0.14	1.2	低度风险
71	戊唑醇	13	0.13	1.2	低度风险
72	啶斑肟	13	0.13	1.2	低度风险
73	五氯苯	13	0.13	1.2	低度风险
74	百菌清	13	0.13	1.2	低度风险
75	缬霉威	13	0.13	1.2	低度风险
76	呋草黄	13	0.13	1.2	低度风险
77	仲草丹	12	0.12	1.2	低度风险
78	增效醚	12	0.12	1.2	低度风险
79	异噁唑草酮	12	0.12	1.2	低度风险
80	啶氧菌酯	12	0.12	1.2	低度风险
81	茚草酮	12	0.12	1.2	低度风险
82	三唑酮	11	0.11	1.2	低度风险

续表

序号	中文名称	超标频次	超标率 P（%）	风险系数 R	风险程度
83	醚菊酯	10	0.10	1.2	低度风险
84	杀螨醚	10	0.10	1.2	低度风险
85	苄呋菊酯	10	0.10	1.2	低度风险
86	七氯	10	0.10	1.2	低度风险
87	二苯胺	9	0.09	1.2	低度风险
88	三氯杀螨醇	9	0.09	1.2	低度风险
89	乙草胺	9	0.09	1.2	低度风险
90	4,4-二氯二苯甲酮	8	0.08	1.2	低度风险
91	解草嗪	8	0.08	1.2	低度风险
92	灭锈胺	8	0.08	1.2	低度风险
93	乙滴滴	8	0.08	1.2	低度风险
94	氯硫酰草胺	8	0.08	1.2	低度风险
95	霜霉威	7	0.07	1.2	低度风险
96	反式九氯	7	0.07	1.2	低度风险
97	拌种胺	7	0.07	1.2	低度风险
98	禾草敌	7	0.07	1.2	低度风险
99	五氯甲氧基苯	7	0.07	1.2	低度风险
100	氟丙菊酯	6	0.06	1.2	低度风险
101	灭害威	6	0.06	1.2	低度风险
102	稻瘟灵	6	0.06	1.2	低度风险
103	乙硫磷	6	0.06	1.2	低度风险
104	吡螨胺	6	0.06	1.2	低度风险
105	特丁净	6	0.06	1.2	低度风险
106	八氯二丙醚	6	0.06	1.2	低度风险
107	仲丁通	6	0.06	1.2	低度风险
108	异丙草胺	6	0.06	1.2	低度风险
109	氟噻草胺	6	0.06	1.2	低度风险
110	氟氯氰菊酯	5	0.05	1.2	低度风险
111	腈菌唑	5	0.05	1.2	低度风险
112	茵草敌	5	0.05	1.2	低度风险
113	三环唑	5	0.05	1.2	低度风险
114	乙拌磷	5	0.05	1.2	低度风险
115	氯氰菊酯	5	0.05	1.2	低度风险

续表

序号	中文名称	超标频次	超标率 P（%）	风险系数 R	风险程度
116	四氯硝基苯	5	0.05	1.2	低度风险
117	吡丙醚	4	0.04	1.1	低度风险
118	噻嗪酮	4	0.04	1.1	低度风险
119	螺螨酯	4	0.04	1.1	低度风险
120	西玛通	4	0.04	1.1	低度风险
121	2,6-二氯苯甲酰胺	4	0.04	1.1	低度风险
122	氯磺隆	4	0.04	1.1	低度风险
123	甲呋酰胺	4	0.04	1.1	低度风险
124	灭菌磷	4	0.04	1.1	低度风险
125	苯醚氰菊酯	4	0.04	1.1	低度风险
126	杀螺吗啉	4	0.04	1.1	低度风险
127	杀虫环	4	0.04	1.1	低度风险
128	2,4-滴丁酸	4	0.04	1.1	低度风险
129	外环氧七氯	4	0.04	1.1	低度风险
130	氨氟灵	4	0.04	1.1	低度风险
131	苯虫醚	4	0.04	1.1	低度风险
132	肟菌酯	3	0.03	1.1	低度风险
133	莠去津	3	0.03	1.1	低度风险
134	敌草胺	3	0.03	1.1	低度风险
135	3,4,5-混杀威	3	0.03	1.1	低度风险
136	异艾氏剂	3	0.03	1.1	低度风险
137	氟酰胺	3	0.03	1.1	低度风险
138	麦锈灵	3	0.03	1.1	低度风险
139	环嗪酮	3	0.03	1.1	低度风险
140	萎锈灵	3	0.03	1.1	低度风险
141	三氟甲吡醚	3	0.03	1.1	低度风险
142	二甲戊灵	3	0.03	1.1	低度风险
143	氧环唑	3	0.03	1.1	低度风险
144	4,4-二溴二苯甲酮	3	0.03	1.1	低度风险
145	绿麦隆	3	0.03	1.1	低度风险
146	特丁通	3	0.03	1.1	低度风险
147	清菌噻唑	3	0.03	1.1	低度风险

续表

序号	中文名称	超标频次	超标率 P（%）	风险系数 R	风险程度
148	嘧啶磷	3	0.03	1.1	低度风险
149	乙基溴硫磷	3	0.03	1.1	低度风险
150	消螨通	3	0.03	1.1	低度风险
151	灭蚁灵	3	0.03	1.1	低度风险
152	嘧菌酯	2	0.02	1.1	低度风险
153	呋菌胺	2	0.02	1.1	低度风险
154	乙霉威	2	0.02	1.1	低度风险
155	异噁草酮	2	0.02	1.1	低度风险
156	磷酸三苯酯	2	0.02	1.1	低度风险
157	安硫磷	2	0.02	1.1	低度风险
158	扑草净	2	0.02	1.1	低度风险
159	敌瘟磷	2	0.02	1.1	低度风险
160	避蚊酯	2	0.02	1.1	低度风险
161	特乐酚	2	0.02	1.1	低度风险
162	久效威	2	0.02	1.1	低度风险
163	乐果	2	0.02	1.1	低度风险
164	哌草磷	2	0.02	1.1	低度风险
165	十二环吗啉	2	0.02	1.1	低度风险
166	2 甲 4 氯丁氧乙基酯	2	0.02	1.1	低度风险
167	三氯杀螨砜	2	0.02	1.1	低度风险
168	2,6-二硝基-3-甲氧基-4-叔丁基甲苯	2	0.02	1.1	低度风险
169	甲草胺	2	0.02	1.1	低度风险
170	甲氧丙净	2	0.02	1.1	低度风险
171	二丙烯草胺	2	0.02	1.1	低度风险
172	氯菊酯	2	0.02	1.1	低度风险
173	嘧菌环胺	1	0.01	1.1	低度风险
174	扑灭通	1	0.01	1.1	低度风险
175	丁羟茴香醚	1	0.01	1.1	低度风险
176	整形醇	1	0.01	1.1	低度风险
177	克草敌	1	0.01	1.1	低度风险
178	2,3,5,6-四氯苯胺	1	0.01	1.1	低度风险
179	四氟醚唑	1	0.01	1.1	低度风险

续表

序号	中文名称	超标频次	超标率 P（%）	风险系数 R	风险程度
180	二甲草胺	1	0.01	1.1	低度风险
181	丙炔氟草胺	1	0.01	1.1	低度风险
182	抗螨唑	1	0.01	1.1	低度风险
183	氟草敏	1	0.01	1.1	低度风险
184	咯喹酮	1	0.01	1.1	低度风险
185	呋霜灵	1	0.01	1.1	低度风险
186	氟丙嘧草酯	1	0.01	1.1	低度风险
187	苯草醚	1	0.01	1.1	低度风险
188	氟唑菌酰胺	1	0.01	1.1	低度风险
189	邻苯基苯酚	1	0.01	1.1	低度风险
190	甲基苯噻隆	1	0.01	1.1	低度风险
191	牧草胺	1	0.01	1.1	低度风险
192	戊草丹	1	0.01	1.1	低度风险
193	莠去通	1	0.01	1.1	低度风险
194	氟啶脲	1	0.01	1.1	低度风险
195	溴螨酯	1	0.01	1.1	低度风险
196	乙羧氟草醚	1	0.01	1.1	低度风险
197	双甲脒	1	0.01	1.1	低度风险
198	异丙甲草胺	1	0.01	1.1	低度风险
199	克菌丹	1	0.01	1.1	低度风险
200	环丙津	1	0.01	1.1	低度风险
201	拌种咯	1	0.01	1.1	低度风险
202	氯唑灵	1	0.01	1.1	低度风险
203	敌草腈	1	0.01	1.1	低度风险
204	氟铃脲	1	0.01	1.1	低度风险
205	乙菌利	1	0.01	1.1	低度风险
206	八氯苯乙烯	1	0.01	1.1	低度风险
207	苯胺灵	1	0.01	1.1	低度风险
208	喹硫磷	1	0.01	1.1	低度风险
209	胺菊酯	1	0.01	1.1	低度风险
210	仲丁灵	1	0.01	1.1	低度风险
211	西草净	1	0.01	1.1	低度风险
212	草完隆	1	0.01	1.1	低度风险

续表

序号	中文名称	超标频次	超标率 *P*（%）	风险系数 *R*	风险程度
213	叠氮津	1	0.01	1.1	低度风险
214	*o,p'*-滴滴滴	1	0.01	1.1	低度风险
215	氟硅菊酯	1	0.01	1.1	低度风险
216	4-硝基氯苯	1	0.01	1.1	低度风险
217	灭草环	1	0.01	1.1	低度风险
218	环丙腈津	1	0.01	1.1	低度风险
219	丁苯吗啉	1	0.01	1.1	低度风险
220	甲苯氟磺胺	1	0.01	1.1	低度风险
221	丙虫磷	1	0.01	1.1	低度风险
222	氟硫草定	1	0.01	1.1	低度风险
223	丙草胺	1	0.01	1.1	低度风险
224	氟咯草酮	1	0.01	1.1	低度风险
225	增效胺	1	0.01	1.1	低度风险
226	杀虫威	1	0.01	1.1	低度风险
227	呋酰胺	1	0.01	1.1	低度风险
228	苄草丹	1	0.01	1.1	低度风险
229	氟胺氰菊酯	1	0.01	1.1	低度风险
230	毒草胺	0	0	1.1	低度风险
231	双苯酰草胺	0	0	1.1	低度风险
232	嗪草酮	0	0	1.1	低度风险
233	啶酰菌胺	0	0	1.1	低度风险
234	萘乙酸	0	0	1.1	低度风险
235	戊菌唑	0	0	1.1	低度风险
236	乙嘧酚磺酸酯	0	0	1.1	低度风险
237	异丙净	0	0	1.1	低度风险
238	丁草胺	0	0	1.1	低度风险
239	胺丙畏	0	0	1.1	低度风险
240	麦穗宁	0	0	1.1	低度风险
241	氟吡菌酰胺	0	0	1.1	低度风险
242	茚虫威	0	0	1.1	低度风险
243	粉唑醇	0	0	1.1	低度风险
244	敌稗	0	0	1.1	低度风险
245	除虫菊酯	0	0	1.1	低度风险

续表

序号	中文名称	超标频次	超标率 *P*（%）	风险系数 *R*	风险程度
246	丁咪酰胺	0	0	1.1	低度风险
247	甲基嘧啶磷	0	0	1.1	低度风险
248	溴氰菊酯	0	0	1.1	低度风险
249	氯氟吡氧乙酸	0	0	1.1	低度风险
250	烯效唑	0	0	1.1	低度风险
251	苯硫威	0	0	1.1	低度风险
252	咪草酸	0	0	1.1	低度风险
253	咪唑菌酮	0	0	1.1	低度风险
254	利谷隆	0	0	1.1	低度风险
255	莠灭净	0	0	1.1	低度风险
256	乙丁氟灵	0	0	1.1	低度风险
257	燕麦酯	0	0	1.1	低度风险
258	喹禾灵	0	0	1.1	低度风险
259	联苯三唑醇	0	0	1.1	低度风险
260	二甲吩草胺	0	0	1.1	低度风险
261	甲基立枯磷	0	0	1.1	低度风险
262	噁草酮	0	0	1.1	低度风险
263	氧化萎锈灵	0	0	1.1	低度风险
264	三硫磷	0	0	1.1	低度风险
265	氟氯氢菊脂	0	0	1.1	低度风险
266	四氟苯菊酯	0	0	1.1	低度风险
267	杀螟腈	0	0	1.1	低度风险
268	吡喃草酮	0	0	1.1	低度风险
269	乙氧呋草黄	0	0	1.1	低度风险
270	乙酯杀螨醇	0	0	1.1	低度风险
271	氯苯氧乙酸	0	0	1.1	低度风险
272	灭藻醌	0	0	1.1	低度风险
273	禾草灵	0	0	1.1	低度风险
274	氯草敏	0	0	1.1	低度风险
275	螺甲螨酯	0	0	1.1	低度风险
276	吡菌磷	0	0	1.1	低度风险
277	糠菌唑	0	0	1.1	低度风险
278	喹氧灵	0	0	1.1	低度风险

续表

序号	中文名称	超标频次	超标率 *P*（%）	风险系数 *R*	风险程度
279	乙烯菌核利	0	0	1.1	低度风险
280	扑灭津	0	0	1.1	低度风险
281	菲	0	0	1.1	低度风险
282	丙酯杀螨醇	0	0	1.1	低度风险
283	苯嗪草酮	0	0	1.1	低度风险
284	2,4-滴丙酸	0	0	1.1	低度风险
285	氯苯甲醚	0	0	1.1	低度风险
286	叶菌唑	0	0	1.1	低度风险
287	庚烯磷	0	0	1.1	低度风险
288	除线磷	0	0	1.1	低度风险
289	草达津	0	0	1.1	低度风险
290	碳氯灵	0	0	1.1	低度风险
291	氧异柳磷	0	0	1.1	低度风险
292	氯酞酸甲酯	0	0	1.1	低度风险
293	抗蚜威	0	0	1.1	低度风险
294	丁噻隆	0	0	1.1	低度风险
295	甲基毒死蜱	0	0	1.1	低度风险
296	苯腈磷	0	0	1.1	低度风险
297	氟啶虫酰胺	0	0	1.1	低度风险
298	野麦畏	0	0	1.1	低度风险
299	吡唑草胺	0	0	1.1	低度风险
300	禾草丹	0	0	1.1	低度风险
301	甲基对氧磷	0	0	1.1	低度风险
302	炔苯酰草胺	0	0	1.1	低度风险
303	联苯肼酯	0	0	1.1	低度风险
304	氯苯嘧啶醇	0	0	1.1	低度风险
305	氯丹	0	0	1.1	低度风险

5.2.4　GC-Q-TOF/MS 技术侦测全国高风险水果蔬菜中农药的风险对比分析

5.2.4.1　全国水果蔬菜的农药残留膳食暴露风险对比分析

1）水果蔬菜膳食暴露风险水平不可接受的样本地域对比分析

利用GC-Q-TOF/MS 技术对全国9823例水果蔬菜样品中的农药残留情况进行侦测，有 2370 例样品未侦测出农药残留，其比例占 24.1%，其他样品中共侦测出农药 20412 频次。基于 GC-Q-TOF/MS 技术水果蔬菜样品中农药残留的侦测结果，计算每个频次样本的安全指数 IFS_c，以评价每个样本中农药的膳食暴露风险。膳食暴露风险评估结果表明，水果蔬菜样品中农药的膳食暴露风险水平不可接受的有 114 频次，占检出频次的 0.56%。农药残留膳食暴露风险水平为不可接受的 114 频次 IFS_c 值如表 5-3 所示，其地域分布特点如表 5-14 所示。

表 5-14　全国检出 20412 频次农药中水果蔬菜膳食暴露风险水平为不可接受的样本列表

序号	省市	不可接受频次（次）	不可接受比例（当地，%）	水果蔬菜	农药	IFS_c
1	北京市	6	0.67	橘	三唑磷	4.9894
2				菜豆	氟虫腈*	2.1508
3				苦瓜	甲拌磷	1.6327
4				蕹菜	治螟磷	1.1545
5				橘	三唑磷	1.1223
6				叶芥菜	氟虫腈	1.3946
7	成都市	6	1.24	菜薹	氟虫腈	5.149
8				菜薹	氟虫腈	3.5878
9				菜薹	氟虫腈	3.5118
10				芹菜	克百威	2.5226
11				韭菜	甲拌磷	1.2635
12				小油菜	烯唑醇	1.1919
13	福州市	1	0.23	李子	三唑磷	2.596
14	广州市	16	1.33	菜豆	氟虫腈	31.749
15				春菜	氟虫腈	15.3805
16				菜豆	氟虫腈	7.6475
17				萝卜	甲拌磷	7.2824
18				叶芥菜	氟虫腈	6.9318
19				菜薹	甲拌磷	3.4752

续表

序号	省市	不可接受频次（次）	不可接受比例（当地，%）	水果蔬菜	农药	IFS_c
20	广州市	16	1.33	叶芥菜	氟虫腈	3.4137
21				春菜	氟虫腈	3.2078
22				春菜	氟虫腈	3.0685
23				萝卜	甲拌磷	2.5704
24				韭菜	甲拌磷	2.0927
25				菜豆	克百威	1.9931
26				菜豆	三唑磷	1.577
27				芹菜	克百威	1.2357
28				叶芥菜	敌瘟磷	1.0366
29				豆瓣菜	异丙威	1.0152
30	贵阳市	3	0.55	橙	水胺硫磷	2.2017
31				甜椒	氟吡禾灵	1.1501
32				生菜	氟硅唑	1.0897
33	哈尔滨市	2	0.28	小油菜	三唑磷	3.6258
34				小油菜	三唑磷	2.292
35	海口市	28	4.04	青花菜	氟吡禾灵	6.3379
36				青花菜	氟吡禾灵	6.0112
37				蘑菇	氟吡禾灵	5.6385
38				大白菜	氟吡禾灵	5.339
39				芹菜	克百威	4.9451
40				苦瓜	氯唑磷	4.9147
41				苦瓜	氯唑磷	4.2053
42				芹菜	克百威	3.6486
43				苦瓜	氯唑磷	3.2427
44				芹菜	克百威	3.2357
45				油麦菜	氟虫腈	3.021
46				芹菜	克百威	2.5422
47				油麦菜	氟吡禾灵	2.4754
48				大白菜	氟吡禾灵	2.4673
49				油麦菜	氟吡禾灵	2.3696
50				油麦菜	氟吡禾灵	2.27
51				菜豆	克百威	1.7733

续表

序号	省市	不可接受频次（次）	不可接受比例（当地，%）	水果蔬菜	农药	IFS_c
52	海口市	28	4.04	菜豆	克百威	1.4978
53				荔枝	氟虫腈	1.4313
54				菜薹	艾氏剂	1.2974
55				芹菜	克百威	1.2363
56				芹菜	甲拌磷	1.2287
57				芹菜	甲拌磷	1.1622
58				菜豆	克百威	1.1242
59				生菜	萎锈灵	1.1177
60				番茄	氟吡禾灵	1.0378
61				番茄	氟吡禾灵	1.0323
62				菜豆	治螟磷	1.0146
63	杭州市	1	0.15	蕹菜	氟虫腈	3.1825
64	呼和浩特	1	0.35	茼蒿	三唑磷	2.824
65	济南市	11	2.18	茄子	水胺硫磷	5.7192
66				茼蒿	氟虫腈	5.0952
67				苦瓜	氟虫腈	1.387
68				韭菜	七氯	1.387
69				青花菜	七氯	1.387
70				茼蒿	七氯	1.3807
71				甜椒	七氯	1.3807
72				蘑菇	七氯	1.0577
73				大白菜	七氯	1.0513
74				梨	七氯	1.0513
75				生菜	七氯	1.0513
76	昆明市	4	0.80	茄子	氟吡禾灵	6.7803
77				柠檬	克百威	4.1559
78				柠檬	克百威	2.4599
79				菜豆	克百威	1.1979
80	拉萨市	5	0.98	菠菜	甲拌磷	4.94
81				橘	三唑磷	1.3933
82				胡萝卜	敌敌畏	1.311
83				黄瓜	异丙威	1.187
84				油麦菜	氟虫腈	59.0393

续表

序号	省市	不可接受频次（次）	不可接受比例（当地，%）	水果蔬菜	农药	IFS_c
85	兰州市	2	0.65	西葫芦	七氯	1.3237
86				韭菜	三唑磷	1.1916
87	南昌市	1	0.21	芹菜	甲拌磷	4.3573
88	南京市	1	0.16	茼蒿	甲拌磷	1.4693
89	山东蔬菜产区	1	0.13	辣椒	三唑磷	6.847
90	深圳市	3	0.30	枸杞叶	克百威	5.3225
91				芹菜	杀扑磷	3.3079
92				橙	水胺硫磷	2.1628
93	沈阳市	1	0.10	柠檬	水胺硫磷	1.0971
94	石家庄市	3	0.40	油麦菜	甲拌磷	2.2981
95				芹菜	氟吡禾灵	1.6738
96				油麦菜	甲拌磷	1.1002
97	天津市	3	0.34	橘	三唑磷	2.4219
98				橘	三唑磷	2.2103
99				菜豆	克百威	1.2929
100	武汉市	3	0.46	青菜	氟虫腈	4.9178
101				生菜	甲拌磷	1.5544
102				菜薹	毒死蜱	1.2332
103	西安市	1	0.23	韭菜	氟虫腈	1.4974
104	银川市	1	0.47	生菜	噁霜灵	1.3173
105	长沙市	1	0.19	油麦菜	克百威	2.546
106	郑州市	8	1.15	菜豆	克百威	2.4637
107				橘	三唑磷	2.1497
108				萝卜	甲拌磷	2.0279
109				菜薹	异丙威	1.8101
110				苦瓜	氯唑磷	1.738
111				芹菜	甲拌磷	1.5276
112				番茄	氟吡禾灵	1.2958
113				苦瓜	狄氏剂	1.2192
114	重庆市	1	0.10	菠菜	氟虫腈	3.6575

GC-Q-TOF/MS 技术侦测出全国水果蔬菜样本中农药的膳食暴露风险水平处于不可

接受的频次比例如图 5-18 所示。由图 5-18 可以看出，海口、济南、广州、成都、郑州不可接受比例位居前 5 位，不可接受比例分别为 4.04%、2.18%、1.33%、1.24%、1.15%，该比例分别是全国不可接受比例（0.56%）的 7.2、3.9、2.4、2.2、2.1 倍。

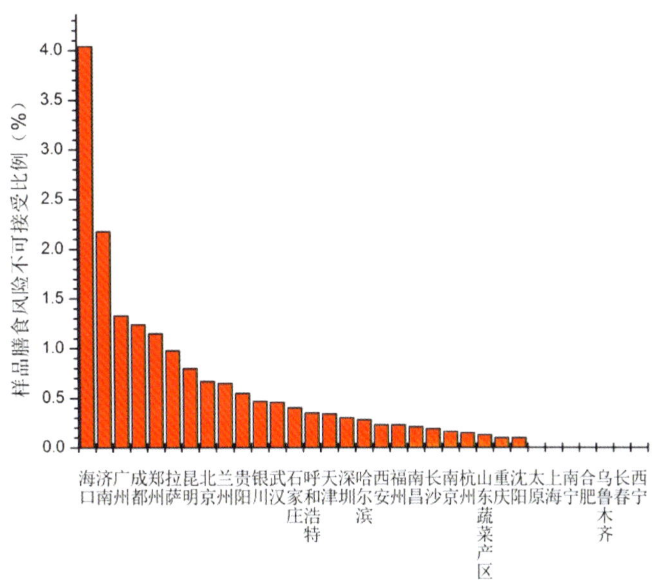

图 5-18　GC-Q-TOF/MS 技术侦测出全国各地水果蔬菜样本中膳食暴露风险水平不可接受比例分布图

表 5-14 中单个样本中膳食暴露风险不可接受的 114 频次中，涉及的农药种类合计 20 种，农药种类及各自出现频次如表 5-15 所示，可以看出，出现频次最高的有氟虫腈、克百威和甲拌磷，均为禁用农药。20 种农药中有氟虫腈、甲拌磷、水胺硫磷、克百威、氯唑磷、杀扑磷、艾氏剂、狄氏剂、治螟磷 9 种禁用农药。

表 5-15　GC-Q-TOF/MS 技术侦测出全国水果蔬菜中膳食暴露风险不可接受的农药种类及频次列表

序号	农药	西安	武汉	深圳	广州	沈阳	南昌	重庆	山东蔬菜产区	杭州	拉萨	昆明	济南	成都	贵阳	石家庄	海口	哈尔滨	天津	郑州	长沙	南京	兰州	银川	北京	呼和浩特	福州	小计
1	氟虫腈*	1	1		7			1		1	1		2	3			2								2			21
2	甲拌磷*		1		4	1					1			1		2	2			2		1			1			16
3	三唑磷				1				1		1							2	2	1			1		2	1	1	13
4	氟吡禾灵											1			1	1	10			1								14

续表

序号	农药	西安	武汉	深圳	广州	沈阳	南昌	重庆	山东蔬菜产区	杭州	拉萨	昆明	济南	成都	贵阳	石家庄	海口	哈尔滨	天津	郑州	长沙	南京	兰州	银川	北京	呼和浩特	福州	小计
5	水胺硫磷*			1		1							1		1													4
6	克百威*			1	2							3		1			8		1	1	1							18
7	氯唑磷*																3			1								4
8	杀扑磷*			1																								1
9	异丙威				1						1									1								3
10	七氯												8										1					9
11	噁霜灵																							1				1
12	敌敌畏										1																	1
13	艾氏剂*																1											1
14	毒死蜱		1																									1
15	狄氏剂*																			1								1
16	烯唑醇													1														1
17	治螟磷*																1								1			2
18	萎锈灵																1											1
19	氟硅唑														1													1
20	敌瘟磷				1																							1
	合计	1	3	3	16	1	1	1	1	1	5	4	11	6	3	3	28	2	3	8	1	1	2	1	6	1	1	114

注：*为禁用农药

在农药膳食暴露风险排名前20位的水果蔬菜样本中涉及6种农药（见表5-16和表5-17），其中氟虫腈属高风险农药且频次最高，共检出8频次，占40.0%；氟吡禾灵检出5频次，占25%；甲拌磷、三唑磷、克百威3种农药均检出2频次，占10%；水胺硫磷1频次，占5%。高风险样品以蔬菜为主，涉及15种蔬菜和1种水果（橘）。造成水果蔬菜样本中农药残留高风险的原因可能在于蔬菜采收间隔期短、农药滥用及监管滞后等。

表 5-16　GC-Q-TOF/MS 技术侦测出农药膳食暴露风险前 20 位的水果蔬菜样本列表

序号	省市	样品编号	采样点	水果蔬菜	农药	IFS_c
1	拉萨市	20140728-540100-CAIQ-YM-04A	***超市（城关区店）	油麦菜	氟虫腈	59.0393
2	广州市	20140322-440100-CAIQ-DJ-03A	***超市（五羊新城店）	菜豆	氟虫腈	31.7490
3	广州市	20140323-440100-CAIQ-CC-03A	***超市（夏园店）	春菜	氟虫腈	15.3805
4	广州市	20140322-440100-CAIQ-DJ-01A	***超市（客村店）	菜豆	氟虫腈	7.6475
5	广州市	20140329-440100-CAIQ-LB-02A	***农贸市场（从化区）	萝卜	甲拌磷	7.2824
6	广州市	20140322-440100-CAIQ-YJ-03A	***超市（五羊新城店）	叶芥菜	氟虫腈	6.9318
7	山东蔬菜产区	20150925-371300-LYCIQ-LJ-26A	***购物中心	辣椒	三唑磷	6.8470
8	昆明市	20150707-530100-CAIQ-EP-04A	***超市（前兴路店）	茄子	氟吡禾灵	6.7803
9	海口市	20140803-460100-CAIQ-XL-03A	***超市（国贸店）	青花菜	氟吡禾灵	6.3379
10	海口市	20140804-460100-CAIQ-XL-04A	***超级市场	青花菜	氟吡禾灵	6.0112
11	济南市	20130529-370100-CAIQ-EP-02A	***超市（天桥区）	茄子	水胺硫磷	5.7192
12	海口市	20140804-460100-CAIQ-MU-04A	***超级市场	蘑菇	氟吡禾灵	5.6385
13	海口市	20140804-460100-CAIQ-BC-05A	***农贸市场	大白菜	氟吡禾灵	5.3390
14	深圳市	20140619-440300-CAIQ-QY-11A	***超市（民乐店）	枸杞叶	克百威	5.3225
15	成都市	20150513-510100-CAIQ-CT-14A	***百货（武侯店）	菜薹	氟虫腈	5.1490
16	济南市	20130526-370100-CAIQ-TH-02A	***商城（章丘市）	茼蒿	氟虫腈	5.0952
17	北京市	20140220-110228-CAIQ-OR-01A	***超市（密云县店）	橘	三唑磷	4.9894
18	海口市	20140804-460100-CAIQ-CE-04A	***超级市场	芹菜	克百威	4.9451
19	拉萨市	20140728-540100-CAIQ-BO-03A	***农贸市场	菠菜	甲拌磷	4.9400
20	武汉市	20150710-420100-JXCIQ-QC-06A	***超市（国广店）	青菜	氟虫腈	4.9178

表 5-17　GC-Q-TOF/MS 技术侦测水果蔬菜样品中 IFS_c 值前 20 位的农药分布城市及频次列表

序号	农药	武汉	深圳	山东蔬菜产区	拉萨	济南	海口	昆明	广州	成都	北京	小计
1	氟虫腈*	1			1	1			4	1		8
2	甲拌磷*				1				1			2
3	三唑磷			1							1	2
4	氟吡禾灵						4	1				5
5	水胺硫磷*					1						1
6	克百威*		1				1					2
合计		1	1	1	2	2	5	1	5	1	1	20

注：*为禁用农药

2）水果蔬菜样品膳食暴露安全状态不可接受的结果分析

将每例水果蔬菜样品中所有检出农药的 IFS_c 值加和求平均值$\overline{IFS}$，根据$\overline{IFS}$的大小评价不同样品的安全状态，全国 9823 例水果蔬菜样品的安全状态分布情况如图 5-19 所示。结果表明，安全状态不可接受的样品有 33 例，所占比例为 0.34%，如表 5-18 所示。从表 5-18 可以看出，海口市水果蔬菜样品安全状态为不可接受的比例最高，占 4.80%；其次是广州市，占 1.20%。$\overline{IFS}$值最大的样品为菜豆和油麦菜。

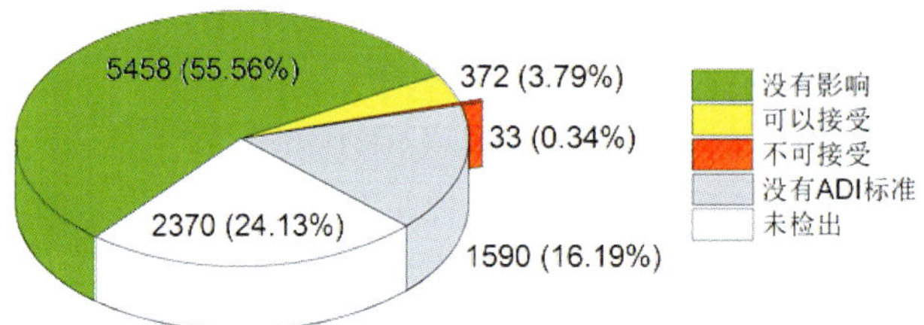

图 5-19 全国水果蔬菜样品的安全状态分布图

表 5-18 全国安全状态不可接受的水果蔬菜样品列表

序号	省市	样品编号	安全状态不可接受的水果蔬菜样品数量/比例（个/%）	基质	$\overline{IFS}$
1	山东蔬菜产区	20150925-371300-LYCIQ-LJ-26A	1/0.25	辣椒	3.4353
2	成都	20150507-510100-CAIQ-CE-04A	3/0.79	芹菜	2.5226
3	成都	20150513-510100-CAIQ-CT-14A		菜薹	5.1490
4	成都	20150512-510100-CAIQ-CT-13A		菜薹	3.5878
5	深圳	20140613-440300-CAIQ-DJ-05A	1/0.33	菜豆	1.0886
6	贵阳	20131209-520100-CAIQ-CZ-16A	1/0.33	橙	2.2017
7	广州	20140322-440100-CAIQ-DJ-03A	6/1.20	菜豆	15.9113
8	广州	20140329-440100-CAIQ-LB-02A		萝卜	1.0485
9	广州	20140323-440100-CAIQ-CC-03A		春菜	2.5728
10	广州	20140322-440100-CAIQ-DJ-01A		菜豆	2.5601
11	广州	20140322-440100-CAIQ-YJ-03A		叶芥菜	1.1758
12	广州	20140321-440100-CAIQ-LB-02A		萝卜	3.6413
13	济南	20130529-370100-CAIQ-EP-02A	1/0.43	茄子	2.8674
14	郑州	20131024-410100-CAIQ-DJ-01A	1/0.23	菜豆	1.2429
15	北京	20140220-110228-CAIQ-OR-01A	1/0.24	橘	1.0212
16	昆明	20150707-530100-CAIQ-EP-04A	3/0.82	茄子	2.2636
17	昆明	20150710-530100-CAIQ-NM-09A		柠檬	2.1236
18	昆明	20150707-530100-CAIQ-NM-08A		柠檬	1.2816

续表

序号	省市	样品编号	安全状态不可接受的水果蔬菜样品数量/比例（个/%）	基质	$\overline{\text{IFS}}$
19	拉萨	20140728-540100-CAIQ-YM-04A	1/0.61	油麦菜	14.8117
20	海口	20140804-460100-CAIQ-MU-04A	13/4.80	蘑菇	5.6385
21	海口	20140803-460100-CAIQ-XL-03A		青花菜	3.2066
22	海口	20140804-460100-CAIQ-BC-04A		大白菜	2.4673
23	海口	20140804-460100-CAIQ-XL-04A		青花菜	2.0274
24	海口	20140803-460100-CAIQ-CE-02A		芹菜	1.8338
25	海口	20140804-460100-CAIQ-BC-05A		大白菜	1.8269
26	海口	20140807-460100-CAIQ-KG-11A		苦瓜	1.7733
27	海口	20140804-460100-CAIQ-CE-04A		芹菜	1.6492
28	海口	20140805-460100-CAIQ-KG-08A		苦瓜	1.8338
29	海口	20140804-460100-CAIQ-KG-06A		苦瓜	1.8269
30	海口	20140805-460100-CAIQ-YM-08A		油麦菜	1.7733
31	海口	20140803-460100-CAIQ-CE-01A		芹菜	1.6492
32	海口	20140804-460100-CAIQ-LE-04A		生菜	1.1177
33	南昌	20150815-360100-JXCIQ-CE-06A	1/0.53	芹菜	2.1799

3）单种水果蔬菜中单种农药膳食暴露风险不可接受的结果分析

将全部侦测时段内全国每一种水果蔬菜对应的不同农药c的IFS_c值求平均值，并将其用于评价单种水果蔬菜中各农药的风险水平。根据评价专用程序计算输出的结果，筛选出膳食暴露风险不可接受的农药，如表5-19所示。结果显示，全国单种水果蔬菜单种农药中安全状态不可接受的频次为38，涉及25种蔬菜和3种水果（橘、荔枝、李子）、10种农药。在不可接受的农药中，七氯、氟虫腈、氟吡禾灵和甲拌磷检出频次较高，分别高达9、8、5、5次，分别占23.68%、21.05%、13.16%、13.16%，四种农药合计占71%，它们均具有较高的膳食风险。

表5-19　GC-Q-TOF/MS技术侦测出全国单种水果蔬菜中膳食暴露风险不可接受的农药列表

序号	水果蔬菜种类	农药种类	单种水果蔬菜中单种农药的IFS
1	油麦菜	氟虫腈*	8.9476
2	辣椒	三唑磷	6.8470
3	茄子	氟吡禾灵	6.7803
4	青花菜	氟吡禾灵	6.1745
5	大白菜	氟吡禾灵	3.9031

续表

序号	水果蔬菜种类	农药种类	单种水果蔬菜中单种农药的 IFS
6	芹菜	杀扑磷*	3.3079
7	春菜	氟虫腈*	2.8892
8	菜豆	氟虫腈*	2.6628
9	柠檬	克百威*	2.2118
10	蘑菇	氟吡禾灵	2.1150
11	菜薹	异丙威	1.9931
12	苦瓜	氯唑磷*	1.9079
13	枸杞叶	克百威*	1.8470
14	菜薹	甲拌磷*	1.7480
15	苦瓜	甲拌磷*	1.6738
16	菠菜	甲拌磷*	1.6566
17	橘	三唑磷	1.5793
18	小油菜	三唑磷	1.5458
19	荔枝	氟虫腈*	1.4693
20	李子	三唑磷	1.3975
21	苦瓜	氟虫腈*	1.3933
22	韭菜	七氯	1.3870
23	青花菜	七氯	1.3870
24	茼蒿	七氯	1.3870
25	甜椒	七氯	1.3807
26	西葫芦	七氯	1.3807
27	油麦菜	氟吡禾灵	1.3433
28	胡萝卜	敌敌畏	1.3173
29	菜薹	氟虫腈*	1.1981
30	油麦菜	甲拌磷*	1.1388
31	茼蒿	氟虫腈*	1.1375
32	叶芥菜	氟虫腈*	1.0737
33	蘑菇	七氯	1.0577
34	大白菜	七氯	1.0513
35	梨	七氯	1.0513
36	生菜	七氯	1.0513
37	萝卜	甲拌磷*	1.0336
38	豆瓣菜	异丙威	1.0152

对全国单种水果蔬菜中各种农药膳食暴露风险分别求平均值，评价全国单种水果蔬菜中农药残留的安全状态，不可接受的水果蔬菜样品及农药如表 5-20 所示。海口、济南、广州超标蔬菜品种所占比例较高，其中济南市的七氯、海口市的氟吡禾灵不可接受比例最高。

表 5-20 GC-Q-TOF/MS 技术侦测出全国单种水果蔬菜中膳食暴露风险不可接受的农药列表

序号	地区	IFS>1 的样本数	IFS>1 的样本比例（%）	IFS>1 的单种水果蔬菜及其残留农药	
1	重庆市	1	0.29	菠菜	氟虫腈
2	山东蔬菜产区	1	0.29	辣椒	三唑磷
3	成都市	2	0.81	菜薹	氟虫腈
				韭菜	三唑磷
4	深圳市	3	0.85	菜豆	氟虫腈
				枸杞叶	克百威
				芹菜	杀扑磷
5	太原市	0	0	无	
6	武汉市	1	0.31	青菜	氟虫腈
7	西安市	1	0.81	茼蒿	甲拌磷
8	贵阳市	1	0.48	橙	水胺硫磷
9	上海市	0	0	无	
10	沈阳市	1	0.24	柠檬	水胺硫磷
11	长沙市	1	0.40	油麦菜	克百威
12	兰州市	0	0	无	
13	广州市	7	2.01	菜薹	氟虫腈
				豆瓣菜	甲拌磷
				菜薹	氟虫腈
				萝卜	异丙威
				菜豆	氟虫腈
				春菜	甲拌磷
				叶芥菜	异丙威
14	南宁市	0	0	无	
15	合肥市	0	0	无	

续表

序号	地区	IFS>1 的样本数	IFS>1 的样本比例（%）	IFS>1 的单种水果蔬菜及其残留农药	
16	济南市	11	3.48	茄子	水胺硫磷
				茼蒿	氟虫腈
				韭菜	七氯
				青花菜	七氯
				茼蒿	七氯
				甜椒	七氯
				西葫芦	七氯
				蘑菇	七氯
				大白菜	七氯
				梨	七氯
				生菜	七氯
17	郑州市	2	0.82	芹菜	氟吡禾灵
				菜豆	克百威
18	呼和浩特	1	0.81	茼蒿	三唑磷
19	天津市	1	0.36	橘	三唑磷
20	乌鲁木齐市	0	0	无	
21	石家庄市	2	0.57	油麦菜	甲拌磷
				苦瓜	甲拌磷
22	长春市	0	0	无	
23	北京市	1	0.34	小油菜	艾氏剂
24	哈尔滨	2	0.30	小油菜	三唑磷
25	福州市	1	0.34	李子	三唑磷
26	杭州市	1	0.28	韭菜	氟虫腈
27	昆明市	2	0.72	茄子	氟吡禾灵
				柠檬	克百威
28	拉萨市	4	1.53	油麦菜	氟虫腈
				菠菜	甲拌磷
				苦瓜	氟虫腈
				芹菜	甲拌磷
29	银川市	1	0.83	胡萝卜	敌敌畏
30	西宁市	0	0	无	
31	南京市	1	0.37	荔枝	氟虫腈

续表

序号	地区	IFS>1 的样本数	IFS>1 的样本比例（%）	IFS>1 的单种水果蔬菜及其残留农药	
32	海口市	9	3.83	青花菜	氟吡禾灵
				蘑菇	氟吡禾灵
				大白菜	氟吡禾灵
				油麦菜	氟虫腈
				芹菜	克百威
				苦瓜	氯唑磷
				油麦菜	氟吡禾灵
				韭菜	氟虫腈
				叶芥菜	氟虫腈
33	南昌市	1	0.38	芹菜	甲拌磷
合计		59	0.60		

4）单种水果蔬菜膳食暴露风险评估

将每种水果蔬菜中所有残留农药的 IFS_c 值加和求平均值$\overline{IFS}$，并根据$\overline{IFS}$的大小评价不同水果蔬菜的食用安全性。基于侦测的 106 种水果蔬菜的检出浓度和检出频次，对 103 种水果蔬菜（其中，鲜食玉米、甘薯和茭白基质中所有检出农药均无中国规定的 ADI 值）所有残留农药的安全指数进行加和平均值，结果如表 5-21 所示。

表 5-21　全国单种水果蔬菜中残留农药的安全指数列表

序号	蔬菜	$\overline{IFS}$	序号	蔬菜	$\overline{IFS}$	序号	蔬菜	$\overline{IFS}$
1	青花菜	0.3090	13	莲藕	0.1601	25	韭菜	0.0802
2	辣椒	0.2779	14	苦瓜	0.1483	26	小油菜	0.0757
3	油麦菜	0.2503	15	荔枝	0.1355	27	西葫芦	0.0736
4	枇杷	0.2242	16	枸杞叶	0.1080	28	萝卜	0.0694
5	大白菜	0.1930	17	茼蒿	0.1002	29	生菜	0.0674
6	豆瓣菜	0.1890	18	菜豆	0.0982	30	火龙果	0.0669
7	蘑菇	0.1682	19	菠菜	0.0972	31	落葵	0.0636
8	茄子	0.1660	20	芹菜	0.0965	32	苦苣	0.0609
9	春菜	0.1625	21	蕹菜	0.0908	33	胡萝卜	0.0599
10	石榴	0.1624	22	橘	0.0895	34	山竹	0.0593
11	菜薹	0.1617	23	叶芥菜	0.0858	35	苋菜	0.0580
12	柠檬	0.1608	24	橙	0.0857	36	李子	0.0577

续表

序号	蔬菜	$\overline{IFS}$	序号	蔬菜	$\overline{IFS}$	序号	蔬菜	$\overline{IFS}$
37	南瓜	0.0529	60	人参果	0.0242	83	秋葵	0.0052
38	杨桃	0.0528	61	苹果	0.0240	84	哈密瓜	0.0048
39	桃	0.0525	62	葱	0.0233	85	山药	0.0043
40	甜椒	0.0453	63	柚	0.0213	86	杏鲍菇	0.0040
41	梨	0.0442	64	猕猴桃	0.0204	87	芋	0.0037
42	瓠瓜	0.0433	65	平菇	0.0174	88	大蒜	0.0036
43	洋葱	0.0383	66	芥蓝	0.0155	89	西瓜	0.0035
44	奶白菜	0.0349	67	马铃薯	0.0150	90	紫甘蓝	0.0032
45	甘薯叶	0.0344	68	枣	0.0121	91	油桃	0.0030
46	青菜	0.0340	69	芒果	0.0119	92	冬瓜	0.0030
47	紫背菜	0.0339	70	姜	0.0118	93	青蒜	0.0027
48	小白菜	0.0339	71	金针菇	0.0113	94	娃娃菜	0.0026
49	紫薯	0.0321	72	木瓜	0.0107	95	菠萝	0.0021
50	黄瓜	0.0310	73	香蕉	0.0100	96	竹笋	0.0019
51	草莓	0.0308	74	香菇	0.0098	97	番石榴	0.0017
52	葡萄	0.0302	75	芫荽	0.0094	98	山楂	0.0011
53	花椰菜	0.0291	76	香瓜	0.0093	99	佛手瓜	0.0007
54	杏	0.0290	77	结球甘蓝	0.0080	100	百合	0.0005
55	番茄	0.0286	78	丝瓜	0.0078	101	芋花	0.0003
56	樱桃番茄	0.0280	79	扁豆	0.0060	102	菜用大豆	0.0002
57	豇豆	0.0276	80	甜瓜	0.0056	103	西番莲	0.0000
58	龙眼	0.0258	81	儿菜	0.0054			
59	莴笋	0.0250	82	食荚豌豆	0.0053			

由表 5-21 可以看出，103 种水果蔬菜中青花菜、辣椒、油麦菜等 17 种水果蔬菜的$\overline{IFS}$值介于 0.1~1 之间，说明它们的膳食暴露风险可以接受；其他的 86 种水果蔬菜的$\overline{IFS}$值小于（或等于）0.1，说明残留农药对食品安全没有影响。

计算全国每种水果蔬菜中所有残留农药的$\overline{IFS}$值并进行膳食暴露风险评估。结果表明，广州市的菜豆、昆明市茄子和柠檬、拉萨市的油麦菜、海口的蘑菇以及青花菜共 6

种水果蔬菜安全状态不可接受，具体结果如表 5-22 所示。结果表明，这些水果蔬菜中地农药残留量较高，会通过膳食摄入的方式对消费者人群构成威胁。

表 5-22　全国单种水果蔬菜中残留农药的安全指数不可接受的基质列表

序号	省市	基质	$\overline{IFS}$
1	拉萨	油麦	2.2226
2	昆明	柠檬	1.7023
3	海口	蘑菇	1.4407
4	海口	青花菜	1.315
5	昆明	茄子	1.1417
6	广州	菜豆	1.0609

5）单种水果蔬菜中禁用农药的膳食暴露风险评估

根据各种水果蔬菜中禁用农药的检出浓度，对其膳食暴露安全状态进行评价。通过 GC-Q-TOF/MS 技术在 70 种水果蔬菜中侦测出 24 种禁用农药共计 1426 频次。茼蒿、芹菜中除草醚无 ADI 值的规定，无法计算 IFS_c，对检出的禁用农药，分别计算它们在单种水果蔬菜中相应的 IFS_c 值，按照水果蔬菜种类对安全指数进行加和求平均值，进一步评价不同水果蔬菜的食用安全性，结果如图 5-20 所示。在 243 个水果蔬菜样本中，$\overline{IFS}>1$的样本有 17 个，其比例为 7.0%，说明这些蔬菜的膳食风险不可接受，相应的$\overline{IFS}$值如表 5-23 所示。数据显示不可接受的禁用农药包括氟虫腈、杀扑磷、克百威、氯唑磷、甲拌磷 5 种，分布在油麦菜、芹菜、春菜、菜豆、柠檬、苦瓜、枸杞叶、菜薹、菠菜、荔枝、茼蒿、叶芥菜、萝卜共计 13 种水果蔬菜中，且安全指数呈依次下降趋势。5 种禁用农药共计检出 17 频次，其中氟虫腈和甲拌磷检出频次分别为 8 和 5，说明中国对禁用农药的监管力度不到位。

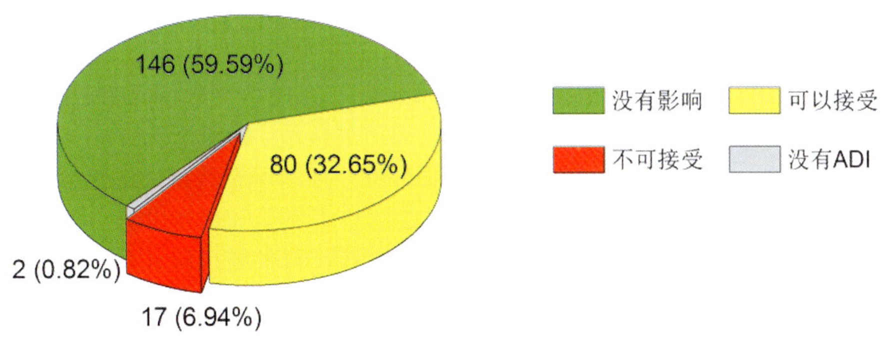

图 5-20　单种水果蔬菜中禁用农药膳食暴露风险状态分布图

表 5-23　GC-Q-TOF/MS 技术侦测单种水果蔬菜中膳食暴露风险不可接受的禁用农药安全指数列表

序号	基质	农药	$\overline{IFS}$
1	油麦菜	氟虫腈	8.9476
2	芹菜	杀扑磷	3.3079
3	春菜	氟虫腈	2.8892
4	菜豆	氟虫腈	2.6628
5	柠檬	克百威	2.2118
6	苦瓜	氯唑磷	1.9079
7	枸杞叶	克百威	1.8470
8	菜薹	甲拌磷	1.7480
9	苦瓜	甲拌磷	1.6738
10	菠菜	甲拌磷	1.6566
11	荔枝	氟虫腈	1.4693
12	苦瓜	氟虫腈	1.3933
13	菜薹	氟虫腈	1.1981
14	油麦菜	甲拌磷	1.1388
15	茼蒿	氟虫腈	1.1375
16	叶芥菜	氟虫腈	1.0737
17	萝卜	甲拌磷	1.0336

5.2.4.2　全国水果蔬菜的农药残留预警风险对比分析

1）单种水果蔬菜中禁用农药预警风险结果分析

利用 GC-Q-TOF/MS 技术对全国 9823 例水果蔬菜样品中的农药残留情况进行侦测。结果发现，在 1273 例样品中侦测出 24 种禁用农药，有禁用农药检出的水果蔬菜样品占总样品数的 12.96%。全国单种水果蔬菜中残留禁用农药的样本共计 245 个，涉及 70 种水果蔬菜。对单种水果蔬菜中的每种禁用农药进行预警风险评估，禁用农药的残留风险程度分布如图 5-21 所示。结果表明，在 245 个样本中有 142 个样本处于高度风险，共涉及 61 种水果蔬菜和 16 种禁用农药；82 个样本处于中度风险，涉及 34 种水果蔬菜和 20 种禁用农药；21 个样本处于低度风险，涉及 11 种水果蔬菜和 13 种禁用农药。

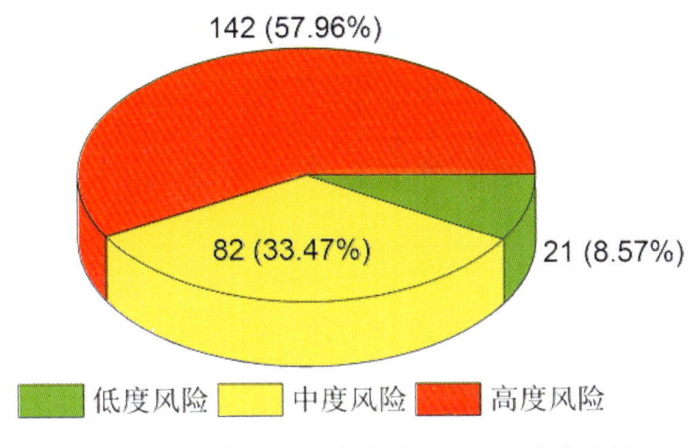

图 5-21　单种水果蔬菜中禁用农药残留风险程度分布图

分析全国单种水果蔬菜中禁用农药残留情况，全国侦测出禁用农药的水果蔬菜种数及样本数如表 5-24 所示。可以看出全国的单种水果蔬菜中残留的禁用农药的样本共涉及 628 个。其中，拉萨市的样本数最多，高达 39 个，其次是深圳市，高达 37 个，第三为石家庄市，共计 35 个。同时发现涉及样本数最多的三种禁用农药为硫丹、克百威和氟虫腈，样本数分别为 228、88 和 88 个。此外，水果蔬菜中检出硫丹和克百威的省市最多，均为 30 个；其次是甲拌磷，省市中均有样本检出；第三为氟虫腈，24 个省市中均有样本检出。该侦测结果说明硫丹、克百威、甲拌磷和氟虫腈 4 种禁用农药在全国的水果蔬菜样本中普遍残留，具有较高风险。

表 5-24　GC-Q-TOF/MS 技术侦测出禁用农药水果蔬菜样本列表种数

省市	硫丹	克百威	氟虫腈	甲拌磷	水胺硫磷	氰戊菊酯	六六六	甲胺磷	特丁硫磷	治螟磷	对硫磷	艾氏剂	涕灭威	杀扑磷	滴滴涕	林丹	除草醚	灭线磷	狄氏剂	蝇毒磷	甲基对硫磷	异狄氏剂	地虫硫磷	氯唑磷	样本总数
拉萨市	19	1	11	4		1						2										1			39
深圳市	16	5	9	1	2	1						1		1						1					37
石家庄市	18	5		5	3		1		1							2									35
北京市	13	5	4	2	4	2	1	1					1	1											34
广州市	14	4	6	5	3			1						1											34
天津市	12	4	7	5	1	1	1								1										32
海口市	4	2	7	2	1		3			4	4								1				1	1	30
济南市	17	1	2	4	1	1	1	1		1										1					30
福州市	9	3	5	3	5	1											1								27
沈阳市	7	2	1	4	3	8	1																		26
郑州市	7	5	3	3	2	2		1	2				1												26

续表

省市	硫丹	克百威	氟虫腈	甲拌磷	水胺硫磷	氰戊菊酯	六六六	甲胺磷	特丁硫磷	治螟磷	对硫磷	艾氏剂	涕灭威	杀扑磷	滴滴涕	林丹	除草醚	灭线磷	狄氏剂	蝇毒磷	甲基对硫磷	异狄氏剂	地虫硫磷	氯唑磷	样本总数
武汉市	9	2	4	3		3			1																22
呼和浩特市	5	2	1	2	1	1	4	1	1		1				1										20
重庆市	6	2	7	1	2			1					1												20
贵阳市	2	3	4	1	3			1			1				1						1				17
哈尔滨市	7	1		1	3			2		1		1					1								17
乌鲁木齐市	7	2			2	4			1	1															17
南宁市	5	5	5				1																		16
山东蔬菜产区	9	4		1		1																			15
合肥市	3	7	1		1				1				1												14
上海市	2	5	3	1			3																		14
南昌市	7		1	2	2								1												13
南京市	5	3	1	1	2							1													13
长春市	4	1		1	4	1			1	1															13
长沙市	4	2	1	1	1	1			1	1								1							13
成都市	5	3	1		2																				11
昆明市	4	2			2		1	1										1							11
兰州市	5				1	1	1							1											9
杭州市		3	3			1		1																	8
西安市	2	2	1	1			1								1										8
太原市	1								1										1						3
银川市		1		1		1																			3
西宁市		1																							1
样本总数	228	88	88	55	51	31	19	11	10	9	6	5	5	4	4	2	2	2	2	2	1	1	1	1	628

对全国单种水果蔬菜中禁用农药的预警风险进行评估，结果发现，628 个样本均处于高度风险，风险系数排名前 50 的样本如表 5-25 所示。数据显示，风险系数最高的样本中残留的禁用农药包括克百威、氯唑磷、硫丹、除草醚和氟虫氰，主要涉及海口市的芹菜和苦瓜、拉萨市的西葫芦、桃、蕹菜和生菜、福州市的茼蒿，这些水果蔬菜极易导致食品安全问题。

表 5-25　GC-Q-TOF/MS 技术侦测的水果蔬菜中风险系数排名前 50 的样本列表

序号	省市	水果蔬菜	禁用农药	禁用农药检出频次	禁用农药检出率 P（%）	风险系数 R
1	海口市	芹菜	克百威	8	100	101.1
2	海口市	苦瓜	氯唑磷	8	100	101.1
3	拉萨市	西葫芦	硫丹	6	100	101.1
4	拉萨市	桃	硫丹	6	100	101.1
5	拉萨市	蕹菜	硫丹	4	100	101.1
6	拉萨市	生菜	硫丹	4	100	101.1
7	福州市	茼蒿	除草醚	1	100	101.1
8	福州市	茼蒿	氟虫腈	1	100	101.1
9	山东蔬菜产区	叶芥菜	克百威	1	100	101.1
10	山东蔬菜产区	甜瓜	硫丹	11	91.67	92.8
11	深圳市	黄瓜	硫丹	11	91.67	92.8
12	重庆市	黄瓜	硫丹	18	90.00	91.1
13	天津市	黄瓜	硫丹	17	89.47	90.6
14	北京市	西葫芦	硫丹	6	85.71	86.8
15	海口市	生菜	甲拌磷	6	85.71	86.8
16	南宁市	杨桃	六六六	6	85.71	86.8
17	深圳市	枸杞叶	硫丹	6	85.71	86.8
18	拉萨市	黄瓜	硫丹	5	83.33	84.4
19	北京市	韭菜	硫丹	16	80.00	81.1
20	北京市	番茄	硫丹	18	78.26	79.4
21	南京市	芹菜	克百威	7	77.78	78.9
22	南宁市	桃	硫丹	7	77.78	78.9
23	石家庄市	甜瓜	硫丹	6	75.00	76.1
24	石家庄市	芹菜	克百威	6	75.00	76.1
25	拉萨市	苦瓜	硫丹	3	75.00	76.1
26	拉萨市	油麦菜	氟虫腈	3	75.00	76.1
27	南昌市	青菜	氟虫腈	3	75.00	76.1

续表

序号	省市	水果蔬菜	禁用农药	禁用农药检出频次	禁用农药检出率 P（%）	风险系数 R
28	广州市	萝卜	甲拌磷	13	72.22	73.3
29	呼和浩特市	茼蒿	硫丹	10	71.43	72.5
30	合肥市	芹菜	克百威	7	70.00	71.1
31	重庆市	苦瓜	硫丹	7	70.00	71.1
32	北京市	草莓	硫丹	16	69.57	70.7
33	北京市	黄瓜	硫丹	16	66.67	67.8
34	天津市	草莓	硫丹	10	66.67	67.8
35	石家庄市	西葫芦	硫丹	6	66.67	67.8
36	石家庄市	丝瓜	硫丹	6	66.67	67.8
37	拉萨市	菜薹	硫丹	4	66.67	67.8
38	拉萨市	甜椒	硫丹	4	66.67	67.8
39	福州市	芹菜	硫丹	2	66.67	67.8
40	成都市	芹菜	克百威	7	63.64	64.7
41	天津市	番茄	硫丹	12	63.16	64.3
42	海口市	苦瓜	狄氏剂	5	62.50	63.6
43	广州市	黄瓜	硫丹	13	61.90	63
44	广州市	春菜	氟虫腈	8	61.54	62.6
45	郑州市	菜豆	克百威	12	60.00	61.1
46	福州市	柠檬	水胺硫磷	3	60.00	61.1
47	海口市	蕹菜	治螟磷	3	60.00	61.1
48	杭州市	蘑菇	克百威	3	60.00	61.1
49	石家庄市	小油菜	硫丹	3	60.00	61.1
50	银川市	芹菜	克百威	3	60.00	61.1

全国水果蔬菜中侦测出的高度风险禁用农药的水果蔬菜分布及其所分布的省市数量如图 5-22 和图 5-23 所示。数据显示，禁用农药的分布省市排名前三的水果蔬菜（省市数量）分别为芹菜（30）、黄瓜（25）和菜豆/茄子（20）。全国侦测出高度风险禁用农药的水果蔬菜种类如图 5-24 所示，排名前三的省市（水果蔬菜种数）分别为石家庄市（24）、拉萨市（23）和广州市（21）。

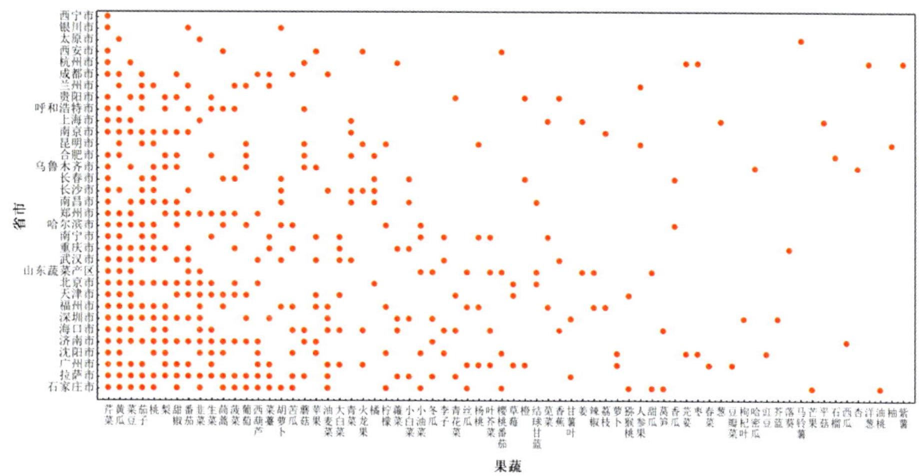

图 5-22　侦测出高度风险禁用农药的水果蔬菜分布图

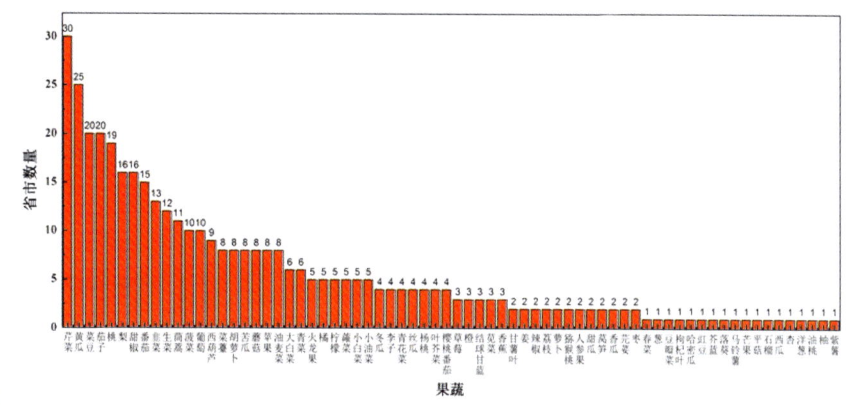

8

图 5-23　每种水果蔬菜中侦测出高度风险禁用农药的省市数量统计图

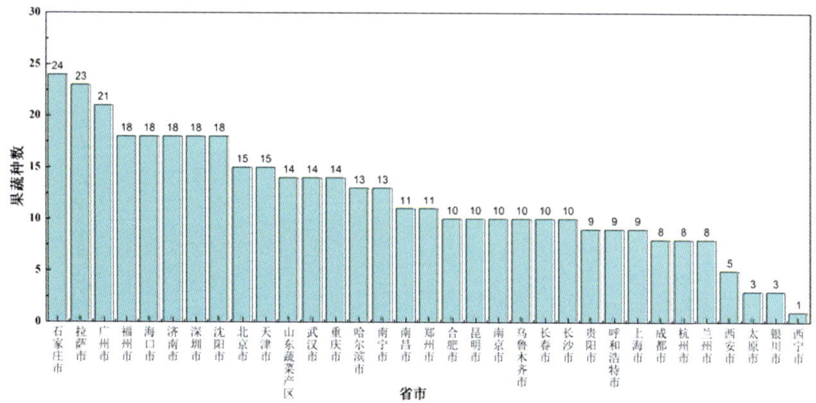

图 5-24　侦测出高度风险禁用农药的水果蔬菜种类统计图

2）单种水果蔬菜中非禁用农药预警风险结果分析（基于 MRL 中国国家标准）

利用 GC-Q-TOF/MS 技术对全国 9823 例水果蔬菜样品中的农药残留进行侦测，结果发现，在全部样品中有 9681 例样品（98.55%）中侦测出非禁用农药，共计 305 种。全国单种水果蔬菜中残留非禁用农药的样本共计 3352 个，涉及 106 种水果蔬菜和 305 种非禁用农药，其中，2938 个样本所涉及的农药没有 MRL 中国国家标准，只有 414 个样本的残留农药制定了 MRL 中国国家标准，涉及 74 种水果蔬菜中和 67 种非禁用农药。基于 MRL 中国国家标准，计算每种水果蔬菜中每种非禁用农药的超标率和风险系数，进而分析非禁用农药的风险程度。结果发现，414 个样本中有 14 个处于高度风险（0.42%），涉及 12 种水果蔬菜和 9 种非禁用农药；17 个处于中度风险（0.51%），涉及 13 种水果蔬菜和 10 种非禁用农药；383 个处于低度风险（11.43%），涉及 72 种水果蔬菜和 67 种非禁用农药。

分析全国单种水果蔬菜中非禁用农药残留水平，侦测出非禁用农药及水果蔬菜种数、样本数以及样本风险程度分布如表 5-26 所示。数据表明，全国单种水果蔬菜中残留的非禁用农药均处于高度或低度风险。处于高度风险的样本中，呼和浩特市的样本比例最高，为 3.88%；其次为银川市，比例为 3.39%；第三为郑州市，比例为 2.30%。全国单种水果蔬菜中非禁用农药处于高度风险的样本及风险系数如表 5-27 所示。

表 5-26　全国侦测出非禁用农药种树、水果蔬菜种数、样本数以及样本风险程度分布列表（基于 MRL 中国国家标准）

省市	单种水果蔬菜中非禁用农药残留						
	水果蔬菜种数	农药种数	样本数	高度风险比例（%）	中度风险比例	低度风险比例（%）	无 MRL 比例（%）
呼和浩特市	16	54	103	3.88	0	33.01	63.11
银川市	20	37	118	3.39	0	14.41	82.20
郑州市	19	74	217	2.30	0	29.49	68.20
北京市	23	86	261	2.30	0	26.05	71.65
济南市	23	84	286	2.10	0	18.88	79.02
天津市	22	85	243	2.06	0	24.28	73.66
兰州市	29	61	162	1.85	0	20.37	77.78
西安市	22	40	115	1.74	0	13.04	85.22
南宁市	31	58	184	1.63	0	19.02	79.35
南京市	24	85	255	1.57	0	24.31	74.12
拉萨市	34	63	223	1.35	0	13.90	84.75
长春市	41	77	333	1.20	0	15.92	82.88
昆明市	45	78	266	1.13	0	16.17	82.71

续表

省市	单种水果蔬菜中非禁用农药残留						
	水果蔬菜种数	农药种数	样本数	高度风险比例（%）	中度风险比例	低度风险比例（%）	无 MRL 比例（%）
贵阳市	21	61	191	1.05	0	26.70	72.25
沈阳市	44	91	384	1.04	0	16.15	82.81
山东蔬菜产区	53	80	327	0.92	0	16.51	82.57
合肥市	24	83	232	0.86	0	21.55	77.59
福州市	50	73	268	0.75	0	19.78	79.48
哈尔滨市	44	81	315	0.63	0	18.10	81.27
乌鲁木齐市	15	79	168	0.60	0	22.02	77.38
上海市	47	100	365	0.55	0	8.22	91.23
成都市	16	22	237	0.42	0	22.36	77.22
长沙市	24	85	239	0.42	0	21.76	77.82
南昌市	32	79	250	0.40	0	22.00	77.60
深圳市	27	78	314	0.32	0	21.34	78.34
广州市	28	80	315	0.32	0	22.54	77.14
重庆市	34	78	321	0.31	0	25.55	74.14
海口市	31	87	205	0	0	15.61	84.39
杭州市	44	84	345	0	0	9.86	90.14
石家庄市	43	79	313	0	0	16.61	83.39
太原市	16	46	98	0	0	15.31	84.69
武汉市	30	94	304	0	0	24.01	75.99
西宁市	20	22	98	0	0	4.08	95.92

表 5-27　全国单种水果蔬菜中非禁用农药处于高度风险的样本列表（基于 MRL 中国国家标准）

序号	省市	水果蔬菜	非禁用农药	超标频次	超标率 *P*（%）	风险系数 *R*
1	长春市	芹菜	毒死蜱	3	42.86	44.0
2	北京市	韭菜	腐霉利	8	40.00	41.1
3	深圳市	芥蓝	虫螨腈	4	36.36	37.5
4	南昌市	大白菜	唑虫酰胺	1	33.33	34.4
5	合肥市	韭菜	腐霉利	3	33.33	34.4
6	福州市	芹菜	毒死蜱	1	33.33	34.4

续表

序号	省市	水果蔬菜	非禁用农药	超标频次	超标率 P（%）	风险系数 R
7	南宁市	小油菜	毒死蜱	3	30.00	31.1
8	兰州市	芹菜	毒死蜱	2	28.57	29.7
9	郑州市	韭菜	腐霉利	4	25.00	26.1
10	长春市	生菜	毒死蜱	2	25.00	26.1
11	哈尔滨市	芹菜	毒死蜱	2	25.00	26.1
12	北京市	橙	氟吡禾灵	1	25.00	26.1
13	南宁市	菜薹	联苯菊酯	2	22.22	23.3
14	南京市	芹菜	毒死蜱	2	22.22	23.3
15	银川市	芹菜	敌敌畏	1	20.00	21.1
16	银川市	苹果	敌敌畏	1	20.00	21.1
17	拉萨市	韭菜	毒死蜱	1	20.00	21.1
18	济南市	茼蒿	七氯	1	20.00	21.1
19	成都市	黄瓜	哒螨灵	2	18.18	19.3
20	银川市	番茄	敌敌畏	1	16.67	17.8
21	银川市	胡萝卜	敌敌畏	1	16.67	17.8
22	拉萨市	西葫芦	敌敌畏	1	16.67	17.8
23	南京市	青菜	毒死蜱	3	16.67	17.8
24	上海市	黄瓜	三唑酮	2	16.67	17.8
25	拉萨市	菠菜	毒死蜱	1	16.67	17.8
26	济南市	青花菜	七氯	1	16.67	17.8
27	北京市	橘	三唑磷	3	14.29	15.4
28	兰州市	菠菜	毒死蜱	1	14.29	15.4
29	长春市	菠菜	毒死蜱	1	14.29	15.4
30	郑州市	芹菜	毒死蜱	3	13.64	14.7
31	天津市	韭菜	毒死蜱	2	13.33	14.4
32	西安市	桃	灭蚁灵	2	13.33	14.4
33	兰州市	苹果	敌敌畏	1	12.50	13.6
34	郑州市	菠菜	毒死蜱	2	12.50	13.6
35	长春市	小白菜	毒死蜱	1	12.50	13.6
36	昆明市	芋	氯氰菊酯	1	12.50	13.6
37	天津市	橘	丙溴磷	2	11.11	12.2
38	天津市	橘	三唑磷	2	11.11	12.2

续表

序号	省市	水果蔬菜	非禁用农药	超标频次	超标率 P（%）	风险系数 R
39	福州市	黄瓜	哒螨灵	1	11.11	12.2
40	哈尔滨市	小油菜	毒死蜱	1	11.11	12.2
41	昆明市	黄瓜	哒螨灵	1	11.11	12.2
42	昆明市	菠菜	毒死蜱	1	11.11	12.2
43	济南市	韭菜	七氯	1	11.11	12.2
44	南京市	瓠瓜	灭蚁灵	1	11.11	12.2
45	广州市	橙	氟吡禾灵	2	10.53	11.6
46	南宁市	青花菜	敌敌畏	1	10.00	11.1
47	沈阳市	韭菜	腐霉利	1	10.00	11.1
48	合肥市	芹菜	毒死蜱	1	10.00	11.1
49	南京市	马铃薯	丙溴磷	1	10.00	11.1
50	北京市	橘	丙溴磷	2	9.52	10.6
51	北京市	橘	氟吡禾灵	2	9.52	10.6
52	山东蔬菜产区	韭菜	腐霉利	1	9.09	10.2
53	上海市	西葫芦	三唑醇	1	9.09	10.2
54	沈阳市	生菜	毒死蜱	1	9.09	10.2
55	呼和浩特市	韭菜	毒死蜱	1	9.09	10.2
56	长沙市	黄瓜	哒螨灵	1	8.33	9.4
57	贵阳市	芹菜	毒死蜱	1	8.33	9.4
58	沈阳市	芹菜	毒死蜱	1	8.33	9.4
59	山东蔬菜产区	芹菜	毒死蜱	1	8.33	9.4
60	重庆市	芹菜	毒死蜱	1	8.33	9.4
61	沈阳市	葡萄	己唑醇	1	7.69	8.8
62	济南市	西葫芦	七氯	1	7.69	8.8
63	山东蔬菜产区	小油菜	毒死蜱	1	7.14	8.2
64	天津市	韭菜	腐霉利	1	6.67	7.8
65	济南市	梨	七氯	1	6.67	7.8
66	郑州市	韭菜	毒死蜱	1	6.25	7.4
67	乌鲁木齐市	苹果	敌敌畏	1	6.25	7.4
68	呼和浩特市	葡萄	氟吡禾灵	1	6.25	7.4
69	济南市	甜椒	七氯	1	6.25	7.4
70	贵阳市	小白菜	毒死蜱	1	5.88	7.0

续表

序号	省市	水果蔬菜	非禁用农药	超标频次	超标率 P（%）	风险系数 R
71	呼和浩特市	芹菜	毒死蜱	1	5.88	7.0
72	西安市	芹菜	敌敌畏	1	5.56	6.7
73	呼和浩特市	菠菜	毒死蜱	1	5.56	6.7
74	郑州市	黄瓜	嘧菌环胺	1	5.00	6.1
75	北京市	韭菜	毒死蜱	1	5.00	6.1
76	天津市	芹菜	毒死蜱	1	5.00	6.1

3）单种水果蔬菜中非禁用农药预警风险结果分析（基于 MRL 欧盟标准）

利用 GC-Q-TOF/MS 技术对全国 9823 例水果蔬菜样品中的农药残留进行侦测，结果发现，在全部样品中有 9681 例样品（98.55%）中侦测出非禁用农药，共计 305 种。全国单种水果蔬菜中残留非禁用农药的样本共计 3352 个，涉及 106 种水果蔬菜和 305 种非禁用农药。基于 MRL 欧盟标准，计算每种水果蔬菜中每种非禁用农药的超标率和风险系数，进而分析非禁用农药的风险程度。结果发现，3352 个样本中有 782 个处于高度风险（23.33%），涉及 101 种水果蔬菜和 138 种非禁用农药；504 个处于中度风险（15.04%），涉及 105 种水果蔬菜和 272 种非禁用农药；2066 个处于低度风险（61.63%），涉及 105 种水果蔬菜和 272 种非禁用农药。

分析全国单种水果蔬菜中非禁用农药残留水平，侦测出非禁用农药及水果蔬菜种数、样本数以及样本风险程度分布如表 5-28 所示。数据表明，全国单种水果蔬菜中残留的非禁用农药均处于高度或低度风险。处于高度风险的样本中，济南市的样本比例最高，为 54.55%；其次为西安市，比例为 51.30%；第三为海口市，比例为 50.24%。全国单种水果蔬菜中非禁用农药风险系数位居前 50 的样本如表 5-29 所示。

表 5-28　全国侦测出非禁用农药种树、水果蔬菜种数、样本数以及样本风险程度分布列表（基于 MRL 欧盟标准）

序号	省市	单种水果蔬菜中非禁用农药残留					
		水果蔬菜种数	农药种数	样本数	高度风险比例（%）	中度风险比例	低度风险比例（%）
1	济南市	23	84	286	54.55	0	45.45
2	西安市	22	40	115	51.30	0	48.70
3	海口市	31	87	205	50.24	0	49.76
4	银川市	20	37	118	45.76	0	54.24
5	太原市	16	46	98	42.86	0	57.14
6	南宁市	31	58	184	41.30	0	58.70

续表

序号	省市	单种水果蔬菜中非禁用农药残留					
		水果蔬菜种数	农药种数	样本数	高度风险比例（%）	中度风险比例	低度风险比例（%）
7	西宁市	20	22	98	40.82	0	59.18
8	武汉市	30	94	304	38.49	0	61.51
9	贵阳市	21	61	191	37.70	0	62.30
10	广州市	28	80	315	36.51	0	63.49
11	兰州市	29	61	162	36.42	0	63.58
12	长沙市	24	85	239	35.98	0	64.02
13	呼和浩特市	16	54	103	35.92	0	64.08
14	南京市	24	85	255	35.29	0	64.71
15	拉萨市	34	63	223	34.98	0	65.02
16	合肥市	24	83	232	34.91	0	65.09
17	成都市	16	22	237	34.60	0	65.40
18	南昌市	32	79	250	34.00	0	66.00
19	重庆市	34	78	321	33.64	0	66.36
20	昆明市	45	78	266	32.71	0	67.29
21	深圳市	27	78	314	32.48	0	67.52
22	上海市	47	100	365	32.33	0	67.67
23	北京市	23	86	261	32.18	0	67.82
24	福州市	50	73	268	32.09	0	67.91
25	郑州市	19	74	217	31.34	0	68.66
26	天津市	22	85	243	30.86	0	69.14
27	杭州市	44	84	345	30.72	0	69.28
28	沈阳市	44	91	384	29.17	0	70.83
29	石家庄市	43	79	313	28.12	0	71.88
30	乌鲁木齐市	15	79	168	25.60	0	74.40
31	哈尔滨市	44	81	315	24.44	0	75.56
32	长春市	41	77	333	23.72	0	76.28
33	山东蔬菜产区	53	80	327	23.24	0	76.76

表 5-29　全国单种水果蔬菜中非禁用农药风险系数位居前 50 的样本列表（基于 MRL 欧盟标准）

序号	省市	水果蔬菜	非禁用农药	超标频次	超标率 P（%）	风险系数 R
1	北京市	韭菜	甲醚菊酯	16	100	101.1
2	福州市	甜椒	威杀灵	12	100	101.1
3	福州市	葡萄	*o,p'*-滴滴伊	12	100	101.1
4	福州市	菜薹	杀螨特	11	100	101.1
5	福州市	菜薹	烯丙苯噻唑	11	100	101.1
6	福州市	番茄	仲丁威	11	100	101.1
7	福州市	青花菜	威杀灵	10	100	101.1
8	福州市	菜薹	杀螨特	9	100	101.1
9	福州市	胡萝卜	萘乙酰胺	9	100	101.1
10	兰州市	小油菜	烯唑醇	9	100	101.1
11	深圳市	菠菜	甲萘威	9	100	101.1
12	深圳市	枸杞叶	生物苄呋菊酯	7	100	101.1
13	深圳市	洋葱	溴丁酰草胺	7	100	101.1
14	深圳市	叶芥菜	*o,p'*-滴滴伊	7	100	101.1
15	南宁市	大白菜	醚菌酯	7	100	101.1
16	南宁市	茼蒿	嘧霉胺	6	100	101.1
17	南宁市	春菜	威杀灵	6	100	101.1
18	海口市	油麦菜	烯丙菊酯	6	100	101.1
19	海口市	山竹	威杀灵	6	100	101.1
20	海口市	韭菜	速灭威	6	100	101.1
21	海口市	金针菇	烯丙菊酯	6	100	101.1
22	海口市	茼蒿	间羟基联苯	6	100	101.1
23	海口市	青菜	喹螨醚	6	100	101.1
24	武汉市	芹菜	特草灵	6	100	101.1
25	长沙市	西葫芦	特草灵	6	100	101.1
26	长沙市	蘑菇	威杀灵	6	100	101.1
27	长沙市	蕹菜	*o,p'*-滴滴伊	5	100	101.1

续表

序号	省市	水果蔬菜	非禁用农药	超标频次	超标率 P（%）	风险系数 R
28	长春市	姜	生物苄呋菊酯	5	100	101.1
29	长春市	冬瓜	特草灵	5	100	101.1
30	长春市	芥蓝	杀螨特	5	100	101.1
31	南昌市	橙	特草灵	4	100	101.1
32	南昌市	马铃薯	仲丁威	4	100	101.1
33	南昌市	青菜	氟硅唑	4	100	101.1
34	南昌市	莲藕	灭除威	4	100	101.1
35	南昌市	樱桃番茄	灭除威	4	100	101.1
36	南昌市	生菜	威杀灵	4	100	101.1
37	呼和浩特市	油麦菜	烯唑醇	2	100	101.1
38	银川市	柚	啶氧菌酯	2	100	101.1
39	银川市	茼蒿	多效唑	1	100	101.1
40	西宁市	菠萝	灭除威	1	100	101.1
41	西宁市	茼蒿	间羟基联苯	1	100	101.1
42	山东蔬菜产区	茼蒿	磷酸三苯酯	1	100	101.1
43	山东蔬菜产区	生菜	氟硅唑	1	100	101.1
44	山东蔬菜产区	茼蒿	虫螨腈	1	100	101.1
45	山东蔬菜产区	甘薯叶	哒螨灵	1	100	101.1
46	山东蔬菜产区	马铃薯	仲丁威	1	100	101.1
47	太原市	苦瓜	γ-氟氯氰菌酯	1	100	101.1
48	西安市	苦瓜	二甲戊灵	1	100	101.1
49	拉萨市	奶白菜	醚菌酯	1	100	101.1
50	拉萨市	菜薹	唑虫酰胺	1	100	101.1

全国水果蔬菜中侦测出高度风险非禁用农药的水果蔬菜分布及其所分布的省市数量如图5-25和图5-26所示。数据显示，非禁用农药的分布省市排名前三的水果蔬菜（省市数量）分别为菜豆/茄子/芹菜（32）、葡萄（31）和番茄/黄瓜（30）。全国侦测出高度风险非禁用农药的水果蔬菜种类如图5-27所示，排名前三的省市（水果蔬菜种树）分别为福州市（41）、沈阳市（40）和杭州市（35）。

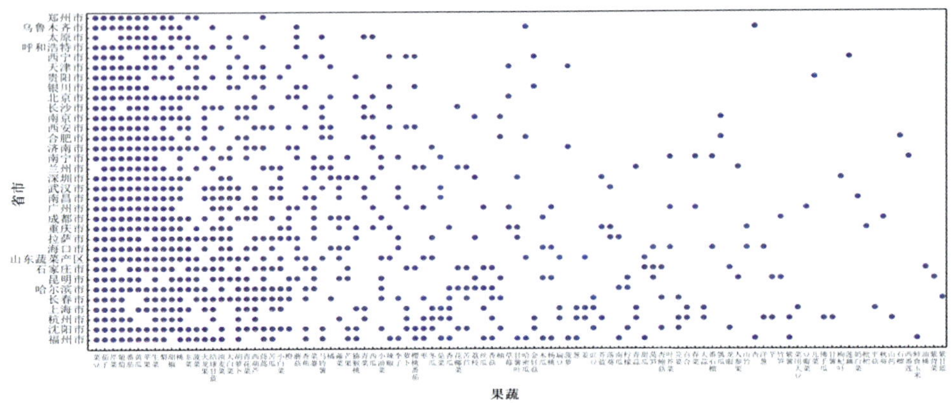

图 5-25　侦测出高度风险非禁用农药的水果蔬菜分布图

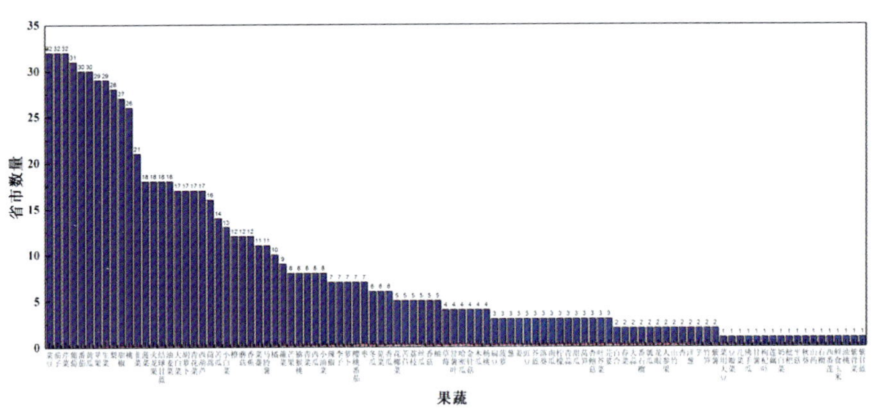

图 5-26　每种水果蔬菜中侦测出高度风险非禁用农药的省市数量统计图

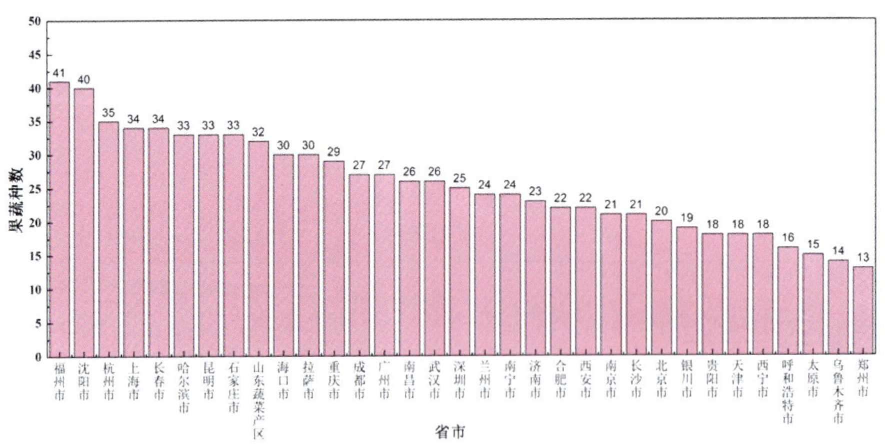

图 5-27　侦测出高度风险非禁用农药的水果蔬菜种类统计图

4）所有水果蔬菜中禁用农药预警风险结果分析

在全国所有水果蔬菜中侦测出 329 种农药，其中有 24 种禁用农药。基于禁用农药的风险系数计算结果，3 种残留农药处于高度风险，占 12.5%；3 种处于中度风险，占 12.5%；18 中处于低度风险，占 75%。处于高度风险的 3 种禁用农药分别为硫丹、克百威和氟虫腈。

全国水果蔬菜中不同风险程度的禁用农药种数分布如图 5-28 所示，结果表明，海口市和呼和浩特市水果蔬菜中残留的禁用农药种数最多，均为 11 种；其次为北京市和济南市，残留禁用农药 10 种。在海口市的水果蔬菜中，处于高度风险的禁用农药种数最多，为 10 种，其次是呼和浩特市，为 5 种。

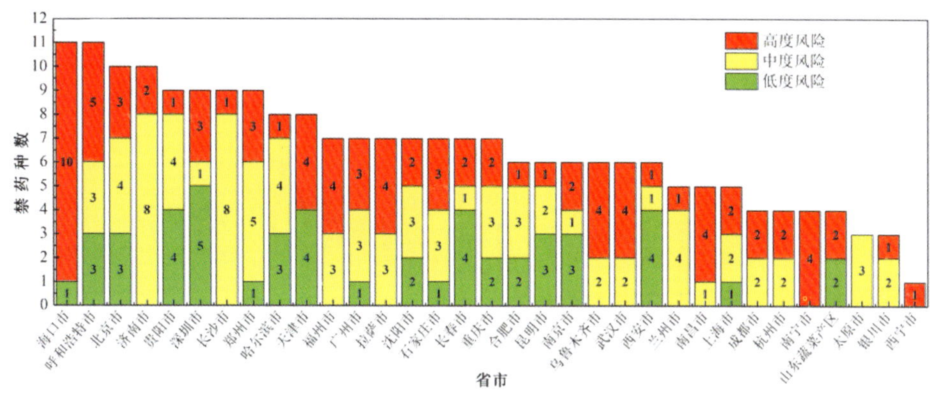

图 5-28　全国水果蔬菜中不同风险程度的禁用农药种数分布图

由于各省市所侦测水果蔬菜样品数量有所差异，因此有必要进一步分析各省市禁用农药的风险程度比例分布情况，如图 5-29 所示。结果表明，南宁市和西宁市水果蔬菜中禁用农药处于高度风险的比例最高，为 100%；其次为海口市，其比例为 90.9%，第三为南昌市，所占比例为 80%。

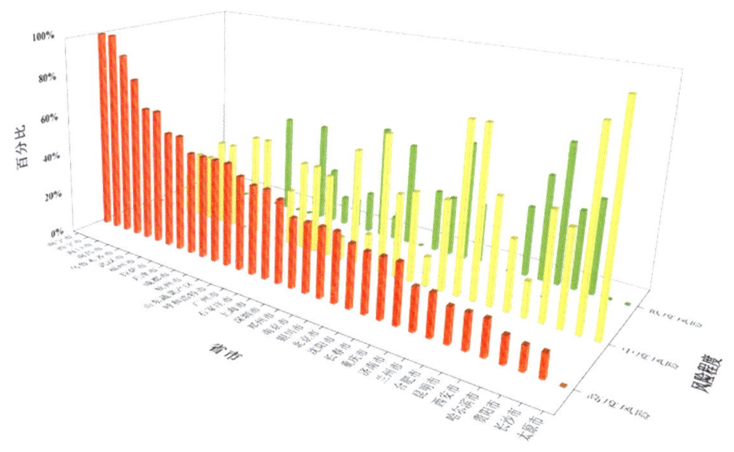

图 5-29　各省市禁用农药的风险程度比例分布图

全国水果蔬菜中残留的禁用农药及风险程度如图 5-30 和表 5-30 所示。结果表明，风险系数最高的禁用农药为硫丹，该农药主要残留在拉萨、北京、深圳和天津等市的水果蔬菜中。同时发现，处于高度风险的禁用农药包括硫丹、氟虫腈、克百威、氰戊菊酯、治螟磷、甲拌磷、六六六、氯唑磷、水胺硫磷、对硫磷、狄氏剂、艾氏剂和地虫硫磷 13 种农药。

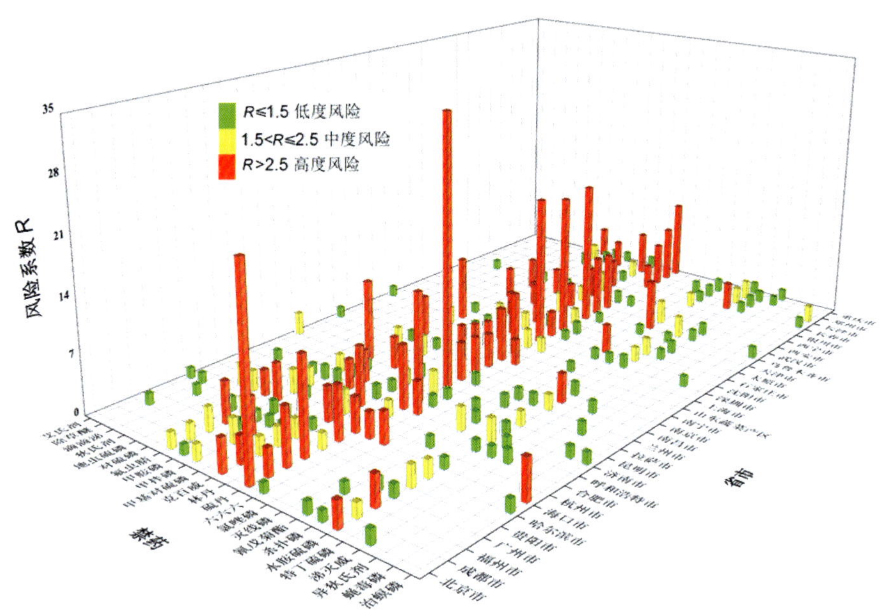

图 5-30　全国所侦测出的禁用农药风险程度分布图

表 5-30　全国所侦测出的禁用农药及风险系数列表

序号	省市	禁用农药	检出频次	超标率 P（%）	风险系数 R	风险程度
1	拉萨市	硫丹	53	32.52	33.6	高度风险
2	北京市	硫丹	98	23.61	24.7	高度风险
3	深圳市	硫丹	55	17.92	19.0	高度风险
4	天津市	硫丹	68	17.26	18.4	高度风险
5	石家庄市	硫丹	56	16.82	17.9	高度风险
6	济南市	硫丹	29	12.50	13.6	高度风险
7	广州市	硫丹	55	10.96	12.1	高度风险
8	重庆市	硫丹	40	9.30	10.4	高度风险
9	拉萨市	氟虫腈	15	9.20	10.3	高度风险
10	深圳市	氟虫腈	22	7.17	8.3	高度风险

续表

序号	省市	禁用农药	检出频次	超标率 P（%）	风险系数 R	风险程度
11	山东蔬菜产区	硫丹	28	6.97	8.1	高度风险
12	呼和浩特市	硫丹	18	6.92	8.0	高度风险
13	乌鲁木齐市	硫丹	16	6.69	7.8	高度风险
14	合肥市	克百威	19	6.44	7.5	高度风险
15	武汉市	硫丹	13	6.44	7.5	高度风险
16	郑州市	硫丹	27	6.24	7.3	高度风险
17	福州市	硫丹	15	6.05	7.1	高度风险
18	南宁市	硫丹	15	5.73	6.8	高度风险
19	哈尔滨市	硫丹	19	5.67	6.8	高度风险
20	乌鲁木齐市	氰戊菊酯	13	5.44	6.5	高度风险
21	郑州市	克百威	20	4.62	5.7	高度风险
22	长沙市	硫丹	8	4.52	5.6	高度风险
23	石家庄市	克百威	14	4.20	5.3	高度风险
24	南宁市	氟虫腈	11	4.20	5.3	高度风险
25	广州市	氟虫腈	21	4.18	5.3	高度风险
26	海口市	治螟磷	11	4.06	5.2	高度风险
27	兰州市	硫丹	8	3.81	4.9	高度风险
28	南昌市	硫丹	7	3.70	4.8	高度风险
29	海口市	氟虫腈	10	3.69	4.8	高度风险
30	广州市	甲拌磷	18	3.59	4.7	高度风险
31	海口市	硫丹	9	3.32	4.4	高度风险
32	海口市	克百威	9	3.32	4.4	高度风险
33	南京市	硫丹	10	3.28	4.4	高度风险
34	南京市	克百威	10	3.28	4.4	高度风险
35	深圳市	克百威	10	3.26	4.4	高度风险
36	上海市	克百威	11	3.16	4.3	高度风险
37	北京市	克百威	13	3.13	4.2	高度风险
38	呼和浩特市	六六六	8	3.08	4.2	高度风险
39	拉萨市	甲拌磷	5	3.07	4.2	高度风险
40	天津市	氟虫腈	12	3.05	4.1	高度风险
41	重庆市	氟虫腈	13	3.02	4.1	高度风险
42	济南市	甲拌磷	7	3.02	4.1	高度风险

续表

序号	省市	禁用农药	检出频次	超标率 P（%）	风险系数 R	风险程度
43	武汉市	氟虫腈	6	2.97	4.1	高度风险
44	海口市	氯唑磷	8	2.95	4.1	高度风险
45	西安市	克百威	10	2.86	4.0	高度风险
46	福州市	水胺硫磷	7	2.82	3.9	高度风险
47	呼和浩特市	甲拌磷	7	2.69	3.8	高度风险
48	南宁市	克百威	7	2.67	3.8	高度风险
49	沈阳市	氰戊菊酯	13	2.66	3.8	高度风险
50	南昌市	水胺硫磷	5	2.65	3.7	高度风险
51	银川市	克百威	3	2.63	3.7	高度风险
52	海口市	甲拌磷	7	2.58	3.7	高度风险
53	郑州市	甲拌磷	11	2.54	3.6	高度风险
54	长春市	水胺硫磷	8	2.54	3.6	高度风险
55	武汉市	甲拌磷	5	2.48	3.6	高度风险
56	成都市	硫丹	9	2.36	3.5	高度风险
57	成都市	克百威	9	2.36	3.5	高度风险
58	南宁市	六六六	6	2.29	3.4	高度风险
59	沈阳市	硫丹	11	2.25	3.4	高度风险
60	山东蔬菜产区	克百威	9	2.24	3.3	高度风险
61	长春市	硫丹	7	2.22	3.3	高度风险
62	海口市	六六六	6	2.21	3.3	高度风险
63	海口市	对硫磷	6	2.21	3.3	高度风险
64	北京市	水胺硫磷	9	2.17	3.3	高度风险
65	石家庄市	甲拌磷	7	2.10	3.2	高度风险
66	乌鲁木齐市	克百威	5	2.09	3.2	高度风险
67	天津市	甲拌磷	8	2.03	3.1	高度风险
68	福州市	氟虫腈	5	2.02	3.1	高度风险
69	福州市	甲拌磷	5	2.02	3.1	高度风险
70	杭州市	克百威	5	2.00	3.1	高度风险
71	杭州市	氟虫腈	5	2.00	3.1	高度风险
72	武汉市	氰戊菊酯	4	1.98	3.1	高度风险
73	昆明市	硫丹	7	1.92	3.0	高度风险
74	呼和浩特市	氰戊菊酯	5	1.92	3.0	高度风险

续表

序号	省市	禁用农药	检出频次	超标率 *P*（%）	风险系数 *R*	风险程度
75	呼和浩特市	水胺硫磷	5	1.92	3.0	高度风险
76	海口市	狄氏剂	5	1.85	2.9	高度风险
77	拉萨市	艾氏剂	3	1.84	2.9	高度风险
78	乌鲁木齐市	水胺硫磷	4	1.67	2.8	高度风险
79	贵阳市	水胺硫磷	5	1.67	2.8	高度风险
80	南昌市	氟虫腈	3	1.59	2.7	高度风险
81	南昌市	甲拌磷	3	1.59	2.7	高度风险
82	西宁市	克百威	2	1.57	2.7	高度风险
83	天津市	克百威	6	1.52	2.6	高度风险
84	海口市	地虫硫磷	4	1.48	2.6	高度风险
85	上海市	硫丹	5	1.44	2.5	高度风险
86	广州市	克百威	7	1.39	2.5	中度风险
87	郑州市	水胺硫磷	6	1.39	2.5	中度风险
88	合肥市	氟虫腈	4	1.36	2.5	中度风险
89	贵阳市	克百威	4	1.34	2.4	中度风险
90	贵阳市	氟虫腈	4	1.34	2.4	中度风险
91	济南市	氟虫腈	3	1.29	2.4	中度风险
92	沈阳市	甲拌磷	6	1.23	2.3	中度风险
93	福州市	克百威	3	1.21	2.3	中度风险
94	石家庄市	水胺硫磷	4	1.20	2.3	中度风险
95	哈尔滨市	水胺硫磷	4	1.19	2.3	中度风险
96	郑州市	氟虫腈	5	1.15	2.3	中度风险
97	上海市	氟虫腈	4	1.15	2.2	中度风险
98	长沙市	水胺硫磷	2	1.13	2.2	中度风险
99	长沙市	克百威	2	1.13	2.2	中度风险
100	长沙市	甲拌磷	2	1.13	2.2	中度风险
101	长沙市	治螟磷	2	1.13	2.2	中度风险
102	太原市	硫丹	2	1.09	2.2	中度风险
103	成都市	氟虫腈	4	1.05	2.1	中度风险
104	沈阳市	克百威	5	1.02	2.1	中度风险
105	合肥市	硫丹	3	1.02	2.1	中度风险
106	贵阳市	硫丹	3	1.00	2.1	中度风险

续表

序号	省市	禁用农药	检出频次	超标率 P（%）	风险系数 R	风险程度
107	武汉市	克百威	2	0.99	2.1	中度风险
108	北京市	氟虫腈	4	0.96	2.1	中度风险
109	北京市	甲拌磷	4	0.96	2.1	中度风险
110	兰州市	水胺硫磷	2	0.95	2.1	中度风险
111	银川市	氰戊菊酯	1	0.88	2.0	中度风险
112	银川市	甲拌磷	1	0.88	2.0	中度风险
113	上海市	六六六	3	0.86	2.0	中度风险
114	昆明市	水胺硫磷	3	0.82	1.9	中度风险
115	昆明市	克百威	3	0.82	1.9	中度风险
116	沈阳市	水胺硫磷	4	0.82	1.9	中度风险
117	成都市	水胺硫磷	3	0.79	1.9	中度风险
118	呼和浩特市	甲胺磷	2	0.77	1.9	中度风险
119	呼和浩特市	氟虫腈	2	0.77	1.9	中度风险
120	呼和浩特市	克百威	2	0.77	1.9	中度风险
121	北京市	涕灭威	3	0.72	1.8	中度风险
122	郑州市	氰戊菊酯	3	0.69	1.8	中度风险
123	合肥市	涕灭威	2	0.68	1.8	中度风险
124	贵阳市	对硫磷	2	0.67	1.8	中度风险
125	南京市	水胺硫磷	2	0.66	1.8	中度风险
126	深圳市	水胺硫磷	2	0.65	1.8	中度风险
127	长春市	甲拌磷	2	0.63	1.7	中度风险
128	拉萨市	氰戊菊酯	1	0.61	1.7	中度风险
129	拉萨市	异狄氏剂	1	0.61	1.7	中度风险
130	拉萨市	克百威	1	0.61	1.7	中度风险
131	石家庄市	林丹	2	0.60	1.7	中度风险
132	石家庄市	六六六	2	0.60	1.7	中度风险
133	广州市	杀扑磷	3	0.60	1.7	中度风险
134	广州市	水胺硫磷	3	0.60	1.7	中度风险
135	哈尔滨市	甲胺磷	2	0.60	1.7	中度风险
136	哈尔滨市	治螟磷	2	0.60	1.7	中度风险
137	哈尔滨市	甲拌磷	2	0.60	1.7	中度风险
138	西安市	硫丹	2	0.57	1.7	中度风险

续表

序号	省市	禁用农药	检出频次	超标率 P（%）	风险系数 R	风险程度
139	长沙市	氰戊菊酯	1	0.56	1.7	中度风险
140	长沙市	灭线磷	1	0.56	1.7	中度风险
141	长沙市	氟虫腈	1	0.56	1.7	中度风险
142	长沙市	特丁硫磷	1	0.56	1.7	中度风险
143	太原市	狄氏剂	1	0.55	1.6	中度风险
144	太原市	特丁硫磷	1	0.55	1.6	中度风险
145	南昌市	涕灭威	1	0.53	1.6	中度风险
146	武汉市	特丁硫磷	1	0.50	1.6	中度风险
147	北京市	氰戊菊酯	2	0.48	1.6	中度风险
148	兰州市	氰戊菊酯	1	0.48	1.6	中度风险
149	兰州市	六六六	1	0.48	1.6	中度风险
150	兰州市	杀扑磷	1	0.48	1.6	中度风险
151	重庆市	水胺硫磷	2	0.47	1.6	中度风险
152	重庆市	涕灭威	2	0.47	1.6	中度风险
153	重庆市	克百威	2	0.47	1.6	中度风险
154	郑州市	甲胺磷	2	0.46	1.6	中度风险
155	郑州市	特丁硫磷	2	0.46	1.6	中度风险
156	济南市	六六六	1	0.43	1.5	中度风险
157	济南市	氰戊菊酯	1	0.43	1.5	中度风险
158	济南市	水胺硫磷	1	0.43	1.5	中度风险
159	济南市	甲胺磷	1	0.43	1.5	中度风险
160	济南市	蝇毒磷	1	0.43	1.5	中度风险
161	济南市	克百威	1	0.43	1.5	中度风险
162	济南市	治螟磷	1	0.43	1.5	中度风险
163	乌鲁木齐市	治螟磷	1	0.42	1.5	中度风险
164	乌鲁木齐市	特丁硫磷	1	0.42	1.5	中度风险
165	福州市	除草醚	1	0.40	1.5	中度风险
166	福州市	氰戊菊酯	1	0.40	1.5	中度风险
167	杭州市	氰戊菊酯	1	0.40	1.5	中度风险
168	杭州市	甲胺磷	1	0.40	1.5	中度风险
169	呼和浩特市	对硫磷	1	0.38	1.5	低度风险
170	呼和浩特市	滴滴涕	1	0.38	1.5	低度风险

续表

序号	省市	禁用农药	检出频次	超标率 *P*（%）	风险系数 *R*	风险程度
171	呼和浩特市	特丁硫磷	1	0.38	1.5	低度风险
172	海口市	水胺硫磷	1	0.37	1.5	低度风险
173	合肥市	水胺硫磷	1	0.34	1.4	低度风险
174	合肥市	特丁硫磷	1	0.34	1.4	低度风险
175	贵阳市	滴滴涕	1	0.33	1.4	低度风险
176	贵阳市	甲胺磷	1	0.33	1.4	低度风险
177	贵阳市	甲基对硫磷	1	0.33	1.4	低度风险
178	贵阳市	甲拌磷	1	0.33	1.4	低度风险
179	南京市	艾氏剂	1	0.33	1.4	低度风险
180	南京市	氟虫腈	1	0.33	1.4	低度风险
181	南京市	甲拌磷	1	0.33	1.4	低度风险
182	深圳市	氰戊菊酯	1	0.33	1.4	低度风险
183	深圳市	杀扑磷	1	0.33	1.4	低度风险
184	深圳市	蝇毒磷	1	0.33	1.4	低度风险
185	深圳市	艾氏剂	1	0.33	1.4	低度风险
186	深圳市	甲拌磷	1	0.33	1.4	低度风险
187	长春市	氰戊菊酯	1	0.32	1.4	低度风险
188	长春市	克百威	1	0.32	1.4	低度风险
189	长春市	治螟磷	1	0.32	1.4	低度风险
190	长春市	特丁硫磷	1	0.32	1.4	低度风险
191	石家庄市	特丁硫磷	1	0.30	1.4	低度风险
192	哈尔滨市	除草醚	1	0.30	1.4	低度风险
193	哈尔滨市	艾氏剂	1	0.30	1.4	低度风险
194	哈尔滨市	克百威	1	0.30	1.4	低度风险
195	上海市	甲拌磷	1	0.29	1.4	低度风险
196	西安市	滴滴涕	1	0.29	1.4	低度风险
197	西安市	六六六	1	0.29	1.4	低度风险
198	西安市	氟虫腈	1	0.29	1.4	低度风险
199	西安市	甲拌磷	1	0.29	1.4	低度风险
200	昆明市	六六六	1	0.27	1.4	低度风险
201	昆明市	甲胺磷	1	0.27	1.4	低度风险
202	昆明市	灭线磷	1	0.27	1.4	低度风险

续表

序号	省市	禁用农药	检出频次	超标率 P（%）	风险系数 R	风险程度
203	天津市	氰戊菊酯	1	0.25	1.4	低度风险
204	天津市	水胺硫磷	1	0.25	1.4	低度风险
205	天津市	滴滴涕	1	0.25	1.4	低度风险
206	天津市	六六六	1	0.25	1.4	低度风险
207	山东蔬菜产区	氰戊菊酯	1	0.25	1.3	低度风险
208	山东蔬菜产区	甲拌磷	1	0.25	1.3	低度风险
209	北京市	杀扑磷	1	0.24	1.3	低度风险
210	北京市	六六六	1	0.24	1.3	低度风险
211	北京市	甲胺磷	1	0.24	1.3	低度风险
212	重庆市	甲胺磷	1	0.23	1.3	低度风险
213	重庆市	甲拌磷	1	0.23	1.3	低度风险
214	郑州市	涕灭威	1	0.23	1.3	低度风险
215	沈阳市	六六六	1	0.20	1.3	低度风险
216	沈阳市	氟虫腈	1	0.20	1.3	低度风险
217	广州市	甲胺磷	1	0.20	1.3	低度风险

对水果蔬菜中每种禁用农药的分布城市进行统计，不同风险程度的城市数量如图 5-31 所示。显然，侦测出的硫丹和克百威分布城市最广，均高达 30 个；其次为甲拌磷，在 24 个城市的水果蔬菜中均有残留，位居第三的是氟虫腈和水胺硫磷，在 23 个城市的水果蔬菜中均有残留。处于高度风险的禁用农药硫丹分布城市最为广泛，高达 26 个；其次为克百威，分布城市共计 17 个；第三为甲拌磷和氟虫腈，分布城市均为 11 个。

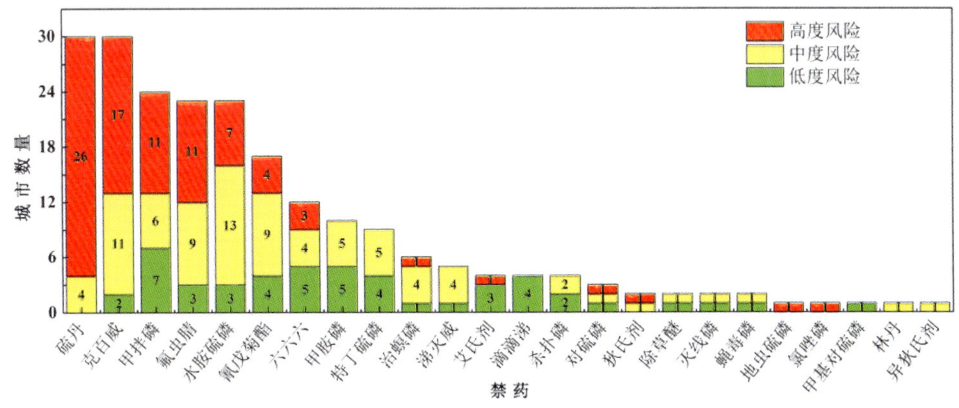

图 5-31　每种禁用农药不同风险程度的分布城市数量统计图

对每个城市风险系数最高的禁用农药进行统计，结果如表 5-31 和图 5-32 所示。数据显示，禁用农药硫丹在拉萨、北京和深圳等 23 个城市的水果蔬菜中，风险系数均为最高，且昆明市的水果蔬菜中硫丹处于中度风险，其他的均为高度风险；禁用农药克百威在合肥、上海、西安等 6 个城市的水果蔬菜中，风险系数均为最高，且处于高度风险；禁用农药水胺硫磷在长春、贵阳 2 个城市的水果蔬菜中，风险系数均为最高，且处于高度风险，禁用农药氰戊菊酯和治螟磷分别在沈阳和海口的水果蔬菜中，风险系数均为最高，且处于高度风险。

表 5-31 每个城市风险系数最高的禁用农药及风险程度列表

序号	省市	禁用农药	检出频次	检出率 P（%）	风险系数 R	风险程度
1	拉萨市	硫丹	53	32.52	33.6	高度风险
2	北京市	硫丹	98	23.61	24.7	高度风险
3	深圳市	硫丹	55	17.92	19.0	高度风险
4	天津市	硫丹	68	17.26	18.4	高度风险
5	石家庄市	硫丹	56	16.82	17.9	高度风险
6	济南市	硫丹	29	12.50	13.6	高度风险
7	广州市	硫丹	55	10.96	12.1	高度风险
8	重庆市	硫丹	40	9.30	10.4	高度风险
9	山东蔬菜产区	硫丹	28	6.97	8.1	高度风险
10	呼和浩特市	硫丹	18	6.92	8.0	高度风险
11	乌鲁木齐市	硫丹	16	6.69	7.8	高度风险
12	武汉市	硫丹	13	6.44	7.5	高度风险
13	郑州市	硫丹	27	6.24	7.3	高度风险
14	福州市	硫丹	15	6.05	7.1	高度风险
15	南宁市	硫丹	15	5.73	6.8	高度风险
16	哈尔滨市	硫丹	19	5.67	6.8	高度风险
17	长沙市	硫丹	8	4.52	5.6	高度风险
18	兰州市	硫丹	8	3.81	4.9	高度风险
19	南昌市	硫丹	7	3.70	4.8	高度风险
20	南京市	硫丹	10	3.28	4.4	高度风险
21	成都市	硫丹	9	2.36	3.5	高度风险
22	昆明市	硫丹	7	1.92	3.0	高度风险
23	太原市	硫丹	2	1.09	2.2	中度风险
24	合肥市	克百威	19	6.44	7.5	高度风险
25	上海市	克百威	11	3.16	4.3	高度风险

续表

序号	省市	禁用农药	检出频次	检出率 P（%）	风险系数 R	风险程度
26	西安市	克百威	10	2.86	4.0	高度风险
27	银川市	克百威	3	2.63	3.7	高度风险
28	杭州市	克百威	5	2.00	3.1	高度风险
29	西宁市	克百威	2	1.57	2.7	高度风险
30	长春市	水胺硫磷	8	2.54	3.6	高度风险
31	贵阳市	水胺硫磷	5	1.67	2.8	高度风险
32	沈阳市	氰戊菊酯	13	2.66	3.8	高度风险
33	海口市	治螟磷	11	4.06	5.2	高度风险

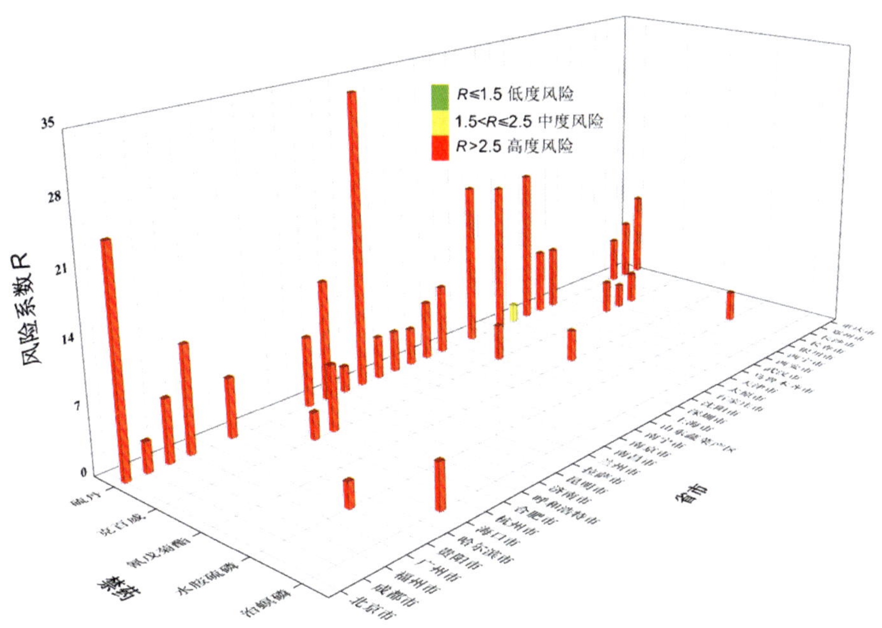

图 5-32　每个城市风险系数最高的禁用农药分布图

5）所有水果蔬菜中非禁用农药预警风险结果分析（基于 MRL 欧盟标准）

在全国所有水果蔬菜中侦测出 329 种农药，其中有 305 种为非禁用农药。基于非禁用农药的风险系数计算结果，9 种残留农药处于高度风险，占 2.95%；29 种处于中度风险，占 9.51%；267 种处于低度风险，占 87.54%。处于高度风险的 9 种非禁用农药分别为腐霉利、威杀灵、虫螨腈、生物苄呋菊酯、新燕灵、仲丁威、烯虫酯、杀螨特和氟硅唑。

全国水果蔬菜中不同风险程度的非禁用农药种数分布如图 5-33 所示，结果表明，上海市水果蔬菜中残留的非禁用农药种数最多，为 100 种；其次为武汉市，残留的非禁用农药高达 94 种；第三为沈阳市，残留的非禁用农药为 91 种。在武汉市的水果蔬菜中，处于高度风险的非禁用农药种数最多，为 20 种；其次为海口市，达 19 种；第三是长沙市， 达 16 种。

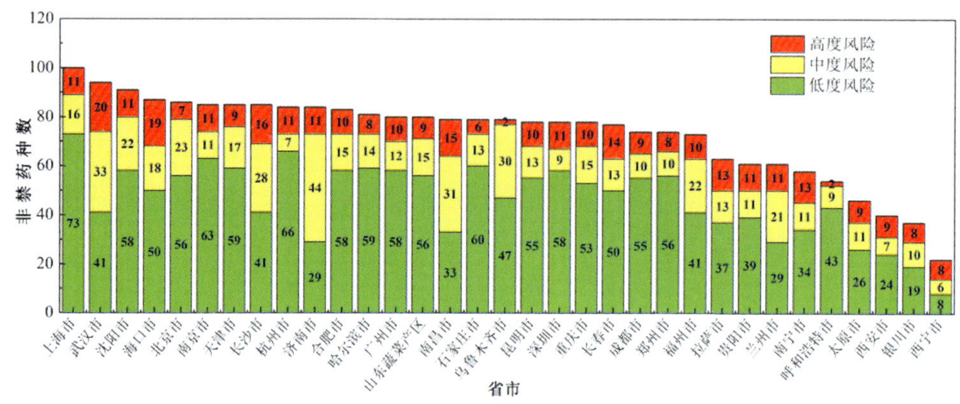

图 5-33　全国水果蔬菜中不同风险程度的非禁用农药种数分布图

由于各省市所侦测水果蔬菜样品数量有所差异，因此有必要进一步分析各省市非禁用农药的风险程度比例分布情况，如图 5-34 所示。结果表明，西宁市水果蔬菜中非禁用农药处于高度风险的比例最高，为 36.36%；其次为西安市，其比例为 22.50%；第三为南宁市，所占比例为 22.42%。

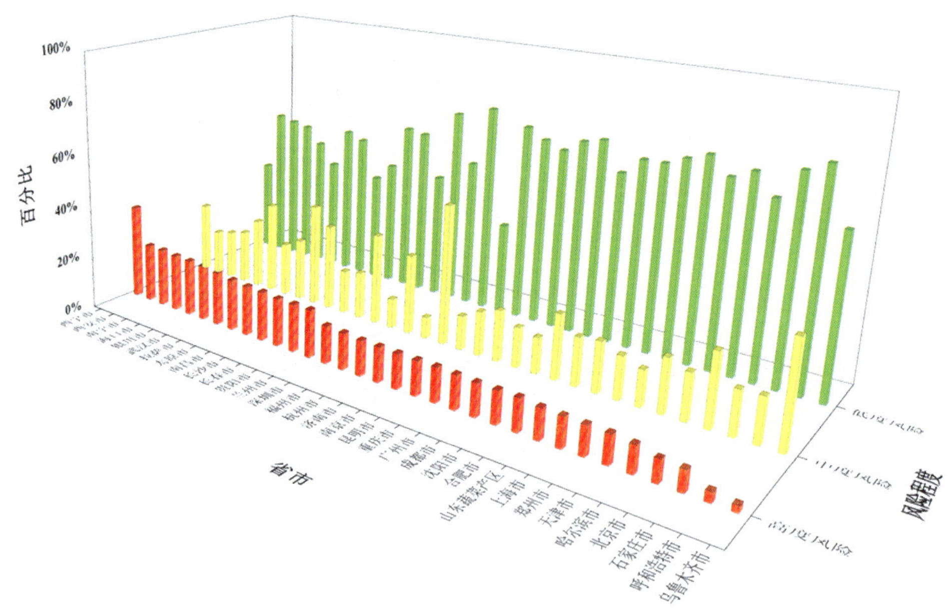

图 5-34　各省市非禁用农药的风险程度比例分布图

全国水果蔬菜中残留处于高度风险的非禁用农药及风险程度如图 5-35 所示，位居前 100 的非禁用农药风险系数如表 5-32 所示。结果表明，风险系数最高的非禁用农药，均为新燕灵，且残留在济南市的水果蔬菜中；其次为威杀灵，该农药主要残留在南宁、深圳和拉萨等市的水果蔬菜中。

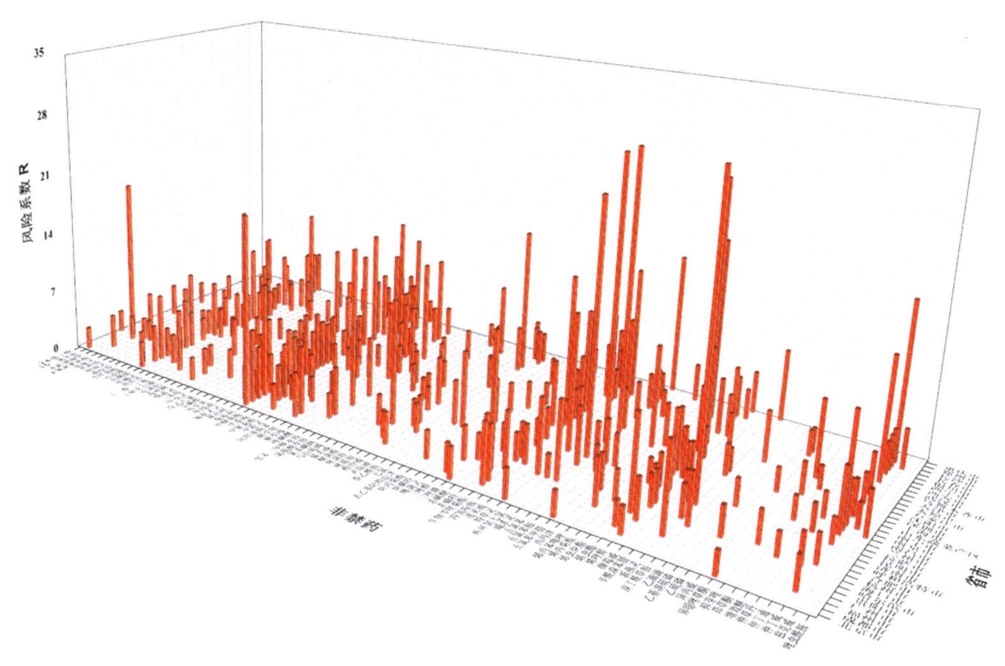

图 5-35　全国所侦测出的非禁用农药高度风险分布图

表 5-32　全国所侦测出的位居前 100 的高度风险非禁用农药及风险系数列表

序号	地市级	中文名称	超标频次	超标率 P（%）	风险系数 R
1	济南市	新燕灵	72	31.03	32.1
2	南宁市	威杀灵	76	29.01	30.1
3	深圳市	威杀灵	89	28.99	30.1
4	拉萨市	威杀灵	42	25.77	26.9
5	西宁市	烯丙菊酯	32	25.20	26.3
6	北京市	腐霉利	83	20.00	21.1
7	银川市	烯丙菊酯	21	18.42	19.5
8	海口市	*o,p'*-滴滴伊	48	17.71	18.8
9	杭州市	邻苯二甲酰亚胺	41	16.40	17.5
10	长沙市	仲丁威	28	15.82	16.9

续表

序号	地市级	中文名称	超标频次	超标率 P（%）	风险系数 R
11	西宁市	灭除威	19	14.96	16.1
12	深圳市	杀螨特	44	14.33	15.4
13	重庆市	威杀灵	61	14.19	15.3
14	拉萨市	特草灵	22	13.50	14.6
15	贵阳市	杀螨特	40	13.38	14.5
16	银川市	速灭威	15	13.16	14.3
17	西宁市	甲醚菊酯	16	12.60	13.7
18	海口市	嘧菌胺	34	12.55	13.6
19	天津市	腐霉利	47	11.93	13.0
20	武汉市	仲丁威	24	11.88	13.0
21	广州市	腐霉利	58	11.55	12.7
22	南昌市	仲丁威	20	10.58	11.7
23	银川市	敌敌畏	12	10.53	11.6
24	太原市	喹螨醚	19	10.38	11.5
25	石家庄市	生物苄呋菊酯	34	10.21	11.3
26	石家庄市	腐霉利	33	9.91	11.0
27	武汉市	γ-氟氯氰菌酯	20	9.90	11.0
28	上海市	西玛津	34	9.77	10.9
29	太原市	烯虫酯	17	9.29	10.4
30	太原市	芬螨酯	17	9.29	10.4
31	重庆市	腐霉利	39	9.07	10.2
32	哈尔滨市	烯虫酯	30	8.96	10.1
33	西安市	甲醚菊酯	31	8.86	10.0
34	银川市	解草腈	10	8.77	9.9
35	广州市	新燕灵	42	8.37	9.5
36	西宁市	速灭威	10	7.87	9.0
37	西宁市	生物苄呋菊酯	10	7.87	9.0
38	南京市	喹螨醚	24	7.87	9.0
39	深圳市	虫螨腈	24	7.82	8.9
40	海口市	威杀灵	20	7.38	8.5
41	济南市	去乙基阿特拉津	17	7.33	8.4
42	太原市	抑芽唑	13	7.10	8.2

续表

序号	地市级	中文名称	超标频次	超标率 P（%）	风险系数 R
43	成都市	腐霉利	27	7.09	8.2
44	海口市	特草灵	19	7.01	8.1
45	长春市	醚菌酯	22	6.98	8.1
46	重庆市	新燕灵	29	6.74	7.8
47	上海市	邻苯二甲酰亚胺	23	6.61	7.7
48	广州市	虫螨腈	33	6.57	7.7
49	福州市	解草腈	16	6.45	7.6
50	武汉市	腐霉利	13	6.44	7.5
51	海口市	氟吡禾灵	17	6.27	7.4
52	南宁市	杀螨特	16	6.11	7.2
53	福州市	丁硫克百威	15	6.05	7.1
54	济南市	腐霉利	14	6.03	7.1
55	西安市	丁二酸二丁酯	21	6.00	7.1
56	沈阳市	烯虫酯	29	5.94	7.0
57	南昌市	烯虫酯	11	5.82	6.9
58	兰州市	仲丁威	12	5.71	6.8
59	济南市	邻苯二甲酰亚胺	13	5.60	6.7
60	南京市	烯虫酯	17	5.57	6.7
61	沈阳市	生物苄呋菊酯	27	5.53	6.6
62	拉萨市	腐霉利	9	5.52	6.6
63	拉萨市	虫螨腈	9	5.52	6.6
64	成都市	生物苄呋菊酯	21	5.51	6.6
65	武汉市	氟硅唑	11	5.45	6.5
66	武汉市	虫螨腈	11	5.45	6.5
67	石家庄市	解草腈	18	5.41	6.5
68	深圳市	氟硅唑	16	5.21	6.3
69	杭州市	腐霉利	13	5.20	6.3
70	广州市	杀螨特	26	5.18	6.3
71	济南市	威杀灵	12	5.17	6.3
72	长沙市	γ-氟氯氰菌酯	9	5.08	6.2
73	哈尔滨市	生物苄呋菊酯	17	5.07	6.2
74	贵阳市	甲萘威	15	5.02	6.1

续表

序号	地市级	中文名称	超标频次	超标率 P（%）	风险系数 R
75	武汉市	烯虫酯	10	4.95	6.1
76	西安市	生物苄呋菊酯	17	4.86	6.0
77	福州市	腐霉利	12	4.84	5.9
78	福州市	生物苄呋菊酯	12	4.84	5.9
79	杭州市	虫螨腈	12	4.80	5.9
80	长春市	烯虫酯	15	4.76	5.9
81	贵阳市	氟硅唑	14	4.68	5.8
82	郑州市	杀螨特	20	4.62	5.7
83	长沙市	氟硅唑	8	4.52	5.6
84	长沙市	虫螨腈	8	4.52	5.6
85	石家庄市	烯虫酯	15	4.50	5.6
86	武汉市	四氢吩胺	9	4.46	5.6
87	海口市	溴丁酰草胺	12	4.43	5.5
88	太原市	乙滴滴	8	4.37	5.5
89	贵阳市	邻苯二甲酰亚胺	13	4.35	5.4
90	济南市	甲醚菊酯	10	4.31	5.4
91	兰州市	嘧霉胺	9	4.29	5.4
92	兰州市	腐霉利	9	4.29	5.4
93	南京市	γ-氟氯氰菌酯	13	4.26	5.4
94	南京市	腐霉利	13	4.26	5.4
95	南昌市	烯唑醇	8	4.23	5.3
96	重庆市	氟硅唑	18	4.19	5.3
97	郑州市	虫螨腈	18	4.16	5.3
98	合肥市	腐霉利	12	4.07	5.2
99	贵阳市	烯丙苯噻唑	12	4.01	5.1
100	西安市	灭除威	14	4.00	5.1

5.2.5　GC-Q-TOF/MS 技术侦测全国市售水果蔬菜农药残留风险评估结论与建议

农药残留是影响水果蔬菜安全和质量的主要因素，也是我国食品安全领域备受关注的敏感话题和亟待解决的重大问题之一[15,16]。各种水果蔬菜均存在不同程度的农药残留现象，本研究主要针对全国各省市水果蔬菜存在的农药残留问题，基于 2013 年 5 月~2015 年 9 月 GC-Q-TOF/MS 方法对全国 9823 例水果蔬菜样品中农药残留侦测得出的 20412 频次侦测结果，分别采用食品安全指数模型和风险系数模型，开展水果蔬菜中农药残留的膳食暴露风险和预警风险评估。水果蔬菜样品取自超市、农场、农贸市场，符合大众的膳食来源，风险评价结果更具有代表性和可信度。

本研究力求通用简单地反映食品安全中的主要问题，且为管理部门和大众容易接受，为政府及相关管理机构建立科学的食品安全信息发布和预警体系提供科学的规律与方法，加强对农药残留的预警和食品安全重大事件的预防，控制食品风险。

5.2.5.1　水果蔬菜中农药残留膳食暴露风险评价结论

1）水果蔬菜样品中单个频次检出农药残留的膳食暴露风险水平结论

采用食品安全指数模型，对 9823 例水果蔬菜样品中检出农药 20412 频次，其中 7360 频次（占总频次的 36.06%）涉及的农药我国国家标准中无 ADI 值规定除外，对其他侦测出的农药根据食品安全指数 IFS_c 的计算结果进行膳食暴露风险评价，评价结果表明其中 12193 频次（59.73%）处于没有影响状态；745 频次（3.65%）膳食暴露影响可以接受；114 频次（0.56%）膳食暴露影响处于不可接受水平。

侦测出禁用农药 24 种 1426 频次，除 1 频次无 ADI 值外，膳食暴露风险评价结果表明，农药残留对食品安全没有影响的为 1040 频次（72.93%）；农药残留对食品安全的影响可以接受的 317 频次（22.23%）；农药残留对食品安全的影响不可接受的高达 68 频次（4.77%），不可接受的比例远高于非禁用农药。

超标非禁用农药（超过 MRL 中国国家标准）共检出 116 频次，对水果蔬菜样品的膳食暴露影响程度评价结果表明，农药残留对食品安全没有影响的频次为 56，占 48.28%；农药残留对食品安全的影响可以接受的频次为 48，占 41.38%；农药残留安全水平不可接受的频次为 12，占 10.34%。

超标非禁用农药（超过 MRL 欧盟标准）共侦测出 5484 频次，超 MRL 欧盟标准的非禁用农药 2614 频次无 ADI 值外，对其他 2870 频次水果蔬菜样品的膳食暴露影响程度评价结果表明，其中农药残留对食品安全没有影响的频次为 2494，占总频次的 45.48%；农药残留对食品安全的影响可以接受的频次为 330，占 6.02%；农药残留安全水平不可接受的频次为 46，占 0.84%。

2）全国单种水果蔬菜膳食暴露风险评价结论

全国侦测的 9823 例水果蔬菜样品中涉及水果蔬菜种类 106 种、侦测出农药残留 329 种，涉及 3597 个分析样本，鲜食玉米、茭白、甘薯三种蔬菜中检出农药均没有 ADI 规定，侦测出残留农药中 152 种农药存在 ADI 国家标准。全国单种水果蔬菜单种农药中不可接受为 38 次，涉及 25 种蔬菜和 3 种水果（橘、荔枝、李子）中的 10 种农药，其中七氯、氟虫腈、氟吡禾灵和甲拌磷不可接受出现频次最高，分别占 23.68%、21.05%、

13.16%、13.16%，四种农药合计占 71%。通过全国每种水果蔬菜中所有侦测出农药的 IFS 平均值判断，$\overline{\text{IFS}}$在0.0000285~0.3090 之间，说明全国总体平均水平处于很好的安全状态，其中青花菜、辣椒、油麦菜等 17 种水果蔬菜 0.1<$\overline{\text{IFS}}$≤1，农药残留对食品安全影响的风险可以接受；其他的 86 种水果蔬菜$\overline{\text{IFS}}$≤0.1，残留农药对所研究消费者人群的食品安全没有影响。

3）全国水果蔬菜样品中膳食暴露风险不可接受的农药种类汇总

GC-Q-TOF/MS 技术对全国水果蔬菜样品侦测中膳食暴露风险处于不可接受状态的共 114 频次，涉及农药合计 20 种，这些农药导致了我国膳食暴露风险的存在，成为不安全因素。各农药不可接受出现频次见图 5-36。由图 5-36 可以看出，通过 GC-Q-TOF/MS 技术侦测出不可接受且频次较高的农药是氟虫腈、克百威、甲拌磷，全部为禁用农药，说明禁用农药在我国水果蔬菜中仍能够检出，且具有较高膳食暴露风险。

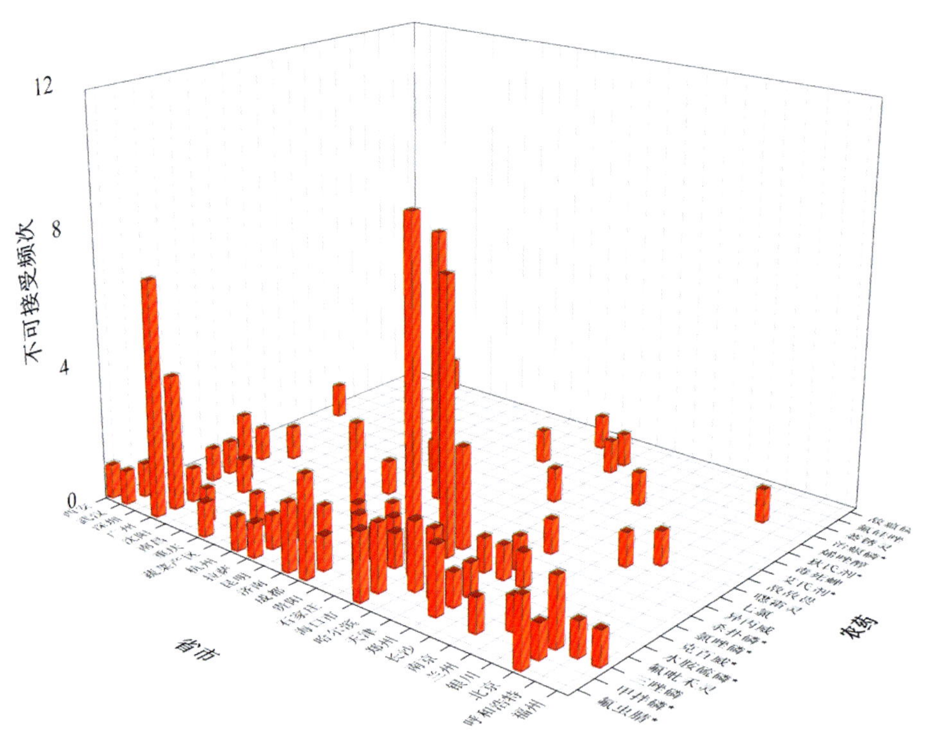

图 5-36　不同城市膳食暴露风险不可接受的农药频次分布图

带*的为禁用农药

4）全国水果蔬菜样品中膳食暴露风险不可接受的水果蔬菜种类汇总

通过 GC-Q-TOF/MS 技术从全国 106 种水果蔬菜中侦测出的残留农药对膳食暴露不可接受的 114 频次中，涉及 33 种水果蔬菜，不可接受频次按水果蔬菜种类分布见图 5-37。

不可接受频次较高的前十位依次是芹菜、菜豆、油麦菜、苦瓜、菜薹、橘、韭菜、生菜、叶芥菜、茼蒿，分别出现 13、12、8、7、7、6、5、5、4、4 次，10 种水果蔬菜合计占不可接受总频次的 62.3%。这些水果蔬菜均为常见水果蔬菜品种，百姓日常食用量大，尤其蔬菜中农药残留风险更应加以重视。

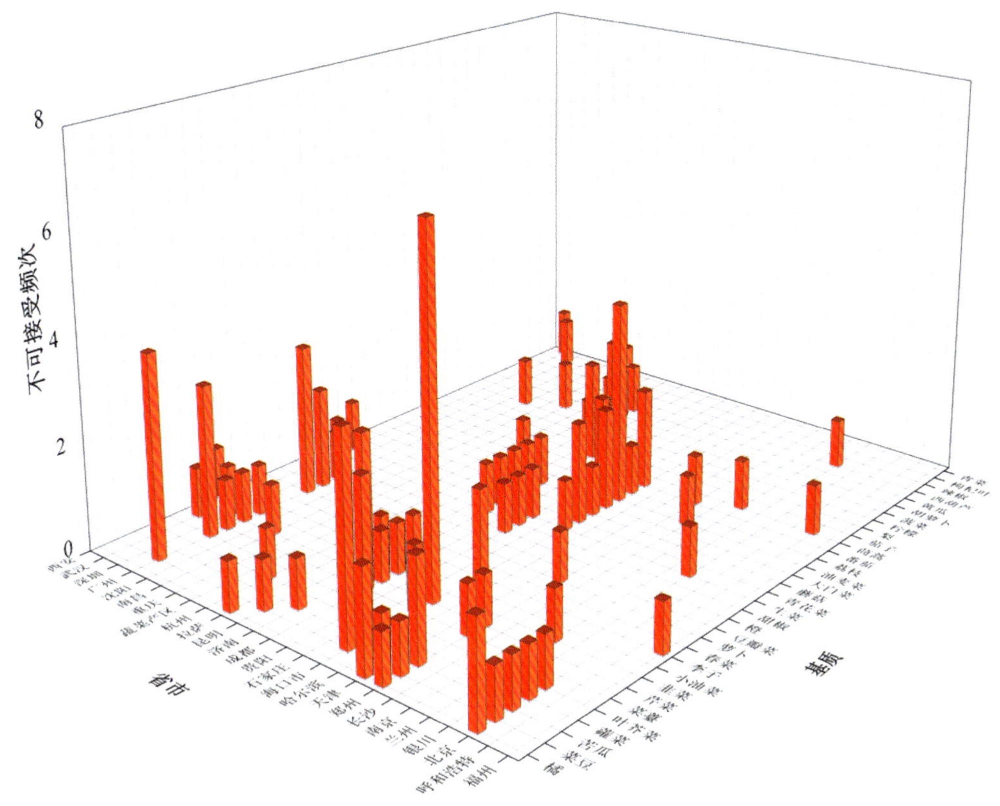

图 5-37　不同水果蔬菜膳食暴露风险不可接受频次分布图

5）不同省市水果蔬菜膳食暴露风险不可接受比例的地域比较

通过对全国不同省市 GC-Q-TOF/MS 侦测结果的膳食暴露风险水平进行地域对比，从不可接受的频次比例可以看出，海口、济南、广州、成都、郑州不可接受比例居前 5 位，不可接受比例分别为 4.04%、2.18%、1.33%、1.24%、1.15%，分别是全国比例（0.56%）的 7.2、3.9、2.4、2.2、2.1 倍。太原、上海、南宁、合肥、乌鲁木齐、长春、西宁未出现不可接受样本。

5.2.5.2　水果蔬菜中农药残留预警风险评价结论

1）全国单种水果蔬菜中禁用农药残留的预警风险评价结论

采用风险系数模型，对 9823 例水果蔬菜样品中侦测出的 20412 频次的农药残留数据进行预警风险评价，在全国 106 种水果蔬菜中侦测出 329 种残留农药，其中在 70 种水果蔬菜中侦测出 24 种禁用农药，计算全国单种水果蔬菜中禁用农药预警风险得出的 245 个结果，发现 57.96%处于高度风险，33.47%处于中度风险，仅有 8.57%处于低度风险。说明禁用农药一旦检出，预警风险水平则明显较高。

2）各省市单种水果蔬菜中禁用农药残留的预警风险评价结论

通过按省市分别计算各城市单种水果蔬菜中禁用农药残留预警风险，得出了 628 个评价结果，发现所有评价结果全部处于高度预警风险，高度风险数量最多的城市为拉萨（39 个）、深圳（37 个）和石家庄（35）；高度风险出现频次最高的禁用农药为硫丹（228 个）、克百威（88 个）和氟虫腈（88 个）；同时发现侦测出高度风险禁用农药频次最多的水果蔬菜中为芹菜、黄瓜、菜豆、茄子，数量分别为 30、25、20 和 20 频次，说明对这些蔬菜中禁用农药预警风险更应加以重点监管。

3）基于 MRL 中国国家标准的全国单种水果蔬菜中非禁用农药残留的预警风险评价结论

基于 MRL 中国国家标准，通过风险系数模型对 9823 例水果蔬菜样品中检出的 305 种非禁用农药预警风险评估，结果发现 3352 频次中 0.42%处于高度风险，0.51%处于中度风险，11.43%处于低度风险。此外 87.65%频次的检出结果中涉及农药仍没有制定出 MRL 中国国家标准，说明 MRL 中国国家标准严重缺乏，采用 MRL 中国国家标准进行预警风险评价结果缺乏全面性。

4）基于 MRL 中国国家标准的各省市单种水果蔬菜中非禁用农药残留的预警风险评价结论

按城市分析各省市单种水果蔬菜中非禁用农药残留情况，发现全国 33 个省市的单种水果蔬菜中非禁用农药残留共涉及 8055 频次，基于 MRL 中国国家标准得出各省市单种水果蔬菜中每种非禁用农药的预警风险评价结果，发现处于高度风险比例较高的省市是呼和浩特市、银川市和郑州市，比例分别为 3.88%、3.39%和 2.30%。风险系数较高的样本为长春市芹菜中侦测出的毒死蜱、北京市韭菜中侦测出的腐霉利和深圳市芥蓝中侦测出的虫螨腈。

5）基于 MRL 欧盟标准的全国单种水果蔬菜中非禁用农药残留的预警风险评价结论

基于 MRL 欧盟标准，对 9823 例水果蔬菜样品中侦测出的 305 种非禁用农药进行预警风险评估，发现 3352 个样本中 23.33%处于高度风险、15.04%处于中度风险、61.63%处于低度风险。基于 MRL 欧盟标准的预警风险评估结果中高度风险和中度风险的比例分别是 MRL 中国国家标准计算结果的 56 倍和 30 倍，预警风险水平明显偏高，说明 MRL 欧盟标准明显严格于 MRL 中国国家标准，中国应该加紧科学制定农药残留限量标准。

6）基于 MRL 欧盟标准的各省市单种水果蔬菜中非禁用农药残留的预警风险评价结论

以城市为单元，分别计算各地单种水果蔬菜中每种非禁用农药的预警风险水平，涉及 8055 个样本，发现处于高度风险样本比例较高的省市是济南、西安和海口，比例分别为 54.55%、51.30%和 50.24%。风险系数较高的样本为北京市韭菜中侦测出的甲醚菊酯、福州市甜椒中侦测出的威杀灵和福州市葡萄中侦测出的 *o,p'*-滴滴伊。从不同地域检出高度风险非禁用农药的水果蔬菜数量比较，福州市、沈阳市和杭州市分别检出 41、40 和 35 种水果蔬菜含高度风险非禁用农药，检出种类相对较高；从各省市检出高度风险非禁用农药的水果蔬菜种类看，发现水果蔬菜中菜豆、茄子、芹菜、葡萄较为常见，分别在 32、31、32 和 31 个省市检出，说明这些蔬菜超标预警风险在各地普遍较高。

7）全国水果蔬菜中单种禁用农药残留的预警风险评价结论

按单种农药分别计算全国水果蔬菜中检出的 24 种禁用农药的预警风险值，发现其中 3 种禁用农药处于高度风险，占 12.5%，3 种处于中度风险，占 12.5%，18 种处于低度风险，占 75%。处于高度风险的 3 种禁用农药分别为硫丹、克百威和氟虫腈。

8）各省市水果蔬菜中禁用农药残留的预警风险评价结论

海口市、呼和浩特市检出的禁用农药种数最多，均为 11 种，硫丹、克百威、甲拌磷、氟虫腈和水胺硫磷在各省市检出最为普遍，分别在 30、30、24、23 和 23 个城市检出。以城市为计算单元，按单种农药分别计算各省市水果蔬菜中检出禁用农药的预警风险值，结果发现，32 个省市的 13 种禁用农药处于高度风险，其中海口和呼和浩特分别发现了 10 种和 5 种高风险禁用农药。高度风险禁用农药高度风险比例最高的省市是南宁市、西宁市、海口市和南昌市，比例分别为 100%、100%、90.9%和 80%。预警风险值排名前八分别出现在拉萨市、北京市、深圳市、天津市、石家庄市、济南市、广州市和重庆市，涉及的农药均为硫丹。硫丹、克百威、甲拌磷、氟虫腈在各城市高度风险出现频次最高，分别在 26、17、11 和 11 个城市出现。分析每个城市预警风险值最高的禁用农药，发现有 23 个城市的风险最大的禁用农药均为硫丹，说明水果蔬菜中硫丹的残留在全国范围内普遍处于高度风险，应加以重点关注。

9）基于 MRL 欧盟标准的全国水果蔬菜中非禁用农药残留的预警风险评价结论

以欧盟的 MRL 作为限值标准，评价全国水果蔬菜中侦测出的 305 种非禁用农药的预警风险水平，发现其中 9 种处于高度风险，占 2.95%，29 种农药残留处于中度风险，占 9.51%，267 种农药处于低度风险，占 87.54%。处于高度风险的 9 种非禁用农药分别为腐霉利、威杀灵、虫螨腈、生物苄呋菊酯、新燕灵、仲丁威、烯虫酯、杀螨特和氟硅唑。

10）基于 MRL 欧盟标准各省市水果蔬菜中非禁用农药残留的预警风险评价结论

以欧盟的 MRL 作为限值标准，以城市作为评价单元，分别计算各省市水果蔬菜中侦测出非禁用农药的预警风险水平，发现了各省市中共有 87 种非禁用农药处于高度预警风险。处于高度风险非禁用农药种数最多的为武汉、海口和长沙，分别有 20、19 和 16 种。西宁、西安和南宁高度风险非禁用农药所占比例最高，分别为 36.36%、22.50%和 22.42%，预警风险较高的依次为济南市的新燕灵、南宁和深圳市的威杀灵及拉萨市的威杀灵。

5.2.5.3　重点关注农药的膳食暴露风险评价结论

禁用农药、超标非禁用农药和高检出频次农药残留对食品安全的影响最受关注，为了明确这些重点关注农药的风险水平，分别对检出禁用农药残留的样品、非禁用农药残留超标的样品、高检出频次农药的食品安全指数、预警风险进行分析，得出的主要结论如下。

1）禁用农药膳食暴露风险评价结论

经食品安全指数模型评价，20 种膳食暴露风险不可接受的农药中包括了氟虫腈、甲拌磷、水胺硫磷、克百威、氯唑磷、杀扑磷、艾氏剂、狄氏剂、治螟磷 9 种禁用农药；全国 114 频次不可接受样本中有 68 频次为禁用农药，占 59.6%，非禁用农药占 40.4%。

通过 GC-Q-TOF/MS 侦测技术在 70 种水果蔬菜中侦测出了 24 种禁用农药共 1426 频次，通过分析单种水果蔬菜中禁用农药的膳食暴露风险评价结果，发现在 243 个计算结果中有 17 个$\overline{\mathrm{IFS}} > 1$，对膳食安全影响不可接受比例远远高于非禁用农药，说明禁用农药膳食暴露风险较大；禁用农药中氟虫腈、甲拌磷不可接受频次最高，说明这些农药在多种水果蔬菜中膳食暴露危害较大。

单种水果蔬菜中单种农药膳食暴露风险处于不可接受水平的共有 38 个样本，其中 17 个为禁用农药，具体列于表 5-33，出现频次最高的禁用农药为氟虫腈，其次是甲拌磷，分别为 8 频次和 5 频次，两种农药占禁用农药不可接受总频次的 78.5%；不可接受的水果蔬菜中苦瓜、油麦菜、菜薹出现频次最高，苦瓜中有甲拌磷、氟虫腈、氯唑磷三种农药不可接受，菜薹和油麦菜中均为氟虫腈、甲拌磷两种农药。单种水果蔬菜中单种农药膳食暴露风险评价结果进一步说明氟虫腈和甲拌磷两种农药具有高风险，对人体健康潜在危害较大，亟待对其在水果蔬菜的使用和持久残留性加强关注。

表 5-33　单种水果蔬菜中单种禁用农药膳食暴露风险不可接受的样本列表

排名	基质	禁用农药	单种水果蔬菜中单种农药的 IFS
1	油麦菜	氟虫腈	8.9476
2	芹菜	杀扑磷	3.3079
3	春菜	氟虫腈	2.8892
4	菜豆	氟虫腈	2.6628
5	柠檬	克百威	2.2118
6	苦瓜	氯唑磷	1.9079
7	枸杞叶	克百威	1.847
8	菜薹	甲拌磷	1.748
9	苦瓜	甲拌磷	1.6738
10	菠菜	甲拌磷	1.6566
11	荔枝	氟虫腈	1.4693
12	苦瓜	氟虫腈	1.3933

续表

排名	基质	禁用农药	单种水果蔬菜中单种农药的 IFS
13	菜薹	氟虫腈	1.1981
14	油麦菜	甲拌磷	1.1388
15	茼蒿	氟虫腈	1.1375
16	叶芥菜	氟虫腈	1.0737
17	萝卜	甲拌磷	1.0336

2）超标非禁用农药膳食暴露风险评价结论

分别以 MRL 中国国家标准和 MRL 欧盟标准作为评价标准，超标样品数分别为 12 和 46 个，表 5-34 列出了超标倍数最高的前十位农药食品安全指数计算结果。相对于 MRL 中国国家标准，胡萝卜、橘、梨、韭菜农药超标倍数最高，主要以三唑磷、七氯最易超标；相对于 MRL 欧盟标准，生菜、辣椒、小油菜、胡萝卜农药超标倍数最高，三唑磷超标频次最多。对表中超标倍数（×）与 IFS 关系进行线性拟合，发现不同基质中农药超标倍数与食品安全指数二者之间无明显的线性相关关系，同种基质中二者之间呈现良好的线性，同种基质中超标倍数的大小决定了 IFS_c 值的高低。

表 5-34 超标倍数前十的水果蔬菜中农药膳食暴露风险列表

排名	MRL 中国国家标准					MRL 欧盟标准				
	城市	基质	农药	超标倍数	IFS_c	城市	基质	农药	超标倍数	IFS_c
1	银川	胡萝卜	敌敌畏	3.16	1.3173	贵阳	生菜	氟硅唑	119.44	1.0897
2	北京	橘	三唑磷	2.94	4.9894	鲁蔬菜产区	辣椒	三唑磷	107.11	6.847
3	天津	橘	三唑磷	0.91	2.4219	昆明	小油菜	烯唑醇	93.57	1.1979
4	天津	橘	三唑磷	0.75	2.2103	银川	胡萝卜	敌敌畏	82.2	1.3173
5	北京	橘	三唑磷	0.7	2.1508	北京	橘	三唑磷	77.78	4.9894
6	济南	梨	七氯	0.66	1.0513	广州	菜薹	异丙威	61.94	1.9931
7	北京	橘	三唑磷	0.1	1.3946	哈尔滨	小油菜	三唑磷	56.25	3.6258
8	济南	韭菜	七氯	0.09	1.387	广州	叶芥菜	敌瘟磷	48.1	1.0366
9	济南	青花菜	七氯	0.09	1.387	呼和浩特	茼蒿	三唑磷	43.59	2.824
10	济南	茼蒿	七氯	0.09	1.387	兰州	生菜	嘧霜灵	40.8	1.3237

3）检出频次与膳食暴露风险相关关系分析

通过 GC-Q-TOF/MS 技术，水果蔬菜中检出频次最高的前 20 位农药有毒死蜱、腐霉利、硫丹等，其中包括克百威和硫丹两种禁用农药，如表 5-35 所示。分析检出频次与膳食暴露风险水平的相关关系，结果表明，IFS_c 值与检出频次无关，检出频次较高的农药不一定具有高风险。

表 5-35　检出频次最高的前 20 位的农药膳食暴露风险水平列表

序号	农药	是否禁用农药	检出频次	IFS_c>1 频次	单种农药 IFS_c	影响程度
1	毒死蜱	否	1256	1	0.0157	没有影响
2	腐霉利	否	872	0	0.0042	没有影响
3	硫丹	是	696	0	0.0345	没有影响
4	哒螨灵	否	683	0	0.02	没有影响
5	甲霜灵	否	614	0	0.0022	没有影响
6	嘧霉胺	否	610	0	0.0022	没有影响
7	戊唑醇	否	534	0	0.0077	没有影响
8	二苯胺	否	391	0	0.0005	没有影响
9	联苯菊酯	否	366	0	0.0139	没有影响
10	仲丁威	否	342	0	0.0049	没有影响
11	虫螨腈	否	318	0	0.014	没有影响
12	生物苄呋菊酯	否	309	0	0.0067	没有影响
13	氟硅唑	否	306	1	0.0512	没有影响
14	啶酰菌胺	否	254	0	0.0237	没有影响
15	烯唑醇	否	222	1	0.06	没有影响
16	三唑醇	否	203	0	0.0069	没有影响
17	敌敌畏	否	201	1	0.0619	没有影响
18	克百威	是	196	18	0.3957	可以接受
19	丙溴磷	否	196	0	0.0174	没有影响
20	醚菊酯	否	192	0	0.0019	没有影响

4）膳食暴露风险不可接受频次与单种农药风险相关关系分析

水果蔬菜中 IFS>1 频次最高的前 20 位的农药包括氟虫腈、克百威、甲拌磷等，其中包括 9 种禁用农药，如表 5-36 所示。对膳食暴露风险不可接受频次与单种农药风险相关关系进行分析，结果表明，单种农药 IFS_c 值与 IFS>1 的频次之间没有明显的线性相关关系。

表 5-36　IFS＞1 的频次前 20 位的农药膳食安全水平列表

序号	农药	是否禁用农药	检出频次	检出率 *P*（%）	IFS_c＞1 的频次	单种农药 IFS_c	影响程度
1	氟虫腈	是	157	1.60	21	1.2873	不可接受
2	克百威	是	196	2.00	18	0.3957	可以接受
3	甲拌磷	是	107	1.09	16	0.4812	可以接受

续表

序号	农药	是否禁用农药	检出频次	检出率 P（%）	$IFS_c>1$ 的频次	单种农药 IFS_c	影响程度
4	氟吡禾灵	否	51	0.52	14	1.2133	不可接受
5	三唑磷	否	82	0.83	13	0.5613	可以接受
6	七氯	否	11	0.11	9	1.0772	不可接受
7	氯唑磷	是	8	0.08	4	1.9079	不可接受
8	异丙威	否	159	1.62	3	0.0855	没有影响
9	水胺硫磷	是	84	0.86	3	0.2007	可以接受
10	治螟磷	是	18	0.18	3	0.4738	可以接受
11	毒死蜱	否	1256	12.79	1	0.0157	没有影响
12	氟硅唑	否	306	3.12	1	0.0512	没有影响
13	烯唑醇	否	222	2.26	1	0.06	没有影响
14	敌敌畏	否	201	2.05	1	0.0619	没有影响
15	噁霜灵	否	79	0.80	1	0.0435	没有影响
16	萎锈灵	否	37	0.38	1	0.0472	没有影响
17	艾氏剂	是	6	0.06	1	0.4866	可以接受
18	狄氏剂	是	6	0.06	1	0.4929	可以接受
19	杀扑磷	是	6	0.06	1	0.5875	可以接受
20	敌瘟磷	否	2	0.02	1	0.6084	可以接受

5.2.5.4　膳食暴露风险与预警风险评价总体结论

（1）膳食暴露风险评估结果表明全国水果蔬菜样品大部分处于很好或可以接受的安全状态。利用 GC-Q-TOF/MS 技术侦测 9823 例水果蔬菜样品，所得到的 20412 频次侦测结果中，仅有 114 频次（0.56%）膳食安全状态处于不可接受水平。膳食暴露风险不可接受的频次中共涉及 20 种农药，出现频次最高的农药为氟虫腈、甲拌磷，二者均为禁用农药；同时发现芹菜、菜豆、油麦菜、苦瓜、菜薹、橘、韭菜、生菜、叶芥菜、茼蒿不可接受频次位居前十，这些水果蔬菜均为常见的水果蔬菜品种，百姓日常食用量较大，因此，水果蔬菜中农药残留对人体健康具有潜在的风险，今后更应关注高风险农药残留问题。

（2）预警风险评估中发现本次评价样品涉及 6739 个最大残留限标准值，欧盟全部具有相关规定，中国国家标准中仅有 1229 个限量标准，缺少高达 81.8%，这说明中国的农药残留限量标准数据相当匮乏，因此，为确保食品安全，中国应加快农药残留标准限量制定的步伐。通过对单种水果蔬菜非禁用农药预警风险评价的 3352 个结果比较，以 MRL 中国国家标准为标准，高度风险、中度风险频次分别为 14、17。以 MRL 欧盟标准为标准，高度风险、中度风险频次分别为 782、504，分别为中国相应标准的 56 和 30 倍。显然，采用两种标准得到的预警风险评价结果差异显著，该结果说明欧盟制定的农药残留标准限量值远远低于中国相应的标准，科学制定 MRL 值在我国仍亟待加强。

（3）禁用农药共检出 1426 频次，占总检出频次的 6.99%。在膳食暴露风险评估结果中，有 68 频次处于不可接受状态（占检出频次的 4.77%）；非禁用农药检出 18985 频次，占总检出频次的 93.01%，在膳食暴露风险评估结果中，有 46 频次非禁用农药处于不可接受状态（占检出频次的 0.24%），禁用农药膳食风险处于不可接受水平的比例是非禁用农药的 20 倍。在 245 项单种水果蔬菜的禁用农药预警风险评估结果中，142 项处于高度风险（57.96%）、82 项处于中度风险（33.47%）；单种水果蔬菜中非禁用农药预警风险评估结果中，以 MRL 中国国家标准作为评价标准，414 项评价结果中有 14 项处于高度风险（0.42%）；以 MRL 欧盟标准作为评价标准，3352 项评价结果中有 782 项处于高度风险（23.33%），禁用农药预警高度风险比例是非禁用农药的 17 倍（MRL 中国国家标准）和 2 倍（MRL 欧盟标准）。对比禁用农药与非禁用农药的膳食暴露风险与预警风险，明确说明禁用农药在我国水果蔬菜中仍有残留，且风险水平远远高于非禁用农药，因此，中国应当加大对禁用农药的管控力度。

（4）对全国不同省市之间农药残留风险进行相互比较，从膳食暴露风险评估结果中发现，不可接受频次前 5 位的城市分别为海口、济南、广州、成都、郑州。从全国不同省市的预警风险评估结果中发现，检出禁用农药种数较多的城市为海口、呼和浩特、北京和济南，数量分别为 11、11、10 和 10。处于高度风险的禁用农药种数较多的为海口和呼和浩特，分别有 10 种和 5 种。高度风险禁用农药所占比例最高的是南宁和西宁，均为 100%，检出的禁用农药均处于高度风险。检出非禁用农药种数较多的城市为上海、武汉和沈阳，分别有 100、94 和 91 种。处于高度风险的非禁用农药种数较多的为武汉、海口和长沙，分别有 20、19 和 16 种。高度风险禁用农药所占比例较高的是西宁、西安和南宁，其比例分别为 36.36%、22.50%和 22.42%。

5.2.5.5　加强全国水果蔬菜食品安全建议

我国食品安全风险评价体系仍不够健全，相关制度不够完善，多年来，由于农药用药次数多、用药量大或用药间隔时间短，产品残留量大，农药残留所造成的食品安全问题日益严峻，对人体健康带来了直接或间接的危害。据估计，美国与农药有关的癌症患者数约占全国癌症患者总数的 50%，中国更高。同样，农药对其他生物也会形成直接杀伤和慢性危害，植物中的农药可经过食物链逐级传递并不断蓄积，对人和动物构成潜在威胁，并影响生态系统。

基于本次农药残留侦测数据的风险评价结果，提出以下几点建议：

1）加快食品安全标准制定步伐

我国食品标准中对农药每日允许摄入量 ADI 的数据严重缺乏，在本次评价所涉及的 448 种农药中，仅有 49.1%的农药具有 ADI 值，而 50.9%的农药中国尚未规定相应的 ADI

值，亟待完善。

我国对食品中农药最大残留限量值的规定更为缺乏，与欧盟相比，我国对不同水果蔬菜中不同农药 MRL 已有规定值的数量仅占欧盟的 18.2%（表 5-37），缺少 81.8%。因此，中国更应加快 MRL 的制定步伐。

表 5-37　我国国家食品标准中农药的 ADI、MRL 值与欧盟标准的数量差异

分类		中国 ADI	MRL 中国国家标准	MRL 欧盟标准
标准限值（个）	有	220	1229	6739
	无	228	5510	0
总数（个）		448	6739	6739
有标准限值比例		49.1%	18.2%	100%

此外，MRL 中国国家标准限值普遍高于 MRL 欧盟标准限值，根据对涉及的 6739 个品种中我国已有的 1229 个限量标准进行统计来看，789 个农药的中国 MRL 值高于欧盟的 MRL 值，占 64.20%。过高的 MRL 值难以保障人体健康，建议继续加强对限值基准和标准的科学研究，将农产品中的危险性减少到尽可能低的水平。

2）加强农药的源头控制和分类监管

水果蔬菜中禁用农药仍有残留，利用 GC-Q-TOF/MS 技术侦测出 24 种禁用农药，检出频次为 1426 次，风险较大。早已列入黑名单的禁用农药并在我国未真正退出，有些药物由于价格便宜、工艺简单，此类高毒农药一直生产和使用。建议在我国采取严格有效的控制措施，从源头控制禁用农药。

对于非禁用农药，在我国作为“田间地头”最典型单位的县级蔬果产地中，农药残留的检测几乎缺失。建议根据农药的毒性，对高毒、剧毒、中毒农药实现分类管理，减少使用高毒和剧毒高残留农药，进行分类监管。

3）加强农药生物基准和降解技术研究

我国农药残留毒性分析和毒理学等领域的基础研究亟待加强，并以此为基础制定有效的水果蔬菜农药残留基准，为残留限量标准的创制提供科学依据。

建议加强农药，尤其是禁用农药的残留特性及针对性研制农药残留高效降解技术的研究，以指导高风险禁用农药的有效去除。

综上所述，在本工作基础上，根据蔬菜残留危害，可进一步针对其成因提出和采取严格管理、大力推广无公害蔬菜种植与生产、健全食品安全控制技术体系、加强蔬菜食品质量检测体系建设和积极推行蔬菜食品质量追溯制度等相应对策。建立和完善食品安全综合评价指数与风险监测预警系统，对食品安全进行实时、全面的监控与分析，为我国的食品安全科学监管与决策提供新的技术支持，可实现各类检验数据的信息化系统管理，降低食品安全事故的发生。

5.3　LC-Q-TOF/MS 技术侦测 12551 例市售水果蔬菜农药残留膳食暴露风险与预警风险评估报告

5.3.1　农药残留风险评估方法

5.3.1.1　全国水果蔬菜中农药残留水平分析

本次采样以全国 31 个省会城市/直辖市分别作为该省（市）的代表性采样点（除港、澳、台外），同时，在代表性的山东蔬菜产区（含 10 个地级市）和深圳特区进行采样（本节按 33 个地区划分），共计 42 个城市和 635 个采样点，包括 52 个农贸市场、582 个超市和 1 个实验室。以随机购买方式采集，总计 652 批 12551 例样品（本次侦测所采集的 12551 例样品涵盖调味料、谷物、水果、食用菌和蔬菜 5 大类，其中调味料 2 种 53 例，谷物 1 种 11 例，水果 41 种 3826 例，食用菌 5 种 423 例，蔬菜 79 种 8238 例）。采用高分辨 LC-Q-TOF/MS 技术（精确质量数 *m/z* 0.0001）对全部样品中 537 种农药化学污染物进行非靶向目标物的残留侦测，从中检出农药 25486 频次，涉及农药 174 种。样品信息及全国分布情况详见图 5-38。全国样品分布及检出频次见表 5-38。

农药残留检测结果发现全国 42 个重点城市的水果蔬菜样品农药检出率在 39.3%~88.0%之间，检出的农药种类以杀虫剂和杀菌剂种类最多（分别为 72 种、58 种），分别占 41.4%和 33.3%，再次是除草剂（33 种，19.0%）。农药残留水平在 1~5 μg/kg（含）的农药占总数的 39.3%，在 5~10 μg/kg（含）的农药占总数的 14.8%，在 10~100 μg/kg（含）的农药占总数的 36.0%，在 100~1000 μg/kg（含）的农药占总数的 9.1%，在>1000 μg/kg（含）的农药占总数的 0.8%，大多处于较低残留水平。

5.3.1.2　农药残留风险评估模型

对全国水果蔬菜中农药残留分别开展暴露风险评估和预警风险评估。膳食暴露风险评估利用食品安全指数模型（food safety index，IFS），对经蔬菜、水果摄入农药的对人体可能产生的危害程度进行评价，该模型结合残留监测和膳食暴露评估评价化学污染物的危害；预警风险评估模型运用风险系数（risk index，*R*），风险系数综合考虑了危害物的超标率、施检频率及其本身敏感性的影响，能直观而全面地反映出危害物在一段时间内的风险程度。

1）食品安全指数模型

IFS 是表示食品安全状态的新方法，可有效地评价某种农药的安全性，进而评价食品中各种农药化学污染物对消费者健康的整体危害程度[7, 8]。从理论上分析，IFS_c 可指出食品中的污染物 c 对消费者健康是否存在危害及危害的程度[9]。

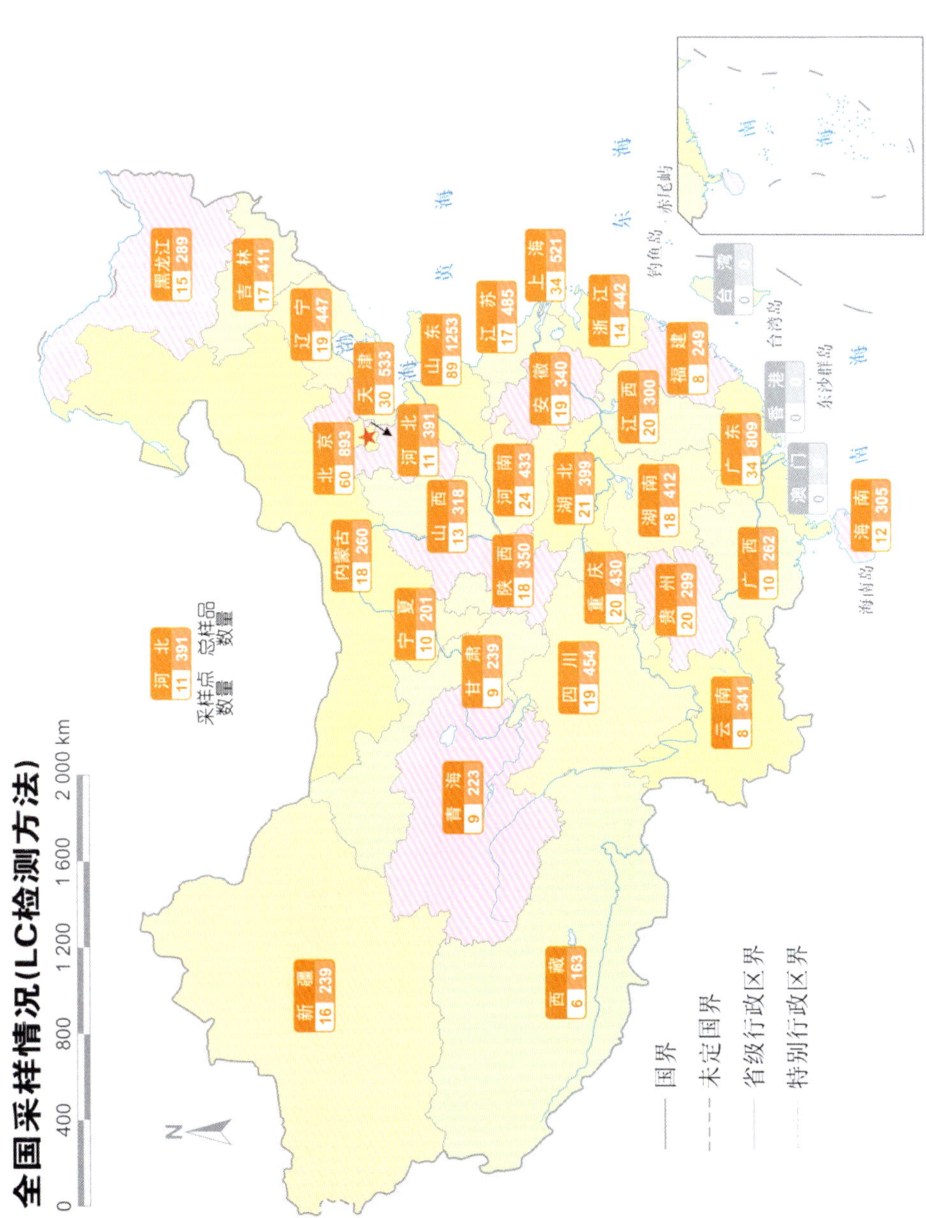

图 5-38　LC-Q-TOF/MS 侦测全国 635 个采样点 12551 例样品分布示意图

表 5-38 LC-Q-TOF/MS 侦测全国水果蔬菜样品分布及检出频次

编号	地区	省（自治区、直辖市）	城市	样品数	水果蔬菜种类数	农药种数	农药检出频次
1	华北	北京	北京市	893	43	81	1847
2		天津	天津市	533	27	61	670
3		河北	石家庄市	391	48	60	843
4		内蒙古	呼和浩特市	260	19	40	440
5		山西	太原市	318	26	49	788
6	华东	山东	济南市	292	24	62	540
7		—	山东产地	961	31	72	1847
8		上海	上海市	521	70	56	709
9		浙江	杭州市	442	65	67	816
10		江苏	南京市	485	67	80	953
11		安徽	合肥市	340	71	68	976
12		福建	福州市	249	39	72	914
13		江西	南昌市	300	27	58	560
14	华南	广东	广州市	502	29	55	1049
15		—	深圳市	307	27	45	585
16		广西	南宁市	262	31	37	349
17		海南	海口市	305	36	67	1091
18	东北	黑龙江	哈尔滨市	289	23	51	588
19		吉林	长春市	411	44	69	966
20		辽宁	沈阳市	447	28	63	972
21	华中	河南	郑州市	433	23	56	862
22		湖北	武汉市	399	37	53	704
23		湖南	长沙市	272	20	45	287
24	西南	四川	成都市	454	41	70	850
25		重庆	重庆市	430	35	53	874
26		云南	昆明市	341	84	57	720
27		贵州	贵阳市	299	24	47	635
28		西藏	拉萨市	163	35	38	257
29	西北	陕西	西安市	350	37	60	698
30		甘肃	兰州市	239	31	56	772
31		青海	西宁市	223	37	70	838
32		宁夏回族自治区	银川市	201	22	46	317
33		新疆维吾尔自治区	乌鲁木齐市	239	14	23	169
合计				12551			25486

A. IFS_c 的计算

IFS_c 计算公式如下：

$$IFS_c = \frac{EDI_c \times f}{SI_c \times bw} \tag{5-4}$$

式中，c 为所研究的农药；EDI_c 为农药 c 的实际日摄入量估算值，等于 $\sum(R_i \times F_i \times E_i \times P_i)$（$i$ 为食品种类；R_i 为食品 i 中农药 c 的残留水平，mg/kg；F_i 为食品 i 的估计日消费量，g/（人・天）；E_i 为食品 i 的可食用部分因子；P_i 为食品 i 的加工处理因子；SI_c 为安全摄入量，可采用每日允许摄入量 ADI；bw 为人平均体重，kg；f 为校正因子，如果安全摄入量采用 ADI，f 取 1。

IFS_c≪1，农药 c 对食品安全没有影响；IFS_c≤1，农药 c 对食品安全的影响可以接受；IFS_c>1，农药 c 对食品安全的影响不可接受。

本次评价中：

IFS_c≤0.1，农药 c 对水果蔬菜安全没有影响；

0.1<IFS_c≤1，农药 c 对水果蔬菜安全的影响可以接受；

IFS_c>1，农药 c 对水果蔬菜安全的影响不可接受。

本次评价中残留水平 R_i 取值为中国检验检疫科学院庞国芳院士课题组采用以高分辨精确质量数（0.0001 m/z）为基准的 LC-Q-TOF/MS 侦测技术对全国水果蔬菜检测结果，估计日消费量 F_i 取值 0.38 kg/（人・天），E_i=1，P_i=1，f=1，SI_c，SI_c 采用《食品安全国家标准　食品中农药最大残留限量》（GB 2763—2016）中 ADI 值（具体数值见表 5-39），人平均体重（bw）取值 60 kg。

表 5-39　全国水果蔬菜中检出农药的 ADI 值

序号	中文名称	ADI	序号	中文名称	ADI	序号	中文名称	ADI	序号	中文名称	ADI
1	唑嘧菌胺	10	29	甲氧虫酰肼	0.1	57	螺虫乙酯	0.05	85	甲氰菊酯	0.03
2	氯氟吡氧乙酸	1	30	异丙甲草胺	0.1	58	乙基多杀菌素	0.05	86	生物苄呋菊酯	0.03
3	毒草胺	0.54	31	丁草胺	0.1	59	苯嘧磺草胺	0.05	87	醚菊酯	0.03
4	烯啶虫胺	0.53	32	腐霉利	0.1	60	肟菌酯	0.04	88	溴螨酯	0.03
5	丁酰肼	0.5	33	克菌丹	0.1	61	扑草净	0.04	89	西草净	0.025
6	霜霉威	0.4	34	啶氧菌酯	0.09	62	三环唑	0.04	90	氟乐灵	0.025
7	醚菌酯	0.4	35	氟酰胺	0.09	63	啶酰菌胺	0.04	91	氟啶虫酰胺	0.025
8	邻苯基苯酚	0.4	36	甲基硫菌灵	0.08	64	氟氯氰菊酯	0.04	92	野麦畏	0.025
9	马拉硫磷	0.3	37	甲霜灵	0.08	65	绿麦隆	0.04	93	虫酰肼	0.02
10	唑啉草酯	0.3	38	噻虫嗪	0.08	66	乙嘧酚	0.035	94	莠去津	0.02
11	嘧霉胺	0.2	39	二苯胺	0.08	67	氟菌唑	0.035	95	灭多威	0.02
12	烯酰吗啉	0.2	40	甲苯氟磺胺	0.08	68	异稻瘟净	0.035	96	氟环唑	0.02
13	嘧菌酯	0.2	41	吡唑草胺	0.08	69	多菌灵	0.03	97	环丙唑醇	0.02
14	增效醚	0.2	42	莠灭净	0.072	70	戊唑醇	0.03	98	烯效唑	0.02
15	环酰菌胺	0.2	43	啶虫脒	0.07	71	吡唑醚菌酯	0.03	99	乙草胺	0.02
16	呋虫胺	0.2	44	丙环唑	0.07	72	三唑酮	0.03	100	四螨嗪	0.02
17	苄嘧磺隆	0.2	45	氯吡脲	0.07	73	腈菌唑	0.03	101	抗蚜威	0.02
18	喹氧灵	0.2	46	苯霜灵	0.07	74	三唑醇	0.03	102	多杀霉素	0.02
19	仲丁灵	0.2	47	烯丙苯噻唑	0.07	75	抑霉唑	0.03	103	百菌清	0.02
20	氯磺隆	0.2	48	甲基立枯磷	0.07	76	丙溴磷	0.03	104	氯氰菊酯	0.02
21	敌稗	0.2	49	吡虫啉	0.06	77	嘧菌环胺	0.03	105	氰戊菊酯	0.02
22	双炔酰菌胺	0.2	50	灭蝇胺	0.06	78	戊菌唑	0.03	106	丙炔氟草胺	0.02
23	萘乙酸	0.15	51	仲丁威	0.06	79	腈苯唑	0.03	107	四氯硝基苯	0.02
24	异噁草酮	0.133	52	环嗪酮	0.05	80	吡蚜酮	0.03	108	氟铃脲	0.02
25	多效唑	0.1	53	乙螨唑	0.05	81	苯嗪草酮	0.03	109	炔苯酰草胺	0.02
26	噻虫胺	0.1	54	氯菊酯	0.05	82	甲基嘧啶磷	0.03	110	三氯杀螨砜	0.02
27	噻菌灵	0.1	55	杀虫环	0.05	83	二甲戊灵	0.03	111	苯锈啶	0.02
28	吡丙醚	0.1	56	灭锈胺	0.05	84	虫螨腈	0.03	112	丙草胺	0.018

续表

序号	中文名称	ADI	序号	中文名称	ADI	序号	中文名称	ADI	序号	中文名称	ADI
113	西玛津	0.018	145	氯苯嘧啶醇	0.01	177	涕灭威	0.003	209	鱼藤酮	0.0004
114	稻瘟灵	0.016	146	氯硝胺	0.01	178	丁苯吗啉	0.003	210	灭线磷	0.0004
115	异丙隆	0.015	147	噻嗪酮	0.009	179	水胺硫磷	0.003	211	氧乐果	0.0003
116	辛酰溴苯腈	0.015	148	杀线威	0.009	180	敌瘟磷	0.003	212	亚砜磷	0.0003
117	杀铃脲	0.014	149	甲萘威	0.008	181	甲基对硫磷	0.003	213	蝇毒磷	0.0003
118	异丙草胺	0.013	150	萎锈灵	0.008	182	稻丰散	0.003	214	氟虫腈	0.0002
119	嗪草酮	0.013	151	苯硫威	0.008	183	禾草灵	0.002	215	灭蚁灵	0.0002
120	咪鲜胺	0.01	152	吡氟禾草灵	0.007	184	乐果	0.002	216	异狄氏剂	0.0002
121	苯醚甲环唑	0.01	153	氟硅唑	0.007	185	异丙威	0.002	217	艾氏剂	0.0001
122	噁霜灵	0.01	154	稻瘟酰胺	0.007	186	敌百虫	0.002	218	狄氏剂	0.0001
123	哒螨灵	0.01	155	倍硫磷	0.007	187	氰草津	0.002	219	七氯	0.0001
124	福美双	0.01	156	苯噻酰草胺	0.007	188	三氯杀螨醇	0.002	220	氯唑磷	0.00005
125	炔螨特	0.01	157	禾草丹	0.007	189	乙硫磷	0.002	221	双苯基脲	—
126	毒死蜱	0.01	158	唑虫酰胺	0.006	190	地虫硫磷	0.002	222	甲哌	—
127	粉唑醇	0.01	159	硫丹	0.006	191	克百威	0.001	223	缬霉威	—
128	联苯肼酯	0.01	160	环酯草醚	0.006	192	三唑磷	0.001	224	乙嘧酚磺酸酯	—
129	茚虫威	0.01	161	己唑醇	0.005	193	治螟磷	0.001	225	莠去通	—
130	螺螨酯	0.01	162	烯唑醇	0.005	194	莎稗磷	0.001	226	丁噻隆	—
131	噻虫啉	0.01	163	二嗪磷	0.005	195	杀扑磷	0.001	227	非草隆	—
132	唑螨酯	0.01	164	乙虫腈	0.005	196	禾草敌	0.001	228	异丙净	—
133	联苯菊酯	0.01	165	喹螨醚	0.005	197	敌草隆	0.001	229	四氟醚唑	—
134	五氯硝基苯	0.01	166	六六六	0.005	198	喹禾灵	0.0009	230	6-苄氨基嘌呤	—
135	氟吡菌酰胺	0.01	167	氟胺氰菊酯	0.005	199	苯线磷	0.0008	231	残杀威	—
136	丁硫克百威	0.01	168	氟啶脲	0.005	200	甲拌磷	0.0007	232	马拉氧磷	—
137	甲基毒死蜱	0.01	169	林丹	0.005	201	氟吡禾灵	0.0007	233	丁二酸二丁酯	—
138	溴氰菊酯	0.01	170	乙霉威	0.004	202	特丁硫磷	0.0006	234	去乙基阿特拉津	—
139	滴滴涕	0.01	171	甲胺磷	0.004	203	久效磷	0.0006	235	避蚊胺	—
140	双甲脒	0.01	172	辛硫磷	0.004	204	甲氨基阿维菌素	0.0005	236	环氟菌胺	—
141	联苯三唑醇	0.01	173	噻唑磷	0.004	205	氯丹	0.0005	237	十三吗啉	—
142	甲草胺	0.01	174	敌敌畏	0.004	206	喹硫磷	0.0005	238	扑灭津	—
143	乙羧氟草醚	0.01	175	对硫磷	0.004	207	硫线磷	0.0005	239	吡咪唑	—
144	乙烯菌核利	0.01	176	噻草酮	0.004	208	磷胺	0.0005	240	苯氧威	—

续表

序号	中文名称	ADI	序号	中文名称	ADI	序号	中文名称	ADI	序号	中文名称	ADI
241	4-十二烷基-2,6-二甲基吗啉	—	271	烯丙菊酯	—	301	解草腈	—	331	反式九氯	—
242	二甲嘧酚	—	272	十二环吗啉	—	302	甲醚菊酯	—	332	4,4-二溴二苯甲酮	—
243	胺菊酯	—	273	特草灵	—	303	四氢吩胺	—	333	杀螨酯	—
244	氟甲喹	—	274	2,6-二氯苯甲酰胺	—	304	*o,p'*-滴滴伊	—	334	四氟苯菊酯	—
245	兹克威	—	275	3,5-二氯苯胺	—	305	除虫菊酯	—	335	芬螨酯	—
246	环莠隆	—	276	新燕灵	—	306	氟唑菌酰胺	—	336	呋草黄	—
247	双苯酰草胺	—	277	威杀灵	—	307	茚草酮	—	337	杀螟腈	—
248	环丙嘧啶醇	—	278	4,4-二氯二苯甲酮	—	308	吡螨胺	—	338	拌种咯	—
249	萘乙酰胺	—	279	克草敌	—	309	整形醇	—	339	外环氧七氯	—
250	去甲基抗蚜威	—	280	邻苯二甲酰亚胺	—	310	猛杀威	—	340	嘧菌胺	—
251	苄氯三唑醇	—	281	五氯苯甲腈	—	311	抑芽唑	—	341	特乐酚	—
252	硫菌灵	—	282	甲呋酰胺	—	312	苯醚氰菊酯	—	342	环丙津	—
253	氧化萎锈灵	—	283	敌草胺	—	313	棉铃威	—	343	氯唑灵	—
254	甲氧丙净	—	284	五氯苯胺	—	314	γ-氟氯氰菌酯	—	344	仲丁通	—
255	氟氯氰菊酯	—	285	五氯苯	—	315	烯虫酯	—	345	溴丁酰草胺	—
256	去甲基-甲酰氨基-抗蚜威	—	286	麦锈灵	—	316	灭除威	—	346	苄呋菊酯	—
257	噻唑隆	—	287	氟丙嘧草酯	—	317	磷酸三苯酯	—	347	利谷隆	—
258	麦穗宁	—	288	二甲草胺	—	318	炔丙菊酯	—	348	2,4-滴丁酸	—
259	速灭威	—	289	灭菌磷	—	319	灭害威	—	349	氨氟灵	—
260	特丁净	—	290	抗螨唑	—	320	吡喃灵	—	350	咪唑菌酮	—
261	3,4,5-混杀威	—	291	呋霜灵	—	321	除草醚	—	351	避蚊酯	—
262	螺环菌胺	—	292	氟草敏	—	322	间羟基联苯	—	352	解草嗪	—
263	氧环唑	—	293	咯喹酮	—	323	烯虫炔酯	—	353	拌种胺	—
264	乙基杀扑磷	—	294	2,3,5,6-四氯苯胺	—	324	杀螺吗啉	—	354	乙丁氟灵	—
265	异噻隆	—	295	茵草敌	—	325	呋菌胺	—	355	燕麦酯	—
266	咪草酸	—	296	异艾氏剂	—	326	杀螨特	—	356	乙拌磷	—
267	异噻唑草酮	—	297	啶斑肟	—	327	三氟甲吡醚	—	357	久效威	—
268	久效威亚砜	—	298	胺丙畏	—	328	安硫磷	—	358	敌草腈	—
269	枯莠隆	—	299	苯草醚	—	329	戊草丹	—	359	呋线威	—
270	异戊乙净	—	300	氟丙菊酯	—	330	氯杀螨砜	—	360	苄草丹	—

续表

序号	中文名称	ADI	序号	中文名称	ADI	序号	中文名称	ADI	序号	中文名称	ADI
361	消螨通	—	383	哌草磷	—	405	氧异柳磷	—	427	嘧虫威	—
362	二丙烯草胺	—	384	环丙腈津	—	406	氯草敏	—	428	呋嘧醇	—
363	2-甲-4-氯丁氧乙基酯	—	385	糠菌唑	—	407	苯胺灵	—	429	双氯氰菌胺	—
364	氯苯甲醚	—	386	灭草环	—	408	乙菌利	—	430	甲氧滴滴涕	—
365	2,4-滴丙酸	—	387	呋酰胺	—	409	二甲吩草胺	—	431	双苯恶唑酸	—
366	特丁通	—	388	乙基溴硫磷	—	410	菲	—	432	异氯磷	—
367	叶菌唑	—	389	五氯甲氧基苯	—	411	氯硫酰草胺	—	433	丙硫磷	—
368	乙酯杀螨醇	—	390	乙氧呋草黄	—	412	苯腈磷	—	434	N-去甲基啶虫脒	—
369	西玛通	—	391	甲基苯噻隆	—	413	增效胺	—	435	速灭磷	—
370	扑灭通	—	392	丁咪酰胺	—	414	杀虫威	—	436	苯菌酮	—
371	丁羟茴香醚	—	393	牧草胺	—	415	氟咯草酮	—	437	苯噻菌胺	—
372	杀螨醚	—	394	氟噻草胺	—	416	甲基对氧磷	—	438	吡虫啉脲	—
373	仲草丹	—	395	叠氮津	—	417	吡喃草酮	—	439	灭草烟	—
374	2,6-二硝基-3-甲氧基-4-叔丁基甲苯	—	396	八氯苯乙烯	—	418	丙酯杀螨醇	—	440	地胺磷	—
375	氟硅菊酯	—	397	草达津	—	419	吡菌磷	—	441	嘧螨醚	—
376	螺甲螨酯	—	398	碳氯灵	—	420	苯虫醚	—	442	氟丁酰草胺	—
377	清菌噻唑	—	399	除线磷	—	421	灭藻醌	—	443	嘧草醚-Z	—
378	4-硝基氯苯	—	400	庚烯磷	—	422	氯苯氧乙酸	—	444	噻苯咪唑-5-羟基	—
379	八氯二丙醚	—	401	乙滴滴	—	423	三硫磷	—	445	埃卡瑞丁	—
380	*o,p'*-滴滴滴	—	402	丙虫磷	—	424	除虫菊素 I	—	446	甲基吡噁磷	—
381	草完隆	—	403	氟硫草定	—	425	氟吡酰草胺	—	447	阿苯达唑	—
382	嘧啶磷	—	404	氯酞酸甲酯	—	426	砜拌磷	—	448	苯氧菌胺-（Z）	—

注："—"表示国家标准中无 ADI 值规定；ADI 值单位为 mg/kg bw

B. 计算 IFS_c 的平均值 $\overline{IFS}$，评价农药对食品安全的影响程度以$\overline{\text{IFS}}$评价各种农药对人体健康危害的总程度，评价模型见公式（5-5）。

$$\overline{\text{IFS}}=\frac{\sum_{i=1}^{n}\text{IFS}_\text{c}}{n} \tag{5-5}$$

$\overline{\text{IFS}}\ll 1$，所研究消费者人群的食品安全状态很好；$\overline{\text{IFS}}\leqslant 1$，所研究消费者人群的食品安全状态可以接受；$\overline{\text{IFS}}>1$，所研究消费者人群的食品安全状态不可接受。

本次评价中：

$\overline{\text{IFS}}\leqslant 0.1$，所研究消费者人群的水果蔬菜安全状态很好；

$0.1<\overline{\text{IFS}}\leqslant 1$，所研究消费者人群的水果蔬菜安全状态可以接受；

$\overline{\text{IFS}}>1$，所研究消费者人群的水果蔬菜安全状态不可接受。

2）预警风险评估模型

预警风险评估采用风险系数模型。风险系数是衡量一个危害物的风险程度大小最直观的参数。该模型综合考察了农药在水果蔬菜中的超标率、施检频率及其本身敏感性，能直观而全面地反映出农药在一段时间内的风险程度[13]。

A. R 计算方法

危害物的风险系数综合考虑了危害物的超标率或阳性检出率、施检频率和其本身的敏感性影响，并能直观而全面地反映出危害物在一段时间内的风险程度。风险系数 R 的计算公式如式（5-6）：

$$R=aP+\frac{b}{F}+S \tag{5-6}$$

式中，P 为该种危害物的超标率；F 为危害物的施检频率；S 为危害物的敏感因子；a, b 分别为相应的权重系数。

本次评价中 $F=1$；$S=1$；$a=100$；$b=0.1$，对参数 P 进行计算，计算时首先判断是否为禁用农药，如果为非禁用农药，P=超标的样品数（侦测出的含量高于食品最大残留限量标准值，即 MRL）除以总样品数（包括超标、不超标、未检出）；如果为禁用农药，则检出即为超标，P=能检出的样品数除以总样品数。判断全国水果蔬菜农药残留是否超标的标准限值 MRL 分别以 MRL 中国国家标准[14]和 MRL 欧盟标准作为对照，具体值列于本章附表 1 中。

B. 评价风险程度

$R\leqslant 1.5$，受检农药处于低度风险；

$1.5<R\leqslant 2.5$，受检农药处于中度风险；

$R>2.5$，受检农药处于高度风险。

3）食品膳食暴露风险和预警风险评估应用程序的开发

A. 应用程序开发的步骤

为成功开发膳食暴露风险和预警风险评估应用程序，与软件工程师多次沟通讨论，逐步提出并描述清楚计算需求，开发了初步应用程序。未明确出不同水果蔬菜、不同农药、不同地域和不同季节的风险水平，向软件工程师提出不同的计算需求，软件工程师对计算需求进行逐一地分析，经过反复的细节的沟通，需求分析得到明确后，开始进行解决方案的设计，在保证需求的完整性、一致性的前提下，编写出程序代码，最后设计出满足需求的风险评估专用计算软件，并通过一系列的软件测试和改进，完成专用程序的开发。软件开发基本步骤见图 5-39。

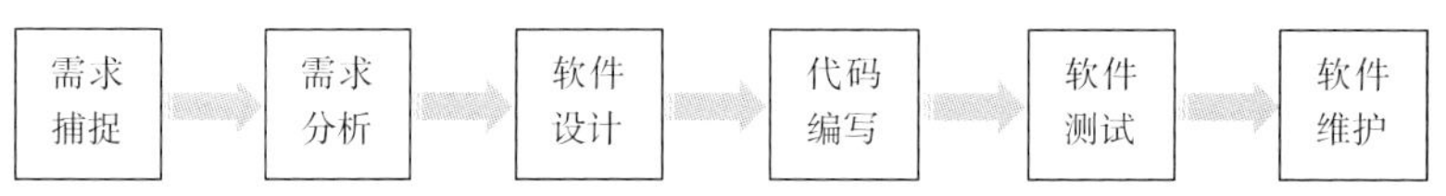

图 5-39　专用程序开发总体步骤

B. 膳食暴露风险评估专业程序开发的基本要求

首先直接利用公式（5-4），分别计算 LC-Q-TOF/MS 和 GC-Q-TOF/MS 仪器检出的各水果蔬菜样品中每种农药 IFS_c，将结果列出。为考察超标农药和禁用农药的使用安全性，分别以我国《食品安全国家标准　食品中农药最大残留限量》（GB 2763—2016）和欧盟食品中农药最大残留限量（以下简称 MRL 中国国家标准和 MRL 欧盟标准）为标准，对检出的禁用农药和超标的非禁用农药 IFS_c 单独进行评价；按 IFS_c 大小列表，并找出 IFS_c 值排名前 20 的样本重点关注。

对不同水果蔬菜 i 中每一种检出的农药 c 的安全指数进行计算，多个样品时求平均值。若监测数据为该市多个月的数据，则逐月、逐季度分别列出每个月、每个季度内每一种水果蔬菜 i 对应的每一种农药 c 的 IFS_c。

按农药种类，计算整个监测时间段内每种农药的 IFS_c，不区分水果蔬菜。若检测数据为该市多个月的数据，则需分别计算每个月、每个季度内每种农药的 IFS_c。

C. 预警风险评估专业程序开发的基本要求

分别以 MRL 中国国家标准和 MRL 欧盟标准，按公式（5-6）逐个计算不同水果蔬菜、不同农药的风险系数，禁用农药和非禁用农药分别列表。

为清楚了解各种农药的预警风险，不分时间，不分水果蔬菜，按禁用农药和非禁用农药分类，分别计算各种检出农药全部检测时段内风险系数。由于有 MRL 中国国家标准的农药种类太少，无法计算超标数，非禁用农药的风险系数只以 MRL 欧盟标准为标准进行计算。若检测数据为多个月的，则按月计算每个月、每个季度内每种禁用农药残留的风险系数和以 MRL 欧盟标准为标准的非禁用农药残留的风险系数。

D. 风险程度评价的专业应用程序开发方法

采用 Python 计算机程序设计语言，Python 是一个高层次地结合了解释性、编译性、互动性和面向对象的脚本语言。风险评估专用程序主要功能包括：分别读入每例样品 LC-Q-TOF/MS 和 GC-Q-TOF/MS 农药残留检测数据，根据风险评估工作要求，依次对不同农药、不同食品、不同时间、不同采样点的 IFS_c 值和 R 值分别进行数据计算，筛选出禁用农药、超标农药（分别与 MRL 中国国家标准、MRL 欧盟标准限值进行对比）单独重点分析，再分别对各农药、各水果蔬菜种类分类处理，设计出计算和排序程序，编写计算机代码，最后将生成的膳食暴露风险评估和超标风险评估定量计算结果列入设计好的各个表格中，并定性判断风险对目标的影响程度，直接用文字描述风险发生的高低，如“不可接受”“可以接受”“没有影响”“高度风险”“中度风险”“低度风险”。

5.3.2 LC-Q-TOF/MS 技术侦测全国市售水果蔬菜农药残留膳食暴露风险评估

5.3.2.1 每例水果蔬菜样品中农药残留安全指数分析

基于农药残留检测数据，发现在 12551 例样品中检出农药 25486 频次，计算样品中每种农药残留的安全指数 IFS_c，并分析农药对样品安全的影响程度，农药残留对水果蔬菜样品安全的影响程度频次分布情况如图 5-40 所示。

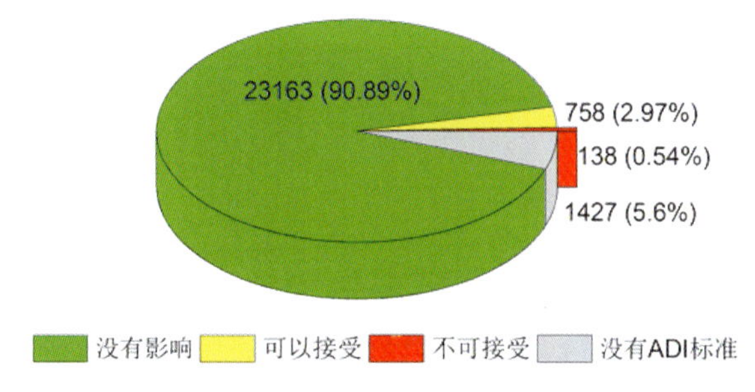

图 5-40　农药残留对水果蔬菜样品安全的影响程度频次分布图

由图 5-40 可以看出，农药残留对样品安全的影响不可接受的频次为 138，占 0.54%；农药残留对样品安全的影响可以接受的频次为 758，占 2.97%；农药残留对样品安全没有影响的频次为 23163，占 90.89%。表 5-40 为水果蔬菜样品中膳食暴露不可接受的农药残留列表。

表 5-40　水果蔬菜样品中膳食暴露不可接受的农药残留列表

序号	样品编号	省市	采样点	基质	农药	含量（mg/kg）	IFS_c
1	20121110-110105-CAIQ-JC-01A	北京市	***超市（朝阳北路店）	韭菜	氧乐果	14.6139	308.5157
2	20131015-140100-QHDCIQ-JC-07A	太原市	***超市（小店区 A）	韭菜	氧乐果	2.2680	47.8800
3	20131028-360100-JXCIQ-DJ-01A	南昌市	***超市（牌头店）	菜豆	氧乐果	1.5887	33.5392
4	20140311-630100-QHDCIQ-JC-06A	西宁市	***超市（城北店）	韭菜	甲拌磷	2.2270	20.1490
5	20130920-370700-LYCIQ-CE-11A	山东蔬菜产区	***超市（饮马店）	芹菜	氧乐果	0.8974	18.9451
6	20140803-370600-LYCIQ-JC-60A	山东蔬菜产区	***超市（烟台店）	韭菜	氧乐果	0.8860	18.7044
7	20140204-371000-LYCIQ-CE-28A	山东蔬菜产区	***超市（新威路店）	芹菜	氧乐果	0.8725	18.4194
8	20131015-140100-QHDCIQ-JC-04A	太原市	***超市	韭菜	氧乐果	0.8514	17.9740
9	20131015-140100-QHDCIQ-JC-08A	太原市	***超市（小店区 B）	韭菜	氧乐果	0.8514	17.9740
10	20131015-140100-QHDCIQ-JC-03A	太原市	***超市（晋源区）	韭菜	氧乐果	0.7029	14.8390
11	20130919-370300-LYCIQ-CE-15A	山东蔬菜产区	***超市（淄城路店）	芹菜	氧乐果	0.6687	14.1170
12	20130730-650100-CAIQ-AP-04A	乌鲁木齐市	***蔬菜店	苹果	氧乐果	0.5547	11.7103
13	20140804-370600-LYCIQ-JC-58A	山东蔬菜产区	***百货（迎宾路店）	韭菜	氧乐果	0.5265	11.1150
14	20130713-220100-QHDCIQ-PP-05A	长春市	***超市（绿园店）	甜椒	氧乐果	0.5092	10.7498
15	20131208-371300-LYCIQ-XH-09A	山东蔬菜产区	***超市（解放路店）	西葫芦	氧乐果	0.4923	10.3930
16	20131015-130100-QHDCIQ-JC-08A	石家庄市	***超市	韭菜	氧乐果	0.4741	10.0088
17	20131007-370400-LYCIQ-AP-01A	山东蔬菜产区	***超市（华山店）	苹果	氧乐果	0.4028	8.5036
18	20131017-410100-CAIQ-JC-01A	郑州市	***超市	韭菜	氧乐果	0.3831	8.0877
19	20131208-371100-LYCIQ-CU-03A	山东蔬菜产区	***超市（日照店）	黄瓜	多菌灵	38.1178	8.0471

续表

序号	样品编号	省市	采样点	基质	农药	含量（mg/kg）	IFS_c
20	20130713-220100-QHDCIQ-PH-05A	长春市	***超市（绿园店）	桃	克百威	1.1973	7.5829
21	20131221-320100-SHCIQ-ST-05B	南京市	***超市（龙江小区店）	草莓	甲氨基阿维菌素	0.5500	6.9667
22	20131016-410100-CAIQ-JC-04A	郑州市	***超市	韭菜	氧乐果	0.3285	6.9350
23	20140111-320100-SHCIQ-PP-10A	南京市	***超市（太仓店）	甜椒	克百威	1.0100	6.3967
24	20140803-370600-LYCIQ-LE-60A	烟台市	***超市（烟台店）	生菜	氧乐果	0.2974	6.2784
25	20131017-410100-CAIQ-JC-05A	郑州市	***超市（中原区）	韭菜	氧乐果	0.2911	6.1454
26	20131221-320100-SHCIQ-TO-07A	南京市	***超市（大行宫店）	番茄	灭线磷	0.3800	6.0167
27	20140315-420100-JXCIQ-DJ-06A	武汉市	***超市（马场角分店）	菜豆	氧乐果	0.2830	5.9744
28	20140802-370600-LYCIQ-EP-65A	烟台市	***超市（文兴路店）	茄子	氧乐果	0.2750	5.8056
29	20131221-320100-SHCIQ-CU-05A	南京市	***超市（龙江小区店）	黄瓜	甲氨基阿维菌素	0.4300	5.4467
30	20140311-630100-QHDCIQ-CL-07A	西宁市	***超市（小桥店）	小油菜	三唑磷	0.8012	5.0743
31	20140607-370300-LYCIQ-BC-37A	山东蔬菜产区	***超市（柳泉路店）	大白菜	氧乐果	0.2305	4.8661
32	20140120-340100-AHCIQ-CE-06B	合肥市	***超市（和平路店）	芹菜	灭线磷	0.2976	4.7120
33	20131016-140100-QHDCIQ-JC-11A	太原市	***超市（杏花岭区店）	韭菜	氧乐果	0.2163	4.5663
34	20131204-371300-LYCIQ-JC-08A	山东蔬菜产区	***超市（赵庄店）	韭菜	咪鲜胺	6.5499	4.1483
35	20140726-530100-JXCIQ-PG-02A	昆明市	***超市（昆明前兴店）	平菇	氧乐果	0.1933	4.0808
36	20140605-370400-LYCIQ-TH-44A	山东蔬菜产区	***超市（峄城店）	茼蒿	氧乐果	0.1848	3.9013
37	20140126-110108-CAIQ-ST-01A	北京市	***超市（五棵松店）	草莓	氧乐果	0.1847	3.8992
38	20130529-120106-CAIQ-MU-04A	天津市	***超市（红桥商场店）	蘑菇	氧乐果	0.1709	3.6079

续表

序号	样品编号	省市	采样点	基质	农药	含量（mg/kg）	IFS_c
39	20140111-320100-SHCIQ-DG-10A	南京市	***超市（太仓店）	冬瓜	甲氨基阿维菌素	0.2800	3.5467
40	20130616-310110-SHCIQ-QC-12A	上海市	***菜场	青菜	甲氨基阿维菌素	0.2800	3.5467
41	20140214-340100-AHCIQ-LB-09A	合肥市	***超市（马鞍山路店）	萝卜	甲拌磷	0.3916	3.5430
42	20140618-440300-CAIQ-CE-09A	深圳市	***超市（碧海蓝天店）	芹菜	氧乐果	0.1641	3.4643
43	20131024-410100-CAIQ-DJ-01A	郑州市	***超市（管城区店）	菜豆	倍硫磷	3.7195	3.3653
44	20140311-630100-QHDCIQ-BO-06A	西宁市	***超市（城北店）	菠菜	克百威	0.5229	3.3117
45	20130713-220100-QHDCIQ-HU-02A	长春市	***商都（商都红旗店）	胡萝卜	甲拌磷	0.3572	3.2318
46	20140802-370600-LYCIQ-CE-65A	山东蔬菜产区	***超市（文兴路店）	芹菜	氧乐果	0.1501	3.1688
47	20131221-320100-SHCIQ-ST-07A	南京市	***超市（大行宫店）	草莓	乐果	0.9900	3.1350
48	20140617-350100-QHDCIQ-LE-04A	福州市	***超市（晋安区店）	生菜	氟硅唑	3.3650	3.0445
49	20140311-630100-QHDCIQ-DJ-05A	西宁市	***超市（长江路店）	菜豆	三唑磷	0.4763	3.0166
50	20140520-610100-AHCIQ-HU-08A	西安市	***超市（西关店）	胡萝卜	甲拌磷	0.3226	2.9188
51	20130105-110107-CAIQ-CE-02A	北京市	***超市（石景山区店）	芹菜	氧乐果	0.1303	2.7508
52	20140619-440300-CAIQ-QY-11A	深圳市	***超市（民乐店）	枸杞叶	克百威	0.4342	2.7499
53	20140803-370600-LYCIQ-CE-60A	山东蔬菜产区	***超市（烟台店）	芹菜	氧乐果	0.1260	2.6600
54	20140605-370400-LYCIQ-BO-44A	山东蔬菜产区	***超市（峄城店）	菠菜	氧乐果	0.1254	2.6473
55	20140310-630100-QHDCIQ-BO-01A	西宁市	***百货一店	菠菜	克百威	0.4176	2.6448
56	20140326-440100-CAIQ-CE-03A	广州市	***超市（增城区店）	芹菜	氧乐果	0.1227	2.5903
57	20130807-210100-QHDCIQ-PH-16A	沈阳市	***超市（铁西店）	桃	甲拌磷	0.2803	2.5360

续表

序号	样品编号	省市	采样点	基质	农药	含量（mg/kg）	IFS_c
58	20130611-310109-SHCIQ-CO-06A	上海市	***超市（曲阳店）	葱	氧乐果	0.1100	2.3222
59	20131027-360100-JXCIQ-BC-02A	南昌市	***超市（长棱大道店）	大白菜	敌百虫	0.7162	2.2680
60	20130903-230100-QHDCIQ-CE-14A	哈尔滨市	***超市（香坊区店）	芹菜	氧乐果	0.0990	2.0900
61	20140322-440100-CAIQ-CT-01A	广州市	***超市（客村店）	菜薹	敌百虫	0.6599	2.0897
62	20140323-440100-CAIQ-CT-02A	广州市	***超市（繁华店）	菜薹	敌百虫	0.6471	2.0492
63	20131221-320100-SHCIQ-PB-05B	南京市	***超市（龙江小区店）	小白菜	甲氨基阿维菌素	0.1600	2.0267
64	20131023-410100-CAIQ-DJ-04A	郑州市	***超市（二七区店）	菜豆	克百威	0.3115	1.9728
65	20131017-410100-CAIQ-DJ-03A	郑州市	***超市新密市	菜豆	克百威	0.3081	1.9513
66	20131203-520100-CAIQ-TO-03A	贵阳市	***购物广场	番茄	氧乐果	0.0924	1.9507
67	20130730-650100-CAIQ-AP-02A	乌鲁木齐市	***农贸市场	苹果	氧乐果	0.0847	1.7881
68	20140804-370600-LYCIQ-TH-58A	山东蔬菜产区	***百货（迎宾路店）	茼蒿	氧乐果	0.0836	1.7649
69	20131124-370800-LYCIQ-PH-18A	山东蔬菜产区	***超市（济宁店）	桃	多菌灵	8.0550	1.7005
70	20131021-410100-CAIQ-DJ-06A	郑州市	***超市	菜豆	克百威	0.2653	1.6802
71	20140805-460100-CAIQ-LE-07A	海口市	***超市	生菜	氟硅唑	1.8284	1.6543
72	20131023-410100-CAIQ-DJ-01A	郑州市	***超市（金水区店）	菜豆	倍硫磷	1.8099	1.6375
73	20140805-460100-CAIQ-CE-08A	海口市	***超市（金鼎分店）	芹菜	三唑磷	0.2585	1.6372
74	20131228-430100-JXCIQ-DJ-11A	长沙市	***超市（通程店）	菜豆	三唑磷	0.2584	1.6365
75	20140628-370200-LYCIQ-JC-55A	山东蔬菜产区	***超市（辽阳路店）	韭菜	氧乐果	0.0765	1.6150
76	20131025-360100-JXCIQ-GP-02A	南昌市	***超市（火炬三路店）	葡萄	三唑磷	0.2539	1.6080
77	20140617-350100-QHDCIQ-PH-02A	福州市	***超市（晋安区店）	桃	三唑磷	0.2507	1.5878

续表

序号	样品编号	省市	采样点	基质	农药	含量（mg/kg）	IFS_c
78	20140103-340100-AHCIQ-DJ-01A	合肥市	***超市（宿州路店）	菜豆	三唑磷	0.2478	1.5694
79	20140329-440100-CAIQ-LE-01A	广州市	***农贸市场（从化区）	生菜	甲拌磷	0.1716	1.5526
80	20130921-371300-LYCIQ-PP-07A	山东蔬菜产区	***超市（方城镇店）	甜椒	三唑磷	0.2435	1.5422
81	20140321-440100-CAIQ-YJ-01A	广州市	***市场（黄沙店）	叶芥菜	克百威	0.2419	1.5320
82	20131221-320100-SHCIQ-XH-05A	南京市	***超市（龙江小区店）	西葫芦	甲氨基阿维菌素	0.1200	1.5200
83	20140111-320100-SHCIQ-PP-10A	南京市	***超市（太仓店）	甜椒	甲氨基阿维菌素	0.1200	1.5200
84	20140803-460100-CAIQ-LE-02A	海口市	***农贸市场	生菜	氟硅唑	1.6768	1.5171
85	20131021-410100-CAIQ-DJ-06A	郑州市	***百货超市	菜豆	倍硫磷	1.6703	1.5112
86	20130807-210100-QHDCIQ-GP-18A	沈阳市	***超市（于洪店）	葡萄	氧乐果	0.0711	1.5010
87	20130729-650100-CAIQ-PH-02A	乌鲁木齐市	***超市（米东店）	桃	氧乐果	0.0695	1.4672
88	20130906-360100-JXCIQ-YM-10A	南昌市	***超市（长征西路店）	油麦菜	灭蝇胺	13.7170	1.4479
89	20140111-320100-SHCIQ-TH-08A	南京市	***超市（瑞金店）	茼蒿	甲拌磷	0.1600	1.4476
90	20140311-630100-QHDCIQ-EP-04A	西宁市	***超市（花园店）	茄子	炔螨特	2.2304	1.4126
91	20130529-370100-CAIQ-CE-01A	济南市	***超市（广友店）	芹菜	甲拌磷	0.1559	1.4105
92	20131209-520100-CAIQ-PP-16A	贵阳市	***超市（云岩区店）	甜椒	氧乐果	0.0666	1.4060
93	20131221-320100-SHCIQ-JZ-05A	南京市	***超市（龙江小区店）	金针菇	甲氨基阿维菌素	0.1100	1.3933
94	20131221-320100-SHCIQ-LJ-05A	南京市	***超市（龙江小区店）	辣椒	甲氨基阿维菌素	0.1100	1.3933
95	20131221-320100-SHCIQ-MS-05B	南京市	***超市（龙江小区店）	香菇	甲氨基阿维菌素	0.1100	1.3933
96	20140314-420100-JXCIQ-DJ-11A	武汉市	***超市（水果湖店）	菜豆	噻虫嗪	17.5245	1.3874

续表

序号	样品编号	省市	采样点	基质	农药	含量（mg/kg）	IFS_c
97	20140225-620100-QHDCIQ-BO-02A	兰州市	***超市（安宁店）	菠菜	克百威	0.2180	1.3807
98	20121013-110105-CAIQ-CE-01A	北京市	***超市（姚家园店）	芹菜	氧乐果	0.0651	1.3743
99	20140625-510100-JXCIQ-BO-02A	成都市	***超市（双桥子店）	菠菜	氧乐果	0.0650	1.3722
100	20140111-320100-SHCIQ-GP-10A	南京市	***超市（太仓店）	葡萄	克百威	0.2133	1.3509
101	20121225-110108-CAIQ-JC-01A	北京市	***超市（增光路店）	韭菜	多菌灵	6.2890	1.3277
102	20140225-620100-QHDCIQ-CE-06A	兰州市	***超市（七里河店）	芹菜	克百威	0.2066	1.3085
103	20140111-320100-SHCIQ-OR-09A	南京市	***超市（京隆名府西店）	橘	氧乐果	0.0610	1.2878
104	20140118-330100-SHCIQ-CE-09A	杭州市	***超市（庆春店）	芹菜	涕灭威	0.6100	1.2878
105	20140617-350100-QHDCIQ-PH-04A	福州市	***超市（晋安区店）	桃	三唑磷	0.1982	1.2553
106	20140321-440100-CAIQ-LB-02A	广州市	***超市（康王中路店）	萝卜	甲拌磷	0.1380	1.2486
107	20130725-650100-CAIQ-PH-02A	乌鲁木齐市	***超市+***商行分行	桃	氧乐果	0.0586	1.2371
108	20140318-340100-AHCIQ-LE-15A	合肥市	***广场（上派店）	生菜	甲拌磷	0.1358	1.2287
109	20130614-120112-CAIQ-LE-03A	天津市	***超市（咸水沽店）	生菜	氧乐果	0.0568	1.1991
110	20131001-370900-LYCIQ-DJ-23A	山东蔬菜产区	***超市（东岳大街店）	菜豆	克百威	0.1872	1.1856
111	20131015-130100-QHDCIQ-GS-06A	石家庄市	***超市（新华区店）	蒜薹	咪鲜胺	1.8555	1.1752
112	20140111-320100-SHCIQ-TH-08A	南京市	***超市（瑞金店）	茼蒿	灭线磷	0.0740	1.1717
113	20140804-370600-LYCIQ-LE-58A	山东蔬菜产区	***百货（迎宾路店）	生菜	氧乐果	0.0551	1.1632
114	20130713-220100-QHDCIQ-PP-05A	长春市	***超市（绿园店）	甜椒	乐果	0.3644	1.1539
115	20131015-130100-QHDCIQ-GS-01A	石家庄市	***超市（怀特店）	蒜薹	咪鲜胺	1.7836	1.1296

续表

序号	样品编号	省市	采样点	基质	农药	含量（mg/kg）	IFS_c
116	20131015-140100-QHDCIQ-JC-08A	太原市	***超市（小店区 B）	韭菜	克百威	0.1782	1.1286
117	20131116-330100-SHCIQ-TH-01B	杭州市	***超市（滨江店）	茼蒿	灭线磷	0.0710	1.1242
118	20140225-620100-QHDCIQ-CL-02A	兰州市	***超市（安宁店）	小油菜	克百威	0.1771	1.1216
119	20140111-320100-SHCIQ-TH-08A	南京市	***超市（瑞金店）	茼蒿	噻嗪酮	1.5800	1.1119
120	20140803-370600-LYCIQ-CL-59A	山东蔬菜产区	***超市（南大街店）	小油菜	克百威	0.1741	1.1026
121	20140607-370300-LYCIQ-CE-37A	山东蔬菜产区	***超市（柳泉路店）	芹菜	甲拌磷	0.1212	1.0966
122	20131023-410100-CAIQ-DJ-03A	郑州市	***超市（二七区店）	菜豆	克百威	0.1729	1.0950
123	20131005-371000-LYCIQ-JC-17A	山东蔬菜产区	***超市（昆嵛路店）	韭菜	氧乐果	0.0515	1.0872
124	20140804-460100-CAIQ-EP-05A	海口市	***农贸市场	茄子	氧乐果	0.0514	1.0851
125	20140329-440100-CAIQ-LB-02A	广州市	***农贸市场（从化区）	萝卜	甲拌磷	0.1176	1.0640
126	20140412-370900-LYCIQ-EP-33A	泰安市	***超市（岱宗店）	茄子	三唑磷	0.1677	1.0621
127	20140321-440100-CAIQ-CT-01A	广州市	***超级市场（黄沙店）	菜薹	异丙威	0.3336	1.0564
128	20140311-630100-QHDCIQ-CL-07A	西宁市	***超市（小桥店）	小油菜	克百威	0.1665	1.0545
129	20140225-620100-QHDCIQ-YM-09A	兰州市	***超市（西固店）	油麦菜	氟硅唑	1.1621	1.0514
130	20131221-320100-SHCIQ-LE-05A	南京市	***超市（龙江小区店）	生菜	甲氨基阿维菌素	0.0830	1.0513
131	20140311-630100-QHDCIQ-GP-04A	西宁市	***超市（花园店）	葡萄	嘧菌环胺	4.9758	1.0504
132	20131016-410100-CAIQ-BO-01A	郑州市	***广场超市	菠菜	氧乐果	0.0495	1.0450
133	20140315-420100-JXCIQ-DJ-05B	武汉市	***超市（竹叶店）	菜豆	噻虫嗪	12.9964	1.0289
134	20130905-230100-QHDCIQ-CE-13A	哈尔滨市	***超市（松北区店）	芹菜	甲拌磷	0.1135	1.0269

续表

序号	样品编号	省市	采样点	基质	农药	含量（mg/kg）	IFS_c
135	20130903-230100-QHDCIQ-EP-14A	哈尔滨市	***超市（香坊区店）	茄子	氧乐果	0.0480	1.0133
136	20131130-330100-SHCIQ-CE-03B	杭州市	***超市（涌金店）	芹菜	三唑磷	0.1600	1.0133
137	20140827-450100-CAIQ-EP-08A	南宁市	***百货（新阳店）	茄子	氧乐果	0.0479	1.0112
138	20140605-370400-LYCIQ-TO-41A	山东蔬菜产区	***超市（文化路店）	番茄	乙霉威	0.6353	1.0059

部分样品侦测出禁用农药 12 种 854 频次，为了明确残留的禁用农药对样品安全的影响，分析检出禁用农药残留的样品安全指数，禁用农药残留对水果蔬菜样品安全的影响程度频次分布情况如图 5-41 所示，农药残留对样品安全的影响不可接受的频次为 90，占 10.54%；农药残留对样品安全的影响可以接受的频次为 301，占 35.25%；农药残留对样品安全没有影响的频次为 463，占 54.22%。表 5-41 列出了水果蔬菜样品中检出的残留禁用农药的食品安全指数。

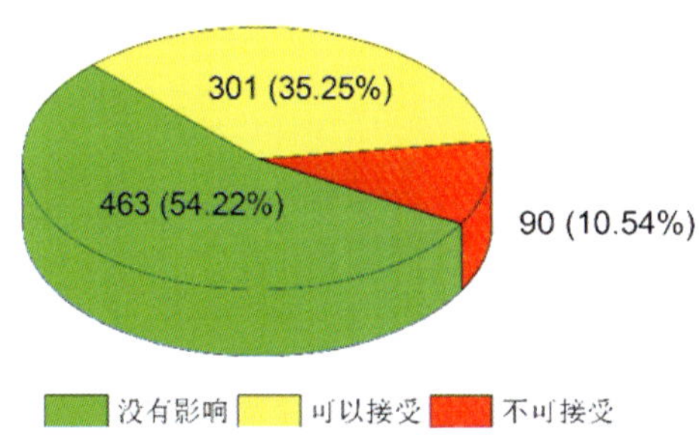

图 5-41　禁用农药对水果蔬菜样品安全影响程度的频次分布图

表 5-41　水果蔬菜样品中侦测出不可接受的禁用农药残留食品安全指数列表

序号	样品编号	省市	采样点	基质	农药	含量（mg/kg）	IFS_c
1	20121110-110105-CAIQ-JC-01A	北京市	***超市（朝阳北路店）	韭菜	氧乐果	14.6139	308.5157
2	20131015-140100-QHDCIQ-JC-07A	太原市	***超市（小店区 A）	韭菜	氧乐果	2.2680	47.8800
3	20131028-360100-JXCIQ-DJ-01A	南昌市	***超市（牌头店）	菜豆	氧乐果	1.5887	33.5392
4	20140311-630100-QHDCIQ-JC-06A	西宁市	***超市（城北店）	韭菜	甲拌磷	2.2270	20.1490
5	20130920-370700-LYCIQ-CE-11A	山东蔬菜产区	***超市（饮马店）	芹菜	氧乐果	0.8974	18.9451

续表

序号	样品编号	省市	采样点	基质	农药	含量（mg/kg）	IFS_c
6	20140803-370600-LYCIQ-JC-60A	山东蔬菜产区	***超市（烟台店）	韭菜	氧乐果	0.8860	18.7044
7	20140204-371000-LYCIQ-CE-28A	山东蔬菜产区	***超市（新威路店）	芹菜	氧乐果	0.8725	18.4194
8	20131015-140100-QHDCIQ-JC-04A	太原市	***超市	韭菜	氧乐果	0.8514	17.9740
9	20131015-140100-QHDCIQ-JC-08A	太原市	***超市（小店区 B）	韭菜	氧乐果	0.8514	17.9740
10	20131015-140100-QHDCIQ-JC-03A	太原市	***超市（晋源区）	韭菜	氧乐果	0.7029	14.8390
11	20130919-370300-LYCIQ-CE-15A	山东蔬菜产区	***超市（淄城路店）	芹菜	氧乐果	0.6687	14.1170
12	20130730-650100-CAIQ-AP-04A	乌鲁木齐市	***蔬菜店	苹果	氧乐果	0.5547	11.7103
13	20140804-370600-LYCIQ-JC-58A	山东蔬菜产区	***百货（迎宾路店）	韭菜	氧乐果	0.5265	11.1150
14	20130713-220100-QHDCIQ-PP-05A	长春市	***超市（绿园店）	甜椒	氧乐果	0.5092	10.7498
15	20131208-371300-LYCIQ-XH-09A	山东蔬菜产区	***超市（解放路店）	西葫芦	氧乐果	0.4923	10.3930
16	20131015-130100-QHDCIQ-JC-08A	石家庄市	***超市	韭菜	氧乐果	0.4741	10.0088
17	20131007-370400-LYCIQ-AP-01A	山东蔬菜产区	***超市（华山店）	苹果	氧乐果	0.4028	8.5036
18	20131017-410100-CAIQ-JC-01A	郑州市	***超市	韭菜	氧乐果	0.3831	8.0877
19	20130713-220100-QHDCIQ-PH-05A	长春市	***超市（绿园店）	桃	克百威	1.1973	7.5829
20	20131016-410100-CAIQ-JC-04A	郑州市	***超市	韭菜	氧乐果	0.3285	6.9350
21	20140111-320100-SHCIQ-PP-10A	南京市	***超市（太仓店）	甜椒	克百威	1.0100	6.3967
22	20140803-370600-LYCIQ-LE-60A	烟台市	***超市（烟台店）	生菜	氧乐果	0.2974	6.2784
23	20131017-410100-CAIQ-JC-05A	郑州市	***超市（中原区）	韭菜	氧乐果	0.2911	6.1454
24	20131221-320100-SHCIQ-TO-07A	南京市	***超市（大行宫店）	番茄	灭线磷	0.3800	6.0167
25	20140315-420100-JXCIQ-DJ-06A	武汉市	***超市（马场角分店）	菜豆	氧乐果	0.2830	5.9744
26	20140802-370600-LYCIQ-EP-65A	山东蔬菜产区	***超市（文兴路店）	茄子	氧乐果	0.2750	5.8056
27	20140607-370300-LYCIQ-BC-37A	山东蔬菜产区	***超市（柳泉路店）	大白菜	氧乐果	0.2305	4.8661
28	20140120-340100-AHCIQ-CE-06B	合肥市	***超市（和平路店）	芹菜	灭线磷	0.2976	4.7120
29	20131016-140100-QHDCIQ-JC-11A	太原市	***超市（杏花岭区店）	韭菜	氧乐果	0.2163	4.5663
30	20140726-530100-JXCIQ-PG-02A	昆明市	***超市（昆明前兴店）	平菇	氧乐果	0.1933	4.0808
31	20140605-370400-LYCIQ-TH-44A	山东蔬菜产区	***超市（峄城店）	茼蒿	氧乐果	0.1848	3.9013
32	20140126-110108-CAIQ-ST-01A	北京市	***超市（五棵松店）	草莓	氧乐果	0.1847	3.8992
33	20130529-120106-CAIQ-MU-04A	天津市	***超市（红桥商场店）	蘑菇	氧乐果	0.1709	3.6079
34	20140214-340100-AHCIQ-LB-09A	合肥市	***超市（马鞍山路店）	萝卜	甲拌磷	0.3916	3.5430
35	20140618-440300-CAIQ-CE-09A	深圳市	***超市（碧海蓝天店）	芹菜	氧乐果	0.1641	3.4643
36	20140311-630100-QHDCIQ-BO-06A	西宁市	***超市（城北店）	菠菜	克百威	0.5229	3.3117
37	20130713-220100-QHDCIQ-HU-02A	长春市	***商都（商都红旗店）	胡萝卜	甲拌磷	0.3572	3.2318

续表

序号	样品编号	省市	采样点	基质	农药	含量（mg/kg）	IFS_c
38	20140802-370600-LYCIQ-CE-65A	山东蔬菜产区	***超市（文兴路店）	芹菜	氧乐果	0.1501	3.1688
39	20140520-610100-AHCIQ-HU-08A	西安市	***超市（西关店）	胡萝卜	甲拌磷	0.3226	2.9188
40	20130105-110107-CAIQ-CE-02A	北京市	***超市（石景山区店）	芹菜	氧乐果	0.1303	2.7508
41	20140619-440300-CAIQ-QY-11A	深圳市	***超市（民乐店）	枸杞叶	克百威	0.4342	2.7499
42	20140803-370600-LYCIQ-CE-60A	山东蔬菜产区	***超市（烟台店）	芹菜	氧乐果	0.1260	2.6600
43	20140605-370400-LYCIQ-BO-44A	山东蔬菜产区	***超市（峄城店）	菠菜	氧乐果	0.1254	2.6473
44	20140310-630100-QHDCIQ-BO-01A	西宁市	***百货一店	菠菜	克百威	0.4176	2.6448
45	20140326-440100-CAIQ-CE-03A	广州市	***超市（增城区店）	芹菜	氧乐果	0.1227	2.5903
46	20130807-210100-QHDCIQ-PH-16A	沈阳市	***超市（铁西店）	桃	甲拌磷	0.2803	2.5360
47	20130611-310109-SHCIQ-CO-06A	上海市	***超市（曲阳店）	葱	氧乐果	0.1100	2.3222
48	20130903-230100-QHDCIQ-CE-14A	哈尔滨市	***超市（香坊区店）	芹菜	氧乐果	0.0990	2.0900
49	20131023-410100-CAIQ-DJ-04A	郑州市	***超市（二七区店）	菜豆	克百威	0.3115	1.9728
50	20131017-410100-CAIQ-DJ-03A	郑州市	***超市新密市	菜豆	克百威	0.3081	1.9513
51	20131203-520100-CAIQ-TO-03A	贵阳市	***购物广场	番茄	氧乐果	0.0924	1.9507
52	20130730-650100-CAIQ-AP-02A	乌鲁木齐市	***农贸市场	苹果	氧乐果	0.0847	1.7881
53	20140804-370600-LYCIQ-TH-58A	山东蔬菜产区	***百货（迎宾路店）	茼蒿	氧乐果	0.0836	1.7649
54	20131021-410100-CAIQ-DJ-06A	郑州市	***百货超市	菜豆	克百威	0.2653	1.6802
55	20140628-370200-LYCIQ-JC-55A	山东蔬菜产区	***超市（辽阳路店）	韭菜	氧乐果	0.0765	1.6150
56	20140329-440100-CAIQ-LE-01A	广州市	***市场（从化区）	生菜	甲拌磷	0.1716	1.5526
57	20140321-440100-CAIQ-YJ-01A	广州市	***市场（黄沙店）	叶芥菜	克百威	0.2419	1.5320
58	20130807-210100-QHDCIQ-GP-18A	沈阳市	***超市（于洪店）	葡萄	氧乐果	0.0711	1.5010
59	20130729-650100-CAIQ-PH-02A	乌鲁木齐市	***超市（米东店）	桃	氧乐果	0.0695	1.4672
60	20140111-320100-SHCIQ-TH-08A	南京市	***超市（瑞金店）	茼蒿	甲拌磷	0.1600	1.4476
61	20130529-370100-CAIQ-CE-01A	济南市	***超市（广友店）	芹菜	甲拌磷	0.1559	1.4105
62	20131209-520100-CAIQ-PP-16A	贵阳市	***超市（云岩区店）	甜椒	氧乐果	0.0666	1.4060
63	20140225-620100-QHDCIQ-BO-02A	兰州市	***超市（安宁店）	菠菜	克百威	0.2180	1.3807
64	20121013-110105-CAIQ-CE-01A	北京市	***超市（姚家园店）	芹菜	氧乐果	0.0651	1.3743
65	20140625-510100-JXCIQ-BO-02A	成都市	***超市（双桥子店）	菠菜	氧乐果	0.0650	1.3722
66	20140111-320100-SHCIQ-GP-10A	南京市	***超市（太仓店）	葡萄	克百威	0.2133	1.3509
67	20140225-620100-QHDCIQ-CE-06A	兰州市	***超市（七里河店）	芹菜	克百威	0.2066	1.3085
68	20140111-320100-SHCIQ-OR-09A	南京市	***超市（京隆名府西店）	橘	氧乐果	0.0610	1.2878

续表

序号	样品编号	省市	采样点	基质	农药	含量（mg/kg）	IFS_c
69	20140118-330100-SHCIQ-CE-09A	杭州市	***超市（庆春店）	芹菜	涕灭威	0.6100	1.2878
70	20140321-440100-CAIQ-LB-02A	广州市	***超市（康王中路店）	萝卜	甲拌磷	0.1380	1.2486
71	20130725-650100-CAIQ-PH-02A	乌鲁木齐市	***超市+***商行分行	桃	氧乐果	0.0586	1.2371
72	20140318-340100-AHCIQ-LE-15A	合肥市	***购物广场（上派店）	生菜	甲拌磷	0.1358	1.2287
73	20130614-120112-CAIQ-LE-03A	天津市	***超市（咸水沽店）	生菜	氧乐果	0.0568	1.1991
74	20131001-370900-LYCIQ-DJ-23A	山东蔬菜产区	***超市（东岳大街店）	菜豆	克百威	0.1872	1.1856
75	20140111-320100-SHCIQ-TH-08A	南京市	***超市（瑞金店）	茼蒿	灭线磷	0.0740	1.1717
76	20140804-370600-LYCIQ-LE-58A	山东蔬菜产区	***百货（迎宾路店）	生菜	氧乐果	0.0551	1.1632
77	20131015-140100-QHDCIQ-JC-08A	太原市	***超市（小店区 B）	韭菜	克百威	0.1782	1.1286
78	20131116-330100-SHCIQ-TH-01B	杭州市	***超市（滨江店）	茼蒿	灭线磷	0.0710	1.1242
79	20140225-620100-QHDCIQ-CL-02A	兰州市	***超市（安宁店）	小油菜	克百威	0.1771	1.1216
80	20140803-370600-LYCIQ-CL-59A	山东蔬菜产区	***超市（南大街店）	小油菜	克百威	0.1741	1.1026
81	20140607-370300-LYCIQ-CE-37A	山东蔬菜产区	***超市（柳泉路店）	芹菜	甲拌磷	0.1212	1.0966
82	20131023-410100-CAIQ-DJ-03A	郑州市	***超市（二七区店）	菜豆	克百威	0.1729	1.0950
83	20131005-371000-LYCIQ-JC-17A	山东蔬菜产区	***超市（昆嵛路店）	韭菜	氧乐果	0.0515	1.0872
84	20140804-460100-CAIQ-EP-05A	海口市	***农贸市场	茄子	氧乐果	0.0514	1.0851
85	20140329-440100-CAIQ-LB-02A	广州市	***农贸市场（从化区）	萝卜	甲拌磷	0.1176	1.0640
86	20140311-630100-QHDCIQ-CL-07A	西宁市	***超市（小桥店）	小油菜	克百威	0.1665	1.0545
87	20131016-410100-CAIQ-BO-01A	郑州市	***超市	菠菜	氧乐果	0.0495	1.0450
88	20130905-230100-QHDCIQ-CE-13A	哈尔滨市	***超市（松北区店）	芹菜	甲拌磷	0.1135	1.0269
89	20130903-230100-QHDCIQ-EP-14A	哈尔滨市	***超市（香坊区店）	茄子	氧乐果	0.0480	1.0133
90	20140827-450100-CAIQ-EP-08A	南宁市	***百货（新阳店）	茄子	氧乐果	0.0479	1.0112

此外，本次侦测发现部分样品中非禁用农药残留量超过了 MRL 中国国家标准和欧盟标准，为了明确超标的非禁用农药对样品安全的影响，分析了非禁用农药残留超标的样品安全指数。

残留量超过 MRL 中国国家标准的非禁用农药对水果蔬菜样品安全的影响程度频次分布情况如图 5-42 所示。可以看出检出超过 MRL 中国国家标准的非禁用农药共 81 频次，其中农药残留对样品安全的影响不可接受的频次为 14，占 17.28%；农药残留对样品安全的影响可以接受的频次为 34，占 41.98%；农药残留对样品安全没有影响的频次为 33，占 40.74%。表 5-42 为水果蔬菜样品中安全指数不可接受的残留超标非禁用农药列表。

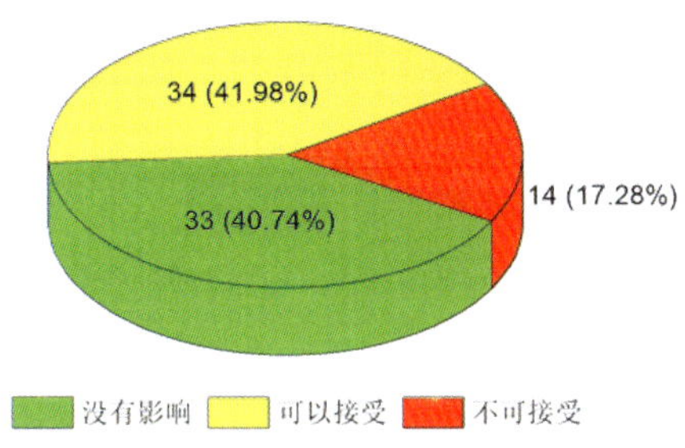

图5-42 残留超标的非禁用农药对水果蔬菜样品安全的影响程度频次分布图（MRL中国国家标准）

表5-42 水果蔬菜样品中不可接受的残留超标非禁用农药安全指数列表（MRL中国国家标准）

序号	样品编号	省市	采样点	基质	农药	含量（mg/kg）	MRL中国国家标准	超标倍数	IFS_c
1	20131208-371100-LYCIQ-CU-03A	山东蔬菜产区	***超市（日照店）	黄瓜	多菌灵	38.1178	0.5	75.24	8.0471
2	20131221-320100-SHCIQ-CU-05A	南京市	***超市（龙江小区店）	黄瓜	甲氨基阿维菌素	0.4300	0.02	20.50	5.4467
3	20130616-310110-SHCIQ-QC-12A	上海市	***菜场	青菜	甲氨基阿维菌素	0.2800	0.1	1.80	3.5467
4	20131024-410100-CAIQ-DJ-01A	郑州市	***超市（管城区店）	菜豆	倍硫磷	3.7195	0.05	73.39	3.3653
5	20131027-360100-JXCIQ-BC-02A	南昌市	***超市（长棱大道店）	大白菜	敌百虫	0.7162	0.2	2.58	2.2680
6	20140322-440100-CAIQ-CT-01A	广州市	***超市（客村店）	菜薹	敌百虫	0.6599	0.2	2.30	2.0897
7	20140323-440100-CAIQ-CT-02A	广州市	***超市（繁华店）	菜薹	敌百虫	0.6471	0.2	2.24	2.0492
8	20131221-320100-SHCIQ-PB-05B	南京市	***超市（龙江小区店）	小白菜	甲氨基阿维菌素	0.1600	0.1	0.60	2.0267
9	20131124-370800-LYCIQ-PH-18A	济宁市	***超市（济宁店）	桃	多菌灵	8.0550	2	3.03	1.7005
10	20131023-410100-CAIQ-DJ-01A	郑州市	***超市（金水区店）	菜豆	倍硫磷	1.8099	0.05	35.20	1.6375
11	20131021-410100-CAIQ-DJ-06A	郑州市	***超市	菜豆	倍硫磷	1.6703	0.05	32.41	1.5112
12	20131221-320100-SHCIQ-JZ-05A	南京市	***超市（龙江小区店）	金针菇	甲氨基阿维菌素	0.1100	0.05	1.20	1.3933
13	20131221-320100-SHCIQ-MS-05B	南京市	***超市（龙江小区店）	香菇	甲氨基阿维菌素	0.1100	0.05	1.20	1.3933
14	20121225-110108-CAIQ-JC-01A	北京市	***超市（增光路店）	韭菜	多菌灵	6.2890	2	2.14	1.3277

残留量超过 MRL 欧盟标准的非禁用农药对水果蔬菜样品安全的影响程度频次分布情况如图 5-43 所示。可以看出检出超过 MRL 欧盟标准的非禁用农药共 2423 频次，其中农药没有 ADI 标准的频次为 311，占 12.84%；农药残留对样品安全的影响可以接受的频次为 347，占 14.32%；农药残留对样品安全没有影响的频次为 1719，占 70.95%，农药残留对样品安全不可接受的频次为 46，占 1.9%。表 5-43 为水果蔬菜样品中不可接受的残留超标非禁用农药安全指数列表。

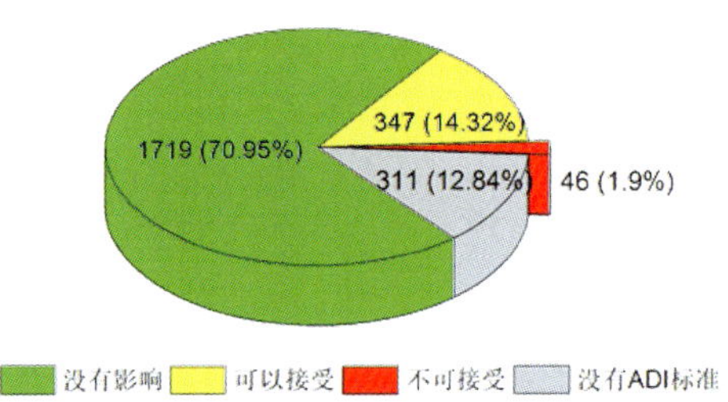

图 5-43　残留超标的非禁用农药对水果蔬菜样品安全的影响程度频次分布图（MRL 欧盟标准）

表 5-43　水果蔬菜样品中不可接受的残留超标非禁用农药安全指数列表（MRL 欧盟标准）

序号	样品编号	省市	采样点	基质	农药	含量（mg/kg）	欧盟标准	超标倍数	IFS_c
1	20131208-371100-LYCIQ-CU-03A	山东蔬菜产区	***超市（日照店）	黄瓜	多菌灵	38.1178	0.1	380.18	8.0471
2	20131024-410100-CAIQ-DJ-01A	郑州市	***超市（管城区店）	菜豆	倍硫磷	3.7195	0.01	370.95	3.3653
3	20140617-350100-QHDCIQ-LE-04A	福州市	***超市（晋安区店）	生菜	氟硅唑	3.3650	0.01	335.50	3.0445
4	20140311-630100-QHDCIQ-EP-04A	西宁市	***超市（花园店）	茄子	炔螨特	2.2304	0.01	222.04	1.4126
5	20140805-460100-CAIQ-LE-07A	海口市	***超市	生菜	氟硅唑	1.8284	0.01	181.84	1.6543
6	20131023-410100-CAIQ-DJ-01A	郑州市	***超市（金水区店）	菜豆	倍硫磷	1.8099	0.01	179.99	1.6375
7	20140803-460100-CAIQ-LE-02A	海口市	***农贸市场	生菜	氟硅唑	1.6768	0.01	166.68	1.5171
8	20131021-410100-CAIQ-DJ-06A	郑州市	***百货超市	菜豆	倍硫磷	1.6703	0.01	166.03	1.5112
9	20140225-620100-QHDCIQ-YM-09A	兰州市	***超市（西固店）	油麦菜	氟硅唑	1.1621	0.01	115.21	1.0514
10	20140311-630100-QHDCIQ-CL-07A	西宁市	***超市（小桥店）	小油菜	三唑磷	0.8012	0.01	79.12	5.0743

续表

序号	样品编号	省市	采样点	基质	农药	含量（mg/kg）	欧盟标准	超标倍数	IFS_c
11	20131027-360100-JXCIQ-BC-02A	南昌市	***超市（长棱大道店）	大白菜	敌百虫	0.7162	0.01	70.62	2.2680
12	20140322-440100-CAIQ-CT-01A	广州市	***超市（客村店）	菜薹	敌百虫	0.6599	0.01	64.99	2.0897
13	20140323-440100-CAIQ-CT-02A	广州市	***超市（繁华店）	菜薹	敌百虫	0.6471	0.01	63.71	2.0492
14	20121225-110108-CAIQ-JC-01A	北京市	***超市（增光路店）	韭菜	多菌灵	6.2890	0.1	61.89	1.3277
15	20131221-320100-SHCIQ-ST-07A	南京市	***超市（大行宫店）	草莓	乐果	0.9900	0.02	48.50	3.1350
16	20140311-630100-QHDCIQ-DJ-05A	西宁市	***超市（长江路店）	菜豆	三唑磷	0.4763	0.01	46.63	3.0166
17	20131221-320100-SHCIQ-CU-05A	南京市	***超市（龙江小区店）	黄瓜	甲氨基阿维菌素	0.4300	0.01	42.00	5.4467
18	20131124-370800-LYCIQ-PH-18A	济宁市	***超市（济宁店）	桃	多菌灵	8.0550	0.2	35.28	1.7005
19	20131015-130100-QHDCIQ-GS-06A	石家庄市	***超市（新华区店）	蒜薹	咪鲜胺	1.8555	0.05	36.11	1.1752
20	20131015-130100-QHDCIQ-GS-01A	石家庄市	***超市（怀特店）	蒜薹	咪鲜胺	1.7836	0.05	34.67	1.1296
21	20140314-420100-JXCIQ-DJ-11A	武汉市	***超市（水果湖店）	菜豆	噻虫嗪	17.5245	0.5	34.05	1.3874
22	20140321-440100-CAIQ-CT-01A	广州市	***市场（黄沙店）	菜薹	异丙威	0.3336	0.01	32.36	1.0564
23	20140111-320100-SHCIQ-TH-08A	南京市	***超市（瑞金店）	茼蒿	噻嗪酮	1.5800	0.05	30.60	1.1119
24	20130616-310110-SHCIQ-QC-12A	上海市	***菜场	青菜	甲氨基阿维菌素	0.2800	0.01	27.00	3.5467
25	20140111-320100-SHCIQ-DG-10A	南京市	***超市（太仓店）	冬瓜	甲氨基阿维菌素	0.2800	0.01	27.00	3.5467
26	20140315-420100-JXCIQ-DJ-05B	武汉市	***超市（竹叶店）	菜豆	噻虫嗪	12.9964	0.5	24.99	1.0289
27	20140805-460100-CAIQ-CE-08A	海口市	***超市（金鼎分店）	芹菜	三唑磷	0.2585	0.01	24.85	1.6372
28	20131228-430100-JXCIQ-DJ-11A	长沙市	***超市（通程店）	菜豆	三唑磷	0.2584	0.01	24.84	1.6365
29	20131025-360100-JXCIQ-GP-02A	南昌市	***超市（火炬三路店）	葡萄	三唑磷	0.2539	0.01	24.39	1.6080

续表

序号	样品编号	省市	采样点	基质	农药	含量（mg/kg）	欧盟标准	超标倍数	IFS_c
30	20140617-350100-QHDCIQ-PH-02A	福州市	***超市（晋安区店）	桃	三唑磷	0.2507	0.01	24.07	1.5878
31	20140103-340100-AHCIQ-DJ-01A	合肥市	***超市（宿州路店）	菜豆	三唑磷	0.2478	0.01	23.78	1.5694
32	20130921-371300-LYCIQ-PP-07A	山东蔬菜产区	***超市（方城镇店）	甜椒	三唑磷	0.2435	0.01	23.35	1.5422
33	20140617-350100-QHDCIQ-PH-04A	福州市	***超市（晋安区店）	桃	三唑磷	0.1982	0.01	18.82	1.2553
34	20130713-220100-QHDCIQ-PP-05A	长春市	***超市（绿园店）	甜椒	乐果	0.3644	0.02	17.22	1.1539
35	20140412-370900-LYCIQ-EP-33A	山东蔬菜产区	***超市（岱宗店）	茄子	三唑磷	0.1677	0.01	15.77	1.0621
36	20131221-320100-SHCIQ-PB-05B	南京市	***超市（龙江小区店）	小白菜	甲氨基阿维菌素	0.1600	0.01	15.00	2.0267
37	20131130-330100-SHCIQ-CE-03B	杭州市	***超市（涌金店）	芹菜	三唑磷	0.1600	0.01	15.00	1.0133
38	20131221-320100-SHCIQ-XH-05A	南京市	***超市（龙江小区店）	西葫芦	甲氨基阿维菌素	0.1200	0.01	11.00	1.5200
39	20131221-320100-SHCIQ-JZ-05A	南京市	***超市（龙江小区店）	金针菇	甲氨基阿维菌素	0.1100	0.01	10.00	1.3933
40	20131221-320100-SHCIQ-MS-05B	南京市	***超市（龙江小区店）	香菇	甲氨基阿维菌素	0.1100	0.01	10.00	1.3933
41	20131221-320100-SHCIQ-ST-05B	南京市	***超市（龙江小区店）	草莓	甲氨基阿维菌素	0.5500	0.05	10.00	6.9667
42	20140111-320100-SHCIQ-PP-10A	南京市	***超市（太仓店）	甜椒	甲氨基阿维菌素	0.1200	0.02	5.00	1.5200
43	20131221-320100-SHCIQ-LJ-05A	南京市	***超市（龙江小区店）	辣椒	甲氨基阿维菌素	0.1100	0.02	4.50	1.3933
44	20130906-360100-JXCIQ-YM-10A	南昌市	***超市（长征西路店）	油麦菜	灭蝇胺	13.7170	3	3.57	1.4479
45	20140311-630100-QHDCIQ-GP-04A	西宁市	***超市（花园店）	葡萄	嘧菌环胺	4.9758	3	0.66	1.0504
46	20131204-371300-LYCIQ-JC-08A	山东蔬菜产区	***超市（赵庄店）	韭菜	咪鲜胺	6.5499	5	0.31	4.1483

在 12551 例样品中，3653 例样品未侦测出农药残留，8898 例样品中侦测出农药残留，计算每例有农药检出样品的$\overline{IFS}$值，进而分析样品的安全状态，结果如图 5-44 所示（未检出农药的样品安全状态视为很好）。可以看出，55 例样品的安全状态不可接受，

占 0.44%；327 例样品的安全状态可以接受，占 2.61%；11855 例样品的安全状态很好，占 94.45%。表 5-44 列出了$\overline{\text{IFS}}$值为不可接受的水果蔬菜样品。

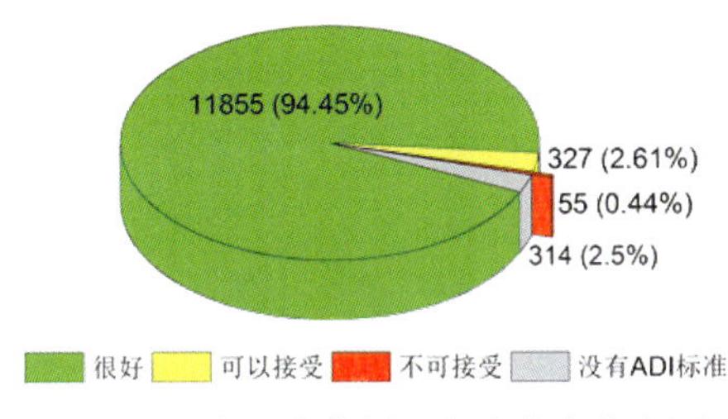

图 5-44　水果蔬菜样品安全状态分布图

表 5-44　水果蔬菜安全状态不可接受的样品列表

序号	样品编号	省市	采样点	基质	$\overline{\text{IFS}}$
1	20121110-110105-CAIQ-JC-01A	北京市	***超市（朝阳北路店）	韭菜	34.4664
2	20131028-360100-JXCIQ-DJ-01A	南昌市	***超市（牌头店）	菜豆	11.1939
3	20131017-410100-CAIQ-JC-01A	郑州市	***超市	韭菜	8.0877
4	20131015-140100-QHDCIQ-JC-07A	太原市	***超市（小店区 A）	韭菜	8.0007
5	20140315-420100-JXCIQ-DJ-06A	武汉市	***超市（马场角分店）	菜豆	5.9744
6	20130730-650100-CAIQ-AP-04A	乌鲁木齐市	***蔬菜店	苹果	5.8556
7	20140803-370600-LYCIQ-JC-60A	山东蔬菜产区	***超市（烟台店）	韭菜	4.6793
8	20140204-371000-LYCIQ-CE-28A	山东蔬菜产区	***超市（新威路店）	芹菜	4.6160
9	20140726-530100-JXCIQ-PG-02A	昆明市	***超市（昆明前兴店）	平菇	4.0808
10	20140311-630100-QHDCIQ-JC-06A	西宁市	***超市（城北店）	韭菜	4.0357
11	20140605-370400-LYCIQ-TH-44A	山东蔬菜产区	***超市（峄城店）	茼蒿	3.9013
12	20130920-370700-LYCIQ-CE-11A	山东蔬菜产区	***超市（饮马店）	芹菜	3.7987
13	20140804-370600-LYCIQ-JC-58A	山东蔬菜产区	***百货（迎宾路店）	韭菜	3.7061
14	20130529-120106-CAIQ-MU-04A	天津市	***超市（红桥商场店）	蘑菇	3.6079
15	20131208-371300-LYCIQ-XH-09A	山东蔬菜产区	***超市（解放路店）	西葫芦	3.5403
16	20131016-410100-CAIQ-JC-04A	郑州市	***超市	韭菜	3.4677
17	20131015-140100-QHDCIQ-JC-04A	太原市	***超市	韭菜	2.9984
18	20131015-140100-QHDCIQ-JC-08A	太原市	***超市（小店区 B）	韭菜	2.7369
19	20131221-320100-SHCIQ-CU-05A	南京市	***超市（龙江小区店）	黄瓜	2.7242
20	20140605-370400-LYCIQ-BO-44A	山东蔬菜产区	***超市（峄城店）	菠菜	2.6473
21	20140111-320100-SHCIQ-PP-10A	南京市	***超市（太仓店）	甜椒	2.6390
22	20131015-130100-QHDCIQ-JC-08A	石家庄市	***超市	韭菜	2.5038

续表

序号	样品编号	省市	采样点	基质	$\overline{\text{IFS}}$
23	20130713-220100-QHDCIQ-PP-05A	长春市	***超市（绿园店）	甜椒	2.3850
24	20131015-140100-QHDCIQ-JC-03A	太原市	***超市（晋源区）	韭菜	1.9964
25	20140126-110108-CAIQ-ST-01A	北京市	***超市（五棵松店）	草莓	1.9506
26	20140802-370600-LYCIQ-EP-65A	山东蔬菜产区	***超市（文兴路店）	茄子	1.9375
27	20130919-370300-LYCIQ-CE-15A	山东蔬菜产区	***超市（淄城路店）	芹菜	1.8166
28	20130616-310110-SHCIQ-QC-12A	上海市	***菜场	青菜	1.7735
29	20140214-340100-AHCIQ-LB-09A	合肥市	***超市（马鞍山路店）	萝卜	1.7717
30	20140607-370300-LYCIQ-BC-37A	山东蔬菜产区	***超市（柳泉路店）	大白菜	1.6405
31	20130713-220100-QHDCIQ-HU-02A	长春市	***商都（商都红旗店）	胡萝卜	1.6168
32	20131025-360100-JXCIQ-GP-02A	南昌市	***超市（火炬三路店）	葡萄	1.6080
33	20140803-370600-LYCIQ-LE-60A	山东蔬菜产区	***超市（烟台店）	生菜	1.5703
34	20131017-410100-CAIQ-JC-05A	郑州市	***超市（中原区）	韭菜	1.5374
35	20131016-140100-QHDCIQ-JC-11A	太原市	***超市（杏花岭区店）	韭菜	1.5222
36	20130729-650100-CAIQ-PH-02A	乌鲁木齐市	***超市（米东店）	桃	1.4672
37	20140520-610100-AHCIQ-HU-08A	西安市	***超市（西关店）	胡萝卜	1.4634
38	20131221-320100-SHCIQ-ST-05B	南京市	***超市（龙江小区店）	草莓	1.3939
39	20131221-320100-SHCIQ-LJ-05A	南京市	***超市（龙江小区店）	辣椒	1.3933
40	20131208-371100-LYCIQ-CU-03A	山东蔬菜产区	***超市（日照店）	黄瓜	1.3431
41	20130713-220100-QHDCIQ-PH-05A	长春市	***超市（绿园店）	桃	1.3391
42	20140118-330100-SHCIQ-CE-09A	杭州市	***超市（庆春店）	芹菜	1.2878
43	20140321-440100-CAIQ-LB-02A	广州市	***超市（康王中路店）	萝卜	1.2486
44	20130614-120112-CAIQ-LE-03A	天津市	***超市（咸水沽店）	生菜	1.1991
45	20130611-310109-SHCIQ-CO-06A	上海市	***超市（曲阳店）	葱	1.1870
46	20140111-320100-SHCIQ-DG-10A	南京市	***超市（太仓店）	冬瓜	1.1826
47	20131015-130100-QHDCIQ-GS-06A	石家庄市	***超市（新华区店）	蒜薹	1.1752
48	20131027-360100-JXCIQ-BC-02A	南昌市	***超市（长棱大道店）	大白菜	1.1340
49	20131221-320100-SHCIQ-TO-07A	南京市	***超市（大行宫店）	番茄	1.1192
50	20140803-370600-LYCIQ-CL-59A	山东蔬菜产区	***超市（南大街店）	小油菜	1.1026
51	20131005-371000-LYCIQ-JC-17A	山东蔬菜产区	***超市（昆嵛路店）	韭菜	1.0872
52	20131221-320100-SHCIQ-ST-07A	南京市	***超市（大行宫店）	草莓	1.0668
53	20131204-371300-LYCIQ-JC-08A	山东蔬菜产区	***超市（赵庄店）	韭菜	1.0382
54	20131221-320100-SHCIQ-PB-05B	南京市	***超市（龙江小区店）	小白菜	1.0135
55	20130903-230100-QHDCIQ-EP-14A	哈尔滨市	***超市（香坊区店）	茄子	1.0133

5.3.2.2　单种水果蔬菜中农药残留安全指数分析

本次侦测的水果蔬菜共计 128 种，荸荠、水芹、蒜黄、笋瓜、鲜食玉米、香椿芽、竹笋 7 种水果蔬菜没有侦测出农药残留，121 种水果蔬菜中均侦测出农药残留（杏鲍菇、甘薯所检出农药均没有 ADI），侦测出农药 174 种，检出频次为 25486 次，其中 122 农药存在 ADI 标准。计算每种水果蔬菜中农药的 IFS_c 值，将农药残留对水果蔬菜安全指数为不可接受和可以接受的样品列出，结果如图 5-45 所示。

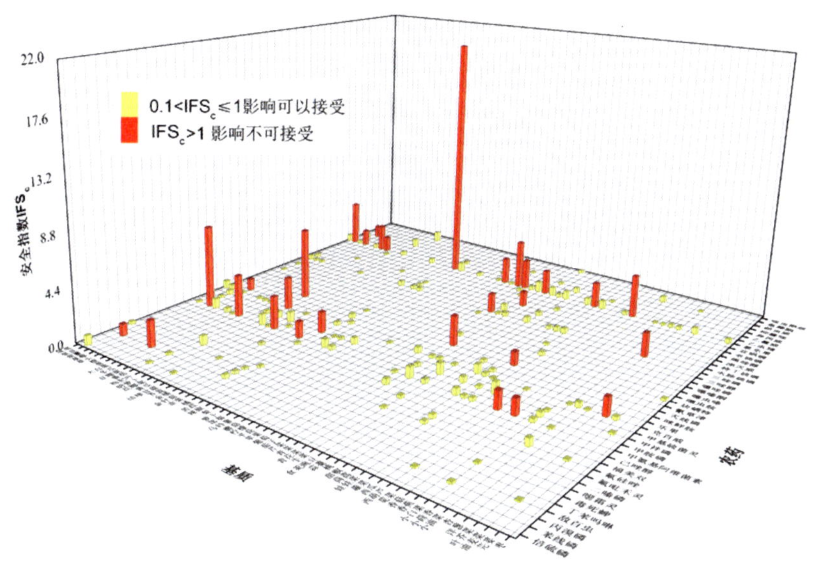

图 5-45　水果蔬菜中安全影响不可接受和可以接受的农药安全指数分布图

本次侦测中，121 种水果蔬菜和 174 种农药（包括没有 ADI）共涉及 2841 个分析样本，农药对水果蔬菜安全的影响程度分布情况如图 5-46 所示。可以看出 79.62%的样本中农药对水果蔬菜安全没有影响，5.35%的样本中农药对水果蔬菜安全的影响可以接受，1.06%的样本中农药对水果蔬菜安全的影响不可接受。

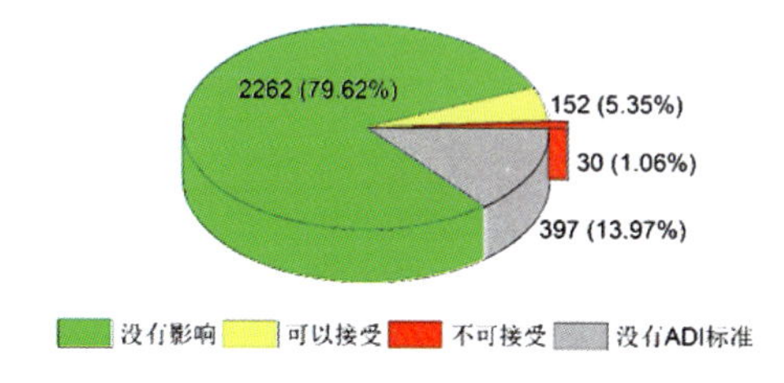

图 5-46　2841 个分析样本的影响程度的频次分布图

此外，分别计算 119 种水果蔬菜中所有检出农药 IFS_c 的平均值 $\overline{IFS}$，分析每种水果蔬菜的安全状态，结果如图 5-47 所示，分析发现，0.84%的水果蔬菜安全状态不可接受；13.45%的水果蔬菜安全状态可以接受；85.71%的水果蔬菜安全状态很好。

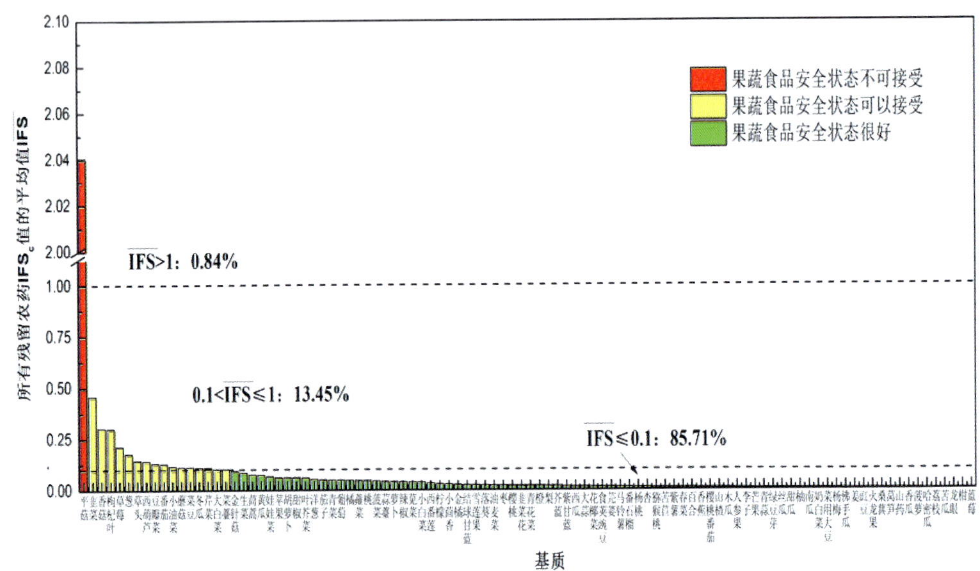

图 5-47　119 种水果蔬菜的 $\overline{IFS}$ 值和安全状态统计图

5.3.2.3　所有水果蔬菜中农药残留安全指数分析

计算所有水果蔬菜中 122 种农药的 IFS_c 值，结果如图 5-48 及表 5-45 所示。

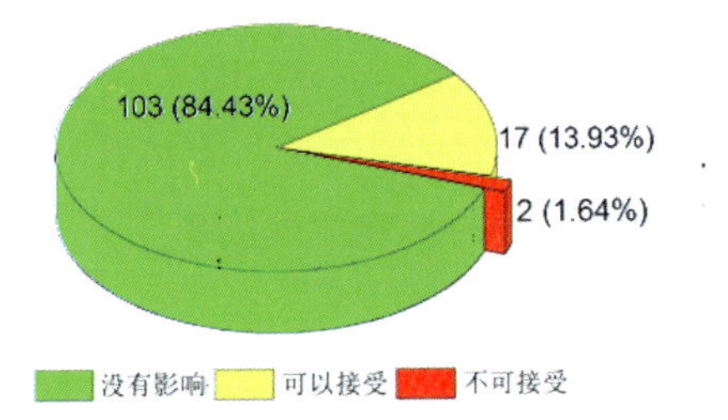

图 5-48　122 种残留农药对水果蔬菜安全影响程度的频次分布图

分析发现，2 种（1.64%）农药对水果蔬菜安全的影响不可接受，17 种（13.93%）农药对水果蔬菜安全的影响可以接受，103 种（84.43%）农药对水果蔬菜安全没有影响。

表 5-45　水果蔬菜中 122 种农药残留的安全指数表

序号	农药	检出频次	检出率（%）	IFS>1 的频次	IFS>1 的比例（%）	IFS_c	影响程度
1	氧乐果	236	1.88	54	0.43	3.0836	不可接受
2	灭线磷	8	0.06	4	0.03	1.7272	不可接受
3	鱼藤酮	1	0.01	0	0	0.8819	可以接受
4	倍硫磷	10	0.08	3	0.02	0.6599	可以接受
5	敌百虫	24	0.19	3	0.02	0.4359	可以接受
6	甲拌磷	157	1.25	13	0.10	0.4326	可以接受
7	甲氨基阿维菌素	109	0.87	11	0.09	0.4162	可以接受
8	氟吡禾灵	1	0.01	0	0	0.3348	可以接受
9	三唑磷	150	1.20	11	0.09	0.2595	可以接受
10	丁苯吗啉	1	0.01	0	0	0.2533	可以接受
11	福美双	2	0.02	0	0	0.2501	可以接受
12	克百威	361	2.88	18	0.14	0.2442	可以接受
13	水胺硫磷	6	0.05	0	0	0.2383	可以接受
14	涕灭威	10	0.08	1	0.01	0.1728	可以接受
15	特丁硫磷	6	0.05	0	0	0.1316	可以接受
16	异丙威	30	0.24	1	0.01	0.1283	可以接受
17	亚砜磷	5	0.04	0	0	0.1229	可以接受
18	氰草津	1	0.01	0	0	0.1045	可以接受
19	苯线磷	4	0.03	0	0	0.1031	可以接受
20	二嗪磷	9	0.07	0	0	0.0898	没有影响
21	乙霉威	90	0.72	1	0.01	0.0857	没有影响
22	氟硅唑	370	2.95	4	0.03	0.0671	没有影响
23	甲胺磷	17	0.14	0	0	0.0657	没有影响
24	炔螨特	42	0.33	1	0.01	0.0654	没有影响
25	稻瘟酰胺	1	0.01	0	0	0.0615	没有影响
26	乙虫腈	4	0.03	0	0	0.0591	没有影响
27	治螟磷	3	0.02	0	0	0.0587	没有影响
28	乐果	142	1.13	2	0.02	0.0534	没有影响
29	毒死蜱	130	1.04	0	0	0.0497	没有影响
30	辛硫磷	4	0.03	0	0	0.0473	没有影响
31	茚虫威	22	0.18	0	0	0.0452	没有影响
32	嘧菌环胺	77	0.61	1	0.01	0.0412	没有影响

续表

序号	农药	检出频次	检出率（%）	IFS>1 的频次	IFS>1 的比例（%）	IFS_c	影响程度
33	四螨嗪	2	0.02	0	0	0.0386	没有影响
34	烯唑醇	124	0.99	0	0	0.0334	没有影响
35	咪鲜胺	569	4.53	3	0.02	0.0290	没有影响
36	己唑醇	76	0.61	0	0	0.0281	没有影响
37	噻唑磷	13	0.10	0	0	0.0262	没有影响
38	唑虫酰胺	21	0.17	0	0	0.0216	没有影响
39	噁霜灵	452	3.60	0	0	0.0209	没有影响
40	联苯肼酯	6	0.05	0	0	0.0195	没有影响
41	喹螨醚	1	0.01	0	0	0.0177	没有影响
42	噻嗪酮	307	2.45	1	0.01	0.0154	没有影响
43	丙溴磷	93	0.74	0	0	0.0154	没有影响
44	抑霉唑	246	1.96	0	0	0.0144	没有影响
45	粉唑醇	27	0.22	0	0	0.0144	没有影响
46	甲基硫菌灵	506	4.03	0	0	0.0137	没有影响
47	杀线威	4	0.03	0	0	0.0136	没有影响
48	多菌灵	3760	29.96	3	0.02	0.0136	没有影响
49	苯醚甲环唑	932	7.43	0	0	0.0136	没有影响
50	灭多威	45	0.36	0	0	0.0131	没有影响
51	噻虫嗪	434	3.46	2	0.02	0.0130	没有影响
52	噻虫啉	8	0.06	0	0	0.0112	没有影响
53	虫酰肼	55	0.44	0	0	0.0109	没有影响
54	螺螨酯	20	0.16	0	0	0.0108	没有影响
55	灭蝇胺	571	4.55	1	0.01	0.0102	没有影响
56	哒螨灵	326	2.60	0	0	0.0098	没有影响
57	稻瘟灵	20	0.16	0	0	0.0098	没有影响
58	三唑酮	245	1.95	0	0	0.0088	没有影响
59	三唑醇	101	0.80	0	0	0.0085	没有影响
60	莎稗磷	1	0.01	0	0	0.0082	没有影响
61	戊唑醇	508	4.05	0	0	0.0081	没有影响
62	乙草胺	12	0.10	0	0	0.0073	没有影响
63	吡虫啉	1482	11.81	0	0	0.0071	没有影响
64	腈菌唑	224	1.78	0	0	0.0067	没有影响

续表

序号	农药	检出频次	检出率（%）	IFS>1 的频次	IFS>1 的比例（%）	IFS_c	影响程度
65	丙环唑	359	2.86	0	0	0.0066	没有影响
66	抗蚜威	14	0.11	0	0	0.0065	没有影响
67	环丙唑醇	6	0.05	0	0	0.0064	没有影响
68	噻虫胺	76	0.61	0	0	0.0063	没有影响
69	甲萘威	5	0.04	0	0	0.0061	没有影响
70	异丙隆	18	0.14	0	0	0.0057	没有影响
71	啶虫脒	2219	17.68	0	0	0.0054	没有影响
72	吡唑醚菌酯	333	2.65	0	0	0.0049	没有影响
73	西草净	1	0.01	0	0	0.0045	没有影响
74	乙嘧酚	65	0.52	0	0	0.0043	没有影响
75	啶氧菌酯	23	0.18	0	0	0.0043	没有影响
76	仲丁威	14	0.11	0	0	0.0042	没有影响
77	腈苯唑	26	0.21	0	0	0.0038	没有影响
78	苯嗪草酮	6	0.05	0	0	0.0037	没有影响
79	莠去津	150	1.20	0	0	0.0036	没有影响
80	甲氧虫酰肼	6	0.05	0	0	0.0035	没有影响
81	异稻瘟净	3	0.02	0	0	0.0033	没有影响
82	嘧霉胺	928	7.39	0	0	0.0033	没有影响
83	烯酰吗啉	2309	18.40	0	0	0.0033	没有影响
84	杀铃脲	3	0.02	0	0	0.0029	没有影响
85	环嗪酮	2	0.02	0	0	0.0029	没有影响
86	噻菌灵	205	1.63	0	0	0.0027	没有影响
87	氟环唑	13	0.10	0	0	0.0024	没有影响
88	烯效唑	3	0.02	0	0	0.0022	没有影响
89	唑螨酯	4	0.03	0	0	0.0021	没有影响
90	肟菌酯	104	0.83	0	0	0.0021	没有影响
91	吡蚜酮	6	0.05	0	0	0.0020	没有影响
92	多杀霉素	4	0.03	0	0	0.0019	没有影响
93	霜霉威	1224	9.75	0	0	0.0019	没有影响
94	甲霜灵	1272	10.13	0	0	0.0019	没有影响
95	氟菌唑	8	0.06	0	0	0.0018	没有影响
96	三环唑	40	0.32	0	0	0.0017	没有影响

续表

序号	农药	检出频次	检出率（%）	IFS>1 的频次	IFS>1 的比例（%）	IFS_c	影响程度
97	吡丙醚	74	0.59	0	0	0.0017	没有影响
98	环酰菌胺	38	0.30	0	0	0.0016	没有影响
99	扑草净	30	0.24	0	0	0.0014	没有影响
100	苯噻酰草胺	1	0.01	0	0	0.0014	没有影响
101	多效唑	210	1.67	0	0	0.0013	没有影响
102	甲基嘧啶磷	7	0.06	0	0	0.0013	没有影响
103	丁酰肼	1	0.01	0	0	0.0012	没有影响
104	苄嘧磺隆	2	0.02	0	0	0.0012	没有影响
105	仲丁灵	1	0.01	0	0	0.0011	没有影响
106	乙螨唑	13	0.10	0	0	0.0009	没有影响
107	戊菌唑	6	0.05	0	0	0.0009	没有影响
108	异丙甲草胺	7	0.06	0	0	0.0009	没有影响
109	吡氟禾草灵	1	0.01	0	0	0.0009	没有影响
110	烯啶虫胺	157	1.25	0	0	0.0008	没有影响
111	嘧菌酯	616	4.91	0	0	0.0007	没有影响
112	醚菌酯	60	0.48	0	0	0.0006	没有影响
113	丙草胺	2	0.02	0	0	0.0005	没有影响
114	丁草胺	1	0.01	0	0	0.0004	没有影响
115	氯吡脲	16	0.13	0	0	0.0003	没有影响
116	增效醚	26	0.21	0	0	0.0003	没有影响
117	马拉硫磷	102	0.81	0	0	0.0002	没有影响
118	喹氧灵	7	0.06	0	0	0.0002	没有影响
119	莠灭净	2	0.02	0	0	0.0002	没有影响
120	呋虫胺	4	0.03	0	0	0.0002	没有影响
121	苯霜灵	1	0.01	0	0	0.0001	没有影响
122	毒草胺	1	0.01	0	0	0.0001	没有影响

5.3.3 LC-Q-TOF/MS 技术侦测全国市售水果蔬菜农药残留预警风险评估

基于全国水果蔬菜中农药残留 LC-Q-TOF/MS 侦测数据，分析禁用农药的检出率，同时参照中华人民共和国国家标准 GB 2763—2016 和欧盟农药最大残留限量（MRL）标准分析非禁用农药残留的超标率，并计算农药残留风险系数，分析单种水果蔬菜中农药残留以及所有水果蔬菜中农药残留的风险程度。

5.3.3.1　单种水果蔬菜中农药残留风险系数分析

1）单种水果蔬菜中禁用农药残留风险系数分析

侦测出的 174 种农药中有 12 种禁用农药，且它们分布在 67 种水果蔬菜，计算该 67 种水果蔬菜中禁用农药的超标率，根据超标率计算风险系数 R，进而分析水果蔬菜中禁用农药的风险程度，结果如图 5-49 和表 5-46 所示。分析发现 8 种禁用农药在 57 种水果蔬菜中的残留处均于高度风险。

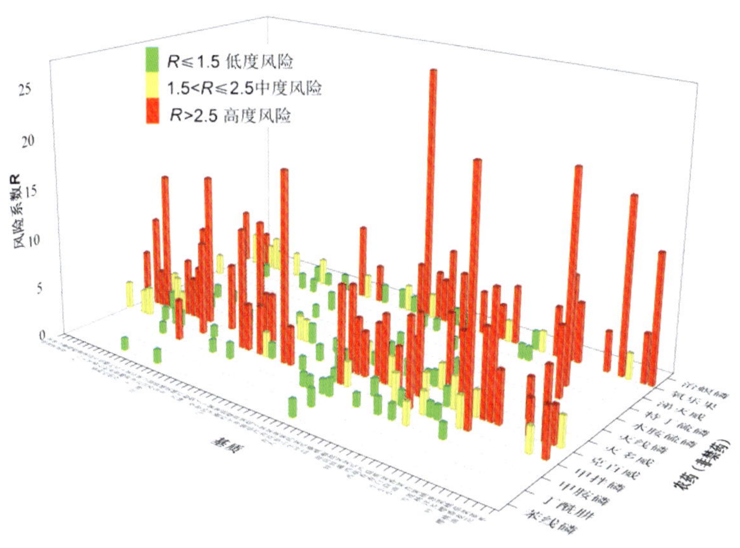

图 5-49　67 种水果蔬菜中 12 种禁用农药的风险系数分布图

表 5-46　67 种水果蔬菜中 12 种禁用农药的风险系数列表

序号	基质	农药	检出频次	超标率 P（%）	风险系数 R	风险程度
1	平菇	氧乐果	1	25.00	26.10	高度风险
2	小茴香	甲拌磷	3	23.08	24.18	高度风险
3	雪莲果	特丁硫磷	1	20.00	21.10	高度风险
4	萝卜	甲拌磷	14	18.18	15.28	高度风险
5	樱桃	氧乐果	1	16.67	17.77	高度风险
6	枸杞叶	克百威	1	14.29	15.39	高度风险
7	草莓	克百威	15	13.16	14.26	高度风险

续表

序号	基质	农药	检出频次	超标率 P（%）	风险系数 R	风险程度
8	枣	氧乐果	6	12.00	13.10	高度风险
9	小油菜	克百威	9	11.54	12.64	高度风险
10	金橘	甲拌磷	1	11.11	12.21	高度风险
11	金橘	克百威	1	11.11	12.21	高度风险
12	芹菜	甲拌磷	47	8.75	9.85	高度风险
13	番石榴	克百威	2	8.70	9.80	高度风险
14	豇豆	克百威	2	8.70	9.80	高度风险
15	胡萝卜	甲拌磷	14	8.43	9.53	高度风险
16	菜豆	克百威	40	8.16	5.26	高度风险
17	茼蒿	甲拌磷	16	7.88	8.98	高度风险
18	茄子	克百威	36	7.73	8.83	高度风险
19	小茴香	氧乐果	1	7.69	8.79	高度风险
20	小茴香	克百威	1	7.69	8.79	高度风险
21	甜椒	克百威	39	7.10	8.20	高度风险
22	芹菜	氧乐果	36	6.70	7.80	高度风险
23	香菇	克百威	1	6.67	7.77	高度风险
24	娃娃菜	灭多威	1	6.67	7.77	高度风险
25	韭菜	氧乐果	23	6.55	7.65	高度风险
26	樱桃番茄	克百威	4	6.06	7.16	高度风险
27	杨桃	水胺硫磷	2	6.06	7.16	高度风险
28	山药	涕灭威	1	5.88	6.98	高度风险
29	山药	克百威	1	5.88	6.98	高度风险
30	黄瓜	克百威	34	5.75	6.85	高度风险
31	小油菜	氧乐果	4	5.13	6.23	高度风险
32	茼蒿	氧乐果	10	4.93	6.03	高度风险
33	人参果	克百威	1	4.76	5.86	高度风险
34	大蒜	克百威	1	4.76	5.86	高度风险
35	芹菜	克百威	25	4.66	5.76	高度风险
36	菠菜	氧乐果	14	4.53	5.63	高度风险
37	桃	克百威	14	4.52	5.62	高度风险
38	番茄	克百威	27	4.35	5.45	高度风险
39	豇豆	灭多威	1	4.35	5.45	高度风险

续表

序号	基质	农药	检出频次	超标率 *P*（%）	风险系数 *R*	风险程度
40	柠檬	氧乐果	1	4.35	5.45	高度风险
41	菠菜	克百威	13	4.21	5.31	高度风险
42	杏	克百威	1	4.17	5.27	高度风险
43	橘	克百威	6	4.08	5.18	高度风险
44	香蕉	氧乐果	4	4.04	5.14	高度风险
45	葡萄	氧乐果	17	4.04	5.14	高度风险
46	苦苣	甲拌磷	2	4.00	5.10	高度风险
47	韭菜	克百威	14	3.99	5.09	高度风险
48	芫荽	氧乐果	2	3.92	5.02	高度风险
49	芫荽	甲拌磷	2	3.92	5.02	高度风险
50	韭菜	甲拌磷	13	3.70	4.80	高度风险
51	青菜	克百威	5	3.47	4.57	高度风险
52	茄子	氧乐果	16	3.43	4.53	高度风险
53	生菜	氧乐果	14	3.35	4.45	高度风险
54	丝瓜	克百威	1	3.13	4.23	高度风险
55	哈密瓜	甲胺磷	1	3.13	4.23	高度风险
56	杨桃	灭多威	1	3.03	4.13	高度风险
57	洋葱	氧乐果	1	3.03	4.13	高度风险
58	冬瓜	克百威	6	3.00	4.10	高度风险
59	马铃薯	甲拌磷	3	2.86	3.96	高度风险
60	辣椒	氧乐果	2	2.78	3.88	高度风险
61	菜薹	克百威	2	2.70	3.80	高度风险
62	油麦菜	克百威	3	2.68	3.78	高度风险
63	草莓	氧乐果	3	2.63	3.73	高度风险
64	桃	氧乐果	8	2.58	3.68	高度风险
65	叶芥菜	克百威	1	2.56	3.66	高度风险
66	芥蓝	灭多威	1	2.50	3.60	高度风险
67	葱	涕灭威	1	2.44	3.54	高度风险
68	葱	克百威	1	2.44	3.54	高度风险
69	葱	氧乐果	1	2.44	3.54	高度风险
70	菜豆	氧乐果	11	2.24	3.34	高度风险
71	西葫芦	克百威	6	2.14	3.24	高度风险

续表

序号	基质	农药	检出频次	超标率 P（%）	风险系数 R	风险程度
72	小白菜	甲拌磷	4	2.03	3.13	高度风险
73	芫荽	克百威	1	1.96	3.06	高度风险
74	桃	甲拌磷	6	1.94	3.04	高度风险
75	生菜	克百威	8	1.91	3.01	高度风险
76	草莓	甲拌磷	2	1.75	2.85	高度风险
77	蒜薹	氧乐果	1	1.72	2.82	高度风险
78	花椰菜	氧乐果	1	1.67	2.77	高度风险
79	菠菜	甲拌磷	5	1.62	2.72	高度风险
80	芒果	氧乐果	1	1.61	2.71	高度风险
81	小白菜	克百威	3	1.52	2.62	高度风险
82	樱桃番茄	氧乐果	1	1.52	2.62	高度风险
83	樱桃番茄	甲拌磷	1	1.52	2.62	高度风险
84	茼蒿	灭多威	3	1.48	2.58	高度风险
85	茼蒿	克百威	3	1.48	2.58	高度风险
86	番茄	氧乐果	9	1.45	2.55	高度风险
87	苹果	氧乐果	9	1.43	2.53	高度风险
88	菜豆	灭多威	7	1.43	2.53	高度风险
89	橙	氧乐果	4	1.41	2.51	高度风险
90	梨	克百威	8	1.39	2.49	中度风险
91	青菜	甲拌磷	2	1.39	2.49	中度风险
92	辣椒	克百威	1	1.39	2.49	中度风险
93	辣椒	灭多威	1	1.39	2.49	中度风险
94	辣椒	甲拌磷	1	1.39	2.49	中度风险
95	橘	氧乐果	2	1.36	2.46	中度风险
96	菜薹	氧乐果	1	1.35	2.45	中度风险
97	菜薹	甲拌磷	1	1.35	2.45	中度风险
98	梨	灭多威	7	1.22	2.32	中度风险
99	蕹菜	甲胺磷	1	1.19	2.29	中度风险
100	蕹菜	甲拌磷	1	1.19	2.29	中度风险
101	大白菜	克百威	4	1.14	2.24	中度风险
102	大白菜	氧乐果	4	1.14	2.24	中度风险
103	甜椒	氧乐果	6	1.09	2.19	中度风险

续表

序号	基质	农药	检出频次	超标率 P（%）	风险系数 R	风险程度
104	结球甘蓝	克百威	5	1.09	2.19	中度风险
105	菠萝	特丁硫磷	1	1.09	2.19	中度风险
106	茄子	灭多威	5	1.07	2.17	中度风险
107	西葫芦	氧乐果	3	1.07	2.17	中度风险
108	茼蒿	灭线磷	2	0.99	2.09	中度风险
109	李子	灭多威	1	0.98	2.08	中度风险
110	马铃薯	氧乐果	1	0.95	2.05	中度风险
111	葡萄	克百威	4	0.95	2.05	中度风险
112	梨	氧乐果	5	0.87	1.97	中度风险
113	韭菜	特丁硫磷	3	0.85	1.95	中度风险
114	西瓜	克百威	2	0.84	1.94	中度风险
115	西瓜	氧乐果	2	0.84	1.94	中度风险
116	苹果	克百威	5	0.80	1.90	中度风险
117	火龙果	灭线磷	1	0.74	1.84	中度风险
118	生菜	灭多威	3	0.72	1.82	中度风险
119	生菜	甲拌磷	3	0.72	1.82	中度风险
120	橙	克百威	2	0.70	1.80	中度风险
121	青菜	丁酰肼	1	0.69	1.79	中度风险
122	青菜	甲胺磷	1	0.69	1.79	中度风险
123	青菜	苯线磷	1	0.69	1.79	中度风险
124	青菜	灭多威	1	0.69	1.79	中度风险
125	青菜	氧乐果	1	0.69	1.79	中度风险
126	结球甘蓝	氧乐果	3	0.65	1.75	中度风险
127	菠菜	灭多威	2	0.65	1.75	中度风险
128	桃	甲胺磷	2	0.65	1.75	中度风险
129	胡萝卜	氧乐果	1	0.60	1.70	中度风险
130	胡萝卜	涕灭威	1	0.60	1.70	中度风险
131	韭菜	甲胺磷	2	0.57	1.67	中度风险
132	芹菜	治螟磷	3	0.56	1.66	中度风险
133	蘑菇	克百威	2	0.55	1.65	中度风险
134	蘑菇	氧乐果	2	0.55	1.65	中度风险
135	甜椒	灭多威	3	0.55	1.65	中度风险

续表

序号	基质	农药	检出频次	超标率 P（%）	风险系数 R	风险程度
136	甜椒	甲拌磷	3	0.55	1.65	中度风险
137	梨	甲拌磷	3	0.52	1.62	中度风险
138	小白菜	氧乐果	1	0.51	1.61	中度风险
139	小白菜	甲胺磷	1	0.51	1.61	中度风险
140	冬瓜	甲拌磷	1	0.50	1.60	中度风险
141	冬瓜	灭多威	1	0.50	1.60	中度风险
142	茼蒿	甲胺磷	1	0.49	1.59	中度风险
143	番茄	甲拌磷	3	0.48	1.58	中度风险
144	葡萄	灭多威	2	0.48	1.58	中度风险
145	西瓜	甲拌磷	1	0.42	1.52	中度风险
146	西瓜	灭多威	1	0.42	1.52	中度风险
147	西瓜	涕灭威	1	0.42	1.52	中度风险
148	菜豆	水胺硫磷	2	0.41	1.51	中度风险
149	青花菜	氧乐果	1	0.37	1.47	低度风险
150	芹菜	灭线磷	2	0.37	1.47	低度风险
151	芹菜	甲胺磷	2	0.37	1.47	低度风险
152	西葫芦	涕灭威	1	0.36	1.46	低度风险
153	西葫芦	甲拌磷	1	0.36	1.46	低度风险
154	黄瓜	苯线磷	2	0.34	1.44	低度风险
155	黄瓜	涕灭威	2	0.34	1.44	低度风险
156	桃	灭多威	1	0.32	1.42	低度风险
157	苹果	甲胺磷	2	0.32	1.42	低度风险
158	大白菜	甲拌磷	1	0.29	1.39	低度风险
159	大白菜	涕灭威	1	0.29	1.39	低度风险
160	大白菜	灭线磷	1	0.29	1.39	低度风险
161	韭菜	灭线磷	1	0.28	1.38	低度风险
162	韭菜	水胺硫磷	1	0.28	1.38	低度风险
163	蘑菇	灭多威	1	0.28	1.38	低度风险
164	蘑菇	甲拌磷	1	0.28	1.38	低度风险
165	生菜	甲胺磷	1	0.24	1.34	低度风险
166	生菜	特丁硫磷	1	0.24	1.34	低度风险
167	葡萄	涕灭威	1	0.24	1.34	低度风险

续表

序号	基质	农药	检出频次	超标率 P（%）	风险系数 R	风险程度
168	葡萄	甲胺磷	1	0.24	1.34	低度风险
169	结球甘蓝	甲胺磷	1	0.22	1.32	低度风险
170	茄子	甲拌磷	1	0.21	1.31	低度风险
171	茄子	水胺硫磷	1	0.21	1.31	低度风险
172	芹菜	灭多威	1	0.19	1.29	低度风险
173	芹菜	涕灭威	1	0.19	1.29	低度风险
174	黄瓜	灭多威	1	0.17	1.27	低度风险
175	黄瓜	氧乐果	1	0.17	1.27	低度风险
176	黄瓜	甲拌磷	1	0.17	1.27	低度风险
177	番茄	苯线磷	1	0.16	1.26	低度风险
178	番茄	甲胺磷	1	0.16	1.26	低度风险
179	番茄	灭线磷	1	0.16	1.26	低度风险

2）基于 MRL 中国国家标准的单种水果蔬菜中非禁用农药残留风险系数分析

参照中华人民共和国国家标准 GB 2763—2016 中农药残留限量计算每种水果蔬菜中每种非禁用农药的超标率，进而计算其风险系数，根据风险系数大小判断农药残留的预警风险程度，水果蔬菜中非禁用农药残留风险程度分布情况如图 5-50 所示。

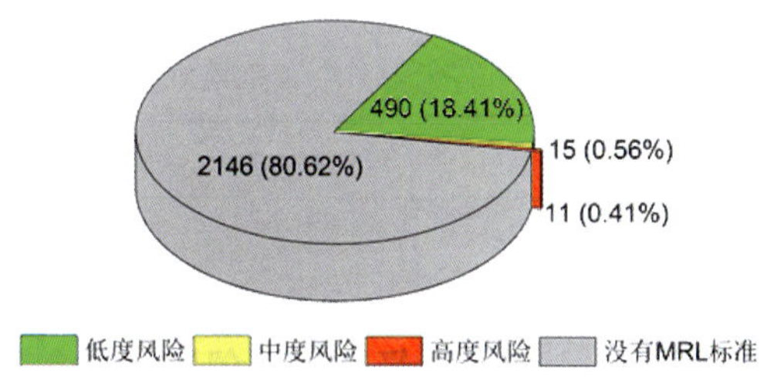

图 5-50　水果蔬菜中非禁用农药残留风险程度的频次分布图（MRL 中国国家标准）

本次分析中，发现在 121 种水果蔬菜检出 162 种残留非禁用农药，涉及样本 2662 个，在 2662 个样本中，0.41%处于高度风险，18.41%处于低度风险，此外发现有 2146 个样本没有 MRL 中国国家标准值，无法判断其风险程度，有 MRL 中国国家标准值的 516 个样本涉及 82 种水果蔬菜中的 72 种非禁用农药，其风险系数如图 5-51 所示。表 5-47 为非禁用农药残留处于高度风险的水果蔬菜列表。

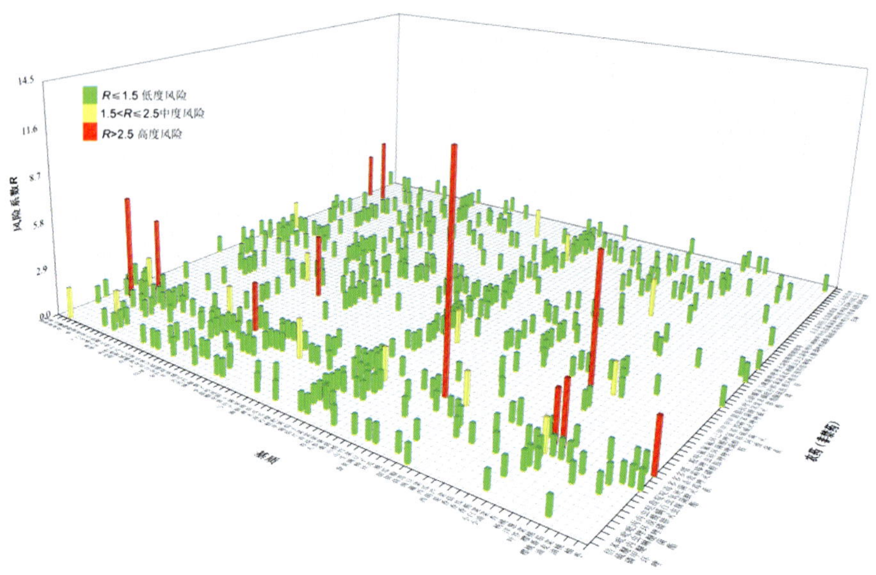

图 5-51　82 种水果蔬菜中 72 种非禁用农药的风险系数分布图（MRL 中国国家标准）

表 5-47　单种水果蔬菜中处于高度风险的非禁用农药风险系数表（MRL 中国国家标准）

序号	基质	中文名称	超标频次	超标率 P（%）	风险系数 R
1	食荚豌豆	多菌灵	1	12.50	13.6
2	香菇	甲氨基阿维菌素	1	6.67	7.8
3	菜薹	敌百虫	4	5.41	6.5
4	草莓	多菌灵	4	3.51	4.6
5	草莓	烯酰吗啉	4	3.51	4.6
6	金针菇	甲氨基阿维菌素	1	2.86	4.0
7	小油菜	毒死蜱	2	2.56	3.7
8	菠萝	烯酰吗啉	2	2.17	3.3
9	枣	多菌灵	1	2.00	3.1
10	小白菜	毒死蜱	3	1.52	2.6
11	韭菜	毒死蜱	5	1.42	2.5

3）基于 MRL 欧盟标准的单种水果蔬菜中非禁用农药残留风险系数分析

参照 MRL 欧盟标准计算每种水果蔬菜中每种非禁用农药的超标率，进而计算其风险系数，根据风险系数大小判断农药残留的预警风险程度，水果蔬菜中非禁用农药残留风险程度分布情况如图 5-52 所示。

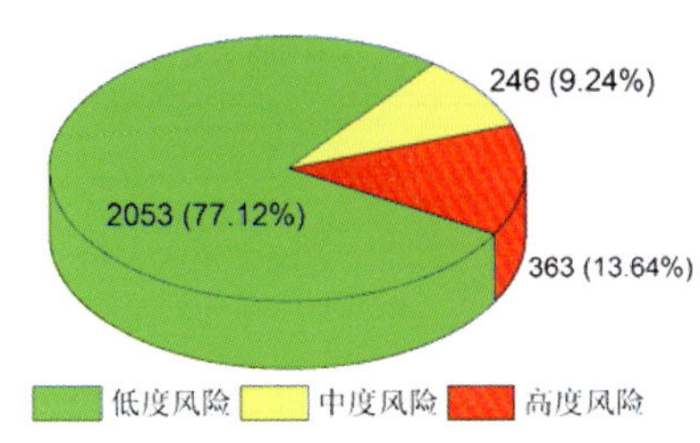

图 5-52　水果蔬菜中非禁用农药残留风险程度的频次分布图（MRL 欧盟标准）

本次分析中，发现在 121 种水果蔬菜中，共侦测出 162 种非禁用农药，涉及样本 2662 个，其中，13.64%处于高度风险，涉及 92 种水果蔬菜和 60 种农药；77.12%处于低度风险，涉及 121 种水果蔬菜和 159 种农药。单种水果蔬菜中处于高度风险的前 100 个非禁用农药的风险系数如图 5-53 和表 5-48 所示。

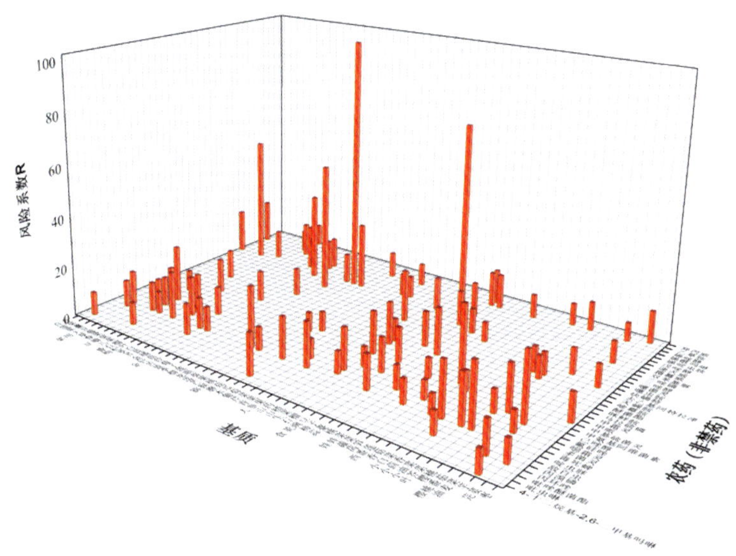

图 5-53　单种水果蔬菜中处于高度风险的前 100 非禁用农药的风险系数分布图（MRL 欧盟标准）

表 5-48　单种水果蔬菜中处于高度风险的前 100 非禁用农药的风险系数表（MRL 欧盟标准）

序号	基质	农药	超标频次	超标率 P（%）	风险系数 R
1	榴莲	双苯基脲	1	100.00	101.1
2	石榴	双苯基脲	3	75.00	76.1
3	蓝莓	噻菌灵	1	50.00	51.1
4	菜用大豆	双苯基脲	2	50.00	51.1
5	金橘	三唑磷	3	33.33	34.4
6	西番莲	甲基硫菌灵	2	28.57	29.7

续表

序号	基质	农药	超标频次	超标率 P（%）	风险系数 R
7	油麦菜	氟硅唑	28	25.00	26.1
8	龙眼	双苯基脲	2	25.00	26.1
9	叶芥菜	啶虫脒	9	23.08	24.2
10	落葵	啶虫脒	5	22.73	23.8
11	春菜	氟硅唑	4	21.05	22.2
12	小白菜	啶虫脒	39	19.80	20.9
13	人参果	炔螨特	4	19.05	20.1
14	小油菜	啶虫脒	14	17.95	19.0
15	番石榴	啶虫脒	4	17.39	18.5
16	蒜薹	咪鲜胺	10	17.24	18.3
17	樱桃	己唑醇	1	16.67	17.8
18	百合	双苯基脲	1	16.67	17.8
19	百合	烯酰吗啉	1	16.67	17.8
20	茭白	霜霉威	1	16.67	17.8
21	青菜	啶虫脒	24	16.67	17.8
22	木瓜	吡虫啉	2	15.38	16.5
23	豆瓣菜	多菌灵	2	15.38	16.5
24	山楂	马拉硫磷	2	15.38	16.5
25	山楂	甲基硫菌灵	2	15.38	16.5
26	木瓜	啶虫脒	2	15.38	16.5
27	山楂	多菌灵	2	15.38	16.5
28	枸杞叶	噁霜灵	1	14.29	15.4
29	枸杞叶	多菌灵	1	14.29	15.4
30	儿菜	烯啶虫胺	1	12.50	13.6
31	儿菜	甲霜灵	1	12.50	13.6
32	柿子	烯酰吗啉	1	12.50	13.6
33	食荚豌豆	三唑醇	1	12.50	13.6
34	食荚豌豆	霜霉威	1	12.50	13.6
35	食荚豌豆	醚菌酯	1	12.50	13.6
36	食荚豌豆	甲基硫菌灵	1	12.50	13.6
37	食荚豌豆	氟硅唑	1	12.50	13.6
38	食荚豌豆	烯酰吗啉	1	12.50	13.6

续表

序号	基质	农药	超标频次	超标率 *P*（%）	风险系数 *R*
39	食荚豌豆	烯唑醇	1	12.50	13.6
40	柿子	啶虫脒	1	12.50	13.6
41	菜薹	啶虫脒	9	12.16	13.3
42	芫荽	乙草胺	6	11.76	12.9
43	山药	双苯基脲	2	11.76	12.9
44	油麦菜	丙环唑	13	11.61	12.7
45	金橘	马拉硫磷	1	11.11	12.2
46	金橘	丙溴磷	1	11.11	12.2
47	金橘	戊唑醇	1	11.11	12.2
48	金橘	速灭威	1	11.11	12.2
49	金橘	啶虫脒	1	11.11	12.2
50	李子	双苯基脲	11	10.78	11.9
51	春菜	霜霉威	2	10.53	11.6
52	春菜	多菌灵	2	10.53	11.6
53	春菜	嘧霉胺	2	10.53	11.6
54	春菜	啶虫脒	2	10.53	11.6
55	小油菜	烯唑醇	8	10.26	11.4
56	枣	甲基硫菌灵	5	10.00	11.1
57	苦苣	灭蝇胺	5	10.00	11.1
58	芥蓝	氟硅唑	4	10.00	11.1
59	菜薹	敌百虫	7	9.46	10.6
60	樱桃番茄	炔螨特	6	9.09	10.2
61	落葵	烯酰吗啉	2	9.09	10.2
62	小油菜	灭蝇胺	7	8.97	10.1
63	草莓	多菌灵	10	8.77	9.9
64	蒜薹	噻菌灵	5	8.62	9.7
65	金针菇	啶虫脒	3	8.57	9.7
66	蕹菜	烯酰吗啉	7	8.33	9.4
67	蕹菜	啶虫脒	7	8.33	9.4
68	菠菜	吡虫啉	25	8.09	5.2
69	芒果	啶虫脒	5	8.06	5.2
70	桃	多菌灵	25	8.06	5.2

续表

序号	基质	农药	超标频次	超标率 P（%）	风险系数 R
71	芫荽	丙环唑	4	7.84	8.9
72	芫荽	去乙基阿特拉津	4	7.84	8.9
73	木瓜	霜霉威	1	7.69	8.8
74	豆瓣菜	异丙威	1	7.69	8.8
75	豆瓣菜	啶虫脒	1	7.69	8.8
76	叶芥菜	灭蝇胺	3	7.69	8.8
77	叶芥菜	嘧霉胺	3	7.69	8.8
78	豆瓣菜	烯酰吗啉	1	7.69	8.8
79	豆瓣菜	吡唑醚菌酯	1	7.69	8.8
80	叶芥菜	氟硅唑	3	7.69	8.8
81	木瓜	烯酰吗啉	1	7.69	8.8
82	小茴香	丙环唑	1	7.69	8.8
83	山楂	咪鲜胺	1	7.69	8.8
84	山楂	毒死蜱	1	7.69	8.8
85	芋	双苯基脲	1	7.69	8.8
86	芋	4-十二烷基-2,6-二甲基吗啉	1	7.69	8.8
87	小白菜	烯唑醇	15	7.61	8.7
88	葡萄	霜霉威	32	7.60	8.7
89	油麦菜	多菌灵	8	7.14	8.2
90	草莓	甲基硫菌灵	8	7.02	8.1
91	生菜	氟硅唑	28	6.70	7.8
92	香菇	啶虫脒	1	6.67	7.8
93	娃娃菜	噻虫胺	1	6.67	7.8
94	娃娃菜	甲氨基阿维菌素	1	6.67	7.8
95	香菇	甲氨基阿维菌素	1	6.67	7.8
96	蘑菇	甲哌	24	6.63	7.7
97	芹菜	多菌灵	35	6.52	7.6
98	猕猴桃	甲基硫菌灵	10	6.49	7.6
99	莴笋	多菌灵	1	6.25	7.4
100	油麦菜	烯唑醇	7	6.25	7.4

5.3.3.2　所有水果蔬菜中农药残留风险系数分析

1）所有水果蔬菜中禁用农药残留风险系数分析

在侦测出的 174 种农药中有 12 种禁用农药，计算所有水果蔬菜中禁用农药的风险系数，结果如表 5-49 所示。可以看出，克百威和氧乐果的农药残留处于高度风险，甲拌磷处于中度风险，其他禁用农药均处于低度风险。

表 5-49　水果蔬菜中 12 种禁用农药的风险系数表

序号	中文名称	检出频次	检出率 *P*（%）	风险系数 *R*	风险程度
1	克百威	361	2.88	4.0	高度风险
2	氧乐果	236	1.88	3.0	高度风险
3	甲拌磷	157	1.25	2.4	中度风险
4	灭多威	45	0.36	1.5	低度风险
5	甲胺磷	17	0.14	1.2	低度风险
6	涕灭威	10	0.08	1.2	低度风险
7	灭线磷	8	0.06	1.2	低度风险
8	特丁硫磷	6	0.05	1.1	低度风险
9	水胺硫磷	6	0.05	1.1	低度风险
10	苯线磷	4	0.03	1.1	低度风险
11	治螟磷	3	0.02	1.1	低度风险
12	丁酰肼	1	0.01	1.1	低度风险

2）所有水果蔬菜中非禁用农药残留风险系数分析

参照 MRL 欧盟标准计算所有水果蔬菜中每种非禁用农药残留的风险系数，如图 5-54 与表 5-50 所示。在检出的 162 种非禁用农药中，3 种农药（1.85%）残留处于高度风险，13 种农药（8.02%）残留处于中度风险，146 种农药（90.12%）残留处于低度风险。

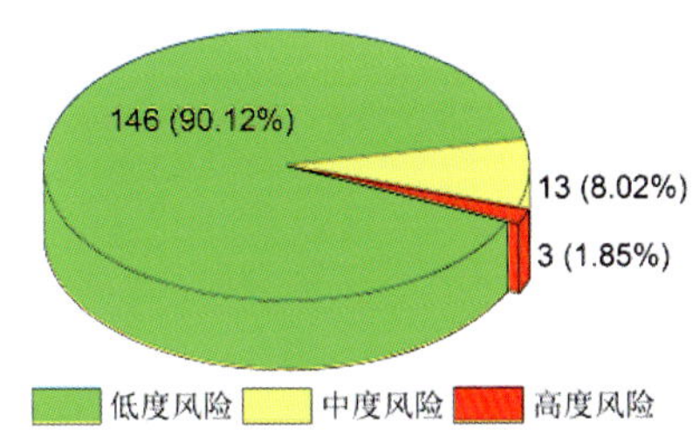

图 5-54　水果蔬菜中 162 种非禁用农药风险程度的频次分布图

表 5-50　水果蔬菜中 162 种非禁用农药的风险系数表

序号	中文名称	超标频次	超标率 *P*（%）	风险系数 *R*	风险程度
1	多菌灵	248	1.98	3.1	高度风险
2	啶虫脒	219	1.74	2.8	高度风险
3	双苯基脲	187	1.49	2.6	高度风险
4	氟硅唑	152	1.21	2.3	中度风险
5	噁霜灵	144	1.15	2.2	中度风险
6	烯啶虫胺	93	0.74	1.8	中度风险
7	霜霉威	89	0.71	1.8	中度风险
8	甲基硫菌灵	77	0.61	1.7	中度风险
9	烯酰吗啉	74	0.59	1.7	中度风险
10	嘧霉胺	70	0.56	1.7	中度风险
11	三唑磷	69	0.55	1.6	中度风险
12	丙环唑	69	0.55	1.6	中度风险
13	丙溴磷	61	0.49	1.6	中度风险
14	三唑醇	60	0.48	1.6	中度风险
15	烯唑醇	59	0.47	1.6	中度风险
16	吡虫啉	58	0.46	1.6	中度风险
17	甲霜灵	43	0.34	1.4	低度风险
18	甲哌	40	0.32	1.4	低度风险
19	灭蝇胺	36	0.29	1.4	低度风险
20	甲氨基阿维菌素	33	0.26	1.4	低度风险
21	咪鲜胺	29	0.23	1.3	低度风险
22	炔螨特	28	0.22	1.3	低度风险
23	噻虫嗪	27	0.22	1.3	低度风险
24	醚菌酯	19	0.15	1.3	低度风险
25	多效唑	19	0.15	1.3	低度风险
26	己唑醇	19	0.15	1.3	低度风险
27	毒死蜱	18	0.14	1.2	低度风险
28	哒螨灵	18	0.14	1.2	低度风险
29	避蚊胺	18	0.14	1.2	低度风险
30	异丙威	17	0.14	1.2	低度风险
31	三唑酮	17	0.14	1.2	低度风险
32	戊唑醇	17	0.14	1.2	低度风险

续表

序号	中文名称	超标频次	超标率 P（%）	风险系数 R	风险程度
33	乙霉威	15	0.12	1.2	低度风险
34	敌百虫	15	0.12	1.2	低度风险
35	吡唑醚菌酯	13	0.10	1.2	低度风险
36	腈菌唑	13	0.10	1.2	低度风险
37	速灭威	13	0.10	1.2	低度风险
38	抑霉唑	12	0.10	1.2	低度风险
39	仲丁威	11	0.09	1.2	低度风险
40	丁二酸二丁酯	11	0.09	1.2	低度风险
41	乐果	10	0.08	1.2	低度风险
42	马拉硫磷	9	0.07	1.2	低度风险
43	噻虫胺	9	0.07	1.2	低度风险
44	啶氧菌酯	9	0.07	1.2	低度风险
45	嘧菌酯	7	0.06	1.2	低度风险
46	噻菌灵	7	0.06	1.2	低度风险
47	乙草胺	7	0.06	1.2	低度风险
48	噻嗪酮	6	0.05	1.1	低度风险
49	稻瘟灵	6	0.05	1.1	低度风险
50	去乙基阿特拉津	6	0.05	1.1	低度风险
51	异丙净	6	0.05	1.1	低度风险
52	唑虫酰胺	6	0.05	1.1	低度风险
53	增效醚	6	0.05	1.1	低度风险
54	倍硫磷	6	0.05	1.1	低度风险
55	扑草净	5	0.04	1.1	低度风险
56	虫酰肼	4	0.03	1.1	低度风险
57	莠去津	4	0.03	1.1	低度风险
58	噻唑磷	4	0.03	1.1	低度风险
59	异丙隆	4	0.03	1.1	低度风险
60	嘧菌环胺	3	0.02	1.1	低度风险
61	二嗪磷	3	0.02	1.1	低度风险
62	胺菊酯	3	0.02	1.1	低度风险
63	异稻瘟净	3	0.02	1.1	低度风险
64	兹克威	3	0.02	1.1	低度风险

续表

序号	中文名称	超标频次	超标率 *P*（%）	风险系数 *R*	风险程度
65	螺螨酯	2	0.02	1.1	低度风险
66	6-苄氨基嘌呤	2	0.02	1.1	低度风险
67	甲氧虫酰肼	2	0.02	1.1	低度风险
68	十三吗啉	2	0.02	1.1	低度风险
69	三环唑	2	0.02	1.1	低度风险
70	乙虫腈	2	0.02	1.1	低度风险
71	4-十二烷基-2,6-二甲基吗啉	2	0.02	1.1	低度风险
72	苄嘧磺隆	2	0.02	1.1	低度风险
73	甲萘威	2	0.02	1.1	低度风险
74	氟氯氢菊脂	2	0.02	1.1	低度风险
75	杀线威	2	0.02	1.1	低度风险
76	3,4,5-混杀威	2	0.02	1.1	低度风险
77	乙基杀扑磷	2	0.02	1.1	低度风险
78	辛硫磷	2	0.02	1.1	低度风险
79	噻虫啉	1	0.01	1.1	低度风险
80	环丙嘧啶醇	1	0.01	1.1	低度风险
81	苯醚甲环唑	1	0.01	1.1	低度风险
82	缬霉威	1	0.01	1.1	低度风险
83	异丙甲草胺	1	0.01	1.1	低度风险
84	粉唑醇	1	0.01	1.1	低度风险
85	残杀威	1	0.01	1.1	低度风险
86	福美双	1	0.01	1.1	低度风险
87	鱼藤酮	1	0.01	1.1	低度风险
88	莠去通	1	0.01	1.1	低度风险
89	乙嘧酚	1	0.01	1.1	低度风险
90	环丙唑醇	1	0.01	1.1	低度风险
91	茚虫威	1	0.01	1.1	低度风险
92	苯氧威	1	0.01	1.1	低度风险
93	二甲嘧酚	1	0.01	1.1	低度风险
94	烯丙菊酯	1	0.01	1.1	低度风险
95	西草净	1	0.01	1.1	低度风险
96	联苯肼酯	1	0.01	1.1	低度风险

续表

序号	中文名称	超标频次	超标率 P（%）	风险系数 R	风险程度
97	环嗪酮	1	0.01	1.1	低度风险
98	异噁隆	1	0.01	1.1	低度风险
99	氧环唑	1	0.01	1.1	低度风险
100	螺环菌胺	1	0.01	1.1	低度风险
101	硫菌灵	1	0.01	1.1	低度风险
102	稻瘟酰胺	1	0.01	1.1	低度风险
103	去甲基-甲酰氨基-抗蚜威	1	0.01	1.1	低度风险
104	呋虫胺	1	0.01	1.1	低度风险
105	氰草津	1	0.01	1.1	低度风险
106	仲丁灵	1	0.01	1.1	低度风险
107	丁苯吗啉	1	0.01	1.1	低度风险
108	肟菌酯	0	0	1.1	低度风险
109	苯嗪草酮	0	0	1.1	低度风险
110	萘乙酰胺	0	0	1.1	低度风险
111	苄氯三唑醇	0	0	1.1	低度风险
112	去甲基抗蚜威	0	0	1.1	低度风险
113	乙嘧酚磺酸酯	0	0	1.1	低度风险
114	吡丙醚	0	0	1.1	低度风险
115	氟菌唑	0	0	1.1	低度风险
116	氟环唑	0	0	1.1	低度风险
117	四氟醚唑	0	0	1.1	低度风险
118	戊菌唑	0	0	1.1	低度风险
119	丁噻隆	0	0	1.1	低度风险
120	非草隆	0	0	1.1	低度风险
121	莠灭净	0	0	1.1	低度风险
122	亚砜磷	0	0	1.1	低度风险
123	吡氟禾草灵	0	0	1.1	低度风险
124	苯霜灵	0	0	1.1	低度风险
125	环氟菌胺	0	0	1.1	低度风险
126	扑灭津	0	0	1.1	低度风险
127	吡咪唑	0	0	1.1	低度风险
128	乙螨唑	0	0	1.1	低度风险

续表

序号	中文名称	超标频次	超标率 P（%）	风险系数 R	风险程度
129	抗蚜威	0	0	1.1	低度风险
130	腈苯唑	0	0	1.1	低度风险
131	氟甲喹	0	0	1.1	低度风险
132	甲氧丙净	0	0	1.1	低度风险
133	咪草酸	0	0	1.1	低度风险
134	异噁唑草酮	0	0	1.1	低度风险
135	吡蚜酮	0	0	1.1	低度风险
136	烯效唑	0	0	1.1	低度风险
137	唑螨酯	0	0	1.1	低度风险
138	莎稗磷	0	0	1.1	低度风险
139	马拉氧磷	0	0	1.1	低度风险
140	杀铃脲	0	0	1.1	低度风险
141	十二环吗啉	0	0	1.1	低度风险
142	苯噻酰草胺	0	0	1.1	低度风险
143	喹螨醚	0	0	1.1	低度风险
144	双苯酰草胺	0	0	1.1	低度风险
145	特丁净	0	0	1.1	低度风险
146	丁草胺	0	0	1.1	低度风险
147	甲基嘧啶磷	0	0	1.1	低度风险
148	异戊乙净	0	0	1.1	低度风险
149	氯吡脲	0	0	1.1	低度风险
150	四螨嗪	0	0	1.1	低度风险
151	氟吡禾灵	0	0	1.1	低度风险
152	氧化萎锈灵	0	0	1.1	低度风险
153	丙草胺	0	0	1.1	低度风险
154	久效威亚砜	0	0	1.1	低度风险
155	毒草胺	0	0	1.1	低度风险
156	枯莠隆	0	0	1.1	低度风险
157	麦穗宁	0	0	1.1	低度风险
158	噁唑隆	0	0	1.1	低度风险
159	环莠隆	0	0	1.1	低度风险
160	环酰菌胺	0	0	1.1	低度风险
161	喹氧灵	0	0	1.1	低度风险
162	多杀霉素	0	0	1.1	低度风险

5.3.4 LC-Q-TOF/MS 技术侦测全国高风险水果蔬菜中农药的风险对比分析

5.3.4.1 全国水果蔬菜的农药残留膳食暴露风险对比分析

1）水果蔬菜膳食暴露风险水平不可接受的样本地域对比分析

利用LC-Q-TOF/MS技术对全国12551例水果蔬菜样品中的农药残留情况进行侦测，有 3653 例样品未侦测出农药残留，其比例占 29.1%，其他样品中共侦测出农药 25486 频次。基于 LC-Q-TOF/MS 技术水果蔬菜样品中农药残留的侦测结果，计算每个频次样本的安全指数 IFS_c，以评价每个样本中农药的膳食暴露风险。膳食暴露风险评估结果表明，水果蔬菜样品中农药的膳食暴露风险水平不可接受的有 138 频次，占检出频次的 0.54%。农药残留膳食暴露风险水平为不可接受的样本 IFS_c 值如表 5-39 所示，其地域分布特点如表 5-51 所示。

表 5-51 全国检出 25486 频次农药中水果蔬菜膳食暴露风险水平为不可接受的样本列表

序号	省市	不可接受频次（次）	不可接受比例（当地，%）	水果蔬菜	农药	IFS_c
1	北京市	5	0.27	韭菜	氧乐果	308.5157
2				草莓	氧乐果	3.8992
3				芹菜	氧乐果	2.7508
4				芹菜	氧乐果	1.3743
5				韭菜	多菌灵	1.3277
6	成都市	1	0.12	菠菜	氧乐果	1.3722
7	福州市	3	0.33	生菜	氟硅唑	3.0445
8				桃	三唑磷	1.5878
9				桃	三唑磷	1.2553
10	广州市	8	0.76	芹菜	氧乐果	2.5903
11				菜薹	敌百虫	2.0897
12				菜薹	敌百虫	2.0492
13				生菜	甲拌磷	1.5526
14				叶芥菜	克百威	1.532
15				萝卜	甲拌磷	1.2486
16				萝卜	甲拌磷	1.064
17				菜薹	异丙威	1.0564
18	贵阳市	2	0.31	番茄	氧乐果	1.9507
19				甜椒	氧乐果	1.406
20	哈尔滨市	3	0.51	芹菜	氧乐果	2.09

续表

序号	省市	不可接受频次（次）	不可接受比例(当地,%)	水果蔬菜	农药	IFS_c
21				芹菜	甲拌磷	1.0269
22				茄子	氧乐果	1.0133
23				生菜	氟硅唑	1.6543
24	海口市	4	0.37	芹菜	三唑磷	1.6372
25				生菜	氟硅唑	1.5171
26				茄子	氧乐果	1.0851
27	杭州市	3	0.37	芹菜	涕灭威	1.2878
28				茼蒿	灭线磷	1.1242
29				芹菜	三唑磷	1.0133
30	合肥市	4	0.41	芹菜	灭线磷	4.712
31				萝卜	甲拌磷	3.543
32				菜豆	三唑磷	1.5694
33				生菜	甲拌磷	1.2287
34	济南市	1	0.19	芹菜	甲拌磷	1.4105
35	昆明市	1	0.14	平菇	氧乐果	4.0808
36				菠菜	克百威	1.3807
37	兰州市	4	0.52	芹菜	克百威	1.3085
38				小油菜	克百威	1.1216
39				油麦菜	氟硅唑	1.0514
40	南昌市	4	0.71	菜豆	氧乐果	33.5392
41				大白菜	敌百虫	2.268
42				葡萄	三唑磷	1.608
43				油麦菜	灭蝇胺	1.4479
44	南京市	18	1.89	草莓	甲氨基阿维菌素	6.9667
45				甜椒	克百威	6.3967
46				番茄	灭线磷	6.0167
47				黄瓜	甲氨基阿维菌素	5.4467
48				冬瓜	甲氨基阿维菌素	3.5467
49				草莓	乐果	3.135
50				小白菜	甲氨基阿维菌素	2.0267
51				西葫芦	甲氨基阿维菌素	1.52
52				甜椒	甲氨基阿维菌素	1.52
53				茼蒿	甲拌磷	1.4476

续表

序号	省市	不可接受频次（次）	不可接受比例(当地，%)	水果蔬菜	农药	IFS_c
54				金针菇	甲氨基阿维菌素	1.3933
55				辣椒	甲氨基阿维菌素	1.3933
56				香菇	甲氨基阿维菌素	1.3933
57				葡萄	克百威	1.3509
58				橘	氧乐果	1.2878
59				茼蒿	灭线磷	1.1717
60				茼蒿	噻嗪酮	1.1119
61				生菜	甲氨基阿维菌素	1.0513
62	南宁市	1	0.29	茄子	氧乐果	1.0112
63	山东蔬菜产区	27	1.46	韭菜	氧乐果	1.615
64				芹菜	氧乐果	18.9451
65				韭菜	氧乐果	18.7044
66				芹菜	氧乐果	18.4194
67				芹菜	氧乐果	14.117
68				韭菜	氧乐果	11.115
69				西葫芦	氧乐果	10.393
70				苹果	氧乐果	8.5036
71				黄瓜	多菌灵	8.0471
72				生菜	氧乐果	6.2784
73				茄子	氧乐果	5.8056
74				大白菜	氧乐果	4.8661
75				韭菜	咪鲜胺	4.1483
76				茼蒿	氧乐果	3.9013
77				芹菜	氧乐果	3.1688
78				芹菜	氧乐果	2.66
79				菠菜	氧乐果	2.6473
80				茼蒿	氧乐果	1.7649
81				桃	多菌灵	1.7005
82				甜椒	三唑磷	1.5422
83				菜豆	克百威	1.1856
84				生菜	氧乐果	1.1632
85				小油菜	克百威	1.1026
86				芹菜	甲拌磷	1.0966

续表

序号	省市	不可接受频次（次）	不可接受比例(当地，%)	水果蔬菜	农药	IFS_c
87				韭菜	氧乐果	1.0872
88				茄子	三唑磷	1.0621
89				番茄	乙霉威	1.0059
90	上海市	2	0.28	青菜	甲氨基阿维菌素	3.5467
91				葱	氧乐果	2.3222
92	深圳市	2	0.34	芹菜	氧乐果	3.4643
93				枸杞叶	克百威	2.7499
94	沈阳市	2	0.20	桃	甲拌磷	2.536
95				葡萄	氧乐果	1.501
96	石家庄市	3	0.36	韭菜	氧乐果	10.0088
97				蒜薹	咪鲜胺	1.1752
98				蒜薹	咪鲜胺	1.1296
99	太原市	6	0.78	韭菜	氧乐果	47.88
100				韭菜	氧乐果	17.974
101				韭菜	氧乐果	17.974
102				韭菜	氧乐果	14.839
103				韭菜	氧乐果	4.5663
104				韭菜	克百威	1.1286
105	天津市	2	0.30	蘑菇	氧乐果	3.6079
106				生菜	氧乐果	1.1991
107	乌鲁木齐市	4	2.37	苹果	氧乐果	11.7103
108				苹果	氧乐果	1.7881
109				桃	氧乐果	1.4672
110				桃	氧乐果	1.2371
111	武汉市	3	0.43	菜豆	氧乐果	5.9744
112				菜豆	噻虫嗪	1.3874
113				菜豆	噻虫嗪	1.0289
114	西安市	1	0.15	胡萝卜	甲拌磷	2.9188
115	西宁市	8	0.95	韭菜	甲拌磷	20.149
116				小油菜	三唑磷	5.0743
117				菠菜	克百威	3.3117
118				菜豆	三唑磷	3.0166
119				菠菜	克百威	2.6448
120				茄子	炔螨特	1.4126
121				小油菜	克百威	1.0545
122				葡萄	嘧菌环胺	1.0504
123	长春市	4	0.41	甜椒	氧乐果	10.7498

续表

序号	省市	不可接受频次（次）	不可接受比例(当地,%)	水果蔬菜	农药	IFS_c
124				桃	克百威	7.5829
125				胡萝卜	甲拌磷	3.2318
126				甜椒	乐果	1.1539
127	长沙市	1	0.34	菜豆	三唑磷	1.6365
128	郑州市	11	1.28	韭菜	氧乐果	8.0877
129				韭菜	氧乐果	6.935
130				韭菜	氧乐果	6.1454
131				菜豆	倍硫磷	3.3653
132				菜豆	克百威	1.9728
133				菜豆	克百威	1.9513
134				菜豆	克百威	1.6802
135				菜豆	倍硫磷	1.6375
136				菜豆	倍硫磷	1.5112
137				菜豆	克百威	1.095
138				菠菜	氧乐果	1.045

LC-Q-TOF/MS 技术侦测出全国水果蔬菜样本中农药的膳食暴露风险水平处于不可接受的频次比例如图 5-55 所示。由图 5-55 可以看出，乌鲁木齐、南京、山东蔬菜产区、郑州、西宁不可接受比例位居前 5 位，不可接受比例分别为 2.37%、1.89%、1.46%、1.28%、0.95%，该比例分别是全国不可接受比例（0.54%）的 4.4、3.5、2.7、2.4、1.8 倍。

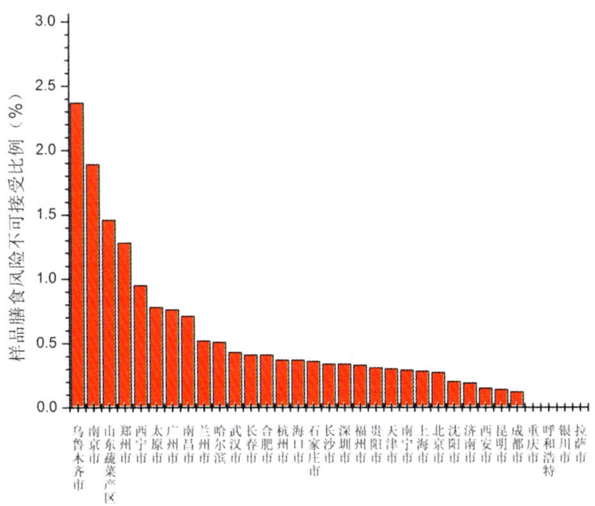

图 5-55 LC-Q-TOF/MS 技术侦测出全国各地水果蔬菜样本中农药的膳食暴露风险水平不可接受的比例分布图

表 5-52 中单个样本中膳食暴露风险不可接受的 138 频次中，涉及的农药种类合计 20 种，农药种类及各自出现频次如表 5-52 所示，可以看出，出现频次最高的有克百威、甲拌磷和氧乐果。20 种农药中有氧乐果、甲拌磷、克百威、灭线磷、涕灭威 5 种禁用农药。

表 5-52　LC-Q-TOF/MS 技术侦测出全国水果蔬菜中膳食暴露风险不可接受的农药种类及频次列表

序号	农药	郑州市	长春市	长沙市	西宁市	西安市	武汉市	乌鲁木齐市	天津市	太原市	石家庄市	沈阳市	深圳市	上海市	南宁市	南京市	南昌市	兰州市	昆明市	山东蔬菜产区	济南市	合肥市	杭州市	海口市	哈尔滨市	贵阳市	广州市	福州市	成都市	北京市	小计
1	氧乐果*	4	1				1	4	2	5	1	1	1	1	1	1	1		1	18				1	2	2	1		1	4	54
2	甲拌磷*		1		1	1						1				1				1	1	2			1		3				13
3	多菌灵																			2										1	3
4	克百威*	4	1		3					1			1			2		3		2							1				18
5	甲氨基阿维菌素													1		10															11
6	灭线磷*															2						1	1								4
7	三唑磷			1	2															2		1	1	1				2			10
8	咪鲜胺										2						1			1											4
9	倍硫磷	3																													3
10	乐果		1													1															2
11	氟硅唑																	1						2				1			4
12	敌百虫																1										2				3
13	灭蝇胺																1														1
14	炔螨特				1																										1
15	噻虫嗪						2																								2
16	涕灭威*																						1								1
17	噻嗪酮															1															1
18	异丙威																										1				1
19	嘧菌环胺				1																										1
20	乙霉威																			1											1
	合计	11	4	1	8	1	3	4	2	6	3	2	2	2	1	18	4	4	1	27	1	4	3	4	3	2	8	3	1	5	138

注：*为禁用农药

在农药膳食暴露风险排名前 20 位的水果蔬菜样本中涉及 4 种农药（见表 5-53 和表 5-54），其中氧乐果属高风险农药且频次最高，共检出 17 频次，占 85.0%；甲拌磷、多菌灵、克百威 3 种农药均检出 1 频次，占 5%。高风险样品以蔬菜为主，涉及 6 种蔬菜（韭菜、菜豆、芹菜、甜椒、西葫芦、黄瓜）和 2 种水果（苹果、桃）。造成水果蔬菜样本中农药残留高风险的原因可能在于蔬菜采收间隔期短、农用滥用及监管滞后等。

表 5-53　LC-Q-TOF/MS 技术侦测出农药膳食暴露风险前 20 位的水果蔬菜样本列表

序号	省市	样品编号	采样点	水果蔬菜	农药	IFS_c
1	北京市	20121110-110105-CAIQ-JC-01A	***超市（朝阳北路店）	韭菜	氧乐果	308.5157
2	太原市	20131015-140100-QHDCIQ-JC-07A	***超市（小店区 A）	韭菜	氧乐果	47.8800
3	南昌市	20131028-360100-JXCIQ-DJ-01A	***超市（牌头店）	菜豆	氧乐果	33.5392
4	西宁市	20140311-630100-QHDCIQ-JC-06A	***超市（城北店）	韭菜	甲拌磷	20.1490
5	潍坊市	20130920-370700-LYCIQ-CE-11A	***超市（饮马店）	芹菜	氧乐果	18.9451
6	烟台市	20140803-370600-LYCIQ-JC-60A	***超市（烟台店）	韭菜	氧乐果	18.7044
7	威海市	20140204-371000-LYCIQ-CE-28A	***超市（新威路店）	芹菜	氧乐果	18.4194
8	太原市	20131015-140100-QHDCIQ-JC-04A	***超市	韭菜	氧乐果	17.9740
9	太原市	20131015-140100-QHDCIQ-JC-08A	***超市（小店区 B）	韭菜	氧乐果	17.9740
10	太原市	20131015-140100-QHDCIQ-JC-03A	***超市（晋源区）	韭菜	氧乐果	14.8390
11	淄博市	20130919-370300-LYCIQ-CE-15A	***超市（淄城路店）	芹菜	氧乐果	14.1170
12	乌鲁木齐市	20130730-650100-CAIQ-AP-04A	***蔬菜店	苹果	氧乐果	11.7103
13	烟台市	20140804-370600-LYCIQ-JC-58A	***百货（迎宾路店）	韭菜	氧乐果	11.1150
14	长春市	20130713-220100-QHDCIQ-PP-05A	***超市（绿园店）	甜椒	氧乐果	10.7498
15	临沂市	20131208-371300-LYCIQ-XH-09A	***超市（解放路店）	西葫芦	氧乐果	10.3930
16	石家庄市	20131015-130100-QHDCIQ-JC-08A	***超市	韭菜	氧乐果	10.0088
17	枣庄市	20131007-370400-LYCIQ-AP-01A	***超市（华山店）	苹果	氧乐果	8.5036
18	郑州市	20131017-410100-CAIQ-JC-01A	***超市	韭菜	氧乐果	8.0877
19	日照市	20131208-371100-LYCIQ-CU-03A	***超市（日照店）	黄瓜	多菌灵	8.0471
20	长春市	20130713-220100-QHDCIQ-PH-05A	***超市（绿园店）	桃	克百威	7.5829

表 5-54　LC-Q-TOF/MS 技术侦测水果蔬菜样品中 IFS_c 值前 20 位的农药分布城市及频次列表

序号	农药	郑州市	长春市	西宁市	乌鲁木齐市	石家庄市	山东蔬菜产区	太原市	南昌市	北京市	小计
1	氧乐果	1	1		1	1	7	4	1	1	17
2	甲拌磷			1							1
3	多菌灵						1				1
4	克百威		1								1
合计		1	2	1	1	1	8	4	1	1	20

2）水果蔬菜样品膳食暴露安全状态不可接受的结果分析

将每例水果蔬菜样品中所有检出农药的 IFS_c 值加和求平均值 $\overline{IFS}$，根据 $\overline{IFS}$ 的大小评价不同样品的安全状态，水果蔬菜样品的安全状态分布情况如图 5-56 所示。结果表明，安全状态不可接受的样品有 55 例，所占比例为 0.44%，如表 5-55 所示。从表 5-55 可以看出，南京市水果蔬菜样品安全状态为不可接受的比例最高，占 1.65%；其次是太原市和山东蔬菜产区，二者分别占 1.57%、1.56%。$\overline{IFS}$ 值最大的样品为韭菜。

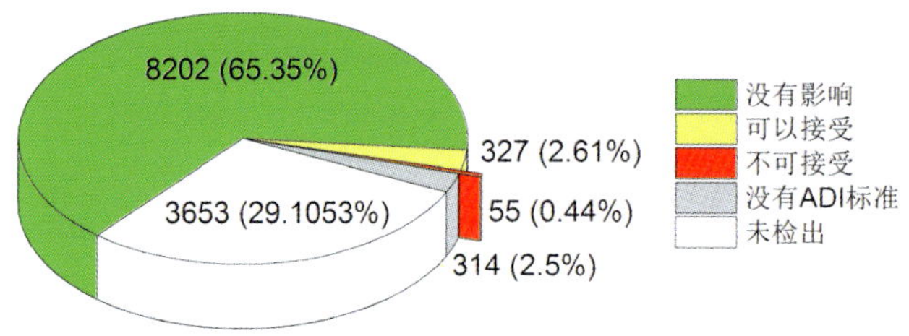

图 5-56　全国水果蔬菜样品的安全状态分布图

表 5-55　全国安全状态不可接受的水果蔬菜样品列表

序号	省市	样品编号	安全状态不可接受的水果蔬菜样品数量/比例（个/%）	基质	$\overline{IFS}$
1	山东蔬菜产区	20140803-370600-LYCIQ-JC-60A	15/1.56	韭菜	4.6793
2		20140204-371000-LYCIQ-CE-28A		芹菜	4.6160
3		20140605-370400-LYCIQ-TH-44A		茼蒿	3.9013
4		20130920-370700-LYCIQ-CE-11A		芹菜	3.7987
5		20140804-370600-LYCIQ-JC-58A		韭菜	3.7061
6		20131208-371300-LYCIQ-XH-09A		西葫芦	3.5403
7		20140605-370400-LYCIQ-BO-44A		菠菜	2.6473
8		20140802-370600-LYCIQ-EP-65A		茄子	1.9375
9		20130919-370300-LYCIQ-CE-15A		芹菜	1.8166
10		20140607-370300-LYCIQ-BC-37A		大白菜	1.6405
11		20140803-370600-LYCIQ-LE-60A		生菜	1.5703
12		20131208-371100-LYCIQ-CU-03A		黄瓜	1.3431
13		20140803-370600-LYCIQ-CL-59A		小油菜	1.1026
14		20131005-371000-LYCIQ-JC-17A		韭菜	1.0872
15		20131204-371300-LYCIQ-JC-08A		韭菜	1.0382
16	南京市	20140111-320100-SHCIQ-PP-10A	8/1.65	甜椒	2.6390
17		20140111-320100-SHCIQ-DG-10A		冬瓜	1.1826
18		20131221-320100-SHCIQ-CU-05A		黄瓜	2.7242
19		20131221-320100-SHCIQ-ST-05B		草莓	1.3939
20		20131221-320100-SHCIQ-LJ-05A		辣椒	1.3933

续表

序号	省市	样品编号	安全状态不可接受的水果蔬菜样品数量/比例（个/%）	基质	$\overline{IFS}$
21	南京市	20131221-320100-SHCIQ-TO-07A		番茄	1.1192
22		20131221-320100-SHCIQ-ST-07A		草莓	1.0668
23		20131221-320100-SHCIQ-PB-05B		小白菜	1.0135
24	太原市	20131015-140100-QHDCIQ-JC-03A	5/1.57	韭菜	1.9964
25		20131015-140100-QHDCIQ-JC-08A		韭菜	2.7369
26		20131015-140100-QHDCIQ-JC-07A		韭菜	8.0007
27		20131015-140100-QHDCIQ-JC-04A		韭菜	2.9984
28		20131016-140100-QHDCIQ-JC-11A		韭菜	1.5222
29	长春市	20130713-220100-QHDCIQ-PP-05A	3/0.73	甜椒	2.3850
30		20130713-220100-QHDCIQ-PH-05A		桃	1.3391
31		20130713-220100-QHDCIQ-HU-02A		胡萝卜	1.6168
32	郑州市	20131017-410100-CAIQ-JC-01A	3/0.69	韭菜	8.0877
33		20131016-410100-CAIQ-JC-04A		韭菜	3.4677
34		20131017-410100-CAIQ-JC-05A		韭菜	1.5374
35	南昌市	20131028-360100-JXCIQ-DJ-01A	3/1	菜豆	11.1939
36		20131025-360100-JXCIQ-GP-02A		葡萄	1.6080
37		20131027-360100-JXCIQ-BC-02A		大白菜	1.1340
38	北京市	20121110-110105-CAIQ-JC-01A	2/0.22	韭菜	34.4664
39		20140126-110108-CAIQ-ST-01A		草莓	1.9506
40	石家庄市	20131015-130100-QHDCIQ-JC-08A	2/0.51	韭菜	2.5038
41		20131015-130100-QHDCIQ-GS-06A		蒜薹	1.1752
42	上海市	20130611-310109-SHCIQ-CO-06A	2/0.38	葱	1.1870
43		20130616-310110-SHCIQ-QC-12A		青菜	1.7735
44	乌鲁木齐市	20130730-650100-CAIQ-AP-04A	2/0.84	苹果	5.8556
45		20130729-650100-CAIQ-PH-02A		桃	1.4672
46	广州市	20140321-440100-CAIQ-LB-02A	1/0.20	萝卜	1.2486
47	合肥市	20140214-340100-AHCIQ-LB-09A	1/0.29	萝卜	1.7717
48	西宁市	20140311-630100-QHDCIQ-JC-06A	1/0.45	韭菜	4.0357
49	杭州市	20140118-330100-SHCIQ-CE-09A	1/0.23	芹菜	1.2878
50	昆明市	20140726-530100-JXCIQ-PG-02A	1/0.29	平菇	4.0808
51	武汉市	20140315-420100-JXCIQ-DJ-06A	1/0.25	菜豆	5.9744
52	西安市	20140520-610100-AHCIQ-HU-08A	1/0.29	胡萝卜	1.4634
53	哈尔滨市	20130903-230100-QHDCIQ-EP-14A	1/0.35	茄子	1.0133
54	天津市	20130529-120106-CAIQ-MU-04A	2/0.30	蘑菇	3.6079
55		20130614-120112-CAIQ-LE-03A		生菜	1.1991

3）单种水果蔬菜中单种农药膳食暴露风险不可接受的结果分析

将全部侦测时段内全国每一种水果蔬菜对应的不同农药 c 的 IFS_c 值求平均值，并将其用于评价单种水果蔬菜中各农药的风险水平。根据评价专用程序计算输出的结果，筛选出膳食暴露风险不可接受的农药，如表 5-56 所示。结果显示，全国单种水果蔬菜单种农药中安全状态不可接受的频次为 30，涉及 20 种蔬菜和 2 种水果（苹果、葡萄）、10 种农药。在不可接受的农药中，氧乐果检出频次最高，高达 11 次；其次是甲氨基阿维菌素，检出频次为 6，它们均具有较高的膳食风险。

表 5-56　LC-Q-TOF/MS 技术侦测出全国单种水果蔬菜中膳食暴露风险不可接受的农药列表

序号	水果蔬菜种类	农药种类	单种水果蔬菜中单种农药的 IFS
1	韭菜	氧乐果	20.8294
2	草莓	甲氨基阿维菌素	6.9667
3	番茄	灭线磷	6.0167
4	平菇	氧乐果	4.0808
5	菜豆	氧乐果	3.8983
6	西葫芦	氧乐果	3.5706
7	冬瓜	甲氨基阿维菌素	3.5467
8	黄瓜	甲氨基阿维菌素	2.7759
9	枸杞叶	克百威	2.7499
10	苹果	氧乐果	2.5544
11	芹菜	灭线磷	2.4874
12	葱	氧乐果	2.3222
13	大白菜	敌百虫	2.2680
14	蘑菇	氧乐果	2.2526
15	甜椒	氧乐果	2.1016
16	芹菜	氧乐果	2.0339
17	小油菜	三唑磷	1.9785
18	韭菜	甲拌磷	1.7648
19	葡萄	三唑磷	1.6080
20	叶芥菜	克百威	1.5320
21	西葫芦	甲氨基阿维菌素	1.5200
22	草莓	氧乐果	1.4503
23	金针菇	甲氨基阿维菌素	1.3933
24	香菇	甲氨基阿维菌素	1.3933
25	大白菜	氧乐果	1.3427
26	芹菜	涕灭威	1.2878
27	茼蒿	灭线磷	1.1479
28	菜薹	异丙威	1.0564
29	草莓	乐果	1.0500
30	菜薹	敌百虫	1.0180

对全国单种水果蔬菜中各种农药膳食暴露风险分别求平均值，评价全国单种水果蔬菜中农药残留的安全状态，不可接受的水果蔬菜样品及农药如表 5-57 所示。山东蔬菜产区、南京、乌鲁木齐超标蔬菜品种所占比例较高，其中南京市的甲氨基阿维菌素、山东蔬菜产区的氧乐果不可接受比例最高。

表 5-57 LC-Q-TOF/MS 技术侦测出全国单种水果蔬菜中膳食暴露风险不可接受的农药列表

序号	地区	IFS>1 的样本数	IFS>1 的样本比例（%）	IFS>1 的单种水果蔬菜及其残留农药	
1	太原市	1	0.40	韭菜	氧乐果
2	昆明市	1	0.24	平菇	氧乐果
3	长春市	4	0.90	甜椒	氧乐果
					乐果
				桃	克百威
				胡萝卜	甲拌磷
4	郑州市	2	0.80	韭菜	氧乐果
				菜豆	倍硫磷
5	南昌市	3	1.13	大白菜	敌百虫
				葡萄	三唑磷
				菜豆	氧乐果
6	北京市	3	0.62	韭菜	氧乐果
				草莓	氧乐果
				芹菜	氧乐果
7	石家庄市	1	0.27	韭菜	氧乐果
8	上海市	2	0.58	青菜	甲氨基阿维菌素
				葱	氧乐果
9	乌鲁木齐市	1	1.52	苹果	氧乐果
10	广州市	4	1.36	叶荠菜	克百威
				菜薹	敌百虫
					异丙威
				生菜	甲拌磷
11	合肥市	3	0.57	芹菜	灭线磷
				生菜	甲拌磷
				萝卜	甲拌磷
12	西宁市	4	1.02	韭菜	甲拌磷
				菠菜	克百威
				菜豆	三唑磷
				小油菜	三唑磷
13	南京市	15	2.58	草莓	甲氨基阿维菌素
					乐果

续表

序号	地区	IFS>1 的样本数	IFS>1 的样本比例（%）	IFS>1 的单种水果蔬菜及其残留农药	
13	南京市	15		番茄	灭线菌
				黄瓜	甲氨基阿维菌素
				冬瓜	甲氨基阿维菌素
				甜椒	克百威
				西葫芦	甲氨基阿维菌素
				茼蒿	甲拌磷
					灭线磷
				金针菇	甲氨基阿维菌素
				辣椒	甲氨基阿维菌素
				香菇	甲氨基阿维菌素
				橘	氧乐果
				生菜	甲氨基阿维菌素
				小白菜	甲氨基阿维菌素
14	杭州市	2	0.48	茼蒿	灭线菌
				芹菜	涕灭威
15	武汉市	1	0.40	菜豆	氧乐果
16	山东蔬菜产区	12	2.34	西葫芦	氧乐果
				芹菜	氧乐果
				茄子	氧乐果
				韭菜	三唑磷
					氧乐果
					咪鲜胺
				苹果	氧乐果
				茼蒿	氧乐果
				生菜	氧乐果
				大白菜	氧乐果
				菠菜	氧乐果
				小油菜	克百威
17	哈尔滨市	2	0.79	芹菜	氧乐果
					甲拌磷
18	西安市	1	0.32	胡萝卜	甲拌磷
19	长沙市	0	0	无	
20	沈阳市	0	0	无	
21	海口市	2	0.47	芹菜	三唑磷
				茄子	氧乐果
22	福州市	1	0.23	生菜	氟硅唑

续表

序号	地区	IFS>1 的样本数	IFS>1 的样本比例（%）	IFS>1 的单种水果蔬菜及其残留农药	
23	重庆市	0	0	无	
24	成都市	1	0.27	菠菜	氧乐果
25	兰州市	0	0	无	
26	天津市	1	0.39	蘑菇	氧乐果
27	贵阳市	2	0.98	番茄	氧乐果
				甜椒	氧乐果
28	深圳市	2	0.88	枸杞叶	克百威
				芹菜	氧乐果
29	济南市	0	0	无	
30	呼和浩特	0	0	无	
31	南宁市	0	0	无	
32	银川市	0	0	无	
33	拉萨市	0	0	无	
合计		71	0.57		

4）单种水果蔬菜膳食暴露风险评估

将每种水果蔬菜中所有残留农药的 IFS_c 值加和求平均值$\overline{IFS}$，并根据$\overline{IFS}$的大小评价不同水果蔬菜的食用安全性。基于侦测的 128 种水果蔬菜的检出浓度和检出频次，对 119 种水果蔬菜（其中，荸荠、水芹、蒜黄、笋瓜、鲜食玉米、香椿芽、竹笋 7 种水果蔬菜没有侦测出任何农药残留；杏鲍菇和甘薯基质中所有检出的农药均无中国规定的 ADI 值）所有残留农药的安全指数进行加和求平均值，结果如表 5-58 所示。

表 5-58 全国单种水果蔬菜中残留农药的安全指数列表

序号	蔬菜	$\overline{IFS}$	序号	蔬菜	$\overline{IFS}$	序号	蔬菜	$\overline{IFS}$
1	平菇	2.0404	11	小油菜	0.1152	21	黄瓜	0.0743
2	韭菜	0.4586	12	蘑菇	0.1124	22	娃娃菜	0.0664
3	香菇	0.3045	13	菜豆	0.1118	23	苹果	0.0625
4	枸杞叶	0.3018	14	冬瓜	0.1101	24	胡萝卜	0.0621
5	草莓	0.2122	15	芹菜	0.1101	25	甜椒	0.0618
6	葱	0.1768	16	大白菜	0.1019	26	叶芥菜	0.0603
7	草头	0.1446	17	菜薹	0.1016	27	洋葱	0.0530
8	西葫芦	0.1419	18	金针菇	0.0931	28	茄子	0.0502
9	豆瓣菜	0.1304	19	生菜	0.0848	29	青菜	0.0496
10	番茄	0.1279	20	茼蒿	0.0756	30	葡萄	0.0495

续表

序号	蔬菜	$\overline{IFS}$	序号	蔬菜	$\overline{IFS}$	序号	蔬菜	$\overline{IFS}$
31	橘	0.0475	61	马铃薯	0.0129	91	莴笋	0.0042
32	蕹菜	0.0467	62	番石榴	0.0124	92	山药	0.0040
33	桃	0.0465	63	杨桃	0.0121	93	香瓜	0.0040
34	菠菜	0.0445	64	杏	0.0115	94	菠萝	0.0040
35	蒜薹	0.0417	65	猕猴桃	0.0110	95	哈密瓜	0.0035
36	萝卜	0.0404	66	苦苣	0.0110	96	荔枝	0.0029
37	辣椒	0.0389	67	紫薯	0.0108	97	龙眼	0.0028
38	苋菜	0.0378	68	春菜	0.0105	98	苦瓜	0.0028
39	小白菜	0.0376	69	百合	0.0104	99	柑	0.0026
40	西番莲	0.0335	70	香蕉	0.0098	100	蓝莓	0.0026
41	柠檬	0.0291	71	樱桃番茄	0.0097	101	儿菜	0.0026
42	小茴香	0.0275	72	山楂	0.0092	102	油桃	0.0024
43	金橘	0.0250	73	木瓜	0.0091	103	柿子	0.0017
44	结球甘蓝	0.0240	74	人参果	0.0086	104	莲雾	0.0016
45	雪莲果	0.0238	75	李子	0.0084	105	莲藕	0.0011
46	落葵	0.0232	76	芒果	0.0073	106	瓠瓜	0.0010
47	油麦菜	0.0217	77	青蒜	0.0072	107	枇杷	0.0010
48	枣	0.0213	78	绿豆芽	0.0069	108	乌菜	0.0008
49	樱桃	0.0211	79	丝瓜	0.0069	109	甘薯叶	0.0008
50	韭菜花	0.0205	80	甜瓜	0.0067	110	茭白	0.0008
51	青花菜	0.0204	81	柚	0.0057	111	刀豆	0.0008
52	橙	0.0203	82	南瓜	0.0056	112	薄荷	0.0007
53	梨	0.0199	83	奶白菜	0.0055	113	山竹	0.0007
54	芥蓝	0.0198	84	菜用大豆	0.0055	114	榴莲	0.0006
55	紫甘蓝	0.0171	85	杨梅	0.0053	115	豌豆	0.0004
56	西瓜	0.0161	86	佛手瓜	0.0046	116	芦笋	0.0003
57	大蒜	0.0151	87	姜	0.0045	117	芋	0.0001
58	花椰菜	0.0144	88	豇豆	0.0044	118	芋花	0.0001
59	食荚豌豆	0.0138	89	火龙果	0.0044	119	石榴	0.00002
60	芫荽	0.0138	90	桑葚	0.0043			

由表 5-58 可以看出，119 种水果蔬菜中平菇的$\overline{IFS}$值大于 1，说明其膳食暴露风险不可接受；韭菜、香菇、草莓等 16 种水果蔬菜的$\overline{IFS}$值介于 0.1~1 之间，说明它们的膳食

暴露风险可以接受；其他的 102 种水果蔬菜的$\overline{\text{IFS}}$值小于（或等于）0.1，说明残留农药对食品安全没有影响。

计算全国每种水果蔬菜中所有残留农药的$\overline{\text{IFS}}$值，并进行膳食暴露风险评估。结果表明，南昌市的菜豆、北京市的韭菜、合肥市的萝卜、昆明市的平菇以及天津市的蘑菇共 5 种蔬菜的安全状态不可接受，具体结果如表 5-59 所示。结果表明，这些蔬菜中的农药残留量较高，会通过膳食摄入的方式对消费者人群构成威胁。

表 5-59 全国单种水果蔬菜中残留农药安全指数不可接受的基质列表

序号	省市	基质	$\overline{\text{IFS}}$
1	北京	韭菜	14.7693
2	昆明	平菇	2.0404
3	南昌	菜豆	1.8723
4	天津	蘑菇	1.2034
5	合肥	萝卜	1.1815

5）单种水果蔬菜中禁用农药的膳食暴露风险评估

根据各种水果蔬菜中禁用农药的检出浓度，对其膳食暴露安全状态进行评价。通过 LC-Q-TOF/MS 技术在 67 种水果蔬菜中侦测出 12 种禁用农药，共计 854 频次。对检出的禁用农药，分别计算它们在单种水果蔬菜中相应的 IFS_c 值，按照水果蔬菜种类对安全指数进行加和求平均值，进一步评价不同水果蔬菜的食用安全性，结果如图 5-57 所示。在 179 个水果蔬菜样本中，$\overline{\text{IFS}} > 1$的样本有 18 个，其比例为 10.06%，说明这些水果蔬菜的膳食风险不可接受，相应的$\overline{\text{IFS}}$值如表 5-60 所示。数据显示，不可接受的禁用农药包括氧乐果、灭线磷、克百威、甲拌磷、涕灭威 5 种，分布在韭菜、番茄、平菇、菜豆、西葫芦、枸杞叶、苹果、芹菜、葱、蘑菇、甜椒、叶芥菜、草莓、大白菜、茼蒿共计 15 种水果蔬菜中，且安全指数呈依次下降趋势。5 种禁用农药共计检出 18 频次，其中氧乐果的检出频次最高，共计 11 次。该结果说明中国对禁用农药的监管力度不到位。

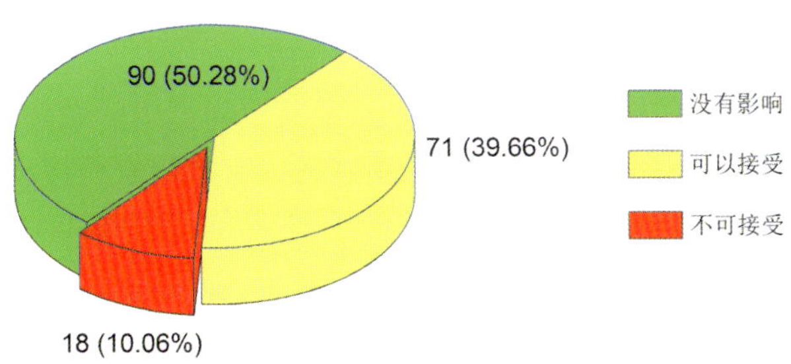

图 5-57 水果蔬菜中禁用农药的膳食暴露风险状态分布图

表 5-60 LC-Q-TOF/MS 技术侦测单种水果蔬菜中膳食暴露风险不可接受的禁用农药安全指数列表

序号	基质	农药	$\overline{IFS}$
1	韭菜	氧乐果	20.8294
2	番茄	灭线磷	6.0167
3	平菇	氧乐果	4.0808
4	菜豆	氧乐果	3.8983
5	西葫芦	氧乐果	3.5706
6	枸杞叶	克百威	2.7499
7	苹果	氧乐果	2.5544
8	芹菜	灭线磷	2.4874
9	葱	氧乐果	2.3222
10	蘑菇	氧乐果	2.2526
11	甜椒	氧乐果	2.1016
12	芹菜	氧乐果	2.0339
13	韭菜	甲拌磷	1.7648
14	叶芥菜	克百威	1.5320
15	草莓	氧乐果	1.4503
16	大白菜	氧乐果	1.3427
17	芹菜	涕灭威	1.2878
18	茼蒿	灭线磷	1.1479

5.3.4.2 全国水果蔬菜的农药残留预警风险对比分析

1）单种水果蔬菜中禁用农药预警风险结果分析

利用LC-Q-TOF/MS技术对全国12551例水果蔬菜样品中的农药残留情况进行侦测。结果发现，在 809 例样品中侦测出 12 种禁用农药，有禁用农药检出的水果蔬菜样品占总样品数的 6.5%。全国单种水果蔬菜中残留禁用农药的样本共计 179 个，涉及 67 种水果蔬菜。对单种水果蔬菜中的每种禁用农药进行预警风险评估，禁用农药的残留风险程度分布如图 5-58 所示。结果表明，在 179 个样本中，有 89 个样本处于高度风险，涉及 57 种水果蔬菜和 8 种禁用农药；59 个样本处于中度风险，涉及 31 种水果蔬菜和 12 种禁用农药；31 个样本处于低度风险，涉及 14 种水果蔬菜和 9 种禁用农药。

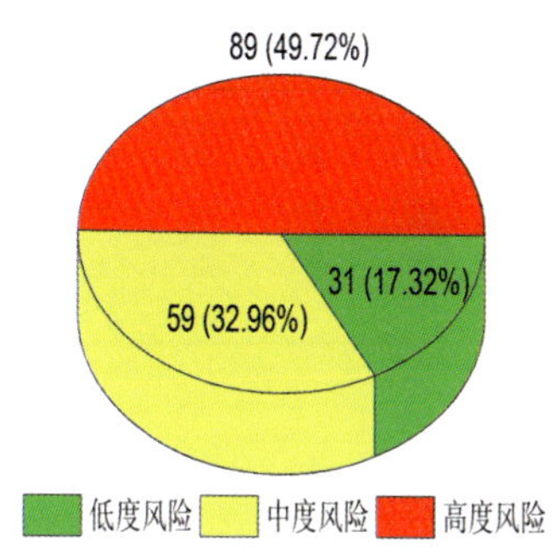

图 5-58　单种水果蔬菜中禁用农药残留风险程度分布图

分析全国单种水果蔬菜中禁用农药残留情况，全国侦测出禁用农药的水果蔬菜种数及样本数如表 5-61 所示。可以看出，全国的单种水果蔬菜中残留禁用农药的样本共涉及 529 个。其中，山东蔬菜产区的样本数最多，高达 47 个，其次是合肥市，高达 34 个，第三为南京市，共计 33 个。同时，发现涉及样本数最多的 3 种禁用农药为克百威、氧乐果和甲拌磷，样本数分别为 208、146 和 85 个。此外，水果蔬菜中检出克百威的省市最多，除乌鲁木齐市，其他省市的样本中均有克百威检出；其次是氧乐果，除拉萨市和重庆市，其他省市的样本中均有检出；第三为甲拌磷，在 26 个省市的样本中均有检出。该侦测结果说明克百威、氧乐果和甲拌磷 3 种禁用农药在全国的水果蔬菜样本中普遍残留，具有较高风险。

表 5-61　LC-Q-TOF/MS 技术侦测出禁用农药的水果蔬菜样本列表

省市	克百威	氧乐果	甲拌磷	灭多威	甲胺磷	涕灭威	灭线磷	苯线磷	水胺硫磷	特丁硫磷	治螟磷	丁酰肼	样本总数
山东蔬菜产区	12	19	8	4	2	2							47
合肥市	11	2	11	3	1	1	3		2				34
南京市	16	10	1		3		2			1			33
长春市	9	8	6	3						1			27
杭州市	11	5	4		3	2	1						26
北京市	6	6	3	4	1	2	1		1		1		25
石家庄市	8	10	4						1				23
郑州市	8	8	2			1		2					21
哈尔滨市	2	7	5	4							1		19
南昌市	7	3	3	3	2							1	19
天津市	8	5	3	2									18
西安市	6	5	4		1						1		17

续表

省市	克百威	氧乐果	甲拌磷	灭多威	甲胺磷	涕灭威	灭线磷	苯线磷	水胺硫磷	特丁硫磷	治螟磷	丁酰肼	样本总数
西宁市	8	2	3	2					1				16
成都市	3	7		1	2	1							14
广州市	6	5	3										14
沈阳市	4	3	5	1						1			14
呼和浩特市	6	4	2		1								13
济南市	5	5	2					1					13
上海市	8	1	3			1							13
深圳市	8	2		1	1			1					13
武汉市	8	4		1									13
海口市	8	1		3									12
兰州市	11	1											12
太原市	4	5	2	1									12
福州市	4	2	2	3									11
南宁市	5	3	1					1					10
贵阳市	4	3	1										8
昆明市	3	3	1										7
拉萨市	2		4										6
长沙市	2	2					1			1			6
乌鲁木齐市		4		1									5
银川市	1	1	2										4
重庆市	4												1
样本总数	208	146	85	37	17	10	8	5	5	4	3	1	529

对全国单种水果蔬菜中禁用农药的预警风险进行评估，结果发现，529 个样本均处于高度风险，风险系数排名前 50 的样本如表 5-62 所示。数据显示，风险系数最高的样本中残留的禁用农药包括灭多威、克百威和氧乐果，主要涉及北京市的娃娃菜，昆明市的豇豆，武汉市的胡萝卜以及西安市的草莓和西葫芦，这些水果蔬菜极易导致食品安全问题。

表 5-62　LC-Q-TOF/MS 技术侦测的水果蔬菜中风险系数排名前 50 的样本列表

序号	省市	水果蔬菜	禁用农药	禁用农药检出频次	禁用农药检出率 P（%）	风险系数 R
1	北京市	娃娃菜	灭多威	1	100	101.1
2	昆明市	豇豆	克百威	1	100	101.1
3	武汉市	胡萝卜	氧乐果	1	100	101.1
4	西安市	草莓	氧乐果	1	100	101.1
5	西安市	西葫芦	克百威	1	100	101.1
6	郑州市	菜豆	克百威	14	70.00	71.1
7	广州市	萝卜	甲拌磷	12	66.67	67.8
8	合肥市	茼蒿	甲拌磷	2	66.67	67.8
9	兰州市	黄瓜	克百威	6	66.67	67.8
10	昆明市	胡萝卜	甲拌磷	5	62.50	63.6
11	广州市	枣	氧乐果	5	55.56	56.7
12	太原市	韭菜	氧乐果	7	53.85	54.9
13	海口市	结球甘蓝	克百威	2	50.00	51.1
14	合肥市	菜豆	克百威	2	50.00	51.1
15	合肥市	菜豆	灭多威	2	50.00	51.1
16	合肥市	山药	涕灭威	1	50.00	51.1
17	合肥市	小白菜	克百威	1	50.00	51.1
18	昆明市	平菇	氧乐果	1	50.00	51.1
19	兰州市	茄子	克百威	4	44.44	45.5
20	西宁市	菠菜	克百威	3	42.86	44.0
21	西宁市	菜豆	克百威	3	42.86	44.0
22	西宁市	菜豆	灭多威	3	42.86	44.0
23	西宁市	韭菜	甲拌磷	3	42.86	44.0
24	西宁市	茄子	克百威	3	42.86	44.0
25	西宁市	小油菜	克百威	2	40.00	41.1
26	长春市	茼蒿	灭多威	2	40.00	41.1
27	济南市	芹菜	甲拌磷	7	38.89	40.0
28	合肥市	番茄	克百威	5	38.46	39.6

续表

序号	省市	水果蔬菜	禁用农药	禁用农药检出频次	禁用农药检出率 P（%）	风险系数 R
29	福州市	芹菜	甲拌磷	3	37.50	38.6
30	广州市	草莓	克百威	3	37.50	38.6
31	兰州市	菠菜	克百威	3	37.50	38.6
32	兰州市	小油菜	克百威	3	37.50	38.6
33	南京市	芹菜	克百威	5	35.71	36.8
34	北京市	豇豆	灭多威	1	33.33	34.4
35	福州市	菠菜	氧乐果	1	33.33	34.4
36	合肥市	冬瓜	甲拌磷	1	33.33	34.4
37	合肥市	冬瓜	克百威	1	33.33	34.4
38	合肥市	萝卜	甲拌磷	1	33.33	34.4
39	兰州市	芹菜	克百威	3	33.33	34.4
40	南京市	冬瓜	克百威	1	33.33	34.4
41	南宁市	芹菜	克百威	3	33.33	34.4
42	山东蔬菜产区	小油菜	氧乐果	3	33.33	34.4
43	石家庄市	桃	克百威	1	33.33	34.4
44	太原市	芹菜	氧乐果	4	33.33	34.4
45	西安市	哈密瓜	甲胺磷	1	33.33	34.4
46	西宁市	甜椒	克百威	3	33.33	34.4
47	长春市	杏	克百威	1	33.33	34.4
48	长春市	樱桃	氧乐果	1	33.33	34.4
49	长沙市	芹菜	氧乐果	6	33.33	34.4
50	沈阳市	葡萄	氧乐果	6	31.58	32.7

全国水果蔬菜中侦测出的高度风险禁用农药的水果蔬菜分布及其所分布的省市数量如图 5-59 和图 5-60 所示。数据显示，禁用农药的分布省市排名前三的水果蔬菜（省市数量）分别为芹菜（28）、茄子（23）和生菜/甜椒（20）。全国侦测出高度风险禁用农药的水果蔬菜种类如图 5-61 所示，排名前三的省市（水果蔬菜种数）分别为南京市（23）、合肥市（22）和山东蔬菜产区（21）。

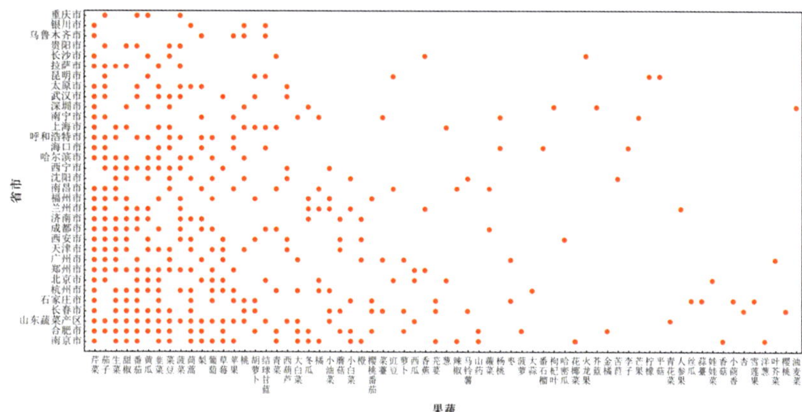

图 5-59　侦测出高度风险禁用农药的水果蔬菜分布图

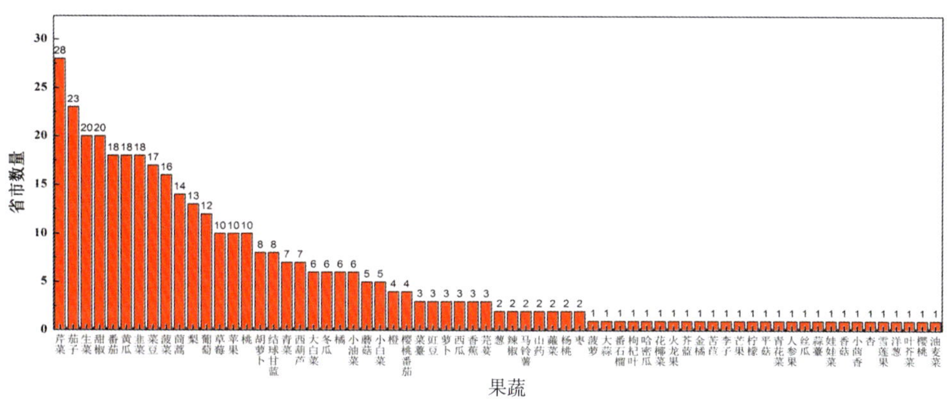

图 5-60　每种水果蔬菜中侦测出高度风险禁用农药的省市数量统计图

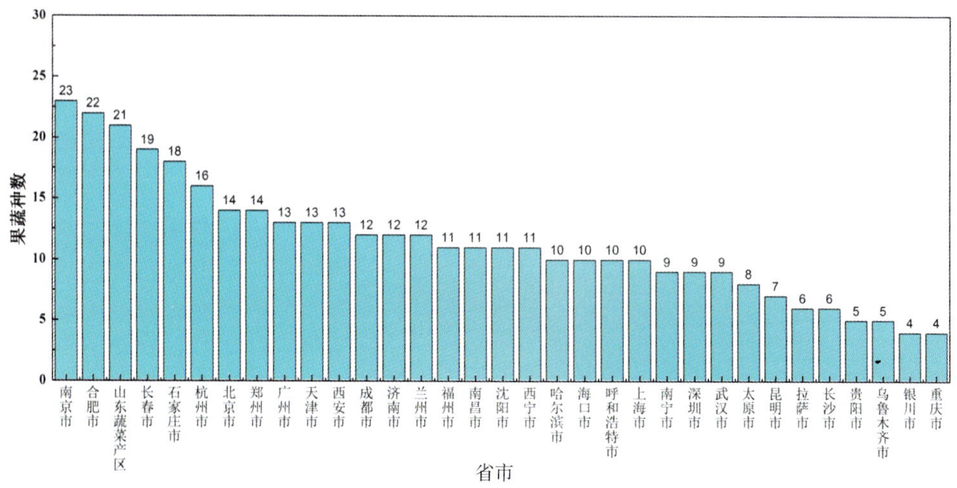

图 5-61　侦测出高度风险禁用农药的水果蔬菜种类统计图

2）单种水果蔬菜中非禁用农药预警风险结果分析（基于 MRL 中国国家标准）

利用 LC-Q-TOF/MS 技术对全国 12551 例水果蔬菜样品中的农药残留进行侦测，结果发现，在全部样品中，有 12435 例样品（99.1%）中侦测出非禁用农药，共计 162 种。全国单种水果蔬菜中残留非禁用农药的样本共计 2662 个，涉及 121 种水果蔬菜和 162 种非禁用农药，其中，2146 个样本所涉及的农药没有 MRL 中国国家标准，只有 516 个样本中的残留农药制定了 MRL 中国国家标准，涉及 82 种水果蔬菜和 72 种非禁用农药。基于 MRL 中国国家标准，计算每种水果蔬菜中每种非禁用农药的超标率和风险系数，进而分析非禁用农药的风险程度。结果发现，516 个样本中有 11 个处于高度风险（0.41%），涉及 10 种水果蔬菜和 5 种非禁用农药；15 个处于中度风险（0.56%），涉及 11 种水果蔬菜和 11 种非禁用农药；490 个处于低度风险（18.41%），涉及 81 种水果蔬菜和 72 种非禁用农药。

分析全国单种水果蔬菜中非禁用农药残留水平，侦测出非禁用农药及水果蔬菜种数、样本数以及样本风险程度分布如表 5-63 所示。数据表明，全国单种水果蔬菜中残留的非禁用农药均处于高度或低度风险。处于高度风险的样本中，山东蔬菜产区的样本比例最高，为 2.58%；其次为南京市，比例为 1.82%；第三为太原市，比例为 1.67%。全国单种水果蔬菜中非禁用农药处于高度风险的样本及风险系数如表 5-64 所示。

表 5-63　全国侦测出非禁用农药种数、水果蔬菜种数、样本数以及样本风险程度分布列表（基于 MRL 中国国家标准）

省市	单种水果蔬菜中非禁用农药残留						
	水果蔬菜种数	农药种数	样本数	高度风险比例（%）	中度风险比例	低度风险比例（%）	无 MRL 比例（%）
山东蔬菜产区	30	66	465	2.58	0	28.82	68.60
南京市	61	74	549	1.82	0	21.49	76.68
太原市	26	45	240	1.67	0	35.42	62.92
上海市	61	52	334	1.50	0	29.64	68.86
郑州市	32	79	230	1.30	0	37.39	61.30
南昌市	25	52	246	1.22	0	38.21	60.57
西宁市	37	65	375	1.07	0	26.93	72.00
济南市	24	58	216	0.93	0	39.35	59.72
哈尔滨市	23	46	233	0.86	0	41.20	57.94
天津市	25	57	236	0.85	0	39.83	59.32
杭州市	53	61	393	0.76	0	25.19	74.05
兰州市	28	54	274	0.73	0	27.74	71.53
广州市	28	52	280	0.71	0	33.93	65.36
北京市	40	72	460	0.65	0	36.09	63.26

续表

省市	单种水果蔬菜中非禁用农药残留						
	水果蔬菜种数	农药种数	样本数	高度风险比例（%）	中度风险比例	低度风险比例（%）	无 MRL 比例（%）
合肥市	64	60	495	0.61	0	30.71	68.69
贵阳市	23	44	197	0.51	0	37.56	61.93
长春市	42	64	419	0.48	0	24.82	74.70
武汉市	30	50	238	0.42	0	31.51	68.07
重庆市	35	52	262	0.38	0	34.35	65.27
西安市	36	55	299	0.33	0	33.11	66.56
沈阳市	28	58	325	0.31	0	29.54	70.15
石家庄市	44	56	353	0.28	0	30.59	69.12
昆明市	68	54	410	0.24	0	27.80	71.95
成都市	35	69	357	0	0	28.57	71.43
福州市	39	68	424	0	0	28.54	71.46
海口市	34	64	417	0	0	27.58	72.42
呼和浩特市	17	36	136	0	0	46.32	53.68
拉萨市	29	36	142	0	0	28.17	71.83
南宁市	25	33	146	0	0	33.56	66.44
深圳市	27	40	213	0	0	32.39	67.61
乌鲁木齐市	14	21	61	0	0	50.82	49.18
银川市	22	43	151	0	0	41.72	58.28
长沙市	15	41	118	0	0	37.29	62.71

表 5-64　全国单种水果蔬菜中非禁用农药处于高度风险的样本及风险系数列表
（基于 MRL 中国国家标准）

序号	省市	水果蔬菜	非禁用农药	超标频次	超标率 P（%）	风险系数 R
1	上海市	菠萝	烯酰吗啉	1	50.00	51.1
2	西宁市	食荚豌豆	多菌灵	1	50.00	51.1
3	重庆市	草莓	多菌灵	2	40.00	41.1
4	昆明市	葡萄	霜霉威	2	33.33	34.4
5	太原市	韭菜	毒死蜱	3	23.08	24.2
6	广州市	菜薹	敌百虫	4	21.05	22.2
7	西宁市	小油菜	毒死蜱	1	20.00	21.1
8	太原市	桃	氟硅唑	1	16.67	17.8

续表

序号	省市	水果蔬菜	非禁用农药	超标频次	超标率 P (%)	风险系数 R
9	郑州市	菜豆	倍硫磷	3	15.00	16.1
10	南京市	萝卜	啶虫脒	1	14.29	15.4
11	南京市	香菇	甲氨基阿维菌素	1	14.29	15.4
12	西宁市	韭菜	毒死蜱	1	14.29	15.4
13	西宁市	黄瓜	嘧菌环胺	1	14.29	15.4
14	广州市	草莓	多菌灵	1	12.50	13.6
15	哈尔滨市	芹菜	毒死蜱	1	12.50	13.6
16	杭州市	菜豆	多菌灵	1	12.50	13.6
17	济南市	菠萝	烯酰吗啉	1	12.50	13.6
18	兰州市	小油菜	毒死蜱	1	12.50	13.6
19	石家庄市	小白菜	毒死蜱	1	12.50	13.6
20	长春市	小白菜	毒死蜱	1	12.50	13.6
21	杭州市	草莓	烯酰吗啉	1	11.11	12.2
22	兰州市	黄瓜	嘧菌环胺	1	11.11	12.2
23	山东蔬菜产区	草莓	烯酰吗啉	1	10.00	11.1
24	郑州市	黄瓜	多菌灵	2	10.00	11.1
25	哈尔滨市	菠菜	毒死蜱	1	9.09	10.2
26	南京市	梨	甲氨基阿维菌素	1	9.09	10.2
27	上海市	黄瓜	甲霜灵	1	9.09	10.2
28	上海市	黄瓜	多菌灵	1	9.09	10.2
29	合肥市	结球甘蓝	三唑酮	1	8.33	9.4
30	合肥市	韭菜	毒死蜱	1	8.33	9.4
31	南昌市	大白菜	敌百虫	1	8.33	9.4
32	贵阳市	菜豆	灭蝇胺	1	7.69	8.8
33	合肥市	番茄	霜霉威	1	7.69	8.8
34	济南市	菜豆	灭蝇胺	1	7.69	8.8
35	南京市	金针菇	甲氨基阿维菌素	1	7.69	8.8
36	南京市	草莓	烯酰吗啉	1	7.14	8.2
37	南京市	草莓	多菌灵	1	7.14	8.2
38	上海市	小白菜	啶虫脒	1	7.14	8.2
39	太原市	黄瓜	多菌灵	1	7.14	8.2
40	西安市	芹菜	毒死蜱	1	7.14	8.2

续表

序号	省市	水果蔬菜	非禁用农药	超标频次	超标率 P（%）	风险系数 R
41	长春市	马铃薯	烯酰吗啉	1	6.67	7.8
42	山东蔬菜产区	西瓜	噻虫嗪	2	6.45	7.6
43	太原市	大白菜	吡虫啉	1	5.88	7.0
44	武汉市	大白菜	吡虫啉	1	5.56	6.7
45	南昌市	葡萄	霜霉威	1	5.26	6.4
46	南昌市	枣	多菌灵	1	5.26	6.4
47	沈阳市	葡萄	辛硫磷	1	5.26	6.4
48	杭州市	小白菜	毒死蜱	1	5.00	6.1
49	南京市	黄瓜	甲氨基阿维菌素	1	5.00	6.1
50	南京市	黄瓜	甲霜灵	1	5.00	6.1
51	上海市	青菜	甲氨基阿维菌素	1	5.00	6.1
52	山东蔬菜产区	桃	多菌灵	2	4.26	5.4
53	南京市	小白菜	甲氨基阿维菌素	1	4.17	5.3
54	郑州市	苹果	啶虫脒	1	4.17	5.3
55	天津市	菜豆	多菌灵	1	3.70	4.8
56	南京市	苹果	丙环唑	1	3.57	4.7
57	天津市	西瓜	噻虫嗪	1	3.57	4.7
58	北京市	草莓	烯酰吗啉	1	2.94	4.0
59	山东蔬菜产区	葡萄	嘧霉胺	1	2.78	3.9
60	北京市	葡萄	戊唑醇	1	2.56	3.7
61	山东蔬菜产区	西葫芦	多菌灵	1	2.38	3.5
62	北京市	韭菜	多菌灵	1	2.27	3.4
63	山东蔬菜产区	梨	吡虫啉	1	2.08	3.2
64	山东蔬菜产区	芹菜	毒死蜱	1	1.92	3.0
65	山东蔬菜产区	茄子	吡虫啉	1	1.67	2.8
66	山东蔬菜产区	茄子	霜霉威	1	1.67	2.8
67	山东蔬菜产区	黄瓜	多菌灵	1	1.64	2.7
68	山东蔬菜产区	黄瓜	甲霜灵	1	1.64	2.7
69	山东蔬菜产区	菜豆	灭蝇胺	1	1.61	2.7

3）单种水果蔬菜中非禁用农药预警风险结果分析（基于 MRL 欧盟标准）

利用LC-Q-TOF/MS技术对全国12551例水果蔬菜样品中的农药残留情况进行侦测，结果发现，在全部样品中，有 12435 例样品（99.1%）侦测中测出非禁用农药， 共计162 种。全国单种水果蔬菜中非禁用农药残留共计 2662 个样本，涉及 121 种水果蔬菜和

162 种非禁用农药。基于 MRL 欧盟标准，计算每种水果蔬菜中每种非禁用农药的超标率和风险系数，进而分析非禁用农药的风险程度。结果发现，2662 个样本中有 363 个处于高度风险（13.64%），涉及 92 种水果蔬菜和 60 种非禁用农药；246 个处于中度风险（5.24%），涉及 40 种水果蔬菜和 78 种非禁用农药；2053 个处于低度风险（77.12%），涉及 121 种水果蔬菜和 159 种非禁用农药。

分析全国单种水果蔬菜中非禁用农药残留水平，侦测出非禁用农药及水果蔬菜种数、样本数以及样本风险程度分布如表 5-65 所示。数据表明，全国单种水果蔬菜中残留的非禁用农药均处于高度或低度风险。处于高度风险的样本中，南京市的样本比例最高，为 27.14%；其次为山东蔬菜产区，比例为 25.81%；第三为杭州市，比例为 23.66%。全国单种水果蔬菜中非禁用农药风险系数位居前 50 的样本如表 5-66 所示。

表 5-65　全国侦测出非禁用农药种数、水果蔬菜种数、样本数以及样本风险程度分布列表（基于 MRL 欧盟标准）

序号	省市	单种水果蔬菜中非禁用农药残留					
		水果蔬菜种数	农药种数	样本数	高度风险比例（%）	中度风险比例	低度风险比例（%）
1	南京市	61	74	549	27.14	0	72.86
2	山东蔬菜产区	30	66	465	25.81	0	74.19
3	杭州市	53	61	393	23.66	0	76.34
4	上海市	61	52	334	21.26	0	78.74
5	长沙市	15	41	118	19.49	0	80.51
6	北京市	40	72	460	18.91	0	81.09
7	海口市	34	64	417	18.47	0	81.53
8	西宁市	37	65	375	18.13	0	81.87
9	南昌市	25	52	246	17.07	0	82.93
10	济南市	24	58	216	16.67	0	83.33
11	昆明市	68	54	410	16.59	0	83.41
12	贵阳市	23	44	197	16.24	0	83.76
13	广州市	28	52	280	16.07	0	83.93
14	福州市	39	68	424	15.80	0	84.20
15	长春市	42	64	419	15.75	0	84.25
16	郑州市	32	79	230	15.65	0	84.35
17	乌鲁木齐市	14	21	61	14.75	0	85.25
18	呼和浩特市	17	36	136	14.71	0	85.29

续表

序号	省市	单种水果蔬菜中非禁用农药残留					
		水果蔬菜种数	农药种数	样本数	高度风险比例（%）	中度风险比例	低度风险比例（%）
19	合肥市	64	60	495	14.55	0	85.45
20	南宁市	25	33	146	14.38	0	85.62
21	石家庄市	44	56	353	13.88	0	86.12
22	兰州市	28	54	274	13.87	0	86.13
23	太原市	26	45	240	13.75	0	86.25
24	重庆市	35	52	262	13.36	0	86.64
25	沈阳市	28	58	325	13.23	0	86.77
26	武汉市	30	50	238	12.61	0	87.39
27	成都市	35	69	357	12.32	0	87.68
28	深圳市	27	40	213	12.21	0	87.79
29	拉萨市	29	36	142	11.97	0	88.03
30	哈尔滨市	23	46	233	11.59	0	88.41
31	天津市	25	57	236	11.44	0	88.56
32	西安市	36	55	299	11.37	0	88.63
33	银川市	22	43	151	10.60	0	89.40

表 5-66　全国单种水果蔬菜中非禁用农药风险系数位居前 50 的样本列表（基于 MRL 欧盟标准）

序号	省市	水果蔬菜	非禁用农药	超标频次	超标率 P（%）	风险系数 R
1	海口市	小白菜	烯唑醇	9	100	101.1
2	昆明市	葡萄	双苯基脲	6	100	101.1
3	福州市	茼蒿	丙环唑	2	100	101.1
4	西宁市	菜薹	噁霜灵	2	100	101.1
5	昆明市	山竹	双苯基脲	2	100	101.1
6	北京市	蕹菜	啶虫脒	1	100	101.1
7	北京市	木瓜	霜霉威	1	100	101.1
8	北京市	木瓜	吡虫啉	1	100	101.1
9	长沙市	生菜	甲哌	1	100	101.1
10	南京市	蓝莓	噻菌灵	1	100	101.1
11	西宁市	枣	炔螨特	1	100	101.1
12	西宁市	枣	霜霉威	1	100	101.1

续表

序号	省市	水果蔬菜	非禁用农药	超标频次	超标率 P（%）	风险系数 R
13	西宁市	枣	甲基硫菌灵	1	100	101.1
14	西宁市	枣	吡虫啉	1	100	101.1
15	天津市	花椰菜	吡虫啉	1	100	101.1
16	拉萨市	荔枝	霜霉威	1	100	101.1
17	昆明市	哈密瓜	双苯基脲	1	100	101.1
18	昆明市	萝卜	双苯基脲	1	100	101.1
19	昆明市	菜薹	双苯基脲	1	100	101.1
20	昆明市	芫荽	三唑醇	1	100	101.1
21	昆明市	菜薹	哒螨灵	1	100	101.1
22	昆明市	榴莲	双苯基脲	1	100	101.1
23	杭州市	蕹菜	双苯基脲	1	100	101.1
24	杭州市	蕹菜	啶虫脒	1	100	101.1
25	杭州市	蕹菜	嘧菌酯	1	100	101.1
26	长春市	油麦菜	敌百虫	1	100	101.1
27	西宁市	枣	啶虫脒	1	100	101.1
28	石家庄市	蒜薹	咪鲜胺	8	88.89	90.0
29	海口市	生菜	氟硅唑	6	85.71	86.8
30	长春市	芫荽	乙草胺	6	85.71	86.8
31	昆明市	李子	双苯基脲	10	83.33	84.4
32	重庆市	草莓	多菌灵	4	80.00	81.1
33	兰州市	油麦菜	氟硅唑	7	77.78	78.9
34	海口市	芹菜	吡唑醚菌酯	6	75.00	76.1
35	合肥市	菜豆	啶虫脒	3	75.00	76.1
36	福州市	油麦菜	氟硅唑	3	75.00	76.1
37	福州市	油麦菜	丙环唑	3	75.00	76.1
38	昆明市	石榴	双苯基脲	3	75.00	76.1
39	福州市	生菜	氟硅唑	4	66.67	67.8
40	南宁市	春菜	氟硅唑	4	66.67	67.8
41	海口市	油麦菜	丙环唑	4	66.67	67.8
42	太原市	桃	氟硅唑	4	66.67	67.8
43	南宁市	油麦菜	氟硅唑	2	66.67	67.8
44	南京市	桃	烯酰吗啉	2	66.67	67.8
45	昆明市	菜用大豆	双苯基脲	2	66.67	67.8
46	昆明市	龙眼	双苯基脲	2	66.67	67.8
47	昆明市	猕猴桃	多菌灵	2	66.67	67.8
48	太原市	韭菜	多菌灵	8	61.54	62.6
49	福州市	小白菜	多菌灵	3	60.00	61.1
50	拉萨市	冬瓜	双苯基脲	3	60.00	61.1

全国水果蔬菜中侦测出高度风险非禁用农药的水果蔬菜分布及其所分布的省市数量如图 5-62 和图 5-63 所示。数据显示，非禁用农药的分布省市排名前三的水果蔬菜（省市数量）分别为芹菜（30）、黄瓜（27）和生菜（26）。全国侦测出高度风险非禁用农药的水果蔬菜种类如图 5-64 所示，排名前三的省市（水果蔬菜种数）分别为南京市（47）、昆明市（39）和上海市（32）。

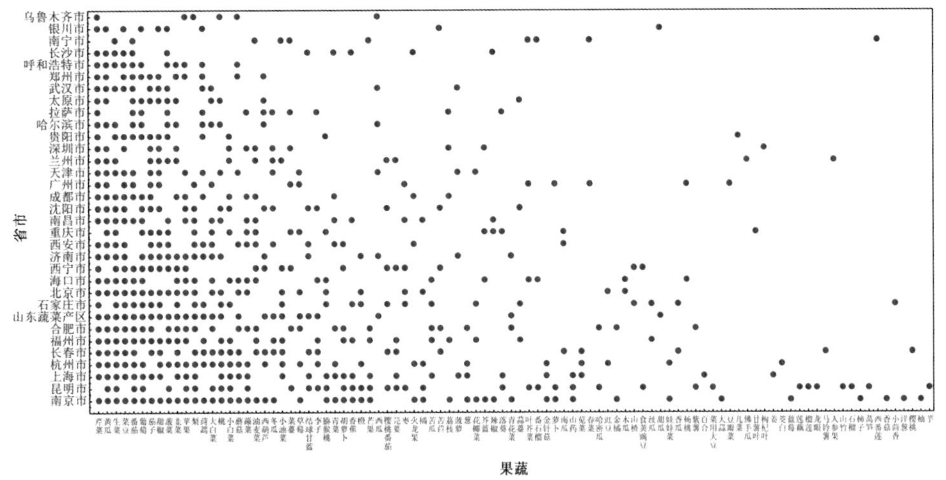

图 5-62　侦测出高度风险非禁用农药的水果蔬菜分布图

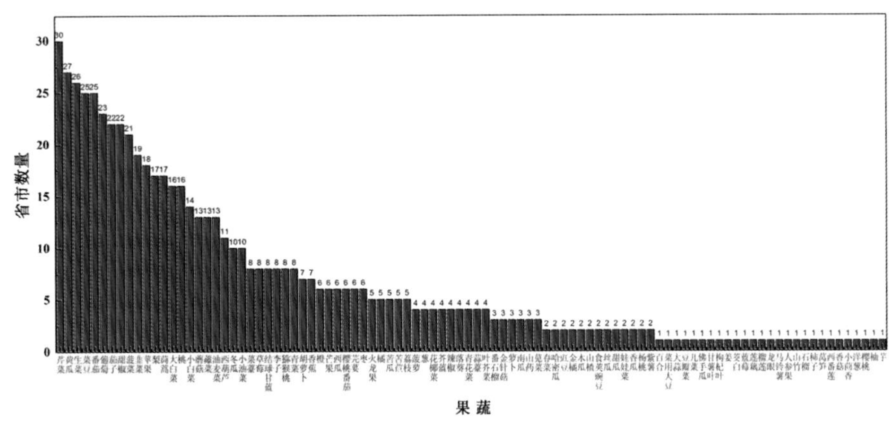

图 5-63　每种水果蔬菜中侦测出高度风险非禁用农药的省市数量统计图

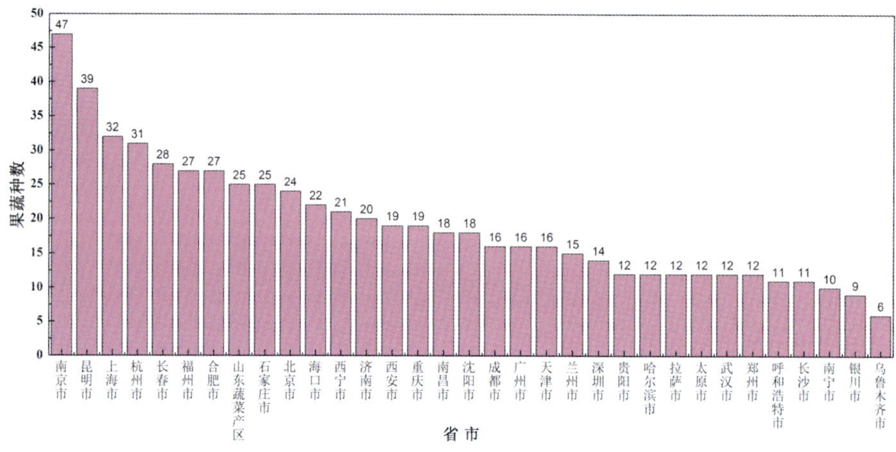

图 5-64　侦测出高度风险非禁用农药的水果蔬菜种类统计图

4）所有水果蔬菜中禁用农药预警风险结果分析

在全国所有水果蔬菜中侦测出 174 种农药，其中有 12 种禁用农药。基于禁用农药的风险系数计算结果，2 种残留农药处于高度风险，占 16.67%；1 种处于中度风险，占 8.33%；9 中处于低度风险，占 75%。处于高度风险的两种禁用农药分别为克百威和氧乐果。

全国水果蔬菜中不同风险程度的禁用农药种数分布如图 5-65 所示，结果表明，北京市水果蔬菜中残留的禁用农药种数最多，为 9 种；其次合肥市，残留禁用农药 8 种。在山东蔬菜产区、西安市、西宁市、长春市、郑州市、济南市、石家庄市和广州市的水果蔬菜中，处于高度风险的禁用农药种数最多，为 3 种。

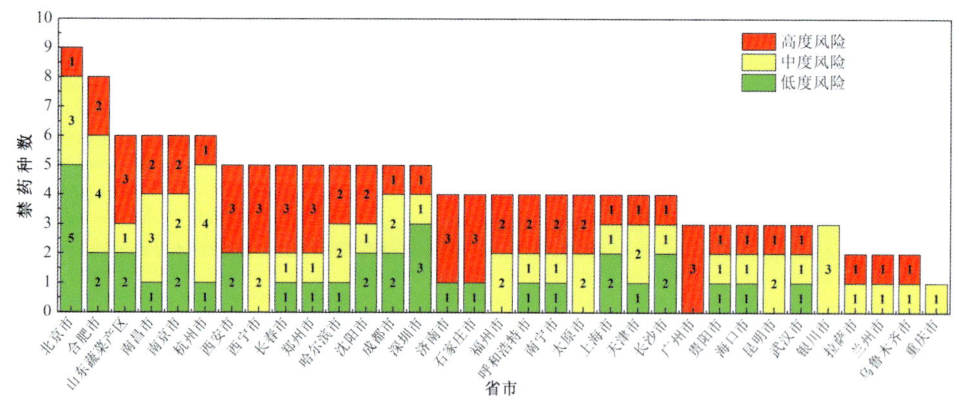

图 5-65　全国水果蔬菜中不同风险程度的禁用农药种数分布图

由于各省市所侦测的水果蔬菜样品数量有所差异，因此有必要进一步分析各省市禁用农药的风险程度比例分布情况，如图 5-66 所示。结果表明，广州市水果蔬菜中，禁用农药处于高度风险的比例最高，为 100%；其次为济南市和石家庄市，其比例均为 75%。

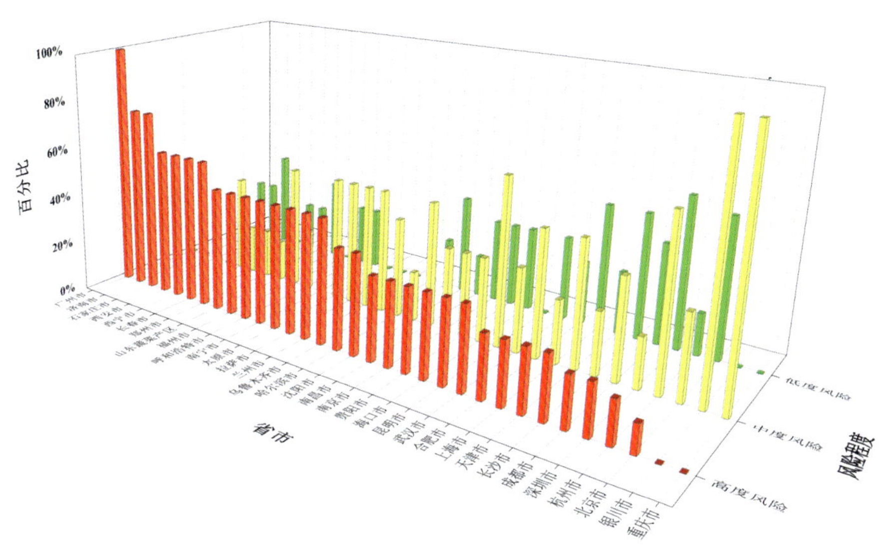

图 5-66　各省市禁用农药的风险程度比例分布图

全国水果蔬菜中残留的禁用农药及风险程度如图 5-67 和表 5-67 所示。结果表明，风险系数最高的禁用农药为克百威，该农药主要残留在兰州、西宁、郑州、合肥等市的水果蔬菜中。同时发现，处于高度风险的禁用农药包括克百威、氧乐果、甲拌磷和灭多威。

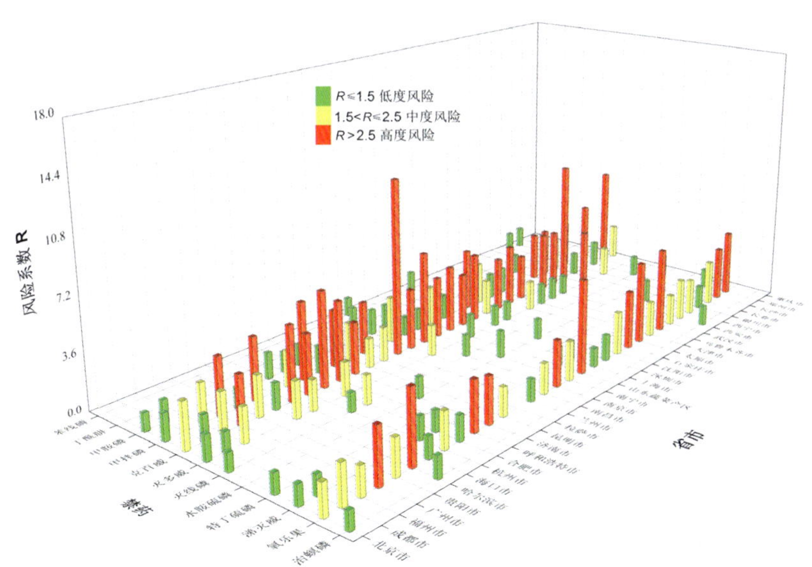

图 5-67　全国所侦测出的禁用农药风险程度分布图

表 5-67　全国所侦测出的禁用农药及风险系数列表

序号	省市	禁用农药	检出频次	超标率 P(%)	风险系数 R	风险程度
1	兰州市	克百威	26	10.88	12.0	高度风险
2	西宁市	克百威	17	7.62	8.7	高度风险
3	郑州市	克百威	26	6.00	7.1	高度风险
4	合肥市	克百威	18	5.29	6.4	高度风险
5	山东蔬菜产区	氧乐果	50	5.20	6.3	高度风险
6	南京市	克百威	25	5.15	6.3	高度风险
7	乌鲁木齐市	氧乐果	11	4.60	5.7	高度风险
8	太原市	氧乐果	14	4.40	5.5	高度风险
9	呼和浩特市	克百威	11	4.23	5.3	高度风险
10	合肥市	甲拌磷	14	4.12	5.2	高度风险
11	海口市	克百威	12	3.93	5.0	高度风险
12	长春市	克百威	16	3.89	5.0	高度风险
13	哈尔滨市	氧乐果	11	3.81	4.9	高度风险
14	深圳市	克百威	11	3.58	4.7	高度风险
15	郑州市	氧乐果	15	3.46	4.6	高度风险
16	山东蔬菜产区	克百威	33	3.43	4.5	高度风险
17	太原市	克百威	10	3.14	4.2	高度风险
18	沈阳市	甲拌磷	14	3.13	4.2	高度风险
19	哈尔滨市	甲拌磷	9	3.11	4.2	高度风险
20	南宁市	克百威	8	3.05	4.2	高度风险
21	武汉市	克百威	12	3.01	4.1	高度风险
22	南昌市	克百威	9	3.00	4.1	高度风险
23	杭州市	克百威	13	2.94	4.0	高度风险
24	西安市	克百威	10	2.86	4.0	高度风险
25	石家庄市	氧乐果	11	2.81	3.9	高度风险
26	广州市	甲拌磷	14	2.79	3.9	高度风险
27	济南市	甲拌磷	8	2.74	3.8	高度风险
28	广州市	氧乐果	13	2.59	3.7	高度风险
29	长沙市	氧乐果	7	2.57	3.7	高度风险
30	石家庄市	克百威	10	2.56	3.7	高度风险
31	上海市	克百威	13	2.50	3.6	高度风险
32	拉萨市	甲拌磷	4	2.45	3.6	高度风险
33	济南市	克百威	7	2.40	3.5	高度风险
34	呼和浩特市	氧乐果	6	2.31	3.4	高度风险
35	西安市	甲拌磷	8	2.29	3.4	高度风险
36	西宁市	甲拌磷	5	2.24	3.3	高度风险
37	广州市	克百威	11	2.19	3.3	高度风险

续表

序号	省市	禁用农药	检出频次	超标率 P(%)	风险系数 R	风险程度
38	长春市	甲拌磷	9	2.19	3.3	高度风险
39	天津市	克百威	11	2.06	3.2	高度风险
40	南京市	氧乐果	10	2.06	3.2	高度风险
41	济南市	氧乐果	6	2.05	3.2	高度风险
42	北京市	克百威	18	2.02	3.1	高度风险
43	南昌市	甲拌磷	6	2.00	3.1	高度风险
44	长春市	氧乐果	8	1.95	3.0	高度风险
45	西宁市	灭多威	4	1.79	2.9	高度风险
46	石家庄市	甲拌磷	7	1.79	2.9	高度风险
47	沈阳市	氧乐果	8	1.79	2.9	高度风险
48	西安市	氧乐果	6	1.71	2.8	高度风险
49	贵阳市	克百威	5	1.67	2.8	高度风险
50	郑州市	甲拌磷	7	1.62	2.7	高度风险
51	福州市	克百威	4	1.61	2.7	高度风险
52	福州市	甲拌磷	4	1.61	2.7	高度风险
53	山东蔬菜产区	甲拌磷	15	1.56	2.7	高度风险
54	成都市	氧乐果	7	1.54	2.6	高度风险
55	南宁市	氧乐果	4	1.53	2.6	高度风险
56	昆明市	甲拌磷	5	1.47	2.6	高度风险
57	重庆市	克百威	6	1.40	2.4	中度风险
58	哈尔滨市	灭多威	4	1.38	2.4	中度风险
59	杭州市	氧乐果	6	1.36	2.4	中度风险
60	杭州市	甲拌磷	6	1.36	2.4	中度风险
61	西宁市	氧乐果	3	1.35	2.4	中度风险
62	沈阳市	克百威	6	1.34	2.4	中度风险
63	贵阳市	氧乐果	4	1.34	2.4	中度风险
64	天津市	氧乐果	7	1.31	2.4	中度风险
65	拉萨市	克百威	2	1.23	2.3	中度风险
66	福州市	灭多威	3	1.20	2.3	中度风险
67	合肥市	灭多威	4	1.18	2.3	中度风险
68	北京市	氧乐果	9	1.01	2.1	中度风险
69	武汉市	氧乐果	4	1.00	2.1	中度风险
70	南昌市	灭多威	3	1.00	2.1	中度风险
71	南昌市	氧乐果	3	1.00	2.1	中度风险
72	银川市	甲拌磷	2	1.00	2.1	中度风险
73	海口市	灭多威	3	0.98	2.1	中度风险
74	长春市	灭多威	4	0.97	2.1	中度风险

续表

序号	省市	禁用农药	检出频次	超标率 P（%）	风险系数 R	风险程度
75	太原市	灭多威	3	0.94	2.0	中度风险
76	合肥市	灭线磷	3	0.88	2.0	中度风险
77	昆明市	氧乐果	3	0.88	2.0	中度风险
78	昆明市	克百威	3	0.88	2.0	中度风险
79	福州市	氧乐果	2	0.80	1.9	中度风险
80	呼和浩特市	甲拌磷	2	0.77	1.9	中度风险
81	南宁市	水胺硫磷	2	0.76	1.9	中度风险
82	天津市	甲拌磷	4	0.75	1.9	中度风险
83	长沙市	克百威	2	0.74	1.8	中度风险
84	哈尔滨市	克百威	2	0.69	1.8	中度风险
85	杭州市	甲胺磷	3	0.68	1.8	中度风险
86	北京市	甲拌磷	6	0.67	1.8	中度风险
87	南昌市	甲胺磷	2	0.67	1.8	中度风险
88	成都市	克百威	3	0.66	1.8	中度风险
89	深圳市	氧乐果	2	0.65	1.8	中度风险
90	太原市	甲拌磷	2	0.63	1.7	中度风险
91	南京市	甲胺磷	3	0.62	1.7	中度风险
92	合肥市	氧乐果	2	0.59	1.7	中度风险
93	合肥市	特丁硫磷	2	0.59	1.7	中度风险
94	上海市	甲拌磷	3	0.58	1.7	中度风险
95	北京市	灭多威	5	0.56	1.7	中度风险
96	山东蔬菜产区	灭多威	5	0.52	1.6	中度风险
97	银川市	克百威	1	0.50	1.6	中度风险
98	银川市	氧乐果	1	0.50	1.6	中度风险
99	郑州市	水胺硫磷	2	0.46	1.6	中度风险
100	杭州市	涕灭威	2	0.45	1.6	中度风险
101	西宁市	特丁硫磷	1	0.45	1.5	中度风险
102	成都市	甲胺磷	2	0.44	1.5	中度风险
103	兰州市	氧乐果	1	0.42	1.5	中度风险
104	乌鲁木齐市	灭多威	1	0.42	1.5	中度风险
105	南京市	灭线磷	2	0.41	1.5	中度风险
106	呼和浩特市	甲胺磷	1	0.38	1.5	中度风险
107	南宁市	甲拌磷	1	0.38	1.5	中度风险
108	天津市	灭多威	2	0.38	1.5	中度风险
109	长沙市	苯线磷	1	0.37	1.5	中度风险
110	长沙市	灭线磷	1	0.37	1.5	中度风险
111	哈尔滨市	治螟磷	1	0.35	1.4	低度风险

续表

序号	省市	禁用农药	检出频次	超标率 P(%)	风险系数 R	风险程度
112	济南市	水胺硫磷	1	0.34	1.4	低度风险
113	贵阳市	甲拌磷	1	0.33	1.4	低度风险
114	南昌市	丁酰肼	1	0.33	1.4	低度风险
115	海口市	氧乐果	1	0.33	1.4	低度风险
116	深圳市	灭多威	1	0.33	1.4	低度风险
117	深圳市	甲胺磷	1	0.33	1.4	低度风险
118	深圳市	水胺硫磷	1	0.33	1.4	低度风险
119	合肥市	涕灭威	1	0.29	1.4	低度风险
120	合肥市	甲胺磷	1	0.29	1.4	低度风险
121	西安市	甲胺磷	1	0.29	1.4	低度风险
122	西安市	治螟磷	1	0.29	1.4	低度风险
123	石家庄市	特丁硫磷	1	0.26	1.4	低度风险
124	武汉市	灭多威	1	0.25	1.4	低度风险
125	长春市	苯线磷	1	0.24	1.3	低度风险
126	郑州市	涕灭威	1	0.23	1.3	低度风险
127	杭州市	灭线磷	1	0.23	1.3	低度风险
128	北京市	涕灭威	2	0.22	1.3	低度风险
129	北京市	特丁硫磷	2	0.22	1.3	低度风险
130	沈阳市	苯线磷	1	0.22	1.3	低度风险
131	沈阳市	灭多威	1	0.22	1.3	低度风险
132	成都市	灭多威	1	0.22	1.3	低度风险
133	成都市	涕灭威	1	0.22	1.3	低度风险
134	山东蔬菜产区	甲胺磷	2	0.21	1.3	低度风险
135	山东蔬菜产区	涕灭威	2	0.21	1.3	低度风险
136	南京市	苯线磷	1	0.21	1.3	低度风险
137	南京市	甲拌磷	1	0.21	1.3	低度风险
138	上海市	涕灭威	1	0.19	1.3	低度风险
139	上海市	氧乐果	1	0.19	1.3	低度风险
140	北京市	灭线磷	1	0.11	1.2	低度风险
141	北京市	甲胺磷	1	0.11	1.2	低度风险
142	北京市	治螟磷	1	0.11	1.2	低度风险

对水果蔬菜中每种禁用农药的分布城市进行统计，不同风险程度的城市数量如图 5-68 所示。显然，侦测出的克百威分布城市最广，高达 32 个；其次为氧乐果，在 31 个城市的水果蔬菜中均有残留；位居第三的为甲拌磷，在 25 个城市的水果蔬菜中均有残留。此外，处于高度风险的禁用农药克百威分布城市也最为广泛，高达 24 个；其次

为氧乐果，分布城市共计 16 个；第三为甲拌磷，分布城市为 15 个。

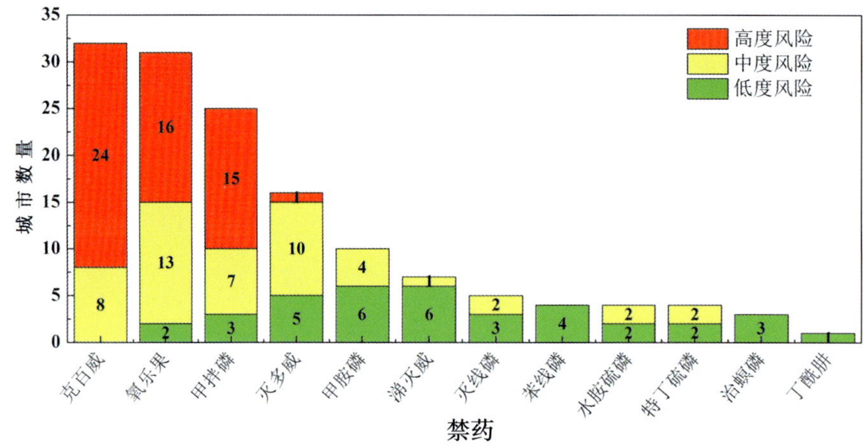

图 5-68　每种禁用农药不同风险程度的分布城市数量统计图

对每个城市风险系数最高的禁用农药进行统计，结果如表 5-68 和图 5-69 所示。数据显示，禁用农药克百威在兰州、西宁和郑州等 20 个城市的水果蔬菜中，风险系数均为最高，且重庆市的水果蔬菜中克百威处于中度风险，其他的均为高度风险；禁用农药氧乐果在山东蔬菜产区、乌鲁木齐市和太原市等 7 个城市的水果蔬菜中，风险系数均为最高，且处于高度风险；禁用农药甲拌磷在沈阳、广州和济南等 6 个城市的水果蔬菜中，风险系数均为最高，且银川市的水果蔬菜中克百威处于中度风险，其他的均为高度风险。

表 5-68　每个城市风险系数最高的禁用农药及风险程度列表

序号	省市	禁用农药	检出频次	P（%）	风险系数 R	风险程度
1	兰州市	克百威	26	10.88	12.0	高度风险
2	西宁市	克百威	17	7.62	8.7	高度风险
3	郑州市	克百威	26	6.00	7.1	高度风险
4	合肥市	克百威	18	5.29	6.4	高度风险
5	南京市	克百威	25	5.15	6.3	高度风险
6	呼和浩特市	克百威	11	4.23	5.3	高度风险
7	海口市	克百威	12	3.93	5.0	高度风险
8	长春市	克百威	16	3.89	5.0	高度风险
9	深圳市	克百威	11	3.58	4.7	高度风险
10	南宁市	克百威	8	3.05	4.2	高度风险
11	武汉市	克百威	12	3.01	4.1	高度风险
12	南昌市	克百威	9	3.00	4.1	高度风险
13	杭州市	克百威	13	2.94	4.0	高度风险
14	西安市	克百威	10	2.86	4.0	高度风险
15	上海市	克百威	13	2.50	3.6	高度风险

续表

序号	省市	禁用农药	检出频次	*P*（%）	风险系数 *R*	风险程度
16	天津市	克百威	11	2.06	3.2	高度风险
17	北京市	克百威	18	2.02	3.1	高度风险
18	贵阳市	克百威	5	1.67	2.8	高度风险
19	福州市	克百威	4	1.61	2.7	高度风险
20	重庆市	克百威	6	1.40	2.5	中度风险
21	山东蔬菜产区	氧乐果	50	5.20	6.3	高度风险
22	乌鲁木齐市	氧乐果	11	4.60	5.7	高度风险
23	太原市	氧乐果	14	4.40	5.5	高度风险
24	哈尔滨市	氧乐果	11	3.81	4.9	高度风险
25	石家庄市	氧乐果	11	2.81	3.9	高度风险
26	长沙市	氧乐果	7	2.57	3.7	高度风险
27	成都市	氧乐果	7	1.54	2.6	高度风险
28	沈阳市	甲拌磷	14	3.13	4.2	高度风险
29	广州市	甲拌磷	14	2.79	3.9	高度风险
30	济南市	甲拌磷	8	2.74	3.8	高度风险
31	拉萨市	甲拌磷	4	2.45	3.6	高度风险
32	昆明市	甲拌磷	5	1.47	2.6	高度风险
33	银川市	甲拌磷	2	1.00	2.1	中度风险

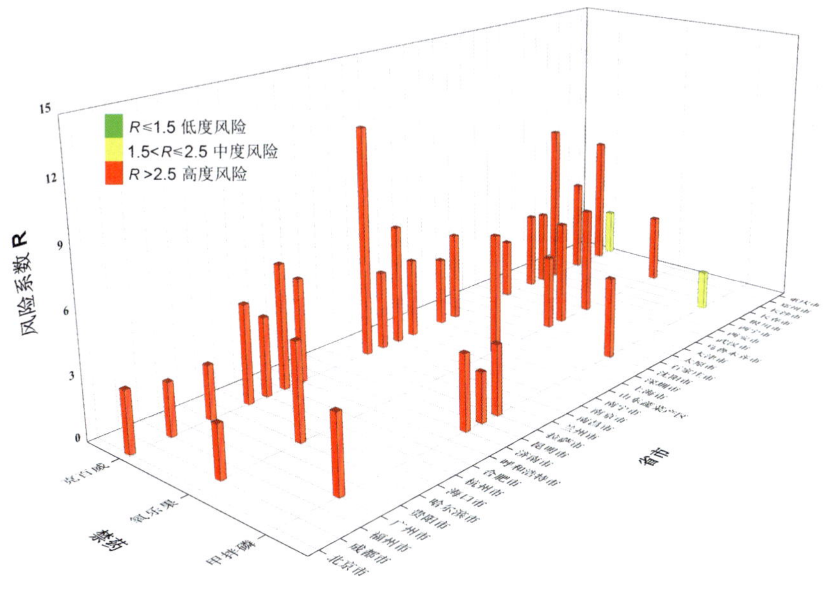

图 5-69　每个城市风险系数最高的禁用农药分布图

5）所有水果蔬菜中非禁用农药预警风险结果分析（基于 MRL 欧盟标准）

在全国所有水果蔬菜中侦测出 174 种农药，其中有 162 种为非禁用农药。基于非禁用农药的风险系数计算结果，3 种残留农药处于高度风险，占 1.85%；13 种处于中度风险，占 8.02%，146 种处于低度风险，占 90.12%。处于高度风险的 3 种非禁用农药分别为多菌灵、啶虫脒和双苯基脲。

全国水果蔬菜中不同风险程度的非禁用农药种数分布如图 5-70 所示，结果表明，南京市水果蔬菜中残留的非禁用农药种数最多，为 74 种；其次为北京市，残留的非禁用农药高达 72 种；第三为福州市，残留的非禁用农药为 68 种。在福州市的水果蔬菜中，处于高度风险的非禁用农药种数最多，为 11 种；其次为西宁市，达 10 种；第三是南京市和海口市，均 8 种。

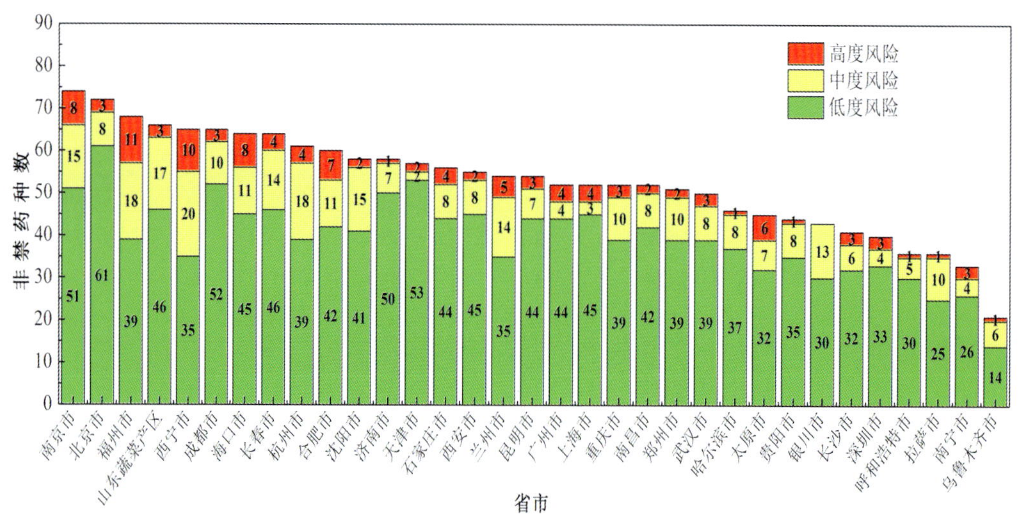

图 5-70　全国水果蔬菜中不同风险程度的非禁用农药种数分布图

由于各省市所侦测的水果蔬菜样品数量有所差异，因此有必要进一步分析各省市非禁用农药的风险程度比例分布情况，如图 5-71 所示。结果表明，福州市水果蔬菜中，非禁用农药处于高度风险的比例最高，为 16.18%；其次为西宁市，其比例为 15.38%；第三为太原市，所占比例为 13.33%。

全国水果蔬菜中残留的非禁用农药及风险程度如图 5-72 和表 5-69 所示。结果表明，风险系数最高的非禁用农药为双苯基脲，且主要残留在昆明等市的水果蔬菜中；其次为氟硅唑，该农药主要残留在海口、西宁和兰州等市的水果蔬菜中。

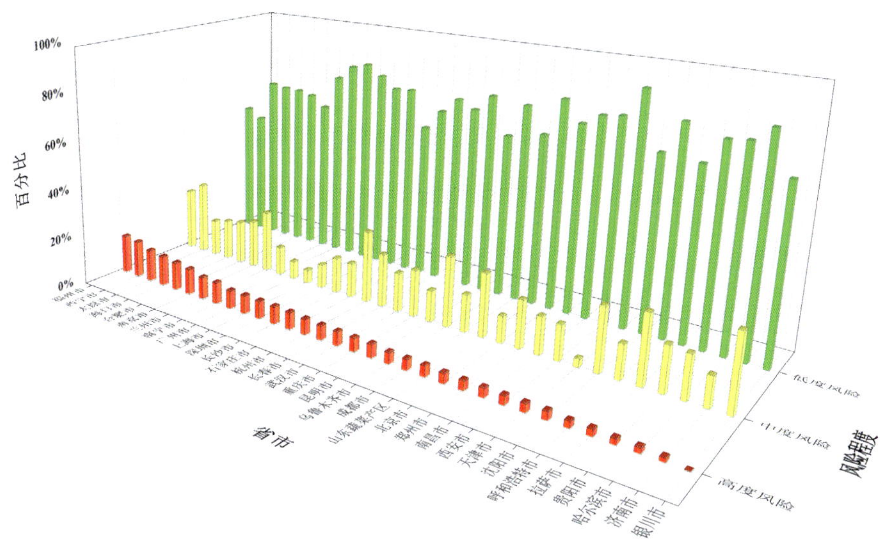

图 5-71 各省市非禁用农药的风险程度比例分布图

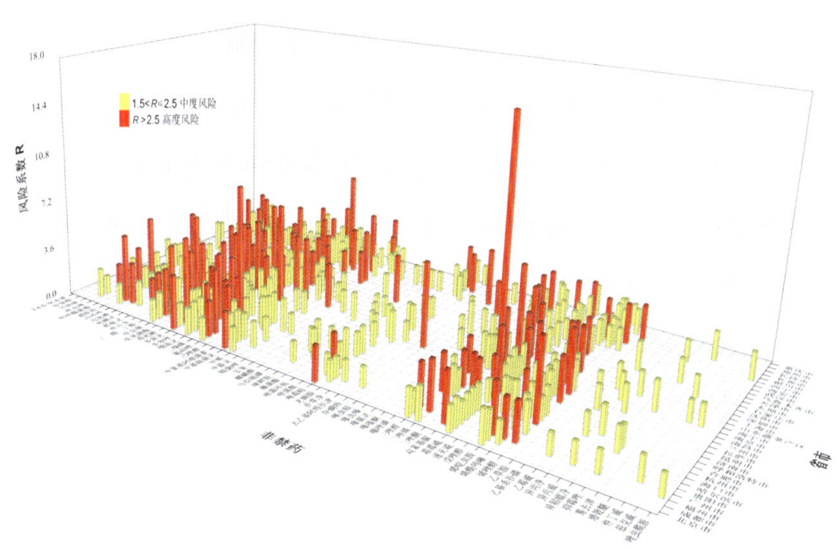

图 5-72 全国所侦测出的非禁用农药风险程度分布图

表 5-69 全国所侦测出的处于高度风险的非禁用农药及风险系数列表

序号	地市级	中文名称	超标频次	超标率 P（%）	风险系数 R
1	昆明市	双苯基脲	56	16.42	17.5
2	海口市	氟硅唑	27	8.85	10.0
3	西宁市	氟硅唑	14	6.28	7.4
4	兰州市	氟硅唑	15	6.28	7.4

续表

序号	地市级	中文名称	超标频次	超标率 P（%）	风险系数 R
5	南京市	双苯基脲	29	5.98	7.1
6	杭州市	啶虫脒	24	5.43	6.5
7	福州市	多菌灵	13	5.22	6.3
8	兰州市	炔螨特	12	5.02	6.1
9	山东蔬菜产区	多菌灵	48	4.99	6.1
10	海口市	丙环唑	14	4.59	5.7
11	海口市	烯唑醇	14	4.59	5.7
12	南昌市	多菌灵	13	4.33	5.4
13	上海市	啶虫脒	22	4.22	5.3
14	济南市	多菌灵	12	4.11	5.2
15	太原市	多菌灵	13	4.09	5.2
16	福州市	丙环唑	10	4.02	5.1
17	广州市	啶虫脒	20	3.98	5.1
18	上海市	双苯基脲	20	3.84	4.9
19	合肥市	多菌灵	13	3.82	4.9
20	哈尔滨市	噁霜灵	11	3.81	4.9
21	兰州市	丙环唑	9	3.77	4.9
22	南京市	甲氨基阿维菌素	18	3.71	4.8
23	拉萨市	双苯基脲	6	3.68	4.8
24	福州市	氟硅唑	9	3.61	4.7
25	西宁市	甲基硫菌灵	8	3.59	4.7
26	南京市	啶虫脒	17	3.51	4.6
27	呼和浩特市	霜霉威	9	3.46	4.6
28	南宁市	氟硅唑	9	3.44	4.5
29	兰州市	烯唑醇	8	3.35	4.4
30	合肥市	啶虫脒	11	3.24	4.3
31	杭州市	噁霜灵	14	3.17	4.3
32	西宁市	炔螨特	7	3.14	4.2
33	南京市	烯酰吗啉	15	3.09	4.2
34	南宁市	啶虫脒	8	3.05	4.2
35	南昌市	啶虫脒	9	3.00	4.1
36	海口市	啶虫脒	9	2.95	4.1
37	杭州市	多菌灵	13	2.94	4.0
38	乌鲁木齐市	甲哌	7	2.93	4.0
39	北京市	多菌灵	26	2.91	4.0
40	太原市	啶虫脒	9	2.83	3.9
41	西宁市	三唑磷	6	2.69	3.8
42	西宁市	丙环唑	6	2.69	3.8

续表

序号	地市级	中文名称	超标频次	超标率 P（%）	风险系数 R
43	石家庄市	咪鲜胺	10	2.56	3.7
44	南京市	速灭威	12	2.47	3.6
45	成都市	双苯基脲	11	2.42	3.5
46	福州市	三唑磷	6	2.41	3.5
47	福州市	烯啶虫胺	6	2.41	3.5
48	福州市	啶虫脒	6	2.41	3.5
49	重庆市	甲基硫菌灵	10	2.33	3.4
50	重庆市	多菌灵	10	2.33	3.4
51	海口市	多菌灵	7	2.30	3.4
52	山东蔬菜产区	双苯基脲	22	2.29	3.4
53	西安市	己唑醇	8	2.29	3.4
54	深圳市	啶虫脒	7	2.28	3.4
55	南京市	甲霜灵	11	2.27	3.4
56	西宁市	吡虫啉	5	2.24	3.3
57	西宁市	多菌灵	5	2.24	3.3
58	西宁市	三唑醇	5	2.24	3.3
59	沈阳市	双苯基脲	10	2.24	3.3
60	长沙市	嘧霉胺	6	2.21	3.3
61	长沙市	吡虫啉	6	2.21	3.3
62	上海市	烯酰吗啉	11	2.11	3.2
63	上海市	多菌灵	11	2.11	3.2
64	兰州市	噁霜灵	5	2.09	3.2
65	郑州市	啶虫脒	9	2.08	3.2
66	昆明市	烯唑醇	7	2.05	3.2
67	石家庄市	啶虫脒	8	2.05	3.1
68	福州市	丙溴磷	5	2.01	3.1
69	福州市	三唑醇	5	2.01	3.1
70	贵阳市	氟硅唑	6	2.01	3.1
71	广州市	噁霜灵	10	1.99	3.1
72	海口市	吡唑醚菌酯	6	1.97	3.1
73	深圳市	烯啶虫胺	6	1.95	3.1
74	长春市	多菌灵	8	1.95	3.0
75	长春市	灭蝇胺	8	1.95	3.0
76	长春市	双苯基脲	8	1.95	3.0
77	太原市	毒死蜱	6	1.89	3.0
78	南京市	多菌灵	9	1.86	3.0
79	南京市	霜霉威	9	1.86	3.0
80	西宁市	烯啶虫胺	4	1.79	2.9

续表

序号	地市级	中文名称	超标频次	超标率 *P*（%）	风险系数 *R*
81	西宁市	烯唑醇	4	1.79	2.9
82	石家庄市	甲基硫菌灵	7	1.79	2.9
83	合肥市	霜霉威	6	1.76	2.9
84	成都市	丁二酸二丁酯	8	1.76	2.9
85	武汉市	啶虫脒	7	1.75	2.9
86	西安市	三唑醇	6	1.71	2.8
87	天津市	噁霜灵	9	1.69	2.8
88	海口市	噁霜灵	5	1.64	2.7
89	海口市	三唑醇	5	1.64	2.7
90	深圳市	氟硅唑	5	1.63	2.7
91	重庆市	氟硅唑	7	1.63	2.7
92	郑州市	霜霉威	7	1.62	2.7
93	福州市	烯唑醇	4	1.61	2.7
94	福州市	避蚊胺	4	1.61	2.7
95	福州市	烯酰吗啉	4	1.61	2.7
96	广州市	嘧霉胺	8	1.59	2.7
97	广州市	敌百虫	8	1.59	2.7
98	杭州市	双苯基脲	7	1.58	2.7
99	太原市	丙溴磷	5	1.57	2.7
100	太原市	烯啶虫胺	5	1.57	2.7
101	太原市	氟硅唑	5	1.57	2.7
102	北京市	甲基硫菌灵	14	1.57	2.7
103	沈阳市	丙环唑	7	1.57	2.7
104	成都市	氟硅唑	7	1.54	2.6
105	石家庄市	丙溴磷	6	1.53	2.6
106	南宁市	噁霜灵	4	1.53	2.6
107	武汉市	噻虫嗪	6	1.50	2.6
108	武汉市	噁霜灵	6	1.50	2.6
109	天津市	甲哌	8	1.50	2.6
110	合肥市	噁霜灵	5	1.47	2.6
111	合肥市	三唑磷	5	1.47	2.6
112	合肥市	烯啶虫胺	5	1.47	2.6
113	合肥市	三唑酮	5	1.47	2.6
114	长沙市	甲哌	4	1.47	2.6
115	昆明市	三唑醇	5	1.47	2.6
116	长春市	乙草胺	6	1.46	2.6
117	山东蔬菜产区	啶虫脒	14	1.46	2.6
118	北京市	嘧霉胺	13	1.46	2.6

5.3.5　LC-Q-TOF/MS 技术侦测全国市售水果蔬菜农药残留风险评估结论与建议

农药残留是影响水果蔬菜安全和质量的主要因素，也是我国食品安全领域备受关注的敏感话题和亟待解决的重大问题之一。各种水果蔬菜均存在不同程度的农药残留现象，本研究主要针对各类水果蔬菜存在的农药残留问题，基于 2012 年 7 月~2014 年 8 月对全国 12551 例水果蔬菜样品中农药残留侦测得出的 25486 频次侦测结果，分别采用食品安全指数模型和风险系数模型，开展水果蔬菜中农药残留的膳食暴露风险和预警风险评估。

本研究力求通用简单地反映食品安全中的主要问题且为管理部门和大众容易接受，为政府及相关管理机构建立科学的食品安全信息发布和预警体系提供科学的规律与方法，加强对农药残留的预警和食品安全重大事件的预防，控制食品风险。水果蔬菜样品取自超市和农贸市场，符合大众的膳食来源，风险评价时更具有代表性和可信度。

5.3.5.1　水果蔬菜中农药残留膳食暴露风险评价结论

1）水果蔬菜样品中单个频次检出农药残留的膳食暴露风险水平结论

采用食品安全指数模型，对 12551 例水果蔬菜样品中检出农药 25486 频次，其中 1427 频次（占总频次的 5.6%）涉及农药我国国家标准中无 ADI 值规定除外，对其他侦测出的农药根据食品安全指数 IFS_c 的计算结果进行膳食暴露风险评价，评价结果表明其中 23163 频次（90.89%）处于没有影响状态；758 频次（2.97%）膳食暴露影响可以接受；138 频次（0.54%）膳食暴露影响处于不可接受水平。

侦测出禁用农药 12 种 854 频次，膳食暴露风险评价结果表明，其中农药残留对食品安全没有影响的为 463 频次（54.22%）；农药残留对食品安全的影响可以接受的为 301 频次（35.25%）；农药残留对食品安全的影响不可接受的高达 90 频次（10.54%），不可接受的比例远高于非禁用农药。

超标非禁用农药（超过 MRL 中国国家标准）共检出 81 频次，对水果蔬菜样品的膳食暴露影响程度评价结果表明，农药残留对食品安全没有影响的频次为 33，占 40.74%；农药残留对食品安全的影响可以接受的频次为 34，占 41.98%；农药残留对食品安全的影响不可接受的频次为 14，占 17.28%。

超标非禁用农药（超过 MRL 欧盟标准）共侦测出 2423 频次，超 MRL 欧盟标准的非禁用农药 311 频次无 ADI 值外，对其他 2112 频次水果蔬菜样品的膳食暴露影响程度评价结果表明，其中农药残留对食品安全没有影响的频次为 1719，占 70.95%；农药残留对食品安全的影响可以接受的频次为 347，占 14.32%；农药残留对食品安全不可接受的频次为 46，占 1.9%。

2）全国单种水果蔬菜膳食暴露风险评价结论

全国侦测的 12551 例水果蔬菜样品中涉及水果蔬菜种类 128 种，其中 121 种水果蔬菜中均侦测出农药残留，侦测出农药残留 174 种，涉及 2841 个分析样本，水果蔬菜中杏鲍菇、甘薯中检出农药均没有 ADI 规定，侦测出残留农药中 122 种农药存在 ADI 国家标准。全国单种水果蔬菜单种农药中不可接受为 30 次，涉及 20 种蔬菜和 2 种水果（苹果、葡萄）中 10 种农药，其中氧乐果不可接受出现频次最高，达到 11 次；其次是甲氨基阿维菌素，为 6 次。通过全国每种水果蔬菜中所有检出农药的 IFS 平均值判断，$\overline{IFS}$在0.00002~2.0404 之间，其中平菇$\overline{IFS}$大于 1，膳食暴露风险不可接受，韭菜、香菇、草莓等 16 种水果蔬菜 $0.1<\overline{IFS}\leq 1$，农药残留对食品安全影响的风险可以接受；其他的 102 种蔬菜$\overline{IFS}\leq 0.1$，残留农药对所研究消费者人群的食品安全没有影响。

3）全国水果蔬菜样品中膳食暴露风险不可接受的农药种类汇总

LC-Q-TOF/MS 技术对全国水果蔬菜样品侦测中膳食暴露风险处于不可接受状态的共 138 频次，涉及农药合计 20 种，这些农药导致了膳食暴露风险的存在，成为不安全因素。各农药不可接受出现频次见图 5-73。由图 5-73 可以看出，通过 LC-Q-TOF/MS 技术侦测出不可接受频次较高的农药有克百威、甲拌磷和氧乐果，全部为禁用农药，说明禁用农药在我国水果蔬菜中仍能够见出，且具有较高膳食暴露风险。

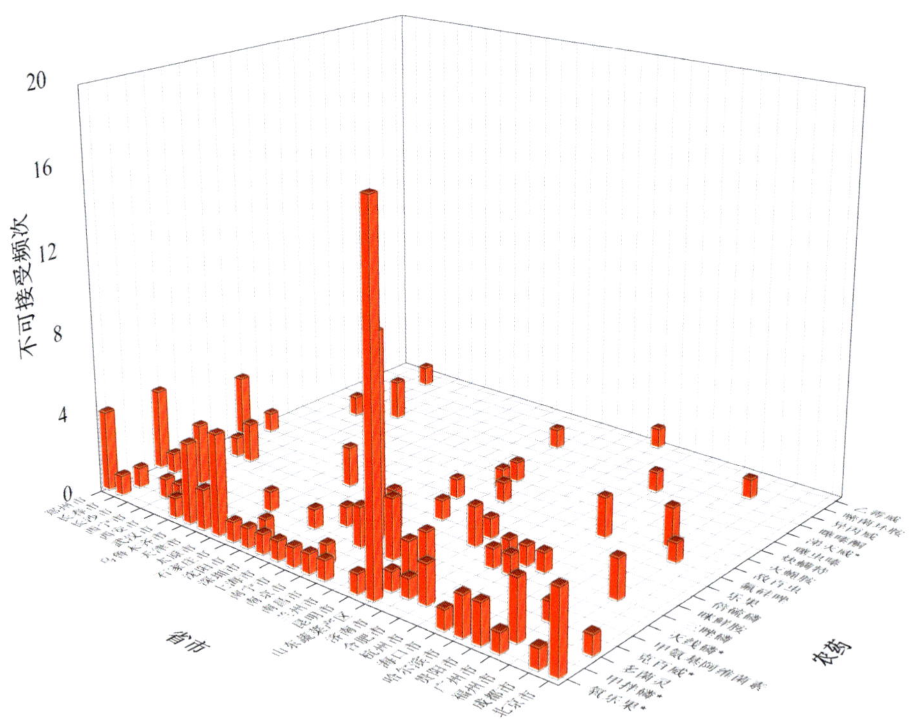

图 5-73　不同城市膳食暴露风险不可接受的农药频次分布图

带*的为禁用农药

4）全国水果蔬菜样品中膳食暴露风险不可接受的水果蔬菜种类汇总

通过 LC-Q-TOF/MS 技术从全国 128 种水果蔬菜中侦测出的残留农药对膳食暴露不可接受的 138 频次中，涉及 34 种水果蔬菜，不可接受频次按水果蔬菜种类分布见图 5-74。不可接受频次较高的前十位依次是韭菜、芹菜、菜豆、生菜、桃、菠菜、甜椒、茄子、茼蒿、菜薹。分别出现 18、18、15、9、7、6、6、6、6、5 次，10 种水果蔬菜合计占不可接受总频次的 69.6%。这些水果蔬菜均为常见水果蔬菜品种，百姓日常食用量大，尤其蔬菜中农药残留风险更应加以重视。

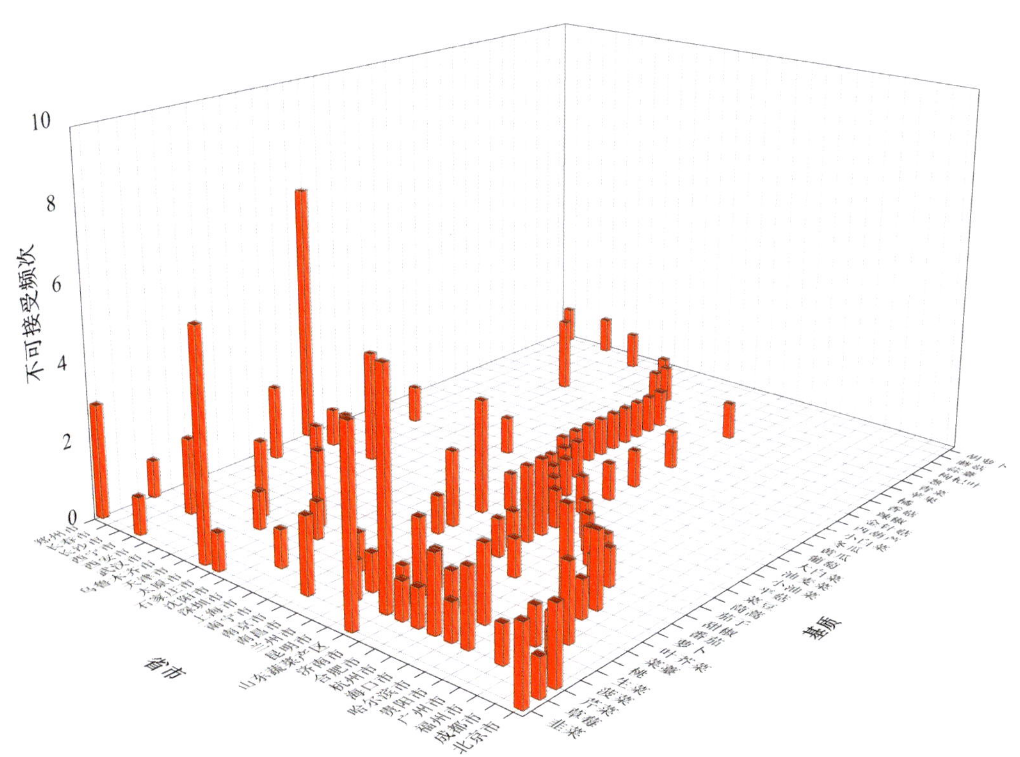

图 5-74　不同水果蔬菜膳食暴露风险不可接受频次分布图

5）不同省市水果蔬菜膳食暴露风险不可接受比例的地域比较

通过对全国不同省市侦测结果的膳食暴露风险水平进行地域对比，从不可接受的频次比例可以看出，乌鲁木齐、南京、山东蔬菜产区、郑州、西宁不可接受比例居前 5 位，不可接受比例分别为 2.37%、1.89%、1.46%、1.28%、0.95%，分别是全国比例（0.54%）的 4.4、3.5、2.7、2.4、1.8 倍。重庆、呼和浩特、银川、拉萨 4 省市未出现不可接受样本。

5.3.5.2　水果蔬菜中农药残留预警风险评价结论

1）全国单种水果蔬菜中禁用农药残留的预警风险评价结论

采用风险系数模型，对 12551 例水果蔬菜样品中侦测出的 25486 频次的农药残留数据进行预警风险评价，在全国 121 种水果蔬菜中侦测出 174 种残留农药，其中在 67 种水果蔬菜中侦测出 12 种禁用农药，计算全国单种水果蔬菜中禁用农药预警风险得出的 179 个结果，发现 49.72%处于高度风险，32.96%处于中度风险，仅有 17.32%处于低度风险，该结果说明禁用农药一旦检出，预警风险水平则明显较高。

2）各省市单种水果蔬菜中禁用农药残留的预警风险评价结论

通过按省市分别计算各城市单种水果蔬菜中禁用农药残留预警风险，得出 529 个评价结果，发现所有评价结果全部处于高度预警风险，高度风险数量最多的城市为山东蔬菜产区（47 个）、合肥市（34 个）和南京市（33 个）；高度风险出现频次最高的禁用农药为克百威（208 个）、氧乐果（146 个）和甲拌磷（85 个）；同时发现侦测出高度风险禁用农药频次最多的水果蔬菜种类为芹菜、茄子、生菜、甜椒，数量分别为 28、23、20 和 20 频次，说明对这些蔬菜中禁用农药的预警风险更应加以重点监管。

3）基于 MRL 中国国家标准的全国单种水果蔬菜中非禁用农药残留的预警风险评价结论

基于 MRL 中国国家标准，通过风险系数模型对 12551 例水果蔬菜样品中侦测出的 162 种非禁用农药预警风险评估，结果发现 2662 频次中 0.41%处于高度风险，0.56%处于中度风险，18.41%处于低度风险。此外 80.62%频次的检出结果中涉及农药仍没有制定出 MRL 中国国家标准，说明 MRL 中国国家标准严重缺乏，采用 MRL 中国国家标准进行预警风险评价结果缺乏全面性。

4）基于 MRL 中国国家标准的各省市单种水果蔬菜中非禁用农药残留的预警风险评价结论

按城市分析各省市单种水果蔬菜中非禁用农药残留情况，发现全国 33 个省市的单种水果蔬菜中非禁用农药残留共涉及 9694 频次，基于 MRL 中国国家标准得出各省市单种水果蔬菜中每种非禁用农药的预警风险评价结果，发现处于高度风险比例较高的省市是山东蔬菜产区、南京市和太原市，比例分别为 2.58%、1.82%和 1.67%。风险系数较高的样本为上海市菠萝中侦测出的烯酰吗啉、西宁市食荚豌豆中侦测出的多菌灵和重庆市草莓中侦测出的多菌灵。

5）基于 MRL 欧盟标准的全国单种水果蔬菜中非禁用农药残留的预警风险评价结论

基于 MRL 欧盟标准，对 12551 例水果蔬菜样品中侦测出的 162 种非禁用农药进行预警风险评估，发现 2662 个样本中 13.64%处于高度风险、5.24%处于中度风险、77.12%处于低度风险。基于 MRL 欧盟标准的预警风险评估结果中高度风险和中度风险比例分别是基于 MRL 中国国家标准计算结果的 33 和 9 倍，预警风险水平明显偏高，说明 MRL 欧盟标准明显严格于 MRL 中国国家标准，中国应该加紧科学制定完善农药残留限量标准。

6）基于 MRL 欧盟标准各省市单种水果蔬菜中非禁用农药残留的预警风险评价结论

以城市为单元，基于 MRL 欧盟标准分别计算各地单种水果蔬菜中非禁用农药残留预警风险，共涉及样本 9694 个，发现处于高度风险样本比例较高的省市是南京、山东蔬菜产区和杭州，比例分别为 27.14%、25.81%和 23.66%。风险系数较高的样本为海口市小白菜中侦测出的烯唑醇、昆明市葡萄中侦测出的双苯基脲和福州市茼蒿中侦测出的丙环唑。从不同地域检出高度风险非禁用农药的水果蔬菜数量比较，南京市、昆明市和上海市分别为 47、39 和 32 种水果蔬菜中含高度风险非禁用农药，检出种类相对较高；从各省市检出高度风险非禁用农药的水果蔬菜种类看，发现水果蔬菜中芹菜、黄瓜和生菜较为常见，分别在 30、27 和 26 个省市检出，说明这些蔬菜超标预警风险在各地普遍较高。

7）全国水果蔬菜中单种禁用农药残留的预警风险评价结论

按单种农药分别计算全国水果蔬菜中侦测出的 12 种禁用农药的预警风险值，发现其中 2 种禁用农药处于高度风险，占 16.67%，1 种处于中度风险，占 8.33%，9 种处于低度风险，占 75%。处于高度风险的 2 种禁用农药分别为克百威和氧乐果。

8）各省市水果蔬菜中禁用农药残留的预警风险评价结论

北京市和合肥市检出的禁用农药种数最多，分别检出 9 种和 8 种。克百威、氧乐果和甲拌磷在各省市检出最为普遍，分别在 32、31 和 25 个城市检出。以城市为计算单元按单种农药分别计算各省市水果蔬菜中侦测出禁用农药的预警风险值，结果发现，31 个省市的 4 种禁用农药处于高度风险（克百威、氧乐果、甲拌磷和灭多威）其中山东蔬菜产区、西安市、西宁市、长春市、郑州市、济南市、石家庄市和广州市，均为 3 种。高度风险禁用农药高度风险比例最高的是广州市，为 100%，侦测出的禁用农药均处于高度风险，其次为济南市和石家庄市，处于高度风险的禁用农药所占比例均为 75%。预警风险值排名前四的分别出现在兰州市、西宁市、郑州市和合肥市，涉及的农药均为克百威。克百威、氧乐果和甲拌磷在各城市高度风险出现频次最高，分别在 25、16、15 个城市出现。分析每个城市预警风险值最高的禁用农药，发现有 20 个城市的风险最大的禁用农药均为克百威，且除重庆市为中度风险外，其他均为高度风险，说明水果蔬菜中克百威的残留在全国范围内普遍处于高度风险，应加以重点关注。

9）基于 MRL 欧盟标准的全国水果蔬菜中非禁用农药残留的预警风险评价结论

以欧盟的 MRL 作为限制标准，评价全国水果蔬菜中侦测出的 162 种非禁用农药的预警风险水平，发现其中 3 种处于高度风险，占 1.85%，13 种农药残留处于中度风险，占 8.02%，146 种农药处于低度风险，占 90.12%。处于高度风险的 3 种非禁用农药分别为多菌灵、啶虫脒和双苯基脲。

10）基于 MRL 欧盟标准的各省市水果蔬菜中非禁用农药残留的预警风险评价结论

以欧盟的 MRL 作为限制标准，以城市作为评价单元，分别计算各省市水果蔬菜中侦测出非禁用农药的预警风险水平。结果发现了各省市中共有 32 种非禁用药农处于高度预警风险。处于高度风险非禁用农药种数最多的为福州、西宁、南京和海口，数量分别有 11、10、8 和 8 种。福州、西宁和太原高度风险非禁用农药所占比例最高，分别为 16.18%、15.38%和 13.33%。预警风险较高的依次为昆明市的双苯基脲、海口市、西宁市和兰州市的氟硅唑和南京市的双苯基脲。

5.3.5.3　重点关注农药的膳食暴露风险评价结论

禁用农药、超标非禁用农药和高检出频次农药残留对食品安全的影响最受关注，为了明确这些重点关注农药的风险水平，分别对检出禁用农药残留的样品、非禁用农药残留超标的样品、高检出频次农药的食品安全指数、预警风险进行分析，得出的主要结论如下。

1）禁用农药膳食暴露风险评价结论

经食品安全指数模型评价，20 种膳食暴露风险不可接受的农药中包括了氧乐果、甲拌磷、克百威、灭线磷、涕灭威 5 种禁用农药；全国 138 频次不可接受样本中有 90 频次为禁用农药，占 65.2%，非禁用农药占 34.8%。

通过 LC-Q-TOF/MS 侦测技术在 67 种水果蔬菜中侦测出了 12 种禁用农药共 854 频次，通过分析单种水果蔬菜中禁用农药的膳食暴露风险评价结果，发现在 179 个计算结果中有 18 个$\overline{\text{IFS}} > 1$，对膳食安全影响不可接受比例远远高于非禁用农药，说明禁用农药膳食暴露风险较大；禁用农药中氧乐果不可接受频次最高，说明氧乐果在多种水果蔬菜中膳食暴露危害较大。

单种水果蔬菜中单种农药膳食暴露风险处于不可接受水平的共有 30 个样本，其中 18 个为禁用农药，具体列于表 5-70，出现频次最高的禁用农药为氧乐果，为 11 频次，占禁用农药不可接受总频次的 61.1%，不可接受的水果蔬菜中芹菜和韭菜出现频次最高，芹菜中有灭线磷、氧乐果、涕灭威三种农药不可接受，韭菜中是氧乐果、甲拌磷两种农药。单种水果蔬菜中单种禁用农药膳食暴露风险评价结果进一步说明氧乐果和甲拌磷这两种农药具有高风险，对人体健康潜在危害较大，亟待对其在水果蔬菜的使用和持久残留性加强关注。

表 5-70　单种水果蔬菜中单种禁用农药膳食暴露风险不可接受的样本列表

排名	基质	农药	IFS_c
1	韭菜	氧乐果	20.8294
2	番茄	灭线磷	6.0167
3	平菇	氧乐果	4.0808
4	菜豆	氧乐果	3.8983
5	西葫芦	氧乐果	3.5706
6	枸杞叶	克百威	2.7499
7	苹果	氧乐果	2.5544
8	芹菜	灭线磷	2.4874
9	葱	氧乐果	2.3222
10	蘑菇	氧乐果	2.2526
11	甜椒	氧乐果	2.1016
12	芹菜	氧乐果	2.0339
13	韭菜	甲拌磷	1.7648
14	叶芥菜	克百威	1.5320
15	草莓	氧乐果	1.4503
16	大白菜	氧乐果	1.3427
17	芹菜	涕灭威	1.2878
18	茼蒿	灭线磷	1.1479

2）超标非禁用农药膳食暴露风险评价结论

分别以 MRL 中国国家标准和 MRL 欧盟标准作为评价标准，超标样品数分别为 14 和 46 个，表 5-71 列出了超标倍数最高的前十位农药食品安全指数计算结果。相对于 MRL 中国国家标准，菜豆、黄瓜、菜薹、韭菜、桃农药超标倍数最高，主要以多菌灵、甲氨基阿维菌素、敌百虫最易超标；相对于 MRL 欧盟标准，菜豆、生菜、黄瓜、茄子、油麦菜、小油菜农药超标倍数最高，以氟硅唑、倍硫磷超标频次最多。对表中超标倍数（X）与 IFS 关系进行线性拟合，发现不同基质中农药超标倍数与食品安全指数二者之间无明显的线性相关关系，同种基质中二者之间呈现良好的线性，同种基质中超标倍数的大小决定了 IFS_c 值的高低。

表 5-71 超标倍数前十的水果蔬菜中农药膳食暴露风险列表

排名	MRL 中国国家标准					MRL 欧盟标准				
	城市	基质	农药	超标倍数	IFS_c	城市	基质	农药	超标倍数	IFS_c
1	山东蔬菜产区	黄瓜	多菌灵	75.24	8.0471	山东蔬菜产区	黄瓜	多菌灵	380.18	8.0471
2	郑州	菜豆	倍硫磷	73.39	3.3653	郑州	菜豆	倍硫磷	370.95	3.3653
3	郑州	菜豆	倍硫磷	35.20	1.6375	福州	生菜	氟硅唑	335.50	3.0445
4	郑州	菜豆	倍硫磷	32.41	1.5112	西宁	茄子	炔螨特	222.04	1.4126
5	南京	黄瓜	甲氨基阿维菌素	20.50	5.4467	海口	生菜	氟硅唑	181.84	1.6543
6	济宁	桃	多菌灵	3.03	1.7005	郑州	菜豆	倍硫磷	179.99	1.6375
7	南昌	大白菜	敌百虫	2.58	2.2680	海口	生菜	氟硅唑	166.68	1.5171
8	广州	菜薹	敌百虫	2.30	2.0897	郑州	菜豆	倍硫磷	166.03	1.5112
9	广州	菜薹	敌百虫	2.24	2.0492	兰州	油麦菜	氟硅唑	115.21	1.0514
10	北京	韭菜	多菌灵	2.14	1.3277	西宁	小油菜	三唑磷	79.12	5.0743

3）检出频次与膳食暴露风险相关关系分析

通过 LC-Q-TOF/MS 技术，水果蔬菜中检出频次最高的前 20 位农药有丙溴磷、毒死蜱、嘧霉胺等，其中包括克百威和硫丹两种，如表 5-72 所示。分析检出频次与膳食暴露风险水平的相关关系，结果表明，IFS_c值与检出频次无关，检出频次较高的农药不一定具有高风险。

表 5-72 检出频次最高的前 20 位的农药膳食暴露风险安全水平列表

序号	农药	是否禁用农药	检出频次	IFS_c>1 频次	IFS_c	影响程度
1	多菌灵	否	3760	3	0.0136	没有影响
2	烯酰吗啉	否	2309	0	0.0033	没有影响
3	啶虫脒	否	2219	0	0.0054	没有影响
4	吡虫啉	否	1482	0	0.0071	没有影响
5	甲霜灵	否	1272	0	0.0019	没有影响
6	霜霉威	否	1224	0	0.0019	没有影响
7	苯醚甲环唑	否	932	0	0.0136	没有影响
8	嘧霉胺	否	928	0	0.0033	没有影响
9	嘧菌酯	否	616	0	0.0007	没有影响
10	灭蝇胺	否	571	1	0.0102	没有影响

续表

序号	农药	是否禁用农药	检出频次	IFS_c>1 频次	IFS_c	影响程度
11	咪鲜胺	否	569	3	0.029	没有影响
12	戊唑醇	否	508	0	0.0081	没有影响
13	甲基硫菌灵	否	506	0	0.0137	没有影响
14	噁霜灵	否	452	0	0.0209	没有影响
15	噻虫嗪	否	434	2	0.013	没有影响
16	氟硅唑	否	370	4	0.0671	没有影响
17	克百威	是	361	18	0.2442	可以接受
18	丙环唑	否	359	0	0.0066	没有影响
19	吡唑醚菌酯	否	333	0	0.0049	没有影响
20	哒螨灵	否	326	0	0.0098	没有影响

4）膳食暴露风险不可接受频次与单种农药风险相关关系分析

水果蔬菜中 IFS>1 的频次最高的前 20 位的农药包括氧乐果、克百威、甲拌磷等，其中包括 5 种禁用农药，如表 5-73 所示。对膳食暴露风险不可接受频次与单种农药风险相关关系进行分析，结果表明，IFS_c 值与 IFS>1 频次之间没有明显的线性相关关系。

表 5-73　IFS＞1 的频次前 20 位的农药膳食安全水平列表

序号	农药	是否禁用农药	检出频次	检出率 P(%)	IFS>1 的频次	单种农药 IFS_c	影响程度
1	氧乐果	是	236	1.88	54	3.0836	不可接受
2	克百威	是	361	2.88	18	0.2442	可以接受
3	甲拌磷	是	157	1.25	13	0.4326	可以接受
4	三唑磷	否	150	1.20	11	0.2595	可以接受
5	甲氨基阿维菌素	否	109	0.87	11	0.4162	可以接受
6	氟硅唑	否	370	2.95	4	0.0671	没有影响
7	灭线磷	是	8	0.06	4	1.7272	不可接受
8	多菌灵	否	3760	29.96	3	0.0136	没有影响
9	咪鲜胺	否	569	4.53	3	0.029	没有影响
10	敌百虫	否	24	0.19	3	0.4359	可以接受
11	倍硫磷	否	10	0.08	3	0.6599	可以接受
12	噻虫嗪	否	434	3.46	2	0.013	没有影响
13	乐果	否	142	1.13	2	0.0534	没有影响
14	灭蝇胺	否	571	4.55	1	0.0102	没有影响

续表

序号	农药	是否禁用农药	检出频次	检出率 P(%)	IFS>1 的频次	单种农药 IFS_c	影响程度
15	噻嗪酮	否	307	2.45	1	0.0154	没有影响
16	乙霉威	否	90	0.72	1	0.0857	没有影响
17	嘧菌环胺	否	77	0.61	1	0.0412	没有影响
18	炔螨特	否	42	0.33	1	0.0654	没有影响
19	异丙威	否	30	0.24	1	0.1283	可以接受
20	涕灭威	是	10	0.08	1	0.1728	可以接受

5.3.5.4　膳食暴露风险与预警风险评价总体结论

（1）膳食暴露风险评估结果表明，全国水果蔬菜样品大部分处于很好或可以接受的安全状态。利用 LC-Q-TOF/MS 技术侦测 12551 例水果蔬菜样品，所得到的 25486 频次侦测结果中，仅有 138 频次（0.54%）膳食安全状态处于不可接受水平。膳食暴露风险不可接受的频次中共涉及 20 种农药，出现频次最高的农药为克百威、甲拌磷和氧乐果，三者均为禁用农药；同时发现韭菜、芹菜、菜豆、生菜、桃、菠菜、甜椒、茄子、茼蒿、菜薹不可接受频次位居前十，这些水果蔬菜均为常见的水果蔬菜品种，百姓日常食用量较大，因此，水果蔬菜中的农药残留对人体健康具有潜在的风险，今后更应关注高风险农药残留问题。

（2）预警风险评估中发现，本次评价涉及 6739 个最大残留限标准值，欧盟全部具有相关规定，中国国家标准中仅有 1229 个限量标准，缺少高达 81.8%，这说明中国的农药残留限量标准数据相当匮乏，因此，为确保食品安全，中国应加快农药残留限量标准制定的步伐。通过对单种水果蔬菜非禁用农药预警风险评价的 2662 个结果比较，以 MRL 中国国家标准为标准，高度风险、中度风险频次分别为 11、15。以 MRL 欧盟标准为标准，频次分别为 363、246，分别为中国相应标准的 33 和 16.4 倍。显然，采用两种标准得到的预警风险评价结果差异显著，该结果说明了欧盟制定的农药残留标准限量值远远低于中国相应的标准，科学制定 MRL 值仍亟待加强。

（3）禁用农药共检出 854 频次，占总检出频次的 3.35%。在膳食暴露风险评估结果中，有 90 频次处于不可接受状态（占检出频次的 10.54%）；非禁用农药检出 24632 频次，占总检出频次的 96.65%，在膳食暴露风险评估结果中，有 46 频次非禁用农药处于不可接受状态（占检出频次的 0.19%）；禁用农药膳食暴露风险处于不可接受水平的比例是非禁用农药的 55 倍。在 179 项单种水果蔬菜的禁用农药预警风险评估结果中，88 项处于高度风险（49.72%）、31 项处于中度风险（17.32%）；单种水果蔬菜中非禁用农药预警风险评估结果中，以 MRL 中国国家标准作为评价标准， 516 项评价结果中有 11 项处于高度风险（0.41%）；以 MRL 欧盟标准作为评价标准，2662 项评价结果中有 363 项处于高度风险（13.64%），禁用农药预警高度风险比例是非禁用农药的 121 倍（MRL

中国国家标准）和 4 倍（MRL 欧盟标准）。对比禁用农药与非禁用农药的膳食暴露风险与预警风险，明确说明禁用农药在我国水果蔬菜中仍有残留，且风险水平远远高于非禁用农药，因此，中国应当加大对禁用农药的管控力度。

（4）对全国不同省市之间农药残留风险进行相互比较，从膳食暴露风险评估结果中发现，不可接受频次前 5 位的城市分别为海口、济南、广州、成都、郑州。从全国不同省市的预警风险评估结果中发现，检出禁用农药种数较多的城市为北京和合肥，数量分别为 9 种和 8 种。处于高度风险的禁用农药种数较多的为山东蔬菜产区、西安、西宁、长春、郑州、济南、石家庄和广州，均为 3 种。高度风险禁用农药所占比例最高的是广州、济南和石家庄，分别为 100%、75%和 75%。检出非禁用农药种数较多的城市为南京、北京和福州，数量分别为 74、72 和 68。处于高度风险的非禁用农药种数较多的为福州、西宁、南京和海口，数量分别 11、10、8 和 8 种。高度风险禁用农药所占比例较高的是福州、西宁和太原，其比例分别为 16.18%、15.38%和 13.33%。

5.3.5.5　加强全国水果蔬菜食品安全建议

我国食品安全风险评价体系仍不够健全，相关制度不够完善，多年来，由于农药用药次数多、用药量大或用药间隔时间短，产品残留量大，农药残留所造成的食品安全问题日益严峻，对人体健康带来了直接或间接的危害。据估计，美国与农药有关的癌症患者数约占全国癌症患者总数的 50%，中国更高。同样，农药对其他生物也会形成直接杀伤和慢性危害，植物中的农药可经过食物链逐级传递并不断蓄积，对人和动物构成潜在威胁，并影响生态系统。

基于本次农药残留侦测与数据的风险评价结果，提出以下几点建议：

1）加快食品安全标准制定步伐

我国食品标准中对农药每日允许摄入量 ADI 的数据严重缺乏，在本次评价所涉及的 448 种农药中，仅有 49.1%的农药具有 ADI 值，而 50.9%的农药中国尚未规定相应的 ADI 值，亟待完善。

我国对食品中农药最大残留限量的规定更为缺乏，与欧盟相比，我国对不同水果蔬菜中不同农药 MRL 已有规定值的数量仅占欧盟的 18.2%（表 5-74），缺少 81.8%。因此，中国更应当加快 MRL 的制定步伐。

表 5-74　我国国家食品标准中农药的 ADI、MRL 值与欧盟标准的数量差异

分类		ADI 中国国家标准	MRL 中国国家标准	MRL 欧盟标准
标准限值（个）	有	220	1229	6739
	无	228	5510	0
总数（个）		448	6739	6739
标准限值比例		49.1%	18.2%	100%

此外，MRL 中国国家标准限值普遍高于 MRL 欧盟标准限值，根据对涉及的 6739 个品种中我国已有的 1229 个限量标准进行统计来看，中国国家标准平均值是欧盟的 2.1 倍，其中 789 个农药的中国 MRL 值高于欧盟的 MRL 值，占 64.20%。过高的 MRL 值难以保障人体健康，建议继续加强对限值基准和标准的科学研究，将农产品中的危险性减少到尽可能低的水平。

2）加强农药的源头控制和分类监管

水果蔬菜中禁用农药仍有残留，利用 LC-Q-TOF/MS 技术侦测出 12 种禁用农药，检出频次为 854 次，风险较大。早已列入黑名单的禁用农药在我国并未真正退出，有些药物由于价格便宜、工艺简单，此类高毒农药一直生产和使用。建议在我国采取严格有效的控制措施，从源头控制禁用农药。

对于非禁用农药，在我国作为“田间地头”最典型单位的县级蔬果产地中，农药残留的检测几乎缺失。建议根据农药的毒性，对高毒、剧毒、中毒农药实现分类管理，减少使用高毒和剧毒高残留农药，进行分类监管。

3）加强残留农药的生物修复及降解新技术

市售果蔬中残留农药品种多、频次高、禁用农药多次检出这一现状，说明了我国的田间土壤和水体因农药长期、频繁、不合理的使用而遭到严重污染。为此，建议有关部门出台相关政策，鼓励高校及科研院所积极开展分子生物学、酶学等研究，加强土壤、水体中残留农药的生物修复及降解新技术研究，并加大农药使用监管力度，以控制农药的面源污染问题。

综上所述，在本工作基础上，根据蔬菜残留危害，可进一步针对其成因提出和采取严格管理、大力推广无公害蔬菜种植与生产、健全食品安全控制技术体系、加强蔬菜食品质量检测体系建设和积极推行蔬菜食品质量追溯制度等相应对策。建立和完善食品安全综合评价指数与风险监测预警系统，对食品安全进行实时、全面的监控与分析，为我国的食品安全科学监管与决策提供新的技术支持，可实现各类检验数据的信息化系统管理，降低食品安全事故的发生。

参 考 文 献

[1] 全国人民代表大会常务委员会. 中华人民共和国食品安全法. 2015-04-24.

[2] 钱永忠, 李耘. 农产品质量安全风险评估: 原理、方法和应用. 北京: 中国标准出版社, 2007.

[3] 高仁君, 陈隆智, 郑明奇, 等. 农药对人体健康影响的风险评估. 农药学学报, 2004, 6(3): 8-14.

[4] 高仁君, 王蔚, 陈隆智, 等. JMPR 农药残留急性膳食摄入量计算方法. 中国农学通报, 2006, 22(4): 101-104.

[5] FAO/WHO. Recommendation for the revision of the guidelines for predicting dietary intake of pesticide residues, Report of a FAO/WHO Consultaion, 2-6 May 1995, York, United Kingdom.

[6] 李聪, 张艺兵, 李朝伟, 等. 暴露评估在食品安全状态评价中的应用. 检验检疫学刊, 2002, 12(1): 11-12.

[7] Liu Y, Li S, Ni Z, et al. Pesticides in persimmons, jujubes and soil from China: Residue levels, risk assessment and relationship between fruits and soils. Science of the Total Environment, 2016, 542(Pt A): 620-628.

[8] Claeys W L, Schmit J F O, Bragard C, et al. Exposure of several Belgian consumer groups to pesticide residues through fresh fruit and vegetable consumption. Food Control, 2011, 22(3): 508-516.

[9] Quijano L, Yusà V, Font G, et al. Chronic cumulative risk assessment of the exposure to organophosphorus, carbamate and pyrethroid and pyrethrin pesticides through fruit and vegetables consumption in the region of Valencia (Spain). Food & Chemical Toxicology, 2016, 89: 39-46.

[10] Fang L, Zhang S, Chen Z, et al. Risk assessment of pesticide residues in dietary intake of celery in China. Regulatory Toxicology & Pharmacology, 2015, 73(2): 578-586.

[11] Nuapia Y, Chimuka L, Cukrowska E. Assessment of organochlorine pesticide residues in raw food samples from open markets in two African cities. Chemosphere, 2016, 164: 480-487.

[12] 秦燕, 李辉, 李聪. 危害物的风险系数及其在食品检测中的应用. 检验检疫学刊, 2003, 13(5): 13-14.

[13] 金征宇. 食品安全导论. 北京: 化学工业出版社, 2005.

[14] 中华人民共和国国家卫生和计划生育委员会, 中华人民共和国农业部, 中华人民国家食品药品监督管理总局. GB 2763—2016 食品安全国家标准—食品中农药最大残留限量. 2016.

附表 5-1　全国水果蔬菜中侦测出农药的最大残留量限值（MRL）

序号	基质	农药	MRL (mg/kg)		序号	基质	农药	MRL (mg/kg)	
			中国国家标准	欧盟				中国国家标准	欧盟
1	菜豆	甲拌磷	0.01	0.05	30	南瓜	甲霜灵	—	0.05
2	菜用大豆	甲胺磷	0.05	0.01	31	菠萝	环酰菌胺	—	0.01
3	芹菜	甲拌磷	0.01	0.01	32	辣椒	氟硅唑	—	0.01
4	韭菜	甲拌磷	0.01	0.02	33	辣椒	三环唑	—	0.05
5	韭菜	特丁硫磷	0.01	0.01	34	辣椒	乙霉威	—	1
6	芹菜	治螟磷	0.01	0.01	35	南瓜	灭蝇胺	—	0.4
7	西瓜	甲拌磷	0.01	0.01	36	南瓜	噁霜灵	—	0.01
8	胡萝卜	甲拌磷	0.01	0.01	37	落葵	烯唑醇	—	0.01
9	萝卜	甲拌磷	0.01	0.01	38	枇杷	吡虫啉	—	0.5
10	生菜	甲拌磷	0.01	0.01	39	菠萝	霜霉威	—	0.01
11	菜薹	甲拌磷	0.01	0.01	40	落葵	氟硅唑	—	0.01
12	甜椒	甲拌磷	0.01	0.01	41	辣椒	噻嗪酮	—	2
13	桃	甲拌磷	0.01	0.01	42	芥蓝	仲丁威	—	0.01
14	茼蒿	甲拌磷	0.01	0.01	43	番茄	醚菌酯	—	0.6
15	菠菜	甲拌磷	0.01	0.01	44	甘薯叶	噻菌灵	—	0.05
16	青菜	甲拌磷	0.01	0.01	45	菜豆	硫丹	—	0.05
17	番茄	甲拌磷	0.01	0.01	46	菜豆	联苯菊酯	—	0.5
18	金橘	甲拌磷	0.01	0.01	47	草莓	特草灵	—	0.01
19	樱桃番茄	甲拌磷	0.01	0.01	48	番茄	啶酰菌胺	—	3
20	菠萝	特丁硫磷	0.01	0.01	49	黄瓜	2,6-二氯苯甲酰胺	—	0.01
21	生菜	特丁硫磷	0.01	0.01	50	韭菜	3,5-二氯苯胺	—	0.01
22	冬瓜	甲拌磷	0.01	0.01	51	韭菜	2,6-二氯苯甲酰胺	—	0.01
23	菠萝	烯酰吗啉	0.01	0.01	52	韭菜	异噁唑草酮	—	0.05
24	梨	甲拌磷	0.01	0.01	53	韭菜	硫丹	—	0.05
25	辣椒	甲拌磷	0.01	0.01	54	茄子	硫丹	—	0.05
26	蕹菜	甲拌磷	0.01	0.01	55	芹菜	新燕灵	—	0.01
27	草莓	甲拌磷	0.01	0.01	56	西葫芦	威杀灵	—	0.01
28	大白菜	甲拌磷	0.01	0.01	57	西葫芦	硫丹	—	0.05
29	西葫芦	甲拌磷	0.01	0.01	58	草莓	4,4-二氯二苯甲酮	—	0.01

续表

序号	基质	农药	MRL (mg/kg)		序号	基质	农药	MRL (mg/kg)	
			中国国家标准	欧盟				中国国家标准	欧盟
59	马铃薯	甲拌磷	0.01	0.01	90	草莓	三氯杀螨醇	—	0.02
60	苦苣	甲拌磷	0.01	0.01	91	草莓	克草敌	—	0.01
61	小白菜	甲拌磷	0.01	0.01	92	草莓	硫丹	—	0.05
62	小茴香	甲拌磷	0.01	0.02	93	番茄	硫丹	—	0.05
63	雪莲果	特丁硫磷	0.01	0.01	94	黄瓜	克草敌	—	0.01
64	黄瓜	甲拌磷	0.01	0.01	95	黄瓜	邻苯二甲酰亚胺	—	0.01
65	茄子	甲拌磷	0.01	0.01	96	结球甘蓝	邻苯二甲酰亚胺	—	0.01
66	梨	水胺硫磷	0.01	0.01	97	芹菜	邻苯二甲酰亚胺	—	0.01
67	苋菜	甲拌磷	0.01	0.01	98	青花菜	戊菌唑	—	0.05
68	苹果	水胺硫磷	0.01	0.01	99	甜椒	氟吡禾灵	—	0.05
69	春菜	甲拌磷	0.01	0.01	100	西瓜	异噁唑草酮	—	0.02
70	梨	对硫磷	0.01	0.05	101	黄瓜	五氯苯甲腈	—	0.01
71	梨	甲基对硫磷	0.01	0.01	102	韭菜	五氯苯甲腈	—	0.01
72	菜豆	治螟磷	0.01	0.01	103	橘	邻苯二甲酰亚胺	—	0.01
73	苦瓜	氯唑磷	0.01	0.01	104	菠菜	异噁唑草酮	—	0.02
74	青花菜	对硫磷	0.01	0.05	105	梨	异噁唑草酮	—	0.02
75	蕹菜	治螟磷	0.01	0.01	106	蘑菇	邻苯二甲酰亚胺	—	0.01
76	芹菜	地虫硫磷	0.01	0.01	107	葡萄	异噁唑草酮	—	0.02
77	大白菜	治螟磷	0.01	0.01	108	茄子	仲丁威	—	0.01
78	黄瓜	治螟磷	0.01	0.01	109	芹菜	异噁唑草酮	—	0.02
79	叶芥菜	对硫磷	0.01	0.05	110	橘	异噁唑草酮	—	0.02
80	莴笋	对硫磷	0.01	0.05	111	橘	氯磺隆	—	0.05
81	香蕉	对硫磷	0.01	0.05	112	芹菜	硫丹	—	0.05
82	芹菜	特丁硫磷	0.01	0.01	113	甜椒	腐霉利	—	0.01
83	茼蒿	特丁硫磷	0.01	0.01	114	菠菜	邻苯二甲酰亚胺	—	0.01
84	梨	七氯	0.01	0.01	115	橙	特草灵	—	0.01
85	芋	氯氰菊酯	0.01	0.05	116	橙	氯磺隆	—	0.05
86	生菜	灭蚁灵	0.01	0.01	117	番茄	新燕灵	—	0.01
87	瓠瓜	灭蚁灵	0.01	0.01	118	番茄	异噁唑草酮	—	0.02
88	黄瓜	灭蚁灵	0.01	0.01	119	番茄	甲呋酰胺	—	0.01
89	丝瓜	甲拌磷	0.01	0.01	120	黄瓜	新燕灵	—	0.01

续表

序号	基质	农药	MRL (mg/kg)		序号	基质	农药	MRL (mg/kg)	
			中国国家标准	欧盟				中国国家标准	欧盟
121	豇豆	甲拌磷	0.01	0.05	152	芹菜	五氯硝基苯	—	0.02
122	莴笋	甲拌磷	0.01	0.01	153	甜椒	敌草胺	—	0.1
123	油麦菜	甲拌磷	0.01	0.01	154	猕猴桃	异噁唑草酮	—	0.02
124	苦瓜	甲拌磷	0.01	0.01	155	菠菜	五氯苯甲腈	—	0.01
125	马铃薯	特丁硫磷	0.01	0.01	156	菜豆	啶酰菌胺	—	5
126	青花菜	甲拌磷	0.01	0.01	157	菜豆	腐霉利	—	0.01
127	桃	灭蚁灵	0.01	0.01	158	韭菜	五氯苯胺	—	0.01
128	小油菜	甲拌磷	0.01	0.01	159	韭菜	百菌清	—	0.02
129	菠菜	治螟磷	0.01	0.01	160	韭菜	五氯苯	—	0.01
130	菠菜	对硫磷	0.01	0.05	161	苹果	五氯苯甲腈	—	0.01
131	小茴香	特丁硫磷	0.01	0.01	162	芹菜	氟乐灵	—	0.01
132	葱	甲拌磷	0.01	0.02	163	芹菜	五氯苯甲腈	—	0.01
133	橘	甲拌磷	0.01	0.01	164	桃	硫丹	—	0.05
134	橙	甲拌磷	0.01	0.01	165	桃	腐霉利	—	0.01
135	菠菜	特丁硫磷	0.01	0.01	166	甜椒	联苯菊酯	—	0.5
136	苹果	甲拌磷	0.01	0.01	167	甜椒	啶酰菌胺	—	3
137	柑	甲拌磷	0.01	0.01	168	草莓	百菌清	—	4
138	黄瓜	克百威	0.02	0.002	169	大白菜	克草敌	—	0.01
139	葡萄	氧乐果	0.02	0.01	170	韭菜	氰戊菊酯	—	0.05
140	芹菜	氧乐果	0.02	0.01	171	韭菜	啶酰菌胺	—	10
141	番茄	克百威	0.02	0.002	172	蘑菇	五氯苯	—	0.01
142	草莓	克百威	0.02	0.005	173	苹果	甲呋酰胺	—	0.01
143	梨	氧乐果	0.02	0.01	174	苹果	麦锈灵	—	0.01
144	茄子	克百威	0.02	0.002	175	苹果	氟丙嘧草酯	—	0.01
145	番茄	氧乐果	0.02	0.01	176	苹果	异噁草酮	—	0.01
146	韭菜	氧乐果	0.02	0.01	177	苹果	二甲草胺	—	0.02
147	橘	克百威	0.02	0.01	178	苹果	灭菌磷	—	0.01
148	芹菜	克百威	0.02	0.002	179	苹果	抗螨唑	—	0.01
149	草莓	氧乐果	0.02	0.01	180	苹果	丙炔氟草胺	—	0.02
150	芹菜	灭线磷	0.02	0.02	181	苹果	氟酰胺	—	0.01
151	黄瓜	甲氨基阿维菌素	0.02	0.01	182	苹果	麦穗宁	—	0.05

续表

序号	基质	农药	MRL (mg/kg)		序号	基质	农药	MRL (mg/kg)	
			中国国家标准	欧盟				中国国家标准	欧盟
183	西瓜	涕灭威	0.02	0.02	214	苹果	呋霜灵	—	0.01
184	生菜	克百威	0.02	0.002	215	苹果	环嗪酮	—	0.01
185	菠菜	克百威	0.02	0.005	216	苹果	氟草敏	—	0.01
186	菠菜	氧乐果	0.02	0.01	217	苹果	喀喹酮	—	0.01
187	结球甘蓝	克百威	0.02	0.002	218	苹果	三环唑	—	0.05
188	葡萄	涕灭威	0.02	0.02	219	茄子	啶酰菌胺	—	3
189	青菜	氧乐果	0.02	0.01	220	芹菜	腐霉利	—	0.01
190	茄子	氧乐果	0.02	0.01	221	甜椒	五氯苯甲腈	—	0.01
191	甜椒	氧乐果	0.02	0.01	222	菠菜	五氯苯	—	0.01
192	樱桃番茄	克百威	0.02	0.002	223	菠菜	五氯硝基苯	—	0.02
193	小油菜	克百威	0.02	0.002	224	菜豆	虫螨腈	—	0.01
194	枣	氧乐果	0.02	0.01	225	菜豆	异噁唑草酮	—	0.02
195	梨	克百威	0.02	0.001	226	菜豆	萘乙酸	—	0.05
196	菜豆	氧乐果	0.02	0.01	227	茄子	虫螨腈	—	0.01
197	叶芥菜	克百威	0.02	0.002	228	芹菜	3,5-二氯苯胺	—	0.01
198	橙	克百威	0.02	0.01	229	生菜	2,3,5,6-四氯苯胺	—	0.01
199	大白菜	克百威	0.02	0.002	230	生菜	五氯硝基苯	—	0.02
200	菜豆	克百威	0.02	0.01	231	生菜	腐霉利	—	0.01
201	甜椒	克百威	0.02	0.002	232	生菜	五氯苯胺	—	0.01
202	茼蒿	氧乐果	0.02	0.01	233	甜椒	虫螨腈	—	0.01
203	桃	氧乐果	0.02	0.01	234	甜椒	硫丹	—	0.05
204	韭菜	克百威	0.02	0.02	235	甜椒	茵草敌	—	0.01
205	番茄	甲氨基阿维菌素	0.02	0.02	236	西葫芦	异艾氏剂	—	0.01
206	番石榴	克百威	0.02	0.01	237	西葫芦	异噁唑草酮	—	0.02
207	苹果	克百威	0.02	0.001	238	西葫芦	腐霉利	—	0.01
208	梨	甲氨基阿维菌素	0.02	0.02	239	橙	威杀灵	—	0.01
209	苹果	氧乐果	0.02	0.01	240	橙	异噁唑草酮	—	0.02
210	茼蒿	灭线磷	0.02	0.02	241	韭菜	联苯菊酯	—	0.05
211	大蒜	克百威	0.02	0.002	242	猕猴桃	腐霉利	—	0.01
212	葡萄	克百威	0.02	0.002	243	番茄	五氯苯胺	—	0.01
213	青菜	克百威	0.02	0.002	244	葡萄	克草敌	—	0.01

续表

序号	基质	农药	MRL (mg/kg)		序号	基质	农药	MRL (mg/kg)	
			中国国家标准	欧盟				中国国家标准	欧盟
245	小油菜	氧乐果	0.02	0.01	276	菠菜	3,5-二氯苯胺	—	0.01
246	茼蒿	克百威	0.02	0.005	277	菠菜	腐霉利	—	0.01
247	樱桃番茄	氧乐果	0.02	0.01	278	草莓	啶斑肟	—	0.01
248	金橘	克百威	0.02	0.003	279	橙	异丙净	—	0.01
249	冬瓜	克百威	0.02	0.01	280	橙	丁草胺	—	0.01
250	食荚豌豆	多菌灵	0.02	0.2	281	橙	胺丙畏	—	0.01
251	大白菜	灭线磷	0.02	0.02	282	结球甘蓝	硫丹	—	0.05
252	韭菜	灭线磷	0.02	0.02	283	生菜	五氯苯甲腈	—	0.01
253	小白菜	克百威	0.02	0.002	284	生菜	硫丹	—	0.05
254	橙	氧乐果	0.02	0.01	285	西葫芦	啶酰菌胺	—	3
255	生菜	氧乐果	0.02	0.01	286	菠菜	氟乐灵	—	0.01
256	柠檬	氧乐果	0.02	0.01	287	茄子	2,6-二氯苯甲酰胺	—	0.01
257	豇豆	克百威	0.02	0.01	288	桃	威杀灵	—	0.01
258	人参果	克百威	0.02	0.002	289	桃	异噁唑草酮	—	0.02
259	香蕉	吡唑醚菌酯	0.02	0.02	290	桃	五氯苯	—	0.01
260	香蕉	氧乐果	0.02	0.01	291	番茄	虫螨腈	—	0.01
261	辣椒	克百威	0.02	0.002	292	西瓜	苯草醚	—	0.05
262	辣椒	氧乐果	0.02	0.01	293	草莓	稻瘟灵	—	0.01
263	大白菜	氧乐果	0.02	0.01	294	黄瓜	威杀灵	—	0.01
264	山药	克百威	0.02	0.002	295	西葫芦	3,5-二氯苯胺	—	0.01
265	菠萝	丙环唑	0.02	0.05	296	菠菜	联苯菊酯	—	0.05
266	花椰菜	氧乐果	0.02	0.01	297	菠菜	啶酰菌胺	—	30
267	洋葱	氧乐果	0.02	0.01	298	猕猴桃	氟吡禾灵	—	0.05
268	橘	氧乐果	0.02	0.01	299	猕猴桃	新燕灵	—	0.01
269	番茄	苯线磷	0.02	0.04	300	菠菜	肟菌酯	—	0.01
270	番茄	灭线磷	0.02	0.02	301	菜豆	甲氰菊酯	—	0.01
271	菜薹	克百威	0.02	0.002	302	草莓	五氯苯甲腈	—	0.01
272	芒果	氧乐果	0.02	0.01	303	梨	辛酰溴苯腈	—	0.01
273	桃	克百威	0.02	0.002	304	芹菜	氟草敏	—	0.01
274	西葫芦	氧乐果	0.02	0.01	305	葡萄	3,5-二氯苯胺	—	0.01
275	结球甘蓝	氧乐果	0.02	0.01	306	芹菜	五氯苯胺	—	0.01

续表

序号	基质	农药	MRL (mg/kg)		序号	基质	农药	MRL (mg/kg)	
			中国国家标准	欧盟				中国国家标准	欧盟
307	西瓜	氧乐果	0.02	0.01	338	芹菜	五氯苯	—	0.01
308	西瓜	克百威	0.02	0.01	339	桃	3,5-二氯苯胺	—	0.01
309	青花菜	氧乐果	0.02	0.01	340	橙	生物苄呋菊酯	—	0.01
310	葱	氧乐果	0.02	0.01	341	生菜	氟丙菊酯	—	0.05
311	葱	克百威	0.02	0.002	342	胡萝卜	解草腈	—	0.01
312	枸杞叶	克百威	0.02	0.02	343	芒果	生物苄呋菊酯	—	0.01
313	油麦菜	克百威	0.02	0.002	344	芒果	解草腈	—	0.01
314	西葫芦	克百威	0.02	0.002	345	苦瓜	噁霜灵	—	0.01
315	马铃薯	氧乐果	0.02	0.01	346	苦瓜	啶酰菌胺	—	3
316	黄瓜	苯线磷	0.02	0.02	347	苹果	甲醚菊酯	—	0.01
317	小茴香	克百威	0.02	0.02	348	苹果	新燕灵	—	0.01
318	蒜薹	氧乐果	0.02	0.01	349	西葫芦	生物苄呋菊酯	—	0.01
319	丝瓜	克百威	0.02	0.002	350	木瓜	生物苄呋菊酯	—	0.01
320	小白菜	氧乐果	0.02	0.01	351	木瓜	辛酰溴苯腈	—	0.01
321	小茴香	氧乐果	0.02	0.01	352	油麦菜	萎锈灵	—	0.05
322	胡萝卜	氧乐果	0.02	0.01	353	火龙果	四氢吩胺	—	0.01
323	黄瓜	氧乐果	0.02	0.01	354	甜椒	3,5-二氯苯胺	—	0.01
324	樱桃	氧乐果	0.02	0.01	355	生菜	邻苯基苯酚	—	0.05
325	菜薹	氧乐果	0.02	0.01	356	番茄	o,p'-滴滴伊	—	0.01
326	杏	克百威	0.02	0.002	357	菜薹	氟丙菊酯	—	0.05
327	青菜	苯线磷	0.02	0.02	358	菜薹	环酯草醚	—	0.01
328	火龙果	灭线磷	0.02	0.02	359	菜薹	虫螨腈	—	0.01
329	黄瓜	氟虫腈	0.02	0.005	360	蕹菜	醚菌酯	—	0.01
330	橘	氟吡禾灵	0.02	0.05	361	蕹菜	腐霉利	—	0.01
331	菜豆	氟虫腈	0.02	0.005	362	黄瓜	o,p'-滴滴伊	—	0.01
332	西葫芦	氟虫腈	0.02	0.005	363	李子	邻苯基苯酚	—	0.05
333	橙	氟吡禾灵	0.02	0.05	364	油麦菜	除虫菊酯	—	1
334	甜椒	氟虫腈	0.02	0.005	365	竹笋	除虫菊酯	—	1
335	菜薹	氟虫腈	0.02	0.01	366	胡萝卜	生物苄呋菊酯	—	0.01
336	苋菜	氟虫腈	0.02	0.005	367	胡萝卜	喹螨醚	—	0.01
337	油麦菜	氟虫腈	0.02	0.005	368	胡萝卜	辛酰溴苯腈	—	0.01

续表

序号	基质	农药	MRL (mg/kg)		序号	基质	农药	MRL (mg/kg)	
			中国国家标准	欧盟				中国国家标准	欧盟
369	茼蒿	氟虫腈	0.02	0.005	400	苦瓜	腐霉利	—	0.01
370	柠檬	水胺硫磷	0.02	0.01	401	苦瓜	硫丹	—	0.05
371	芹菜	氟虫腈	0.02	0.005	402	菜薹	萎锈灵	—	0.1
372	叶芥菜	氟虫腈	0.02	0.005	403	蘑菇	除虫菊酯	—	1
373	春菜	氟虫腈	0.02	0.005	404	桃	生物苄呋菊酯	—	0.01
374	橙	水胺硫磷	0.02	0.01	405	橘	生物苄呋菊酯	—	0.01
375	草莓	氟虫腈	0.02	0.005	406	油麦菜	抗蚜威	—	5
376	火龙果	氟虫腈	0.02	0.005	407	油麦菜	腐霉利	—	0.01
377	青花菜	克百威	0.02	0.002	408	洋葱	邻苯基苯酚	—	0.05
378	茄子	氯丹	0.02	0.01	409	生菜	*o*, *p*'-滴滴伊	—	0.01
379	茄子	氟虫腈	0.02	0.005	410	番茄	生物苄呋菊酯	—	0.01
380	蕹菜	氟虫腈	0.02	0.005	411	苦瓜	生物苄呋菊酯	—	0.01
381	生菜	氟虫腈	0.02	0.005	412	茄子	四氢吩胺	—	0.01
382	韭菜	氟虫腈	0.02	0.005	413	小油菜	邻苯基苯酚	—	0.05
383	李子	氟虫腈	0.02	0.005	414	火龙果	生物苄呋菊酯	—	0.01
384	紫薯	氟虫腈	0.02	0.01	415	番茄	仲丁威	—	0.01
385	青菜	氟虫腈	0.02	0.005	416	秋葵	甲霜灵	—	0.05
386	石榴	克百威	0.02	0.01	417	秋葵	联苯菊酯	—	0.2
387	橘	水胺硫磷	0.02	0.01	418	青花菜	邻苯基苯酚	—	0.05
388	蘑菇	氟虫腈	0.02	0.005	419	黄瓜	氟唑菌酰胺	—	0.01
389	葡萄	氟吡禾灵	0.02	0.05	420	木瓜	哒螨灵	—	0.5
390	韭菜	七氯	0.02	0.01	421	梨	*o*, *p*'-滴滴伊	—	0.01
391	大白菜	七氯	0.02	0.01	422	油麦菜	茚草酮	—	0.01
392	青花菜	七氯	0.02	0.01	423	甜椒	环酯草醚	—	0.01
393	生菜	七氯	0.02	0.01	424	结球甘蓝	腐霉利	—	0.01
394	甜椒	七氯	0.02	0.01	425	菜薹	唑虫酰胺	—	0.01
395	西葫芦	七氯	0.02	0.01	426	菜豆	炔螨特	—	0.01
396	茼蒿	七氯	0.02	0.01	427	蕹菜	增效醚	—	0.01
397	柠檬	克百威	0.02	0.01	428	桃	新燕灵	—	0.01
398	菠菜	氟虫腈	0.02	0.005	429	油麦菜	速灭威	—	0.01
399	葡萄	氟虫腈	0.02	0.005	430	甜椒	氟唑菌酰胺	—	0.6

续表

序号	基质	农药	MRL (mg/kg)		序号	基质	农药	MRL (mg/kg)	
			中国国家标准	欧盟				中国国家标准	欧盟
431	青花菜	氟虫腈	0.02	0.01	462	竹笋	生物苄呋菊酯	—	0.01
432	苦瓜	氟虫腈	0.02	0.005	463	蕹菜	除虫菊酯	—	1
433	蕹菜	七氯	0.02	0.01	464	蕹菜	邻苯二甲酰亚胺	—	0.01
434	荔枝	氟虫腈	0.02	0.005	465	蘑菇	异丙草胺	—	0.01
435	马铃薯	氯丹	0.02	0.01	466	青花菜	喹螨醚	—	0.01
436	马铃薯	七氯	0.02	0.01	467	青花菜	解草腈	—	0.01
437	小油菜	氟虫腈	0.02	0.005	468	小油菜	三唑醇	—	0.01
438	葱	氟虫腈	0.02	0.005	469	木瓜	解草腈	—	0.01
439	苋菜	克百威	0.02	0.005	470	葡萄	除虫菊酯	—	1
440	甘薯叶	氟虫腈	0.02	0.005	471	番茄	环酯草醚	—	0.01
441	小白菜	氟虫腈	0.02	0.005	472	秋葵	虫螨腈	—	0.01
442	枸杞叶	氟虫腈	0.02	0.005	473	李子	腐霉利	—	0.01
443	樱桃番茄	氟虫腈	0.02	0.005	474	蕹菜	3,4,5-混杀威	—	0.01
444	苹果	氯丹	0.02	0.01	475	西葫芦	吡螨胺	—	0.3
445	苹果	氟虫腈	0.02	0.005	476	橘	异丙威	—	0.01
446	大白菜	氟虫腈	0.02	0.005	477	油麦菜	五氯苯甲腈	—	0.01
447	香蕉	克百威	0.02	0.01	478	油麦菜	百菌清	—	0.01
448	火龙果	克百威	0.02	0.01	479	油麦菜	甲氰菊酯	—	0.01
449	香瓜	克百威	0.02	0.01	480	油麦菜	丁噻隆	—	0.01
450	落葵	氟虫腈	0.02	0.005	481	油麦菜	氟丙菊酯	—	0.05
451	胡萝卜	硫线磷	0.02	0.01	482	甜椒	二甲戊灵	—	0.05
452	芒果	氟虫腈	0.02	0.005	483	芒果	哒螨灵	—	0.5
453	橙	甲基对硫磷	0.02	0.01	484	葡萄	氟吡菌酰胺	—	1.5
454	菠菜	灭线磷	0.02	0.02	485	菜薹	腐霉利	—	0.01
455	猕猴桃	氟虫腈	0.02	0.005	486	大白菜	腐霉利	—	0.01
456	油桃	克百威	0.02	0.002	487	生菜	萎锈灵	—	0.05
457	芒果	灭线磷	0.02	0.02	488	芹菜	整形醇	—	0.01
458	枣	氟虫腈	0.02	0.005	489	芹菜	联苯菊酯	—	0.05
459	菠菜	苯线磷	0.02	0.02	490	苹果	除虫菊酯	—	1
460	苹果	苯线磷	0.02	0.02	491	胡萝卜	双苯酰草胺	—	0.01
461	苹果	灭线磷	0.02	0.02	492	芹菜	虫螨腈	—	0.01

续表

序号	基质	农药	MRL (mg/kg)		序号	基质	农药	MRL (mg/kg)	
			中国国家标准	欧盟				中国国家标准	欧盟
493	甜瓜	克百威	0.02	0.01	524	菜薹	毒死蜱	—	0.05
494	莴笋	氧乐果	0.02	0.01	525	蘑菇	生物苄呋菊酯	—	0.01
495	山竹	氧乐果	0.02	0.01	526	菜豆	解草腈	—	0.01
496	丝瓜	氧乐果	0.02	0.01	527	胡萝卜	猛杀威	—	0.01
497	油麦菜	氧乐果	0.02	0.01	528	胡萝卜	萘乙酰胺	—	0.05
498	葡萄	灭线磷	0.02	0.02	529	黄瓜	联苯菊酯	—	0.1
499	龙眼	氧乐果	0.02	0.01	530	黄瓜	抑芽唑	—	0.01
500	火龙果	氧乐果	0.02	0.01	531	韭菜	氟丙菊酯	—	0.05
501	豇豆	氧乐果	0.02	0.01	532	韭菜	苯醚氰菊酯	—	0.01
502	柑	克百威	0.02	0.01	533	马铃薯	仲丁威	—	0.01
503	猕猴桃	克百威	0.02	0.01	534	丝瓜	新燕灵	—	0.01
504	葱	涕灭威	0.03	0.05	535	西葫芦	解草腈	—	0.01
505	芹菜	涕灭威	0.03	0.02	536	西葫芦	乙霉威	—	0.5
506	黄瓜	涕灭威	0.03	0.02	537	香瓜	腐霉利	—	0.01
507	西葫芦	涕灭威	0.03	0.02	538	香瓜	联苯菊酯	—	0.05
508	大白菜	涕灭威	0.03	0.02	539	香瓜	氟吡菌酰胺	—	0.4
509	胡萝卜	涕灭威	0.03	0.02	540	香瓜	丁硫克百威	—	0.01
510	菠菜	涕灭威	0.03	0.02	541	香蕉	棉铃威	—	0.01
511	结球甘蓝	涕灭威	0.03	0.02	542	小白菜	腐霉利	—	0.01
512	苹果	久效磷	0.03	0.01	543	油麦菜	三唑磷	—	0.01
513	结球甘蓝	甲胺磷	0.05	0.01	544	枣	解草腈	—	0.01
514	草莓	烯酰吗啉	0.05	0.7	545	枣	γ-氟氯氰菌酯	—	0.01
515	芹菜	毒死蜱	0.05	0.05	546	苋菜	氟吡禾灵	—	0.3
516	芹菜	甲胺磷	0.05	0.01	547	苋菜	醚菊酯	—	3
517	芹菜	辛硫磷	0.05	0.01	548	苋菜	三唑磷	—	0.01
518	蕹菜	甲胺磷	0.05	0.01	549	苋菜	虫螨腈	—	0.01
519	马铃薯	甲霜灵	0.05	0.05	550	黄瓜	唑虫酰胺	—	0.01
520	甜椒	二嗪磷	0.05	0.05	551	韭菜	解草腈	—	0.01
521	马铃薯	烯酰吗啉	0.05	0.05	552	苦瓜	γ-氟氯氰菌酯	—	0.01
522	芒果	吡唑醚菌酯	0.05	0.05	553	芒果	丁硫克百威	—	0.01
523	葡萄	氯吡脲	0.05	0.01	554	葡萄	γ-氟氯氰菌酯	—	0.01

续表

序号	基质	农药	MRL (mg/kg)		序号	基质	农药	MRL (mg/kg)	
			中国国家标准	欧盟				中国国家标准	欧盟
555	番茄	噻唑磷	0.05	0.02	586	甜瓜	腐霉利	—	0.01
556	茼蒿	辛硫磷	0.05	0.01	587	甜瓜	氟吡菌酰胺	—	0.4
557	大白菜	甲氨基阿维菌素	0.05	0.01	588	香菇	丁硫克百威	—	0.01
558	猕猴桃	氯吡脲	0.05	0.01	589	樱桃番茄	腐霉利	—	0.01
559	苹果	丙溴磷	0.05	0.01	590	油麦菜	联苯菊酯	—	2
560	芒果	多效唑	0.05	0.5	591	油麦菜	3,5-二氯苯胺	—	0.01
561	韭菜	甲胺磷	0.05	0.02	592	油麦菜	烯虫酯	—	0.02
562	苹果	甲胺磷	0.05	0.01	593	油麦菜	解草腈	—	0.01
563	葡萄	甲胺磷	0.05	0.01	594	菠萝	灭除威	—	0.01
564	胡萝卜	甲霜灵	0.05	0.1	595	菜豆	新燕灵	—	0.01
565	结球甘蓝	三唑酮	0.05	0.1	596	菜豆	磷酸三苯酯	—	0.01
566	青菜	甲胺磷	0.05	0.01	597	菜豆	百菌清	—	5
567	茄子	水胺硫磷	0.05	0.01	598	菜豆	γ-氟氯氰菌酯	—	0.01
568	叶芥菜	辛硫磷	0.05	0.01	599	胡萝卜	炔丙菊酯	—	0.01
569	食荚豌豆	甲霜灵	0.05	0.05	600	韭菜	灭害威	—	0.01
570	香蕉	腈苯唑	0.05	0.05	601	辣椒	灭除威	—	0.01
571	生菜	甲胺磷	0.05	0.01	602	辣椒	虫螨腈	—	0.01
572	金针菇	甲氨基阿维菌素	0.05	0.01	603	梨	新燕灵	—	0.01
573	香菇	甲氨基阿维菌素	0.05	0.01	604	李子	丙溴磷	—	0.01
574	茼蒿	甲胺磷	0.05	0.01	605	李子	γ-氟氯氰菌酯	—	0.01
575	小白菜	甲胺磷	0.05	0.01	606	葡萄	醚菊酯	—	5
576	杨桃	水胺硫磷	0.05	0.01	607	茄子	多效唑	—	0.02
577	番茄	甲胺磷	0.05	0.01	608	生菜	抑芽唑	—	0.01
578	菜豆	倍硫磷	0.05	0.01	609	丝瓜	吡喃灵	—	0.01
579	桃	甲胺磷	0.05	0.01	610	丝瓜	解草腈	—	0.01
580	甜椒	倍硫磷	0.05	0.01	611	桃	百菌清	—	1
581	菜豆	水胺硫磷	0.05	0.01	612	西瓜	哒螨灵	—	0.05
582	葡萄	辛硫磷	0.05	0.01	613	杏	新燕灵	—	0.01
583	哈密瓜	甲胺磷	0.05	0.01	614	杏	γ-氟氯氰菌酯	—	0.01
584	韭菜	水胺硫磷	0.05	0.01	615	苋菜	戊唑醇	—	0.02
585	黄瓜	硫丹	0.05	0.05	616	茼蒿	磷酸三苯酯	—	0.01

续表

序号	基质	农药	MRL (mg/kg)		序号	基质	农药	MRL (mg/kg)	
			中国国家标准	欧盟				中国国家标准	欧盟
617	芹菜	水胺硫磷	0.05	0.01	648	茼蒿	除草醚	—	0.01
618	菠菜	六六六	0.05	0.01	649	茼蒿	西玛津	—	0.01
619	梨	硫丹	0.05	0.05	650	茼蒿	间羟基联苯	—	0.01
620	甜椒	甲胺磷	0.05	0.01	651	茼蒿	烯虫炔酯	—	0.01
621	苹果	硫丹	0.05	0.05	652	茼蒿	虫螨腈	—	0.01
622	荔枝	水胺硫磷	0.05	0.01	653	猕猴桃	仲丁威	—	0.01
623	橙	杀扑磷	0.05	0.02	654	猕猴桃	辛酰溴苯腈	—	0.01
624	油麦菜	水胺硫磷	0.05	0.01	655	梨	生物苄呋菊酯	—	0.01
625	油麦菜	甲胺磷	0.05	0.01	656	南瓜	解草腈	—	0.01
626	茄子	滴滴涕	0.05	0.05	657	南瓜	丁硫克百威	—	0.01
627	香蕉	甲胺磷	0.05	0.01	658	丝瓜	硫丹	—	0.05
628	香瓜	硫丹	0.05	0.05	659	丝瓜	虫螨腈	—	0.01
629	小油菜	甲胺磷	0.05	0.01	660	甜瓜	解草腈	—	0.01
630	胡萝卜	水胺硫磷	0.05	0.01	661	甜瓜	嘧霉胺	—	0.01
631	芹菜	艾氏剂	0.05	0.01	662	樱桃番茄	氟唑菌酰胺	—	0.6
632	苦瓜	狄氏剂	0.05	0.05	663	樱桃番茄	啶酰菌胺	—	3
633	韭菜	六六六	0.05	0.01	664	番茄	唑虫酰胺	—	0.01
634	梨	六六六	0.05	0.01	665	芒果	联苯菊酯	—	0.3
635	黄瓜	六六六	0.05	0.01	666	柠檬	新燕灵	—	0.01
636	洋葱	甲胺磷	0.05	0.02	667	桃	丁硫克百威	—	0.01
637	生菜	六六六	0.05	0.01	668	香蕉	生物苄呋菊酯	—	0.01
638	芹菜	六六六	0.05	0.01	669	枣	丁硫克百威	—	0.01
639	菠菜	滴滴涕	0.05	0.05	670	枣	腐霉利	—	0.01
640	茼蒿	六六六	0.05	0.01	671	苋菜	百菌清	—	0.01
641	桃	蝇毒磷	0.05	0.01	672	苋菜	嘧菌酯	—	15
642	西瓜	硫丹	0.05	0.05	673	苋菜	γ-氟氯氰菌酯	—	0.01
643	甜椒	五氯硝基苯	0.05	0.02	674	苋菜	炔丙菊酯	—	0.01
644	菜薹	艾氏剂	0.05	0.01	675	葱	新燕灵	—	0.01
645	生菜	异狄氏剂	0.05	0.01	676	葱	三唑酮	—	1
646	黄瓜	艾氏剂	0.05	0.01	677	葱	生物苄呋菊酯	—	0.01
647	桃	杀扑磷	0.05	0.02	678	哈密瓜	腐霉利	—	0.01

续表

序号	基质	农药	MRL (mg/kg)		序号	基质	农药	MRL (mg/kg)	
			中国国家标准	欧盟				中国国家标准	欧盟
679	马铃薯	联苯菊酯	0.05	0.05	710	哈密瓜	氟吡菌酰胺	—	0.4
680	青菜	水胺硫磷	0.05	0.01	711	黄瓜	醚菊酯	—	0.2
681	马铃薯	丙溴磷	0.05	0.01	712	火龙果	仲丁威	—	0.01
682	胡萝卜	联苯菊酯	0.05	0.05	713	柠檬	醚菊酯	—	1
683	杨桃	六六六	0.05	0.01	714	人参果	腐霉利	—	0.01
684	甜瓜	硫丹	0.05	0.05	715	娃娃菜	嘧霉胺	—	0.01
685	葱	六六六	0.05	0.01	716	鲜食玉米	解草腈	—	0.01
686	姜	六六六	0.05	0.02	717	香菇	杀螺吗啉	—	0.01
687	芹菜	杀扑磷	0.05	0.02	718	苋菜	五氯苯甲腈	—	0.01
688	葡萄	蝇毒磷	0.05	0.01	719	苋菜	吡丙醚	—	0.05
689	苦瓜	水胺硫磷	0.05	0.01	720	苋菜	丁硫克百威	—	0.01
690	茼蒿	水胺硫磷	0.05	0.01	721	菠菜	吡喃灵	—	0.01
691	萝卜	氰戊菊酯	0.05	0.02	722	菠菜	烯虫酯	—	0.02
692	芒果	戊唑醇	0.05	0.1	723	菜豆	吡喃灵	—	0.01
693	猕猴桃	水胺硫磷	0.05	0.01	724	菜豆	烯虫酯	—	0.02
694	西葫芦	六六六	0.05	0.01	725	甘薯叶	哒螨灵	—	0.05
695	芒果	水胺硫磷	0.05	0.01	726	甘薯叶	联苯菊酯	—	0.05
696	韭菜	狄氏剂	0.05	0.01	727	哈密瓜	解草腈	—	0.01
697	生菜	炔苯酰草胺	0.05	0.6	728	哈密瓜	吡喃灵	—	0.01
698	橘	联苯菊酯	0.05	0.1	729	胡萝卜	新燕灵	—	0.01
699	苹果	六六六	0.05	0.01	730	火龙果	吡喃灵	—	0.01
700	苹果	滴滴涕	0.05	0.05	731	火龙果	甲醚菊酯	—	0.01
701	黄瓜	水胺硫磷	0.05	0.01	732	苦瓜	解草腈	—	0.01
702	哈密瓜	硫丹	0.05	0.05	733	辣椒	吡喃灵	—	0.01
703	桃	水胺硫磷	0.05	0.01	734	马铃薯	新燕灵	—	0.01
704	梨	甲胺磷	0.05	0.01	735	木瓜	烯虫酯	—	0.02
705	黄瓜	甲胺磷	0.05	0.01	736	丝瓜	联苯菊酯	—	0.1
706	蕹菜	水胺硫磷	0.05	0.01	737	丝瓜	啶酰菌胺	—	3
707	猕猴桃	杀扑磷	0.05	0.02	738	娃娃菜	唑虫酰胺	—	0.01
708	柠檬	杀扑磷	0.05	0.02	739	娃娃菜	哒螨灵	—	0.05
709	柠檬	联苯菊酯	0.05	0.1	740	香蕉	解草腈	—	0.01

续表

序号	基质	农药	MRL (mg/kg)		序号	基质	农药	MRL (mg/kg)	
			中国国家标准	欧盟				中国国家标准	欧盟
741	萝卜	六六六	0.05	0.01	772	杏	炔螨特	—	0.01
742	小油菜	艾氏剂	0.05	0.01	773	杨桃	三氯杀螨醇	—	0.02
743	小油菜	六六六	0.05	0.01	774	杨桃	哒螨灵	—	0.5
744	芒果	杀扑磷	0.05	0.02	775	芋	甲醚菊酯	—	0.01
745	小茴香	水胺硫磷	0.05	0.01	776	紫薯	仲丁威	—	0.01
746	葡萄	六六六	0.05	0.01	777	紫薯	呋菌胺	—	0.01
747	柑	联苯菊酯	0.05	0.1	778	猕猴桃	丁硫克百威	—	0.01
748	豇豆	倍硫磷	0.05	0.01	779	葱	戊唑醇	—	0.6
749	番茄	六六六	0.05	0.01	780	葱	吡喃灵	—	0.01
750	龙眼	水胺硫磷	0.05	0.01	781	李子	新燕灵	—	0.01
751	柑	水胺硫磷	0.05	0.01	782	芹菜	环酯草醚	—	0.01
752	菠菜	艾氏剂	0.05	0.01	783	丝瓜	腐霉利	—	0.01
753	韭菜	辛硫磷	0.05	0.01	784	杨桃	丁硫克百威	—	0.01
754	小茴香	甲胺磷	0.05	0.02	785	大白菜	新燕灵	—	0.01
755	葡萄	磷胺	0.05	0.01	786	韭菜	抑芽唑	—	0.01
756	豇豆	水胺硫磷	0.05	0.01	787	辣椒	硫丹	—	0.05
757	芒果	苯醚甲环唑	0.07	0.1	788	辣椒	敌稗	—	0.01
758	黄瓜	三唑酮	0.1	0.2	789	梨	γ-氟氯氰菌酯	—	0.01
759	梨	烯唑醇	0.1	0.01	790	梨	吡喃灵	—	0.01
760	韭菜	毒死蜱	0.1	0.05	791	丝瓜	抑芽唑	—	0.01
761	葡萄	己唑醇	0.1	0.01	792	甜瓜	丁硫克百威	—	0.01
762	苹果	丙环唑	0.1	0.15	793	甜瓜	腈菌唑	—	0.2
763	小白菜	甲氨基阿维菌素	0.1	0.01	794	叶芥菜	氯氰菊酯	—	1
764	黄瓜	哒螨灵	0.1	0.15	795	叶芥菜	萘乙酸	—	0.05
765	苹果	腈苯唑	0.1	0.5	796	叶芥菜	新燕灵	—	0.01
766	小油菜	甲氨基阿维菌素	0.1	0.01	797	叶芥菜	唑虫酰胺	—	0.01
767	菠菜	毒死蜱	0.1	0.05	798	叶芥菜	五氯苯甲腈	—	0.01
768	青菜	甲氨基阿维菌素	0.1	0.01	799	叶芥菜	毒死蜱	—	0.5
769	小白菜	毒死蜱	0.1	0.5	800	叶芥菜	杀螨特	—	0.01
770	山药	涕灭威	0.1	0.02	801	叶芥菜	氟丙菊酯	—	0.05
771	香蕉	肟菌酯	0.1	0.05	802	叶芥菜	3,5-二氯苯胺	—	0.01

续表

序号	基质	农药	MRL (mg/kg)		序号	基质	农药	MRL (mg/kg)	
			中国国家标准	欧盟				中国国家标准	欧盟
803	结球甘蓝	三唑磷	0.1	0.01	834	枣	新燕灵	—	0.01
804	小油菜	毒死蜱	0.1	0.5	835	油麦菜	氟吡禾灵	—	0.1
805	青菜	敌百虫	0.1	0.01	836	油麦菜	三氟甲吡醚	—	3
806	马铃薯	嘧菌酯	0.1	7	837	油麦菜	2,6-二氯苯甲酰胺	—	0.01
807	苹果	多杀霉素	0.1	0.3	838	西瓜	腐霉利	—	0.01
808	小白菜	敌百虫	0.1	0.01	839	春菜	氯氰菊酯	—	2
809	生菜	毒死蜱	0.1	0.05	840	春菜	萘乙酸	—	0.05
810	苹果	杀铃脲	0.1	0.5	841	春菜	氟丙菊酯	—	0.05
811	结球甘蓝	敌百虫	0.1	0.01	842	春菜	联苯菊酯	—	2
812	茄子	戊唑醇	0.1	0.4	843	春菜	虫螨腈	—	0.01
813	草莓	戊菌唑	0.1	0.5	844	春菜	毒死蜱	—	0.05
814	番茄	五氯硝基苯	0.1	0.02	845	春菜	γ-氟氯氰菌酯	—	0.01
815	黄瓜	毒死蜱	0.1	0.05	846	枣	3,5-二氯苯胺	—	0.01
816	番茄	丁硫克百威	0.1	0.01	847	生菜	3,5-二氯苯胺	—	0.01
817	辣椒	丁硫克百威	0.1	0.01	848	菜薹	抑芽唑	—	0.01
818	大白菜	毒死蜱	0.1	0.5	849	菜薹	五氯苯甲腈	—	0.01
819	生菜	二甲戊灵	0.1	0.05	850	菜薹	杀螨特	—	0.01
820	芥蓝	虫螨腈	0.1	0.01	851	菜薹	威杀灵	—	0.01
821	大蒜	二甲戊灵	0.1	0.05	852	蘑菇	甲呋酰胺	—	0.01
822	洋葱	戊唑醇	0.1	0.1	853	西瓜	新燕灵	—	0.01
823	青菜	毒死蜱	0.1	0.5	854	豆瓣菜	邻苯二甲酰亚胺	—	0.01
824	桃	敌敌畏	0.1	0.01	855	豆瓣菜	异艾氏剂	—	0.01
825	菜豆	五氯硝基苯	0.1	0.02	856	豆瓣菜	硫丹	—	0.05
826	苹果	敌敌畏	0.1	0.01	857	豆瓣菜	虫螨腈	—	0.01
827	香瓜	戊菌唑	0.1	0.1	858	豆瓣菜	杀螨特	—	0.01
828	黄瓜	戊菌唑	0.1	0.1	859	叶芥菜	虫螨腈	—	0.01
829	香蕉	嘧霉胺	0.1	0.1	860	生菜	虫螨腈	—	0.01
830	菜豆	五氯苯	0.1	0.01	861	草莓	新燕灵	—	0.01
831	番茄	萘乙酸	0.1	0.05	862	草莓	3,5-二氯苯胺	—	0.01
832	茄子	乙基多杀菌素	0.1	0.5	863	菜豆	三氯杀螨醇	—	0.02
833	西瓜	噻唑磷	0.1	0.02	864	菜豆	4,4-二氯二苯甲酮	—	0.01

续表

序号	基质	农药	MRL (mg/kg)		序号	基质	农药	MRL (mg/kg)	
			中国国家标准	欧盟				中国国家标准	欧盟
865	西瓜	咪鲜胺	0.1	0.05	896	萝卜	三唑醇	—	0.01
866	香瓜	戊唑醇	0.15	0.15	897	豆瓣菜	三氯杀螨醇	—	0.02
867	甜瓜	戊唑醇	0.15	0.15	898	豆瓣菜	4,4-二氯二苯甲酮	—	0.01
868	胡萝卜	多菌灵	0.2	0.1	899	叶芥菜	三氯杀螨醇	—	0.02
869	西瓜	噻虫嗪	0.2	0.2	900	叶芥菜	4,4-二氯二苯甲酮	—	0.01
870	黄瓜	氟菌唑	0.2	0.2	901	油麦菜	新燕灵	—	0.01
871	番茄	氟硅唑	0.2	0.01	902	芹菜	克草敌	—	0.01
872	桃	氟硅唑	0.2	0.01	903	菜薹	丙溴磷	—	0.01
873	葡萄	烯唑醇	0.2	0.01	904	萝卜	新燕灵	—	0.01
874	橘	三唑磷	0.2	0.01	905	芹菜	安硫磷	—	0.01
875	大白菜	吡虫啉	0.2	0.5	906	芹菜	威杀灵	—	0.01
876	黄瓜	三唑醇	0.2	0.01	907	丝瓜	威杀灵	—	0.01
877	梨	灭多威	0.2	0.02	908	丝瓜	克草敌	—	0.01
878	豇豆	灭多威	0.2	0.02	909	叶芥菜	异噁唑草酮	—	0.02
879	李子	苯醚甲环唑	0.2	0.5	910	橙	丙溴磷	—	0.01
880	结球甘蓝	噻虫嗪	0.2	5	911	苹果	威杀灵	—	0.01
881	娃娃菜	灭多威	0.2	0.02	912	叶芥菜	杀虫环	—	0.01
882	橘	丙溴磷	0.2	0.01	913	叶芥菜	氟氯氰菊酯	—	0.3
883	西瓜	灭多威	0.2	0.1	914	菜薹	新燕灵	—	0.01
884	橘	苯醚甲环唑	0.2	0.6	915	菜豆	戊草丹	—	0.01
885	黄瓜	嘧菌环胺	0.2	0.5	916	豆瓣菜	克草敌	—	0.01
886	黄瓜	马拉硫磷	0.2	0.02	917	青花菜	仲丁威	—	0.01
887	青菜	灭多威	0.2	0.02	918	叶芥菜	敌瘟磷	—	0.01
888	甜椒	灭多威	0.2	0.02	919	叶芥菜	溴氰菊酯	—	0.5
889	冬瓜	三唑醇	0.2	0.01	920	西葫芦	新燕灵	—	0.01
890	冬瓜	灭多威	0.2	0.1	921	叶芥菜	硫丹	—	0.05
891	葡萄	灭多威	0.2	0.02	922	春菜	唑虫酰胺	—	0.01
892	丝瓜	三唑酮	0.2	0.2	923	春菜	丙溴磷	—	0.01
893	丝瓜	三唑醇	0.2	0.01	924	茄子	肟菌酯	—	0.7
894	花椰菜	苯醚甲环唑	0.2	0.01	925	草莓	毒死蜱	—	0.2
895	荔枝	三唑磷	0.2	0.01	926	豆瓣菜	毒死蜱	—	0.05

续表

序号	基质	农药	MRL (mg/kg)		序号	基质	农药	MRL (mg/kg)	
			中国国家标准	欧盟				中国国家标准	欧盟
927	苹果	三唑磷	0.2	0.01	958	茄子	毒死蜱	—	0.5
928	西葫芦	甲霜灵	0.2	0.05	959	枣	吡丙醚	—	0.3
929	西瓜	甲霜灵	0.2	0.2	960	叶芥菜	三唑磷	—	0.01
930	菜薹	敌百虫	0.2	0.01	961	大白菜	邻苯二甲酰亚胺	—	0.01
931	叶芥菜	敌百虫	0.2	0.01	962	春菜	三唑醇	—	0.01
932	梨	氟硅唑	0.2	0.01	963	菜薹	稻瘟灵	—	0.01
933	黄瓜	灭多威	0.2	0.1	964	菜薹	溴氰菊酯	—	0.1
934	苹果	氟硅唑	0.2	0.01	965	春菜	硫丹	—	0.05
935	桃	灭多威	0.2	0.02	966	春菜	马拉硫磷	—	0.02
936	菠菜	灭多威	0.2	0.05	967	春菜	啶斑肟	—	0.01
937	西葫芦	三唑酮	0.2	0.2	968	春菜	三唑磷	—	0.01
938	生菜	灭多威	0.2	0.2	969	菜薹	啶酰菌胺	—	5
939	杨桃	灭多威	0.2	0.05	970	萝卜	硫丹	—	0.05
940	李子	灭多威	0.2	0.02	971	春菜	仲丁威	—	0.01
941	李子	腈菌唑	0.2	0.5	972	春菜	3,5-二氯苯胺	—	0.01
942	菜豆	灭多威	0.2	0.02	973	杨桃	丙溴磷	—	0.01
943	木瓜	苯醚甲环唑	0.2	0.2	974	杨桃	新燕灵	—	0.01
944	哈密瓜	三唑酮	0.2	0.2	975	豆瓣菜	甲霜灵	—	0.05
945	哈密瓜	甲霜灵	0.2	0.05	976	青花菜	腐霉利	—	0.01
946	冬瓜	三唑酮	0.2	0.2	977	叶芥菜	异丙威	—	0.01
947	南瓜	三唑酮	0.2	0.2	978	杨桃	硫丹	—	0.05
948	瓠瓜	三唑酮	0.2	0.2	979	杨桃	毒死蜱	—	0.05
949	甜瓜	甲霜灵	0.2	0.05	980	豆瓣菜	异噁唑草酮	—	0.02
950	结球甘蓝	烯啶虫胺	0.2	0.01	981	菜豆	去乙基阿特拉津	—	0.01
951	葡萄	戊菌唑	0.2	0.2	982	叶芥菜	己唑醇	—	0.01
952	茄子	嘧菌环胺	0.2	1.5	983	枣	4,4-二氯二苯甲酮	—	0.01
953	茄子	灭多威	0.2	0.02	984	枣	三氯杀螨醇	—	0.02
954	大白菜	敌百虫	0.2	0.01	985	芹菜	2,3,5,6-四氯苯胺	—	0.01
955	芹菜	敌百虫	0.2	0.01	986	儿菜	嘧霉胺	—	0.01
956	辣椒	灭多威	0.2	0.02	987	儿菜	多效唑	—	0.02
957	甜椒	敌百虫	0.2	0.01	988	结球甘蓝	杀螨特	—	0.01

续表

序号	基质	农药	MRL (mg/kg)		序号	基质	农药	MRL (mg/kg)	
			中国国家标准	欧盟				中国国家标准	欧盟
989	花椰菜	敌百虫	0.2	0.01	1020	结球甘蓝	异噁唑草酮	—	0.02
990	番茄	敌百虫	0.2	0.01	1021	葡萄	速灭威	—	0.01
991	韭菜	乐果	0.2	0.02	1022	青花菜	杀螨特	—	0.01
992	黄瓜	噻唑磷	0.2	0.02	1023	青花菜	烯丙苯噻唑	—	0.01
993	结球甘蓝	苯醚甲环唑	0.2	0.2	1024	生菜	氯杀螨砜	—	0.01
994	梨	敌百虫	0.2	0.01	1025	菠菜	杀螨特	—	0.01
995	芥蓝	灭多威	0.2	0.02	1026	葡萄	氯杀螨砜	—	0.01
996	香瓜	甲霜灵	0.2	0.05	1027	小白菜	联苯菊酯	—	0.05
997	芹菜	灭多威	0.2	0.02	1028	猕猴桃	邻苯二甲酰亚胺	—	0.01
998	茼蒿	灭多威	0.2	0.05	1029	茄子	反式九氯	—	0.01
999	苹果	烯唑醇	0.2	0.01	1030	茄子	邻苯二甲酰亚胺	—	0.01
1000	西瓜	三唑酮	0.2	0.2	1031	青花菜	噻菌灵	—	5
1001	胡萝卜	苯醚甲环唑	0.2	0.4	1032	青花菜	异噁唑草酮	—	0.02
1002	西葫芦	戊唑醇	0.2	0.6	1033	甜椒	氯杀螨砜	—	0.01
1003	樱桃	苯醚甲环唑	0.2	0.3	1034	菠菜	威杀灵	—	0.01
1004	韭菜	敌百虫	0.2	0.02	1035	芹菜	γ-氟氯氰菌酯	—	0.01
1005	香瓜	三唑醇	0.2	0.01	1036	芹菜	杀螨特	—	0.01
1006	油麦菜	敌百虫	0.2	0.01	1037	小白菜	2,6-二氯苯甲酰胺	—	0.01
1007	火龙果	敌百虫	0.2	0.01	1038	大白菜	杀螨特	—	0.01
1008	菜豆	敌百虫	0.2	0.01	1039	芹菜	萎锈灵	—	0.1
1009	芹菜	二甲戊灵	0.2	0.1	1040	菠菜	氰丙菊酯	—	0.05
1010	韭菜	腐霉利	0.2	0.02	1041	菠菜	萘乙酸	—	0.05
1011	茄子	甲氰菊酯	0.2	0.01	1042	菠菜	虫螨腈	—	0.01
1012	韭菜	二甲戊灵	0.2	0.6	1043	大白菜	烯丙苯噻唑	—	0.01
1013	杨桃	氯氰菊酯	0.2	0.2	1044	结球甘蓝	扑草净	—	0.01
1014	韭菜	敌敌畏	0.2	0.01	1045	结球甘蓝	乙草胺	—	0.01
1015	叶芥菜	敌敌畏	0.2	0.01	1046	生菜	邻苯二甲酰亚胺	—	0.01
1016	春菜	敌敌畏	0.2	0.01	1047	生菜	啶酰菌胺	—	30
1017	草莓	敌敌畏	0.2	0.01	1048	小白菜	吡丙醚	—	0.05
1018	菜薹	敌敌畏	0.2	0.01	1049	茼蒿	溴氰菊酯	—	0.5
1019	茄子	敌敌畏	0.2	0.01	1050	结球甘蓝	棉铃威	—	0.01

续表

序号	基质	农药	MRL (mg/kg)		序号	基质	农药	MRL (mg/kg)	
			中国国家标准	欧盟				中国国家标准	欧盟
1051	香瓜	三唑酮	0.2	0.2	1082	菜豆	3,5-二氯苯胺	—	0.01
1052	荔枝	敌敌畏	0.2	0.01	1083	菜豆	扑草净	—	0.01
1053	枣	氰戊菊酯	0.2	0.02	1084	甜椒	双甲脒	—	0.05
1054	苦瓜	三唑醇	0.2	0.01	1085	生菜	异丙甲草胺	—	0.05
1055	青菜	二甲戊灵	0.2	0.5	1086	菜豆	五氯苯甲腈	—	0.01
1056	梨	敌敌畏	0.2	0.01	1087	生菜	萘乙酸	—	0.05
1057	菠菜	敌敌畏	0.2	0.01	1088	甜椒	三氯杀螨醇	—	0.02
1058	甘薯叶	敌敌畏	0.2	0.01	1089	甜椒	4,4-二氯二苯甲酮	—	0.01
1059	苦瓜	敌敌畏	0.2	0.01	1090	儿菜	虫螨腈	—	0.01
1060	西葫芦	敌敌畏	0.2	0.01	1091	梨	2,6-二氯苯甲酰胺	—	0.01
1061	甜椒	敌敌畏	0.2	0.01	1092	芹菜	粉唑醇	—	0.05
1062	葡萄	氰戊菊酯	0.2	0.3	1093	甜椒	啶斑肟	—	0.01
1063	黄瓜	敌敌畏	0.2	0.01	1094	甜椒	邻苯二甲酰亚胺	—	0.01
1064	芹菜	敌敌畏	0.2	0.01	1095	结球甘蓝	4,4-二溴二苯甲酮	—	0.01
1065	黄瓜	氯氰菊酯	0.2	0.2	1096	结球甘蓝	4,4-二氯二苯甲酮	—	0.01
1066	马铃薯	五氯硝基苯	0.2	0.02	1097	结球甘蓝	三氯杀螨醇	—	0.02
1067	青花菜	敌敌畏	0.2	0.01	1098	芹菜	咪草酸	—	0.01
1068	梨	醚菌酯	0.2	0.2	1099	菠菜	二苯胺	—	0.05
1069	番茄	戊菌唑	0.2	0.1	1100	菠菜	除虫菊酯	—	1
1070	西葫芦	三唑醇	0.2	0.01	1101	黄瓜	除虫菊酯	—	1
1071	小白菜	敌敌畏	0.2	0.01	1102	火龙果	除虫菊酯	—	1
1072	蕹菜	敌敌畏	0.2	0.01	1103	结球甘蓝	除虫菊酯	—	1
1073	猕猴桃	敌敌畏	0.2	0.01	1104	韭菜	除虫菊酯	—	1
1074	葡萄	敌敌畏	0.2	0.01	1105	苦苣	威杀灵	—	0.01
1075	枸杞叶	敌敌畏	0.2	0.01	1106	苦苣	除虫菊酯	—	1
1076	芒果	敌敌畏	0.2	0.01	1107	梨	除虫菊酯	—	1
1077	油麦菜	敌敌畏	0.2	0.01	1108	荔枝	除虫菊酯	—	1
1078	芥蓝	敌敌畏	0.2	0.01	1109	葡萄	仲丁灵	—	0.01
1079	李子	氰戊菊酯	0.2	0.02	1110	芹菜	异丙草胺	—	0.01
1080	龙眼	敌敌畏	0.2	0.01	1111	芹菜	氟丙菊酯	—	0.05
1081	苹果	醚菌酯	0.2	0.2	1112	生菜	烯虫酯	—	0.02

续表

序号	基质	农药	MRL (mg/kg)		序号	基质	农药	MRL (mg/kg)	
			中国国家标准	欧盟				中国国家标准	欧盟
1113	黄瓜	甲氰菊酯	0.2	0.01	1144	生菜	二苯胺	—	0.05
1114	杏	氰戊菊酯	0.2	0.2	1145	甜椒	新燕灵	—	0.01
1115	杏	敌敌畏	0.2	0.01	1146	甜椒	二苯胺	—	0.05
1116	苹果	丁硫克百威	0.2	0.01	1147	甜椒	除虫菊酯	—	1
1117	黄瓜	氰戊菊酯	0.2	0.02	1148	甜椒	威杀灵	—	0.01
1118	番茄	氰戊菊酯	0.2	0.1	1149	西葫芦	除虫菊酯	—	1
1119	香蕉	敌敌畏	0.2	0.01	1150	西葫芦	烯虫酯	—	0.02
1120	樱桃番茄	敌敌畏	0.2	0.01	1151	香瓜	解草腈	—	0.01
1121	辣椒	敌敌畏	0.2	0.01	1152	香蕉	杀螨酯	—	0.01
1122	番茄	敌敌畏	0.2	0.01	1153	香蕉	四氢吩胺	—	0.01
1123	胡萝卜	敌敌畏	0.2	0.01	1154	小油菜	烯虫酯	—	0.02
1124	茼蒿	敌敌畏	0.2	0.01	1155	小油菜	联苯菊酯	—	0.05
1125	葡萄	氯氰菊酯	0.2	0.5	1156	小油菜	除虫菊酯	—	1
1126	李子	敌敌畏	0.2	0.01	1157	杏鲍菇	除虫菊酯	—	1
1127	菜豆	敌敌畏	0.2	0.01	1158	杏鲍菇	异丙威	—	0.01
1128	冬瓜	敌敌畏	0.2	0.01	1159	油麦菜	丙溴磷	—	0.01
1129	落葵	敌敌畏	0.2	0.01	1160	茼蒿	烯虫酯	—	0.02
1130	生菜	敌敌畏	0.2	0.01	1161	茼蒿	威杀灵	—	0.01
1131	西瓜	三唑醇	0.2	0.01	1162	菜豆	氟丙菊酯	—	0.3
1132	紫甘蓝	敌敌畏	0.2	0.01	1163	菜豆	二苯胺	—	0.05
1133	芒果	丙溴磷	0.2	0.2	1164	冬瓜	除虫菊酯	—	1
1134	橙	氰戊菊酯	0.2	0.02	1165	冬瓜	烯虫酯	—	0.02
1135	油桃	氟硅唑	0.2	0.01	1166	冬瓜	二苯胺	—	0.05
1136	小白菜	二甲戊灵	0.2	0.5	1167	番茄	除虫菊酯	—	1
1137	油桃	敌敌畏	0.2	0.01	1168	花椰菜	除虫菊酯	—	1
1138	苹果	戊菌唑	0.2	0.2	1169	结球甘蓝	威杀灵	—	0.01
1139	柑	丙溴磷	0.2	0.01	1170	荔枝	生物苄呋菊酯	—	0.01
1140	小油菜	敌敌畏	0.2	0.01	1171	芒果	除虫菊酯	—	1
1141	柑	三唑磷	0.2	0.01	1172	苹果	特草灵	—	0.01
1142	黄瓜	双炔酰菌胺	0.2	0.2	1173	茄子	烯虫酯	—	0.02
1143	甜瓜	三唑酮	0.2	0.2	1174	茄子	除虫菊酯	—	1

续表

序号	基质	农药	MRL (mg/kg)		序号	基质	农药	MRL (mg/kg)	
			中国国家标准	欧盟				中国国家标准	欧盟
1175	洋葱	嘧霉胺	0.2	0.2	1206	芹菜	二苯胺	—	0.05
1176	西瓜	肟菌酯	0.2	0.3	1207	芹菜	烯虫酯	—	0.02
1177	生菜	敌百虫	0.2	0.01	1208	芹菜	噁草酮	—	0.05
1178	哈密瓜	二嗪磷	0.2	0.01	1209	甜椒	γ-氟氯氰菌酯	—	0.01
1179	柑	苯醚甲环唑	0.2	0.6	1210	西葫芦	己唑醇	—	0.01
1180	茄子	霜霉威	0.3	4	1211	香瓜	除虫菊酯	—	1
1181	苹果	二嗪磷	0.3	0.01	1212	花椰菜	醚菌酯	—	0.01
1182	马铃薯	霜霉威	0.3	0.3	1213	花椰菜	威杀灵	—	0.01
1183	茄子	联苯菊酯	0.3	0.3	1214	黄瓜	生物苄呋菊酯	—	0.01
1184	葡萄	氯苯嘧啶醇	0.3	0.3	1215	韭菜	威杀灵	—	0.01
1185	苹果	唑螨酯	0.3	0.3	1216	萝卜	虫螨腈	—	0.01
1186	胡萝卜	戊唑醇	0.4	0.4	1217	柠檬	除虫菊酯	—	1
1187	菜薹	联苯菊酯	0.4	0.2	1218	樱桃番茄	除虫菊酯	—	1
1188	青花菜	联苯菊酯	0.4	0.2	1219	猕猴桃	除虫菊酯	—	1
1189	草莓	多菌灵	0.5	0.1	1220	菜豆	威杀灵	—	0.01
1190	番茄	苯醚甲环唑	0.5	2	1221	菜豆	除虫菊酯	—	1
1191	黄瓜	多菌灵	0.5	0.1	1222	菜薹	喹螨醚	—	0.01
1192	黄瓜	甲霜灵	0.5	0.5	1223	菜薹	二苯胺	—	0.05
1193	葡萄	氟硅唑	0.5	0.01	1224	冬瓜	威杀灵	—	0.01
1194	桃	苯醚甲环唑	0.5	0.5	1225	金针菇	除虫菊酯	—	1
1195	梨	吡虫啉	0.5	0.5	1226	李子	除虫菊酯	—	1
1196	葡萄	苯醚甲环唑	0.5	3	1227	香瓜	四氟苯菊酯	—	0.01
1197	芹菜	乐果	0.5	0.02	1228	茼蒿	唑虫酰胺	—	0.01
1198	橘	啶虫脒	0.5	0.9	1229	柚	杀螨酯	—	0.01
1199	黄瓜	嘧菌酯	0.5	1	1230	苦瓜	芬螨酯	—	0.01
1200	梨	戊唑醇	0.5	0.3	1231	苦瓜	威杀灵	—	0.01
1201	苹果	吡唑醚菌酯	0.5	0.5	1232	苦瓜	除虫菊酯	—	1
1202	橙	多菌灵	0.5	0.2	1233	苦苣	氯氰菊酯	—	2
1203	菜豆	灭蝇胺	0.5	5	1234	葡萄	硫丹	—	0.05
1204	苹果	苯醚甲环唑	0.5	0.8	1235	丝瓜	哒螨灵	—	0.15
1205	菜豆	多菌灵	0.5	0.2	1236	丝瓜	二苯胺	—	0.05

续表

序号	基质	农药	MRL (mg/kg)		序号	基质	农药	MRL (mg/kg)	
			中国国家标准	欧盟				中国国家标准	欧盟
1237	番茄	甲霜灵	0.5	0.2	1268	丝瓜	喹螨醚	—	0.2
1238	番茄	嘧菌环胺	0.5	1.5	1269	香蕉	除虫菊酯	—	1
1239	大白菜	虫酰肼	0.5	0.5	1270	小白菜	呋草黄	—	0.01
1240	黄瓜	噻虫嗪	0.5	0.5	1271	茼蒿	西草净	—	0.01
1241	梨	苯醚甲环唑	0.5	0.8	1272	茼蒿	麦穗宁	—	0.05
1242	苹果	吡虫啉	0.5	0.5	1273	茼蒿	氯氰菊酯	—	0.7
1243	豇豆	灭蝇胺	0.5	5	1274	菠菜	兹克威	—	0.01
1244	苹果	腈菌唑	0.5	0.5	1275	菜薹	烯虫酯	—	0.02
1245	结球甘蓝	甲霜灵	0.5	1	1276	花椰菜	烯虫酯	—	0.02
1246	结球甘蓝	啶虫脒	0.5	0.7	1277	黄瓜	二苯胺	—	0.05
1247	黄瓜	吡唑醚菌酯	0.5	0.5	1278	苦瓜	烯虫酯	—	0.02
1248	西葫芦	多菌灵	0.5	0.1	1279	苦苣	烯虫酯	—	0.02
1249	西葫芦	烯酰吗啉	0.5	0.5	1280	南瓜	生物苄呋菊酯	—	0.01
1250	猕猴桃	多菌灵	0.5	0.1	1281	青花菜	醚菌酯	—	0.01
1251	萝卜	吡虫啉	0.5	0.5	1282	青花菜	除虫菊酯	—	1
1252	枣	多菌灵	0.5	0.5	1283	生菜	解草腈	—	0.01
1253	苦瓜	烯酰吗啉	0.5	0.5	1284	丝瓜	莠去通	—	0.01
1254	荔枝	嘧菌酯	0.5	0.01	1285	丝瓜	除虫菊酯	—	1
1255	蘑菇	马拉硫磷	0.5	0.02	1286	小油菜	氟丙菊酯	—	0.05
1256	茄子	乐果	0.5	0.02	1287	油麦菜	γ-氟氯氰菌酯	—	0.01
1257	荔枝	马拉硫磷	0.5	0.02	1288	油麦菜	氯氰菊酯	—	2
1258	芒果	多菌灵	0.5	0.5	1289	茼蒿	二苯胺	—	0.05
1259	荔枝	多菌灵	0.5	0.1	1290	茼蒿	γ-氟氯氰菌酯	—	0.01
1260	桃	腈苯唑	0.5	0.5	1291	猕猴桃	威杀灵	—	0.01
1261	橙	噻嗪酮	0.5	1	1292	萝卜	二苯胺	—	0.05
1262	丝瓜	烯酰吗啉	0.5	0.5	1293	南瓜	二苯胺	—	0.05
1263	荔枝	甲霜灵	0.5	0.05	1294	青花菜	烯虫酯	—	0.02
1264	青花菜	苯醚甲环唑	0.5	1	1295	小白菜	烯虫酯	—	0.02
1265	李子	多菌灵	0.5	0.5	1296	杏鲍菇	哒螨灵	—	0.05
1266	冬瓜	烯酰吗啉	0.5	0.5	1297	橙	哒螨灵	—	0.5
1267	青花菜	甲霜灵	0.5	0.2	1298	橙	杀螨酯	—	0.01

续表

序号	基质	农药	MRL (mg/kg)		序号	基质	农药	MRL (mg/kg)	
			中国国家标准	欧盟				中国国家标准	欧盟
1299	黄瓜	醚菌酯	0.5	0.05	1330	火龙果	威杀灵	—	0.01
1300	萝卜	啶虫脒	0.5	0.01	1331	火龙果	二苯胺	—	0.05
1301	菠萝	多菌灵	0.5	0.1	1332	金针菇	哒螨灵	—	0.05
1302	番茄	毒死蜱	0.5	0.5	1333	李子	威杀灵	—	0.01
1303	苹果	多效唑	0.5	0.5	1334	李子	啶酰菌胺	—	3
1304	梨	腈菌唑	0.5	0.5	1335	柠檬	威杀灵	—	0.01
1305	西瓜	烯酰吗啉	0.5	0.5	1336	芹菜	仲丁灵	—	0.01
1306	柚	多菌灵	0.5	0.2	1337	芹菜	除虫菊酯	—	1
1307	柑	啶虫脒	0.5	0.9	1338	生菜	生物苄呋菊酯	—	0.01
1308	橘	螺螨酯	0.5	0.4	1339	桃	杀螨酯	—	0.01
1309	食荚豌豆	灭蝇胺	0.5	5	1340	甜椒	生物苄呋菊酯	—	0.01
1310	瓠瓜	烯酰吗啉	0.5	0.5	1341	甜椒	烯虫酯	—	0.02
1311	豌豆	嘧霉胺	0.5	0.2	1342	油麦菜	二甲戊灵	—	0.05
1312	生菜	二嗪磷	0.5	0.01	1343	番茄	茚草酮	—	0.01
1313	番茄	己唑醇	0.5	0.01	1344	胡萝卜	棉铃威	—	0.01
1314	黄瓜	异丙威	0.5	0.01	1345	黄瓜	猛杀威	—	0.01
1315	葡萄	氟环唑	0.5	0.05	1346	芹菜	氟氯氢菊脂	—	0.01
1316	梨	己唑醇	0.5	0.01	1347	西葫芦	哒螨灵	—	0.15
1317	胡萝卜	马拉硫磷	0.5	0.02	1348	菠菜	γ-氟氯氰菌酯	—	0.01
1318	结球甘蓝	马拉硫磷	0.5	0.02	1349	苦瓜	哒螨灵	—	0.15
1319	佛手瓜	烯酰吗啉	0.5	0.5	1350	芒果	啶氧菌酯	—	0.01
1320	辣椒	马拉硫磷	0.5	0.02	1351	芹菜	喹禾灵	—	0.4
1321	辣椒	甲霜灵	0.5	0.5	1352	芹菜	除草醚	—	0.01
1322	葡萄	多杀霉素	0.5	0.5	1353	香菇	喹螨醚	—	0.01
1323	黄瓜	抑霉唑	0.5	0.2	1354	香菇	哒螨灵	—	0.05
1324	甜瓜	烯酰吗啉	0.5	0.5	1355	小白菜	氟丙菊酯	—	0.05
1325	番茄	乐果	0.5	0.02	1356	小白菜	除虫菊酯	—	1
1326	菜豆	乐果	0.5	0.02	1357	茼蒿	特丁净	—	0.01
1327	结球甘蓝	吡唑醚菌酯	0.5	0.2	1358	黄瓜	烯虫酯	—	0.02
1328	樱桃	多菌灵	0.5	0.5	1359	黄瓜	呋草黄	—	0.01
1329	蘑菇	乐果	0.5	0.02	1360	火龙果	杀螟腈	—	0.01

续表

序号	基质	农药	MRL (mg/kg)		序号	基质	农药	MRL (mg/kg)	
			中国国家标准	欧盟				中国国家标准	欧盟
1361	柠檬	噻嗪酮	0.5	1	1392	火龙果	安硫磷	—	0.01
1362	香瓜	烯酰吗啉	0.5	0.5	1393	结球甘蓝	二苯胺	—	0.05
1363	山楂	苯醚甲环唑	0.5	0.1	1394	芹菜	四氯硝基苯	—	0.01
1364	山楂	戊唑醇	0.5	1.5	1395	芹菜	西玛津	—	0.01
1365	番茄	二嗪磷	0.5	0.01	1396	茼蒿	氟丙菊酯	—	0.05
1366	甜椒	嘧菌环胺	0.5	1.5	1397	菜豆	拌种咯	—	0.01
1367	番茄	马拉硫磷	0.5	0.02	1398	菜豆	外环氧七氯	—	0.01
1368	梨	三唑酮	0.5	0.1	1399	菜豆	嘧菌胺	—	0.01
1369	柠檬	多菌灵	0.5	0.7	1400	菜豆	特乐酚	—	0.01
1370	南瓜	烯酰吗啉	0.5	0.5	1401	菜豆	环丙津	—	0.01
1371	桃	抗蚜威	0.5	2	1402	菜豆	氯唑灵	—	0.05
1372	菜豆	嘧菌环胺	0.5	2	1403	大白菜	灭菌磷	—	0.01
1373	辣椒	吡唑醚菌酯	0.5	0.5	1404	番茄	氟吡禾灵	—	0.05
1374	菜豆	氯氰菊酯	0.5	0.7	1405	番石榴	嘧菌胺	—	0.01
1375	番茄	联苯菊酯	0.5	0.3	1406	番石榴	增效醚	—	0.01
1376	生菜	甲氰菊酯	0.5	0.01	1407	火龙果	*o, p'*-滴滴伊	—	0.01
1377	黄瓜	氟吡菌酰胺	0.5	0.5	1408	梨	嘧菌胺	—	0.01
1378	黄瓜	虫螨腈	0.5	0.01	1409	李子	硫丹	—	0.05
1379	葡萄	百菌清	0.5	3	1410	芒果	特草灵	—	0.01
1380	结球甘蓝	敌敌畏	0.5	0.01	1411	蘑菇	威杀灵	—	0.01
1381	丝瓜	联苯肼酯	0.5	0.5	1412	苹果	*o, p'*-滴滴伊	—	0.01
1382	大白菜	唑虫酰胺	0.5	0.01	1413	葡萄	*o, p'*-滴滴伊	—	0.01
1383	结球甘蓝	醚菊酯	0.5	2	1414	青花菜	丁硫克百威	—	0.01
1384	梨	联苯菊酯	0.5	0.3	1415	青花菜	氟吡禾灵	—	0.05
1385	菠菜	氟氯氰菊酯	0.5	0.02	1416	山竹	特草灵	—	0.01
1386	芹菜	氟胺氰菊酯	0.5	0.01	1417	山竹	威杀灵	—	0.01
1387	茄子	唑虫酰胺	0.5	0.01	1418	山竹	甲霜灵	—	0.05
1388	茄子	抗蚜威	0.5	1	1419	生菜	仲丁通	—	0.01
1389	苹果	联苯菊酯	0.5	0.3	1420	生菜	溴丁酰草胺	—	0.01
1390	茄子	氯氰菊酯	0.5	0.5	1421	杨桃	威杀灵	—	0.01
1391	辣椒	联苯菊酯	0.5	0.5	1422	洋葱	溴丁酰草胺	—	0.01

续表

序号	基质	农药	MRL (mg/kg)		序号	基质	农药	MRL (mg/kg)	
			中国国家标准	欧盟				中国国家标准	欧盟
1423	姜	增效醚	0.5	0.01	1454	蕹菜	*o*, *p*'-滴滴伊	—	0.01
1424	芹菜	氟氯氰菊酯	0.5	0.02	1455	菜豆	灭除威	—	0.01
1425	柠檬	吡丙醚	0.5	0.6	1456	番茄	乙硫磷	—	0.01
1426	苹果	螺螨酯	0.5	0.8	1457	火龙果	丙溴磷	—	0.01
1427	苹果	己唑醇	0.5	0.01	1458	苦瓜	仲丁威	—	0.01
1428	马铃薯	增效醚	0.5	0.01	1459	苦瓜	克菌丹	—	0.02
1429	大白菜	敌敌畏	0.5	0.01	1460	苦瓜	吡螨胺	—	0.3
1430	胡萝卜	增效醚	0.5	0.01	1461	苦瓜	呋草黄	—	0.01
1431	茄子	马拉硫磷	0.5	0.02	1462	苦瓜	苄呋菊酯	—	0.01
1432	橙	吡丙醚	0.5	0.6	1463	梨	利谷隆	—	0.05
1433	橘	喹硫磷	0.5	0.01	1464	李子	特草灵	—	0.01
1434	猕猴桃	腈菌唑	0.5	0.02	1465	李子	*o*, *p*'-滴滴伊	—	0.01
1435	茄子	双甲脒	0.5	0.05	1466	蘑菇	4,4-二氯二苯甲酮	—	0.01
1436	番茄	氯氰菊酯	0.5	0.5	1467	木瓜	嘧菌胺	—	0.01
1437	豇豆	嘧菌环胺	0.5	2	1468	木瓜	特草灵	—	0.01
1438	柑	吡丙醚	0.5	0.6	1469	木瓜	醚菊酯	—	0.01
1439	豇豆	氯氰菊酯	0.5	0.7	1470	木瓜	2,4-滴丁酸	—	0.01
1440	橘	噻嗪酮	0.5	1	1471	木瓜	绿麦隆	—	0.01
1441	橘	乙螨唑	0.5	0.1	1472	茄子	氨氟灵	—	0.01
1442	结球甘蓝	鱼藤酮	0.5	0.01	1473	杨桃	氟丙菊酯	—	0.05
1443	油桃	苯醚甲环唑	0.5	0.5	1474	叶芥菜	*o*, *p*'-滴滴伊	—	0.01
1444	甜瓜	吡唑醚菌酯	0.5	0.5	1475	油麦菜	咪唑菌酮	—	30
1445	桃	虫酰肼	0.5	0.5	1476	油麦菜	毒死蜱	—	0.05
1446	番茄	噻虫啉	0.5	0.5	1477	油麦菜	烯丙菊酯	—	0.01
1447	桃	噻虫啉	0.5	0.5	1478	芒果	避蚊酯	—	0.01
1448	柿子	苯醚甲环唑	0.5	0.8	1479	芒果	解草嗪	—	0.01
1449	柑	乙螨唑	0.5	0.1	1480	青花菜	毒死蜱	—	0.05
1450	哈密瓜	烯酰吗啉	0.5	0.5	1481	莴笋	避蚊酯	—	0.01
1451	柑	噻嗪酮	0.5	1	1482	莴笋	吡螨胺	—	0.05
1452	橙	乙螨唑	0.5	0.1	1483	蕹菜	威杀灵	—	0.01
1453	豇豆	乐果	0.5	0.02	1484	蕹菜	四氯硝基苯	—	0.01

续表

序号	基质	农药	MRL (mg/kg)		序号	基质	农药	MRL (mg/kg)	
			中国国家标准	欧盟				中国国家标准	欧盟
1485	梨	醚菊酯	0.6	1	1516	番石榴	特乐酚	—	0.01
1486	苹果	醚菊酯	0.6	1	1517	木瓜	解草嗪	—	0.01
1487	桃	醚菊酯	0.6	0.6	1518	芹菜	拌种胺	—	0.01
1488	草莓	三唑酮	0.7	0.5	1519	芹菜	嘧菌胺	—	0.01
1489	草莓	三唑醇	0.7	0.01	1520	桃	联苯菊酯	—	0.2
1490	番茄	肟菌酯	0.7	0.7	1521	蕹菜	灭除威	—	0.01
1491	苹果	噻虫啉	0.7	0.3	1522	橘	嘧菌胺	—	0.01
1492	苹果	肟菌酯	0.7	0.7	1523	橘	特草灵	—	0.01
1493	食荚豌豆	苯醚甲环唑	0.7	1	1524	苦瓜	醚菊酯	—	0.01
1494	芒果	氯氰菊酯	0.7	0.7	1525	甜椒	醚菊酯	—	2
1495	苹果	螺虫乙酯	0.7	1	1526	甜椒	吡螨胺	—	0.5
1496	苹果	啶虫脒	0.8	0.8	1527	西葫芦	甲醚菊酯	—	0.01
1497	番茄	嘧霉胺	1	1	1528	洋葱	吡螨胺	—	0.05
1498	番茄	啶虫脒	1	0.2	1529	油麦菜	氯杀螨砜	—	0.01
1499	番茄	烯酰吗啉	1	1	1530	番茄	乙丁氟灵	—	0.02
1500	黄瓜	戊唑醇	1	0.6	1531	梨	异艾氏剂	—	0.01
1501	黄瓜	苯醚甲环唑	1	0.3	1532	李子	氟丙菊酯	—	0.2
1502	黄瓜	吡虫啉	1	1	1533	李子	甲霜灵	—	0.05
1503	葡萄	甲霜灵	1	2	1534	蘑菇	毒死蜱	—	0.05
1504	黄瓜	啶虫脒	1	0.3	1535	蘑菇	硫丹	—	0.05
1505	大白菜	苯醚甲环唑	1	2	1536	芹菜	炔丙菊酯	—	0.01
1506	番茄	吡虫啉	1	0.5	1537	叶芥菜	四氯硝基苯	—	0.01
1507	黄瓜	咪鲜胺	1	0.05	1538	韭菜	胺丙畏	—	0.01
1508	橘	三唑酮	1	0.1	1539	梨	灭菌磷	—	0.01
1509	茄子	啶虫脒	1	0.2	1540	香蕉	虫螨腈	—	0.01
1510	番茄	噻虫胺	1	0.05	1541	莴笋	拌种胺	—	0.01
1511	甜椒	烯酰吗啉	1	1	1542	莴笋	毒死蜱	—	0.05
1512	小油菜	啶虫脒	1	0.01	1543	菜豆	氟铃脲	—	0.01
1513	黄瓜	乙嘧酚	1	0.2	1544	菜豆	燕麦酯	—	0.01
1514	葡萄	腈菌唑	1	1	1545	火龙果	四氯硝基苯	—	0.01
1515	茄子	吡虫啉	1	0.5	1546	苦瓜	乙拌磷	—	0.01

续表

序号	基质	农药	MRL (mg/kg)		序号	基质	农药	MRL (mg/kg)	
			中国国家标准	欧盟				中国国家标准	欧盟
1547	橘	嘧菌酯	1	15	1578	木瓜	间羟基联苯	—	0.01
1548	茄子	烯酰吗啉	1	1	1579	山竹	炔螨特	—	0.01
1549	番茄	乙霉威	1	1	1580	山竹	毒死蜱	—	0.05
1550	结球甘蓝	吡虫啉	1	0.5	1581	生菜	久效威	—	0.01
1551	樱桃番茄	烯酰吗啉	1	1	1582	大白菜	氟吡禾灵	—	0.05
1552	黄瓜	氟硅唑	1	0.01	1583	苦瓜	虫螨腈	—	0.01
1553	甜椒	戊唑醇	1	0.6	1584	苦瓜	嘧菌环胺	—	0.5
1554	草莓	腈菌唑	1	1	1585	梨	环丙津	—	0.01
1555	苹果	虫酰肼	1	1	1586	李子	醚菊酯	—	1
1556	番茄	吡丙醚	1	1	1587	叶芥菜	莠去通	—	0.01
1557	橘	吡虫啉	1	1	1588	蘑菇	氟丙菊酯	—	0.05
1558	番茄	三唑酮	1	1	1589	蘑菇	氟吡禾灵	—	0.05
1559	草莓	粉唑醇	1	0.5	1590	青花菜	粉唑醇	—	0.05
1560	黄瓜	腈菌唑	1	0.1	1591	叶芥菜	2,3,5,6-四氯苯胺	—	0.01
1561	大白菜	啶虫脒	1	0.01	1592	莴笋	溴丁酰草胺	—	0.01
1562	结球甘蓝	戊唑醇	1	0.7	1593	茄子	抑芽唑	—	0.01
1563	黄瓜	灭蝇胺	1	2	1594	生菜	威杀灵	—	0.01
1564	番茄	三唑醇	1	0.01	1595	生菜	仲丁威	—	0.01
1565	冬瓜	甲萘威	1	0.01	1596	生菜	灭除威	—	0.01
1566	小白菜	啶虫脒	1	0.01	1597	香蕉	乙拌磷	—	0.01
1567	桃	吡唑醚菌酯	1	0.3	1598	李子	虫螨腈	—	0.01
1568	韭菜	吡虫啉	1	2	1599	木瓜	苯硫威	—	0.01
1569	小白菜	甲萘威	1	0.01	1600	葡萄	威杀灵	—	0.01
1570	芹菜	马拉硫磷	1	0.02	1601	桃	敌草腈	—	0.01
1571	葡萄	腈苯唑	1	1	1602	胡萝卜	西玛津	—	0.01
1572	青花菜	烯酰吗啉	1	5	1603	胡萝卜	邻苯二甲酰亚胺	—	0.01
1573	梨	毒死蜱	1	0.5	1604	胡萝卜	呋线威	—	0.01
1574	芒果	嘧菌酯	1	0.7	1605	姜	联苯三唑醇	—	0.05
1575	香蕉	苯醚甲环唑	1	0.1	1606	姜	生物苄呋菊酯	—	0.01
1576	番茄	啶氧菌酯	1	0.01	1607	姜	新燕灵	—	0.01
1577	梨	嘧霉胺	1	15	1608	姜	威杀灵	—	0.01

续表

序号	基质	农药	MRL (mg/kg)		序号	基质	农药	MRL (mg/kg)	
			中国国家标准	欧盟				中国国家标准	欧盟
1609	菜豆	毒死蜱	1	0.05	1640	姜	苄草丹	—	0.05
1610	李子	戊唑醇	1	1	1641	芹菜	甲醚菊酯	—	0.01
1611	龙眼	毒死蜱	1	0.05	1642	芹菜	四氟醚唑	—	0.05
1612	番茄	虫酰肼	1	1	1643	青蒜	西玛津	—	0.02
1613	苹果	毒死蜱	1	0.5	1644	洋葱	烯唑醇	—	0.01
1614	茄子	三唑醇	1	0.01	1645	洋葱	啶酰菌胺	—	5
1615	青菜	啶虫脒	1	0.01	1646	洋葱	邻苯二甲酰亚胺	—	0.01
1616	梨	甲霜灵	1	1	1647	洋葱	2,6-二氯苯甲酰胺	—	0.01
1617	甜椒	三唑酮	1	1	1648	芫荽	氟丙菊酯	—	0.05
1618	黄瓜	增效醚	1	0.01	1649	芫荽	二甲戊灵	—	0.6
1619	樱桃番茄	三唑酮	1	1	1650	芫荽	消螨通	—	0.01
1620	茄子	三唑酮	1	1	1651	芫荽	四氢吩胺	—	0.01
1621	苹果	三唑酮	1	0.2	1652	苋菜	西玛津	—	0.01
1622	黄瓜	抗蚜威	1	1	1653	苋菜	邻苯二甲酰亚胺	—	0.01
1623	梨	虫酰肼	1	1	1654	苋菜	五氯苯胺	—	0.01
1624	人参果	烯酰吗啉	1	1	1655	苋菜	烯唑醇	—	0.01
1625	结球甘蓝	虫酰肼	1	5	1656	苋菜	2,6-二氯苯甲酰胺	—	0.01
1626	甜椒	噻虫啉	1	1	1657	橘	除虫菊酯	—	1
1627	萝卜	霜霉威	1	3	1658	扁豆	邻苯基苯酚	—	0.05
1628	橘	烯唑醇	1	0.01	1659	扁豆	二丙烯草胺	—	0.01
1629	辣椒	烯酰吗啉	1	1	1660	扁豆	除虫菊酯	—	1
1630	甜椒	三唑醇	1	0.01	1661	扁豆	西玛津	—	0.01
1631	苹果	甲霜灵	1	1	1662	扁豆	氟硅唑	—	0.01
1632	生菜	甲萘威	1	0.01	1663	扁豆	嘧霉胺	—	3
1633	大白菜	乐果	1	0.02	1664	扁豆	腐霉利	—	0.01
1634	梨	乐果	1	0.02	1665	扁豆	邻苯二甲酰亚胺	—	0.01
1635	苹果	乐果	1	0.02	1666	扁豆	戊唑醇	—	2
1636	生菜	乐果	1	0.02	1667	葱	邻苯二甲酰亚胺	—	0.01
1637	菠菜	乐果	1	0.02	1668	葱	γ-氟氯氰菌酯	—	0.01
1638	结球甘蓝	乐果	1	0.02	1669	葱	抗螨唑	—	0.01
1639	甜瓜	增效醚	1	0.01	1670	葱	虫螨腈	—	0.02

续表

序号	基质	农药	MRL (mg/kg)		序号	基质	农药	MRL (mg/kg)	
			中国国家标准	欧盟				中国国家标准	欧盟
1671	苹果	三唑醇	1	0.01	1702	葱	氟丙菊酯	—	0.05
1672	胡萝卜	嘧霉胺	1	1	1703	葱	除虫菊酯	—	1
1673	香瓜	增效醚	1	0.01	1704	胡萝卜	氟乐灵	—	0.01
1674	香蕉	氟硅唑	1	0.01	1705	胡萝卜	威杀灵	—	0.01
1675	草莓	抗蚜威	1	3	1706	胡萝卜	除虫菊酯	—	1
1676	苹果	抗蚜威	1	2	1707	南瓜	苄草丹	—	0.01
1677	冬瓜	嘧菌酯	1	1	1708	南瓜	除虫菊酯	—	1
1678	结球甘蓝	毒死蜱	1	1	1709	香瓜	邻苯二甲酰亚胺	—	0.01
1679	辣椒	虫酰肼	1	1	1710	香瓜	西玛津	—	0.01
1680	韭菜	氯氰菊酯	1	2	1711	洋葱	氟丙菊酯	—	0.05
1681	菠菜	甲萘威	1	0.01	1712	洋葱	虫螨腈	—	0.02
1682	梨	氰戊菊酯	1	0.1	1713	苋菜	氟丙菊酯	—	0.05
1683	番茄	氟吡菌酰胺	1	0.9	1714	苋菜	异丙甲草胺	—	0.05
1684	甜椒	甲氰菊酯	1	0.01	1715	葱	威杀灵	—	0.01
1685	韭菜	甲氰菊酯	1	0.01	1716	冬瓜	邻苯二甲酰亚胺	—	0.01
1686	荔枝	毒死蜱	1	0.05	1717	冬瓜	西玛津	—	0.01
1687	结球甘蓝	丁硫克百威	1	0.01	1718	结球甘蓝	猛杀威	—	0.01
1688	芹菜	醚菊酯	1	0.01	1719	结球甘蓝	二丙烯草胺	—	0.01
1689	桃	氰戊菊酯	1	0.2	1720	结球甘蓝	西玛津	—	0.01
1690	芹菜	氯氰菊酯	1	0.05	1721	结球甘蓝	邻苯基苯酚	—	0.05
1691	桃	氯氰菊酯	1	2	1722	蘑菇	四氢吩胺	—	0.01
1692	甜椒	氯菊酯	1	0.05	1723	蘑菇	苄草丹	—	0.01
1693	豆瓣菜	甲萘威	1	0.01	1724	苹果	邻苯基苯酚	—	0.05
1694	丝瓜	甲萘威	1	0.01	1725	桃	烯虫酯	—	0.02
1695	萝卜	毒死蜱	1	0.2	1726	桃	抑芽唑	—	0.01
1696	菜薹	氯菊酯	1	0.05	1727	洋葱	仲丁威	—	0.01
1697	番茄	甲氰菊酯	1	0.01	1728	苋菜	萘乙酸	—	0.05
1698	芹菜	甲萘威	1	0.01	1729	菜豆	西玛津	—	0.01
1699	结球甘蓝	虫螨腈	1	0.01	1730	菜豆	苄草丹	—	0.01
1700	小油菜	甲氰菊酯	1	0.01	1731	菜豆	邻苯二甲酰亚胺	—	0.01
1701	小油菜	氯菊酯	1	0.05	1732	番茄	邻苯基苯酚	—	0.05

续表

序号	基质	农药	MRL (mg/kg)	
			中国国家标准	欧盟
1733	花椰菜	毒死蜱	1	0.05
1734	扁豆	氯菊酯	1	0.05
1735	橘	毒死蜱	1	2
1736	番茄	氯菊酯	1	0.05
1737	梨	三氯杀螨醇	1	0.02
1738	茼蒿	氯菊酯	1	0.05
1739	紫背菜	氯菊酯	1	0.05
1740	胡萝卜	毒死蜱	1	0.1
1741	油麦菜	氯菊酯	1	0.05
1742	黄瓜	甲萘威	1	0.01
1743	青菜	醚菊酯	1	0.2
1744	苋菜	甲萘威	1	0.01
1745	苋菜	氯菊酯	1	0.05
1746	小油菜	氰戊菊酯	1	0.02
1747	芥蓝	氯菊酯	1	0.05
1748	菜薹	氯氰菊酯	1	1
1749	苹果	氰戊菊酯	1	0.1
1750	生菜	氰戊菊酯	1	0.2
1751	大白菜	醚菊酯	1	0.2
1752	小白菜	醚菊酯	1	0.2
1753	大白菜	甲氰菊酯	1	0.01
1754	茼蒿	甲萘威	1	0.01
1755	小白菜	氰戊菊酯	1	0.02
1756	芥蓝	甲萘威	1	0.01
1757	大白菜	甲萘威	1	0.01
1758	辣椒	三唑醇	1	0.01
1759	黄瓜	氟啶虫酰胺	1	0.5
1760	小油菜	甲萘威	1	0.01
1761	紫甘蓝	氯菊酯	1	0.05
1762	西瓜	增效醚	1	0.01
1763	柑	嘧菌酯	1	15
1764	胡萝卜	噻嗪酮	—	0.05
1765	胡萝卜	螺螨酯	—	0.02
1766	金针菇	炔丙菊酯	—	0.01
1767	金针菇	解草腈	—	0.01
1768	苦瓜	西玛津	—	0.01
1769	梨	抑芽唑	—	0.01
1770	梨	猛杀威	—	0.01
1771	马铃薯	除虫菊酯	—	1
1772	平菇	除虫菊酯	—	1
1773	平菇	邻苯二甲酰亚胺	—	0.01
1774	香菇	除虫菊酯	—	1
1775	香菇	苄草丹	—	0.01
1776	香菇	棉铃威	—	0.01
1777	芫荽	生物苄呋菊酯	—	0.01
1778	芫荽	邻苯二甲酰亚胺	—	0.01
1779	苋菜	四氢吩胺	—	0.01
1780	苋菜	苄草丹	—	0.01
1781	蕹菜	醚菊酯	—	0.01
1782	百合	西玛津	—	0.02
1783	百合	邻苯二甲酰亚胺	—	0.01
1784	百合	2 甲 4 氯丁氧乙基酯	—	0.01
1785	百合	氯苯甲醚	—	0.01
1786	百合	邻苯基苯酚	—	0.05
1787	葱	烯唑醇	—	0.01
1788	葱	毒死蜱	—	0.05
1789	大蒜	呋线威	—	0.02
1790	佛手瓜	除虫菊酯	—	1
1791	佛手瓜	邻苯二甲酰亚胺	—	0.01
1792	芥蓝	毒死蜱	—	0.05
1793	金针菇	邻苯基苯酚	—	0.05
1794	蘑菇	邻苯基苯酚	—	0.05

续表

序号	基质	农药	MRL (mg/kg)		序号	基质	农药	MRL (mg/kg)	
			中国国家标准	欧盟				中国国家标准	欧盟
1795	柑	毒死蜱	1	2	1826	平菇	邻苯基苯酚	—	0.05
1796	柑	氯氰菊酯	1	2	1827	山药	四氢吩胺	—	0.01
1797	柑	稻丰散	1	0.01	1828	山药	除虫菊酯	—	1
1798	菠菜	醚菊酯	1	3	1829	洋葱	百菌清	—	0.01
1799	油麦菜	甲萘威	1	0.01	1830	枣	除虫菊酯	—	1
1800	柑	氰戊菊酯	1	0.02	1831	枣	邻苯二甲酰亚胺	—	0.01
1801	韭菜	甲萘威	1	0.02	1832	苋菜	腐霉利	—	0.01
1802	西瓜	嘧菌酯	1	1	1833	苋菜	威杀灵	—	0.01
1803	小白菜	乐果	1	0.02	1834	苋菜	西草净	—	0.01
1804	柑	吡虫啉	1	1	1835	蕹菜	稻瘟灵	—	0.01
1805	茄子	螺虫乙酯	1	2	1836	蕹菜	芊草丹	—	0.01
1806	番茄	螺虫乙酯	1	2	1837	扁豆	腈菌唑	—	0.3
1807	桑葚	戊唑醇	1.5	1.5	1838	菜豆	猛杀威	—	0.01
1808	番茄	噻嗪酮	2	1	1839	菜豆	3,4,5-混杀威	—	0.01
1809	黄瓜	嘧霉胺	2	0.7	1840	胡萝卜	芊草丹	—	1
1810	韭菜	多菌灵	2	0.1	1841	姜	异丙草胺	—	0.05
1811	生菜	苯醚甲环唑	2	3	1842	姜	二甲草胺	—	0.01
1812	葡萄	戊唑醇	2	0.5	1843	马铃薯	芊草丹	—	0.01
1813	桃	戊唑醇	2	0.6	1844	葡萄	联苯菊酯	—	0.2
1814	梨	啶虫脒	2	0.8	1845	青蒜	四氟醚唑	—	0.02
1815	葡萄	霜霉威	2	0.01	1846	西葫芦	四氢吩胺	—	0.01
1816	葡萄	咪鲜胺	2	0.05	1847	西葫芦	邻苯二甲酰亚胺	—	0.01
1817	苹果	戊唑醇	2	0.3	1848	西葫芦	西玛津	—	0.01
1818	甜椒	甲基硫菌灵	2	0.1	1849	芫荽	解草腈	—	0.01
1819	菠菜	甲霜灵	2	0.05	1850	芫荽	芊草丹	—	0.05
1820	橙	啶虫脒	2	0.9	1851	甘薯	邻苯二甲酰亚胺	—	0.01
1821	哈密瓜	啶虫脒	2	0.2	1852	姜	除虫菊酯	—	0.5
1822	生菜	甲霜灵	2	3	1853	姜	仲丁威	—	0.01
1823	桃	多菌灵	2	0.2	1854	金针菇	四氟醚唑	—	0.02
1824	番茄	霜霉威	2	4	1855	青菜	西玛津	—	0.01
1825	苹果	咪鲜胺	2	0.05	1856	青蒜	二苯胺	—	0.05

续表

序号	基质	农药	MRL (mg/kg)		序号	基质	农药	MRL (mg/kg)	
			中国国家标准	欧盟				中国国家标准	欧盟
1857	葡萄	吡唑醚菌酯	2	1	1888	青蒜	邻苯基苯酚	—	0.05
1858	草莓	啶虫脒	2	0.5	1889	山药	邻苯二甲酰亚胺	—	0.01
1859	梨	马拉硫磷	2	0.02	1890	生菜	棉铃威	—	0.01
1860	橘	马拉硫磷	2	2	1891	香菇	威杀灵	—	0.01
1861	枣	嘧菌酯	2	2	1892	香瓜	虫螨腈	—	0.01
1862	结球甘蓝	烯酰吗啉	2	6	1893	洋葱	威杀灵	—	0.01
1863	西瓜	多菌灵	2	0.1	1894	洋葱	炔螨特	—	0.01
1864	西瓜	甲基硫菌灵	2	0.3	1895	芋	猛杀威	—	0.01
1865	草莓	嘧菌环胺	2	5	1896	芋	棉铃威	—	0.01
1866	草莓	醚菌酯	2	1.5	1897	芋	多效唑	—	0.02
1867	西瓜	啶虫脒	2	0.2	1898	芋	二丙烯草胺	—	0.01
1868	橘	戊唑醇	2	5	1899	紫薯	邻苯二甲酰亚胺	—	0.01
1869	草莓	联苯肼酯	2	3	1900	百合	2,4-滴丙酸	—	0.05
1870	桃	啶虫脒	2	0.8	1901	百合	毒死蜱	—	0.05
1871	葡萄	啶虫脒	2	0.5	1902	百合	苄草丹	—	0.01
1872	李子	啶虫脒	2	0.03	1903	甘薯	棉铃威	—	0.01
1873	桃	联苯肼酯	2	2	1904	萝卜	除虫菊酯	—	1
1874	荔枝	啶虫脒	2	0.01	1905	萝卜	二丙烯草胺	—	0.01
1875	苹果	马拉硫磷	2	0.02	1906	葡萄	虫螨腈	—	0.01
1876	李子	嘧霉胺	2	2	1907	桃	四氢吩胺	—	0.01
1877	食荚豌豆	马拉硫磷	2	0.02	1908	蕹菜	联苯菊酯	—	0.05
1878	火龙果	啶虫脒	2	0.01	1909	蕹菜	虫螨腈	—	0.01
1879	菜豆	马拉硫磷	2	0.02	1910	佛手瓜	西玛津	—	0.01
1880	番石榴	啶虫脒	2	0.01	1911	韭菜	邻苯基苯酚	—	0.05
1881	香蕉	多菌灵	2	0.1	1912	苦瓜	邻苯二甲酰亚胺	—	0.01
1882	荔枝	咪鲜胺	2	0.05	1913	蘑菇	抗螨唑	—	0.01
1883	小白菜	茚虫威	2	3	1914	青菜	威杀灵	—	0.01
1884	杏	多菌灵	2	0.2	1915	青菜	邻苯二甲酰亚胺	—	0.01
1885	花椰菜	甲霜灵	2	0.2	1916	青菜	除虫菊酯	—	1
1886	葡萄	喹氧灵	2	1	1917	山药	嘧霉胺	—	0.01
1887	小油菜	茚虫威	2	3	1918	山药	乙霉威	—	0.05

续表

序号	基质	农药	MRL (mg/kg)		序号	基质	农药	MRL (mg/kg)	
			中国国家标准	欧盟				中国国家标准	欧盟
1919	苹果	哒螨灵	2	0.5	1950	山药	苄草丹	—	0.01
1920	杏	戊唑醇	2	0.6	1951	山药	戊唑醇	—	0.02
1921	杏	啶虫脒	2	0.8	1952	生菜	五氯苯	—	0.01
1922	芒果	啶虫脒	2	0.01	1953	芋	邻苯基苯酚	—	0.05
1923	桃	腈菌唑	2	0.5	1954	紫薯	西玛津	—	0.01
1924	杨桃	啶虫脒	2	0.01	1955	结球甘蓝	三唑醇	—	0.01
1925	枣	啶虫脒	2	0.03	1956	结球甘蓝	特丁通	—	0.01
1926	菜薹	咪鲜胺	2	0.05	1957	金针菇	四氢吩胺	—	0.01
1927	香蕉	啶虫脒	2	0.4	1958	梨	异丙威	—	0.01
1928	葡萄	虫酰肼	2	3	1959	梨	灭锈胺	—	0.01
1929	蘑菇	咪鲜胺	2	3	1960	梨	叶菌唑	—	0.02
1930	洋葱	甲霜灵	2	0.5	1961	萝卜	邻苯二甲酰亚胺	—	0.01
1931	木瓜	啶虫脒	2	0.01	1962	萝卜	猛杀威	—	0.01
1932	芒果	咪鲜胺	2	5	1963	萝卜	西玛津	—	0.01
1933	辣椒	多菌灵	2	0.1	1964	山药	邻苯基苯酚	—	0.05
1934	猕猴桃	啶虫脒	2	0.01	1965	山药	五氯苯	—	0.01
1935	金橘	啶虫脒	2	0.01	1966	生菜	2,6-二氯苯甲酰胺	—	0.01
1936	香蕉	嘧菌酯	2	2	1967	生菜	乙酯杀螨醇	—	0.02
1937	柚	啶虫脒	2	0.9	1968	洋葱	腐霉利	—	0.02
1938	草莓	四螨嗪	2	2	1969	洋葱	联苯菊酯	—	0.05
1939	青菜	炔螨特	2	0.01	1970	芋	西玛津	—	0.01
1940	柠檬	乐果	2	0.02	1971	枣	联苯菊酯	—	0.2
1941	叶芥菜	马拉硫磷	2	0.02	1972	紫薯	除虫菊酯	—	1
1942	油桃	啶虫脒	2	0.8	1973	苋菜	邻苯基苯酚	—	0.05
1943	黄瓜	杀线威	2	0.01	1974	百合	除虫菊酯	—	1
1944	油桃	多菌灵	2	0.2	1975	姜	甲霜灵	—	0.1
1945	结球甘蓝	哒螨灵	2	0.05	1976	芥蓝	除虫菊酯	—	1
1946	黄瓜	呋虫胺	2	0.01	1977	平菇	稻瘟灵	—	0.01
1947	枣	腈菌唑	2	0.5	1978	青菜	γ-氟氯氰菌酯	—	0.01
1948	橘	乐果	2	0.02	1979	香瓜	新燕灵	—	0.01
1949	番茄	增效醚	2	0.01	1980	蕹菜	炔丙菊酯	—	0.01

续表

序号	基质	农药	MRL (mg/kg)		序号	基质	农药	MRL (mg/kg)	
			中国国家标准	欧盟				中国国家标准	欧盟
1981	草莓	抑霉唑	2	0.05	2012	冬瓜	腐霉利	—	0.01
1982	柿子	啶虫脒	2	0.01	2013	芥蓝	氟吡禾灵	—	0.05
1983	甜瓜	啶虫脒	2	0.2	2014	芥蓝	氟丙菊酯	—	0.05
1984	桃	乐果	2	0.02	2015	芥蓝	邻苯基苯酚	—	0.05
1985	青菜	茚虫威	2	3	2016	金针菇	仲丁威	—	0.01
1986	菠萝	啶虫脒	2	0.01	2017	金针菇	邻苯二甲酰亚胺	—	0.01
1987	香蕉	腈菌唑	2	2	2018	青蒜	邻苯二甲酰亚胺	—	0.01
1988	菜薹	三环唑	2	0.05	2019	青蒜	腐霉利	—	0.02
1989	香瓜	啶虫脒	2	0.2	2020	西葫芦	邻苯基苯酚	—	0.05
1990	香瓜	抑霉唑	2	0.05	2021	西葫芦	氟乐灵	—	0.01
1991	山楂	啶虫脒	2	2	2022	葱	肟菌酯	—	0.1
1992	菠菜	马拉硫磷	2	0.02	2023	葱	腐霉利	—	0.02
1993	甜椒	联苯肼酯	2	3	2024	葱	邻苯基苯酚	—	0.05
1994	辣椒	咪鲜胺	2	0.05	2025	葱	烯虫酯	—	0.05
1995	橙	乐果	2	0.02	2026	大蒜	除虫菊酯	—	1
1996	番茄	腐霉利	2	0.01	2027	冬瓜	特丁通	—	0.01
1997	橘	杀扑磷	2	0.02	2028	姜	甲草胺	—	0.05
1998	黄瓜	腐霉利	2	0.01	2029	梨	四氢吩胺	—	0.01
1999	菠菜	氯菊酯	2	0.05	2030	平菇	毒死蜱	—	0.05
2000	橘	哒螨灵	2	0.5	2031	青蒜	特丁通	—	0.01
2001	梨	氯氰菊酯	2	1	2032	青蒜	五氯苯胺	—	0.01
2002	李子	嘧菌环胺	2	2	2033	香瓜	醚菊酯	—	0.01
2003	梨	氯菊酯	2	0.05	2034	洋葱	噁霜灵	—	0.01
2004	辣椒	哒螨灵	2	0.5	2035	洋葱	苄草丹	—	0.03
2005	李子	氯氰菊酯	2	2	2036	枣	邻苯基苯酚	—	0.05
2006	橙	毒死蜱	2	0.3	2037	枣	西玛津	—	0.01
2007	结球甘蓝	甲萘威	2	0.01	2038	枣	猛杀威	—	0.01
2008	生菜	氯氰菊酯	2	2	2039	佛手瓜	邻苯基苯酚	—	0.05
2009	小白菜	氯氰菊酯	2	1	2040	甘薯	除虫菊酯	—	1
2010	菠菜	氯氰菊酯	2	0.7	2041	姜	醚菊酯	—	0.01
2011	小油菜	氯氰菊酯	2	1	2042	萝卜	邻苯基苯酚	—	0.05

续表

序号	基质	农药	MRL (mg/kg)		序号	基质	农药	MRL (mg/kg)	
			中国国家标准	欧盟				中国国家标准	欧盟
2043	香瓜	氯菊酯	2	0.05	2074	茄子	环酯草醚	—	0.01
2044	青菜	氯氰菊酯	2	1	2075	青蒜	猛杀威	—	0.01
2045	大白菜	虫螨腈	2	0.01	2076	青蒜	除虫菊酯	—	1
2046	苹果	啶酰菌胺	2	2	2077	山药	腐霉利	—	0.01
2047	苹果	氯菊酯	2	0.05	2078	生菜	联苯菊酯	—	2
2048	柠檬	毒死蜱	2	0.2	2079	紫薯	醚菊酯	—	0.5
2049	山楂	氯菊酯	2	0.05	2080	芫荽	氟氯氰菊酯	—	0.02
2050	大白菜	氯氰菊酯	2	1	2081	火龙果	醚菊酯	—	0.01
2051	杏	氯菊酯	2	0.05	2082	生菜	γ-氟氯氰菌酯	—	0.01
2052	枣	氯氰菊酯	2	2	2083	番茄	二苯胺	—	0.05
2053	香蕉	丁苯吗啉	2	2	2084	番茄	棉铃威	—	0.01
2054	生菜	氯菊酯	2	0.05	2085	蘑菇	涕灭威	—	0.02
2055	火龙果	氯菊酯	2	0.05	2086	青菜	腐霉利	—	0.01
2056	猕猴桃	氯菊酯	2	0.05	2087	青菜	五氯苯甲腈	—	0.01
2057	桃	氯菊酯	2	0.05	2088	马铃薯	γ-氟氯氰菌酯	—	0.01
2058	西瓜	氯菊酯	2	0.05	2089	马铃薯	唑虫酰胺	—	0.01
2059	橙	氯氰菊酯	2	2	2090	马铃薯	吡丙醚	—	0.05
2060	柑	戊唑醇	2	5	2091	马铃薯	哒螨灵	—	0.05
2061	柑	马拉硫磷	2	2	2092	马铃薯	虫螨腈	—	0.01
2062	葡萄	螺虫乙酯	2	2	2093	哈密瓜	二苯胺	—	0.05
2063	樱桃	啶虫脒	2	1.5	2094	哈密瓜	新燕灵	—	0.01
2064	葡萄	唑嘧菌胺	2	6	2095	哈密瓜	棉铃威	—	0.01
2065	哈密瓜	抑霉唑	2	0.05	2096	柚	新燕灵	—	0.01
2066	柿子	抑霉唑	2	0.05	2097	梨	棉铃威	—	0.01
2067	龙眼	啶虫脒	2	0.01	2098	瓠瓜	嘧霉胺	—	0.7
2068	草莓	嘧霉胺	3	5	2099	瓠瓜	喹螨醚	—	0.2
2069	番茄	甲基硫菌灵	3	1	2100	甜椒	芬螨酯	—	0.01
2070	番茄	多菌灵	3	0.3	2101	石榴	丙溴磷	—	0.01
2071	葡萄	多菌灵	3	0.3	2102	石榴	五氯硝基苯	—	0.02
2072	梨	多菌灵	3	0.2	2103	石榴	芬螨酯	—	0.01
2073	番茄	嘧菌酯	3	3	2104	石榴	五氯苯胺	—	0.01

续表

序号	基质	农药	MRL (mg/kg)		序号	基质	农药	MRL (mg/kg)	
			中国国家标准	欧盟				中国国家标准	欧盟
2105	甜椒	霜霉威	3	3	2136	胡萝卜	芬螨酯	—	0.01
2106	葡萄	甲基硫菌灵	3	0.1	2137	苹果	西玛津	—	0.01
2107	梨	甲基硫菌灵	3	0.5	2138	茄子	芬螨酯	—	0.01
2108	生菜	嘧霉胺	3	20	2139	生菜	醚菊酯	—	3
2109	菜豆	嘧霉胺	3	3	2140	番茄	γ-氟氯氰菌酯	—	0.01
2110	香蕉	戊唑醇	3	0.05	2141	苹果	西玛通	—	0.01
2111	苹果	噻菌灵	3	5	2142	苹果	双苯酰草胺	—	0.01
2112	葱	嘧霉胺	3	3	2143	苹果	扑灭通	—	0.01
2113	梨	噻菌灵	3	5	2144	柚	丁羟茴香醚	—	0.01
2114	菠菜	茚虫威	3	2	2145	梨	杀螨醚	—	0.01
2115	香蕉	氟环唑	3	0.5	2146	胡萝卜	甲醚菊酯	—	0.01
2116	枇杷	多菌灵	3	2	2147	蘑菇	醚菊酯	—	0.01
2117	山楂	多菌灵	3	0.1	2148	西瓜	生物苄呋菊酯	—	0.01
2118	草莓	啶酰菌胺	3	10	2149	青菜	氟丙菊酯	—	0.05
2119	辣椒	丙溴磷	3	0.01	2150	青菜	联苯菊酯	—	0.05
2120	甜瓜	啶酰菌胺	3	3	2151	青菜	环酯草醚	—	0.01
2121	柿子	多菌灵	3	0.1	2152	青菜	唑虫酰胺	—	0.01
2122	结球甘蓝	双炔酰菌胺	3	3	2153	青菜	吡丙醚	—	0.05
2123	葡萄	嘧霉胺	4	5	2154	韭菜	二苯胺	—	0.05
2124	桃	嘧霉胺	4	10	2155	瓠瓜	芬螨酯	—	0.01
2125	柠檬	马拉硫磷	4	2	2156	瓠瓜	醚菊酯	—	0.01
2126	樱桃	戊唑醇	4	1	2157	胡萝卜	啶斑肟	—	0.01
2127	橙	马拉硫磷	4	2	2158	芹菜	芬螨酯	—	0.01
2128	叶芥菜	联苯菊酯	4	0.05	2159	苹果	芬螨酯	—	0.01
2129	黄瓜	烯酰吗啉	5	0.5	2160	菜豆	莠去津	—	0.05
2130	苹果	多菌灵	5	0.2	2161	西瓜	醚菊酯	—	0.5
2131	黄瓜	乙霉威	5	0.5	2162	哈密瓜	三氯杀螨醇	—	0.02
2132	黄瓜	霜霉威	5	5	2163	柚	二苯胺	—	0.05
2133	葡萄	烯酰吗啉	5	3	2164	橘	新燕灵	—	0.01
2134	芹菜	吡虫啉	5	2	2165	甜椒	异丙威	—	0.01
2135	葡萄	嘧菌酯	5	2	2166	甜椒	仲草丹	—	0.01

续表

序号	基质	农药	MRL (mg/kg)		序号	基质	农药	MRL (mg/kg)	
			中国国家标准	欧盟				中国国家标准	欧盟
2167	生菜	多菌灵	5	0.1	2198	石榴	解草腈	—	0.01
2168	橘	咪鲜胺	5	10	2199	胡萝卜	烯虫炔酯	—	0.01
2169	大白菜	吡唑醚菌酯	5	1.5	2200	芹菜	喹螨醚	—	0.01
2170	苹果	甲基硫菌灵	5	0.5	2201	苹果	炔丙菊酯	—	0.01
2171	橘	抑霉唑	5	5	2202	茄子	二苯胺	—	0.05
2172	橘	多菌灵	5	0.7	2203	青菜	喹螨醚	—	0.01
2173	哈密瓜	霜霉威	5	5	2204	茄子	异丙威	—	0.01
2174	黄瓜	噁霜灵	5	0.01	2205	生菜	氟氯氰菊酯	—	1
2175	苹果	炔螨特	5	0.01	2206	韭菜	棉铃威	—	0.01
2176	橙	抑霉唑	5	5	2207	柚	醚菊酯	—	1
2177	橘	增效醚	5	0.01	2208	橘	棉铃威	—	0.01
2178	西瓜	霜霉威	5	5	2209	橘	二苯胺	—	0.05
2179	柠檬	抑霉唑	5	5	2210	芹菜	呋菌胺	—	0.01
2180	西葫芦	霜霉威	5	5	2211	葡萄	二苯胺	—	0.05
2181	橘	腈菌唑	5	3	2212	生菜	螺螨酯	—	0.02
2182	苦瓜	霜霉威	5	5	2213	青菜	氟吡禾灵	—	0.05
2183	生菜	戊唑醇	5	0.5	2214	火龙果	烯虫炔酯	—	0.01
2184	香蕉	咪鲜胺	5	0.05	2215	蘑菇	嗪草酮	—	0.1
2185	苹果	抑霉唑	5	2	2216	马铃薯	乙草胺	—	0.01
2186	橙	甲霜灵	5	0.5	2217	西瓜	西玛津	—	0.01
2187	丝瓜	霜霉威	5	5	2218	西瓜	棉铃威	—	0.01
2188	葡萄	噻菌灵	5	0.05	2219	瓠瓜	二苯胺	—	0.05
2189	小白菜	丙溴磷	5	0.01	2220	石榴	戊唑醇	—	0.02
2190	蘑菇	噻菌灵	5	10	2221	生菜	增效醚	—	0.01
2191	冬瓜	霜霉威	5	5	2222	青菜	毒草胺	—	0.02
2192	金橘	炔螨特	5	0.01	2223	菜豆	醚菊酯	—	0.5
2193	柑	抑霉唑	5	5	2224	甜椒	棉铃威	—	0.01
2194	瓠瓜	霜霉威	5	5	2225	葡萄	杀螨酯	—	0.01
2195	菠萝	三唑酮	5	3	2226	青菜	芬螨酯	—	0.01
2196	柑	咪鲜胺	5	10	2227	韭菜	乙嘧酚磺酸酯	—	0.05
2197	生菜	抗蚜威	5	5	2228	梨	磷酸三苯酯	—	0.01

续表

序号	基质	农药	MRL (mg/kg)		序号	基质	农药	MRL (mg/kg)	
			中国国家标准	欧盟				中国国家标准	欧盟
2229	梨	抑霉唑	5	2	2259	蘑菇	哒螨灵	—	0.05
2230	甜瓜	霜霉威	5	5	2260	梨	去乙基阿特拉津	—	0.01
2231	橘	甲霜灵	5	0.5	2261	蘑菇	2,6-二硝基-3-甲氧基-4-叔丁基甲苯	—	0.01
2232	金针菇	噻菌灵	5	10	2262	茼蒿	硫丹	—	0.05
2233	柚	抑霉唑	5	5	2263	生菜	啶斑肟	—	0.01
2234	香瓜	霜霉威	5	5	2264	茼蒿	2,6-二氯苯甲酰胺	—	0.01
2235	南瓜	霜霉威	5	5	2265	茼蒿	灭害威	—	0.01
2236	香蕉	噻菌灵	5	5	2266	芹菜	氟硅菊酯	—	0.01
2237	黄瓜	啶酰菌胺	5	3	2267	芹菜	螺甲螨酯	—	0.02
2238	茄子	腐霉利	5	0.01	2268	芹菜	吡喃灵	—	0.01
2239	葡萄	啶酰菌胺	5	5	2269	芹菜	清菌噻唑	—	0.01
2240	菠菜	百菌清	5	0.01	2270	葡萄	邻苯二甲酰亚胺	—	0.01
2241	芹菜	百菌清	5	10	2271	菠菜	硫丹	—	0.05
2242	橘	炔螨特	5	0.01	2272	苹果	4-硝基氯苯	—	0.01
2243	黄瓜	百菌清	5	5	2273	芹菜	八氯二丙醚	—	0.01
2244	葡萄	腐霉利	5	0.01	2274	菠菜	*o*, *p*'-滴滴滴	—	0.01
2245	葡萄	甲氰菊酯	5	0.01	2275	梨	甲萘威	—	0.01
2246	木瓜	甲氰菊酯	5	0.01	2276	黄瓜	4,4-二溴二苯甲酮	—	0.01
2247	紫薯	甲基毒死蜱	5	0.05	2277	蘑菇	草完隆	—	0.01
2248	辣椒	腐霉利	5	0.01	2278	葡萄	4,4-二氯二苯甲酮	—	0.01
2249	梨	甲氰菊酯	5	0.01	2279	蘑菇	对硫磷	—	0.05
2250	草莓	甲氰菊酯	5	2	2280	甜椒	*o*, *p*'-滴滴滴	—	0.01
2251	小油菜	丙溴磷	5	0.01	2281	葡萄	萎锈灵	—	0.05
2252	李子	甲氰菊酯	5	0.01	2282	韭菜	虫螨腈	—	0.02
2253	芒果	噻菌灵	5	5	2283	生菜	去乙基阿特拉津	—	0.01
2254	苹果	甲氰菊酯	5	0.01	2284	番茄	解草腈	—	0.01
2255	梨	二苯胺	5	0.1	2285	梨	解草腈	—	0.01
2256	苹果	二苯胺	5	0.1	2286	蘑菇	辛酰溴苯腈	—	0.01
2257	青菜	丙溴磷	5	0.01	2287	蘑菇	解草腈	—	0.01
2258	梨	炔螨特	5	0.01	2288	蘑菇	增效醚	—	0.01

续表

序号	基质	农药	MRL (mg/kg)		序号	基质	农药	MRL (mg/kg)	
			中国国家标准	欧盟				中国国家标准	欧盟
2289	小油菜	百菌清	5	0.01	2320	冬瓜	硫丹	—	0.05
2290	柚	炔螨特	5	0.01	2321	韭菜	新燕灵	—	0.01
2291	桃	甲氰菊酯	5	0.01	2322	葡萄	邻苯基苯酚	—	0.05
2292	平菇	噻菌灵	5	10	2323	茄子	新燕灵	—	0.01
2293	金针菇	腐霉利	5	0.01	2324	橙	新燕灵	—	0.01
2294	枣	甲氰菊酯	5	0.01	2325	冬瓜	去乙基阿特拉津	—	0.01
2295	香菇	腐霉利	5	0.01	2326	冬瓜	新燕灵	—	0.01
2296	橘	甲氰菊酯	5	2	2327	结球甘蓝	新燕灵	—	0.01
2297	香蕉	甲氰菊酯	5	0.01	2328	葡萄	新燕灵	—	0.01
2298	小白菜	百菌清	5	0.01	2329	桃	去乙基阿特拉津	—	0.01
2299	橙	增效醚	5	0.01	2330	桃	五氯苯甲腈	—	0.01
2300	番茄	百菌清	5	6	2331	番茄	去乙基阿特拉津	—	0.01
2301	猕猴桃	甲氰菊酯	5	0.01	2332	蘑菇	新燕灵	—	0.01
2302	茄子	百菌清	5	6	2333	蘑菇	三环唑	—	0.05
2303	橙	炔螨特	5	0.01	2334	生菜	新燕灵	—	0.01
2304	橙	甲氰菊酯	5	2	2335	甜椒	去乙基阿特拉津	—	0.01
2305	柠檬	甲氰菊酯	5	2	2336	西葫芦	莠去津	—	0.05
2306	丝瓜	百菌清	5	5	2337	西葫芦	去乙基阿特拉津	—	0.01
2307	柑	炔螨特	5	0.01	2338	桃	嘧啶磷	—	0.01
2308	生菜	百菌清	5	0.01	2339	菜豆	喹螨醚	—	0.1
2309	柑	增效醚	5	0.01	2340	菜豆	甲醚菊酯	—	0.01
2310	冬瓜	百菌清	5	1	2341	韭菜	辛酰溴苯腈	—	0.01
2311	柠檬	甲霜灵	5	0.5	2342	韭菜	甲醚菊酯	—	0.01
2312	柠檬	增效醚	5	0.01	2343	茄子	辛酰溴苯腈	—	0.01
2313	柑	甲霜灵	5	0.5	2344	青花菜	4,4-二溴二苯甲酮	—	0.01
2314	柑	多菌灵	5	0.7	2345	青花菜	新燕灵	—	0.01
2315	桃	马拉硫磷	6	0.02	2346	苹果	3,4,5-混杀威	—	0.01
2316	枣	马拉硫磷	6	0.02	2347	生菜	甲醚菊酯	—	0.01
2317	李子	马拉硫磷	6	0.02	2348	生菜	炔丙菊酯	—	0.01
2318	苹果	嘧霉胺	7	15	2349	大白菜	二苯胺	—	0.05
2319	木瓜	咪鲜胺	7	5	2350	大白菜	威杀灵	—	0.01

续表

序号	基质	农药	MRL (mg/kg)		序号	基质	农药	MRL (mg/kg)	
			中国国家标准	欧盟				中国国家标准	欧盟
2351	菠萝	咪鲜胺	7	5	2382	大白菜	去乙基阿特拉津	—	0.01
2352	橙	嘧霉胺	7	8	2383	大白菜	γ-氟氯氰菌酯	—	0.01
2353	橘	嘧霉胺	7	8	2384	黄瓜	炔螨特	—	0.01
2354	山竹	咪鲜胺	7	5	2385	黄瓜	甲呋酰胺	—	0.01
2355	火龙果	咪鲜胺	7	0.05	2386	黄瓜	杀螺吗啉	—	0.01
2356	榴莲	咪鲜胺	7	0.05	2387	蘑菇	七氯	—	0.01
2357	柚	嘧霉胺	7	8	2388	蘑菇	杀螺吗啉	—	0.01
2358	柠檬	嘧霉胺	7	8	2389	蘑菇	哌草磷	—	0.01
2359	小白菜	马拉硫磷	8	0.02	2390	蘑菇	六六六	—	0.01
2360	大白菜	马拉硫磷	8	0.02	2391	苹果	环丙腈津	—	0.01
2361	生菜	马拉硫磷	8	0.5	2392	芹菜	溴丁酰草胺	—	0.01
2362	葡萄	马拉硫磷	8	0.02	2393	芹菜	甲草胺	—	0.01
2363	生菜	喹氧灵	8	0.02	2394	青花菜	二苯胺	—	0.05
2364	青菜	马拉硫磷	8	0.02	2395	青花菜	威杀灵	—	0.01
2365	生菜	烯酰吗啉	10	15	2396	生菜	克草敌	—	0.01
2366	橙	咪鲜胺	10	10	2397	甜椒	糠菌唑	—	0.05
2367	蕹菜	虫酰肼	10	0.05	2398	西葫芦	禾草灵	—	0.05
2368	橙	噻菌灵	10	5	2399	茼蒿	4,4-二溴二苯甲酮	—	0.01
2369	小油菜	虫酰肼	10	0.5	2400	茼蒿	邻苯二甲酰亚胺	—	0.01
2370	春菜	虫酰肼	10	10	2401	茼蒿	五氯苯	—	0.01
2371	叶芥菜	虫酰肼	10	0.5	2402	茼蒿	吡丙醚	—	0.05
2372	橘	噻菌灵	10	5	2403	茼蒿	邻苯基苯酚	—	0.05
2373	芹菜	虫酰肼	10	0.05	2404	茼蒿	二甲戊灵	—	0.05
2374	金橘	咪鲜胺	10	0.05	2405	西葫芦	异丙威	—	0.01
2375	柚	咪鲜胺	10	10	2406	茼蒿	新燕灵	—	0.01
2376	青菜	虫酰肼	10	0.5	2407	番茄	辛酰溴苯腈	—	0.01
2377	苋菜	虫酰肼	10	10	2408	芹菜	辛酰溴苯腈	—	0.01
2378	番茄	丙溴磷	10	10	2409	菠萝	新燕灵	—	0.01
2379	油麦菜	虫酰肼	10	10	2410	菠萝	毒死蜱	—	0.05
2380	小白菜	虫酰肼	10	0.5	2411	菠萝	邻苯基苯酚	—	0.05
2381	茼蒿	虫酰肼	10	10	2412	菜豆	邻苯基苯酚	—	0.05

续表

序号	基质	农药	MRL (mg/kg)		序号	基质	农药	MRL (mg/kg)	
			中国国家标准	欧盟				中国国家标准	欧盟
2413	柚	噻菌灵	10	5	2444	菜豆	三氟甲吡醚	—	0.01
2414	菠菜	虫酰肼	10	10	2445	番茄	五氯苯	—	0.01
2415	生菜	虫酰肼	10	10	2446	番茄	烯虫酯	—	0.02
2416	青菜	多杀霉素	10	2	2447	番茄	邻苯二甲酰亚胺	—	0.01
2417	柠檬	咪鲜胺	10	10	2448	番茄	威杀灵	—	0.01
2418	枸杞叶	虫酰肼	10	0.05	2449	黄瓜	三氟甲吡醚	—	0.01
2419	桃	环酰菌胺	10	10	2450	黄瓜	灭草环	—	0.01
2420	苦苣	虫酰肼	10	10	2451	黄瓜	邻苯基苯酚	—	0.05
2421	草莓	腐霉利	10	0.01	2452	黄瓜	五氯苯胺	—	0.01
2422	小油菜	虫螨腈	10	0.01	2453	梨	喹氧灵	—	0.02
2423	生菜	嘧菌环胺	10	15	2454	梨	邻苯二甲酰亚胺	—	0.01
2424	小白菜	虫螨腈	10	0.01	2455	梨	威杀灵	—	0.01
2425	橙	邻苯基苯酚	10	5	2456	茄子	特丁净	—	0.01
2426	青菜	虫螨腈	10	0.01	2457	茄子	邻苯基苯酚	—	0.05
2427	橘	邻苯基苯酚	10	5	2458	茄子	兹克威	—	0.01
2428	柠檬	噻菌灵	10	5	2459	芹菜	三氟甲吡醚	—	0.01
2429	柠檬	邻苯基苯酚	10	5	2460	芹菜	特丁净	—	0.01
2430	葡萄	环酰菌胺	15	15	2461	芹菜	邻苯基苯酚	—	0.05
2431	马铃薯	噻菌灵	15	15	2462	生菜	异噁唑草酮	—	0.02
2432	猕猴桃	环酰菌胺	15	15	2463	甜椒	邻苯基苯酚	—	0.05
2433	葡萄	嘧菌环胺	20	3	2464	甜椒	异噁唑草酮	—	0.02
2434	梨	邻苯基苯酚	20	0.05	2465	甜椒	喹氧灵	—	0.02
2435	芹菜	双炔酰菌胺	20	20	2466	西瓜	邻苯二甲酰亚胺	—	0.01
2436	草莓	己唑醇	—	0.01	2467	西瓜	五氯苯胺	—	0.01
2437	草莓	乙嘧酚	—	0.2	2468	西瓜	烯虫酯	—	0.02
2438	草莓	咪鲜胺	—	0.05	2469	西瓜	邻苯基苯酚	—	0.05
2439	结球甘蓝	甲基硫菌灵	—	0.1	2470	西瓜	毒死蜱	—	0.05
2440	结球甘蓝	多菌灵	—	0.1	2471	西瓜	威杀灵	—	0.01
2441	韭菜	嘧霉胺	—	20	2472	茼蒿	五氯苯胺	—	0.01
2442	韭菜	烯酰吗啉	—	10	2473	茼蒿	戊草丹	—	0.01
2443	梨	嘧菌酯	—	0.01	2474	茼蒿	氟乐灵	—	0.01

续表

序号	基质	农药	MRL (mg/kg)		序号	基质	农药	MRL (mg/kg)	
			中国国家标准	欧盟				中国国家标准	欧盟
2475	梨	噻嗪酮	—	0.5	2506	冬瓜	仲丁威	—	0.01
2476	梨	双苯基脲	—	0.01	2507	冬瓜	啶酰菌胺	—	3
2477	生菜	丙环唑	—	0.05	2508	菠菜	炔丙菊酯	—	0.01
2478	生菜	啶虫脒	—	3	2509	菠菜	新燕灵	—	0.01
2479	生菜	霜霉威	—	40	2510	菠菜	甲醚菊酯	—	0.01
2480	菜豆	咪鲜胺	—	0.05	2511	大白菜	双甲脒	—	0.05
2481	草莓	戊唑醇	—	0.02	2512	茼蒿	甲醚菊酯	—	0.01
2482	番茄	吡唑醚菌酯	—	0.3	2513	番石榴	威杀灵	—	0.01
2483	黄瓜	烯啶虫胺	—	0.01	2514	番石榴	毒死蜱	—	0.05
2484	茄子	灭蝇胺	—	0.6	2515	结球甘蓝	解草腈	—	0.01
2485	芹菜	烯酰吗啉	—	15	2516	荔枝	喹硫磷	—	0.01
2486	芹菜	多菌灵	—	0.1	2517	木瓜	3,5-二氯苯胺	—	0.01
2487	西葫芦	吡虫啉	—	1	2518	茄子	解草腈	—	0.01
2488	番茄	噻虫嗪	—	0.2	2519	芹菜	解草腈	—	0.01
2489	黄瓜	噻嗪酮	—	1	2520	青花菜	生物苄呋菊酯	—	0.01
2490	芹菜	甲霜灵	—	0.05	2521	青花菜	缬霉威	—	0.01
2491	芹菜	噁霜灵	—	0.05	2522	西葫芦	五氯苯	—	0.01
2492	桃	嘧菌酯	—	2	2523	芋	呋酰胺	—	0.01
2493	蕹菜	啶虫脒	—	0.01	2524	芋	哌草磷	—	0.01
2494	蕹菜	哒螨灵	—	0.05	2525	竹笋	邻苯基苯酚	—	0.05
2495	蕹菜	灭蝇胺	—	0.05	2526	紫背菜	嘧霉胺	—	0.01
2496	蕹菜	烯酰吗啉	—	0.01	2527	紫背菜	氟丙菊酯	—	0.05
2497	葡萄	醚菌酯	—	1	2528	紫背菜	增效醚	—	0.01
2498	葡萄	三唑酮	—	2	2529	紫背菜	丙溴磷	—	0.01
2499	芹菜	嘧霉胺	—	0.01	2530	紫背菜	毒死蜱	—	0.05
2500	芹菜	甲基硫菌灵	—	0.1	2531	菜薹	兹克威	—	0.01
2501	芹菜	腈菌唑	—	0.02	2532	大白菜	邻苯基苯酚	—	0.05
2502	芹菜	福美双	—	0.1	2533	荔枝	邻苯基苯酚	—	0.05
2503	油麦菜	霜霉威	—	40	2534	青花菜	啶氧菌酯	—	0.01
2504	油麦菜	多菌灵	—	0.1	2535	山竹	邻苯基苯酚	—	0.05
2505	油麦菜	多效唑	—	0.02	2536	油麦菜	环酯草醚	—	0.01

续表

序号	基质	农药	MRL (mg/kg)		序号	基质	农药	MRL (mg/kg)	
			中国国家标准	欧盟				中国国家标准	欧盟
2537	油麦菜	嘧霉胺	—	20	2568	竹笋	炔丙菊酯	—	0.01
2538	油麦菜	烯酰吗啉	—	15	2569	竹笋	仲丁威	—	0.01
2539	番茄	噁霜灵	—	0.01	2570	竹笋	甲醚菊酯	—	0.01
2540	黄瓜	甲基硫菌灵	—	0.1	2571	紫背菜	邻苯基苯酚	—	0.05
2541	芹菜	苯醚甲环唑	—	5	2572	莴笋	除虫菊酯	—	1
2542	芹菜	嘧菌酯	—	15	2573	莴笋	邻苯基苯酚	—	0.05
2543	甜椒	啶虫脒	—	0.3	2574	蕹菜	邻苯基苯酚	—	0.05
2544	甜椒	苯醚甲环唑	—	0.8	2575	猕猴桃	邻苯基苯酚	—	0.05
2545	甜椒	多菌灵	—	0.1	2576	菜豆	间羟基联苯	—	0.01
2546	橘	三唑醇	—	0.01	2577	大白菜	除虫菊酯	—	1
2547	菠菜	霜霉威	—	40	2578	韭菜	烯虫酯	—	0.05
2548	菠菜	嘧霉胺	—	0.01	2579	柠檬	禾草敌	—	0.01
2549	哈密瓜	噁霜灵	—	0.01	2580	芹菜	四氢吩胺	—	0.01
2550	芹菜	丙环唑	—	0.05	2581	山竹	除虫菊酯	—	1
2551	生菜	甲哌	—	0.05	2582	甜椒	甲醚菊酯	—	0.01
2552	番茄	鱼藤酮	—	0.01	2583	甜椒	炔丙菊酯	—	0.01
2553	桃	噻嗪酮	—	0.7	2584	小油菜	仲丁威	—	0.01
2554	桃	己唑醇	—	0.01	2585	莴笋	炔丙菊酯	—	0.01
2555	桃	哒螨灵	—	0.5	2586	莴笋	甲醚菊酯	—	0.01
2556	桃	丙溴磷	—	0.01	2587	蕹菜	烯虫酯	—	0.02
2557	桃	多效唑	—	0.5	2588	菜薹	增效醚	—	0.01
2558	菜豆	甲哌	—	0.05	2589	大白菜	联苯菊酯	—	0.05
2559	茄子	烯啶虫胺	—	0.01	2590	芒果	氟吡禾灵	—	0.05
2560	茄子	嘧霉胺	—	1	2591	葡萄	解草腈	—	0.01
2561	茄子	多菌灵	—	0.5	2592	桃	除虫菊酯	—	1
2562	甜椒	吡唑醚菌酯	—	0.5	2593	柚	硫丹	—	0.05
2563	番茄	咪鲜胺	—	0.05	2594	柚	甲醚菊酯	—	0.01
2564	韭菜	双苯基脲	—	0.01	2595	菠菜	2,6-二氯苯甲酰胺	—	0.01
2565	芹菜	三唑醇	—	0.01	2596	火龙果	炔苯酰草胺	—	0.01
2566	甜椒	乙霉威	—	1	2597	人参果	硫丹	—	0.05
2567	草莓	甲基硫菌灵	—	0.1	2598	人参果	去乙基阿特拉津	—	0.01

续表

序号	基质	农药	MRL (mg/kg)		序号	基质	农药	MRL (mg/kg)	
			中国国家标准	欧盟				中国国家标准	欧盟
2599	蘑菇	甲哌	—	0.05	2630	人参果	莠去津	—	0.05
2600	桃	甲基硫菌灵	—	2	2631	茼蒿	烯唑醇	—	0.01
2601	甜椒	吡虫啉	—	1	2632	茼蒿	解草腈	—	0.01
2602	小油菜	哒螨灵	—	0.05	2633	莴笋	仲丁威	—	0.01
2603	小油菜	烯酰吗啉	—	3	2634	莴笋	三唑酮	—	0.1
2604	小油菜	甲霜灵	—	0.05	2635	莴笋	三唑醇	—	0.01
2605	韭菜	咪鲜胺	—	5	2636	菠菜	邻苯基苯酚	—	0.05
2606	芹菜	吡唑醚菌酯	—	0.02	2637	结球甘蓝	烯虫酯	—	0.02
2607	菜豆	吡虫啉	—	2	2638	韭菜	仲丁威	—	0.01
2608	菜豆	三唑磷	—	0.01	2639	莲藕	氟吡禾灵	—	0.2
2609	菜豆	啶虫脒	—	0.15	2640	蘑菇	仲丁威	—	0.01
2610	茄子	噁霜灵	—	0.01	2641	小油菜	萎锈灵	—	0.1
2611	茄子	噻虫嗪	—	0.2	2642	芋	生物苄呋菊酯	—	0.01
2612	甜椒	嘧菌酯	—	3	2643	芋	新燕灵	—	0.01
2613	菠菜	多菌灵	—	0.1	2644	芋花	邻苯二甲酰亚胺	—	0.01
2614	葡萄	吡虫啉	—	1	2645	紫背菜	戊唑醇	—	0.02
2615	葡萄	肟菌酯	—	3	2646	紫背菜	氯氰菊酯	—	0.7
2616	生菜	吡虫啉	—	2	2647	紫背菜	仲丁威	—	0.01
2617	甜椒	甲霜灵	—	0.5	2648	紫背菜	3,5-二氯苯胺	—	0.01
2618	甜椒	嘧霉胺	—	2	2649	莴笋	威杀灵	—	0.01
2619	甜椒	烯啶虫胺	—	0.01	2650	人参果	氟氯氢菊脂	—	0.01
2620	番茄	烯啶虫胺	—	0.01	2651	桃	三唑醇	—	0.01
2621	韭菜	甲哌	—	0.05	2652	芹菜	乙拌磷	—	0.01
2622	韭菜	甲霜灵	—	2	2653	小油菜	杀虫环	—	0.01
2623	梨	噻虫嗪	—	0.5	2654	结球甘蓝	*o, p'*-滴滴伊	—	0.01
2624	梨	烯酰吗啉	—	0.01	2655	芒果	邻苯基苯酚	—	0.05
2625	茄子	甲霜灵	—	0.05	2656	蘑菇	啶酰菌胺	—	0.5
2626	茄子	嘧菌酯	—	3	2657	茄子	氟吡禾灵	—	0.05
2627	茄子	虫酰肼	—	0.5	2658	油麦菜	肟菌酯	—	15
2628	茄子	苯醚甲环唑	—	0.6	2659	茼蒿	联苯菊酯	—	0.05
2629	甜椒	双苯基脲	—	0.01	2660	莴笋	腐霉利	—	0.01

续表

序号	基质	农药	MRL (mg/kg)		序号	基质	农药	MRL (mg/kg)	
			中国国家标准	欧盟				中国国家标准	欧盟
2661	甜椒	噻虫嗪	—	0.7	2692	菠菜	氟吡禾灵	—	0.3
2662	大白菜	多菌灵	—	0.1	2693	菠菜	五氯苯胺	—	0.01
2663	大白菜	烯酰吗啉	—	3	2694	大白菜	五氯硝基苯	—	0.02
2664	大白菜	咪鲜胺	—	0.05	2695	大白菜	五氯苯胺	—	0.01
2665	黄瓜	莠去津	—	0.05	2696	大白菜	乙基溴硫磷	—	0.01
2666	结球甘蓝	咪鲜胺	—	0.05	2697	冬瓜	特草灵	—	0.01
2667	韭菜	啶虫脒	—	3	2698	甘薯叶	硫丹	—	0.05
2668	梨	咪鲜胺	—	0.05	2699	甘薯叶	威杀灵	—	0.01
2669	葡萄	缬霉威	—	2	2700	甘薯叶	克草敌	—	0.01
2670	芹菜	霜霉威	—	0.01	2701	韭菜	啶斑肟	—	0.01
2671	芹菜	啶虫脒	—	1.5	2702	落葵	威杀灵	—	0.01
2672	芹菜	灭蝇胺	—	3	2703	落葵	腐霉利	—	0.01
2673	生菜	甲氨基阿维菌素	—	1	2704	落葵	五氯硝基苯	—	0.02
2674	芹菜	戊唑醇	—	0.5	2705	落葵	五氯苯	—	0.01
2675	生菜	三唑酮	—	0.1	2706	落葵	2,3,5,6-四氯苯胺	—	0.01
2676	小油菜	多菌灵	—	0.1	2707	落葵	五氯甲氧基苯	—	0.01
2677	草莓	乙霉威	—	0.5	2708	落葵	五氯苯胺	—	0.01
2678	番茄	甲哌	—	0.05	2709	蘑菇	异噁唑草酮	—	0.02
2679	韭菜	三唑醇	—	0.01	2710	南瓜	威杀灵	—	0.01
2680	西瓜	噁霜灵	—	0.01	2711	南瓜	克草敌	—	0.01
2681	油麦菜	丙环唑	—	0.05	2712	芹菜	毒草胺	—	0.02
2682	油麦菜	灭蝇胺	—	3	2713	芹菜	双甲脒	—	0.05
2683	油麦菜	甲霜灵	—	3	2714	芹菜	特草灵	—	0.01
2684	豇豆	多菌灵	—	0.2	2715	芹菜	氟吡禾灵	—	0.05
2685	豇豆	噻虫嗪	—	0.5	2716	青花菜	邻苯二甲酰亚胺	—	0.01
2686	豇豆	戊菌唑	—	0.05	2717	山竹	乙氧呋草黄	—	0.05
2687	大白菜	嘧霉胺	—	0.01	2718	山竹	氟吡禾灵	—	0.05
2688	奶白菜	哒螨灵	—	0.05	2719	山竹	异噁唑草酮	—	0.02
2689	奶白菜	烯酰吗啉	—	3	2720	甜椒	五氯苯胺	—	0.01
2690	奶白菜	噻虫嗪	—	0.2	2721	西葫芦	特草灵	—	0.01
2691	小油菜	多效唑	—	0.02	2722	西葫芦	甲基毒死蜱	—	0.05

续表

序号	基质	农药	MRL (mg/kg)		序号	基质	农药	MRL (mg/kg)	
			中国国家标准	欧盟				中国国家标准	欧盟
2723	樱桃番茄	苯醚甲环唑	—	2	2754	西葫芦	西玛通	—	0.01
2724	樱桃番茄	嘧霉胺	—	1	2755	蕹菜	硫丹	—	0.05
2725	李子	烯酰吗啉	—	0.01	2756	菜薹	硫丹	—	0.05
2726	李子	吡唑醚菌酯	—	0.8	2757	菜薹	杀虫环	—	0.01
2727	茄子	吡唑醚菌酯	—	0.3	2758	菜薹	烯丙苯噻唑	—	0.01
2728	生菜	吡唑醚菌酯	—	2	2759	火龙果	氟吡禾灵	—	0.05
2729	桃	烯酰吗啉	—	0.01	2760	芹菜	啶斑肟	—	0.01
2730	番茄	戊唑醇	—	0.9	2761	小白菜	五氯苯胺	—	0.01
2731	芹菜	三唑酮	—	0.1	2762	小白菜	硫丹	—	0.05
2732	芹菜	多效唑	—	0.02	2763	油麦菜	五氯硝基苯	—	0.02
2733	芹菜	稻瘟灵	—	0.01	2764	油麦菜	硫丹	—	0.05
2734	橘	氟硅唑	—	0.01	2765	油麦菜	威杀灵	—	0.01
2735	番茄	哒螨灵	—	0.3	2766	油麦菜	五氯苯胺	—	0.01
2736	生菜	噁霜灵	—	0.05	2767	油麦菜	异噁唑草酮	—	0.02
2737	枣	吡虫啉	—	0.3	2768	猕猴桃	毒死蜱	—	2
2738	枣	吡唑醚菌酯	—	0.8	2769	冬瓜	双甲脒	—	0.05
2739	枣	苯醚甲环唑	—	0.5	2770	苦瓜	五氯苯甲腈	—	0.01
2740	番茄	多效唑	—	0.02	2771	荔枝	五氯苯甲腈	—	0.01
2741	韭菜	嘧菌环胺	—	15	2772	落葵	哒螨灵	—	0.05
2742	韭菜	乙霉威	—	0.05	2773	南瓜	异噁唑草酮	—	0.02
2743	韭菜	甲基硫菌灵	—	0.1	2774	南瓜	氟吡禾灵	—	0.05
2744	菜豆	甲霜灵	—	0.05	2775	桃	杀螺吗啉	—	0.01
2745	菜豆	甲基硫菌灵	—	0.1	2776	甜椒	乙硫磷	—	0.01
2746	菜豆	烯酰吗啉	—	0.01	2777	甜椒	五氯苯	—	0.01
2747	草莓	吡虫啉	—	0.5	2778	西葫芦	五氯硝基苯	—	0.02
2748	番茄	丙环唑	—	3	2779	西葫芦	四氯硝基苯	—	0.01
2749	甜椒	咪鲜胺	—	0.05	2780	西葫芦	五氯苯胺	—	0.01
2750	甜椒	肟菌酯	—	0.4	2781	茼蒿	异噁唑草酮	—	0.02
2751	菜豆	霜霉威	—	0.1	2782	菜薹	特草灵	—	0.01
2752	草莓	乙嘧酚磺酸酯	—	2	2783	油麦菜	啶酰菌胺	—	30
2753	苹果	莠去通	—	0.01	2784	猕猴桃	乙基溴硫磷	—	0.01

续表

序号	基质	农药	MRL (mg/kg)		序号	基质	农药	MRL (mg/kg)	
			中国国家标准	欧盟				中国国家标准	欧盟
2785	生菜	多效唑	—	0.02	2816	菠菜	啶斑肟	—	0.01
2786	生菜	乙霉威	—	0.5	2817	菜薹	五氯甲氧基苯	—	0.01
2787	生菜	甲基硫菌灵	—	0.1	2818	菜薹	五氯苯胺	—	0.01
2788	西瓜	嘧霉胺	—	0.01	2819	菜薹	五氯硝基苯	—	0.02
2789	西瓜	吡虫啉	—	0.2	2820	菜薹	灭害威	—	0.01
2790	萝卜	腈菌唑	—	0.02	2821	菜薹	2,3,5,6-四氯苯胺	—	0.01
2791	萝卜	抑霉唑	—	0.05	2822	菜薹	五氯苯	—	0.01
2792	萝卜	咪鲜胺	—	0.05	2823	菜薹	克草敌	—	0.01
2793	桃	咪鲜胺	—	0.05	2824	菜薹	四氯硝基苯	—	0.01
2794	葡萄	三唑醇	—	0.01	2825	菜薹	异噁唑草酮	—	0.02
2795	娃娃菜	多菌灵	—	0.1	2826	菜薹	氟吡禾灵	—	0.05
2796	娃娃菜	吡虫啉	—	0.5	2827	韭菜	氟吡禾灵	—	0.3
2797	草莓	苯醚甲环唑	—	0.4	2828	李子	四氟醚唑	—	0.05
2798	青花菜	多菌灵	—	0.1	2829	茼蒿	三氯杀螨砜	—	0.01
2799	豇豆	咪鲜胺	—	0.05	2830	蕹菜	氟硅唑	—	0.01
2800	豇豆	腈菌唑	—	0.3	2831	蕹菜	五氯苯胺	—	0.01
2801	菜豆	吡唑醚菌酯	—	0.02	2832	甘薯叶	五氯硝基苯	—	0.02
2802	大白菜	霜霉威	—	20	2833	梨	啶酰菌胺	—	2
2803	大白菜	甲霜灵	—	0.05	2834	李子	吡丙醚	—	0.3
2804	冬瓜	灭蝇胺	—	0.4	2835	茼蒿	五氯硝基苯	—	0.02
2805	韭菜	腈菌唑	—	0.02	2836	蕹菜	啶酰菌胺	—	30
2806	小油菜	吡虫啉	—	0.5	2837	黄瓜	丙溴磷	—	0.01
2807	番茄	丁噻隆	—	0.01	2838	青蒜	噻菌灵	—	0.05
2808	猕猴桃	甲基硫菌灵	—	0.1	2839	小白菜	甲基苯噻隆	—	0.01
2809	猕猴桃	氟硅唑	—	0.01	2840	小油菜	*o, p'*-滴滴伊	—	0.01
2810	大白菜	非草隆	—	0.01	2841	小油菜	醚菌酯	—	0.01
2811	大白菜	噻虫嗪	—	0.2	2842	小油菜	威杀灵	—	0.01
2812	韭菜	氟环唑	—	0.05	2843	樱桃番茄	联苯菊酯	—	0.3
2813	韭菜	吡唑醚菌酯	—	2	2844	苦苣	丙溴磷	—	0.01
2814	韭菜	醚菌酯	—	0.02	2845	小白菜	芬螨酯	—	0.01
2815	梨	非草隆	—	0.01	2846	樱桃番茄	仲丁威	—	0.01

续表

序号	基质	农药	MRL (mg/kg)		序号	基质	农药	MRL (mg/kg)	
			中国国家标准	欧盟				中国国家标准	欧盟
2847	苹果	非草隆	—	0.01	2878	油麦菜	邻苯二甲酰亚胺	—	0.01
2848	生菜	异丙净	—	0.01	2879	枣	仲丁威	—	0.01
2849	生菜	非草隆	—	0.01	2880	花椰菜	茚草酮	—	0.01
2850	橘	莠灭净	—	0.01	2881	花椰菜	解草腈	—	0.01
2851	木瓜	吡虫啉	—	0.05	2882	火龙果	杀螨酯	—	0.01
2852	木瓜	霜霉威	—	0.01	2883	苦苣	乙硫磷	—	0.01
2853	芹菜	哒螨灵	—	0.05	2884	苦苣	乙草胺	—	0.01
2854	芹菜	咪鲜胺	—	0.05	2885	苦苣	*o, p'*-滴滴伊	—	0.01
2855	葡萄	环丙唑醇	—	0.2	2886	樱桃番茄	威杀灵	—	0.01
2856	猕猴桃	噻菌灵	—	0.05	2887	樱桃番茄	邻苯二甲酰亚胺	—	0.01
2857	橘	甲基硫菌灵	—	6	2888	茼蒿	丁咪酰胺	—	0.01
2858	菠菜	烯酰吗啉	—	1	2889	苦苣	氟丙菊酯	—	0.05
2859	菠菜	吡唑醚菌酯	—	0.5	2890	苦苣	胺丙畏	—	0.01
2860	草莓	氟硅唑	—	0.01	2891	青蒜	威杀灵	—	0.01
2861	草莓	霜霉威	—	0.01	2892	青蒜	仲丁威	—	0.01
2862	蘑菇	多菌灵	—	1	2893	生菜	氟乐灵	—	0.01
2863	苹果	霜霉威	—	0.01	2894	生菜	牧草胺	—	0.01
2864	洋葱	霜霉威	—	2	2895	小白菜	仲丁威	—	0.01
2865	草莓	氟菌唑	—	0.2	2896	小油菜	五氯苯甲腈	—	0.01
2866	草莓	嘧菌酯	—	10	2897	香瓜	邻苯基苯酚	—	0.05
2867	草莓	丙环唑	—	0.05	2898	青蒜	嘧霉胺	—	0.01
2868	草莓	多效唑	—	0.5	2899	茼蒿	茚草酮	—	0.01
2869	冬瓜	亚砜磷	—	0.01	2900	茼蒿	3,5-二氯苯胺	—	0.01
2870	冬瓜	多菌灵	—	0.1	2901	黄瓜	环酯草醚	—	0.01
2871	黄瓜	亚砜磷	—	0.01	2902	黄瓜	吡丙醚	—	0.1
2872	苹果	亚砜磷	—	0.01	2903	苦瓜	灭除威	—	0.01
2873	生菜	亚砜磷	—	0.01	2904	梨	氟丙菊酯	—	0.1
2874	西瓜	亚砜磷	—	0.01	2905	马铃薯	丁草胺	—	0.01
2875	葡萄	抑霉唑	—	0.05	2906	油麦菜	苯醚氰菊酯	—	0.01
2876	芹菜	甲氨基阿维菌素	—	0.01	2907	茼蒿	除虫菊酯	—	1
2877	芹菜	丙溴磷	—	0.01	2908	番茄	猛杀威	—	0.01

续表

序号	基质	农药	MRL (mg/kg)		序号	基质	农药	MRL (mg/kg)	
			中国国家标准	欧盟				中国国家标准	欧盟
2909	生菜	三唑醇	—	0.01	2940	胡萝卜	醚菊酯	—	0.01
2910	大白菜	灭蝇胺	—	0.05	2941	火龙果	辛酰溴苯腈	—	0.01
2911	芹菜	异丙威	—	0.01	2942	苹果	γ-氟氯氰菌酯	—	0.01
2912	甜椒	噻嗪酮	—	2	2943	青菜	3,5-二氯苯胺	—	0.01
2913	草莓	吡唑醚菌酯	—	1.5	2944	西葫芦	吡喃灵	—	0.01
2914	草莓	肟菌酯	—	1	2945	香蕉	乙氧呋草黄	—	0.05
2915	草莓	四氟醚唑	—	0.2	2946	油麦菜	虫螨腈	—	0.01
2916	大白菜	甲哌	—	0.05	2947	菜薹	除虫菊酯	—	1
2917	生菜	氟硅唑	—	0.01	2948	大白菜	3,5-二氯苯胺	—	0.01
2918	西瓜	乙嘧酚	—	0.08	2949	生菜	除虫菊酯	—	1
2919	西瓜	灭蝇胺	—	0.4	2950	芹菜	氟噻草胺	—	0.05
2920	草莓	6-苄氨基嘌呤	—	0.01	2951	小白菜	乙草胺	—	0.01
2921	茄子	甲哌	—	0.05	2952	苋菜	芬螨酯	—	0.01
2922	西葫芦	啶虫脒	—	0.3	2953	苋菜	除虫菊酯	—	1
2923	大白菜	肟菌酯	—	3	2954	大白菜	噻嗪酮	—	0.05
2924	大白菜	戊唑醇	—	0.02	2955	大白菜	氟丙菊酯	—	0.05
2925	韭菜	莠去通	—	0.01	2956	大白菜	乙草胺	—	0.01
2926	萝卜	烯酰吗啉	—	1.5	2957	橘	硫丹	—	0.05
2927	萝卜	多菌灵	—	0.1	2958	青菜	五氯苯胺	—	0.01
2928	芹菜	氟硅唑	—	0.01	2959	青菜	萎锈灵	—	0.1
2929	冬瓜	甲基硫菌灵	—	0.5	2960	青菜	苯醚氰菊酯	—	0.01
2930	花椰菜	多菌灵	—	0.1	2961	甜椒	乙草胺	—	0.01
2931	菜豆	嘧菌酯	—	3	2962	胡萝卜	特丁通	—	0.01
2932	甜椒	噁霜灵	—	0.01	2963	奶白菜	唑虫酰胺	—	0.01
2933	菜豆	甲氧虫酰肼	—	2	2964	奶白菜	除虫菊酯	—	1
2934	葡萄	双苯基脲	—	0.01	2965	奶白菜	腐霉利	—	0.01
2935	甜椒	吡丙醚	—	1	2966	奶白菜	醚菌酯	—	0.01
2936	小油菜	霜霉威	—	20	2967	生菜	乙草胺	—	0.01
2937	橙	残杀威	—	0.05	2968	生菜	腈菌唑	—	0.02
2938	橙	非草隆	—	0.01	2969	苋菜	氟氯氰菊酯	—	0.02
2939	大白菜	三唑醇	—	0.01	2970	菜豆	杀螺吗啉	—	0.01

续表

序号	基质	农药	MRL (mg/kg)		序号	基质	农药	MRL (mg/kg)	
			中国国家标准	欧盟				中国国家标准	欧盟
2971	大白菜	三唑酮	—	0.1	3002	黄瓜	烯虫炔酯	—	0.01
2972	番茄	腈菌唑	—	0.3	3003	结球甘蓝	烯唑醇	—	0.01
2973	黄瓜	肟菌酯	—	0.3	3004	梨	乙草胺	—	0.01
2974	黄瓜	残杀威	—	0.05	3005	青菜	三氯杀螨砜	—	0.01
2975	黄瓜	非草隆	—	0.01	3006	青菜	稻瘟灵	—	0.01
2976	韭菜	非草隆	—	0.01	3007	甜椒	抑芽唑	—	0.01
2977	茄子	非草隆	—	0.01	3008	番茄	3,5-二氯苯胺	—	0.01
2978	猕猴桃	非草隆	—	0.01	3009	胡萝卜	异丙威	—	0.01
2979	豇豆	啶虫脒	—	0.15	3010	梨	烯虫酯	—	0.02
2980	豇豆	非草隆	—	0.01	3011	苋菜	烯虫酯	—	0.02
2981	豇豆	霜霉威	—	0.1	3012	蕹菜	芬螨酯	—	0.01
2982	豇豆	嘧菌酯	—	3	3013	蕹菜	喹螨醚	—	0.01
2983	豇豆	苯醚甲环唑	—	1	3014	苦瓜	甲氰菊酯	—	0.01
2984	豇豆	残杀威	—	0.05	3015	李子	烯虫酯	—	0.02
2985	豇豆	烯酰吗啉	—	0.01	3016	青菜	硫丹	—	0.05
2986	豇豆	烯唑醇	—	0.01	3017	甜椒	吡喃灵	—	0.01
2987	豇豆	甲基硫菌灵	—	0.1	3018	香蕉	马拉硫磷	—	0.02
2988	豇豆	甲氨基阿维菌素	—	0.01	3019	油麦菜	抑芽唑	—	0.01
2989	菠菜	非草隆	—	0.01	3020	苦瓜	异丙甲草胺	—	0.05
2990	橙	霜霉威	—	0.01	3021	桃	环酯草醚	—	0.01
2991	橙	甲基硫菌灵	—	6	3022	番茄	芬螨酯	—	0.01
2992	番茄	非草隆	—	0.01	3023	韭菜	喹螨醚	—	0.01
2993	韭菜	戊唑醇	—	2	3024	黄瓜	芬螨酯	—	0.01
2994	甜椒	非草隆	—	0.01	3025	橘	醚菊酯	—	1
2995	枣	醚菌酯	—	0.01	3026	瓠瓜	烯虫酯	—	0.02
2996	枣	戊唑醇	—	1	3027	青菜	乙嘧酚磺酸酯	—	0.05
2997	枣	非草隆	—	0.01	3028	苹果	抑芽唑	—	0.01
2998	梨	肟菌酯	—	0.7	3029	黄瓜	γ-氟氯氰菌酯	—	0.01
2999	桃	甲霜灵	—	0.05	3030	黄瓜	喹螨醚	—	0.2
3000	菠菜	甲基硫菌灵	—	0.1	3031	桃	γ-氟氯氰菌酯	—	0.01
3001	结球甘蓝	霜霉威	—	0.7	3032	番茄	醚菊酯	—	1

续表

序号	基质	农药	MRL (mg/kg)		序号	基质	农药	MRL (mg/kg)	
			中国国家标准	欧盟				中国国家标准	欧盟
3033	韭菜	三唑磷	—	0.01	3064	菜豆	兹克威	—	0.01
3034	韭菜	嘧菌酯	—	70	3065	葡萄	氟唑菌酰胺	—	0.01
3035	菜豆	腈菌唑	—	0.3	3066	火龙果	虫螨腈	—	0.01
3036	芹菜	噻虫嗪	—	1	3067	荔枝	哒螨灵	—	0.5
3037	小白菜	多菌灵	—	0.1	3068	荔枝	烯唑醇	—	0.01
3038	小白菜	烯酰吗啉	—	3	3069	马铃薯	禾草灵	—	0.1
3039	小白菜	戊唑醇	—	0.02	3070	哈密瓜	醚菊酯	—	0.01
3040	小白菜	嘧霉胺	—	0.01	3071	茄子	喹螨醚	—	0.5
3041	小白菜	霜霉威	—	20	3072	茄子	醚菌酯	—	0.6
3042	山竹	嘧菌酯	—	0.3	3073	茄子	乙嘧酚磺酸酯	—	2
3043	桃	抑霉唑	—	0.05	3074	生菜	兹克威	—	0.01
3044	桃	马拉氧磷	—	0.01	3075	西瓜	抑芽唑	—	0.01
3045	火龙果	双苯基脲	—	0.01	3076	瓠瓜	γ-氟氯氰菌酯	—	0.01
3046	生菜	灭蝇胺	—	3	3077	芹菜	兹克威	—	0.01
3047	芦笋	甲哌	—	0.05	3078	茄子	烯虫炔酯	—	0.01
3048	芹菜	烯啶虫胺	—	0.01	3079	生菜	喹螨醚	—	0.01
3049	苦瓜	灭蝇胺	—	2	3080	荔枝	醚菌酯	—	0.01
3050	菠菜	灭蝇胺	—	3	3081	葡萄	叠氮津	—	0.01
3051	菠菜	丙环唑	—	0.05	3082	葡萄	莠灭净	—	0.01
3052	菠菜	啶虫脒	—	5	3083	茄子	γ-氟氯氰菌酯	—	0.01
3053	蕹菜	嘧菌酯	—	0.01	3084	黄瓜	氟丙菊酯	—	0.1
3054	西瓜	双苯基脲	—	0.01	3085	西瓜	氟吡菌酰胺	—	0.4
3055	青菜	灭蝇胺	—	0.05	3086	青花菜	虫螨腈	—	0.01
3056	青菜	霜霉威	—	20	3087	青菜	解草腈	—	0.01
3057	冬瓜	噁霜灵	—	0.01	3088	瓠瓜	联苯菊酯	—	0.1
3058	冬瓜	吡虫啉	—	1	3089	荔枝	己唑醇	—	0.01
3059	南瓜	多菌灵	—	0.1	3090	葡萄	仲丁威	—	0.01
3060	南瓜	甲基硫菌灵	—	0.5	3091	苹果	喹螨醚	—	0.1
3061	小白菜	苯醚甲环唑	—	2	3092	茄子	氟丙菊酯	—	0.2
3062	小白菜	灭蝇胺	—	0.05	3093	西瓜	仲丁威	—	0.01
3063	桃	吡虫啉	—	0.5	3094	青菜	烯虫酯	—	0.02

续表

序号	基质	农药	MRL (mg/kg)		序号	基质	农药	MRL (mg/kg)	
			中国国家标准	欧盟				中国国家标准	欧盟
3095	葡萄	乙嘧酚	—	0.5	3126	茄子	醚菊酯	—	0.5
3096	黄瓜	丁二酸二丁酯	—	0.01	3127	苹果	解草腈	—	0.01
3097	哈密瓜	双苯基脲	—	0.01	3128	青菜	粉唑醇	—	0.05
3098	哈密瓜	多菌灵	—	0.1	3129	马铃薯	五氯苯	—	0.01
3099	李子	己唑醇	—	0.01	3130	马铃薯	五氯苯胺	—	0.01
3100	桃	双苯基脲	—	0.01	3131	柚	啶氧菌酯	—	0.01
3101	猕猴桃	双苯基脲	—	0.01	3132	瓠瓜	哒螨灵	—	0.15
3102	茼蒿	噁霜灵	—	0.01	3133	甜椒	呋草黄	—	0.01
3103	茼蒿	吡唑醚菌酯	—	0.5	3134	春菜	威杀灵	—	0.01
3104	茼蒿	苯醚甲环唑	—	2	3135	春菜	氯杀螨砜	—	0.01
3105	茼蒿	丙环唑	—	0.05	3136	春菜	稻瘟灵	—	0.01
3106	菜豆	双苯基脲	—	0.01	3137	番茄	氯杀螨砜	—	0.01
3107	桃	残杀威	—	0.05	3138	黄瓜	3,5-二氯苯胺	—	0.01
3108	油麦菜	甲哌	—	0.05	3139	李子	醚菌酯	—	0.01
3109	油麦菜	咪鲜胺	—	5	3140	李子	五氯苯甲腈	—	0.01
3110	油麦菜	苯醚甲环唑	—	3	3141	芒果	苄呋菊酯	—	0.01
3111	甜椒	残杀威	—	0.05	3142	桃	二苯胺	—	0.05
3112	苦瓜	苯醚甲环唑	—	0.3	3143	小油菜	萘乙酰胺	—	0.05
3113	茼蒿	多菌灵	—	0.1	3144	小油菜	γ-氟氯氰菌酯	—	0.01
3114	茼蒿	氟硅唑	—	0.01	3145	叶芥菜	威杀灵	—	0.01
3115	葡萄	噁霜灵	—	0.01	3146	苋菜	硫丹	—	0.05
3116	葡萄	啶氧菌酯	—	0.01	3147	菜豆	乙羧氟草醚	—	0.01
3117	蕹菜	残杀威	—	0.05	3148	莲藕	威杀灵	—	0.01
3118	蕹菜	丙溴磷	—	0.01	3149	蘑菇	氟草敏	—	0.01
3119	蕹菜	吡虫啉	—	2	3150	茄子	威杀灵	—	0.01
3120	蕹菜	噻虫嗪	—	0.05	3151	芹菜	氧环唑	—	0.01
3121	蕹菜	三唑磷	—	0.01	3152	西番莲	威杀灵	—	0.01
3122	青花菜	吡虫啉	—	0.5	3153	杨桃	萘乙酰胺	—	0.05
3123	青菜	多菌灵	—	0.1	3154	青花菜	甲基苯噻隆	—	0.01
3124	青菜	甲哌	—	0.05	3155	西葫芦	炔螨特	—	0.01
3125	青菜	双苯基脲	—	0.01	3156	芒果	炔螨特	—	0.01

续表

序号	基质	农药	MRL (mg/kg)		序号	基质	农药	MRL (mg/kg)	
			中国国家标准	欧盟				中国国家标准	欧盟
3157	青菜	噁霜灵	—	0.01	3188	芒果	威杀灵	—	0.01
3158	青菜	噻虫嗪	—	0.2	3189	芹菜	氯杀螨砜	—	0.01
3159	青菜	烯酰吗啉	—	3	3190	杨桃	2,6-二氯苯甲酰胺	—	0.01
3160	韭菜	扑草净	—	0.01	3191	橘	威杀灵	—	0.01
3161	油麦菜	莠去津	—	0.05	3192	菜豆	氯杀螨砜	—	0.01
3162	油麦菜	氟硅唑	—	0.01	3193	火龙果	3,5-二氯苯胺	—	0.01
3163	芹菜	莠去津	—	0.05	3194	苋菜	五氯硝基苯	—	0.02
3164	苦瓜	腈菌唑	—	0.1	3195	苋菜	3,5-二氯苯胺	—	0.01
3165	蕹菜	噁霜灵	—	0.01	3196	芒果	新燕灵	—	0.01
3166	青菜	三唑酮	—	0.1	3197	芹菜	甲呋酰胺	—	0.01
3167	冬瓜	双苯基脲	—	0.01	3198	桃	氯杀螨砜	—	0.01
3168	小白菜	丙环唑	—	0.05	3199	西番莲	邻苯基苯酚	—	0.05
3169	小白菜	三唑酮	—	0.1	3200	大白菜	氯杀螨砜	—	0.01
3170	小白菜	哒螨灵	—	0.05	3201	番石榴	氟硅唑	—	0.01
3171	小白菜	氟硅唑	—	0.01	3202	番石榴	嘧霉胺	—	0.01
3172	小白菜	三唑醇	—	0.01	3203	苹果	八氯二丙醚	—	0.01
3173	小白菜	烯唑醇	—	0.01	3204	小油菜	烯丙苯噻唑	—	0.01
3174	李子	咪鲜胺	—	0.05	3205	辣椒	仲丁威	—	0.01
3175	甜椒	马拉硫磷	—	0.02	3206	辣椒	除虫菊酯	—	1
3176	苦瓜	吡虫啉	—	1	3207	辣椒	毒死蜱	—	0.5
3177	荔枝	烯酰吗啉	—	0.01	3208	辣椒	莠去津	—	0.05
3178	菠菜	莠去津	—	0.05	3209	香蕉	猛杀威	—	0.01
3179	菠菜	去乙基阿特拉津	—	0.01	3210	西瓜	除虫菊酯	—	1
3180	豌豆	甲基硫菌灵	—	0.1	3211	辣椒	威杀灵	—	0.01
3181	豌豆	烯酰吗啉	—	0.1	3212	小白菜	解草腈	—	0.01
3182	火龙果	吡虫啉	—	0.05	3213	扁豆	毒死蜱	—	0.05
3183	生菜	抑霉唑	—	0.05	3214	梨	稻瘟灵	—	0.01
3184	生菜	噻菌灵	—	0.05	3215	西葫芦	喹螨醚	—	0.2
3185	番茄	双苯基脲	—	0.01	3216	辣椒	烯虫酯	—	0.02
3186	苦瓜	马拉硫磷	—	0.02	3217	小白菜	喹螨醚	—	0.01
3187	苹果	丁二酸二丁酯	—	0.01	3218	小白菜	乙嘧酚磺酸酯	—	0.05

续表

序号	基质	农药	MRL (mg/kg)		序号	基质	农药	MRL (mg/kg)	
			中国国家标准	欧盟				中国国家标准	欧盟
3219	苹果	双苯基脲	—	0.01	3250	苦苣	喹螨醚	—	0.01
3220	茄子	双苯基脲	—	0.01	3251	蕹菜	氟丙菊酯	—	0.05
3221	茼蒿	烯酰吗啉	—	1	3252	蕹菜	毒死蜱	—	0.05
3222	茼蒿	啶虫脒	—	5	3253	扁豆	吡丙醚	—	0.05
3223	茼蒿	甲霜灵	—	0.05	3254	紫甘蓝	除虫菊酯	—	1
3224	茼蒿	灭蝇胺	—	3	3255	紫甘蓝	醚菌酯	—	0.01
3225	茼蒿	霜霉威	—	40	3256	辣椒	甲氰菊酯	—	0.01
3226	落葵	烯酰吗啉	—	0.01	3257	小油菜	己唑醇	—	0.01
3227	落葵	多菌灵	—	0.1	3258	小油菜	喹螨醚	—	0.01
3228	蕹菜	多菌灵	—	0.1	3259	扁豆	烯虫酯	—	0.02
3229	蕹菜	噻菌灵	—	0.05	3260	扁豆	三唑醇	—	0.01
3230	青花菜	噻虫胺	—	0.02	3261	芹菜	敌稗	—	0.01
3231	青花菜	啶虫脒	—	0.4	3262	辣椒	三氯杀螨醇	—	0.02
3232	青花菜	噻虫嗪	—	0.2	3263	洋葱	除虫菊酯	—	1
3233	梨	霜霉威	—	0.01	3264	茼蒿	腐霉利	—	0.01
3234	油麦菜	双苯基脲	—	0.01	3265	甜瓜	新燕灵	—	0.01
3235	油麦菜	马拉硫磷	—	0.5	3266	茼蒿	喹螨醚	—	0.01
3236	火龙果	甲霜灵	—	0.05	3267	花椰菜	喹螨醚	—	0.01
3237	苹果	烯酰吗啉	—	0.01	3268	辣椒	异丙威	—	0.01
3238	葡萄	四氟醚唑	—	0.5	3269	姜	灭锈胺	—	0.05
3239	葡萄	乙嘧酚磺酸酯	—	1.5	3270	姜	呋线威	—	0.05
3240	蕹菜	霜霉威	—	0.01	3271	甜瓜	除虫菊酯	—	1
3241	蕹菜	吡唑醚菌酯	—	0.02	3272	香菇	增效醚	—	0.01
3242	西瓜	三唑磷	—	0.01	3273	香菇	氟丙菊酯	—	0.05
3243	青菜	避蚊胺	—	0.01	3274	香菇	毒死蜱	—	0.05
3244	韭菜	马拉硫磷	—	0.02	3275	香菇	生物苄呋菊酯	—	0.01
3245	小白菜	吡唑醚菌酯	—	1.5	3276	香菇	敌敌畏	—	0.01
3246	油麦菜	噁霜灵	—	0.05	3277	香菇	嘧霉胺	—	0.01
3247	番茄	莠去津	—	0.05	3278	香菇	呋草黄	—	0.01
3248	菜豆	戊唑醇	—	2	3279	甜瓜	威杀灵	—	0.01
3249	葡萄	噻虫嗪	—	0.9	3280	菜豆	炔丙菊酯	—	0.01

续表

序号	基质	农药	MRL (mg/kg)		序号	基质	农药	MRL (mg/kg)	
			中国国家标准	欧盟				中国国家标准	欧盟
3281	西瓜	马拉氧磷	—	0.01	3312	姜	硫丹	—	0.5
3282	西瓜	马拉硫磷	—	0.02	3313	姜	特草灵	—	0.01
3283	青花菜	甲哌	—	0.05	3314	结球甘蓝	喹螨醚	—	0.01
3284	青菜	哒螨灵	—	0.05	3315	黄瓜	八氯苯乙烯	—	0.01
3285	黄瓜	避蚊胺	—	0.01	3316	姜	异丙威	—	0.01
3286	小白菜	甲霜灵	—	0.05	3317	哈密瓜	除虫菊酯	—	1
3287	小白菜	噁霜灵	—	0.01	3318	紫甘蓝	喹螨醚	—	0.01
3288	芹菜	啶氧菌酯	—	0.01	3319	辣椒	敌草胺	—	0.1
3289	芹菜	扑草净	—	0.01	3320	菜豆	肟菌酯	—	1
3290	荔枝	三环唑	—	0.05	3321	辣椒	环酯草醚	—	0.01
3291	菠菜	吡虫啉	—	0.05	3322	橙	除虫菊酯	—	1
3292	青菜	咪鲜胺	—	0.05	3323	菜豆	苯草醚	—	0.05
3293	青菜	甲霜灵	—	0.05	3324	马铃薯	威杀灵	—	0.01
3294	青菜	吡虫啉	—	0.5	3325	小白菜	威杀灵	—	0.01
3295	火龙果	异丙隆	—	0.01	3326	樱桃番茄	硫丹	—	0.05
3296	芹菜	双苯基脲	—	0.01	3327	莲藕	除虫菊酯	—	1
3297	荔枝	抑霉唑	—	0.05	3328	菜豆	五氯苯胺	—	0.01
3298	菜豆	抑霉唑	—	0.05	3329	小油菜	西玛津	—	0.01
3299	菠菜	氟硅唑	—	0.01	3330	油麦菜	仲丁威	—	0.01
3300	菠菜	三唑醇	—	0.01	3331	小油菜	灭害威	—	0.01
3301	青菜	丙环唑	—	0.05	3332	小油菜	乙烯菌核利	—	0.01
3302	小白菜	甲哌	—	0.05	3333	结球甘蓝	醚菌酯	—	0.01
3303	桃	噻菌灵	—	0.05	3334	青花菜	拌种胺	—	0.01
3304	芹菜	马拉氧磷	—	0.01	3335	青花菜	氟噻草胺	—	0.05
3305	茼蒿	噻虫嗪	—	3	3336	青花菜	哒螨灵	—	0.05
3306	茼蒿	戊唑醇	—	0.02	3337	青花菜	异丙威	—	0.01
3307	茼蒿	吡虫啉	—	0.05	3338	紫甘蓝	猛杀威	—	0.01
3308	蘑菇	甲基硫菌灵	—	0.1	3339	桃	乙霉威	—	0.05
3309	苦瓜	多菌灵	—	0.1	3340	苹果	丁苯吗啉	—	0.05
3310	茄子	吡丙醚	—	1	3341	菜用大豆	除虫菊酯	—	1
3311	葡萄	呋虫胺	—	0.9	3342	菜用大豆	邻苯二甲酰亚胺	—	0.01

续表

序号	基质	农药	MRL (mg/kg)		序号	基质	农药	MRL (mg/kg)	
			中国国家标准	欧盟				中国国家标准	欧盟
3343	油麦菜	烯唑醇	—	0.01	3374	菜豆	灭锈胺	—	0.01
3344	生菜	噻虫胺	—	2	3375	萝卜	苯嗪草酮	—	0.1
3345	芦笋	三环唑	—	0.05	3376	萝卜	辛酰溴苯腈	—	0.01
3346	芹菜	噻嗪酮	—	0.05	3377	豇豆	草达津	—	0.01
3347	菠萝	双苯基脲	—	0.01	3378	豇豆	碳氯灵	—	0.01
3348	黄瓜	双苯基脲	—	0.01	3379	豇豆	除线磷	—	0.01
3349	李子	噻嗪酮	—	2	3380	香瓜	辛酰溴苯腈	—	0.01
3350	桃	避蚊胺	—	0.01	3381	冬瓜	邻苯基苯酚	—	0.05
3351	菜豆	苄嘧磺隆	—	0.01	3382	大蒜	吡喃灵	—	0.01
3352	大白菜	噁霜灵	—	0.01	3383	姜	邻苯基苯酚	—	0.1
3353	大白菜	双苯基脲	—	0.01	3384	姜	毒死蜱	—	1
3354	黄瓜	三环唑	—	0.05	3385	小白菜	烯虫炔酯	—	0.01
3355	冬瓜	甲霜灵	—	0.05	3386	小白菜	新燕灵	—	0.01
3356	小白菜	双苯基脲	—	0.01	3387	山药	氟吡菌酰胺	—	0.1
3357	小白菜	乙虫腈	—	0.01	3388	猕猴桃	苯嗪草酮	—	0.1
3358	小白菜	噻虫嗪	—	0.2	3389	结球甘蓝	吡喃灵	—	0.01
3359	小白菜	吡虫啉	—	0.5	3390	菜用大豆	吡喃灵	—	0.01
3360	茼蒿	嘧菌酯	—	15	3391	菜豆	呋线威	—	0.01
3361	菜豆	噻菌灵	—	0.05	3392	菜豆	萘乙酰胺	—	0.05
3362	菜豆	避蚊胺	—	0.01	3393	萝卜	四氢吩胺	—	0.01
3363	菜豆	苯醚甲环唑	—	1	3394	西葫芦	二丙烯草胺	—	0.01
3364	菜豆	环氟菌胺	—	0.02	3395	食荚豌豆	除虫菊酯	—	1
3365	菜豆	哒螨灵	—	0.5	3396	食荚豌豆	邻苯二甲酰亚胺	—	0.01
3366	菜豆	吡氟禾草灵	—	1	3397	食荚豌豆	哒螨灵	—	0.05
3367	橙	避蚊胺	—	0.01	3398	香瓜	二丙烯草胺	—	0.01
3368	冬瓜	啶虫脒	—	0.2	3399	马铃薯	猛杀威	—	0.01
3369	冬瓜	噻虫嗪	—	0.1	3400	黄瓜	氯磺隆	—	0.05
3370	番石榴	吡虫啉	—	0.05	3401	丝瓜	邻苯二甲酰亚胺	—	0.01
3371	胡萝卜	三唑醇	—	0.01	3402	大蒜	多效唑	—	0.02
3372	花椰菜	烯酰吗啉	—	0.01	3403	大蒜	萘乙酰胺	—	0.05
3373	花椰菜	噻虫嗪	—	0.2	3404	大蒜	特丁净	—	0.01

续表

序号	基质	农药	MRL (mg/kg) 中国国家标准	MRL (mg/kg) 欧盟
3405	苦瓜	噻虫嗪	—	0.5
3406	苦瓜	避蚊胺	—	0.01
3407	苦瓜	嘧菌酯	—	1
3408	马铃薯	吡虫啉	—	0.5
3409	芒果	甲基硫菌灵	—	1
3410	柠檬	嘧菌酯	—	15
3411	葡萄	茚虫威	—	2
3412	茄子	丙溴磷	—	0.01
3413	芹菜	吡丙醚	—	0.05
3414	生菜	咪鲜胺	—	5
3415	生菜	噻虫嗪	—	5
3416	丝瓜	啶虫脒	—	0.3
3417	丝瓜	丙溴磷	—	0.01
3418	甜椒	避蚊胺	—	0.01
3419	甜椒	丙溴磷	—	0.01
3420	香蕉	吡虫啉	—	0.05
3421	樱桃番茄	哒螨灵	—	0.3
3422	樱桃番茄	甲基硫菌灵	—	1
3423	结球甘蓝	双苯基脲	—	0.01
3424	韭菜	噻嗪酮	—	4
3425	韭菜	霜霉威	—	30
3426	韭菜	己唑醇	—	0.02
3427	柠檬	甲基硫菌灵	—	6
3428	柠檬	吡唑醚菌酯	—	1
3429	柠檬	避蚊胺	—	0.01
3430	苹果	避蚊胺	—	0.01
3431	生菜	莠去津	—	0.05
3432	丝瓜	多菌灵	—	0.1
3433	蒜薹	避蚊胺	—	0.01
3434	蒜薹	噻嗪酮	—	0.05
3435	蒜薹	双苯基脲	—	0.01
3436	姜	喹螨醚	—	0.01
3437	姜	吡喃灵	—	0.01
3438	桃	烯虫炔酯	—	0.01
3439	猕猴桃	二丙烯草胺	—	0.01
3440	百合	庚烯磷	—	0.01
3441	百合	乙滴滴	—	0.01
3442	结球甘蓝	叶菌唑	—	0.02
3443	结球甘蓝	灭锈胺	—	0.01
3444	胡萝卜	吡喃灵	—	0.01
3445	芹菜	二丙烯草胺	—	0.01
3446	茄子	西玛津	—	0.01
3447	莲藕	苯嗪草酮	—	0.2
3448	青菜	新燕灵	—	0.01
3449	食荚豌豆	二丙烯草胺	—	0.01
3450	马铃薯	吡喃灵	—	0.01
3451	黄瓜	西玛津	—	0.01
3452	甜椒	氟吡菌酰胺	—	0.8
3453	葱	稻瘟灵	—	0.01
3454	食荚豌豆	西玛津	—	0.01
3455	黄瓜	灭锈胺	—	0.01
3456	黄瓜	苯嗪草酮	—	0.1
3457	西葫芦	毒死蜱	—	0.05
3458	平菇	棉铃威	—	0.01
3459	火龙果	联苯菊酯	—	0.05
3460	猕猴桃	茵草敌	—	0.01
3461	百合	二苯胺	—	0.05
3462	百合	威杀灵	—	0.01
3463	百合	吡喃灵	—	0.01
3464	青菜	灭锈胺	—	0.01
3465	姜	甲基立枯磷	—	0.1
3466	姜	喹氧灵	—	0.05

续表

序号	基质	农药	MRL (mg/kg)		序号	基质	农药	MRL (mg/kg)	
			中国国家标准	欧盟				中国国家标准	欧盟
3467	蒜薹	嘧菌酯	—	10	3498	姜	除线磷	—	0.01
3468	桃	三唑磷	—	0.01	3499	小白菜	灭锈胺	—	0.01
3469	小白菜	避蚊胺	—	0.01	3500	小白菜	四氢吩胺	—	0.01
3470	杏	甲基硫菌灵	—	2	3501	平菇	硫丹	—	0.05
3471	杏	毒死蜱	—	0.05	3502	平菇	生物苄呋菊酯	—	0.01
3472	杏	吡虫啉	—	0.5	3503	结球甘蓝	炔螨特	—	0.01
3473	杏	苯醚甲环唑	—	0.5	3504	茭白	除虫菊酯	—	1
3474	油麦菜	啶虫脒	—	3	3505	蕹菜	扑草净	—	0.01
3475	油麦菜	哒螨灵	—	0.05	3506	豇豆	除虫菊酯	—	1
3476	油麦菜	戊唑醇	—	0.5	3507	青菜	二苯胺	—	0.05
3477	紫甘蓝	避蚊胺	—	0.01	3508	青蒜	毒死蜱	—	0.05
3478	番石榴	噻嗪酮	—	0.05	3509	香瓜	噻菌灵	—	0.05
3479	韭菜	丙环唑	—	0.05	3510	冬瓜	二丙烯草胺	—	0.01
3480	韭菜	十三吗啉	—	0.02	3511	冬瓜	呋草黄	—	0.01
3481	苦瓜	氟硅唑	—	0.01	3512	冬瓜	毒死蜱	—	0.05
3482	苦瓜	甲基硫菌灵	—	0.1	3513	大蒜	二丙烯草胺	—	0.01
3483	马铃薯	双苯基脲	—	0.01	3514	大蒜	四氢吩胺	—	0.01
3484	茄子	避蚊胺	—	0.01	3515	平菇	四氢吩胺	—	0.01
3485	生菜	避蚊胺	—	0.01	3516	扁豆	扑草净	—	0.01
3486	丝瓜	咪鲜胺	—	0.05	3517	猕猴桃	醚菊酯	—	1
3487	丝瓜	甲霜灵	—	0.05	3518	萝卜	灭锈胺	—	0.01
3488	丝瓜	双苯基脲	—	0.01	3519	葱	丁苯吗啉	—	0.05
3489	丝瓜	苯霜灵	—	0.05	3520	西葫芦	烯虫炔酯	—	0.01
3490	丝瓜	苯醚甲环唑	—	0.3	3521	青菜	噻菌灵	—	0.05
3491	丝瓜	氟硅唑	—	0.01	3522	青菜	猛杀威	—	0.01
3492	丝瓜	丙环唑	—	0.05	3523	青菜	乙拌磷	—	0.01
3493	西葫芦	烯唑醇	—	0.01	3524	韭菜	四氢吩胺	—	0.01
3494	小油菜	咪鲜胺	—	0.05	3525	食荚豌豆	双甲脒	—	0.05
3495	小油菜	噁霜灵	—	0.01	3526	黄瓜	3,4,5-混杀威	—	0.01
3496	小油菜	避蚊胺	—	0.01	3527	姜	丙虫磷	—	0.01
3497	小油菜	吡唑醚菌酯	—	1.5	3528	小白菜	甲苯氟磺胺	—	0.01

续表

序号	基质	农药	MRL (mg/kg)		序号	基质	农药	MRL (mg/kg)	
			中国国家标准	欧盟				中国国家标准	欧盟
3529	杏	噻嗪酮	—	0.2	3560	火龙果	呋线威	—	0.01
3530	油麦菜	吡虫啉	—	2	3561	苦瓜	灭锈胺	—	0.01
3531	油麦菜	缬霉威	—	0.8	3562	菜用大豆	特丁通	—	0.01
3532	油麦菜	噻虫嗪	—	5	3563	菜用大豆	灭锈胺	—	0.01
3533	油麦菜	唑虫酰胺	—	0.01	3564	葡萄	西玛津	—	0.2
3534	菠菜	噻虫嗪	—	3	3565	青菜	邻苯基苯酚	—	0.05
3535	菠菜	嘧菌环胺	—	15	3566	马铃薯	2,4-滴丙酸	—	0.05
3536	菠菜	噻虫胺	—	2	3567	黄瓜	三氯杀螨砜	—	0.01
3537	冬瓜	避蚊胺	—	0.01	3568	冬瓜	四氢吩胺	—	0.01
3538	胡萝卜	烯酰吗啉	—	0.01	3569	冬瓜	稻瘟灵	—	0.01
3539	花椰菜	避蚊胺	—	0.01	3570	猕猴桃	四氢吩胺	—	0.01
3540	苦瓜	甲霜灵	—	0.05	3571	芹菜	萘乙酸	—	0.05
3541	苦瓜	啶虫脒	—	0.3	3572	香瓜	杀螨酯	—	0.01
3542	李子	毒死蜱	—	0.2	3573	香蕉	西玛津	—	0.01
3543	荔枝	甲基硫菌灵	—	0.1	3574	姜	3,4,5-混杀威	—	0.01
3544	蘑菇	烯酰吗啉	—	0.01	3575	芹菜	棉铃威	—	0.01
3545	芹菜	己唑醇	—	0.01	3576	菜豆	氟吡菌酰胺	—	0.9
3546	青花菜	噁霜灵	—	0.01	3577	青花菜	抑芽唑	—	0.01
3547	青花菜	噻嗪酮	—	0.05	3578	芹菜	扑灭通	—	0.01
3548	丝瓜	灭蝇胺	—	2	3579	苋菜	拌种胺	—	0.01
3549	蒜薹	多菌灵	—	0.1	3580	苦瓜	二丙烯草胺	—	0.01
3550	桃	甲氨基阿维菌素	—	0.03	3581	苦瓜	猛杀威	—	0.01
3551	桃	毒死蜱	—	0.2	3582	豇豆	氟硫草定	—	0.01
3552	甜椒	氟硅唑	—	0.01	3583	豇豆	邻苯二甲酰亚胺	—	0.01
3553	甜椒	甲哌	—	0.05	3584	香瓜	特丁通	—	0.01
3554	甜椒	哒螨灵	—	0.5	3585	香瓜	胺菊酯	—	0.01
3555	小油菜	苯醚甲环唑	—	2	3586	冬瓜	吡喃灵	—	0.01
3556	小油菜	戊唑醇	—	0.02	3587	大白菜	猛杀威	—	0.01
3557	小油菜	氟硅唑	—	0.01	3588	姜	猛杀威	—	0.01
3558	小油菜	丙环唑	—	0.05	3589	山药	毒死蜱	—	0.05
3559	小油菜	烯唑醇	—	0.01	3590	结球甘蓝	辛酰溴苯腈	—	0.01

续表

序号	基质	农药	MRL (mg/kg)		序号	基质	农药	MRL (mg/kg)	
			中国国家标准	欧盟				中国国家标准	欧盟
3591	菠菜	苯醚甲环唑	—	2	3622	芹菜	丁苯吗啉	—	0.05
3592	菠菜	咪鲜胺	—	0.05	3623	苋菜	噻菌灵	—	0.05
3593	番石榴	多菌灵	—	0.1	3624	西葫芦	猛杀威	—	0.01
3594	番石榴	噻虫嗪	—	0.05	3625	豇豆	毒草胺	—	0.02
3595	番石榴	双苯基脲	—	0.01	3626	豇豆	丙虫磷	—	0.01
3596	番石榴	避蚊胺	—	0.01	3627	豇豆	氯酞酸甲酯	—	0.01
3597	苦瓜	吡唑醚菌酯	—	0.5	3628	豇豆	三氯杀螨醇	—	0.02
3598	梨	避蚊胺	—	0.01	3629	青菜	异丙威	—	0.01
3599	马铃薯	嗯霜灵	—	0.01	3630	黄瓜	氧异柳磷	—	0.01
3600	马铃薯	避蚊胺	—	0.01	3631	平菇	吡喃灵	—	0.01
3601	马铃薯	毒死蜱	—	0.05	3632	平菇	呋菌胺	—	0.01
3602	芹菜	扑灭津	—	0.01	3633	茄子	灭锈胺	—	0.01
3603	生菜	哒螨灵	—	0.05	3634	西葫芦	特丁通	—	0.01
3604	丝瓜	嗯霜灵	—	0.01	3635	西葫芦	灭锈胺	—	0.01
3605	丝瓜	避蚊胺	—	0.01	3636	西葫芦	联苯菊酯	—	0.1
3606	桃	茚虫威	—	1	3637	莱薹	去乙基阿特拉津	—	0.01
3607	甜椒	螺螨酯	—	0.2	3638	甘薯叶	虫螨腈	—	0.01
3608	香蕉	甲基硫菌灵	—	0.1	3639	芥蓝	杀螨特	—	0.01
3609	芫荽	异丙甲草胺	—	0.05	3640	芥蓝	新燕灵	—	0.01
3610	芫荽	避蚊胺	—	0.01	3641	芥蓝	三环唑	—	0.05
3611	菠菜	嘧菌酯	—	15	3642	芥蓝	威杀灵	—	0.01
3612	菠菜	吡丙醚	—	0.05	3643	茄子	莠去通	—	0.01
3613	菠菜	避蚊胺	—	0.01	3644	茄子	杀螨特	—	0.01
3614	橙	多效唑	—	0.5	3645	小白菜	杀螨特	—	0.01
3615	冬瓜	氟硅唑	—	0.01	3646	小白菜	去乙基阿特拉津	—	0.01
3616	黄瓜	粉唑醇	—	0.05	3647	小白菜	萘乙酸	—	0.05
3617	韭菜	氟硅唑	—	0.02	3648	荔枝	氟硅唑	—	0.01
3618	芒果	吡咪唑	—	0.01	3649	枸杞叶	硫丹	—	0.05
3619	芒果	噻嗪酮	—	0.1	3650	枸杞叶	虫螨腈	—	0.02
3620	茄子	哒螨灵	—	0.2	3651	枸杞叶	生物苄呋菊酯	—	0.01
3621	生菜	四氟醚唑	—	0.02	3652	枸杞叶	威杀灵	—	0.01

续表

序号	基质	农药	MRL (mg/kg)		序号	基质	农药	MRL (mg/kg)	
			中国国家标准	欧盟				中国国家标准	欧盟
3653	香蕉	避蚊胺	—	0.01	3684	枸杞叶	毒死蜱	—	0.05
3654	小油菜	灭蝇胺	—	0.05	3685	芥蓝	3,5-二氯苯胺	—	0.01
3655	杏	吡唑醚菌酯	—	1	3686	芥蓝	戊唑醇	—	0.15
3656	樱桃番茄	啶虫脒	—	0.2	3687	荔枝	仲丁威	—	0.01
3657	樱桃番茄	吡唑醚菌酯	—	0.3	3688	荔枝	威杀灵	—	0.01
3658	芫荽	多菌灵	—	0.1	3689	桃	克草敌	—	0.01
3659	芫荽	苯醚甲环唑	—	10	3690	油麦菜	二苯胺	—	0.05
3660	芫荽	丙环唑	—	0.05	3691	蕹菜	新燕灵	—	0.01
3661	芫荽	氟硅唑	—	0.02	3692	蕹菜	异噁唑草酮	—	0.02
3662	芫荽	烯酰吗啉	—	10	3693	枸杞叶	邻苯基苯酚	—	0.05
3663	冬瓜	苯醚甲环唑	—	0.2	3694	枸杞叶	新燕灵	—	0.01
3664	胡萝卜	避蚊胺	—	0.01	3695	枸杞叶	莠去津	—	0.05
3665	花椰菜	甲氨基阿维菌素	—	0.01	3696	枸杞叶	啶酰菌胺	—	10
3666	花椰菜	哒螨灵	—	0.05	3697	枸杞叶	溴螨酯	—	0.01
3667	结球甘蓝	避蚊胺	—	0.01	3698	枸杞叶	异噁唑草酮	—	0.05
3668	韭菜	三唑酮	—	0.1	3699	枸杞叶	氟丙菊酯	—	0.05
3669	芒果	肟菌酯	—	0.01	3700	枸杞叶	去乙基阿特拉津	—	0.01
3670	葡萄	丙环唑	—	0.3	3701	枸杞叶	丙溴磷	—	0.05
3671	葡萄	避蚊胺	—	0.01	3702	枸杞叶	氟啶脲	—	0.01
3672	杏	避蚊胺	—	0.01	3703	枸杞叶	萘乙酸	—	0.05
3673	杏	嘧菌酯	—	2	3704	黄瓜	五氯硝基苯	—	0.02
3674	樱桃番茄	抑霉唑	—	0.5	3705	芥蓝	γ-氟氯氰菌酯	—	0.01
3675	樱桃番茄	嘧菌酯	—	3	3706	芥蓝	五氯苯胺	—	0.01
3676	芫荽	粉唑醇	—	0.05	3707	芥蓝	克草敌	—	0.01
3677	苦瓜	嘧霉胺	—	0.7	3708	芥蓝	二甲戊灵	—	0.05
3678	李子	炔螨特	—	0.01	3709	芥蓝	萘乙酸	—	0.05
3679	李子	嘧菌酯	—	2	3710	韭菜	氯杀螨砜	—	0.01
3680	荔枝	避蚊胺	—	0.01	3711	韭菜	氯氟吡氧乙酸	—	0.02
3681	柠檬	哒螨灵	—	0.5	3712	油麦菜	克草敌	—	0.01
3682	茄子	三唑磷	—	0.01	3713	油麦菜	三氯杀螨醇	—	0.02
3683	芹菜	避蚊胺	—	0.01	3714	油麦菜	4,4-二氯二苯甲酮	—	0.01

续表

序号	基质	农药	MRL (mg/kg)		序号	基质	农药	MRL (mg/kg)	
			中国国家标准	欧盟				中国国家标准	欧盟
3715	蒜薹	咪鲜胺	—	0.05	3746	橘	*o*, *p*′-滴滴伊	—	0.01
3716	小油菜	噻嗪酮	—	0.05	3747	菜薹	萘乙酸	—	0.05
3717	小油菜	苯氧威	—	0.05	3748	大白菜	2,6-二氯苯甲酰胺	—	0.01
3718	小油菜	甲基硫菌灵	—	0.1	3749	韭菜	特丁净	—	0.01
3719	小油菜	唑虫酰胺	—	0.01	3750	芒果	苯硫威	—	0.01
3720	小油菜	三唑磷	—	0.01	3751	桃	邻苯基苯酚	—	0.05
3721	小油菜	抑霉唑	—	0.05	3752	油麦菜	萘乙酸	—	0.05
3722	樱桃番茄	避蚊胺	—	0.01	3753	枸杞叶	联苯菊酯	—	0.05
3723	油麦菜	吡唑醚菌酯	—	2	3754	甘薯叶	去乙基阿特拉津	—	0.01
3724	油麦菜	避蚊胺	—	0.01	3755	小白菜	五氯硝基苯	—	0.02
3725	叶芥菜	烯酰吗啉	—	3	3756	小白菜	3,5-二氯苯胺	—	0.01
3726	叶芥菜	多菌灵	—	0.1	3757	枸杞叶	戊唑醇	—	0.05
3727	叶芥菜	啶虫脒	—	0.01	3758	枸杞叶	多效唑	—	0.02
3728	叶芥菜	噁霜灵	—	0.01	3759	枸杞叶	腈菌唑	—	0.02
3729	叶芥菜	甲霜灵	—	0.05	3760	芹菜	*o*, *p*′-滴滴伊	—	0.01
3730	杨桃	吡虫啉	—	0.05	3761	枸杞叶	3,5-二氯苯胺	—	0.01
3731	杨桃	多菌灵	—	0.1	3762	甘薯叶	烯唑醇	—	0.01
3732	春菜	甲霜灵	—	3	3763	葡萄	溴丁酰草胺	—	0.01
3733	春菜	烯酰吗啉	—	10	3764	油麦菜	*o*, *p*′-滴滴伊	—	0.01
3734	枣	三唑磷	—	0.01	3765	枸杞叶	4,4-二氯二苯甲酮	—	0.01
3735	甜椒	腈菌唑	—	0.5	3766	枸杞叶	五氯苯甲腈	—	0.01
3736	菜薹	啶虫脒	—	0.4	3767	枸杞叶	三氯杀螨醇	—	0.02
3737	菜薹	烯酰吗啉	—	5	3768	枸杞叶	烯效唑	—	0.01
3738	菜薹	甲霜灵	—	0.2	3769	茄子	3,5-二氯苯胺	—	0.01
3739	菜薹	嘧霉胺	—	0.01	3770	蕹菜	烯唑醇	—	0.01
3740	西葫芦	残杀威	—	0.05	3771	蕹菜	萘乙酸	—	0.05
3741	豆瓣菜	灭蝇胺	—	0.05	3772	菜豆	安硫磷	—	0.01
3742	豆瓣菜	多菌灵	—	0.1	3773	冬瓜	克草敌	—	0.01
3743	叶芥菜	灭蝇胺	—	0.05	3774	芥蓝	*o*, *p*′-滴滴伊	—	0.01
3744	叶芥菜	烯唑醇	—	0.01	3775	芥蓝	硫丹	—	0.05
3745	芹菜	三唑磷	—	0.01	3776	桃	氟丙菊酯	—	0.2

续表

序号	基质	农药	MRL (mg/kg)		序号	基质	农药	MRL (mg/kg)	
			中国国家标准	欧盟				中国国家标准	欧盟
3777	草莓	甲霜灵	—	0.5	3808	芹菜	杀虫环	—	0.01
3778	草莓	灭蝇胺	—	0.05	3809	菜豆	生物苄呋菊酯	—	0.01
3779	草莓	双苯基脲	—	0.01	3810	龙眼	二苯胺	—	0.05
3780	菜薹	多菌灵	—	0.1	3811	柠檬	杀螨酯	—	0.01
3781	菜豆	粉唑醇	—	0.05	3812	芹菜	啶酰菌胺	—	30
3782	萝卜	甲霜灵	—	0.1	3813	香蕉	苗草酮	—	0.01
3783	西葫芦	灭蝇胺	—	2	3814	小油菜	二苯胺	—	0.05
3784	叶芥菜	双苯基脲	—	0.01	3815	枣	氟丙菊酯	—	0.2
3785	叶芥菜	吡唑醚菌酯	—	1.5	3816	枣	虫螨腈	—	0.01
3786	猕猴桃	抑霉唑	—	0.05	3817	芫荽	呋草黄	—	0.01
3787	菜薹	霜霉威	—	3	3818	芫荽	氯氰菊酯	—	2
3788	叶芥菜	哒螨灵	—	0.05	3819	芫荽	二苯胺	—	0.05
3789	叶芥菜	醚菌酯	—	0.01	3820	芫荽	仲丁威	—	0.01
3790	杨桃	甲基硫菌灵	—	0.1	3821	芫荽	氟酰胺	—	0.02
3791	豆瓣菜	吡唑醚菌酯	—	0.02	3822	芫荽	烯虫酯	—	0.05
3792	叶芥菜	腈菌唑	—	0.02	3823	豇豆	硫丹	—	0.05
3793	大白菜	粉唑醇	—	0.05	3824	豇豆	哒螨灵	—	0.5
3794	春菜	腈菌唑	—	0.02	3825	橙	二苯胺	—	0.05
3795	春菜	烯唑醇	—	0.01	3826	番茄	灭除威	—	0.01
3796	梨	多效唑	—	0.5	3827	韭菜	灭除威	—	0.01
3797	菜薹	茚虫威	—	0.3	3828	苦苣	兹克威	—	0.01
3798	丝瓜	噻唑磷	—	0.02	3829	生菜	苯醚氰菊酯	—	0.01
3799	枣	咪鲜胺	—	0.05	3830	小油菜	硫丹	—	0.05
3800	番茄	缬霉威	—	0.7	3831	枣	二苯胺	—	0.05
3801	菜薹	丙环唑	—	0.05	3832	芫荽	虫螨腈	—	0.02
3802	菜薹	苯醚甲环唑	—	1	3833	猕猴桃	二苯胺	—	0.05
3803	菜豆	氟硅唑	—	0.01	3834	柚	威杀灵	—	0.01
3804	叶芥菜	丙环唑	—	0.05	3835	韭菜	猛杀威	—	0.01
3805	春菜	丙环唑	—	0.05	3836	柠檬	环酯草醚	—	0.01
3806	叶芥菜	吡虫啉	—	0.5	3837	柠檬	二苯胺	—	0.05
3807	叶芥菜	噻虫嗪	—	0.2	3838	葡萄	氟丙菊酯	—	0.05

续表

序号	基质	农药	MRL (mg/kg)		序号	基质	农药	MRL (mg/kg)	
			中国国家标准	欧盟				中国国家标准	欧盟
3839	叶芥菜	三环唑	—	0.05	3869	茄子	去乙基阿特拉津	—	0.01
3840	叶芥菜	丙溴磷	—	0.01	3870	芹菜	甲基立枯磷	—	2
3841	春菜	多菌灵	—	0.1	3871	樱桃番茄	生物苄呋菊酯	—	0.01
3842	春菜	霜霉威	—	0.01	3872	芫荽	仲丁灵	—	0.02
3843	菜薹	吡唑醚菌酯	—	0.1	3873	豇豆	三唑酮	—	0.1
3844	叶芥菜	三唑醇	—	0.01	3874	豇豆	唑虫酰胺	—	0.01
3845	甜椒	三环唑	—	0.05	3875	豇豆	毒死蜱	—	0.05
3846	菜薹	吡虫啉	—	0.5	3876	豇豆	烯虫酯	—	0.02
3847	丝瓜	吡虫啉	—	1	3877	萝卜	生物苄呋菊酯	—	0.01
3848	大白菜	氟硅唑	—	0.01	3878	小油菜	腐霉利	—	0.01
3849	枣	甲基硫菌灵	—	0.3	3879	樱桃番茄	环酯草醚	—	0.01
3850	菜薹	仲丁威	—	0.01	3880	芫荽	氰戊菊酯	—	0.05
3851	西葫芦	腈菌唑	—	0.1	3881	芫荽	氟乐灵	—	0.02
3852	叶芥菜	甲基硫菌灵	—	0.1	3882	花椰菜	五氯苯甲腈	—	0.01
3853	春菜	甲氨基阿维菌素	—	1	3883	柠檬	戊唑醇	—	5
3854	春菜	嘧霉胺	—	0.01	3884	杏鲍菇	解草腈	—	0.01
3855	生菜	烯唑醇	—	0.01	3885	樱桃番茄	氟吡菌酰胺	—	0.9
3856	草莓	噁霜灵	—	0.01	3886	枣	威杀灵	—	0.01
3857	菜薹	异丙威	—	0.01	3887	菠菜	灭除威	—	0.01
3858	叶芥菜	嘧霉胺	—	0.01	3888	冬瓜	生物苄呋菊酯	—	0.01
3859	葡萄	噻嗪酮	—	1	3889	梨	2,6-二硝基-3-甲氧基-4-叔丁基甲苯	—	0.01
3860	春菜	吡虫啉	—	2	3890	龙眼	甲霜灵	—	0.05
3861	枣	甲霜灵	—	0.05	3891	柠檬	棉铃威	—	0.01
3862	豆瓣菜	啶虫脒	—	0.01	3892	香蕉	威杀灵	—	0.01
3863	豆瓣菜	异丙威	—	0.01	3893	樱桃番茄	二苯胺	—	0.05
3864	叶芥菜	噻嗪酮	—	0.05	3894	芫荽	啶酰菌胺	—	10
3865	苹果	残杀威	—	0.05	3895	茼蒿	叠氮津	—	0.01
3866	叶芥菜	仲丁威	—	0.01	3896	菠菜	生物苄呋菊酯	—	0.01
3867	春菜	哒螨灵	—	0.05	3897	苦瓜	毒死蜱	—	0.05
3868	春菜	吡丙醚	—	0.05	3898	苦苣	啶酰菌胺	—	30

续表

序号	基质	农药	MRL (mg/kg)		序号	基质	农药	MRL (mg/kg)	
			中国国家标准	欧盟				中国国家标准	欧盟
3899	菜薹	三唑醇	—	0.01	3929	李子	二苯胺	—	0.05
3900	菜薹	乙霉威	—	0.05	3930	马铃薯	二苯胺	—	0.05
3901	菜薹	三唑酮	—	0.1	3931	香蕉	二苯胺	—	0.05
3902	豆瓣菜	烯酰吗啉	—	0.01	3932	小白菜	兹克威	—	0.01
3903	叶芥菜	霜霉威	—	20	3933	豇豆	虫螨腈	—	0.01
3904	叶芥菜	苯醚甲环唑	—	2	3934	豇豆	四氟醚唑	—	0.02
3905	菜薹	氟硅唑	—	0.01	3935	菠菜	猛杀威	—	0.01
3906	菜薹	乙虫腈	—	0.01	3936	花椰菜	灭除威	—	0.01
3907	儿菜	多菌灵	—	0.1	3937	苦瓜	扑草净	—	0.01
3908	佛手瓜	多菌灵	—	0.1	3938	胡萝卜	二苯胺	—	0.05
3909	甜椒	丙环唑	—	0.05	3939	金针菇	啶酰菌胺	—	0.5
3910	猕猴桃	戊唑醇	—	0.02	3940	李子	联苯菊酯	—	0.2
3911	生菜	缬霉威	—	0.8	3941	小白菜	啶酰菌胺	—	30
3912	芹菜	烯唑醇	—	0.01	3942	枣	生物苄呋菊酯	—	0.01
3913	甜椒	噻虫胺	—	0.05	3943	番茄	氟丙菊酯	—	0.1
3914	小白菜	嘧菌酯	—	6	3944	火龙果	烯虫酯	—	0.02
3915	番茄	乙嘧酚	—	0.1	3945	芒果	二苯胺	—	0.05
3916	番茄	粉唑醇	—	0.3	3946	柠檬	杀虫环	—	0.01
3917	甜椒	仲丁威	—	0.01	3947	小油菜	2,6-二氯苯甲酰胺	—	0.01
3918	结球甘蓝	丙环唑	—	0.05	3948	油麦菜	兹克威	—	0.01
3919	结球甘蓝	灭蝇胺	—	0.05	3949	豇豆	醚菌酯	—	0.01
3920	猕猴桃	咪鲜胺	—	0.05	3950	豇豆	炔丙菊酯	—	0.01
3921	橙	烯酰吗啉	—	0.8	3951	柠檬	氟硅唑	—	0.01
3922	葡萄	4-十二烷基-2,6-二甲基吗啉	—	0.01	3952	柠檬	氯草敏	—	0.1
3923	菜豆	三唑酮	—	0.1	3953	苹果	猛杀威	—	0.01
3924	小白菜	咪鲜胺	—	0.05	3954	樱桃番茄	氯氰菊酯	—	0.5
3925	小白菜	醚菌酯	—	0.01	3955	枣	3,4,5-混杀威	—	0.01
3926	菜豆	丙环唑	—	0.05	3956	枣	硫丹	—	0.05
3927	菜豆	噻虫嗪	—	0.5	3957	芫荽	威杀灵	—	0.01
3928	番茄	灭蝇胺	—	0.6	3958	芫荽	腐霉利	—	0.02

续表

序号	基质	农药	MRL (mg/kg)		序号	基质	农药	MRL (mg/kg)	
			中国国家标准	欧盟				中国国家标准	欧盟
3959	生菜	醚菌酯	—	0.01	3990	猕猴桃	异丙威	—	0.01
3960	番茄	三唑磷	—	0.01	3991	青花菜	灭除威	—	0.01
3961	儿菜	甲哌	—	0.05	3992	甜椒	甲基嘧啶磷	—	1
3962	芹菜	乙霉威	—	0.05	3993	小白菜	丁草胺	—	0.01
3963	儿菜	吡蚜酮	—	0.2	3994	杏鲍菇	二苯胺	—	0.05
3964	儿菜	烯啶虫胺	—	0.01	3995	杏鲍菇	威杀灵	—	0.01
3965	儿菜	甲霜灵	—	0.05	3996	豇豆	乙嘧酚磺酸酯	—	0.05
3966	儿菜	烯酰吗啉	—	3	3997	柠檬	灭除威	—	0.01
3967	香蕉	莠去通	—	0.01	3998	山楂	除虫菊酯	—	1
3968	青花菜	霜霉威	—	3	3999	甜椒	四氢吩胺	—	0.01
3969	蘑菇	嘧菌酯	—	0.01	4000	豇豆	解草腈	—	0.01
3970	西葫芦	氟环唑	—	0.05	4001	豇豆	戊唑醇	—	2
3971	桃	丙环唑	—	5	4002	火龙果	苯胺灵	—	0.01
3972	生菜	双苯基脲	—	0.01	4003	梨	哒螨灵	—	0.5
3973	菠菜	甲哌	—	0.05	4004	龙眼	威杀灵	—	0.01
3974	菠萝	噻菌灵	—	0.05	4005	龙眼	哒螨灵	—	0.5
3975	菠萝	抑霉唑	—	0.05	4006	萝卜	威杀灵	—	0.01
3976	冬瓜	抑霉唑	—	0.05	4007	芒果	毒死蜱	—	0.05
3977	橙	双苯基脲	—	0.01	4008	丝瓜	生物苄呋菊酯	—	0.01
3978	结球甘蓝	噁霜灵	—	0.01	4009	香菇	解草腈	—	0.01
3979	菠菜	噁霜灵	—	0.01	4010	小白菜	粉唑醇	—	0.05
3980	葡萄	二甲嘧酚	—	0.01	4011	油麦菜	生物苄呋菊酯	—	0.01
3981	茼蒿	哒螨灵	—	0.05	4012	莴笋	生物苄呋菊酯	—	0.01
3982	菠菜	双苯基脲	—	0.01	4013	花椰菜	腐霉利	—	0.01
3983	葡萄	胺菊酯	—	0.01	4014	梨	甲醚菊酯	—	0.01
3984	葡萄	多效唑	—	0.05	4015	生菜	吡螨胺	—	0.05
3985	茼蒿	丙溴磷	—	0.01	4016	小白菜	生物苄呋菊酯	—	0.01
3986	黄瓜	甲哌	—	0.05	4017	樱桃番茄	甲氰菊酯	—	0.01
3987	结球甘蓝	嘧霉胺	—	0.01	4018	菠菜	缬霉威	—	0.01
3988	芹菜	噻菌灵	—	0.05	4019	苦苣	噻嗪酮	—	0.5
3989	菠萝	嘧霉胺	—	0.01	4020	丝瓜	毒死蜱	—	0.05

续表

序号	基质	农药	MRL (mg/kg)		序号	基质	农药	MRL (mg/kg)	
			中国国家标准	欧盟				中国国家标准	欧盟
4021	芹菜	去乙基阿特拉津	—	0.01	4052	樱桃番茄	四氢吩胺	—	0.01
4022	菠菜	噻菌灵	—	0.05	4053	油桃	生物苄呋菊酯	—	0.01
4023	西葫芦	噁霜灵	—	0.01	4054	龙眼	棉铃威	—	0.01
4024	苹果	噻虫嗪	—	0.5	4055	龙眼	除虫菊酯	—	1
4025	茼蒿	马拉硫磷	—	0.02	4056	柠檬	异噁唑草酮	—	0.02
4026	西瓜	丙环唑	—	0.05	4057	甜椒	烯唑醇	—	0.01
4027	苹果	噻嗪酮	—	3	4058	香蕉	新燕灵	—	0.01
4028	茼蒿	噻菌灵	—	0.05	4059	樱桃番茄	乙霉威	—	1
4029	西葫芦	苯醚甲环唑	—	0.3	4060	樱桃番茄	吡螨胺	—	0.8
4030	芹菜	缬霉威	—	0.01	4061	油麦菜	乙菌利	—	0.01
4031	菠菜	噻虫啉	—	0.15	4062	龙眼	乐果	—	0.02
4032	大白菜	莠去津	—	0.05	4063	丝瓜	嘧霉胺	—	0.7
4033	茼蒿	莎稗磷	—	0.01	4064	甜椒	联苯三唑醇	—	0.01
4034	韭菜	苯醚甲环唑	—	2	4065	茼蒿	二甲吩草胺	—	0.01
4035	茼蒿	嘧霉胺	—	0.01	4066	茼蒿	嗪草酮	—	0.1
4036	茼蒿	腈菌唑	—	0.02	4067	胡萝卜	林丹	—	0.01
4037	菠菜	甲氨基阿维菌素	—	0.01	4068	苦瓜	乙霉威	—	0.5
4038	山竹	嘧霉胺	—	0.01	4069	杏鲍菇	啶酰菌胺	—	0.5
4039	李子	哒螨灵	—	0.5	4070	樱桃番茄	新燕灵	—	0.01
4040	李子	双苯基脲	—	0.01	4071	油麦菜	棉铃威	—	0.01
4041	李子	甲基硫菌灵	—	0.3	4072	油桃	腐霉利	—	0.01
4042	杨桃	多效唑	—	0.5	4073	苦苣	环酯草醚	—	0.01
4043	梨	残杀威	—	0.05	4074	苦苣	猛杀威	—	0.01
4044	火龙果	噁霜灵	—	0.01	4075	苦苣	吡丙醚	—	0.05
4045	火龙果	多菌灵	—	0.1	4076	萝卜	烯虫酯	—	0.02
4046	猕猴桃	烯酰吗啉	—	0.01	4077	甜瓜	生物苄呋菊酯	—	0.01
4047	芥蓝	吡虫啉	—	0.5	4078	樱桃番茄	解草腈	—	0.01
4048	芥蓝	噁霜灵	—	0.01	4079	油桃	硫丹	—	0.05
4049	芥蓝	氟硅唑	—	0.01	4080	苦瓜	八氯苯乙烯	—	0.01
4050	芥蓝	烯酰吗啉	—	5	4081	龙眼	氟吡菌酰胺	—	0.01
4051	芥蓝	苯醚甲环唑	—	1	4082	龙眼	甲萘威	—	0.01

续表

序号	基质	农药	MRL (mg/kg)		序号	基质	农药	MRL (mg/kg)	
			中国国家标准	欧盟				中国国家标准	欧盟
4083	芥蓝	灭蝇胺	—	0.05	4114	火龙果	哌草磷	—	0.01
4084	芥蓝	啶虫脒	—	0.4	4115	结球甘蓝	乙霉威	—	0.05
4085	芥蓝	哒螨灵	—	0.05	4116	西葫芦	林丹	—	0.01
4086	芥蓝	丙环唑	—	0.05	4117	樱桃番茄	嘧菌环胺	—	1.5
4087	芥蓝	甲霜灵	—	0.2	4118	大白菜	喹螨醚	—	0.01
4088	芥蓝	多菌灵	—	0.1	4119	大白菜	抑芽唑	—	0.01
4089	菜豆	噻虫胺	—	0.2	4120	大白菜	烯虫酯	—	0.02
4090	葡萄	甲氨基阿维菌素	—	0.05	4121	生菜	乙滴滴	—	0.01
4091	蕹菜	莠灭净	—	0.01	4122	西瓜	芬螨酯	—	0.01
4092	龙眼	吡丙醚	—	0.05	4123	马铃薯	醚菊酯	—	0.5
4093	龙眼	噁霜灵	—	0.01	4124	马铃薯	喹螨醚	—	0.01
4094	叶芥菜	避蚊胺	—	0.01	4125	甜椒	四氟苯菊酯	—	0.01
4095	木瓜	避蚊胺	—	0.01	4126	马铃薯	抑芽唑	—	0.01
4096	李子	多效唑	—	0.5	4127	马铃薯	芬螨酯	—	0.01
4097	杨桃	戊唑醇	—	0.02	4128	葡萄	生物苄呋菊酯	—	0.01
4098	杨桃	粉唑醇	—	0.05	4129	桃	解草腈	—	0.01
4099	杨桃	氟硅唑	—	0.01	4130	韭菜	兹克威	—	0.01
4100	梨	噻虫胺	—	0.4	4131	青花菜	芬螨酯	—	0.01
4101	芒果	烯酰吗啉	—	0.01	4132	蘑菇	氯磺隆	—	0.05
4102	芥蓝	咪鲜胺	—	0.05	4133	韭菜	芬螨酯	—	0.01
4103	芥蓝	吡唑醚菌酯	—	0.1	4134	韭菜	γ-氟氯氰菌酯	—	0.01
4104	芥蓝	霜霉威	—	3	4135	蘑菇	抑芽唑	—	0.01
4105	芥蓝	莠去津	—	0.05	4136	青花菜	溴丁酰草胺	—	0.01
4106	莴笋	戊唑醇	—	0.5	4137	生菜	芬螨酯	—	0.01
4107	莴笋	甲霜灵	—	3	4138	青菜	杀螨特	—	0.01
4108	莴笋	烯酰吗啉	—	15	4139	菜豆	抑芽唑	—	0.01
4109	菜豆	噁霜灵	—	0.01	4140	马铃薯	仲丁灵	—	0.01
4110	葡萄	毒死蜱	—	0.5	4141	马铃薯	烯虫酯	—	0.02
4111	蘑菇	避蚊胺	—	0.01	4142	青花菜	甲醚菊酯	—	0.01
4112	油麦菜	噻嗪酮	—	0.5	4143	苹果	腐霉利	—	0.01
4113	苦瓜	烯啶虫胺	—	0.01	4144	苹果	仲丁威	—	0.01

续表

序号	基质	农药	MRL (mg/kg)		序号	基质	农药	MRL (mg/kg)	
			中国国家标准	欧盟				中国国家标准	欧盟
4145	莴笋	避蚊胺	—	0.01	4176	青花菜	炔丙菊酯	—	0.01
4146	莴笋	多菌灵	—	0.1	4177	大白菜	甲醚菊酯	—	0.01
4147	莴笋	吡唑醚菌酯	—	2	4178	马铃薯	菲	—	0.01
4148	莴笋	霜霉威	—	40	4179	蘑菇	γ-氟氯氰菌酯	—	0.01
4149	莴笋	苯醚甲环唑	—	3	4180	茄子	氯杀螨砜	—	0.01
4150	莴笋	啶虫脒	—	3	4181	青花菜	莠去通	—	0.01
4151	葡萄	粉唑醇	—	0.8	4182	大白菜	缬霉威	—	0.01
4152	韭菜	噁霜灵	—	0.01	4183	猕猴桃	o,p'-滴滴伊	—	0.01
4153	叶芥菜	嘧菌酯	—	6	4184	橘	五氯苯	—	0.01
4154	叶芥菜	氟硅唑	—	0.01	4185	菠萝	苄呋菊酯	—	0.01
4155	大白菜	避蚊胺	—	0.01	4186	苹果	氯杀螨砜	—	0.01
4156	山竹	多菌灵	—	0.2	4187	葡萄	利谷隆	—	0.05
4157	李子	吡虫啉	—	0.3	4188	生菜	解草嗪	—	0.01
4158	香蕉	甲霜灵	—	0.05	4189	菜豆	缬霉威	—	0.01
4159	杨桃	甲氨基阿维菌素	—	0.01	4190	草莓	o,p'-滴滴伊	—	0.01
4160	梨	丙溴磷	—	0.01	4191	黄瓜	仲丁威	—	0.01
4161	火龙果	己唑醇	—	0.01	4192	黄瓜	氯硫酰草胺	—	0.01
4162	火龙果	苯醚甲环唑	—	0.1	4193	茼蒿	莠去通	—	0.01
4163	火龙果	嘧菌酯	—	0.01	4194	猕猴桃	啶酰菌胺	—	5
4164	芒果	避蚊胺	—	0.01	4195	猕猴桃	嘧菌环胺	—	0.02
4165	芥蓝	烯唑醇	—	0.01	4196	猕猴桃	硫丹	—	0.05
4166	芥蓝	避蚊胺	—	0.01	4197	菠萝	o,p'-滴滴伊	—	0.01
4167	菜豆	唑虫酰胺	—	0.01	4198	芹菜	氯硫酰草胺	—	0.01
4168	葡萄	哒螨灵	—	0.5	4199	菠菜	氯磺隆	—	0.05
4169	黄瓜	烯效唑	—	0.01	4200	菠萝	威杀灵	—	0.01
4170	小白菜	稻瘟灵	—	0.01	4201	番茄	氯硫酰草胺	—	0.01
4171	李子	丙环唑	—	0.05	4202	番茄	杀螨醚	—	0.01
4172	李子	三唑磷	—	0.01	4203	橙	o,p'-滴滴伊	—	0.01
4173	李子	甲氨基阿维菌素	—	0.02	4204	黄瓜	乙草胺	—	0.01
4174	梨	三唑磷	—	0.01	4205	甜椒	灭除威	—	0.01
4175	芒果	吡虫啉	—	0.2	4206	菜豆	o,p'-滴滴伊	—	0.01

续表

序号	基质	农药	MRL (mg/kg)		序号	基质	农药	MRL (mg/kg)	
			中国国家标准	欧盟				中国国家标准	欧盟
4207	莴笋	噻嗪酮	—	0.5	4238	草莓	威杀灵	—	0.01
4208	蘑菇	吡虫啉	—	0.05	4239	橙	苄呋菊酯	—	0.01
4209	韭菜	烯唑醇	—	0.02	4240	苹果	噁草酮	—	0.05
4210	韭菜	残杀威	—	0.05	4241	苹果	禾草灵	—	0.05
4211	苹果	增效醚	—	0.01	4242	苹果	杀螺吗啉	—	0.01
4212	蕹菜	甲氧虫酰肼	—	0.01	4243	苹果	灭草环	—	0.01
4213	蘑菇	氟甲喹	—	0.01	4244	苹果	二甲戊灵	—	0.05
4214	李子	避蚊胺	—	0.01	4245	苹果	甲草胺	—	0.01
4215	芹菜	茚虫威	—	2	4246	青花菜	咪草酸	—	0.01
4216	莴笋	吡虫啉	—	2	4247	番茄	抑芽唑	—	0.01
4217	菜豆	乙虫腈	—	0.01	4248	苹果	茵草敌	—	0.01
4218	菜豆	甲氨基阿维菌素	—	0.01	4249	葡萄	五氯苯甲腈	—	0.01
4219	菜豆	己唑醇	—	0.01	4250	甜椒	苯腈磷	—	0.01
4220	龙眼	吡唑醚菌酯	—	0.02	4251	草莓	抑芽唑	—	0.01
4221	龙眼	噻嗪酮	—	0.05	4252	番茄	呋线威	—	0.01
4222	龙眼	甲基硫菌灵	—	0.1	4253	菠萝	醚菊酯	—	0.01
4223	龙眼	多菌灵	—	0.1	4254	菠萝	乙草胺	—	0.01
4224	芒果	抑霉唑	—	0.05	4255	茄子	草完隆	—	0.01
4225	芥蓝	唑虫酰胺	—	0.01	4256	芹菜	杀螨醚	—	0.01
4226	芹菜	肟菌酯	—	1	4257	大白菜	*o*, *p*'-滴滴伊	—	0.01
4227	莴笋	噁霜灵	—	0.05	4258	芹菜	甲基毒死蜱	—	0.05
4228	莴笋	嘧霉胺	—	20	4259	青花菜	炔螨特	—	0.01
4229	菜豆	醚菌酯	—	0.01	4260	草莓	烯虫酯	—	0.02
4230	西葫芦	吡唑醚菌酯	—	0.5	4261	葡萄	啶斑肟	—	0.01
4231	桃	噻虫胺	—	0.1	4262	猕猴桃	氯杀螨砜	—	0.01
4232	木瓜	嘧菌酯	—	0.3	4263	韭菜	*o*, *p*'-滴滴伊	—	0.01
4233	木瓜	多菌灵	—	0.2	4264	青花菜	丙草胺	—	0.01
4234	木瓜	烯酰吗啉	—	0.01	4265	甜椒	溴丁酰草胺	—	0.01
4235	木瓜	甲基硫菌灵	—	1	4266	芹菜	吡螨胺	—	0.05
4236	木瓜	腈苯唑	—	0.05	4267	生菜	氯硫酰草胺	—	0.01
4237	李子	三唑醇	—	0.01	4268	青花菜	吡螨胺	—	0.05

续表

序号	基质	农药	MRL (mg/kg) 中国国家标准	MRL (mg/kg) 欧盟	序号	基质	农药	MRL (mg/kg) 中国国家标准	MRL (mg/kg) 欧盟
4269	李子	腈苯唑	—	0.5	4300	结球甘蓝	双甲脒	—	0.05
4270	李子	烯唑醇	—	0.01	4301	苹果	仲丁通	—	0.01
4271	油麦菜	三环唑	—	0.05	4302	苹果	氟丙菊酯	—	0.1
4272	油麦菜	三唑酮	—	0.1	4303	番茄	吡唑草胺	—	0.02
4273	油麦菜	三唑醇	—	0.01	4304	蘑菇	环丙津	—	0.01
4274	番石榴	烯酰吗啉	—	0.01	4305	蘑菇	2,4-滴丁酸	—	0.01
4275	芥蓝	甲基硫菌灵	—	0.1	4306	苹果	吡唑草胺	—	0.02
4276	韭菜	避蚊胺	—	0.01	4307	桃	增效胺	—	0.01
4277	金针菇	多菌灵	—	1	4308	番茄	杀虫威	—	0.01
4278	金针菇	啶虫脒	—	0.01	4309	蘑菇	噁霜灵	—	0.01
4279	青花菜	甲氨基阿维菌素	—	0.01	4310	蘑菇	二苯胺	—	0.05
4280	柿子	甲霜灵	—	0.05	4311	桃	邻苯二甲酰亚胺	—	0.01
4281	柿子	吡虫啉	—	0.05	4312	黄瓜	氟氯氢菊脂	—	0.01
4282	娃娃菜	甲氨基阿维菌素	—	0.01	4313	黄瓜	去乙基阿特拉津	—	0.01
4283	葱	多菌灵	—	0.1	4314	芹菜	氟咯草酮	—	0.1
4284	黄瓜	丙环唑	—	0.05	4315	桃	2,6-二氯苯甲酰胺	—	0.01
4285	黄瓜	异丙隆	—	0.01	4316	桃	氟啶虫酰胺	—	0.3
4286	黄瓜	三唑磷	—	0.01	4317	杏	氟啶虫酰胺	—	0.3
4287	韭菜	虫酰肼	—	0.05	4318	哈密瓜	嘧霉胺	—	0.01
4288	韭菜	多效唑	—	0.02	4319	蘑菇	五氯苯胺	—	0.01
4289	芹菜	唑虫酰胺	—	0.01	4320	菜豆	野麦畏	—	0.1
4290	芹菜	噻虫胺	—	0.04	4321	蘑菇	敌敌畏	—	0.01
4291	芹菜	异丙隆	—	0.01	4322	芹菜	磷酸三苯酯	—	0.01
4292	芹菜	甲哌	—	0.05	4323	菜豆	甲基嘧啶磷	—	0.05
4293	青菜	噻嗪酮	—	0.05	4324	番茄	甲基嘧啶磷	—	1
4294	青菜	三唑磷	—	0.01	4325	哈密瓜	甲基嘧啶磷	—	0.05
4295	青菜	兹克威	—	0.01	4326	哈密瓜	甲基对氧磷	—	0.01
4296	青菜	嘧菌酯	—	6	4327	蘑菇	甲基嘧啶磷	—	2
4297	苋菜	噁霜灵	—	0.01	4328	茄子	甲基嘧啶磷	—	0.05
4298	苋菜	多菌灵	—	0.1	4329	桃	甲基嘧啶磷	—	0.05
4299	茼蒿	毒死蜱	—	0.05	4330	桃	氟草敏	—	0.01

续表

序号	基质	农药	MRL (mg/kg)		序号	基质	农药	MRL (mg/kg)	
			中国国家标准	欧盟				中国国家标准	欧盟
4331	茼蒿	双苯基脲	—	0.01	4362	桃	磷酸三苯酯	—	0.01
4332	茼蒿	甲基硫菌灵	—	0.1	4363	杏	五氯苯甲腈	—	0.01
4333	茼蒿	仲丁灵	—	0.01	4364	杏	甲基嘧啶磷	—	0.05
4334	茼蒿	苯氧威	—	0.05	4365	杏	胺菊酯	—	0.01
4335	草莓	甲哌	—	0.05	4366	番茄	戊草丹	—	0.01
4336	葱	甲霜灵	—	0.2	4367	甜椒	禾草丹	—	0.01
4337	葱	啶虫脒	—	0.01	4368	番茄	四氟苯菊酯	—	0.01
4338	辣椒	环莠隆	—	0.01	4369	蘑菇	十二环吗啉	—	0.01
4339	蘑菇	啶虫脒	—	0.01	4370	哈密瓜	威杀灵	—	0.01
4340	蘑菇	双苯基脲	—	0.01	4371	杏	二苯胺	—	0.05
4341	青菜	腈菌唑	—	0.02	4372	杏	威杀灵	—	0.01
4342	小白菜	腈菌唑	—	0.02	4373	番茄	异丙甲草胺	—	0.05
4343	小白菜	莠去津	—	0.05	4374	哈密瓜	吡螨胺	—	0.05
4344	枣	霜霉威	—	0.01	4375	黄瓜	吡螨胺	—	0.3
4345	豇豆	双苯基脲	—	0.01	4376	梨	吡螨胺	—	0.2
4346	豇豆	吡虫啉	—	2	4377	蘑菇	吡螨胺	—	0.05
4347	豇豆	多效唑	—	0.02	4378	茄子	吡螨胺	—	0.8
4348	草莓	噻嗪酮	—	3	4379	桃	氟氯氰菊酯	—	0.3
4349	黄瓜	乐果	—	0.02	4380	桃	吡螨胺	—	0.3
4350	韭菜	双苯酰草胺	—	0.01	4381	杏	吡螨胺	—	0.5
4351	韭菜	环嗪酮	—	0.01	4382	番茄	四氢吩胺	—	0.01
4352	甜椒	噻菌灵	—	0.05	4383	李子	丁硫克百威	—	0.01
4353	娃娃菜	双苯基脲	—	0.01	4384	甜椒	百菌清	—	0.01
4354	西葫芦	双苯基脲	—	0.01	4385	西葫芦	芬螨酯	—	0.01
4355	洋葱	多菌灵	—	0.1	4386	香蕉	毒死蜱	—	3
4356	橘	烯酰吗啉	—	0.01	4387	落葵	仲丁威	—	0.01
4357	菠菜	乙嘧酚磺酸酯	—	0.05	4388	落葵	五氯苯甲腈	—	0.01
4358	黄瓜	多效唑	—	0.02	4389	落葵	烯虫酯	—	0.02
4359	芹菜	抑霉唑	—	0.05	4390	苹果	四氢吩胺	—	0.01
4360	青菜	异丙净	—	0.01	4391	甜椒	十二环吗啉	—	0.01
4361	青菜	仲丁威	—	0.01	4392	黄瓜	解草腈	—	0.01

续表

序号	基质	农药	MRL (mg/kg)		序号	基质	农药	MRL (mg/kg)	
			中国国家标准	欧盟				中国国家标准	欧盟
4393	青菜	抑霉唑	—	0.05	4424	芹菜	异艾氏剂	—	0.01
4394	青菜	腈苯唑	—	0.05	4425	青菜	烯虫炔酯	—	0.01
4395	青菜	醚菌酯	—	0.01	4426	桃	虫螨腈	—	0.01
4396	甜椒	抑霉唑	—	0.05	4427	油麦菜	呋草黄	—	0.01
4397	小白菜	异丙隆	—	0.01	4428	桃	猛杀威	—	0.01
4398	小白菜	三环唑	—	0.05	4429	西葫芦	抑芽唑	—	0.01
4399	小油菜	双苯基脲	—	0.01	4430	西葫芦	醚菊酯	—	0.01
4400	茼蒿	抑霉唑	—	0.05	4431	胡萝卜	硫丹	—	0.05
4401	蕹菜	噻嗪酮	—	0.05	4432	青菜	杀螺吗啉	—	0.01
4402	蕹菜	双苯基脲	—	0.01	4433	青菜	吡喃草酮	—	1
4403	柚	双苯基脲	—	0.01	4434	油麦菜	乙霉威	—	0.5
4404	大白菜	噻菌灵	—	0.05	4435	苦瓜	毒草胺	—	0.02
4405	姜	啶虫脒	—	0.05	4436	生菜	敌草腈	—	0.01
4406	姜	噻虫嗪	—	0.05	4437	西葫芦	氟氯氰菊酯	—	0.1
4407	桃	霜霉威	—	0.01	4438	小白菜	五氯苯	—	0.01
4408	苋菜	烯酰吗啉	—	1	4439	生菜	环酯草醚	—	0.01
4409	番茄	异丙净	—	0.01	4440	生菜	吡丙醚	—	0.05
4410	韭菜	甲氨基阿维菌素	—	1	4441	苋菜	苯醚氰菊酯	—	0.01
4411	青菜	环莠隆	—	0.01	4442	苋菜	氯氰菊酯	—	0.7
4412	甜椒	多效唑	—	0.02	4443	蕹菜	敌草腈	—	0.01
4413	香菇	多菌灵	—	1	4444	菜豆	戊菌唑	—	0.05
4414	小白菜	甲基硫菌灵	—	0.1	4445	胡萝卜	异丙甲草胺	—	0.05
4415	苋菜	啶虫脒	—	5	4446	火龙果	丁硫克百威	—	0.01
4416	茼蒿	避蚊胺	—	0.01	4447	苹果	3,5-二氯苯胺	—	0.01
4417	茭白	甲霜灵	—	0.05	4448	甜椒	八氯二丙醚	—	0.01
4418	菠菜	哒螨灵	—	0.05	4449	丝瓜	吡螨胺	—	0.3
4419	葱	吡虫啉	—	0.2	4450	西葫芦	二苯胺	—	0.05
4420	娃娃菜	啶虫脒	—	0.01	4451	西葫芦	乙草胺	—	0.01
4421	紫薯	多菌灵	—	0.1	4452	甘薯叶	喹螨醚	—	0.01
4422	苋菜	灭蝇胺	—	3	4453	葡萄	丁硫克百威	—	0.01
4423	葱	灭蝇胺	—	0.05	4454	菜豆	2甲4氯丁氧乙基酯	—	0.01

续表

序号	基质	农药	MRL (mg/kg)		序号	基质	农药	MRL (mg/kg)	
			中国国家标准	欧盟				中国国家标准	欧盟
4455	大白菜	抑霉唑	—	0.05	4486	胡萝卜	仲丁威	—	0.01
4456	番茄	环莠隆	—	0.01	4487	番茄	丁二酸二丁酯	—	0.01
4457	芥蓝	噻菌灵	—	5	4488	黄瓜	四氢吩胺	—	0.01
4458	蘑菇	抑霉唑	—	0.05	4489	韭菜	异丙威	—	0.01
4459	葡萄	甲哌	—	0.3	4490	辣椒	禾草敌	—	0.01
4460	生菜	嘧菌酯	—	15	4491	西葫芦	灭除威	—	0.01
4461	甜椒	灭蝇胺	—	1.5	4492	火龙果	异丙威	—	0.01
4462	洋葱	三环唑	—	0.05	4493	苦瓜	异丙威	—	0.01
4463	胡萝卜	嘧菌酯	—	1	4494	马铃薯	生物苄呋菊酯	—	0.01
4464	胡萝卜	吡虫啉	—	0.5	4495	葡萄	丁二酸二丁酯	—	0.01
4465	蘑菇	甲霜灵	—	0.05	4496	茼蒿	生物苄呋菊酯	—	0.01
4466	青菜	甲基硫菌灵	—	0.1	4497	茼蒿	仲丁威	—	0.01
4467	青菜	苯醚甲环唑	—	2	4498	茼蒿	丙酯杀螨醇	—	0.01
4468	青菜	嘧霉胺	—	0.01	4499	葡萄	异丙威	—	0.01
4469	豇豆	粉唑醇	—	0.05	4500	番茄	甲醚菊酯	—	0.01
4470	番茄	烯唑醇	—	0.01	4501	苦瓜	甲醚菊酯	—	0.01
4471	金针菇	甲霜灵	—	0.05	4502	辣椒	二苯胺	—	0.05
4472	韭菜	噻菌灵	—	0.05	4503	葡萄	甲醚菊酯	—	0.01
4473	辣椒	噻菌灵	—	0.05	4504	樱桃番茄	抑芽唑	—	0.01
4474	茄子	噻菌灵	—	0.05	4505	梨	炔丙菊酯	—	0.01
4475	芹菜	醚菌酯	—	0.01	4506	樱桃番茄	3,5-二氯苯胺	—	0.01
4476	橘	噁霜灵	—	0.01	4507	茼蒿	异丙威	—	0.01
4477	菠菜	腈菌唑	—	0.02	4508	番茄	炔丙菊酯	—	0.01
4478	大白菜	多效唑	—	0.02	4509	菠菜	烯丙菊酯	—	0.01
4479	火龙果	灭蝇胺	—	0.05	4510	菜豆	烯丙菊酯	—	0.01
4480	葡萄	灭蝇胺	—	0.05	4511	黄瓜	速灭威	—	0.01
4481	桃	灭蝇胺	—	0.05	4512	火龙果	灭除威	—	0.01
4482	桃	三环唑	—	0.05	4513	金针菇	烯丙菊酯	—	0.01
4483	茭白	霜霉威	—	0.01	4514	金针菇	二苯胺	—	0.05
4484	草莓	噻菌灵	—	0.05	4515	辣椒	烯丙菊酯	—	0.01
4485	草莓	三唑磷	—	0.01	4516	萝卜	异丙威	—	0.01

续表

序号	基质	农药	MRL (mg/kg)		序号	基质	农药	MRL (mg/kg)	
			中国国家标准	欧盟				中国国家标准	欧盟
4517	大蒜	噁霜灵	—	0.01	4548	葡萄	烯丙菊酯	—	0.01
4518	大蒜	多菌灵	—	0.1	4549	芹菜	灭除威	—	0.01
4519	韭菜	丁苯吗啉	—	0.05	4550	生菜	烯丙菊酯	—	0.01
4520	蘑菇	霜霉威	—	0.01	4551	桃	速灭威	—	0.01
4521	茼蒿	甲哌	—	0.05	4552	香蕉	异丙威	—	0.01
4522	豇豆	己唑醇	—	0.01	4553	胡萝卜	烯丙菊酯	—	0.01
4523	豇豆	嘧霉胺	—	3	4554	胡萝卜	速灭威	—	0.01
4524	豇豆	吡丙醚	—	0.05	4555	火龙果	灭害威	—	0.01
4525	番茄	乙草胺	—	0.01	4556	莲藕	灭除威	—	0.01
4526	青菜	戊唑醇	—	0.02	4557	葡萄	灭除威	—	0.01
4527	青菜	增效醚	—	0.01	4558	茄子	甲醚菊酯	—	0.01
4528	金橘	马拉硫磷	—	0.02	4559	芹菜	烯丙菊酯	—	0.01
4529	金橘	腈菌唑	—	0.02	4560	桃	烯丙菊酯	—	0.01
4530	金橘	苯醚甲环唑	—	0.6	4561	香蕉	灭除威	—	0.01
4531	金橘	丙溴磷	—	0.01	4562	樱桃番茄	灭除威	—	0.01
4532	金橘	丙环唑	—	0.05	4563	樱桃番茄	异丙威	—	0.01
4533	金橘	三唑酮	—	0.1	4564	胡萝卜	邻苯基苯酚	—	0.05
4534	金橘	三唑磷	—	0.01	4565	金针菇	威杀灵	—	0.01
4535	金橘	多菌灵	—	0.1	4566	辣椒	甲醚菊酯	—	0.01
4536	茄子	乙霉威	—	1	4567	苹果	生物苄呋菊酯	—	0.01
4537	青菜	乙霉威	—	0.05	4568	樱桃番茄	甲醚菊酯	—	0.01
4538	乌菜	吡虫啉	—	0.5	4569	金针菇	速灭威	—	0.01
4539	乌菜	烯酰吗啉	—	3	4570	茄子	猛杀威	—	0.01
4540	樱桃番茄	霜霉威	—	4	4571	金针菇	溴丁酰草胺	—	0.01
4541	樱桃番茄	氟硅唑	—	0.01	4572	莲藕	异丙威	—	0.01
4542	樱桃番茄	多菌灵	—	0.3	4573	萝卜	速灭威	—	0.01
4543	胡萝卜	噻菌灵	—	0.05	4574	萝卜	3,4,5-混杀威	—	0.01
4544	胡萝卜	抑霉唑	—	0.05	4575	菠菜	解草腈	—	0.01
4545	梨	甲哌	—	0.05	4576	李子	异丙威	—	0.01
4546	马铃薯	三唑酮	—	0.1	4577	菜豆	速灭威	—	0.01
4547	紫薯	三唑酮	—	0.1	4578	大白菜	三唑磷	—	0.01

续表

序号	基质	农药	MRL (mg/kg)		序号	基质	农药	MRL (mg/kg)	
			中国国家标准	欧盟				中国国家标准	欧盟
4579	金橘	戊唑醇	—	0.02	4610	番茄	喹螨醚	—	0.5
4580	金橘	噻嗪酮	—	0.05	4611	番茄	速灭威	—	0.01
4581	金橘	吡唑醚菌酯	—	0.02	4612	火龙果	吡菌磷	—	0.01
4582	苦苣	甲霜灵	—	3	4613	韭菜	速灭威	—	0.01
4583	苦苣	霜霉威	—	20	4614	蘑菇	烯丙菊酯	—	0.01
4584	苦苣	烯酰吗啉	—	6	4615	苹果	烯丙菊酯	—	0.01
4585	苦苣	吡虫啉	—	1	4616	胡萝卜	炔螨特	—	0.01
4586	苦苣	噁霜灵	—	0.05	4617	火龙果	解草腈	—	0.01
4587	苦苣	丙环唑	—	0.05	4618	金针菇	敌敌畏	—	0.01
4588	青菜	烯唑醇	—	0.01	4619	辣椒	速灭威	—	0.01
4589	樱桃番茄	甲哌	—	0.05	4620	茄子	烯丙菊酯	—	0.01
4590	樱桃番茄	噁霜灵	—	0.01	4621	茼蒿	速灭威	—	0.01
4591	樱桃番茄	缬霉威	—	0.7	4622	香蕉	速灭威	—	0.01
4592	菜豆	丙溴磷	—	0.01	4623	香蕉	烯丙菊酯	—	0.01
4593	哈密瓜	甲基硫菌灵	—	0.3	4624	樱桃番茄	烯丙菊酯	—	0.01
4594	青花菜	三唑酮	—	0.1	4625	茼蒿	烯丙菊酯	—	0.01
4595	柚	甲基硫菌灵	—	6	4626	番茄	烯丙菊酯	—	0.01
4596	菠萝	甲基硫菌灵	—	0.1	4627	蘑菇	甲醚菊酯	—	0.01
4597	菠萝	环丙嘧啶醇	—	0.01	4628	蘑菇	喹螨醚	—	0.01
4598	金橘	氟硅唑	—	0.01	4629	葡萄	炔丙菊酯	—	0.01
4599	金橘	噻虫嗪	—	0.05	4630	韭菜	西草净	—	0.01
4600	枣	嘧霉胺	—	2	4631	香菇	四氢吩胺	—	0.01
4601	蕹菜	嘧霉胺	—	0.01	4632	香瓜	威杀灵	—	0.01
4602	菠菜	乙霉威	—	0.05	4633	香瓜	3,5-二氯苯胺	—	0.01
4603	橙	三唑磷	—	0.01	4634	小油菜	苯醚氰菊酯	—	0.01
4604	刀豆	嘧菌酯	—	3	4635	小油菜	兹克威	—	0.01
4605	刀豆	腈菌唑	—	0.3	4636	紫甘蓝	二苯胺	—	0.05
4606	刀豆	粉唑醇	—	0.05	4637	茼蒿	苯虫醚	—	0.01
4607	番茄	萘乙酰胺	—	0.05	4638	豇豆	二苯胺	—	0.05
4608	胡萝卜	三唑酮	—	0.1	4639	豇豆	仲丁威	—	0.01
4609	火龙果	三唑酮	—	0.1	4640	苦苣	二苯胺	—	0.05

续表

序号	基质	农药	MRL (mg/kg)		序号	基质	农药	MRL (mg/kg)	
			中国国家标准	欧盟				中国国家标准	欧盟
4641	金橘	甲基硫菌灵	—	0.1	4672	甜椒	仲丁灵	—	0.01
4642	芒果	噻虫胺	—	0.02	4673	香瓜	生物苄呋菊酯	—	0.01
4643	芒果	三唑酮	—	0.1	4674	小白菜	二苯胺	—	0.05
4644	芒果	噻虫嗪	—	0.5	4675	小油菜	解草腈	—	0.01
4645	山药	多菌灵	—	0.1	4676	茼蒿	兹克威	—	0.01
4646	山药	咪鲜胺	—	0.05	4677	猕猴桃	嘧霉胺	—	0.01
4647	山药	三唑酮	—	0.1	4678	柚	除虫菊酯	—	1
4648	菜豆	异丙威	—	0.01	4679	豇豆	威杀灵	—	0.01
4649	哈密瓜	烯啶虫胺	—	0.01	4680	黄瓜	仲草丹	—	0.01
4650	樱桃番茄	噻嗪酮	—	1	4681	苦苣	虫螨腈	—	0.01
4651	樱桃番茄	吡虫啉	—	0.5	4682	生菜	草完隆	—	0.01
4652	菜豆	仲丁威	—	0.01	4683	小白菜	五氯苯甲腈	—	0.01
4653	菜豆	多效唑	—	0.02	4684	小油菜	3,5-二氯苯胺	—	0.01
4654	菜用大豆	多菌灵	—	0.2	4685	橘	杀螨酯	—	0.01
4655	菜用大豆	甲氨基阿维菌素	—	0.01	4686	豇豆	γ-氟氯氰菌酯	—	0.01
4656	菜用大豆	腈菌唑	—	0.3	4687	豇豆	氟丙菊酯	—	0.3
4657	菜用大豆	甲霜灵	—	0.05	4688	豇豆	3,5-二氯苯胺	—	0.01
4658	菜用大豆	吡虫啉	—	2	4689	苦瓜	二苯胺	—	0.05
4659	菜用大豆	咪鲜胺	—	0.05	4690	紫甘蓝	威杀灵	—	0.01
4660	冬瓜	咪鲜胺	—	0.05	4691	橙	芬螨酯	—	0.01
4661	番茄	异丙威	—	0.01	4692	小白菜	多效唑	—	0.02
4662	南瓜	抑霉唑	—	0.05	4693	紫甘蓝	烯虫酯	—	0.02
4663	南瓜	咪鲜胺	—	0.05	4694	菜豆	苯醚氰菊酯	—	0.01
4664	芹菜	异丙甲草胺	—	0.05	4695	苦苣	百菌清	—	0.01
4665	乌菜	噁霜灵	—	0.01	4696	苦苣	3,5-二氯苯胺	—	0.01
4666	樱桃番茄	甲霜灵	—	0.2	4697	苦苣	五氯苯甲腈	—	0.01
4667	樱桃番茄	腈菌唑	—	0.3	4698	萝卜	醚菌酯	—	0.01
4668	樱桃番茄	毒死蜱	—	0.5	4699	香菇	二苯胺	—	0.05
4669	草莓	虫酰肼	—	0.05	4700	樱桃番茄	氟丙菊酯	—	0.1
4670	草莓	哒螨灵	—	1	4701	枣	氟乐灵	—	0.01
4671	草莓	异丙威	—	0.01	4702	胡萝卜	西玛通	—	0.01

续表

序号	基质	农药	MRL (mg/kg)		序号	基质	农药	MRL (mg/kg)	
			中国国家标准	欧盟				中国国家标准	欧盟
4703	番茄	稻瘟灵	—	0.01	4734	梨	乙硫磷	—	0.01
4704	黄瓜	去甲基抗蚜威	—	0.01	4735	香菇	莠去津	—	0.05
4705	梨	螺螨酯	—	0.8	4736	香菇	西玛津	—	0.01
4706	茄子	氟硅唑	—	0.01	4737	香瓜	二苯胺	—	0.05
4707	茄子	炔螨特	—	0.01	4738	杏鲍菇	嘧霉胺	—	0.01
4708	茄子	咪鲜胺	—	0.05	4739	杏鲍菇	棉铃威	—	0.01
4709	油麦菜	环丙嘧啶醇	—	0.01	4740	豇豆	苯醚氰菊酯	—	0.01
4710	芫荽	吡虫啉	—	2	4741	香瓜	烯唑醇	—	0.01
4711	芫荽	霜霉威	—	30	4742	香瓜	己唑醇	—	0.01
4712	韭菜	抑霉唑	—	0.05	4743	小白菜	γ-氟氯氰菌酯	—	0.01
4713	韭菜	哒螨灵	—	0.05	4744	橘	烯虫酯	—	0.02
4714	苦苣	哒螨灵	—	0.05	4745	苦瓜	氟丙菊酯	—	0.1
4715	苦苣	氟硅唑	—	0.01	4746	苦瓜	二甲戊灵	—	0.05
4716	苦苣	烯唑醇	—	0.01	4747	苦瓜	联苯菊酯	—	0.1
4717	苦苣	灭蝇胺	—	0.05	4748	火龙果	毒死蜱	—	0.05
4718	苦苣	毒死蜱	—	0.05	4749	苹果	灭除威	—	0.01
4719	苦苣	多菌灵	—	0.1	4750	西葫芦	马拉硫磷	—	0.02
4720	茄子	抑霉唑	—	0.05	4751	香蕉	烯虫酯	—	0.02
4721	柚	三唑酮	—	0.1	4752	火龙果	灭藻醌	—	0.01
4722	橙	三唑酮	—	0.1	4753	梨	3,4,5-混杀威	—	0.01
4723	番茄	残杀威	—	0.05	4754	茄子	稻瘟灵	—	0.01
4724	火龙果	噻虫嗪	—	0.05	4755	油麦菜	炔丙菊酯	—	0.01
4725	火龙果	戊唑醇	—	0.02	4756	油麦菜	乙酯杀螨醇	—	0.02
4726	萝卜	三唑酮	—	0.1	4757	梨	八氯二丙醚	—	0.01
4727	油麦菜	残杀威	—	0.05	4758	甜椒	拌种胺	—	0.01
4728	油麦菜	腈菌唑	—	0.02	4759	甜椒	苯硫威	—	0.01
4729	油麦菜	醚菌酯	—	0.01	4760	油麦菜	吡丙醚	—	0.05
4730	菜薹	甲基硫菌灵	—	0.1	4761	油麦菜	扑草净	—	0.01
4731	菜薹	戊唑醇	—	0.15	4762	菜豆	氯苯氧乙酸	—	0.01
4732	菜薹	噁霜灵	—	0.01	4763	花椰菜	炔螨特	—	0.01
4733	菜薹	烯唑醇	—	0.01	4764	芹菜	呋草黄	—	0.01

续表

序号	基质	农药	MRL (mg/kg)		序号	基质	农药	MRL (mg/kg)	
			中国国家标准	欧盟				中国国家标准	欧盟
4765	莱薹	灭蝇胺	—	0.05	4796	大白菜	解草腈	—	0.01
4766	大白菜	烯唑醇	—	0.01	4797	花椰菜	虫螨腈	—	0.01
4767	苦苣	吡唑醚菌酯	—	0.4	4798	花椰菜	仲丁威	—	0.01
4768	生菜	苄氯三唑醇	—	0.01	4799	花椰菜	γ-氟氯氰菌酯	—	0.01
4769	食荚豌豆	啶虫脒	—	0.4	4800	香蕉	乙草胺	—	0.01
4770	樱桃番茄	肟菌酯	—	0.7	4801	橘	炔丙菊酯	—	0.01
4771	樱桃番茄	戊唑醇	—	0.9	4802	橘	仲丁威	—	0.01
4772	猕猴桃	三唑酮	—	0.1	4803	番茄	胺菊酯	—	0.01
4773	瓠瓜	啶虫脒	—	0.3	4804	梨	3,5-二氯苯胺	—	0.01
4774	瓠瓜	甲霜灵	—	0.05	4805	梨	唑虫酰胺	—	0.01
4775	金针菇	甲哌	—	0.05	4806	香蕉	烯虫炔酯	—	0.01
4776	柠檬	三唑酮	—	0.1	4807	橘	猛杀威	—	0.01
4777	甜瓜	吡虫啉	—	0.1	4808	葡萄	麦穗宁	—	0.05
4778	苋菜	霜霉威	—	40	4809	西葫芦	氧化萎锈灵	—	0.01
4779	葱	仲丁威	—	0.01	4810	茼蒿	萘乙酸	—	0.05
4780	苦苣	嘧菌酯	—	15	4811	黄瓜	氯杀螨砜	—	0.01
4781	结球甘蓝	苯嗪草酮	—	0.1	4812	葡萄	三氯杀螨醇	—	0.02
4782	蘑菇	克百威	—	0.01	4813	茄子	喹硫磷	—	0.01
4783	苹果	嘧菌酯	—	0.01	4814	番茄	三硫磷	—	0.01
4784	青花菜	多效唑	—	0.02	4815	香蕉	3,5-二氯苯胺	—	0.01
4785	柑	甲基硫菌灵	—	6	4816	梨	五氯苯甲腈	—	0.01
4786	油麦菜	嘧菌酯	—	15	4817	梨	氯杀螨砜	—	0.01
4787	刀豆	咪鲜胺	—	0.05	4818	韭菜	扑灭通	—	0.01
4788	刀豆	三唑醇	—	0.01	4819	韭菜	萘乙酸	—	0.05
4789	紫甘蓝	多菌灵	—	0.1	4820	韭菜	噁草酮	—	0.05
4790	苦苣	嘧霉胺	—	20	4821	西瓜	戊唑醇	—	0.15
4791	梨	吡唑醚菌酯	—	0.5	4822	茼蒿	氟氯氰菊酯	—	0.02
4792	莲藕	三唑酮	—	0.1	4823	菠菜	扑灭通	—	0.01
4793	苹果	噁霜灵	—	0.01	4824	梨	胺菊酯	—	0.01
4794	猕猴桃	丙环唑	—	0.05	4825	芹菜	溴氰菊酯	—	0.05
4795	梨	丙环唑	—	0.05	4826	西瓜	3,5-二氯苯胺	—	0.01

续表

序号	基质	农药	MRL (mg/kg)		序号	基质	农药	MRL (mg/kg)	
			中国国家标准	欧盟				中国国家标准	欧盟
4827	芒果	甲霜灵	—	0.05	4858	马铃薯	啶酰菌胺	—	2
4828	芒果	噻虫啉	—	0.01	4859	黄瓜	棉铃威	—	0.01
4829	豌豆	啶虫脒	—	0.3	4860	辣椒	唑虫酰胺	—	0.01
4830	豌豆	戊唑醇	—	0.02	4861	落葵	3,5-二氯苯胺	—	0.01
4831	西瓜	去乙基阿特拉津	—	0.01	4862	油麦菜	3,4,5-混杀威	—	0.01
4832	茄子	噻嗪酮	—	1	4863	番茄	特草灵	—	0.01
4833	苹果	莠去津	—	0.05	4864	油麦菜	戊草丹	—	0.01
4834	茼蒿	乙霉威	—	0.05	4865	番茄	八氯二丙醚	—	0.01
4835	芹菜	苯嗪草酮	—	1	4866	黄瓜	特草灵	—	0.01
4836	茼蒿	三唑酮	—	0.1	4867	落葵	氟丙菊酯	—	0.05
4837	茼蒿	三唑磷	—	0.01	4868	落葵	萘乙酸	—	0.05
4838	番茄	乙嘧酚磺酸酯	—	2	4869	山竹	氟丙菊酯	—	0.05
4839	黄瓜	甲基嘧啶磷	—	0.1	4870	紫甘蓝	新燕灵	—	0.01
4840	青花菜	灭蝇胺	—	0.05	4871	番茄	2,6-二氯苯甲酰胺	—	0.01
4841	菜豆	噻嗪酮	—	1	4872	番茄	四氟醚唑	—	0.1
4842	茄子	腈菌唑	—	0.3	4873	大白菜	五氯苯甲腈	—	0.01
4843	西葫芦	多效唑	—	0.02	4874	蕹菜	溴氰菊酯	—	0.05
4844	冬瓜	莠去津	—	0.05	4875	蕹菜	甲氰菊酯	—	0.01
4845	橙	硫菌灵	—	0.01	4876	枇杷	*o, p'*-滴滴滴	—	0.01
4846	冬瓜	噻菌灵	—	0.05	4877	芥蓝	异噁唑草酮	—	0.02
4847	结球甘蓝	噻菌灵	—	0.05	4878	芥蓝	腐霉利	—	0.01
4848	蘑菇	氧乐果	—	0.01	4879	菜豆	五氯甲氧基苯	—	0.01
4849	黄瓜	二甲嘧酚	—	0.01	4880	香瓜	啶酰菌胺	—	3
4850	韭菜	莠去津	—	0.05	4881	人参果	联苯菊酯	—	0.3
4851	茄子	氧化萎锈灵	—	0.01	4882	枇杷	三氯杀螨醇	—	0.02
4852	茼蒿	氟吡禾灵	—	0.3	4883	枇杷	4,4-二氯二苯甲酮	—	0.01
4853	芹菜	乙草胺	—	0.01	4884	甘薯叶	异噁唑草酮	—	0.02
4854	菜豆	烯啶虫胺	—	0.01	4885	梨	克草敌	—	0.01
4855	大白菜	吡蚜酮	—	0.2	4886	油麦菜	甲基嘧啶磷	—	0.05
4856	番茄	甲氧丙净	—	0.01	4887	南瓜	粉唑醇	—	0.3
4857	黄瓜	己唑醇	—	0.01	4888	桃	啶酰菌胺	—	3

续表

序号	基质	农药	MRL (mg/kg)		序号	基质	农药	MRL (mg/kg)	
			中国国家标准	欧盟				中国国家标准	欧盟
4889	韭菜	去乙基阿特拉津	—	0.01	4918	猕猴桃	异丙草胺	—	0.01
4890	芹菜	稻瘟酰胺	—	0.01	4919	黄瓜	咪草酸	—	0.01
4891	芹菜	三环唑	—	0.05	4920	黄瓜	麦穗宁	—	0.05
4892	甜椒	莠去津	—	0.05	4921	黄瓜	异噁唑草酮	—	0.02
4893	黄瓜	四氟醚唑	—	0.2	4922	橙	烯唑醇	—	0.01
4894	甜椒	己唑醇	—	0.01	4923	甘薯叶	*o,p'*-滴滴伊	—	0.01
4895	西葫芦	烯啶虫胺	—	0.01	4924	甘薯叶	新燕灵	—	0.01
4896	茼蒿	噻嗪酮	—	0.05	4925	芥蓝	丙溴磷	—	0.01
4897	菠萝	甲霜灵	—	0.05	4926	菠菜	萎锈灵	—	0.5
4898	菠萝	肟菌酯	—	0.01	4927	甘薯叶	五氯苯甲腈	—	0.01
4899	大白菜	醚菌酯	—	0.01	4928	蕹菜	3,5-二氯苯胺	—	0.01
4900	甜椒	三唑磷	—	0.01	4929	蕹菜	五氯苯甲腈	—	0.01
4901	葡萄	6-苄氨基嘌呤	—	0.01	4930	蕹菜	缬霉威	—	0.01
4902	梨	氟氯氢菊脂	—	0.01	4931	芥蓝	邻苯二甲酰亚胺	—	0.01
4903	芹菜	吡蚜酮	—	0.04	4932	梨	戊草丹	—	0.01
4904	生菜	去甲基-甲酰氨基-抗蚜威	—	0.01	4933	香瓜	丙溴磷	—	0.01
4905	甜瓜	多菌灵	—	0.1	4934	香瓜	毒死蜱	—	0.05
4906	甜瓜	氟硅唑	—	0.01	4935	辣椒	粉唑醇	—	1
4907	人参果	吡唑醚菌酯	—	0.3	4936	小白菜	杀虫环	—	0.01
4908	人参果	苯醚甲环唑	—	0.6	4937	橘	烯丙菊酯	—	0.01
4909	人参果	非草隆	—	0.01	4938	甜椒	烯丙菊酯	—	0.01
4910	小白菜	三唑磷	—	0.01	4939	木瓜	2,6-二氯苯甲酰胺	—	0.01
4911	小白菜	唑虫酰胺	—	0.01	4940	木瓜	邻苯基苯酚	—	0.05
4912	平菇	甲哌	—	0.05	4941	木瓜	威杀灵	—	0.01
4913	平菇	烯酰吗啉	—	0.01	4942	木瓜	邻苯二甲酰亚胺	—	0.01
4914	杏鲍菇	甲哌	—	0.05	4943	草莓	氟唑菌酰胺	—	0.01
4915	梨	马拉氧磷	—	0.01	4944	草莓	氟吡菌酰胺	—	2
4916	紫甘蓝	双苯基脲	—	0.01	4945	油麦菜	除线磷	—	0.01
4917	芋	4-十二烷基-2,6-二甲基吗啉	—	0.01	4946	小油菜	五氯硝基苯	—	0.02

续表

序号	基质	农药	MRL (mg/kg)		序号	基质	农药	MRL (mg/kg)	
			中国国家标准	欧盟				中国国家标准	欧盟
4947	芋	双苯基脲	—	0.01	4978	小油菜	五氯苯胺	—	0.01
4948	茼蒿	咪鲜胺	—	0.05	4979	茄子	氟吡菌酰胺	—	0.9
4949	莴笋	咪鲜胺	—	5	4980	金针菇	戊菌唑	—	0.05
4950	莴笋	哒螨灵	—	0.05	4981	芒果	腐霉利	—	0.01
4951	莴笋	丙环唑	—	0.05	4982	芒果	四氢吩胺	—	0.01
4952	莴笋	氟硅唑	—	0.01	4983	芒果	氟丙菊酯	—	0.05
4953	莴笋	灭蝇胺	—	3	4984	小白菜	仲草丹	—	0.01
4954	莴笋	嘧菌酯	—	15	4985	金针菇	除虫菊素Ⅰ	—	0.01
4955	菜用大豆	双苯基脲	—	0.01	4986	芒果	氟唑菌酰胺	—	0.01
4956	落葵	双苯基脲	—	0.01	4987	芒果	氟吡菌酰胺	—	0.01
4957	落葵	啶虫脒	—	0.01	4988	小白菜	邻苯基苯酚	—	0.05
4958	叶芥菜	稻瘟灵	—	0.01	4989	木瓜	毒死蜱	—	0.05
4959	大白菜	哒螨灵	—	0.05	4990	洋葱	除线磷	—	0.01
4960	柠檬	丙环唑	—	6	4991	橙	联苯菊酯	—	0.1
4961	柠檬	苯醚甲环唑	—	0.6	4992	菜豆	螺螨酯	—	0.02
4962	樱桃番茄	双苯基脲	—	0.01	4993	火龙果	邻苯基苯酚	—	0.05
4963	橘	双苯基脲	—	0.01	4994	大白菜	仲丁威	—	0.01
4964	油桃	吡虫啉	—	0.5	4995	草莓	五氯苯胺	—	0.01
4965	火龙果	抑霉唑	—	0.05	4996	橙	氟丙菊酯	—	0.2
4966	火龙果	噻菌灵	—	0.05	4997	猕猴桃	氟丙菊酯	—	0.05
4967	石榴	双苯基脲	—	0.01	4998	小白菜	氟吡菌酰胺	—	0.7
4968	芒果	双苯基脲	—	0.01	4999	小油菜	烯效唑	—	0.01
4969	芒果	马拉硫磷	—	0.02	5000	芒果	虫螨腈	—	0.01
4970	香蕉	霜霉威	—	0.01	5001	洋葱	烯丙菊酯	—	0.01
4971	香蕉	双苯基脲	—	0.01	5002	胡萝卜	噁草酮	—	0.05
4972	龙眼	避蚊胺	—	0.01	5003	葡萄	吡丙醚	—	0.05
4973	橘	灭蝇胺	—	0.05	5004	胡萝卜	腐霉利	—	0.01
4974	结球甘蓝	甲哌	—	0.05	5005	柠檬	醚菌酯	—	0.01
4975	胡萝卜	双苯基脲	—	0.01	5006	橘	γ-氟氯氰菌酯	—	0.01
4976	花椰菜	双苯基脲	—	0.01	5007	油麦菜	异丙甲草胺	—	0.05
4977	苹果	马拉氧磷	—	0.01	5008	橙	唑虫酰胺	—	0.01

续表

序号	基质	农药	MRL (mg/kg)		序号	基质	农药	MRL (mg/kg)	
			中国国家标准	欧盟				中国国家标准	欧盟
5009	菜豆	三环唑	—	0.05	5040	猕猴桃	3,5-二氯苯胺	—	0.01
5010	菠菜	丁二酸二丁酯	—	0.01	5041	橘	醚菌酯	—	0.01
5011	萝卜	双苯基脲	—	0.01	5042	木瓜	五氯苯胺	—	0.01
5012	大白菜	丙环唑	—	0.05	5043	草莓	丁草胺	—	0.01
5013	小茴香	丙环唑	—	0.05	5044	茼蒿	溴丁酰草胺	—	0.01
5014	小茴香	霜霉威	—	30	5045	番茄	五氯苯甲腈	—	0.01
5015	小茴香	氟硅唑	—	0.02	5046	番茄	氟唑菌酰胺	—	0.6
5016	小茴香	烯酰吗啉	—	10	5047	油麦菜	五氯苯	—	0.01
5017	小茴香	啶虫脒	—	3	5048	橙	氟硅唑	—	0.01
5018	小茴香	甲霜灵	—	2	5049	菠菜	氟吡菌酰胺	—	0.2
5019	山竹	双苯基脲	—	0.01	5050	黄瓜	吡喃灵	—	0.01
5020	山药	烯酰吗啉	—	0.01	5051	橙	稻瘟灵	—	0.01
5021	山药	甲哌	—	0.05	5052	橙	氟硫草定	—	0.01
5022	枣	双苯基脲	—	0.01	5053	橙	烯效唑	—	0.01
5023	火龙果	甲基硫菌灵	—	0.1	5054	橙	2,6-二氯苯甲酰胺	—	0.01
5024	猕猴桃	霜霉威	—	0.01	5055	冬瓜	联苯菊酯	—	0.05
5025	石榴	马拉硫磷	—	0.02	5056	冬瓜	烯丙菊酯	—	0.01
5026	芦笋	啶虫脒	—	0.01	5057	柠檬	稻瘟灵	—	0.01
5027	芫荽	三唑醇	—	0.01	5058	结球甘蓝	2,6-二氯苯甲酰胺	—	0.01
5028	芫荽	嘧霉胺	—	20	5059	葡萄	稻瘟灵	—	0.01
5029	芫荽	马拉硫磷	—	0.02	5060	芒果	稻瘟灵	—	0.01
5030	菠萝	吡虫啉	—	0.05	5061	猕猴桃	百菌清	—	0.01
5031	落葵	三唑醇	—	0.01	5062	橘	稻瘟灵	—	0.01
5032	蕹菜	马拉硫磷	—	0.02	5063	梨	烯丙菊酯	—	0.01
5033	蕹菜	三环唑	—	0.05	5064	油麦菜	氟吡菌酰胺	—	15
5034	龙眼	双苯基脲	—	0.01	5065	油麦菜	四氢吩胺	—	0.01
5035	人参果	马拉硫磷	—	0.02	5066	小油菜	啶酰菌胺	—	30
5036	人参果	啶虫脒	—	0.2	5067	橙	γ-氟氯氰菌酯	—	0.01
5037	人参果	双苯基脲	—	0.01	5068	橙	甲醚菊酯	—	0.01
5038	佛手瓜	双苯基脲	—	0.01	5069	橘	氟丙菊酯	—	0.2
5039	油桃	双苯基脲	—	0.01	5070	油麦菜	邻苯基苯酚	—	0.05

续表

序号	基质	农药	MRL (mg/kg)		序号	基质	农药	MRL (mg/kg)	
			中国国家标准	欧盟				中国国家标准	欧盟
5071	菜用大豆	噁唑隆	—	0.01	5102	结球甘蓝	啶酰菌胺	—	5
5072	桃	炔螨特	—	0.01	5103	胡萝卜	五氯苯胺	—	0.01
5073	芋	多菌灵	—	0.1	5104	胡萝卜	溴丁酰草胺	—	0.01
5074	芋	甲霜灵	—	0.05	5105	胡萝卜	五氯硝基苯	—	0.02
5075	芋花	甲霜灵	—	2	5106	胡萝卜	五氯苯	—	0.01
5076	芋花	麦穗宁	—	0.05	5107	火龙果	烯丙菊酯	—	0.01
5077	苦瓜	双苯基脲	—	0.01	5108	草莓	γ-氟氯氰菌酯	—	0.01
5078	莴笋	丙溴磷	—	0.01	5109	草莓	氟丙菊酯	—	0.2
5079	薄荷	烯酰吗啉	—	10	5110	橘	己唑醇	—	0.01
5080	薄荷	嘧霉胺	—	20	5111	橙	溴丁酰草胺	—	0.01
5081	薄荷	啶虫脒	—	3	5112	冬瓜	三氯杀螨醇	—	0.02
5082	青花菜	双苯基脲	—	0.01	5113	火龙果	γ-氟氯氰菌酯	—	0.01
5083	食荚豌豆	嘧霉胺	—	3	5114	猕猴桃	联苯菊酯	—	0.05
5084	食荚豌豆	吡虫啉	—	5	5115	小白菜	氟唑菌酰胺	—	0.07
5085	食荚豌豆	烯酰吗啉	—	0.01	5116	草莓	炔丙菊酯	—	0.01
5086	食荚豌豆	双苯基脲	—	0.01	5117	草莓	甲醚菊酯	—	0.01
5087	李子	肟菌酯	—	3	5118	西葫芦	氟吡菌酰胺	—	0.5
5088	榴莲	多菌灵	—	0.1	5119	青花菜	嘧霉胺	—	0.01
5089	榴莲	双苯基脲	—	0.01	5120	结球甘蓝	氟吡菌酰胺	—	0.3
5090	紫薯	双苯基脲	—	0.01	5121	菠菜	八氯苯乙烯	—	0.01
5091	结球甘蓝	氟硅唑	—	0.01	5122	辣椒	啶酰菌胺	—	3
5092	花椰菜	嘧霉胺	—	0.01	5123	辣椒	嘧菌环胺	—	1.5
5093	莲藕	哒螨灵	—	0.05	5124	辣椒	3,5-二氯苯胺	—	0.01
5094	莲藕	双苯基脲	—	0.01	5125	茼蒿	啶酰菌胺	—	30
5095	菜薹	双苯基脲	—	0.01	5126	茄子	氟唑菌酰胺	—	0.6
5096	菜薹	甲哌	—	0.05	5127	火龙果	腐霉利	—	0.01
5097	菜薹	哒螨灵	—	0.05	5128	辣椒	螺螨酯	—	0.2
5098	薄荷	双苯基脲	—	0.01	5129	辣椒	氟吡菌酰胺	—	0.8
5099	豇豆	扑草净	—	0.01	5130	草莓	烯丙菊酯	—	0.01
5100	豇豆	异丙隆	—	0.01	5131	橙	三氯杀螨砜	—	0.01
5101	食荚豌豆	氟硅唑	—	0.01	5132	橙	醚菊酯	—	1

续表

序号	基质	农药	MRL (mg/kg)		序号	基质	农药	MRL (mg/kg)	
			中国国家标准	欧盟				中国国家标准	欧盟
5133	食荚豌豆	烯唑醇	—	0.01	5164	猕猴桃	乙草胺	—	0.01
5134	大白菜	丁二酸二丁酯	—	0.01	5165	橘	啶酰菌胺	—	2
5135	大白菜	异丙威	—	0.01	5166	草莓	增效醚	—	0.01
5136	山竹	丁二酸二丁酯	—	0.01	5167	油麦菜	乙草胺	—	0.01
5137	山药	双苯基脲	—	0.01	5168	菜豆	氟唑菌酰胺	—	2
5138	山药	苯醚甲环唑	—	0.1	5169	猕猴桃	γ-氟氯氰菌酯	—	0.01
5139	山药	哒螨灵	—	0.05	5170	柠檬	氯硝胺	—	0.01
5140	平菇	氧乐果	—	0.01	5171	柠檬	乙草胺	—	0.01
5141	樱桃番茄	马拉硫磷	—	0.02	5172	草莓	吡螨胺	—	1
5142	樱桃番茄	炔螨特	—	0.01	5173	菠菜	吡螨胺	—	0.05
5143	火龙果	马拉硫磷	—	0.02	5174	菠菜	四氟醚唑	—	0.02
5144	芥蓝	双苯基脲	—	0.01	5175	菠菜	甲基立枯磷	—	0.05
5145	莴笋	双苯基脲	—	0.01	5176	菠菜	喹氧灵	—	0.02
5146	菜豆	三唑醇	—	0.01	5177	菠菜	胺丙畏	—	0.01
5147	西葫芦	甲哌	—	0.05	5178	菠菜	扑灭津	—	0.01
5148	西葫芦	嘧霉胺	—	0.7	5179	菠菜	甲基嘧啶磷	—	0.05
5149	龙眼	嘧菌酯	—	0.01	5180	菠菜	嘧啶磷	—	0.01
5150	落葵	氟甲喹	—	0.01	5181	菠菜	氟吡酰草胺	—	0.01
5151	落葵	甲霜灵	—	0.05	5182	菠菜	戊菌唑	—	0.05
5152	落葵	霜霉威	—	0.01	5183	菠菜	喹螨醚	—	0.01
5153	蘑菇	莠去通	—	0.01	5184	菠菜	戊草丹	—	0.01
5154	蘑菇	肟菌酯	—	0.01	5185	菠菜	氟硫草定	—	0.01
5155	蘑菇	抗蚜威	—	0.5	5186	菠菜	砜拌磷	—	0.01
5156	蘑菇	缬霉威	—	0.01	5187	菠菜	噁虫威	—	0.01
5157	蘑菇	甲氧丙净	—	0.01	5188	小油菜	丁噻隆	—	0.01
5158	甜椒	莠去通	—	0.01	5189	橙	仲丁威	—	0.01
5159	甜椒	氟甲喹	—	0.01	5190	小白菜	己唑醇	—	0.01
5160	甜椒	异丙净	—	0.01	5191	茼蒿	五氯苯甲腈	—	0.01
5161	生菜	莠去通	—	0.01	5192	茼蒿	百菌清	—	0.01
5162	生菜	吡蚜酮	—	3	5193	冬瓜	嘧霉胺	—	0.01
5163	荔枝	霜霉威	—	0.01	5194	冬瓜	异丙威	—	0.01

续表

序号	基质	农药	MRL (mg/kg)		序号	基质	农药	MRL (mg/kg)	
			中国国家标准	欧盟				中国国家标准	欧盟
5195	菠菜	乙嘧酚	—	0.05	5226	西葫芦	氟硅唑	—	0.01
5196	菜薹	马拉硫磷	—	0.02	5227	芒果	唑虫酰胺	—	0.01
5197	橙	莠去通	—	0.01	5228	柠檬	氟吡菌酰胺	—	0.01
5198	甘薯叶	嘧菌酯	—	15	5229	柠檬	腐霉利	—	0.01
5199	甘薯叶	烯酰吗啉	—	1	5230	木瓜	联苯菊酯	—	0.5
5200	落葵	乙霉威	—	0.05	5231	木瓜	γ-氟氯氰菌酯	—	0.01
5201	落葵	嘧菌酯	—	0.01	5232	金针菇	甲醚菊酯	—	0.01
5202	落葵	甲基硫菌灵	—	0.1	5233	柠檬	甲萘威	—	0.01
5203	落葵	苯醚甲环唑	—	0.05	5234	橘	腐霉利	—	0.01
5204	人参果	乙螨唑	—	0.1	5235	油麦菜	炔螨特	—	0.01
5205	人参果	异丙威	—	0.01	5236	大白菜	啶酰菌胺	—	30
5206	人参果	哒螨灵	—	0.2	5237	大白菜	丁噻隆	—	0.01
5207	香蕉	啶氧菌酯	—	0.01	5238	小油菜	乙草胺	—	0.01
5208	小油菜	嘧霉胺	—	0.01	5239	木瓜	仲丁威	—	0.01
5209	樱桃番茄	咪鲜胺	—	0.05	5240	苹果	异丙甲草胺	—	0.05
5210	芫荽	甲霜灵	—	2	5241	菜豆	乙草胺	—	0.01
5211	菠菜	戊唑醇	—	0.02	5242	猕猴桃	马拉硫磷	—	0.02
5212	菠菜	唑虫酰胺	—	0.01	5243	油麦菜	氟乐灵	—	0.01
5213	佛手瓜	氟硅唑	—	0.01	5244	油麦菜	嘧菌环胺	—	15
5214	胡萝卜	氟硅唑	—	0.01	5245	小茴香	烯丙菊酯	—	0.01
5215	萝卜	噁霜灵	—	0.01	5246	小茴香	丁噻隆	—	0.01
5216	人参果	炔螨特	—	0.01	5247	生菜	异丙威	—	0.01
5217	茄子	乙螨唑	—	0.1	5248	小白菜	甲醚菊酯	—	0.01
5218	人参果	毒死蜱	—	0.5	5249	丝瓜	烯丙菊酯	—	0.01
5219	人参果	咪鲜胺	—	0.05	5250	甜瓜	肟菌酯	—	0.3
5220	人参果	抑霉唑	—	0.05	5251	甜瓜	二苯胺	—	0.05
5221	人参果	噁霜灵	—	0.01	5252	青花菜	兹克威	—	0.01
5222	樱桃番茄	三唑磷	—	0.01	5253	紫甘蓝	烯丙菊酯	—	0.01
5223	樱桃番茄	粉唑醇	—	0.3	5254	平菇	仲丁威	—	0.01
5224	胡萝卜	灭蝇胺	—	0.05	5255	西葫芦	烯丙菊酯	—	0.01
5225	油麦菜	腈苯唑	—	0.05	5256	甜瓜	甲萘威	—	0.01

续表

序号	基质	农药	MRL (mg/kg)		序号	基质	农药	MRL (mg/kg)	
			中国国家标准	欧盟				中国国家标准	欧盟
5257	胡萝卜	霜霉威	—	0.01	5288	菠菜	异丙甲草胺	—	0.05
5258	甜椒	噻唑磷	—	0.02	5289	小茴香	二甲戊灵	—	0.6
5259	甜椒	醚菌酯	—	0.8	5290	小茴香	毒死蜱	—	0.05
5260	小白菜	异丙威	—	0.01	5291	草莓	除虫菊素 I	—	0.01
5261	油麦菜	稻瘟灵	—	0.01	5292	莴笋	乙草胺	—	0.01
5262	橘	腈苯唑	—	0.05	5293	洋葱	异丙威	—	0.01
5263	橙	噻虫嗪	—	0.5	5294	洋葱	乙草胺	—	0.01
5264	冬瓜	丙溴磷	—	0.01	5295	樱桃	二苯胺	—	0.05
5265	蘑菇	三唑磷	—	0.01	5296	小茴香	氟丙菊酯	—	0.05
5266	人参果	丙溴磷	—	0.01	5297	萝卜	丁羟茴香醚	—	0.01
5267	人参果	嘧霉胺	—	1	5298	柠檬	己唑醇	—	0.01
5268	芫荽	乙霉威	—	0.05	5299	平菇	威杀灵	—	0.01
5269	芫荽	扑草净	—	0.01	5300	菠萝	烯丙菊酯	—	0.01
5270	芫荽	嘧菌酯	—	70	5301	芹菜	氟吡菌酰胺	—	0.1
5271	芫荽	吡唑醚菌酯	—	2	5302	山竹	烯丙菊酯	—	0.01
5272	蘑菇	氟硅唑	—	0.01	5303	青花菜	肟菌酯	—	0.5
5273	蘑菇	丙环唑	—	0.05	5304	菠萝	仲丁威	—	0.01
5274	人参果	烯啶虫胺	—	0.01	5305	柠檬	炔丙菊酯	—	0.01
5275	香蕉	抗蚜威	—	1	5306	柠檬	甲醚菊酯	—	0.01
5276	香蕉	乐果	—	0.02	5307	甜瓜	毒死蜱	—	0.05
5277	小油菜	三唑酮	—	0.1	5308	甜瓜	异丙威	—	0.01
5278	小油菜	腈菌唑	—	0.02	5309	樱桃番茄	乙草胺	—	0.01
5279	樱桃番茄	醚菌酯	—	0.6	5310	草莓	邻苯基苯酚	—	0.05
5280	梨	噁霜灵	—	0.01	5311	甜瓜	邻苯基苯酚	—	0.05
5281	苹果	灭蝇胺	—	0.05	5312	平菇	乙草胺	—	0.01
5282	芹菜	异稻瘟净	—	0.01	5313	樱桃番茄	邻苯基苯酚	—	0.05
5283	苋菜	马拉硫磷	—	0.02	5314	西葫芦	八氯苯乙烯	—	0.01
5284	青菜	三唑醇	—	0.01	5315	紫甘蓝	乙草胺	—	0.01
5285	枣	氟硅唑	—	0.01	5316	樱桃	γ-氟氯氰菌酯	—	0.01
5286	枣	三唑醇	—	0.01	5317	金针菇	乙草胺	—	0.01
5287	番茄	炔螨特	—	0.01	5318	平菇	异丙威	—	0.01

续表

序号	基质	农药	MRL (mg/kg)		序号	基质	农药	MRL (mg/kg)	
			中国国家标准	欧盟				中国国家标准	欧盟
5319	辣椒	吡虫啉	—	1	5350	樱桃	毒死蜱	—	0.3
5320	香蕉	马拉氧磷	—	0.01	5351	小茴香	氟乐灵	—	0.02
5321	枣	甲哌	—	0.05	5352	小茴香	多效唑	—	0.02
5322	辣椒	苯醚甲环唑	—	0.8	5353	平菇	氟丙菊酯	—	0.05
5323	辣椒	啶虫脒	—	0.3	5354	草莓	吡丙醚	—	0.05
5324	苹果	氟甲喹	—	0.01	5355	小茴香	异丙甲草胺	—	0.05
5325	枣	丙环唑	—	0.05	5356	樱桃番茄	己唑醇	—	0.01
5326	枣	多效唑	—	0.5	5357	苹果	乙草胺	—	0.01
5327	青菜	丁酰肼	—	0.02	5358	芹菜	炔螨特	—	0.01
5328	枣	烯酰吗啉	—	0.01	5359	冬瓜	辛酰溴苯腈	—	0.01
5329	橘	霜霉威	—	0.01	5360	小茴香	威杀灵	—	0.01
5330	辣椒	三唑磷	—	0.01	5361	小茴香	去乙基阿特拉津	—	0.01
5331	樱桃番茄	吡丙醚	—	1	5362	小茴香	噁霜灵	—	0.01
5332	枣	三唑酮	—	0.1	5363	小茴香	虫螨腈	—	0.02
5333	豇豆	甲霜灵	—	0.05	5364	小茴香	γ-氟氯氰菌酯	—	0.01
5334	豇豆	马拉氧磷	—	0.01	5365	韭菜	氟乐灵	—	0.02
5335	辣椒	甲氨基阿维菌素	—	0.02	5366	柠檬	乙霉威	—	0.05
5336	辣椒	噻虫嗪	—	0.7	5367	莴笋	烯丙菊酯	—	0.01
5337	生菜	三唑磷	—	0.01	5368	洋葱	菲	—	0.01
5338	火龙果	丙环唑	—	0.05	5369	洋葱	新燕灵	—	0.01
5339	辣椒	吡丙醚	—	1	5370	油桃	威杀灵	—	0.01
5340	辣椒	多效唑	—	0.02	5371	油桃	毒死蜱	—	0.2
5341	葡萄	三唑磷	—	0.01	5372	油桃	新燕灵	—	0.01
5342	茼蒿	抗蚜威	—	2	5373	油桃	烯丙菊酯	—	0.01
5343	大白菜	甲基硫菌灵	—	0.1	5374	油桃	乙草胺	—	0.01
5344	番茄	抑霉唑	—	0.5	5375	小油菜	除草醚	—	0.01
5345	金针菇	抑霉唑	—	0.05	5376	樱桃	联苯菊酯	—	0.2
5346	辣椒	霜霉威	—	3	5377	樱桃	威杀灵	—	0.01
5347	生菜	速灭威	—	0.01	5378	冬瓜	γ-氟氯氰菌酯	—	0.01
5348	菠菜	甲氧丙净	—	0.01	5379	莴笋	新燕灵	—	0.01
5349	菠菜	噻嗪酮	—	0.05	5380	油桃	多效唑	—	0.5

续表

序号	基质	农药	MRL (mg/kg)		序号	基质	农药	MRL (mg/kg)	
			中国国家标准	欧盟				中国国家标准	欧盟
5381	菠菜	速灭威	—	0.01	5412	樱桃	氟丙菊酯	—	0.2
5382	草头	啶虫脒	—	3	5413	小茴香	氟氯氢菊脂	—	0.01
5383	草头	甲氨基阿维菌素	—	1	5414	小茴香	仲丁灵	—	0.02
5384	草莓	异丙隆	—	0.01	5415	小茴香	莠去津	—	0.05
5385	草莓	兹克威	—	0.01	5416	油桃	γ-氟氯氰菌酯	—	0.01
5386	草莓	甲氨基阿维菌素	—	0.05	5417	油桃	唑虫酰胺	—	0.01
5387	葱	甲氨基阿维菌素	—	0.01	5418	油桃	虫螨腈	—	0.01
5388	葱	三唑醇	—	0.01	5419	小油菜	新燕灵	—	0.01
5389	葱	抑霉唑	—	0.05	5420	洋葱	速灭威	—	0.01
5390	葱	噻嗪酮	—	0.05	5421	甜瓜	多效唑	—	0.02
5391	葱	莠去津	—	0.05	5422	油麦菜	去乙基阿特拉津	—	0.01
5392	大白菜	嘧菌酯	—	6	5423	花椰菜	异丙净	—	0.01
5393	胡萝卜	甲氨基阿维菌素	—	0.01	5424	小茴香	五氯苯	—	0.01
5394	胡萝卜	啶虫脒	—	0.01	5425	小茴香	粉唑醇	—	0.05
5395	芥蓝	噻嗪酮	—	0.05	5426	韭菜	吡丙醚	—	0.05
5396	金针菇	联苯肼酯	—	0.01	5427	韭菜	敌稗	—	0.02
5397	金针菇	双苯基脲	—	0.01	5428	丝瓜	氟丙菊酯	—	0.1
5398	金针菇	灭蝇胺	—	10	5429	丝瓜	γ-氟氯氰菌酯	—	0.01
5399	金橘	异丙净	—	0.01	5430	丝瓜	3,5-二氯苯胺	—	0.01
5400	茄子	甲氨基阿维菌素	—	0.02	5431	甜瓜	五氯苯胺	—	0.01
5401	青菜	甲氧丙净	—	0.01	5432	油麦菜	粉唑醇	—	0.05
5402	青菜	特丁净	—	0.01	5433	油桃	联苯菊酯	—	0.2
5403	西葫芦	甲氨基阿维菌素	—	0.01	5434	油桃	丁羟茴香醚	—	0.01
5404	香菇	啶虫脒	—	0.01	5435	黄瓜	稻瘟灵	—	0.01
5405	小白菜	速灭威	—	0.01	5436	黄瓜	呋嘧醇	—	0.01
5406	紫甘蓝	噁霜灵	—	0.01	5437	黄瓜	双苯酰草胺	—	0.01
5407	紫甘蓝	啶虫脒	—	0.7	5438	小茴香	拌种胺	—	0.01
5408	紫甘蓝	烯酰吗啉	—	6	5439	山竹	乙草胺	—	0.01
5409	紫甘蓝	甲氨基阿维菌素	—	0.01	5440	油桃	除虫菊酯	—	1
5410	茼蒿	丁草胺	—	0.01	5441	小茴香	哒螨灵	—	0.05
5411	橙	嘧菌酯	—	15	5442	小茴香	吡喃灵	—	0.01

续表

序号	基质	农药	MRL (mg/kg)		序号	基质	农药	MRL (mg/kg)	
			中国国家标准	欧盟				中国国家标准	欧盟
5443	苹果	速灭威	—	0.01	5474	甜椒	丁羟茴香醚	—	0.01
5444	葡萄	乐果	—	0.02	5475	甜瓜	仲丁威	—	0.01
5445	香蕉	异丙净	—	0.01	5476	甜瓜	吡喃灵	—	0.01
5446	猕猴桃	吡虫啉	—	0.05	5477	西瓜	腈菌唑	—	0.2
5447	菠萝	戊唑醇	—	0.02	5478	西瓜	吡喃灵	—	0.01
5448	橙	戊唑醇	—	0.9	5479	西瓜	丁羟茴香醚	—	0.01
5449	火龙果	速灭威	—	0.01	5480	洋葱	二苯胺	—	0.05
5450	柚	速灭威	—	0.01	5481	油麦菜	吡喃灵	—	0.01
5451	葱	烯酰吗啉	—	0.2	5482	紫甘蓝	丁羟茴香醚	—	0.01
5452	大蒜	烯酰吗啉	—	0.6	5483	小茴香	西玛津	—	0.01
5453	韭菜	3,4,5-混杀威	—	0.01	5484	李子	烯丙菊酯	—	0.01
5454	娃娃菜	烯酰吗啉	—	3	5485	西瓜	联苯菊酯	—	0.05
5455	娃娃菜	噻虫啉	—	1	5486	油麦菜	丁羟茴香醚	—	0.01
5456	菜豆	特丁净	—	0.01	5487	韭菜	烯丙菊酯	—	0.01
5457	菜豆	异丙隆	—	0.01	5488	芒果	仲丁威	—	0.01
5458	葱	双苯基脲	—	0.01	5489	柠檬	双氯氰菌胺	—	0.01
5459	葱	速灭威	—	0.01	5490	甜瓜	联苯菊酯	—	0.05
5460	葱	甲氧丙净	—	0.01	5491	小茴香	二苯胺	—	0.05
5461	大白菜	甲氧丙净	—	0.01	5492	小茴香	三唑醇	—	0.01
5462	花椰菜	甲氧丙净	—	0.01	5493	小茴香	联苯菊酯	—	0.05
5463	花椰菜	霜霉威	—	0.01	5494	萝卜	联苯菊酯	—	0.05
5464	辣椒	甲氧丙净	—	0.01	5495	平菇	烯虫炔酯	—	0.01
5465	蘑菇	异丙净	—	0.01	5496	小茴香	己唑醇	—	0.02
5466	青花菜	异丙净	—	0.01	5497	小茴香	三唑酮	—	0.1
5467	娃娃菜	三唑醇	—	0.01	5498	猕猴桃	烯丙菊酯	—	0.01
5468	娃娃菜	霜霉威	—	20	5499	柠檬	烯丙菊酯	—	0.01
5469	小白菜	异丙甲草胺	—	0.05	5500	柠檬	吡喃灵	—	0.01
5470	小白菜	噻菌灵	—	0.05	5501	梨	拌种胺	—	0.01
5471	小白菜	乙嘧酚	—	0.05	5502	甜瓜	乙嘧酚磺酸酯	—	0.3
5472	洋葱	嘧菌酯	—	10	5503	菜豆	丁羟茴香醚	—	0.01
5473	茼蒿	乙草胺	—	0.01	5504	小茴香	腐霉利	—	0.02

续表

序号	基质	农药	MRL (mg/kg)		序号	基质	农药	MRL (mg/kg)	
			中国国家标准	欧盟				中国国家标准	欧盟
5505	茼蒿	甲氧丙净	—	0.01	5536	苹果	邻苯二甲酰亚胺	—	0.01
5506	茭白	啶虫脒	—	0.01	5537	小油菜	咯喹酮	—	0.01
5507	菠菜	环丙唑醇	—	0.05	5538	芒果	烯丙菊酯	—	0.01
5508	黄瓜	烯唑醇	—	0.01	5539	猕猴桃	氟吡菌酰胺	—	0.01
5509	蓝莓	噻菌灵	—	0.05	5540	柠檬	特草灵	—	0.01
5510	芫荽	噻菌灵	—	0.05	5541	甜瓜	烯丙菊酯	—	0.01
5511	茼蒿	烯效唑	—	0.01	5542	杏鲍菇	仲丁威	—	0.01
5512	菠菜	螺环菌胺	—	0.05	5543	西葫芦	速灭威	—	0.01
5513	橙	甲氧丙净	—	0.01	5544	紫甘蓝	双甲脒	—	0.05
5514	大蒜	杀线威	—	0.01	5545	菠萝	二苯胺	—	0.05
5515	大蒜	灭蝇胺	—	0.05	5546	小茴香	喹螨醚	—	0.01
5516	大蒜	甲氨基阿维菌素	—	0.01	5547	葡萄	扑草净	—	0.01
5517	大蒜	噻嗪酮	—	0.05	5548	小茴香	氯氰菊酯	—	2
5518	花椰菜	灭蝇胺	—	0.05	5549	芒果	γ-氟氯氰菌酯	—	0.01
5519	黄瓜	环丙唑醇	—	0.05	5550	小茴香	异噁草酮	—	0.15
5520	金橘	速灭威	—	0.01	5551	芒果	粉唑醇	—	0.05
5521	金橘	乐果	—	0.02	5552	芒果	稻丰散	—	0.01
5522	苹果	甲哌	—	0.05	5553	西瓜	唑虫酰胺	—	0.01
5523	葡萄	异丙净	—	0.01	5554	苹果	嘧啶磷	—	0.01
5524	芹菜	环丙唑醇	—	0.2	5555	苹果	呋嘧醇	—	0.01
5525	青菜	乙嘧酚	—	0.05	5556	苹果	丁草胺	—	0.01
5526	柿子	甲氧丙净	—	0.01	5557	苹果	稻瘟灵	—	0.01
5527	甜椒	甲氨基阿维菌素	—	0.02	5558	小茴香	五氯苯甲腈	—	0.01
5528	甜椒	环丙唑醇	—	0.05	5559	小茴香	百菌清	—	5
5529	茼蒿	扑草净	—	0.01	5560	小茴香	新燕灵	—	0.01
5530	茼蒿	异丙隆	—	0.01	5561	小茴香	烯虫酯	—	0.05
5531	茼蒿	三唑醇	—	0.01	5562	小茴香	戊唑醇	—	0.05
5532	菠萝	噻嗪酮	—	0.05	5563	李子	乙草胺	—	0.01
5533	大白菜	双苯酰草胺	—	0.01	5564	小白菜	咯喹酮	—	0.01
5534	花椰菜	噻嗪酮	—	0.05	5565	西瓜	烯丙菊酯	—	0.01
5535	黄瓜	苯氧威	—	0.05	5566	杏鲍菇	邻苯二甲酰亚胺	—	0.01

续表

序号	基质	农药	MRL (mg/kg)		序号	基质	农药	MRL (mg/kg)	
			中国国家标准	欧盟				中国国家标准	欧盟
5567	黄瓜	螺环菌胺	—	0.05	5598	杏鲍菇	甲醚菊酯	—	0.01
5568	火龙果	噻嗪酮	—	0.05	5599	菜豆	杀螟腈	—	0.01
5569	芥蓝	苯氧威	—	0.05	5600	小茴香	乙氧呋草黄	—	1
5570	芥蓝	嘧菌酯	—	5	5601	小茴香	硫丹	—	0.05
5571	金针菇	噻嗪酮	—	0.05	5602	小茴香	猛杀威	—	0.01
5572	金针菇	霜霉威	—	0.01	5603	小茴香	四氢吩胺	—	0.01
5573	金针菇	吡虫啉	—	0.05	5604	芒果	戊菌唑	—	0.05
5574	金针菇	嘧菌酯	—	0.01	5605	芒果	丁草胺	—	0.01
5575	山药	吡虫啉	—	0.5	5606	芒果	丁羟茴香醚	—	0.01
5576	山药	噻嗪酮	—	0.05	5607	柠檬	呋草黄	—	0.01
5577	山楂	霜霉威	—	0.01	5608	柠檬	仲丁威	—	0.01
5578	甜椒	喹螨醚	—	0.5	5609	小白菜	安硫磷	—	0.01
5579	甜椒	氧环唑	—	0.01	5610	桃	溴丁酰草胺	—	0.01
5580	娃娃菜	噻虫胺	—	2	5611	丝瓜	烯虫酯	—	0.02
5581	西瓜	双苯酰草胺	—	0.01	5612	杏鲍菇	生物苄呋菊酯	—	0.01
5582	香菇	克百威	—	0.01	5613	葡萄	除线磷	—	0.01
5583	小白菜	噻嗪酮	—	0.05	5614	小白菜	氟乐灵	—	0.01
5584	草莓	乙基杀扑磷	—	0.01	5615	小白菜	3,4,5-混杀威	—	0.01
5585	草莓	仲丁威	—	0.01	5616	丝瓜	五氯苯甲腈	—	0.01
5586	冬瓜	甲氨基阿维菌素	—	0.01	5617	菠菜	间羟基联苯	—	0.01
5587	冬瓜	噻嗪酮	—	0.7	5618	小白菜	氟氯氰菊酯	—	0.3
5588	番茄	兹克威	—	0.01	5619	小油菜	莠去通	—	0.01
5589	花椰菜	啶虫脒	—	0.4	5620	小油菜	氟氯氰菊酯	—	0.3
5590	花椰菜	速灭威	—	0.01	5621	小油菜	西玛通	—	0.01
5591	金针菇	苯醚甲环唑	—	0.05	5622	小白菜	烯丙菊酯	—	0.01
5592	韭菜	烯效唑	—	0.01	5623	梨	氟唑菌酰胺	—	0.9
5593	梨	乙基杀扑磷	—	0.01	5624	茼蒿	猛杀威	—	0.01
5594	葡萄	噻虫胺	—	0.7	5625	桃	呋草黄	—	0.01
5595	生菜	肟菌酯	—	15	5626	茼蒿	醚菌酯	—	0.01
5596	生菜	噻嗪酮	—	0.5	5627	番茄	甲氧滴滴涕	—	0.01
5597	甜椒	速灭威	—	0.01	5628	黄瓜	仲丁通	—	0.01

续表

序号	基质	农药	MRL (mg/kg)		序号	基质	农药	MRL (mg/kg)	
			中国国家标准	欧盟				中国国家标准	欧盟
5629	甜椒	兹克威	—	0.01	5660	茼蒿	吡喃灵	—	0.01
5630	洋葱	异丙甲草胺	—	0.05	5661	梨	仲草丹	—	0.01
5631	洋葱	灭蝇胺	—	0.05	5662	紫甘蓝	多效唑	—	0.02
5632	洋葱	吡虫啉	—	0.1	5663	西葫芦	仲草丹	—	0.01
5633	洋葱	乙嘧酚	—	0.05	5664	葡萄	仲草丹	—	0.01
5634	洋葱	啶虫脒	—	0.02	5665	梨	丁羟茴香醚	—	0.01
5635	油麦菜	苯氧威	—	0.05	5666	茼蒿	噁草酮	—	0.05
5636	茼蒿	噻虫胺	—	2	5667	紫甘蓝	啶酰菌胺	—	5
5637	茼蒿	莠去津	—	0.05	5668	小白菜	噁草酮	—	0.05
5638	猕猴桃	噁霜灵	—	0.01	5669	葡萄	增效醚	—	0.01
5639	草莓	双苯酰草胺	—	0.01	5670	菠萝	速灭威	—	0.01
5640	橙	甲哌	—	0.05	5671	芒果	五氯苯胺	—	0.01
5641	荔枝	螺环菌胺	—	0.05	5672	紫甘蓝	联苯菊酯	—	1
5642	橘	莠去津	—	0.05	5673	黄瓜	五氯苯	—	0.01
5643	草头	烯酰吗啉	—	10	5674	芒果	呋草黄	—	0.01
5644	草头	多菌灵	—	0.1	5675	西瓜	八氯苯乙烯	—	0.01
5645	草头	嘧菌酯	—	70	5676	菜豆	八氯二丙醚	—	0.01
5646	草莓	避蚊胺	—	0.01	5677	小茴香	双苯恶唑酸	—	0.01
5647	葱	双苯酰草胺	—	0.01	5678	小白菜	联苯肼酯	—	0.01
5648	辣椒	嘧霉胺	—	2	5679	冬瓜	乙霉威	—	0.05
5649	梨	甲氧丙净	—	0.01	5680	芒果	嘧啶磷	—	0.01
5650	萝卜	噻嗪酮	—	0.05	5681	芒果	甲基嘧啶磷	—	0.05
5651	芹菜	速灭威	—	0.01	5682	芒果	异丙草胺	—	0.01
5652	丝瓜	嘧菌酯	—	1	5683	芒果	戊草丹	—	0.01
5653	西葫芦	肟菌酯	—	0.3	5684	芒果	乙霉威	—	0.05
5654	小白菜	嘧菌环胺	—	0.02	5685	芒果	呋嘧醇	—	0.01
5655	猕猴桃	双苯酰草胺	—	0.01	5686	芒果	乙草胺	—	0.01
5656	柚	烯酰吗啉	—	0.01	5687	芒果	溴丁酰草胺	—	0.01
5657	菜豆	甲氧丙净	—	0.01	5688	猕猴桃	氟唑菌酰胺	—	0.01
5658	草莓	异噁隆	—	0.01	5689	杏鲍菇	吡喃灵	—	0.01
5659	草莓	乐果	—	0.02	5690	桃	萎锈灵	—	0.05

续表

序号	基质	农药	MRL (mg/kg)		序号	基质	农药	MRL (mg/kg)	
			中国国家标准	欧盟				中国国家标准	欧盟
5691	草莓	莠去津	—	0.05	5722	丝瓜	螺螨酯	—	0.02
5692	番茄	避蚊胺	—	0.01	5723	丝瓜	己唑醇	—	0.01
5693	金针菇	多效唑	—	0.02	5724	油麦菜	烯效唑	—	0.01
5694	辣椒	灭蝇胺	—	1.5	5725	油麦菜	茚虫威	—	3
5695	马铃薯	多菌灵	—	0.1	5726	菠萝	甲醚菊酯	—	0.01
5696	青菜	多效唑	—	0.02	5727	芒果	猛杀威	—	0.01
5697	青菜	苯氧威	—	0.05	5728	桃	牧草胺	—	0.01
5698	柿子	霜霉威	—	0.01	5729	丝瓜	氟吡菌酰胺	—	0.5
5699	柿子	烯酰吗啉	—	0.01	5730	丝瓜	腈菌唑	—	0.1
5700	香菇	灭蝇胺	—	10	5731	西瓜	氟唑菌酰胺	—	0.01
5701	芫荽	克百威	—	0.02	5732	柑	烯丙菊酯	—	0.01
5702	芹菜	腈苯唑	—	0.05	5733	柿子	联苯菊酯	—	0.05
5703	芹菜	仲丁威	—	0.01	5734	柿子	毒死蜱	—	0.05
5704	芹菜	抗蚜威	—	5	5735	火龙果	哒螨灵	—	0.5
5705	芹菜	3,4,5-混杀威	—	0.01	5736	番茄	二甲戊灵	—	0.05
5706	梨	仲丁威	—	0.01	5737	番茄	双苯噁唑酸	—	0.01
5707	荔枝	速灭威	—	0.01	5738	结球甘蓝	烯丙菊酯	—	0.01
5708	橘	粉唑醇	—	0.2	5739	绿豆芽	吡喃灵	—	0.01
5709	春菜	啶虫脒	—	0.01	5740	菜豆	丁硫克百威	—	0.01
5710	春菜	氟硅唑	—	0.01	5741	蒜薹	腐霉利	—	0.02
5711	春菜	戊唑醇	—	0.5	5742	蒜薹	毒死蜱	—	0.05
5712	春菜	灭蝇胺	—	3	5743	豇豆	烯丙菊酯	—	0.01
5713	西番莲	甲基硫菌灵	—	0.1	5744	辣椒	γ-氟氯氰菌酯	—	0.01
5714	番石榴	三唑磷	—	0.01	5745	香菇	烯丙菊酯	—	0.01
5715	叶芥菜	戊唑醇	—	0.02	5746	哈密瓜	联苯菊酯	—	0.05
5716	春菜	苯醚甲环唑	—	0.05	5747	小茴香	速灭威	—	0.01
5717	苋菜	甲霜灵	—	0.05	5748	柑	溴丁酰草胺	—	0.01
5718	菜薹	三唑磷	—	0.01	5749	橙	禾草敌	—	0.01
5719	菜薹	甲氨基阿维菌素	—	0.01	5750	火龙果	呋草黄	—	0.01
5720	芒果	三唑磷	—	0.01	5751	火龙果	丁羟茴香醚	—	0.01
5721	芒果	咪草酸	—	0.01	5752	葱	吡咪唑	—	0.01

续表

序号	基质	农药	MRL (mg/kg)		序号	基质	农药	MRL (mg/kg)	
			中国国家标准	欧盟				中国国家标准	欧盟
5753	小油菜	嘧菌酯	—	6	5784	蒜薹	联苯菊酯	—	0.05
5754	大白菜	丙溴磷	—	0.01	5785	大白菜	烯丙菊酯	—	0.01
5755	西番莲	异噁唑草酮	—	0.02	5786	柑	异丙威	—	0.01
5756	黄瓜	甲氧丙净	—	0.01	5787	蒜薹	戊唑醇	—	0.02
5757	生菜	6-苄氨基嘌呤	—	0.01	5788	娃娃菜	威杀灵	—	0.01
5758	甜椒	乐果	—	0.02	5789	娃娃菜	烯丙菊酯	—	0.01
5759	西葫芦	乐果	—	0.02	5790	小茴香	五氯苯胺	—	0.01
5760	冬瓜	乐果	—	0.02	5791	小茴香	五氯硝基苯	—	0.05
5761	冬瓜	呋虫胺	—	0.01	5792	柑	威杀灵	—	0.01
5762	茼蒿	乐果	—	0.02	5793	橙	烯丙菊酯	—	0.01
5763	西葫芦	避蚊胺	—	0.01	5794	番茄	丁羟茴香醚	—	0.01
5764	西葫芦	噻虫嗪	—	0.5	5795	花椰菜	萘乙酸	—	0.05
5765	甜瓜	双苯基脲	—	0.01	5796	花椰菜	二苯胺	—	0.05
5766	李子	胺菊酯	—	0.01	5797	龙眼	炔丙菊酯	—	0.01
5767	李子	增效醚	—	0.01	5798	小茴香	杀螨特	—	0.01
5768	桃	增效醚	—	0.01	5799	火龙果	八氯二丙醚	—	0.01
5769	桃	胺菊酯	—	0.01	5800	蒜薹	仲丁威	—	0.01
5770	甜瓜	噻嗪酮	—	0.7	5801	蒜黄	仲丁威	—	0.01
5771	甜瓜	避蚊胺	—	0.01	5802	蒜黄	烯丙菊酯	—	0.01
5772	冬瓜	噻唑磷	—	0.02	5803	豇豆	联苯菊酯	—	0.5
5773	甜瓜	莠去津	—	0.05	5804	娃娃菜	烯虫酯	—	0.02
5774	西瓜	莠去津	—	0.05	5805	娃娃菜	醚菌酯	—	0.01
5775	西葫芦	噻嗪酮	—	0.7	5806	娃娃菜	喹螨醚	—	0.01
5776	青花菜	氟硅唑	—	0.01	5807	娃娃菜	邻苯基苯酚	—	0.05
5777	菜豆	乙霉威	—	0.1	5808	猕猴桃	吡丙醚	—	0.05
5778	西葫芦	噻虫胺	—	0.02	5809	胡萝卜	胺菊酯	—	0.01
5779	黄瓜	乙嘧酚磺酸酯	—	1	5810	哈密瓜	烯丙菊酯	—	0.01
5780	青花菜	乐果	—	0.02	5811	娃娃菜	腐霉利	—	0.01
5781	茄子	啶氧菌酯	—	0.01	5812	小茴香	仲丁威	—	0.01
5782	菜豆	噻唑磷	—	0.02	5813	油麦菜	2,3,5,6-四氯苯胺	—	0.01
5783	西瓜	噻虫胺	—	0.02	5814	油麦菜	四氯硝基苯	—	0.01

续表

序号	基质	农药	MRL (mg/kg)		序号	基质	农药	MRL (mg/kg)	
			中国国家标准	欧盟				中国国家标准	欧盟
5815	西葫芦	杀线威	—	0.01	5846	火龙果	炔丙菊酯	—	0.01
5816	甜瓜	噻虫嗪	—	0.1	5847	蒜薹	五氯苯甲腈	—	0.01
5817	黄瓜	啶氧菌酯	—	0.01	5848	蒜薹	二甲戊灵	—	0.05
5818	甜瓜	嘧菌酯	—	1	5849	橙	四氢吩胺	—	0.01
5819	甜瓜	甲基硫菌灵	—	0.3	5850	油麦菜	氰戊菊酯	—	0.2
5820	西瓜	杀线威	—	0.01	5851	番茄	吡喃灵	—	0.01
5821	茄子	螺螨酯	—	0.02	5852	生菜	哌草磷	—	0.01
5822	茄子	丙环唑	—	0.05	5853	绿豆芽	仲丁威	—	0.01
5823	苹果	扑草净	—	0.01	5854	蒜薹	吡喃灵	—	0.01
5824	苹果	异丙隆	—	0.01	5855	蒜黄	二甲戊灵	—	0.05
5825	西瓜	乐果	—	0.02	5856	豇豆	喹螨醚	—	0.1
5826	西瓜	避蚊胺	—	0.01	5857	小油菜	烯丙菊酯	—	0.01
5827	菠菜	三环唑	—	0.05	5858	小油菜	增效醚	—	0.01
5828	青花菜	避蚊胺	—	0.01	5859	小茴香	兹克威	—	0.01
5829	甜瓜	四氟醚唑	—	0.05	5860	葱	异氯磷	—	0.01
5830	樱桃	噻嗪酮	—	2	5861	蒜薹	哒螨灵	—	0.05
5831	甜瓜	乐果	—	0.02	5862	豇豆	啶酰菌胺	—	5
5832	樱桃	增效醚	—	0.01	5863	柿子	γ-氟氯氰菌酯	—	0.01
5833	甜椒	增效醚	—	0.01	5864	柿子	氯氰菊酯	—	0.05
5834	韭菜	噻虫胺	—	1.5	5865	橙	丙硫磷	—	0.01
5835	香瓜	乐果	—	0.02	5866	香菇	五氯苯甲腈	—	0.01
5836	香瓜	噻虫嗪	—	0.1	5867	哈密瓜	肟菌酯	—	0.3
5837	香瓜	氟硅唑	—	0.01	5868	哈密瓜	吡丙醚	—	0.05
5838	茼蒿	甲氨基阿维菌素	—	0.01	5869	小茴香	除草醚	—	0.01
5839	百合	烯酰吗啉	—	0.15	5870	枣	烯丙菊酯	—	0.01
5840	百合	双苯基脲	—	0.01	5871	蒜薹	吡丙醚	—	0.05
5841	姜	嘧菌酯	—	0.05	5872	蒜薹	氯苯甲醚	—	0.01
5842	葡萄	炔螨特	—	0.01	5873	香菇	氯苯甲醚	—	0.01
5843	胡萝卜	腈菌唑	—	0.2	5874	橙	硫丹	—	0.05
5844	山药	甲霜灵	—	0.05	5875	苹果	粉唑醇	—	0.4
5845	杨梅	甲基硫菌灵	—	0.1	5876	葱	硫丹	—	0.1

续表

序号	基质	农药	MRL (mg/kg)		序号	基质	农药	MRL (mg/kg)	
			中国国家标准	欧盟				中国国家标准	欧盟
5777	杨梅	双苯基脲	—	0.01	5808	小茴香	腈菌唑	—	0.02
5778	杨梅	咪鲜胺	—	0.05	5809	蒜黄	氯苯甲醚	—	0.01
5779	葱	霜霉威	—	30	5810	蒜黄	新燕灵	—	0.01
5780	金针菇	三环唑	—	0.05	5811	冬瓜	吡丙醚	—	0.05
5781	落葵	茚虫威	—	0.02	5812	哈密瓜	甲基立枯磷	—	0.05
5782	茭白	三环唑	—	0.05	5813	猕猴桃	哒螨灵	—	0.5
5783	橘	多效唑	—	0.5	5814	豇豆	腐霉利	—	0.01
5784	苋菜	双苯基脲	—	0.01	5815	蒜薹	3,5-二氯苯胺	—	0.01
5785	苋菜	吡虫啉	—	0.05	5816	蒜黄	嘧菌酯	—	10
5786	甜椒	乙螨唑	—	0.02	5817	豇豆	吡喃灵	—	0.01
5787	苋菜	多效唑	—	0.02	5818	蒜黄	毒死蜱	—	0.05
5788	苋菜	腈菌唑	—	0.02	5819	豇豆	百菌清	—	5
5789	青菜	吡唑醚菌酯	—	1.5	5820	豇豆	氟硅唑	—	0.01
5790	猕猴桃	甲霜灵	—	0.05	5821	冬瓜	丁羟茴香醚	—	0.01
5791	柠檬	腈菌唑	—	3	5822	蒜薹	氟硅唑	—	0.01
5792	柚	吡唑醚菌酯	—	1	5823	蒜薹	烯丙菊酯	—	0.01
5793	柚	嘧菌酯	—	15	5824	豇豆	肟菌酯	—	1
5794	橙	吡唑醚菌酯	—	2	5825	辣椒	戊唑醇	—	0.6
5795	橙	吡虫啉	—	1	5826	蒜薹	氯酞酸甲酯	—	0.02
5796	冬瓜	茚虫威	—	0.5	5827	柿子	烯丙菊酯	—	0.01
5797	姜	烯酰吗啉	—	0.05	5828	火龙果	氯氰菊酯	—	0.05
5798	李子	唑螨酯	—	0.3	5829	葱	丙溴磷	—	0.02
5799	苋菜	茚虫威	—	2	5830	豇豆	丙溴磷	—	0.01
5800	菜豆	噻虫啉	—	0.4	5831	花椰菜	新燕灵	—	0.01
5801	草头	吡虫啉	—	2	5832	茼蒿	乙嘧酚磺酸酯	—	0.05
5802	莲雾	霜霉威	—	0.01	5833	韭菜	氯草敏	—	0.5
5803	莲雾	吡虫啉	—	0.05	5834	韭菜	拌种咯	—	0.01
5804	莲雾	嘧菌酯	—	0.01	5835	紫甘蓝	吡喃灵	—	0.01
5805	芦笋	嘧菌酯	—	0.01	5836	菠菜	除虫菊素 I	—	0.01
5806	瓠瓜	多菌灵	—	0.1	5837	桃	喹螨醚	—	0.5
5807	菜豆	乙嘧酚	—	0.05	5838	西葫芦	仲丁威	—	0.01

续表

序号	基质	农药	MRL (mg/kg)		序号	基质	农药	MRL (mg/kg)	
			中国国家标准	欧盟				中国国家标准	欧盟
5839	瓠瓜	乙嘧酚	—	0.2	5870	西葫芦	除虫菊素Ⅰ	—	0.01
5840	韭菜花	三唑磷	—	0.01	5871	小茴香	乙霉威	—	0.05
5841	蓝莓	丙环唑	—	0.05	5872	枣	粉唑醇	—	0.4
5842	芫荽	双苯基脲	—	0.01	5873	柿子	威杀灵	—	0.01
5843	苋菜	噻虫嗪	—	3	5874	绿豆芽	烯丙菊酯	—	0.01
5844	木瓜	甲霜灵	—	0.05	5875	豇豆	兹克威	—	0.01
5845	木瓜	双苯基脲	—	0.01	5876	辣椒	己唑醇	—	0.01
5846	青蒜	双苯基脲	—	0.01	5877	香菇	甲萘威	—	0.01
5847	韭菜花	多菌灵	—	0.1	5878	小油菜	3,4,5-混杀威	—	0.01
5848	韭菜	氰草津	—	0.01	5879	小茴香	肟菌酯	—	15
5849	金针菇	烯酰吗啉	—	0.01	5880	油麦菜	丁咪酰胺	—	0.01
5850	茄子	异丙隆	—	0.01	5881	菜用大豆	甲醚菊酯	—	0.01
5851	百合	多菌灵	—	0.1	5882	菜用大豆	仲丁威	—	0.01
5852	青蒜	多菌灵	—	0.1	5883	油麦菜	甲醚菊酯	—	0.01
5853	菜薹	莠去津	—	0.05	5884	绿豆芽	猛杀威	—	0.01
5854	荔枝	噻菌灵	—	0.05	5885	菜豆	氟酰胺	—	0.01
5855	蕹菜	甲霜灵	—	0.05	5886	葡萄	氟氯氰菊酯	—	0.3
5856	枸杞叶	烯酰吗啉	—	10	5887	蒜薹	γ-氟氯氰菌酯	—	0.01
5857	枸杞叶	噁霜灵	—	0.01	5888	蒜薹	二苯胺	—	0.05
5858	枸杞叶	霜霉威	—	30	5889	胡萝卜	抑芽唑	—	0.01
5859	枸杞叶	双苯基脲	—	0.01	5890	菜用大豆	霜霉威	—	0.1
5860	枸杞叶	吡唑醚菌酯	—	2	5891	菜用大豆	氟吡禾灵	—	0.1
5861	枸杞叶	啶虫脒	—	3	5892	菜用大豆	戊唑醇	—	2
5862	枸杞叶	多菌灵	—	0.1	5893	菜用大豆	噻菌灵	—	0.05
5863	枸杞叶	甲霜灵	—	2	5894	菜用大豆	麦穗宁	—	0.05
5864	甘薯叶	噻虫嗪	—	3	5895	菜用大豆	粉唑醇	—	0.05
5865	桃	氟甲喹	—	0.01	5896	葱	哒螨灵	—	0.05
5866	桃	乙螨唑	—	0.1	5897	小茴香	3,4,5-混杀威	—	0.01
5867	枸杞叶	吡虫啉	—	2	5898	柿子	多效唑	—	0.5
5868	甘薯叶	灭蝇胺	—	3	5899	柿子	戊唑醇	—	0.02
5869	桃	甲哌	—	0.05	5900	菠菜	拌种胺	—	0.01

续表

序号	基质	农药	MRL (mg/kg)		序号	基质	农药	MRL (mg/kg)	
			中国国家标准	欧盟				中国国家标准	欧盟
5901	枸杞叶	灭蝇胺	—	15	5932	冬瓜	二甲吩草胺	—	0.01
5902	番茄	腈苯唑	—	0.5	5933	橙	醚菌酯	—	0.5
5903	甘薯叶	啶虫脒	—	5	5934	辣椒	仲草丹	—	0.01
5904	甘薯叶	多菌灵	—	0.1	5935	枣	啶酰菌胺	—	3
5905	枸杞叶	嘧菌酯	—	70	5936	橙	螺螨酯	—	0.5
5906	甘薯叶	霜霉威	—	40	5937	豇豆	异丙威	—	0.01
5907	苦苣	苯醚甲环唑	—	0.7	5938	葱	己唑醇	—	0.02
5908	香瓜	腈菌唑	—	0.2	5939	香菇	吡喃灵	—	0.01
5909	香瓜	咪鲜胺	—	0.05	5940	韭菜	邻苯二甲酰亚胺	—	0.01
5910	香瓜	双苯基脲	—	0.01	5941	桃	甲萘威	—	0.01
5911	香瓜	乙嘧酚	—	0.08	5942	生菜	四氯硝基苯	—	0.01
5912	苦苣	双苯基脲	—	0.01	5943	橙	腈菌唑	—	3
5913	茼蒿	稻瘟灵	—	0.01	5944	猕猴桃	噻嗪酮	—	1
5914	李子	残杀威	—	0.05	5945	胡萝卜	γ-氟氯氰菌酯	—	0.01
5915	蒜薹	噻菌灵	—	0.05	5946	枣	四氟醚唑	—	0.05
5916	香瓜	嘧霉胺	—	0.01	5947	猕猴桃	五氯苯甲腈	—	0.01
5917	樱桃番茄	莠去津	—	0.05	5948	豇豆	五氯苯胺	—	0.01
5918	香瓜	甲基硫菌灵	—	0.3	5949	龙眼	肟菌酯	—	0.01
5919	香瓜	多菌灵	—	0.1	5950	橙	戊菌唑	—	0.05
5920	苦苣	戊唑醇	—	0.5	5951	菠菜	拌种咯	—	0.01
5921	苦苣	稻瘟灵	—	0.01	5952	菠菜	抗螨唑	—	0.01
5922	番茄	氟环唑	—	0.05	5953	菠菜	敌草腈	—	0.01
5923	苦苣	咪鲜胺	—	5	5954	火龙果	氟丙菊酯	—	0.05
5924	甜椒	粉唑醇	—	1	5955	生菜	氟吡菌酰胺	—	15
5925	香瓜	粉唑醇	—	0.3	5956	花椰菜	萘乙酰胺	—	0.05
5926	马铃薯	甲哌	—	0.05	5957	豇豆	2,6-二氯苯甲酰胺	—	0.01
5927	西瓜	四氟醚唑	—	0.05	5958	哈密瓜	异丙威	—	0.01
5928	生菜	丙溴磷	—	0.01	5959	梨	腐霉利	—	0.01
5929	西瓜	福美双	—	0.1	5960	火龙果	烯唑醇	—	0.01
5930	香瓜	嘧菌酯	—	1	5961	葱	联苯菊酯	—	0.05
5931	番茄	三环唑	—	0.05	5962	蒜黄	腐霉利	—	0.02

续表

序号	基质	农药	MRL (mg/kg)		序号	基质	农药	MRL (mg/kg)	
			中国国家标准	欧盟				中国国家标准	欧盟
5963	樱桃番茄	噻虫嗪	—	0.2	5994	蒜黄	丙溴磷	—	0.02
5964	樱桃番茄	噻虫胺	—	0.05	5995	小茴香	3,5-二氯苯胺	—	0.01
5965	苦苣	甲基嘧啶磷	—	0.05	5996	菜豆	*N*-去甲基啶虫脒	—	0.01
5966	苦苣	增效醚	—	0.01	5997	青花菜	速灭磷	—	0.01
5967	苦苣	残杀威	—	0.05	5998	胡萝卜	噻唑磷	—	0.02
5968	香瓜	苯醚甲环唑	—	0.2	5999	木瓜	*N*-去甲基啶虫脒	—	0.01
5969	樱桃番茄	烯啶虫胺	—	0.01	6000	葡萄	苯菌酮	—	7
5970	樱桃番茄	多效唑	—	0.02	6001	小油菜	苯噻菌胺	—	0.01
5971	生菜	三环唑	—	0.05	6002	小油菜	*N*-去甲基啶虫脒	—	0.01
5972	菜豆	稻瘟灵	—	0.01	6003	芒果	*N*-去甲基啶虫脒	—	0.01
5973	菜豆	残杀威	—	0.05	6004	油麦菜	二甲嘧酚	—	0.01
5974	冬瓜	残杀威	—	0.05	6005	油麦菜	唑嘧菌胺	—	40
5975	芹菜	残杀威	—	0.05	6006	黄瓜	乙基多杀菌素	—	0.2
5976	蒜薹	增效醚	—	0.01	6007	甜椒	乙基多杀菌素	—	0.5
5977	小白菜	增效醚	—	0.01	6008	苹果	*N*-去甲基啶虫脒	—	0.01
5978	茼蒿	残杀威	—	0.05	6009	小油菜	环丙津	—	0.01
5979	黄瓜	吡蚜酮	—	1	6010	甜椒	吡虫啉脲	—	0.01
5980	苦苣	啶虫脒	—	1.5	6011	菜豆	乙基多杀菌素	—	0.1
5981	马铃薯	啶虫脒	—	0.01	6012	葡萄	乙基多杀菌素	—	0.5
5982	黄瓜	噻虫胺	—	0.02	6013	猕猴桃	氟环唑	—	0.05
5983	蒜薹	嘧霉胺	—	0.01	6014	甜椒	*N*-去甲基啶虫脒	—	0.01
5984	西瓜	氟硅唑	—	0.01	6015	冬瓜	双炔酰菌胺	—	0.3
5985	西瓜	乙嘧酚磺酸酯	—	0.3	6016	甜椒	环酰菌胺	—	3
5986	香瓜	吡唑醚菌酯	—	0.5	6017	黄瓜	苯噻菌胺	—	0.01
5987	甘薯	甲哌	—	0.05	6018	冬瓜	*N*-去甲基啶虫脒	—	0.01
5988	黄瓜	噻菌灵	—	0.05	6019	小油菜	三环唑	—	0.05
5989	苦瓜	戊唑醇	—	0.6	6020	草莓	乙基多杀菌素	—	0.2
5990	苦苣	甲基硫菌灵	—	0.1	6021	火龙果	甲氨基阿维菌素	—	0.01
5991	绿豆芽	咪鲜胺	—	5	6022	油麦菜	*N*-去甲基啶虫脒	—	0.01
5992	枣	哒螨灵	—	0.5	6023	橘	氟环唑	—	0.05
5993	枣	螺螨酯	—	2	6024	芹菜	吡虫啉脲	—	0.01

续表

序号	基质	农药	MRL (mg/kg)		序号	基质	农药	MRL (mg/kg)	
			中国国家标准	欧盟				中国国家标准	欧盟
6025	枣	氟环唑	—	0.05	6056	菜豆	吡虫啉脲	—	0.01
6026	山楂	咪鲜胺	—	0.05	6057	茄子	*N*-去甲基啶虫脒	—	0.01
6027	山楂	增效醚	—	0.01	6058	芒果	丙环唑	—	0.05
6028	丝瓜	噻虫嗪	—	0.5	6059	草莓	灭草烟	—	0.01
6029	香瓜	啶氧菌酯	—	0.01	6060	冬瓜	氟吡菌酰胺	—	0.4
6030	小茴香	马拉硫磷	—	0.02	6061	橘	噻虫胺	—	0.1
6031	枣	毒死蜱	—	0.2	6062	芹菜	*N*-去甲基啶虫脒	—	0.01
6032	枣	乙螨唑	—	0.04	6063	橙	氟吡菌酰胺	—	0.01
6033	枣	噻嗪酮	—	2	6064	猕猴桃	嘧菌酯	—	0.01
6034	苦瓜	醚菌酯	—	0.05	6065	油麦菜	双炔酰菌胺	—	25
6035	苦瓜	乙嘧酚磺酸酯	—	3	6066	橙	*N*-去甲基啶虫脒	—	0.01
6036	梨	增效醚	—	0.01	6067	芒果	烯啶虫胺	—	0.01
6037	山楂	马拉硫磷	—	0.02	6068	菠菜	吡虫啉脲	—	0.01
6038	山楂	毒死蜱	—	0.05	6069	柠檬	苯噻菌胺	—	0.01
6039	丝瓜	噻虫胺	—	0.02	6070	番茄	*N*-去甲基啶虫脒	—	0.01
6040	菜豆	吡丙醚	—	0.05	6071	菠菜	双炔酰菌胺	—	25
6041	橙	苯醚甲环唑	—	0.6	6072	冬瓜	吡唑醚菌酯	—	0.5
6042	山楂	甲基硫菌灵	—	0.1	6073	柠檬	烯酰吗啉	—	0.01
6043	山楂	吡虫啉	—	5	6074	橘	噻虫啉	—	0.01
6044	生菜	己唑醇	—	0.01	6075	青花菜	甲基硫菌灵	—	0.1
6045	柿子	噻嗪酮	—	0.05	6076	油麦菜	鱼藤酮	—	0.01
6046	柿子	嘧霉胺	—	15	6077	黄瓜	乙螨唑	—	0.02
6047	香瓜	噁霜灵	—	0.01	6078	猕猴桃	吡唑醚菌酯	—	0.02
6048	香瓜	乙嘧酚磺酸酯	—	0.3	6079	小油菜	噻菌灵	—	0.05
6049	香瓜	烯啶虫胺	—	0.01	6080	火龙果	*N*-去甲基啶虫脒	—	0.01
6050	小茴香	吡虫啉	—	2	6081	火龙果	磷酸三苯酯	—	0.01
6051	枣	戊菌唑	—	0.05	6082	菠菜	苯噻菌胺	—	0.01
6052	芫荽	氧乐果	—	0.01	6083	小油菜	噻虫嗪	—	0.2
6053	山楂	丙环唑	—	0.05	6084	菜豆	唑螨酯	—	0.7
6054	丝瓜	烯啶虫胺	—	0.01	6085	猕猴桃	三环唑	—	0.05
6055	丝瓜	残杀威	—	0.05	6086	猕猴桃	唑嘧菌胺	—	0.01

续表

序号	基质	农药	MRL (mg/kg)		序号	基质	农药	MRL (mg/kg)	
			中国国家标准	欧盟				中国国家标准	欧盟
6087	马铃薯	咪鲜胺	—	0.05	6118	橘	噻虫嗪	—	0.2
6088	西葫芦	噻菌灵	—	0.05	6119	番茄	唑嘧菌胺	—	2
6089	小茴香	苯醚甲环唑	—	10	6120	番茄	双炔酰菌胺	—	3
6090	雪莲果	多菌灵	—	0.1	6121	辣椒	乙基多杀菌素	—	0.5
6091	猕猴桃	己唑醇	—	0.01	6122	辣椒	噻唑磷	—	0.02
6092	苦瓜	己唑醇	—	0.01	6123	辣椒	烯啶虫胺	—	0.01
6093	小茴香	咪鲜胺	—	5	6124	茄子	吡虫啉脲	—	0.01
6094	菜豆	烯唑醇	—	0.01	6125	草莓	吡虫啉脲	—	0.01
6095	莲藕	扑草净	—	0.01	6126	辣椒	嘧菌酯	—	3
6096	山楂	己唑醇	—	0.01	6127	草莓	乙螨唑	—	0.2
6097	甜椒	唑螨酯	—	0.3	6128	草莓	二甲嘧酚	—	0.01
6098	小白菜	扑草净	—	0.01	6129	菠菜	磷酸三苯酯	—	0.01
6099	小油菜	吡丙醚	—	0.05	6130	菠菜	*N*-去甲基啶虫脒	—	0.01
6100	枣	丙溴磷	—	0.01	6131	结球甘蓝	磷酸三苯酯	—	0.01
6101	枣	己唑醇	—	0.01	6132	黄瓜	磷酸三苯酯	—	0.01
6102	花椰菜	吡虫啉	—	0.01	6133	生菜	吡虫啉脲	—	0.01
6103	韭菜	噻虫嗪	—	1.5	6134	小白菜	*N*-去甲基啶虫脒	—	0.01
6104	小茴香	嘧霉胺	—	20	6135	菠菜	氟甲喹	—	0.01
6105	雪莲果	咪鲜胺	—	0.05	6136	菠菜	枯莠隆	—	0.01
6106	枣	噻虫嗪	—	0.3	6137	菠菜	丁噻隆	—	0.01
6107	枣	肟菌酯	—	3	6138	菠菜	双苯酰草胺	—	0.01
6108	猕猴桃	烯唑醇	—	0.01	6139	菠菜	咪草酸	—	0.01
6109	猕猴桃	苯醚甲环唑	—	0.1	6140	菠菜	呋酰胺	—	0.01
6110	山楂	吡唑醚菌酯	—	3	6141	菠菜	吡咪唑	—	0.01
6111	山楂	双苯基脲	—	0.01	6142	芒果	霜霉威	—	0.01
6112	桃	噻虫嗪	—	0.3	6143	芒果	吡虫啉脲	—	0.01
6113	西葫芦	咪鲜胺	—	0.05	6144	油麦菜	甲基硫菌灵	—	0.1
6114	小茴香	噻嗪酮	—	4	6145	橘	*N*-去甲基啶虫脒	—	0.01
6115	小茴香	多菌灵	—	0.1	6146	甜椒	呋虫胺	—	0.01
6116	枣	残杀威	—	0.05	6147	苹果	噻唑磷	—	0.02
6117	韭菜	丙溴磷	—	0.05	6148	苹果	砜拌磷	—	0.01

续表

序号	基质	农药	MRL (mg/kg)		序号	基质	农药	MRL (mg/kg)	
			中国国家标准	欧盟				中国国家标准	欧盟
6149	芹菜	杀铃脲	—	0.05	6179	苹果	氧化萎锈灵	—	0.01
6150	葡萄	残杀威	—	0.05	6180	苹果	咪草酸	—	0.01
6151	桃	肟菌酯	—	3	6181	苹果	呋酰胺	—	0.01
6152	桃	稻瘟灵	—	0.01	6182	木瓜	吡虫啉脲	—	0.01
6153	葡萄	乙霉威	—	1	6183	草莓	4-十二烷基-2,6-二甲基吗啉	—	0.01
6154	生菜	残杀威	—	0.05	6184	番茄	磷酸三苯酯	—	0.01
6155	橙	肟菌酯	—	0.5	6185	苹果	螺环菌胺	—	0.05
6156	结球甘蓝	残杀威	—	0.5	6186	苹果	地胺磷	—	0.01
6157	蘑菇	嘧霉胺	—	0.01	6187	柠檬	吡虫啉脲	—	0.01
6158	西葫芦	粉唑醇	—	0.05	6188	小白菜	缬霉威	—	0.01
6159	菠菜	多效唑	—	0.02	6189	苹果	糠菌唑	—	0.05
6160	茼蒿	多效唑	—	0.02	6190	苹果	异丙草胺	—	0.01
6161	大白菜	己唑醇	—	0.01	6191	苹果	扑灭津	—	0.01
6162	菠菜	异丙隆	—	0.01	6192	苹果	氟菌唑	—	0.5
6163	橙	异丙隆	—	0.01	6193	苹果	喹氧灵	—	0.05
6164	冬瓜	异丙隆	—	0.01	6194	苹果	嘧螨醚	—	0.01
6165	结球甘蓝	多效唑	—	0.02	6195	苹果	啶氧菌酯	—	0.01
6166	冬瓜	甲哌	—	0.05	6196	苹果	乙基多杀菌素	—	0.2
6167	西瓜	噻菌灵	—	0.05	6197	苹果	吡虫啉脲	—	0.01
6168	结球甘蓝	抑霉唑	—	0.05	6198	芒果	磷酸三苯酯	—	0.01
6169	苹果	久效威亚砜	—	0.01	6199	苹果	鱼藤酮	—	0.01
6170	菠萝	噁霜灵	—	0.01	6200	苹果	磷酸三苯酯	—	0.01
6171	葡萄	甲氧虫酰肼	—	1	6201	苹果	吡螨胺	—	0.2
6172	西瓜	枯莠隆	—	0.01	6202	苹果	甲氨基阿维菌素	—	0.02
6173	草莓	十三吗啉	—	0.01	6203	芒果	噁霜灵	—	0.01
6174	菠菜	抗蚜威	—	2	6204	西葫芦	吡虫啉脲	—	0.01
6175	菠菜	毒草胺	—	0.02	6205	菠菜	麦穗宁	—	0.05
6176	菠菜	丙草胺	—	0.01	6206	茄子	乙草胺	—	0.01
6177	菠萝	抗蚜威	—	0.5	6207	青花菜	嘧菌酯	—	5
6178	草莓	丙草胺	—	0.01	6208	甜瓜	噻唑磷	—	0.02

续表

序号	基质	农药	MRL (mg/kg)		序号	基质	农药	MRL (mg/kg)	
			中国国家标准	欧盟				中国国家标准	欧盟
6209	韭菜	抗蚜威	—	5	6240	小茴香	*N*-去甲基啶虫脒	—	0.01
6210	黄瓜	缬霉威	—	0.1	6241	柠檬	氟丁酰草胺	—	0.02
6211	芹菜	甲基嘧啶磷	—	0.05	6242	平菇	啶虫脒	—	0.01
6212	草莓	氟甲喹	—	0.01	6243	油麦菜	吡虫啉脲	—	0.01
6213	桃	粉唑醇	—	0.6	6244	丝瓜	甲基硫菌灵	—	0.1
6214	西瓜	甲基嘧啶磷	—	0.05	6245	芹菜	唑嘧菌胺	—	20
6215	梨	甲基嘧啶磷	—	0.05	6246	平菇	霜霉威	—	0.01
6216	苹果	甲基嘧啶磷	—	0.05	6247	草莓	螺虫乙酯	—	0.4
6217	苹果	胺菊酯	—	0.01	6248	黄瓜	嘧草醚-*Z*	—	0.01
6218	桃	三唑酮	—	0.1	6249	萝卜	噻苯咪唑-5-羟基	—	0.01
6219	茄子	噻虫胺	—	0.05	6250	草莓	*N*-去甲基啶虫脒	—	0.01
6220	甜椒	马拉氧磷	—	0.01	6251	菠萝	敌草隆	—	0.01
6221	西瓜	烯啶虫胺	—	0.01	6252	紫甘蓝	噻虫嗪	—	5
6222	大白菜	苯嗪草酮	—	0.1	6253	小油菜	吡虫啉脲	—	0.01
6223	杏鲍菇	速灭威	—	0.01	6254	冬瓜	氟唑菌酰胺	—	0.01
6224	茼蒿	马拉氧磷	—	0.01	6255	萝卜	灭蝇胺	—	0.05
6225	结球甘蓝	马拉氧磷	—	0.01	6256	萝卜	*N*-去甲基啶虫脒	—	0.01
6226	金针菇	甲基硫菌灵	—	0.1	6257	芒果	甲哌	—	0.05
6227	花椰菜	噁霜灵	—	0.01	6258	樱桃番茄	*N*-去甲基啶虫脒	—	0.01
6228	苹果	甲萘威	—	0.01	6259	樱桃	吡唑醚菌酯	—	3
6229	冬瓜	马拉硫磷	—	0.02	6260	芒果	乙基多杀菌素	—	0.05
6230	甜椒	吡蚜酮	—	3	6261	平菇	吡虫啉	—	0.05
6231	菠萝	马拉氧磷	—	0.01	6262	茼蒿	*N*-去甲基啶虫脒	—	0.01
6232	西葫芦	马拉氧磷	—	0.01	6263	茼蒿	吡虫啉脲	—	0.01
6233	番茄	唑螨酯	—	0.2	6264	樱桃	氟环唑	—	0.05
6234	菠萝	马拉硫磷	—	0.02	6265	樱桃	乙草胺	—	0.01
6235	韭菜	乙虫腈	—	0.01	6266	小茴香	吡虫啉脲	—	0.01
6236	茄子	乙嘧酚	—	0.1	6267	小茴香	灭蝇胺	—	15
6237	结球甘蓝	己唑醇	—	0.01	6268	小白菜	吡虫啉脲	—	0.01
6238	葡萄	唑螨酯	—	0.3	6269	甜瓜	乙草胺	—	0.01
6239	青菜	氟硅唑	—	0.01	6270	紫甘蓝	吡虫啉	—	0.5

续表

序号	基质	农药	MRL (mg/kg)		序号	基质	农药	MRL (mg/kg)	
			中国国家标准	欧盟				中国国家标准	欧盟
6271	茼蒿	己唑醇	—	0.01	6302	紫甘蓝	*N*-去甲基啶虫脒	—	0.01
6272	菠菜	三唑酮	—	0.1	6303	小油菜	异丙威	—	0.01
6273	菜豆	增效醚	—	0.01	6304	樱桃	抑霉唑	—	0.05
6274	茄子	增效醚	—	0.01	6305	油桃	噻嗪酮	—	0.7
6275	芹菜	增效醚	—	0.01	6306	甜瓜	二甲嘧酚	—	0.01
6276	甜椒	唑虫酰胺	—	0.01	6307	油桃	噻虫胺	—	0.1
6277	菠菜	己唑醇	—	0.01	6308	油桃	噻虫嗪	—	0.3
6278	西葫芦	抑霉唑	—	0.2	6309	小茴香	吡蚜酮	—	3
6279	芹菜	嘧菌环胺	—	5	6310	小茴香	烯效唑	—	0.01
6280	甜椒	氟菌唑	—	0.1	6311	油桃	丙溴磷	—	0.01
6281	甜椒	四氟醚唑	—	0.1	6312	樱桃	灭蝇胺	—	0.05
6282	芫荽	多效唑	—	0.02	6313	樱桃	丙环唑	—	0.05
6283	冬瓜	戊唑醇	—	0.15	6314	萝卜	多效唑	—	0.02
6284	油麦菜	己唑醇	—	0.01	6315	樱桃	甲基硫菌灵	—	0.3
6285	芫荽	戊唑醇	—	0.05	6316	小茴香	异丙威	—	0.01
6286	番茄	噻菌灵	—	0.05	6317	小茴香	噻虫嗪	—	1.5
6287	胡萝卜	扑草净	—	0.01	6318	油麦菜	吡蚜酮	—	3
6288	油麦菜	噻菌灵	—	0.05	6319	萝卜	噻虫胺	—	0.02
6289	南瓜	噻菌灵	—	0.05	6320	小白菜	噻虫啉	—	1
6290	青菜	己唑醇	—	0.01	6321	洋葱	烯酰吗啉	—	0.6
6291	桑葚	甲基硫菌灵	—	0.1	6322	油桃	甲基硫菌灵	—	2
6292	桑葚	多菌灵	—	0.1	6323	黄瓜	*N*-去甲基啶虫脒	—	0.01
6293	茼蒿	异丙甲草胺	—	0.05	6324	茄子	氟甲喹	—	0.01
6294	火龙果	烯酰吗啉	—	0.01	6325	葡萄	*N*-去甲基啶虫脒	—	0.01
6295	柠檬	肟菌酯	—	0.5	6326	葡萄	烯效唑	—	0.01
6296	青花菜	抑霉唑	—	0.05	6327	小茴香	甲基硫菌灵	—	0.1
6297	哈密瓜	吡虫啉	—	0.1	6328	柠檬	乙基多杀菌素	—	0.2
6298	蘑菇	甲拌磷	—	0.01	6329	油麦菜	甲氧虫酰肼	—	4
6299	草莓	氯吡脲	—	0.01	6330	葡萄	吡虫啉脲	—	0.01
6300	山楂	噻嗪酮	—	0.05	6331	平菇	*N*-去甲基啶虫脒	—	0.01
6301	山楂	三唑醇	—	0.01	6332	小油菜	唑啉草酯	—	0.02

续表

序号	基质	农药	MRL (mg/kg)		序号	基质	农药	MRL (mg/kg)	
			中国国家标准	欧盟				中国国家标准	欧盟
6333	油麦菜	噻虫胺	—	2	6364	萝卜	嘧霉胺	—	0.01
6334	番茄	异稻瘟净	—	0.01	6365	李子	氟硅唑	—	0.01
6335	樱桃番茄	螺螨酯	—	0.5	6366	紫甘蓝	灭蝇胺	—	0.05
6336	枣	炔螨特	—	0.01	6367	葡萄	苯噻菌胺	—	0.3
6337	菠菜	烯唑醇	—	0.01	6368	小茴香	甲哌	—	0.05
6338	菠菜	稻瘟灵	—	0.01	6369	丝瓜	茚虫威	—	0.5
6339	冬瓜	哒螨灵	—	0.05	6370	甜瓜	乙嘧酚	—	0.08
6340	冬瓜	炔螨特	—	0.01	6371	柠檬	烯唑醇	—	0.01
6341	火龙果	嘧菌环胺	—	0.02	6372	芒果	腈苯唑	—	0.5
6342	结球甘蓝	嘧菌酯	—	5	6373	芒果	烯唑醇	—	0.01
6343	萝卜	炔螨特	—	0.01	6374	油麦菜	异丙威	—	0.01
6344	葡萄	螺螨酯	—	2	6375	小白菜	噻唑磷	—	0.02
6345	葡萄	氟菌唑	—	3	6376	猕猴桃	噻虫胺	—	0.02
6346	食荚豌豆	咪鲜胺	—	0.05	6377	杏鲍菇	多菌灵	—	1
6347	食荚豌豆	十三吗啉	—	0.01	6378	小茴香	甲氨基阿维菌素	—	1
6348	食荚豌豆	噻嗪酮	—	0.05	6379	苹果	埃卡瑞丁	—	0.01
6349	食荚豌豆	醚菌酯	—	0.01	6380	油麦菜	苯噻菌胺	—	0.01
6350	食荚豌豆	腈菌唑	—	0.02	6381	小茴香	吡唑醚菌酯	—	2
6351	食荚豌豆	噁霜灵	—	0.01	6382	番茄	十三吗啉	—	0.01
6352	食荚豌豆	霜霉威	—	0.01	6383	葡萄	3,4,5-混杀威	—	0.01
6353	食荚豌豆	甲基硫菌灵	—	0.1	6384	小茴香	虫酰肼	—	0.05
6354	食荚豌豆	三唑醇	—	0.01	6385	芒果	异丙威	—	0.01
6355	菜豆	啶氧菌酯	—	0.01	6386	芒果	双苯酰草胺	—	0.01
6356	菜豆	四螨嗪	—	0.02	6387	梨	吡虫啉脲	—	0.01
6357	葡萄	螺环菌胺	—	1	6388	洋葱	苯嘧磺草胺	—	0.03
6358	生菜	烯啶虫胺	—	0.01	6389	紫甘蓝	咪鲜胺	—	0.05
6359	菜薹	噻虫嗪	—	0.2	6390	小茴香	嘧菌酯	—	70
6360	胡萝卜	三唑磷	—	0.01	6391	菠菜	唑嘧菌胺	—	60
6361	芫荽	啶虫脒	—	3	6392	梨	氟环唑	—	0.05
6362	芫荽	甲氧丙净	—	0.01	6393	西葫芦	*N*-去甲基啶虫脒	—	0.01
6363	芫荽	噻嗪酮	—	4	6394	金针菇	异丙威	—	0.01

续表

序号	基质	农药	MRL (mg/kg)		序号	基质	农药	MRL (mg/kg)	
			中国国家标准	欧盟				中国国家标准	欧盟
6395	火龙果	环丙唑醇	—	0.05	6426	茄子	苯锈啶	—	0.01
6396	食荚豌豆	戊唑醇	—	2	6427	西瓜	二甲嘧酚	—	0.01
6397	甜椒	炔螨特	—	0.01	6428	油麦菜	联苯肼酯	—	0.01
6398	甜椒	啶氧菌酯	—	0.01	6429	桃	*N*-去甲基啶虫脒	—	0.01
6399	西葫芦	噻唑磷	—	0.02	6430	葡萄	嘧啶磷	—	0.01
6400	橘	吡唑醚菌酯	—	1	6431	葡萄	甲基嘧啶磷	—	0.05
6401	菠菜	烯啶虫胺	—	0.01	6432	葡萄	异丙草胺	—	0.01
6402	山楂	烯唑醇	—	0.01	6433	葡萄	戊草丹	—	0.01
6403	山楂	哒螨灵	—	0.5	6434	葡萄	双苯酰草胺	—	0.01
6404	西葫芦	甲基硫菌灵	—	0.1	6435	葡萄	丁草胺	—	0.01
6405	西葫芦	唑虫酰胺	—	0.01	6436	葡萄	乙草胺	—	0.01
6406	西葫芦	丙溴磷	—	0.01	6437	葡萄	呋嘧醇	—	0.01
6407	西葫芦	乙螨唑	—	0.02	6438	紫甘蓝	霜霉威	—	0.7
6408	樱桃番茄	甲氨基阿维菌素	—	0.02	6439	猕猴桃	甲基吡噁磷	—	0.01
6409	茼蒿	异戊乙净	—	0.01	6440	甜瓜	粉唑醇	—	0.3
6410	南瓜	异戊乙净	—	0.01	6441	西瓜	乙螨唑	—	0.05
6411	苦苣	三唑酮	—	0.1	6442	桃	烯效唑	—	0.01
6412	桃	乙嘧酚	—	0.05	6443	桃	氟环唑	—	0.05
6413	紫薯	毒死蜱	—	0.05	6444	西瓜	抑霉唑	—	0.05
6414	甜瓜	噁霜灵	—	0.01	6445	油麦菜	甲氨基阿维菌素	—	1
6415	芹菜	异戊乙净	—	0.01	6446	茄子	呋虫胺	—	0.01
6416	胡萝卜	莠去津	—	0.05	6447	小白菜	吡蚜酮	—	0.2
6417	结球甘蓝	莠去津	—	0.05	6448	油麦菜	烯啶虫胺	—	0.01
6418	茄子	莠去津	—	0.05	6449	猕猴桃	增效醚	—	0.01
6419	火龙果	避蚊胺	—	0.01	6450	桃	苯噻菌胺	—	0.01
6420	蘑菇	灭多威	—	0.02	6451	丝瓜	呋虫胺	—	0.01
6421	葡萄	莠去津	—	0.05	6452	丝瓜	甲氨基阿维菌素	—	0.01
6422	香瓜	莠去津	—	0.05	6453	菜豆	乙螨唑	—	0.02
6423	香蕉	噻虫嗪	—	0.05	6454	葱	噻虫嗪	—	0.05
6424	小油菜	莠去津	—	0.05	6455	豇豆	噻虫啉	—	0.4
6425	杏	多效唑	—	0.5	6456	香菇	抑霉唑	—	0.05

续表

序号	基质	农药	MRL (mg/kg)		序号	基质	农药	MRL (mg/kg)	
			中国国家标准	欧盟				中国国家标准	欧盟
6457	樱桃	避蚊胺	—	0.01	6488	柑	苯噻菌胺	—	0.01
6458	芫荽	莠去津	—	0.05	6489	柑	氟硅唑	—	0.01
6459	芫荽	乙草胺	—	0.02	6490	柑	丙环唑	—	6
6460	豇豆	避蚊胺	—	0.01	6491	大白菜	吡虫啉脲	—	0.01
6461	苦苣	避蚊胺	—	0.01	6492	娃娃菜	甲霜灵	—	0.05
6462	苦苣	去乙基阿特拉津	—	0.01	6493	绿豆芽	喹螨醚	—	0.01
6463	苦苣	莠去津	—	0.05	6494	蒜薹	噻虫嗪	—	0.05
6464	桃	吡丙醚	—	0.5	6495	蒜薹	苯醚甲环唑	—	0.5
6465	桃	烯啶虫胺	—	0.01	6496	枣	虫酰肼	—	1
6466	香瓜	吡虫啉	—	0.1	6497	生菜	鱼藤酮	—	0.01
6467	香蕉	抑霉唑	—	2	6498	哈密瓜	噻唑磷	—	0.02
6468	樱桃	哒螨灵	—	2.5	6499	小油菜	噻唑磷	—	0.02
6469	樱桃	己唑醇	—	0.01	6500	枣	噻虫胺	—	0.02
6470	芫荽	甲拌磷	—	0.02	6501	柑	吡唑醚菌酯	—	1
6471	芫荽	氟氯氢菊脂	—	0.01	6502	番茄	呋虫胺	—	0.01
6472	芫荽	去乙基阿特拉津	—	0.01	6503	猕猴桃	甲氧虫酰肼	—	0.01
6473	胡萝卜	噁霜灵	—	0.01	6504	生菜	*N*-去甲基啶虫脒	—	0.01
6474	梨	莠去津	—	0.05	6505	蒜薹	烯酰吗啉	—	0.15
6475	青花菜	莠去津	—	0.05	6506	枣	*N*-去甲基啶虫脒	—	0.01
6476	桃	莠去津	—	0.05	6507	哈密瓜	嘧菌酯	—	1
6477	苦苣	氟氯氢菊脂	—	0.01	6508	哈密瓜	啶鲜胺	—	0.05
6478	苦苣	己唑醇	—	0.01	6509	哈密瓜	灭蝇胺	—	0.4
6479	樱桃	氟甲喹	—	0.01	6510	枣	氟吡菌酰胺	—	0.5
6480	芫荽	哒螨灵	—	0.05	6511	柿子	氟硅唑	—	0.01
6481	芫荽	毒死蜱	—	0.05	6512	蒜黄	甲霜灵	—	0.05
6482	萝卜	甲基硫菌灵	—	0.1	6513	蒜黄	苯醚甲环唑	—	0.5
6483	西葫芦	嘧菌酯	—	1	6514	龙眼	吡虫啉	—	0.05
6484	香瓜	十三吗啉	—	0.01	6515	哈密瓜	氟硅唑	—	0.01
6485	小油菜	去乙基阿特拉津	—	0.01	6516	蒜薹	抑霉唑	—	0.05
6486	苋菜	甲基硫菌灵	—	0.1	6517	香菇	甲基硫菌灵	—	0.1
6487	苋菜	莠去津	—	0.05	6518	冬瓜	多效唑	—	0.02

续表

序号	基质	农药	MRL (mg/kg)		序号	基质	农药	MRL (mg/kg)	
			中国国家标准	欧盟				中国国家标准	欧盟
6519	苋菜	毒死蜱	—	0.05	6550	娃娃菜	噻菌灵	—	0.05
6520	香瓜	去乙基阿特拉津	—	0.01	6551	蒜黄	灭害威	—	0.01
6521	黄瓜	烯丙菊酯	—	0.01	6552	蒜黄	抑霉唑	—	0.05
6522	甜椒	乙嘧酚磺酸酯	—	2	6553	豇豆	*N*-去甲基啶虫脒	—	0.01
6523	南瓜	避蚊胺	—	0.01	6554	豇豆	噻虫胺	—	0.2
6524	杏	噻虫嗪	—	0.3	6555	豇豆	吡唑醚菌酯	—	0.02
6525	杏	噻虫胺	—	0.1	6556	豇豆	烯啶虫胺	—	0.01
6526	杏	咪鲜胺	—	0.05	6557	小油菜	缬霉威	—	0.01
6527	茼蒿	去乙基阿特拉津	—	0.01	6558	绿豆芽	多菌灵	—	0.1
6528	豇豆	莠去津	—	0.05	6559	豇豆	三唑磷	—	0.01
6529	李子	抑霉唑	—	0.05	6560	龙眼	霜霉威	—	0.01
6530	樱桃番茄	丙环唑	—	3	6561	葱	呋虫胺	—	4
6531	梨	三唑醇	—	0.01	6562	茄子	噻唑磷	—	0.02
6532	南瓜	嘧霉胺	—	0.01	6563	蒜黄	霜霉威	—	0.01
6533	南瓜	噻虫嗪	—	0.1	6564	蒜黄	双苯基脲	—	0.01
6534	甜椒	毒死蜱	—	0.5	6565	蒜黄	烯酰吗啉	—	0.15
6535	香瓜	避蚊胺	—	0.01	6566	香菇	嘧菌酯	—	0.01
6536	小油菜	乙霉威	—	0.05	6567	橙	噻虫胺	—	0.1
6537	南瓜	吡虫啉	—	1	6568	枣	烯啶虫胺	—	0.01
6538	桃	螺螨酯	—	2	6569	豇豆	三唑醇	—	0.01
6539	李子	苯噻酰草胺	—	0.01	6570	豇豆	吡虫啉脲	—	0.01
6540	桃	烯唑醇	—	0.01	6571	冬瓜	氟环唑	—	0.05
6541	茄子	西草净	—	0.01	6572	柑	*N*-去甲基啶虫脒	—	0.01
6542	李子	甲哌	—	0.05	6573	结球甘蓝	三环唑	—	0.05
6543	橙	马拉氧磷	—	0.01	6574	枣	抑霉唑	—	0.05
6544	黄瓜	马拉氧磷	—	0.01	6575	橙	丙环唑	—	9
6545	菠菜	仲丁威	—	0.01	6576	蒜薹	氟环唑	—	0.05
6546	火龙果	马拉氧磷	—	0.01	6577	龙眼	二嗪磷	—	0.01
6547	香蕉	十二环吗啉	—	0.01	6578	冬瓜	烯啶虫胺	—	0.01
6548	番茄	螺螨酯	—	0.5	6579	洋葱	噻虫嗪	—	0.1
6549	番茄	马拉氧磷	—	0.01	6580	生菜	噻唑磷	—	0.02

续表

序号	基质	农药	MRL (mg/kg)		序号	基质	农药	MRL (mg/kg)	
			中国国家标准	欧盟				中国国家标准	欧盟
6581	结球甘蓝	仲丁威	—	0.01	6611	辣椒	呋虫胺	—	0.01
6582	香蕉	三唑磷	—	0.01	6612	蒜薹	霜霉威	—	0.01
6583	火龙果	异稻瘟净	—	0.01	6613	火龙果	阿苯达唑	—	0.01
6584	辣椒	噁霜灵	—	0.01	6614	蒜黄	多菌灵	—	0.1
6585	菠菜	杀铃脲	—	0.05	6615	豇豆	氟吡菌酰胺	—	0.9
6586	青菜	缬霉威	—	0.01	6616	哈密瓜	噻菌灵	—	0.05
6587	西葫芦	6-苄氨基嘌呤	—	0.01	6617	绿豆芽	嘧菌酯	—	15
6588	茼蒿	二嗪磷	—	0.01	6618	豇豆	乙虫腈	—	0.01
6589	芹菜	氟环唑	—	0.05	6619	龙眼	*N*-去甲基啶虫脒	—	0.01
6590	韭菜	灭蝇胺	—	15	6620	龙眼	己唑醇	—	0.01
6591	菜豆	6-苄氨基嘌呤	—	0.01	6621	蒜薹	吡唑醚菌酯	—	0.02
6592	茼蒿	6-苄氨基嘌呤	—	0.01	6622	油麦菜	噻唑磷	—	0.02
6593	茼蒿	肟菌酯	—	0.01	6623	豇豆	抑霉唑	—	0.05
6594	芹菜	6-苄氨基嘌呤	—	0.01	6624	豇豆	噻菌灵	—	0.05
6595	芹菜	噻唑磷	—	0.02	6625	蒜薹	异丙威	—	0.01
6596	番茄	氟菌唑	—	1	6626	柑	腈菌唑	—	3
6597	番茄	二甲嘧酚	—	0.01	6627	火龙果	苯氧菌胺-(Z)	—	0.01
6598	甘薯叶	吡虫啉	—	0.05	6628	火龙果	敌草隆	—	0.01
6599	落葵	灭蝇胺	—	0.05	6629	冬瓜	噻虫胺	—	0.02
6600	香瓜	灭蝇胺	—	0.4	6630	柑	十三吗啉	—	0.01
6601	大白菜	甲氧虫酰肼	—	0.01	6631	柑	螺环菌胺	—	0.05
6602	菜薹	嘧菌酯	—	5	6632	香菇	烯酰吗啉	—	0.01
6603	苦瓜	粉唑醇	—	0.05	6633	葱	噻虫胺	—	0.02
6604	辣椒	丙环唑	—	0.05	6634	火龙果	霜霉威	—	0.01
6605	香瓜	甲哌	—	0.05	6635	蒜黄	咪鲜胺	—	0.05
6606	辣椒	腈菌唑	—	0.5	6636	葱	吡唑醚菌酯	—	1.5
6607	人参果	霜霉威	—	4	6637	梨	*N*-去甲基啶虫脒	—	0.01
6608	人参果	多菌灵	—	0.5	6638	菠菜	醚菌酯	—	0.01
6609	人参果	吡虫啉	—	0.5	6639	茄子	克菌丹	—	0.01
6610	甘薯叶	双苯基脲	—	0.01					

注："—"表示 MRL 标准尚未制定